Thomas의 미분적분학

THOMAS' CALCULUS: Early Transcendentals

Thomas의 미분적분학

제 15 판

Joel Hass • Christopher Heil • Przemyslaw Bogacki • Maurice D. Weir 지음
수학교재편찬위원회 옮김

Pearson

한빛아카데미 Hanbit Academy, Inc.

Pearson Education South Asia Pte Ltd
3 Temasek Avenue #21-23, Centennial Tower
Singapore 039190

Pearson Education offices in Asia: *Bangkok, Beijing, Ho Chi Minh City, Hong Kong, Jakarta, Kuala Lumpur, Manila, Seoul, Singapore, Taipei, Tokyo*

3 2 1
26 25 24

Cover image: VVadi4ka/Shutterstock

발행일: 2024년 8월 22일
공급처: 한빛아카데미㈜(02-336-7112/question@hanbit.co.kr)
ISBN: 978-981-3351-29-5(93410)
가격: 49,000원

Pearson

http://pearson.com/asia

역자 서문

미분적분학은 과학, 공학, 경제학 등 다양한 분야에서 필수적인 도구로 사용되고 있다. 이러한 미분적분학을 집중적으로 파헤치는 《Thomas의 미분적분학》 15판은 전통적인 내용에 현대적인 주제를 추가함으로 학생들의 이해를 극대화하는 방향으로 재구성되어 있다.

이 책은 기초 수학의 개념을 바탕으로 여러 가지 현상을 어떻게 해석하고 풀어나가는지를 자세히 설명했다. 이를 위해 정의를 직관적이고 정확하게 설명함으로써 수학적 개념의 이해를 돕는다. 또한 문제 해결에 어려움을 겪는 학생을 위해 각 장에서 공부한 내용을 확인하는 기회가 되는 연습문제, 핵심 개념을 제대로 이해했는지 파악할 수 있는 복습문제, 현대적인 문제에 적용할 수 있는 실전문제, 도전적인 학생을 위한 심화문제를 제공하여 다양한 수준의 학생들이 미분적분학을 완전히 이해할 수 있도록 세심하게 배려했다.

그리고 현장에서 가르치는 교사들의 의견을 종합하여 공식 암기와 반복적인 절차를 넘어 학생들의 수학적 성숙도를 발전시키는 방식으로 자료를 제시했다. 또한 학생들이 능동적으로 주요 개념이나 내용을 습득할 수 있도록 내용을 구성했다.

《Thomas의 미분적분학》은 기본적인 계산 문제뿐만 아니라 과학 또는 공학을 공부하는 학생들에게 필요한 내용까지 폭넓게 다루고 있어 수학 교재로서 필수적이다. 이에 역자들은 기꺼이 이 책의 번역에 참여했으며, 번역하는 과정에서 다음과 같이 주의를 기울였다.

첫째, 가능한 한 원문을 충실히 옮겼다.

둘째, 학생들이 쉽게 이해할 수 있도록 간단한 문장을 구사했다.

셋째, 대한수학회의 용어집을 참고하여 용어를 개정했다.

최선을 다해 번역했지만 모든 일이 그렇듯 무결점을 장담하기는 어렵다. 혹시라도 오류를 발견한다면 유통사인 한빛아카데미㈜를 통해 알려주기 바란다. 추후 증쇄할 때 반영할 것을 약속드린다. 끝으로 이 책을 출간하는 데 지원을 아끼지 않은 피어슨에듀케이션 관계자에게 진심으로 감사드린다.

2024년 8월

역자 일동

저자 서문

《Thomas의 미분적분학》 15판은 명확하고 정밀한 미분적분학의 전통을 유지하면서 현대적으로 인기 있는 교재로 재구성했다. 우리는 연습문제를 추가하고 그림 수정과 명확한 서술을 위해 부단히 작업했으며, 많은 응용문제를 현대적인 주제로 개선했다. 이 책은 현대적이고 견고한 미분적분학 입문서로, 기초 수학 개념의 이해를 발전시키는 데 중점을 둔다. 여러 학기에 걸쳐 STEM 분야의 학생이 일반적으로 수강하는 미분적분학 순서를 지원한다. 직관적이고 정밀한 설명, 신중하게 선택된 예제, 탁월한 그림, 오랜 시간 검증된 연습문제는 이 교재의 기초를 이루고 있다. 우리는 현대 학생들의 목표와 변화하는 세계에서 미분적분학 응용에 맞게 지속적으로 개선하고 있다.

고등학생들 사이에서 고급 미분적분학의 인기가 계속 증가함에 따라 많은 교사는 이 책이 오늘날의 대학생들에게 안겨주는 이점에 대해 평가해왔다. 일부 교사는 학생들이 대수학과 삼각법의 기초가 부족하고 개념적 이해가 낮다는 점에서 계산 능력에 대한 자신감이 떨어진다고 이야기한다. 이 책은 점점 다양해지는 미분적분학 순서에서 학생의 요구를 충족하기 위해 노력했다. 충분한 복습 자료, 상세한 해답, 다양한 예제와 연습문제를 제공하여 다양한 수준의 학생들이 미분적분학을 완벽하게 이해할 수 있도록 세심하게 배려했다. 공식 암기와 반복적인 절차를 넘어 수학적 성숙도를 발전시키는 방식으로 자료를 제시하며, 주요 개념을 소개한 후 이를 일반화하는 방법을 보여준다. 참고문헌의 경우 이전에 학습한 관련 개념에 새로운 개념을 계속해서 연결하려고 했다. 학생들은 이 책으로 미분적분학을 공부한 후 문제 해결 및 추론 능력을 개발하여 삶에서 이 능력을 활용할 수 있을 것이다. 다양한 분야에 걸쳐서 많은 실용적 응용과 함께 아름답고 창의적인 과목을 정복하는 것은 그 자체로 큰 보상이 된다. 그러나 미분적분학 공부의 진정한 선물은 논리적이고 정밀하게 생각하는 능력을 습득하는 것, 정의된 것과 가정된 것과 추론된 것을 이해하는 것, 개념적으로 일반화하는 방법을 배우는 것이다. 우리는 이 책이 이러한 목표를 장려하고 지원할 수 있기를 바란다.

15판에 새롭게 추가된 내용

15판의 가장 중요한 변화는 복소함수, 푸리에 급수, 웨이브릿에 대한 새로운 온라인 강의와 최적화에 대한 새로운 부록을 포함한 것이다. 이러한 장들은 고급 주제에 관심이 있는 독자에게 자료를 제공한다.

또한 15판은 다음과 같이 업데이트되었다.

- 명확한 시각화와 수학적 정확성을 제공하기 위해 많은 그림과 도표를 최신화했다.
- 많은 용어를 수정 및 개정했다.
- 계산기가 필요한 곳을 제안하는 등 연습문제에 대한 많은 지침을 명확화했다.

각 장의 개정 내용

1장

- 1.2절: 샌드위치 정리 사용을 설명하는 새로운 예제 11을 추가하고, 이에 해당하는 새로운 그림 1.14를 추가했다.
- 1.4절: '구간 끝점에서의 극한'에 관한 새로운 하위 절을 추가하고, 새로운 예제 2를 추가하여 구간의 경계점에서의 극한을 설명한다.
- 1.6절: 삼각함수가 포함된 극한에 관한 연습문제 41~45번을 2장에서 옮겨왔다.
- 심화문제: 삼각함수가 포함된 극한에 관한 심화문제 31~40번을 2장에서 옮겨왔다.

2장

- 2.8절: 역함수 그래프의 기울기 간 관계를 설명하는 그림 2.36을 수정했다.
- 지수함수와 로그함수 관련 미분 공식을 업데이트했다.
- 예제 5를 확장했다.
- x^x의 도함수 계산을 명확히 하기 위해 예제 7을 확장했다.
- 역함수의 도함수 관련 연습문제 11~14번을 추가했다.
- 2.9절: 역삼각함수가 포함된 미분 공식을 업데이트했다.
- 역탄젠트함수가 포함된 합성함수의 도함수를 설명하는 새로운 예제 3을 추가했다.
- arcsec x의 도함수에 대한 하위 절을 포함하여 개요를 수정했다.
- 2.10절: 관련된 변화율의 문제 해결 전략을 수정하고 대응되는 예제 5와 6을 개선했다.

3장

- 3.3절: 새로운 연습문제 69, 70번을 추가했다.
- 3.4절: 새로운 연습문제 107, 108번을 추가했다.
- 3.5절: 부정형의 설명을 개선했다.
- 예제 1을 확장했다.
- 새로운 연습문제 19, 20번을 추가했다.
- 3.6절: 적용된 최적화 문제를 해결하기 위한 전략을 업데이트 및 개선했다.
- 새로운 연습문제 33, 34번을 추가했다.
- 3.8절: 적분 공식이 포함된 표 3.3을 추가했다.

4장

- 4.1절: 수치적으로 적분을 계산하기 위한 중점 공식 및 관련 공식에 더 초점을 두었으며, 이를 사용하여 수치 방법을 소개했다.
- 4.3절: 새로운 기본 이론인 연습문제 89번을 추가했다.
- 4.6절: 새로운 연습문제 113~116을 추가했다.

5장

- 5.2절: 예제 1에서 기둥면에 대한 설명을 명확히 했다.

6장

- 미분가능한 함수 u가 포함된 도함수 공식에 대해 x가 포함된 도함수 공식 구분을 명확히 했다.
- 6.1절: 로그에 관한 자료와 지수법칙을 수정했다. 연습문제 63~66번을 3장에서 옮겨오고 새로운 연습문제 67번을 추가했다.

7장

- 7.3절: 사인과 코사인의 거듭제곱이 포함된 적분 계산을 명확히 했다. 연습문제 42번을 대체하고 새로운 연습문제 51, 52번을 추가했다.
- 7.4절: 연습문제의 순서를 수정했다.
- 7.5절: 부분분수 공식에 관한 설명을 수정하고 명확히 했다.
- 7.7절: 중점 규칙에 관한 새로운 하위 절을 추가했다. 오차 분석의 설명에 중점 규칙을 포함하고, 이를 적용하여 연습문제 1~10번을 확장했다.
- 7.8절: 적분의 무한 극한에 관한 설명을 명확히 했다. 수렴 및 발산 판정에 관한 자료를 수정했다. 직접 비교판정법과 극한 비교판정법, 해당 증명과 관련 예제를 모두 수정했다. 새로운 연습문제 69~80번을 추가했다.

8장

- 8.2절: 예제 2와 예제 8의 풀이를 수정했다.
- 8.3절: 예제 5의 풀이를 수정했다.
- 8.5절: 새로운 연습문제 71번을 추가했다.
- 8.6절: 정리 15의 증명을 수정하고 정리 16의 설명을 수정했다.
- 8.7절: 절대수렴성에 대한 설명을 예제 3의 풀이에 추가하고, 그림 8.21을 수정했다. 새로운 연습문제 40, 41번을 추가하고 연습문제 66번을 완전히 수정했다.
- 8.8절: 연습문제의 순서를 수정하고 새로운 연습문제 47, 52번을 추가했다.
- 8.9절: 예제 4와 5 사이의 테일러 급수에 대한 설명을 재작성했다.
- 8.10절: 연습문제 9번을 교체했다.
- 실전문제: 새로운 실전문제 45, 46번을 추가했다.
- 심화문제: 새로운 심화문제 30, 31번을 추가했다.

10장

- 10.2절: n차원 벡터에 대한 새로운 하위 절을 추가했다. 새로운 그림 10.19와 연습문제 60~65번을 추가했다.
- 10.3절: 두 n차원 벡터의 내적에 대한 새로운 하위 절을 추가했다. 새로운 예제 9와 연습문제 53~56번을 추가했다.
- 10.6절: 기둥면에 대한 설명을 수정했다.

11장

- 11.5절: 새로운 연습문제 1, 2, 5, 6번을 추가했다.

12장

- 12.2절: 정리 1에 합성 법칙을 추가하고 예제 1을 확장했다.
- 12.3절: 다변수 함수의 미분가능성 개념을 명확히 하기 위해 재작성했다.
- 예제 8을 확장했다.
- 12.4절: 다변수에 대한 연쇄법칙이 포함된 새로운 연습문제 62, 63번을 추가했다.
- 12.5절: 세 변수 이상의 함수에 대한 기울기 부분의 하위 절을 추가했다.
- 예제 7에서 3변수 함수의 기울기를 설명했다.
- 새로운 연습문제 45~52번에 여러 변수의 함수에 대한 기울기를 포함했다.
- 12.7절: 헤시안 행렬의 정의를 추가했다.
- 예제 6을 명확히 했다.

- 12.8절: 라그랑주 승수를 사용하는 방법에 대해 더 명확히 설명하고 최댓값/최솟값을 찾는 방법에 대한 내용을 추가했다.

13장

- 13.2절: 반복된 2중적분에 대한 극한의 성질을 추가로 설명했다.
- 연습문제 1~8번을 재작성하고 새로운 연습문제 19~26번을 추가했다.
- 13.5절: 반복된 3중적분에 대한 극한의 성질을 추가로 설명하고 예제 2를 수정 및 확장했다.
- 13.7절: 3중적분에 포함된 구형 쐐기(운굴라)의 모양을 명확히 하기 위해 그림 13.54를 수정했다.

부록

- 부록 A.9를 재작성하여 첨자 표기법으로 프라임 표기법을 대체했다.

지속적인 특징

엄밀성 엄밀성의 정도는 전판과 비슷하다. 형식적인 논의와 비형식적인 논의를 구별하고 그 차이를 지적했다. 독자가 새롭고 어려운 개념을 이해하기 쉽도록 더 직관적이고 덜 형식적인 접근을 시도하여 결국에는 수학적으로 더 완벽히 이해할 수 있게 해준다. 독자가 이해할 수 있는 정확한 정의와 증명도 포함했으며, 더 깊고 민감한 주제는 고등 미적분학에 다루도록 설명했다. 이로써 강사는 다양한 주제의 깊이와 양에 따라 유연성을 얻게 된다. 예를 들어 유한 닫힌 구간에서 정의된 연속함수에 대한 중간값 정리나 극값 정리는 증명하지 않았다. 하지만 자세히 서술하고 많은 예제를 통해 의미를 잘 설명했으며, 예제를 사용하여 중요한 결과를 증명했다. 더 깊이 다루고자 하는 교사는 부록 6에서 실수의 완비성을 이용하여 정리를 더 심도 있게 논의할 수 있다.

서술형 연습문제 독자가 미적분학의 많은 개념과 응용을 탐구하도록 책 전체에 걸쳐 서술형 연습문제를 수록했다. 또한 공부한 것을 복습하고 요약할 수 있는 문제를 각 장의 끝에 실었다. 대부분의 문제는 좋은 서술과제가 될 것이다.

각 장의 복습과 과제 각 장의 내용을 정리하는 복습문제, 장 전체에 해당하는 실전문제, 더 도전적이고 종합적인 심화문제를 각 장의 끝에 실었다. 대부분의 장에는 좀 더 긴 시간에 걸쳐 개인 또는 조별로 해결해야 하는 몇 개의 기술 응용 프로젝트를 포함했다. 이러한 과제에는 컴퓨터 프로그램(Mathematica, Maple 등)을 사용해야 한다.

집필과 응용 이 책을 쉽게 읽을 수 있도록 대화식으로 서술하면서 풍부한 내용을 담기 위해 끊임없이 노력했다. 새로운 주제는 분명하고 이해하기 쉬운 예제로 동기를 부여하고 독자에게 흥미를 주는 현실세계의 응용문제를 보충했다. 이 책의 가장 큰 특징은 과학과 공학에의 미분적분학 응용이다. 이러한 응용문제는 개정을 거듭하면서 지속적으로 개선 및 확대되었다.

공학기술 이 책으로 강의하는 교사는 취향에 따라 공학기술을 반영할 수 있다. 각 절에 공학기술을 요구하는 문제를 포함했는데, 계산기나 컴퓨터를 사용해야 하는 문제는 T로 표시했다. 또한 컴퓨터 대수 시스템(Maple, Mathematica 등의 CAS)을 사용해야 하는 문제는 '컴퓨터 탐구'로 분류했다.

차례

5 정적분의 응용

6 적분과 초월함수

7 적분법

8 무한수열과 무한급수

9 매개방정식과 극좌표

10 벡터와 공간기하

11 벡터값 함수와 공간에서의 운동

12 편도함수

13 중적분

14 벡터장과 적분

부록

1

극한과 연속

이 장에서는 먼저 직관적으로 그런 후에 형식적으로 극한 개념을 완성해간다. 함수가 변하는 방법을 설명하기 위해 극한을 이용한다. 몇몇 함수는 연속적으로 변한다. 변수 x의 작은 변화에 따라서 함숫값 $f(x)$의 오직 작은 변화만이 만들어진다. 다른 함수에서는 함숫값이 뛰거나, 불규칙하게 변하거나, 무한히 증가하거나 감소하는 경향이 있을 수 있다. 극한 개념은 이러한 행동을 구별하는 정확한 방법을 제공한다.

1.1 변화율과 곡선의 접선

평균 속력과 순간 속력

역사적 인물

갈릴레오 갈릴레이(Galileo Galilei, 1564~1642)
갈릴레오는 이탈리아의 수학자이자 천문학자였다. 그는 천문학, 역학의 물리학, 물질 강도에 대한 자신의 연구에 수학을 적용했다.

16세기 후반에 갈릴레오는 지구 표면 근처에서 정지 상태에서 떨어진 고체 물체가 자유롭게 낙하할 때, 그 물체가 낙하한 거리가 경과된 시간의 제곱에 비례한다는 사실을 발견했다. 이러한 운동 형태를 **자유 낙하**(free fall)라고 한다. 이때 물체의 운동을 늦추는 공기 저항이 없고, 낙하 중인 물체에 작용하는 유일한 힘은 중력뿐이라고 가정한다. 만약 y가 t초 후에 떨어진 거리를 미터로 나타내면, 갈릴레오의 법칙은 다음과 같다.

$$y = 4.9t^2 \text{ m}$$

여기서 4.9는 (대략적인) 비례상수이다.

더 일반적으로 움직이는 물체가 시간 t 동안에 거리 $f(t)$를 이동했다고 가정해보자. 시간 구간 $[t_1, t_2]$ 동안의 물체의 **평균 속력**(average speed)은 이동한 거리 $f(t_2) - f(t_1)$를 경과된 시간 $t_2 - t_1$로 나누어 찾을 수 있다. 측정 단위는 시간당 길이(시당 킬로미터, 초당 미터) 또는 해당 문제에 적절한 단위이다.

평균 속력

만약 $f(t)$가 시간 t에서의 이동 거리를 측정하면 다음과 같다.

$$[t_1, t_2]\text{에서의 평균 속력} = \frac{\text{이동 거리}}{\text{경과 시간}} = \frac{f(t_2) - f(t_1)}{t_2 - t_1}$$

예제 1 돌이 높은 절벽의 정상에서 떨어진다. 다음 시간 구간에서 돌의 평균 속력은 무엇인가?

(a) 추락 후 처음 2초 동안?

(b) 1초와 2초 사이의 1초 간격 동안?

Δ는 대문자 그리스 문자 델타이다.

풀이 돌의 평균 속력은 주어진 시간 구간 동안의 거리 변화 Δy를 시간 구간의 길이 Δt로 나눈 것이다. (Δy와 Δt와 같은 증가는 부록 A.4에서 정리되며, '델타 y'와 '델타 t'로 발음된다.) 거리를 미터로 측정하고, 시간을 초로 측정하면 다음과 같이 계산된다.

(a) 처음 2초 동안: $\dfrac{\Delta y}{\Delta t} = \dfrac{4.9(2)^2 - 4.9(0)^2}{2-0} = 9.8 \text{ m/s}$

(b) 1초에서 2초까지: $\dfrac{\Delta y}{\Delta t} = \dfrac{4.9(2)^2 - 4.9(1)^2}{2-1} = 14.7 \text{ m/s}$ ■

시간 구간에서의 평균 속력 대신에 단일 시점 t_0에서 떨어지는 물체의 속력을 결정하는 방법을 찾아보자. 이를 위해 t_0에서 시작하여 점점 더 짧은 시간 구간에 대한 평균 속력을 계산할 때 어떤 일이 일어나는지 살펴본다. 다음 예제에서 이 과정을 설명한다. 이곳에서의 토론은 형식적이지 않지만, 2장에서 정확하게 다루어질 것이다.

예제 2 예제 1에서 떨어지는 돌의 시간 $t=1$과 $t=2$에서의 속력을 구하라.

풀이 길이가 $\Delta t = h$인 시간 구간 $[t_0, t_0+h]$에서 돌의 평균 속력을 다음과 같이 계산할 수 있다.

$$\frac{\Delta y}{\Delta t} = \frac{4.9(t_0+h)^2 - 4.9t_0^2}{h} \tag{1}$$

단순히 $h=0$을 대입하여 정확한 순간 t_0에서의 속력을 계산하는 데 이 공식을 사용할 수 없다. 왜냐하면 0으로 나눌 수 없기 때문이다. 그러나 $t_0=1$과 $t_0=2$에서 시작하여 점점 작아지는 h 값을 사용하여 평균 속력을 계산하는 데에는 이 공식을 사용할 수 있다. 이렇게 하면 h값을 더 작게 가져가면서 어떤 양식이 나타나는지 확인할 수 있다(표 1.1).

표 1.1 짧은 시간 구간 $[t_0, t_0+h]$에서의 평균 속력.

평균 속력: $\dfrac{\Delta y}{\Delta t} = \dfrac{4.9(t_0+h)^2 - 4.9t_0^2}{h}$

시간 구간의 길이 h	$t_0=1$에서 시작하고 길이는 h인 구간에서의 평균 속력	$t_0=2$에서 시작하고 길이는 h인 구간에서의 평균 속력
1	14.7	24.5
0.1	10.29	20.09
0.01	9.849	19.649
0.001	9.8049	19.6049
0.0001	9.80049	19.60049

시각 $t_0=1$에서 시작하는 구간의 평균 속력은 구간의 길이가 감소함에 따라서 극한값 9.8에 접근하는 것으로 보인다. 이는 돌이 $t_0=1$에서 9.8 m/s의 속력으로 떨어지고 있다는 것을 의미한다. 대수적으로 이를 확인해보자.

만약 $t_0=1$로 설정하고 식 (1)에서 분자를 전개하고 간소화하면, 다음을 확인할 수 있다.

$$\frac{\Delta y}{\Delta t} = \frac{4.9(1+h)^2 - 4.9(1)^2}{h} = \frac{4.9(1+2h+h^2) - 4.9}{h}$$

$$= \frac{9.8h + 4.9h^2}{h} = 9.8 + 4.9h \qquad h \neq 0\text{일 때 } h\text{를 생략할 수 있다.}$$

h가 0이 아닌 값일 때 오른쪽과 왼쪽의 식은 동등하며, 평균 속력은 $9.8+4.9h$ m/s이다. 이제 h가 0에 접근할 때 왜 평균 속력이 극한값 $9.8+4.9(0)=9.8$ m/s인지를 이해할 수 있다.

비슷하게 식 (1)에서 $t_0=2$로 설정하면, h가 0이 아닌 값일 때 위의 절차대로 하면 다음과 같음을 확인할 수 있다.

$$\frac{\Delta y}{\Delta t} = 19.6 + 4.9h$$

$t_0=2$일 때 표 1.1에서 시사한 대로 h가 0에 가까워질수록 평균 속력은 19.6 m/s로 접근하는 것을 알 수 있다. ■

떨어지는 물체의 평균 속력은 더 일반적인 개념인 평균변화율의 한 예이다.

평균변화율과 할선

함수 $y=f(x)$에 대해 구간 $[x_1, x_2]$에서 x에 대한 y의 평균변화율을 구하기 위해 y값의 변화량 $\Delta y=f(x_2)-f(x_1)$를 변화 구간의 길이 $\Delta x=x_2-x_1=h$로 나누어 계산한다. (여기서와 이후에 간단한 표기를 위해 Δx 대신에 기호 h를 사용한다.)

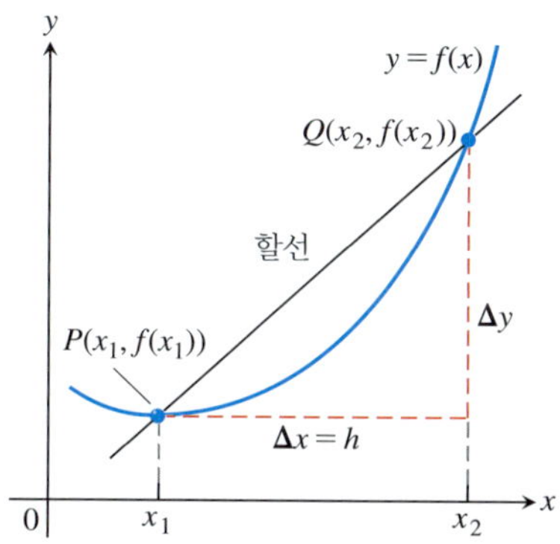

그림 1.1 그래프 $y=f(x)$의 할선. 구간 $[x_1, x_2]$에서 f의 평균변화율이 할선의 기울기 $\Delta y/\Delta x$이다.

정의 구간 $[x_1, x_2]$에서 x에 대한 $y=f(x)$의 **평균변화율**(average rate of change)은 다음과 같다.

$$\frac{\Delta y}{\Delta x} = \frac{f(x_2) - f(x_1)}{x_2 - x_1} = \frac{f(x_1 + h) - f(x_1)}{h}, \qquad h \neq 0$$

기하학적으로 $[x_1, x_2]$에서의 f의 변화율은 점 $P(x_1, f(x_1))$과 $Q(x_2, f(x_2))$를 지나는 직선의 기울기이다(그림 1.1). 기하학에서 곡선의 두 점을 연결하는 선분을 **할선**(secant line)이라고 한다. 따라서 x_1에서 x_2까지의 f의 평균변화율은 할선 PQ의 기울기와 동일하다. 점 Q가 곡선을 따라서 P에 가까워짐에 따라 변화가 발생하는 구간의 길이 h는 점점 0으로 접근한다. 이 과정이 한 점에서 곡선의 기울기를 정의하는 데로 이어진다는 것을 알게 될 것이다.

곡선의 기울기 정의하기

직선의 기울기는 무엇을 의미하는지 알 수 있다. 직선의 기울기는 그 직선이 상승하거나 하강하는 속력, 즉 선형 함수로서의 변화율을 나타낸다. 그러나 한 점 P에서 곡선의 기울기는 무엇을 의미하는가? 만약 (원에 대한 접선처럼) P에서 곡선에 접하는 접선이 있으면, 이 접선의 기울기를 P에서 곡선의 기울기로 정의하는 것이 합리적일 것이다. 점 P를 지나는 모든 직선 중에서 접선은 P에서 곡선에 대한 최상의 근삿값을 제공하는 것임을 알게 될 것이다. 곡선 위의 한 점에서 접선을 명확하게 결정하는 정확한 방법이 필요하다.

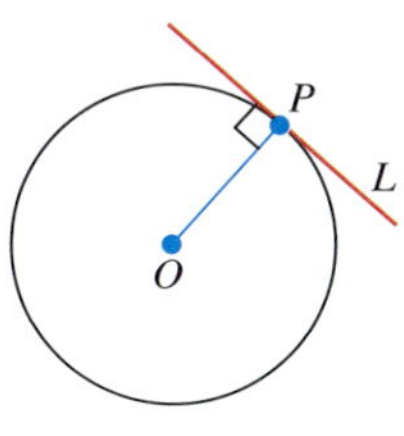

그림 1.2 직선 L이 원에서 한 점 P를 지나고 P에서 반지름 OP에 직교하면, L은 P에서 그 원의 접선이다.

원에 대한 접선을 판별하는 것은 간단하다. 직선 L이 원에서 한 점 P를 지나고 P에서 반지름에 직교하면 L은 그 원의 접선이다(그림 1.2). 그러나 직선 L이 더 일반적인 곡선에 점 P에서 접한다는 것은 어떤 의미인가?

일반적인 곡선에서 접한다는 것을 정의하기 위해 점 P를 향해 곡선을 따라 이동하는 근처의 점 Q가 P로 향할 때 P와 Q를 지나는 할선의 행동을 분석하는 방법을 사용한다(그림 1.3). 먼저 계산할 수 있는 것, 즉 할선 PQ의 기울기부터 시작한다. 그런 다음 점 Q가 곡선을 따라 P로 향할 때 할선 기울기의 극한값을 계산한다. (극한 개념은 다음 절에서 명확히 한다.) 극한이 존재하면 이것을 P에서 곡선의 기울기로 정하고, 점 P를 지나고 이 극한이 기울기인 직선을 P에

역사적 인물

피에르 드 페르마(Pierre de Fermat, 1601~1665) 페르마는 프랑스의 부유한 가족에서 태어났다. 그는 고전을 공부하고 라틴어, 그리스어, 이탈리아어, 스페인어를 능숙하게 다루었다.

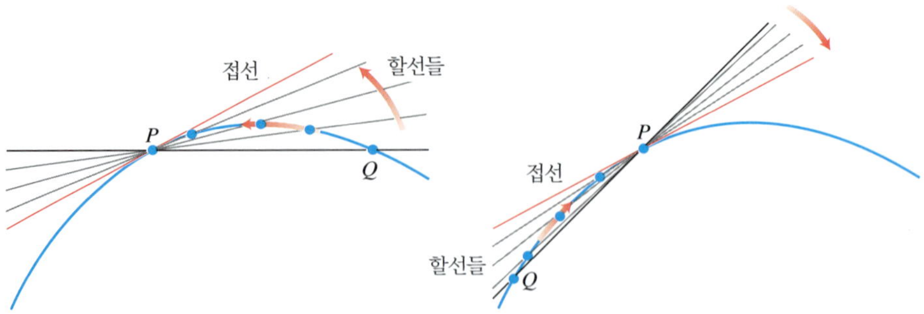

그림 1.3 점 P를 지나고 기울기가 Q가 양쪽에서 P로 접근할 때 할선 기울기의 극한인 직선이 점 P에서 곡선의 접선이다.

서 곡선의 접선으로 정의한다.

다음 예제는 곡선의 접선을 찾는 기하학적 발상을 설명한다.

예제 3 포물선 $y=x^2$에서 점 (2, 4)를 지나는 할선의 기울기를 분석하여 (2, 4)에서 포물선 $y=x^2$의 접선의 기울기를 찾아라. 이 점에서 포물선의 접선에 대한 방정식을 구하라.

풀이 그림 1.4에 나와 있는 것처럼 점 $P(2, 4)$와 인접한 점 $Q(2+h, (2+h)^2)$를 지나는 할선으로 시작한다. 그런 다음 할선 PQ의 기울기에 대한 표현식을 구하고, Q가 곡선을 따라 P에 다가갈 때 기울기가 어떻게 변하는지 조사한다.

$$\text{할선 기울기} = \frac{\Delta y}{\Delta x} = \frac{(2+h)^2 - 2^2}{h} = \frac{h^2 + 4h + 4 - 4}{h}$$
$$= \frac{h^2 + 4h}{h} = h + 4$$

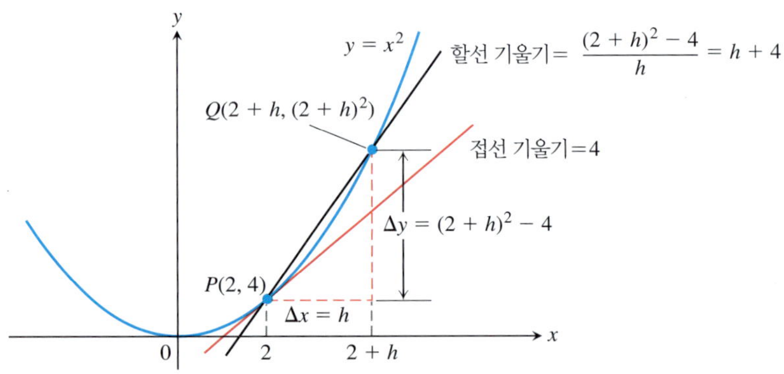

그림 1.4 포물선 $y=x^2$의 기울기를 점 $P(2, 4)$에서 할선의 기울기 극한으로 찾는다(예제 3).

만약 $h>0$이면 그림 1.4에 나와 있는 것처럼 Q는 P의 위쪽 그리고 오른쪽에 위치한다. 만약 $h<0$이면 Q는 P의 왼쪽에 위치한다(표시되지 있지 않음). 어느 경우에도 Q가 곡선을 따라 P에 다가갈 때 h는 0으로 접근하며, 할선의 기울기 $h+4$는 4에 접근한다. 점 P에서 포물선의 기울기는 4이다. 다음 방정식에 따르면 점 P에서 포물선의 접선은 P를 지나고 기울기가 4인 직선이다.

$$y = 4 + 4(x - 2) \quad \text{점-기울기 방정식}$$
$$y = 4x - 4 \quad \text{단순화}$$

■

변화율과 접선

예제 2에서의 돌이 순간 $t=1$ 그리고 $t=2$에서 추락하는 속력을 순간변화율이라고 한다. 다음 예제에서 확인할 수 있는 것과 같이, 순간변화율과 접선의 기울기는 서로 밀접하게 연결되어 있다.

예제 4 그림 1.5는 과일파리 개체수 p가 50일 동안 어떻게 증가했는지를 보여준다. 과일파리는 규칙적인 시간 간격에 따라 세어졌으며, 세어진 값은 경과한 날짜 t에 따라 그래프로 표시되었고, 이 점들은 부드러운 곡선으로 이어져 있다(그림 1.5에서 파란색으로 표시됨). 23일부터 45일까지의 평균증가율을 구하라.

풀이 23일에는 과일파리가 150마리이고, 45일에는 340마리이다. 따라서 45일까지 22일 동안 과일파리 수는 $340-150=190$마리 증가했다. 23일부터 45일까지의 평균증가율은 다음과 같다.

$$\frac{\Delta p}{\Delta t}=\frac{340-150}{45-23}=\frac{190}{22}\approx 8.6\text{ 파리수/일}$$

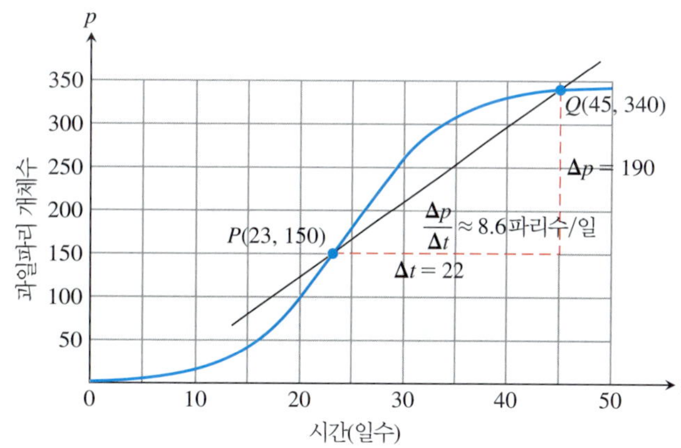

그림 1.5 통제된 실험에서 과일파리 개체수의 증가. 22일 동안의 평균변화율은 할선의 기울기 $\Delta p/\Delta t$이다(예제 4).

이 평균은 그림 1.5의 그래프에서 점 P와 Q를 지나는 할선의 기울기이다. ■

예제 4에서 계산한 23일부터 45일까지의 평균변화율은 23일 당일에 개체수가 얼마나 빨리 변하는지를 알려주지 않는다. 이를 알기 위해서는 해당 날짜에 더 가까운 시간 간격을 조사해야 한다.

예제 5 예제 4의 과일파리 집단에서 과일파리 개체수가 23일에 얼마나 빠르게 증가하는가?

풀이 이 질문에 답하기 위해 23일부터 시작하여 점점 더 짧은 시간 간격의 평균변화율을 조사한다. 기하학적으로는 곡선을 따라 점 P로 움직이는 점 Q의 점열에 대해 P에서 Q까지 할선의 기울기를 계산하여 이러한 변화율을 찾는다(그림 1.6).

표에서 t좌표가 45에서 30으로 감소함에 따라 할선의 기울기가 8.6에서 16.4로 상승함을 알 수 있으며, t가 계속 감소하여 23으로 향할 때 이러한 기울기가 조금 더 높아질 것으로 예상된다. 기하학적으로는 할선이 P 주위에서 시계반대 방향으로 회전하며 그림에서 빨간색 접선에 접근하는 것처럼 보인다. 이 직선은 점 (14, 0)과 (35, 350)을 지나는 것으로 보이고, 그 기울기는 대략 다음과 같다.

Q	$PQ = \Delta p/\Delta t$의 기울기 (파리수/일)
(45, 340)	$\dfrac{340-150}{45-23} \approx 8.6$
(40, 330)	$\dfrac{330-150}{40-23} \approx 10.6$
(35, 310)	$\dfrac{310-150}{35-23} \approx 13.3$
(30, 265)	$\dfrac{265-150}{30-23} \approx 16.4$

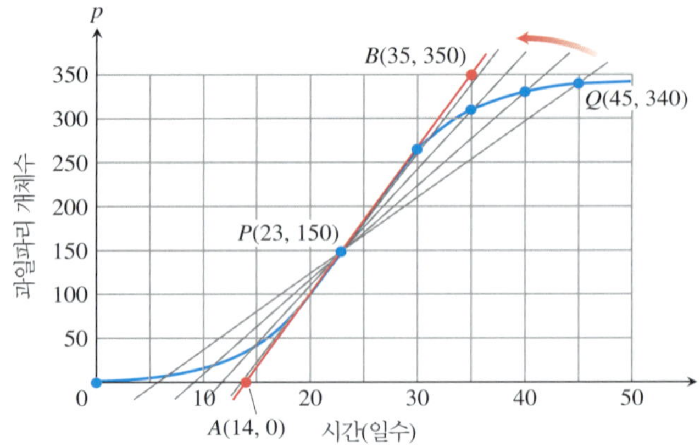

그림 1.6 과일파리의 그래프에서 점 P를 지나는 4개 할선의 위치와 기울기를 나타낸다(예제 5).

$$\frac{350-0}{35-14} = 16.7\text{파리수/일}$$

23일에는 약 16.7파리수/일의 비율로 개체수가 증가했다. ■

순간변화율은 변화가 발생하는 구간의 길이 h가 0으로 접근할 때 평균변화율이 접근하는 값이다. 평균변화율은 할선의 기울기에 해당하며, 순간변화율은 특정 값에서 접선의 기울기에 해당한다. 따라서 순간변화율과 접선의 기울기는 밀접하게 연결되어 있다. 이러한 용어에 대한 엄밀한 정의는 다음 장에서 제시되지만, 이를 위해 먼저 극한 개념을 구축해야 한다.

연습문제 1.1 EXERCISE QUESTION

평균변화율

연습문제 1~6에서 주어진 구간 또는 구간들에 정의된 함수의 평균변화율을 구하라.

1. $f(x) = x^3 + 1$
 a. $[2, 3]$ **b.** $[-1, 1]$

2. $g(x) = x^2 - 2x$
 a. $[1, 3]$ **b.** $[-2, 4]$

3. $h(t) = \cot t$
 a. $[\pi/4, 3\pi/4]$ **b.** $[\pi/6, \pi/2]$

4. $g(t) = 2 + \cos t$
 a. $[0, \pi]$ **b.** $[-\pi, \pi]$

5. $R(\theta) = \sqrt{4\theta + 1}$, $[0, 2]$

6. $P(\theta) = \theta^3 - 4\theta^2 + 5\theta$, $[1, 2]$

점에서 곡선의 기울기

연습문제 7~18에서 예제 3의 방법을 사용하여 **(a)** 주어진 점 P에서의 곡선의 기울기, **(b)** P에서의 접선의 방정식을 구하라.

7. $y = x^2 - 5$, $P(2, -1)$

8. $y = 7 - x^2$, $P(2, 3)$

9. $y = x^2 - 2x - 3$, $P(2, -3)$

10. $y = x^2 - 4x$, $P(1, -3)$

11. $y = x^3$, $P(2, 8)$

12. $y = 2 - x^3$, $P(1, 1)$

13. $y = x^3 - 12x$, $P(1, -11)$

14. $y = x^3 - 3x^2 + 4$, $P(2, 0)$

15. $y = \dfrac{1}{x}$, $P(-2, -1/2)$

16. $y = \dfrac{x}{2-x}$, $P(4, -2)$

17. $y = \sqrt{x}$, $P(4, 2)$

18. $y = \sqrt{7-x}$, $P(-2, 3)$

순간변화율

T **19. 자동차의 속력** 주어진 그림에서 정지 상태에서 가속하는 스포츠카의 시간 대 거리 그래프를 볼 수 있다.

 a. 할선 PQ_1, PQ_2, PQ_3, PQ_4의 기울기를 추정하고, 이를 그림 1.6에서와 같은 표에 순서대로 정렬하라. 이러한 기울기의 적절한 단위는 무엇인가?

 b. 시간 $t=20$에서 자동차의 속력을 추정하라.

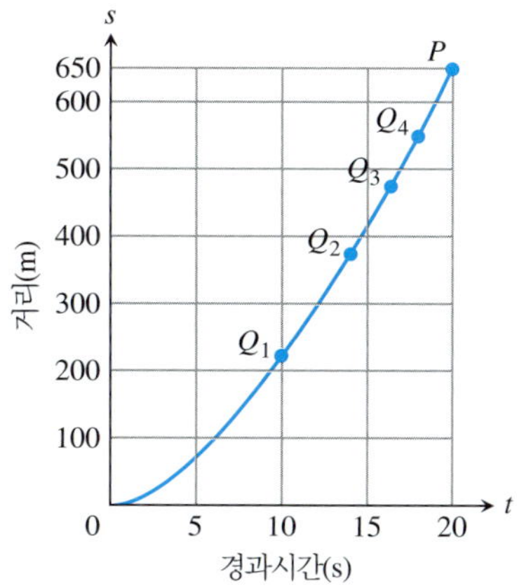

T 20. 주어진 그림에서 달 표면에서 80m 높이에 있는 달착륙선에서 떨어지는 물체의 시간 대 거리 그래프를 볼 수 있다.

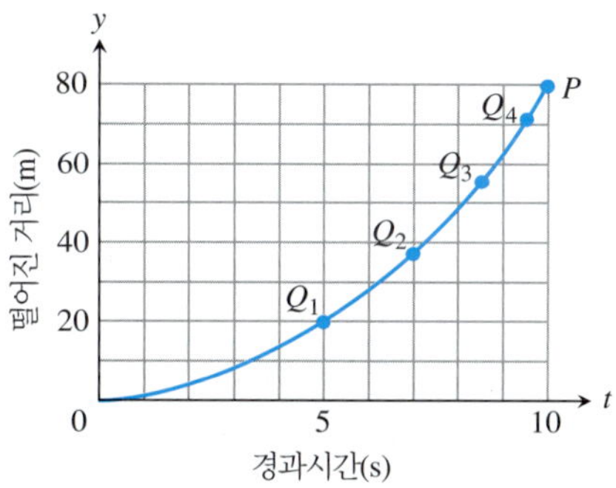

a. 할선 PQ_1, PQ_2, PQ_3, PQ_4의 기울기를 추정하고, 이를 그림 1.6에서와 같은 표에 순서대로 정렬하라. 이러한 기울기의 적절한 단위는 무엇인가?

b. 달 표면에 충돌했을 때 물체의 속력은 대략 얼마인가?

T 21. 한 소기업의 운영 첫 다섯 해 동안의 이익이 주어진 표에 나와 있다.

연도	이익 (단위: 1,000달러)
2017	6
2018	27
2019	62
2020	111
2021	174

a. 연도에 대한 함수로서의 이익을 나타내는 점을 도표에 표시하고 가능한 부드러운 곡선으로 연결하라.

b. 2019년부터 2021년까지 이익의 평균증가율은 무엇인가?

c. 그래프를 사용하여 2019년에 이익이 변화하고 있는 변화율을 추정하라.

T 22. 점 $x=1.2$, $x=11/10$, $x=101/100$, $x=1001/1000$, $x=10001/10000$, $x=1$에서 함수 $F(x)=(x+2)/(x-2)$의 값에 대한 표를 만들어라.

a. 표에서 각각의 $x\neq 0$에 대한 구간 $[1, x]$에서 함수 $F(x)$의 평균변화율을 구하라.

b. 필요한 경우 표를 확장하여 $x=1$에서 $F(x)$의 변화율을 결정하라.

T 23. $x\geq 0$일 때 $g(x)=\sqrt{x}$로 놓자.

a. 구간 $[1, 2]$, $[1, 1.5]$, $[1, 1+h]$에서 x에 대한 함수 $g(x)$의 평균변화율을 구하라.

b. 예를 들어 $h=0.1$, 0.01, 0.001, 0.0001, 0.00001, 0.000001과 같이 0으로 접근하는 h의 몇몇의 값에 대해 구간 $[1, 1+h]$에서 x에 대한 g의 평균변화율 값으로 구성된 표를 만들어라.

c. $x=1$일 때 x에 대한 $g(x)$의 변화율을 나타내는 값은 표에서 무엇인가?

T 24. $t\neq 0$일 때 $f(t)=1/t$로 놓자.

a. **(i)** $t=2$에서 $t=3$까지, **(ii)** $t=2$에서 $t=T$까지의 구간에서 t에 대한 f의 평균변화율을 구하라.

b. 예를 들어 $T=2.1$, 2.01, 2.001, 2.0001, 2.00001, 2.000001과 같이 2로 접근하는 T의 몇몇의 값에 대해 구간 $[2, T]$에서 t에 대한 f의 평균변화율 값으로 구성된 표를 만들어라.

c. $t=2$일 때 t에 대한 f의 변화율을 나타내는 값은 표에서 무엇인가?

25. 주어진 그래프는 t시간 후 자전거 타는 동안 이동한 총 거리 s를 나타낸다.

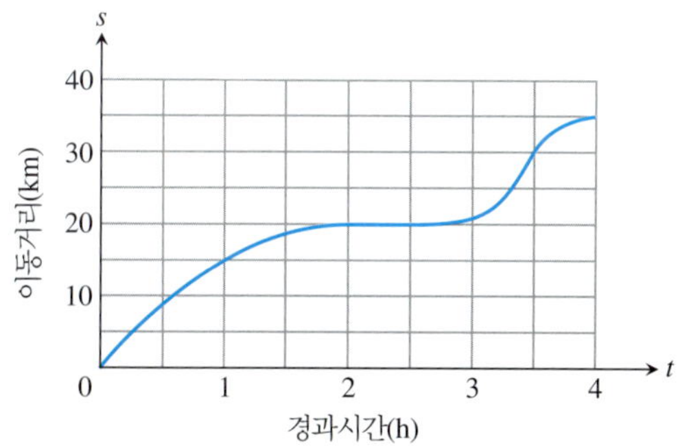

a. 시간 구간 $[0, 1]$, $[1, 2.5]$, $[2.5, 3.5]$에서 자전거의 평균 속력을 추정하라.

b. 시간 $t=\frac{1}{2}$, $t=2$, $t=3$에서 자전거의 순간 속력을 추정하라.

c. 자전거의 최대속력과 그 속력이 발생하는 구체적인 시간을 추정하라.

26. 주어진 그래프는 t일 동안 운전 후 오토바이 연료 탱크에 남아있는 총 가솔린 양 A를 나타낸다.

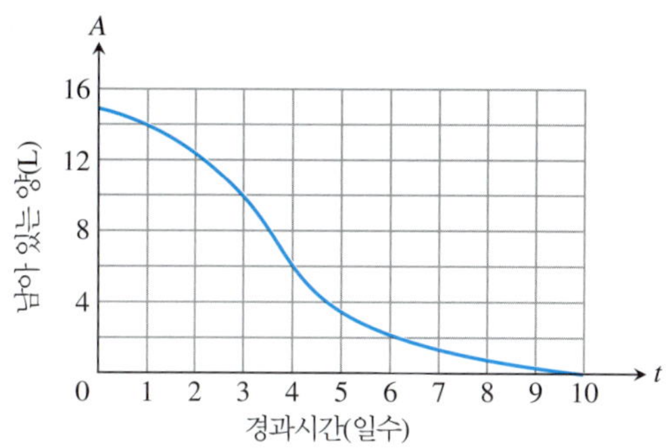

a. 일일 구간 $[0, 3]$, $[0, 5]$, $[7, 10]$에서 가솔린 평균소비율을 추정하라.

b. 시간 $t=1$, $t=4$, $t=8$에서 가솔린 순간소비율을 추정하라.

c. 가솔린 최대소비율과 그 소비율이 발생하는 구체적인 날을 추정하라.

1.2 함수의 극한과 극한 법칙

1.1절에서는 함수의 순간변화율이나 곡선의 접선을 찾을 때 극한이 어떻게 나타나는지를 보았다. 이 절에서는 함수의 극한에 대한 비형식적인 정의를 제시하는 것부터 시작한다. 그런 후에 극한의 행동을 나타내는 법칙을 설명한다. 이러한 법칙을 적용하면 다항함수 및 유리함수를 포함한 다양한 함수에 대한 극한을 빠르게 계산할 수 있다. 엄밀한 극한의 정의는 1.3절에서 제시할 것이다.

함숫값의 극한

함수 $y=f(x)$를 공부할 때 특정한 점 c 근방에서 함수 행동에 주목하지만, 점 c 자체에서는 주목하지 않는 경우가 있다. 중요한 예제 중에서 하나를 예로 들어 점 c에서 함숫값을 구하는 과정에서 정의되지 않는 과정인 0으로 나누기로 이어지는 경우이다. 이는 h가 점점 0에 접근할 때 몫함수 $\Delta y/h$를 이용하여 y의 순간변화율을 찾을 때 발생했다. 다음 예제에서는 함수를 직접 구할 수 없는 특정 점 근방에서 함수가 어떻게 행동하는지 수치적으로 탐구한다.

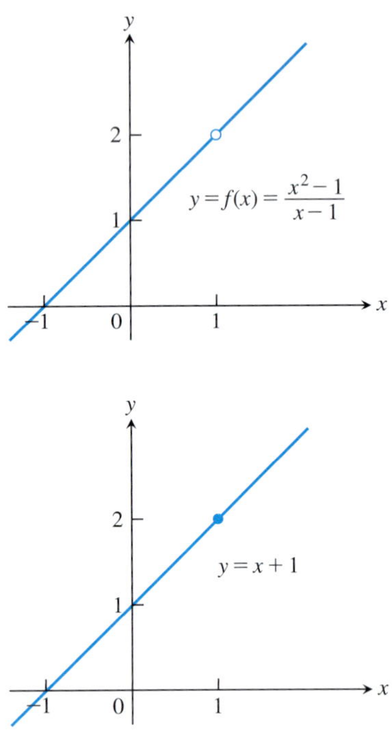

그림 1.7 함수 f의 그래프는 $x=1$에서 정의되지 않은 경우를 제외하고는 직선 $y=x+1$과 동일하다(예제 1).

예제 1 $x=1$ 근방에서 다음 함수는 어떻게 변하는가?

$$f(x)=\frac{x^2-1}{x-1}$$

풀이 주어진 공식은 (0으로 나눌 수 없기 때문에) $x=1$을 제외한 모든 실수 x에 대해 함수 f를 정의한다. $x\neq 1$일 때 분자를 인수분해하고 공통인수를 약분함으로써 공식을 간소화할 수 있다.

$$f(x)=\frac{(x-1)(x+1)}{x-1}=x+1 \quad (x\neq 1)$$

함수 f의 그래프는 점 (1, 2)가 제거된 직선 $y=x+1$이다. 이 제거된 점은 그림 1.7에서 '공구멍'으로 표시된다. 비록 $f(1)$이 정의되지 않지만, x를 충분히 1에 가깝게 선택하여 $f(x)$의 값을 2에 원하는 만큼 가깝게 만들 수 있다(표 1.2). ■

표 1.2 x가 1에 가까워짐에 따라 $f(x)$가 2에 가까워진다.

x	$f(x)=\frac{x^2-1}{x-1}$
0.9	1.9
1.1	2.1
0.99	1.99
1.01	2.01
0.999	1.999
1.001	2.001
0.999999	1.999999
1.000001	2.000001

예제 3에서는 한 점 근방에서 다른 유형의 행동을 설명할 것이다.

함수의 극한에 대한 비형식적 설명

이제 함수 f의 정의역 내부에 놓인 점에서 함수 f의 극한에 대한 비형식적인 정의를 살펴본다. 점 c 근방의 열린 구간에서 $f(x)$가 정의되어 있으면서, 아마도 c 자체에서는 정의되지 않을 수 있다고 가정하자. 만약 점 c 자체를 제외한 c에 충분히 가까운 모든 x에 대해 $f(x)$가 상수 L에 한없이 가까워진다면(즉 우리가 원하는 만큼 가까워짐), x가 c에 접근함에 따라 f가 **극한**(limit) L로 접근한다고 하고, 다음과 같이 나타낸다.

$$\lim_{x\to c} f(x)=L$$

이를 "x가 c에 접근할 때 함수 $f(x)$의 극한은 L이다"로 읽는다. 예제 1에서 $f(x)$는 x가 1에 접근함에 따라 극한 2에 접근하며, 다음과 같이 나타낸다.

$$\lim_{x\to 1} f(x)=2 \qquad \text{또는} \qquad \lim_{x\to 1}\frac{x^2-1}{x-1}=2$$

본질적으로 이 정의는 x가 c에 가까울 때 $f(x)$의 값이 상수 L에 가깝다는 것을 말한다. 함수의 값은 c 자체에서는 고려되지 않는다.

여기서 정의는 한없이 가깝다와 충분히 가깝다와 같은 표현이 모호하기 때문에 비형식적이다. 이러한 표현의 의미는 문맥에 따라 다르다. (피스톤을 제조하는 기계공에게 '가깝다'는 몇 백분의 일 밀리미터 내외일 수 있다. 먼 은하를 연구하는 천문학자에게 '가깝다'는 몇 천 광년 내외일 수 있다.) 그럼에도 불구하고 이 정의는 많은 구체적인 함수의 극한을 인식하고 값을 구할 수 있을 정도로 명확하다. 극한에 관한 정리를 증명하거나 복잡한 함수를 연구할 때는 1.3절에서 제시된 엄밀한 정의가 필요하다. 극한에 대한 개념을 탐구하는 몇 가지 더 많은 예제가 다음에 주어진다.

예제 2 함수의 극한은 접근하는 점에서 함수가 어떻게 정의되는지에 따라 달라지지는 않는다. 그 점에서 함수가 정의되어 있는지에 대해서조차 중요하지 않다. 그림 1.8에 나와 있는 3개의 함수를 생각해보자. 함수 f가 $x=1$에서 정의되지 않더라도 $x \to 1$일 때 f의 극한은 2이다. $2 \neq g(1)$임에도 불구하고 $x \to 1$일 때 함수 g의 극한은 2이다. 함수 h는 그림 1.8에 나와 있는 3개의 함수 중 유일하게 $x \to 1$일 때 극한이 $x=1$에서의 함숫값과 같다. 함수 h에 대해서는 $\lim_{x\to 1} h(x)=h(1)$이 성립한다. 이 극한과 함숫값이 같음에는 중요한 의미가 있다. 그림 1.8에서 보듯이 극한과 함숫값의 동등성은 '연속'의 개념을 포착하는 중요한 의미가 있다. 이것을 1.6절에서 자세히 공부하게 된다. ■

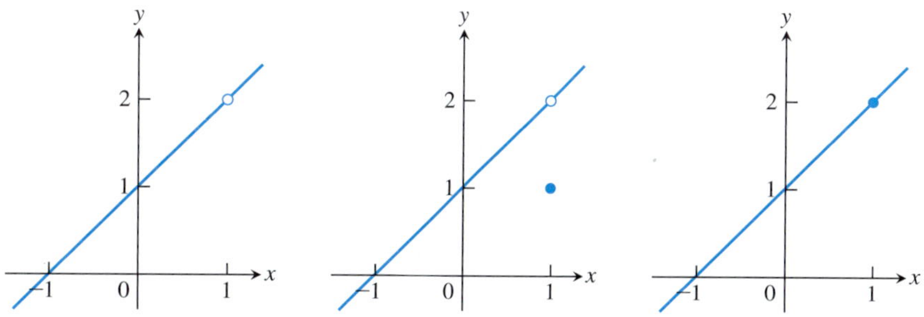

(a) $f(x)=\dfrac{x^2-1}{x-1}$ (b) $g(x)=\begin{cases}\dfrac{x^2-1}{x-1}, & x\neq 1\\ 1, & x=1\end{cases}$ (c) $h(x)=x+1$

그림 1.8 x가 1에 접근할 때, 함수 $f(x)$, $g(x)$, $h(x)$의 극한은 모두 2이다. 그러나 $h(x)$만이 $x=1$에서 함숫값이 극한과 같다(예제 2).

극한을 찾는 과정은 종종 우리가 밝혀낼 간단한 연산들을 사용하여 결합되는 기본 함수의 극한을 찾는 일련의 단계로 나눌 수 있다. 두 가지 기본 함수로 시작하자.

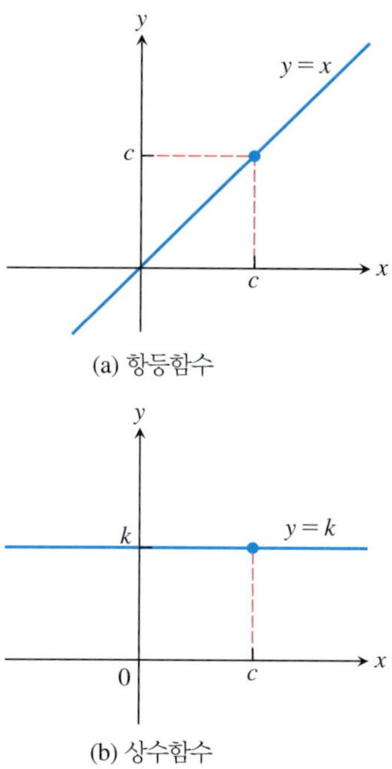

그림 1.9 모든 점 c에서 예제 3의 함수의 극한이 존재한다.

예제 3 x가 $x=c$로 접근할 때, 항등함수와 상수함수의 극한을 구하자.

(a) f가 **항등함수**(identity function) $f(x)=x$이면, 모든 값 c에 대해 다음과 같다(그림 1.9a).

$$\lim_{x\to c} f(x) = \lim_{x\to c} x = c$$

(b) f가 **상수함수**(constant function) $f(x)=k$ (함숫값이 상수 k인 함수)이면, 모든 값 c에 대해 다음과 같다(그림 1.9b).

$$\lim_{x\to c} f(x) = \lim_{x\to c} k = k$$

이런 규칙 각각에 대해 예를 들면 다음과 같다.

$$\lim_{x\to 3} x = 3$$ $x=3$일 때 항등함수의 극한

$$\lim_{x\to -7} 4 = \lim_{x\to 2} 4 = 4$$ $x=-7$일 때와 $x=2$일 때 상수함수 $f(x)=4$의 극한

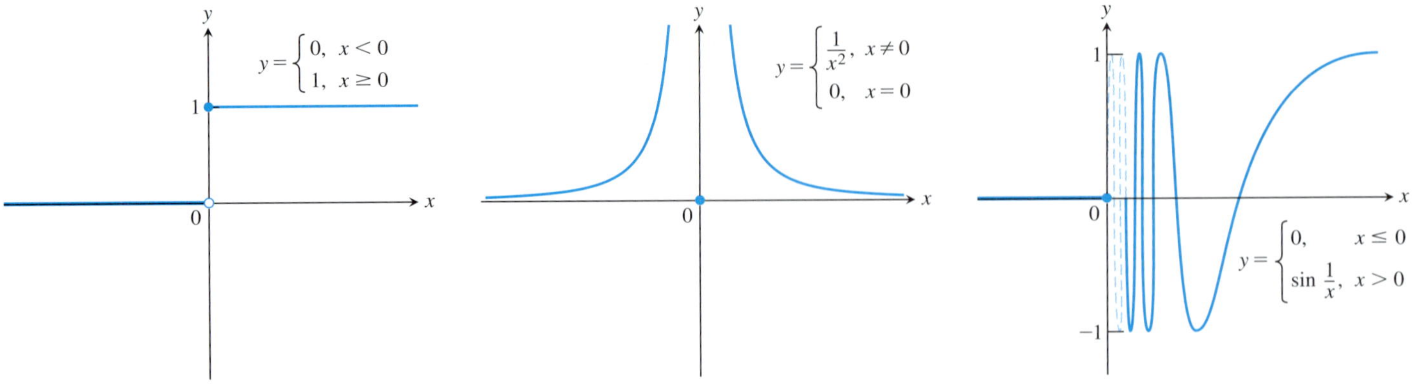

(a) 단위계단함수 $U(x)$　　(b) $g(x)$　　(c) $f(x)$

그림 1.10 x가 0에 접근할 때, 이들 함수의 극한은 존재하지 않는다(예제 4).

이 규칙들은 1.3절에 나오는 예제 3에서 증명할 것이다. ■

특정 점에서 함수의 극한이 존재하지 않을 수 있다. 극한이 존재하지 않을 수 있는 몇 가지 방법은 그림 1.10에 나와 있으며 다음 예제에서 설명된다.

예제 4 다음 함수의 행동에 대해 토론하고, $x \to 0$일 때 함수의 극한이 존재하지 않는 이유를 설명하라.

(a) $U(x) = \begin{cases} 0, & x < 0 \\ 1, & x \ge 0 \end{cases}$　**(b)** $g(x) = \begin{cases} \dfrac{1}{x^2}, & x \ne 0 \\ 0, & x = 0 \end{cases}$　**(c)** $f(x) = \begin{cases} 0, & x \le 0 \\ \sin\dfrac{1}{x}, & x > 0 \end{cases}$

예제 4의 함수 U는 올리버 헤비사이드(1850~1925)의 이름을 따라 헤비사이드 함수로 알려져 있다.

풀이

(a) 이 함수는 뛰어 오른다. $x \to 0$일 때 **단위계단함수**(unit step function) $U(x)$의 극한은 존재하지 않는다. 왜냐하면 그 값이 $x=0$에서 뛰어 오르기 때문이다. 0에 한없이 근접하는 x값이 음수일 때 $U(x)=0$이다. 0에 한없이 근접하는 x값이 양수일 때 $U(x)=1$이다. $x \to 0$일 때 $U(x)$가 접근하는 단일 값 L은 존재하지 않는다(그림 1.10a).

(b) 이 함수는 너무 큰 값으로 증가하기 때문에 극한이 존재할 수 없다. $x \to 0$일 때 $g(x)$의 극한은 존재하지 않는다. 왜냐하면 $x \to 0$일 때 $g(x)$의 값이 한없이 커지기 때문에 어떤 고정된 실수 근처에 머물 수 없다(그림 1.10b). 이때 함수 g는 유계가 아니다라고 한다.

(c) 이 함수는 너무 진동하기 때문에 극한이 존재할 수 없다. $x \to 0$일 때 $f(x)$의 극한이 존재하지 않는다. 왜냐하면 함숫값이 0을 포함하는 모든 열린 구간에서 +1과 −1 사이를 진동하기 때문이다. $x \to 0$일 때 함숫값은 어떤 하나의 실수에 가깝게 유지되지 않는다(그림 1.10c). ■

진동하는 함수의 극한은 존재할 수도 있고 존재하지 않을 수도 있다. 예제 11에서는 광범위하게 진동하지만 그럼에도 불구하고 극한이 존재하는 함수를 볼 것이다. 예제 4에서 다룬 함수 f의 문제는 진동하는 것이 아니라 너무 많이 진동해서 극한이 존재하지 않는다는 것이다.

극한 법칙

몇 가지 기본 규칙을 사용하면 극한을 계산할 때 복잡한 함수를 간단한 함수로 분해할 수 있다. 이러한 규칙을 사용하면 많은 극한 계산을 크게 간소화할 수 있다.

정리 1 ▌ 극한 법칙

만약 L, M, c, k가 실수이고 다음과 같다고 하자.

$$\lim_{x\to c} f(x) = L \text{ 그리고 } \lim_{x\to c} g(x) = M$$

1. 합 규칙: $\lim_{x\to c}(f(x)+g(x)) = L + M$
2. 차 규칙: $\lim_{x\to c}(f(x)-g(x)) = L - M$
3. 상수배 규칙: $\lim_{x\to c}(k\cdot f(x)) = k\cdot L$
4. 곱 규칙: $\lim_{x\to c}(f(x)\cdot g(x)) = L\cdot M$
5. 몫 규칙: $\lim_{x\to c}\dfrac{f(x)}{g(x)} = \dfrac{L}{M} \quad (M\neq 0)$
6. 거듭제곱 규칙: $\lim_{x\to c}[f(x)]^n = L^n$ (n은 자연수)
7. 제급근 규칙: $\lim_{x\to c}\sqrt[n]{f(x)} = \sqrt[n]{L} = L^{1/n}$ (n은 자연수)

(만약 n이 짝수이면 c를 포함하는 구간에 놓인 모든 x에서 $f(x)\geq 0$라고 가정한다.)

합 규칙은 합의 극한이 극한의 합이라고 말한다. 비슷하게 다음 규칙은 1차의 극한은 극한의 차이고, 상수와 함수 곱의 극한은 상수와 함수 극한의 곱이며, 곱의 극한은 극한의 곱이며, 몫의 극한은 분모의 극한이 0이 아닌 경우에 극한의 몫이며, 함수의 자연수 거듭제곱(또는 제곱근)의 극한은(제곱근의 극한이 실수인 경우) 자연수 거듭제곱(또는 제곱근)의 극한임을 말한다.

정리 1의 성질이 참인 이유에 대해 간단하고 직관적인 논증은(이러한 논증이 증명은 아니지만) 다음과 같다. 극한의 비형식적인 정의로부터 만약 x가 충분히 c에 가까우면 $f(x)$는 L에 가깝고, $g(x)$는 M에 가깝다는 것을 알 수 있다. 그러면 $f(x)+g(x)$는 $L+M$에 가깝고, $f(x)-g(x)$는 $L-M$에 가깝고, $kf(x)$는 kL에 가깝고, $f(x)g(x)$는 LM에 가깝고, M이 0이 아닌 경우로 $f(x)/g(x)$는 L/M에 가깝다는 것은 합리적이다. 1.3절에서 극한의 엄밀한 정의를 기반으로 합 규칙을 증명할 것이다. 규칙 2~5는 부록 A.6에서 증명된다. 규칙 4를 반복적으로 적용함으로써 규칙 6이 성립함을 확인할 수 있다. 규칙 7은 더 상위 교재에서 증명된다. 합, 차, 곱 규칙은 두 함수 뿐만 아니라 확장하여 여러 함수에도 적용될 수 있다.

예제 5 공식 $\lim_{x\to c} k=k$, $\lim_{x\to c} x=c$ (예제 3), 정리 1의 극한 법칙을 적용하여 다음 극한을 구하라.

(a) $\lim_{x\to c}(x^3+4x^2-3)$ **(b)** $\lim_{x\to c}\dfrac{x^4+x^2-1}{x^2+5}$ **(c)** $\lim_{x\to -2}\sqrt{4x^2+3}$

풀이

(a)
$$\begin{aligned}\lim_{x\to c}(x^3+4x^2-3) &= \lim_{x\to c}x^3 + \lim_{x\to c}4x^2 - \lim_{x\to c}3 && \text{합과 차 규칙}\\ &= c^3+4c^2-3 && \text{거듭제곱 규칙과 곱 규칙과 상수함수의 극한}\end{aligned}$$

(b)
$$\begin{aligned}\lim_{x\to c}\frac{x^4+x^2-1}{x^2+5} &= \frac{\lim_{x\to c}(x^4+x^2-1)}{\lim_{x\to c}(x^2+5)} && \text{몫 규칙: 모든 } x\text{에 대해 } (x^2+5)>0\text{임을 확인한다.}\\ &= \frac{\lim_{x\to c}x^4+\lim_{x\to c}x^2-\lim_{x\to c}1}{\lim_{x\to c}x^2+\lim_{x\to c}5} && \text{합과 차 규칙}\\ &= \frac{c^4+c^2-1}{c^2+5} && \text{거듭제곱 규칙과 상수함수의 극한}\end{aligned}$$

(c) $\lim_{x \to -2} \sqrt{4x^2 + 3} = \sqrt{\lim_{x \to -2} (4x^2 + 3)}$ — $n=2$에 대한 제곱근 규칙 $(4x^2+3 \geq 0)$

$= \sqrt{\lim_{x \to -2} 4x^2 + \lim_{x \to -2} 3}$ — 합 규칙

$= \sqrt{4(-2)^2 + 3}$ — 거듭제곱 규칙과 곱 규칙과 상수함수의 극한

$= \sqrt{16 + 3}$

$= \sqrt{19}$ ■

다항함수와 유리함수의 극한값 구하기

정리 1은 다항함수 및 유리함수의 극한을 계산하는 작업을 단순화한다. x가 c에 접근할 때 다항함수의 극한을 구하려면 함수의 식에 x 대신 c를 대입하면 된다. 유리함수의 극한을 구하려면, 분모가 0이 아닌 점 c에서 x가 c로 접근할 때 함수의 식에 x 대신 c를 대입하면 된다(예제 5a와 5b 참조). 이러한 결과를 형식적으로 다음과 같이 정리로 나타낼 수 있다.

정리 2 | 다항함수의 극한

만약 $P(x) = a_n x^n + a_{n-1}x^{n-1} + \cdots + a_0$이면 다음과 같다.

$$\lim_{x \to c} P(x) = P(c) = a_n c^n + a_{n-1}c^{n-1} + \cdots + a_0$$

정리 3 | 유리함수의 극한

만약 $P(x)$와 $Q(x)$가 다항식이고 $Q(c) \neq 0$이면 다음과 같다.

$$\lim_{x \to c} \frac{P(x)}{Q(x)} = \frac{P(c)}{Q(c)}$$

예제 6 다음 계산은 정리 2와 3을 설명한다.

$$\lim_{x \to -1} \frac{x^3 + 4x^2 - 3}{x^2 + 5} = \frac{(-1)^3 + 4(-1)^2 - 3}{(-1)^2 + 5} = \frac{0}{6} = 0$$

이 유리식의 분모는 x에 -1을 대입할 때 0이 아니기 때문에, 단순히 $x=-1$에서 식의 값을 계산하여 극한을 구할 수 있다. ■

영 분모로부터 공통인수 약분하기

공통인수 확인하기
만약 $Q(x)$가 다항식이고 $Q(c)=0$이면, $(x-c)$는 $Q(x)$의 인수이다. 따라서 x에 대한 유리함수의 분자와 분모가 $x=c$에서 모두 0이면, $(x-c)$은 그들의 공통인수이다.

정리 3은 유리함수의 분모가 극한점 c에서 0이 아닌 경우에만 적용된다. 만약 분모가 0이면, 분자와 분모의 공통인수를 약분하여 분수를 단순화할 수 있으며, 이렇게 하면 더 이상 c에서 분모가 0이 아닌 단순한 분수가 될 수도 있다. 이렇게 되면 단순화된 분수에 대해 대입방법을 적용하여 극한을 구할 수 있다.

예제 7 다음 식의 극한을 구하라.

$$\lim_{x \to 1} \frac{x^2 + x - 2}{x^2 - x}$$

풀이 $x=1$에서 분모가 0이 되기 때문에 이것을 대입할 수 없다. $x=1$에서 분자가 0이 되는지를 확인한다. 그렇기 때문에 $(x-1)$은 분자와 분모의 공통인수이다. 이 공통인수를 약분하여 만들어진 간단한 분수는 $x \neq 1$일 때 원래 함수와 값이 같다.

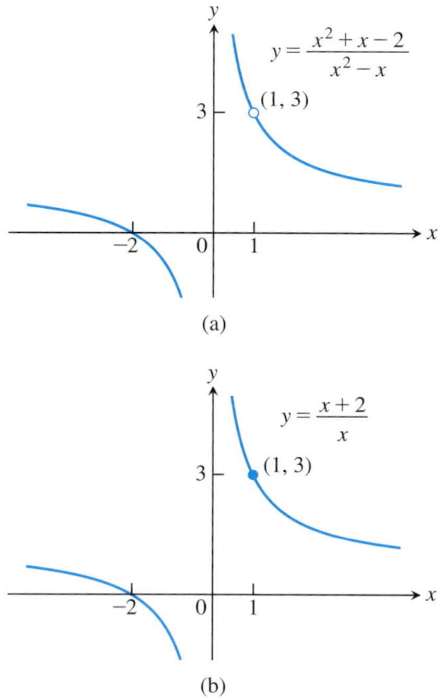

그림 1.11 (a)의 함수 $f(x)=(x^2+x-2)/(x^2-x)$의 그래프는 (b)의 함수 $g(x)=(x+2)/x$의 그래프와 f가 정의되지 않는 점 $x=1$을 제외하고 같다. $x\to 1$일 때 이 함수의 극한은 같다(예제 7).

$$\frac{x^2+x-2}{x^2-x}=\frac{(x-1)(x+2)}{x(x-1)}=\frac{x+2}{x}\quad (x\neq 1\text{일 때})$$

위의 간단한 분수를 사용하여 정리 3에서와 같이 $x\to 1$일 때 $x=1$을 다음 함수에 대입하여 이들 값의 극한을 구한다.

$$\lim_{x\to 1}\frac{x^2+x-2}{x^2-x}=\lim_{x\to 1}\frac{x+2}{x}=\frac{1+2}{1}=3$$

그림 1.11을 확인한다. ■

극한 추정을 위해 계산기와 컴퓨터 사용하기

극한을 수치적으로 추정하기 위해 계산기나 컴퓨터를 사용할 수 있다. 그러나 계산기와 컴퓨터는 때때로 극한에 대한 부정확한 값과 잘못된 증거를 제공할 수 있다. 이 문제는 이후 설명하는 것과 같이 주로 반올림 오차와 관련이 있다.

예제 8 극한 $\lim_{x\to 0}\frac{\sqrt{x^2+100}-10}{x^2}$의 값을 추정하라.

풀이 표 1.3에서는 $x=0$을 향해 다가가는 여러 점에서 계산기로 구한 함수의 값이 나열되어 있다. x가 ±1, ±0.5, ±0.1, ±0.01을 거쳐 0에 다가갈 때, 함수는 상수 0.05에 다가가는 것으로 보인다.

표 1.3 $x=0$ 근방에서 $f(x)=\frac{\sqrt{x^2+100}-10}{x^2}$의 컴퓨터 계산값.

x	$f(x)$	
±1	0.049876	0.05로 다가가는가?
±0.5	0.049969	
±0.1	0.049999	
±0.01	0.050000	
±0.0005	0.050000	0으로 다가가는가?
±0.0001	0.000000	
±0.00001	0.000000	
±0.000001	0.000000	

더 작은 x값인 ±0.0005, ±0.0001, ±0.00001, ±0.000001을 사용할수록 함수는 0에 다가가는 것으로 나타난다.

답은 0.05인가, 0인가, 아니면 다른 값인가? 다음 예제에서 이 질문에 대한 해답을 찾을 것이다. ■

컴퓨터나 계산기를 사용하면 예제 8에서와 같이 애매한 결과가 나올 수 있다. 컴퓨터는 x가 매우 작을 때 $f(x)$값을 계산하는 경우에 반올림 오차를 피하기 위한 충분한 자릿수를 항상 유지할 수 있는 것이 아니다. 이 문제에 $x=0$을 대입할 수 없으며, 분자와 분모에는 (예제 7에서와 같은) 명백한 공통인수도 없다. 그러나 때로는 대수를 사용하여 공통인수를 만들 수 있다.

예제 9 다음 식의 극한을 구하라.

$$\lim_{x\to 0}\frac{\sqrt{x^2+100}-10}{x^2}$$

풀이 이것은 예제 8에서 다루었던 극한이다. 분자와 분모 모두에 켤레근호 표현 $\sqrt{x^2+100}+10$ (제곱근 뒤의 부호를 변경하여 구함)을 곱함으로써 공통인수를 만들 수 있다. 기초 대수를 이용하여 분자를 유리화한다.

$$\begin{aligned}\frac{\sqrt{x^2+100}-10}{x^2} &= \frac{\sqrt{x^2+100}-10}{x^2}\cdot\frac{\sqrt{x^2+100}+10}{\sqrt{x^2+100}+10} && \text{켤레를 곱하고 나눈다.}\\ &= \frac{x^2+100-100}{x^2\left(\sqrt{x^2+100}+10\right)} && \text{단순화하기}\\ &= \frac{x^2}{x^2\left(\sqrt{x^2+100}+10\right)} && \text{공통인수 } x^2\\ &= \frac{1}{\sqrt{x^2+100}+10} && x\neq 0\text{일 때 } x^2 \text{ 약분하기}\end{aligned}$$

그러므로 다음과 같다.

$$\begin{aligned}\lim_{x\to 0}\frac{\sqrt{x^2+100}-10}{x^2} &= \lim_{x\to 0}\frac{1}{\sqrt{x^2+100}+10}\\ &= \frac{1}{\sqrt{0^2+100}+10} && \text{극한 규칙 사용하기: 합 규칙, 거듭제곱 규칙, 제곱근 규칙, 몫 규칙(분모가 0이 아닐 때)}\\ &= \frac{1}{20} = 0.05\end{aligned}$$

이 계산으로 예제 8에서 컴퓨터 결과의 애매성이 해결되고 올바른 답이 구해진다. ■

유리함수의 극한을 구하는 데 분모가 0이 되는 경우 식의 항을 항상 다룰 수 있는 것은 아니다. 극한은 때때로 기하학적인 논증을 통해(1.4절의 정리 6의 증명 참조) 또는 미적분학적 방법(3.5절에서 다뤄짐)을 통해 찾을 수 있다. 다음 정리에서는 극한이 알려진 함수와 비교하여 어려운 극한을 구하는 방법을 볼 수 있다.

샌드위치 정리

다음 정리를 이용하여 다양한 극한을 계산할 수 있다. 함수 f 값이 점 c에서 극한이 L로 같은 다른 두 함수 g와 h의 함숫값 사이에 끼워져 있기 때문에 이 정리를 샌드위치 정리라고 부른다. L을 향해 다가가는 두 함숫값 사이에 갇혀 있기 때문에 f의 값도 L에 다가가야 한다(그림 1.12). 증명은 부록 A.6에 제시되어 있다.

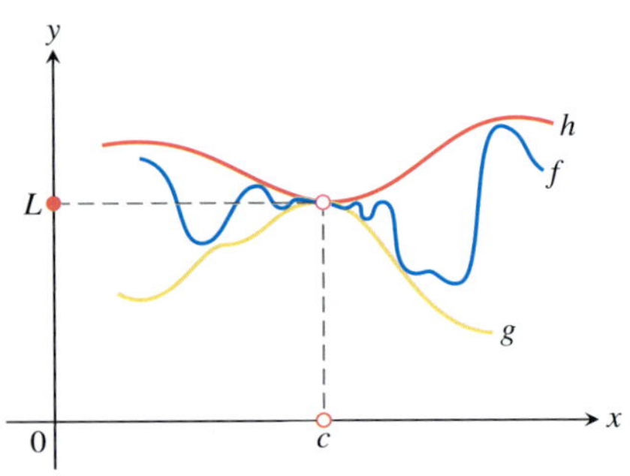

그림 1.12 함수 f의 그래프가 g와 h의 그래프 사이에 갇혀 있다.

정리 4 ▎ 샌드위치 정리

점 c를 포함하는 열린 구간에 놓인 $x=c$를 제외한 모든 점 x에서 $g(x)\le f(x)\le h(x)$라고 가정하자.

$$\lim_{x\to c} g(x) = \lim_{x\to c} h(x) = L$$

그러면 $\lim_{x\to c} f(x) = L$이다.

샌드위치 정리는 조임 정리 또는 압축 정리로도 불린다.

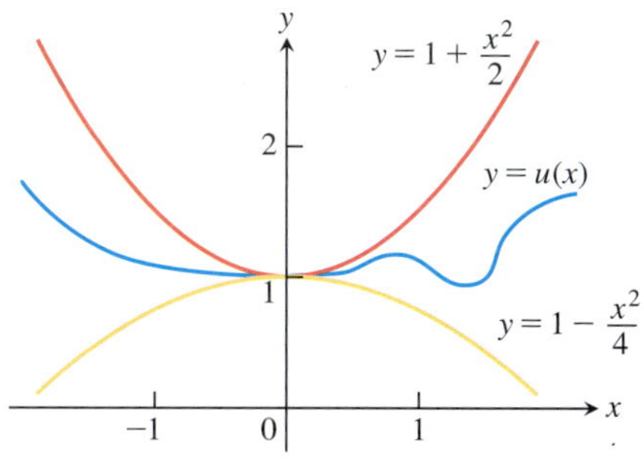

그림 1.13 $x \to 0$일 때 그래프가 $y=1+(x^2/2)$ 그리고 $y=1-(x^2/4)$ 사이의 영역에 놓인 모든 함수 $u(x)$의 극한은 1이다(예제 10).

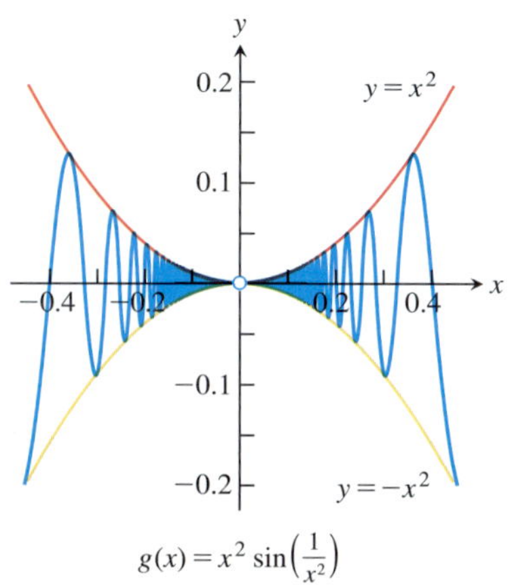

그림 1.14 함수 g의 그래프(예제 11). 이 함수는 $x=0$에서 정의되지 않는다. 함수가 진동하더라도 x가 0으로 다가갈 때 극한이 존재한다. 함수 $g(x)$의 값은 항상 x^2과 $-x^2$ 사이에 놓여 있다.

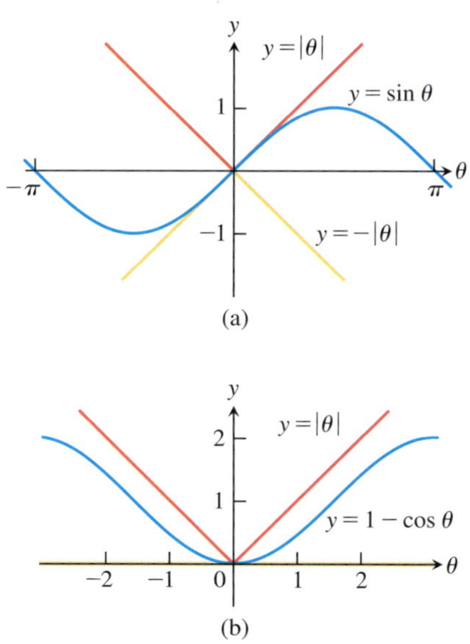

그림 1.15 샌드위치 정리를 적용하여 예제 12에서의 극한을 확인할 수 있다.

예제 10 다음 조건이 성립하는 함수 u라고 하자.

$$x \neq 0 \text{일 때} \quad 1 - \frac{x^2}{4} \leq u(x) \leq 1 + \frac{x^2}{2}$$

u가 얼마나 복잡한지에 상관없이 극한 $\lim_{x\to 0} u(x)$를 구하라.

풀이 다음 식이 성립한다.

$$\lim_{x\to 0}(1 - (x^2/4)) = 1 \quad \text{그리고} \quad \lim_{x\to 0}(1 + (x^2/2)) = 1$$

샌드위치 정리에 따라 $\lim_{x\to 0} u(x) = 1$이다(그림 1.13). ■

샌드위치 정리를 사용하여 진동하는 함수의 극한이 존재할 수도 있다는 것을 알 수 있다.

예제 11 $x=0$ 근방에서 함수 $g(x)=x^2\sin(1/x^2)$의 행동은 어떠한가?

풀이 위의 함수 식은 $x=0$이 아닌 모든 실수 x에 대해 $g(x)$를 정의한다. 함수 g의 그래프는 그림 1.14에 나와 있다. 그래프가 진동하는 것을 볼 수 있지만, 샌드위치 정리를 사용하여 x가 0에 다가갈 때 $g(x)$의 극한을 구할 수 있다. $x \neq 0$이면 $1/x^2$은 양의 실수이다. 사인함수의 범위가 $[-1, 1]$인 것을 감안하면, 모든 $x \neq 0$에 대해 $-1 \leq \sin(1/x^2) \leq 1$이다. 함수 $g(x)=x^2\sin(1/x^2)$의 정확한 값을 모르더라도 그 값이 $-x^2$과 x^2 사이에 있다는 것을 알 수 있다.

$$\lim_{x\to 0} x^2 = 0 \quad \text{그리고} \quad \lim_{x\to 0}(-x^2) = 0$$

그러므로 샌드위치 정리에 따라 $\lim_{x\to 0} g(x) = 0$이다. ■

예제 12 샌드위치 정리를 적용하여 여러 중요한 극한 법칙을 찾을 수 있다.

(a) $\lim_{\theta\to 0}\sin\theta = 0$

(b) $\lim_{\theta\to 0}\cos\theta = 1$

(c) 함수 f에 대해 $\lim_{x\to c}|f(x)| = 0$이면 $\lim_{x\to c} f(x) = 0$이다.

풀이

(a) 모든 θ에 대해 $-|\theta| \leq \sin\theta \leq |\theta|$이다(그림 1.15a). 그런데 $\lim_{\theta\to 0}(-|\theta|) = \lim_{\theta\to 0}\theta = 0$이므로 다음과 같다.

$$\lim_{\theta\to 0}\sin\theta = 0$$

(b) 모든 θ에 대해 $0 \leq 1 - \cos\theta \leq |\theta|$이다(그림 1.15b). 그런데 $\lim_{\theta\to 0}|\theta| = 0$과 $\lim_{\theta\to 0} 0 = 0$이므로 $\lim_{\theta\to 0}(1-\cos\theta) = 0$이고 다음과 같다.

$$\lim_{\theta\to 0}\cos\theta = \lim_{\theta\to 0}(1 - (1 - \cos\theta)) = 1 - \lim_{\theta\to 0}(1 - \cos\theta) = 1 - 0 = 1$$

(c) $-|f(x)| \leq f(x) \leq |f(x)|$이고 $x \to c$일 때 $-|f(x)|$와 $|f(x)|$의 극한은 0이므로 $\lim_{x\to c} f(x) = 0$이다. ■

예제 12에서 사인함수와 코사인함수가 $\theta=0$에서 함숫값이 극한과 같음을 알 수 있다. 그렇지만 아직은 모든 c에 대해 $\lim_{\theta\to c}\sin\theta = \sin c$와 $\lim_{\theta\to c}\cos\theta = \cos c$가 성립함을 확인한 것은 아니다. 이들 극한 공식이 성립한다는 것은 1.6절에서 확인될 것이다.

연습문제 1.2 EXERCISE QUESTION

그래프에서 극한 보기

1. 주어진 그래프가 그려진 함수 $g(x)$에 대해 다음 극한을 구하거나 존재하지 않음을 설명하라.

a. $\lim_{x\to 1} g(x)$ **b.** $\lim_{x\to 2} g(x)$ **c.** $\lim_{x\to 3} g(x)$ **d.** $\lim_{x\to 2.5} g(x)$

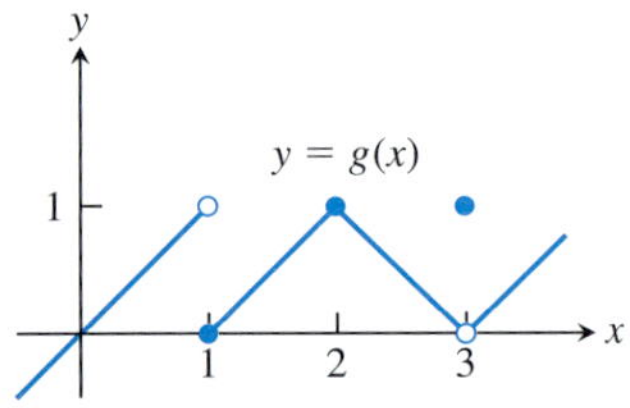

2. 주어진 그래프가 그려진 함수 $f(t)$에 대해 다음 극한을 구하거나 존재하지 않음을 설명하라.

a. $\lim_{t\to -2} f(t)$ **b.** $\lim_{t\to -1} f(t)$ **c.** $\lim_{t\to 0} f(t)$ **d.** $\lim_{t\to -0.5} f(t)$

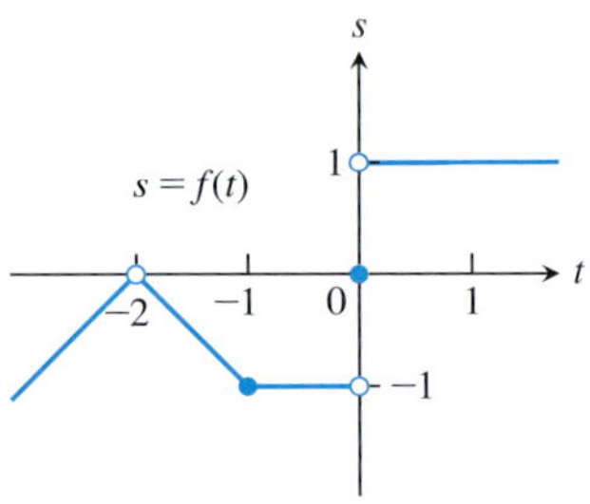

3. 주어진 그래프가 그려진 함수 $y=f(x)$에 대해 다음 문장 중에서 어느 것이 참이고 어느 것이 거짓인가?

a. $\lim_{x\to 0} f(x)$가 존재한다.

b. $\lim_{x\to 0} f(x) = 0$

c. $\lim_{x\to 0} f(x) = 1$

d. $\lim_{x\to 1} f(x) = 1$

e. $\lim_{x\to 1} f(x) = 0$

f. $(-1, 1)$에 놓인 모든 점 c에서 $\lim_{x\to c} f(x)$가 존재한다.

g. $\lim_{x\to 1} f(x)$가 존재하지 않는다.

h. $f(0) = 0$

i. $f(0) = 1$

j. $f(1) = 0$

k. $f(1) = -1$

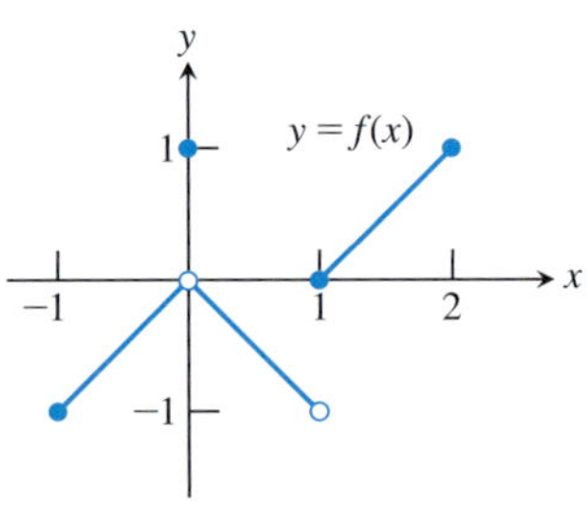

4. 주어진 그래프가 그려진 함수 $f(t)$에 대해 다음 극한을 구하거나 존재하지 않음을 설명하라.

a. $\lim_{x\to 2} f(x)$가 존재한다.

b. $\lim_{x\to 2} f(x) = 2$

c. $\lim_{x\to 1} f(x)$는 존재하지 않는다.

d. $(-1, 1)$에 놓인 모든 점 c에서 $\lim_{x\to c} f(x)$가 존재한다.

e. $(1, 3)$에 놓인 모든 점 c에서 $\lim_{x\to c} f(x)$가 존재한다.

f. $f(1) = 0$

g. $f(1) = -2$

h. $f(2) = 0$

i. $f(2) = 1$

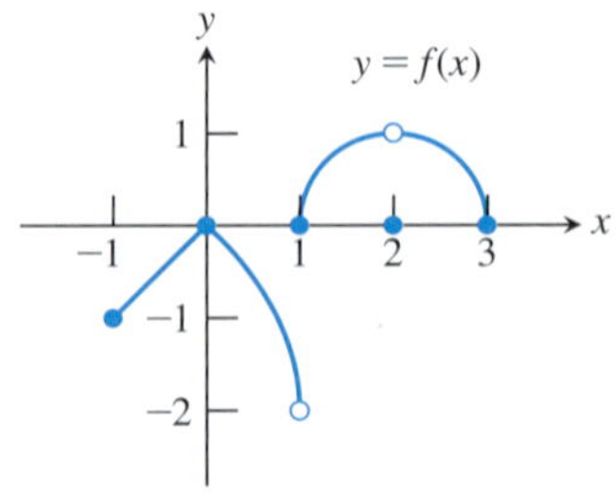

극한의 존재성

연습문제 5와 6에서 극한이 존재하지 않는 이유를 설명하라.

5. $\lim_{x\to 0} \frac{x}{|x|}$

6. $\lim_{x\to 1} \frac{1}{x-1}$

7. 함수 $f(x)$가 점 $x=c$를 제외한 모든 점에서 정의된다고 가정하자. 극한 $\lim_{x\to c} f(x)$의 존재성에 대해 무엇이든 말할 수 있는가? 답변에 대한 이유를 제시하라.

8. 함수 $f(x)$가 $[-1, 1]$에 놓인 모든 점에서 정의된다고 가정하자. 극한 $\lim_{x\to 0} f(x)$의 존재성에 대해 무엇이든 말할 수 있는가? 답변에 대한 이유를 제시하라.

9. 만약 $\lim_{x\to 1} f(x)=5$이면 f는 $x=1$에서 정의되는가? 만약 그렇다면 $f(1)=5$이어야 하는가? 점 $x=1$에서 f의 값에 대해 무엇이든 결론을 내릴 수 있는가? 설명하라.

10. 만약 $f(1)=5$이면 $\lim_{x\to 1} f(x)$는 존재해야만 하는가? 만약 그렇다면 $\lim_{x\to 1} f(x)=5$이어야만 하는가? 극한 $\lim_{x\to 1} f(x)$에 대해 무엇이든 결론을 내릴 수 있는가? 설명하라.

극한 계산하기

연습문제 11~22에서 극한을 구하라.

11. $\lim_{x\to -3} (x^2 - 13)$

12. $\lim_{x\to 2} (-x^2 + 5x - 2)$

13. $\lim_{t\to 6} 8(t-5)(t-7)$

14. $\lim_{x\to -2} (x^3 - 2x^2 + 4x + 8)$

15. $\lim_{x\to 2} \frac{2x+5}{11-x^3}$

16. $\lim_{s\to 2/3} (8-3s)(2s-1)$

17. $\lim_{x\to -1/2} 4x(3x+4)^2$

18. $\lim_{y\to 2} \frac{y+2}{y^2+5y+6}$

19. $\lim_{y\to -3} (5-y)^{4/3}$

20. $\lim_{z\to 4} \sqrt{z^2-10}$

21. $\lim_{h\to 0} \frac{3}{\sqrt{3h+1}+1}$

22. $\lim_{h\to 0} \frac{\sqrt{5h+4}-2}{h}$

유리식의 극한 연습문제 23~42에서 극한을 구하라.

23. $\lim_{x\to 5} \frac{x-5}{x^2-25}$

24. $\lim_{x\to -3} \frac{x+3}{x^2+4x+3}$

25. $\lim_{x\to -5} \frac{x^2+3x-10}{x+5}$

26. $\lim_{x\to 2} \frac{x^2-7x+10}{x-2}$

27. $\lim_{t\to 1} \frac{t^2+t-2}{t^2-1}$

28. $\lim_{t\to -1} \frac{t^2+3t+2}{t^2-t-2}$

29. $\lim_{t\to -2} \frac{-2x-4}{x^3+2x^2}$

30. $\lim_{y\to 0} \frac{5y^3+8y^2}{3y^4-16y^2}$

31. $\lim_{x\to1}\dfrac{x^{-1}-1}{x-1}$

32. $\lim_{x\to0}\dfrac{\dfrac{1}{x-1}+\dfrac{1}{x+1}}{x}$

33. $\lim_{u\to1}\dfrac{u^4-1}{u^3-1}$

34. $\lim_{v\to2}\dfrac{v^3-8}{v^4-16}$

35. $\lim_{x\to9}\dfrac{\sqrt{x}-3}{x-9}$

36. $\lim_{x\to4}\dfrac{4x-x^2}{2-\sqrt{x}}$

37. $\lim_{x\to1}\dfrac{x-1}{\sqrt{x+3}-2}$

38. $\lim_{x\to-1}\dfrac{\sqrt{x^2+8}-3}{x+1}$

39. $\lim_{x\to2}\dfrac{\sqrt{x^2+12}-4}{x-2}$

40. $\lim_{x\to-2}\dfrac{x+2}{\sqrt{x^2+5}-3}$

41. $\lim_{x\to-3}\dfrac{2-\sqrt{x^2-5}}{x+3}$

42. $\lim_{x\to4}\dfrac{4-x}{5-\sqrt{x^2+9}}$

삼각함수에 대한 극한 연습문제 43~50에서 극한을 구하라.

43. $\lim_{x\to0}(2\sin x-1)$

44. $\lim_{x\to0}\sin^2 x$

45. $\lim_{x\to0}\sec x$

46. $\lim_{x\to0}\tan x$

47. $\lim_{x\to0}\dfrac{1+x+\sin x}{3\cos x}$

48. $\lim_{x\to0}(x^2-1)(2-\cos x)$

49. $\lim_{x\to-\pi}\sqrt{x+4}\cos(x+\pi)$

50. $\lim_{x\to0}\sqrt{7+\sec^2 x}$

극한 규칙 적용하기

51. $\lim_{x\to0} f(x)=1$과 $\lim_{x\to0} g(x)=-5$라고 가정하자. 다음 계산 과정의 수행단계 (a), (b), (c)에 적용된 정리 1의 극한 규칙을 말하라.

$$\lim_{x\to0}\frac{2f(x)-g(x)}{(f(x)+7)^{2/3}}=\frac{\lim_{x\to0}(2f(x)-g(x))}{\lim_{x\to0}(f(x)+7)^{2/3}} \quad \text{(a)}$$

(분모는 영이 아니라고 가정한다.)

$$=\frac{\lim_{x\to0}2f(x)-\lim_{x\to0}g(x)}{\left(\lim_{x\to0}(f(x)+7)\right)^{2/3}} \quad \text{(b)}$$

$$=\frac{2\lim_{x\to0}f(x)-\lim_{x\to0}g(x)}{\left(\lim_{x\to0}f(x)+\lim_{x\to0}7\right)^{2/3}} \quad \text{(c)}$$

$$=\frac{(2)(1)-(-5)}{(1+7)^{2/3}}=\frac{7}{4}$$

52. $\lim_{x\to1} h(x)=5$, $\lim_{x\to1} p(x)=1$, $\lim_{x\to1} r(x)=2$라고 가정하자. 다음 계산 과정의 수행단계 (a), (b), (c)에 적용된 정리 1의 극한 규칙을 말하라.

$$\lim_{x\to1}\frac{\sqrt{5h(x)}}{p(x)(4-r(x))}=\frac{\lim_{x\to1}\sqrt{5h(x)}}{\lim_{x\to1}(p(x)(4-r(x)))} \quad \text{(a)}$$

(분모는 영이 아니라고 가정한다.)

$$=\frac{\sqrt{\lim_{x\to1}5h(x)}}{\left(\lim_{x\to1}p(x)\right)\left(\lim_{x\to1}(4-r(x))\right)} \quad \text{(b)}$$

$$=\frac{\sqrt{5\lim_{x\to1}h(x)}}{\left(\lim_{x\to1}p(x)\right)\left(\lim_{x\to1}4-\lim_{x\to1}r(x)\right)} \quad \text{(c)}$$

$$=\frac{\sqrt{(5)(5)}}{(1)(4-2)}=\frac{5}{2}$$

53. $\lim_{x\to c} f(x)=5$와 $\lim_{x\to c} g(x)=-2$라고 가정하자. 다음을 구하라.

a. $\lim_{x\to c} f(x)g(x)$ **b.** $\lim_{x\to c} 2f(x)g(x)$

c. $\lim_{x\to c}(f(x)+3g(x))$ **d.** $\lim_{x\to c}\dfrac{f(x)}{f(x)-g(x)}$

54. $\lim_{x\to4} f(x)=0$과 $\lim_{x\to4} g(x)=-3$이라고 가정하자. 다음을 구하라.

a. $\lim_{x\to4}(g(x)+3)$ **b.** $\lim_{x\to4} xf(x)$

c. $\lim_{x\to4}(g(x))^2$ **d.** $\lim_{x\to4}\dfrac{g(x)}{f(x)-1}$

55. $\lim_{x\to b} f(x)=7$과 $\lim_{x\to b} g(x)=-3$이라고 가정하자. 다음을 구하라.

a. $\lim_{x\to b}(f(x)+g(x))$ **b.** $\lim_{x\to b} f(x)\cdot g(x)$

c. $\lim_{x\to b} 4g(x)$ **d.** $\lim_{x\to b} f(x)/g(x)$

56. $\lim_{x\to-2} p(x)=4$와 $\lim_{x\to-2} r(x)=0$과 $\lim_{x\to-2} s(x)=-3$이라고 가정하자. 다음을 구하라.

a. $\lim_{x\to-2}(p(x)+r(x)+s(x))$

b. $\lim_{x\to-2}(p(x)\cdot r(x)\cdot s(x))$

c. $\lim_{x\to-2}(-4p(x)+5r(x))/s(x)$

평균변화율의 극한

할선, 접선, 순간변화율과의 연관성에 따라 다음 형태의 극한은 미적분학에서 자주 나타난다.

$$\lim_{h\to0}\frac{f(x+h)-f(x)}{h}$$

연습문제 57~62에서 주어진 x값과 함수 f에 대한 극한을 구하라.

57. $f(x)=x^2,\quad x=1$

58. $f(x)=x^2,\quad x=-2$

59. $f(x)=3x-4,\quad x=2$

60. $f(x)=1/x,\quad x=-2$

61. $f(x)=\sqrt{x},\quad x=7$

62. $f(x)=\sqrt{3x+1},\quad x=0$

샌드위치 정리 적용하기

63. $-1\le x\le1$에서 $\sqrt{5-2x^2}\le f(x)\le\sqrt{5-x^2}$일 때 $\lim_{x\to0} f(x)$를 구하라.

64. 모든 x에서 $2-x^2\le g(x)\le 2\cos x$일 때 $\lim_{x\to0} g(x)$를 구하라.

65. a. 점 $x=0$을 제외한 영 근방의 x값에서 다음 부등식이 성립한다는 것을 보일 수 있다.

$$1-\frac{x^2}{6}<\frac{x\sin x}{2-2\cos x}<1$$

이것을 이용하여 다음 식에 대해 무엇을 알 수 있는가?

$$\lim_{x\to0}\frac{x\sin x}{2-2\cos x}?$$

T **b.** $-2\le x\le2$일 때 함수 $y=1-(x^2/6)$, $y=(x\sin x)/(2-2\cos x)$, $y=1$의 그래프를 동시에 그려라. $x\to0$일 때 그래프의 행동에 대해 말하라.

66. a. 점 $x=0$을 제외한 영 근방의 x값에서 다음 부등식이 성립한다고 가정하자.

$$\frac{1}{2} - \frac{x^2}{24} < \frac{1 - \cos x}{x^2} < \frac{1}{2}$$

(15.9절에서 볼 수 있는 것과 같이 위 부등식은 성립한다.) 이것을 이용하여 다음 식에 대해 무엇을 알 수 있는가?

$$\lim_{x \to 0} \frac{1 - \cos x}{x^2}$$

답변에 대한 이유를 제시하라.

T **b.** $-2 \le x \le 2$일 때 함수 $y=(1/2)-(x^2/24)$, $y=(1-\cos x)/x^2$, $y=1/2$의 그래프를 동시에 그려라. $x \to 0$일 때 그래프의 행동에 대해 말하라.

극한 추정

T 연습문제 67~76에서는 그래프 계산기가 유용할 것이다.

67. 함수를 $f(x)=(x^2-9)/(x+3)$로 놓자.

a. 점 $x=-3.1$, -3.01, -3.001 그리고 계산기로 가능한 점까지의 f값에 대한 표를 만들어라. 그런 후에 $\lim_{x\to 3} f(x)$를 추정하라. 이번에는 점 $x=-2.9$, -2.99, -2.999, …에서 f값을 계산하면 추정값은 무엇인가?

b. 점 $c=-3$ 근방에서 f의 그래프를 작성한 후에 확대기능과 자취기능을 이용하여 $x \to -3$일 때 y값을 추정함으로써 문제 (a)의 결론을 뒤받침하라.

c. 예제 7에서와 같이 대수적으로 $\lim_{x\to -3} f(x)$를 구하라.

68. 함수를 $g(x)=(x^2-2)/(x-\sqrt{2})$로 놓자.

a. 점 $x=1.4$, 1.41, 1.414 그리고 $\sqrt{2}$로 근사하는 연속된 소수 근삿값에서의 g값에 대한 표를 만들라. 그런 후에 $\lim_{x\to\sqrt{2}} g(x)$를 추정하라.

b. 점 $c=\sqrt{2}$ 근방에서 g의 그래프를 작성한 후에 확대기능과 자취기능을 이용하여 $x \to \sqrt{2}$일 때 y값을 추정함으로써 문제 (a)의 결론을 뒤받침하라.

c. 대수적으로 $\lim_{x\to\sqrt{2}} g(x)$를 구하라.

69. 함수를 $G(x)=(x+6)/(x^2+4x-12)$로 놓자.

a. 점 $x=-5.9$, -5.99, -5.999, …에서의 G값에 대한 표를 만들어라. 그런 후에 $\lim_{x\to -6} G(x)$를 추정하라. 이번에는 점 $x=-6.1$, -6.01, -6.001, …에서 G값을 계산하면 추정값은 무엇인가?

b. 함수 G의 그래프를 작성한 후에 확대기능과 자취기능을 이용하여 $x \to -6$일 때 y값을 추정함으로써 문제 (a)의 결론을 뒤받침하라.

c. 대수적으로 $\lim_{x\to -6} G(x)$를 구하라.

70. 함수를 $h(x)=(x^2-2x-3)/(x^2-4x+3)$로 놓자.

a. 점 $x=2.9$, 2.99, 2.999, …에서의 h값에 대한 표를 만들어라. 그런 후에 $\lim_{x\to 3} h(x)$를 추정하라. 이번에는 점 $x=3.1$, 3.01, 3.001, …에서 h값을 계산하면 추정값은 무엇인가?

b. 점 $c=3$ 근방에서 함수 h의 그래프를 작성한 후에 확대기능과 자취기능을 이용하여 $x \to 3$일 때 y값을 추정함으로써 문제 (a)의 결론을 뒤받침하라.

c. 대수적으로 $\lim_{x\to 3} h(x)$를 구하라.

71. 함수를 $f(x)=(x^2-1)/(|x|-1)$로 놓자.

a. 위와 아래에서 점 $c=-1$로 다가가는 점에서의 f값에 대한 표를 만들어라. 그런 후에 $\lim_{x\to -1} f(x)$를 추정하라.

b. 점 $c=-1$ 근방에서 함수 f의 그래프를 작성한 후에 확대기능과 자취기능을 이용하여 $x \to -1$일 때 y값을 추정함으로써 문제 (a)의 결론을 뒤받침하라.

c. 대수적으로 $\lim_{x\to -1} f(x)$를 구하라.

72. 함수를 $F(x)=(x^2+3x+2)/(2-|x|)$로 놓자.

a. 위와 아래에서 점 $c=-2$로 다가가는 점에서의 F값에 대한 표를 만들어라. 그런 후에 $\lim_{x\to -2} F(x)$를 추정하라.

b. 점 $c=-2$ 근방에서 함수 F의 그래프를 작성한 후에 확대기능과 자취기능을 이용하여 $x \to -2$일 때 y값을 추정함으로써 문제 (a)의 결론을 뒤받침하라.

c. 대수적으로 $\lim_{x\to -2} F(x)$를 구하라.

73. 함수를 $g(\theta)=(\sin\theta)/\theta$로 놓자.

a. 위와 아래에서 점 $\theta_0=0$으로 다가가는 점에서의 g값에 대한 표를 만들어라. 그런 후에 $\lim_{\theta\to 0} g(\theta)$를 추정하라.

b. 점 $\theta_0=0$ 근방에서 함수 g의 그래프를 작성해서 문제 (a)의 결론을 뒤받침하라.

74. 함수를 $G(t)=(1-\cos t)/t^2$으로 놓자.

a. 위와 아래에서 점 $t_0=0$으로 다가가는 점 t에서의 G값에 대한 표를 만들어라. 그런 후에 $\lim_{t\to 0} G(t)$를 추정하라.

b. 점 $t_0=0$ 근방에서 함수 G의 그래프를 작성해서 문제 (a)의 결론을 뒤받침하라.

75. 함수를 $f(x)=x^{1/(1-x)}$로 놓자.

a. 위와 아래에서 점 $c=1$로 다가가는 점 x에서의 f값에 대한 표를 만들어라. $x \to 1$일 때 f의 극한이 존재하는 것으로 보이는가? 만약 그렇다면 극한은 무엇인가? 만약 그렇지 않다면 그 이유는 무엇인가?

b. 점 $c=1$ 근방에서 함수 f의 그래프를 작성해서 문제 (a)의 결론을 뒤받침하라.

76. 함수를 $f(x)=(3^x-1)/x$로 놓자.

a. 위와 아래에서 점 $c=0$으로 다가가는 점 x에서의 f값에 대한 표를 만들어라. $x \to 0$일 때 f의 극한이 존재하는 것으로 보이는가? 만약 그렇다면 극한은 무엇인가? 만약 그렇지 않다면 그 이유는 무엇인가?

b. 점 $c=0$ 근방에서 함수 f의 그래프를 작성해서 문제 (a)의 결론을 뒤받침하라.

이론과 예제

77. 만약 $[-1, 1]$에 놓인 x에서 $x^4 \le f(x) \le x^2$이고 $x<-1$과 $x>1$일 때 $x^2 \le f(x) \le x^4$이면, 어떤 점 c에서 자동적으로 $\lim_{x\to c} f(x)$를 알 수 있는가? 이들 점에서 극한값에 대해 무엇을 말할 수 있는가?

78. $x \ne 2$일 때 $g(x) \le f(x) \le h(x)$라 가정하고 다음과 같이 가정하자.

$$\lim_{x\to 2} g(x) = \lim_{x\to 2} h(x) = -5$$

점 $x=2$에서 f, g, h의 값에 대해 어떤 결론을 내릴 수 있는가? $f(2)=0$이 가능한가? $\lim_{x\to 2} f(x)=0$이 가능한가? 답변에 대한 이유를 제시하라.

79. $\lim_{x\to 4} \frac{f(x)-5}{x-2} = 1$일 때 $\lim_{x\to 4} f(x)$를 구하라.

80. $\lim_{x\to-2}\dfrac{f(x)}{x^2}=1$일 때 다음을 구하라.

a. $\lim_{x\to-2} f(x)$ **b.** $\lim_{x\to-2}\dfrac{f(x)}{x}$

81. **a.** $\lim_{x\to2}\dfrac{f(x)-5}{x-2}=3$일 때 $\lim_{x\to2}f(x)$를 구하라.

b. $\lim_{x\to2}\dfrac{f(x)-5}{x-2}=4$일 때 $\lim_{x\to2}f(x)$를 구하라.

82. $\lim_{x\to0}\dfrac{f(x)}{x^2}=1$일 때 다음을 구하라.

a. $\lim_{x\to0} f(x)$ **b.** $\lim_{x\to0}\dfrac{f(x)}{x}$

T **83.** **a.** 함수 $g(x)=x\sin(1/x)$의 그래프를 작성하고, 필요한 만큼 원점을 중심으로 확대하여 $\lim_{x\to0} g(x)$를 추정하라.

b. 증명을 하여 문제 (a)에서의 추정을 확인하라.

T **84.** **a.** 함수 $h(x)=x^2\cos(1/x^3)$의 그래프를 작성하고, 필요한 만큼 원점을 중심으로 확대하여 $\lim_{x\to0} h(x)$를 추정하라.

b. 증명을 하여 문제 (a)에서의 추정을 확인하라.

컴퓨터 탐구

그래프를 활용한 극한 추정

연습문제 85~90에서 CAS를 활용하여 다음 단계를 수행하라.

a. 극한점 c 근방에서 함수의 그래프를 작성하라.

b. 그래프로부터 극한값을 추정하라.

85. $\lim_{x\to2}\dfrac{x^4-16}{x-2}$

86. $\lim_{x\to-1}\dfrac{x^3-x^2-5x-3}{(x+1)^2}$

87. $\lim_{x\to0}\dfrac{\sqrt[3]{1+x}-1}{x}$

88. $\lim_{x\to3}\dfrac{x^2-9}{\sqrt{x^2+7}-4}$

89. $\lim_{x\to0}\dfrac{1-\cos x}{x\sin x}$

90. $\lim_{x\to0}\dfrac{2x^2}{3-3\cos x}$

1.3 극한의 엄밀한 정의

이제 극한의 엄밀한 정의에 주목하자. 미적분의 태동 시점에 미적분 이론에서 기본 개념의 타당성에 대한 논란이 있었다. 수학자와 철학자 모두 명백히 드러난 모순에 대해 논쟁했다. 이러한 논쟁은 극한의 엄밀한 정의에 의해 해결되었으며,이런 정의는 비형식적인 정의에서 쓰인 '한없이 가까워진'과 같은 모호한 구문을 어떠한 특정 문제에도 적용될 수 있는 특정 조건으로 대체할 수 있게 해준다. 정확한 정의를 사용하여 착오를 피하고, 앞의 절에서 제시된 극한의 성질을 증명하며, 많은 중요한 극한 공식을 만들 수 있다.

$x\to c$일 때 $f(x)$의 극한이 상수 L과 같다는 것을 보이려면, x가 c에 '충분히 가까워지면' $f(x)$와 L 사이의 간격을 '원하는 만큼 작게 만들 수 있다'는 것을 보여주어야 한다. 여기서 $f(x)$와 L 사이의 크기를 명시한다면, 무엇이 필요한지 살펴보자.

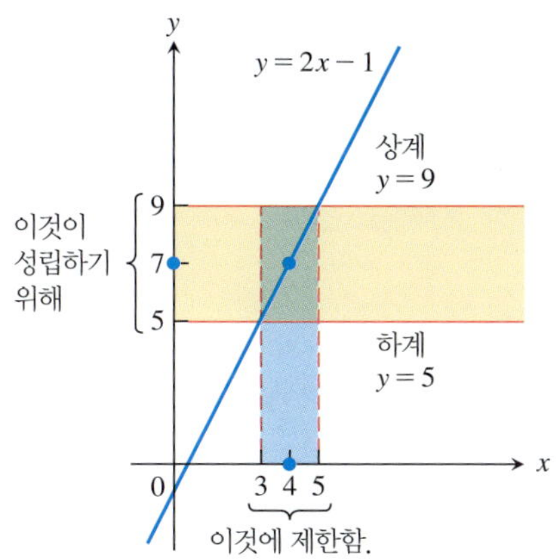

그림 1.16 x가 $x=4$로부터 1 이내를 유지하면 y는 $y=7$로부터 2 이내를 유지한다(예제 1).

예제 1 점 $x=4$ 근방에서 함수 $y=2x-1$을 생각하자. 직감적으로 x가 4에 가까울 때 y는 7에 가깝다는 것이 명확하므로, $\lim_{x\to4}(2x-1)=7$이다. 그러나 $y=2x-1$이 7에서 2 미만으로 차이가 나려면 x는 $x=4$에서 얼마나 가까워야 하는가?

풀이 해결해야 할 물음은 다음과 같다. $|y-7|<2$이기 위한 x의 값은 무엇인가? 답을 찾기 위해 먼저 x를 사용하여 $|y-7|$을 다음과 같이 나타낸다.

$$|y-7|=|(2x-1)-7|=|2x-8|$$

그러면 물음은 다음과 같이 된다. 어떤 x값에서 부등식 $|2x-8|<2$가 성립하는가? 이를 알아내기 위해 다음 부등식을 푼다.

$$|2x-8|<2$$

$$-2<2x-8<2 \qquad \text{절댓값 정의로부터 두 부등식이 나온다.}$$

$$6<2x<10 \qquad \text{각 항에 8을 더한다.}$$

$$3<x<5 \qquad x\text{에 대해 푼다.}$$

$$-1<x-4<1 \qquad x-4\text{에 대해 푼다.}$$

x가 $x=4$로부터 1 이내를 유지하면 y는 $y=7$로부터 2 이내를 유지한다(그림 1.16). ■

앞의 예제에서는 함숫값 $f(x)$가 극한값 L로부터 정해진 간격 내에 놓이는 것을 보장하기 위해 x가 특정 값 c에 얼마나 가까워야 하는지 결정했다. $x \to c$일 때 $f(x)$의 극한이 실제로 L과 동일하다는 것을 보이려면, x가 c에 충분히 가깝게 유지하면 $f(x)$와 L 사이의 간격이 어떤 지정된 오차(설령 이것이 아무리 작아도)보다도 작다는 것을 보일 수 있어야 한다. 임의의 지정된 오차를 설명하기 위해 2개의 상수 δ(델타)와 ε(엡실론)을 도입한다. 이러한 그리스 문자는 전통적으로 변수 또는 함수의 작은 변화를 나타내는 데 사용된다.

δ는 그리스 문자 델타이다.
ε은 그리스 문자 엡실론이다.

극한의 정의

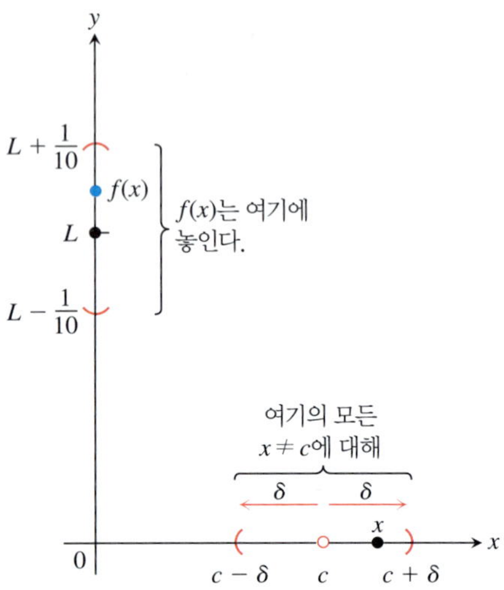

그림 1.17 x가 구간 $(c-\delta,\ c+\delta)$ 내에 있을 때 $f(x)$가 구간 $(L-1/10,\ L+1/10)$ 내에 있게 하려면 어떻게 $\delta>0$를 정의해야 하는가?

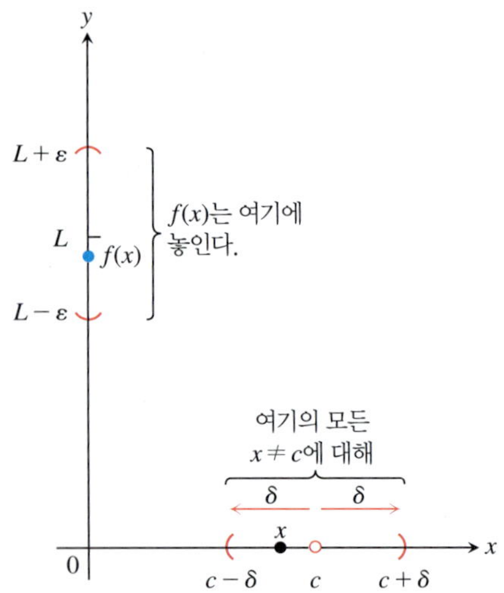

그림 1.18 극한의 정의에서 δ와 ε의 관계.

점 x가 (c 자체에 도달하지 않으면서) c로 접근할 때 함수 $f(x)$의 값을 관찰하고 있다고 가정하자. 점 x가 c에서 어떤 거리 δ 내에 놓여 있을 때 $f(x)$가 L로부터 1/10 이내에 놓여 있다고 말할 수 있기를 분명히 원한다(그림 1.17). 그러나 그것만으로는 충분하지 않다. 왜냐하면 x가 c에 접근하는 동안 $f(x)$가 L로 접근하지 않고 $L-(1/10)$에서 $L+(1/10)$ 사이의 구간 내에서 뛰어다니는 것을 무엇이 막을 수 있겠는가? 오차가 1/100 또는 1/1000 또는 1/100,000 이상이 되지 않기를 요구받을 수 있다. 그럴 때마다 매번 새로운 δ간격을 찾아서 x가 해당 구간 내에 놓여 있으면 새로운 오차 허용 범위를 충족할 수 있다. 그리고 매번 $f(x)$는 어떤 후속 단계에서 L로부터 벗어나는 가능성이 존재한다.

다음 쪽의 그림에서 이 문제를 알 수 있다. 이것은 회의론자와 수학자 간의 논쟁으로 생각될 수 있다. 회의론자는 극한이 존재하는 것에 대한 의심의 여지가 있다는 것을 보이기 위해 ε 도전을 제안한다. 수학자는 모든 도전에 대해 c 주변의 δ구간을 제시하여 함숫값이 L로부터 ε 이내가 되도록 한다.

이와 같이 끝없는 도전과 응답의 연속을 어떻게 멈출 수 있는가? 도전자가 제시할 수 있는 모든 오차 허용 ε에 대해 x를 c에 '충분히 가깝게' 유지시키는 대응되는 거리 δ를 제시할 수 있어 $f(x)$가 L에서 ε 허용범위 내에 있다는 것을 증명함으로써 그렇게 할 수 있다(그림 1.18). 이것이 극한의 엄밀한 정의를 이끌어낸다.

정의 함수 $f(x)$는 c 자체에서는 정의되지 않을 수도 있지만 c 주변의 열린 구간에서 정의된다고 가정하자. 만약 모든 $\varepsilon>0$에 대해,

$$0<|x-c|<\delta \text{일 때} \quad |f(x)-L|<\varepsilon$$

인 실수 $\delta>0$가 존재하면, **x가 c에 접근할 때 $f(x)$의 극한은 L이다**라 하고 다음과 같이 나타낸다.

$$\lim_{x \to c} f(x) = L$$

이 정의를 시각화하기 위해 작은 오차 범위로 원통형 축을 가공한다고 상상해보자. 변수 x로 측정된 설정에 맞추어 다이얼을 돌려 축의 지름이 결정된다. 지름이 L이기를 원하지만, 무엇이든 완벽할 수 없기 때문에 지름 $f(x)$를 $L-\varepsilon$과 $L+\varepsilon$ 사이의 어딘가에 놓여 있게 하려고 한다. 숫자 δ는 다이얼에 대한 제어 한계이다. 이는 지름 $f(x)$가 L로부터 정확하게 ε 내에 유지되려면 다이얼 설정이 $x=c$에 얼마나 가까워야 하는지를 알려준다. 오차 허용범위가 더 엄격해짐에 따라 δ를 조절해야 할 수 있다. 제어 설정이 얼마나 엄격해야 하는지 결정하는 δ의 값은 오차 허용범위인 ε의 값에 따라 달라진다.

극한의 정의는 더 일반적인 영역에 대한 함수로 확장된다. 점 c 주변의 각 열린 구간은 c를 제외한 함수의 정의역에 속하는 모든 점을 포함하면 된다. 복잡한 영역에 정의된 함수에 대한 극한의 예는 심화문제 49~53을 참조하자. 다음 절에서는 구간의 경계에 놓인 점에서 극한의 정의가 적용되는 방법을 살펴볼 것이다.

예제: 정의 확인

극한의 형식적인 정의가 함수의 극한을 찾는 방법을 알려주지는 않지만, 추정된 극한값이 올바른지 확인하는 데 사용될 수 있다. 다음 예제에서는 정의가 어떻게 사용되어 특정 함수에 대한 극한 명제의 진위를 확인하는 데 도움이 되는지를 보여준다. 그러나 정의의 실제 목적은 이와 같은 계산을 수행하는 데 있지 않다. 대신 앞의 절에서 명시된 정리와 같은 일반적인 정리를 증

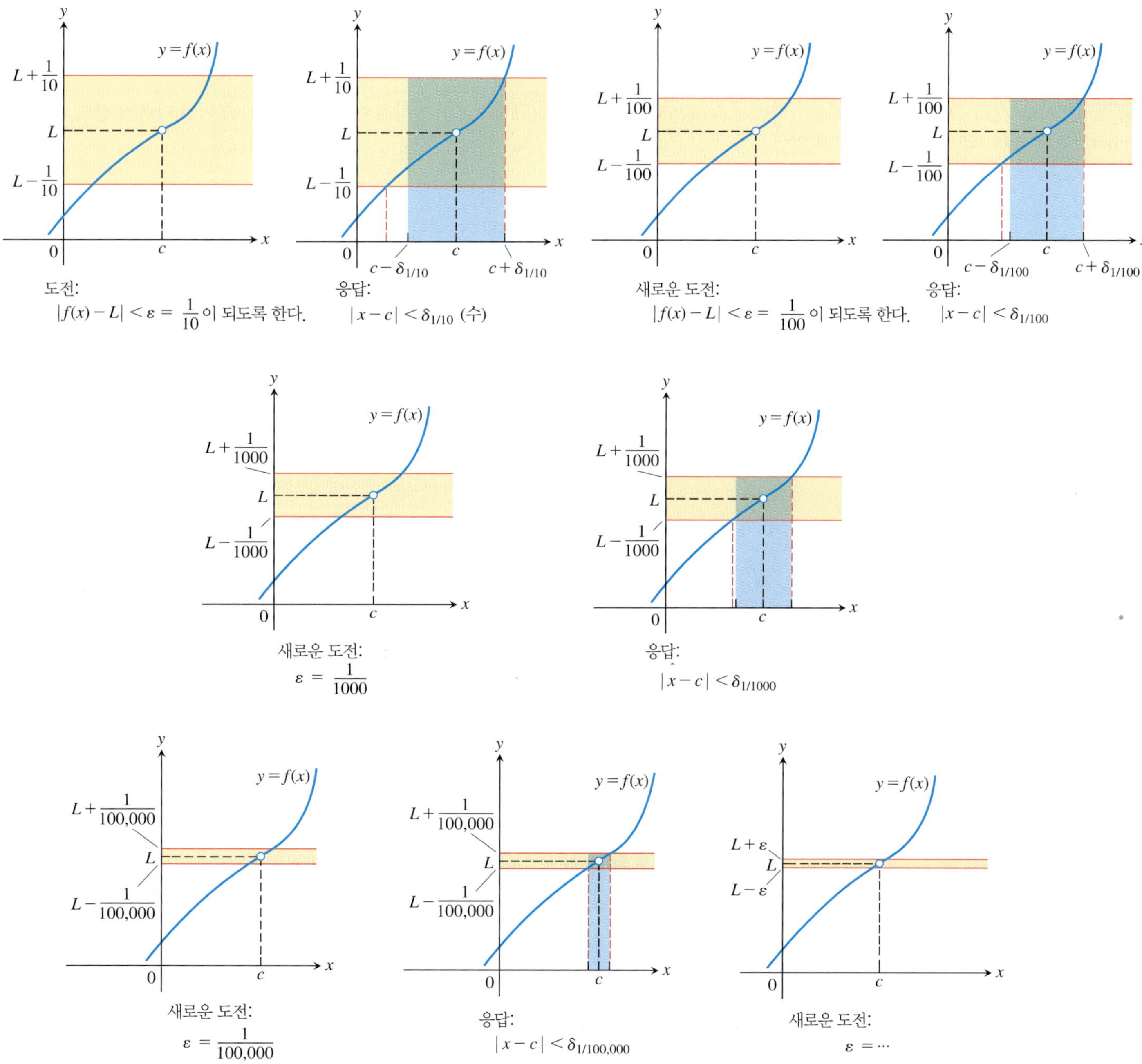

명하여 특정 극한의 계산을 단순화하는 데 있다.

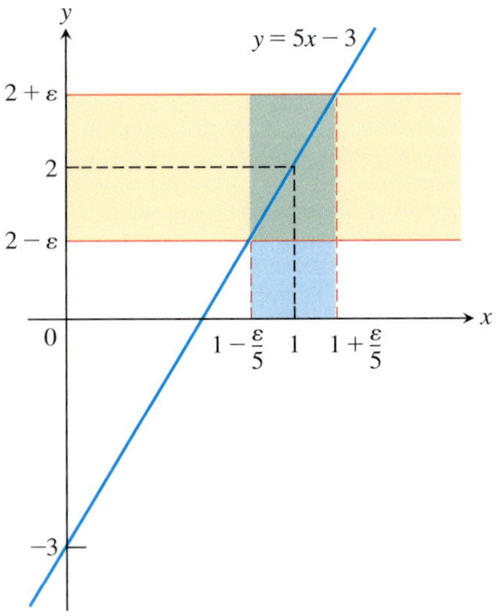

그림 1.19 만약 $f(x)=5x-3$이면, $0<|x-1|<\varepsilon/5$가 $|f(x)-2|<\varepsilon$가 성립함을 보장한다(예제 2).

예제 2 $\lim_{x\to 1}(5x-3)=2$임을 보여라.

풀이 극한의 정의에서 $c=1$, $f(x)=5x-3$, $L=2$로 놓자. 임의의 주어진 $\varepsilon>0$에 대해 $x\neq 1$이고 $c=1$에서 거리가 δ보다 작게 놓인 점 x에서 $f(x)$가 $L=2$에서 거리가 ε보다 작게 하는 적당한 $\delta>0$을 찾아야만 한다. 다시 말하면 x에 대해 다음과 같다고 하자.

$$0<|x-1|<\delta$$

$f(x)$에 대해 다음과 같아야 한다.

$$|f(x)-2|<\varepsilon$$

ε부등식인 $|f(x)-2|<\varepsilon$에서 역으로 작업하여 δ를 찾아야 한다.

$$|(5x-3)-2|=|5x-5|<\varepsilon \qquad \text{대입하기}$$
$$5|x-1|<\varepsilon \qquad \text{인수분해하기}$$
$$|x-1|<\varepsilon/5 \qquad \text{단순화하기}$$

따라서 $\delta=\varepsilon/5$로 놓을 수 있다(그림 1.19). 만약 $0<|x-1|<\delta=\varepsilon/5$이면 다음과 같다.

$$|(5x-3)-2|=|5x-5|=5|x-1|<5(\varepsilon/5)=\varepsilon$$

이것이 $\lim_{x\to 1}(5x-3)=2$임을 증명한다.

$\delta=\varepsilon/5$의 값은 $0<|x-1|<\delta$이면 $|5x-5|<\varepsilon$이 되게 하는 유일한 수가 아니다. 더 작은 임의의 양수 δ도 같은 결과를 낸다. 정의에서는 '가장 좋은' 양수 δ를 요구하지 않고, 작동이 되는 오직 하나를 요구한다. ■

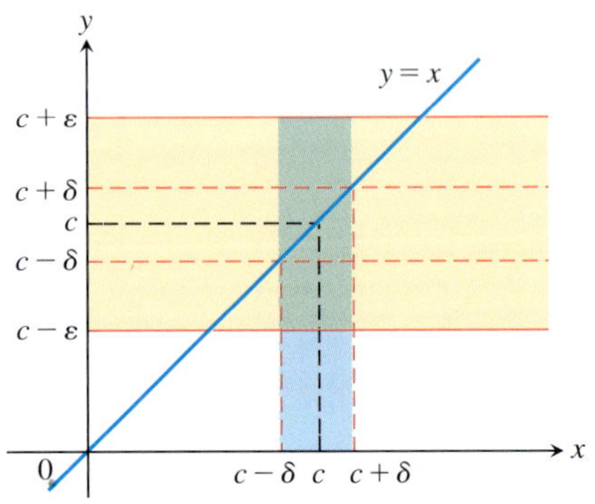

그림 1.20 함수 $f(x)=x$에 대해 $\delta\le\varepsilon$일 때 $0<|x-c|<\delta$가 $|f(x)-c|<\varepsilon$에 성립함을 보장한다(예제 3a).

예제 3 1.2절에서 그래프가 제시된 다음 결과를 증명하라.

(a) $\lim_{x\to c} x=c$

(b) $\lim_{x\to c} k=k$ k는 상수

풀이

(a) 임의의 양수를 $\varepsilon>0$로 놓자. 이제 다음 조건에 대해 $\delta>0$를 찾아야 한다.

$$0<|x-c|<\delta \text{일 때} \quad |x-c|<\varepsilon$$

만약 δ가 ε과 같거나 더 작은 양수이면 위 조건문이 성립할 것이다(그림 1.20). 이것으로 $\lim_{x\to c} x=c$가 증명된다.

(b) 임의의 양수를 $\varepsilon>0$으로 놓자. 이제 다음 조건에 대해 $\delta>0$를 찾아야 한다.

$$0<|x-c|<\delta \text{일 때} \quad |k-k|<\varepsilon$$

$k-k=0$이므로 $|k-k|<\varepsilon$은 항상 성립한다. 따라서 임의의 양수를 δ로 놓으면 위 조건문이 성립할 것이다(그림 1.21). 이것으로 $\lim_{x\to c} k=k$가 증명된다. ■

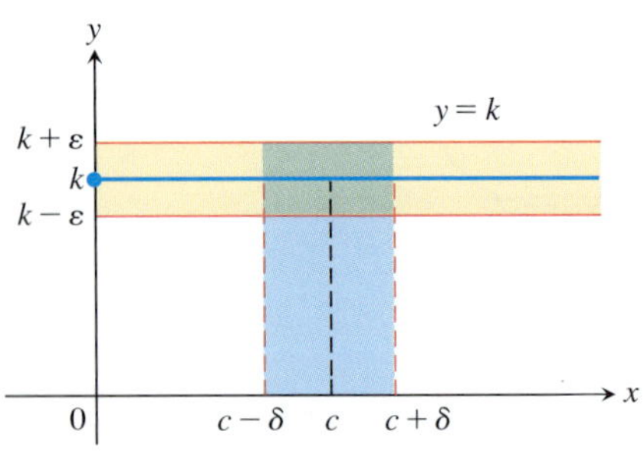

그림 1.21 함수 $f(x)=k$에 대해 임의의 양수 δ일 때 $|f(x)-k|<\varepsilon$이다(예제 3b).

주어진 엡실론에 대해 대수적으로 델타 찾기

예제 2와 3에서 $|f(x)-L|$이 ε보다 작게 하는 c 근방의 점의 구간은 c를 중심으로 대칭이었으며, 그 구간의 길이의 절반을 δ로 놓을 수 있었다. $|f(x)-L<\varepsilon|$이 되게 하는 c 근방의 점의 구간이 c를 중심으로 대칭이 아닐 때, c에서 구간의 더 가까운 끝점까지의 거리를 δ로 놓을 수 있다.

예제 4 극한 $\lim_{x \to 5} \sqrt{x-1} = 2$에 대해 $\varepsilon = 1$일 때 적합한 $\delta > 0$을 찾아라. 즉 다음 조건인 $\delta > 0$을 찾아라.

$$0 < |x - 5| < \delta \text{일 때} \quad \left|\sqrt{x-1} - 2\right| < 1$$

풀이 탐색을 두 단계로 구성한다.

1. 부등식 $\left|\sqrt{x-1} - 2\right| < 1$을 푼 후, 모든 $x \neq 5$에서 이 부등식을 성립시키는 $x=5$를 포함하는 구간을 찾는다.

$$\left|\sqrt{x-1} - 2\right| < 1$$
$$-1 < \sqrt{x-1} - 2 < 1$$
$$1 < \sqrt{x-1} < 3$$
$$1 < x - 1 < 9$$
$$2 < x < 10$$

열린 구간 (2, 10)에 놓인 모든 x에서 그 부등식이 성립한다. 따라서 이 구간에 놓인 모든 $x \neq 5$에서 그 부등식이 성립한다.

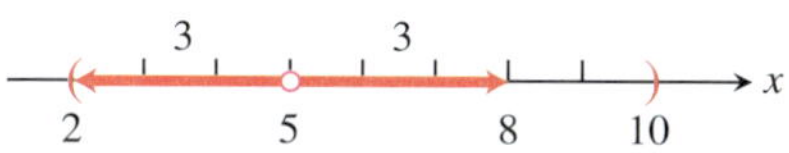

그림 1.22 중심이 $x=5$이고 반지름 길이가 3인 열린 구간은 열린 구간 (2, 10) 안에 놓일 것이다.

2. 중심이 $x=5$인 구간 $(5-\delta, 5+\delta)$을 구간 (2, 10) 안에 놓을 수 있는 $\delta > 0$의 값을 찾아라. 5에서 더 가까운 (2, 10)의 끝점까지의 거리는 3이다(그림 1.22). 만약 δ를 3이거나 더 작은 양수로 놓으면 $0 < |x-5| < \delta$일 때 x는 2와 10 사이에 놓이며, 이로부터 $\left|\sqrt{x-1} - 2\right| < 1$이다(그림 1.23).

$$0 < |x - 5| < 3\text{일 때} \quad \left|\sqrt{x-1} - 2\right| < 1$$

■

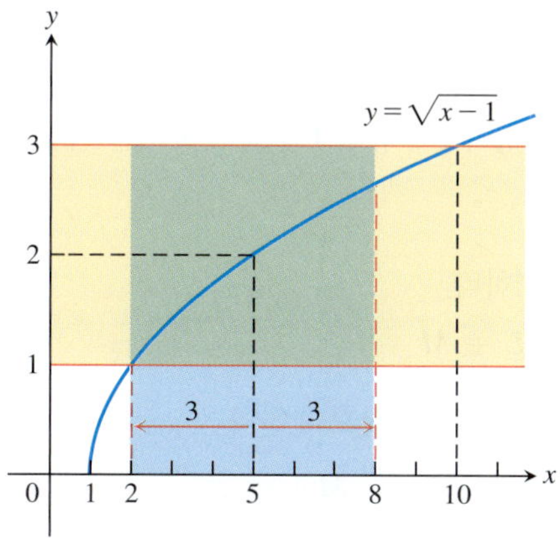

그림 1.23 예제 4에 나오는 함수와 구간.

주어진 f, L, c 그리고 $\varepsilon > 0$에 대해 대수적으로 δ를 어떻게 찾는가

다음 조건이 성립하는 $\delta > 0$을 찾는 절차는 두 단계로 완성될 수 있다.

$$0 < |x - c| < \delta \text{일 때} \quad |f(x) - L| < \varepsilon$$

1. 부등식 $|f(x) - L| < \varepsilon$을 풀어 c를 포함하고, 모든 $x \neq c$에서 해당 부등식이 성립하는 열린 구간 (a, b)를 찾는다. 주목해야 할 점은 $x=c$에서 위 부등식이 성립하도록 요구하지 않는다는 것이다. 그곳에서 성립할 수도 있고 그렇지 않을 수도 있지만, $x=c$에서의 f값은 극한의 존재에 영향을 미치지 않는다.

2. 중심이 c인 열린 구간 $(c-\delta, c+\delta)$가 구간 (a, b) 안에 들어가도록 $\delta > 0$값을 찾아라. 이 δ구간에 놓인 모든 $x \neq c$에 대해 부등식 $|f(x) - L| < \varepsilon$이 성립할 것이다.

예제 5 다음 함수에 대해 $\lim_{x \to 2} f(x) = 4$를 증명하라.

$$f(x) = \begin{cases} x^2, & x \neq 2 \\ 1, & x = 2 \end{cases}$$

풀이 우리의 목표는 주어진 $\varepsilon > 0$에 대해 다음 조건인 $\delta < 0$가 존재한다는 것을 보이는 것이다.

$$0 < |x - 2| < \delta \text{일 때} \quad |f(x) - 4| < \varepsilon$$

1. 부등식 $|f(x) - 4 < \varepsilon$를 풀어서, 모든 $x \neq 2$에서 해당 부등식이 성립하는 $x=2$를 포함하는 열린 구간을 찾아라.

모든 $x \neq c = 2$에 대해 $f(x) = x^2$이고 풀어야 할 부등식은 $|x^2 - 4| < \varepsilon$이다.

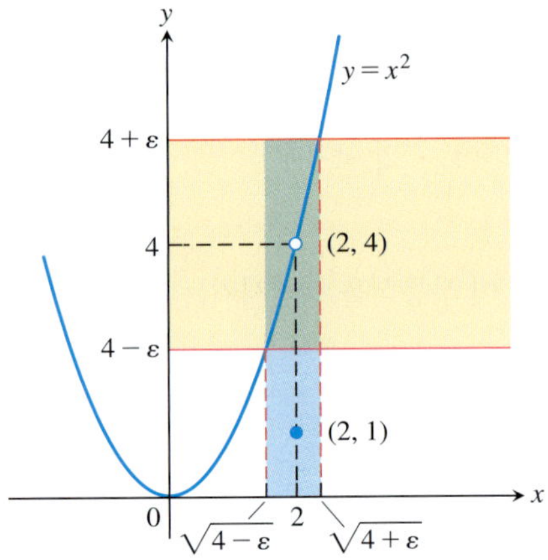

그림 1.24 예제 5의 함수에 대해 $|f(x)-4| < \varepsilon$이 되게 하는 $x=2$를 포함하는 구간.

$$|x^2 - 4| < \varepsilon$$
$$-\varepsilon < x^2 - 4 < \varepsilon$$
$$4 - \varepsilon < x^2 < 4 + \varepsilon$$
$$\sqrt{4-\varepsilon} < |x| < \sqrt{4+\varepsilon} \qquad \text{$\varepsilon < 4$를 가정한다. 아래를 보자.}$$
$$\sqrt{4-\varepsilon} < x < \sqrt{4+\varepsilon} \qquad \text{해당 부등식을 푸는 $x=2$에 대한 구간}$$

열린 구간 $(\sqrt{4-\varepsilon}, \sqrt{4+\varepsilon})$에 놓인 모든 $x \neq 2$에서 부등식 $|f(x)-4| < \varepsilon$이 성립한다(그림 1.24).

2. 중심 구간 $(2-\delta, 2+\delta)$이 구간 $(\sqrt{4-\varepsilon}, \sqrt{4+\varepsilon})$ 안에 놓이게 하는 $\delta > 0$값을 찾자. $x=2$에서 $(\sqrt{4-\varepsilon}, \sqrt{4+\varepsilon})$의 더 가까운 끝점까지의 거리를 δ로 취한다. 다시 말해서 $\delta = \min\{2-\sqrt{4-\varepsilon}, \sqrt{4+\varepsilon}-2\}$ (즉 두 숫자 $2-\sqrt{4-\varepsilon}$과 $\sqrt{4+\varepsilon}-2$ 중에서 작은 값)이다. 만약 δ가 이 값이거나 이보다 작은 양의 값이면, 부등식 $0 < |x-2| < \delta$에 따라 x는 자동적으로 $\sqrt{4-\varepsilon}$과 $\sqrt{4+\varepsilon}$ 사이에 놓이고 이에 따라 $|f(x)-4| < \varepsilon$가 된다. 모든 x에 대해 다음 조건과 같다.

$$0 < |x - 2| < \delta \text{일 때} \qquad |f(x) - 4| < \varepsilon$$

이것으로 $\varepsilon < 4$에 대한 증명이 완결된다.

만약 $\varepsilon \geq 4$이면 $x=2$에서 구간 $(0, \sqrt{4+\varepsilon})$의 더 가까운 끝점까지의 거리를 δ로 취한다. 다시 말하면 $\delta = \min\{2, \sqrt{4+\varepsilon}-2\}$이다(그림 1.24). ■

정의를 사용하여 정리 증명하기

앞의 예제와 같은 구체적인 극한을 검증하기 위해 보통은 극한의 형식적인 정의를 사용하지 않는다. 대신에, 특히 1.2절의 정리와 같은 극한에 대한 일반적인 정리를 사용한다. 정의는 이러한 정리를 증명하는 데 사용된다(부록 A.6). 예를 들어 정리 1의 규칙 1인 합의 규칙을 다음과 같이 증명한다.

예제 6 $\lim_{x\to c} f(x) = L$과 $\lim_{x\to c} g(x) = M$일 때 다음을 증명하라.

$$\lim_{x\to c} (f(x) + g(x)) = L + M$$

풀이 임의의 양수를 $\varepsilon > 0$으로 놓자. 이제 다음과 같은 양수 δ를 찾으려 한다.

$$0 < |x - c| < \delta \text{ 일 때} \quad |f(x) + g(x) - (L + M)| < \varepsilon$$

항들을 재배열하면 다음과 같다.

$$\begin{aligned} |f(x) + g(x) - (L + M)| &= |(f(x) - L) + (g(x) - M)| \\ &\leq |f(x) - L| + |g(x) - M| \end{aligned} \qquad \text{삼각부등식: } |a+b| \leq |a| + |b|$$

$\lim_{x\to c} f(x) = L$이므로 다음과 같은 $\delta_1 > 0$이 존재한다.

$$0 < |x - c| < \delta_1 \text{일 때} \quad |f(x) - L| < \varepsilon/2 \qquad \text{$\lim_{x\to c} f(x) = L$이므로 δ_1 찾기 가능함.}$$

비슷한 방식으로 $\lim_{x\to c} g(x) = M$이므로 다음과 같은 $\delta_2 > 0$가 존재한다.

$$0 < |x - c| < \delta_2 \text{일 때} \quad |g(x) - M| < \varepsilon/2 \qquad \text{$\lim_{x\to c} g(x) = M$이므로 δ_2 찾기 가능함.}$$

이제 $\delta = \min\{\delta_1, \delta_2\}$ (δ_1과 δ_2 중에서 작은 것)로 놓자. 만약 $0 < |x-c| < \delta$이면 $0 < |x-c| < \delta_1$이므로 $|f(x)-L| < \varepsilon/2$이고, $0 < |x-c| < \delta_2$이므로 $|g(x)-M| < \varepsilon/2$이다. 그러므로 다음과 같다.

$$|f(x)+g(x)-(L+M)| < \frac{\varepsilon}{2}+\frac{\varepsilon}{2}=\varepsilon$$

이로써 $\lim_{x\to c}(f(x)+g(x))=L+M$임이 보인다. ■

연습문제 1.3 EXERCISE QUESTION

구간에서 한 점이 중심인 구간 찾기

연습문제 1~6에서 x축에 점 c를 포함하는 구간 (a, b)을 그려라. 그런 다음 $0<|x-c|<\delta$일 때 $a<x<b$가 되는 $\delta>0$을 찾아라.

1. $a=1,\quad b=7,\quad c=5$
2. $a=1,\quad b=7,\quad c=2$
3. $a=-7/2,\quad b=-1/2,\quad c=-3$
4. $a=-7/2,\quad b=-1/2,\quad c=-3/2$
5. $a=4/9,\quad b=4/7,\quad c=1/2$
6. $a=2.7591,\quad b=3.2391,\quad c=3$

그래프에서 델타 찾기

연습문제 7~14에서 그래프를 이용하여 다음 조건인 $\delta>0$을 찾아라.

$$0<|x-c|<\delta\text{일 때}\quad |f(x)-L|<\varepsilon$$

7.

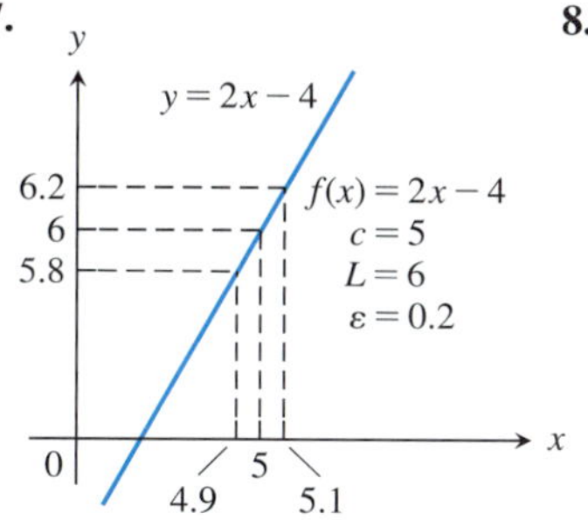

8.

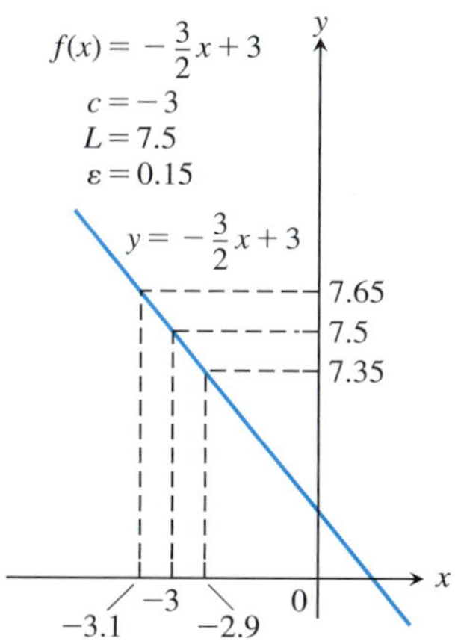

9.

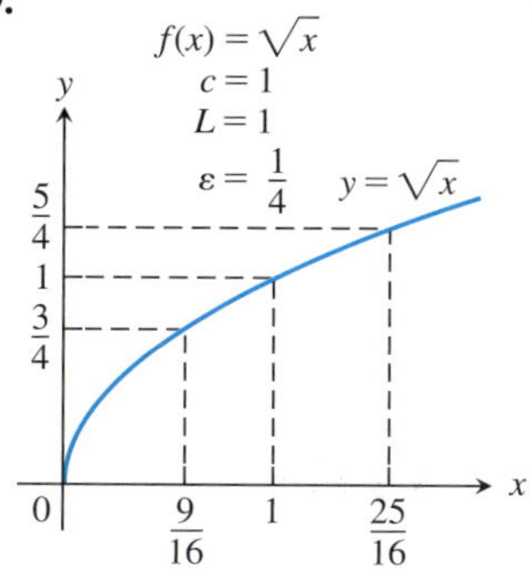

10.

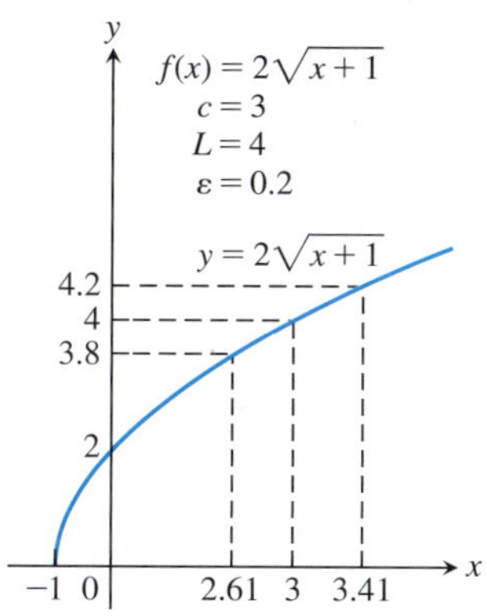

11.

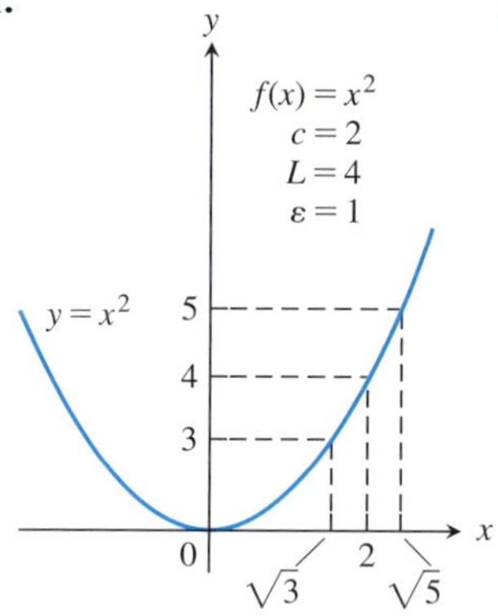

12.

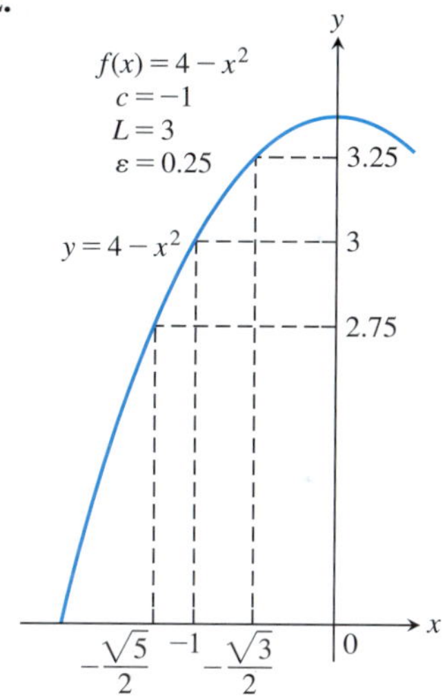

13.

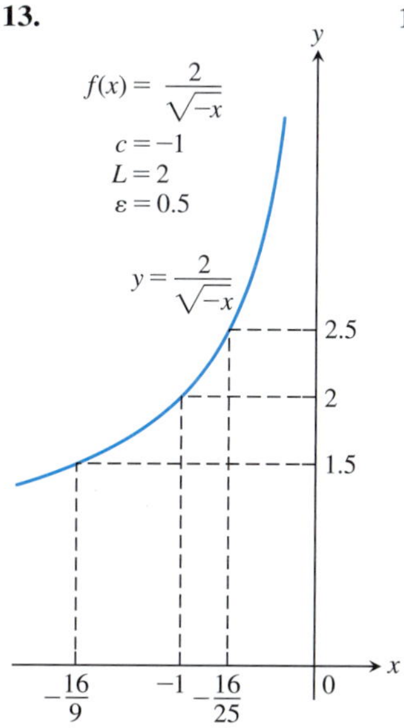

14.

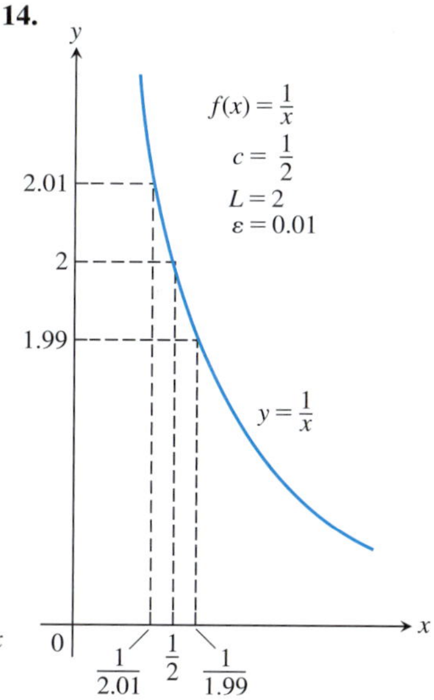

대수적으로 델타 찾기

연습문제 15~30에서 함수 $f(x)$와 수 L, c 그리고 $\varepsilon>0$이 주어진다. 각 경우에 부등식 $|f(x)-L|<\varepsilon$이 성립하게 하고 점 c를 포함하는 가장 큰 열린 구간을 찾아라. 그런 후에 $0<|x-c|<\delta$인 모든 x에서 부등식 $|f(x)-L|<\varepsilon$이 성립하는 $\delta>0$의 값을 제시하라.

15. $f(x)=x+1,\quad L=5,\quad c=4,\quad \varepsilon=0.01$
16. $f(x)=2x-2,\quad L=-6,\quad c=-2,\quad \varepsilon=0.02$
17. $f(x)=\sqrt{x+1},\quad L=1,\quad c=0,\quad \varepsilon=0.1$

18. $f(x) = \sqrt{x}, \quad L = 1/2, \quad c = 1/4, \quad \varepsilon = 0.1$

19. $f(x) = \sqrt{19 - x}, \quad L = 3, \quad c = 10, \quad \varepsilon = 1$

20. $f(x) = \sqrt{x - 7}, \quad L = 4, \quad c = 23, \quad \varepsilon = 1$

21. $f(x) = 1/x, \quad L = 1/4, \quad c = 4, \quad \varepsilon = 0.05$

22. $f(x) = x^2, \quad L = 3, \quad c = \sqrt{3}, \quad \varepsilon = 0.1$

23. $f(x) = x^2, \quad L = 4, \quad c = -2, \quad \varepsilon = 0.5$

24. $f(x) = 1/x, \quad L = -1, \quad c = -1, \quad \varepsilon = 0.1$

25. $f(x) = x^2 - 5, \quad L = 11, \quad c = 4, \quad \varepsilon = 1$

26. $f(x) = 120/x, \quad L = 5, \quad c = 24, \quad \varepsilon = 1$

27. $f(x) = mx, \quad m > 0, \quad L = 2m, \quad c = 2, \quad \varepsilon = 0.03$

28. $f(x) = mx, \quad m > 0, \quad L = 3m, \quad c = 3, \quad \varepsilon = c > 0$

29. $f(x) = mx + b, \quad m > 0, \quad L = (m/2) + b, \quad c = 1/2, \quad \varepsilon = c > 0$

30. $f(x) = mx + b, \quad m > 0, \quad L = m + b, \quad c = 1, \quad \varepsilon = 0.05$

형식적인 정의 사용

연습문제 31~36에서 함수 $f(x)$, 점 c, 양수 ε이 주어진다. $L = \lim_{x\to c} f(x)$를 찾아라. 그런 후에 다음 조건인 $\delta > 0$를 찾아라.

$$0 < |x - c| < \delta \text{일 때} \quad |f(x) - L| < \varepsilon$$

31. $f(x) = 3 - 2x, \quad c = 3, \quad \varepsilon = 0.02$

32. $f(x) = -3x - 2, \quad c = -1, \quad \varepsilon = 0.03$

33. $f(x) = \dfrac{x^2 - 4}{x - 2}, \quad c = 2, \quad \varepsilon = 0.05$

34. $f(x) = \dfrac{x^2 + 6x + 5}{x + 5}, \quad c = -5, \quad \varepsilon = 0.05$

35. $f(x) = \sqrt{1 - 5x}, \quad c = -3, \quad \varepsilon = 0.5$

36. $f(x) = 4/x, \quad c = 2, \quad \varepsilon = 0.4$

연습문제 37~50에서 극한 명제를 증명하라.

37. $\lim_{x\to 4} (9 - x) = 5$

38. $\lim_{x\to 3} (3x - 7) = 2$

39. $\lim_{x\to 9} \sqrt{x - 5} = 2$

40. $\lim_{x\to 0} \sqrt{4 - x} = 2$

41. $f(x) = \begin{cases} x^2, & x \neq 1 \\ 2, & x = 1 \end{cases}$ 일 때 $\lim_{x\to 1} f(x) = 1$

42. $f(x) = \begin{cases} x^2, & x \neq -2 \\ 1, & x = -2 \end{cases}$ 일 때 $\lim_{x\to -2} f(x) = 4$

43. $\lim_{x\to 1} \dfrac{1}{x} = 1$

44. $\lim_{x\to\sqrt{3}} \dfrac{1}{x^2} = \dfrac{1}{3}$

45. $\lim_{x\to -3} \dfrac{x^2 - 9}{x + 3} = -6$

46. $\lim_{x\to 1} \dfrac{x^2 - 1}{x - 1} = 2$

47. $f(x) = \begin{cases} 4 - 2x, & x < 1 \\ 6x - 4, & x \geq 1 \end{cases}$ 일 때 $\lim_{x\to 1} f(x) = 2$

48. $f(x) = \begin{cases} 2x, & x < 0 \\ x/2, & x \geq 0 \end{cases}$ 일 때 $\lim_{x\to 0} f(x) = 0$

49. $\lim_{x\to 0} x \sin \dfrac{1}{x} = 0$

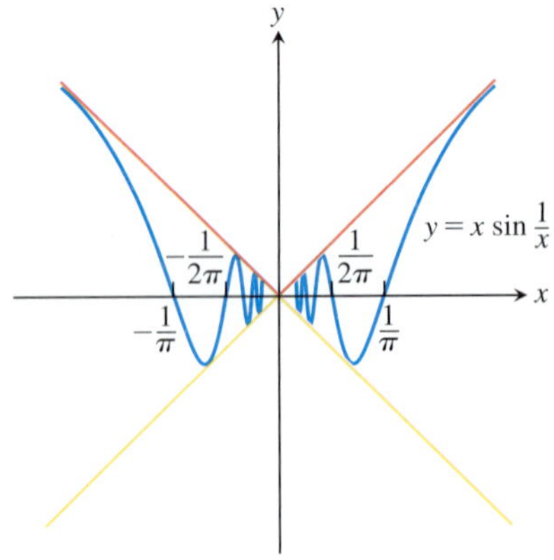

50. $\lim_{x\to 0} x^2 \sin \dfrac{1}{x} = 0$

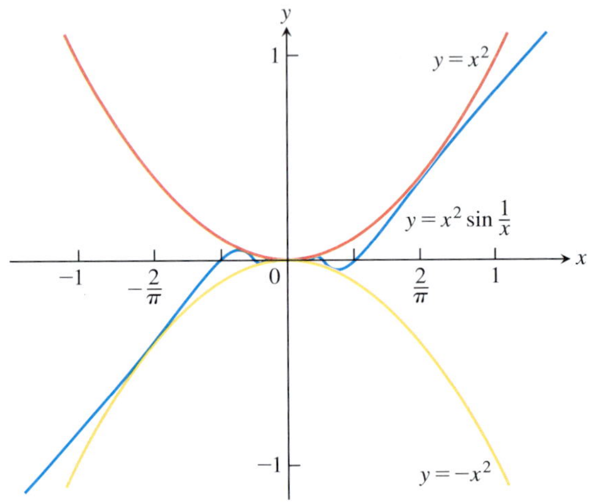

이론과 예제

51. $\lim_{x\to 0} g(x) = k$가 의미하는 것을 정의하라.

52. 만약 그리고 이 경우에만 만약 $\lim_{x\to c} f(x) = L$이면 $\lim_{h\to 0} f(h + c) = L$임을 증명하라.

53. 극한에 대한 잘못된 명제 다음 명제가 거짓임을 예를 들어라.

> 만약 x가 c에 접근할 때 $f(x)$가 L에 더 가까워지면, x가 c에 접근할 때 수 L은 $f(x)$의 극한이다.

제시한 예에서 왜 $x \to c$일 때 L값이 함수의 극한이 아닌지를 설명하라.

54. 극한에 대한 또다른 잘못된 명제 다음 명제가 거짓임을 예를 들어라.

> 만약 주어진 임의의 수 $\varepsilon > 0$에 대해 $|f(x) - L| < \varepsilon$인 x값이 존재하면, x가 c에 접근할 때 수 L은 $f(x)$의 극한이다.

제시한 예에서 왜 $x \to c$일 때 L값이 함수의 극한이 아닌지를 설명하라.

T **55. 엔진 실린더 연삭** 겉넓이가 60 cm^2이 되도록 실린더를 연삭하려 할 때, 실린더의 지름이 이상적인 지름 $c = 8.7404$ cm에서 어느 정도 편차를 허용해야 요구되는 60 cm^2에서 0.1 cm^2 내외 겉넓이의 실린더를 만들 수 있는지 알아야 한다. 이를 위해 $A = \pi(x/2)^2$을 사용하고 $|A - 60| \leq 0.1$이 되기 위한 x를 포함하는 구간을 찾는다. 찾은 구간은 무엇인가?

56. 전기 저항의 제작 주어진 그림에 나와 있는 것과 같은 전기 회로에 대한 옴의 법칙은 $V = RI$이다. 이 식에서 V는 고정된 전압, I는 암페어 단위의 전류, R은 옴 단위의 저항이다. 회사에서 V가 120볼트이고 I가 5 ± 0.1암페어가 되는 회로의 저항을 공급하라는 요청이 있다. I가 $I_0 = 5$값에서 0.1암페어 내에 있기 위해서는 R이 어느 구간에 놓여 있어야 하는가?

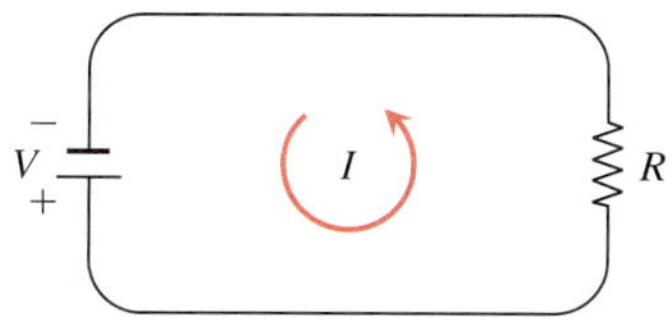

$x \to c$일 때 어느 경우에 수 L이 $f(x)$의 극한이 아닌가?

연습문제 57~60에서 극한이 아닌 것의 의미가 무엇인지 생각할 것이다.

L이 극한이 아님을 보이기 다음 조건의 $\delta > 0$이 존재하지 않게 하는 $\varepsilon > 0$을 제시한다.

$$0 < |x - c| < \delta \text{일 때} \quad |f(x) - L| < \varepsilon$$

그러면 $\lim_{x \to c} f(x) \neq L$임을 보일 수 있다. 또한 이를 선택된 $\varepsilon > 0$에 대해, 각각의 $\delta > 0$에 대해 다음 조건인 x값이 존재한다는 것을 보임으로써 증명할 수 있다.

$$0 < |x - c| < \delta \text{과} \quad |f(x) - L| \geq \varepsilon$$

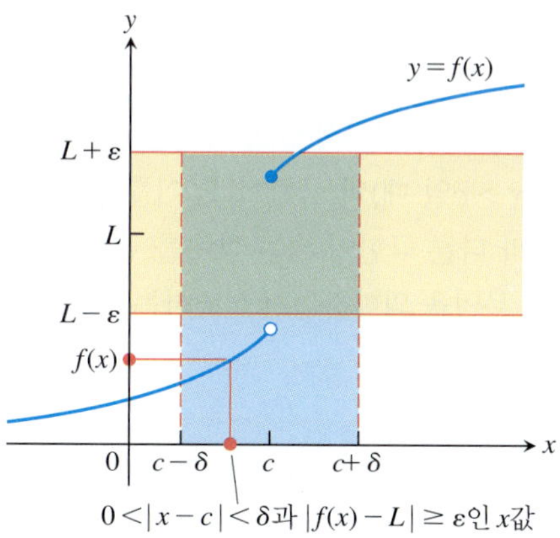

57. 함수를 $f(x) = \begin{cases} x, & x < 1 \\ x + 1, & x > 1 \end{cases}$로 놓자.

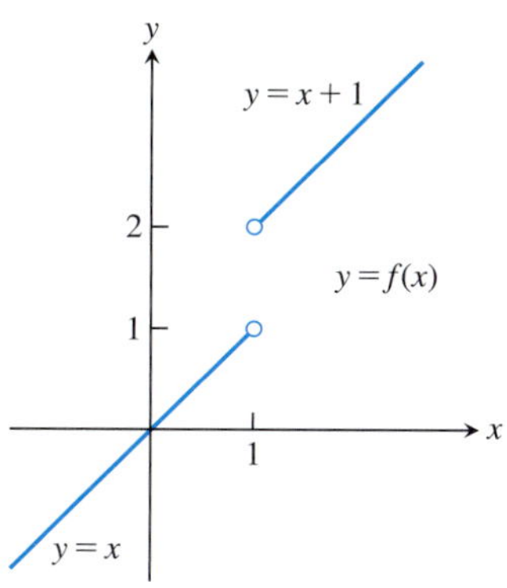

a. $\varepsilon = 1/2$로 놓자. 다음 조건의 $\delta > 0$이 존재할 가능성이 없다는 것을 보여라.

$$0 < |x - 1| < \delta \text{이면} \quad |f(x) - 2| < 1/2$$

즉 모든 $\delta > 0$에 대해 다음 조건의 x값이 존재한다는 것을 보여라.

$$0 < |x - 1| < \delta \text{과} \quad |f(x) - 2| \geq 1/2$$

이것으로 극한 $\lim_{x \to 1} f(x) \neq 2$임을 보인다.

b. $\lim_{x \to 1} f(x) \neq 1$임을 보여라.

c. $\lim_{x \to 1} f(x) \neq 1.5$임을 보여라.

58. 함수를 $h(x) = \begin{cases} x^2, & x < 2 \\ 3, & x = 2 \\ 2, & x > 2 \end{cases}$로 놓자.

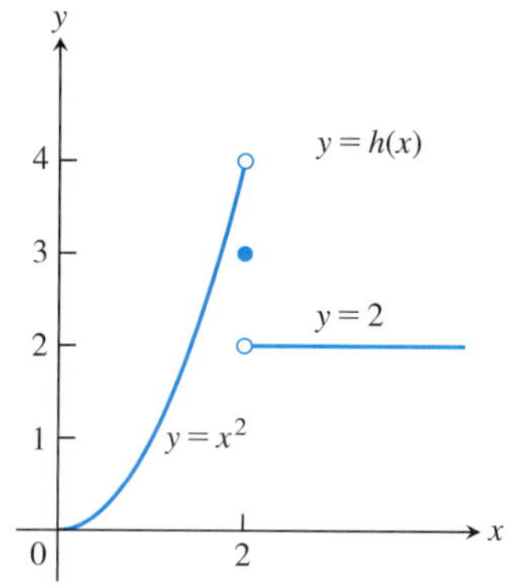

다음을 보여라.

a. $\lim_{x \to 2} h(x) \neq 4$

b. $\lim_{x \to 2} h(x) \neq 3$

c. $\lim_{x \to 2} h(x) \neq 2$

59. 주어진 그래프와 같은 함수에 대해 다음을 설명하라.

a. $\lim_{x \to 3} f(x) \neq 4$

b. $\lim_{x \to 3} f(x) \neq 4.8$

c. $\lim_{x \to 3} f(x) \neq 3$

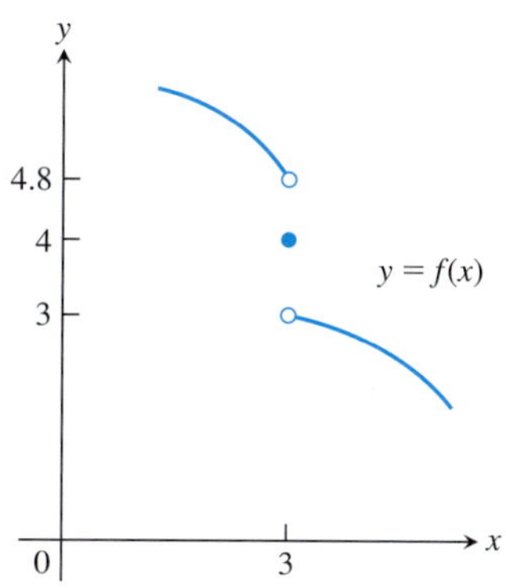

60. a. 주어진 그래프와 같은 함수에 대해 $\lim_{x \to -1} g(x) \neq 2$임을 보여라.

b. 극한 $\lim_{x \to -1} g(x)$가 존재하는 것처럼 보이는가? 만약 그렇다면 극한값은 무엇인가? 만약 그렇지 않다면 그 이유는 무엇인가?

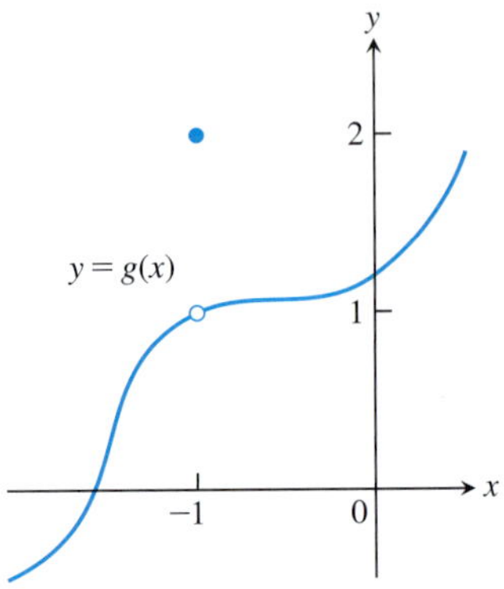

컴퓨터 탐구

연습문제 61~66에서 그래픽으로 델타를 찾는 것을 더 탐구할 것이다. 다음 단계를 수행하기 위해 CAS를 사용하라.

a. 접근 목표점 c 근방에서 함수 $y=f(x)$의 그래프를 그려라.

b. 극한값 L을 추측하고, 그런 다음 기호적으로 극한값을 구해 추측값이 정확한지 확인하라.

c. 값 $\varepsilon=0.2$를 사용하여 점 c 근방에서 함수 f와 함께 띠 직선 $y_1=L-\varepsilon$와 $y_2=L+\varepsilon$의 그래프를 그려라.

d. 문제 (c)에서 그린 그래프에서 다음 조건인 $\delta>0$을 추정하라.

$$0<|x-c|<\delta \text{일 때} \quad |f(x)-L|<\varepsilon$$

구간 $0<|x-c|<\delta$에서 f, y_1, y_2의 그래프를 그려 추정을 검증하라. 관찰 창을 위해 $c-2\delta\le x\le c+2\delta$와 $L-2\varepsilon\le y\le L+2\varepsilon$을 적용하라. 만약 어떤 함숫값이라도 영역 $[L-\varepsilon, L+\varepsilon]$을 벗어난다면 선택된 δ가 너무 큰 것이다. 더 작은 추정값으로 다시 시도하라.

e. $\varepsilon=0.1$, 0.05, 0.001에 대해 차례로 문제 (c)와 (d)를 반복하라.

61. $f(x)=\dfrac{x^4-81}{x-3}$, $c=3$

62. $f(x)=\dfrac{5x^3+9x^2}{2x^5+3x^2}$, $c=0$

63. $f(x)=\dfrac{\sin 2x}{3x}$, $c=0$

64. $f(x)=\dfrac{x(1-\cos x)}{x-\sin x}$, $c=0$

65. $f(x)=\dfrac{\sqrt[3]{x}-1}{x-1}$, $c=1$

66. $f(x)=\dfrac{3x^2-(7x+1)\sqrt{x}+5}{x-1}$, $c=1$

1.4 한쪽 극한

이 절에서는 극한 개념을 한쪽 극한으로 확장한다. 여기서 한쪽 극한은 x가 왼쪽에서 접근할 때($x<c$일 때) 또는 오른쪽에서 접근할 때($x>c$일 때)의 극한이다. 이를 통해 특정점에서 왼쪽이나 오른쪽에서 어떻게 접근하느냐에 따라 다른 극한이 되는 함수를 설명할 수 있다. 한쪽 극한은 또한 구간의 끝점에서 함수의 극한이 무엇을 의미하는지 설명하는 데 사용된다.

한쪽에서 극한으로 접근하기

함수 f가 수 c의 양쪽으로 확장된 구간에서 정의되어 있다고 가정하자. 점 x가 c로 접근할 때 함수 f의 극한이 L이기 위해서는, x가 양쪽에서 c로 접근할 때 $f(x)$의 값이 L로 접근해야 한다. 이러한 이유로 극한은 **양쪽**(two-sided)이라고 말한다.

만약 c에서 f의 양쪽 극한이 존재하지 못한다면 여전히 한쪽 극한, 즉 한쪽에서만 접근하는 경우의 극한이 존재할 수 있다. 오른쪽에서 접근하는 경우 극한을 **우극한**(right-hand limit) 또는 **오른쪽에서의 극한**(limit from the right)이라고 한다. 마찬가지로 **좌극한**(left-hand limit)은 **왼쪽에서의 극한**(limit from the left)으로도 불린다.

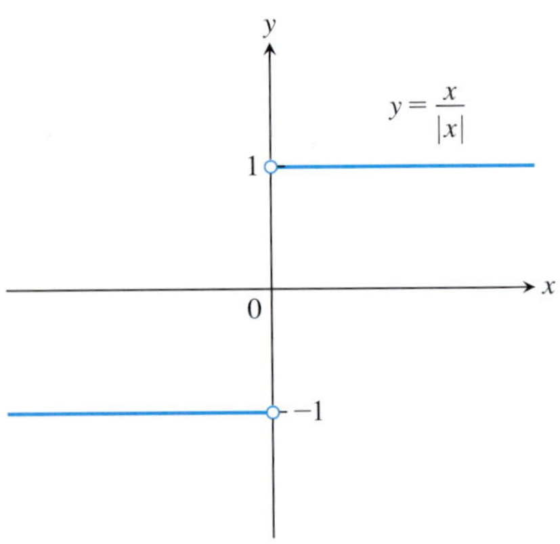

그림 1.25 영점에서 같지 않는 좌극한과 우극한.

함수 $f(x)=x/|x|$의 경우(그림 1.25) x가 오른쪽에서 0으로 접근할 때 우극한은 1이고, x가 왼쪽에서 0으로 접근할 때 좌극한은 −1이다. 이러한 한쪽 극한값이 같지 않기 때문에, x가 0으로 접근할 때 $f(x)$가 접근하는 단일한 수가 없다. 따라서 0에서 $f(x)$의 (양쪽) 극한은 존재하지 않는다.

직관적으로 $c<b$일 때 구간 (c, b)에서 $f(x)$의 값만 고려하고, x가 해당 구간에서 c로 접근할 때 $f(x)$의 값이 L에 한없이 가까워진다면 c에서 f의 **우극한**은 L이다. 이 경우 다음과 같이 나타낸다.

$$\lim_{x\to c^+} f(x)=L$$

표기 "$x\to c^+$"는 x가 c보다 큰 값에 대해서만 $f(x)$의 값을 생각한다는 것을 의미한다. 즉 $x\le c$

인 경우의 $f(x)$의 값은 생각하지 않는다.

비슷하게 $a < c$일 때 구간 (a, c)에서 $f(x)$가 정의되어 있고, x가 이 구간에서 c로 접근할 때 $f(x)$의 값이 M에 한없이 가까워지면 c에서 f의 **좌극한**은 M이다. 이 경우에는 다음과 같이 나타낸다.

$$\lim_{x \to c^-} f(x) = M$$

표기 "$x \to c^-$"는 x가 c보다 작은 값에 대해서만 $f(x)$의 값을 생각한다는 것을 의미한다. 즉 $x \geq c$인 경우의 $f(x)$의 값을 생각하지 않는다.

이러한 한쪽 극한의 비형식인 정의는 그림 1.26에서 설명되어 있다. 그림 1.25에서의 함수 $f(x) = x/|x|$의 경우는 다음과 같다.

$$\lim_{x \to 0^+} f(x) = 1, \qquad \lim_{x \to 0^-} f(x) = -1$$

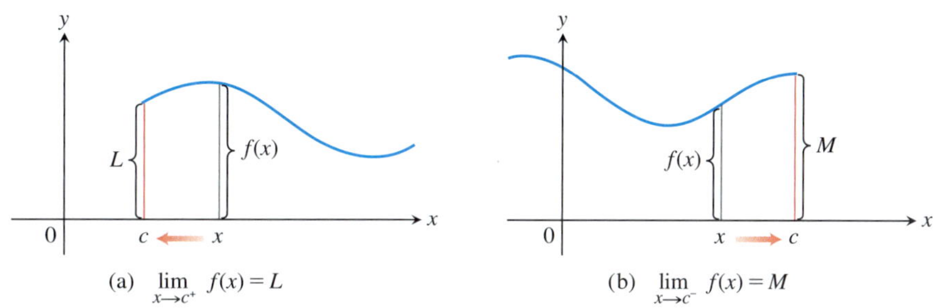

그림 1.26 (a) x가 c에 접근할 때 우극한, (b) x가 c에 접근할 때 좌극한.

한쪽 극한에서는 1.2절의 정리 1에 나열된 모든 성질이 성립한다. 두 함수의 합의 우극한은 그들의 우극한 합이며, 이와 같은 규칙이 계속된다. 다항함수 및 유리함수의 극한에 관한 정리들도 한쪽 극한에 적용되며, 샌드위치 정리 또한 그러하다. 한쪽 극한은 내부 점에서의 극한과 다음과 같은 관련이 있다.

정리 5

함수 f가 c를 포함하는 열린 구간에서, 아마도 c 자체를 제외하고, 정의된다고 가정하자. 만약 유일하게 c에서 $f(x)$의 좌극한과 우극한이 존재하고 서로 같으면 x가 c에 접근할 때 $f(x)$의 극한이 존재한다.

$$\lim_{x \to c} f(x) = L \quad \Leftrightarrow \quad \lim_{x \to c^-} f(x) = L \quad \text{그리고} \quad \lim_{x \to c^+} f(x) = L$$

정리 5는 함수 정의역의 내부 점에 적용된다. 함수 정의역의 구간 경계점에서는 해당하는 한쪽 극한이 존재할 때 함수의 극한이 존재한다.

구간 끝점에서의 극한

- 만약 f가 c의 왼쪽에 위치한 열린 구간 (b, c)에서 정의되어 있고, c의 오른쪽에 위치한 열린 구간 (c, d)에서는 정의되어 있지 않다면 다음과 같다.

$$\lim_{x \to c} f(x) = \lim_{x \to c^-} f(x)$$

- 만약 f가 c의 오른쪽에 위치한 열린 구간 (c, d)에서 정의되어 있고, c의 왼쪽에 위치한 열린 구간 (b, c)에서는 정의되어 있지 않다면 다음과 같다.

$$\lim_{x \to c} f(x) = \lim_{x \to c^+} f(x)$$

(임의의 정의역에서 극한의 정의는 심화문제 39~42에서 다룬다.)

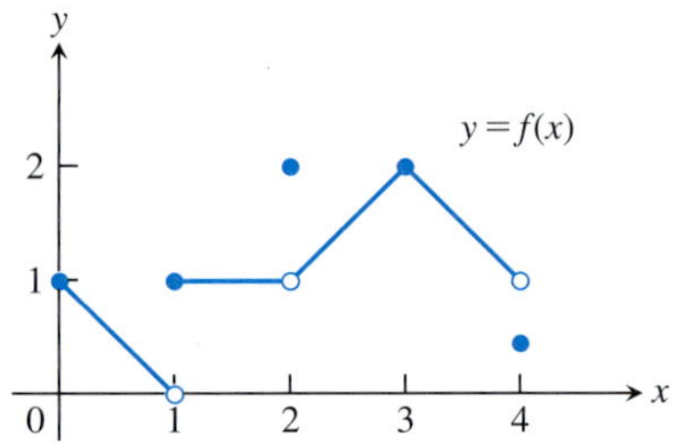

그림 1.27 예제 1에 나오는 함수의 그래프.

예제 1 그림 1.27에서 그래프가 그려진 함수에 대해 다음을 알 수 있다.

$x = 0$에서: $\lim_{x \to 0^-} f(x)$는 존재하지 않고, — f는 $x=0$의 왼쪽까지 정의되지 않는다.

$\lim_{x \to 0^+} f(x) = 1,$ — $x=0$에서 f의 우극한이 존재한다.

$\lim_{x \to 0} f(x) = 1.$ — 정의역의 끝점 $x=0$에서 f의 극한이 존재한다.

$x = 1$에서: $\lim_{x \to 1^-} f(x) = 0,$ — 비록 $f(1)=1$일지라도

$\lim_{x \to 1^+} f(x) = 1,$

$\lim_{x \to 1} f(x)$는 존재하지 않는다. — 우극한과 좌극한이 같지 않다.

$x = 2$에서: $\lim_{x \to 2^-} f(x) = 1,$

$\lim_{x \to 2^+} f(x) = 1,$

$\lim_{x \to 2} f(x) = 1.$ — 비록 $f(2)=2$일지라도

$x = 3$에서: $\lim_{x \to 3^-} f(x) = \lim_{x \to 3^+} f(x) = \lim_{x \to 3} f(x) = f(3) = 2.$

$x = 4$에서: $\lim_{x \to 4^-} f(x) = 1,$ — 비록 $f(4) \neq 1$일지라도

$\lim_{x \to 4^+} f(x)$는 존재하지 않는다. — f는 $x=4$의 오른쪽까지 정의되지 않는다.

$\lim_{x \to 4} f(x) = 1.$ — 정의역의 끝점 $x=4$에서 f의 극한이 존재한다.

구간 $[0, 4]$에 놓인 다른 모든 점 c에서 $f(x)$의 극한은 $f(c)$이다. ■

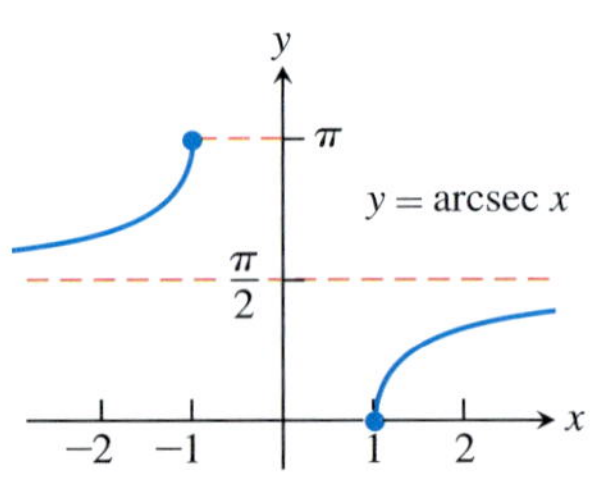

그림 1.28 점 $x=\pm1$에서 arcsec 함수의 극한이 존재한다.

예제 2 그림 1.28에서 볼 수 있는 것과 같이 함수 arcsec x의 정의역은 구간 $(-\infty, -1]$와 $[1, \infty)$의 합집합이다. 이들 구간의 경계점에서 다음을 알 수 있다.

$x = -1$에서: $\lim_{x \to -1^-} \operatorname{arcsec} x = \pi,$ — $x=-1$에서 arcsec x의 좌극한이 존재한다.

$\lim_{x \to -1^+} \operatorname{arcsec} x$는 존재하지 않는다. — arcsec x는 $(-1, 1)$에서 정의되지 않는다.

$\lim_{x \to -1} \operatorname{arcsec} x = \pi.$ — $x=-1$에서 arcsec x의 극한이 존재한다.

$x = 1$에서: $\lim_{x \to 1^-} \operatorname{arcsec} x$는 존재하지 않는다. — arcsec x는 $(-1, 1)$에서 정의되지 않는다

$\lim_{x \to 1^+} \operatorname{arcsec} x = 0,$ — $x=1$에서 arcsec x의 우극한이 존재한다.

$\lim_{x \to 1} \operatorname{arcsec} x = 0.$ — $x=1$에서 arcsec x의 극한이 존재한다.

$(-\infty, -1)$에 놓인 모든 점 c와 $(1, \infty)$에 놓인 모든 점 c에서 $x \to c$일 때 arcsec x의 극한은 arcsec c와 같다. 그러나 구간 $(-1, 1)$에 놓인 각 점 c에서 $\lim_{x \to c} \operatorname{arcsec} x$는 존재하지 않는다. ■

한쪽 극한의 엄밀한 정의

1.3절에서 극한의 형식적인 정의는 쉽게 한쪽 극한에 맞게 수정된다.

정의

(a) 함수 f의 정의역이 c의 오른쪽에서 구간 (c, d)를 포함한다고 가정하자. 만약 모든 $\varepsilon > 0$에 대해,

$$c < x < c + \delta \text{ 일 때} \quad |f(x) - L| < \varepsilon$$

인 실수 $\delta > 0$가 존재하면, $x=c$에서 $f(x)$의 **우극한은 L이다**라 하고, 다음과 같이 나타낸다.

$$\lim_{x \to c^+} f(x) = L$$

(b) 함수 f의 정의역이 c의 왼쪽에서 구간 (b, c)를 포함한다고 가정하자. 만약 모든 $\varepsilon > 0$에 대해,

$$c - \delta < x < c \text{ 일 때} \quad |f(x) - L| < \varepsilon$$

인 실수 $\delta > 0$가 존재하면, $x=c$에서 $f(x)$의 **좌극한은 L이다**라 하고, 다음과 같이 나타낸다.

$$\lim_{x \to c^-} f(x) = L$$

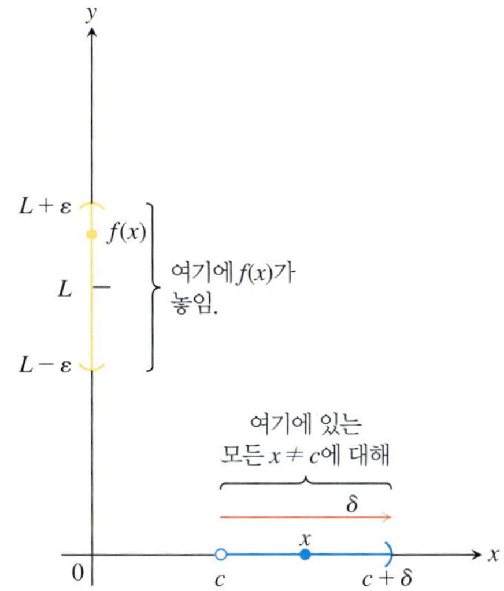

그림 1.29 우극한의 정의와 관련된 구간.

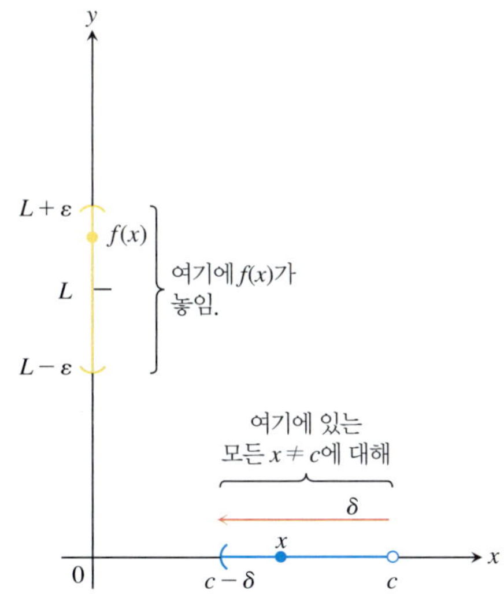

그림 1.30 좌극한의 정의와 관련된 구간.

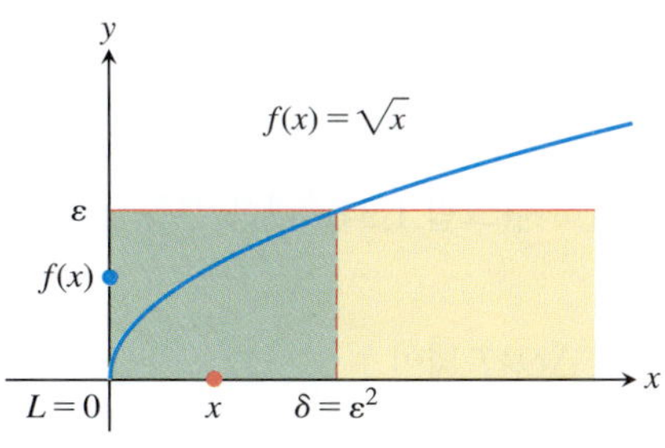

그림 1.31 예제 3에 나오는 $\lim_{x \to 0^+} \sqrt{x} = 0$.

이러한 정의는 그림 1.29와 1.30에서 설명된다.

예제 3 다음 극한 식을 증명하라.

$$\lim_{x \to 0^+} \sqrt{x} = 0$$

풀이 임의의 양수를 $\varepsilon > 0$으로 놓자. 여기서 $c=0$과 $L=0$이므로 다음 조건인 $\delta > 0$을 구하려고 한다.

$$0 < x < \delta \text{일 때} \qquad \left|\sqrt{x} - 0\right| < \varepsilon$$

또는

$$0 < x < \delta \text{일 때} \quad \sqrt{x} < \varepsilon \qquad \sqrt{x} \geq 0 \text{이므로 } |\sqrt{x}| = \sqrt{x}$$

위의 마지막 부등식의 양변을 제곱하면 다음과 같다.

$$0 < x < \delta \text{일 때} \quad x < \varepsilon^2$$

만약 $\delta = \varepsilon^2$로 취하면 다음을 얻는다.

$$0 < x < \delta = \varepsilon^2 \text{일 때} \qquad \sqrt{x} < \varepsilon$$

또는

$$0 < x < \varepsilon^2 \text{일 때} \qquad \left|\sqrt{x} - 0\right| < \varepsilon$$

정의에 따라 $\lim_{x \to 0^+} \sqrt{x} = 0$이다(그림 1.31).

점 0이 $\sqrt{x}$가 정의된 정의역의 끝점이므로 $\lim_{x \to 0} \sqrt{x} = 0$도 성립한다는 것을 명심하자. ■

지금까지 살펴본 모든 함수에서 각 관심 점에서 함수의 여러 종류 극한이 존재했다. 일반적으로 그럴 필요는 없다.

예제 4 x가 어느 한쪽에서 0으로 접근할 때 $y=\sin(1/x)$의 한쪽 극한이 존재하지 않는다는 것을 증명하라(그림 1.32).

풀이 x가 0으로 접근함에 따라서 그 역수인 $1/x$은 경계 없이 커지며, $\sin(1/x)$값은 반복적으로 -1에서 1까지 주기적으로 변한다. x가 0으로 접근할 때, 함숫값이 계속해서 점점 가까워지는 1개의 수 L은 존재하지 않는다. 이는 x를 양수 값이나 음수 값으로 제한하더라도 마찬가지이다. $x=0$에서 이 함수의 우극한과 좌극한은 모두 존재하지 않는다. ■

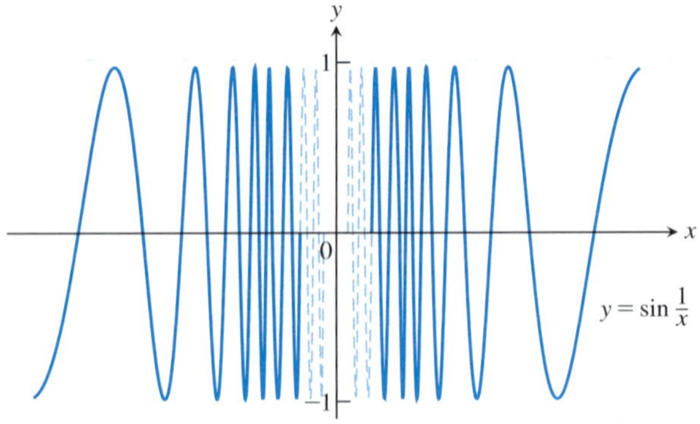

그림 1.32 x가 0으로 접근할 때 함수 $y=\sin(1/x)$의 우극한과 좌극한은 존재하지 않는다(예제 4). 여기 그래프에서는 y축 근처의 값이 생략되어 있다.

$(\sin\theta)/\theta$를 포함하는 극한

$(\sin\theta)/\theta$에 대한 중요한 사실은 라디안 단위에서 θ가 0에 접근할 때의 극한이 1이라는 것이다. 이 사실을 그림 1.33에서 확인할 수 있고, 샌드위치 정리를 적용하여 대수적으로 확인할 수 있다. 이 극한의 중요성은 삼각함수의 순간변화율을 탐구하는 2.5절에서 확인하게 될 것이다.

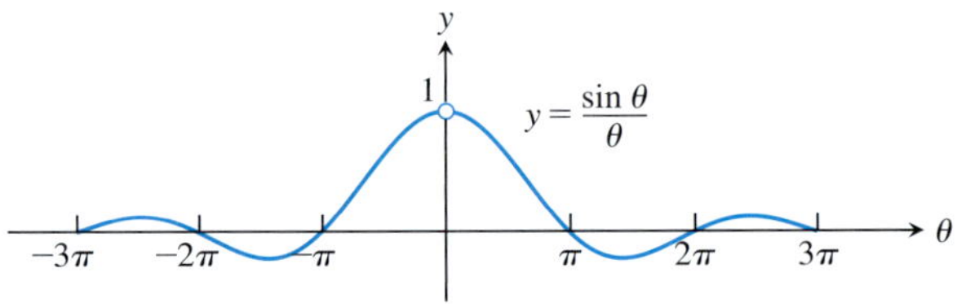

그림 1.33 함수 $f(\theta)=(\sin\theta)/\theta$의 그래프는 θ가 0으로 접근할 때 우극한과 좌극한이 모두 1인 것을 시사한다.

정리 6 | $\theta \to 0$일 때 비율 $(\sin\theta)/\theta$의 극한

$$\lim_{\theta\to 0}\frac{\sin\theta}{\theta} = 1 \quad (\text{라디안 단위의 } \theta) \tag{1}$$

증명 우극한과 좌극한이 모두 1이 됨을 보여주는 것이 목표이다. 그러면 양쪽 극한도 1임을 알 수 있다.

우극한이 1임을 보이기 위해 $\pi/2$보다 작은 θ값으로 시작하자(그림 1.34). 다음 부등식에 주목하자.

$$\Delta OAP \text{ 넓이} < \text{부채꼴 } OAP \text{ 넓이} < \Delta OAT \text{ 넓이}$$

이들 넓이를 다음과 같이 θ에 대한 함수로 나타낼 수 있다.

$$\Delta OAP \text{ 넓이} = \frac{1}{2}\text{밑변길이}\times\text{높이} = \frac{1}{2}(1)(\sin\theta) = \frac{1}{2}\sin\theta$$

$$\text{부채꼴 } OAP \text{ 넓이} = \frac{1}{2}r^2\theta = \frac{1}{2}(1)^2\theta = \frac{\theta}{2} \tag{2}$$

$$\Delta OAP \text{ 넓이} = \frac{1}{2}\text{밑변길이}\times\text{높이} = \frac{1}{2}(1)(\tan\theta) = \frac{1}{2}\tan\theta$$

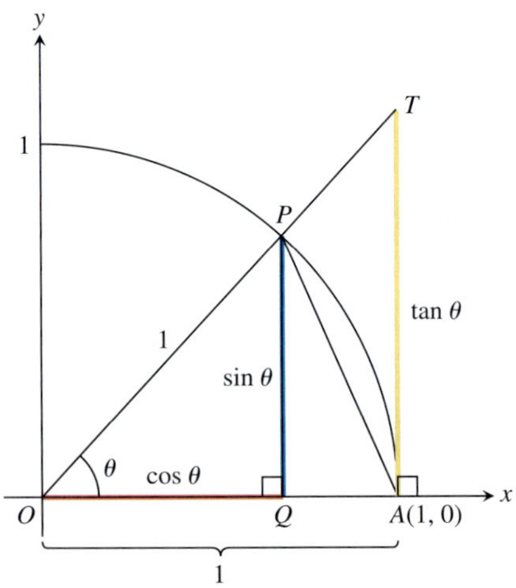

그림 1.34 $TA/OA=\tan\theta$와 $OA=1$이다. 따라서 $TA=\tan\theta$.

따라서 다음과 같다.

$$\frac{1}{2}\sin\theta < \frac{1}{2}\theta < \frac{1}{2}\tan\theta$$

식 (2)에서 각도를 측정하는 데 라디안을 사용하는 것은 중요하다. θ가 라디안으로 측정될 때에만 부채꼴 OAP 넓이가 $\theta/2$이다.

$0<\theta<\pi/2$이므로 양수인 수 $(1/2)\sin\theta$로 위 부등식의 세 항을 나누면 다음과 같다.

$$1 < \frac{\theta}{\sin\theta} < \frac{1}{\cos\theta}$$

역수를 취하면 부등식의 부호가 반대로 되므로 다음을 얻는다.

$$1 > \frac{\sin\theta}{\theta} > \cos\theta$$

$\lim_{\theta\to 0^+} \cos\theta = 1$ (1.2절의 예제 12b)이므로 샌드위치 정리에 따라서 다음과 같다.

$$\lim_{\theta\to 0^+}\frac{\sin\theta}{\theta} = 1$$

좌극한을 구하기 위해 $\sin\theta$와 θ가 모두 기함수임에 주목하자. 따라서 $f(\theta)=(\sin\theta)/\theta$는 그래프가 y축에 대해 대칭인 우함수이다(그림 1.33). 이 대칭성은 0에서 좌극한이 존재하고 우극한과 같은 값임을 의미하므로 다음과 같다.

$$\lim_{\theta\to 0^-}\frac{\sin\theta}{\theta} = 1 = \lim_{\theta\to 0^+}\frac{\sin\theta}{\theta}$$

그러므로 정리 5에 따라서 $\lim_{\theta\to 0}(\sin\theta)/\theta = 1$이다. ■

예제 5 다음을 보여라.

(a) $\lim_{y\to 0}\dfrac{\cos y - 1}{y} = 0$ **(b)** $\lim_{x\to 0}\dfrac{\sin 2x}{5x} = \dfrac{2}{5}$

풀이

(a) 반각의 공식 $\cos y = 1-2\sin^2(y/2)$를 사용하여 다음을 계산한다.

$$\begin{aligned}\lim_{y\to 0}\frac{\cos y - 1}{y} &= \lim_{y\to 0} -\frac{2\sin^2(y/2)}{y} \\ &= -\lim_{\theta\to 0}\frac{\sin\theta}{\theta}\sin\theta && \theta = y/2\text{로 놓는다.} \\ &= -(1)(0) = 0 && \text{1.2절의 예제 12a와 식 (1)}\end{aligned}$$

(b) 주어진 분수에 식 (1)은 적용되지 않는다. 분모에는 $5x$ 대신에 $2x$가 필요하다. 이를 위해 분자와 분모에 $2/5$를 곱한다.

$$\begin{aligned}\lim_{x\to 0}\frac{\sin 2x}{5x} &= \lim_{x\to 0}\frac{(2/5)\cdot\sin 2x}{(2/5)\cdot 5x} \\ &= \frac{2}{5}\lim_{x\to 0}\frac{\sin 2x}{2x} && \theta = 2x\text{로 식 (1)이 적용된다.} \\ &= \frac{2}{5}(1) = \frac{2}{5}\end{aligned}$$

■

예제 6 극한 $\lim_{t\to 0}\dfrac{\tan t\sec 2t}{3t}$를 구하라.

풀이 $\tan t$와 $\sec 2t$의 정의에 따라서 다음과 같다.

$$\begin{aligned}\lim_{t\to 0}\frac{\tan t\sec 2t}{3t} &= \lim_{t\to 0}\frac{1}{3}\cdot\frac{1}{t}\cdot\frac{\sin t}{\cos t}\cdot\frac{1}{\cos 2t} \\ &= \frac{1}{3}\lim_{t\to 0}\frac{\sin t}{t}\cdot\frac{1}{\cos t}\cdot\frac{1}{\cos 2t} \\ &= \frac{1}{3}(1)(1)(1) = \frac{1}{3} && \text{1.2절의 예제 12b와 식 (1)}\end{aligned}$$

■

예제 7 영이 아닌 상수 A와 B에 대해 다음을 보여라.

$$\lim_{\theta\to 0}\frac{\sin A\theta}{\sin B\theta}=\frac{A}{B}$$

풀이

$$\begin{aligned}\lim_{\theta\to 0}\frac{\sin A\theta}{\sin B\theta} &= \lim_{\theta\to 0}\frac{\sin A\theta}{A\theta}A\theta\frac{B\theta}{\sin B\theta}\frac{1}{B\theta} && A\theta\text{와 }B\theta\text{로 곱하고 나눈다.}\\ &= \lim_{\theta\to 0}\frac{\sin A\theta}{A\theta}\frac{B\theta}{\sin B\theta}\frac{A}{B} && u=A\theta\text{로 놓으면 }\lim_{u\to 0}\frac{\sin u}{u}=1\\ &= \lim_{\theta\to 0}(1)(1)\frac{A}{B} && v=B\theta\text{로 놓으면 }\lim_{v\to 0}\frac{v}{\sin v}=1\\ &= \frac{A}{B}\end{aligned}$$

■

연습문제 1.4 EXERCISE QUESTION

그래프에서 극한 찾기

1. 다음에서 그려진 함수 $y=f(x)$에 대한 다음 명제들 중 어떤 것이 참이고 어떤 것이 거짓인가?

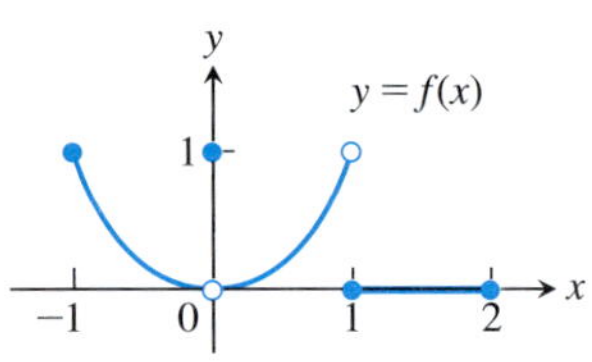

a. $\lim_{x\to -1^+} f(x)=1$　**b.** $\lim_{x\to 0^-} f(x)=0$

c. $\lim_{x\to 0^-} f(x)=1$　**d.** $\lim_{x\to 0^-} f(x)=\lim_{x\to 0^+} f(x)$

e. $\lim_{x\to 0} f(x)$가 존재한다.　**f.** $\lim_{x\to 0} f(x)=0$

g. $\lim_{x\to 0} f(x)=1$　**h.** $\lim_{x\to 1} f(x)=1$

i. $\lim_{x\to 1} f(x)=0$　**j.** $\lim_{x\to 2^-} f(x)=2$

k. $\lim_{x\to -1^-} f(x)$가 존재하지 않는다.　**l.** $\lim_{x\to 2^+} f(x)=0$

2. 다음에서 그려진 함수 $y=f(x)$에 대한 다음 명제들 중 어떤 것이 참이고 어떤 것이 거짓인가?

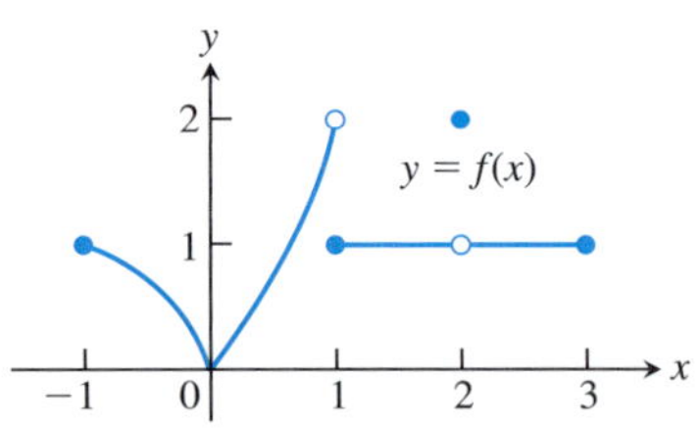

a. $\lim_{x\to -1^+} f(x)=1$　**b.** $\lim_{x\to 2} f(x)$가 존재하지 않는다.

c. $\lim_{x\to 2} f(x)=2$　**d.** $\lim_{x\to 1^-} f(x)=2$

e. $\lim_{x\to 1^+} f(x)=1$　**f.** $\lim_{x\to 1} f(x)$가 존재하지 않는다.

g. $\lim_{x\to 0^+} f(x)=\lim_{x\to 0^-} f(x)$

h. 열린 구간 $(-1, 1)$에 놓인 모든 c에서 $\lim_{x\to c} f(x)$가 존재한다.

i. 열린 구간 $(1, 3)$에 놓인 모든 c에서 $\lim_{x\to c} f(x)$가 존재한다.

j. $\lim_{x\to -1^-} f(x)=0$　**k.** $\lim_{x\to 3^+} f(x)$가 존재하지 않는다.

3. 함수를 $f(x)=\begin{cases}3-x, & x<2\\ \dfrac{x}{2}+1, & x>2\end{cases}$로 놓자.

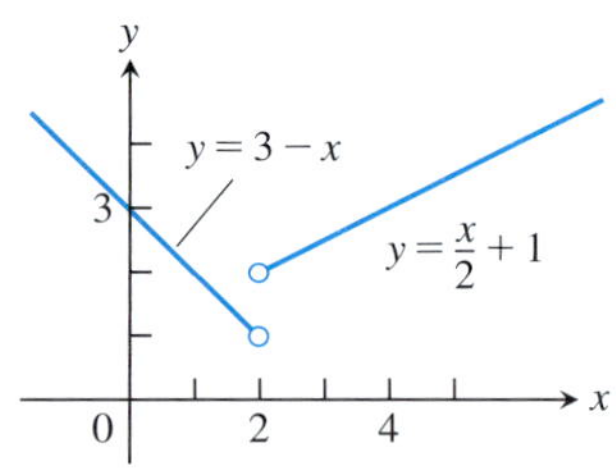

a. $\lim_{x\to 2^+} f(x)$와 $\lim_{x\to 2^-} f(x)$를 구하라.

b. $\lim_{x\to 2} f(x)$가 존재하는가? 만약 그렇다면 값은 무엇인가? 만약 그렇지 않다면 그 이유는 무엇인가?

c. $\lim_{x\to 4^-} f(x)$와 $\lim_{x\to 4^+} f(x)$를 구하라.

d. $\lim_{x\to 4} f(x)$가 존재하는가? 만약 그렇다면 값은 무엇인가? 만약 그렇지 않다면 그 이유는 무엇인가?

4. 함수를 $f(x)=\begin{cases}3-x, & x<2\\ 2, & x=2\\ \dfrac{x}{2}, & x>2\end{cases}$로 놓자.

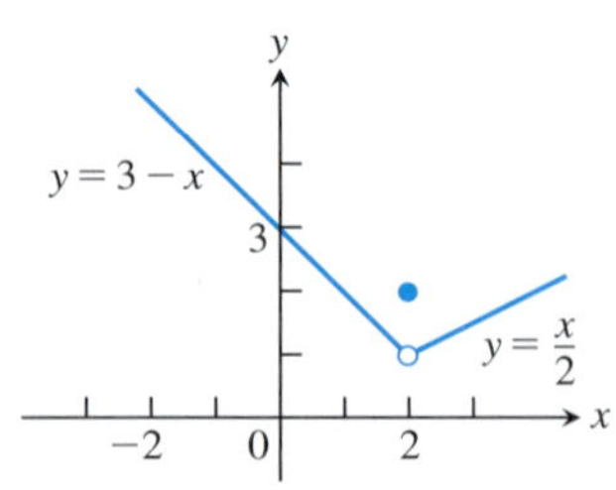

a. $\lim_{x\to 2^+} f(x)$와 $\lim_{x\to 2^-} f(x)$와 $f(2)$를 구하라.

b. $\lim_{x\to 2} f(x)$가 존재하는가? 만약 그렇다면 값은 무엇인가? 만약 그

렇지 않다면 그 이유는 무엇인가?

c. $\lim_{x\to -1^-} f(x)$와 $\lim_{x\to -1^+} f(x)$를 구하라.

d. $\lim_{x\to -1} f(x)$가 존재하는가? 만약 그렇다면 값은 무엇인가? 만약 그렇지 않다면 그 이유는 무엇인가?

5. 함수를 $f(x) = \begin{cases} 0, & x \le 0 \\ \sin\dfrac{1}{x}, & x > 0 \end{cases}$ 로 놓자.

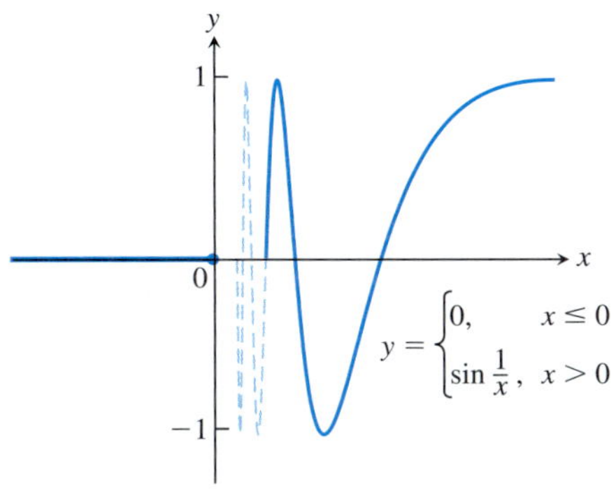

a. $\lim_{x\to 0^+} f(x)$가 존재하는가? 만약 그렇다면 값은 무엇인가? 만약 그렇지 않다면 그 이유는 무엇인가?

b. $\lim_{x\to 0^-} f(x)$가 존재하는가? 만약 그렇다면 값은 무엇인가? 만약 그렇지 않다면 그 이유는 무엇인가?

c. $\lim_{x\to 0} f(x)$가 존재하는가? 만약 그렇다면 값은 무엇인가? 만약 그렇지 않다면 그 이유는 무엇인가?

6. 함수를 $g(x)=\sqrt{x}\,\sin(1/x)$로 놓자.

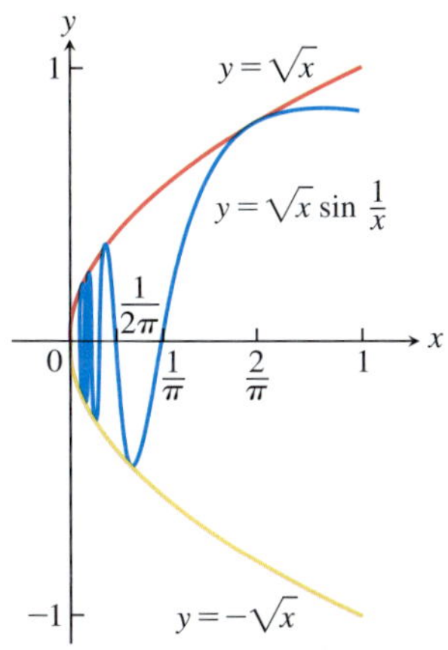

a. $\lim_{x\to 0^+} g(x)$가 존재하는가? 만약 그렇다면 값은 무엇인가? 만약 그렇지 않다면 그 이유는 무엇인가?

b. $\lim_{x\to 0^-} g(x)$가 존재하는가? 만약 그렇다면 값은 무엇인가? 만약 그렇지 않다면 그 이유는 무엇인가?

c. $\lim_{x\to 0} g(x)$가 존재하는가? 만약 그렇다면 값은 무엇인가? 만약 그렇지 않다면 그 이유는 무엇인가?

7. a. 함수 $f(x) = \begin{cases} x^3, & x \ne 1 \\ 0, & x = 1 \end{cases}$ 의 그래프를 작성하라.

b. $\lim_{x\to 1^-} f(x)$와 $\lim_{x\to 1^+} f(x)$를 구하라.

c. $\lim_{x\to 1} f(x)$가 존재하는가? 만약 그렇다면 값은 무엇인가? 만약 그렇지 않다면 그 이유는 무엇인가?

8. a. 함수 $f(x) = \begin{cases} 1-x^2, & x \ne 1 \\ 2, & x = 1 \end{cases}$ 의 그래프를 작성하라.

b. $\lim_{x\to 1^+} f(x)$와 $\lim_{x\to 1^-} f(x)$를 구하라.

c. $\lim_{x\to 1} f(x)$가 존재하는가? 만약 그렇다면 값은 무엇인가? 만약 그렇지 않다면 그 이유는 무엇인가?

연습문제 9와 10에서 함수의 그래프를 그려라. 그런 후에 다음 질문에 답하라.

a. 함수 f의 정의역과 치역은 무엇인가?

b. 만약 존재한다면, 어떤 점 c에서 $\lim_{x\to c} f(x)$가 존재하는가?

c. 어떤 점에서 좌극한은 존재하는데, 우극한은 존재하지 않는가?

d. 어떤 점에서 우극한은 존재하는데, 좌극한은 존재하지 않는가?

9. $f(x) = \begin{cases} \sqrt{1-x^2}, & 0 \le x < 1 \\ 1, & 1 \le x < 2 \\ 2, & x = 2 \end{cases}$

10. $f(x) = \begin{cases} x, & -1 \le x < 0 \text{ 또는 } 0 < x \le 1 \\ 1, & x = 0 \\ 0, & x < -1 \text{ 또는 } x > 1 \end{cases}$

대수적으로 한쪽 극한 구하기

연습문제 11~20에서 극한을 구하라.

11. $\lim_{x\to -0.5^-} \sqrt{\dfrac{x+2}{x+1}}$

12. $\lim_{x\to 1^+} \sqrt{\dfrac{x-1}{x+2}}$

13. $\lim_{x\to -2^+} \left(\dfrac{x}{x+1}\right)\left(\dfrac{2x+5}{x^2+x}\right)$

14. $\lim_{x\to 1^-} \left(\dfrac{1}{x+1}\right)\left(\dfrac{x+6}{x}\right)\left(\dfrac{3-x}{7}\right)$

15. $\lim_{h\to 0^+} \dfrac{\sqrt{h^2+4h+5}-\sqrt{5}}{h}$

16. $\lim_{h\to 0^-} \dfrac{\sqrt{6}-\sqrt{5h^2+11h+6}}{h}$

17. a. $\lim_{x\to -2^+} (x+3)\dfrac{|x+2|}{x+2}$ **b.** $\lim_{x\to -2^-} (x+3)\dfrac{|x+2|}{x+2}$

18. a. $\lim_{x\to 1^+} \dfrac{\sqrt{2x}\,(x-1)}{|x-1|}$ **b.** $\lim_{x\to 1^-} \dfrac{\sqrt{2x}\,(x-1)}{|x-1|}$

19. a. $\lim_{x\to 0^+} \dfrac{|\sin x|}{x}$ **b.** $\lim_{x\to 0^-} \dfrac{|\sin x|}{x}$

20. a. $\lim_{x\to 0^+} \dfrac{1-\cos x}{|\cos x - 1|}$ **b.** $\lim_{x\to 0^-} \dfrac{\cos x - 1}{|\cos x - 1|}$

다음 최대정수함수 $y=x$의 그래프를 사용하여 연습문제 21과 22에서 극한을 구하라.

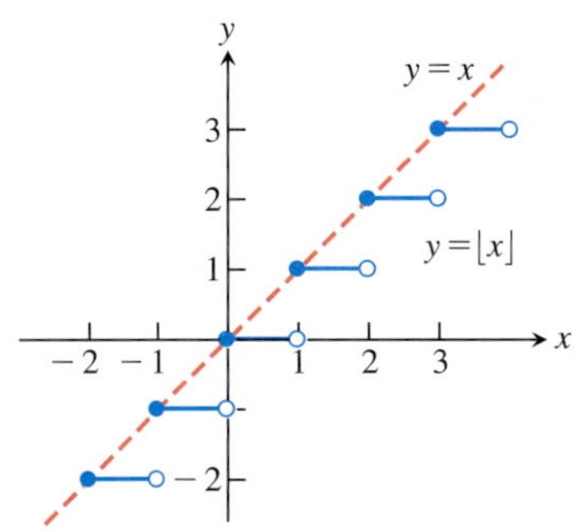

21. **a.** $\lim_{\theta\to 3^+} \dfrac{\lfloor\theta\rfloor}{\theta}$ **b.** $\lim_{\theta\to 3^-} \dfrac{\lfloor\theta\rfloor}{\theta}$

22. **a.** $\lim_{t\to 4^+} (t - \lfloor t\rfloor)$ **b.** $\lim_{t\to 4^-} (t - \lfloor t\rfloor)$

극한 $\lim_{\theta\to 0} \dfrac{\sin\theta}{\theta} = 1$ 이용하기

연습문제 23~46에서 극한을 구하라.

23. $\lim_{\theta\to 0} \dfrac{\sin\sqrt{2}\theta}{\sqrt{2}\theta}$

24. $\lim_{t\to 0} \dfrac{\sin kt}{t}$ (k 상수)

25. $\lim_{y\to 0} \dfrac{\sin 3y}{4y}$

26. $\lim_{h\to 0^-} \dfrac{h}{\sin 3h}$

27. $\lim_{x\to 0} \dfrac{\tan 2x}{x}$

28. $\lim_{t\to 0} \dfrac{2t}{\tan t}$

29. $\lim_{x\to 0} \dfrac{x \csc 2x}{\cos 5x}$

30. $\lim_{x\to 0} 6x^2(\cot x)(\csc 2x)$

31. $\lim_{x\to 0} \dfrac{x + x\cos x}{\sin x \cos x}$

32. $\lim_{x\to 0} \dfrac{x^2 - x + \sin x}{2x}$

33. $\lim_{\theta\to 0} \dfrac{1 - \cos\theta}{\sin 2\theta}$

34. $\lim_{x\to 0} \dfrac{x - x\cos x}{\sin^2 3x}$

35. $\lim_{t\to 0} \dfrac{\sin(1 - \cos t)}{1 - \cos t}$

36. $\lim_{h\to 0} \dfrac{\sin(\sin h)}{\sin h}$

37. $\lim_{\theta\to 0} \dfrac{\sin\theta}{\sin 2\theta}$

38. $\lim_{x\to 0} \dfrac{\sin 5x}{\sin 4x}$

39. $\lim_{\theta\to 0} \theta\cos\theta$

40. $\lim_{\theta\to 0} \sin\theta\cot 2\theta$

41. $\lim_{x\to 0} \dfrac{\tan 3x}{\sin 8x}$

42. $\lim_{y\to 0} \dfrac{\sin 3y \cot 5y}{y \cot 4y}$

43. $\lim_{\theta\to 0} \dfrac{\tan\theta}{\theta^2 \cot 3\theta}$

44. $\lim_{\theta\to 0} \dfrac{\theta\cot 4\theta}{\sin^2\theta\cot^2 2\theta}$

45. $\lim_{x\to 0} \dfrac{1 - \cos 3x}{2x}$

46. $\lim_{x\to 0} \dfrac{\cos^2 x - \cos x}{x^2}$

이론과 예제

47. 함수 f의 정의역 내부 점 a에서 $\lim_{x\to a^+} f(x)$와 $\lim_{x\to a^-} f(x)$를 알고 있다면, $\lim_{x\to a} f(x)$도 알 수 있는가? 그 이유를 설명하라.

48. 만약 함수 f의 정의역 내부 점 c에서 $\lim_{x\to c} f(x)$가 존재한다는 것을 안다면 이 값을 $\lim_{x\to c^+} f(x)$를 계산하여 구할 수 있는가? 그 이유를 설명하라.

49. 함수 f가 x에 대한 기함수라고 가정하자. $\lim_{x\to 0^+} f(x) = 3$임을 아는 것이 $\lim_{x\to 0^-} f(x)$에 대한 정보를 주는가? 그 이유를 설명하라.

50. 함수 f가 x에 대한 우함수라고 가정하자. $\lim_{x\to 2^-} f(x) = 7$임을 아는 것이 $\lim_{x\to -2^-} f(x)$ 또는 $\lim_{x\to -2^+} f(x)$에 대한 정보를 주는가? 그 이유를 설명하라.

한쪽 극한의 형식적인 정의

51. 주어진 $\varepsilon > 0$에 대해, 만약 x가 I에 속한다면 $\sqrt{x-5} < \varepsilon$이 되고 $\delta > 0$인 구간 $I = (5, 5+\delta)$를 찾아라. 이때 어떤 극한이 확인되고 그 값은 무엇인가?

52. 주어진 $\varepsilon > 0$에 대해, 만약 x가 I에 속한다면 $\sqrt{4-x} < \varepsilon$이 되고 $\delta > 0$인 구간 $I = (4-\delta, 4)$를 찾아라. 이때 어떤 극한이 확인되고 그 값은 무엇인가?

연습문제 53과 54에서 좌극한과 우극한의 정의를 사용하여 주어진 극한에 대한 명제를 증명하라.

53. $\lim_{x\to 0^-} \dfrac{x}{|x|} = -1$

54. $\lim_{x\to 2^+} \dfrac{x-2}{|x-2|} = 1$

55. **최대정수함수** **(a)** $\lim_{x\to 400^+} \lfloor x\rfloor$와 **(b)** $\lim_{x\to 400^-} \lfloor x\rfloor$를 구하고, 극한의 정의를 사용하여 구한 값을 검증하라. 문제 (a)와 (b)의 결론이 $\lim_{x\to 400} \lfloor x\rfloor$에 대한 정보를 주는가? 그 이유를 설명하라.

56. **한쪽 극한** 함수를 $f(x) = \begin{cases} x^2\sin(1/x), & x < 0 \\ \sqrt{x}, & x > 0 \end{cases}$ 로 놓자.

(a) $\lim_{x\to 0^+} f(x)$와 **(b)** $\lim_{x\to 0^-} f(x)$를 구하고, 극한의 정의를 사용하여 구한 값을 검증하라. 문제 (a)와 (b)의 결론이 $\lim_{x\to 0} f(x)$에 대한 정보를 주는가? 그 이유를 설명하라.

1.5 무한대에 대한 극한; 그래프의 점근선

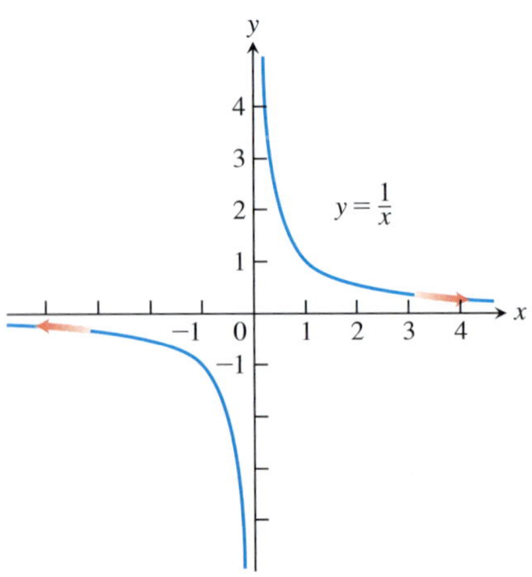

그림 1.35 $x \to \infty$ 또는 $x \to -\infty$일 때 $y = 1/x$는 0으로 접근한다.

이 절에서는 독립변수 x의 크기가 무한대로 증가할 때 또는 $x \to \pm\infty$일 때 함수의 행동을 조사한다. 또한 극한의 개념을 무한대 극한으로 확장한다. 무한대 극한은 값이 한없이 커지는 함수의 행동을 설명하는 데 유용한 기호와 용어를 제공한다. 이러한 발상을 사용하여 수평 또는 수직 점근선이 존재하는 함수의 그래프를 분석한다.

$x \to \pm\infty$일 때 유한 극한

무한대 기호(∞)는 실수를 나타내지 않는다. ∞를 이용하여 함수의 정의역이나 공역에서의 값이 모든 유한한 한계를 넘어설 때의 함수 행동이 설명된다. 예를 들어 함수 $f(x) = 1/x$은 모든 $x \neq 0$에서 정의된다(그림 1.35). x가 양수이고 점점 커질 때 $1/x$은 점점 작아진다. x가 음수이고 그 크기가 계속 커질 때 $1/x$의 크기는 다시 작아진다. 이를 정리하면 $x \to \infty$ 또는 $x \to -\infty$일 때 $f(x) = 1/x$의 극한은 0이거나, 무한대와 음의 무한대에서 $f(x) = 1/x$의 극한은 0이라고 정의한다. 정의역이 크기가 무한히 커지는 양수나 음수를 포함하는 함수의 극한에 대한 엄밀한 정의는 다음과 같다.

정의

1. 정의역이 크기가 무한히 커지는 양수를 포함하는 함수 $f(x)$에 대해 모든 $\varepsilon > 0$에 대해,

$$x > M \text{ 일 때 } \quad |f(x) - L| < \varepsilon$$

인 실수 M이 존재하면 **x가 무한대에 접근할 때 $f(x)$의 극한은 L이다**라 하고, 다음과 같이 나타낸다.

$$\lim_{x \to \infty} f(x) = L$$

2. 정의역이 크기가 무한히 커지는 음수를 포함하는 함수 $f(x)$에 대해 모든 $\varepsilon > 0$에 대해,

$$x < N \text{ 일 때 } \quad |f(x) - L| < \varepsilon$$

인 실수 N이 존재하면 **x가 음의 무한대에 접근할 때 $f(x)$의 극한은 L이다**라 하고, 다음과 같이 나타낸다.

$$\lim_{x \to -\infty} f(x) = L$$

직관적으로 $\lim_{x \to \infty} f(x) = L$은 x가 양의 방향으로 원점에서 점점 멀어지면 $f(x)$가 L에 한없이 가까워진다는 것이다. 마찬가지로 $\lim_{x \to -\infty} f(x) = L$은 x가 음의 방향으로 원점에서 점점 멀어지면 $f(x)$가 L에 한없이 가까워진다는 것이다.

$x \to +\infty$ 또는 $x \to -\infty$일 때 함수의 극한을 계산하는 전략은 1.2절에서 유한한 극한을 계산하는 전략과 유사하다. 먼저 상수함수 $y = k$와 항등함수 $y = x$의 극한을 구했다. 그런 다음 대수적 조합의 극한에 대한 정리 1을 적용하여 이러한 결과를 다른 함수로 확장했다. 여기서는 똑같은 접근을 취하지만, 시작 함수는 $y = k$와 $y = x$ 대신에 $y = k$와 $y = 1/x$이다.

형식적인 정의를 적용하여 검증해야 할 기본 사실은 다음과 같다.

$$\lim_{x \to \pm\infty} k = k \qquad \text{그리고} \qquad \lim_{x \to \pm\infty} \frac{1}{x} = 0 \tag{1}$$

예제 1에서 두 번째 결과를 증명하고, 첫 번째 결과의 증명은 연습문제 93과 94에서 다룬다.

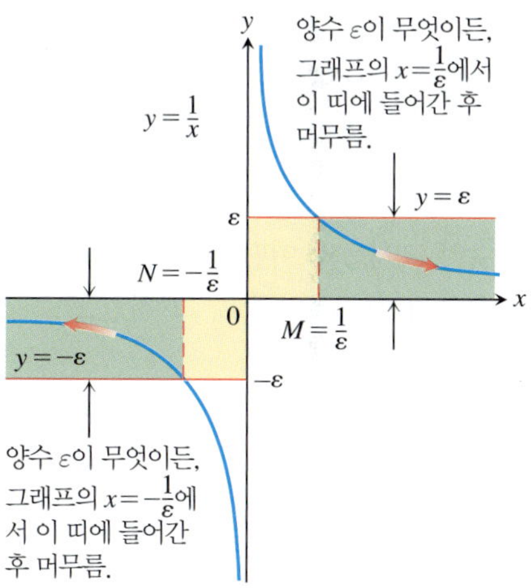

그림 1.36 예제 1에서 논증 뒤의 기하학.

예제 1 다음을 보여라.

(a) $\lim_{x \to \infty} \frac{1}{x} = 0$ **(b)** $\lim_{x \to -\infty} \frac{1}{x} = 0$

풀이

(a) 임의의 양수를 $\varepsilon > 0$으로 놓자. 다음 조건인 수 M을 찾아야 한다.

$$x > M \text{ 일 때 } \quad \left|\frac{1}{x} - 0\right| = \left|\frac{1}{x}\right| < \varepsilon$$

$M = 1/\varepsilon$로 놓거나 더 큰 양수로 놓으면 조건이 성립한다(그림 1.36). 이것으로 $\lim_{x \to \infty} (1/x) = 0$이 증명된다.

(b) 임의의 양수를 $\varepsilon > 0$으로 놓자. 다음 조건인 수 N을 찾아야 한다.

$$x < N \text{ 일 때 } \quad \left|\frac{1}{x} - 0\right| = \left|\frac{1}{x}\right| < \varepsilon$$

$N = -1/\varepsilon$로 놓거나 더 작은 수로 놓으면 조건이 성립한다(그림 1.36). 이것으로 $\lim_{x \to -\infty} (1/x) = 0$이 증명된다. ■

무한대에서 극한의 성질은 유한 극한의 성질과 비슷하다.

정리 7

정리 1에서 $\lim_{x\to c}$를 $\lim_{x\to\infty}$ 또는 $\lim_{x\to-\infty}$로 대체할 때 모든 극한 규칙은 참이다. 즉 변수 x는 유한 수 c 또는 $\pm\infty$로 접근할 수 있다.

예제 2 정리 7의 성질은 극한을 계산하는 데에 x가 유한 수 c에 접근할 때와 동일한 방식으로 사용된다.

(a)
$$\lim_{x\to\infty}\left(5+\frac{1}{x}\right) = \lim_{x\to\infty} 5 + \lim_{x\to\infty}\frac{1}{x} \quad \text{합 규칙}$$
$$= 5 + 0 = 5 \quad \text{알려진 극한}$$

(b)
$$\lim_{x\to-\infty}\frac{\pi\sqrt{3}}{x^2} = \lim_{x\to-\infty}\pi\sqrt{3}\cdot\frac{1}{x}\cdot\frac{1}{x}$$
$$= \lim_{x\to-\infty}\pi\sqrt{3}\cdot\lim_{x\to-\infty}\frac{1}{x}\cdot\lim_{x\to-\infty}\frac{1}{x} \quad \text{곱 규칙}$$
$$= \pi\sqrt{3}\cdot 0\cdot 0 = 0 \quad \text{알려진 극한}$$

■

유리함수의 무한대에서의 극한

x가 $\pm\infty$로 접근할 때 유리함수의 극한을 결정하기 위해, 먼저 분모의 최고 차수의 x로 분자와 분모를 나눈다. 그러면 결과는 관련된 다항식의 차수에 따라 달라진다.

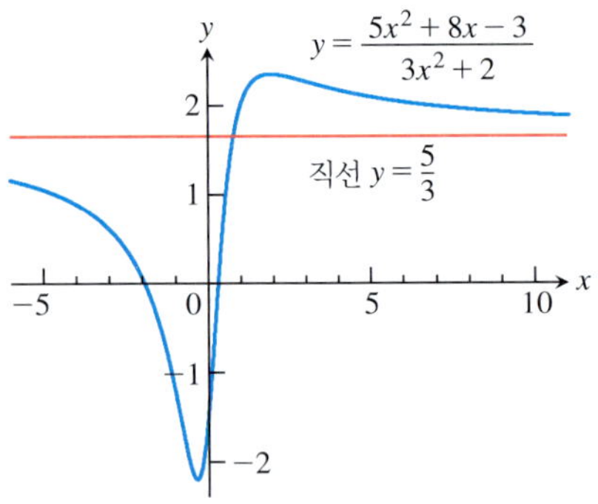

그림 1.37 예제 3a에서의 함수 그래프. $|x|$가 증가할 때 그래프는 직선 $y=5/3$에 접근한다.

예제 3 다음 예제는 분자의 차수가 분모의 차수보다 작거나 같을 때 어떻게 되는지를 보여준다.

(a)
$$\lim_{x\to\infty}\frac{5x^2+8x-3}{3x^2+2} = \lim_{x\to\infty}\frac{5+(8/x)-(3/x^2)}{3+(2/x^2)} \quad x^2\text{으로 분자와 분모를 나눈다.}$$
$$= \frac{5+0-0}{3+0} = \frac{5}{3} \quad \text{그림 1.37을 보라.}$$

(b)
$$\lim_{x\to-\infty}\frac{11x+2}{2x^3-1} = \lim_{x\to-\infty}\frac{(11/x^2)+(2/x^3)}{2-(1/x^3)} \quad x^3\text{으로 분자와 분모를 나눈다.}$$
$$= \frac{0+0}{2-0} = 0 \quad \text{그림 1.38을 보라.}$$

■

분자의 차수가 분모의 차수보다 큰 경우는 예제 10과 14에서 설명되어 있다.

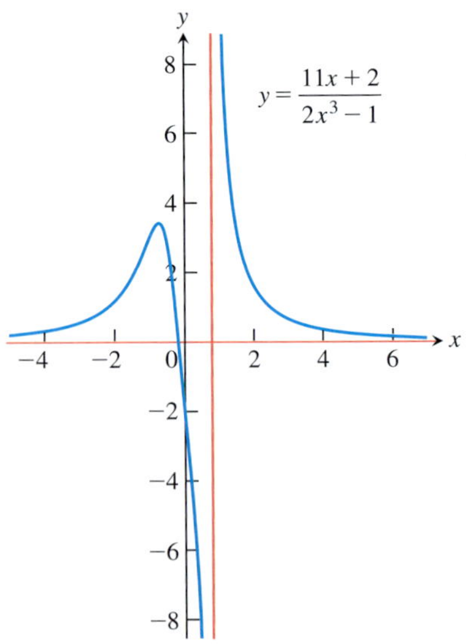

그림 1.38 예제 3b에서의 함수 그래프. $|x|$가 증가할 때 그래프는 x축에 접근한다.

수평 점근선

만약 그래프의 한 점이 원점으로부터 더 멀어질수록 함수의 그래프와 어떤 고정된 직선 간의 거리가 0으로 접근한다면 그래프가 점진적으로 그 직선에 다가간다고 말하고, 그 직선을 그래프의 점근선이라고 한다.

함수 $f(x)=1/x$를 보면(그림 1.35), x축이 다음과 같을 때 오른쪽에서 곡선의 점근선임을 알 수 있다.

$$\lim_{x\to\infty}\frac{1}{x} = 0$$

또한 다음과 같을 때 왼쪽에서 곡선의 점근선임을 알 수 있다.

$$\lim_{x\to-\infty}\frac{1}{x} = 0$$

이때 x축을 $f(x)=1/x$ 그래프의 수평 점근선이라고 한다.

정의 함수 $f(x)$에 대해

$$\lim_{x\to\infty} f(x) = b \quad \text{또는} \quad \lim_{x\to-\infty} f(x) = b$$

이면 직선 $y=b$는 함수 $y=f(x)$ 그래프의 **수평 점근선**(horizontal asymptote)이라고 한다.

$x \to \infty$ 그리고 $x \to -\infty$일 때 함수의 극한이 존재하는지에 따라서 함수 그래프의 점근선은 없거나 하나이거나 둘일 수 있다.

다음은 그림 1.37(예제 3a)에 그려진 함수이다.

$$f(x) = \frac{5x^2+8x-3}{3x^2+2}$$

다음 조건에 의해 직선 $y=5/3$가 함수 그래프의 점근선이다.

$$\lim_{x\to\infty} f(x) = \frac{5}{3} \quad \text{그리고} \quad \lim_{x\to-\infty} f(x) = \frac{5}{3}$$

예제 4 다음 함수 그래프의 수평 점근선을 찾아라.

$$f(x) = \frac{x^3-2}{|x|^3+1}$$

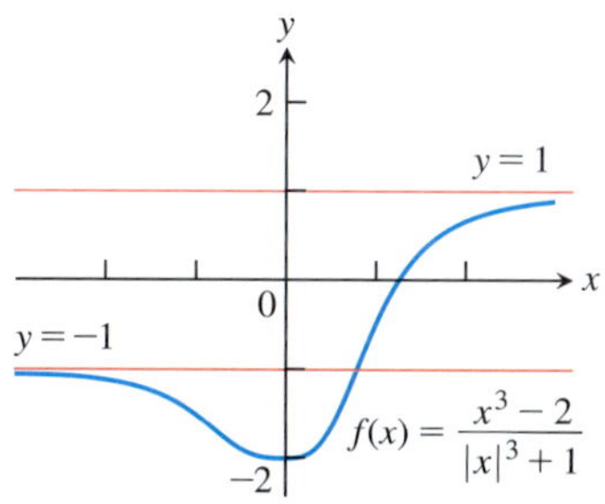

그림 1.39 예제 4의 함수 그래프의 수평 점근선은 2개이다.

풀이 $x \to \pm\infty$일 때 극한을 계산하자.

$x>0$일 때: $\lim_{x\to\infty} \frac{x^3-2}{|x|^3+1} = \lim_{x\to\infty} \frac{x^3-2}{x^3+1} = \lim_{x\to\infty} \frac{1-(2/x^3)}{1+(1/x^3)} = 1$

$x<0$일 때: $\lim_{x\to-\infty} \frac{x^3-2}{|x|^3+1} = \lim_{x\to-\infty} \frac{x^3-2}{(-x)^3+1} = \lim_{x\to-\infty} \frac{1-(2/x^3)}{-1+(1/x^3)} = -1$

수평 점근선은 $y=-1$과 $y=1$이다. 그래프는 그림 1.39에 나와 있다. 그래프가 x의 양의 값에서 수평 점근선 $y=-1$과 교차하는 것에 주목하자. ■

예제 5 x축(직선 $y=0$)이 $y=e^x$ 그래프의 수평 점근선인 것은 다음 식으로 알 수 있다.

$$\lim_{x\to-\infty} e^x = 0$$

이를 확인하기 위해 x가 $-\infty$로 접근할 때 극한의 정의를 이용한다. 임의의 양수를 $\varepsilon>0$으로 놓자. 그러면 다음 조건을 만족하는 수 N을 찾아야 한다.

$$x < N\text{일 때} \quad |e^x - 0| < \varepsilon$$

이제 $|e^x-0|=e^x$이므로 $x<N$이기 위한 필요조건은 다음과 같다.

$$e^x < \varepsilon$$

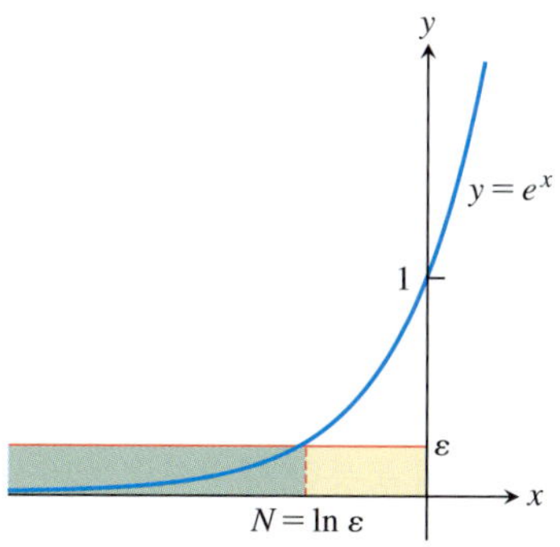

그림 1.40 $x \to -\infty$일 때 $y=e^x$ 그래프는 x축에 접근한다(예제 5).

$e^x=\varepsilon$이 성립하는 수를 $x=N$로 놓자. 함수 e^x는 증가하므로, 만약 $x<N$이면 $e^x<\varepsilon$이다. 등식 $e^N=\varepsilon$에서 양변에 자연로그를 취하면 $N=\ln\varepsilon$이므로 N이 찾아진다(그림 1.40). N값으로부터 주어진 조건이 성립하므로 $\lim_{x\to-\infty} e^x=0$임을 결론짓는다. ■

예제 6 **(a)** $\lim_{x\to\infty} \sin(1/x)$, **(b)** $\lim_{x\to\pm\infty} x\sin(1/x)$을 구하라.

풀이

(a) 새 변수 $t=1/x$를 도입한다. 예제 1로부터 $x\to\infty$일 때 $t\to 0^+$임을 알고 있다(그림 1.35). 따라서 다음과 같다.

$$\lim_{x\to\infty} \sin\frac{1}{x} = \lim_{t\to 0^+} \sin t = 0$$

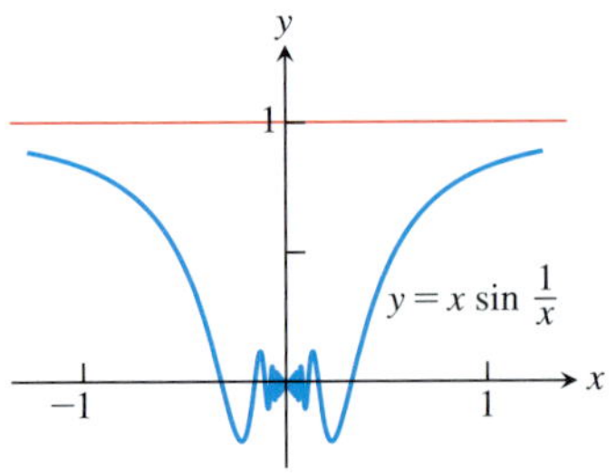

그림 1.41 직선 $y=1$가 여기 그려진 함수의 수평 점근선이다(예제 6b).

(b) $x \to \infty$와 $x \to -\infty$일 때, 계산하면 다음과 같다.

$$\lim_{x\to\infty} x \sin\frac{1}{x} = \lim_{t\to 0^+} \frac{\sin t}{t} = 1, \qquad \lim_{x\to -\infty} x \sin\frac{1}{x} = \lim_{t\to 0^-} \frac{\sin t}{t} = 1$$

그림 1.41에서 그려진 그래프에서 직선 $y=1$이 수평 점근선이라는 것을 볼 수 있다. ■

예제 7 좌극한 $\lim_{x\to 0^-} e^{1/x}$을 구하라.

풀이 새 변수를 $t=1/x$로 놓자. 그림 1.35로부터 $x \to 0^-$일 때 $t \to -\infty$라는 것을 알 수 있다(이 발상을 점점 더 정확하게 다룰 것이다). 그러므로 다음과 같다(그림 1.42).

$$\lim_{x\to 0^-} e^{1/x} = \lim_{t\to -\infty} e^t = 0 \qquad \text{예제 5}$$ ■

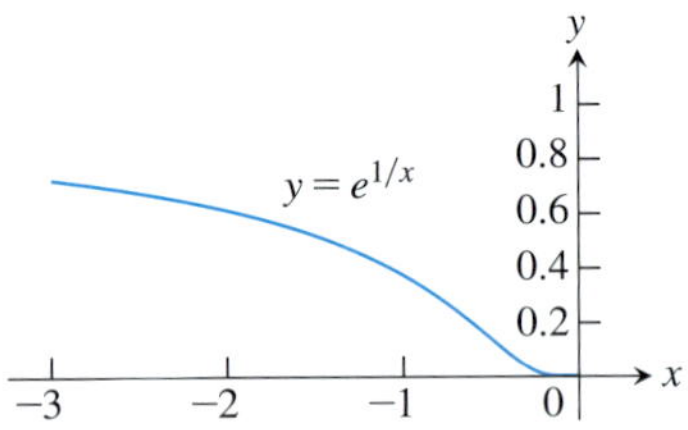

그림 1.42 $x < 0$에서 함수 $y=e^{1/x}$의 그래프로부터 $\lim_{x\to 0^-} e^{1/x}=0$임을 알 수 있다(예제 7).

$x \to \pm\infty$일 때 극한을 구하는 경우에도 샌드위치 정리가 적용된다. 그러나 주의해야 할 점은 양의 방향으로 크기가 매우 큰 모든 x에서($x \to \infty$일 때) 또는 음의 방향으로 크기가 매우 큰 모든 x에서($x \to -\infty$일 때) 찾으려는 극한에 대한 함수가 경계 함수들 사이에 남아 있는지 확인해야 한다는 것이다.

예제 8 샌드위치 정리를 적용하여 다음 곡선의 수평 점근선을 구하라.

$$y = 2 + \frac{\sin x}{x}$$

풀이 $x \to \pm\infty$일 때 행동을 살펴야 한다.

$$0 \le \left|\frac{\sin x}{x}\right| \le \left|\frac{1}{x}\right|$$

그리고 $\lim_{x\to\pm\infty} |1/x| = 0$이므로 샌드위치 정리에 따라서 $\lim_{x\to\pm\infty} (\sin x)/x = 0$이다. 따라서 다음과 같고,

$$\lim_{x\to\pm\infty}\left(2 + \frac{\sin x}{x}\right) = 2 + 0 = 2$$

직선 $y=2$가 왼쪽과 오른쪽 모두에서 곡선의 수평 점근선이다(그림 1.43).

이 예제에서 어떤 곡선이 수평 점근선 중 하나를 여러 번 교차할 수 있음을 볼 수 있다. ■

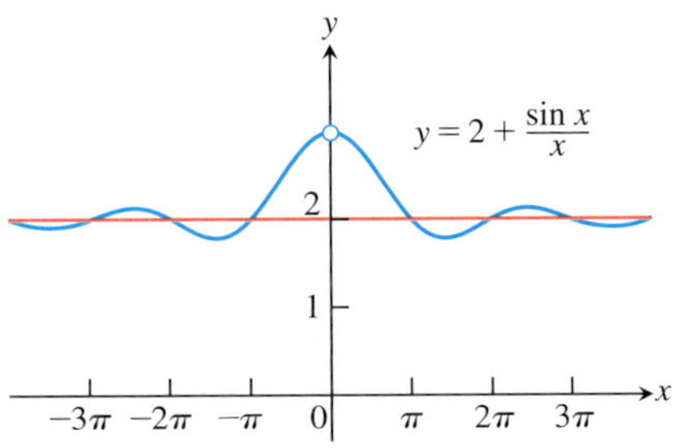

그림 1.43 곡선이 수평 점근선 중 하나를 무한번 교차할 수 있다(예제 8).

예제 9 극한 $\lim_{x\to\infty}\left(x - \sqrt{x^2+16}\right)$을 구하라.

풀이 $x \to \infty$일 때 항 x와 $\sqrt{x^2+16}$은 모두 무한대로 접근하므로 극한에서 차가 어떻게 될지 불확실하다(∞에서 ∞를 뺄 수 없다. 왜냐하면 무한대 기호가 어떠한 실수도 나타내지 않기 때문이다). 이 상황에서는 분자와 분모에 켤레제곱근 식을 곱하여 동등한 대수식으로 바꿀 수 있다.

$$\lim_{x\to\infty}\left(x - \sqrt{x^2+16}\right) = \lim_{x\to\infty}\left(x - \sqrt{x^2+16}\right)\frac{x+\sqrt{x^2+16}}{x+\sqrt{x^2+16}} \qquad \text{켤레를 곱하고 나눈다.}$$

$$= \lim_{x\to\infty}\frac{x^2-(x^2+16)}{x+\sqrt{x^2+16}} = \lim_{x\to\infty}\frac{-16}{x+\sqrt{x^2+16}}$$

$x \to \infty$일 때 마지막 식의 분자는 상수로 유지되는 데 분모는 한없이 커지므로 극한은 0이다. 이 결과를 극한 법칙을 적용하여 직접 계산하여 다음과 같이 구할 수 있다.

$$\lim_{x\to\infty}\frac{-16}{x+\sqrt{x^2+16}} = \lim_{x\to\infty}\frac{-\frac{16}{x}}{1+\sqrt{\frac{x^2}{x^2}+\frac{16}{x^2}}} = \frac{0}{1+\sqrt{1+0}} = 0$$ ■

사선 점근선

만약 유리함수의 분자의 차수가 분모의 차수보다 1만큼 더 높다면, 그래프에는 **사선 점근선**(oblique asymptote) 또는 **기울어진 점근선**(slant line asymptote)이 존재한다. 분자를 분모로 나누어 f를 선형함수 더하기 $x \to \pm\infty$일 때 갈수록 0이 되는 나머지로 나타내어 점근선에 대한 방정식을 찾는다.

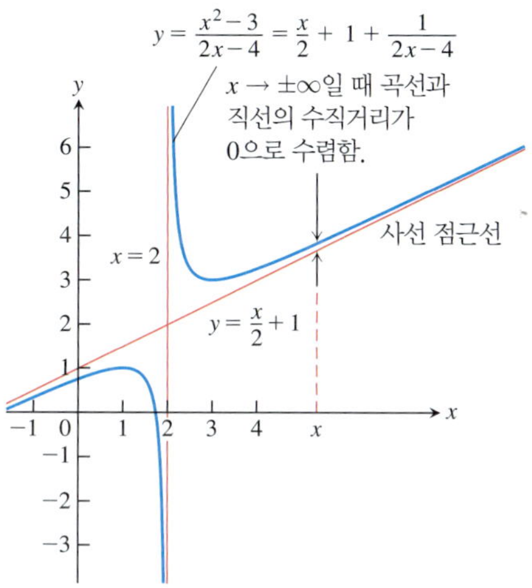

그림 1.44 예제 10에서 함수 그래프의 사선 점근선이 존재한다.

예제 10 그림 1.44에 있는 다음 식의 그래프의 사선 점근선을 찾아라.

$$f(x) = \frac{x^2 - 3}{2x - 4}$$

풀이 $x \to \pm\infty$일 때의 행동에 관심이 있다. (x^2-3)을 $(2x-4)$로 나누면 다음과 같다.

$$\begin{array}{r} \frac{x}{2} + 1 \\ 2x - 4 \overline{) x^2 + 0x - 3} \\ \underline{x^2 - 2x} \\ 2x - 3 \\ \underline{2x - 4} \\ 1 \end{array}$$

따라서 다음과 같음을 알 수 있다.

$$f(x) = \frac{x^2 - 3}{2x - 4} = \underbrace{\left(\frac{x}{2} + 1\right)}_{\text{선형 } g(x)} + \underbrace{\left(\frac{1}{2x - 4}\right)}_{\text{나머지}}$$

$x \to \pm\infty$일 때 나머지의 크기가 f와 g의 수직거리를 나타내고 0에 접근하므로, 기울어진 직선인 다음 식이 f의 그래프의 점근선이 된다(그림 1.44).

$$g(x) = \frac{x}{2} + 1$$

직선 $y = g(x)$는 왼쪽과 오른쪽 모두에서 점근선이다. ■

예제 10에서 주목해야 할 점은 유리함수에서 분자의 차수가 분모의 차수보다 큰 경우 $|x|$가 커질 때의 극한은 분자와 분모가 가지는 부호에 따라 $+\infty$ 또는 $-\infty$가 된다는 것이다.

무한대 극한

다시 함수 $f(x) = 1/x$를 살펴보자. $x \to 0^+$일 때 f값은 경계 없이 커져 결국 모든 양의 실수를 초과한다. 즉 어떤 양의 실수 B를 선택하더라도, 그 값이 얼마나 크든 f값은 더 커진다(그림 1.45).

따라서 $x \to 0^+$일 때 f의 극한은 존재하지 않는다. 그럼에도 불구하고 f의 행동을 설명하는 것에는 $x \to 0^+$일 때 $f(x)$가 ∞에 접근한다고 말하는 것이 편리하다. 이를 다음과 같이 나타낸다.

$$\lim_{x \to 0^+} f(x) = \lim_{x \to 0^+} \frac{1}{x} = \infty$$

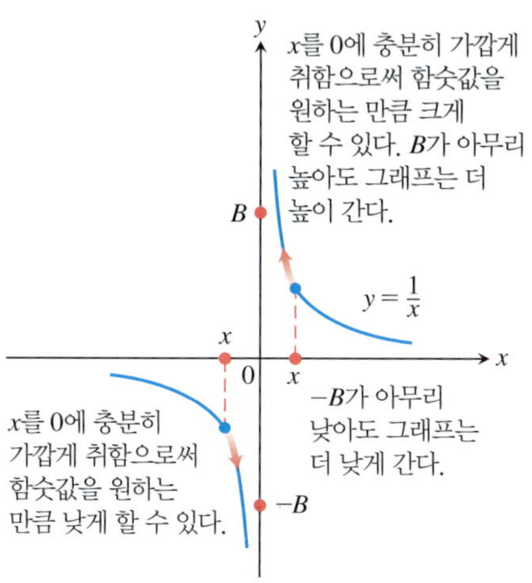

그림 1.45 한쪽 무한대 극한: $\lim_{x \to 0^+} \frac{1}{x} = \infty$와 $\lim_{x \to 0^-} \frac{1}{x} = -\infty$.

이 방정식을 쓸 때 극한이 존재한다고 말하는 것은 아니다. 또한 실수 ∞가 존재한다고 말하고 있는 것도 아니다. 왜냐하면 그런 실수는 존재하지 않는다. 이 표현은 단지 $x \to 0^+$일 때 $1/x$이 무한히 커지고 양수를 유지하므로 $\lim_{x \to 0^+} (1/x)$이 존재하지 않는다는 것을 간결하게 나타내는 방법이다.

$x \to 0^-$일 때 $f(x)=1/x$값은 크기가 한없이 커지고 음수를 유지한다. 주어진 임의의 음의 실수 $-B$에 대해 f값은 결국 $-B$ 밑에 놓인다(그림 1.45). 이를 다음과 같이 나타낸다.

$$\lim_{x\to 0^-} f(x) = \lim_{x\to 0^-} \frac{1}{x} = -\infty$$

다시 말하면 수 $-\infty$인 극한이 존재한다고 말하는 것이 아니다. 실수 $-\infty$는 존재하지 않는다. $x \to 0^-$일 때 크기가 무한히 커지고 음수를 유지하므로 극한이 존재하지 않는 함수의 행동을 표현할 뿐이다.

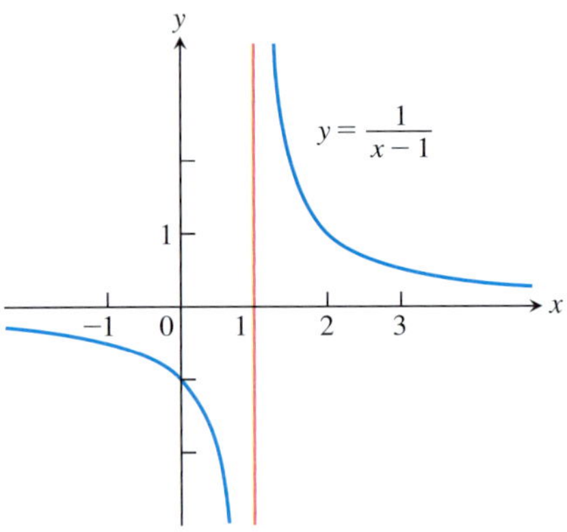

그림 1.46 1 근방에서 함수 $y=1/(x-1)$은 0 근방에서 $y=1/x$이 행동하는 것과 같은 방식으로 행동한다. 그 그래프는 $y=1/x$ 그래프를 오른쪽으로 1단위만큼 움직인 것이다(예제 11).

예제 11 극한 $\lim_{x\to 1^+}\frac{1}{x-1}$과 $\lim_{x\to 1^-}\frac{1}{x-1}$을 구하라.

기하적 풀이 $y=1/(x-1)$의 그래프는 $y=1/x$의 그래프를 1만큼 오른쪽으로 움직인 것이다(그림 1.46). 그러므로 1 근방에서 $y=1/(x-1)$은 0 근방에서 $y=1/x$이 행동하는 것과 같은 방식으로 행동한다.

$$\lim_{x\to 1^+}\frac{1}{x-1} = \infty, \qquad \lim_{x\to 1^-}\frac{1}{x-1} = -\infty$$

해석적 풀이 수 $x-1$과 그 역수를 생각하자. $x \to 1^+$일 때 $(x-1) \to 0^+$이고 $1/(x-1) \to \infty$이다. $x \to 1^-$일 때 $(x-1) \to 0^-$이고 $1/(x-1) \to -\infty$이다. ■

예제 12 다음 함수의 행동에 대해 토론하라.

$$x \to 0\text{일 때} \quad f(x) = \frac{1}{x^2}$$

풀이 x가 양쪽에서 0에 접근함에 따라 $1/x^2$값은 양수이며 한없이 커진다(그림 1.47). 이는 다음 식을 의미한다.

$$\lim_{x\to 0} f(x) = \lim_{x\to 0}\frac{1}{x^2} = \infty$$

$x \to 0$일 때 함수 $y=1/x$는 일관된 행동을 보이지 않는다. $x \to 0^+$일 때 $1/x \to \infty$이지만, $x \to 0^-$일 때 $1/x \to -\infty$이다. 따라서 $\lim_{x\to 0}(1/x)$에 대해 말할 수 있는 것은 이것이 존재하지 않는다는 것뿐이다. 그러나 함수 $y=1/x^2$은 다르다. x가 양쪽에서 0으로 접근할 때 그 값이 무한대로 접근하므로 $\lim_{x\to 0}(1/x^2)=\infty$라고 말할 수 있다. ■

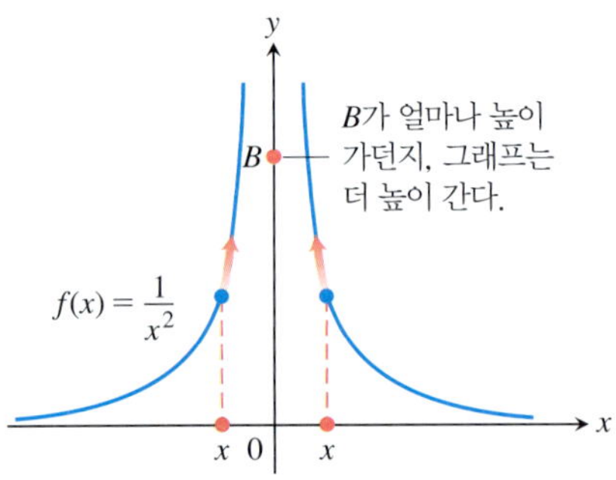

그림 1.47 예제 12의 함수 그래프는 $x \to 0$일 때 무한대로 접근한다.

예제 13 여기에서 분모의 영점 근처에서 유리함수가 다양한 방식으로 행동할 수 있다는 것을 볼 수 있다.

(a) $\lim_{x\to 2}\frac{(x-2)^2}{x^2-4} = \lim_{x\to 2}\frac{(x-2)^2}{(x-2)(x+2)} = \lim_{x\to 2}\frac{x-2}{x+2} = 0$ — 대수적 조작으로 0으로 나누기를 제거한 후에는 x에 2를 대입할 수 있다.

(b) $\lim_{x\to 2}\frac{x-2}{x^2-4} = \lim_{x\to 2}\frac{x-2}{(x-2)(x+2)} = \lim_{x\to 2}\frac{1}{x+2} = \frac{1}{4}$ — 대수적 조작으로 0으로 나누기를 제거한 후에는 다시 x에 2를 대입한다.

(c) $\lim_{x\to 2^+}\frac{x-3}{x^2-4} = \lim_{x\to 2^+}\frac{x-3}{(x-2)(x+2)} = -\infty$ — $x>2$인 2 근방의 x에 대해 값이 음수이다.

(d) $\lim_{x\to 2^-}\frac{x-3}{x^2-4} = \lim_{x\to 2^-}\frac{x-3}{(x-2)(x+2)} = \infty$ — $x<2$인 2 근방의 x에 대해 값이 양수이다.

(e) $\lim_{x\to 2}\frac{x-3}{x^2-4} = \lim_{x\to 2}\frac{x-3}{(x-2)(x+2)}$은 존재하지 않는다. — 우극한과 좌극한이 다르다.

(f) $\lim_{x\to 2}\frac{2-x}{(x-2)^3} = \lim_{x\to 2}\frac{-(x-2)}{(x-2)^3} = \lim_{x\to 2}\frac{-1}{(x-2)^2} = -\infty$ — 2 근방에서 분모가 양수이므로 값은 음수이다.

문제 (a)와 (b)에서 $x=2$에서 분모의 영점의 영향이 분자도 거기서 영이기 때문에 제거된다. 따라서 유한한 극한이 존재한다. 문제 (f)에서는 참이 아니다. 여기서는 제거 후에 여전히 분모에 영 인자가 남는다. ■

예제 14 극한 $\lim_{x \to -\infty} \dfrac{2x^5 - 6x^4 + 1}{3x^2 + x - 7}$을 구하라.

풀이 $x \to -\infty$일 때 유리함수의 극한을 구해야 하므로, 분자와 분모를 분모에서 x에 대해 가장 높은 차수의 단항식 x^2으로 나눈다.

$$\begin{aligned}\lim_{x \to -\infty} \frac{2x^5 - 6x^4 + 1}{3x^2 + x - 7} &= \lim_{x \to -\infty} \frac{2x^3 - 6x^2 + x^{-2}}{3 + x^{-1} - 7x^{-2}} \\ &= \lim_{x \to -\infty} \frac{2x^2(x-3) + x^{-2}}{3 + x^{-1} - 7x^{-2}} \\ &= -\infty \qquad\qquad x^{-n} \to 0,\ x - 3 \to -\infty\end{aligned}$$

왜냐하면 $x \to -\infty$일 때 분자는 $-\infty$로 접근하고 분모는 3으로 접근하기 때문이다. ■

무한대 극한의 엄밀한 정의

수 c에 충분히 가까운 모든 x에 대해 $f(x)$가 유한 수 L에 한없이 가깝다는 것 대신에, 무한대 극한 정의에서는 $f(x)$가 0에서 한없이 멀어진다라고 한다. 이 변형만 제외하면, 기술은 이전에 본 것과 매우 유사하다. 그림 1.48과 1.49에서 정의를 설명한다.

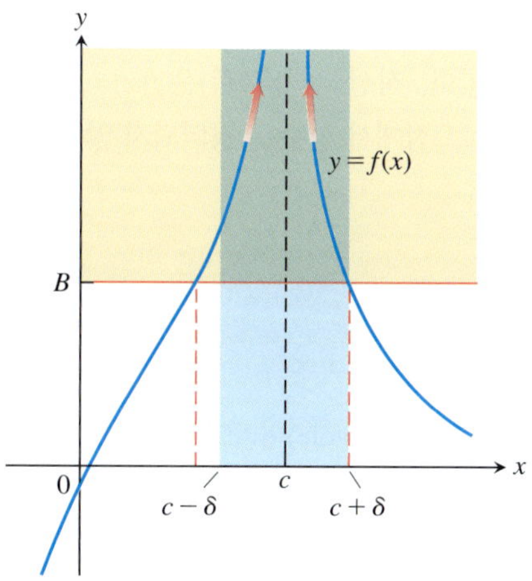

그림 1.48 $c-\delta<x<c+\delta$일 때, $f(x)$ 그래프는 직선 $y=B$ 위에 놓인다.

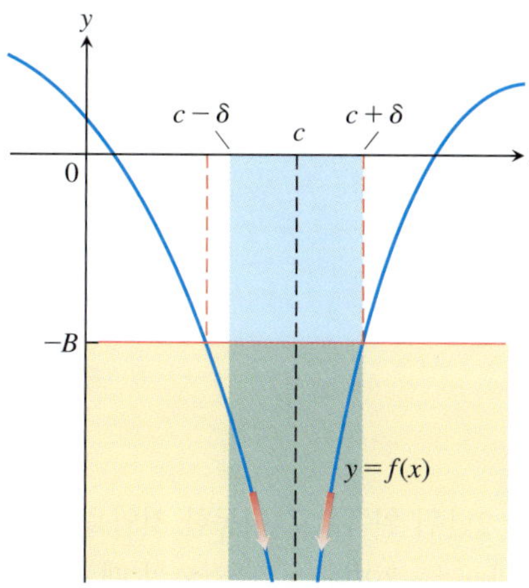

그림 1.49 $c-\delta<x<c+\delta$일 때 $f(x)$의 그래프는 직선 $y=-B$ 아래에 놓인다.

정의 함수 $f(x)$는 c 자체에서는 정의되지 않을 수도 있지만 c 주변의 열린 구간에서 정의된다고 가정하자.

1. 만약 모든 양의 실수 B에 대해,

$$0 < |x - c| < \delta \text{일 때} \quad f(x) > B$$

인 실수 $\delta > 0$가 존재하면, **x가 c에 접근할 때 $f(x)$는 무한대에 접근한다**라 하고, 다음과 같이 나타낸다.

$$\lim_{x \to c} f(x) = \infty$$

2. 만약 모든 음의 실수 $-B$에 대해,

$$0 < |x - c| < \delta \text{일 때 } f(x) < -B$$

인 실수 $\delta > 0$가 존재하면, **x가 c에 접근할 때 $f(x)$는 음의 무한대에 접근한다**라 하고, 다음과 같이 나타낸다.

$$\lim_{x \to c} f(x) = -\infty$$

수 c에서 한쪽 무한대 극한의 정의도 비슷하며 연습문제에 기술된다.

예제 15 식 $\lim_{x \to 0} \dfrac{1}{x^2} = \infty$를 증명하라.

풀이 주어진 $B > 0$에 대해 다음 조건인 실수 $\delta > 0$를 찾아야 한다.

$$0 < |x - 0| < \delta \text{일 때} \quad \frac{1}{x^2} > B$$

이제 다음과 같다고 하자.

$$\frac{1}{x^2} > B \text{ 만약 그리고 이 경우에만 만약 } x^2 < \frac{1}{B}$$

또는 동치적으로 다음과 같다.

$$|x| < \frac{1}{\sqrt{B}}$$

따라서 $\delta = 1/\sqrt{B}$ (또는 임의의 더 작은 양수)로 취하면 다음을 얻는다.

$$\text{만약 } 0 < |x| < \delta \text{이면 } \frac{1}{x^2} > \frac{1}{\delta^2} \geq B$$

정의에 따라서 다음과 같다.

$$\lim_{x \to 0} \frac{1}{x^2} = \infty$$ ■

수직 점근선

함수 $f(x) = 1/x$ 그래프 상의 한 점과 y축 사이의 거리가 점이 그래프를 따라 거의 수직으로 이동하면서 원점에서 멀어짐에 따라 점점 0에 가까워진다는 것에 주목하자(그림 1.50).

$$\lim_{x \to 0^+} \frac{1}{x} = \infty \quad \text{그리고} \quad \lim_{x \to 0^-} \frac{1}{x} = -\infty$$

그러므로 x가 0에 접근할 때 함수 $f(x) = 1/x$는 유계이지 않다. 직선 $x = 0$ (y축)은 $f(x) = 1/x$ 그래프의 수직 점근선이라고 한다. $x = 0$에서 분모는 0이고 그 점에서 함수는 정의되지 않는다는 것에 주목한다.

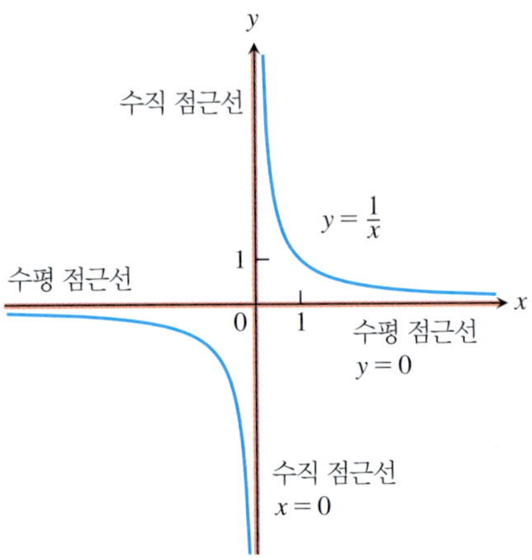

그림 1.50 좌표축 모두는 쌍곡선 $y = 1/x$의 양쪽 분지의 점근선이다.

정의 함수 $f(x)$에 대해

$$\lim_{x \to a^+} f(x) = \pm\infty \quad \text{또는} \quad \lim_{x \to a^-} f(x) = \pm\infty$$

이면 직선 $x = a$는 함수 $y = f(x)$ 그래프의 **수직 점근선**(vertical asymptote)이라고 한다.

예제 16 다음 곡선의 수평과 수직 점근선을 찾아라.

$$y = \frac{x+3}{x+2}$$

풀이 $x \to \pm\infty$일 때의 행동과 분모가 0이 되는 $x \to -2$일 때의 행동에 관심이 있다.

만약 $(x+3)$을 $(x+2)$로 나누어 유리함수를 다항식과 나머지 형태로 바꾸면 점근선이 드러난다.

$$\begin{array}{r} 1 \\ x+2\,\overline{)\,x+3} \\ \underline{x+2} \\ 1 \end{array}$$

이 결과로부터 y를 다시 나타내면 다음과 같다.

$$y = 1 + \frac{1}{x+2}$$

문제의 곡선은 $f(x) = 1/x$ 그래프가 1단위 위로 이동하고 2단위 왼쪽으로 이동한 것임을 알 수 있다(그림 1.51). 점근선은 좌표축이 아니라 직선 $y = 1$과 $x = -2$이다. $x \to \pm\infty$일 때 곡선은 수평 점근선 $y = 1$에 접근하고, $x \to -2$일 때 곡선은 수직 점근선 $x = -2$에 접근한다. ■

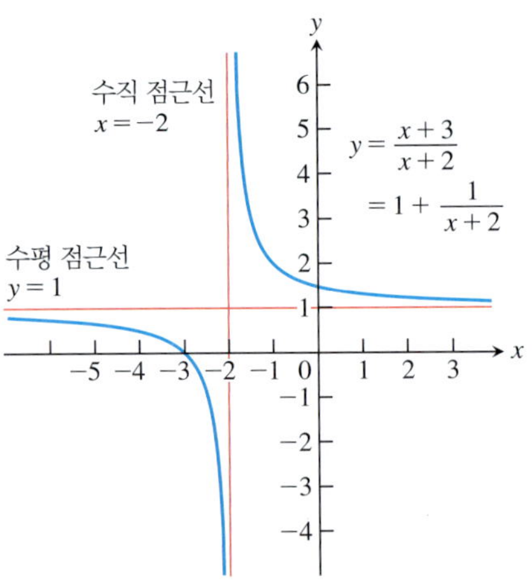

그림 1.51 직선 $y = 1$와 $x = -2$가 예제 16에 나오는 곡선의 점근선이다.

예제 17 다음 함수 그래프의 수평과 수직 점근선을 찾아라.

$$f(x) = -\frac{8}{x^2 - 4}$$

풀이 $x \to \pm\infty$일 때의 행동과 분모가 0이 되는 $x \to \pm 2$일 때의 행동에 관심이 있다. f가 x에 대한 우함수이므로, 그래프는 y축에 대칭임에 주목하자.

(a) $x \to \pm\infty$일 때의 행동. $\lim_{x\to\infty} f(x) = 0$이므로 직선 $y = 0$이 오른쪽에서 그래프의 수평 점근선이다. 대칭성에 따라서 이것은 왼쪽에서 수평 점근선이기도 하다(그림 1.52). 곡선이 x축에 접근하는 것은 음의 방향에서만(또는 아래에서만) 이루어짐에 주목하자. 또한 $f(0) = 2$이다.

(b) $x \to \pm 2$일 때의 행동.

$$\lim_{x\to 2^+} f(x) = -\infty, \qquad \lim_{x\to 2^-} f(x) = \infty$$

그러므로 직선 $x = 2$가 오른쪽과 왼쪽 모두에서 그래프의 수직 점근선이다. 대칭성 때문에, 직선 $x = 2$ 역시 그래프의 수직 점근선이다.

다른 모든 점에서 f의 극한은 유한이므로 더 이상의 점근선은 존재하지 않는다. ■

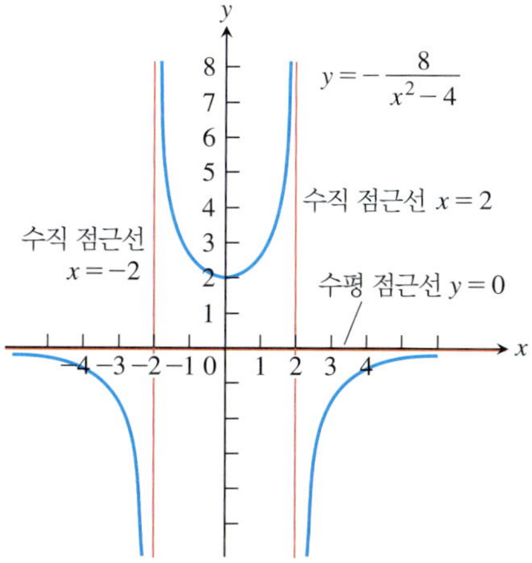

그림 1.52 예제 17에서의 함수 그래프. 곡선이 한 쪽으로만 x축에 접근하는 것에 주목하자. 점근선이 양쪽일 필요는 없다.

예제 18 y축(직선 $x = 0$)은 자연로그함수 그래프의 수직 점근선이다. 이는 그림 1.53에 그려진 그래프(직선 $y = x$에 대한 자연 지수함수의 대칭)와 x축이 $y = e^x$의 수평 점근선이라는 사실(예제 5)에서 알 수 있다. 따라서 다음과 같다.

$$\lim_{x\to 0^+} \ln x = -\infty$$

$a > 1$일 때 $y = \log_a x$에 대해 같은 결과가 참이다. ■

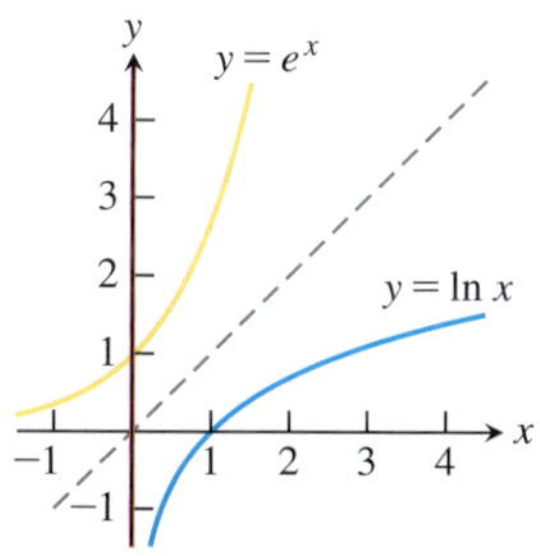

그림 1.53 수직선 $x = 0$은 자연로그함수의 수직 점근선이다(예제 18).

예제 19 $\cos x = 0$인 점인 $\pi/2$의 홀수 배에서 다음 곡선의 수직 점근선이 존재한다(그림 1.54).

$$y = \sec x = \frac{1}{\cos x}, \qquad y = \tan x = \frac{\sin x}{\cos x}$$

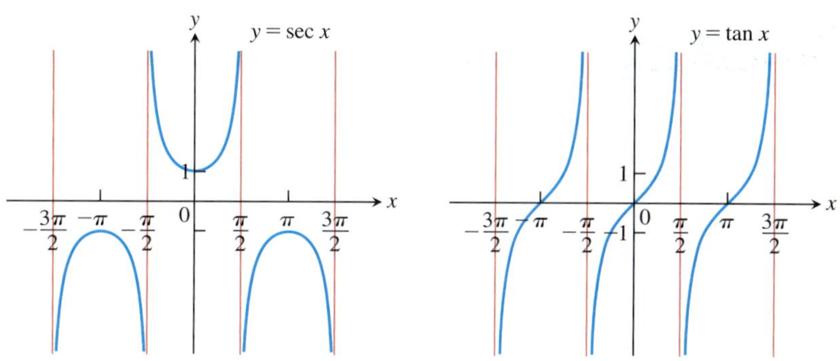

그림 1.54 함수 $\sec x$와 $\tan x$ 그래프의 수직 점근선은 무한히 많다(예제 19). ■

우세한 항

예제 10에서 나눗셈을 사용하여 다음과 같은 함수가 있다고 했다.

$$f(x) = \frac{x^2 - 3}{2x - 4}$$

다음과 같은 선형함수와 나머지 항으로 다시 쓸 수 있음을 보였다.

$$f(x) = \left(\frac{x}{2} + 1\right) + \left(\frac{1}{2x - 4}\right)$$

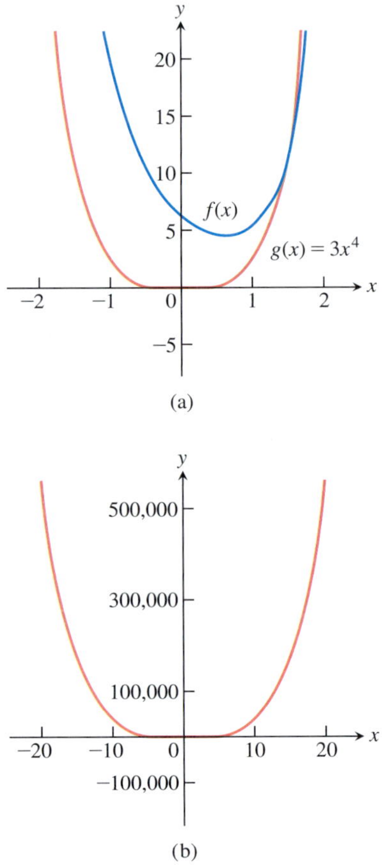

그림 1.55 함수 f와 g의 그래프는 (a) $|x|$가 작을 때는 구별되고, (b) $|x|$가 클 때 거의 동일하다(예제 20).

이로부터 다음을 알 수 있다.

큰 x에 대해: $\quad f(x) \approx \dfrac{x}{2} + 1 \quad$ $\dfrac{1}{2x-4}$는 0 근방에서 작동한다.

2 근방의 x에 대해: $\quad f(x) \approx \dfrac{1}{2x-4} \quad$ 이 항은 절댓값이 매우 크다.

만약 f의 행동을 알고 싶다면 이것은 알아내는 한 가지 방법이다. $|x|$가 큰 경우에 f는 $y=(x/2)+1$처럼 행동하며 f의 총값에서 $1/(2x-4)$의 기여는 미미하다. x가 2에 아주 가까울 때 이것은 $1/(2x-4)$처럼 행동하여 $1/(2x-4)$가 지배적인 기여를 한다.

x가 ∞ 또는 $-\infty$에 접근할 때 $(x/2)+1$이 **우세하다**(dominates)라고 하며, x가 2로 접근할 때는 $1/(2x-4)$이 우세하다라고 한다. 이러한 **우세한 항**(dominant term)은 함수의 행동을 예측하는 데 도움이 된다.

예제 20 함수를 $f(x)= 3x^4-2x^3+3x^2-5x+6$과 $g(x)=3x^4$으로 놓자. 함수 f와 g가 x의 수치적으로 작은 값에 대해 매우 다르게 행동하더라도, $x \to \infty$ 또는 $x \to -\infty$일 때 그들의 비율이 1에 접근한다는 의미에서 매우 큰 $|x|$에 대해 그들이 유사하게 행동함을 보여라.

풀이 함수 f와 g의 그래프가 원점 근처에서는 매우 다르게 행동하지만(그림 1.55a), 절댓값이 큰 점에서는 거의 동일하게 보인다(그림 1.55b).

$x \to \pm\infty$일 때 두 함수의 비율을 조사함으로써 f에서 기하적인 g로 나타난 $3x^4$항이 수치적으로 큰 x 값에 대해 우세하다는 것을 확인할 수 있다. 다음과 같은 극한을 구할 수 있다.

$$\begin{aligned}\lim_{x\to\pm\infty}\frac{f(x)}{g(x)} &= \lim_{x\to\pm\infty}\frac{3x^4-2x^3+3x^2-5x+6}{3x^4}\\ &= \lim_{x\to\pm\infty}\left(1-\frac{2}{3x}+\frac{1}{x^2}-\frac{5}{3x^3}+\frac{2}{x^4}\right)\\ &= 1\end{aligned}$$

$|x|$가 큰 경우에는 f와 g가 거의 동일하게 나타난다는 것을 의미한다. ■

연습문제 1.5 EXERCISE QUESTION

극한 구하기

1. 그래프와 같은 함수 f에 대해 다음 극한을 결정하라. 적절한 경우 ∞ 또는 $-\infty$를 작성하라.

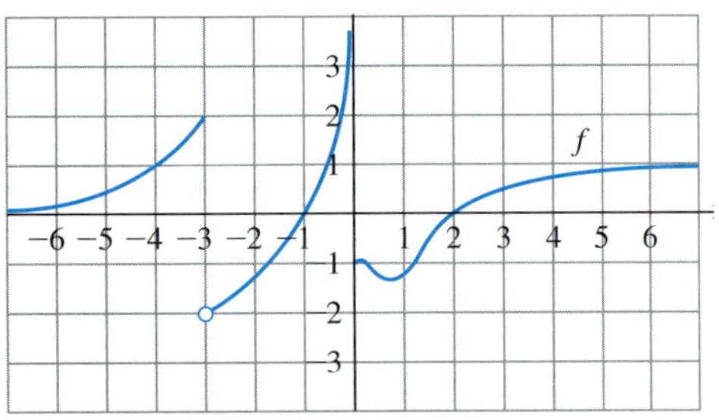

a. $\lim_{x\to 2} f(x)$ **b.** $\lim_{x\to -3^+} f(x)$

c. $\lim_{x\to -3^-} f(x)$ **d.** $\lim_{x\to -3} f(x)$

e. $\lim_{x\to 0^+} f(x)$ **f.** $\lim_{x\to 0^-} f(x)$

g. $\lim_{x\to 0} f(x)$ **h.** $\lim_{x\to \infty} f(x)$

i. $\lim_{x\to -\infty} f(x)$

2. 그래프와 같은 함수 f에 대해 다음 극한을 결정하라. 적절한 경우 ∞ 또는 $-\infty$를 작성하라.

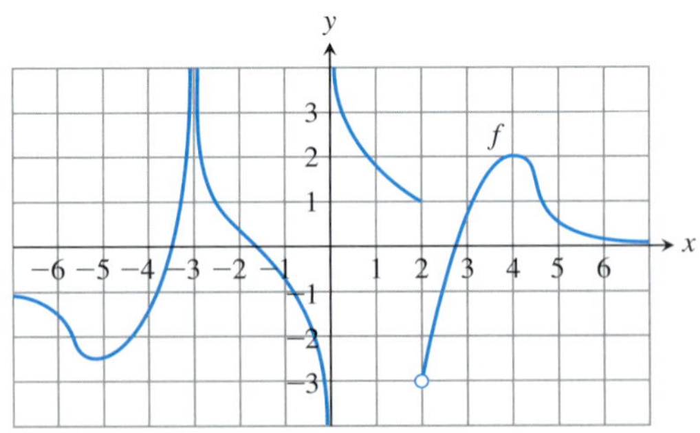

a. $\lim_{x\to 4} f(x)$ **b.** $\lim_{x\to 2^+} f(x)$ **c.** $\lim_{x\to 2^-} f(x)$

d. $\lim_{x\to 2} f(x)$ **e.** $\lim_{x\to -3^+} f(x)$ **f.** $\lim_{x\to -3^-} f(x)$

g. $\lim_{x\to -3} f(x)$ **h.** $\lim_{x\to 0^+} f(x)$ **i.** $\lim_{x\to 0^-} f(x)$

j. $\lim_{x\to 0} f(x)$ **k.** $\lim_{x\to\infty} f(x)$ **l.** $\lim_{x\to-\infty} f(x)$

연습문제 3~8에서 각 함수의 (a) $x\to\infty$일 때, (b) $x\to-\infty$일 때의 극한을 구하라. (그래프 계산기나 컴퓨터를 사용하여 답을 시각화하는 것이 좋을 수 있다.)

3. $f(x) = \dfrac{2}{x} - 3$

4. $f(x) = \pi - \dfrac{2}{x^2}$

5. $g(x) = \dfrac{1}{2 + (1/x)}$

6. $g(x) = \dfrac{1}{8 - (5/x^2)}$

7. $h(x) = \dfrac{-5 + (7/x)}{3 - (1/x^2)}$

8. $h(x) = \dfrac{3 - (2/x)}{4 + (\sqrt{2}/x^2)}$

연습문제 9~12에서 극한을 구하라.

9. $\lim_{x\to\infty} \dfrac{\sin 2x}{x}$

10. $\lim_{\theta\to-\infty} \dfrac{\cos\theta}{3\theta}$

11. $\lim_{t\to-\infty} \dfrac{2 - t + \sin t}{t + \cos t}$

12. $\lim_{r\to\infty} \dfrac{r + \sin r}{2r + 7 - 5\sin r}$

유리함수의 극한

연습문제 13~22에서 각 유리함수의 **(a)** $x\to\infty$일 때, **(b)** $x\to-\infty$일 때의 극한을 구하라. 적절한 경우 ∞ 또는 $-\infty$를 작성하라.

13. $f(x) = \dfrac{2x + 3}{5x + 7}$

14. $f(x) = \dfrac{2x^3 + 7}{x^3 - x^2 + x + 7}$

15. $f(x) = \dfrac{x + 1}{x^2 + 3}$

16. $f(x) = \dfrac{3x + 7}{x^2 - 2}$

17. $h(x) = \dfrac{7x^3}{x^3 - 3x^2 + 6x}$

18. $h(x) = \dfrac{9x^4 + x}{2x^4 + 5x^2 - x + 6}$

19. $g(x) = \dfrac{10x^5 + x^4 + 31}{x^6}$

20. $g(x) = \dfrac{x^3 + 7x^2 - 2}{x^2 - x + 1}$

21. $f(x) = \dfrac{3x^7 + 5x^2 - 1}{6x^3 - 7x + 3}$

22. $h(x) = \dfrac{5x^8 - 2x^3 + 9}{3 + x - 4x^5}$

$x\to\infty$ 또는 $x\to-\infty$일 때의 극한

유리함수의 극한을 결정하는 과정은 x의 정수가 아니거나 음의 차수를 포함하는 비율에도 동일하게 적용된다. 분모에서 x의 가장 높은 차수로 분자와 분모를 나누고 그로부터 진행하라. 연습문제 23~36에서 극한을 구하라. 적절한 경우에는 ∞ 또는 $-\infty$를 작성하라.

23. $\lim_{x\to\infty} \sqrt{\dfrac{8x^2 - 3}{2x^2 + x}}$

24. $\lim_{x\to-\infty} \left(\dfrac{x^2 + x - 1}{8x^2 - 3}\right)^{1/3}$

25. $\lim_{x\to-\infty} \left(\dfrac{1 - x^3}{x^2 + 7x}\right)^5$

26. $\lim_{x\to\infty} \sqrt{\dfrac{x^2 - 5x}{x^3 + x - 2}}$

27. $\lim_{x\to\infty} \dfrac{2\sqrt{x} + x^{-1}}{3x - 7}$

28. $\lim_{x\to\infty} \dfrac{2 + \sqrt{x}}{2 - \sqrt{x}}$

29. $\lim_{x\to-\infty} \dfrac{\sqrt[3]{x} - \sqrt[5]{x}}{\sqrt[3]{x} + \sqrt[5]{x}}$

30. $\lim_{x\to\infty} \dfrac{x^{-1} + x^{-4}}{x^{-2} - x^{-3}}$

31. $\lim_{x\to\infty} \dfrac{2x^{5/3} - x^{1/3} + 7}{x^{8/5} + 3x + \sqrt{x}}$

32. $\lim_{x\to-\infty} \dfrac{\sqrt[3]{x} - 5x + 3}{2x + x^{2/3} - 4}$

33. $\lim_{x\to\infty} \dfrac{\sqrt{x^2 + 1}}{x + 1}$

34. $\lim_{x\to-\infty} \dfrac{\sqrt{x^2 + 1}}{x + 1}$

35. $\lim_{x\to\infty} \dfrac{x - 3}{\sqrt{4x^2 + 25}}$

36. $\lim_{x\to-\infty} \dfrac{4 - 3x^3}{\sqrt{x^6 + 9}}$

무한대 극한

연습문제 37~48에서 극한을 구하라. 적절한 경우에는 ∞ 또는 $-\infty$를 작성하라.

37. $\lim_{x\to 0^+} \dfrac{1}{3x}$

38. $\lim_{x\to 0^-} \dfrac{5}{2x}$

39. $\lim_{x\to 2^-} \dfrac{3}{x - 2}$

40. $\lim_{x\to 3^+} \dfrac{1}{x - 3}$

41. $\lim_{x\to -8^+} \dfrac{2x}{x + 8}$

42. $\lim_{x\to -5^-} \dfrac{3x}{2x + 10}$

43. $\lim_{x\to 7} \dfrac{4}{(x - 7)^2}$

44. $\lim_{x\to 0} \dfrac{-1}{x^2(x + 1)}$

45. **a.** $\lim_{x\to 0^+} \dfrac{2}{3x^{1/3}}$ **b.** $\lim_{x\to 0^-} \dfrac{2}{3x^{1/3}}$

46. **a.** $\lim_{x\to 0^+} \dfrac{2}{x^{1/5}}$ **b.** $\lim_{x\to 0^-} \dfrac{2}{x^{1/5}}$

47. $\lim_{x\to 0} \dfrac{4}{x^{2/5}}$

48. $\lim_{x\to 0} \dfrac{1}{x^{2/3}}$

연습문제 49~52에서 극한을 구하라. 적절한 경우에는 ∞ 또는 $-\infty$를 작성하라.

49. $\lim_{x\to(\pi/2)^-} \tan x$

50. $\lim_{x\to(-\pi/2)^+} \sec x$

51. $\lim_{\theta\to 0^-} (1 + \csc\theta)$

52. $\lim_{\theta\to 0} (2 - \cot\theta)$

연습문제 53~58에서 극한을 구하라. 적절한 경우에는 ∞ 또는 $-\infty$를 작성하라.

53. $\lim \dfrac{1}{x^2 - 4}$

a. $x\to 2^+$ **b.** $x\to 2^-$

c. $x\to -2^+$ **d.** $x\to -2^-$

54. $\lim \dfrac{x}{x^2 - 1}$

a. $x\to 1^+$ **b.** $x\to 1^-$

c. $x\to -1^+$ **d.** $x\to -1^-$

55. $\lim \left(\dfrac{x^2}{2} - \dfrac{1}{x}\right)$

a. $x\to 0^+$ **b.** $x\to 0^-$

c. $x\to \sqrt[3]{2}$ **d.** $x\to -1$

56. $\lim \dfrac{x^2 - 1}{2x + 4}$

a. $x\to -2^+$ **b.** $x\to -2^-$

c. $x\to 1^+$ **d.** $x\to 0^-$

57. $\lim \dfrac{x^2 - 3x + 2}{x^3 - 2x^2}$

a. $x\to 0^+$ **b.** $x\to 2^+$

c. $x\to 2^-$ **d.** $x\to 2$

e. $x\to 0$일 때 극한에 대해 있다면, 무엇을 말할 수 있는가?

58. $\lim \dfrac{x^2 - 3x + 2}{x^3 - 4x}$

a. $x \to 2^+$ **b.** $x \to -2^+$

c. $x \to 0^-$ **d.** $x \to 1^+$

e. $x \to 0$일 때 극한에 대해 있다면, 무엇을 말할 수 있는가?

연습문제 59~62에서 극한을 구하라. 적절한 경우에는 ∞ 또는 $-\infty$를 작성하라.

59. $\lim \left(2 - \dfrac{3}{t^{1/3}}\right)$

a. $t \to 0^+$ **b.** $t \to 0^-$

60. $\lim \left(\dfrac{1}{t^{3/5}} + 7\right)$

a. $t \to 0^+$ **b.** $t \to 0^-$

61. $\lim \left(\dfrac{1}{x^{2/3}} + \dfrac{2}{(x-1)^{2/3}}\right)$

a. $x \to 0^+$ **b.** $x \to 0^-$

c. $x \to 1^+$ **d.** $x \to 1^-$

62. $\lim \left(\dfrac{1}{x^{1/3}} - \dfrac{1}{(x-1)^{4/3}}\right)$

a. $x \to 0^+$ **b.** $x \to 0^-$

c. $x \to 1^+$ **d.** $x \to 1^-$

간단한 유리함수 그래프 작성하기

연습문제 63~68에서 유리함수의 그래프를 작성하라. 점근선과 우세한 항의 그래프와 방정식을 포함하라.

63. $y = \dfrac{1}{x-1}$ **64.** $y = \dfrac{1}{x+1}$

65. $y = \dfrac{1}{2x+4}$ **66.** $y = \dfrac{-3}{x-3}$

67. $y = \dfrac{x+3}{x+2}$ **68.** $y = \dfrac{2x}{x+1}$

정의역과 점근선

연습문제 69~74에서 각 함수의 정의역을 결정하라. 그런 후에 여러 극한을 이용하여 점근선을 구하라.

69. $y = 4 + \dfrac{3x^2}{x^2+1}$ **70.** $y = \dfrac{2x}{x^2-1}$

71. $y = \dfrac{8-e^x}{2+e^x}$ **72.** $y = \dfrac{4e^x + e^{2x}}{e^x + e^{2x}}$

73. $y = \dfrac{\sqrt{x^2+4}}{x}$ **74.** $y = \dfrac{x^3}{x^3-8}$

그래프와 함수 그리기

연습문제 75~78에서 주어진 조건이 성립하는 함수 $y=f(x)$의 그래프의 개형을 그려라. 수식은 필요하지 않는다. 좌표축에 라벨을 붙이고 대략적인 그래프를 그려라. (답변은 유일하지 않으므로 작성한 그래프가 정답과 정확히 일치하지 않을 수도 있다.)

75. $f(0) = 0, f(1) = 2, f(-1) = -2, \lim_{x\to-\infty} f(x) = -1,$ $\lim_{x\to\infty} f(x) = 1$

76. $f(0) = 0, \lim_{x\to\pm\infty} f(x) = 0, \lim_{x\to0^+} f(x) = 2,$ $\lim_{x\to0^-} f(x) = -2$

77. $f(0) = 0, \lim_{x\to\pm\infty} f(x) = 0, \lim_{x\to1^-} f(x) = \lim_{x\to-1^+} f(x) = \infty,$ $\lim_{x\to1^+} f(x) = -\infty, \lim_{x\to-1^-} f(x) = -\infty$

78. $f(2) = 1, f(-1) = 0, \lim_{x\to\infty} f(x) = 0, \lim_{x\to0^+} f(x) = \infty,$ $\lim_{x\to0^-} f(x) = -\infty, \lim_{x\to-\infty} f(x) = 1$

연습문제 79~82에서 주어진 조건이 성립하는 함수를 구하고, 그 그래프의 개형을 그려라. (여기서 답변은 유일하지 않다. 주어진 조건이 성립하는 어떠한 함수이어도 된다. 도움이 된다면 조각마다 정의된 공식을 사용해도 된다.)

79. $\lim_{x\to\pm\infty} f(x) = 0, \lim_{x\to2^-} f(x) = \infty, \lim_{x\to2^+} f(x) = \infty$

80. $\lim_{x\to\pm\infty} g(x) = 0, \lim_{x\to3^-} g(x) = -\infty, \lim_{x\to3^+} g(x) = \infty$

81. $\lim_{x\to-\infty} h(x) = -1, \lim_{x\to\infty} h(x) = 1, \lim_{x\to0^-} h(x) = -1,$ $\lim_{x\to0^+} h(x) = 1$

82. $\lim_{x\to\pm\infty} k(x) = 1, \lim_{x\to1^-} k(x) = \infty, \lim_{x\to1^+} k(x) = -\infty$

83. 함수 $f(x)$와 $g(x)$를 $\lim_{x\to\infty} (f(x)/g(x))=2$인 x에 대한 다항식이라고 가정하자. 극한 $\lim_{x\to-\infty} (f(x)/g(x))$에 대해 어떤 결론을 낼 수 있는가? 답변에 대한 이유를 제시하라.

84. 함수 $f(x)$와 $g(x)$를 x에 대한 다항식이라고 가정하자. 만약 $g(x)$가 항상 0이 되지 않는다면 $f(x)/g(x)$의 점근선이 존재할 수 있는가? 답변에 대한 이유를 제시하라.

85. 주어진 유리함수에 대하여 얼마나 많은 수평 점근선이 존재할 수 있는가? 답변에 대한 이유를 제시하라.

$x \to \pm\infty$일 때 함수 차의 극한 구하기

연습문제 86~92에서 극한을 구하라. (켤레를 곱하고 나누는 것을 시도하라.)

86. $\lim_{x\to\infty} \left(\sqrt{x+9} - \sqrt{x+4}\right)$

87. $\lim_{x\to\infty} \left(\sqrt{x^2+25} - \sqrt{x^2-1}\right)$

88. $\lim_{x\to-\infty} \left(\sqrt{x^2+3} + x\right)$

89. $\lim_{x\to-\infty} \left(2x + \sqrt{4x^2+3x-2}\right)$

90. $\lim_{x\to\infty} \left(\sqrt{9x^2-x} - 3x\right)$

91. $\lim_{x\to\infty} \left(\sqrt{x^2+3x} - \sqrt{x^2-2x}\right)$

92. $\lim_{x\to\infty} \left(\sqrt{x^2+x} - \sqrt{x^2-x}\right)$

엄밀한 정의 사용하기

연습문제 93과 94에서 극한에 대한 엄밀한 정의를 적용하여 극한을 구하라.

93. 만약 f가 상수함수 $f(x)=k$이면 $\lim_{x\to\infty} f(x)=k$이다.

94. 만약 f가 상수함수 $f(x)=k$이면 $\lim_{x\to-\infty} f(x)=k$이다.

연습문제 95~98에서 극한에 대한 엄밀한 정의를 적용하여 극한에 대한 명제를 증명하라.

95. $\lim_{x\to0} \dfrac{-1}{x^2} = -\infty$ **96.** $\lim_{x\to0} \dfrac{1}{|x|} = \infty$

97. $\lim_{x \to 3} \frac{-2}{(x-3)^2} = -\infty$ **98.** $\lim_{x \to -5} \frac{1}{(x+5)^2} = \infty$

99. 다음은 무한대 우극한의 정의이다.

> 구간 (c, d)가 f의 정의역에 놓여 있다고 가정하자. 만약 임의의 양의 실수 B에 대해
>
> $$c < x < c + \delta \text{일 때} \quad f(x) > B$$
>
> 인 양의 실수 $\delta > 0$가 존재하면 x가 c에 오른쪽에서 접근하면 $f(x)$는 무한대로 접근한다고 하고
>
> $$\lim_{x \to c^+} f(x) = \infty$$
>
> 로 나타낸다.

다음 경우에 맞게 위의 정의를 수정하라.

a. $\lim_{x \to c^-} f(x) = \infty$

b. $\lim_{x \to c^+} f(x) = -\infty$

c. $\lim_{x \to c^-} f(x) = -\infty$

연습문제 100~104에서 연습문제 99의 엄밀한 정의를 사용하여 다음 극한 명제를 증명하라.

100. $\lim_{x \to 0^+} \frac{1}{x} = \infty$ **101.** $\lim_{x \to 0^-} \frac{1}{x} = -\infty$

102. $\lim_{x \to 2^-} \frac{1}{x-2} = -\infty$ **103.** $\lim_{x \to 2^+} \frac{1}{x-2} = \infty$

104. $\lim_{x \to 1^-} \frac{1}{1-x^2} = \infty$

사선 점근선

연습문제 105~110에서 유리함수의 그래프의 개형을 그려라. 점근선의 그래프와 방정식을 포함하라.

105. $y = \frac{x^2}{x-1}$ **106.** $y = \frac{x^2+1}{x-1}$

107. $y = \frac{x^2-4}{x-1}$ **108.** $y = \frac{x^2-1}{2x+4}$

109. $y = \frac{x^2-1}{x}$ **110.** $y = \frac{x^3+1}{x^2}$

추가 그래프 연습문제

T 연습문제 111~114에서 곡선의 그래프의 개형을 그려라. 곡선의 공식과 그래프 사이의 관계를 설명하라.

111. $y = \frac{x}{\sqrt{4-x^2}}$ **112.** $y = \frac{-1}{\sqrt{4-x^2}}$

113. $y = x^{2/3} + \frac{1}{x^{1/3}}$ **114.** $y = \sin\left(\frac{\pi}{x^2+1}\right)$

T 연습문제 115와 116에서 함수의 그래프의 개형을 그려라. 그런 후에 다음 물음에 답하라.

a. $x \to 0^+$일 때 그래프는 어떻게 행동하는가?

b. $x \to \pm\infty$일 때 그래프는 어떻게 행동하는가?

c. $x=1$과 $x=-1$ 근방에서 그래프는 어떻게 행동하는가?

답변에 대한 이유를 제시하라.

115. $y = \frac{3}{2}\left(x - \frac{1}{x}\right)^{2/3}$

116. $y = \frac{3}{2}\left(\frac{x}{x-1}\right)^{2/3}$

1.6 연속

실험실에서 생성된 함숫값이나 현장에서 수집된 함숫값을 그래프로 나타낼 때, 종종 측정하지 않은 점에서 함숫값이 어떤 값으로 예상되는지를 나타내기 위해 그래프 위의 점을 끊김 없는 곡선으로 연결한다(그림 1.56). 이렇게 할 때 작업 중인 함수가 연속이라고 가정하므로 출력은 입력에 따라 규칙적이고 일관되게 변하며 사이값을 취하지 않고, 갑자기 값에서 값으로 건너뛰지는 않는다. 직관적으로 정의역 내에서 한 번의 끊김 없는 동작으로 그려질 수 있는 함수 $y=f(x)$는 연속함수의 예이다. 이러한 함수는 미적분과 그 응용에서 중요한 역할을 한다.

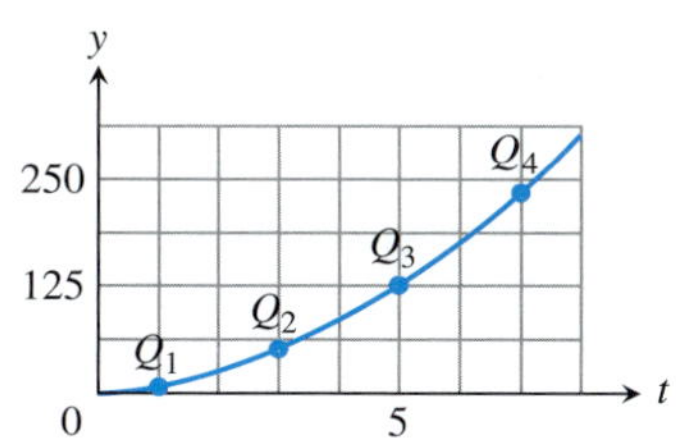

그림 1.56 그려진 점을 연결하기.

점에서의 연속

연속을 이해하기 위해 1.4절의 예제 1에서 극한을 탐구한 그림 1.57의 것과 같은 함수를 생각하는 것이 도움이 된다.

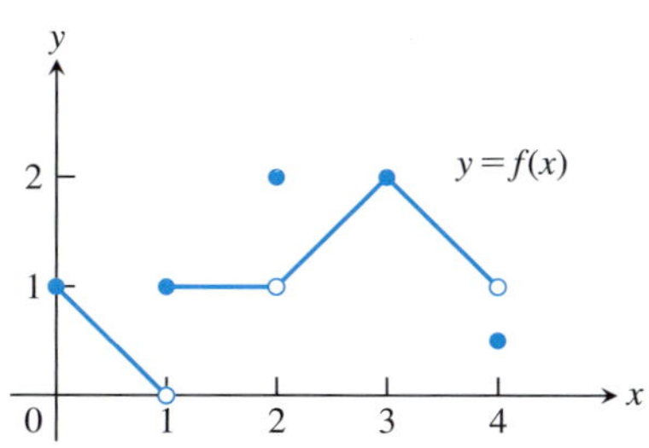

그림 1.57 이 함수는 $x=1$, $x=2$, $x=4$에서 연속이지 않다(예제 1).

예제 1 그림 1.57의 함수에 대해 어느 점에서 함수가 연속이 아닌 것으로 보이는가? 그 이유를 설명하라. 정의역의 다른 점에서는 무슨 일이 일어나는가?

풀이 먼저 함수의 정의역이 닫힌 구간 $[0, 4]$임이 관찰되므로 해당 구간 내에서의 수 x를 고려할 것이다. 그림에서는 바로 $x=1$, $x=2$, $x=4$에서 그래프에 끊김이 있는 것을 알 수 있다.

$x=1$에서의 끊김은 나중에 '도약 불연속'으로 분류되는 도약으로 나타난다. $x=2$에서의 끊김은 '제거가능한 불연속'이라고 불린다. 왜냐하면 그 한 점에서 함수 정의를 변경함으로써 $x=2$에서 연속인 새로운 함수를 만들 수 있기 때문이다. 마찬가지로 $x=4$에서의 끊김도 제거 가능한 불연속이다.

정의역에 놓인 수 중에서 함수 f의 그래프가 끊기는 수:

내부 점 $x=1$에서 함수의 극한이 존재하지 않는다. 함수의 좌극한 $\lim_{x\to 1^-} f(x)=0$과 우극한 $\lim_{x\to 1^+} f(x)=1$이 모두 존재하지만, 그 극한값이 다르기 때문에 그래프에 도약이 발생한다. 이 함수는 $x=1$에서 연속이 아니다. 그러나 함숫값 $f(1)=1$은 우극한과 같기 때문에, 이 함수는 $x=1$에서 오른쪽으로부터 연속이다.

점 $x=2$에서 함수의 극한 $\lim_{x\to 2} f(x)=1$이 존재하지만, 함숫값은 $f(2)=2$이다. 극한과 함숫값이 같지 않기 때문에 그래프에 끊김이 있고, 함수는 $x=2$에서 연속이 아니다.

오른쪽 끝점인 점 $x=4$에서 함수의 좌극한 $\lim_{x\to 4^-} f(x)=1$이 존재하지만, 다시 함숫값 $f(4)=\frac{1}{2}$이 극한값과 다르다. 이 끝점에서 함수의 그래프에 끊김이 또 있고, 이 함수는 왼쪽으로부터 연속이 아니다.

정의역에 놓인 수 중에서 함수 f의 그래프가 끊김이 없는 수:

$x=3$에서 함수의 극한 $\lim_{x\to 3} f(x)=2$가 존재한다. 더욱이 이 극한값은 함숫값 $f(3)=2$와 동일하다. 함수는 $x=3$에서 연속이다.

왼쪽 끝점인 $x=0$에서 함수의 우극한 $\lim_{x\to 0^+} f(x)=1$이 존재하며 함숫값 $f(0)=1$과 동일하다. 이 함수는 $x=0$에서 오른쪽으로부터 연속이다. 점 $x=0$은 함수의 정의역에서 왼쪽 끝점이므로 $\lim_{x\to 0} f(x)=1$이 되고, 따라서 함수는 $x=0$에서 연속이다.

정의역 내의 다른 수 $x=c$에서 함수의 극한이 존재하고 값이 함숫값과 같으므로 $\lim_{x\to c} f(x)=f(c)$이다. 예를 들어 $\lim_{x\to 5/2} f(x)=f(5/2)=3/2$이다. 이러한 수 중에 어느 하나에서도 그래프에 끊김이 나타나지 않으며, 각각에서 함수는 연속이다. ■

예제 1에서 관찰한 연속에 대한 발상이 다음 정의에 포함되어 있다.

정의 함수 f의 정의역에 있는 구간의 임의의 내부 점이거나 끝점을 c로 놓자. 만약 다음과 같으면, f는 **c에서 연속이다**(continuous at c)라고 한다.

$$\lim_{x\to c} f(x) = f(c)$$

만약 다음과 같으면, f는 **c에서 우연속이다**(또는 **c에서 오른쪽으로부터 연속이다**)라고 한다.

$$\lim_{x\to c^+} f(x) = f(c)$$

만약 다음과 같으면, f는 **c에서 좌연속이다**(또는 **c에서 왼쪽으로부터 연속이다**)라고 한다.

$$\lim_{x\to c^-} f(x) = f(c)$$

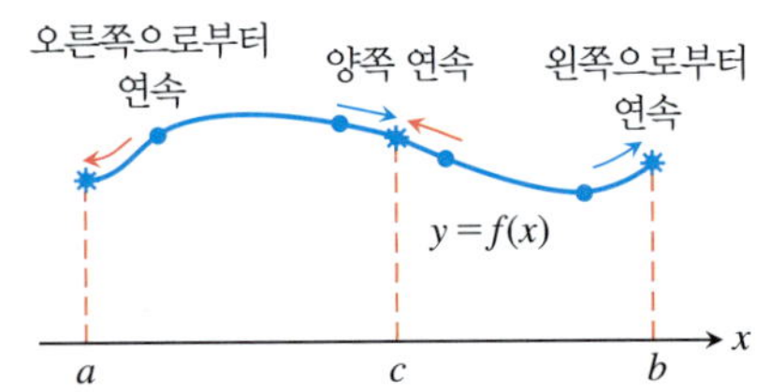

그림 1.58 점 a, b, c에서 연속.

예제 1의 함수 f는 $[0, 4]$에서 $x=1, 2, 4$를 제외한 모든 x에서 연속이다. $x=1$에서는 우연속이지만 좌연속은 아니고, $x=2$에서는 우연속도 아니고 좌연속도 아니며, $x=4$에서는 좌연속이 아니다.

정리 5로부터 함수 f와 정의역의 구간에 놓인 내부 점 c에 대해 만약 그리고 이 경우에만 만약 f가 c에서 우연속이면서 좌연속이면 f는 c에서 연속이라는 것을 바로 알 수 있다(그림 1.58). 함수가 닫힌 구간 $[a, b]$의 내부점에서 연속이고 a에서 우연속이며 b에서 좌연속이면, **닫힌 구**

간 $[a, b]$**에서 연속이다**라고 한다. 이 정의는 무한히 큰 닫힌 구간 $[a, \infty)$와 $(-\infty, b]$에도 적용되는데, 여기에는 하나의 끝점만이 관련되어 있다. 함수가 정의역의 점 c에서 연속이지 않으면, f는 **c에서 불연속이다**(discontinuous at c)라 하고 c는 f의 불연속점이라고 한다. $f(c)$가 정의된 점 c에서만 f가 연속적이거나 우연속이거나 좌연속일 수 있는 것에 주목하자.

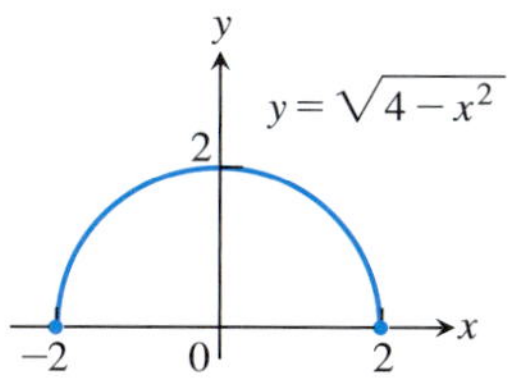

그림 1.59 정의역에서 연속인 함수(예제 2).

예제 2 함수 $f(x)=\sqrt{4-x^2}$는 정의역 $[-2, 2]$에서 연속이다(그림 1.59). 이것은 끝점 $x=-2$와 $x=2$를 포함하여 정의역의 모든 점에서 연속이다. ■

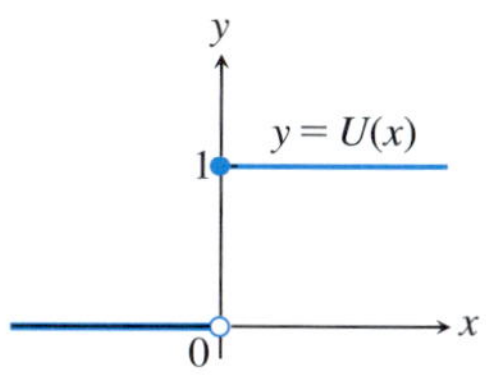

그림 1.60 원점에서 도약 불연속이 있는 함수(예제 3).

예제 3 그림 1.60에 그려진 단위계단함수 $U(x)$는 $x=0$에서 우연속이지만, 좌연속도 아니고 연속도 아니다. 이 함수는 $x=0$에서 도약 불연속이다. ■

정의역 내의 내부점이나 끝점에서 함수는 다음 판정을 통과하는 점에서 연속이다.

> **연속 판정**
>
> 만약 그리고 이 경우에만 만약 함수 $f(x)$에 대해 다음 조건이 성립하면 이 함수는 $x=c$에서 연속이다.
>
> **1.** $f(x)$가 존재한다. (c가 f의 정의역에 속한다.)
>
> **2.** $\lim_{x\to c}$가 존재한다. ($x\to c$일 때 f의 극한이 존재한다.)
>
> **3.** $\lim_{x\to c} f(x)=f(c)$ (극한이 함숫값과 같다.)

한쪽 연속성의 경우 판정의 조건 2와 3에서의 극한은 적절한 한쪽 극한으로 대체되어야 한다.

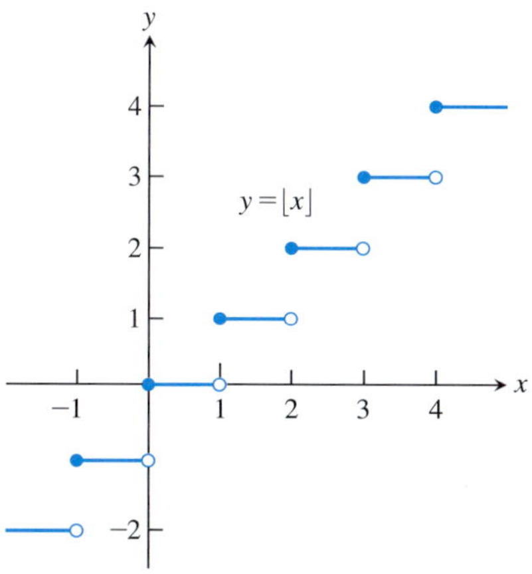

그림 1.61 최대정수함수는 정수가 아닌 모든 점에서 연속이다. 모든 정수 점에서 이 함수는 우연속이지만 좌연속은 아니다(예제 4).

예제 4 함수 $y=\lfloor x\rfloor$의 그래프는 그림 1.61에 놓여 있다. $x\to n$일 때 좌극한과 우극한이 같지 않기 때문에, 이 함수는 모든 정수 n에서 불연속이다.

$$\lim_{x\to n^-}\lfloor x\rfloor = n-1 \qquad \lim_{x\to n^+}\lfloor x\rfloor = n$$

$\lfloor n\rfloor=n$이므로, 최대정수함수는 모든 정수 n에서 우연속이다(그러나 좌연속은 아니다).

최대정수함수는 정수 이외의 실수에서 연속이다. 다음 예를 들어보자.

$$\lim_{x\to 1.5}\lfloor x\rfloor = 1 = \lfloor 1.5\rfloor$$

일반적으로 n이 정수일 때 $n-1<c<n$이면 다음과 같다.

$$\lim_{x\to c}\lfloor x\rfloor = n-1 = \lfloor c\rfloor$$ ■

그림 1.62에서 함수가 연속이 아닐 수 있는 몇 가지 일반적인 상황을 볼 수 있다. 그림 1.62a의 함수는 $x=0$에서 연속이다. 그림 1.62b의 함수는 정의역에 $x=0$을 포함하지 않는다. $f(0)=1$이 되도록 정의역이 확장되면 이 함수는 연속일 것이다. 그림 1.62c의 함수는 $f(0)$이 2 대신 1이면 연속일 것이다. 그림 1.62c의 불연속은 **제거가능한**(removable) 불연속이다. $x\to 0$일 때 이 함수의 극한이 존재하고 $f(0)$을 이 극한값으로 설정함으로써 불연속을 제거할 수 있다.

그림 1.62d부터 f의 불연속성은 더 심각하다. $\lim_{x\to 0} f(x)$가 존재하지 않으며 f를 0에서 적절하게 정의하여 상황을 개선하는 방법은 없다. 그림 1.62d의 계단함수에는 **도약 불연속**(jump discontinuity)이 존재한다. 한쪽 극한은 존재하지만 서로 다른 값이다. 그림 1.62e의 함수 $f(x)=1/x^2$에는 **무한대 불연속**(infinite discontinuity)이 존재한다. 그림 1.62f의 함수에는 **진동 불연속**(oscillating discontinuity)이 존재한다. 이 함수는 너무 많이 진동하여 $x\to 0$일 때 각각의 수 모두에 접근한다. 하나의 수에 접근하지 않으므로 $x\to 0$일 때 이 함수의 극한은 존재하지 않는다.

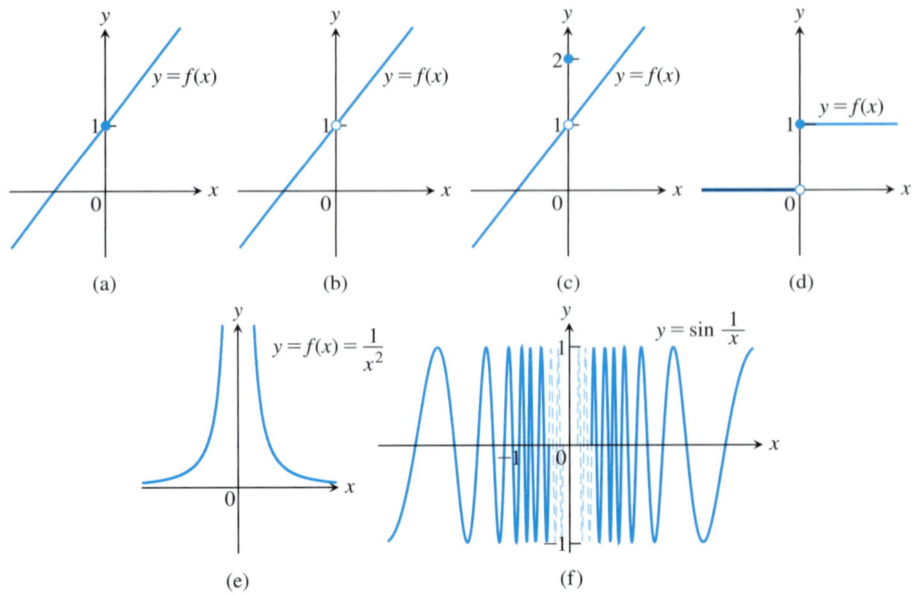

그림 1.62 (a)의 함수는 $x=0$에서 연속이다. (b)에서 (f)까지의 함수는 연속이 아니다.

연속함수

이제는 함수의 전체 정의역에서의 연속 행동을 설명한다. 모든 점에서 연속인 함수를 **연속함수**(continuous function)라고 정의한다. 이는 함수의 특성이다. 함수에는 항상 특정한 정의역이 존재하므로 정의역이 변경되면 함수도 변경되고, 이로써 연속 속성이 변경될 수 있다. 함수가 정의역의 하나 이상의 점에서 불연속이면 이 함수는 **불연속함수**(discontinuous function)라고 한다.

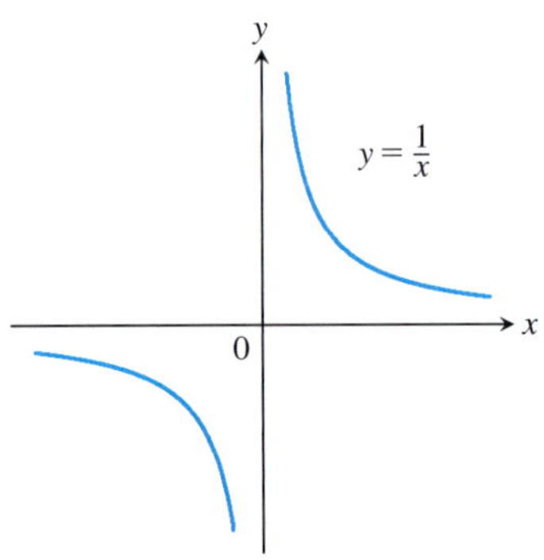

그림 1.63 함수 $f(x)=1/x$는 정의역에서 연속이다. 이 함수는 원점에서 정의되지 않으므로 $x=0$을 포함하는 어떤 구간에서도 연속이 아니다(예제 5).

예제 5

(a) 함수 $f(x)=1/x$(그림 1.63)은 정의역의 모든 점에서 연속이므로, 이 함수는 연속함수이다. 점 $x=0$은 함수 f의 정의역에 속하지 않으므로, f는 $x=0$을 포함하는 어떤 구간에서도 연속이 아니다. 게다가 $x=0$에서 정의되고 연속인 새로운 함수로 f를 확장할 수 있는 방법이 없다. 점 $x=0$는 f의 제거가능한 불연속점이 아니다.

(b) 1.3절의 예제 3에 따라 항등함수 $f(x)=x$와 상수함수는 모든 점에서 연속이다. ■

연속함수의 대수적 조합은 정의된 곳 어디에서나 연속이다.

정리 8 ❙ 연속함수의 성질

만약 함수 f와 g가 $x=c$에서 연속이면, 다음 대수적 조합은 $x=c$에서 연속이다.

1. 합: $f+g$
2. 차: $f-g$
3. 상수배: 임의의 수 k에 대해 $k \cdot f$
4. 곱: $f \cdot g$
5. 몫: $g(c) \neq c$일 때 f/g
6. 거듭제곱: 양의 정수 n에 대해 f^n
7. 제곱근: 이 함수가 c를 포함하는 구간에서 정의되고 n이 양의 정수일 때 $\sqrt[n]{f}$

정리 8의 결과 대부분은 1.2절의 정리 1에 따라서 성립한다. 예를 들어 합 성질의 증명을 위해 다음과 같이 계산한다.

$$\begin{aligned}\lim_{x\to c}(f+g)(x) &= \lim_{x\to c}(f(x)+g(x)) \\ &= \lim_{x\to c}f(x)+\lim_{x\to c}g(x) \qquad \text{정리 1의 합 규칙} \\ &= f(c)+g(c) \qquad \text{점 } c\text{에서 } f, g\text{의 연속성} \\ &= (f+g)(c)\end{aligned}$$

따라서 $f+g$는 연속임을 알 수 있다.

예제 6

(a) 모든 다항함수 $P(x)=a_nx^n+a_{n-1}x^{n-1}+\cdots+a_0$에 대해 1.2절의 정리 2에 따라서 $\lim_{x\to c}P(x)=P(c)$이므로 이 함수는 연속이다.

(b) 만약 $P(x)$와 $Q(x)$가 다항함수이면 1.2절의 정리 3에 따라서 유리함수 $P(x)/Q(x)$는 정의된 점 $c(Q(c)\neq 0)$에서 연속이다. ■

예제 7 함수 $f(x)=|x|$는 연속이다. 만약 $x>0$이면 $f(x)=x$는 다항함수이다. 만약 $x<0$이면 $f(x)=-x$는 다른 다항함수이다. 결국 원점에서 $\lim_{x\to 0}|x|=0=|0|$이다. ■

1.2절의 예제 12에 따라서 $x=0$에서 함수 $y=\sin x$와 $y=\cos x$는 연속이다. 두 함수 모두 임의의 실수에서 연속이다(연습문제 76 참조). 정리 8에 따라 6개의 삼각함수 모두 정의된 점에서 연속이다. 예를 들어 $y=\tan x$는 $\cdots\cup(-\pi/2, \pi/2)\cup(\pi/2, 3\pi/2)\cup\cdots$에서 연속이다.

역함수와 연속성

만약 구간에 정의된 연속함수의 역함수가 존재하면, 그 역함수도 그 정의역에서 연속함수이다. 역함수 f^{-1}의 그래프가 $y=x$에 대해 f의 그래프를 대칭반사한 것이므로, f의 그래프에 끊어진 부분이 없다면 f^{-1}의 그래프에도 끊어진 부분이 없다는 관찰로부터 이 결과가 예상된다. 함수 f가 구간에서 연속일 때 역함수 f^{-1}도 연속이라는 것의 엄밀한 증명은 더 고급 교재에서 찾을 수 있다. 예를 들어 역삼각함수는 모두 그 정의역에서 연속이다.

지수함수 $y=a^x$의 그래프는 x가 유리수일 때 $y=a^x$의 그래프에서 x의 무리수인 점에서 '구멍을 메우는 방식'을 적용하여 만들고, 전체 실수 집합에서 연속인 지수함수 $y=a^x$를 만든다. 이와 마찬가지로 역함수 $y=\log_a x$도 연속이다. 특히 자연지수함수 $y=e^x$와 자연로그함수 $y=\ln x$는 각각의 정의역에서 연속이다. 이러한 함수의 연속성에 대한 증명은 6장에서 제시될 것이다.

합성함수의 연속

연속함수의 합성으로 만들어진 함수는 연속이다. 만약 함수 $f(x)$가 $x=c$에서 연속이고 $g(x)$가 $x=f(c)$에서 연속이면, $g\circ f$는 $x=c$에서 연속이다(그림 1.64). 이 경우에 $x\to c$일 때 $g\circ f$의 극한은 $g(f(c))$이다.

정리 9 | 연속함수의 합성

만약 f가 c에서 연속이고 g가 $f(c)$에서 연속이면, $g\circ f$가 c에서 연속이다.

직관적으로 이해하면 정리 9는 합리적이다. 왜냐하면 x가 c에 가까울 때 $f(x)$도 $f(c)$에 가깝고,

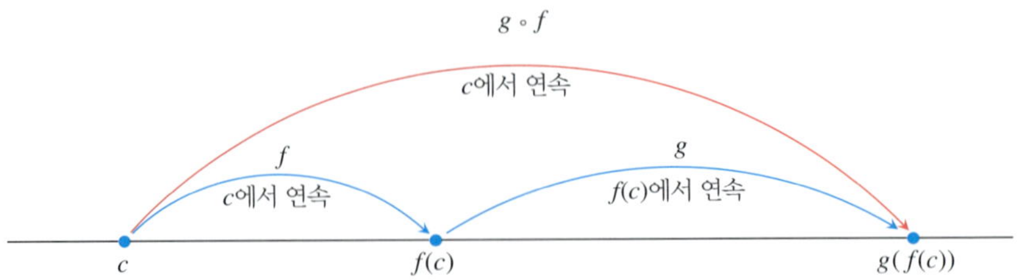

그림 1.64 연속함수의 합성함수는 연속이다.

g가 $f(c)$에서 연속이므로 $g(f(x))$도 $g(f(c))$에 가깝기 때문이다.

연속함수의 합성의 유한 번 반복에서 합성의 연속성이 유지된다. 이때 각 함수가 적용하는 위치에서 연속이어야 한다는 것이 유일한 요구 사항이다. 정리 9의 증명 개요는 부록 A.6의 연습문제 6에 나와 있다.

예제 8 다음 함수가 각각의 정의역에서 연속임을 보여라.

(a) $y = \sqrt{x^2 - 2x - 5}$ **(b)** $y = \dfrac{x^{2/3}}{1 + x^4}$

(c) $y = \left|\dfrac{x - 2}{x^2 - 2}\right|$ **(d)** $y = \left|\dfrac{x \sin x}{x^2 + 2}\right|$

풀이

(a) 제곱근함수는 연속인 항등함수 $f(x) = x$의 근이므로, 이 함수는 $[0, \infty)$에서 연속이다(정리 8의 성질 7). 주어진 함수는 다항함수 $f(x) = x^2 - 2x - 5$와 제곱근함수 $g(x) = \sqrt{x}$의 합성이므로, 따라서 이 함수는 정의역에서 연속이다.

(b) 분자는 항등함수를 제곱한 것의 세제곱근이고, 분모는 어디서나 양수인 다항식이다. 따라서 이 유리함수는 연속이다.

(c) 몫 $(x-2)/(x^2-2)$는 모든 $x \neq \pm\sqrt{2}$에서 연속이고, 주어진 함수는 이 몫과 연속인 절댓값 함수의 합성이다(예제 7).

(d) 사인함수는 모든 점에서 연속이므로(연습문제 76), 분자 항 $x \sin x$는 연속함수의 곱이고, 분모 항 $x^2 + 2$는 모든 점에서 양수인 다항식이다. 주어진 함수는 연속함수의 몫과 연속인 절댓값함수의 합성이다(그림 1.65). ■

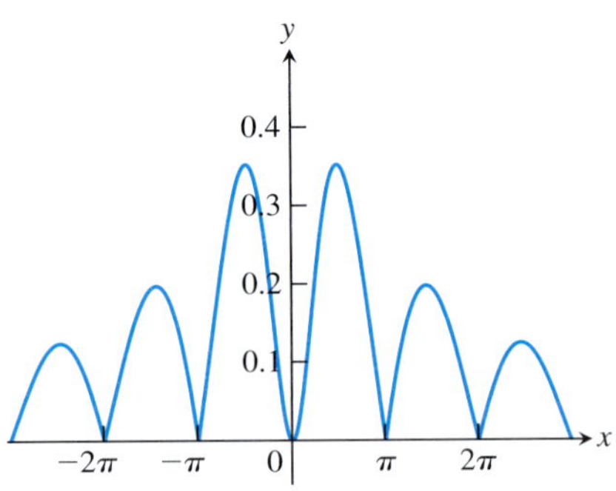

그림 1.65 이 그래프로부터 $y = |(x \sin x)/(x^2 + 2)|$이 연속임을 알 수 있다(예제 8d).

사실 정리 9는 더 일반적인 정리의 결과인데, 이를 증명하자. 여기서 말하는 내용은 x가 c로 접근할 때 $f(x)$의 극한이 b이면, x가 c로 접근할 때 합성함수 $g(f(x))$의 극한은 $g(b)$라는 것이다.

정리 10 | 연속함수의 극한

만약 $\lim_{x \to c} f(x) = b$이고 g는 점 b에서 연속이면 다음과 같다.

$$\lim_{x \to c} g(f(x)) = g(b)$$

증명 임의의 양의 상수를 $\varepsilon > 0$로 놓자. 함수 g가 b에서 연속이므로 다음과 같은 수 $\delta_1 > 0$이 존재한다.

$$0 < |y - b| < \delta_1 \text{일 때} \quad |g(y) - g(b)| < \varepsilon \qquad g\text{가 } y = b\text{에서 연속이므로 } \lim_{y \to b} g(y) = g(b)$$

만약 $|y - b| = 0$이면 $y = b$이므로, 임의의 양수 ε에 대해 부등식 $|g(y) - g(b)| < \varepsilon$이 성립한다. 따라서 다음과 같다.

$$|y - b| < \delta_1 \text{일 때} \quad |g(y) - g(b)| < \varepsilon \tag{1}$$

$\lim_{x\to c} f(x) = b$이므로 다음과 같은 $\delta > 0$이 존재한다.

$$0 < |x - c| < \delta \text{ 일 때} \quad |f(x) - b| < \delta_1$$

$\lim_{x\to c} f(x) = b$의 정의

만약 $y = f(x)$라고 하자.

$$0 < |x - c| < \delta \text{ 일 때} \quad |y - b| < \delta_1$$

이는 식 (1)로부터 $0 < |x-c| < \delta$일 때 $|g(y)-g(b)| = |g(f(x))-g(b)| < \varepsilon$을 의미한다. 극한의 정리로부터 $\lim_{x\to c} g(f(x)) = g(b)$가 된다. 이로서 c가 f의 정의역 내부점일 때 증명이 완성된다. 점 c가 정의역의 끝점인 경우에도 양쪽 극한 대신에 적절한 한쪽 극한을 사용하여 유사하게 증명된다. ■

예제 9 정리 10의 응용으로서 다음과 같이 계산된다.

(a)
$$\lim_{x\to\pi/2} \cos\left(2x + \sin\left(\frac{3\pi}{2} + x\right)\right) = \cos\left(\lim_{x\to\pi/2} 2x + \lim_{x\to\pi/2} \sin\left(\frac{3\pi}{2} + x\right)\right)$$
$$= \cos(\pi + \sin 2\pi) = \cos\pi = -1$$

(b)
$$\lim_{x\to 1} \sin^{-1}\left(\frac{1-x}{1-x^2}\right) = \sin^{-1}\left(\lim_{x\to 1} \frac{1-x}{1-x^2}\right)$$

arcsine함수는 연속이다.

$$= \sin^{-1}\left(\lim_{x\to 1} \frac{1}{1+x}\right)$$

공통인수 $(1-x)$로 약분하라.

$$= \sin^{-1}\frac{1}{2} = \frac{\pi}{6}$$

(c)
$$\lim_{x\to 0} \sqrt{x+1}\, e^{\tan x} = \lim_{x\to 0} \sqrt{x+1} \cdot \exp\left(\lim_{x\to 0} \tan x\right)$$
$$= 1 \cdot e^0 = 1$$

exp 함수는 연속이다.

때때로 u가 복잡한 수학적 표현일 때 e^u를 $\exp(u)$로 나타내기도 한다.

연속함수에 대한 사이값 정리

함수에 대해 두 값이 함숫값일 때마다 두 값 사이에 놓인 모든 값이 함숫값이 되면 이 함수에서 **사이값 성질**(intermediate value property)이 성립하다고 한다.

정리 11 | 연속함수에 대한 사이값 정리

만약 f가 닫힌 구간 $[a, b]$에 정의된 연속함수이고, y_0이 $f(a)$와 $f(b)$ 사이에 놓인 점이면 $y_0 = f(c)$인 점 c가 $[a, b]$에 존재한다.

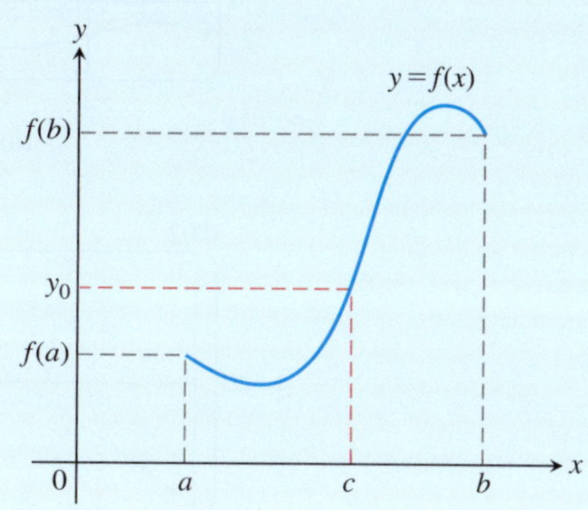

정리 11에 따라 유한 닫힌 구간에서 정의된 연속함수에서 사이값 정리가 성립한다. 기하학적으로 사이값 정리는 y축을 $f(a)$와 $f(b)$ 사이에서 가로지르는 모든 수평선 $y = y_0$이 구간 $[a, b]$에

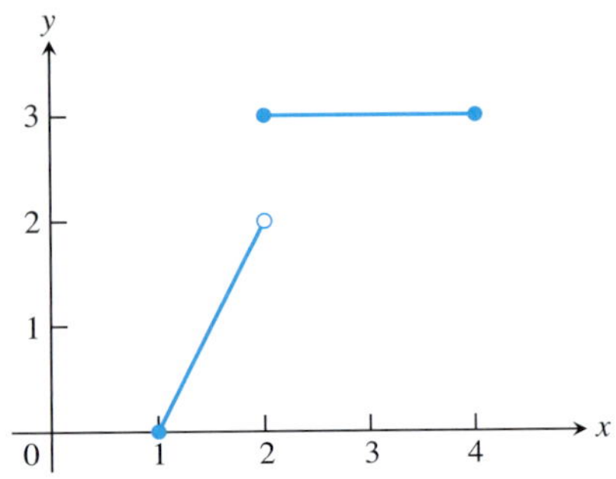

그림 1.66 함수

$$f(x) = \begin{cases} 2x - 2, & 1 \le x < 2 \\ 3, & 2 \le x \le 4 \end{cases}$$

에 대해 $f(1)=0$과 $f(4)=3$ 사이의 모든 값이 함숫값인 것은 아니다. 이 함수에서 2와 3 사이에 함숫값이 존재하지 않는다.

서 최소한 한 번은 곡선 $y=f(x)$와 교차한다는 것을 의미한다.

사이값 정리의 증명은 실수 체계의 완전성 속성에 의존한다. 완전성 속성은 수직선에 구멍이나 간격이 없음을 나타낸다. 이에 반해 유리수 전체에서는 완전성 속성이 성립하지 않으며, 유리수 상에서만 정의된 함수에서는 사이값 정리가 성립하지 않을 수 있다. 이에 대한 토의와 예제는 부록 A.9를 참조하라.

구간에서의 f의 연속성은 정리 11에서 핵심이다. 만약 f가 구간의 하나의 점에서라도 연속이 아니라면 그림 1.66에 그려진 함수의 경우와 같이(y_0을 2와 3 사이의 임의의 수로 선택하라), 정리의 결론이 실패할 수 있다.

그래프에 대한 결과: 연결성 정리 11은 구간에서 연속인 함수의 그래프에는 구간 전체에서 어떤 끊김도 존재할 수 없다는 것을 의미한다. 이 그래프는 연결된(하나로 구성된 끊어지지 않은) 곡선일 것이다. 이 곡선에서는 최대정수함수의 그래프(그림 1.61)에서 발견되는 도약도 존재하지 않고, $1/x$의 그래프(그림 1.63)에서 볼 수 있는 분리된 분지도 없을 것이다.

제곱근 찾기에 대한 결과: 방정식 $f(x)=0$의 해를 그 방정식의 **근**(root) 또는 함수 f의 **영점**(zero)이라고 한다. 사이값 정리에 따라 함수 f가 연속이면 f가 부호를 바꾸는 어떤 구간에는 함수의 영점이 존재한다는 것을 말해준다. 연속함수에서 양수인 점과 음수인 두 번째 점 사이에서 반드시 함숫값이 0이 되는 점이 있어야 한다.

실용적인 상황에서 컴퓨터 화면에서 연속함수의 그래프가 수평축을 가로지를 때, 이는 건너뛰는 것이 아니다. 실제로 함숫값이 0인 점이 있다는 것이다.

예제 10 방정식 $x^3 - x - 1 = 0$의 근이 1과 2 사이에 존재함을 보여라.

풀이 함수를 $f(x) = x^3 - x - 1$로 놓자. $f(1) = 1 - 1 - 1 = -1 < 0$과 $f(2) = 2^3 - 2 - 1 = 5 > 0$이므로, $y_0 = 0$은 $f(1)$과 $f(2)$ 사이에 놓인 값이다. 함수 f가 다항식이므로, 이 함수는 연속이고 사이값 정리에 따라서 1과 2 사이에 f의 영점이 존재한다. 그림 1.67에서 점 $x=1.32$ 근처의 해를 찾기 위해 확대한 결과를 볼 수 있다. ■

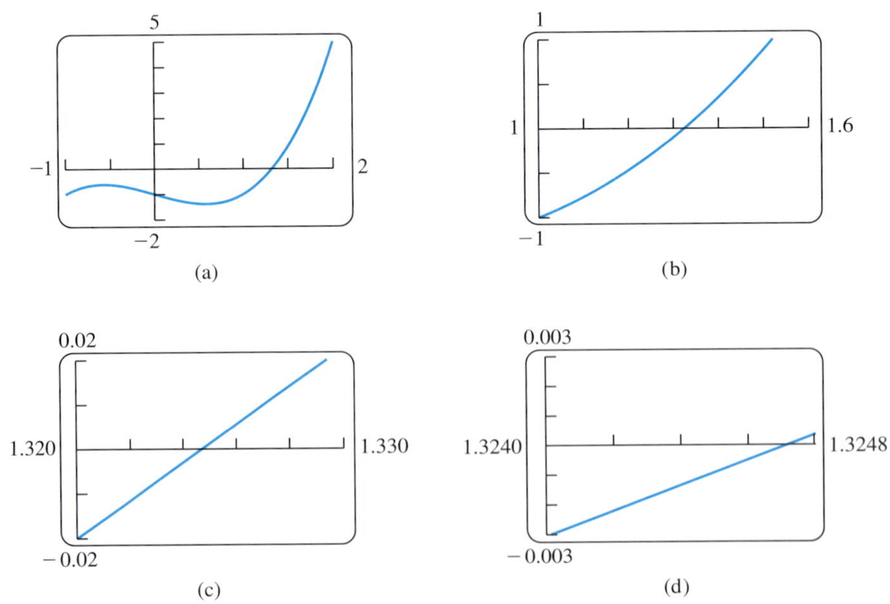

그림 1.67 함수 $f(x)=x^3-x-1$의 해를 확대하여 보기. 이 해는 $x=1.3247$ 근처에 있다(예제 10).

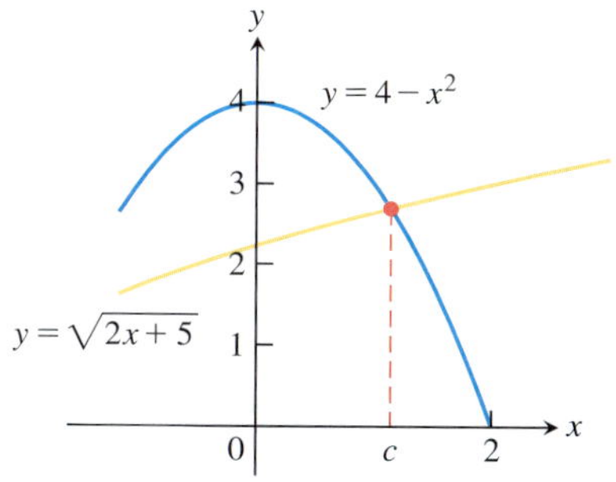

그림 1.68 방정식 $\sqrt{2x+5}+x^2-4=0$의 근 $x=c$에서 곡선 $y=\sqrt{2x+5}$와 $y=4-x^2$의 값은 같다(예제 11).

예제 11 사이값 정리를 적용하여 다음 방정식의 해가 존재함을 증명하라(그림 1.68).

$$\sqrt{2x+5} = 4 - x^2$$

풀이 방정식을 다음과 같이 쓰자.

$$\sqrt{2x+5} + x^2 - 4 = 0$$

다시 쓸 수 있으므로 함수를 $f(x)=\sqrt{2x+5}+x^2-4$로 놓자. 함수 $g(x)=\sqrt{2x+5}$는 구간 $[-5/2, \infty)$에서 연속함수이고 음이 아닌 선형함수 $y=2x+5$와 연속함수인 제곱근함수의 합성이므로 연속이다. 그러면 f는 함수 g와 이차함수 $y=x^2-4$의 합이며, 이차함수는 모든 x값에서 연속이다. 따라서 $f(x)=\sqrt{2x+5}+x^2-4$는 구간 $[-5/2, \infty)$에서 연속이다. 시행 착오를 통해 함숫값 $f(0)=\sqrt{5}-4 \approx -1.76$과 $f(2)=\sqrt{9}=3$을 알 수 있다. 함수 f는 정의역 $[-5/2, \infty)$의 부분집합인 닫힌 구간 $[0, 2]$에서 연속이라는 것에 주목하자. 값 $y_0=0$는 수 $f(0)=-1.76$과 $f(2)=3$ 사이에 놓이므로, 사이값 정리에 따라서 $f(c)=0$인 수 $c \in [0, 2]$가 존재한다. 원래의 방정식의 해 c를 찾는다. ■

점으로 연속적 확장

가끔씩 함수 f를 설명하는 공식이 $x=c$에서 의미가 없을 수 있다. 그럼에도 불구하고 f의 정의역을 $x=c$를 포함하도록 확장할 수 있으며, 이렇게 하면 $x=c$에서 연속인 새로운 함수를 만들 수도 있다. 예를 들어 함수 $y=f(x)=(\sin x)/x$는 $x=0$이 정의역에 속하지 않기 때문에, $x=0$을 제외한 모든 점에서 연속이다. 함수 $y=(\sin x)/x$에 대해 $x \to 0$일 때 유한 극한이 존재하기 때문에(정리 6), 이 함수의 정의역을 확장하여 $x=0$에서 연속인 확장된 함수를 만들 수 있다. 새로운 함수를 다음과 같이 정의한다.

$$F(x) = \begin{cases} \dfrac{\sin x}{x}, & x \neq 0 \quad \text{($x \neq 0$일 때 원래 함수와 같다.)} \\ 1, & x = 0 \quad \text{(정의역의 점 $x=0$에서 값)} \end{cases}$$

이 새로운 함수 $F(x)$는 다음과 같다.

$$\lim_{x \to 0} \frac{\sin x}{x} = F(0)$$

그러므로 $x=0$에서 연속이다. 따라서 이 함수는 연속성의 요구 사항을 충족한다(그림 1.69).

더 일반적으로 정의되지 않은 점에서(예를 들어 유리함수와 같은) 함수의 극한이 존재할 수 있다. 만약 $f(c)$가 정의되지 않지만 $\lim_{x \to c} f(x)=L$이 존재하면, 새로운 함수 $F(x)$를 다음과 같이 정의할 수 있다.

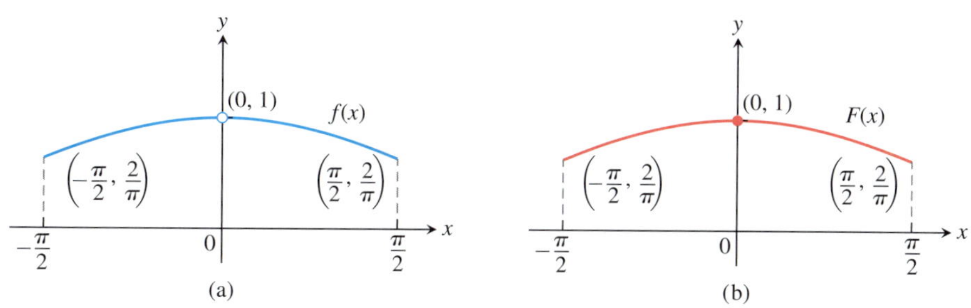

그림 1.69 (a) $-\pi/2 \le x \le \pi/2$에서 $f(x)=(\sin x)/x$의 그래프는 점 (0, 1)을 포함하지 않는다. 왜냐하면 이 함수는 $x=0$에서 정의되지 않기 때문이다. (b) 새로운 함수 $F(x)$를 $F(0)=1$과 다른 모든 점에서는 $F(x)=f(x)$로 정의하는 방법으로 점 $x=0$을 포함시키기 위해 정의역을 확장한다. $F(0)=\lim_{x \to 0} f(x)$와 $F(x)$는 $x=0$에서 연속임에 주목하자.

$$F(x) = \begin{cases} f(x), & \text{만약 } x\text{가 } f\text{의 정의역에 속하면} \\ L, & x=c\text{이면} \end{cases}$$

함수 F는 $x=c$에서 연속이다. 이 함수를 $x=c$로의 f의 **연속 확장**(continuous extension)이라고 부른다. 유리함수 f에 대해 보통 분자와 분모의 공통인수로 약분함으로써 연속 확장을 찾을 수 있다.

예제 12 점 $x=2$로의 다음 함수의 연속 확장이 존재함을 보이고, 그 확장을 찾아라.

$$f(x) = \frac{x^2+x-6}{x^2-4}, \quad x \neq 2$$

풀이 $f(2)$가 정의되지 않지만, 만약 $x \neq 2$이면 다음과 같다.

$$f(x) = \frac{x^2+x-6}{x^2-4} = \frac{(x-2)(x+3)}{(x-2)(x+2)} = \frac{x+3}{x+2}$$

다음의 새로운 함수는 $x \neq 2$일 때 $f(x)$와 같지만,

$$F(x) = \frac{x+3}{x+2}$$

$x=2$에서 연속이며 함숫값이 $5/4$이다. 따라서 F가 $x=2$로의 f의 연속 확장이며 다음과 같다.

$$\lim_{x\to 2} \frac{x^2+x-6}{x^2-4} = \lim_{x\to 2} f(x) = \frac{5}{4}$$

그림 1.70에서 f의 그래프를 볼 수 있다. 연속 확장 F의 그래프에서는 점 $(2, 5/4)$에서 구멍이 없다는 것만 제외하면 f의 그래프와 같다. 결과적으로 F는 더 큰 정의역에서 연속함수가 되기 위해 누락된 정의역 점 $x=2$으로 확장된 함수 f이다. ■

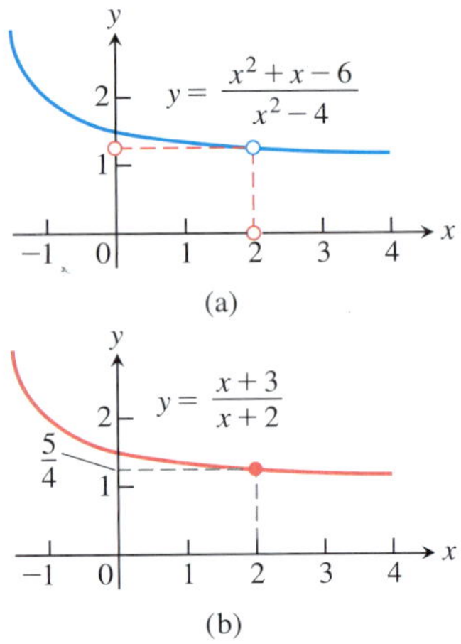

그림 1.70 (a) 함수 $f(x)$의 그래프, (b) 연속 확장 $F(x)$의 그래프(예제 12).

연습문제 1.6 EXERCISE QUESTION

그래프로부터 연속성

연습문제 1~4에서 그래프가 그려진 다음 함수가 $[-1, 3]$에서 연속인지 말하라. 만약 그렇지 않다면, 어디에서 연속이 되지 않는지를 밝히고 그 이유를 설명하라.

1.

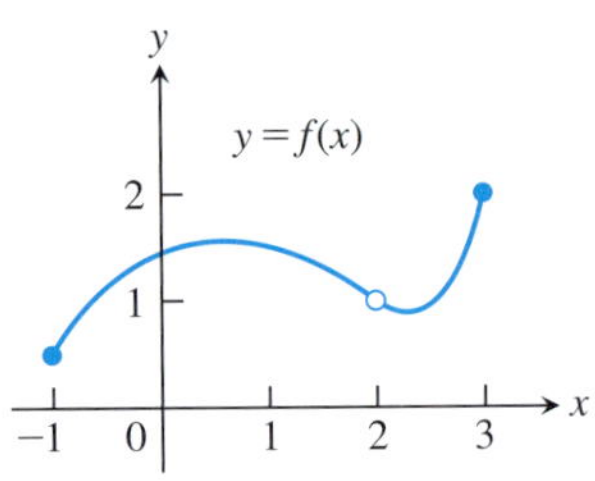

2.

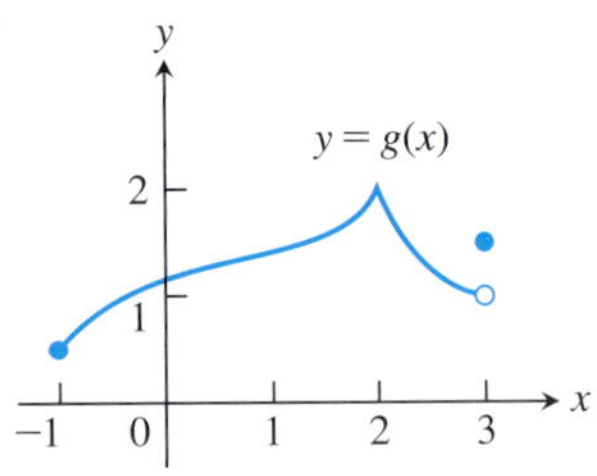

3.

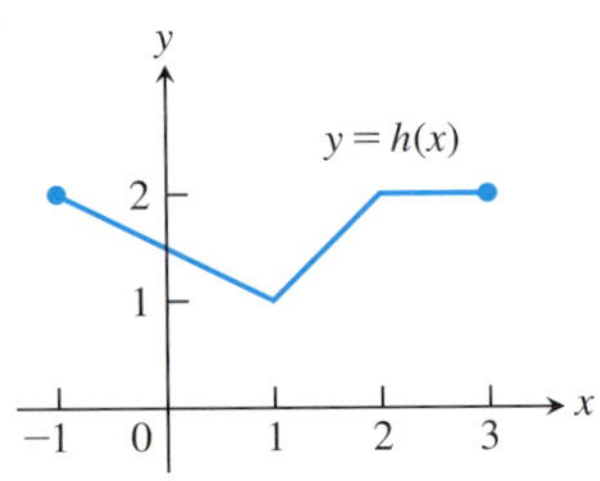

4.

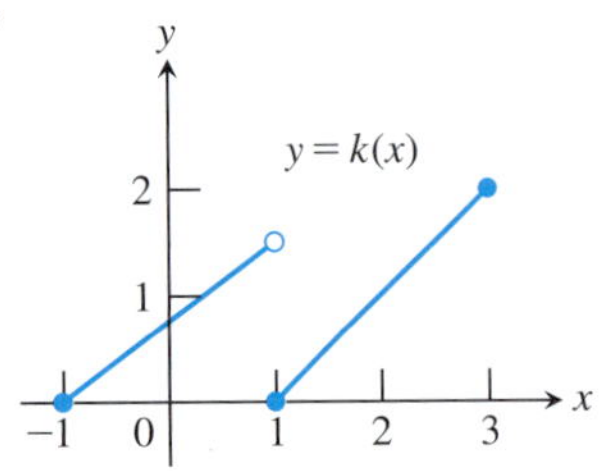

연습문제 5~10에서는 주어진 그림에 그려진 다음 함수와 관련이 있다.

$$f(x) = \begin{cases} x^2-1, & -1 \le x < 0 \\ 2x, & 0 < x < 1 \\ 1, & x = 1 \\ -2x+4, & 1 < x < 2 \\ 0, & 2 < x < 3 \end{cases}$$

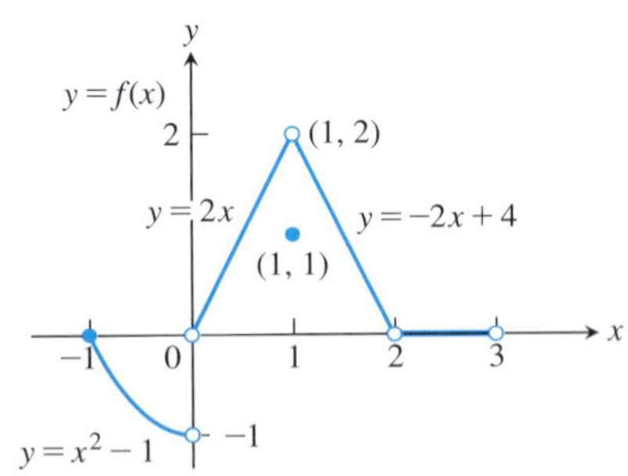

5. a. 함숫값 $f(-1)$이 존재하는가?

b. 극한 $\lim_{x\to -1^+} f(x)$가 존재하는가?

c. $\lim_{x\to -1^+} f(x) = f(-1)$인가?

d. 함수 f는 $x=-1$에서 연속인가?

6. a. 함숫값 $f(1)$이 존재하는가?
 b. 극한 $\lim_{x\to 1} f(x)$가 존재하는가?
 c. $\lim_{x\to 1} f(x)=f(1)$인가?
 d. 함수 f는 $x=1$에서 연속인가?
7. a. 함수 f는 $x=2$에서 정의되는가? (함수 f의 정의를 참조)
 b. 함수 f는 $x=2$에서 연속인가?
8. 함수 f는 x의 어떤 값에서 연속인가?
9. 확장된 함수가 $x=2$에서 연속이기 위해서는 $f(2)$에 무슨 값을 할당해야 하는가?
10. 불연속을 제거하기 위해 $f(1)$을 어떤 새로운 값으로 변경해야 하는가?

연속성 판정법 적용하기

연습문제 11과 12의 함수가 어느 점에서 연속이 아닌가? 그 점들 중에서 만약 있다면 어느 점에서 불연속이 제거가능하고, 어느 점에서 제거 불가능한가? 답변에 대한 이유를 제시하라.

11. 1.4절의 연습문제 1에서 정의된 함수
12. 1.4절의 연습문제 2에서 정의된 함수

연습문제 13~32에서 함수가 어떤 점에서 연속인가?

13. $y = \dfrac{1}{x-2} - 3x$
14. $y = \dfrac{1}{(x+2)^2} + 4$
15. $y = \dfrac{x+1}{x^2-4x+3}$
16. $y = \dfrac{x+3}{x^2-3x-10}$
17. $y = |x-1| + \sin x$
18. $y = \dfrac{1}{|x|+1} - \dfrac{x^2}{2}$
19. $y = \dfrac{\cos x}{x}$
20. $y = \dfrac{x+2}{\cos x}$
21. $y = \csc 2x$
22. $y = \tan\dfrac{\pi x}{2}$
23. $y = \dfrac{x\tan x}{x^2+1}$
24. $y = \dfrac{\sqrt{x^4+1}}{1+\sin^2 x}$
25. $y = \sqrt{2x+3}$
26. $y = \sqrt[4]{3x-1}$
27. $y = (2x-1)^{1/3}$
28. $y = (2-x)^{1/5}$
29. $g(x) = \begin{cases} \dfrac{x^2-x-6}{x-3}, & x \neq 3 \\ 5, & x = 3 \end{cases}$
30. $f(x) = \begin{cases} \dfrac{x^3-8}{x^2-4}, & x \neq 2, x \neq -2 \\ 3, & x = 2 \\ 4, & x = -2 \end{cases}$
31. $f(x) = \begin{cases} 1-x, & x < 0 \\ e^x, & 0 \le x \le 1 \\ x^2+2, & x > 1 \end{cases}$
32. $f(x) = \dfrac{x+3}{2-e^x}$

삼각함수를 포함한 극한

연습문제 33~44에서 극한을 구하라. 함수는 극한점에서 연속인가?

33. $\lim_{x\to\pi} \sin(x - \sin x)$
34. $\lim_{t\to 0} \sin\left(\dfrac{\pi}{2}\cos(\tan t)\right)$
35. $\lim_{y\to 1} \sec(y\sec^2 y - \tan^2 y - 1)$
36. $\lim_{x\to 0} \tan\left(\dfrac{\pi}{4}\cos(\sin x^{1/3})\right)$
37. $\lim_{t\to 0} \cos\left(\dfrac{\pi}{\sqrt{19-3\sec 2t}}\right)$
38. $\lim_{x\to\pi/6} \sqrt{\csc^2 x + 5\sqrt{3}\tan x}$
39. $\lim_{x\to 0^+} \sin\left(\dfrac{\pi}{2}e^{\sqrt{x}}\right)$
40. $\lim_{x\to 1} \cos^{-1}(\ln\sqrt{x})$
41. $\lim_{x\to 0} \sec\left[e^x + \pi\tan\left(\dfrac{\pi}{4\sec x}\right) - 1\right]$
42. $\lim_{x\to 0} \sin\left(\dfrac{\pi+\tan x}{\tan x - 2\sec x}\right)$
43. $\lim_{t\to 0} \tan\left(1 - \dfrac{\sin t}{t}\right)$
44. $\lim_{\theta\to 0} \cos\left(\dfrac{\pi\theta}{\sin\theta}\right)$

연속확장

45. 함수 $g(x)=(x^2-9)/(x-3)$을 확장하여 점 $x=3$에서 연속이 되도록 $g(3)$을 정의하라.
46. 함수 $h(t)=(t^2+3t-10)/(t-2)$을 확장하여 점 $t=2$에서 연속이 되도록 $h(2)$를 정의하라.
47. 함수 $f(s)=(s^3-1)/(s^2-1)$을 확장하여 점 $s=1$에서 연속이 되도록 $f(1)$을 정의하라.
48. 함수 $g(x)=(x^2-16)/(x^2-3x-4)$을 확장하여 점 $x=4$에서 연속이 되도록 $g(4)$를 정의하라.
49. 함수

$$f(x) = \begin{cases} x^2-1, & x < 3 \\ 2ax, & x \ge 3 \end{cases}$$

가 모든 x에서 연속이기 위한 a의 값은 무엇인가?

50. 함수

$$g(x) = \begin{cases} x, & x < -2 \\ bx^2, & x \ge -2 \end{cases}$$

가 모든 x에서 연속이기 위한 b의 값은 무엇인가?

51. 함수

$$f(x) = \begin{cases} a^2x - 2a, & x \ge 2 \\ 12, & x < 2 \end{cases}$$

가 모든 x에서 연속이기 위한 a의 값은 무엇인가?

52. 함수

$$g(x) = \begin{cases} \dfrac{x-b}{b+1}, & x \le 0 \\ x^2+b, & x > 0 \end{cases}$$

가 모든 x에서 연속이기 위한 b의 값은 무엇인가?

53. 함수

$$f(x) = \begin{cases} -2, & x \le -1 \\ ax-b, & -1 < x < 1 \\ 3, & x \ge 1 \end{cases}$$

가 모든 x에서 연속이기 위한 a와 b의 값은 무엇인가?

54. 함수

$$g(x) = \begin{cases} ax + 2b, & x \le 0 \\ x^2 + 3a - b, & 0 < x \le 2 \\ 3x - 5, & x > 2 \end{cases}$$

가 모든 x에서 연속이기 위한 a와 b의 값은 무엇인가?

T 연습문제 55~58에서 함수 f를 그래프로 그리고, $x=0$에의 연속 확장이 존재하는지 확인하라. 만약 그렇다면, 자취 기능과 확대 기능을 사용하여 $x=0$에서 확장된 함수의 값에 대한 좋은 후보를 찾아라. 함수의 연속 확장이 존재하지 않아 보인다면, 오른쪽이나 왼쪽에서 $x=0$에 연속적으로 확장될 수 있는가? 그렇다면 확장된 함숫값이 어떤 것이어야 한다고 생각하는가?

55. $f(x) = \dfrac{10^x - 1}{x}$

56. $f(x) = \dfrac{10^{|x|} - 1}{x}$

57. $f(x) = \dfrac{\sin x}{|x|}$

58. $f(x) = (1 + 2x)^{1/x}$

이론과 예제

59. 연속함수 $y=f(x)$의 함숫값이 $x=0$에서 음수이고 $x=1$에서 양수임이 알려져 있다. 그렇다면 방정식 $f(x)=0$의 해가 $x=0$과 $x=1$ 사이에 최소한 하나 존재하는 이유는 무엇인가? 그래프 개형으로 설명하라.

60. 왜 방정식 $\cos x=x$의 해가 적어도 하나 존재하는지 설명하라.

61. 3차 방정식의 근 방정식 $x^3-15x+1=0$의 근이 구간 $[-4, 4]$에 3개 존재하는 것을 보여라.

62. 함숫값 x의 적당한 값에서 함수 $F(x)=(x-a)^2 \cdot (x-b)^2+x$의 값이 $(a+b)/2$임을 보여라.

63. 방정식 풀기 만약 $f(x)=x^3-8x+10$이면 $f(x)$가 다음이 되는 c값이 존재함을 보여라.

64. 다음 다섯 문장이 왜 같은 정보를 요구하는지 설명하라.

a. 함수 $f(x)=x^3-3x-1$의 모든 영점을 구하라.

b. 곡선 $y=x^3$이 직선 $y=3x+1$을 통과하는 모든 점의 x좌표를 구하라.

c. $x^3-3x=1$이 성립하는 x의 모든 값을 구하라.

d. 3차 곡선 $y=x^3-3x$가 직선 $y=1$을 통과하는 모든 점의 x좌표를 구하라.

e. 방정식 $x^3-3x-1=0$을 풀어라.

65. 제거가능한 불연속성 점 $x=2$를 제외한 모든 x값에서 연속이고 $x=2$가 제거가능한 불연속점인 함수 $f(x)$의 예를 제시하라. 점 $x=2$에서 f가 불연속인 이유와 해당 불연속이 제거가능한 이유를 설명하라.

66. 제거불가능한 불연속성 점 $x=-1$를 제외한 모든 x값에서 연속이고 $x=-1$이 제거불가능한 불연속점인 함수 $g(x)$의 예를 제시하라. 점 $x=-1$에서 g가 불연속인 이유와 해당 불연속이 제거불가능한 이유를 설명하라.

67. 모든 점에서 불연속인 함수

a. 길이가 양인 모든 실수 구간에는 유리수와 무리수가 포함된다는 사실을 이용하여 다음 함수가 모든 점에서 불연속임을 보여라.

$$f(x) = \begin{cases} 1, & \text{만약 } x\text{가 유리수이면} \\ 0, & \text{만약 } x\text{가 무리수이면} \end{cases}$$

b. 함수 f는 임의의 점에서 우연속 또는 좌연속인가?

68. 만약 함수 $f(x)$와 $g(x)$가 $0 \le x \le 1$일 때 연속이면, $f(x)/g(x)$가 $[0, 1]$의 한 점에서 불연속일 수 있는가? 답변에 대한 이유를 제시하라.

69. 만약 곱함수 $h(x)=f(x) \cdot g(x)$가 $x=0$에서 연속이면 $f(x)$와 $g(x)$는 $x=0$에서 연속이어야 하는가? 답변에 대한 이유를 제시하라.

70. 연속함수의 불연속 합성 합성 $f \circ g$는 $x=0$에서 불연속이지만 $x=0$에서 연속인 함수 f와 g의 예를 구하라. 이것은 정리 9에 모순인가? 답변에 대한 이유를 제시하라.

71. 영점이 없는 연속함수 구간에서 영점이 존재하지 않는 연속함수에 대해 그 구간에서 함숫값 부호가 바뀌지 않는다는 것은 참인가? 답변에 대한 이유를 제시하라.

72. 고무줄 당기기 고무줄의 한쪽 끝을 오른쪽으로, 다른 한쪽을 왼쪽으로 이동하여 고무줄을 늘린다면 고무줄의 어떤 지점은 최종적으로 원래 위치에 있게 되는가? 다시 말해 늘리기 전의 고무줄 상의 위치를 x로 나타내고 늘린 후의 해당 지점의 위치를 $f(x)$로 나타낼 때, 반드시 $f(x)=x$인 점 x가 존재해야 하는가? 답변에 대한 이유를 제시하라.

73. 고정점 정리 함수 f가 닫힌 구간 $[0, 1]$에서 연속이고 $[0, 1]$에 속하는 모든 x에서 $0 \le f(x) \le 1$이라고 가정하자. 반드시 $f(c)=c$인 점 c가 $[0, 1]$에 존재한다는 것을 보여라(점 c는 f의 **고정점**이라고 한다).

74. 연속함수의 부호보존 성질 함수 f가 구간 (a, b)에서 정의되고 f가 연속인 어떤 c에서 $f(c) \ne 0$라고 가정하자. 그러면 f의 부호가 $f(c)$의 부호와 같게 되는 중심이 c인 구간 $(c-\delta, c+\delta)$가 존재한다는 것을 보여라.

75. 만약 그리고 이 경우에만 만약

$$\lim_{h \to 0} f(c + h) = f(c)$$

이면 f는 c에서 연속이라는 것을 증명하라.

76. 연습문제 75와 다음 항등식을 이용하자.

$$\sin(h + c) = \sin h \cos c + \cos h \sin c$$
$$\cos(h + c) = \cos h \cos c - \sin h \sin c$$

$f(x)=\sin x$와 $g(x)=\cos x$ 모두가 임의의 점 $x=c$에서 연속이라는 것을 증명하라.

그래프로 방정식 풀기

T 연습문제 77~84에서 사이값 정리를 적용하여 각 방정식의 해가 존재한다는 것을 증명하라. 그런 후에 그래픽 계산기와 컴퓨터 그래퍼를 이용하여 다음 방정식을 풀어라.

77. $x^3 - 3x - 1 = 0$

78. $2x^3 - 2x^2 - 2x + 1 = 0$

79. $x(x - 1)^2 = 1$ (한 근)

80. $x^x = 2$

81. $\sqrt{x} + \sqrt{1 + x} = 4$

82. $x^3 - 15x + 1 = 0$ (세 근)

83. $\cos x=x$ (한 근). 라디안 단위를 사용하는지 확인하라.

84. $2 \sin x=x$ (세 근). 라디안 단위를 사용하는지 확인하라.

복습문제 REVIEW QUESTION

1. 구간 $t=a$에서 $t=b$까지의 함수 $g(t)$의 평균변화율은 무엇인가? 이것은 할선과 어떻게 관련되는가?
2. 점 $t=t_0$에서 함수 $g(t)$의 변화율을 구하기 위해 어떤 극한이 계산되어야 하는가?
3. 다음의 극한에 대한 비형식적 또는 직관적인 정의를 제시하라.
$$\lim_{x\to c} f(x) = L$$
왜 제시된 정의가 '비형식적'인가? 예를 들어라.
4. 점 x가 c에 접근할 때의 함수 $f(x)$의 극한의 존재와 값은 $x=c$에서 벌어진 것에 따라 달라질 수 있는가? 설명하고 예를 들어라.
5. 극한이 존재하지 않을 때의 함수 행동은 무엇인가? 예를 들어라.
6. 어떤 정리가 극한을 계산하는 데 유용한가? 그 정리가 어떻게 사용되는지 예를 들어라.
7. 한쪽 극한은 극한과 어떻게 관련되는가? 이 관계가 때때로 극한을 계산하거나 극한이 존재하지 않음을 보이는 데 어떻게 이용되는가? 예를 제시하라.
8. 극한 $\lim_{\theta\to 0}((\sin\theta)/\theta)$의 값은 무엇인가? 이 값은 θ를 도 또는 라디안으로 나타냄에 따라서 달라지는가? 설명하라.
9. $\lim_{x\to c} f(x)=L$은 정확히 무엇을 의미하는가? 극한에 대한 엄밀한 정의에서 주어진 f, L, c, $\varepsilon>0$에 대해 $\delta>0$을 구하는 예를 제시하라.
10. 다음 문장의 엄밀한 정의를 제시하라.
    a. $\lim_{x\to 2^-} f(x) = 5$ **b.** $\lim_{x\to 2^+} f(x) = 5$
    c. $\lim_{x\to 2} f(x) = \infty$ **d.** $\lim_{x\to 2} f(x) = -\infty$
11. 만약 함수가 정의역의 내부 점에서 연속이면 이 함수에 대해 어떤 조건이 충족되어야만 하는가? 끝점에서는?
12. 함수의 그래프를 살펴봄으로써 어떻게 함수가 연속인 점을 알 수 있는가?
13. 함수가 한 점에서 우연속이라는 것은 무엇을 의미하는가? 좌연속이란? 연속성과 한쪽 연속성은 어떤 관계가 있는가?
14. 함수가 구간에서 연속이라는 것은 무엇을 의미하는가? 함수가 정의역 전체에서 연속이지 않더라도 정의역 내의 선택된 구간에서는 연속일 수 있다는 사실을 설명하기 위해 예를 제시하라.
15. 불연속의 기본 형태는 무엇인가? 각각의 예를 제시하라. 제거 가능한 불연속이란 무엇인가? 예를 제시하라.
16. 함수에 대한 사이값 성질이 성립한다는 것은 무엇을 의미하는가? 구간에 정의된 함수에 대해 이 성질이 성립하게 하는 조건은 무엇인가? 이러한 성질이 그래프 작성 및 방정식 $f(x)=0$을 푸는 데 어떤 영향을 미치는가?
17. 어떤 상항에서 함수 $f(x)$를 점 $x=c$에서 연속이 되게 확장할 수 있는가? 예를 제시하라.
18. $\lim_{x\to\infty} f(x)=L$와 $\lim_{x\to-\infty} f(x)=L$은 정확히 무엇을 의미하는가? 예를 제시하라.
19. $\lim_{x\to\pm\infty} k$ (k는 상수)와 $\lim_{x\to\pm\infty} (1/x)$는 무엇인가? 이 결과를 다른 함수에 어떻게 확장하는가? 예를 제시하라.
20. $x\to\pm\infty$일 때 유리함수의 극한을 어떻게 구하는가? 예를 제시하라.
21. 수평과 수직 점근선은 무엇인가? 예를 제시하라.

실전문제 PRACTICE QUESTION

극한과 연속

1. 다음 함수의 그래프를 그려라.
$$f(x) = \begin{cases} 1, & x \le -1 \\ -x, & -1 < x < 0 \\ 1, & x = 0 \\ -x, & 0 < x < 1 \\ 1, & x \ge 1 \end{cases}$$
그런 후에 점 $x=-1$, 0, 1에서 f의 극한, 한쪽 극한, 연속, 한쪽 연속에 대해 자세히 토론하라. 불연속점 중에서 제거가능한 것이 있는가? 설명하라.
2. 다음 함수의 그래프를 그려라.
$$f(x) = \begin{cases} 0, & x \le -1 \\ 1/x, & 0 < |x| < 1 \\ 0, & x = 1 \\ 1, & x > 1 \end{cases}$$
그런 후에 점 $x=-1$, 0, 1에서 f의 극한, 한쪽 극한, 연속, 한쪽 연속에 대해 자세히 토론하라. 불연속점 중에서 제거가능한 것이 있는가? 설명하라.
3. 함수 $f(t)$와 $g(t)$가 모든 t에서 정의되고 $\lim_{t\to t_0} f(t)=-7$이고 $\lim_{t\to t_0} g(t)=0$라고 가정하자. $t\to t_0$일 때 다음 함수의 극한을 구하라.
    a. $3f(t)$ **b.** $(f(t))^2$
    c. $f(t)\cdot g(t)$ **d.** $\dfrac{f(t)}{g(t)-7}$
    e. $\cos(g(t))$ **f.** $|f(t)|$
    g. $f(t)+g(t)$ **h.** $1/f(t)$
4. 함수 $f(x)$와 $g(x)$가 모든 x에서 정의되고 $\lim_{x\to 0} f(x)=1/2$이고 $\lim_{x\to 0} g(x)=\sqrt{2}$라고 가정하자. $x\to 0$일 때 다음 함수의 극한을 구하라.
    a. $-g(x)$ **b.** $g(x)\cdot f(x)$
    c. $f(x)+g(x)$ **d.** $1/f(x)$
    e. $x+f(x)$ **f.** $\dfrac{f(x)\cdot\cos x}{x-1}$

실전문제 5와 6에서 주어진 극한 문장이 성립하기 위해 $\lim_{x\to 0} g(x)$이 되어야 할 값을 구하라.

5. $\lim_{x\to 0}\left(\dfrac{4-g(x)}{x}\right) = 1$ 6. $\lim_{x\to -4}\left(x\lim_{x\to 0} g(x)\right) = 2$
7. 어떤 구간에서 다음 함수가 연속인가?
    a. $f(x) = x^{1/3}$ **b.** $g(x) = x^{3/4}$

c. $h(x) = x^{-2/3}$ **d.** $k(x) = x^{-1/6}$

8. 어떤 구간에서 다음 함수가 연속인가?

a. $f(x) = \tan x$ **b.** $g(x) = \csc x$

c. $h(x) = \dfrac{\cos x}{x - \pi}$ **d.** $k(x) = \dfrac{\sin x}{x}$

극한 구하기

실전문제 9~28에서 극한을 구하거나 극한이 존재하지 않는 이유를 설명하라.

9. $\lim \dfrac{x^2 - 4x + 4}{x^3 + 5x^2 - 14x}$

a. $x \to 0$일 때 **b.** $x \to 2$일 때

10. $\lim \dfrac{x^2 + x}{x^5 + 2x^4 + x^3}$

a. $x \to 0$일 때 **b.** $x \to -1$일 때

11. $\lim\limits_{x \to 1} \dfrac{1 - \sqrt{x}}{1 - x}$

12. $\lim\limits_{x \to a} \dfrac{x^2 - a^2}{x^4 - a^4}$

13. $\lim\limits_{h \to 0} \dfrac{(x + h)^2 - x^2}{h}$

14. $\lim\limits_{x \to 0} \dfrac{(x + h)^2 - x^2}{h}$

15. $\lim\limits_{x \to 0} \dfrac{\dfrac{1}{2 + x} - \dfrac{1}{2}}{x}$ **16.** $\lim\limits_{x \to 0} \dfrac{(2 + x)^3 - 8}{x}$

17. $\lim\limits_{x \to 1} \dfrac{x^{1/3} - 1}{\sqrt{x} - 1}$ **18.** $\lim\limits_{x \to 64} \dfrac{x^{2/3} - 16}{\sqrt{x} - 8}$

19. $\lim\limits_{x \to 0} \dfrac{\tan(2x)}{\tan(\pi x)}$ **20.** $\lim\limits_{x \to \pi^-} \csc x$

21. $\lim\limits_{x \to \pi} \sin\left(\dfrac{x}{2} + \sin x\right)$ **22.** $\lim\limits_{x \to \pi} \cos^2(x - \tan x)$

23. $\lim\limits_{x \to 0} \dfrac{8x}{3\sin x - x}$ **24.** $\lim\limits_{x \to 0} \dfrac{\cos 2x - 1}{\sin x}$

25. $\lim\limits_{t \to 3^+} \ln(t - 3)$ **26.** $\lim\limits_{t \to 1} t^2 \ln(2 - \sqrt{t})$

27. $\lim\limits_{\theta \to 0^+} \sqrt{\theta}\, e^{\cos(\pi/\theta)}$ **28.** $\lim\limits_{z \to 0^+} \dfrac{2e^{1/z}}{e^{1/z} + 1}$

실전문제 29~32에서 x가 특정값에 접근할 때 $g(x)$의 극한을 구하라.

29. $\lim\limits_{x \to 0^+} (4g(x))^{1/3} = 2$ **30.** $\lim\limits_{x \to \sqrt{5}} \dfrac{1}{x + g(x)} = 2$

31. $\lim\limits_{x \to 1} \dfrac{3x^2 + 1}{g(x)} = \infty$ **32.** $\lim\limits_{x \to -2} \dfrac{5 - x^2}{\sqrt{g(x)}} = 0$

T 근

33. 함수를 $f(x) = x^3 - x - 1$로 놓자.

a. 사이값 정리를 적용하여 f의 영점이 1과 2 사이에 존재함을 보여라.

b. 그래프를 이용하여 방정식 $f(x) = 0$을 최대 10^{-8} 오차 범위 내에서 풀어라.

c. 문제 (b)에서 해의 정확한 값은 다음과 같음을 보일 수 있다.

$$\left(\frac{1}{2} + \frac{\sqrt{69}}{18}\right)^{1/3} + \left(\frac{1}{2} - \frac{\sqrt{69}}{18}\right)^{1/3}$$

이 정확한 값을 계산하고 문제 (b)에서 구한 값과 비교하라.

T 34. 함수를 $f(\theta) = \theta^3 - 2\theta + 2$로 놓자.

a. 사이값 정리를 적용하여 f의 영점이 -2과 0 사이에 존재함을 보여라.

b. 그래프를 이용하여 방정식 $f(\theta) = 0$을 최대 10^{-4} 오차 범위 내에서 풀어라.

c. 문제 (b)에서 해의 정확한 값은 다음과 같음을 보일 수 있다.

$$\left(\sqrt{\frac{19}{27}} - 1\right)^{1/3} - \left(\sqrt{\frac{19}{27}} + 1\right)^{1/3}$$

이 정확한 값을 계산하고 문제 (b)에서 구한 값과 비교하라.

연속 확장

35. 함수 $f(x) = x(x^2 - 1)/|x^2 - 1|$는 $x = 1$ 또는 -1로의 연속 확장할 수 있는가? 답변에 대한 이유를 제시하라. (함수의 그래프를 그려라. 그래프가 흥미롭다는 것을 보게 될 것이다.)

36. 함수 $f(x) = \sin(1/x)$는 $x = 0$으로의 연속 확장이 되지 않는지 설명하라.

T 실전문제 37~40에서 함수를 그래프로 그려서 주어진 점 a로의 연속 확장이 되는지 확인하라. 그렇다면 자취 기능과 확대 기능을 사용하여 a에서 확장된 함숫값을 찾아라. 함수가 연속 확장되지 않는 경우에 오른쪽이나 왼쪽에서 연속 확장할 수 있는가? 그렇다면 확장함수의 값을 무엇이라고 생각하는가?

37. $f(x) = \dfrac{x - 1}{x - \sqrt[4]{x}}, \quad a = 1$

38. $g(\theta) = \dfrac{5\cos\theta}{4\theta - 2\pi}, \quad a = \pi/2$

39. $h(t) = (1 + |t|)^{1/t}, \quad a = 0$

40. $k(x) = \dfrac{x}{1 - 2^{|x|}}, \quad a = 0$

무한대에서의 극한

실전문제 41~54에서 극한을 구하라.

41. $\lim\limits_{x \to \infty} \dfrac{2x + 3}{5x + 7}$ **42.** $\lim\limits_{x \to -\infty} \dfrac{2x^2 + 3}{5x^2 + 7}$

43. $\lim\limits_{x \to -\infty} \dfrac{x^2 - 4x + 8}{3x^3}$ **44.** $\lim\limits_{x \to \infty} \dfrac{1}{x^2 - 7x + 1}$

45. $\lim\limits_{x \to -\infty} \dfrac{x^2 - 7x}{x + 1}$ **46.** $\lim\limits_{x \to \infty} \dfrac{x^4 + x^3}{12x^3 + 128}$

47. $\lim\limits_{x \to \infty} \dfrac{\sin x}{|x|}$ (만약 그래퍼가 있다면, $-5 \le x \le 5$에서의 함수의 그래프 개요를 작성하라.)

48. $\lim\limits_{\theta \to \infty} \dfrac{\cos\theta - 1}{\theta}$ (만약 그래퍼가 있다면, 무한대에서의 극한을 '보기' 위해 원점 근처에서 $f(x) = x(\cos(1/x) - 1)$의 그래프 개요를 작성하라.)

49. $\lim\limits_{x \to \infty} \dfrac{x + \sin x + 2\sqrt{x}}{x + \sin x}$ **50.** $\lim\limits_{x \to \infty} \dfrac{x^{2/3} + x^{-1}}{x^{2/3} + \cos^2 x}$

51. $\lim\limits_{x \to \infty} e^{1/x} \cos\dfrac{1}{x}$ **52.** $\lim\limits_{t \to \infty} \ln\left(1 + \dfrac{1}{t}\right)$

53. $\lim_{x\to-\infty} \tan^{-1} x$

54. $\lim_{t\to-\infty} e^{3t} \sin^{-1}\left(\frac{1}{t}\right)$

수평 그리고 수직 점근선

55. 극한을 이용하여 모든 수직 점근선의 방정식을 결정하라.

a. $y = \dfrac{x^2+4}{x-3}$

b. $f(x) = \dfrac{x^2-x-2}{x^2-2x+1}$

c. $y = \dfrac{x^2+x-6}{x^2+2x-8}$

56. 극한을 이용하여 모든 수평 점근선의 방정식을 결정하라.

a. $y = \dfrac{1-x^2}{x^2+1}$

b. $f(x) = \dfrac{\sqrt{x}+4}{\sqrt{x+4}}$

c. $g(x) = \dfrac{\sqrt{x^2+4}}{x}$

d. $y = \sqrt{\dfrac{x^2+9}{9x^2+1}}$

57. 함수 $y = \dfrac{\sqrt{16-x^2}}{x-2}$의 정의역과 치역을 결정하라.

58. 상수 a와 b가 양수라고 가정하자. 함수 $y=\dfrac{\sqrt{ax^2+4}}{x-b}$의 그래프에 대한 모든 수평 및 수직 점근선의 방정식을 구하라.

심화문제 ADVANCED QUESTION

T **1. 0^0에 값을 할당하기** 지수 법칙에 따르면 a가 0이 아닌 임의의 수일 때 $a^0=1$이다. 또한 n이 양수인 경우 $0^n=0$이다.

이러한 규칙을 0^0의 경우에 포함하도록 확장하려면, 충돌하는 결과가 나온다. 첫 번째 규칙에 따라서 $0^0=1$이고, 두 번째에 따라서 $0^0=0$이다.

여기서 옳고 그름에 대한 문제를 다루고 있는 것은 아니다. 어떤 규칙도 현재 상태에서 적용되지 않기 때문에 모순이 없다. 사실 다른 사람의 동의를 받을 수 있다면 0^0이 원하는 임의의 값이 되도록 정의할 수 있다.

0^0을 무슨 값으로 할당하고 싶은가? 이 결정에 도움이 될 수 있는 예가 여기에 있다. (다른 예는 심화문제 2를 참조하라.)

a. $x=0.1,\ 0.01,\ 0.001,\ \cdots$ 계산기가 도달할 수 있는 한 계속하여 x^x를 계산하라. 구한 값을 기록하라. 어떤 행태가 보이는가?

b. $0<x\le 1$일 때 함수 $y=x^x$의 그래프를 그려라. 비록 이 함수가 $x\le 0$에서 정의되어 있지 않지만, 그래프는 오른쪽에서 y축에 접근할 것이다. 어떤 y값으로 향해가는 것 같아 보이는가? 이를 더 확실히 하기 위해 확대하라.

T **2. 0^0이 0 또는 1이 아닌 다른 값이 되기를 원하는 이유** 양의 값을 통과하는 동안 수 x가 증가함에 따라 수 $1/x$와 $1/(\ln x)$가 모두 0으로 접근한다. x가 증가할 때 다음 수는 어떻게 변하는가? 이를 알아볼 수 있는 두 가지 방법이 여기에 있다.

$$f(x) = \left(\frac{1}{x}\right)^{1/(\ln x)}$$

a. $x=10,\ 100,\ 1000,\ \cdots$ 계산기가 도달할 수 있는 한 계속하여 $f(x)$를 계산하라. 어떤 형태가 보이는가?

b. 원점을 포함하는 창을 포함하여 여러 그래픽 창에 f의 그래프를 표시하라. 무엇을 볼 수 있는가? 그래프를 따라 y값을 추적하라. 무엇을 찾을 수 있는가?

3. 로렌츠 수축 상대성 이론에서 물체(예를 들어 로켓)의 길이는 관측자에 대한 물체의 상대적인 속력에 따라 관측자에게 달라지는 것처럼 보인다. 만약 관측자가 정지 상태에서 로켓의 길이를 L_0으로 측정하면 속력 v에서의 길이는 다음과 같이 나타날 것이다.

$$L = L_0\sqrt{1-\frac{v^2}{c^2}}$$

이 식은 로렌츠 수축 공식이다. 여기서 c는 진공에서의 빛의 속력으로 약 3×10^8 m/s이다. v가 증가함에 따라서 L은 어떻게 변하는가? $\lim_{v\to c^-} L$을 구하라. 이 좌극한이 필요한 이유는 무엇인가?

4. 배수 탱크로부터 유출 통제 토리첼리의 법칙에 따르면, 그림에 나와 있는 것과 같은 탱크를 배수할 때 물이 빠져나가는 비율 y는 물의 깊이 x의 제곱근에 일정한 상수를 곱한 것이다. 이 상수는 배수구의 크기와 모양에 따라 달라진다.

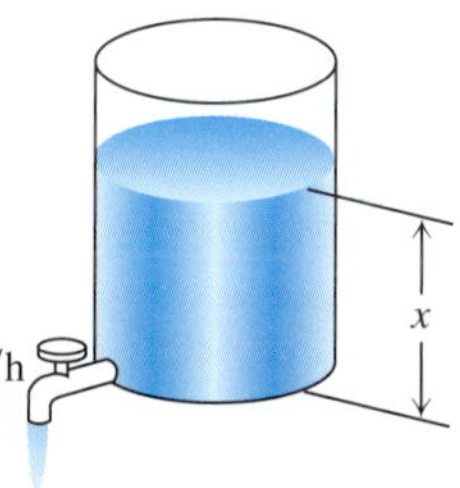

어떤 탱크에서 $y=\sqrt{x}/2$라고 가정하자. 때때로 호스를 통해 물을 추가하여 유출 비율을 상당히 일정하게 유지하려고 한다. 다음 유출 비율을 유지하려면 물의 깊이를 어느 정도로 유지해야 하는가?

a. 유출 비율을 $y_0=1$ m^3/h에서 0.2 m^3/h 이내로?

b. 유출 비율을 $y_0=1$ m^3/h에서 0.1 m^3/h 이내로?

5. 정밀 장비에서 열 팽창 대부분의 금속이 가열되면 팽창하고 냉각되면 수축한다는 사실을 알 것이다. 실험실 장비의 치수는 때때로 매우 중요해서 장비를 제작하는 공장은 장비를 사용할 실험실과 동일한 온도로 유지되어야 한다. 20°C에서 폭이 10 cm인 전형적인 알루미늄 막대는 인접한 온도 t에서 폭이 다음과 같고,

$$y=10+2(t-20)\times10^{-4}$$

센티미터이다. 이와 같은 막대를 중력파 탐지기에서 사용중이라고 가정해보자. 여기서 폭은 이상적인 10 cm에서 0.0005 cm 내외 오차로 유지되어야 한다. 이 허용 한계를 초과하지 않도록 하려면 온도를 $t_0=20$°C에 얼마나 가깝게 유지해야 하는가?

6. 측정컵의 눈금줄 전형적인 1 L 측정컵의 내부는 반지름의 길이가 6 cm인 원통형이다(주어진 그림 참조). 따라서 컵에 담긴 물의 부피는 컵이 채워지는 높이 h의 함수이며, 해당 공식은 다음과 같다.

$$V=\pi 6^2 h=36\pi h$$

1 L의 물(1000 cm^3)을 1% (10 cm^3) 이상의 오차 없이 측정하려면 h를 어떻게 정확하게 측정해야 하는가?

(a)

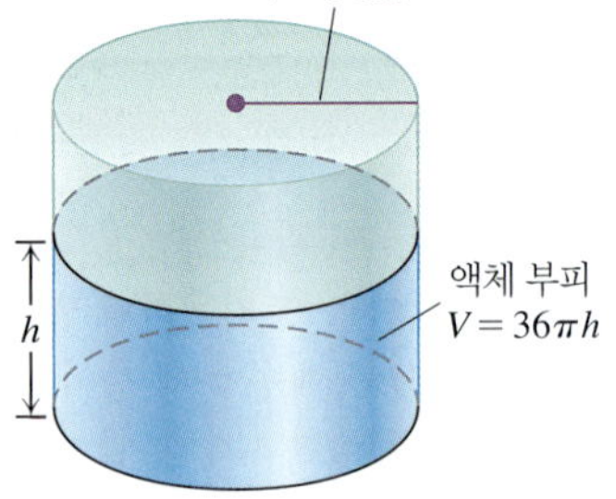

(b)

반지름 길이가 $r = 6$ cm인 원통(b)으로 모델링된 1 L 측정컵(a).

극한의 엄밀한 정의

심화문제 7~10에서 극한의 형식적인 정의를 이용하여 주어진 함수가 c에서 연속임을 증명하라.

7. $f(x) = x^2 - 7, \quad c = 1$ **8.** $g(x) = 1/(2x), \quad c = 1/4$

9. $h(x) = \sqrt{2x - 3}, \quad c = 2$ **10.** $F(x) = \sqrt{9 - x}, \quad c = 5$

11. 극한의 유일성 같은 점에서 함수의 서로 다른 두 극한이 존재할 수 없음을 보여라. 즉 만약 $\lim_{x\to c} f(x) = L_1$와 $\lim_{x\to c} f(x) = L_2$이면 $L_1 = L_2$이다.

12. 다음의 극한 상수배 규칙을 증명하라.

$$\text{임의의 상수 } k\text{에 대해 } \lim_{x\to c} kf(x) = k \lim_{x\to c} f(x)$$

13. 한쪽 극한 $\lim_{x\to 0^+} f(x) = A$와 $\lim_{x\to 0^+} f(x) = B$일 때, 다음을 구하라.

a. $\lim_{x\to 0^+} f(x^3 - x)$ **b.** $\lim_{x\to 0^-} f(x^3 - x)$

c. $\lim_{x\to 0^+} f(x^2 - x^4)$ **d.** $\lim_{x\to 0^-} f(x^2 - x^4)$

14. 극한과 연속 다음 문장 중에서 어느 것이 참이고, 어느 것이 거짓인가? 만약 참이면 이유를 말하고, 만약 거짓이면 반례를 제시하라(즉 거짓임을 확인하는 예).

a. 만약 $\lim_{x\to c} f(x)$이 존재하지만 $\lim_{x\to c} g(x)$는 존재하지 않으면, $\lim_{x\to c} (f(x) + g(x))$가 존재하지 않는다.

b. 만약 $\lim_{x\to c} f(x)$도 존재하지 않고 $\lim_{x\to c} g(x)$도 존재하지 않으면, $\lim_{x\to c} (f(x) + g(x))$도 존재하지 않는다.

c. 만약 f가 x에서 연속이면, $|f|$도 x에서 연속이다.

d. 만약 $|f|$가 c에서 연속이면, f도 c에서 연속이다.

심화문제 15와 16에서 극한의 형식적인 정의를 사용하여 주어진 함수가 x의 주어진 값으로 연속 확장할 수 있다는 것을 증명하라.

15. $f(x) = \dfrac{x^2 - 1}{x + 1}, \quad x = -1$

16. $g(x) = \dfrac{x^2 - 2x - 3}{2x - 6}, \quad x = 3$

17. 오직 한 점에서만 연속인 함수 함수를 다음과 같이 놓자.

$$f(x) = \begin{cases} x & x\text{가 유리수일 때} \\ 0 & x\text{가 무리수일 때} \end{cases}$$

a. 함수 f가 $x = 0$에서 연속임을 보여라.

b. 모든 공집합이 아닌 열린 구간에는 유리수도 무리수도 포함된다는 사실을 이용하여 f는 x의 영이 아닌 값에서 연속이 아님을 보여라.

18. 디리클레 자 함수 만약 x가 유리수이면, x는 $n > 0$이고 m과 n의 1보다 큰 공약수가 존재하지 않는 정수의 몫 m/n을 유일한 방식으로 나타낼 수 있다(이러한 분수는 가장 낮은 항으로 표현된 것이라고 말한다. 예를 들어 6/4를 가장 낮은 항으로 나타내면 3/2이다). 구간 $[0, 1]$의 모든 x에 정의된 함수 $f(x)$가 다음과 같이 정의된다.

$$f(x) = \begin{cases} 1/n & x = m/n\text{가 가장 낮은 항으로 표현된 유리수일 때} \\ 0 & x\text{가 무리수일 때} \end{cases}$$

예를 들어 $f(0) = f(1) = 1$, $f(1/2) = 1/2$, $f(1/3) = f(2/3) = 1/3$, $f(1/4) = f(3/4) = 1/4$, $\cdots$이다.

a. 함수 f가 $[0, 1]$에 놓인 모든 유리수에서 불연속임을 보여라.

b. 함수 f가 $[0, 1]$에 놓인 모든 무리수에서 연속임을 보여라. [힌트: ε이 주어진 양수일 때, $f(r) \ge \varepsilon$이 되는 유리수 r이 $[0, 1]$에 유한개 존재한다는 것을 보여라.]

c. f의 그래프 개요를 그려라. 왜 f가 '자' 함수로 불린다고 생각되는가?

19. 대척점 지구의 적도 상에 항상 기온이 동일한 대척(지름의 반대)점 쌍이 존재한다고 믿는 이유가 있는가? 설명하라.

20. $\lim_{x\to c} (f(x) + g(x)) = 3$과 $\lim_{x\to c} (f(x) - g(x)) = -1$일 때, $\lim_{x\to c} f(x)g(x)$를 구하라.

21. 거의 선형인 2차 방정식의 근 상수 a에 대한 방정식 $ax^2 + 2x - 1 = 0$에 대해 만약 $a > -1$과 $a \ne 0$이면 방정식의 두 근이 존재한다. 이때 하나의 근은 양수이고 다른 근은 음수이다.

$$r_+(a) = \frac{-1 + \sqrt{1 + a}}{a}, \qquad r_-(a) = \frac{-1 - \sqrt{1 + a}}{a}$$

a. $a \to 0$일 때 $r_+(a)$에 무슨 일이 일어나는가? $a \to -1^+$일 때는?

b. $a \to 0$일 때 $r_-(a)$에 무슨 일이 일어나는가? $a \to -1^+$일 때는?

c. a에 대한 함수로서 $r_+(a)$와 $r_-(a)$의 그래프 개요를 그려서 위 결론을 뒷받침하라. 관찰된 그래프 형태를 설명하라.

d. 추가로 뒷받침하기 위해 $a = 1$, 0.5, 0.2, -0.1, 0.05일 때 $f(x) = ax^2 + 2x - 1$의 그래프를 동시에 그려라.

22. 방정식의 근 방정식 $x + 2\cos x = 0$의 근이 적어도 하나 존재함을 보여라.

23. 유계함수 실숫값 함수 f에 대해 만약 집합 D의 모든 원소 x에서 $f(x) \le N$인 수 N이 존재하면 f는 D에서 **위로 유계**이라고 한다. 이때 N을 D에서 f의 **상계**라 하고, f는 N에 의해 위로 유계라고 한다. 비슷한 방식으로 만약 집합 D의 모든 원소 x에서 $f(x) \ge M$인, 수 M이 존재하면 f는 D에서 **아래로 유계**이라고 한다. 이때 M을 D에서 f의 **하계**라 하고, f는 M에 의해 아래로 유계라고 한다. 만약 f가 위와 아래로 모두 유계이면 f는 D에서 **유계**라고 한다.

a. 만약 그리고 이 경우에만 만약 D의 모든 x에서 $f(x) \le B$인 수 B가 존재하면, f는 D에서 유계이다라는 것을 보여라.

b. 함수 f가 N에 의해 위로 유계라고 가정하자. 만약 $\lim_{x\to c} f(x) = L$이면 $L \le N$임을 보여라.

c. 함수 f가 M에 의해 아래로 유계라고 가정하자. 만약 $\lim_{x\to c} f(x) = L$이면 $L \ge M$임을 보여라.

24. max{a, b} 그리고 min{a, b}

a. 다음 식의 값이 $a \ge b$이면 a와 같고, $b \ge a$이면 b와 같음을 보여라.

$$\max\{a, b\} = \frac{a+b}{2} + \frac{|a-b|}{2}$$

다른 말로 하면 $\max\{a, b\}$는 두 수 a와 b 중에서 큰 값을 나타낸다.

b. 두 수 a와 b 중에서 작은 값을 나타내는 $\min\{a, b\}$을 표현하는 비슷한 식을 찾아라.

$\frac{\sin\theta}{\theta}$를 포함한 일반화된 극한

공식 $\lim_{\theta\to 0} (\sin\theta)/\theta = 1$은 일반화될 수 있다. 만약 $\lim_{x\to c} f(x) = 0$ 그리고 $f(x)$가 c 자체에서는 예외일 수 있지만, 점 $x = c$를 포함하는 어떤 열린 구간에서 영이 아니면 다음과 같다.

$$\lim_{x\to c} \frac{\sin f(x)}{f(x)} = 1$$

다음은 여러 예이다.

a. $\displaystyle\lim_{x\to 0} \frac{\sin x^2}{x^2} = 1$

b. $\displaystyle\lim_{x\to 0} \frac{\sin x^2}{x} = \lim_{x\to 0} \frac{\sin x^2}{x^2} \lim_{x\to 0} \frac{x^2}{x} = 1 \cdot 0 = 0$

c. $\displaystyle\lim_{x\to -1} \frac{\sin(x^2 - x - 2)}{x+1}$

$$= \lim_{x\to -1} \frac{\sin(x^2 - x - 2)}{(x^2 - x - 2)} \cdot \lim_{x\to -1} \frac{(x^2 - x - 2)}{x+1}$$

$$= 1 \cdot \lim_{x\to -1} \frac{(x+1)(x-2)}{x+1} = -3$$

d. $\displaystyle\lim_{x\to 1} \frac{\sin(1-\sqrt{x})}{x-1} = \lim_{x\to 1} \frac{\sin(1-\sqrt{x})}{1-\sqrt{x}} \frac{1-\sqrt{x}}{x-1}$

$$= \lim_{x\to 1} \frac{(1-\sqrt{x})(1+\sqrt{x})}{(x-1)(1+\sqrt{x})}$$

$$= \lim_{x\to 1} \frac{1-x}{(x-1)(1+\sqrt{x})} = -\frac{1}{2}$$

심화문제 25~30에서 극한을 구하라.

25. $\displaystyle\lim_{x\to 0} \frac{\sin(1-\cos x)}{x}$

26. $\displaystyle\lim_{x\to 0^+} \frac{\sin x}{\sin\sqrt{x}}$

27. $\displaystyle\lim_{x\to 0} \frac{\sin(\sin x)}{x}$

28. $\displaystyle\lim_{x\to 0} \frac{\sin(x^2 + x)}{x}$

29. $\displaystyle\lim_{x\to 2} \frac{\sin(x^2 - 4)}{x-2}$

30. $\displaystyle\lim_{x\to 9} \frac{\sin(\sqrt{x} - 3)}{x-9}$

삼각 극한

심화문제 31~38에서 극한을 구하라.

31. $\displaystyle\lim_{x\to 0} \frac{\sin x}{2x^2 - x}$

32. $\displaystyle\lim_{x\to 0} \frac{3x - \tan 7x}{2x}$

33. $\displaystyle\lim_{r\to 0} \frac{\sin r}{\tan 2r}$

34. $\displaystyle\lim_{\theta\to 0} \frac{\sin(\sin\theta)}{\theta}$

35. $\displaystyle\lim_{\theta\to(\pi/2)^-} \frac{4\tan^2\theta + \tan\theta + 1}{\tan^2\theta + 5}$

36. $\displaystyle\lim_{\theta\to 0^+} \frac{1 - 2\cot^2\theta}{5\cot^2\theta - 7\cot\theta - 8}$

37. $\displaystyle\lim_{x\to 0} \frac{x\sin x}{2 - 2\cos x}$

38. $\displaystyle\lim_{\theta\to 0} \frac{1-\cos\theta}{\theta^2}$

심화문제 39와 40에서 원점에서 연속이 되도록 함수를 확장하는 방법을 보여라.

39. $g(x) = \dfrac{\tan(\tan x)}{\tan x}$

40. $f(x) = \dfrac{\tan(\tan x)}{\sin(\sin x)}$

사선 점근선

심화문제 41~44에서 모든 가능한 사선 점근선을 찾아라.

41. $y = \dfrac{2x^{3/2} + 2x - 3}{\sqrt{x} + 1}$

42. $y = x + x\sin\dfrac{1}{x}$

43. $y = \sqrt{x^2 + 1}$

44. $y = \sqrt{x^2 + 2x}$

방정식이 풀린다는 것을 보이기

45. $1 < a < b$일 때 방정식 $\dfrac{a}{x} + x = \dfrac{1}{x-b}$이 풀린다는 것을 보여라.

더 많은 극한

46. 다음 극한 식이 참이기 위한 상수 a와 b를 찾아라.

a. $\displaystyle\lim_{x\to 0} \frac{\sqrt{a+bx} - 1}{x} = 2$

b. $\displaystyle\lim_{x\to 1} \frac{\tan(ax - a) + b - 2}{x-1} = 3$

47. $\displaystyle\lim_{x\to 1} \frac{x^{2/3} - 1}{1 - \sqrt{x}}$를 계산하라.

48. $\displaystyle\lim_{x\to 0} \frac{|3x+4| - |x| - 4}{x}$를 계산하라.

임의의 정의역에서 극한

점 $x = c$에서 함수 극한의 정의는 c 근처의 구간보다 복잡한 정의역에 정의된 함수로 확장된다.

> **극한의 일반적인 정의**
>
> 점 c를 포함하는 모든 열린 구간이 f의 정의역에 놓인, c가 아닌 다른, 점을 포함한다고 가정하자. 만약 모든 수 $c > 0$에 대해,
>
> 모든 x에서 $0 < |x - c| < \delta$일 때 $|f(x) - L| < \varepsilon$
>
> 인 수 $\delta > 0$이 존재하면 $\lim_{x\to c} f(x) = L$이라고 한다.

심화문제 49~52에서 각각 함수에 대해 다음 물음에 답하라.

a. 정의역을 구하라.

b. 구한 정의역에 대해 점 $c = 0$에서 위의 성질이 성립함을 보여라.

c. $\lim_{x\to 0} f(x)$를 계산하라.

49. 함수 f가 다음과 같이 정의된다. n이 양의 정수일 때 $x=1/n$이면 $f(x)=x$, $f(0)=1$이다.

50. 함수 f가 다음과 같이 정의된다. n이 양의 정수일 때 $x=1/n$이면 $f(x)=1-x$, $f(0)=1$이다.

51. $f(x) = \sqrt{x\sin(1/x)}$

52. $f(x) = \sqrt{\ln(\sin(1/x))}$

53. 유리수 전체의 집합이 정의역인 함수 g가 $g(x)=\dfrac{2}{x-\sqrt{2}}$로 정의된다고 하자.

a. 함수 g가 유리수에서만 정의된 것을 유의하면서 할 수 있는 만큼 g의 그래프를 그려라.

b. 극한의 일반적인 정의를 이용하여 $\lim_{x\to 0} g(x)=-\sqrt{2}$를 증명하라.

c. 문제 (b)에서의 극한이 $g(0)$과 같다는 것을 보임으로써, 함수 g가 점 $x=0$에서 연속이라는 것을 증명하라.

d. 함수 g가 정의역의 다른 점에서 연속인가?

기술 응용 프로젝트 TECHNOLOGY APPLICATION PROJECT

매스매티카/메이플 프로젝트

MyLab Math에서 프로젝트를 찾을 수 있다.

- **이것을 극한까지 가져가기**

  I영역

  II영역

  III영역(영의 영제곱: 이것은 무슨 의미인가?)

  그래프와 수치 탐색을 통해 극한 개념을 시각화하고 해석하기

- **무한대로 가기**

  I영역($x \to \infty$ 또는 $x \to -\infty$일 때 함수 행동 탐색)

  이 모듈에서는 $x \to \infty$ 또는 $x \to -\infty$일 때 함수 행동을 탐색하는 네 가지 예를 제공한다.

  II영역(증가율)

  함수는 연속이 아니지만 연속인 것처럼 보이는 그래프를 관찰하라. 놀랄만한 결과를 얻기 위해 연속성에 대한 여러 문제를 탐구한다.

2

미분계수와 도함수

1장에서는 곡선 위의 한 점에서 기울기를 결정하는 방법과 함수의 변화율을 측정하는 방법에 대해 알아보았다. 이제 극한을 학습했으므로 이 개념들을 좀 더 엄밀하게 정의할 수 있고, 두 개념 모두 한 점에서 함수의 미분계수로 설명됨을 알 수 있다. 다음으로 이 개념을 한 점에서의 미분계수에서 도함수라는 개념으로 확장하고, 직접 극한을 계산하지 않고도 이 도함수를 쉽게 찾을 수 있는 규칙들을 찾는다. 이 규칙들은 대부분의 일반적인 함수와 그 함수의 조합으로 된 함수의 도함수를 찾는 데 사용된다.

2.1 접선과 미분계수

이 절에서는 곡선 위의 한 점에서 접선과 기울기를 정의하고, 함수의 한 점에서의 미분계수를 정의한다. 미분계수는 그래프의 기울기와 함수의 순간변화율을 찾는 방법을 제공한다.

함수 그래프의 접선 구하기

한 점 $p(x_0, f(x_0))$에서 임의의 곡선 $y=f(x)$에의 접선을 찾기 위해 점 P와 근방의 점 $Q(x_0+h, f(x_0+h))$를 지나는 할선의 기울기를 계산하고, $h \to 0$일 때 기울기의 극한을 조사한다. 이때 극한이 존재하면 이를 P에서 곡선의 기울기라 하고, 이 기울기를 가지면 점 P를 지나는 직선을 점 P에서의 접선의 기울기라고 정의한다.

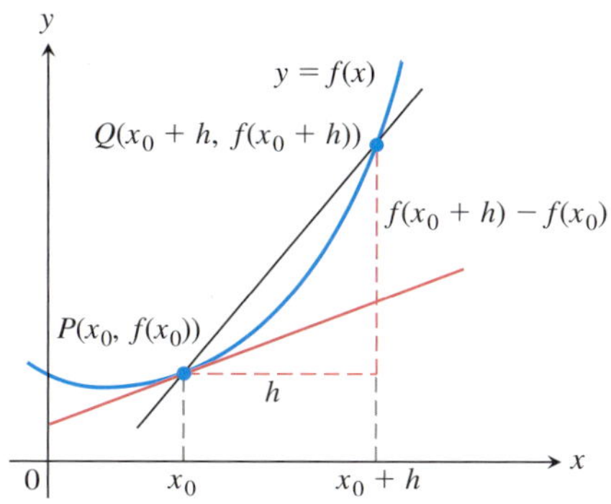

그림 2.1 점 P에서 접선의 기울기는 $\lim_{h\to 0}\frac{f(x_0+h)-f(x_0)}{h}$이다.

정의 점 $P(x_0, f(x_0))$에서 **곡선 $y=f(x)$의 기울기**는 다음과 같다.

$$\lim_{h\to 0}\frac{f(x_0+h)-f(x_0)}{h} \quad \text{(단, 극한이 존재할 때)}$$

점 P에서 곡선에 대한 **접선**(tangent line)은 이 기울기를 가지는 P를 지나는 직선이다.

1.1절 예제 3에서 이 정의를 사용하여 포물선 $f(x)=x^2$ 위의 점 $P(2, 4)$에서의 기울기와 P에서 포물선의 접선을 구했다. 또 다른 예제를 살펴보자.

예제 1

(a) 점 $x=a \neq 0$에서 곡선 $y=1/x$의 기울기를 구하라. $x=-1$에서 기울기는 얼마인가?

(b) 기울기가 $-1/4$인 점은 어디인가?

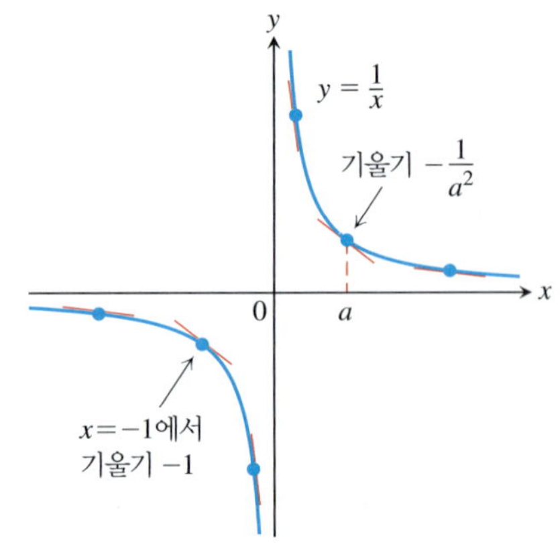

그림 2.2 x가 0 근처일 때 접선은 가파르지만 0에서 멀어질수록 접선은 완만하게 된다(예제 1a와 c).

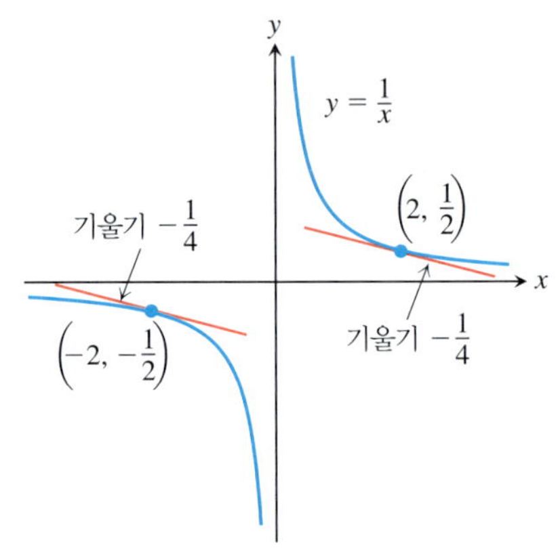

그림 2.3 기울기가 $-1/4$인 $y=1/x$의 2개의 접선(예제 1b).

(c) a가 변함에 따라 점 $(a, 1/a)$에서 접선은 어떻게 변하는가?

풀이

(a) 점 $(a, 1/a)$에서 $f(x)=1/x$의 기울기는 다음과 같다.

$$\lim_{h\to0}\frac{f(a+h)-f(a)}{h}=\lim_{h\to0}\frac{\dfrac{1}{a+h}-\dfrac{1}{a}}{h}=\lim_{h\to0}\frac{1}{h}\frac{a-(a+h)}{a(a+h)}$$

$$=\lim_{h\to0}\frac{-h}{ha(a+h)}=\lim_{h\to0}\frac{-1}{a(a+h)}=-\frac{1}{a^2}$$

분수식의 극한 계산에서 $h=0$을 대입하여 계산할 수 있는 단계까지 $\lim_{h\to0}$을 유지해야 한다. 수 a는 양수 또는 음수일 수도 있으나 0은 아니다. $a=-1$일 때 기울기는 $-1/(-1)^2=-1$이다(그림 2.2).

(b) $x=a$에서 $y=1/x$의 기울기는 $-1/a^2$이고, 주어진 기울기는 $-1/4$이므로 다음과 같다.

$$-\frac{1}{a^2}=-\frac{1}{4}$$

이 식은 $a^2=4$와 같으므로 $a=2$ 또는 $a=-2$이다. 따라서 곡선의 기울기가 $-1/4$인 점은 $(2, 1/2)$과 $(-2, -1/2)$이다(그림 2.3).

(c) $a\neq0$이면 $y=1/x$의 기울기 $-1/a^2$은 항상 음수이다. $a\to0^+$이면 기울기는 $-\infty$에 접근하고 접선은 점점 가파르게 된다(그림 2.2). $a\to0^-$일 때도 마찬가지 상황이 된다. a가 어떤 방향이던 $x=0$으로부터 멀어지면 접선의 기울기는 0에 가까워지고 접선이 점점 더 수평선에 가까워진다. ■

변화율: 미분계수

다음 식은 **점 x_0에서 증분 h에 대한 함수 f의 차분몫**(difference quotient of f at x_0 with increment h)이라고 부른다.

$$\frac{f(x_0+h)-f(x_0)}{h},\quad h\neq0$$

만약 h가 0에 가까워짐에 따라 차분몫이 극한을 가지면, 이 극한은 특별한 이름과 기호가 주어진다.

$f'(x_0)$는 "f 프라임 x_0"로 읽는다.

정의 **점 x_0에서 함수 f의 미분계수** $f'(x_0)$는 극한이 존재할 때 다음과 같이 정의된다.

$$f'(x_0)=\lim_{h\to0}\frac{f(x_0+h)-f(x_0)}{h}$$

미분계수는 고려하고 있는 문제에 따라 여러 가지 의미를 가진다. 미분계수의 정의는 곡선 $y=f(x)$ 위의 한 점에서의 기울기와 같다. 만약 차분몫을 할선의 기울기로 해석한다면, 미분계수는 점 $P(x_0, f(x_0))$에서의 곡선 $y=f(x)$의 기울기가 된다. 만약 차분몫을 평균변화율로 해석한다면, 미분계수는 점 $x=x_0$에서 x에 대한 함수의 순간변화율이 된다. 이는 2.4절에서 공부하기로 한다.

예제 2 1.1절의 예제 1과 예제 2에서 지구 표면 근처에서 정지 상태에서 자유낙하하는 암석의 속력을 공부했다. 이를 통해 처음 t초 동안 암석이 $y=4.9t^2$미터 낙하하는 것을 알았다. 이때 $t=1$초인 순간에 암석의 속력을 추정하기 위해 점점 짧은 구간에서의 평균 속력을 사용했다. $t=1$초에서 암석의 정확한 속력은 얼마인가?

풀이 $f(t)=4.9t^2$이라 하자. $h>0$에 대해 $t=1$과 $t=1+h$초 사이의 구간에서 암석의 평균 속력은 다음과 같다.

$$\frac{f(1+h)-f(1)}{h}=\frac{4.9(1+h)^2-4.9(1)^2}{h}=\frac{4.9(h^2+2h)}{h}=4.9(h+2)$$

따라서 $t=1$초에서 암석의 순간 속력은 다음과 같다.

$$f'(1)=\lim_{h\to 0}4.9(h+2)=4.9(0+2)=9.8\text{ m/s}$$

그러므로 1.1절에서 추정한 결과는 옳다. ■

요약

지금까지 곡선의 기울기, 곡선의 접선, 함수의 변화율, 함수의 미분계수에 대해 공부했다. 이 모든 개념은 같은 극한에 기반하고 있다.

다음은 모두 차분몫에 대한 해석이다.

$$\lim_{h\to 0}\frac{f(x_0+h)-f(x_0)}{h}$$

1. $x=x_0$에서 $y=f(x)$ 그래프의 기울기
2. $x=x_0$에서 곡선 $y=f(x)$의 접선의 기울기
3. $x=x_0$에서 함수 $f(x)$의 x에 대한 변화율
4. $x=x_0$에서 미분계수 $f'(x_0)$

다음 절에서 점 x_0을 함수 f의 정의역을 따라 변할 수 있게 할 것이다.

연습문제 2.1 EXERCISE QUESTION

기울기와 접선

연습문제 1~4에서 격자와 직선자를 사용하여 점 P_1과 P_2에서 곡선의 기울기(x단위당 y단위)를 대략적으로 추정하라.

1.

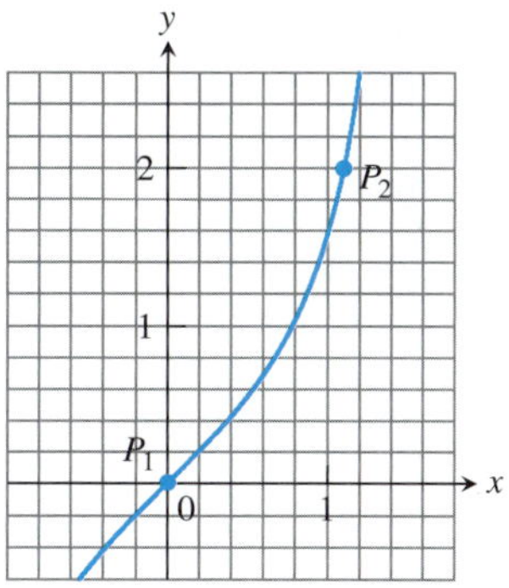

2.

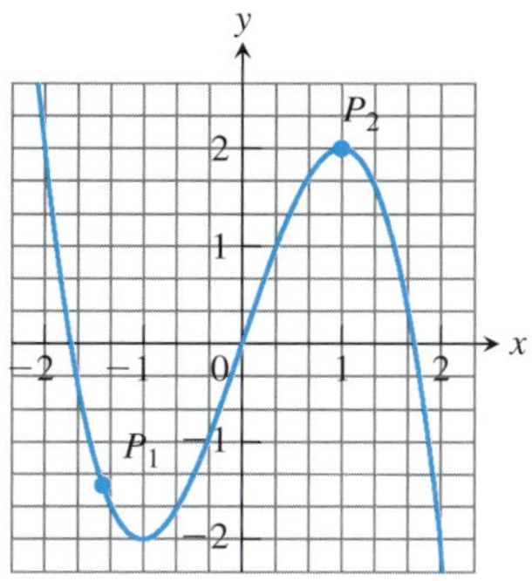

3.

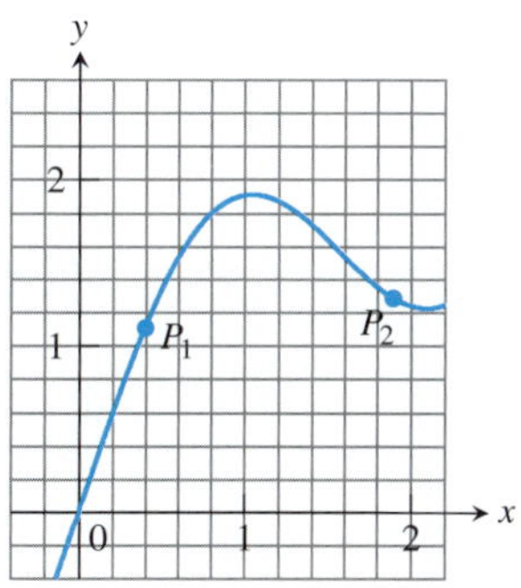

4.

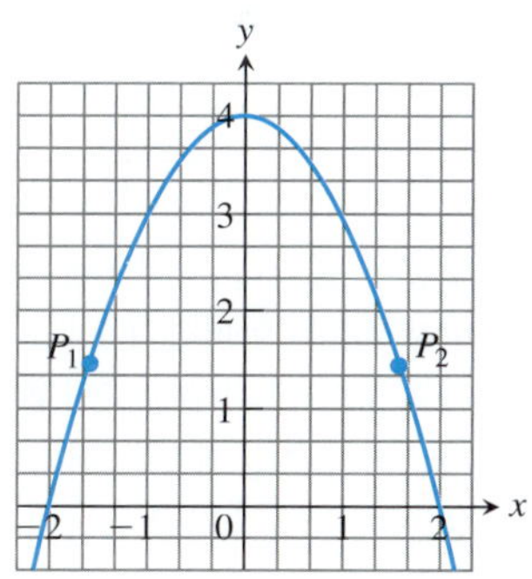

연습문제 5~10에서 주어진 점에서 곡선의 접선 방정식을 구하고 곡선과 접선의 개형을 그려라.

5. $y=4-x^2,\quad(-1,3)$

6. $y=(x-1)^2+1,\quad(1,1)$

7. $y=2\sqrt{x},\quad(1,2)$

8. $y=\frac{1}{x^2},\quad(-1,1)$

9. $y=x^3,\quad(-2,-8)$

10. $y=\frac{1}{x^3},\quad\left(-2,-\frac{1}{8}\right)$

연습문제 11~18에서 주어진 점에서 함수의 그래프의 기울기를 구하고 그래프의 접선의 방정식을 구하라.

11. $f(x) = x^2 + 1, \quad (2, 5)$

12. $f(x) = x - 2x^2, \quad (1, -1)$

13. $g(x) = \dfrac{x}{x-2}, \quad (3, 3)$

14. $g(x) = \dfrac{8}{x^2}, \quad (2, 2)$

15. $h(t) = t^3, \quad (2, 8)$

16. $h(t) = t^3 + 3t, \quad (1, 4)$

17. $f(x) = \sqrt{x}, \quad (4, 2)$

18. $f(x) = \sqrt{x+1}, \quad (8, 3)$

연습문제 19~22에서 주어진 점에서 곡선의 기울기를 구하라.

19. $y = 5x - 3x^2, \quad x = 1$

20. $y = x^3 - 2x + 7, \quad x = -2$

21. $y = \dfrac{1}{x-1}, \quad x = 3$

22. $y = \dfrac{x-1}{x+1}, \quad x = 0$

미분계수값의 해석

23. 효모 세포의 성장 통제된 실험실에서 효모 세포는 매시간마다 생존하는 세포의 수 P를 측정하는 자동화된 세포 배양 시스템에서 성장한다. t시간 후의 세포 수가 주어진 그림과 같다.

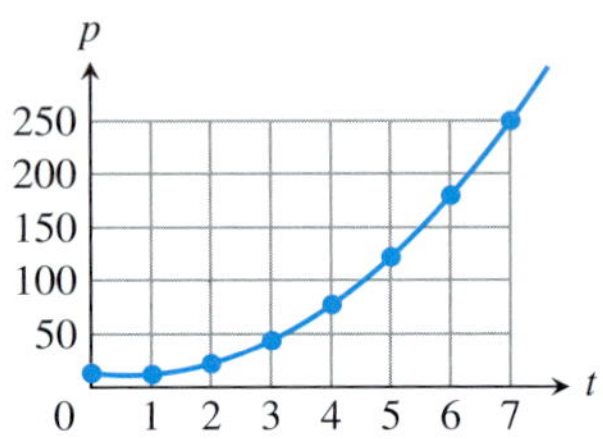

a. 미분계수 $P'(5)$가 어떤 의미인지 설명하라. 단위는 무엇인가?

b. $P'(2)$와 $P'(3)$ 중 어느 것이 더 큰가? 이유를 설명하라.

c. 실험 데이터의 동향을 따르는 2차 곡선이 $P(t) = 6.10t^2 - 9.28t + 16.43$일 때, $t = 5$에서 순간 성장률을 구하라.

24. 약의 효능 혈류에 투입된 후 t시간이 지난 진통제의 효과 E를 0과 1 사이의 값으로 나타낸 그림이 다음과 같이 주어졌다.

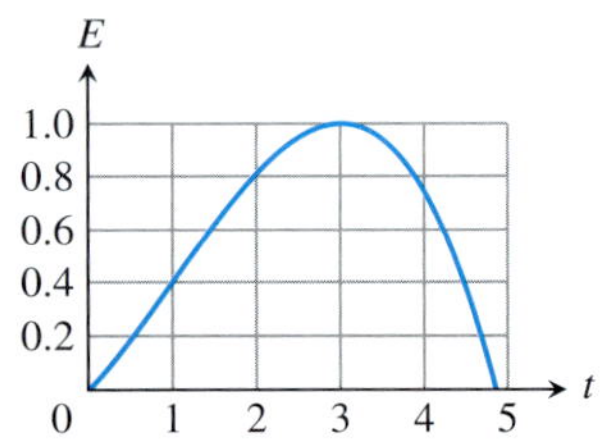

a. 효능이 증가하는 것처럼 보이는 시간은 언제인가? 그 시간에 미분계수는 어떠한가?

b. 약의 효능이 최대에 도달했다고 추정되는 시간은 언제인가? 그 시간에서 미분계수는 어떠한가? 추정된 시간이 되기 전 1시간 동안 시간이 증가함에 따라 미분계수는 어떻게 변하는가?

연습문제 25와 26에서 함수의 그래프는 어느 점에서 수평인 접선을 가지는가?

25. $f(x) = x^2 + 4x - 1$

26. $g(x) = x^3 - 3x$

27. 기울기가 -1인 곡선 $y = 1/(x-1)$의 모든 접선의 방정식을 구하라.

28. 기울기가 1/4인 곡선 $y = \sqrt{x}$의 접선의 방정식을 구하라.

변화율

29. 탑에서 떨어진 물체 100 m 높이의 탑의 꼭대기에서 물체가 떨어졌다. t초 후 지면으로부터 물체의 높이가 $100 - 4.9t^2$ m이다. 물체가 떨어진 2초 후 얼마나 빠르게 떨어지고 있는가?

30. 로켓 속도 로켓 발사 t초 후 로켓의 고도는 $3t^2$ m이다. 로켓 발사 10초 후 로켓은 얼마나 빠르게 상승하는가?

31. 원의 넓이 변화 반지름이 $r = 3$일 때 반지름에 대한 원의 넓이 $(A = \pi r^2)$의 변화율은 얼마인가?

32. 구의 부피 변화 반지름이 $r = 2$일 때 반지름에 대한 구의 부피 $(V = (4/3)\pi r^3)$의 변화율은 얼마인가?

33. 직선 $y = mx + b$는 직선 위의 어떠한 점 $(x_0, mx_0 + b)$에서도 접선이 자기자신이 됨을 보여라.

34. 곡선 $y = 1/\sqrt{x}$의 $x = 4$인 점에서 접선의 기울기를 구하라.

접선 검증

35. $f(x) = \begin{cases} x^2 \sin(1/x), & x \neq 0 \\ 0, & x = 0 \end{cases}$ 의 그래프가 원점에서 접선을 갖는가? 그 이유를 설명하라.

36. $g(x) = \begin{cases} x \sin(1/x), & x \neq 0 \\ 0, & x = 0 \end{cases}$ 의 그래프가 원점에서 접선을 갖는가? 그 이유를 설명하라.

수직 접선

만약 차분몫의 극한값이 ∞ 또는 $-\infty$이면 연속인 곡선 $y = f(x)$는 $x = x_0$인 점에서 **수직 접선**을 갖는다고 말한다. 예를 들어 $y = x^{1/3}$은 $x = 0$에서 수직 접선을 갖는다(주어진 그림 참고).

$$\lim_{h \to 0} \frac{f(0+h) - f(0)}{h} = \lim_{h \to 0} \frac{h^{1/3} - 0}{h} = \lim_{h \to 0} \frac{1}{h^{2/3}} = \infty$$

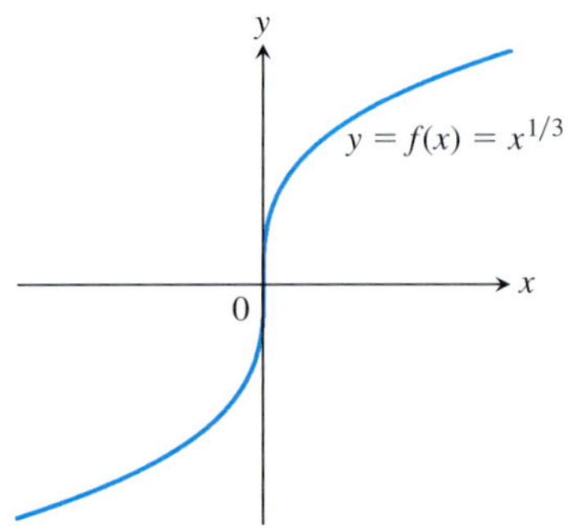

원점에서 수직 접선

그러나 $y = x^{2/3}$은 $x = 0$에서 수직 접선을 갖지 않는다(다음 그림 참고).

$$\lim_{h \to 0} \frac{g(0+h) - g(0)}{h} = \lim_{h \to 0} \frac{h^{2/3} - 0}{h} = \lim_{h \to 0} \frac{1}{h^{1/3}}$$

극한이 존재하지 않는다. 마지막 수식에서 극한값이 0의 오른쪽으로부터 ∞이고, 왼쪽으로부터 $-\infty$이기 때문이다.

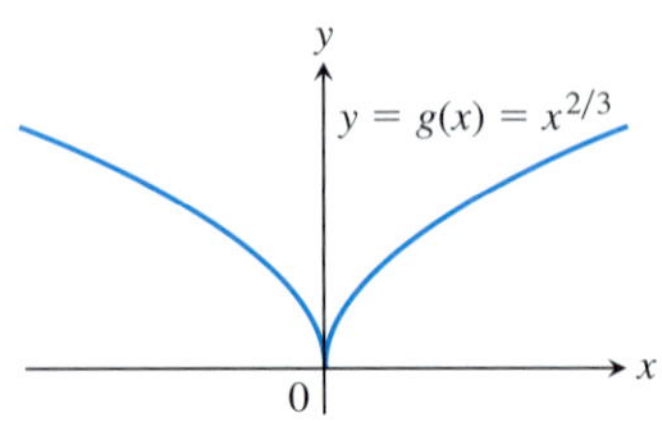

원점에서 수직 접선 없음

37. $f(x) = \begin{cases} -1, & x < 0 \\ 0, & x = 0 \\ 1, & x > 0 \end{cases}$의 그래프가 원점에서 수직 접선을 갖는가? 그 이유를 설명하라.

38. $U(x) = \begin{cases} 0, & x < 0 \\ 1, & x \geq 0 \end{cases}$의 그래프가 점 (0, 1)에서 수직 접선을 갖는가? 그 이유를 설명하라.

T 연습문제 39~48에서 주어진 곡선의 그래프를 그리고 다음 물음에 답하라.

a. 그래프는 어디에서 수직 접선을 갖는가?

b. 연습문제 37과 38의 도입부를 먼저 읽고, 극한을 구해 문제 (a)의 답을 확인하라.

39. $y = x^{2/5}$

40. $y = x^{4/5}$

41. $y = x^{1/5}$

42. $y = x^{3/5}$

43. $y = 4x^{2/5} - 2x$

44. $y = x^{5/3} - 5x^{2/3}$

45. $y = x^{2/3} - (x - 1)^{1/3}$

46. $y = x^{1/3} + (x - 1)^{1/3}$

47. $y = \begin{cases} -\sqrt{|x|}, & x \leq 0 \\ \sqrt{x}, & x > 0 \end{cases}$

48. $y = \sqrt{|4 - x|}$

컴퓨터 탐구

연습문제 49~52에서 주어진 함수에 대해 CAS를 이용하여 다음 단계를 수행하라.

a. 구간 $(x_0 - 1/2) \leq x \leq (x_0 + 3)$에서 $y = f(x)$의 그래프를 그려라.

b. x_0를 고정하면, 다음 식의 x_0에서 차분몫은 증분 h의 함수이다.

$$q(h) = \frac{f(x_0 + h) - f(x_0)}{h}$$

CAS 작업공간에 이 함수를 입력하라.

c. $h \to 0$일 때 q의 극한을 찾아라.

d. $h = 3$, 2, 1에 대해 할선 $y = f(x_0) + q \cdot (x - x_0)$를 정의하고, 문제 (a)에서 주어진 구간에서 접선과 함께 할선의 그래프를 그려라.

49. $f(x) = x^3 + 2x, \quad x_0 = 0$

50. $f(x) = x + \dfrac{5}{x}, \quad x_0 = 1$

51. $f(x) = x + \sin(2x), \quad x_0 = \pi/2$

52. $f(x) = \cos x + 4\sin(2x), \quad x_0 = \pi$

2.2 도함수

앞 절에서 곡선 $y = f(x)$의 점 $x = x_0$에서의 미분계수를 극한을 사용하여 다음과 같이 정의했다.

$$f'(x_0) = \lim_{h \to 0} \frac{f(x_0 + h) - f(x_0)}{h}$$

이제 f의 정의역의 각 점에서 극한을 고려하여 f로부터 유도된 함수로써의 도함수를 알아보자.

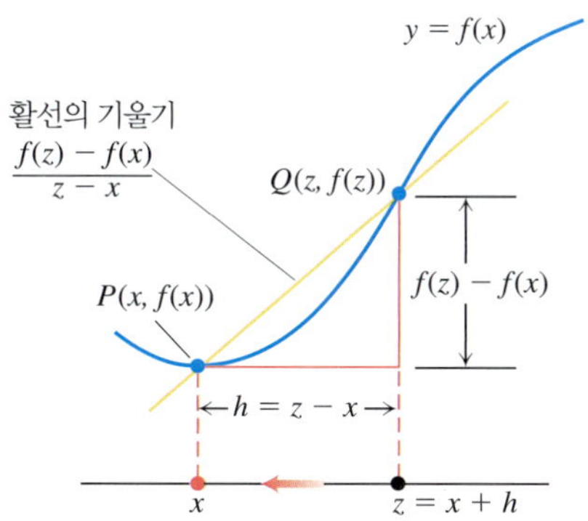

x에서 f의 도함수

$$f'(x) = \lim_{h \to 0} \frac{f(x + h) - f(x)}{h} = \lim_{z \to x} \frac{f(z) - f(x)}{z - x}$$

그림 2.4 차분몫의 두 가지 형태.

정의 변수 x에 관한 함수 $f(x)$의 **도함수**(derivative)는 다음 극한이 존재할 때 x에서의 함수값이 다음 함수 f'로 주어진다.

$$f'(x) = \lim_{h \to 0} \frac{f(x + h) - f(x)}{h}$$

정의에서는 이전처럼 $f'(x_0)$ 대신 $f'(x)$를 사용하여 f'이 도함수 $f'(x)$가 정의되는 독립변수 x의 함수임을 강조하기 위함이다. f'의 정의역은 f의 정의역 안에 있는 점들로서 위 극한이 존재하는 점의 집합으로, 이 정의역은 f의 정의역과 같거나 포함된다. 어떤 특정한 x에서 f'이 존재한다면 f는 x에서 **미분가능하다(미분계수를 갖는다)**고 한다. f'이 f의 정의역의 모든 점 x에서 존재한다면 f는 **미분가능하다**(differentiable)고 한다.

$z = x + h$라 쓰면, $h = z - x$이고 h가 0으로 접근할 필요충분 조건은 z가 x에 접근하는 것이다. 따라서 도함수의 동치 정의는 다음과 같다(그림 2.4). 이 공식은 때때로 도함수를 구함에 있어 x에 접근하는 z에 중점을 두어 더 편리하게 사용되기도 한다.

> **도함수의 다른 공식**
>
> $$f'(x) = \lim_{z \to x} \frac{f(z) - f(x)}{z - x}$$

정의로부터 도함수 계산하기

도함수를 계산하는 과정을 **미분**(differentiation)이라고 한다. 미분법은 함수 $y=f(x)$에 행해지는 연산이라는 개념을 강조하기 위해 도함수를 $f'(x)$로 놓을 수도 있으나, 다음과 같은 기호를 사용한다.

$$\frac{d}{dx}f(x)$$

역비례 함수의 도함수

$$\frac{d}{dx}\left(\frac{1}{x}\right) = -\frac{1}{x^2}, \quad x \neq 0$$

2.1절의 예제 1은 $x=a$에서 함수 $y=1/x$의 미분 과정을 보인다. 정의역의 임의의 점 x에 대해 다음 공식을 얻을 수 있다.

$$\frac{d}{dx}\left(\frac{1}{x}\right) = -\frac{1}{x^2}$$

f의 정의역의 모든 점에 적용되는 두 가지 예제를 더 보자.

예제 1 $f(x)=\dfrac{x}{x-1}$를 미분하라.

풀이 미분계수의 정의에 따라 차분몫의 분자를 얻기 위해 $f(x+h)$를 구하고 $f(x)$와의 차를 계산해야 한다.

$f(x)=\dfrac{x}{x-1}$이고 $f(x+h)=\dfrac{(x+h)}{(x+h)-1}$이므로 다음과 같다.

$$\begin{aligned}
f'(x) &= \lim_{h\to 0}\frac{f(x+h)-f(x)}{h} && \text{정의}\\
&= \lim_{h\to 0}\frac{\dfrac{x+h}{x+h-1}-\dfrac{x}{x-1}}{h} && \text{대입}\\
&= \lim_{h\to 0}\frac{1}{h}\cdot\frac{(x+h)(x-1)-x(x+h-1)}{(x+h-1)(x-1)} && \frac{a}{b}-\frac{c}{d}=\frac{ad-cb}{bd}\\
&= \lim_{h\to 0}\frac{1}{h}\cdot\frac{-h}{(x+h-1)(x-1)} && \text{간단히}\\
&= \lim_{h\to 0}\frac{-1}{(x+h-1)(x-1)} = \frac{-1}{(x-1)^2} && h\neq 0 \text{ 약분}
\end{aligned}$$

■

제곱근 함수의 도함수

$$\frac{d}{dx}\sqrt{x} = \frac{1}{2\sqrt{x}}, \quad x > 0$$

예제 2

(a) $x>0$일 때 $f(x)=\sqrt{x}$의 도함수를 구하라.

(b) $x=4$에서 곡선 $y=\sqrt{x}$에 대한 접선을 구하라.

풀이

(a) f'을 구하기 위해 도함수의 다른 공식을 사용한다.

$$\begin{aligned}
f'(x) &= \lim_{z\to x}\frac{f(z)-f(x)}{z-x}\\
&= \lim_{z\to x}\frac{\sqrt{z}-\sqrt{x}}{z-x}\\
&= \lim_{z\to x}\frac{\sqrt{z}-\sqrt{x}}{(\sqrt{z}-\sqrt{x})(\sqrt{z}+\sqrt{x})} && \frac{1}{a^2-b^2}=\frac{1}{(a-b)(a+b)}
\end{aligned}$$

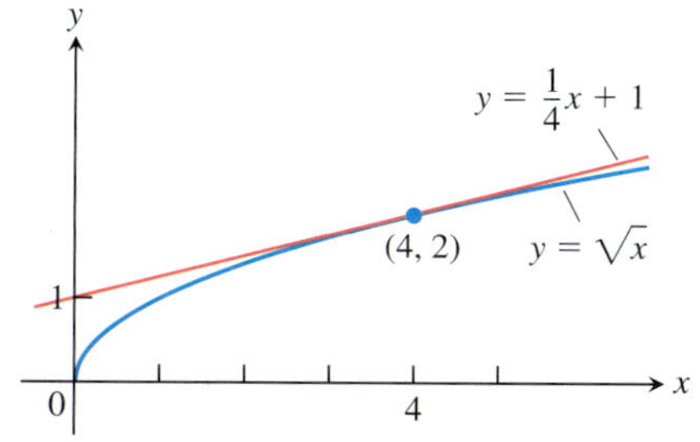

그림 2.5 곡선 $y=\sqrt{x}$와 (4, 2)에서의 접선. 접선의 기울기는 $x=4$에서 도함수의 값이다.

$$= \lim_{z\to x}\frac{1}{\sqrt{z}+\sqrt{x}} = \frac{1}{2\sqrt{x}} \qquad \text{약분}$$

(b) $x=4$에서 곡선의 기울기는 다음과 같다.

$$f'(4) = \frac{1}{2\sqrt{4}} = \frac{1}{4}$$

접선은 점 (4, 2)를 지나고 기울기가 1/4인 직선이다(그림 2.5).

$$y = 2 + \frac{1}{4}(x-4)$$

$$y = \frac{1}{4}x + 1$$

■

기호

x가 독립변수이고 y가 종속변수일 때 함수 $y=f(x)$의 도함수를 나타내는 방법은 여러 가지이다. 도함수에 대한 일반적인 기호에는 다음과 같이 여러 가지가 있다.

$$f'(x) = y' = \frac{dy}{dx} = \frac{df}{dx} = \frac{d}{dx}f(x) = D(f)(x) = D_x f(x)$$

기호 d/dx와 D는 미분법의 연산을 나타낸다. dy/dx를 'x에 관한 y의 도함수', df/dx와 $(d/dx)f(x)$를 'x에 관한 f의 도함수'라고 읽는다. '프라임' 기호 y'과 f'은 뉴턴이 도함수를 나타낼 때 썼던 기호로부터 나온 것이다. d/dx는 라이프니츠가 도함수를 나타내기 위해 사용한 기호이다. 기호 dy/dx는 단순히 도함수를 나타내며, 이를 비율로 간주해서는 안 된다.

특정한 수 $x=a$에서 미분계수의 값을 표현하기 위해 다음과 같은 기호를 이용한다.

$$f'(a) = \left.\frac{dy}{dx}\right|_{x=a} = \left.\frac{df}{dx}\right|_{x=a} = \left.\frac{d}{dx}f(x)\right|_{x=a}$$

예를 들어 예제 2에서 다음과 같이 쓸 수도 있다.

$$f'(4) = \left.\frac{d}{dx}\sqrt{x}\right|_{x=4} = \left.\frac{1}{2\sqrt{x}}\right|_{x=4} = \frac{1}{2\sqrt{4}} = \frac{1}{4}$$

도함수의 그래프 그리기

가끔 f의 그래프에서 기울기를 계산함으로써 $y=f(x)$의 도함수의 그래프를 그릴 수 있다. 즉 xy 평면에 점 $(x, f'(x))$를 표시하고 매끄러운 곡선으로 점을 이으면 $y=f'(x)$의 그래프가 된다.

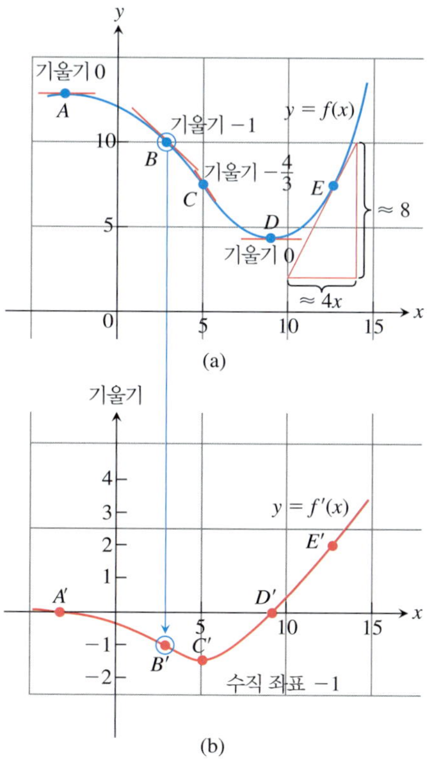

그림 2.6 (a)의 $y=f(x)$의 그래프에서 기울기를 그려서, (b)의 $y=f'(x)$의 그래프를 그렸다. 점 B'의 y좌표는 점 B에서의 기울기이다. 점 E에서의 기울기는 대략 8/4=2이다. (b)에서 점 A'과 B' 사이의 x에 대한 f의 변화율은 음수이고, 점 D'의 오른쪽에 있는 x에 대한 f의 변화율은 양수임을 알 수 있다.

예제 3 그림 2.6a의 함수 $y=f(x)$에 대한 도함수의 그래프를 그려라.

풀이 구간을 짧게 여러 구간으로 나누어 각 구간에서 f의 그래프에 대한 접선을 그리고 이들의 기울기를 이용하여 이 점에서 $f'(x)$의 값을 추정한다. 대응하는 $(x, f'(x))$를 표시하고 점들을 매끄러운 곡선으로 연결하여 그림 2.6b처럼 그린다. ■

$y=f'(x)$의 그래프로부터 무엇을 배울 수 있는가? 한눈에 다음과 같이 알 수 있다.

1. f의 변화율이 양, 음, 0이 되는 곳이다.
2. 임의의 점 x에서 증가율의 대략적 크기를 안다.
3. 변화율이 증가하거나 감소하는 곳이다.

구간에서의 미분가능성: 한쪽 미분계수

함수 $y=f(x)$는 (유한 또는 무한) 열린 구간의 각 점에서 미분계수가 존재할 때 **열린 구간에서 미분가능하다**고 한다. $y=f(x)$는 닫힌 구간 $[a, b]$의 내부 (a, b)에서 미분가능하고, 다음과 같

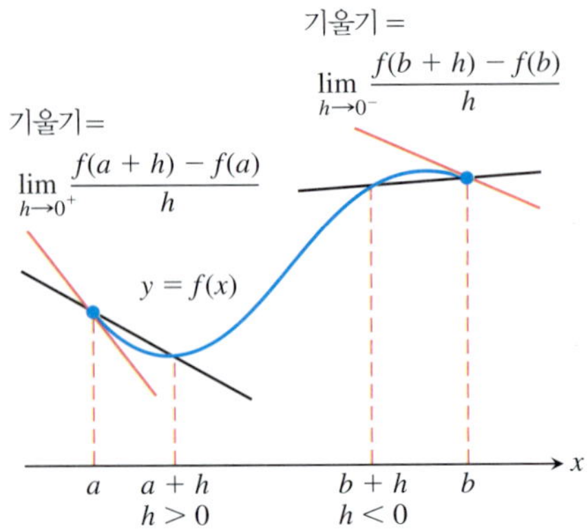

그림 2.7 닫힌 구간의 끝점에서의 미분계수는 한쪽 극한이다.

은 극한이 양 끝점에서 존재한다면 **닫힌 구간에서 미분가능하다**고 한다(그림 2.7).

$$\lim_{h\to 0^+}\frac{f(a+h)-f(a)}{h} \quad a\text{에서의 우미분계수}$$

$$\lim_{h\to 0^-}\frac{f(b+h)-f(b)}{h} \quad b\text{에서의 좌미분계수}$$

우미분계수와 좌미분계수는 함수의 정의역의 임의의 점에서 정의될 수도 있고, 정의되지 않을 수도 있다. 1.4절의 정리 5에 의해 함수가 구간의 어떤 내부 점에서 미분계수를 갖기 위한 필요충분 조건은 그 점에서 우미분계수와 좌미분계수를 갖고, 이 두 값이 일치하는 것이다.

예제 4 함수 $y=|x|$는 $(-\infty, 0)$과 $(0, \infty)$에서 미분가능하지만, $x=0$에서 미분계수가 존재하지 않음을 보여라.

풀이 함수 $y=mx+b$의 그래프는 기울기가 m인 직선이다. 따라서 $x>0$인 원점의 오른쪽에서 다음이 성립한다.

$$\frac{d}{dx}(|x|) = \frac{d}{dx}(x) = \frac{d}{dx}(1\cdot x) = 1 \qquad |x| = x \text{ since } x>0,\ \frac{d}{dx}(mx+b)=m$$

$x<0$인 원점의 왼쪽에서는 다음이 성립한다(그림 2.8).

$$\frac{d}{dx}(|x|) = \frac{d}{dx}(-x) = \frac{d}{dx}(-1\cdot x) = -1 \qquad |x| = -x \text{ since } x<0$$

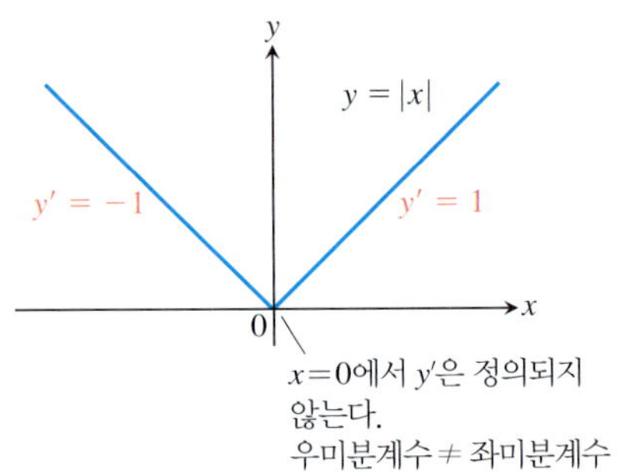

그림 2.8 함수 $y=|x|$는 그래프가 모서리를 가지는 원점에서 미분가능하지 않다.

그래프의 두 갈래는 원점에서 비스듬히 모여 매끄럽지 않은 모서리를 형성한다. 원점에서 한쪽 미분계수가 다르므로 그곳에서 미분계수가 존재하지 않는다.

$$\begin{aligned}
\text{원점에서 } |x|\text{의 우미분계수} &= \lim_{h\to 0^+}\frac{|0+h|-|0|}{h} = \lim_{h\to 0^+}\frac{|h|}{h} \\
&= \lim_{h\to 0^+}\frac{h}{h} \qquad h>0\text{일 때 } |h|=h \\
&= \lim_{h\to 0^+} 1 = 1
\end{aligned}$$

$$\begin{aligned}
\text{원점에서 } |x|\text{의 좌미분계수} &= \lim_{h\to 0^-}\frac{|0+h|-|0|}{h} = \lim_{h\to 0^-}\frac{|h|}{h} \\
&= \lim_{h\to 0^-}\frac{-h}{h} \qquad h<0\text{일 때 } |h|=-h \\
&= \lim_{h\to 0^-} -1 = -1
\end{aligned}$$

■

예제 5 예제 2에서 $x>0$일 때 다음을 확인했다.

$$\frac{d}{dx}\sqrt{x} = \frac{1}{2\sqrt{x}}$$

$x=0$에서 미분계수가 존재하는지를 조사하기 위해 정의를 적용해보자.

$$\lim_{h\to 0^+}\frac{\sqrt{0+h}-\sqrt{0}}{h} = \lim_{h\to 0^+}\frac{1}{\sqrt{h}} = \infty$$

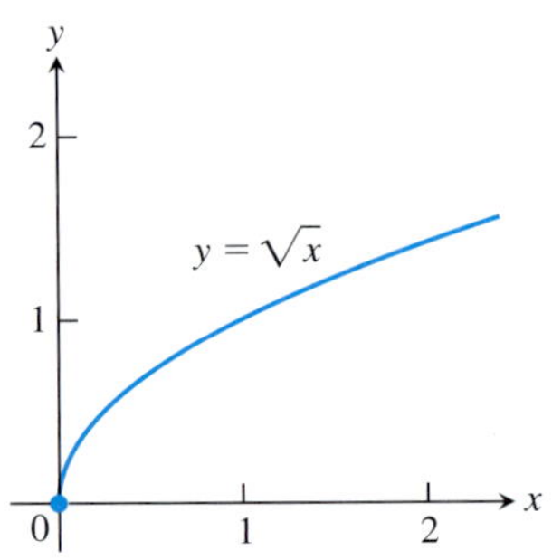

그림 2.9 제곱근 함수는 수직 접선을 갖는 $x=0$에서 미분가능하지 않다.

(우)극한이 유한이 아니므로 $x=0$에서는 미분계수가 존재하지 않는다. 원점에서 $y=\sqrt{x}$의 그래프 위의 점 $(h, \sqrt{h})$를 잇는 할선의 기울기가 ∞로 증가하므로 이 그래프는 원점에서 수직 접선을 갖는다(그림 2.9와 2.1절의 연습문제 37, 38 참조). ■

한 점에서 함수가 도함수를 갖지 않는 경우

함수는 점 $P(x_0, f(x_0))$와 가까운 그래프 위의 점 Q를 지나는 선의 기울기가 Q가 P에 접근할 때, 어떤 극한에 접근한다면 점 x_0에서 도함수를 갖는다. Q가 P에 접근할 때 할선이 극한을 갖

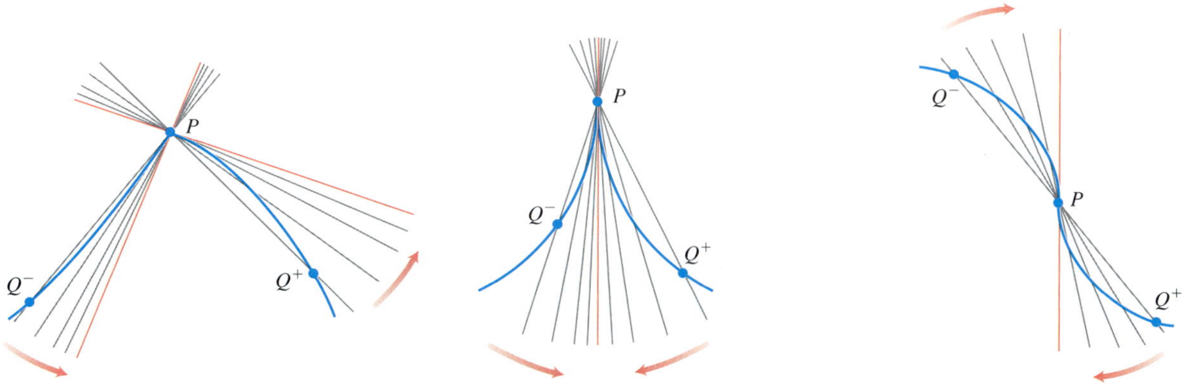

1. **꺾인 점**: 한쪽 미분계수가 서로 다른 경우

2. **첨점**: PQ의 기울기가 한쪽에서는 ∞로, 다른 쪽에서는 $-\infty$로 접근하는 경우

3. **수직 접선**: PQ의 기울기가 양쪽에서 ∞ 또는 $-\infty$로 접근하는 경우(여기서는 $-\infty$)

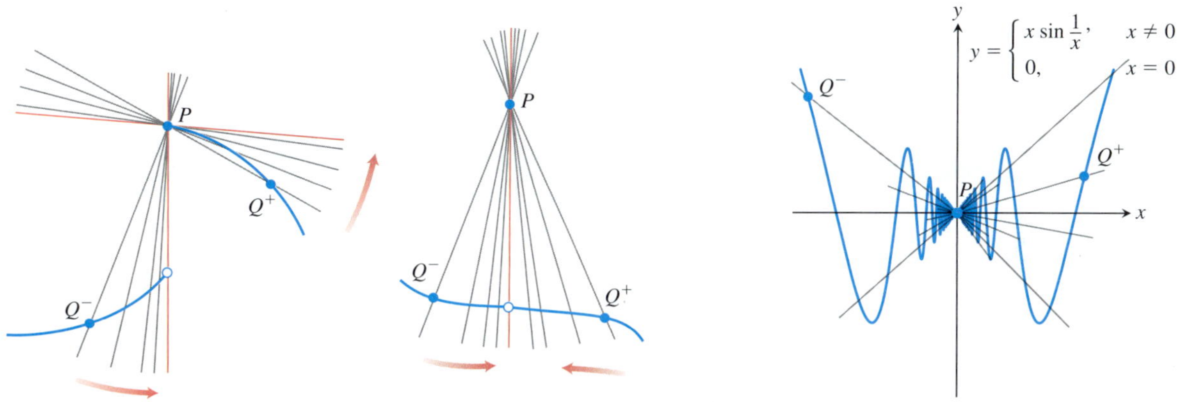

4. **불연속 점**(두 가지 예)

5. 급격한 진동

지 못하거나 수직선이 된다면 도함수는 존재하지 않는다. 따라서 미분가능성은 f의 그래프의 '매끄러움' 상태이다. 그래프가 어떤 점에서 다음과 같은 상황을 맞게 되면 그 함수는 그 점에서 미분불가능이다.

마지막 예는 함수가 $x=0$에서 연속이지만, 그래프는 $x=0$에 가까워짐에 따라 위아래로 격력하게 진동한다. 0을 지나는 활선의 기울기는 x가 0에 가까워짐에 따라 -1과 1 사이에서 진동하기 때문에 $x=0$에서 활선의 기울기의 극한은 존재하지 않는다.

미분가능한 함수는 연속이다

미분계수를 갖는 모든 점에서 함수는 연속이다.

정리 1 ▌ 미분가능하면 연속

f가 $x=c$에서 미분계수를 갖는다면 f는 $x=c$에서 연속이다.

증명 $f'(c)$가 존재한다고 하자. $\lim_{x\to c} f(x)=f(c)$ 또는 동등하게 $\lim_{h\to 0} f(c+h)=f(c)$가 성립함을 보여야 한다. $h\neq 0$이라면 다음이 성립한다.

$$
\begin{aligned}
f(c+h) &= f(c) + (f(c+h) - f(c)) && f(c)\text{를 더하고 뺌} \\
&= f(c) + \frac{f(c+h) - f(c)}{h} \cdot h && h\text{를 곱하고 나눔}
\end{aligned}
$$

$h \to 0$인 극한을 취한다. 1.2절의 정리 1에 의해 다음 식이 성립한다.

$$\begin{aligned}\lim_{h\to 0} f(c+h) &= \lim_{h\to 0} f(c) + \lim_{h\to 0}\frac{f(c+h)-f(c)}{h}\cdot\lim_{h\to 0} h\\ &= f(c) + f'(c)\cdot 0\\ &= f(c)+0\\ &= f(c)\end{aligned}$$

■

한쪽 방향으로의 극한에 대한 비슷한 논의를 이용하면, f가 $x=c$에서 한쪽(우 또는 좌) 미분계수를 가질 때 f는 $x=c$에서 그쪽으로부터 연속이다.

정리 1은 함수가 어떤 점에서 불연속(예를 들어 도약 불연속)이면 함수는 그곳에서 미분가능하지 않다는 것을 말한다. 최대 정수함수 $y=\lfloor x\rfloor$는 각 정수 $x=n$에서 미분가능하지 않다(1.6절의 예제 4).

주의 정리 1의 역은 성립하지 않는다. 예제 4의 절댓값 함수에서 보았듯이 함수가 연속인 점에서 꼭 도함수를 가질 필요는 없다. ●

연습문제 2.2 EXERCISE QUESTION

도함수와 값 구하기

연습문제 1~6에서 정의를 이용해 함수의 도함수를 구하고, 주어진 점에서 도함수의 값을 구하라.

1. $f(x) = 4 - x^2;\quad f'(-3), f'(0), f'(1)$

2. $F(x) = (x-1)^2 + 1;\quad F'(-1), F'(0), F'(2)$

3. $g(t) = \dfrac{1}{t^2};\quad g'(-1), g'(2), g'(\sqrt{3})$

4. $k(z) = \dfrac{1-z}{2z};\quad k'(-1), k'(1), k'(\sqrt{2})$

5. $p(\theta) = \sqrt{3\theta};\quad p'(1), p'(3), p'(2/3)$

6. $r(s) = \sqrt{2s+1};\quad r'(0), r'(1), r'(1/2)$

연습문제 7~12에서 지시된 도함수를 구하라.

7. $\dfrac{dy}{dx},\ y = 2x^3$

8. $\dfrac{dr}{ds},\ r = s^3 - 2s^2 + 3$

9. $\dfrac{ds}{dt},\ s = \dfrac{t}{2t+1}$

10. $\dfrac{dv}{dt},\ v = t - \dfrac{1}{t}$

11. $\dfrac{dp}{dq},\ p = q^{3/2}$

12. $\dfrac{dz}{dw},\ z = \dfrac{1}{\sqrt{w^2-1}}$

기울기와 접선

연습문제 13~16에서 함수를 미분하고, 독립변수의 주어진 값에서 접선의 기울기를 구하라.

13. $f(x) = x + \dfrac{9}{x},\quad x=-3$

14. $k(x) = \dfrac{1}{2+x},\quad x=2$

15. $s = t^3 - t^2,\quad t=-1$

16. $y = \dfrac{x+3}{1-x},\quad x=-2$

연습문제 17과 18에서 함수를 미분하고, 함수의 그래프 위의 주어진 점에서 접선의 방정식을 구하라.

17. $y = f(x) = \dfrac{8}{\sqrt{x-2}},\quad (x,y)=(6,4)$

18. $w = g(z) = 1 + \sqrt{4-z},\quad (z,w)=(3,2)$

연습문제 19~22에서 미분계수의 값을 구하라.

19. $\left.\dfrac{ds}{dt}\right|_{t=-1},\ s = 1 - 3t^2$

20. $\left.\dfrac{dy}{dx}\right|_{x=\sqrt{3}},\ y = 1 - \dfrac{1}{x}$

21. $\left.\dfrac{dr}{d\theta}\right|_{\theta=0},\ r = \dfrac{2}{\sqrt{4-\theta}}$

22. $\left.\dfrac{dw}{dz}\right|_{z=4},\ w = z + \sqrt{z}$

도함수에 대한 다른 공식 이용하기

다음 공식을 이용하여 연습문제 23~26에서 함수의 도함수를 구하라.

$$f'(x) = \lim_{z\to x}\frac{f(z)-f(x)}{z-x}$$

23. $f(x) = \dfrac{1}{x+2}$

24. $f(x) = x^2 - 3x + 4$

25. $g(x) = \dfrac{x}{x-1}$

26. $g(x) = 1 + \sqrt{x}$

그래프

연습문제 27~30에서 그래프로 나타낸 함수의 도함수를 주어진 그림 (a)~(d)의 그래프에서 찾아라.

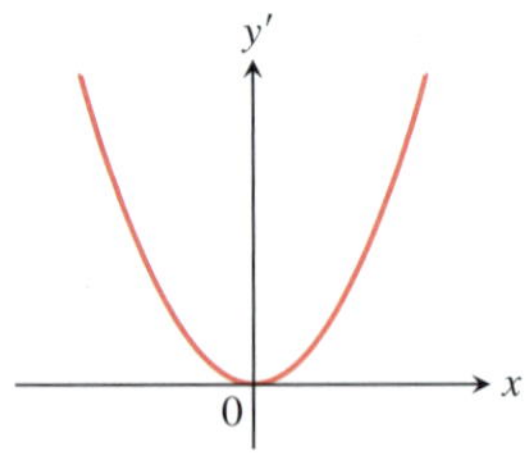

(a)

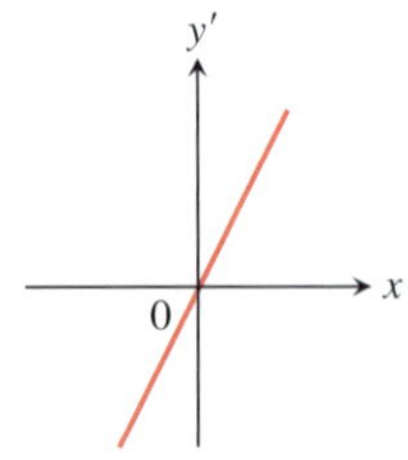

(b)

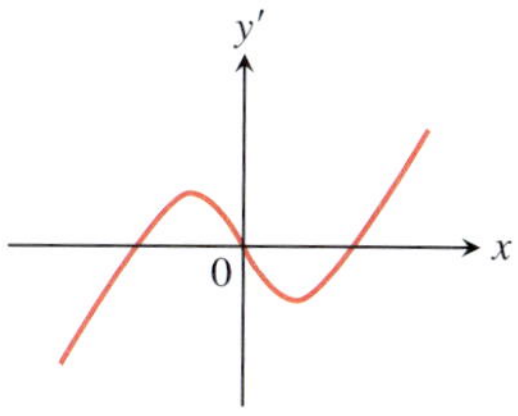

(c)

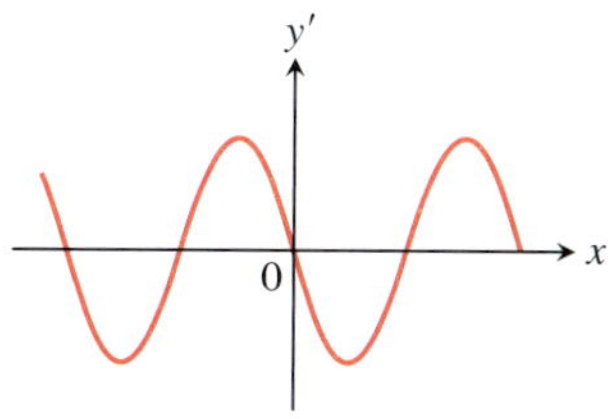

(d)

27.

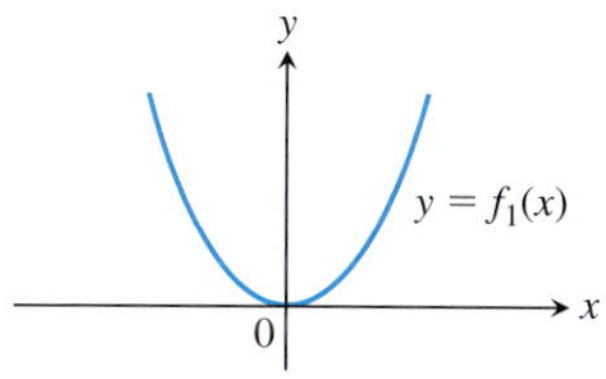

28.

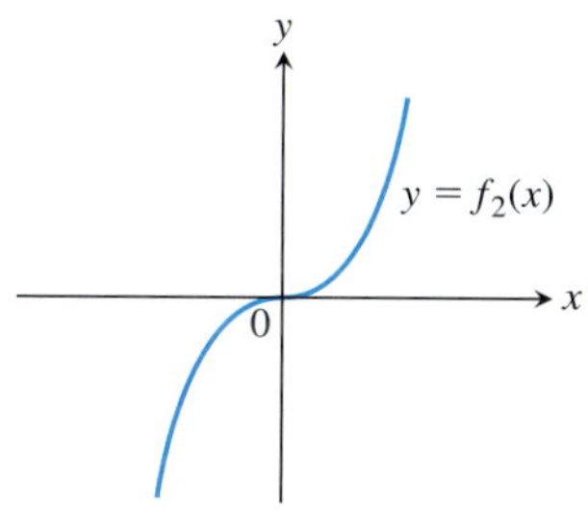

29.

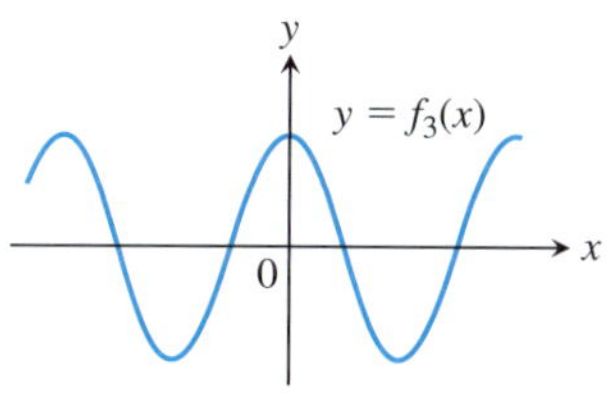

30.

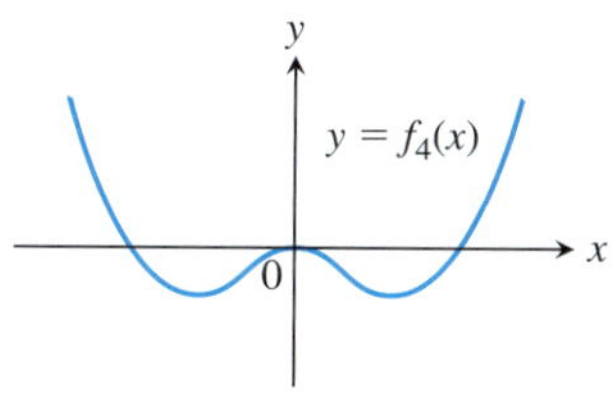

31. 주어진 그래프로 표시된 함수는 구간 $[-4, 6]$이 정의역이고 선분의 끝점을 연결하여 만든 것이다.

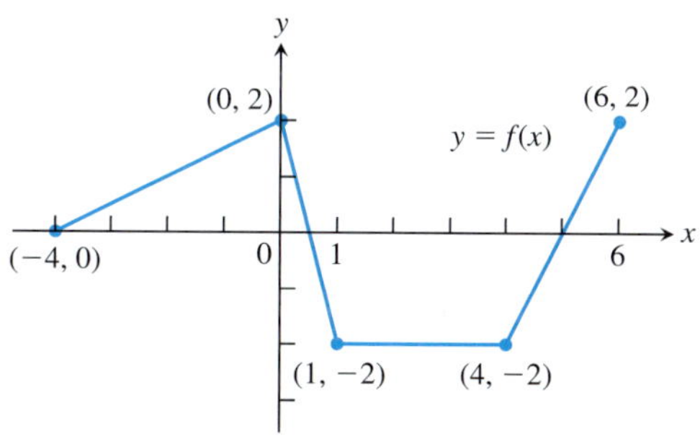

a. 어느 점에서 f'이 정의되지 않는가? 그 이유를 설명하라.

b. f의 도함수의 그래프를 그려라. 그래프는 계단함수가 될 것이다.

32. 도함수로부터 원함수 찾기

a. 다음 정보를 이용하여 닫힌 구간 $[-2, 5]$에서 함수의 그래프를 그려라.

i) f의 그래프는 끝점을 연결하는 닫힌 선분으로 이루어졌다.

ii) 그래프는 점 $(-2, 3)$에서 시작한다.

iii) f의 도함수는 주어진 그림과 같은 계단함수이다.

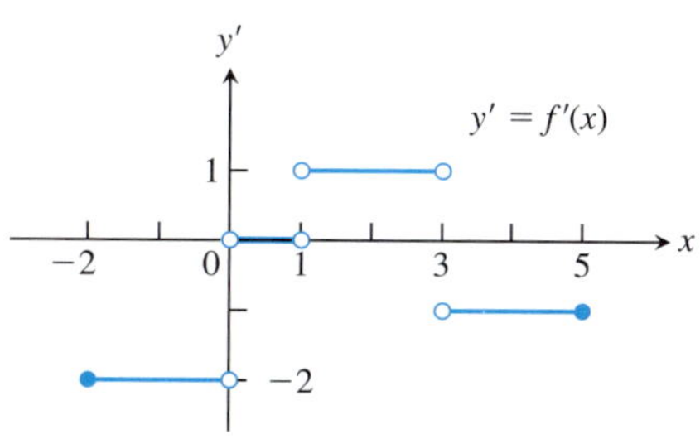

b. 그래프가 $(-2, 3)$ 대신 $(-2, 0)$에서 시작한다고 가정하고 문제 (a)의 과정을 반복하라.

33. 경제 성장 다음 그래프는 2005년에서 2011년까지 미국의 국민총생산(GNP)의 연평균 변화 $y=f(t)$를 보인다. (정의된 곳에서) dy/dt의 그래프를 그려라.

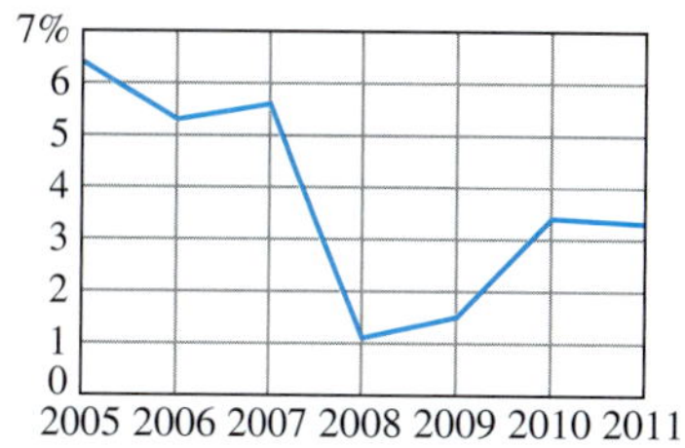

34. 과일파리(1.1절 예제 4의 계속) 폐쇄된 환경(예를 들어 실험실)에서 시작하는 개체 수는 비교적 적은 수가 존재하는 초기에는 천천히 증가하다가 번식하는 개체수가 증가하면서 자원이 아직 충분할 때는 빠르게 증가한다. 환경의 수용 능력이 한계에 도달하게 되면 개체 수는 다시 천천히 증가한다.

a. 예제 3의 그래프 방법을 이용해 과일파리 개체수의 도함수에 대한 그래프를 그려라. 다음 그림은 과일파리 개체수의 그래프이다.

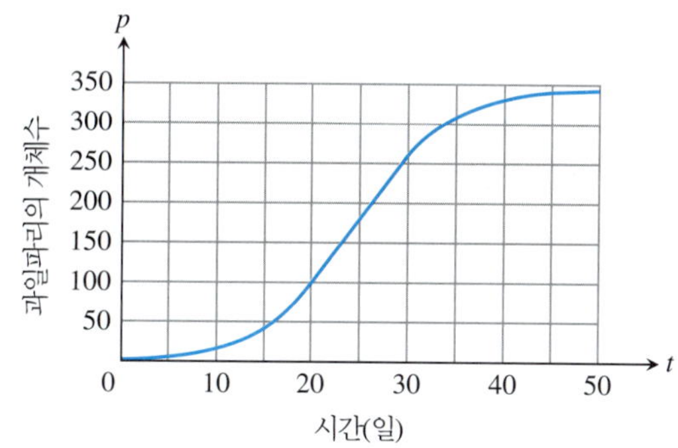

b. 과일파리의 개체수가 가장 빠르게 증가한 날과 가장 느리게 증가한 날을 찾아라.

35. 온도 주어진 그림은 오전 6시부터 오후 6시까지의 온도 T(°C)를 보인다.

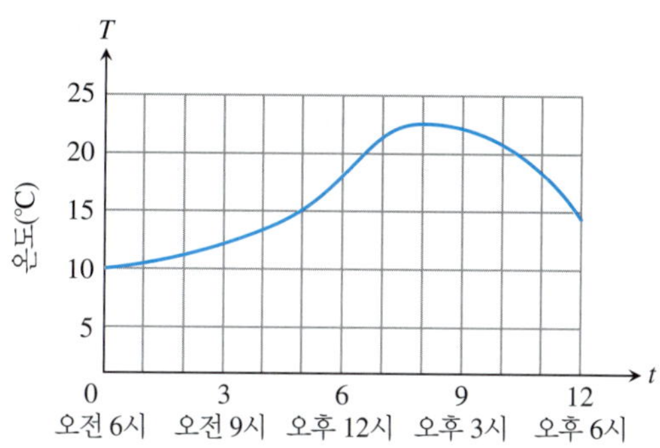

a. 다음 시간에서 온도의 변화율을 추정하라.

i) 오전 7시 **ii)** 오전 9시 **iii)** 오후 2시 **iv)** 오후 4시

b. 몇 시에 온도가 가장 빠르게 증가하는가, 빠르게 감소하는가? 그때 변화율은 각각 얼마인가?

c. 예제 3의 그래프 방법을 이용하여 시간 t에 대한 온도 T의 도함

수를 그려라.

36. 주어진 그림은 2006년 초부터 2015년 말까지 캘리포니아 새크라멘토의 단독주택의 평균 가격 P를 보인다.

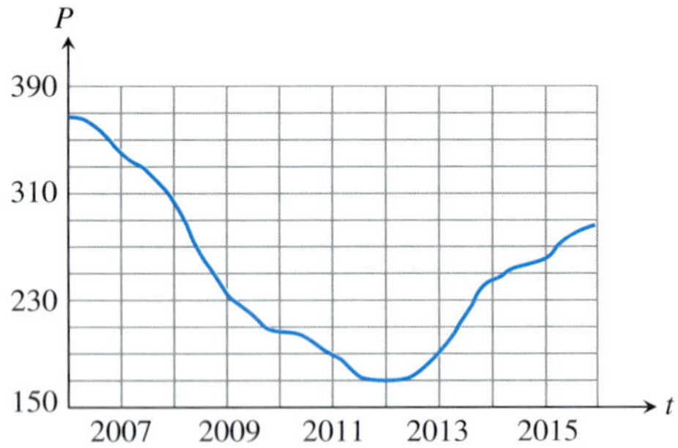

a. 주택 가격이 감소한 기간은? 증가한 기간은?

b. 다음 년도 연말에서 주택 가격을 추정하라.

i) 2007 **ii)** 2012 **iii)** 2015

c. 다음 년도 연초에서 주택 가격의 변화율을 추정하라.

i) 2007 **ii)** 2010 **iii)** 2014

d. 주택 가격이 가장 빠르게 하락한 해는 언제이며, 그때 변화율의 추정치는 얼마인가?

e. 주택 가격이 가장 빠르게 상승한 해는 언제이며, 그때 변화율의 추정치는 얼마인가?

f. 예제 3의 그래프 방법을 이용하여 시간 t에 대한 주택 가격 P의 도함수를 그려라.

한쪽 미분계수

우미분계수와 좌미분계수를 비교하여 연습문제 37~40에서 함수가 점 P에서 미분가능하지 않음을 보여라.

37.

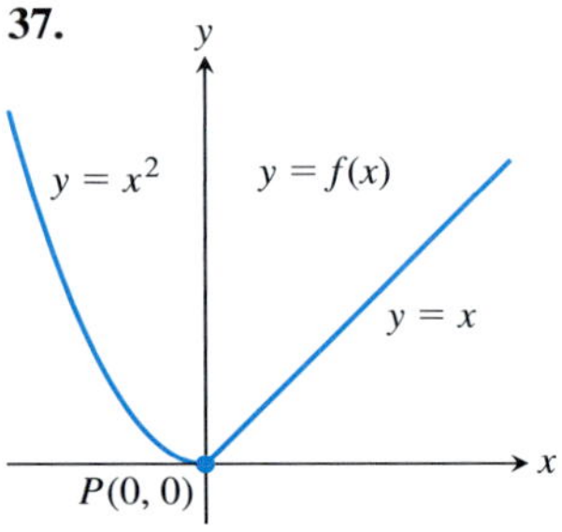

38.

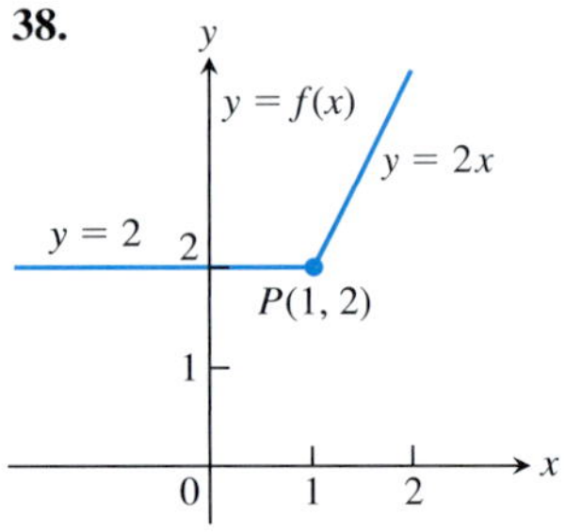

39.

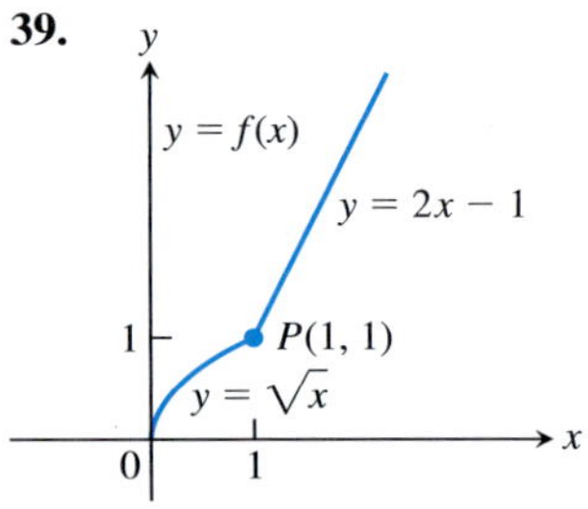

40.

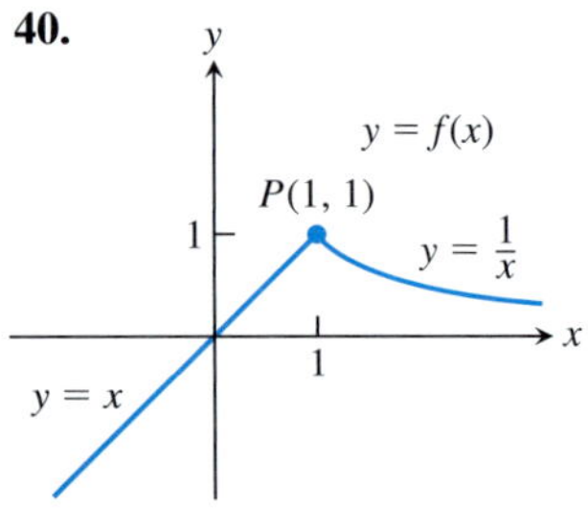

연습문제 41~44에서 부분적으로 정의된 함수가 원점에서 미분가능한지를 판정하라.

41. $f(x) = \begin{cases} 2x - 1, & x \geq 0 \\ x^2 + 2x + 7, & x < 0 \end{cases}$

42. $g(x) = \begin{cases} x^{2/3}, & x \geq 0 \\ x^{1/3}, & x < 0 \end{cases}$

43. $f(x) = \begin{cases} 2x + \tan x, & x \geq 0 \\ x^2, & x < 0 \end{cases}$

44. $g(x) = \begin{cases} 2x - x^3 - 1, & x \geq 0 \\ x - \dfrac{1}{x+1}, & x < 0 \end{cases}$

구간에서의 미분가능성과 연속성

연습문제 45~50에서 각 그림은 닫힌 구간 D에서 함수의 그래프를 나타낸다. 정의역의 어느 점에서 다음 문항에 대한 답이 되는지 이유를 설명하라.

a. 함수가 미분가능한가?

b. 함수가 연속이지만 미분가능하지 않은가?

c. 함수가 연속하지도 미분가능하지도 않은가?

45.

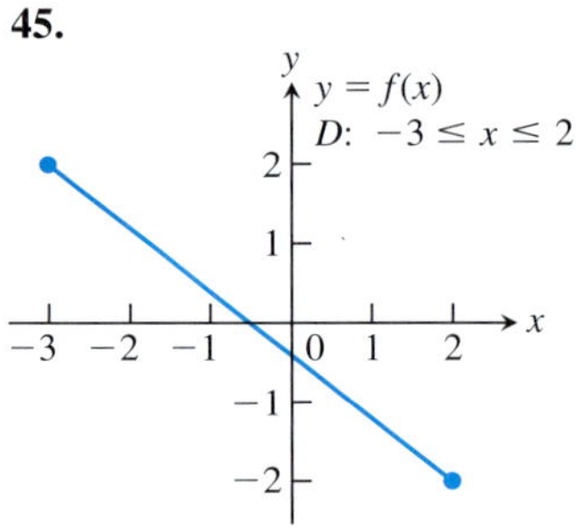

46.

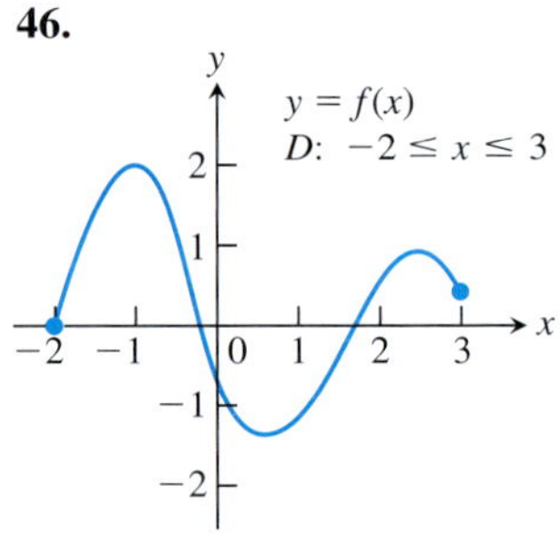

47.

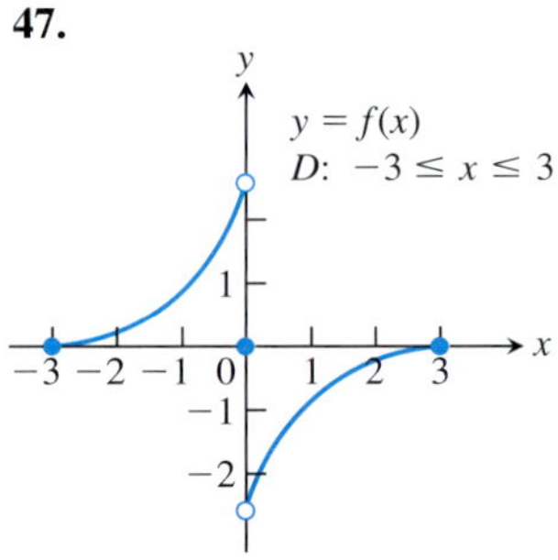

48.

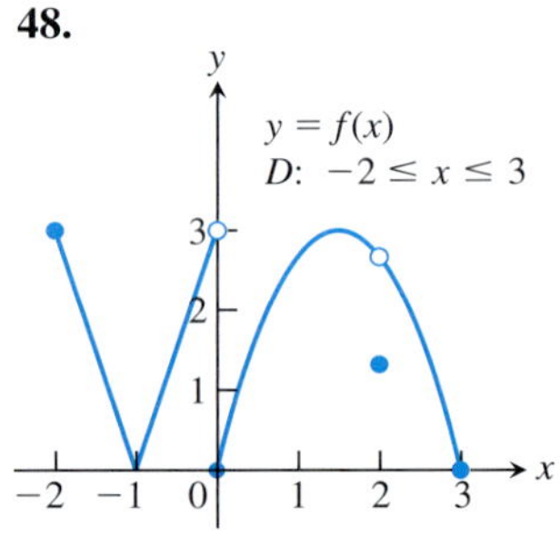

49.

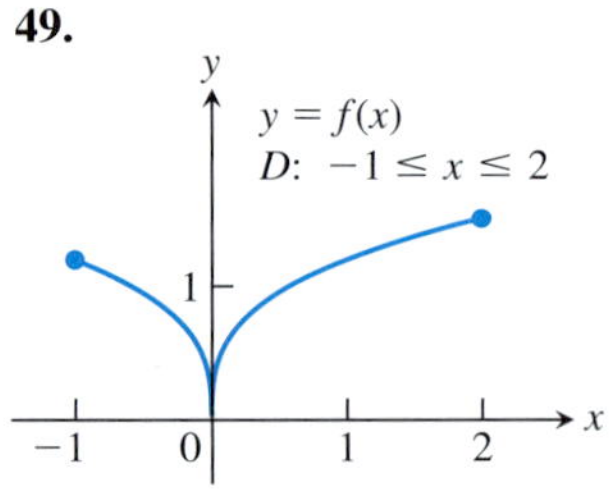

50.

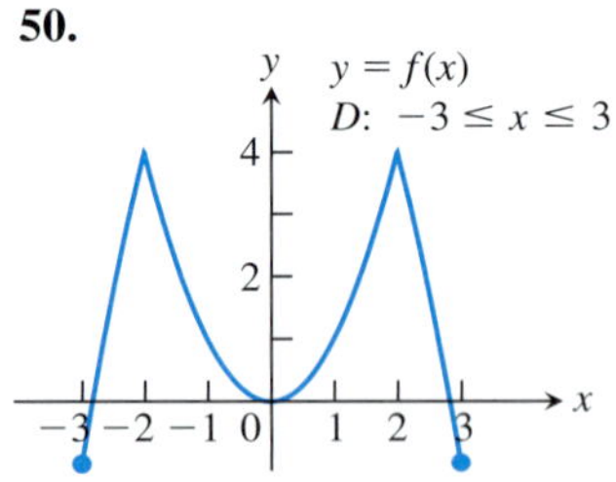

이론과 예제

연습문제 51~54에서 다음을 구하라.

a. 주어진 함수 $y=f(x)$의 도함수 $f'(x)$를 구하라.

b. 다른 좌표축를 이용해 $y=f(x)$와 $y=f'(x)$의 그래프를 나란히 그리고 다음 질문에 답하라.

c. 존재한다면 어떤 x값에 대해 $f'(x)$가 양, 0, 음인가?

d. 존재한다면 어떤 x값 구간에 대해 x가 증가할 때 함수 $y=f(x)$가 증가하는가, x가 증가할 때 $y=f(x)$가 감소하는가? 이것은 문제 (c)에서 구한 것과 어떻게 관련되어 있는가? (이 관계에 대해 3.3절에서 좀 더 자세히 다루겠다.)

51. $y = -x^2$ **52.** $y = -1/x$

53. $y = x^3/3$ **54.** $y = x^4/4$

55. 포물선의 접선 포물선 $y=2x^2-13x+5$는 기울기가 -1인 접선을 갖는가? 그렇다면 접점을 구하고 접선의 방정식을 구하라. 그렇지 않다면 그 이유를 설명하라.

56. $y=\sqrt{x}$의 접선 곡선 $y=\sqrt{x}$의 접선 중 $x=-1$에서 x축을 교차하는 접선이 존재하는가? 그렇다면 접점과 접선의 방정식을 구하라. 그렇지 않다면 그 이유를 설명하라.

57. $-f$의 도함수 함수 $f(x)$가 점 $x=x_0$에서 미분가능하다는 것을 안다면 $x=x_0$에서 $-f$의 미분가능성에 대해 어떤 것을 알 수 있는가? 그 이유를 설명하라.

58. 상수배의 도함수 함수 $g(t)$가 점 $t=7$에서 미분가능하다는 것을 안다면 $t=7$에서 $3g$의 미분가능성에 대해 어떤 것을 알 수 있는가? 그 이유를 설명하라.

59. 나눗셈의 극한 함수 $g(t)$와 $h(t)$가 t의 모든 값에 대해 정의되고 $g(0)=h(0)=0$이라 하자. $\lim_{t\to 0} g(t)/h(t)$가 존재하는가? 존재한다면, 그것은 0이어야만 하는가? 그 이유를 설명하라.

60. a. 함수 $f(x)$가 $-1 \le x \le 1$에 대해 $|f(x)| \le x^2$을 만족한다고 하자. f는 $x=0$에서 미분가능함을 보이고, $f'(0)$을 구하라.

b. $f(x) = \begin{cases} x^2 \sin\dfrac{1}{x}, & x \neq 0 \\ 0, & x = 0 \end{cases}$

앞의 함수가 $x=0$에서 미분가능함을 보이고, $f'(0)$을 구하라.

T **61.** $0 \le x \le 2$인 창에서 $y=1/(2\sqrt{x})$의 그래프를 그려라. 그런 후 같은 창에서 $h=1, 0.5, 0.1$일 때 다음 함수의 그래프를 그려라.

$$y = \frac{\sqrt{x+h}-\sqrt{x}}{h}$$

그 다음에 $h=-1, -0.5, -0.1$일 때 그래프를 그려라. 어떤 일이 일어나는지를 설명하라.

T **62.** $-2 \le x \le 2$, $0 \le y \le 3$인 창에서 $y=3x^2$의 그래프를 그려라. 그런 후 같은 창에서 $h=2, 1, 0.2$일 때 다음 함수의 그래프를 그려라.

$$y = \frac{(x+h)^3 - x^3}{h}$$

그 다음에 $h=-2, -1, -0.2$일 때 그래프를 그려라. 어떤 일이 일어나는지를 설명하라.

63. $y=|x|$의 도함수 $f(x)=|x|$의 도함수 그래프를 그리고, $y=(|x|-0)/(x-0)=|x|/x$의 그래프를 그려라. 어떤 결론을 얻을 수 있는가?

T **64. 바이어슈트라스의 모든 점에서 미분불가능한 연속함수** 바이어슈트라스 함수 $f(x)=\sum_{n=0}^{\infty}(2/3)^n\cos(9^n\pi x)$의 처음 8개 항의 합은 다음과 같다.

$$g(x) = \cos(\pi x) + (2/3)^1\cos(9\pi x) + (2/3)^2\cos(9^2\pi x) + (2/3)^3\cos(9^3\pi x) + \cdots + (2/3)^7\cos(9^7\pi x)$$

이 합의 그래프를 그려라. 몇 번 확대하라. 이 그래프가 얼마나 울퉁불퉁하고 들쑥날쑥한가? 그래프의 일부분이 매끄럽게 표시되는 창을 구분하라.

컴퓨터 탐구

CAS를 이용해 연습문제 65~70에서 함수에 대해 다음 단계를 수행하라.

a. $y=f(x)$를 그려서 함수의 대역적 행동을 살펴보라.

b. 일반적인 점 x에서 일반적인 단계 크기 h를 이용해 차분몫 q를 정의하라.

c. $h \to 0$일 때 극한을 구하라. 이것으로 어떤 공식을 얻을 수 있는가?

d. 값 $x=x_0$를 대입하고 그 점에서 함수 $y=f(x)$의 그래프와 접선을 함께 그려라.

e. 문제 (c)에서 얻은 공식에서 x를 x_0보다 크거나 작은 값으로 대체하라. 그린 그림에 이 수의 의미가 있는가?

f. 문제 (c)에서 얻은 공식의 그래프를 그려라. 이것의 값이 음이 된다는 것은 무엇을 의미하는가? 0이라면, 양이라면? 이것이 문제 (a)에서 그린 그림에 의미가 있는가? 그 이유를 설명하라.

65. $f(x) = x^3 + x^2 - x, \quad x_0 = 1$

66. $f(x) = x^{1/3} + x^{2/3}, \quad x_0 = 1$

67. $f(x) = \dfrac{4x}{x^2+1}, \quad x_0 = 2$

68. $f(x) = \dfrac{x-1}{3x^2+1}, \quad x_0 = -1$

69. $f(x) = \sin 2x, \quad x_0 = \pi/2$

70. $f(x) = x^2\cos x, \quad x_0 = \pi/4$

2.3 미분 공식

이 절에서는 상수함수, 거듭제곱함수, 다항식, 지수함수, 유리함수와 이들의 특정 조합으로 된 함수까지 매번 극한을 이용하지 않고서 쉽고 직접 미분할 수 있는 여러 공식을 소개한다.

거듭제곱, 상수배, 합, 차

미분법의 기본 공식은 모든 상수함수의 도함수가 0이라는 것이다.

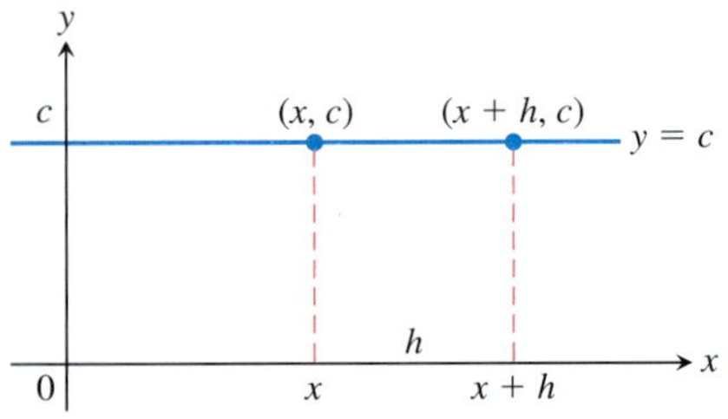

그림 2.10 공식 $(d/dx)(c)=0$은 다른 말로 상수함수의 값은 변하지 않으며 모든 점에서 수평 접선의 기울기는 0이란 뜻이다.

상수함수의 도함수

함수 f가 상수값 $f(x)=c$를 갖는 상수함수라면 다음 공식이 성립한다.

$$\frac{df}{dx} = \frac{d}{dx}(c) = 0$$

증명 함숫값이 항상 c인 함수 $f(x)=c$(그림 2.10)에 도함수의 정의를 적용하면, 모든 x값에 대해 다음과 같다.

$$f'(x) = \lim_{h\to 0}\frac{f(x+h)-f(x)}{h} = \lim_{h\to 0}\frac{c-c}{h} = \lim_{h\to 0} 0 = 0 \qquad \blacksquare$$

이제 x의 거듭제곱을 고려해보자. 2.1절에서 다음을 알았다.

$$\frac{d}{dx}\left(\frac{1}{x}\right) = -\frac{1}{x^2} \quad \text{또는} \quad \frac{d}{dx}(x^{-1}) = -x^{-2}$$

앞절의 예제 2에서 또한 다음을 알았다.

$$\frac{d}{dx}(\sqrt{x}) = \frac{1}{2\sqrt{x}} \quad \text{또는} \quad \frac{d}{dx}(x^{1/2}) = \frac{1}{2}x^{-1/2}$$

이 두 예제는 거듭제곱 x^n을 미분하는 일반적인 공식을 예로 한다. 먼저 n이 양의 정수일 때 공식을 증명한다.

양의 정수 거듭제곱함수의 도함수

n이 양의 정수일 때 다음 공식이 성립한다.

$$\frac{d}{dx}x^n = nx^{n-1}$$

역사적 인물

리처드 쿠랑(Richard Courant, 1888~1972)
리처드 쿠랑은 1910년 괴팅겐 대학에서 박사 학위를 받았다. 그는 괴팅겐 수학 연구소를 설립했고, 1920년부터 1933년까지 소장으로 재직했다. 그는 주로 수리물리학에 대한 연구를 했다.

양의 정수 거듭제곱 공식의 증명 다음 공식은 우변을 전개하여 보일 수 있다.

$$z^n - x^n = (z-x)(z^{n-1} + z^{n-2}x + \cdots + zx^{n-2} + x^{n-1})$$

그러면 도함수의 정의에 대한 다른 형태로부터 다음 식을 얻을 수 있다.

$$\begin{aligned} f'(x) &= \lim_{z\to x}\frac{f(z)-f(x)}{z-x} = \lim_{z\to x}\frac{z^n - x^n}{z-x} \\ &= \lim_{z\to x}(z^{n-1} + z^{n-2}x + \cdots + zx^{n-2} + x^{n-1}) \qquad n\text{항} \\ &= nx^{n-1} \end{aligned} \qquad \blacksquare$$

거듭제곱 미분 공식은 양의 정수뿐만 아니라 실제로 모든 실수에 대해 성립한다. 음의 정수와 분수 제곱에 대한 예를 보았으며 n이 무리수일 때에도 성립한다. 여기서는 일반적인 공식을 서술만 하고 증명은 2.8절로 미룬다.

거듭제곱 미분 공식(일반적인 형태)

n이 임의의 실수일 때 x^n과 x^{n-1}이 정의되는 모든 x에서 다음 공식이 성립한다.

$$\frac{d}{dx}x^n = nx^{n-1}$$

예제 1 다음 x의 거듭제곱을 미분하라.

(a) x^3 **(b)** $x^{2/3}$ **(c)** $x^{\sqrt{2}}$ **(d)** $\dfrac{1}{x^4}$ **(e)** $x^{-4/3}$ **(f)** $\sqrt{x^{2+\pi}}$

거듭제곱 미분 공식 적용하기
지수에서는 1을 빼고, 원래의 지수를 곱한다.

풀이

(a) $\dfrac{d}{dx}(x^3) = 3x^{3-1} = 3x^2$

(b) $\dfrac{d}{dx}(x^{2/3}) = \dfrac{2}{3}x^{(2/3)-1} = \dfrac{2}{3}x^{-1/3}$

(c) $\dfrac{d}{dx}\left(x^{\sqrt{2}}\right) = \sqrt{2}\,x^{\sqrt{2}-1}$

(d) $\dfrac{d}{dx}\left(\dfrac{1}{x^4}\right) = \dfrac{d}{dx}(x^{-4}) = -4x^{-4-1} = -4x^{-5} = -\dfrac{4}{x^5}$

(e) $\dfrac{d}{dx}(x^{-4/3}) = -\dfrac{4}{3}x^{-(4/3)-1} = -\dfrac{4}{3}x^{-7/3}$

(f) $\dfrac{d}{dx}\left(\sqrt{x^{2+\pi}}\right) = \dfrac{d}{dx}\left(x^{1+(\pi/2)}\right) = \left(1+\dfrac{\pi}{2}\right)x^{1+(\pi/2)-1} = \dfrac{1}{2}(2+\pi)\sqrt{x^{\pi}}$ ■

다음 공식은 미분가능한 함수에 상수가 곱해지면, 이것의 도함수에 같은 상수를 곱한 것으로 미분된다는 것을 말한다.

상수배 미분 공식

u가 x의 미분가능한 함수이고 c가 상수이면 다음 공식이 성립한다.

$$\frac{d}{dx}(cu) = c\frac{du}{dx}$$

증명

$$\begin{aligned}\frac{d}{dx}cu &= \lim_{h\to 0}\frac{cu(x+h)-cu(x)}{h} && f(x)=cu(x)\text{에 대한 도함수 정의}\\ &= c\lim_{h\to 0}\frac{u(x+h)-u(x)}{h} && \text{상수배 극한 공식}\\ &= c\frac{du}{dx} && u\text{는 미분가능}\end{aligned}$$ ■

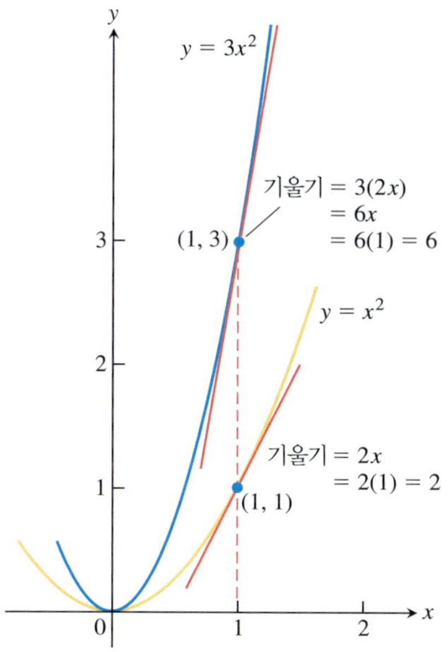

그림 2.11 $y=x^2$과 $y=x^3$의 그래프. y좌표를 세 배로 늘리면 기울기가 세 배로 증가한다(예제 2).

예제 2

(a) 다음과 같은 도함수 공식은 $y=x^2$의 그래프를 y좌표에 세 배하여 재설정하자.

$$\frac{d}{dx}(3x^2) = 3\cdot 2x = 6x$$

그러면 각 점에서의 기울기에 3을 곱하게 된다는 것을 말한다(그림 2.11).

(b) 함수의 음

미분가능한 함수 u의 음의 도함수는 함수의 도함수의 음이다. 상수배 공식에서 $c=-1$을 대입하면 다음 식을 구할 수 있다.

$$\frac{d}{dx}(-u) = \frac{d}{dx}(-1\cdot u) = -1\cdot\frac{d}{dx}(u) = -\frac{du}{dx}$$ ■

다음 공식은 2개의 미분가능한 함수에서 합의 도함수는 그들의 도함수의 합임을 말한다.

합의 미분 공식

u와 v가 x의 미분가능한 함수라면, 그들의 합 $u+v$도 u와 v가 모두 미분가능한 모든 점에서 미분가능하다. 그러한 점에서 다음 공식이 성립한다.

$$\frac{d}{dx}(u+v)=\frac{du}{dx}+\frac{dv}{dx}$$

u와 v로 함수 표시하기
미분 공식을 필요로 하는 작업에서 해당 함수는 f와 g와 같은 문자를 표시되었을 가능성이 높다. 일반적인 미분 규칙을 설명할 때 이미 사용한 문자를 사용하는 대신 문제에서 사용되지 않을 가능성이 높은 u와 v를 사용한다.

증명 $f(x)=u(x)+v(x)$에 도함수의 정의를 적용한다.

$$\begin{aligned}\frac{d}{dx}[u(x)+v(x)]&=\lim_{h\to0}\frac{[u(x+h)+v(x+h)]-[u(x)+v(x)]}{h}\\&=\lim_{h\to0}\left[\frac{u(x+h)-u(x)}{h}+\frac{v(x+h)-v(x)}{h}\right]\\&=\lim_{h\to0}\frac{u(x+h)-u(x)}{h}+\lim_{h\to0}\frac{v(x+h)-v(x)}{h}=\frac{du}{dx}+\frac{dv}{dx}\end{aligned}$$ ■

합의 공식과 상수배 공식을 결합하면 **차의 미분 공식**(difference rule)을 얻는데, 이는 미분가능한 함수에서 차의 도함수는 그들의 도함수의 차가 됨을 말해준다.

$$\frac{d}{dx}(u-v)=\frac{d}{dx}[u+(-1)v]=\frac{du}{dx}+(-1)\frac{dv}{dx}=\frac{du}{dx}-\frac{dv}{dx}$$

합의 공식은 또한 셋 이상의 함수의 합에 대해 그 수가 유한개이기만 하면 성립한다. u_1, u_2, $\cdots$, u_n이 x에 대한 미분가능한 함수라면 $u_1+u_2+\cdots+u_n$도 다음 등식이 성립한다.

$$\frac{d}{dx}(u_1+u_2+\cdots+u_n)=\frac{du_1}{dx}+\frac{du_2}{dx}+\cdots+\frac{du_n}{dx}$$

임의의 유한개의 항에 대한 수학적 귀납법에 의한 증명은 부록 A.3에 제시되어 있다.

예제 3 다항식 $y=x^3+\frac{4}{3}x^2-5x+1$의 도함수를 구하라.

풀이

$$\begin{aligned}\frac{dy}{dx}&=\frac{d}{dx}x^3+\frac{d}{dx}\left(\frac{4}{3}x^2\right)-\frac{d}{dx}(5x)+\frac{d}{dx}(1)\qquad\text{합과 차의 미분 공식}\\&=3x^2+\frac{4}{3}\cdot2x-5+0=3x^2+\frac{8}{3}x-5\end{aligned}$$ ■

예제 3에서 미분한 것처럼 다항식을 항별로 미분할 수 있다. 모든 다항식은 모든 x에 대해 미분가능하다.

예제 4 곡선 $y=x^4-2x^2+2$는 수평 접선을 갖는가? 그렇다면 어디에서 갖는가?

풀이 수평 접선이 존재한다면 기울기 dy/dx가 0일 때 생긴다. 그리고 다음을 얻는다.

$$\frac{dy}{dx}=\frac{d}{dx}(x^4-2x^2+2)=4x^3-4x$$

방정식 $\frac{dy}{dx}=0$을 x에 관해 풀면 다음을 얻는다.

$$\begin{aligned}4x^3-4x&=0\\4x(x^2-1)&=0\\x&=0,1,-1\end{aligned}$$

곡선 $y=x^4-2x^2+2$는 $x=0$, 1, -1에서 수평 접선을 갖는다. 곡선 위의 대응하는 점은 (0, 2), (1, 1), (−1, 1)이다. 그림 2.12를 보자. ■

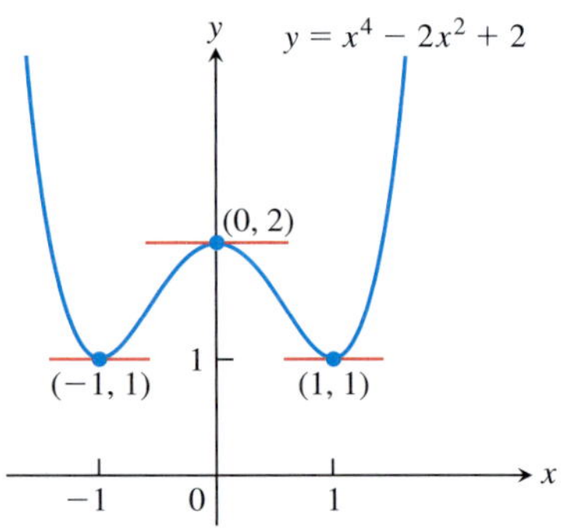

그림 2.12 예제 4에서의 곡선과 곡선의 수평 접선.

지수함수의 도함수

$f(x)=a^x$에 도함수의 정의를 적용하면 도함수는 다음과 같다.

$$\begin{aligned}\frac{d}{dx}(a^x) &= \lim_{h\to 0}\frac{a^{x+h}-a^x}{h} && \text{도함수 정의}\\ &= \lim_{h\to 0}\frac{a^x\cdot a^h-a^x}{h} && a^{x+h}=a^x\cdot a^h\\ &= \lim_{h\to 0} a^x\cdot\frac{a^h-1}{h} && \text{공통인수 } a^x\\ &= a^x\cdot\lim_{h\to 0}\frac{a^h-1}{h} && h\to 0\text{일 때 } a^x\text{는 상수}\\ &= \underbrace{\left(\lim_{h\to 0}\frac{a^h-1}{h}\right)}_{\text{수 } L\text{은 고정값}}\cdot a^x && (1)\end{aligned}$$

따라서 a^x의 도함수는 a^x의 상수배 L임을 알 수 있다. 위의 극한 L은 전에 다뤘던 것과 같은 것이 아니다. 그러나 이것은 $x=0$에서 $f(x)=a^x$의 미분계수와 같다.

$$f'(0)=\lim_{h\to 0}\frac{a^h-a^0}{h}=\lim_{h\to 0}\frac{a^h-1}{h}=L$$

따라서 극한 L은 함수 $f(x)=a^x$이 y축과 만나는 점에서 이 그래프의 기울기이다. 6장에서 로그함수와 지수함수를 자세하게 전개할 때 극한 L이 존재하고 값 $\ln a$를 갖는다는 것을 증명한다. 지금은 함수 $y=(a^h-1)/h$의 그래프를 그리고 $h\to 0$일 때 이 함수의 행동을 연구함으로써 L의 값을 조사한다.

그림 2.13은 a의 네 가지 서로 다른 값에 대한 함수 $y=(a^h-1)/h$의 그래프를 보인다. 극한 L은 $a=2$이면 약 0.69, $a=2.5$이면 약 0.92, $a=3$이면 약 1.1이다. a가 2.5에서 3 사이의 어떤 값에서 L의 값은 1이 된다. 그 수는 $a=e\approx 2.718281828$이다. 이 수를 밑으로 하여 지수함수 $f(x)=e^x$을 얻고, 이 함수가 y절편에서 곡선의 기울기가 1이므로 다음과 같은 만족함을 알 수 있다.

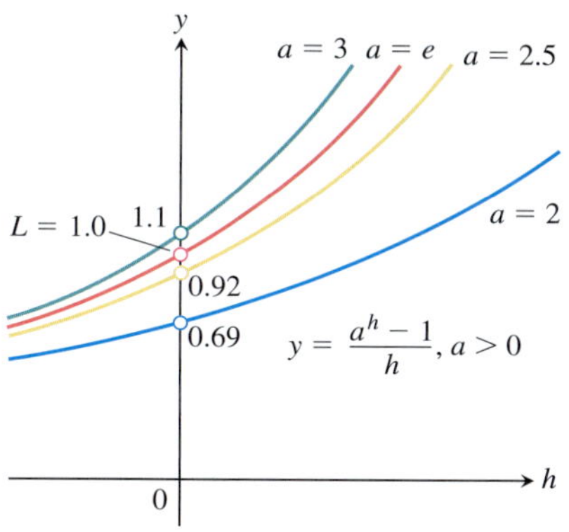

그림 2.13 곡선 $y=(a^h-1)/h$, $a>0$의 위치는 a에 관해 연속적으로 변한다. $h\to 0$일 때 y의 극한 L 또한 a값에 따라 변하다. $h\to 0$일 때 $L=1$인 a값은 2와 3 사이의 e이다.

$$f'(0)=\lim_{h\to 0}\frac{e^h-1}{h}=1 \tag{2}$$

이 극한 1은 자연지수함수 e^x과 이것의 도함수 사이의 중요한 관계를 유도한다.

$$\begin{aligned}\frac{d}{dx}(e^x) &= \lim_{h\to 0}\left(\frac{e^h-1}{h}\right)\cdot e^x && a=e\text{일 때 식 (1)}\\ &= 1\cdot e^x = e^x && \text{식 (2)}\end{aligned}$$

따라서 자연지수함수는 자신이 곧 도함수이다.

자연지수함수의 도함수

$$\frac{d}{dx}(e^x)=e^x$$

예제 5 $y=e^x$의 그래프에 접하고 원점을 지나는 직선의 방정식을 구하라.

풀이 직선이 원점을 지나므로 직선의 방정식은 m이 기울기일 때 $y=mx$ 형태이다. 직선이 점 (a, e^a)에서 그래프에 접한다면, 기울기는 $m=(e^a-0)/(a-0)$이다. $x=a$에서 자연지수함수의 기울기는 e^a이다. 이 기울기들은 모두 같기 때문에 $e^a=e^a/a$을 얻는다. 이는 $a=1$이고 $m=e$임을 말해주고, 따라서 접선의 방정식은 $y=ex$이다. 그림 2.14를 보자. ■

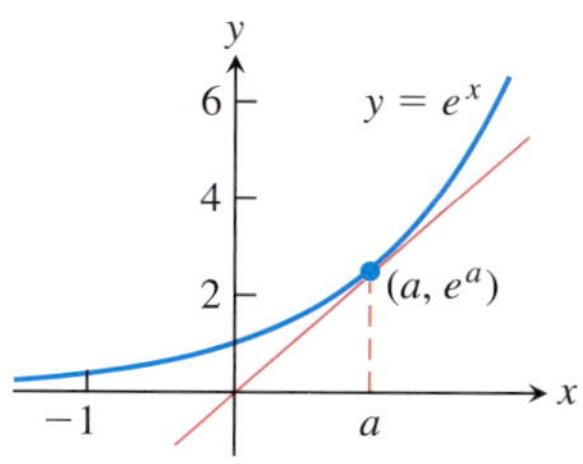

그림 2.14 $y=e^x$의 그래프에 접하고 원점을 지나는 직선(예제 5).

자연지수함수 이외에 자신이 도함수인 다른 함수가 더 있는지 의문을 가질 수도 있다. 답은 $f'(x)=f(x)$를 만족하는 유일한 함수는 c가 임의의 상수일 때 $f(x)=c\cdot e^x$이 되는 자연지수함수의 상수배인 함수라는 것이다. 이 사실을 6.2절에서 증명한다. 상수배 공식으로부터 다음 식을 얻는다.

$$\frac{d}{dx}(c\cdot e^x) = c\cdot\frac{d}{dx}(e^x) = c\cdot e^x$$

곱과 나눗셈

두 함수의 합의 도함수는 각각의 도함수의 합인 데 반해 두 함수의 곱의 도함수는 각각의 도함수의 곱이 아니다. 예를 들어 다음 두 식의 값은 다르다.

$$\frac{d}{dx}(x\cdot x) = \frac{d}{dx}(x^2) = 2x, \qquad \frac{d}{dx}(x)\cdot\frac{d}{dx}(x) = 1\cdot 1 = 1$$

다음에 설명하듯이 두 함수의 곱의 도함수는 두 곱의 합이다.

> **곱의 미분 공식**
>
> u와 v가 x에 관해 미분가능한 함수라면, 그들의 곱 uv도 미분가능하고 다음 공식이 성립한다.
>
> $$\frac{d}{dx}(uv) = u\frac{dv}{dx} + \frac{du}{dx}v$$

곱 uv의 도함수는 u에 v의 도함수를 곱한 것에 v에 u의 도함수를 곱한 것의 합이다. 프라임 기호로는 $(uv)'=uv'+u'v$이다. 함수 기호는 다음과 같다.

$$\frac{d}{dx}[f(x)g(x)] = f(x)g'(x) + f'(x)g(x), \quad \text{or} \quad (fg)' = fg' + f'g \tag{3}$$

예제 6 다음의 도함수를 구하라. **(a)** $y = \frac{1}{x}(x^2 + e^x)$, **(b)** $y = e^{2x}$

풀이

(a) $u=1/x$, $v=x^2+e^x$라 하고 곱의 미분 공식을 적용하면 다음과 같다.

$$\begin{aligned}\frac{d}{dx}\left[\frac{1}{x}(x^2+e^x)\right] &= \frac{1}{x}(2x+e^x) + \left(-\frac{1}{x^2}\right)(x^2+e^x) && \frac{d}{dx}(uv) = u\frac{dv}{dx} + \frac{du}{dx}v\\ &= 2 + \frac{e^x}{x} - 1 - \frac{e^x}{x^2} && \frac{d}{dx}\left(\frac{1}{x}\right) = -\frac{1}{x^2}\\ &= 1 + (x-1)\frac{e^x}{x^2}\end{aligned}$$

(b) $\frac{d}{dx}(e^{2x}) = \frac{d}{dx}(e^x\cdot e^x) = e^x\cdot\frac{d}{dx}(e^x) + \frac{d}{dx}(e^x)\cdot e^x = 2e^x\cdot e^x = 2e^{2x}$ ■

곱의 미분 공식의 증명

$$\frac{d}{dx}(uv) = \lim_{h\to 0}\frac{u(x+h)v(x+h) - u(x)v(x)}{h}$$

이 분수를 u와 v의 도함수에 대한 차분을 포함하는 동치인 식으로 변환하기 위해 분자에 $u(x+h)v(x)$를 빼고 더한다.

$$\begin{aligned}\frac{d}{dx}(uv) &= \lim_{h\to 0}\frac{u(x+h)v(x+h) - u(x+h)v(x) + u(x+h)v(x) - u(x)v(x)}{h}\\ &= \lim_{h\to 0}\left[u(x+h)\frac{v(x+h)-v(x)}{h} + \frac{u(x+h)-u(x)}{h}v(x)\right]\end{aligned}$$

곱의 미분 공식 그림

x가 증가할 때, $u(x)$와 $v(x)$가 양의 값을 가지고 증가하며, $h>0$이라고 가정하자.

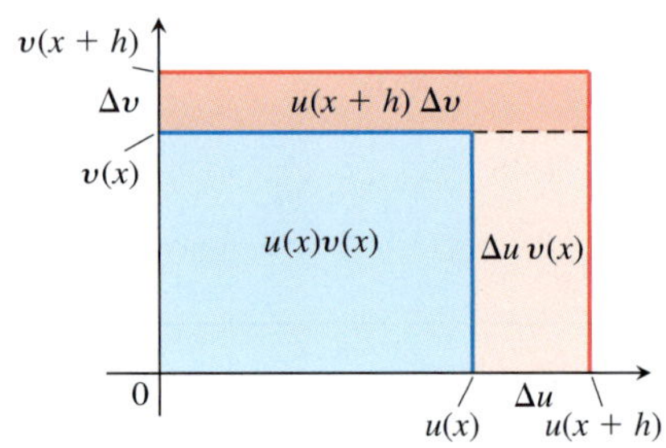

그러면 곱 uv의 변화는 위쪽과 오른쪽 붉은색 음영 직사각형의 면적의 합인 큰 직사각형에서 작은 직사각형(파란색 음영)의 차이다. 즉 다음과 같다.

$$\begin{aligned}\Delta(uv) &= u(x+h)v(x+h) - u(x)v(x)\\ &= u(x+h)\Delta v + \Delta u v(x)\end{aligned}$$

h로 나누면 다음과 같다.

$$\frac{\Delta(uv)}{h} = u(x+h)\frac{\Delta v}{h} + \frac{\Delta u}{h}v(x)$$

극한 $h\to 0^+$을 취하면 곱의 미분 공식이 유도된다.

$$= \lim_{h\to 0} u(x+h) \cdot \lim_{h\to 0} \frac{v(x+h)-v(x)}{h} + \lim_{h\to 0} \frac{u(x+h)-u(x)}{h} \cdot v(x)$$

u는 x에 관해 미분가능한 함수이므로 u는 x에 관해 연속이고, h가 0으로 갈 때 $u(x+h)$는 $u(x)$로 근접한다. 두 분수는 x에서의 도함수 dv/dx와 du/dx의 값에 근접한다. 그러므로 다음과 같다.

$$\frac{d}{dx}(uv) = u\frac{dv}{dx} + \frac{du}{dx}v$$ ■

두 함수의 나눗셈의 도함수는 나눗셈 미분 공식에 의해 주어진다.

나눗셈 미분 공식

u와 v가 x에서 미분가능하고 $v(x) \neq 0$이면, 나눗셈 u/v는 x에서 미분가능하고 다음 식이 성립한다.

$$\frac{d}{dx}\left(\frac{u}{v}\right) = \frac{v\dfrac{du}{dx} - u\dfrac{dv}{dx}}{v^2}$$

함수 기호로 쓰면 다음 식과 같다.

$$\frac{d}{dx}\left[\frac{f(x)}{g(x)}\right] = \frac{g(x)f'(x) - f(x)g'(x)}{g^2(x)}$$

예제 7 다음 함수의 도함수를 구하라. **(a)** $y = \dfrac{t^2-1}{t^3+1}$, **(b)** $y = e^{-x}$

풀이

(a) $u=t^2-1$, $v=t^3+1$이라 하고 나눗셈 미분 공식을 적용한다.

$$\begin{aligned}\frac{dy}{dt} &= \frac{(t^3+1)\cdot 2t - (t^2-1)\cdot 3t^2}{(t^3+1)^2} \\ &= \frac{2t^4+2t-3t^4+3t^2}{(t^3+1)^2} \\ &= \frac{-t^4+3t^2+2t}{(t^3+1)^2}\end{aligned}$$

$\dfrac{d}{dt}\left(\dfrac{u}{v}\right) = \dfrac{v(du/dt) - u(dv/dt)}{v^2}$

(b) $\dfrac{d}{dx}(e^{-x}) = \dfrac{d}{dx}\left(\dfrac{1}{e^x}\right) = \dfrac{e^x\cdot 0 - 1\cdot e^x}{(e^x)^2} = \dfrac{-1}{e^x} = -e^{-x}$ ■

나눗셈 미분 공식의 증명

$$\begin{aligned}\frac{d}{dx}\left(\frac{u}{v}\right) &= \lim_{h\to 0}\frac{\dfrac{u(x+h)}{v(x+h)} - \dfrac{u(x)}{v(x)}}{h} \\ &= \lim_{h\to 0}\frac{v(x)u(x+h) - u(x)v(x+h)}{hv(x+h)v(x)}\end{aligned}$$

마지막 분수를 u와 v의 도함수에 대한 차분몫을 포함하는 동치인 표현으로 바꾸기 위해 분자에 $v(x)u(x)$를 빼고 더한다. 그러면 다음을 얻는다.

$$\begin{aligned}\frac{d}{dx}\left(\frac{u}{v}\right) &= \lim_{h\to 0}\frac{v(x)u(x+h) - v(x)u(x) + v(x)u(x) - u(x)v(x+h)}{hv(x+h)v(x)} \\ &= \lim_{h\to 0}\frac{v(x)\dfrac{u(x+h)-u(x)}{h} - u(x)\dfrac{v(x+h)-v(x)}{h}}{v(x+h)v(x)}\end{aligned}$$

분자와 분모에 극한을 취하면 나눗셈 공식을 얻는다. 연습문제 76에서 또다른 증명의 개요를 볼 수 있다. ■

미분 문제를 푸는 데 어떤 공식을 선택하는가에 따라 해야 할 작업의 양에 차이가 생긴다. 예를 보자.

예제 8 $y=\dfrac{(x-1)(x^2-2x)}{x^4}$의 도함수를 구하라.

풀이 여기서 나눗셈 공식을 사용하면 많은 항이 포함된 복잡한 표현을 얻는다. 대신에 대수를 사용하여 식을 단순화한다. 우선 분자를 전개하고 x^4으로 나눈다.

$$y=\frac{(x-1)(x^2-2x)}{x^4}=\frac{x^3-3x^2+2x}{x^4}=x^{-1}-3x^{-2}+2x^{-3}$$

이제 합, 상수배, 거듭제곱 미분 공식을 이용하면 다음 식과 같다.

$$\frac{dy}{dx}=-x^{-2}-3(-2)x^{-3}+2(-3)x^{-4}=-\frac{1}{x^2}+\frac{6}{x^3}-\frac{6}{x^4}$$ ■

역사적 인물

마리아 가에타나 아그네시(Maria Gaetana Agnesi, 1718~1799)

아그네시는 20세에는 저명한 과학자로, 30세에는 볼로냐 대학의 명예교수로 활동했다. 오늘날 아그네시의 마녀라고 불리는 종 모양의 곡선으로 주로 기억되고 있다.

2계와 고계 도함수

$y=f(x)$가 미분가능한 함수라면 이 함수의 도함수 $f'(x)$도 함수이다. f'이 또한 미분가능하다면 f''으로 표시되는 x에 관한 새로운 함수를 얻기 위해 미분할 수 있다. 따라서 $f''=(f')'$이다. f''은 첫 번째 도함수의 도함수이므로의 **2계 도함수**(second derivative)라고 부른다. 2계 도함수는 여러 가지 방법으로 표현된다.

$$f''(x)=\frac{d^2y}{dx^2}=\frac{d}{dx}\left(\frac{dy}{dx}\right)=\frac{dy'}{dx}=y''=D^2(f)(x)=D_x^2f(x)$$

기호 D^2은 미분의 연산이 2번 수행됨을 뜻한다.

함수 $y=x^6$의 도함수는 $y'=6x^5$이므로 2계 도함수는 다음과 같다.

$$y''=\frac{dy'}{dx}=\frac{d}{dx}(6x^5)=30x^4$$

따라서 $D^2(x^6)=30x^4$이다.

y''이 미분가능하다면 이것의 도함수 $y'''=dy''/dx=d^3y/dx^3$을 x에 관한 y의 **3계 도함수**(third derivative)라 부른다. 예상할 수 있듯이 다음 식이 임의의 양의 정수 n에 대해 x에 관한 y의 ***n*계 도함수**(*n*th derivative)로 불리면서 이름을 계속 붙일 수 있다.

$$y^{(n)}=\frac{d}{dx}y^{(n-1)}=\frac{d^ny}{dx^n}=D^ny$$

도함수에 대한 기호 읽는 법

y'	"y 프라임" 또는 "y의 도함수"
y''	"y 더블 프라임" 또는 "y의 2계 도함수"
$\dfrac{d^2y}{dx^2}$	"d 제곱 y dx 제곱"
y'''	"y 트리플 프라임" 또는 "y의 3계 도함수"
$y^{(n)}$	"y의 n계 도함수"
$\dfrac{d^ny}{dx^n}$	"d n 제곱 y dx n 제곱"
D^n	"D n 제곱"

2계 도함수 $y=f(x)$의 그래프의 어떤 점에서의 접선의 기울기의 변화로 설명할 수 있다. 다음 장에서 2계 도함수는 그래프가 접점에서 멀어지면서 움직일 때 접선에서 위로 또는 아래로 휘는지를 나타낸다는 것을 보게 될 것이다. 다음 절에서 2계, 3계 도함수를 직선을 따른 운동으로 설명한다.

예제 9 $y=x^3-3x^2+2$의 첫 네 도함수는 다음과 같다.

도함수:	$y'=3x^2-6x$
2계 도함수:	$y''=6x-6$
3계 도함수:	$y'''=6$
4계 도함수:	$y^{(4)}=0$

모든 다항함수는 모든 계의 도함수를 갖는다. 이 예제에서 5계 이상의 도함수는 모두 0이다. ■

연습문제 2.3 EXERCISE QUESTION

도함수 계산

연습문제 1~12에서 1계와 2계 도함수를 구하라.

1. $y = -x^2 + 3$
2. $y = x^2 + x + 8$
3. $s = 5t^3 - 3t^5$
4. $w = 3z^7 - 7z^3 + 21z^2$
5. $y = \dfrac{4x^3}{3} - x + 2e^x$
6. $y = \dfrac{x^3}{3} + \dfrac{x^2}{2} + e^{-x}$
7. $w = 3z^{-2} - \dfrac{1}{z}$
8. $s = -2t^{-1} + \dfrac{4}{t^2}$
9. $y = 6x^2 - 10x - 5x^{-2}$
10. $y = 4 - 2x - x^{-3}$
11. $r = \dfrac{1}{3s^2} - \dfrac{5}{2s}$
12. $r = \dfrac{12}{\theta} - \dfrac{4}{\theta^3} + \dfrac{1}{\theta^4}$

연습문제 13~16에서 y'을 **(a)** 곱의 공식을 이용하여 구하고, **(b)** 인자를 곱하여 미분하기 더 간단한 항의 합으로 만들어 구하라.

13. $y = (3 - x^2)(x^3 - x + 1)$
14. $y = (2x + 3)(5x^2 - 4x)$
15. $y = (x^2 + 1)\left(x + 5 + \dfrac{1}{x}\right)$
16. $y = (1 + x^2)(x^{3/4} - x^{-3})$

연습문제 17~40에서 함수의 도함수를 구하라.

17. $y = \dfrac{2x + 5}{3x - 2}$
18. $z = \dfrac{4 - 3x}{3x^2 + x}$
19. $g(x) = \dfrac{x^2 - 4}{x + 0.5}$
20. $f(t) = \dfrac{t^2 - 1}{t^2 + t - 2}$
21. $v = (1 - t)(1 + t^2)^{-1}$
22. $w = (2x - 7)^{-1}(x + 5)$
23. $f(s) = \dfrac{\sqrt{s} - 1}{\sqrt{s} + 1}$
24. $u = \dfrac{5x + 1}{2\sqrt{x}}$
25. $v = \dfrac{1 + x - 4\sqrt{x}}{x}$
26. $r = 2\left(\dfrac{1}{\sqrt{\theta}} + \sqrt{\theta}\right)$
27. $y = \dfrac{1}{(x^2 - 1)(x^2 + x + 1)}$
28. $y = \dfrac{(x + 1)(x + 2)}{(x - 1)(x - 2)}$
29. $y = 2e^{-x} + e^{3x}$
30. $y = \dfrac{x^2 + 3e^x}{2e^x - x}$
31. $y = x^3e^x$
32. $w = re^{-r}$
33. $y = x^{9/4} + e^{-2x}$
34. $y = x^{-3/5} + \pi^{3/2}$
35. $s = 2t^{3/2} + 3e^2$
36. $w = \dfrac{1}{z^{1.4}} + \dfrac{\pi}{\sqrt{z}}$
37. $y = \sqrt[7]{x^2} - x^e$
38. $y = \sqrt[3]{x^{9.6}} + 2e^{1.3}$
39. $r = \dfrac{e^s}{s}$
40. $r = e^{\theta}\left(\dfrac{1}{\theta^2} + \theta^{-\pi/2}\right)$

연습문제 41~44에서 함수의 모든 계의 도함수를 구하라.

41. $y = \dfrac{x^4}{2} - \dfrac{3}{2}x^2 - x$
42. $y = \dfrac{x^5}{120}$
43. $y = (x - 1)(x + 2)(x + 3)$
44. $y = (4x^2 + 3)(2 - x)x$

연습문제 45~52에서 함수의 1계와 2계 도함수를 구하라.

45. $y = \dfrac{x^3 + 7}{x}$
46. $s = \dfrac{t^2 + 5t - 1}{t^2}$
47. $r = \dfrac{(\theta - 1)(\theta^2 + \theta + 1)}{\theta^3}$
48. $u = \dfrac{(x^2 + x)(x^2 - x + 1)}{x^4}$
49. $w = \left(\dfrac{1 + 3z}{3z}\right)(3 - z)$
50. $p = \dfrac{q^2 + 3}{(q - 1)^3 + (q + 1)^3}$
51. $w = 3z^2e^{2z}$
52. $w = e^z(z - 1)(z^2 + 1)$

53. u와 v가 $x=0$에서 미분가능한 x의 함수이고 다음과 같다.

$$u(0) = 5, \quad u'(0) = -3, \quad v(0) = -1, \quad v'(0) = 2$$

$x=0$에서 다음 도함수의 값을 구하라.

a. $\dfrac{d}{dx}(uv)$ **b.** $\dfrac{d}{dx}\left(\dfrac{u}{v}\right)$ **c.** $\dfrac{d}{dx}\left(\dfrac{v}{u}\right)$ **d.** $\dfrac{d}{dx}(7v - 2u)$

54. u와 v가 x의 미분가능한 함수이고 다음과 같다.

$$u(1) = 2, \quad u'(1) = 0, \quad v(1) = 5, \quad v'(1) = -1$$

$x=1$에서 다음 도함수들의 값을 구하라.

a. $\dfrac{d}{dx}(uv)$ **b.** $\dfrac{d}{dx}\left(\dfrac{u}{v}\right)$ **c.** $\dfrac{d}{dx}\left(\dfrac{v}{u}\right)$ **d.** $\dfrac{d}{dx}(7v - 2u)$

기울기와 접선

55. **a. 곡선에 대한 법선** 곡선 $y=x^3-4x+1$ 위의 점 (2, 1)을 지나고 이 점에서 접선과 수직인 직선의 방정식을 구하라.
 b. 가장 작은 기울기 이 곡선 위의 가장 작은 기울기는 얼마인가? 곡선 위의 어느 점에서 곡선이 이 기울기를 갖는가?
 c. 특정한 기울기를 갖는 접선 곡선의 기울기가 8인 점에서 곡선에 접하는 직선의 방정식을 구하라.

56. **a. 수평 접선** 곡선 $y=x^3-3x-2$의 수평 접선의 방정식을 구하라. 또한 접점에서 이 접선에 수직인 직선의 방정식을 구하라.
 b. 가장 작은 기울기 이 곡선 위의 가장 작은 기울기는 얼마인가? 곡선 위의 어느 점에서 곡선이 이 기울기를 갖는가? 이 점에서 곡선의 접선에 수직인 직선의 방정식을 구하라.

57. 뉴턴의 서펜타인(그림에 그려진 뱀 모양 곡선) 위의 원점과 점 (1, 2)에서 접선을 구하라.

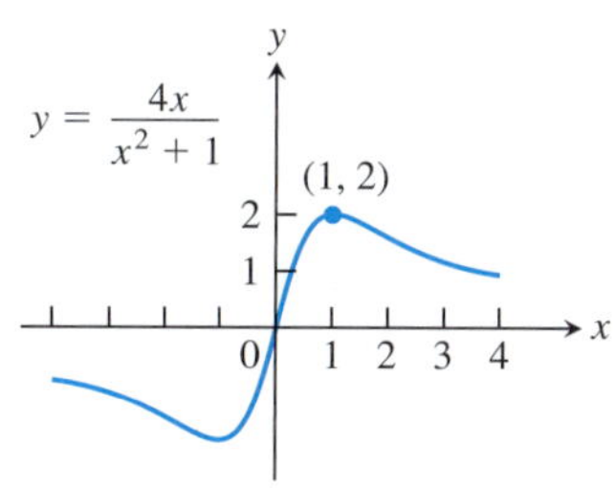

58. 아그네시의 마녀(그림에 그려진 곡선) 위의 점 (2, 1)에서 접선을 구하라.

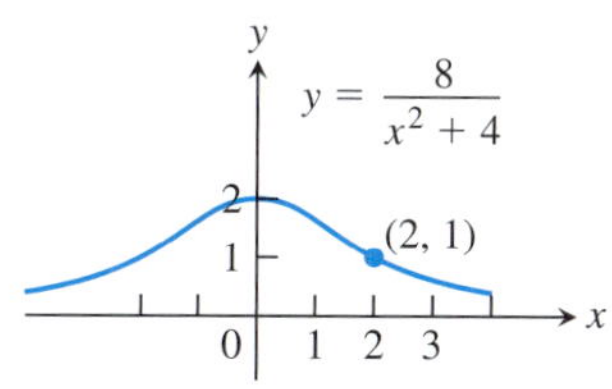

59. **항등함수에 접하는 2차 곡선** 곡선 $y=ax^2+bx+c$는 점 (1, 2)를 지

나고 원점에서 직선 $y=x$와 접한다. a, b, c를 구하라.

60. 공통 접선을 갖는 2차 곡선 곡선 $y=x^2+ax+b$와 $y=cx-x^2$은 점 (1, 0)에서 공통 접선을 갖는다. a, b, c를 구하라.

61. $f(x)=3x^2-4x$의 그래프 위에서 접선이 직선 $y=8x+5$와 평행한 모든 점 (x, y)를 구하라.

62. $g(x)=\frac{1}{3}x^3-\frac{3}{2}x^2+1$의 그래프 위에서 접선이 직선 $8x-2y=1$과 평행한 모든 점 (x, y)를 구하라.

63. $y=x/(x-2)$의 그래프 위에서 접선이 직선 $y=2x+3$과 수직인 모든 점 (x, y)를 구하라.

64. $f(x)=x^2$의 그래프 위에서 접선이 점 (3, 8)을 지나는 모든 점 (x, y)를 구하라.

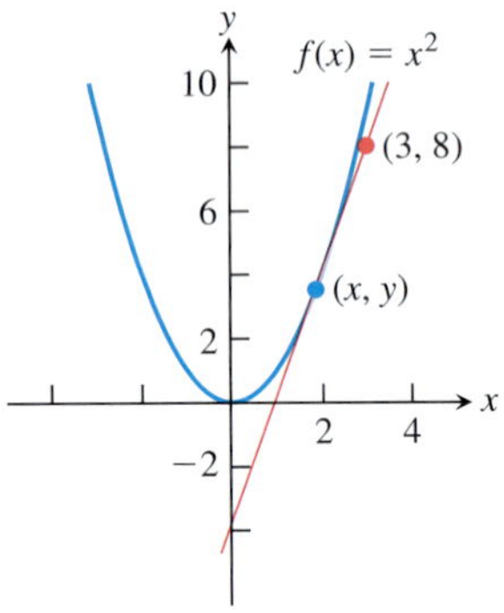

65. 함수 f와 g가 미분가능하고 $f(1)=2$, $f'(1)=-3$, $g(1)=4$, $g'(1)=-2$라고 하자. 함수 $F(x)=f(x)g(x)$의 그래프 위의 $x=1$인 점에서 접선의 방정식을 구하라.

66. 함수 f와 g가 미분가능하고 $f(2)=3$, $f'(2)=-1$, $g(2)=-4$, $g'(2)=1$이라고 하자. 함수 $F(x)=\dfrac{f(x)+3}{x-g(x)}$의 그래프 위의 $x=2$인 점에서 접선에 수직인 직선의 방정식을 구하라.

67. a. 점 (−1, 0)에서 곡선 $y=x^3-x$에 접하는 직선의 방정식을 구하라.

T b. 곡선과 접선을 같은 영역에 그려라. 접선은 다른 점에서 곡선과 만난다. 확대/축소 및 추적을 사용하여 그 점의 좌표를 추측하라.

T c. 곡선과 접선에 대한 방정식을 동시에 놓고 연립하여 풀어 두 번째 교점의 좌표의 추측값을 확인하라.

68. a. 원점에서 곡선 $y=x^3-6x^2+5x$에 접하는 직선의 방정식을 구하라.

T b. 곡선과 접선을 같은 영역에 그려라. 접선은 다른 점에서 곡선과 만난다. 확대/축소 및 추적을 사용하여 그 점의 좌표를 추측하라.

T c. 곡선과 접선에 대한 방정식을 동시에 놓고 연립하여 풀어 두 번째 교점의 좌표의 추측값을 확인하라.

이론과 예제

연습문제 69와 70에서 각각의 극한을 특정한 값에서의 미분계수로 바꾼 후 극한값을 계산하라.

69. $\displaystyle\lim_{x\to 1}\frac{x^{50}-1}{x-1}$ **70.** $\displaystyle\lim_{x\to -1}\frac{x^{2/9}-1}{x+1}$

71. 다음 함수를 모든 x값에서 미분가능하게 만들어주는 a의 값을 구하라.

$$g(x)=\begin{cases} ax, & x<0\text{일 때} \\ x^2-3x, & x\ge 0\text{일 때}\end{cases}$$

72. 다음 함수를 모든 x값에서 미분가능하게 만들어주는 a와 b의 값을 구하라.

$$f(x)=\begin{cases} ax+b, & x>-1 \\ bx^2-3, & x\le -1\end{cases}$$

73. 차수가 n인 일반적인 다항식의 형태는 $a_n\ne 0$일 때 다음과 같다.

$$P(x)=a_nx^n+a_{n-1}x^{n-1}+\cdots+a_2x^2+a_1x+a_0$$

$P'(x)$를 구하라.

74. 약에 대한 신체의 반응 약 복용량에 대한 신체의 반응은 때때로 다음과 같은 식으로 표현할 수 있다.

$$R=M^2\left(\frac{C}{2}-\frac{M}{3}\right)$$

여기서 C는 양의 상수이고, M은 혈액에 흡수된 약의 양이다. 반응이 혈압에 따라 변한다면, R은 혈압계의 밀리미터로 측정된다. 반응이 온도에 따라 변한다면 R은 온도로 측정된다.

dR/dM을 구하라. M의 함수로서 이 도함수를 약에 대한 신체의 민감도라 부른다. 3.6절에서 신체가 가장 민감하게 반응하는 약의 양을 어떻게 찾는지 볼 것이다.

75. 곱의 공식에서 함수 v가 상수값 c를 갖는다고 하자. 그러면 곱의 공식은 어떤 결과를 가져오는가? 이것은 상수배 곱의 공식에 대해 무엇을 말하는가?

76. 역의 공식

a. 역의 공식은 함수 $v(x)$가 미분가능하고 0이 아닌 점에서 다음 식이 성립하는 것이다.

$$\frac{d}{dx}\left(\frac{1}{v}\right)=-\frac{1}{v^2}\frac{dv}{dx}$$

역의 공식은 나눗셈 공식의 특별한 경우임을 증명하라.

b. 역의 공식과 곱의 공식을 결합하면 나눗셈 공식을 얻음을 보여라.

77. 곱의 공식의 일반화 x에 관해 미분가능한 두 함수의 곱 uv의 도함수에 대한 곱의 공식은 다음과 같다.

$$\frac{d}{dx}(uv)=u\frac{dv}{dx}+\frac{du}{dx}v$$

a. x에 관해 미분가능한 세 함수의 곱 uvw의 도함수에 대해 유사한 공식은 무엇인가?

b. x에 관해 미분가능한 네 함수의 곱 $u_1u_2u_3u_4$의 도함수에 대한 공식은 무엇인가?

c. x에 관해 미분가능한 n(유한 수)개의 함수의 곱 $u_1u_2u_3\cdots u_n$의 도함수에 대한 공식은 무엇인가?

78. 음의 정수에 대한 거듭제곱 공식 나눗셈 공식을 이용하여 음의 정수에 대한 거듭제곱 공식을 증명하라. 즉 m이 양의 정수일 때 다음과 같다.

$$\frac{d}{dx}(x^{-m})=-mx^{-m-1}$$

79. 실린더 압력 실린더의 기체가 일정한 온도 T를 유지하면, 압력 P와 부피 V의 관계는 다음 식과 같다.

$$P=\frac{nRT}{V-nb}-\frac{an^2}{V^2}$$

여기서 a, b, n, R은 상수이다. dP/dV를 구하라(주어진 그림 참조).

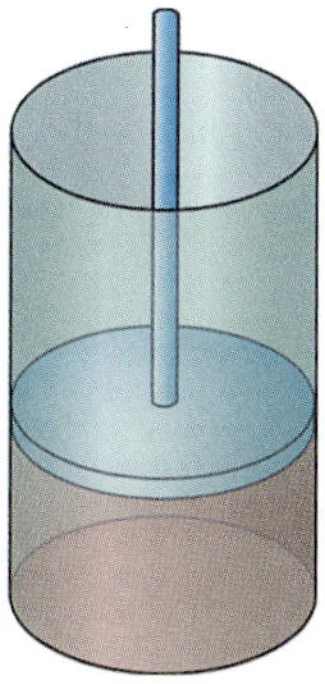

80. 최적 주문량 재고 관리를 위한 공식 중 하나는 다음과 같이 주문, 결제, 보관에 대한 주당 평균 비용으로 주어진다.

$$A(q) = \frac{km}{q} + cm + \frac{hq}{2}$$

여기서 q는 상품(구두, TV, 빗자루 또는 어떤 상품이 되든)의 재고가 모자랄 때 주문하는 양이고, k는 주문하는 데 드는 비용(이는 주문을 얼마나 자주 하는가에 관계없이 일정하다)이며, c는 한 상품의 (고정된) 비용이고, m은 매주 팔리는 상품의 수이고, h는 한 가지 상품을 일주일간 보관하는 데 드는 비용(공간, 공익설비, 보험, 보안 등의 고정비용)이다. dA/dq와 d^2A/dq^2을 구하라.

2.4 변화율로서의 미분계수

이 절에서는 사물이 변화하는 비율을 미분계수를 사용하여 모형화하는 응용에 관해 공부한다. 무엇이 변한다는 의미는 시간에 따라 변화하는 양을 생각하는 것이 자연스럽지만, 실제로는 시간이 아닌 다른 변수에 대해도 같은 방법으로 생각할 수 있다. 예를 들어 경제학에서는 강철을 생산하는 데 생산되는 비용이 생산량(톤)에 따라 어떻게 변하는지를 알고 싶어 하고, 공학에서는 발전기의 출력이 온도에 따라 어떻게 달라지는지 알고 싶어 할 수 있다.

순간변화율

차분몫 $(f(x+h)-f(x))/h$를 x에서 $x+h$ 사이의 구간에서 f의 평균변화율로 해석한다면, $h \to 0$일 때 극한은 f가 한 점 x에서 변하는 비율로 해석할 수 있다. 이것은 미분계수에 대한 중요한 해석을 제공한다.

정의 점 x_0에서 x에 관한 함수 f의 **순간변화율**(instantaneous rate of change)은 극한값이 존재한다는 조건하에서 다음과 같은 미분계수이다.

$$f'(x_0) = \lim_{h\to 0} \frac{f(x_0+h)-f(x_0)}{h}$$

따라서 순간변화율은 평균변화율의 극한이다.

x가 시간을 나타내지 않을 때에도 '순간'이라는 용어를 사용하는 것이 일반적이다. 그러나 이 순간이라는 용어는 자주 생략된다. '변화율'이라 말할 때, 보통 '순간변화율'을 의미한다.

예제 1 원의 넓이 A는 다음과 같이 지름에 관한 식으로 나타낸다.

$$A = \frac{\pi}{4}D^2$$

지름이 10 m일 때 지름에 관한 넓이의 변화는 얼마나 빠른가?

풀이 지름에 관한 넓이의 변화율은 다음과 같다.

$$\frac{dA}{dD} = \frac{\pi}{4} \cdot 2D = \frac{\pi D}{2}$$

$D = 10$ m일 때, 넓이는 지름에 관해 비율 $(\pi/2)10 = 5\pi\ \text{m}^2/\text{m} \approx 15.71\ \text{m}^2/\text{m}$로 변화한다. ■

직선 운동: 변위, 속도, 속력, 가속도, 순간 가속도

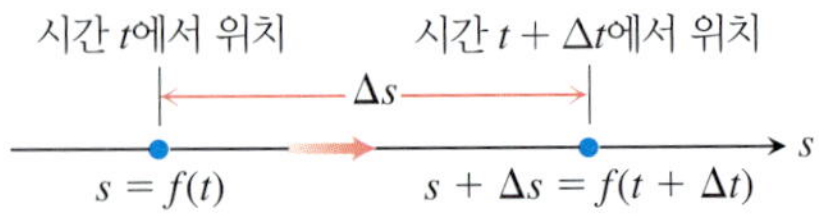

그림 2.15 수평 좌표축을 따라 움직이는 물체의 시간 t와 잠시 후 시간 $t+\Delta t$에서의 위치.

물체(또는 전체 질량으로 간주되는 물체)가 좌표축(s축), 수평축 또는 수직축에서 움직인다고 가정하면 좌표축에서의 위치는 시간의 함수는 다음과 같이 표현된다.

$$s = f(t)$$

시간 구간 t에서 $t+\Delta t$ 사이에서 물체의 **변위**(displacement)는 다음과 같고(그림 2.15),

$$\Delta s = f(t+\Delta t) - f(t)$$

그 시간 구간에서 물체의 **평균 속도**(average velocity)는 다음과 같다.

$$v_{av} = \frac{\text{변위}}{\text{이동 시간}} = \frac{\Delta s}{\Delta t} = \frac{f(t+\Delta t) - f(t)}{\Delta t}$$

어떤 순간에서 물체의 속도를 구하기 위해 시간 t에서 $t+\Delta t$ 사이의 구간에서 평균 속도에 $\Delta t \to 0$으로 극한을 취하면 된다. 즉 이 극한은 t에 관한 f의 미분계수이다.

정의 **속도**(velocity, 순간 속도)는 시간에 관한 위치의 미분계수이다. 시간 t에서 물체의 위치가 $s=f(t)$이면, 시간 t에서 이 물체의 속도는 다음과 같다.

$$v(t) = \frac{ds}{dt} = \lim_{\Delta t \to 0} \frac{f(t+\Delta t) - f(t)}{\Delta t}$$

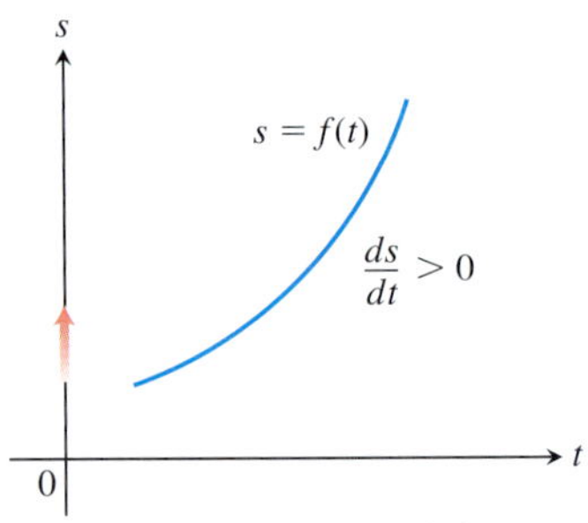

(a) s가 증가: 양의 기울기이므로 위로 이동

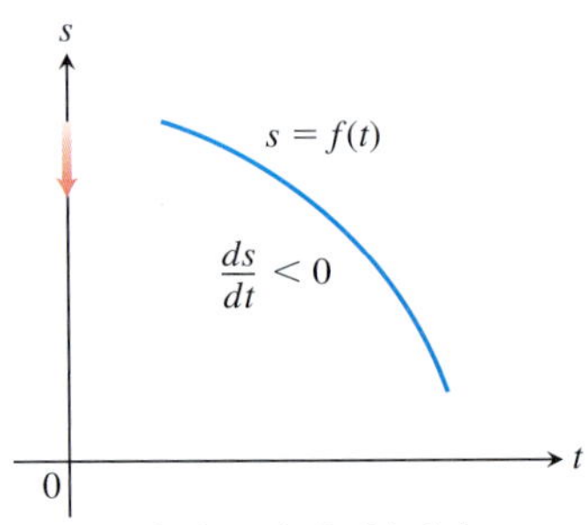

(b) s가 감소: 음의 기울기이므로 아래로 이동

그림 2.16 직선(수직축)을 따라 움직이는 운동 $s=f(t)$의 경우에 $v=ds/dt$는 (a) s가 증가하면 양수이고, (b) s가 감소하면 음수이다.

속도는 그림 2.15의 수평 좌표축을 따라 물체가 얼마나 빨리 움직이는지 알려줄 뿐만 아니라 운동 방향을 알려준다. 물체가 앞으로 이동하는 경우(s가 증가)에는 속도가 양이고, 물체가 뒤로 이동하는 경우(s가 감소)에는 속도가 음이다. 좌표축이 수직인 경우 물체는 위로 이동하는 경우 속도는 양이 되고, 아래로 이동하는 경우 속도는 음이 된다. 그림 2.16에서 파란색 곡선은 시간 경과에 따른 좌표축 상의 위치를 나타내며, 이는 수직 s축을 따라 움직이는 경로를 나타낸 것이 아님에 주의하자.

예를 들어 친구의 집까지 시속 50 km/h로 운전하여 갔다가 돌아온다면, 가는 길에는 속도계가 50을 표시하지만 돌아오는 길에는 집과의 거리가 줄고 있어도 −50을 표시하지 않는다. 속도는 항상 속도의 절댓값인 속력을 나타낸다. 속력은 방향에 상관없이 앞으로 진행하는 비율을 측정한다.

정의 **속력**(speed)은 속도의 절댓값이다.

$$\text{속력} = |v(t)| = \left|\frac{ds}{dt}\right|$$

예제 2 그림 2.17은 그림 2.15에서와 같이 수평 좌표축을 따라 움직이는 입자의 속도 $v=f'(t)$의 그래프를 보인다(그림 2.16과 같은 위치 함수 $s=f(t)$의 그래프와는 반대). 속도 함수의 그래프에서 입자가 좌표축을 따라 앞으로 혹은 뒤로 이동하는지를 알려주는 것은 곡선의 기울기가 아니라(그림에서는 표시되지 않음) 속도의 부호이다. 그림 2.17은 입자가 처음 3초 동안은 앞으로 이동하고(속도가 양이므로), 다음 2초 동안은 뒤로 이동한 다음(속도가 음이므로) 1초 동안 움직이지 않고 서 있다가 다시 앞으로 이동하는 것을 보인다. 입자는 양의 속도가 증가하는 처음 1초 동안 속력이 빨라지고, 다음 1초 동안은 속도가 일정했으며, 다음 1초 동안은 감속되어 속력이 0으로 줄어들었다. $t=3$초에서 순간적으로는 멈춰 있었고(속도가 0일 때), 속도가 음수가 되기 시작하면서 방향을 바꾸어 움직인다. 이제 입자는 뒤로 이동하기 시작하면서

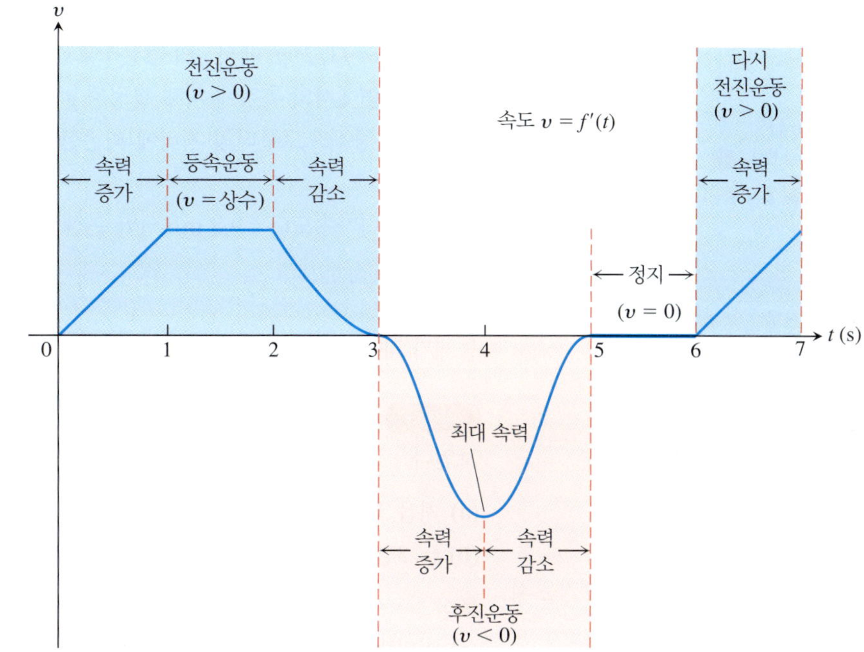

그림 2.17 예제 2에서 설명한 수평 좌표축을 따라 움직이는 입자의 속도 그래프.

$t=4$초까지 속력이 증가한다. 이때 입자는 후진운동 중 가장 빠른 속력에 도달한다. 시간 $t=4$에서 후진운동을 계속하면 입자는 다시 속도가 느려지기 시작하며, 마침내 시간 $t=5$초(속도가 다시 0이 되는 시점)에서 멈추게 된다. 입자는 여기서 1초 동안 멈춰 있다가 시간 $t=6$초부터 다시 앞으로 이동하여 속도 그래프에 표시된 전진 마지막 1초 동안 가속한다. ■

역사적 인물

버나드 볼차노(Bernard Bozano, 1781~1848)
볼차노는 체코슬로바키아 프라하에서 태어났다. 그는 프라하 대학에서 철학, 물리학, 수학을 전공했다.

물체의 속도가 변하는 비율은 물체의 가속도라고 한다. 가속도는 물체가 얼마나 빨리 속도를 올리는지 또는 속도를 떨어뜨리는지를 측정한다. 또한 평면이나 공간에서 물체의 운동에서는 가속도가 방향의 변화를 이끌 수도 있음을 11장에서 공부한다. 가속도의 급작스런 변화를 '순간 가속도'라고 한다. 승용차나 버스를 타고 갈 때 갑자기 움직이면, 관련된 가속도가 반드시 커서 그러는 것이 아니라 가속도의 변화가 급작스럽게 일어나서 그런 것이다.

정의 **가속도**(acceleration)는 시간에 관한 속도의 도함수이다. 시간 t에서의 물체의 위치가 $s=f(t)$라 하면 시간 t에서의 물체의 가속도는 다음과 같다.

$$a(t) = \frac{dv}{dt} = \frac{d^2s}{dt^2}$$

순간 가속도(jerk)는 시간에 대한 가속도의 도함수이다.

$$j(t) = \frac{da}{dt} = \frac{d^3s}{dt^3}$$

지구의 표면 가까이에서는 모든 물체가 일정한 가속도를 유지하며 떨어진다. 자유낙하에 관한 갈릴레오의 실험(1.1절 참조)에 의하면 다음 식이 성립한다.

$$s = \frac{1}{2}gt^2$$

여기서 s가 떨어진 거리이고, g가 지구의 중력가속도이다. 이 방정식은 공기 저항이 없는 진공 상태에서 적용되며, 바위나 강철 도구 등과 같이 밀도가 높은 무거운 물체의 낙하시 공기 저항의 영향이 크게 나타나기 전인 낙하 후 몇 초 동안의 낙하운동을 잘 나타낸다.

방정식 $s=(1/2)gt^2$에서 g의 값은 t와 s의 측정 단위에 따라 다르다. t를 초(일반적인 단위)라 하면 해수면에서의 측정에 의해 결정된 g의 값은 약 $9.8\ \mathrm{m/s^2}$(미터법)이다. (이 중력 상수는 지구의 질량 중심으로부터의 거리에 의존한다. 예를 들어 에베레스트산의 정상에서는 조금 작아진다.)

상수 중력가속도($g=9.8\ \mathrm{m/s^2}$)의 순간 가속도는 0이다.

$$j = \frac{d}{dt}(g) = 0$$

물체가 자유낙하할 동안에는 순간 가속도가 없다.

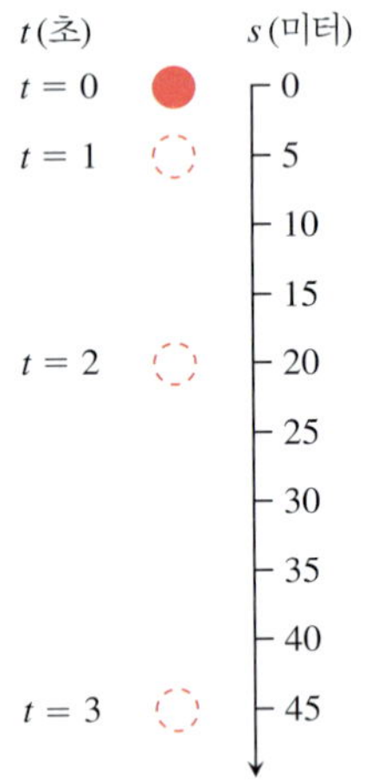

그림 2.18 정지 상태에서 떨어지는 무거운 쇠구슬(예제 3).

예제 3 그림 2.18은 시간 $t=0$초의 정지 상태에서 투하된 무거운 쇠구슬의 자유낙하운동을 보인다.

(a) 처음 3초 동안에 구슬은 얼마나 낙하하는가?

(b) $t=3$일 때 속도, 속력, 가속도는 얼마인가?

풀이

(a) 미터법에 의한 자유낙하운동 방정식은 $s=4.9t^2$이다. 처음 3초 동안에 쇠구슬은 다음과 같이 낙하한다.

$$s(3) = 4.9(3)^2 = 44.1\ \mathrm{m}$$

(b) 시간 t에서 속도는 다음과 같은 위치의 도함수이다.

$$v(t) = s'(t) = \frac{d}{dt}(4.9t^2) = 9.8t$$

$t=3$에서 속도는 아래 방향(s는 증가)으로 다음과 같이 얻는다.

$$v(3) = 29.4\ \mathrm{m/s}$$

$t=3$에서 속력은 다음을 얻는다.

$$\text{속력} = |v(3)| = 29.4\ \mathrm{m/s}$$

시간 t에서 가속도는 다음과 같다.

$$a(t) = v'(t) = s''(t) = 9.8\ \mathrm{m/s^2}$$

$t=3$에서 가속도는 $9.8\ \mathrm{m/s^2}$이다. ■

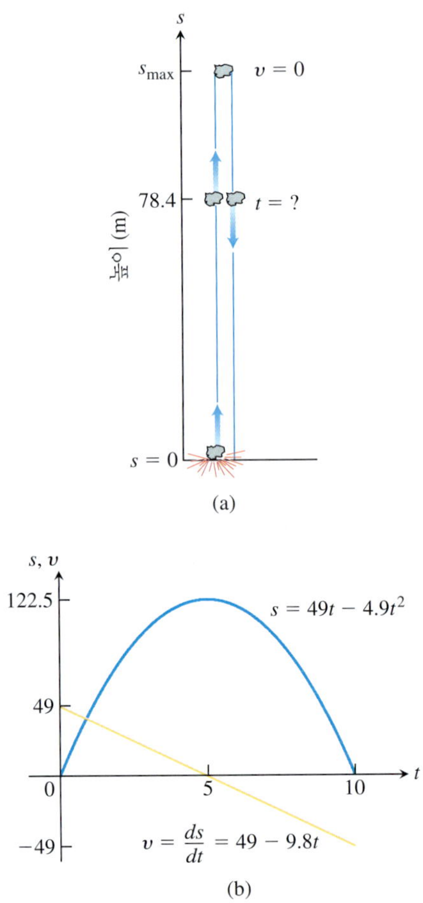

그림 2.19 (a) 예제 4의 무거운 바위. (b) 시간에 대한 함수인 s와 v의 그래프이다. $v=ds/dt=0$일 때 s가 가장 크다. s의 그래프는 바위의 경로가 아니라 시간에 대한 높이의 그래프이다. 그래프의 기울기는 바위의 속도이며, 여기서는 직선으로 표시된다.

예제 4 다이너마이트가 폭발하여 무거운 바위를 49 m/s (176.4 km/h)의 속도로 수직 상방으로 쏘아 올린다(그림 2.19a). 바위는 t초 후 높이 $s=49t-4.9t^2$의 높이에 도달한다.

(a) 바위는 얼마나 높이 올라가는가?

(b) 지상으로부터 78.4 m 높이에 오를 때 이 바위의 속도와 속력은 얼마인가? 또 내려올 때 이 높이에서의 속도와 속력은 얼마인가?

(c) (폭발 후) 바위가 나는 동안 시간 t에서 바위의 가속도는 얼마인가?

(d) 언제 바위가 땅에 다시 닿는가?

풀이

(a) 선택한 좌표계에서는 s는 지상으로부터 위로 오를 때의 높이이다. 따라서 속도는 위로 올라갈 때 양이고, 아래로 내려올 때 음이다. 바위가 최고점에 도달한 순간은 바위가 움직이고 있는 동안에 속도가 0인 순간이다. 최고 높이를 구하기 위해 언제 $v=0$이 되는지 찾고 이 시각에 s의 값을 구하면 된다.

바위가 움직이는 동안 시간 t에서 속도는 다음과 같다.

$$v = \frac{ds}{dt} = \frac{d}{dt}(49t - 4.9t^2) = 49 - 9.8t \text{ m/s}$$

속도는 다음과 같을 때 0이다.

$$49 - 9.8t = 0 \quad \text{또는} \quad t = 5\text{ s}$$

$t=5$초일 때 바위의 높이는 다음과 같다.

$$s_{\max} = s(5) = 49(5) - 4.9(5)^2 = 245 - 122.5 = 122.5 \text{ m}$$

그림 2.19b를 보자.

(b) 올라갈 때와 내려올 때 78.4 m의 높이에서 바위의 속도를 구하기 위해 다음 식을 풀어 먼저 t의 두 값을 찾는다.

$$s(t) = 49t - 4.9t^2 = 78.4$$

이 방정식을 풀면 다음과 같다.

$$\begin{aligned} 4.9t^2 - 49t + 78.4 &= 0 \\ 4.9(t^2 - 10t + 16) &= 0 \\ (t-2)(t-8) &= 0 \\ t &= 2s, t = 8s \end{aligned}$$

바위는 폭발 2초 후에 78.4 m 높이가 되고, 다시 8초 후에 이 높이가 된다. 이 시간들에서 바위의 속도들은 다음과 같다.

$$\begin{aligned} v(2) &= 49 - 9.8(2) = 49 - 19.6 = 29.4 \text{ m/s} \\ v(8) &= 49 - 9.8(8) = 49 - 78.4 = -29.4 \text{ m/s} \end{aligned}$$

이 두 경우 모두에서 바위의 속도는 29.4 m/s이다. $v(2) > 0$이므로 $t=2$일 때 바위는 위로 올라가고(s 증가) 있고, $v(8) < 0$이므로 $t=8$일 때는 내려오고(s 감소) 있다.

(c) 폭발 후에 움직이는 동안에는 어느 때라도 바위의 가속도는 다음과 같은 상수이다.

$$a = \frac{dv}{dt} = \frac{d}{dt}(49 - 9.8t) = -9.8 \text{ m/s}^2$$

가속도는 바위에 미치는 중력의 영향으로 항상 아래를 향한다. 바위가 올라가면 속력은 서서히 감소하고, 바위가 아래로 떨어지면 속력은 서서히 증가한다.

(d) 바위는 $s=0$이 되는 양의 시간 t에 땅에 닿는다. 방정식 $49t - 4.9t^2 = 0$ 인수분해하면 $4.9t(10-t)=0$이 되고, 따라서 $t=0$과 $t=10$을 얻는다. $t=0$에서 폭발이 일어나고 바위가 위로 던져졌다. 바위는 10초 후에 땅에 다시 돌아온다. ■

경제학과 생물학에서의 미분계수

경제학자는 변화율과 도함수에 대한 특별한 용어를 사용한다. 그들은 이것들을 한계값이라 부른다. 생산 공정에서 생산비용 $c(x)$는 생산되는 상품의 개수 x의 함수이다. **한계 생산비용**(marginal cost of production)은 생산량(수준)에 관한 비용의 변화율, 즉 dc/dx이다.

$c(x)$가 일주일에 x톤의 강철을 생산하는 데 필요한 달러를 나타낸다고 하자. 일주일에 $x+h$톤을 생산하기 위해 더 많은 비용이 들어가는데, 이 비용 차이를 h로 나누면 추가로 h톤을 생산하는 데 드는 평균 비용이 된다.

$$\frac{c(x+h) - c(x)}{h} = \begin{array}{l} h\text{톤을 추가로 생산하는 데 드는} \\ \text{1톤당 평균 비용} \end{array}$$

$h \to 0$일 때 이 비율의 극한은 현재 주간 생산량이 x톤일 때 주당 더 많은 철강을 생산하는

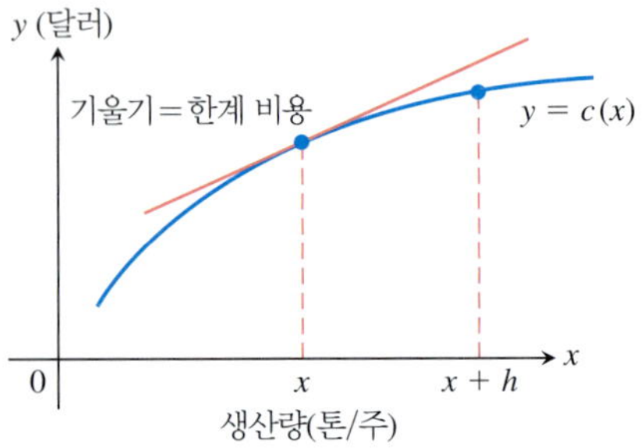

그림 2.20 주간 철강 생산량: $c(x)$는 주당 x톤을 생산하는 데 드는 비용이다. 추가로 h톤을 생산하는 데 드는 비용은 $c(x+h)-c(x)$이다.

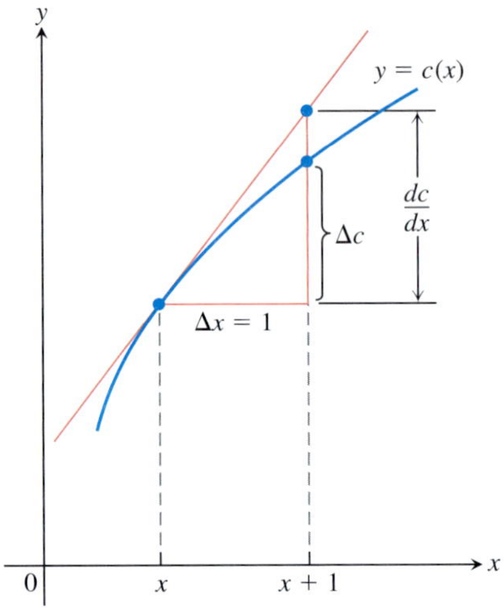

그림 2.21 한계 비용 dc/dx는 대략 $\Delta x=1$ 단위를 더 생산하는 데 드는 추가 비용 Δc이다.

데 드는 한계 생산비용이다(그림 2.20).

$$\frac{dc}{dx} = \lim_{h\to 0}\frac{c(x+h)-c(x)}{h} = \text{한계 생산비용}$$

때때로 한계 생산비용은 단위 하나를 추가로 생산하는 데 드는 추가 비용으로 느슨하게 정의된다.

$$\frac{\Delta c}{\Delta x} = \frac{c(x+1)-c(x)}{1}$$

이는 x에서 dc/dx의 값으로 근사된다. 이 근사는 c의 그래프의 기울기가 x 부근에서 급격히 변하지 않으면 수용가능하다. 그러면 차분몫은 이것의 극한 dc/dx에 가까워지는 데 이 값은 $\Delta x=1$일 때 접선에서 나타난다(그림 2.21). 근사 과정은 x값이 클 때 더 잘 적용된다.

경제학자는 가끔 총 비용함수를 다음과 같은 3차 다항식으로 표현한다.

$$c(x) = \alpha x^3 + \beta x^2 + \gamma x + \delta$$

여기서 δ는 임대료, 전기료, 장비료, 관리비용 등의 고정비용을 나타낸다. 다른 항은 원자재 비용, 세금과 임금 등과 같은 가변비용을 나타낸다. 가변비용은 생산되는 상품의 양에 따라 다른 반면에 고정비용은 생산되는 상품의 개수와는 무관하다. 3차 다항식은 보통 관련된 수량 구간에서 비용의 변동을 서술하기에 적합하다.

예제 5 8대에서 30대 사이의 냉각기를 생산할 때 x대의 냉각기를 생산하는 데 드는 비용(달러)이 다음 식과 같다.

$$c(x) = x^3 - 6x^2 + 15x$$

x대의 냉각기를 팔아서 생기는 총 수입(달러)이 다음과 같다고 하자.

$$r(x) = x^3 - 3x^2 + 12x$$

공장에서 현재는 매일 10대의 냉각기를 생산한다. 하루에 1대의 냉각기를 더 생산하기 위한 추가 비용은 얼마나 되고, 하루에 11대의 냉각기를 팔았을 때 총 수입은 얼마나 증가하겠는가?

풀이 10대의 냉각기를 생산하고 있는 이 공장에서 1대 더 생산하는 데 드는 비용은 약 $c'(10)$이다.

$$c'(x) = \frac{d}{dx}(x^3 - 6x^2 + 15x) = 3x^2 - 12x + 15$$
$$c'(10) = 3(100) - 12(10) + 15 = 195$$

추가 비용은 약 195달러이다. 한계 수익함수는 다음과 같다.

$$r'(x) = \frac{d}{dx}(x^3 - 3x^2 + 12x) = 3x^2 - 6x + 12$$

한계 수익함수는 1대 더 팔았을 때 증가하는 수입을 추정한다. 현재 매일 10대를 판다면, 매일 11대를 팔았을 때 대략 다음과 같은 추가 수익(달러)을 예상할 수 있다.

$$r'(10) = 3(100) - 6(10) + 12 = \$252$$

예상 수익 증가액은 증가된 수익에서 증가된 비용 195달러는 빼면 252달러 − 195달러 = 57달러의 예상 수익 증가액을 추정할 수 있다. ■

예제 6 세율에 대한 논의에서 한계 비율은 자주 등장한다. 개념의 감을 잡기 위해 한계 소득세율이 28%이고, 소득이 1000달러 증가한다면 추가로 280달러의 세금을 더 납부할 것으로 예상할 수 있다. 이것은 전체 소득의 28%를 세금으로 납부한다는 의미가 아니다. 현재 소득 수준 I에서 소득에 대한 세금 증가율 T가 $dT/dI=0.28$임을 뜻하는 것이다. 추가 수입 1달러당 0.28

달러를 세금으로 납부하게 되는 것이다. 소득이 증가함에 따라 더 높은 과세 구간에 속하게 될 수 있으며, 한계 세율은 높아지게 될 것이다. ■

변화에 대한 민감성

x의 작은 변화가 함수 $f(x)$에 커다란 변화를 가져온다면, 함수가 x의 변화에 상대적으로 **민감하다**고 말한다. 도함수 $f'(x)$는 이 민감도의 측도이다. 함수는 $|f'(x)|$가 클 때(f의 그래프의 기울기가 가파를 때) 더 민감하게 반응한다.

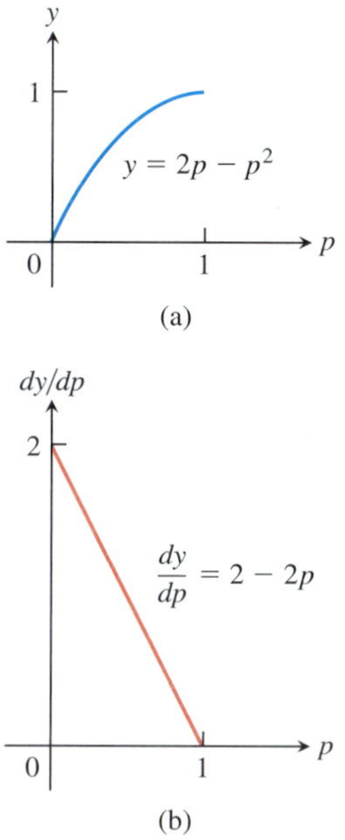

그림 2.22 (a) 다음 세대의 매끄러운 표면의 완두콩의 비율을 설명하는 $y=2p-p^2$의 그래프, (b) dy/dp의 그래프(예제 7).

예제 7 유전 데이터와 변화에 대한 민감도

오스트리아 신부 그레고어 요한 멘델(1822~1884)은 완두콩과 채소를 기르면서 최초로 교배에 대한 과학적인 설명을 했다.

그의 꼼꼼한 기록은 다음과 같은 사실을 알려준다. p (0과 1 사이의 수)가 매끄러운 표면의 완두콩 유전자(우성)의 빈도수이고 $(1-p)$는 주름잡힌 완두콩 유전자의 빈도수라면, 다음 세대에서 매끄러운 표면의 콩의 비율은 다음과 같다.

$$y = 2p(1 - p) + p^2 = 2p - p^2$$

그림 2.22a에서 p에 대한 y의 그래프는 y값은 p가 작을 때가 p가 클 때보다 p의 변화에 더 민감하다는 것을 보인다. 실제로 이 사실은 그림 2.22b에서 도함수의 그래프에 의해 지지된다. 이때 dy/dp는 p가 0에 가까울 때 2에 가깝고, p가 1에 가까울 때 0에 가깝다.

유전적 특징에 대한 암시는 약간의 우성 인자를 매우 열성인 개체군(주름진 표면을 갖는 완두콩의 비율이 작은 곳)에 투입하면 다음 세대에서 매우 우성인 개체에서 비슷한 증가가 일어나는 것보다 더 극적인 효과가 나타날 것이다. ■

연습문제 2.4 EXERCISE QUESTION

좌표축을 따른 운동

연습문제 1~6에서 s가 미터이고 t가 초를 나타낼 때, 좌표축을 따라 운동하는 물체의 위치 방정식은 $s=f(t)$이다.

a. 주어진 시간 구간에서 물체의 변위와 평균 속도를 구하라.
b. 구간의 양 끝점에서 물체의 속력과 가속도를 구하라.
c. 구간에서 물체는 방향을 바꾸는 적이 있는가?

1. $s = t^2 - 3t + 2, \quad 0 \le t \le 2$

2. $s = 6t - t^2, \quad 0 \le t \le 6$

3. $s = -t^3 + 3t^2 - 3t, \quad 0 \le t \le 3$

4. $s = (t^4/4) - t^3 + t^2, \quad 0 \le t \le 3$

5. $s = \frac{25}{t^2} - \frac{5}{t}, \quad 1 \le t \le 5$ **6.** $s = \frac{25}{t+5}, \quad -4 \le t \le 0$

7. 입자 운동 시간 t에서 s축을 따라 운동하는 물체의 위치가 $s=t^3-6t^2+9t$ m이다.
a. 속도가 0인 모든 점에서 물체의 가속도를 구하라.
b. 가속도가 0인 모든 점에서 물체의 속력를 구하라.
c. $t=0$에서 $t=2$까지에서 물체가 움직인 총 거리를 구하라.

8. 입자 운동 시간 $t \ge 0$에서 s축을 따라 수평 운동하는 물체의 속도가 $v=t^2-4t+3$이다.
a. 속도가 0인 모든 점에서 물체의 가속도를 구하라.
b. 언제 물체가 앞으로 진행하고, 언제 반대 방향으로 진행하는가?
c. 언제 물체의 속도가 증가하는가, 언제 감소하는가?

자유낙하 응용

9. 화성과 목성에서의 자유낙하 화성과 목성에서 자유낙하운동 방정식은 (s는 미터, t는 초를 나타낼 때) 화성에서는 $s=1.86t^2$, 목성에서는 $s=11.44t^2$이다. 각 행성에서 정지 상태의 바위돌이 떨어져 27.8 m/s (약 100 km/h)의 속도에 도달하려면 얼마나 걸리겠는가?

10. 달에서의 수직 발사 운동 달에서 24 m/s (약 86 km/h)의 속도로 돌을 수직 방향으로 던졌을 때 t초 후의 높이가 $s=24t-0.8t^2$ m이다.
a. 시간 t에서 바위의 속도와 가속도를 구하라(여기서 가속도는 달에서의 중력가속도이다).
b. 바위가 최고점에 도달하는 데 걸리는 시간은 얼마인가?
c. 바위의 최고 높이는 얼마인가?
d. 최고 높이의 절반에 도달하는 데는 얼마나 걸리는가?
e. 얼마 후에 땅에 떨어지는가?

11. 공기 없는 작은 행성에서 g 찾기 공기 없는 작은 행성에서 탐험가가 표면에서 발사 속도 15 m/s로 수직 위로 쇠구슬을 쏘아올리기 위해 스프링 총을 사용했다. 행성의 표면에서 중력가속도가 g_s m/s^{2}이었으므로 탐험가는 t초 후에 쇠구슬이 $s=15t-(1/2)g_s t^2$ m의 높이에 이를 것으로 예상했다. 쇠구슬은 발사 20초 후에 최고 높이

에 도달했다. g_s의 값은 얼마인가?

12. 고속 탄환 수직 위로 발사된 45구경 칼리버의 탄환의 높이는 t초 후에 달에서는 $s = 250t - 0.8t^2$ m이고, 지구에서는 공기가 없다면 $s = 250 - 4.9t^2$ m이다. 각각의 경우에 탄환이 지면에 다시 돌아오는 데 걸리는 시간은 얼마인가? 탄환은 얼마나 높이 올라가는가?

13. 피사의 사탑에서 자유낙하 갈릴레오는 지면에서 56 m의 높이에 있는 피사의 사탑 꼭대기에서 포탄을 떨어뜨렸다. t초 후에 포탄의 높이는 지면으으로부터 $s = 56 - 4.9t^2$ m이다.

a. 시간에서 포탄의 속도, 속력, 가속도는 얼마인가?

b. 포탄이 땅에 떨어질 때까지 얼마나 걸리는가?

c. 포탄이 땅에 떨어지는 순간에 포탄의 속도는 얼마인가?

14. 갈릴레오의 자유낙하운동 공식 갈릴레오는 공을 정지 상태에서 아주 가파른 경사면(널빤지)을 따라 굴리고 널빤지가 수직이 되어 공이 자유낙하를 할 때 공의 행동을 예측하는 극한 공식을 살펴봄으로써 자유낙하운동할 때 물체의 속도에 대한 공식을 만들었다(그림 (a)). 널빤지의 임의의 각에 대해 공이 움직이기 시작한 t초 후에 속도는 t의 상수배임을 발견했다. 즉 속도는 $v = kt$의 공식으로 주어졌다. 상수 k의 값은 널빤지의 경사도에 따라 다르다.

거리를 미터로, 시간을 초를 이용하여 현대의 기호로 쓰면(그림 (b)), 갈릴레오가 실험에 의해 결정한 것은 주어진 임의의 각 θ에 대해 공이 구르기 시작하여 v초 후의 공의 속도는 $v = 9.8(\sin\theta)t$ m/s라는 것이다.

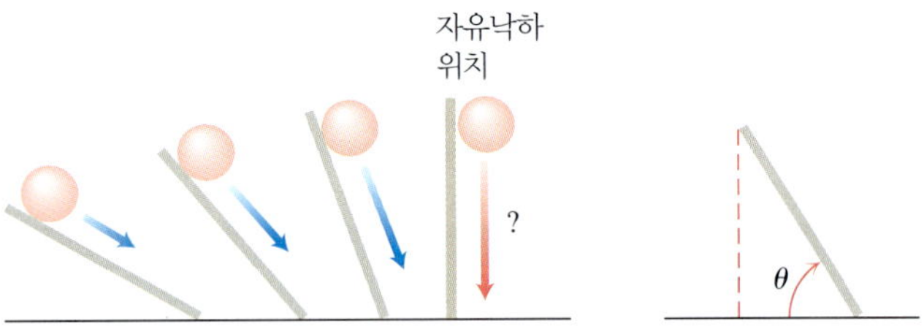

(a) (b)

a. 자유낙하하는 동안의 공의 속도에 대한 식은 무엇인가?

b. 문제 (a)에서의 작업에 기초하여 지구의 표면 근처에서 자유낙하운동을 경험하는 물체의 상수 가속도는 무엇인지 찾아라.

그래프에서 운동 이해하기

15. 그림은 좌표축을 따라 운동하는 물체의 속도 $v = ds/dt = f(t)$ (m/s)를 보인다.

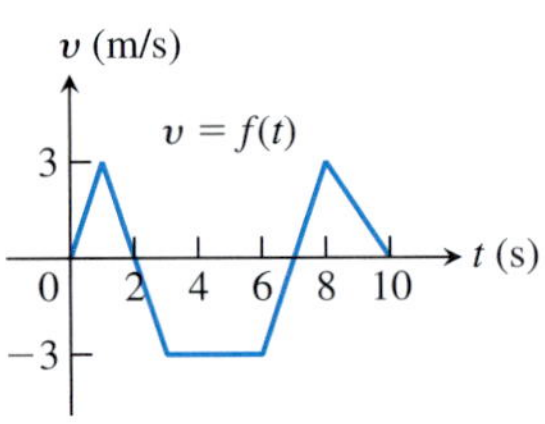

a. 언제 물체가 방향을 바꾸는가?

b. 언제(근사적으로) 물체가 일정한 속도로 움직이는가?

c. $0 \le t \le 10$에서 물체의 속력의 그래프를 그려라.

d. 정의되는 곳에서 물체의 가속도 그래프를 그려라.

16. 입자 P가 문제 (a)에 보인 것처럼 주어진 그림의 수직선을 따라 운동한다. 문제 (b)는 시간 t의 함수로서 P의 위치를 나타낸다.

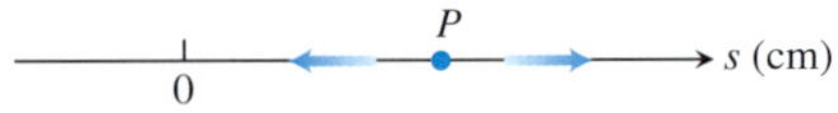

(a)

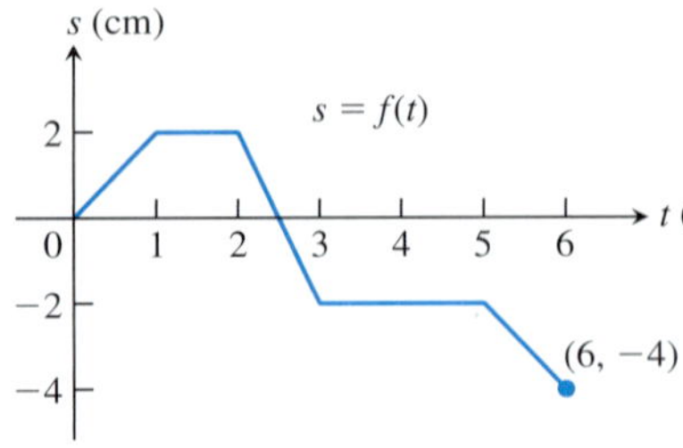

(b)

a. 언제 P가 왼쪽으로 움직이는가? 언제 오른쪽으로 움직이는가? 언제 정지하는가?

b. 입자의 속도와 속력의 그래프를 그들이 정의되는 구간에서 그려라.

17. 로켓 발사하기 모형 로켓을 발사할 때, 처음 몇 초 동안은 추진체가 타면서 로켓을 위쪽으로 가속시킨다. 추진체가 다 탄 후에 로켓은 한동안 위로 올라가다가 아래로 떨어지기 시작한다. 로켓이 떨어지기 시작한 조금 후에 작은 폭약이 터지면서 낙하산이 펴진다. 낙하산은 로켓을 천천히 떨어지게 하여 안전하게 착륙할 수 있게 해준다.

주어진 그림은 모형 로켓의 비행속도를 보인다. 이 정보를 이용하여 다음 물음에 답하라.

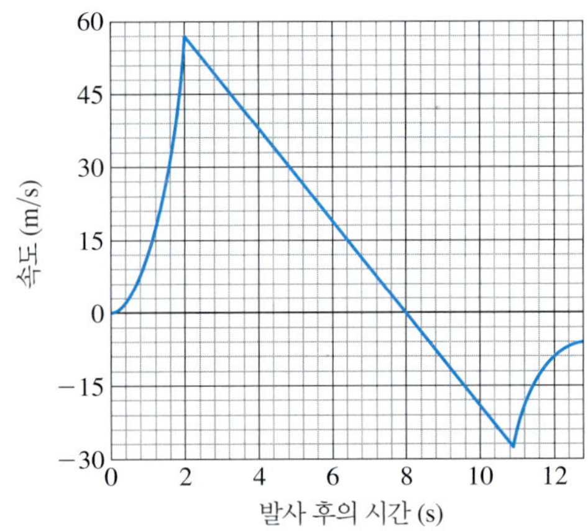

a. 추진체가 다 타버린 순간 로켓의 속도는 얼마인가?

b. 추진체는 몇 초 동안 탔는가?

c. 언제 로켓이 최고점에 도달했는가? 그때 로켓의 속도는 얼마인가?

d. 언제 낙하산이 펼쳐지는가? 그때 로켓은 얼마나 빠른 속도로 떨어지는가?

e. 낙하산이 펴지기 전까지 로켓은 얼마의 거리를 떨어지는가?

f. 언제 로켓의 가속도가 가장 큰가?

g. 언제 가속도가 일정한가? 그때 가속도의 값은 얼마인가? 가장 가까운 정수로 답하라.

18. 다음 그림은 좌표축 위에서 움직이는 입자의 속도 $v = f(t)$를 보인다.

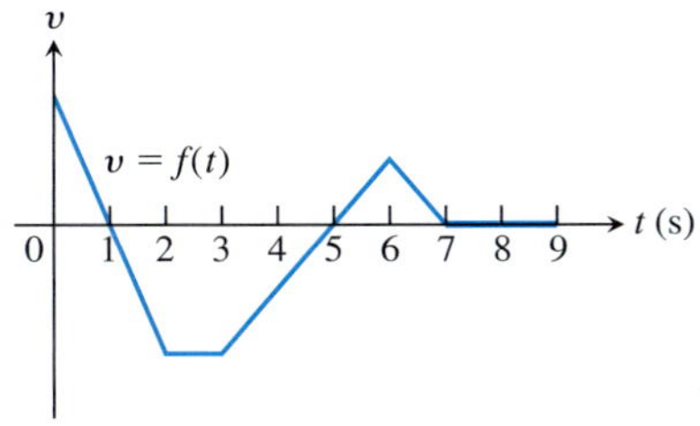

a. 언제 입자가 앞으로 진행하는가, 언제 뒤로 진행하는가? 언제 속도가 증가하는가, 언제 감소하는가?

b. 언제 입자의 가속도가 양수인가, 언제 음수인가, 언제 0인가?

c. 언제 입자가 최고 속력으로 움직이는가?

d. 언제 입자는 순간적으로 정지하는가?

19. 주어진 그림의 그래프는 좌표축을 따라 움직이는 물체의 위치 s, 속도 $v = ds/dt$, 가속도 $a = d^2s/dt^2$을 시간 t의 함수로 나타낸 것이다. 각각을 구별하라. 그 이유를 설명하라.

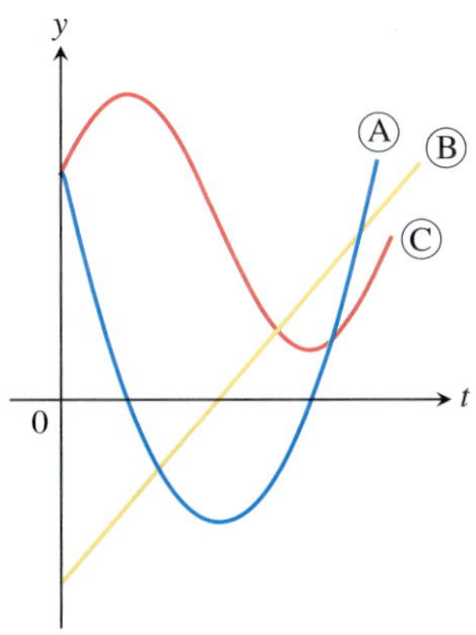

20. 주어진 그림의 그래프는 좌표축을 따라 움직이는 물체의 위치 s, 속도 $v = ds/dt$, 가속도 $a = d^2 s/dt^2$을 시간 t의 함수로 나타낸 것이다. 각각을 구별하라. 그 이유를 설명하라.

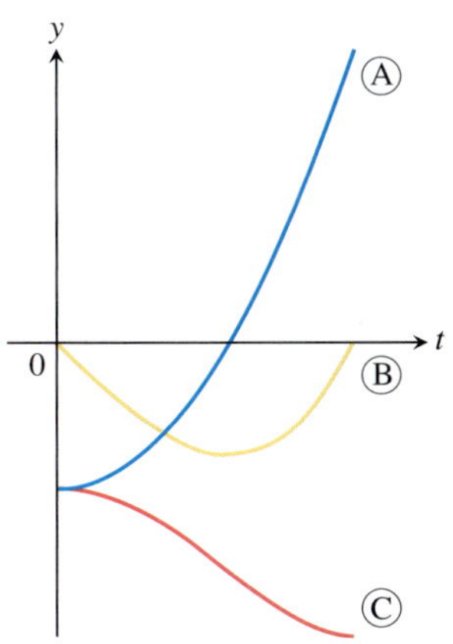

경제학

21. 한계 비용 x대의 세탁기를 생산하는 비용이 $c(x) = 2000 + 100x - 0.1x^2$달러라고 하자.

a. 처음 100대의 세탁기를 생산하는 데 드는 대당 평균비용을 구하라.

b. 100대의 세탁기를 생산할 때 한계 비용을 구하라.

c. 100대의 세탁기를 생산할 때 한계 비용은 처음 100대를 생산한 후에 1대를 더 생산하는 데 드는 비용에 근접함을 후자를 직접 계산함으로써 보여라.

22. 한계 수익 x대의 세탁기를 팔아서 얻는 수익(달러)이 다음과 같다고 하자.

$$r(x) = 20{,}000\left(1 - \frac{1}{x}\right)$$

a. 100대의 세탁기를 생산했을 때 한계 수익을 구하라.

b. $r'(x)$를 이용해 일주일에 100대의 세탁기를 생산하던 것을 일주일에 101대의 세탁기를 생산할 때 얻는 수입의 증가를 추정하라.

c. $x \to \infty$일 때 $r'(x)$의 극한을 구하라. 이 수의 의미를 설명하라.

추가 응용

23. 박테리아 개체 수 박테리아가 자라고 있던 영양제 배양액에 살균제를 추가할 때 박테리아 개체 수는 잠깐은 증가를 계속하지만, 곧바로 증가가 멈추고 감소하기 시작한다. 시간 t (시간)에서 개체 수의 크기는 $b = 10^6 + 10^4t - 10^3t^2$이었다. 다음 시간에서 증가율을 구하라.

a. $t = 0$시간 **b.** $t = 5$시간 **c.** $t = 10$시간

24. 신체의 겉넓이 표준형 남성의 신체의 겉넓이(S)를 구하는 공식으로 $\frac{1}{60}\sqrt{wh}$가 자주 사용된다. 여기서 남성의 신장이 h (cm)이고, 몸무게가 w (kg)이다. 이때 키가 $h = 180$ (cm)으로 일정한 남성의 몸무게에 대한 신체의 겉넓이의 변화율을 구하라. 몸무게에 대한 S의 변화율이 몸무게가 적을 때에 급격히 변하는가, 아니면 클 때에 급격히 변하는가? 이유를 설명하라.

T **25. 탱크 비우기** 아래쪽에 있는 밸브를 열어서 저장탱크를 비우는 데 12시간이 걸린다. 밸브를 열고 t시간 후의 탱크 속의 액체의 깊이는 다음과 같은 공식으로 주어진다.

$$y = 6\left(1 - \frac{t}{12}\right)^2 \text{ m}$$

a. 시간 t에서 탱크가 비워지는 비율 dy/dt (m/h)를 구하라.

b. 언제 탱크 속의 액체의 높이가 빠르게 떨어지는가, 가장 느린 때는? 이 시간에서 dy/dt의 값은?

c. y와 dy/dt를 함께 그래프로 그리고, dy/dt의 부호와 값과 관련하여 y의 행동을 논하라.

26. 탱크 비우기 탱크가 비워지기 시작한 t분 후에 탱크 속의 물의 양은 $Q(t) = 200(30 - t)^2$리터이다. 10분 후에는 물은 얼마나 빨리 비워지는가? 처음 10분 동안에 물이 흐르는 평균 속도는 얼마인가?

27. 자동차의 정지 거리 미국 도로공사의 데이터에 따르면, 달리는 자동차의 전체 정지 거리는 속도에 관한 식으로 다음과 같이 주어진다.

$$s = 0.21v + 0.0063v^2$$

여기서 속도의 단위는 km/h이고, 거리 s의 단위는 m이다. 일차항 $0.21v$는 운전자가 정지해야 함을 인지하고 제동장치를 작동하기 전까지 차가 이동한 거리를 나타내고, 2차항 $0.00636v^2$은 제동장치가 작동되어 차가 완전히 멈출 때까지의 이동 거리를 나타낸다. $v = 50$ km/h일 때와 $v = 100$ km/h일 때의 미분계수 ds/dv를 구하고, 두 미분계수의 의미를 설명하라.

28. 풍선 불기 구면 풍선의 부피 $V = (4/3)\pi r^3$은 반지름에 대해 변화한다.

a. $r=2$ m일 때 부피는 반지름에 관해 어떤 비율(m^3/m)로 변화하는가?

b. 반지름이 2에서 2.2 m로 바뀔 때 부피는 근사적으로 얼마나 증가하는가?

29. 비행기 이륙 비행기가 이륙하기 전에 활주로를 운행하는 거리는 $D=(10/9)t^2$으로 주어진다. 여기서 D는 시작점으로부터 미터로 측정되고, t는 브레이크를 놓는 순간부터 초로 측정한 시간이다. 비행기는 속도가 200 km/h에 도달하면 이륙하기 시작한다. 이륙하는 순간까지 얼마나 걸리겠는가? 또 이 시간 동안 활주로에서 얼마의 거리를 운행하는가?

30. 화산 용암샘 1959년 11월 하와이 섬의 킬라우에아 이키 화산 폭발은 분화구의 벽을 따라 용암의 줄기가 흐르기 시작했지만, 후에도 분화구의 바닥의 하나의 구멍으로 제한된 활동이 계속되었다. 이 구멍에서 한 지점에서의 용암 분출 하와이 최고 기록인 580 m 높이를 기록했다. 용암의 분출속도는 몇 m/s인가? [힌트: v_0이 용암의 최초 분출속도라 하면, t초 후의 용암의 높이는 $s=v_0t-4.9t^2$ m이다. $ds/dr=0$이 되는 시간을 찾으면 된다. 공기저항은 무시한다.]

그래프로 운동 해석하기

T 연습문제 31~34에서 s축을 따라 운동하는 물체의 위치함수를 시간 t의 함수 $s=f(t)$로 나타내라. f의 그래프 및 속도함수 $v(t)=ds/dt=f'(t)$와 가속도함수 $a(t)=d^2s/dt^2=f''(t)$의 그래프를 함께 그려라. v와 a의 부호와 값과 관련하여 물체의 행동을 서술하라. 서술에는 다음과 같은 내용을 포함시켜라.

a. 언제 물체가 순간적으로 멈추는가?
b. 언제 물체가 왼쪽(아래) 또는 오른쪽(위)으로 움직이는가?
c. 언제 방향을 바꾸는가?
d. 언제 속력이 증가하고, 언제 감소하는가?
e. 언제 최고 속력으로 움직이고, 언제 최저 속력으로 움직이는가?
f. 언제 축의 원점으로부터 가장 멀리 떨어지는가?

31. $s=60t-4.9t^2,\ 0\le t\le 12.5$ (지표면에서 60 m/s의 속도로 수직 발사된 무거운 물체)

32. $s = t^2 - 3t + 2,\quad 0 \le t \le 5$

33. $s = t^3 - 6t^2 + 7t,\quad 0 \le t \le 4$

34. $s = 4 - 7t + 6t^2 - t^3,\quad 0 \le t \le 4$

2.5 삼각함수의 도함수

자연에는 전자기장, 심장의 박동, 바다의 조수, 날씨 등과 같은 여러 주기적인 현상이 있다. 사인과 코사인의 도함수는 주기적인 변화를 설명하는 데 중요한 역할을 한다. 이 절에서는 여섯 가지의 기본적인 삼각함수를 어떻게 미분하는지를 보인다.

사인함수의 도함수

x의 단위가 라디안일 때 1.4절의 예제 5a와 정리 6의 극한을 사인함수의 덧셈 정리와 결합하여 $f(x)=\sin x$의 도함수를 계산한다.

$$\sin(x+h) = \sin x\cos h + \cos x\sin h$$

$f(x)=\sin x$이면 다음과 같다.

$$\begin{aligned}
f'(x) &= \lim_{h\to 0}\frac{f(x+h)-f(x)}{h} = \lim_{h\to 0}\frac{\sin(x+h)-\sin x}{h} && \text{도함수 정의}\\
&= \lim_{h\to 0}\frac{(\sin x\cos h+\cos x\sin h)-\sin x}{h} && \sin(x+h)\text{에 대한 덧셈 정리}\\
&= \lim_{h\to 0}\frac{\sin x(\cos h-1)+\cos x\sin h}{h}\\
&= \lim_{h\to 0}\left(\sin x\cdot\frac{\cos h-1}{h}\right)+\lim_{h\to 0}\left(\cos x\cdot\frac{\sin h}{h}\right)\\
&= \sin x\cdot\underbrace{\lim_{h\to 0}\frac{\cos h-1}{h}}_{\text{극한 }0}+\cos x\cdot\underbrace{\lim_{h\to 0}\frac{\sin h}{h}}_{\text{극한 }1}\\
&= \sin x\cdot 0+\cos x\cdot 1 = \cos x && \text{1.4절의 예제 5a와 정리 6의 극한}
\end{aligned}$$

사인함수의 도함수는 코사인함수이다.

$$\frac{d}{dx}(\sin x) = \cos x$$

예제 1 차, 곱, 나눗셈이 포함된 사인함수의 도함수를 구한다.

(a) $y = x^2 - \sin x$: $\dfrac{dy}{dx} = 2x - \dfrac{d}{dx}(\sin x) = 2x - \cos x$ 차의 미분 공식

(b) $y = e^x \sin x$: $\dfrac{dy}{dx} = e^x \dfrac{d}{dx}(\sin x) + \left(\dfrac{d}{dx}e^x\right)\sin x = e^x \cos x + e^x \sin x = e^x(\cos x + \sin x)$ 곱의 미분 공식

(c) $y = \dfrac{\sin x}{x}$: $\dfrac{dy}{dx} = \dfrac{x \cdot \dfrac{d}{dx}(\sin x) - \sin x \cdot 1}{x^2} = \dfrac{x \cos x - \sin x}{x^2}$ 나눗셈 미분 공식

코사인함수의 도함수

코사인함수의 덧셈 정리를 이용하자.

$$\cos(x + h) = \cos x \cos h - \sin x \sin h$$

차분몫의 극한을 구할 수 있다.

$$\begin{aligned}
\frac{d}{dx}(\cos x) &= \lim_{h\to 0} \frac{\cos(x+h) - \cos x}{h} && \text{도함수 정의} \\
&= \lim_{h\to 0} \frac{(\cos x \cos h - \sin x \sin h) - \cos x}{h} && \text{코사인함수의 덧셈 정리} \\
&= \lim_{h\to 0} \frac{\cos x(\cos h - 1) - \sin x \sin h}{h} \\
&= \lim_{h\to 0}\left(\cos x \cdot \frac{\cos h - 1}{h}\right) - \lim_{h\to 0}\left(\sin x \cdot \frac{\sin h}{h}\right) \\
&= \cos x \cdot \lim_{h\to 0}\frac{\cos h - 1}{h} - \sin x \cdot \lim_{h\to 0}\frac{\sin h}{h} && \text{1.4절의 예제 5a와 정리 6의 극한} \\
&= \cos x \cdot 0 - \sin x \cdot 1 \\
&= -\sin x
\end{aligned}$$

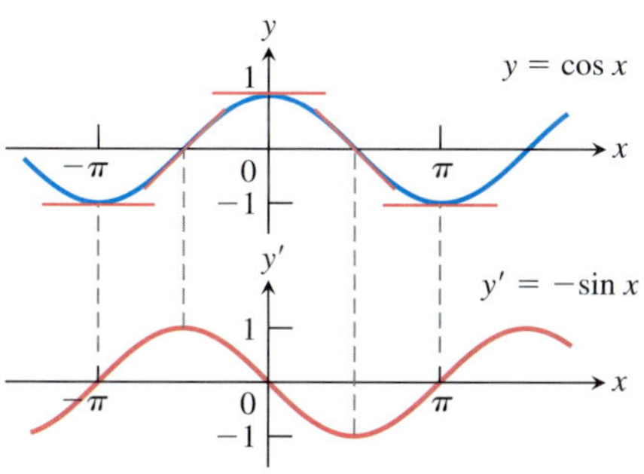

그림 2.23 곡선 $y = \cos x$에 대한 접선의 기울기의 그래프로서의 곡선 $y' = -\sin x$이다.

> **코사인함수의 도함수는 음의 사인함수이다.**
>
> $$\frac{d}{dx}(\cos x) = -\sin x$$

그림 2.23은 곡선 $y = \cos x$에 대한 접선의 기울기를 그래프로 표시하여 이 결과를 시각화한 것이다.

예제 2 다른 함수와 조합된 코사인함수의 도함수를 구한다.

(a) $y = 5e^x + \cos x$:

$$\frac{dy}{dx} = \frac{d}{dx}(5e^x) + \frac{d}{dx}(\cos x) = 5e^x - \sin x \quad \text{합의 미분 공식}$$

(b) $y = \sin x \cos x$:

$$\frac{dy}{dx} = \sin x \frac{d}{dx}(\cos x) + \left(\frac{d}{dx}(\sin x)\right)\cos x \quad \text{곱의 미분 공식}$$

$$= (\sin x)(-\sin x) + (\cos x)(\cos x)$$
$$= \cos^2 x - \sin^2 x$$

(c) $y = \dfrac{\cos x}{1 - \sin x}$:

$$\frac{dy}{dx} = \frac{(1 - \sin x)\dfrac{d}{dx}(\cos x) - \cos x\dfrac{d}{dx}(1 - \sin x)}{(1 - \sin x)^2} \quad \text{나눗셈 미분 공식}$$
$$= \frac{(1 - \sin x)(-\sin x) - (\cos x)(0 - \cos x)}{(1 - \sin x)^2}$$
$$= \frac{1 - \sin x}{(1 - \sin x)^2} \quad \sin^2 x + \cos^2 x = 1$$
$$= \frac{1}{1 - \sin x}$$

■

단순조화운동

용수철의 끝부분에 물체를 매달아 저항이 없이 위아래로 움직이는 진동운동을 단순조화운동이라고 한다. 이 운동은 주기적이며 무한히 반복되므로 삼각함수를 이용하여 나타낸다. 다음 예제는 운동을 감소하는 마찰이나 부력 같은 저항이 없는 운동을 설명해준다.

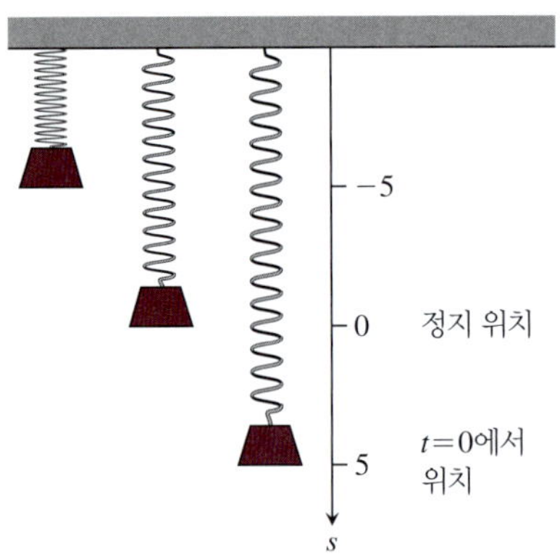

그림 2.24 수직 스프링에 매달려 있다(정지 위치)가 움직이기 시작한 물체는 정지 위치의 위와 아래로 진동한다(예제 3).

예제 3 용수철에 매달린 물체를 정지된 상태에서 5단위만큼 잡아당겼다가 놓으면 위아래로 진동한다(그림 2.24). 놓은 당시를 $t=0$이라 하면, 시간 t에서 이 물체의 위치는 다음과 같다.

$$s = 5\cos t$$

시간 t에서 이 물체의 속도와 가속도는 얼마인가?

풀이 다음을 얻을 수 있다.

위치: $s = 5\cos t$

속도: $v = \dfrac{ds}{dt} = \dfrac{d}{dt}(5\cos t) = -5\sin t$

가속도: $a = \dfrac{dv}{dt} = \dfrac{d}{dt}(-5\sin t) = -5\cos t$

이 방정식으로부터 물체에 대한 얼마나 많은 것을 배울 수 있는지 주목하자.

1. 시간이 지남에 따라 물체는 s축의 $s=-5$와 $s=5$ 사이를 위아래로 진동한다. 운동의 진폭은 5이고, 주기는 코사인함수의 주기인 2π이다.

2. 그림 2.25에 볼 수 있듯이 속도 $v=-5\sin t$는 $\cos t=0$일 때 가장 큰 크기 5에 도달한다. 따라서 물체의 속력 $|v|=5|\sin t|$는 $\cos t=0$, 즉 $s=0$ (정지 위치)일 때에 가장 크다. 물체의 속력은 $\sin t=0$일 때 0이 되며, 이는 운동 구간의 양 끝점인 $s=5\cos t=\pm5$일 때마다 일어난다. 이 지점에서 물체의 운동 방향이 반전된다.

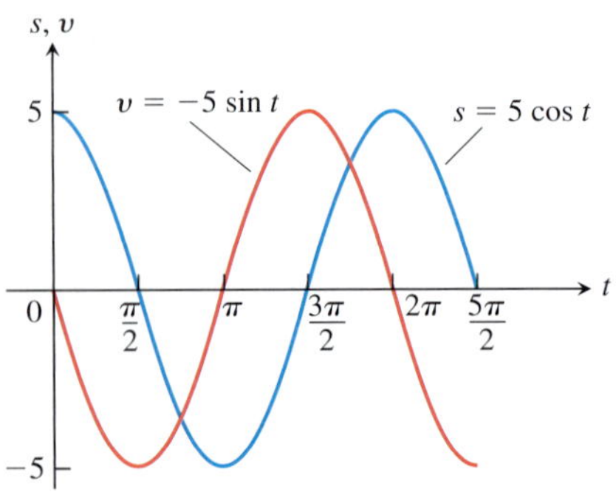

그림 2.25 예제 3의 물체의 위치와 속도의 그래프.

3. 물체는 용수철과 중력의 합쳐진 힘에 의해 운동한다. 이 합쳐진 힘은 물체가 정지 위치보다 아래에 있으면 위로 당겨지고, 정지 위치보다 위에 있으면 아래로 당긴다. 즉 물체의 가속도는 항상 위치의 반대 부호에 비례한다. 용수철의 이러한 성질을 '훅의 법칙'이라 하며, 5.5절에서 자세히 살펴본다.

4. 가속도 값 $a=-5\cos t$는 중력과 용수철의 힘이 서로 균형을 이루는 정지 상태인 $\cos t=0$일 때만 0이다. 물체가 다른 곳에 있을 때 두 힘은 같지 않고 가속도는 0이 아니다. 가속도는 정지 위치에서 가장 먼 점, 즉 $\cos t=\pm1$인 점에서 가장 큰 값을 가진다. ■

예제 4 예제 3의 단순조화운동의 순간 가속도는 다음과 같다.

$$j = \frac{da}{dt} = \frac{d}{dt}(-5\cos t) = 5\sin t$$

이것은 변위의 극점에서가 아니라 정지 위치인 $\sin t = \pm 1$일 때 가장 큰 값을 가지며, 이때 가속도는 방향과 부호를 바꾼다. ■

다른 기본 삼각함수의 도함수

$\sin x$와 $\cos x$는 x에 대해 미분가능하므로 다음과 같은 함수가 정의된 모든 x값에서 미분가능하다.

$$\tan x = \frac{\sin x}{\cos x}, \qquad \cot x = \frac{\cos x}{\sin x}, \qquad \sec x = \frac{1}{\cos x}, \qquad \csc x = \frac{1}{\sin x}$$

나눗셈 공식을 이용하여 그들의 도함수를 구하면 다음 공식과 같다. 여함수의 도함수 공식에서 음의 부호가 있는 것을 주목하자.

다른 삼각함수의 도함수

$$\frac{d}{dx}(\tan x) = \sec^2 x \qquad \frac{d}{dx}(\cot x) = -\csc^2 x$$

$$\frac{d}{dx}(\sec x) = \sec x \tan x \qquad \frac{d}{dx}(\csc x) = -\csc x \cot x$$

대표적인 계산을 보이기 위해 탄젠트함수의 도함수를 구한다. 다른 도함수의 계산은 연습문제 54에 남겨두었다.

예제 5 $d(\tan x)/dx$를 구하라.

풀이 나눗셈 미분 공식을 이용하여 도함수를 계산한다.

$$\frac{d}{dx}(\tan x) = \frac{d}{dx}\left(\frac{\sin x}{\cos x}\right) = \frac{\cos x \dfrac{d}{dx}(\sin x) - \sin x \dfrac{d}{dx}(\cos x)}{\cos^2 x} \quad \text{나눗셈 미분 공식}$$

$$= \frac{\cos x \cos x - \sin x(-\sin x)}{\cos^2 x}$$

$$= \frac{\cos^2 x + \sin^2 x}{\cos^2 x}$$

$$= \frac{1}{\cos^2 x} = \sec^2 x$$ ■

예제 6 $y = \sec x$일 때 y''을 구하라.

풀이 2계 도함수를 구하려면 삼각함수의 도함수의 결합이 필요하다.

$$y = \sec x$$

$$y' = \sec x \tan x \quad \text{시컨트함수에 대한 미분 공식}$$

$$y'' = \frac{d}{dx}(\sec x \tan x)$$

$$= \sec x \frac{d}{dx}(\tan x) + \tan x \frac{d}{dx}(\sec x) \quad \text{곱의 미분 공식}$$

$$= (\sec x)(\sec^2 x) + (\tan x)(\sec x \tan x) \quad \text{미분 공식}$$

$$= \sec^3 x + \sec x \tan^2 x$$ ■

연습문제 2.5 EXERCISE QUESTION

도함수

연습문제 1~18에서 dx/dy를 구하라.

1. $y = -10x + 3\cos x$

2. $y = \dfrac{3}{x} + 5\sin x$

3. $y = x^2 \cos x$

4. $y = \sqrt{x}\sec x + 3$

5. $y = \csc x - 4\sqrt{x} + \dfrac{7}{e^x}$

6. $y = x^2 \cot x - \dfrac{1}{x^2}$

7. $f(x) = \sin x \tan x$

8. $g(x) = \dfrac{\cos x}{\sin^2 x}$

9. $y = xe^{-x}\sec x$

10. $y = (\sin x + \cos x)\sec x$

11. $y = \dfrac{\cot x}{1 + \cot x}$

12. $y = \dfrac{\cos x}{1 + \sin x}$

13. $y = \dfrac{4}{\cos x} + \dfrac{1}{\tan x}$

14. $y = \dfrac{\cos x}{x} + \dfrac{x}{\cos x}$

15. $y = (\sec x + \tan x)(\sec x - \tan x)$

16. $y = x^2\cos x - 2x\sin x - 2\cos x$

17. $f(x) = x^3 \sin x \cos x$

18. $g(x) = (2 - x)\tan^2 x$

연습문제 19~22에서 ds/dt를 구하라.

19. $s = \tan t - e^{-t}$

20. $s = t^2 - \sec t + 5e^t$

21. $s = \dfrac{1 + \csc t}{1 - \csc t}$

22. $s = \dfrac{\sin t}{1 - \cos t}$

연습문제 23~26에서 $dr/d\theta$를 구하라.

23. $r = 4 - \theta^2 \sin\theta$

24. $r = \theta\sin\theta + \cos\theta$

25. $r = \sec\theta\csc\theta$

26. $r = (1 + \sec\theta)\sin\theta$

연습문제 27~32에서 dp/dq를 구하라.

27. $p = 5 + \dfrac{1}{\cot q}$

28. $p = (1 + \csc q)\cos q$

29. $p = \dfrac{\sin q + \cos q}{\cos q}$

30. $p = \dfrac{\tan q}{1 + \tan q}$

31. $p = \dfrac{q\sin q}{q^2 - 1}$

32. $p = \dfrac{3q + \tan q}{q\sec q}$

33. 주어진 함수에 대해 y''을 구하라.

a. $y = \csc x$ **b.** $y = \sec x$

34. 주어진 함수에 대해 $y^4 = d^4y/dx^4$을 구하라.

a. $y = -2\sin x$ **b.** $y = 9\cos x$

접선

연습문제 35~38에서 주어진 구간에서 곡선의 그래프를 그리고 x의 주어진 값에서 그 곡선에 접선을 그려라. 각 곡선과 접선의 그래프를 해당 방정식으로 표시하라.

35. $y = \sin x,\quad -3\pi/2 \le x \le 2\pi$
$x = -\pi, 0, 3\pi/2$

36. $y = \tan x,\quad -\pi/2 < x < \pi/2$
$x = -\pi/3, 0, \pi/3$

37. $y = \sec x,\quad -\pi/2 < x < \pi/2$
$x = -\pi/3, \pi/4$

38. $y = 1 + \cos x,\quad -3\pi/2 \le x \le 2\pi$
$x = -\pi/3, 3\pi/2$

T 연습문제 39~44의 함수의 그래프가 구간 $0 \le x \le 2\pi$에서 수평 접선을 갖는가? 그렇다면 어디에서 갖는가, 그렇지 않다면 왜 그렇지 않은가? 그래픽 계산기를 이용해 함수의 그래프를 그림으로 시각화하라.

39. $y = x + \sin x$

40. $y = 2x + \sin x$

41. $y = x - \cot x$

42. $y = x + 2\cos x$

43. $y = \dfrac{\sec x}{3 + \sec x}$

44. $y = \dfrac{\cos x}{3 - 4\sin x}$

45. 곡선 $y=\tan x$, $-\pi/2 < x < \pi/2$ 위의 점에서 접선이 직선 $y=2x$와 평행하는 모든 점을 구하라. 곡선과 접선을 같은 좌표에 그리고 각각의 그래프를 해당 방정식으로 표시하라.

46. 곡선 $y=\cot x$, $0 < x < \pi$ 위의 점에서 접선이 직선 $y=-x$와 평행하는 모든 점을 구하라. 곡선과 접선을 같은 좌표에 그리고 각각의 그래프를 해당 방정식으로 표시하라.

연습문제 47과 48에서 **(a)** P에서 곡선의 접선의 방정식, **(b)** Q에서 곡선의 수평 접선의 방정식을 구하라.

47.

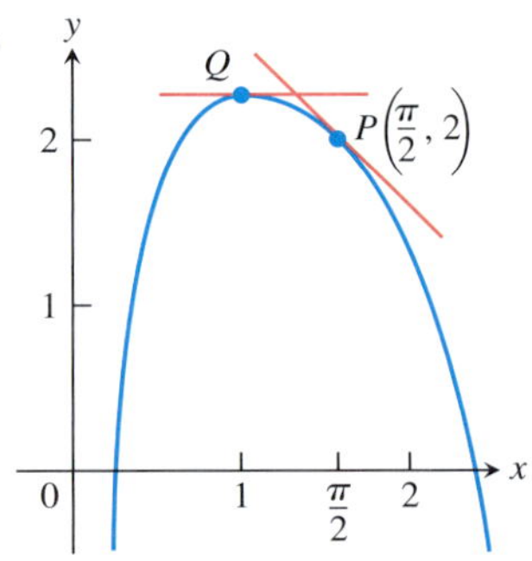

$y = 4 + \cot x - 2\csc x$

48.

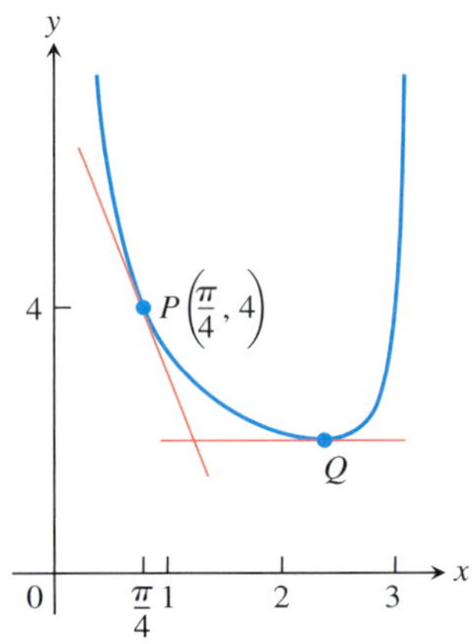

$y = 1 + \sqrt{2}\csc x + \cot x$

이론과 예제

연습문제 49와 50에서 방정식은 좌표축을 따라 운동하는 물체의 위치 방정식 $s=f(t)$ (s의 단위는 미터, t의 단위는 초)이다. $t=\pi/4$초에서 물체의 속도, 속력, 가속도, 순간 가속도를 구하라.

49. $s = 2 - 2\sin t$

50. $s = \sin t + \cos t$

51. 다음 함수가 $x=0$에서 연속이 되는 c값이 존재하는가?

$$f(x) = \begin{cases} \dfrac{\sin^2 3x}{x^2}, & x \ne 0 \\ c, & x = 0 \end{cases}$$

그 이유를 설명하라.

52. 다음 함수가 $x=0$에서 연속이 되는 b값이 존재하는가?

$$g(x) = \begin{cases} x + b, & x < 0 \\ \cos x, & x \geq 0 \end{cases}$$

$x=0$에서 미분가능한가? 그 이유를 설명하라.

53. 처음 몇 개의 도함수를 구해 패턴을 찾고, 다음 도함수를 구하라.

a. $\dfrac{d^{999}}{dx^{999}}(\cos x)$ **b.** $\dfrac{d^{110}}{dx^{110}}(\sin x - 3\cos x)$

c. $\dfrac{d^{73}}{dx^{73}}(x \sin x)$

54. 다음 함수의 x에 관한 도함수 공식을 구하라.

a. $\sec x$ **b.** $\csc x$ **c.** $\cot x$

55. 질량이 있는 물체가 용수철에 매달려 평형 상태($x=0$)에 있다. 그런 후에 변위가 다음 식과 같이 되도록 운동이 이루어지게 한다.

$$x = 10 \cos t$$

x의 단위는 센티미터이고, t의 단위는 초이다. 주어진 그림을 참조하라.

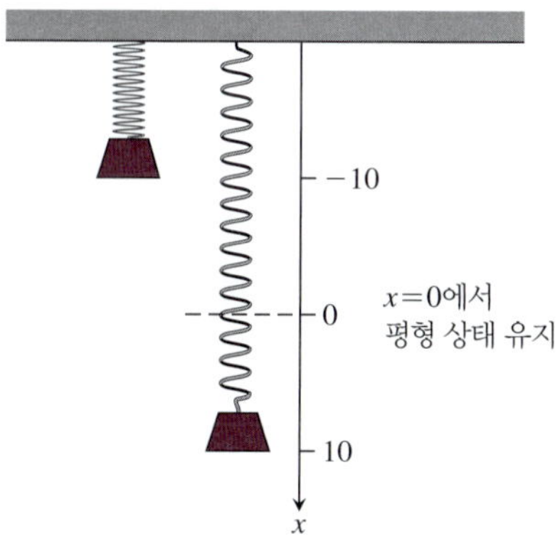

a. $t=0$, $t=\pi/3$, $t=3\pi/4$일 때 용수철의 변위를 구하라.

b. $t=0$, $t=\pi/3$, $t=3\pi/4$일 때 용수철의 속도를 구하라.

56. x축 위에서 입자의 위치를 다음과 같다고 가정하자.

$$x = 3\cos t + 4\sin t$$

x의 단위는 미터이고, t의 단위는 초이다.

a. $t=0$, $t=\pi/2$, $t=\pi$일 때 입자의 위치를 구하라.

b. $t=0$, $t=\pi/2$, $t=\pi$일 때 입자의 속도를 구하라.

T **57.** $-\pi \leq x \leq 2\pi$에서 $y=\cos x$의 그래프를 그려라. 같은 화면에 $h=1$, 0.5, 0.3, 0.1에 대해 다음 함수의 그래프를 그려라.

$$y = \frac{\sin(x+h) - \sin x}{h}$$

그런 후 새로운 화면에서 $h=-1$, -0.5, -0.3, -0.1에 대해 그래프를 그려라. $h \to 0^+$일 때 어떤 일이 일어나는가, $h \to 0^-$일 때는 어떤 일이 일어나는가? 여기서 어떤 현상을 발견할 수 있는가?

T **58.** $-\pi \leq x \leq 2\pi$에서 $y=-\sin x$의 그래프를 그려라. 같은 화면에 $h=1$, 0.5, 0.3, 0.1에 대해 다음 함수의 그래프를 그려라.

$$y = \frac{\cos(x+h) - \cos x}{h}$$

그런 후 새로운 화면에서 $h=-1$, -0.5, -0.3, -0.1에 대해 그래프를 그려라. $h \to 0^+$일 때 어떤 일이 일어나는가, $h \to 0^-$일 때는 어떤 일이 일어나는가? 여기서 어떤 현상을 발견할 수 있는가?

T **59. 중앙 차분몫** 다음과 같은 중앙 차분몫은 수치 작업에서 $f'(x)$를 근사시키는 데 이용된다.

$$\frac{f(x+h) - f(x-h)}{2h}$$

이는 **(i)** $f'(x)$가 존재하면 $h \to 0$일 때 위 식의 극한이 $f'(x)$와 같고, **(ii)** 이 식이 보통의 주어진 값에 대해 다음과 같은 차분몫보다는 $f'(x)$에 대한 더 좋은 근사를 제공하기 때문이다.

$$\frac{f(x+h) - f(x)}{h}$$

다음 그림을 참조하자.

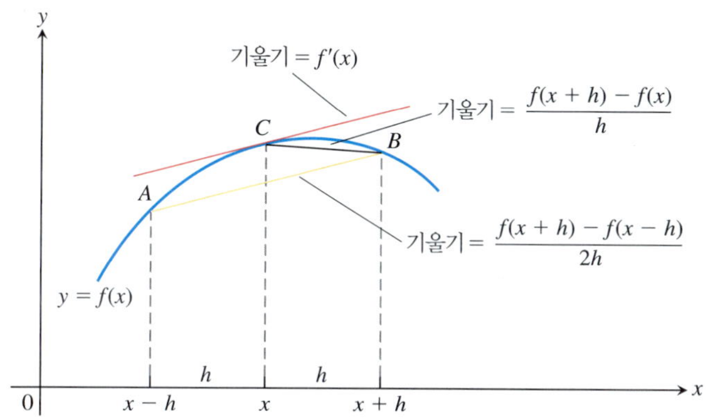

a. $f(x)=\sin x$에 대한 중앙 차분몫이 얼마나 빨리 $f'(x)=\cos x$에 수렴하는지 보기 위해 $y=\cos x$와 다음 식의 그래프를 $h=1$, 0.5, 0.3에 대해 구간 $[-\pi, 2\pi]$에서 동시에 그려라.

$$y = \frac{\sin(x+h) - \sin(x-h)}{2h}$$

결과를 같은 h값에 대해 연습문제 57에서 얻은 것과 비교하라.

b. $f(x)=\cos x$에 대한 중앙 차분몫이 얼마나 빨리 $f'(x)=-\sin x$에 수렴하는지 보기 위해 $y=-\sin x$와 다음 식의 그래프를 $h=1$, 0.5, 0.3에 대해 구간 $[-\pi, 2\pi]$에서 동시에 그려라.

$$y = \frac{\cos(x+h) - \cos(x-h)}{2h}$$

결과를 같은 h값에 대해 연습문제 58에서 얻은 것과 비교하라.

60. 중앙 차분몫에 대한 주의(연습문제 59의 계속) 다음 식과 같이 중앙 차분몫은 f가 x에서 도함수를 갖지 않더라도 $h \to 0$일 때 극한을 가질 수도 있다.

$$\frac{f(x+h) - f(x-h)}{2h}$$

대표적인 예를 들어 $f(x)=|x|$로 놓고 다음 식을 계산한다.

$$\lim_{h\to 0} \frac{|0+h| - |0-h|}{2h}$$

보는 것처럼 $f(x)=|x|$는 $x=0$에서 도함수를 갖지 않을지라도 이 극한은 존재한다. [주의: 중앙 차분몫을 이용하기 전에 도함수가 존재하는지 확인하라.]

61. 탄젠트함수의 그래프에서 기울기 $y=\tan x$와 이것의 도함수를 $(-\pi/2, \pi/2)$에서 함께 그려라. 탄젠트함수의 그래프가 가장 작은

기울기를 갖는가, 가장 큰 기울기를 갖는가? 기울기가 음이 되는 경우가 있는가? 그 이유를 설명하라.

62. (sin kx)/x 탐구 구간 $-2 \le x \le 2$에서 $y=(\sin x)/x$, $y=(\sin 2x)/x$, $y=(\sin 4x)/x$의 그래프를 함께 그려라. 언제 각 그래프가 y축과 교차하는가? 그래프가 정말로 축과 교차하는가? $y=(\sin 5x)/x$와 $y=(\sin(-3x))/x$의 그래프에 대해 $x \to 0$일 때 어떤 것을 예상할 수 있는가, 왜 그런가? 다른 k값에 대한 $y=(\sin kx)/x$의 그래프에 대해 어떤가? 그 이유를 설명하라.

2.6 연쇄법칙

함수 $F(x)=\sin(x^2-4)$는 어떻게 미분할 수 있는가? 이 함수는 두 함수 $y=f(u)=\sin u$와 $u=g(x)=x^2-4$와의 합성함수 $f \circ g$이며, 우리는 이 두 함수를 미분할 줄 안다. 연쇄법칙에 의해 주어진 답은 함수 F의 도함수는 f와 g의 도함수의 곱이라는 것이다. 이 절에서는 이 법칙을 알아본다.

합성함수의 도함수

함수 $y=\frac{3}{2}x=\frac{1}{2}(3x)$는 함수 $y=\frac{1}{2}u$와 $u=3x$의 합성이다. 그래서 다음을 얻는다.

$$\frac{dy}{dx}=\frac{3}{2}, \qquad \frac{dy}{du}=\frac{1}{2}, \qquad \frac{du}{dx}=3$$

여기서 $\frac{3}{2}=\frac{1}{2}\cdot 3$이므로 다음이 성립함을 알 수 있다.

$$\frac{dy}{dx}=\frac{dy}{du}\cdot\frac{du}{dx}$$

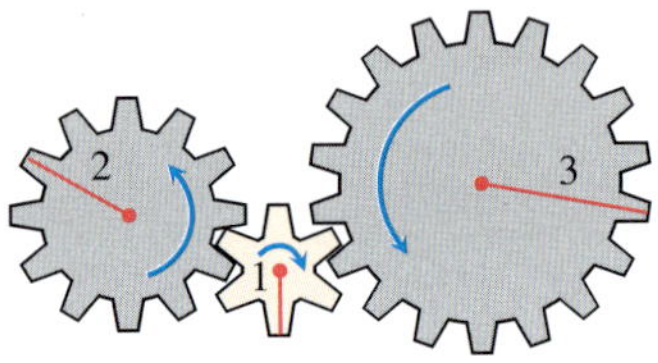

C: y 바퀴 회전 B: u 바퀴 회전 A: x 바퀴 회전

그림 2.26 기어 A가 x바퀴 회전을 하면 기어 B는 u바퀴 회전을 하고, 기어 C는 y바퀴 회전을 한다. 둘레를 비교하거나 톱니 수를 세어 보면, $y=u/2$ (C는 B가 한 바퀴 돌 때마다 반 바퀴씩 회전), $u=3x$ (B는 A가 한 바퀴 돌 때마다 세 바퀴씩 회전)이므로 $y=3x/2$임을 알 수 있다. 그러므로 $dy/dx=3/2=(1/2)(3)=(dy/du)(du/dx)$이다.

도함수를 변화율로 생각한다면 이 관계는 직관적으로 합리적이다. $y=f(u)$가 u의 절반의 속도로 변하고 $u=g(x)$는 x의 3배의 속도로 변한다면, y는 x의 속도의 3/2배로 변할 것이라는 예측을 할 수 있다. 이 효과는 다중 기어 열의 효과와 유사하다(그림 2.26). 또 다른 예제를 보자.

예제 1 다음 함수는 $y=f(u)=u^2$과 $u=g(x)=3x^2+1$의 합성이다.

$$y=(3x^2+1)^2$$

도함수를 계산하면 다음과 같다.

$$\begin{aligned}\frac{dy}{du}\cdot\frac{du}{dx} &= 2u\cdot 6x \\ &= 2(3x^2+1)\cdot 6x \qquad u\text{를 대입} \\ &= 36x^3+12x\end{aligned}$$

전개 공식 $(3x^2+1)^2=9x^4+6x^2+1$에서 도함수를 계산하면 동일한 결과를 얻을 수 있다.

$$\frac{dy}{dx}=\frac{d}{dx}(9x^4+6x^2+1)=36x^3+12x$$ ■

x에서의 합성함수 $f(g(x))$의 도함수는 $g(x)$에서 f의 도함수에 x에서 g의 도함수를 곱한 것이다. 이것은 연쇄법칙으로 알려져 있다(그림 2.27).

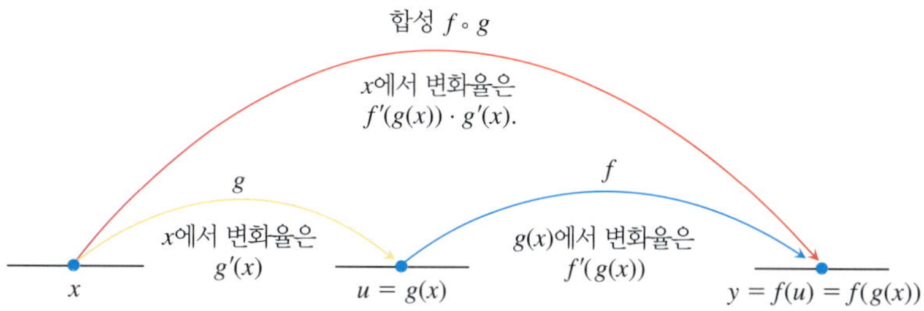

그림 2.27 변화율의 곱: x에서 $f \circ g$의 도함수는 $g(x)$에서의 f의 도함수에 x에서 g의 도함수를 곱한 것이다.

정리 2 | 연쇄법칙

$f(u)$가 점 $u=g(x)$에서 미분가능하고 $g(x)$가 x에서 미분가능하면, 합성함수 $(f \circ g)(x)=f(g(x))$는 x에서 미분가능하고 다음과 같다.

$$(f \circ g)'(x) = f'(g(x)) \cdot g'(x)$$

라이프니츠 기호로 $y=f(u)$이고 $u=g(x)$라면 다음과 같다.

$$\frac{dy}{dx} = \frac{dy}{du} \cdot \frac{du}{dx}$$

여기서 dy/du는 $u=g(x)$에서 계산되었다.

연쇄법칙의 한 가지 사례의 증명 Δu를 x가 Δx만큼 변할 때 u의 변화라고 하자. 즉 다음과 같다.

$$\Delta u = g(x + \Delta x) - g(x)$$

그러면 이에 상응하는 y의 변화는 다음과 같다.

$$\Delta y = f(u + \Delta u) - f(u)$$

$\Delta u \neq 0$이라면 비율 $\Delta y/\Delta x$를 곱으로 다음과 같이 쓸 수 있고,

$$\frac{\Delta y}{\Delta x} = \frac{\Delta y}{\Delta u} \cdot \frac{\Delta u}{\Delta x} \tag{1}$$

$\Delta x \to 0$일 때 극한을 취하면 다음을 얻는다.

$$\begin{aligned}
\frac{dy}{dx} &= \lim_{\Delta x \to 0} \frac{\Delta y}{\Delta x} \\
&= \lim_{\Delta x \to 0} \frac{\Delta y}{\Delta u} \cdot \frac{\Delta u}{\Delta x} \\
&= \lim_{\Delta x \to 0} \frac{\Delta y}{\Delta u} \cdot \lim_{\Delta x \to 0} \frac{\Delta u}{\Delta x} \qquad \text{g는 연속이므로 $\Delta u \to 0$는 $\Delta x \to 0$과 같다.} \\
&= \lim_{\Delta u \to 0} \frac{\Delta y}{\Delta u} \cdot \lim_{\Delta x \to 0} \frac{\Delta u}{\Delta x} \\
&= \frac{dy}{du} \cdot \frac{du}{dx}
\end{aligned}$$

이 증명에서 문제점은 식 (1)에서 $\Delta x \neq 0$인 함수 $g(x)$가 x 근처에서 빠르게 진동하면 $\Delta u=0$일 수 있다는 것이고, 그렇게 되면 Δu로 나눌 수가 없다. 완전한 증명을 위해 이 문제를 피하는 다른 접근 방식이 필요하며 2.11절에서 그러한 증명 중 하나를 제시하겠다. ■

예제 2 x축을 따라 움직이는 물체의 $t \geq 0$일 때의 위치가 $x(t) = \cos(t^2+1)$로 주어진다. 물체의 속도를 구하라.

풀이 속도는 dx/dt이다. 이 경우 x는 두 함수 $x = \cos(u)$와 $u = t^2+1$의 합성함수이다. 따라서 다음 식을 구할 수 있다.

$$\frac{dx}{du} = -\sin(u) \qquad x = \cos(u)$$

$$\frac{du}{dt} = 2t \qquad u = t^2+1$$

연쇄법칙에 의해 다음 식을 구할 수 있다.

$$\begin{aligned}\frac{dx}{dt} &= \frac{dx}{du}\cdot\frac{du}{dt} \\ &= -\sin(u)\cdot 2t \\ &= -\sin(t^2+1)\cdot 2t \\ &= -2t\sin(t^2+1)\end{aligned}$$

■

연쇄법칙의 표현 방법

$$(f \circ g)'(x) = f'(g(x))\cdot g'(x)$$

$$\frac{dy}{dx} = \frac{dy}{du}\cdot\frac{du}{dx}$$

$$\frac{dy}{dx} = f'(g(x))\cdot g'(x)$$

$$\frac{d}{dx}f(u) = f'(u)\frac{du}{dx}$$

'외부-내부' 법칙

라이프니츠 기호에서의 어려움은 도함수가 어디에서 계산되는지를 구체적으로 명시하지 않는다는 것이다. 따라서 가끔은 연쇄법칙을 함수 기호를 사용하여 나타내는 것이 도움이 된다. $y = f(g(x))$이면 다음과 같다.

$$\frac{dy}{dx} = f'(g(x))\cdot g'(x)$$

설명하면, '외부'함수 f를 미분하고 이것을 '내부'함수 $g(x)$에서 계산한 후 '내부함수'의 도함수를 곱한다.

예제 3 $\sin(x^2+e^x)$를 x에 관해 미분하라.

풀이 연쇄법칙을 바로 적용하면 다음 식과 같다.

$$\frac{d}{dx}\sin(\underbrace{x^2+e^x}_{\text{내부}}) = \cos(\underbrace{x^2+e^x}_{\text{내부는 그대로 남김}})\cdot(\underbrace{2x+e^x}_{\text{내부의 미분}})$$

■

예제 4 $y = e^{\cos x}$를 미분하라.

풀이 내부함수는 $u = g(x) = \cos x$이고, 외부함수는 지수함수 $f(x) = e^x$이다. 연쇄법칙을 적용하면 다음 식과 같다.

$$\frac{dy}{dx} = \frac{d}{dx}(e^{\cos x}) = e^{\cos x}\frac{d}{dx}(\cos x) = e^{\cos x}(-\sin x) = -e^{\cos x}\sin x$$

■

예제 4를 일반화하면 연쇄법칙이 다음과 같은 공식을 제공한다는 것을 알 수 있다.

$$\frac{d}{dx}e^u = e^u\frac{du}{dx}$$

예를 들어 임의의 상수 k에 대해 $\frac{d}{dx}(e^{kx}) = e^{kx}\cdot\frac{d}{dx}(kx) = ke^{kx}$이고 다음과 같다.

$$\frac{d}{dx}(e^{x^2}) = e^{x^2}\cdot\frac{d}{dx}(x^2) = 2xe^{x^2}$$

연쇄법칙의 반복 사용

가끔은 연쇄법칙을 두 번 또는 그 이상 이용하여 도함수를 구하는 경우가 있다.

역사적 인물

요한 베르누이(Johann Bernoulli, 1667~1748)
요한 베르누이는 스위스에서 태어나 바젤 대학교를 다녔다. 그의 박사 학위논문의 제목은 의학이었지만 내용은 수학 분야였는데, 이는 요한이 의사가 되기를 원했던 아버지에게 그의 수학 연구를 숨기기 위한 것이었다.

예제 5 $g(t)=\tan(5-\sin 2t)$의 도함수를 구하라.

풀이 여기서 탄젠트는 $5-\sin 2t$의 함수인 반면 사인은 자신이 $2t$의 함수이며, 그 자체가 t의 함수라는 점에 유의하자. 따라서 연쇄법칙에 의해 다음 식을 구할 수 있다.

$$\begin{aligned}
g'(t) &= \frac{d}{dt}\tan(5-\sin 2t) \\
&= \sec^2(5-\sin 2t)\cdot\frac{d}{dt}(5-\sin 2t) && u=5-\sin 2t\text{일 때 } \tan u\text{의 도함수} \\
&= \sec^2(5-\sin 2t)\cdot\left(0-\cos 2t\cdot\frac{d}{dt}(2t)\right) && u=2t\text{일 때 } -\sin u\text{의 도함수} \\
&= \sec^2(5-\sin 2t)\cdot(-\cos 2t)\cdot 2 \\
&= -2(\cos 2t)\sec^2(5-\sin 2t)
\end{aligned}$$

■

연쇄법칙을 함수의 거듭제곱에 적용하기

n이 임의의 실수이고 f가 거듭제곱함수 $f(u)=u^n$이면, 거듭제곱 미분 공식에 의해 도함수는 $f'(u)=nu^{n-1}$이다. u가 x에 관한 미분가능한 함수라면, 연쇄법칙을 이용하여 **거듭제곱 연쇄법칙**(power chain rule)으로 확장할 수 있다.

$$\frac{d}{dx}(u^n)=nu^{n-1}\frac{du}{dx} \qquad \frac{d}{du}(u^n)=nu^{n-1}$$

예제 6 거듭제곱 연쇄법칙은 수식의 거듭제곱에 대한 도함수를 간단하게 계산해준다.

(a) $$\begin{aligned}
\frac{d}{dx}(5x^3-x^4)^7 &= 7(5x^3-x^4)^6\frac{d}{dx}(5x^3-x^4) && u=5x^3-x^4,\ n=7\text{인 거듭제곱 연쇄법칙} \\
&= 7(5x^3-x^4)^6(15x^2-4x^3)
\end{aligned}$$

(b) $$\begin{aligned}
\frac{d}{dx}\left(\frac{1}{3x-2}\right) &= \frac{d}{dx}(3x-2)^{-1} \\
&= -1(3x-2)^{-2}\frac{d}{dx}(3x-2) && u=3x-2,\ n=-1\text{인 거듭제곱 연쇄법칙} \\
&= -1(3x-2)^{-2}(3) \\
&= -\frac{3}{(3x-2)^2}
\end{aligned}$$

문제 (b)에서 나눗셈 공식을 이용해서 도함수를 구할 수도 있다.

(c) $$\begin{aligned}
\frac{d}{dx}(\sin^5 x) &= 5\sin^4 x\cdot\frac{d}{dx}\sin x && n\neq -1\text{일 때 } \sin^n x=(\sin x)^n\text{이므로 } u=\sin x,\ n=5\text{인 거듭제곱 연쇄법칙} \\
&= 5\sin^4 x\cos x
\end{aligned}$$

(d) $$\begin{aligned}
\frac{d}{dx}\left(e^{\sqrt{3x+1}}\right) &= e^{\sqrt{3x+1}}\cdot\frac{d}{dx}\left(\sqrt{3x+1}\right) \\
&= e^{\sqrt{3x+1}}\cdot\frac{1}{2}(3x+1)^{-1/2}\cdot 3 && u=3x+1,\ n=1/2\text{인 거듭제곱 연쇄법칙} \\
&= \frac{3}{2\sqrt{3x+1}}e^{\sqrt{3x+1}}
\end{aligned}$$

■

절댓값 함수의 도함수

$$\frac{d}{dx}(|x|) = \frac{x}{|x|}, \quad x \neq 0 = \begin{cases} 1, & x > 0 \\ -1, & x < 0 \end{cases}$$

예제 7 2.2절의 예제 4에서 절댓값 함수 $y = |x|$는 $x = 0$에서 미분불가능하다는 것을 알았다. 하지만 그 외의 모든 실수에서는 미분가능하다는 것을 이제 보이고자 한다. $|x| = \sqrt{x^2}$이므로 다음 공식을 유도할 수 있으며, 이는 앞서 살펴본 직접적인 분석에 대안이 될 수 있다.

$$\begin{aligned} \frac{d}{dx}(|x|) &= \frac{d}{dx}\sqrt{x^2} \\ &= \frac{1}{2\sqrt{x^2}} \cdot \frac{d}{dx}(x^2) && u = x^2,\ n = 1/2\text{인 거듭제곱 연쇄법칙}(x \neq 0) \\ &= \frac{1}{2|x|} \cdot 2x && \sqrt{x^2} = |x| \\ &= \frac{x}{|x|}, \quad x \neq 0 \end{aligned}$$

■

예제 8 곡선 $y = 1/(1-2x)^3$에 접하는 모든 직선의 기울기는 양임을 보여라.

풀이 도함수를 구하면 다음과 같다.

$$\begin{aligned} \frac{dy}{dx} &= \frac{d}{dx}(1-2x)^{-3} \\ &= -3(1-2x)^{-4} \cdot \frac{d}{dx}(1-2x) && u = (1-2x),\ n = -3\text{인 거듭제곱 연쇄법칙} \\ &= -3(1-2x)^{-4} \cdot (-2) \\ &= \frac{6}{(1-2x)^4} \end{aligned}$$

분모가 0이 아닌 곡선 위의 임의의 점 (x, y)에서 접선의 기울기는 다음과 같다.

$$\frac{dy}{dx} = \frac{6}{(1-2x)^4}$$

그러므로 두 양수의 나눗셈이다. ■

예제 9 $\sin x$와 $\cos x$의 도함수의 공식은 x의 단위가 도가 아닌 라디안이라는 가정하에 얻어졌음을 기억하는 것이 중요하다. 연쇄법칙에 의해 이 둘 사이의 차이에 대한 새로운 이해를 얻을 수 있다. $180° = \pi$라디안이므로, $x° = \pi x/180$라디안이다. 여기서 $x°$는 각 x의 단위가 도임을 뜻한다.

연쇄법칙에 의해 다음과 같다.

$$\frac{d}{dx}\sin(x°) = \frac{d}{dx}\sin\left(\frac{\pi x}{180}\right) = \frac{\pi}{180}\cos\left(\frac{\pi x}{180}\right) = \frac{\pi}{180}\cos(x°)$$

그림 2.28을 보자. 비슷하게 $\cos(x°)$의 도함수는 $-(\pi/180)\sin(x°)$이다.

인자 $\pi/180$은 반복미분할 때 복잡하게 될 것이다. 라디안 단위를 사용하는 이유를 단번에 알 수 있다. ■

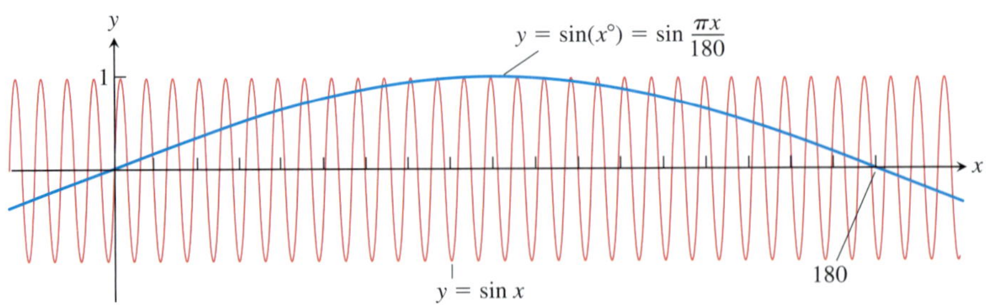

그림 2.28 함수 $\sin(x°)$는 $\sin x$가 진동수보다 $\pi/180$배만 진동한다. 최대 기울기는 $x = 0$에서 $\pi/180$이다(예제 9).

연습문제 2.6 EXERCISE QUESTION

도함수 계산

연습문제 1~8에서 주어진 $y=f(u)$와 $u=g(x)$에 대해 $dy/dx=f'(g(x))g'(x)$를 구하라.

1. $y = 6u - 9,\quad u = (1/2)x^4$
2. $y = 2u^3,\quad u = 8x - 1$
3. $y = \sin u,\quad u = 3x + 1$
4. $y = \cos u,\quad u = e^{-x}$
5. $y = \sqrt{u},\quad u = \sin x$
6. $y = \sin u,\quad u = x - \cos x$
7. $y = \tan u,\quad u = \pi x^2$
8. $y = -\sec u,\quad u = \dfrac{1}{x} + 7x$

연습문제 9~22에서 주어진 함수를 $y=f(u)$와 $u=g(x)$의 형태로 쓰고, x의 함수로써 dy/dx를 구하라.

9. $y = (2x + 1)^5$
10. $y = (4 - 3x)^9$
11. $y = \left(1 - \dfrac{x}{7}\right)^{-7}$
12. $y = \left(\dfrac{\sqrt{x}}{2} - 1\right)^{-10}$
13. $y = \left(\dfrac{x^2}{8} + x - \dfrac{1}{x}\right)^4$
14. $y = \sqrt{3x^2 - 4x + 6}$
15. $y = \sec(\tan x)$
16. $y = \cot\left(\pi - \dfrac{1}{x}\right)$
17. $y = \tan^3 x$
18. $y = 5\cos^{-4} x$
19. $y = e^{-5x}$
20. $y = e^{2x/3}$
21. $y = e^{5-7x}$
22. $y = e^{\left(4\sqrt{x}+x^2\right)}$

연습문제 23~50에서 함수의 도함수를 구하라.

23. $p = \sqrt{3 - t}$
24. $q = \sqrt[3]{2r - r^2}$
25. $s = \dfrac{4}{3\pi}\sin 3t + \dfrac{4}{5\pi}\cos 5t$
26. $s = \sin\left(\dfrac{3\pi t}{2}\right) + \cos\left(\dfrac{3\pi t}{2}\right)$
27. $r = (\csc\theta + \cot\theta)^{-1}$
28. $r = 6(\sec\theta - \tan\theta)^{3/2}$
29. $y = x^2\sin^4 x + x\cos^{-2} x$
30. $y = \dfrac{1}{x}\sin^{-5} x - \dfrac{x}{3}\cos^3 x$
31. $y = \dfrac{1}{18}(3x - 2)^6 + \left(4 - \dfrac{1}{2x^2}\right)^{-1}$
32. $y = (5 - 2x)^{-3} + \dfrac{1}{8}\left(\dfrac{2}{x} + 1\right)^4$
33. $y = (4x + 3)^4(x + 1)^{-3}$
34. $y = (2x - 5)^{-1}(x^2 - 5x)^6$
35. $y = xe^{-x} + e^{x^3}$
36. $y = (1 + 2x)e^{-2x}$
37. $y = (x^2 - 2x + 2)e^{5x/2}$
38. $y = (9x^2 - 6x + 2)e^{x^3}$
39. $h(x) = x\tan(2\sqrt{x}) + 7$
40. $k(x) = x^2\sec\left(\dfrac{1}{x}\right)$
41. $f(x) = \sqrt{7 + x\sec x}$
42. $g(x) = \dfrac{\tan 3x}{(x + 7)^4}$
43. $f(\theta) = \left(\dfrac{\sin\theta}{1 + \cos\theta}\right)^2$
44. $g(t) = \left(\dfrac{1 + \sin 3t}{3 - 2t}\right)^{-1}$
45. $r = \sin(\theta^2)\cos(2\theta)$
46. $r = \sec\sqrt{\theta}\tan\left(\dfrac{1}{\theta}\right)$
47. $q = \sin\left(\dfrac{t}{\sqrt{t + 1}}\right)$
48. $q = \cot\left(\dfrac{\sin t}{t}\right)$
49. $y = \cos(e^{-\theta^2})$
50. $y = \theta^3 e^{-2\theta}\cos 5\theta$

연습문제 51~70에서 dy/dt를 구하라.

51. $y = \sin^2(\pi t - 2)$
52. $y = \sec^2 \pi t$
53. $y = (1 + \cos 2t)^{-4}$
54. $y = (1 + \cot(t/2))^{-2}$
55. $y = (t\tan t)^{10}$
56. $y = (t^{-3/4}\sin t)^{4/3}$
57. $y = e^{\cos^2(\pi t - 1)}$
58. $y = \left(e^{\sin(t/2)}\right)^3$
59. $y = \left(\dfrac{t^2}{t^3 - 4t}\right)^3$
60. $y = \left(\dfrac{3t - 4}{5t + 2}\right)^{-5}$
61. $y = \sin(\cos(2t - 5))$
62. $y = \cos\left(5\sin\left(\dfrac{t}{3}\right)\right)$
63. $y = \left(1 + \tan^4\left(\dfrac{t}{12}\right)\right)^3$
64. $y = \dfrac{1}{6}(1 + \cos^2(7t))^3$
65. $y = \sqrt{1 + \cos(t^2)}$
66. $y = 4\sin\left(\sqrt{1 + \sqrt{t}}\right)$
67. $y = \tan^2(\sin^3 t)$
68. $y = \cos^4(\sec^2 3t)$
69. $y = 3t(2t^2 - 5)^4$
70. $y = \sqrt{3t + \sqrt{2 + \sqrt{1 - t}}}$

2계 도함수

연습문제 71~78에서 y''을 구하라.

71. $y = \left(1 + \dfrac{1}{x}\right)^3$
72. $y = (1 - \sqrt{x})^{-1}$
73. $y = \dfrac{1}{9}\cot(3x - 1)$
74. $y = 9\tan\left(\dfrac{x}{3}\right)$
75. $y = x(2x + 1)^4$
76. $y = x^2(x^3 - 1)^5$
77. $y = e^{x^2} + 5x$
78. $y = \sin(x^2 e^x)$

다음에 주어진 각 함수에 대해 $f'(x)=0$과 $f''(x)=0$을 x에 관해 풀어라.

79. $f(x) = x(x - 4)^3$
80. $f(x) = \sec^2 x - 2\tan x,\ 0 \le x \le 2\pi$

미분계수 구하기

연습문제 81~86에서 주어진 x값에서 $(f\circ g)'$의 값을 구하라.

81. $f(u) = u^5 + 1,\quad u = g(x) = \sqrt{x},\quad x = 1$
82. $f(u) = 1 - \dfrac{1}{u},\quad u = g(x) = \dfrac{1}{1 - x},\quad x = -1$
83. $f(u) = \cot\dfrac{\pi u}{10},\quad u = g(x) = 5\sqrt{x},\quad x = 1$
84. $f(u) = u + \dfrac{1}{\cos^2 u},\quad u = g(x) = \pi x,\quad x = 1/4$
85. $f(u) = \dfrac{2u}{u^2 + 1},\quad u = g(x) = 10x^2 + x + 1,\quad x = 0$
86. $f(u) = \left(\dfrac{u - 1}{u + 1}\right)^2,\quad u = g(x) = \dfrac{1}{x^2} - 1,\quad x = -1$
87. $f'(3)=-1$, $g'(2)=5$, $g(2)=3$이라 하고 $y=f(g(x))$라 할 때 $x=2$에서의 y'의 값은 얼마인가?
88. $r=\sin(f(t))$라 하고 $f(0)=\pi/3$, $f'(0)=4$일 때 $t=0$에서 dr/dt의 값은 얼마인가?
89. 함수 f, g와 x에 관한 그들의 도함수가 $x=2$와 $x=3$에서 다음 값을 갖는다고 하자.

x	$f(x)$	$g(x)$	$f'(x)$	$g'(x)$
2	8	2	1/3	−3
3	3	−4	2π	5

다음 결합에 대해 주어진 x값에서 x에 관한 도함수를 구하라.

a. $2f(x),\ \ x = 2$ **b.** $f(x) + g(x),\ \ x = 3$

c. $f(x) \cdot g(x),\ \ x = 3$ **d.** $f(x)/g(x),\ \ x = 2$

e. $f(g(x)),\ \ x = 2$ **f.** $\sqrt{f(x)},\ \ x = 2$

g. $1/g^2(x),\ \ x = 3$ **h.** $\sqrt{f^2(x) + g^2(x)},\ \ x = 2$

90. 함수 f, g와 x에 관한 그들의 도함수가 $x=0$과 $x=1$에서 다음 값을 갖는다고 하자.

x	$f(x)$	$g(x)$	$f'(x)$	$g'(x)$
0	1	1	5	1/3
1	3	−4	−1/3	−8/3

다음 결합에 대해 주어진 x값에서 x에 관한 도함수를 구하라.

a. $5f(x) - g(x),\ \ x = 1$ **b.** $f(x)g^3(x),\ \ x = 0$

c. $\dfrac{f(x)}{g(x)+1},\ \ x = 1$ **d.** $f(g(x)),\ \ x = 0$

e. $g(f(x)),\ \ x = 0$ **f.** $(x^{11} + f(x))^{-2},\ \ x = 1$

g. $f(x + g(x)),\ \ x = 0$

91. $s=\cos\theta$이고 $d\theta/dt=5$라면, $\theta=3\pi/2$일 때 ds/dt를 구하라.

92. $y=x^2+7x-5$이고 $dx/dt=1/3$이라면, $x=1$일 때 dx/dt를 구하라.

이론과 예제

함수를 서로 다른 방법에 의한 합성으로 쓸 수 있다면 어떤 일이 일어나는가, 각 경우에 도함수가 같은가? 연쇄법칙에 의하면 같아야 한다. 연습문제 93과 94에 있는 함수로 시도하라.

93. $y=x$를 다음 함수의 합성으로 생각하여 연쇄법칙을 이용하여 dx/dt를 구하라.

a. $y = (u/5) + 7,\ \ u = 5x - 35$

b. $y = 1 + (1/u),\ \ u = 1/(x - 1)$

94. $y=x^{3/2}$을 다음 함수의 합성으로 생각하여 연쇄법칙을 이용하여 dy/dx를 구하라.

a. $y = u^3,\ \ u = \sqrt{x}$

b. $y = \sqrt{u},\ \ u = x^3$

95. 곡선 $y=((x-1)/(x+1))^2$의 $x=0$에서 접선을 구하라.

96. 곡선 $\sqrt{x^2-x+7}$의 $x=2$에서 접선을 구하라.

97. **a.** $x=1$에서 곡선 $y=2\tan(\pi x/4)$의 접선을 구하라.

b. **탄젠트 곡선에서의 기울기** 구간 $-2<x<2$에서 가질 수 있는 곡선의 기울기 중 가장 작은 것은 무엇인가? 그 이유를 설명하라.

98. **사인 곡선에서의 기울기**

a. 원점에서 곡선 $y=\sin 2x$와 $y=-\sin(x/2)$에 접하는 접선의 방정식을 구하라. 접선이 어떻게 관련되어 있는지에 관해 특별한 것이 있는가? 그 이유를 설명하라.

b. 원점에서 곡선 $y=\sin mx$와 $y=-\sin(x/m)$ (m은 0이 아닌 상수)에 접하는 접선에 관해 말할 수 있는 것이 있는가? 그 이유를 설명하라.

c. 주어진 m에 대해 곡선 $y=\sin mx$와 $y=-\sin(x/m)$의 접선의 기울기 중 가장 큰 값은 무엇인가? 그 이유를 설명하라.

d. 함수 $y=\sin x$는 구간 $[0,\ 2\pi]$에서 1주기를 완성하고, 함수 $y=\sin 2x$는 2주기를 완성하며, $y=\sin(x/2)$는 주기의 반을 완성한다. $y=\sin mx$가 $[0,\ 2\ \pi]$에서 완성하는 주기의 수와 원점에서 곡선 $y=\sin mx$의 기울기 사이에 어떤 관계가 있는가? 그 이유를 설명하라.

99. **기계를 매우 빠르게 작동하기** 피스톤이 위아래로 직선운동을 하고, 시간 t초에서의 위치가 A와 b가 양수일 때 다음과 같이 주어졌다고 가정하자.

$$s = A\cos(2\pi bt)$$

A의 값은 운동의 진폭이고, b는 진동수(피스톤이 초당 위아래로 움직이는 수)이다. 진동수를 2배로 만들면 피스톤의 속도, 가속도, 순간 가속도에 어떤 효과가 미치는가? (이것을 찾아내기만 하면, 기계를 매우 빠르게 작동시킬 때 기계가 파손되는 이유를 알 것이다.)

100. **알래스카주 페어뱅크스의 기온** 주어진 그림의 그래프는 평년(365일이 있는 해)의 알래스카주 페어뱅크스의 섭씨 기온을 보인다. x일의 기온을 근사하는 방정식은 다음과 같고, 그래프는 주어진 그림에 있다.

$$y = 20\sin\left[\frac{2\pi}{365}(x - 101)\right] - 4$$

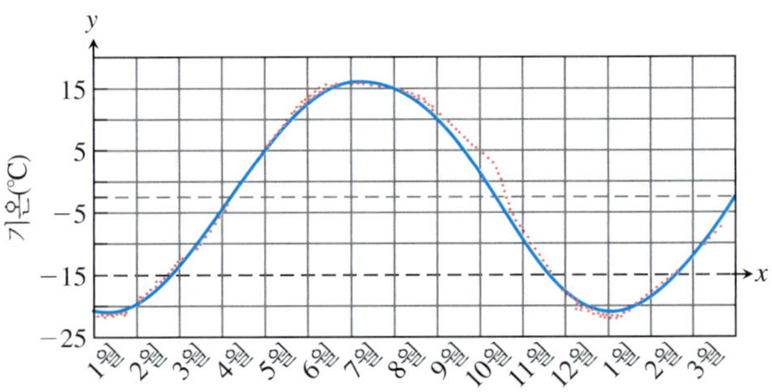

a. 기온이 가장 빨리 증가하는 날은 언제인가?

b. 가장 빨리 증가했을 때 하루 동안의 증가 온도는 몇 도나 되는가?

101. **입자 운동** 좌표축을 따라 움직이는 입자의 위치는 s가 미터로, t가 초로 주어질 때 $s=\sqrt{1+4t}$이다. $t=6$초에서 입자의 속도와 가속도를 구하라.

102. **일정한 가속도** 낙하하는 물체가 시작점으로부터 s미터 떨어진 순간에 이 물체의 속도는 $v=k\sqrt{s}$ m/s (k는 상수)이다. 물체의 가속도가 상수임을 보여라.

103. **낙하하는 운석** 지구의 대기권으로 진입하는 무거운 운석의 속도는 s가 지구 중심으로부터의 거리(km)일 때, $\sqrt{s}$의 반비례한다. 운석의 가속도가 s^2에 반비례함을 증명하라.

104. **입자의 가속도** 입자가 속도 $dx/dt=f(x)$로 x축을 따라서 움직인다. 입자의 가속도가 $f(x)f'(x)$임을 보여라.

105. **기온과 진자의 주기** 진폭이 작은 진동(작은 진자운동)에 대해 주기 T와 단순 진자의 길이 L 사이의 관계를 다음과 같이 방정식으로 모형화할 수 있다.

$$T = 2\pi\sqrt{\frac{L}{g}}$$

여기서 g는 진자의 위치에서 가해지는 일정한 중력가속도이다. g의 단위가 cm/s^2이면 L의 단위는 cm이고, T의 단위는 초이다. 진자가 금속으로 만들어졌다면 이것의 길이는 기온에 따라 달라지는데, 대략 L에 비례하는 비율로 증가하거나 감소한다. 기호로는 u가 기온이고, k가 비례상수일 때 다음과 같이 얻는다.

$$\frac{dL}{du} = kL$$

진자가 이 식에 따라 움직인다고 하면, 주기가 기온에 관해 변하는 비율은 $kT/2$임을 보여라.

106. 연쇄법칙 $f(x)=x^2$이고 $g(x)=|x|$라 하자. 다음 합성함수는 g가 $x=0$에서 미분가능하지 않지만, $x=0$에서 모두 미분가능하다.

$$(f\circ g)(x) = |x|^2 = x^2, \quad (g\circ f)(x) = |x^2| = x^2$$

이것이 연쇄법칙에 어긋나는가? 설명하라.

T **107. sin 2x의 도함수** $-2\le x\le 3.5$에서 $y=2\cos 2x$의 그래프를 그려라. 같은 화면에 $h=1.0,\ 0.5,\ 0.2$인 경우에 대해 다음 함수의 그래프를 그려라.

$$y = \frac{\sin 2(x+h) - \sin 2x}{h}$$

음의 값을 포함한 h의 다른 값에 대해 똑같이 해보라. $h\to 0$일 때 어떻게 되는가? 그 이유를 설명하라.

T **108. cos (x^2)의 도함수** $-2\le x\le 3$에서 $y=-2x\sin(x^2)$의 그래프를 그려라. 같은 화면에 $h=1.0,\ 0.7,\ 0.3$인 경우에 대해 다음 함수의 그래프를 그려라.

$$y = \frac{\cos\left((x+h)^2\right) - \cos(x^2)}{h}$$

h의 다른 값에 대해 똑같이 해보라. $h\to 0$일 때 어떻게 되는가? 그 이유를 설명하라.

연쇄법칙을 이용해 거듭제곱 공식 $(d/dx)x^n = nx^{n-1}$이 연습문제 109와 110에서 함수 x^n에 대해 성립함을 보여라.

109. $x^{1/4} = \sqrt{\sqrt{x}}$ **110.** $x^{3/4} = \sqrt{x\sqrt{x}}$

111. 다음과 같은 함수라고 하자.

$$f(x) = \begin{cases} x\sin\left(\dfrac{1}{x}\right), & x > 0 \\ 0, & x \le 0 \end{cases}$$

a. $x=0$에서 f가 연속임을 보여라.
b. $x\ne 0$일 때 f'을 결정하라.
c. $x=0$에서 f가 미분불가능함을 보여라.

112. 다음과 같은 함수가 있다고 하자.

$$f(x) = \begin{cases} x^2\cos\left(\dfrac{2}{x}\right), & x \ne 0 \\ 0, & x = 0 \end{cases}$$

a. $x=0$에서 f가 연속임을 보여라.
b. $x\ne 0$일 때 f'을 결정하라.
c. $x=0$에서 f가 미분불가능 함을 보여라.
d. $x=0$에서 f'이 불연속임을 보여라.

113. 다음의 각 내용을 확인하라.
a. f가 우함수이면, f'은 기함수이다.
b. f가 기함수이면, f'은 우함수이다.

컴퓨터 탐구

삼각 다항식

114. 주어진 그림에서 보듯이 다음의 삼각 '다항식'은 구간 $[-\pi, \pi]$에서 톱니함수 $s=g(t)$에 대한 좋은 근사를 제공한다.

$$s = f(t) = 0.78540 - 0.63662\cos 2t - 0.07074\cos 6t \\ -0.02546\cos 10t - 0.01299\cos 14t$$

f의 도함수는 dg/dt가 정의된 점에서 g의 도함수를 얼마나 잘 근사하는가? 이를 풀기 위해 다음 단계를 수행하라.
a. 구간 $[-\pi, \pi]$에서 dg/dt가 정의되는 곳에서 그래프를 그려라.
b. df/dt를 구하라.
c. df/dt의 그래프를 그려라. df/dt에 의한 dg/dt의 근사는 어디서 가장 좋은가? 가장 안 좋은 곳은 어디인가? 삼각 다항식에 의한 근사는 열과 진동 이론에서 중요하지만, 다음 연습문제에서 볼 수 있듯이 너무 많은 것을 기대해는 안 된다.

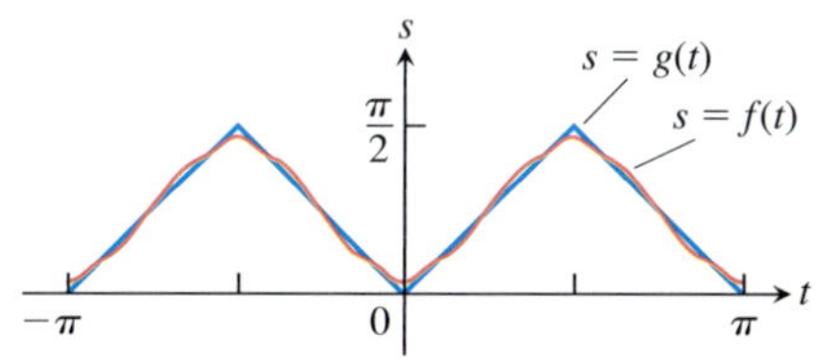

115. (연습문제 114의 계속) 연습문제 114에서는 구간 $[-\pi, \pi]$에서 톱니함수 $g(t)$를 근사한 삼각 다항식 $f(t)$는 톱니함수의 도함수를 근사하는 도함수를 가졌다. 그러나 삼각 다항식은 그 도함수가 함수의 도함수를 전혀 근사하지 않고도 함수를 근사하는 것이 가능하다. 예를 들어 주어진 그림에서 보듯이 그래프로 그려진 다음의 삼각 '다항식'은 계단함수 $s=k(t)$를 근사한다.

$$s = h(t) = 1.2732\sin 2t + 0.4244\sin 6t + 0.25465\sin 10t \\ + 0.18189\sin 14t + 0.14147\sin 18t$$

그러나 h의 도함수는 k의 도함수와 전혀 다르다.

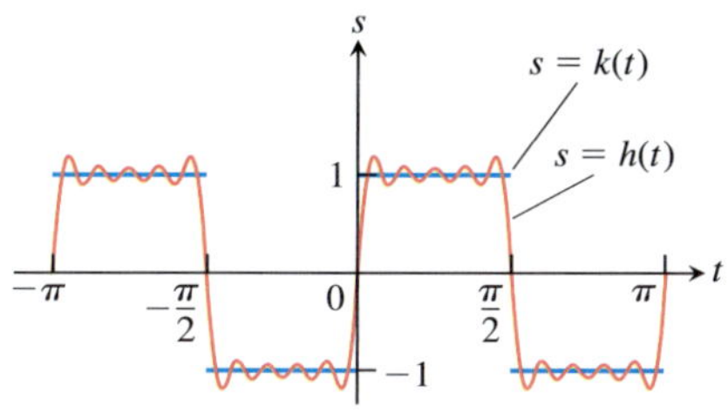

a. 구간 $[-\pi, \pi]$에서 dk/dt가 정의되는 곳에 그래프를 그려라.
b. dh/dt를 구하라.
c. dh/dt가 dk/dt의 그래프와 얼마나 일치하는지 확인하기 위해 dh/dk의 그래프를 그려라. 확인한 것을 기술하라.

2.7 음함수 미분법

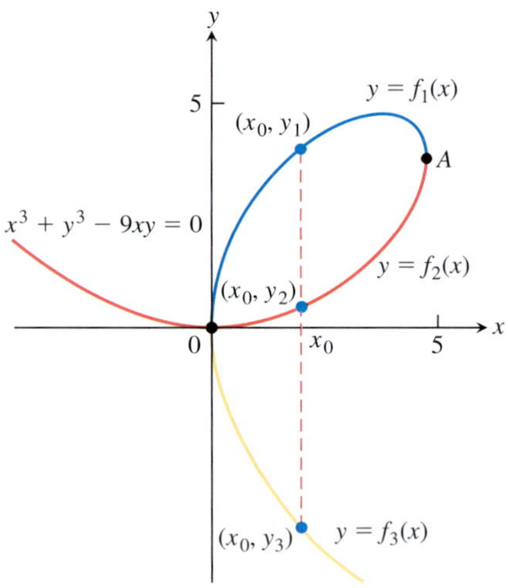

그림 2.29 곡선 $x^3+y^3-9xy=0$은 x에 대한 하나의 함수의 그래프가 아니다. 그러나 이 곡선은 몇 개의 x에 대한 함수의 그래프의 '호'로 나눌 수 있다. '엽선'이라고 불리는 이 곡선은 1638년 데카르트로 거슬러 올라간다.

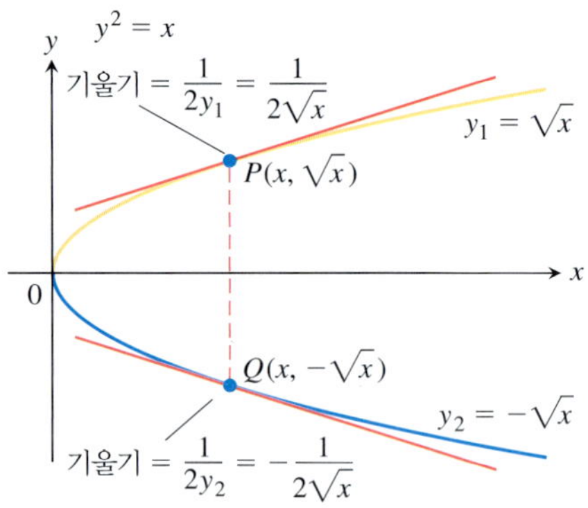

그림 2.30 식 $y^2-x=0$ 또는 $y^2=x$는 구간 $x>0$에서 2개의 미분가능한 함수로 구성되어 있다. 예제 1에서는 $y^2=x$를 y에 대해 풀지 않고, 도함수를 찾을 수 있음을 보인다.

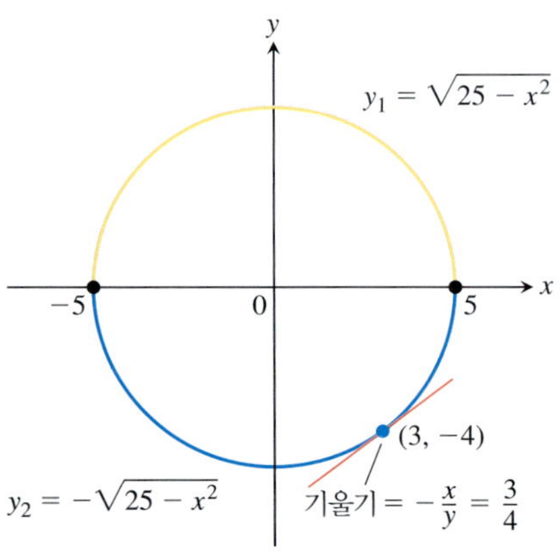

그림 2.31 두 함수를 결합한 원. y_2의 그래프는 아래 반원이며 점 (3, −4)를 지난다.

지금까지 우리가 다루었던 대부분의 함수는 y가 변수 x에 의해 $y=f(x)$와 같은 양함수의 식으로 표현되는 형태로, 이러한 함수의 미분법을 공부했다. 다음 방정식을 만나면 다른 상황이 발생한다(그림 2.29, 2.30, 2.31 참조).

$$x^3 + y^3 - 9xy = 0, \qquad y^2 - x = 0, \qquad x^2 + y^2 - 25 = 0$$

이와 같은 방정식에 의해 정의되는 변수 x와 y 사이의 관계를 '음함수'라고 한다. 어떤 경우에는 이 방정식을 y에 대해 풀어서 x에 대한(또는 여러 변수에 대한) 양함수로 표현할 수도 있다. 식 $F(x, y)=0$을 보통의 방법에 의해 미분할 수 있는 $y=f(x)$의 형태로 표현할 수 없을 때, '음함수 미분법'에 의해 dy/dx를 구할 수 있다. 이 절에서는 이 방법을 공부한다.

음함수

x의 함수로 y를 풀 수 있는 익숙한 방정식을 포함하는 예로부터 시작한다. 먼저 양함수로 풀어서 보통의 방법으로 dy/dx를 계산한다. 그런 다음 이 방정식을 음함수 미분법으로 미분하여 도함수를 구하고, 두 방법이 같은 답을 주는 것을 확인하게 된다. 예제에서 새로운 방법이 포함된 단계를 요약한다. 예제와 연습문제에서 주어진 방정식은 항상 y가 x에 관해 미분가능한 함수여서 dy/dx가 존재하는 음함수라고 가정한다.

예제 1 $y^2=x$일 때, dy/dx를 구하라.

풀이 방정식 $y^2=x$는 실제로 x에 대해 미분가능한 2개의 함수로 구성되어 있다. 즉 $y_1=\sqrt{x}$와 $y_2=-\sqrt{x}$이다(그림 2.30). 그리고 이 두 함수는 $x>0$일 때, 다음과 같이 미분할 수 있음을 알 수 있다.

$$\frac{dy_1}{dx} = \frac{1}{2\sqrt{x}}, \qquad \frac{dy_2}{dx} = -\frac{1}{2\sqrt{x}}$$

그러나 y가 $x>0$인 x에 대해 미분가능한 여러 개의 함수로 구성되어 있으나 그것을 구할 수 없는 경우에 오직 $y^2=x$라는 것만 안다고 해도 여전히 dy/dx를 구할 수 있겠는가?

답은 '예'이다. dy/dx를 구하기 위해 $y^2=x$에서 y가 x에 대해 미분가능한 함수 $y=f(x)$라고 간주하고 양변을 그대로 x에 대해 미분하면 된다.

$$y^2 = x$$

$$2y\frac{dy}{dx} = 1 \qquad \text{연쇄법칙에 의해 } \frac{d}{dx}(y^2) = \frac{d}{dx}[f(x)]^2 = 2f(x)f'(x) = 2y\frac{dy}{dx}$$

$$\frac{dy}{dx} = \frac{1}{2y}$$

하나의 식이 앞에서 구한 2개의 함수 $y_1=\sqrt{x}$와 $y_2=-\sqrt{x}$를 직접 미분한 두 식을 포함한다.

$$\frac{dy_1}{dx} = \frac{1}{2y_1} = \frac{1}{2\sqrt{x}}, \qquad \frac{dy_2}{dx} = \frac{1}{2y_2} = \frac{1}{2(-\sqrt{x})} = -\frac{1}{2\sqrt{x}}$$ ■

예제 2 원 $x^2+y^2=25$ 위의 한 점 (3, −4)에서의 접선의 기울기를 구하라.

풀이 원은 x에 대한 하나의 함수로 표현되지 않지만, 그림 2.31에서 보는 바와 같이 2개의 미분가능한 함수 $y_1=\sqrt{25-x^2}$과 $y_2=-\sqrt{25-x^2}$으로 구성된다. 점 (3, −4)는 y_2의 그래프 위에 있는 점이고, 직접 y_2을 거듭제곱 연쇄법칙을 사용하여 미분해서 기울기를 구할 수 있다.

$$\left.\frac{dy_2}{dx}\right|_{x=3} = -\left.\frac{-2x}{2\sqrt{25-x^2}}\right|_{x=3} = -\frac{-6}{2\sqrt{25-9}} = \frac{3}{4}$$

$\frac{d}{dx}\left(-(25-x^2)^{1/2}\right) = -\frac{1}{2}(25-x^2)^{-1/2}(-2x)$

그러나 음함수의 미분법을 이용하여 더 쉽게 이 문제를 해결할 수 있다.

$$\frac{d}{dx}(x^2) + \frac{d}{dx}(y^2) = \frac{d}{dx}(25)$$

$$2x + 2y\frac{dy}{dx} = 0 \qquad \text{예제 1 참조}$$

$$\frac{dy}{dx} = -\frac{x}{y}$$

따라서 점 (3, −4)에서의 기울기는 $-\left.\frac{x}{y}\right|_{(3,-4)} = -\frac{3}{-4} = \frac{3}{4}$이다.

dy_2/dx로 표현되는 기울기는 x축의 아래에 있는 점에 대해 기울기를 구할 수 있는 반면에 식 $dy/dx = -x/y$는 기울기를 갖는 원 위의 모든 점에서 적용될 수 있다. 또한 음함수의 도함수는 독립변수 x만을 포함하지 않고 변수 x와 y를 모두 포함하는 것에 주의하자. ■

음함수로 정의된 다른 함수의 도함수를 계산하려면 예제 1과 예제 2에서와 같이 진행한다. 즉 y를 x의 미분가능한 음함수로 간주하고 일반적인 미분법을 이용하여 음함수의 양변을 x에 관해 미분한다.

음함수 미분법

1. 방정식의 양변을 x에 관해 미분한다. 이때 y는 x에 관해 미분가능한 함수로 간주한다.
2. 식의 한 쪽 변으로 dy/dx가 포함된 항을 모으고, dy/dx에 관해 정리한다.

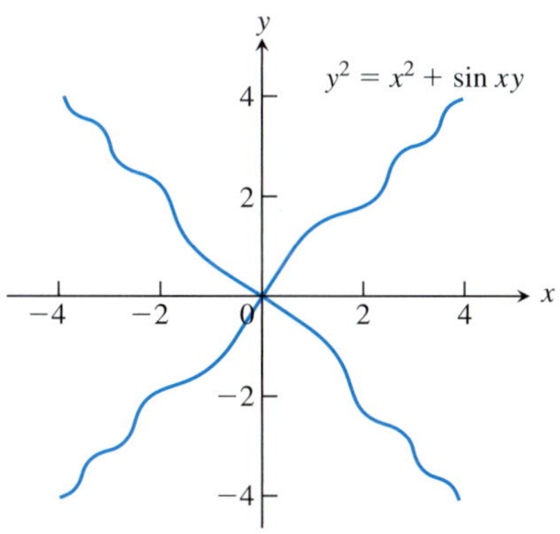

그림 2.32 예제 3의 방정식의 그래프.

예제 3 $y^2 = x^2 + \sin xy$일 때 dy/dx를 구하라(그림 2.32).

풀이 음함수 미분법을 사용하여 미분한다.

$$y^2 = x^2 + \sin xy$$

$$\frac{d}{dx}(y^2) = \frac{d}{dx}(x^2) + \frac{d}{dx}(\sin xy) \qquad \text{양변을 } x\text{에 관해 미분한다.}$$

$$2y\frac{dy}{dx} = 2x + (\cos xy)\frac{d}{dx}(xy) \qquad y\text{를 } x\text{의 함수로 가정하고 연쇄법칙을 이용한다.}$$

$$2y\frac{dy}{dx} = 2x + (\cos xy)\left(y + x\frac{dy}{dx}\right) \qquad xy\text{를 함수의 곱으로 간주한다.}$$

$$2y\frac{dy}{dx} - (\cos xy)\left(x\frac{dy}{dx}\right) = 2x + (\cos xy)y \qquad dy/dx\text{를 포함하는 항을 모은다.}$$

$$(2y - x\cos xy)\frac{dy}{dx} = 2x + y\cos xy$$

$$\frac{dy}{dx} = \frac{2x + y\cos xy}{2y - x\cos xy} \qquad dy/dx\text{에 관해 푼다.}$$

위에서 보는 바와 같이 식 dy/dx를 이용하면 곡선 위의 모든 점에서 접선의 기울기를 구할 수 있다. 역시 음함수의 도함수에는 변수 x와 y가 모두 포함되어 있는 것을 볼 수 있다. ■

고계 도함수

고계 도함수를 구하기 위해 음함수 미분법을 이용할 수 있다.

예제 4 $2x^3-3y^2=8$일 때 d^2y/dx^2을 구하라.

풀이 우선 식의 양변을 x에 관해 미분하여 $y'=dy/dx$를 구한다.

$$\frac{d}{dx}(2x^3-3y^2)=\frac{d}{dx}(8) \quad \text{y를 x의 함수로 간주한다.}$$
$$6x^2-6yy'=0$$
$$y'=\frac{x^2}{y}, \quad y\neq 0\text{일 때} \quad \text{y'에 대해 정리한다.}$$

이제 나눗셈 미분 공식을 적용하여 y''을 구하면 다음과 같다.

$$y''=\frac{d}{dx}\left(\frac{x^2}{y}\right)=\frac{2xy-x^2y'}{y^2}=\frac{2x}{y}-\frac{x^2}{y^2}\cdot y'$$

마지막으로 $y'=x^2/y$를 대입하여 y''를 x와 y로 나타낸다.

$$y''=\frac{2x}{y}-\frac{x^2}{y^2}\left(\frac{x^2}{y}\right)=\frac{2x}{y}-\frac{x^4}{y^3}, \quad y\neq 0\text{일 때}$$ ■

렌즈, 접선, 법선

빛이 렌즈를 통과하면서 방향이 바뀌는데, 그 굴절 방향을 결정하는 중요한 요인은 빛이 렌즈를 통과하는 점에 접하는 접선에 수직인 직선과 이루는 각이다(그림 2.33에서의 각 A와 B). 이 수직인 직선을 **법선**(normal line)이라고 한다. 그림 2.33에서 보이는 바와 같이 빛이 렌즈를 통과하는 점에 접하는 접선에 수직인 직선이 바로 법선이다.

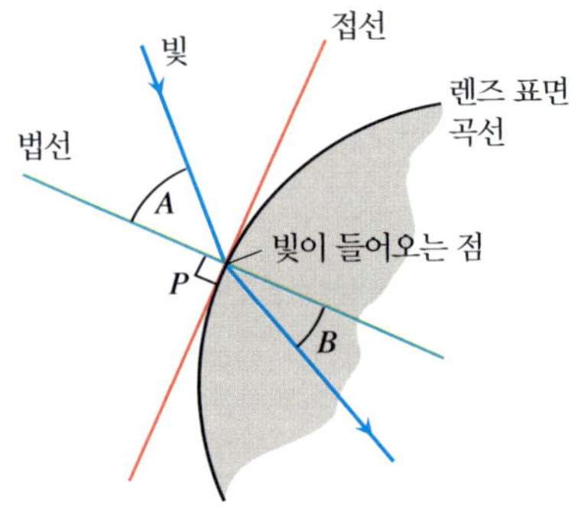

그림 2.33 렌즈의 측면도. 빛이 렌즈의 표면을 통과할 때 빛의 굴절을 보인다.

예제 5 점 (2, 4)가 곡선 $x^3+y^3-9xy=0$을 위에 있음을 보이고, 접선의 방정식과 법선의 방정식을 구하라(그림 2.34).

풀이 $2^3+4^3-9(2)(4)=8+64-72=0$이므로 점 (2, 4)는 곡선 위에 있음을 알 수 있다.

점 (2, 4)에서의 접선의 기울기를 구하기 위해 먼저 양변을 x에 관해 미분하여 dy/dx를 구한다.

$$x^3+y^3-9xy=0$$
$$\frac{d}{dx}(x^3)+\frac{d}{dx}(y^3)-\frac{d}{dx}(9xy)=\frac{d}{dx}(0) \quad \text{양변을 x에 관해 미분한다.}$$
$$3x^2+3y^2\frac{dy}{dx}-9\left(x\frac{dy}{dx}+\frac{dx}{dx}y\right)=0 \quad \text{xy를 함수의 곱으로 간주한다.}$$
$$(3y^2-9x)\frac{dy}{dx}+3x^2-9y=0$$
$$3(y^2-3x)\frac{dy}{dx}=9y-3x^2$$
$$\frac{dy}{dx}=\frac{3y-x^2}{y^2-3x} \quad \text{dy/dx에 관해 푼다.}$$

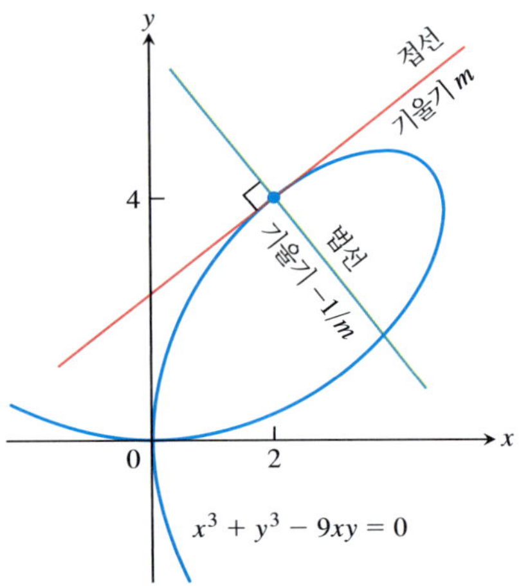

그림 2.34 예제 5는 데카르트의 엽선 위의 점 (2, 4)에서의 접선과 법선의 방정식을 찾는 방법을 보인다.

이제 점 $(x, y)=(2, 4)$에서의 접선의 기울기를 계산하면 다음과 같다.

$$\left.\frac{dy}{dx}\right|_{(2,4)}=\left.\frac{3y-x^2}{y^2-3x}\right|_{(2,4)}=\frac{3(4)-2^2}{4^2-3(2)}=\frac{8}{10}=\frac{4}{5}$$

따라서 점 (2, 4)에서의 접선은 기울기가 4/5이고, 점 (2, 4)를 지나므로 접선의 방정식은 다음과 같다.

$$y=4+\frac{4}{5}(x-2)$$
$$y=\frac{4}{5}x+\frac{12}{5}$$

점 (2, 4)에서의 법선은 접선과 수직이므로 기울기가 −5/4이고, 점 (2, 4)를 지나는 직선이 된다.

$$y = 4 - \frac{5}{4}(x-2)$$

$$y = -\frac{5}{4}x + \frac{13}{2}$$

수직이 아닌 두 직선이 서로 수직이면 두 직선의 기울기는 서로 음의 역수이다(부록 A.4).

연습문제 2.7 EXERCISE QUESTION

음함수의 미분

연습문제 1~16에서 음함수의 미분법을 이용해 dy/dx를 구하라.

1. $x^2y + xy^2 = 6$ **2.** $x^3 + y^3 = 18xy$

3. $2xy + y^2 = x + y$ **4.** $x^3 - xy + y^3 = 1$

5. $x^2(x-y)^2 = x^2 - y^2$ **6.** $(3xy+7)^2 = 6y$

7. $y^2 = \dfrac{x-1}{x+1}$ **8.** $x^3 = \dfrac{2x-y}{x+3y}$

9. $x = \sec y$ **10.** $xy = \cot(xy)$

11. $x + \tan(xy) = 0$ **12.** $x^4 + \sin y = x^3y^2$

13. $y\sin\left(\dfrac{1}{y}\right) = 1 - xy$ **14.** $x\cos(2x+3y) = y\sin x$

15. $e^{2x} = \sin(x+3y)$ **16.** $e^{x^2y} = 2x + 2y$

연습문제 17~20에서 $dr/d\theta$을 구하라.

17. $\theta^{1/2} + r^{1/2} = 1$ **18.** $r - 2\sqrt{\theta} = \dfrac{3}{2}\theta^{2/3} + \dfrac{4}{3}\theta^{3/4}$

19. $\sin(r\theta) = \dfrac{1}{2}$ **20.** $\cos r + \cot\theta = e^{r\theta}$

2계 도함수

연습문제 21~28에서 음함수의 미분법을 이용해 dy/dx와 d^2y/dx^2을 구하라.

21. $x^2 + y^2 = 1$ **22.** $x^{2/3} + y^{2/3} = 1$

23. $y^2 = e^{x^2} + 2x$ **24.** $y^2 - 2x = 1 - 2y$

25. $2\sqrt{y} = x - y$ **26.** $xy + y^2 = 1$

27. $3 + \sin y = y - x^3$ **28.** $\sin y = x\cos y - 2$

29. $x^3+y^3=16$일 때, 점 (2, 2)에서 d^2y/dx^2의 값을 구하라.

30. $xy+y^2=1$일 때, 점 (0, −1)에서 d^2y/dx^2의 값을 구하라.

연습문제 31과 32에서 각 곡선에 대해 주어진 점에서의 접선의 기울기를 구하라.

31. $y^2+x^2=y^4-2x$, 점 (−2, 1)과 (−2, −1)

32. $(x^2+y^2)^2=(x-y)^2$, 점 (1, 0)과 (1, −1)

기울기, 접선, 법선

연습문제 33~42에서 주어진 점이 각 곡선 위에 있음을 확인하고, 각 점에서 **(a)** 접선의 방정식, **(b)** 법선의 방정식을 구하라.

33. $x^2 + xy - y^2 = 1,\ (2,3)$

34. $x^2 + y^2 = 25,\ (3,-4)$

35. $x^2y^2 = 9,\ (-1,3)$

36. $y^2 - 2x - 4y - 1 = 0,\ (-2,1)$

37. $6x^2 + 3xy + 2y^2 + 17y - 6 = 0,\ (-1,0)$

38. $x^2 - \sqrt{3}xy + 2y^2 = 5,\ (\sqrt{3},2)$

39. $2xy + \pi\sin y = 2\pi,\ (1,\pi/2)$

40. $x\sin 2y = y\cos 2x,\ (\pi/4,\pi/2)$

41. $y = 2\sin(\pi x - y),\ (1,0)$

42. $x^2\cos^2 y - \sin y = 0,\ (0,\pi)$

43. 평행한 접선 곡선 $x^2+xy+y^2=7$이 x축과 만나는 두 점의 좌표를 구하고, 이 두 점에서의 평행함을 보여라. 접선의 기울기는 얼마인가?

44. 직선에 평행한 법선 직선 $2x+y=0$과 평행하고 곡선 $xy+2x-y=0$에 수직인 법선의 방정식을 구하라.

45. 8자 모양의 곡선 주어진 그림에 표시된 곡선 $y^4=y^2-x^2$ 위의 두 점에서의 접선의 기울기를 구하라.

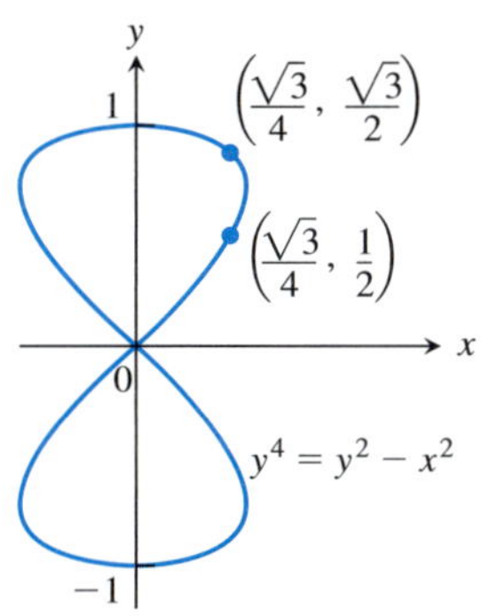

46. 디오클레스의 질주선(디오클레스, B.C. 200부터) 디오클레스의 질주선 $y^2(2-x)=x^3$ 위의 점 (1, 1)에서의 접선의 방정식과 법선의 방정식을 구하라.

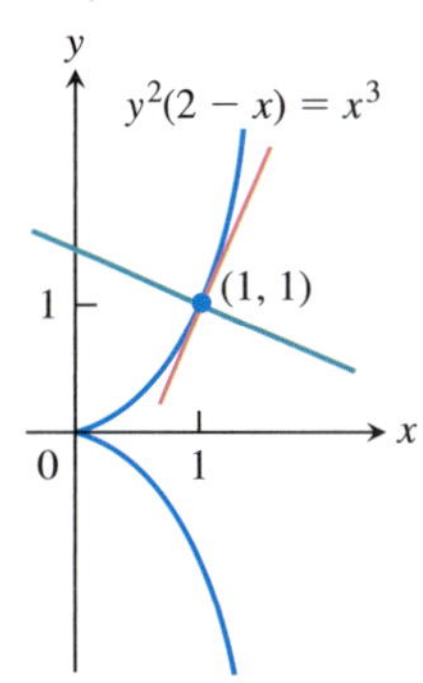

47. 악마의 곡선(가브리엘 크레이머, 1750년) 악마의 곡선 $y^4-4y^2=x^4-9x^2$ 위에 표시된 네 점에서의 접선의 기울기를 구하라.

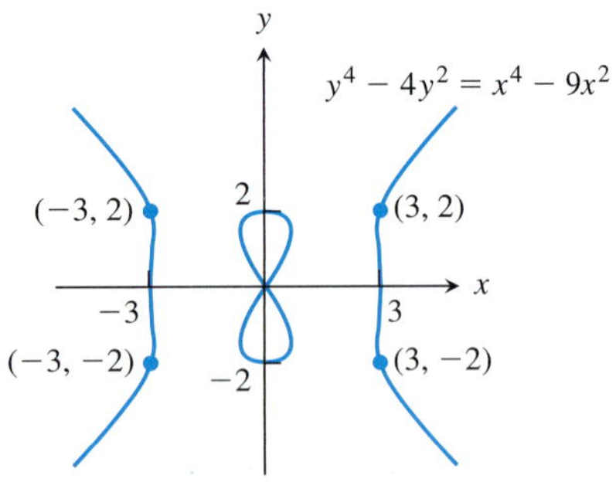

48. 데카르트의 엽선(그림 2.29 참조)

a. 데카르트의 엽선 $x^3+y^3-9xy=0$ 위의 점 (4, 2)와 (2, 4)에서의 접선의 기울기를 구하라.

b. 원점을 제외한 어떤 점에서 x축과 평행인 접선을 갖는가?

c. 그림 2.29에 표시된 점 A에서는 접선이 y축과 평행하다. 점 A의 좌표를 구하라.

이론과 예제

49. 법선과 만나는 점 곡선 $x^2+2xy-3y^2=0$ 위의 점 (1, 1)에서의 법선이 이 곡선과 만나는 다른 점의 좌표를 구하라.

50. 유리지수에 대한 거듭제곱 미분 공식 p와 q를 정수라 하고 $q>0$이라 하자. $y=x^{p/q}$일 때 이와 동치인 방정식 $y^q=x^p$을 음함수 미분법으로 미분하므로 모든 $y\neq 0$에 대해 다음이 성립함을 보여라.

$$\frac{d}{dx}x^{p/q} = \frac{p}{q}x^{(p/q)-1}$$

51. 포물선의 법선 주어진 그림과 같이 y축 위의 점 $(a, 0)$에서 포물선 $x=y^2$에 3개의 법선을 그릴 수 있으면 a는 1/2보다 크다는 것을 보여라. 그 중의 하나는 x축이다. a가 어떤 값일 때 나머지 2개의 법선이 서로 수직이 되는가?

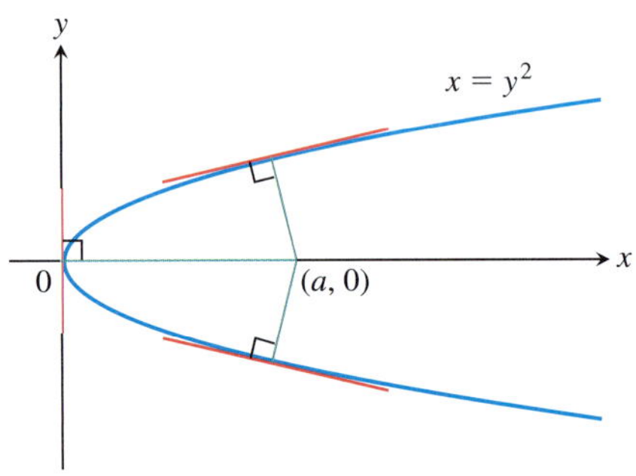

52. 두 점 (1, 1)과 (1, −1)에서 두 곡선 $y^2=x^3$과 $2x^2+3y^2=5$에 접하는 접선은 어떤 특별한 성질이 있는가? 그 이유를 설명하라.

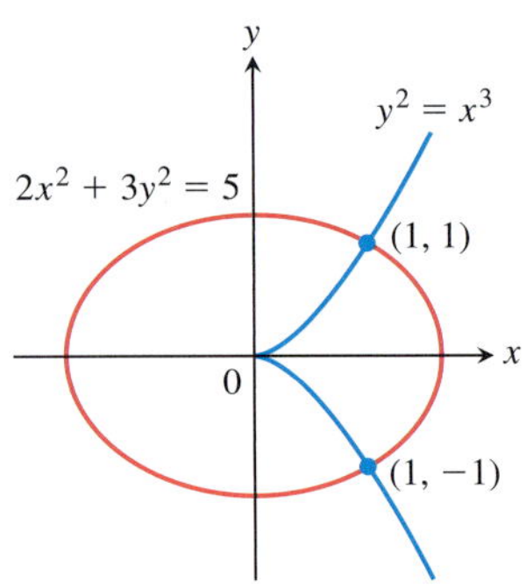

53. 다음 곡선의 쌍이 수직으로 만나는 것을 보여라.

a. $x^2 + y^2 = 4, \quad x^2 = 3y^2$

b. $x = 1 - y^2, \quad x = \frac{1}{3}y^2$

54. 주어진 그림에서 볼 수 있는 $y^2=x^3$의 그래프는 '반입방형 포물선'이라 불린다. 직선 $y=-\frac{1}{3}x+b$가 이 곡선과 수직으로 만나도록 상수 b값을 결정하라.

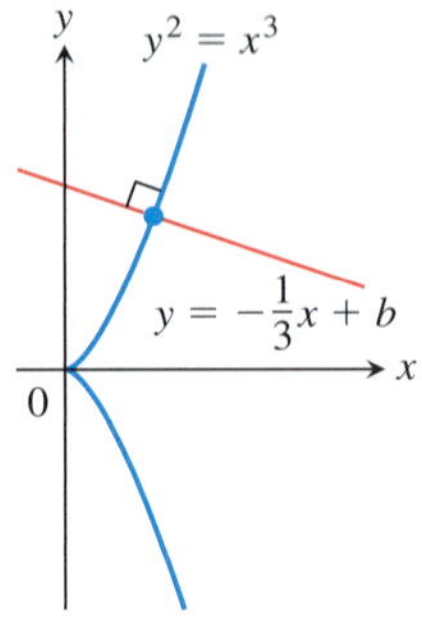

연습문제 55과 56에서 y를 x에 관해 미분가능한 함수로 간주하여 dy/dx를 구하고, 반대로 x가 y에 관해 미분가능한 함수로 간주하여 dx/dy를 구하라. dy/dx와 dx/dy는 어떤 관계가 있는가?

55. $xy^3 + x^2y = 6$

56. $x^3 + y^2 = \sin^2 y$

57. 아크사인함수의 도함수 함수 $y=\sin^{-1}x$가 미분가능하다고 가정하자. 방정식 $x=\sin y$를 음함수 미분법을 사용하여 미분하고 $dy/dx=1/\sqrt{1-x^2}$임을 보여라.

58. 연습문제 57의 미분 공식을 이용하여 다음 함수의 dy/dx를 구하라.

a. $y = (\sin^{-1}x)^2$

b. $y = \sin^{-1}\left(\frac{1}{x}\right)$

컴퓨터 탐구

연습문제 59~66에 대해 CAS를 이용하여 다음 각 단계를 실행하라.

a. CAS의 음함수 그래프 그리기를 이용하여 그래프를 그리고, 주어진 점 P가 식을 만족함을 확인하라.

b. 음함수의 미분법을 이용하여 dy/dx를 구하고 주어진 점 P에서의 값을 계산하라.

c. 문제 (b)에서 구한 기울기를 이용하여 점 P에서의 접선의 방정식을 구하라. 그리고 음함수와 접선의 그래프를 한 평면에 그려라.

59. $x^3 - xy + y^3 = 7, \quad P(2,1)$

60. $x^5 + y^3x + yx^2 + y^4 = 4, \quad P(1,1)$

61. $y^2 + y = \frac{2+x}{1-x}, \quad P(0,1)$

62. $y^3 + \cos xy = x^2, \quad P(1,0)$

63. $x + \tan\left(\frac{y}{x}\right) = 2, \quad P\left(1, \frac{\pi}{4}\right)$

64. $xy^3 + \tan(x+y) = 1, \quad P\left(\frac{\pi}{4}, 0\right)$

65. $2y^2 + (xy)^{1/3} = x^2 + 2, \quad P(1,1)$

66. $x\sqrt{1+2y} + y = x^2, \quad P(1,0)$

2.8 역함수와 로그함수의 도함수

함수의 역함수가 원함수의 효과를 어떻게 원상태로 돌리거나 뒤집는지 알아보았다. 또한 자연로그함수 $f^{-1}(x)=\ln x$를 자연지수함수 $f(x)=e^x$의 역함수로 정의했다. 자연로그함수와 자연지수함수는 수학이나 과학에서 가장 중요한 함수/역함수 쌍 중의 하나이다. 2.3절에서 지수함수의 미분법에 대해 공부했는데, 여기에서는 역함수의 미분법에 대해 소개하고 이를 이용하여 자연로그함수의 도함수를 구하는 것에 대해 설명한다.

미분가능한 함수의 역함수의 도함수

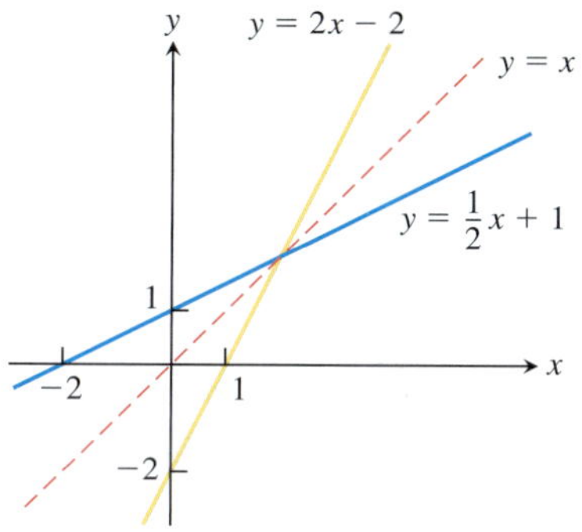

그림 2.35 직선과 직선의 역함수의 그래프는 직선 $y=x$에 대해 대칭으로 그려진다. 이때 두 직선의 기울기는 서로 역수이다.

그림 2.35는 함수 $f(x)=(1/2)x+1$과 역함수 $f^{-1}(x)=2x-2$의 그래프를 보인다. 각각의 도함수를 구해보면 다음과 같다.

$$\frac{d}{dx}f(x) = \frac{d}{dx}\left(\frac{1}{2}x+1\right) = \frac{1}{2}$$
$$\frac{d}{dx}f^{-1}(x) = \frac{d}{dx}(2x-2) = 2$$

여기서 두 도함수는 서로 역수 관계에 있고, 각 직선의 기울기는 서로 역수 관계에 있다(그림 2.35 참조).

도함수가 서로 역수 관계에 있다는 것은 이 예에서만 볼 수 있는 특수한 경우는 아니다. 수직 또는 수평이 아닌 모든 직선을 직선 $y=x$에 대해 대칭이동하면 항상 두 직선의 기울기는 역수 관계에 있음을 알 수 있다. 즉 직선의 기울기가 $m \neq 0$인 직선을 직선 $y=x$에 대해 대칭이동하면 기울기는 $1/m$이 된다.

함수 f와 f^{-1}의 기울기가 서로 역수 관계에 있다는 것은 다른 함수의 경우에도 마찬가지로 성립하지만, 접선의 기울기를 비교하기 위해 그 대응되는 점에 주의를 기울여야 한다. $y=f(x)$ 위의 한 점 $(a, f(a))$에서의 접선의 기울기가 $f'(a)$이고 $f'(a) \neq 0$이라면, $y=f^{-1}(x)$에서의 접선의 기울기가 $1/f'(a)$이 되는 점은 $(f(a), a)$이다(그림 2.36). 따라서 $b=f(a)$라고 놓으면 다음 관계가 성립한다.

$$(f^{-1})'(b) = \frac{1}{f'(a)} = \frac{1}{f'(f^{-1}(b))}$$

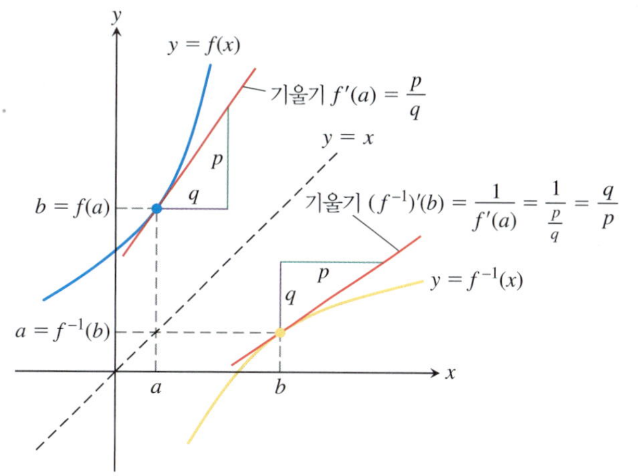

그림 2.36 역함수 관계에 있는 두 함수의 그래프에서 서로 대응하는 점에서의 기울기는 서로 역수 관계이다.

만약 $y=f(x)$가 점 $(a, f(a))$에서 수평인 접선을 가지면 역함수 f^{-1}는 점 $(f(a), a)$에서 수직인 접선을 갖게 되고, 이 경우 기울기가 무한대가 되어 f^{-1}는 점 $x=f(a)$에서 미분가능하지 않게 된다. 정리 3은 어떤 조건일 때 역함수 f^{-1}가 미분가능하게 되는지를 보인다.

정리 3 ❙ 역함수의 미분법

함수 f가 구간 I를 정의역으로 갖고 $f'(x)$가 I에서 존재하고 0이 아닌 값을 가질 때, f^{-1}는 f^{-1}의 정의역(f의 치역) 내의 모든 점에서 미분가능하며, b가 f^{-1}의 정의역 안에 있는 점일 때 $x=b$에서 $(f^{-1})'$의 값은 점 $a=f^{-1}(b)$에서 f'값의 역수, 즉 다음과 같다.

$$(f^{-1})'(b) = \frac{1}{f'(f^{-1}(b))} \tag{1}$$

다른 표현으로는 다음과 같다.

$$\left.\frac{df^{-1}}{dx}\right|_{x=b} = \frac{1}{\left.\dfrac{df}{dx}\right|_{x=f^{-1}(b)}}$$

정리 3으로부터 두 가지 사실을 알 수 있다. 그 중 하나는 f^{-1}의 미분가능성에 대한 조건이고, 다른 하나는 미분계수가 존재할 때 f^{-1}의 미분계수에 대한 공식이다. 첫 번째 사실에 대한 증명은 여기서는 생략하고, 두 번째 사실만 다음과 같은 방법으로 증명한다.

$$\begin{aligned} f(f^{-1}(x)) &= x && \text{역함수 관계식} \\ \frac{d}{dx}f(f^{-1}(x)) &= 1 && \text{양변을 미분} \\ f'(f^{-1}(x))\cdot\frac{d}{dx}f^{-1}(x) &= 1 && \text{연쇄법칙} \\ \frac{d}{dx}f^{-1}(x) &= \frac{1}{f'(f^{-1}(x))} && \text{도함수를 푼다.} \end{aligned}$$

예제 1 $x>0$일 때 $f(x)=x^2$의 역함수는 $f^{-1}(x)=\sqrt{x}$이고, 도함수는 각각 $f'(x)=2x$와 $(f^{-1})'(x)=1/(2\sqrt{x})$이다.

이는 정리 3으로부터 얻은 다음의 결과와 일치하는지 확인하자.

$$\begin{aligned} (f^{-1})'(x) &= \frac{1}{f'(f^{-1}(x))} \\ &= \frac{1}{2(f^{-1}(x))} && f'(x)=2x\text{에서 } x\text{에 } f^{-1}(x)\text{를 대입} \\ &= \frac{1}{2(\sqrt{x})} && f^{-1}(x)=\sqrt{x} \end{aligned}$$

또한 정리 3을 이용하여 얻은 $(f^{-1})'(x)$는 역함수를 무리함수의 도함수의 지수법칙을 이용하여 구한 결과와 일치한다는 것도 알 수 있다.

이번에는 특정한 점에서 정리 3을 이용한 예를 들어보자. a의 값으로 $x=2$라 하고, b의 값으로 $f(2)=4$라 하자. 정리 3으로부터 $x=2$에서 f의 도함수의 값인 $f'(2)=4$와 $x=f(2)$에서 f^{-1}의 도함수의 값인 $(f^{-1})'(4)$는 서로 역수 관계에 있음을 알 수 있다. 즉 다음과 같다.

$$(f^{-1})'(4) = \frac{1}{f'(f^{-1}(4))} = \frac{1}{f'(2)} = \left.\frac{1}{2x}\right|_{x=2} = \frac{1}{4}$$

그림 2.37을 참고한다. ■

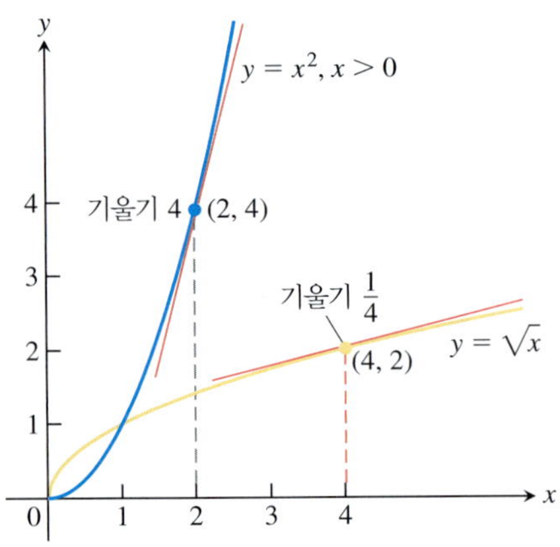

그림 2.37 점 (4, 2)에서 $f^{-1}(x)=\sqrt{x}$의 미분계수는 점 (2, 4)에서 $f(x)=x^2$의 미분계수의 역수이다(예제 1).

예제 1에서 살펴본 과정을 통해 이 장에서 여러 역함수의 도함수를 계산할 것이다. 식 (1)을 이용하면 f^{-1}의 구체적인 식을 구할 수 없는 경우에도 df^{-1}/dx의 값을 구할 수 있다.

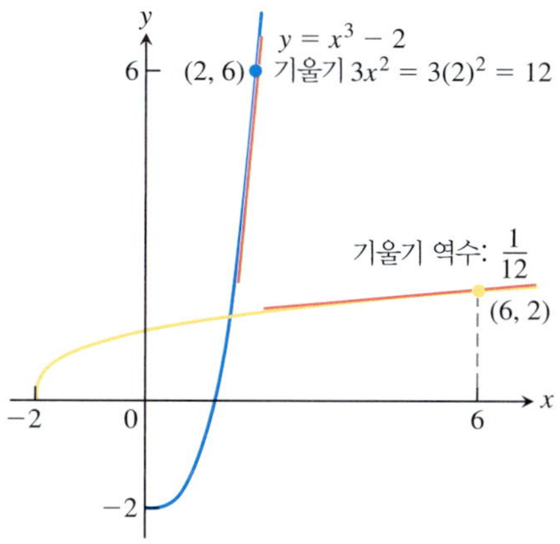

그림 2.38 $x=2$에서 $f(x)=x^3-2$의 미분계수는 $x=6$에서 f^{-1}의 미분계수를 알려준다.

예제 2 함수 f가 $x>0$에서 $f(x)=x^3-2$일 때, $f^{-1}(x)$를 구하지 말고 $x=6=f(2)$에서 df^{-1}/dx의 값을 구하라(그림 2.38).

풀이 $x=6$에서 f^{-1}의 미분계수를 구하기 위해 정리 3을 적용하면 다음과 같다.

$$\left.\frac{df}{dx}\right|_{x=2} = 3x^2\Big|_{x=2} = 12$$

$$\left.\frac{df^{-1}}{dx}\right|_{x=f(2)} = \frac{1}{\left.\frac{df}{dx}\right|_{x=2}} = \frac{1}{12} \qquad \text{식 (1)}$$

■

자연로그함수의 도함수

지수함수 $f(x)=e^x$는 모든 점에서 미분가능하므로 정리 3으로부터 역함수 $f^{-1}(x)=\ln x$의 도함수를 쉽게 구할 수 있다.

$$\begin{aligned}(f^{-1})'(x) &= \frac{1}{f'(f^{-1}(x))} && \text{정리 3}\\ &= \frac{1}{e^{f^{-1}(x)}} && f'(u)=e^u\\ &= \frac{1}{e^{\ln x}} && x>0\\ &= \frac{1}{x} && \text{역함수의 성질을 이용하여}\end{aligned}$$

다른 방법 정리 3을 적용하는 대신에 음함수의 미분법을 이용하여 $y=\ln x$를 미분함으로써 도함수를 구할 수 있다.

$$\begin{aligned}y &= \ln x && x>0\\ e^y &= x && \text{역함수의 성질을 이용하여}\\ \frac{d}{dx}(e^y) &= \frac{d}{dx}(x) && \text{음함수의 미분법}\\ e^y\frac{dy}{dx} &= 1 && \text{연쇄법칙}\\ \frac{dy}{dx} &= \frac{1}{e^y} = \frac{1}{x} && e^y=x\end{aligned}$$

따라서 어떤 방법을 이용하든지 x에 대한 $y=\ln x$의 도함수는 다음과 같다.

$$\frac{d}{dx}\ln x = \frac{1}{x}, \quad x>0 \qquad (2)$$

만약 $u(x)$가 양함수이면 연쇄법칙에 따라 다음이 성립한다.

$$\frac{d}{dx}\ln u = \frac{1}{u}\frac{du}{dx}, \qquad u>0 \qquad (3)$$

예제 3 식 (2)와 (3)을 이용하여 도함수를 구한다.

(a) $\frac{d}{dx}\ln 2x = \frac{1}{2x}\frac{d}{dx}(2x) = \frac{1}{2x}\cdot 2 = \frac{1}{x}, \quad x>0$

(b) $u=x^2+3$일 때 식 (2)에 의해 다음을 구한다.

$$\frac{d}{dx}\ln(x^2+3) = \frac{1}{x^2+3}\cdot\frac{d}{dx}(x^2+3) = \frac{1}{x^2+3}\cdot 2x = \frac{2x}{x^2+3}$$

(c) 연쇄법칙과 식 (2)에 의해 다음을 구한다.

$$\frac{d}{dx}(\ln x)^4 = 4(\ln x)^3\cdot\frac{d}{dx}(\ln x) = 4(\ln x)^3\cdot\frac{1}{x} = \frac{4(\ln x)^3}{x}, \quad x > 0$$

(d) $u = |x|$일 때 식 (3)에 의해 중요한 도함수를 얻는다.

$$\begin{aligned}\frac{d}{dx}\ln|x| &= \frac{d}{du}\ln u\cdot\frac{du}{dx} && u = |x|, x \neq 0\\ &= \frac{1}{u}\cdot\frac{x}{|x|} && \frac{d}{dx}(|x|) = \frac{x}{|x|}\ \text{(2.6절의 예제 7)}\\ &= \frac{1}{|x|}\cdot\frac{x}{|x|} && u\text{를 대입}\\ &= \frac{x}{x^2}\\ &= \frac{1}{x}\end{aligned}$$

ln |x|의 도함수

$$\frac{d}{dx}\ln|x| = \frac{1}{x}, \quad x \neq 0$$

따라서 $1/x$은 정의역 $x > 0$에서 $\ln x$의 도함수이고, 정의역 $x < 0$에서 $\ln(-x)$의 도함수이다. ■

예제 3a에서의 결과로부터 함수 $y = \ln 2x$의 도함수가 함수 $y = \ln x$의 도함수와 같다는 사실을 알 수 있다. 이는 모든 상수 b에 대해 $bx > 0$인 함수 $y = \ln bx$에 대해 마찬가지로 성립한다.

$$\frac{d}{dx}\ln bx = \frac{1}{bx}\cdot\frac{d}{dx}(bx) = \frac{1}{bx}(b) = \frac{1}{x} \tag{4}$$

$$\frac{d}{dx}\ln bx = \frac{1}{x}, \quad bx > 0$$

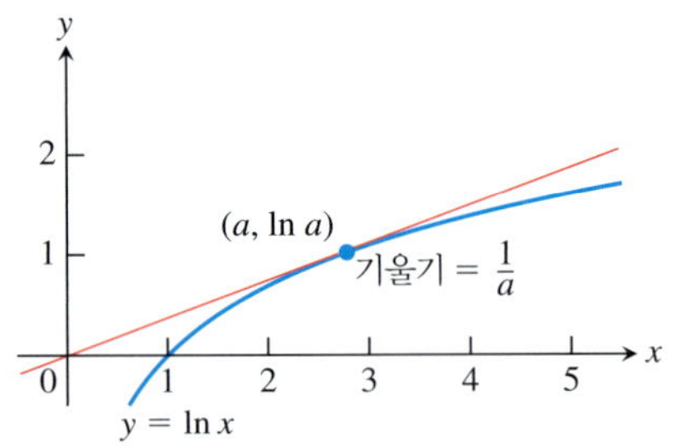

그림 2.39 접선은 곡선의 기울기가 $1/a$인 곡선 위의 점 $(a, \ln a)$에서 만난다.

예제 4 기울기가 m이고 원점을 지나는 직선이 $y = \ln x$의 그래프에 접한다. 이때 m의 값을 구하라.

풀이 접점의 x좌표를 $x = a > 0$이라 하자. 그러면 점 $(a, \ln a)$는 접점의 좌표가 되고, 따라서 접선의 기울기는 $m = 1/a$이 되고(그림 2.39), 접선이 원점을 지나므로 접선의 기울기는 다음과 같다.

$$m = \frac{\ln a - 0}{a - 0} = \frac{\ln a}{a}$$

따라서 이 두 식을 이용하여 다음과 같이 기울기를 구할 수 있다.

$$\begin{aligned}\frac{\ln a}{a} &= \frac{1}{a}\\ \ln a &= 1\\ e^{\ln a} &= e^1\\ a &= e\\ m &= \frac{1}{e}\end{aligned}$$

■

a^x와 $\log_a x$의 도함수

$a > 0$일 때 $a^x = e^{\ln(a^x)} = e^{x\ln a}$이고 다음과 같다.

$$\begin{aligned}\frac{d}{dx}a^x &= \frac{d}{dx}e^{x\ln a}\\ &= e^{x\ln a}\cdot\frac{d}{dx}(x\ln a) && \frac{d}{dx}e^u = e^u\frac{du}{dx}\\ &= a^x\ln a && \ln a\text{는 상수}\end{aligned}$$

즉 $a>0$이면 a^x는 미분가능하며 도함수는 다음과 같다.

$$\frac{d}{dx}a^x = a^x \ln a \tag{5}$$

그리고 이 식으로부터 수학에서 지수함수 중에서 특히 자연지수함수 e^x을 더 많이 사용하는 이유를 알 수 있다. 즉 $a=e$일 때 $\ln a=1$이 되어, a^x의 도함수가 다음 식과 같이 매우 간단한 형태로 주어지기 때문이다.

$$\frac{d}{dx}e^x = e^x \ln e = e^x \qquad \ln e = 1$$

$a>0$이고 u가 x에 관한 미분가능한 함수이면 연쇄법칙에 의해 a^u도 미분가능한 함수이고, 다음과 같이 도함수를 구할 수 있다.

$$\frac{d}{dx}a^u = a^u \ln a \frac{du}{dx} \tag{6}$$

예제 5 여러 지수함수의 도함수를 구해보자.

(a) $\frac{d}{dx}3^x = 3^x \ln 3$ 　　식 (6)에서 $a=3$, $u=x$

(b) $\frac{d}{dx}3^{-x} = 3^{-x}(\ln 3)\frac{d}{dx}(-x) = -3^{-x}\ln 3$ 　　식 (6)에서 $a=3$, $u=-x$

(c) $\frac{d}{dx}3^{\sin x} = 3^{\sin x}(\ln 3)\frac{d}{dx}(\sin x) = 3^{\sin x}(\ln 3)\cos x$ 　　식 (6)에서 $a=3$, $u=\sin x$

(d) $\frac{d}{dx}\sin(3^x) = \cos(3^x)\frac{d}{dx}3^x = \cos(3^x)\cdot 3^x \ln 3$ 　　연쇄법칙과 식 (5) ■

2.3절에서 지수함수 $f(x)=a^x$에 대해 $f'(0)$이 밑 a에 따라 어떻게 변하는지를 살펴보았다. 즉 $f'(0)$은 극한 $\lim_{h\to 0}(a^h-1)/h$이고, 이는 a^x의 그래프가 y축과 만나는 점 (0, 1)에서의 접선의 기울기이다. 따라서 식 (5)로부터 기울기는 다음과 같이 주어진다.

$$\lim_{h\to 0}\frac{a^h-1}{h} = \ln a \tag{7}$$

특히 $a=e$일 때 다음과 같다.

$$\lim_{h\to 0}\frac{e^h-1}{h} = \ln e = 1$$

그러나 아직 이와 같은 극한이 실제로 존재한다는 것을 완전히 확인한 것은 아니다. 지수함수와 로그함수의 도함수를 구하는 과정이 논리적으로 틀리지는 않았지만, 여전히 극한이 존재한다는 것을 가정하고 있다. 극한이 실제로 존재하고 위의 결과와 같다는 것은 6장에서 다른 방법으로 자세하게 다루게 될 것이다.

$a>0$, $a\neq 1$인 임의의 밑 a에 대해 $\log_a x$의 도함수를 구하기 위해 다음과 같이 밑 변환 공식을 사용하여 자연로그함수로 변환한다.

$$\log_a x = \frac{\ln x}{\ln a}$$

양변을 미분하면 다음과 같다.

$$\begin{aligned}\frac{d}{dx}\log_a x &= \frac{d}{dx}\left(\frac{\ln x}{\ln a}\right) && \text{양변을 미분}\\ &= \frac{1}{\ln a}\cdot\frac{d}{dx}\ln x && \ln a\text{는 상수}\\ &= \frac{1}{\ln a}\cdot\frac{1}{x}\end{aligned}$$

따라서 다음을 얻는다.

$$\frac{d}{dx}\log_a x = \frac{1}{x\ln a} \qquad a > 0, a \neq 1 \tag{8}$$

따라서 u가 x에 관해 미분가능하고 $u > 0$일 때 연쇄법칙을 이용하여 더 일반적인 공식을 얻을 수 있다.

$$\frac{d}{dx}\log_a u = \frac{1}{u\ln a}\frac{du}{dx} \qquad a > 0, a \neq 1 \tag{9}$$

로그미분법

미분하고자 하는 함수가 함수의 곱, 나눗셈, 지수 등의 복잡한 식으로 표현되어 있을 때는 주어진 식을 바로 미분하는 것보다는 양변에 로그를 취한 후에 미분하는 것이 더 편할 때가 있다. 이는 미분에 앞서 로그의 성질을 사용하여 식을 간단히 할 수 있도록 한다. 이와 같은 방법을 **로그미분법**(logarithmic differentiation)이라고 한다. 다음 예제에서 확인해보자.

예제 6 $y = \dfrac{(x^2+1)(x+3)^{1/2}}{x-1}$, $x > 1$일 때 dy/dx를 구하라.

풀이 양변에 자연로그를 취하고 로그의 성질을 이용하여 식을 정리해보면 다음과 같다.

$$\begin{aligned}\ln y &= \ln\frac{(x^2+1)(x+3)^{1/2}}{x-1}\\ &= \ln\left((x^2+1)(x+3)^{1/2}\right) - \ln(x-1) && \text{로그의 나눗셈 규칙}\\ &= \ln(x^2+1) + \ln(x+3)^{1/2} - \ln(x-1) && \text{로그의 곱셈 규칙}\\ &= \ln(x^2+1) + \frac{1}{2}\ln(x+3) - \ln(x-1) && \text{로그의 거듭제곱 규칙}\end{aligned}$$

이제 양변을 각각 x에 관해 미분한다. 좌변의 경우 식 (3)를 이용하면 다음의 결과를 얻을 수 있다.

$$\frac{1}{y}\frac{dy}{dx} = \frac{1}{x^2+1}\cdot 2x + \frac{1}{2}\cdot\frac{1}{x+3} - \frac{1}{x-1}$$

이제 위 식에서 dy/dx를 구하면 다음과 같고,

$$\frac{dy}{dx} = y\left(\frac{2x}{x^2+1} + \frac{1}{2x+6} - \frac{1}{x-1}\right)$$

y 대신에 원래의 식을 대입하면 다음과 같다.

$$\frac{dy}{dx} = \frac{(x^2+1)(x+3)^{1/2}}{x-1}\left(\frac{2x}{x^2+1} + \frac{1}{2x+6} - \frac{1}{x-1}\right)$$ ■

곱, 나눗셈, 거듭제곱의 미분법을 사용하여 예제 6의 도함수를 계산하면 계산이 훨씬 더 쉬워진다.

(일반적인 형태의) 거듭제곱 미분 공식의 증명

자연로그와 지수함수는 6장에서 정확하게 정의할 것이다. 지수함수를 사용하여 좀 더 일반적인 형태의 지수함수를 정의할 수 있으며, 이를 이용하여 거듭제곱을 임의의 양의 실수(유리수나 무리수가 다 포함된)까지 확장할 수 있다. 다시 말해 임의의 양의 지수 n에 대한 거듭제곱함수 $y=x^n$을 정의할 수 있다.

정의 임의의 $x > 0$과 임의의 실수 n에 대해 다음과 같이 정의한다.

$$x^n = e^{n \ln x}$$

로그함수와 지수함수는 서로 역함수 관계이므로, 정의로부터 모든 실수 n에 대해 다음 식을 얻는다.

$$\ln x^n = n \ln x$$

즉 거듭제곱함수에 자연로그를 취한 공식은 지수 n이 유리수 뿐만 아니라, 모든 실수에서도 성립한다.

거듭제곱함수의 정의로부터 2.3절에서 서술했던 임의의 실수 n에 대한 거듭제곱 미분 공식을 확실하게 할 수 있다.

일반적인 거듭제곱 미분 공식

n이 임의의 실수일 때 $x > 0$이면 다음 공식이 성립한다.

$$\frac{d}{dx}x^n = nx^{n-1}$$

만약 $x \le 0$이면 x^n과 x^{n-1}이 정의되고 미분이 존재하는 경우에만 공식이 성립된다.

증명 x^n을 x에 관해 미분하면 다음과 같다.

$$\begin{aligned} \frac{d}{dx}x^n &= \frac{d}{dx}e^{n \ln x} && x^n\text{의 정의, } x > 0 \\ &= e^{n \ln x} \cdot \frac{d}{dx}(n \ln x) && e^u\text{의 연쇄법칙 허용} \\ &= x^n \cdot \frac{n}{x} && \ln x\text{의 정의} \\ &= nx^{n-1} && x^n \cdot \frac{1}{x} = x^{n-1} \end{aligned}$$

요약하면 $x > 0$일 경우는 다음 식이 성립한다.

$$\frac{d}{dx}x^n = nx^{n-1}$$

$x < 0$인 경우에 $y=x^n$, y', x^{n-1}이 모두 존재하면 다음과 같다.

$$\ln|y| = \ln|x|^n = n \ln|x|$$

음함수 미분법(도함수 y'이 존재한다고 가정)과 예제 3c를 이용하면 다음과 같다.

$$\frac{y'}{y} = \frac{n}{x}$$

이 식을 도함수에 대해 풀면 다음을 얻는다.

$$y' = n\frac{y}{x} = n\frac{x^n}{x} = nx^{n-1} \qquad y = x^n$$

$x=0$이고 $n>1$일 때 미분계수의 정의로부터 직접적으로 미분계수가 0이 됨을 보일 수 있다(연습문제 107). 따라서 모든 실수 x에 대해 일반적인 거듭제곱 미분 공식의 증명이 완성되었다. ■

예제 7 $x>0$일 때 $f(x)=x^x$를 미분하라.

풀이 거듭제곱 미분 공식은 상수 a에 대한 x^a 형태의 함수를 미분하는 방법을 알려준다. 그러나 x^x에서 지수부분은 고정된 상수가 아니므로 거듭제곱 미분 공식을 사용하여 x^x를 미분할 수 없다. 식 (5)는 밑이 상수인 경우 a^x를 미분하는 방법을 알려주고 있다. 이 방법도 x^x의 밑이 고정된 상수가 아니므로 사용할 수 없다. 그러나 주어진 함수의 도함수는 $f(x)=x^x=e^{x\ln x}$이므로 미분하면 다음과 같이 찾을 수 있다.

$$\begin{aligned} f'(x) &= \frac{d}{dx}(e^{x\ln x}) && \text{밑 } e\text{는 상수} \\ &= e^{x\ln x}\frac{d}{dx}(x\ln x) && \frac{d}{dx}e^u,\ u=x\ln x \\ &= e^{x\ln x}\left(\ln x + x\cdot\frac{1}{x}\right) && \text{곱의 미분 공식} \\ &= x^x(\ln x + 1) && x>0 \end{aligned}$$

또한 $y=x^x$의 도함수를 y'이 존재한다는 가정하에 로그미분법을 사용하여 구할 수도 있다. ■

극한으로 표현되는 수 e

수 e를 지수함수 $y=a^x$ 위의 점 (0, 1)에서의 접선의 기울기가 1이 될 때의 밑이라고 정의하자. 따라서 e는 다음의 식을 만족하는 상수이다.

$$\lim_{h\to 0}\frac{e^h-1}{h} = \ln e = 1 \qquad \text{식 (7)으로부터 기울기가 } \ln e\text{이다.}$$

e의 값은 어떤 극한에 의해 계산될 수 있음을 증명한다.

정리 4 ❙ 극한으로서의 수 e

수 e는 다음 극한으로 계산될 수 있다.

$$e = \lim_{x\to 0}(1+x)^{1/x}$$

증명 $f(x)=\ln x$일 때 $f'(x)=1/x$이므로, $f'(1)=1$이다. 한편 도함수의 정의에 의해 다음과 같다.

$$\begin{aligned} f'(1) &= \lim_{h\to 0}\frac{f(1+h)-f(1)}{h} = \lim_{x\to 0}\frac{f(1+x)-f(1)}{x} && \ln 1 = 0 \\ &= \lim_{x\to 0}\frac{\ln(1+x)-\ln 1}{x} = \lim_{x\to 0}\frac{1}{x}\ln(1+x) \\ &= \lim_{x\to 0}\ln(1+x)^{1/x} = \ln\left[\lim_{x\to 0}(1+x)^{1/x}\right] && \text{로그함수는 연속함수, 1장에서 정리 9} \end{aligned}$$

$f'(1)=1$이므로 다음과 같다.

$$\ln\left[\lim_{x\to 0}(1+x)^{1/x}\right] = 1$$

따라서 양변에 지수를 취하면 다음과 같은 결과를 얻을 수 있다.

$$\lim_{x\to 0}(1+x)^{1/x} = e$$

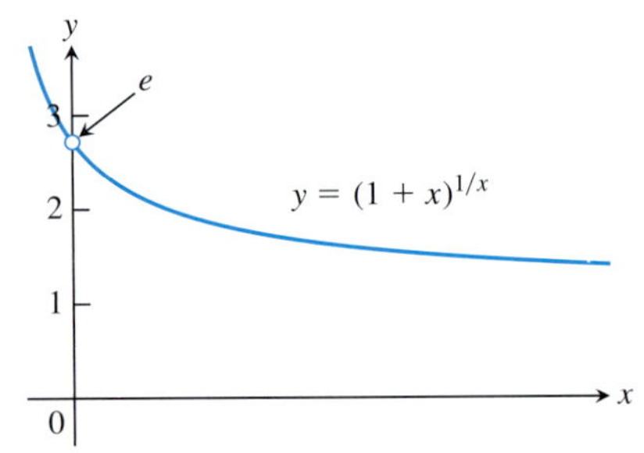

그림 2.40 수 e는 함수 $y=(1+x)^{1/x}$의 $x\to 0$일 때의 극한이다.

그림 2.40을 참조한다. ■

정리 4에서 x에 매우 작은 값을 대입해보면 e의 근삿값을 얻을 수 있는데, 소수점 아래 15자리까지 구해보면 $e \approx 2.718281828459045$이다.

연습문제 2.8 EXERCISE QUESTION

역함수의 도함수

연습문제 1~4에서 다음 각 물음에 답하라.

a. $f^{-1}(x)$를 구하라.

b. f와 f^{-1}의 그래프를 그려라.

c. $x=a$일 때 df/dx를 계산하고, $x=f(a)$일 때 df^{-1}/dx를 계산하여 $(df^{-1}/dx)|_{x=f(a)} = 1/(df/dx)|_{x=a}$임을 보여라.

1. $f(x) = 2x + 3, \quad a = -1$

2. $f(x) = \dfrac{x+2}{1-x}, \quad a = \dfrac{1}{2}$

3. $f(x) = 5 - 4x, \quad a = 1/2$

4. $f(x) = 2x^2, \quad x \geq 0, \quad a = 5$

5. a. $f(x)=x^3$과 $g(x)=\sqrt[3]{x}$는 서로 역함수 관계가 있음을 보여라.

b. f와 g의 그래프를 충분히 큰 구간에 그려 $(1, 1)$과 $(-1, -1)$에서 만남을 보여라. 또한 직선 $y=x$에 대해 대칭임을 확인하라.

c. 두 점 $(1, 1)$과 $(-1, -1)$에서 f와 g에 접하는 접선의 기울기를 모두 구하라(총 4개의 접선).

d. 원점에서 각 곡선에 접하는 접선은 무엇인가?

6. a. $h(x)=x^3/4$와 $k(x)=(4x)^{1/3}$은 서로 역함수 관계가 있음을 보여라.

b. h와 k의 그래프를 그려 점 $(2, 2)$와 $(-2, -2)$에서 만남을 보여라. 또한 직선 $y=x$에 대해 대칭임을 확인하라.

c. 두 점 $(2, 2)$과 $(-2, -2)$에서 h와 k에 접하는 접선의 기울기를 모두 구하라.

d. 원점에서 각 곡선에 접하는 접선은 무엇인가?

7. $x \geq 2$에서 $f(x)=x^3-3x^2-1$일 때 $x=-1=f(3)$에서 df^{-1}/dx의 값을 구하라.

8. $x > 2$에서 $f(x)=x^2-4x-5$일 때 $x=0=f(5)$에서 df^{-1}/dx의 값을 구하라.

9. 미분가능한 함수 $y=f(x)$가 역함수가 존재하고, 이 함수의 그래프 위의 점 $(2, 4)$에서 접선의 기울기가 $1/3$일 때, $x=4$에서 df^{-1}/dx의 값을 구하라.

10. 미분가능한 함수 $y=g(x)$가 역함수가 존재하고 원점을 지닌다고 하자. 원점에서 접선의 기울기가 2일 때, 원점에서 g^{-1}의 접선의 기울기를 구하라.

11. 주어진 그림은 함수 f의 그래프를 보인다.

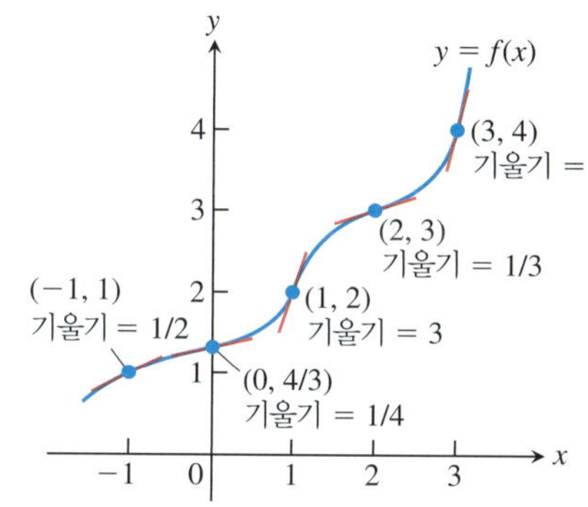

f^{-1}가 미분가능하다고 가정하고, 다음 점에서 $f^{-1}(x)$의 기울기를 구하라.

a. $x=1$

b. $x=2$

c. $x=3$

12. 주어진 그림은 함수 g의 그래프를 보인다.

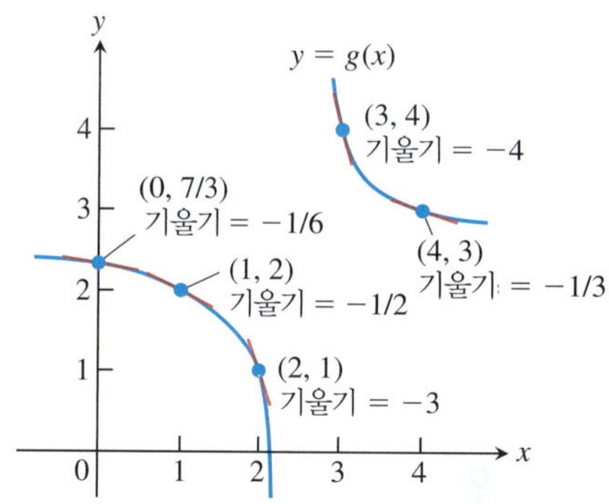

g^{-1}가 미분가능하다고 가정하고, 다음 점에서 $g^{-1}(x)$의 기울기를 구하라.

a. $x=1$ **b.** $x=2$ **c.** $x=3$

13. 함수 f와 x에 관한 그 도함수가 $x=0, 1, 2, 3, 4$에서 다음 값을 갖는다고 하자.

x	0	1	2	3	4
$f(x)$	3	6	0	1	2
$f'(x)$	4/3	5	4	1/2	1/7

f^{-1}가 미분가능하다고 가정하고, 다음 점에서 $f^{-1}(x)$의 기울기를 구하라.

a. $x=1$

b. $x=2$

c. $x=3$

14. 함수 g와 x에 관한 그 도함수가 $x=0, 1, 2, 3, 4$에서 다음 값을 갖는다고 하자.

x	0	1	2	3	4
$g(x)$	-4	-1	1	2	3
$g'(x)$	3	2	5/4	2/3	1/5

g^{-1}가 미분가능하다고 가정하고, 다음 점에서 $g^{-1}(x)$의 기울기를 구하라.

a. $x=1$ **b.** $x=2$ **c.** $x=3$

로그함수의 도함수

연습문제 15~44에서 x, t, θ에 관한 y의 도함수를 구하라.

15. $y = \ln 3x + x$

16. $y = \dfrac{1}{\ln 3x}$

17. $y = \ln(t^2)$

18. $y = \ln(t^{3/2}) + \sqrt{t}$

19. $y = \ln\dfrac{3}{x}$

20. $y = \ln(\sin x)$

21. $y = \ln(\theta + 1) - e^\theta$

22. $y = (\cos\theta)\ln(2\theta + 2)$

23. $y = \ln x^3$

24. $y = (\ln x)^3$

25. $y = t(\ln t)^2$

26. $y = t\ln\sqrt{t}$

27. $y = \dfrac{x^4}{4}\ln x - \dfrac{x^4}{16}$

28. $y = (x^2\ln x)^4$

29. $y = \dfrac{\ln t}{t}$

30. $y = \dfrac{t}{\sqrt{\ln t}}$

31. $y = \dfrac{\ln x}{1 + \ln x}$

32. $y = \dfrac{x\ln x}{1 + \ln x}$

33. $y = \ln(\ln x)$

34. $y = \ln(\ln(\ln x))$

35. $y = \theta(\sin(\ln\theta) + \cos(\ln\theta))$

36. $y = \ln(\sec\theta + \tan\theta)$

37. $y = \ln\dfrac{1}{x\sqrt{x+1}}$

38. $y = \dfrac{1}{2}\ln\dfrac{1+x}{1-x}$

39. $y = \dfrac{1 + \ln t}{1 - \ln t}$

40. $y = \sqrt{\ln\sqrt{t}}$

41. $y = \ln(\sec(\ln\theta))$

42. $y = \ln\left(\dfrac{\sqrt{\sin\theta\cos\theta}}{1 + 2\ln\theta}\right)$

43. $y = \ln\left(\dfrac{(x^2+1)^5}{\sqrt{1-x}}\right)$

44. $y = \ln\sqrt{\dfrac{(x+1)^5}{(x+2)^{20}}}$

로그미분법

연습문제 45~58에서 로그미분법을 이용하여 주어진 독립변수에 대한 y의 도함수를 구하라.

45. $y = \sqrt{x(x+1)}$

46. $y = \sqrt{(x^2+1)(x-1)^2}$

47. $y = \sqrt{\dfrac{t}{t+1}}$

48. $y = \sqrt{\dfrac{1}{t(t+1)}}$

49. $y = (\sin\theta)\sqrt{\theta + 3}$

50. $y = (\tan\theta)\sqrt{2\theta + 1}$

51. $y = t(t+1)(t+2)$

52. $y = \dfrac{1}{t(t+1)(t+2)}$

53. $y = \dfrac{\theta + 5}{\theta\cos\theta}$

54. $y = \dfrac{\theta\sin\theta}{\sqrt{\sec\theta}}$

55. $y = \dfrac{x\sqrt{x^2+1}}{(x+1)^{2/3}}$

56. $y = \sqrt{\dfrac{(x+1)^{10}}{(2x+1)^5}}$

57. $y = \sqrt[3]{\dfrac{x(x-2)}{x^2+1}}$

58. $y = \sqrt[3]{\dfrac{x(x+1)(x-2)}{(x^2+1)(2x+3)}}$

도함수 찾기

연습문제 59~66에서 x, t, θ에 관한 y의 도함수를 구하라.

59. $y = \ln(\cos^2\theta)$

60. $y = \ln(3\theta e^{-\theta})$

61. $y = \ln(3te^{-t})$

62. $y = \ln(2e^{-t}\sin t)$

63. $y = \ln\left(\dfrac{e^\theta}{1 + e^\theta}\right)$

64. $y = \ln\left(\dfrac{\sqrt{\theta}}{1 + \sqrt{\theta}}\right)$

65. $y = e^{(\cos t + \ln t)}$

66. $y = e^{\sin t}(\ln t^2 + 1)$

연습문제 67~70에서 dy/dx를 구하라.

67. $\ln y = e^y \sin x$

68. $\ln xy = e^{x+y}$

69. $x^y = y^x$

70. $\tan y = e^x + \ln x$

연습문제 71~92에서 주어진 독립변수에 대한 y의 도함수를 구하라.

71. $y = 2^x$

72. $y = 3^{-x}$

73. $y = 5^{\sqrt{s}}$

74. $y = 2^{(s^2)}$

75. $y = x^\pi$

76. $y = t^{1-e}$

77. $y = \log_2 5\theta$

78. $y = \log_3(1 + \theta\ln 3)$

79. $y = \log_4 x + \log_4 x^2$

80. $y = \log_{25} e^x - \log_5\sqrt{x}$

81. $y = \log_2 r \cdot \log_4 r$

82. $y = \log_3 r \cdot \log_9 r$

83. $y = \log_3\left(\left(\dfrac{x+1}{x-1}\right)^{\ln 3}\right)$

84. $y = \log_5\sqrt{\left(\dfrac{7x}{3x+2}\right)^{\ln 5}}$

85. $y = \theta\sin(\log_7\theta)$

86. $y = \log_7\left(\dfrac{\sin\theta\cos\theta}{e^\theta 2^\theta}\right)$

87. $y = \log_5 e^x$

88. $y = \log_2\left(\dfrac{x^2e^2}{2\sqrt{x+1}}\right)$

89. $y = 3^{\log_2 t}$

90. $y = 3\log_8(\log_2 t)$

91. $y = \log_2(8t^{\ln 2})$

92. $y = t\log_3(e^{(\sin t)(\ln 3)})$

상수가 아닌 밑과 지수가 있는 거듭제곱

연습문제 93~104에서 로그미분법 또는 예제 7의 방법을 이용하여 주어진 독립변수에 대한 y의 도함수를 구하라.

93. $y = (x+1)^x$

94. $y = x^{(x+1)}$

95. $y = (\sqrt{t})^t$

96. $y = t^{\sqrt{t}}$

97. $y = (\sin x)^x$

98. $y = x^{\sin x}$

99. $y = x^{\ln x}$

100. $y = (\ln x)^{\ln x}$

101. $y^x = x^3 y$

102. $x^{\sin y} = \ln y$

103. $x = y^{xy}$

104. $e^y = y^{\ln x}$

이론과 응용

105. $f^{-1}(x) = g(x)$라고 놓으면 식 (1)은 다음과 같이 나타낼 수 있다.

$$g'(f(a)) = \frac{1}{f'(a)} \quad \text{또는} \quad g'(f(a))\cdot f'(a) = 1$$

또한 a를 x로 바꾸면 다음과 같다.

$$g'(f(x))\cdot f'(x) = 1$$

이 식은 마치 연쇄법칙의 공식처럼 보이고 실제로 매우 깊은 관계가 있다.

f와 g가 미분가능한 함수이고 서로 역함수 관계가 있으면 $(g\circ f)(x) = x$이다. 양변을 연쇄법칙을 이용하여 x에 관해 미분하면 $(g\circ f)'(x)$를 g와 f의 도함수의 곱으로 표현할 수 있다. 어떤 결과를 얻었

는가? ($g=f^{-1}$가 미분가능하다는 것을 가정했기 때문에 이 과정은 정리 3의 증명이 아니다.)

106. 임의의 $x>0$에 대해 $\lim_{n\to\infty}\left(1+\frac{x}{n}\right)^n = e^x$임을 보여라.

107. $f(x)=x^n$, $n\ge 1$에 대해 미분계수의 정의로부터 $f'(0)=0$임을 보여라.

108. 수학적 귀납법을 이용하여 $n>1$에 대해 다음을 증명하라.

$$\frac{d^n}{dx^n}\ln x = (-1)^{n-1}\frac{(n-1)!}{x^n}$$

컴퓨터 탐구

연습문제 109~116에서 함수와 그 역함수에 대해 각각의 도함수와 주어진 점에서 접선에 의한 근사를 살펴보기로 하자. CAS를 이용하여 다음 각 단계를 실행해보자.

a. 주어진 구간에서 함수 $y=f(x)$와 그 도함수의 그래프를 그려라. 구간에서 f가 일대일 대응이라는 것을 어떻게 알 수 있는가?

b. $y=f(x)$를 x에 관해 풀어서 역함수 g를 구하라.

c. 주어진 점 $(x_0, f(x_0))$에서 f에 접하는 접선의 방정식을 구하라.

d. 점 $(f(x_0), x_0)$에서 g에 접하는 접선의 방정식을 구하라. 여기서 점 $(f(x_0), x_0)$는 점 $(x_0, f(x_0))$의 직선 $y=x$ (항등함수)에 대한 대칭점임을 확인하라. 또한 정리 3을 이용하여 이 접선의 기울기를 구하라.

e. f와 g의 그래프와 각 함수의 접선을 그리고 두 점 $(x_0, f(x_0))$과 $(f(x_0), x_0)$을 잇는 직선의 그래프를 한 좌표평면에 그려 대칭성을 확인하라. 주 대각선(직선 $y=x$)을 가로질러 보이는 대칭에 대해 논하라.

109. $y=\sqrt{3x-2},\quad \frac{2}{3}\le x\le 4,\quad x_0=3$

110. $y=\frac{3x+2}{2x-11},\quad -2\le x\le 2,\quad x_0=1/2$

111. $y=\frac{4x}{x^2+1},\quad -1\le x\le 1,\quad x_0=1/2$

112. $y=\frac{x^3}{x^2+1},\quad -1\le x\le 1,\quad x_0=1/2$

113. $y=x^3-3x^2-1,\quad 2\le x\le 5,\quad x_0=\frac{27}{10}$

114. $y=2-x-x^3,\quad -2\le x\le 2,\quad x_0=\frac{3}{2}$

115. $y=e^x,\quad -3\le x\le 5,\quad x_0=1$

116. $y=\sin x,\quad -\frac{\pi}{2}\le x\le\frac{\pi}{2},\quad x_0=1$

연습문제 117과 118에서 주어진 식을 주어진 구간에서 $y=f(x)$와 $x=f^{-1}(y)$에 대해 풀고 위 5단계의 물음(컴퓨터 탐구 문제 a~e)에 답하라.

117. $y^{1/3}-1=(x+2)^3,\quad -5\le x\le 5,\quad x_0=-3/2$

118. $\cos y = x^{1/5},\quad 0\le x\le 1,\quad x_0=1/2$

2.9 역삼각함수

우리는 6개의 기본적인 삼각함수에 대해 잘 알고 있다. 6개의 삼각함수에 해당하는 각각의 역삼각함수가 존재한다. 이 절에서는 6개의 모든 역삼각함수가 어떻게 정의되는지, 그래프는 어떻게 그리는지, 도함수는 어떻게 구하는지에 대해 자세히 살펴보기로 한다.

sin *x*, cos *x*, tan *x*, cot *x*, sec *x*, csc *x*의 역함수

그림 2.41은 6개의 역삼각함수에 대한 그래프를 보인다. 제한된 정의역에서 삼각함수의 역함수가 존재하고, 그 역함수의 그래프는 직선 $y=x$에 대한 대칭성을 이용하여 그릴 수 있다. 각각의 역삼각함수를 자세히 살펴보자.

x의 역사인값은 그 사인값이 x가 되는 라디안 각이고, x의 역코사인값은 그 코사인값이 x가 되는 라디안 각 등이다. 각은 사인, 코사인, 탄젠트, 코탄젠트, 시컨트, 코시컨트 함수의 정의역의 제한된 영역에 속한다. arcsin과 $\sin^{-1}$은 동일한 함수를 나타내고, 다른 삼각함수도 유사하게 나타냄을 기억해야 한다.

정의

$y=\sin^{-1}x$는 $\sin y=x$가 되는 $[-\pi/2, \pi/2]$ 사이의 값이다.
$y=\cos^{-1}x$는 $\cos y=x$가 되는 $[0, \pi]$ 사이의 값이다.
$y=\tan^{-1}x$는 $\tan y=x$ 되는 $(-\pi/2, \pi/2)$ 사이의 값이다.
$y=\cot^{-1}x$는 $\cot y=x$가 되는 $(0, \pi)$ 사이의 값이다.
$y=\sec^{-1}x$는 $\sec y=x$가 되는 $[0, \pi/2)\cup(\pi/2, \pi]$ 사이의 값이다.
$y=\csc^{-1}x$는 $\csc y=x$가 되는 $[-\pi/2, 0)\cup(0, \pi/2]$ 사이의 값이다.

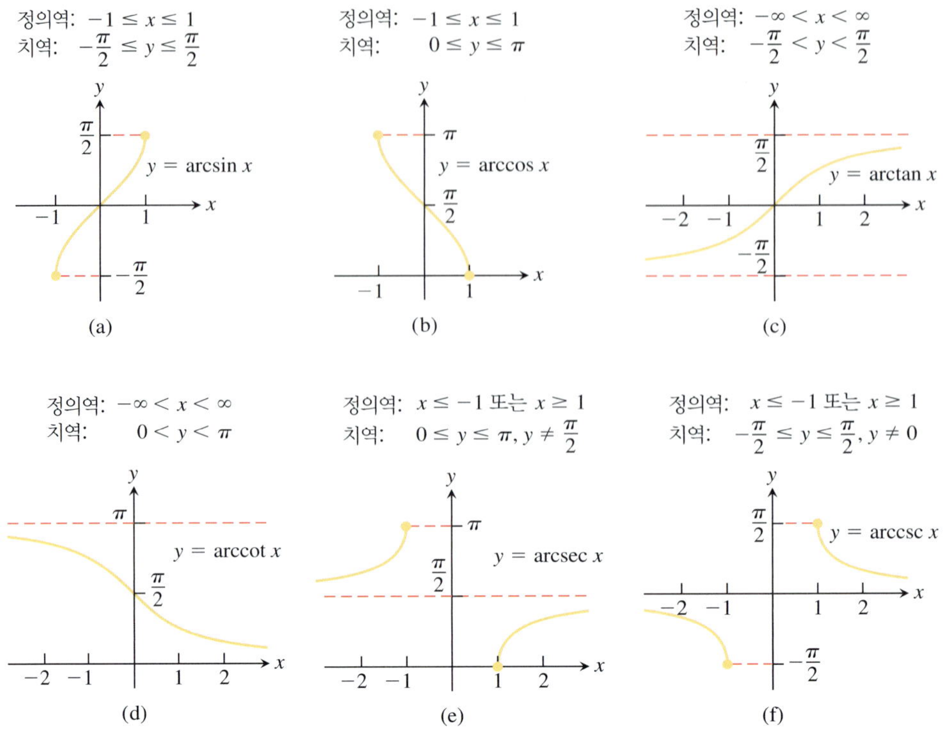

그림 2.41 6개의 역삼각함수의 그래프.

위에서 열린 구간 또는 반열린 구간을 사용한 이유는 경계점에서 탄젠트 값, 코탄젠트 값, 시컨트 값, 코시컨트 값이 정의되지 않기 때문이다(그림 2.41 참조).

$y=\sin^{-1} x$와 $y=\tan^{-1} x$의 그래프는 원점에 대해 대칭이다. 이는 $x=\sin y$와 $x=\tan y$의 그래프가 원점에 대해 대칭인 것과 같은 이유이다(그림 2.41a와 c 참조). 대수적으로 다음이 성립하여 역사인함수와 역탄젠트함수는 기함수임을 알 수 있지만,

$$\arctan(-x) = -\arctan x$$

$y=\cos^{-1} x$와 $y=\cot^{-1} x$는 이러한 대칭 관계가 없다(그림 2.41b와 d 참조). 또한 그림 2.41c에서 보는 바와 같이 역탄젠트함수의 그래프에는 2개의 수평 접근선 $y=\pi/2$와 $y=-\pi/2$가 있다.

그림 2.41e와 f에서는 $\sec x$와 $\csc x$의 역함수의 그래프가 주어져 있다.

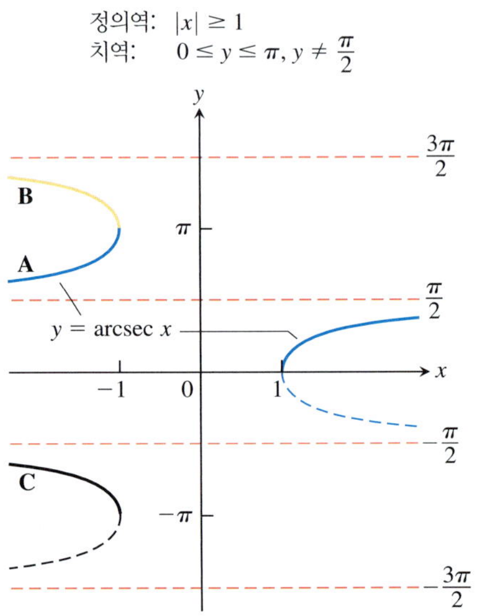

그림 2.42 $y=\sec^{-1} x$의 왼쪽 부분을 선택하는 몇 가지 논리적 선택이 있다. **A**를 선택하면 많은 계산기에서 이용되는 항등식 $\sec^{-1} x = \cos^{-1}(1/x)$이 성립한다.

참고 x가 음수일 때 $\sec^{-1} x$를 정의하는 방법에 대한 일반적인 합의는 없다. 만약 역함수의 값(각)을 제2사분면에 있도록 $\pi/2$와 π 사이의 값으로 선택하면 $\sec^{-1} x=\cos^{-1}(1/x)$라는 관계식이 성립하고, 정의역 내에서 $\sec^{-1} x$는 증가함수가 된다. 어떤 경우는 x가 음수일 때 $\sec^{-1} x$의 값을 $[-\pi, -\pi/2)$의 값으로 정의하기도 하고, 어떤 교재에서는 $[\pi, 3\pi/2)$ 사이의 값으로 정의하기도 한다(그림 2.42 참조). 이 두 가지 방법은 역함수의 도함수를 쉽게 구할 수 있다는 장점이 있다. 그러나 이 두 가지 경우는 $\sec^{-1} x=\cos^{-1}(1/x)$라는 관계식을 만족하지 못한다. 첫 번째 소개한 것과 같은 정의는 역함수의 도함수가 절댓값을 포함하는 단점이 있지만, 앞서 소개한 관계식이 성립하고 다음과 같은 관계식도 얻을 수 있다.

$$\operatorname{arcsec} x = \arccos\left(\frac{1}{x}\right) = \frac{\pi}{2} - \arcsin\left(\frac{1}{x}\right) \tag{1}$$

예제 1 주어진 그림은 $\tan^{-1} x$의 두 값을 보인다.

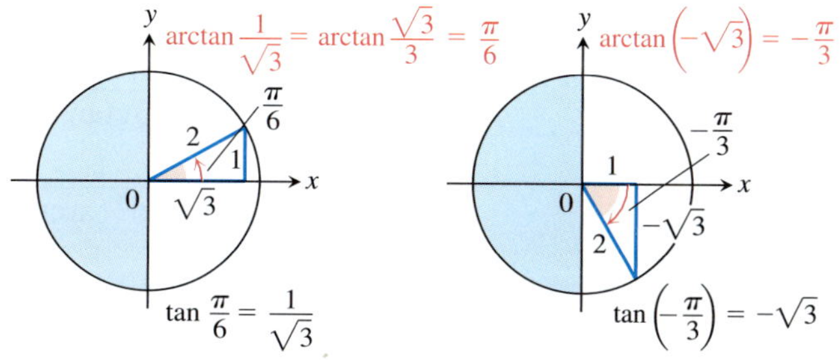

x	$\arctan x$
$\sqrt{3}$	$\pi/3$
1	$\pi/4$
$\sqrt{3}/3$	$\pi/6$
0	0
$-\sqrt{3}/3$	$-\pi/6$
-1	$-\pi/4$
$-\sqrt{3}$	$-\pi/3$

$\tan^{-1} x$의 치역이 $(-\pi/2, \pi/2)$이므로 각은 제1사분면과 제4사분면에 있는 각이다. ■

$y=\sin^{-1} u$의 도함수

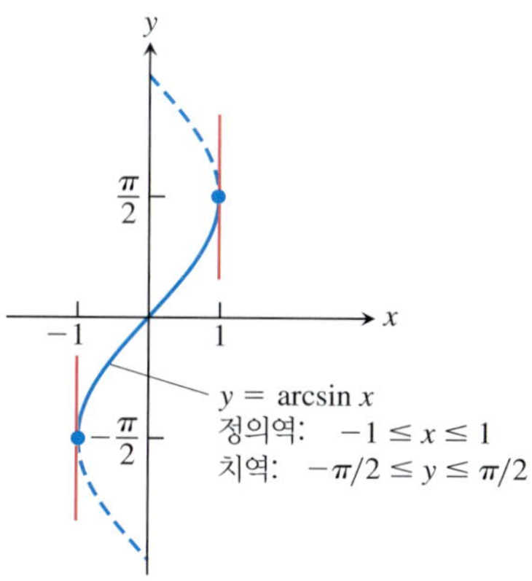

그림 2.43 $y=\sin^{-1}x$의 그래프는 $x=-1$, $x=1$에서 수직 접선을 갖는다.

함수 $x=\sin y$는 구간 $-\pi/2<y<\pi/2$에서 미분가능하고 이 함수의 도함수(코사인)는 양의 함수임을 알 수 있다. 따라서 2.8절의 정리 3에 의해 역함수 $y=\sin^{-1} x$는 구간 $-1<x<1$에서 미분가능하다는 것을 알 수 있다. 그러나 그림 2.43에서 보는 바와 같이 $x=1$ 또는 $x=-1$에서는 수직인 접선을 가지므로, 이 두 점에서는 미분가능성을 기대할 수 없다.

이제 $f(x)=\sin x$, $f^{-1}(x)=\sin^{-1} x$라 놓고 정리 3을 이용하여 $y=\sin^{-1} x$의 도함수를 구해보자.

$$
\begin{aligned}
(f^{-1})'(x) &= \frac{1}{f'(f^{-1}(x))} && \text{정리 3}\\
&= \frac{1}{\cos(\arcsin x)} && f'(y)=\cos y\\
&= \frac{1}{\sqrt{1-\sin^2(\arcsin x)}} && \cos y=\sqrt{1-\sin^2 y}\\
&= \frac{1}{\sqrt{1-x^2}} && \sin(\arcsin x)=x
\end{aligned}
$$

$|x|<1$에 대해 다음을 얻는다.

$$\frac{d}{dx}(\arcsin x) = \frac{1}{\sqrt{1-x^2}}$$

u가 $|u|<1$에서 x에 관해 미분가능한 함수일 때, 연쇄법칙을 이용하여 다음과 같은 결과를 얻을 수 있다.

$$\frac{d}{dx}(\arcsin u) = \frac{1}{\sqrt{1-u^2}}\frac{du}{dx}, \qquad |u|<1$$

예제 2 연쇄법칙을 이용하여 다음 도함수를 구한다.

$$\frac{d}{dx}(\arcsin x^2) = \frac{1}{\sqrt{1-(x^2)^2}}\cdot\frac{d}{dx}(x^2) = \frac{2x}{\sqrt{1-x^4}}$$ ■

$y=\tan^{-1} u$의 도함수

$f(x)=\tan x$, $f^{-1}(x)=\tan^{-1} x$라 놓고 정리 3을 이용하여 $y=\tan^{-1} x$의 도함수를 구해보자. 정

리 3에 의해 $y=\tan x$의 도함수는 구간 $-\pi/2 < x < \pi/2$에서 양수이므로 미분가능하다.

$$\begin{aligned}(f^{-1})'(x) &= \frac{1}{f'(f^{-1}(x))} && \text{정리 3}\\ &= \frac{1}{\sec^2(\arctan x)} && f'(u)=\sec^2 u\\ &= \frac{1}{1+\tan^2(\arctan x)} && \sec^2 u = 1+\tan^2 u\\ &= \frac{1}{1+x^2} && \tan(\arctan x) = x\end{aligned}$$

$$\frac{d}{dx}(\arctan x) = \frac{1}{1+x^2}$$

이 도함수는 모든 실수 구간에서 정의된다. u가 x에 관해 미분가능한 함수일 때, 연쇄법칙을 이용하여 다음과 같은 결과를 얻을 수 있다.

$$\frac{d}{dx}(\arctan u) = \frac{1}{1+u^2}\frac{du}{dx}$$

연쇄법칙은 다음 예제와 같이 다른 방식으로도 역탄젠트함수와 결합할 수 있다.

예제 3

$$\begin{aligned}\frac{d}{dx}\left(\frac{1}{\arctan x}\right) &= \frac{d}{dx}(\arctan x)^{-1} && \text{역탄젠트의 역수(역함수 아님)의 도함수}\\ &= (-1)(\arctan x)^{-2}\frac{d}{dx}(\arctan x) && \text{연쇄법칙}\\ &= \frac{-1}{(\arctan x)^2}\cdot\frac{1}{1+x^2}\end{aligned}$$

■

$y=\sec^{-1}u$의 도함수

정의역이 연결되지 않았기 때문에 정리 3을 $\sec x$에 바로 적용하지 않는다. 그러나 정리 3을 정의역의 두 구간에 각각 적용하면 일대일함수 $\sec x$의 역함수가 미분가능하다는 것을 알 수 있다. 그런 다음 음함수의 미분법과 연쇄법칙을 이용하여 다음과 같이 정의역 $|x| > 1$에 대한 $y=\sec^{-1}x$의 도함수를 구할 수 있다.

$$\begin{aligned}y &= \operatorname{arcsec} x\\ \sec y &= x && \text{역함수 관계}\\ \frac{d}{dx}(\sec y) &= \frac{d}{dx}x && \text{양변을 미분}\\ (\sec y\tan y)\frac{dy}{dx} &= 1 && \text{연쇄법칙}\\ \frac{dy}{dx} &= \frac{1}{\sec y\tan y} && |x|>1\text{이므로 }y\text{는 }(0,\pi/2)\cup(\pi/2,\pi)\text{ 사이의 값이고, 따라서 }\sec y\tan y\neq 0\end{aligned}$$

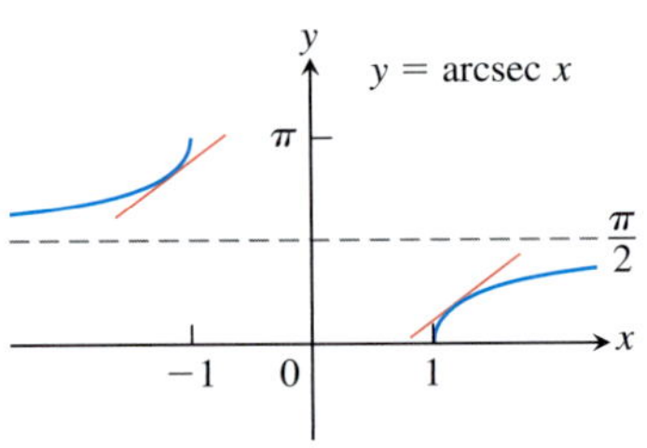

그림 2.44 곡선 $y=\sec^{-1}$의 기울기는 $x<-1$과 $x>1$일 때 모두 양수이다.

이 결과를 다시 x에 관해 표현하기 위해 다음의 관계식을 이용하면 다음과 같다.

$$\sec y = x, \qquad \tan y = \pm\sqrt{\sec^2 y - 1} = \pm\sqrt{x^2-1}$$

여기서 부호 ±를 어떻게 처리하면 좋겠는가? 그림 2.44에서 같이 $y=\sec^{-1}x$는 접선의 기울기가 항상 양수이다.

$$\frac{dy}{dx} = \pm\frac{1}{x\sqrt{x^2-1}}$$

즉 다음과 같다.

$$\frac{d}{dx}\text{arcsec}\, x = \begin{cases} +\dfrac{1}{x\sqrt{x^2-1}}, & x > 1 \\ -\dfrac{1}{x\sqrt{x^2-1}}, & x < -1 \end{cases}$$

그러므로 절댓값 기호를 이용하면 부호 '±' 사용하지 않고, 다음과 같이 식을 간단히 쓸 수 있다.

$$\frac{d}{dx}(\text{arcsec}\, x) = \frac{1}{|x|\sqrt{x^2-1}}, \qquad |x| > 1$$

$|u| > 1$이고 u가 x의 미분가능한 함수일 때 연쇄법칙을 이용하여 다음과 같은 결과를 얻을 수 있다.

$$\frac{d}{dx}(\text{arcsec}\, u) = \frac{1}{|u|\sqrt{u^2-1}}\frac{du}{dx}, \qquad |u| > 1$$

예제 4 연쇄법칙과 역시컨트함수의 도함수를 이용하여 다음 도함수를 구한다.

$$\begin{aligned} \frac{d}{dx}\text{arcsec}(5x^4) &= \frac{1}{|5x^4|\sqrt{(5x^4)^2-1}}\frac{d}{dx}(5x^4) \\ &= \frac{1}{5x^4\sqrt{25x^8-1}}(20x^3) \qquad 5x^4 > 1 \\ &= \frac{4}{x\sqrt{25x^8-1}} \end{aligned}$$

■

나머지 세 역삼각함수의 도함수

마찬가지로 같은 방법을 이용하면 나머지 세 역삼각함수(역코사인, 역코탄젠트, 역코시컨트)에 대해 도함수를 구할 수 있다. 그러나 삼각함수의 항등식을 이용하여 다음과 같이 쉽게 그 결과를 얻을 수 있다.

역함수-역여함수 항등식

$$\text{arccos}\, x = \pi/2 - \text{arcsin}\, x$$
$$\text{arccot}\, x = \pi/2 - \text{arctan}\, x$$
$$\text{arccsc}\, x = \pi/2 - \text{arcsec}\, x$$

첫 번째 항등식은 빗변이 1인 직각삼각형을 이용하여 보일 수 있다. 나머지 2개의 항등식도 비슷한 방법으로 유도할 수 있다. '여(co)'자가 붙는 역여함수의 도함수는 해당 역함수의 도함수에 '−'를 붙이면 되는 것을 쉽게 알 수 있다. 예를 들어 $\cos^{-1} x$의 도함수는 다음과 같다.

$$\begin{aligned} \frac{d}{dx}(\text{arccos}\, x) &= \frac{d}{dx}\left(\frac{\pi}{2} - \text{arcsin}\, x\right) \qquad \text{항등식} \\ &= -\frac{d}{dx}(\text{arcsin}\, x) \\ &= -\frac{1}{\sqrt{1-x^2}} \qquad \text{역사인함수의 도함수} \end{aligned}$$

삼각함수의 역함수에 대한 도함수를 표 2.1에 정리했다.

표 2.1 역삼각함수의 도함수.

1. $\dfrac{d}{dx}(\arcsin x) = \dfrac{1}{\sqrt{1-x^2}} \quad (\lvert x\rvert < 1)$	**4.** $\dfrac{d}{dx}(\arccos x) = -\dfrac{1}{\sqrt{1-x^2}} \quad (\lvert x\rvert < 1)$
2. $\dfrac{d}{dx}(\arctan x) = \dfrac{1}{1+x^2}$	**5.** $\dfrac{d}{dx}(\text{arccot } x) = -\dfrac{1}{1+x^2}$
3. $\dfrac{d}{dx}(\text{arcsec } x) = \dfrac{1}{\lvert x\rvert\sqrt{x^2-1}} \quad (\lvert x\rvert > 1)$	**6.** $\dfrac{d}{dx}(\text{arccsc } x) = -\dfrac{1}{\lvert x\rvert\sqrt{x^2-1}} \quad (\lvert x\rvert > 1)$

연습문제 2.9 EXERCISE QUESTION

특수각에서의 역삼각함수

연습문제 1~8에서 예제 1과 같이 적절한 사분면에서 직각삼각형을 이용하여 각의 크기를 구하라.

1. a. $\arctan 1$ **b.** $\arctan(-\sqrt{3})$ **c.** $\tan^{-1}\left(\dfrac{1}{\sqrt{3}}\right)$

2. a. $\arctan(-1)$ **b.** $\tan^{-1}\sqrt{3}$ **c.** $\arctan\left(\dfrac{-1}{\sqrt{3}}\right)$

3. a. $\arcsin\left(\dfrac{-1}{2}\right)$ **b.** $\arcsin\left(\dfrac{1}{\sqrt{2}}\right)$ **c.** $\sin^{-1}\left(\dfrac{-\sqrt{3}}{2}\right)$

4. a. $\sin^{-1}\left(\dfrac{1}{2}\right)$ **b.** $\arcsin\left(\dfrac{-1}{\sqrt{2}}\right)$ **c.** $\arcsin\left(\dfrac{\sqrt{3}}{2}\right)$

5. a. $\arccos\left(\dfrac{1}{2}\right)$ **b.** $\cos^{-1}\left(\dfrac{-1}{\sqrt{2}}\right)$ **c.** $\arccos\left(\dfrac{\sqrt{3}}{2}\right)$

6. a. $\csc^{-1}\sqrt{2}$ **b.** $\text{arccsc}\left(\dfrac{-2}{\sqrt{3}}\right)$ **c.** $\text{arccsc } 2$

7. a. $\sec^{-1}(-\sqrt{2})$ **b.** $\text{arcsec}\left(\dfrac{2}{\sqrt{3}}\right)$ **c.** $\text{arcsec}(-2)$

8. a. $\text{arccot}(-1)$ **b.** $\text{arccot}(\sqrt{3})$ **c.** $\cot^{-1}\left(\dfrac{-1}{\sqrt{3}}\right)$

계산하기

연습문제 9~12에서 각 값을 구하라.

9. $\sin\left(\cos^{-1}\left(\dfrac{\sqrt{2}}{2}\right)\right)$ **10.** $\sec\left(\arccos\dfrac{1}{2}\right)$

11. $\tan\left(\arcsin\left(-\dfrac{1}{2}\right)\right)$ **12.** $\cot\left(\sin^{-1}\left(-\dfrac{\sqrt{3}}{2}\right)\right)$

극한

연습문제 13~20에서 각 극한을 구하라(그래프를 이용해도 좋다).

13. $\lim_{x\to 1^-} \arcsin x$ **14.** $\lim_{x\to -1^+} \cos^{-1} x$

15. $\lim_{x\to\infty} \tan^{-1} x$ **16.** $\lim_{x\to -\infty} \arctan x$

17. $\lim_{x\to\infty} \text{arcsec } x$ **18.** $\lim_{x\to -\infty} \sec^{-1} x$

19. $\lim_{x\to\infty} \csc^{-1} x$ **20.** $\lim_{x\to -\infty} \text{arccsc } x$

도함수 구하기

연습문제 21~48에서 주어진 독립변수에 대한 y에 대한 도함수를 구하라.

21. $y = \cos^{-1}(x^2)$ **22.** $y = \arccos(1/x)$

23. $y = \arcsin\sqrt{2}\,t$ **24.** $y = \sin^{-1}(1-t)$

25. $y = \text{arcsec}(2s+1)$ **26.** $y = \sec^{-1}5s$

27. $y = \csc^{-1}(x^2+1),\quad x > 0$

28. $y = \text{arccsc}\,\dfrac{x}{2}$

29. $y = \sec^{-1}\dfrac{1}{t},\quad 0 < t < 1$ **30.** $y = \arcsin\dfrac{3}{t^2}$

31. $y = \text{arccot}\sqrt{t}$ **32.** $y = \cot^{-1}\sqrt{t-1}$

33. $y = \ln(\tan^{-1}x)$ **34.** $y = \tan^{-1}(\ln x)$

35. $y = \text{arccsc}(e^t)$ **36.** $y = \arccos(e^{-t})$

37. $y = s\sqrt{1-s^2} + \cos^{-1}s$ **38.** $y = \sqrt{s^2-1} - \sec^{-1}s$

39. $y = \tan^{-1}\sqrt{x^2-1} + \csc^{-1}x,\quad x > 1$

40. $y = \cot^{-1}\dfrac{1}{x} - \tan^{-1}x$ **41.** $y = x\arcsin x + \sqrt{1-x^2}$

42. $y = \ln(x^2+4) - x\arctan\left(\dfrac{x}{2}\right)$

43. $y = \sqrt{\arcsin x}$ **44.** $y = e^{\text{arcsec } x}$

45. $y = \cos(x - \arccos x)$ **46.** $y = \dfrac{x}{1+\arctan x}$

47. $y = (\text{arccot}(x^3))^3$ **48.** $y = \log_2 \text{arccsc}\sqrt{x}$

연습문제 49~52에서 음함수의 미분법을 이용하여 주어진 점 P에서 $\dfrac{dy}{dx}$를 구하라.

49. $3\arctan x + \arcsin y = \dfrac{\pi}{4};\quad P(1, -1)$

50. $\arcsin(x+y) + \arccos(x-y) = \dfrac{5\pi}{6};\quad P\left(0, \dfrac{1}{2}\right)$

51. $y\cos^{-1}(xy) = \dfrac{-3\sqrt{2}}{4}\pi;\quad P\left(\dfrac{1}{2}, -\sqrt{2}\right)$

52. $16(\tan^{-1}3y)^2 + 9(\tan^{-1}2x)^2 = 2\pi^2;\quad P\left(\dfrac{\sqrt{3}}{2}, \dfrac{1}{3}\right)$

이론과 예제

53. 주어진 그림과 같이 교실의 앞 벽에 칠판이 걸려 있고, 한 학생이 창가에 앉아 칠판을 바라보고 있다. 칠판의 길이는 4 m이고 창 쪽에서 1 m만큼 떨어진 곳에 걸려 있다. 이 학생이 앞에서 x m 거리에 앉아 있을 때, 칠판의 양끝을 바라보는 시선이 이루는 각의 크기가 다음과 같음을 보여라.

$$\alpha = \operatorname{arccot}\frac{x}{15} - \operatorname{arccot}\frac{x}{3}$$

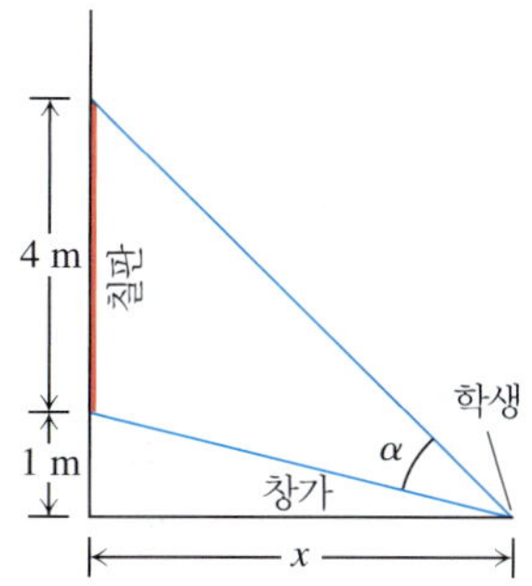

54. 주어진 그림에서 각 α의 크기를 구하라.

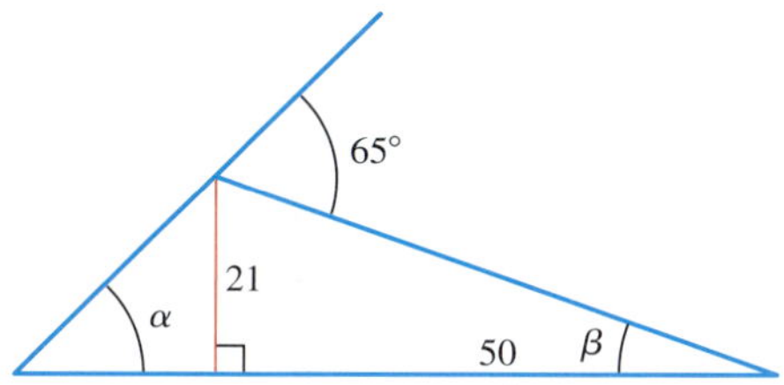

55. 주어진 그림은 $\tan^{-1} 1 + \tan^{-1} 2 + \tan^{-1} 3 = \pi$에 대한 비공식 증명이다. 등식이 성립함을 설명하라.

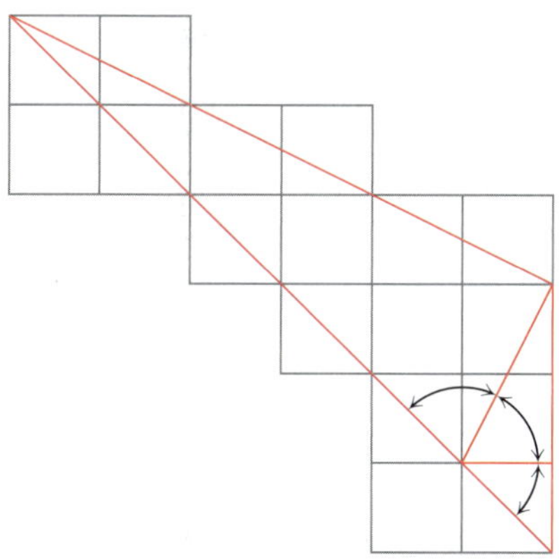

56. 등식 $\sec^{-1}(-x) = \pi - \sec^{-1} x$의 두 가지 유도 방법

a. (기하학적 방법) 다음 그림을 이용하여 $\sec^{-1}(-x) = \pi - \sec^{-1} x$가 성립함을 보여라.

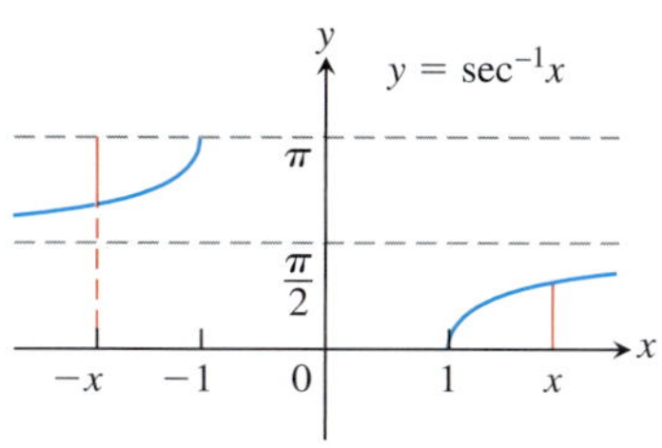

b. (대수적 방법) 다음 두 식을 이용하여 $\sec^{-1}(-x) = \pi - \sec^{-1} x$가 성립함을 보여라.

$$\cos^{-1}(-x) = \pi - \cos^{-1} x$$
$$\sec^{-1} x = \cos^{-1}(1/x)$$

연습문제 57~60에서 어느 것이 정의될 수 있는지 또는 없는지 밝히고 이유를 설명하라.

57. a. $\arctan 2$ **b.** $\cos^{-1} 2$

58. a. $\operatorname{arccsc}(1/2)$ **b.** $\csc^{-1} 2$

59. a. $\sec^{-1} 0$ **b.** $\arcsin \sqrt{2}$

60. a. $\cot^{-1}(-1/2)$ **b.** $\arccos(-5)$

61. $\sec^{-1} u$의 도함수와 다음 항등식을 이용하여 표 2.1에 주어진 $\csc^{-1} u$의 도함수를 유도하라.

$$\operatorname{arccsc} x = \frac{\pi}{2} - \operatorname{arcsec} x$$

62. 함수 $y = \tan^{-1} x$와 동치인 식 $\tan y = x$의 양변을 미분하여 $y = \tan^{-1} x$의 도함수가 $\dfrac{dy}{dx} = \dfrac{1}{1 + x^2}$임을 보여라.

63. 2.8절의 정리 3을 이용하여 다음을 증명하라.

$$\frac{d}{dx}\operatorname{arcsec} x = \frac{1}{|x|\sqrt{x^2 - 1}}, \quad |x| > 1$$

64. $\tan^{-1} x$의 도함수와 다음 항등식을 이용하여 표 2.1에 주어진 $\cot^{-1} x$의 도함수를 유도하라.

$$\operatorname{arccot} x = \frac{\pi}{2} - \arctan x$$

65. 다음 두 함수는 어떤 특별한 관계가 있는지 설명하라.

$$f(x) = \sin^{-1}\frac{x - 1}{x + 1} \ (x \geq 0), \quad g(x) = 2\tan^{-1}\sqrt{x}$$

66. 다음 두 함수는 어떤 특별한 관계가 있는지 설명하라.

$$f(x) = \sin^{-1}\frac{1}{\sqrt{x^2 + 1}}, \quad g(x) = \tan^{-1}\frac{1}{x}$$

T **67.** 다음 각 값을 구하라.

a. $\operatorname{arcsec} 1.5$ **b.** $\csc^{-1}(-1.5)$ **c.** $\operatorname{arccot} 2$

T **68.** 다음 각 값을 구하라.

a. $\sec^{-1}(-3)$ **b.** $\operatorname{arccsc} 1.7$ **c.** $\operatorname{arccot}(-2)$

T 연습문제 69~71에서 각 합성함수의 정의역과 치역을 구하라. 각각 다른 좌표평면에 그래프를 그려라. 두 그래프를 비교하여 차이를 설명하여라.

69. a. $y = \arctan(\tan x)$ **b.** $y = \tan(\arctan x)$

70. a. $y = \arcsin(\sin x)$ **b.** $y = \sin(\arcsin x)$

71. a. $y = \arccos(\cos x)$ **b.** $y = \cos(\arccos x)$

T 연습문제 72~76에서 그래프 계산기를 이용하라.

72. $y = \sec(\sec^{-1} x) = \sec(\cos^{-1}(1/x))$의 그래프를 그리고, 특징을 설명하라.

73. 뉴턴의 서펜타인 뉴턴의 서펜타인 $y = 4x/(x^2 + 1)$과 함수 $y = 2\sin(2\tan^{-1} x)$의 그래프를 한 화면에 그리고, 특징을 설명하라.

74. 유리함수 $y = (2 - x^2)/x^2$과 함수 $y = \cos(2\sec^{-1} x)$의 그래프를 한 화면에 그리고, 특징을 설명하라.

75. 함수 $f(x) = \sin^{-1} x$와 이 함수의 1계 도함수, 2계 도함수의 그래프를 모두 한 화면에 그리고, f'과 f''의 값과 부호의 변화에 따라 함수 $f(x)$의 그래프가 어떻게 변하는지 설명하라.

76. 함수 $f(x) = \tan^{-1} x$와 이 함수의 1계 도함수, 2계 도함수의 그래프를 모두 한 화면에 그리고, f'과 f''의 값과 부호의 변화에 따라 함수 $f(x)$의 그래프가 어떻게 변하는지 설명하라.

2.10 연계 변화율

이 절에서는 2개 이상의 연계된 양이 변할 때 발생하는 문제를 살펴본다. 그 중 하나의 변화율이 다른 양의 변화율에 어떤 영향을 미치는지 알아내는 문제를 '연계 변화율 문제'라고 한다.

변화율이 연계된 식

구 모양의 풍선에 공기를 주입하고자 한다. 풍선의 부피와 반지름은 시간이 지남에 따라 증가한다. 또한 반지름이 r일 때 풍선의 부피 V는 다음과 같다.

$$V = \frac{4}{3}\pi r^3$$

연쇄법칙을 이용하여 양변을 t에 관해 미분하면 다음과 같이 V와 r의 변화율이 연계된 관계식을 구할 수 있다.

$$\frac{dV}{dt} = \frac{dV}{dr}\frac{dr}{dt} = 4\pi r^2\frac{dr}{dt}$$

따라서 반지름 r의 값과 어떤 특정한 시간에 부피가 증가하는 변화율 dV/dt의 값을 알면 위 식을 dr/dt에 관해 풀어 그 시간에 반지름이 증가하는 변화율을 구할 수 있다. 풍선이 커짐에 따라 반지름이 증가하는 변화율을 측정하는 것보다는 부피가 증가하는 변화율을 측정하는 것이 더 쉬울 것이다(풍선에 주입되는 공기의 비율). 변화율이 연계된 식을 이용하면 dV/dt로부터 dr/dt의 값을 구할 수 있게 된다.

종종 변화율이 연계된 식에서 변수를 연계시키는 핵심은 그림을 그려서 둘 사이의 기하적인 연관을 찾는 것이다. 다음 예제에서 알아보자.

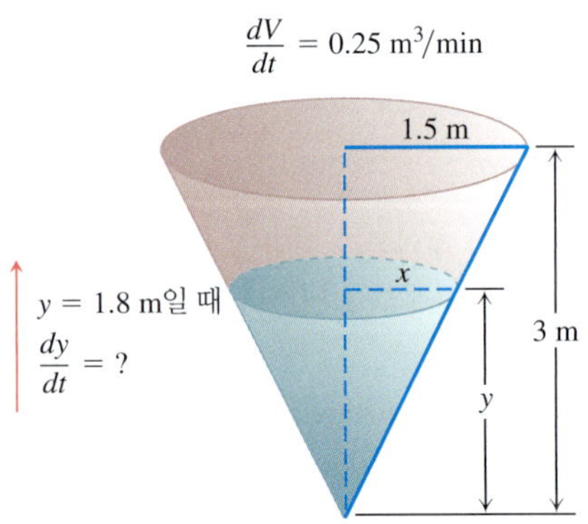

그림 2.45 원뿔 모양의 탱크의 형상과 탱크에 물이 채워지는 속도에 따라 물의 높이가 얼마나 빨리 상승하는지 결정된다(예제 1).

예제 1 원뿔 모양의 물탱크에 $0.25\ \text{m}^3/\text{min}$의 비율로 물을 채우고 있다. 물탱크는 꼭짓점이 아래를 향하고 있고 높이는 3 m이며, 밑면의 반지름은 1.5 m이다. 물의 높이가 1.8 m가 되었을 때 물의 높이가 얼마나 빨리 상승하는지 구하라.

풀이 그림 2.45는 물탱크에 어느 정도의 물이 차 있는 것을 나타낸 것이다. 이 문제를 풀기 위해 다음과 같이 변수를 지정한다.

V = 시간 t(분)에서 탱크에 채워진 물의 부피(m^3)
x = 시간 t(분)에서 물의 표면의 반지름(m)
y = 시간 t(분)에서 탱크에 채워진 물의 높이(m)

V, x, y는 시간변수 t에 관해 미분가능하다고 가정하자. 그리고 이 문제에서 사용되는 상수는 물탱크의 크기를 나타내는 수이다. 이제 문제는 다음 조건에서 dy/dt를 구하는 것이다.

$$y = 1.8\ \text{m}, \quad \frac{dV}{dt} = 0.25\ \text{m}^3/\text{min}$$

원뿔 모양으로 채워지는 물의 부피는 다음과 같다.

$$V = \frac{1}{3}\pi x^2 y$$

그런데 이 식에는 V와 y 외에도 x를 포함하고 있다. 문제의 가정에서 dx/dt의 값을 주지 않았으므로 x의 값을 따로 구해야 한다. 그림 2.45에서 닮음 삼각형의 성질을 이용하면 다음과 같이 x를 y로 표현할 수 있다.

$$\frac{x}{y} = \frac{1.5}{3} \quad \text{또는} \quad x = \frac{y}{2}$$

따라서 다음과 같다.

$$V = \frac{1}{3}\pi\left(\frac{y}{2}\right)^2 y = \frac{\pi}{12}y^3$$

따라서 양변을 t에 관해 미분하면 다음과 같다.

$$\frac{dV}{dt} = \frac{\pi}{12}\cdot 3y^2\frac{dy}{dt} = \frac{\pi}{4}y^2\frac{dy}{dt}$$

dy/dt를 구하기 위해 $y=1.8$, $dV/dt=0.25$를 대입하여 구하면 다음을 얻는다.

$$0.25 = \frac{\pi}{4}(1.8)^2\frac{dy}{dt}$$

$$\frac{dy}{dt} = \frac{1}{3.24\pi} \approx 0.098$$

그러므로 물의 높이가 1.8 m일 때 물은 약 0.098 m/min의 속력으로 상승한다. ■

연계 변화율 문제의 해법 전략

1. 시간변수를 t로 놓고, 시간에 따라 변하는 모든 **변수의 이름을 지정**한다. 이러한 변수는 t에 관해 미분가능하다고 가정한다. 이름을 지정할 필요가 없는 상수를 파악한다. 대부분의 문제에서 문제의 설정을 묘사하는 **그림을 그리는 것**이 매우 도움이 된다.
2. 문제에서 주어진 모든 수에 대한 조건을 위에서 정한 변수를 써서 정리해본다. 구하고자 하는 것을 쓴다(주로 변화율이고, 도함수 형태로 쓴다). **변수를 연관시키는 관계식**을 작성한다. 때로는 2개 이상의 식을 세워 변수의 관계식을 구한 후 변화율을 알고 있는 변수와 변화율을 구하고자 하는 변수가 포함된 하나의 식으로 유도한다.
3. **연계 비율 방정식**의 양변을 t에 관해 미분한다. 구하고자 하는 변화율에 관해 식을 정리한다.
4. 문제에서 주어진 모든 값을 연계 비율 방정식에 대입한다. 변수와 관련된 방정식(2단계에서 구한 것)을 사용하거나 다른 관계(예를 들어 삼각함수의 항등식)를 이용해야 할 수도 있으며, 유일하게 남은 미지의 값이 찾고자 하는 변화율이 될 때까지 방정식을 간단히 해야 할 수도 있다. 마지막으로 알고 있는 변화율을 이용하여 구하고자 하는 변화율을 구한다.

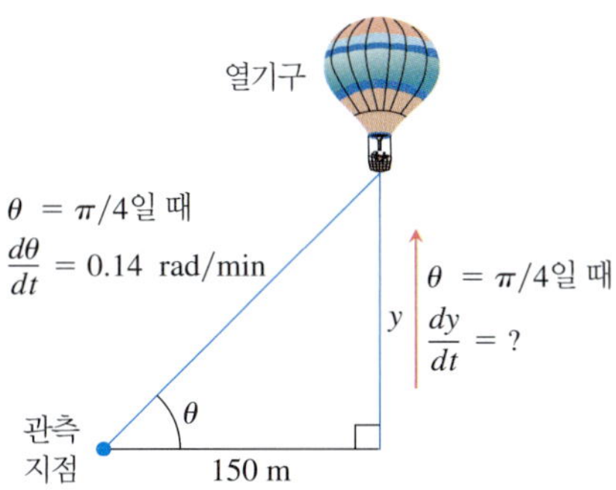

그림 2.46 열기구 높이의 변화율은 관측 지점에서 지면과 열기구가 이루는 각의 변화율과 관련 있다(예제 2).

예제 2 뜨거운 공기가 들어 있는 열기구가 지면으로부터 수직인 방향으로 올라가고 있고, 열기구가 처음 출발한 지점으로부터 거리가 150 m인 지점에서 열기구를 바라보고 있다. 지면과 열기구가 이루는 각의 크기가 $\pi/4$일 때 지면과 열기구가 이루는 각의 크기가 0.14 rad/min의 속도로 증가하고 있다. 열기구가 상승하는 속도는 얼마인가?

풀이 그림을 그리고 적당한 변수와 상수에 이름을 지정한다(그림 2.46). 여기서 변수는 다음과 같다.

θ=관측 지점에서 지면과 열기구가 이루는 각의 크기(rad)

y=지상으로부터 열기구의 높이(m)

시간변수를 t로 놓고 θ와 y는 t에 관해 미분가능하다고 가정하자. 이 문제에서의 상수는 관측 지점에서 열기구가 처음 지면에서 출발한 지점까지의 거리인 150 m이고, 여기서는 특별히 이름을 지정할 필요는 없다.

삼각비를 이용하면 다음 관계식을 얻는다.

$$\frac{y}{150} = \tan\theta \quad \text{또는} \quad y = 150\tan\theta \qquad \text{변수와 관련된 방정식}$$

위 식의 양변을 연쇄법칙을 이용하여 t에 관해 미분하면 다음과 같다.

$$\frac{dy}{dt} = 150(\sec^2\theta)\frac{d\theta}{dt} \qquad \text{연계 비율 방정식}$$

이제 구하고자 하는 dy/dt가 이미 알고 있는 $d\theta/dt$와 어떤 관계가 있는지를 알 수 있다. $\theta=\pi/4$일 때 $d\theta/dt=0.14$ rad/min임을 이용하여 dy/dt를 구한다.

$$\frac{dy}{dt} = 150\left(\sec^2\frac{\pi}{4}\right)(0.14) = 150\left(\sqrt{2}\right)^2(0.14) = 42 \qquad \sec\frac{\pi}{4} = \sqrt{2}$$

따라서 문제의 시점에서 열기구는 42 m/min의 속력으로 상승하고 있다. ■

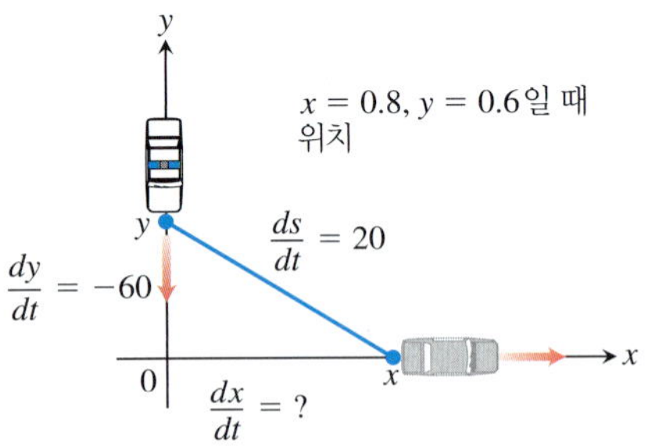

그림 2.47 자동차의 속도는 경찰차의 속도와 그 사이의 거리 s의 변화율과 관련이 있다(예제 3).

예제 3 경찰차는 북쪽에서 교차로를 향해 남쪽으로 과속 차량을 추격하고 있다. 과속 차량은 교차로 막 지나 동쪽으로 달리고 있다. 경찰차에서 교차로까지의 거리가 0.6 km일 때 교차로에서 자동차까지의 거리는 0.8 km이었다. 이때 경찰차와 자동차 사이의 거리가 30 km/h의 속력으로 증가하고 있었고, 그때의 경찰차의 속력이 100 km/h이었다면 자동차의 속력은 얼마인가?

풀이 경찰차와 자동차가 달리는 것을 좌표평면에 나타내면 그림 2.47과 같다. t가 시간을 나타내는 변수라 하고 다음과 같이 변수를 지정하자.

$x=$시각 t에서의 교차로에서 자동차까지의 거리

$y=$시각 t에서의 교차로에서 경찰차까지의 거리

$s=$경찰차와 자동차까지의 거리

x, y, s가 t에 관해 미분가능하다고 가정하자.

그러면 문제는 다음과 같을 때 dx/dt를 구하는 것이 된다.

$$x = 0.8 \text{ km}, \quad y = 0.6 \text{ km}, \quad \frac{dy}{dt} = -100 \text{ km/h}, \quad \frac{ds}{dt} = 30 \text{ km/h}$$

dy/dt는 y가 감소하기 때문에 음수이다.

경찰차와 자동차 사이의 거리에 관한 공식 $s^2=x^2+y^2$의 양변을 미분하면 다음과 같다.

$$2s\frac{ds}{dt} = 2x\frac{dx}{dt} + 2y\frac{dy}{dt}$$

$$\frac{ds}{dt} = \frac{1}{s}\left(x\frac{dx}{dt} + y\frac{dy}{dt}\right) = \frac{1}{\sqrt{x^2+y^2}}\left(x\frac{dx}{dt} + y\frac{dy}{dt}\right)$$

이제 $x=0.8$, $y=0.6$, $dy/dt=-100$, $ds/dt=30$을 대입하여 dx/dt에 관해 푼다.

$$30 = \frac{1}{\sqrt{(0.8)^2+(0.6)^2}}\left(0.8\frac{dx}{dt} + (0.6)(-100)\right)$$

$$\frac{dx}{dt} = \frac{30\sqrt{(0.8)^2+(0.6)^2} + (0.6)(100)}{0.8} = 112.5$$

따라서 자동차의 속력은 112.5 km/h이다. ■

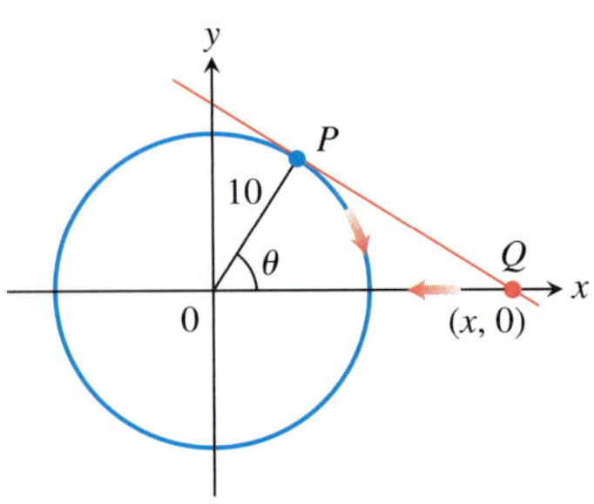

그림 2.48 입자 P는 원을 따라 시계 방향으로 이동한다(예제 4).

예제 4 입자 P는 중심이 원점이고 반지름 10 m의 원을 따라 일정한 속도로 시계 방향으로 이동하고 있다. 입자의 초기 위치는 y축의 (0, 10)이고, 최종 위치는 x축의 점 (10, 0)이다. 입자가 움직일 때 P에서의 접선이 x축이 만나는 점을 Q라고 하자. 이때 점 Q도 시간이 지남에 따라 이동한다. 이 입자가 초기 위치에서 최종 위치까지 이동하는 데 30초가 걸린다면, 점 Q가 원의 중심에서 20 m 떨어져 있을 때 x축을 따라 이동하는 속도를 구하라.

풀이 원점을 중심으로 하는 반지름이 10 m인 원과 문제 상황을 그린다(그림 2.48). 시간 변수를 t라 하고, 원점과 점 P를 잇는 선분과 x축의 각도를 θ (rad)라 하자. 입자는 30초 동안 점 (0,

10)에서 점 (10, 0)까지 이동하므로 1/2분 동안 $\pi/2$ (rad)만큼 이동한다. 즉 $d\theta/dt=-\pi$이다. 여기서 시간에 대한 각도 θ의 변화율이 음수인 이유는 시간이 지남에 따라 각도 θ가 감소하기 때문이다.

$x(t)$를 점 Q에서 원점까지 시간 t일 때의 거리(미터)라고 하면 그림 2.48로부터 다음을 얻는다.

$$x\cos\theta = 10 \qquad \text{변수를 연관시키는 관계식}$$

위 식의 양변을 t에 대해 미분하면 다음과 같다.

$$x(-\sin\theta)\frac{d\theta}{dt} + \frac{dx}{dt}\cos\theta = 0 \qquad \text{연계 비율 방정식}$$

문제는 $x=20$이고 $d\theta/dt=-\pi$일 때 dx/dt를 구하는 것이다. 따라서 식 $x\cos\theta=10$으로부터 $\cos\theta=10/20=1/2$을 얻을 수 있다. 또한 각 θ는 제1사분면의 각이므로 $\sin^2\theta+\cos^2\theta=1$로부터 $\sin\theta=\sqrt{1-(1/2)^2}=\sqrt{3}/2$을 얻는다. 이를 연계 비율 방정식에 대입하여 dx/dt에 관해 푼다.

$$(20)\left(-\frac{\sqrt{3}}{2}\right)(-\pi) + \frac{dx}{dt}\cdot\frac{1}{2} = 0$$
$$\frac{dx}{dt} = -20\sqrt{3}\pi$$

dx/dt가 음수이므로 x는 감소하고 있다. 따라서 점 Q는 원의 중심에서 20 m 떨어져 있을 때 $20\sqrt{3}\pi \approx 109$ m/min의 속력로 원점을 향해 이동하고 있다. ■

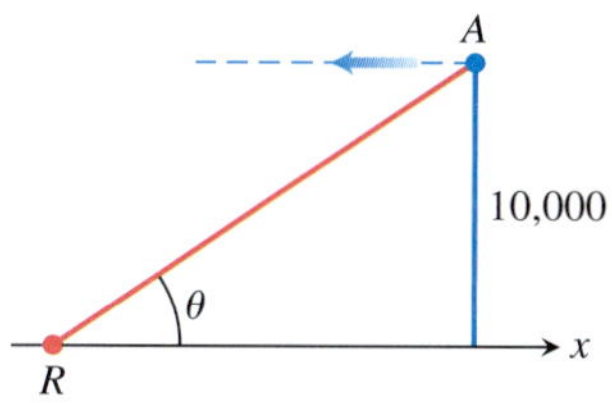

그림 2.49 레이더 기지 R을 향해 일정한 고도로 비행하는 제트 여객기 A(예제 5).

예제 5 제트 여객기가 태평양의 한 섬에 접근하면서 해발 10,000 m의 일정한 고도로 비행하고 있다. 항공기는 섬에 위치한 레이더 기지의 직접 가시선 내에 들어오고, 레이더는 해수면과 항공기의 가시선 사이의 초기 각도가 30°임을 나타냈다. 항공기가 직접 가시선 내에 들어오기 위해 1/3 deg/s의 속도로 위쪽(시계반대 방향)으로 선회하는 경우 레이더 장비에 처음 감지되었을 때 항공기가 섬에 접근하는 속도(km/h)를 구하라.

풀이 항공기 A와 레이더 기지 R을 좌표평면에 표시하고 양의 x축을 R에서 A까지의 해수면 수평거리이고, 양의 y축을 해수면 수직거리로 사용하자. t를 시간변수로 하고 항공기의 고도 $y=10{,}000$은 상수임을 확인한다. 일반적인 상황과 가시각 θ는 그림 2.49에서 확인한다. 문제에서는 $\theta=\pi/6$ (rad), $d\theta/dt=1/3$ (deg/s)일 때, dx/dt를 구하고자 한다. 그림 2.49로부터 다음과 같은 관계식을 찾을 수 있다.

$$\frac{10{,}000}{x} = \tan\theta \quad \text{또는} \quad x = 10{,}000\cot\theta$$

거리 단위로 미터 대신 킬로미터를 사용하면 위 식은 다음과 같이 변환된다.

$$x = \frac{10{,}000}{1000}\cot\theta$$

양변을 t에 대해 미분하면 다음과 같다.

$$\frac{dx}{dt} = -10\csc^2\theta\frac{d\theta}{dt}$$

$\theta=\pi/6$이면 $\sin^2\theta=1/4$이고 $\csc^2\theta=4$이다. $d\theta/dt=1/3$ deg/s를 rad/h로 변환하면 다음을 얻는다.

$$\frac{d\theta}{dt} = \frac{1}{3}\left(\frac{\pi}{180}\right)(3600)\text{ rad/h} \qquad 1\text{ h} = 3600\text{ s},\ 1\text{ deg} = \pi/180\text{ rad}$$

이 값을 연계 비율 방정식에 대입하고 dx/dt에 대해 풀면 다음과 같다.

$$\frac{dx}{dt} = (-10)(4)\left(\frac{1}{3}\right)\left(\frac{\pi}{180}\right)(3600) \approx -838$$

음의 부호가 나타나는 이유는 거리 x가 감소하기 있기 때문이며, 항공기가 레이더에 처음 감지되었을 때 약 838 km/h의 속력으로 섬에 접근하고 있다. ■

예제 5의 풀이에는 초에서 시간으로, 도에서 라디안으로 변환하는 등 여러 단위 변환이 포함되어 있다. 연계 비율 문제를 풀 때는 일관된 단위가 사용되었는지 확인해야 한다.

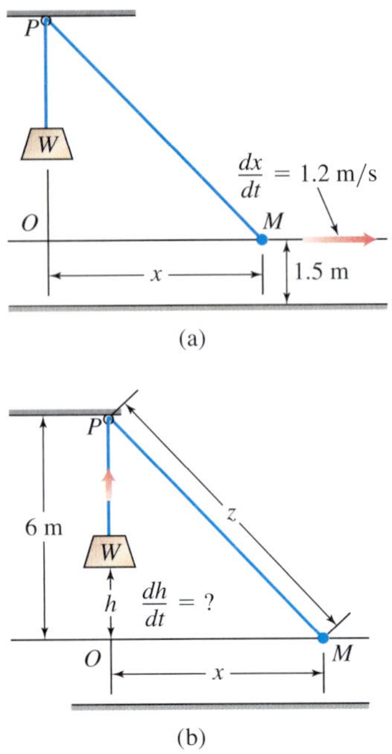

그림 2.50 M의 작업자가 오른쪽으로 걸어가면서 로프는 도르래 P를 통과하여 무게추 W를 위로 당긴다(예제 6).

예제 6 그림 2.50a는 P에서 도르래를 통과하고 한 쪽 끝에 무게추 W를 지탱하는 로프를 보인다. 다른 쪽 끝은 작업자의 손 M으로 지상 1.5 m 위에서 잡혀 있다. 도르래는 지상 7.5 m 있고, 로프의 길이가 13.5 m이며, 작업자는 수직선 PW로부터 1.2 m/s의 속도로 빠르게 멀어지고 있다고 가정하자. 작업자의 손이 PW에서 6.3 m 떨어져 있을 때 무게추는 얼마나 빨리 올라가고 있는가?

풀이 OM을 도르래 바로 아래 지점 O에서 어느 순간에 작업자의 손 M까지의 x m 길이의 수평선이라고 하자(그림 2.50). h는 O 위의 무게추 W의 높이이고, z는 도르래 P에서 작업자의 손까지 로프의 길이라고 하자. 문제에서는 $dx/dt=1.2$이고 $x=6.3$일 때 dh/dt를 찾고자 한다. O는 지상에서 1.5 m 위에 있으므로 P는 O에서부터 6 m 높이에 있다. O의 각도는 직각이라고 가정하면, 특정 시점 t에서 다음과 같은 관계를 찾을 수 있다(그림 2.50b 참조).

$$6 - h + z = 13.5 \qquad \text{로프의 총 길이는 13.5 m}$$
$$6^2 + x^2 = z^2 \qquad O\text{의 각도는 직각}$$

첫 번째 식을 $z=7.5+h$으로 변환하고, 두 번째 식에 대입하면 다음과 같다.

$$6^2 + x^2 = (7.5 + h)^2 \tag{1}$$

양변을 t에 대해 미분하면 다음을 얻는다.

$$2x\frac{dx}{dt} = 2(7.5 + h)\frac{dh}{dt}$$

이 식을 dh/dt에 대해 정리하면 다음과 같다.

$$\frac{dh}{dt} = \frac{x}{7.5 + h}\frac{dx}{dt} \tag{2}$$

dx/dt를 알고 있기 때문에, $x=6.3$일 때 $7.5+h$를 구하면 된다. 식 (1)로부터 다음을 얻는다.

$$6^2 + 6.3^2 = (7.5 + h)^2$$

따라서 다음과 같다.

$$(7.5 + h)^2 = 75.69 \quad \text{또는} \quad 7.5 + h = 8.7$$

이제 식 (2)를 이용하면 $x=6.3$ m일 때 무게추는 다음의 속력으로 올라가고 있음을 알 수 있다.

$$\frac{dh}{dt} = \frac{6.3}{8.7} \cdot 1.2 = \frac{756}{870} \approx 0.87 \text{ m/s}$$ ■

연습문제 2.10 EXERCISE QUESTION

1. **넓이** 반지름 r과 원의 넓이 $A=\pi r^2$이 t에 관해 미분가능하다고 가정하자. 두 변화율 dA/dt와 dr/dt의 관계식을 구하라.
2. **겉넓이** 반지름 r과 구의 겉넓이 $S=4\pi r^2$이 t에 관해 미분가능하다고 가정하자. 두 변화율 dS/dt와 dr/dt의 관계식을 구하라.
3. $y=5x$이고 $dx/dt=2$일 때, dy/dt를 구하라.
4. $2x+3y=12$이고 $dy/dt=-2$일 때, dx/dt를 구하라.
5. $y=x^2$이고 $dx/dt=3$일 때, $x=-1$에서 dy/dt의 값은 얼마인가?
6. $x=y^3-y$이고 $dy/dt=5$일 때, $y=2$에서 dx/dt의 값은 얼마인가?

7. $x^2+y^2=25$이고 $dx/dt=-2$일 때, $x=3$과 $y=-4$에서 dy/dt의 값은 얼마인가?

8. $x^2y^3=4/27$이고 $dy/dt=1/2$일 때, $x=2$에서 dx/dt의 값은 얼마인가?

9. $L=\sqrt{x^2+y^2}$이고 $dx/dt=-1$와 $dy/dt=3$일 때, $x=5$와 $y=12$에서 dL/dt의 값은 얼마인가?

10. $r+s^2+v^3=12$이고 $dr/dt=4$와 $ds/dt=-3$일 때, $r=3$과 $s=1$에서 dv/dt의 값은 얼마인가?

11. 원래 24 m인 정육면체의 모서리의 길이 x가 매분 5 m씩 줄어든다면, $x=3$ m에서 정육면체의 다음 값의 변화율은 얼마인가?

a. 겉넓이 **b.** 부피

12. 정육면체의 겉넓이가 72 cm^2/s의 비율로 증가한다면, 모서리의 길이가 $x=3$ cm에서 정육면체의 부피 변화율은 얼마인가?

13. 부피 반지름이 r이고, 높이가 h인 원기둥의 부피는 $V=\pi r^2 h$이다.

a. r이 상수일 때, 두 변화율 dV/dt와 dh/dt의 관계식을 구하라.

b. h가 상수일 때, 두 변화율 dV/dt와 dr/dt의 관계식을 구하라.

c. r과 h가 모두 상수가 아닐 때, 변화율 dV/dt를 두 변화율 dh/dt와 dr/dt의 식으로 표현하라.

14. 부피 밑면의 반지름이 r이고, 높이고 h인 원뿔의 부피는 $V=(1/3)\pi r^2 h$이다.

a. r이 상수일 때, 두 변화율 dV/dt와 dh/dt의 관계식을 구하라.

b. h가 상수일 때, 두 변화율 dV/dt와 dr/dt의 관계식을 구하라.

c. r과 h가 모두 상수가 아닐 때, 변화율 dV/dt를 두 변화율 dh/dt와 dr/dt의 식으로 표현하라.

15. 전압의 변화 전압이 V (볼트)이고, 전류가 I (암페어), 저항이 R (옴)인 전기회로에서 $V=IR$이라는 관계식이 성립한다. V는 초당 1볼트씩 증가하고 있고, I는 초당 1/3암페어씩 감소하고 있다고 한다. t는 시간(초)를 나타내는 변수라 하자.

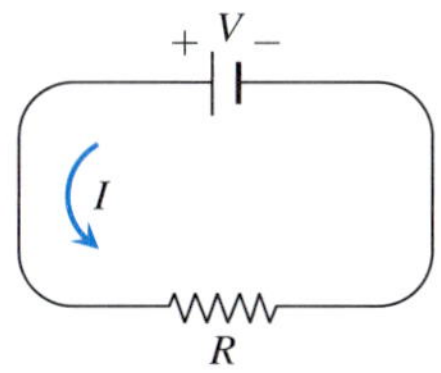

a. dV/dt의 값은?

b. dI/dt의 값은?

c. 변화율 dR/dt를 두 변화율 dV/dt와 dI/dt의 식으로 표현하라.

d. $V=12$볼트이고 $I=2$암페어일 때, dR/dt를 구하라. R은 증가하는가, 감소하는가?

16. 전력 전기회로에서 전력 P (와트)는 회로의 저항 R (옴)과 전류 I (암페어)에 대한 관계식 $P=RI^2$에 의해 결정된다.

a. 세 변화율 dP/dt, dR/dt, dI/dt의 관계식을 구하라. 단, P, R, I는 상수가 아니다.

b. P가 상수일 때, 변화율 dR/dt를 dI/dt의 식으로 나타내라.

17. 거리 x와 y는 t에 관해 미분가능하고 두 점 $(x, 0)$과 $(0, y)$ 사이의 거리를 $s=\sqrt{x^2+y^2}$이라 하자.

a. y가 상수일 때, 두 변화율 ds/dt와 dx/dt의 관계식을 구하라.

b. x와 y가 모두 상수가 아닐 때, 변화율 ds/dt를 두 변화율 dx/dt와 dy/dt의 식으로 표현하라.

c. s가 상수일 때, 두 변화율 dx/dt와 dy/dt의 관계식을 구하라.

18. 대각선 가로, 세로, 높이의 길이가 각각 x, y, z인 직육면체 모양의 상자에서 대각선의 길이 $s=\sqrt{x^2+y^2+z^2}$이다.

a. x, y, z가 t에 관해 미분가능하다고 할 때, 변화율 ds/dt를 변화율 dx/dt, dy/dt, dz/dt의 식으로 표현하라.

b. x가 상수일 때, 변화율 ds/dt를 변화율 dy/dt, dz/dt의 식으로 표현하라.

c. s가 상수일 때, 변화율 dx/dt, dy/dt, dz/dt는 어떤 관계식을 만족하는가?

19. 넓이 두 변의 길이가 각각 a, b이고 사이각의 크기가 θ인 삼각형의 넓이 A는 다음과 같다.

$$A = \frac{1}{2}ab\sin\theta$$

a. a와 b가 상수일 때, 변화율 dA/dt를 변화율 $d\theta/dt$의 식으로 표현하라.

b. b가 상수일 때, 변화율 dA/dt를 두 변화율 da/dt와 $d\theta/dt$의 식으로 표현하라.

c. a, b, θ가 모두 상수가 아닐 때, 변화율 dA/dt를 변화율 da/dt, db/dt, $d\theta/dt$의 식으로 표현하라.

20. 판의 가열 원 모양의 금속판의 중심에 열을 가하고 있다. 온도가 올라가는 부분의 반지름이 1분에 0.01 cm만큼씩 증가한다고 한다. 반지름의 길이가 50 cm가 되었을 때, 온도가 올라가는 부분의 넓이가 증가하는 변화율을 구하라.

21. 크기가 변하는 직사각형 사각형의 세로의 길이 ℓ은 2 cm/s의 비율로 줄어들고 있고, 가로의 길이 w는 2 cm/s의 비율로 늘어나고 있다. $l=12$ cm이고 $w=5$ cm일 때, **(a)** 넓이의 변화율을 구하라. **(b)** 둘레의 길이의 변화율을 구하라. **(c)** 대각선의 길이의 변화율을 구하라. 어떤 것이 증가하는지 또는 감소하는지 판별하라.

22. 크기가 변하는 직육면체 가로, 세로, 높이가 각각 x, y, z인 직육면체 모양의 상자에서 x, y, z가 각각 다음과 같은 비율로 변하고 있다.

$$\frac{dx}{dt} = 1\text{ m/s}, \quad \frac{dy}{dt} = -2\text{ m/s}, \quad \frac{dz}{dt} = 1\text{ m/s}$$

$x=4$, $y=3$, $z=2$일 때, 다음 각 변화율을 구하라. **(a)** 부피의 변화율, **(b)** 겉넓이의 변화율, **(c)** 대각선의 길이 $s=\sqrt{x^2+y^2+z^2}$의 변화율.

23. 미끄러지는 사다리 길이가 3.9 m인 사다리가 벽에 기대어 있다가 미끄러지기 시작했다. 사다리의 아랫부분이 벽으로부터 3.6 m가 되었을 때의 사다리 아랫부분은 벽으로부터 1.5 m/s의 속도로 미끄러져 나가고 있었다.

a. 벽에 기대어 있는 부분이 내려오는 변화율을 구하라.

b. 사다리, 벽, 지면이 이루는 삼각형 넓이의 변화율을 구하라.

c. 사다리와 지면이 이루는 각의 크기 θ의 변화율을 구하라.

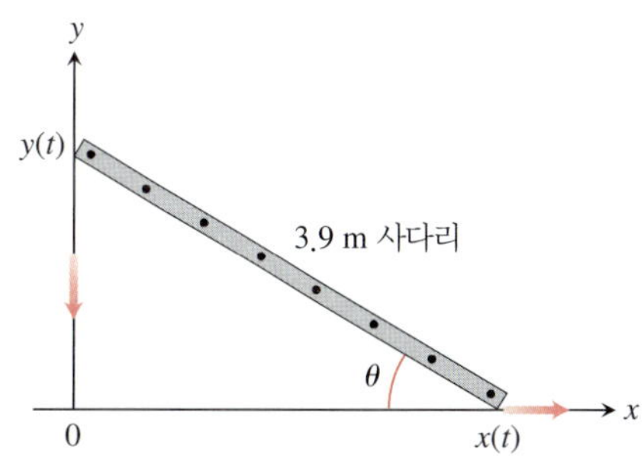

24. 비행기 사이의 거리 두 대의 상업용 비행기가 직각으로 교차하는 직선 코스를 따라 고도 12,000 m에서 비행하고 있다. 비행기 A는 시속 442해리/h의 속력으로 교차 지점에 접근하고 있고, 비행기 B는 시속 481해리/h의 속력으로 교차 지점에 접근하고 있다. 비행기 A가 교차점에서 5해리 떨어져 있고, 비행기 B가 교차점에서 12 해리 떨어져 있을 때 두 비행기 사이의 거리의 변화율을 구하라 (단, 1해리는 1852 m이다).

25. 날고 있는 연 어떤 소녀가 날리고 있는 연의 높이가 90 m이고, 바람이 수평으로 7.5 m/s의 속력으로 불고 있다. 소녀와 연 사이의 거리가 150 m일 때, 소녀가 실을 풀고 있는 속력을 구하라.

26. 실린더 링컨 자동차의 정비공들이 깊이가 15 cm인 실린더에 새로운 피스톤을 넣고자 구멍을 넓히고 있다. 이들이 사용하는 기계는 3분에 1/1000 cm씩 구멍의 반지름을 넓히고 있다면, 구멍의 지름이 10 cm일 때 실린더의 부피가 증가하는 속력을 구하라.

27. 모래더미 컨베이어 벨트에 의해 운반된 모래가 10 m^3/min의 속도로 떨어지면서 모래더미를 쌓으면, 모래더미의 높이는 밑면의 지름의 3/8이 된다. **(a)** 모래더미의 높이의 변화율을 구하라. **(b)** 모래더미의 높이가 4 m일 때의 반지름의 변화율을 구하라. 단, 단위는 cm/min을 사용한다.

28. 원뿔 모양의 수조 원뿔 모양의 수조에서 1분에 50 m^3의 물이 흘러나오고 있다. 수조의 밑면의 반지름은 45 m이고, 높이는 6 m이다.

a. 물의 높이가 5 m일 때 물의 높이가 줄어들고 있는 비율(cm/min)을 구하라.

b. 이때 수면의 반지름의 변화율(cm/min)을 구하라.

29. 반구 모양의 수조 그림과 같이 반지름의 길이가 13 m인 반구 모양의 수조에 1분에 6 m^3의 물을 붓고 있다. 물의 깊이가 y (m)이고 수면의 반지름이 r일 때, 담겨 있는 물의 부피는 $V=(\pi/3)y^2(3r-y)$이다.

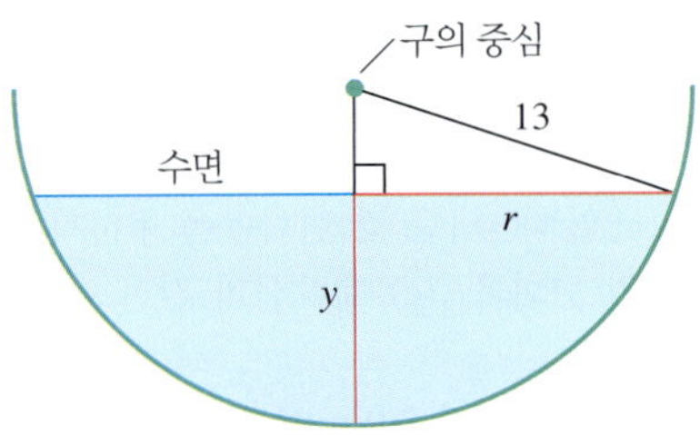

a. 물의 깊이가 8 m일 때, 물의 깊이의 변화율을 구하라.

b. 물의 깊이가 y m일 때, 수면의 반지름 r의 변화율을 구하라.

c. 물의 깊이가 8 m일 때, 수면의 반지름 r의 변화율을 구하라.

30. 커지는 빗방울 떨어지는 빗방울이 완벽한 구 모양이라고 가정하고, 빗방울이 떨어지면서 주위의 수분을 흡수하여 빗방울의 겉넓이에 비례하여 커진다고 가정하자. 이때 빗방울의 반지름이 커지는 비율이 일정함을 보여라.

31. 팽창하는 풍선 구 모양의 풍선에 100π m^3/min의 비율로 헬륨가스를 주입하고 있다. 풍선의 반지름이 5 m가 되는 순간에 풍선의 반지름이 증가하는 변화율과 풍선의 겉넓이의 변화율을 구하라.

32. 당겨지는 배 주어진 그림과 같이 도르래를 이용하여 배를 당기고 있다. 도르래는 배에서 2 m 높이에 매달려 있고, 줄은 0.5 m/s의 비율로 당겨지고 있다.

a. 배가 선착장에서 3 m 거리에 있을 때, 배의 속력을 구하라.

b. 그림에서 각 θ의 변화율을 구하라.

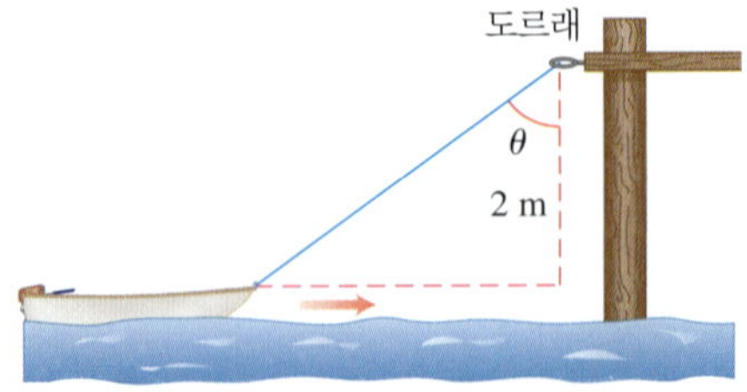

33. 열기구와 자전거 열기구가 일정한 속력 0.3 m/s로 수직으로 상승하고 있고, 자전거는 일정한 속력 5 m/s로 달리고 있다. 열기구가 20 m 높이에 이르렀을 때, 자전거가 열기구의 바로 밑을 통과하고 있었다. 그로부터 3초 후에 열기구와 자전거 사이의 거리 $s(t)$의 변화율을 구하라.

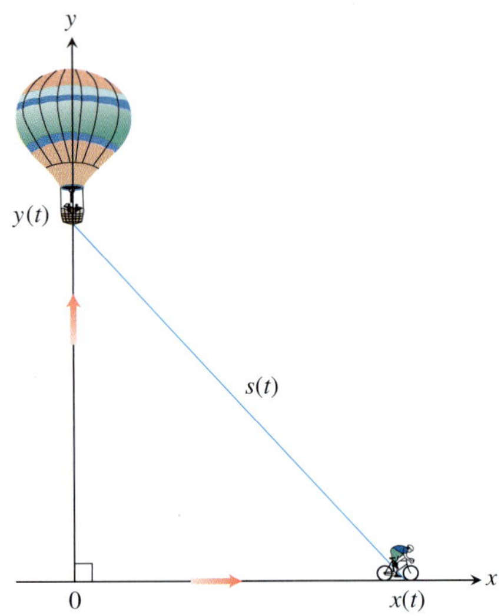

34. 커피메이커 주어진 그림과 같이 원뿔 모양의 필터를 사용하는 커피메이커에서 160 cm^3/min 비율로 커피가 내려지고 있다.

a. 필터에서의 물의 높이가 12 cm일 때, 밑에 있는 원기둥 모양의 그릇에 내려진 커피의 높이가 올라가는 비율을 구하라.

b. 필터에서의 물의 높이가 12 cm일 때, 물의 높이가 줄어드는 비율을 구하라.

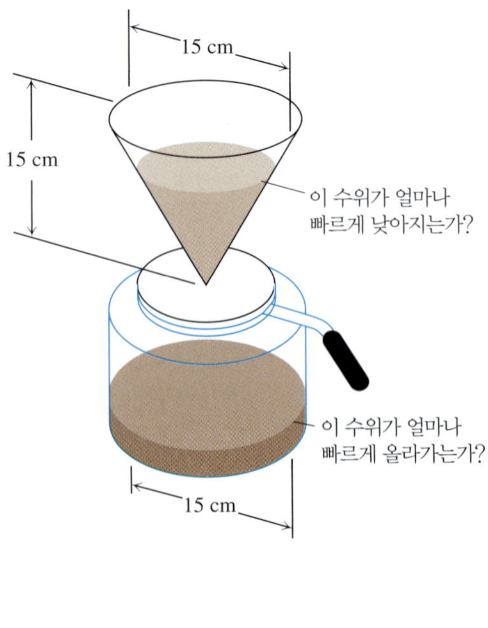

35. 심장이 하는 일 1860년대 후반에 독일 뷔르츠베르크 의대의 생리학 교수인 아돌프 픽은 심장이 1분에 얼마나 많은 피를 내보내는지 측정하는 방법을 개발했다. 이 책을 보고 있는 독자들은 아마도 심장에서 7 L/min의 비율로 피가 내보내고 있을 것이다. 휴식을 취하고 있을 때는 6 L/min가 조금 안 될 가능성이 높다. 훈련된 마라톤 선수가 달리고 있을 때는 30 L/min까지 올라갈 수도 있다.

이와 같은 결과는 다음과 같은 식에 의해 계산된다.

$$y = \frac{Q}{D}$$

여기서 Q는 호흡할 때 나오는 1분당 CO_2의 양(mL)이고, D는 폐로 들어가는 피 속에 있는 CO_2의 농도와 폐에서 나오는 피 속에 있는 CO_2의 농도(mL/L)의 차이이다. $Q=233$ mL/min이고 $D=97-56=41$ mL/L일 때, 다음과 같다.

$$y = \frac{233\,\text{mL/min}}{41\,\text{mL/L}} \approx 5.68\,\text{L/min}$$

이 값은 6 L/min에 가까운 값으로 보통 사람이 휴식을 취하고 있을 때의 비율이다.

$Q=233$이고 $D=41$이라고 가정하자. 또한 D가 분당 2단위만큼씩 줄어들고, Q는 변하지 않는다고 가정할 때 심장에서 내보내는 피의 양에는 어떤 일이 일어나겠는가?

36. 포물선 운동 어떤 물체가 제1사분면에서 포물선 $y=x^2$ 위를 움직이고 있다. x좌표의 값이 일정한 속도 10 m/s로 움직인다면 $x=3$ m일 때, 원점과 이 물체가 있는 위치를 잇는 직선이 x축과 이루는 각 θ의 변화율을 구하라.

37. 평면에서의 운동 xy평면 위에서 움직이고 있는 물체의 좌표는 t에 관해 미분가능하고, $dx/dt=-1$ m/s, $dy/dt=-5$ m/s라고 하자, 이 물체가 점 (5, 12)를 지날 때 원점과 이 물체 사이의 거리의 변화율을 구하라.

38. 움직이는 차 관찰 트랙에서 40 m 떨어진 거리에서 자동차를 촬영하고 있다. 자동차는 288 km/h (80 m/s)의 속력으로 달리고 있다. 주어진 그림과 같이 자동차가 촬영하고 있는 카메라의 정면을 통과할 때 각 θ의 변화율을 구하라. 또 0.5초 후의 변화율을 구하라.

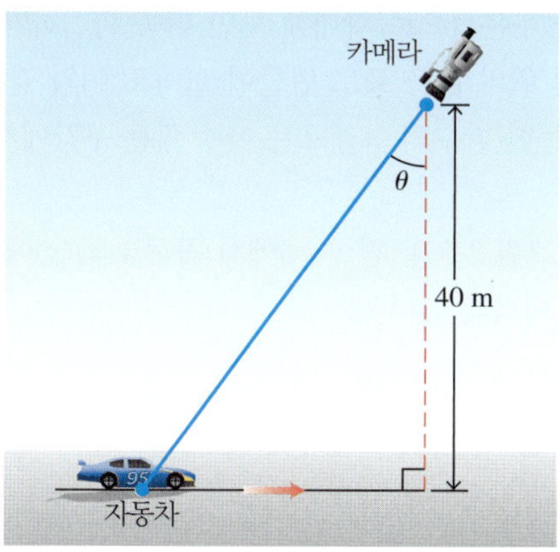

39. 움직이는 그림자 높이가 15 m인 가로등 위에서 불을 비추고 있고, 이 가로등으로부터 9 m 떨어진 곳에서 가로등과 같은 높이에서 공을 떨어뜨렸다(주어진 그림 참조). 1/2초 후에 공의 그림자가 움직이고 있는 속도를 구하라. 단, t초 후에 공이 떨어지는 거리는 $s=4.9t^2$ m로 계산한다.

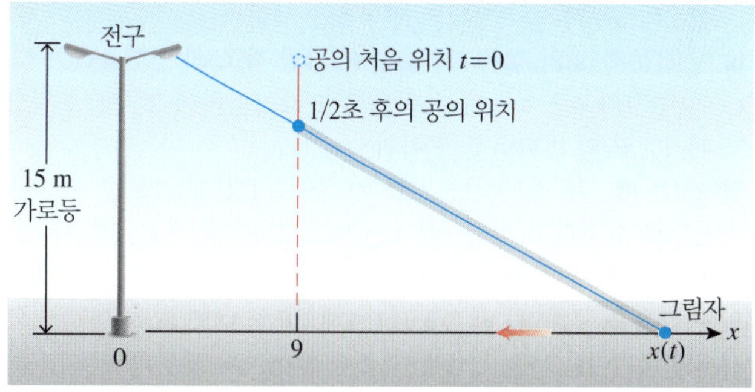

40. 건물의 그림자 태양이 바로 머리 위를 지나가는 날 아침에 평지에서 높이가 24 m인 건물의 그림자의 길이는 18 m이었고, 이때 주어진 그림과 같이 각 θ의 변화율은 0.27°/min이었다. 그림자의 길이가 줄어드는 속력을 구하라(라디안을 이용하고 답을 cm/min로 구해 소수 첫째 자리에서 반올림하라).

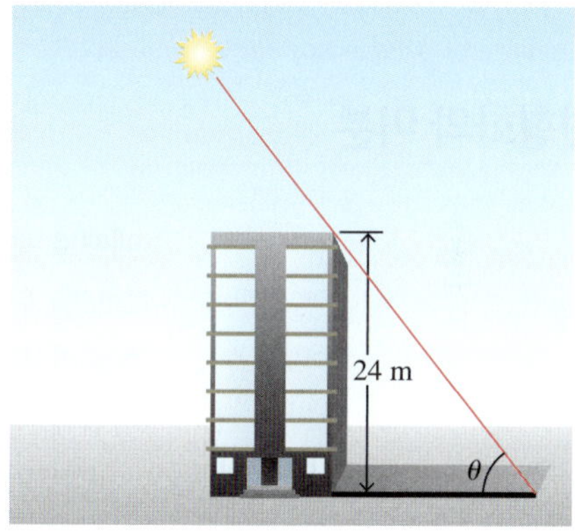

41. 얼음 코팅 지름이 8 cm인 쇠구슬에 일정한 두께로 얼음이 둘러싸여 있다. 얼음이 10 cm^3/min의 비율로 녹고 있다면 남아 있는 얼음의 두께가 2 cm일 때, 얼음의 두께의 변화율을 구하라. 또 겉넓이의 변화율을 구하라.

42. 고속도로 순찰비행기 고속도로 순찰비행기가 지면으로부터의 3 km의 높이에서 일정한 속력 120 km/h로 날고 있다. 비행기에서 레이더로 측정해보니 비행기에서 달려오는 자동차까지의 거리는 5 km이었고, 이 거리가 160 km/h의 속력으로 줄어들고 있었다. 이 자동차의 속력을 구하라.

43. 야구선수 야구에서 루와 루 사이의 거리는 27 m이다. 한 주자가 1루에서 2루까지 5 m/s의 속력으로 달리고 있다.

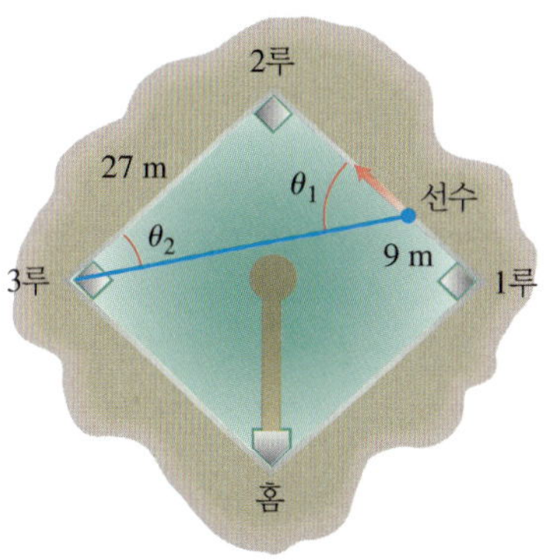

a. 이 선수가 1루에서부터의 거리가 9 m인 지점을 통과할 때, 이

선수와 3루까지의 거리의 변화율을 구하라.

b. 이때[문제 (a)와 같은 시각] θ_1, θ_2(그림 참조)의 변화율을 구하라.

c. 이 주자가 4.5 m/s의 속력으로 슬라이딩하여 2루에 도착했을 때, θ_1, θ_2의 변화율을 구하라.

44. 멀어지는 배 두 배가 지점 O를 기준으로 120°의 각도를 이루며 일직선으로 항해하고 있다. 배 A는 14노트의 속력으로, 배 B는 21노트의 속력으로 항해한다. $OA=5$, $OB=3$일 때 두 배 사이의 거리의 변화율을 구하라. 단, 1노트=1해리/h=1852 m/h이다.

45. 시계의 움직이는 바늘 시계가 오후 4시일 때 분침과 시침 사이의 각은 어떤 변화율로 움직이는가?

46. 석유 유출 만 해역에 위치한 석유 굴착기의 폭발로 인해, 주변의 해수면에 굴착기를 중심으로 하는 타원형의 기름띠가 퍼져 나갔다. 띠는 항상 20 cm의 두께를 유지한다. 며칠 후, 타원의 장축이 2 km이고 단축이 3/4 km가 되었고, 장축은 9 m/h의 속도로 단축은 3 m/h의 속도로 증가하고 있다. 이때 굴착기로부터 흘러나오는 기름 양의 변화율(m^3/h)은 얼마인가?

47. 등대 빔 등대는 해안에서 1 km 떨어진 곳에 있으며, 등대의 광선은 분당 3바퀴의 일정한 속도로 시계 반대 방향으로 회전한다. 등대에서 가장 가까운 해안선의 지점에서 1 km 떨어진 지점에서 광선의 이미지가 해안선을 따라 움직이는 속도를 구하라.

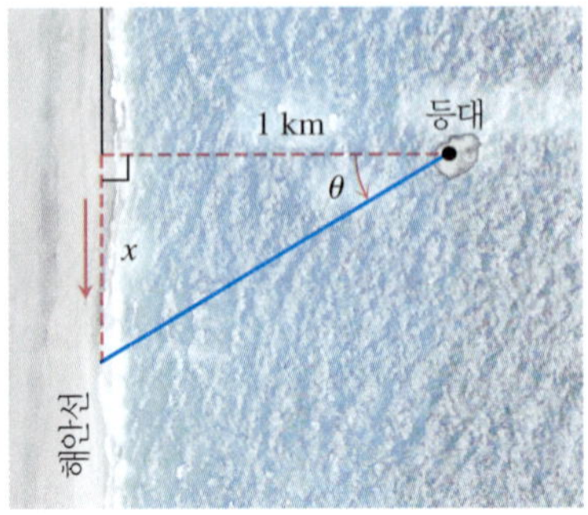

2.11 선형화와 미분

때때로 복잡한 함수를 좀 더 간단한 형태의 함수로 근사화함으로써 실제적인 응용 문제에서 정확도를 원하는 만큼 충족하면서도 쉽게 계산할 수 있게 된다. 이 절에서는 접선에 기반을 둔 선형화라 불리는 근사법에 대해 공부한다. 8장에서는 다항식을 근사함수로 사용하는 또 다른 근사법에 대해 다룬다.

또한 미분이라 불리는 새로운 변수 dx와 dy를 소개하고, 라이프니츠의 미분 표기법인 dy/dx가 실제 비율을 나타낼 수 있도록 미분을 정의한다. 미분 dy를 사용하여 측정 오차를 추정할 수 있고, 또한 연쇄법칙(2.6절)의 증명을 상세하게 할 수도 있다.

선형화

그림 2.51에서 보는 바와 같이 곡선 $y=x^2$에 접하는 접선은 접점 근방에서 곡선과 매우 가까움을 알 수 있다. 접점을 포함하는 짧은 구간에서의 접선 위의 값은 곡선 위의 값의 매우 좋은 근삿값이 된다. 이와 같은 사실은 그래프를 부분적으로 확대해 보면 더욱 확실하게 알 수 있다. 또한 접점 근방에서의 함숫값 $f(x)$와 직선 위의 값을 표로 만들어 보아도 이와 같은 사실을 알 수 있다. 포물선뿐만 아니라 모든 미분가능한 함수의 그래프는 아주 짧은 구간에서는 직선처럼 보인다.

일반적으로 f가 미분가능한 함수일 때(그림 2.52), 점 $x=a$에서 곡선 $y=f(x)$에 접하는 접선은 점 $(a, f(a))$를 지나고 접선의 방정식은 다음과 같다.

$$y = f(a) + f'(a)(x - a)$$

따라서 접선은 다음과 같은 1차 함수의 그래프이다.

$$L(x) = f(a) + f'(a)(x - a)$$

접점에서 벗어나도 접선이 f의 그래프에 가깝게 유지되는 한 $L(x)$는 $f(x)$에 대한 좋은 근삿값을 얻을 수 있게 해준다.

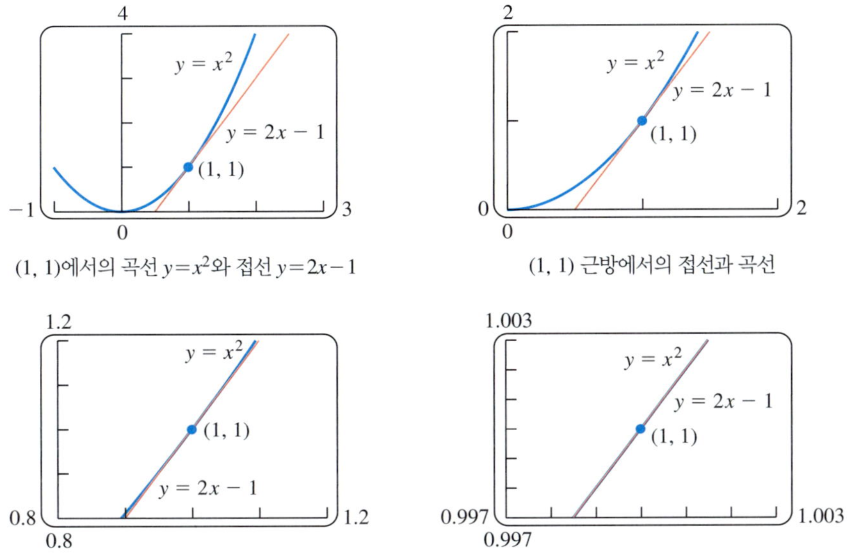

(1, 1)에서의 곡선 $y=x^2$와 접선 $y=2x-1$

(1, 1) 근방에서의 접선과 곡선

보여지는 전체 x구간에서 접선과 곡선은 매우 비슷하다.

접선과 곡선은 매우 비슷하며, 화면을 통해 접선과 곡선을 구분할 수 없다.

그림 2.51 그래프를 확대할수록 곡선은 점점 직선이 되어 접선과 구분할 수 없게 된다.

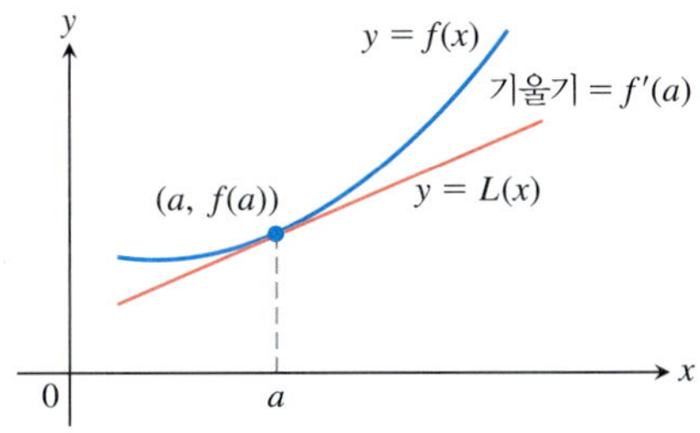

그림 2.52 $x=a$에서 곡선 $y=f(x)$의 접선은 직선 $L(x)=f(a)+f'(a)(x-a)$이다.

> **정의** f가 $x=a$에서 미분가능할 때, 다음과 같은 근사 함수를 a에서의 **선형화 함수**(linearization)라고 한다.
>
> $$L(x) = f(a) + f'(a)(x - a)$$
>
> 함수 f를 L로 근사시키는 다음과 같은 식을 a에서의 **표준 선형 근사식**(standard linear approximation)이라고 한다.
>
> $$f(x) \approx L(x)$$
>
> 점 $x=a$를 근사의 **중심**(center)이라고 한다.

예제 1 $x=0$에서 $f(x)=\sqrt{1+x}$의 선형화 함수를 구하라(그림 2.53).

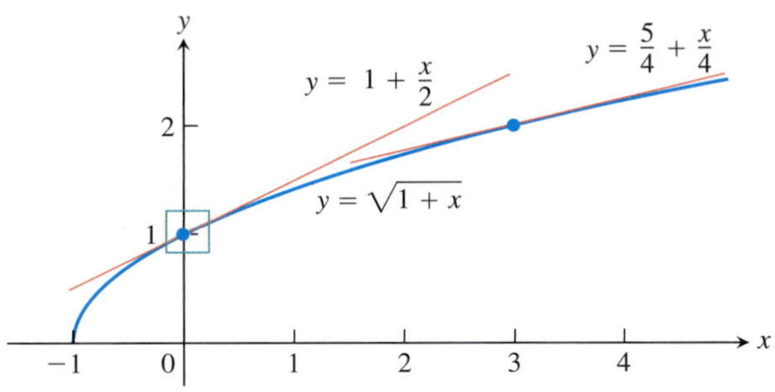

그림 2.53 $x=0$과 $x=3$에서 $y=\sqrt{1+x}$의 선형화 함수의 그래프. 그림 2.54는 y축 위의 $y=1$ 근방의 작은 사각형 부분을 확대한 것이다.

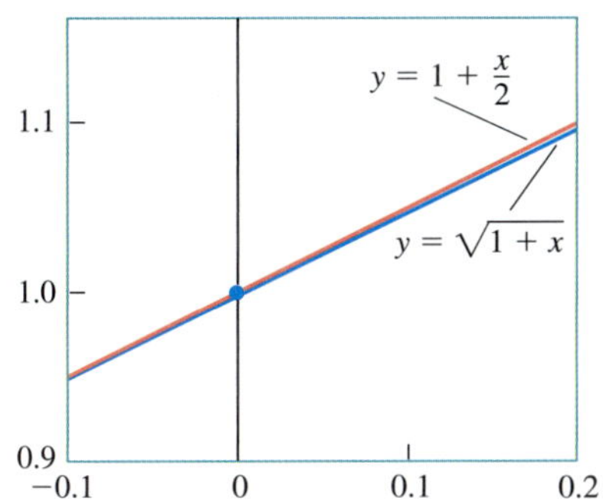

그림 2.54 그림 2.53의 사각형 부분을 확대한 그림.

풀이 도함수가 다음과 같다고 하자.

$$f'(x) = \frac{1}{2}(1 + x)^{-1/2}$$

$f(0)=1$이고 $f'(0)=1/2$이다. 따라서 선형화 함수는 다음과 같다.

$$L(x) = f(a) + f'(a)(x-a) = 1 + \frac{1}{2}(x-0) = 1 + \frac{x}{2}$$

그림 2.54를 참조하라. ■

다음 표는 예제 1의 선형화 함수 $\sqrt{1+x} \approx 1+(x/2)$가 0 근처의 x에 대해 얼마나 정확한지 보인다. 0에서 멀어질수록 오차는 커질 것이다. 예를 들어 $x=2$일 때 선형화 함수의 값은 2이고 실제의 함숫값은 $\sqrt{3}$이어서 소숫점 아래 첫째 자리부터 틀리다는 것을 바로 알 수 있다.

근삿값	참값	|참값 − 근삿값|
$\sqrt{1.005} \approx 1 + \frac{0.005}{2} = 1.00250$	1.002497	$0.000003 < 10^{-5}$
$\sqrt{1.05} \approx 1 + \frac{0.05}{2} = 1.025$	1.024695	$0.000305 < 10^{-3}$
$\sqrt{1.2} \approx 1 + \frac{0.2}{2} = 1.10$	1.095445	$0.004555 < 10^{-2}$

앞에서의 계산 결과가 선형화 함수를 이용하여 계산하는 것이 계산기를 이용하는 것보다 모든 면에서 낫다는 뜻은 아니다. 실제로 제곱근을 구하기 위해 선형화 함수를 사용하지는 않는다. 선형화 함수를 이용하는 이유는 복잡한 함수의 계산을 조금 쉬운 계산으로 근삿값을 구할 수 있다는 것이다. $\sqrt{1+x}$에 대해 0 근방의 x값에 대해 함숫값을 구하고자 하고, 어느 정도의 오차를 허용한다면 $1+(x/2)$를 사용하여 계산할 수 있다. 물론 오차가 얼마나 되는지 계산하고자 하는 경우도 있을 수 있다. 오차의 한계에 대해는 8장에서 더 자세하게 설명하기로 하자.

선형 근사는 보통 중심에서 멀어질수록 정확도가 떨어진다. 그림 2.53에서 보는 바와 같이 $x=3$ 근방에서 $\sqrt{1+x} \approx 1+(x/2)$로 근삿값을 구하는 것은 오차가 매우 커서 유용하지 못하다. $x=3$ 근방에서는 $x=3$일 때의 선형화 함수를 필요로 한다.

예제 2 $x=3$에서 $f(x)=\sqrt{1+x}$의 선형화 함수를 구하라(그림 2.53 참조).

풀이 다음의 값을 이용하여 $a=3$일 때의 선형화 함수 $L(x)$를 구한다.

$$f(3) = 2, \qquad f'(3) = \frac{1}{2}(1+x)^{-1/2}\Big|_{x=3} = \frac{1}{4}$$

따라서 다음을 얻는다.

$$L(x) = 2 + \frac{1}{4}(x-3) = \frac{5}{4} + \frac{x}{4}$$ ■

$x=3.2$일 때 예제 2의 선형화 함수로부터 다음과 같음을 알 수 있다.

$$\sqrt{1+x} = \sqrt{1+3.2} \approx \frac{5}{4} + \frac{3.2}{4} = 1.250 + 0.800 = 2.050$$

실제로 참값은 $\sqrt{4.2} \approx 2.04939$이다. 따라서 이때의 오차는 1/1,000보다 작다는 것을 알 수 있다. 반면에 예제 1의 선형화 함수의 값은 다음과 같이 25% 이상의 차이가 있음을 알 수 있다.

$$\sqrt{1+x} = \sqrt{1+3.2} \approx 1 + \frac{3.2}{2} = 1 + 1.6 = 2.6$$

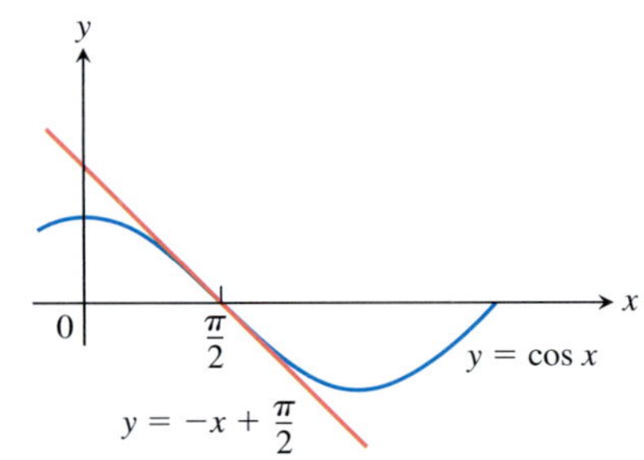

그림 2.55 $f(x)=\cos x$와 $x=\pi/2$에서의 선형화 함수의 그래프. $x=\pi/2$ 근방에서 $\cos x \approx 2x+(\pi/2)$이다(예제 3).

예제 3 $x=\pi/2$에서 $f(x)=\cos x$의 선형화 함수를 구하라(그림 2.55).

풀이 $f(\pi/2)=\cos(\pi/2)=0$, $f'(x)=-\sin x$, $f'(\pi/2)=-\sin(\pi/2)=-1$이므로 $a=\pi/2$에서 선형

화 함수는 다음과 같다.

$$\begin{aligned} L(x) &= f(a) + f'(a)(x-a) \\ &= 0 + (-1)\left(x - \frac{\pi}{2}\right) \\ &= -x + \frac{\pi}{2} \end{aligned}$$

■

다음은 무리함수 또는 멱함수의 선형화 함수에 대한 유용한 결과이다(연습문제 15 참조).

$$(1+x)^k \approx 1 + kx \qquad (k\text{는 임의의 실수이고 } x\text{는 0 근방})$$

이 결과로부터 x의 값이 충분히 0에 가까울 때 매우 좋은 근사함수를 구할 수 있다. 예를 들어 x가 작을 때 다음을 얻는다.

$x=0$ 근방에서 근사함수

$$\sqrt{1+x} \approx 1 + \frac{x}{2}$$

$$\frac{1}{1-x} \approx 1 + x$$

$$\frac{1}{\sqrt{1-x^2}} \approx 1 + \frac{x^2}{2}$$

$$\sqrt{1+x} \approx 1 + \frac{1}{2}x \qquad k=1/2$$

$$\frac{1}{1-x} = (1-x)^{-1} \approx 1 + (-1)(-x) = 1 + x \qquad k=-1,\ x \text{ 대신에 } -x \text{ 대입}$$

$$\sqrt[3]{1+5x^4} = (1+5x^4)^{1/3} \approx 1 + \frac{1}{3}(5x^4) = 1 + \frac{5}{3}x^4 \qquad k=1/3,\ x \text{ 대신에 } 5x^4 \text{ 대입}$$

$$\frac{1}{\sqrt{1-x^2}} = (1-x^2)^{-1/2} \approx 1 + \left(-\frac{1}{2}\right)(-x^2) = 1 + \frac{1}{2}x^2 \qquad k=-1/2,\ x \text{ 대신에 } -x^2 \text{ 대입}$$

미분

때때로 y를 x에 관해 미분한 도함수를 라이프니츠 기호 dy/dx를 사용하여 표현했었다. 마치 나눗셈처럼 보이지만, 실제로 비를 뜻하는 것은 아니다. 이제 2개의 새로운 변수 dx와 dy에 대해 소개하기로 한다. 만약 두 변수의 비의 값이 존재하면 그것은 바로 도함수가 될 것이다.

정의 함수 $y=f(x)$를 미분가능한 함수라고 하자. **미분 dx**(differential dx)는 독립변수이고, **미분 dy**(differential dy)는 다음과 같이 정의된다.

$$dy = f'(x)\,dx$$

dx는 독립변수인 반면에 dy는 항상 x와 dx에 의해 결정되는 종속변수이다. 즉 dx의 값이 주어지면 함수 f의 정의역 내의 x의 값에 의해 dy의 값이 결정된다. 종종 dx는 x의 변화량 Δx로 선택된다.

예제 4

(a) $y=x^5+37x$일 때, dy를 구하라.

(b) $x=1$이고 $dx=0.2$일 때, dy의 값을 구하라.

풀이

(a) $dy=(5x^4+37)dx$

(b) dy에 $x=1$과 $dx=0.2$를 대입하면 다음을 얻는다.

$$dy = (5\cdot 1^4 + 37)\,0.2 = 8.4$$

■

미분에 대한 기하학적 의미는 그림 2.56을 보면 쉽게 이해할 수 있을 것이다. $x=a$이고 $dx=\Delta x$라고 하자. 그러면 x의 변화에 따른 $y=f(x)$의 변화량은 다음과 같다.

$$\Delta y = f(a+dx) - f(a)$$

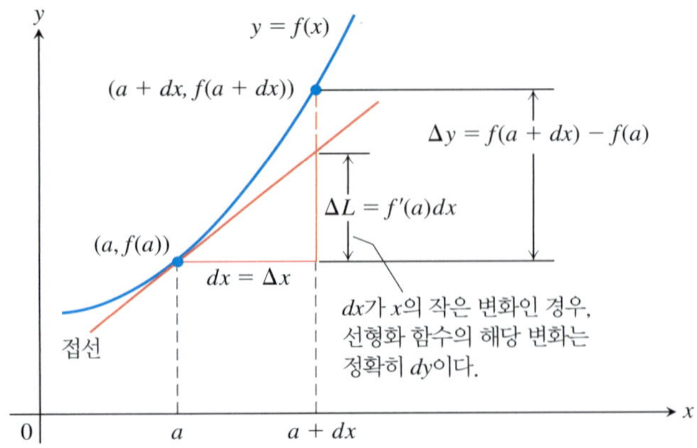

그림 2.56 기하학적으로 미분 dy는 x의 값이 $x=a$에서 $dx=\Delta x$만큼 변화했을 때 f의 선형화 함수의 변화량 ΔL을 나타낸다.

x의 변화량에 따른 접선 L의 변화량은 다음과 같이 구할 수 있다.

$$\begin{aligned}\Delta L &= L(a+dx) - L(a)\\ &= \underbrace{f(a) + f'(a)[(a+dx)-a]}_{L(a+dx)} - \underbrace{f(a)}_{L(a)}\\ &= f'(a)\,dx\end{aligned}$$

즉 x의 값이 $x=a$에서 $dx=\Delta x$만큼 변화했을 때, 미분 dy는 f의 선형화 함수의 변화량 ΔL과 일치함을 알 수 있다. 따라서 x의 변화량이 $dx=\Delta x$일 때, dy의 값은 접선이 증가하는 양 또는 감소하는 양을 뜻한다.

$dx \neq 0$일 때 dy와 dx의 비는 도함수 $f'(x)$와 같다. 그 이유는 다음과 같다.

$$dy \div dx = \frac{f'(x)\,dx}{dx} = f'(x) = \frac{dy}{dx}$$

때때로 $dy=f'(x)\,dx$ 대신에 다음과 같이 쓰기도 한다.

$$df = f'(x)\,dx$$

여기서 df를 **f의 미분**(differential of f)이라고 부른다. 예를 들어 $f(x)=3x^2-6$일 때 다음을 얻는다.

$$df = d(3x^2-6) = 6x\,dx$$

우리가 이미 알고 있는 미분법 공식으로부터 미분을 유도할 수도 있다. 즉 다음과 같다.

$$\frac{d(u+v)}{dx} = \frac{du}{dx} + \frac{dv}{dx} \quad \text{또는} \quad \frac{d(\sin u)}{dx} = \cos u\frac{du}{dx}$$

따라서 다음과 같은 식을 구할 수 있다.

$$d(u+v) = du + dv \quad \text{또는} \quad d(\sin u) = \cos u\,du$$

예제 5 연쇄법칙과 다른 미분 공식을 이용하여 다음 함수의 미분을 구할 수 있다.

(a) $d(\tan 2x) = \sec^2(2x)\,d(2x) = 2\sec^2 2x\,dx$

(b) $d\left(\dfrac{x}{x+1}\right) = \dfrac{(x+1)\,dx - x\,d(x+1)}{(x+1)^2} = \dfrac{x\,dx + dx - x\,dx}{(x+1)^2} = \dfrac{dx}{(x+1)^2}$ ■

미분을 이용한 변화량의 근삿값

점 a에서 함수 $f(x)$의 함숫값을 알고 있고 가까운 점 $a+dx$로 이동하면 f의 변화량이 얼마인지 구하고자 한다. $dx=\Delta x$의 값이 작을 때 그림 2.56으로부터 Δy의 값은 근사적으로 미분 dy의 값과 매우 가까운 것을 알 수 있다. 따라서 다음을 얻는다.

$$f(a+dx) = f(a) + \Delta y \qquad \Delta x = dx$$

그러므로 근삿값은 다음과 같다.

$$f(a+dx) \approx f(a) + dy$$

여기서 $dx=\Delta x$이다. 그러므로 $f(a)$의 값을 알고 dx의 값이 작고 $dy=f'(a)\,dx$일 때, $\Delta y \approx dy$라는 근사식으로부터 $f(a+dx)$의 근삿값을 구할 수 있다.

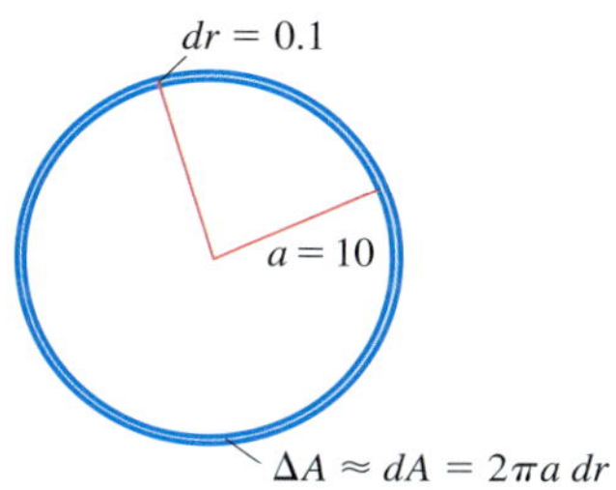

그림 2.57 dr이 a와 비교하여 작을 때 미분 dA는 근사 $A(a+dr)=\pi a^2+dA$를 제공한다 (예제 6).

예제 6 그림 2.57과 같이 원의 반지름 r이 $a=10$에서 10.1 m로 증가했을 때, 미분 dA를 이용하여 넓이의 증가량의 근삿값을 구하고, 실제 원의 넓이를 직접 계산하여 비교하라.

풀이 $A=\pi r^2$이므로 A의 증가량의 근삿값은 다음과 같다.

$$dA = A'(a)\,dr = 2\pi a\,dr = 2\pi(10)(0.1) = 2\pi \text{ m}^2$$

$A(r+\Delta r)\approx A(r)+dA$이므로 다음을 얻는다.

$$\begin{aligned} A(10+0.1) &\approx A(10) + 2\pi \\ &= \pi(10)^2 + 2\pi = 102\pi \end{aligned}$$

이로부터 반지름이 10.1 m일 때 원의 넓이의 근삿값은 102π m^{2}임을 알 수 있다.

실제 원의 넓이는 다음과 같다.

$$\begin{aligned} A(10.1) &= \pi(10.1)^2 \\ &= 102.01\pi \text{ m}^2 \end{aligned}$$

그러므로 오차 $\Delta A - dA$는 0.01π m^{2}이다. ■

미분을 사용하여 함수를 근사할 때, $f(a)$와 미분계수 $f'(a)$를 계산하기 쉬운 근처의 점 $x=a$를 선택해야 한다.

예제 7 미분을 이용하여 다음 근삿값을 구하라.

(a) $7.97^{1/3}$ **(b)** $\sin(\pi/6+0.01)$

풀이

(a) 세제곱근함수 $y=x^{1/3}$에 관한 미분은 다음과 같다.

$$dy = \frac{1}{3x^{2/3}}\,dx$$

7.97에 가까우면서 $f(a)$와 $f'(a)$를 쉽게 계산할 수 있는 a의 값을 $a=8$로 잡는다. 또한 $a+dx=7.97$이 되도록 $dx=-0.03$으로 잡는다. 미분에 의한 근삿값 식으로부터 다음을 얻는다.

$$\begin{aligned} f(7.97) = f(a+dx) &\approx f(a) + dy \\ &= 8^{1/3} + \frac{1}{3(8)^{2/3}}(-0.03) \\ &= 2 + \frac{1}{12}(-0.03) = 1.9975 \end{aligned}$$

이는 $7.97^{1/3}$의 근삿값으로 실제 소수 여섯째 자리까지 정확한 값은 1.997497이다.

(b) $y=\sin x$에 관한 미분은 다음과 같다.

$$\sin(a+dx) \approx \sin a + (\cos a)\,dx$$

$$dy = \cos x\,dx$$

$\sin(\pi/6+0.01)$의 근삿값을 구하기 위해 $a=\pi/6$와 $dx=0.01$로 잡아준다. 그러면 다음과

같다.

$$\begin{aligned} f(\pi/6+0.01) &= f(a+dx) \approx f(a)+dy \\ &= \sin\frac{\pi}{6}+\left(\cos\frac{\pi}{6}\right)(0.01) \\ &= \frac{1}{2}+\frac{\sqrt{3}}{2}(0.01) \approx 0.5087 \end{aligned}$$

실제값과 비교하기 위해 $\sin(\pi/6+0.01)$의 소수 여섯째 자리까지 계산하면 0.508635이다. ■

예제 7b의 방법은 전자계산기나 컴퓨터 알고리즘에서 삼각함수의 값을 계산할 때 종종 사용되는 방법이다. 알고리즘에서는 우선 0과 $\pi/4$ 사이에서의 사인과 코사인 값을 많이 저장해 놓은 표가 있고, 이 표에 저장된 값 사이의 값을 예제 7b의 미분을 이용한 방법에 의해 계산한다. 구간 $[0, \pi/4]$ 외부에서의 값은 삼각함수의 항등식을 이용하여 계산한다.

미분을 이용한 근삿값의 오차

$f(x)$를 $x=a$에서 미분가능한 함수라 하고, $dx=\Delta x$를 x의 증가량이라고 하자. x의 값이 a에서 $a+\Delta x$만큼 증가했을 때 f의 변화량은 다음과 같이 두 가지로 생각할 수 있다.

실제 변화량: $\quad \Delta f=f(a+\Delta x)-f(a)$

미분에 의한 근사 변화량: $\quad df=f'(a)\,\Delta x$

df의 값은 Δf의 값에 얼마나 가까운가?

Δf의 값에서 df의 값을 빼서 오차가 얼마나 되는지 알아보자.

$$\begin{aligned} \text{오차} &= \Delta f - df \\ &= \Delta f - f'(a)\Delta x \\ &= \underbrace{f(a+\Delta x)-f(a)}_{\Delta f} - f'(a)\Delta x \\ &= \underbrace{\left(\frac{f(a+\Delta x)-f(a)}{\Delta x} - f'(a)\right)}_{\varepsilon\text{이라 하자.}}\cdot\Delta x \\ &= \varepsilon\cdot\Delta x \end{aligned}$$

$\Delta x \to 0$일 때 다음과 같은 차분몫의 값은 도함수의 정의에 따라 $f'(a)$로 수렴한다.

$$\frac{f(a+\Delta x)-f(a)}{\Delta x}$$

위의 식에서 ε이라 놓은 괄호 안에 있는 식의 값은 매우 작은 값을 갖는다. 실제로 $\Delta x \to 0$일 때 $\varepsilon \to 0$이다. Δx의 값이 작을 때, 오차 $\varepsilon\cdot\Delta x$의 값은 훨씬 더 작은 값이 된다.

$$\underbrace{\Delta f}_{\text{실제 변화량}} = \underbrace{f'(a)\Delta x}_{\text{근사 변화량}} + \underbrace{\varepsilon\,\Delta x}_{\text{오차}}$$

오차의 값을 정확하게 구하는 것은 쉽지 않지만, 2개의 작은 값 ε과 Δx의 곱으로 나타낼 수 있으며 이 두 값은 $\Delta x \to 0$일 때 0에 접근한다. 많은 통상적인 함수에서 Δx가 작은 값일 때, 오차는 매우 작은 값이다.

$x=a$ 근방에서 $y=f(x)$의 변화량

$y=f(x)$가 $x=a$에서 미분가능하고 x가 a에서 $a+\Delta x$까지 변할 때, f의 변화량 Δy는 다음과 같이 주어진다.

$$\Delta f = f'(a)\Delta x + \varepsilon\,\Delta x \quad (1)$$

여기서 $\Delta x \to 0$일 때 $\varepsilon \to 0$이다.

예제 6에서 다음과 같음을 알았다.

$$\Delta A = \pi(10.1)^2 - \pi(10)^2 = (102.01 - 100)\pi = (\underbrace{2\pi}_{dA} + \underbrace{0.01\pi}_{\text{오차}})\,\mathrm{m}^2$$

따라서 오차는 $\Delta A - dA = \varepsilon\Delta r = 0.01\pi$이고 $\varepsilon = 0.01\pi/\Delta r = 0.01\pi/0.1 = 0.1\pi$ m이다.

연쇄법칙의 증명

식 (1)을 이용하여 연쇄법칙을 상세하게 증명하기 위해 $f(u)$가 u에 관해 미분가능한 함수이고 $u=g(x)$가 x에 관해 미분가능한 함수일 때, 합성함수 $y=f(g(x))$가 x에 관해 미분가능하다는 것을 보여야 한다. 함수가 미분가능하는 것은 함수의 정의역에 속한 모든 점에서 미분가능하는 것과 동치이므로 g가 x_0에서 미분가능하고 f가 $g(x_0)$에서 미분가능할 때, 합성함수는 x_0에서 미분가능하고 다음 식이 성립해야 한다.

$$\left.\frac{dy}{dx}\right|_{x=x_0} = f'(g(x_0))\cdot g'(x_0)$$

Δx를 x의 증가량이라고 하고, Δu와 Δy를 각각 u와 y의 증가량이라고 하자. 그러면 식 (1)을 이용하여 Δu는 다음과 같다.

$$\Delta u = g'(x_0)\,\Delta x + \varepsilon_1\,\Delta x = (g'(x_0) + \varepsilon_1)\,\Delta x$$

여기서 $\Delta x \to 0$일 때 $\varepsilon_1 \to 0$이다. 마찬가지로 Δy도 다음과 같이 나타낼 수 있다.

$$\Delta y = f'(u_0)\,\Delta u + \varepsilon_2\,\Delta u = (f'(u_0) + \varepsilon_2)\,\Delta u$$

여기서 $\Delta u \to 0$일 때 $\varepsilon_2 \to 0$이다. 또한 $\Delta x \to 0$일 때 $\Delta u \to 0$임에 주목하자. 이제 Δu와 Δy의 식으로부터 다음을 얻는다.

$$\Delta y = (f'(u_0) + \varepsilon_2)(g'(x_0) + \varepsilon_1)\,\Delta x$$

따라서 다음과 같다.

$$\frac{\Delta y}{\Delta x} = f'(u_0)g'(x_0) + \varepsilon_2 g'(x_0) + f'(u_0)\varepsilon_1 + \varepsilon_2\varepsilon_1$$

Δx가 0으로 감에 따라 ε_1과 ε_2는 모두 0으로 수렴하므로 극한을 취하면 다음과 같이 증명이 된다.

$$\left.\frac{dy}{dx}\right|_{x=x_0} = \lim_{\Delta x \to 0}\frac{\Delta y}{\Delta x} = f'(u_0)g'(x_0) = f'(g(x_0))\cdot g'(x_0)$$

변화량의 민감성

식 $df=f'(x)dx$로부터 x의 다른 값에 대해 함숫값 $f(x)$가 얼마나 민감하게 변하는지를 알 수 있다. x의 값에 대해 $f'(x)$의 값이 클수록 dx의 변화에 따른 함숫값의 변화는 더 큰 영향을 받게 된다. x의 값이 a에서 $a+dx$까지 변할 때 f값의 변화량을 다음과 같이 세 가지 방법으로 나타낼 수 있다.

	참값	근삿값
절대변화량	$\Delta f = f(a+dx) - f(a)$	$df = f'(a)\,dx$
상대변화량	$\dfrac{\Delta f}{f(a)}$	$\dfrac{df}{f(a)}$
변화량의 백분율	$\dfrac{\Delta f}{f(a)} \times 100$	$\dfrac{df}{f(a)} \times 100$

예제 8 우물의 깊이를 다음과 같은 방법으로 구해보자. 우물에 무거운 돌을 떨어뜨려 물이 튀는 소리가 들릴 때까지의 시간을 재면 식 $s=4.9t^2$을 이용하여 깊이를 알 수 있다. 만약 시간을 재는 데 0.1초의 오차가 있다면 우물의 깊이의 오차는 얼마나 차이가 나는가?

풀이 미분 ds를 구해보면 다음과 같다.

$$ds = 9.8t\,dt$$

이는 t의 값에 의해 달라짐을 알 수 있다. $t=2$이고 $dt=0.1$인 경우 ds는 다음과 같다.

$$ds = 9.8(2)(0.1) = 1.96\text{ m}$$

하지만 3초 후인 $t=5$초의 경우에는 같은 dt에 대해 다음과 같이 훨씬 더 큰 차이를 보이게 된다.

$$ds = 9.8(5)(0.1) = 4.9\text{ m}$$

따라서 우물의 실제 깊이가 깊을수록 같은 0.1초의 차이라도 깊이의 근삿값은 실제의 깊이보다 더 큰 차이를 보이게 된다. 즉 근삿값은 t값이 큰 경우 오차값에 더욱 민감해진다. ■

예제 9 뉴턴의 제2의 운동방정식은 다음과 같다.

$$F = \frac{d}{dt}(mv) = m\frac{dv}{dt} = ma$$

그러데 이는 질량이 일정한 상수라고 가정하고 찾아낸 식이다. 운동하는 물체의 속도가 증가하면 질량이 증가할 수 있기 때문에 이 법칙은 약간 달라졌다. 아인슈타인의 식에 의하면 질량은 다음과 같다.

$$m = \frac{m_0}{\sqrt{1 - v^2/c^2}}$$

여기서 m_0는 물체가 정지하고 있을 때의 질량을 나타내고, c는 빛의 속도이고 약 300,000 km/s이다. 다음 근사식을 이용하여 물체의 속력이 v일 때 질량의 변화량 Δm의 근삿값을 구하라.

$$\frac{1}{\sqrt{1-x^2}} \approx 1 + \frac{1}{2}x^2 \tag{2}$$

풀이 v가 c에 비해 상대적으로 매우 작을 때는 v^2/c^2이 거의 0에 가까운 수이고, 따라서 다음의 근사식을 이용할 수 있다.

$$\frac{1}{\sqrt{1 - v^2/c^2}} \approx 1 + \frac{1}{2}\left(\frac{v^2}{c^2}\right)$$ $x = \frac{v}{c}$일 때 식 (2)

그러면 다음을 얻는다.

$$m = \frac{m_0}{\sqrt{1 - v^2/c^2}} \approx m_0\left[1 + \frac{1}{2}\left(\frac{v^2}{c^2}\right)\right] = m_0 + \frac{1}{2}m_0v^2\left(\frac{1}{c^2}\right)$$

또는 다음과 같은 결과를 얻을 수 있다.

$$m \approx m_0 + \frac{1}{2}m_0v^2\left(\frac{1}{c^2}\right) \tag{3}$$

따라서 식 (3)으로부터 운동하는 물체의 속력이 v일 때 질량의 변화량을 알 수 있다. ■

질량에서 에너지로 변환

예제 9에서 유도된 식 (3)은 중요한 의미를 가지고 있다. 뉴턴 물리학에서 물체의 운동에너지(KE)는 $(1/2)m_0v^2$이다. 식 (3)을 다음과 같이 고쳐 쓰면 다음과 같다.

$$(m - m_0)c^2 \approx \frac{1}{2}m_0v^2$$

즉 다음을 얻는다.

$$(m - m_0)c^2 \approx \frac{1}{2}m_0v^2 = \frac{1}{2}m_0v^2 - \frac{1}{2}m_0(0)^2 = \Delta(\text{KE})$$

이것은 다시 다음과 같이 고쳐 쓸 수 있다.

$$(\Delta m)c^2 \approx \Delta(\text{KE})$$

따라서 속력이 0에서 v로 증가했을 때 운동에너지의 증가량 Δ(KE)는 근사적으로 $(\Delta m)c^2$이 된다. 즉 질량의 변화량 × (빛의 속도)^{2}이다. 빛의 속력이 $c \approx 3\times10^8$ m/s라는 것을 이용하면 물체가 조금만 움직여도 운동에너지의 변화는 매우 크다는 것을 알 수 있다.

연습문제 2.11 EXERCISE QUESTION

선형화 함수 구하기

연습문제 1~5에서 $x=a$에서 $f(x)$의 선형화 함수 $L(x)$를 구하라.

1. $f(x) = x^3 - 2x + 3,\quad a = 2$
2. $f(x) = \sqrt{x^2+9},\quad a = -4$
3. $f(x) = x + \frac{1}{x},\quad a = 1$
4. $f(x) = \sqrt[3]{x},\quad a = -8$
5. $f(x) = \tan x,\quad a = \pi$
6. **$x=0$에서의 공통 선형 근사** $x=0$에서 다음 각 함수의 선형화 함수를 구하라.
   a. $\sin x$ **b.** $\cos x$ **c.** $\tan x$ **d.** e^x **e.** $\ln(1+x)$

선형화를 이용한 근사

연습문제 7~14에서 주어진 점 a 근처에서 주어진 함수의 값과 미분계수를 쉽게 구할 수 있는 적당한 정수를 찾아서 선형화를 구하라.

7. $f(x) = x^2 + 2x,\quad a = 0.1$
8. $f(x) = x^{-1},\quad a = 0.9$
9. $f(x) = 2x^2 + 3x - 3,\quad a = -0.9$
10. $f(x) = 1 + x,\quad a = 8.1$
11. $f(x) = \sqrt[3]{x},\quad a = 8.5$
12. $f(x) = \frac{x}{x+1},\quad a = 1.3$
13. $f(x) = e^{-x},\quad a = -0.1$
14. $f(x) = \sin^{-1} x,\quad a = \pi/12$
15. $x=0$에서 $f(x)=(1+x)^k$의 선형화 함수가 $L(x)=1+kx$임을 증명하라.
16. $(1+x)^k \approx 1+kx$를 이용하여 $x=0$에서 다음 각 함수의 근사식을 구하라.
    a. $f(x) = (1-x)^6$ **b.** $f(x) = \frac{2}{1-x}$
    c. $f(x) = \frac{1}{\sqrt{1+x}}$ **d.** $f(x) = \sqrt{2+x^2}$
    e. $f(x) = (4+3x)^{1/3}$ **f.** $f(x) = \sqrt[3]{\left(1 - \frac{x}{2+x}\right)^2}$
17. **계산기보다 빠른 계산** 근사식 $(1+x)^k \approx 1+kx$를 이용하여 다음 값의 근삿값을 구하라.
    a. $(1.0002)^{50}$ **b.** $\sqrt[3]{1.009}$
18. $x=0$에서 $f(x)=\sqrt{x+1}+\sin x$의 선형화 함수를 구하라. $x=0$에서 두 함수 $\sqrt{x+1}$과 $\sin x$의 선형화 함수와는 어떤 관계가 있는가?

미분 형태의 도함수

연습문제 19~38에서 dy를 구하라.

19. $y = x^3 - 3\sqrt{x}$
20. $y = x\sqrt{1-x^2}$
21. $y = \frac{2x}{1+x^2}$
22. $y = \frac{2\sqrt{x}}{3(1+\sqrt{x})}$
23. $2y^{3/2} + xy - x = 0$
24. $xy^2 - 4x^{3/2} - y = 0$
25. $y = \sin(5\sqrt{x})$
26. $y = \cos(x^2)$
27. $y = 4\tan(x^3/3)$
28. $y = \sec(x^2 - 1)$
29. $y = 3\csc(1 - 2\sqrt{x})$
30. $y = 2\cot\left(\frac{1}{\sqrt{x}}\right)$
31. $y = e^{\sqrt{x}}$
32. $y = xe^{-x}$
33. $y = \ln(1+x^2)$
34. $y = \ln\left(\frac{x+1}{\sqrt{x}-1}\right)$
35. $y = \tan^{-1}(e^{x^2})$
36. $y = \cot^{-1}\left(\frac{1}{x^2}\right) + \cos^{-1} 2x$
37. $y = \sec^{-1}(e^{-x})$
38. $y = e^{\tan^{-1}\sqrt{x^2+1}}$

근사 오차

연습문제 39~44에서 각 함수 $f(x)$에 대해 x의 값을 x_0에서 x_0+dx까지 변할 때 다음의 각 값을 구하라.

a. 변화량 $\Delta f=f(x_0+dx)-f(x_0)$
b. 근삿값 $df=f'(x_0)\,dx$
c. 근사 오차 $|\Delta f-df|$

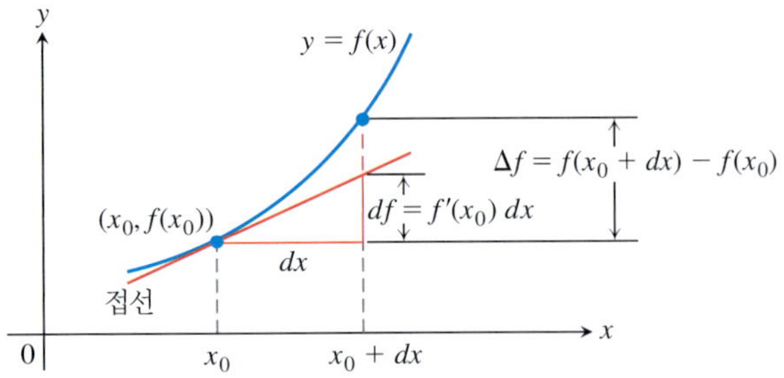

39. $f(x) = x^2 + 2x,\quad x_0 = 1,\quad dx = 0.1$
40. $f(x) = 2x^2 + 4x - 3,\quad x_0 = -1,\quad dx = 0.1$
41. $f(x) = x^3 - x,\quad x_0 = 1,\quad dx = 0.1$
42. $f(x) = x^4,\quad x_0 = 1,\quad dx = 0.1$
43. $f(x) = x^{-1},\quad x_0 = 0.5,\quad dx = 0.1$
44. $f(x) = x^3 - 2x + 3,\quad x_0 = 2,\quad dx = 0.1$

미분을 이용한 변화량의 근사

연습문제 45~50에서 부피 또는 겉넓이의 변화량을 미분 공식을 이용하여 구하라.

45. 구의 반지름이 r_0에서 r_0+dr로 변했을 때 부피 $V=(4/3)\pi r^3$의 변화량
46. 정육면체의 한 모서리의 길이가 x_0에서 x_0+dx로 변했을 때 부피 $V=x^3$의 변화량
47. 정육면체의 한 모서리의 길이가 x_0에서 x_0+dx로 변했을 때 겉넓이 $S=6x^2$의 변화량
48. 원뿔의 밑면의 반지름이 r_0에서 r_0+dr로 변하고 높이의 변화는 없을 때 옆넓이 $S=\pi r\sqrt{r^2+h^2}$의 변화량
49. 원기둥의 밑면의 반지름이 r_0에서 r_0+dr로 변하고 높이의 변화는 없을 때 부피 $V=\pi r^2 h$의 변화량
50. 원기둥의 높이가 h_0에서 h_0+dh로 변하고 밑면의 반지름의 변화는 없을 때 옆넓이 $S=2\pi rh$의 변화량

응용

51. 원의 반지름이 2.00 m에서 2.02 m로 증가했다.
a. 넓이의 증가량의 근삿값을 구하라.
b. 원의 원래 넓이에 대한 근삿값의 비를 백분율로 나타내라.

52. 어떤 나무의 지름은 25 cm이다. 지난 1년 동안 원의 둘레가 5 cm 늘어났다면 지름은 얼마나 늘어났는가? 또한 나무의 단면의 넓이는 얼마나 증가했는가?

53. 부피의 근삿값 그림과 같이 두께가 0.5 cm이고, 단면의 반지름이 6 cm, 길이가 30 cm인 원통 모양의 관이 있다. 관 내부의 부피의 근삿값을 구하라.

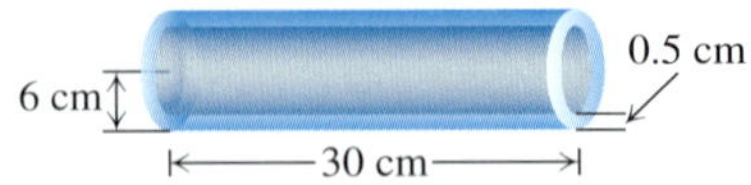

54. 건물의 높이 구하기 어떤 사람이 건물에서 9 m 떨어진 거리에서 건물의 꼭대기를 바라본 각의 크기가 대략 75°였다. 이를 바탕으로 건물의 높이에 대한 근삿값을 구하고자 할 때, 실제 건물의 높이와의 오차가 4% 이내가 되도록 하려면 각의 크기의 오차의 백분율은 몇 % 이내로 정확하게 측정이 되어야 하는가?

55. 원의 반지름이 2%의 오차를 가지고 r로 측정되었다. 이 반지름으로 계산된 다음 값의 최대 오차의 백분율은 몇 %인가?
a. 원둘레의 길이 **b.** 원의 넓이

56. 정육면체의 모서리의 길이가 최대 0.5%의 오차를 가지고 x로 측정되었다. 이 값으로 계산된 다음 값의 최대 오차의 백분율은 몇 %인가?
a. 겉넓이 **b.** 부피

57. 허용 오차 높이와 밑면의 반지름이 h로 같은 원기둥이 있다. 따라서 부피는 $V=\pi h^3$이다. 이 원기둥의 부피를 실제의 부피와 1% 이내로 정확하게 구하고자 한다. 이때 높이 h의 값에 대한 근삿값의 오차의 한계를 실제 h의 값에 대한 백분율로 구하라.

58. 허용 오차
a. 높이가 10 m인 원통 모양의 물탱크가 있다. 물탱크 내부의 부피의 근삿값이 참값에 대한 오차가 1% 이내가 되려면 물탱크의 안쪽 부분의 지름은 얼마나 정확하게 측정이 되어야 하는가?
b. 문제 (a)의 물탱크 옆면에 페인트 칠을 하려고 한다. 옆면의 넓이의 근삿값에 대해 오차가 5% 이내가 되려면 물탱크의 바깥쪽 부분의 지름은 얼마나 정확하게 측정이 되어야 하는가?

59. 구의 지름이 100±1 cm로 측정되었고, 이 측정값으로 부피를 계산했다. 부피에 대한 오차의 백분율을 추정하라.

60. 측정된 지름 D에 의해 계산되는 구의 부피가 3% 이내로 정확하게 구하고자 한다면, 이때 지름 D를 측정할 때 허용되는 백분율 오차를 추정하라.

T **61. 우주 비행이 심장에 미치는 영향** 심장에서 피를 공급하는 방, 즉 좌심실이 하는 일은 다음의 식과 같이 주어진다.

$$W = PV + \frac{V\delta v^2}{2g}$$

여기서 W는 단위시간당 일의 양, P는 피의 평균압력, V는 단위시간 동안 내보내는 피의 부피, δ는 피의 밀도, v는 피가 심실을 나갈 때의 속력, g는 중력가속도이다.
여기서 P, V, δ, v가 상수일 때, W는 g의 함수가 되어 다음과 같이 간단히 쓸 수 있다.

$$W = a + \frac{b}{g} \quad (a,\ b\text{는 상수})$$

미항공우주국(NASA)의 의료팀은 우주조종사가 중력가속도 g의 초깃값에 따른 중력가속도의 변화가 일의 변화에 얼마나 민감하게 영향을 미치는지를 알고 싶어 한다. 달에서의 중력가속도는 $g=1.6\ \text{m/s}^2$이고, 지구에서의 중력가속도는 $g=9.8\ \text{m/s}^2$이다. 달에서 중력가속도가 dg만큼 변화했을 때 일의 변화량 $dW_{달}$과 지구에서 중력가속도가 dg만큼 변화했을 때 일의 변화량 $dW_{지구}$를 각각 구하라. 간단히 쓴 식을 사용하여 $dW_{지구}$에 대한 $dW_{달}$의 비의

값을 구하라.

62. 약의 농도 알약을 삼킨 후, 시간에 따른 혈류에 있는 약의 농도 C (단위는 mg/mL)는 다음의 근사식으로 나타낸다.

$$C(t) = 1 + \frac{4t}{1+t^3} - e^{-0.06t}$$

t가 20분에서 30분으로 변할 때, 농도의 변화를 추정하라.

63. 혈관의 확장 생리학자 장 푸와죄유(1797~1869)가 발견한 공식 $V=kr^4$은 부분적으로 막힌 동맥의 반경을 얼마나 넓혀야 정상적인 혈류를 회복할 수 있는지 미리 예측할 수 있게 해준다. 공식에 의하면 고정된 혈압으로 동맥을 통해 흐르는 단위시간당 혈액의 부피 V가 혈관의 반지름의 4제곱의 상수 k배라고 한다. 반지름을 10% 확장하면 V는 어떻게 변하는가?

64. 중력가속도의 측정 온도를 일정하게 유지하면서 길이가 L인 진자를 매달아 놓았다. 진자의 주기 T는 중력가속도의 값 g에 의해 결정된다. 지구 위의 여러 지점에서 미세한 중력가속도의 변화에 따라 진자의 주기는 다르게 나타날 것이다. 이와 같이 주기의 변화량 ΔT를 측정하여 T, g, L의 관계식 $T=2\pi(L/g)^{1/2}$로부터 g의 변화를 예측할 수 있다.

a. L이 고정되어 있을 때 T를 g에 대한 함수로 간주하여 dT를 구하고, 이 결과를 이용하여 문제 (b), (c)의 물음에 답하라.

b. g가 증가하면 T는 증가하는가, 감소하는가? 진자시계는 빨라지겠는가, 느려지겠는가?

c. 진자의 길이가 100 cm로 고정되어 있다. 어떤 지역에서 $g=$ 980 cm/s^{2}이었는데, 다른 지역으로 옮겼더니 진자의 주기가 $dT=0.001$ s만큼 증가했다. dg를 구하고 이를 이용하여 옮긴 지역에서의 g값의 근삿값을 구하라.

65. 2차 근사함수

a. $Q(x)=b_0+b_1(x-a)+b_2(x-a)^2$을 다음 조건을 만족하는 $x=a$에서의 $f(x)$의 2차 근사함수라고 하자.

i. $Q(a) = f(a)$

ii. $Q'(a) = f'(a)$

iii. $Q''(a) = f''(a)$

계수 b_0, b_1, b_2를 구하라.

b. 함수 $f(x)=1/(1-x)$의 $x=0$에서의 2차 근사함수를 구하라.

c. 함수 $f(x)=1/(1-x)$의 $x=0$에서의 2차 근사함수의 그래프를 그려라. 점 (0, 1) 근방에서 그래프를 조금 크게 그려 보고 그래프에 대해 설명하라.

d. $x=1$에서 함수 $g(x)=1/x$의 2차 근사함수를 구하라. g와 그것의 2차 근사함수 그래프를 한 화면에 그리고, 이에 대해 설명하라.

e. $x=0$에서 함수 $h(x)=\sqrt{1+x}$에서의 2차 근사함수를 구하라. h와 h의 2차 근사함수 그래프를 한 화면에 그리고, 이에 대해 설명하라.

f. 문제 (b), (d), (e)에 주어진 각 점에서 세 함수 f, g, h의 선형화 함수는 무엇인가?

66. 선형 근사함수 중에 가장 우수한 것은 선형화 함수 $y=f(x)$는 $x=a$에서 미분가능하고, 상수 m과 c에 대해 $g(x)=m(x-a)+c$는 1차 함수라 하자. 만약 $x=a$ 근방에서 오차 $E(x)=f(x)-g(x)$가 충분히 작으면, g를 선형화 함수 $L(x)=f(a)+f'(a)(x-a)$를 대신하여 사용할 수 있는 선형 근사함수라고 볼 수 있을 것이다. 다음 두 조건을 만족하는 선형 근사함수를 구하라.

1. $E(a) = 0$ — $x=a$에서 근사 오차는 0이다.

2. $\displaystyle\lim_{x\to a}\frac{E(x)}{x-a} = 0$ — 오차는 $x-a$와 비교할 때 무시할 수 있는 수준이다.

그러면 $g(x)=f(a)+f'(a)(x-a)$가 됨을 증명하라. 이는 곧 선형화 함수 $L(x)$가 $x=a$에서의 오차가 0이고 $x-a$에 비해 근사 오차가 매우 작은 유일한 선형 근사함수라는 것이다.

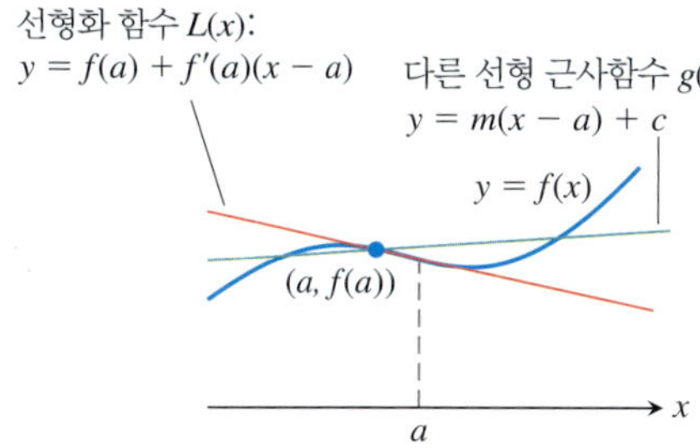

67. 2^x의 선형화 함수

a. $x=0$에서 $f(x)=2^x$의 선형화 함수를 구하라. 계수는 소수점 아래 둘째 자리에서 반올림한다.

b. 두 구간 $-3\le x\le 3$과 $-1\le x\le 1$ 위에서 함수와 선형화 함수의 그래프를 각각 그려라.

68. 수식 $\log_3 x$의 선형화 함수

a. $x=3$에서 $f(x)=\log_3 x$의 선형화 함수를 구하라. 계수는 소수점 아래 둘째 자리에서 반올림한다.

b. 두 구간 $0\le x\le 8$과 $2\le x\le 4$ 위에서 함수와 선형화 함수의 그래프를 각각 그려라.

컴퓨터 탐구

연습문제 69~74에서 CAS를 이용하여 주어진 구간에서 각 함수를 선형화 함수로 근사시켰을 때의 오차의 한계를 구해보고자 한다. 다음 각 물음에 답하라.

a. 구간 I에서 함수 f의 그래프를 그려라.

b. 주어진 점 a에서의 선형화 함수 L을 구하라.

c. 함수 f와 선형화 함수 L의 그래프를 한 화면에 그려라.

d. 구간 I에서 절대오차함수 $|f(x)-L(x)|$의 그래프를 그리고, 최댓값을 구하라.

e. 문제 (d)의 그래프로부터 $\varepsilon=0.5$, 0.1, 0.01일 때 다음 조건을 만족하는 δ의 최댓값을 각각 구하라.

$$|x-a|<\delta \quad\Rightarrow\quad |f(x)-L(x)|<\varepsilon$$

그리고 위에서 구한 δ가 조건을 만족하는지 그래프에서 확인하라.

69. $f(x) = x^3 + x^2 - 2x, \quad [-1, 2], \quad a = 1$

70. $f(x) = \dfrac{x-1}{4x^2+1}, \quad \left[-\dfrac{3}{4}, 1\right], \quad a = \dfrac{1}{2}$

71. $f(x) = x^{2/3}(x-2), \quad [-2, 3], \quad a = 2$

72. $f(x) = \sqrt{x} - \sin x, \quad [0, 2\pi], \quad a = 2$

73. $f(x) = x2^x, \quad [0, 2], \quad a = 1$

74. $f(x) = \sqrt{x}\,\sin^{-1}x, \quad [0, 1], \quad a = \dfrac{1}{2}$

복습문제 REVIEW QUESTION

1. 함수 f의 도함수란 무엇인가? 도함수의 정의역은 f의 정의역과 어떤 관계가 있는가? 몇 가지 예를 들어라.
2. 도함수는 접선의 기울기, 접선의 방정식, 함숫값의 증가량을 결정하는 데 어떤 역할을 하는가?
3. 함수의 식은 알지 못하고 함수의 값만 표로 주어졌을 때, 이로부터 도함수의 그래프를 그린다면 어떻게 그릴 수 있는가?
4. 열린 구간에서 함수가 미분가능하다는 것은 어떤 의미인가? 또한 닫힌 구간에서는 어떤 의미인가?
5. 도함수와 한쪽 도함수는 어떤 관계가 있는가?
6. 함수가 어떤 점에서 미분가능하지 않다는 것은 어떤 경우인지 그림으로 그려 설명하라.
7. 함수가 어떤 점에서의 미분가능성과 그 점에서의 연속성과는 어떤 관계가 있는지 설명하라.
8. 도함수를 구하는 법은 어떤 것이 있는지 예를 들어라.
9. 다음 세 가지 법칙을 이용하여 다항함수를 미분하는 방법을 설명하라.

   a. $\dfrac{d}{dx}(x^n) = nx^{n-1}$ **b.** $\dfrac{d}{dx}(cu) = c\dfrac{du}{dx}$

   c. $\dfrac{d}{dx}(u_1 + u_2 + \cdots + u_n) = \dfrac{du_1}{dx} + \dfrac{du_2}{dx} + \cdots + \dfrac{du_n}{dx}$
10. 유리함수의 도함수를 구하려면 복습문제 9의 세 법칙 외에 어떤 법칙이 필요한가?
11. 2계 도함수와 3계 도함수는 무엇인지 설명하라. 어느 정도의 고계 도함수까지 있는지 설명하라. 또한 몇 가지 예를 들어라.
12. 지수함수 e^x의 도함수는 무엇인가? 도함수의 정의역을 지수함수의 정의역과 비교하라.
13. 함수의 평균변화율과 순간변화율 사이에는 어떤 관계가 있는지 몇 가지 예를 들어라.
14. 물체의 운동에서 도함수는 어떤 의미인가? 직선 위를 움직이는 물체의 위치와 도함수에 대해 설명하라.
15. 경제학에서 도함수는 어떤 경우에 사용되는가?
16. 도함수가 또 어떤 분야에서 응용될 수 있는지 예를 들어라.
17. 극한 $\lim_{h\to 0}((\sin h)/h)$와 $\lim_{h\to 0}((\cos h-1)/h)$는 사인함수와 코사인함수의 도함수와 어떤 연관이 있는지 설명하라. 또 두 함수의 도함수는 무엇인가?
18. $\sin x$와 $\cos x$의 도함수를 이용하여 어떤 방법으로 $\tan x$, $\cot x$, $\sec x$, $\csc x$의 도함수를 구할 수 있는가? 각각의 도함수를 구하라.
19. 두 미분가능한 함수의 합성함수의 도함수를 구하는 법칙은 무엇인가? 이러한 도함수는 어떻게 계산하는가? 몇 가지 예를 들어 설명하라.
20. n이 정수이고, u가 x에 관해 미분가능할 때 $(d/dx)(u^n)$은 어떻게 구할 수 있는가? n이 실수일 때는 어떻게 구하는가? 몇 가지 예를 들어 설명하라.
21. 음함수의 미분법은 무엇인가? 언제 필요한가? 몇 가지 예를 들어 설명하라.
22. 자연로그함수 $\ln x$의 도함수는 무엇인가? $\ln x$의 정의역과 도함수의 정의역을 비교하라.
23. $a>0$이고 $a\neq 1$일 때, 지수함수의 도함수는 무엇인가? $h\to 0$일 때 $(a^h-1)/h$의 극한이 갖는 기하학적인 의미는 무엇인가? $a=e$일 때의 극한은 얼마인가?
24. $\log_a x$의 도함수는 무엇인가? a에 대해 어떤 조건이 있어야 하는가?
25. 로그미분법이란 무엇인가? 몇 가지 예를 들어 설명하라.
26. x의 임의의 실수 거듭제곱(x^a, a는 실수)을 어떻게 e의 거듭제곱으로 쓸 수 있는가? x에 대해 어떤 조건이 필요한가? 또 이 함수를 이용하여 지수가 임의의 실수일 때의 공식을 어떻게 증명할 수 있는가?
27. e를 극한으로 표현하는 한 예를 들어라. 소수점 아래 일곱째 자리까지 e의 값을 구하라.
28. 역삼각함수의 도함수는 무엇인가? 삼각함수의 정의역과 각각의 역함수의 정의역을 비교하라.
29. 연계 변화율 문제는 어떤 것인가? 몇 가지 예를 들어 설명하라.
30. 연계 변화율 문제를 풀기 위한 전략은 무엇인가? 예를 들어 설명하라.
31. $x=a$에서 함수 $f(x)$의 선형화 함수 $L(x)$의 정의는 무엇인가? 선형화 함수가 존재하려면 $x=a$에서 함수에 어떤 조건이 있어야 하는가? 선형화 함수는 어떻게 사용되는가? 몇 가지 예를 들어라.
32. x가 a에서 $a+dx$까지 변화했을 때, 미분가능한 함수 $f(x)$의 변화량은 어떻게 구할 수 있는가? 상대변화량과 백분율은 어떻게 구하는가? 몇 가지 예를 들어라.

실전문제 PRACTICE QUESTION

실전문제 1~64에서 주어진 함수의 도함수를 구하라.

1. $y = x^5 - 0.125x^2 + 0.25x$
2. $y = 3 - 0.7x^3 + 0.3x^7$
3. $y = x^3 - 3(x^2 + \pi^2)$
4. $y = x^7 + \sqrt{7}x - \dfrac{1}{\pi + 1}$
5. $y = (x+1)^2(x^2 + 2x)$
6. $y = (2x-5)(4-x)^{-1}$
7. $y = (\theta^2 + \sec\theta + 1)^3$
8. $y = \left(-1 - \dfrac{\csc\theta}{2} - \dfrac{\theta^2}{4}\right)^2$
9. $s = \dfrac{\sqrt{t}}{1+\sqrt{t}}$
10. $s = \dfrac{1}{\sqrt{t}-1}$
11. $y = 2\tan^2 x - \sec^2 x$
12. $y = \dfrac{1}{\sin^2 x} - \dfrac{2}{\sin x}$
13. $s = \cos^4(1-2t)$
14. $s = \cot^3\left(\dfrac{2}{t}\right)$
15. $s = (\sec t + \tan t)^5$
16. $s = \csc^5(1 - t + 3t^2)$
17. $r = \sqrt{2\theta\sin\theta}$
18. $r = 2\theta\sqrt{\cos\theta}$
19. $r = \sin\sqrt{2\theta}$
20. $r = \sin(\theta + \sqrt{\theta+1})$
21. $y = \dfrac{1}{2}x^2\csc\dfrac{2}{x}$
22. $y = 2\sqrt{x}\sin\sqrt{x}$

23. $y = x^{-1/2}\sec(2x)^2$

24. $y = \sqrt{x}\csc(x+1)^3$

25. $y = 5\cot x^2$

26. $y = x^2\cot 5x$

27. $y = x^2\sin^2(2x^2)$

28. $y = x^{-2}\sin^2(x^3)$

29. $s = \left(\frac{4t}{t+1}\right)^{-2}$

30. $s = \frac{-1}{15(15t-1)^3}$

31. $y = \left(\frac{\sqrt{x}}{1+x}\right)^2$

32. $y = \left(\frac{2\sqrt{x}}{2\sqrt{x}+1}\right)^2$

33. $y = \sqrt{\frac{x^2+x}{x^2}}$

34. $y = 4x\sqrt{x+\sqrt{x}}$

35. $r = \left(\frac{\sin\theta}{\cos\theta - 1}\right)^2$

36. $r = \left(\frac{1+\sin\theta}{1-\cos\theta}\right)^2$

37. $y = (2x+1)\sqrt{2x+1}$

38. $y = 20(3x-4)^{1/4}(3x-4)^{-1/5}$

39. $y = \frac{3}{(5x^2+\sin 2x)^{3/2}}$

40. $y = (3+\cos^3 3x)^{-1/3}$

41. $y = 10e^{-x/5}$

42. $y = \sqrt{2}e^{\sqrt{2}x}$

43. $y = \frac{1}{4}xe^{4x} - \frac{1}{16}e^{4x}$

44. $y = x^2e^{-2/x}$

45. $y = \ln(\sin^2\theta)$

46. $y = \ln(\sec^2\theta)$

47. $y = \log_2(x^2/2)$

48. $y = \log_5(3x-7)$

49. $y = 8^{-t}$

50. $y = 9^{2t}$

51. $y = 5x^{3.6}$

52. $y = \sqrt{2}x^{-\sqrt{2}}$

53. $y = (x+2)^{x+2}$

54. $y = 2(\ln x)^{x/2}$

55. $y = \arcsin\sqrt{1-u^2}, \quad 0 < u < 1$

56. $y = \arcsin\left(\frac{1}{\sqrt{v}}\right), \quad v > 1$

57. $y = \ln\arccos x$

58. $y = z\arccos z - \sqrt{1-z^2}$

59. $y = t\arctan t - \frac{1}{2}\ln t$

60. $y = (1+t^2)\operatorname{arccot} 2t$

61. $y = z\operatorname{arcsec} z - \sqrt{z^2-1}, \quad z > 1$

62. $y = 2\sqrt{x-1}\operatorname{arcsec}\sqrt{x}$

63. $y = \operatorname{arccsc}(\sec\theta), \quad 0 < \theta < \pi/2$

64. $y = (1+x^2)e^{\arctan x}$

음함수 미분법

실전문제 65~78에서 음함수의 미분법을 이용하여 dy/dx 구하라.

65. $xy + 2x + 3y = 1$

66. $x^2 + xy + y^2 - 5x = 2$

67. $x^3 + 4xy - 3y^{4/3} = 2x$

68. $5x^{4/5} + 10y^{6/5} = 15$

69. $\sqrt{xy} = 1$

70. $x^2y^2 = 1$

71. $y^2 = \frac{x}{x+1}$

72. $y^2 = \sqrt{\frac{1+x}{1-x}}$

73. $e^{x+2y} = 1$

74. $y^2 = 2e^{-1/x}$

75. $\ln(x/y) = 1$

76. $x\arcsin y = 1 + x^2$

77. $ye^{\arctan x} = 2$

78. $x^y = \sqrt{2}$

실전문제 79와 80에서 dp/dq를 구하라.

79. $p^3 + 4pq - 3q^2 = 2$

80. $q = (5p^2 + 2p)^{-3/2}$

실전문제 81과 82에서 dr/ds를 구하라.

81. $r\cos 2s + \sin^2 s = \pi$

82. $2rs - r - s + s^2 = -3$

83. 음함수의 미분법을 이용하여 d^2y/dx^2을 구하라.

a. $x^3 + y^3 = 1$

b. $y^2 = 1 - \frac{2}{x}$

84. a. $x^2 - y^2 = 1$에 대해 음함수의 미분법을 이용하여 $dy/dx = x/y$임을 증명하라.

b. $d^2y/dx^2 = -1/y^3$임을 보여라.

미분계수의 값

85. $x=0$과 $x=1$에서 두 함수 $f(x)$와 $g(x)$의 함숫값과 미분계수의 값이 다음 표와 같다.

x	$f(x)$	$g(x)$	$f'(x)$	$g'(x)$
0	1	1	−3	1/2
1	3	5	1/2	−4

다음의 각 주어진 점에서 미분계수의 값을 구하라.

a. $6f(x) - g(x), \quad x = 1$

b. $f(x)g^2(x), \quad x = 0$

c. $\frac{f(x)}{g(x)+1}, \quad x = 1$

d. $f(g(x)), \quad x = 0$

e. $g(f(x)), \quad x = 0$

f. $(x + f(x))^{3/2}, \quad x = 1$

g. $f(x + g(x)), \quad x = 0$

86. $x=0$과 $x=1$에서 함수 $f(x)$의 함숫값과 미분계수의 값이 다음 표와 같다.

x	$f(x)$	$f'(x)$
0	9	−2
1	−3	1/5

다음의 각 주어진 점에서 미분계수의 값을 구하라.

a. $\sqrt{x}\,f(x), \quad x = 1$

b. $\sqrt{f(x)}, \quad x = 0$

c. $f(\sqrt{x}), \quad x = 1$

d. $f(1 - 5\tan x), \quad x = 0$

e. $\frac{f(x)}{2+\cos x}, \quad x = 0$

f. $10\sin\left(\frac{\pi x}{2}\right)f^2(x), \quad x = 1$

87. $y=3\sin 2x$이고 $x=t^2+\pi$일 때, $t=0$에서 dy/dt의 값을 구하라.

88. $s=t^2+5t$, $t=(u^2+2u)^{1/3}$일 때, $u=2$에서 ds/du의 값을 구하라.

89. $w=\sin(e^{\sqrt{r}})$이고 $r=3\sin(s+\pi/6)$일 때, $s=0$에서 dw/ds의 값을 구하라.

90. $r=(\theta^2+7)^{1/3}$, $\theta^2 t+\theta=1$일 때, $t=0$에서 dr/dt의 값을 구하라.

91. $y^3+y=2\cos x$일 때, 점 $(0, 1)$에서 d^2y/dx^2의 값을 구하라.

92. $x^{1/3}+y^{1/3}=4$일 때, 점 $(8, 8)$에서 d^2y/dx^2의 값을 구하라.

도함수의 정의

실전문제 93과 94에서 도함수의 정의를 이용하여 도함수를 구하라.

93. $f(t) = \dfrac{1}{2t + 1}$

94. $g(x) = 2x^2 + 1$

95. **a.** 다음 함수의 그래프를 그려라.

$$f(x) = \begin{cases} x^2, & -1 \le x < 0 \\ -x^2, & 0 \le x \le 1 \end{cases}$$

b. $x=0$에서 f는 연속인가?

c. $x=0$에서 f는 미분가능한가?

그 이유를 설명하라.

96. **a.** 다음 함수의 그래프를 그려라.

$$f(x) = \begin{cases} x, & -1 \le x < 0 \\ \tan x, & 0 \le x \le \pi/4 \end{cases}$$

b. $x=0$에서 f는 연속인가?

c. $x=0$에서 f는 미분가능한가?

그 이유를 설명하라.

97. **a.** 다음 함수의 그래프를 그려라.

$$f(x) = \begin{cases} x, & 0 \le x \le 1 \\ 2 - x, & 1 < x \le 2 \end{cases}$$

b. $x=1$에서 f는 연속인가?

c. $x=1$에서 f는 미분가능한가?

그 이유를 설명하라.

98. 다음 함수에 대해 주어진 조건을 만족하는 m의 값을 구하라.

$$f(x) = \begin{cases} \sin 2x, & x \le 0 \\ mx, & x > 0 \end{cases}$$

a. $x=0$에서 연속인가?

b. $x=0$에서 미분가능한가?

그 이유를 설명하라.

기울기, 접선, 법선

99. **주어진 기울기를 갖는 접선** 곡선 $y=(x/2)+1/(2x-4)$에 기울기가 $-3/2$인 접선이 있는가? 있으면 접선의 좌표를 구하라.

100. **주어진 기울기를 갖는 접선** 곡선 $y=x-e^{-x}$에 기울기가 2인 접선이 있는가? 있으면 접점의 좌표를 구하라.

101. **수평 접선** x축에 평행한 직선이 곡선 $y=2x^3-3x^2-12x+20$에 접할 때, 접점의 좌표를 구하라.

102. **접선의 절편** 곡선 $y=x^3$ 위의 점 $(-2, -8)$에서 곡선에 접하는 직선의 x절편과 y절편을 구하라.

103. **주어진 직선에 수직 또는 평행인 접선** 곡선 $y=2x^3-3x^2-12x+20$ 위의 점 중에서 그 점에서의 접선이 다음의 조건을 만족하는 점의 좌표를 구하라.

a. 직선 $y=1-(x/24)$에 수직

b. 직선 $y=\sqrt{2}-12x$에 평행

104. **교차하는 접선** 곡선 $y=(\pi \sin x)/x$에 대해 $x=\pi$와 $x=-\pi$일 때의 두 접선이 직교함을 보여라.

105. **주어진 직선에 평행한 법선** $-\pi/2 < x < \pi/2$에서 곡선 $y=\tan x$ 위의 점 중에서 법선이 직선 $y=-x/2$에 평행한 점의 좌표를 구하라. 곡선과 법선의 그래프를 한 좌표평면 위에 그려라.

106. **접선과 법선** 곡선 $y=1+\cos x$ 위의 점 $(\pi/2, 1)$에서의 접선과 법선의 방정식을 구하라. 곡선의 그래프와 접선 및 법선의 그래프를 한 좌표평면 위에 그려라.

107. **접하는 포물선** 포물선 $y=x^2+C$가 직선 $y=x$에 접하게 되는 C의 값을 구하라.

108. **접선의 기울기** 곡선 $y=x^3$ 위의 점 (a, a^3)에서 접하는 접선이 이 곡선과 다른 점에서 만나면 그 점에서의 접선의 기울기는 점 (a, a^3)에서의 기울기의 4배임을 보여라.

109. **접하는 곡선** 곡선 $y=c/(x+1)$과 두 점 $(0, 3)$과 $(5, -2)$를 지나는 직선에 접할 때, c의 값을 구하라.

110. **원의 법선** 원 $x^2+y^2=a^2$ 위의 임의의 점에서 법선은 원점을 지남을 보여라.

실전문제 111~116에서 주어진 각 곡선 위의 점에서의 접선과 법선의 방정식을 구하라.

111. $x^2 + 2y^2 = 9, \quad (1, 2)$

112. $e^x + y^2 = 2, \quad (0, 1)$

113. $xy + 2x - 5y = 2, \quad (3, 2)$

114. $(y - x)^2 = 2x + 4, \quad (6, 2)$

115. $x + \sqrt{xy} = 6, \quad (4, 1)$

116. $x^{3/2} + 2y^{3/2} = 17, \quad (1, 4)$

117. $x^3y^3+y^2=x+y$ 위의 두 점 $(1, 1)$과 $(1, -1)$에서의 접선의 기울기를 구하라.

118. 곡선 $y=\sin(x-\sin x)$의 그래프가 주어진 그림과 같을 때, 이 곡선은 x축에 수평인 접선을 갖는가? 그 이유를 설명하라.

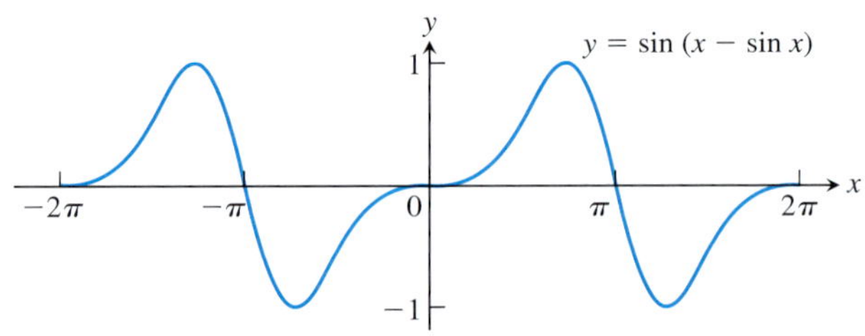

그래프의 분석

실전문제 119와 120에서 함수 $y=f(x)$의 그래프와 그 도함수 $f'(x)$의 그래프가 같이 주어져 있다. $f(x)$와 $f'(x)$가 각각 어떤 것인지 구별하라. 어떻게 알 수 있는가?

119.

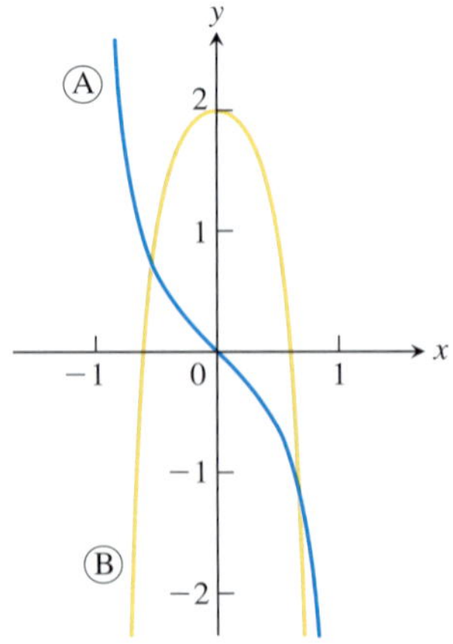

120.

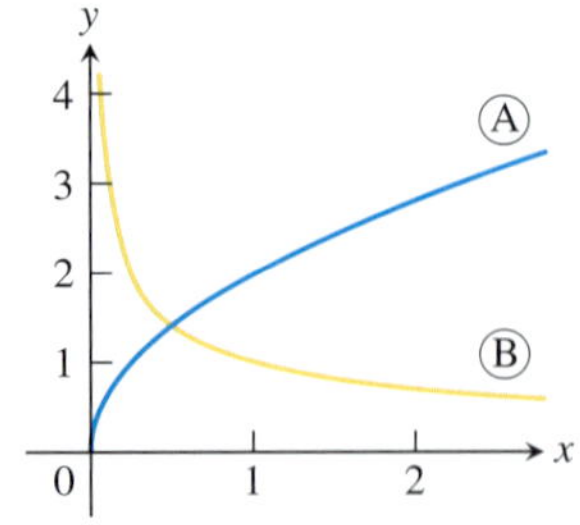

121. 다음 설명을 이용하여 구간 $-1 \le x \le 6$에서 함수 $y=f(x)$의 그래프를 그려라.

i) f의 그래프는 여러 개의 직선으로 연결되어 있다.

ii) f의 그래프는 점 $(-1, 2)$를 지난다.

iii) 도함수 $f'(x)$의 그래프는 다음과 같이 계단함수이다.

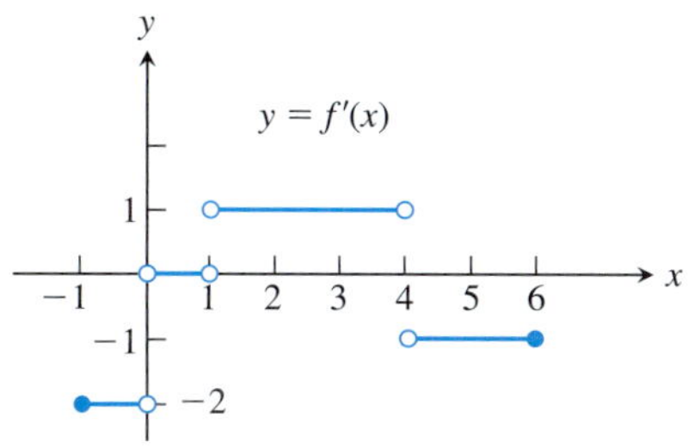

122. 실전문제 121에서 함수 f의 그래프가 점 $(-1, 0)$을 지나도록 실전문제 121의 세 조건을 만족하는 함수의 그래프를 그려라.

로그미분법

실전문제 123~128에서 로그미분법을 이용하여 각 변수에 대한 y의 도함수를 구하라.

123. $y = \dfrac{2(x^2+1)}{\sqrt{\cos 2x}}$　　**124.** $y = \sqrt[10]{\dfrac{3x+4}{2x-4}}$

125. $y = \left(\dfrac{(t+1)(t-1)}{(t-2)(t+3)}\right)^5, \quad t > 2$

126. $y = \dfrac{2u\,2^u}{\sqrt{u^2+1}}$

127. $y = (\sin\theta)^{\sqrt{\theta}}$

128. $y = (\ln x)^{1/(\ln x)}$

연계 변화율

129. 원기둥 원기둥의 전체 겉넓이 S는 밑면의 반지름 r과 높이 h에 의해 결정되고 $S=2\pi r^2+2\pi rh$이다.

a. h가 상수일 때, 변화율 dS/dt를 변화율 dr/dt의 식으로 표현하라.

b. r이 상수일 때, 변화율 dS/dt를 변화율 dh/dt의 식으로 표현하라.

c. r과 h가 모두 상수가 아닐 때, 변화율 dS/dt를 변화율 dr/dt와 dh/dt의 식으로 표현하라.

d. S가 상수일 때, 변화율 dr/dt를 변화율 dh/dt의 식으로 표현하라.

130. 원뿔 원뿔의 옆넓이 S는 밑면의 반지름 r과 높이 h에 의해 결정되고 $S=\pi r\sqrt{r^2+h^2}$이다.

a. h가 상수일 때, 변화율 dS/dt를 변화율 dr/dt의 식으로 표현하라.

b. r이 상수일 때, 변화율 dS/dt를 변화율 dh/dt의 식으로 표현하라.

c. r과 h가 모두 상수가 아닐 때, 변화율 dS/dt를 변화율 dr/dt와 dh/dt의 식으로 표현하라.

131. 넓이가 변하는 원 원의 반지름이 $-2/\pi$ m/s의 비율로 변하고 있다. $r=10$ m일 때 원의 넓이의 변화율을 구하라.

132. 모서리가 변하는 정육면체 정육면체의 각 모서리의 길이가 20 cm 증가했을 순간의 부피가 변화율이 1200 cm^3/min이다. 그 순간에 모서리의 길이가 증가하는 변화율을 구하라.

133. 병렬 연결된 저항 두 저항 R_1, R_2가 병렬로 연결되어 있을 때 전기회로에 미치는 저항 R은 다음과 같이 구할 수 있다.

$$\frac{1}{R} = \frac{1}{R_1} + \frac{1}{R_2}$$

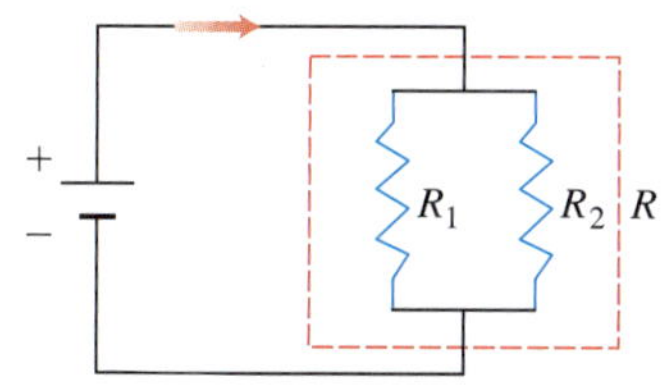

R_1이 1 ohm/s의 비율로 감소하고 있고, R_2는 0.5 ohm/s의 비율로 증가하고 있다면 $R_1=75$ ohm이고 $R_2=50$ ohm인 순간의 R의 변화율을 구하라.

134. 직렬 회로에서의 임피던스 직렬 회로에서 임피던스 Z (ohm)는 저항의 크기 R (ohm)과 유도저항 X (ohm)에 의해 결정되며 $Z=\sqrt{R^2+X^2}$을 만족한다. R이 3 ohm/s의 비율로 증가하고 있고, X는 2 ohm/s의 비율로 감소하고 있다. $R=10$ ohm이고 $X=20$ ohm인 순간의 Z의 변화율을 구하라.

135. 움직이는 입자의 속력 xy평면 위를 움직이는 입자의 좌표 (x, y)는 시간변수에 관해 미분가능하고 $dx/dt=10$ m/s이고 $dy/dt=5$ m/s이다. 이 입자가 $(3, -4)$를 지나는 순간에 이 입자는 원점으로부터 얼마나 빨리 멀어지고 있는가?

136. 입자의 운동 어떤 입자가 제1사분면에서 곡선 $y=x^{3/2}$을 따라 움직이고 있다. 여기서 입자와 원점까지의 거리가 초당 11의 비율로 멀어지고 있다면, $x=3$일 때 변화율 dx/dt의 값을 구하라.

137. 원뿔 물탱크 주어진 그림과 같은 원뿔 모양의 물탱크에서 물이 0.2 m^3/min의 비율로 흘러나오고 있다.

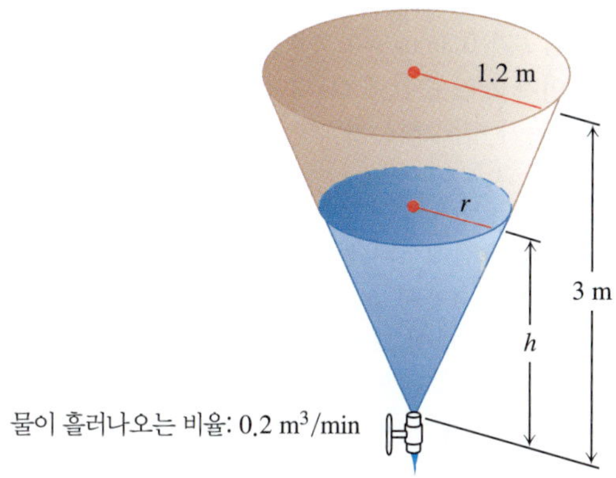

a. 그림에 표시된 변수 h와 r의 관계식을 구하라.

b. $h=2$ m일 때 물의 깊이의 순간변화율을 구하라.

138. 회전하는 원통 주어진 그림과 같이 텔레비전 안테나선이 원기둥 모양의 통에 감겨 있다. 안테나선은 여러 층으로 감겨 있으며 각 층의 반지름은 일정하다고 한다. 안테나선은 2 m/s(7 km/h 이상)의 속력으로 일정하게 당겨지면서 풀리고 있다(주어진 그림 참조). 이때 풀려진 안테나선의 길이 s, 원통이 도는 각도 θ, 안테나선이 감겨 있는 층의 반지름이 r일 때 $s=r\theta$라는 관계식이 성립한다. 현재 안테나 선이 감겨 있는 층의 반지름이 0.4 m일 때 원통이 회전하는 속력(rad/h)을 구하라.

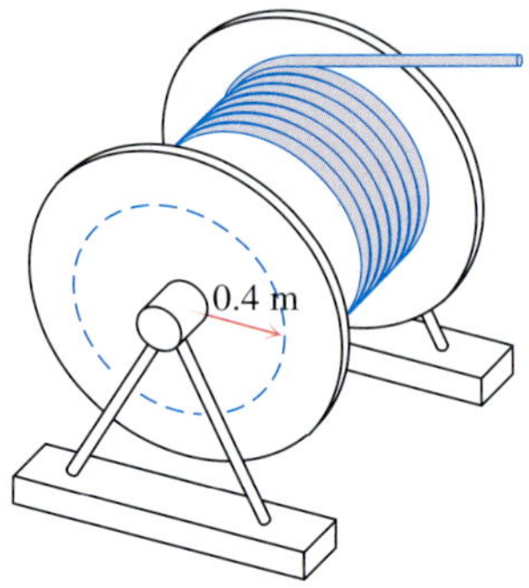

139. 회전하는 서치라이트 해안에서 1 km 떨어진 배에서 서치라이트가 회전하면서 해안을 비추고 있다. 서치라이트는 $d\theta/dt = -0.6$ rad/s의 비율로 일정하게 회전하고 있다.

a. 빛이 지점 A에 도달했을 때 그림의 화살표 방향으로 빛이 움직이는 속력을 구하라.

b. 0.6 rad/s의 비율로 서치라이트가 회전하면 1분에 몇 번 회전을 하는가?

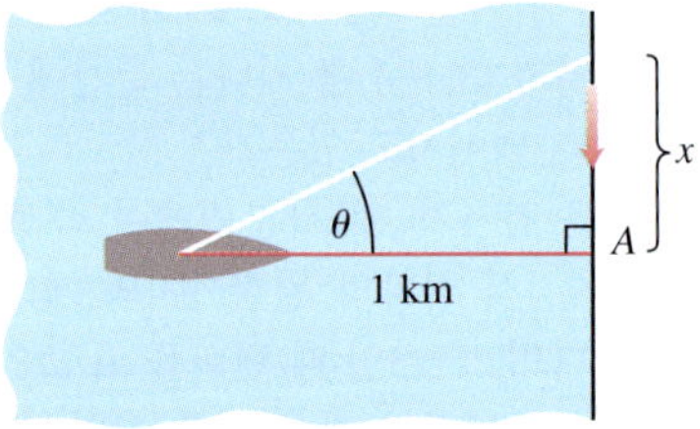

140. 좌표 위의 점의 운동 두 점 A와 B가 각각 x축, y축 위를 움직이고 있다. 원점에서 두 점 A와 B를 잇는 직선 AB까지의 거리 r은 일정하다. 점 B가 $0.3r$ m/s의 속력으로 원점을 향해 움직이고 있고 OB의 길이가 $2r$인 순간에 OA의 길이의 변화량을 구하라. 변화량은 증가하는가, 감소하는가?

선형화 함수

141. 다음 각 주어진 점에서의 선형화 함수를 구하라.

a. $\tan x$, $x = -\pi/4$에서 **b.** $\sec x$, $x = -\pi/4$에서

곡선과 선형화 함수의 그래프를 한 좌표평면에 그려라.

142. 다음의 두 근사식을 이용하자.

$$\frac{1}{1+x} \approx 1 - x, \qquad \tan x \approx x$$

$x=0$에서 함수 $f(x) = 1/(1+\tan x)$의 유용한 선형 근사식을 다음과 같이 구할 수 있다.

$$\frac{1}{1+\tan x} \approx 1 - x$$

이 결과가 $x=0$에서 함수 $f(x) = 1/(1+\tan x)$의 표준 선형 근사식임을 증명하라.

143. $x=0$에서 함수 $f(x) = \sqrt{1+x} + \sin x - 0.5$의 선형화 함수를 구하라.

144. $x=0$에서 함수 $f(x) = 2/(1-x) + \sqrt{1+x} - 3.1$의 선형화 함수를 구하라.

미분을 이용한 변화량의 근사

145. 원뿔의 옆넓이 주어진 그림의 원뿔에서 반지름은 일정하게 유지되면서 높이가 h_0에서 $h_0 + dh$까지 변화했을 때 옆넓이의 변화량을 구하라.

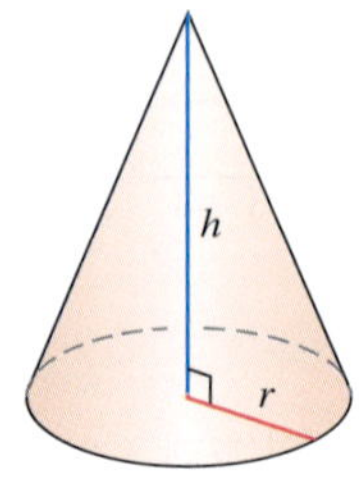

$V = \frac{1}{3}\pi r^2 h$
$S = \pi r\sqrt{r^2 + h^2}$
(옆넓이)

146. 오차 제어

a. 정육면체의 겉넓이를 계산하는 데 오차가 2% 이내가 되려면 한 모서리의 길이는 얼마나 정확하게 측정이 되어야 하는가?

b. 문제 (a)에서 오차 범위 이내에서 측정이 된 모서리의 길이를 이용하여 부피를 계산하면 오차의 범위는 얼마인가? 백분율 오차를 구하라.

147. 합성 오차 구의 적도의 길이를 재었더니 10 cm이었고, 오차는 0.4 cm이다. 이 값을 이용하여 반지름을 계산하고, 또 이 반지름을 이용하여 구의 겉넓이와 부피를 계산한다. 다음 각 계산값의 오차를 백분율로 구하라.

a. 반지름 **b.** 겉넓이 **c.** 부피

148. 높이 구하기 그림과 같이 가로등의 높이를 구하기 위해 가로등에서 10 m 떨어진 거리에 높이가 1.8 m인 막대를 세웠을 때 생기는 막대의 그림자의 길이를 a라고 하자. a의 값을 측정했더니 4.5 m였고, 오차는 1 cm이다. 이를 이용하여 가로등의 높이를 구했을 때 오차를 구하라.

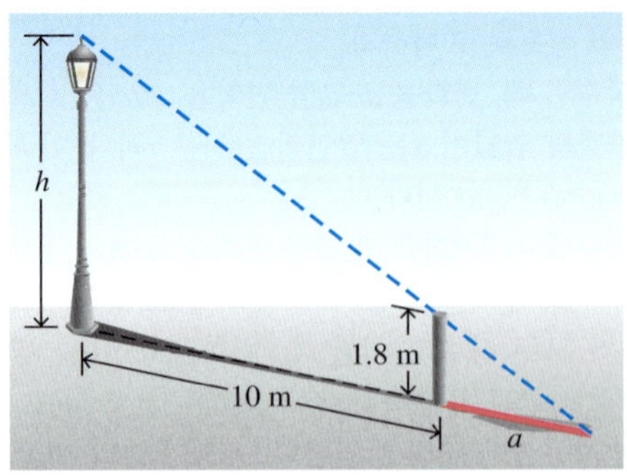

심화문제 ADVANCED QUESTION

1. $\sin^2\theta+\cos^2\theta=1$과 같은 식을 항등식이라고 하는데, 그 이유는 이 식이 θ의 값에 관계없이 성립하기 때문이다. 그러나 $\sin\theta=0.5$와 같은 식은 특정한 θ의 값에서만 성립하기 때문에 항등식이라고 하지 않는다. θ를 포함하는 삼각함수의 항등식을 θ에 관해 미분하여 얻은 새로운 식도 역시 항등식이 된다. 다음 각 항등식을 θ에 관해 미분하고 그 결과가 θ의 값에 관계없이 성립하는 것을 보여라.

a. $\sin 2\theta=2\sin\theta\cos\theta$

b. $\cos 2\theta=\cos^2\theta-\sin^2\theta$

2. 항등식 $\sin(x+a)=\sin x\cos a+\cos x\sin a$ (a는 상수)에 관해 미분한 결과가 항등식이 되는가? 식 $x^2-2x-8=0$에 대해 같은 규칙이 성립한다고 할 수 있는가? 그 이유를 설명하라.

3. a. 두 함수가 다음과 같다고 하자.

$$f(x)=\cos x,\quad g(x)=a+bx+cx^2$$

다음의 조건을 만족하는 상수 a, b, c의 값을 구하라.

$$f(0)=g(0),\quad f'(0)=g'(0),\quad f''(0)=g''(0)$$

b. 두 함수가 다음과 같다고 하자.

$$f(x)=\sin(x+a),\quad g(x)=b\sin x+c\cos x$$

다음의 조건을 만족하는 상수 b, c의 값을 구하라.

$$f(0)=g(0),\quad f'(0)=g'(0)$$

c. 문제 (a)와 (b)에서 구한 함수 f, g의 3계 도함수와 4계 도함수는 어떻게 되는지 설명하라.

4. 미분방정식의 해

a. 세 함수 $y=\sin x$, $y=\cos x$, $y=a\cos x+b\sin x$ (a와 b는 상수)가 모두 다음의 식을 만족함을 보여라.

$$y''+y=0$$

b. 문제 (a)의 결과를 이용하여 다음을 만족하는 함수를 구할 수 있는가?

$$y''+4y=0$$

결과를 일반화하라.

5. 접하는 원 $(x-h)^2+(y-k)^2=a^2$이 점 (1, 2)에서 포물선 $y=x^2+1$에 접하고, 이 점에서 두 곡선의 2계 도함수 d^2y/dx^2의 값이 같도록 상수 h, k, a의 값을 구하라. 이와 같이 곡선에 접점에서 곡선과 동일한 2계 도함수를 갖는 원을 오스큘레이팅 원('키스하다'라는 뜻의 라틴어 '*osculari*'에서 유래)이라고 한다. 11장에서 다시 만나게 될 것이다.

6. 한계 수익 어떤 버스의 승차 정원은 60명이다. 이 버스의 요금 p(달러)는 이 버스를 이용하는 사람 수 x에 따라 $p=[3-(x/40)]^2$과 같이 결정된다. 이 버스가 한 번 운행될 때 얻어지는 수입을 $r(x)$라고 할 때, $r(x)$의 식을 구하라. 이 버스가 한 번 운행될 때 dr/dx가 0이 되려면 몇 명이 이 버스를 탈 때인가? (이때 dr/dx를 한계수익이라고 한다. 이 값이 수익을 최대화하는 값이 된다.)

7. 공장에서의 생산

a. 경제학자들은 '성장률'이라는 표현을 절대적인 개념이 아닌 상대적인 개념으로 사용한다. 예를 들어 $u=f(t)$를 시각 t일 때 작업이 가능한 노동자의 수라고 하자(이 함수는 실제로 계단함수이지만 미분가능한 함수로 간주한다). $v=g(t)$를 시각 t일 때 한 사람당 평균 생산량이라고 하자. 그러면 총 생산량은 $y=uv$가 된다. 노동력이 1년에 4%의 비율로 성장하고 있고($du/dt=0.04u$) 한 사람당 평균 생산량이 5%의 비율로 성장한다면($dv/dt=0.05v$), 총 생산량 y의 성장률은 얼마인가?

b. 문제 (a)에서 노동력이 1년에 2%의 비율로 감소하고 한 사람당 평균 생산량이 3%의 비율로 증가한다면 총 생산량은 증가하겠는가, 감소하겠는가? 그리고 비율은 얼마인가?

8. 곤돌라 디자인 지름이 10 m인 열기구를 디자인하는 사람이 열기구의 2.5 m 아래에 곤돌라를 설치하고자 한다. 연결 케이블은 열기구에 접하도록 하고 다음 그림에는 그 중 2개의 케이블이 열기구에 접하고 있는 것을 나타낸다. 이때 접하는 두 점의 좌표가 (−4, −3), (4, −3)이라면 곤돌라의 넓이는 얼마로 해야 하는가?

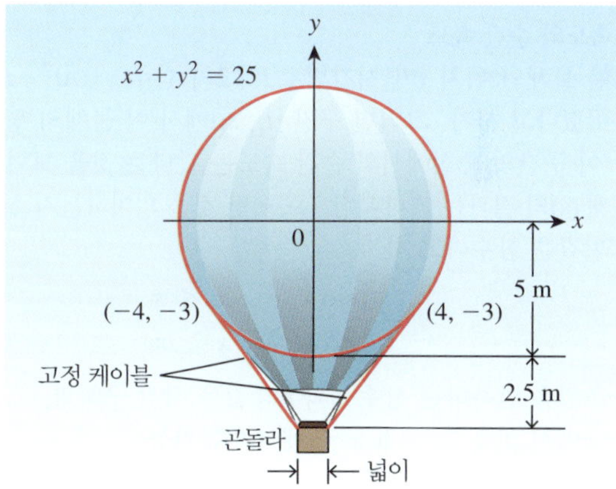

9. 피사의 사탑과 낙하산 1988년 8월 5일에 런던의 마이크 멕카티가 피사의 사탑 꼭대기에서 뛰어내렸다. 그는 54.6 m의 높이에서 뛰어내리며 낙하산을 폈고, 이는 가장 낮은 높이에서 뛰어내리며 낙하산을 편 세계신기록이라고 발표했다. 내려오는 동안의 그의 속력을 보이는 대략적인 그래프를 그려라. (출처: *Boston Globe*, Aug. 6, 1988.)

10. 입자 운동 어떤 입자가 수직선을 따라 움직이는 데 시각 $t\geq 0$일 때의 위치가 다음과 같다.

$$s=10\cos(t+\pi/4)$$

a. $t=0$일 때의 초기 위치는?

b. 이 입자가 원점에서 가장 멀리 갈 수 있는 왼쪽과 오른쪽의 위치는 어디인가?

c. 문제 (b)에서 구한 두 위치에서 이 입자의 속도와 가속도는 얼마인가?

d. 이 입자가 처음 원점을 지나는 시간을 구하라. 또 그때의 속도, 속력, 가속도를 구하라.

11. 종이집게 쏘기 공기 중에서 고무줄을 이용하여 종이집게를 수직 방향으로 공중으로 쏘아올리면 19.6 m까지 올라갈 수 있다. 쏘아올린 t초 후에 종이집게의 높이는 $s=19.6t-4.9t^2$으로 주어진다.

a. 종이집게가 가장 높은 위치에 도달하기까지 걸리는 시간을 구

하라. 고무줄로 쏘아올린 초기속도는 얼마인가?

b. 만약 달에서 마찬가지로 했다면 1초 후의 종이집게의 높이는 $s=19.6t-0.8t^2$으로 주어진다. 종이집게가 가장 높은 위치에 도달하기까지 걸리는 시간과 그때의 높이를 구하라.

12. 두 입자의 속도 두 입자가 수직선을 따라 움직이고 있고, t초일 때 입자의 위치는 각각 $s_1=3t^3-12t^2+18t+5$ m, $s_2=-t^3+9t^2-12t$ m이다. 두 입자의 속도가 같은 시각을 구하라.

13. 입자의 속도 질량이 m으로 일정한 어떤 입자가 x축 위를 움직이고 있다. 이 입자의 속도 v와 위치 x는 다음 관계식을 만족한다.

$$\frac{1}{2}m(v^2 - v_0^2) = \frac{1}{2}k(x_0^2 - x^2)$$

여기서 k, v_0, x_0는 상수이다. $v \neq 0$일 때 다음 식이 성립함을 보여라.

$$m\frac{dv}{dt} = -kx$$

심화문제 14와 15에서 음함수의 미분법을 이용하여 dy/dx를 구하라.

14. $y^{\ln x} = x^{x^y}$

15. $y^{e^x} = x^y + 1$

16. 평균 속도와 순간 속도

a. 어떤 물체의 위치 x가 시간변수 t의 2차 함수 $x=At^2+Bt+C$로 주어졌다고 하자. 그러면 구간 $[t_1, t_2]$에서 이 물체의 평균 속도와 이 구간의 중점에서의 순간 속도는 같다는 것을 보여라.

b. 문제 (a)의 결과는 기하학적으로 어떤 것을 의미하는지 설명하라.

17. 다음과 같은 함수라고 하자.

$$y = \begin{cases} \sin x, & x < \pi \\ mx + b, & x \geq \pi \end{cases}$$

다음 조건을 만족하는 상수 m과 b의 값을 각각 구하라.

a. $x=\pi$에서 연속 **b.** $x=\pi$에서 미분가능

18. 다음과 같은 함수라고 하자.

$$f(x) = \begin{cases} \dfrac{1-\cos x}{x}, & x \neq 0 \\ 0, & x = 0 \end{cases}$$

$x=0$에서 도함수를 가지는가? 이유를 설명하라.

19. a. 다음과 같은 함수가 모든 x에 대해 미분가능하도록 하는 a와 b의 값을 구하라.

$$f(x) = \begin{cases} ax, & x < 2 \\ ax^2 - bx + 3, & x \geq 2 \end{cases}$$

b. 문제 (a)에서 구한 함수 f의 그래프의 특징에 대해 설명하라.

20. a. 다음과 같은 함수가 모든 x에 대해 미분가능하도록 하는 a와 b의 값을 구하라.

$$g(x) = \begin{cases} ax + b, & x \leq -1 \\ ax^3 + x + 2b, & x > -1 \end{cases}$$

b. 문제 (a)에서 구한 함수 g의 그래프의 특징에 대해 설명하라.

21. 미분가능한 기함수 x에 관해 미분가능한 기함수의 도함수는 어떤 특별한 성질을 가지는가? 그 이유를 설명하라.

22. 미분가능한 우함수 x에 관해 미분가능한 우함수의 도함수는 어떤 특별한 성질을 가지는가? 그 이유를 설명하라.

23. 정의역이 점 x_0를 포함하는 열린 구간인 두 함수 f와 g는 x_0에서 미분가능하고 $f(x_0)=0$이며, g는 x_0에서 연속이다. 두 함수의 곱 fg는 점 x_0에서 미분가능함을 보여라. 이 결과로부터 $|x|$는 $x=0$에서 미분가능하지 않지만, 곱 $x|x|$는 $x=0$에서 미분가능하다는 것을 알 수 있다.

24. (심화문제 23의 계속) 심화문제 23을 이용하여 다음 각 함수가 $x=0$에서 미분가능함을 보여라.

a. $|x|\sin x$

b. $x^{2/3}\sin x$

c. $\sqrt[3]{x}(1-\cos x)$

d. $h(x) = \begin{cases} x^2\sin(1/x), & x \neq 0 \\ 0, & x = 0 \end{cases}$

25. 함수 h가 다음과 같다고 하자.

$$h(x) = \begin{cases} x^2\sin(1/x), & x \neq 0 \\ 0, & x = 0 \end{cases}$$

$x=0$에서 $h(x)$의 도함수는 연속인가? $k(x)=xh(x)$의 도함수는 $x=0$에서 연속인가? 그 이유를 설명하라.

26. 함수 $f(x) = \begin{cases} x^2, & x\text{는 유리수} \\ 0, & x\text{는 무리수} \end{cases}$일 때 $x=0$에서 미분가능함을 보여라.

27. 주어진 그림에서 점 B는 점 A에서 점 C로 2 cm/s만큼 이동한다. $x=4$ cm일 때, θ의 변화율을 구하라.

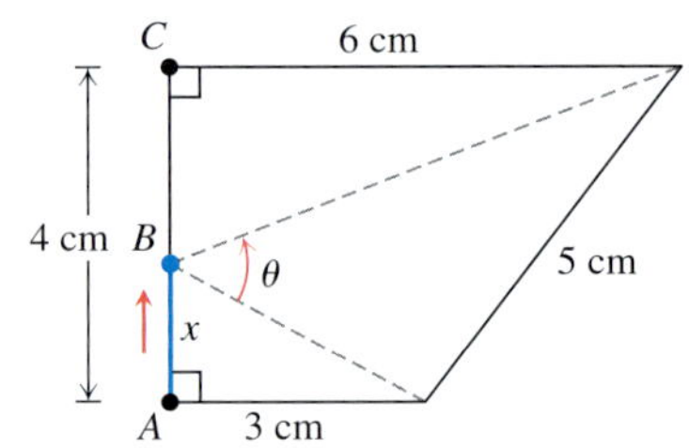

28. 함수 f가 모든 x와 y에 대해 다음의 조건을 만족한다고 한다.

i) $f(x+y) = f(x)\cdot f(y)$

ii) $f(x) = 1 + xg(x)$, $\lim_{x\to 0} g(x) = 1$일 때

모든 x에 대해 도함수 $f'(x)$가 존재하고 $f'(x)=f(x)$임을 보여라.

29. 곱의 공식 일반화 수학적 귀납법을 이용하여 y가 미분가능한 유한개의 함수의 곱 $y=u_1u_2\cdots u_n$으로 표현될 때 y는 같은 정의역에서 미분가능하고 도함수는 다음과 같음을 증명하라.

$$\frac{dy}{dx} = \frac{du_1}{dx}u_2\cdots u_n + u_1\frac{du_2}{dx}\cdots u_n + \cdots + u_1u_2\cdots u_{n-1}\frac{du_n}{dx}$$

30. 곱의 고도함수에 대한 라이프니츠 공식 곱으로 주어진 함수의 고계도함수를 구하는 라이프니츠 공식은 다음과 같다.

a. $\dfrac{d^2(uv)}{dx^2} = \dfrac{d^2u}{dx^2}v + 2\dfrac{du}{dx}\dfrac{dv}{dx} + u\dfrac{d^2v}{dx^2}$

b. $\dfrac{d^3(uv)}{dx^3} = \dfrac{d^3u}{dx^3}v + 3\dfrac{d^2u}{dx^2}\dfrac{dv}{dx} + 3\dfrac{du}{dx}\dfrac{d^2v}{dx^2} + u\dfrac{d^3v}{dx^3}$

c. $$\frac{d^n(uv)}{dx^n} = \frac{d^nu}{dx^n}v + n\frac{d^{n-1}u}{dx^{n-1}}\frac{dv}{dx} + \cdots + \frac{n(n-1)\cdots(n-k+1)}{k!}\frac{d^{n-k}u}{dx^{n-k}}\frac{d^kv}{dx^k} + \cdots + u\frac{d^nv}{dx^n}$$

여기서 문제 (a)와 (b)는 문제 (c)의 특수한 경우이다. 수학적 귀납

법과 다음의 식을 이용하여 문제 (c)를 증명하라.

$$\binom{m}{k} + \binom{m}{k+1} = \frac{m!}{k!(m-k)!} + \frac{m!}{(k+1)!(m-k-1)!}$$

31. 시계추의 주기 시계추의 주기 T (한 번 풀스윙을 하고 돌아오는 시간)는 $T^2 = 4\pi^2 L/g$와 같이 주어진다. 여기서 T의 단위는 초이고, $g = 9.8$ m/s^2, L은 시계추의 길이이다. 다음의 각 값을 근사적으로 구하라.

a. $T = 1$초일 때 시계추의 길이 L

b. 문제 (a)에서 시계추의 길이가 0.01 m 늘어났을 때 주기 T의 변화량 dT

c. 문제 (b)에서 주기가 dT만큼 바뀔 때 하루 동안에 늦어지거나 혹은 빨라지는 시간

32. 녹는 얼음 정육면체 모양의 얼음이 정육면체 모양을 유지하면서 녹는다고 가정하자. 한 모서리의 길이를 s라고 하면 부피는 $V = s^3$이 되고, 겉넓이는 $S = 6s^2$이 된다. V와 S는 s에 관해 미분가능하다고 가정하고 얼음의 부피는 겉넓이에 대해 일정한 비율로 감소한다고 가정하자. (이것은 얼음이 녹는 것은 표면부터 녹기 때문에 합리적이다). 이를 수학적으로 표현하면 다음과 같다.

$$\frac{dV}{dt} = -k(6s^2), \qquad k > 0$$

여기서 음의 부호는 부피가 줄어들고 있음을 뜻한다. 비례상수 k가 상수라고 가정하자(실제로 비례상수는 여러 가지 상황에 따라 영향을 받아 변할 수 있다. 예를 들어 습도, 온도, 햇빛의 유무 등), 적절한 가정하에서 얼음의 부피가 1시간에 처음 부피(V_0)의 1/4만큼 줄어들었을 때, 얼음이 다 녹으려면 시간이 얼마나 걸리겠는가?

기술 응용 프로젝트 TECHNOLOGY APPLICATION PROJECT

매스매티카/메이플 프로젝트

프로젝트는 www.pearsonglobaleditions.com 또는 MyLab Math에서 찾을 수 있다.

- **미분함수에 대한 활선의 기울기 수렴**

  곡선의 연속된 점 사이의 활선을 시각화하고 점 사이의 거리가 작아질 때 어떤 일이 일어나는지 관찰한다. 첫 번째 그래프에는 함수, 점, 활선을 그리고 두 번째 그래프에는 활선의 기울기와 도함수를 비교하여 그린다.

- **도함수, 기울기, 탄젠트 라인, 동영상 만들기**

  I~III영역. 한 점에서의 도함수, 선형화 함수, 도함수를 시각화한다. 함수와 선택된 접선을 같은 그래프에 그리는 방법을 배운다.

  IV영역(많은 접선 그리기).

  V영역(동영상 만들기). IV와 V영역은 함수의 그래프를 따라 이동할 때의 접선을 동영상을 만드는 데 사용할 수 있다.

- **도함수에 대한 활선의 수렴**

  우미분계수 및 좌미분계수를 시각화한다.

- **직선을 따라 이동하기: 위치 → 속도 → 가속도**

  위치, 속도, 가속도 간의 미분 관계를 극적으로 애니메이션으로 시각화하여 관찰한다.

3

도함수의 활용

미분의 가장 중요한 활용법 중 하나는 주어진 문제에 대한 최적(최선)해를 찾는 도구로 사용하는 것이다. 예를 들어 주어진 구에 내접하는 원기둥의 부피가 최대일 때, 높이와 지름은 얼마인가? 지름이 알려진 원기둥 모양의 통나무를 잘라 나무막대를 만들 때, 가장 튼튼한 사각막대를 만들 수 있는 사각형의 모양은? 이익을 최대화하기 위해 공장에서는 몇 가지 제품을 생산해야 하는가?

이 장에서는 함수의 극값을 찾고, 그래프의 모양을 알아내고 분석하며, 방정식의 수치해를 찾기 위해 미분을 활용한다. 또한 도함수 정보로부터 함수를 복원하는 방법을 살펴볼 것이다. 평균변화율과 미분을 연결하는 평균값 정리는 이러한 응용에서 핵심적인 역할을 한다.

3.1 닫힌 구간에서 함수의 극값

이 절에서는 함수의 극값(극댓값 또는 극솟값)을 도함수로부터 찾아 결정하는 방법을 살펴본다. 이렇게 할 수 있다면, 다양한 최적화 문제를 해결할 수 있다(3.6절 참조). 함수의 정의역은 구간 또는 분리된 구간의 합집합으로 간주한다.

정의 함수 f의 정의역이 D라고 하자. D의 모든 점 x에 대해 다음을 만족하는 점 c가 D에 존재한다고 하자.

$$f(x) \le f(c)$$

그러면 f는 점 c에서 **최댓값**(absolute maximum)을 갖는다고 한다. 또한 D의 모든 점 x에 대해 다음을 만족하는 점 c가 D에 존재한다고 하자.

$$f(x) \ge f(c)$$

그러면 f는 점 c에서 **최솟값**(absolute minimum)을 갖는다고 한다.

최댓값과 최솟값은 f의 **극값**(extreme value)으로도 불린다. 또한 **최댓값**(absolute maximum)과 **최솟값**(absolute minimum)은 **대역 최댓값**(global maximum), **대역 최솟값**(global minimum)으로도 불린다.

예를 들어 닫힌 구간 $[-\pi/2, \pi/2]$에 정의된 함수 $f(x) = \cos x$는 최댓값 1을 한 번, 최솟값 0을 두 번 가진다. 같은 구간에서 함수 $g(x) = \sin x$는 최댓값 1과 최솟값 -1을 가진다(그림 3.1).

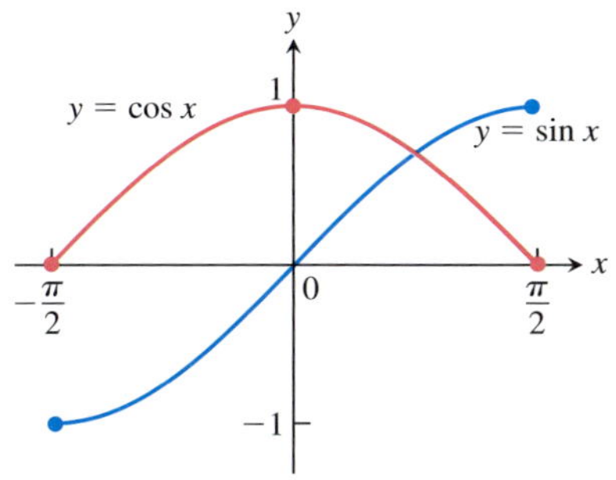

그림 3.1 $[-\pi/2, \pi/2]$에 정의된 사인함수와 코사인함수의 절대 극값. 극값은 함수의 정의에 따라 달라질 수 있다.

동일한 방정식 또는 공식으로 정의된 함수일지라도 정의역에 따라 극값(최댓값 또는 최솟값)이 다를 수 있다. 정의역이 끝점을 포함하지 못하거나 유계가 아닌 경우, 구간의 경우에 최댓값 또는 최솟값이 존재하지 않을 수도 있다.

예제 1 그림 3.2는 함수의 정의역에 따라 극값이 달라질 수 있음을 보여준다. 각 함수는 동일한 식 $y=x^2$으로 정의되었지만, 정의역은 다르다.

함수	정의역 D	D에서 절대 극값(최대최솟값)
(a) $y=x^2$	$(-\infty, \infty)$	최댓값은 없다. $x=0$에서 최솟값 0을 갖는다.
(b) $y=x^2$	$[0, 2]$	$x=2$에서 최댓값 4를 갖는다. $x=0$에서 최솟값 0을 갖는다.
(c) $y=x^2$	$(0, 2]$	$x=2$에서 최댓값 4를 갖는다. 최솟값은 존재하지 않는다.
(d) $y=x^2$	$(0, 2)$	최댓값과 최솟값이 모두 존재하지 않는다.

■

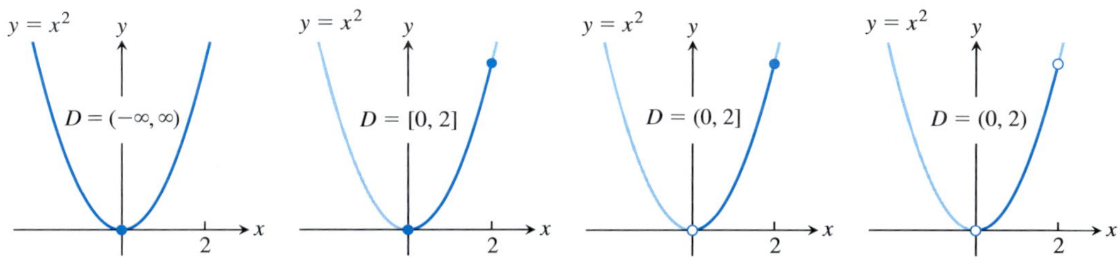

(a) 최솟값만 있는 경우 (b) 최댓값과 최솟값이 모두 있는 경우 (c) 최댓값만 있는 경우 (d) 최댓값과 최솟값이 모두 없는 경우

그림 3.2 예제 1의 그래프.

역사적 인물

다니엘 베르누이(Daniel Bernoulli, 1700~1789) 다니엘 베르누이는 수학자 요한 베르누이의 둘째 아들이다. 1724년 베르누이는 《수학연습》을 출간하여 주목을 받았다.

예제 1의 함수 중 일부는 최댓값 또는 최솟값을 갖지 않는다. 다음 정리로부터 유한한 닫힌 구간 $[a, b]$에 정의된 연속함수는 그 구간에서 최댓값과 최솟값을 가진다는 것을 보장받는다. 그래프를 그려서 이 값들을 찾을 수 있다.

정리 1 | 최대최소 정리

닫힌 구간 $[a, b]$에 정의된 연속함수 f는 $[a, b]$에서 최댓값 M과 최솟값 m을 모두 갖는다. 즉 $[a, b]$에 속하는 모든 점 x에 대해 $m \le f(x) \le M$을 만족하며, $f(x_1)=m$, $f(x_2)=M$인 점 x_1과 x_2가 $[a, b]$에 존재한다.

최대최소 정리를 증명하려면 실수 체계에 대한 세부적인 지식이 필요하므로 여기서는 증명을 생략한다(부록 A.9 참조). 그림 3.3은 닫힌 구간 $[a, b]$에 정의된 연속함수가 다양한 위치에서 최댓값, 최솟값을 갖는 예를 보여준다. 앞에서 살펴본 $y=\cos x$의 경우와 같이 구간에서 서로 다른 2개 이상의 점에서 최댓값(또는 최솟값)을 가질 수도 있다.

정리 1에서 구간이 닫혀 있고 유한하며, 함수가 연속이라는 조건은 필수적이다. 예제 1은 구간이 닫혀 있고 유한하다는 조건 중 하나라도 만족하지 못하면, 최댓값 또는 최솟값이 존재하지 않을 수 있음을 보여준다. $(-\infty, \infty)$에 정의된 지수함수 $y=e^x$는 무한 구간에서 어떠한 극값도 갖지 않는다. 그림 3.4는 연속함수라는 조건이 필수적임을 보여준다.

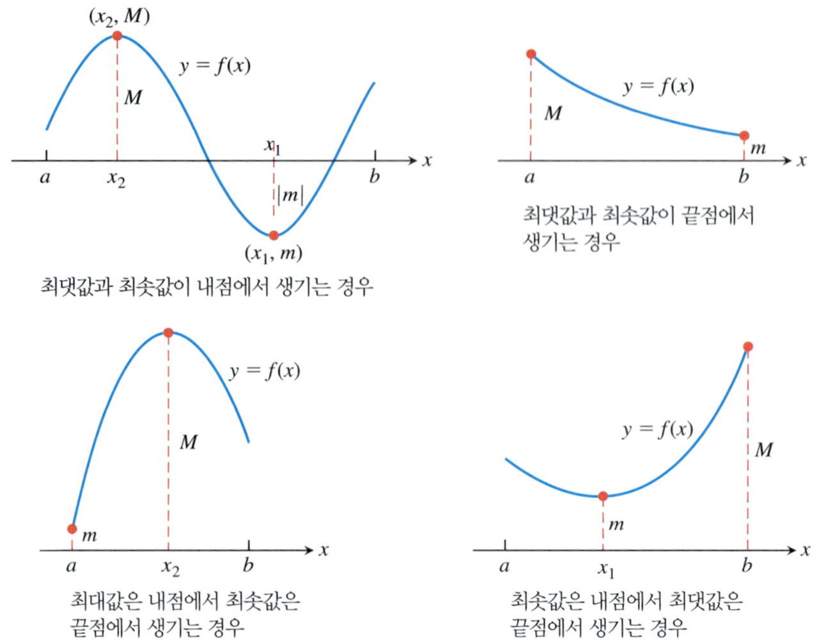

그림 3.3 닫힌 구간 $[a, b]$에서 연속함수의 최댓값과 최솟값에 대해 가능한 경우.

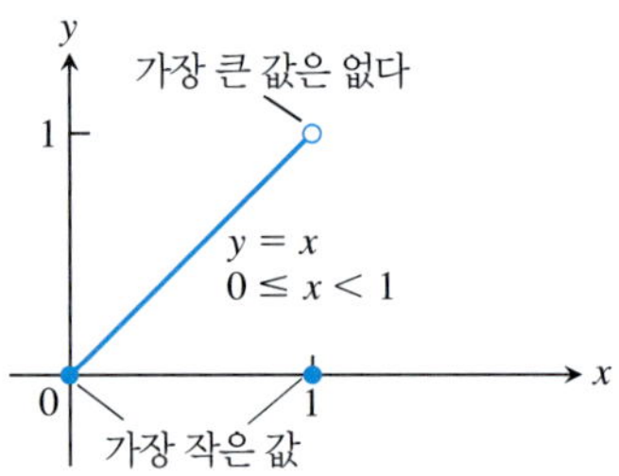

그림 3.4 한 점에서만 불연속이라도 닫힌 구간에서 최댓값 또는 최솟값을 갖지 못할 수 있다. 함수는 다음과 같다.

$$y = \begin{cases} x, & 0 \le x < 1 \\ 0, & x = 1 \end{cases}$$

$[0, 1]$에서 $x=1$을 제외한 모든 점에서 연속이지만, $[0, 1]$에서 그래프는 가장 큰 값을 갖지 않는다.

극값

그림 3.5는 구간 $[a, b]$에서 극값을 갖는 점이 5개인 그래프이다. 점 e에서의 함숫값이 주변의 다른 점보다 작지만, 이 함수의 최솟값은 a에서 얻어진다. 또한 x값이 왼쪽에서 c에 다가갈 때 증가하는 곡선을 이루며, c를 지나 오른쪽으로 내려가는 모양을 가져 $f(c)$는 국소적으로 최댓값이 된다. 하지만 이 함수의 최댓값은 d에 얻어진다. 이제 국소 극값의 의미를 정의해보자.

정의 함수 f가 정의역 D에 속한 점 c를 포함하는 어떤 열린 구간의 모든 $x \in D$에 대해 $f(x) \le f(c)$를 만족하면, c에서 **극댓값**(local maximum)을 갖는다.

함수 f가 정의역 D에 속한 점 c를 포함하는 어떤 열린 구간의 모든 $x \in D$에 대해 $f(x) \ge f(c)$를 만족하면, c에서 **극솟값**(local minimum)을 갖는다.

정의역이 닫힌 구간 $[a, b]$일 때, 어떤 $\delta > 0$에 대해 반열린 구간 $[a, a+\delta)$의 모든 점 x에서 $f(x) \le f(a)$를 만족하면 f는 끝점 $x=a$에서 극댓값을 갖는다. 같은 방법으로 어떤 $\delta > 0$에 대해 열린 구간 $(c-\delta, c+\delta)$의 모든 점 x에서 $f(x) \le f(c)$를 만족하면 f는 내점 $x=c$에서 극댓값을 가지며, 어떤 $\delta > 0$에 대해 반열린 구간 $(b-\delta, b]$의 모든 점 x에서 $f(x) \le f(b)$를 만족하면 f는 끝점 $x=b$에서 극댓값을 갖는다. 부등호를 반대로 하면 극솟값에 대한 결과를 얻는다. 그림 3.5에서 함수 f는 c, d에서 극댓값을 가지며, a, e, b에서 극솟값을 갖는다. 극값을 **상대적 극값**(relative extreme)이라고도 한다. 어떤 함수는 유한 구간에 정의되지만 무한히 많은 극값을 가질 수도 있다. $(0, 1]$에 정의된 함수 $f(x) = \sin(1/x)$가 하나의 예이다(그림 1.41에서 이 함수를 그려보았다).

최댓값은 극댓값이기도 하다. 전체에서 가장 큰 값은 근방에서도 최대인 값이기 때문이다. 따라서 극댓값의 목록을 만들면 최댓값이 존재하는 경우 그 안에 포함된다. 유사하게 극솟값의 목록을 만들면 최솟값이 존재하는 경우 그 안에 포함된다.

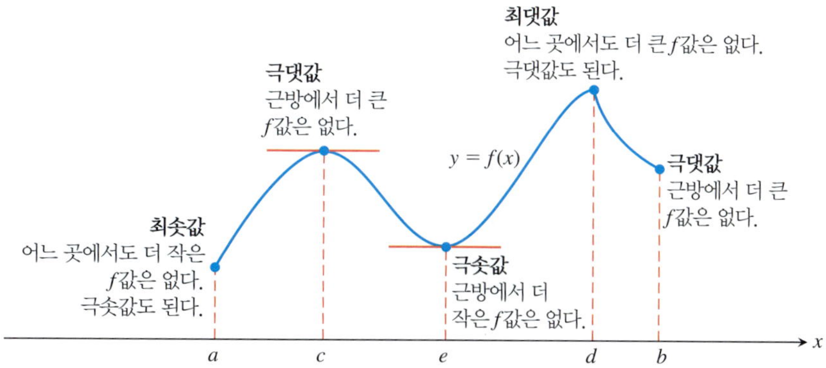

그림 3.5 $a \le x \le b$에 정의된 함수의 극값 분류하기.

극값 찾기

다음 정리에 따르면 일반적으로 함수의 극값을 찾기 위해서는 몇 개의 값만 조사하면 충분하다.

정리 2 ❙ 극값에 대한 1계 도함수 정리

함수 f가 정의역 내부의 점 c에서 극댓값 또는 극솟값을 갖고 c에서 미분 f'이 정의된다면 다음과 같다.

$$f'(c) = 0$$

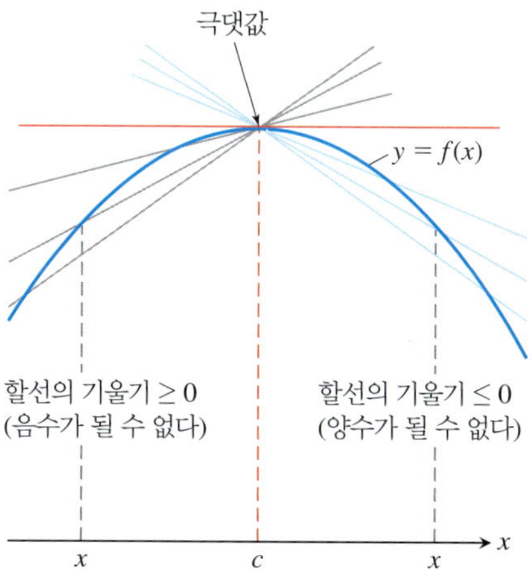

그림 3.6 극댓값을 가지는 곡선. c에서 접선의 기울기는 양이 아닌 수의 극한이면서 동시에 음이 아닌 수의 극한이므로 0이 된다.

증명 극점에서 미분 $f'(c)$가 0임을 증명하기 위해 우선 $f'(c)$가 양수가 될 수 없음을 보이고, $f'(c)$가 음수도 될 수 없음을 보인다. 그러면 $f'(c)$는 양수도 아니고 음수도 아닌 유일한 수 0이 될 수밖에 없다.

우선 f가 $x=c$에서 극값을 갖는다고 가정하자(그림 3.6). 그러면 c에 충분히 가까운 모든 x에 대해 $f(x)-f(c) \le 0$이다. c가 f의 정의역 내부의 점이므로 $f'(c)$는 양측 극한을 다음과 같이 정의한다.

$$\lim_{x \to c} \frac{f(x) - f(c)}{x - c}$$

즉 $x=c$에서 좌극한과 우극한을 모두 가지며, 극한값은 $f'(c)$가 된다. 좌극한, 우극한을 분리하여 생각하면 다음과 같다.

$$f'(c) = \lim_{x \to c^+} \frac{f(x) - f(c)}{x - c} \le 0 \qquad x-c>0\text{이고 } f(x) \le f(c)\text{이므로} \tag{1}$$

같은 방법으로 다음을 얻는다.

$$f'(c) = \lim_{x \to c^-} \frac{f(x) - f(c)}{x - c} \ge 0 \qquad x-c<0\text{이고 } f(x) \le f(c)\text{이므로} \tag{2}$$

그러면 식 (1)과 (2)로부터 $f'(c)=0$이다.

이상은 극댓값인 경우를 증명한 것이다. 극솟값인 경우 조건 $f(x) \ge f(c)$를 이용하면 식 (1)과 (2)의 부등호가 반대로 되어 쉽게 증명할 수 있다. ■

정리 2로부터 도함수가 존재하는 정의역의 내점에서 극값을 가진다면 그 점에서의 미분은 항상 0이 된다. 정의역을 구간 또는 분리된 구간의 합집합으로 생각하면 f가 (국소 또는 전역) 극값을 가질 수 있는 점은 다음 경우뿐이다.

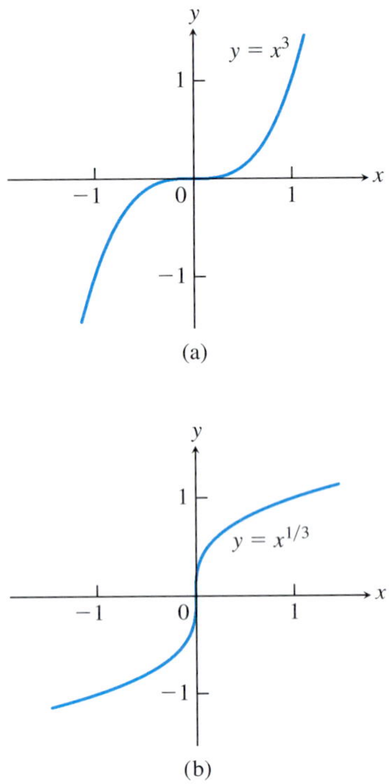

그림 3.7 극값을 갖지 않는 임계점. (a) $x=0$에서 $y'=3x^2$은 0이지만, $y=x^3$은 극값을 갖지 않는다. (b) $x=0$에서 $y'=(1/3)x^{-2/3}$은 정의되지 않지만, $y=x^{1/3}$은 극값을 갖지 않는다.

1. 구간의 내점에서 $f'=0$일 때 — 그림 3.5에서 $x=c$와 $x=e$
2. 구간의 내점에서 f'이 정의되지 않을 때 — 그림 3.5에서 $x=d$
3. 구간의 끝점이 정의역에 포함될 때 — 그림 3.5에서 $x=a$와 $x=b$

정의 정의역의 내점 중 f'이 0이거나 존재하지 않는 점을 함수 f의 **임계점**(critical point)라고 한다.

이 정의에 따라 유한한 닫힌 구간에 정의된 연속함수가 극값을 가질 수 있는 점은 임계점과 끝점 뿐이다. 하지만 정의를 잘못 해석하지 않도록 주의가 필요하다. 함수가 $x=c$에서 임계점을 갖지만 극값은 아닐 수 있다. 예를 들어 함수 $y=x^3$과 $y=x^{1/3}$은 원점을 임계점으로 갖지만, 두 함수 모두 원점에서 극값을 갖지 않는다. 그 대신 변곡점을 가진다(그림 3.7). 변곡점의 정의와 성질은 3.4절에서 살펴볼 예정이다.

닫힌 구간이 아니거나 유한한 구간이 아닌 경우에는($a<x<b$ 또는 $a<x<\infty$와 같이) 최댓값 또는 최솟값이 존재하지 않을 수도 있다. 하지만 대부분의 최대최소 문제는 유한한 닫힌 구간에서 연속함수에 대한 최댓값, 최솟값을 찾는 것이다. 정리 1은 이러한 경우 해가 존재함을 보장하며, 정리 2는 구하는 점이 임계점 또는 끝점일 수밖에 없음을 의미한다. 많은 경우 이러한 점들에서 함숫값을 목록으로 만들고 그중 가장 큰 값과 가장 작은 값을 찾기만 하면 원하는 결과를 얻을 수 있다.

유한한 닫힌 구간에서 연속함수의 절대 극값(최대최솟값) 찾기

1. 구간에서 f의 모든 임계점을 찾는다.
2. 모든 임계점과 끝점에서 f의 함숫값을 계산한다.
3. 이 값들 중 가장 큰 값과 가장 작은 값을 선택한다.

예제 2 구간 $[-2, 1]$에 정의된 함수 $f(x)=x^2$의 최댓값과 최솟값을 찾아라.

풀이 이 함수는 정의역 전체에서 미분가능하므로, 임계점은 $f'(x)=2x=0$인 점이다. 즉 $x=0$이다. 이제 $x=0$과 함께 끝점 $x=-2$와 $x=1$에서 함숫값을 확인하면 다음과 같다.

$$\begin{aligned}\text{임계점에서 함숫값:}\quad f(0) &= 0\\ \text{끝점에서 함숫값:}\quad f(-2) &= 4\\ f(1) &= 1\end{aligned}$$

따라서 이 함수는 $x=-2$에서 최댓값 4, $x=0$에서 최솟값 0을 갖는다. ■

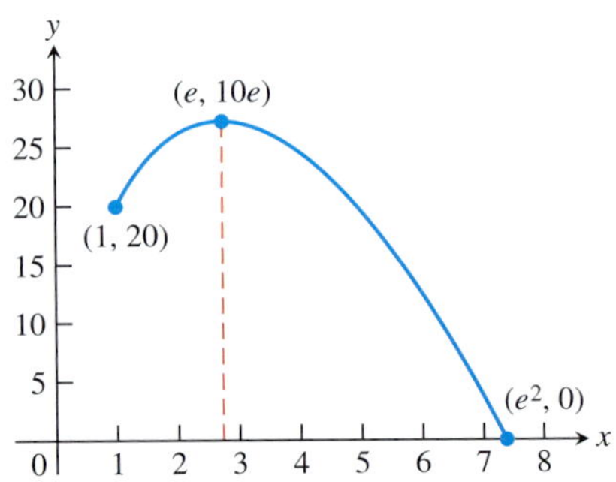

그림 3.8 $[1, e^2]$에서 $f(x)=10x(2-\ln x)$는 $x=e$와 $x=e^2$에서 극값을 가진다(예제 3).

예제 3 구간 $[1, e^2]$에 정의된 함수 $f(x)=10x(2-\ln x)$의 최댓값과 최솟값을 찾아라.

풀이 그림 3.8에서 f의 그래프를 보면 $x=3$ 근처에서 최댓값을 갖고 $x=e^2$에서 최솟값 0을 갖는다. 이를 증명해보자.

임계값과 끝점에서 함숫값을 구하고 그 중 가장 큰 값과 가장 작은 값을 찾으면 된다.

도함수를 계산하면 다음과 같다.

$$f'(x) = 10(2-\ln x) - 10x\left(\frac{1}{x}\right) = 10(1-\ln x)$$

그러면 정의역 $[1, e^2]$의 유일한 임계점 $x=e$에서 $\ln x=1$이다. 임계값과 끝점에서 f의 함숫값은 다음과 같다.

임계점에서 함숫값: $f(e) = 10e(2 - \ln e) = 10e$

끝점에서 함숫값: $f(1) = 10(2 - \ln 1) = 20$

$$f(e^2) = 10e^2(2 - 2\ln e) = 0$$

이 목록으로부터 함수의 최댓값은 $10e \approx 27.2$이고, 구간 내부의 임계점 $x=e$에서 생긴다. 최솟값 0은 오른쪽 끝점 $x=e^2$에서 생긴다. ■

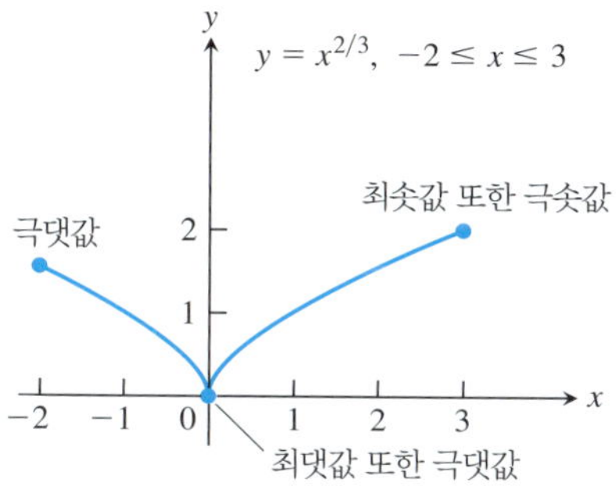

그림 3.9 $[-2, 3]$에서 $f(x)=x^{2/3}$은 $x=0$과 $x=3$에서 극값을 가진다(예제 3).

예제 4 구간 $[-2, 3]$에 정의된 함수 $f(x)=x^{2/3}$의 최댓값과 최솟값을 찾아라.

풀이 임계값과 끝점에서 함숫값을 구하고 그 중 가장 큰 값과 가장 작은 값을 찾으면 된다.

도함수를 계산하면, 다음 식은 0이 될 수 없으며 구간 내부의 점 $x=0$에서 정의되지 않는다.

$$f'(x) = \frac{2}{3}x^{-1/3} = \frac{2}{3\sqrt[3]{x}}$$

이 유일한 임계점 $x=0$과 끝점에서 f의 함숫값은 다음과 같다.

임계점에서 함숫값: $f(0) = 0$

끝점에서 함숫값: $f(-2) = (-2)^{2/3} = \sqrt[3]{4}$

$$f(3) = (3)^{2/3} = \sqrt[3]{9}$$

이 목록으로부터 함수의 최댓값은 $\sqrt[3]{9} \approx 2.08$이고, 오른쪽 끝점 $x=3$에서 생긴다. 최솟값 0은 구간 내부의 임계점 $x=0$에서 생긴다. 여기서 그래프는 첨점을 갖는다(그림 3.9). ■

정리 2는 유한한 닫힌 구간에 정의된 미분가능한 함수의 최댓값과 최솟값을 찾는 방법을 제공한다. $(0, 1)$, $[2, 5)$, $[1, \infty)$, $(-\infty, \infty)$와 같이 일반적인 정의역에서는 최댓값과 최솟값이 존재할 수도 있고 아닐 수도 있다. 최댓값, 최솟값이 존재하는지 확인하고, 어디에서 생기는지 알아내기 위해 앞으로 미분가능한 함수의 그래프를 그리는 방법을 만들어 갈 예정이다. 극댓값, 극솟값과 함께 함수의 점근적인 성질을 이용하여 최댓값, 최솟값이 존재한다면 그 위치를 찾을 수 있다. 지금은 유한한 닫힌 구간에 정의된 함수에 한정하여 임계점과 끝점에서의 함숫값을 비교하는 방법으로 최댓값과 최솟값을 찾을 수 있다. 유한한 닫힌 구간 $[a, b]$에 정의된 미분가능한 함수의 경우 이 점들만 잠재적으로 최댓값, 최솟값을 가질 수 있는 후보가 된다.

연습문제 3.1 EXERCISE QUESTION

그래프로 임계값 찾기

연습문제 1~6에서 그래프를 이용하여 구간 $[a, b]$에서 주어진 함수가 최대최솟값(절대 극값)을 가지는지 판정하라. 구한 결과가 정리 1과 어떻게 일치하는지 설명하라.

1. 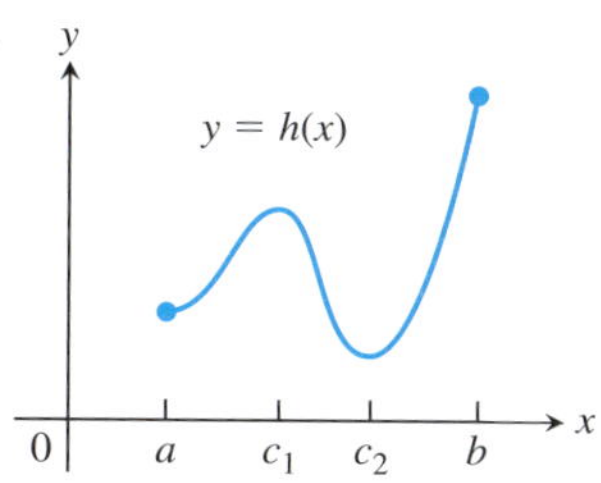

2. 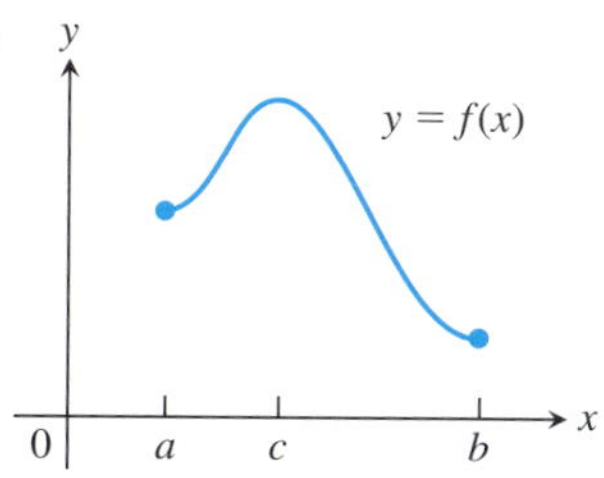

3. 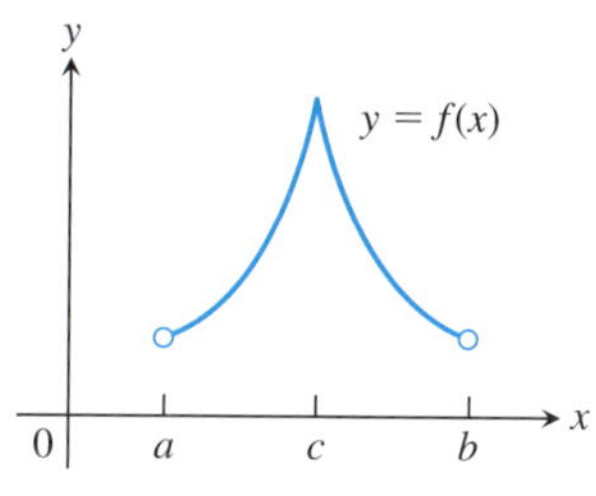

4. 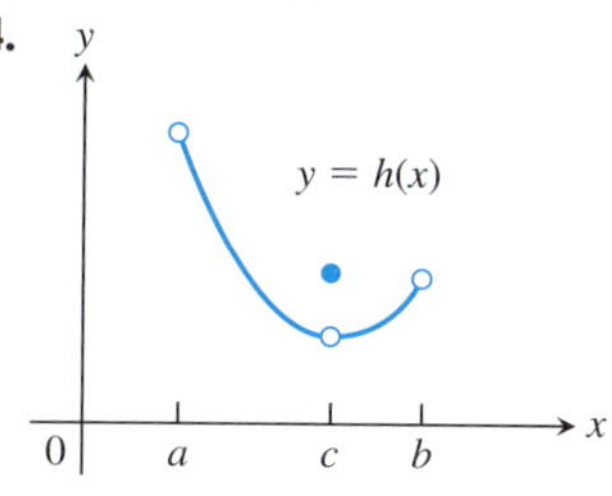

5. 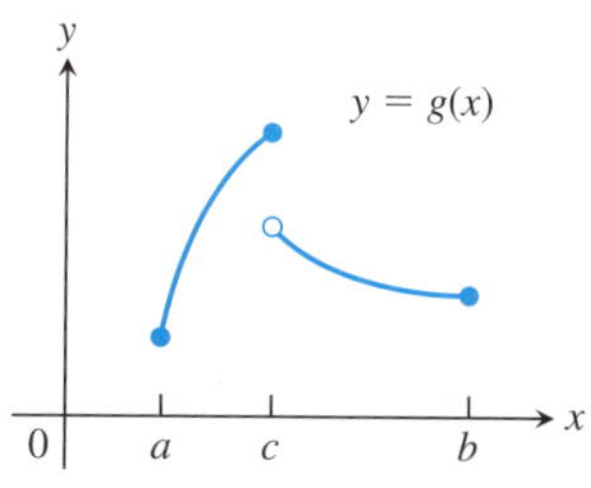

6. 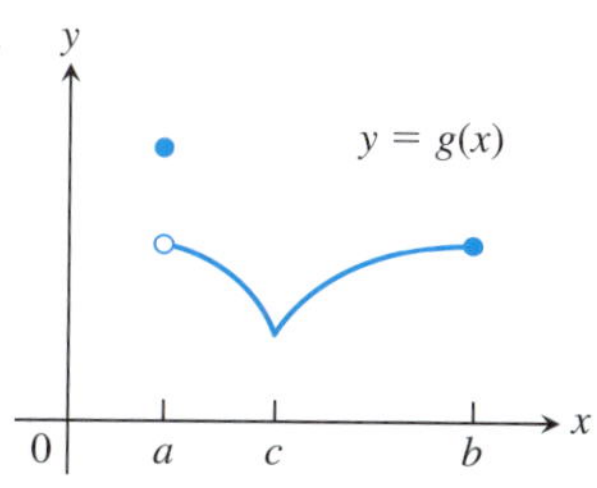

연습문제 7~10에서 절대 극값과 절대 극값이 생기는 위치를 찾아라.

7.

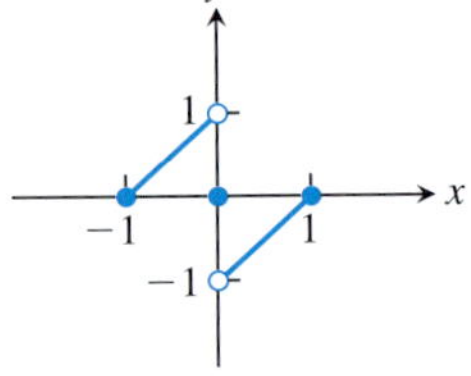

8.

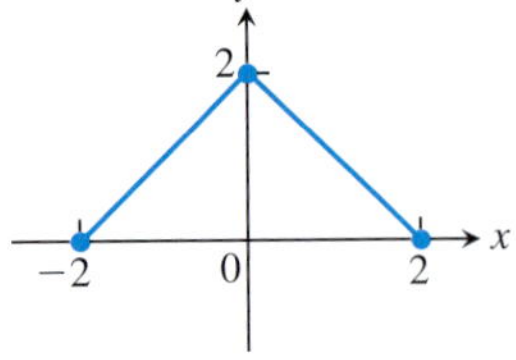

9.

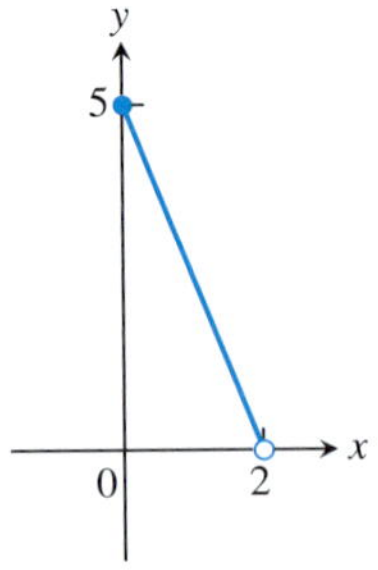

10.

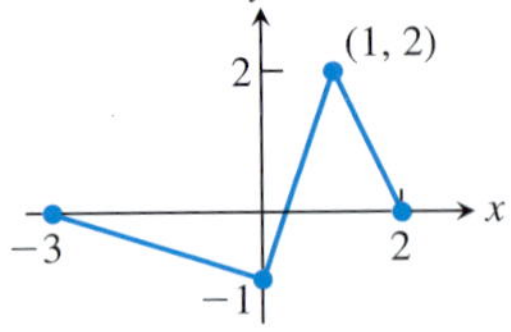

연습문제 11~14에서 표와 일치하는 그래프를 연결하라.

11.

x	$f'(x)$
a	0
b	0
c	5

12.

x	$f'(x)$
a	0
b	0
c	−5

13.

x	$f'(x)$
a	존재하지 않는다
b	0
c	−2

14.

x	$f'(x)$
a	존재하지 않는다
b	존재하지 않는다
c	−1.7

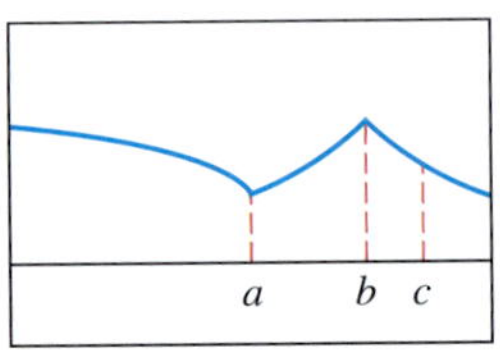

(a)

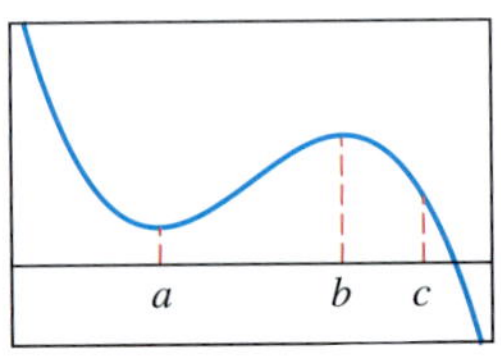

(b)

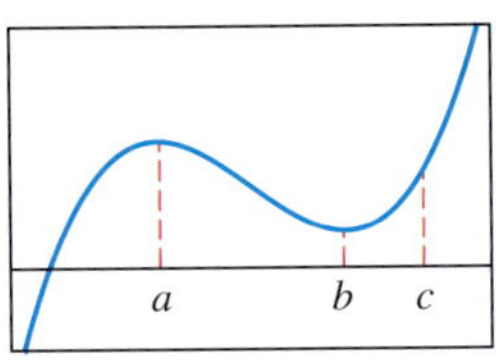

(c)

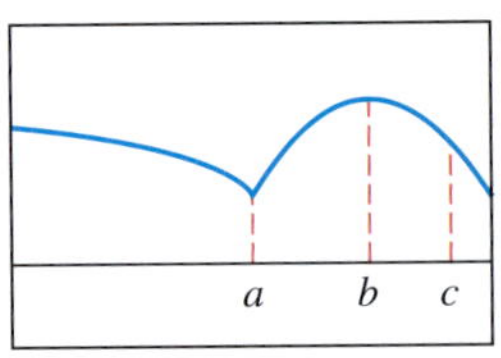

(d)

연습문제 15~20에서 함수의 그래프를 그리고 주어진 정의역에서 절대 극값을 갖는지 판정하라. 구한 결과가 정리 1과 어떻게 일치하는지 설명하라.

15. $f(x) = |x|, \quad -1 < x < 2$

16. $y = 2 - x^2, \quad -1 < x < 1$

17. $g(x) = \begin{cases} -x, & 0 \le x < 1 \\ x - 1, & 1 \le x \le 2 \end{cases}$

18. $h(x) = \begin{cases} \dfrac{1}{x}, & -1 \le x < 0 \\ \sqrt{x}, & 0 \le x \le 4 \end{cases}$

19. $y = 3\sin x, \quad 0 < x < 2\pi$

20. $f(x) = \begin{cases} x + 1, & -1 \le x < 0 \\ \cos x, & 0 < x \le \dfrac{\pi}{2} \end{cases}$

유한 닫힌 구간에서의 절대 극값

연습문제 21~36에서 주어진 구간에서 각 함수의 최댓값과 최솟값을 구하라. 그 다음 함수의 그래프를 그려라. 그래프에 절대 극값이 생기는 점을 좌표와 함께 표시하라.

21. $f(x) = \dfrac{2}{3}x - 5, \quad -2 \le x \le 3$

22. $f(x) = -x - 4, \quad -4 \le x \le 1$

23. $f(x) = x^2 - 1, \quad -1 \le x \le 2$

24. $f(x) = 4 - x^3, \quad -2 \le x \le 1$

25. $F(x) = -\dfrac{1}{x^2}, \quad 0.5 \le x \le 2$

26. $F(x) = -\dfrac{1}{x}, \quad -2 \le x \le -1$

27. $h(x) = \sqrt[3]{x}, \quad -1 \le x \le 8$

28. $h(x) = -3x^{2/3}, \quad -1 \le x \le 1$

29. $g(x) = \sqrt{4 - x^2}, \quad -2 \le x \le 1$

30. $g(x) = -\sqrt{5 - x^2}, \quad -\sqrt{5} \le x \le 0$

31. $f(\theta) = \sin\theta, \quad -\dfrac{\pi}{2} \le \theta \le \dfrac{5\pi}{6}$

32. $f(\theta) = \tan\theta, \quad -\dfrac{\pi}{3} \le \theta \le \dfrac{\pi}{4}$

33. $g(x) = \csc x, \quad \dfrac{\pi}{3} \le x \le \dfrac{2\pi}{3}$

34. $g(x) = \sec x, \quad -\dfrac{\pi}{3} \le x \le \dfrac{\pi}{6}$

35. $f(t) = 2 - |t|, \quad -1 \le t \le 3$

36. $f(t) = |t - 5|, \quad 4 \le t \le 7$

연습문제 37~40에서 다음을 구하라.

a. 주어진 구간에서 각 함수의 최댓값과 최솟값을 구하라.

T **b.** 각 함수의 그래프를 그리고 그래프에 절대 극값이 생기는 점을 좌표와 함께 표시하라.

37. $g(x) = xe^{-x}, \quad -1 \le x \le 1$

38. $h(x) = \ln(x + 1) - \dfrac{x}{2}, \quad 0 \le x \le 3$

39. $f(x) = \dfrac{1}{x} + \ln x, \quad 0.5 \le x \le 4$

40. $g(x) = e^{-x^2}, \quad -2 \le x \le 1$

연습문제 41~44에서 함수의 최댓값과 최솟값을 구하고 어디에서 생기는지 찾아라.

41. $f(x) = x^{4/3}, \quad -1 \le x \le 8$

42. $f(x) = x^{5/3}, \quad -1 \le x \le 8$

43. $g(\theta) = \theta^{3/5}, \quad -32 \le \theta \le 1$

44. $h(\theta) = 3\theta^{2/3}, \quad -27 \le \theta \le 8$

임계점 찾기

연습문제 45~56에서 각 함수에 대해 모든 임계점과 정의역의 끝점을 찾아라.

45. $y = x^2 - 6x + 7$

46. $f(x) = 6x^2 - x^3$

47. $f(x) = x(4 - x)^3$

48. $g(x) = (x - 1)^2(x - 3)^2$

49. $y = x^2 + \dfrac{2}{x}$

50. $f(x) = \dfrac{x^2}{x - 2}$

51. $y = x^2 - 32\sqrt{x}$

52. $g(x) = \sqrt{2x - x^2}$

53. $y = \ln(x + 1) - \tan^{-1} x$

54. $y = 2\sqrt{1 - x^2} + \arcsin x$

55. $y = x^3 + 3x^2 - 24x + 7$

56. $y = x - 3x^{2/3}$

이론과 예제

연습문제 57과 58에서 각 질문에 대해 답과 이유를 제시하라.

57. $f(x) = (x-2)^{2/3}$일 때,

a. $f'(2)$가 존재하는가?

b. $x=2$에서 f는 유일한 극값을 가짐을 보여라.

c. 문제 (b)의 결과가 최대최소 정리에 모순되는가?

d. 2를 a로 교체한 $f(x)=(x-a)^{2/3}$에 대해 문제 (a), (b)를 반복하라.

58. $f(x) = |x^3 - 9x|$일 때,

a. $f'(0)$이 존재하는가?

b. $f'(3)$이 존재하는가?

c. $f'(-3)$이 존재하는가?

d. f의 모든 극값을 찾아라.

연습문제 59~62에서 함수가 정의역에서 최솟값과 최댓값을 모두 가지지 않음을 보여라.

59. $y = x^{11} + x^3 + x - 5$

60. $y = 3x + \tan x$

61. $y = \dfrac{1 - e^x}{e^x + 1}$

62. $y = 2x - \sin 2x$

63. 미분 불가능한 최솟값 함수 $f(x) = |x|$는 $x=0$에서 미분이 불가능하지만 $x=0$에서 최솟값을 갖는다. 이 결과가 정리 2와 일치하는가? 답과 함께 근거를 제시하라.

64. 우함수 우함수 $f(x)$가 $x=c$에서 극댓값을 가지면, $x=-c$에서 f는 어떤 값을 갖는다고 말할 수 있는가? 답과 함께 근거를 제시하라.

65. 기함수 기함수 $g(x)$가 $x=c$에서 극솟값을 가지면, $x=-c$에서 g는 어떤 값을 갖는다고 말할 수 있는가? 답과 함께 근거를 제시하라.

66. 임계점이나 끝점이 없는 경우 임계점과 끝점에서 함숫값을 조사하여 연속함수 $f(x)$의 극값을 찾는 방법이 알려져 있다. 하지만 임계점 또는 끝점이 없으면 어떻게 되는가? 어떤 경우가 발생하는가? 그런 함수가 존재할 수 있는가? 답과 함께 근거를 제시하라.

67. 다음 함수는 상자의 부피를 나타낸다.

$$V(x) = x(10 - 2x)(16 - 2x), \qquad 0 < x < 5$$

a. V의 극값을 구하라.

b. 부피의 관점에서 문제 (a)에서 찾은 값을 설명하라.

68. 3차 함수 다음 3차 함수에 대해 다음과 같다.

$$f(x) = ax^3 + bx^2 + cx + d$$

a. f가 0, 1, 2개의 임계점을 가질 수 있음을 보여라. 주장을 뒷받침하는 예와 그래프를 제시하라.

b. f는 몇 개의 극값을 가질 수 있는가?

69. 수직으로 움직이는 물체의 최대 높이 수직 방향으로 움직이는 물체의 높이는 다음 식으로 주어진다.

$$s = -\frac{1}{2}gt^2 + v_0 t + s_0, \qquad g > 0$$

여기서 s는 미터, t는 초 단위이다. 이 물체가 도달하는 최고 높이를 구하라.

70. 교류 전류의 최댓값 주어진 시각 t (초 단위)에서 교류 회로의 전류 i (암페어 단위)는 $i = 2\cos t + 2\sin t$이다. 이 회로에서 최대 전류(최대 진폭)는 얼마인가?

T 연습문제 71~74에서 함수의 그래프를 그려라. 그리고 주어진 구간에서 함수의 임계값을 구하고 어디에서 생기는지 밝혀라.

71. $f(x) = |x - 2| + |x + 3|, \quad -5 \le x \le 5$

72. $g(x) = |x - 1| - |x - 5|, \quad -2 \le x \le 7$

73. $h(x) = |x + 2| - |x - 3|, \quad -\infty < x < \infty$

74. $k(x) = |x + 1| + |x - 3|, \quad -\infty < x < \infty$

컴퓨터 탐구

연습문제 75~82에서 특정 닫힌 구간에 주어진 함수의 절대 극값을 구하기 위해 CAS를 사용할 수 있다. 다음 절차에 따라 수행하라.

a. 주어진 구간에 대하여 함수를 그려보고 개형을 확인한다.

b. $f'=0$인 구간 내부의 점을 찾는다(몇몇 문제에서는 해의 근사값을 구하기 위해 방정식을 푸는 수치해법을 사용해야 할 수도 있다).

c. f'이 존재하지 않은 구간 내부의 점을 찾는다.

d. 문제 (b)와 (c)에서 찾은 모든 점과 구간의 끝점에서 함숫값을 계산한다.

e. 함수의 절대 극값을 찾고 구간의 어디에서 생기는지 확인한다.

75. $f(x) = x^4 - 8x^2 + 4x + 2, \quad [-20/25, 64/25]$

76. $f(x) = -x^4 + 4x^3 - 4x + 1, \quad [-3/4, 3]$

77. $f(x) = x^{2/3}(3 - x), \quad [-2, 2]$

78. $f(x) = 2 + 2x - 3x^{2/3}, \quad [-1, 10/3]$

79. $f(x) = \sqrt{x} + \cos x, \quad [0, 2\pi]$

80. $f(x) = x^{3/4} - \sin x + \dfrac{1}{2}, \quad [0, 2\pi]$

81. $f(x) = \pi x^2 e^{-3x/2}, \quad [0, 5]$

82. $f(x) = \ln(2x + x\sin x), \quad [1, 15]$

3.2 평균값 정리

상수함수의 도함수가 0이라는 것은 잘 알려져 있는데, 도함수가 0인 좀 더 복잡한 함수가 존재하겠는가? 주어진 구간에서 동일한 도함수를 가지는 두 함수는 어떤 관계에 있는가? 이 절에서는 평균값 정리를 활용하여 이 물음에 답하고자 한다. 우선 롤의 정리라 불리는 특별한 경우부터 살펴보자. 이는 평균값 정리의 증명에 사용된다.

롤의 정리

그래프에서 알 수 있듯이 미분가능한 함수가 서로 다른 두 점에서 수평선과 만날 때 그래프는 수평 접선을 가지며 미분이 0인 점이 두 점 사이에 적어도 하나 이상 존재한다(그림 3.10).

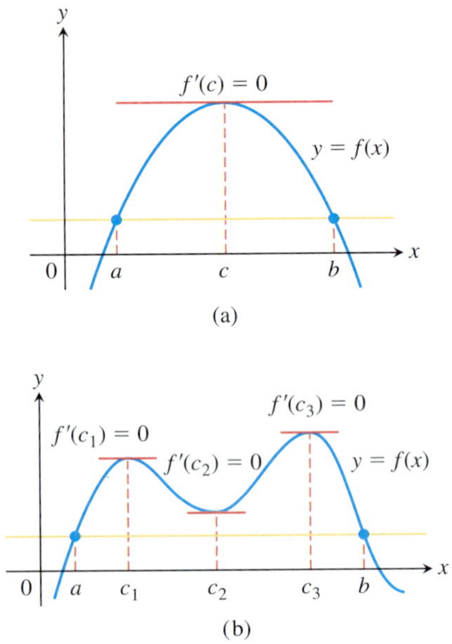

그림 3.10 롤의 정리에 의해 미분가능한 함수가 수평선과 두 점에서 만나면 두 점 사이의 적어도 한 점에서 수평 접선을 가진다. (a)와 같이 한 점을 가질 수도 있고, (b)와 같이 다수를 가질 수도 있다.

역사적 인물

미셸 롤(Michel Rolle, 1652~1719)
프랑스 수학자 미셸 롤은 수학의 대부분을 독학하였다. 회계사로 일하면서 시간이 날 때마다 대수학과 디오판틴 방정식을 연구했다.

정리 3 ▌ 롤의 정리

함수 $y=f(x)$가 닫힌 구간 $[a, b]$에서 연속이고, 열린 구간 (a, b)에서 미분가능하다고 하자. $f(a)=f(b)$라면, $f'(c)=0$인 c가 (a, b)에 적어도 하나 이상 존재한다.

증명 f가 연속함수이므로 정리 1에 의해 $[a, b]$에서 최댓값과 최솟값을 갖는다. 그 값이 생기는 위치는 다음 중 하나이다.

1. f'이 0인 구간 내부의 점
2. f'이 존재하지 않는 구간 내부의 점
3. 구간의 끝점(여기서는 a 또는 b)

가정에서 f는 모든 내점에서 미분가능하므로 조건 2는 배제되고, $f'=0$인 내점 또는 두 끝점에서 최댓값과 최솟값이 생길 수 있다.

최댓값 또는 최솟값이 a, b 사이의 점 c에서 생긴다면, 3.1절의 정리 2에 의해 $f'(c)=0$이고, 롤의 정리에서 찾는 점이 된다.

최댓값과 최솟값 모두 끝점에서만 생긴다면, 가정에서 $f(a)=f(b)$이므로 f는 상수함수가 되어 모든 $x \in [a, b]$에 대해 $f(x)=f(a)=f(b)$이고, 열린 구간 (a, b)의 임의의 점 c에서 $f'(c)=0$이다. ■

정리 3의 가정은 필수적이다. 가정이 한 점에서라도 만족되지 않으면 그래프의 수평 접선이 없을 수도 있다(그림 3.11).

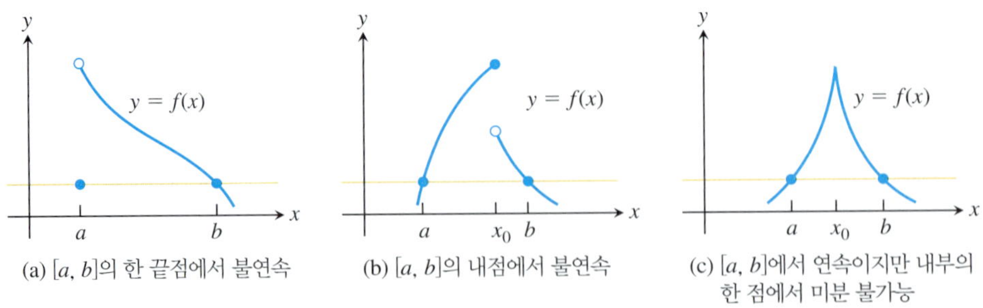

그림 3.11 롤의 정리의 가정이 만족되지 않으면 수평 접선을 가지지 못할 수 있다.

다음 예제와 같이 롤의 정리와 중간값 정리를 결합하면 언제 방정식 $f(x)=0$의 실근이 1개만 존재하는지 보일 수 있다.

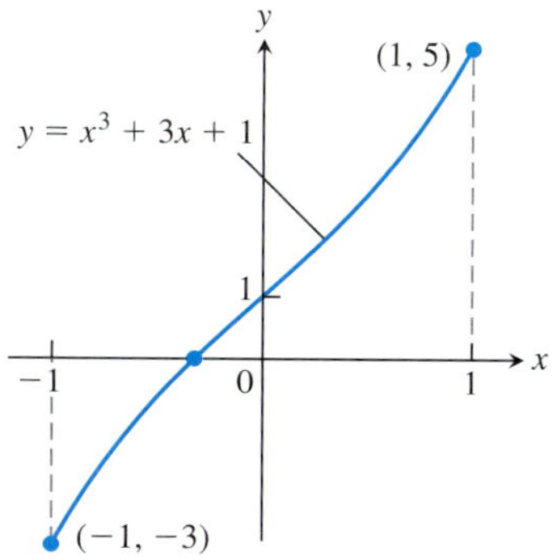

그림 3.12 다항함수 $y=x^3+3x+1$의 유일한 실근은 그림과 같이 그래프가 -1과 0 사이에서 x축과 만나는 점이다(예제 1).

예제 1 다음 방정식은 실근이 1개만 존재함을 보여라.

$$x^3 + 3x + 1 = 0$$

풀이 연속함수 $f(x)=x^3+3x+1$로 정의하자. $f(-1)=-3$이고 $f(0)=1$이므로 중간값 정리에 의해 f의 그래프는 열린 구간 $(-1, 0)$의 어떤 점에서 x축과 만난다(그림 3.12). 이제 두 점 $x=a$와 $x=b$에서 $f(x)$가 0이 된다면 롤의 정리에 의해 f'이 0이 되는 점 $x=c$가 두 점 사이에 존재한다. 하지만 다음 도함수는 결코 0이 될 수 없다(왜냐하면 항상 양수이기 때문에).

$$f'(x) = 3x^2 + 3$$

따라서 f는 2개 이상의 근을 가질 수 없다. ■

이제 롤의 정리를 이용하여 평균값 정리를 증명해보자.

평균값 정리

라그랑주가 최초로 언급한 평균값 정리는 롤의 정리를 옆으로 기울인 버전이다(그림 3.13). 평균값 정리는 점 A와 B를 연결하는 할선에 평행한 접선이 존재함을 보장한다.

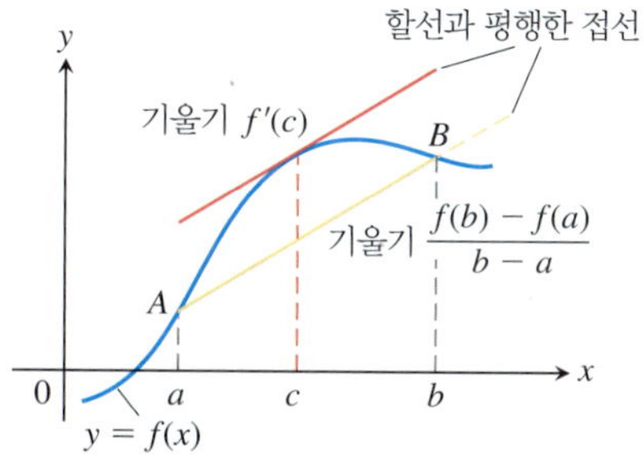

그림 3.13 기하학적으로 평균값 정리는 a, b 사이의 적어도 한 점에서 접선의 기울기가 A와 B를 잇는 할선의 기울기와 같아지는 것을 의미한다.

정리 4 ❙ 평균값 정리

$y=f(x)$가 닫힌 구간 $[a, b]$에서 연속이고, 열린 구간 (a, b)에서 미분가능하다고 하자. 그러면 (a, b)에 다음 식을 만족하는 점 c가 적어도 1개 이상 존재한다.

$$\frac{f(b) - f(a)}{b - a} = f'(c) \tag{1}$$

증명 f의 그래프와 함께 점 $A(a, f(a))$와 $B(b, f(b))$를 지나는 직선을 그린다(그림 3.14). 할선은 다음 함수의 그래프이다(한 점과 기울기가 주어진 직선의 방정식).

$$g(x) = f(a) + \frac{f(b) - f(a)}{b - a}(x - a) \tag{2}$$

점 x에서 그래프 f와 g의 수직 차이는 다음과 같다.

$$\begin{aligned} h(x) &= f(x) - g(x) \\ &= f(x) - f(a) - \frac{f(b) - f(a)}{b - a}(x - a) \end{aligned} \tag{3}$$

f, g, h의 그래프를 함께 그려보면 그림 3.15와 같다.

함수 h는 구간 $[a, b]$에서 롤의 정리의 가정을 만족한다. f, g와 마찬가지로 h는 $[a, b]$에서 연속이고, (a, b)에서 미분가능하다. 또한 f와 g가 점 A와 B를 모두 지나므로 $h(a)=h(b)=0$이다. 따라서 $h'(c)=0$인 점 $c \in (a, b)$가 존재한다.

식 (1)을 보이기 위해 식 (3)의 양변을 x로 미분한 후 $x=c$를 대입하면, 다음과 같다.

$$h'(x) = f'(x) - \frac{f(b) - f(a)}{b - a} \qquad \text{식 (3)을 미분하여}$$

$$h'(c) = f'(c) - \frac{f(b) - f(a)}{b - a} \qquad x=c\text{를 대입하여}$$

$$0 = f'(c) - \frac{f(b) - f(a)}{b - a} \qquad h'(c)=0$$

$$f'(c) = \frac{f(b) - f(a)}{b - a} \qquad \text{정리하면}$$

역사적 인물

요셉-루이 라그랑주(Joseph-Louis Lagrange, 1736~1813)
라그랑주는 이탈리아 토리노에서 태어났다. 그는 법학을 공부하길 원하는 아버지의 뜻에도 불구하고 수학 공부를 즐겼다. 라그랑주는 1754년 변분법을 발견하고 1756년 이를 역학에 응용하는 것으로 수학 발전에 기여하기 시작했다.

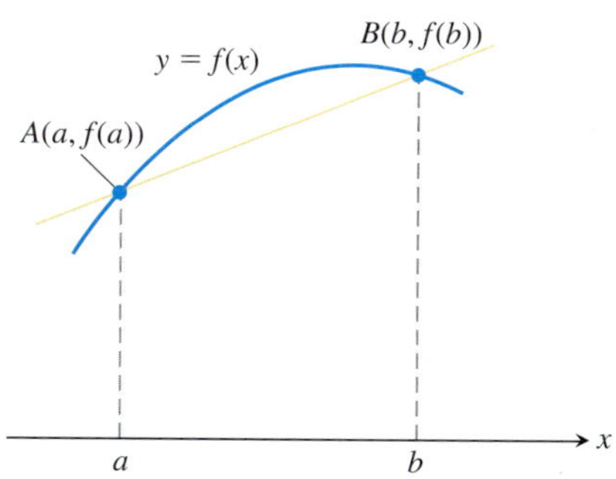

그림 3.14 구간 $[a, b]$에서 f의 그래프와 할선 AB.

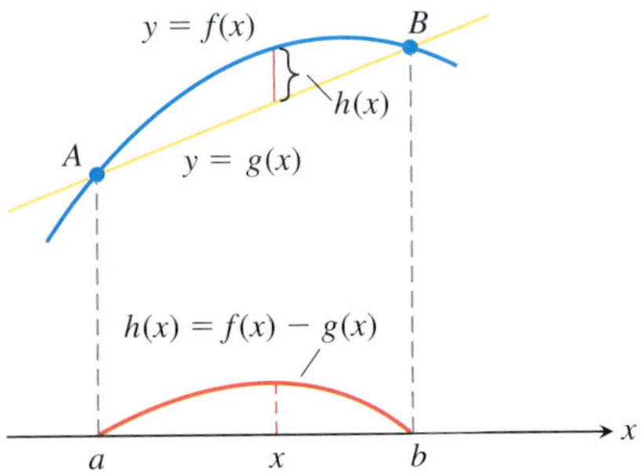

그림 3.15 할선 AB는 함수 $g(x)$의 그래프이다. 함수 $h(x)=f(x)-g(x)$는 x에서 f와 g의 수직거리를 의미한다.

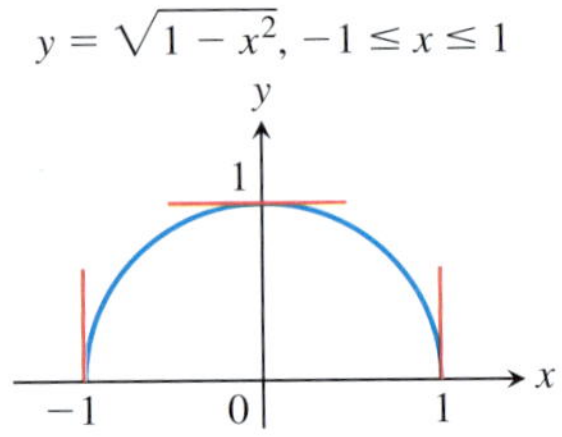

그림 3.16 함수 $f(x)=\sqrt{1-x^2}$은 -1과 1에서 미분 불가능하지만, 구간 $[-1, 1]$에서 평균값 정리의 가정(과 결론)을 만족한다.

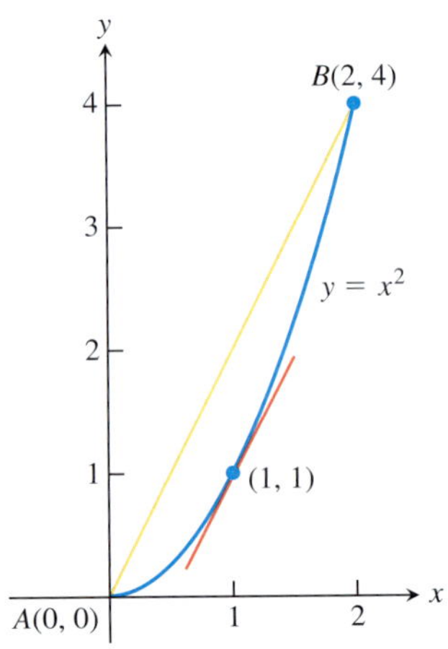

그림 3.17 예제 2에서 $c=1$에서의 접선은 할선과 평행하다.

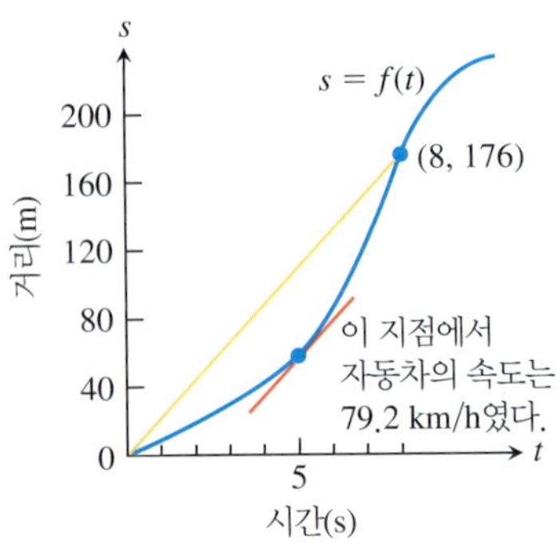

그림 3.18 예제 3에서 자동차의 거리와 경과 시간 그래프.

이로써 증명이 완성된다. ■

f가 a 또는 b에서 미분가능하다는 조건은 평균값 정리의 가정에 필요하지 않다. a, b에서는 한 방향의 연속성이면 충분하다(그림 3.16).

예제 2 함수 $f(x)=x^2$은 $0 \le x \le 2$에서 연속이고, $0 < x < 2$에서 미분가능하다(그림 3.17). $f(0)=0$이고 $f(2)=4$이므로 평균값 정리에 의해 도함수 $f'(x)=2x$의 값이 $(4-0)/(2-0)=2$가 되는 점 c가 구간에 존재한다. 이 경우 c를 정하기 위해 방정식 $2c=2$를 풀어 $c=1$을 얻는다. 하지만 c가 존재한다는 것을 알고 있더라도 대수방정식을 풀어 c를 구하는 것이 항상 쉽지는 않다. ■

물리적 해석

$(f(b)-f(a))/(b-a)$의 값은 구간 $[a, b]$에서 f의 평균변화율로, $f'(c)$는 순간변화율로 생각할 수 있다. 그러면 평균값 정리에 의해 전구간에 대한 평균변화율과 순간변화율이 같아지는 점이 구간 내부에 존재한다.

예제 3 자동차가 정지 상태에서 가속하여 8초 만에 176 m를 진행했다면 8초 동안 평균 속도는 $176/8=22$ m/s이다. 평균값 정리에 의해 가속하는 동안 속도계가 79.2 km/s (22 m/s)를 가리키는 순간이 존재한다(그림 3.18). ■

수학적 결과

이 절의 도입부에서 구간 전체에서 도함수의 값이 0인 함수에 대해 질문을 던졌었다. 평균값 정리의 첫 번째 따름정리는 유일하게 상수함수만 0인 도함수를 가짐을 보여준다.

따름정리 1

열린 구간 (a, b)의 모든 점 x에서 $f'(x)=0$이면, 모든 $x \in (a, b)$에 대해 $f(x)=C$이다. 여기서 C는 상수이다.

증명 구간 (a, b)에서 f가 상수임을 증명한다. 이를 위해 구간 (a, b)에서 $x_1 < x_2$인 임의의 두 점 x_1과 x_2을 택하면 항상 $f(x_1)=f(x_2)$임을 보이면 된다. 이제 f는 구간 $[x_1, x_2]$에서 평균값 정리의 가정을 만족한다. $[x_1, x_2]$의 모든 점에서 미분가능하고 연속이기도 하다. 따라서 다음 식과 같은 점 c가 x_1과 x_2 사이에 존재한다.

$$\frac{f(x_2)-f(x_1)}{x_2-x_1}=f'(c)$$

구간 (a, b)에서 $f'=0$이고, 위 식에서 연쇄적으로 다음 결론을 얻는다.

$$\frac{f(x_2)-f(x_1)}{x_2-x_1}=0, \quad f(x_2)-f(x_1)=0, \quad f(x_1)=f(x_2)$$ ■

이 절의 처음에서 도함수가 구간 전체에서 동일한 두 함수는 어떤 관계에 있는지도 질문했었다. 다음 따름정리는 이 경우 두 함수는 구간에서 상수 차이가 남는 것을 보여준다.

따름정리 2

열린 구간 (a, b)의 각 점에서 $f'(x)=g'(x)$이면, 모든 $x \in (a, b)$에 대해 $f(x)=g(x)+C$를 만족하는 상수 C가 존재한다. 즉 $f-g$는 (a, b)에서 상수함수이다.

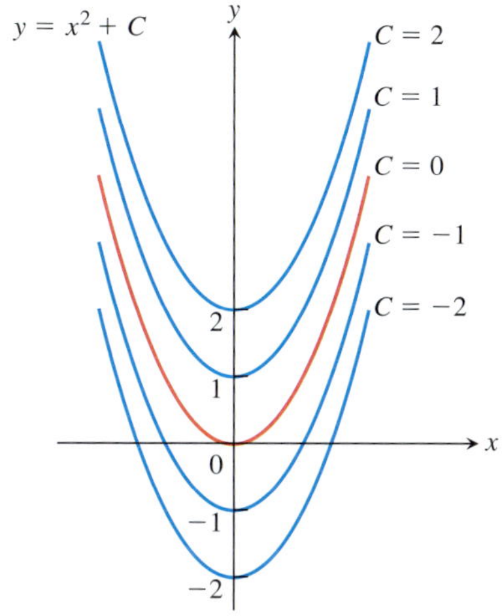

그림 3.19 기하학적 관점에서 보면, 평균값 정리의 따름정리 2는 구간에서 동일한 도함수를 갖는 함수의 그래프는 수직 평행이동하면 서로 겹친다. 도함수로 $2x$를 갖는 함수의 그래프는 포물선 $y=x^2+C$이고 그림에서 다양한 C값에 대한 그래프를 볼 수 있다.

증명 각 점 $x\in(a, b)$에서 차이 함수 $h=f-g$의 도함수를 구하면 다음과 같다.

$$h'(x) = f'(x) - g'(x) = 0$$

따름정리 1에 의해 (a, b)에서 $h(x)=C$이다. 즉 (a, b)에서 $f(x)-g(x)=C$이므로 $f(x)=g(x)+C$를 얻는다. ■

따름정리 1, 2는 구간 (a, b)가 유한하지 않은 경우에도 성립한다. 즉 구간 (a, ∞), $(-\infty, b)$, $(-\infty, \infty)$에서도 참이다.

따름정리 2는 3.8절에서 역도함수(또는 원시함수)를 논할 때에도 중요한 역할을 한다. 예를 들어 $(-\infty, \infty)$에서 $f(x)=x^2$의 도함수는 $2x$이므로, $(-\infty, \infty)$에서 도함수가 $2x$인 모든 함수는 적당한 상수 C에 대해 x^2+C로 표현된다(그림 3.19).

예제 4 도함수가 $\sin x$이고 그래프가 $(0, 2)$를 지나는 함수 $f(x)$를 구하라.

풀이 $g(x)=-\cos x$의 도함수는 $g'(x)=\sin x$이므로, f와 g는 동일한 도함수를 갖는다. 따름정리 2를 적용하면 적당한 상수 C에 대해 $f(x)=-\cos x+C$이다. f의 그래프가 $(0, 2)$를 지나므로 C는 $f(0)=2$의 조건으로부터 결정된다.

$$f(0) = -\cos(0) + C = 2 \text{ 이므로} \qquad C = 3$$

구하는 함수는 $f(x)=-\cos x+3$이다. ■

가속도를 이용하여 속도와 위치 구하기

따름정리 2를 이용하면 수직 방향으로 움직이는 물체의 속도와 위치함수를 찾을 수 있다. 물체가 정지 상태에서 중력가속도 9.8 m/sec^2로 자유낙하한다고 가정하자. 정지 상태를 기준으로 물체의 위치를 $s(t)$라 하자(정지 위치를 0으로 하고, 물체의 움직임을 따라 수직선을 내려가는 방향을 양의 방향으로 정한다).

속도 $v(t)$는 도함수가 상수 9.8인 함수가 되며 $g(t)=9.8t$의 도함수가 9.8임을 알 수 있다. 따름정리 2에 의해 어떤 상수 C가 존재하여 다음과 같다.

$$v(t) = 9.8t + C$$

정지 상태에서 낙하하여 $v(0)=0$이므로 다음을 얻는다.

$$9.8(0) + C = 0 \text{ 이고} \qquad C = 0$$

속도 함수는 $v(t)=9.8t$이다. 위치함수 $s(t)$는 어떻겠는가?

$s(t)$는 도함수가 $9.8t$인 함수이고, $f(t)=4.9t^2$의 도함수가 $9.8t$임을 알 수 있다. 따름정리 2에 의해 어떤 상수 C가 존재하여 다음과 같다.

$$s(t) = 4.9t^2 + C$$

$s(0)=0$이므로 다음을 얻는다.

$$4.9(0)^2 + C = 0 \text{ 이고} \qquad C = 0$$

땅에 닿을 때까지는 위치함수가 $s(t)=4.9t^2$이다.

변화율로부터 함수를 찾는 것은 미적분학에서 매우 강력한 도구 가운데 하나이다. 나중에 살펴보겠지만, 이는 4장의 수학적 발전에서 핵심적인 역할을 한다.

연습문제 3.2 EXERCISE QUESTION

평균값 정리의 확인

연습문제 1~8에서 주어진 함수와 구간에 대해 평균값 정리의 결과인 다음 식을 만족하는 값 c를 구하라.

$$\frac{f(b)-f(a)}{b-a}=f'(c)$$

1. $f(x)=x^2+2x-1,\ [0,1]$ **2.** $f(x)=x^{2/3},\ [0,1]$

3. $f(x)=x+\dfrac{1}{x},\ \left[\dfrac{1}{2},2\right]$ **4.** $f(x)=\sqrt{x-1},\ [1,3]$

5. $f(x)=\arcsin x,\ [-1,1]$ **6.** $f(x)=\ln(x-1),\ [2,4]$

7. $f(x)=x^3-x^2,\ [-1,2]$

8. $g(x)=\begin{cases} x^3, & -2\le x\le 0 \\ x^2, & 0<x\le 2\end{cases}$

연습문제 9~14에서 주어진 구간에서 어떤 함수가 평균값 정리의 가정을 만족하고, 어떤 함수가 만족하지 않는가? 답과 함께 근거를 제시하라.

9. $f(x)=x^{2/3},\ [-1,8]$

10. $f(x)=x^{4/5},\ [0,1]$

11. $f(x)=\sqrt{x(1-x)},\ [0,1]$

12. $f(x)=\begin{cases} \dfrac{\sin x}{x}, & -\pi\le x<0 \\ 0, & x=0\end{cases}$

13. $f(x)=\begin{cases} x^2-x, & -2\le x\le -1 \\ 2x^2-3x-3, & -1<x\le 0\end{cases}$

14. $f(x)=\begin{cases} 2x-3, & 0\le x\le 2 \\ 6x-x^2-7, & 2<x\le 3\end{cases}$

15. 다음 함수는 $x=0$과 $x=1$에서 0이고 (0, 1)에서 미분가능하지만 (0, 1)에서 도함수는 결코 0이 되지 않는다.

$$f(x)=\begin{cases} x, & 0\le x<1 \\ 0, & x=1\end{cases}$$

어떻게 이런 결과가 가능한가? 롤의 정리에 따르면 도함수는 구간 (0, 1)의 어디선가 0이 되어야 하지 않은가? 답과 함께 이유를 제시하라.

16. a, m, b가 어떤 값을 가질 때 다음 함수가 구간 [0, 2]에서 평균값 정리의 가정을 만족하는가?

$$f(x)=\begin{cases} 3, & x=0 \\ -x^2+3x+a, & 0<x<1 \\ mx+b, & 1\le x\le 2\end{cases}$$

근(해)

17. a. 다항식의 근과 1계 도함수의 근을 직선에 표시하라.

i) $y=x^2-4$

ii) $y=x^2+8x+15$

iii) $y=x^3-3x^2+4=(x+1)(x-2)^2$

iv) $y=x^3-33x^2+216x=x(x-9)(x-24)$

b. 롤의 정리를 이용하여 $x^n+a_{n-1}x^{n-1}+\cdots+a_1x+a_0$의 두 근 사이에는 항상 $nx^{n-1}+(n-1)a_{n-1}x^{n-2}+\cdots+a_1$의 근이 존재함을 증명하라.

18. f''이 구간 $[a, b]$에서 연속이고 f는 이 구간에서 3개의 근을 갖는다고 가정하자. f''은 구간 (a, b)에서 적어도 하나의 근을 가짐을 보여라. 이 결과를 일반화하라.

19. 구간 $[a, b]$에서 $f''>0$이면, f'은 $[a, b]$에서 기껏해야 하나의 근을 가짐을 보여라. 조건을 변경하여 구간 $[a, b]$ 전체에서 $f''<0$이면 어떤 결과를 얻는가?

20. 3차 다항식은 기껏해야 3개의 실근을 가짐을 보여라.

연습문제 21~28에서 각 함수는 주어진 구간에서 정확히 1개의 근을 가짐을 보여라.

21. $f(x)=x^4+3x+1,\ [-2,-1]$

22. $f(x)=x^3+\dfrac{4}{x^2}+7,\ (-\infty,0)$

23. $g(t)=\sqrt{t}+\sqrt{1+t}-4,\ (0,\infty)$

24. $g(t)=\dfrac{1}{1-t}+\sqrt{1+t}-3.1,\ (-1,1)$

25. $r(\theta)=\theta+\sin^2\left(\dfrac{\theta}{3}\right)-8,\ (-\infty,\infty)$

26. $r(\theta)=2\theta-\cos^2\theta+\sqrt{2},\ (-\infty,\infty)$

27. $r(\theta)=\sec^2\theta-\cos(2\theta)-1,\ (0,\pi/2)$

28. $r(\theta)=3\tan\theta-\cot\theta-\theta,\ (0,\pi/2)$

도함수로부터 함수 구하기

29. $f(-1)=3$이고, 모든 x에 대해 $f'(x)=0$이라고 하자. 모든 x에 대해 $f(x)=3$이 되어야 하는가? 답과 함께 이유를 제시하라.

30. $f(0)=5$이고, 모든 x에 대해 $f'(x)=2$이라고 하자. 모든 x에 대해 $f(x)=2x+5$가 되어야 하는가? 답과 함께 이유를 제시하라.

31. 모든 x에 대해 $f'(x)=2x$라고 하자. 다음 조건을 가정할 때 $f(2)$를 구하라.

a. $f(0)=0$

b. $f(1)=0$

c. $f(-2)=3$

32. 도함수가 상수함수인 함수는 어떤 함수라고 할 수 있는가? 답과 함께 이유를 제시하라.

연습문제 33~38에서 주어진 도함수로부터 가능한 모든 함수를 구하라.

33. a. $y'=x$ **b.** $y'=x^2$ **c.** $y'=x^3$

34. a. $y'=2x$ **b.** $y'=2x-1$ **c.** $y'=3x^2+2x-1$

35. a. $y'=-\dfrac{1}{x^2}$ **b.** $y'=1-\dfrac{1}{x^2}$ **c.** $y'=5+\dfrac{1}{x^2}$

36. a. $y'=\dfrac{1}{2\sqrt{x}}$ **b.** $y'=\dfrac{1}{\sqrt{x}}$ **c.** $y'=4x-\dfrac{1}{\sqrt{x}}$

37. a. $y'=\sin 2t$ **b.** $y'=\cos\dfrac{t}{2}$ **c.** $y'=\sin 2t+\cos\dfrac{t}{2}$

38. a. $y'=\sec^2\theta$ **b.** $y'=\sqrt{\theta}$ **c.** $y'=\sqrt{\theta}-\sec^2\theta$

연습문제 39~42에서 주어진 도함수와 함수의 그래프가 지나는 점 P를 이용하여 함수를 구하라.

39. $f'(x) = 2x - 1, \quad P(0,0)$

40. $g'(x) = \dfrac{1}{x^2} + 2x, \quad P(-1,1)$

41. $f'(x) = e^{2x}, \quad P\left(0, \dfrac{3}{2}\right)$

42. $r'(t) = \sec t \tan t - 1, \quad P(0,0)$

속도와 가속도로부터 위치 찾기

연습문제 43~46에서 속도 $v=ds/dt$와 초기 위치가 주어진 물체가 직선을 따라 움직인다고 하자. 시각 t에서 물체의 위치를 구하라.

43. $v = 9.8t + 5, \quad s(0) = 10$

44. $v = 32t - 2, \quad s(0.5) = 4$

45. $v = \sin \pi t, \quad s(0) = 0$

46. $v = \dfrac{2}{\pi}\cos\dfrac{2t}{\pi}, \quad s(\pi^2) = 1$

연습문제 47~50에서 가속도 $a=d^2s/dt^2$, 초기 속도, 초기 위치가 주어진 물체가 직선을 따라 움직인다고 하자. 시각 t에서 물체의 위치를 구하라.

47. $a = e^t, \quad v(0) = 20, \quad s(0) = 5$

48. $a = 9.8, \quad v(0) = -3, \quad s(0) = 0$

49. $a = -4\sin 2t, \quad v(0) = 2, \quad s(0) = -3$

50. $a = \dfrac{9}{\pi^2}\cos\dfrac{3t}{\pi}, \quad v(0) = 0, \quad s(0) = -1$

응용

51. **온도 변화** 수은 온도계를 냉동고에서 꺼내 끓는 물에 넣었더니 14초 만에 온도가 −19℃에서 100℃로 올라갔다. 이 과정에서 온도가 올라가는 속도가 8.5℃/s인 순간이 있음을 보여라.

52. 속도제한이 100 km/h인 고속도로 230 km를 2시간 만에 지나온 트럭 운전사가 통행권을 톨게이트에 제시하자, 과속으로 속도위반 티켓을 받았다. 왜 그런가?

53. 고전 기록에 따르면 노 170개가 달린 삼단노선(고대그리스 또는 로마 군함)이 한때 24시간 동안 184해리를 항해했다고 한다. 이 위업 중 어느 시점에는 삼단노선의 속도가 7.5노트(시간당 해리)를 초과하게 되는 이유를 설명하라.

54. 마라토너가 42 km의 뉴욕 마라톤을 2.2시간만에 완주했다고 하자. 처음과 마지막 속도가 0이라고 가정할 때, 18 km/h의 속도인 순간이 적어도 두 번 이상이었음 보여라.

55. 2시간 동안의 자동차 여행 중 자동차 속도계의 판독값이 평균 속도와 동일한 순간이 있음을 보여라.

56. **달에서의 자유낙하** 달에서는 중력가속도가 1.6 m/s²이다. 바위를 크레바스에 떨어뜨린 경우 30초 후에 바닥에 닿기 직전 바위의 속도는 얼마나 빠른가?

이론과 예제

57. **a와 b의 기하평균** 두 양수 a와 b의 기하평균은 $\sqrt{ab}$이다. 양의 구간 $[a, b]$에서 함수 $f(x)=1/x$에 대해 평균값 정리를 적용한 결과 식에 나타나는 c의 값은 $c=\sqrt{ab}$임을 보여라.

58. **a와 b의 산술평균** 두 양수 a와 b의 산술평균은 $(a+b)/2$이다. 임의의 구간 $[a, b]$에서 함수 $f(x)=x^2$에 대해 평균값 정리를 적용한 결과 식에 나타나는 c의 값은 $c=(a+b)/2$임을 보여라.

T 59. 다음 함수의 그래프를 그려라.

$$f(x) = \sin x \sin(x+2) - \sin^2(x+1)$$

그래프는 어떤 모양인가? 함수는 왜 이런 모양으로 보이는가? 답에 대한 이유를 제시하라.

60. **롤의 정리**

a. $x=-2, -1, 0, 1, 2$에서 근을 갖는 다항식 $f(x)$를 만들어라.

b. f와 도함수 f'의 그래프를 함께 그려라. 그래프는 롤의 정리와 어떤 관련이 있는가?

c. $g(x)=\sin x$와 도함수 g'은 f와 f'과 같은 현상을 보이는가?

61. **유일한 해** f가 $[a, b]$에서 연속이고 (a, b)에서 미분가능하다고 하자. 또한 $f(a)$와 $f(b)$의 부호가 반대이고 a와 b 사이에서 $f' \neq 0$이라 하자. a와 b 사이에서 $f(x)=0$은 정확히 한 번만 만족됨을 보여라.

62. **평행 접선** f와 g는 $[a, b]$에서 미분가능하고 $f(a)=g(a)$, $f(b)=g(b)$라 하자. f와 g에 대한 접선이 평행하거나 일치하는 점이 a와 b 사이에 적어도 하나 존재함을 보여라. 그림으로도 설명하라.

63. $1 \leq x \leq 4$에 대해 $f'(x) \leq 1$을 가정하자. $f(4)-f(1) \leq 3$을 보여라.

64. 모든 x에 대해 $0 < f'(x) < 1/2$을 가정하자. $f(-1) < f(1) < 2+f(-1)$을 보여라.

65. 모든 x에 대해 $|\cos x - 1| \leq |x|$를 보여라. [힌트: 0과 x를 끝점으로 하는 닫힌 구간에서 $f(t)=\cos t$를 생각하자.]

66. 임의의 a와 b에 대해 사인 부등식 $|\sin b - \sin a| \leq |b-a|$이 성립함을 보여라.

67. 미분가능한 두 함수 $f(x)$와 $g(x)$의 그래프가 평면 위의 같은 점에서 시작하여 모든 점에서 같은 변화율을 갖는다면, 그래프는 일치해야만 하는가? 답에 대한 이유를 제시하라.

68. 모든 w와 x에 대해 $|f(w)-f(x)| \leq |w-x|$이고 f는 미분가능 함수이면, 모든 x에 대해 $-1 \leq f'(x) \leq 1$임을 보여라.

69. f가 $a \leq x \leq b$에서 미분가능하고 $f(b) < f(a)$라고 가정하자. a와 b 사이에 f'이 음수가 되는 점이 존재함을 보여라.

70. f가 구간 $[a, b]$에 정의된 함수라고 하자. 다음 식을 보장하려면 f에 어떤 조건을 추가해야 하는가?

$$\min f' \leq \frac{f(b)-f(a)}{b-a} \leq \max f'$$

여기서 $\min f'$과 $\max f'$은 각각 $[a, b]$에서 f'의 최솟값과 최댓값을 의미한다. 답에 대한 이유를 제시하라.

T 71. 연습문제 70의 부등식을 사용하여 $0 \leq x \leq 0.1$에서 $f'(x)=1/(1+x^4\cos x)$이고 $f(0)=1$일 때 $f(0.1)$의 근삿값을 계산하라.

T 72. 연습문제 70의 부등식을 사용하여 $0 \leq x \leq 0.1$에서 $f'(x)=1/(1-x^4)$이고 $f(0)=2$일 때 $f(0.1)$의 근삿값을 계산하라.

73. f가 모든 x에 대해 미분가능하며 $f(1)=1$이고, $(-\infty, 1)$에서 $f'<0$이고, $(1, \infty)$에서 $f'>0$라고 가정하자.

a. 모든 x에 대해 $f(x) \geq 1$을 보여라.

b. $f'(1)=0$이 되어야 하는가? 이유를 설명하라.

74. $f(x)=px^2+qx+r$은 닫힌 구간 $[a, b]$에 정의된 2차 함수라고 하자. 평균값 정리의 결론 식을 만족하는 점 c는 구간 (a, b)에서 정확히 1개가 존재함을 보여라.

3.3 단조함수와 1계 도함수 판정법

미분가능한 함수의 그래프를 그릴 때, 구간의 어느 부분에서 증가하고(왼쪽에서 오른쪽으로 올라가는) 어느 부분에서 감소하는지를(왼쪽에서 오른쪽으로 내려가는지를) 알면 유용하다. 이 절에서는 함수 어디에서 증가하고 어디에서 감소하는지 판정하는 방법을 알아본다. 또한 함수의 임계값이 극값인지 판정하는 방법을 살펴본다.

증가함수와 감소함수

평균값 정리의 또 하나의 따름정리로 도함수의 값이 양수이면 증가하고, 도함수의 값이 음수이면 감소함을 보이자. 구간에서 증가만 하거나 감소만 하는 함수를 **단조함수**(monotone function)라고 부른다.

따름정리 3

함수 f가 $[a, b]$에서 연속이고 (a, b)에서 미분가능하다고 하자.

모든 $x \in (a, b)$에서 $f'(x) > 0$이면 $[a, b]$에서 f는 증가한다.
모든 $x \in (a, b)$에서 $f'(x) < 0$이면 $[a, b]$에서 f는 감소한다.

증명 $[a, b]$에서 $x_1 < x_2$를 만족하는 두 점을 x_1, x_2를 임의로 선택하자. $[x_1, x_2]$에서 함수 f에 평균값 정리를 적용하면 다음을 만족하는 c가 x_1과 x_2 사이에 존재한다.

$$f(x_2) - f(x_1) = f'(c)(x_2 - x_1)$$

$x_2 - x_1$이 양수이므로 우변의 부호는 $f'(c)$의 부호와 일치한다. 따라서 f'이 구간 (a, b)에서 양수이면 $f(x_2) > f(x_1)$이고, 음수이면 $f(x_2) < f(x_1)$이다. ■

따름정리 3으로부터 임의의 양수 $b > 0$에 대해 $f(x) = \sqrt{x}$가 구간 $[0, b]$에서 증가함을 알 수 있다. 왜냐하면 $f'(x) = 1/(2\sqrt{x})$는 $(0, b)$에서 양수이기 때문이다. $x = 0$에서 미분이 존재하지 않지만, 따름정리 3을 적용할 수 있다. 또한 이 따름정리는 열린 구간 또는 무한 구간에서도 성립한다. 따라서 $f(x) = \sqrt{x}$는 구간 $(0, 1)$, $(0, \infty)$, $[0, \infty)$에서 모두 증가한다.

함수 f가 증가 또는 감소하는 구간을 구하기 위해 우선 f의 모든 임계점을 찾는다. f의 두 임계점 a와 b $(a < b)$에 대해 도함수 f'이 구간 (a, b)에서 연속이고 0이 아니면, f'에 중간값 정리를 적용하여 도함수 f'은 구간 (a, b)의 모든 점에서 양수이거나 모든 점에서 음수일 수밖에 없다. 구간 (a, b)에서 f'의 부호를 결정하는 간단한 방법으로 구간 (a, b)의 한 점 c에서 도함수값을 조사해보면 된다. $f'(c) > 0$이면 구간 (a, b)의 모든 점 x에 대해 $f'(x) > 0$이고 따름정리 3에 의해 f는 $[a, b]$에서 증가한다. $f'(c) < 0$이면 f는 $[a, b]$에서 감소한다. (a, b)의 어떤 점을 c로 선택하는지는 중요하지 않다. 왜냐하면 어떤 점을 선택해도 $f'(c)$의 부호는 동일하기 때문이다. $f'(c)$를 계산하기 쉬운 점을 선택하는 것이 일반적이다. 다음 예제에서 이러한 과정을 어떻게 적용하는지 살펴보자.

예제 1 $f(x) = x^3 - 12x - 5$의 임계점을 찾고 어떤 열린 구간에서 f가 증가하거나 감소하는지 밝혀라.

풀이 함수 f는 모든 점에서 연속이고 미분가능하다. 도함수를 구하면, 다음과 같이 $x = -2$와 $x = 2$에서 0이 된다.

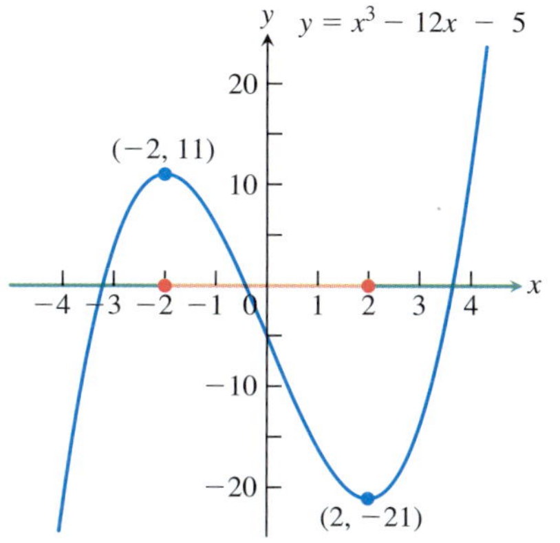

그림 3.20 함수 $f(x) = x^3 - 12x - 5$는 3개 구간에서 각각 단조함수이다(예제 1).

$$f'(x) = 3x^2 - 12 = 3(x^2 - 4)$$
$$= 3(x + 2)(x - 2)$$

이 임계점을 기준으로 f의 정의역은 f'이 양수인지 음수인지에 따라 겹치지 않는 열린 구간 $(-\infty, -2)$, $(-2, 2)$, $(2, \infty)$로 나누어진다. 각 구간에서 계산하기 편한 점을 선택하여 f'의 부호를 확인할 수 있다. 첫 번째 구간의 점 $x=-3$, 두 번째 구간의 $x=0$, 세 번째 구간의 $x=3$에서 f'을 계산하면 쉽다. 따름정리 3을 적용하면 각 구간에서 f의 성질을 결정할 수 있다. 결과를 요약하면 다음 표와 같고 f의 그래프는 그림 3.20과 같다.

구간	$-\infty < x < -2$	$-2 < x < 2$	$2 < x < \infty$
f'의 계산	$f'(-3) = 15$	$f'(0) = -12$	$f'(3) = 15$
f'의 부호	+	−	+
f의 성질	증가	감소	증가

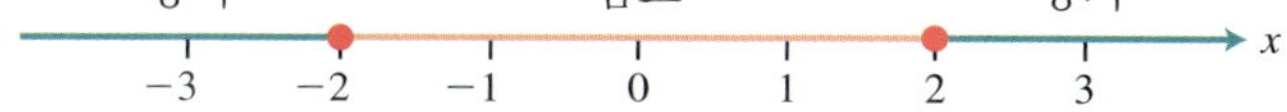

예제 1의 표에서 열린 구간으로 표기하려고 구간의 구분에 '엄밀한' 부등호를 사용했다. 따름정리 3에 따르면 부등호 ≤를 사용해도 된다. 즉 예제의 함수 f는 $-\infty < x \le -2$에서 증가하고, $-2 \le x \le 2$에서 감소하며, $2 \le x < \infty$에서 증가한다. 한 점에 대해서는 함수가 증가 또는 감소한다고 하지 않는다.

역사적 인물

에드몬드 핼리(Edmund Halley, 1656~1742) 생물학자, 지질학자, 바다의 선장, 천문학자이자 수학자인 영국의 핼리는 뉴턴에게 《프린키피아》를 쓰도록 독려했다. 핼리의 모든 업적에도 불구하고, 오늘날 그는 1682년 혜성의 궤도를 계산한 인물로 알려져 있다.

극값에 대한 1계 도함수 판정법

그림 3.21에서 f가 최솟값을 갖는 점을 중심으로 왼쪽 근방에서는 $f' < 0$이고, 오른쪽 근방에서는 $f' > 0$이다. (만약 끝점이면 한쪽만 고려한다.) 따라서 함수는 최솟값을 가지는 점의 왼쪽에서 감소하고 오른쪽에서 증가한다. 같은 방법으로 f가 최댓값을 가지는 점의 왼쪽 근방에서는 $f' > 0$이고, 오른쪽 근방에서는 $f' < 0$이다. 따라서 함수는 최댓값을 가지는 점의 왼쪽에서 증가하고, 오른쪽에서 감소한다. 간단히 요약하면 극점에서 $f'(x)$의 부호가 변경된다.

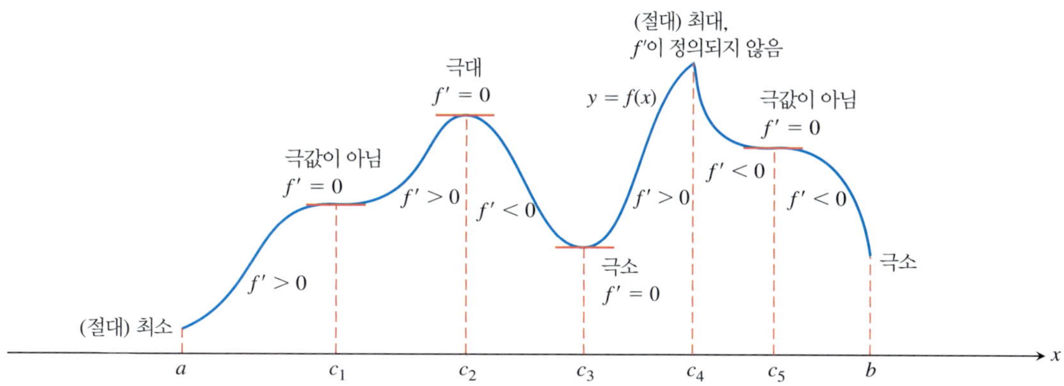

그림 3.21 함수의 임계점은 함수가 어디에서 증가하고 어디에서 감소하는지를 알려준다. 극값이 생기는 임계점에서는 1계 도함수의 부호가 바뀐다.

이 결과를 바탕으로 미분가능한 함수에 대해 극값의 존재성과 특성을 판정하는 방법을 만들 수 있다.

> **극값에 대한 1계 도함수 판정법**
>
> c가 연속함수 f의 임계점이고 c를 포함하는 구간에서 c 자신을 제외한 모든 점에서 f가 미분가능하다고 하자. 이 구간을 왼쪽에서 오른쪽으로 지나는 동안
>
> **1.** c에서 f'의 부호가 음수에서 양수로 바뀌면, f는 c에서 극솟값을 갖는다.
> **2.** c에서 f'의 부호가 양수에서 음수로 바뀌면, f는 c에서 극댓값을 갖는다.
> **3.** c에서 f'의 부호가 바뀌지 않으면(즉 f'이 c의 좌우에서 모두 양수이거나 모두 음수이면), f는 c에서 극값을 갖지 않는다.

끝점에서 극값을 판정하는 방법도 비슷하게 만들 수 있다. 하지만 f'의 부호에 근거하여 f의 증가, 감소를 판정하는 방법을 한쪽에만 적용할 수 있다.

1계 도함수 판정법의 증명 (1)의 증명: c를 지나면서 f'의 부호가 음수에서 양수로 바뀌기 때문에 구간 (a, c)에서 $f' < 0$이고, 구간 (c, b)에서 $f' > 0$인 a와 b $(a < c < b)$가 존재한다. $x \in (a, c)$이면 $f' < 0$이므로 f가 $[a, c]$에서 감소함수가 되어 $f(c) < f(x)$이다. $x \in (c, b)$이면 $f' > 0$이므로 f가 $[c, b]$에서 증가함수가 되어 $f(c) < f(x)$이다. 따라서 모든 $x \in (a, b)$에 대해 $f(x) \geq f(c)$이다. 정의에 의해 f는 c에서 극솟값을 갖는다.

비슷한 방법으로 (2)와 (3)도 증명할 수 있다. ■

예제 2 다음 함수 f의 임계점을 구하라.

$$f(x) = x^{1/3}(x - 4) = x^{4/3} - 4x^{1/3}$$

f가 증가하는 열린 구간과 감소하는 열린 구간을 찾고, 함수의 극값과 최댓값, 최솟값을 구하라.

풀이 함수 f는 두 연속함수 $x^{1/3}$과 $(x-4)$의 곱이므로 모든 점에서 연속이다. 1계 도함수를 구하면 다음과 같다.

$$f'(x) = \frac{d}{dx}(x^{4/3} - 4x^{1/3}) = \frac{4}{3}x^{1/3} - \frac{4}{3}x^{-2/3}$$
$$= \frac{4}{3}x^{-2/3}(x - 1) = \frac{4(x - 1)}{3x^{2/3}}$$

$x=1$에서 0이고, $x=0$에서 정의되지 않는다. 정의역에 끝점이 존재하지 않으므로 f가 임계점을 가질 수 있는 곳은 $x=0$과 $x=1$ 뿐이다.

x축은 임계점을 기준으로 f'이 양수인 열린 구간과 음수인 열린 구간으로 나누어진다. 다음의 요약된 표와 같이 임계점 사이에서 f'의 부호에 따라 f의 증가, 감소가 결정된다.

구간	$x < 0$	$0 < x < 1$	$x > 1$
f'의 부호	$-$	$-$	$+$
f의 성질	증가	감소	증가

평균값 정리의 따름정리 3에 따라 f는 구간 $(-\infty, 0)$과 $(0, 1)$에서 감소하고, $(1, \infty)$에서 증가한다. 극값에 대한 1계 도함수 판정법에 따라 f는 $x=0$에서 극값을 갖지 않고(f'의 부호가 바뀌지 않는다), $x=1$에서 극솟값을 갖는다(f'의 부호가 음수에서 양수로 바뀐다).

극솟값은 $f(1) = 1^{1/3}(1-4) = -3$이다. f가 $(-\infty, 1)$에서 감소하고 $(1, \infty)$에서 증가하므로,

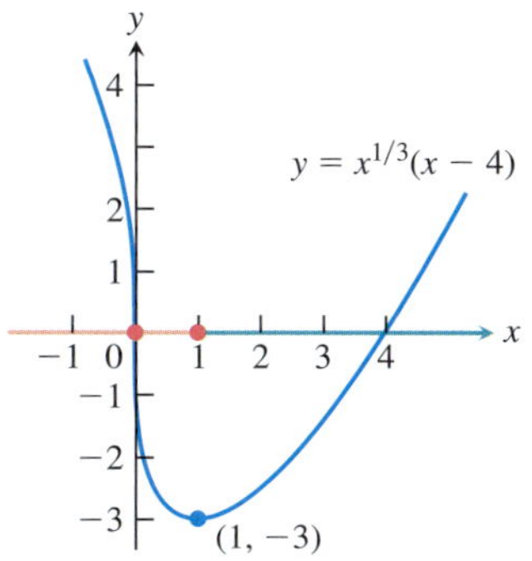

그림 3.22 함수 $f(x)=x^{1/3}(x-4)$는 $x<1$에서 감소하고, $x>1$에서 증가한다(예제 2).

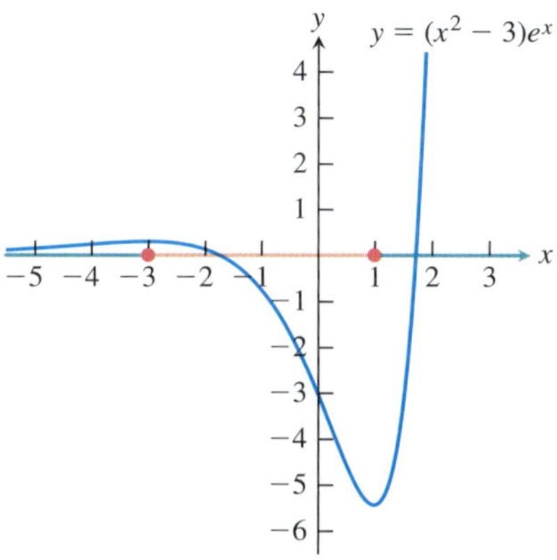

그림 3.23 $f(x)=(x^2-3)e^x$의 그래프(예제 3).

이 값은 f의 최솟값이기도 하다. 그림 3.22에서 함수 f의 그래프와 관련하여 이 값을 확인할 수 있다.

$\lim_{x\to 0} f'(x) = -\infty$이므로 f는 원점에서 수직 접선을 갖는다. ■

예제 3 다음 함수 f의 임계점을 구하라.

$$f(x) = (x^2-3)e^x$$

f가 증가하는 열린 구간과 감소하는 열린 구간을 찾고, 함수의 극값과 최댓값, 최솟값을 구하라.

풀이 함수 f는 모든 점에서 연속이고 미분가능하므로, 함수의 임계점은 f'이 0인 곳에서만 생긴다. 곱의 미분법을 이용하여 1계 도함수를 구하면 다음과 같다.

$$\begin{aligned} f'(x) &= (x^2-3)\cdot\frac{d}{dx}e^x + \frac{d}{dx}(x^2-3)\cdot e^x \\ &= (x^2-3)e^x + (2x)e^x \\ &= (x^2+2x-3)e^x \end{aligned}$$

e^x는 결코 0이 될 수 없으므로 1계 도함수가 0일 필요충분 조건은 다음과 같다.

$$x^2+2x-3=0$$
$$(x+3)(x-1)=0$$

x축은 도함수가 0인 $x=-3$과 $x=1$을 기준으로 다음과 같이 열린 구간으로 분할된다.

구간	$x<-3$	$-3<x<1$	$1<x$
f'의 부호	$+$	$-$	$+$
f의 성질	증가	감소	증가

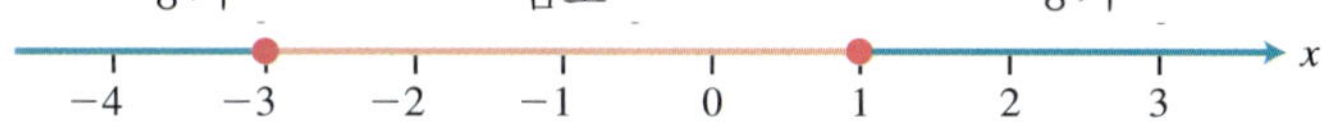

이 표로부터 $x=-3$에서 극댓값(약 0.299)과 $x=1$에서 극솟값(약 -5.437)을 갖는다. $|x|>\sqrt{3}$에서 $f(x)>0$이므로 극솟값은 최솟값이 된다. 최댓값은 존재하지 않는다. 그림 3.23의 그래프와 같이 $(-\infty, -3)$과 $(1, \infty)$에서 증가하고, $(-3, 1)$에서 감소한다. ■

연습문제 3.3 EXERCISE QUESTION

도함수로 함수 분석하기

연습문제 1~14에서 주어진 도함수를 갖는 함수에 대해 다음 질문에 답하라.

a. f의 임계점은?
b. 어떤 열린 구간에서 f가 증가하거나, 감소하는가?
c. 어떤 점에서 (존재한다면) f가 극댓값 또는 극솟값을 갖는가?

1. $f'(x) = x(x-1)$
2. $f'(x) = (x-1)(x+2)$
3. $f'(x) = (x-1)^2(x+2)$
4. $f'(x) = (x-1)^2(x+2)^2$
5. $f'(x) = (x-1)e^{-x}$
6. $f'(x) = (x-7)(x+1)(x+5)$
7. $f'(x) = \dfrac{x^2(x-1)}{x+2}, \quad x \neq -2$
8. $f'(x) = \dfrac{(x-2)(x+4)}{(x+1)(x-3)}, \quad x \neq -1, 3$
9. $f'(x) = 1 - \dfrac{4}{x^2}, \quad x \neq 0$
10. $f'(x) = 3 - \dfrac{6}{\sqrt{x}}, \quad x \neq 0$
11. $f'(x) = x^{-1/3}(x+2)$
12. $f'(x) = x^{-1/2}(x-3)$
13. $f'(x) = (\sin x - 1)(2\cos x + 1), \quad 0 \le x \le 2\pi$
14. $f'(x) = (\sin x + \cos x)(\sin x - \cos x), \quad 0 \le x \le 2\pi$

극값 식별하기

연습문제 15~18에서

a. 함수가 증가하는 열린 구간과 감소하는 열린 구간을 찾아라.
b. 함수의 극값과 절대 극값이 존재하면 이를 식별하고 어디에서 생기는지 밝혀라.

15.

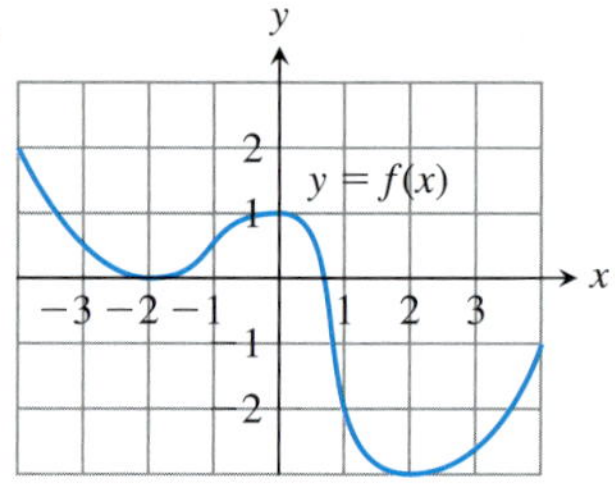

16.

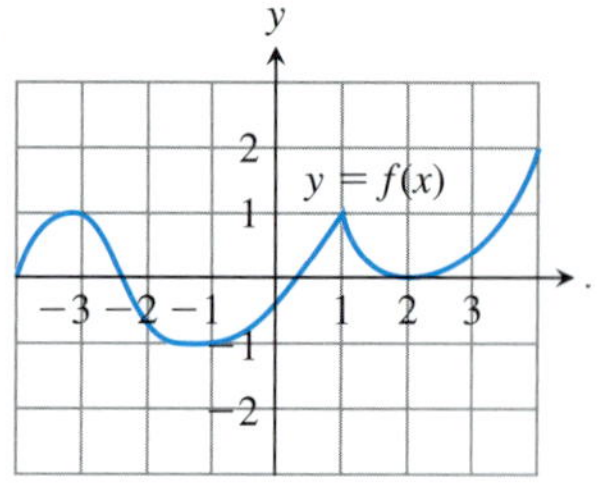

17.

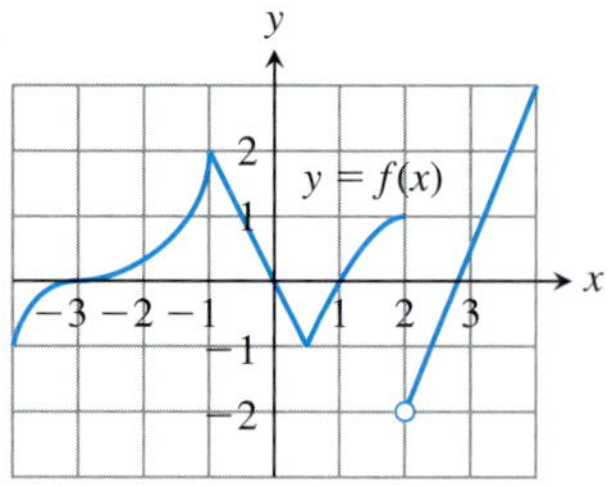

18.

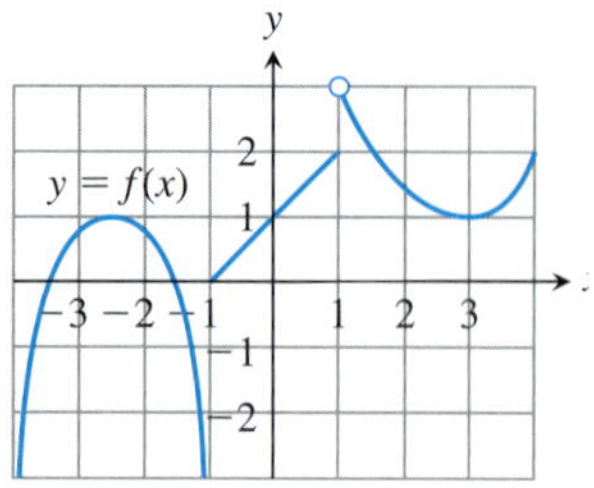

연습문제 19~46에서

a. 함수가 증가하는 열린 구간과 감소하는 열린 구간을 찾아라.
b. 함수의 극값이 존재하면 이를 식별하고 어디에서 생기는지 밝혀라.

19. $g(t) = -t^2 - 3t + 3$

20. $g(t) = -3t^2 + 9t + 5$

21. $h(x) = -x^3 + 2x^2$

22. $h(x) = 2x^3 - 18x$

23. $f(\theta) = 3\theta^2 - 4\theta^3$

24. $f(\theta) = 6\theta - \theta^3$

25. $f(r) = 3r^3 + 16r$

26. $h(r) = (r + 7)^3$

27. $f(x) = x^4 - 8x^2 + 16$

28. $g(x) = x^4 - 4x^3 + 4x^2$

29. $H(t) = \frac{3}{2}t^4 - t^6$

30. $K(t) = 15t^3 - t^5$

31. $f(x) = x - 6\sqrt{x - 1}$

32. $g(x) = 4\sqrt{x} - x^2 + 3$

33. $g(x) = x\sqrt{8 - x^2}$

34. $g(x) = x^2\sqrt{5 - x}$

35. $f(x) = \dfrac{x^2 - 3}{x - 2}, \quad x \neq 2$

36. $f(x) = \dfrac{x^3}{3x^2 + 1}$

37. $f(x) = x^{1/3}(x + 8)$

38. $g(x) = x^{2/3}(x + 5)$

39. $h(x) = x^{1/3}(x^2 - 4)$

40. $k(x) = x^{2/3}(x^2 - 4)$

41. $f(x) = e^{2x} + e^{-x}$

42. $f(x) = e^{\sqrt{x}}$

43. $f(x) = x \ln x$

44. $f(x) = x^2 \ln x$

45. $g(x) = x(\ln x)^2$

46. $g(x) = x^2 - 2x - 4 \ln x$

연습문제 47~58에서

a. 주어진 정의역에서 함수의 극값을 식별하고 어디에서 생기는지 밝혀라.
T b. 주어진 정의역에서 함수의 그래프를 그려라. 절대 극값이 존재한다면 극값 중 어떤 값인가?

47. $f(x) = 2x - x^2, \quad -\infty < x \leq 2$

48. $f(x) = (x + 1)^2, \quad -\infty < x \leq 0$

49. $g(x) = x^2 - 4x + 4, \quad 1 \leq x < \infty$

50. $g(x) = -x^2 - 6x - 9, \quad -4 \leq x < \infty$

51. $f(t) = 12t - t^3, \quad -3 \leq t < \infty$

52. $f(t) = t^3 - 3t^2, \quad -\infty < t \leq 3$

53. $h(x) = \dfrac{x^3}{3} - 2x^2 + 4x, \quad 0 \leq x < \infty$

54. $k(x) = x^3 + 3x^2 + 3x + 1, \quad -\infty < x \leq 0$

55. $f(x) = \sqrt{25 - x^2}, \quad -5 \leq x \leq 5$

56. $f(x) = \sqrt{x^2 - 2x - 3}, \quad 3 \leq x < \infty$

57. $g(x) = \dfrac{x - 2}{x^2 - 1}, \quad 0 \leq x < 1$

58. $g(x) = \dfrac{x^2}{4 - x^2}, \quad -2 < x \leq 1$

연습문제 59~66에서

a. 주어진 구간에서 함수의 극값을 찾고 어디에서 생기는지 밝혀라.
T b. 함수와 도함수의 그래프를 함께 그려라. f'의 부호와 관련된 함수 f의 모양에 대해 설명하라.

59. $f(x) = \sin 2x, \quad 0 \leq x \leq \pi$

60. $f(x) = \sin x - \cos x, \quad 0 \leq x \leq 2\pi$

61. $f(x) = \sqrt{3}\cos x + \sin x, \quad 0 \leq x \leq 2\pi$

62. $f(x) = -2x + \tan x, \quad \dfrac{-\pi}{2} < x < \dfrac{\pi}{2}$

63. $f(x) = \dfrac{x}{2} - 2\sin\dfrac{x}{2}, \quad 0 \leq x \leq 2\pi$

64. $f(x) = -2\cos x - \cos^2 x, \quad -\pi \leq x \leq \pi$

65. $f(x) = \csc^2 x - 2\cot x, \quad 0 < x < \pi$

66. $f(x) = \sec^2 x - 2\tan x, \quad \dfrac{-\pi}{2} < x < \dfrac{\pi}{2}$

연습문제 67과 68에서 f'의 그래프가 주어져 있다. f가 연속이라고 가정하고, 극댓값과 극솟값에 대응되는 x를 구하라.

67.

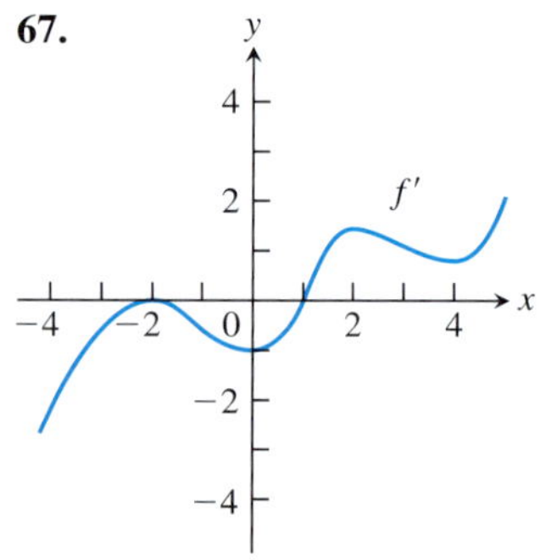

68.

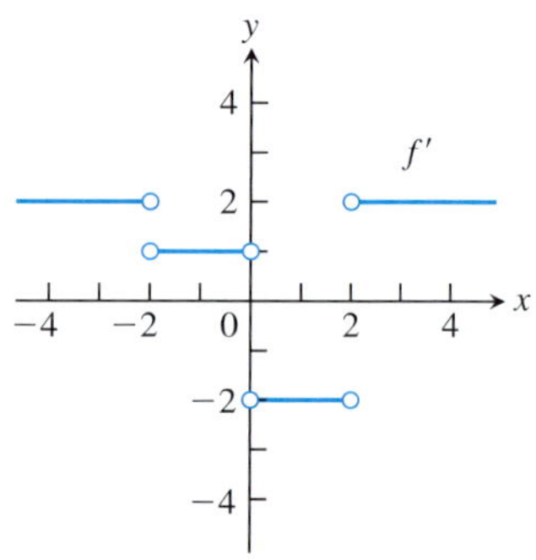

연습문제 69와 70에서 f'의 그래프가 주어져 있다. f의 정의역이 $(-2, 2)$라고 하자.

a. 그래프를 이용하여 f가 증가하는 구간과 감소하는 구간을 정하거나, 그래프로는 이 정보를 결정할 수 없음을 설명하라.
b. 그래프를 이용하여 f가 양의 값을 갖는 구간과 음의 값을 갖는 구간을 정하거나 그래프로는 이 정보를 결정할 수 없음을 설명하라.

69.

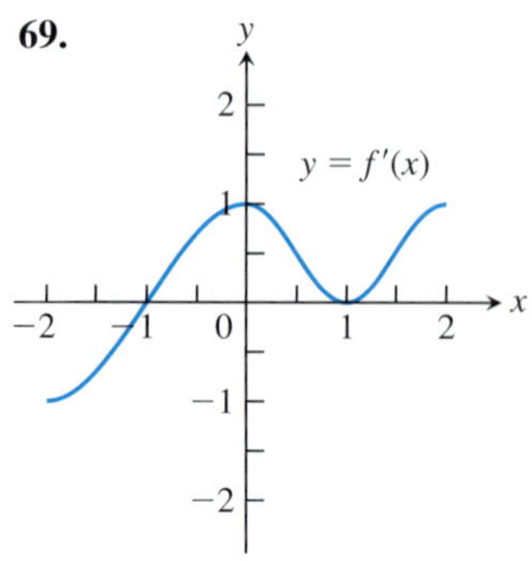

70.

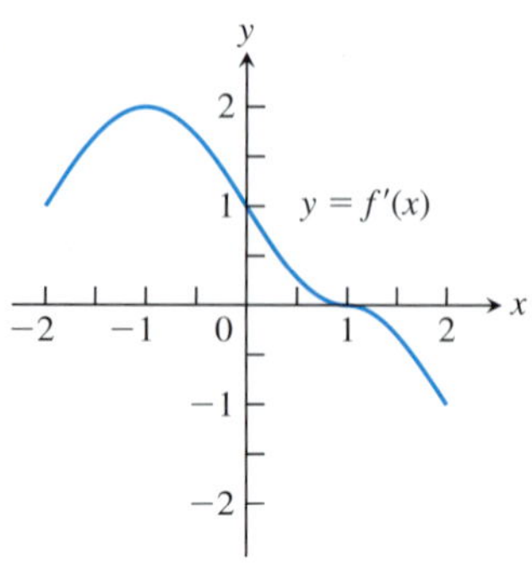

이론과 예제

연습문제 71~72에서 함수는 주어진 θ에서 극값을 가짐을 보이고, 어떤 종류의 극값을 갖는지 밝혀라.

71. $h(\theta) = 3\cos\frac{\theta}{2},\quad 0 \le \theta \le 2\pi,\quad \theta=0$과 $\theta=2\pi$에서

72. $h(\theta) = 5\sin\frac{\theta}{2},\quad 0 \le \theta \le \pi,\quad \theta=0$과 $\theta=\pi$에서

73. $(1, 1)$을 지나는 미분가능한 함수 $y=f(x)$가 $f'(1)=0$과 다음 조건을 만족할 때 그래프를 그려라.
a. $x<1$에서 $f'(x)>0$이고 $x>1$에서 $f'(x)<0$
b. $x<1$에서 $f'(x)<0$이고 $x>1$에서 $f'(x)>0$
c. $x \ne 1$에서 $f'(x)>0$
d. $x \ne 1$에서 $f'(x)<0$

74. 다음 조건을 만족하는 미분가능한 함수 $y=f(x)$의 그래프를 그려라.
a. $(1, 1)$에서 극소, $(3, 3)$에서 극대
b. $(1, 1)$에서 극대, $(3, 3)$에서 극소
c. $(1, 1)$과 $(3, 3)$에서 극대
d. $(1, 1)$과 $(3, 3)$에서 극소

75. 다음 조건을 만족하는 연속함수 $y=g(x)$의 그래프를 그려라.
a. $g(2)=2$, $x<2$에서 $0<g'<1$, $x \to 2^-$일 때 $g'(x) \to 1^-$,
$x>2$에서 $-1<g'<0$, $x \to 2^+$일 때 $g'(x) \to -1^+$
b. $g(2)=2$, $x<2$에서 $g'<0$, $x \to 2^-$일 때 $g'(x) \to -\infty$,
$x>2$에서 $g'>0$, $x \to 2^+$일 때 $g'(x) \to \infty$

76 다음 조건을 만족하는 연속함수 $y=h(x)$의 그래프를 그려라.
a. $h(0)=0$, 모든 x에 대해 $-2 \le h(x) \le 2$,
$x \to 0^-$일 때 $h'(x) \to \infty$, $x \to 0^+$일 때 $h'(x) \to \infty$
b. $h(0)=0$, 모든 x에 대해 $-2 \le h(x) \le 0$,
$x \to 0^-$일 때 $h'(x) \to \infty$, $x \to 0^+$일 때 $h'(x) \to -\infty$

77. 함수 $f(x)=x\sin(1/x)$, $x \ne 0$의 극값의 성질에 대해 논하라. 이 함수는 얼마나 많은 임계점을 갖는가? 이들은 x축에서 어느 위치인가? f는 최솟값을 갖는가? 최댓값은? (1.3절의 연습문제 49를 참조)

78. 함수 $f(x)=ax^2+bx+c$, $a \ne 0$가 증가하는 열린 구간과 감소하는 열린 구간을 찾아라. 답을 도출하게 된 이유를 설명하라.

79. $f(x)=ax^2+bx$가 $(1, 2)$에서 최댓값을 갖도록 상수 a, b를 정하라.

80. $f(x)=ax^3+bx^2+cx+d$가 $(0, 0)$에서 극댓값을, $(1, -1)$에서 극솟값을 갖도록 상수 a, b, c, d를 정하라.

81. 함수가 절대 극값을 갖는 위치를 찾고 종류를 판정하라.
a. $[-\pi/4, \pi/3]$에 정의된 $\ln(\cos x)$
b. $[1/2, 2]$에 정의된 $\cos(\ln x)$

82. a. $x>1$에서 $f(x)=x-\ln x$는 증가함을 증명하라.
b. 문제 (a)를 이용하여 $x>1$에서 $\ln x < x$를 보여라.

83. $[0, 1]$에서 $f(x)=e^x-2x$의 최댓값과 최솟값을 구하라.

84. 주기함수 $f(x)=2e^{\sin(x/2)}$는 어디에서 극값을 가지며, 그 값은 무엇인가?

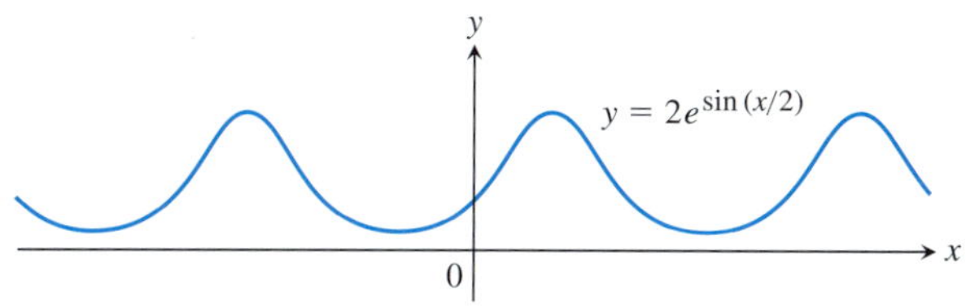

85. $f(x)=x^2\ln(1/x)$의 최댓값을 구하고 어디에서 생기는지 찾아라.

86. a. $x \ge 0$에서 $e^x \ge 1+x$를 증명하라.
b. 문제 (a)를 이용하여 다음 부등식을 보여라.

$$e^x \ge 1 + x + \frac{1}{2}x^2$$

87. 증가함수와 감소함수는 일대일함수임을 보여라. 즉 정의역 I에 속하는 임의의 x_1, x_2에 대해 $x_2 \ne x_1$이면 $f(x_2) \ne f(x_1)$를 보여라.

연습문제 88~92에서 연습문제 87의 결과를 이용하여 주어진 함수가 정의역에서 역함수를 가짐을 보여라. 2.8절의 정리 3을 이용하여 df^{-1}/dx의 공식을 구하라.

88. $f(x) = (1/3)x + (5/6)$

89. $f(x) = 27x^3$

90. $f(x) = 1 - 8x^3$

91. $f(x) = (1-x)^3$

92. $f(x) = x^{5/3}$

3.4 오목성과 곡선의 개형

지금까지 1계 도함수를 이용하여 함수가 어디에서 증가하고 감소하는지, 임계점에서 극댓값인지 극솟값인지를 확인하는 방법을 살펴보았다. 이 절에서는 2계 도함수를 이용하면 미분가능한 함수의 그래프가 휘어지고 반등하는지에 대한 정보를 어떻게 얻을 수 있는지 알아볼 것이다. 1계 도함수와 2계 도함수의 정보와 함께 1.5절에서 학습한 그래프의 대칭성과 점근적 성질을 결합하면 함수의 그래프를 정교하게 그릴 수 있다. 이 모든 성질을 일관된 절차로 구성하여 함수의 그래프 개형을 그리고, 주요 특징을 시각적으로 표현하는 방법을 학습한다. 이러한 특징을 식별하고 그 위치를 알아내는 것은 수학과 과학 및 공학의 응용, 특히 그래프의 분석과 데이터의 해석 분야에서 매우 중요하다. 함수의 정의역인 유한 닫힌 구간이 아닐 때 그래프를 그리는 것은 최댓값 또는 최솟값이 존재하는지를 결정하고, 존재한다면 그 위치를 찾는 데 도움을 준다.

오목성

그림 3.24에서 볼 수 있듯이 곡선 $y=x^3$은 x가 증가함에 따라 위로 올라간다. 하지만 구간 $(-\infty, 0)$과 $(0, \infty)$에서 서로 다른 방식을 보인다. 왼쪽에서 곡선을 따라 원점으로 접근하면 곡선은 오른쪽으로 휘어지는 모양으로 접선의 아래쪽에 그려진다. 구간 $(-\infty, 0)$에서 접선의 기울기는 감소한다. 원점에서 오른쪽 방향으로 멀어지면 접선의 위쪽에서 왼쪽으로 휘어지도록 곡선이 그려진다. 구간 $(0, \infty)$에서 접선의 기울기는 증가한다. 이렇게 휘어지는 특성의 변화로부터 곡선의 오목성을 정의한다.

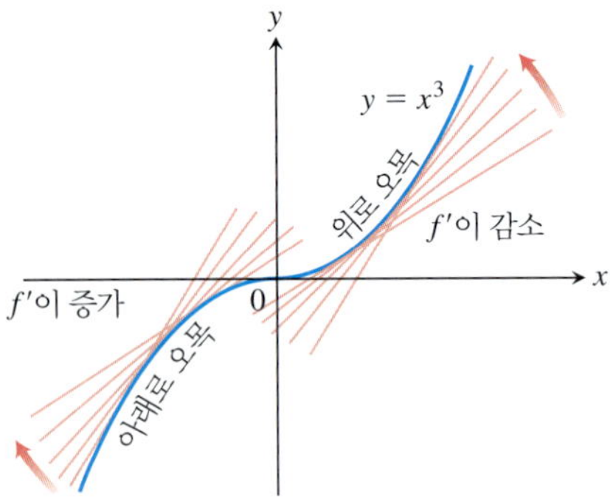

그림 3.24 $f(x)=x^3$의 그래프는 $(-\infty, 0)$에서 아래로 오목하고 $(0, \infty)$에서 위로 오목하다(예제 1a).

정의 미분가능한 함수 $y=f(x)$의 그래프는 다음과 같다.

(a) 열린 구간 I에서 f'이 증가하면, 그래프는 **위로 오목**(concave up)하다.

(b) 열린 구간 I에서 f'이 감소하면, 그래프는 **아래로 오목**(concave down)하다.

위로 오목한 함수는 **볼록**(convex)함수라고도 불린다.

$y=f(x)$가 2계 도함수를 가질 때, 평균값 정리의 따름정리 3을 1계 도함수에 적용할 수 있다. 그 결과로 구간 I에서 f'은 $f''>0$이면 증가하고, $f''<0$이면 감소한다.

2계 도함수를 이용한 오목성 판정법

구간 I에서 $y=f(x)$가 2계 도함수를 가질 때 다음과 같다.

1. I에서 $f''>0$이면, f의 그래프는 위로 오목하다.

2. I에서 $f''<0$이면, f의 그래프는 아래로 오목하다.

$y=f(x)$가 두 번 미분가능하다면, 2계 도함수를 나타낼 때 f''과 y''을 같은 의미로 사용한다.

예제 1

(a) 곡선 $y=x^3$은 $y''=6x<0$인 $(-\infty, 0)$에서 아래로 오목하고, $y''=6x>0$인 $(0, \infty)$에서 위로 오목하다(그림 3.24).

(b) 곡선 $y=x^2$은 2계 도함수 $y''=2$가 항상 양수이므로 $(-\infty, \infty)$에서 위로 오목하다(그림 3.25). ■

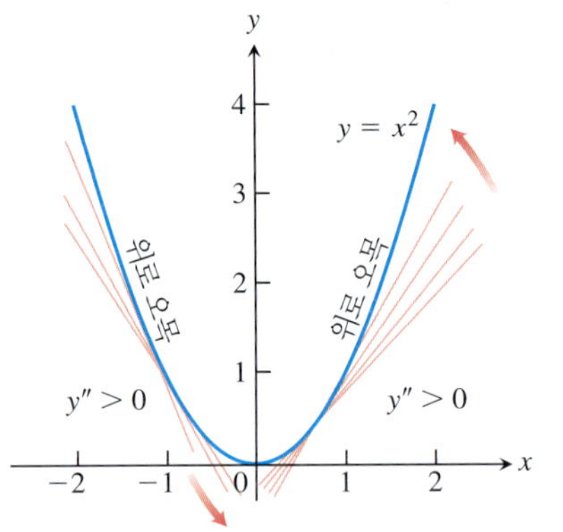

그림 3.25 $f(x)=x^2$의 그래프는 모든 구간에서 위로 오목하다(예제 1b).

예제 2 $[0, 2\pi]$에서 $y=3+\sin x$의 오목성을 판정하라.

풀이 $y=3+\sin x$의 1계 도함수는 $y'=\cos x$이고, 2계 도함수는 $y''=-\sin x$이다. $y=3+\sin x$의 그래프는 $y''=-\sin x$가 음수인 $(0, \pi)$에서 아래로 오목하고, $y''=-\sin x$가 양수인 $(\pi, 2\pi)$에서 위로 오목하다(그림 3.26). ■

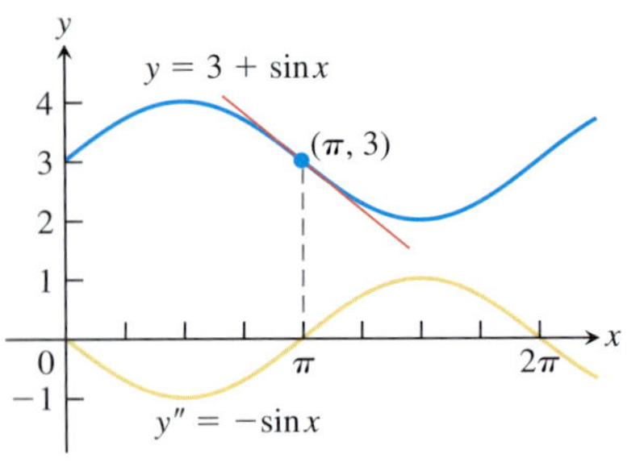

그림 3.26 y의 오목성을 결정하기 위해 y''의 부호 이용하기(예제 2).

변곡점

예제 2의 곡선 $y=3+\sin x$는 점 $(\pi, 3)$에서 오목성이 바뀐다. 모든 x에 대해 1계 도함수 $y'=\cos x$가 존재하므로 점 $(\pi, 3)$에서 기울기 -1의 접선을 갖는다. 이 점을 곡선의 변곡점이라고 한다. 그림 3.26을 보면 이 점에서 접선과 만나며 $x=\pi$에서 2계 도함수 $y''=-\sin x$가 0이 된다. 일반적으로는 변곡점을 다음과 같이 정의한다.

정의 함수의 그래프에서 접선을 가지며 오목성이 바뀌는 점 $(c, f(c))$를 **변곡점**(point of inflection)이라고 정의한다.

앞에서 $f(x)=3+\sin x$의 2계 도함수가 변곡점 $(\pi, 3)$에서 0이 됨을 살펴보았다. 일반적으로 변곡점 $(c, f(c))$에서 2계 도함수가 존재하면 $f''(c)=0$이다. 이 결과는 $x=c$를 포함하는 구간에서 f''이 연속이면 중간값 정리로부터 바로 얻을 수 있다. 왜냐하면 2계 도함수의 부호가 이 구간에서 바뀌기 때문이다. 2계 도함수가 존재하기만 하면, 연속성에 대해 가정을 하지 않아도 $f''(c)=0$이 성립한다. (연속이 아닌 경우에는 더 수준 높은 증명이 필요하지만) 변곡점에서는 접선이 반드시 존재하므로 1계 도함수 $f'(c)$가 존재하고 유한하거나 그래프가 그 점에서 수직 접선을 갖는다. 수직 접선을 갖는 점에서는 1계 도함수와 2계 도함수 모두 존재하지 않는다. 요약하면 변곡점에서는 다음 두 가지 중 한 가지가 반드시 성립한다.

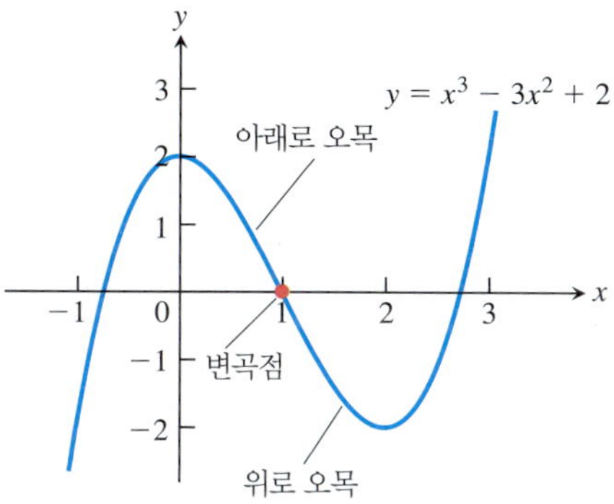

그림 3.27 변곡점에서 f의 오목성은 아래로 오목에서 위로 오목으로 바뀐다(예제 3).

> 변곡점 $(c, f(c))$에서 $f''(c)=0$이거나 $f''(c)$가 존재하지 않는다.

예제 3 다음 함수의 오목성을 조사하고 변곡점을 구하라.

$$f(x) = x^3 - 3x^2 + 2$$

풀이 1계 도함수와 2계 도함수를 계산하는 것부터 시작하자.

$$f'(x) = 3x^2 - 6x, \qquad f''(x) = 6x - 6$$

오목성을 정하기 위해 2계 도함수 $f''(x)=6x-6$의 부호를 살펴보자. 부호는 $x<1$에서 음수이고 $x=1$에서 0이며, $x>1$에서 양수이다. 따라서 f의 그래프는 $(-\infty, 1)$에서 아래로 오목이고, $(1, \infty)$에서 위로 오목이며, 점 $(1, 0)$에서 오목성이 바뀌는 변곡점을 갖는다.

f의 그래프는 그림 3.27과 같다. 오목성을 조사하기 위해 그래프의 개형을 먼저 그려 볼 필요는 없다. ■

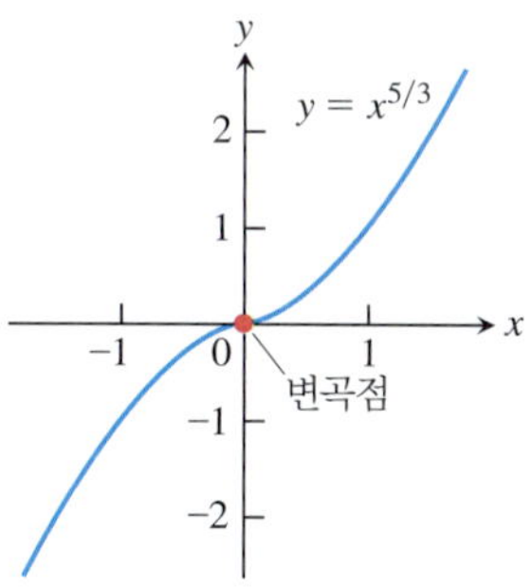

그림 3.28 $x=0$에서 f''이 존재하지 않지만, $f(x)=x^{5/3}$의 그래프는 원점에서 오목성이 바뀐다(예제 4).

다음은 함수의 변곡점에서 1계 도함수는 존재하지만, 2계 도함수는 존재하지 않는 경우이다.

예제 4 $f(x)=x^{5/3}$은 $x=0$에서 $f'(x)=(5/3)x^{2/3}=0$이므로 원점에서 수직 접선을 갖는다. 한편 2계 도함수는 다음과 같고, $x=0$에서 존재하지 않는다.

$$f''(x) = \frac{d}{dx}\left(\frac{5}{3}x^{2/3}\right) = \frac{10}{9}x^{-1/3}$$

그럼에도 불구하고 $x<0$에서 $f''(x)<0$이고, $x>0$에서 $f''(x)>0$이다. 따라서 2계 도함수의 부호가 $x=0$에서 바뀌고 원점에서 변곡점을 갖는다. 그래프는 그림 3.28과 같다. ■

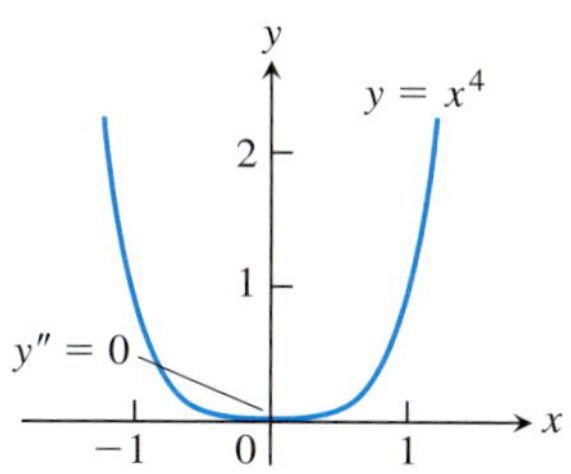

그림 3.29 $y=x^4$의 그래프는 원점에서 $y''=0$이지만, 변곡점을 갖지 않는다(예제 5).

다음은 1계 및 2계 도함수가 모두 존재하고 $f''=0$이지만, 변곡점이 아닌 예제이다.

예제 5 곡선 $y=x^4$은 $x=0$에서 변곡점을 갖지 않는다(그림 3.29). 2계 도함수 $y''=12x^2$이 0이지만, 부호는 바뀌지 않는다. 곡선은 모든 곳에서 위로 오목하다. ■

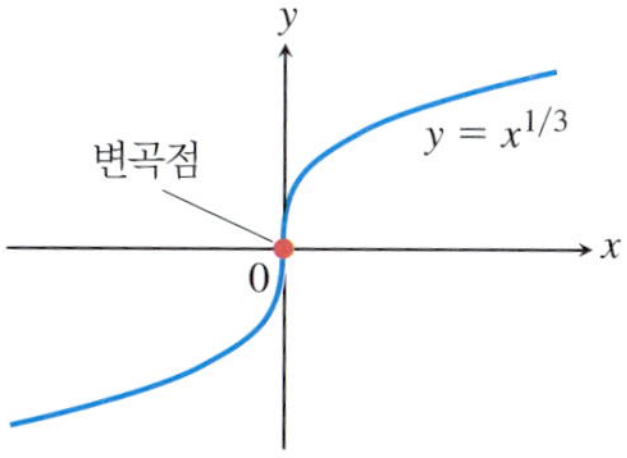

그림 3.30 y'과 y''이 모두 존재하지 않는 변곡점이다(예제 6).

다음 예제는 1계 도함수와 2계 도함수가 모두 존재하지 않지만, 변곡점에서 수직 접선을 가지는 경우이다.

예제 6 $y=x^{1/3}$의 2계 도함수는 $x<0$에서 양수이고, $x>0$에서 음수이기 때문에 그래프는 원점에서 변곡점을 갖는다.

$$y'' = \frac{d^2}{dx^2}(x^{1/3}) = \frac{d}{dx}\left(\frac{1}{3}x^{-2/3}\right) = -\frac{2}{9}x^{-5/3}$$

하지만 $x=0$에서 $y'=x^{-2/3}/3$과 y''이 존재하지 않으며 수직 접선을 갖는다. 그림 3.30을 참고한다. ■

주의 3.1절의 예제 4(그림 3.9)에서는 $f(x)=x^{2/3}$은 $x=0$에서 2계 도함수를 갖지 않으며, 원점은 변곡점이 될 수 없음을 보였다($x=0$에서 오목성의 변화가 없다). 이 결과와 위의 예제 6을 종합하면, $x=c$에서 2계 도함수가 존재하지 않을 때 변곡점을 가질 수도 있고 아닐 수도 있다. 따라서 1계 도함수 또는 2계 도함수가 존재하지 않을 때 함수의 특성을 해석하는 데 주의해야 한다. 이런 점에서 함수는 수직 접선, 각진점, 첨점을 갖거나 불연속이 될 수 있다. ●

직선을 따라 움직이는 물체의 운동을 시간에 대한 함수로 탐구할 때, 2계 도함수로 주어지는 물체의 가속도가 언제 양수 또는 음수가 되는지 관심을 가지게 된다. 물체의 위치그래프에서 변곡점은 가속도의 부호가 바뀌는 점을 의미한다.

예제 7 입자가 수평선(오른쪽을 양의 방향으로 하는)을 따라 움직일 때 위치함수는 다음과 같다고 하자.

$$s(t) = 2t^3 - 14t^2 + 22t - 5, \qquad t \geq 0$$

속도와 가속도를 구하고 입자의 움직임을 묘사하라.

풀이 속도는 다음과 같다.

$$v(t) = s'(t) = 6t^2 - 28t + 22 = 2(t-1)(3t-11)$$

가속도는 다음과 같다.

$$a(t) = v'(t) = s''(t) = 12t - 28 = 4(3t-7)$$

함수 $s(t)$가 증가할 때 입자는 오른쪽으로 움직이고, $s(t)$가 감소할 때 왼쪽으로 움직인다.

임계점 $t=1$과 $t=11/3$에서 1계 도함수($v=s'$)가 0임에 주목하자.

구간	$0<t<1$	$1<t<11/3$	$11/3<t$
$v=s'$의 부호	+	−	+
s의 성질	증가	감소	증가
입자의 운동 방향	오른쪽	왼쪽	오른쪽

입자는 구간 $[0, 1)$과 $(11/3, \infty)$에서 오른쪽으로 움직이고, $(1, 11/3)$에서 왼쪽으로 움직인다. $t=1$과 $t=11/3$에서는 순간적으로 정지 상태(멈춤)에 있다.

가속도 $a(t)=s''(t)=4(3t-7)$은 $t=7/3$에서 0이다.

구간	$0<t<7/3$	$7/3<t$
$a=s''$의 부호	−	+
s의 그래프	아래로 오목	위로 오목

왼쪽으로 가속을 받는 시간 $[0, 7/3)$에서 입자는 오른쪽으로 움직이지만, 점점 속도가 줄어들어 시각 $t=1$을 지나면서 왼쪽으로 움직이며 점점 빨라진다. $t=7/3$을 지나면서 가속도의 방향이 바뀌어 오른쪽으로 가속을 받아 입자는 계속 왼쪽으로 움직이며 속도가 줄어든다. $t=11/3$에서 입자의 움직이는 방향이 다시 바뀌어 가속도와 같은 방향인 오른쪽으로 움직이며 속도가 점점 빨라진다. ■

극값에 대한 2계 도함수 판정법

때로는 임계점에서 f'의 부호 변화를 찾는 방법을 대신하여 극값의 존재성과 성질을 규명하기 위해 다음 판정법을 사용할 수 있다.

정리 5 ❙ 극값에 대한 2계 도함수 판정법

$x=c$를 포함하는 열린 구간에서 f''이 연속이라고 가정하자.

1. $f'(c)=0$이고 $f''(c)<0$이면, f는 $x=c$에서 극댓값을 갖는다.
2. $f'(c)=0$이고 $f''(c)>0$이면, f는 $x=c$에서 극솟값을 갖는다.
3. $f'(c)=0$이고 $f''(c)=0$이면, 판정법은 실패한다. 함수 f는 극댓값 또는 극솟값 중 하나를 갖거나 둘 다 가지지 않을 수 있다.

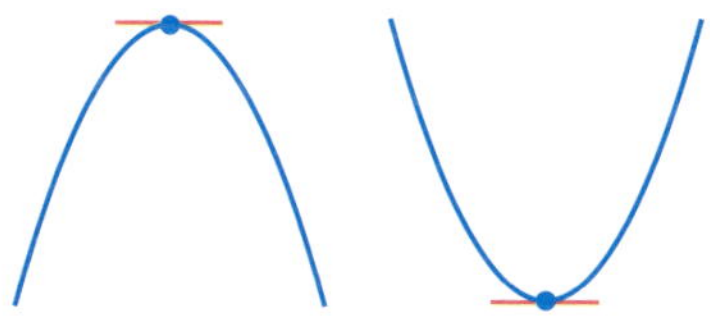

증명 (1)의 증명: f''이 연속이므로 $f''(c)<0$이면 점 c를 포함하는 열린 구간 I에서 $f''(x)<0$이다. 따라서 f'이 구간 I에서 감소한다. $f'(c)=0$이므로 f'의 부호는 c에서 양에서 음으로 바뀐다. 이제 1계 도함수 판정법에 따라 f는 c에서 극솟값을 갖는다.

(2)의 증명: 유사하다.

(3)의 증명: 세 함수 $y=x^4$, $y=-x^4$, $y=x^3$을 생각하자. $x=0$에서 각 함수는 1계 도함수 및 2계 도함수가 0이 된다. 그런데 $y=x^4$은 극솟값, $y=-x^4$은 극댓값을 가지며, $y=x^3$은 $x=0$을 포함하는 임의의 열린 구간에서 증가한다(극댓값이나 극솟값을 갖지 않는다). 따라서 (3)의 경우 판정법이 실패한다. ■

이 판정법에는 c를 포함하는 구간이 아니라 한 점 c에서만 f'' 값이 필요하다. 따라서 판정법을 적용하기 쉽다. 이는 좋은 점이지만, $x=c$에서 $f''=0$이거나 f''이 존재하지 않을 때는 판정법으로 도출되는 결론이 없다. 이 경우엔 극값에 대한 1계 도함수 판정법을 사용하자.

f'과 f''로부터 함수의 그래프 개형을 그릴 수 있다. 즉 임계점이 어디에 위치하는지, 임계점에서 어떤 특징이 나타나는지, 어디에서 함수가 증가하고 어디에서 감소하는지, 오목성에 따라 어떻게 곡선이 휘어지는지다. 이 정보를 이용하여 중요한 특징을 포함한 함수의 그래프 개형을 그릴 수 있다.

예제 8 주어진 (a)~(e)의 단계를 따라 다음 함수의 그래프를 그려라.

$$f(x) = x^4 - 4x^3 + 10$$

(a) f의 극값이 어디에서 생기는지 확인한다.
(b) f가 증가하는 구간과 감소하는 구간을 찾는다.
(c) f의 그래프가 어디에서 위로 오목하고, 어디에서 아래로 오목한지 찾는다.
(d) 대강의 그래프 개형을 그린다.
(e) 극솟점, 극댓점, 변곡점, 절편 등 특징 점들을 표시한 그래프를 그린다.

풀이 도함수 $f'(x)=4x^3-12x^2$이 존재하므로 f는 연속함수이다. f의 정의역은 $(-\infty, \infty)$이고, f'의 정의역도 $(-\infty, \infty)$이다. 따라서 f의 임계점은 f'이 0인 점에서 생긴다.

$$f'(x) = 4x^3 - 12x^2 = 4x^2(x-3)$$

그러므로 1계 도함수는 $x=0$과 $x=3$에서 0이다. 임계점을 이용하면 함수가 증가, 감소하는 구간을 정할 수 있다.

구간	$x<0$	$0<x<3$	$3<x$
f'의 부호	$-$	$-$	$+$
f의 성질	감소	감소	증가

(a) 극값에 대한 1계 도함수 판정법과 위의 표에 의해 $x=0$에서 극값을 갖지 않으며, $x=3$에서

극솟값을 갖는다.

(b) 앞에 주어진 표에 의해 f는 $(-\infty, 0]$과 $[0, 3]$에서 감소하고, $[3, \infty)$에서 증가한다.

(c) $f''(x)=12x^2-24x=12x(x-2)$는 $x=0$과 $x=2$에서 0이다. 이 점들은 f가 위로 오목인 구간과 아래로 오목인 구간을 결정한다.

구간	$x<0$	$0<x<2$	$2<x$
f''의 부호	$+$	$-$	$+$
f의 성질	위로 오목	아래로 오목	위로 오목

f의 그래프는 구간 $(-\infty, 0)$과 $(2, \infty)$에서 위로 오목이고, $(0, 2)$에서 아래로 오목이다.

(d) 앞의 두 표에 포함된 정보를 요약하면 다음 결과를 얻는다.

$x<0$	$0<x<2$	$2<x<3$	$3<x$
감소 위로 오목	감소 아래로 오목	감소 위로 오목	증가 위로 오목

대강의 그래프 개형은 다음 그림과 같다.

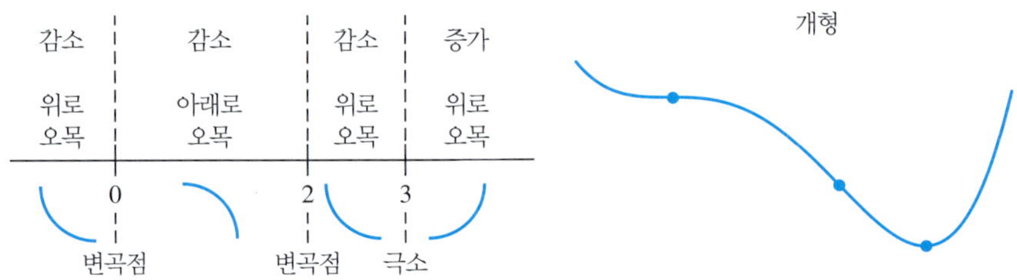

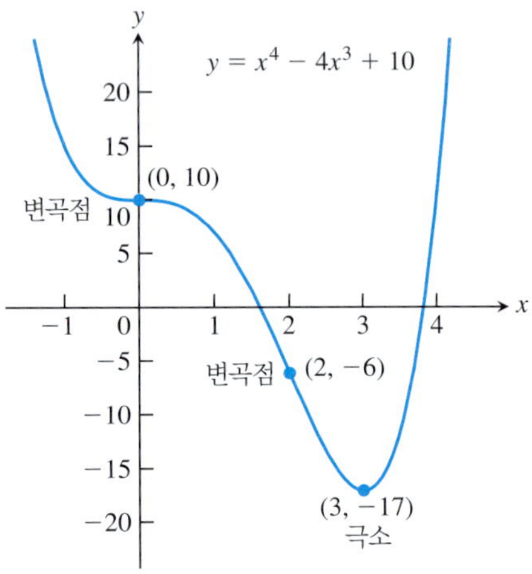

그림 3.31 $f(x)=x^4-4x^3+10$의 그래프(예제 8).

(e) 그래프의 절편(존재한다면)과 y', y''이 0인 점을 그린다. 극점과 변곡점을 표시한다. 그래프 개형을 바탕으로 곡선을 그린다(필요하면 점을 추가로 표시한다). f의 그래프는 그림 3.31과 같다. ■

예제 8은 함수의 주요 특징을 포함한 그래프를 그리는 과정이다. 1.5절에서 점근선을 정의하고 논의했었다. 다양한 함수(유리함수를 포함한)에서 점근선을 찾을 수 있다. 보다 일반적인 함수에 대해 점근선을 찾는 데 도움이 되는 방법은 다음 절에서 다룬다.

$y=f(x)$ 그래프를 그리는 과정

1. f의 정의역을 찾고, 곡선의 대칭성이 있는지 확인한다.
2. 도함수 y', y''을 구한다.
3. f의 임계점이 있으면 찾고, 그 점의 성질을 밝힌다.
4. 함수가 어디에서 증가하고, 어디에서 감소하는지 찾는다.
5. 곡선의 변곡점이 있으면 찾고, 오목성을 확인한다.
6. 점근선이 존재하는지 식별한다.
7. 절편이나 단계 3~5에서 찾은 점과 같이 중요한 점을 표시하고, 점근선이 존재하면 그래프와 함께 그린다.

예제 9 $f(x)=\dfrac{(x+1)^2}{1+x^2}$의 그래프를 그려라.

풀이

1. f의 정의역은 $(-\infty, \infty)$이고, 축 또는 원점에 대한 대칭성은 없다.

2. f'과 f''을 찾으면 다음과 같다.

$$f(x) = \frac{(x+1)^2}{1+x^2}$$

x절편은 $x=-1$, y절편은 $y=1$

$$f'(x) = \frac{(1+x^2)\cdot 2(x+1)-(x+1)^2\cdot 2x}{(1+x^2)^2} = \frac{2(1-x^2)}{(1+x^2)^2}$$

임계점: $x=-1$, $x=1$

$$f''(x) = \frac{(1+x^2)^2\cdot 2(-2x)-2(1-x^2)[2(1+x^2)\cdot 2x]}{(1+x^2)^4} = \frac{4x(x^2-3)}{(1+x^2)^3}$$

약간의 다항식 계산 후 공통인수 $(1+x^2)$을 약분하면

3. **임계점의 성질**: 단계 2에서 f'은 f의 정의역 전체에서 존재하므로 임계점은 $f'(x)=0$인 $x=\pm1$에서 생긴다. $x=-1$에서 $f''(-1)=1>0$이므로 2계 도함수 판정법에 따라 극솟값을 갖는다. $x=1$에서 $f''(1)=-1<0$이므로 2계 도함수 판정법에 따라 극댓값을 갖는다.

4. **증가와 감소**: 구간 $(-\infty,-1)$에서 도함수 $f'(x)<0$이고 그래프는 감소함을 알 수 있다. 구간 $(-1, 1)$에서 $f'(x)>0$이고 그래프는 증가한다. 구간 $(1, \infty)$에서는 다시 $f'(x)<0$이고 감소한다.

5. **변곡점**: 단계 2에서 2계 도함수의 분모가 항상 양수임에 주목하자. $x=-\sqrt{3}$, 0, $\sqrt{3}$에서 2계 도함수 f''은 0이다. 각 점에서 2계 도함수의 부호가 바뀐다. $(-\infty, -\sqrt{3})$에서 음수, $(-\sqrt{3}, 0)$에서 양수, $(0, \sqrt{3})$에서 음수, $(\sqrt{3}, \infty)$에서 양수이다. 따라서 각 점은 모두 변곡점이다. 곡선은 $(-\infty, -\sqrt{3})$에서 아래로 오목, $(-\sqrt{3}, 0)$에서 위로 오목, $(0, \sqrt{3})$에서 아래로 오목, $(\sqrt{3}, \infty)$에서 다시 위로 오목하다.

6. **점근선**: $f(x)$의 분자를 전개하고 분모, 분자를 x^2으로 나누면 다음과 같다.

$$f(x) = \frac{(x+1)^2}{1+x^2} = \frac{x^2+2x+1}{1+x^2}$$

분자를 전개하여

$$= \frac{1+(2/x)+(1/x^2)}{(1/x^2)+1}$$

x^2으로 나누면

$x\to\infty$에 따라 $f(x)\to1$이고, $x\to-\infty$에 따라 $f(x)\to1$임을 알 수 있다. 따라서 $y=1$이 수평 점근선이다. 함수는 $(-\infty, \infty)$에서 연속이므로 수직 점근선은 존재하지 않는다.

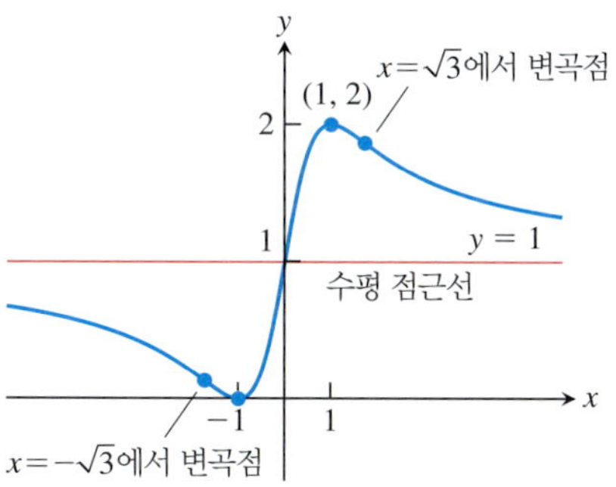

그림 3.32 $y=\dfrac{(x+1)^2}{1+x^2}$의 그래프(예제 9).

7. f의 그래프는 그림 3.32와 같다. $x\to-\infty$에 따라 그래프는 수평 점근선 $y=1$에 다가가면서 아래로 오목하고, $x\to\infty$에 따라 그래프는 수평 점근선 $y=1$에 다가가면서 위로 오목하다. ■

예제 10 $f(x)=\dfrac{x^2+4}{2x}$의 그래프를 그려라.

풀이

1. f의 정의역은 0이 아닌 모든 실수이다. x와 $f(x)$ 모두 0이 될 수 없기 때문에 절편이 존재하지 않는다. $f(-x)=-f(x)$이므로 f는 기함수이고 f의 그래프는 원점 대칭이다.

2. 도함수 계산 결과를 간단히 정리하면, 다음과 같다.

$$f(x) = \frac{x^2+4}{2x} = \frac{x}{2} + \frac{2}{x} \qquad \text{미분을 하기 위해 간단히 정리}$$

$$f'(x) = \frac{1}{2} - \frac{2}{x^2} = \frac{x^2-4}{2x^2} \qquad f'(x)=0\text{을 구하기 위해 분수를 통분}$$

$$f''(x) = \frac{4}{x^3} \qquad f\text{의 정의역 전체에서 존재함}$$

3. $f'(x)=0$인 $x=\pm 2$에서 임계점을 갖는다. $f''(-2)<0$이고 $f''(2)>0$ 이므로 2계 도함수 판정법에 의해 $x=-2$에서 극댓값 $f(-2)=-2$를 갖고, $x=2$에서 극솟값 $f(2)=2$를 갖는다.

4. 구간 $(-\infty, -2)$에서 $x^2-4>0$이므로 도함수 f'은 양수이고 그래프는 증가한다. 구간 $(-2, 0)$에서 도함수는 음수이고 그래프는 감소한다. 같은 방법으로 $(0, 2)$에서 감소하고, $(2, \infty)$에서 증가한다.

5. $x<0$에서 $f''(x)<0$이고, $x>0$에서 $f''(x)>0$이기 때문에 f의 정의역 전체에서 f''은 존재하지만 결코 0이 될 수 없고 변곡점은 존재하지 않는다. 구간 $(-\infty, 0)$에서 아래로 오목하고, $(0, \infty)$에서 위로 오목하다.

6. $f(x)$를 정리한 식에서 다음을 얻으므로 y축은 수직 점근선이 된다.

$$\lim_{x\to 0^+}\left(\frac{x}{2}+\frac{2}{x}\right) = +\infty, \qquad \lim_{x\to 0^-}\left(\frac{x}{2}+\frac{2}{x}\right) = -\infty$$

또한 $x\to\infty$일 때 $x\to-\infty$이고, $f(x)$의 그래프는 직선 $y=x/2$에 근접한다. 따라서 $y=x/2$는 경사 점근선이 된다.

7. f의 그래프는 그림 3.33과 같다. ■

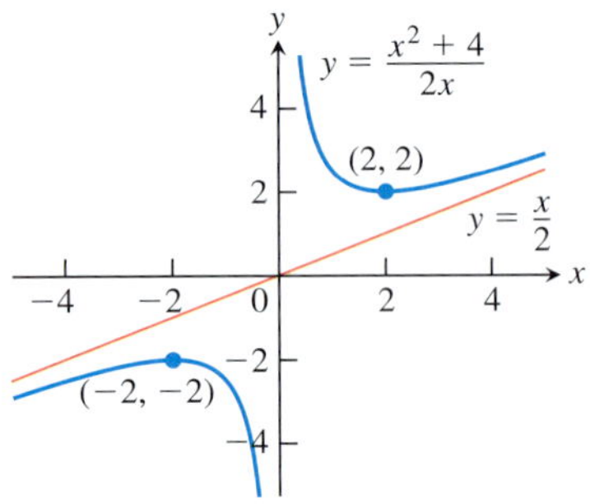

그림 3.33 $y = \dfrac{x^2+4}{2x}$의 그래프(예제 10).

예제 11 $f(x)=e^{2/x}$의 그래프를 그려라.

풀이 f의 정의역은 $(-\infty, 0)\cup(0, \infty)$이고, 축과 원점에 대한 대칭성은 없다. f의 도함수를 구하면 다음과 같다.

$$f'(x) = e^{2/x}\left(-\frac{2}{x^2}\right) = -\frac{2e^{2/x}}{x^2}$$

$$f''(x) = -\frac{x^2(2e^{2/x})(-2/x^2) - 2e^{2/x}(2x)}{x^4} = \frac{4e^{2/x}(1+x)}{x^4}$$

두 도함수 모두 f의 정의역 전체에서 존재한다. 또한 $e^{2/x}$와 x^2은 $x\neq 0$에서 양수이므로, 정의역의 모든 점에서 $f'<0$이고 구간 $(-\infty, 0)$과 $(0, \infty)$에서 그래프는 감소한다. 2계 도함수를 조사해보면, $x=-1$에서 $f''(x)=0$임을 알 수 있다. $e^{2/x}>0$, $x^4>0$이므로 $x<-1$에서 $f''<0$이고 $x>-1$, $x\neq 0$에서 $f''>0$이다. f''의 부호가 바뀌는 $(-1, e^{-2})$는 변곡점이다. 구간 $(-\infty, -1)$에서 아래로 오목이고, $(-1, 0)\cup(0, \infty)$에서 위로 오목이다.

1.5절의 예제 7에서 $\lim_{x\to 0^-} f(x)=0$임을 알 수 있다. $x\to 0^+$일 때 $2/x\to\infty$이므로 $\lim_{x\to 0^+} f(x)=\infty$이고 y축은 수직 점근선이다. 한편 $x\to-\infty$ 또는 $x\to\infty$일 때 $2/x\to 0$이고 $\lim_{x\to-\infty} f(x)=\lim_{x\to\infty} f(x)=e^0=1$이다. 따라서 $y=1$은 수평 점근선이다. f는 0이 될 수 없고, 최댓값은 존재하지 않기 때문에 최댓값, 최솟값 모두 존재하지 않는다. f의 그래프는 그림 3.34와 같다. ■

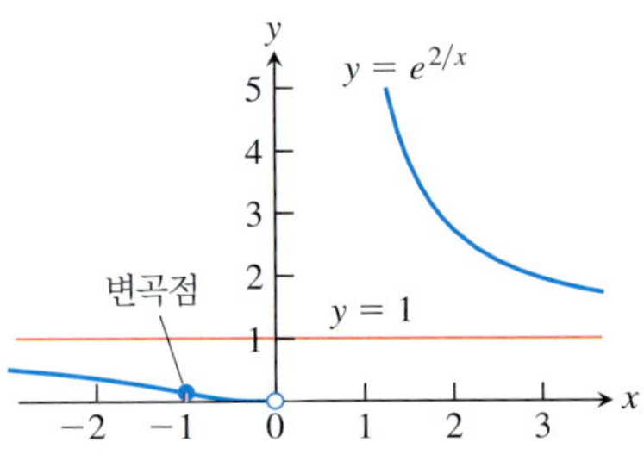

그림 3.34 $y=e^{2/x}$의 그래프는 $(-1, e^{-2})$에서 변곡점을 갖는다. 직선 $y=1$은 수평 점근선이고, $x=0$은 수직 점근선이다(예제 11).

예제 12 구간 $0\le x\le 2\pi$에 정의된 $f(x)=\cos x-\dfrac{\sqrt{2}}{2}x$의 그래프를 그려라.

풀이 f의 도함수를 구하면, 다음과 같다.

$$f'(x) = -\sin x - \frac{\sqrt{2}}{2}, \qquad f''(x) = -\cos x$$

두 도함수 모두 $(0, 2\pi)$에서 존재한다. 이 열린 구간 중 $\sin x=-\sqrt{2}/2$일 때 1계 도함수가 0

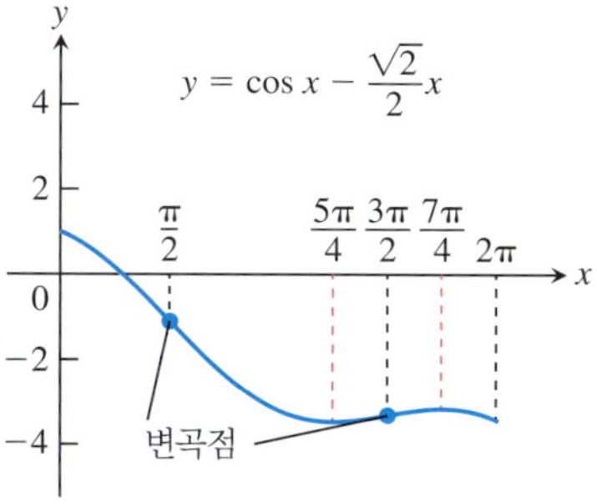

그림 3.35 예제 12에서 함수의 그래프.

이 되어 임계점은 $x=5\pi/4$와 $x=7\pi/4$이다. $f''(5\pi/4)=-\cos(5\pi/4)=\sqrt{2}/2>0$이므로 2계 도함수 판정법에 따라 극솟값 $f(5\pi/4)\approx-3.48$을 갖는다(계산기를 사용하면). 또한 $f''(7\pi/4)=-\cos(7\pi/4)=-\sqrt{2}/2<0$이므로 함수는 극댓값 $f(7\pi/4)\approx-3.18$을 갖는다.

2계 도함수를 조사해보면, $x=\pi/2$ 또는 $x=3\pi/2$에서 $f''=0$임을 알 수 있다. 이 두 점에서 f''의 부호가 바뀌므로 변곡점은 $(\pi/2, f(\pi/2))\approx(\pi/2, -1.11)$과 $(3\pi/2, f(3\pi/2))\approx(3\pi/2, -3.33)$이다.

끝으로 끝점에서 f의 값을 계산해보면 $f(0)=1$과 $f(2\pi)\approx-3.44$이므로, 구간 $[0, 2\pi]$에서 f의 최댓값과 최솟값은 $f(0)=1$과 $f(5\pi/4)\approx-3.48$이다. f의 그래프는 그림 3.35와 같다. ■

도함수에 따른 그래프 개형

예제 8~12에서 살펴본 바와 같이 두 번 미분가능한 함수 $y=f(x)$에 대해 1계 도함수를 조사하여 많은 정보를 얻을 수 있다. 즉 함수의 그래프가 증가하고 감소하는 구간과 극값의 위치를 찾을 수 있다. y'을 미분하여 증가, 감소하는 구간을 지날 때 휘어지는 정도를 얻을 수 있다. 함수의 점근선 및 절편과 같은 주요 지점의 함숫값에 대한 정보와 함께 도함수에 대한 정보는 함수의 그래프 개형을 결정하는 데 도움을 준다. 다음 그림은 1계 및 2계 도함수가 그래프 개형에 어떤 영향을 주는지 요약한다.

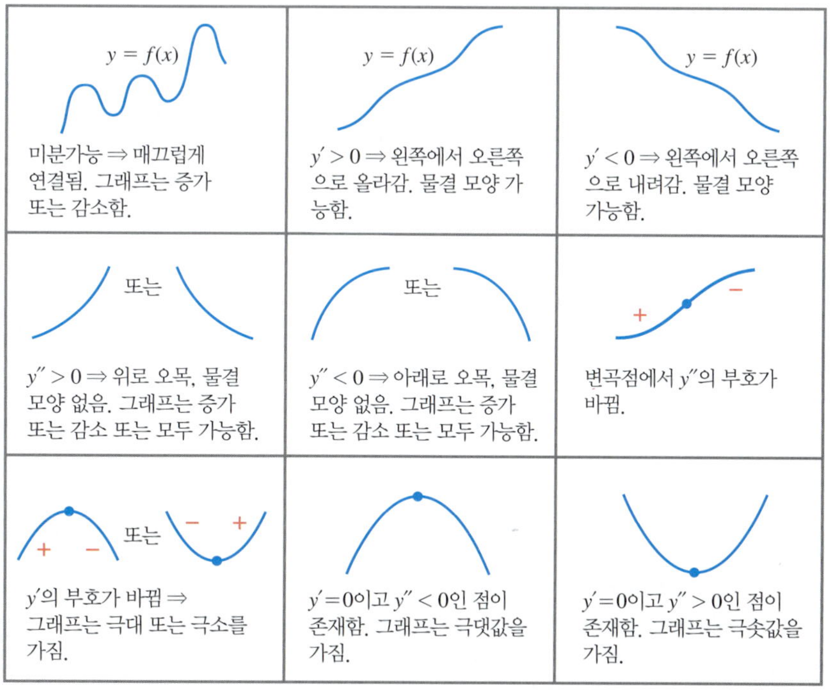

연습문제 3.4 EXERCISE QUESTION

그래프로 함수 분석하기

연습문제 1~8에서 함수의 그래프를 보고 변곡점, 극댓점, 극솟점을 판정하라. 함수가 미분가능한 열린 구간을 찾고 그래프가 위로 오목인지, 아래로 오목인지 판정하라.

1. $y = \frac{x^3}{3} - \frac{x^2}{2} - 2x + \frac{1}{3}$

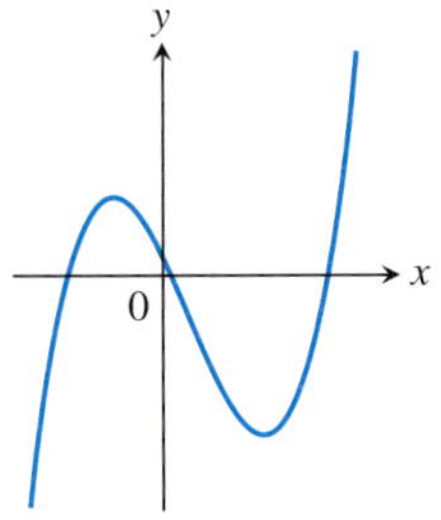

2. $y = \frac{x^4}{4} - 2x^2 + 4$

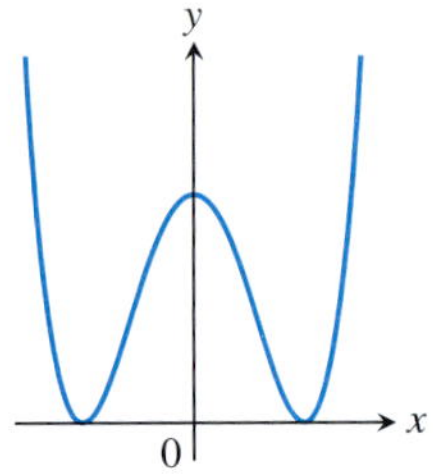

3. $y = \frac{3}{4}(x^2 - 1)^{2/3}$

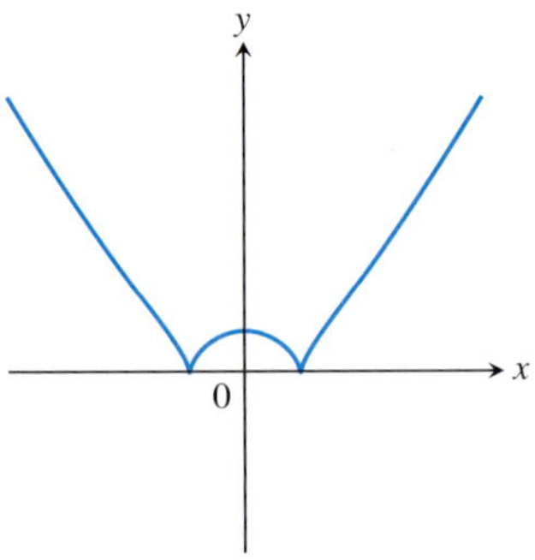

4. $y = \frac{9}{14}x^{1/3}(x^2 - 7)$

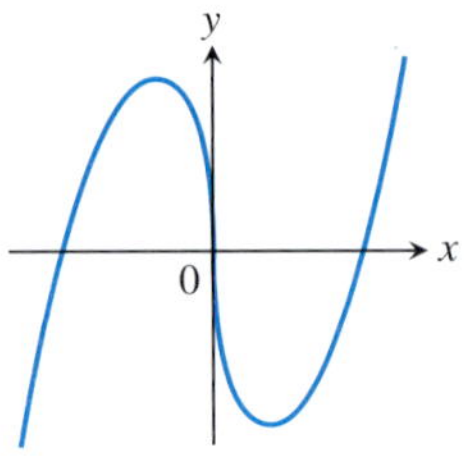

5. $y = x + \sin 2x,\ -\frac{2\pi}{3} \le x \le \frac{2\pi}{3}$

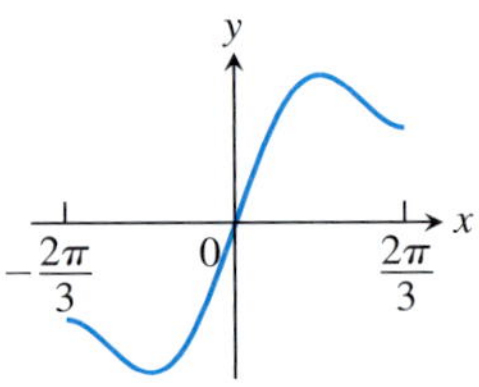

6. $y = \tan x - 4x,\ -\frac{\pi}{2} < x < \frac{\pi}{2}$

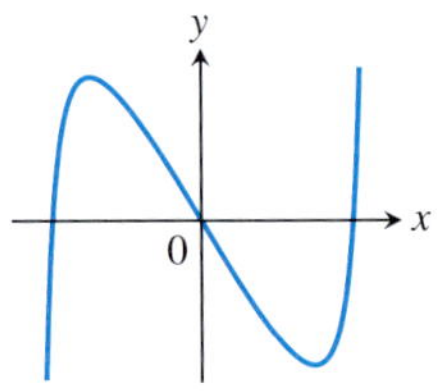

7. $y = \sin|x|,\ -2\pi \le x \le 2\pi$

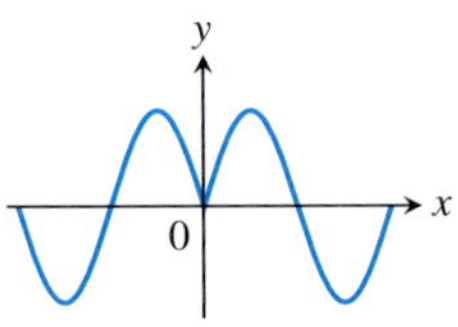

8. $y = 2\cos x - \sqrt{2}x,\ -\pi \le x \le \frac{3\pi}{2}$

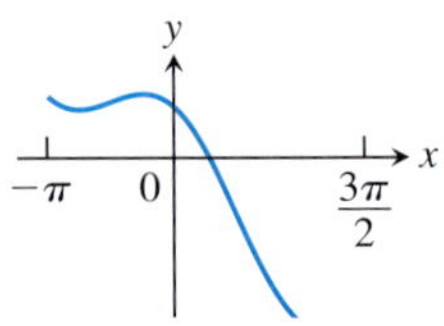

함수 그리기

연습문제 9~70에서 예제 9 직전에 제시된 그래프 그리는 절차로부터 적절한 방법을 사용하여 함수의 그래프를 그려라. 극댓점, 극솟점, 변곡점의 좌표를 표시하고, 절대 극값이 존재하면 좌표를 찾아라.

9. $y = x^2 - 4x + 3$

10. $y = 6 - 2x - x^2$

11. $y = x^3 - 3x + 3$

12. $y = x(6 - 2x)^2$

13. $y = -2x^3 + 6x^2 - 3$

14. $y = 1 - 9x - 6x^2 - x^3$

15. $y = (x - 2)^3 + 1$

16. $y = 1 - (x + 1)^3$

17. $y = x^4 - 2x^2 = x^2(x^2 - 2)$

18. $y = -x^4 + 6x^2 - 4 = x^2(6 - x^2) - 4$

19. $y = 4x^3 - x^4 = x^3(4 - x)$

20. $y = x^4 + 2x^3 = x^3(x + 2)$

21. $y = x^5 - 5x^4 = x^4(x - 5)$

22. $y = x\left(\frac{x}{2} - 5\right)^4$

23. $y = \frac{2x^2 + x - 1}{x^2 - 1}$

24. $y = \frac{x^2 - 49}{x^2 + 5x - 14}$

25. $y = \frac{x^4 + 1}{x^2}$

26. $y = \frac{x^2 - 4}{2x}$

27. $y = \frac{1}{x^2 - 1}$

28. $y = \frac{x^2}{x^2 - 1}$

29. $y = -\frac{x^2 - 2}{x^2 - 1}$

30. $y = \frac{x^2 - 4}{x^2 - 2}$

31. $y = \frac{x^2}{x + 1}$

32. $y = -\frac{x^2 - 4}{x + 1}$

33. $y = \frac{x^2 - x + 1}{x - 1}$

34. $y = -\frac{x^2 - x + 1}{x - 1}$

35. $y = \frac{x^3 - 3x^2 + 3x - 1}{x^2 + x - 2}$

36. $y = \frac{x^3 + x - 2}{x - x^2}$

37. $y = \frac{x}{x^2 - 1}$

38. $y = \frac{4x}{x^2 + 4}$ (뉴턴의 뱀 곡선)

39. $y = \frac{8}{x^2 + 4}$ (아그네시의 마녀)

40. $y = \frac{x}{\sqrt{x^2 + 1}}$

41. $y = x + \sin x,\quad 0 \le x \le 2\pi$

42. $y = x - \sin x,\quad 0 \le x \le 2\pi$

43. $y = \sqrt{3}x - 2\cos x,\quad 0 \le x \le 2\pi$

44. $y = \frac{4}{3}x - \tan x,\quad \frac{-\pi}{2} < x < \frac{\pi}{2}$

45. $y = \sin x \cos x,\quad 0 \le x \le \pi$

46. $y = \cos x + \sqrt{3}\sin x,\quad 0 \le x \le 2\pi$

47. $y = x^{1/5}$

48. $y = x^{2/5}$

49. $y = 2x - 3x^{2/3}$

50. $y = 5x^{2/5} - 2x$

51. $y = x^{2/3}\left(\frac{5}{2} - x\right)$

52. $y = x^{2/3}(x - 5)$

53. $y = x\sqrt{8 - x^2}$

54. $y = (2 - x^2)^{3/2}$

55. $y = \sqrt{16 - x^2}$

56. $y = x^2 + \frac{2}{x}$

57. $y = \frac{x^2 - 3}{x - 2}$

58. $y = \sqrt[3]{x^3 + 1}$

59. $y = \frac{8x}{x^2 + 4}$

60. $y = \frac{5}{x^4 + 5}$

61. $y = |x^2 - 1|$

62. $y = |x^2 - 2x|$

63. $y = \sqrt{|x|} = \begin{cases} \sqrt{-x}, & x < 0 \\ \sqrt{x}, & x \ge 0 \end{cases}$

64. $y = \sqrt{|x - 4|}$

65. $y = \frac{x}{9 - x^2}$

66. $y = \frac{x^2}{1 - x}$

67. $y = \ln(3 - x^2)$

68. $y = (\ln x)^2$

69. $y = \ln(\cos x)$

70. $y = \frac{1}{1 + e^{-x}} = \frac{e^x}{1 + e^x}$

y'으로 그래프 개형 그리기

연습문제 71~92에서 연속함수 $y=f(x)$의 1계 도함수가 주어져 있다. y''을 찾은 다음, 이 절에서 설명한 그래프 작성 절차의 단계 2~4를 사용하여 f의 개형을 그려라.

71. $y' = 2 + x - x^2$

72. $y' = x^2 - x - 6$

73. $y' = x(x-3)^2$

74. $y' = x^2(2-x)$

75. $y' = x(x^2-12)$

76. $y' = (x-1)^2(2x+3)$

77. $y' = (8x-5x^2)(4-x)^2$

78. $y' = (x^2-2x)(x-5)^2$

79. $y' = \sec^2 x, \quad -\frac{\pi}{2} < x < \frac{\pi}{2}$

80. $y' = \tan x, \quad -\frac{\pi}{2} < x < \frac{\pi}{2}$

81. $y' = \cot\frac{\theta}{2}, \quad 0 < \theta < 2\pi$

82. $y' = \csc^2\frac{\theta}{2}, \quad 0 < \theta < 2\pi$

83. $y' = \tan^2\theta - 1, \quad -\frac{\pi}{2} < \theta < \frac{\pi}{2}$

84. $y' = 1 - \cot^2\theta, \quad 0 < \theta < \pi$

85. $y' = \cos t, \quad 0 \le t \le 2\pi$

86. $y' = \sin t, \quad 0 \le t \le 2\pi$

87. $y' = (x+1)^{-2/3}$

88. $y' = (x-2)^{-1/3}$

89. $y' = x^{-2/3}(x-1)$

90. $y' = x^{-4/5}(x+1)$

91. $y' = 2|x| = \begin{cases} -2x, & x \le 0 \\ 2x, & x > 0 \end{cases}$

92. $y' = \begin{cases} -x^2, & x \le 0 \\ x^2, & x > 0 \end{cases}$

y'과 y''으로 y의 그래프 그리기

연습문제 93~96에서 함수 $y=f(x)$의 1계 도함수와 2계 도함수의 그래프가 주어져 있다. 그림을 옮겨 그리고, 함수 f의 그래프가 점 P를 지난다고 할 때 근사적인 개형을 그려라.

93.

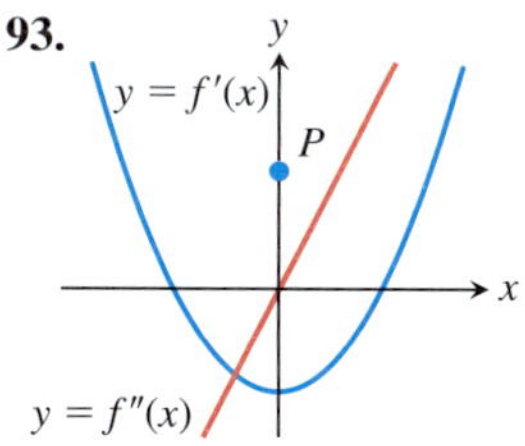

94.

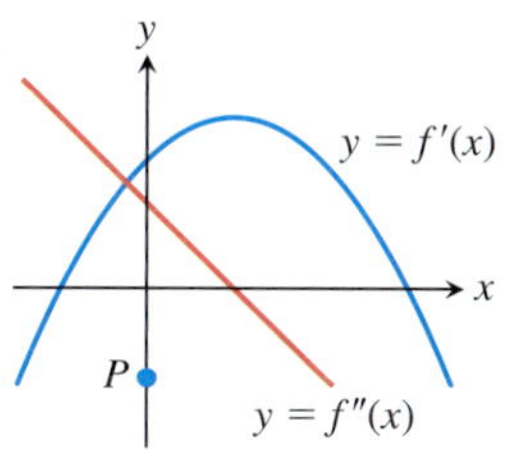

95.

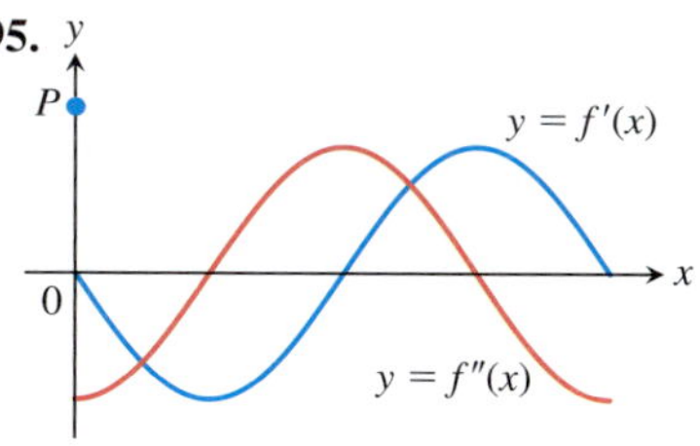

96.

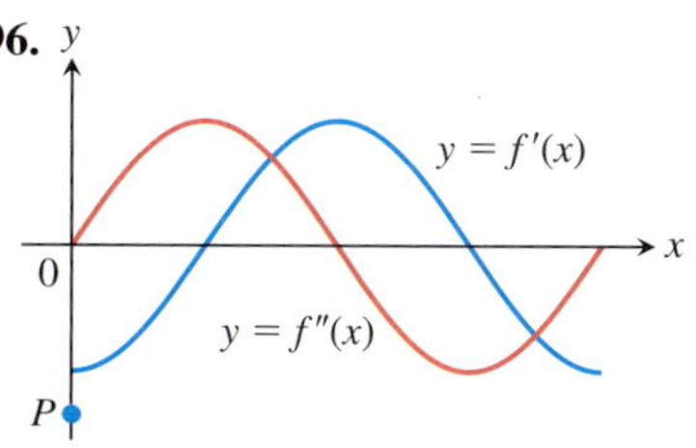

이론과 예제

97. 두 번 미분가능한 함수 $y=f(x)$ 그래프의 일부가 그림으로 주어져 있다. 표시된 5개의 점에서 y'과 y''이 양수, 음수, 0인지 판정하라.

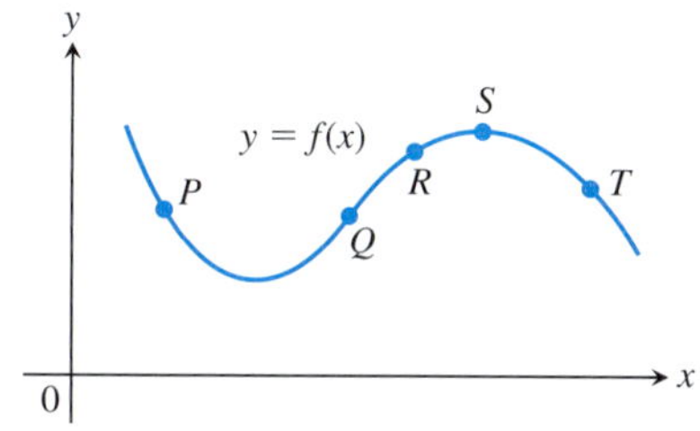

98. 다음 조건을 만족하면서 매끄럽게 연결된 곡선 $y=f(x)$를 그려라.

$f(-2)=8$, $f'(2)=f'(-2)=0$,
$f(0)=4$, $|x|<2$에서 $f'(x)<0$,
$f(2)=0$, $x<0$에서 $f''(x)<0$,
$|x|>2$에서 $f'(x)>0$, $x>0$에서 $f''(x)>0$

99. 다음 조건을 만족하면서 두 번 미분가능한 함수 $y=f(x)$의 그래프를 그려라. 가능한 점은 좌표를 표시하라.

x	y	도함수
$x < 2$		$y' < 0, \quad y'' > 0$
2	1	$y' = 0, \quad y'' > 0$
$2 < x < 4$		$y' > 0, \quad y'' > 0$
4	4	$y' > 0, \quad y'' = 0$
$4 < x < 6$		$y' > 0, \quad y'' < 0$
6	7	$y' = 0, \quad y'' < 0$
$x > 6$		$y' < 0, \quad y'' < 0$

100. 점 $(-2, 2)$, $(-1, 1)$, $(0, 0)$, $(1, 1)$, $(2, 2)$를 지나고 1계 도함수와 2계 도함수의 부호가 다음과 같은 두 번 미분가능한 함수 $y=f(x)$의 그래프를 그려라.

y': + (−2) − (0) + (2) −

y'': − (−1) + (1) −

101. 다음 조건을 만족하면서 두 번 미분가능한 함수 $y=f(x)$의 그래프를 그려라. 가능한 점은 좌표를 표시하라.

x	y	도함수
$x < -2$		$y' > 0, \quad y'' < 0$
-2	-1	$y' = 0, \quad y'' = 0$
$-2 < x < -1$		$y' > 0, \quad y'' > 0$
-1	0	$y' > 0, \quad y'' = 0$
$-1 < x < 0$		$y' > 0, \quad y'' < 0$
0	3	$y' = 0, \quad y'' < 0$
$0 < x < 1$		$y' < 0, \quad y'' < 0$
1	2	$y' < 0, \quad y'' = 0$
$1 < x < 2$		$y' < 0, \quad y'' > 0$
2	0	$y' = 0, \quad y'' > 0$
$x > 2$		$y' > 0, \quad y'' > 0$

102. 점 $(-3, -2)$, $(-2, 0)$, $(0, 1)$, $(1, 2)$, $(2, 3)$을 지나고 1계 도함수

와 2계 도함수의 부호가 다음과 같은 두 번 미분가능한 함수 $y=f(x)$의 그래프를 그려라.

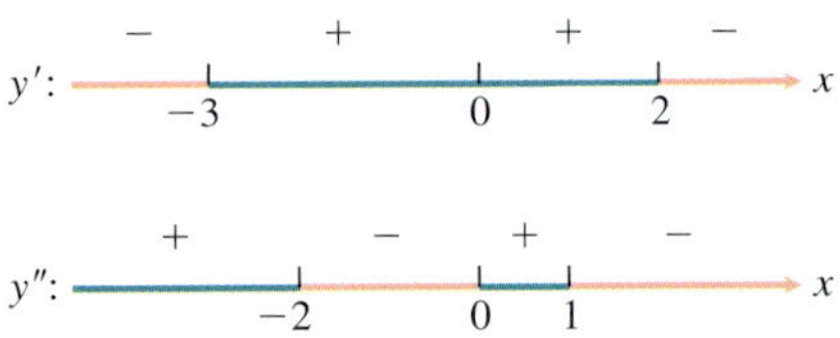

연습문제 103과 104에서 f'의 그래프가 주어져 있다. f의 그래프가 변곡점을 가지는 x좌표를 구하라.

103.

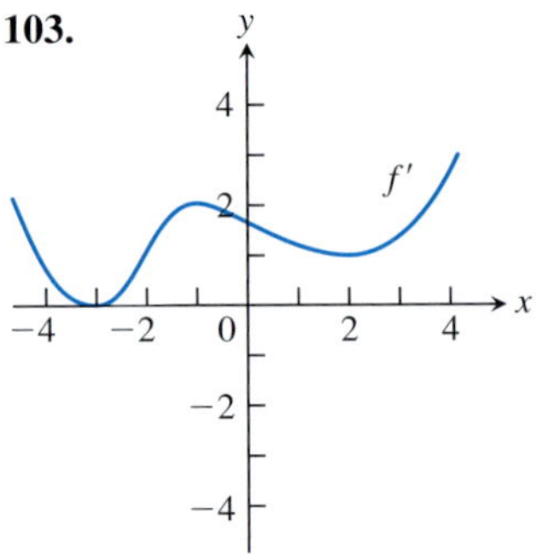

104.

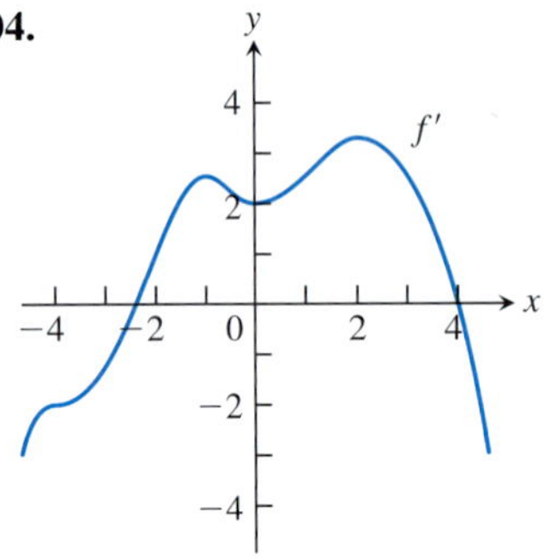

연습문제 105와 106에서 f'의 그래프가 주어져 있다. f의 그래프가 극솟값, 극댓값, 변곡점을 가지는 x좌표를 구하라.

105.

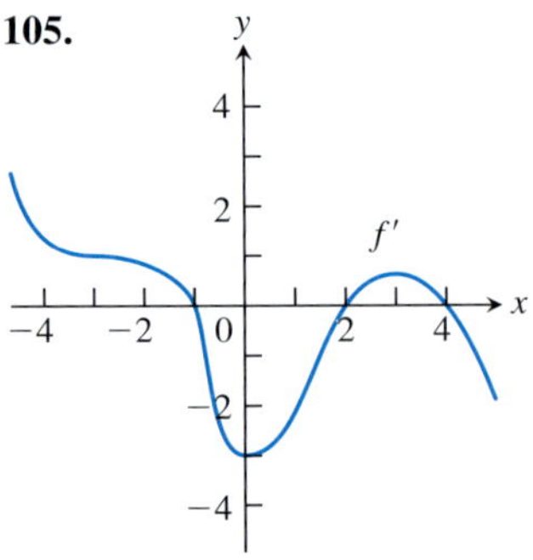

106.

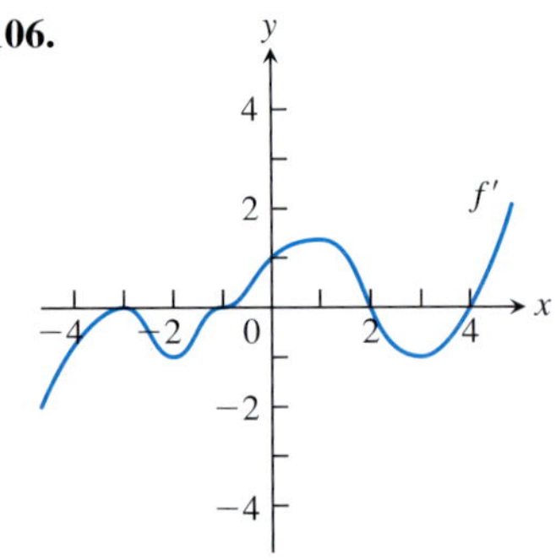

107. 함수 $f(x)$의 정의역이 $(-2, 2)$이다. 주어진 그래프는 f가 아니라 f의 도함수를 그린 것이다. 즉 $y=f'(x)$의 그래프이다. 이 그래프를 이용하여 f의 그래프가 어느 구간에서 위로 오목인지, 어느 구간에서 아래로 오목인지를 판정하라. 불가능하다면 그래프로부터 이러한 정보가 결정되지 않는 이유를 설명하라.

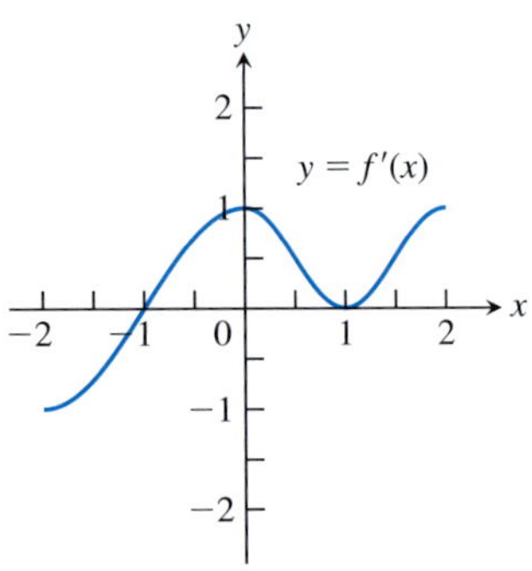

108. 함수 $f(x)$의 정의역이 $(-2, 2)$이다. 주어진 그래프는 f가 아니라 f의 2계 도함수를 그린 것이다. 즉 $y=f''(x)$의 그래프이다.

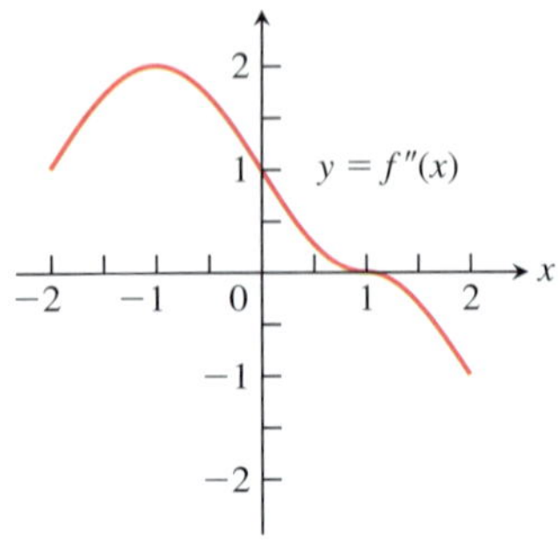

a. 이 그래프를 이용하여 f의 그래프가 어느 구간에서 위로 오목인지, 어느 구간에서 아래로 오목인지, 변곡점은 어디인지 판정하라. 불가능하다면 그래프로부터 이러한 정보가 결정되지 않는 이유를 설명하라.

b. 이 그래프를 이용하여 f의 그래프가 어느 구간에서 증가하는지, 어느 구간에서 감소하는지 판정하라. 불가능하다면 그래프로부터 이러한 정보가 결정되지 않는 이유를 설명하라.

직선 위의 움직임

연습문제 109와 110에서 그래프 $s=f(t)$는 좌표축을 따라 위아래로 움직이는 물체의 위치를 나타낸다.

a. 언제 물체가 원점에서 멀어지는 방향으로 움직이는가? 원점 방향일 때는 언제인가?

b. 대략 언제쯤 속도가 0이 되는가?

c. 가속도는 언제 0이 되는가?

d. 언제 가속도가 양수 또는 음수가 되는가?

109.

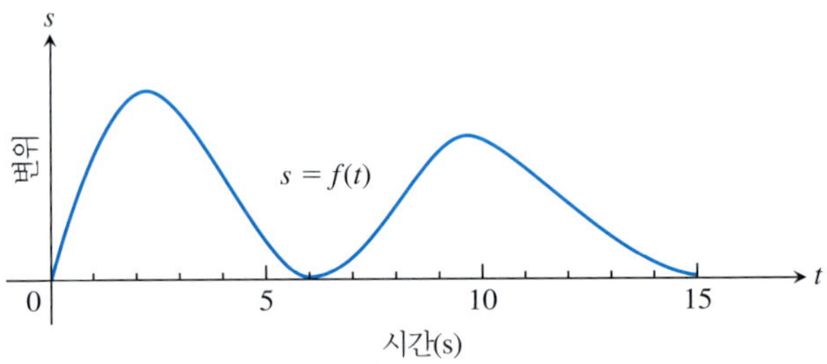

110.

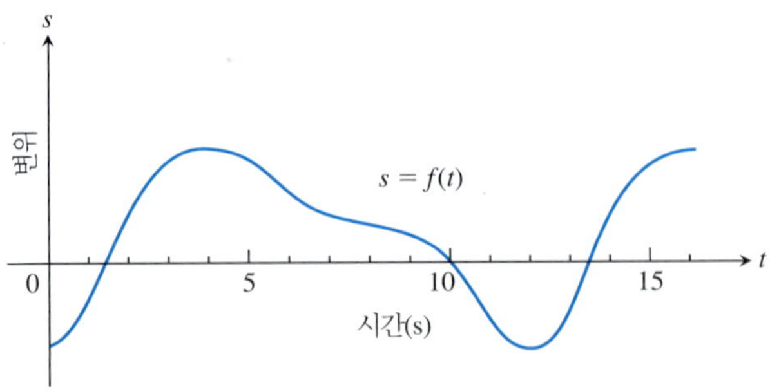

111. 한계 비용 주어진 그래프는 제품 x를 생산하는 데 드는 가상 비용 $c=f(x)$이다. 대략 어느 정도의 생산 수준에서 한계 비용이 감소에서 증가로 바뀌는가?

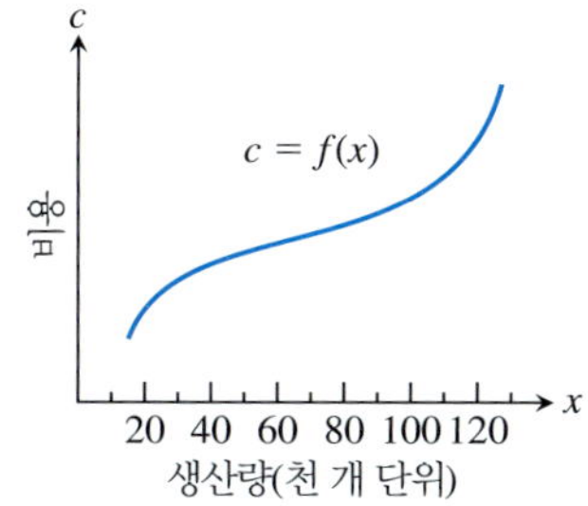

112. 다음 그래프는 지난 12년간 위젯 주식회사의 월간 수익이다. 대략 한계 수입이 증가한 기간은 얼마나 되는가? 감소한 기간은?

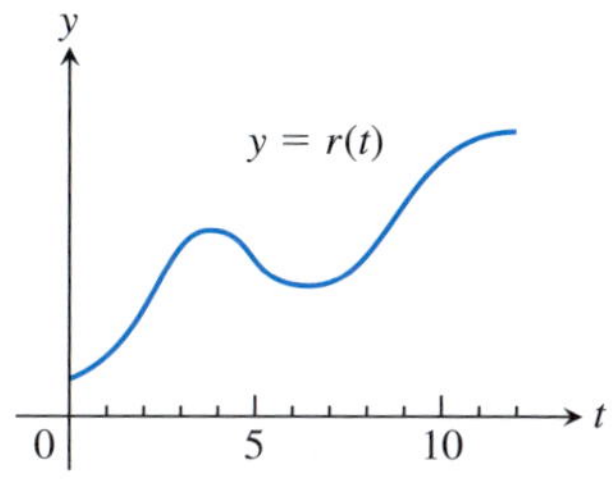

113. 함수 $y=f(x)$의 도함수가 다음과 같다고 하자.

$$y' = (x-1)^2(x-2)$$

f의 그래프는 어떤 점에서 (존재한다면) 극소, 극대, 변곡점을 가지는가? [힌트: y'의 부호 변화를 그려보자.]

114. 함수 $y=f(x)$의 도함수가 다음과 같다고 하자.

$$y' = (x-1)^2(x-2)(x-4)$$

f의 그래프는 어떤 점에서 (존재한다면) 극소, 극대, 변곡점을 가지는가?

115. $x>0$에 대해 $f(1)=0$이고 $f'(x)=1/x$인 곡선 $y=f(x)$의 그래프를 그려라. 이 함수의 오목성에 대해 어떻게 말할 수 있는가? 답에 대한 이유를 제시하라.

116. 함수 $y=f(x)$의 2계 도함수가 연속이고 0이 되지 않는다면 그래프에 대해 어떻게 말할 수 있는가? 답에 대한 이유를 제시하라.

117. b, c, d가 상수라고 할 때, $y=x^3+bx^2+cx+d$가 $x=1$에서 변곡점을 가지려면 b는 어떤 값을 가져야 하는가? 답에 대한 이유를 제시하라.

118. 포물선

a. 다음 포물선의 꼭짓점의 좌표를 구하라.

$$y = ax^2 + bx + c, a \neq 0$$

b. 이 포물선은 언제 위로 오목이고, 언제 아래로 오목인가? 답에 대한 이유를 제시하라.

119. 2차 곡선 2차 곡선 $y=ax^2+bx+c$, $a\neq 0$의 변곡점에 대해 어떻게 말할 수 있는가? 답에 대한 이유를 제시하라.

120. 3차 곡선 3차 곡선 $y=ax^3+bx^2+cx+d$, $a\neq 0$의 변곡점에 대해 어떻게 말할 수 있는가? 답에 대한 이유를 제시하라.

121. 함수 $y=f(x)$의 2계 도함수가 다음과 같다고 하자.

$$y'' = (x+1)(x-2)$$

f의 그래프는 어떤 x값에서 변곡점을 가지는가?

122. 함수 $y=f(x)$의 2계 도함수가 다음과 같다고 하자.

$$y'' = x^2(x-2)^3(x+3)$$

f의 그래프는 어떤 x값에서 변곡점을 가지는가?

123. $y=ax^3+bx^2+cx$의 그래프가 $x=3$에서 극댓값을, $x=-1$에서 극솟값을, $(1, 11)$에서 변곡점을 가질 때, 상수 a, b, c의 값을 구하라.

124. $y=(x^2+a)/(bx+c)$의 그래프가 $x=3$에서 극솟값을, $(-1, -2)$에서 극댓값을 가질 때, 상수 a, b, c의 값을 구하라.

컴퓨터 탐구

연습문제 125~128에서 함수의 그래프에서 변곡점을 (있다면) 찾고 극댓값 또는 극솟값을 갖는 점의 좌표를 구하라. 다음으로 이 모든 점을 함께 표시할 수 있는 충분한 영역에 대해 그래프를 그려라. 그림에 함수의 1계 도함수와 2계 도함수의 그래프를 추가하라. 이 그래프들의 x절편은 함수의 그래프와 어떤 관계에 있는가? 도함수의 그래프는 함수의 그래프와 어떤 방식으로 관련되어 있는가?

125. $y = x^5 - 5x^4 - 240$ **126.** $y = x^3 - 12x^2$

127. $y = \frac{4}{5}x^5 + 16x^2 - 25$

128. $y = \frac{x^4}{4} - \frac{x^3}{3} - 4x^2 + 12x + 20$

129. $f(x)=2x^4-4x^2+1$과 1계 도함수, 2계 도함수의 그래프를 함께 그려라. f'과 f''의 부호와 함숫값은 f의 성질과 어떤 관계에 있는지 밝혀라.

130. $0\le x\le 2\pi$에 대해 $f(x)=x\cos x$와 2계 도함수를 그래프를 함께 그려라. f''의 부호와 함숫값은 f의 성질과 어떤 관계에 있는지 밝혀라.

3.5 부정형과 로피탈 정리

다음 4가지 극한을 생각하자.

$$\lim_{x\to 0}\frac{x^3}{x} = \lim_{x\to 0} x^2 = 0,$$

$$\lim_{x\to 0}\frac{x}{x^3} = \lim_{x\to 0}\frac{1}{x^2} = \infty,$$

$$\lim_{x\to 0}\frac{x}{x} = \lim_{x\to 0} 1 = 1,$$

$$\lim_{x\to 0}\frac{x}{2x} = \lim_{x\to 0}\frac{1}{2} = \frac{1}{2}$$

극한값 0, ∞, 1, 1/2이 모두 다름에도 불구하고, 각 극한은 예외 없이 $x \to 0$에 따라 분모와 분자가 0에 가까워진다. 다음과 같은 극한을 0/0꼴의 부정형이라 부른다.

$$\lim_{x\to a} f(x) = 0\text{과 } \lim_{x\to a} g(x) = 0\text{일 때} \qquad \lim_{x\to a}\frac{f(x)}{g(x)} \tag{1}$$

'0/0'은 숫자로 이루어졌지만, 정량적인 의미를 갖는 값은 아니다. 분모와 분자가 0에 가까워진다는 것은 비율의 극한을 구하는 데 충분한 정보를 제공하지 않는다. 대수적으로 다루거나 이 절에서 소개할 방법을 적용하여 극한의 성질을 좀 더 자세히 조사해야 한다.

식 (1)과 유사한 성질의 다른 꼴도 있다. 예를 들어 분모와 분자가 모두 $+\infty$ 또는 $-\infty$로 발산하면, 비율의 극한은 ∞/∞꼴의 부정형이 된다. 이 절에서 $\infty\cdot 0$, $\infty-\infty$, 1^∞, 0^0, ∞^0꼴의 부정형을 추가로 다룬다. 각각은 특정한 타입의 극한에 대한 성질을 요약한 표현이다.

페르누이는 분모와 분자가 모두 $\pm\infty$로 발산하는 분수꼴의 극한을 계산하기 위해 미분을 사용하는 방법을 발견했다. 이 법칙을 현재는 기욤 드 로피탈의 이름을 따라 **로피탈 정리**(l'Hôpital's rule)라고 부른다. 그는 이 법칙이 처음으로 포함된 미분학 책을 쓴 프랑스 귀족이다. 이 법칙은 초월함수를 포함하는 극한의 계산에서 종종 유용하게 사용된다.

역사적 인물

기욤 프랑수아 앙투안 드 로피탈(Guillaume François Antoine de l'Hôpital, 1661~1704)
1600년대 말, 페르누이(Fernoulle)는 분모, 분자가 모두 0으로 수렴하는 분수의 극한을 계산할 수 있는 규칙을 발견했다. 오늘날 이 규칙은 로피탈 정리로 불린다.

요한 베르누이(Johann Bernoulli, 1667~1748)
요한 베르누이는 스위스에서 태어나 바젤대학교를 다녔다. 그의 박사 학위 논문의 제목은 의학이었지만, 내용은 수학에 관한 것이었다. 의학 제목은 요한이 의사가 되기를 원했던 아버지의 뜻에 따라 수학적 업적을 숨기기 위해 사용되었다.

0/0꼴의 부정형

기호 '0/0'이 0을 0으로 나누는 산술 계산을 의도한 것은 아님을 이해하는 것이 중요하다. 그 대신 0/0꼴의 부정형은 각각 0으로 수렴하는 두 함수의 비에 대한 극한을 표현한 것이다. 로피탈 정리는 이러한 극한을 계산하는 데 유용하다.

정리 6 ▎ 로피탈 정리

a를 포함하는 열린 구간 I에서 미분가능한 함수 f와 g가 $\lim_{x\to a} f(x)=\lim_{x\to a} g(x)=0$를 만족하고, 구간 I에서 $x\neq a$일 때 $g'(x)\neq 0$라고 하자. 그러면 오른쪽 극한이 존재한다면 다음이 성립한다.

$$\lim_{x\to a}\frac{f(x)}{g(x)} = \lim_{x\to a}\frac{f'(x)}{g'(x)}$$

정리 6의 증명은 이 절의 끝부분에서 다룬다. 또한 정리 6은 $x \to \pm\infty$이거나 $f'(x)/g'(x) \to \pm\infty$인 경우에도 적용할 수 있지만, 증명은 생략한다.

주의 f/g에 로피탈 정리를 적용하기 위해 f의 미분을 g의 미분으로 나눈다. f/g를 미분하는 실수를 하지 않도록 주의하라. 사용할 계산은 f'/g'이지 몫의 미분 $(f/g)'$이 아니다.

예제 1 다음 극한은 0/0꼴의 부정형이므로 로피탈 정리를 활용할 수 있다. 경우에 따라서는 반복하여 적용해야 한다.

(a) $\lim_{x\to 0}\dfrac{3x-\sin x}{x}$ 분모, 분자가 모두 0으로 수렴; 로피탈 정리 적용

$= \lim_{x\to 0}\dfrac{3-\cos x}{1}$ 0/0꼴 아님

$= \dfrac{3-\cos 0}{1} = 2$ 구하는 극한값

(b) $\lim_{x\to 0}\dfrac{\sqrt{1+x}-1}{x} = \lim_{x\to 0}\dfrac{\frac{1}{2\sqrt{1+x}}}{1} = \dfrac{1}{2}$

(c) $\lim_{x\to 0}\dfrac{\sqrt{1+x}-1-x/2}{x^2}$ $\dfrac{0}{0}$꼴; 로피탈 정리 적용

$$= \lim_{x \to 0} \frac{(1/2)(1+x)^{-1/2} - 1/2}{2x}$$ 여전히 $\frac{0}{0}$꼴; 로피탈 정리를 한 번 더 적용

$$= \lim_{x \to 0} \frac{-(1/4)(1+x)^{-3/2}}{2} = -\frac{1}{8}$$ $\frac{0}{0}$꼴 아님; 구하는 극한값

(d) $\lim_{x \to 0} \frac{x - \sin x}{x^3}$ $\frac{0}{0}$꼴; 로피탈 정리 적용

$$= \lim_{x \to 0} \frac{1 - \cos x}{3x^2}$$ 여전히 $\frac{0}{0}$꼴; 로피탈 정리를 한 번 더 적용

$$= \lim_{x \to 0} \frac{\sin x}{6x}$$ 여전히 $\frac{0}{0}$꼴; 로피탈 정리를 한 번 더 적용

$$= \lim_{x \to 0} \frac{\cos x}{6} = \frac{1}{6}$$ $\frac{0}{0}$꼴 아님; 구하는 극한값

(e) $\lim_{x \to \infty} \frac{\ln(1 + 1/x)}{\sin(1/x)}$ $\frac{0}{0}$꼴; 로피탈 정리 적용

$$= \lim_{x \to \infty} \frac{-(1/x^2)\frac{1}{1+1/x}}{-(1/x^2)\cos(1/x)}$$ 여전히 $\frac{0}{0}$꼴; 로피탈 정리를 사용하는 것보다 약분하는 것이 더 간단함

$$= \lim_{x \to \infty} \frac{\frac{1}{1+1/x}}{\cos(1/x)} = \frac{\frac{1}{1+0}}{\cos 0} = 1$$ $\frac{0}{0}$꼴 아님; 구하는 극한값 ■

예제 1을 따라 풀이 과정을 정리하면 다음과 같다.

로피탈 정리의 활용

로피탈 정리로 다음 극한을 구하기 위해 $x \to a$일 때 0/0꼴이 나오는 동안 f와 g의 미분을 계속한다.

$$\lim_{x \to a} \frac{f(x)}{g(x)}$$

하지만 둘 중 하나라도 미분이 0으로 수렴하지 않으면 미분을 멈춘다. 분자 또는 분모가 0이 아닌 유한한 값을 가지는 경우에는 로피탈 정리를 적용할 수 없다.

예제 2 로피탈 정리를 바르게 사용하기 위해 주의가 필요하다.

$$\lim_{x \to 0} \frac{1 - \cos x}{x + x^2}$$ $\frac{0}{0}$꼴

$$= \lim_{x \to 0} \frac{\sin x}{1 + 2x}$$ $\frac{0}{0}$꼴 아님

다시 로피탈 정리를 사용하여 다음을 결과로 하고 싶은 생각이 들지만, 올바른 극한값이 아니다.

$$\lim_{x \to 0} \frac{\cos x}{2} = \frac{1}{2}$$

로피탈 정리는 극한이 부정형인 경우에 한해 사용할 수 있는데, $\lim_{x \to 0} (\sin x)/(1+2x)$는 부정형이 아니다. 대신 극한은 $0/1 = 0$이고, 정답으로 구하는 극한은 0이다. ■

로피탈 정리는 단방향의 극한을 구할 때도 적용할 수 있다.

예제 3 이번 예제는 단향방의 좌우 극한이 다른 값을 갖는 경우이다.

(a) $\lim_{x\to0^+}\dfrac{\sin x}{x^2}$ $\qquad \dfrac{0}{0}$꼴

$= \lim_{x\to0^+}\dfrac{\cos x}{2x} = \infty$ $\qquad x>0$에서 양수

(b) $\lim_{x\to0^-}\dfrac{\sin x}{x^2}$ $\qquad \dfrac{0}{0}$꼴

$= \lim_{x\to0^-}\dfrac{\cos x}{2x} = -\infty$ $\qquad x<0$에서 음수 ■

∞/∞, $\infty\cdot0$, $\infty-\infty$꼴의 부정형

∞와 $+\infty$는 같은 의미임을 기억하자.

때로는 $x\to a$인 극한을 계산할 때, $0/0$이 아닌 ∞/∞, $\infty\cdot0$, $\infty-\infty$꼴의 부정형을 만날 수도 있다. 우선 ∞/∞꼴을 생각해보자.

좀 더 수준 높은 미적분학을 이용하면, $0/0$꼴 뿐만 아니라 ∞/∞꼴에도 로피탈 정리를 쓸 수 있음을 증명할 수 있다. $x\to a$일 때 $f(x)\to\pm\infty$, $g(x)\to\pm\infty$이면, 다음과 같다.

$$\lim_{x\to a}\frac{f(x)}{g(x)}=\lim_{x\to a}\frac{f'(x)}{g'(x)}$$

등식은 오른쪽 극한이 존재하거나 ∞ 또는 $-\infty$로 발산할 때 의미를 갖는다. 또한 $x\to a$는 단방향 극한 $x\to a^+$ 또는 $x\to a^-$로 바꿔도 같은 결과를 얻는다.

예제 4 다음 ∞/∞꼴의 극한을 구하라.

(a) $\lim_{x\to\pi/2}\dfrac{\sec x}{1+\tan x}$ $\qquad$ **(b)** $\lim_{x\to\infty}\dfrac{\ln x}{2\sqrt{x}}$ $\qquad$ **(c)** $\lim_{x\to\infty}\dfrac{e^x}{x^2}$

풀이

(a) 분모와 분자 모두 $x=\pi/2$에서 불연속이다. 따라서 좌극한, 우극한을 각각 계산해야 한다. 로피탈 정리를 적용하기 위해 $x=\pi/2$를 끝점으로 갖는 임의의 열린 구간 I를 잡는다.

$\lim_{x\to(\pi/2)^-}\dfrac{\sec x}{1+\tan x}$ $\qquad \dfrac{\infty}{\infty}$꼴의 좌극한; 로피탈 정리 적용

$= \lim_{x\to(\pi/2)^-}\dfrac{\sec x\tan x}{\sec^2 x} = \lim_{x\to(\pi/2)^-}\sin x = 1$

우극한은 $(-\infty)/(-\infty)$꼴의 부정형이며 극한을 구하면 1이 된다. 따라서 양측 극한이 모두 존재하여 극한값은 1이다.

(b) $\lim_{x\to\infty}\dfrac{\ln x}{2\sqrt{x}} = \lim_{x\to\infty}\dfrac{1/x}{1/\sqrt{x}} = \lim_{x\to\infty}\dfrac{1}{\sqrt{x}} = 0$ $\qquad \dfrac{1/x}{1/\sqrt{x}}=\dfrac{\sqrt{x}}{x}=\dfrac{1}{\sqrt{x}}$

(c) $\lim_{x\to\infty}\dfrac{e^x}{x^2} = \lim_{x\to\infty}\dfrac{e^x}{2x} = \lim_{x\to\infty}\dfrac{e^x}{2} = \infty$ ■

이제 $\infty\cdot0$꼴과 $\infty-\infty$꼴의 부정형에 관심을 가져보자. 대체로 이 유형은 대수적 계산을 통해 $0/0$꼴 또는 ∞/∞꼴로 변환할 수 있다. 다시 한번 강조하지만, $\infty\cdot0$, $\infty-\infty$은 숫자를 의미하지 않는다. 단지 극한을 취할 때 함수의 성질을 표현한 것이다. 이러한 유형의 극한을 다루는 예제를 살펴보자.

예제 5 다음 $\infty \cdot 0$꼴의 극한을 구하라.

(a) $\lim_{x\to\infty}\left(x\sin\frac{1}{x}\right)$ (b) $\lim_{x\to 0^+}\sqrt{x}\ln x$

풀이

(a) $$\lim_{x\to\infty}\left(x\sin\frac{1}{x}\right) = \lim_{x\to\infty}\frac{\sin(1/x)}{1/x}$$ $\infty \cdot 0$꼴을 $\frac{0}{0}$꼴로 변환

$$= \lim_{x\to\infty}\frac{(\cos(1/x))(-1/x^2)}{-1/x^2}$$ 로피탈 정리 적용

$$= \lim_{x\to\infty}\left(\cos\frac{1}{x}\right) = 1$$

(1.5절의 예제 6b를 보면 이 문제의 다른 풀이 방법도 있다.)

(b) $$\lim_{x\to 0^+}\sqrt{x}\ln x = \lim_{x\to 0^+}\frac{\ln x}{1/\sqrt{x}}$$ $\infty \cdot 0$꼴을 ∞/∞꼴로 변환

$$= \lim_{x\to 0^+}\frac{1/x}{-(1/2)x^{3/2}}$$ 로피탈 정리 적용

$$= \lim_{x\to 0^+}(-2\sqrt{x}) = 0$$ ■

예제 6 다음 $\infty - \infty$꼴의 극한을 구하라.

$$\lim_{x\to 0}\left(\frac{1}{\sin x} - \frac{1}{x}\right)$$

풀이 $x \to 0^+$이면, $\sin x \to 0^+$이고 다음을 얻는다.

$$\frac{1}{\sin x} - \frac{1}{x} \to \infty - \infty$$

같은 방법으로 $x \to 0^-$이면, $\sin x \to 0^-$이고 다음을 얻는다.

$$\frac{1}{\sin x} - \frac{1}{x} \to -\infty - (-\infty) = -\infty + \infty$$

두 식 모두 극한을 직접 알 수 있는 꼴이 아니다. 우선 통분을 하면 다음을 얻는다.

$$\frac{1}{\sin x} - \frac{1}{x} = \frac{x - \sin x}{x\sin x}$$ $x\sin x$로 분모를 통분

이 결과에 로피탈 정리를 쓰면, 다음과 같다.

$$\lim_{x\to 0}\left(\frac{1}{\sin x} - \frac{1}{x}\right) = \lim_{x\to 0}\frac{x - \sin x}{x\sin x}$$ $\frac{0}{0}$

$$= \lim_{x\to 0}\frac{1 - \cos x}{\sin x + x\cos x}$$ 여전히 $\frac{0}{0}$

$$= \lim_{x\to 0}\frac{\sin x}{2\cos x - x\sin x} = \frac{0}{2} = 0$$ ■

부정형 지수

부정형 극한 중 1^∞, 0^0, ∞^0꼴은 대체로 로그를 먼저 취하는 방법을 사용한다. 로피탈 정리를 적용하여 로그를 취한 식의 극한을 구한 후 지수함수를 써서 원래 구하고자 하는 극한을 찾는다. 이 과정은 지수함수의 연속성을 보여주는 1.6절의 정리 9에 근거하며 다음과 같이 정리된다(물론 이 공식은 단방향 극한에서도 유효하다).

$\lim_{x \to a} \ln f(x) = L$이면 다음과 같다.

$$\lim_{x \to a} f(x) = \lim_{x \to a} e^{\ln f(x)} = e^L$$

여기서 a는 유한 실수거나 무한대 모두 가능하다.

예제 7 로피탈 정리를 이용하여 $\lim_{x \to 0^+} (1+x)^{1/x} = e$를 보여라.

풀이 극한은 1^∞꼴이다. $f(x)=(1+x)^{1/x}$라 정의하고 $\lim_{x \to 0^+} f(x)$를 구하자. 다음과 같다.

$$\ln f(x) = \ln(1+x)^{1/x} = \frac{1}{x}\ln(1+x)$$

로피탈 정리를 적용하면 다음을 얻는다.

$$\begin{aligned} \lim_{x \to 0^+} \ln f(x) &= \lim_{x \to 0^+} \frac{\ln(1+x)}{x} && \frac{0}{0} \\ &= \lim_{x \to 0^+} \frac{\frac{1}{1+x}}{1} && \text{로피탈 정리 적용} \\ &= \frac{1}{1} = 1 \end{aligned}$$

따라서 $\lim_{x \to 0^+} (1+x)^{1/x} = \lim_{x \to 0^+} f(x) = \lim_{x \to 0^+} e^{\ln f(x)} = e^1 = e$이다. ■

예제 8 $\lim_{x \to \infty} x^{1/x}$을 구하라.

풀이 극한은 ∞^0꼴이다. $f(x)=x^{1/x}$라 정의하고 $\lim_{x \to \infty} \ln f(x)$를 구하자. 다음과 같다.

$$\ln f(x) = \ln x^{1/x} = \frac{\ln x}{x}$$

로피탈 정리를 적용하면 다음을 얻는다.

$$\begin{aligned} \lim_{x \to \infty} \ln f(x) &= \lim_{x \to \infty} \frac{\ln x}{x} && \frac{\infty}{\infty} \\ &= \lim_{x \to \infty} \frac{1/x}{1} && \text{로피탈 정리 적용} \\ &= \frac{0}{1} = 0 \end{aligned}$$

따라서 $\lim_{x \to \infty} x^{1/x} = \lim_{x \to \infty} f(x) = \lim_{x \to \infty} e^{\ln f(x)} = e^0 = 1$이다. ■

로피탈 정리의 증명

증명하기에 앞서 기하학적 직관으로 로피탈 정리가 성립함을 보여주는 특별한 경우를 생각해 보자. 두 함수 $f(x)$와 $g(x)$의 도함수가 연속이고 $f(a)=g(a)=0$, $g'(a) \neq 0$을 만족한다고 하자. 그림 3.36과 같이 $f(x)$와 $g(x)$의 그래프는 $y=f'(a)(x-a)$와 $y=g'(a)(x-a)$를 접선으로 가진다. $x=a$ 근방에서 이 직선은 함수를 근사적으로 잘 나타낸다. 즉 다음과 같다.

$$f(x) = f'(a)(x-a) + \varepsilon_1(x-a), \quad g(x) = g'(a)(x-a) + \varepsilon_2(x-a)$$

여기서 $x \to a$일 때 $\varepsilon_1 \to 0$, $\varepsilon_2 \to 0$이다. 따라서 그림 3.36을 참고하면, 로피탈 정리와 같은 결과를 얻는다.

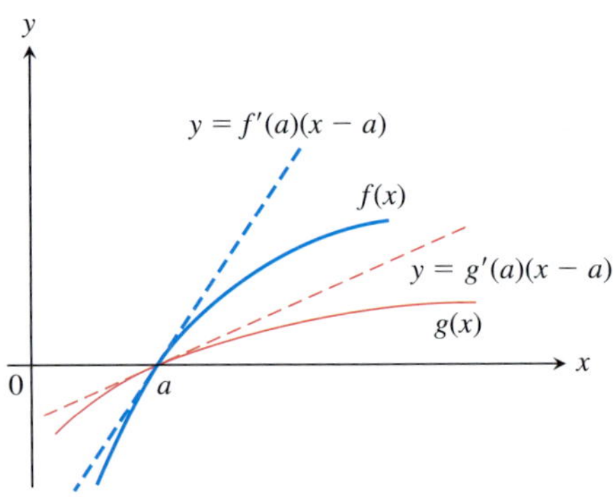

그림 3.36 $x=a$에서의 선형 근사식과 함께 그린 로피탈 정리의 두 함수 그래프.

역사적 인물

오거스틴-루이 코시(Augustin-Louis Cauchy, 1789~1857)
코시는 프랑스 혁명이 시작되던 해에 파리에서 태어났다. 그는 급수의 수렴과 절대수렴의 완전한 개념을 최초로 정의했다. 그의 고전 저서 《해석학 개론(1821)》과 《무한소 미적분의 강의록(1823)》은 미적분학에 대한 가장 큰 공헌이었다.

$$\lim_{x \to a} \frac{f(x)}{g(x)} = \lim_{x \to a} \frac{f'(a)(x-a) + \varepsilon_1(x-a)}{g'(a)(x-a) + \varepsilon_2(x-a)}$$

$$= \lim_{x \to a} \frac{f'(a) + \varepsilon_1}{g'(a) + \varepsilon_2} = \frac{f'(a)}{g'(a)} \qquad g'(a) \neq 0$$

$$= \lim_{x \to a} \frac{f'(x)}{g'(x)} \qquad \text{도함수의 연속성으로부터}$$

이제 $g'(a) \neq 0$와 두 함수가 연속인 도함수를 갖는다는 가정이 없는 정리 6을 증명해보자.

평균값 정리를 하나의 함수가 아닌 두 함수에 대한 결과로 확장한 코시의 평균값 정리를 이용하여 로피탈 정리를 증명한다. 우선 코시의 정리를 증명한 후 로피탈 정리를 증명하도록 한다.

정리 7 ▮ 코시의 평균값 정리

함수 f와 g가 $[a, b]$에서 연속이고 (a, b)에서 미분가능하며, (a, b)에서 $g'(x) \neq 0$라고 가정하자. 그러면 다음을 만족하는 점 c가 (a, b)에 존재한다.

$$\frac{f'(c)}{g'(c)} = \frac{f(b) - f(a)}{g(b) - g(a)}$$

$g(x) = x$일 때, 정리 7은 평균값 정리와 같다.

증명 증명을 위해 3.2절의 평균값 정리를 두 번 사용한다. 첫 번째는 $g(a) \neq g(b)$를 보이기 위해 사용한다. $g(b)$와 $g(a)$가 같다면 평균값 정리에 의해 다음과 같은 점 c가 (a, b)에 존재해야 하지만, (a, b)에서 $g'(x) \neq 0$인 가정 때문에 불가능하다.

$$g'(c) = \frac{g(b) - g(a)}{b - a} = 0$$

다음으로 평균값 정리를 다음 함수에 적용한다.

$$F(x) = f(x) - f(a) - \frac{f(b) - f(a)}{g(b) - g(a)}[g(x) - g(a)]$$

이 함수는 f, g와 연속이고 미분가능한 성질이 동일하며, $F(b) = F(a) = 0$이다. 따라서 $F'(c) = 0$인 점 c가 (a, b)에 존재한다. 이를 f와 g로 표현하면 다음과 같다.

$$F'(c) = f'(c) - \frac{f(b) - f(a)}{g(b) - g(a)}[g'(c)] = 0$$

그러므로 다음을 얻는다.

$$\frac{f'(c)}{g'(c)} = \frac{f(b) - f(a)}{g(b) - g(a)} \qquad \blacksquare$$

코시의 평균값 정리는 평면 위의 두 점 $A = (g(a), f(a))$와 $B = (g(b), f(b))$를 연결하는 일반적인 곡선 C에 대한 기하학적 해석으로 이해할 수 있다. 일반적인 곡선 C와 접선을 다루는 방법은 9장에서 학습할 예정이다. 점 A와 점 B를 잇는 선분에 평행한 접선을 갖는 곡선 위의 점 P가 적어도 1개 이상 존재한다. 구간 (a, b)의 점 c에서의 접선의 기울기는 f'/g'으로 정리 7의 공식의 좌변과 같다. 점 A와 점 B를 잇는 선분의 기울기는 다음과 같다.

$$\frac{f(b) - f(a)}{g(b) - g(a)}$$

코시의 평균값 정리는 접선의 기울기와 선분의 기울기가 같다는 것을 의미한다. 기하학적 해석은 그림 3.37과 같다. 그림과 같이 A와 B를 잇는 선분과 접선의 기울기가 같은 점이 곡선 C 위에 2개 이상 있을 수 있다.

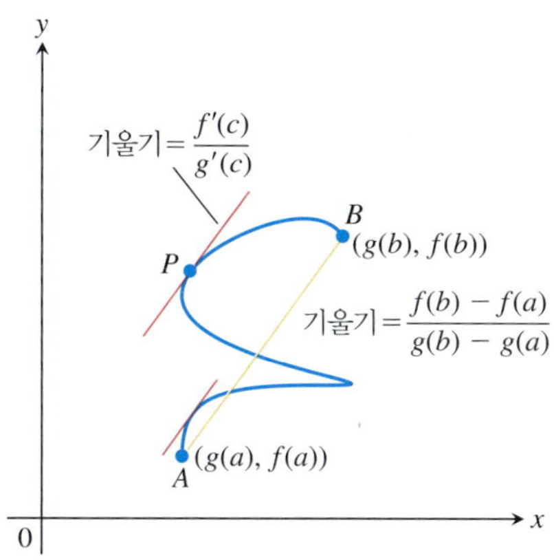

그림 3.37 점 $A(g(a), f(a))$와 $B(g(b), f(b))$를 잇는 할선과 동일한 기울기의 접선을 갖는 곡선 위의 점 P가 적어도 하나 존재한다.

로피탈 정리의 증명 $\lim_{x\to a} f(x)=\lim_{x\to a} g(x)=0$이고 f와 g가 a에서 미분가능하므로 두 함수 모두 a에서 연속이고 $f(a)=g(a)=0$이다.

우선 $x \to a^+$일 때 성립함을 보이면 동일한 방법을 $x \to a^-$에 적용할 수 있고, 두 경우를 종합하여 결론을 얻는다.

x가 구간에서 a의 오른쪽에 있는 점이라고 하자. 그러면 $g'(x) \neq 0$이고 코시의 평균값 정리를 a부터 x까지의 닫힌 구간에 적용할 수 있다. 이로부터 a와 x 사이에 c가 존재하여 다음 식을 만족한다.

$$\frac{f'(c)}{g'(c)} = \frac{f(x)-f(a)}{g(x)-g(a)}$$

한편 $f(a)=g(a)=0$이므로 다음을 얻는다.

$$\frac{f'(c)}{g'(c)} = \frac{f(x)}{g(x)}$$

x가 a에 수렴함에 따라 a와 x 사이에 존재하는 c가 a에 수렴한다. 따라서 다음과 같다.

$$\lim_{x\to a^+}\frac{f(x)}{g(x)} = \lim_{c\to a^+}\frac{f'(c)}{g'(c)} = \lim_{x\to a^+}\frac{f'(x)}{g'(x)}$$

x가 우측에서 a로 수렴하는 경우 로피탈 정리가 성립한다. x가 왼쪽에서 a로 수렴하는 경우 $(x<a)$는 닫힌 구간 $[x, a]$에 코시의 평균값 정리를 적용하여 증명한다. ■

연습문제 3.5 EXERCISE QUESTION

두 가지 방법으로 극한 구하기

연습문제 1~6에서 극한을 구하기 위해 로피탈 정리를 사용하라. 그 다음 1장에서 설명한 방법으로 극한을 구하라.

1. $\lim_{x\to -2}\frac{x+2}{x^2-4}$

2. $\lim_{x\to 0}\frac{\sin 5x}{x}$

3. $\lim_{x\to\infty}\frac{5x^2-3x}{7x^2+1}$

4. $\lim_{x\to 1}\frac{x^3-1}{4x^3-x-3}$

5. $\lim_{x\to 0}\frac{1-\cos x}{x^2}$

6. $\lim_{x\to\infty}\frac{2x^2+3x}{x^3+x+1}$

로피탈 정리의 활용

연습문제 7~52에서 로피탈 정리를 사용하여 극한을 구하라.

7. $\lim_{x\to 2}\frac{x-2}{x^2-4}$

8. $\lim_{x\to -5}\frac{x^2-25}{x+5}$

9. $\lim_{t\to -3}\frac{t^3-4t+15}{t^2-t-12}$

10. $\lim_{t\to -1}\frac{3t^3+3}{4t^3-t+3}$

11. $\lim_{x\to\infty}\frac{5x^3-2x}{7x^3+3}$

12. $\lim_{x\to\infty}\frac{x-8x^2}{12x^2+5x}$

13. $\lim_{t\to 0}\frac{\sin t^2}{t}$

14. $\lim_{t\to 0}\frac{\sin 5t}{2t}$

15. $\lim_{x\to 0}\frac{8x^2}{\cos x-1}$

16. $\lim_{x\to 0}\frac{\sin x-x}{x^3}$

17. $\lim_{\theta\to\pi/2}\frac{2\theta-\pi}{\cos(2\pi-\theta)}$

18. $\lim_{\theta\to -\pi/3}\frac{3\theta+\pi}{\sin(\theta+(\pi/3))}$

19. $\lim_{\theta\to\pi/6}\frac{\sin\theta-\frac{1}{2}}{\theta-\frac{\pi}{6}}$

20. $\lim_{\theta\to\pi/4}\frac{\tan\theta-1}{\theta-\frac{\pi}{4}}$

21. $\lim_{\theta\to\pi/2}\frac{1-\sin\theta}{1+\cos 2\theta}$

22. $\lim_{x\to 1}\frac{x-1}{\ln x-\sin\pi x}$

23. $\lim_{x\to 0}\frac{x^2}{\ln(\sec x)}$

24. $\lim_{x\to\pi/2}\frac{\ln(\csc x)}{(x-(\pi/2))^2}$

25. $\lim_{t\to 0}\frac{t(1-\cos t)}{t-\sin t}$

26. $\lim_{t\to 0}\frac{t\sin t}{1-\cos t}$

27. $\lim_{x\to(\pi/2)^-}\left(x-\frac{\pi}{2}\right)\sec x$

28. $\lim_{x\to(\pi/2)^-}\left(\frac{\pi}{2}-x\right)\tan x$

29. $\lim_{\theta\to 0}\frac{3^{\sin\theta}-1}{\theta}$

30. $\lim_{\theta\to 0}\frac{(1/2)^\theta-1}{\theta}$

31. $\lim_{x\to 0}\frac{x2^x}{2^x-1}$

32. $\lim_{x\to 0}\frac{3^x-1}{2^x-1}$

33. $\lim_{x\to\infty}\frac{\ln(x+1)}{\log_2 x}$

34. $\lim_{x\to\infty}\frac{\log_2 x}{\log_3(x+3)}$

35. $\lim_{x\to 0^+}\frac{\ln(x^2+2x)}{\ln x}$

36. $\lim_{x\to 0^+}\frac{\ln(e^x-1)}{\ln x}$

37. $\lim_{y\to 0}\frac{\sqrt{5y+25}-5}{y}$

38. $\lim_{y\to 0}\frac{\sqrt{ay+a^2}-a}{y},\quad a>0$

39. $\lim_{x\to\infty}(\ln 2x-\ln(x+1))$

40. $\lim_{x\to 0^+}(\ln x-\ln\sin x)$

41. $\lim_{x\to 0^+}\frac{(\ln x)^2}{\ln(\sin x)}$

42. $\lim_{x\to 0^+}\left(\frac{3x+1}{x}-\frac{1}{\sin x}\right)$

43. $\lim_{x\to 1^+}\left(\frac{1}{x-1}-\frac{1}{\ln x}\right)$

44. $\lim_{x\to 0^+}(\csc x-\cot x+\cos x)$

45. $\lim_{\theta\to 0}\frac{\cos\theta-1}{e^\theta-\theta-1}$

46. $\lim_{h\to 0}\frac{e^h-(1+h)}{h^2}$

47. $\lim_{t\to\infty} \frac{e^t + t^2}{e^t - t}$

48. $\lim_{x\to\infty} x^2 e^{-x}$

49. $\lim_{x\to 0} \frac{x - \sin x}{x \tan x}$

50. $\lim_{x\to 0} \frac{(e^x - 1)^2}{x \sin x}$

51. $\lim_{\theta\to 0} \frac{\theta - \sin\theta\cos\theta}{\tan\theta - \theta}$

52. $\lim_{x\to 0} \frac{\sin 3x - 3x + x^2}{\sin x \sin 2x}$

부정형 지수와 부정형 곱

연습문제 53~68에서 극한을 구하라.

53. $\lim_{x\to 1^+} x^{1/(1-x)}$

54. $\lim_{x\to 1^+} x^{1/(x-1)}$

55. $\lim_{x\to\infty} (\ln x)^{1/x}$

56. $\lim_{x\to e^+} (\ln x)^{1/(x-e)}$

57. $\lim_{x\to 0^+} x^{-1/\ln x}$

58. $\lim_{x\to\infty} x^{1/\ln x}$

59. $\lim_{x\to\infty} (1 + 2x)^{1/(2\ln x)}$

60. $\lim_{x\to 0} (e^x + x)^{1/x}$

61. $\lim_{x\to 0^+} x^x$

62. $\lim_{x\to 0^+} \left(1 + \frac{1}{x}\right)^x$

63. $\lim_{x\to\infty} \left(\frac{x+2}{x-1}\right)^x$

64. $\lim_{x\to\infty} \left(\frac{x^2+1}{x+2}\right)^{1/x}$

65. $\lim_{x\to 0^+} x^2 \ln x$

66. $\lim_{x\to 0^+} x(\ln x)^2$

67. $\lim_{x\to 0^+} x \tan\left(\frac{\pi}{2} - x\right)$

68. $\lim_{x\to 0^+} \sin x \cdot \ln x$

이론과 응용

연습문제 69~76에서 로피탈 정리가 극한을 구하는 데 도움이 되지 않는 유형으로 시도해보면 계속 순환하게 된다. 다른 방법으로 극한을 구하라.

69. $\lim_{x\to\infty} \frac{\sqrt{9x+1}}{\sqrt{x+1}}$

70. $\lim_{x\to 0^+} \frac{\sqrt{x}}{\sqrt{\sin x}}$

71. $\lim_{x\to(\pi/2)^-} \frac{\sec x}{\tan x}$

72. $\lim_{x\to 0^+} \frac{\cot x}{\csc x}$

73. $\lim_{x\to\infty} \frac{2^x - 3^x}{3^x + 4^x}$

74. $\lim_{x\to -\infty} \frac{2^x + 4^x}{5^x - 2^x}$

75. $\lim_{x\to\infty} \frac{e^{x^2}}{xe^x}$

76. $\lim_{x\to 0^+} \frac{x}{e^{-1/x}}$

77. 다음 중 어떤 것이 참이고 어떤 것이 거짓인가? 답에 대한 이유를 제시하라.

a. $\lim_{x\to 3} \frac{x-3}{x^2-3} = \lim_{x\to 3} \frac{1}{2x} = \frac{1}{6}$ **b.** $\lim_{x\to 3} \frac{x-3}{x^2-3} = \frac{0}{6} = 0$

78. 다음 중 어떤 것이 참이고 어떤 것이 거짓인가? 답에 대한 이유를 제시하라.

a. $$\lim_{x\to 0} \frac{x^2-2x}{x^2-\sin x} = \lim_{x\to 0} \frac{2x-2}{2x-\cos x} = \lim_{x\to 0} \frac{2}{2+\sin x} = \frac{2}{2+0} = 1$$

b. $$\lim_{x\to 0} \frac{x^2-2x}{x^2-\sin x} = \lim_{x\to 0} \frac{2x-2}{2x-\cos x} = \frac{-2}{0-1} = 2$$

79. 다음 계산 중 하나만 참이다. 어떤 것인가? 왜 다른 계산은 틀린 것인가? 답에 대한 이유를 제시하라.

a. $\lim_{x\to 0^+} x\ln x = 0\cdot(-\infty) = 0$

b. $\lim_{x\to 0^+} x\ln x = 0\cdot(-\infty) = -\infty$

c. $\lim_{x\to 0^+} x\ln x = \lim_{x\to 0^+} \frac{\ln x}{(1/x)} = \frac{-\infty}{\infty} = -1$

d. $$\lim_{x\to 0^+} x\ln x = \lim_{x\to 0^+} \frac{\ln x}{(1/x)} = \lim_{x\to 0^+} \frac{(1/x)}{(-1/x^2)} = \lim_{x\to 0^+} (-x) = 0$$

80. 주어진 함수와 주어진 구간에 대해 코시의 평균값 정리의 결과를 만족하는 c의 값을 구하라.

a. $f(x) = x,\quad g(x) = x^2,\quad (a, b) = (-2, 0)$

b. $f(x) = x,\quad g(x) = x^2,\quad (a, b)$ 임의의 구간

c. $f(x) = x^3/3 - 4x,\quad g(x) = x^2,\quad (a, b) = (0, 3)$

81. 연속적 확장 다음 함수가 $x=0$에서 연속이 되도록 하는 c의 값을 구하라. 구한 c의 값이 왜 적절한지 설명하라.

$$f(x) = \begin{cases} \dfrac{9x - 3\sin 3x}{5x^3}, & x \neq 0 \\ c, & x = 0 \end{cases}$$

82. 다음 식을 만족하는 a, b를 구하라.

$$\lim_{x\to 0}\left(\frac{\tan 2x}{x^3} + \frac{a}{x^2} + \frac{\sin bx}{x}\right) = 0$$

T **83.** $\infty - \infty$**꼴**

a. $f(x) = x - \sqrt{x^2 + x}$를 적당히 큰 x값의 구간에 대해 그려보는 방법으로 다음 극한을 추정하라.

$$\lim_{x\to\infty}\left(x - \sqrt{x^2+x}\right)$$

b. 로피탈 정리로 극한을 계산하고 앞의 추정이 맞는지 확인하라. 첫 단계로 $f(x)$에 분수 $(x+\sqrt{x^2+x})/(x+\sqrt{x^2+x})$를 곱한 후 분자를 간단히 정리하라.

84. 극한 $\sqrt{x^2+x} - \sqrt{x}$을 구하라.

T **85. 0/0꼴** 그래프를 그려 다음 극한을 추정하라.

$$\lim_{x\to 1} \frac{2x^2 - (3x+1)\sqrt{x} + 2}{x - 1}$$

그런 다음 로피탈 정리로 추정이 맞는지 확인하라.

86. 이 문제에서는 다음 두 극한의 차이를 조사해본다.

$$\lim_{x\to\infty}\left(1 + \frac{1}{x^2}\right)^x$$

$$\lim_{x\to\infty}\left(1 + \frac{1}{x}\right)^x = e$$

a. 로피탈 정리를 사용하여 다음을 보여라.

$$\lim_{x\to\infty}\left(1 + \frac{1}{x}\right)^x = e$$

T **b.** $x \geq 0$에 대해 다음 두 식의 그래프를 그려라.

$$f(x) = \left(1 + \frac{1}{x^2}\right)^x \text{ 와 } g(x) = \left(1 + \frac{1}{x}\right)^x$$

g와 비교한 f의 성질은 어떠한가? 극한 $\lim_{x\to\infty} f(x)$를 추정하라.

c. 로피탈 정리로 계산하여 앞의 $\lim_{x\to\infty} f(x)$의 추정이 맞는지 확인하라.

87. 다음을 보여라.

$$\lim_{k\to\infty}\left(1+\frac{r}{k}\right)^k = e^r$$

88. $x>0$에 대해 함수의 최댓값이 존재하면 구하라.

a. $x^{1/x}$

b. x^{1/x^2}

c. x^{1/x^n} (n은 양의 정수)

d. 모든 양의 정수 n에 대해 $\lim_{x\to\infty} x^{1/x^n}$을 보여라.

89. 극한을 이용하여 각 함수의 수평 점근선을 구하라.

a. $y = x\tan\left(\frac{1}{x}\right)$

b. $y = \dfrac{3x+e^{2x}}{2x+e^{3x}}$

90. 함수 $f(x) = \begin{cases} e^{-1/x^2}, & x \neq 0 \\ 0, & x = 0 \end{cases}$ 에 대해 $f'(0)$을 구하라.

T 91. 구간 $[0, \pi]$까지 $(\sin x)^x$를 연속적으로 확장하기

a. 구간 $0 \le x \le \pi$에서 $f(x)=(\sin x)^x$의 그래프를 그려라. 연속함수가 되기 위해 $x=0$에서 f를 어떤 값으로 정해야 하는가?

b. 로피탈 정리로 $\lim_{x\to 0^+} f(x)$를 구하고 문제 (a)에서 얻은 결론이 맞는지 검증하라.

c. 그래프로 돌아가서 $[0, \pi]$에서 f의 최댓값을 추정하라. max f는 대략 어디에서 생기는가?

d. f'을 겹쳐 그려서 x축과의 교점을 찾고 문제 (c)에서 추정한 결과를 더 정확히 구하라. 계산을 간단히 하기 위해 f'의 지수 부분을 삭제하고 0이 되는 점을 구하는 데 필요한 요소만 그려볼 수도 있다.

T 92. $(\sin x)^{\tan x}$ 함수(연습문제 91에서 계속)

a. 구간 $-7 \le x \le 7$에서 $f(x)=(\sin x)^{\tan x}$의 그래프를 그려라. 그래프의 공백 부분을 어떻게 설명할 수 있는가? 공백의 넓이는 어느 정도인가?

b. 이제 구간 $0 \le x \le \pi$에서 f의 그래프를 그려라. $x=\pi/2$에서는 함수가 정의되지 않지만, 그래프가 끊어져 보이지 않는다. 이유는 무엇인가? 그래프를 보면 $x=\pi/2$에서 f는 어떤 값을 가지는가? [힌트: $x\to(\pi/2)^-$와 $x\to(\pi/2)^+$일 때, lim f를 계산하기 위해 로피탈 정리를 사용하라.]

c. 문제 (b)의 그래프를 계속 사용하여 max f와 min f를 가능한 정확히 구하고, 어떤 x값에서 생기는지 추정하라.

3.6 최적화 응용

둘레의 길이가 일정한 직사각형이 최대의 넓이를 가질 때는 언제인가? 부피가 주어진 원통형 캔을 가장 저렴하게 양산하려면 어떤 모양으로 정해야 하는가? 가장 수익성을 높이려면 몇 종의 제품을 생산해야 하는가? 이러한 질문은 주어진 함수의 최대 또는 최적의 값을 묻는다. 이 절에서는 수학, 물리, 경제, 경영 분야의 다양한 최적화 문제를 해결하기 위해 미분을 사용한다.

최적화 응용 문제의 해법

1. **문제를 정독한다.** 문제를 완전히 이해할 때까지 읽는다. 주어진 조건은 무엇인가? 최적화(최대 또는 최소로) 해야 하는 미지수는 무엇인가?
2. **변수를 설정한다.** 문제와 관련된 모든 관계를 수식으로 목록화한다. 대부분의 문제에서 그림을 그려보는 것이 바람직하다.
3. **미지수에 대한 방정식을 세운다.** 최적화할 대상을 1변수 함수로 표현한다.
4. **이전 단계에서 찾은 함수의 정의역에서 임계점과 끝점을 조사한다.** 함수의 그래프 개형에 대해 알고 있는 정보를 사용한다. 1계 도함수와 2계 도함수를 이용하여 함수의 임계점을 찾고 성질을 분류한다.

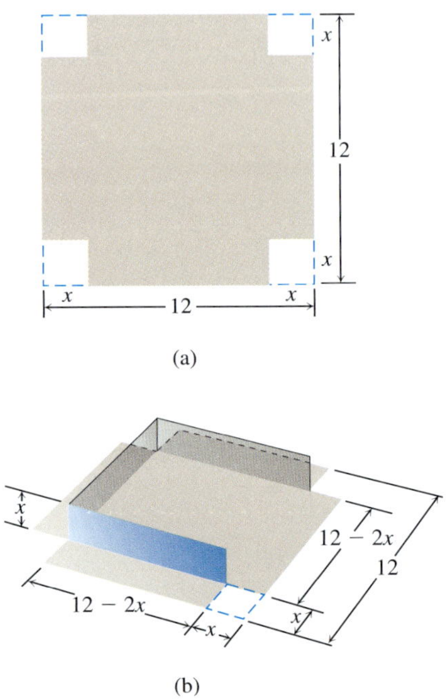

그림 3.38 정사각형 주석판의 모서리를 잘라내어 만든 열린 상자. 상자의 부피를 최대로 할 때 잘라내는 부분의 크기는 얼마인가(예제 1)?

예제 1 12×12 cm 크기의 주석판의 구석을 동일한 정사각형 모양으로 잘라내고 측면을 위로 접어 열린 상자를 만들고자 한다. 상자의 용량을 최대로 하려면 구석을 얼마나 잘라야 하는가?

풀이 그림 3.38을 그리는 것으로 시작하자. 그림에서 각 변의 끝에 있는 정사각형은 한 변의 길이가 x cm이다. 상자의 부피를 x의 함수로 쓰면 다음과 같다.

$$V(x) = x(12-2x)^2 = 144x - 48x^2 + 4x^3 \qquad V = hlw$$

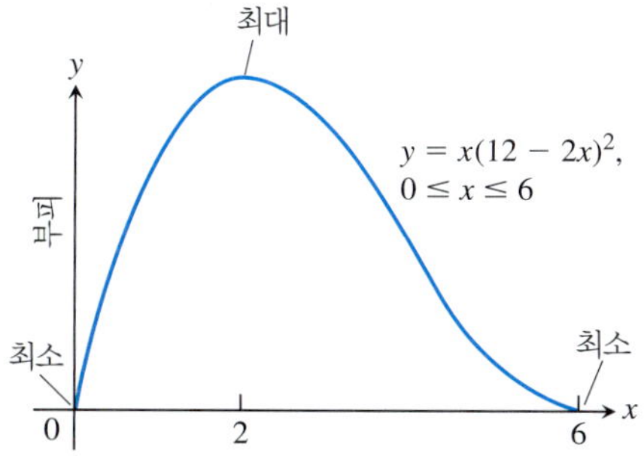

그림 3.39 그림 3.38에서 만든 상자의 부피를 x의 함수로 그린 그래프.

주석판 한 변의 길이가 12 cm이므로 $x \le 6$이고 V의 정의역은 구간 $0 \le x \le 6$이다.

V의 그래프를 보면(그림 3.39) $x=0$과 $x=6$에서 최솟값 0을 갖고, $x=2$ 근처에서 최댓값을 갖는다. 좀 더 자세히 x에 대한 V의 1계 도함수를 구하면 다음과 같다.

$$\frac{dV}{dx} = 144 - 96x + 12x^2 = 12(12 - 8x + x^2) = 12(2-x)(6-x)$$

두 근 $x=2$와 $x=6$ 중 $x=2$만 정의역의 내점이며 임계점이다. V의 값을 하나의 임계점과 두 끝점에서 구하면 다음과 같다.

$$\text{임계점의 함숫값:}\quad V(2) = 128$$
$$\text{끝점의 함숫값:}\quad V(0) = 0, \quad V(6) = 0$$

각 변의 끝을 한 변이 2 cm인 정사각형으로 잘라낼 때 최대 부피 128 cm^{3}를 얻는다. ■

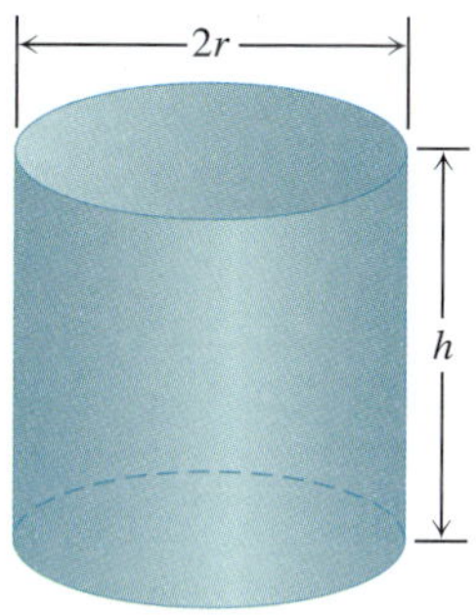

그림 3.40 예제 2에서 1리터 캔을 만들 때, $h=2r$이면 최소한의 재료로 만들 수 있다.

예제 2 직원기둥 모양의 1리터 캔을 만들어야 한다고 하자(그림 3.40). 재료를 가장 적게 사용할 때는 어떤 모양인가?

풀이 캔의 부피: r과 h를 센티미터로 나타내면, 부피는 세제곱 센티미터로 쓸 수 있다.

$$\pi r^2 h = 1000 \qquad \text{1리터} = 1000\ \text{cm}^3$$

$$\text{캔의 겉넓이:}\quad A = \underbrace{2\pi r^2}_{\text{두 원판}} + \underbrace{2\pi rh}_{\text{옆면}}$$

'최소한의 재료'라는 문구를 어떻게 해석해야 하겠는가? 우선 근사적으로 재료의 두께와 제조 과정에서 낭비되는 부분은 무시한다. 다음으로 제한 조건 $\pi r^2 h = 1000$ cm^{3}를 만족하면서 겉넓이를 최소로 하는 r과 h의 크기를 찾고자 한다.

겉넓이를 1변수 함수로 표현하기 위해 $\pi r^2 h = 1000$을 하나의 변수에 대해 풀고 겉넓이 식에 넣으면 된다. h에 대해 푸는 것이 더 쉽다.

$$h = \frac{1000}{\pi r^2}$$

따라서 다음과 같다.

$$\begin{aligned} A &= 2\pi r^2 + 2\pi rh \\ &= 2\pi r^2 + 2\pi r\left(\frac{1000}{\pi r^2}\right) \\ &= 2\pi r^2 + \frac{2000}{r} \end{aligned}$$

여기서 A를 최소로 하는 $r > 0$을 찾는 것이 목표이다.

$r > 0$에서 A가 미분가능하고 구간은 끝점이 포함되지 않기 때문에 1계 도함수가 0인 곳에서 최솟값을 갖는다.

$$\begin{aligned} \frac{dA}{dr} &= 4\pi r - \frac{2000}{r^2} \\ 0 &= 4\pi r - \frac{2000}{r^2} && dA/dr = 0\text{이라 하면} \\ 4\pi r^3 &= 2000 && r^2\text{을 곱하면} \\ r &= \sqrt[3]{\frac{500}{\pi}} \approx 5.42 && r\text{에 대해 풀면} \end{aligned}$$

$r = \sqrt[3]{500/\pi}$인 점은 어떤 성질을 가지는가?

다음과 같은 2계 도함수는 A의 정의역 전체에서 양수이다.

$$\frac{d^2A}{dr^2} = 4\pi + \frac{4000}{r^3}$$

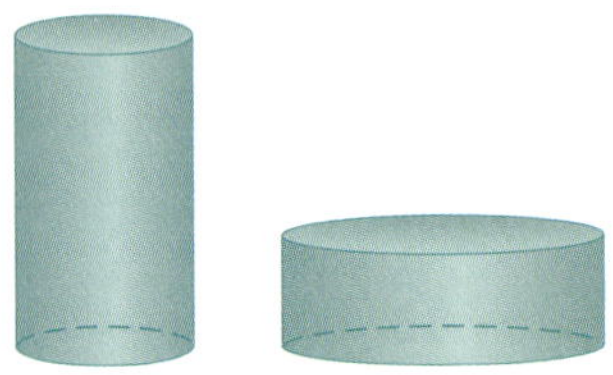

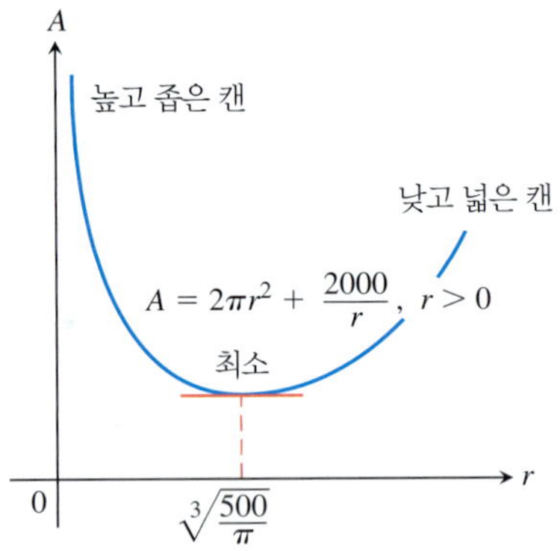

그림 3.41 $A=2\pi r^2+2000/r$의 그래프는 위로 오목이다.

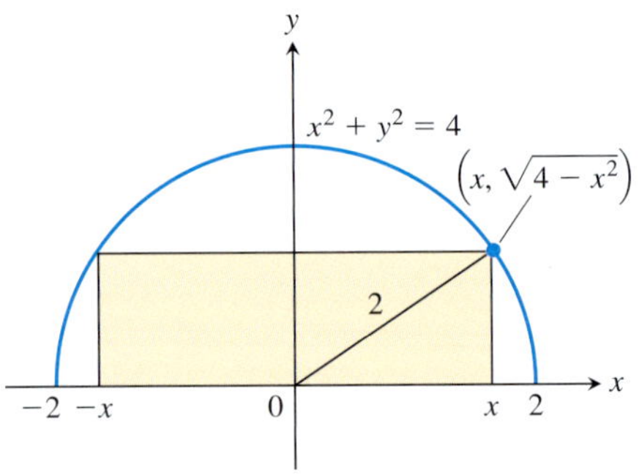

그림 3.42 예제 3의 반원에 내접하는 직사각형.

따라서 그래프는 모든 점에서 위로 오목이고 $r=\sqrt[3]{500/\pi}$에서 A는 최솟값을 갖는다. 그림 3.41을 참고하라.

간단한 계산으로 대응되는 h를 구해보면 다음과 같다.

$$h = \frac{1000}{\pi r^2} = 2\sqrt[3]{\frac{500}{\pi}} = 2r$$

최소한의 재료를 사용하여 1리터 캔을 만들 때, 높이는 반지름의 두 배가 되며 $r \approx 5.42$ cm, $h \approx 10.84$ cm이다. ■

수학 및 물리학의 예제

예제 3 반지름이 2인 반원에 내접하는 직사각형의 최대 넓이는 얼마이며, 그때 직사각형은 어떤 모양인가?

풀이 원과 직사각형을 좌표평면에 나타낼 때(그림 3.42), 직사각형의 오른쪽 위 꼭짓점의 좌표를 $(x, \sqrt{4-x^2})$이라 하자. 직사각형에서 밑변의 길이, 높이, 넓이를 오른쪽 아래 꼭짓점의 위치 x로 표현하면, 다음과 같다.

$$\text{길이: } 2x, \qquad \text{높이: } \sqrt{4-x^2}, \qquad \text{넓이: } 2x\sqrt{4-x^2}$$

꼭짓점의 위치를 고려하면, 구하는 x값의 범위는 $0 \le x \le 2$이다.

구간 $[0, 2]$에 정의된 다음 함수의 최댓값을 찾는 것이 목표이다.

$$A(x) = 2x\sqrt{4-x^2}$$

다음 식의 미분은 $x=2$에서 정의되지 않으며,

$$\frac{dA}{dx} = \frac{-2x^2}{\sqrt{4-x^2}} + 2\sqrt{4-x^2}$$

0이 될 조건은 다음과 같다.

$$\begin{aligned} \frac{-2x^2}{\sqrt{4-x^2}} + 2\sqrt{4-x^2} &= 0 \\ -2x^2 + 2(4-x^2) &= 0 \\ 8 - 4x^2 &= 0 \\ x^2 &= 2 \\ x &= \pm\sqrt{2} \end{aligned}$$

2개의 근 $x=\sqrt{2}$와 $x=-\sqrt{2}$ 중에 $x=\sqrt{2}$만 A의 정의역 내부에 속하며 임계점이다. 끝점과 임계점에서 A의 값을 구하면 다음과 같다.

$$\begin{aligned} &\text{임계점의 함숫값: } A(\sqrt{2}) = 2\sqrt{2}\sqrt{4-2} = 4 \\ &\text{끝점의 함숫값: } A(0) = 0, \quad A(2) = 0 \end{aligned}$$

높이가 $\sqrt{4-x^2}=\sqrt{2}$이고 밑변의 길이가 $2x=2\sqrt{2}$일 때, 최대 넓이 4를 갖는다. ■

예제 4 빛의 속도는 통과하는 매질에 따라 다르며 일반적으로 밀도가 높을수록 느리다.

빛이 한 지점에서 다른 지점으로 지나갈 때 이동시간이 최소가 되는 경로를 따르는 것을 **페르마의 광학 원리**(Fermat's principle in optics)라 한다. 빛의 속도가 c_1인 매질의 점 A에서 빛의 속도가 c_2인 매질의 점 B까지 지나가는 광선의 경로를 묘사하라.

풀이 빛은 A에서 B까지 가장 빠른 경로를 따라가기 때문에 걸리는 시간을 최소로 하는 경로를 찾으면 된다. A와 B가 xy평면 위의 점이고, x축을 기준으로 매질이 달라진다고 하자(그림

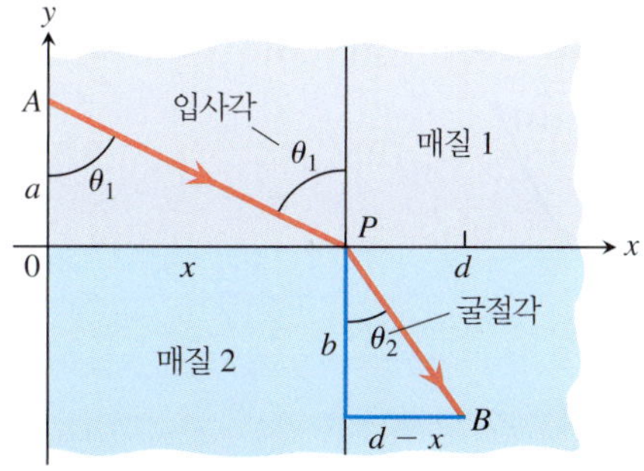

그림 3.43 광선이 한 매질에서 밀도가 더 높은 매질로 진행할 때 경로에서 벗어나 굴절된다(예제 4).

3.43). A를 좌표 $(0, a)$에, B를 좌표 $(d, -b)$에 놓자.

하나의 매질에서 빛의 속도는 일정하므로 '가장 짧은 시간'은 '가장 짧은 거리'를 뜻하며, 빛은 직선 경로를 따른다. 따라서 A에서 B까지의 경로는 A에서 경계 위의 점 P까지의 선분과 P에서 B까지의 선분으로 구성된다. 이동거리는 속도 곱하기 시간이므로 다음과 같다.

$$\text{시간} = \frac{\text{거리}}{\text{속도}}$$

그림 3.43에서 A부터 P까지 가는 데 걸리는 시간은 다음과 같다.

$$t_1 = \frac{AP}{c_1} = \frac{\sqrt{a^2 + x^2}}{c_1}$$

P에서 B까지의 시간은 다음과 같으며,

$$t_2 = \frac{PB}{c_2} = \frac{\sqrt{b^2 + (d-x)^2}}{c_2}$$

이를 더하면 A부터 B까지 걸린 시간을 얻는다.

$$t = t_1 + t_2 = \frac{\sqrt{a^2 + x^2}}{c_1} + \frac{\sqrt{b^2 + (d-x)^2}}{c_2}$$

이 방정식은 t를 정의역을 $[0, d]$로 갖는 변수 x에 대한 식으로 표현한 것이다. 이 닫힌 구간에서 t의 최솟값을 찾고자 한다. 미분을 하면 다음과 같고 연속함수임을 알 수 있다.

$$\frac{dt}{dx} = \frac{x}{c_1\sqrt{a^2 + x^2}} - \frac{d-x}{c_2\sqrt{b^2 + (d-x)^2}}$$

그림 3.43의 각 θ_1과 θ_2로 나타내면 다음과 같다.

$$\frac{dt}{dx} = \frac{\sin\theta_1}{c_1} - \frac{\sin\theta_2}{c_2}$$

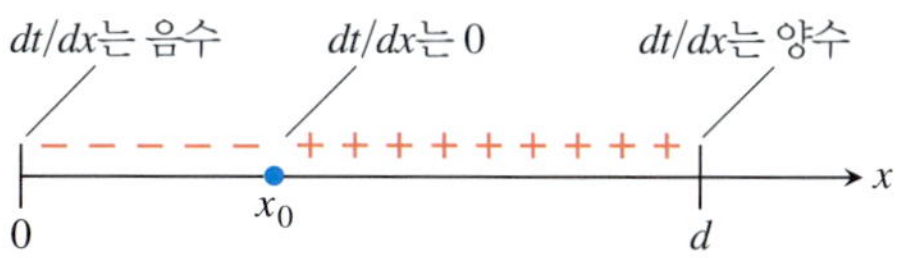

그림 3.44 예제 4에서 dt/dx의 부호 변화 패턴.

함수 t의 도함수는 $x=0$에서 음수이고, $x=d$에서 양수이다. dt/dx는 구간 $[0, d]$에서 연속이므로 연속함수에 대한 중간값 정리(1.6절 참조)에 의해 $dt/dx=0$인 점 $x_0 \in [0, d]$가 존재한다(그림 3.44). dt/dx는 x에 대한 증가함수이므로 이 점은 유일하다(연습문제 70 참조). 이 점에서는 다음 관계식이 성립한다.

$$\frac{\sin\theta_1}{c_1} = \frac{\sin\theta_2}{c_2}$$

이 식은 **스넬의 법칙**(Snell's Law) 또는 **반사의 법칙**(Law of Refraction)이라 불린다. 광학 이론의 중요한 원칙이며 빛줄기가 따르는 경로를 묘사한다. ■

역사적 인물

빌레브로드 스넬 반 로옌(Willebrord Snell van Royen, 1580~1626)

스넬은 네덜란드 라이덴에서 태어났다. 스넬은 다른 매질을 통과할 때 빛의 굴절을 측정하는 것과 관련하여 중요한 결과를 얻었다. 그는 결과를 전혀 발표하지 않았으나 스넬이 세상을 뜬지 10년 후, 데카르트가 오늘날 스넬의 법칙이라 불리는 결과를 출판했다.

경제학의 예제

다음과 같이 가정하자.

$r(x)=$ 제품 x를 판매하여 얻은 수입
$c(x)=$ 제품 x의 생산 비용
$p(x)=r(x)-c(x)=$ 제품 x를 생산하고 판매하여 얻은 이익

대부분의 응용에서 x는 정수이지만, 0이 아닌 실수에 대해 정의된 미분가능한 함수로 가정하여 성질을 살펴볼 수 있다. 경제학에서는 수입, 비용, 이익의 도함수 $r'(x)$, $c'(x)$, $p'(x)$에 대해 **한계 수입**(marginal revenue), **한계 비용**(marginal cost), **한계 이익**(marginal profit)이라는 용어를 사용한다. 이익 p와 이 도함수들의 관계를 생각해보자.

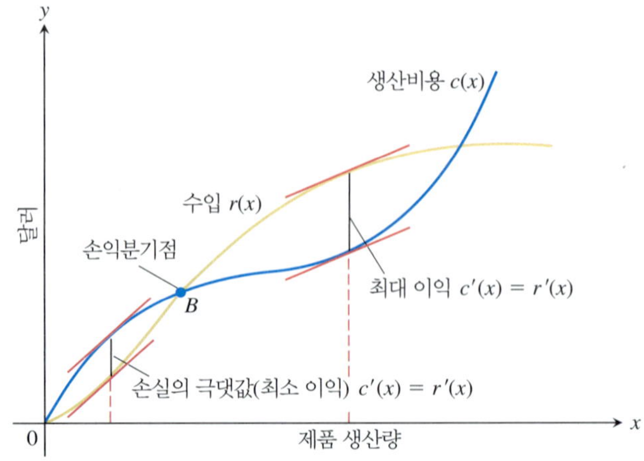

그림 3.45 전형적인 비용함수 그래프는 아래로 오목하게 시작하여 나중에 위로 오목하게 변한다. 비용 그래프는 수입 곡선과 손익분기점 B에서 교차한다. B의 왼쪽에서 제조사는 손해를 보며 운영한다. 오른쪽에서는 이익을 내게 되며 $c'(x)=r'(x)$인 점에서 최대 이익을 달성한다. 더 오른쪽으로 가면 비용이 수입을 초과하게 되며(아마도 임금과 재료비의 상승, 시장 포화 등의 요인에 의해), 생산 수준은 다시 이익을 내지 못하게 된다.

생산가능한 범위를 나타내는 구간에서 $r(x)$와 $c(x)$가 x에 대해 미분가능하고 $p(x)=r(x)-c(x)$가 최댓값을 갖는다면, $p(x)$의 임계점 또는 구간의 끝점에서 최대이다. 임계점에서 최대라면 $p'(x)=r'(x)-c'(x)=0$이고 $r'(x)=c'(x)$임을 알 수 있다. 마지막 식은 경제학에서 다음을 의미한다.

> 최대 이익을 달성하는 생산 수준에서 한계 수입은 한계 비용과 일치한다(그림 3.45).

예제 5 $r(x)=9x$와 $c(x)=x^3-6x^2+15x$가 각각 백만 달러 단위의 수입과 비용이고, x는 백만 대 단위의 MP3 플레이어 생산량이라고 하자. 이익을 최대로 하는 생산 수준이 존재하는가? 그렇다면 그때의 생산량은 얼마인가?

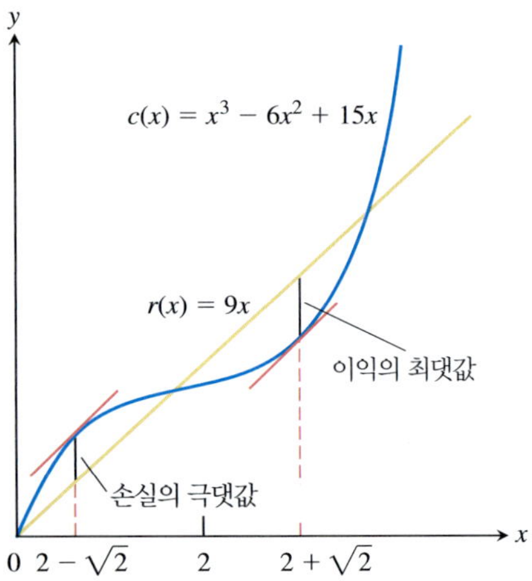

그림 3.46 예제 5에 대한 비용과 수익 곡선.

풀이 $r'(x)=9$이고 $c'(x)=3x^2-12x+15$이므로 다음과 같다.

$$3x^2-12x+15=9 \qquad c'(x)=r'(x)\text{라 하면}$$
$$3x^2-12x+6=0$$

2차 방정식의 두 해를 구하면 다음을 얻는다.

$$x_1=\frac{12-\sqrt{72}}{6}=2-\sqrt{2}\approx 0.586,$$
$$x_2=\frac{12+\sqrt{72}}{6}=2+\sqrt{2}\approx 3.414$$

최대 수익을 내는 생산량으로 가능한 값은 백만 대 단위로 $x\approx 0.586$ 또는 $x\approx 3.414$이다. $p(x)=r(x)-c(x)$의 2계 도함수를 계산하면, 모든 점에서 $r''(x)$는 0이므로 $p''(x)=-c''(x)$이다. 따라서 $p''(x)=6(2-x)$는 $x=2+\sqrt{2}$에서 음수이고, $x=2-\sqrt{2}$에서 양수이다. 2계 도함수 판정법에 따르면, 최대 이익은 수입이 비용을 넘는 $x=3.414$에서 최대 손실은 $x=0.586$에서 생긴다. $r(x)$와 $c(x)$의 그래프는 그림 3.46과 같다. ■

예제 6 가구회사가 체리나무를 사용하여 매일 5개의 책상을 제작한다. 목재의 한 컨테이너의 배송비는 5000달러이고, 책상 하나를 만드는 데 필요한 재료를 기본 단위로 할 때 1개 단위

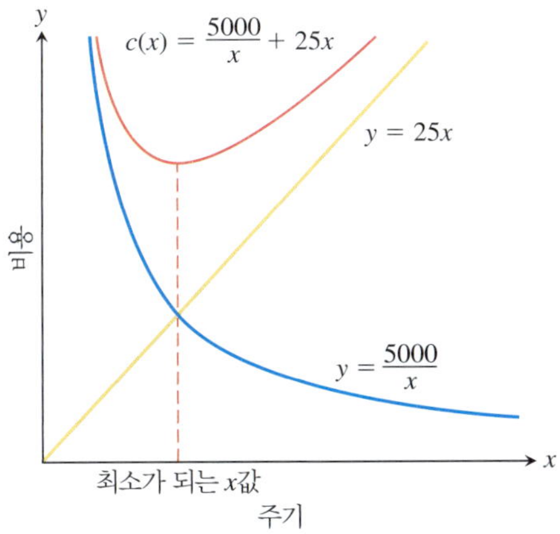

그림 3.47 일평균 비용 $c(x)$는 쌍곡선과 1차 함수의 합으로 표시된다(예제 6).

를 창고에 보관하는 비용은 하루 10달러이다. 배송과 생산주기에서 하루 평균 비용을 최소화하기 위해 한 번에 얼마나 많은 자재를 주문해야 하고, 얼마나 자주 배송받아야 하는가?

풀이 x일마다 한 번씩 배송을 요청한다면, 충분한 자재를 확보하기 위해 배송주기마다 $5x$단위를 주문해야 한다. 창고에 평균적으로 저장되어 있는 자재의 양은 대략 배송받은 양의 절반인 $5x/2$ 정도가 된다. 따라서 각 주기마다 배송과 보관에 필요한 비용은 대략 다음과 같다.

$$\text{주기당 소요 비용} = \text{배송비} + \text{보관비}$$

$$\text{주기당 소요 비용} = \underbrace{5000}_{\text{배송비}} + \underbrace{\left(\frac{5x}{2}\right)}_{\text{평균 보관량}} \cdot \underbrace{x}_{\text{보관일}} \cdot \underbrace{10}_{\text{일일 보관비}}$$

주기당 소요 비용을 배송주기 x로 나눈 일평균 비용 $c(x)$를 계산하면(그림 3.47), 다음과 같다.

$$c(x) = \frac{5000}{x} + 25x, \qquad x > 0$$

$x \to 0$ 또는 $x \to \infty$일 때, 일평균 비용은 커진다. 따라서 최솟값이 존재할 것으로 생각되는 데는 어디인가? 최소 비용이 드는 배송주기 x를 결정하는 것이 목표이다.

미분이 0이 되는 임계점을 찾으면 다음과 같다.

$$c'(x) = -\frac{500}{x^2} + 25 = 0$$
$$x = \pm\sqrt{200} \approx \pm 14.14$$

물론 2개의 임계점 중 $\sqrt{200}$만 $c(x)$의 정의역에 속한다. 임계점에서의 일평균 비용은 다음을 얻는다.

$$c\left(\sqrt{200}\right) = \frac{5000}{\sqrt{200}} + 25\sqrt{200} = 500\sqrt{2} \approx 707.11\text{달러}$$

$c(x)$는 열린 구간 $(0, \infty)$에서 정의되고 $c''(x) = 10000/x^3 > 0$이므로 최댓값은 $x = \sqrt{200} \approx 14.14$일에서 생긴다.

가구회사는 14일마다 $5(14) = 70$단위의 자재를 배송받도록 일정을 잡아야 한다. ■

연습문제 3.6 EXERCISE QUESTION

수학 분야 응용

1변수 함수를 최대화 또는 최소화하고자 할 때, 해결하려는 문제에 적합한 정의역에서 그래프를 그려볼 것을 권장한다. 계산하기 전에 그래프로부터 직관적인 통찰력을 얻을 수 있고 답을 이해하는 데 필요한 시각적 맥락을 제공받을 수 있다.

1. **둘레의 최소화** 넓이가 16 cm^2인 직사각형의 둘레의 최솟값은 얼마인가? 이때 각 변의 길이는 얼마인가?
2. 둘레가 8 m인 직사각형 중 가장 큰 넓이를 갖는 것은 정사각형임을 보여라.
3. 주어진 그림은 빗변의 길이가 2인 직각삼각형에 내접하는 직사각형이다.
   a. 점 P의 y좌표를 x에 관한 식으로 표현하라. [힌트: 직선 AB의 방정식을 써보자.]
   b. 직사각형의 넓이를 x에 관한 식으로 표현하라.
   c. 직사각형의 최대 넓이는 얼마인가? 이때 각 변의 길이는 얼마인가?

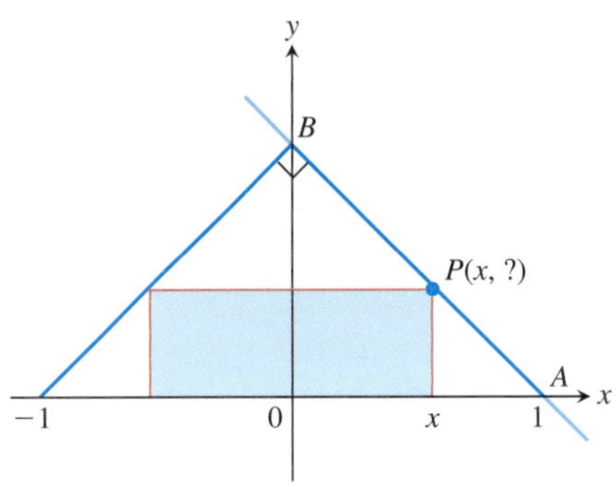

4. 직사각형의 밑변은 x축에 놓여 있고 위쪽 두 꼭짓점은 포물선 $y = 12 - x^2$ 위에 있다. 직사각형의 최대 넓이는 얼마인가? 이때 각 변의 길이는 얼마인가?
5. 24×45 cm 판지의 모서리에서 합동인 정사각형을 잘라내고 측면을 접어 열린 직사각형 상자를 만들고자 한다. 이 방법으로 만들 수 있는 상자의 최대 부피는 얼마인가? 이때 각 변의 길이는 얼마

인가?

6. 길이 20의 선분으로 $(a, 0)$부터 $(0, b)$까지 연결하여 제1사분면의 모서리를 막으려 한다. 선분으로 둘러싸인 삼각형 영역의 넓이는 $a=b$일 때 최대가 됨을 보여라.

7. 최적의 울타리 만들기 한 변이 강에 접한 직사각형 모양의 농장의 나머지 세 변에 한 줄로 전기 울타리를 만들고자 한다. 800 m의 전선을 사용할 수 있다면 만들 수 있는 가장 큰 넓이는 얼마인가? 이때 각 변의 길이는 얼마인가?

8. 최소 길이 울타리 넓이 216 m^2의 직사각형 콩밭을 울타리로 둘러싸고 한 변과 평행하게 하나의 울타리를 추가하여 2개의 동일한 부분으로 나누고자 한다. 울타리 전체의 길이를 최소로 할 때, 바깥쪽 직사각형의 각 변의 길이는? 얼마나 긴 울타리가 필요한가?

9. 저장소 설계 철공소는 제지공장에서 사용할 4 m^3 용량, 정사각형 밑면의 뚜껑없는 사각 저장소를 제작하는 계약을 체결했다. 저장소는 얇은 스테인리스 철판의 가장자리를 따라 용접하여 만든다. 제조 기술자에게 주어진 작업은 저장소의 무게를 가능한 최소화하는 밑면과 높이의 치수를 찾는 것이다.

a. 제조에 사용할 철판의 규격은 얼마인가?

b. 무게를 고려하는 방법을 간략히 설명하라.

10. 빗물 모으기 흐르는 빗물을 모으기 위해 한 변이 x m인 정사각형을 밑면으로 하고 깊이 y m인 20 m^3의 개방형 사각 탱크를 상단이 지면과 같은 높이가 되도록 만들고자 한다. 소요 비용은 탱크를 만들기 위해 필요한 재료비 뿐만 아니라 xy에 비례하는 굴착 비용이 포함된다.

a. 총 비용이 다음과 같다.

$$c = 5(x^2 + 4xy) + 10xy$$

이를 최소화하는 x와 y값은 얼마인가?

b. 문제 (a)의 비용함수에 대해 가능한 제작 시나리오를 제시하라.

11. 포스터 디자인 312.5 cm^2의 그림을 담을 포스터를 만드는 데 위와 아래는 10 cm, 옆은 5 cm의 여백을 넣는다고 하자. 종이의 사용을 최소화하는 규격은 얼마인가?

12. 반지름 3의 구에 내접하는 직원뿔의 최대 부피를 구하라.

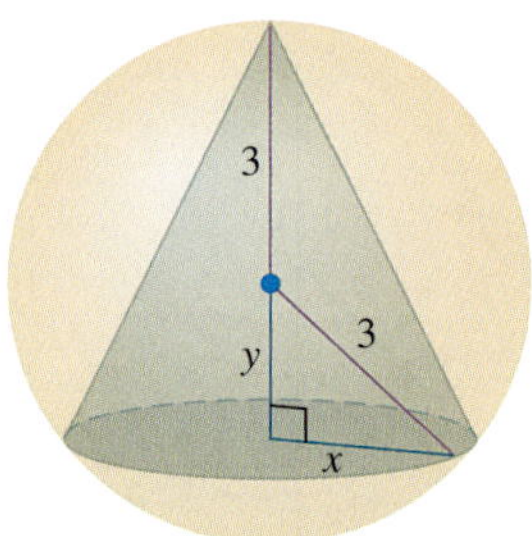

13. 두 변의 길이가 a와 b이고 사잇각의 크기가 θ인 삼각형의 넓이를 최대로 하는 θ는 얼마인가? [힌트: $A=(1/2)ab\sin\theta$]

14. 캔 설계 가장 가볍게 만들 수 있는 용량 1000 cm^3의 개방형 직원기둥 캔의 규격은? 이 결과를 예제 2와 비교하라.

15. 캔 설계 용량 1000 cm^3의 직원기둥 캔을 생산하는 데 버려지는 부분을 고려하여 설계하고자 한다. 옆면용 알루미늄을 자를 때는 낭비가 없지만, 반지름 r의 위와 아래 원판을 만들기 위해 한 변이 $2r$인 정사각형에서 오려내야 한다. 따라서 캔을 만들기 위해 소요되는 알루미늄의 총량은 예제 2와 같은 $A=2\pi r^2+2\pi rh$가 아니라 $A=8r^2+2\pi rh$이다. 예제 2에서는 가장 경제적으로 캔을 생산할 때, h와 r의 비율이 2대 1이었다. 이 문제에서 가장 경제적인 캔의 비율은 얼마인가?

T 16. 덮개 있는 상자 판지 조각의 크기가 30 × 45 cm이다. 주어진 그림과 같이 2개의 동일한 정사각형을 길이 30 cm인 변의 양끝에서 제거한다. 탭을 접어 덮개가 있는 직사각형 상자를 만들기 위해 2개의 동일한 직사각형을 반대쪽 끝에서 제거한다.

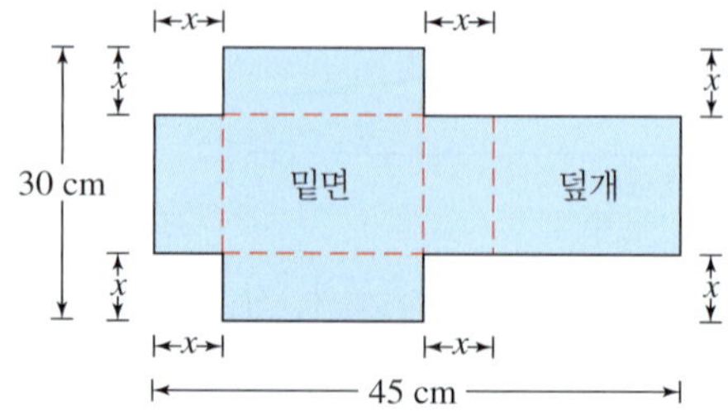

a. 상자의 부피를 구하는 공식 $V(x)$를 써라.

b. 문제의 상황에 적합한 V의 정의역을 구하고, 이 정의역에서 V의 그래프를 그려라.

c. 그림을 이용하여 최대 부피와 그때의 x을 값을 찾아라.

d. 문제 (c)에서 얻은 결과를 계산으로 확인하라.

T 17. 크기 60 × 90 cm의 판지를 반으로 접어 주어진 그림과 같이 60 × 45 cm의 직사각형을 만든다. 그 다음 한 변의 길이가 x인 4개의 합동 정사각형을 접힌 직사각형의 구석에서 잘라낸다. 판지를 펼쳐 생기는 6개의 탭을 접어 올려 옆면과 덮개를 가진 상자를 만든다.

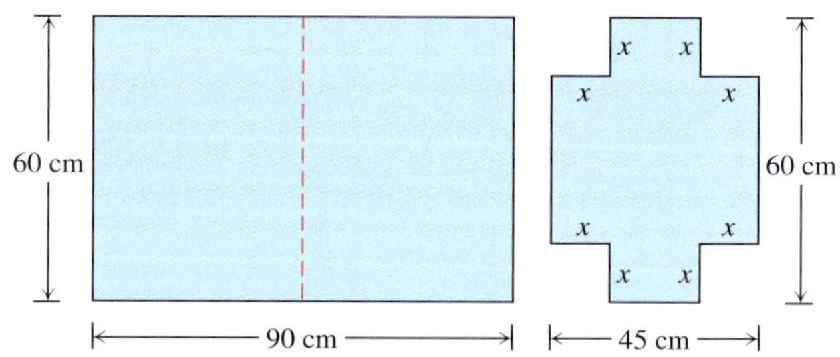

이제 종이를 편다.

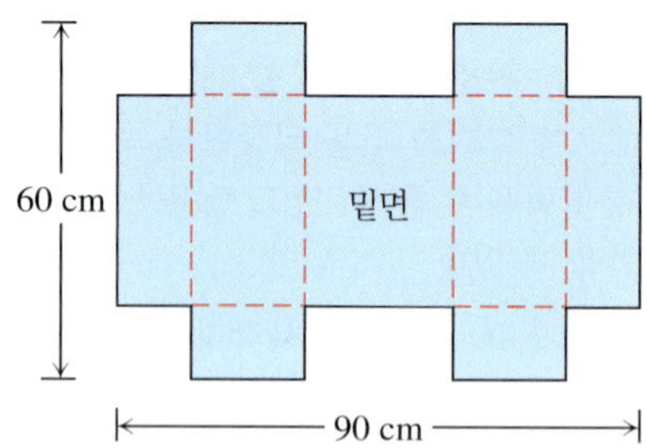

a. 상자의 부피를 구하는 공식 $V(x)$를 써라.

b. 문제의 상황에 적합한 V의 정의역을 구하고, 이 정의역에서 V의 그래프를 그려라.

c. 그림을 이용하여 최대 부피와 그때의 x값을 찾아라.

d. 문제 (c)에서 얻은 결과를 계산으로 확인하라.

e. 부피가 17,500 cm^3일 때 x값을 구하라.

f. 문제 (b)에서 발생하는 문제점을 설명하는 단락을 써라.

T 18. $x=-\pi$부터 $x=\pi$까지를 연결하는 곡선 $y=4\cos(0.5x)$이 만드는 아

치의 아래에 접하는 직사각형이 있다. 가장 큰 넓이를 갖는 직사각형의 각 변의 길이와 그때의 넓이 얼마인가?

19. 반지름 10 cm의 구에 내접하는 직원기둥이 최대 부피를 가질 때의 규격은? 최대 부피는 얼마인가?

20. **a.** 어떤 우체국에서 국내용 배송에서 상자의 길이와 둘레(한바퀴 감는)의 합이 276 cm를 넘지 않는 경우만 허용한다. 정사각형 단면의 상자로 허용 가능한 최대 부피를 만들 때 규격은?

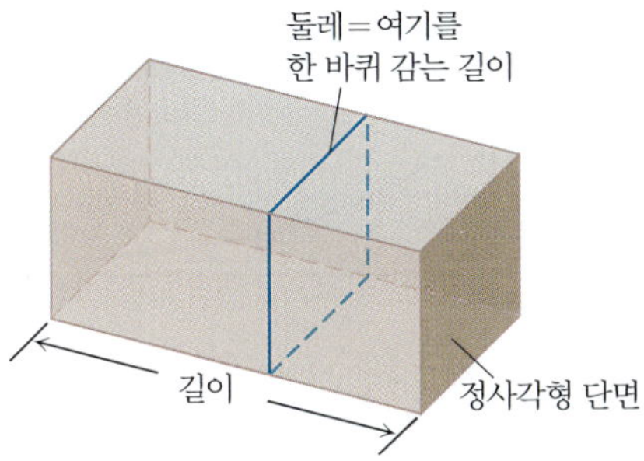

T **b.** 276 cm 상자(길이와 둘레의 합이 276 cm)의 부피를 길이에 대한 함수로 나타내어 그래프를 그리고, 문제 (a)에서 답한 결과와 비교하라.

21. (연습문제 20에서 계속)

a. 이번에는 정사각형 옆면을 가진 상자를 생각하자. 옆면이 정사각형인 상자의 가로, 세로, 폭이 각각 h, h, w이고 둘레가 $2h+2w$이다. 이제 최대 부피를 가지는 상자의 규격과 부피는?

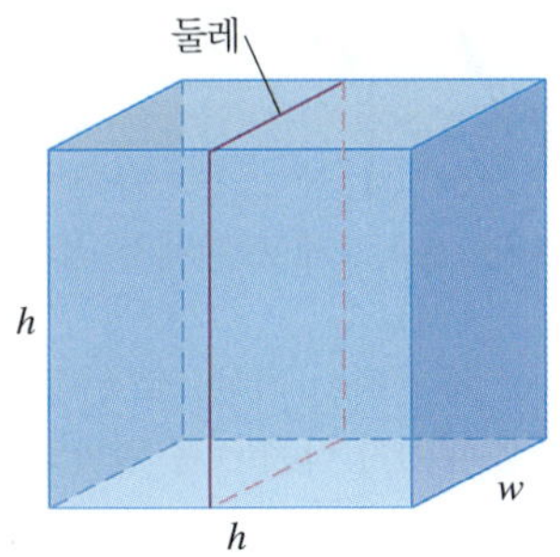

T **b.** 부피를 h에 대한 함수로 나타내어 그래프를 그리고, 문제 (a)에서 답한 결과와 비교하라.

22. 직사각형 위에 반원을 얹은 모양의 창문이 있다. 직사각형은 투명한 유리로 되어 있는 반면 반원은 빛이 투명한 유리의 절반만 투과되는 색유리로 되어 있다. 전체 둘레의 길이는 고정되어 있다. 빛을 최대한 많이 들어오도록 하는 창문을 만들 때 비율을 찾아라. 여기서 틀의 두께는 무시한다.

23. 원통형에 반구를 얹은 모양의 곡식 창고를 만들고자 한다(바닥은 만들지 않는다). 단위제곱당 건설비용은 원통형 옆면의 경우보다 반구형 면이 두 배로 소요된다. 부피가 일정할 때 건설비용을 최소화할 수 있도록 규격을 정하라. 창고의 두께와 건설과정의 재료 낭비는 무시한다.

24. 주어진 그림에 표시된 규격으로 홈통을 만들고자 한다. 각도 θ만 가변적이다. 어떤 θ값일 때 홈통의 부피가 최대인가?

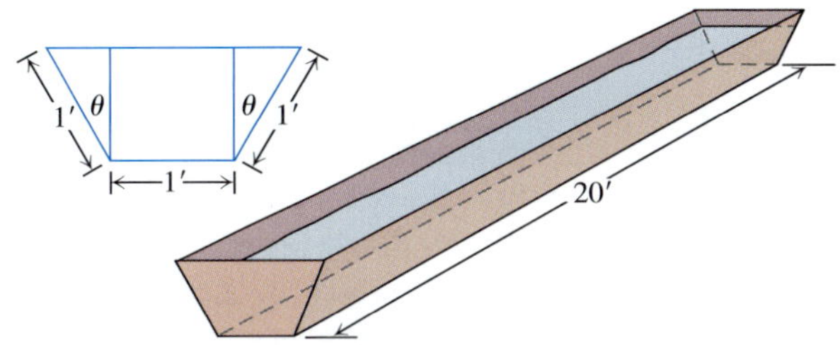

25. 종이접기 21.6 × 28 cm의 직사각형 종이가 평평한 면에 놓여 있다. 주어진 그림과 같이 한쪽 꼭짓점을 반대쪽 긴 변에 위치시키고 고정한 상태에서 종이를 평평하게 만든다. 문제는 접힌 부분의 길이를 가능한 작게 만드는 것이다. 이 길이를 L이라 하자. 종이로 한번 만들어보자.

a. $L^2 = 2x^3/(2x-21.6)$을 보여라.

b. L^2을 최소화하는 x값은 얼마인가?

c. L의 최솟값은 얼마인가?

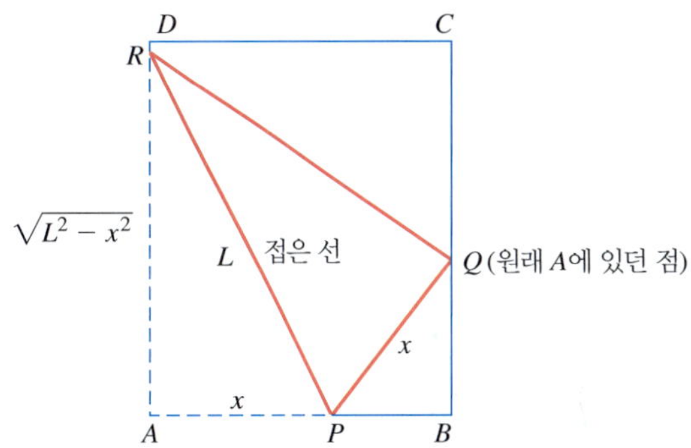

26. 실린더 제작 다음 두 제작 문제의 답을 비교하라.

a. 가로와 세로가 x cm, y cm이고 둘레가 36 cm인 직사각형을 둥글게 말아 주어진 그림의 (a)와 같이 원기둥을 만든다. 가장 부피를 크게 하는 x, y값은 얼마인가?

b. 동일한 종이로 길이가 y인 한 변을 중심으로 회전시켜 쓸고 지나가는 모양으로 주어진 그림 (b)와 같은 원기둥을 만든다. 가장 부피를 크게 하는 x, y값은 얼마인가?

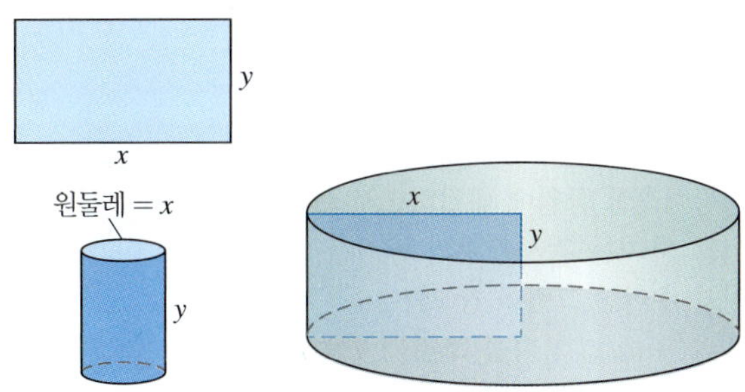

(a) (b)

27. 원뿔 만들기 빗변의 길이가 $\sqrt{3}$ m인 직각삼각형의 다른 한 변을

축으로 회전시켜 직원뿔을 만든다. 이 방법으로 만들 수 있는 최대 부피를 가질 때 원뿔의 반지름, 높이, 부피를 구하라.

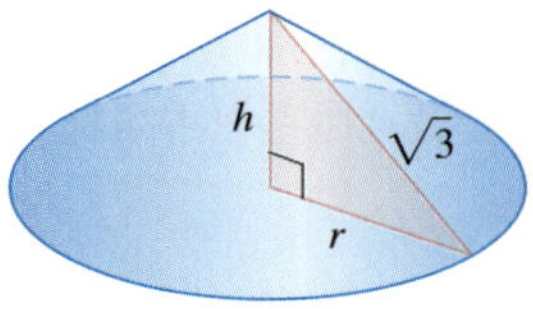

28. 직선 $\frac{x}{a}+\frac{y}{b}=1$ 위의 점 중에서 원점에 가장 가까운 점을 구하라.

29. 어떤 수와 그 역수의 합이 가장 작은(최소인) 양수를 구하라.

30. 역수와 제곱의 4배를 더한 값이 최소가 되는 양수를 구하라.

31. 길이 b m의 철사를 두 조각으로 나눈다. 한 조각은 구부려 이등변 삼각형을 만들고 다른 조각으로는 원을 만든다. 각 부분으로 둘러싸인 넓이의 합이 최소일 때 각 조각의 길이는 얼마인가?

32. 연습문제 31에서 한 조각은 정사각형으로 다른 조각은 원으로 만든다면 어떻게 되는지 답하라.

33. 수평인 선분 AB의 5 m 아래에 추 D가 Y자 모양의 줄로 매달려 있다. 점 A와 B의 간격이 4 m라면 사용된 줄의 전체 길이의 최솟값은 얼마인가?

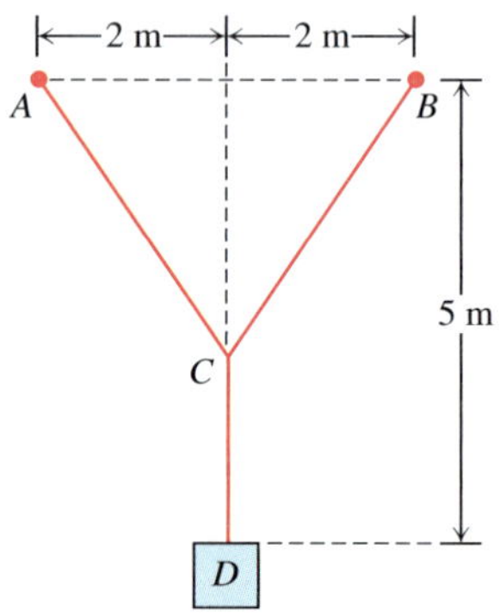

34. 연습문제 33에서 추를 지지하기 위해 두 가지 굵기의 줄을 사용해야 한다고 가정하자. 수직 부분의 줄(선분 CD)은 미터당 1달러이고, 나머지 부분(선분 AC와 CB)은 더 견고한 줄로 미터당 2달러이다. 사용된 줄 전체의 최소 비용은 얼마인가?

35. 주어진 그림과 같은 직각삼각형에 내접하면서 최대 넓이를 가지는 직사각형의 규격은 얼마인가?

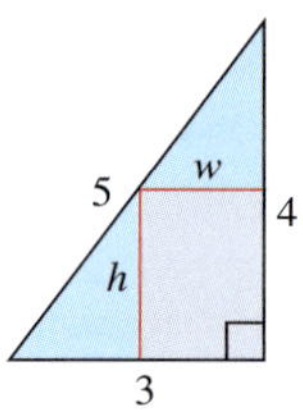

36. 반지름이 3인 반원에 내접하면서 최대 넓이를 가지는 직사각형의 규격은 얼마인가(주어진 그림을 참고)?

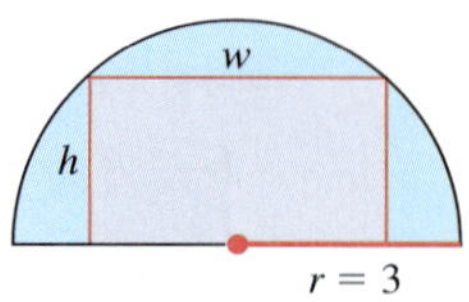

37. $f(x)=x^2+(a/x)$가 다음 조건을 만족할 때 a의 값은 얼마인가?

a. $x=2$에서 극솟값을 갖는다.

b. $x=1$에서 변곡점을 갖는다.

38. $f(x)=x^3+ax^2+bx$가 다음 조건을 만족할 때 a, b의 값은 얼마인가?

a. $x=-1$에서 극댓값을 $x=3$에서 극솟값을 갖는다.

b. $x=4$에서 극솟값을 $x=1$에서 변곡점을 갖는다.

39. 반지름이 1인 구에 외접하는 직원뿔이 있다. 최대 부피를 가질 때 원뿔의 높이 h와 반지름 r을 구하라.

40. 주어진 그림에서 최대 넓이를 가지는 내접 직사각형의 규격은 얼마인가?

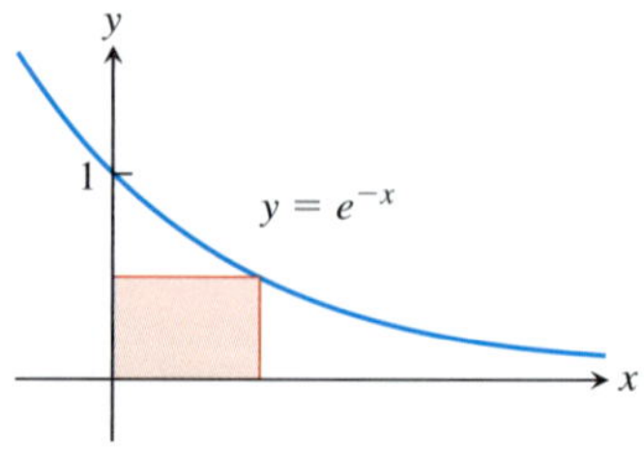

41. 주어진 그림에서 $y=2x+3$과 $y=\ln x$의 그래프를 보고 다음을 구하라.

a. 두 그래프의 수직 거리의 최솟값

b. 두 그래프의 수평 거리의 최솟값

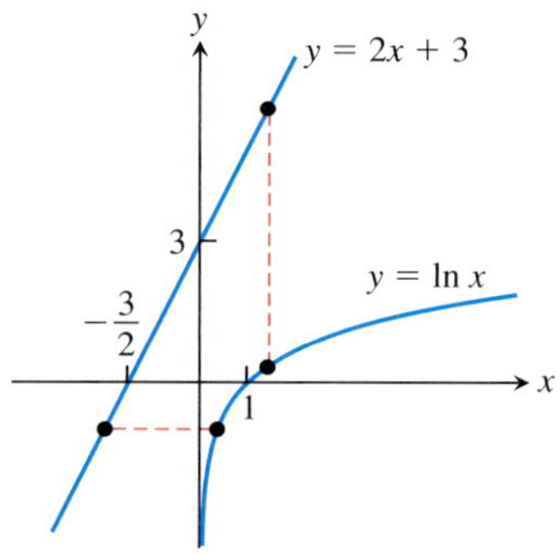

42. $y=20x^3+60x-3x^5-5x^4$ 그래프 위에서 최대 기울기를 갖는 점을 찾아라.

43. x축, y축, $y=3x-x^2$에 접하는 직선으로 만들 수 있는 제1사분면의 삼각형 중에서 가장 넓이가 작은 것은 얼마인가?

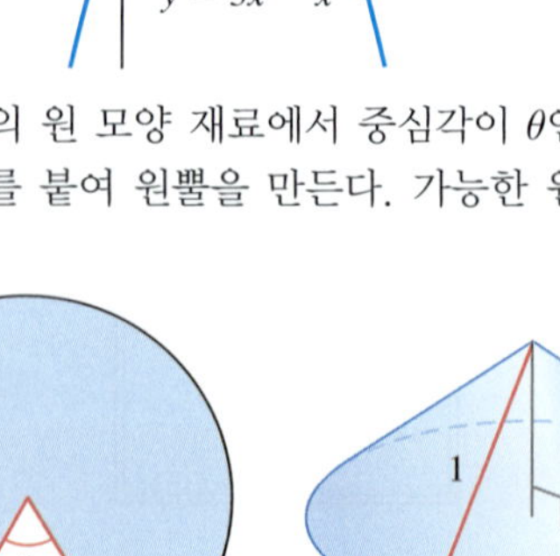

44. 반지름 1미터의 원 모양 재료에서 중심각이 θ인 부채꼴을 제거하고 두 모서리를 붙여 원뿔을 만든다. 가능한 원뿔의 최대 부피를 구하라.

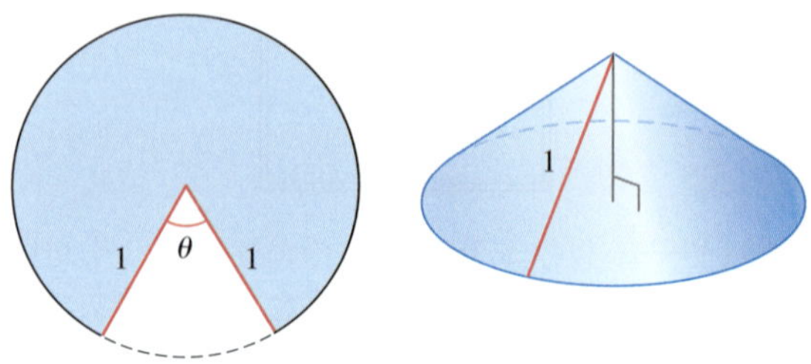

물리학의 응용 문제

45. 수직 운동 수직 방향으로 움직이는 물체의 지면으로부터 높이는 다음 식과 같다.

$$s = -4.9t^2 + 29.4t + 34.3$$

여기서 s는 미터, t는 초 단위이다. 다음을 구하라.

a. $t=0$에서 물체의 속도

b. 최고점의 높이

c. $s=0$일 때 속도

46. 최소 시간의 경로 해변에서 2 km 떨어진 보트에 타고 있는 제인은 보트에서 가장 가까운 지점에서 직선 해안선을 따라 6 km 아래쪽 해변 마을에 도달하고자 한다. 노를 저으면 2 km/h, 걸으면 5 km/h의 속도를 낼 수 있다. 최소 시간으로 마을에 도착하려면 배를 어느 곳에 정박해야 하는가?

47. 최소 길이의 막대 그림과 같이 빌딩에서 5 m 떨어진 곳에 2 m 담장이 있다. 담장 밖 지면부터 빌딩의 옆면까지 닿을 수 있는 직선 막대의 최소 길이를 구하라.

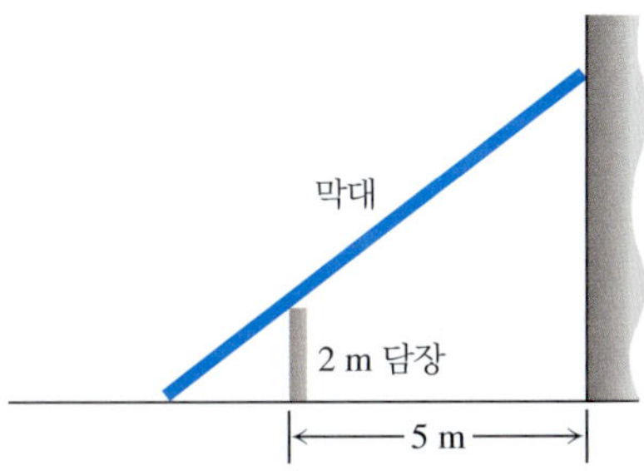

48. 직선 운동 s축 위를 움직이는 두 입자의 위치는 $s_1 = \sin t$와 $s_2 = \sin(t + \pi/3)$로 주어진다. 여기서 s_1, s_2는 미터 단위, t는 초 단위이다.

a. 시간 $0 \le t \le 2\pi$에서 언제 두 입자가 만나는가?

b. 가장 멀리 떨어질 수 있는 거리는 얼마인가?

c. 시간 $0 \le t \le 2\pi$에서 두 입자 사이의 거리가 가장 빠르게 변하는 것은 언제인가?

49. 조명의 밝기는 해당 지점과 광원과의 거리의 제곱에 반비례한다. 6 m 떨어진 두 광원 중 하나의 밝기는 다른 것의 8배이다. 밝기의 합이 가장 작은 지점은 더 밝은 광원으로부터 얼마나 떨어져 있는가?

50. 발사체 운동 수평 지면의 원점에서 발사된 발사체의 사거리 R은 원점에서 타격 지점까지의 거리이다. 발사체가 초기 속도 v_0, 수평과의 각도 α로 발사된다면 11장의 결과로부터 다음을 얻는다.

$$R = \frac{v_0^2}{g}\sin 2\alpha$$

여기서 g는 아래 방향의 중력가속도이다. 사거리 R을 최대로 하는 발사각 α를 구하라.

T **51. 막대의 강도** 직사각형 나무막대의 강도 S는 폭과 깊이의 제곱을 곱한 값에 비례한다(주어진 그림 참조).

a. 지름 30 cm의 원기둥 모양 통나무를 잘라 만들 수 있는 막대가 최대 강도를 가질 때 규격을 구하라.

b. 비례상수 $k=1$로 가정하고 너비 w에 대한 함수 S의 그래프를 그려라. 그래프에서 보이는 것과 문제 (a)의 답을 일치함을 확인하라.

c. 같은 화면에 다시 $k=1$로 두고 깊이 d에 대한 함수로 S를 그려라. 그래프를 서로 비교하고, 문제 (a)의 답과도 비교하라. k의 값을 다른 것으로 바꾸면 어떤 영향이 있는가? 시도해보자.

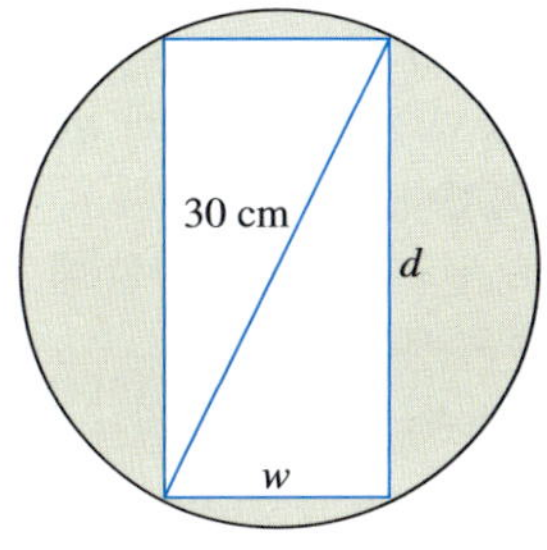

T **52. 막대의 강성도** 직사각형 막대의 강성도 S는 폭과 깊이의 세제곱을 곱한 값에 비례한다.

a. 30 cm의 원기둥 모양 통나무를 잘라 만들 수 있는 막대가 최대 강성도를 가질 때 규격을 구하라.

b. 비례상수 $k=1$로 가정하고 너비 W에 대한 함수 S의 그래프를 그려라. 그래프에서 보이는 것과 문제 (a)의 답을 일치함을 확인하라.

c. 같은 화면에 다시 $k=1$로 두고 깊이 d에 대한 함수로 S를 그려라. 그래프를 서로 비교하고 문제 (a)의 답과도 비교하라. k의 값을 다른 것으로 바꾸면 어떤 영향이 있는가? 시도해보자.

53. 마찰없는 수레 벽과 용수철로 연결된 마찰없는 작은 수레를 평형 상태에서 10 cm 당겼다가 시각 $t=0$에서 놓고 4초 동안 왔다갔다를 반복하게 두었다. 시각 t에서 위치는 $s = 10\cos \pi t$이다.

a. 수레의 최고 속도는 얼마인가? 그렇게 빠르게 움직이는 것은 언제인가? 어느 지점인가? 그때 가속도의 크기는 얼마인가?

b. 수레의 가속도가 최대가 되는 것은 언제, 어느 지점인가? 그때 수레의 속도는 얼마인가?

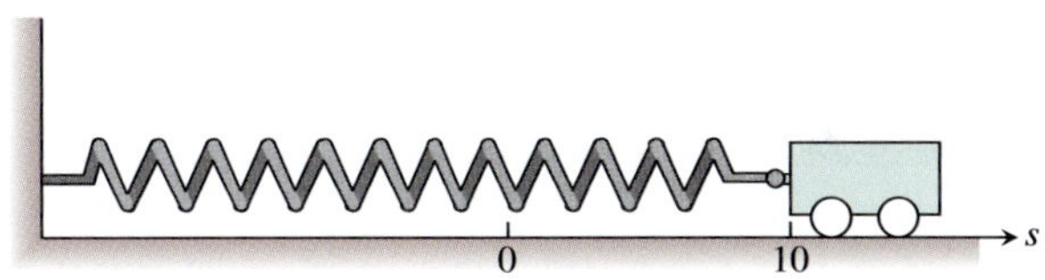

54. 용수철로 나란히 매달려 있는 두 추의 위치가 각각 $s_1 = 2\sin t$와 $s_2 = \sin 2t$이다.

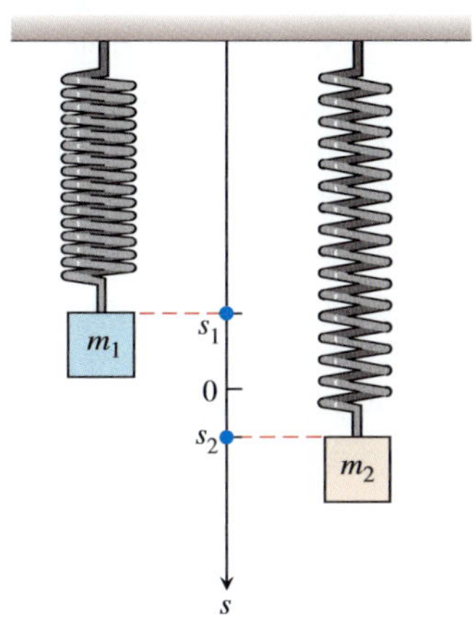

a. 구간 $0 < t$에서 언제 추가 서로 교차하는가?
[힌트: $\sin 2t = 2\sin t \cos t$]

b. 구간 $0 \le t \le 2\pi$에서 언제 두 추의 수직거리가 최대인가? 그 거리는? [힌트: $\cos 2t = 2\cos^2 t - 1$]

55. 선박 사이의 거리 정오에 선박 A는 선박 B의 북쪽 12해리에 있다. 선박 A는 12노트(시간당 해리, 1해리는 1852 m)의 속도로 남쪽으로 항해 중이고 온종일 지속했다. 선박 B는 동쪽으로 8노트 속도로 온종일 계속 항해했다.

a. 정오에 $t=0$으로 두고 측정을 시작할 때 두 선박 사이의 거리 s를 시간 t의 함수로 써라.

b. 두 선박 사이의 거리는 정오에 얼마나 빠르게 변하는가? 한 시간 후는?

c. 그날의 시계가 5해리였다면, 선박들은 서로 볼 수 있었겠는가?

T **d.** 시간 $-1 \le t \le 3$에 대해 s와 ds/dt를 t의 함수로 보고, 가능하면 다른 색을 사용하여, 그래프를 그려라. 그래프를 비교하고, 문제 (b)와 (c)에서 얻은 답과 일치함을 확인하라.

e. ds/dt의 그래프는 제1사분면에서 수평 점근선을 갖는 것처럼 보인다. 이는 $t \to \infty$일 때 ds/dt가 극한을 가지는 것을 의미한다. 이 값은 무엇인가? 선박의 개별 속도와는 어떤 관계에 있는가?

56. 페르마의 광학 원리 주어진 그림과 같이 광원 A에서 나온 빛이 평면거울에 반사되어 점 B의 수신기로 향한다. 페르마의 광학 원리를 따르는 빛은 입사각과 반사각이 동일함을 보여라. 각도는 반사면에 수직인 법선으로부터 측정한다(이 결과는 미적분 계산 없이도 도출될 수 있다. 선호한다면 순수 기하학적 증명법도 있다).

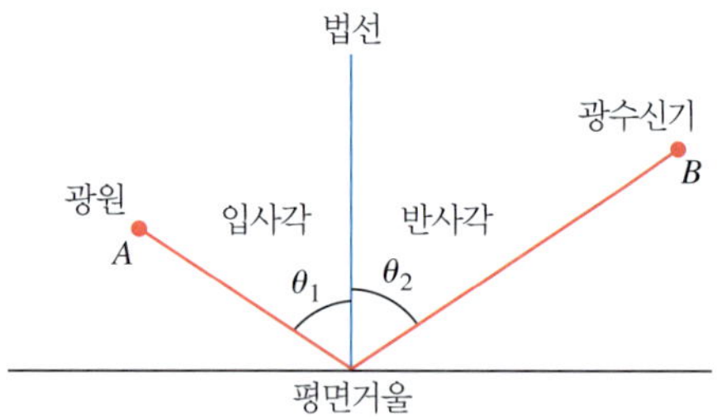

57. 주석 페스트 금속 주석을 13.2℃ 미만의 온도로 유지하면 천천히 약해지고 부서져 회색 분말이 된다. 수년 동안 추운 기후에 놓이면 결국 저절로 부서져 회색 분말이 된다. 주석으로 된 교회의 오르간 파이프가 부서져 버린 것을 본 유럽인은 오래 전부터 이 변화를 주석 페스트라고 불렀다. 왜냐하면 전염성이 있는 것처럼 보였고 실제로 그랬는데, 회색 분말은 자체로 촉매였기 때문이다.

화학 반응의 촉매제는 자체로는 영구적인 변화를 일으키지 않고 반응의 속도를 조절하는 물질이다. 자가촉매 반응은 생성물이 자체적으로 촉매가 되는 반응이다. 이러한 반응은 존재하는 촉매의 양이 적은 초기에 천천히 진행되며 원물질을 거의 소진하는 마지막 단계에서 다시 느리게 진행된다. 그러나 그 사이에 생성물과 촉매가 풍부하면 반응은 더 빠르게 진행된다.

어떤 경우에는 반응속도 $v = dx/dt$가 원물질의 양과 생성물의 양 모두에 비례한다고 가정하는 것이 합리적이다. 즉 v는 x만의 함수로 간주되어 다음 식으로 쓸 수 있다.

$$v = kx(a-x) = kax - kx^2$$

여기서 x=생성물의 양, a=초기 원물질의 양, k=양의 상수이다. 어떤 x값일 때 반응속도 v가 최대인가? v의 최댓값은 얼마인가?

58. 항공기 착륙 경로 주어진 그림과 같이 항공기로부터 수평 지상거리로 L만큼 떨어진 공항 활주로를 향해 하강을 시작할 때 고도 H로 비행중이다. 비행기의 착륙 경로가 $y = ax^3 + bx^2 + cx + d$인 3차 함수이고 $y(-L) = H$, $y(0) = 0$이라고 가정하자.

a. $x=0$일 때 dy/dx는 얼마인가?

b. $x=-L$일 때 dy/dx는 얼마인가?

c. $x=0$과 $x=-L$에서 dy/dx의 값과 조건 $y(-L)=H$, $y(0)=0$을 이용하여 다음을 보여라.

$$y(x) = H\left[2\left(\frac{x}{L}\right)^3 + 3\left(\frac{x}{L}\right)^2\right].$$

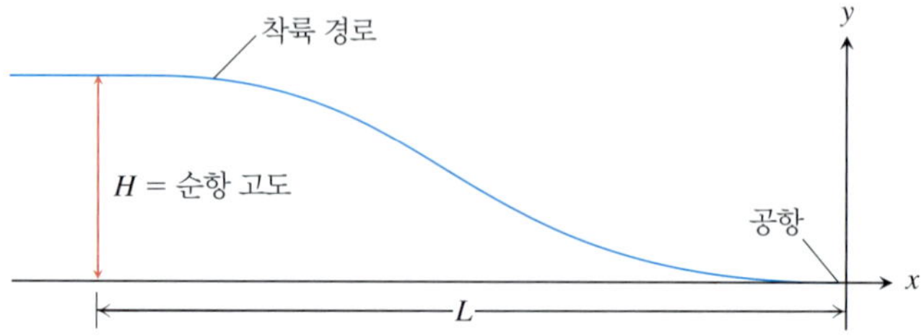

경영학 및 경제학

59. 배낭을 생산하고 배포하는 데 c달러의 비용이 든다. 배낭의 가격이 x달러일 때 판매량은 다음 식으로 주어진다.

$$n = \frac{a}{x-c} + b(100-x)$$

여기서 a와 b는 양의 상수이다. 어떤 판매가격이 최대 이익을 가져오는가?

60. 다음 요율로 관광 서비스를 운영한다.

> 50명(예약을 위한 최소 인원)이 관광을 하는 경우 1인당 200달러.
> 추가 인원에 대해 80명까지 1인당 2달러 할인

관광을 수행하는 데 6000달러(고정비용)와 1인당 32달러의 비용이 든다. 몇 명일 때 이익이 최대가 되는가?

61. 윌슨의 주문 수량 공식 재고 관리를 위한 공식 중 하나로 상품을 주문하고, 지불하고, 보관하는 데 소요되는 평균 주간 비용은 다음과 같다.

$$A(q) = \frac{km}{q} + cm + \frac{hq}{2}$$

여기서 q는 물건이 부족할 때 1번에 주문하는 수량(신발, 라디오, 빗자루 또는 무엇이든 품목으로 가능), k는 1회 주문 비용(얼마나 자주 주문하든 동일한 비용), c는 상품 1개의 비용(상수), m은 매주 판매되는 상품의 개수, h는 상품을 일주일 보관하는 데 소요되는 비용(공간, 유틸리티 비용, 보험, 보안 등을 고려한 상수)이다.

a. 상점의 재고 관리 관리자로서 $A(q)$를 최소화하는 주문량을 찾고자 한다. 무엇인가? (답으로 얻는 공식을 윌슨의 주문 수량 공식이라 한다.)

b. 배송비는 주문량에 따라 달라질 수 있다. 이 경우 k를 k와 q의 상수배를 더한 $k+bq$로 대체하는 것이 더 현실적이다. 이때 가장 경제적인 주문량은 얼마인가?

62. 생산 수량 평균 비용이 가장 적게 드는 생산 수량은 평균 비용이 한계 비용과 같아지는 생산 수량임을 증명하라.

63. $r(x) = 6x$와 $c(x) = x^3 - 6x^2 + 15x$가 수입과 비용함수이면, 할 수 있는 최선은 손익분기점을 맞추는 것(수입과 비용이 동일한)임을 보

여라.

64. 생산 수량 $c(x)=x^3-20x^2+20{,}000x$를 x개의 상품을 생산하는 데 드는 비용이라고 하자. 평균 원가가 가장 적게 드는 생산 수량 x를 찾아라.

65. 부피가 6 m^3이고 바닥이 정사각형인 열린 사각상자를 만들려고 한다. 바닥재의 비용은 60 $/$m^2$이고 옆면의 비용은 40 $/$m^2$이다. 최소한의 비용으로 상자를 만들 때 어떤 규격으로 해야 하는가? 최소 비용은 얼마인가?

66. 800개의 객실을 가진 메가 모텔 체인이 객실료를 1박에 50달러로 할 때 모두 매진되었다. 객실료 10달러씩 높일 때마다 40개의 공실이 생긴다. 최대 매출을 위해 객실료를 얼마로 해야 하는가?

생물학

67. 약에 대한 민감성(2.3절의 연습문제 74에서 계속) 도함수 dR/dM을 최대화하는 M값을 찾아 인체가 가장 민감하게 반응하는 약물의 양을 구하라.

$$R = M^2\left(\frac{C}{2} - \frac{M}{3}\right)$$

여기서 C는 상수이다.

68. 기침하는 원리

a. 기침할 때 기관(호흡관)이 수축하여 나가는 공기의 속도를 높인다. 이로부터 속도를 최대화하기 위해 얼마나 많이 수축해야 하는지, 그리고 기침할 때 실제로 수축할 수 있는지 문제를 제기해보자.

기관벽의 탄력성과 벽 근방에서 마찰로 어떻게 공기가 감속되는지에 대해 적절한 가정하에 평균 유속 v는 다음 방정식으로 표현된다.

$$v = c(r_0 - r)r^2 \text{ cm/s}, \qquad \frac{r_0}{2} \le r \le r_0$$

여기서 r_0는 센티미터 단위의 평상시 기관 반지름이고, c는 기관의 길이에 부분적으로 의존하는 양의 상수이다.

v는 $r=(2/3)r_0$일 때, 즉 기관이 33%정도 수축했을 때 최대가 됨을 보여라. 놀라운 사실은 엑스레이 사진을 통해 확인한 결과 기침할 때 기관이 이정도로 수축한다는 것이다.

T b. r_0를 0.5, c를 1로 잡고 구간 $0 \le r \le 0.5$에 대해 v의 그래프를 그려라. 이 그래프와 v가 $r=(2/3)r_0$에서 최대라는 주장을 비교하라.

이론과 예제

69. 양의 정수에 대한 부등식 a, b, c, d가 양의 정수일 때 다음이 성립함을 보여라.

$$\frac{(a^2+1)(b^2+1)(c^2+1)(d^2+1)}{abcd} \ge 16$$

70. 예제 4의 도함수 dt/dx

a. $f(x) = \dfrac{x}{\sqrt{a^2+x^2}}$이 x에 대해 증가함수임을 보여라.

b. $g(x) = \dfrac{d-x}{\sqrt{b^2+(d-x)^2}}$이 x에 대해 증가함수임을 보여라.

c. $\dfrac{dt}{dx} = \dfrac{x}{c_1\sqrt{a^2+x^2}} - \dfrac{d-x}{c_2\sqrt{b^2+(d-x)^2}}$이 x에 대해 증가함수임을 보여라.

71. $f(x)$와 $g(x)$가 그림과 같은 미분가능한 함수라고 하자. 점 c는 두 곡선의 수직거리가 가장 큰 곳이다. c에서 두 곡선의 접선에 대해 특별한 점이 있는가? 답에 대한 이유를 제시하라.

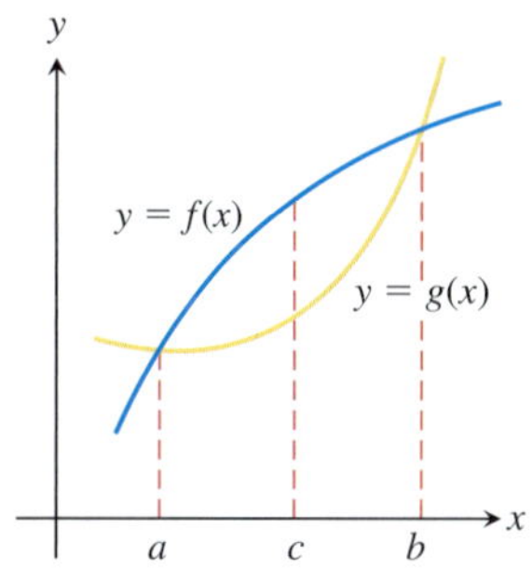

72. $f(x)=3+4\cos x+\cos 2x$는 음수가 될 수 있는지를 판정하라는 질문을 받았다.

a. 구간 $[0, 2\pi]$에 속하는 x만 고려하면 충분한 이유를 설명하라.

b. f는 음수가 될 수 있는가? 이유를 설명하라.

73. a. 구간 $0<x<\pi$에서 함수 $y=\cot x-\sqrt{2}\csc x$는 최댓값을 가진다. 그 값을 구하라.

T b. 함수의 그래프를 그리고 그래프와 문제 (a)에서 구한 답과 비교하라.

74. a. 구간 $0<x<\pi/2$에서 함수 $y=\tan x+3\cot x$는 최솟값을 가진다. 그 값을 구하라.

T b. 함수의 그래프를 그리고 그래프와 문제 (a)에서 구한 답과 비교하라.

75. a. 곡선 $y=\sqrt{x}$는 점 (3/2, 0)과 얼마나 가까운가? [힌트: 거리의 제곱을 최소화하면, 제곱근 계산을 피할 수 있다.]

T b. 거리함수 $D(x)$와 $y=\sqrt{x}$를 함께 그리고, 문제 (a)에서 구한 답과 일치함을 확인하라.

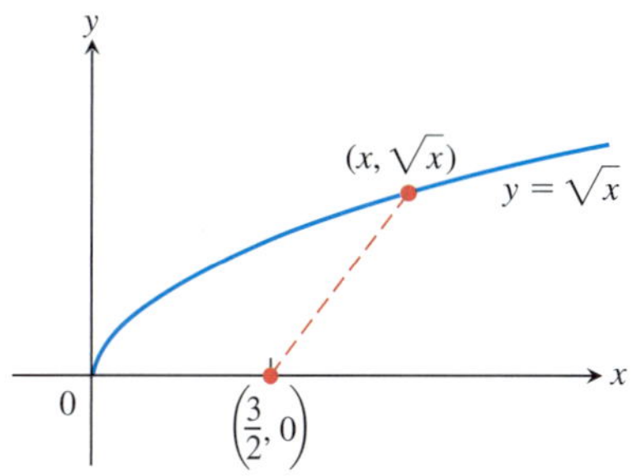

76. a. 반원 $y=\sqrt{16-x^2}$은 점 $(1, \sqrt{3})$과 얼마나 가까운가?

T b. 거리함수와 $y=\sqrt{16-x^2}$을 함께 그리고, 문제 (a)에서 구한 답과 일치함을 확인하라.

3.7 뉴턴 방법

수천년 동안 수학자들의 주요 목표 중 하나는 방정식의 해를 찾는 것이었다. 1차 방정식($ax+b=0$)과 2차 방정식($ax^2+bx+c=0$)에 대해 해를 명시적으로 구할 수 있다. 하지만 대부분의 방정식에서 해를 간단한 식으로 표현할 수 없다.

이 절에서는 방정식 $f(x)=0$의 해를 근사적으로 찾기 위한 뉴턴 방법 또는 뉴턴-랩슨 방법으로 불리는 수치해석 기법을 학습한다. 뉴턴 방법은 f가 0이 되는 점 근방에서 $y=f(x)$ 그래프의 접선을 사용하여 해를 추정한다. f가 0이 되는 x를 함수 f의 근 또는 $f(x)=0$의 해라 부른다. 뉴턴 방법은 강력하고 효율적인 도구이며, 복잡한 방정식의 해법이 필요한 공학과 기타 분야에서 수많은 응용 문제에 활용된다.

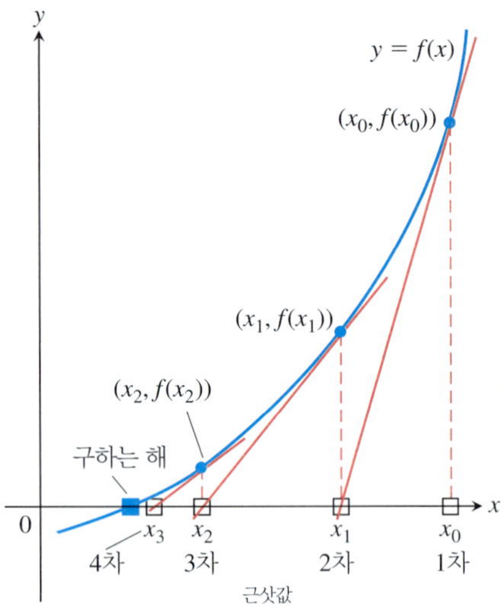

그림 3.48 뉴턴 방법은 초기 예측 x_0에서 시작하여 (적절한 조건에서) 한 번에 한 단계씩 예측값을 개선해 나간다.

뉴턴 방법의 절차

$f(x)=0$의 해를 추정하는 뉴턴 방법의 목표는 해로 수렴하는 수열을 생성하는 것이다. 우선 수열의 초깃값 x_0을 택한다. 그 다음 적절한 상황에 따라 f의 그래프와 x의 교점을 향해 한 단계씩 다가가는 방법을 사용한다(그림 3.48). 각 단계에서 선형 근사식의 해를 f의 근으로 간주한다. 어떻게 동작하는지 원리를 알아보자.

초기 예측 x_0는 그래프를 이용하거나 단순 추청을 통해 정한다. 곡선 $y=f(x)$ 위의 점 $(x_0, f(x_0))$에서 그래프를 근사적으로 표현하기 위한 접선과 x축과의 교점을 x_1이라 한다(그림 3.48). 일반적으로 x_1은 x_0보다 해에 더 가까운 값이다. 수열을 만들기 위해 $(x_1, f(x_1))$에서의 접선과 x축과의 교점을 다음 근삿값 x_2로 정한다. 각 근삿값에 대해 다음 근삿값을 정하는 방법을 계속하여 근에 충분히 가까워지면 멈춘다.

다음 절차에 따라 연속적으로 근삿값을 정하는 공식을 유도할 수 있다. 근삿값 x_n이 주어졌을 때, 점 $(x_n, f(x_n))$을 지나는 접선을 나타내는 접점-기울기의 방정식은 다음과 같다.

$$y = f(x_n) + f'(x_n)(x - x_n)$$

$y=0$으로 두면 어디에서 x축과 만나는지를 찾을 수 있다(그림 3.49).

$$0 = f(x_n) + f'(x_n)(x - x_n)$$

$$-\frac{f(x_n)}{f'(x_n)} = x - x_n$$

$$x = x_n - \frac{f(x_n)}{f'(x_n)} \qquad f'(x_n) \neq 0\text{이면}$$

이 x값은 다음 근삿값 x_{n+1}이 된다. 뉴턴 방법을 요약해보자.

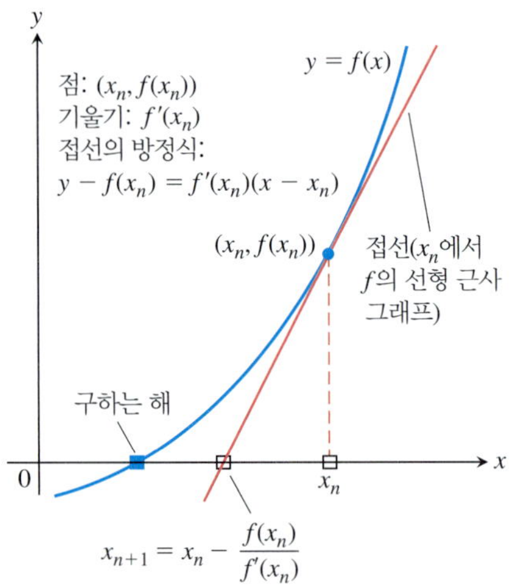

그림 3.49 뉴턴 방법에서 연속된 단계의 기하학적 의미. x_n에서 시작하여 곡선 위의 점을 찾고 접선을 내려 x_{n+1}을 구한다.

> **뉴턴 방법**
>
> **1.** $f(x)=0$ 해의 첫 번째 근삿값을 추정한다. $y=f(x)$ 그래프가 도움이 될 수도 있다.
>
> **2.** 해의 첫 번째 근삿값을 이용하여 두 번째 근삿값을 구하고, 두 번째를 이용하여 세 번째를 구하는 과정을 반복한다. 공식으로 쓰면 다음과 같다.
>
> $$x_{n+1} = x_n - \frac{f(x_n)}{f'(x_n)}\text{이면 } f'(x_n) \neq 0\text{이다.} \tag{1}$$

뉴턴 방법의 응용

일반적으로 뉴턴 방법의 응용에는 많은 수치 계산이 포함되므로 컴퓨터나 계산기 사용에 적합하다. 그럼에도 불구하고 손으로 계산해야 하는 경우에도(매우 지루할 수 있지만) 방정식의 해를 찾는 강력한 방법이다.

예제 1에서 방정식 $f(x)=x^2-2=0$의 양의 해를 추정하는 방법을 통해 $\sqrt{2}$의 근삿값을 구한다.

예제 1 다음 방정식의 양의 해를 근사적으로 구하라.

$$f(x) = x^2 - 2 = 0$$

풀이 $f(x)=x^2-2$에서 $f'(x)=2x$이므로 공식 (1)을 쓰면, 다음과 같다.

$$\begin{aligned} x_{n+1} &= x_n - \frac{x_n{}^2 - 2}{2x_n} \\ &= x_n - \frac{x_n}{2} + \frac{1}{x_n} \\ &= \frac{x_n}{2} + \frac{1}{x_n} \end{aligned}$$

다음 방정식을 이용하여 몇 번의 키보드 입력만으로 각 단계의 근삿값에서 다음 단계로 진행할 수 있다.

$$x_{n+1} = \frac{x_n}{2} + \frac{1}{x_n}$$

$x_0=1$에서 시작하면, 다음 표의 첫 번째 열과 같은 근삿값을 얻는다(소숫점 이하 5자리까지 총 6자리로 쓰면 $\sqrt{2}=1.41421$).

	오차	정확한 자리 수
$x_0 = 1$	-0.41421	1
$x_1 = 1.5$	0.08579	1
$x_2 = 1.41667$	0.00246	3
$x_3 = 1.41422$	0.00001	5

■

뉴턴 방법은 수렴 속도가 매우 빠르기 때문에(이에 대해서는 추후에 알아보자), 수많은 소프트웨어에서 근을 계산하는 데 사용된다. 예제 1의 표의 산술 계산 결과를 소숫점 이하 5자리가 아닌 13자리까지 수행했다면, 한 단계만 더 계산하여 $\sqrt{2}$를 소숫점 이하 10자리 이상 정확히 적을 수 있다.

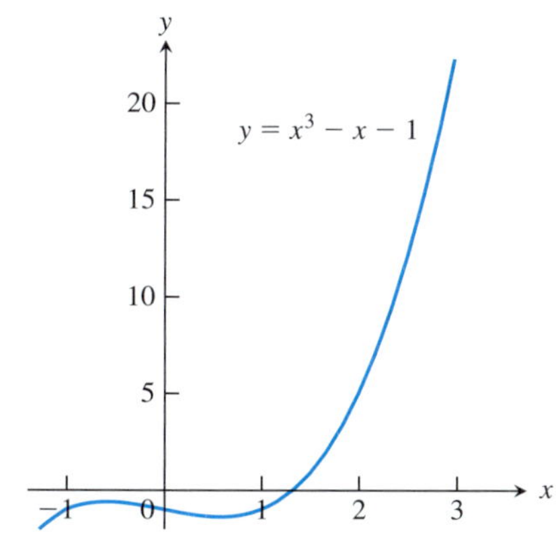

그림 3.50 $y=x^3-x-1$의 그래프는 x축과 한번 만난다. 이 값이 구하는 해이다(예제 2).

예제 2 곡선 $y=x^3-x$와 수평선 $y=1$이 만나는 교점의 x좌표를 찾아라.

풀이 곡선과 직선의 교점은 $x^3-x=1$, 즉 $x^3-x-1=0$을 만족할 때 생긴다. $f(x)=x^3-x-1$이 0이 될 때는 언제인가? f가 구간 [0, 2]에서 연속인데, $f(1)=-1$이고 $f(2)=5$이므로 중간값 정리에 의해 근은 구간 (1, 2)에 존재함을 알 수 있다(그림 3.50).

시작점을 $x_0=1$로 하여 f에 뉴턴 방법을 적용하자. 결과는 표 3.1과 그림 3.51과 같다.

$n=5$에서 $x_6=x_5=1.3247\ 17957$에 도달한다. $x_{n+1}=x_n$일 때, 공식 (1)은 계산의 정확도가 $f(x_n)=0$임을 뜻한다. 따라서 소숫점 이하 9자리까지 $f(x)=0$의 해를 구한 것이다. ■

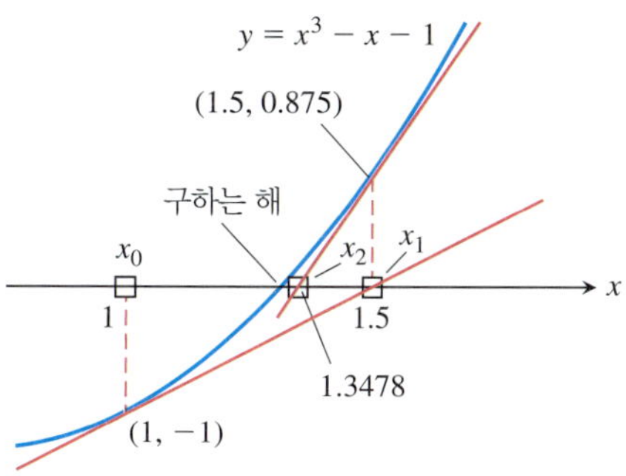

그림 3.51 표 3.1의 처음 3가지 x값(소숫점 이하 4자리).

그림 3.52는 곡선 위의 점 $B_0(3, 23)$을 시작점으로 두고 $x_0=3$으로 예제 2의 과정을 진행할 수 있음을 보여준다. 점 B_0는 x축과 꽤 멀리 떨어져 있지만, B_0를 지나는 접선의 x절편은 대략 (2.12, 0)로 x_1은 x_0보다 좋은 근삿값이다. 앞에서와 같이 $f(x)=x^3-x-1$과 $f'(x)=3x^2-1$로 두고 공식 (1)을 사용하면, 9자리까지 정확한 근사해 $x_7=x_6=1.3247\ 17957$을 7단계만에 얻

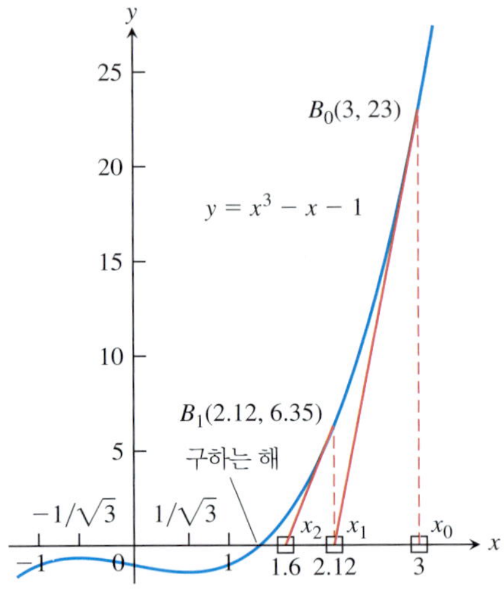

그림 3.52 예제 2는 $x=1/\sqrt{3}$의 오른쪽에서 어떤 x_0를 시작점으로 선택해도 근으로 수렴한다.

표 3.1 $f(x)=x^3-x-1$에 대해 $x_0=1$로 뉴턴 방법을 적용한 결과.

n	x_n	$f(x_n)$	$f'(x_n)$	$x_{n+1} = x_n - \dfrac{f(x_n)}{f'(x_n)}$
0	1	−1	2	1.5
1	1.5	0.875	5.75	1.3478 26087
2	1.3478 26087	0.1006 82173	4.4499 05482	1.3252 00399
3	1.3252 00399	0.0020 58362	4.2684 68292	1.3247 18174
4	1.3247 18174	0.0000 00924	4.2646 34722	1.3247 17957
5	1.3247 17957	−1.8672E-13	4.2646 32999	1.3247 17957

을 수 있다.

근사 방법의 수렴성

8장에서 뉴턴 방법으로 구하는 근사해 x_n의 **수렴**에 대한 개념을 엄밀하게 정의한다. 직관적으로는 n을 한없이 크게 하면 x_n은 원하는 근 r에 한없이 가까워진다(1.5절에 정의한 바와 같이 t가 무한히 커질 때 함수 $g(t)$의 극한에 대한 개념과 유사하다).

실제로 뉴턴 방법은 대부분의 경우 인상적인 속도로 수렴하지만, 수렴을 보장하지는 않는다. 수렴성을 테스트하는 한 가지 방법은 좋은 시작점 x_0를 추정하기 위해 함수의 그래프를 그려보는 것으로 시작한다. $|f(x_n)|$이 0으로 가까이 가는지를 확인하는 방법으로 함수의 근에 수렴하는지를 테스트할 수 있고, $|x_n-x_{n+1}|$을 계산하여 근사해가 수렴하는지를 테스트할 수 있다.

뉴턴 방법은 항상 수렴하지는 않는다. 예를 들어 다음 식이 있다고 하자.

$$f(x) = \begin{cases} -\sqrt{r-x}, & x < r \\ \sqrt{x-r}, & x \geq r \end{cases}$$

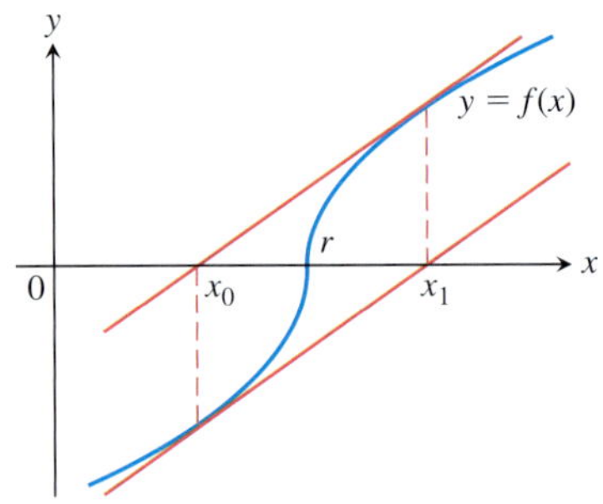

그림 3.53 뉴턴 방법에서 수렴에 실패할 수도 있다. 그림에서 x_0에서 x_1으로, 다시 x_0로 반복하며 결코 r에 가까이 가지 않는다.

그래프는 그림 3.53과 같다. $x_0=r-h$에서 시작하면 $x_1=r+h$가 되고, 근삿값을 찾는 과정을 계속하면 이 두 값을 반복한다. 아무리 반복해도 첫 번째 추측한 값보다 해에 가까이 가지 못한다.

뉴턴 방법이 수렴한다면 근으로 수렴한다. 하지만 주의할 점이 있다. 수렴하는 것처럼 보이지만 근이 되지 않는 경우가 있다. 다행히도 이러한 경우는 매우 드물다.

뉴턴 방법이 근으로 수렴할 때 찾으려고 하는 근이 아닐 수도 있다. 그림 3.54는 이런 경우가 나타날 수 있는 두 가지 방법을 보여준다.

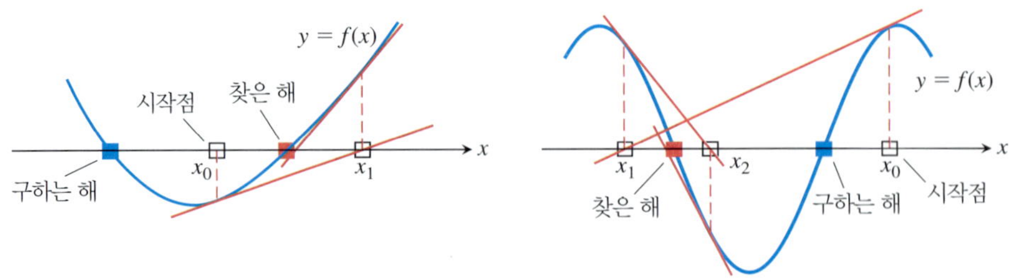

그림 3.54 너무 멀리서 시작하면, 뉴턴 방법은 원하는 해를 놓칠 수 있다.

연습문제 3.7 EXERCISE QUESTION

근 찾기

1. 뉴턴 방법을 이용하여 방정식 $x^2+x-1=0$의 근을 추정하라. 왼쪽 근을 찾기 위해 $x_0=-1$에서, 오른쪽을 위해 $x_0=1$에서 시작하라. 그 다음 각각의 경우에 대해 x_2를 구하라.

2. 뉴턴 방법을 이용하여 $x^3+3x+1=0$의 실근을 추정하라. $x_0=0$에서 시작하여 x_2를 구하라.

3. 뉴턴 방법을 이용하여 $f(x)=x^4+x-3$의 두 근을 추정하라. 왼쪽 근을 찾기 위해 $x_0=-1$에서, 오른쪽을 위해 $x_0=1$에서 시작하라. 그 다음 각각의 경우에 대해 x_2를 구하라.

4. 뉴턴 방법을 이용하여 $f(x)=2x-x^2+1$의 두 근을 추정하라. 왼쪽 근을 찾기 위해 $x_0=0$에서, 오른쪽을 위해 $x_0=2$에서 시작하라. 그 다음 각각의 경우에 대해 x_2를 구하라.

5. 뉴턴 방법을 이용하여 방정식 $x^4-2=0$을 푸는 방법으로 2의 양의 네제곱근을 구하라. $x_0=1$에서 시작하여 x_2를 구하라.

6. 뉴턴 방법을 이용하여 방정식 $x^4-2=0$을 푸는 방법으로 2의 음의 네제곱근을 구하라. $x_0=-1$에서 시작하여 x_2를 구하라.

T **7.** 뉴턴 방법을 이용하여 $3-x=\ln x$의 근사해를 찾아라. $x_0=2$에서 시작하여 x_2를 구하라.

T **8.** 뉴턴 방법을 이용하여 $x-1=\arctan x$의 근사해를 찾아라. $x_0=1$에서 시작하여 x_2를 구하라.

T **9.** 뉴턴 방법을 이용하여 $xe^x=1$의 근사해를 찾아라. $x_0=0$에서 시작하여 x_2를 구하라.

시작점 의존성

10. 주어진 그림과 같은 함수를 이용하여 각각의 초기 추정값 x_0에 대해 뉴턴 방법의 근사 과정에서 어떤 일이 발생하는지 그림을 그려 판정하라.

a. $x_0 = 0$ **b.** $x_0 = 1$

c. $x_0 = 2$ **d.** $x_0 = 4$

e. $x_0 = 5.5$

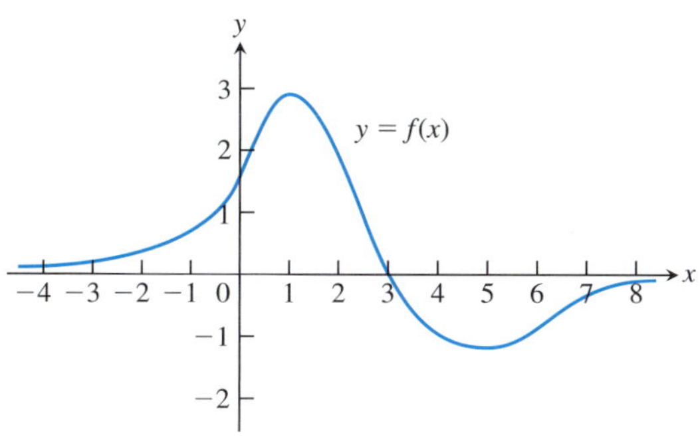

11. 근의 추정 운 좋게도 처음에 x_0를 $f(x)=0$의 근으로 추정했다고 하자. $f'(x_0)$가 정의되고 0이 아니라고 가정하면, 다음 추정값 x_1은 어떻게 되는가?

12. 파이값 추정 뉴턴 방법을 사용하여 방정식 $\cos x=0$을 풀어 $\pi/2$를 소숫점 5자리까지 근사적으로 구하고자 한다. 시작점이 어디인지가 중요한가? 답에 대한 이유를 제시하라.

이론과 예제

13. 진동 $h>0$이라고 하자. 다음 식에 뉴턴 방법을 적용할 때, $x_0=h$이면 $x_1=-h$, $x_0=-h$이면 $x_1=h$가 된다.

$$f(x)=\begin{cases}\sqrt{x}, & x\ge 0\\ \sqrt{-x}, & x<0\end{cases}$$

그림을 그려서 어떤 상황을 나타내는지 보여라.

14. 점점 나빠지는 근삿값 $f(x)=x^{1/3}$에 $x_0=1$로 뉴턴 방법을 적용하고 x_1, x_2, x_3, x_4를 계산하라. $|x_n|$에 대한 공식을 구하라. $n\to\infty$일 때 $|x_n|$은 어떻게 되는가? 어떤 현상이 나타나는지를 보여주는 그림을 그려라.

15. 다음 4가지 문제가 같은 정보를 요구하는 이유를 설명하라.

i) $f(x)=x^3-3x-1$의 근을 찾아라.

ii) 곡선 $y=x^3$과 직선 $y=3x+1$이 만나는 점의 x좌표를 구하라.

iii) 곡선 $y=x^3-3x$가 수평선 $y=1$을 지나는 점의 x좌표를 구하라.

iv) $g(x)=(1/4)x^4-(3/2)x^2-x+5$의 도함수가 0이 되는 x값을 구하라.

T 연습문제 16~34에서 풀이에 적절한 장치(계산기나 컴퓨터)를 사용할 수 있다.

16. 행성 찾기 행성의 공간좌표를 구하기 위해 $x=1+0.5\sin x$와 같은 방정식을 풀어야 한다. $f(x)=x-1-0.5\sin x$를 그려보면 이 함수는 $x=1.5$ 근처에서 근을 가진다. 뉴턴 방법을 적용하여 이 근삿값을 개선하라. 즉 $x_0=1.5$에서 시작하여 x_1을 구하라(소숫점 이하 5자리까지 해는 1.49870이다). 각도는 라디안을 사용함에 유의하라.

17. 곡선의 교점 $x=0$과 $x=\pi/2$ 사이에서 곡선 $y=\tan x$가 직선 $y=2x$와 교차한다. 뉴턴 방법을 사용하여 어디인지 구하라.

18. 4차 방정식의 실근 뉴턴 방법을 사용하여 방정식 $x^4-2x^3-x^2-2x+2=0$의 두 실근을 구하라.

19. a. 방정식 $\sin 3x=0.99-x^2$은 몇 개의 근을 가지는가?

b. 뉴턴 방법을 사용하여 근을 구하라.

20. 곡선의 교점

a. $\cos 3x$가 x와 같아질 수 있는가? 답에 대한 이유를 제시하라.

b. 뉴턴 방법을 사용하여 어디인지 찾아라.

21. 함수 $f(x)=2x^4-4x^2+1$의 4개의 실근을 찾아라.

22. 파이값 추정 $x_0=3$으로 뉴턴 방법을 사용하여 방정식 $\tan x=0$을 풀어 계산기가 표시할 수 있는 소숫점 이하 가능한 자리까지 π의 근삿값을 추정하라.

23. 곡선의 교점 $\cos x=2x$를 만족하는 x값은?

24. 곡선의 교점 $\cos x=-x$를 만족하는 x값은?

25. $y=x^2(x+1)$과 $y=1/x\ (x>0)$의 그래프는 한 점 $x=r$에서 만난다. 뉴턴 방법을 사용하여 r의 값을 소숫점 이하 4자리까지 추정하라.

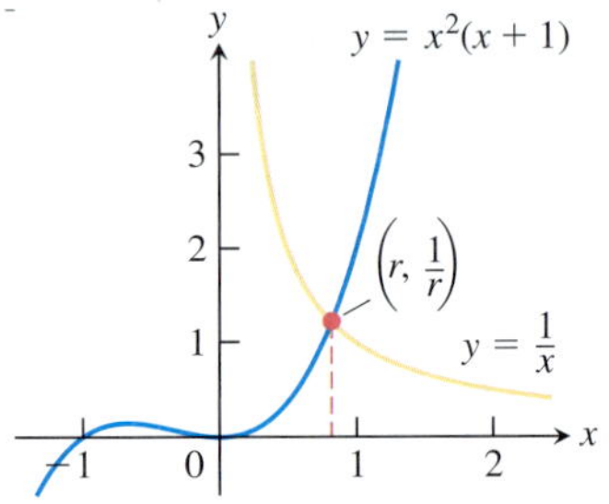

26. $y=\sqrt{x}$와 $y=3-x^2$의 그래프는 한 점 $x=r$에서 만난다. 뉴턴 방법을 사용하여 r의 값을 소숫점 이하 4자리까지 추정하라.

27. 곡선의 교점 $e^{-x^2}=x^2-x+1$을 만족하는 x값은 얼마인가?

28. 곡선의 교점 $\ln(1-x^2)=x-1$을 만족하는 x값은 얼마인가?

29. 1.6절의 중간값 정리를 사용하여 $f(x)=x^3+2x-4$는 $x=1$과 $x=2$ 사이에서 근을 가짐을 보여라. 그런 다음에 근을 소숫점 이하 5자리까지 구하라.

30. 4차 식의 인수분해 다음과 같이 인수분해를 할 때 r_1부터 r_4의 근삿값을 구하라.

$$8x^4-14x^3-9x^2+11x-1 \\ = 8(x-r_1)(x-r_2)(x-r_3)(x-r_4)$$

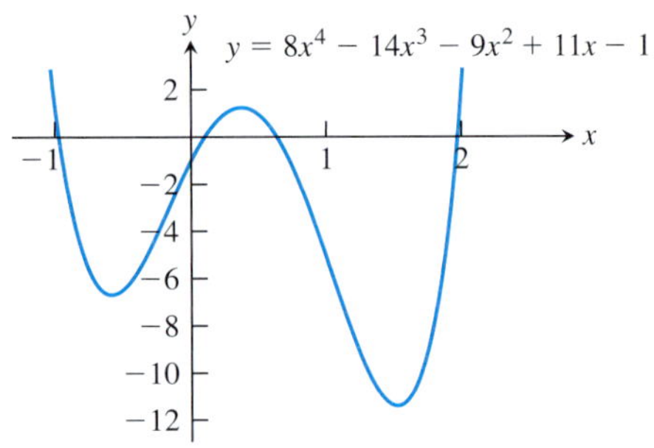

31. 다른 근으로 수렴하는 경우 주어진 시작점으로 뉴턴 방법을 사용하여 $f(x)=4x^4-4x^2$의 근을 찾아라.

a. 구간 $(-\infty, -\sqrt{2}/2)$에서 $x_0=-2$와 $x_0=-0.8$

b. 구간 $(-\sqrt{21}/7, \sqrt{21}/7)$에서 $x_0=-0.5$와 $x_0=0.25$

c. 구간 $(\sqrt{2}/2, \infty)$에서 $x_0=0.8$과 $x_0=2$

d. $x_0=-\sqrt{21}/7$과 $x_0=\sqrt{21}/7$

32. 소노부이(음파탐지기 부표) 문제 잠수함의 위치 탐색 문제에서 수중에서 잠수함이 소노부이(음파탐지기 부표)에 가장 근접하는 점(CPA)을 구할 필요가 있다. 잠수함의 경로가 포물선 $y=x^2$을 따르고 부표는 $(2, -1/2)$에 위치한다.

a. 잠수함과 부표 사이의 거리를 최소로 하는 x는 방정식 $x=1/(x^2+1)$의 해가 됨을 보여라.

b. 뉴턴 방법으로 방정식 $x=1/(x^2+1)$을 풀어라.

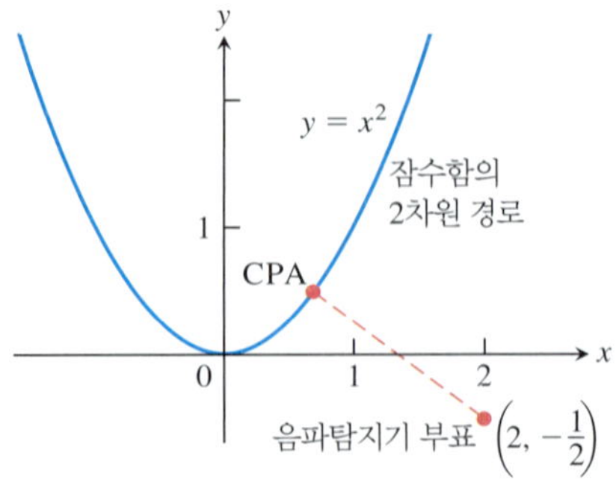

33. 해의 근처에서 거의 평평한 곡선 어떤 곡선은 매우 평평하여 실제로 뉴턴 방법을 사용하면 유용한 근삿값을 얻지 못하고 근에서 너무 멀리에서 멈춘다. $f(x)=(x-1)^{40}$에 대해 시작점을 $x_0=2$로 하여 뉴턴 방법을 시도하고, 사용한 계산기로 해 $x=1$에 얼마나 근접하는지 확인하라. 주어진 그림을 참고하라.

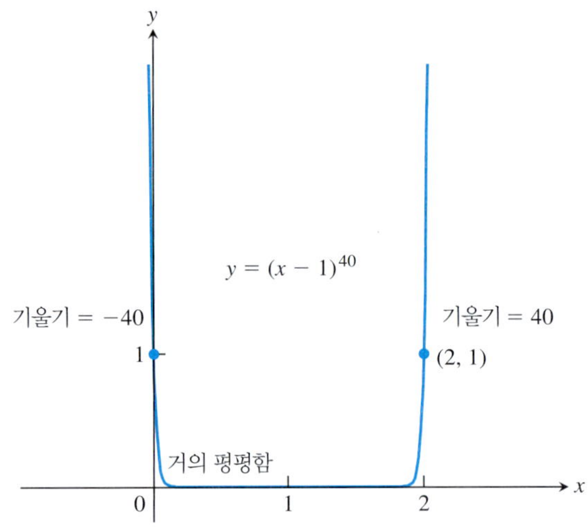

34. 주어진 그림과 같이 반지름 r인 원에 길이 2의 현과 길이 3의 호 s가 있다. 뉴턴 방법을 사용하여 r과 θ(라디안)를 소숫점 이하 4자리까지 구하라. $0<\theta<\pi$를 가정한다.

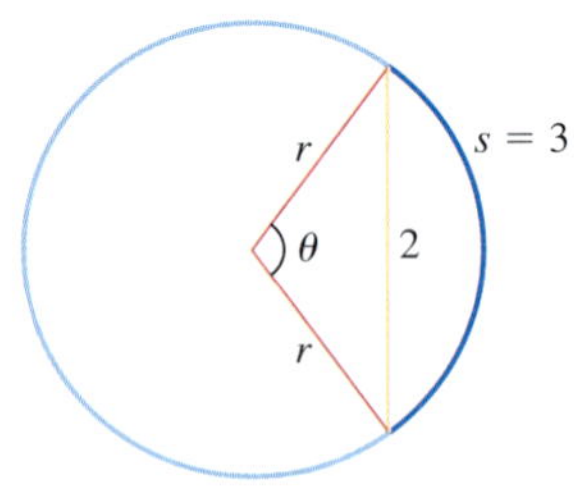

3.8 역도함수

도함수 또는 변화율로부터 함수를 복구해야 하는 문제가 많다. 예를 들어 물리학 법칙에 따라 높은 곳에서 낙하하는 물체의 가속도를 알 수 있고, 이를 이용하면 임의의 시각에 대한 속도와 높이를 계산할 수 있다. 일반적으로 주어진 함수 f에 대해 f를 도함수로 갖는 함수 F를 찾는 문제를 생각하자. 이러한 함수 F가 존재한다면, 이를 f의 역도함수라고 한다. 역도함수는 미적분학의 두 가지 중요한 요소인 미분과 정적분의 연결고리이다. 역도함수는 4장에서 전개될 '적분' 이론과 중요한 관련이 있다. 이러한 이유로 역도함수를 계산하는 과정도 '적분'이라 부른다.

역도함수 찾기

정의 구간 I의 모든 점 x에 대해 $F'(x)=f(x)$이면, 함수 F를 구간 I에서 f의 **역도함수**(antiderivative)라고 한다.

도함수 $f(x)$로부터 $F(x)$를 복구하는 과정을 역미분이라고 한다. 함수 f의 역도함수를 F, 함수 g의 역도함수를 G 등과 같다고 한다. 역도함수는 대문자로 표기한다.

예제 1 다음 함수의 역도함수를 구하라.

(a) $f(x) = 2x$ **(b)** $g(x) = \cos x$ **(c)** $h(x) = \dfrac{1}{x} + 2e^{2x}$

풀이 역발상으로 생각해보는 것이 필요하다. 잘 알려진 함수 중 어떤 함수의 도함수가 주어진 함수와 동일하겠는가?

(a) $F(x) = x^2$ **(b)** $G(x) = \sin x$ **(c)** $H(x) = \ln|x| + e^{2x}$

각 함수를 미분하여 답을 확인할 수 있다. $F(x)=x^2$의 도함수는 $2x$, $G(x)=\sin x$의 도함수는 $\cos x$, $H(x)=\ln|x|+e^{2x}$의 도함수는 $(1/x)+2e^{2x}$이다. ■

$F(x)=x^2$가 $2x$를 도함수로 갖는 유일한 함수는 아니다. 함수 x^2+1도 같은 도함수를 갖는다. 따라서 임의의 상수 C에 대해 x^2+C 모두 마찬가지다. 또 다른 함수도 가능하겠는가?

그 답은 3.2절의 평균값 정리의 따름정리 2에서 찾을 수 있다. 주어진 함수의 역도함수는 상수 차이만 갖는다. 따라서 $f(x)=2x$의 모든 역도함수는 **임의의 상수**(arbitrary constant) C에 대해 x^2+C 꼴이다. 일반화하면 다음 결과를 얻는다.

정리 8

F가 구간 I에 정의된 함수 f의 역도함수이면, f의 역도함수의 일반형은 다음과 같다.

$$F(x) + C$$

여기서 C는 임의의 상수이다.

f의 역도함수의 일반형은 $F(x)+C$꼴 함수의 모임이고, 그래프는 수직 방향으로 평행이동하면 서로 겹치는 꼴이다. C의 특정한 값을 대입하면 이 집합에서 역도함수 하나를 선택할 수 있다. 여기서 어떻게 대입을 사용하는지 예제로 살펴보자.

예제 2 $F(1)=-1$을 만족하는 $f(x)=3x^2$의 역도함수를 구하라.

풀이 x^3의 도함수가 $3x^2$이므로 다음 역도함수의 일반형은 $f(x)$의 모든 역도함수를 나타낸다.

$$F(x) = x^3 + C$$

조건 $F(1)=-1$로부터 C의 값을 정할 수 있다. $x=1$을 $F(x)=x^3+C$에 대입하면 다음을 얻는다.

$$F(1) = (1)^3 + C = 1 + C$$

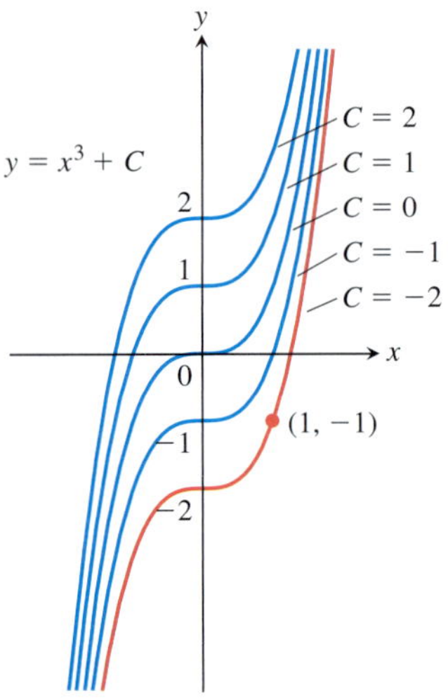

그림 3.55 곡선의 모임으로 $y=x^3+C$는 겹치지 않게 좌표평면을 채운다. 예제 2에서 이 모임 중에 $(1, -1)$을 지나는 곡선을 하나 선택하면 $y=x^3-2$임을 알 수 있다.

$F(1)=-1$이므로, $1+C=-1$을 C에 대해 정리하면 $C=-2$이다. 따라서 다음 식은 $F(1)=-1$을 만족하는 역도함수다.

$$F(x) = x^3 - 2$$

C를 대입하는 것은 곡선의 집합 $y=x^3+C$에서 $(1, -1)$을 지나는 특정 곡선 하나를 선택한 것임에 주목하자(그림 3.55). ■

유형별 미분 공식에 대해 역방향으로 작업함으로써 역도함수에 대한 공식과 규칙을 도출할 수 있다. 각 공식에서 주어진 함수의 모든 역도함수를 표현하기 위해 일반형 공식에 임의의 상수 C가 사용된다.

표 3.2의 공식은 역도함수의 일반형을 미분하여 왼쪽의 함수를 얻는 방법으로 쉽게 확인할 수 있다. 예를 들어 C가 임의의 상수이고 $k \neq 0$일 때 $(\tan kx)/k+C$의 미분은 $\sec^2 kx$이고, 공식 4는 $\sec^2 kx$의 역도함수의 일반형이다.

예제 3 다음 함수의 역도함수를 구하라.

(a) $f(x) = x^5$ **(b)** $g(x) = \dfrac{1}{\sqrt{x}}$ **(c)** $h(x) = \sin 2x$

(d) $i(x) = \cos\dfrac{x}{2}$ **(e)** $j(x) = e^{-3x}$ **(f)** $k(x) = 2^x$

풀이 각각의 함수에 대해 표 3.2의 공식을 사용할 수 있다.

(a) $F(x) = \dfrac{x^6}{6} + C$ 공식 1에서 $n=5$

(b) $g(x) = x^{-1/2}$이므로

$G(x) = \dfrac{x^{1/2}}{1/2} + C = 2\sqrt{x} + C$ 공식 1에서 $n=-1/2$

(c) $H(x) = \dfrac{-\cos 2x}{2} + C$ 공식 2에서 $k=2$

(d) $I(x) = \dfrac{\sin(x/2)}{1/2} + C = 2\sin\dfrac{x}{2} + C$ 공식 3에서 $k=1/2$

표 3.2 도함수 공식(k는 0이 아닌 상수).

함수	역도함수 일반형	함수	역도함수 일반형
1. x^n	$\dfrac{1}{n+1}x^{n+1} + C, \quad n \neq -1$	**8.** e^{kx}	$\dfrac{1}{k}e^{kx} + C$
2. $\sin kx$	$-\dfrac{1}{k}\cos kx + C$	**9.** $\dfrac{1}{x}$	$\ln\lvert x\rvert + C, \quad x \neq 0$
3. $\cos kx$	$\dfrac{1}{k}\sin kx + C$	**10.** $\dfrac{1}{\sqrt{1-k^2x^2}}$	$\dfrac{1}{k}\arcsin kx + C$
4. $\sec^2 kx$	$\dfrac{1}{k}\tan kx + C$	**11.** $\dfrac{1}{1+k^2x^2}$	$\dfrac{1}{k}\arctan kx + C$
5. $\csc^2 kx$	$-\dfrac{1}{k}\cot kx + C$	**12.** $\dfrac{1}{x\sqrt{k^2x^2-1}}$	$\operatorname{arcsec} kx + C, \quad kx > 1$
6. $\sec kx \tan kx$	$\dfrac{1}{k}\sec kx + C$	**13.** a^{kx}	$\left(\dfrac{1}{k\ln a}\right)a^{kx} + C, \quad a > 0, a \neq 1$
7. $\csc kx \cot kx$	$-\dfrac{1}{k}\csc kx + C$		

(e) $J(x) = -\frac{1}{3}e^{-3x} + C$ 공식 8에서 $k=-3$

(f) $K(x) = \left(\frac{1}{\ln 2}\right)2^x + C$ 공식 13에서 $a=2,\ k=1$ ■

다른 미분 공식도 대응되는 역도함수 공식으로 이어진다. 역도함수를 더하고 빼고 상수를 곱하는 공식을 만들 수 있다.

표 3.3 역도함수의 선형성에 대한 공식.

	함수	역도함수의 일반형
1. 상수배 공식:	$kf(x)$	$kF(x) + C$, k는 상수
2. 합과 차의 공식:	$f(x) \pm g(x)$	$F(x) \pm G(x) + C$

표 3.3의 공식은 역도함수를 미분하여 주어진 함수와 동일한지 확인하는 방법으로 쉽게 증명할 수 있다.

예제 4 다음 함수에 대한 역도함수의 일반형을 구하라.

$$f(x) = \frac{3}{\sqrt{x}} + \sin 2x$$

풀이 예제 3의 함수 g, h를 이용하여 $f(x)=3g(x)+h(x)$로 쓸 수 있다. 예제 3b로부터 $G(x)=2\sqrt{x}$가 g의 역도함수이므로 상수배 공식에서 $3G(x)=3\cdot 2\sqrt{x}=6\sqrt{x}$는 $3g(x)=3/\sqrt{x}$의 역도함수이다. 같은 방법으로 예제 3c로부터 $H(x)=(-1/2)\cos 2x$가 $h(x)=\sin 2x$의 역도함수임을 알 수 있다. 역도함수의 합의 공식에서 $f(x)$에 대한 역도함수의 일반형은 다음과 같다.

$$\begin{aligned} F(x) &= 3G(x) + H(x) + C \\ &= 6\sqrt{x} - \frac{1}{2}\cos 2x + C \end{aligned}$$

여기서 C는 임의의 상수이다. ■

초깃값 문제와 미분방정식

역도함수는 수학 및 응용에서 중요한 역할을 한다. 역도함수를 찾는 방법과 기술은 미적분학에서 중요한 비중을 차지하며, 이를 7장에서 다룰 예정이다. $f(x)$의 역도함수를 찾는 방법은 다음 방정식을 만족하는 함수 $y(x)$를 찾는 문제와 동일하다.

$$\frac{dy}{dx} = f(x)$$

이 방정식은 미지함수 y의 미분을 포함하고 있어 **미분방정식**(differential equation)이라 부른다. 이를 풀기 위해서는 방정식을 만족하는 함수 $y(x)$를 찾아야 한다. 이 함수는 $f(x)$의 역도함수를 취해 구한다. 다음의 초기 조건을 지정하면, 역도함수의 계산 과정에 나타나는 상수를 정할 수 있다.

$$y(x_0) = y_0$$

이 조건은 $x=x_0$일 때 함수 $y(x)$가 y_0가 됨을 의미한다. 미분방정식과 초기 조건을 결합하여 **초깃값 문제**(initial value problem)라 부른다. 이 유형의 문제는 모든 과학 분야에서 중요한 역할을 한다.

$f(x)$의 가장 일반적인 꼴의 역도함수 $F(x)+C$는(예제 2에서 $3x^2$의 역도함수 x^3+C와 같이)

미분방정식 $dy/dx=f(x)$의 **일반해**(general solution) $y=F(x)+C$를 의미한다. 일반해는 방정식의 모든 **해**(solve)를 표현한 것이다(C값마다 하나의 해가 대응되어, 무한히 많은 해가 존재한다). 일반해를 찾는 것을 미분방정식을 푼다고 한다. 초기 조건 $y(x_0)=y_0$를 만족하는 **특수해**(particular solution)를 찾는 것을 초깃값 문제를 푼다고 한다. 예제 2에서 함수 $y=x^3-2$는 미분방정식 $dy/dx=3x^2$과 초기 조건 $y(1)=-1$을 만족하는 특수해이다.

역도함수와 움직임

앞에서 물체의 위치를 미분하면 속도가 되고 속도를 미분하면 가속도가 됨을 살펴보았다. 물체의 가속도를 알면 역도함수를 찾는 방법으로 속도를 구할 수 있고 속도의 역도함수로부터 위치 함수를 얻을 수 있다. 이 과정은 3.2절의 따름정리 2의 응용에 사용되었다. 이제 역도함수의 관점에서 용어와 개념을 가지고 미분방정식의 관점에서 문제를 다시 살펴보자.

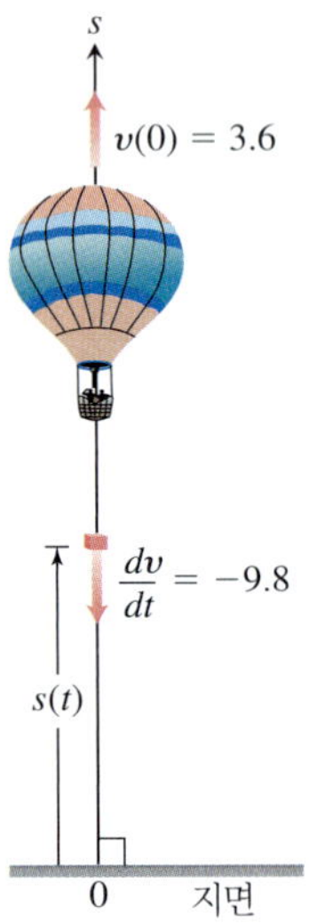

그림 3.56 상승하는 열기구에서 떨어뜨린 패키지(예제 5).

예제 5 열기구에서 패키지를 떨어뜨릴 때, 열기구가 지상에서 24.5 m의 높이에서 3.6 m/s의 속도로 상승하고 있었다고 하자. 패키지가 땅에 도달할 때까지 걸리는 시간은 얼마인가?

풀이 시각 t에서 패키지의 속도를 $v(t)$, 지상으로부터의 높이를 $s(t)$라 하자. 지표면의 근처에서 중력가속도는 9.8 m/s^{2}이다. 떨어지는 패키지에 다른 힘은 작용하지 않는다고 가정하면, 다음과 같다.

$$\frac{dv}{dt}=-9.8$$ 중력은 s가 감소하는 방향으로 작용하므로 부호가 음수이다.

이로부터 다음 초깃값 문제를 유도할 수 있다(그림 3.56).

미분방정식: $\dfrac{dv}{dt}=-9.8$

초기 조건: $v(0)=3.6$ 열기구의 초기 속도

이는 패키지의 움직임에 대한 수학적 모델이다. 초깃값 문제를 풀면 패키지의 속도를 구할 수 있다.

1. 미분방정식 풀이: -9.8의 역도함수 일반형을 구하면 다음과 같다.

$$v=-9.8t+C$$

찾은 일반형으로부터 문제의 특수해를 정하기 위해 초기 조건을 사용한다.

2. 상수 C의 결정:

$$3.6=-9.8(0)+C$$ 초기 조건 $v(0)=3.6$

$$C=3.6$$

초깃값 문제의 해는 다음을 얻는다.

$$v=-9.8t+3.6$$

속도는 높이의 미분이고, $t=0$에서 패키지를 떨어뜨릴 때 높이가 24.5 m이므로, 다음 두 번째 초깃값 문제를 얻는다.

미분방정식: $\dfrac{ds}{dt}=-9.8t+3.6$ 앞의 식에서 $v=ds/dt$

초기 조건: $s(0)=24.5$

이 초깃값 문제를 풀면 높이를 t의 함수로 구할 수 있다.

1. 미분방정식 풀이: $-9.8t+3.6$의 역도함수 일반형을 구하면 다음과 같다.

$$s=-4.9t^2+3.6t+C$$

2. 상수 C의 결정:

$$24.5 = -4.9(0)^2 + 3.6(0) + C \qquad \text{초기 조건 } s(0) = 24.5$$
$$C = 24.5$$

시각 t에서 지면으로부터 패키지의 높이는 다음을 얻는다.

$$s = -4.9t^2 + 3.6t + 24.5$$

해의 활용: 패키지가 얼마 후에 지상에 도달하는지 알기 위해 s가 0이 되는 t를 계산하면 된다.

$$-4.9t^2 + 3.6t + 24.5 = 0$$
$$t = \frac{-3.6 \pm \sqrt{493.16}}{-9.8} \qquad \text{2차 방정식의 근의 공식}$$
$$t \approx -1.90, \qquad t \approx 2.63$$

패키지가 지상에 닿는 것은 열기구에서 떨어뜨리고 나서 약 2.63 s 후가 된다(음의 근은 물리적인 의미를 갖지 않는다). ■

부정적분

함수 f의 모든 역도함수의 모임을 나타내기 위해 특별한 기호를 사용한다.

> **정의** f의 모든 역도함수의 모임을 x에 대한 f의 **부정적분**(indefinite integral)이라 하고, 다음과 같이 쓴다.
>
> $$\int f(x)\,dx$$
>
> 기호 $\int$는 **적분 기호**(integral sign)이다. 적분에서 함수 f는 **피적분**(integrand)함수이고, x는 **적분변수**(variable of integration)이다.

방금 정의한 적분 기호 뒤에는 항상 피적분함수와 적분변수를 나타내는 미분이 따른다. 이것이 중요한 이유는 4장에서 자세히 다룬다. 이 표기법을 사용하여 예제 1의 풀이를 다시 쓰면 다음과 같다.

$$\int 2x\,dx = x^2 + C,$$
$$\int \cos x\,dx = \sin x + C,$$
$$\int \left(\frac{1}{x} + 2e^{2x}\right) dx = \ln|x| + e^{2x} + C$$

이 표기법은 4장에서 살펴볼 역도함수의 주요 응용에 관련되어 있다. 역도함수는 특정 무한급수의 극한 계산에서 중요한 역할을 하며, 4장에서 공부할 핵심 결과인 미적분학의 기본정리의 설명에서도 의외로 대단히 유용한 역할을 한다.

예제 6 다음 부정적분을 계산하라.

$$\int (x^2 - 2x + 5)\,dx$$

풀이 $(x^3/3) - x^2 + 5x$가 $x^2 - 2x + 5$의 역도함수 중 하나임을 알면, 다음과 같이 부정적분을 계산할 수 있다.

$$\int (x^2 - 2x + 5)\,dx = \overbrace{\frac{x^3}{3} - x^2 + 5x}^{\text{역도함수}} + \underbrace{C}_{\text{임의의 상수}}$$

역도함수를 직접 찾지 못한다면 항별로 역도함수를 찾고 합, 차, 상수배 공식으로 얻을 수 있다.

$$\begin{aligned}\int (x^2 - 2x + 5)\,dx &= \int x^2\,dx - \int 2x\,dx + \int 5\,dx \\ &= \int x^2\,dx - 2\int x\,dx + 5\int 1\,dx \\ &= \left(\frac{x^3}{3} + C_1\right) - 2\left(\frac{x^2}{2} + C_2\right) + 5(x + C_3) \\ &= \frac{x^3}{3} + C_1 - x^2 - 2C_2 + 5x + 5C_3\end{aligned}$$

이 식은 필요 이상으로 복잡하다. C_1, $-2C_2$, $5C_3$를 임의의 상수 $C = C_1 - 2C_2 + 5C_3$ 하나로 합치면, 식을 간결하게 다음과 같이 쓸 수 있고 여전히 모든 역도함수를 나타낼 수 있다.

$$\frac{x^3}{3} - x^2 + 5x + C$$

이런 이유 때문에, 항별 적분을 사용하는 경우에도 최종 결과를 바로 쓰는 것이 바람직하다.

$$\begin{aligned}\int (x^2 - 2x + 5)\,dx &= \int x^2\,dx - \int 2x\,dx + \int 5\,dx \\ &= \frac{x^3}{3} - x^2 + 5x + C\end{aligned}$$

각 부분에 대해 가장 간단한 역도함수를 찾고 끝에 임의의 적분상수를 더하면 된다. ■

표 3.4에서 적분 기호로 역도함수를 표현하여 역도함수의 기본 공식을 쓰는 것으로 이 절을 마무리한다.

표 3.4 적분 공식.

1. $\int x^n\,dx = \frac{x^{n+1}}{n+1} + C \quad (n \neq -1)$	8. $\int e^x\,dx = e^x + C$
2. $\int \sin x\,dx = -\cos x + C$	9. $\int \frac{dx}{x} = \ln\lvert x\rvert + C \quad (x \neq 0)$
3. $\int \cos x\,dx = \sin x + C$	10. $\int \frac{dx}{\sqrt{1 - x^2}} = \arcsin x + C$
4. $\int \sec^2 x\,dx = \tan x + C$	11. $\int \frac{dx}{1 + x^2} = \arctan x + C$
5. $\int \csc^2 x\,dx = -\cot x + C$	12. $\int \frac{dx}{x\sqrt{x^2 - 1}} = \operatorname{arcsec} x + C \quad (x > 1)$
6. $\int \sec x \tan x\,dx = \sec x + C$	13. $\int a^x\,dx = \frac{a^x}{\ln a} + C \quad (a > 0, a \neq 1)$
7. $\int \csc x \cot x\,dx = -\csc x + C$	

연습문제 3.8 EXERCISE QUESTION

역도함수 찾기

연습문제 1~24에서 각 함수의 역도함수를 찾아라. 최대한 생각만으로 할 수 있도록 시도하고, 미분하여 답을 확인하라.

1. a. $2x$ **b.** x^2 **c.** $x^2 - 2x + 1$

2. a. $6x$ **b.** x^7 **c.** $x^7 - 6x + 8$

3. a. $-3x^{-4}$ **b.** x^{-4} **c.** $x^{-4} + 2x + 3$

4. a. $2x^{-3}$ **b.** $\frac{x^{-3}}{2} + x^2$ **c.** $-x^{-3} + x - 1$

5. a. $\frac{1}{x^2}$ **b.** $\frac{5}{x^2}$ **c.** $2 - \frac{5}{x^2}$

6. a. $-\frac{2}{x^3}$ **b.** $\frac{1}{2x^3}$ **c.** $x^3 - \frac{1}{x^3}$

7. a. $\frac{3}{2}\sqrt{x}$ **b.** $\frac{1}{2\sqrt{x}}$ **c.** $\sqrt{x} + \frac{1}{\sqrt{x}}$

8. **a.** $\frac{4}{3}\sqrt[3]{x}$ **b.** $\frac{1}{3\sqrt[3]{x}}$ **c.** $\sqrt[3]{x} + \frac{1}{\sqrt[3]{x}}$

9. **a.** $\frac{2}{3}x^{-1/3}$ **b.** $\frac{1}{3}x^{-2/3}$ **c.** $-\frac{1}{3}x^{-4/3}$

10. **a.** $\frac{1}{2}x^{-1/2}$ **b.** $-\frac{1}{2}x^{-3/2}$ **c.** $-\frac{3}{2}x^{-5/2}$

11. **a.** $\frac{1}{x}$ **b.** $\frac{7}{x}$ **c.** $1 - \frac{5}{x}$

12. **a.** $\frac{1}{3x}$ **b.** $\frac{2}{5x}$ **c.** $1 + \frac{4}{3x} - \frac{1}{x^2}$

13. **a.** $-\pi \sin \pi x$ **b.** $3 \sin x$ **c.** $\sin \pi x - 3 \sin 3x$

14. **a.** $\pi \cos \pi x$ **b.** $\frac{\pi}{2}\cos\frac{\pi x}{2}$ **c.** $\cos\frac{\pi x}{2} + \pi \cos x$

15. **a.** $\sec^2 x$ **b.** $\frac{2}{3}\sec^2\frac{x}{3}$ **c.** $-\sec^2\frac{3x}{2}$

16. **a.** $\csc^2 x$ **b.** $-\frac{3}{2}\csc^2\frac{3x}{2}$ **c.** $1 - 8\csc^2 2x$

17. **a.** $\csc x \cot x$ **b.** $-\csc 5x \cot 5x$ **c.** $-\pi \csc\frac{\pi x}{2}\cot\frac{\pi x}{2}$

18. **a.** $\sec x \tan x$ **b.** $4 \sec 3x \tan 3x$ **c.** $\sec\frac{\pi x}{2}\tan\frac{\pi x}{2}$

19. **a.** e^{3x} **b.** e^{-x} **c.** $e^{x/2}$

20. **a.** e^{-2x} **b.** $e^{4x/3}$ **c.** $e^{-x/5}$

21. **a.** 3^x **b.** 2^{-x} **c.** $\left(\frac{5}{3}\right)^x$

22. **a.** $x^{\sqrt{3}}$ **b.** x^{π} **c.** $x^{\sqrt{2}-1}$

23. **a.** $\frac{2}{\sqrt{1-x^2}}$ **b.** $\frac{1}{2(x^2+1)}$ **c.** $\frac{1}{1+4x^2}$

24. **a.** $x - \left(\frac{1}{2}\right)^x$ **b.** $x^2 + 2^x$ **c.** $\pi^x - x^{-1}$

부정적분 찾기

연습문제 25~70에서 가장 일반적인 역도함수 또는 부정적분을 찾아라. 답을 시도해보고 필요하면 추측한 결과를 조정하라. 미분하여 답을 확인하라.

25. $\int (x + 1)\, dx$ **26.** $\int (5 - 6x)\, dx$

27. $\int \left(3t^2 + \frac{t}{2}\right) dt$ **28.** $\int \left(\frac{t^2}{2} + 4t^3\right) dt$

29. $\int (2x^3 - 5x + 7)\, dx$ **30.** $\int (1 - x^2 - 3x^5)\, dx$

31. $\int \left(\frac{1}{x^2} - x^2 - \frac{1}{3}\right) dx$ **32.** $\int \left(\frac{1}{5} - \frac{2}{x^3} + 2x\right) dx$

33. $\int x^{-1/3}\, dx$ **34.** $\int x^{-5/4}\, dx$

35. $\int (\sqrt{x} + \sqrt[3]{x})\, dx$ **36.** $\int \left(\frac{\sqrt{x}}{2} + \frac{2}{\sqrt{x}}\right) dx$

37. $\int \left(8y - \frac{2}{y^{1/4}}\right) dy$ **38.** $\int \left(\frac{1}{7} - \frac{1}{y^{5/4}}\right) dy$

39. $\int 2x(1 - x^{-3})\, dx$ **40.** $\int x^{-3}(x + 1)\, dx$

41. $\int \frac{t\sqrt{t} + \sqrt{t}}{t^2}\, dt$ **42.** $\int \frac{4 + \sqrt{t}}{t^3}\, dt$

43. $\int (-2 \cos t)\, dt$ **44.** $\int (-5 \sin t)\, dt$

45. $\int 7 \sin\frac{\theta}{3}\, d\theta$ **46.** $\int 3 \cos 5\theta\, d\theta$

47. $\int (-3 \csc^2 x)\, dx$ **48.** $\int \left(-\frac{\sec^2 x}{3}\right) dx$

49. $\int \frac{\csc\theta \cot\theta}{2}\, d\theta$ **50.** $\int \frac{2}{5}\sec\theta \tan\theta\, d\theta$

51. $\int (e^{3x} + 5e^{-x})\, dx$ **52.** $\int (2e^x - 3e^{-2x})\, dx$

53. $\int (e^{-x} + 4^x)\, dx$ **54.** $\int (1.3)^x\, dx$

55. $\int (4 \sec x \tan x - 2 \sec^2 x)\, dx$

56. $\int \frac{1}{2}(\csc^2 x - \csc x \cot x)\, dx$

57. $\int (\sin 2x - \csc^2 x)\, dx$ **58.** $\int (2 \cos 2x - 3 \sin 3x)\, dx$

59. $\int \frac{1 + \cos 4t}{2}\, dt$ **60.** $\int \frac{1 - \cos 6t}{2}\, dt$

61. $\int \left(\frac{1}{x} - \frac{5}{x^2 + 1}\right) dx$ **62.** $\int \left(\frac{2}{\sqrt{1 - y^2}} - \frac{1}{y^{1/4}}\right) dy$

63. $\int 3x^{\sqrt{3}}\, dx$ **64.** $\int x^{\sqrt{2}-1}\, dx$

65. $\int (1 + \tan^2\theta)\, d\theta$ **66.** $\int (2 + \tan^2\theta)\, d\theta$

[힌트: $1 + \tan^2\theta = \sec^2\theta$]

67. $\int \cot^2 x\, dx$ **68.** $\int (1 - \cot^2 x)\, dx$

[힌트: $1 + \cot^2 x = \csc^2 x$]

69. $\int \cos\theta(\tan\theta + \sec\theta)\, d\theta$ **70.** $\int \frac{\csc\theta}{\csc\theta - \sin\theta}\, d\theta$

역도함수 공식의 검증

연습문제 71~82에서 미분을 사용하여 공식을 검증하라.

71. $\int (7x - 2)^3\, dx = \frac{(7x - 2)^4}{28} + C$

72. $\int (3x + 5)^{-2}\, dx = -\frac{(3x + 5)^{-1}}{3} + C$

73. $\int \sec^2(5x - 1)\, dx = \frac{1}{5}\tan(5x - 1) + C$

74. $\int \csc^2\left(\frac{x - 1}{3}\right) dx = -3\cot\left(\frac{x - 1}{3}\right) + C$

75. $\int \frac{1}{(x + 1)^2}\, dx = -\frac{1}{x + 1} + C$

76. $\int \frac{1}{(x + 1)^2}\, dx = \frac{x}{x + 1} + C$

77. $\int \frac{1}{x + 1}\, dx = \ln|x + 1| + C, \quad x \neq -1$

78. $\int xe^x\, dx = xe^x - e^x + C$

79. $\int \frac{dx}{a^2 + x^2} = \frac{1}{a}\arctan\left(\frac{x}{a}\right) + C$

80. $\int \frac{dx}{\sqrt{a^2 - x^2}} = \arcsin\left(\frac{x}{a}\right) + C$

81. $\int \frac{\arctan x}{x^2}\, dx = \ln x - \frac{1}{2}\ln(1 + x^2) - \frac{\arctan x}{x} + C$

82. $\int (\arcsin x)^2\, dx = x(\arcsin x)^2 - 2x + 2\sqrt{1 - x^2}\arcsin x + C$

83. 각 공식이 참인지, 거짓인지 말하고 답에 대한 이유를 간단히 제시하라.

a. $\int x \sin x\, dx = \frac{x^2}{2}\sin x + C$

b. $\int x \sin x \, dx = -x \cos x + C$

c. $\int x \sin x \, dx = -x \cos x + \sin x + C$

84. 각 공식이 참인지, 거짓인지 말하고 답에 대한 이유를 간단히 제시하라.

a. $\int \tan \theta \sec^2 \theta \, d\theta = \dfrac{\sec^3 \theta}{3} + C$

b. $\int \tan \theta \sec^2 \theta \, d\theta = \dfrac{1}{2}\tan^2 \theta + C$

c. $\int \tan \theta \sec^2 \theta \, d\theta = \dfrac{1}{2}\sec^2 \theta + C$

85. 각 공식이 참인지, 거짓인지 말하고 답에 대한 이유를 간단히 제시하라.

a. $\int (2x+1)^2 \, dx = \dfrac{(2x+1)^3}{3} + C$

b. $\int 3(2x+1)^2 \, dx = (2x+1)^3 + C$

c. $\int 6(2x+1)^2 \, dx = (2x+1)^3 + C$

86. 각 공식이 참인지, 거짓인지 말하고 답에 대한 이유를 간단히 제시하라.

a. $\int \sqrt{2x+1} \, dx = \sqrt{x^2 + x + C}$

b. $\int \sqrt{2x+1} \, dx = \sqrt{x^2 + x} + C$

c. $\int \sqrt{2x+1} \, dx = \dfrac{1}{3}\left(\sqrt{2x+1}\right)^3 + C$

87. 참인가, 거짓인가? 이유를 간단히 제시하라.

$$\int \frac{-15(x+3)^2}{(x-2)^4} \, dx = \left(\frac{x+3}{x-2}\right)^3 + C$$

88. 참인가, 거짓인가? 이유를 간단히 제시하라.

$$\int \frac{x\cos(x^2) - \sin(x^2)}{x^2} \, dx = \frac{\sin(x^2)}{x} + C$$

초깃값 문제

89. 주어진 그림 중 어떤 그래프가 다음 초깃값 문제의 해를 나타내는가? 답하게 된 근거를 제시하라.

$$x = 1\text{에서} \quad \frac{dy}{dx} = 2x, \quad y = 4$$

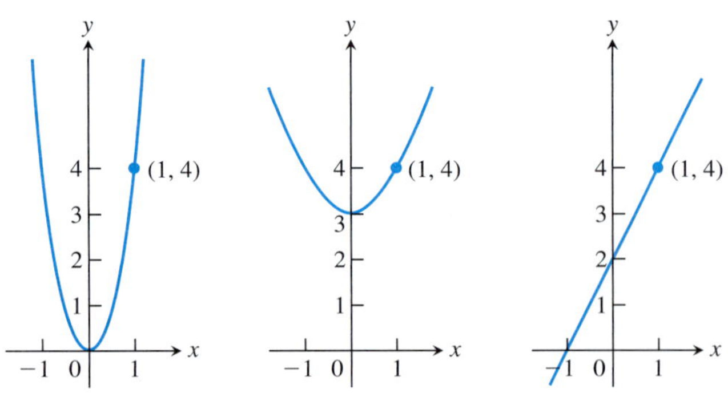

(a) (b) (c)

90. 주어진 그림 중 어떤 그래프가 다음 초깃값 문제의 해를 나타내는가? 답하게 된 근거를 제시하라.

$$x = -1\text{에서} \quad \frac{dy}{dx} = -x, \quad y = 1$$

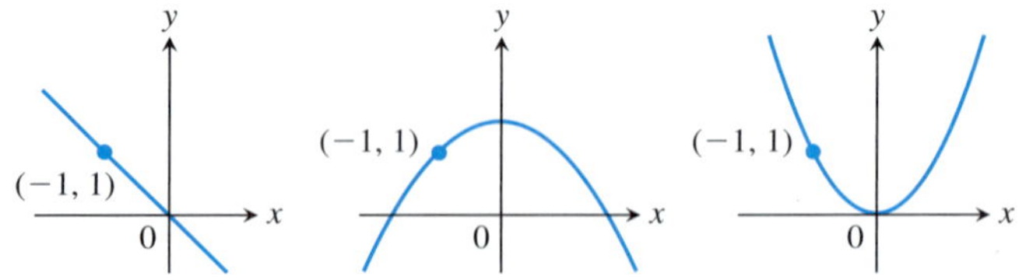

(a) (b) (c)

연습문제 91~112에서 다음 초깃값 문제를 풀어라.

91. $\dfrac{dy}{dx} = 2x - 7, \quad y(2) = 0$

92. $\dfrac{dy}{dx} = 10 - x, \quad y(0) = -1$

93. $\dfrac{dy}{dx} = \dfrac{1}{x^2} + x, \quad x > 0; \quad y(2) = 1$

94. $\dfrac{dy}{dx} = 9x^2 - 4x + 5, \quad y(-1) = 0$

95. $\dfrac{dy}{dx} = 3x^{-2/3}, \quad y(-1) = -5$

96. $\dfrac{dy}{dx} = \dfrac{1}{2\sqrt{x}}, \quad y(4) = 0$

97. $\dfrac{ds}{dt} = 1 + \cos t, \quad s(0) = 4$

98. $\dfrac{ds}{dt} = \cos t + \sin t, \quad s(\pi) = 1$

99. $\dfrac{dr}{d\theta} = -\pi \sin \pi\theta, \quad r(0) = 0$

100. $\dfrac{dr}{d\theta} = \cos \pi\theta, \quad r(0) = 1$

101. $\dfrac{dv}{dt} = \dfrac{1}{2}\sec t \tan t, \quad v(0) = 1$

102. $\dfrac{dv}{dt} = 8t + \csc^2 t, \quad v\left(\dfrac{\pi}{2}\right) = -7$

103. $\dfrac{dv}{dt} = \dfrac{3}{t\sqrt{t^2 - 1}}, \quad t > 1, v(2) = 0$

104. $\dfrac{dv}{dt} = \dfrac{8}{1 + t^2} + \sec^2 t, \quad v(0) = 1$

105. $\dfrac{d^2y}{dx^2} = 2 - 6x; \quad y'(0) = 4, \quad y(0) = 1$

106. $\dfrac{d^2y}{dx^2} = 0; \quad y'(0) = 2, \quad y(0) = 0$

107. $\dfrac{d^2r}{dt^2} = \dfrac{2}{t^3}; \quad \left.\dfrac{dr}{dt}\right|_{t=1} = 1, \quad r(1) = 1$

108. $\dfrac{d^2s}{dt^2} = \dfrac{3t}{8}; \quad \left.\dfrac{ds}{dt}\right|_{t=4} = 3, \quad s(4) = 4$

109. $\dfrac{d^3y}{dx^3} = 6; \quad y''(0) = -8, \quad y'(0) = 0, \quad y(0) = 5$

110. $\dfrac{d^3\theta}{dt^3} = 0; \quad \theta''(0) = -2, \quad \theta'(0) = -\dfrac{1}{2}, \quad \theta(0) = \sqrt{2}$

111. $y^{(4)} = -\sin t + \cos t;$
$y'''(0) = 7, \quad y''(0) = y'(0) = -1, \quad y(0) = 0$

112. $y^{(4)} = -\cos x + 8\sin 2x;$
$y'''(0) = 0, \quad y''(0) = y'(0) = 1, \quad y(0) = 3$

113. xy평면에서 점 (9, 4)를 지나고 곡선 위의 점에서 접선의 기울기가 $3\sqrt{x}$인 곡선 $y=f(x)$를 구하라.

114. a. 다음 조건을 만족하는 곡선 $y=f(x)$를 구하라.

i) $\dfrac{d^2y}{dx^2} = 6x$

ii) 그래프는 점 (0, 1)을 지나고 그 점에서 수평 접선을 가진다.

b. 이러한 곡선은 얼마나 많이 존재하는가? 어떻게 알 수 있는가?

연습문제 115~118에서 f'의 그래프가 주어져 있다. $f(0)=1$을 가정하고 가능한 연속함수 f의 그래프를 그려라.

115.

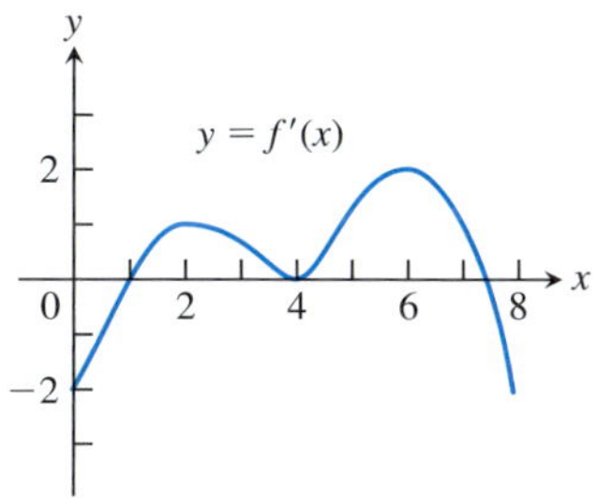

116.

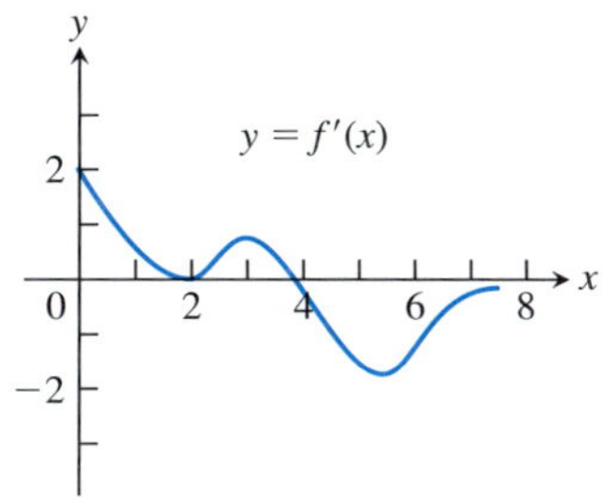

117.

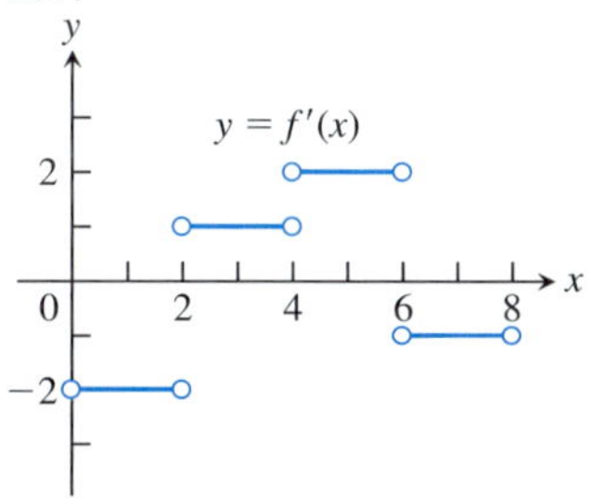

118.

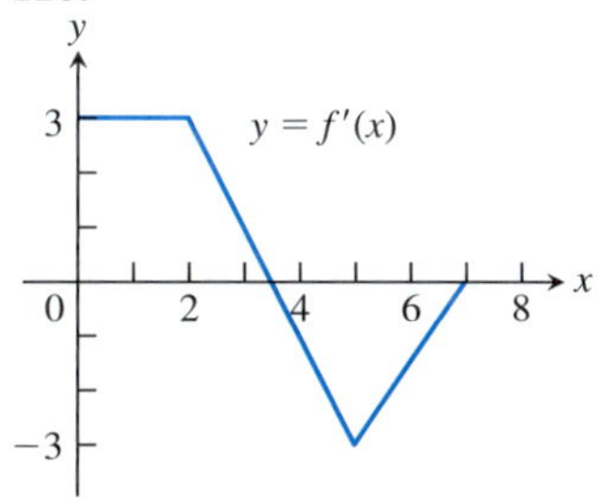

해(적분) 곡선

연습문제 119~122에서 미분방정식의 해 곡선이 그려져 있다. 각 연습문제에서 표시된 점을 지나는 곡선의 방정식을 구하라.

119.

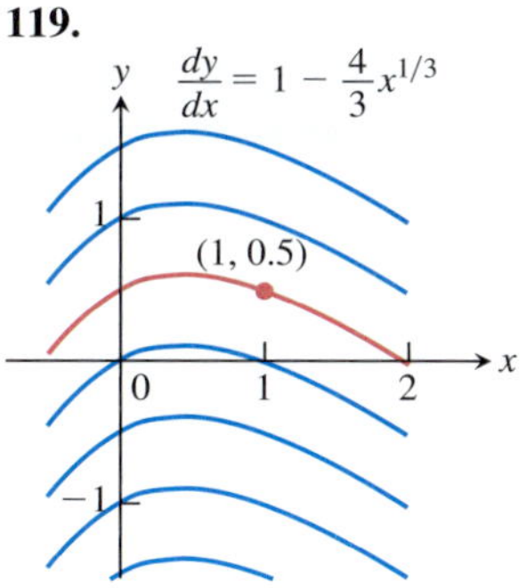

120.

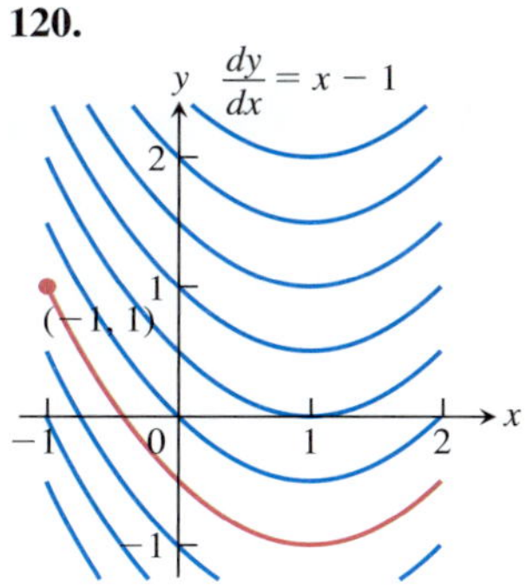

121.

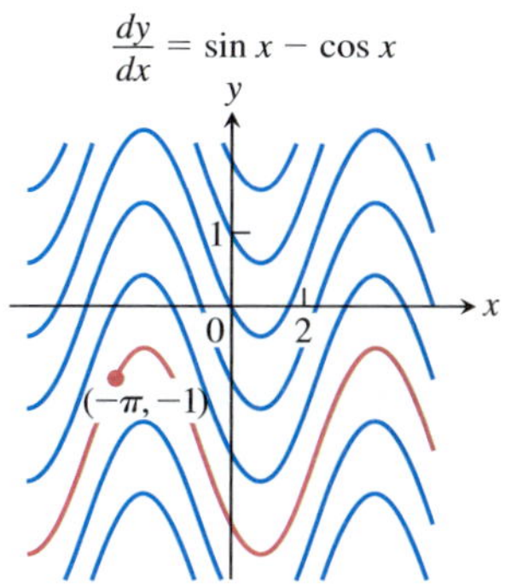

122.

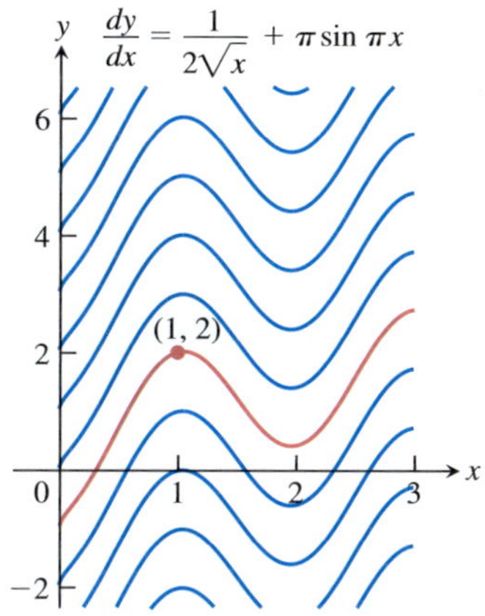

응용 문제

123. 속도의 역도함수로 변위 구하기

a. s축을 따라 움직이는 물체의 속도가 다음과 같다고 하자.

$$\frac{ds}{dt} = v = 9.8t - 3$$

i) $t=0$에서 $s=5$인 조건이 주어졌을 때 $t=1$에서 $t=3$까지 물체의 변위를 구하라.

ii) $t=0$에서 $s=-2$인 조건이 주어졌을 때 $t=1$에서 $t=3$까지 물체의 변위를 구하라.

iii) 이제 $t=0$에서 $s=s_0$인 조건이 주어졌을 때 $t=1$에서 $t=3$까지 물체의 변위를 구하라.

b. 직선을 따라 움직이는 물체의 위치가 시간 t에 대해 미분가능한 함수라고 하자. 속도 함수 ds/dt에 대한 역도함수를 안다면 주어진 시각에서 물체의 위치를 정확히 모르더라도 $t=a$에서 $t=b$까지의 변위를 구할 수 있는가? 답에 대한 이유를 제시하라.

124. 지구로부터 발사 지구 표면에서 일정한 가속도 20 m/s^{2}으로 로켓을 발사한다. 1분 후 로켓은 얼마나 빨라지는가?

125. 시간 내 정차하기 108 km/h (30 m/s)의 일정한 속도로 고속도로를 달리다 사고를 목격하고 브레이크를 밟았다. 일정한 감속으로 75 m 후 정지하기 위해서는 감속도를 얼마로 해야 하는가? 답을 구하기 위해 다음 단계를 수행하라.

1. 초깃값 문제를 풀어라.

미분 방정식: $\dfrac{d^2s}{dt^2}=-k$ (k는 상수)

초기 조건: $t=0$에서 $\dfrac{ds}{dt}=30$이고 $s=0$

브레이크를 밟을 때부터 시간과 거리를 측정한다

2. $ds/dt=0$을 만족하는 t의 값을 구하라. (답은 k에 관한 식이다.)

3. 2단계에서 찾은 t에 대해 $s=75$가 되도록 k의 값을 구하라.

126. 모터사이클 멈추기 일리노이주의 운전자 안전 규정에 따르면 모터사이클은 48 km/h (13.3 m/s)에서 0까지 13.7 m 이내에 멈출 수 있어야 한다. 이를 위해 필요한 일정한 감속도는 얼마인가?

127. 직선 상의 운동 입자가 직선을 따라 $t=1$에서 $ds/dt=4$, $s=0$의 조건을 만족하고 $a=d^2s/dt^2=15\sqrt{t}-(3/\sqrt{t})$의 가속도로 움직인다. 다음을 구하라.

a. t로 표현한 속도 $v=ds/dt$

b. t로 표현한 위치 s

T **128. 해머와 깃털** 아폴로 15호의 우주비행사 데이비드 스콧은 달에서 해머와 깃털을 떨러뜨리는 방법으로 진공에서는 모든 물체가 동일한 등가속도로 낙하한다는 것을 보일 때, 표면에서 1.2 m 정도의 높이에서 떨어뜨렸다. 이 이벤트의 텔레비전 영상에서 해머와 깃털은 진공에서 1.2 m를 떨어지는 데 0.5초가 걸리는 지구에서보다 천천히 떨어졌다. 달에서 해머와 깃털이 1.2 m를 떨어지는데 얼마나 걸리는가? 이를 구하기 위해 다음 초깃값 문제에 대해 s를 t의 함수로 풀어라. 그 다음으로 s가 0일 때 t의 값을 구하라.

미분방정식: $\dfrac{d^2s}{dt^2}=-1.6\text{ m/s}^2$

초기 조건: $t=0$에서 $\dfrac{ds}{dt}=0$이고 $s=1.2$

129. 등가속도 운동 등가속도 a로 직선을 따라 움직이는 물체의 위치 s를 나타내는 표준 방정식은 다음과 같다.

$$s=\frac{a}{2}t^2+v_0t+s_0 \qquad (1)$$

여기서 v_0와 s_0는 시각 $t=0$에서 물체의 속도와 위치를 나타낸다. 다음 초깃값 문제를 풀어 이 식을 유도하라.

미분방정식: $\dfrac{d^2s}{dt^2}=a$

초기 조건: $t=0$에서 $\dfrac{ds}{dt}=v_0$이고 $s=s_0$

130. 행성 표면 근처에서의 자유낙하 중력 가속도가 g길이/s^{2}의 상수 크기로 주어지는 행성의 표면 근처에서 자유낙하를 하면, 연습문제 129의 식 (1)은 다음 식이 된다.

$$s=-\frac{1}{2}gt^2+v_0t+s_0 \qquad (2)$$

여기서 s는 표면에서의 물체의 높이이다. 가속도가 s의 값이 감소하는 아래 방향으로 작용하기 때문에 식에서 음의 부호를 가진다. 속도 v_0는 $t=0$에서 물체가 올라간다면 양수가 되고, 내려간다면 음수가 된다.

연습문제 129의 결과를 이용하는 대신 적절한 초깃값 문제를 직접 풀어 식 (2)를 유도할 수 있다. 어떤 초깃값 문제인가? 진행하는 각 단계를 설명하여 올바른 문제를 풀고 있음을 확인하면서 해를 구하라.

131. 다음과 같은 함수가 있다고 하자.

$$f(x)=\frac{d}{dx}(1-\sqrt{x})\text{ 이고}\qquad g(x)=\frac{d}{dx}(x+2)$$

적분을 계산하라.

a. $\int f(x)\,dx$ **b.** $\int g(x)\,dx$

c. $\int[-f(x)]\,dx$ **d.** $\int[-g(x)]\,dx$

e. $\int[f(x)+g(x)]\,dx$ **f.** $\int[f(x)-g(x)]\,dx$

132. 해의 유일성 미분가능한 함수 $y=F(x)$와 $y=G(x)$가 모두 구간 I에서 다음 초깃값 문제의 해라고 하자.

$$\frac{dy}{dx}=f(x),\qquad y(x_0)=y_0$$

I의 모든 x에 대해 $F(x)=G(x)$인가? 답에 대한 이유를 제시하라.

컴퓨터 탐구

연습문제 133~136에서 CAS를 이용하여 초깃값 문제를 풀고 해 곡선을 그려라.

133. $y'=\cos^2x+\sin x,\quad y(\pi)=1$

134. $y'=\dfrac{1}{x}+x,\quad y(1)=-1$

135. $y'=\dfrac{1}{\sqrt{4-x^2}},\quad y(0)=2$

136. $y''=\dfrac{2}{x}+\sqrt{x},\quad y(1)=0,\quad y'(1)=0$

복습문제 REVIEW QUESTION

1. 닫힌 구간에서 연속함수의 극값은 어떻다고 말할 수 있는가?
2. 함수가 정의역에서 국소 극값을 갖는다는 의미는 무엇인가? 절대 극값은? 국소 극값과 절대 극값 사이에 관련이 있다면 어떤 관계인가? 예를 제시하라.
3. 닫힌 구간에서 연속함수의 절대 극값은 어떻게 찾을 수 있는가? 예를 제시하라.
4. 롤의 정리에서 가정과 결론은 무엇인가? 가정은 반드시 필요한가? 설명하라.
5. 평균값 정리에서 가정과 결론은 무엇인가? 이 정리는 어떤 물리적 해석을 가지는가?
6. 평균값 정리의 세 가지 따름정리를 말하라.
7. f'과 $x=x_0$에서의 함숫값을 알면 함수 $f(x)$를 어떻게 결정할 수 있는가? 예를 제시하라.
8. 국소 극값에 대한 1계 도함수 판정법은 무엇인가? 어떻게 적용하는지 예를 제시하라.
9. 두 번 미분가능한 함수가 위로 오목인지, 아래로 오목인지 어떻게 판정하는가? 예를 제시하라.
10. 변곡점이란 무엇인가? 예를 제시하라. 변곡점은 때때로 어떤 물리적 의미를 가지는가?
11. 국소 극값에 대한 2계 도함수 판정법은 무엇인가? 어떻게 적용하는지 예를 제시하라.
12. 함수의 도함수로부터 함수 그래프의 개형에 대해 무엇을 얻을 수 있는가?
13. 다항함수의 그래프를 그리는 단계를 나열하라. 예를 들어 설명하라.
14. 첨점이란 무엇인가? 예를 제시하라.
15. 유리함수의 그래프를 그리는 단계를 나열하라. 예를 들어 설명하라.
16. 최대최소 문제를 해결하는 일반적인 전략을 설명하라. 예를 제시하라.
17. 로피탈 정리를 설명하라. 언제 사용할 수 있고 언제 그만두어야 하는지를 어떻게 알 수 있가? 예를 제시하라.
18. ∞/∞, $\infty\cdot0$, $\infty-\infty$꼴의 부정형을 갖는 극한을 어떻게 다룰 수 있는가? 예를 제시하라.

19. 1^∞, 0^0, ∞^∞꼴의 부정형을 갖는 극한을 어떻게 다룰 수 있는가? 예를 제시하라.

20. 방정식을 풀기 위한 뉴턴 방법을 설명하라. 예를 제시하라. 이 방법에 배경이 되는 이론은 무엇인가? 이 방법을 사용할 때 주의해야 할 점은 무엇인가?

21. 함수가 2개 이상의 역도함수를 가질 수 있는가? 그렇다면 역도함수들은 어떤 관계에 있는가? 설명하라.

22. 부정적분이란 무엇인가? 어떻게 계산하는가? 부정적분을 찾기 위해 어떤 일반적인 공식을 알아야 하는가?

23. $dy/dx=f(x)$꼴의 미분방정식은 어떻게 해를 구하는가?

24. 초깃값 문제는 무엇인가? 어떻게 푸는가? 예를 제시하라.

25. 좌표축 위를 움직이는 물체의 가속도가 시간의 함수로 주어질 때, 물체의 위치를 찾기 위해서는 무엇을 더 알아야 하는가? 예를 제시하라.

실전문제 PRACTICE QUESTION

극값 찾기

실전문제 1~16에서 자연 정의역에서 함수의 (극소와 절대) 극값과 발생하는 위치를 구하라.

1. $y = 2x^2 - 8x + 9$

2. $y = x^3 - 2x + 4$

3. $y = x^3 + x^2 - 8x + 5$

4. $y = x^3(x - 5)^2$

5. $y = \sqrt{x^2 - 1}$

6. $y = x - 4\sqrt{x}$

7. $y = \dfrac{1}{\sqrt[3]{1 - x^2}}$

8. $y = \sqrt{3 + 2x - x^2}$

9. $y = \dfrac{x}{x^2 + 1}$

10. $y = \dfrac{x + 1}{x^2 + 2x + 2}$

11. $y = e^x + e^{-x}$

12. $y = e^x - e^{-x}$

13. $y = x \ln x$

14. $y = x^2 \ln x$

15. $y = \arccos(x^2)$

16. $y = \sin^{-1}(e^x)$

극값

17. $f(x)=x^3+2x+\tan x$는 극댓값 또는 극솟값을 가지는가? 답에 대한 이유를 제시하라.

18. $g(x)=\csc x+2\cot x$는 극댓값을 가지는가? 답에 대한 이유를 제시하라.

19. $f(x)=(7+x)(11-3x)^{1/3}$는 최솟값을 가지는가? 최댓값은? 가진다면 구하고, 아니면 가지지 않는 이유를 제시하라. f의 임계점을 모두 구하라.

20. 다음의 함수가 $x=3$에서 극값 1을 가질 때, a와 b의 값을 구하라.

$$f(x) = \frac{ax + b}{x^2 - 1}$$

극값은 극대인가, 극소인가? 답에 대한 이유를 제시하라.

21. $g(x)=e^x-x$는 최솟값을 가지는가? 최댓값은? 가진다면 구하고, 아니면 가지지 않는 이유를 제시하라. g의 임계점을 모두 구하라.

22. $f(x)=2e^x/(1+x^2)$은 최솟값을 가지는가? 최댓값은? 가진다면 구하고, 아니면 가지지 않는 이유를 제시하라. g의 임계점을 모두 구하라.

실전문제 23과 24에서 주어진 구간에서 f의 최댓값과 최솟값을 구하라.

23. $f(x) = x - 2\ln x, \quad 1 \le x \le 3$

24. $f(x) = (4/x) + \ln x^2, \quad 1 \le x \le 4$

25. x 이하의 최대 정수를 나타내는 함수 $f(x)=\lfloor x \rfloor$는 모든 x에 대해 정의되며, $[0, 1)$에 대해 극댓값 0을 갖는다. f의 극댓값은 극솟값도 될 수 있는가? 답에 대한 이유를 제시하라.

26. **a.** 미분가능한 함수 f가 점 c에서 극댓값이나 극솟값을 가지지 않음에도 불구하고 1계 도함수가 점 c에서 0이 되는 예를 제시하라.

b. 이 결과가 어떻게 3.1절의 정리 2에 부합하는가? 답에 대한 이유를 제시하라.

27. 구간 $0<x<1$에서 $y=1/x$는 연속함수임에도 불구하고 최댓값이나 최솟값을 갖지 않는다. 이것은 연속함수의 최대최소 정리와 모순되지 않는가? 그 이유는?

28. 구간 $-1 \le x < 1$에서 함수 $y=|x|$의 최댓값과 최솟값은 무엇인가? 주어진 구간이 닫힌 구간이 아님에 주목하라. 이 결과는 연속함수의 최대최소 정리에 부합하는가? 그 이유는?

T **29.** 함수의 전체 모습을 보기 위해 충분히 큰 범위로 그리다 보면 중요한 극소적 특성을 나타내지 못할 수도 있다. $f(x)=(x^8/8)-(x^6/2)-x^5+5x^3$의 그래프는 이를 보여주는 예이다.

a. 구간 $-2.5 \le x \le 2.5$에서 f의 그래프를 그려라. 그래프에서 극점 또는 변곡점의 위치는 어디인가?

b. 이제 $f'(x)$를 인수분해하여 f가 $x=\sqrt[3]{5}\approx 1.70998$에서 극댓값을 가지고 $x=\pm\sqrt{3}\approx 1.73205$에서 극솟값을 가짐을 보여라.

c. $x=\sqrt[3]{5}$와 $x=\sqrt{3}$에서 극값이 존재함을 확인하기 위해 그래프를 확대하라.

여기서 얻을 수 있는 교훈은 미분 계산이 없었다면, 3개의 극값 중 2개는 아마도 알아보지 못하고 지나칠 수 있었다는 것이다. 일반적인 함수 그래프에서 두 점이 너무 가까우면 화면에서 한 점의 범위에 들어가 버릴 수 있다.

(출처: *Uses of Technology in the Mathematics Curriculum*, by Benny Evans and Jerry Johnson, Oklahoma State University, published in 1990 under a grant from the National Science Foundation, USE-8950044.)

T **30.** (실전문제 29에서 계속)

a. 구간 $-2 \le x \le 2$에서 $f(x)=(x^8/8)-(2/5)x^5-5x-(5/x^2)+11$의 그래프를 그려라. 그래프에서 극점 또는 변곡점의 위치는 어디인가?

b. f는 $x=\sqrt[7]{5}\approx 1.2585$에서 극댓값을, $x=\sqrt[3]{2}\approx 1.2599$에서 극솟값을 가짐을 보여라.

c. $x=\sqrt[7]{5}$와 $x=\sqrt[3]{2}$에서 극값이 존재함을 확인하기 위해 그래프를 확대하라.

평균값 정리

31. **a.** $g(t)=\sin^2 t-3t$는 정의역의 모든 구간에서 감소함을 보여라.

b. 방정식 $\sin^2 t-3t=5$는 몇 개의 해를 갖는가? 답에 대한 이유를 제시하라.

32. **a.** $y=\tan\theta$는 정의역에 속하는 모든 열린 구간에서 증가함을 보여라.
b. 문제 (a)의 결과가 정말로 맞다면 $\tan\pi=0$이 $\tan(\pi/4)=1$보다 작은 이유를 어떻게 설명할 수 있는가?

33. **a.** 방정식 $x^4+2x^2-2=0$은 구간 $[0, 1]$에서 정확히 하나의 해를 가짐을 보여라.
T **b.** 가능한 많은 자릿수까지 해를 구하라.

34. **a.** $f(x)=x/(x+1)$은 정의역의 모든 열린 구간에서 증가함을 보여라.
b. $f(x)=x^3+2x$는 극댓값 또는 극솟값을 갖지 않음을 보여라.

35. **저수지의 물** 폭우로 인하여 24시간 동안 저수지의 물이 백만 세제곱미터 증가했다. 이 과정에서 어떤 순간에는 저수지의 물의 증가율이 500,000 L/min을 넘었음을 보여라.

36. 식 $F(x)=3x+C$는 C의 값에 따라 다른 함수를 나타낸다. 하지만 이 모든 함수는 x에 대해 미분하면 동일한 도함수를 갖는다. 즉 $F'(x)=3$이다. 이 함수들이 미분가능하며 도함수가 3인 함수의 전부인가? 다른 함수가 존재할 수 있겠는가? 답에 대한 이유를 제시하라.

37. $\dfrac{x}{x+1}\neq-\dfrac{1}{x+1}$임에도 불구하고, 다음 식이 성립함을 보여라.

$$\frac{d}{dx}\left(\frac{x}{x+1}\right)=\frac{d}{dx}\left(-\frac{1}{x+1}\right)$$

이 결과가 평균값 정리의 따름정리 2와 모순되지 않는가? 답에 대한 이유를 제시하라.

38. $f(x)=x^2/(x^2+1)$와 $g(x)=-1/(x^2+1)$의 1계 도함수를 계산하라. 이 함수의 그래프에 대해 어떤 결론을 얻을 수 있는가?

그래프 해석

실전문제 39와 40에서 그래프를 사용하여 질문에 답하라.

39. f의 절대 극값의 종류와 해당 극값이 발생하는 x값을 식별하라.

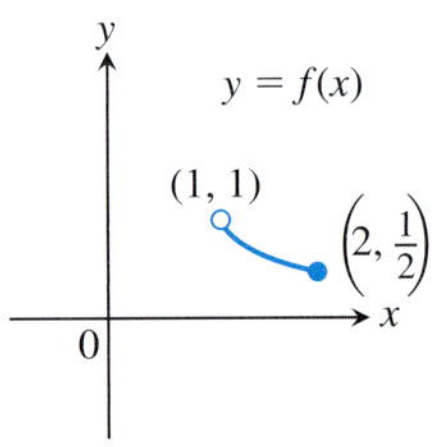

40. $y=f(x)$가 다음 성질을 갖는 열린 구간을 찾아라.
a. 증가
b. 감소
c. 주어진 f'의 그래프를 이용하여 국소 극값이 발생하는 위치와 해당 극값이 극대인지 극소인지 밝혀라.

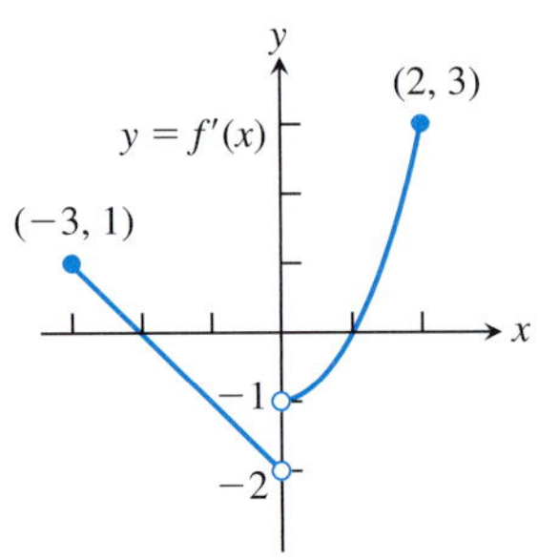

실전문제 41과 42에서 좌표선(t는 시간을 나타낸다)을 따라 움직이는 물체의 위치 함수 $s=f(t)$의 그래프가 주어져 있다. 각 물체는 대략 어떤 시간에 **(a)** 속도가 0이 되는가, **(b)** 가속도가 0이 되는가? 어떤 시간 동안 물체가 **(c)** 양의 방향으로, **(d)** 음의 방향으로 움직이는가?

41.

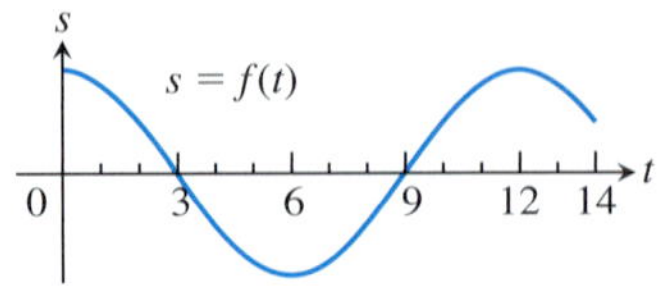

42.

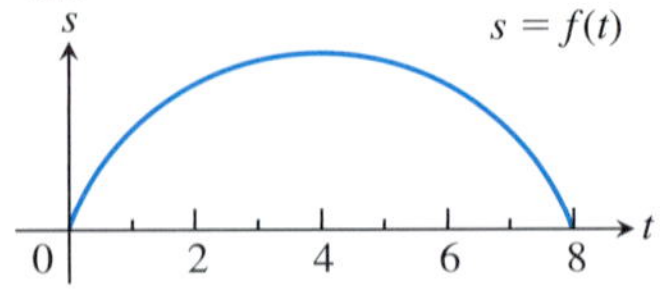

그래프와 그래프 그리기

실전문제 43~58에서 곡선의 그래프를 그려라.

43. $y=x^2-(x^3/6)$
44. $y=x^3-3x^2+3$
45. $y=-x^3+6x^2-9x+3$
46. $y=(1/8)(x^3+3x^2-9x-27)$
47. $y=x^3(8-x)$
48. $y=x^2(2x^2-9)$
49. $y=x-3x^{2/3}$
50. $y=x^{1/3}(x-4)$
51. $y=x\sqrt{3-x}$
52. $y=x\sqrt{4-x^2}$
53. $y=(x-3)^2e^x$
54. $y=xe^{-x^2}$
55. $y=\ln(x^2-4x+3)$
56. $y=\ln(\sin x)$
57. $y=\arcsin\left(\dfrac{1}{x}\right)$
58. $y=\tan^{-1}\left(\dfrac{1}{x}\right)$

실전문제 59~64에서 $y=f(x)$의 1계 도함수가 주어져 있다. **(a)** (존재한다면) 어느 점에서 f가 극대, 극소, 변곡점을 가지는가? **(b)** 그래프의 개형을 그려라.

59. $y'=16-x^2$
60. $y'=x^2-x-6$
61. $y'=6x(x+1)(x-2)$
62. $y'=x^2(6-4x)$
63. $y'=x^4-2x^2$
64. $y'=4x^2-x^4$

실전문제 65~68에서 각 함수의 그래프를 그려라. 그 다음으로 함수의 1계 도함수를 사용하여 보이는 것을 설명하라.

65. $y=x^{2/3}+(x-1)^{1/3}$
66. $y=x^{2/3}+(x-1)^{2/3}$
67. $y=x^{1/3}+(x-1)^{1/3}$
68. $y=x^{2/3}-(x-1)^{1/3}$

실전문제 69~76에서 다음 유리함수의 그래프를 그려라.

69. $y=\dfrac{x+1}{x-3}$
70. $y=\dfrac{2x}{x+5}$
71. $y=\dfrac{x^2+1}{x}$
72. $y=\dfrac{x^2-x+1}{x}$
73. $y=\dfrac{x^3+2}{2x}$
74. $y=\dfrac{x^4-1}{x^2}$
75. $y=\dfrac{x^2-4}{x^2-3}$
76. $y=\dfrac{x^2}{x^2-4}$

로피탈 정리의 활용

실전문제 77~88에서 로피탈 정리를 사용하여 극한을 구하라.

77. $\displaystyle\lim_{x\to1}\frac{x^2+3x-4}{x-1}$
78. $\displaystyle\lim_{x\to1}\frac{x^a-1}{x^b-1}$
79. $\displaystyle\lim_{x\to\pi}\frac{\tan x}{x}$
80. $\displaystyle\lim_{x\to0}\frac{\tan x}{x+\sin x}$

81. $\lim_{x\to0}\frac{\sin^2 x}{\tan(x^2)}$

82. $\lim_{x\to0}\frac{\sin mx}{\sin nx}$

83. $\lim_{x\to\pi/2^-}\sec 7x\cos 3x$

84. $\lim_{x\to0^+}\sqrt{x}\sec x$

85. $\lim_{x\to0}(\csc x-\cot x)$

86. $\lim_{x\to0}\left(\frac{1}{x^4}-\frac{1}{x^2}\right)$

87. $\lim_{x\to\infty}\left(\sqrt{x^2+x+1}-\sqrt{x^2-x}\right)$

88. $\lim_{x\to\infty}\left(\frac{x^3}{x^2-1}-\frac{x^3}{x^2+1}\right)$

실전문제 89~102에서 극한을 구하라.

89. $\lim_{x\to0}\frac{10^x-1}{x}$

90. $\lim_{\theta\to0}\frac{3^\theta-1}{\theta}$

91. $\lim_{x\to0}\frac{2^{\sin x}-1}{e^x-1}$

92. $\lim_{x\to0}\frac{2^{-\sin x}-1}{e^x-1}$

93. $\lim_{x\to0}\frac{5-5\cos x}{e^x-x-1}$

94. $\lim_{x\to0}\frac{4-4e^x}{xe^x}$

95. $\lim_{t\to0^+}\frac{t-\ln(1+2t)}{t^2}$

96. $\lim_{x\to4}\frac{\sin^2(\pi x)}{e^{x-4}+3-x}$

97. $\lim_{t\to0^+}\left(\frac{e^t}{t}-\frac{1}{t}\right)$

98. $\lim_{y\to0^+}e^{-1/y}\ln y$

99. $\lim_{x\to\infty}\left(1+\frac{b}{x}\right)^{kx}$

100. $\lim_{x\to\infty}\left(1+\frac{2}{x}+\frac{7}{x^2}\right)$

101. $\lim_{x\to0}\frac{\cos 2x-1-\sqrt{1-\cos x}}{\sin^2 x}$

102. $\lim_{x\to0}\frac{\sqrt{1+\tan x}-\sqrt{1+\sin x}}{x^3}$

최적화

103. 음이 아닌 두 수의 합이 36이다. 다음을 만족할 때 두 수를 구하라.
 a. 제곱근의 차이가 가장 클 때
 b. 제곱근의 합이 가장 클 때

104. 음이 아닌 두 수의 합이 20이다. 다음을 만족할 때 두 수를 구하라.
 a. 한 수에 다른 수의 제곱근을 곱한 값이 가장 클 때
 b. 한 수에 다른 수의 제곱근을 더한 값이 가장 클 때

105. 이등변삼각형의 한 꼭지점이 원점에 있고 밑변은 x축에 평행하며 다른 꼭지점은 곡선 $y=27-x^2$ 위에 있다. 삼각형의 최대 넓이를 구하라.

106. 고객으로부터 스테인레스로 된 열린 직육면체 상자를 만들어 달라는 요청을 받았다. 밑면은 정사각형이고 부피는 1 m^3이며, 6 mm 두께의 판을 용접하여 만들어야 한다. 필요 이상으로 무겁지 않게 만든다면 어떤 치수가 바람직한가?

107. 반지름 $\sqrt{3}$인 구에 들어갈 수 있는 가장 큰 직원기둥의 높이와 반지름을 구하라.

108. 주어진 그림과 같이 하나의 직원뿔 안에 뒤집어진 다른 원뿔이 들어 있다. 두 밑면은 평행하고 작은 원뿔의 꼭지점은 큰 원뿔의 밑면의 중심에 위치한다. 작은 원뿔의 부피를 최대로 하는 r과 h는?

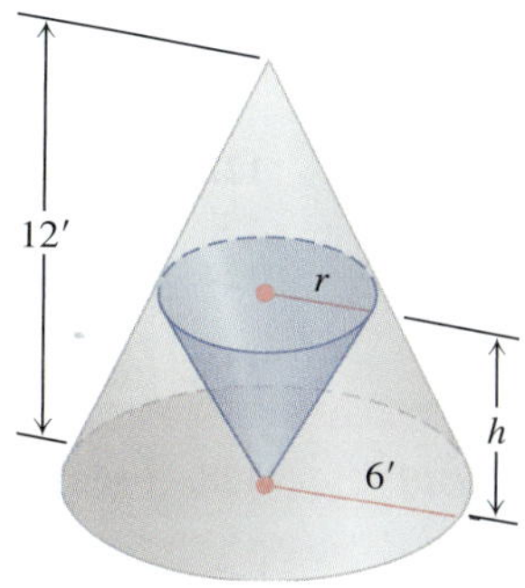

109. 타이어 생산 타이어 회사에서 100개 단위로 하여 A급 타이어 x 묶음과 B급 타이어 y 묶음을 생산한다.

$$y=\frac{40-10x}{5-x}$$

여기서 $0\le x\le4$이고, A급 타이어로 얻는 이익은 B급 타이어의 두 배이다. 최대의 수익을 얻기 위해 각 종류를 얼마나 생산해야 하는가?

110. 입자의 운동 s축 위를 움직이는 두 입자의 위치가 $s_1=\cos t$, $s_2=\cos(t+\pi/4)$라고 하자.
 a. 두 입자가 가장 멀리 떨어질 때의 거리는?
 b. 언제 두 입자가 충돌하는가?

T **111. 뚜껑없는 상자** 크기가 25×40 cm인 판지 조각의 모서리에서 동일한 크기의 정사각형을 잘라내고 측면을 접어올려 뚜껑없는 상자를 만든다. 계산을 통해 부피를 최대로 하는 상자의 치수와 최대 부피를 구하라. 그림을 이용하여 얻은 답을 뒷받침하라.

112. 사다리 문제 주어진 그림에 표시된 복도 모퉁이를 따라 수평으로 돌아갈 수 있는 가장 긴 사다리의 대략적인 길이(미터)는 얼마인가? 답을 가장 가까운 미터 단위로 내림하라.

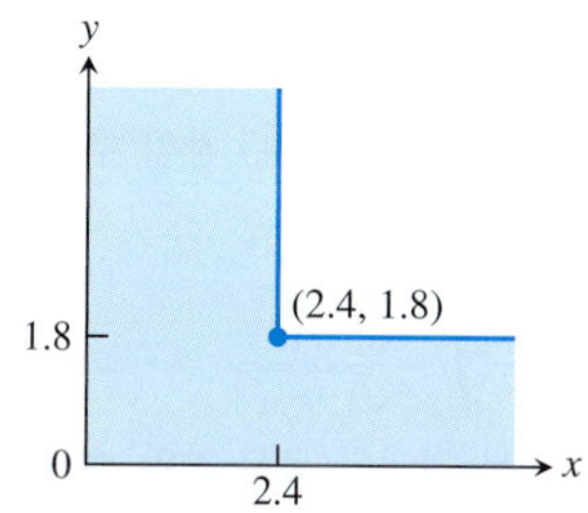

뉴턴 방법

113. $f(x)=3x-x^3$이라고 하자. 방정식 $f(x)=-4$는 구간 [2, 3]에서 해를 가짐을 보이고 뉴턴 방법을 사용하여 해를 구하라.

114. $f(x)=x^4-x^3$이라고 하자. 방정식 $f(x)=75$는 구간 [3, 4]에서 해를 가짐을 보이고 뉴턴 방법을 사용하여 해를 구하라.

부정적분 구하기

실전문제 115~138에서 부정적분을 (가장 일반적인 역도함수로) 구하라. 답을 시도해보고 예측을 조정하는 방법을 사용할 수 있다. 미분하여 답을 확인하라.

115. $\int(x^3+5x-7)\,dx$

116. $\int\left(8t^3-\frac{t^2}{2}+t\right)dt$

117. $\int\left(3\sqrt{t}+\frac{4}{t^2}\right)dt$

118. $\int\left(\frac{1}{2\sqrt{t}}-\frac{3}{t^4}\right)dt$

119. $\int \frac{dr}{(r+5)^2}$

120. $\int \frac{6\,dr}{(r-\sqrt{2})^3}$

121. $\int 3\theta\sqrt{\theta^2+1}\,d\theta$

122. $\int \frac{\theta}{\sqrt{7+\theta^2}}\,d\theta$

123. $\int x^3(1+x^4)^{-1/4}\,dx$

124. $\int (2-x)^{3/5}\,dx$

125. $\int \sec^2\frac{s}{10}\,ds$

126. $\int \csc^2 \pi s\,ds$

127. $\int \csc\sqrt{2}\theta\cot\sqrt{2}\theta\,d\theta$

128. $\int \sec\frac{\theta}{3}\tan\frac{\theta}{3}\,d\theta$

129. $\int \sin^2\frac{x}{4}\,dx$ $\left[\text{힌트: } \sin^2\theta = \frac{1-\cos 2\theta}{2}\right]$

130. $\int \cos^2\frac{x}{2}\,dx$

131. $\int \left(\frac{3}{x}-x\right)dx$

132. $\int \left(\frac{5}{x^2}+\frac{2}{x^2+1}\right)dx$

133. $\int \left(\frac{1}{2}e^t - e^{-t}\right)dt$

134. $\int (5^s + s^5)\,ds$

135. $\int \theta^{1-\pi}\,d\theta$

136. $\int 2^{\pi+r}\,dr$

137. $\int \frac{3}{2x\sqrt{x^2-1}}\,dx$

138. $\int \frac{d\theta}{\sqrt{16-\theta^2}}$

초깃값 문제

실전문제 139~142에서 초깃값 문제를 풀어라.

139. $\frac{dy}{dx} = \frac{x^2+1}{x^2}, \quad y(1) = -1$

140. $\frac{dy}{dx} = \left(x+\frac{1}{x}\right)^2, \quad y(1) = 1$

141. $\frac{d^2r}{dt^2} = 15\sqrt{t} + \frac{3}{\sqrt{t}}; \quad r'(1) = 8, \quad r(1) = 0$

142. $\frac{d^3r}{dt^3} = -\cos t; \quad r''(0) = r'(0) = 0, \quad r(0) = -1$

응용과 예제

143. 문제 (a)와 (b)의 적분 결과가 모두 참일 수 있는가? 설명하라.

a. $\int \frac{dx}{\sqrt{1-x^2}} = \arcsin x + C$

b. $\int \frac{dx}{\sqrt{1-x^2}} = -\int -\frac{dx}{\sqrt{1-x^2}} = -\arccos x + C$

144. 문제 (a)와 (b)의 적분 결과가 모두 참일 수 있는가? 설명하라.

a. $\int \frac{dx}{\sqrt{1-x^2}} = -\int -\frac{dx}{\sqrt{1-x^2}} = -\arccos x + C$

b. $\int \frac{dx}{\sqrt{1-x^2}} = \int \frac{-du}{\sqrt{1-(-u)^2}}$ $\quad x = -u,\ dx = -du$

$= \int \frac{-du}{\sqrt{1-u^2}}$

$= \arccos u + C$

$= \arccos(-x) + C$ $\quad u = -x$

145. 주어진 그림과 같이 직사각형의 한 변은 y축의 양의 방향에, 한 변은 x축의 양의 방향에 놓여 있고, 오른쪽 위의 꼭짓점은 곡선 $y=e^{-x^2}$ 위에 있다. 이 직사각형의 넓이를 가장 크게 하는 가로, 세로의 치수는 얼마인가? 이때 넓이는 얼마인가?

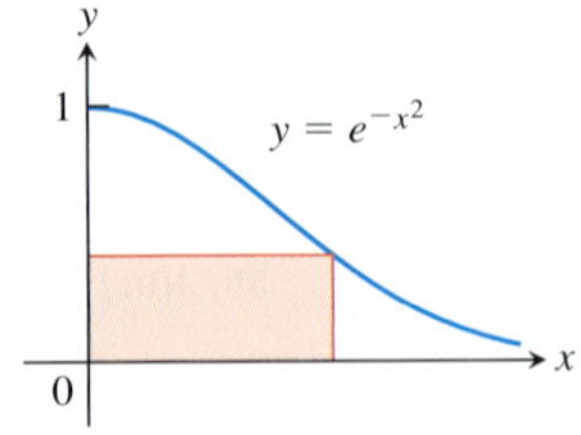

146. 주어진 그림과 같이 직사각형의 한 변은 y축의 양의 방향에, 한 변은 x축의 양의 방향에 놓여 있고, 오른쪽 위의 꼭짓점은 곡선 $y=(\ln x)/x^2$ 위에 있다. 이 직사각형의 넓이가 가장 크게 하는 가로, 세로의 치수는 얼마인가? 이때 넓이는 얼마인가?

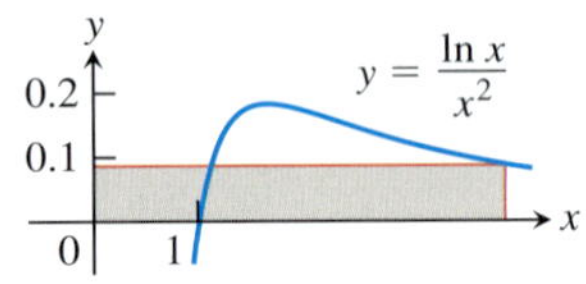

실전문제 147과 148에서 주어진 구간에서 각 함수의 최댓값과 최솟값을 구하라.

147. $y = x\ln 2x - x, \quad \left[\frac{1}{2e}, \frac{e}{2}\right]$

148. $y = 10x(2-\ln x), \quad (0, e^2]$

실전문제 149와 150에서 함수의 최댓값과 최솟값을 찾고, 그때의 x좌표를 구하라.

149. $f(x) = e^{x/\sqrt{x^4+1}}$

150. $g(x) = e^{\sqrt{3-2x-x^2}}$

T 151. 다음 함수의 그래프를 그리고, 보이는 모양을 이용하여 극값의 위치와 크기를 추정하고, 변곡점의 좌표를 식별하고, 그래프가 위로 오목인 구간과 아래로 오목인 구간을 찾아라. 그런 다음 함수의 미분을 이용하여 추정한 값을 확인하라.

a. $y = (\ln x)/\sqrt{x}$

b. $y = e^{-x^2}$

c. $y = (1+x)e^{-x}$

T 152. $f(x)=x\ln x$의 그래프를 그려라. 이 함수는 최솟값을 가지는 것처럼 보이는가? 미분으로 계산하여 답을 확인하라.

T 153. 구간 $[0, 3\pi]$에서 $f(x)=(\sin x)^{\sin x}$를 그려라. 보이는 개형에 대해 설명하라.

154. 둥근 수중 전송 케이블은 구리선으로 된 코어와 이를 둘러싼 비전도성 절연체로 구성되어 있다. x가 절연체 두께에 대한 코어 반지름의 비율이라고 하면, 전송신호의 속도는 방정식 $v=x^2\ln(1/x)$로 주어진다. 코어의 반지름이 1 cm라면, 절연체의 두께 h를 얼마로 해야 최대의 전송 속도를 얻을 수 있는가?

$x = \frac{r}{h}$

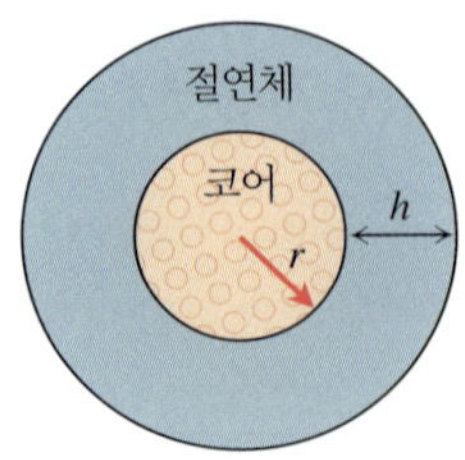

심화문제 ADVANCED QUESTION

함수와 도함수

1. 어떤 구간에서 최댓값과 최솟값이 동일한 함수에 대해 무엇을 말할 수 있는가? 답에 대한 이유를 제시하라.
2. 닫힌 구간에서 불연속함수는 최댓값과 최솟값을 모두 가질 수는 없다는 것이 참인가? 답에 대한 이유를 제시하라.
3. 열린 구간에서 연속함수의 극값에 대해 어떤 결론을 내릴 수 있는가? 한 쪽만 열린 구간에서는? 답에 대한 이유를 제시하라.
4. **국소 극값** 도함수의 부호 패턴을 이용하여 f의 극댓값과 극솟값이 생기는 점을 식별하라.

$$\frac{df}{dx} = 6(x-1)(x-2)^2(x-3)^3(x-3)^4$$

5. **국소 극값**
   - **a.** $y=f(x)$의 1계 도함수가 다음과 같다.
   $$y' = 6(x+1)(x-2)^2$$
   어떤 점에서 f의 그래프가 극댓점, 극솟점, 변곡점을 갖는가?
   - **b.** $y=f(x)$의 1계 도함수가 다음과 같다.
   $$y' = 6(x+1)(x-2)$$
   어떤 점에서 f의 그래프가 극댓점, 극솟점, 변곡점을 갖는가?
6. 모든 x에 대해 $f'(x) \le 2$이면, 구간 $[0, 6]$에서 f의 값이 증가할 수 있는 최대폭은 얼마인가? 답에 대한 이유를 제시하라.
7. **함수의 제한** f가 구간 $[a, b]$에서 연속이고 c가 이 구간 내부의 점이라고 가정하자. $[a, c)$에서 $f'(x) \le 0$이고, $(c, b]$에서 $f'(x) \ge 0$이면, $[a, b]$에서 $f(x)$는 $f(c)$보다 작을 수 없음을 보여라.
8. **부등식**
   - **a.** 모든 x에 대해 $-1/2 \le x/(1+x^2) \le 1/2$을 증명하라.
   - **b.** f의 도함수가 $f'(x)=x/(1+x^2)$이라고 하자. 문제 (a)의 결과를 이용하여 임의의 a, b에 대해 다음 부등식을 보여라.
   $$|f(b) - f(a)| \le \frac{1}{2}|b-a|$$
9. $x=0$에서 $f(x)=x^2$의 미분은 0이지만, f는 상수함수가 아니다. 이 결과와 도함수가 0인 함수는 상수함수라는 평균값 정리의 따름정리는 서로 모순되지 않는가? 답에 대한 이유를 제시하라.
10. **극값과 변곡점** $h=fg$를 x에 대해 두 번 미분가능한 함수의 곱이라 하자.
    - **a.** f와 g가 양의 값을 가지면서 $x=a$에서 극댓값을 가지고 a에서 f'과 g'의 부호가 바뀐다면 h가 a에 극댓값을 가지는가?
    - **b.** f와 g가 $x=a$에서 변곡점을 갖는다면 h도 a에서 변곡점을 갖는가?

두 가지 물음에 대해 맞다면 증명하고, 틀리다면 반례를 들어라.

11. **함수 구하기** 다음 조건을 이용하여 $f(x)=(x+a)/(bx^2+cx+2)$에 대해 a, b, c의 값을 구하라.
    - **a.** a, b, c의 값은 0 또는 1이다.
    - **b.** f의 그래프는 점 $(-1, 0)$을 지난다.
    - **c.** 직선 $y=1$은 f의 점근선이다.
12. **수평 접선** 곡선 $y=x^3+kx^2+3x-4$가 오직 하나의 수평 접선을 가질 때, 상수 k의 값은?

최적화

13. 최대 넓이의 내접 삼각형 단위원에서 점 A와 B가 지름의 끝점이고 점 C는 원둘레에 있다. 이등변삼각형일 때 삼각형 ABC의 넓이가 최대인가? 어떻게 알 수 있는가?
14. **2계 도함수 판정법의 증명** 극댓값과 극솟값에 대한 2계 도함수 판정법(3.4절)에서
    - **a.** $f'(c)=0$이고 $f''(c)<0$이면 f는 $x=c$에서 극댓값을 갖는다.
    - **b.** $f'(c)=0$이고 $f''(c)>0$이면 f는 $x=c$에서 극솟값을 갖는다.

    문제 (a)를 증명하기 위해 $\varepsilon=(1/2)|f''(c)|$라고 하자. 그러면 다음과 같다.
    $$f''(c) = \lim_{h\to 0}\frac{f'(c+h)-f'(c)}{h} = \lim_{h\to 0}\frac{f'(c+h)}{h}$$
    이로부터 다음을 만족하는 $\delta>0$가 존재한다.
    $$0<|h|<\delta \quad \Rightarrow \quad \frac{f'(c+h)}{h} < f''(c)+\varepsilon < 0$$
    따라서 $f'(c+h)$는 $-\delta<h<0$에서 양수이고, $0<h<\delta$에서 음수이다. 유사한 방법으로 문제 (b)를 증명하라.
15. **물탱크의 배수구** 주어진 그림과 같이 물탱크의 옆면에 적당한 높이로 배수구를 뚫어 물줄기가 물통으로부터 가능한 먼 곳의 지면에 도달하게 하려고 한다. 상단에 가까이에 구멍을 뚫으면 수압이 낮아 물이 느리게 나오지만, 상대적으로 공기 중에서 오랜 시간을 보낸다. 바닥 가까이에 구멍을 뚫으면 물은 빠른 속도로 나오지만 떨어지는 데 짧은 시간이 걸린다. 배수구를 만들 최적의 위치가 존재한다면 어디인가? [힌트: 높이 h에서 배출된 물이 지면으로 떨어질 때까지 걸리는 시간은 얼마인가?]

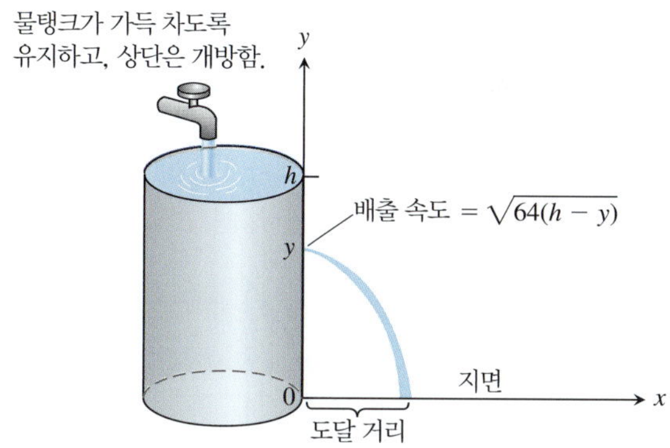

16. **필드 골 차기** 미식축구 선수가 오른쪽 해시 마크에 공을 두고 골을 차려고 한다. 골 포스트는 서로 b미터 떨어져 있고 해시 마크 라인은 오른쪽 골 포스트에서 $a>0$미터 거리에 있다고 가정하자(주어진 그림 참조). 키커에게 가장 큰 각도 β를 제공하는 골라인으로부터의 거리 h를 구하라. 축구장은 평평하다고 가정한다.

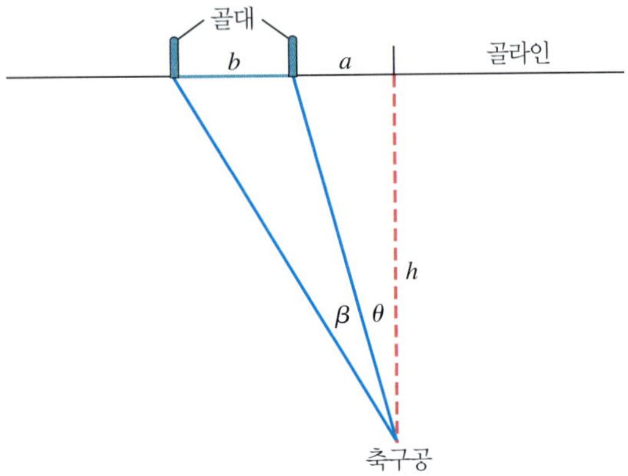

17. 가변적인 해를 갖는 최대최소 문제 어떤 최대최소 문제의 해는 관련된 모양의 비율에 따라 달라지기도 한다. 적절한 예를 들어 주어진 그림과 같이 반지름 R, 높이 H인 직원뿔에 내접하는 반지름 r, 높이 h의 직원기둥을 생각하자. 원기둥의 겉넓이(윗면과 아랫면을 포함하여)를 최대로 하는 반지름 r을 (R과 H의 식으로) 구하라. 해를 구해보면 $H \le 2R$인지, $H > 2R$인지에 따라 해가 달라진다.

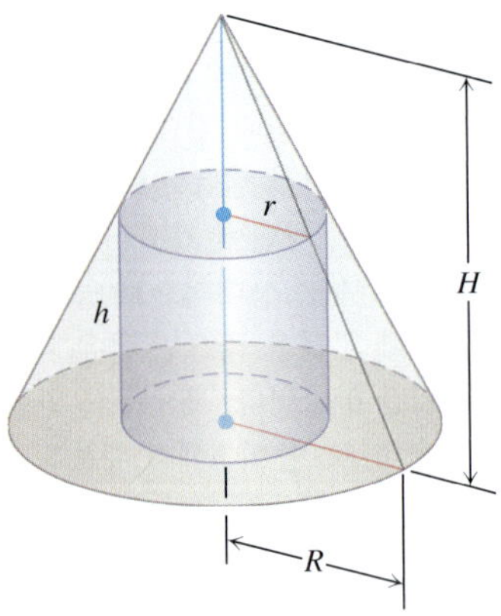

18. 매개변수의 최소화 모든 양수 x에 대해 $mx - 1 + (1/x)$를 0보다 크거나 같도록 하는 양의 상수 m의 최솟값을 구하라.

19. 주어진 그림과 같이 직각삼각형에 내접하는 직사각형이 최대 넓이를 가질 때, 직사각형의 크기를 구하라.

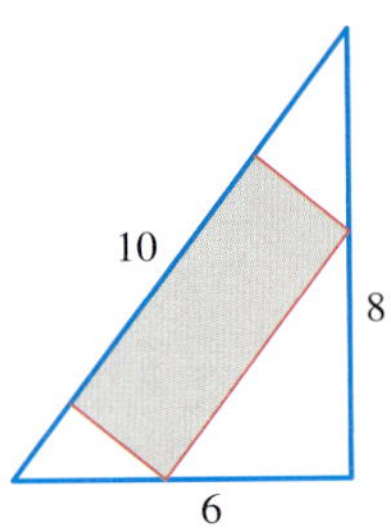

20. 밑면이 정사각형인 직육면체 상자가 높이 4, 밑면 반지름 3인 직원뿔에 내접한다. 상자의 밑면을 원뿔의 밑면에 놓을 때 가능한 상자의 최대 부피는?

극한

21. 다음 극한을 계산하라.

a. $\lim_{x\to 0} \dfrac{2\sin 5x}{3x}$ **b.** $\lim_{x\to 0} \sin 5x \cot 3x$

c. $\lim_{x\to 0} x \csc^2 \sqrt{2x}$ **d.** $\lim_{x\to \pi/2} (\sec x - \tan x)$

e. $\lim_{x\to 0} \dfrac{x - \sin x}{x - \tan x}$ **f.** $\lim_{x\to 0} \dfrac{\sin x^2}{x \sin x}$

g. $\lim_{x\to 0} \dfrac{\sec x - 1}{x^2}$ **h.** $\lim_{x\to 2} \dfrac{x^3 - 8}{x^2 - 4}$

22. 로피탈 정리는 다음 극한을 계산하는 데 도움이 되지 않는다. 다른 방법을 사용하여 극한을 구하라.

a. $\lim_{x\to\infty} \dfrac{\sqrt{x+5}}{\sqrt{x}+5}$ **b.** $\lim_{x\to\infty} \dfrac{2x}{x + 7\sqrt{x}}$

이론과 예제

23. 일주일 동안 x개의 제품을 생산하는 데 $y = a + bx$달러의 비용이 든다고 가정하자. 단위가격이 $P = c - ex$달러일 때, 일주일에 x개를 팔 수 있다. a, b, c, e는 양의 상수이다. **(a)** 이익을 최대로 하는 생산량은 얼마인가? **(b)** 이때 대응되는 가격은 얼마인가? **(c)** 이 생산 수준에서 주간 이익은 얼마인가? **(d)** 정부에서 판매되는 제품당 t달러의 세금을 부과한다면 최대 이익을 위해 개당 판매가격을 얼마로 해야 하는가? 이 가격과 세금 전 가격의 차이에 대해 설명하라.

24. 나눗셈 없이 역수 구하기 함수 $f(x) = (1/x) - a$에 뉴턴 방법을 적용하면 a에 대한 나눗셈을 하지 않고 a의 역수를 계산할 수 있다. 예를 들어 $a = 3$일 때, 함수 $f(x) = (1/x) - 3$을 사용한다.

a. $y = (1/x) - 3$의 그래프를 그려라. 그래프가 어디에서 x축과 만나는가?

b. 이 경우 다음 점화식이 성립함을 보여라.

$$x_{n+1} = x_n(2 - 3x_n)$$

따라서 계산에 나눗셈이 필요하지 않다.

25. $x = \sqrt[q]{a}$를 구하기 위해 함수 $f(x) = x^q - a$에 뉴턴 방법을 적용한다. 여기서 a는 양의 실수이고 q는 양의 정수이다. x_1은 x_0와 a/x_0^{q-1}의 '가중평균'임을 보이고, 다음을 만족하는 계수 m_0와 m_1을 구하라.

$$x_1 = m_0 x_0 + m_1\left(\frac{a}{x_0^{q-1}}\right),\ m_0 > 0,\ m_1 > 0,\ m_0 + m_1 = 1$$

x_0와 a/x_0^{q-1}가 일치한다면 어떤 결론에 도달하는가? 이 경우 x_1의 값은 무엇인가?

26. 직선 $y = ax + b$ (a, b는 임의의 상수)의 모임은 $y'' = 0$의 관계식을 만족하는 것으로 규정할 수 있다.

$$(x - h)^2 + (y - h)^2 = r^2$$

여기서 h와 r이 임의의 상수로 나타낼 수 있는 모든 원의 모임을 규정하는 유사한 관계식을 찾아라. [힌트: 주어진 식과 한 번, 두 번 미분하여 얻은 식까지 모두 3개의 식으로부터 h와 r을 소거하라.]

27. 14세기의 자유낙하 14세기 중반 작센의 알베르트는 떨어지는 물체의 속도는 낙하한 거리에 비례한다는 자유낙하 모델을 제안했다. 6 m 낙하한 물체는 3 m 낙하한 물체보다 2배 빠르게 움직인다고 생각하는 것이 합리적으로 보였다. 게다가 당시에는 다른 방법으로 입증할 만큼 정확도를 가진 장치도 사용가능한 것이 없었다. 현재는 작센의 알베르트 모델에 내포된 초깃값 문제를 푸는 방법으로 모델과 현실이 얼마나 떨어져 있는지 살펴볼 수 있다. 이 문제를 풀고 방정식 $s = 4.9t^2$으로 주어지는 정답 그래프와 비교하라. 그의 모델에서는 처음엔 너무 느리게 움직이다가 나중에는 너무

비현실적으로 빨라진다는 것을 알 수 있다.

28. 집단 검사 2차 세계대전 동안 많은 수의 신병에 대해 혈액검사를 실시할 필요가 있었다. N명에 대한 혈액검사를 실시하는 두 가지 방법이 있다. 방법 1은 각 개인에 대해 개별적으로 테스트하는 것이고, 방법 2는 x명의 혈액 샘플을 모아 하나의 큰 샘플로 만드는 것이다. 검사결과가 음성이면 x명에 대한 테스트는 이 검사 한 번으로 충분하다. 만약 검사결과가 양성이면 x명에 대해 개별적으로 추가 테스트를 시행하여 총 $x+1$번의 검사를 하게 된다. 두 번째 방법에서 적절한 확률론을 사용하면, 총 검사횟수 y는 평균적으로 다음 식과 같음을 보일 수 있다.

$$y = N\left(1 - q^x + \frac{1}{x}\right)$$

$q=0.99$, $N=1000$으로 두고, y를 최소화하는 정수 x를 구하라. 또한 y를 최대로 하는 정수 x를 구하라(두 번째 결과는 실제 상황에서 중요하지 않다). 집단검사 방법은 2차 세계대전에서 사용되어 개별 검사와 비교하여 80%가 절약되었지만, q의 값이 주어졌던 것은 아니다. 집단검사 방법은 COVID−19를 포함한 다양한 질병의 진단에 사용되고 있다.

29. 자동차의 브레이크가 상수 감속도 k m/s^{2}의 성능을 가진다고 가정하자. **(a)** 108 km/h (30 m/s)의 속도로 주행 중인 자동차가 브레이크를 밟은 지점으로부터 30 m 떨어진 지점에서 정지하도록 k의 값을 정하라. **(b)** 같은 k값일 때 54 km/h로 주행 중인 자동차는 정지하기 전까지 얼마나 멀리 가는가?

30. $f(x)$와 $g(x)$는 연속적으로 미분가능한 함수로 $f'(x)=g(x)$와 $f''(x)=-f(x)$를 만족한다. $h(x)=f^2(x)+g^2(x)$라 하자. $h(0)=5$일 때, $h(10)$을 구하라.

31. 다음 조건을 만족하는 곡선이 존재할 수 있는가? d^2y/dx^2은 모든 점에서 0이고, $x=0$일 때 $y=0$이고 $dy/dx=1$이다. 답에 대한 이유를 제시하라.

32. xy평면에서 점 $(1, -1)$을 지나고 x에서 기울기가 항상 $3x^2+2$인 곡선의 방정식을 구하라.

33. 입자가 x축을 따라 움직인다. 가속도는 $a=-t^2$이다. $t=0$에서 입자는 원점에 있다. 움직이는 동안 $x=b$ $(b>0)$에 도달하고 b를 넘어가진 않는다. $t=0$일 때 속도를 구하라.

34. 입자가 가속도 $a=\sqrt{t}-(1/\sqrt{t})$로 움직인다. $t=0$일 때 속도는 $v=4/3$이고 위치는 $s=-4/15$이다.

a. 속도 v를 t의 식으로 써라.

b. 위치 s를 t의 식으로 써라.

35. $a>0$에 대해 $f(x)=ax^2+2bx+c$라고 하자. 최솟값을 구하는 방법으로 모든 실수 x에 대해 $f(x)\geq 0$일 필요충분 조건은 $b^2-ac\leq 0$임을 증명하라.

36. 코시-슈바르츠 부등식

a. 심화문제 35에서 $f(x)$가 다음과 같이 주어졌다고 하자.

$$f(x) = (a_1x + b_1)^2 + (a_2x + b_2)^2 + \cdots + (a_nx + b_n)^2$$

이로부터 다음 코시-슈바르츠 부등식을 유도하라.

$$(a_1b_1 + a_2b_2 + \cdots + a_nb_n)^2 \leq (a_1^2 + a_2^2 + \cdots + a_n^2)(b_1^2 + b_2^2 + \cdots + b_n^2)$$

b. 코시-슈바르츠 부등식의 등호가 성립하는 것은 1부터 n까지의 모든 i에 대해 a_ix가 $-b_i$와 같아지는 실수 x가 존재할 때뿐임을 보여라.

37. 혈관 및 파이프의 최적 분기 각도 유체시스템에서 큰 파이프에서 더 작은 파이프로 분기할 때 에너지 절약의 관점에서 최적의 각도를 사용하고자 한다. 예를 들어 주어진 그림과 같이 경로 AOB를 따를 때 마찰에 의한 에너지 손실을 최소화하고자 한다. 그림에서 B는 작은 파이프에 도달할 지점이고, A는 B로 갈 흐름의 위쪽에 있는 큰 파이프의 지점이고, O는 분기가 발생하는 지점이다. 포아세유(Poiseuille)가 공식화한 법칙에 따르면 비난류의 흐름에서 마찰로 인한 에너지 손실은 경로의 길이에 비례하고, 반지름의 네제곱에 반비례한다. 따라서 경로 AO에서의 손실은 $(kd_1)/R^4$이고, OB에서는 $(kd_2)/r^4$이다. 여기서 k는 상수, d_1은 AO의 길이, d_2는 OB의 길이, R은 큰 파이프의 반지름, r은 작은 파이프의 반지름이다. 각도 θ는 두 손실의 합인 다음 식을 최소화하도록 선택한다.

$$L = k\frac{d_1}{R^4} + k\frac{d_2}{r^4}$$

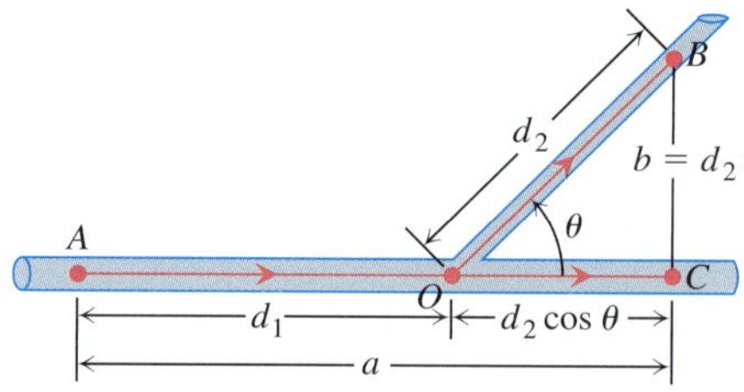

이 모델에서 $AC=a$, $BC=b$로 고정되었다고 가정한다. 그러면 관계식은 다음과 같다.

$$d_1 + d_2\cos\theta = a \quad d_2\sin\theta = b$$

따라서 다음을 얻을 수 있다.

$$d_2 = b\csc\theta,$$
$$d_1 = a - d_2\cos\theta = a - b\cot\theta$$

이제 전체 손실 L은 θ의 함수로 표현된다.

$$L = k\left(\frac{a - b\cot\theta}{R^4} + \frac{b\csc\theta}{r^4}\right)$$

a. $dL/d\theta$을 0으로 하는 θ의 임계점은 다음과 같음을 보여라.

$$\theta_c = \cos^{-1}\frac{r^4}{R^4}$$

b. 파이프의 반지름 비율이 $r/R=5/6$일 때, 문제 (a)에서 얻은 최적 분기 각도를 근사적으로 계산하라.

38. $y=\ln x$의 그래프 위의 점 (a, b)와 (a, b)에서의 접선이 y축, 직선 $y=b$와 각각 만나는 점으로 만들어진 삼각형 ABC를 생각하자. 다음 식을 보여라.

$$(\text{삼각형 } ABC\text{의 넓이}) = \frac{a}{2}$$

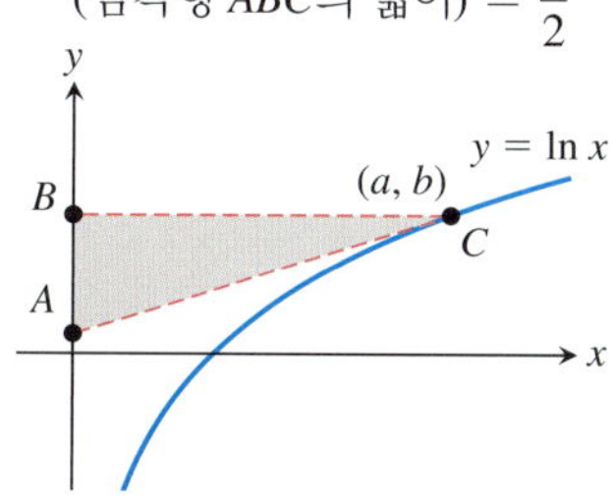

39. 주어진 그림과 같이 점 A를 지나는 수직 접선을 가지며 중심이 원점에 있는 단위원을 생각하자. 선분 AB와 AC의 길이가 같다고 가정하고, D는 B와 C를 잇는 직선이 x축과 만나는 점이라 하자. B가 A로 가까이 갈 때 t의 극한을 구하라.

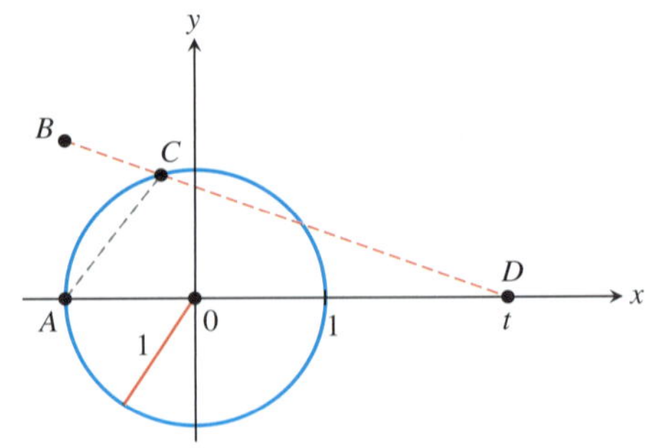

기술 응용 프로젝트 TECHNOLOGY APPLICATION PROJECT

매스매티카/메이플 프로젝트

프로젝트는 MyLab Math에서 찾을 수 있다.

- **직선운동: 위치 → 속도 → 가속도**

  위치, 속도, 가속도 사이의 미분 관계를 극적인 애니메이션으로 시각화한 그래프 모양을 관찰할 수 있다. 책의 그림을 움직여 볼 수 있다.

- **뉴턴 방법: π를 몇 자리까지 추정할 수 있는가?**

  함수를 그려서 근을 관찰하고, 근 근처의 시작점을 선택하여 원하는 정확도까지 뉴턴 방법의 절차를 반복한다. π, e, $\sqrt{2}$를 근사적으로 구한다.

4 적분

삼각형, 구, 원뿔 등의 넓이와 부피에 대한 공식은 고전 기하학이 이룬 위대한 업적이다. 이 장에서는 보다 일반적인 도형의 넓이와 부피를 계산하는 방법인 **적분법**을 만들어가는 방법을 살펴본다. 미적분학에서 **정적분**은 넓이와 부피를 정의하고 계산하는 핵심 도구이다. 곡선의 길이, 확률, 평균, 에너지 소비량, 물체의 질량, 댐의 수문에 걸리는 하중 등을 계산하는 데에도 정적분을 사용한다.

도함수와 마찬가지로 정적분 또한 극한으로 정의된다. 정적분은 근삿값의 정확도를 점점 높여 얻은 극한값이다. 정적분의 발상은 어떤 양(예를 들어 구불구불한 영역의 넓이)에 대한 근삿값을 구하기 위해 먼저 대상을 단순한 것(예를 들어 사각형)으로 근사할 수 있는 작은 조각으로 잘게 쪼개는 것이다. 각 단순한 조각의 분량을 모두 합하면 본래 구하려는 양에 대한 근삿값이 된다. 대상을 더 잘게 쪼개면 쪼갤수록 조각의 총합은 일반적으로 정확도가 높아지다가 결국 측정하고자 하는 양에 수렴하게 된다. 이렇게 더하는 항의 개수를 무한대로 늘려가며 극한값을 구할 때 극한값이 존재한다면 그 값이 바로 정적분값이다. 4.3절에서 우리는 이 아이디어를 더욱 발전시켜 볼 것이다.

또한 이 장에서는 정적분 계산 과정과 역도함수(Anti-derivative)를 구하는 것이 서로 밀접하게 관련되어 있음을 증명한다. 미적분학에서 가장 중요하다고 할 만한 이 연관 관계로부터 효과적인 정적분 계산 방법, 즉 근삿값의 극한을 직접 계산하는 어려움이 없는 간단하면서도 막강한 계산 방법이 나온다. **미적분학의 기본정리**(Fundamental Theorem of Calculus)는 바로 이 관계를 담고 있다.

4.1 넓이와 유한합을 이용한 추정

정적분 공식을 이끌어내는 과정은 유한합으로 근삿값을 만드는 것에서 출발한다. 이 절에서는 세 가지 예, 즉 그래프 아래의 넓이, 움직이는 물체가 이동한 거리, 함수의 평균값을 구하는 과정을 살펴 볼 것이다. 모양이 일반적인 평면 영역의 넓이라는 것 또는 닫힌 구간에서 함수의 평균값이라는 것이 무엇을 의미하는지 아직 우리가 정확하게 정의하기 전이지만, 이들 용어의 의미에 대한 직관적 개념은 이미 알고 있다. 적분법을 향해 가는 첫 단계는 이 직관적 개념과 연관된 단순한 항 유한개를 더해 이러한 값들을 근사하는 것이다. 그 다음 합산 과정에서 항 개수를 계속해서 늘려갈 때 어떤 현상이 나타나는지를 살펴본다. 이어지는 절에서는 항이 무한히 많아질 때 이 합의 극한을 면밀히 조사하여 정적분의 정확한 정의를 찾을 것이다.

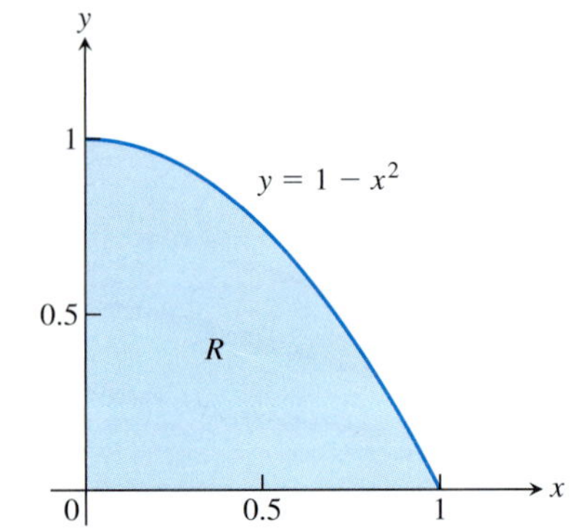

그림 4.1 영역 R의 넓이를 구할 수 있는 간단한 공식은 없다.

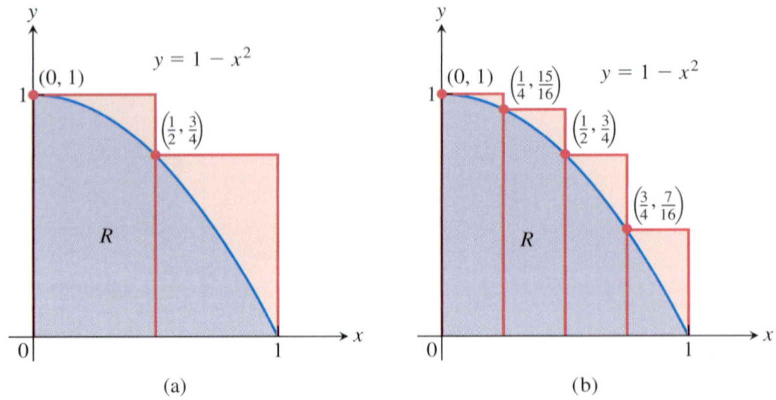

그림 4.2 (a) 영역 R을 포함하는 직사각형 2개의 넓이를 합해 넓이 R의 참값보다는 큰 근삿값을 얻는다. (b) 직사각형 4개를 이용하면 근삿값은 참값에 더 가까워진다. 두 경우 모두 연홍색으로 칠해진 양 만큼 참값을 초과한다.

넓이

그림 4.1에서 영역 R, 즉 세로선 $x=0$과 $x=1$ 사이에서 x축 위쪽 $y=1-x^2$의 그래프 아래쪽에 색칠된 영역의 넓이를 구한다고 하자. 불행히도 이와 같이 일반적인 곡선이 경계인 영역의 넓이를 계산하기 위한 간단한 공식은 없다. 그렇다면 어떻게 R의 넓이를 구할 수 있는가?

영역 R의 넓이를 정확하게 측정할 방법이 아직은 없으므로, 넓이에 대한 근삿값을 구하는 방법을 생각해보자. 그림 4.2a에서 직사각형 2개가 함께 영역 R을 덮고 있다. 이 직사각형들은 밑변이 1/2이고 높이는 각각 1과 3/4이다(왼쪽에서 오른쪽으로). 직사각형의 높이는 각 부분구간에서 함수 f의 최댓값이다. 구간 [0, 1]에서 함수 f는 감소하기 때문에, 직사각형의 높이는 f가 밑변의 왼쪽 끝점에서 갖는 함숫값이다. 두 직사각형의 총 넓이는 영역 R의 넓이 참값 A에 가깝다.

$$A \approx 1 \cdot \frac{1}{2} + \frac{3}{4} \cdot \frac{1}{2} = \frac{7}{8} = 0.875$$

두 직사각형이 R을 포함하고 있기 때문에 이 추정값은 A보다 크다. 각 직사각형의 높이를 함수 $f(x)$가 밑변에서 갖는 최댓값으로 택했기 때문에 0.875를 **상합**(upper sum)이라고 한다. 그림 4.2b에서는 폭이 1/4인 직사각형 4개로 R을 덮어 더 좋은 근삿값을 얻는다. 직사각형들이 R을 포함하기 때문에 근삿값은 여전히 A보다 크다.

$$A \approx 1 \cdot \frac{1}{4} + \frac{15}{16} \cdot \frac{1}{4} + \frac{3}{4} \cdot \frac{1}{4} + \frac{7}{16} \cdot \frac{1}{4} = \frac{25}{32} = 0.78125$$

반대로 그림 4.3a와 같이 영역 R의 내부에 포함되는 직사각형 4개로 넓이를 추정해보자. 밑변은 이전과 같이 1/4이지만, 높이가 줄어 모든 직사각형이 f의 그래프 아래 온전히 들어간다. 함수 $f(x)=1-x^2$은 구간 [0, 1]에서 감소하므로 각 직사각형의 높이는 밑변 오른쪽 끝점에서 f가 갖는 함숫값이다. 네 번째 직사각형의 높이는 0이므로 넓이에 영향을 주지 않는다. 직사각형들의 넓이를 합해 **하합**(lower sum) 근삿값을 얻는다.

$$A \approx \frac{15}{16} \cdot \frac{1}{4} + \frac{3}{4} \cdot \frac{1}{4} + \frac{7}{16} \cdot \frac{1}{4} + 0 \cdot \frac{1}{4} = \frac{17}{32} = 0.53125$$

모든 직사각형이 영역 R의 내부에 포함되기 때문에 근삿값은 실제 넓이 A보다 작다. 참값 A는 상합과 하합 사이에 있다.

$$0.53125 < A < 0.78125$$

따라서 상합과 하합을 동시에 고려하면 넓이에 대한 근삿값뿐만 아니라 이러한 근삿값에서

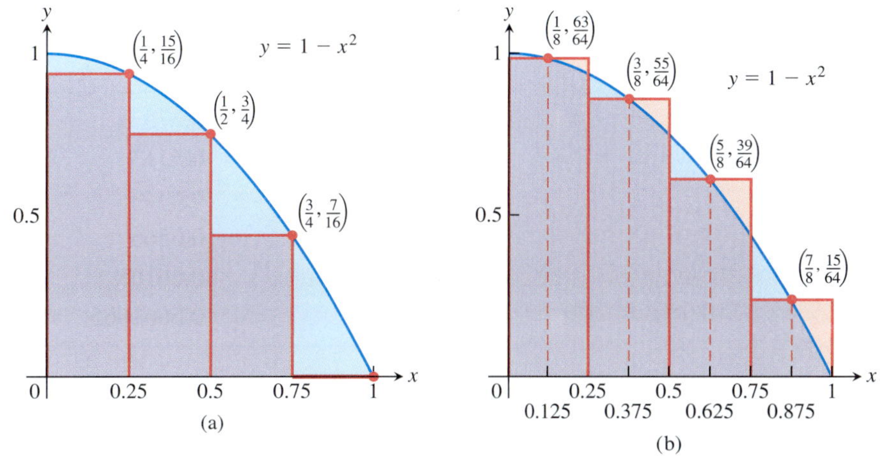

그림 4.3 (a) 영역 R에 포함되는 모든 직사각형 넓이의 합은 R 넓이 참값보다 푸른색으로 칠해진 부분의 넓이만큼 작은 근삿값이다. (b) 각 직사각형의 높이를 밑변의 중점에서 취한 함숫값 $y=f(x)$으로 취했다. 이러한 방법을 중점법이라고 한다. 이 추정값은 연홍색의 초과량과 푸른색의 부족량이 대략 비슷해지므로 참값에 더 가깝다.

발생하는 오차의 한계도 알 수 있다. 여기에서 오차는 상합과 하합의 차 $0.78125-0.53125=0.25$보다 클 수 없다.

밑변의 중점에서 f의 함숫값을 직사각형의 높이로 정하면 또 하나의 근삿값을 얻을 수 있다(그림 4.3b). 이러한 추정법을 **중점법**(midpoint rule)이라고 한다. 중점법으로 얻은 근삿값은 상합과 하합 사이에 있지만, 그 값이 참값보다 큰지 작은지는 알 수 없다. 앞서와 같이 밑변이 1/4인 직사각형으로 중점법을 이용하면 다음을 얻는다.

$$A \approx \frac{63}{64}\cdot\frac{1}{4} + \frac{55}{64}\cdot\frac{1}{4} + \frac{39}{64}\cdot\frac{1}{4} + \frac{15}{64}\cdot\frac{1}{4} = \frac{172}{64}\cdot\frac{1}{4} = 0.671875$$

상합, 하합 그리고 중점법으로 계산할 때는 먼저 함수 f가 정의된 구간 $[a, b]$를 폭(또는 길이)이 $\Delta x=(b-a)/n$인 부분구간 n개로 등분하고, 각 부분구간에서 점 하나를 골라 함숫값을 계산한다. 이때 첫 번째 부분구간에 속하는 점을 c_1, 두 번째 부분구간에 속하는 점을 c_2 등이라 하면 유한합은 다음 모양이 된다.

$$f(c_1)\,\Delta x + f(c_2)\,\Delta x + f(c_3)\,\Delta x + \cdots + f(c_n)\,\Delta x$$

직사각형의 폭을 더 좁혀 그 개수를 점점 늘려나가면 유한합은 영역 R의 넓이 참값에 점점 더 가까워진다.

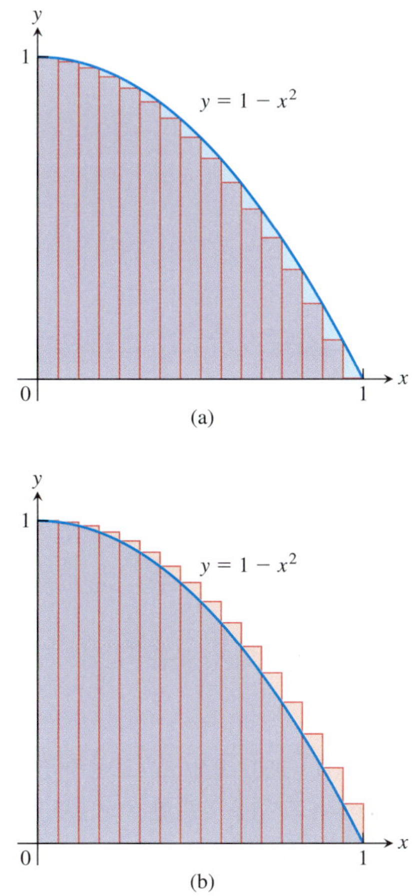

그림 4.4 (a) 폭이 $\Delta x=1/16$인 직사각형 16개를 이용한 하합, (b) 직사각형 16개를 이용한 상합.

그림 4.4a는 폭이 같은 직사각형 16개를 이용하여 영역 R의 넓이에 대한 하합 근삿값을 보여준다. 이들의 넓이 합은 0.634765625로 실제 넓이에 더 가깝다. 직사각형이 모두 R의 내부에 놓여 있으므로 이 값은 실제 넓이보다 여전히 작다.

그림 4.4b는 폭이 같은 직사각형 16개를 이용하여 영역 R의 넓이에 대한 상합 근삿값을 보여준다. 이들의 넓이 합 0.697265625은 실제 넓이보다 조금 크다. 직사각형이 여전히 영역 R 전체를 덮기 때문이다. 중점법과 직사각형 16개로 얻은 근삿값 0.6669921875이 참값보다 큰지 작은지는 곧바로 확인되지 않는다.

표 4.1은 직사각형 개수를 1,000개까지 늘렸을 때 영역 R의 넓이에 대한 상합, 하합을 보여준다. 이 근삿값은 점점 2/3에 가까워지는 것으로 보인다. 4.2절에서 직사각형의 폭이 0에 가까워지도록 그 개수를 한없이 늘리는 극한을 취해 R과 같은 영역의 넓이를 구하는 방법을 살펴보고 R의 넓이가 정확히 2/3임을 확인할 것이다.

표 4.1 유한합으로 구한 R의 넓이에 대한 근삿값.

부분구간의 개수	하합	중점법	상합
2	0.375	0.6875	0.875
4	0.5313	0.6719	0.7813
16	0.6348	0.6670	0.6973
50	0.6566	0.6667	0.6766
100	0.66165	0.666675	0.67165
1000	0.6661665	0.66666675	0.6671665

이동거리

자동차가 한 방향으로 고속도로를 속도함수 $v(t)$로 달리고 있을 때 시간 $t=a$부터 $t=b$까지 이동거리를 알아 보자. 자동차의 위치함수 $s(t)$의 도함수가 $v(t)$이다. 만약 $v(t)$의 역도함수 $F(t)$를 구할 수 있다면 자동차의 위치함수 $s(t)$는 $s(t)=F(t)+C$로 쓸 수 있다. 따라서 이동거리는 두 위치의 차 $s(b)-s(a)=F(b)-F(a)$가 된다. 속도함수가 각 시점에서 자동차의 속도계를 기록하여 결정된 것이라면, 이것으로 속도의 역도함수를 구할 수는 없다. 그렇다면 어떻게 해야 하는가?

속도 $v(t)$의 역도함수를 모를 때, 앞에서 넓이를 추정했던 것과 같은 방법으로 유한합을 이용하여 이동거리의 근삿값을 구할 수 있다. 시간 구간 $[a, b]$를 잘게 쪼개어 각 부분구간에서 속도가 비교적 일정하다고 가정한다. 그러면 각 부분구간에서 이동거리는 우리가 알고 있는 거리 공식으로 근사하고,

$$\text{거리} = \text{속도} \times \text{시간}$$

그 결과를 $[a, b]$에서 모두 더해 이동거리를 근사할 수 있다.

부분구간의 폭은 모두 Δt로 같다고 하자.

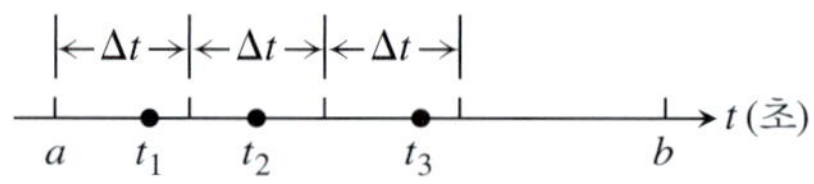

첫 번째 부분구간에서 t_1을 택한다. 시간이 Δt만큼 흐르는 동안 속도가 거의 변하지 않을 정도로 Δt를 작게 한다면 첫 번째 구간에서 이동거리는 대략 $v(t_1)\,\Delta t$이다. t_2가 두 번째 구간에 속하면 두 번째 구간에서 이동거리는 $v(t_2)\,\Delta t$이다. 따라서 모든 부분구간에서 이동거리를 총합하면 다음과 같다.

$$v(t_1)\,\Delta t + v(t_2)\,\Delta t + \cdots + v(t_n)\,\Delta t$$

여기서 n은 부분구간의 개수이다. 이 합은 실제 이동거리 D의 근삿값이며, 부분구간의 개수를 점점 더 늘릴수록 근삿값의 정확도는 올라간다.

예제 1 지면에서 수직으로 쏘아올린 물체의 속도함수가 $f(t)=160-9.8t$ m/s로 주어졌다. 앞에서 설명한 유한합으로 발사 3초 후 물체의 고도를 계산하라. 그 합은 정확한 고도 435.9 m에 얼마나 가까운가? (4.4절에서 정확한 값을 쉽게 계산하는 방법을 배운다.)

풀이 부분구간 개수와 속도값을 측정하는 시점에 따라 근사값이 어떻게 달라지는지 살펴보자. $f(t)$가 감소하기 때문에 각 부분구간의 왼쪽 끝점을 택하면 상합, 오른쪽 끝점을 택하면 하합을 얻는다.

(a) 길이가 1인 부분구간 3개의 왼쪽 끝점에서 f의 값을 각각 계산하여 상합을 구한다.

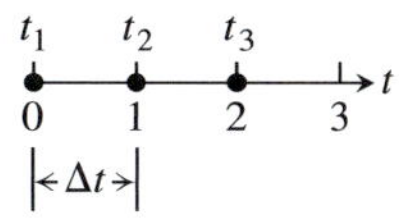

$t=0, 1, 2$에서 f의 값을 계산하면 다음과 같다.

$$\begin{aligned} D &\approx f(t_1)\,\Delta t + f(t_2)\,\Delta t + f(t_3)\,\Delta t \\ &= [160 - 9.8(0)](1) + [160 - 9.8(1)](1) + [160 - 9.8(2)](1) \\ &= 450.6 \end{aligned}$$

(b) 길이가 1인 부분구간 3개의 오른쪽 끝점에서 f의 값을 각각 계산하여 하합을 구한다.

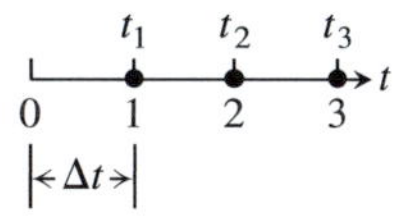

$t=1, 2, 3$에서 f의 값을 계산하면 다음과 같다.

$$\begin{aligned} D &\approx f(t_1)\,\Delta t + f(t_2)\,\Delta t + f(t_3)\,\Delta t \\ &= [160 - 9.8(1)](1) + [160 - 9.8(2)](1) + [160 - 9.8(3)](1) \\ &= 421.2 \end{aligned}$$

(c) 길이가 1/2인 부분구간 6개로 나누면 다음과 같다.

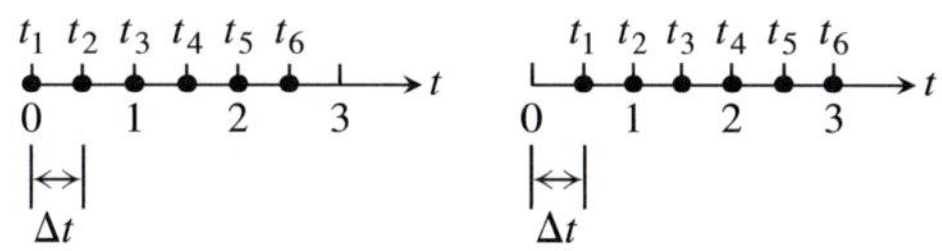

각 부분구간의 왼쪽 끝점을 택하여 상합 $D \approx 443.25$를, 오른쪽 끝점을 택하여 하합 $D \approx 428.55$를 얻는다. 상합과 하합의 차이는 부분구간이 6개일 때가 3개일 때보다 다소 줄어든다. 부분구간의 폭이 좁아질수록 결과는 개선된다.

표 4.2에서 보듯이, 왼쪽 끝점 상합은 큰 쪽에서 참값 435.9에 가까워지고, 오른쪽 끝점 하합은 작은 쪽에서 참값에 가까워진다. 참값은 상합과 하합 사이에 있다. 최소 오차는 0.23이며, 이는 참값에 대비 아주 작은 수치이다.

$$\begin{aligned} \text{오차(절대오차)} &= |\text{참값} - \text{측정값}| \\ &= |1435.9 - 435.671| = 0.23 \end{aligned}$$

$$\text{상대오차} = \frac{0.23}{435.9} \approx 0.05\%$$

표 4.2 이동거리 추정.

부분구간 개수	각 부분구간의 길이	상합	하합
3	1	450.6	421.2
6	1/2	443.25	428.55
12	1/4	439.58	432.23
24	1/8	437.74	434.06
48	1/16	436.82	434.98
96	1/32	436.36	435.44
192	1/64	436.13	435.67

표의 맨 밑줄의 근삿값에서 처음 3초가 경과하는 순간 물체의 고도가 약 436 m라는 결론이 타당함을 알 수 있다. ■

변위와 이동거리

어떤 물체가 위치함수 $s(t)$로 수직선을 따라서 한 방향으로 움직이고 있다면 물체가 $t=a$부터 $t=b$까지 이동한 거리는 예제 1과 같이 부분구간에서 이동한 거리를 모두 합해 계산할 수 있다. 물체가 움직이는 동안 한 번 이상 방향을 바꾼다면 물체의 속력 $|v(t)|$, 즉 속도함수 $v(t)$의 절댓값을 이용하여 총 이동거리를 구한다. 속도함수를 사용하면 물체의 **변위**(displacement) $s(b)-s(a)$, 즉 처음 위치와 최종 위치의 차를 측정하게 된다. 예를 들어 집에서 1킬로미터를 걸어 왔다가 집으로 되돌아갈 때를 생각해보자. 전체 이동거리는 2킬로미터이지만, 처음 출발했던 위치로 다시 돌아와 마쳤으므로 변위는 0이다.

합산 과정에서 속도함수를 사용하면 변위의 근사치가 나오는 이유를 살펴보기 위해 시간 구간 $[a, b]$를 충분히 짧은 부분구간 Δt로 등분하여 시간 t_{k-1}부터 t_k까지는 속도가 거의 변하지 않도록 한다. 그러면 $v(t_k)$는 해당 구간의 속도에 대한 좋은 근삿값이 된다. 따라서 시간 t_{k-1}부터 t_k까지 물체의 변위, 즉 위치 좌표의 변화는 대략 다음과 같다.

$$v(t_k)\,\Delta t$$

$v(t_k)$가 양이면 변화도 양이고, $v(t_k)$가 음이면 변화도 음이다.

어느 쪽이든 부분구간에서 이동거리는 대략 다음과 같다.

$$|v(t_k)|\,\Delta t$$

시간 구간 $[a, b]$에서 **총 이동거리**는 다음 합과 근사하다.

$$|v(t_1)|\,\Delta t + |v(t_2)|\,\Delta t + \cdots + |v(t_n)|\,\Delta t$$

이 개념은 4.4절에서 다시 살펴볼 것이다.

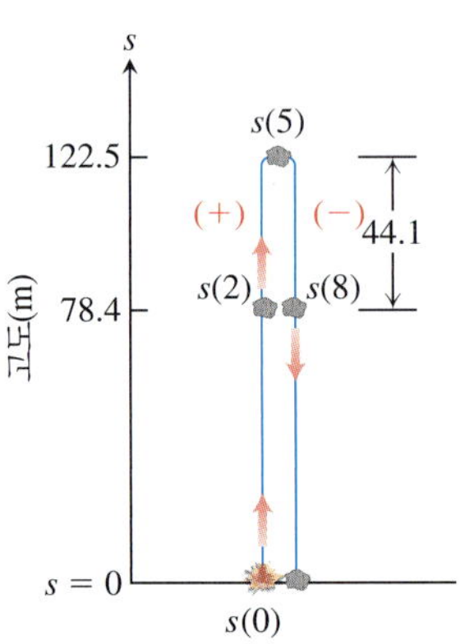

그림 4.5 예제 2의 바위. $t=2$와 $t=8$에 바위의 고도는 $s=78.4$ m이다. $t=8$에 바위는 최고점에서 44.1 m 떨어졌다.

예제 2 2.4절 예제 4에서 다이너마이트 폭발로 지면에서 수직 방향으로 날아간 바위의 속도가 $v(t)=49-9.8t$ m/s임을 구했다. 바위는 폭발 2초 후 지상 78.4 m 지점을 지나, 계속 위로 솟구쳐 폭발 5초 후 최고점 122.5 m에 도달했다가 이어서 44.1 m 아래로 떨어져 폭발 8초 후 다시 지상 78.4 m 지점을 통과한다(그림 4.5). 폭발 8초 후 바위의 총 이동거리는 $122.5+44.1=166.6$ m이다.

풀이 만약 예제 1과 같이 속도함수 $v(t)$를 사용하여 $t=0$부터 $t=8$까지 합산하면 얻는 것은 $t=8$일 때 바위의 고도에 대한 근삿값이다. $t=0$에서 출발하여 바위는 위로 총 $78.4+44.1=122.5$ m 올라가 정점을 찍고 44.1 m를 내려와 지상 78.4 m에 도달한다. 바위가 올라가는 동안은 $v(t)$가 양이지만, 내려올 때는 음이다. 다시 말해 $v(t_1)\Delta t+v(t_2)\Delta t+\cdots+v(t_n)\Delta t$를 계산할 때 위로 올라간 거리 중 일부는 아래로 내려온 거리와 상쇄되어 그 결과값은 출발점에서 바위가 얼마나 멀리 떨어져 있는지, 즉 변위값인 78.4 m가 된다.

한편 합산 과정에 속력함수 $|v(t)|$, 즉 속도함수의 절댓값을 사용하면 올라간 거리와 내려온 거리가 모두 양이 된다. 따라서 $|v(t_1)|\Delta t+|v(t_2)|\Delta t+\cdots+|v(t_n)|\Delta t$를 계산하면 올라간 거리 122.5 m와 내려온 거리 44.1 m가 모두 양이 되어 $t=0$에서 $t=8$까지 바위가 이동한 거리에 대한 근삿값 166.6 m를 구할 수 있다.

이를 확인하기 위해 구간 $[0, 8]$을 길이 $\Delta t=1/2$인 부분구간 16개로 등분하여 각 구간의 오른쪽 끝점을 t_k라 하자. 이 끝점에서 함수의 값을 표 4.3에 정리했다.

합산에 $v(t)$를 사용하면, $t=8$일 때 바위의 변위에 대한 근삿값이 나온다.

표 4.3 속도 함수.

t	$v(t)$	t	$v(t)$
0	49	4.5	4.9
0.5	44.1	5.0	0
1.0	39.2	5.5	−4.9
1.5	34.3	6.0	−9.8
2.0	29.4	6.5	−14.7
2.5	24.5	7.0	−19.6
3.0	19.6	7.5	−24.5
3.5	14.7	8.0	−29.4
4.0	9.8		

$$(44.1 + 39.2 + 34.3 + 29.4 + 24.5 + 19.6 + 14.7 + 9.8 + 4.9 + 0 - 4.9 - 9.8 - 14.7 - 19.6 - 24.5 - 29.4) \cdot \frac{1}{2} = 58.8$$

$$\text{오차} = 78.4 - 58.8 = 19.6$$

합산에 $|v(t)|$를 사용하면, 시간 구간 [0, 8]에서 바위의 이동거리에 대한 근삿값이 나온다.

$$(44.1 + 39.2 + 34.3 + 29.4 + 24.5 + 19.6 + 14.7 + 9.8 + 4.9 + 0 + 4.9 + 9.8 + 14.7 + 19.6 + 24.5 + 29.4) \cdot \frac{1}{2} = 161.7$$

$$\text{오차} = 166.6 - 161.7 = 4.9$$

구간 [0, 8]을 더 많은 부분구간으로 쪼개어 계산하면, 바위의 변위와 총 이동거리에 대한 근삿값이 78.4 m와 166.6 m에 더욱 더 가까워지는 것을 표 4.4에서 확인할 수 있다. ■

표 4.4 시간 구간 [0, 8]에서 수직 방향으로 쏘아올린 바위에 대한 근삿값.

부분구간의 개수	각 부분구간의 길이	변위	총 이동거리
16	1/2	58.8	161.7
32	1/4	68.6	164.15
64	1/8	73.5	165.375
128	1/16	75.95	165.9875
256	1/32	77.175	166.29375
512	1/64	77.7875	166.446875

음이 아닌 함수의 평균값

실수 n개 $x_1, \cdots, x_n$의 평균값은 이들의 총합을 n으로 나눈 것이다. 그렇다면 구간 $[a, b]$에서 정의된 연속함수 f의 평균값은 무엇인가? 예를 들어 마을의 어느 한 지점에서 온도는 날마다 오르내리는 연속함수이다. 어느날 그 마을의 평균온도가 23℃였다면 이는 무엇을 의미하는가?

함수가 상수이면 이 질문에 쉽게 답할 수 있다. 구간 $[a, b]$에서 함숫값이 c로 일정한 함수의 평균값은 c이다. c가 양일 때 이 상수함수의 그래프는 높이 c인 직사각형이다. 함수의 평균값은 기하학적으로 이 직사각형의 넓이를 밑변의 길이 $b-a$로 나눈 것으로 해석할 수 있다(그림 4.6a).

그림 4.6b와 같이 상수가 아닌 함수 g의 평균값을 구하려면 어떻게 해야 하는가? 이 그래프를 $x=a$와 $x=b$에 세운 칸막이로 막힌 탱크 속에서 출렁이는 물의 높이를 순간 포착한 사진으로 생각할 수 있다. 물이 출렁임에 따라 각 점에서 물의 높이는 변하지만 그 평균 높이는 일정하다. 물의 평균 높이를 알기 위해 물이 잠잠해질 때까지 놓아두자. 최종 높이 c는 g의 아랫부

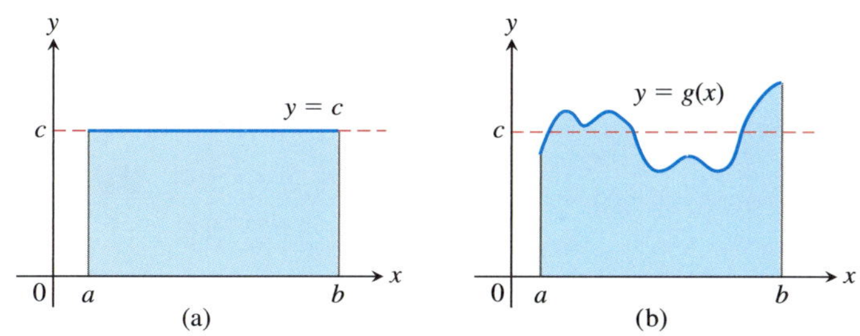

그림 4.6 (a) $[a, b]$에서 $f(x)=c$의 평균값은 직사각형의 넓이를 $b-a$로 나눈 값이다. (b) $[a, b]$에서 $g(x)$의 평균값은 그래프 아랫부분의 넓이를 $b-a$로 나눈 값이다.

분의 넓이를 $b-a$로 나눈 값과 같다. 따라서 구간 $[a, b]$에서 음이 아닌 함수의 평균값은 그 그래프 아랫부분의 넓이를 $b-a$로 나눈 것으로 정의한다. 이 정의가 타당한지 살피려면 그래프 아랫부분의 넓이가 무엇을 의미하는지 정확히 알아야 한다. 이 문제는 4.3절에서 해결하기로 하고 다음 예제를 보자.

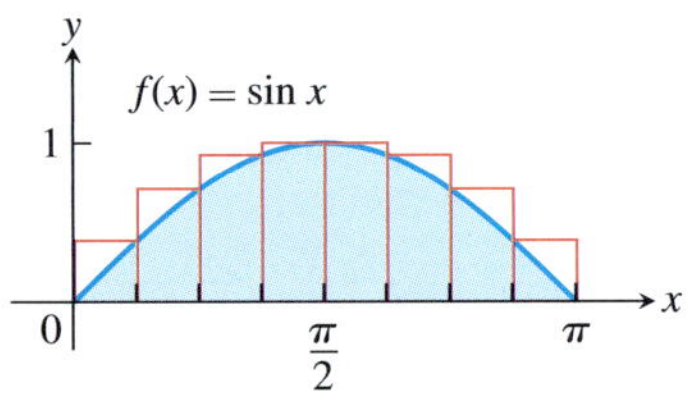

그림 4.7 구간 $[0, \pi]$에서 $\sin x$의 평균값을 계산하기 위해 $f(x)=\sin x$의 그래프 아랫부분 넓이에 대한 근삿값을 직사각형 8개를 이용하여 구한다(예제 3).

예제 3 구간 $[0, \pi]$에서 함수 $f(x)=\sin x$의 평균값을 구하라.

풀이 0과 π 사이에서 $\sin x$의 그래프를 살펴보면(그림 4.7) 그 높이의 평균값은 0과 1 사이에 있음을 알 수 있다. 평균값을 구하기 위해 그래프 아랫부분의 넓이 A를 계산하여 구간의 길이 $\pi-0=\pi$로 나눈다.

넓이를 쉽게 구할 수 없기 때문에, 유한합으로 근삿값을 구한다. 상합을 얻기 위해 x축 구간 $[0, \pi]$와 $y=\sin x$의 그래프 사이 영역을 포함하는 직사각형 8개의 넓이를 더한다. 이때 직사각형의 폭은 $\pi/8$로 모두 같고, 각 부분구간에서 높이가 $\sin x$의 최댓값인 직사각형을 택한다. 각 부분구간 위에서 최댓값은 왼쪽 끝점, 오른쪽 끝점, 내부의 어느 점에서도 나타날 수 있다. 그 점에서 $\sin x$값을 직사각형의 높이로 택하여 상합을 계산한다. 이들 직사각형의 넓이 총합은 다음과 같다.

$$A \approx \left(\sin\frac{\pi}{8} + \sin\frac{\pi}{4} + \sin\frac{3\pi}{8} + \sin\frac{\pi}{2} + \sin\frac{\pi}{2} + \sin\frac{5\pi}{8} + \sin\frac{3\pi}{4} + \sin\frac{7\pi}{8}\right)\cdot\frac{\pi}{8}$$

$$\approx (0.38 + 0.71 + 0.92 + 1 + 1 + 0.92 + 0.71 + 0.38)\cdot\frac{\pi}{8} = (6.02)\cdot\frac{\pi}{8} \approx 2.364$$

이 결과를 구간 길이 π로 나누면 $[0, \pi]$에서 $\sin x$의 평균값에 대한 근삿값 $2.364/\pi \approx 0.753$을 얻는다.

상합으로 넓이를 추정했기 때문에 이 값은 실제 평균값보다 크다. 표 4.5는 직사각형 수를 늘릴수록 폭은 점점 줄어들어 실제 평균값에 더욱더 가까워지는 것을 보여준다. 4.3절의 방법으로 실제 평균값은 $2/\pi \approx 0.63662$임을 알 수 있다.

마찬가지로 $y=\sin x$의 그래프 아래에 직사각형을 만들어 하합을 계산하거나, 중점법을 쓸 수도 있다. 어느 경우라도 모든 직사각형의 폭을 충분히 좁히면 실제 넓이에 점점 더 가까워진다. ■

표 4.5 $0 \le x \le \pi$에서 $\sin x$의 평균값.

부분구간 개수	상합으로 구한 근삿값
8	0.75342
16	0.69707
32	0.65212
50	0.64657
100	0.64161
1000	0.63712

요약

양의 값을 갖는 함수의 그래프 아랫부분의 넓이, 방향을 유지하면서 움직이는 물체의 이동거리, 어떤 구간에서 음이 아닌 함수 f의 평균값 등은 모두 유한합으로 그 근삿값을 구할 수 있다. 먼저 주어진 구간을 작은 부분구간으로 쪼갠 후 함수 f가 각 부분구간에서 상수인 것처럼 취급한다. 각 부분구간의 폭과 그 부분구간에 속하는 어느 한 점의 함숫값을 곱한 후, 이를 모두 더한다. 구간 $[a, b]$를 부분구간 n개로 등분하면 각 부분구간의 폭은 $\Delta x=(b-a)/n$이고, k번째 부분구간에서 선택한 한 점 c_k에서 f의 값이 $f(c_k)$이면 다음과 같은 유한합을 얻는다.

$$f(c_1)\,\Delta x + f(c_2)\,\Delta x + f(c_3)\,\Delta x + \cdots + f(c_n)\,\Delta x$$

c_k를 선택하는 방법에 따라 k번째 부분구간에서 f의 값을 가장 크게, 가장 작게 또는 그 사이 어느 값을 갖게 할 수 있다. 참값은 상합과 하합 근삿값 사이에 있다. 유한합으로 구한 근삿값은 부분구간의 개수를 점점 늘려 그 폭을 좁게 하면 할수록 더욱더 참값에 가까워진다.

연습문제 4.1 EXERCISE QUESTION

넓이

연습문제 1~4에서 다음 조건에 따라 그래프 아랫부분의 넓이를 추정하라.

a. 폭이 같은 직사각형 2개로 하합
b. 폭이 같은 직사각형 4개로 하합
c. 폭이 같은 직사각형 2개로 상합
d. 폭이 같은 직사각형 4개로 상합

1. $x=0$과 $x=1$ 사이에서 $f(x)=x^2$
2. $x=0$과 $x=1$ 사이에서 $f(x)=x^3$
3. $x=1$과 $x=5$ 사이에서 $f(x)=1/x$
4. $x=-2$와 $x=2$ 사이에서 $f(x)=4-x^2$

직사각형 2개 또는 4개와 중점법으로 다음 함수의 그래프 아랫부분의 넓이를 추정하라.

5. $x=0$과 $x=1$ 사이에서 $f(x)=x^2$
6. $x=0$과 $x=1$ 사이에서 $f(x)=x^3$
7. $x=1$과 $x=5$ 사이에서 $f(x)=1/x$
8. $x=-2$와 $x=2$ 사이에서 $f(x)=4-x^2$

거리

9. 이동거리 주어진 표는 궤도 위를 움직이는 모형열차의 속도를 처음 10초 동안 기록한 것이다. 시간 구간 [1, 10]을 길이가 1인 부분구간 10개로 나누고 각 부분구간에서 다음 점을 이용하여 모형열차의 이동거리를 추정하라.
a. 왼쪽 끝점
b. 오른쪽 끝점

시간 (초)	속도 (cm/s)	시간 (초)	속도 (cm/s)
0	0	6	11
1	12	7	6
2	22	8	2
3	10	9	6
4	5	10	0
5	13		

10. 강을 거슬러 올라간 거리 주어진 표는 강둑에 앉아 병 하나가 조수에 밀려 강을 거슬러 올라가는 것을 바라보면서 1시간 동안 5분마다 그 속도를 기록한 것이다. 1시간 동안 병이 얼마나 강을 거슬러 올라갔는가? 길이가 5인 부분구간 12개로 나누고 각 부분구간에서 다음 점을 이용하여 병의 이동거리를 추정하라.
a. 왼쪽 끝점
b. 오른쪽 끝점

시간 (분)	속도 (cm/s)	시간 (분)	속도 (cm/s)
0	1	35	1.2
5	1.2	40	1.0
10	1.7	45	1.8
15	2.0	50	1.5
20	1.8	55	1.2
25	1.6	60	0
30	1.4		

11. 도로의 길이 자동차 한 대가 구불구불한 길을 달리고 있다. 이 자동차의 속도계는 정상적으로 작동하나 주행거리기록계는 고장난 상태라고 가정하자. 주어진 표는 조수석 탑승자가 이 구불구불한 구간이 얼마나 이어지는지 알아보기 위해 10초 간격으로 자동차의 속도를 기록한 것이다. 각 부분구간을 이용하여 도로의 길이를 추정하라.
a. 왼쪽 끝점
b. 오른쪽 끝점

시간 (초)	속도(m/s로 변환) (36 km/h = 10 m/s)	시간 (초)	속도(m/s로 변환) (30 km/h = 10 m/s)
0	0	70	5
10	15	80	7
20	5	90	12
30	12	100	15
40	10	110	10
50	15	120	12
60	12		

12. 속도에 관한 자료로 이동거리 구하기 주어진 표는 36초 동안 0 km/h에서 228 km/h까지 변속한 경주용 자동차의 속도에 관한 자료이다.
a. 직사각형을 이용하여 속도가 228 km/h 될 때까지 36초 동안 자동차의 주행거리를 추정하라.
b. 자동차가 주행한 거리의 절반 지점을 통과하는 데 대략 몇 초 걸렸는가? 그때 자동차의 속도는 얼마인가?

시간 (시)	속도 (km/h)	시간 (시)	속도 (km/h)
0.0	0	0.006	187
0.001	64	0.007	201
0.002	100	0.008	212
0.003	132	0.009	220
0.004	154	0.010	228
0.005	174		

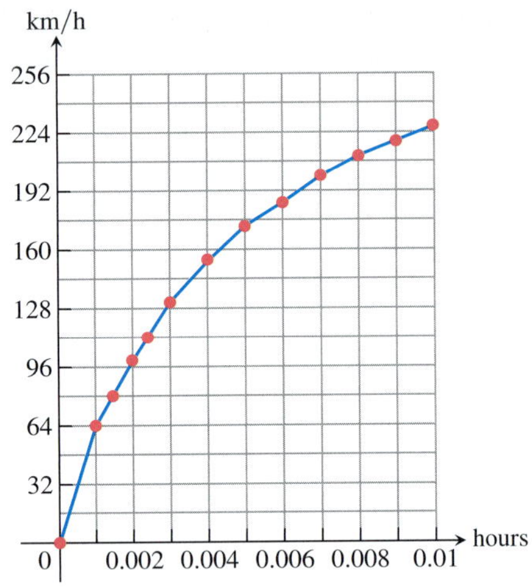

13. 공기 저항을 받는 자유낙하 어떤 물체가 헬리콥터에서 수직으로 낙하하고 있다. 물체의 속도는 점점 올라간다. 그러나 공기 저항 때문에 가속도(속도의 변화율)는 점점 내려간다. 가속도 단위는 m/s^2이며, 5초 동안 매초마다 다음과 같이 기록되었다고 한다.

t	0	1	2	3	4	5
a	9.8	5.944	3.605	2.187	1.326	0.805

a. $t=5$일 때 속력의 상합 근삿값을 구하라.
b. $t=5$일 때 속력의 상합 근삿값을 구하라.
c. $t=3$일 때 낙하거리의 상합 근삿값을 구하라.

14. 발사체가 이동한 거리 어떤 물체가 초기속도 122.5 m/s로 해수면에서 위쪽을 향해 수직으로 발사되었다고 하자.
a. 이 물체에 작용하는 힘은 중력뿐이라고 한다. 발사 5초 후 속도의 상합 근삿값을 구하라. 단, 중력가속도는 9.8 m/s^2이다.
b. 발사 5초 후 이 물체의 고도에 대한 하합 근삿값을 구하라.

함수의 평균값

연습문제 15~18에서 주어진 구간을 길이가 같은 부분구간 4개로 등분하고, 각 부분구간의 중점에서 f의 값을 계산한다. 유한합으로 함수 f의 평균값을 추정하라.

15. $[0, 2]$에서 $f(x)=x^3$
16. $[1, 9]$에서 $f(x)=1/x$
17. $[0, 2]$에서 $f(t)=(1/2)+\sin^2 \pi t$

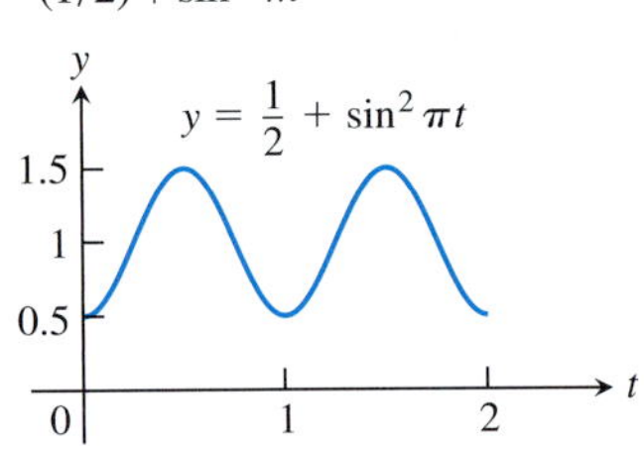

T **18.** $[0, 4]$에서 $f(t)=1-\left(\cos\dfrac{\pi t}{4}\right)^4$

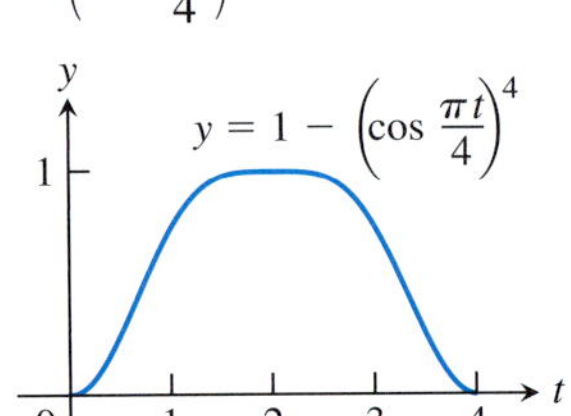

추정값

19. 수질 오염 바다에서 좌초된 유조선에서 원유가 누출되고 있다. 주어진 표와 같이 매시간 원유의 누출 속도가 빨라져 피해는 점점 커지고 있다.

시간(시)	0	1	2	3	4
누출량(L/h)	50	70	97	136	190

시간(시)	5	6	7	8
누출량(L/h)	265	369	516	720

a. 5시간 경과 후 원유 총 누출량의 상합, 하합 근삿값을 구하라.
b. 8시간 경과 후 원유 총 누출량의 상합, 하합 근삿값을 구하라.
c. 첫 8시간 이후 계속하여 원유가 720 L/h로 누출되고 있다. 유조선이 애초에 25,000 L를 싣고 있었다면, 원유가 모두 누출될 때까지 빠르면 대략 몇 시간 걸리는가? 늦어도 대략 몇 시간인가?

20. 대기오염 기름을 연소시켜 전기를 만드는 발전소가 있다. 연소 과정에서 생기는 오염물질은 굴뚝 속에 설치된 집진기로 제거한다. 시간이 지나면서 집진기 효율이 떨어져 방출되는 오염물질 양이 정부 기준치를 초과하면 그 즉시 교체해야 한다. 주어진 표는 매월 방출된 오염물질의 총량을 하루평균 비율로 측정하여 기록한 것이다.

월	1월	2월	3월	4월	5월	6월
오염물질 방출비율 (톤/일)	0.20	0.25	0.27	0.34	0.45	0.52

월	7월	8월	9월	10월	11월	12월
오염물질 방출비율 (톤/일)	0.63	0.70	0.81	0.85	0.89	0.95

a. 한달을 30일로 가정할 때, 새 집진기 방출비율은 0.05톤/일이다. 1월말까지 방출된 오염물질 총량의 상합을 구하라. 하합은 얼마인가?
b. 최선의 경우 대략 언제쯤 방출된 오염물질의 양이 125톤이 되는가?

T **21.** 반지름이 1인 원에 내접한 정n각형의 넓이를 계산하라.
a. 4 (정사각형)
b. 8 (정팔각형)
c. 16
d. 문제 (a), (b), (c)의 넓이를 원의 넓이와 비교하라.

22. (연습문제 21번 계속)
a. 반지름이 1인 원에 내접한 정n각형의 각 꼭짓점과 원의 중심을 이어 만든 합동인 삼각형 n개 중 하나의 넓이를 계산하라.
b. $n \to \infty$일 때 내접한 다각형 넓이의 극한을 계산하라.
c. 반지름이 r인 원에 대해 문제 (a), (b)를 계산하라.

컴퓨터 탐구

연습문제 23~26에서 CAS를 이용한다.

a. 주어진 구간에서 함수의 그래프를 그린다.

b. 그 구간을 각각 $n=100$, 200, 1000개로 등분하고, 각 부분구간의 중점에서 함숫값을 계산한다.

c. 문제 (b)를 이용하여 함수의 평균값을 계산한다.

d. $n=1000$일 때, 문제 (c)에서 구한 평균값으로 방정식 $f(x)=$(평균값)을 풀라.

23. $[0, \pi]$에서 $f(x)=\sin x$

24. $[0, \pi]$에서 $f(x)=\sin^2 x$

25. $[\pi/4, \pi]$에서 $f(x)=x \sin(1/x)$

26. $[\pi/4, \pi]$에서 $f(x)=x \sin^2(1/x)$

4.2 시그마 기호와 유한합의 극한

4.1절에서 유한합을 계산할 때, 이를테면 표 4.1에서 본 것과 같이 종종 많은 항을 더하게 된다. 이 절에서는 수많은 항의 합을 나타내는 데 편리한 기호를 소개한다. 기호를 설명하고 그 성질 몇 가지를 언급한 후, 항이 한없이 많아짐에 따라 유한합으로 표시된 근삿값이 어떻게 되는지 살펴본다.

유한합과 시그마 기호

시그마 기호(sigma notation)를 사용하여 수많은 항의 합을 간편하게 나타낼 수 있다.

$$\sum_{k=1}^{n} a_k = a_1 + a_2 + a_3 + \cdots + a_{n-1} + a_n$$

$\sum$는 그리스어 대문자 '시그마'이다.

그리스 문자 $\sum$(영어 대문자 *S*에 해당함)는 합을 나타낸다. 합의 첨자 k는 합이 어디서 시작하여($\sum$의 아래에 있는 수) 어디서 끝나는지($\sum$의 위에 있는 수)를 나타낸다. 어떠한 문자도 첨자로 사용될 수 있으나 보통 i, j, k 등이 많이 쓰인다.

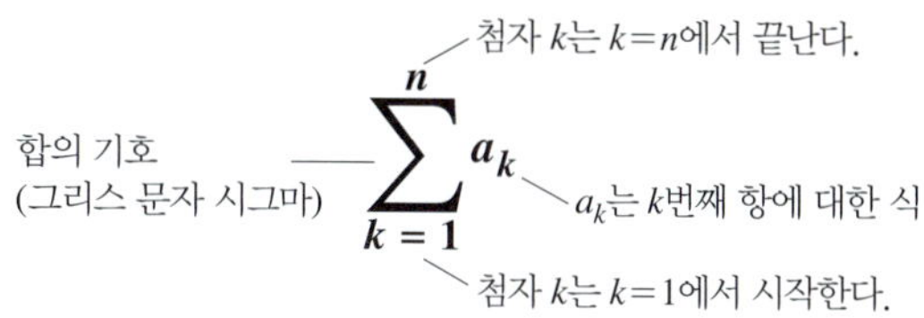

따라서 1부터 11까지 제곱의 합은 다음과 같고,

$$1^2 + 2^2 + 3^2 + 4^2 + 5^2 + 6^2 + 7^2 + 8^2 + 9^2 + 10^2 + 11^2 = \sum_{k=1}^{11} k^2$$

i가 1부터 100까지일 때 $f(i)$의 합은 다음과 같이 쓸 수 있다.

$$f(1) + f(2) + f(3) + \cdots + f(100) = \sum_{i=1}^{100} f(i)$$

합의 시작이 1이어야 할 필요는 없다. 어떤 정수든 가능하다.

예제 1

시그마 기호로 합	각 k값에 대해 풀어 쓴 합	합의 값
$\sum_{k=1}^{5} k$	$1+2+3+4+5$	15
$\sum_{k=1}^{3} (-1)^k k$	$(-1)^1(1)+(-1)^2(2)+(-1)^3(3)$	$-1+2-3=-2$
$\sum_{k=1}^{2} \frac{k}{k+1}$	$\frac{1}{1+1}+\frac{2}{2+1}$	$\frac{1}{2}+\frac{2}{3}=\frac{7}{6}$

$$\sum_{k=4}^{5} \frac{k^2}{k-1} \qquad \frac{4^2}{4-1} + \frac{5^2}{5-1} \qquad \frac{16}{3} + \frac{25}{4} = \frac{139}{12}$$ ■

예제 2 합 $1+3+5+7+9$를 시그마 기호로 나타내라.

풀이 항을 생성하는 식은 시작 첨자에 따라 변하지만 그 내용은 변함이 없다. 시작 첨자가 $k=0$ 또는 $k=1$로 시작되는 것이 대체로 간편하지만 어떤 정수에서도 시작할 수 있다.

$k=0$으로 시작하면: $\quad 1+3+5+7+9 = \sum_{k=0}^{4}(2k+1)$

$k=1$으로 시작하면: $\quad 1+3+5+7+9 = \sum_{k=1}^{5}(2k-1)$

$k=2$으로 시작하면: $\quad 1+3+5+7+9 = \sum_{k=2}^{6}(2k-3)$

$k=-3$으로 시작하면: $\quad 1+3+5+7+9 = \sum_{k=-3}^{1}(2k+7)$ ■

다음과 같이 유한합이 주어졌다고 하자.

$$\sum_{k=1}^{3}(k+k^2)$$

항을 재배열하여 유한합 2개로 나타낼 수 있다.

$$\begin{aligned}\sum_{k=1}^{3}(k+k^2) &= (1+1^2)+(2+2^2)+(3+3^2)\\ &= (1+2+3)+(1^2+2^2+3^2) \qquad \text{항들의 재조합}\\ &= \sum_{k=1}^{3}k + \sum_{k=1}^{3}k^2\end{aligned}$$

이는 다음과 같은 유한합에 대한 일반적인 공식의 예이다.

$$\sum_{k=1}^{n}(a_k+b_k) = \sum_{k=1}^{n}a_k + \sum_{k=1}^{n}b_k$$

다음은 유한합의 네 가지 공식이다. 이를 수학적 귀납법으로 증명할 수 있다(부록 A.3).

유한합의 계산 공식

1. 합 공식: $\quad \sum_{k=1}^{n}(a_k+b_k) = \sum_{k=1}^{n}a_k + \sum_{k=1}^{n}b_k$

2. 차 공식: $\quad \sum_{k=1}^{n}(a_k-b_k) = \sum_{k=1}^{n}a_k - \sum_{k=1}^{n}b_k$

3. 상수배 공식: $\quad \sum_{k=1}^{n}ca_k = c\cdot\sum_{k=1}^{n}a_k \qquad$ (c는 임의의 상수)

4. 상수값 공식: $\quad \sum_{k=1}^{n}c = n\cdot c \qquad$ (c는 임의의 상수)

예제 3

(a) $\sum_{k=1}^{n}(3k - k^2) = 3\sum_{k=1}^{n} k - \sum_{k=1}^{n} k^2$ 　차, 상수배 공식

(b) $\sum_{k=1}^{n}(-a_k) = \sum_{k=1}^{n}(-1)\cdot a_k = -1\cdot\sum_{k=1}^{n} a_k = -\sum_{k=1}^{n} a_k$ 　상수배 공식

(c) $\sum_{k=1}^{3}(k+4) = \sum_{k=1}^{3} k + \sum_{k=1}^{3} 4$ 　합 공식

$= (1+2+3) + (3\cdot 4)$ 　상수값 공식

$= 6 + 12 = 18$

(d) $\sum_{k=1}^{n}\frac{1}{n} = n\cdot\frac{1}{n} = 1$ 　상수값 공식($1/n$은 상수) ■

역사적 인물

카를 프리드리히 가우스(Carl Friedrich Gauss, 1777~1855)

가우스는 독일 브런즈윅에서 태어났다. 1833년 빌헬름 베버와 함께 발명한 전기 전신부터 행성 궤도 이론 개발, 엄밀한 비유클리드 기하학 이론 개발에 이르기까지 가우스가 과학과 수학 분야에서 이룬 업적은 놀라울 정도로 많다.

수년에 걸쳐 유한합에 관한 다양한 공식이 발견되었다. 그 중 처음 n개 자연수의 합(가우스가 8살 때 발견했다고 함), 제곱의 합, 세제곱의 합 등이 유명하다.

예제 4 처음 n개 자연수의 합이 다음과 같음을 증명하라.

$$\sum_{k=1}^{n} k = \frac{n(n+1)}{2}$$

풀이 처음 4개 자연수의 합은 공식에 따라 다음과 같다.

$$\frac{(4)(5)}{2} = 10$$

직접 더해보면 다음과 같다.

$$1 + 2 + 3 + 4 = 10$$

공식을 증명하기 위해 합을 한 번은 순차적으로, 다시 한 번은 역순으로 쓴다.

$$\begin{array}{ccccccccc} 1 & + & 2 & + & 3 & + & \cdots & + & n \\ n & + & (n-1) & + & (n-2) & + & \cdots & + & 1 \end{array}$$

첫 번째 열의 두 항을 더 하면 $1+n=n+1$, 두 번째 열의 두 항을 더하면 $2+(n-1)=n+1$, 같은 열에 속하는 두 항을 더하면 그 합은 모두 $n+1$이다. 따라서 n개 열을 총합하면 $n(n+1)$이 된다. 이것은 구하는 양의 2배이므로 처음 n개 자연수의 총합은 $n(n+1)/2$이다. ■

처음 n개 자연수의 제곱의 합과 세제곱의 합을 구하는 공식은 수학적 귀납법으로 증명된다(부록 A.3). 공식은 다음과 같다.

> 처음 n개 자연수의 제곱의 합: $\sum_{k=1}^{n} k^2 = \frac{n(n+1)(2n+1)}{6}$
>
> 처음 n개 자연수의 세제곱의 합: $\sum_{k=1}^{n} k^3 = \left(\frac{n(n+1)}{2}\right)^2$

유한합의 극한

4.1절에서 유한합 근삿값은 항 개수를 늘려 부분구간의 폭(길이)을 좁히면 좁힐수록 더 참값에 가까워지는 것을 보았다. 다음 예제는 부분구간의 폭이 0에 가까워지도록 그 개수를 한없이 늘려 극한을 계산하는 방법을 보여준다.

예제 5 $y=1-x^2$ 아래, x축 위, 구간 [0, 1] 사이로 표시되는 영역 R의 넓이를 하합의 극한으로 구하라. 폭이 같은 직사각형을 이용하고, 폭이 0에 가까워지도록 부분구간의 개수를 한없이 늘려 하합의 극한을 구하라(그림 4.4a 참조).

풀이 폭이 $\Delta x=(1-0)/n$으로 모두 같은 직사각형 n개를 이용해 하한을 계산하여 $n \to \infty$일 때 어떻게 되는지 살펴보자. 먼저 구간 [0, 1]을 폭이 같은 부분구간 n개로 나눈다.

$$\left[0, \frac{1}{n}\right], \left[\frac{1}{n}, \frac{2}{n}\right], \ldots, \left[\frac{n-1}{n}, \frac{n}{n}\right]$$

각 부분구간의 폭 Δx는 $1/n$로 모두 같다. 함수 $y=1-x^2$은 [0, 1]에서 감소하므로 각 부분구간의 오른쪽 끝점에서 최솟값을 갖는다. 부분구간 $[(k-1)/n, k/n]$에서 높이가 $f(k/n)=1-(k/n)^2$인 직사각형으로 하합을 만들면 다음과 같다.

$$f\left(\frac{1}{n}\right)\cdot\frac{1}{n} + f\left(\frac{2}{n}\right)\cdot\frac{1}{n} + \cdots + f\left(\frac{k}{n}\right)\cdot\frac{1}{n} + \cdots + f\left(\frac{n}{n}\right)\cdot\frac{1}{n}$$

위 식을 시그마를 써서 나타내고 정리하면 다음을 얻는다.

$$\begin{aligned}
\sum_{k=1}^{n} f\left(\frac{k}{n}\right)\cdot\frac{1}{n} &= \sum_{k=1}^{n}\left(1-\left(\frac{k}{n}\right)^2\right)\frac{1}{n} \\
&= \sum_{k=1}^{n}\left(\frac{1}{n}-\frac{k^2}{n^3}\right) \\
&= \sum_{k=1}^{n}\frac{1}{n} - \sum_{k=1}^{n}\frac{k^2}{n^3} && \text{차 공식} \\
&= n\cdot\frac{1}{n} - \frac{1}{n^3}\sum_{k=1}^{n}k^2 && \text{상수값 공식과 상수배 공식} \\
&= 1-\left(\frac{1}{n^3}\right)\frac{n(n+1)(2n+1)}{6} && \text{처음 } n\text{개 자연수의 제곱합} \\
&= 1-\frac{2n^3+3n^2+n}{6n^3} && \text{분자 전개}
\end{aligned}$$

임의의 n에 대한 하합 식을 얻었다. $n \to \infty$에 따라 극한을 취하면 부분구간의 개수가 한없이 늘어 부분구간의 폭은 0으로 접근하고 하합은 2/3에 수렴함을 알 수 있다.

$$\lim_{n\to\infty}\left(1-\frac{2n^3+3n^2+n}{6n^3}\right) = 1-\frac{2}{6} = \frac{2}{3}$$

같은 방식으로 계산하면 상합 역시 2/3에 수렴한다. 어떠한 유한합도 하합과 상합 사이에 있기 때문에 $\sum_{k=1}^{n} f(c_k)(1/n)$은 모두 동일한 값 2/3에 수렴한다. 따라서 영역 R의 넓이는 이 극한값으로 정의된다. 4.3절에서 유한합의 극한을 보다 더 일반적으로 다룰 것이다. ■

역사적 인물

베른하르트 리만(Georg Friedrich Bernhard Riemann, 1826~1866)
리만은 독일 하노버에서 태어났다. 가우스의 지도 아래 복소변수 이론으로 박사 학위를 받았다. 또한 물리학자 빌헬름 베버와 함께 연구했으며, 미분 기하학의 기초 아이디어를 도입하고 동역학, 비유클리드 기하학, 계산 물리학에 기여했다.

리만 합

독일의 수학자 리만은 유한합의 극한 이론을 엄밀하게 정립했다. 다음 절에서 배울 정적분 이론의 기초가 되는 **리만 합**(Riemann sum)에 대해 먼저 알아보자.

닫힌 구간에서 정의된 임의의 유계(bounded) 함수 $y=f(x)$를 생각하자. 그림 4.8과 같이 f는 양의 값뿐만 아니라 음의 값도 가질 수 있다. 이제 구간 $[a, b]$를 작은 부분구간으로 쪼개어 4.1절과 같은 방법으로 유한합을 만든다. 이때 부분구간의 폭(길이)이 같을 필요는 없다. 이를 위해 a와 b 사이에서 점 $n-1$개 $\{x_1, x_2, x_3, \cdots, x_{n-1}\}$을 커지는 순서로 택해 다음과 같이 되도록 한다.

$$a < x_1 < x_2 < \cdots < x_{n-1} < b$$

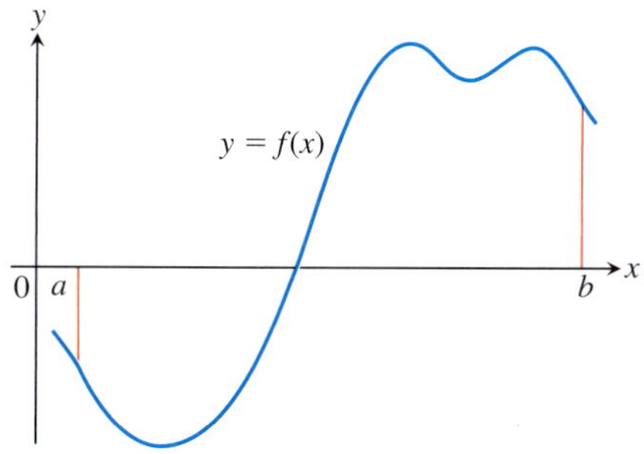

그림 4.8 닫힌 구간 $[a, b]$에서 연속인 함수 $y=f(x)$ 그래프의 예.

편의상 a를 x_0로, b를 x_n으로 나타내면 다음과 같고,

$$a = x_0 < x_1 < x_2 < \cdots < x_{n-1} < x_n = b$$

이 모든 점의 집합을 $[a, b]$의 **분할**(partition)이라 한다.

$$P = \{x_0, x_1, x_2, \ldots, x_{n-1}, x_n\}$$

분할 P는 다음과 같이 구간 $[a, b]$를 닫힌 부분구간 n개로 나눈다.

$$[x_0, x_1], [x_1, x_2], \ldots, [x_{n-1}, x_n]$$

첫 번째 부분구간은 $[x_0, x_1]$, 두 번째 부분구간은 $[x_1, x_2]$이고, **k번째 부분구간**은 $[x_{k-1}, x_k]$이다. 여기서 k는 1과 n 사이의 정수이다.

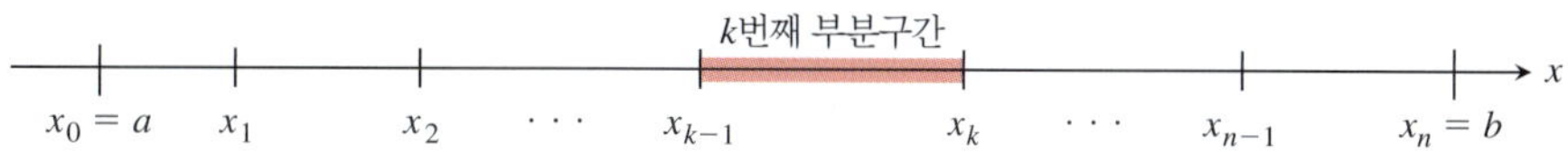

첫 번째 부분구간 $[x_0, x_1]$의 폭을 Δx_1, 두 번째 부분구간 $[x_1, x_2]$의 폭을 Δx_2, k번째 부분구간의 폭을 $\Delta x_k = x_k - x_{k-1}$로 놓는다.

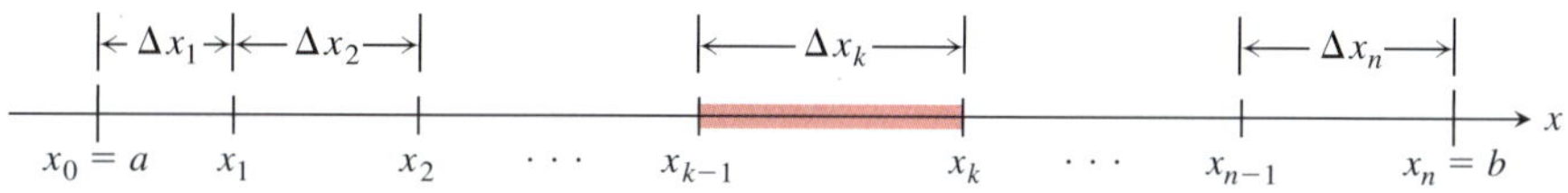

만약 부분구간 n개의 폭이 모두 같다면 그 폭 Δx는 $(b-a)/n$이다. 이처럼 폭이 동일한 부분구간을 이용하면 계산이 가장 간단해진다.

각 부분구간에서 한 점씩 잡는다. k번째 부분구간 $[x_{k-1}, x_k]$에서 택한 점을 c_k라 한다. 각 부분구간을 밑변으로 삼아 x축에 수직인 직사각형을 세워 점 $(c_k, f(c_k))$에서 곡선과 만나게 한다. $f(c_k)$의 부호에 따라 이들 직사각형은 x축의 위 또는 아래에 놓인다. $f(c_k)=0$일 때 x축의 한 부분이 된다(그림 4.9).

각 부분구간에 대해 곱 $f(c_k)\,\Delta x_k$를 생각하자. 이 곱도 $f(c_k)$의 부호에 따라서 양, 음, 0이 된다. $f(c_k) > 0$이면 곱 $f(c_k) \cdot \Delta x_k$는 밑변이 Δx_k이고 높이가 $f(c_k)$인 직사각형의 넓이이고, $f(c_k) < 0$이면 곱 $f(c_k) \cdot \Delta x_k$는 밑변이 Δx_k이고 x축의 아래로 $f(c_k)$만큼 내려가는 직사각형 넓이

역사적 인물

리하르트 데데킨트(Richard Dedekind, 1831~1916)

데데킨트는 독일에서 자라 1850년 괴팅겐 대학에 입학하여 리만과 가우스와 함께 공부했다. 가우스와 마찬가지로 수론(number theory)의 이론 연구를 선호한 데데킨트는 무리수의 존재에 대한 논리적 토대를 마련했다.

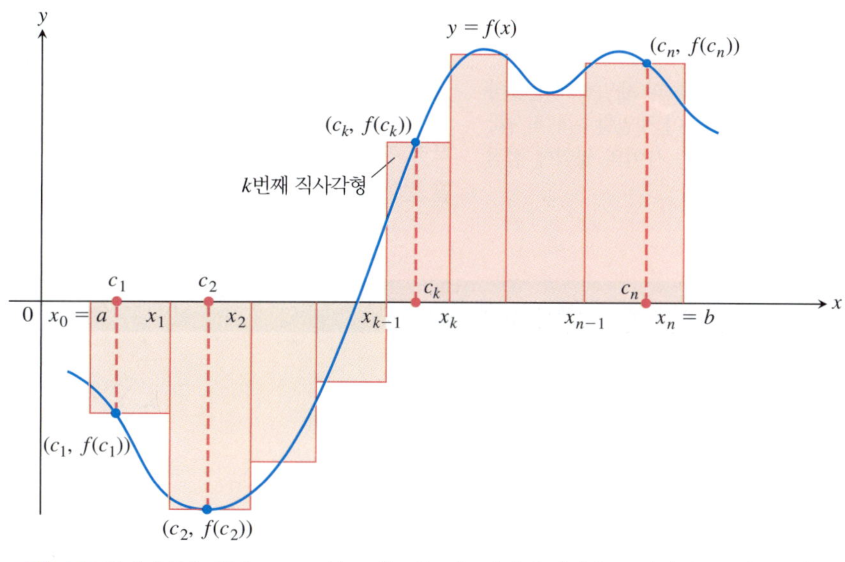

그림 4.9 직사각형은 함수 $y=(x)$의 그래프와 x축 사이의 영역을 근사한다. 그림 4.8의 그래프를 확대하여 구간 $[a, b]$의 분할과 c_k, $f(c_k)$를 추가했다.

의 음이다.

마지막으로 이들 곱을 모두 합해 리만 합 공식을 얻는다.

$$S_P = \sum_{k=1}^{n} f(c_k)\,\Delta x_k$$

합 S_P를 **구간 $[a, b]$에서 함수 $y=f(x)$의 리만 합**(Riemman sum)이라고 한다. 이러한 리만 합은 분할 P와 점 c_k를 어떻게 선택하느냐에 따라 얼마든지 달라질 수 있다. 예를 들어 구간 $[a, b]$를 폭이 $\Delta x=(b-a)/n$로 모두 같은 부분구간 n개로 등분하고 c_k를 각 부분구간의 오른쪽 끝점으로 하여 리만 합을 구성할 수 있다(예제 5). 이 경우 리만 공식은 다음과 같다.

$$S_n = \sum_{k=1}^{n} f\left(a + k\,\frac{b-a}{n}\right)\cdot\left(\frac{b-a}{n}\right)$$

c_k를 각 부분구간의 왼쪽 끝점 또는 중점으로 선택하면, 비슷하지만 조금 다른 리만 공식을 얻을 수 있다.

부분구간의 폭이 모두 $\Delta x=(b-a)/n$로 같은 경우 구간의 개수 n을 증가시키는 것만으로 부분구간의 폭을 좁게 만들 수 있다. 부분구간의 폭이 동일하지 않을 때는 가장 긴 부분구간의 폭을 조절하여 모든 부분구간의 폭을 좁게 만들 수 있다. 폭이 최대인 부분구간의 폭을 분할 P의 **노름**(norm)이라 하고 $\|P\|$로 나타낸다. $\|P\|$가 아주 작으면 분할 P의 모든 부분구간의 폭이 아주 좁다.

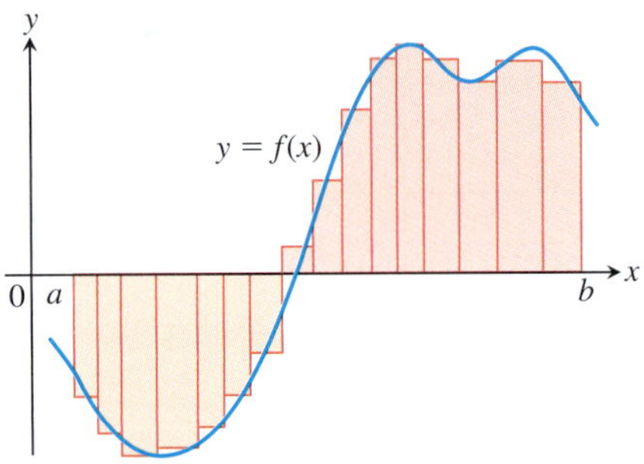

(a)

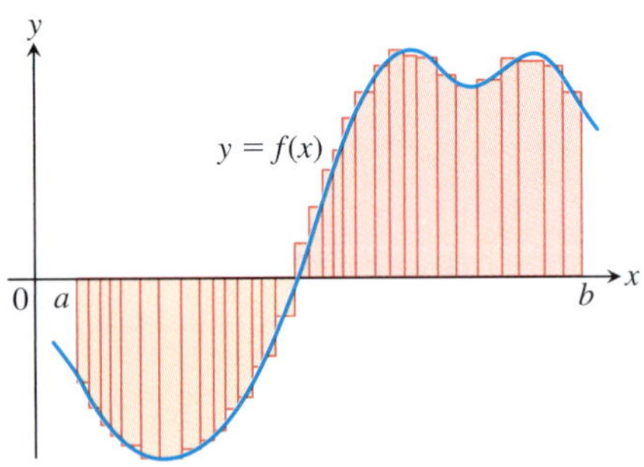

(b)

그림 4.10 구간 $[a, b]$를 더 세밀하게 분할하여 만든 직사각형. 분할이 세밀할수록 직사각형의 합은 그래프와 x축 사이의 영역에 점점 더 근사한다.

예제 6 집합 $P=\{0, 0.2, 0.6, 1, 1.5, 2\}$는 $[0, 2]$의 분할이다. P로 만들어지는 부분구간은 $[0, 0.2]$, $[0.2, 0.6]$, $[0.6, 1]$, $[1, 1.5]$, $[1.5, 2]$로 5개이다.

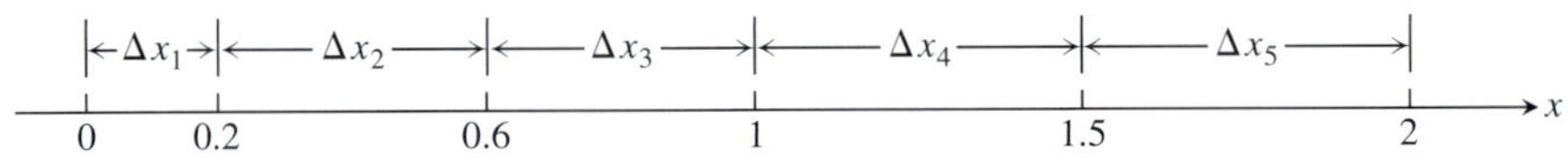

부분구간의 길이는 각각 $\Delta x_1=0.2$, $\Delta x_2=0.4$, $\Delta x_3=0.4$, $\Delta x_4=0.5$, $\Delta x_5=0.5$이다. 가장 긴 부분구간의 길이는 0.5이므로, 분할의 노름은 $\|P\|=0.5$이다. 이 예제에서 부분구간 2개가 최대 길이를 갖는다. ■

닫힌 구간 $[a, b]$의 분할과 관련된 모든 리만 합은 연속함수 f의 그래프와 x축 사이의 영역을 근사하는 직사각형을 정의한다. 그림 4.10과 같이 분할의 노름을 0으로 접근시켜 해당 영역을 더욱 정교하게 근사하는 직사각형을 만들 수 있다. 다음 절에서 함수 f가 구간 $[a, b]$에서 연속이면, 분할 P와 각 부분구간에 속하는 점 c_k를 선택하는 방법에 관계없이 부분구간의 폭이(분할의 노름으로 조절하여) 0에 접근함에 따라 리만 합이 하나의 극한값에 수렴하는 사실을 확인할 것이다.

연습문제 4.2 EXERCISE QUESTION

시그마 기호

연습문제 1~6에서 시그마 기호를 풀어 쓰고 그 합을 계산하라.

1. $\sum_{k=1}^{2} \frac{6k}{k+1}$

2. $\sum_{k=1}^{3} \frac{k-1}{k}$

3. $\sum_{k=1}^{4} \cos k\pi$

4. $\sum_{k=1}^{5} \sin k\pi$

5. $\sum_{k=1}^{3} (-1)^{k+1} \sin\frac{\pi}{k}$

6. $\sum_{k=1}^{4} (-1)^{k} \cos k\pi$

7. $1+2+4+8+16+32$를 시그마 기호로 나타낸 것을 찾아라.

a. $\sum_{k=1}^{6} 2^{k-1}$ **b.** $\sum_{k=0}^{5} 2^{k}$ **c.** $\sum_{k=-1}^{4} 2^{k+1}$

8. $1-2+4-8+16-32$를 시그마 기호로 나타낸 것을 찾아라.

a. $\sum_{k=1}^{6}(-2)^{k-1}$ **b.** $\sum_{k=0}^{5}(-1)^k 2^k$ **c.** $\sum_{k=-2}^{3}(-1)^{k+1} 2^{k+2}$

9. 다음에서 나머지 두 식과 다른 것은 어느 것인가?

a. $\sum_{k=2}^{4}\frac{(-1)^{k-1}}{k-1}$ **b.** $\sum_{k=0}^{2}\frac{(-1)^k}{k+1}$ **c.** $\sum_{k=-1}^{1}\frac{(-1)^k}{k+2}$

10. 다음에서 나머지 두 식과 다른 것은 어느 것인가?

a. $\sum_{k=1}^{4}(k-1)^2$ **b.** $\sum_{k=-1}^{3}(k+1)^2$ **c.** $\sum_{k=-3}^{-1}k^2$

연습문제 11~16에서 합을 시그마 기호를 써서 나타내라. 합의 처음 값을 정하는 방법에 따라 답이 다를 수 있다.

11. $1+2+3+4+5+6$ **12.** $1+4+9+16$

13. $\frac{1}{2}+\frac{1}{4}+\frac{1}{8}+\frac{1}{16}$ **14.** $2+4+6+8+10$

15. $1-\frac{1}{2}+\frac{1}{3}-\frac{1}{4}+\frac{1}{5}$ **16.** $-\frac{1}{5}+\frac{2}{5}-\frac{3}{5}+\frac{4}{5}-\frac{5}{5}$

유한합의 값

17. $\sum_{k=1}^{n}a_k=-5$이고 $\sum_{k=1}^{n}b_k=6$일 때, 다음 식의 값을 구하라.

a. $\sum_{k=1}^{n}3a_k$ **b.** $\sum_{k=1}^{n}\frac{b_k}{6}$ **c.** $\sum_{k=1}^{n}(a_k+b_k)$

d. $\sum_{k=1}^{n}(a_k-b_k)$ **e.** $\sum_{k=1}^{n}(b_k-2a_k)$

18. $\sum_{k=1}^{n}a_k=0$이고 $\sum_{k=1}^{n}b_k=1$일 때, 다음 식의 값을 구하라.

a. $\sum_{k=1}^{n}8a_k$ **b.** $\sum_{k=1}^{n}250b_k$

c. $\sum_{k=1}^{n}(a_k+1)$ **d.** $\sum_{k=1}^{n}(b_k-1)$

연습문제 19~36에서 합을 계산하라.

19. a. $\sum_{k=1}^{10}k$ **b.** $\sum_{k=1}^{10}k^2$ **c.** $\sum_{k=1}^{10}k^3$

20. a. $\sum_{k=1}^{13}k$ **b.** $\sum_{k=1}^{13}k^2$ **c.** $\sum_{k=1}^{13}k^3$

21. $\sum_{k=1}^{7}(-2k)$ **22.** $\sum_{k=1}^{5}\frac{\pi k}{15}$

23. $\sum_{k=1}^{6}(3-k^2)$ **24.** $\sum_{k=1}^{6}(k^2-5)$

25. $\sum_{k=1}^{5}k(3k+5)$ **26.** $\sum_{k=1}^{7}k(2k+1)$

27. $\sum_{k=1}^{5}\frac{k^3}{225}+\left(\sum_{k=1}^{5}k\right)^3$ **28.** $\left(\sum_{k=1}^{7}k\right)^2-\sum_{k=1}^{7}\frac{k^3}{4}$

29. a. $\sum_{k=1}^{7}3$ **b.** $\sum_{k=1}^{500}7$ **c.** $\sum_{k=3}^{264}10$

30. a. $\sum_{k=9}^{36}k$ **b.** $\sum_{k=3}^{17}k^2$ **c.** $\sum_{k=18}^{71}k(k-1)$

31. a. $\sum_{k=1}^{n}4$ **b.** $\sum_{k=1}^{n}c$ **c.** $\sum_{k=1}^{n}(k-1)$

32. a. $\sum_{k=1}^{n}\left(\frac{1}{n}+2n\right)$ **b.** $\sum_{k=1}^{n}\frac{c}{n}$ **c.** $\sum_{k=1}^{n}\frac{k}{n^2}$

33. $\sum_{k=1}^{50}[(k+1)^2-k^2]$ **34.** $\sum_{k=2}^{20}[\sin(k-1)-\sin k]$

35. $\sum_{k=7}^{30}(\sqrt{k-4}-\sqrt{k-3})$

36. $\sum_{k=1}^{40}\frac{1}{k(k+1)}$ $\left(\text{힌트: }\frac{1}{k(k+1)}=\frac{1}{k}-\frac{1}{k+1}\right)$

리만 합

연습문제 37~40에서 주어진 구간에서 함수의 그래프를 그려라. 주어진 구간을 부분구간 4개로 등분하라. c_k가 k번째 부분구간의 **(a)** 왼쪽 끝점, **(b)** 오른쪽 끝점, **(c)** 중점일 때 리만 합 $\sum_{k=1}^{4}f(c_k)\,\Delta x_k$와 연관된 직사각형을 그래프에 그려라(각각 따로 그려라).

37. $f(x)=x^2-1,\ [0, 2]$ **38.** $f(x)=-x^2,\ [0, 1]$

39. $f(x)=\sin x,\ [-\pi, \pi]$ **40.** $f(x)=\sin x+1,\ [-\pi, \pi]$

41. 분할 $P=\{0, 1.2, 1.5, 2.3, 2.6, 3\}$의 노름을 구하라.

42. 분할 $P=\{-2, -1, 6, -0.5, 0, 0.8, 1\}$의 노름을 구하라.

상합의 극한

연습문제 43~50에서 주어진 함수에 대해 구간 $[a, b]$를 부분구간 n개로 등분하고 오른쪽 끝점을 c_k로 택하여 얻은 리만 합을 식으로 나타내라. 그리고 $n\to\infty$일 때 이들 합의 극한을 취해 $[a, b]$에서 그래프 아랫부분의 넓이를 계산하라.

43. 구간 $[0, 1]$에서 $f(x)=1-x^2$

44. 구간 $[0, 3]$에서 $f(x)=2x$

45. 구간 $[0, 3]$에서 $f(x)=x^2+1$

46. 구간 $[0, 1]$에서 $f(x)=3x^2$

47. 구간 $[0, 1]$에서 $f(x)=x+x^2$

48. 구간 $[0, 1]$에서 $f(x)=3x+2x^2$

49. 구간 $[0, 1]$에서 $f(x)=2x^3$

50. 구간 $[-1, 0]$에서 $f(x)=x^2-x^3$

4.3 정적분

이 절에서는 $[a, b]$의 분할의 노름이 0으로 갈 때, 일반적인 리만 합의 극한을 생각해보자. 이러한 극한 과정은 자연스럽게 닫힌 구간 $[a, b]$에서 정의되는 연속함수에 대한 **정적분**(definite integral)의 정의를 이끌어 낸다.

정적분의 정의

구간 $[a, b]$에서 정의된 어떤 함수에 대해 $[a, b]$의 분할의 노름이 0으로 갈 때 대응하는 리만 합값이 극한값 J에 가까워진다는 사실에 기초하여 정적분을 정의한다. 특히 연속함수와 구분적으로 연속인 함수에서 이 정의는 참이다.

이러한 극한 개념은 분할의 노름이 충분히 작으면(즉 모든 부분구간의 폭이 충분히 좁으면) 리만 합은 J에 충분히 가깝다는 것을 의미한다. 리만 합이 J에 어느 정도로 가까운지를 나타내는 기호로 작은 양수 ε을 사용하고, 그렇게 되기 위해서 분할의 노름이 어느 정도로 작으면 되는지를 나타내는 기호로 또 다른 작은 양수 δ를 사용한다. 다음은 이 극한에 대한 엄밀한 정의이다.

정의 $f(x)$를 닫힌 구간 $[a, b]$에서 정의된 함수라고 하자. 임의로 주어진 $\varepsilon > 0$에 대해 $\delta > 0$가 존재하여 $\|P\| < \delta$인 $[a, b]$의 분할 $P = \{x_0, x_1, \cdots, x_n\}$과 각 부분구간 $[x_{k-1}, x_k]$에 속하는 점 c_k를 택하는 방법에 관계 없이 다음 식이 성립할 때,

$$\left|\sum_{k=1}^{n} f(c_k)\,\Delta x_k - J\right| < \varepsilon$$

J를 **$[a, b]$에서 f에 대한 정적분** 또는 리만 합 $\sum_{k=1}^{n} f(c_k)\,\Delta x_k$의 극한값이라고 한다.

이 정의는 분할의 노름이 0으로 갈 때 극한의 개념을 포함하고 있다. 이 극한이 존재할 때 f는 구간 $[a, b]$에서 적분가능하다라고 한다.

노름이 0으로 가는 분할을 택하는 방법도 수없이 많고, 각 분할에 대해 점 c_k를 택하는 방법 또한 수없이 많다. 분할을 어떻게 택하더라도 동일한 극한값 J를 얻으면 정적분은 존재한다. 극한이 존재할 때, 다음과 같이 나타내고 정적분이 존재한다고 한다.

$$J = \lim_{\|P\| \to 0} \sum_{k=1}^{n} f(c_k)\,\Delta x_k$$

라이프니츠는 리만 합의 극한이 잘 표현된 정적분 기호를 만들어냈다. 그는 유한합 $\sum_{k=1}^{n} f(c_k)\,\Delta x_k$이 무한합이 되는, 즉 함숫값 $f(x)$와 '무한히 작은' 부분구간의 폭 dx의 곱을 무한히 더하는 것을 상상했다. 극한에서 합을 뜻하는 기호 $\sum$는 적분 기호 $\int$로 바뀐다. 이 기호는 합을 뜻하는 알파벳 'S'를 길게 늘인 것이다. 함숫값 $f(c_k)$는 연속적으로 함숫값을 선택하는 $f(x)$로 교체된다. 부분구간의 폭 Δx_k는 미분 dx가 된다. 이것은 마치 x가 a부터 b까지 가는 동안 $f(x) \cdot dx$를 모두 더하는 것과 같은 모양이다. 비록 이 기호가 기본 아이디어를 잘 담고 있지만, 정적분에 정확한 의미를 부여한 사람은 리만이다.

정적분이 존재하면 J를 쓰는 대신에 다음과 같이 나타내고,

$$\int_a^b f(x)\,dx$$

"a에서 b까지 $f(x)\,dx$ 적분" 또는 "a에서 b까지 x에 관한 $f(x)$ 적분"이라고 읽는다. 적분 기호에

서 각 부분의 명칭은 다음과 같다.

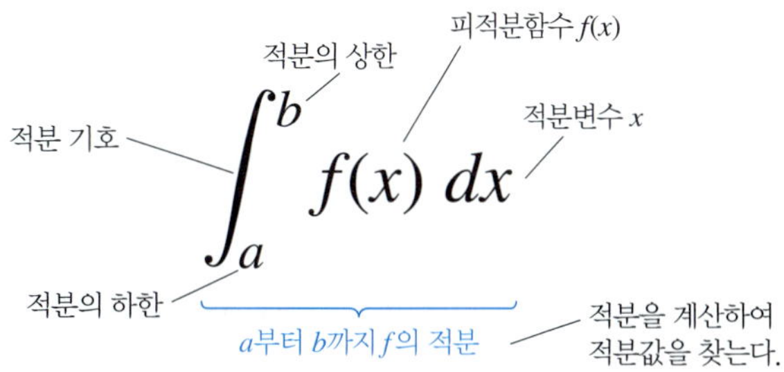

정적분이 존재할 때, 구간 $[a, b]$에서 f의 리만 합은 정적분 $J = \int_a^b f(x)$에 **수렴한다**라고 하고, 이때 f는 $[a, b]$에서 **적분가능하다**(integrable)라고 한다.

부분구간의 폭이 모두 $\Delta x = (b-a)/n$으로 같을 때 k번째 부분구간 $[x_{k-1}, x_k]$에서 택한 점 c_k를 이용하여 리만 합을 다음과 같이 쓸 수 있다.

$$S_n = \sum_{k=1}^{n} f(c_k)\,\Delta x_k = \sum_{k=1}^{n} f(c_k)\left(\frac{b-a}{n}\right) \qquad \text{모든 } k\text{에 대해 } \Delta x_k = \Delta x = (b-a)/n$$

정적분이 존재하면 이 리만 합은 $[a, b]$에서 f의 정적분으로 수렴한다. 따라서 다음 식이 성립한다.

$$J = \int_a^b f(x)\,dx = \lim_{n\to\infty} \sum_{k=1}^{n} f(c_k)\left(\frac{b-a}{n}\right) \qquad \text{부분구간의 폭이 동일한 경우 } \|P\| \to 0\text{은 } n \to \infty\text{과 같다.}$$

k번째 부분구간에서 c_k를 오른쪽 끝점으로 택하면, 즉 $c_k = a + k\,\Delta x = a + k(b-a)/n$이면, 정적분 공식은 다음과 같다.

폭이 동일한 부분구간에 기반한 리만 합의 극한값으로 정의된 정적분

$$\int_a^b f(x)\,dx = \lim_{n\to\infty} \sum_{k=1}^{n} f\left(a + k\,\frac{b-a}{n}\right)\left(\frac{b-a}{n}\right) \tag{1}$$

식 (1)은 정적분을 계산하는 데 사용할 수 있는 명시적인 식이다. 다른 분할을 선택하고 c_k를 다른 위치로 택하더라도 분할의 노름이 0으로 간다는 전제하에 $n \to \infty$일 때 극한값은 정적분값과 같다. 곧이어 나올 중점법을 이용하여 만든 리만 합 또한 이 정적분 값으로 수렴한다.

주어진 구간에서 함수의 정적분 값은 함수에 의존하지만, 적분변수를 나타내는 문자와는 무관하다. 즉 x 대신 t 또는 u를 사용하려면 정적분 $\int_a^b f(x)\,dx$ 대신 다음과 같이 쓰면 된다.

$$\int_a^b f(t)\,dt \qquad \text{또는} \qquad \int_a^b f(u)\,du$$

적분을 어떻게 적든 정적분은 분할의 노름이 0으로 갈 때 리만 합의 극한으로서 그 값이 변하지 않는다. 어떤 문자를 사용하느냐와 무관하므로 적분변수 x, t, u 등을 **거짓변수**(dummy variable)라고 한다. 위의 정적분에서 t, u, x는 거짓변수이다.

적분가능 함수와 적분불가능 함수

닫힌 구간 $[a, b]$에서 정의된 함수가 유계일 때도 적분가능하지 않을 수 있다. 즉 어떤 함수에 대해서 리만 합이 같은 극한값으로 수렴하지 않을 수도 있고, 극한값이 존재하지 않을 수도 있다. $[a, b]$에서 정의된 함수가 적분가능하기 위한 완전한 조건은 고등해석학에서 배우겠지만, 다행히도 우리가 실제 응용문제에서 다루는 거의 모든 함수가 적분가능한 함수이다. 실제로

$[a, b]$에서 연속함수는 모두 이 구간에서 적분가능하다. 또한 유한개의 도약 불연속점 외에 불연속점을 갖고 있지 않는 함수(구분적으로 연속인 함수라 함)도 모두 적분가능하다. 다음 정리는 이 사실을 말해준다. 이에 대한 증명은 고등미적분학에서 다룰 것이다.

정리 1 ❙ 연속함수는 적분가능하다

만약 함수 f가 구간 $[a, b]$에서 연속이거나 기껏해야 유한개의 도약 불연속점만을 갖는다면, 정적분 $\int_a^b f(x)\,dx$는 존재하고 f는 $[a, b]$에서 적분가능하다.

정리 1에 숨겨진 연속함수에 대한 개념은 연습문제 86과 87에서 살펴본다. 간단히 말하자면, f가 연속일 때 상합을 구하기 위해 $f(c_k)$가 부분구간 $[x_{k-1}, x_k]$에서 f의 최댓값이 되는 c_k를 선택한다. 같은 방법으로 하합을 구하기 위해 $[x_{k-1}, x_k]$에서 f의 최솟값이 되는 c_k를 선택한다. 이 두 상합과 하합은 분할 P의 노름이 0으로 갈 때, 같은 극한값으로 수렴함을 보일 수 있다. 모든 리만 합은 상합과 하합 사이에 있으므로 이들 역시 같은 값으로 수렴하기 때문이다. 그러므로 정적분의 정의에서 J값이 존재하고, 연속함수는 구간 $[a, b]$에서 적분가능하다.

적분가능한 함수가 아니라면, 함수 그래프와 x축 사이에 폭이 좁은 직사각형 수를 아무리 많이 늘려도 잘 근사되지 않을 만큼 충분히 불연속이어야 한다. 다음 예제는 닫힌 구간에서 적분 불가능한 함수를 보여준다.

예제 1 다음 함수는 $[0, 1]$에서 리만 적분이 존재하지 않는다.

$$f(x) = \begin{cases} 1, & x\text{가 유리수이면} \\ 0, & x\text{가 무리수이면} \end{cases}$$

서로 다른 두 실수 사이에는 항상 유리수와 무리수가 존재하기 때문이다. 이 함수는 $[0, 1]$에서 너무나 불규칙적으로 널뛰기 때문에 직사각형이 아무리 가늘다 하더라도 f의 그래프 아래와 x축 위의 영역을 근사할 수 없다. 실제로 상합과 하합이 서로 다른 극한값으로 수렴함을 증명해 보자.

$[0, 1]$에서 임의의 분할 P를 선택하면, 쪼개진 부분구간의 길이의 합은 언제나 1이다. 즉 $\sum_{k=1}^{n} \Delta x_k = 1$이다. 각 부분구간 $[x_{k-1}, x_k]$에는 유리수가 항상 존재한다. 이를 c_k라 하면 $f(c_k) = 1$이다. 1은 함수 f가 취할 수 있는 최댓값이므로, 이러한 c_k를 선택하여 얻은 상합은 다음과 같다.

$$U = \sum_{k=1}^{n} f(c_k)\,\Delta x_k = \sum_{k=1}^{n} (1)\,\Delta x_k = 1$$

분할의 노름이 0으로 가까이 갈 때 각 합이 항상 1이므로, 이 상합은 1로 수렴한다.

한편 c_k를 다르게 선택함으로써 다른 결과를 얻을 수 있다. 각 부분구간 $[x_{k-1}, x_k]$에는 무리수 또한 항상 존재하므로, 이러한 무리수를 c_k로 선택하면 $f(c_k) = 0$이다. 0은 함수 f가 취할 수 있는 최솟값이므로, 이번에는 각 부분구간에서 최솟값을 얻게 되며 이에 해당하는 하합은 다음과 같다.

$$L = \sum_{k=1}^{n} f(c_k)\,\Delta x_k = \sum_{k=1}^{n} (0)\,\Delta x_k = 0$$

분할의 노름이 0으로 가까이 갈 때 각 합이 항상 0이므로, 이 하합은 0으로 수렴한다.

따라서 c_k를 다르게 선택하여 그에 해당하는 리만 합이 서로 다른 극한으로 수렴함을 확인했다. 그러므로 구간 $[0, 1]$에서 함수 f의 정적분은 존재하지 않는다. 즉 함수 f는 $[0, 1]$에서 적분 가능하지 않다. ■

정리 1에서는 정적분을 어떻게 계산하는지에 대해 알 수 없다. 부정적분 $\int f(x)dx$와 피적분함수의 역도함수 $F(x)$의 연관식을 이용하여 계산하는 방법이 4.4절에 소개될 것이다. 그 전에 유한합을 이용하여 정적분의 근삿값을 계산하는 다른 방법을 알아보자.

중점법

다음과 같은 리만 합을 만들 때 주어진 구간에 대한 분할, 그리고 각 k 번째 부분구간에 속하는 점 c_k를 선택하는 방법은 많다.

$$\sum_{k=1}^{n} f(c_k)\,\Delta x_k$$

그 중 가장 간단한 분할은 길이가 모두 $\Delta x=(b-a)/n$으로 같은 부분구간 n개로 나누는 것이다. 식 (1)에서는 k번째 부분구간의 오른쪽 끝에 위치한 점을 c_k로 선택했다. 그림 4.3에서 보았듯이 k번째 부분구간의 한가운데 점을 c_k로 정하면 대체로 리만 합에 대한 더 나은 근삿값을 얻을 수 있다. 중점이 더 나은 선택인 이유는 적분가능한 함수의 그래프를 아주 좁은 구간에서 선형함수로 근사할 수 있으며, 주어진 구간에서 선형함수의 평균값은 중점의 함숫값이기 때문이다.

이 분할에서 k번째 구간은 $[x_{k-1}, x_k]=[a+(k-1)\Delta x,\ a+k\Delta x]$이며, 그 중점은 $c_x=(x_{k-1}+x_k)/2$이고, 각 부분구간의 폭은 $\Delta x=(b-a)/n$이다. 정적분을 근사하기 위한 리만 합을 만드는 중점법은 다음과 같다.

정적분을 근사하는 중점법

$$\int_a^b f(x)\,dx \approx \sum_{k=1}^{n} f(c_k)\left(\frac{b-a}{n}\right) = [f(c_1)+f(c_2)+\cdots+f(c_n)]\left(\frac{b-a}{n}\right)$$

이때 $x_k = a + k\left(\frac{b-a}{n}\right)$, $c_k = \frac{x_{k-1}+x_k}{2}$이다.

예제 2 길이가 같은 구간 5개와 중점법을 이용하여 $\int_0^1 \frac{1}{1+x^2}\,dx$를 근사하라.

풀이 길이가 1/5인 분할은 [0, 0.2], [0.2, 0.4], [0.4, 0.6], [0.6, 0.8], [0.8,1.0]이며, 각 부분구간의 중점은 0.1, 0.3, 0.5, 0.7, 0.9이다. 중점법을 이용하면 다음과 같다.

$$\begin{aligned}\int_0^1 \frac{1}{1+x^2}\,dx &\approx [f(0.1)+f(0.3)+f(0.5)+f(0.7)+f(0.9)]\left(\frac{1}{5}\right)\\ &= \left[\frac{1}{1.01}+\frac{1}{1.09}+\frac{1}{1.25}+\frac{1}{1.49}+\frac{1}{1.81}\right](0.2)\\ &\approx 0.786\end{aligned}$$

■

이와 같이 구간 n개를 이용하여 얻은 근삿값이 정적분 값에 얼마나 가까운지를 측정하는 오차한계와 함께 사용할 때 중점법은 더욱 막강해진다. 7장에서는 적분의 근삿값의 오차한계에 대해 알아볼 것이다.

정적분의 성질

$\int_a^b f(x)\,dx$를 합 $\sum_{k=1}^{n} f(c_k)\,\Delta x_k$의 극한으로 정의할 때, x를 구간 $[a, b]$의 왼쪽에서 오른쪽으로 움직였다. 이와 반대로 오른쪽에서 왼쪽으로, 즉 $x_0=b$에서 $x_n=a$로 움직이면 어떻게 되겠는가? 리만 합에서 각 Δx의 부호가 변해 x_k-x_{k-1}은 양수가 아니라 음수가 된다. 각 부분구간

에서 동일한 c_k를 택해도 리만 합의 부호는 변하고, 따라서 극한값, 즉 $\int_b^a f(x)\,dx$의 부호도 변한다. 앞서 역방향으로 적분한다는 의미를 정하지 않았으므로 다음과 같이 정의한다.

$$\int_b^a f(x)\,dx = -\int_a^b f(x)\,dx \qquad a\text{와 } b\text{가 서로 바뀌었다.}$$

비록 $a<b$일 때만 구간 $[a, b]$에서 적분이 정의되었지만, 편의상 $a=b$일 때, 즉 폭이 0인 구간 $[a, b]$에서도 적분을 정의할 수 있다. $a=b$이므로 $\Delta x=0$이 되고 $f(a)$가 존재하면 다음과 같이 정의한다.

$$\int_a^a f(x)\,dx = 0 \qquad \text{적분의 상한과 하한이 모두 } a$$

위에서 설명한 두 가지를 포함하여 적분의 기본적인 성질을 정리 2에 요약해둔다. 표 4.6에 열거된 적분의 성질은 적분을 계산할 때 매우 유용하다. 성질 2부터 7까지는 그림 4.11과 같이 기하학적으로 해석된다. 이들 그래프에서 함수는 양의 값을 갖는 것으로 했으나 이들 성질은 모든 적분가능한 함수에 적용된다.

표 4.6 정적분의 성질.

1. 적분 순서:	$\int_b^a f(x)\,dx = -\int_a^b f(x)\,dx$	정의
2. 폭이 0인 구간:	$\int_a^a f(x)\,dx = 0$	$f(a)$가 존재할 때 정의
3. 상수배:	$\int_a^b k\,f(x)\,dx = k\int_a^b f(x)\,dx$	임의의 수 k
4. 합과 차:	$\int_a^b (f(x) \pm g(x))\,dx = \int_a^b f(x)\,dx \pm \int_a^b g(x)\,dx$	
5. 가법성:	$\int_a^c f(x)\,dx + \int_c^b f(x)\,dx = \int_a^b f(x)\,dx$	$[a, c] \cup [c, b] = [a, b]$
6. 최대최소 부등식: 함수 f가 $[a, b]$에서 최댓값 $\max f$와 최솟값 $\min f$를 갖는다면	$(\min f)\cdot(b-a) \le \int_a^b f(x)\,dx \le (\max f)\cdot(b-a)$	
7. 지배성:	$[a, b]$에서 $f(x) \ge g(x)$이면 $\int_a^b f(x)\,dx \ge \int_a^b g(x)\,dx$,	
	$[a, b]$에서 $f(x) \ge 0$이면 $\int_a^b f(x)\,dx \ge 0$	성질 6의 특별한 경우

정리 2

f와 g가 구간 $[a, b]$에서 적분가능하면 정적분은 표 4.6의 성질을 만족한다.

표 4.6의 성질 1과 2는 정의이지만, 성질 3부터 7까지는 증명해야 한다. 다음은 성질 6의 증명이다. 표 4.6의 다른 성질도 비슷한 방법으로 증명할 수 있다.

성질 6 증명 구간 $[a, b]$에서 f의 적분은 구간의 길이에 f의 최솟값을 곱한 것보다는 작지 않고 최댓값을 곱한 것보다는 크지 않다. 왜냐하면 $[a, b]$의 분할과 점 c_k의 선택에 따라 다음을 얻기 때문이다.

$$(\min f)\cdot(b-a) = (\min f)\cdot\sum_{k=1}^{n}\Delta x_k \qquad \sum_{k=1}^{n}\Delta x_k = b-a$$

$$= \sum_{k=1}^{n}(\min f)\cdot\Delta x_k \qquad \text{상수배 공식}$$

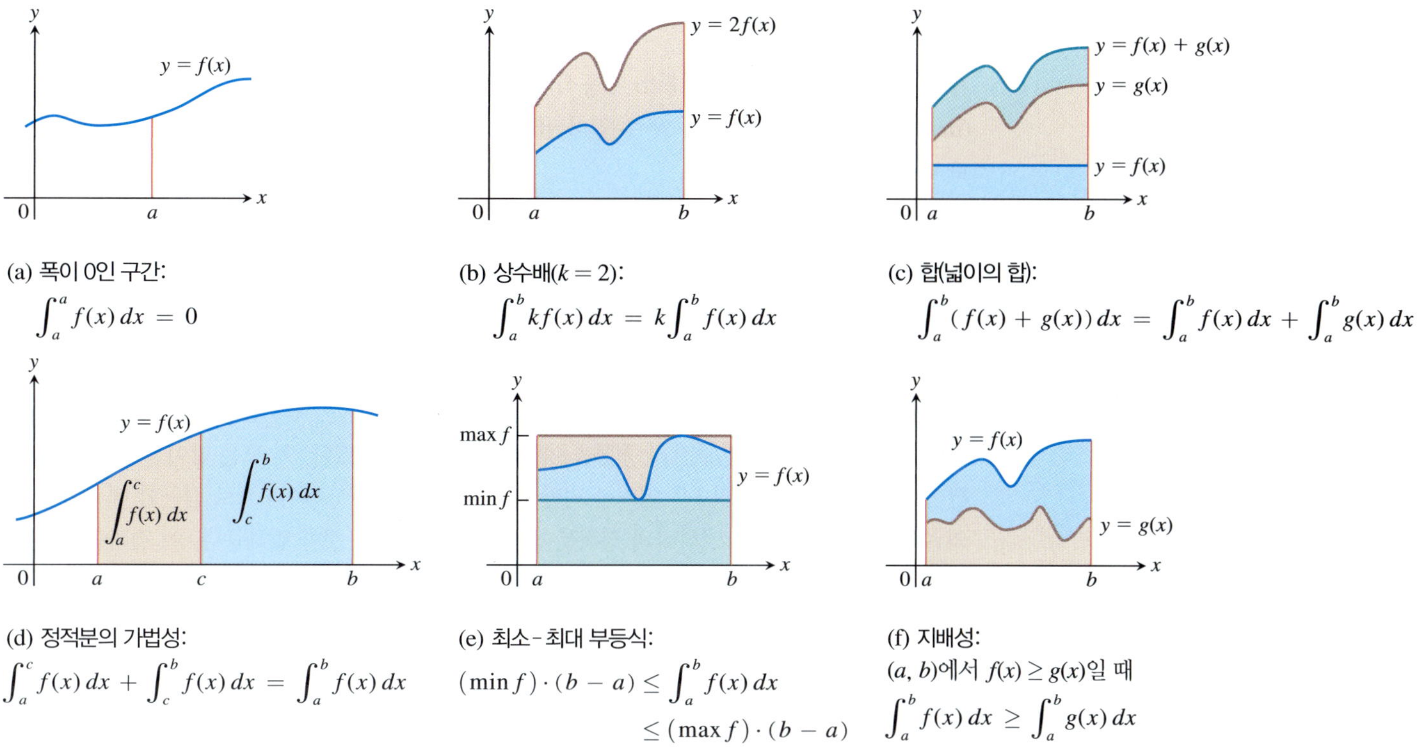

(a) 폭이 0인 구간: $\int_a^a f(x)\,dx = 0$

(b) 상수배($k = 2$): $\int_a^b kf(x)\,dx = k\int_a^b f(x)\,dx$

(c) 합(넓이의 합): $\int_a^b (f(x) + g(x))\,dx = \int_a^b f(x)\,dx + \int_a^b g(x)\,dx$

(d) 정적분의 가법성: $\int_a^c f(x)\,dx + \int_c^b f(x)\,dx = \int_a^b f(x)\,dx$

(e) 최소-최대 부등식: $(\min f)\cdot(b-a) \le \int_a^b f(x)\,dx \le (\max f)\cdot(b-a)$

(f) 지배성: (a, b)에서 $f(x) \ge g(x)$일 때 $\int_a^b f(x)\,dx \ge \int_a^b g(x)\,dx$

그림 4.11 표 4.6의 성질 2~7의 기하학적 해석.

$$
\begin{aligned}
&\le \sum_{k=1}^{n} f(c_k)\,\Delta x_k && \min f \le f(c_k) \\
&\le \sum_{k=1}^{n} (\max f)\cdot \Delta x_k && f(c_k) \le \max f \\
&= (\max f)\cdot \sum_{k=1}^{n} \Delta x_k && \text{상수배 공식} \\
&= (\max f)\cdot(b-a)
\end{aligned}
$$

$[a, b]$에서 f의 리만 합은 다음 부등식을 만족한다.

$$(\min f)\cdot(b-a) \le \sum_{k=1}^{n} f(c_k)\,\Delta x_k \le (\max f)\cdot(b-a)$$

여기에 극한을 취하면 적분이므로, 성질 6 부등식이 성립한다. ■

예제 3 다음 값을 이용하여 정적분의 성질 중 몇 가지를 살펴보자.

$$\int_{-1}^{1} f(x)\,dx = 5, \qquad \int_{1}^{4} f(x)\,dx = -2, \qquad \int_{-1}^{1} h(x)\,dx = 7$$

1. $\int_4^1 f(x)\,dx = -\int_1^4 f(x)\,dx = -(-2) = 2$ 성질 1

2. $\int_{-1}^{1} [2f(x) + 3h(x)]\,dx = 2\int_{-1}^{1} f(x)\,dx + 3\int_{-1}^{1} h(x)\,dx$ 성질 3과 4

$= 2(5) + 3(7) = 31$

3. $\int_{-1}^{4} f(x)\,dx = \int_{-1}^{1} f(x)\,dx + \int_{1}^{4} f(x)\,dx = 5 + (-2) = 3$ 성질 5 ■

예제 4 $\int_0^1 \sqrt{1+\cos x}\, dx$의 값이 $\sqrt{2}$보다 작거나 같음을 증명하라.

풀이 정적분의 성질 6(최대최소 부등식)으로부터 $(\min f)\cdot(b-a)$는 $\int_a^b f(x)\,dx$의 하계이고, $(\max f)\cdot(b-a)$는 상계임을 알 수 있다. $[0, 1]$에서 $\sqrt{1+\cos x}$의 최댓값은 $\sqrt{1+1}=\sqrt{2}$이므로 다음이 성립한다.

$$\int_0^1 \sqrt{1+\cos x}\, dx \le \sqrt{2}\cdot(1-0) = \sqrt{2}$$ ■

음이 아닌 함수의 그래프 아랫부분의 넓이

이제 경계가 곡선으로 된 영역의 넓이의 의미를 정의하는 문제로 돌아가자. 4.1절에서 음이 아닌 연속함수의 그래프 아랫부분의 넓이를 그 영역을 덮고 있는 여러 종류의 직사각형 넓이 유한합(상합, 하합, 각 부분구간의 중점을 이용한 합)으로 근사했다. 이 모든 합이 리만 합의 특별한 경우에 해당한다. 정리 1은 이러한 리만 합 모두가 분할의 노름이 0으로 접근할 때 부분구간의 수가 무한히 많아지고, 하나의 정적분 값으로 수렴한다는 것을 말해준다. 이 결과에서 음이 아닌 적분가능한 함수의 그래프 아랫부분의 넓이를 정적분의 값으로 정의할 수 있다는 사실이 나온다.

정의 $y=f(x)$가 닫힌 구간 $[a, b]$에서 음이 아닌 적분가능한 함수라고 하자. **구간 $[a, b]$에서 곡선 $y=f(x)$의 아랫부분의 넓이**는 a부터 b까지 f의 정적분이다. 즉 다음과 같다.

$$A = \int_a^b f(x)\,dx$$

이로써 연속함수의 그래프가 경계인 영역의 넓이를 처음으로 엄밀하게 정의했다. 이를 간단한 예제, 즉 직선 아랫부분의 넓이에 적용하여 우리가 이미 알고 있었던 넓이의 정의와 일치하는지 확인해보자.

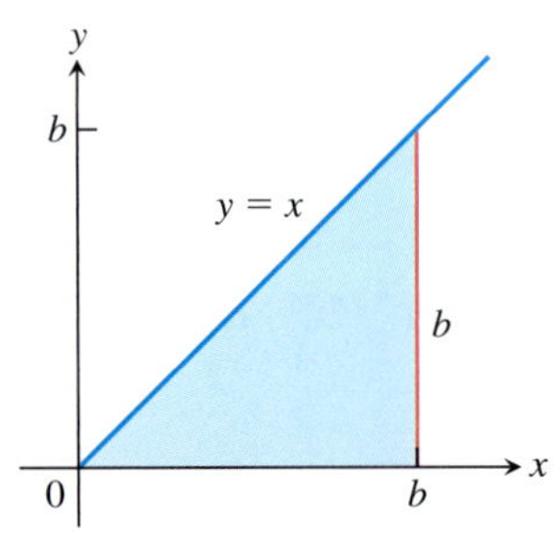

그림 4.12 예제 5의 영역은 삼각형이다.

예제 5 $b>0$일 때 $\int_0^b x\,dx$를 계산하고 구간 $[0, b]$에서 $y=x$의 아랫부분의 넓이 A를 구하라.

풀이 구하는 영역은 삼각형이다(그림 4.12). 넓이를 두 가지 방법으로 구해보자.

(a) 리만 합의 극한으로 정적분을 구하기 위해 $\lim_{\|P\|\to 0}\sum_{k=1}^n f(c_k)\,\Delta x_k$를 계산한다. 정리 1에 의해 분할의 노름이 0으로 갈 때, 분할 P와 점 c_k를 어떻게 선택하건 이 극한값은 변하지 않는다. 따라서 식 (1)과 같이 구간 $[0, b]$를 폭이 $\Delta x=(b-a)/n$인 부분구간 n개로 등분하고 c_k를 각 부분구간의 오른쪽 끝점으로 택한다. 분할은 $P=\left\{0, \frac{b}{n}, \frac{2b}{n}, \frac{3b}{n}, \cdots, \frac{nb}{n}\right\}$이고 $c_k=\frac{kb}{n}$이므로 다음과 같다.

$$\begin{aligned}
\sum_{k=1}^n f(c_k)\,\Delta x &= \sum_{k=1}^n \frac{kb}{n}\cdot\frac{b}{n} && f(c_k)=c_k\\
&= \sum_{k=1}^n \frac{kb^2}{n^2}\\
&= \frac{b^2}{n^2}\sum_{k=1}^n k && \text{상수배 공식}\\
&= \frac{b^2}{n^2}\cdot\frac{n(n+1)}{2} && \text{처음 } n\text{개 자연수의 합}\\
&= \frac{b^2}{2}\left(1+\frac{1}{n}\right)
\end{aligned}$$

$n \to \infty$이고 $\|P\| \to 0$일 때 우변 마지막 식의 극한은 $b^2/2$이므로 다음을 얻는다.

$$\int_0^b x\,dx = \frac{b^2}{2}$$

(b) 여기에서 구하고자 하는 넓이는 음이 아닌 함수의 경우에는 정적분과 같으므로, 밑변의 길이가 b이고 높이가 $y=b$인 삼각형의 넓이 공식으로 정적분을 쉽게 계산할 수 있다. 넓이는 $A=(1/2)b \cdot b=b^2/2$이므로 문제 (a)와 같은 결과 $\int_0^b x\,dx=b^2/2$를 얻는다. ■

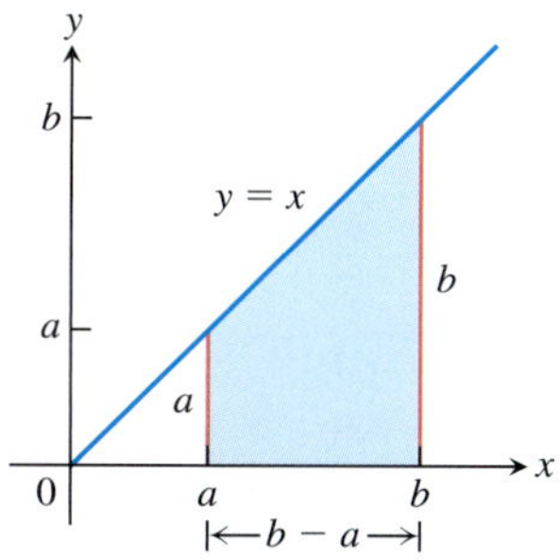

(a)

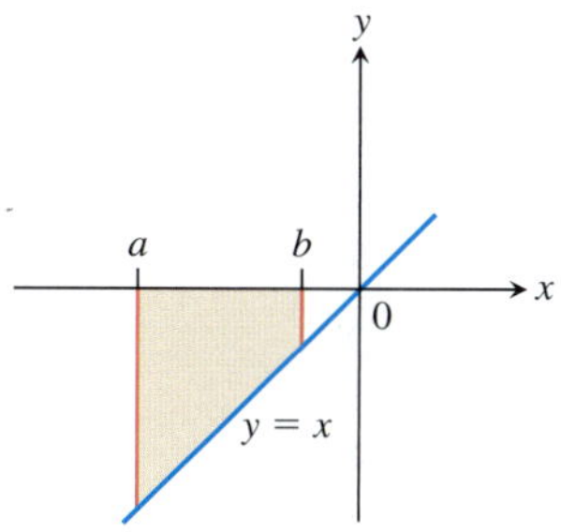

(b)

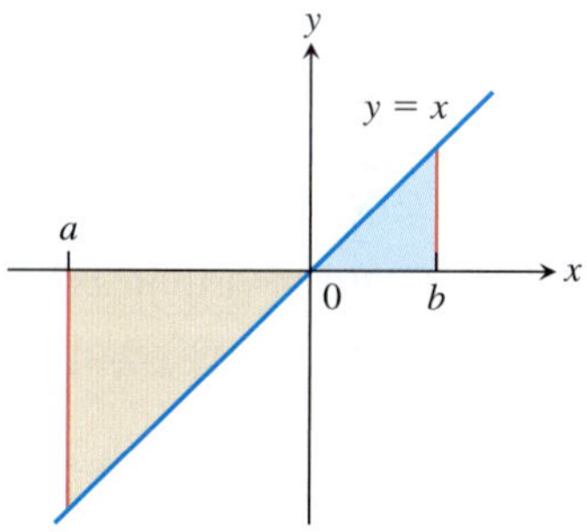

(c)

그림 4.13 (a) 이 사다리꼴 영역의 넓이는 $A=(b^2-a^2)/2$이다. (b) 식 (2)에서 정적분은 이 사다리꼴 영역 넓이의 음이다. (c) 식 (2)에서 정적분은 파란색 삼각형 영역의 넓이에서 노란색 삼각형 영역의 넓이를 뺀 값이다.

예제 5를 일반화하여 임의의 닫힌 구간 $[a, b]$, $0 < a < b$에서 $f(x)=x$를 적분할 수 있다. 먼저 다음 식이 성립한다.

$$\int_0^b x\,dx = \int_0^a x\,dx + \int_a^b x\,dx \qquad \text{성질 5}$$

항을 재조합하고 예제 5를 적용하면 다음과 같다.

$$\int_a^b x\,dx = \int_0^b x\,dx - \int_0^a x\,dx = \frac{b^2}{2} - \frac{a^2}{2} \qquad \text{예제 5}$$

따라서 닫힌 구간 $[a, b]$에서 함수 $f(x)=x$의 적분 공식은 다음과 같다.

$$\int_a^b x\,dx = \frac{b^2}{2} - \frac{a^2}{2}, \qquad a < b \tag{2}$$

식 (2)는 사다리꼴의 넓이다(그림 4.13a). a와 b가 음일 때에도 식 (2)는 성립하지만 정적분의 해석은 달라진다. $a < b < 0$일 때 정적분의 값 $(b^2-a^2)/2$는 음수인데, 이것은 x축에서 $y=x$까지 거꾸로 선 사다리꼴 넓이와 절댓값이 같다(그림 4.13b). $a < 0$이고 $b > 0$일 때도 식 (2)는 성립하고 정적분의 값은 그래프 아래와 $[0, b]$ 위 영역의 넓이에서 그래프 위와 $[a, 0]$ 아래 영역의 넓이를 뺀 것과 같다(그림 4.13c).

예제 4에서 사용한 방법으로 리만 합을 계산하여 다음을 증명할 수 있다(연습문제 63과 65).

$$\int_a^b c\,dx = c(b-a), \qquad c\text{는 상수} \tag{3}$$

$$\int_a^b x^2\,dx = \frac{b^3}{3} - \frac{a^3}{3}, \qquad a < b \tag{4}$$

연속함수의 평균값

4.1절에서는 구간 $[a, b]$에서 음이 아닌 연속함수의 평균값을 약식으로 도입했다. 이때 평균은 $y=f(x)$의 그래프 아랫부분의 넓이를 $b-a$로 나눈 값과 같다. 적분 기호로는 다음과 같이 표현한다.

$$\text{평균값} = \frac{1}{b-a}\int_a^b f(x)\,dx$$

이를 이용하여 함숫값의 부호에 관계없이 연속(또는 적분가능)함수의 평균값을 엄밀하게 정의할 수 있다.

다음과 같은 추론을 통해 이 공식이 옳은지를 확인할 수 있다. 숫자 n개의 평균값은 그 총합을 n으로 나눈 것이라는 사실로부터 시작해보자. 구간 $[a, b]$에서 연속함수의 함숫값은 무수히 많다. 그 중 x축에서 순서가 유지되게끔 함숫값을 표본추출한다. $[a, b]$를 폭이 $\Delta x=(b-a)/n$인 부분구간 n개로 등분하고 각 부분구간에 속하는 c_k에서 f의 값을 계산한다(그림 4.14). 이렇게 추출한 표본 n개의 평균값은 다음과 같다.

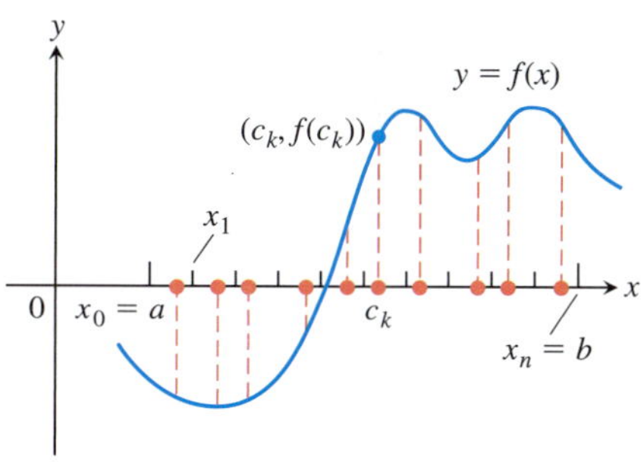

그림 4.14 구간 $[a, b]$에서 함숫값 표본.

$$\frac{f(c_1)+f(c_2)+\cdots+f(c_n)}{n} = \frac{1}{n}\sum_{k=1}^{n} f(c_k)$$
$$= \frac{\Delta x}{b-a}\sum_{k=1}^{n} f(c_k) \qquad \Delta x = \frac{b-a}{n},\ \text{따라서}\ \frac{1}{n} = \frac{\Delta x}{b-a}$$
$$= \frac{1}{b-a}\sum_{k=1}^{n} f(c_k)\,\Delta x \qquad \text{상수배 공식}$$

표본의 평균은 $[a, b]$에서 f의 리만 합을 $(b-a)$로 나눈 값이다. 표본 수를 늘려 분할의 노름을 0에 접근시키면 평균값은 $(1/(b-a))\int_a^b f(x)\,dx$에 접근한다. 이 두 관점에서 다음 정의가 나온다.

정의 f가 $[a, b]$에서 적분가능하면, $[a, b]$에서 f의 **평균값**(average value, mean)은 다음과 같다.

$$\text{av}(f) = \frac{1}{b-a}\int_a^b f(x)\,dx$$

예제 6 $[1, 3]$에서 함수 $f(x)=x$의 평균값을 구하라.

풀이 식 (2)로부터 $\int_1^3 x\,dx = 9/2-1/2=4$임을 알 수 있다. 따라서 $[1, 3]$에서 f의 평균값은 $(1/2)(4)=2$이다. ■

예제 7 $[-2, 2]$에서 함수 $f(x)=\sqrt{4-x^2}$의 평균값을 구하라.

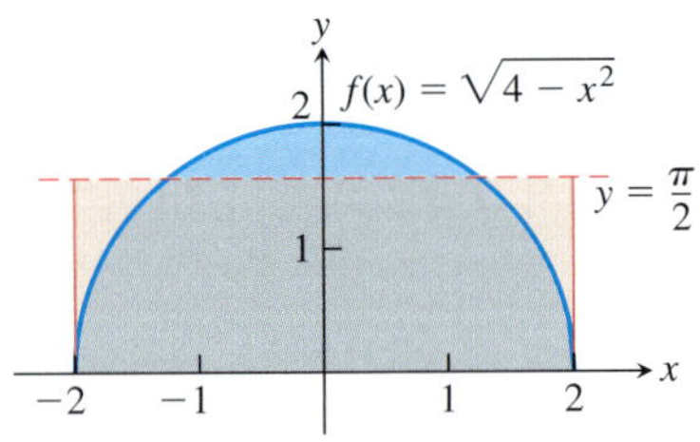

그림 4.15 $[-2, 2]$에서 $f(x)=\sqrt{4-x^2}$의 평균값은 $\pi/2$이다(예제 7). 여기에 표시된 직사각형의 넓이는 $4\cdot(\pi/2)=2\pi$로 반원의 넓이와 같다.

풀이 함수 $f(x)=\sqrt{4-x^2}$의 그래프는 중심이 원점이고, 반지름이 2인 반원이다(그림 4.15). 원의 넓이 공식을 알고 있으므로 리만 합의 극한을 구하지 않아도 된다. 반원과 x축의 -2와 2 사이 영역의 넓이는 다음과 같다.

$$\text{넓이} = \frac{1}{2}\cdot\pi r^2 = \frac{1}{2}\cdot\pi(2)^2 = 2\pi$$

또한 f가 음이 아니므로 넓이는 -2부터 2까지 f에 대한 적분값과 같다.

$$\int_{-2}^{2}\sqrt{4-x^2}\,dx = 2\pi$$

따라서 f의 평균값은 다음과 같다.

$$\text{av}(f) = \frac{1}{2-(-2)}\int_{-2}^{2}\sqrt{4-x^2}\,dx = \frac{1}{4}(2\pi) = \frac{\pi}{2}$$

$[-2, 2]$에서 f의 평균값은 $[-2, 2]$에서 반원과 넓이가 같은 직사각형의 높이임을 주목하자(그림 4.15 참조). ■

연습문제 4.3 EXERCISE QUESTION

극한을 적분으로 나타내기

연습문제 1~8에서 극한을 정적분으로 나타내라.

1. $[0, 2]$의 분할 P에 대해 $\lim_{\|P\|\to 0}\sum_{k=1}^{n} c_k^2\,\Delta x_k$

2. $[-1, 0]$의 분할 P에 대해 $\lim_{\|P\|\to 0}\sum_{k=1}^{n} 2c_k^3\,\Delta x_k$

3. $[-7, 5]$의 분할 P에 대해 $\lim_{\|P\|\to 0}\sum_{k=1}^{n} (c_k^2 - 3c_k)\,\Delta x_k$

4. $[1, 4]$의 분할 P에 대해 $\lim_{\|P\|\to 0}\sum_{k=1}^{n} \left(\frac{1}{c_k}\right)\Delta x_k$

5. $[2, 3]$의 분할 P에 대해 $\lim_{\|P\|\to 0}\sum_{k=1}^{n} \frac{1}{1-c_k}\,\Delta x_k$

6. [0, 1]의 분할 P에 대해 $\lim_{\|P\|\to 0} \sum_{k=1}^{n} \sqrt{4 - c_k^2}\, \Delta x_k$

7. $[-\pi/4, 0]$의 분할 P에 대해 $\lim_{\|P\|\to 0} \sum_{k=1}^{n} (\sec c_k)\, \Delta x_k$

8. $[0, \pi/4]$의 분할 P에 대해 $\lim_{\|P\|\to 0} \sum_{k=1}^{n} (\tan c_k)\, \Delta x_k$

정적분 성질 이용하기

9. f와 g는 적분가능하고 다음과 같다고 하자.

$$\int_1^2 f(x)\,dx = -4, \quad \int_1^5 f(x)\,dx = 6, \quad \int_1^5 g(x)\,dx = 8$$

표 4.6의 성질을 이용하여 다음을 구하라.

a. $\int_2^2 g(x)\,dx$ **b.** $\int_5^1 g(x)\,dx$

c. $\int_1^2 3f(x)\,dx$ **d.** $\int_2^5 f(x)\,dx$

e. $\int_1^5 [f(x) - g(x)]\,dx$ **f.** $\int_1^5 [4f(x) - g(x)]\,dx$

10. f와 h는 적분가능하고 다음과 같다고 하자.

$$\int_1^9 f(x)\,dx = -1, \quad \int_7^9 f(x)\,dx = 5, \quad \int_7^9 h(x)\,dx = 4$$

표 4.6의 성질을 이용하여 다음을 구하라.

a. $\int_1^9 -2f(x)\,dx$ **b.** $\int_7^9 [f(x) + h(x)]\,dx$

c. $\int_7^9 [2f(x) - 3h(x)]\,dx$ **d.** $\int_9^1 f(x)\,dx$

e. $\int_1^7 f(x)\,dx$ **f.** $\int_9^7 [h(x) - f(x)]\,dx$

11. $\int_1^2 f(x)\,dx = 5$일 때 다음을 구하라.

a. $\int_1^2 f(u)\,du$ **b.** $\int_1^2 \sqrt{3}\, f(z)\,dz$

c. $\int_2^1 f(t)\,dt$ **d.** $\int_1^2 [-f(x)]\,dx$

12. $\int_{-3}^0 g(t)\,dt = \sqrt{2}$일 때 다음을 구하라.

a. $\int_0^{-3} g(t)\,dt$ **b.** $\int_{-3}^0 g(u)\,du$

c. $\int_{-3}^0 [-g(x)]\,dx$ **d.** $\int_{-3}^0 \frac{g(r)}{\sqrt{2}}\,dr$

13. f는 적분가능하고 $\int_0^3 f(z)\,dz = 3$이고 $\int_0^4 f(z)\,dz = 7$일 때 다음을 구하라.

a. $\int_3^4 f(z)\,dz$ **b.** $\int_4^3 f(t)\,dt$

14. h는 적분가능하고 $\int_{-1}^1 h(r)\,dr = 0$이고 $\int_{-1}^3 h(r)\,dr = 6$일 때 다음을 구하라.

a. $\int_1^3 h(r)\,dr$ **b.** $-\int_3^1 h(u)\,du$

넓이를 이용하여 정적분 구하기

연습문제 15~22에서 피적분함수의 그래프를 그리고, 넓이를 이용하여 적분을 구하라.

15. $\int_{-2}^4 \left(\frac{x}{2} + 3\right) dx$ **16.** $\int_{1/2}^{3/2} (-2x + 4)\,dx$

17. $\int_{-3}^3 \sqrt{9 - x^2}\,dx$ **18.** $\int_{-4}^0 \sqrt{16 - x^2}\,dx$

19. $\int_{-2}^1 |x|\,dx$ **20.** $\int_{-1}^1 (1 - |x|)\,dx$

21. $\int_{-1}^1 (2 - |x|)\,dx$ **22.** $\int_{-1}^1 \left(1 + \sqrt{1 - x^2}\right) dx$

연습문제 23~28에서 알고 있는 넓이 공식을 이용하여 적분을 구하라.

23. $\int_0^b \frac{x}{2}\,dx, \quad b > 0$ **24.** $\int_0^b 4x\,dx, \quad b > 0$

25. $\int_a^b 2s\,ds, \quad 0 < a < b$ **26.** $\int_a^b 3t\,dt, \quad 0 < a < b$

27. $f(x) = \sqrt{4 - x^2}$의 정적분

a. $[-2, 2]$에서 **b.** $[0, 2]$에서

28. $f(x) = 3x + \sqrt{1 - x^2}$의 정적분

a. $[-1, 0]$에서 **b.** $[-1, 1]$에서

정적분 계산하기

연습문제 29~40에서 식 (2)와 (4)의 결과를 이용하여 적분을 구하라.

29. $\int_1^{\sqrt{2}} x\,dx$ **30.** $\int_{0.5}^{2.5} x\,dx$ **31.** $\int_\pi^{2\pi} \theta\,d\theta$

32. $\int_{\sqrt{2}}^{5\sqrt{2}} r\,dr$ **33.** $\int_0^{\sqrt[3]{7}} x^2\,dx$ **34.** $\int_0^{0.3} s^2\,ds$

35. $\int_0^{1/2} t^2\,dt$ **36.** $\int_0^{\pi/2} \theta^2\,d\theta$ **37.** $\int_a^{2a} x\,dx$

38. $\int_a^{\sqrt{3}} x\,dx$ **39.** $\int_0^{\sqrt[3]{b}} x^2\,dx$ **40.** $\int_0^{3b} x^2\,dx$

연습문제 41~50에서 표 4.6의 성질과 식 (2)~(4)의 결과를 이용하여 적분을 구하라.

41. $\int_3^1 7\,dx$ **42.** $\int_0^2 5x\,dx$

43. $\int_0^2 (2t - 3)\,dt$ **44.** $\int_0^{\sqrt{2}} \left(t - \sqrt{2}\right) dt$

45. $\int_2^1 \left(1 + \frac{z}{2}\right) dz$ **46.** $\int_3^0 (2z - 3)\,dz$

47. $\int_1^2 3u^2\,du$ **48.** $\int_{1/2}^1 24u^2\,du$

49. $\int_0^2 (3x^2 + x - 5)\,dx$ **50.** $\int_1^0 (3x^2 + x - 5)\,dx$

정적분으로 넓이 구하기

연습문제 51~54에서 정적분을 이용하여 구간 $[0, b]$에서 x축과 그래프로 둘러싸인 영역의 넓이를 구하라.

51. $y = 3x^2$ **52.** $y = \pi x^2$

53. $y = 2x$ **54.** $y = \frac{x}{2} + 1$

평균값 구하기

연습문제 55~62에서 함수의 그래프를 그리고 주어진 구간에서 그 평균값을 구하라.

55. $[0, \sqrt{3}]$에서 $f(x) = x^2 - 1$

56. $[0, 3]$에서 $f(x) = -x^2/2$

57. $[0, 1]$에서 $f(x)=-3x^2-1$

58. $[0, 1]$에서 $f(x)=3x^2-3$

59. $[0, 3]$에서 $f(t)=(t-1)^2$

60. $[-2, 1]$에서 $f(t)=t^2-t$

61. $g(x)=|x|-1$ **a.** $[-1, 1]$, **b.** $[1, 3]$, **c.** $[-1, 3]$에서

62. $h(x)=-|x|$ **a.** $[-1, 0]$, **b.** $[0, 1]$, **c.** $[-1, 1]$에서

극한으로 정의된 정적분

연습문제 63~70에서 예제 5a의 방법 또는 식 (1)을 이용하여 정적분을 구하라.

63. $\int_a^b c\,dx$ **64.** $\int_0^2 (2x+1)\,dx$

65. $\int_a^b x^2\,dx, \quad a<b$ **66.** $\int_{-1}^0 (x-x^2)\,dx$

67. $\int_{-1}^2 (3x^2-2x+1)\,dx$ **68.** $\int_{-1}^1 x^3\,dx$

69. $\int_a^b x^3\,dx, \quad a<b$ **70.** $\int_0^1 (3x-x^3)\,dx$

이론과 예제

71. $a<b$일 때, 다음 적분값을 최대로 하는 a와 b를 구하라.

$$\int_a^b (x-x^2)\,dx$$

[힌트: 피적분함수의 값이 양수가 되는 구간은 어디인가?]

72. $a<b$일 때, 다음 적분값이 최소가 되는 a와 b를 구하라.

$$\int_a^b (x^4-2x^2)\,dx$$

73. 최대최소 부등식을 이용하여 다음 적분의 상계와 하계를 구하라.

$$\int_0^1 \frac{1}{1+x^2}\,dx$$

74. (연습문제 73의 계속) 최대최소 부등식을 이용하여 다음 적분의 상계와 하계를 구하라.

$$\int_0^{0.5} \frac{1}{1+x^2}\,dx, \qquad \int_{0.5}^1 \frac{1}{1+x^2}\,dx$$

위 두 식을 더해 다음 식이 취하는 값의 범위를 추정하라.

$$\int_0^1 \frac{1}{1+x^2}\,dx$$

75. 적분 $\int_0^1 \sin(x^2)\,dx$의 값은 2가 될 수 없음을 증명하라.

76. 적분 $\int_0^1 \sqrt{x+8}\,dx$의 값은 $2\sqrt{2}\approx 2.8$과 3 사이에 있음을 증명하라.

77. 음이 아닌 함수의 적분 최대최소 부등식을 이용하여 f가 적분가능하면 다음 식이 성립함을 증명하라.

$$[a,b]\text{에서} \quad f(x)\geq 0 \quad \Rightarrow \quad \int_a^b f(x)\,dx \geq 0$$

78. 양이 아닌 함수의 적분 최대최소 부등식을 이용하여 f가 적분가능하면 다음 식이 성립함을 증명하라.

$$[a,b]\text{에서} \quad f(x)\leq 0 \quad \Rightarrow \quad \int_a^b f(x)\,dx \leq 0$$

79. 부등식 $\sin x\leq x$가 $x\geq 0$에서 성립함을 이용하여 $\int_0^1 \sin x\,dx$의 상계를 구하라.

80. 부등식 $\sec x\geq 1+(x^2/2)$는 구간 $(-\pi/2, \pi/2)$에서 성립한다. 이를 이용하여 적분 $\int_0^1 \sec x\,dx$의 하계를 구하라.

81. 구간 $[a, b]$에서 적분가능한 함수 $f(x)$의 평균값을 $\text{av}(f)$라 할 때, $\text{av}(f)$를 $[a, b]$에서 적분하면 f의 적분값과 같은가? 즉 다음 식이 성립하는가?

$$\int_a^b \text{av}(f)\,dx = \int_a^b f(x)\,dx$$

그 이유를 설명하라.

82. 적분가능한 함수의 평균값이 $[a, b]$에서 다음 성질을 만족하면 좋을 것이다.

a. $\text{av}(f+g)=\text{av}(f)+\text{av}(g)$

b. $\text{av}(kf)=k\,\text{av}(f)$ (임의의 수 k)

c. $\text{av}(f)\leq\text{av}(g)$ ($[a, b]$에서 $f(x)\leq g(x)$일 경우)

각 성질이 성립하는가? 성립한다면 그 이유를 설명하라.

83. 증가 함수의 상합과 하합

a. x가 구간 $[a, b]$에서 오른쪽으로 갈수록 연속함수 $f(x)$의 그래프가 점점 상승한다고 하자. $[a, b]$를 부분구간 n개로 등분하는 분할을 P라 하면 각 부분구간의 길이는 $\Delta x=(b-a)/n$이다. 주어진 그림을 보고 이 분할에 대해 f의 상합과 하합의 차는 높이가 $|f(b)-f(a)|$이고 밑변이 Δx인 직사각형 R의 넓이와 같음을 증명하라. [힌트: 차 $U-L$은 대각선 Q_0Q_1, Q_1Q_2, $\cdots$, $Q_{n-1}Q_n$이 곡선을 따라 놓여 있는 직사각형 넓이의 총합이다. 이들 직사각형을 R 위로 수평 이동하면 겹치는 부분이 없다.]

b. $[a, b]$ 분할의 부분구간 길이 Δx_k가 서로 다르다고 하자. 다음 식이 성립함을 증명하라.

$$U-L\leq|f(b)-f(a)|\,\Delta x_{\max}$$

여기서 $\Delta x_{\max}$는 P의 노름이고, 따라서 $\lim_{\|P\|\to 0}(U-L)=0$이다.

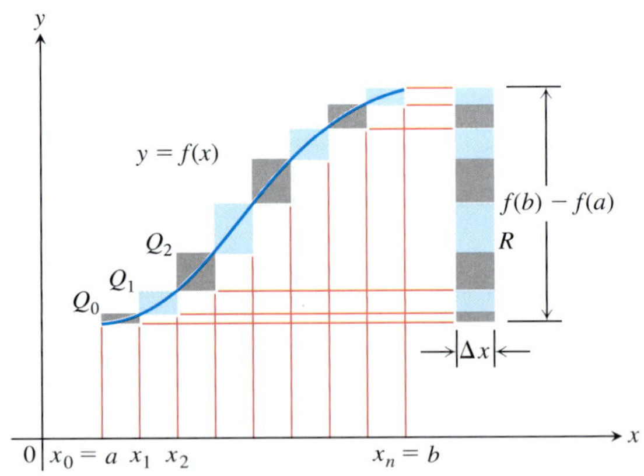

84. 감소 함수의 상합과 하합(연습문제 83의 계속)

a. x가 구간 $[a, b]$에서 오른쪽으로 갈수록 함숫값이 감소하는 연속함수 $f(x)$에 대해 연습문제 83과 같은 그림을 그려라. $[a, b]$를 부분구간 n개로 등분하는 분할을 P라 하자. 연습문제 83a와 같이 $U-L$에 대한 식을 구하라.

b. $[a, b]$ 분할의 부분구간 길이 Δx_k가 서로 다르다고 하자. 다음 식이 마찬가지로 성립함을 증명하라.

$$U-L\leq|f(b)-f(a)|\,\Delta x_{\max}$$

따라서 $\lim_{\|P\|\to 0}(U-L)=0$이다.

85. 다음 식을 이용하여 $x=0$과 $x=\pi/2$ 사이에서 곡선 $y=\sin x$ 아랫부분의 넓이를 다음 두 단계로 구하라.

$$\sin h + \sin 2h + \sin 3h + \cdots + \sin kh = \frac{\cos(h/2) - \cos((k + (1/2))h)}{2\sin(h/2)}$$

a. 구간 $[0, \pi/2]$를 부분구간 n개로 등분하고 대응하는 U를 계산한다.

b. $n \to \infty$이고 $\Delta x=(b-a)/n \to 0$일 때 U의 극한을 구하라.

86. 함수 f는 $[a, b]$에서 음이 아닌 연속함수이다. 주어진 그림과 같이 구간 $[a, b]$에서 $x_1, x_2, \cdots, x_{k-1}, x_k, \cdots, x_{n-1}$를 선택하여 폭이 각각 $\Delta x_1=x_1-a$, $\Delta x_2=x_2-x_1$, $\cdots$, $\Delta x_n=b-x_{n-1}$인 부분구간 n개로 나눈다. 이때 각 부분구간의 길이가 모두 같을 필요는 없다.

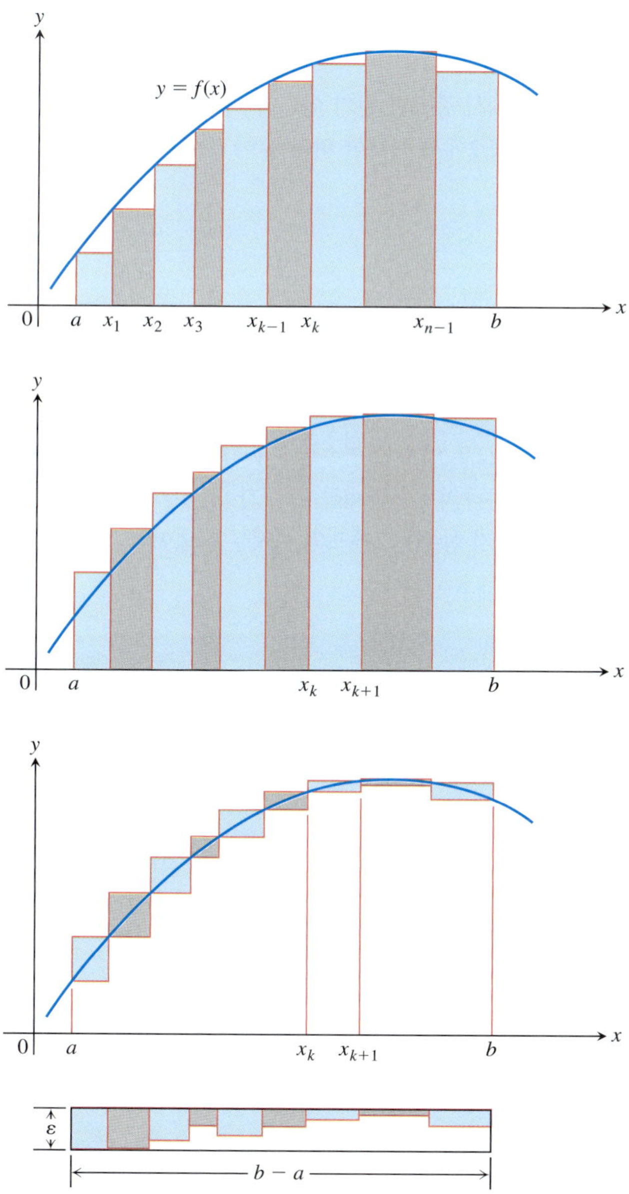

a. $m_k=\min\{f(x)\,|\,x$는 k번째 부분구간에 속함$\}$일 때 하합 $L=m_1\Delta x_1+m_2\Delta x_2+\cdots+m_n\Delta x_n$과 주어진 첫 번째 그림에서 색칠된 영역의 관계를 설명하라.

b. $M_k=\max\{f(x)\,|\,x$는 k번째 부분구간에 속함$\}$일 때 상합 $L=M_1\Delta x_1+M_2\Delta x_2+\cdots+m_n\Delta x_n$과 주어진 두 번째 그림에서 색칠된 영역의 관계를 설명하라.

c. $U-L$과 주어진 세 번째 그림에서 색칠된 영역의 관계를 설명하라.

87. f가 구간 $[a, b]$에서 균등연속함수라 함은 임의로 주어진 $\varepsilon>0$에 대해 다음 명제를 만족하는 $\delta>0$가 존재한다는 것을 의미한다. x_1, x_2가 구간 $[a, b]$에 속하고 $|x_1-x_2|<\delta$라면 $|f(x_1)-f(x_2)|<\varepsilon$이다. 이 사실과 연습문제 86의 그림을 이용하여 다음 명제를 증명하라. 연속함수 f와 $\varepsilon>0$이 주어졌을 때, 가장 긴 Δx_k의 폭을 충분히 작게 하면 $U-L\le\varepsilon\cdot(b-a)$이 성립한다.

88. 자동차가 평균 속도 48 km/h로 240 km를 간 다음, 평균 속도 80 km/h로 같은 거리를 되돌아왔을 때, 전체 구간의 평균 속도는 얼마인가? 이유를 설명하라.

89. 단 한 점에서만 함숫값이 다른 두 함수의 적분 $f(x)$는 구간 $[a, b]$에서 연속이며 $g(x)$는 $[a, b]$에서 정의된 함수로서 단 한 점 $c\in[a, b]$을 제외한 다른 모든 점에서 $g(x)=f(x)$가 성립한다. $g(x)$가 $[a, b]$에서 적분가능하며 $\int_a^b g(x)\,dx=\int_a^b f(x)\,dx$임을 보여라. [힌트: 임의의 n에 대해 식 (1)을 이용하여 구성한 두 함수의 리만 합의 차이는 얼마인가?]

90. 적분가능하지만 연속이 아닌 함수

a. 내림함수 $f(x)=\lfloor x\rfloor$는 x보다 작은 정수 중에서 제일 큰 값을 준다. 내림함수는 구간 $[1, 3]$에서 연속이 아니다. f가 구간 $[1, 3]$에서 적분가능하며 $\int_1^3 \lfloor x\rfloor\,dx=3$임을 보여라.

b. 함수 $f(x)=\begin{cases}-1, & x<0\\ 2, & 0\le x\end{cases}$는 구간 $[-1, 1]$에서 연속이 아니다. f가 구간 $[-1, 1]$에서 적분가능하며 $\int_{-1}^1 f(x)\,dx=1$임을 보여라.

컴퓨터 탐구

CAS를 이용하여 연습문제 91~96에서 적분값에 수렴하도록 리만 합과 연관된 직사각형을 그려라. 적분 구간을 부분구간 $n=4$, 10, 20, 50개로 각각 등분하라.

91. $\displaystyle\int_0^1 (1-x)\,dx = \frac{1}{2}$

92. $\displaystyle\int_0^1 (x^2+1)\,dx = \frac{4}{3}$

93. $\displaystyle\int_{-\pi}^{\pi} \cos x\,dx = 0$

94. $\displaystyle\int_0^{\pi/4} \sec^2 x\,dx = 1$

95. $\displaystyle\int_{-1}^1 |x|\,dx = 1$

96. $\displaystyle\int_1^2 \frac{1}{x}\,dx$ (적분값은 약 0.693이다.)

연습문제 97~104에서 CAS를 이용하여 다음 단계를 수행하라.

a. 주어진 구간에서 함수의 그래프를 그려라.

b. 주어진 구간을 부분구간 $n=100$, 200, 1000개로 각각 등분하고, 각 부분구간의 중점에서 함숫값을 계산하라.

c. 문제 (b)에서 얻은 함숫값의 평균값을 계산하라.

d. $n=1000$에 대해 문제 (c)에서 구한 x의 평균값으로 방정식 $f(x)=$(평균값)을 풀라.

97. $[0, \pi]$에서 $f(x)=\sin x$

98. $[0, \pi]$에서 $f(x)=\sin^2 x$

99. $\left[\frac{\pi}{4}, \pi\right]$에서 $f(x) = x \sin \frac{1}{x}$

100. $\left[\frac{\pi}{4}, \pi\right]$에서 $f(x) = x \sin^2 \frac{1}{x}$

101. $[0, 1]$에서 $f(x) = xe^{-x}$

102. $[0, 1]$에서 $f(x) = e^{-x^2}$

103. $[2, 5]$에서 $f(x) = \frac{\ln x}{x}$

104. $\left[0, \frac{1}{2}\right]$에서 $f(x) = \frac{1}{\sqrt{1-x^2}}$

4.4 미적분학의 기본정리

역사적 인물

아이작 뉴턴(Sir Isaac Newton, 1642~1727)
영국에서 젊은 시절을 보낸 뉴턴은 기계 장치와 그 원리에 관심이 많았다. 랜턴과 풍차를 직접 설계하고 만들기도 했던 그는 1670년대와 1680년대를 거쳐 과학 천재로서 명성을 쌓아갔다. 만유인력의 이론, 중력, 운동 법칙, 미적분학, 백색광의 구성 성분 등 굵직한 업적을 많이 남겼다.

이 절에서는 적분 계산의 핵심인 미적분학의 기본정리를 소개한다. 이 정리는 미분과 적분을 연관시켜 정적분을 계산할 때 4.3절처럼 리만 합의 극한을 취할 필요 없이 피적분함수의 역도함수, 즉 부정적분을 이용하여 주어진 정적분을 계산할 수 있음을 보여준다. 라이프니츠와 뉴턴이 이 연관성을 밝힘으로써 이끌어 낸 수학의 발전은 이후 200년 동안 과학 혁명에 불을 지피게 된다.

또한 정적분의 평균값 정리는 적분 계산에서 중요할 뿐만 아니라 미적분학의 기본정리를 증명하는 데에도 이용된다. 또한 4.1절의 예제 2에서 시사한 바와 같이 주어진 구간에서 함수의 순변화량은 변화율의 적분임을 확인한다.

정적분의 평균값 정리

앞 절에서 구간 $[a, b]$에서 연속함수 f의 평균값이란 정적분 $\int_a^b f(x)\,dx$를 구간의 길이 $b-a$로 나눈 값이라고 정의했다. 이 평균값이 주어진 구간에서 적어도 한 번은 f의 함숫값이 된다는 것을 밝히는 것이 바로 평균값 정리이다.

그림 4.16에서 구간 $[a, b]$에서 함숫값이 모두 양수인 연속함수 $y=f(x)$의 그래프를 보자. 기하학적으로 해석하자면 $[a, b]$에는 적어도 하나의 c가 존재하여, 구간 $[a, b]$가 밑변이고 높이가 평균값 $f(c)$인 직사각형의 넓이가 a에서 b까지 함수 f 그래프의 아랫부분 넓이와 정확하게 일치한다는 것이 평균값 정리가 말하는 바이다.

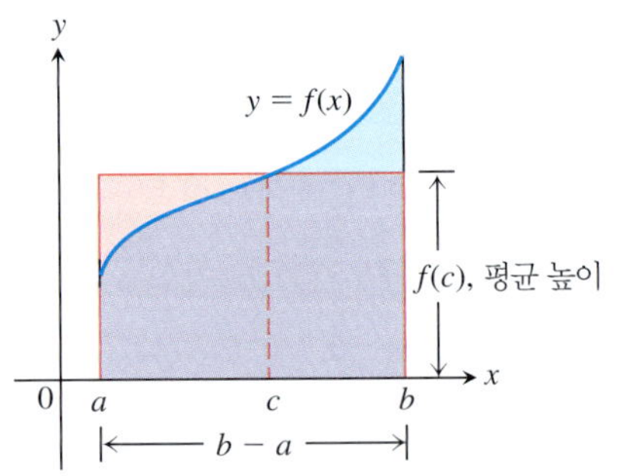

그림 4.16 평균값 정리에서 $f(c)$는 $[a, b]$에서 f의 평균 높이이다. $f \geq 0$일 때, 직사각형의 넓이는 a에서 b까지 f 그래프의 아랫부분 넓이, 즉 다음과 같다.

$$f(c)(b-a) = \int_a^b f(x)\,dx$$

정리 3 ❙ 정적분의 평균값 정리

f가 $[a, b]$에서 연속이면, 다음 식이 성립하는 점 c가 $[a, b]$에 존재한다.

$$f(c) = \frac{1}{b-a}\int_a^b f(x)\,dx$$

증명 최대최소 부등식(표 4.6의 성질 6)의 양변을 $b-a$로 나누면 다음과 같다.

$$\min f \leq \frac{1}{b-a}\int_a^b f(x)\,dx \leq \max f$$

f가 연속이므로 연속함수에 대한 중간값 정리(1.6장)에 의해 $\min f$와 $\max f$ 사이의 모든 값은 f의 함숫값이 된다. 따라서 $(1/(b-a))\int_a^b f(x)\,dx$ 또한 $[a, b]$의 어느 한 점 c에서 함숫값이 된다. ■

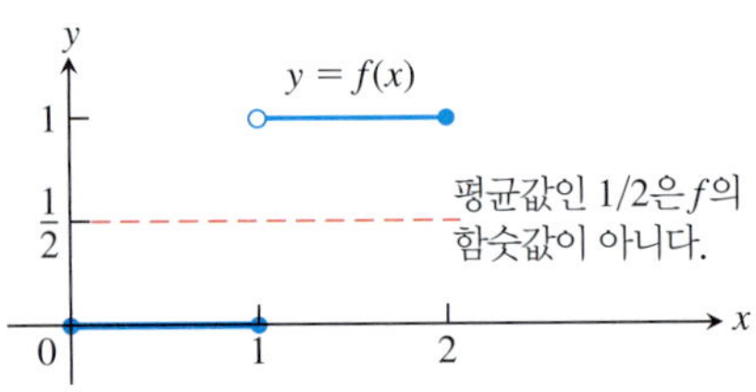

그림 4.17 불연속함수의 평균값은 함숫값이 아닐 수도 있다.

여기서 f의 연속성은 필수이다. 불연속함수에서는 모든 함숫값이 평균값과 다를 수도 있다(그림 4.17).

예제 1 f가 구간 $[a, b]$, $a \neq b$에서 연속이고, 다음과 같다고 하자.

$$\int_a^b f(x)\,dx = 0$$

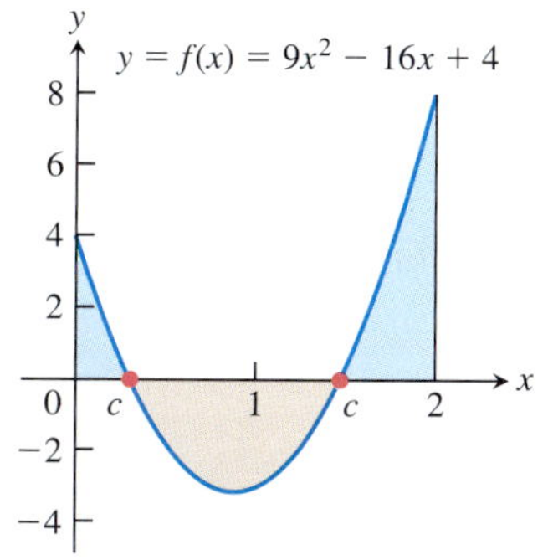

그림 4.18 함수 $f(x) = 9x^2 - 16x + 4$는 $\int_0^2 f(x)\,dx = 0$이며, 구간 [0, 2]에서 $f(c) = 0$인 점이 2개 존재한다.

그러면 $[a, b]$에서 적어도 한 번은 $f(x) = 0$이 된다.

풀이 $[a, b]$에서 f의 평균값은 다음과 같다.

$$\text{av}(f) = \frac{1}{b-a}\int_a^b f(x)\,dx = \frac{1}{b-a}\cdot 0 = 0$$

정적분의 평균값 정리에 의해 f는 적어도 한 점 $c \in [a, b]$에서 이 값을 갖는다. 그림 4.18은 구간 [0, 2]에서 함수 $f(x) = 9x^2 - 16x + 4$를 이용해 이 사실을 보여준다. ■

미적분학 제1 기본정리

정적분을 리만 합의 극한으로 계산하는 것은 매우 어려운 일이다. 여기에서 우리는 역도함수를 이용하여 정적분값을 구하는 쉬운 방법을 만드는 과정을 살펴볼 것이다. 여기에는 미적분학의 두 줄기가 결합되어 있다. 한 줄기는 정적분을 구하기 위해 유한합의 극한을 취하며, 또 다른 하나는 도함수와 역도함수를 이용한다. 이 둘이 미적분학의 기본정리에서 만난다. 적분으로 표현된 함수를 미분하는 것으로 이 논의를 시작해보자.

함수 $f(x)$가 유한 구간 I에서 적분가능할 때, 임의로 고정된 점 $a \in I$부터 $x \in I$까지 f에 대한 적분값을 함숫값으로 갖는 새로운 함수 F를 정의한다.

$$F(x) = \int_a^x f(t)\,dt \tag{1}$$

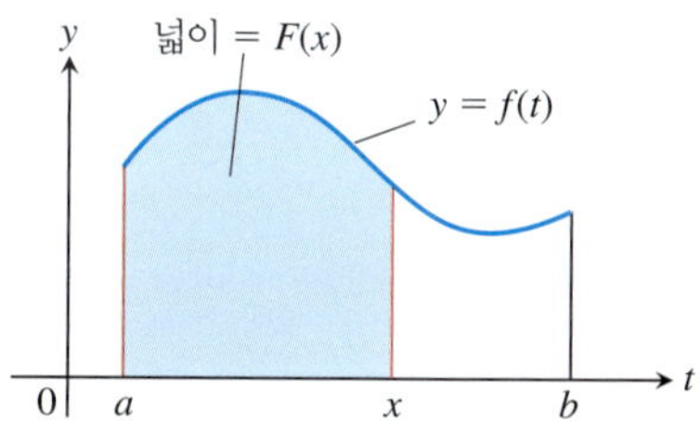

그림 4.19 식 (1)로 정의되는 $F(x)$의 함숫값은 f가 음이 아니고 $x > a$일 때 색칠한 부분의 넓이와 같다.

이를테면 f가 음이 아니고 x가 a의 오른쪽에 있으면 $F(x)$는 a부터 x까지 그래프 아랫부분의 넓이와 같다(그림 4.19). 변수 x는 적분의 상한 역할을 하지만, F가 실변수 x를 입력받아 실수를 출력하는 함수라는 점은 변함이 없다. 즉 x값을 입력하면 그에 대응하는 하나의 숫자(a부터 x까지 f의 정적분 값)가 나온다.

식 (1)은 새로운 종류의 함수(6.1절 참조)를 정의하는 유용한 방식이다. 이 식이 핵심적으로 중요한 이유는 적분과 도함수의 관계를 밝힌다는 점 때문이다. 기본정리에 따르면 f가 연속이면 F는 미분가능하며 그 도함수는 바로 f가 된다. 즉 구간 $[a, b]$에 속하는 모든 x에 대해 다음 식이 성립한다.

$$F'(x) = f(x)$$

그 이유를 기하학적인 측면에서 살펴보자.

$[a, b]$에서 $f \geq 0$라면 도함수의 정의에 따라 $h \to 0$일 때 다음 차분몫의 극한을 취해보자.

$$\frac{F(x+h) - F(x)}{h}$$

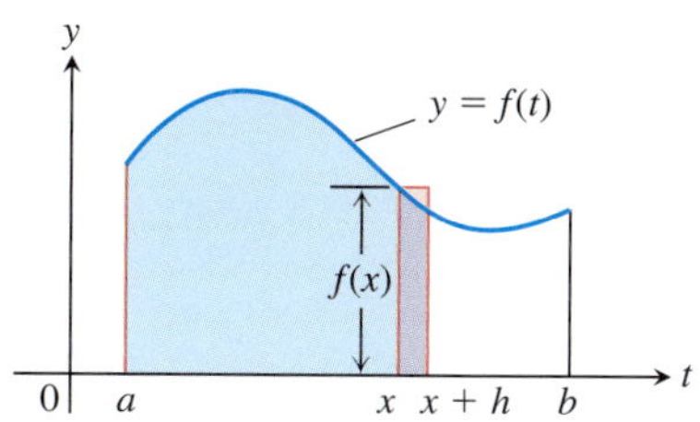

그림 4.20 식 (1)에서 $F(x)$는 x 왼쪽 영역의 넓이이다. 마찬가지로 $F(x+h)$는 $x+h$ 왼쪽 영역의 넓이이다. 차분몫 $[F(x+h) - F(x)]/h$는 $f(x)$와 근사적으로 같으므로 직사각형의 높이를 나타낸다.

$h > 0$일 때 $F(x+h)$는 a부터 $x+h$까지, $F(x)$는 a부터 x까지 각각 f의 그래프 아랫부분의 넓이이므로 그 차는 x부터 $x+h$까지 f의 그래프 아랫부분의 넓이이다(그림 4.20). 그림 4.20에서 보듯이 h가 작으면 이 부분의 넓이는 높이가 $f(x)$이고, 밑변이 구간 $[x, x+h]$인 직사각형 넓이로 근사할 수 있다. 즉 다음을 얻는다.

$$F(x+h) - F(x) \approx hf(x)$$

양변을 h로 나누면, 차분몫 값은 함숫값 $f(x)$에 매우 가까워짐을 알 수 있다.

$$\frac{F(x+h) - F(x)}{h} \approx f(x)$$

h가 0으로 가까이 갈수록 이 근삿값도 개선되어 간다. 따라서 $h \to 0$일 때 이 차분몫의 극한 $F'(x)$가 $f(x)$와 같아 다음 식이 성립할 것으로 예상할 수 있다.

$$F'(x) = \lim_{h\to 0}\frac{F(x+h) - F(x)}{h} = f(x)$$

이 결과는 함수 f가 양이 아니라도 성립하며, 이것이 바로 미적분학 제1 기본정리이다.

정리 4 | 미적분학 제1 기본정리

f가 $[a, b]$에서 연속이면 $F(x)=\int_a^x f(t)\,dt$는 $[a, b]$에서 연속이고, (a, b)에서 미분가능하며, 그 도함수는 $f(x)$이다.

$$F'(x) = \frac{d}{dx}\int_a^x f(t)\,dt = f(x) \qquad (2)$$

정리 4를 증명하기 전에 이 정리의 의미를 이해하기 위해 몇 가지 예제를 살펴보자. 각 예제는 독립변수 x가 정적분의 상한 또는 하한에 (x 자체로 또는 x에 관한 식으로) 나타나는 점에 주목하자. 모든 예제에서 독립변수는 x이고, 그에 종속되는 변수는 y이다. 또한 t는 단지 적분에 사용되는 거짓변수이다.

예제 2 제1 기본정리를 이용하여 다음 함수 y로부터 dy/dx를 구하라.

(a) $y = \int_a^x (t^3 + 1)\,dt$ **(b)** $y = \int_x^5 3t\sin t\,dt$

(c) $y = \int_1^{x^2} \cos t\,dt$ **(d)** $y = \int_{1+3x^2}^4 \frac{1}{2+e^t}\,dt$

풀이 독립변수 x에 관해 도함수를 계산한다.

(a) $\frac{dy}{dx} = \frac{d}{dx}\int_a^x (t^3+1)\,dt = x^3 + 1$ 식 (2)에서 $f(t) = t^3 + 1$

(b)
$$\begin{aligned}\frac{dy}{dx} &= \frac{d}{dx}\int_x^5 3t\sin t\,dt = \frac{d}{dx}\left(-\int_5^x 3t\sin t\,dt\right) && \text{표 4.6의 성질 1}\\ &= -\frac{d}{dx}\int_5^x 3t\sin t\,dt\\ &= -3x\sin x && \text{식 (2)에서 } f(t) = 3t\sin t\end{aligned}$$

(c) 적분의 상한은 x가 아니고 x^2이다. 즉 y는 다음 두 함수의 합성함수이다.

$$y = \int_1^u \cos t\,dt \text{ 와 } \quad u = x^2$$

따라서 dy/dx를 구하려면 연쇄법칙을 써야 한다.

$$\begin{aligned}\frac{dy}{dx} &= \frac{dy}{du}\cdot\frac{du}{dx}\\ &= \left(\frac{d}{du}\int_1^u \cos t\,dt\right)\cdot\frac{du}{dx}\\ &= \cos u\cdot\frac{du}{dx} && \text{식 (2)에서 } f(t) = \cos t\\ &= (\cos x^2)\cdot 2x\\ &= 2x\cos x^2\end{aligned}$$

(d)
$$\begin{aligned}\frac{d}{dx}\int_{1+3x^2}^4 \frac{1}{2+e^t}\,dt &= \frac{d}{dx}\left(-\int_4^{1+3x^2}\frac{1}{2+e^t}\,dt\right) && \text{표 4.6 성질 1}\\ &= -\frac{d}{dx}\int_4^{1+3x^2}\frac{1}{2+e^t}\,dt\\ &= -\frac{1}{2+e^{(1+3x^2)}}\frac{d}{dx}(1+3x^2) && \text{식 (2)와 연쇄법칙}\\ &= -\frac{6x}{2+e^{(1+3x^2)}}\end{aligned}$$

■

정리 4 증명 함수 $F(x)$에 도함수의 정의를 직접 적용하여 제1 기본정리를 증명한다. x와 $x+h$가 모두 (a, b)에 속할 때, 즉 (a, b)에 속하는 각 x에 대해 $h \to 0$일 때 다음 식의 극한값이 $f(x)$임을 보이는 것이다.

$$\frac{F(x+h) - F(x)}{h} \tag{3}$$

도함수의 정의에 따르면 다음과 같다.

$$\begin{aligned} F'(x) &= \lim_{h \to 0} \frac{F(x+h) - F(x)}{h} \\ &= \lim_{h \to 0} \frac{1}{h}\left[\int_a^{x+h} f(t)\,dt - \int_a^x f(t)\,dt\right] \\ &= \lim_{h \to 0} \frac{1}{h}\int_x^{x+h} f(t)\,dt \qquad \text{표 4.6 성질 5} \end{aligned}$$

정적분의 평균값 정리에 따르면 x와 $x+h$ 사이에는 어떤 c가 존재하여 이 점에서 함숫값 $f(c)$는 $[x, x+h]$에서 함수 f의 평균값과 같다. 즉 구간 $[x, x+h]$에 속하는 어떤 c에 대해 다음 식이 성립한다.

$$\frac{1}{h}\int_x^{x+h} f(t)\,dt = f(c) \tag{4}$$

$h \to 0$일 때 $x+h$는 x에 접근하고, c 또한 x로 접근하게 된다(c는 x와 $x+h$ 사이에 있으므로). f는 x에서 연속이므로 $f(c)$는 $f(x)$에 접근한다.

$$\lim_{h \to 0} f(c) = f(x) \tag{5}$$

따라서 (a, b)에 속하는 모든 x에 대해 다음과 같고,

$$\begin{aligned} F'(x) &= \lim_{h \to 0} \frac{1}{h}\int_x^{x+h} f(t)\,dt \\ &= \lim_{h \to 0} f(c) \qquad \text{식 (4)} \\ &= f(x) \qquad \text{식 (5)} \end{aligned}$$

F는 x에서 미분가능하다. 미분가능성은 연속성을 보장하므로, F가 열린 구간 (a, b)에서 연속이라는 점 또한 증명되었다. 이제 $x=a$와 $x=b$에서도 함수 f가 연속임을 보이면 증명이 완성된다. 양 끝점에서는 각각 한쪽 방향의 극한, 즉 $x=a$에서는 $h \to 0^+$일 때, $x=b$에서는 $h \to 0^-$일 때 극한을 취한다는 점만 제외하면 증명 과정은 동일하다. 그러므로 F는 $x=a$와 $x=b$에서 각각 한쪽 방향의 미분계수가 있다는 것이 증명되고, 2.2절의 정리 1에 따라 F는 이 두 점에서 연속이다. ■

미적분학 제2 기본정리

이제 미적분학 제2 기본정리를 알아보자. 제2 기본정리는 리만 합의 극한을 사용하지 않고 정적분을 계산하는 방법을 제시한다. 그 대신 역도함수 찾아 적분의 상한과 하한에서 함숫값을 계산하여 적분값을 구한다.

정리 4 | (계속) 미적분학 제2 기본정리

f가 $[a, b]$에서 연속이고 F는 $[a, b]$에서 f의 역도함수 중 하나라면 다음 식이 성립한다.

$$\int_a^b f(x)\,dx = F(b) - F(a)$$

증명 제1 기본정리에 따라 f의 역도함수는 존재한다.

$$G(x) = \int_a^x f(t)\,dt$$

따라서 F가 f의 역도함수 중 하나라면 적당한 상수 C에 대해 $F(x)=G(x)+C$이다. 여기서 $a<x<b$이다(3.2절 도함수에 대한 평균값 정리의 따름정리 2). F와 G는 모두 $[a, b]$에서 연속이므로 $x \to a^+$ 또는 $x \to b^-$ 한쪽 방향으로 극한을 취하면 $x=a$ 또는 $x=b$일 때 $F(x)=G(x)+C$ 역시 성립한다.

$F(b)-F(a)$를 계산하면 다음과 같다.

$$\begin{aligned} F(b) - F(a) &= [G(b) + C] - [G(a) + C] \\ &= G(b) - G(a) \\ &= \int_a^b f(t)\,dt - \int_a^a f(t)\,dt \\ &= \int_a^b f(t)\,dt - 0 \\ &= \int_a^b f(t)\,dt \end{aligned}$$

■

제2 기본정리는 구간 $[a, b]$에서 f의 정적분을 계산하기 위해 다음 두 가지만 하면 된다는 것을 의미하는 아주 중요한 정리이다.

1. 함수 f의 역도함수 F를 구하고,

2. $F(b)-F(a)$를 구하면, 이 값이 $\int_a^b f(x)\,dx$이다.

이는 리만 합을 구하는 것에 비할 수 없이 쉬운 과정이다. 정적분 계산을 위해 구간 $[a, b]$에 속하는 모든 점에서 함수 f의 값을 알아야 하는 복잡한 과정 대신 구간 $[a, b]$의 양 끝점 a와 b에서 역도함수 F의 값만 알면 된다는 점에서 이 정리는 아주 막강하다고 할수 있다. 식 $F(b)-F(a)$를 다음 기호로 나타낸다.

$$F(x)\Big]_a^b \qquad \text{또는} \qquad \Big[F(x)\Big]_a^b$$

예제 3 리만 합을 구하지 않고 제2 기본정리를 이용하여 몇가지 정적분을 계산한다.

(a) $$\int_0^{\pi} \cos x\,dx = \sin x\Big]_0^{\pi} = \sin\pi - \sin 0 = 0 - 0 = 0$$

$\frac{d}{dx}\sin x = \cos x$

(b) $$\int_{-\pi/4}^{0} \sec x\tan x\,dx = \sec x\Big]_{-\pi/4}^{0} = \sec 0 - \sec\left(-\frac{\pi}{4}\right) = 1 - \sqrt{2}$$

$\frac{d}{dx}\sec x = \sec x\tan x$

(c) $$\begin{aligned} \int_1^4 \left(\frac{3}{2}\sqrt{x} - \frac{4}{x^2}\right)dx &= \left[x^{3/2} + \frac{4}{x}\right]_1^4 \\ &= \left[(4)^{3/2} + \frac{4}{4}\right] - \left[(1)^{3/2} + \frac{4}{1}\right] \\ &= [8+1] - [5] = 4 \end{aligned}$$

$\frac{d}{dx}\left(x^{3/2} + \frac{4}{x}\right) = \frac{3}{2}x^{1/2} - \frac{4}{x^2}$

(d) $$\int_1^2 \frac{1}{x}\,dx = \ln|x|\Big]_1^2 = \ln 2 - \ln 1 = \ln 2$$

$\frac{d}{dx}\ln|x| = \frac{1}{x}$

(e) $\displaystyle\int_0^1 \frac{dx}{x^2+1} = \arctan x\Big]_0^1$

$\displaystyle = \arctan 1 - \arctan 0 = \frac{\pi}{4} - 0 = \frac{\pi}{4}$ ■

$\displaystyle\frac{d}{dx}\arctan x = = \frac{1}{x^2+1}$

연습문제 82는 리만 합의 개념, 평균값 정리, 정적분의 정의를 함께 사용하여 제2 기본정리의 다른 증명을 보여준다.

변화율 적분

제2 기본정리를 다른 방법으로 해석할 수 있다. F가 f의 역도함수라면, $F'=f$이다. 따라서 정리의 식을 다음과 같이 다시 쓸 수 있다.

$$\int_a^b F'(x)\,dx = F(b) - F(a)$$

여기서 $F'(x)$는 함수 $F(x)$의 x에 관한 변화율을 의미하므로, 위 식은 F'의 적분이 x가 a부터 b까지 변할 때 F의 **순 변화량**(net change)이라는 것을 알려준다. 정리하면 다음과 같다.

정리 5 ▮ 순 변화 정리

구간 $a \le x \le b$에서 미분가능한 함수 $F(x)$의 순 변화량은 변화율의 적분값이다.

$$F(b) - F(a) = \int_a^b F'(x)\,dx \tag{6}$$

예제 4 순 변화 정리에 대한 몇 가지 해석에 대해 살펴본다.

(a) $c(x)$가 어떤 상품 x개를 생산하는 데 드는 비용이라고 하면, $c'(x)$는 한계 비용(2.4절 참조)이다. 정리 5에 따라 다음 식이 성립하고,

$$\int_{x_1}^{x_2} c'(x)\,dx = c(x_2) - c(x_1)$$

이 값은 상품 생산량을 x_1개에서 x_2개로 늘릴 때 증가하는 비용이다.

(b) 좌표축을 따라 움직이는 물체의 위치함수를 $s(t)$라고 하면, 그 속도는 $v(t)=s'(t)$이다. 정리 5에 따라 다음 식이 성립한다.

$$\int_{t_1}^{t_2} v(t)\,dt = s(t_2) - s(t_1)$$

속도함수를 적분하면 시간 구간 $t_1 \le t \le t_2$에서 **변위**가 나온다. 한편 속력 $|v(t)|$을 적분하면 같은 시간 동안 움직인 총 이동거리가 나온다. 이는 4.1절에서 공부한 내용과 일치한다. ■

식 (6)을 다음과 같이 다시 쓰면

$$F(b) = F(a) + \int_a^b F'(x)\,dx$$

순 변화 정리의 의미는 구간 $[a, b]$에서 처음 값 $F(a)$에 그 구간에서의 순 변화량을 더하면 함수 $F(x)$의 마지막 값이 된다는 것이다. 따라서 $v(t)$가 좌표축을 따라 움직이는 물체의 속도함수라면 시간 구간 $t_1 \le t \le t_2$에서 물체의 마지막 위치 $s(t_2)$는 처음 위치 $s(t_1)$에 좌표축을 따라 위치의 순 변화량을 더한 값이 된다(예제 4b 참조).

예제 5 다이너마이트 폭발로 지면에서 수직 방향으로 날아간 바위의 운동을 다시 해석해보자(4.1절 예제 2). 시간 t에서 바위의 속도는 $v(t)=49-9.8t$ m/s로 주어졌다.

(a) 시간 구간 $0 \le t \le 8$에서 바위의 변위를 구하라.

(b) 이 시간에 총 이동한 거리를 구하라.

풀이

(a) 예제 4b와 같이 변위는 적분으로 구한다.

$$\int_0^8 v(t)\,dt = \int_0^8 (49-9.8t)\,dt = \left[49t - 4.9t^2\right]_0^8$$
$$= (49)(8) - (4.9)(64) = 78.4$$

이것은 바위가 폭발 8초 후 지상 78.4 m에 있다는 의미이다. 이는 4.1절 예제 2의 결과와 일치한다.

(b) 표 4.3에서 알아본 것과 같이 속도함수 $v(t)$의 함숫값은 시간 구간 [0, 5]에서 양수이고, 구간 [5, 8]에서 음수이다. 그러므로 예제 4b와 같이 총 이동거리는 다음 적분으로 구한다.

$$\begin{aligned}\int_0^8 |v(t)|\,dt &= \int_0^5 |v(t)|\,dt + \int_5^8 |v(t)|\,dt \\ &= \int_0^5 (49-9.8t)\,dt - \int_5^8 (49-9.8t)\,dt \\ &= \left[49t - 4.9t^2\right]_0^5 - \left[49t - 4.9t^2\right]_5^8 \\ &= [(49)(5) - (4.9)(25)] - [(49)(8) - (4.9)(64) - ((49)(5) - (4.9)(25))] \\ &= 122.5 - (-44.1) = 166.6\end{aligned}$$

이 또한 4.1절 예제 2의 결과와 일치한다. 즉 바위가 시간 구간 $0 \le t \le 8$에서 이동한 총 거리 166.6 m는 (i) 시간 구간 [0, 5]에 도달한 최고 높이 122.5 m에, (ii) 시간 구간 [5, 8]에서 바위가 떨어진 거리 44.1 m를 더한 값이다. ■

적분법과 미분법 사이의 관계

기본정리의 결과는 몇 가지로 요약된다. 식 (2)를 다음과 같이 다시 쓸 수 있다.

$$\frac{d}{dx}\int_a^x f(t)\,dt = f(x)$$

즉 함수 f를 적분한 후 미분하면 함수 f가 다시 나온다. 마찬가지로 식 (6)에서 x를 t로, b를 x로 바꾸면 다음과 같다.

$$\int_a^x F'(t)\,dt = F(x) - F(a)$$

함수 F를 미분한 후 적분하면(적분상수를 적절히 조절하면) F가 다시 나온다. 즉 적분법과 미분법은 서로 역관계로 볼 수 있다. 또한 기본정리는 모든 연속함수 f에는 대응되는 역도함수 F가 존재한다는 것을 의미한다. 즉 역도함수를 찾는 것이 정적분을 쉽게 계산하는 데 얼마나 중요한지를 보여준다. 다시 말해 임의의 연속함수 $f(x)$에 대한 미분방정식 $dy/dx = f(x)$이 해(즉 함수 $y = F(x) + C$)를 갖는다는 것을 기본정리를 통해 알 수 있다.

총 넓이

넓이는 항상 음이 아닌 값이다. 리만 합 근사는 $f(c_k)\,\Delta x_k$꼴 항으로 이루어져 있는데, $f(c_k)$가 양수일 때는 그 형태 그대로 직사각형의 넓이가 된다. $f(c_k)$가 음수일 때 $f(c_k)\,\Delta x_k$는 직사각형의 넓이에 음의 부호를 붙인 것과 같다. 함숫값이 모두 음인 함수에 대해 이러한 항들을 모두 더하면 그래프와 x축 사이 영역의 넓이에 음의 부호를 붙인 것이 된다. 따라서 절댓값을 취하면 부호가 올바른 넓이를 얻을 수 있다.

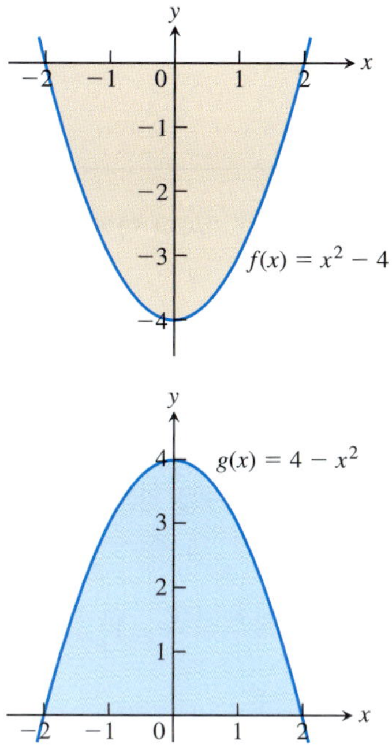

그림 4.21 각 그래프와 x축에 둘러싸인 영역의 넓이는 같지만, 두 함수의 $[-2, 2]$에서 정적분의 부호는 서로 다르다(예제 6).

예제 6 그림 4.21은 $f(x)=x^2-4$와 함께 x축 대칭인 $g(x)=4-x^2$의 그래프를 보여준다. 각 함수에 대해 다음을 구하라.

(a) 구간 $[-2, 2]$에서 정적분

(b) 구간 $[-2, 2]$에서 그래프와 x축으로 둘러싸인 영역의 넓이

풀이

(a) $$\int_{-2}^{2} f(x)\,dx = \left[\frac{x^3}{3} - 4x\right]_{-2}^{2} = \left(\frac{8}{3} - 8\right) - \left(-\frac{8}{3} + 8\right) = -\frac{32}{3}$$

$$\int_{-2}^{2} g(x)\,dx = \left[4x - \frac{x^3}{3}\right]_{-2}^{2} = \frac{32}{3}$$

(b) $[-2, 2]$에서 곡선과 x축 사이 영역의 넓이는 두 경우 모두 $32/3$이다. $f(x)$의 정적분은 음수이지만 넓이는 양수이다. ■

함수가 양수 값과 음수 값을 모두 가질 때 함수 $y=f(x)$의 그래프와 x축으로 둘러싸인 영역의 넓이를 계산하려면 주어진 구간 $[a, b]$를 분할할 때 각 부분구간 안에서 함숫값의 부호가 바뀌지 않도록 주의해야 한다. 그렇지 않으면 부호가 양수인 영역과 음수인 영역 사이에 상쇄가 발생하여 총합이 잘못 계산된다. 정확한 총 넓이는 $f(x)$의 부호가 바뀌지 않는 각 부분구간에서 정적분의 절대값을 더하면 구할 수 있다. 이후로 '넓이'이라는 용어는 총 넓이를 의미하는 것으로 간주한다.

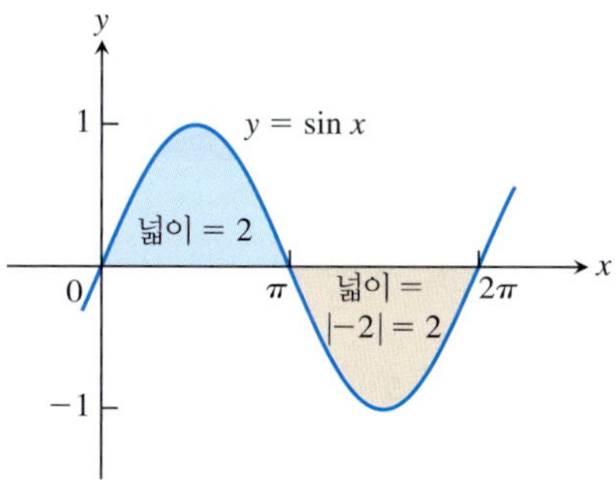

그림 4.22 $0 \le x \le 2\pi$에서 $y=\sin x$와 x축 사이 영역의 넓이는 두 적분 절댓값의 합이다(예제 7).

예제 7 그림 4.22는 $x=0$에서 $x=2\pi$까지 함수 $f(x)=\sin x$의 그래프를 나타내고 있다. 다음을 계산하라.

(a) $[0, 2\pi]$에서 $f(x)$의 정적분

(b) $[0, 2\pi]$에서 $f(x)$의 그래프와 x축으로 둘러싸인 영역의 넓이

풀이

(a) $f(x)=\sin x$의 정적분을 계산하면 다음과 같다.

$$\int_0^{2\pi} \sin x\,dx = -\cos x\Big]_0^{2\pi} = -[\cos 2\pi - \cos 0] = -[1 - 1] = 0$$

정적분의 값이 0인 이유는 그래프의 x축 윗부분과 아랫부분이 상쇄되기 때문이다.

(b) $[0, 2\pi]$에서 $f(x)$의 그래프와 x축 사이 영역의 넓이를 구하려면 $\sin x$의 정의역을 두 부분으로 나누어 계산해야 한다. 구간 $[0, \pi]$에서 함숫값은 0 이상이고, 구간 $[\pi, 2\pi]$에서 함숫값은 0 이하이다.

$$\int_0^{\pi} \sin x\,dx = -\cos x\Big]_0^{\pi} = -[\cos\pi - \cos 0] = -[-1 - 1] = 2$$

$$\int_{\pi}^{2\pi} \sin x\,dx = -\cos x\Big]_{\pi}^{2\pi} = -[\cos 2\pi - \cos\pi] = -[1 - (-1)] = -2$$

두 번째 적분값은 음수이다. 그래프와 x축 사이 영역의 넓이는 각 절댓값을 더해 구한다.

$$\text{넓이} = |2| + |-2| = 4$$ ■

요약

구간 $[a, b]$에서 $y=f(x)$의 그래프와 x축으로 둘러싸인 영역의 넓이를 구하는 단계는 다음과 같다.

1. f가 0이 되는 점을 이용하여 $[a, b]$를 분할한다.
2. 각 부분구간에서 f를 적분한다.
3. 각 적분의 절댓값을 모두 더한다.

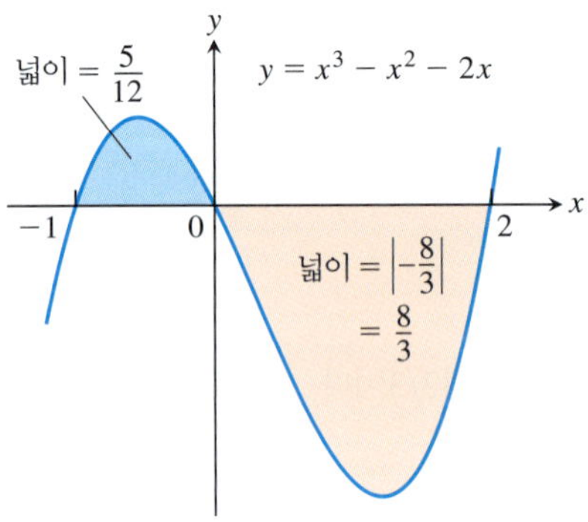

그림 4.23 곡선 $y=x^3-x^2-2x$와 x축 사이 영역(예제 8).

예제 8 $-1 \le x \le 2$에서 $f(x)=x^3-x^2-2x$의 그래프와 x축으로 둘러싸인 영역의 넓이를 구하라.

풀이 먼저 f가 0이 되는 지점을 찾는다.

$$f(x) = x^3 - x^2 - 2x = x(x^2 - x - 2) = x(x+1)(x-2)$$

그러므로 f는 $x=0, -1, 2$에서 0이 된다(그림 4.23). 이 점들로 구간 $[-1, 2]$를 부분구간 2개로 나눈다. $[-1, 0]$에서 $f \ge 0$이고, $[0, 2]$에서 $f \le 0$이다. 각 부분구간에서 f를 적분한 후, 각 적분의 절댓값을 더한다.

$$\int_{-1}^{0}(x^3 - x^2 - 2x)\,dx = \left[\frac{x^4}{4} - \frac{x^3}{3} - x^2\right]_{-1}^{0} = 0 - \left[\frac{1}{4} + \frac{1}{3} - 1\right] = \frac{5}{12}$$

$$\int_{0}^{2}(x^3 - x^2 - 2x)\,dx = \left[\frac{x^4}{4} - \frac{x^3}{3} - x^2\right]_{0}^{2} = \left[4 - \frac{8}{3} - 4\right] - 0 = -\frac{8}{3}$$

전체 넓이는 각 적분의 절댓값의 합이다.

$$\text{전체 넓이} = \frac{5}{12} + \left|-\frac{8}{3}\right| = \frac{37}{12}$$

■

연습문제 4.4 EXERCISE QUESTION

적분계산

연습문제 1~34에서 적분을 계산하라.

1. $\int_{0}^{2} x(x-3)\,dx$

2. $\int_{-1}^{1}(x^2 - 2x + 3)\,dx$

3. $\int_{-2}^{2}(x+3)^2\,dx$

4. $\int_{-1}^{1} x^{299}\,dx$

5. $\int_{1}^{4}\left(3x^2 - \frac{x^3}{4}\right)dx$

6. $\int_{-2}^{3}(x^3 - 2x + 3)\,dx$

7. $\int_{0}^{1}(x^2 + \sqrt{x})\,dx$

8. $\int_{1}^{32} x^{-6/5}\,dx$

9. $\int_{0}^{\pi/3} 2\sec^2 x\,dx$

10. $\int_{0}^{\pi}(1 + \cos x)\,dx$

11. $\int_{\pi/4}^{3\pi/4}\csc\theta\cot\theta\,d\theta$

12. $\int_{0}^{\pi/3} 4\frac{\sin u}{\cos^2 u}\,du$

13. $\int_{\pi/2}^{0}\frac{1 + \cos 2t}{2}\,dt$

14. $\int_{-\pi/3}^{\pi/3}\sin^2 t\,dt$

15. $\int_{0}^{\pi/4}\tan^2 x\,dx$

16. $\int_{0}^{\pi/6}(\sec x + \tan x)^2\,dx$

17. $\int_{0}^{\pi/8}\sin 2x\,dx$

18. $\int_{-\pi/3}^{-\pi/4}\left(4\sec^2 t + \frac{\pi}{t^2}\right)dt$

19. $\int_{1}^{-1}(r+1)^2\,dr$

20. $\int_{-\sqrt{3}}^{\sqrt{3}}(t+1)(t^2+4)\,dt$

21. $\int_{\sqrt{2}}^{1}\left(\frac{u^7}{2} - \frac{1}{u^5}\right)du$

22. $\int_{-3}^{-1}\frac{y^5 - 2y}{y^3}\,dy$

23. $\int_{1}^{\sqrt{2}}\frac{s^2 + \sqrt{s}}{s^2}\,ds$

24. $\int_{1}^{8}\frac{(x^{1/3}+1)(2 - x^{2/3})}{x^{1/3}}\,dx$

25. $\int_{\pi/6}^{\pi/2}\frac{\sin 2x}{2\sin x}\,dx$

26. $\int_{0}^{\pi/3}(\cos x + \sec x)^2\,dx$

27. $\int_{-4}^{4}|x|\,dx$

28. $\int_{0}^{\pi}\frac{1}{2}\left(\cos x + |\cos x|\right)dx$

29. $\int_{0}^{\ln 2} e^{3x}\,dx$

30. $\int_{1}^{2}\left(\frac{1}{x} - e^{-x}\right)dx$

31. $\int_0^{1/2} \frac{4}{\sqrt{1-x^2}}\,dx$ **32.** $\int_0^{1/\sqrt{3}} \frac{dx}{1+4x^2}$

33. $\int_2^4 x^{\pi-1}\,dx$ **34.** $\int_{-1}^0 \pi^{x-1}\,dx$

연습문제 35~38에서 피적분함수의 역도함수를 추측하라. 미분을 통해 그 추측이 타당함을 밝히고 주어진 정적분을 계산하라. [힌트: 역도함수를 추측할 때 연쇄법칙을 상기하라. 다음 절에서 역도함수를 구하는 방법을 배울 것이다.]

35. $\int_0^1 xe^{x^2}\,dx$ **36.** $\int_1^2 \frac{\ln x}{x}\,dx$

37. $\int_2^5 \frac{x\,dx}{\sqrt{1+x^2}}$ **38.** $\int_0^{\pi/3} \sin^2 x \cos x\,dx$

적분의 도함수

연습문제 39~44에서 도함수를 구하라.

a. 적분을 계산하고 그 결과를 미분하라.
b. 적분을 직접 미분하라.

39. $\frac{d}{dx}\int_0^{\sqrt{x}} \cos t\,dt$ **40.** $\frac{d}{dx}\int_1^{\sin x} 3t^2\,dt$

41. $\frac{d}{dt}\int_0^{t^4} \sqrt{u}\,du$ **42.** $\frac{d}{d\theta}\int_0^{\tan\theta} \sec^2 y\,dy$

43. $\frac{d}{dx}\int_0^{x^3} e^{-t}\,dt$ **44.** $\frac{d}{dt}\int_0^{\sqrt{t}} \left(x^4 + \frac{3}{\sqrt{1-x^2}}\right)dx$

연습문제 45~56에서 dy/dx를 구하라.

45. $y = \int_0^x \sqrt{1+t^2}\,dt$ **46.** $y = \int_1^x \frac{1}{t}\,dt, \quad x > 0$

47. $y = \int_{\sqrt{x}}^0 \sin t^2\,dt$ **48.** $y = x\int_2^{x^2} \sin t^3\,dt$

49. $y = \int_{-1}^x \frac{t^2}{t^2+4}\,dt - \int_3^x \frac{t^2}{t^2+4}\,dt$

50. $y = \left(\int_0^x (t^3+1)^{10}\,dt\right)^3$

51. $y = \int_0^{\sin x} \frac{dt}{\sqrt{1-t^2}}, \quad |x| < \frac{\pi}{2}$

52. $y = \int_{\tan x}^0 \frac{dt}{1+t^2}$ **53.** $y = \int_0^{e^{x^2}} \frac{1}{\sqrt{t}}\,dt$

54. $y = \int_{2^x}^1 \sqrt[3]{t}\,dt$ **55.** $y = \int_0^{\arcsin x} \cos t\,dt$

56. $y = \int_{-1}^{x^{1/\pi}} \arcsin t\,dt$

넓이

연습문제 57~60에서 주어진 범위에서 곡선과 x축으로 둘러싸인 영역의 전체 넓이를 구하라.

57. $y = -x^2 - 2x, \quad -3 \le x \le 2$

58. $y = 3x^2 - 3, \quad -2 \le x \le 2$

59. $y = x^3 - 3x^2 + 2x, \quad 0 \le x \le 2$

60. $y = x^{1/3} - x, \quad -1 \le x \le 8$

연습문제 61~64에서 색칠한 영역의 넓이를 구하라.

61.

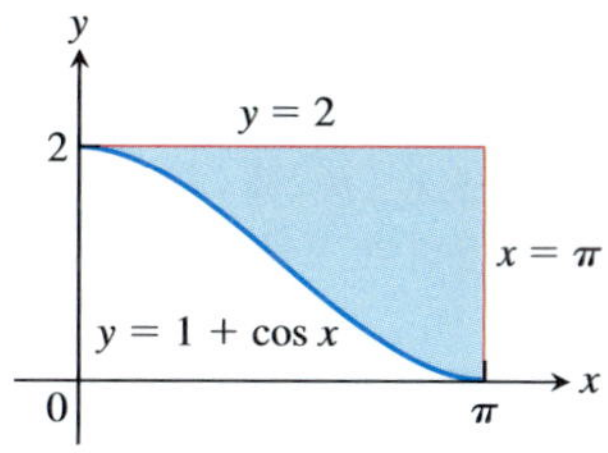

62.

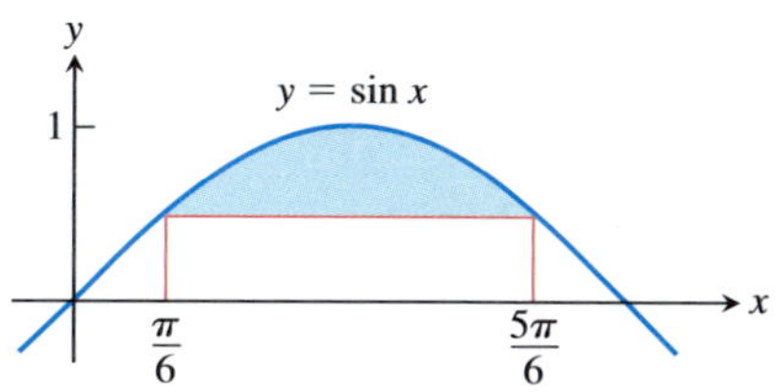

63.

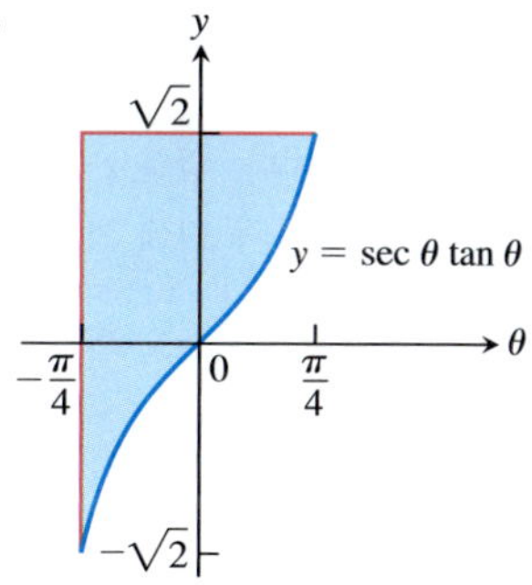

64.

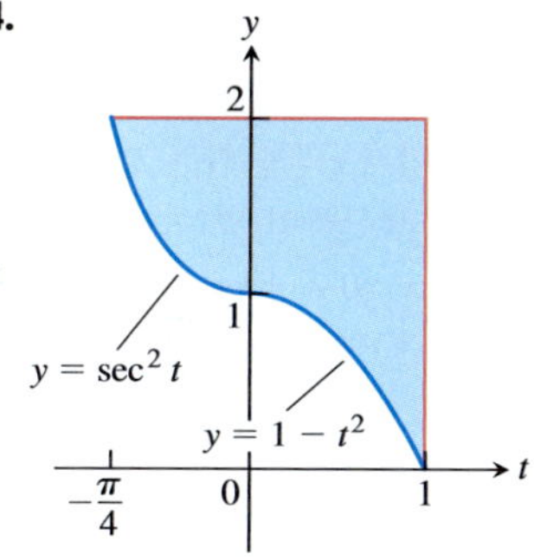

초깃값 문제

연습문제 65~68에서 초깃값 문제의 해를 다음 함수 중에서 찾아라. 그 이유를 설명하라.

a. $y = \int_1^x \frac{1}{t}\,dt - 3$ **b.** $y = \int_0^x \sec t\,dt + 4$

c. $y = \int_{-1}^x \sec t\,dt + 4$ **d.** $y = \int_\pi^x \frac{1}{t}\,dt - 3$

65. $\frac{dy}{dx} = \frac{1}{x}, \quad y(\pi) = -3$ **66.** $y' = \sec x, \quad y(-1) = 4$

67. $y' = \sec x, \quad y(0) = 4$ **68.** $y' = \frac{1}{x}, \quad y(1) = -3$

연습문제 69와 70에서 초깃값 문제의 해를 적분으로 나타내라.

69. $\frac{dy}{dx} = \sec x, \quad y(2) = 3$

70. $\dfrac{dy}{dx} = \sqrt{1+x^2}, \quad y(1) = -2$

연습문제 71과 72에서 식을 만족하는 함수 f를 구하라.

71. $\int_2^x \sqrt{f(t)}\,dt = x \ln x$

72. $f(x) = e^2 + \int_1^x f(t)\,dt$

이론과 예제

73. 포물선에 대한 아르키메데스의 넓이 공식 발명가, 무기제작자, 물리학자이자 고대 서양의 위대한 수학자인 아르키메데스(287~212 B.C)는 포물선 아랫부분의 넓이는 밑변과 높이 곱의 2/3임을 발견했다. 포물선 $y = h - (4h/b^2)x^2$, $-b/2 \le x \le b/2$를 그려라. 여기서 h와 b는 양수로 가정한다. 적분을 이용하여 포물선의 호와 x축으로 둘러싸인 영역의 넓이를 구하라.

74. k가 양수일 때, x축과 곡선 $y = \sin kx$ 사이 영역의 넓이가 $2/k$임을 증명하라.

75. 한계 비용을 이용한 비용 계산 포스터 x장을 인쇄할 때 한계 비용(달러)은 다음과 같다.

$$\frac{dc}{dx} = \frac{1}{2\sqrt{x}}$$

$c(100) - c(1)$을 계산하라.

76. 한계 수익을 이용한 수익 계산 어느 회사가 달걀 요리도구를 제조, 판매하여 얻는 한계 수익은 다음과 같다.

$$\frac{dr}{dx} = 2 - 2/(x+1)^2$$

여기서 r의 단위는 천 달러, x의 단위는 천 개이다. 상품 $x=3$천 개를 생산하여 얻는 수익은 얼마인가? 이를 구하기 위해 한계 수익을 $x=0$부터 $x=3$까지 적분하라.

77. 시간 t에서 방 안 온도 T(℃)가 다음과 같이 주어졌다.

$$0 \le t \le 25\text{에서} \quad T = 30 - 2\sqrt{25 - t}$$

a. $t=0$, $t=16$, $t=25$일 때 방 안의 온도를 구하라.

b. $0 \le t \le 25$에서 방 안의 평균온도를 구하라.

78. t년 동안 성장한 후 야자나무의 크기 H(m)가 다음과 같이 주어졌다.

$$0 \le t \le 8\text{에서} \quad H = 0.3 - \sqrt{t+1} + 1.5t^{1/3}$$

a. $t=0$, $t=4$와 $t=8$일 때 나무의 크기를 구하라.

b. $0 \le t \le 8$일 때 나무의 평균크기를 구하라.

79. $\int_1^x f(t)\,dt = x^2 - 2x + 1$일 때 $f(x)$를 구하라.

80. $\int_0^x f(t)\,dt = x\cos \pi x$일 때 $f(4)$를 구하라.

81. $x=1$에서 다음 식을 선형화하라.

$$f(x) = 2 - \int_2^{x+1} \frac{9}{1+t}\,dt$$

82. $x=-1$에서 다음 식을 선형화하라.

$$g(x) = 3 + \int_1^{x^2} \sec(t-1)\,dt$$

83. f의 도함수는 모든 x에서 양수 값을 가지며, $f(1)=0$이라고 한다. 다음 식에 대한 명제 중에서 참인 것은?

$$g(x) = \int_0^x f(t)\,dt$$

그 이유를 설명하라.

a. g는 x에 관한 미분가능함수이다.

b. g는 x에 관한 연속함수이다.

c. g의 그래프는 $x=1$에서 접선이 수평이다.

d. g는 $x=1$에서 극댓값을 갖는다.

e. g는 $x=1$에서 극솟값을 갖는다.

f. g의 그래프는 $x=1$에서 변곡점을 갖는다.

g. dg/dx의 그래프는 $x=1$에서 x축과 만난다.

84. 제2 기본정리의 또 다른 증명

a. 구간 $[a, b]$의 분할을 $a = x_0 < x_1 < x_2 < \cdots < x_n = b$라 하고, F를 f의 역도함수라고 할 때 다음을 증명하라.

$$F(b) - F(a) = \sum_{i=1}^{n} [F(x_i) - F(x_{i-1})]$$

b. 각 항에 평균값 정리를 적용하여 구간 (x_{i-1}, x_i)의 어느 점 c에 대해 다음 식이 성립함을 보여라.

$$F(x_i) - F(x_{i-1}) = f(c_i)(x_i - x_{i-1})$$

그리고 $F(b) - F(a)$가 구간 $[a, b]$에서 f의 리만 합임을 보여라.

c. 문제 (b)와 정적분의 정의에 따라 다음이 성립함을 보여라.

$$F(b) - F(a) = \int_a^b f(x)\,dx$$

85. f는 미분가능한 함수로서 그 그래프는 주어진 그림과 같다. 좌표축을 따라 움직이는 물체의 위치는 시간 t초에서 다음과 같다(미터 단위).

$$s = \int_0^t f(x)\,dx$$

그래프를 이용하여 다음 물음에 답하고, 이유를 설명하라.

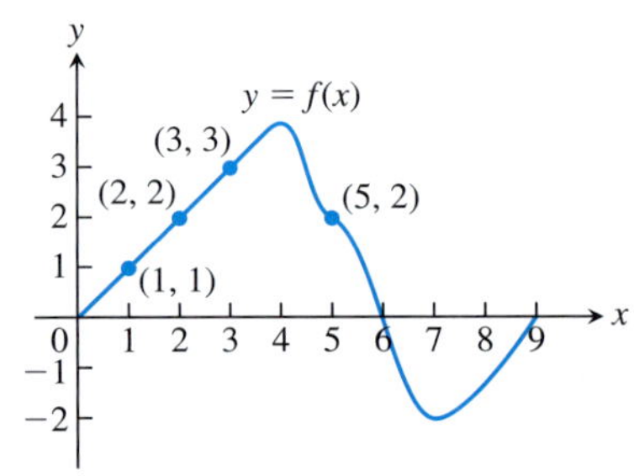

a. $t=5$에서 물체의 속도는?

b. $t=5$에서 물체의 가속도는 양인가, 음인가?

c. $t=3$에서 물체의 위치는?

d. 처음 9초 동안 s가 최대가 되는 것은 언제인가?

e. 가속도가 0일 때는 대략 언제쯤인가?

f. 물체가 원점을 향해 움직일 때는 언제인가? 또한 반대로 향하여 움직일 때는 언제인가?

g. $t=9$일 때 물체는 원점의 어느 쪽에 있는가?

86. $\displaystyle\lim_{x\to\infty} \frac{1}{\sqrt{x}} \int_1^x \frac{dt}{\sqrt{t}}$를 계산하라.

컴퓨터 탐구

연습문제 87~90에서 주어진 함수 f와 구간 $[a, b]$에 대해 $F(x) = \int_a^x f(t)\,dt$라 하자. CAS를 이용하여 다음 단계를 실행하고 물음에 답하라.

a. $[a, b]$에서 함수 f와 F의 그래프를 그려라.
b. 방정식 $F'(x)=0$을 풀라. $F'(x)=0$인 점에서 f와 F의 그래프에 대해 알 수 있는 사실은 무엇인가? 그것은 제1 기본정리와 1차 도함수로 증명되는가? 그 이유를 설명하라.
c. 함수 F가 증가하는 구간과 감소하는 구간의 근삿값을 각각 구하라. 각 구간에서 f에 대해 알 수 있는 사실에 대해 설명하라.
d. 도함수 f'를 계산하고 그 그래프를 F와 함께 그려라. $f'(x)=0$인 점에서 F의 그래프에 대해 알 수 있는 사실은 무엇인가? 기본정리에 따른 관찰인가? 그 이유를 설명하라.

87. $f(x) = x^3 - 4x^2 + 3x, \quad [0, 4]$

88. $f(x) = 2x^4 - 17x^3 + 46x^2 - 43x + 12, \quad \left[0, \frac{9}{2}\right]$

89. $f(x) = \sin 2x \cos \frac{x}{3}, \quad [0, 2\pi]$

90. $f(x) = x \cos \pi x, \quad [0, 2\pi]$

연습문제 91~94에서 주어진 a, u, f에 대해 $F(x)=\int_a^{u(x)} f(t)\,dt$라 하자. CAS를 이용하여 다음 단계를 실행하고 물음에 답하라.

a. F의 정의역을 구하라.
b. $F'(x)$를 계산하고, $F'(x)=0$인 x를 모두 구하라. F의 정의역 중에서 F가 증가하는 구간은? 감소하는 구간은?
c. $F''(x)$를 계산하고, $F''(x)=0$인 x를 모두 구하라. F의 극값과 변곡점을 모두 구하라.
d. 문제 (a)~(c)의 정보를 바탕으로 F의 정의역에서 $y=F(x)$의 개략적인 그래프를 손으로 그려보고 CAS를 이용하여 검증하라.

91. $a = 1, \quad u(x) = x^2, \quad f(x) = \sqrt{1 - x^2}$

92. $a = 0, \quad u(x) = x^2, \quad f(x) = \sqrt{1 - x^2}$

93. $a = 0, \quad u(x) = 1 - x, \quad f(x) = x^2 - 2x - 3$

94. $a = 0, \quad u(x) = 1 - x^2, \quad f(x) = x^2 - 2x - 3$

연습문제 95와 96에서 $f(x)$는 연속이며 $u(x)$는 두 번 미분가능하다.

95. $\frac{d}{dx}\int_a^{u(x)} f(t)\,dt$를 계산하고 CAS를 이용하여 검증하라.

96. $\frac{d^2}{dx^2}\int_a^{u(x)} f(t)\,dt$를 계산하고 CAS를 이용하여 검증하라.

4.5 부정적분과 치환법

미적분학의 기본정리는 연속함수에 대한 정적분은 그 역도함수를 찾아 바로 쉽게 할 수 있음을 말해주고 있다. 3.8절에서 함수 f의 모든 역도함수 집합을 x에 관한 f의 **부정적분**(indefinite integral)이라 정의하고 $\int f(x)\,dx$로 나타내었다. f의 역도함수들 사이에는 상수 차이만 있으므로 임의의 역도함수 F에 대해 부정적분 기호 $\int$는 다음을 의미한다.

$$\int f(x)\,dx = F(x) + C$$

여기서 C는 임의 상수이다. 기본정리에서 언급한 역도함수와 정적분 사이의 관계를 이 기호를 사용하여 설명하면 다음과 같다.

$$\begin{aligned}\int_a^b f(x)\,dx &= F(b) - F(a) = [F(b) + C] - [F(a) + C] \\ &= \Big[F(x) + C\Big]_a^b = \left[\int f(x)\,dx\right]_a^b\end{aligned}$$

함수 f의 부정적분을 구할 때 임의의 상수 C를 잊어서는 안 된다.

정적분과 부정적분의 차이를 주의 깊게 살펴보자. 정적분 $\int_a^b f(x)\,dx$는 하나의 값이고, 부정적분 $\int f(x)\,dx$는 임의의 상수를 포함하는 함수이다.

지금까지는 다른 함수의 도함수임을 이미 알고 있는 함수에 대한 역도함수를 알아보았다. 이 절에서는 역도함수를 구하는 더 일반적인 기법을 공부할 것이다.

치환: 연쇄법칙을 거꾸로 실행

함수 u가 x에 대한 미분가능 함수이고, $n \neq -1$일 때 연쇄법칙은 다음과 같다.

$$\frac{d}{dx}\left(\frac{u^{n+1}}{n+1}\right) = u^n \frac{du}{dx}$$

이 식을 다른 관점에서 보자면, 함수 $u^{n+1}/(n+1)$은 함수 $u^n(du/dx)$의 역도함수라는 것을 알 수 있다. 따라서 다음을 얻는다.

$$\int u^n \frac{du}{dx}\,dx = \frac{u^{n+1}}{n+1} + C \tag{1}$$

식 (1)의 적분은 더 간단한 다음 적분과 동일하다.

$$\int u^n\,du = \frac{u^{n+1}}{n+1} + C$$

이는 $(du/dx)\,dx$를 간단히 du로 치환할 수 있음을 시사한다. 미적분학의 창시자 중 한 명인 라이프니츠는 이와 같은 치환이 실제로 가능하다는 사실을 간파했고, 이후 우리는 적분을 계산할 때도 치환법을 적용할 수 있게 되었다. 미분과 마찬가지로 적분을 계산할 때도 다음 식이 성립한다.

$$du = \frac{du}{dx}\,dx$$

예제 1 적분 $\int (x^3+x)^5(3x^2+1)\,dx$를 구하라.

풀이 $u=x^3+x$라고 하면 다음 식이 성립한다.

$$du = \frac{du}{dx}\,dx = (3x^2+1)\,dx$$

따라서 치환을 통해 다음을 얻는다.

$$\begin{aligned}\int (x^3+x)^5(3x^2+1)\,dx &= \int u^5\,du && u=x^3+x\text{라 하면, } du=(3x^2+1)\,dx\\ &= \frac{u^6}{6} + C && u\text{에 관해 적분}\\ &= \frac{(x^3+x)^6}{6} + C && u\text{에 } x^3+x\text{를 대입}\end{aligned}$$

■

예제 2 $\int \sqrt{2x+1}\,dx$를 구하라.

풀이 $u=2x+1$이라 하고 $n=1/2$이라 하더라도 정확히 다음과 같은 적분 형태로 귀결되지는 않는다.

$$\int u^n\,du$$

그 이유는 다음 식이 dx와 일치하지 않기 때문이다.

$$du = \frac{du}{dx}\,dx = 2\,dx$$

즉 상수 인자 2가 적분에서 빠져 있기 때문이다. 이때는 적분 뒷편에 상수 2를 곱하고, 이에 대한 보완으로 적분 기호 앞에 1/2을 곱하면 다음과 같다.

$$\begin{aligned}\int \sqrt{2x+1}\,dx &= \frac{1}{2}\int \underbrace{\sqrt{2x+1}}_{u}\cdot \underbrace{2\,dx}_{du}\\ &= \frac{1}{2}\int u^{1/2}\,du && u=2x+1\text{이라 하면, } du=2dx\\ &= \frac{1}{2}\frac{u^{3/2}}{3/2} + C && u\text{에 관해 적분}\\ &= \frac{1}{3}(2x+1)^{3/2} + C && u\text{에 } 2x+1\text{을 대입}\end{aligned}$$

■

예제 1과 예제 2에서 사용된 치환은 다음과 같은 일반적인 공식의 예이다.

정리 6 ┃ 치환적분법

미분가능한 함수 $u=g(x)$의 치역이 I이고, f가 I에서 연속이면 다음 식이 성립한다.

$$\int f(g(x)) \cdot g'(x)\,dx = \int f(u)\,du$$

증명 F를 f의 역도함수라고 하면, 연쇄법칙에 따라 다음 공식이 성립한다.

$$\begin{aligned}\frac{d}{dx}F(g(x)) &= F'(g(x)) \cdot g'(x) && \text{연쇄법칙}\\ &= f(g(x)) \cdot g'(x) && F'=f\text{이므로}\end{aligned}$$

따라서 $F(g(x))$는 $f(g(x)) \cdot g'(x)$의 역도함수이다. $u=g(x)$로 치환하면

$$\begin{aligned}\int f(g(x))\,g'(x)\,dx &= \int \frac{d}{dx}F(g(x))\,dx\\ &= F(g(x)) + C && \text{3장 정리 8}\\ &= F(u) + C && u=g(x)\\ &= \int F'(u)\,du && \text{3장 정리 8}\\ &= \int f(u)\,du && F'=f\end{aligned}$$

■

적분법에서는 대개 변수 u를 사용하지만(가끔 u치환이라고도 한다) 변수는 v, t, θ 등 아무 것이나 상관없다. 치환적분법은 주어진 적분이 $\int f(g(x)) \cdot g'(x)\,dx$ 형태이고 정리 6의 조건을 만족할 때 적분값을 계산하는 방법일 뿐이며, 주된 문제는 피적분함수의 어느 부분을 치환해야 할지 결정하는 것이다. 다음에 이어지는 예제를 통해 이 개념을 살펴보자.

$\int f(g(x))\,g'(x)\,dx$ 계산을 위한 치환법

1. $u=g(x)$로 치환하고 $du=(du/dx)\,dx=g'(x)\,dx$를 대입하여 $\int f(u)\,du$ 형태로 만든다.
2. u에 관해 적분한다.
3. u를 $g(x)$로 환원한다.

예제 3 $\int \sec^2(5x+1) \cdot 5\,dx$를 구하라.

풀이 $u=5x+1$이라 하면 $du=5\,dx$이고, 따라서 다음과 같다.

$$\begin{aligned}\int \sec^2(5x+1) \cdot 5\,dx &= \int \sec^2 u\,du && u=5x+1\text{이라 하면, } du=5\,dx\\ &= \tan u + C && \frac{d}{du}\tan u = \sec^2 u\\ &= \tan(5x+1) + C && u\text{를 } 5x+1\text{로 환원}\end{aligned}$$

■

예제 4 $\int \cos(7\theta+3)\,d\theta$를 구하라.

풀이 $u=7\theta+3$이라 하면 $du=7d\theta$가 된다. 이 식에는 du에 상수 7이 포함되어 있지만, 원래 주어진 적분에는 $d\theta$ 앞에 7이 없다. 예제 2와 같은 방법으로 $d\theta$ 앞에 7을 곱하고 다시 나누어 다음과 같이 쓸 수 있다.

$$\int \cos(7\theta + 3)\,d\theta = \frac{1}{7}\int \cos(7\theta + 3)\cdot 7\,d\theta \qquad \text{적분 앞에 } 1/7$$
$$= \frac{1}{7}\int \cos u\,du \qquad u=7\theta+3\text{이라 하면, } du=7d\theta$$
$$= \frac{1}{7}\sin u + C \qquad \text{적분}$$
$$= \frac{1}{7}\sin(7\theta + 3) + C \qquad u\text{를 } 7\theta+3\text{으로 환원}$$

이 문제를 푸는 다른 방법도 있다. 앞서와 같이 $u=7\theta+3$이라 하면 $du=7d\theta$이므로, 이것을 $d\theta$에 관해 풀면 $d\theta=(1/7)\,du$가 된다. 따라서 적분의 형태는 다음과 같이 바뀐다.

$$\int \cos(7\theta + 3)\,d\theta = \int \cos u \cdot \frac{1}{7}\,du \qquad u=7\theta+3\text{이라 하면, } du=7d\theta\text{이고 } d\theta=(1/7)du\text{이다.}$$
$$= \frac{1}{7}\sin u + C \qquad \text{적분}$$
$$= \frac{1}{7}\sin(7\theta + 3) + C \qquad u\text{를 } 7\theta+3\text{으로 환원}$$

이 답을 미분하여 원래 주어진 함수 $\cos(7\theta+3)$을 얻을 수 있으므로 이 풀이가 옳음을 확인할 수 있다. ■

예제 5 x의 거듭제곱 x^{n+1}에 관한 함수 $g(x^{n+1})$과 이보다 차수가 하나 낮은 x의 거듭제곱 x^n이 피적분함수에 함께 나타나는 경우가 있다. 이러한 형태를 보면 차수가 더 높은 x^{n+1}을 치환하는 것이 타당해 보인다. 다음 예제에서 피적분함수는 x^3에 관한 함수와 x^2가 곱해진 형태이다. 따라서 $u=x^3$으로 치환하여 계산이 더 간단해지는지 살펴보자.

$$\int x^2 e^{x^3}\,dx = \int e^{x^3}\cdot x^2\,dx$$
$$= \int e^u \cdot \frac{1}{3}\,du \qquad u=x^3\text{라 하면, } du=3x^2dx\text{이고 } (1/3)du=x^2dx\text{이다.}$$
$$= \frac{1}{3}\int e^u\,du$$
$$= \frac{1}{3}e^u + C \qquad u\text{에 관해 적분}$$
$$= \frac{1}{3}e^{x^3} + C \qquad u\text{를 } x^3\text{으로 환원}$$
■

$u=g(x)$로 치환할 때, 피적분함수에 여분의 인자 x가 남을 수도 있다. 이 경우 방정식 $u=g(x)$를 x에 관해 풀 수 있는지 살펴보자. 다음 예제는 여분의 x를 u에 관한 함수로 나타내면 적분이 가능한 경우를 보여준다.

역사적 인물

조지 데이비드 버코프(George David Birkhoff, 1884~1944)
버코프는 하버드와 시카고 대학교를 다녔다. 1907년 시카고에서 미분방정식에 관한 논문으로 박사 학위를 받았다. 또한 4색 문제(지도 제작에 몇 가지 색깔이 필요한가에 대한 문제)에 관해 연구했으며 미술, 시, 음악 등 미학에 수학을 적용하는 것에 관심이 많았다.

예제 6 $\int x\sqrt{2x+1}\,dx$를 구하라.

풀이 앞의 예제 2와 같이 $u=2x+1$로 치환하면 $du=2dx$이다. 따라서 다음과 같다.

$$\sqrt{2x+1}\,dx = \frac{1}{2}\sqrt{u}\,du$$

하지만 $\sqrt{2x+1}$ 앞에 여분의 x가 여전히 남아 있다. 이때는 치환식 $u=2x+1$를 풀어 x를 구하면 $x=(u-1)/2$임을 알 수 있다. 따라서 다음을 얻는다.

$$x\sqrt{2x+1}\,dx = \frac{1}{2}(u-1)\cdot\frac{1}{2}\sqrt{u}\,du$$

그리고 이를 다음과 같이 적분할 수 있다.

$$\int x\sqrt{2x+1}\,dx = \frac{1}{4}\int (u-1)\sqrt{u}\,du = \frac{1}{4}\int (u-1)\,u^{1/2}\,du \quad \text{치환}$$

$$= \frac{1}{4}\int (u^{3/2} - u^{1/2})\,du \quad u^{1/2}\text{을 곱한다.}$$

$$= \frac{1}{4}\left(\frac{2}{5}u^{5/2} - \frac{2}{3}u^{3/2}\right) + C \quad \text{적분}$$

$$= \frac{1}{10}(2x+1)^{5/2} - \frac{1}{6}(2x+1)^{3/2} + C \quad u\text{를 } 2x+1\text{로 환원}$$

■

예제 7 삼각함수의 형태를 바꾸면 치환할 대상이 명확해지는 경우도 있다.

(a) $$\int \sin^2 x\,dx = \int \frac{1-\cos 2x}{2}\,dx \quad \sin^2 x = \frac{1-\cos 2x}{2}$$

$$= \frac{1}{2}\int (1-\cos 2x)\,dx$$

$$= \frac{1}{2}x - \frac{1}{2}\,\frac{\sin 2x}{2} + C = \frac{x}{2} - \frac{\sin 2x}{4} + C$$

(b) $$\int \cos^2 x\,dx = \int \frac{1+\cos 2x}{2}\,dx = \frac{x}{2} + \frac{\sin 2x}{4} + C \quad \cos^2 x = \frac{1+\cos 2x}{2}$$

(c) $$\int \tan x\,du = \int \frac{\sin x}{\cos x}\,dx = \int \frac{-du}{u} \quad u = \cos x,\ du = -\sin x\,dx$$

$$= -\ln|u| + C = -\ln|\cos x| + C$$

$$= \ln\frac{1}{|\cos x|} + C = \ln|\sec x| + C \quad \text{역수함수 법칙}$$

■

예제 8 피적분함수에 치환법을 적용하기 전에 약간의 대수적 조작이 필요한 경우도 있다. 치환을 시도하기 전에 1을 표현하는 다른 대수적 형태를 피적분함수에 곱해 단순화하는 과정을 살펴보자.

(a) $$\int \frac{dx}{e^x + e^{-x}} = \int \frac{e^x\,dx}{e^{2x}+1} \quad (e^x/e^x) = 1\text{을 곱한다.}$$

$$= \int \frac{du}{u^2+1} \quad u = e^x\text{로 치환하면 } u^2 = e^{2x},\ du = e^x\,dx$$

$$= \arctan u + C \quad u\text{에 관해 적분}$$

$$= \arctan(e^x) + C \quad u\text{를 } e^x\text{로 환원}$$

(b) $$\int \sec x\,dx = \int (\sec x)(1)\,dx$$

$$= \int \sec x \cdot \frac{\sec x + \tan x}{\sec x + \tan x}\,dx \quad \frac{\sec x + \tan x}{\sec x + \tan x}\text{는 1이다.}$$

$$= \int \frac{\sec^2 x + \sec x \tan x}{\sec x + \tan x}\,dx$$

$$= \int \frac{du}{u} \quad u = \sec x + \tan x\text{라 하면 } du = (\sec^2 x + \sec x\tan x)\,dx$$

$$= \ln|u| + C = \ln|\sec x + \tan x| + C$$

■

예제 7c와 8b에서 보았듯이 cot x와 csc x의 적분도 비슷한 방법을 통해 tan x와 sec x의 적분으로 계산할 수 있다. 이 결과를 기본적인 삼각함수에 대한 적분으로 요약하면 다음과 같다.

tan x, cot x, sec x, csc x의 적분

$$\int \tan x\,dx = \ln|\sec x| + C \qquad \int \sec x\,dx = \ln|\sec x + \tan x| + C$$
$$\int \cot x\,dx = \ln|\sin x| + C \qquad \int \csc x\,dx = -\ln|\csc x + \cot x| + C$$

다른 치환 시도하기

치환법의 성패는 적분을 계산할 수 있는 형태로 바꿀 수 있는 치환을 찾는 데 달려 있다. 올바른 치환은 경험과 연습을 통해 얻어진다. 첫 치환이 실패하면 대수 식이나 삼각함수 식을 이용하여 피적분함수를 간단한 형태로 바꾸는 등 다른 시도를 해보자. 7장에서는 더 복잡한 치환적분법을 공부할 것이다.

예제 9 $\displaystyle\int \frac{2z\,dz}{\sqrt[3]{z^2+1}}$을 계산하라.

풀이 치환법은 탐험과도 같다. 먼저 피적분함수의 가장 복잡한 부분을 치환하면 어떻게 되는지 살펴본다. 이 적분에서 $u=x^2+1$로 시도해보거나, 호기롭게 세제곱근 전체를 u로 치환해볼 수도 있다. 이 예제에서는 두 치환 모두 잘 작동하지만, 항상 그렇지는 않다. 치환 결과가 전혀 도움이 되지 않아 완전히 다른 치환을 시도해야 하는 경우도 있다.

방법 1: $u=z^2+1$로 치환하면 다음을 얻는다.

$$\begin{aligned}
\int \frac{2z\,dz}{\sqrt[3]{z^2+1}} &= \int \frac{du}{u^{1/3}} && u = z^2+1,\ du = 2z\,dz\text{라 하자.}\\
&= \int u^{-1/3}\,du && \textstyle\int u^n\,du\text{ 형태}\\
&= \frac{u^{2/3}}{2/3} + C && \text{적분}\\
&= \frac{3}{2}u^{2/3} + C\\
&= \frac{3}{2}(z^2+1)^{2/3} + C && u\text{를 } z^2+1\text{로 환원}
\end{aligned}$$

방법 2: $u=\sqrt[3]{z^2+1}$로 치환하면 다음을 얻는다.

$$\begin{aligned}
\int \frac{2z\,dz}{\sqrt[3]{z^2+1}} &= \int \frac{3u^2\,du}{u} && u = \sqrt[3]{z^2+1},\ u^2 = z^2+1,\ 3u^2\,du = 2z\,dz\text{라 하자.}\\
&= 3\int u\,du\\
&= 3\cdot\frac{u^2}{2} + C && \text{적분}\\
&= \frac{3}{2}(z^2+1)^{2/3} + C && u\text{를 } (z^2+1)^{1/3}\text{으로 환원}
\end{aligned}$$

■

연습문제 4.5 EXERCISE QUESTION

부정적분 계산

연습문제 1~16에서 주어진 치환을 이용하여 부정적분을 구하라.

1. $\int 2(2x+4)^5\,dx, \quad u = 2x+4$

2. $\int 7\sqrt{7x-1}\,dx, \quad u = 7x-1$

3. $\int 2x(x^2+5)^{-4}\,dx, \quad u = x^2+5$

4. $\int \frac{4x^3}{(x^4+1)^2}\,dx, \quad u = x^4+1$

5. $\int (3x+2)(3x^2+4x)^4\,dx, \quad u = 3x^2+4x$

6. $\int \frac{(1+\sqrt{x})^{1/3}}{\sqrt{x}}\,dx, \quad u = 1+\sqrt{x}$

7. $\int \sin 3x\,dx, \quad u = 3x$

8. $\int x\sin(2x^2)\,dx, \quad u = 2x^2$

9. $\int \sec 2t\tan 2t\,dt, \quad u = 2t$

10. $\int \left(1-\cos\frac{t}{2}\right)^2 \sin\frac{t}{2}\,dt, \quad u = 1-\cos\frac{t}{2}$

11. $\int \frac{9r^2\,dr}{\sqrt{1-r^3}}, \quad u = 1-r^3$

12. $\int 12(y^4+4y^2+1)^2(y^3+2y)\,dy, \quad u = y^4+4y^2+1$

13. $\int \sqrt{x}\sin^2(x^{3/2}-1)\,dx, \quad u = x^{3/2}-1$

14. $\int \frac{1}{x^2}\cos^2\left(\frac{1}{x}\right)dx, \quad u = \frac{1}{x}$

15. $\int \csc^2 2\theta\cot 2\theta\,d\theta$

 a. $u = \cot 2\theta$ **b.** $u = \csc 2\theta$

16. $\int \frac{dx}{\sqrt{5x+8}}$

 a. $u = 5x+8$ **b.** $u = \sqrt{5x+8}$

연습문제 17~66에서 적분을 계산하라.

17. $\int \sqrt{3-2s}\,ds$

18. $\int \frac{1}{\sqrt{5s+4}}\,ds$

19. $\int \theta\sqrt[4]{1-\theta^2}\,d\theta$

20. $\int 3y\sqrt{7-3y^2}\,dy$

21. $\int \frac{1}{\sqrt{x}(1+\sqrt{x})^2}\,dx$

22. $\int \sqrt{\sin x}\cos^3 x\,dx$

23. $\int \sec^2(3x+2)\,dx$

24. $\int \tan^2 x\sec^2 x\,dx$

25. $\int \sin^5\frac{x}{3}\cos\frac{x}{3}\,dx$

26. $\int \tan^7\frac{x}{2}\sec^2\frac{x}{2}\,dx$

27. $\int r^2\left(\frac{r^3}{18}-1\right)^5 dr$

28. $\int r^4\left(7-\frac{r^5}{10}\right)^3 dr$

29. $\int x^{1/2}\sin(x^{3/2}+1)\,dx$

30. $\int \csc\left(\frac{v-\pi}{2}\right)\cot\left(\frac{v-\pi}{2}\right)dv$

31. $\int \frac{\sin(2t+1)}{\cos^2(2t+1)}\,dt$

32. $\int \frac{\sec z\tan z}{\sqrt{\sec z}}\,dz$

33. $\int \frac{1}{t^2}\cos\left(\frac{1}{t}-1\right)dt$

34. $\int \frac{1}{\sqrt{t}}\cos(\sqrt{t}+3)\,dt$

35. $\int \frac{1}{\theta^2}\sin\frac{1}{\theta}\cos\frac{1}{\theta}\,d\theta$

36. $\int \frac{\cos\sqrt{\theta}}{\sqrt{\theta}\sin^2\sqrt{\theta}}\,d\theta$

37. $\int \frac{x}{\sqrt{1+x}}\,dx$

38. $\int \sqrt{\frac{x-1}{x^5}}\,dx$

39. $\int \frac{1}{x^2}\sqrt{2-\frac{1}{x}}\,dx$

40. $\int \frac{1}{x^3}\sqrt{\frac{x^2-1}{x^2}}\,dx$

41. $\int \sqrt{\frac{x^3-3}{x^{11}}}\,dx$

42. $\int \sqrt{\frac{x^4}{x^3-1}}\,dx$

43. $\int x(x-1)^{10}\,dx$

44. $\int x\sqrt{4-x}\,dx$

45. $\int (x+1)^2(1-x)^5\,dx$

46. $\int (x+5)(x-5)^{1/3}\,dx$

47. $\int x^3\sqrt{x^2+1}\,dx$

48. $\int 3x^5\sqrt{x^3+1}\,dx$

49. $\int \frac{x}{(x^2-4)^3}\,dx$

50. $\int \frac{x}{(2x-1)^{2/3}}\,dx$

51. $\int (\cos x)e^{\sin x}\,dx$

52. $\int (\sin 2\theta)e^{\sin^2\theta}\,d\theta$

53. $\int \frac{1}{\sqrt{x}e^{-\sqrt{x}}}\sec^2(e^{\sqrt{x}}+1)\,dx$

54. $\int \frac{1}{x^2}e^{1/x}\sec(1+e^{1/x})\tan(1+e^{1/x})\,dx$

55. $\int \frac{dx}{x\ln x}$

56. $\int \frac{\ln\sqrt{t}}{t}\,dt$

57. $\int \frac{dz}{1+e^z}$

58. $\int \frac{dx}{x\sqrt{x^4-1}}$

59. $\int \frac{5}{9+4r^2}\,dr$

60. $\int \frac{1}{\sqrt{e^{2\theta}-1}}\,d\theta$

61. $\int \frac{e^{\arcsin x}\,dx}{\sqrt{1-x^2}}$

62. $\int \frac{e^{\arccos x}\,dx}{\sqrt{1-x^2}}$

63. $\int \frac{(\arcsin x)^2\,dx}{\sqrt{1-x^2}}$

64. $\int \frac{\sqrt{\arctan x}\,dx}{1+x^2}$

65. $\int \frac{dy}{(\arctan y)(1+y^2)}$

66. $\int \frac{dy}{(\arcsin y)\sqrt{1-y^2}}$

어떤 치환을 해야 할지 모를 때는 단계적으로, 먼저 시험적으로 적분을 약간 단순하게 할 수 있는 치환을 한 후, 그 결과를 살펴 더 단순화할 여지가 있는지 찾아본다. 연습문제 67과 68에서 제시된 일련의 치환을 통해 단계적으로 적분을 단순화하여 계산하는 방법을 익혀보자.

67. $\int \frac{18\tan^2 x\sec^2 x}{(2+\tan^3 x)^2}\,dx$

a. 먼저 $u=\tan x$로, 그 다음 $v=u^3$로, 마지막으로 $w=2+v$로 치환

b. 먼저 $u=\tan^3 x$로, 그 다음 $v=2+u$로 치환

c. $u=2+\tan^3 x$로 치환

68. $\int \sqrt{1+\sin^2(x-1)}\sin(x-1)\cos(x-1)\,dx$

a. 먼저 $u=x-1$로, 그 다음 $v=\sin u$로, 마지막으로 $w=1+v^2$로 치환

b. 먼저 $u=\sin(x-1)$로, 그 다음 $v=1+u^2$으로 치환

c. $u=1+\sin^2(x-1)$로 치환

연습문제 69와 70에서 적분을 계산하라.

69. $\int \frac{(2r-1)\cos\sqrt{3(2r-1)^2+6}}{\sqrt{3(2r-1)^2+6}}\,dr$

70. $\int \frac{\sin\sqrt{\theta}}{\sqrt{\theta\cos^3\sqrt{\theta}}}\,d\theta$

71. 예제 7c와 같은 치환을 이용해 $\cot x$의 적분을 구하라.

72. 예제 8b와 같이 1을 적절한 다른 형태로 바꾸어 곱하는 방식으로 $\csc x$의 적분을 구하라.

초깃값 문제

연습문제 73~78에서 초깃값 문제를 풀어라.

73. $\frac{ds}{dt}=12t(3t^2-1)^3,\quad s(1)=3$

74. $\frac{dy}{dx}=4x(x^2+8)^{-1/3},\quad y(0)=0$

75. $\frac{ds}{dt}=8\sin^2\left(t+\frac{\pi}{12}\right),\quad s(0)=8$

76. $\frac{dr}{d\theta}=3\cos^2\left(\frac{\pi}{4}-\theta\right),\quad r(0)=\frac{\pi}{8}$

77. $\frac{d^2s}{dt^2}=-4\sin\left(2t-\frac{\pi}{2}\right),\quad s'(0)=100,\quad s(0)=0$

78. $\frac{d^2y}{dx^2}=4\sec^2 2x\tan 2x,\quad y'(0)=4,\quad y(0)=-1$

79. 직선 위를 움직이는 입자의 속도 v가 모든 t에 대해 $v=ds/dt=6\sin 2t$ m/s로 주어졌다. $t=0$일 때 $s=0$이라면 $t=\pi/2$초일 때 s의 값을 구하라.

80. 직선 위를 움직이는 입자의 가속도 a가 모든 t에 대해 $a=d^2/dt^2=\pi^2\cos\pi t$ m/s^{2}으로 주어졌다. $t=0$일 때 $s=0$이고 $v=8$ m/s이다. $t=1$초일 때 s의 값을 구하라.

4.6 정적분 치환과 곡선으로 둘러싸인 영역의 넓이

치환을 이용하여 정적분을 계산하는 방법은 두 가지이다. 첫째, 앞 절에서 배운 바와 같이 치환을 통해 역도함수를 먼저 찾은 다음 제2 기본정리를 이용하여 적분값을 계산한다. 둘째, 치환을 정적분에 직접 적용하여 적분 범위도 치환식에 따라 변경한 후 적분값을 계산하는 것이다. 이 방법을 사용하여 두 곡선으로 둘러싸인 영역의 넓이를 구할 것이다.

치환 공식

다음 공식은 치환을 정적분에 적용할 때 상한과 하한이 치환식에 따라 어떻게 바뀌는지를 보여준다.

정리 7 ▮ 정적분의 치환

g'이 구간 $[a, b]$에서 연속이고 f가 $g(x)=u$의 치역에서 연속이면 다음 식이 성립한다.

$$\int_a^b f(g(x))\cdot g'(x)\,dx=\int_{g(a)}^{g(b)} f(u)\,du$$

증명 F를 f의 역도함수라고 하면 다음을 얻는다.

$$\begin{aligned} \int_a^b f(g(x)) \cdot g'(x)\,dx &= F(g(x))\Big]_{x=a}^{x=b} && \frac{d}{dx}F(g(x)) = F'(g(x))g'(x) = f(g(x))g'(x) \\ &= F(g(b)) - F(g(a)) \\ &= F(u)\Big]_{u=g(a)}^{u=g(b)} \\ &= \int_{g(a)}^{g(b)} f(u)\,du && \text{제 2 기본정리} \end{aligned}$$

■

정리 7을 이용하기 위해 먼저 부정적분과 같은 방식으로 u치환, 즉 $u=g(x)$와 $du=g'(x)\,dx$로 치환한다. 적분 범위 또한 치환식에 따라 u의 범위, 즉 $g(a)$ ($x=a$일 때 u의 값)부터 $g(b)$ ($x=b$일 때 u의 값)까지로 바꾼 후 u에 관해 적분한다.

예제 1 $\int_{-1}^{1} 3x^2\sqrt{x^3+1}\,dx$를 계산하라.

풀이 정리 7을 이용하는 방법과 본래 적분변수 x의 범위를 그대로 사용하는 방법을 각각 사용하여 적분해보자.

방법 1: 정리 7과 같이 치환된 적분 범위에서 적분값을 계산한다.

$$\begin{aligned} \int_{-1}^{1} 3x^2\sqrt{x^3+1}\,dx &= \int_0^2 \sqrt{u}\,du && u=x^3+1\text{이라 하면, } du=3x^2dx\text{이다.}\ x=-1\text{일 때, } u=(-1)^3+1=0,\ x=1\text{일 때, } u=(1)^3+1=2 \\ &= \frac{2}{3}u^{3/2}\Big]_0^2 && \text{간단해진 정적분 계산} \\ &= \frac{2}{3}[2^{3/2} - 0^{3/2}] = \frac{2}{3}[2\sqrt{2}] = \frac{4\sqrt{2}}{3} \end{aligned}$$

방법 2: 부정적분 형태에서 치환적분을 하고, 그 결과를 본래의 변수 x에 대한 함수로 환원하여 x의 범위에 따라 적분값을 구한다.

$$\begin{aligned} \int 3x^2\sqrt{x^3+1}\,dx &= \int \sqrt{u}\,du && u=x^3+1\text{이면, } du=3x^2dx\text{이다.} \\ &= \frac{2}{3}u^{3/2} + C && u\text{에 대해 적분} \\ &= \frac{2}{3}(x^3+1)^{3/2} + C && u\text{를 } x^3+1\text{로 환원} \end{aligned}$$

$$\begin{aligned} \int_{-1}^{1} 3x^2\sqrt{x^3+1}\,dx &= \frac{2}{3}(x^3+1)^{3/2}\Big]_{-1}^{1} && \text{위 부정적분의 결과에 } x\text{의 적분 범위를 적용한다.} \\ &= \frac{2}{3}\left[\left((1)^3+1\right)^{3/2} - \left((-1)^3+1\right)^{3/2}\right] \\ &= \frac{2}{3}\left[2^{3/2} - 0^{3/2}\right] = \frac{2}{3}\left[2\sqrt{2}\right] = \frac{4\sqrt{2}}{3} \end{aligned}$$

■

위의 두 가지 방법 중에서 어느 쪽이 더 나은가? 방법 1은 정리 7을 사용하여 정적분 형태에서 곧바로 치환하고 치환된 범위에서 적분값을 계산한다. 방법 2는 부정적분 형태에서 치환하고 이를 적분하여 얻은 결과를 본래의 적분변수에 대한 함수로 환원 후에 본래의 범위를 대입하여 적분값을 구한다. 예제 1에서는 방법 1이 좀 더 쉬워 보인다. 그러나 항상 그렇지는 않다. 일반적으로 두 가지 방법을 모두 잘 이해하고 때에 따라 편리한 것을 이용하는 것이 바람직하다.

예제 2 정적분의 상한, 하한을 바꾸는 방법을 알아보자.

(a)
$$\int_{\pi/4}^{\pi/2} \cot\theta \csc^2\theta \, d\theta = \int_1^0 u \cdot (-du)$$
$u = \cot\theta$라 하면, $du = -\csc^2\theta\, d\theta$이고, $-du = \csc^2\theta\, d\theta$이다. $\theta = \pi/4$일 때, $u = \cot(\pi/4) = 1$ $\theta = \pi/2$일 때, $u = \cot(\pi/2) = 0$
$$= -\int_1^0 u\, du$$
$$= -\left[\frac{u^2}{2}\right]_1^0$$
$$= -\left[\frac{(0)^2}{2} - \frac{(1)^2}{2}\right] = \frac{1}{2}$$

(b)
$$\int_{-\pi/4}^{\pi/4} \tan x\, dx = \int_{-\pi/4}^{\pi/4} \frac{\sin x}{\cos x}\, dx$$
$$= -\int_{\sqrt{2}/2}^{\sqrt{2}/2} \frac{du}{u}$$
$u = \cos x$라 하면, $du = -\sin x\, dx$이다. $x = -\pi/4$일 때, $u = \sqrt{2}/2$ $x = \pi/4$일 때, $u = \sqrt{2}/2$
$$= 0$$
폭이 0인 구간 ■

대칭함수 정적분

정리 7의 치환 공식을 이용하여 대칭인 구간 $[-a, a]$에서 우함수와 기함수의 정적분을 쉽게 계산할수 있다(그림 4.24).

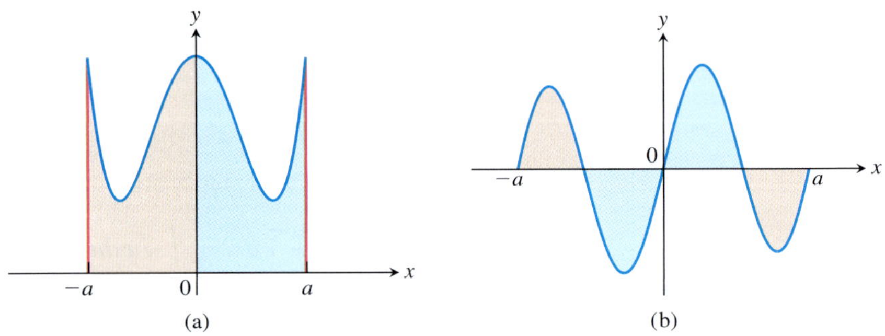

그림 4.24 (a) 우함수 f의 $-a$부터 a까지 적분은 0부터 a까지 적분의 두 배이다. (b) 기함수 f의 $-a$부터 a까지 적분은 0이다.

정리 8

함수 f가 대칭인 구간 $[-a, a]$에서 연속이라 하자.

(a) f가 우함수이면, $\int_{-a}^{a} f(x)\, dx = 2\int_0^a f(x)\, dx$이다.

(b) f가 기함수이면, $\int_{-a}^{a} f(x)\, dx = 0$이다.

(a)의 증명

$$\int_{-a}^{a} f(x)\, dx = \int_{-a}^{0} f(x)\, dx + \int_0^a f(x)\, dx$$
정적분의 가법성
$$= -\int_0^{-a} f(x)\, dx + \int_0^a f(x)\, dx$$
적분 순서
$$= -\int_0^a f(-u)(-du) + \int_0^a f(x)\, dx$$
$u = -x$라 하면, $du = -dx$이다. $x = 0$일 때, $u = 0$ $x = -a$일 때, $u = a$

$$= \int_0^a f(-u)\,du + \int_0^a f(x)\,dx$$

$$= \int_0^a f(u)\,du + \int_0^a f(x)\,dx \qquad f\text{는 우함수이므로 } f(-u)=f(u)$$

$$= 2\int_0^a f(x)\,dx$$

(b)도 비슷한 방식으로 증명할 수 있다(연습문제 120). ■

예제 3 $\int_{-2}^{2} x^4 - 4x^2 + 6\,dx$를 계산하라.

풀이 $f(x)=x^4-4x^2+6$은 $f(-x)=f(x)$를 만족하므로 대칭인 구간 $[-2, 2]$에서 우함수이다. 따라서

$$\int_{-2}^{2} x^4 - 4x^2 + 6\,dx = 2\int_0^2 x^4 - 4x^2 + 6\,dx$$
$$= 2\left[\frac{x^5}{5} - \frac{4}{3}x^3 + 6x\right]_0^2$$
$$= 2\left(\frac{32}{5} - \frac{32}{3} + 12\right) = \frac{232}{15}$$ ■

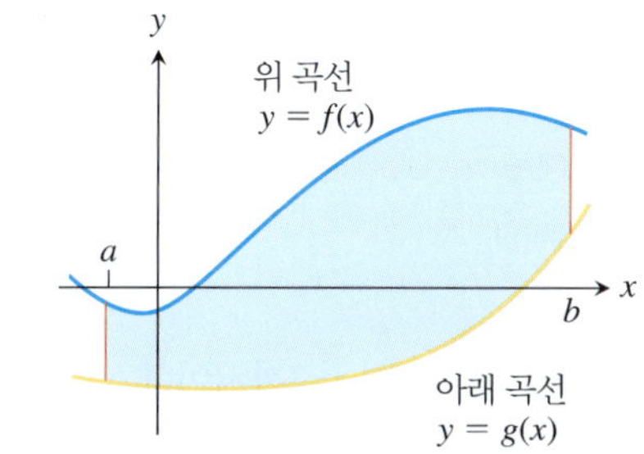

그림 4.25 곡선 $y=f(x)$의 아래, $y=g(x)$의 위, 직선 $x=a$와 $x=b$로 둘러싸인 영역.

두 곡선으로 둘러싸인 영역의 넓이

곡선 $y=f(x)$의 아래, 곡선 $y=g(x)$의 위, 직선 $x=a$의 왼쪽, $x=b$의 오른쪽 영역의 넓이를 구해보자(그림 4.25). 주어진 영역의 모양만 보고 이미 알려진 넓이 공식을 쓸 수 있다면 다행이지만, 임의로 주어진 연속함수 f와 g의 경우 대체로 적분을 계산해야 한다.

어떤 적분을 계산해야 하는지 알아보기 위해 먼저 주어진 영역을 세로로 긴 직사각형 n개로 근사해보자(그림 4.26). 구간 $[a, b]$를 분할 $P=\{x_0, x_1, \cdots, x_n\}$로 쪼개어 각 부분구간의 폭에 맞는 직사각형을 세우면, k번째 직사각형의 넓이는 다음과 같다(그림 4.27).

$$\Delta A_k = \text{밑변} \times \text{높이} = [f(c_k) - g(c_k)]\,\Delta x_k$$

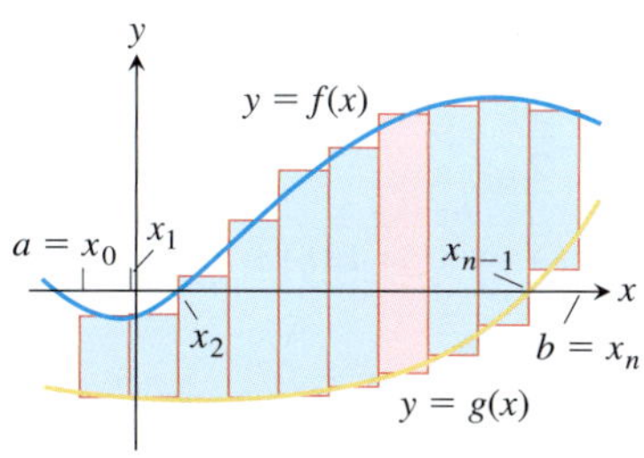

그림 4.26 x축에 수직인 직사각형으로 영역을 근사한다.

구하고자 하는 영역의 넓이를 직사각형 n개 넓이의 합으로 근사하면 다음을 얻는다.

$$A \approx \sum_{k=1}^{n} \Delta A_k = \sum_{k=1}^{n} [f(c_k) - g(c_k)]\,\Delta x_k \qquad \text{리만 합}$$

f와 g는 연속이므로 $\|P\| \to 0$일 때 우변 합의 극한은 $\int_a^b [f(x)-g(x)]dx$이다. 주어진 영역의 넓이를 이 적분값으로 정의하면 다음과 같다

$$A = \lim_{\|P\|\to 0} \sum_{k=1}^{n} [f(c_k) - g(c_k)]\,\Delta x_k = \int_a^b [f(x) - g(x)]\,dx$$

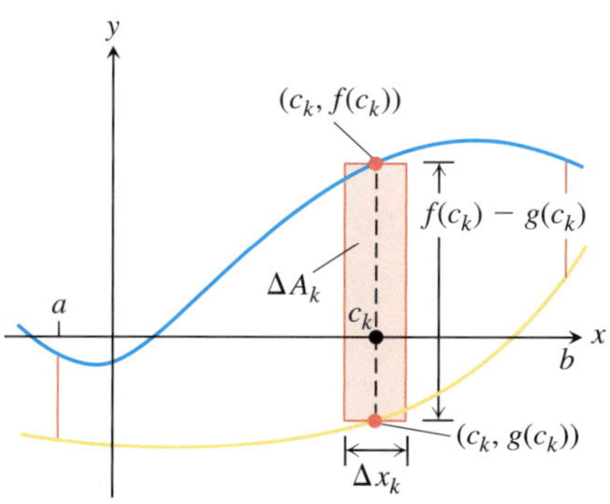

그림 4.27 직사각형의 넓이 ΔA_k는 높이 $f(c_k)-g(c_k)$와 밑변 Δx_k의 곱이다.

정의 함수 f와 g는 구간 $[a, b]$에서 연속이고 $f(x) \ge g(x)$라고 하자. 그러면 **a부터 b까지 곡선 $y=f(x)$와 $y=g(x)$ 사이 영역의 넓이**는 a부터 b까지 $(f-g)$의 적분이다. 즉 다음과 같다.

$$A = \int_a^b [f(x) - g(x)]\,dx$$

이 정의를 적용할 때 곡선의 그래프를 그려보면 도움이 된다. 그래프를 보면 어느 것이 위에 있는 함수 f이고, 어느 것이 아래에 있는 함수 g인지를 알 수 있다. 또한 적분 범위가 주어지지 않은 경우에 그것을 찾는 데에도 도움이 된다. 방정식 $f(x)=g(x)$를 x에 관해 풀어 곡선의 교점을 찾아서 적분 범위를 결정해야 할 때도 있다. 그런 다음 교점들 사이 영역의 넓이를 구하기 위해

함수 $f-g$를 적분한다.

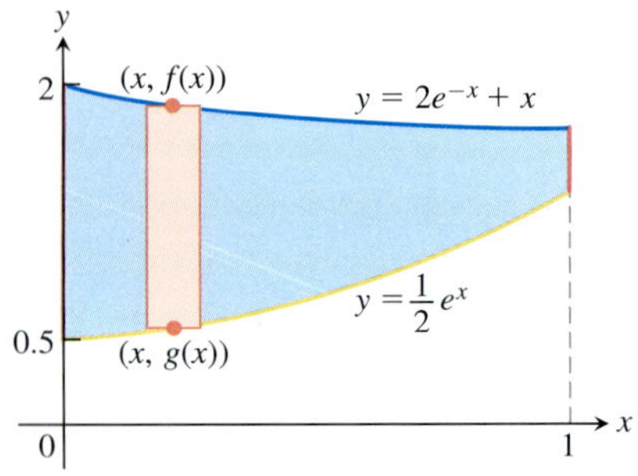

그림 4.28 예제 4의 영역과 근사 직사각형.

예제 4 곡선 $y=2e^{-x}+x$ 아래, 곡선 $y=e^x/2$ 위, 직선 $x=0$ 오른쪽과 $x=1$ 왼쪽으로 영역의 넓이를 구하라.

풀이 그림 4.28은 적분할 영역을 보여준다. $0 \le x \le 1$에서 두 곡선 사이 영역의 넓이는 다음과 같다.

$$\begin{aligned} A &= \int_0^1 \left[(2e^{-x} + x) - \frac{1}{2}e^x\right] dx = \left[-2e^{-x} + \frac{1}{2}x^2 - \frac{1}{2}e^x\right]_0^1 \\ &= \left(-2e^{-1} + \frac{1}{2} - \frac{1}{2}e\right) - \left(-2 + 0 - \frac{1}{2}\right) \\ &= 3 - \frac{2}{e} - \frac{e}{2} \approx 0.9051 \end{aligned}$$

■

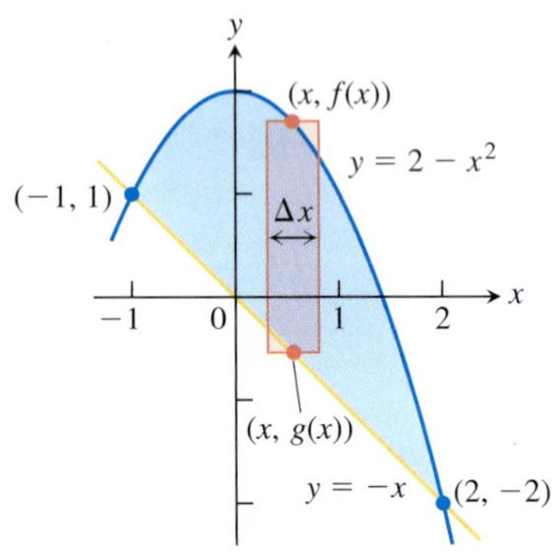

그림 4.29 예제 5의 영역에 대한 리만 합의 근사 직사각형.

예제 5 포물선 $y=2-x^2$과 직선 $y=-x$로 둘러싸인 영역의 넓이를 구하라.

풀이 먼저 두 곡선의 그래프를 그린다(그림 4.29). $y=2-x^2$과 $y=-x$를 연립으로 풀어 x의 적분 범위를 정한다.

$$\begin{aligned} 2 - x^2 &= -x && f(x)=g(x)\text{라 하자.} \\ x^2 - x - 2 &= 0 && \text{항 순서 조정} \\ (x+1)(x-2) &= 0 && \text{인수분해한다.} \\ x = -1, \quad x &= 2 && \text{해를 구한다.} \end{aligned}$$

주어진 영역은 $x=-1$과 $x=2$ 사이에 있으므로 적분 범위는 $a=-1$부터 $b=2$까지이다.

따라서 두 곡선 사이 영역의 넓이는 다음과 같다.

$$\begin{aligned} A &= \int_a^b [f(x) - g(x)]\, dx = \int_{-1}^2 [(2 - x^2) - (-x)]\, dx \\ &= \int_{-1}^2 (2 + x - x^2)\, dx = \left[2x + \frac{x^2}{2} - \frac{x^3}{3}\right]_{-1}^2 \\ &= \left(4 + \frac{4}{2} - \frac{8}{3}\right) - \left(-2 + \frac{1}{2} + \frac{1}{3}\right) = \frac{9}{2} \end{aligned}$$

■

영역의 경계 곡선이 구간에 따라 다르다면, 영역을 분할하여 각 부분 영역의 넓이를 구한 후 모두 더하면 된다.

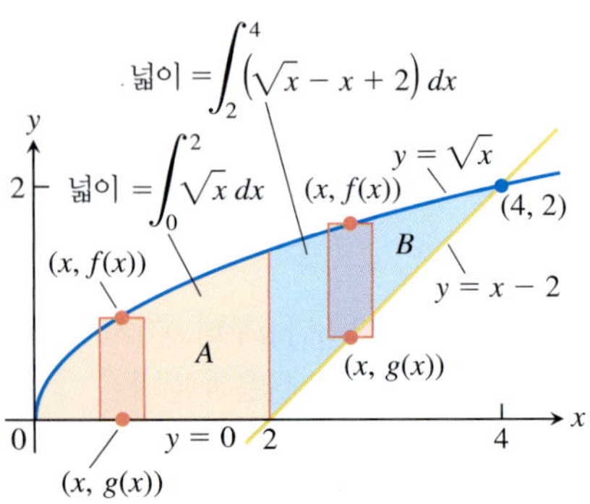

그림 4.30 경계 곡선의 식이 변할 때, 경계 곡선이 동일한 구간별로 영역을 분할하고 각 부분영역 넓이의 합을 구한다(예제 6).

예제 6 곡선 $y=\sqrt{x}$, x축, 직선 $y=x-2$로 둘러싸인 영역의 넓이를 구하라.

풀이 그림 4.30에서 보듯이 주어진 영역의 위쪽 경계는 $f(x)=\sqrt{x}$의 그래프이다. 아래 경계는 $0 \le x \le 2$에서 $g(x)=0$이며, $2 \le x \le 4$에서 $g(x)=x-2$로써 서로 다르다. 따라서 그림 4.30과 같이 전체 영역을 $x=2$를 기준으로 부분영역 A와 B로 나눈다.

영역 A에서 적분의 하한 $a=0$이고 상한 $b=2$이다. 영역 B에 대한 적분의 하한 $a=2$이다. 적분의 상한을 구하기 위해 방정식 $y=\sqrt{x}$와 $y=x-2$를 x에 대한 연립으로 푼다.

$$\begin{aligned} \sqrt{x} &= x - 2 && f(x)=g(x)\text{라 하자.} \\ x &= (x-2)^2 = x^2 - 4x + 4 && \text{양변을 제곱한다.} \\ x^2 - 5x + 4 &= 0 && \text{항 순서 조정} \\ (x-1)(x-4) &= 0 && \text{인수분해한다.} \\ x = 1, \quad x &= 4 && \text{해를 구한다.} \end{aligned}$$

$x=4$만 방정식 $x=\sqrt{x}-2$를 만족한다. $x=1$은 양변을 제곱하는 과정에서 발생된 무연근이다. 따라서 적분의 상한은 $b=4$이다.

$$0 \le x \le 2\text{일 때:} \quad f(x) - g(x) = \sqrt{x} - 0 = \sqrt{x}$$
$$2 \le x \le 4\text{일 때:} \quad f(x) - g(x) = \sqrt{x} - (x - 2) = \sqrt{x} - x + 2$$

따라서 구하는 영역의 넓이는 다음과 같다.

$$\begin{aligned}\text{총 넓이} &= \underbrace{\int_0^2 \sqrt{x}\,dx}_{A\text{의 넓이}} + \underbrace{\int_2^4 (\sqrt{x} - x + 2)\,dx}_{B\text{의 넓이}} \\ &= \left[\frac{2}{3}x^{3/2}\right]_0^2 + \left[\frac{2}{3}x^{3/2} - \frac{x^2}{2} + 2x\right]_2^4 \\ &= \frac{2}{3}(2)^{3/2} - 0 + \left(\frac{2}{3}(4)^{3/2} - 8 + 8\right) - \left(\frac{2}{3}(2)^{3/2} - 2 + 4\right) \\ &= \frac{2}{3}(8) - 2 = \frac{10}{3}\end{aligned}$$

■

y에 관한 적분

주어진 영역을 둘러싼 곡선이 y에 관한 함수로 나타나면 직사각형을 x축에 수평으로 놓고 기본 공식의 x자리에 y를 넣어 사용하면 된다. 다음 그림과 같은 영역의 넓이를 구해보자.

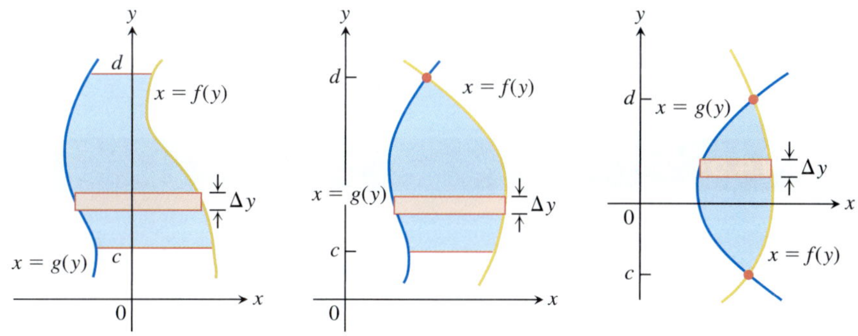

이때는 다음과 같은 공식을 사용한다.

$$A = \int_c^d [f(y) - g(y)]\,dy$$

여기서 f는 언제나 오른쪽 곡선을, g는 왼쪽 곡선을 나타낸다. 따라서 $f(y) - g(y)$는 음이 아니다.

예제 7 y에 관해 적분하여 예제 5에서 주어진 영역의 넓이를 구하라.

풀이 먼저 그림 4.31과 같이 함수의 그래프를 그린 다음, y값 구간을 분할하여 생긴 부분영역에 맞도록 직사각형을 수평으로 그린다. 영역의 오른쪽 경계는 직선 $x=y+2$, 즉 $f(y)=y+2$이다. 왼쪽 경계는 곡선 $x=y^2$, 즉 $g(y)=y^2$이다. 적분의 하한 $c=0$이다. 적분의 상한은 y에 대한 연립방정식 $x=y+2$와 $x=x^2$을 풀어서 구한다.

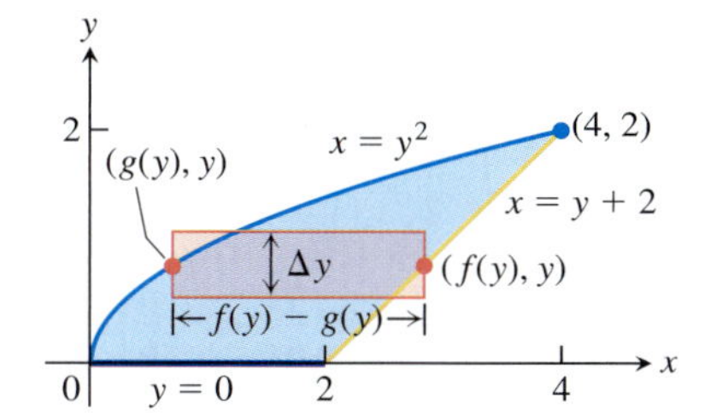

그림 4.31 x에 관해 적분하면 주어진 영역의 넓이를 찾기 위해 적분을 두 번 해야 한다. 그러나 y에 관해 적분하면 한 번만 하면 된다(예제 7).

$$\begin{aligned} y + 2 &= y^2 && f(y)=y+2,\ g(x)=y^2\text{라 하자.} \\ y^2 - y - 2 &= 0 && \text{항 순서 조정} \\ (y+1)(y-2) &= 0 && \text{인수분해한다.} \\ y = -1, \quad y &= 2 && \text{해를 구한다.}\end{aligned}$$

적분의 상한 $b=2$이다. ($y=-1$은 x축 아래에 있는 교점이다.)

따라서 주어진 영역의 넓이는 다음과 같다.

$$\begin{aligned} A &= \int_c^d [f(y) - g(y)]\,dy = \int_0^2 [y + 2 - y^2]\,dy \\ &= \int_0^2 [2 + y - y^2]\,dy \\ &= \left[2y + \frac{y^2}{2} - \frac{y^3}{3}\right]_0^2 \\ &= 4 + \frac{4}{2} - \frac{8}{3} = \frac{10}{3} \end{aligned}$$

이렇게 훨씬 쉬운 과정을 거쳐 예제 6과 같은 결과를 얻을 수 있다. ■

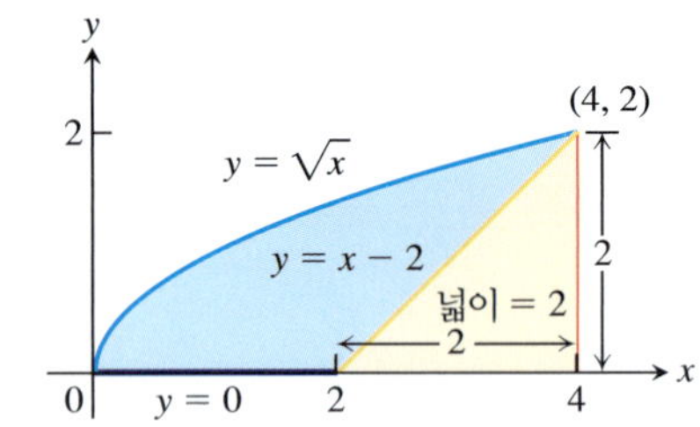

그림 4.32 푸른색 영역의 넓이는 포물선 $y=\sqrt{x}$ 아래 영역 넓이에서 삼각형의 넓이를 뺀 값이다.

예제 5의 넓이를 구할 때 x에 관한 적분보다 y에 관한 적분이 더 쉽지만(예제 6 참조), 그보다 더 쉬운 방법이 있다. 그림 4.32에서 보는 것처럼 우리가 구해야 할 넓이는 구간 $0 \le x \le 4$에서 곡선 $y=\sqrt{x}$와 x축 사이 영역의 넓이에서 밑변과 높이가 각각 2인 이등변삼각형의 넓이를 뺀 값이다. 따라서 미적분학과 기하학을 함께 사용하여 다음과 같이 넓이를 구한다.

$$\begin{aligned} \text{넓이} &= \int_0^4 \sqrt{x}\,dx - \frac{1}{2}(2)(2) \\ &= \frac{2}{3}x^{3/2}\Big]_0^4 - 2 \\ &= \frac{2}{3}(8) - 0 - 2 = \frac{10}{3} \end{aligned}$$

연습문제 4.6 EXERCISE QUESTION

정적분

연습문제 1~48에서 정리 7의 치환 공식으로 적분을 계산하라.

1. a. $\int_0^3 \sqrt{y+1}\,dy$ **b.** $\int_{-1}^0 \sqrt{y+1}\,dy$

2. a. $\int_0^1 r\sqrt{1-r^2}\,dr$ **b.** $\int_{-1}^1 r\sqrt{1-r^2}\,dr$

3. a. $\int_0^{\pi/4} \tan x \sec^2 x\,dx$ **b.** $\int_{-\pi/4}^0 \tan x \sec^2 x\,dx$

4. a. $\int_0^{\pi} 3\cos^2 x \sin x\,dx$ **b.** $\int_{2\pi}^{3\pi} 3\cos^2 x \sin x\,dx$

5. a. $\int_0^1 t^3(1+t^4)^3\,dt$ **b.** $\int_{-1}^1 t^3(1+t^4)^3\,dt$

6. a. $\int_0^{\sqrt{7}} t(t^2+1)^{1/3}\,dt$ **b.** $\int_{-\sqrt{7}}^0 t(t^2+1)^{1/3}\,dt$

7. a. $\int_{-1}^1 \frac{5r}{(4+r^2)^2}\,dr$ **b.** $\int_0^1 \frac{5r}{(4+r^2)^2}\,dr$

8. a. $\int_0^1 \frac{10\sqrt{v}}{(1+v^{3/2})^2}\,dv$ **b.** $\int_1^4 \frac{10\sqrt{v}}{(1+v^{3/2})^2}\,dv$

9. a. $\int_0^{\sqrt{3}} \frac{4x}{\sqrt{x^2+1}}\,dx$ **b.** $\int_{-\sqrt{3}}^{\sqrt{3}} \frac{4x}{\sqrt{x^2+1}}\,dx$

10. a. $\int_0^1 \frac{x^3}{\sqrt{x^4+9}}\,dx$ **b.** $\int_{-1}^0 \frac{x^3}{\sqrt{x^4+9}}\,dx$

11. a. $\int_0^1 t\sqrt{4+5t}\,dt$ **b.** $\int_1^9 t\sqrt{4+5t}\,dt$

12. a. $\int_0^{\pi/6} (1-\cos 3t)\sin 3t\,dt$

b. $\int_{\pi/6}^{\pi/3} (1-\cos 3t)\sin 3t\,dt$

13. a. $\int_0^{2\pi} \frac{\cos z}{\sqrt{4+3\sin z}}\,dz$ **b.** $\int_{-\pi}^{\pi} \frac{\cos z}{\sqrt{4+3\sin z}}\,dz$

14. a. $\int_{-\pi/2}^0 \left(2+\tan\frac{t}{2}\right)\sec^2\frac{t}{2}\,dt$

b. $\int_{-\pi/2}^{\pi/2} \left(2+\tan\frac{t}{2}\right)\sec^2\frac{t}{2}\,dt$

15. $\int_0^1 \sqrt{t^5+2t}\,(5t^4+2)\,dt$ **16.** $\int_1^4 \frac{dy}{2\sqrt{y}\,(1+\sqrt{y})^2}$

17. $\int_0^{\pi/6} \cos^{-3} 2\theta \sin 2\theta\,d\theta$ **18.** $\int_{\pi}^{3\pi/2} \cot^5\left(\frac{\theta}{6}\right)\sec^2\left(\frac{\theta}{6}\right)d\theta$

19. $\int_0^{\pi} 5(5-4\cos t)^{1/4}\sin t\,dt$ **20.** $\int_0^{\pi/4} (1-\sin 2t)^{3/2}\cos 2t\,dt$

21. $\int_0^1 (4y-y^2+4y^3+1)^{-2/3}(12y^2-2y+4)\,dy$

22. $\int_0^1 (y^3+6y^2-12y+9)^{-1/2}(y^2+4y-4)\,dy$

23. $\int_0^{\sqrt[3]{\pi^2}} \sqrt{\theta}\cos^2(\theta^{3/2})\,d\theta$

24. $\int_{-1}^{-1/2} t^{-2}\sin^2\left(1+\frac{1}{t}\right)dt$

25. $\int_0^{\pi/4} (1+e^{\tan\theta})\sec^2\theta\,d\theta$

26. $\int_{\pi/4}^{\pi/2} (1+e^{\cot\theta})\csc^2\theta\,d\theta$

27. $\int_0^{\pi} \frac{\sin t}{2-\cos t}\,dt$

28. $\int_0^{\pi/3} \frac{4\sin\theta}{1-4\cos\theta}\,d\theta$

29. $\int_1^2 \frac{2\ln x}{x}\,dx$

30. $\int_2^4 \frac{dx}{x\ln x}$

31. $\int_2^4 \frac{dx}{x(\ln x)^2}$

32. $\int_2^{16} \frac{dx}{2x\sqrt{\ln x}}$

33. $\int_0^{\pi/2} \tan\frac{x}{2}\,dx$

34. $\int_{\pi/4}^{\pi/2} \cot t\,dt$

35. $\int_0^{\pi/3} \tan^2\theta\cos\theta\,d\theta$

36. $\int_0^{\pi/12} 6\tan 3x\,dx$

37. $\int_{-\pi/2}^{\pi/2} \frac{2\cos\theta\,d\theta}{1+(\sin\theta)^2}$

38. $\int_{\pi/6}^{\pi/4} \frac{\csc^2 x\,dx}{1+(\cot x)^2}$

39. $\int_0^{\ln\sqrt{3}} \frac{e^x\,dx}{1+e^{2x}}$

40. $\int_1^{e^{\pi/4}} \frac{4\,dt}{t(1+\ln^2 t)}$

41. $\int_0^1 \frac{4\,ds}{\sqrt{4-s^2}}$

42. $\int_0^{(3/4)\sqrt{2}} \frac{ds}{\sqrt{9-4s^2}}$

43. $\int_{\sqrt{2}}^2 \frac{\sec^2(\sec^{-1}x)\,dx}{x\sqrt{x^2-1}}$

44. $\int_{2/\sqrt{3}}^2 \frac{\cos(\sec^{-1}x)\,dx}{x\sqrt{x^2-1}}$

45. $\int_{-1}^{-\sqrt{2}/2} \frac{dy}{y\sqrt{4y^2-1}}$

46. $\int_0^3 \frac{y\,dy}{\sqrt{5y+1}}$

47. $\int_0^1 \frac{\tan^{-1}x}{1+x^2}\,dx$

48. $\int_{-\sqrt{3}}^{1/\sqrt{3}} \frac{\cos(\tan^{-1}3x)}{1+9x^2}\,dx$

넓이

연습문제 49~64에서 색칠한 영역 전체의 넓이를 구하라.

49.

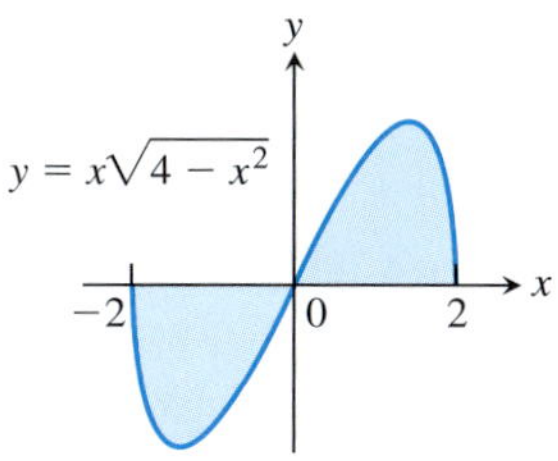

50.

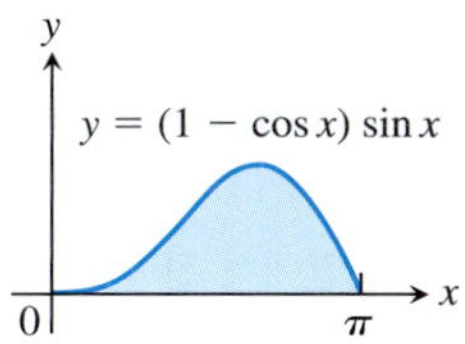

51.

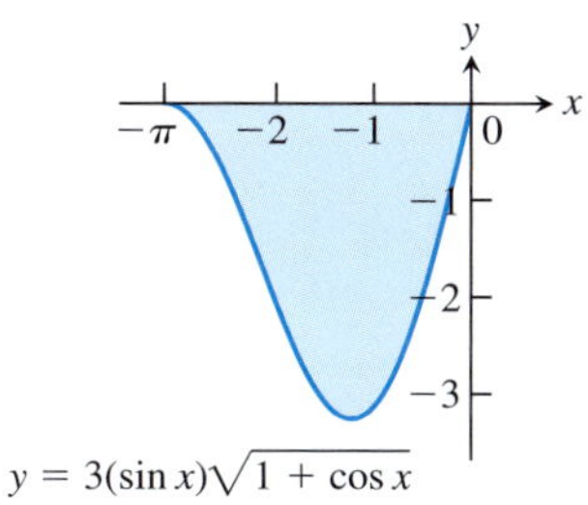

52.

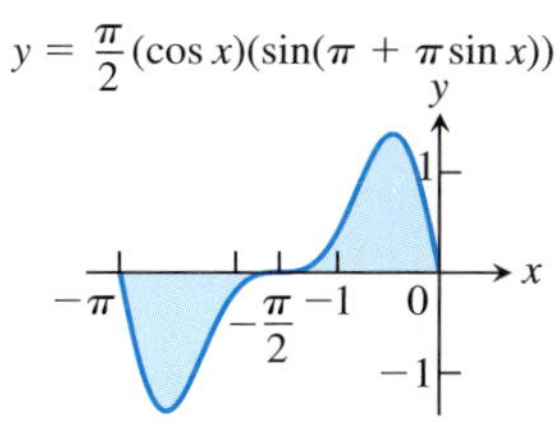

53.

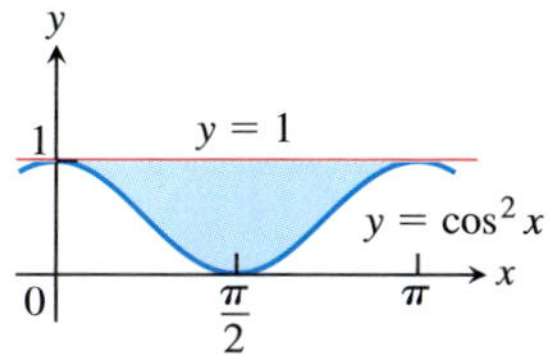

54.

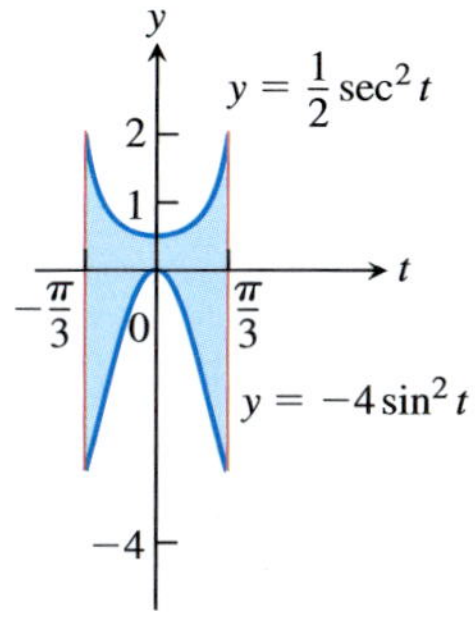

55.

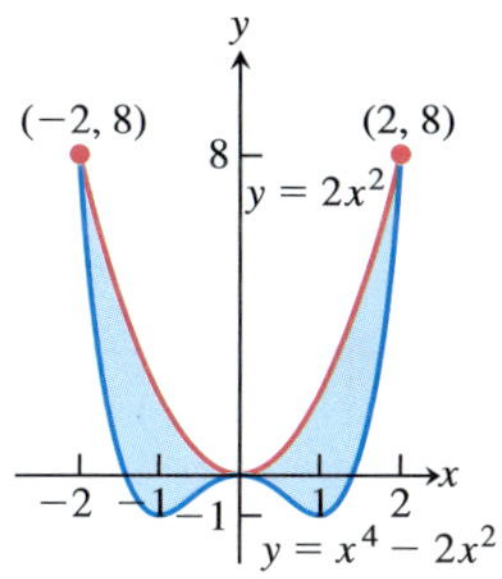

56.

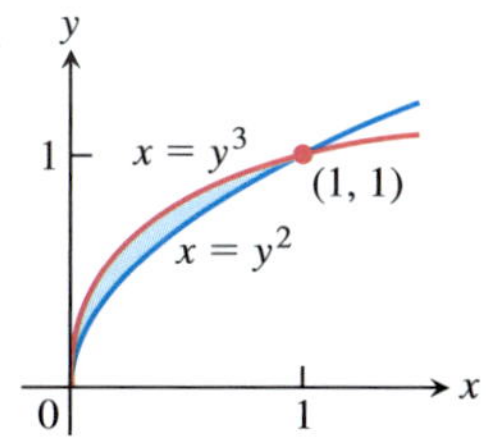

57.

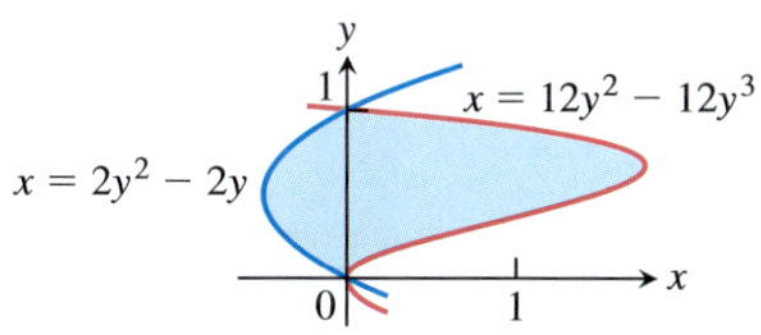

58.

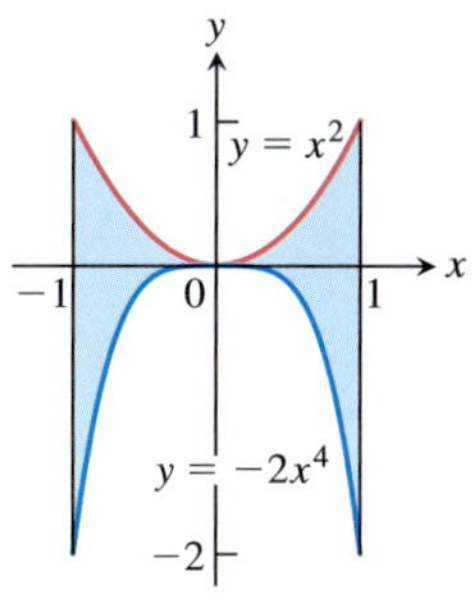

59.

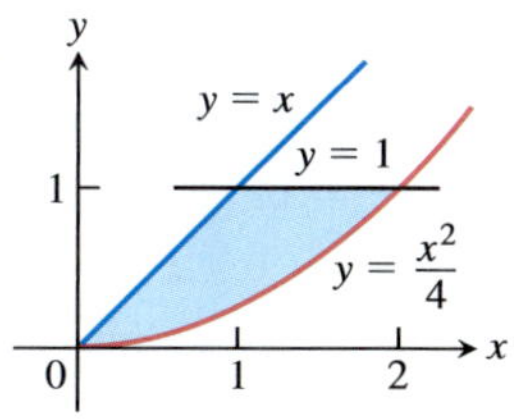

60.

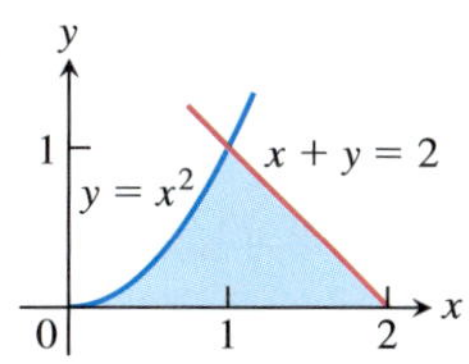

61.

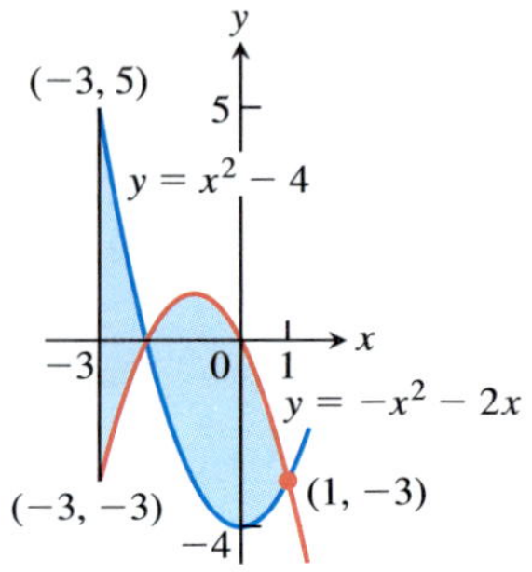

62.

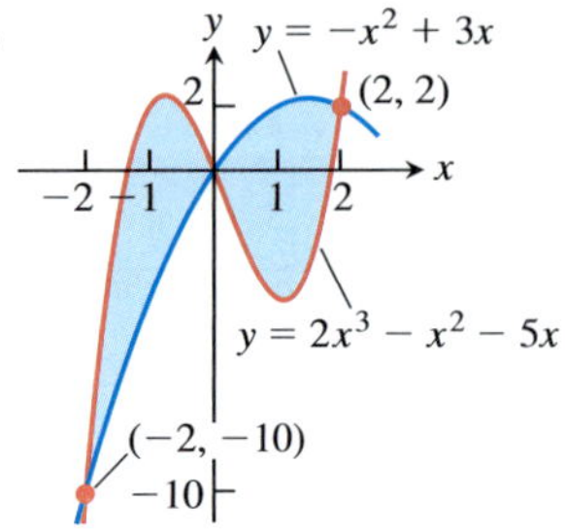

63.

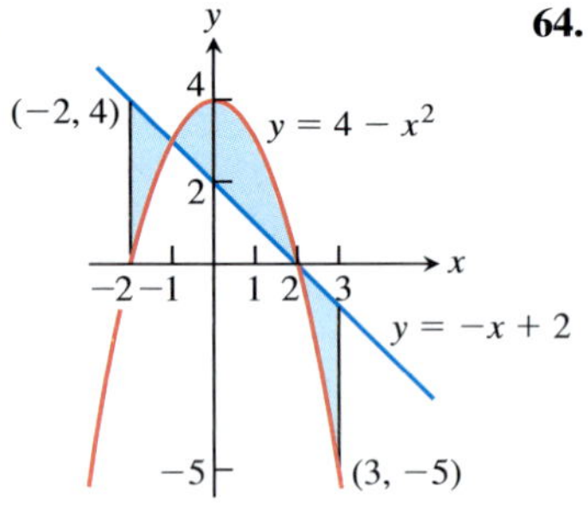

64.

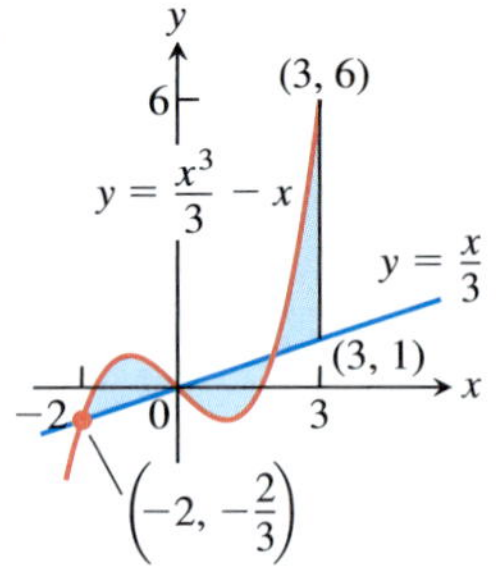

연습문제 65~74에서 직선과 곡선으로 둘러싸인 영역의 넓이를 구하라.

65. $y = x^2 - 2, \quad y = 2$

66. $y = 2x - x^2, \quad y = -3$

67. $y = x^4, \quad y = 8x$

68. $y = x^2 - 2x, \quad y = x$

69. $y = x^2, \quad y = -x^2 + 4x$

70. $y = 7 - 2x^2, \quad y = x^2 + 4$

71. $y = x^4 - 4x^2 + 4, \quad y = x^2$

72. $y = x\sqrt{a^2 - x^2}, \quad a > 0, \quad y = 0$

73. $y = \sqrt{|x|}, \quad 5y = x + 6$ (교점이 모두 몇 개인가?)

74. $y = |x^2 - 4|, \quad y = (x^2/2) + 4$

연습문제 75~82에서 직선과 곡선으로 둘러싸인 영역의 넓이를 구하라.

75. $x = 2y^2, \quad x = 0, \quad y = 3$

76. $x = y^2, \quad x = y + 2$

77. $y^2 - 4x = 4, \quad 4x - y = 16$

78. $x - y^2 = 0, \quad x + 2y^2 = 3$

79. $x + y^2 = 0, \quad x + 3y^2 = 2$

80. $x - y^{2/3} = 0, \quad x + y^4 = 2$

81. $x = y^2 - 1, \quad x = |y|\sqrt{1 - y^2}$

82. $x = y^3 - y^2, \quad x = 2y$

연습문제 83~86에서 두 곡선으로 둘러싸인 영역의 넓이를 구하라.

83. $4x^2 + y = 4, \quad x^4 - y = 1$

84. $x^3 - y = 0, \quad 3x^2 - y = 4$

85. $x + 4y^2 = 4, \quad x + y^4 = 1, \quad x \ge 0$

86. $x + y^2 = 3, \quad 4x + y^2 = 0$

연습문제 87~94에서 직선과 곡선으로 둘러싸인 영역의 넓이를 구하라.

87. $y = 2\sin x, \quad y = \sin 2x, \quad 0 \le x \le \pi$

88. $y = 8\cos x, \quad y = \sec^2 x, \quad -\pi/3 \le x \le \pi/3$

89. $y = \cos(\pi x/2), \quad y = 1 - x^2$

90. $y = \sin(\pi x/2), \quad y = x$

91. $y = \sec^2 x, \quad y = \tan^2 x, \quad x = -\pi/4, \quad x = \pi/4$

92. $x = \tan^2 y, \quad x = -\tan^2 y, \quad -\pi/4 \le y \le \pi/4$

93. $x = 3\sin y\sqrt{\cos y}, \quad x = 0, \quad 0 \le y \le \pi/2$

94. $y = \sec^2(\pi x/3), \quad y = x^{1/3}, \quad -1 \le x \le 1$

곡선으로 둘러싸인 영역의 넓이

95. 곡선 $x - y^3 = 0$과 직선 $x - y = 0$으로 둘러싸인 프로펠러 모양 영역의 넓이를 구하라.

96. 곡선 $x - y^{1/3} = 0$과 $x - y^{1/5} = 0$으로 둘러싸인 프로펠러 모양 영역의 넓이를 구하라.

97. 제1사분면에서 직선 $y = x$, 직선 $x = 2$, 곡선 $y = 1/x^2$, x축으로 둘러싸인 영역의 넓이를 구하라.

98. 제1사분면에서 y축을 왼쪽 경계, 곡선 $y = \sin x$와 $y = \cos x$를 오른쪽 경계로 하는 '삼각형' 영역의 넓이를 구하라.

99. $x = 1$에서 $x = 5$까지 곡선 $y = \ln x$와 곡선 $y = \ln 2x$ 사이 영역의 넓이를 구하라.

100. $x = -\pi/4$에서 $x = \pi/3$까지 곡선 $y = \tan x$와 x축 사이 영역의 넓이를 구하라.

101. 제1사분면에서 $y = e^{2x}$를 위쪽 경계, $y = e^x$를 아래쪽 경계, 직선 $x = \ln 3$을 오른쪽 경계로 하는 '삼각형'의 넓이를 구하라.

102. 제1사분면에서 곡선 $y = e^{x/2}$를 위쪽 경계, 곡선 $y = e^{-x/2}$를 아래쪽 경계, $y = 2\ln 2$를 오른쪽 경계로 하는 '삼각형'의 넓이를 구하라.

103. 곡선 $y = 2x/(1 + x^2)$와 구간 $-2 \le x \le 2$ 사이 영역의 넓이를 구하라.

104. 곡선 $y = 2^{1-x}$와 구간 $-1 \le x \le 1$ 사이 영역의 넓이를 구하라.

105. 포물선 $y = x^2$과 직선 $y = 4$로 둘러싸인 영역의 넓이를 수평인 직선 $y = c$로 이등분하려고 한다.
   a. 주어진 영역의 모양을 그리고, 문제의 뜻에 맞도록 직선 $y = c$를 그어라. 포물선과 이 직선이 만나는 점의 좌표를 그림에 표시하라.
   b. y에 관한 적분으로 c를 구하라(이때 c는 적분 범위에 나타난다).
   c. x에 관한 적분으로 c를 구하라(이때 c는 피적분함수에 나타난다).

106. 곡선 $y = 3 - x^2$과 직선 $y = -1$ 사이 영역의 넓이를 각각 다음 변수에 관한 적분으로 구하라.
   a. x　　　b. y

107. 제1사분면에서 왼쪽은 y축, 아래는 $y = x/4$, 왼쪽 위는 $y = 1 + \sqrt{x}$, 오른쪽 위는 $y = 2/\sqrt{x}$로 둘러싸인 영역의 넓이를 구하라.

108. 제1사분면에서 왼쪽은 y축, 아래는 $x = 2\sqrt{y}$, 왼쪽 위는 $x = (y - 1)^2$, 오른쪽 위는 $x = 3 - y$로 둘러싸인 영역의 넓이를 구하라.

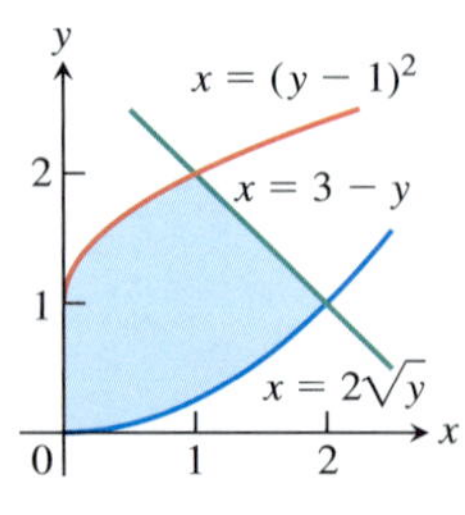

109. 주어진 그림과 같이 삼각형 AOC는 포물선 $y = x^2$과 직선 $y = a^2$

으로 둘러싸인 영역에 내접하고 있다. a가 0으로 갈 때, 삼각형 넓이 대 포물선 영역 넓이 비율의 극한을 구하라.

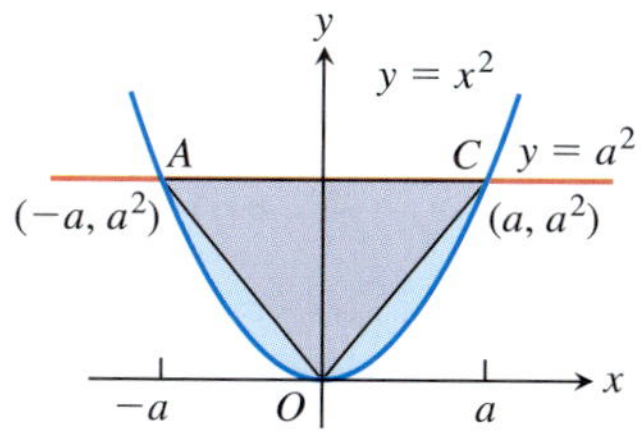

110. 함숫값이 양인 연속함수 f, x축, $x=a$, $x=b$로 둘러싸인 영역의 넓이가 4일 때, 곡선 $y=f(x)$, $y=2f(x)$와 직선 $x=a$, $x=b$로 둘러싸인 영역의 넓이를 구하라.

111. 주어진 그림에서 색칠한 영역의 넓이를 나타내는 적분은 다음 중 어느 것인가? 그 이유를 설명하라.

a. $\int_{-1}^{1} (x - (-x))\, dx = \int_{-1}^{1} 2x\, dx$

b. $\int_{-1}^{1} (-x - (x))\, dx = \int_{-1}^{1} -2x\, dx$

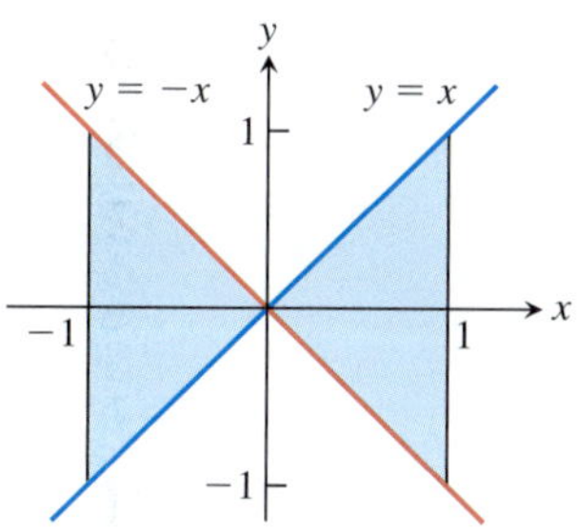

112. 다음 문장은 참인가, 거짓인가, 참일 수도 거짓일 수도 있는가? 연속인 곡선 $y=f(x)$, $y=g(x)$와 직선 $x=a$, $x=b$ $(a < b)$로 둘러싸인 영역의 넓이는 다음과 같다.

$$\int_a^b [f(x) - g(x)]\, dx$$

그 이유를 설명하라.

넓이 비교

연습문제 113~116에서 옅은 파란색 영역과 짙은 파란색 영역의 넓이를 비교하여 어느 쪽이 넓은지, 넓이가 같은지 보여라.

113.

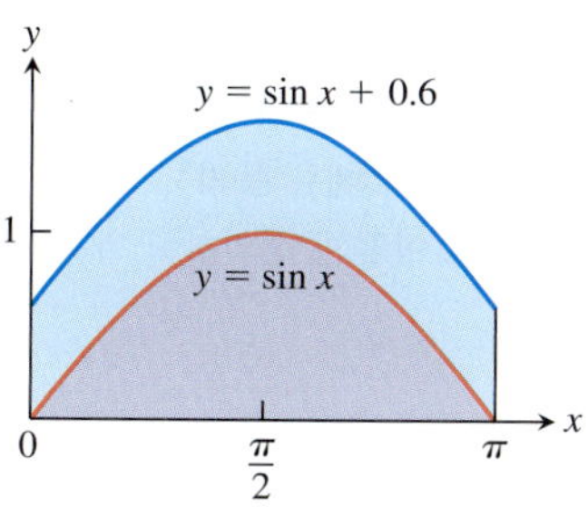

114.

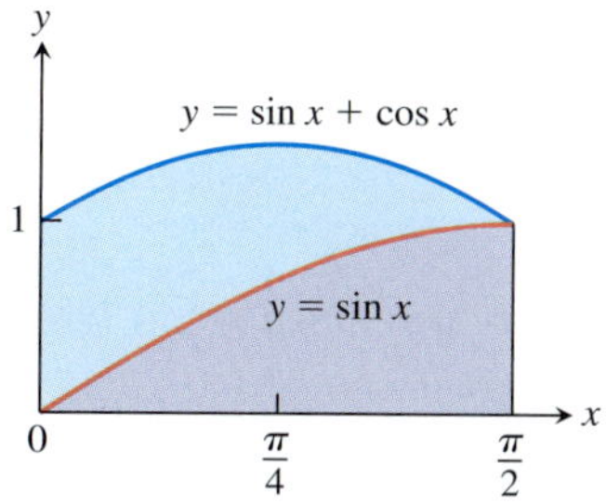

115.

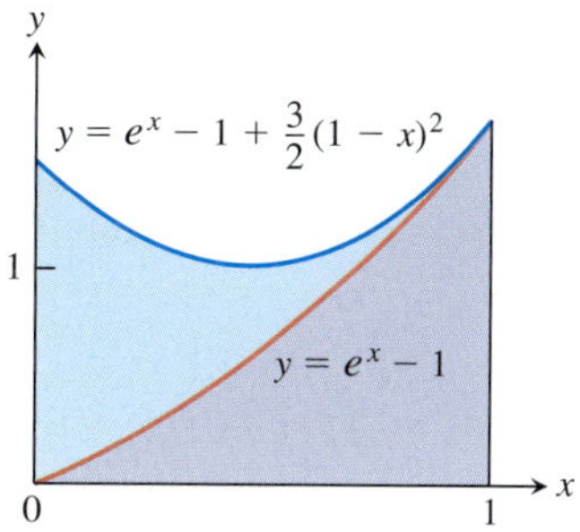

116.

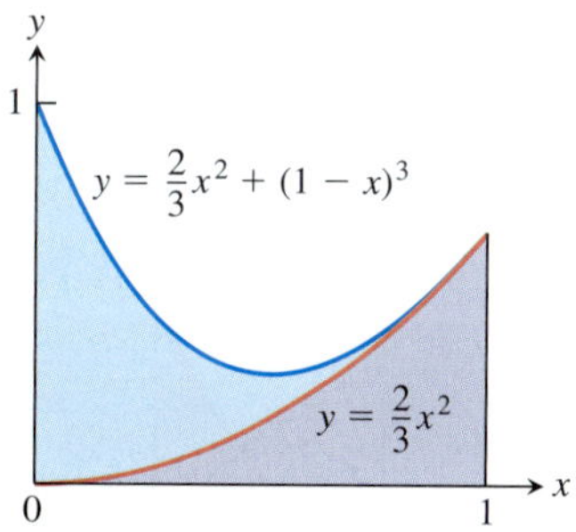

이론과 예제

117. $F(x)$를 $f(x)=(\sin x)/x$, $x > 0$의 역도함수라고 하자. 다음 식을 F를 사용하여 나타내라.

$$\int_1^3 \frac{\sin 2x}{x}\, dx$$

118. f가 연속이면 다음 식이 성립함을 증명하라.

$$\int_0^1 f(x)\, dx = \int_0^1 f(1 - x)\, dx$$

119. 다음 식이 성립한다.

$$\int_0^1 f(x)\, dx = 3$$

f가 각각 **(a)** 우함수, **(b)** 기함수일 때 다음 값을 구하라.

$$\int_{-1}^0 f(x)\, dx$$

120. **a.** f가 $[-a, a]$에서 기함수일 때, 다음 식이 성립함을 증명하라.

$$\int_{-a}^a f(x)\, dx = 0$$

b. $f(x)=\sin x$, $a=\pi/2$를 이용하여 문제 (a)의 결과를 검증하라.

121. f는 연속함수일 때 $u=a-x$로 치환하여 얻은 적분값을 I에 더해 다음 적분값을 구하라.

$$I = \int_0^a \frac{f(x)\, dx}{f(x) + f(a - x)}$$

122. 치환을 이용하여 모든 양수 x와 y에 대해 다음 식이 성립함을 증

명하라.

$$\int_x^{xy} \frac{1}{t}\,dt = \int_1^y \frac{1}{t}\,dt$$

정적분의 이동성

정적분의 기본 특성 중에는 다음 식과 같이 피적분함수가 평행이동하더라도 적분값은 그대로라는 점이 있다.

$$\int_a^b f(x)\,dx = \int_{a-c}^{b-c} f(x+c)\,dx \qquad (1)$$

각 적분구간에서 필요한 x값에 대해 함숫값이 정의되고 f가 적분가능하면 위 식은 성립한다. 예를 들어 주어진 그림은 색칠된 두 영역이 합동이므로 그 넓이 또한 그대로 유지된다. 즉 다음 식이 성립한다는 것을 보여준다.

$$\int_{-2}^{-1} (x+2)^3\,dx = \int_0^1 x^3\,dx$$

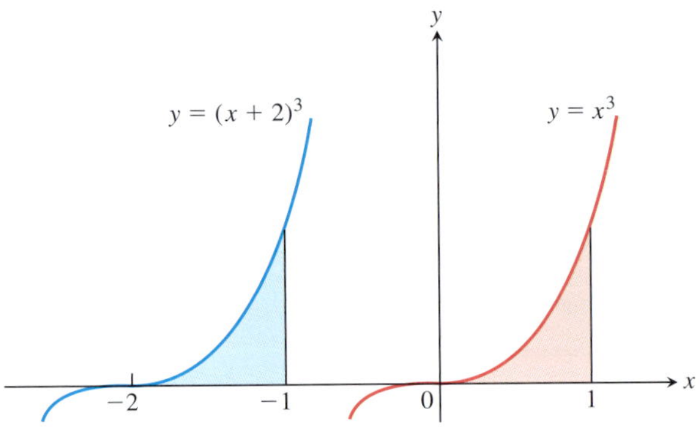

123. 치환을 이용하여 식 (1)을 증명하라.

124. 다음 각 함수에 대해 $[a, b]$에서 $f(x)$, $[a-c, b-c]$에서 $f(x+c)$의 그래프를 각각 그려 식 (1)이 타당함을 확인하라.

a. $f(x) = x^2,\quad a = 0,\quad b = 1,\quad c = 1$

b. $f(x) = \sin x,\quad a = 0,\quad b = \pi,\quad c = \pi/2$

c. $f(x) = \sqrt{x-4},\quad a = 4,\quad b = 8,\quad c = 5$

컴퓨터 탐구

연습문제 125~128에서 대수적으로 교점을 구할 수 없는 형태의 두 곡선으로 둘러싸인 영역의 넓이를 구할 것이다. CAS를 이용하여 다음 단계를 수행하라.

a. 각 곡선의 그래프를 그려 두 곡선의 교점이 얼마나 많은지 살펴보라.

b. CAS로 방정식을 수치적으로 풀어 모든 교점을 구하라.

c. $|f(x)-g(x)|$를 인접하는 교점들 사이에서 각각 적분하라.

d. 문제 (c)에서 구한 적분을 모두 더하라.

125. $f(x) = \dfrac{x^3}{3} - \dfrac{x^2}{2} - 2x + \dfrac{1}{3},\quad g(x) = x - 1$

126. $f(x) = \dfrac{x^4}{2} - 3x^3 + 10,\quad g(x) = 8 - 12x$

127. $f(x) = x + \sin(2x),\quad g(x) = x^3$

128. $f(x) = x^2 \cos x,\quad g(x) = x^3 - x$

복습문제 REVIEW QUESTION

1. 이동거리, 넓이, 평균값 등과 같은 양을 유한합을 이용하여 추정할 수 있는가? 그 이유를 설명하라.

2. 시그마 기호란 무엇인가? 그것이 주는 이점은 무엇인가? 예를 들어 설명하라.

3. 리만 합이란 무엇인가? 이와 같은 합을 고려하는 이유는 무엇인가?

4. 닫힌 구간에 대한 분할의 노름이란 무엇인가?

5. 닫힌 구간 $[a, b]$에서 함수 f의 정적분이란 무엇인가? 그 적분값이 존재할 조건은 무엇인가?

6. 정적분과 넓이 사이의 관계를 설명하라. 정적분에 대한 또 다른 해석을 제시하라.

7. 닫힌 구간에서 적분가능한 함수의 평균값이란 무엇인가? 함수의 평균값은 함숫값 중 하나인가? 그 이유를 설명하라.

8. 정적분의 성질을 기술하라(표 4.6 참조). 예를 들라.

9. 미적분학의 기본정리란 무엇인가? 이것이 그토록 중요한 이유는 무엇인가? 제1 기본정리와 제2 기본정리를 예를 들어 설명하라.

10. 순 변화 정리란 무엇인가? 이를 통해 속도의 적분에 대해 무엇을 알 수 있는가? 한계비용의 적분은 무엇인가?

11. 적분 과정과 미분 과정을 서로 '역관계'로 생각할 수 있는지에 대해 논하라.

12. f가 연속일 때, 초깃값 문제 $dy/dx = f(x)$, $y(x_0) = x_0$의 풀이에 기본정리가 어떻게 이용되는가?

13. 치환적분법은 연쇄법칙과 어떤 관련이 있는가?

14. 부정적분을 계산할 때 치환을 어떻게 이용할 수 있는가? 예를 들라.

15. 정적분에 치환법이 어떻게 적용되는가? 예를 들라.

16. 연속인 두 곡선 사이 영역의 넓이를 어떻게 정의하고 계산하는가? 예를 들라.

실전문제 PRACTICE QUESTION

유한합과 추정

1. 주어진 그래프는 모형 로켓 발사 후 8초 동안 그 속도(m/s)를 기록한 것이다. 첫 2초 동안 속도가 증가하다가 이후 감소하여 $t=8$초일 때 최고점에 도달한다.

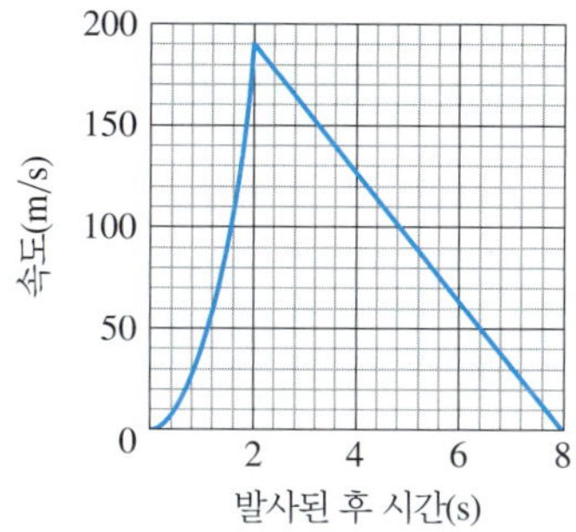

a. 로켓이 지면에서 발사되었다고 가정하고, 로켓이 도달한 최고 고도를 구하라(2.4장의 연습문제 17의 로켓 참조).

b. 로켓의 지상고도를 시간 $0 \le t \le 8$에 관한 함수로 정의하고 그 그래프를 그려라.

2. **a.** 주어진 그림은 시간 $t=0$부터 $t=10$초까지 움직이는 물체의 속도를 나타낸 것이다. 10초 동안 물체가 이동한 거리를 구하라.

b. $0 \le t \le 10$에서 물체의 위치함수 $s(t)$의 그래프를 그려라. 단, $s(0)=0$이다.

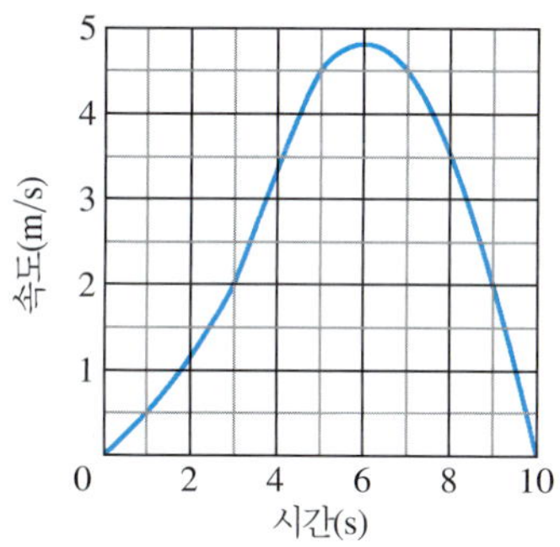

3. $\sum_{k=1}^{10} a_k = -2$이고 $\sum_{k=1}^{10} b_k = 25$라고 할 때, 다음을 구하라.

a. $\sum_{k=1}^{10} \frac{a_k}{4}$ **b.** $\sum_{k=1}^{10} (b_k - 3a_k)$

c. $\sum_{k=1}^{10} (a_k + b_k - 1)$ **d.** $\sum_{k=1}^{10} \left(\frac{5}{2} - b_k\right)$

4. $\sum_{k=1}^{20} a_k = 0$이고 $\sum_{k=1}^{20} b_k = 7$이라고 할 때, 다음을 구하라.

a. $\sum_{k=1}^{20} 3a_k$ **b.** $\sum_{k=1}^{20} (a_k + b_k)$

c. $\sum_{k=1}^{20} \left(\frac{1}{2} - \frac{2b_k}{7}\right)$ **d.** $\sum_{k=1}^{20} (a_k - 2)$

정적분

실전문제 5~8에서 각 극한을 정적분으로 나타내라. 적분을 계산하여 극한값을 구하라. 이 경우 P는 주어진 구간의 분할이고, c_k는 P의 부분구간에서 각각 택한 것이다.

5. $\lim_{\|P\| \to 0} \sum_{k=1}^{n} (2c_k - 1)^{-1/2} \Delta x_k$, 여기서 P는 $[1, 5]$의 분할이다.

6. $\lim_{\|P\| \to 0} \sum_{k=1}^{n} c_k (c_k^2 - 1)^{1/3} \Delta x_k$, 여기서 P는 $[1, 3]$의 분할이다.

7. $\lim_{\|P\| \to 0} \sum_{k=1}^{n} \left(\cos\left(\frac{c_k}{2}\right)\right) \Delta x_k$, 여기서 P는 $[-\pi, 0]$의 분할이다.

8. $\lim_{\|P\| \to 0} \sum_{k=1}^{n} (\sin c_k)(\cos c_k) \Delta x_k$, 여기서 P는 $[0, \pi/2]$의 분할이다.

9. $\int_{-2}^{2} 3f(x)\,dx = 12$, $\int_{-2}^{5} f(x)\,dx = 6$, $\int_{-2}^{5} g(x)\,dx = 2$일 때, 다음을 구하라.

a. $\int_{-2}^{2} f(x)\,dx$ **b.** $\int_{2}^{5} f(x)\,dx$

c. $\int_{5}^{-2} g(x)\,dx$ **d.** $\int_{-2}^{5} (-\pi g(x))\,dx$

e. $\int_{-2}^{5} \left(\frac{f(x) + g(x)}{5}\right) dx$

10. $\int_{0}^{2} f(x)\,dx = \pi$, $\int_{0}^{2} 7g(x)\,dx = 7$, $\int_{0}^{1} g(x)\,dx = 2$일 때, 다음을 구하라.

a. $\int_{0}^{2} g(x)\,dx$ **b.** $\int_{1}^{2} g(x)\,dx$

c. $\int_{2}^{0} f(x)\,dx$ **d.** $\int_{0}^{2} \sqrt{2}\, f(x)\,dx$

e. $\int_{0}^{2} (g(x) - 3f(x))\,dx$

넓이

실전문제 11~14에서 f의 그래프와 x축 사이 영역의 총 넓이를 구하라.

11. $f(x) = x^2 - 4x + 3, \quad 0 \le x \le 3$

12. $f(x) = 1 - (x^2/4), \quad -2 \le x \le 3$

13. $f(x) = 5 - 5x^{2/3}, \quad -1 \le x \le 8$

14. $f(x) = 1 - \sqrt{x}, \quad 0 \le x \le 4$

실전문제 15~26에서 곡선과 직선으로 둘러싸인 영역의 넓이를 구하라.

15. $y = x, \quad y = 1/x^2, \quad x = 2$

16. $y = x, \quad y = 1/\sqrt{x}, \quad x = 2$

17. $\sqrt{x} + \sqrt{y} = 1, \quad x = 0, \quad y = 0$

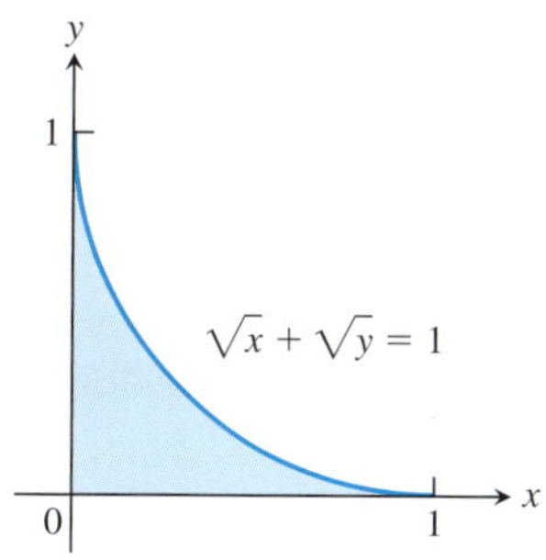

18. $x^3 + \sqrt{y} = 1, \quad x = 0, \quad y = 0, \quad 0 \le x \le 1$

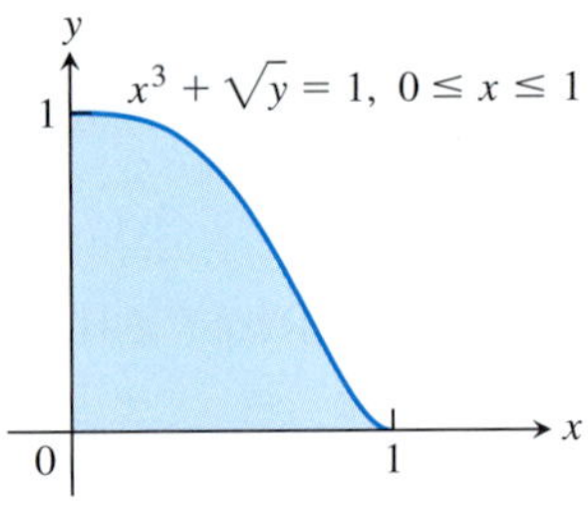

19. $x = 2y^2, \quad x = 0, \quad y = 3$ **20.** $x = 4 - y^2, \quad x = 0$

21. $y^2 = 4x, \quad y = 4x - 2$

22. $y^2 = 4x + 4, \quad y = 4x - 16$

23. $y = \sin x, \quad y = x, \quad 0 \le x \le \pi/4$

24. $y = |\sin x|, \quad y = 1, \quad -\pi/2 \le x \le \pi/2$

25. $y = 2\sin x, \quad y = \sin 2x, \quad 0 \le x \le \pi$

26. $y = 8\cos x, \quad y = \sec^2 x, \quad -\pi/3 \le x \le \pi/3$

27. 왼쪽은 $x+y=2$, 오른쪽은 $y=x^2$, 위는 $y=2$로 둘러싸인 '삼각형' 영역의 넓이를 구하라.

28. 왼쪽은 $y=\sqrt{x}$, 오른쪽은 $y=6-x$, 아래는 $y=1$로 둘러싸인 '삼각형' 영역의 넓이를 구하라.

29. $f(x)=x^3-3x^2$의 극값을 구하고 f와 x축으로 둘러싸인 영역의 넓이를 구하라.

30. 제1사분면에서 곡선 $x^{1/2}+y^{1/2}=a^{1/2}$를 따라 잘라낸 영역의 넓이를 구하라.

31. 곡선 $x=y^{2/3}$와 직선 $x=y$, $y=-1$로 둘러싸인 영역의 총 넓이를 구하라.

32. $0\le x\le 3\pi/2$에서 곡선 $y=\sin x$와 $y=\cos x$로 둘러싸인 영역의 총 넓이를 구하라.

33. $x=1$에서 $x=e$까지 곡선 $y=2(\ln x)/x$와 x축 사이 영역의 넓이를 구하라.

34. a. $x=10$에서 $x=20$까지 곡선 $y=1/x$와 x축 사이 영역의 넓이는 $x=1$에서 $x=2$까지 같은 곡선과 x축 사이 영역의 넓이와 같음을 증명하라.

b. $x=ka$에서 $x=kb$까지 곡선 $y=1/x$와 x축 사이 영역의 넓이는 $x=a$에서 $x=b$까지 같은 곡선과 x축 사이 영역의 넓이와 같음을 증명하라($0<a<b$, $k>0$).

초깃값 문제

35. $y = x^2 + \int_1^x \frac{1}{t}\,dt$가 다음 초깃값 문제의 해임을 보여라.

$$\frac{d^2y}{dx^2} = 2 - \frac{1}{x^2}; \quad y'(1) = 3, \quad y(1) = 1$$

36. $y = \int_0^x \left(1+2\sqrt{\sec t}\right)dt$가 다음 초깃값 문제의 해임을 보여라.

$$\frac{d^2y}{dx^2} = \sqrt{\sec x}\tan x; \quad y'(0) = 3, \quad y(0) = 0$$

실전문제 37과 38에서 초깃값 문제의 해를 적분으로 나타내라.

37. $\dfrac{dy}{dx} = \dfrac{\sin x}{x}, \quad y(5) = -3$

38. $\dfrac{dy}{dx} = \sqrt{2 - \sin^2 x}, \quad y(-1) = 2$

실전문제 39~42에서 초깃값 문제를 풀어라.

39. $\dfrac{dy}{dx} = \dfrac{1}{\sqrt{1-x^2}}, \quad y(0) = 0$

40. $\dfrac{dy}{dx} = \dfrac{1}{x^2+1} - 1, \quad y(0) = 1$

41. $\dfrac{dy}{dx} = \dfrac{1}{x\sqrt{x^2-1}}, \quad x > 1; \quad y(2) = \pi$

42. $\dfrac{dy}{dx} = \dfrac{1}{1+x^2} - \dfrac{2}{\sqrt{1-x^2}}, \quad y(0) = 2$

실전문제 43과 44에서 등식을 만족하는 함수 $f(x)$를 찾아라.

43. $f(x) = 1 + \int_1^x t f(t)\,dt$ **44.** $f(x) = \int_0^x \left(1 + f(t)^2\right)dt$

부정적분 구하기

실전문제 45~76에서 적분을 계산하라.

45. $\int 2(\cos x)^{-1/2}\sin x\,dx$ **46.** $\int (\tan x)^{-3/2}\sec^2 x\,dx$

47. $\int (2\theta + 1 + 2\cos(2\theta+1))\,d\theta$

48. $\int \left(\dfrac{1}{\sqrt{2\theta-\pi}} + 2\sec^2(2\theta-\pi)\right)d\theta$

49. $\int \left(t - \dfrac{2}{t}\right)\left(t + \dfrac{2}{t}\right)dt$

50. $\int \dfrac{(t+1)^2 - 1}{t^4}\,dt$ **51.** $\int \sqrt{t}\sin(2t^{3/2})\,dt$

52. $\int (\sec\theta\tan\theta)\sqrt{1+\sec\theta}\,d\theta$

53. $\int e^x \sec^2(e^x - 7)\,dx$

54. $\int e^y \csc(e^y+1)\cot(e^y+1)\,dy$

55. $\int (\sec^2 x)e^{\tan x}\,dx$ **56.** $\int (\csc^2 x)e^{\cot x}\,dx$

57. $\int_{-1}^{1} \dfrac{dx}{3x-4}$ **58.** $\int_1^e \dfrac{\sqrt{\ln x}}{x}\,dx$

59. $\int_0^4 \dfrac{2t}{t^2-25}\,dt$ **60.** $\int \dfrac{\tan(\ln v)}{v}\,dv$

61. $\int \dfrac{(\ln x)^{-3}}{x}\,dx$ **62.** $\int \dfrac{1}{r}\csc^2(1+\ln r)\,dr$

63. $\int x3^{x^2}\,dx$ **64.** $\int 2^{\tan x}\sec^2 x\,dx$

65. $\int \dfrac{3\,dr}{\sqrt{1-4(r-1)^2}}$ **66.** $\int \dfrac{6\,dr}{\sqrt{4-(r+1)^2}}$

67. $\int \dfrac{dx}{2+(x-1)^2}$ **68.** $\int \dfrac{dx}{1+(3x+1)^2}$

69. $\int \dfrac{dx}{(2x-1)\sqrt{(2x-1)^2-4}}$ **70.** $\int \dfrac{dx}{(x+3)\sqrt{(x+3)^2-25}}$

71. $\int \dfrac{e^{\arcsin\sqrt{x}}\,dx}{2\sqrt{x-x^2}}$ **72.** $\int \dfrac{\sqrt{\arcsin x}\,dx}{\sqrt{1-x^2}}$

73. $\int \dfrac{dy}{\sqrt{\arctan y}\,(1+y^2)}$ **74.** $\int \dfrac{(\arctan x)^2\,dx}{1+x^2}$

75. $\int \dfrac{\sin 2\theta - \cos 2\theta}{(\sin 2\theta + \cos 2\theta)^3}\,d\theta$ **76.** $\int \cos\theta\cdot\sin(\sin\theta)\,d\theta$

정적분 구하기

실전문제 77~116에서 적분을 구하라.

77. $\int_{-1}^{1}(3x^2-4x+7)\,dx$

78. $\int_{0}^{1}(8s^3-12s^2+5)\,ds$

79. $\int_{1}^{2}\frac{4}{v^2}\,dv$

80. $\int_{1}^{27}x^{-4/3}\,dx$

81. $\int_{1}^{4}\frac{dt}{t\sqrt{t}}$

82. $\int_{1}^{4}\frac{(1+\sqrt{u})^{1/2}}{\sqrt{u}}\,du$

83. $\int_{0}^{1}\frac{36\,dx}{(2x+1)^3}$

84. $\int_{0}^{1}\frac{dr}{\sqrt[3]{(7-5r)^2}}$

85. $\int_{1/8}^{1}x^{-1/3}(1-x^{2/3})^{3/2}\,dx$

86. $\int_{0}^{1/2}x^3(1+9x^4)^{-3/2}\,dx$

87. $\int_{0}^{\pi}\sin^2 5r\,dr$

88. $\int_{0}^{\pi/4}\cos^2\left(4t-\frac{\pi}{4}\right)dt$

89. $\int_{0}^{\pi/3}\sec^2\theta\,d\theta$

90. $\int_{\pi/4}^{3\pi/4}\csc^2 x\,dx$

91. $\int_{\pi}^{3\pi}\cot^2\frac{x}{6}\,dx$

92. $\int_{0}^{\pi}\tan^2\frac{\theta}{3}\,d\theta$

93. $\int_{-\pi/3}^{0}\sec x\tan x\,dx$

94. $\int_{\pi/4}^{3\pi/4}\csc z\cot z\,dz$

95. $\int_{0}^{\pi/2}5(\sin x)^{3/2}\cos x\,dx$

96. $\int_{-\pi/2}^{\pi/2}15\sin^4 3x\cos 3x\,dx$

97. $\int_{0}^{\pi/2}\frac{3\sin x\cos x}{\sqrt{1+3\sin^2 x}}\,dx$

98. $\int_{0}^{\pi/4}\frac{\sec^2 x}{(1+7\tan x)^{2/3}}\,dx$

99. $\int_{1}^{4}\left(\frac{x}{8}+\frac{1}{2x}\right)dx$

100. $\int_{1}^{8}\left(\frac{2}{3x}-\frac{8}{x^2}\right)dx$

101. $\int_{-2}^{-1}e^{-(x+1)}\,dx$

102. $\int_{-\ln 2}^{0}e^{2w}\,dw$

103. $\int_{0}^{\ln 5}e^r(3e^r+1)^{-3/2}\,dr$

104. $\int_{0}^{\ln 9}e^{\theta}(e^{\theta}-1)^{1/2}\,d\theta$

105. $\int_{1}^{e}\frac{1}{x}(1+7\ln x)^{-1/3}\,dx$

106. $\int_{1}^{3}\frac{(\ln(v+1))^2}{v+1}\,dv$

107. $\int_{1}^{8}\frac{\log_4\theta}{\theta}\,d\theta$

108. $\int_{1}^{e}\frac{8\ln 3\log_3\theta}{\theta}\,d\theta$

109. $\int_{-3/4}^{3/4}\frac{6\,dx}{\sqrt{9-4x^2}}$

110. $\int_{-1/5}^{1/5}\frac{6\,dx}{\sqrt{4-25x^2}}$

111. $\int_{-2}^{2}\frac{3\,dt}{4+3t^2}$

112. $\int_{\sqrt{3}}^{3}\frac{dt}{3+t^2}$

113. $\int_{1/\sqrt{3}}^{1}\frac{dy}{y\sqrt{4y^2-1}}$

114. $\int_{4\sqrt{2}}^{8}\frac{24\,dy}{y\sqrt{y^2-16}}$

115. $\int_{\sqrt{2}/3}^{2/3}\frac{dy}{|y|\sqrt{9y^2-1}}$

116. $\int_{-2/\sqrt{5}}^{-\sqrt{6}/\sqrt{5}}\frac{dy}{|y|\sqrt{5y^2-3}}$

평균

117. 주어진 구간에서 $f(x)=mx+b$의 평균값을 구하라.

a. $[-1, 1]$ **b.** $[-k, k]$

118. 주어진 구간에서 함수의 평균값을 구하라.

a. $[0, 3]$에서 $y=\sqrt{3x}$ **b.** $[0, a]$에서 $y=\sqrt{ax}$

119. f를 $[a, b]$에서 미분가능한 함수라고 하자. 1장에서 우리는 $[a, b]$에서 f의 평균변화율을 다음 식으로,

$$\frac{f(b)-f(a)}{b-a}$$

또한 x에서 f의 순간변화율을 $f'(x)$로 정의했다. 이 장에서는 함수의 평균값을 정의했다. 평균의 새 정의가 기존의 것과 모순되지 않기 위해서는 다음 식을 만족해야 한다.

$$\frac{f(b)-f(a)}{b-a}=[a,b]\text{에서 } f'\text{의 평균값}$$

이것이 사실인가? 그 이유를 설명하라.

120. 길이가 2인 구간에서 적분가능한 함수의 평균값은 그 구간에서 함수 적분값의 반이다. 참인가? 그 이유를 설명하라.

121. a. $\int \ln x\,dx=x\ln x-x+C$임을 증명하라.

b. $[1, e]$에서 $\ln x$의 평균값을 구하라.

122. $[1, 2]$에서 $f(x)=1/x$의 평균값을 구하라.

T **123.** 다음 식과 같은 365일인 해에 대한 온도함수의 평균값을 계산하라(2.6절 연습문제 98 참조).

$$f(x)=20\sin\left(\frac{2\pi}{365}(x-101)\right)-4$$

이것은 극지방 어느 도시에서 1년 평균기온을 추정하는 방법이다. 일별 평균기온의 수치적 평균으로 공식 발표되는 연중 평균기온 −3.5℃인데, 이는 $f(x)$의 평균값보다 약간 높다.

T **124. 가스의 비열** 비열 C_v는 일정한 부피를 갖는 가스 1몰의 온도를 1℃ 올리는 데 필요한 열량이다. 산소의 비열은 온도 T에 대한 함수로서 다음 식을 만족한다.

$$C_v=8.27+10^{-5}(26T-1.87T^2)$$

$20\le T\le 675$℃에서 C_v의 평균값과, 이때의 온도를 구하라.

적분의 미분

실전문제 125~132에서 dy/dx를 구하라.

125. $y=\int_{2}^{x}\sqrt{2+\cos^3 t}\,dt$

126. $y=\int_{2}^{7x^2}\sqrt{2+\cos^3 t}\,dt$

127. $y=\int_{x}^{1}\frac{6}{3+t^4}\,dt$

128. $y=\int_{\sec x}^{2}\frac{1}{t^2+1}\,dt$

129. $y=\int_{\ln x^2}^{0}e^{\cos t}\,dt$

130. $y=\int_{1}^{e^{\sqrt{x}}}\ln(t^2+1)\,dt$

131. $y=\int_{0}^{\sin^{-1}x}\frac{dt}{\sqrt{1-2t^2}}$

132. $y=\int_{\tan^{-1}x}^{\pi/4}e^{\sqrt{t}}\,dt$

이론과 예제

133. $[a, b]$에서 미분가능한 모든 함수 $y=f(x)$는 그 자신이 $[a, b]$에서 정의된 다른 함수의 도함수인가? 그 이유를 설명하라.

134. $F(x)$를 $f(x)=\sqrt{1+x^4}$의 역도함수라 하자. $\int_0^1\sqrt{1+x^4}$를 F에 관해 나타내고, 그 이유를 설명하라.

135. $y=\int_x^1\sqrt{1+t^2}\,dt$일 때 dy/dx를 구하라. 계산 과정을 설명하라.

136. $y=\int_{\cos x}^{0}(1/(1-t^2))\,dt$일 때 dy/dx를 구하라. 계산 과정을 설명하라.

137. 새 주차장 주차장을 만들기 위해 한 마을에서 다음과 같은 토지를 마련했다. 그 마을의 토목기사는 마을위원회로부터 주차장을 10,000달러에 건설할 수 있을지 견적문의를 받았다. 1 m^2당

정지작업에 1.00달러, 포장작업에 2.00달러가 소요된다고 할 때 10,000달러에 공사가 가능한가? 하합 추정을 사용하여 설명하라. (답은 이용된 추정 방법에 따라 약간 변할 수 있다.)

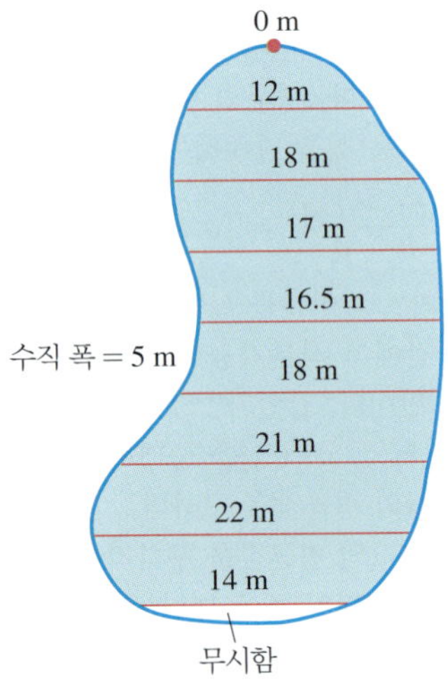

138. 스카이다이버 A와 B가 높이 2,000 m 상공을 선회하는 헬리콥터에 탑승하고 있다. A가 점프하여 낙하산이 펴지기까지 4초 동안 하강한다. 그 후 헬리콥터는 2,200 m로 상승하여 선회한다. A가 기체를 떠난 후 45초 시점에 B가 점프하여 낙하산이 펴지기까지 13초 동안 하강한다. 스카이다이버는 낙하산이 펴진 상태에서 4.9 m/s로 하강한다. 낙하산이 펴지기 전까지는 자유낙하한다고 가정한다(중력가속도 $g=9.8\text{ m/s}^2$).

a. A의 낙하산이 펴지는 지점의 고도를 구하라.

b. B의 낙하산이 펴지는 지점의 고도를 구하라.

c. 누가 먼저 지면에 안착하는가?

심화문제 ADVANCED QUESTION

이론과 예제

1. a. $\int_0^1 7f(x)\,dx=7$이면, $\int_0^1 f(x)\,dx=1$인가?

b. $\int_0^1 f(x)\,dx=4$이고 $f(x)\geq 0$이면, $\int_0^1 \sqrt{f(x)}\,dx=\sqrt{4}=2$인가? 그 이유를 설명하라.

2. $\int_{-2}^2 f(x)\,dx=4$, $\int_2^5 f(x)\,dx=3$, $\int_{-2}^5 g(x)\,dx=2$라 하자. 다음 중 옳은 것은?

a. $\int_5^2 f(x)\,dx = -3$ **b.** $\int_{-2}^5 (f(x)+g(x))\,dx = 9$

c. 구간 $-2\leq x\leq 5$에서 $f(x)\leq g(x)$

3. 초깃값 문제 다음 식이

$$y = \frac{1}{a}\int_0^x f(t)\sin a(x-t)\,dt$$

다음 초깃값 문제의 해임을 보여라.

$$\frac{d^2y}{dx^2}+a^2y = f(x), \qquad \frac{dy}{dx} = 0\text{과} \quad y = 0,\ x=0\text{일 때}$$

[힌트: $\sin(ax-at)=\sin ax\cdot\cos at-\cos ax\cdot\sin at$]

4. 비례 x와 y의 관계는 다음과 같다.

$$x = \int_0^y \frac{1}{\sqrt{1+4t^2}}\,dt$$

d^2y/dx^2이 y에 비례함을 증명하고, 비례상수를 구하라.

5. 다음 각 경우에 대해 $f(4)$를 구하라.

a. $\int_0^{x^2} f(t)\,dt = x\cos\pi x$ **b.** $\int_0^{f(x)} t^2\,dt = x\cos\pi x$

6. 다음 사실로부터 $f(\pi/2)$를 구하라.

i) f는 함숫값이 양인 연속함수이다.

ii) $x=0$부터 $x=a$까지 곡선 $y=f(x)$의 아랫부분의 넓이는 다음과 같다.

$$\frac{a^2}{2}+\frac{a}{2}\sin a+\frac{\pi}{2}\cos a$$

7. x축, 곡선 $y=f(x)$, $f(x)\geq 0$, 직선 $x=1$과 $x=b$로 둘러싸인 영역의 넓이가 $\sqrt{b^2+1}-\sqrt{2}\ (b>1)$일 때 $f(x)$를 구하라.

8. 다음을 증명하라.

$$\int_0^x\left(\int_0^u f(t)\,dt\right)du = \int_0^x f(u)(x-u)\,du$$

[힌트: 우변을 두 적분의 차로 표현하고 양변의 x에 관한 도함수가 같음을 보여라.]

9. 곡선 구하기 xy 평면에서 점 $(1,\ -1)$을 지나고 x에서 기울기가 $3x^2+2$인 곡선의 방정식을 구하라.

10. 흙 파기 당신은 지금 구덩이의 밑바닥에서 흙을 한 삽 퍼서 초기 속도 9.8 m/s로 던져 올린다. 흙은 삽을 떠난 지점에서 최소 5.2 m 올라가야만 구덩이 밖으로 나간다. 흙이 구덩이 밖으로 나갈 것인가, 아니면 흙을 피해 몸을 숙여야 할 것인가?

구분적 연속함수

우리는 주로 연속함수에 관심을 두지만, 응용 분야에서 만나는 많은 함수는 구분적 연속이다. 함수 f가 닫힌 구간 I에서 불연속인 점이 유한개뿐이고, 양쪽 끝점을 제외한 I의 모든 점에서 다음 극한이 존재하며 그 값이 유한이고,

$$\lim_{x\to c^-} f(x)\text{와} \quad \lim_{x\to c^+} f(x)$$

I의 양 끝점에서 한쪽 극한이 존재하며 그 값이 유한일 때 함수 $f(x)$는 '닫힌 구간 I에서 구분적 연속함수'라 한다. 구분적 연속함수는 모두 적분가능하다. 불연속인 점으로 I를 분할하면 부분구간(열린 구간, 반열린 구간)에서 함수 f는 연속이며, 위에서 언급한 극한 조건에 따라 각 부분구간의 양쪽 끝점까지 연속으로 확장할 수 있다. 구분적 연속함수의 적분값은 각 확장함수를 적분하여 더한 값이다.

$$f(x) = \begin{cases} 1 - x, & -1 \le x < 0 \\ x^2, & 0 \le x < 2 \\ -1, & 2 \le x \le 3 \end{cases}$$

위 식을 $[-1, 3]$에서 적분하면 다음과 같다(그림 4.33).

$$\begin{aligned} \int_{-1}^{3} f(x)\,dx &= \int_{-1}^{0} (1 - x)\,dx + \int_{0}^{2} x^2\,dx + \int_{2}^{3} (-1)\,dx \\ &= \left[x - \frac{x^2}{2}\right]_{-1}^{0} + \left[\frac{x^3}{3}\right]_{0}^{2} + \left[-x\right]_{2}^{3} \\ &= \frac{3}{2} + \frac{8}{3} - 1 = \frac{19}{6} \end{aligned}$$

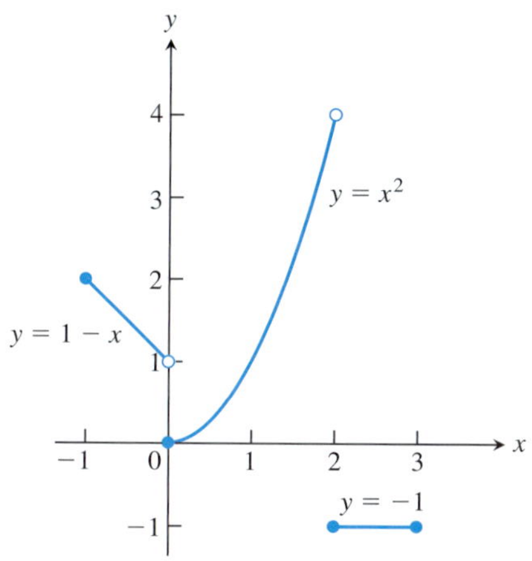

그림 4.33 이와 같은 구분적 연속함수는 조각별로 적분한다.

기본정리를 구분적 연속함수에 적용하려면 f가 연속인 점 x에서만 $(d/dx)\int_a^x f(t)\,dt$가 $f(x)$와 같다는 제한 조건을 추가해야 한다. 라이프니츠 공식(심화문제 25~32 참조)에도 비슷한 제한 조건이 있다.

심화문제 11~16에서 함수의 그래프를 그리고 적분하라.

11. $f(x) = \begin{cases} x^{2/3}, & -8 \le x < 0 \\ -4, & 0 \le x \le 3 \end{cases}$

12. $f(x) = \begin{cases} \sqrt{-x}, & -4 \le x < 0 \\ x^2 - 4, & 0 \le x \le 3 \end{cases}$

13. $g(t) = \begin{cases} t, & 0 \le t < 1 \\ \sin \pi t, & 1 \le t \le 2 \end{cases}$

14. $h(z) = \begin{cases} \sqrt{1 - z}, & 0 \le z < 1 \\ (7z - 6)^{-1/3}, & 1 \le z \le 2 \end{cases}$

15. $f(x) = \begin{cases} 1, & -2 \le x < -1 \\ 1 - x^2, & -1 \le x < 1 \\ 2, & 1 \le x \le 2 \end{cases}$

16. $h(r) = \begin{cases} r, & -1 \le r < 0 \\ 1 - r^2, & 0 \le r < 1 \\ 1, & 1 \le r \le 2 \end{cases}$

17. 그래프가 주어진 그림과 같은 함수의 평균값을 구하라.

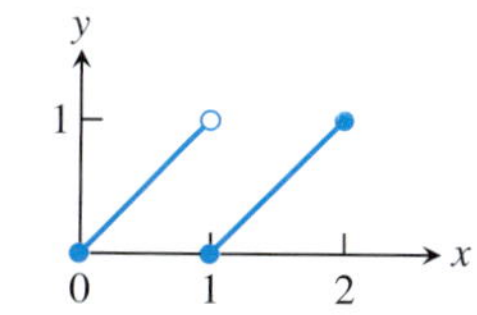

18. 그래프가 주어진 그림과 같은 함수의 평균값을 구하라.

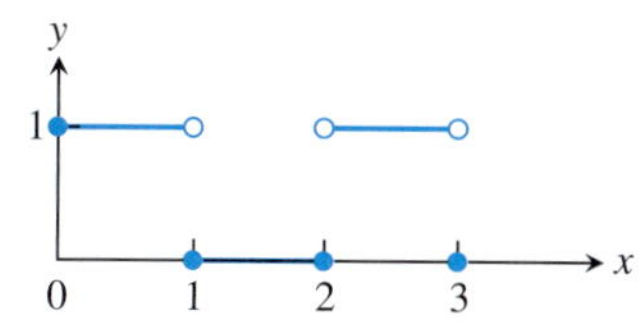

극한

심화문제 19~22에서 극한을 구하라.

19. $\displaystyle\lim_{b \to 1^-} \int_0^b \frac{dx}{\sqrt{1 - x^2}}$

20. $\displaystyle\lim_{x \to \infty} \frac{1}{x} \int_0^x \arctan t\,dt$

21. $\displaystyle\lim_{n \to \infty} \left(\frac{1}{n+1} + \frac{1}{n+2} + \cdots + \frac{1}{2n}\right)$

22. $\displaystyle\lim_{n \to \infty} \frac{1}{n}\left(e^{1/n} + e^{2/n} + \cdots + e^{(n-1)/n} + e^{n/n}\right)$

기본정리를 이용한 함수 정의

23. 적분으로 정의된 함수 함수 f의 그래프는 주어진 그림과 같이 반원과 두 선분으로 이루어져 있다. $g(x) = \int_1^x f(t)\,dt$라 하자.

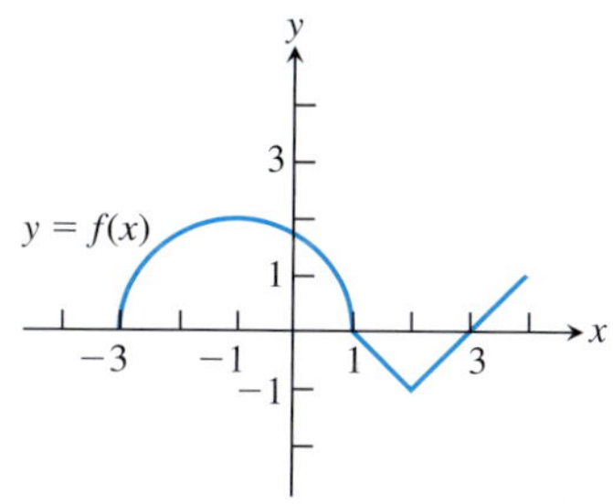

a. $g(1)$을 구하라.

b. $g(3)$을 구하라.

c. $g(-1)$을 구하라.

d. 열린 구간 $(-3, 4)$에서 g가 극댓값을 갖는 x를 모두 구하라.

e. $x = -1$에서 g의 접선방정식을 구하라.

f. 열린 구간 $(-3, 4)$에서 g의 그래프의 각 변곡점의 x좌표를 구하라.

g. g의 치역을 구하라.

24. 미분방정식 $y = \sin x + \int_x^{\pi} \cos 2t\,dt + 1$이 다음 두 조건을 만족함을 보여라.

i) $y'' = -\sin x + 2\sin 2x$

ii) $x = \pi$일 때 $y = 1$이고 $y' = -2$이다.

라이프니츠 법칙 응용 분야에서는 상한과 하한에 변수가 있는 적분 형태로 정의되는 함수를 종종 만나게 된다. 이때는 **라이프니츠 법칙**을 이용하여 도함수를 구할 수 있다.

라이프니츠 법칙

f가 $[a, b]$에서 연속이고, $v(x)$가 $[a, b]$에서 미분가능한 함수라고 하면 다음 식이 성립한다.

$$\frac{d}{dx}\int_{u(x)}^{v(x)} f(t)\,dt = f(v(x))\frac{dv}{dx} - f(u(x))\frac{du}{dx}$$

이 법칙을 증명하기 위해 F를 $[a, b]$에서 f의 역도함수라 하자. 그러면 다음과 같다.

$$\int_{u(x)}^{v(x)} f(t)\,dt = F(v(x)) - F(u(x))$$

이 식의 양변을 x로 미분하여 원하는 결과를 얻는다.

$$\begin{aligned}\frac{d}{dx}\int_{u(x)}^{v(x)} f(t)\,dt &= \frac{d}{dx}[F(v(x)) - F(u(x))] \\ &= F'(v(x))\frac{dv}{dx} - F'(u(x))\frac{du}{dx} \quad \text{연쇄법칙} \\ &= f(v(x))\frac{dv}{dx} - f(u(x))\frac{du}{dx}\end{aligned}$$

심화문제 25~32에서 라이프니츠 법칙을 이용하여 주어진 함수의 도함수를 구하라.

25. $f(x) = \int_{1/x}^{x} \frac{1}{t}\,dt$

26. $f(x) = \int_{\cos x}^{\sin x} \frac{1}{1-t^2}\,dt$

27. $g(y) = \int_{\sqrt{y}}^{2\sqrt{y}} \sin t^2\,dt$

28. $g(y) = \int_{\sqrt{y}}^{y^2} \frac{e^t}{t}\,dt$

29. $y = \int_{x^2/2}^{x^2} \ln\sqrt{t}\,dt$

30. $y = \int_{\sqrt{x}}^{\sqrt[3]{x}} \ln t\,dt$

31. $y = \int_{0}^{\ln x} \sin e^t\,dt$

32. $y = \int_{e^{4\sqrt{x}}}^{e^{2x}} \ln t\,dt$

이론과 예제

33. 라이프니츠 법칙을 이용하여 다음 적분값이 최대가 되는 x를 구하라.

$$\int_{x}^{x+3} t(5-t)\,dt$$

34. $x > 0$일 때 $x^{(x^x)} = (x^x)^x$이 성립하는 구간을 구하고 그 이유를 설명하라.

35. 두 곡선 $y = 2(\log_2 x)/x$와 $y = 2(\log_4 x)/x$에 대해

a. $x = 1$에서 $x = e$까지 첫 번째 곡선과 x축 사이 영역의 넓이를 구하라.

b. $x = 1$에서 $x = e$까지 두 번째 곡선과 x축 사이 영역의 넓이를 구하라.

c. 문제 (a)와 (b)에서 얻은 두 영역의 넓이의 비를 구하라.

36. a. $f(x) = \int_1^{e^x} \frac{2\ln t}{t}\,dt$일 때, df/dx를 구하라.

b. $f(0)$의 값을 구하라.

c. f의 그래프에 대해 알 수 있는 것은 무엇인가? 그 이유를 설명하라.

37. $f(x) = e^{g(x)}$이고 $g(x) = \int_2^x \frac{t}{1+t^4}\,dt$일 때 $f'(2)$를 구하라.

38. 주어진 그래프를 이용하여 다음 등식이 성립함을 보여라.

$$\int_0^{\pi/2} \sin x\,dx = \frac{\pi}{2} - \int_0^1 \arcsin x\,dx$$

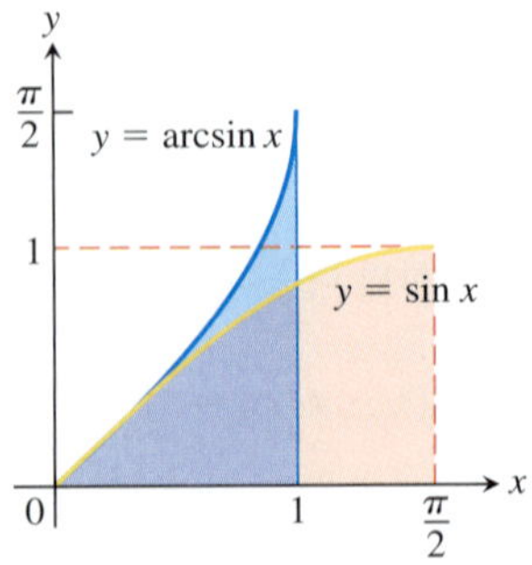

39. 네이피어의 부등식 주어진 두 그래프는 다음 부등식에 대해 서로 다른 증명을 표현한 것이다.

$$b > a > 0 \;\Rightarrow\; \frac{1}{b} < \frac{\ln b - \ln a}{b - a} < \frac{1}{a}$$

각 증명 과정을 설명하라.

a.

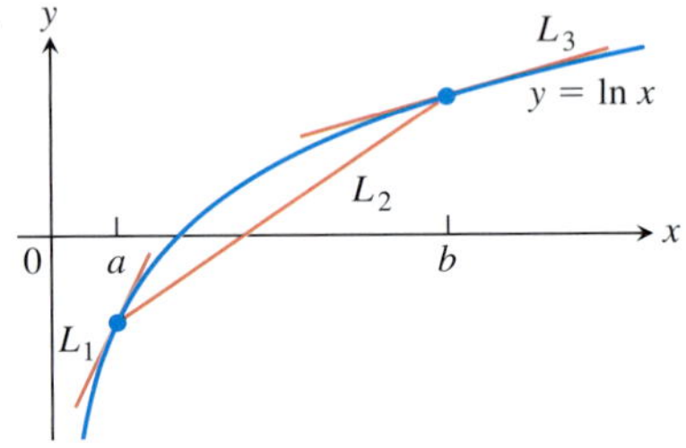

b.

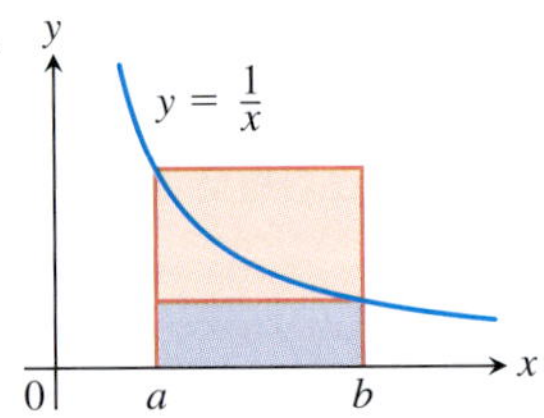

(출처: Roger B. Nelson, *College Mathematics Journal*, Vol. 24, No. 2, March 1993, p. 165.)

40. 적분의 경계 f는 $[a, b]$에서 연속적으로 미분가능한 함수로서 $\int_a^b f(x)\,dx = 0$을 만족한다.

a. $c = (a+b)/2$일 때, 다음 식을 증명하라.

$$\int_a^b x f(x)\,dx = \int_a^c (x-c) f(x)\,dx + \int_c^b (x-c) f(x)\,dx$$

b. $t = |x - c|$, $\ell = (b-a)/2$일 때, 다음 식을 증명하라.

$$\int_a^b x f(x)\,dx = \int_0^{\ell} t(f(c+t) - f(c-t))\,dt$$

c. 3.2절의 평균값 정리를 문제 (b)에 적용해 다음을 증명하라.

$$\left|\int_a^b x f(x)\,dx\right| \le \frac{(b-a)^3}{12} M$$

여기서 M은 $[a, b]$에서 f'의 최댓값이다.

적분으로 유한합 근사하기

많은 응용분야에서 적분은 유한합의 극한값을 구하는 데 이용된다. 역으로 유한합을 적분의 근삿값으로 이용할 수 있다.

예를 들어 처음 n개 양의 정수의 제곱근의 합 $\sqrt{1} + \sqrt{2} + \cdots + \sqrt{n}$을 계산해보자. 다음 적분은

$$\int_0^1 \sqrt{x}\,dx = \frac{2}{3}x^{3/2}\Big]_0^1 = \frac{2}{3}$$

다음 상합의 극한값이다.

$$S_n = \sqrt{\frac{1}{n}}\cdot\frac{1}{n} + \sqrt{\frac{2}{n}}\cdot\frac{1}{n} + \cdots + \sqrt{\frac{n}{n}}\cdot\frac{1}{n} = \frac{\sqrt{1}+\sqrt{2}+\cdots+\sqrt{n}}{n^{3/2}}$$

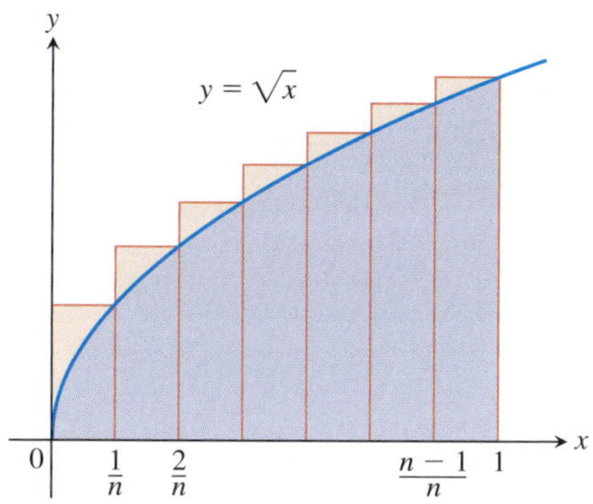

따라서 n이 커지면 S_n은 2/3에 가까워지고, 우리는 다음 근사값을 얻는다.

$$\text{제곱근의 합} = \sqrt{1}+\sqrt{2}+\cdots+\sqrt{n} = S_n\cdot n^{3/2} \approx \frac{2}{3}n^{3/2}$$

주어진 표는 근삿값을 나타낸다.

n	제곱근의 합	$(2/3)n^{3/2}$	상대오차
10	22.468	21.082	$1.386/22.468 \approx 6\%$
50	239.04	235.70	1.4%
100	671.46	666.67	0.7%
1000	21,097	21,082	0.07%

41. $\lim_{n\to\infty}\frac{1^5+2^5+3^5+\cdots+n^5}{n^6}$과 $\int_0^1 x^5\,dx$이 같음을 보이고, 이 적분을 계산하여 극한값을 구하라.

42. 심화문제 41과 같은 방법으로 다음 식의 극한을 계산하라.

$$\lim_{n\to\infty}\frac{1}{n^4}(1^3+2^3+3^3+\cdots+n^3)$$

43. $f(x)$를 연속함수라 하자. 다음 식을 정적분으로 나타내라.

$$\lim_{n\to\infty}\frac{1}{n}\left[f\left(\frac{1}{n}\right)+f\left(\frac{2}{n}\right)+\cdots+f\left(\frac{n}{n}\right)\right]$$

44. 심화문제 43의 결과를 이용하여 다음 식을 계산하라.

a. $\lim_{n\to\infty}\frac{1}{n^2}(2+4+6+\cdots+2n)$

b. $\lim_{n\to\infty}\frac{1}{n^{16}}(1^{15}+2^{15}+3^{15}+\cdots+n^{15})$

c. $\lim_{n\to\infty}\frac{1}{n}\left(\sin\frac{\pi}{n}+\sin\frac{2\pi}{n}+\sin\frac{3\pi}{n}+\cdots+\sin\frac{n\pi}{n}\right)$

다음 극한에 대해 무엇을 알 수 있는가?

d. $\lim_{n\to\infty}\frac{1}{n^{17}}(1^{15}+2^{15}+3^{15}+\cdots+n^{15})$

e. $\lim_{n\to\infty}\frac{1}{n^{15}}(1^{15}+2^{15}+3^{15}+\cdots+n^{15})$

45. a. 반지름이 r인 원에 내접하는 정n각형의 넓이 A_n은 다음과 같음을 증명하라.

$$A_n = \frac{nr^2}{2}\sin\frac{2\pi}{n}$$

b. $n\to\infty$일 때 A_n의 극한값을 구하라. 이 극한값은 원의 넓이와 일치하는가?

46. $S_n = \frac{1^2}{n^3}+\frac{2^2}{n^3}+\cdots+\frac{(n-1)^2}{n^3}$이라고 하자. $\lim_{n\to\infty}S_n$을 계산하기 위해 다음 식이 성립함을 보여라.

$$S_n = \frac{1}{n}\left[\left(\frac{1}{n}\right)^2+\left(\frac{2}{n}\right)^2+\cdots+\left(\frac{n-1}{n}\right)^2\right]$$

S_n이 다음 적분을 근사하는 유한합임을 설명하라.

$$\int_0^1 x^2\,dx$$

[힌트: 구간 [0, 1]을 n개의 부분구간으로 등분하여 만들어지는 직사각형을 이용하여 유한합을 직접 써라.]

기술 응용 프로젝트 TECHNOLOGY APPLICATION PROJECT

매스매티카/메이플 프로젝트

프로젝트는 MyLab Math에서 찾을 수 있다.

- **리만 합을 사용하여 곡선의 넓이, 부피, 길이 추정하기**
  I영역에서 넓이와 부피를 시각화하고 근삿값을 구한다.
- **리만 합, 정적분, 미적분의 기본정리**
  I, II, III영역에서 리만 합과 정적분을 개발한다. 계속하여 IV영역에서 리만 합과 정적분을 개발하고 기본정리를 사용하여 문제를 해결한다.
- **빗물받이, 엘리베이터, 로켓**
  I영역에서 이 장에 나온 예제를 통해 곡선 아래의 넓이가 적절한 직사각형의 넓이와 같다는 것을 설명한다. 배수구가 열린 다양한 모양의 세면대에 물을 받을 때 담기는 물의 양을 계산한다.
- **직선 운동, II영역**
  위치, 속도, 가속도 사이의 도함수 관계를 설명하는 동영상을 통해 그래프의 모양을 관찰한다. 본문에 포함된 그림을 애니메이션으로 볼 수 있다.
- **빔 구부리기**
  빔의 구부러진 모양을 연구하여 굴곡이 최대가 되는 부분, 오목한 부분, 변곡점 등의 위치를 찾아내고 그 결과를 빔에 작용하는 압축력과 인장력으로 해석한다.

5 정적분의 응용

4장에서 닫힌 구간에서 연속인 함수의 정적분을 리만 합의 극한으로 정의했다. 미적분학의 기본정리에 의해 정적분을 계산하는 방법을 찾았다. 곡선 아래 부분의 넓이 또는 두 곡선 사이의 넓이를 정적분으로 정의하고 계산할 수 있음을 알았다. 이 장에서는 정적분의 여러 응용 문제 중 몇 가지를 살펴볼 것이다. 정적분을 이용하여 부피, 평면 곡선의 길이, 회전 곡면의 넓이를 정의하고 계산할 수 있다. 또한 힘에 의해 한 일을 포함한 물리학 문제도 풀 것이다. 그리고 물체의 질량중심 위치도 정적분에 의해 계산할 수 있다. 이런 문제나 다른 응용 문제에서 구하고자 하는 양을 리만 합으로 근사할 수 있다면 리만 합의 극한, 즉 정적분에 의해 구하고자 하는 양이 주어진다.

5.1 절단면을 이용한 부피

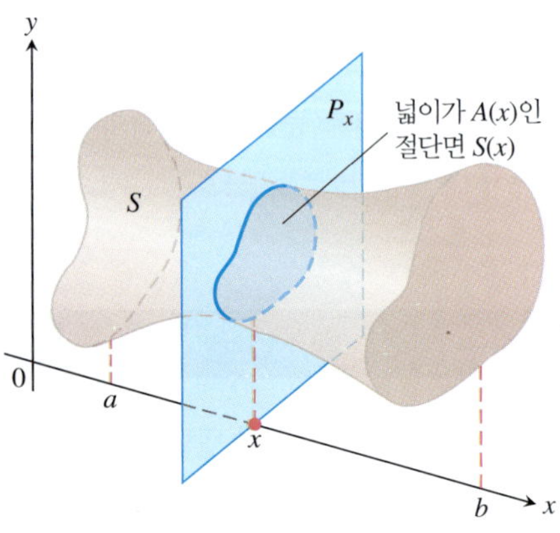

그림 5.1 구간 $[a, b]$에 속하는 점 x를 지나고 x축에 수직인 평면 P_x와 입체 S의 공통 부분인 S의 절단면 $S(x)$.

이 절에서는 절단면의 넓이를 이용하여 입체의 부피를 정의한다. 입체 S의 **절단면**(cross-section)은 S와 한 평면과의 공통 부분에 의해 얻어지는 평면 영역이다(그림 5.1). 특정한 입체의 부피를 구하는 데 적절한 절단면을 얻는 세 가지 방법, 즉 얇은 조각 방법, 원판 방법, 와셔 방법을 제시한다.

그림 5.1처럼 입체 S의 부피를 구해야 한다고 가정하자. 구간 $[a, b]$의 각 점 x에서 점 x를 지나면서 x축에 수직인 평면으로 입체 S를 자를 때 생기는 절단면을 $S(x)$라 하고, 이 평면 영역의 넓이를 $A(x)$라 하자. A가 x에 관한 연속함수이면, 입체 S의 부피는 $A(x)$의 정적분임을 보일 것이다. 이와 같이 부피를 계산하는 방법을 **얇은 조각 방법**(method of slicing)이라 한다.

방법의 구체적인 내용을 보기 전에, 원기둥의 정의를 고전적인 기하학의 평범한 원기둥(밑면이 원, 정사각형 또는 다른 사각형)으로부터 밑면이 더 일반적인 원주형 입체로 확장할 필요가 있다. 그림 5.2처럼 원주형 입체의 밑면의 넓이, 즉 밑넓이가 A이고, 높이가 h이면 원주형 입체

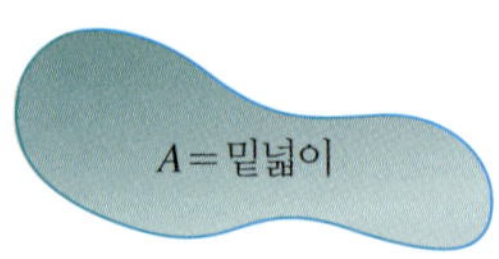

넓이를 알고 있는 평면 영역

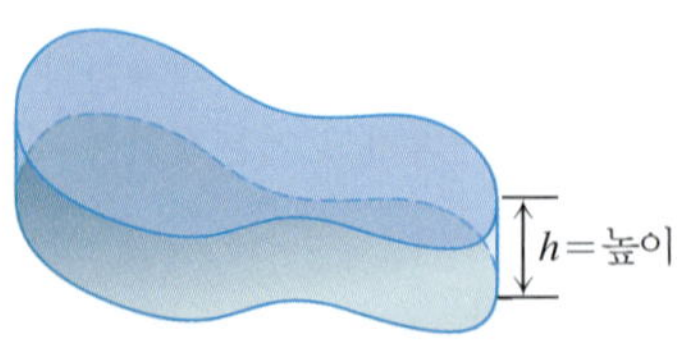

영역을 밑면으로 하는 원주형 입체
부피 = 밑넓이 × 높이 = $A \cdot h$

그림 5.2 입체의 부피는 항상 '밑넓이 × 높이'이다.

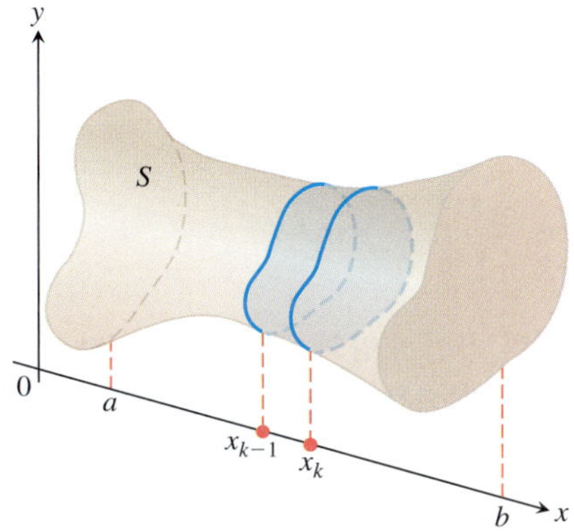

그림 5.3 입체 S의 얇은 조각의 표본.

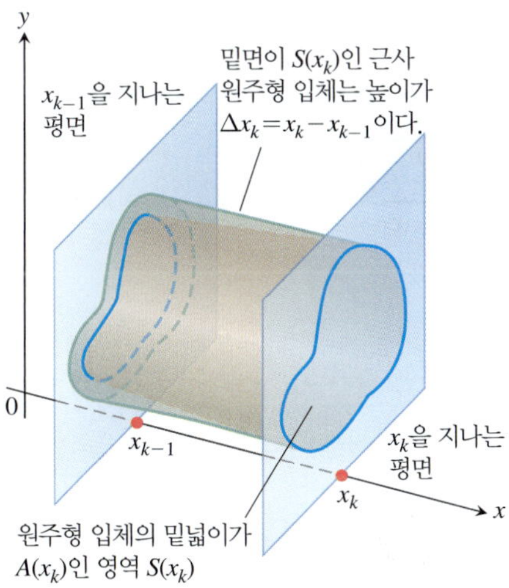

그림 5.4 그림 5.3의 얇은 조각의 입체는 근사적으로 넓이가 $A(x_k)$인 영역 $S(x_k)$를 밑면으로 하고, 높이가 $\Delta x_k = x_k - x_{k-1}$인 원주형 입체로 간주된다.

의 부피는 다음과 같다.

$$\text{부피} = \text{밑넓이} \times \text{높이} = A \cdot h$$

얇은 조각 방법의 기초가 되는 개념은 절단면 S를 밑넓이가 $A(x)$이고, 높이가 Δx_k인 원주형 입체로 보는 것이다. 여기서 Δx_k는 구간 $[a, b]$를 유한개의 소구간으로 분할했을 때 만들어지는 소구간 $[x_{k-1}, x_k]$의 길이에 해당한다.

평행한 평면으로 조각 자르기

구간 $[a, b]$를 폭(길이) Δx_k의 소구간으로 분할하고, 분할점 $a = x_0 < x_1 < \cdots < x_n = b$에서 x축에 수직인 평면에 의해 마치 한 조각의 식빵처럼 입체를 얇은 조각으로 자른다. 평면은 S를 '얇은 조각'(한 덩어리의 얇은 식빵조각)으로 자른다. 조각의 표본을 그림 5.3에 나타내었다. 얇은 조각은 점 x_{k-1}에서의 평면과 점 x_k에서의 평면 사이의 밑넓이가 $A(x_k)$이고, 높이가 $\Delta x_k = x_k - x_{k-1}$인 원주형 입체에 의해 근사된다(그림 5.4). 원주형 입체의 부피 V_k는 $A(x_k)\, \Delta x_k$이고 값은 근사적으로 조각의 부피와 같다.

$$k\text{번째 조각의 부피} \approx V_k = A(x_k)\, \Delta x_k$$

따라서 주어진 입체의 부피 V는 원주형 입체들의 부피 합으로 근사한다. 즉 다음과 같다.

$$V \approx \sum_{k=1}^{n} V_k = \sum_{k=1}^{n} A(x_k)\, \Delta x_k$$

이것은 $[a, b]$에서 함수 $A(x)$에 대한 리만 합이다. 리만 합의 근삿값은 $n \to \infty$일 때, $A(x)$의 정적분으로 수렴한다.

$$\lim_{n \to \infty} \sum_{k=1}^{n} A(x_k)\, \Delta x_k = \int_a^b A(x)\, dx$$

그러므로 입체 S의 부피를 정적분으로 정의하자.

정의 $x=a$부터 $x=b$까지 적분가능한 절단면의 넓이 $A(x)$를 가진 입체의 **부피**(volume)는 a부터 b까지 A의 적분이다.

$$V = \int_a^b A(x)\, dx$$

이 정의는 $A(x)$가 연속일 때 또는 더욱 일반적으로 $A(x)$가 적분가능할 때 적용된다. x축에 수직인 절단면을 사용하여 입체 부피를 구하기 위해 정의에서 언급한 적분 공식을 적용하려면 다음 단계를 거쳐야 한다.

입체 부피를 구하기

1. 입체와 대표 절단면을 그려라.
2. 표본 절단면의 넓이 $A(x)$에 대한 공식을 구하라.
3. 정적분 구간 $[a, b]$를 구하라.
4. 부피를 구하기 위해 $A(x)$를 적분하라.

예제 1 한 변이 3 m인 정사각형을 밑면으로 하고, 높이가 3 m인 피라미드가 있다. 꼭짓점에서 x m 아래 지점에서 높이에 수직인 피라미드 절단면은 한 변이 x m인 정사각형이다. 피라미드의 부피를 구하라.

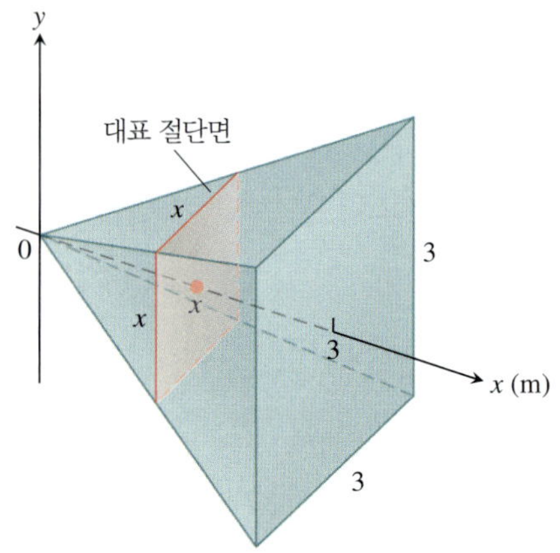

그림 5.5 예제 1의 피라미드의 절단면은 정사각형이다.

풀이

1. **그리기:** x축을 따라 높이를 맞추고 원점에 피라미드의 꼭짓점을 놓고 대표 절단면을 포함하여 피라미드를 그린다(그림 5.5). 피라미드를 이와 같이 설정함으로 수직인 절단면이 정사각형이 되어 넓이를 계산하기 쉽다.
2. **$A(x)$에 대한 공식:** x점에서 절단면은 한 변이 x m인 정사각형이다. 그래서 넓이는 다음과 같다.

$$A(x) = x^2$$

3. **정적분 구간:** 정사각형인 절단면은 $x=0$부터 $x=3$까지 걸쳐 있다.
4. **부피를 구하기 위해 적분한다.**

$$V = \int_0^3 A(x)\,dx = \int_0^3 x^2\,dx = \frac{x^3}{3}\bigg]_0^3 = 9\text{ m}^3$$

■

예제 2 반지름이 3인 원기둥이 2개의 평면에 의해 잘린 곡선 모양의 쐐기가 있다. 첫 번째 평면은 원기둥의 축에 수직이고, 두 번째 평면은 원기둥의 중심에서 첫 번째 평면과 45° 각도로 만난다. 쐐기의 부피를 구하라.

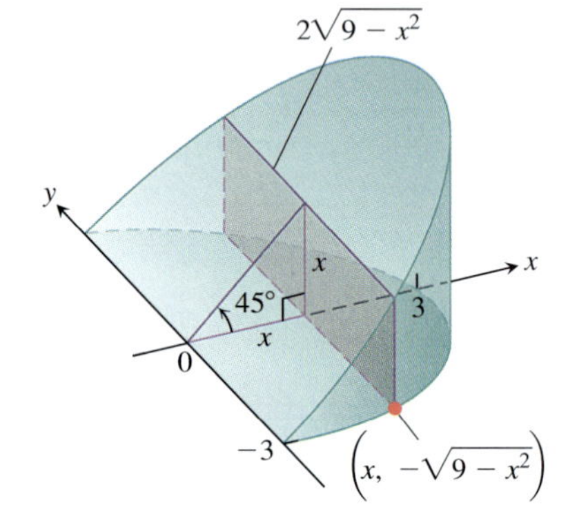

그림 5.6 예제 2의 x축에 수직으로 잘린 쐐기이고, 절단면이 직사각형이다.

풀이 쐐기를 그리고, x축에 수직인 대표 절단면을 그린다(그림 5.6). 그림에서 쐐기의 밑면은 45°인 평면이 y축에서 만날 때 평면에 의해 $x^2+y^2=9$가 반으로 잘려지고, $x \geq 0$인 부분의 반원이 된다. 구간 $[0, 3]$에서 임의의 점 x에 대해 반원 모양의 밑면에서 y값은 $-\sqrt{9-x^2}$부터 $\sqrt{9-x^2}$까지 변한다. 이제 쐐기를 x축에 수직인 평면으로 자를 때 점 x에서 절단면은 높이가 x인 직사각형이고, 너비는 반원을 가로지르는 선분이다. 따라서 절단면 넓이는 다음과 같다.

$$\begin{aligned} A(x) &= (\text{높이})(\text{너비}) = (x)\left(2\sqrt{9-x^2}\right) \\ &= 2x\sqrt{9-x^2} \end{aligned}$$

직사각형은 $x=0$부터 $x=3$까지 있으므로 부피는 다음과 같다.

$$\begin{aligned} V &= \int_a^b A(x)\,dx = \int_0^3 2x\sqrt{9-x^2}\,dx \\ &= -\frac{2}{3}(9-x^2)^{3/2}\bigg]_0^3 \qquad u=9-x^2\text{으로 치환하면 } du=-2x\,dx\text{이고, 적분하고 다시 치환} \\ &= 0 + \frac{2}{3}(9)^{3/2} \\ &= 18 \end{aligned}$$

■

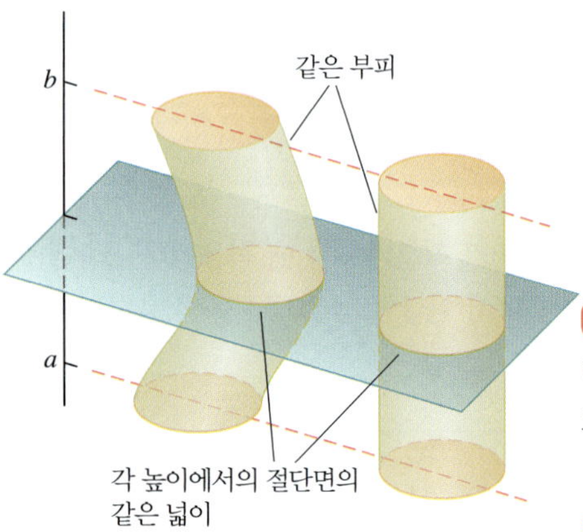

그림 5.7 카발리에리의 원리: 이 입체들은 같은 부피이다(쌓아놓은 동전더미를 상상하자).

예제 3 카발리에리의 원리는 같은 높이를 갖는 입체들이 각 높이에서 동일한 넓이를 가진다면 똑같은 부피를 가진다는 것을 말해준다(그림 5.7). 절단면의 넓이함수 $A(x)$와 구간 $[a, b]$가 두 입체에 대해 같기 때문에 부피의 정의로부터 두 입체 부피가 같다는 것은 명백하다. ■

회전체: 원판 방법

평면에 놓여 있는 한 축을 회전축으로 평면 영역을 회전하여 생성되는 입체를 **회전체**(solid of revolution)라 한다. 그림 5.8에서 입체의 부피를 구하기 위해, 먼저 절단면의 넓이 $A(x)$를 구하면 회전축으로부터 평면 영역의 경계까지의 거리인 $R(x)$를 반지름으로 하는 원판의 넓이임을 알 수 있다. 이때 넓이는 다음과 같다.

$$A(x) = \pi(\text{반지름})^2 = \pi[R(x)]^2$$

그러므로 부피의 정의는 다음과 같다.

역사적 인물

보나벤투라 카발리에리(Bonaventura Cavalieri, 1598~1647)

카발리에리는 이탈리아 밀라노에서 태어났다. 어린 나이에 카발리에리는 기하학을 공부하기 시작했다. 나중에 그는 갈릴레오에게 배우고 함께 일했다. 두 수학자는 종종 편지를 통해 연락을 주고받았다. 카발리에리는 미적분학의 기초를 배우고 수학에 크게 기여한 '카발리에리 원리'에 대한 아이디어를 발전시켰다.

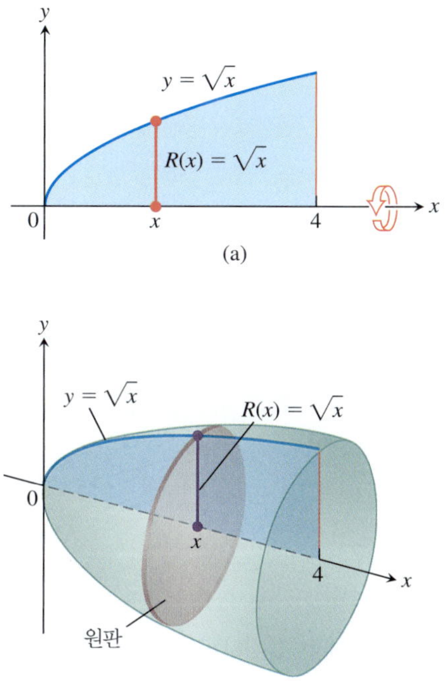

그림 5.8 예제 4에서 영역 (a)와 회전체 (b).

x축을 회전축으로 한 회전체의 원판에 의한 부피

$$V = \int_a^b A(x)\,dx = \int_a^b \pi[R(x)]^2\,dx$$

회전체의 부피를 구하는 이 방법은 절단면이 반지름 $R(x)$인 원판이기 때문에, 흔히 **원판 방법**(disk method)이라 한다.

예제 4 곡선 $y=\sqrt{x}$, $0 \le x \le 4$와 직선 $x=4$ 그리고 x축으로 둘러싸인 영역을 x축 둘레로 회전하여 만든 입체가 있다. 이때 입체의 부피를 구하라.

풀이 영역과 반지름(그림 5.8a), 회전체(그림 5.8b)를 그린다. 부피는 다음과 같다.

$$\begin{aligned} V &= \int_a^b \pi[R(x)]^2\,dx \\ &= \int_0^4 \pi[\sqrt{x}]^2\,dx \qquad x\text{축 회전에서 반지름 } R(x)=\sqrt{x} \\ &= \pi\int_0^4 x\,dx = \pi\frac{x^2}{2}\bigg]_0^4 = \pi\frac{(4)^2}{2} = 8\pi \end{aligned}$$ ■

예제 5 다음 식과 같이 x축 둘레로 회전하여 만든 구가 있다.

$$x^2 + y^2 = a^2$$

이때 구의 부피를 구하라.

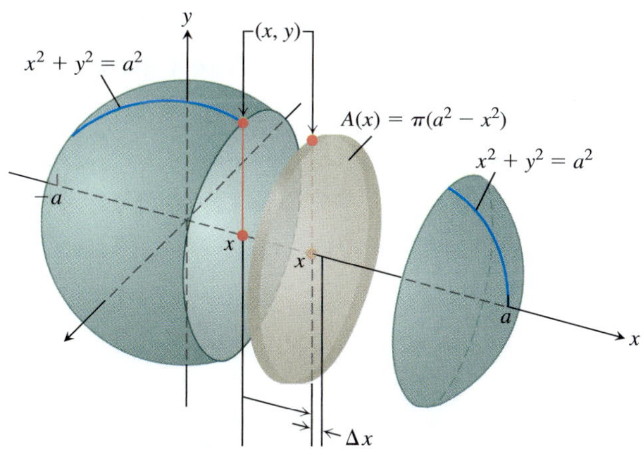

그림 5.9 x축 둘레로 원 $x^2+y^2=a^2$을 회전하여 만든 구이고, 반지름은 $R(x)=y=\sqrt{a^2-x^2}$ (예제 5).

풀이 x축에 수직인 평면으로 구를 얇은 조각으로 자른다(그림 5.9). $-a$와 a 사이의 점 x에서 절단면 넓이는 다음 식과 같다.

$$A(x) = \pi y^2 = \pi(a^2 - x^2) \qquad x\text{축 회전에서 반지름 } R(x)=\sqrt{a^2-x^2}$$

그러므로 부피는 다음과 같다.

$$V = \int_{-a}^{a} A(x)\,dx = \int_{-a}^{a} \pi(a^2 - x^2)\,dx = \pi\left[a^2x - \frac{x^3}{3}\right]_{-a}^{a} = \frac{4}{3}\pi a^3$$ ■

다음 예제에서는 회전축이 x축은 아니지만, 같은 방법으로 부피를 구한다. 적당한 구간에서 $\pi(\text{반지름})^2$을 적분한다.

예제 6 곡선 $y=\sqrt{x}$, 직선 $y=1$, 직선 $x=4$로 둘러싸인 영역을 직선 $y=1$을 둘레로 회전하여 만들어진 입체 부피를 구하라.

풀이 영역과 반지름(그림 5.10a)과 회전체(그림 5.10b)의 그림을 그린다. 부피는 다음과 같다.

$$
\begin{aligned}
V &= \int_1^4 \pi[R(x)]^2\,dx \\
&= \int_1^4 \pi[\sqrt{x}-1]^2\,dx && y=1 \text{ 회전에서 반지름 } R(x)=\sqrt{x}-1 \\
&= \pi\int_1^4 [x-2\sqrt{x}+1]\,dx && \text{피적분함수 전개} \\
&= \pi\left[\frac{x^2}{2}-2\cdot\frac{2}{3}x^{3/2}+x\right]_1^4 = \frac{7\pi}{6} && \text{적분}
\end{aligned}
$$

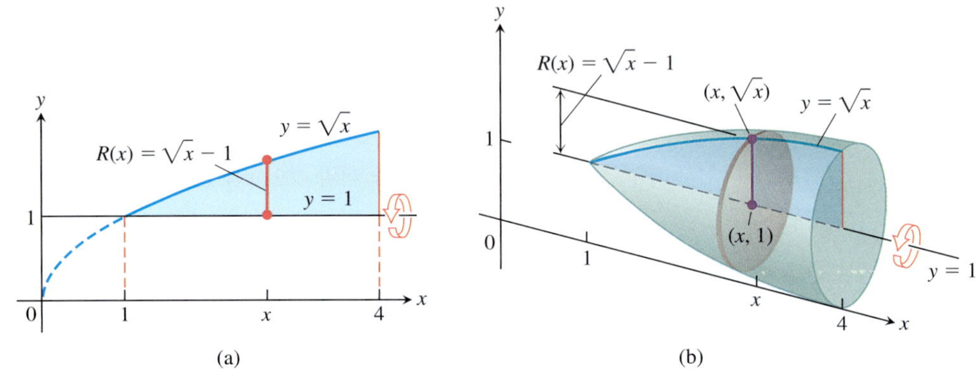

그림 5.10 예제 6의 영역 (a)와 회전체 (b). ■

곡선 $x=R(y)$, $c \le y \le d$와 y축으로 둘러싸인 영역을 y축 둘레로 회전하여 만든 입체 부피를 구하기 위해 x 대신에 y로 바꿔 같은 방법을 적용한다. 이 경우에 원형 절단면의 넓이는 다음과 같다.

$$A(y) = \pi[\text{반지름}]^2 = \pi[R(y)]^2$$

그러므로 부피의 정의는 다음과 같다.

> **y축을 회전축으로 한 회전체의 원판에 의한 부피**
>
> $$V = \int_c^d A(y)\,dy = \int_c^d \pi[R(y)]^2\,dy$$

예제 7 곡선 $x=2/y$, $1 \le y \le 4$와 y축으로 둘러싸인 영역을 y축 둘레로 회전하여 만든 입체의 부피를 구하라.

풀이 영역과 반지름(그림 5.11a)과 생성된 입체(그림 5.11b)의 그림을 그린다. 부피는 다음과 같다.

$$
\begin{aligned}
V &= \int_1^4 \pi[R(y)]^2\,dy \\
&= \int_1^4 \pi\left(\frac{2}{y}\right)^2 dy && y\text{축 회전에서 반지름 } R(y)=\frac{2}{y}
\end{aligned}
$$

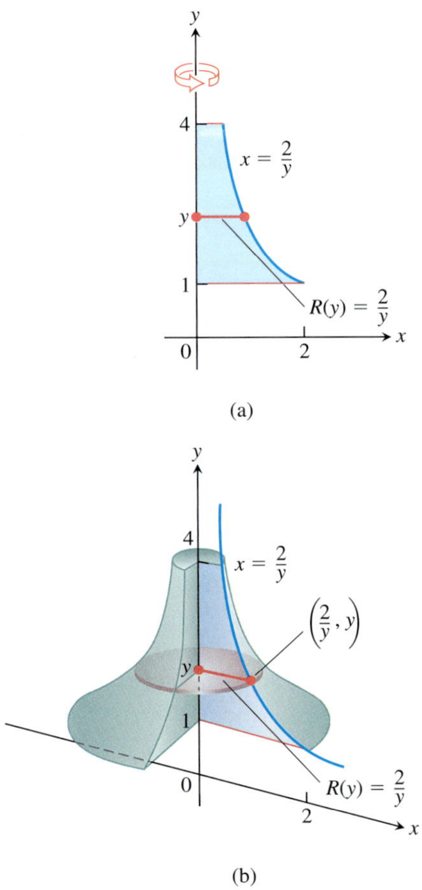

그림 5.11 예제 7의 영역 (a)와 회전체 (b).

$$= \pi \int_1^4 \frac{4}{y^2}\, dy = 4\pi\left[-\frac{1}{y}\right]_1^4 = 4\pi\left[\frac{3}{4}\right] = 3\pi$$ ■

예제 8 포물선 $x=y^2+1$과 직선 $x=3$으로 둘러싸인 영역을 직선 $x=3$ 둘레로 회전하여 만든 입체 부피를 구하라.

풀이 영역과 반지름(그림 5.12a)과 생성된 입체(그림 5.12b)의 그림을 그린다. 절단면은 직선 $x=3$에 수직이고, y좌표가 $y=-\sqrt{2}$부터 $y=\sqrt{2}$까지 변한다. 부피는 다음과 같다.

$$V = \int_{-\sqrt{2}}^{\sqrt{2}} \pi[R(y)]^2\, dy \qquad x=3\text{일 때 } y=\pm\sqrt{2}$$

$$= \int_{-\sqrt{2}}^{\sqrt{2}} \pi[2-y^2]^2\, dy \qquad x=3 \text{ 회전에서 반지름 } R(y)=3-(y^2+1)$$

$$= \pi\int_{-\sqrt{2}}^{\sqrt{2}} [4-4y^2+y^4]\, dy \qquad \text{피적분함수 전개}$$

$$= \pi\left[4y-\frac{4}{3}y^3+\frac{y^5}{5}\right]_{-\sqrt{2}}^{\sqrt{2}} \qquad \text{적분}$$

$$= \frac{64\pi\sqrt{2}}{15}$$

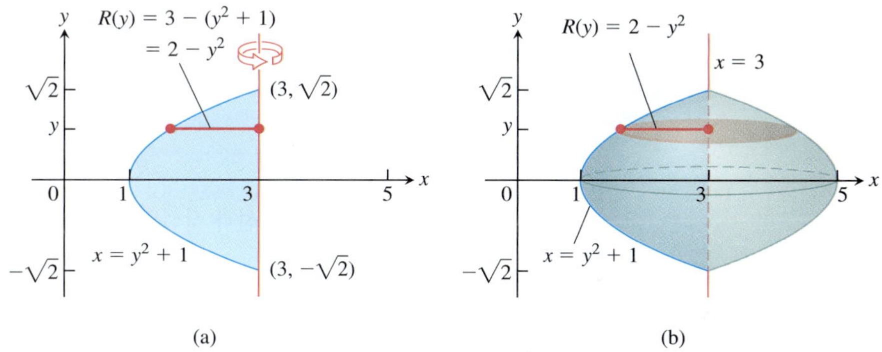

그림 5.12 예제 8의 영역 (a)와 회전체 (b). ■

회전체의 부피: 와셔 방법

입체를 얻기 위해 회전되는 영역이 회전축에 접하거나 교차하지 않으면 그 회전체는 구멍을 갖게 된다(그림 5.13). 회전축에 수직인 절단면은 원판이 아니라 와셔(그림 5.13에 있는 자주색의

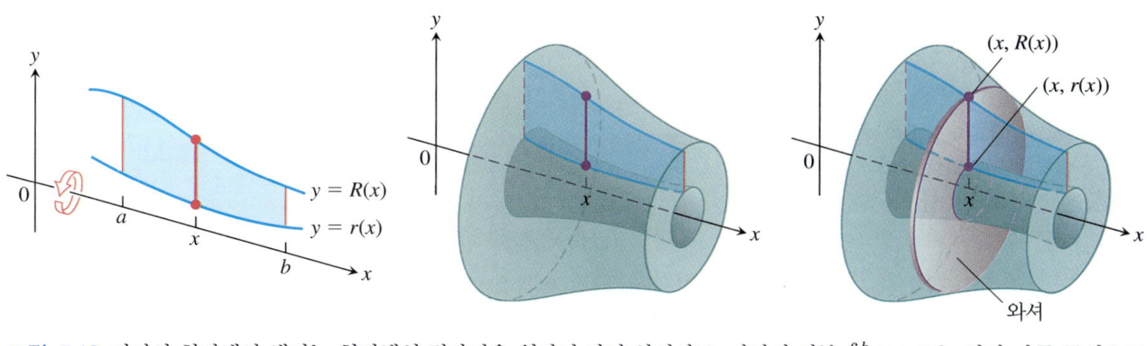

그림 5.13 여기서 회전해서 생기는 회전체의 절단면은 원판이 아닌 와셔이고, 따라서 적분 $\int_a^b A(x)\,dx$는 약간 다른 공식으로 변형된다.

원 모양 곡면)이다. 일반적인 와셔의 크기는 다음과 같다.

바깥 반지름: $R(x)$

안쪽 반지름: $r(x)$

와셔의 넓이는 반지름 $R(x)$인 원의 넓이에서 반지름 $r(x)$인 원의 넓이를 뺀 값이다.

$$A(x) = \pi[R(x)]^2 - \pi[r(x)]^2 = \pi\left([R(x)]^2 - [r(x)]^2\right)$$

결과적으로 부피의 정의는 다음과 같다.

> **x축을 회전축으로 한 회전체의 와셔에 의한 부피**
>
> $$V = \int_a^b A(x)\,dx = \int_a^b \pi\left([R(x)]^2 - [r(x)]^2\right) dx$$

입체의 얇은 조각(절단면)이 바깥 반지름이 $R(x)$이고, 안쪽 반지름이 $r(x)$인 와셔 모양이기 때문에 회전체 부피를 구하는 이 방법을 **와셔(나사받이) 방법**(washer method)이라 한다.

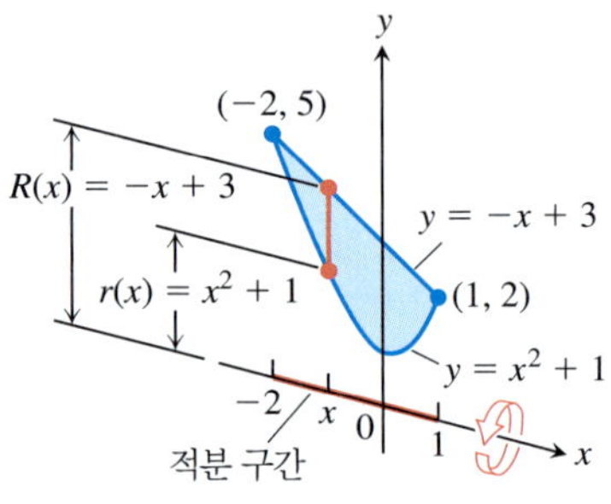

(a)

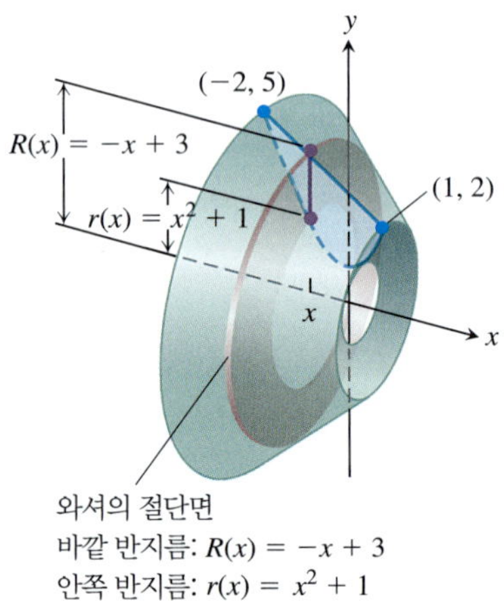

(b)

그림 5.14 (a) 예제 9에서 회전축에 수직인 선분들로 이루어진 영역, (b) 영역을 x축 둘레로 회전할 때 선분은 와셔를 만든다.

예제 9 곡선 $y=x^2+1$과 직선 $y=-x+3$에 의해 둘러싸인 영역을 x축 둘레로 회전하여 생긴 입체가 있다. 입체의 부피를 구하라.

풀이 영역과 회전축에 수직이고 영역을 가로지르는 선분을 그린다(그림 5.14a의 빨간색 부분). 영역을 x축 둘레로 회전했을 때, 선분이 한 바퀴 회전되어 생긴 와셔의 바깥 반지름과 안쪽 반지름을 구한다. 반지름들은 회전축과 선분의 끝점 사이의 거리이다(그림 5.14).

바깥 반지름: $R(x) = -x + 3$

안쪽 반지름: $r(x) = x^2 + 1$

그림 5.14a와 같이 곡선과 직선의 교점 좌표를 구해서 적분 구간을 구한다.

$$x^2 + 1 = -x + 3$$

$$x^2 + x - 2 = 0$$

$$(x + 2)(x - 1) = 0$$

$$x = -2, \quad x = 1 \qquad \text{적분 구간 구하기}$$

입체의 부피는 다음과 같이 계산한다.

$$V = \int_a^b \pi\left([R(x)]^2 - [r(x)]^2\right) dx \qquad x\text{축 회전}$$

$$= \int_{-2}^1 \pi\left((-x + 3)^2 - (x^2 + 1)^2\right) dx \qquad \text{반지름과 적분 구간 대입}$$

$$= \pi \int_{-2}^1 (8 - 6x - x^2 - x^4)\,dx \qquad \text{대수적으로 간단히 계산}$$

$$= \pi\left[8x - 3x^2 - \frac{x^3}{3} - \frac{x^5}{5}\right]_{-2}^1 = \frac{117\pi}{5} \qquad \text{적분}$$

■

영역을 y축 둘레로 회전하여 얻어지는 입체의 부피를 구하기 위해 예제 9처럼 똑같은 과정을 거친다. 다만 x 대신 y에 관해 적분한다. 대표 와셔를 만드는 선분은 y축(회전축)에 수직이고, 와셔의 바깥 반지름과 안쪽 반지름은 y의 함수이다.

예제 10 포물선 $y=x^2$과 직선 $y=2x$에 의해 둘러싸인 제1사분면에 있는 영역을 y축 둘레로 회전하여 만든 입체가 있다. 입체의 부피를 구하라.

풀이 먼저 영역을 그리고, 회전축(y축)에 수직이며 영역을 가로지르는 선분을 그린다. 그림 5.15a를 참고하자.

선분의 회전에 의해 생기는 와셔의 반지름은 $R(y)=\sqrt{y}$, $r(y)=y/2$이다(그림 5.15).

직선과 포물선은 $y=0$과 $y=4$에서 만나므로 적분 구간은 각각 $c=0$과 $d=4$이다. 다음과 같이 적분해서 부피를 구한다.

$$V = \int_c^d \pi\left([R(y)]^2 - [r(y)]^2\right) dy \qquad y\text{축 둘레로 회전}$$

$$= \int_0^4 \pi\left(\left[\sqrt{y}\right]^2 - \left[\frac{y}{2}\right]^2\right) dy \qquad \text{반지름과 적분 구간 대입}$$

$$= \pi\int_0^4 \left(y - \frac{y^2}{4}\right) dy = \pi\left[\frac{y^2}{2} - \frac{y^3}{12}\right]_0^4 = \frac{8}{3}\pi$$

■

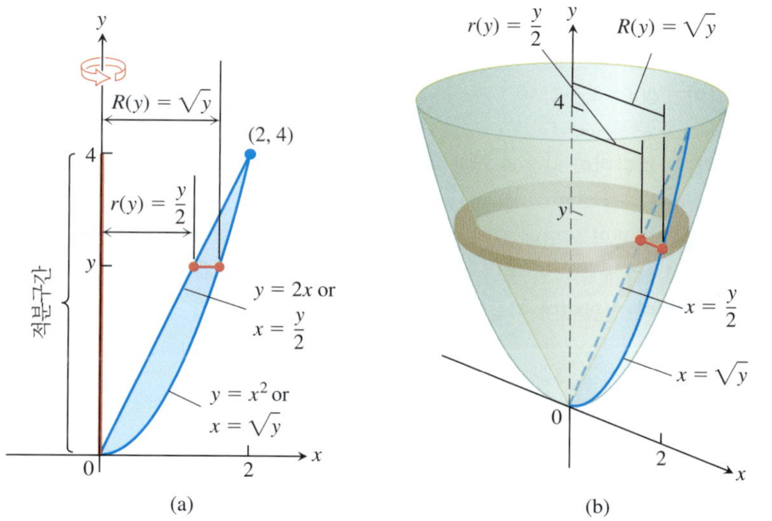

그림 5.15 (a) 예제 10에서 y축 둘레로 회전되는 영역과 와셔 반지름과 적분구간, (b) (a)에서 선분에 의해 회전된 와셔.

연습문제 5.1 EXERCISE QUESTION

얇은 조각에 의한 부피

연습문제 1~10에서 입체의 부피를 구하라.

1. $x=0$과 $x=4$에서 x축에 수직인 평면 사이에 입체가 놓여 있다. 구간 $0 \le x \le 4$에 있고 x축에 수직인 절단면은 정사각형으로 대각선이 포물선 $y=-\sqrt{x}$부터 $y=\sqrt{x}$까지 닿아 있다.
2. 주어진 그림과 같이 $x=-1$과 $x=1$에서 x축에 수직인 평면 사이에 입체가 놓여 있다. x축에 수직인 절단면은 원판이며 지름이 포물선 $y=x^2$부터 포물선 $y=2-x^2$까지 닿아 있다.

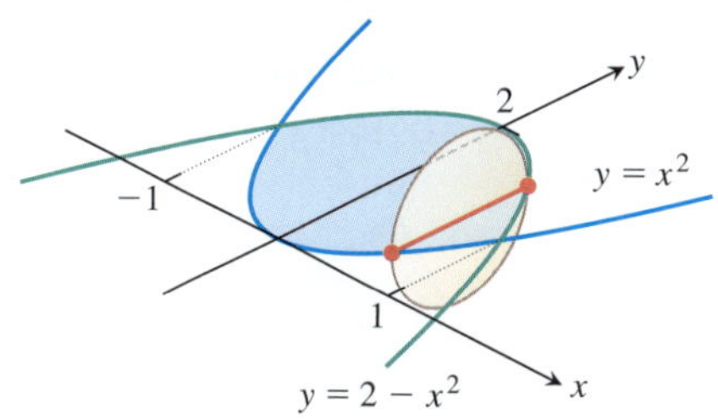

3. $x=-1$과 $x=1$에서 x축에 수직인 평면 사이에 입체가 놓여 있다. 두 평면 사이에 있고 x축에 수직인 절단면은 정사각형이며 밑변이 반원 $y=-\sqrt{1-x^2}$부터 반원 $y=\sqrt{1-x^2}$까지 닿아 있다.
4. $x=-1$과 $x=1$에서 x축에 수직인 평면 사이에 입체가 놓여 있다.

두 평면 사이에 있고 x축에 수직인 절단면은 정사각형이며 대각선이 반원 $y=-\sqrt{1-x^2}$부터 반원 $y=\sqrt{1-x^2}$까지 닿아 있다.

5. 입체의 밑면이 직선 $x=0$과 $x=\pi$, x축, 곡선 $y=2\sqrt{\sin x}$로 둘러싸인 영역이다. x축에 수직인 절단면이 다음과 같을 때 부피를 구하라.

a. 주어진 그림과 같이 밑변이 x축과 곡선에 놓여 있는 정삼각형

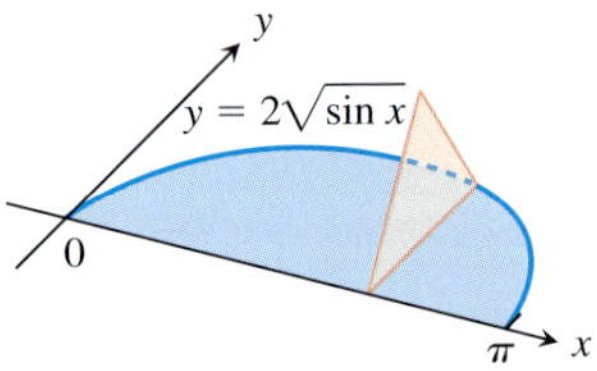

b. 밑변이 x축과 곡선에 놓여 있는 정사각형

5. $x=-\pi/3$과 $x=\pi/3$에서 x축에 수직인 평면 사이에 입체가 놓여 있다. x축에 수직인 절단면이 다음과 같을 때 부피를 구하라.

a. 지름이 곡선 $y=\tan x$부터 곡선 $y=\sec x$까지 닿아 있는 원판

b. 밑변이 곡선 $y=\tan x$부터 곡선 $y=\sec x$까지 닿아 있는 정사각형

7. 입체의 밑면이 직선 $y=3x$, $y=6$과 $x=0$에 의해 둘러싸인 영역이다. x축에 수직인 절단면이 다음과 같을 때 부피를 구하라.

a. 높이가 10인 직사각형

b. 둘레의 길이가 20인 직사각형

8. 입체의 밑면이 포물선 $y=\sqrt{x}$와 $y=x/2$에 의해 둘러싸인 영역이다. x축에 수직인 절단면이 다음과 같을 때 부피를 구하라.

a. 높이가 6인 이등변삼각형

b. 반원의 지름이 입체의 밑면에 닿아 있는 반원

9. $y=0$과 $y=2$에서 y축에 수직인 평면 사이에 입체가 놓여 있다. y축에 수직인 절단면이 원판이며 지름이 y축부터 포물선 $x=\sqrt{5}y^2$까지 닿아 있다.

10. 입체의 밑면이 원판 $x^2+y^2\le 1$이다. $y=-1$과 $y=1$ 사이에 있고 y축에 수직인 평면에 의해 생기는 절단면이 직각이등변삼각형이며 길이가 같은 두 변 중에 한 변이 원판에 놓여 있다.

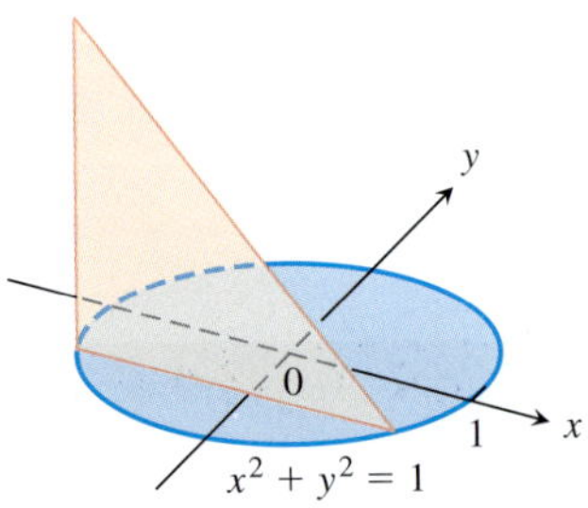

11. 주어진 사면체의 부피를 구하라. [힌트: 길이가 주어진 변 중 한 변에 수직인 얇은 조각을 생각하라.]

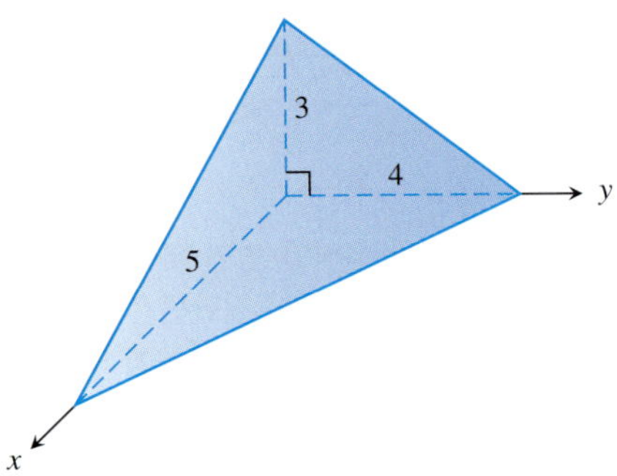

12. 밑면이 넓이가 9인 정사각형이고, 높이가 5인 피라미드의 부피를 구하라.

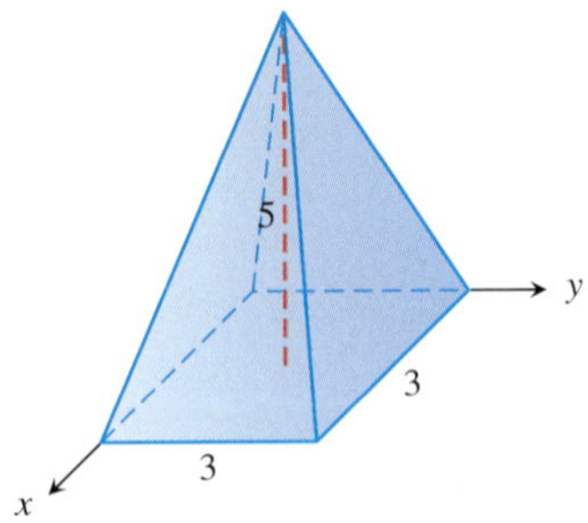

13. 나선형 입체 변의 길이가 s인 정사각형이 직선 L에 수직인 평면에 놓여 있다. 정사각형의 한 꼭짓점은 L 위에 놓여 있다. 이 정사각형이 L을 따라 거리 h만큼 움직이면서 L을 회전축으로 한 바퀴 회전하여 생긴 정사각형 절단면을 갖는 코르코나사 모양의 나선형 기둥이 있다.

a. 나선형 기둥의 부피를 구하라.

b. 정사각형이 한 번 대신에 두 번 회전되었다면 그렇게 얻어진 나선형 기둥의 부피는 얼마인가? 그 이유를 설명하라.

14. 카발리에리의 원리 $x=0$과 $x=12$에서 x축에 수직인 평면들 사이에 입체가 놓여 있다. 주어진 그림과 같이 입체와 x축에 수직인 평면에 의해 생기는 절단면은 원판이며 지름이 직선 $y=x/2$부터 직선 $y=x$까지 닿아 있다. 입체가 밑면의 반지름이 3이고 높이가 12인 직원뿔과 같은 부피를 갖는 이유를 설명하라.

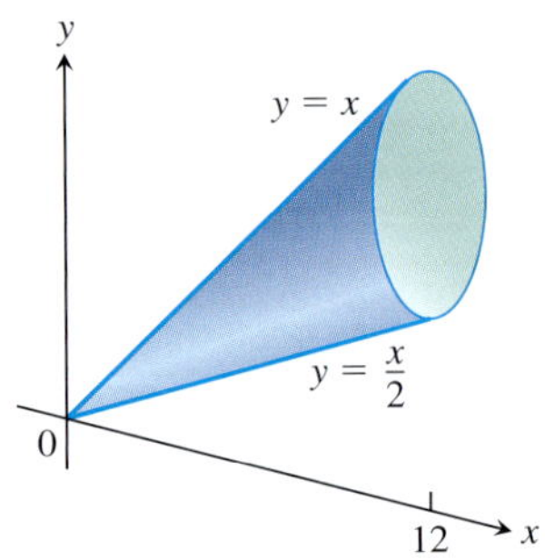

15. 반원기둥 2개의 교차 지름이 2인 2개의 반원기둥이 주어진 그림처럼 직각으로 만나다. 두 원기둥의 공통 영역의 입체의 부피를 구하라. [힌트: 입체 밑변과 평행인 얇은 조각을 생각한다.]

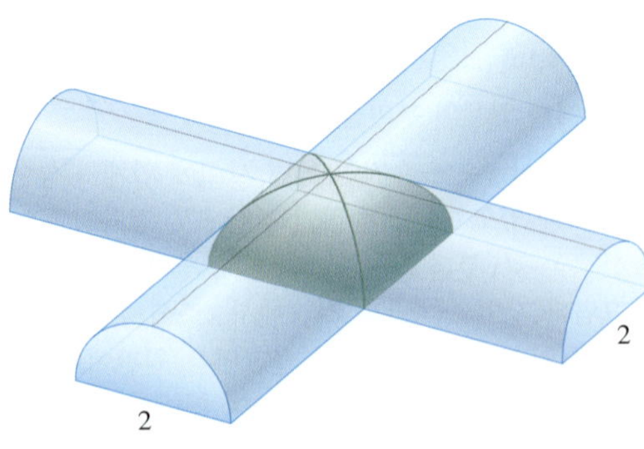

16. 탱크 안의 휘발유 길이가 3 m이고 반지름이 1 m인 직원기둥 모양의 휘발유 탱크가 (옆으로 누워) 있다. 휘발유가 탱크 안 1.5 m 깊이만큼 채워져 있다면, 그 부피를 구하는 적분 공식을 구하라. 이

적분의 계산은 7장에서 공부할 것이다(그렇지 않다면 기하학적인 방법을 사용하여 값을 구할 수 있다).

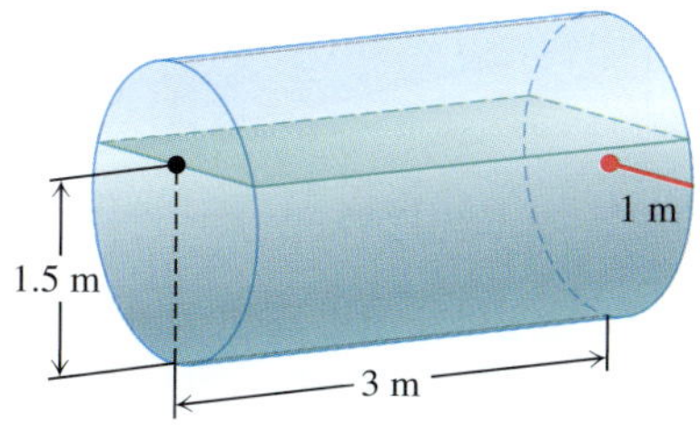

원판 방법에 의한 부피

연습문제 17~20에서 색칠된 영역을 주어진 축 둘레로 회전하여 생기는 입체의 부피를 구하라.

17. x축 둘레로

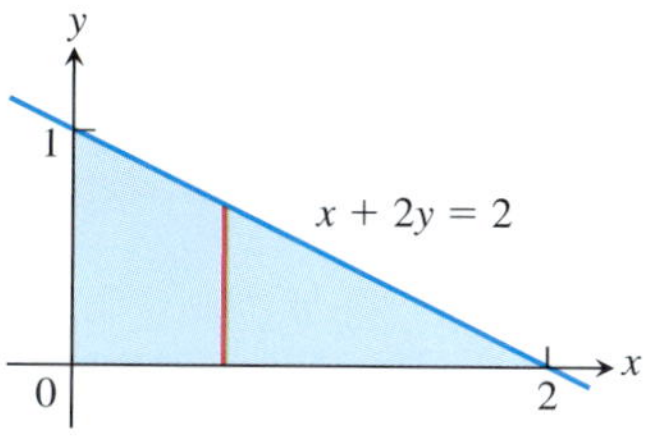

18. y축 둘레로

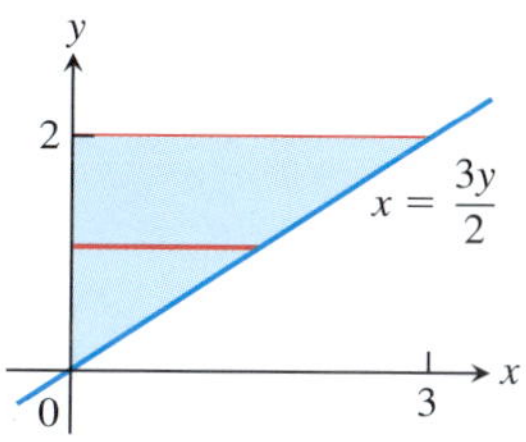

19. y축 둘레로

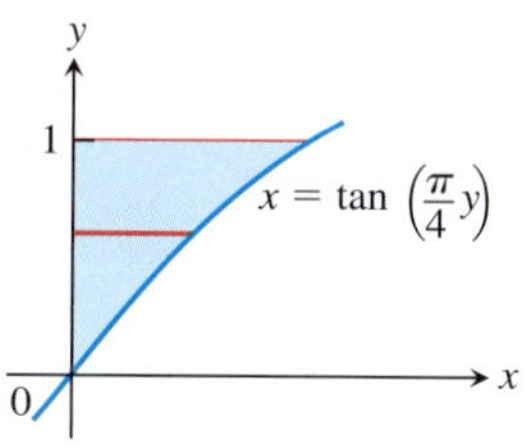

20. x축 둘레로

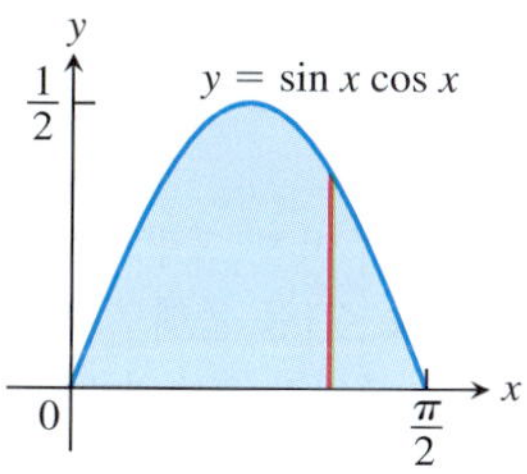

연습문제 21~30에서 직선과 곡선으로 둘러싸인 영역을 x축 둘레로 회전하여 생기는 입체의 부피를 구하라.

21. $y = x^2, \quad y = 0, \quad x = 2$

22. $y = x^3, \quad y = 0, \quad x = 2$

23. $y = \sqrt{9 - x^2}, \quad y = 0$

24. $y = x - x^2, \quad y = 0$

25. $y = \sqrt{\cos x}, \quad 0 \le x \le \pi/2, \quad y = 0, \quad x = 0$

26. $y = \sec x, \quad y = 0, \quad x = -\pi/4, \quad x = \pi/4$

27. $y = e^{-x}, \quad y = 0, \quad x = 0, \quad x = 1$

28. 곡선 $y=\sqrt{\cot x}$, x축, 직선 $x=\pi/6$, $x=\pi/2$

29. 곡선 $y=1/(\sqrt{2}x)$, x축, 직선 $x=1/4$, $x=4$

30. $y = e^{x-1}, \quad y = 0, \quad x = 1, \quad x = 3$

연습문제 31과 32에서 주어진 영역을 지정한 직선 둘레로 회전시켜 생기는 입체의 부피를 구하라.

31. 위로는 직선 $y=\sqrt{2}$, 아래로는 곡선 $y=\sec x \tan x$, 왼쪽으로는 y축으로 둘러싸인 제1사분면에 있는 영역. 직선 $y=\sqrt{2}$가 회전축.

32. 위로는 직선 $y=2$, 아래로는 곡선 $y=2 \sin x$, $0 \le x \le \pi/2$, 왼쪽으로는 y축으로 둘러싸인 제1사분면에 있는 영역. 직선 $y=2$가 회전축.

연습문제 33~38에서 직선과 곡선으로 둘러싸인 영역을 y축 둘레로 회전하여 생기는 입체의 부피를 구하라.

33. $x = \sqrt{5}y^2, \quad x = 0, \quad y = -1, \quad y = 1$로 둘러싸인 영역

34. $x = y^{3/2}, \quad x = 0, \quad y = 2$로 둘러싸인 영역

35. $x = \sqrt{2 \sin 2y}, \quad 0 \le y \le \pi/2, \quad x = 0$으로 둘러싸인 영역

35. $x = \sqrt{\cos(\pi y/4)}, \; -2 \le y \le 0, \; x = 0$으로 둘러싸인 영역

37. $x = 2/\sqrt{y+1}, \quad x = 0, \quad y = 0, \quad y = 3$

38. $x = \sqrt{2y}/(y^2 + 1), \quad x = 0, \quad y = 1$

와셔 방법에 의한 부피

연습문제 39와 40에서 색칠된 영역을 주어진 축 둘레로 회전하여 생기는 입체의 부피를 구하라.

39. x축 둘레로

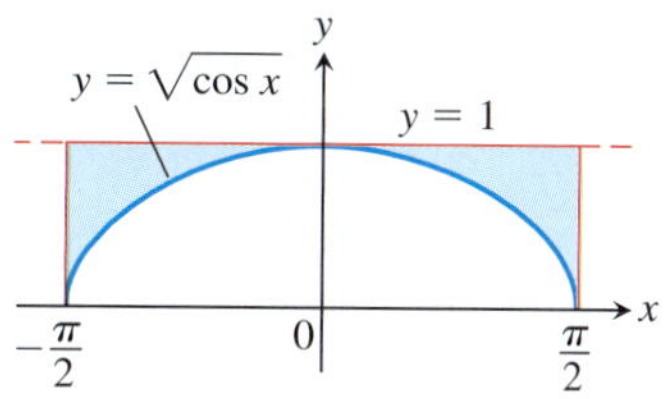

40. y축 둘레로

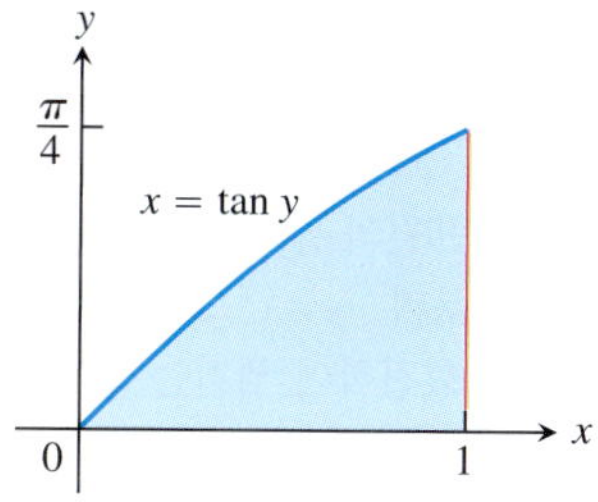

연습문제 41~46에서 직선과 곡선으로 둘러싸인 영역을 x축 둘레로 회전하여 생기는 입체의 부피를 구하라.

41. $y = x, \quad y = 1, \quad x = 0$

42. $y = 2\sqrt{x}, \quad y = 2, \quad x = 0$

43. $y = x^2 + 1, \quad y = x + 3$

44. $y = 4 - x^2, \quad y = 2 - x$

45. $y = \sec x, \quad y = \sqrt{2}, \quad -\pi/4 \le x \le \pi/4$

46. $y = \sec x, \quad y = \tan x, \quad x = 0, \quad x = 1$

연습문제 47~50에서 각 영역을 y축 둘레로 회전하여 생기는 입체의 부피를 구하라.

47. 꼭짓점이 (1, 0), (2, 1), (1, 1)인 삼각형으로 둘러싸인 영역

48. 꼭짓점이 (0, 1), (1, 0), (1, 1)인 삼각형으로 둘러싸인 영역

49. 위로는 포물선 $y=x^2$, 아래로는 x축, 오른쪽으로는 직선 $x=2$로 둘러싸인 제1사분면에 있는 영역.

50. 왼쪽으로는 원 $x^2+y^2=3$, 오른쪽으로는 직선 $x=\sqrt{3}$, 위로는 직선 $y=\sqrt{3}$로 둘러싸인 제1사분면에 있는 영역.

연습문제 51과 52에서 각 영역을 지정한 축 둘레로 회전시켜 생기는 입체의 부피를 구하라.

51. 위로는 포물선 $y=x^2$, 아래로는 x축, 오른쪽으로는 직선 $x=1$로 둘러싸인 제1사분면에 있는 영역. 직선 $x=-1$이 회전축.

52. 위로는 포물선 $y=-x^3$, 아래로는 x축, 왼쪽으로는 직선 $x=-1$로 둘러싸인 제2사분면에 있는 영역. 직선 $x=-2$가 회전축.

회전체의 부피

53. $y=\sqrt{x}$와 $y=2$, $x=0$으로 둘러싸인 영역을 다음 직선 또는 축 둘레로 회전하여 생기는 입체의 부피를 구하라.

a. x축 **b.** y축

c. 직선 $y=2$ **d.** 직선 $x=4$

54. $y=2x$와 $y=0$, $x=1$로 둘러싸인 삼각형 영역을 다음 직선 둘레로 회전하여 생기는 입체의 부피를 구하라.

a. 직선 $x=1$ **b.** 직선 $x=2$

55. 포물선 $y=x^2$와 직선 $y=1$으로 둘러싸인 영역을 다음 직선 둘레로 회전하여 생기는 입체의 부피를 구하라.

a. 직선 $y=1$ **b.** 직선 $y=2$

c. 직선 $y=-1$

55. 꼭짓점이 (0, 0), (b, 0)과 (0, h)인 삼각형 영역을 다음 축 둘레로 회전하여 생기는 입체의 부피를 구하라.

a. x축 **b.** y축

이론과 응용

57. 원환체의 부피 원판 $x^2+y^2 \le a^2$을 직선 $x=b$ $(b > a)$ 둘레로 회전하여 원환체라 불리는 도넛처럼 생긴 입체가 얻어졌다. 부피를 구하라. [힌트: $\int_{-a}^{a} \sqrt{a^2-y^2}\,dy=\pi a^2/2$, 왜냐하면 적분이 반지름이 a인 반원의 넓이기 때문이다.]

58. 그릇의 부피 $y=x^2/2$의 그래프의 $y=0$에서 $y=5$까지 영역을 y축 둘레로 회전하여 생기는 그릇 모양의 입체가 있다.

a. 그릇의 부피를 구하라.

b. 연계 변화율 초당 3입방 단위의 일정한 비율로 그릇에 물을 채운다면 물의 깊이가 4단위일 때 그릇의 수면 상승 속도는 얼마인가?

59. 그릇의 부피

a. 반지름이 a인 반구면 그릇에 물이 들어 있는데, 깊이가 h이다. 그릇에 들어 있는 물의 부피를 구하라.

b. 연계 변화율 물에 가라앉고 있는 반지름이 5 m인 반구면 모양의 그릇에 0.2 m^3/s의 비율로 물이 흘러들어간다. 물의 깊이가 4 m일 때 그릇의 수면 상승 속도는 얼마인가?

60. 회전축에 평행한 책상으로 회전체 위에서 똑바로 비춰지는 태양빛으로 생긴 그림자를 이용하여 회전체 부피를 어떻게 추정할 수 있는지를 설명하라.

61. 반구의 부피 주어진 그림과 같이 반지름이 R이고, 높이가 R인 직원기둥에서 밑면의 반지름이 R이고, 높이가 R인 원뿔을 제거한 입체의 절단면과 반지름이 R인 반구의 절단면을 비교하여 반구의 부피를 구하는 공식이 $V=(2/3)\pi R^3$임을 유도하라.

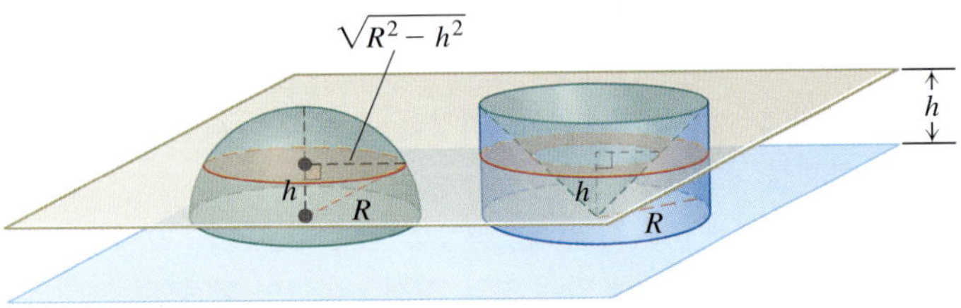

62. 측량추의 설계 무게가 약 190 g인 황동으로 된 측량추를 제작하는 데 주어진 그림과 같은 회전체의 모양으로 만들기로 결정했다. 측량추의 부피를 구하라. 만약 무게가 8.5 g/cm^3인 황동이 있다면 그것으로 만들 수 있는 측량추의 무게(그램 단위로 반올림)는 얼마가 되겠는가?

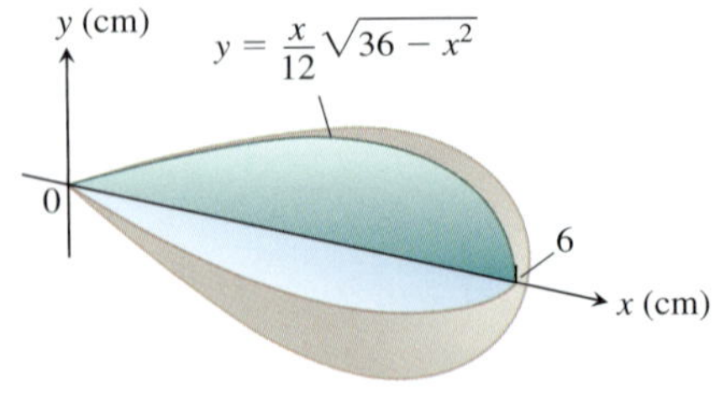

63. 중국 냄비의 설계 손잡이가 달린 구면 모양의 그릇과 같은 프라이팬 모양의 중국 냄비를 제작하려고 한다. 집에서 간단한 실험으로 깊이가 9 cm, 반지름이 16 cm인 구로 그릇을 만들면 약 3 L가 들어간다는 것을 알 수 있다. 주어진 그림처럼 냄비가 함수의 그래프를 회전하여 생긴 회전면의 일부라면, 적분을 이용해서 부피를 구하라. 입방 센티미터 단위로 반올림할 때 부피는 얼마인가 (1 L=1000 cm^3)?

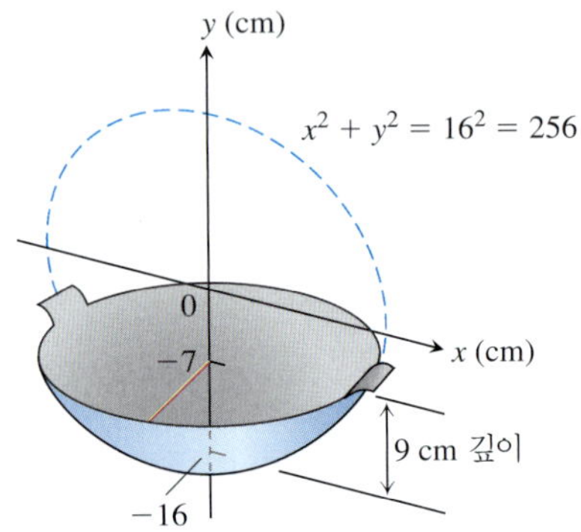

64. 최대최소 주어진 그림과 같이 아치 $y=\sin x$, $0 \le x \le \pi$를 직선 $y=c$, $0 \le c \le 1$을 둘레로 회전하여 생기는 입체가 있다.

a. 입체의 부피가 최소가 되는 c를 구하라. 이때 최소 부피는 얼마인가?

b. 입체의 부피가 최대가 되는 [0, 1]에 속하는 c는 얼마인가?

T c. 우선 $0 \le c \le 1$인 c의 함수인 입체 부피에 대한 그래프를 그려라. 그리고 더 넓은 영역에서 그려라. 또 c가 [0, 1] 밖의 값일 때 입체의 부피는 어떤 값이 되는가? 이것이 물리적으로는 어떤 모양의 회전면이 되는가? 그 이유를 설명하라.

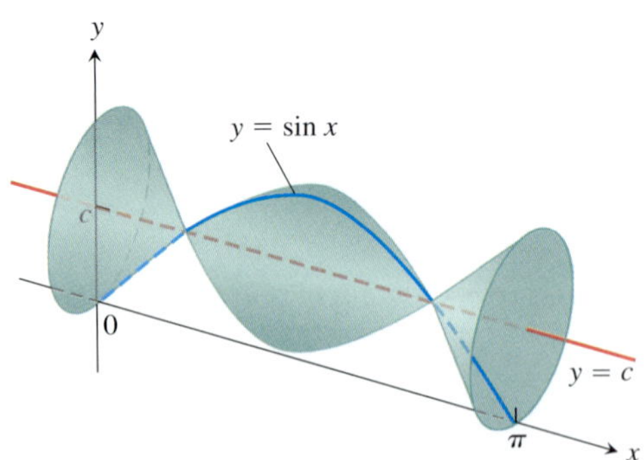

65. 곡선 $y=f(x)>0$, $x=a>0$, $x=b>a$와 $y=0$로 둘러싸인 영역 R을 생각하자(주어진 그림 참조). R을 x축 둘레로 회전하여 얻은 입체의 부피가 4π이고, R을 직선 $y=-1$ 둘레로 회전하여 얻은 입체의 부피가 8π일 때, R의 넓이를 구하라.

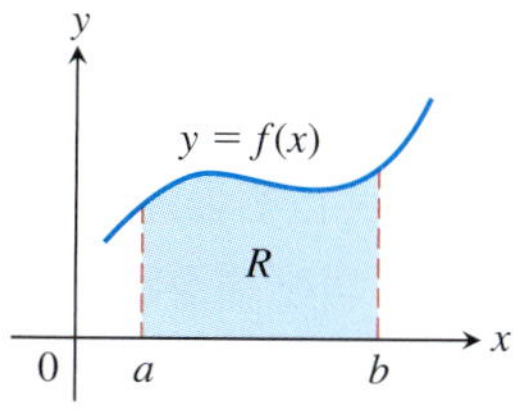

66. 연습문제 65의 영역 R을 생각하자. R을 x축 둘레로 회전하여 얻은 입체의 부피가 6π이고, R을 직선 $y=-2$ 둘레로 회전하여 얻은 입체의 부피가 10π일 때, R의 넓이를 구하라.

5.2 원통 껍질을 이용한 부피

5.1절에서는 입체 S의 부피를 정적분 $V=\int_a^b A(x)\,dx$로 정의했다. 여기서 $A(x)$는 $x=a$부터 $x=b$까지 입체 절단면의 적분가능한 넓이함수이다. 넓이 $A(x)$는 입체를 x축에 수직인 평면으로 절단하여 얻어진다. 하지만 얇은 조각 방법은 다음에 설명할 첫 번째 예제처럼 적용하기에 곤란할 때가 있다. 어려움을 극복하기 위해 입체를 다른 방법으로 절단하여 넓이를 구하고, 이를 이용하여 같은 적분 방법으로 부피를 정의한다.

원기둥으로 조각 자르기

쿠키 커터와 같은 반지름이 증가하는 원형의 원기둥을 사용하여 입체를 조각으로 자른다고 가정하자. 원기둥의 중심축이 y축에 평행하도록 입체를 똑바로 아래쪽으로 잘라 나간다. 각 원기둥의 중심 수직축은 같은 직선이 되고, 원기둥의 반지름은 조각을 따라 증가한다. 이런 방법으로 입체가 중심축으로부터 멀어지면서 마치 나이테처럼 동일한 두께의 얇은 원통 껍질(원기둥 껍질) 조각으로 잘라진다. 원기둥 껍질을 펼치면, 이 부피는 직사각형 판의 넓이 $A(x)$와 두께 Δx에 의해 근삿값으로 구해진다. 이 판으로부터 앞과 같이 부피에 대한 똑같은 적분 정의를 적용할 수 있다. 이런 일반적인 방법으로 식을 유도하기 전에 다음 예제를 먼저 살펴보자.

예제 1 x축과 포물선 $y=f(x)=3x-x^2$으로 둘러싸인 영역을 수직선 $x=-1$ 둘레로 회전하여 하나의 입체가 얻어졌다(그림 5.16). 입체의 부피를 구하라.

풀이 5.1절의 와셔 방법을 이용하는 것은 그림 5.16a의 왼쪽 및 오른쪽 부분의 곡선들의 x의 값을 y변수에 대한 함수로 구해야 하기 때문에 여기서는 곤란하다. 이 x값은 와셔의 안쪽 반지름과 바깥 반지름과 연관되며, $y=3x-x^2$을 풀어서 나오는 x값으로 매우 복잡하다. 두께 Δy인 수평 띠를 이용하는 대신 두께 Δx인 수직 띠를 회전시킨다. 이렇게 회전하면 수직 띠의 밑면에 있는 점 x_k에서 높이가 y_k이고, 두께가 Δx인 원통 껍질이 얻어진다. 원통 껍질의 예는 오렌지색으로 칠해진 부분으로 그림 5.17과 같다. 그림과 같이 원통 껍질은 회전축에 평행하게, 수직으

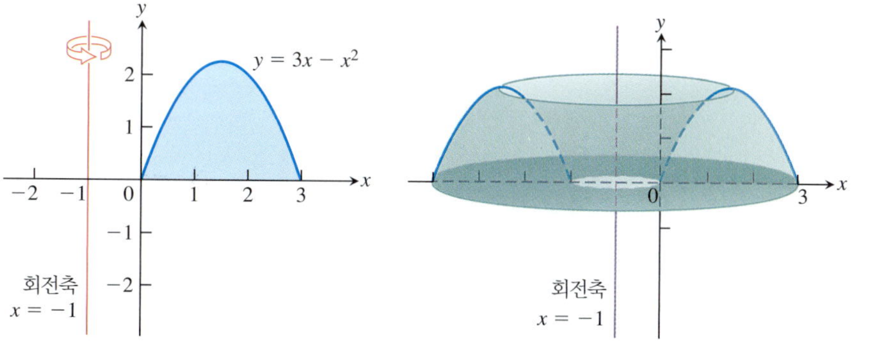

그림 5.16 (a) 회전하기 전의 예제 1의 영역, (b) (a)의 영역을 수직선 $x=-1$ 둘레로 회전하여 생기는 입체.

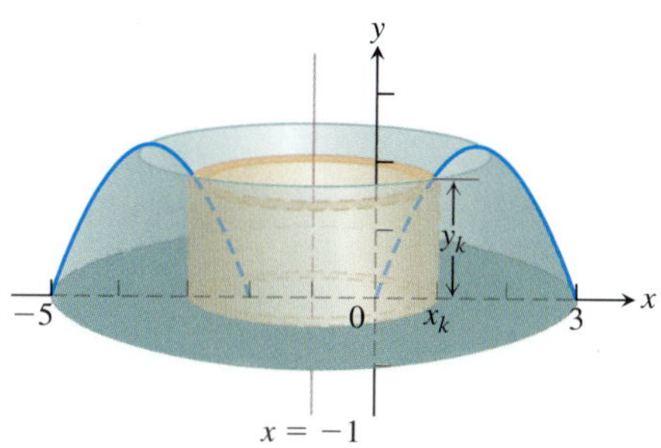

그림 5.17 수직선 $x=-1$ 둘레로 두께 Δx인 수직 띠를 회전하여 얻어지는 높이가 y_k인 원통. 원통의 바깥 반지름은 x_k에서 주어지고, 이때 높이는 $y_k=3\,x_k-x_k^2$이다(예제 1).

로 잘라내어 얻어지는 입체의 얇은 조각과 거의 같다고 간주할 수 있다. 내부 구멍에서 가까운 쪽에서 원통 조각을 자른 다음, 더 큰 반경으로 원통 조각을 잘라낸다. 다음 또 하나를 잘라내는 작업을 계속하면 결과적으로 n개의 원통 껍질을 얻는다. 원통 껍질의 반지름은 점차적으로 커진다. 그리고 원통 껍질의 높이는 포물선 호의 높이에 의해 결정된다. 처음에 높이가 낮은 데서 시작하여 점점 더 높아지다가, 그리고 반대로 다시 낮아진다(그림 5.16a). 원통 껍질의 부피 합은 리만 합이고 입체 전체 부피의 근삿값이다.

각 원통 껍질은 x축에서 소구간 $[x_{k-1}, x_k]$ 위에 놓여 있으며, 두께는 $\Delta x_k = x_k - x_{k-1}$이다. 포물선이 직선 $x = -1$을 둘레로 회전하므로, 원통 껍질의 바깥 반지름은 $1 + x_k$이다. 원통 껍질의 높이는 소구간 $[x_{k-1}, x_k]$의 한 점에서 포물선의 높이이므로, 근삿값으로 $y_k = f(x_k) = 3x_k - x_k^2$이다. 둥근 원통 껍질을 풀어서 평평하게 펼쳐 놓으면, 이것은 두께가 Δx_k인 직육면체 조각이다(그림 5.18). 이 직육면체 조각의 높이는 근삿값으로 $y_k = 3x_k - x_k^2$이고, 또한 길이는 원통 껍질의 원둘레이므로, 근삿값으로 $2\pi \cdot$ 반지름$= 2\pi(1 + x_k)$이다. 따라서 껍질의 부피는 근삿값으로 직육면체 조각의 부피가 된다.

$$\begin{aligned}\Delta V_k &= \text{둘레의 길이} \times \text{높이} \times \text{두께} \\ &= 2\pi(1 + x_k) \cdot (3x_k - x_k^2) \cdot \Delta x_k\end{aligned}$$

구간 $[0, 3]$에서 각 원통 껍질 부피 ΔV_k를 모두 합하면 리만 합이 얻어진다.

$$\sum_{k=1}^{n} \Delta V_k = \sum_{k=1}^{n} 2\pi(x_k + 1)(3x_k - x_k^2)\,\Delta x_k$$

두께 $\Delta x \to 0$이고 $n \to \infty$이 되도록 하는 극한이 다음과 같은 입체 부피를 찾는 부피 적분을 얻는다.

$$\begin{aligned}V &= \lim_{n\to\infty} \sum_{k=1}^{n} 2\pi(x_k + 1)(3x_k - x_k^2)\,\Delta x_k \\ &= \int_0^3 2\pi(x + 1)(3x - x^2)\,dx \\ &= \int_0^3 2\pi(3x^2 + 3x - x^3 - x^2)\,dx\end{aligned}$$

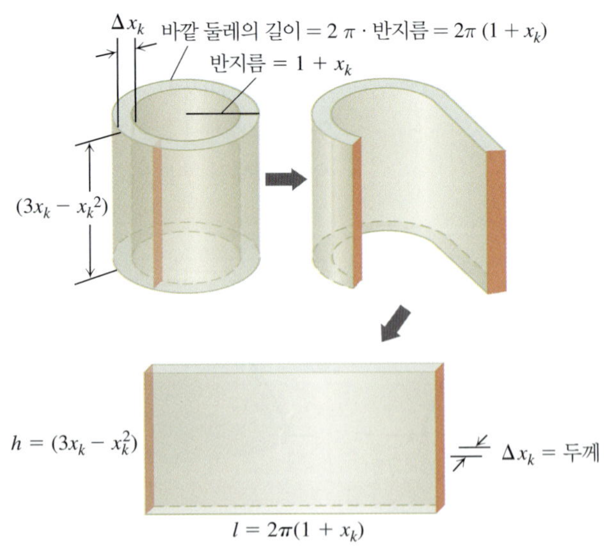

그림 5.18 원통 껍질을 세로로 자르고 평평하게 펼치면 직육면체와 거의 비슷한 모양이 된다(예제 1).

$$= 2\pi \int_0^3 (2x^2 + 3x - x^3)\,dx$$

$$= 2\pi \left[\frac{2}{3}x^3 + \frac{3}{2}x^2 - \frac{1}{4}x^4\right]_0^3 = \frac{45\pi}{2}$$ ■

이제 일반적인 입체로 과정을 일반화한다.

원통 껍질 방법

유한 닫힌 구간 $[a, b]$에서 음이 아닌 연속함수 $y=f(x)$의 그래프와 x축으로 둘러싸인 영역이 수직선 $x=L$의 오른쪽에 놓여 있다고 가정하자(그림 5.19a). $a \geq L$이라 가정하면 수직선은 영역과 접할 수는 있지만 통과하지는 않는다. 이 영역을 수직인 직선 $x=L$의 둘레로 회전하면 입체 S가 생성된다.

P를 점 $a=x_0 < x_1 < \cdots < x_n = b$로 이루어진 구간 $[a, b]$의 분할이라 하자. 평소처럼 각 소구간 $[x_{k-1}, x_k]$에서 한 점 c_k를 선택한다. 예제 1에서는 c_k를 끝점으로 선택했지만, 이제는 더 편리하게 c_k를 k번째 소구간 $[x_{k-1}, x_k]$의 중점이라 하자. 그림 5.19a와 같이 영역을 $[a, b]$의 분할에 기초한 직사각형으로 근사한다. 대표적인 근사 직사각형은 높이가 $f(c_k)$이고 폭이 $\Delta x_k = x_k - x_{k-1}$이다. 만약 직사각형이 수직선 $x=L$ 둘레로 회전한다면 그림 5.19b에 있는 원통 껍질이 만들어진다. 부피에 대한 기하학 공식을 적용하면 직사각형을 회전해서 얻어지는 원통 껍질의 부피는 다음과 같다.

높이가 h이고 안쪽 반지름이 r, 바깥 반지름이 R인 원통 껍질 부피는 다음과 같다.

$$\pi R^2 h - \pi r^2 h = 2\pi\left(\frac{R+r}{2}\right)(h)(R-r)$$

$$\Delta V_k = 2\pi \times \text{평균 원통 껍질 반지름} \times \text{원통 높이} \times \text{두께}$$
$$= 2\pi \cdot (c_k - L) \cdot f(c_k) \cdot \Delta x_k \qquad R = x_k - L,\ r = x_{k-1} - L$$

n개의 직사각형의 회전으로 만들어진 원통 껍질의 부피 합은 입체 S의 부피를 근사한다.

$$V \approx \sum_{k=1}^{n} \Delta V_k$$

두께 $\Delta x_k \to 0$이고 $n \to \infty$ 이 되도록 하는 리만 합의 극한이 입체 부피의 정적분으로 된다.

$$V = \lim_{n\to\infty} \sum_{k=1}^{n} \Delta V_k = \int_a^b 2\pi(\text{원통 껍질 반지름})(\text{원통 껍질 높이})\,dx$$
$$= \int_a^b 2\pi (x - L) f(x)\,dx$$

여기서 사용된 적분변수 x를 **두께변수**(thickness variable)라고 한다. 원통 껍질 방법의 과정을

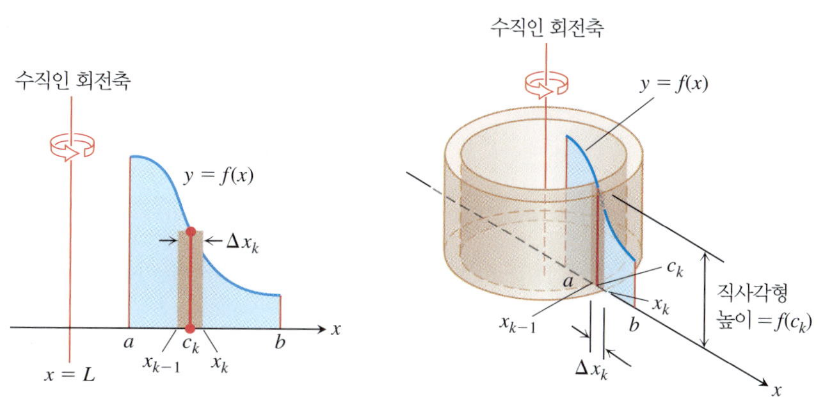

그림 5.19 (a)에서 영역을 수직인 직선 $x=L$ 둘레로 회전할 때 입체는 원통 껍질로 나눌 수 있다. (b)에서 원통 껍질의 전형적인 모양을 볼 수 있다.

강조하기 위해 원통 껍질 반지름과 높이를 사용한 일반적인 공식을 서술한다. 이것은 또한 수평인 직선 $y=L$을 회전축으로 하는 회전에도 허용된다.

> **수직선 둘레로 회전한 원통 껍질 공식**
>
> x축과 연속함수 $y=f(x)\geq 0$, $L\leq a\leq x\leq b$의 그래프 사이의 영역을 수직인 직선 $x=L$ 둘레로 회전하여 얻어지는 입체의 부피는 다음과 같다.
>
> $$V=\int_a^b 2\pi\begin{pmatrix}\text{원통 껍질}\\\text{반지름}\end{pmatrix}\begin{pmatrix}\text{원통 껍질}\\\text{높이}\end{pmatrix}dx$$

예제 2 곡선 $y=\sqrt{x}$, x축, 직선 $x=4$로 둘러싸인 영역을 y축 둘레로 회전하여 생긴 입체가 있다. 입체의 부피를 구하라.

풀이 영역을 그리고, 회전축에 평행하게 영역을 가로지르는 선분을 그려라(그림 5.20a). 그 선분의 높이(원통 껍질 높이), 회전축으로부터 떨어진 거리(원통 껍질 반지름)를 표시하자(그림 5.20b에서 원통 껍질이 그려져 있어 그릴 필요가 없다).

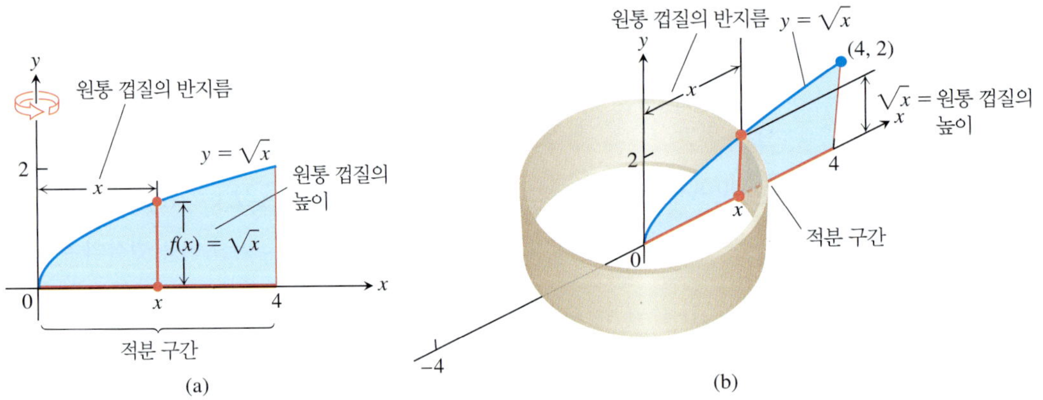

그림 5.20 (a) 예제 2의 영역에서 원통 껍질의 높이와 반지름과 적분 구간, (b) (a)에서 두께가 Δx인 수직인 선분을 회전하여 생긴 원통 껍질.

원통 껍질의 두께변수는 x이다. 그러므로 원통 껍질 공식의 적분 구간은 $a=0$과 $b=4$이다(그림 5.20). 이때 부피는 다음과 같다.

$$\begin{aligned}V&=\int_a^b 2\pi\begin{pmatrix}\text{원통 껍질}\\\text{반지름}\end{pmatrix}\begin{pmatrix}\text{원통 껍질}\\\text{높이}\end{pmatrix}dx\\&=\int_0^4 2\pi(x)(\sqrt{x})\,dx\\&=2\pi\int_0^4 x^{3/2}\,dx=2\pi\left[\frac{2}{5}x^{5/2}\right]_0^4=\frac{128\pi}{5}\end{aligned}$$

■

지금까지 수직인 회전축을 이용했다. 회전축이 수평인 축에 대해 x를 y로 대체하면 된다.

예제 3 곡선 $y=\sqrt{x}$, x축, 직선 $x=4$로 둘러싸인 영역을 x축 둘레로 회전하여 생긴 입체가 있다. 원통 껍질 방법을 이용하여 입체의 부피를 구하라.

풀이 이 입체의 부피는 5.1절 예제 3에서 원판 방법에 의해 구했다. 여기서는 원통 껍질 방법으로 부피를 구한다. 먼저 영역과 그 내부에 회전축에 평행한 선분을 그리자(그림 5.21a). 선분

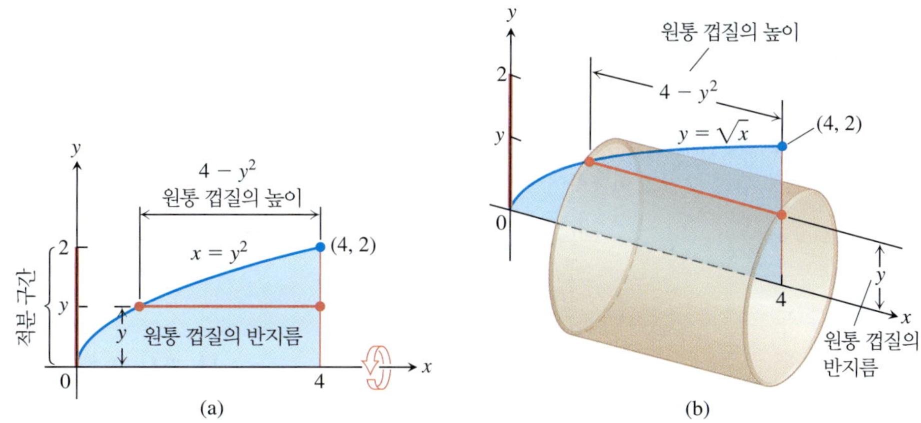

그림 5.21 (a) 예제 3의 영역에서 원통 껍질의 높이와 반지름과 적분 구간, (b) (a)에서 두께가 Δy인 수평인 선분을 회전하여 생긴 원통 껍질

의 높이(껍질 높이), 회전축과 떨어진 거리(껍질 반지름)를 표시한다(그림 5.21b에서 원통 껍질이 그려져 있어 그릴 필요가 없다).

이 경우에 원통 껍질 두께변수는 y이다. 그래서 원통 껍질 공식을 위한 적분 구간은 $a=0$과 $b=2$이다(그림 5.21에서 y축 위에). 이때 부피는 다음과 같다.

$$V = \int_a^b 2\pi \begin{pmatrix}\text{원통 껍질}\\ \text{반지름}\end{pmatrix}\begin{pmatrix}\text{원통 껍질}\\ \text{높이}\end{pmatrix} dy$$

$$= \int_0^2 2\pi(y)(4 - y^2)\,dy$$

$$= 2\pi \int_0^2 (4y - y^3)\,dy$$

$$= 2\pi\left[2y^2 - \frac{y^4}{4}\right]_0^2 = 8\pi$$

■

원통 껍질 방법의 요약

회전축의 위치에 관계없이(수평이든 또는 수직이든) 원통 껍질 방법으로 부피를 구하는 단계는 다음과 같다.

1. **그림 그리기:** 영역과 회전축에 평행한 선분을 그 영역 내에 그려라. 선분의 높이 혹은 길이(껍질 높이)와 회전축에서 떨어진 거리(껍질 반지름)을 구해 표시하라.
2. **적분 구간 구하기:** 두께변수에 대한 적분 구간을 구하라.
3. **적분하기:** 두께변수로 $2\pi \times$ (원통 껍질 반지름) $\times$ (원통 껍질 높이)를 적분하여 부피를 구하라.

원통 껍질 방법과 와셔 방법은 영역의 부피를 구하는 데 모두 똑같은 답을 준다. 여기서 결과를 증명은 하지 않지만, 연습문제 37과 38에서 설명된다(연습문제 45에서는 증명의 개요를 설명한다). 두 부피 공식은 실제로 13장에서 2중적분과 3중적분을 공부할 때 살펴볼 일반적인 부피 공식의 특별한 경우이다. 일반적인 공식은 영역이 회전체가 아닌 일반적인 입체일 때 부피를 구할 수 있다.

연습문제 5.2 EXERCISE QUESTION

회전축 둘레로 회전

연습문제 1~6에서 색칠한 영역을 지시된 축 둘레로 회전하여 생기는 입체의 부피를 원통 껍질 방법을 이용하여 구하라.

1.

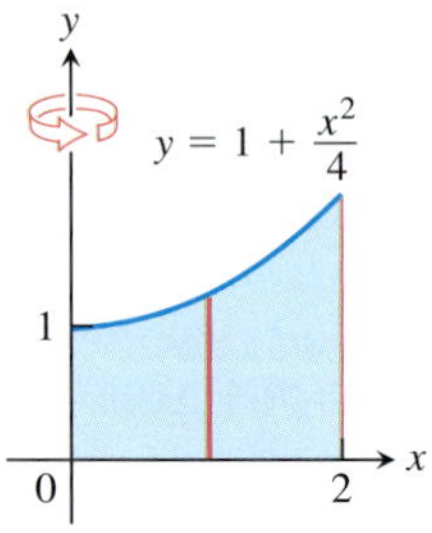

2.

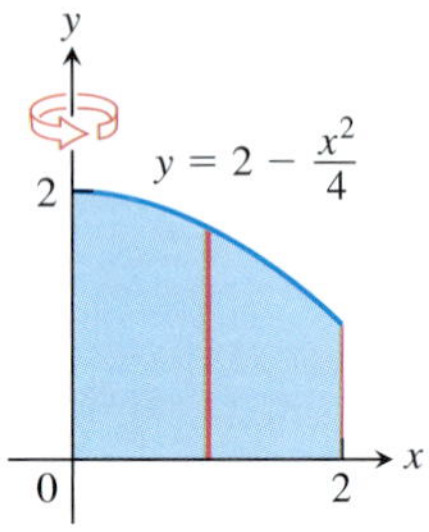

3.

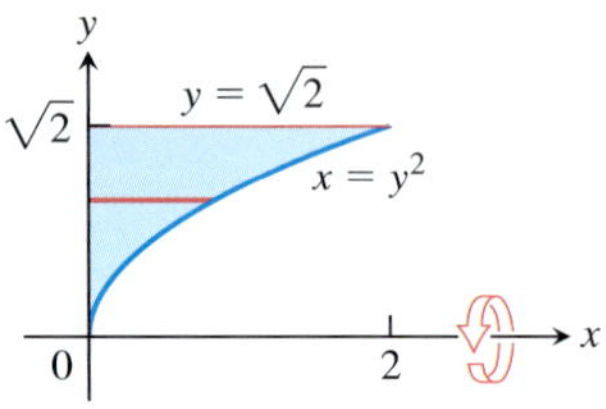

4.

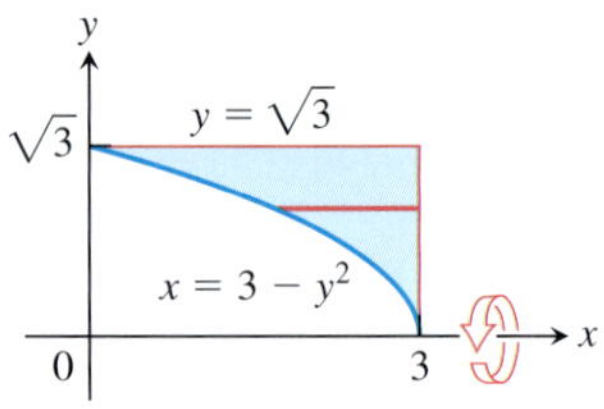

5. y축

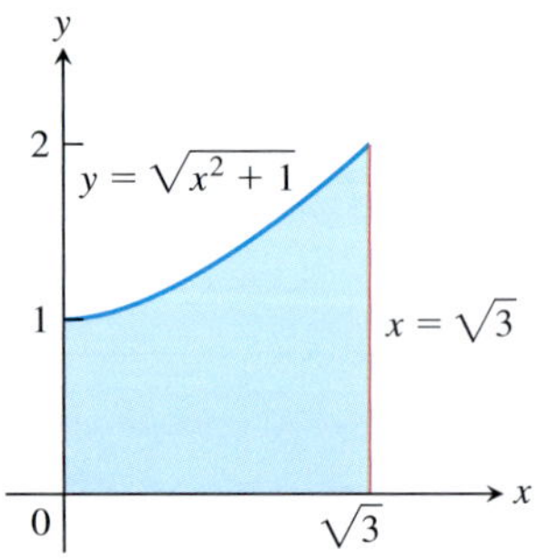

6. y축

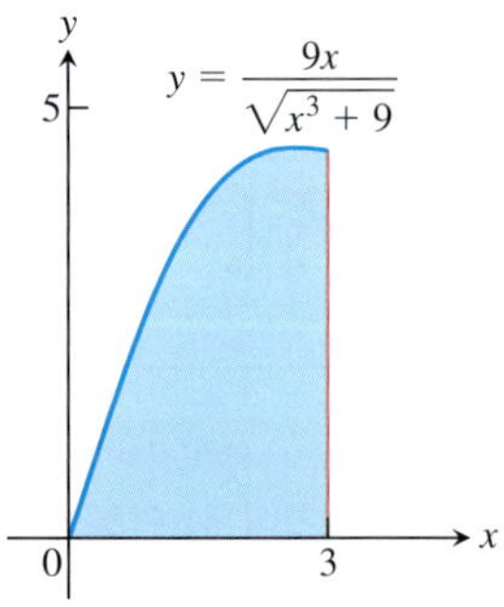

y축 둘레로 회전

연습문제 7~12에서 주어진 곡선과 직선으로 둘러싸인 영역을 y축 둘레로 회전하여 생기는 입체의 부피를 원통 껍질 방법을 이용하여 구하라.

7. $y = x, \quad y = -x/2, \quad x = 2$

8. $y = 2x, \quad y = x/2, \quad x = 1$

9. $x \geq 0$에 대해 $y = x^2, y = 2 - x, x = 0$

10. $y = 2 - x^2, \quad y = x^2, \quad x = 0$

11. $y = 2x - 1, \quad y = \sqrt{x}, \quad x = 0$

12. $y = 3/(2\sqrt{x}), \quad y = 0, \quad x = 1, \quad x = 4$

13. $f(x) = \begin{cases} (\sin x)/x, & 0 < x \leq \pi \\ 1, & x = 0 \end{cases}$에 대해 다음과 같다.

a. $0 \leq x \leq \pi$에서 $x f(x) = \sin x$임을 보여라.

b. 주어진 그림에서 색칠된 영역을 y축 둘레로 회전하여 생긴 입체의 부피를 구하라.

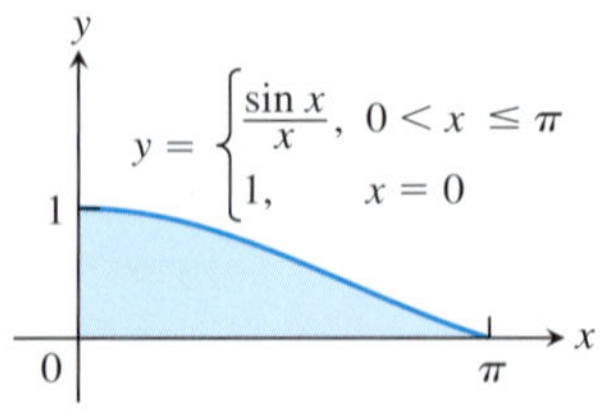

14. $g(x) = \begin{cases} (\tan x)^2/x, & 0 < x \leq \pi/4 \\ 0, & x = 0 \end{cases}$에 대해 다음과 같다.

a. $0 \leq x \leq \pi/4$에서 $xg(x) = (\tan x)^2$임을 보여라.

b. 주어진 그림에서 색칠된 영역을 y축 둘레로 회전하여 생긴 입체의 부피를 구하라.

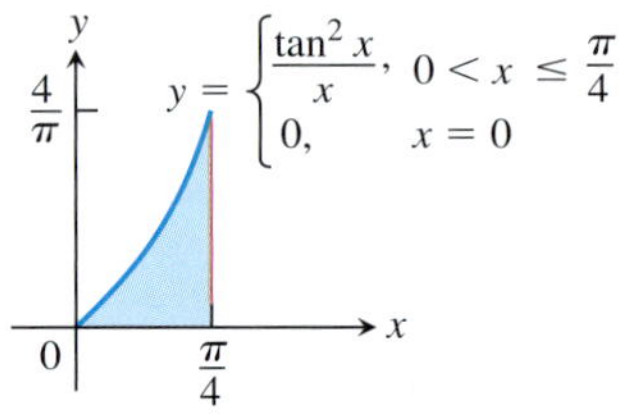

x축 둘레로 회전

연습문제 15~22에서 곡선과 직선으로 둘러싸인 영역을 x축 둘레로 회전하여 생기는 입체의 부피를 원통 껍질 방법을 이용하여 구하라.

15. $x = \sqrt{y}, \quad x = -y, \quad y = 2$

16. $x = y^2, \quad x = -y, \quad y = 2, \quad y \geq 0$

17. $x = 2y - y^2, \quad x = 0$

18. $x = 2y - y^2, \quad x = y$

19. $y = |x|, \quad y = 1$

20. $y = x, \quad y = 2x, \quad y = 2$

21. $y = \sqrt{x}, \quad y = 0, \quad y = x - 2$

22. $y = \sqrt{x}, \quad y = 0, \quad y = 2 - x$

수평 또는 수직인 직선 둘레로 회전

연습문제 23~26에서 주어진 곡선으로 둘러싸인 영역을 주어진 직선 둘레로 회전하여 생기는 입체의 부피를 원통 껍질 방법을 이용하여 구하라.

23. $y = 3x, y = 0, x = 2$

a. y축
b. 직선 $x = 4$
c. 직선 $x = -1$
d. x축
e. 직선 $y = 7$
f. 직선 $y = -2$

24. $y = x^3, y = 8, x = 0$

a. y축
b. 직선 $x = 3$
c. 직선 $x = -2$
d. x축
e. 직선 $y = 8$
f. 직선 $y = -1$

25. $y = x + 2, y = x^2$

a. 직선 $x = 2$
b. 직선 $x = -1$
c. x축
d. 직선 $y = 4$

26. $y = x^4, y = 4 - 3x^2$

a. 직선 $x = 1$
b. x축

연습문제 27과 28에서 색칠된 영역을 지시된 축 둘레로 회전하여 생기는 입체의 부피를 원통 껍질 방법을 이용하여 구하라.

27. **a.** x축 **b.** 직선 $y=1$
c. 직선 $y=8/5$ **d.** 직선 $y=-2/5$

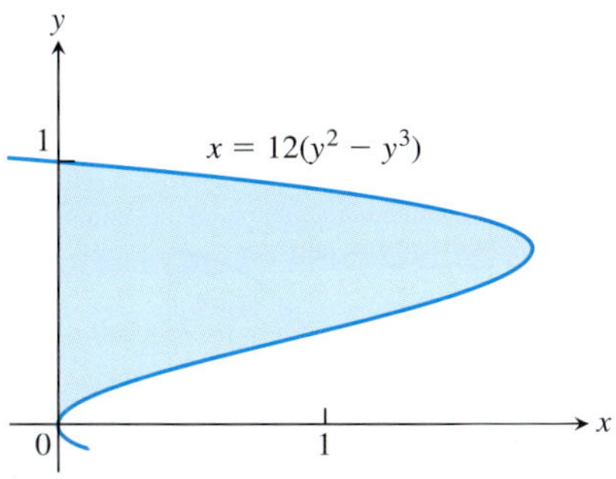

28. **a.** x축 **b.** 직선 $y=2$
c. 직선 $y=5$ **d.** 직선 $y=-5/8$

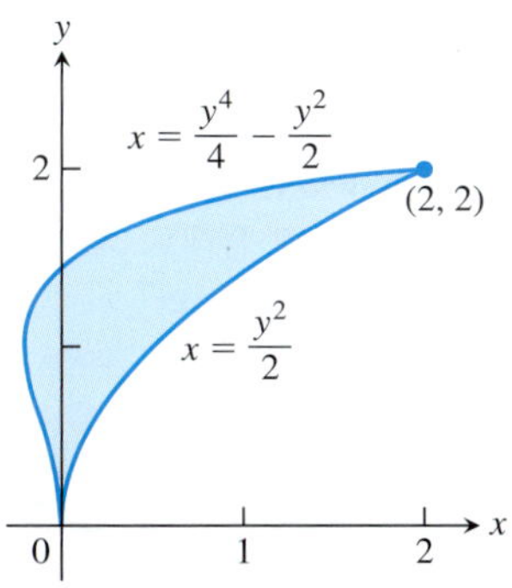

와셔 방법과 원통 껍질 방법의 선택

어떤 영역에 대해 와셔 방법이나 원통 껍질 방법 모두 좌표축 둘레로 영역을 회전하여 생기는 입체에 대해 잘 적용되지만, 항상 잘 적용되는 것은 아니다. 예를 들어 한 영역을 y축 둘레로 회전하고 와셔 방법을 적용할 때는 y에 관해 적분해야 한다. 그렇지만 피적분함수가 y로 표현하는 것이 불가능할 수도 있다. 그런 경우에 원통 껍질 방법은 y 대신 x에 관해 적분하는 것이 가능하다. 연습문제 29와 30에서 몇 가지 통찰을 제공한다.

29. 직선 $y=x$와 곡선 $y=x^2$으로 둘러싸인 영역을 각각의 좌표축 둘레로 회전하여 얻어지는 입체 부피를 다음 방법으로 구하라.
a. 원통 껍질 방법
b. 와셔 방법

30. 직선 $2y=x+4$, $y=x$, 직선 $x=0$으로 둘러싸인 삼각형 영역을 다음에 주어진 축 또는 직선 둘레로 회전하여 생기는 입체의 부피를 지시된 방법을 이용하여 구하라.
a. x축과 와셔 방법
b. y축과 원통 껍질 방법
c. 직선 $x=4$와 원통 껍질 방법
d. 직선 $y=8$과 와셔 방법

연습문제 31~36에서 지시된 축 둘레로 주어진 영역을 회전하여 생기는 입체의 부피를 구하라. 만약 어떤 문제에서 와셔 방법을 이용하는 것이 좋다고 판단되면 와셔 방법을 이용하라.

31. 꼭짓점이 (1, 1), (1, 2), (2, 2)인 삼각형을 지시된 축 또는 직선 둘레로 회전
a. x축 **b.** y축
c. 직선 $x=10/3$ **d.** 직선 $y=1$

32. $y=\sqrt{x}$, $y=2$, $x=0$으로 둘러싸인 영역을 지시된 축 또는 직선 둘레로 회전
a. x축 **b.** y축
c. 직선 $x=4$ **d.** 직선 $y=2$

33. 곡선 $x=y-y^3$과 y축으로 둘러싸인 제1사분면에 있는 영역을 지시된 축 둘레로 회전
a. x축 **b.** 직선 $y=1$

34. 곡선 $x=y-y^3$, 직선 $x=1$, 직선 $y=1$로 둘러싸인 제1사분면에 있는 영역을 지시된 축 둘레로 회전
a. x축 **b.** y축
c. 직선 $x=1$ **d.** 직선 $y=1$

35. 곡선 $y=\sqrt{x}$와 곡선 $y=x^2/8$로 둘러싸인 영역을 지시된 축 둘레로 회전
a. x축 **b.** y축

36. 곡선 $y=2x-x^2$과 직선 $y=x$로 둘러싸인 영역을 지시된 축 둘레로 회전
a. y축 **b.** 직선 $x=1$

37. 곡선 $y=1/x^{1/4}$을 위쪽 경계로, 직선 $x=1/16$을 왼쪽 경계로, 직선 $y=1$을 아래쪽 경계로 하여 둘러싸인 제1사분면에 있는 영역을 x축 둘레로 회전하여 생긴 입체가 있다. 지시된 방법을 이용하여 입체의 부피를 구하라.
a. 와셔 방법
b. 원통 껍질 방법

38. 곡선 $y=1/\sqrt{x}$를 위쪽 경계로, 직선 $x=1/4$을 왼쪽 경계로, 직선 $y=1$을 아래쪽 경계로 하여 둘러싸인 제1사분면에 있는 영역을 y축 둘레로 회전하여 생긴 입체가 있다. 지시된 방법을 이용하여 입체의 부피를 구하라.
a. 와셔 방법
b. 원통 껍질 방법

이론과 예제

39. 주어진 그림과 같은 영역을 x축 둘레로 회전하여 생긴 입체가 있다. 입체의 부피를 구하기 위해 어느 방법(원판, 와셔, 원통 껍질)을 이용해야 하는가? 각 경우에 있어서 필요로 하는 적분은 몇 개인가? 그 이유를 설명하라.

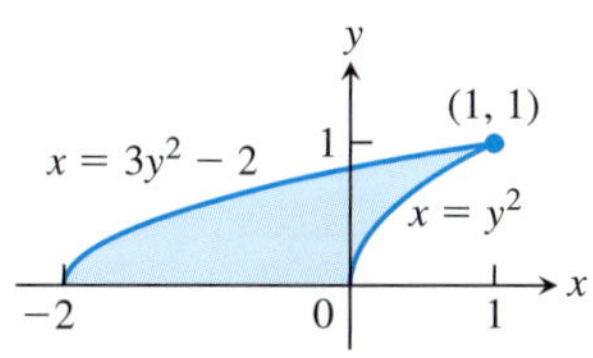

40. 주어진 그림과 같은 영역을 y축 둘레로 회전하여 생긴 입체가 있다. 입체의 부피를 구하기 위해 어느 방법(원판, 와셔, 원통 껍질)을 이용해야 하는가? 각 경우에 있어서 필요로 하는 적분은 몇 개인가? 그 이유를 설명하라.

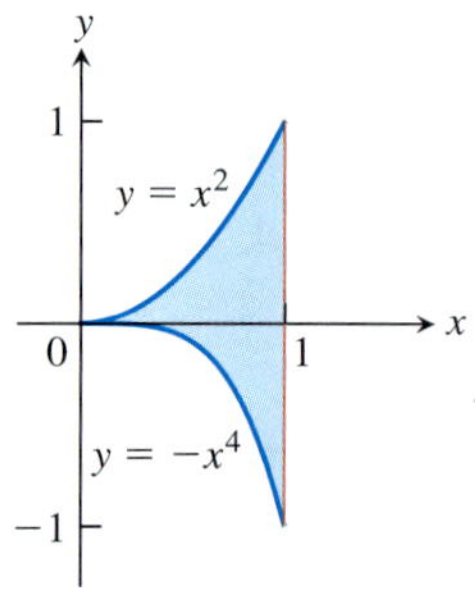

41. 반지름이 5인 구의 지름을 따라 반지름이 3인 드릴로 구멍을 뚫은 구슬이 있다.

a. 구슬의 부피를 구하라.

b. 구의 제거된 부분의 부피를 구하라.

42. 고리의 모양을 하고 있는 케이크는 곡선 $y=\sin(x^2-1)$, $1 \le x \le \sqrt{1+\pi}$ 와 x축을 경계로 하고 있는 영역을 y축 둘레로 회전하여 얻은 모양이다. 케이크의 부피를 구하라.

43. 적절한 회전체를 이용하여 높이가 h이고 반지름이 r인 직각원뿔의 부피를 구하는 공식을 유도하라.

44. 원통 껍질 방법을 이용하여 반지름이 r인 구의 부피를 구하는 식을 유도하라.

45. 부피를 구하기 위한 와셔 방법과 원통 껍질 방법의 동일성 함수 f가 구간 $a \le x \le b$ $(a > 0)$에서 미분가능하고 증가함수라 두고, 함수 f는 미분가능한 역함수 f^{-1}를 가진다고 가정하자. 그래프 $y=f(x)$, 직선 $x=a$와 직선 $y=f(b)$로 둘러싸인 영역을 y축 둘레로 회전하여 생기는 입체가 있다. 그러면 와셔 방법과 원통 껍질 방법을 이용하여 부피를 구하는 두 가지 적분의 값은 동일하다.

$$\int_{f(a)}^{f(b)} \pi\left(\left(f^{-1}(y)\right)^2 - a^2\right) dy = \int_a^b 2\pi x\left(f(b) - f(x)\right) dx$$

위 등식을 증명하기 위해 다음을 정의한다.

$$W(t) = \int_{f(a)}^{f(t)} \pi\left(\left(f^{-1}(y)\right)^2 - a^2\right) dy$$

$$S(t) = \int_a^t 2\pi x\left(f(t) - f(x)\right) dx$$

그러면 두 함수 W와 S는 구간 $[a, b]$에서 동일한 도함수를 가지고 동일한 함숫값을 가짐을 보여라. 3.8절 연습문제 132에서처럼 구간 $[a, b]$에서 모든 t에 대해 $W(t)=S(t)$이다. 따라서 $W(b)=S(b)$이다. (출처: 'Disks and Shells Revisited' by Walter Carlip, in *American Mathematical Monthly*, Feb. 1991, vol. 98, no. 2, pp. 154-155.)

46. 곡선 $y=\sec^{-1} x$, x축, 직선 $x=2$로 둘러싸인 영역을 y축 둘레로 회전하여 생긴 입체가 있다. 입체의 부피를 구하라.

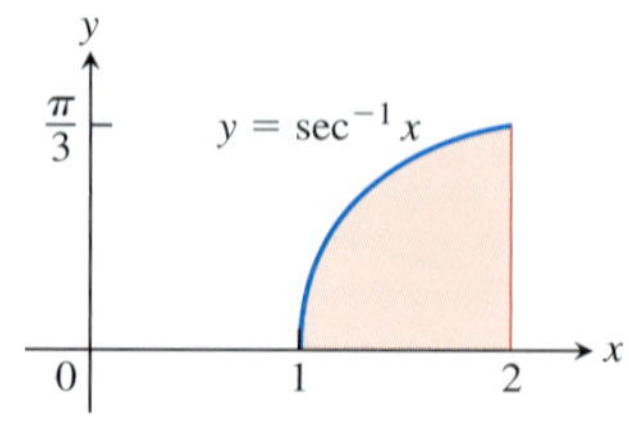

47. 곡선 $y=e^{-x^2}$, $y=0$, $x=0$, $x=1$로 둘러싸인 영역을 y축 둘레로 회전하여 생긴 입체의 부피를 구하라.

48. 곡선 $y=e^{x/2}$, $y=1$, $x=\ln 3$으로 둘러싸인 영역을 x축 둘레로 회전하여 생긴 입체의 부피를 구하라.

49. 곡선 $y=f(x) > 0$과 두 직선 $x=a > 0$, $x=b > a$에 둘러싸인 영역 R을 생각하자. 영역 R을 y축 둘레로 회전하여 생긴 입체의 부피가 2π이고, 영역 R을 직선 $x=-2$ 둘레로 회전하여 생긴 입체의 부피가 10π일 때, 영역 R의 넓이를 구하라.

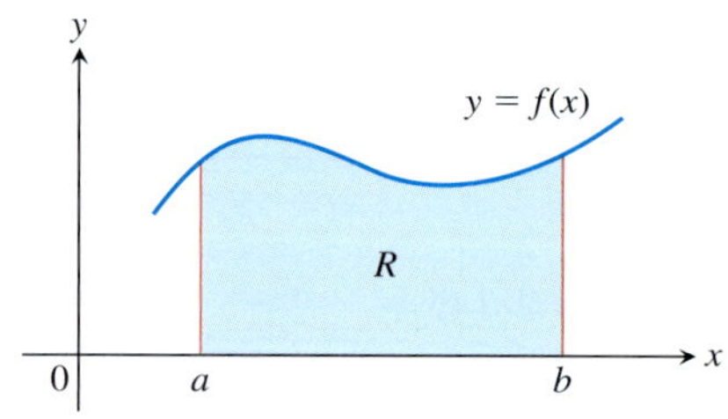

50. 연습문제 49의 영역 R을 생각하자. 영역 R의 넓이가 1이고, 영역 R을 직선 $x=-3$ 둘레로 회전하여 생긴 입체의 부피가 10π라 할 때, 영역 R을 y축 둘레로 회전하여 생긴 입체의 부피를 구하라.

5.3 호의 길이

선분의 길이가 어떤 의미인지 알지만, 적분이 없다면 구불구불한 곡선 길이의 정확한 정의를 알 수가 없다. 만약 구간에서 정의된 연속함수의 그래프로 나타내는 곡선이라면 곡선과 x축 사이의 넓이를 정의하기 위해 사용했던 방법과 비슷한 과정을 사용하여 곡선의 길이를 정의할 수 있다. 구부러진 곡선을 많은 조각으로 나누고, 각 조각을 선분에 의해 근사한다. 이 선분의 길이의 합이 구하고자 하는 곡선의 길이의 근삿값이다. 이 선분의 개수가 무한히 커질 때 이 근삿값의 극한이 곡선의 길이이다.

곡선 $y=f(x)$의 길이

길이를 구하고자 하는 곡선이 함수 $y=f(x)$의 $x=a$부터 $x=b$까지의 그래프라 하자. 곡선의 길이를 구하는 적분 공식을 유도하기 위해 함수 f가 $[a, b]$의 각 점에서 연속인 도함수를 가진다고

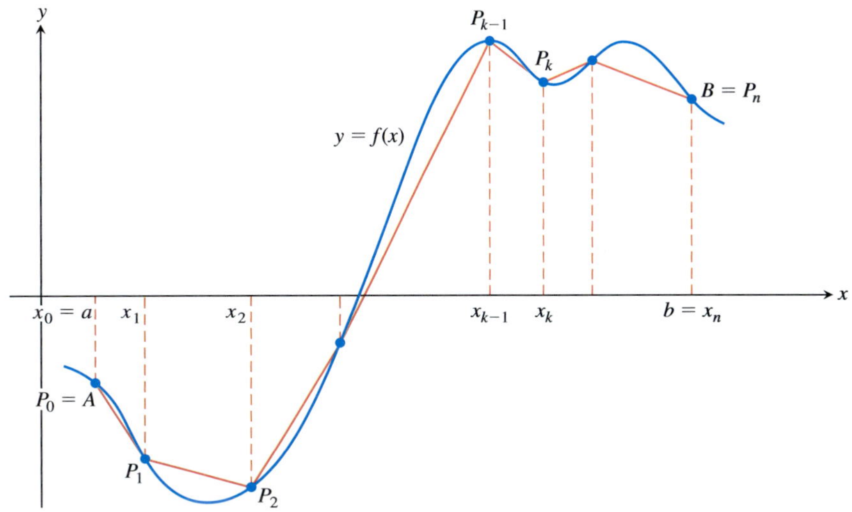

그림 5.22 다각형 경로 $P_0P_1P_2 \cdots P_n$의 길이는 곡선 $y=f(x)$의 점 A에서 점 B까지 길이의 근삿값이다.

가정하자. 이런 함수를 **매끄럽다**(smooth)라 하고, 이 함수의 그래프는 끊김, 모서리, 첨점을 포함하고 있지 않기 때문에 **매끄러운 곡선**(smoothe curve)이라 한다.

구간 $[a, b]$를 먼저 다음과 같이 n개의 소구간으로 분할한다.

$$a = x_0 < x_1 < x_2 < \cdots < x_n = b$$

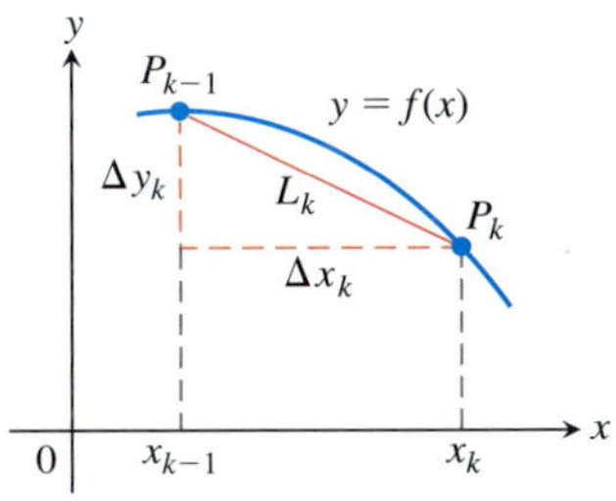

그림 5.23 곡선 $y=f(x)$의 호 $P_{k-1}P_k$는 그림에서와 같이 선분의 길이 $L_k=\sqrt{(\Delta x_k)^2+(\Delta y_k)^2}$에 의해 근삿값으로 구해진다.

만약 $y_k=f(x_k)$라고 하면, 이에 해당하는 곡선 위의 점은 $P_k(x_k, y_k)$이다. 이제 이웃하는 점 P_{k-1}와 P_k를 계속 선분으로 연결하여 다각형 경로를 만든다. 이 경로의 길이가 곡선 길이의 근삿값이 된다(그림 5.22). 만약 $\Delta x_k=x_k-x_{k-1}$이고 $\Delta y_k=y_k-y_{k-1}$라 하면, 선분 길이는 다음과 같다(그림 5.23).

$$L_k = \sqrt{(\Delta x_k)^2 + (\Delta y_k)^2}$$

따라서 곡선의 길이는 다음과 같은 합에 의해 근삿값으로 구해진다.

$$\sum_{k=1}^{n} L_k = \sum_{k=1}^{n} \sqrt{(\Delta x_k)^2 + (\Delta y_k)^2} \tag{1}$$

구간 $[a, b]$를 더 잘게 자르면 더 나은 근삿값을 기대할 수 있다. 극한을 계산하기 위해 평균값 정리를 사용하면 다음 식을 성립하고 $x_{k-1} < c_k < x_k$인 적당한 점 c_k가 존재한다.

$$\Delta y_k = f'(c_k)\,\Delta x_k$$

식 (1)에서 Δy_k에 대입하면 다음 식을 얻는다.

$$\sum_{k=1}^{n} L_k = \sum_{k=1}^{n} \sqrt{(\Delta x_k)^2 + (f'(c_k)\Delta x_k)^2} = \sum_{k=1}^{n} \sqrt{1 + [f'(c_k)]^2}\,\Delta x_k \tag{2}$$

이런 리만 합의 극한은 계산할 수 있다. $\sqrt{1+[f'(x)]^2}$은 구간 $[a, b]$에서 연속이므로 식 (2)의 우변에서 리만 합의 극한이 존재하며 그 값은 다음과 같다.

$$\lim_{n\to\infty} \sum_{k=1}^{n} L_k = \lim_{n\to\infty} \sum_{k=1}^{n} \sqrt{1 + [f'(c_k)]^2}\,\Delta x_k = \int_a^b \sqrt{1 + [f'(x)]^2}\,dx$$

이 정적분을 곡선의 길이로 정의한다.

정의 도함수 f'이 구간 $[a, b]$에서 연속이면 곡선 $y=f(x)$의 점 $A=(a, f(a))$부터 점 $B=(b, f(b))$까지 **길이**(length) 또는 **호의 길이**(arc length)는 다음 적분값이다.

$$L = \int_a^b \sqrt{1 + [f'(x)]^2}\, dx = \int_a^b \sqrt{1 + \left(\frac{dy}{dx}\right)^2}\, dx \qquad (3)$$

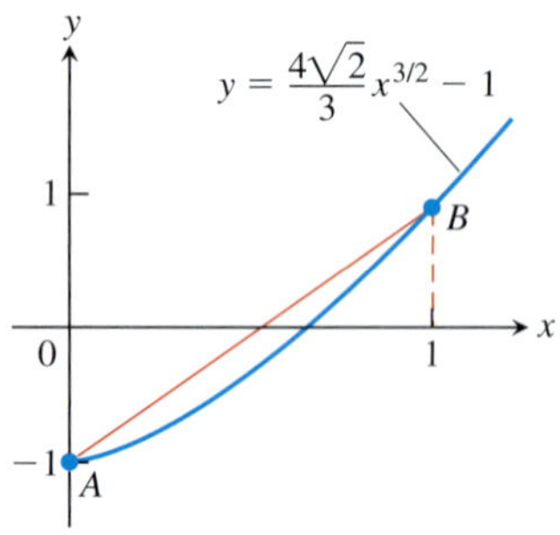

그림 5.24 곡선의 길이는 점 A와 B를 연결하는 선분의 길이보다 약간 길다(예제 1).

예제 1 다음 함수의 그래프로 나타나는 그림 5.24에 있는 곡선의 길이를 구하라.

$$y = \frac{4\sqrt{2}}{3}x^{3/2} - 1, \qquad 0 \le x \le 1$$

풀이 식 (3)을 이용하려면 $a=0$과 $b=1$이고 다음과 같다.

$$y = \frac{4\sqrt{2}}{3}x^{3/2} - 1 \qquad x=1\text{이면 } y \approx 0.89\text{이다.}$$

$$\frac{dy}{dx} = \frac{4\sqrt{2}}{3}\cdot\frac{3}{2}x^{1/2} = 2\sqrt{2}x^{1/2}$$

$$\left(\frac{dy}{dx}\right)^2 = \left(2\sqrt{2}x^{1/2}\right)^2 = 8x$$

따라서 $x=0$부터 $x=1$까지 곡선의 길이는 다음과 같다.

$$L = \int_0^1 \sqrt{1 + \left(\frac{dy}{dx}\right)^2}\, dx = \int_0^1 \sqrt{1+8x}\, dx \qquad \text{식 (3)에서 } a=0,\ b=1$$

$$= \frac{2}{3}\cdot\frac{1}{8}(1+8x)^{3/2}\Big]_0^1 = \frac{13}{6} \approx 2.17 \qquad u=1+8x\text{로 치환, 적분하고 다시 환원}$$

곡선의 길이는 곡선 위의 점 $A=(0, -1)$과 $B=(1, 4\sqrt{2}/3-1)$을 연결하는 선분의 길이보다 약간 길다는 것에 주의한다(그림 5.24 참조).

$$2.17 > \sqrt{1^2 + (1.89)^2} \approx 2.14 \qquad \text{소수점 근삿값}$$

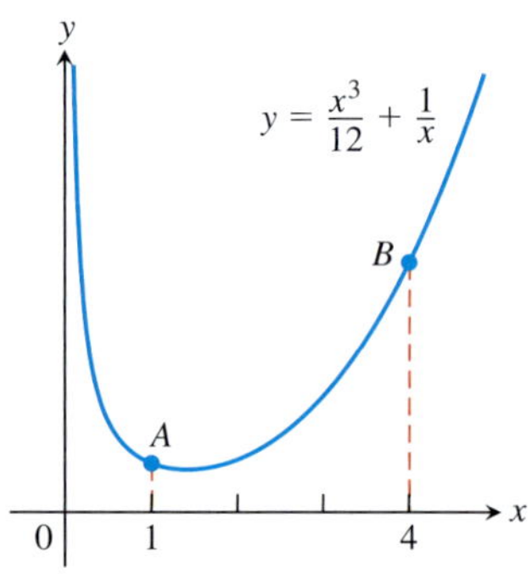

그림 5.25 예제 2의 곡선에서 점 A는 $(1, 13/12)$이고, 점 B는 $(4, 67/12)$이다.

예제 2 다음 함수에서 그래프의 길이를 구하라.

$$f(x) = \frac{x^3}{12} + \frac{1}{x}, \qquad 1 \le x \le 4$$

풀이 함수의 그래프는 그림 5.25에서 볼 수 있다. 식 (3)을 이용하기 위해 다음과 같이 쓸 수 있다.

$$f'(x) = \frac{x^2}{4} - \frac{1}{x^2}$$

따라서 다음을 얻는다.

$$1 + [f'(x)]^2 = 1 + \left(\frac{x^2}{4} - \frac{1}{x^2}\right)^2 = 1 + \left(\frac{x^4}{16} - \frac{1}{2} + \frac{1}{x^4}\right)$$

$$= \frac{x^4}{16} + \frac{1}{2} + \frac{1}{x^4} = \left(\frac{x^2}{4} + \frac{1}{x^2}\right)^2$$

그리고 다음과 같다.

$$\sqrt{1 + [f'(x)]^2} = \sqrt{\left(\frac{x^2}{4} + \frac{1}{x^2}\right)^2} = \left|\frac{x^2}{4} + \frac{1}{x^2}\right| = \frac{x^2}{4} + \frac{1}{x^2} \qquad \frac{x^2}{4} + \frac{1}{x^2} > 0$$

$[1, 4]$에서 그래프의 길이는 다음과 같다.

$$L = \int_1^4 \sqrt{1 + [f'(x)]^2}\, dx = \int_1^4 \left(\frac{x^2}{4} + \frac{1}{x^2}\right) dx$$

$$= \left[\frac{x^3}{12} - \frac{1}{x}\right]_1^4 = \left(\frac{64}{12} - \frac{1}{4}\right) - \left(\frac{1}{12} - 1\right) = \frac{72}{12} = 6$$

예제 3 다음 곡선의 길이를 구하라.

$$y = \frac{1}{2}(e^x + e^{-x}), \qquad 0 \le x \le 2$$

풀이 식 (3)을 이용하려면 $a=0$, $b=2$이고 다음과 같다.

$$y = \frac{1}{2}(e^x + e^{-x})$$

$$\frac{dy}{dx} = \frac{1}{2}(e^x - e^{-x})$$

$$\left(\frac{dy}{dx}\right)^2 = \frac{1}{4}(e^{2x} - 2 + e^{-2x})$$

$$1 + \left(\frac{dy}{dx}\right)^2 = \frac{1}{4}(e^{2x} + 2 + e^{-2x}) = \left[\frac{1}{2}(e^x + e^{-x})\right]^2$$

$$\sqrt{1 + \left(\frac{dy}{dx}\right)^2} = \sqrt{\left[\frac{1}{2}(e^x + e^{-x})\right]^2} = \left|\frac{1}{2}(e^x + e^{-x})\right| = \frac{1}{2}(e^x + e^{-x}) \qquad \tfrac{1}{2}(e^x + e^{-x}) > 0$$

$x=0$에서 $x=2$까지 곡선의 길이는 다음과 같다.

$$L = \int_0^2 \sqrt{1 + \left(\frac{dy}{dx}\right)^2}\, dx = \int_0^2 \frac{1}{2}(e^x + e^{-x})\, dx \qquad \text{식 (3)에서 } a=0,\ b=2$$

$$= \frac{1}{2}\left[e^x - e^{-x}\right]_0^2 = \frac{1}{2}((e^2 - e^{-2}) - (1 - 1)) \approx 3.63$$

■

dy/dx가 불연속일 때 다루기

dy/dx가 존재하지 않는 곡선 위의 점에서 dx/dy는 존재할 수도 있다. 예를 들어 수직 접선을 갖는 곡선에서 나타날 수 있다. 이런 경우에는 x를 y의 함수로 표현하고, 다음과 같이 식 (3)의 유사 공식을 적용해서 곡선의 길이를 구할 수도 있다.

$x=g(y)$, $c \le y \le d$의 길이에 대한 공식

도함수 g'이 $[c, d]$에서 연속이면 점 $A=(g(c), c)$부터 점 $B(g(d), d)$까지 곡선 $x=g(y)$의 길이는 다음과 같다.

$$L = \int_c^d \sqrt{1 + \left(\frac{dx}{dy}\right)^2}\, dy = \int_c^d \sqrt{1 + [g'(y)]^2}\, dy \tag{4}$$

예제 4 $x=0$부터 $x=2$까지 곡선 $y=(x/2)^{2/3}$의 길이를 구하라.

풀이 다음 도함수는 $x=0$에서 정의되지 않는다.

$$\frac{dy}{dx} = \frac{2}{3}\left(\frac{x}{2}\right)^{-1/3}\left(\frac{1}{2}\right) = \frac{1}{3}\left(\frac{2}{x}\right)^{1/3}$$

따라서 식 (3)을 이용해서 곡선의 길이를 구할 수 없다.

그러므로 x를 y에 관한 방정식으로 다시 고쳐 쓴다.

$$y = \left(\frac{x}{2}\right)^{2/3}$$

$$y^{3/2} = \frac{x}{2} \qquad \text{양변에 3/2 제곱을 취한다.}$$

$$x = 2y^{3/2} \qquad x\text{에 대해 푼다.}$$

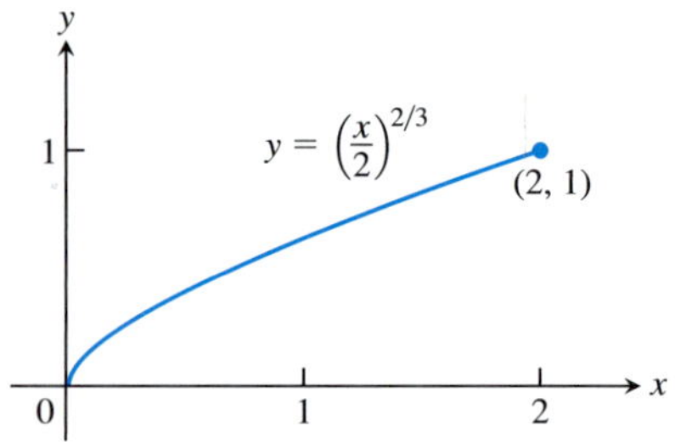

그림 5.26 $x=0$부터 $x=2$까지의 곡선 $y=(x/2)^{2/3}$의 그래프는 또한 $y=0$부터 $y=1$까지 함수 $x=2y^{3/2}$의 그래프이다(예제 4).

이로부터 우리가 찾는 길이를 가진 곡선은 $y=0$부터 $y=1$까지 함수 $x=2y^{3/2}$의 그래프로 볼 수 있다(그림 5.26).

다음 도함수는 [0, 1]에서 연속이다.

$$\frac{dx}{dy} = 2\left(\frac{3}{2}\right)y^{1/2} = 3y^{1/2}$$

따라서 식 (4)를 이용하여 곡선의 길이를 구하면 다음과 같다.

$$\begin{aligned} L &= \int_c^d \sqrt{1+\left(\frac{dx}{dy}\right)^2}\,dy = \int_0^1 \sqrt{1+9y}\,dy && \text{식 (4)에서 } c=0,\ d=1 \\ &= \frac{1}{9}\cdot\frac{2}{3}(1+9y)^{3/2}\Big]_0^1 && u=1+9y\text{라 하면 } du/9=dy \text{ 적분하고 다시 환원} \\ &= \frac{2}{27}\left(10\sqrt{10}-1\right) \approx 2.27 \end{aligned}$$

■

호의 길이에 대한 미분 공식

함수 $y=f(x)$와 그 도함수 f'이 구간 $[a, b]$에서 연속이면, 미적분학의 기본정리에 의해 다음과 같이 새로운 함수를 정의할 수 있다.

$$s(x) = \int_a^x \sqrt{1+[f'(t)]^2}\,dt \tag{5}$$

식 (3)과 그림 5.22로부터 새로운 함수 $s(x)$가 $[a, b]$에서 연속이고, 또한 각 $x \in [a, b]$에 대해 시작점 $P_0(a, f(a))$부터 $Q(x, f(x))$까지의 곡선 $y=f(x)$의 길이를 나타냄을 알 수 있다. 이 함수 s를 함수 $y=f(x)$에 대한 **호의 길이함수**(arc length function)이라 한다. 기본정리에 의하면 함수 s는 구간 (a, b)에서 미분가능하며, 도함수는 다음과 같다.

$$\frac{ds}{dx} = \sqrt{1+[f'(x)]^2} = \sqrt{1+\left(\frac{dy}{dx}\right)^2}$$

또한 호 길이의 미분은 다음과 같다.

$$ds = \sqrt{1+\left(\frac{dy}{dx}\right)^2}\,dx \tag{6}$$

식 (6)을 기억하기 쉽게 다음과 같이 나타내어 곡선의 길이를 구할 때는 적절한 구간에서 적분하면 된다.

$$ds = \sqrt{dx^2 + dy^2} \tag{7}$$

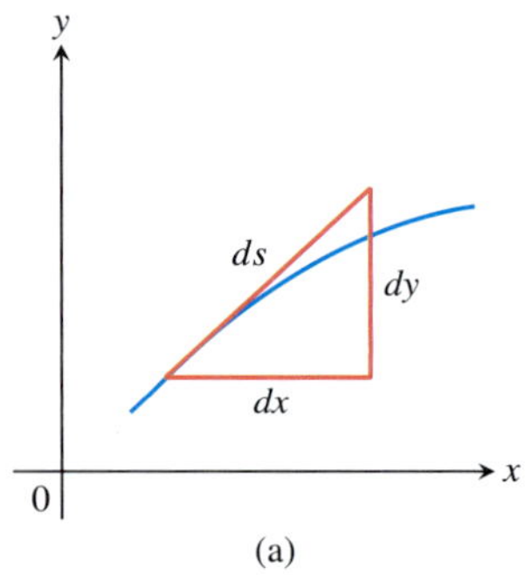

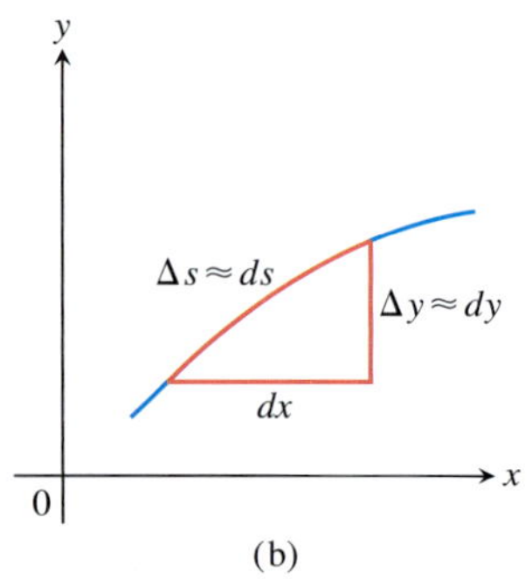

그림 5.27 식 $ds=\sqrt{dx^2+dy^2}$를 기억하기 위한 그림.

이런 관점에서 보면, 모든 호의 길이 공식이 식 $L=\int ds$의 약간씩 변형된 표현임을 알 수 있다. 식 (7)에 대응하는 그림 5.27a는 그림 5.27b의 단순화된 근사라고 생각할 수 있다. 즉 ds는 정확한 호의 길이 Δs와 거의 같다.

예제 5 예제 2에서 $A=(1,\ 13/12)$를 시작점으로 한 호의 길이함수를 구하라(그림 5.25 참조).

풀이 예제 2의 풀이에서 다음을 얻는다.

$$\sqrt{1+[f'(x)]^2} = \frac{x^2}{4} + \frac{1}{x^2}$$

그러므로 호의 길이함수는 다음과 같다.

$$s(x) = \int_1^x \sqrt{1+[f'(t)]^2}\,dt = \int_1^x \left(\frac{t^2}{4}+\frac{1}{t^2}\right)dt$$

$$= \left[\frac{t^3}{12} - \frac{1}{t}\right]_1^x = \frac{x^3}{12} - \frac{1}{x} + \frac{11}{12}$$

점 $A=(1, 13/12)$부터 점 $B=(4, 67/12)$까지 곡선의 길이를 구하려면, 호의 길이함수를 이용하여 다음과 같이 간단하게 계산할 수 있다.

$$s(4) = \frac{4^3}{12} - \frac{1}{4} + \frac{11}{12} = 6$$

계산 결과는 예제 2와 같다. ■

연습문제 5.3 EXERCISE QUESTION

곡선의 길이 구하기

연습문제 1~16에서 곡선의 길이를 구하라. 그래프를 그리는 소프트웨어가 있다면, 이 곡선이 어떻게 생겼는지 그래프로 표시해볼 수 있다.

1. $y = (1/3)(x^2+2)^{3/2}$, $x=0$부터 $x=3$까지

2. $y = x^{3/2}$, $x=0$부터 $x=4$까지

3. $x = (y^3/3) + 1/(4y)$, $y=1$부터 $y=3$까지

4. $x = (y^{3/2}/3) - y^{1/2}$, $y=1$부터 $y=9$까지

5. $x = (y^4/4) + 1/(8y^2)$, $y=1$부터 $y=2$까지

6. $x = (y^3/6) + 1/(2y)$, $y=2$부터 $y=3$까지

7. $y = (3/4)x^{4/3} - (3/8)x^{2/3} + 5$, $1 \le x \le 8$

8. $y = (x^3/3) + x^2 + x + 1/(4x+4)$, $0 \le x \le 2$

9. $y = \ln x - \dfrac{x^2}{8}$, $x=1$부터 $x=2$까지

10. $y = \dfrac{x^2}{2} - \dfrac{\ln x}{4}$, $x=1$부터 $x=3$까지

11. $y = \dfrac{x^3}{3} + \dfrac{1}{4x}$, $1 \le x \le 3$

12. $y = \dfrac{x^5}{5} + \dfrac{1}{12x^3}$, $\dfrac{1}{2} \le x \le 1$

13. $y = \dfrac{3}{2}x^{2/3} + 1$, $\dfrac{1}{8} \le x \le 1$

14. $y = \dfrac{1}{2}(e^x + e^{-x})$, $-1 \le x \le 1$

15. $x = \displaystyle\int_0^y \sqrt{\sec^4 t - 1}\, dt$, $-\pi/4 \le y \le \pi/4$

16. $y = \displaystyle\int_{-2}^x \sqrt{3t^4 - 1}\, dt$, $-2 \le x \le -1$

T 곡선의 길이에 대한 적분 구하기

연습문제 17~24에서 다음을 구하라.

a. 곡선의 길이를 정적분으로 설정하라.

b. 곡선의 모양을 알기 위해 그래프를 그려라.

c. 정적분을 구하는 컴퓨터 소프트웨어를 이용하여 곡선의 길이를 수치적으로 구하라.

17. $y = x^2$, $-1 \le x \le 2$

18. $y = \tan x$, $-\pi/3 \le x \le 0$

19. $x = \sin y$, $0 \le y \le \pi$

20. $x = \sqrt{1-y^2}$, $-1/2 \le y \le 1/2$

21. $y^2 + 2y = 2x + 1$, 점 $(-1, -1)$부터 $(7, 3)$까지

22. $y = \sin x - x\cos x$, $0 \le x \le \pi$

23. $y = \displaystyle\int_0^x \tan t\, dt$, $0 \le x \le \pi/6$

24. $x = \displaystyle\int_0^y \sqrt{\sec^2 t - 1}\, dt$, $-\pi/3 \le y \le \pi/4$

이론과 예제

25. a. 곡선의 길이를 나타내는 적분[식 (3)]이 다음과 같다.

$$L = \int_1^4 \sqrt{1 + \frac{1}{4x}}\, dx$$

양의 도함수를 가지며 점 (1, 1)을 지나는 곡선을 구하라.

b. 그런 곡선이 몇 개 존재하는가? 그 이유를 설명하라.

25. a. 곡선의 길이를 나타내는 적분[식 (4)]이 다음과 같다.

$$L = \int_1^2 \sqrt{1 + \frac{1}{y^4}}\, dy$$

양의 도함수를 가지며 점 (0, 1)을 지나는 곡선을 구하라.

b. 그런 곡선이 몇 개 존재하는가? 그 이유를 설명하라.

27. $x=0$부터 $x=\pi/4$까지 다음 곡선의 길이를 구하라.

$$y = \int_0^x \sqrt{\cos 2t}\, dt$$

28. 별 모양의 길이 식 $x^{2/3}+y^{2/3}=1$의 그래프는 별 모양을 하고 있기 때문에 성망형이라 불리는 곡선 중 하나이다(주어진 그림 참조). 별 모양의 길이를 제1사분면의 절반 $y=(1-x^{2/3})^{3/2}$, $\sqrt{2}/4 \le x \le 1$의 길이를 구한 후 8배해서 구하라.

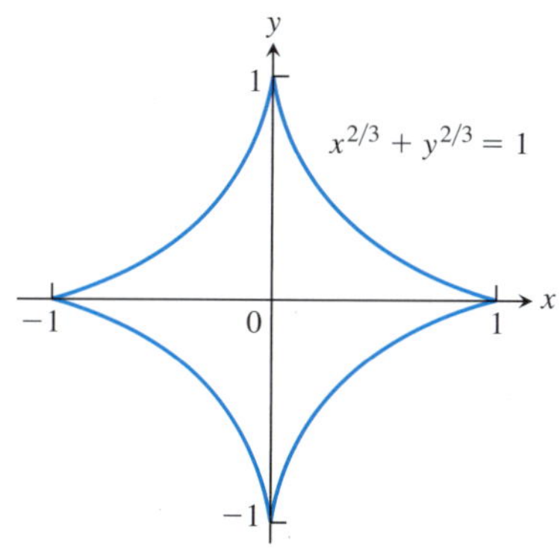

29. 선분의 길이 호의 길이 공식[식 (3)]을 이용하여 선분 $y=3-2x$, $0 \le x \le 2$의 길이를 구하라. 직각삼각형의 빗변임을 이용하여 선분 길이를 구해 답을 확인하라.

30. 원의 둘레 중심이 원점이고 반지름이 r인 원의 둘레를 적분으로 나타내라. 이 적분의 계산 방법은 7.3절에서 배울 것이다.

31. $9x^2=y(y-3)^2$일 때 다음을 보여라.

$$ds^2 = \frac{(y+1)^2}{4y}dy^2$$

32. $4x^2-y^2=64$일 때 다음을 보여라.

$$ds^2 = \frac{4}{y^2}(5x^2-16)\,dx^2$$

33. 구간 $0 \le x \le a$에서 길이가 항상 $\sqrt{2}a$인 매끄러운(도함수가 연속인) 곡선 $y=f(x)$가 존재하는가? 그 이유를 설명하라.

34. 접선 지느러미를 이용하여 곡선의 길이 공식 유도하기 함수 f가 $[a, b]$에서 매끄럽다고 가정하자. 구간 $[a, b]$를 일반적인 방법으로 분할했다고 하자. 각 소구간 $[x_{k-1}, x_k]$에서 점 $(x_{k-1}, f(x_{k-1}))$에 접선 지느러미를 주어진 그림과 같이 구성한다.

a. k번째 구간 $[x_{k-1}, x_k]$에서 접선 지느러미의 길이는 $\sqrt{(\Delta x_k)^2+(f'(x_{k-1})\Delta x_k)^2}$임을 보여라.

b. 곡선 $y=f(x)$의 a부터 b까지의 길이 L이 다음과 같음을 보여라.

$$\lim_{n\to\infty}\sum_{k=1}^{n}(k\text{번째 접선 지느러미의 길이})=\int_a^b\sqrt{1+(f'(x))^2}\,dx$$

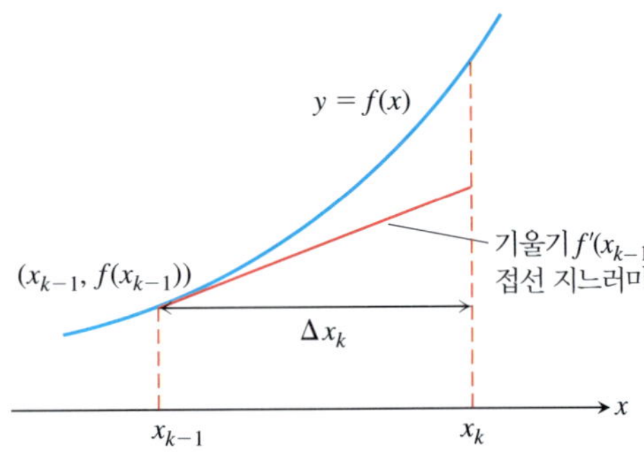

35. 단위원의 제1사분면($\pi/2$까지)의 호의 길이를 $n=4$의 선분으로 근사시킨 다각형(주어진 그림)의 길이를 계산하여 근삿값을 구하라.

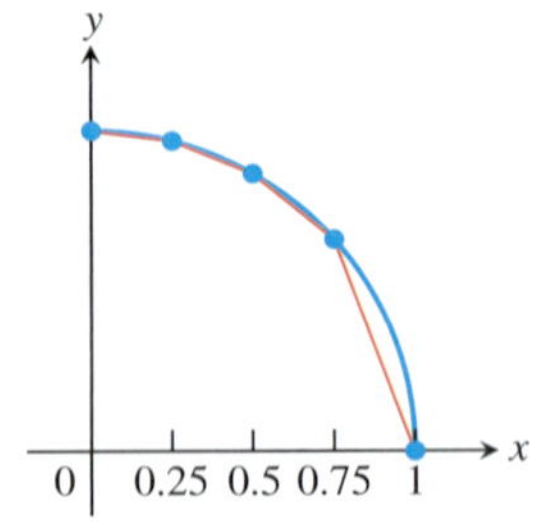

36. 두 점 사이의 길이 직선 $y=mx+b$의 그래프 위의 두 점을 (x_1, y_1)과 (x_2, y_2)라고 하자. 호의 길이 공식[식 (3)]을 이용하여 두 점 사이의 길이를 구하라.

37. 점 (0, 0)을 시작점으로 하여 $f(x)=2x^{3/2}$의 그래프에 대한 호의 길이 함수를 구하라. (0, 0)부터 (1, 2)까지 곡선의 길이는 얼마인가?

38. 점 (0, 1/4)을 시작점으로 하여 연습문제 8의 곡선에 대한 호의 길이 함수를 구하라. (0, 1/4)부터 (1, 59/24)까지 곡선의 길이는 얼마인가?

컴퓨터 탐구

연습문제 39~44에서 닫힌 구간에서 주어진 곡선에 대해 CAS를 이용하여 다음 단계를 수행하라.

a. 구간의 $n=2$, 4, 8개의 분할점에 대해 다각형 경로와 더불어 곡선도 그려라(그림 5.22 참조).

b. 선분의 길이를 합해 곡선 길이의 근삿값을 구하라.

c. 적분을 이용해 곡선의 길이를 구하라. $n=2$, 4, 8에 대해 적분에 의한 실제 길이와 그 근삿값을 비교해보면 어떤가? 그 이유를 설명하라.

39. $f(x) = \sqrt{1-x^2}, \quad -1 \le x \le 1$

40. $f(x) = x^{1/3} + x^{2/3}, \quad 0 \le x \le 2$

41. $f(x) = \sin(\pi x^2), \quad 0 \le x \le \sqrt{2}$

42. $f(x) = x^2 \cos x, \quad 0 \le x \le \pi$

43. $f(x) = \dfrac{x-1}{4x^2+1}, \quad -\dfrac{1}{2} \le x \le 1$

44. $f(x) = x^3 - x^2, \quad -1 \le x \le 1$

5.4 회전면의 넓이

줄넘기를 한다고 할 때 줄은 우리를 중심으로 공간에서 곡면을 만드는데, 이와 유사한 개념이 회전체의 곡면이라 불리는 것이다. 곡면은 회전체의 부피를 감싸고 있고 부피보다는 곡면의 넓이를 구하는 응용 문제가 더 많다. 이 절에서는 회전체 곡면의 넓이를 정의한다. 일반적인 곡면은 14장에서 다룬다.

곡면의 넓이 정의하기

어떤 구간에서 정의된 함수의 그래프에 의해 둘러싸인 평면 영역을 회전시켰을 때, 이 장의 앞에서 보았던 것처럼 회전체를 만든다. 하지만 만약 경계 곡선만을 회전시킨다면 내부가 없고

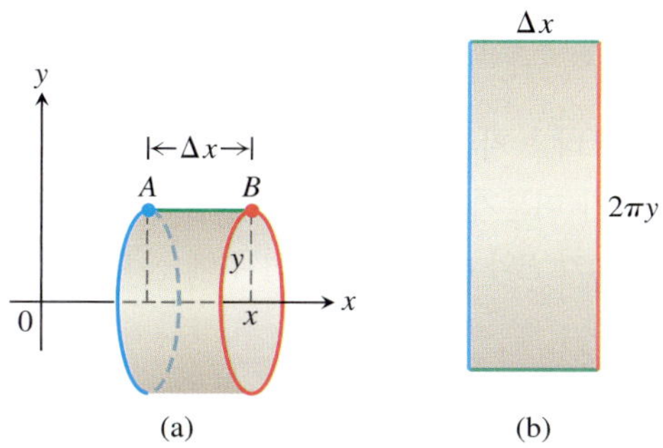

그림 5.28 (a) 길이가 Δx인 수평 선분 AB를 x축 둘레로 회전하여 생긴 원통의 넓이는 $2\pi y \Delta x$이다. (b) 원통면을 잘라서 펼쳐놓은 직사각형.

단지 입체를 둘러싸고 있는 경계 곡면만을 만든다. 앞 절에서 단지 곡선의 길이를 정의하고 계산하는 것에 관심이 있었던 것처럼 여기서는 곡선을 축 둘레로 회전시켜 얻은 곡면의 넓이를 정의하고 계산하는 것에 관심이 있다.

일반적인 곡선을 생각하기에 앞서 회전축인 x축과 평행한 선분과 평행하지 않은 선분의 경우로 나누어 살펴보기로 한다. x축과 평행하고 Δx의 길이를 갖는 선분 AB를 x축 둘레로 회전하면(그림 5.28a), 곡면의 넓이 $2\pi y \Delta x$인 원통이 만들어진다. 이 넓이는 가로가 Δx이고, 세로가 $2\pi y$인 직사각형의 넓이와 같다(그림 5.28b). 이때 $2\pi y$는 선분 AB 상의 한 점 (x, y)를 x축 둘레로 회전해서 생긴 반지름이 y인 원 둘레의 길이이다.

선분 AB의 길이가 L이고, 또한 그 선분이 x축과 평행이 아니라고 가정하자. 이때 선분 AB를 x축 둘레로 회전시키면 원뿔대가 된다(그림 5.29a). 고전 기하학으로부터 원뿔대의 겉넓이는 $2\pi y^* L$이다. 여기서 $y^* = (y_1 + y_2)/2$는 축 위의 선분 AB의 평균 높이이다. 이 넓이는 가로, 세로가 각각 L과 $2\pi y^*$인 직사각형의 넓이와 같다(그림 5.29b).

일반적인 곡선을 x축 둘레로 회전하여 생기는 곡면의 넓이를 정의하기 위해 위에서 언급한 기하학적 원리를 이용하자. 음이 아닌 연속함수 $y = f(x)$, $a \le x \le b$의 그래프를 x축 둘레로 회전하여 생기는 곡면의 넓이에 대한 정의를 살펴보자. 닫힌 구간 $[a, b]$를 항상 사용했던 방법대로 분할하고 분할점을 이용하여 함수의 그래프를 짧은 호로 나눈다. 그림 5.30은 대표적인 호 PQ와 f의 그래프의 일부를 회전하여 생기는 띠를 보여준다.

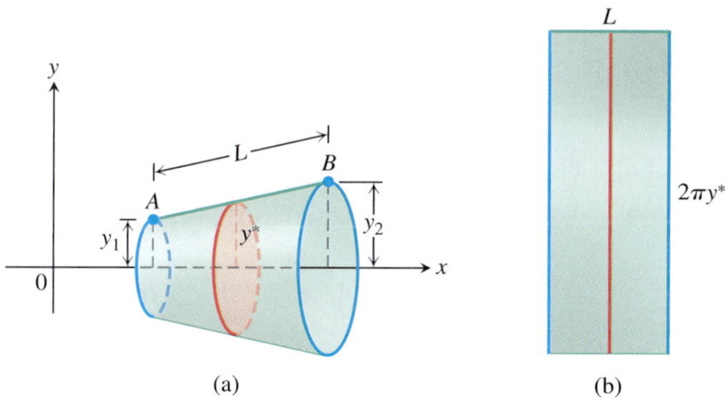

그림 5.29 (a) 길이가 L인 경사진 선분 AB를 x축 둘레로 회전하여 생기는 원뿔대의 넓이는 $2\pi y^*$이다. (b) x축 위의 AB의 평균 높이인 $y^* = \dfrac{y_1 + y_2}{2}$에 대한 직사각형의 넓이.

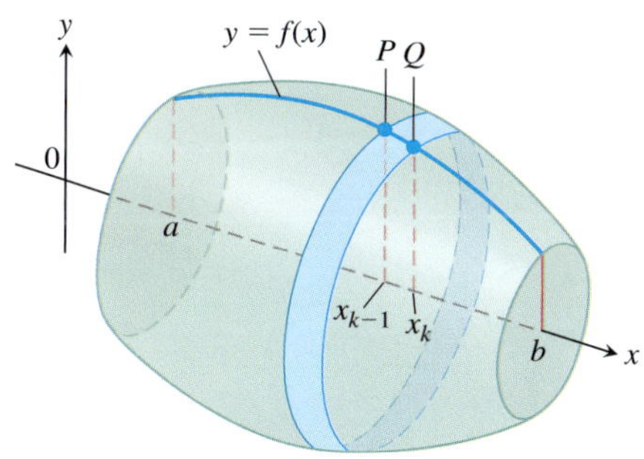

그림 5.30 음이 아닌 함수 $y = f(x)$, $a \le x \le b$의 그래프를 x축 둘레로 회전하여 생기는 곡면. 곡면은 호 PQ를 한 바퀴 회전하여 얻은 것과 같은 띠의 합이다.

호 PQ를 x축 둘레로 회전할 때, 점 P와 Q를 잇는 선분이 회전축이 x축인 원뿔대를 만든다(그림 5.31). 이 원뿔대의 곡면의 넓이는 호 PQ에 의해 만들어지는 띠의 넓이를 근삿값으로 갖는다. 그림 5.31과 같이 원뿔대의 곡면의 넓이는 $2\pi y^* L$이다. 여기서 y^*는 선분 PQ의 평균 높이이고, L은 그 선분의 길이이다(앞에서와 같이). $f \ge 0$이므로 그림 5.32에서와 같이 선분의 평균 높이는 $y^* = (f(x_{k-1}) + f(x_k))/2$이고, 선분의 길이는 $L = \sqrt{(\Delta x_k)^2 + (\Delta y_k)^2}$이다. 그러므로 다음과 같다.

$$
\begin{aligned}
\text{원뿔대의 곡면 넓이} &= 2\pi \cdot \frac{f(x_{k-1}) + f(x_k)}{2} \cdot \sqrt{(\Delta x_k)^2 + (\Delta y_k)^2} \\
&= \pi(f(x_{k-1}) + f(x_k))\sqrt{(\Delta x_k)^2 + (\Delta y_k)^2}
\end{aligned}
$$

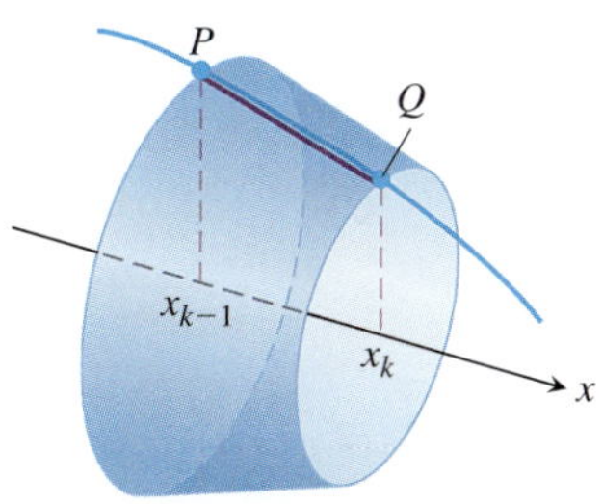

그림 5.31 P와 Q를 연결하는 선분을 x축 둘레로 한 바퀴 회전시키면 원뿔대가 얻어진다.

PQ와 같은 호를 x축 둘레로 회전해서 얻는 띠의 넓이를 합하면 회전하여 얻어지는 곡면의 넓이가 되고, 근삿값은 원뿔대의 합으로 표현되고 다음과 같다.

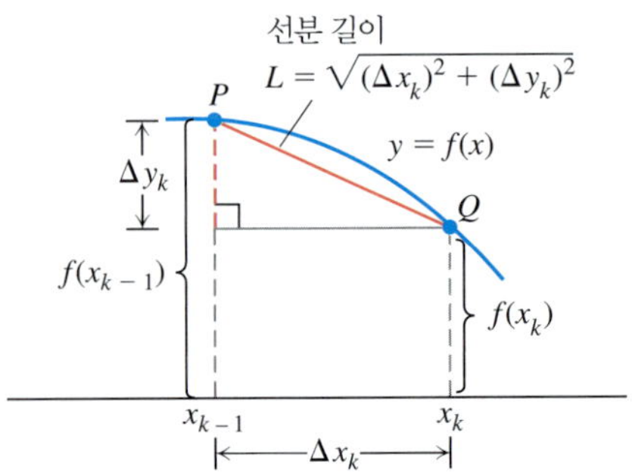

그림 5.32 선분 PQ와 호에 관련된 길이.

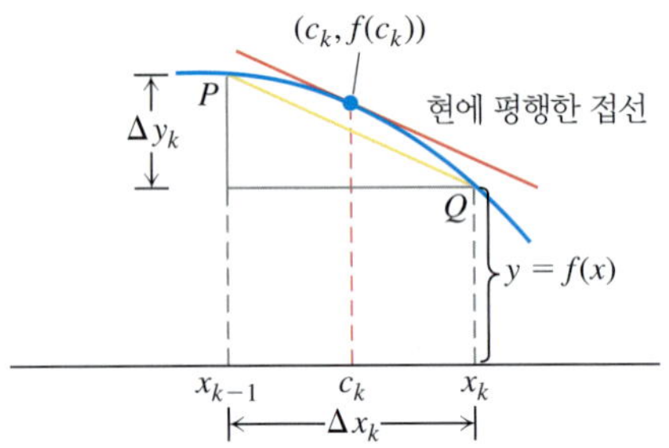

그림 5.33 만약 f가 매끄럽다면, 평균값 정리는 선분 PQ에 평행인 접선을 가지는 점 c_k의 존재성을 보장한다.

$$\sum_{k=1}^{n} \pi(f(x_{k-1}) + f(x_k))\sqrt{(\Delta x_k)^2 + (\Delta y_k)^2} \tag{1}$$

구간 $[a, b]$를 더욱 많이 분할하면 위의 근삿값은 참값에 더욱 가까워진다. 극한을 구하기 위해 먼저 Δy_k를 적절한 값으로 치환할 필요가 있다. 함수 f가 미분가능하다면 평균값 정리에 의해 접선의 기울기가 선분 PQ의 기울기와 같은 점 $(c_k, f(c_k))$가 P와 Q 사이의 곡선 위에 존재한다(그림 5.33). 이 점에서 다음 등식이 성립한다.

$$f'(c_k) = \frac{\Delta y_k}{\Delta x_k}$$
$$\Delta y_k = f'(c_k)\,\Delta x_k$$

Δy_k를 치환하면, 식 (1)의 합은 다음과 같다.

$$\sum_{k=1}^{n} \pi(f(x_{k-1}) + f(x_k))\sqrt{(\Delta x_k)^2 + (f'(c_k)\,\Delta x_k)^2}$$
$$= \sum_{k=1}^{n} \pi(f(x_{k-1}) + f(x_k))\sqrt{1 + (f'(c_k))^2}\,\Delta x_k \tag{2}$$

이 합은 x_{k-1}, x_k, c_k가 같은 점이 아니므로 어떤 함수의 리만 합이 되지 않는다. 그렇지만 $[a, b]$의 분할의 크기가 0에 한없이 가까워지면 x_{k-1}, x_k, c_k는 어느 한 점에 가까워지고 식 (2)의 합은 다음 정적분에 수렴할거라 기대한다(수렴성은 증명 가능하다).

$$\int_a^b 2\pi f(x)\sqrt{1 + (f'(x))^2}\,dx$$

그러므로 a에서 b까지 f의 그래프에 의해 만들어지는 곡면의 넓이를 정적분으로 정의한다.

정의 음이 아닌 함수 $f(x)$가 $[a, b]$에서 연속인 도함수를 가지면, 곡선 $y=f(x)$를 x축 둘레로 회전하여 얻어지는 **곡면의 넓이**(area of the surface)는 다음과 같다.

$$S = \int_a^b 2\pi y\sqrt{1 + \left(\frac{dy}{dx}\right)^2}\,dx = \int_a^b 2\pi f(x)\sqrt{1 + (f'(x))^2}\,dx \tag{3}$$

식 (3)에서의 제곱근은 5.3절의 식 (6)에서 곡선의 호의 길이에 대한 공식에 있는 것과 비슷함에 주목하자.

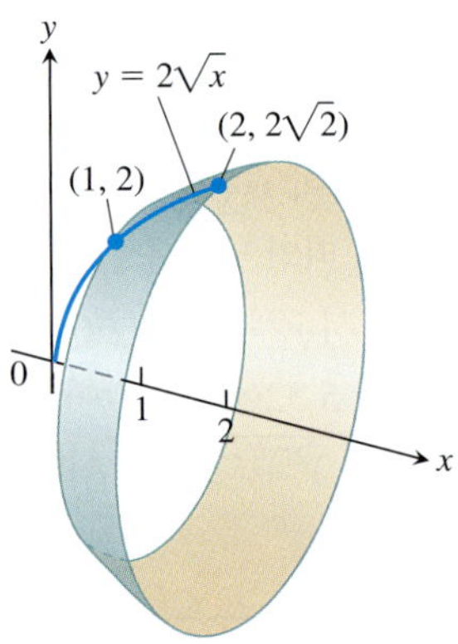

그림 5.34 예제 1에 있는 이 곡면의 넓이를 계산한다.

예제 1 곡선 $y=2\sqrt{x}$, $1 \le x \le 2$를 x축 둘레로 회전하여 얻어지는 곡면의 넓이를 구하라(그림 5.34).

풀이 식 (3)의 공식은 다음과 같다.

$$S = \int_a^b 2\pi y\sqrt{1 + \left(\frac{dy}{dx}\right)^2}\,dx \qquad \text{식 (3)}$$

여기에 다음 식을 대입한다.

$$a = 1, \qquad b = 2, \qquad y = 2\sqrt{x}, \qquad \frac{dy}{dx} = \frac{1}{\sqrt{x}}$$

먼저 계산하기 쉽도록 피적분함수를 다음과 같이 변환한다.

$$\sqrt{1 + \left(\frac{dy}{dx}\right)^2} = \sqrt{1 + \left(\frac{1}{\sqrt{x}}\right)^2} = \sqrt{1 + \frac{1}{x}} = \sqrt{\frac{x+1}{x}} = \frac{\sqrt{x+1}}{\sqrt{x}}$$

이 수식을 대입하면 다음과 같다.

$$S = \int_1^2 2\pi \cdot 2\sqrt{x}\,\frac{\sqrt{x+1}}{\sqrt{x}}\,dx = 4\pi \int_1^2 \sqrt{x+1}\,dx$$
$$= 4\pi \cdot \frac{2}{3}(x+1)^{3/2}\Big]_1^2 = \frac{8\pi}{3}\left(3\sqrt{3} - 2\sqrt{2}\right) \quad ■$$

y축 둘레로 회전

y축 둘레로 회전하여 얻어진 곡면인 경우에는 식 (3)에 x와 y를 서로 바꾸어 대입한다.

> **y축 둘레로 회전하여 얻어진 곡면의 넓이**
>
> 함수 $x=g(y) \geq 0$이 $[c, d]$에서 연속인 도함수를 가지면, 함수 $x=g(y)$의 그래프를 y축 둘레로 회전하여 얻어진 곡면의 넓이는 다음과 같다.
>
> $$S = \int_c^d 2\pi x\sqrt{1 + \left(\frac{dx}{dy}\right)^2}\,dy = \int_c^d 2\pi g(y)\sqrt{1 + (g'(y))^2}\,dy \qquad (4)$$

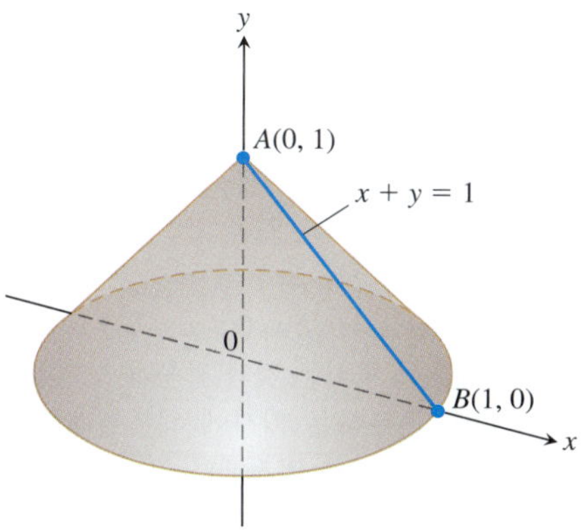

그림 5.35 선분 AB를 y축 둘레로 회전하여 원뿔면이 얻어졌다. 이때 원뿔면의 옆넓이는 두 가지 다른 방법으로 계산할 수 있다(예제 2).

예제 2 선분 $x=1-y$, $0 \leq y \leq 1$을 y축 둘레로 회전하면 그림 5.35와 같은 원뿔면이 생긴다. 원뿔면의 옆넓이(밑넓이 제외)를 구하라.

풀이 먼저 기하학에서 잘 알려진 공식(부채꼴 넓이 공식)을 이용하여 계산한다.

$$\text{옆넓이} = \frac{\text{밑면의 둘레}}{2} \times \text{모선의 길이} = \pi\sqrt{2}$$

식 (4)를 계산하여 같은 값이 되는지를 알아보기 위해 다음 식을 식 (4)에 대입한다.

$$c = 0, \quad d = 1, \quad x = 1 - y, \quad \frac{dx}{dy} = -1$$
$$\sqrt{1 + \left(\frac{dx}{dy}\right)^2} = \sqrt{1 + (-1)^2} = \sqrt{2}$$

그리고 계산하면 다음과 같다.

$$S = \int_c^d 2\pi x\sqrt{1 + \left(\frac{dx}{dy}\right)^2}\,dy = \int_0^1 2\pi(1 - y)\sqrt{2}\,dy$$
$$= 2\pi\sqrt{2}\left[y - \frac{y^2}{2}\right]_0^1 = 2\pi\sqrt{2}\left(1 - \frac{1}{2}\right) = \pi\sqrt{2} \quad ■$$

연습문제 5.4 EXERCISE QUESTION

곡면의 넓이에 대한 적분 구하기

연습문제 1~8에서 다음과 같다.

- **a.** 주어진 곡선을 지시된 축 둘레로 회전하여 생긴 곡면의 넓이를 적분으로 나타내라.
- T **b.** 곡선의 모양이 어떻게 생겼는지 보기 위해 그려라. 가능하다면 곡선의 회전면도 그려라.
- T **c.** 적분 계산 프로그램을 이용해서 곡면의 넓이를 근삿값으로 구하라.

1. $y = \tan x, \quad 0 \leq x \leq \pi/4;$ x축

2. $y = x^2, \quad 0 \leq x \leq 2;$ x축

3. $xy = 1, \quad 1 \leq y \leq 2;$ y축

4. $x = \sin y, \quad 0 \leq y \leq \pi;$ y축

5. $(4, 1)$에서 $(1, 4)$까지 $x^{1/2} + y^{1/2} = 3;$ x축

6. $y + 2\sqrt{y} = x, \quad 1 \leq y \leq 2;$ y축

7. $x = \int_0^y \tan t\,dt, \quad 0 \leq y \leq \pi/3;$ y축

8. $y = \int_1^x \sqrt{t^2 - 1}\,dt, \quad 1 \leq x \leq \sqrt{5};$ x축

곡면의 넓이 구하기

9. 선분 $y=x/2$, $0 \leq x \leq 4$를 x축 둘레로 회전하여 얻어지는 원뿔면의 옆넓이를 구하라. 기하학 공식을 이용하여 답을 검산하라.

$$\text{옆넓이} = \frac{\text{밑면의 둘레}}{2} \times \text{모선의 길이}$$

10. 선분 $y=x/2$, $0 \le x \le 4$를 y축 둘레로 회전하여 얻어지는 원뿔면의 옆넓이를 구하라. 연습문제 9에 있는 기하학 공식을 이용하여 답을 검산하라.

11. 선분 $y=(x/2)+(1/2)$, $1 \le x \le 3$을 x축 둘레로 회전하여 얻어지는 원뿔대의 넓이를 구하라. 다음 기하학 공식을 이용하여 답을 검산하라.

$$\text{원뿔대의 넓이} = \pi(y_1 + y_2) \times \text{모선의 길이}$$

12. 선분 $y=(x/2)+(1/2)$, $1 \le x \le 3$을 y축 둘레로 회전하여 얻어지는 원뿔대의 넓이를 구하라. 연습문제 11에 있는 기하학 공식을 이용하여 답을 검산하라.

연습문제 13~23에서 지시된 축 둘레로 회전하여 얻어지는 곡면의 넓이를 구하라. 만약 그래프를 그리는 소프트웨어가 있다면, 곡선이 어떻게 생겼는지 모양을 알기 위해 그것을 그려도 좋다.

13. $y = x^3/9$, $0 \le x \le 2$; x축

14. $y = \sqrt{x}$, $3/4 \le x \le 15/4$; x축

15. $y = \sqrt{2x - x^2}$, $0.5 \le x \le 1.5$; x축

16. $y = \sqrt{x+1}$, $1 \le x \le 5$; x축

17. $x = y^3/3$, $0 \le y \le 1$; y축

18. $x = (1/3)y^{3/2} - y^{1/2}$, $1 \le y \le 3$; y축

19. $x = 2\sqrt{4-y}$, $0 \le y \le 15/4$; y축

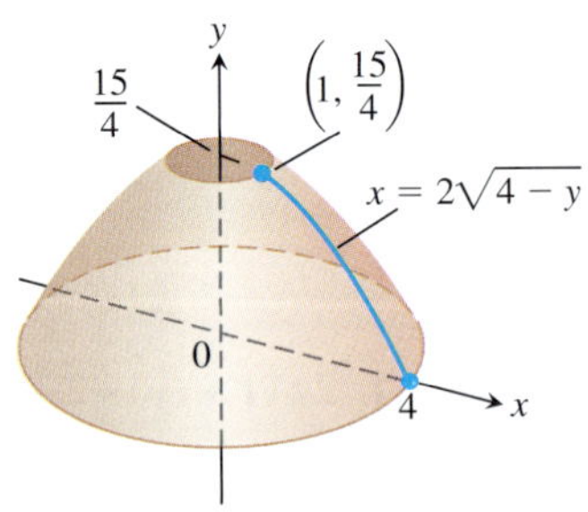

20. $x = \sqrt{2y-1}$, $5/8 \le y \le 1$; y축

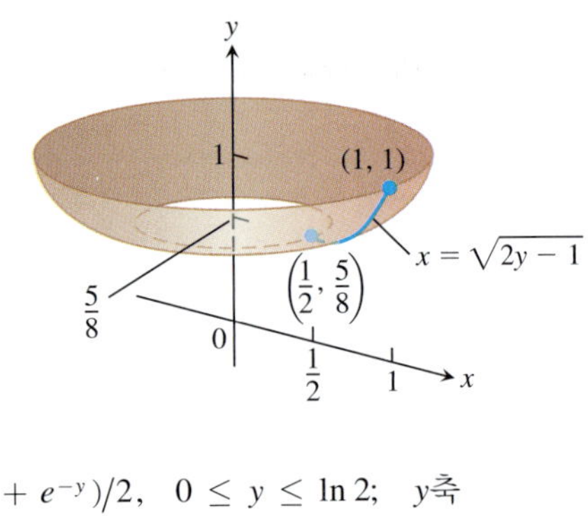

21. $x = (e^y + e^{-y})/2$, $0 \le y \le \ln 2$; y축

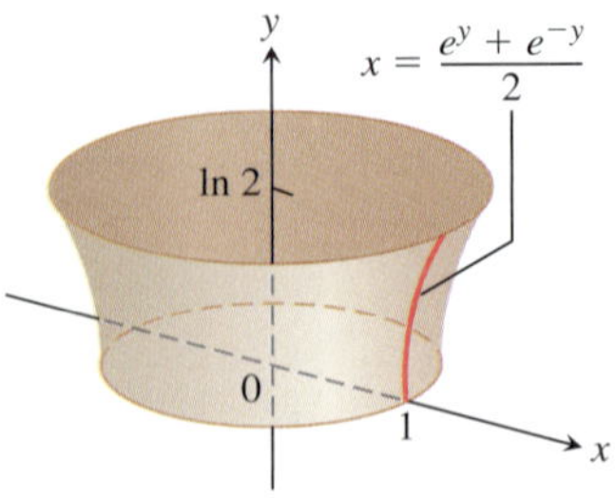

22. $y=(1/3)(x^2+2)^{3/2}$, $0 \le x \le \sqrt{2}$; y축
[힌트: $ds = \sqrt{dx^2 + dy^2}$를 dx에 관해 나타내고, 적절한 적분 구간을 택해 적분 $S=\int 2\pi x\, ds$를 구하라.]

23. $x=(y^4/4)+1/(8y^2)$, $1 \le y \le 2$; x축
[힌트: $ds = \sqrt{dx^2 + dy^2}$를 dy에 관해 나타내고, 적절한 적분 구간을 택해 적분 $S=\int 2\pi y\, ds$를 구하라.]

24. 곡선 $y=\cos x$, $-\pi/2 \le x \le \pi/2$를 x축 둘레로 회전하여 생기는 곡면의 넓이를 정적분으로 나타내라. 8.3절에서 이런 정적분의 값을 구하는 방법을 살펴볼 것이다.

25. 새로운 정의 시험하기 식 (3)을 이용하여 곡선 $y=\sqrt{a^2-x^2}$, $-a \le x \le a$를 x축 둘레로 회전하여 얻어지는 곡면의 넓이를 구하면, 반지름이 a인 구의 넓이인 $4\pi a^2$임을 보여라.

26. 새로운 정의 시험하기 밑변의 반지름이 r이고 높이가 h인 원뿔면의 옆넓이는 밑변 둘레 길이의 반과 모선의 길이의 곱으로 $\pi r\sqrt{r^2+h^2}$이 된다. 이것 역시 선분 $y=(r/h)x$, $0 \le x \le h$를 x축 둘레로 회전하여 생기는 곡면의 넓이를 구하는 것과 같음을 보여라.

T **27. 에나멜로 냄비 도금하기** 당신이 근무하는 회사에서는 설계했던 호화로운 느낌의 그릇 제품을 생산하기로 결정했다. 계획은 그릇의 안쪽 면은 흰색 에나멜을 입히고 바깥 면은 파란색 에나멜로 입힐 예정이다. 그릇에 각 에나멜을 0.5 mm 두께로 분무한 뒤에 말리게 될 것이다(주어진 그림 참조). 당신 회사의 생산 부서에서 5000개의 제품을 만드는 데 에나멜의 양이 얼마나 필요한지를 알아내려고 한다. 두 색의 에나멜의 양이 각각 얼마나 필요한가? (헛되이 버려진 양과 사용되지 않은 재료는 무시하라. 그리고 답을 리터 단위로 써라. 1 cm³ = 1 mL, 1 L = 1000 cm³임을 상기하라.)

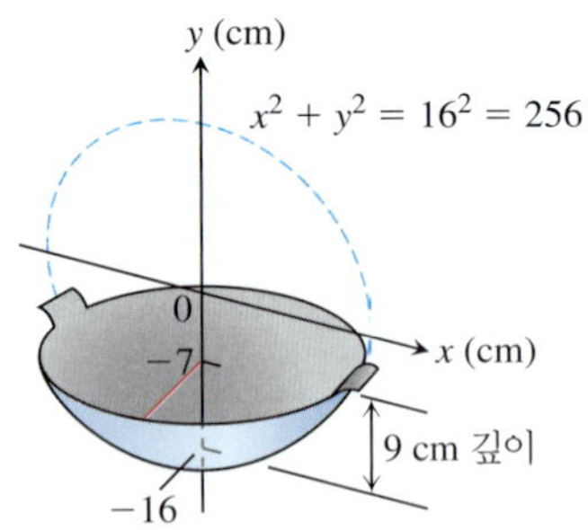

28. 미국 몬태나 주의 보제만에 있는 미국 국립기상청이 운영하는 가옥형 레이더는 30 m의 돔 모양이고 돔의 개략도가 아래에 있다.

a. 돔의 외부 표면에 칠해야 할 페인트의 양은 얼마인가(바닥은 포함하지 않음)?

T **b.** 그에 대한 답으로 가장 가까운 정수 값을 m^2 단위로 표기하여 구하라.

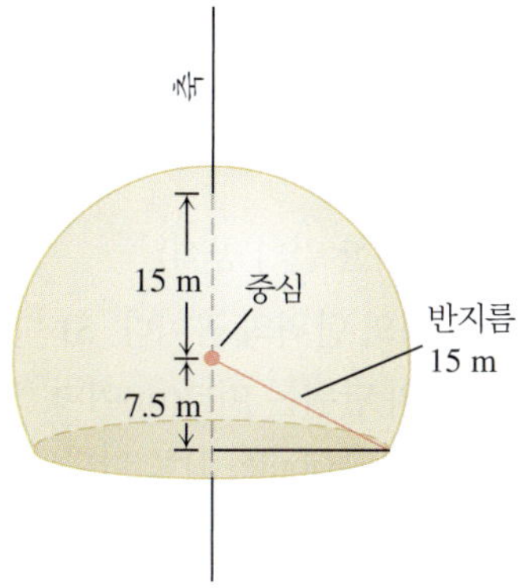

29. 주어진 그림에서와 같이 색칠된 띠는 길이가 h 단위만큼 떨어지고 x축에 수직인 평행한 두 평면에 의해 반지름이 R인 구면을 자른 부분이다. 띠의 넓이는 $2\pi Rh$임을 보여라.

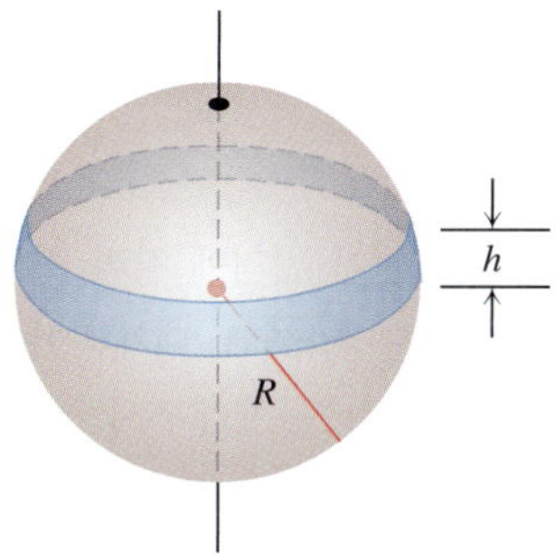

30. 빵을 얇게 자르기 공 모양의 빵을 일정한 두께로 얇게 잘라 얻은 각 빵조각은 껍질의 넓이가 모두 같다는 것을 아는가? 그 이유를 알기 위해 주어진 그림에서와 같은 반원 $y=\sqrt{r^2-x^2}$을 x축 둘레로 회전하여 구면을 만들자. 그리고 AB를 x축 상의 길이가 h인 구간의 위쪽에 놓여 있는 반원의 호라 놓자. 호 AB를 한 바퀴 회전하여 생기는 회전면의 넓이는 구간의 위치에는 변하지 않는다는 것을 보여라(넓이는 구간의 길이 h에만 의존한다).

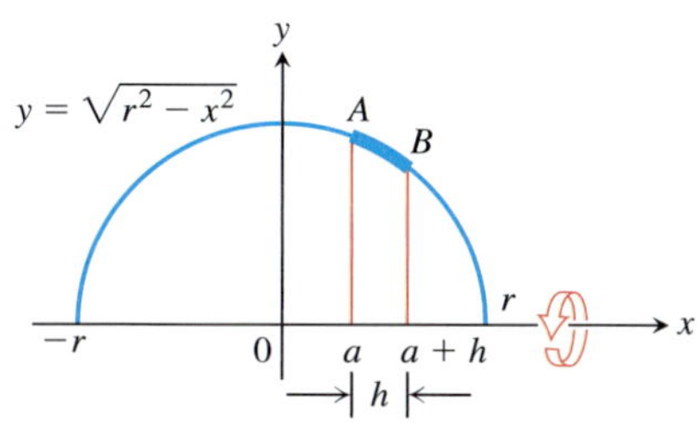

31. 곡면 넓이 공식의 다른 방식의 설명 함수 f가 $[a, b]$에서 매끄러운 함수라 하고 구간 $[a, b]$를 항상 하던 방법으로 분할했다고 하자. k번째 소구간 $[x_{k-1}, x_k]$에서 주어진 그림과 같이 중간점 $m_k=(x_{k-1}+x_k)/2$에서 곡선의 접선을 그린다.

a. $r_1 = f(m_k) - f'(m_k)\dfrac{\Delta x_k}{2}$이고 $r_2 = f(m_k)+f'(m_k)\dfrac{\Delta x_k}{2}$임을 보여라.

b. k번째 소구간에서 접선의 길이 L_k가 $\sqrt{(\Delta x_k)^2+(f'(m_k)\Delta x_k)^2}$임을 보여라.

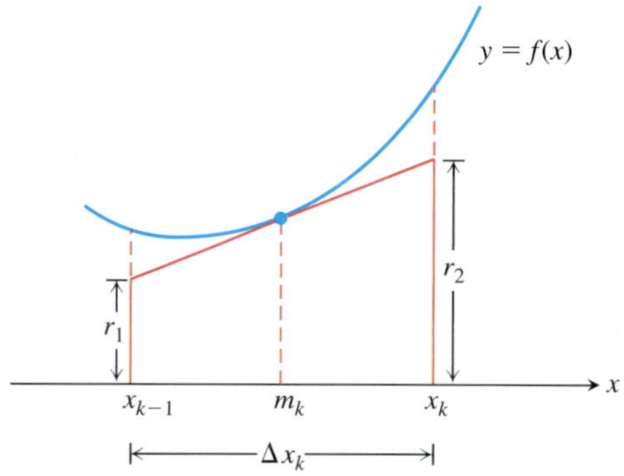

c. 접선 선분을 x축 둘레로 회전하여 얻은 원뿔대의 옆면의 넓이는 $2\pi f(m_k)\sqrt{1+(f'(m_k))^2}\ \Delta x_k$임을 보여라.

d. 구간 $[a, b]$에서 곡선 $y=f(x)$를 x축 둘레로 회전하여 얻은 곡면의 넓이는 다음과 같음을 보여라.

$$\lim_{n\to\infty}\sum_{k=1}^{n}\left(\begin{array}{c}k\text{번째 원뿔대의}\\ \text{옆면 넓이}\end{array}\right) = \int_a^b 2\pi f(x)\sqrt{1+(f'(x))^2}\,dx$$

32. 별 모양(성망형) 곡면 주어진 그림과 같은 별 모양 곡선의 한 부분을 x축 둘레로 회전하여 얻은 곡면의 넓이를 구하라. [힌트: 제1사분면의 곡선의 일부인 $y=(1-x^{2/3})^{3/2}$, $0\le x\le 1$을 회전하라. 그리고 구한 넓이에 2를 곱하라.]

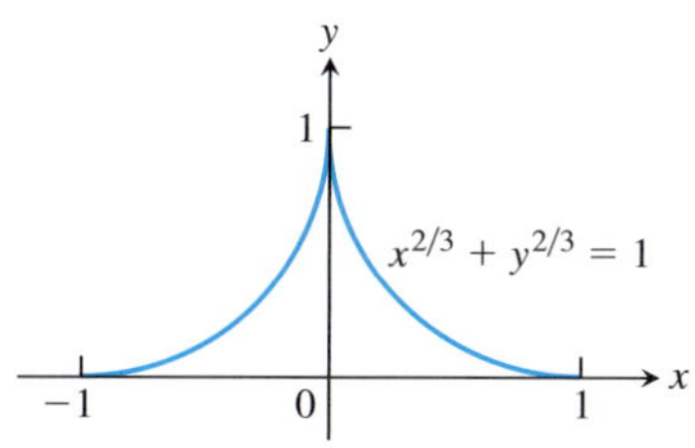

5.5 일과 유체 힘

일상생활에서 일이라는 것은 물리적 혹은 정신적 노동을 요구하는 활동을 의미한다. 그러나 과학에서 일이란 물체에 작용하는 힘과 물체의 이동 거리를 특별한 방법으로 표현하는 용어이다. 이 절은 일을 계산하는 방법을 보인다. 일은 철도차량 스프링에 압력을 가하고, 지하의 탱크를 비우는 것부터 아원자 입자를 강제로 충돌시키고, 인공위성을 궤도에 쏘아 올리는 것까지 응용된다.

일정한 힘에 의해 행해진 일

일정한 힘 F가 물체에 작용하여 힘의 방향과 평행하게 직선운동을 하며 이동된 거리가 d일 때 물체에 의해 행해진 **일**(work) W는 다음과 같다.

$$W = Fd \qquad \text{(일정한 힘에 의한 일의 공식)} \tag{1}$$

식 (1)로부터 물리학에서 일의 단위는 거리 단위와 힘의 단위의 곱이다. SI 단위(SI는 국제단위계를 나타낸다)에서 힘의 단위는 뉴턴(N)이고, 거리의 단위는 미터(m)이며, 일의 단위는 뉴턴-미터(N · m)이다. 이 합성 기호는 가끔 특별한 명칭인 **줄**(joule, J)로 나타낸다. 해수면에서 중력가속도를 9.8 m/s^{2}이라 하면, 1 kg을 1 m 들어올리는 데 9.8줄의 일이 요구된다. 이는 1 kg에 행사한 9.8 N의 힘에 이동거리인 1 m를 곱한 것임을 알 수 있다.

줄(Joules)
약자로 J이고, "jewel"로 발음되는 줄은 영국의 물리학자 줄(James Prescott Joule, 1818~1889)의 이름에서 따온 것이다. 그것을 정의하는 관계식은 다음과 같다.

1줄 = (1뉴턴)(1미터)

기호로는 1 J = 1 N · m이다.

예제 1 타이어를 갈아 끼우기 위해 1000 kg인 차의 한쪽 측면을 35 cm를 들어 올린다면 수직으로 5000 N만큼의 힘을 작용시켜야 한다(자동차 잭의 기계적인 장점으로 실제 잭에 가해지는 힘은 150 N이다). 이때 차에 행해진 일의 총량은 5000 × 0.35 = 1750줄이다. ■

직선을 따라 일정하지 않은 힘에 의해 행해진 일

용수철을 늘이거나 압축하고 있을 때와 같이 만약 당신이 위치에 따라 가하는 힘이 일정하지 않다면, 일의 공식 $W=Fd$은 F의 변동을 반영하는 적분 공식으로 대체되어야 한다.

일을 행하는 힘은 직선(여기서는 x축)을 따라 움직이는 물체에 작용한다고 가정하자. 힘의 크기가 물체의 위치 x에 따라 변하는 연속함수라 가정하자. $x=a$부터 $x=b$까지 이르는 구간에서 행해진 일의 양을 구하고자 한다. 먼저 $[a, b]$를 소구간 $[x_{k-1}, x_k]$으로 분할하고, 각 소구간 $[x_{k-1}, x_k]$에 속하는 c_k를 임의로 선택하자. 이때 소구간의 길이를 충분히 작게 잡으면 F가 연속이므로 x_{k-1}부터 x_k까지 F의 변동은 매우 작게 된다. 소구간에서 행해진 일은 F가 일정하고 식 (1)을 적용하는 때와 같이 대략적으로 힘 $F(c_k)$ 곱하기 거리 Δx_k이다. 그러므로 a부터 b까지 행해진 전체 일은 리만 합으로 표현된다.

$$\text{일} \approx \sum_{k=1}^{n} F(c_k)\,\Delta x_k$$

분할의 크기가 0에 가까워질수록 근삿값은 참값에 가까워질 것이며, 따라서 a부터 b까지 힘에 의해 행해진 일을 a부터 b까지 적분으로 정의한다.

$$\lim_{n\to\infty} \sum_{k=1}^{n} F(c_k)\,\Delta x_k = \int_a^b F(x)\,dx$$

정의 $x=a$부터 $x=b$까지 x축을 따라 작용하는 일정하지 않은 힘 $F(x)$에 의해 행해진 **일**은 다음과 같다.

$$W = \int_a^b F(x)\,dx \tag{2}$$

만약 F의 단위가 뉴턴(N)이고, x의 단위가 미터(m)이면 적분의 단위는 줄(J)이다. 그래서 $x=1$부터 $x=10$ m까지 x축을 따라 $F(x)=1/x^2$의 힘에 의해 행해진 일은 다음과 같다.

$$W = \int_1^{10} \frac{1}{x^2}\,dx = -\frac{1}{x}\bigg]_1^{10} = -\frac{1}{10} + 1 = 0.9\text{ J}$$

용수철에 대한 훅의 법칙 $F = kx$

용수철을 늘이거나 압축할 때 요구되는 일을 구할 때 계산이 필요하다. **훅의 법칙**(Hooke's law)에 의하면 본래(압축되지 않은 상태)의 길이를 x만큼 늘이거나 압축하거나 할 때 용수철에 작용하는 힘은 x에 비례한다. 기호로는 다음과 같이 표현한다.

$$F = kx \tag{3}$$

상수 k는 용수철의 **탄성계수**(force constant) 또는 **용수철 상수**(spring constant)라는 용수철의 특성으로 단위길이당 힘의 단위로 측정된다. 식 (3)의 훅의 법칙은 힘이 용수철의 금속을 변형하지 않는 한 유용하게 사용된다. 이 절에서는 용수철에 작용하는 힘이 용수철을 망가뜨리지 못할 정도로 아주 작다고 가정한다.

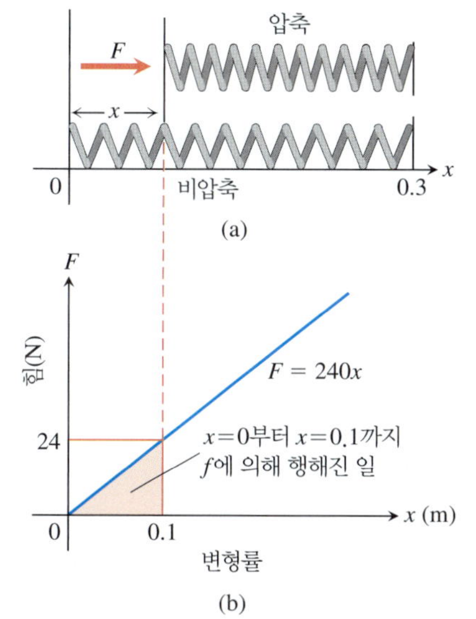

그림 5.36 용수철이 압축할 때 필요한 힘 F로 용수철이 압축됨에 따라 선형적으로 증가한다(예제 2).

예제 2 탄성계수가 $k = 240$ N/m일 때, 본래의 길이가 30 cm인 것을 20 cm가 되게 압축시키는 데 필요한 일을 구하라.

풀이 원점에 움직일 수 있는 용수철의 끝점을 놓고, 고정된 끝이 $x = 0.3$ m인 지점에 있는 x축을 따라 압축되지 않은 용수철을 그려보자(그림 5.36). 이것은 공식 $F = 240x$로 용수철을 0부터 x까지 압축하는 데 필요한 힘을 설명하는 것을 가능하게 한다. 용수철을 0부터 0.1 m까지 압축하기 위해 힘을 다음과 같이 증가해야 한다.

$$F(0) = 240 \cdot 0 = 0 \text{ N부터} \qquad F(0.1) = 240 \cdot 0.1 = 24 \text{ N}$$

이 구간에서 행해진 일은 다음과 같다.

$$W = \int_0^{0.1} 240x\,dx = 120x^2 \Big]_0^{0.1} = 1.2 \text{ J}$$

식 (2)에서 $a = 0$, $b = 0.1$, $F(x) = 240x$ ■

예제 3 힘이 가해지지 않은 자연 상태의 길이가 1 m인 용수철이 있다. 용수철에 24 N 힘에 의해 용수철의 길이가 1.8 m로 늘어났다.

(a) 탄성계수 k를 구하라.

(b) 자연 상태의 용수철 길이에서 3 m까지 늘였을 때 행해진 일을 구하라.

(c) 용수철에 45 N 힘을 가하면 용수철의 길이는 얼마나 늘어나는가?

풀이

(a) 탄성계수: 식 (3)으로부터 탄성계수를 구한다. 24 N의 무게로 0.8 m를 늘였기 때문에 다음 식으로 구해진다.

$$24 = k(0.8) \qquad \text{식 (3)에 } F = 24,\ x = 0.8$$
$$k = 24/0.8 = 30 \text{ N/m}$$

(b) 2 m 늘였을 때 행해진 일: 용수철을 매달아 아래 끝이 $x = 0$에 위치하도록 하고 x축을 따라 정지 상태로 매달려 있다(그림 5.37). 용수철을 본래의 길이보다 x m 늘어나게 하는 힘은 원점에 있는 용수철 끝을 수직으로 끌어내리는 힘과 같다. $k = 30$일 때 훅의 법칙은 힘이 다음과 같음을 말해준다.

$$F(x) = 30x$$

$x = 0$부터 $x = 2$까지 늘릴 때 작용한 힘에 의해 한 일은 다음과 같다.

$$W = \int_0^2 30x\,dx = 15x^2 \Big]_0^2 = 60 \text{ J}$$

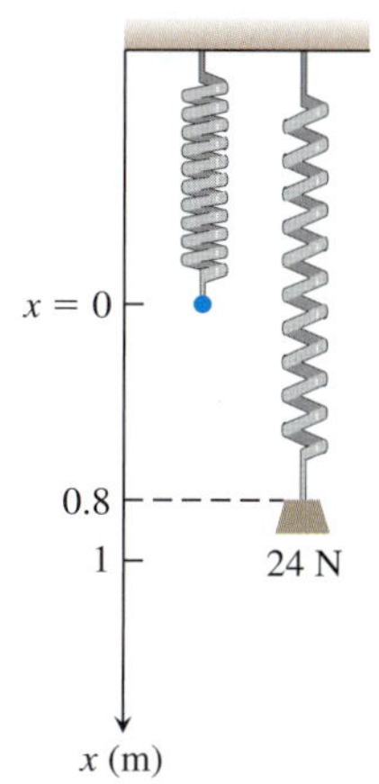

그림 5.37 24 N의 무게는 용수철의 본래 길이보다 0.8 m 늘어나게 한다(예제 3).

(c) 45 N 무게는 용수철의 길이를 얼마나 늘일 수 있는가? 방정식 $F = 30x$에 $F = 45$를 대입하면 다음과 같다.

$$45 = 30x \qquad \text{또는} \qquad x = 1.5 \text{ m}$$

따라서 45 N은 용수철 길이를 1.5 m 늘어나게 한다. ■

물체 끌어올리기와 용기에서 액체 퍼올리기

일을 구하는 정적분은 물체를 끌어올릴 때 위치에 따라 무게가 변하는 경우에 행해진 일을 계산하는 데 유용하다.

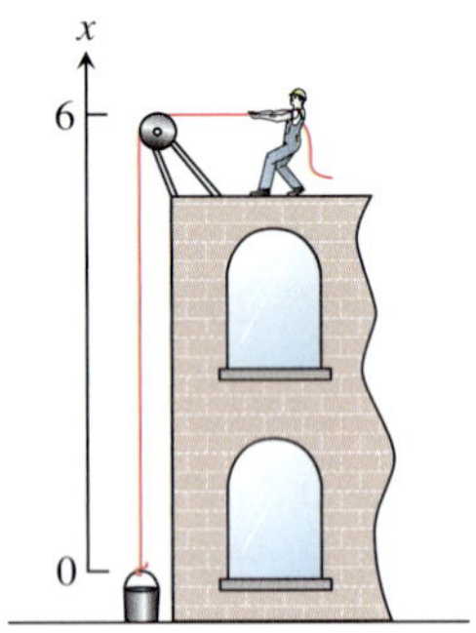

그림 5.38 예제 4에서 양동이 끌어올리기.

예제 4 2 kg의 양동이가 일정한 속력으로 지상에서 공중으로 로프에 의해 6 m 들어올려졌다(그림 5.38). 단위길이당 로프 무게는 0.1 kg/m이다. 양동이와 로프를 들어올리는 데 얼마만큼 일이 필요한가?

풀이 양동이의 무게는 일정하고, 따라서 양동이에 행해진 일은 다음과 같다.

$$\text{무게} \times \text{거리} = 2 \cdot 9.8 \cdot 6 = 117.6 \text{ J}$$

로프의 무게는 양동이의 위치에 따라 변한다. 왜냐하면 로프 길이가 들어올려진 만큼 짧아지기 때문이다. 양동이가 x m 들어올려져 있을 때 로프의 남아 있는 부분의 무게가 후에 끌어올려야 할 로프의 무게 $(0.1)(6-x)(9.8)$ N이다. 그러므로 로프를 끌어올리는 데 행해진 일은 다음과 같다.

$$\begin{aligned}\text{로프를 끌어올리는 데 행해진 일의 양} &= \int_0^6 (0.98)(6-x)\,dx = \int_0^6 (5.88 - 0.98x)\,dx \\ &= \Big[5.88x - 0.49x^2\Big]_0^6 = 35.28 - 17.64 = 17.64 \text{ J}\end{aligned}$$

양동이와 로프를 합쳐 행해진 전체 일은 다음과 같다.

$$117.6 + 17.64 = 135.24 \text{ J}$$ ■

용기에서 액체의 전부 또는 일부를 퍼내는 데 얼마의 일이 필요한가? 기술자는 물이나 어떤 액체를 한 곳에서 다른 곳으로 옮기려면 적절한 펌프를 설치하거나, 비용을 계산하기 위해 답을 알아야 할 필요가 있다. 일의 양을 알아내기 위해 매번 얇은 수평판만큼 액체를 퍼내고 이 판에 $W=Fd$를 적용한다고 상상해보자. 다음에 얇은 조각의 두께를 더 얇게 하여 조각의 개수가 많아질수록 일의 합은 적분이 된다.

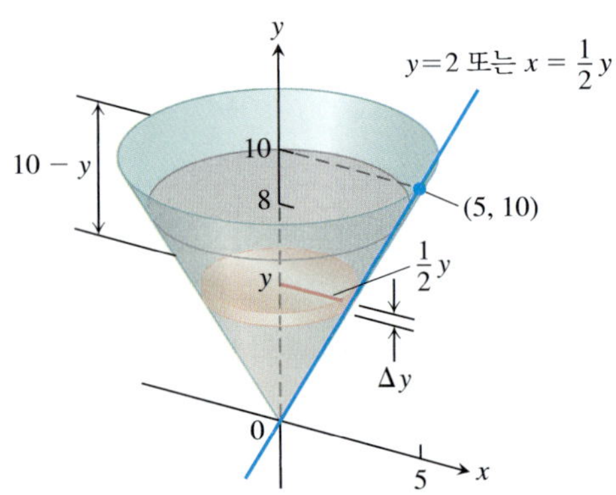

그림 5.39 예제 5에서 올리브 기름과 탱크.

예제 5 그림 5.39에서 원뿔형 탱크에 질량-밀도가 0.9 g/cm^3 또는 무게-밀도 8820 N/m^{3}인 올리브 기름을 탱크의 테두리에서 2 m 아래까지 채워져 있다고 한다. 기름을 탱크의 가장자리까지 끌어올리는 데 행해진 일은 얼마인가? [역자주: 1 g/cm^3 = 1000 kg/m^{3}이고, 1 kg/m^{3}은 9.8 N/m^{3}이다.]

풀이 기름을 구간 [0, 8]의 분할점을 지나고 y축에 수직인 평면으로 잘라서 생긴 얇은 조각으로 나누어 생각하자.

대표적인 점 y와 $y+\Delta y$를 지나는 두 평면 사이의 조각은 대략 부피가 다음과 같다.

$$\Delta V = \pi(\text{반지름})^2(\text{두께}) = \pi\left(\frac{1}{2}y\right)^2 \Delta y = \frac{\pi}{4}y^2\,\Delta y \text{ m}^3$$

조각을 끌어올리는 데 드는 힘 $F(y)$는 무게와 같다.

$$F(y) = 8820\,\Delta V = \frac{8820\pi}{4}y^2\,\Delta y \text{ N} \qquad \text{무게} = (\text{단위부피당 무게}) \times \text{부피}$$

조각에서 원뿔형 탱크의 테두리까지 힘 $F(y)$가 작용하는 거리는 약 $(10-y)$ m이다. 그러므로 얇은 조각을 끌어올리는 데 한 일은 다음과 같다.

$$\Delta W = \frac{8820\pi}{4}(10 - y)y^2 \, \Delta y \text{ J}$$

구간 [0, 8]의 분할에 대응하는 n개의 조각이 존재한다고 가정하고, 평면 $y = y_k$는 두께가 Δy_k인 k번째 얇은 조각에 대응하는 평면을 나타낸다고 가정하자. 그러면 조각을 끌어올리는 데 행해진 일은 다음과 같은 리만 합으로 근사할 수 있다.

$$W \approx \sum_{k=1}^{n} \frac{8820\pi}{4}(10 - y_k)y_k^2 \, \Delta y_k \text{ J}$$

테두리까지 기름을 끌어올리는 데 행해진 일은 분할의 크기(노름) 0에 가까워지도록 하는 리만 합의 극한이다. 따라서 구하고자 일의 양은 다음과 같다.

$$\begin{aligned} W &= \lim_{n\to\infty} \sum_{k=1}^{n} \frac{8820\pi}{4}(10 - y_k)y_k^2 \, \Delta y_k = \int_0^8 \frac{8820\pi}{4}(10 - y)y^2 \, dy \\ &= \frac{8820\pi}{4} \int_0^8 (10y^2 - y^3) \, dy \\ &= \frac{8820\pi}{4}\left[\frac{10y^3}{3} - \frac{y^4}{4}\right]_0^8 \approx 4{,}728{,}977 \text{ J} \end{aligned}$$

유체 압력과 힘

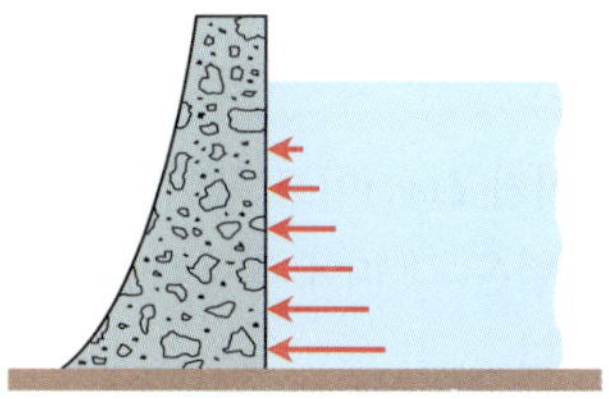

그림 5.40 가중되는 압력을 견디기 위해 댐은 아래로 내려갈수록 두껍게 건설된다.

댐에 가해지는 압력은 깊을수록 증가하기 때문에 댐은 꼭대기 부분(그림 5.40)보다 아래 부분을 더 두껍게 건설한다. 댐 표면의 한 지점에서 받는 압력은 오로지 그 점이 수면보다 얼마나 아래에 있는지에만 따라 결정되고, 그 점에서 댐의 표면이 얼마나 경사져 있는지에는 의존하지 않는다. 수면 아래 h m가 되는 지점에서의 압력은 m^2당 N으로 항상 $9800h$이다. 여기서 수 9800은 m^3당 N (뉴턴)으로 물의 무게밀도이다. 유체면 아래 h m가 되는 지점의 압력은 유체의 무게-밀도와 h의 곱이다.

무게-밀도

유체의 무게-밀도는 단위부피당 유체의 무게이다. 대표적인 값(N/m^3)은 다음과 같다.

가솔린	6600
수은	133,000
우유	10,100
당밀	15,700
올리브 기름	8820
바닷물	10,050
물	9800

압력-깊이 방정식

정지 상태에 있는 유체 속에서 깊이가 h인 지점에서의 압력 p는 유체의 무게-밀도 w와 h의 곱이다.

$$p = wh \tag{4}$$

평평하고 수평인 밑면을 가진 유체를 담을 수 있는 용기가 있다. 밑면에 작용하는 유체에 의해 가해지는 전체 힘은 그 밑넓이와 밑면에 가해진 압력을 곱해서 계산된다. 전체 힘은 단위넓이당 힘(압력)에 넓이를 곱한 것과 같기 때문에 계산할 수 있다(그림 5.41). 만약 F, p, A가 각각 전체 힘, 압력, 넓이라면 다음과 같은 등식이 성립한다.

$$\begin{aligned} F &= \text{전체 힘} = \text{단위넓이당 힘} \times \text{넓이} \\ &= \text{압력} \times \text{넓이} = pA \qquad \text{식 (4)로부터 } p = wh \\ &= whA \end{aligned}$$

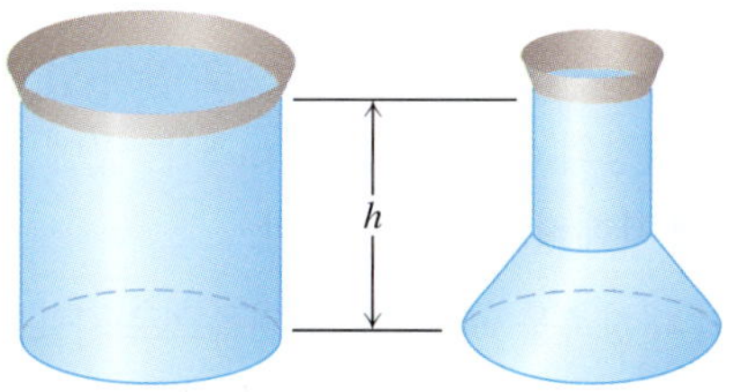

그림 5.41 같은 밑넓이를 가진 두 용기에 같은 깊이가 되도록 물이 담겨 있다. 그러므로 전체 힘은 각 용기의 밑바닥에서는 같다. 용기들의 모양은 여기서 중요하지 않다.

일정한 깊이에서 곡면 위에 작용하는 유체의 힘

$$F = pA = whA \tag{5}$$

예를 들어 물의 무게-밀도는 9800 N/m^3이다. 그러므로 넓이가 3×6 m이고, 깊이가 1 m인 직사각형 수영장의 밑바닥에 작용하는 유체의 힘은 다음과 같다.

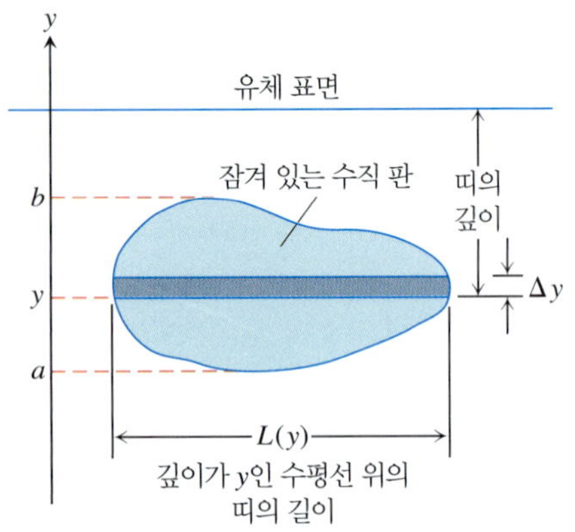

그림 5.42 얇고 평탄한 수평 띠의 한 면에 작용하는 유체에 의해 가해지는 힘은 대략 다음과 같다.

$$\Delta F = \text{압력} \times \text{넓이} = w \times (\text{띠의 깊이}) \times L(y)\Delta y$$

$$\begin{aligned} F &= whA = (9800\ \text{N/m}^3)(1\ \text{m})(3 \cdot 6\ \text{m}^2) \\ &= 176{,}400\ \text{N} \end{aligned}$$

방금 살펴본 수영장 바닥에서 전체 힘처럼 수평으로 잠겨 있는 평평한 판에 대해 유체의 압력으로 인해 그 판 윗면에 작용하는 아래로 향하는 힘은 식 (5)에 의해 주어진다. 그러나 판이 수직으로 잠겨 있다면 작용하는 압력은 깊이가 다르면 압력도 다르므로, 식 (5)는 수직인 경우에 더 이상 사용할 수가 없다(h가 변하기 때문이다).

무게 밀도가 w인 유체 속에 잠겨 있는 수직인 판의 한 면에 작용하는 유체에 의해 가해지는 힘을 알고 싶다고 가정하자. 그것을 구하기 위해 판이 xy평면에서 $y=a$부터 $y=b$ 사이 영역에 있다고 하자(그림 5.42). 항상 하던 방법으로 $[a, b]$를 분할하고 분할 점을 지나고 y축에 수직인 평면으로 영역을 얇은 띠들로 나누었다고 하자. y에서 $y+\Delta y$ 사이의 대표적인 띠는 폭이 Δy 단위이고, 길이가 $L(y)$ 단위이다. 함수 $L(y)$는 변수 y에 대해 연속이라 가정하자.

압력은 띠의 꼭대기에서 밑바닥까지 변한다. 그러나 띠가 충분히 좁다면 압력은 (밑바닥에서 무게-밀도 w) × (띠의 깊이)와 거의 같을 것이다. 띠의 한 면에 유체에 의해 가해지는 힘은 대략 다음과 같다.

$$\begin{aligned} \Delta F &= (\text{밑바닥에 변에 작용하는 압력}) \times (\text{넓이}) \\ &= w \cdot (\text{띠의 깊이}) \cdot L(y)\,\Delta y \end{aligned}$$

구간 $a \le y \le b$의 분할에 대응하는 n개의 띠가 존재하고 길이가 $L(y_k)$이고 폭이 Δy_k인 k번째 띠의 밑바닥 변의 위치를 y_k로 표기하자. 전체 판에 작용하는 힘은 각 띠에 작용하는 힘을 합하면 근사적으로 구할 수 있고, 다음과 같은 리만 합으로 주어진다.

$$F \approx \sum_{k=1}^{n} w \cdot (\text{띠의 깊이})_k \cdot L(y_k)\,\Delta y_k \tag{6}$$

식 (6)에서 합은 $[a, b]$에서 연속함수에 대한 리만 합이고, 또한 분할의 크기가 0에 가까워질 때 근사식은 참값에 가까워질 것이라 기대된다. 판에 작용하는 힘은 이런 합의 극한이다.

$$\lim_{n\to\infty} \sum_{k=1}^{n} w \cdot (\text{띠의 깊이})_k \cdot L(y_k)\,\Delta y_k = \int_a^b w \cdot (\text{띠의 깊이}) \cdot L(y)\,dy$$

수직인 평탄한 판에 작용하는 유체 힘을 구하는 적분

무게-밀도 w인 유체 속에 수직으로 잠겨 있는 판이 y축 상의 $y=a$와 $y=b$ 사이에 놓여 있다고 가정하자. $L(y)$는 위치 y에서 그 판의 표면을 따라 왼쪽에서 오른쪽까지 측정된 수평인 띠의 길이라고 놓자. 이때 판의 한 면에 유체에 의해 가해지는 힘은 다음과 같다.

$$F = \int_a^b w \cdot (\text{띠의 깊이}) \cdot L(y)\,dy \tag{7}$$

예제 6 밑변이 2 m이고 높이가 1 m인 평탄한 직각이등변삼각형 판이 수직으로 잠겨 있고, 직각인 꼭짓점이 아래로 밑변이 위로 잠겨 있고, 또한 수영장의 수면 아래 0.6 m 되는 곳에 판의 밑변이 수평으로 놓여 있다. 이 판의 한 면에 물에 의해 가해지는 힘을 구하라.

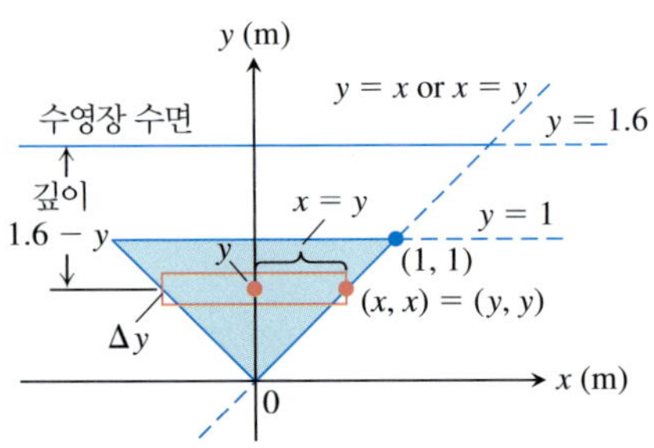

그림 5.43 예제 6에서 잠겨 있는 판의 한 면에 작용하는 힘을 구하기 위해 그림처럼 좌표를 그릴 수 있다.

풀이 평판의 밑바닥의 꼭짓점에 원점을 위치하고, 판의 대칭축을 y축을 따라 위쪽으로 좌표를 그린다(그림 5.43). 수영장의 수면은 직선 $y=1.6$을 따라 놓여 있고, 직선 $y=1$을 따라 판의 꼭대기인 밑변이 놓여 있다. 판의 오른쪽 변은 직선 $y=x$에 놓여 있고, 삼각형의 오른쪽 위 꼭짓점이 $(1, 1)$에 있다. 깊이가 y인 얇은 띠의 길이는 다음과 같다.

$$L(y) = 2x = 2y$$

수면 아래 띠의 깊이는 $(1.6-y)$이다. 그러므로 판의 한 면에 물에 의해 가해지는 힘은 다음과 같다.

$$\begin{aligned} F &= \int_a^b w \cdot \begin{pmatrix} \text{띠의} \\ \text{깊이} \end{pmatrix} \cdot L(y)\,dy \qquad \text{식 (7)} \\ &= \int_0^1 9800(1.6 - y)2y\,dy \\ &= 19{,}600\int_0^1 (1.6y - y^2)\,dy \\ &= 19{,}600\left[0.8y^2 - \frac{y^3}{3}\right]_0^1 = 9147\ \text{N} \end{aligned}$$

연습문제 5.5 EXERCISE QUESTION

답을 소수점 형식으로 표현할 때, 계산기가 도움이 된다.

용수철

연습문제 1과 2에서 힘(단위는 N)의 함수 그래프가 주어져 있다. 각 힘에 대해 물체를 10 m 이동하는 데 행해진 일은 얼마인가?

1.

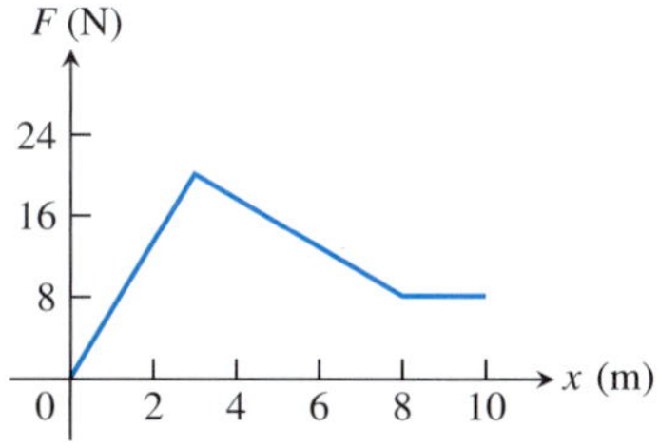

2.

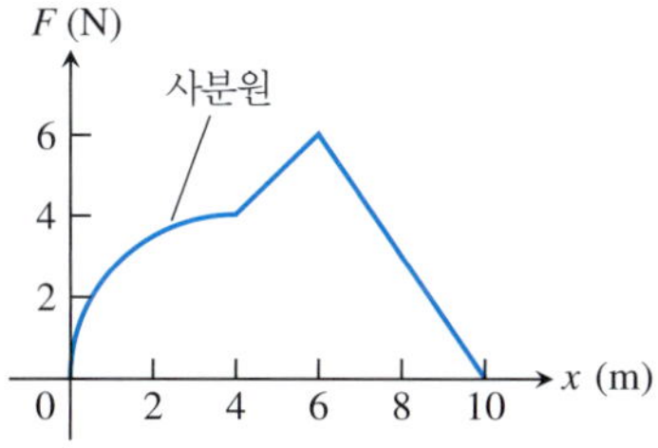

3. 탄성계수 본래의 용수철 길이가 2 m인 용수철을 5 m까지 늘이는 데 1800 J의 일이 필요했다. 이때 탄성계수를 구하라.

4. 용수철 늘이기 힘을 주지 않은 자연 상태의 길이가 10 cm인 용수철이 있다. 800 N의 힘으로 용수철을 14 cm가 되게 늘였다.

a. 탄성계수를 구하라.

b. 용수철을 10 cm로부터 12 cm으로 늘이는 데 행해진 일은 얼마인가?

c. 1600 N으로 용수철을 늘이면 본래의 길이 외에 얼마나 더 늘어나는가?

5. 고무줄 늘이기 고무줄이 2 N의 힘으로 2 cm(0.02 m) 늘인다고 한다. 훅의 법칙이 적용된다고 가정하면, 4 N의 힘은 고무줄을 얼마까지 늘일 수 있겠는가? 그리고 고무줄을 그만큼 늘이는 데 필요한 일은 얼마인가?

6. 용수철 늘이기 만약 90 N의 힘이 용수철을 본래 길이보다 1 m 늘인다고 할 때, 본래의 길이보다 5 m를 늘이려면 얼마의 일이 필요한가?

7. 지하철 차량의 코일스프링 뉴욕시 교통공단의 지하철 차량에 장착된 코일스프링을 압축되기 전의 높이인 20 cm에서 완전히 압축된 상태의 높이인 12 cm까지 압축하는 데 소요되는 힘은 96,000 N이다.

a. 코일스프링의 탄성계수를 구하라.

b. 코일스프링을 처음 1 cm를 압축하는 데 소요되는 일은 얼마인가? 2 cm를 압축하는 데 소요되는 일은 얼마인가? J 단위로 가장 가까운 정수로 답하라.

8. 욕실 체중계 욕실 체중계는 70 kg의 사람이 체중계 위에 서 있을 때는 1.5 mm만큼 압축된다. 체중계가 용수철처럼 훅의 법칙을 따른다고 가정할 때, 어떤 사람이 3 mm를 압축했다면 몸무게는 얼마인가? 3 mm를 압축하는 데 얼마의 일은 필요한가?

일정하지 않은 힘에 의해 행해진 일

9. 로프 들어올리기 등산가가 늘어뜨린 길이가 50 m인 로프를 끌어올리려고 한다. 로프의 미터당 무게 0.624 N/m라면 얼마의 일이 필요한가?

10. 새는 샌드백 본래의 무게가 600 N인 샌드백이 일정한 속력으로 올려졌다. 샌드백이 끌어올려지는 동안에 일정한 비율로 모래가 빠져나갔다. 샌드백을 6 m 만큼 올리는 동안에 반이 샜다. 샌드백을 이 길이(6 m)만큼 끌어올리는 데 행해진 일은 얼마인가? (샌드백과 끌어올리는 장비의 무게는 무시하라.)

11. 엘리베이터를 케이블로 끌어올리기 꼭대기 부분에 전동기가 달린 엘리베이터는 미터당 무게가 60 N/m인 케이블을 감거나 풀어서 오르내리게 설치되어 있다. 엘리베이터가 1층에 있을 때 케이블 길이가 60 m로 풀어져 있고, 또한 효과적으로 엘리베이터가 꼭대기 층에 있을 때 케이블 길이가 0 m로 감아져 있다. 1층에서 꼭대기 층까지 엘리베이터를 타고 올라갈 때 케이블에 의해 엘리베이터를 끌어올리는 데 전동기가 실제로 한 일은 얼마인가?

12. 인력(끌어당기는 힘) 질량이 m인 입자가 $(x, 0)$에 놓여 있고, 또한 크기가 k/x^2인 힘이 원점 쪽으로 향하여 작용하고 있다고 하자. 입자가 $x=b$에서 정지 상태에서 출발하고, 다른 힘이 작용하지 않는다고 가정하면, 입자가 $x=a$, $0<a<b$에 도달할 때까지 입자에 행해진 일을 구하라.

13. 누수되는 양동이 예제 4에서 양동이가 물이 새고 있다고 가정하자. 8 L (78 N)일 때부터 새기 시작해서 일정한 비율로 양동이의 물이 새고 있다. 양동이가 꼭대기에 도달할 때 양동이의 물이 다 샜다. 양동이를 힘으로 끌어올리는 데 필요한 일은 얼마인가? [힌트: 로프와 양동이의 무게는 무시하고, 또한 x m만큼 끌어올렸을 때 남아 있는 물의 양을 구하라.]

14. (연습문제 13의 계속) 예제 4와 연습문제 13에서 물 20 L(195 N)를 담을 수 있는 큰 용량의 양동이로 바꾸었다. 그런데 새 양동이가 오히려 더 많이 누수가 되었다. 그래서 새 양동이 역시 꼭대기에 도달할 때는 물이 다 샌 상태가 되었다. 양동이 물이 일정한 비율로 샜다고 가정하면, 양동이를 힘으로 끌어올리는 데 필요한 일은 얼마인가? (로프와 양동이의 무게는 무시한다.)

용기에서 액체 퍼올리기

15. 물 퍼내기 그림처럼 물 저장용기로 직육면체 모양의 탱크가 땅에 묻혀 있고, 지표면이 꼭대기 면이 된다. 물 무게가 9800 N/m^{3}이라고 가정하자.

a. 탱크에 물이 가득 들어 있다고 할 때, 탱크 안의 물을 지표면 위로 펌프를 이용해 퍼올려서 탱크를 비우는 데 얼마의 일이 필요한가?

b. 만약 탱크 바닥이 보일 때까지 5마력(hp)의 모터(전동기, 3678 W의 일처리 속도)를 이용하여 물을 펌프로 퍼내게 되면, 물로 가득 채워진 탱크를 완전히 비우는 데 몇 시간이 걸리겠는가? (가장 가까운 정수의 값을 분단위로 하라.) [역자주: 1 W는 1초 동안 1 J의 일을 할 수 있다.]

c. 문제 (b)에서 펌프로 물을 퍼내기 시작해서 266분 후에는 수면 높이가 10 m (중간수위) 아래로 낮아지게 됨을 보여라.

d. 물의 무게 물 무게가 9780 N/m^{3}이거나 9820 N/m^{3}인 지역에서의 문제 (a)와 (b)의 답은 무엇인가?

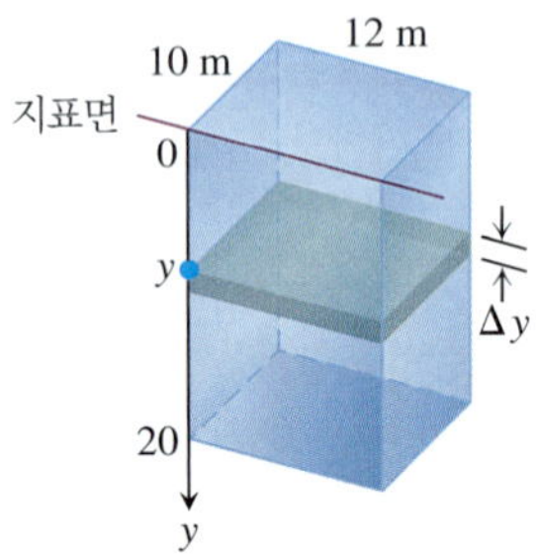

16. 물탱크 비우기 주어진 그림처럼 직육면체 모양의 물탱크(빗물 저장용기)의 윗면이 지표면 3 m 아래에 놓여 있다. 물탱크를 점검하기 위해 현재 가득 들어 있는 물을 지표면 밖으로 펌프로 퍼내어 물탱크를 완전히 비울 예정이다.

a. 물탱크를 완전히 비우는 데 얼마의 일이 필요한가?

b. 1/2마력(hp) 모터(전동기)를 이용하여 370 W의 일처리 속도로 물을 펌프로 퍼내어 물탱크를 완전히 비운다면 얼마나 시간이 걸리겠는가?

c. 문제 (b)에서 만약 수면이 물탱크의 중간에 이를 때까지 펌프로 물을 퍼낸다면 얼마나 걸리겠는가? (물탱크를 완전히 비우는 데 걸리는 시간의 반보다는 적게 걸릴 것이다.)

d. 물의 무게 물 무게가 9780 N/m^{3}이거나 9820 N/m^{3}인 지역에서 문제 (a)~(c)의 질문에 대한 답은 무엇인가?

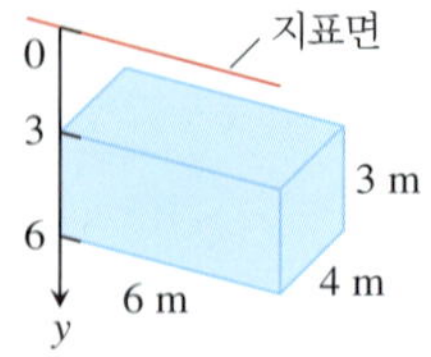

17. 기름을 펌프로 퍼내기 예제 5에서 탱크에 기름이 가득 들어 있다면 탱크에서 펌프로 기름을 탱크 위쪽으로 퍼내는 데 얼마의 일이 필요한가?

18. 반이 채워진 기름 탱크에서 기름 퍼내기 예제 5에서 탱크에 기름이 가득 들어 있다고 가정 대신에 반이 채워져 있다고 가정하자. 기름을 펌프로 탱크 꼭대기 위로 1 m에 이를 때까지 퍼내는 데 얼마의 일이 필요한가?

19. 탱크 비우기 높이가 9 m이고, 지름이 6 m인 지면에 수직인 원통형 탱크가 있다. 탱크에는 무게가 7840 N/m^{3}인 등유가 가득 들어 있다. 탱크 위쪽으로 등유를 펌프로 퍼내는 데 얼마의 일이 필요한가?

20. a. 우유 퍼내기 예제 5에서 원뿔면 용기에 올리브 기름 대신에 우유(무게가 10,100 N/m^3)가 담겨 있다고 가정하자. 우유를 용기 테두리 위로 모두 퍼내는 데 얼마의 일이 필요한가?

b. 기름 퍼내기 예제 5에서 원뿔면 용기에 올리브 기름을 용기 테두리 위로 1 m 지점까지 퍼내는 데 얼마의 일이 필요한가?

21. 곡선 $y=x^2$, $0 \le x \le 2$를 y축 둘레로 회전시켜 물탱크를 만들어 사해 소금물(무게는 대략 11,500 N/m^3)로 가득 채울 것이다. 탱크 위로 소금물을 모두 퍼내는 데 필요한 일의 양은 얼마인가?

22. 무게 8300 N/m^{3}의 경유가 가득 채워진 높이가 3 m이고, 반지름이 1.5 m인 직원기둥 모양의 탱크가 수평으로 누워 있다. 탱크 위 4.5 m 지점까지 경유를 퍼올리는 데 필요한 일의 양은 얼마인가?

23. 저수조 비우기 구면의 수직인 축에 적분 구간이 놓이게 하고 다른 저장용기에서 적용한 것과 같은 방법으로 구면 용기에서 펌프로 물을 밖으로 퍼내는 모형을 만들고자 한다. 주어진 그림처럼 반지름이 5 m인 반구면 탱크에 물이 가득 들어 있다. 탱크 테두리 위로 4 m 지점까지 물을 퍼내어 반구면 저수조를 비우는 데 필요한 일의 양을 구하라. 물은 무게가 9800 N/m^{3}이다.

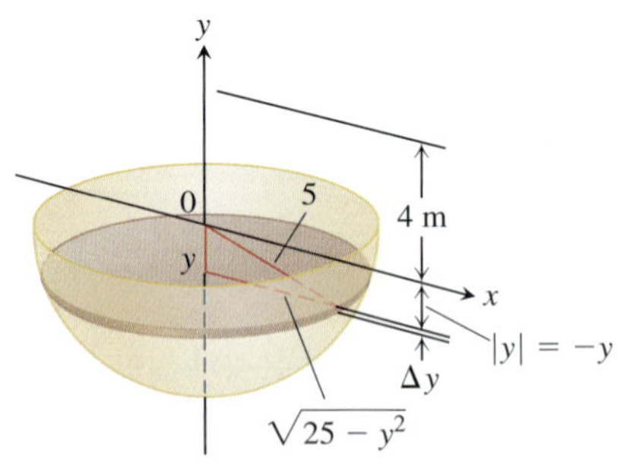

24. 당신은 주어진 그림의 저장 탱크의 수리와 배출문제를 담당하고 있다. 탱크는 반지름이 3 m인 반구이고, 무게가 8800 N/m^{3}인 벤젠이 탱크에 가득 들어 있다. 당신이 접촉한 한 업체가 저장 탱크를 비우는 일을 J당 4원의 가격으로 일할 수 있다고 당신에게 말했다. 탱크 위 0.6 m 지점에 있는 배출구를 통해 벤젠을 퍼내어 탱크

를 비우는 데 필요한 일을 구하라. 만약 작업에 500만 원의 예산이 배정되어 있다면 당신은 이 업체를 고용할 수 있는가?

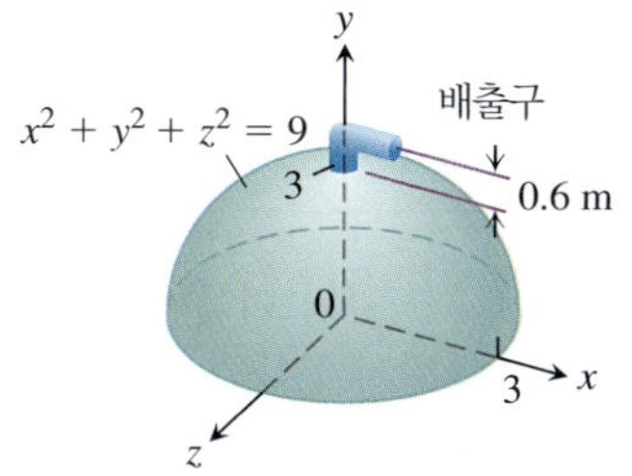

일과 운동에너지

25. 운동에너지 크기가 일정하지 않은 힘 $F(x)$로 x_1부터 x_2까지 x축을 따라 질량이 m인 물체를 이동하면, 물체의 속도 v는 dx/dt로 쓸 수 있다(여기서 t는 시간을 나타낸다). 운동에 관한 뉴턴 2법칙 $F = m\,(dv/dt)$와 다음 연쇄법칙을 이용하자.

$$\frac{dv}{dt} = \frac{dv}{dx}\frac{dx}{dt} = v\frac{dv}{dx}$$

x_1부터 x_2까지 물체를 이동시킬 때 힘에 의해 행해진 전체 일은 다음과 같음을 보여라.

$$W = \int_{x_1}^{x_2} F(x)\,dx = \frac{1}{2}mv_2{}^2 - \frac{1}{2}mv_1{}^2$$

여기서 v_1과 v_2는 x_1과 x_2에서 물체의 속도이다. 물리학에서 식 $(1/2)\,mv^2$은 속도 v로 움직이는 질량 m인 물체의 운동에너지라고 한다. 그러므로 힘에 의해 행해진 일은 물체의 운동에너지 변화와 같고, 변화량을 계산해서 일을 구할 수 있다.

연습문제 26~30에서 연습문제 25의 결과를 이용하라.

26. 테니스 무게가 57 g인 테니스 공이 50 m/s(약 180 km/h)로 서브되었다. 이렇게 빠른 속력으로 날아가게 하기 위해 공에 행해진 일은 얼마인가?

27. 야구 야구공을 144 km/h의 속력으로 던졌을 때 공에 행해진 일은 몇 J인가? 야구공은 무게가 150 g이다.

28. 골프 티(골프공 받침대)에 놓인 50 g의 골프공을 향해 84 m/s (302.4 km/h)의 속력으로 쳤다. 공이 공중으로 날아가도록 공에 행해진 일은 몇 J인가?

29. 테니스 2012년 대한민국 부산에서 열린 부산오픈국제남자챌린저 테니스 대회에서 호주의 사무엘 그로스가 시속 263 km 속도의 서브를 기록했다. 그로스가 무게 0.0567 kg인 공을 서브하는 데 필요한 일은 얼마인가?

30. 소프트볼 무게가 200 g인 소프트볼을 40 m/s (약 144 km/h) 속력으로 날아가게 하는 데 필요한 일은 얼마인가?

31. 밀크쉐이크 마시기 주어진 그림처럼 잘린 원뿔형 용기에 무게 0.8 g/cm^{3}인 딸기 밀크쉐이크가 가득 들어 있다. 그림과 같이 용기는 깊이가 18 cm이고, 밑면 지름이 6 cm, 윗면 지름이 9 cm이다(보스톤에 있는 브리검에서 표준 크기이다). 빨대는 꼭대기에서 3 cm 위로 튀어나와 있다. 밀크쉐이크를 빨대를 이용하여 먹는 데 필요한 일은 얼마인가(마찰은 무시하라)?

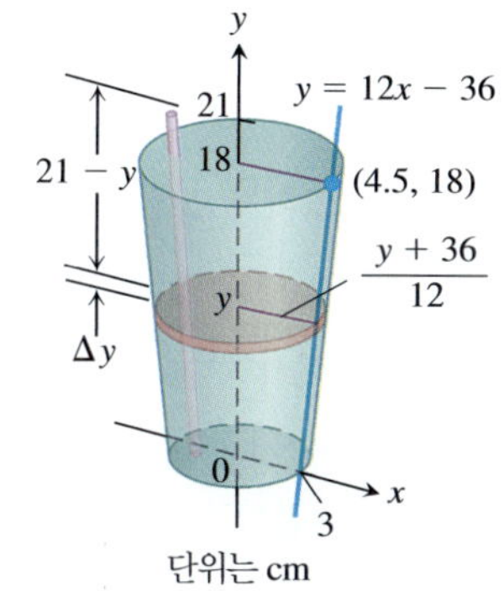

32. 급수탑 도시에서 물 공급을 증가하기 위해 우물을 더 뚫기로 결정했다. 도시공학자에 따르면 물 분배에 필요한 압력을 얻기 위해 급수탑은 꼭 필요하다고 주장해왔고, 주어진 그림과 같은 시스템으로 설계가 된다. 수직으로 설치되어 있는 지름이 10 cm인 파이프를 통해 깊이가 90 m인 우물에서 밑면의 지름이 6 m이고 높이가 7.5 m인 원통형 탱크로 물이 옮겨질 것이다. 탱크 밑면은 땅에서 위로 18 m 높이에 위치해 있다. 펌프는 3마력(hp) 2200 W (J/s)의 일처리 속도로 퍼올릴 수 있다. 가장 가까운 정수 시간으로 탱크에 물이 처음으로 가득 채워질 때까지 걸리는 시간은? (파이프를 채우는 데 걸리는 시간도 포함한다.) 물 무게는 9800 N/m^{3}이라고 가정하라.

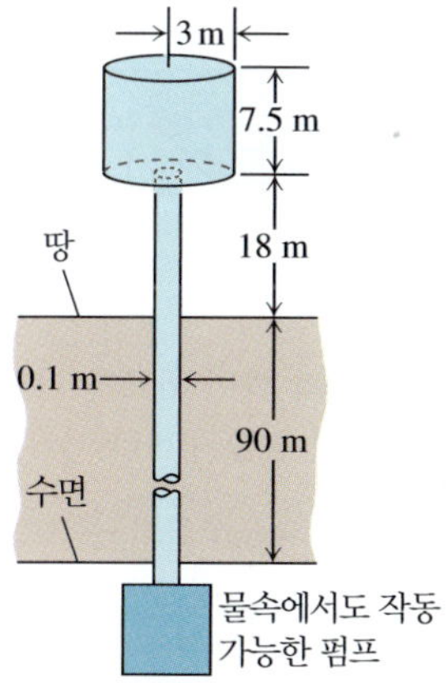

33. 궤도에 인공위성을 쏘아 올리기 지구 중력장의 세기는 물체와 지구 중심과 거리 r에 따라 변하고, 질량 m인 인공위성이 발사 중 또는 발사 후에 받는 중력의 크기는 다음과 같다.

$$F(r) = \frac{mMG}{r^2}$$

여기서 $M = 5.975 \times 10^{24}$ kg은 지구 질량이고, 다음은 중력상수이다.

$$G = 6.6720 \times 10^{-11}\ \mathrm{N \cdot m^2\,kg^{-2}}$$

r은 미터 단위로 측정된다. 그러므로 지구 표면에서 지구 중심에서 위쪽으로 35,780 km의 원형 궤도 상으로 1000 kg의 인공위성을 쏘아 올리는 데 소요되는 일은 정적분으로 다음과 같이 주어진다.

$$일 = \int_{6{,}370{,}000}^{35{,}780{,}000} \frac{1000MG}{r^2}\,dr$$

정적분의 값을 구하라. 적분의 하한은 지구 중심과 지구 표면의 발사대의 위치 사이의 미터 단위로 측정된 반지름이다(이 계산에서 인공위성을 발사대에 끌어올리는 데 필요한 에너지와 인공위성을 궤도속도에 도달하도록 가속하는 데 필요한 에너지는 고려되지 않는다).

34. 전자들 사이 힘 서로 r m 떨어져 있는 두 전자는 다음과 같은 힘으로 서로를 밀어내게 한다.

$$F = \frac{23 \times 10^{-29}}{r^2}$$

a. 1개의 전자가 x축(m 단위) 상의 점 (1, 0)에서 고정되어 있다고 가정하자. (−1, 0)부터 원점까지 x축을 따라 두 번째 전자를 움직이는 데 필요한 일은 얼마인가?

b. 전자가 x축(m 단위) 상의 점 (−1, 0)과 (1, 0)에 전자 1개씩 고정되어 있다고 가정하자. 제3의 전자가 점 (5, 0)에서 점 (3, 0)으로 x축을 따라 움직이는 데 필요한 일은 얼마인가?

유체의 힘 구하기

35. 삼각형 판 주어진 그림과 같이 좌표를 이용해서 예제 6에서 판의 한 면에 가해지는 유체의 힘을 구하라.

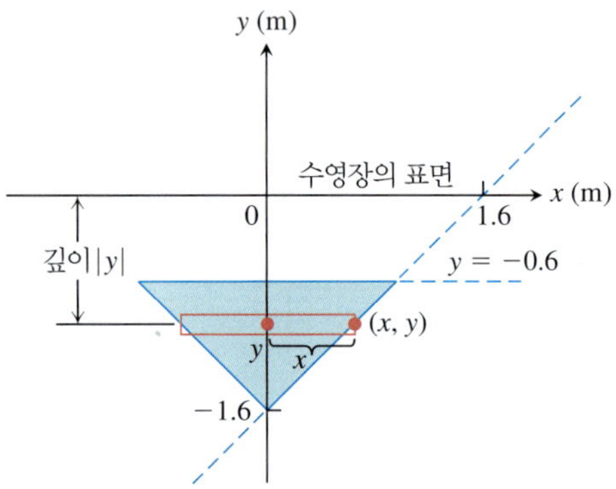

36. 삼각형 판 주어진 그림과 같이 좌표를 이용해서 예제 6에서 판의 한 면에 가해지는 유체의 힘을 구하라.

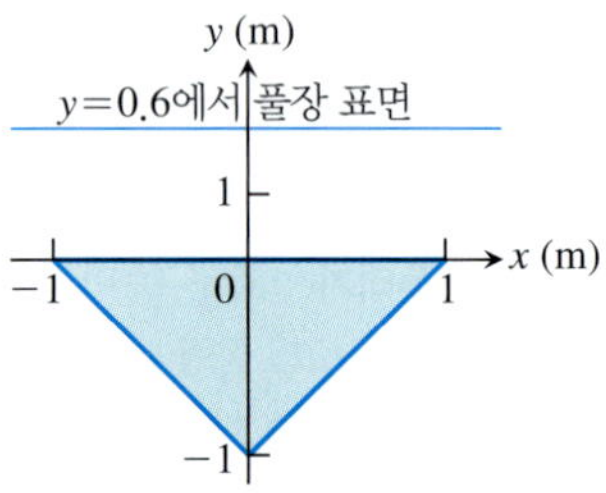

37. 사각형 판 물이 가득 채워진 깊이 3 m의 풀장에서 풀의 바닥에 수직으로 세워져 있는 0.9 × 1.2 m 크기의 직사각형 판이 있다. 다음과 같은 경우에 판의 한 면에 작용하는 유체의 힘을 계산하라.

a. 1.2 m의 변이 풀장 바닥에 닿아 있다.

b. 0.9 m의 변이 풀장 바닥에 닿아 있다.

38. 반원판 물이 가득 채워진 깊이 6 m의 풀장이 있다. 풀장 바닥에 지름을 대고 수직으로 세워져 있는 반지름이 5 m인 반원판의 한 면에 가해지는 유체 힘을 계산하라.

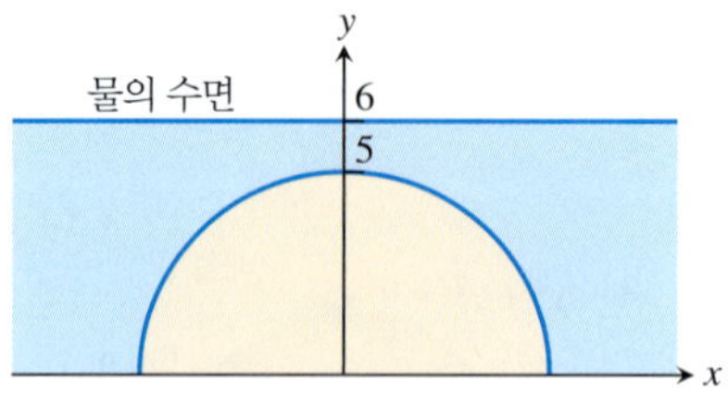

39. 삼각형 판 주어진 그림과 같이 이등변삼각형 판이 담수호 수면 아래 1 m 만큼 수직으로 잠겨 있다.

a. 판의 한 면에 가해지는 유체의 힘을 구하라.

b. 호수 물이 민물이 아니라 해수라면 판의 한 면에 가해지는 유체의 힘은 얼마인가?

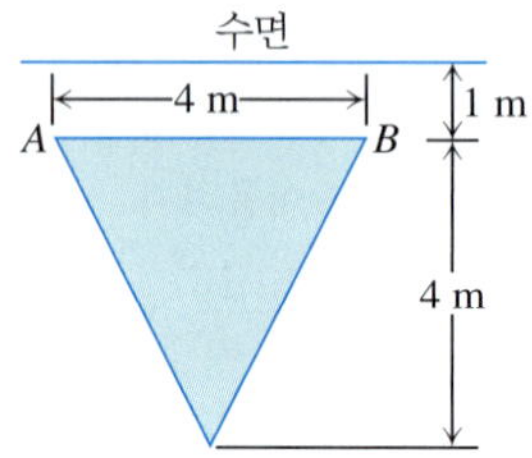

40. 회전된 삼각형 판 주어진 그림과 같이 연습문제 39에서 이등변삼각형 판이 판 일부분이 호수 수면 위로 솟아 있도록 선분 AB를 둘레로 180° 회전되어 있다. 이때 판의 한 면에 가해지는 물의 힘은 얼마인가?

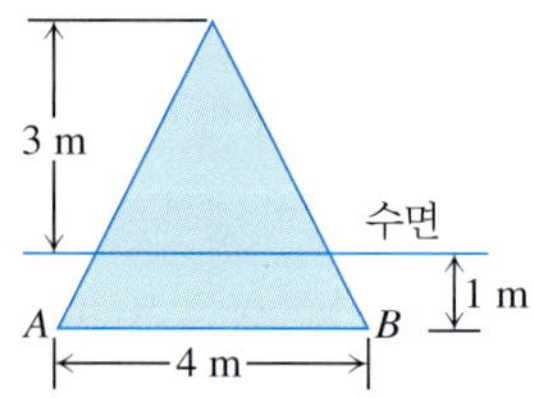

41. 뉴잉글랜드 수족관 보스톤시 뉴잉글랜드 아쿠아리움의 수족관에 직사각형 모양의 어류 관람용 유리벽이 가로 길이가 1.6 m이고, 세로로는 수면 아래 0.01 m와 0.85 m 사이에 설치되어 있다. 해수의 무게-밀도가 10,050 N/m^{3}이다. 유리 벽면의 부분에 가해지는 물의 힘을 구하라. (유리 두께는 2 cm이고, 수족관의 벽은 물고기가 밖으로 튀어나오지 못하도록 수면보다 10 cm 더 높게 설치되어 있다.)

42. 반원판 지름이 2 m인 반원판이 수직으로 물에 잠겨 있는 데 반원판의 지름이 수면과 닿아 있다. 판의 한 면에 가해지는 물의 힘을 구하라.

43. 기울어진 판 물이 가득 채워진 깊이 2 m의 풀 바닥에 1 × 1 m 크기의 정사각형 판이 다음과 같이 잠겨 있을 때 판의 한 면에 가해지는 유체의 힘을 계산하라.

a. 정사각형 판의 1 × 1 m의 한 면이 납작하게 누워 있을 때

b. 정사각형 판의 1 m의 한 변이 바닥에 닿아 있고 수직으로 세워져 있을 때

c. 정사각형 판의 1 m의 한 변이 바닥에 닿아 있고 45°의 기울기로 세워져 있을 때

44. 기울어진 판 물이 가득 채워진 깊이 6 m의 풀에 각 변의 길이가 3 m, 4 m, 5 m인 직각삼각형 판이 잠겨 있다. 길이가 3 m인 변을 바

닥에 대고 60° 기울기로 세워져 있을 때 한 면에 가해지는 유체의 힘을 계산하라.

45. 주어진 그림과 같이 정육면체 모양 탱크에 볼트로 단단하게 고정되고, 파열도 없이 25,000 N의 힘에 견디도록 설계된 포물선형 문이 설치되어 있다. 저장하려는 액체는 무게-밀도가 8000 N/m^{3}이다.

a. 액체의 깊이가 2 m일 때 문에 가해지는 액체의 힘은 얼마인가?

b. 설계상 한계 압력을 초과하지 않게 용기에 액체를 채울 때 최대 높이는 얼마인가?

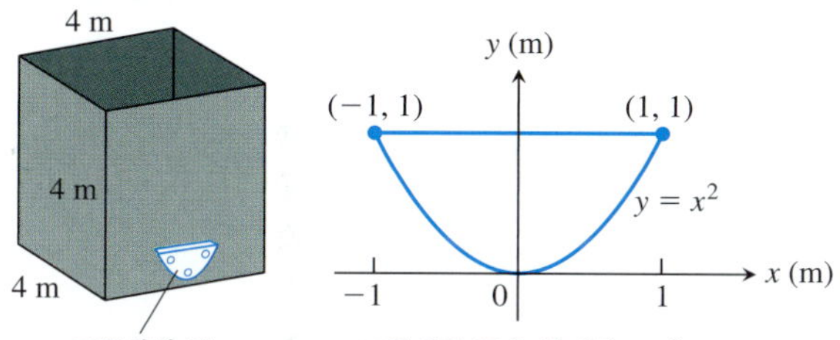

포물선형 문 포물선형 문을 확대한 그림

46. 주어진 그림처럼 단면이 V자형인 여물통(구유)이 25,000 N의 물의 힘에 견디도록 설계되어 있다. 한계 수압을 초과하지 않을 때까지 물을 채울 때 최대 몇 m^{3}까지 물을 채울 수 있는가? m^3 단위로 하는 가장 가까운 정수의 값을 구하라.

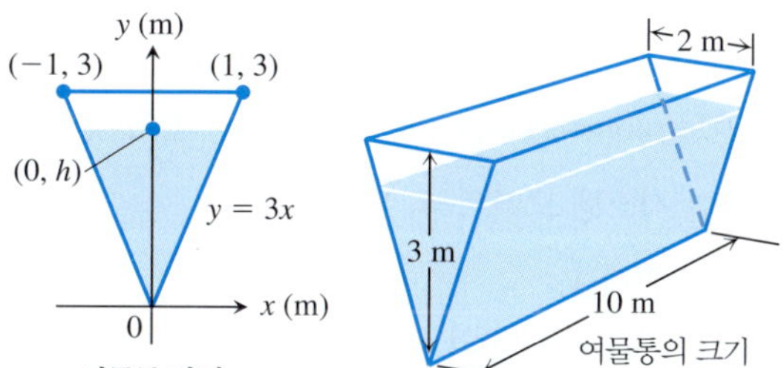

여물통 단면

47. 세로 길이가 a단위이고, 가로 폭이 b단위인 직사각형 모양의 판이 변의 길이가 긴 변 쪽이 액체면과 평행하게 무게-밀도 w인 유체가 채워진 수족관에 잠겨 있다. 직사각형의 수직을 따라 면에 가해지는 평균 압력을 구하라. 그 이유를 설명하라.

48. (연습문제 47의 계속) 직사각형 판의 한 면에 가해지는 유체의 힘은 '압력의 평균값(연습문제 47에서 구한 값) × 수족관의 넓이'임을 보여라.

49. 주어진 그림처럼 뚜껑이 없는 실린더에 0.5 m^3/min의 비율로 물이 채워지고 있다. 실린더의 절단면은 지름이 2 m인 지름의 반원이다. 실린더의 한쪽 측면은 좌우로 움직이도록 설계되어 있고, 채워지는 물은 용수철에 압력을 가하여 부피를 증가하는 역할을 한다. 용수철 상수는 k=3000 N/m이다. 만약 실린더의 용수철과 연결된 반원판이 수압에 의해 용수철을 압축시켜 2.5 m를 움직이게 되면 배수구문이 열려 담겨져 있는 물이 0.6 m^3/min의 비율로 바닥에 있는 배수구로 배출되게 되어 있다. 실린더의 물이 흘러넘치기 전에 움직이는 판이 배수구문에 도달할 수 있겠는가?

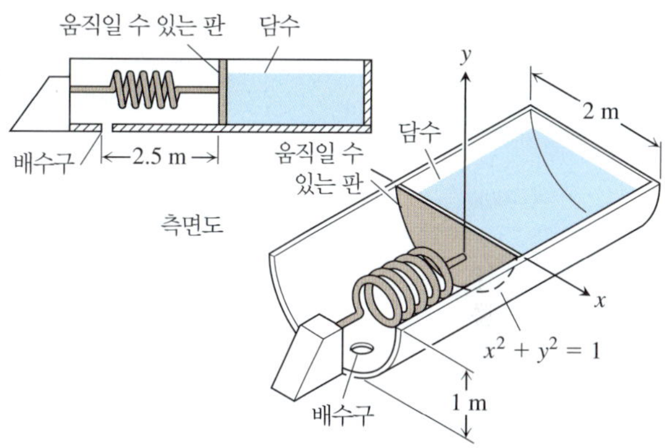

50. 여물통에 물 채우기 여물통의 수직인 단면이 한 변이 1 m인 정사각형이다.

a. 여물통에 물이 가득 채워졌을 때 여물통 측면에 가해지는 물의 힘을 구하라.

b. 수압을 25%만큼 감소하기 위해 여물통 수면의 높이를 몇 cm 더 낮게 해야 하는가?

5.6 모멘트와 질량중심

많은 구조물과 기계 시스템은 전체 질량이 질량중심이라 불리는 점에 집중되어 있는 것처럼 움직인다(그림 5.44). 이 점의 위치를 알아내는 것은 중요하고 위치를 구하는 문제는 기본적으로 수학적인 도전이다. 여기서는 직선이나 평면 영역에 분포된 질량에 대해 다루어 보자. 3차원 공간상의 곡선이나 영역에 분포된 질량은 13장과 14장에서 다룬다.

직선 위에 분포된 질량

질량중심을 찾는 수학적인 모델을 쉬운 것부터 어려운 것으로 단계에 따라 개발한다. 첫 번째 단계는 원점에 지레받침이 지지하는 단단한 x축 위에 점 질량 m_1, m_2, m_3가 놓여 있다고 가정한다. 이 지렛대는 원점에서 균형을 이룰 수도 있고 이루지 못할 수도 있다. 질량의 크기와 질량의 위치에 따라 균형은 결정된다.

질량 m_k은 아래 방향으로 (질량 크기) × (중력가속도)인 힘 $m_k g$ (m_k의 무게)을 가한다. 중력

가속도는 아래 방향이므로 음수이다. 이 힘은 시소를 타는 것과 같이 원점을 중심으로 하여 회전시키는 경향이 있다. **토크**(torque, 회전력)는 힘 $m_k g$과 작용점에서 원점 사이의 부호 붙은 거리 x_k의 곱이다. 관례상 시계반대 방향을 양의 방향으로 한다. 원점의 왼쪽에 있는 질량에는 양(시계반대 방향)의 토크로 가해진다. 원점의 오른쪽에 있는 질량에는 음(시계 방향)의 토크로 가해진다.

토크의 합은 원점을 중심으로 회전하려는 시스템의 경향을 측정한다. 이 합을 **시스템 토크**(system torque)라 한다.

$$\text{시스템 토크} = m_1gx_1 + m_2gx_2 + m_3gx_3 \tag{1}$$

시스템이 균형을 이룰 필요충분 조건은 시스템 토크가 0인 것이다.

만약 식 (1)에 g가 공통인수이므로 시스템 토크는 다음과 같음을 알 수 있다.

$$\underbrace{g}_{\text{환경의 특성}} \cdot \underbrace{(m_1x_1 + m_2x_2 + m_3x_3)}_{\text{시스템의 특성}}$$

따라서 시스템 토크는 시스템이 주변 환경의 특성인 중력가속도 g와 시스템 자체의 특성인 수 $(m_1x_1+m_2x_2+m_3x_3)$의 곱이다.

수 $(m_1x_1+m_2x_2+m_3x_3)$은 **원점에 대한 시스템 모멘트**(moment of the system about the origin)라 한다. 이것은 개별 질량의 **모멘트**(moment) m_1x_1, m_2x_2, m_3x_3의 합이다.

$$M_0 = \text{원점에 대한 시스템 모멘트} = \sum m_k x_k$$

(항이 많아질 경우를 고려해서 합 기호로 바꾼다.)

보통 지렛대(시스템)이 균형을 이루기 위해 지레받침의 위치를 알아내고자 한다. 즉 시스템 토크가 0이 되는 지레받침의 위치 $\bar{x}$를 알고자 한다.

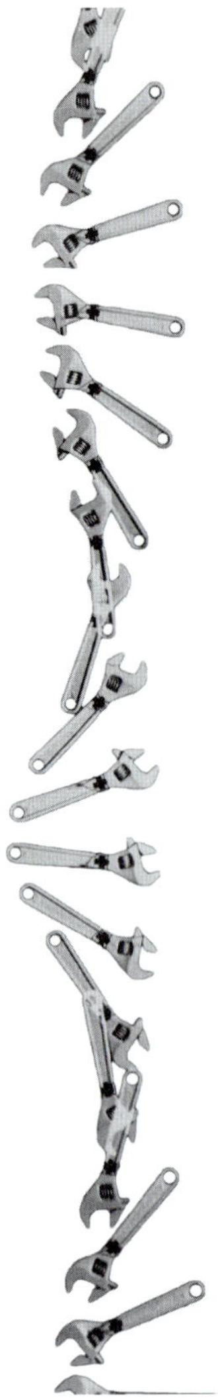

그림 5.44 스패너는 질량중심을 주위로 회전하면서 스패너의 질량중심은 수직선을 따라 미끄러져 간다. (출처: Berenice Abbott/ScienceSource)

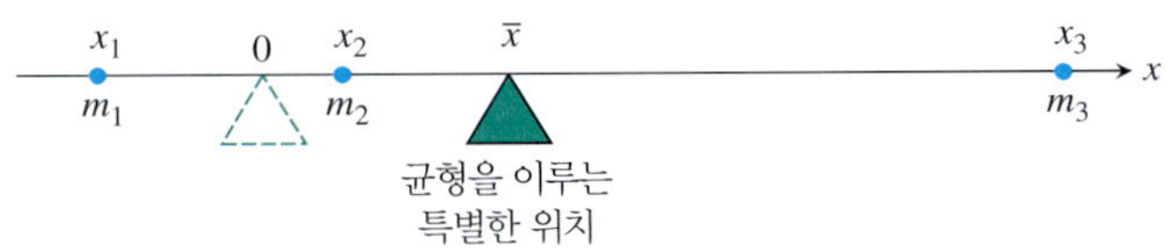

특별한 위치의 지레받침에 대한 질량의 토크는 다음과 같다.

$$\text{위치 } \bar{x}\text{에 대한 } m_k\text{의 토크} = \begin{pmatrix} \text{점 } \bar{x}\text{와 } m_k\text{가 놓인 점} \\ \text{사이의 부호 거리} \end{pmatrix}\begin{pmatrix} \text{아래로} \\ \text{작용하는 힘} \end{pmatrix} = (x_k - \bar{x})m_k g$$

토크의 합이 0이 되도록 식을 쓰면, 다음과 같은 $\bar{x}$에 관한 방정식이 얻어진다.

$$\sum (x_k - \bar{x})\, m_k g = 0 \qquad \text{토크의 합이 0이 된다.}$$

$$\bar{x} = \frac{\sum m_k x_k}{\sum m_k} \qquad \bar{x}\text{에 대해 푼다.}$$

마지막 식은 원점에 대한 시스템 모멘트를 시스템의 전체 질량으로 나누어 $\bar{x}$를 구한다는 것을 알려준다.

$$\bar{x} = \frac{\sum m_k x_k}{\sum m_k} = \frac{\text{원점에 대한 시스템 모멘트}}{\text{전체 질량}} \tag{2}$$

이 점 $\bar{x}$를 시스템의 **질량중심**(center of mass, c.m.)이라 한다.

얇은 철사

직선 위에 떨어져 배열된 유한개의 질량 대신에 x축 위에 구간 $[a, b]$에 놓여 있는 얇은 철사 또는 얇은 막대기를 생각해보자. 더 나아가 철사의 밀도가 균일하지 않고, 점 위치에 따라 연속적으로 변한다고 가정하자. 막대기에서 점 x를 포함하는 짧은 조각이 길이가 Δx이고 질량이 Δm이라 할 때 점 x에서 밀도는 다음과 같이 주어진다.

$$\delta(x) = \lim_{\Delta x \to 0} \Delta m/\Delta x$$

이 식을 자주 다른 형태의 식인 $\delta = dm/dx$ 또는 $dm = \delta\, dx$로 사용한다.

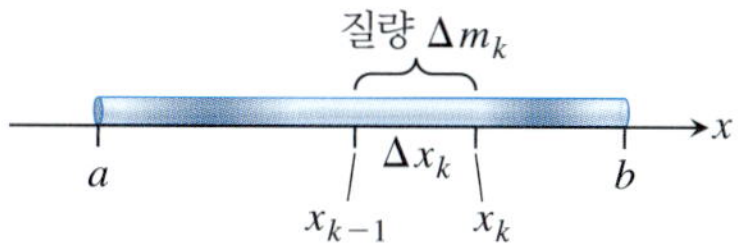

그림 5.45 밀도가 변하는 막대기를 점 x_k에 위치한 질량 $\Delta m_k = \delta(x_k)\Delta x_k$인 유한개의 질량의 시스템으로 모델화 가능하다.

구간 $[a, b]$를 유한개의 소구간 $[x_{k-1}, x_k]$로 분할한다. 그림 5.45와 같이 소구간 n개를 택하고, 점 x_k를 포함하고 길이가 Δx_k인 소구간에 해당하는 철사의 질량을 위치 x_k에 놓여 있는 질량 $\Delta m_k = \delta(x_k)\,\Delta x_k$로 바꾼다면, n개의 질량을 가진 시스템이 생기며 전체 질량과 모멘트는 철사의 값과 근사적으로 같다.

철사의 질량 M과 모멘트 M_0는 리만 합의 근삿값에 의해 다음과 같다.

$$M \approx \sum_{k=1}^{n} \Delta m_k = \sum_{k=1}^{n} \delta(x_k)\,\Delta x_k, \qquad M_0 \approx \sum_{k=1}^{n} x_k \Delta m_k = \sum_{k=1}^{n} x_k \delta(x_k)\,\Delta x_k$$

분할 구간의 길이가 0에 가까워질 때 리만 합의 극한을 취하면, 철사의 질량과 원점에 대한 모멘트에 대한 적분식을 얻게 된다. 질량 M, 원점에 대한 모멘트 M_0, 질량중심 $\bar{x}$는 다음과 같다.

$$M = \int_a^b \delta(x)\,dx, \qquad M_0 = \int_a^b x\,\delta(x)\,dx, \qquad \bar{x} = \frac{M_0}{M} = \frac{\int_a^b x\,\delta(x)\,dx}{\int_a^b \delta(x)\,dx}$$

예제 1 막대기가 x축 위의 구간 $[1, 2]$에 놓여 있다. 밀도가 $\delta(x) = 2 + 3x^2$일 때 막대기의 질량 M과 질량중심 $\bar{x}$를 구하라.

풀이 막대기의 질량은 밀도를 적분하여 구한다.

$$M = \int_1^2 (2 + 3x^2)\,dx = [2x + x^3]_1^2 = (4 + 8) - (2 + 1) = 9$$

질량중심은 다음과 같다.

$$\bar{x} = \frac{M_0}{M} = \frac{\int_1^2 x(2 + 3x^2)\,dx}{9} = \frac{\left[x^2 + \frac{3x^4}{4}\right]_1^2}{9} = \frac{19}{12}$$ ■

평면 위에 분포된 질량

평면 위에 유한개의 점 (x_k, y_k)에 질량 m_k가 놓여 있는 시스템이 있다고 가정하자(그림 5.46). 시스템 질량은 다음과 같다.

$$\text{시스템 질량:} \quad M = \sum m_k$$

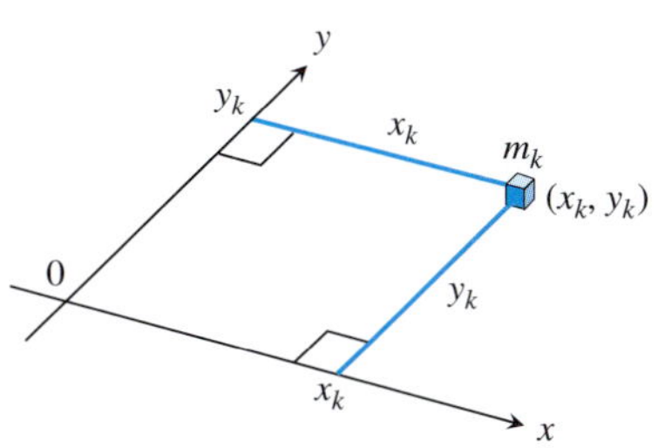

그림 5.46 질량 m_k는 각 축에 대해 모멘트를 갖는다.

질량은 각 축에 대한 모멘트를 갖는다. x축에 대한 모멘트는 $m_k\,y_k$이고, y축에 대한 모멘트는 $m_k\,x_k$이다. 두 축에 대한 시스템 모멘트는 다음과 같다.

$$x\text{축에 대한 모멘트:} \quad M_x = \sum m_k y_k$$
$$y\text{축에 대한 모멘트:} \quad M_y = \sum m_k x_k$$

시스템의 질량중심의 x좌표는 다음과 같이 정의된다.

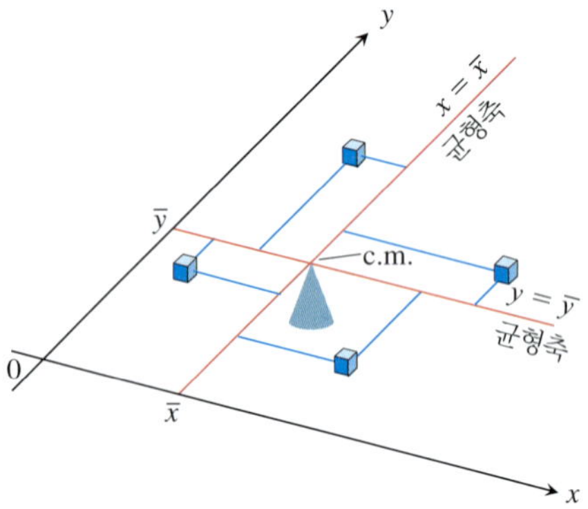

그림 5.47 2차원적 배열의 시스템이 질량중심에서 균형을 이룬다.

$$\bar{x} = \frac{M_y}{M} = \frac{\sum m_k x_k}{\sum m_k} \qquad (3)$$

1차원의 경우처럼 $\bar{x}$의 선택으로 시스템은 직선 $x=\bar{x}$를 중심으로 균형을 이룬다(그림 5.47).

시스템의 질량중심의 y좌표는 다음과 같이 정의된다.

$$\bar{y} = \frac{M_x}{M} = \frac{\sum m_k y_k}{\sum m_k} \qquad (4)$$

$\bar{y}$의 선택으로 시스템은 직선 $y=\bar{y}$를 중심으로 또한 균형을 이룬다. 직선 $y=\bar{y}$에 대한 질량에 의한 토크는 상쇄된다. 따라서 균형이 유지되는 동안 시스템은 모든 질량이 한 점 $(\bar{x}, \bar{y})$에 놓여 있는 것처럼 작용한다. 이 점을 시스템의 **질량중심**이라 한다.

얇고 평탄한 판

많은 응용에 있어 얇고 평평한 판, 예를 들어 알루미늄 원반이나 삼각형 모양의 철판의 질량중심을 구할 필요가 있다. 그런 경우에 질량분포가 연속이라 가정하면, $\bar{x}$와 $\bar{y}$를 계산하는 공식은 유한합 대신에 적분을 포함하게 된다. 적분은 다음과 같은 방법으로 유도된다.

평면 xy 위에 어떤 영역을 차지하는 평판이 있다고 하자. 평판을 1개의 축과(그림 5.48에서 y축) 평행한 얇은 띠로 자른다. 띠의 질량중심은 $(\tilde{x}, \tilde{y})$이라 하자. 대표적인 띠의 질량 Δm을 점 $(\tilde{x}, \tilde{y})$에 집중되어 있는 것처럼 다룬다. 이때 y축에 대해 띠의 모멘트는 $\tilde{x}\,\Delta m$이다. x축에 대해 띠의 모멘트는 $\tilde{y}\,\Delta m$이다. 그러면 식 (3)과 (4)는 다음 식과 같다.

$$\bar{x} = \frac{M_y}{M} = \frac{\sum \tilde{x}\,\Delta m}{\sum \Delta m}, \qquad \bar{y} = \frac{M_x}{M} = \frac{\sum \tilde{y}\,\Delta m}{\sum \Delta m}$$

이 합은 적분을 나타내는 리만 합이고, 또한 띠의 폭이 좁으면 좁을수록 극한값으로서 적분에 더 가까워지게 된다. 이들 적분은 다음과 같은 기호로 쓴다.

$$\bar{x} = \frac{\int \tilde{x}\,dm}{\int dm}, \qquad \bar{y} = \frac{\int \tilde{y}\,dm}{\int dm}$$

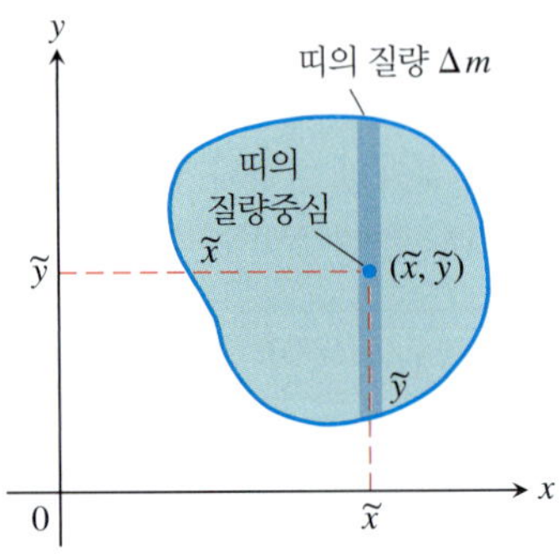

그림 5.48 평판을 y축에 평행한 얇은 띠로 자른다. 각 축에 대해 대표적인 띠에 의해 가해지는 모멘트는 띠의 질량 Δm이 띠의 질량중심 $(\tilde{x}, \tilde{y})$에 집중되어 있다고 가정할 때의 모멘트이다.

평면 xy 위에 영역을 차지하는 얇은 평판의 모멘트, 질량, 질량중심

x축에 대한 모멘트: $M_x = \int \tilde{y}\,dm$

y축에 대한 모멘트: $M_y = \int \tilde{x}\,dm$

질량: $M = \int dm$ (5)

질량중심: $\bar{x} = \dfrac{M_y}{M}, \quad \bar{y} = \dfrac{M_x}{M}$

평판의 밀도

재질의 밀도는 단위넓이당 질량이다. 전선, 막대, 좁은 띠에 대한 밀도는 단위길이당 질량으로 주어진다.

식 (5)에서 적분 구간을 표기하지 않았지만, 식에 있는 적분은 정적분이다.

적분식에서 미분 dm은 띠의 질량이다. 이 절에서는 평판의 밀도 δ가 상수이거나 x 또는 y에 대한 연속함수라 가정하자. 그러면 질량 미분 dm은 단위넓이당 질량과 넓이의 곱 $\delta\,dA$와 같다. 여기서 dA는 띠의 넓이를 말한다.

식 (5)에서 적분을 계산하기 위해 좌표평면에 평판을 그린 후, 한 좌표축에 평행한 질량의 띠를 스케치한다. 그리고 띠의 질량 dm과 질량중심의 좌표 $(\tilde{x}, \tilde{y})$를 x와 y를 사용하여 표현한다. 마지막으로 좌표평면에서 평판 위치로부터 적분 구간을 구하고 $\tilde{y}\,dm$, $\tilde{x}\,dm$, dm을 적분한다.

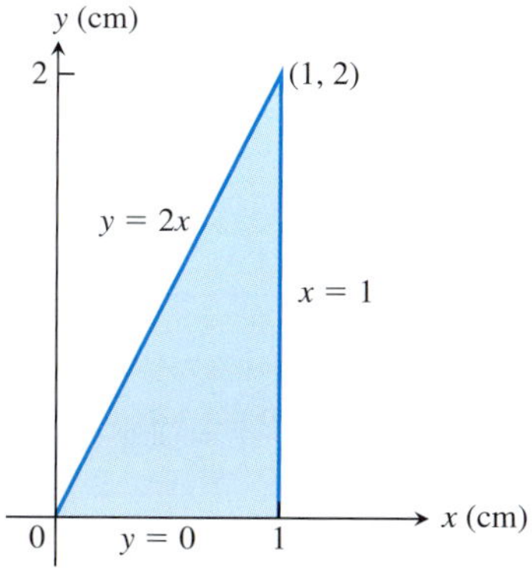

그림 5.49 예제 2의 평판.

예제 2 그림 5.49와 같이 삼각형 모양의 평판은 $\delta = 3\ \mathrm{g/cm^2}$의 상수밀도를 갖는다. 다음을 구하라.

(a) y축에 대한 평판의 모멘트 M_y

(b) 평판의 질량 M

(c) 평판 질량중심의 x좌표

풀이

방법 1: 수직인 띠(그림 5.50)

(a) 모멘트 M_y : 대표적인 수직인 띠에 관한 다음 정보를 얻는다.

질량중심: $(\tilde{x}, \tilde{y}) = (x, x)$
길이: $2x$
폭: dx
넓이: $dA = 2x\,dx$
질량: $dm = \delta\,dA = 3 \cdot 2x\,dx = 6x\,dx$
y축과 질량중심 사이의 거리: $\tilde{x} = x$

y축에 대한 띠의 모멘트는 다음과 같다.

$$\tilde{x}\,dm = x \cdot 6x\,dx = 6x^2\,dx$$

그러므로 y축에 대한 평판의 모멘트는 다음과 같다.

$$M_y = \int \tilde{x}\,dm = \int_0^1 6x^2\,dx = 2x^3\Big]_0^1 = 2\ \mathrm{g \cdot cm}$$

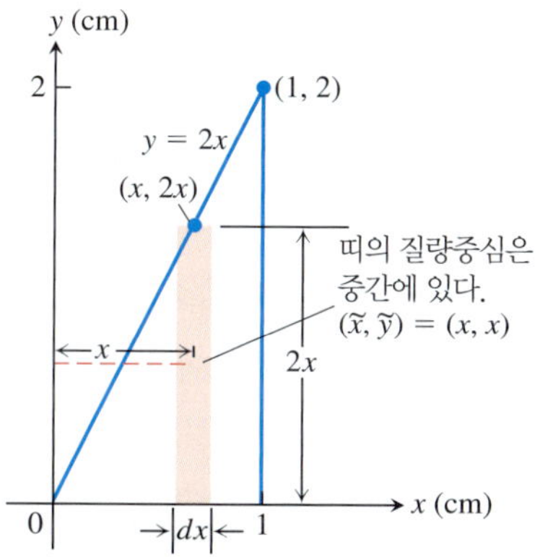

그림 5.50 예제 2의 평판과 수직인 띠의 모형.

(b) 평판의 질량:

$$M = \int dm = \int_0^1 6x\,dx = 3x^2\Big]_0^1 = 3\ \mathrm{g}$$

(c) 평판 질량중심의 x좌표:

$$\bar{x} = \frac{M_y}{M} = \frac{2\ \mathrm{g \cdot cm}}{3\ \mathrm{g}} = \frac{2}{3}\ \mathrm{cm}$$

비슷한 방식으로 M_x와 $\bar{y} = M_x/M$을 구할 수 있다.

방법 2 : 수평인 띠(그림 5.51)

(a) 모멘트 M_y: 대표적인 수직인 띠에서 질량중심의 y좌표는 y이다(그림 참조).

$$\tilde{y} = y$$

띠의 질량중심 x좌표는 삼각형을 횡단할 때 중간 지점의 x좌표이다. 그래서 x좌표가 $y/2$(띠의 왼쪽 x값)과 1(띠의 오른쪽 x값)의 평균이 된다.

$$\tilde{x} = \frac{(y/2) + 1}{2} = \frac{y}{4} + \frac{1}{2} = \frac{y+2}{4}$$

또한 다음 정보를 얻는다.

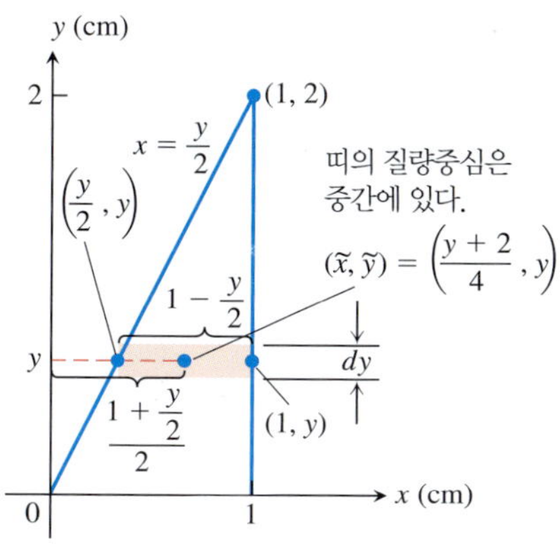

그림 5.51 예제 2의 평판과 수평인 띠의 모형.

길이: $1 - \frac{y}{2} = \frac{2-y}{2}$
폭: dy
넓이: $dA = \frac{2-y}{2}\,dy$
질량: $dm = \delta\,dA = 3 \cdot \frac{2-y}{2}\,dy$

$$\text{질량중심과 } y\text{축 사이의 거리:} \quad \tilde{x} = \frac{y+2}{4}$$

y축에 대한 띠의 모멘트는 다음과 같다.

$$\tilde{x}\,dm = \frac{y+2}{4}\cdot 3 \cdot \frac{2-y}{2}\,dy = \frac{3}{8}(4-y^2)\,dy$$

y축에 대한 평판의 모멘트는 다음과 같다.

$$M_y = \int \tilde{x}\,dm = \int_0^2 \frac{3}{8}(4-y^2)\,dy = \frac{3}{8}\left[4y - \frac{y^3}{3}\right]_0^2 = \frac{3}{8}\left(\frac{16}{3}\right) = 2\text{ g}\cdot\text{cm}$$

(b) 평판의 질량:

$$M = \int dm = \int_0^2 \frac{3}{2}(2-y)\,dy = \frac{3}{2}\left[2y - \frac{y^2}{2}\right]_0^2 = \frac{3}{2}(4-2) = 3\text{ g}$$

(c) 평판의 질량중심의 x좌표:

$$\bar{x} = \frac{M_y}{M} = \frac{2\text{ g}\cdot\text{cm}}{3\text{ g}} = \frac{2}{3}\text{ cm}$$

비슷한 계산으로 M_x와 $\bar{y}$를 계산할 수 있다. ■

얇고 평탄한 판의 질량분포가 대칭축을 가진다면, 질량중심은 이 축 위에 놓이게 된다. 만약 대칭축이 2개 있다면, 질량중심은 두 축의 교점에 놓이게 된다. 이 사실은 풀이를 단순하게 하는 데 자주 도움이 된다.

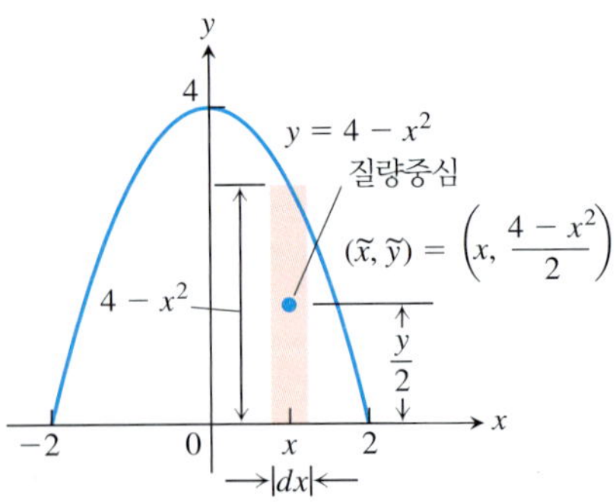

그림 5.52 예제 3의 평판과 수직인 띠의 모형.

예제 3 위로는 포물선 $y=4-x^2$과 아래로는 x축에 의해 둘러싸인 영역(그림 5.52)를 차지하는 얇은 평판의 질량중심을 구하라. 점 (x, y)에서 평판의 밀도는 $\delta=2x^2$, 즉 y축과 점 사이 거리 제곱의 2배이다.

풀이 질량분포가 y축에 대해 대칭이므로 $\bar{x}=0$이다. 밀도가 변수 x의 함수이므로 수직인 띠로 질량분포 모형을 만든다. 수직인 띠(그림 5.52 참조)를 이용하여 다음과 같은 관계식을 얻을 수 있다.

$$\begin{aligned}
\text{질량중심:} &\quad (\tilde{x}, \tilde{y}) = \left(x, \frac{4-x^2}{2}\right)\\
\text{길이:} &\quad 4 - x^2\\
\text{폭:} &\quad dx\\
\text{넓이:} &\quad dA = (4-x^2)\,dx\\
\text{질량:} &\quad dm = \delta\,dA = \delta(4-x^2)\,dx\\
\text{질량중심과 } x\text{축 사이의 거리:} &\quad \tilde{y} = \frac{4-x^2}{2}
\end{aligned}$$

x축에 대한 띠의 모멘트는 다음과 같다.

$$\tilde{y}\,dm = \frac{4-x^2}{2}\cdot\delta(4-x^2)\,dx = \frac{\delta}{2}(4-x^2)^2\,dx$$

x축에 대한 평판의 모멘트는 다음과 같다.

$$\begin{aligned}
M_x &= \int \tilde{y}\,dm = \int_{-2}^{2} \frac{\delta}{2}(4-x^2)^2\,dx = \int_{-2}^{2} x^2(4-x^2)^2\,dx\\
&= \int_{-2}^{2}(16x^2 - 8x^4 + x^6)\,dx = \frac{2048}{105}
\end{aligned}$$

평판의 질량은 다음과 같다.

$$M = \int dm = \int_{-2}^{2} \delta(4 - x^2)\,dx = \int_{-2}^{2} 2x^2(4 - x^2)\,dx$$

$$= \int_{-2}^{2} (8x^2 - 2x^4)\,dx = \frac{256}{15}$$

그러므로 평판의 질량중심의 y좌표는 다음과 같다.

$$\bar{y} = \frac{M_x}{M} = \frac{2048}{105} \cdot \frac{15}{256} = \frac{8}{7}$$

평판의 질량중심의 좌표는 다음과 같다.

$$(\bar{x}, \bar{y}) = \left(0, \frac{8}{7}\right)$$

두 곡선에 의해 둘러싸인 평판

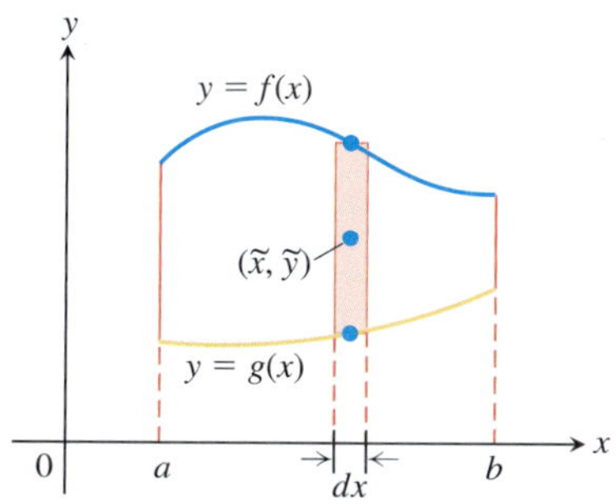

그림 5.53 두 곡선에 의해 둘러싸인 평판의 모형과 수직 띠. 띠의 질량중심은 중간이다. 즉 $\tilde{y} = \frac{1}{2}[f(x)+g(x)]$이다.

평판이 2개의 곡선 $y=g(x)$와 $y=f(x)$에 의해 둘러싸인 영역을 차지한다고 가정하자. 또한 $a \le x \le b$ 인 x에 대해 $f(x) \ge g(x)$를 만족한다. 대표적인 수직 띠(그림 5.53)로부터 다음을 얻는다.

질량중심: $(\tilde{x}, \tilde{y}) = \left(x, \frac{1}{2}[f(x) + g(x)]\right)$

길이: $f(x) - g(x)$

폭: dx

넓이: $dA = [f(x) - g(x)]\,dx$

질량: $dm = \delta\, dA = \delta[f(x) - g(x)]\,dx$

y축에 대한 평판의 모멘트는 다음과 같다.

$$M_y = \int \tilde{x}\, dm = \int_a^b x\delta[f(x) - g(x)]\,dx$$

x축에 대한 평판의 모멘트는 다음과 같다.

$$M_x = \int \tilde{y}\, dm = \int_a^b \frac{1}{2}[f(x) + g(x)] \cdot \delta[f(x) - g(x)]\,dx$$

$$= \int_a^b \frac{\delta}{2}[f^2(x) - g^2(x)]\,dx$$

이 모멘트로부터 다음 공식을 얻는다.

$$\bar{x} = \frac{1}{M}\int_a^b \delta x[f(x) - g(x)]\,dx \qquad (6)$$

$$\bar{y} = \frac{1}{M}\int_a^b \frac{\delta}{2}[f^2(x) - g^2(x)]\,dx \qquad (7)$$

예제 4 두 곡선 $g(x)=x/2$와 $f(x)=\sqrt{x}$, $0 \le x \le 1$에 의해 둘러싸인 얇은 평판(그림 5.54)이 있다. 밀도함수는 $\delta(x)=x^2$일 때 식 (6)과 (7)을 이용하여 질량중심을 구하라.

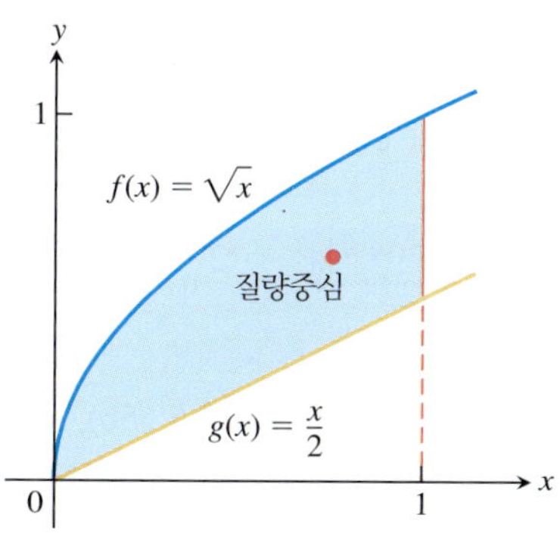

그림 5.54 예제 4의 영역.

풀이 먼저 $dm=\delta[f(x)-g(x)]dx$를 이용하여 평판의 질량을 계산하면 다음과 같다.

$$M = \int_0^1 x^2\left(\sqrt{x} - \frac{x}{2}\right)dx = \int_0^1 \left(x^{5/2} - \frac{x^3}{2}\right)dx = \left[\frac{2}{7}x^{7/2} - \frac{1}{8}x^4\right]_0^1 = \frac{9}{56}$$

이제 식 (6)과 (7)로부터 질량중심의 x좌표는 다음과 같다.

$$\bar{x} = \frac{56}{9}\int_0^1 x^2 \cdot x\left(\sqrt{x} - \frac{x}{2}\right)dx$$
$$= \frac{56}{9}\int_0^1 \left(x^{7/2} - \frac{x^4}{2}\right)dx$$
$$= \frac{56}{9}\left[\frac{2}{9}x^{9/2} - \frac{1}{10}x^5\right]_0^1 = \frac{308}{405}$$

질량중심의 y좌표는 다음과 같다.

$$\bar{y} = \frac{56}{9}\int_0^1 \frac{x^2}{2}\left(x - \frac{x^2}{4}\right)dx$$
$$= \frac{28}{9}\int_0^1 \left(x^3 - \frac{x^4}{4}\right)dx$$
$$= \frac{28}{9}\left[\frac{1}{4}x^4 - \frac{1}{20}x^5\right]_0^1 = \frac{28}{45}$$ ■

그림 5.54에서 질량중심의 위치를 볼 수 있다.

중심

예제 4에서 보듯이 질량중심은 영역의 기하적인 중심에 있지 않았다. 영역의 밀도가 일정하지 않기 때문이다. $\bar{x}$와 $\bar{y}$의 공식에서 밀도함수가 상수이면 분모와 분자에서 약분이 발생한다. 따라서 밀도가 일정할 때 질량중심의 위치는 물체가 만들어지는 재질이 아니라 기하적인 모양에 따라 결정된다. 이런 경우에 공학자는 질량의 중심을 '삼각형 또는 원뿔의 중심을 구하라'처럼 도형의 **중심**(centroid, 무게중심)이라 부른다. 도형의 중심을 구하기 위해 δ를 1로 하고 앞에서와 같이 질량으로 모멘트를 나눠서 $\bar{x}$와 $\bar{y}$를 구한다.

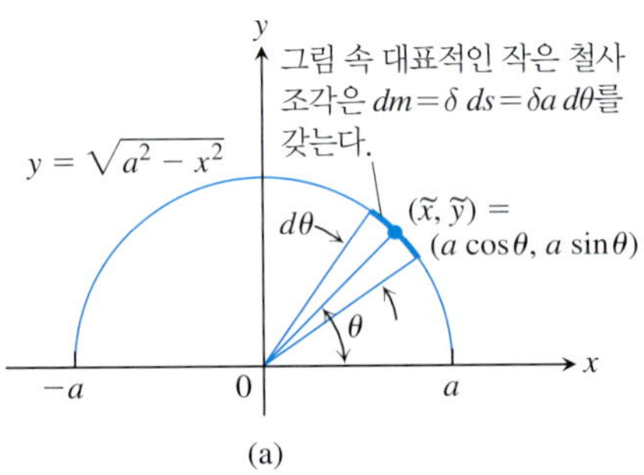

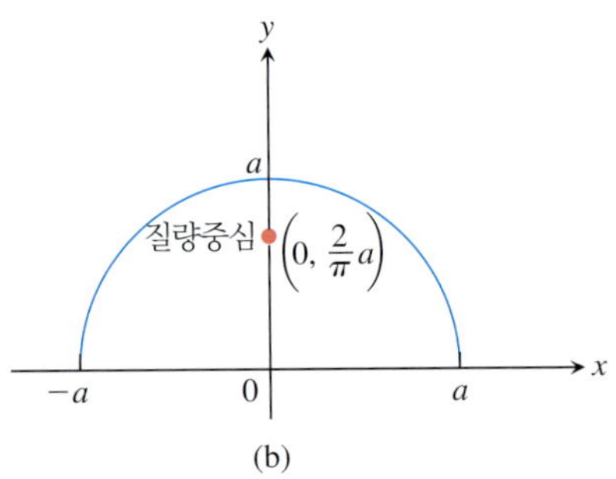

그림 5.55 예제 5의 반원형 철사. (a) 질량중심을 구하는 데 사용된 길이와 변수. (b) 질량중심은 철사 위에 있지 않다.

예제 5 반지름이 a인 반원 모양을 하는 밀도가 상수 δ인 철사의 질량중심(또는 중심)을 구하라.

풀이 반원 $y=\sqrt{a^2-x^2}$ 모양의 철사 모형을 만든다(그림 5.55). 질량의 분포는 y축 대칭이므로 $\bar{x}=0$이다. $\bar{y}$를 구하기 위해 철사를 짧은 호 조각으로 나누어졌다고 생각하자. $(\tilde{x}, \tilde{y})$를 짧은 호 조각의 질량중심이라 하고, 원점과 $(\tilde{x}, \tilde{y})$를 연결하는 선분의 x축으로부터 각도를 θ라 하면, $\tilde{y}=a\sin\theta$는 단위가 라디안인 각 θ의 함수이다(그림 5.55a). $(\tilde{x}, \tilde{y})$를 포함하고 있는 작은 호의 길이 ds는 $d\theta$ 라디안의 각에 대응한다. 즉 $ds=a\,d\theta$이다. 따라서 짧은 호 조각은 $\bar{y}$를 계산하기 위한 다음 관계식을 얻게 된다.

길이: $ds = a\,d\theta$

질량: $dm = \delta\,ds = \delta a\,d\theta$ 단위길이당 질량 × 길이

질량중심과 x축 사이의 거리: $\tilde{y} = a\sin\theta$

그러므로 질량중심의 y좌표는 다음과 같다.

$$\bar{y} = \frac{\int \tilde{y}\,dm}{\int dm} = \frac{\int_0^\pi a\sin\theta\cdot\delta a\,d\theta}{\int_0^\pi \delta a\,d\theta} = \frac{\delta a^2[-\cos\theta]_0^\pi}{\delta a\pi} = \frac{2}{\pi}a$$

질량중심은 대칭축 y축 위에 있으며 원점으로 약 2/3지점인 $(0, 2a/\pi)$이다(그림 5.55b). $\bar{y}$의 계산식에서 δ가 어떻게 약분되었는지를 살펴보면, 모든 곳에서 $\delta=1$로 놓고 $\bar{y}$를 계산하여 항상 같은 값이 나옴을 알 수 있다. ■

예제 5에서 xy평면에서 미분가능한 함수의 그래프를 따라 놓여 있는 얇은 철사의 질량중심을 구했다. 14장에서는 평면 또는 공간에서 일반적인 모양의 매끄러운 곡선을 따라 놓여 있는 철사의 질량중심을 구하는 방법에 대해 공부할 것이다.

유체 힘과 중심

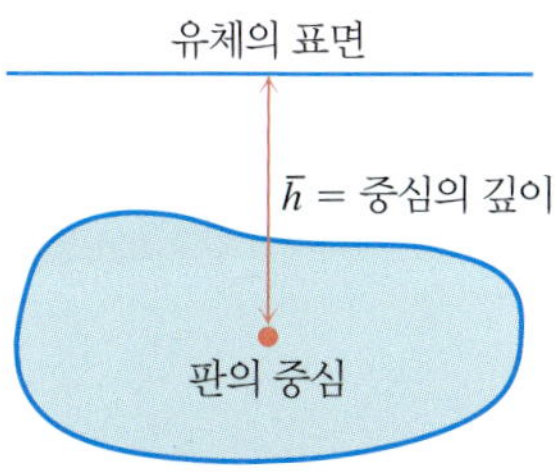

그림 5.56 판의 한 면에 가해지는 유체의 힘은 $w \cdot \bar{h} \cdot$ (판의 넓이)이다.

물속에 수직으로 잠겨 있는 평판의 중심 위치가 알려져 있다면(그림 5.56), 판의 한 면에 가해지는 힘을 쉽게 구할 수 있다. 5.5절의 식 (7)과 x축에 대한 모멘트의 정의로부터 다음을 얻을 수 있다.

$$\begin{aligned} F &= \int_a^b w \times (\text{띠 깊이}) \times L(y)\,dy \\ &= w\int_a^b (\text{띠 깊이}) \times L(y)\,dy \\ &= w \times (\text{판이 차지하는 영역의 수평선에 대한 모멘트}) \\ &= w \times (\text{판 중심의 깊이}) \times (\text{판의 넓이}) \end{aligned}$$

> **유체 힘과 중심**
>
> 수직으로 잠겨 있는 평판의 한 면에 가해지는 무게-밀도 w인 유체 힘은 무게-밀도 w, 판의 중심과 유체면 사이의 거리 $\bar{h}$, 판의 넓이 A의 곱이다.
>
> $$F = w\bar{h}A \qquad (8)$$

예제 6 밑변이 2 m이고 높이가 1 m인 평탄한 직각이등변삼각형 판이 수직으로 잠겨 있고, 직각인 꼭짓점이 아래로, 밑변이 위로 잠겨 있고 또한 수영장의 수면 아래 0.6 m 되는 곳에 판의 밑변이 수평으로 놓여 있다(5.5절의 예제 6 참조). 식 (8)을 이용하여 평판의 한 면에 물에 의해 가해지는 힘을 구하라.

풀이 삼각형의 중심(그림 5.43 참조)은 y축 위에, 밑변으로부터 꼭짓점까지 길이의 1/3지점이다. 수영장의 수면이 $y=1.6$이므로 $\bar{h}=2.8/3$ (중심 $y=2/3$)이다. 삼각형의 넓이는 다음과 같다.

$$A = \frac{1}{2}(\text{밑변})(\text{높이}) = \frac{1}{2}(2)(1) = 1$$

그러므로 힘은 다음과 같다.

$$F = w\bar{h}A = (9800)(2.8/3)(1) = 9147 \text{ N}$$ ■

파푸스의 정리

4세기에 파푸스라 불리는 알렉산드리아의 그리스 수학자가 회전면과 회전체의 중심에 관련된 두 가지의 공식을 발견했다. 공식을 이용하면 복잡하고 긴 방법보다 훨씬 간편하고 빠르게 계산할 수 있다.

> **정리 1 ▌ 부피에 대한 파푸스 정리**
>
> 평면에 영역과 한 직선이 영역 내부와 만나지 않는다고 하자. 영역을 직선 둘레로 회전하여 얻은 입체 부피는 영역 넓이 A와 영역 중심이 회전할 때 움직인 거리의 곱이다. 만약 ρ가 회전축과 중심 사이의 거리라면 다음과 같다.
>
> $$V = 2\pi\rho A \qquad (9)$$

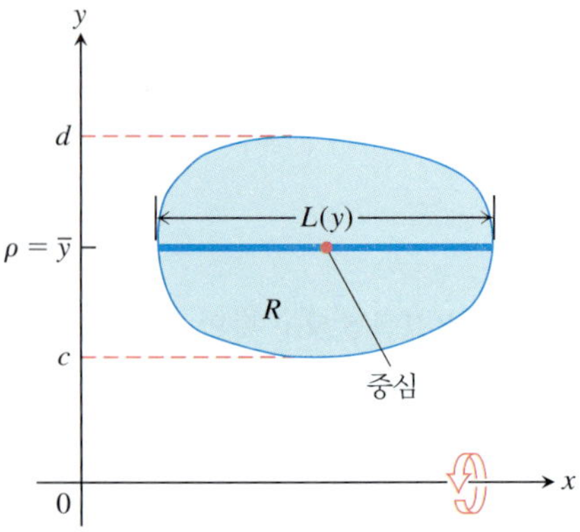

그림 5.57 영역 R를 x축 둘레로 (한 바퀴) 회전하여 생긴 입체가 있다. 영역 넓이와 중심이 회전할 때 움직인 거리를 곱하면 입체 부피가 된다는 것을 1700년 된 정리가 말해준다.

증명 회전축을 x축으로 영역 R이 제1사분면에 있도록 그린다(그림 5.57). $L(y)$는 y에서 y축에 수직인 직선이 R과 만나는 부분의 길이라 하자. 함수 $L(y)$는 연속이라 가정한다.

원통 껍질 방법에 따르면 영역을 x축 둘레로 회전하여 얻은 입체의 부피는 다음과 같다.

$$V = \int_c^d 2\pi(\text{원통 껍질 반지름})(\text{원통 껍질 높이})\,dy = 2\pi\int_c^d y\,L(y)\,dy \tag{10}$$

영역 R의 중심의 y좌표는 다음과 같다.

$$\bar{y} = \frac{\int_c^d \tilde{y}\,dA}{A} = \frac{\int_c^d y\,L(y)\,dy}{A} \qquad \tilde{y} = y,\ dA = L(y)\,dy$$

그러므로 다음 등식을 얻는다.

$$\int_c^d y\,L(y)\,dy = A\bar{y}$$

식 (10)에 있는 마지막 적분 대신에 $A\bar{y}$를 대입하면 $V = 2\pi\bar{y}A$가 된다. 만약 $\rho = \bar{y}$이면 $V = 2\pi\rho A$가 된다. ■

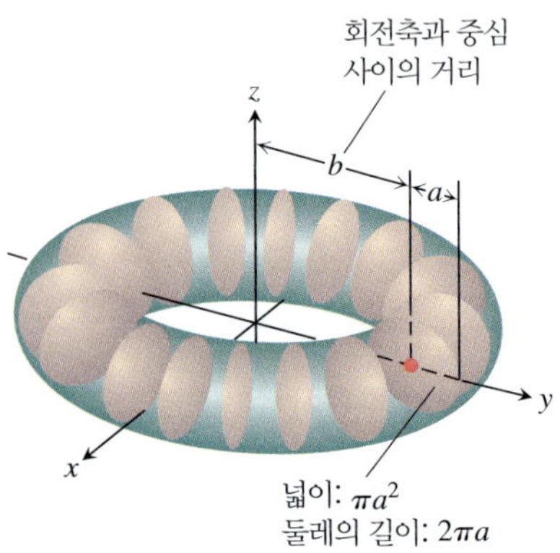

그림 5.58 부피에 대한 파푸스 정리를 이용하여 적분 없이 원환체의 부피를 구할 수 있다(예제 7).

예제 7 반지름이 a인 원판을 중심에서 $b(\geq a)$만큼 떨어진 평면 위의 축 둘레로 회전하여 얻은 원환체(도넛)의 부피를 구하라(그림 5.58).

풀이 부피에 대한 파푸스 정리를 적용하자. 원판 중심은 원의 중심이고, 원의 넓이는 $A = \pi a^2$이며, 중심부터 회전축까지의 거리는 $\rho = b$이다(그림 5.58 참조). 값을 식 (9)에 대입하여 원환체 부피를 구하면 다음과 같다.

$$V = 2\pi(b)(\pi a^2) = 2\pi^2 ba^2$$ ■

다음 예제는 파푸스 정리의 식 (9)를 이용하여 넓이 A를 알고 있는 영역 중심의 좌표 중 하나를 구하는 방법을 보인다. 물론 영역을 다른 좌표축 둘레로 회전시켜 얻은 회전체 부피를 알고 있어야 한다. 구하고자 하는 좌표가 $\bar{y}$라고 하면 x축 둘레로 회전시켜야 하며, 이때 회전축과 중심과의 거리는 $\bar{y} = \rho$가 된다. x축 둘레로 회전시킨 입체의 부피 V를 알고 있다. 그러면 식 (9)를 ρ에 대해 풀 수 있고, 이 값이 중심의 좌표 $\bar{y}$이다.

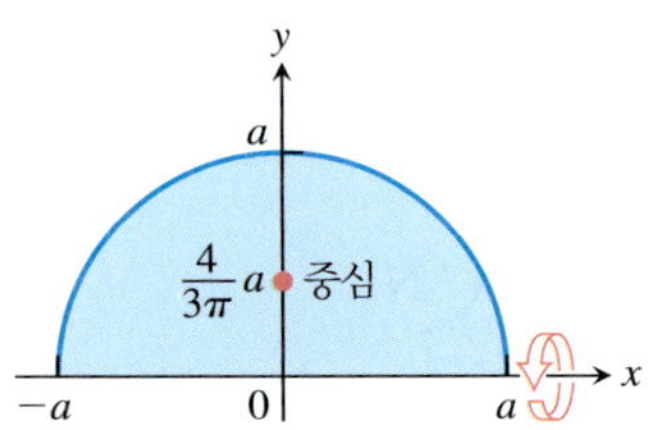

그림 5.59 부피에 대한 파푸스 정리를 이용해서 적분 없이 반원판의 중심을 계산할 수 있다(예제 8).

예제 8 반지름이 a인 반원판 중심의 좌표를 구하라.

풀이 반원 $y = \sqrt{a^2 - x^2}$과 x축 사이의 영역(그림 5.59)를 생각하고, 이 영역을 x축 둘레로 회전시켜 구를 얻었다고 상상하자. 대칭성에 의해 중심의 x좌표는 $\bar{x} = 0$이다. 식 (9)에서 $\bar{y} = \rho$라고 하면 다음 같이 구할 수 있다.

$$\bar{y} = \frac{V}{2\pi A} = \frac{(4/3)\pi a^3}{2\pi(1/2)\pi a^2} = \frac{4}{3\pi}a$$ ■

정리 2 | 곡면의 넓이에 대한 파푸스 정리

평면에 매끄러운 곡선의 호와 호와 만나지 않는 한 직선이 있다. 곡선을 직선 둘레로 한 바퀴 회전하여 얻은 곡면의 넓이는 (호의 길이 L) × (호의 중심이 회전할 때 움직인 거리)와 같다. 만약 ρ가 회전축과 중심 사이의 거리라면, 곡면의 넓이는 다음과 같다.

$$S = 2\pi\rho L \tag{11}$$

증명에서는 회전축을 x축으로 잡고 호는 x에 대해 연속인 도함수를 갖는 함수의 그래프라고 가정한다.

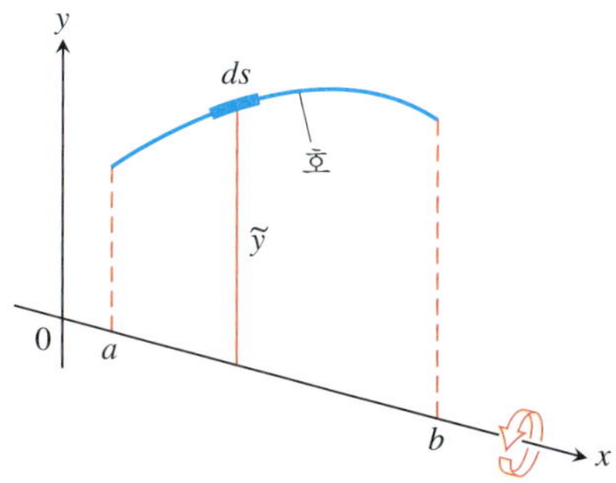

그림 5.60 파푸스의 넓이 정리를 증명하기 위한 그림. 호 길이의 미분 ds는 5.3절 식 (6)에 주어졌다.

증명 회전축인 x축과 1사분면에 $x=a$에서 $x=b$까지 호를 함께 그린다(그림 5.60). 호를 회전하여 얻어지는 곡면 넓이는 다음과 같다.

$$S = \int_{x=a}^{x=b} 2\pi y\, ds = 2\pi \int_{x=a}^{x=b} y\, ds \tag{12}$$

호 중심의 y좌표는 다음과 같이 계산한다.

$$\bar{y} = \frac{\int_{x=a}^{x=b} \tilde{y}\, ds}{\int_{x=a}^{x=b} ds} = \frac{\int_{x=a}^{x=b} y\, ds}{L} \qquad L=\int ds\text{는 호의 길이이고 } \tilde{y}=y$$

이로부터 다음 등식을 얻는다.

$$\int_{x=a}^{x=b} y\, ds = \bar{y}L$$

식 (12)에 있는 마지막 적분 대신에 $\bar{y}L$을 대입하면 $S=2\pi\bar{y}L$이 된다. 만약 $\rho=\bar{y}$라 하면 $S=2\pi\rho L$이 된다. ■

예제 9 파푸스 넓이 정리를 이용하여 예제 7에서 원환체 곡면의 넓이를 구하라.

풀이 그림 5.58에서 원환체의 곡면은 반지름이 a인 원을 z축 둘레로 회전시켜 얻은 것이다. 여기서 회전축과 중심 사이의 거리는 $b \geq a$이다. 회전체의 곡면을 생성하는 매끄러운 곡선의 길이는 원둘레이므로, 즉 $L=2\pi a$이다. 값을 식 (11)에 대입하여 원환체 곡면의 넓이를 구하면 다음과 같다.

$$S = 2\pi(b)(2\pi a) = 4\pi^2 ba$$ ■

연습문제 5.6 EXERCISE QUESTION

연습문제 1~6에서 주어진 구간에 놓여 있는 선형 철사의 밀도가 다음과 같을 때 철사의 전체 질량 M과 질량중심 $\bar{x}$를 구하라.

1. $1 \leq x \leq 4, \quad \delta(x) = \sqrt{x}$

2. $-3 \leq x \leq 3, \quad \delta(x) = 1 + 3x^2$

3. $0 \leq x \leq 3, \quad \delta(x) = \dfrac{1}{x+1}$

4. $1 \leq x \leq 2, \quad \delta(x) = \dfrac{8}{x^3}$

5. $\delta(x) = \begin{cases} 4, & 0 \leq x \leq 2 \\ 5, & 2 < x \leq 3 \end{cases}$

6. $\delta(x) = \begin{cases} 2-x, & 0 \leq x < 1 \\ x, & 1 \leq x \leq 2 \end{cases}$

밀도가 일정한 얇은 평판

연습문제 7~20에서 얇은 평판이 다음과 같은 영역에 위치하고 밀도가 상수 δ일 때 평판의 질량중심을 구하라.

7. 포물선 $y=x^2$과 직선 $y=4$로 둘러싸인 영역

8. 포물선 $y=25-x^2$과 x축으로 둘러싸인 영역

9. 포물선 $y=x-x^2$과 직선 $y=-x$로 둘러싸인 영역

10. 포물선 $y=x^2-3$과 $y=-2x^2$로 둘러싸인 영역

11. 곡선 $x=y-y^3$, $0 \leq y \leq 1$과 y축으로 둘러싸인 영역

12. 포물선 $x=y^2-y$과 직선 $y=x$로 둘러싸인 영역

13. x축과 곡선 $y=\cos x$, $-\pi/2 \leq x \leq \pi/2$로 둘러싸인 영역

14. x축과 곡선 $y=\sec^2 x$, $-\pi/4 \leq x \leq \pi/4$로 둘러싸인 영역

T **15.** $x=1$과 $x=2$ 사이에서 곡선 $y=1/x$과 x축으로 둘러싸인 영역. 좌표를 소수점 두 자리까지 계산하라.

16. a. 제1사분면에서 원 $x^2+y^2=9$로 잘라낸 영역
b. x축과 반원 $\sqrt{9-x^2}$으로 둘러싸인 영역
문제 (a)와 (b)에서 구한 값을 비교하라.

17. 곡선 $y=1/(1+x^2)$과 $y=-1/(1+x^2)$, 직선 $x=0$과 $x=1$로 둘러싸인 영역

18. 포물선 $y=2x^2-4x$과 $y=2x-x^2$로 둘러싸인 영역

19. $x=1$과 $x=16$ 사이에서 곡선 $y=1/\sqrt{x}$과 x축으로 둘러싸인 영역

20. 위로는 곡선 $y=1/x^3$, 아래로는 $y=-1/x^3$, 왼쪽으로는 $x=1$, 오른쪽으로는 $x=a>1$로 둘러싸인 영역. 또한 $\lim_{a\to\infty} \bar{x}$를 구하라.

21. 곡선 $y=x^4$과 $y=x^5$에 의해 둘러싸인 영역을 생각하자. 영역의 질량중심이 외부에 있음을 보여라.

22. 곡선 $y=\sqrt{x}$와 $x=2y$에 둘러싸인 영역의 밀도가 상수 δ로 일정하다. 평판에 대해 다음을 구하라.
a. x축에 대한 모멘트
b. y축에 대한 모멘트
c. 직선 $x=5$에 대한 모멘트
d. 직선 $x=-1$에 대한 모멘트

e. 직선 $y=2$에 대한 모멘트

f. 직선 $y=-3$에 대한 모멘트

g. 질량

h. 질량중심

밀도가 일정하지 않은 얇은 평판

23. x축, 곡선 $y=2/x^2$, $1 \le x \le 2$로 둘러싸인 얇은 평판의 질량중심을 구하라. 단, 판 위에 점 (x, y)에서 밀도는 $\delta(x)=x^2$이다.

24. 아래로는 포물선 $y=x^2$, 위로는 직선 $y=x$로 둘러싸인 얇은 평판의 질량중심을 구하라. 단, 판 위에 점 (x, y)에서 밀도는 $\delta(x)=12x$이다.

25. 곡선 $y=\pm 4/\sqrt{x}$, 직선 $x=1$, 직선 $x=4$로 둘러싸인 영역을 y축 둘레로 회전하여 얻은 입체가 있다.

a. 입체의 부피를 구하라.

b. 영역을 차지하는 얇은 판의 질량중심을 구하라. 단, 판 위의 점 (x, y)에서 밀도는 $\delta(x)=1/x$이다.

c. 판을 그리고, 그림 위에 질량중심을 표시하라.

26. 곡선 $y=2/x$와 x축, 직선 $x=1$, 직선 $x=4$로 둘러싸인 영역을 x축 둘레로 회전하여 얻은 입체가 있다.

a. 입체의 부피를 구하라.

b. 영역을 차지하는 얇은 판의 질량중심을 구하라. 단, 판 위의 점 (x, y)에서 밀도는 $\delta(x)=\sqrt{x}$이다.

c. 판을 그리고, 그림 위에 질량중심을 표시하라.

삼각형의 중심

27. 삼각형 중심(무게중심)은 삼각형 중선의 교점에 놓여 있다. 각 변의 중점에서 마주보는 꼭짓점을 잇는 중선을 따라 1/3 되는 거리에 놓여 있는 삼각형 내부에 있는 점이 삼각형 중선이 만나는 교점이라는 것을 상기하라. 중심이 역시 각 변의 중점에서 마주보는 꼭짓점을 잇는 중선을 따라 1/3 되는 거리에 놓여 있다는 것을 보임으로 중심이 중선의 교점에 놓여 있다는 것을 보여라. 증명하기 위해 다음의 단계에 따라 수행하라.

i) 주어진 그림의 (b)와 같이 x축에 삼각형의 한 변을 놓아라. dm을 L과 dy에 관해 나타내라.

ii) 삼각형 닮음 공식을 이용하여 $L=(b/h)(h-y)$임을 보여라. dm에 대한 공식에서 L 대신 수식을 대입하라.

iii) $\bar{y}=h/3$임을 보여라.

iv) 같은 방식으로 나머지 변에 대해 적용하라.

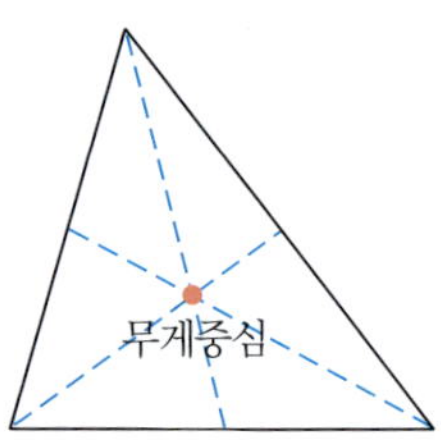

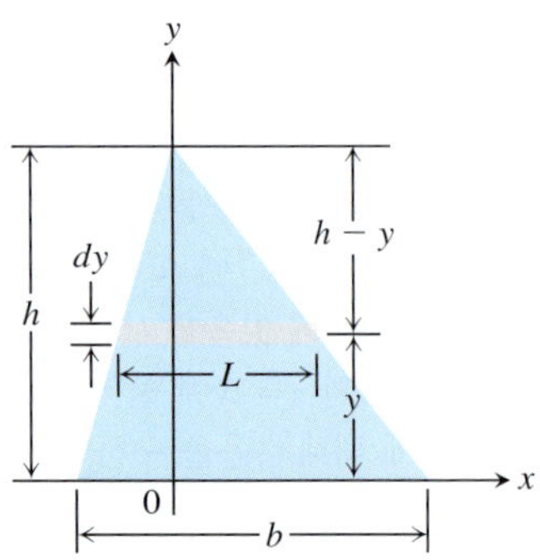

연습문제 27의 결과를 이용하여 연습문제 28~32에서 주어진 꼭짓점에 대한 삼각형의 중심을 구하라. 단, a, b는 양수이다.

28. $(-1, 0), (1, 0), (0, 3)$

29. $(0, 0), (1, 0), (0, 1)$

30. $(0, 0), (a, 0), (0, a)$

31. $(0, 0), (a, 0), (0, b)$

32. $(0, 0), (a, 0), (a/2, b)$

얇은 철사

33. 상수 밀도 $x=0$부터 $x=2$까지 곡선 $y=\sqrt{x}$에 놓여 있는 밀도가 상수인 철사에 대해 x축에 대한 모멘트를 구하라.

34. 상수 밀도 $x=0$부터 $x=1$까지 곡선 $y=x^3$에 놓여 있는 밀도가 상수인 철사에 대해 x축에 대한 모멘트를 구하라.

35. 변수 밀도 예제 5에서 철사의 밀도가 $\delta=k\sin\theta$ (k는 상수)라 가정하자. 질량중심을 구하라.

35. 변수 밀도 예제 5에서 철사의 밀도가 $\delta=1+k|\cos\theta|$ (k는 상수)라 가정하자. 질량중심을 구하라.

곡선에 의해 둘러싸인 평판

연습문제 37~40에서 주어진 함수의 그래프에 의해 둘러싸인 얇은 평판의 중심을 구하라. 식 (6)과 (7)에서 $\delta=1$과 $M=$(영역의 넓이)를 사용하라.

37. $g(x) = x^2, \quad f(x) = x + 6$

38. $g(x) = x^2(x+1), \quad f(x) = 2, \quad x = 0$

39. $g(x) = x^2(x-1), \quad f(x) = x^2$

40. $g(x) = 0, \quad f(x) = 2 + \sin x, \quad x = 0, \quad x = 2\pi$

[힌트: $\int x\sin x\,dx = \sin x - x\cos x + C$]

이론과 예제

연습문제 41과 42에서 명제와 공식을 증명하라.

41. 미분가능한 평면곡선 중심의 좌표는 다음과 같다.

$$\bar{x} = \frac{\int x\,ds}{\text{길이}}, \qquad \bar{y} = \frac{\int y\,ds}{\text{길이}}$$

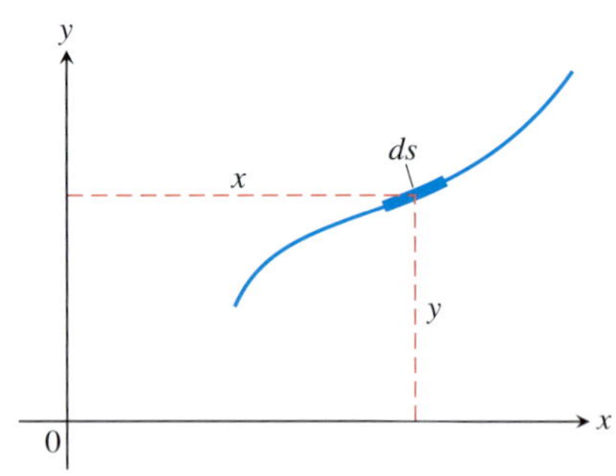

42. 방정식 $y=x^2/(4p)$에서 $p>0$의 값에 상관없이 주어진 그림과 같은 포물선 영역의 중심의 y좌표는 $\bar{y}=(3/5)a$이다.

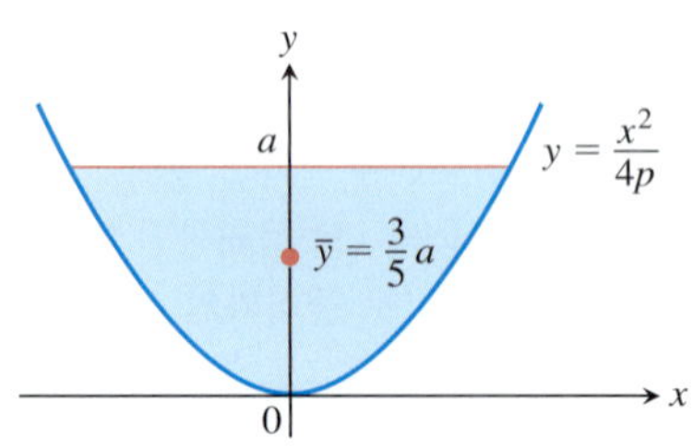

파푸스 정리

43. 꼭짓점 (0, 2), (2, 0), (4, 2), (2, 4)를 갖는 정사각형 영역을 x축 둘레로 회전하여 얻은 입체가 있다. 입체의 부피와 겉넓이를 구하라.

44. 파푸스의 정리를 이용해서 좌표축, 직선 $2x+y=6$으로 둘러싸인 삼각형 영역을 직선 $x=5$ 둘레로 회전하여 얻은 입체도형의 부피를 구하라(연습문제 27 참조).

45. 원 $(x-2)^2+y^2=1$을 y축 둘레로 회전하여 얻은 원환체의 부피를 구하라.

46. 파푸스의 정리를 이용해서 직원뿔의 겉넓이와 부피를 구하라.

47. 넓이에 대한 파푸스 정리와 반지름이 a인 구의 겉넓이가 $4\pi a^2$임을 이용하여 반원 $y=\sqrt{a^2-x^2}$의 중심을 구하라.

48. 연습문제 47에서 구한 것처럼 반원 $y=\sqrt{a^2-x^2}$의 중심은 점 $(0, 2a/\pi)$에 놓여 있다. 반원을 직선 $y=a$ 둘레로 회전하여 얻은 곡면의 넓이를 구하라.

49. 반타원 $y=(b/a)\sqrt{a^2-x^2}$과 x축으로 둘러싸인 영역 R의 넓이는 $(1/2)\pi ab$이다. 그리고 R을 x축 둘레로 회전하여 얻은 타원체의 부피는 $(4/3)\pi ab^2$이다. R의 중심을 구하라. 중심의 위치는 a와 상관이 없다.

50. 예제 8에서 구한 것처럼 x축과 반원 $y=\sqrt{a^2-x^2}$으로 둘러싸인 영역의 중심은 점 $(0, 4a/3\pi)$에 놓여 있다. 영역을 직선 $y=-a$ 둘레로 회전하여 얻은 입체의 부피를 구하라.

51. 연습문제 50의 영역을 직선 $y=x-a$ 둘레로 회전하여 얻은 입체가 있다. 입체의 부피를 구하라.

52. 연습문제 47에서 구한 것처럼 반원 $y=\sqrt{a^2-x^2}$의 중심은 점 $(0, 2a/\pi)$에 놓여 있다. 반원을 직선 $y=x-a$ 둘레로 회전하여 얻은 곡면의 넓이를 구하라.

연습문제 53과 54에서 파푸스 정리를 이용하여 주어진 삼각형의 중심을 구하라. 반지름이 r이고 높이가 h인 원뿔의 부피는 $V=\frac{1}{3}\pi r^2 h$임을 이용하라.

53.

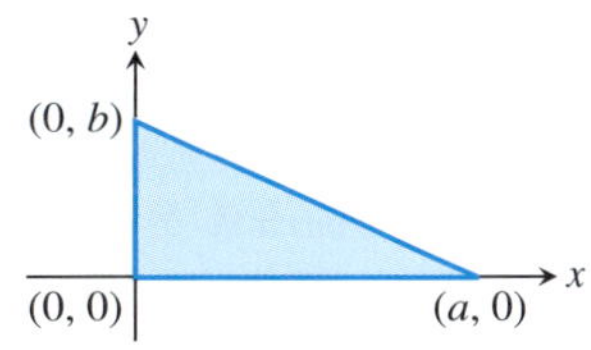

54.

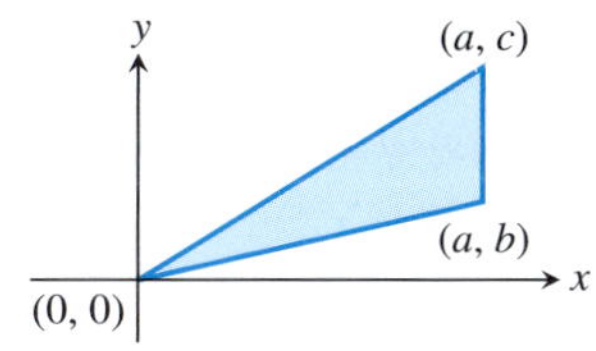

복습문제 REVIEW QUESTION

1. 얇은 조각 방법을 이용하여 입체의 부피를 어떻게 정의하고 값을 구하는가? 예들 들고 설명하라.

2. 얇은 조각 방법에서 유도된 입체의 부피를 구하는 원반 방법과 와셔 방법을 어떻게 정의하고 값을 구하는가? 이들 방법으로 부피를 구하는 예를 들고 설명하라.

3. 원통 껍질 방법을 설명하라. 예를 들고 설명하라.

4. 닫힌 구간에서 정의된 매끄러운 함수의 그래프 길이를 어떻게 정의하는가? 예를 들고 설명하라. 연속인 도함수를 갖지 않는 함수에 대해 어떻게 되는가?

5. 매끄러운 함수 $y=f(x)$, $a \le x \le b$의 그래프를 x축 둘레로 한 바퀴 회전하여 얻은 곡면의 넓이를 어떻게 정의하고 값을 구하는가? 예를 들고 설명하라.

6. x축의 일부 부분에서 정의된 위치에 따라 변하는 힘에 의해 행해진 일을 어떻게 정의하고 값을 구하는가? 한 탱크에서 펌프로 액체를 퍼내는 데 필요한 일을 어떻게 구하는가? 예를 들고 설명하라.

7. 질량중심의 정의는 무엇인가? 중심은?

8. 얇은 금속평판의 질량중심을 구하라. 예를 들고 설명하라.

9. 구간 $a \le x \le b$에서 두 곡선 $y=f(x)$와 $y=g(x)$에 의해 둘러싸인 얇은 판의 질량중심은 어디인가?

실전문제 PRACTICE QUESTION

부피

실전문제 1~18에서 주어진 입체도형의 부피를 구하라.

1. x축에 수직인 두 평면 $x=0$와 $x=1$ 사이에 입체가 있다. x축에 수직인 절단면이 원판이고, 지름이 포물선 $y=x^2$에서 포물선 $y=\sqrt{x}$까지 선분인 입체도형이다.

2. 입체의 밑면이 직선 $y=x$와 포물선 $y=2\sqrt{x}$로 둘러싸인 제1사분면에 있는 영역이다. x축에 수직인 절단면이 정삼각형이고 밑변이 직선에서 곡선까지 선분인 입체도형이다.

3. x축에 수직인 두 평면 $x=\pi/4$와 $x=5\pi/4$ 사이에 입체가 있다. x축에 수직인 절단면이 원판이고 지름이 곡선 $y=2\cos x$에서 곡선 $y=2\sin x$까지 선분인 입체도형이다.

4. x축에 수직인 두 평면 $x=0$와 $x=6$ 사이에 입체가 있다. x축에 수직인 절단면이 정사각형이고 밑변이 x축에서 곡선 $x^{1/2}+y^{1/2}=\sqrt{6}$까지 선분인 입체도형이다.

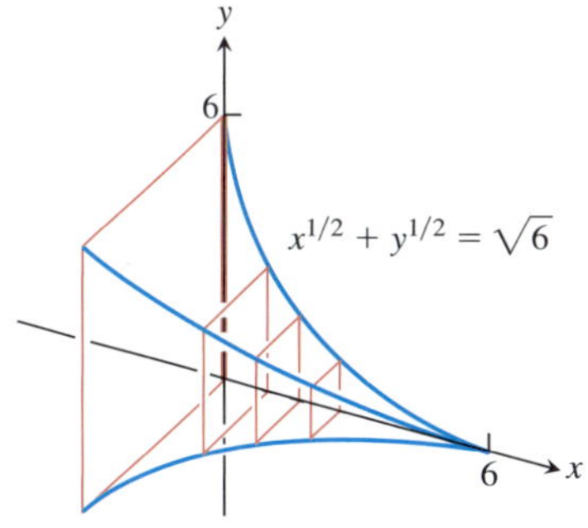

5. x축에 수직인 두 평면 $x=0$와 $x=4$ 사이에 입체가 있다. x축에 수직인 절단면이 원판이고, 지름이 포물선 $x^2=4y$에서 포물선 $y^2=4x$

까지 선분인 입체도형이다.

6. 입체의 밑면이 포물선 $y^2=4x$와 직선 $x=1$로 둘러싸인 영역이다. x축에 수직인 절단면이 정삼각형이고 한 변이 xy평면에 있다(모든 정삼각형은 xy평면 위쪽에 놓여 있다).

7. x축, 곡선 $y=3x^4$, 직선 $x=1$, $x=-1$로 둘러싸인 영역을 **(a)** x축, **(b)** y축, **(c)** 직선 $x=1$, **(d)** 직선 $y=3$과 같은 직선 둘레로 회전하여 생기는 입체의 부피를 구하라.

8. 곡선 $y=4/x^3$, 직선 $x=1$, $y=1/2$로 둘러싸인 '삼각형꼴' 영역을 **(a)** x축, **(b)** y축, **(c)** 직선 $x=2$, **(d)** 직선 $y=4$와 같은 직선 둘레로 회전하여 생기는 입체의 부피를 구하라.

9. 왼쪽으로는 곡선 $x=y^2+1$과 오른쪽으로는 직선 $x=5$로 둘러싸인 영역을 **(a)** x축, **(b)** y축, **(c)** 직선 $x=5$와 같은 직선 둘레로 회전하여 생기는 입체의 부피를 구하라.

10. 포물선 $y^2=4x$과 직선 $y=x$로 둘러싸인 영역을 **(a)** x축, **(b)** y축, **(c)** 직선 $x=4$, **(d)** 직선 $y=4$와 같은 직선 둘레로 회전하여 생기는 입체의 부피를 구하라.

11. x축, 직선 $x=\pi/3$과 제1사분면에 있는 곡선 $y=\tan x$로 둘러싸인 '삼각형꼴' 영역을 x축 둘레로 회전하여 생기는 입체의 부피를 구하라.

12. 곡선 $y=\sin x$, 직선 $x=0$, $x=\pi$, $y=2$로 둘러싸인 영역을 직선 $y=2$ 둘레로 회전하여 생기는 입체의 부피를 구하라.

13. 곡선 $x=e^{y^2}$, 직선 $y=0$, $x=0$, $y=1$로 둘러싸인 영역을 x축 둘레로 회전하여 생기는 입체의 부피를 구하라.

14. 곡선 $y=2\tan x$, 직선 $y=0$, $x=-\pi/4$, $x=\pi/4$로 둘러싸인 영역을 x축 둘레로 회전하여 생기는 입체의 부피를 구하라. (영역은 제1사분면과 제3사분면에 놓여 있고, 비대칭의 나비넥타이 모양과 비슷하다.)

15. 구멍을 가진 구의 부피 반지름 $\sqrt{3}$ m인 둥근 구멍은 반지름 2 m인 구의 중심을 관통했다. 구에서 제거된 부분의 부피를 구하라.

16. 미식 축구공의 부피 미식 축구공은 주어진 그림과 같이 타원을 x축 둘레로 회전한 입체와 닮았다. 미식축구공의 부피를 구하라. 답은 cm^3로 쓰고 가장 가까운 정수 값으로 표기하라.

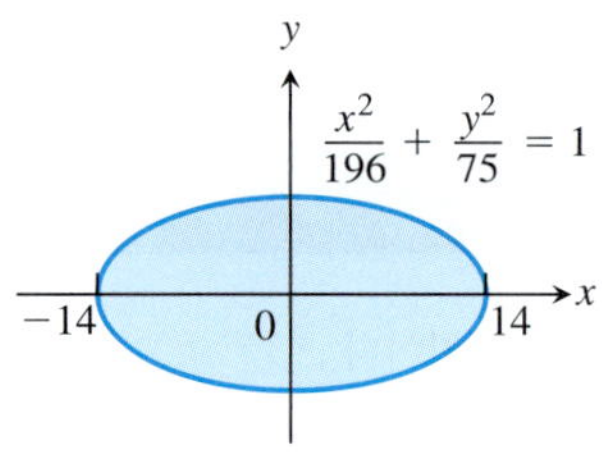

17. 높이가 h이고 반지름이 a와 b인 주어진 그림과 같은 원뿔대의 부피를 구하기 위한 정적분을 적고 계산하라.

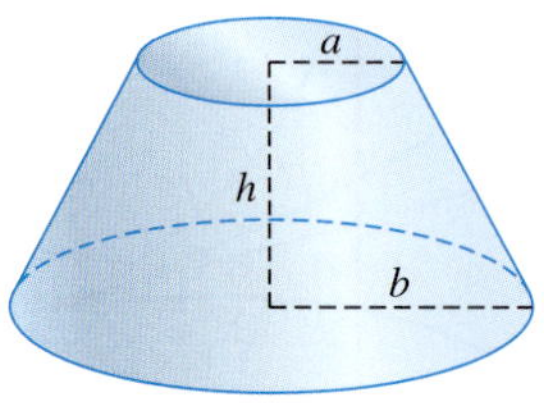

18. 주어진 그림과 같이 방정식 $x^{2/3}+y^{2/3}=1$의 그래프를 별 모양(성망형)이라 한다. 별 모양에 의해 둘러싸인 영역을 x축 둘레로 회전하여 생긴 입체의 부피를 구하라.

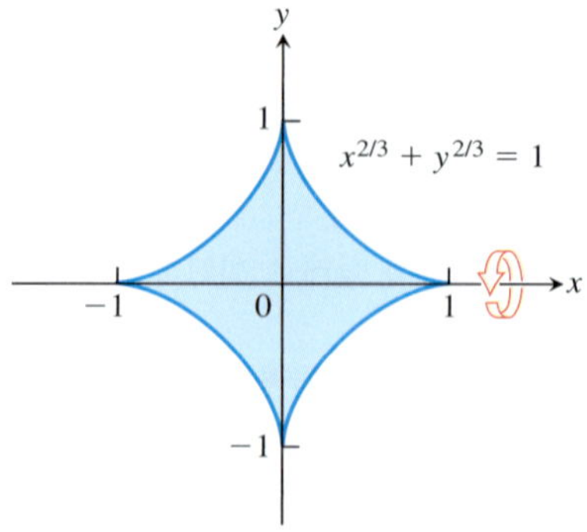

곡선의 길이

실전문제 19~24에서 곡선의 길이를 구하라.

19. $y=x^{1/2}-(1/3)x^{3/2},\quad 1\le x\le 4$

20. $x=y^{2/3},\quad 1\le y\le 8$

21. $y=x^2-(\ln x)/8,\quad 1\le x\le 2$

22. $x=(y^3/12)+(1/y),\quad 1\le y\le 2$

23. $y=\arcsin x-\sqrt{1-x^2},\quad 0\le x\le \frac{3}{4}$

24. $y=\frac{2}{3}x^{3/2}-1,\quad 0\le x\le 1$

회전면의 넓이

실전문제 25~28에서 주어진 곡선을 지시된 축 둘레로 회전한 곡면의 넓이를 구하라.

25. $y=\sqrt{2x+1},\quad 0\le x\le 3;\quad x$축

26. $y=x^3/3,\quad 0\le x\le 1;\quad x$축

27. $x=\sqrt{4y-y^2},\quad 1\le y\le 2;\quad y$축

28. $x=\sqrt{y},\quad 2\le y\le 6;\quad y$축

일

29. 등산장비 끌어올리기 암벽 등반가는 암벽의 아래로 미터당 0.8 N의 무게가 나가는 40 m 길이의 밧줄에 매달려 있는 100 N의 장비를 위로 끌어올리려고 한다. 이때 필요한 일은 얼마인가? [힌트: 밧줄과 장비를 분리해서 풀고, 그 다음에 합하라.]

30. 누수되는 탱크 트럭 당신은 워싱턴 산기슭에서 탱크 트럭에 4000 L의 물을 싣고 운전하여 산 정상까지 운반했다. 도착 후에 탱크에 물이 반만 남아 있다는 것을 발견했다. 당신은 가득 찬 상태에서 출발했고, 일정한 속력으로 올라갔고, 또한 50분이 지나서 1500 m 만큼의 높이 변화가 이루었다. 일정한 비율로 누수가 된다고 가정할 때, 산의 정상까지 물을 운반하는 데 행해진 일은 얼마인가? 당신과 트럭이 한 일은 계산하지 마라. 물의 무게는 9.8 N/L이다.

31. 지구의 인력 지구 표면 아래의 물체에 대한 인력은 지구중심으로부터 거리에 정비례한다. 지구 표면으로부터 a km 아래에 위치한 무게가 w N인 물체를 지구 표면까지 들어올리는 데 행해진 일을 구하라. 지구의 반지름은 r km로 일정하다고 가정하자.

32. 차고 문의 용수철 200 N의 힘으로 차고 문의 용수철을 0.8 m 늘릴 수 있다고 하자. 300 N의 힘은 용수철을 얼마나 더 늘릴 수 있

는가? 원래 길이에서 힘 300 N으로 용수철을 늘인 길이까지 필요한 일은 얼마인가?

33. 급수탑에서 펌프로 물 퍼내기 직원뿔 모양의 급수탑은 꼭짓점이 아래로 향하고 깊이가 8 m이고 밑면의 지름이 20 m이다. 급수탑에는 물이 가득 들어 있다. 급수탑 물을 윗면에서 6 m 아래까지 펌프로 퍼내는 데 필요한 일의 양은 얼마인가?

34. 급수탑에서 펌프로 물 퍼올리기(실전문제 33 계속) 급수탑에 물이 깊이 5 m까지 채워져 있다. 급수탑 윗면까지 물을 펌프로 채우는 데 필요한 일의 양은 얼마인가?

35. 원뿔형 탱크에서 펌프로 물을 퍼내기 직원뿔 모양의 급수탑은 꼭짓점이 아래로 향하고 깊이가 10 m이고 밑면의 반지름이 5 m이다. 급수탑에 무게-밀도가 9000 N/m^{3}인 액체로 채워져 있다. 액체의 표면이 꼭대기에서 아래로 2 m 만큼 낮아지도록 펌프로 액체를 퍼내는 데 필요한 일은 얼마인가? 만약 펌프가 41,250 J/s 속도로 작동하는 모터에 의해 물을 퍼낸다면, 탱크를 완전히 비우는 데 시간이 얼마나 소요되는가?

36. 원통형 탱크에서 펌프로 물을 퍼내기 저장용 탱크가 길이가 6 m이고 지름이 2.5 m인 원통형으로 중심축이 수평으로 누워 있다. 탱크에 무게-밀도 8950 N/m^{3}인 올리브 기름으로 반이 채워져 있다고 할 때, 탱크 위에서 2 m 높이에 있는 배출구를 통해 기름을 펌프로 퍼내어 탱크를 완전히 비우는 데 행해진 일을 구하라.

37. 용수철이 후크의 법칙을 따르지 않는다고 가정하자. 대신에 용수철을 본래의 길이로부터 x m 늘리는 데 필요한 힘을 $F(x)=5x^{3/2}$ N이라 하자. 다음을 수행할 때 행해진 일을 구하라.

a. 용수철을 본래의 길이로부터 2 m 늘리는 데

b. 용수철을 본래 길이 보다 1 m 늘린 지점부터 3 m 늘리는 데

38. 용수철이 후크의 법칙을 따르지 않는다고 가정하자. 대신에 용수철을 본래의 길이로부터 x m 늘리는 데 필요한 힘을 $F(x)=k\sqrt{5+x^2}$ N이라 하자.

a. 3 N의 힘으로 용수철 2 m 늘렸다면, k의 값을 구하라.

b. 용수철을 본래 길이에서 1 m 늘리는 데 필요한 일을 구하라.

질량중심과 중심

39. 두 포물선 $y=2x^2$과 $y=3-x^2$으로 둘러싸인 얇은 평판의 중심을 구하라.

40. x축, 직선 $x=2$, $x=-2$, 포물선 $y=x^2$으로 둘러싸인 얇은 평판의 중심을 구하라.

41. y축, 포물선 $y=x^2/4$, 직선 $y=4$로 둘러싸인 제1사분면에 있는 '삼각형꼴' 영역을 차지하는 얇은 평판의 중심을 구하라.

42. 포물선 $y^2=x$, 직선 $x=2y$로 둘러싸인 얇은 평판의 중심을 구하라.

43. 밀도함수가 $\delta(y)=1+y$인 포물선 $y=x^2/4$과 직선 $x=2y$로 둘러싸인 얇은 평판의 질량중심을 구하라. (수평인 띠를 이용하라.)

44. a. 곡선 $y=3/x^{3/2}$, x축, 직선 $x=1$, $x=9$로 둘러싸인 상수밀도를 갖는 얇은 평판의 질량중심을 구하라.

b. 상수밀도 대신에 밀도함수가 $\delta(x)=x$일 때 판의 질량중심을 구하라. (수직인 띠를 이용하라.)

유체의 힘

45. 단면이 v자형인 물통 주어진 그림 같이 수직인 삼각형 판은 물($w=9800$)이 가득 찬 V자형 물통 끝의 옆면 판이다. 판에 가해지는 유체의 힘은 얼마인가?

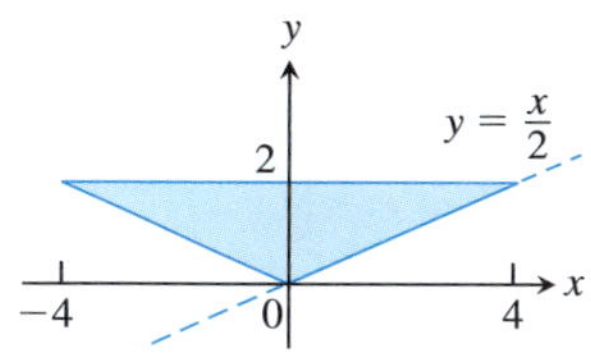

46. 사다리꼴 메이플 시럽통 주어진 그림 같이 수직인 사다리꼴 판은 무게가 11,000 N/m^{3}인 메이플 시럽이 가득 찬 사다리꼴형 시럽통 끝의 옆면 판이다. 당밀이 0.5 m 깊이일 때 시럽통 판에 가해지는 액체의 힘은 얼마인가?

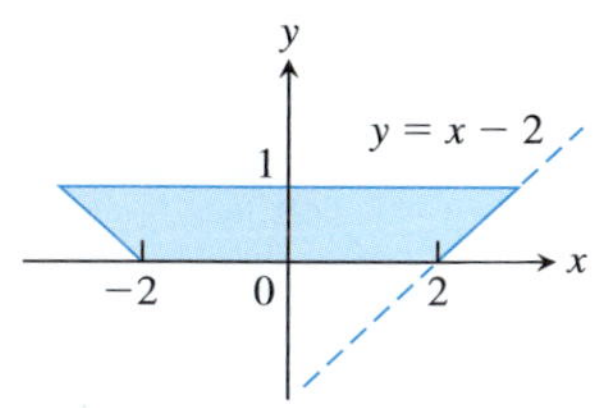

47. 포물선형 문에 가해지는 힘 m 단위로 측정되는 댐의 전면에 있는 평탄한 수직인 문은 곡선 $y=4x^2$과 직선 $y=4$ 사이에 포물선 모양을 하고 있다. 수면 아래 5 m 지점에 문의 위쪽이 위치할 때, 문에 가해지는 물($w=9800$)의 힘을 구하라.

T **48.** 탱크 안의 옆면 벽은 무게가 150,000 N인 유체의 전체 힘에 견딜 수 있고, 밑면이 길이가 0.3 m인 정사각형이고, 직육면체 모양의 탱크에 수은($w=133,350$ N/m^3)을 저장하려고 한다. 동시에 저장할 수 있는 수은의 양은 몇 m^{3}인가?

심화문제 ADVANCED QUESTION

부피와 길이

1. 양의 함숫값을 가지고 연속인 함수 $y=f(x)$의 그래프, x축, 직선 $x=a$ (a는 상수), 직선 $x=b$ (b는 변수, $b>a$)로 둘러싸인 영역을 x축 둘레로 회전하여 얻은 입체가 있다. 모든 b에 대해 입체의 부피는 b^2-ab이다. 이때 $f(x)$를 구하라.

2. 양의 함숫값을 가지고 연속인 함수 $y=f(x)$의 그래프, x축, 직선 $x=0$, $x=a$ (a는 상수)로 둘러싸인 영역을 x축 둘레로 회전하여 얻은 입체가 있다. 모든 $a>0$에 대해 입체의 부피는 a^2+a이다. 이때 $f(x)$를 구하라.

3. 증가함수 $f(x)$가 $x\ge 0$에서 매끄러운 함수라 가정하고 $f(0)=a$이라 두자. $x>0$에 대해 $s(x)$는 $(0, a)$와 $(x, f(x))$ 사이 f의 그래프의 길이라고 놓자. 어떤 상수 C에 대해 $s(x)=Cx$라 할 때 $f(x)$를 구하라. C에 대해 허용되는 값은 얼마인가?

4. a. $0<\alpha\le\pi/2$에 대해 다음을 보여라.

$$\int_0^{\alpha}\sqrt{1+\cos^2\theta}\,d\theta>\sqrt{\alpha^2+\sin^2\alpha}$$

b. 문제 (a)의 결과를 일반화하라.

5. 두 그래프 $y=x$와 $y=x^2$에 의해 둘러싸인 영역을 직선 $y=x$ 둘레로 회전하여 얻은 입체의 부피를 구하라.

6. 반지름이 1인 직원기둥을 생각하자. 원기둥에 쐐기 모양을 만드는데, 한 단면은 원기둥의 밑면에 평행하게 원기둥을 완전히 통과하고, 다른 면은 처음 면과 45°를 이루고 있고 원기둥의 반대쪽에서 처음 면과 만난다고 하자(주어진 그림 참조). 쐐기의 부피를 구하라.

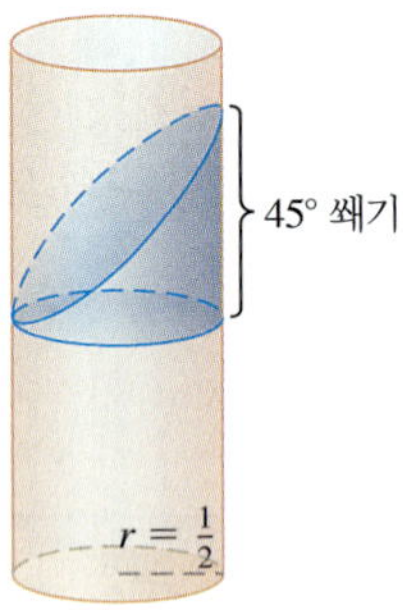

곡면의 넓이

7. 곡선 $y=2\sqrt{x}$ 위의 각 점에서 길이 $h=y$인 선분이 xy평면에 수직으로 그려져 있다(주어진 그림 참조). (0, 0)에서 $(3, 2\sqrt{3})$ 사이의 수직인 선분에 의해 형성되는 곡면의 넓이를 구하라.

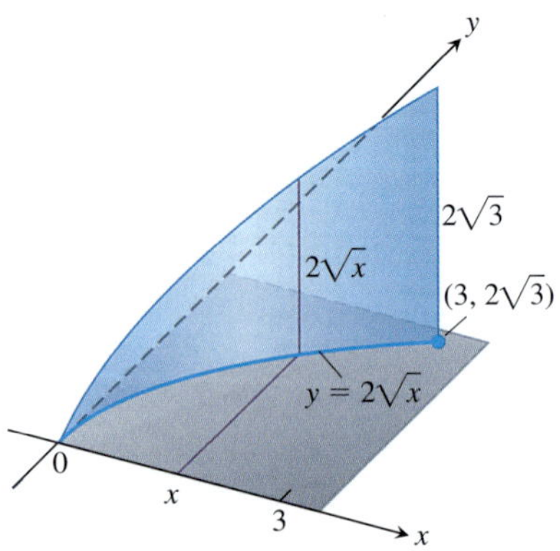

8. 주어진 그림과 같이 반지름이 a인 원 위의 점 P에서 선분이 원이 놓인 평면에 수직으로 그려져 있고, 선분의 길이가 ks이다. 여기서 s는 $(a, 0)$부터 P까지 시계반대 방향으로 측정된 호의 길이이고, k는 양의 상수이다. 이때 $(a, 0)$에서 시작하여 원을 한 바퀴 도는 호를 따라 세워진 수직인 선분에 의해 형성되는 곡면의 넓이를 구하라.

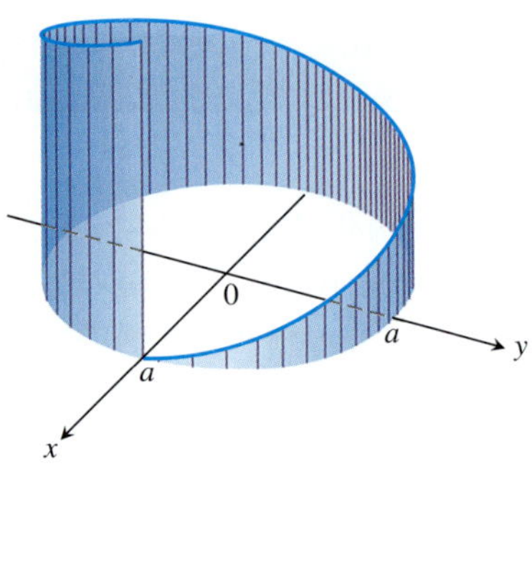

일

9. 질량이 m인 입자가 $t=0$일 때 정지 상태에서 출발하고, $x=0$부터 $x=h$까지 일정한 가속도 a로 x축을 따라 이동하는 동안 힘 크기가 함수 $F(t)=t^2$인 힘이 입자에 작용한다. 행해진 일의 양을 구하라.

10. 일과 운동에너지 탄성계수가 $k=2$ N/cm이고 수직으로 세워진 용수철 위에 50 g 골프공이 놓여 있다고 가정하자. 용수철을 15 cm 압축시켜서 손을 놓는다. 공은 얼마만큼 높이 올라가는가(용수철의 정지 위치부터 측정한다)?

질량중심

11. 아래로는 x축과 위로는 곡선 $y=1-x^n$ (n은 양의 짝수)로 둘러싸인 영역의 중심을 구하라. $n \to \infty$일 때 중심의 극한을 구하라.

12. 당신이 트럭 뒤에 2륜 운반대를 연결하여 전화선 전봇대를 운반하려고 한다. 이때 안전하게 운반하기 위해 2륜 운반대의 바퀴가 전봇대의 질량중심보다 대략 1 m 이상 뒤에 위치해야 적절한 수직하중 무게를 줄 수 있다. 버라이즌의 12 m 등급의 목재 전봇대는 꼭대기의 둘레 길이가 66 cm이고, 밑면의 둘레의 길이는 104 cm이다. 이때 전봇대의 질량중심이 꼭대기에서 얼마 떨어진 거리에 있는가?

13. 넓이가 A인 얇은 금속판이 xy평면에 영역 R에 놓여 있고, 금속판의 밀도가 δ로 일정하다고 가정하자. M_y를 금속판의 y축에 대한 모멘트라 하자. 금속판의 직선 $x=b$에 대한 모멘트는 다음과 같음을 보여라.

a. 만약 판이 직선의 오른쪽에 놓여 있다면 $M_y-b\delta A$이다.

b. 만약 판이 직선의 왼쪽에 놓여 있다면 $b\delta A-M_y$이다.

14. 양의 상수 a에 대해 곡선 $y^2=4ax$와 직선 $x=a$로 둘러싸인 얇은 판의 질량중심을 밀도함수가 다음과 같을 때 각각 구하라.

a. 점 (x, y)에서의 밀도가 x에 정비례한다.

b. 점 (x, y)에서의 밀도가 $|y|$에 정비례한다.

15. a. 실수 a와 b가 $0<a<b$라 하자. 평면의 원점이 중심이고 반지름이 각각 a와 b인 두 동심원과 좌표축 (x축, y축)으로 둘러싸인 제1사분면에 있는 영역의 중심을 구하라.

b. $a \to b$일 때 중심 좌표의 극한을 구하라. 극한이 무엇을 의미하는지 토론하라.

16. 삼각형 모서리를 한 변의 길이가 40 cm인 정사각형에서 잘라낸다. 잘라낸 삼각형의 넓이가 400 cm²이다. 정사각형 남은 부분의 중심은 본래의 정사각형 한 변과 22 cm 떨어져 잇다. 다른 변과 얼마나 떨어져 있는가?

유체의 힘

17. 삼각형 판 ABC가 수직인 상태로 물속에 잠겨 있다. 길이가 4 m인 변 AB는 수면 아래 6 m 되는 곳에 있고, 반면 꼭짓점 C는 수면 아래 2 m 되는 곳에 있다. 물에 의해 판의 면에 가해지는 힘을 구하라.

18. 직사각형 판이 판의 꼭대기 면이 유면에 평행한 상태로 유체 속에 수직으로 잠겨 있다. 판의 한 면에 가해지는 유체의 힘은 판의 위와 아래 압력의 평균값에 판의 넓이를 곱한 값과 같음을 보여라.

기술 응용 프로젝트 TECHNOLOGY APPLICATION PROJECT

매스매티카/메이플 프로젝트

프로젝트는 MyLab Math에서 찾을 수 있다.

- **리만 합을 이용하여 넓이, 부피, 곡선의 길이를 계산할 수 있다.**
  I영역에서 넓이와 부피를 그림으로 그릴 수 있고 근삿값으로 계산할 수 있다.
  II영역에서 회전체를 그릴 수 있고 회전체의 부피를 근삿값으로 계산할 수 있다.
  III영역에서 곡선을 그릴 수 있고 곡선의 길이를 근삿값으로 계산할 수 있다.
- **번지 점프 모델링**
  데이터를 수집하여 줄에 의해 가해지는 힘에 대한 모델을 구축하고 구체화한다. 일-에너지 정리를 이용하여 주어진 조건, 즉 번지점프하는 사람과 줄의 길이에 의해 떨어지는 거리를 근삿값으로 계산할 수 있다.

6 적분과 초월함수

지금까지는 지수함수와 로그함수를 엄밀한 정의 없이 사용했다. 이 장에서는 엄밀한 해석학적 접근법을 사용하여 지수함수와 로그함수를 정의하고 그의 성질들을 증명한다. 또한 쌍곡함수와 역쌍곡함수를 소개한다. 이 함수들은 삼각함수와 더불어 초월함수의 범주에 들어간다.

6.1 적분을 이용한 로그함수의 정의

지금까지 우리는 자연로그함수 $\ln x$를 지수함수 e^x의 역함수로 정의했다. 이때 e^x는 일반적인 지수함수 a^x $(a > 0)$ 중 y절편에서의 접선의 기울기가 1이 되도록 밑을 고른 것이다. 그러나 지수함수 a^x는 엄밀한 정의없이 유리수 x의 값으로부터 그래프를 이용하여 직관적으로 표현했다.

이 절에서는 완전히 다른 관점으로 로그함수와 지수함수 이론을 새롭게 전개한다. 이 함수들을 해석적으로 정의하고 그 성질들을 유도한다. 먼저 미적분학의 기본정리를 사용하여 로그함수 $\ln x$를 적분으로 정의하고, 그 정의로부터 이미 잘 알고 있는 로그함수의 대수적, 기하학적, 해석학적 성질을 확인한다. 다음으로 지수함수 e^x를 로그함수 $\ln x$의 역함수로 정의하고 그 성질을 알아본다. 로그함수를 적분으로 정의하고 지수함수를 그 역함수로 정의하는 것은 직접적이지 않은 방법이지만, 로그함수와 지수함수의 중요한 성질을 얻어내는 데 우아하고 강력한 방법이다.

자연로그함수의 정의

양의 실수 x의 자연로그는 $\ln x$로 표시하고 다음 적분의 값이다. 이때 적분함수는 4장의 결과로부터 알 수 있다.

정의 **자연로그함수**(natural logarithm)는 다음과 같이 정의한다.

$$\ln x = \int_1^x \frac{1}{t}\,dt, \quad x > 0$$

미적분학의 기본정리로부터 $\ln x$는 연속함수임을 안다. 기하학적으로 $x > 1$이면 $\ln x$는 $t=1$에서 $t=x$까지 곡선 $y=1/t$ 아래 영역의 넓이다(그림 6.1). $0 < x < 1$이면 $\ln x$는 x부터 1까지 같은 곡선의 아래 영역 넓이의 음의 값이며, $x \le 0$이면 정의되지 않는다. 또한 정적분의 아래끝

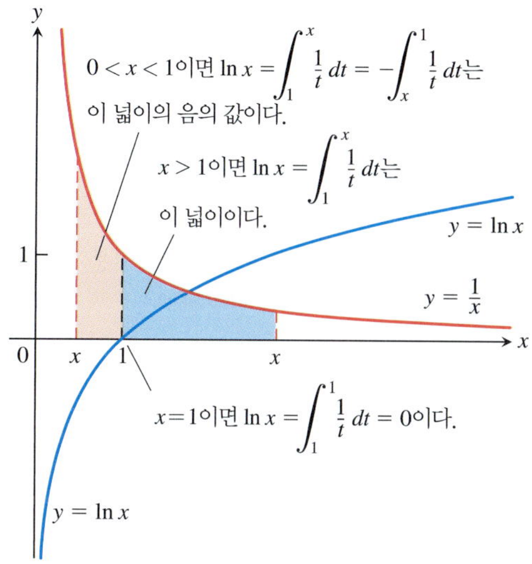

그림 6.1 $y=\ln x$의 그래프와 $y=1/x\ (x>0)$의 그래프의 관계. 로그함수의 그래프는 x가 1에서 증가함에 따라 x축 위에서 증가하고 x가 1에서 감소함에 따라 x축 아래에서 감소한다.

과 위끝이 같으면 값이 0이므로 다음과 같다.

$$\ln 1 = \int_1^1 \frac{1}{t}\,dt = 0$$

그림 6.1에서 그래프는 $y=1/x$이지만 적분함수는 $y=1/t$를 사용한다. $y=1/x$를 사용한다면 $\ln x = \int_1^x \frac{1}{x}\,dx$가 되어 x가 서로 다른 두 가지 의미로 사용되므로 적분변수를 t로 바꾸어 사용한다.

4.1절에서와 같이 $t=1$에서 $t=x$까지 곡선 $y=1/t$의 아래의 넓이를 직사각형의 넓이 합으로 근사하면 $\ln x$의 근사값을 구할 수 있다. 몇 가지 값에 대한 로그값을 표 6.1에 나타내었다. 특히 $x=2$와 $x=3$ 사이에 자연로그의 값이 1이 되는 중요한 수가 있다. $\ln x$는 연속함수이므로 중간값 정리에 의해 이 수가 구간 $[2, 3]$에 존재한다. 이 수를 정의하자.

표 6.1 몇몇 x에 대한 $\ln x$의 소수점 두 자리까지의 값.

x	$\ln x$
0	정의되지 않음
0.05	−3.00
0.5	−0.69
1	0
2	0.69
3	1.10
4	1.39
10	2.30

정의 e는 자연로그함수의 정의역에 속하는 실수로 다음을 만족시키는 수이다.

$$\ln(e) = \int_1^e \frac{1}{t}\,dt = 1$$

기하학적으로 해석하면 e는 구간 $[1, e]$ 위에서 곡선 $y=1/t$의 아래의 넓이가 1이 되는 x축 위의 점이다. 즉 그림 6.1에서 $x=e$일 때 파란색으로 칠해진 영역의 넓이가 1이 된다. 다음 절에서 이 수가 앞서 살펴본 대로 $e\approx 2.718281828$임을 확인한다.

$y=\ln x$의 도함수

4.4절의 미적분학의 기본정리에 의하면 다음과 같다.

$$\frac{d}{dx}\ln x = \frac{d}{dx}\int_1^x \frac{1}{t}\,dt = \frac{1}{x}$$

따라서 다음이 성립한다.

$$\frac{d}{dx}\ln x = \frac{1}{x}, \quad x > 0 \qquad (1)$$

그러므로 함수 $y = \ln x$는 미분방정식의 초기값 문제 $dy/dx = 1/x$, $x > 0$, $y(1) = 0$의 해이다. 미분값은 항상 양수임을 기억하자.

함수 u가 x의 미분가능한 함수로 양의 함숫값을 가지면 $\ln u$가 정의되며, 연쇄법칙에 의해 다음이 성립한다.

$$\frac{d}{dx}\ln u = \frac{1}{u}\frac{du}{dx}, \quad u > 0 \qquad (2)$$

2.8절의 예제 3c에서와 같이 $\ln|x|$의 도함수는 다음과 같다.

$$\frac{d}{dx}\ln|x| = \frac{1}{x}, \quad x \neq 0 \qquad (3)$$

또한 $bx > 0$인 임의의 상수 b에 대해 식 (2)에 의해 다음을 얻는다.

$$\frac{d}{dx}\ln bx = \frac{1}{bx}\cdot\frac{d}{dx}(bx) = \frac{1}{bx}(b) = \frac{1}{x}$$

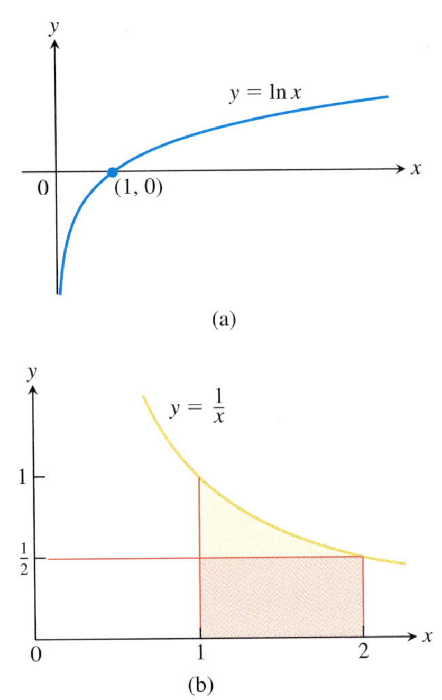

그림 6.2 (a) 자연로그함수의 그래프, (b) 높이가 $y = 1/2$인 직사각형은 구간 $1 \le x \le 2$에서 함수 $y = 1/x$의 그래프 아래에 들어간다.

$\ln x$의 그래프와 치역

$x > 0$에서 도함수 $d(\ln x)/dx = 1/x$은 양이므로 $\ln x$는 증가함수이다. 2계 도함수 $-1/x^2$은 음이므로 $\ln x$의 그래프는 위로 볼록이다(그림 6.2a).

$\ln 2$의 값은 구간 $[1, 2]$에서 $y = 1/x$의 그래프 아래 영역의 넓이를 이용하여 어림할 수 있다. 그림 6.2b에서 밑변이 구간 $[1, 2]$이고 높이 1/2인 직사각형은 그래프의 아래에 들어간다. 따라서 그래프 아래 영역의 넓이인 $\ln 2$의 값은 직사각형의 넓이 1/2보다 크다. 따라서 $\ln 2 > 1/2$이다. 그러므로 다음과 같다.

$$\ln 2^n = n\ln 2 > n\left(\frac{1}{2}\right) = \frac{n}{2}$$

따라서 $n \to \infty$일 때 $\ln(2^n) \to \infty$이다. $\ln x$가 증가함수이므로 다음과 같음을 알 수 있다.

$$\lim_{x\to\infty}\ln x = \infty \qquad \text{ln } x\text{는 무한히 증가한다.}$$

또한 다음이 성립한다.

$$\lim_{x\to 0^+}\ln x = \lim_{t\to\infty}\ln\frac{1}{t} = \lim_{t\to\infty}(-\ln t) = -\infty \qquad x = 1/t$$

$\ln x$는 $x > 0$일 때 정의했으므로 $\ln x$의 정의역은 양의 실수의 집합이다. 위의 논의와 중간값 정리에 의해 치역은 실수 전체의 집합이고, $y = \ln x$의 그래프는 그림 6.2a와 같다.

적분 $\int 1/x\, dx$

식 (3)에 의해 다음 적분 공식을 얻는다.

$$\int \frac{1}{x}\,dx = \ln|x| + C \qquad (4)$$

u가 0이 되지 않는 미분가능한 함수이면 다음과 같다.

$$\int \frac{1}{u}\,du = \ln|u| + C \tag{5}$$

식 (5)는 $u \neq 0$인 $1/u$의 정의역인 모든 점에서 성립한다. 이 식으로부터 $\int \frac{du}{u}$ 형태의 적분이 로그함수로 나타난다는 것을 알 수 있다. $u=f(x)$가 영이 되지 않는 미분가능한 함수이면 $du=f'(x)dx$이고, 다음이 성립한다.

$$\int \frac{f'(x)}{f(x)}\,dx = \ln|f(x)| + C$$

예제 1 $\int \frac{du}{u}$ 형태의 적분으로 바꾸어 쓰는 예를 살펴보자.

$$\begin{aligned}\int_{-\pi/2}^{\pi/2} \frac{4\cos\theta}{3+2\sin\theta}\,d\theta &= \int_1^5 \frac{2}{u}\,du \qquad u = 3+2\sin\theta,\ du = 2\cos\theta\,d\theta,\ u(-\pi/2)=1,\ u(\pi/2)=5\\ &= 2\ln|u|\Big]_1^5\\ &= 2\ln|5| - 2\ln|1| = 2\ln 5\end{aligned}$$

여기서 $u=3+2\sin\theta$는 구간 $[-\pi/2, \pi/2]$에서 항상 양이므로, 식 (5)를 적용할 수 있다. ■

$\ln x$의 역함수와 e

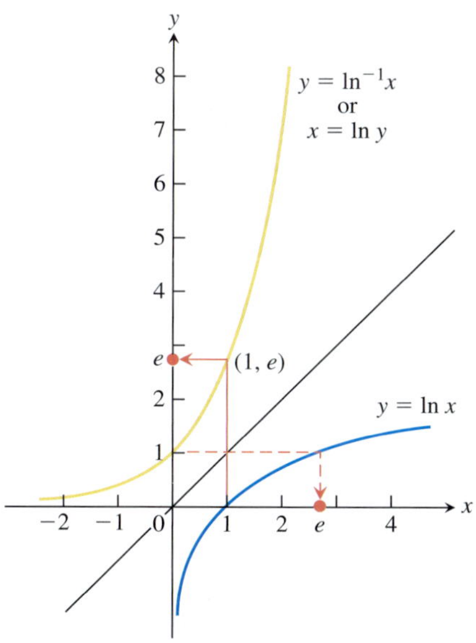

그림 6.3 $y=\ln x$와 $y=\ln^{-1} x=\exp x$의 그래프. e는 $\ln^{-1} 1=\exp(1)$이다.

함수 $\ln x$는 정의역이 $(0, \infty)$이고 치역은 $(-\infty, \infty)$인 증가함수이므로 역함수 $\ln^{-1} x$를 갖고, 역함수의 정의역은 $(-\infty, \infty)$이고 치역은 $(0, \infty)$이다. $\ln^{-1} x$의 그래프는 $\ln x$의 그래프와 직선 $y=x$에 대해 대칭이다. 그림 6.3에서 알 수 있듯이 다음이 성립한다.

$$\lim_{x\to\infty} \ln^{-1} x = \infty, \qquad \lim_{x\to-\infty} \ln^{-1} x = 0$$

역함수 $\ln^{-1} x$를 $\exp x$라고 쓰기도 한다. 여기서 $\exp x$는 단순히 $\ln x$의 역함수로 정의했으며 지수함수와 같은 함수인지는 아직 확인하지 않았다. 이제 $\ln^{-1} x=\exp x$가 밑이 e인 지수함수임을 보이자.

e는 $\ln(e)=1$을 만족시키는 실수이다. 따라서 $e=\exp(1)$이다. 다음과 같이 e의 유리수 지수 거듭제곱을 생각할 수 있다.

$$e^2 = e\cdot e, \qquad e^{-2} = \frac{1}{e^2}, \qquad e^{1/2} = \sqrt{e}, \qquad e^{2/3} = \sqrt[3]{e^2}$$

유리수 r에 대해 e는 양수이므로 e^r 역시 양수이다. 따라서 e^r은 로그값을 가지고 로그를 취하고 나면 다음과 같다.

$$\ln e^r = r\ln e = r\cdot 1 = r$$

이 식의 양변에 함수 $\ln^{-1}$을 취하면 다음을 얻는다.

$$e^r = \exp r \quad (r\text{은 유리수}) \qquad \exp\text{는 } \ln^{-1} \tag{6}$$

따라서 모든 유리수 r에 대해 $\exp r$은 지수함수 e^r과 같다. 아직 무리수 x에 대해 e^x의 정확한 의미를 정의하지는 않았지만, 식 (6)을 이용하여 무리수 x에 대해 e^x를 정의할 수 있다. 함수 $\exp x=\ln^{-1} x$는 정의역이 $(-\infty, \infty)$이므로 모든 실수 x에 대해 정의되고, 식 (6)에서 유리수 r에 대해 $\exp r=e^r$이므로, 모든 실수 x에 대해 e^x를 $\exp x$와 같은 함수로 정의한다.

> **정의** 임의의 실수 x에 대해 **자연지수함수**(natural exponential function)를 $e^x=\exp x$로 정의한다.

$\ln^{-1} x$, $\exp x$, e^x는 모두 자연지수함수를 뜻하는 기호이다.

이것이 무리수 지수 거듭제곱을 처음으로 엄밀하게 정의한 것이다. 보통 지수함수는 $\exp x$가 아닌 e^x로 표시한다. $\ln x$와 e^x는 서로 역함수이므로 다음의 관계식을 얻는다.

e^x와 $\ln x$의 역함수 관계식

$$e^{\ln x} = x \quad (\text{모든 } x > 0\text{에 대해})$$
$$\ln(e^x) = x \quad (\text{모든 } x\text{에 대해})$$

e^x의 미분과 적분

몇몇 e^x의 실제 값.

x	e^x (반올림한 값)
−1	0.37
0	1
1	2.72
2	7.39
10	22026
100	2.6881×10^{43}

지수함수는 그 역함수인 로그함수가 미분가능하고 영이 되지 않는 미분값을 가지므로 미분가능하다. 2.8절의 정리 3과 $\ln x$의 미분을 이용하여 지수함수의 미분을 계산해보자.

$$f(x) = \ln x, \qquad y = e^x = \ln^{-1} x = f^{-1}(x)$$

그러면 다음과 같다.

$$\begin{aligned}
\frac{dy}{dx} = \frac{d}{dx}e^x &= \frac{d}{dx}\ln^{-1} x \\
&= \frac{d}{dx} f^{-1}(x) \\
&= \frac{1}{f'(f^{-1}(x))} && \text{3.8절 정리 3} \\
&= \frac{1}{f'(e^x)} && f^{-1}(x) = e^x \\
&= \frac{1}{\left(\frac{1}{e^x}\right)} && f'(z) = \frac{1}{z}\text{에서 } z = e^x\text{로 둠} \\
&= e^x
\end{aligned}$$

$y = e^x$에 대해 $dy/dx = e^x$이다. 즉 2.3절에서 언급한 바와 같이 자연지수함수 e^x의 도함수는 자기자신이다.

$$\frac{d}{dx}e^x = e^x \tag{7}$$

다음 절에서 이와 같은 성질을 갖는 함수는 e^x의 상수배뿐임을 살펴볼 것이다. 연쇄법칙을 적용하면 좀 더 일반적인 형태의 미분을 얻는데, u가 x의 미분가능한 함수이면 다음이 성립한다.

$$\frac{d}{dx}e^u = e^u \frac{du}{dx} \tag{8}$$

$e^x > 0$이므로 도함수도 항상 양이다. 따라서 e^x는 증가함수이며, 모든 x에 대해 연속함수이고 다음과 같은 극한을 가진다.

$$\lim_{x \to -\infty} e^x = 0, \qquad \lim_{x \to \infty} e^x = \infty$$

따라서 x축이 그래프 $y = e^x$의 수평 점근선이다(그림 6.3 참조).

또한 식 (7)에 의해 e^x의 부정적분은 다음과 같다.

$$\int e^x \, dx = e^x + C$$

함수 $f(x) = e^x$에 대해 식 (7)에서 $f'(0) = e^0 = 1$임을 알 수 있다. 즉 지수함수 e^x는 y축과 만나는 점에서 기울기가 1이다. 이는 2.3절에서 살펴본 바와 같다.

로그와 지수법칙

이제 로그의 적분을 이용한 정의로부터 잘 알고 있는 로그함수와 지수함수의 대수적 성질이 유도될 수 있음을 보인다. 정리 1은 로그의 성질이다.

정리 1 ▌ 자연로그의 대수적 성질

임의의 양수 $b > 0$과 $x > 0$에 대해 자연로그는 다음 성질을 만족시킨다.

1. 곱의 법칙: $\ln bx = \ln b + \ln x$

2. 몫의 법칙: $\ln \dfrac{b}{x} = \ln b - \ln x$

3. 역수의 법칙: $\ln \dfrac{1}{x} = -\ln x$ 몫의 법칙에서 $b=1$

4. 거듭제곱의 법칙: $\ln x^r = r \ln x$

증명은 3.2절에서 증명한 평균값 정리를 이용한다.

$\ln bx = \ln b + \ln x$의 증명 다음과 같이 $\ln bx$와 $\ln x$의 미분이 서로 같다는 사실을 이용한다.

$$\frac{d}{dx}\ln(bx) = \frac{b}{bx} = \frac{1}{x} = \frac{d}{dx}\ln x$$

평균값 정리의 따름정리 2에 의해 위의 두 함수의 차이는 상수함수이다. 즉 적당한 상수 C에 대해 다음이 성립한다.

$$\ln bx = \ln x + C$$

이 식은 모든 양수 x에 대해 성립하므로 $x=1$일 때도 성립한다. 따라서 다음과 같다.

$$\begin{aligned} \ln(b \cdot 1) &= \ln 1 + C \\ \ln b &= 0 + C && \ln 1 = 0 \\ C &= \ln b \end{aligned}$$

이를 대입하면 다음 결론을 얻는다.

$$\ln bx = \ln b + \ln x$$ ■

$\ln x^r = r \ln x$의 증명 같은 방법으로 양변의 미분이 같다는 사실을 이용한다. 임의의 양수 x에 대해 다음이 성립한다.

$$\begin{aligned} \frac{d}{dx}\ln x^r &= \frac{1}{x^r}\frac{d}{dx}(x^r) && \text{연쇄법칙} \\ &= \frac{1}{x^r} r x^{r-1} && \text{거듭제곱의 미분 공식} \\ &= r \cdot \frac{1}{x} = \frac{d}{dx}(r \ln x) \end{aligned}$$

$\ln x^r$와 $r \ln x$의 미분이 서로 같으므로 어떤 상수 C에 대해 다음과 같다.

$$\ln x^r = r \ln x + C$$

이 식에 x 대신 1을 대입하면 C는 0임을 알 수 있다. 따라서 증명이 끝났다. ■

몫의 법칙인 다음 성질의 증명은 연습문제 63번으로 남긴다.

$$\ln\left(\frac{b}{x}\right) = \ln b - \ln x$$

역수의 법칙 $\ln(1/x) = -\ln x$은 몫의 법칙의 특별한 경우로 위 식에서 $b=1$로 두고 $\ln 1 = 0$임을 이용하면 된다.

이제 지수함수의 대수적 성질을 살펴보자.

정리 2 | e^x의 지수법칙

임의의 실수 x, y에 대해 자연지수함수 e^x는 다음 법칙을 따른다.

1. $e^x e^y = e^{x+y}$ **2.** $e^{-x} = \dfrac{1}{e^x}$

3. $\dfrac{e^x}{e^y} = e^{x-y}$ **4.** $(e^x)^y = e^{xy} = (e^y)^x$

$e^x e^y = e^{x+y}$의 증명

$$\begin{aligned} e^x e^y &= e^{\ln(e^x e^y)} && u = e^{\ln u} \\ &= e^{\ln(e^x) + \ln(e^y)} && \ln\text{의 곱의 법칙} \\ &= e^{x+y} && \ln e^u = u \end{aligned}$$ ■

다른 지수법칙도 비슷한 방법으로 로그함수와 지수함수의 역함수 관계와 정리 1을 이용하여 증명할 수 있다(연습문제 67 참조).

일반적인 지수함수 a^x

임의의 양수 a에 대해 $a = e^{\ln a}$이므로 a^x를 $(e^{\ln a})^x = e^{x \ln a}$로 나타낼 수 있다. 따라서 다음과 같이 정의할 수 있다.

정의 임의의 $a > 0$과 x에 대해 a를 밑으로 하는 지수함수는 다음과 같이 정의한다.

$$a^x = e^{x \ln a}$$

일반적인 거듭제곱함수
x^r은 함수 $e^{r \ln x}$이다.

$a = e$이면 위 정의에 의해 $a^x = e^{x \ln a} = e^{x \ln e} = e^{x \cdot 1} = e^x$이다. 같은 방법으로 무리수를 포함한 일반적인 실수 r에 대해 거듭제곱함수 $f(x) = x^r$은 양수 x에 대해 $x^r = e^{r \ln x}$로 정의한다.

정리 2의 성질은 밑이 a인 지수함수 a^x에 대해서도 성립한다. 예를 들어 다음과 같다.

$$\begin{aligned} a^x \cdot a^y &= e^{x \ln a} \cdot e^{y \ln a} && a^x\text{의 정의} \\ &= e^{x \ln a + y \ln a} && \text{법칙 } 1 \\ &= e^{(x+y) \ln a} && \text{공통 인수 } \ln a\text{로 묶기} \\ &= a^{x+y} && a^x\text{의 정의} \end{aligned}$$

정의로부터 지수함수의 미분은 다음과 같다.

$$\frac{d}{dx} a^x = \frac{d}{dx} e^{x \ln a} = (\ln a)\, e^{x \ln a} = (\ln a)\, a^x$$

따라서 다음을 얻는다.

$$\frac{d}{dx} a^x = a^x \ln a$$

다른 방법으로 로그 미분을 이용하여 같은 도함수를 얻을 수도 있다.

$$\begin{aligned} y &= a^x \\ \ln y &= x \ln a && \text{로그를 취함} \\ \frac{1}{y}\frac{dy}{dx} &= \ln a && x\text{에 대해 미분} \\ \frac{dy}{dx} &= y \ln a = a^x \ln a \end{aligned}$$

연쇄법칙을 적용하면 2.8절에서와 같이 더 일반적인 형태의 공식을 얻는다. $a > 0$이고 u가 x에 관한 미분가능한 함수일 때, a^u는 미분가능하고 다음을 얻는다.

$$\frac{d}{dx}a^u = a^u \ln a \frac{du}{dx}$$

이 결과에 따른 적분 공식은 다음과 같다.

$$\int a^x\,dx = \frac{a^x}{\ln a} + C$$

밑이 a인 로그함수

a가 1이 아닌 임의의 양의 실수이면, 함수 a^x는 일대일함수이고 모든 점에서 미분값이 0이 아니다. 따라서 미분가능한 역함수를 갖는다.

정의 임의의 양수 $a \neq 1$에 대해 **a를 밑으로 하는 로그함수 $\log_a x$**는 a^x의 역함수로 정의한다.

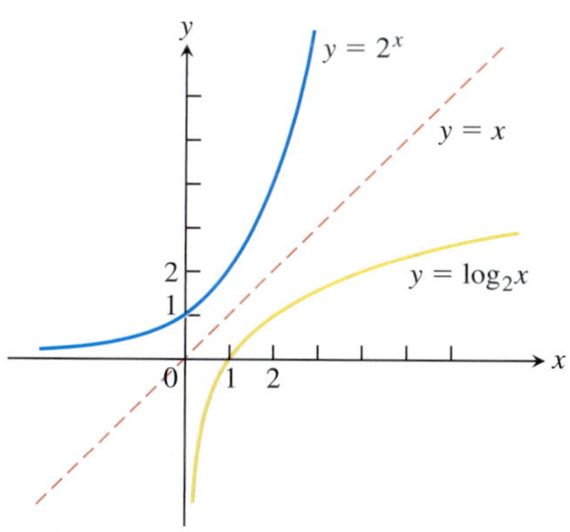

그림 6.4 2^x과 그 역함수 $\log_2 x$.

$y = \log_a x$의 그래프는 $y = a^x$의 그래프를 직선 $y = x$에 대칭시켜 얻을 수 있다(그림 6.4). $a = e$이면 $\log_e x = e^x$의 역함수$= \ln x$이다. $\log_a x$와 a^x는 서로 역함수 관계이므로 둘을 어느 순서로 합성해도 항등함수가 된다.

$\log_a x$와 a^x의 역함수 관계

$$a^{\log_a x} = x \qquad (x > 0)$$

$$\log_a(a^x) = x \qquad (\text{모든 } x)$$

함수 $\log_a x$는 사실 $\ln x$의 상수배이다. 이를 다음과 같이 알 수 있다.

$$\begin{aligned} y &= \log_a x && y\text{를 정의함} \\ a^y &= x && \text{로그의 정의} \\ \ln a^y &= \ln x && \text{양변에 자연로그를 취함} \\ y \ln a &= \ln x && \text{자연로그의 거듭제곱의 법칙} \\ y &= \frac{\ln x}{\ln a} && y\text{에 대해 풀기} \\ \log_a x &= \frac{\ln x}{\ln a} && y\text{를 대입} \end{aligned}$$

따라서 $\ln x$의 대수적 성질은 $\log_a x$에 대해서도 성립한다. 이 성질은 표 6.2에 주어져 있으며 자연로그함수의 법칙을 $\ln a$로 나누어 증명할 수 있다. 예를 들어 다음과 같다.

표 6.2 밑이 a인 로그함수의 법칙.

임의의 $x>0$, $y>0$에 대해

1. 곱의 법칙:
   $\log_a xy = \log_a x + \log_a y$
2. 몫의 법칙:
   $\log_a \frac{x}{y} = \log_a x - \log_a y$
3. 역수의 법칙:
   $\log_a \frac{1}{y} = -\log_a y$
4. 거듭제곱의 법칙:
   $\log_a x^y = y \log_a x$

$$\ln xy = \ln x + \ln y \qquad \text{자연로그의 곱의 법칙}$$

$$\frac{\ln xy}{\ln a} = \frac{\ln x}{\ln a} + \frac{\ln y}{\ln a} \qquad \ln a\text{로 나누기}$$

$$\log_a xy = \log_a x + \log_a y \qquad \text{밑이 } a\text{인 로그의 곱의 법칙}$$

$\log_a x$를 포함한 미분과 적분

밑이 a인 로그에 대한 미분이나 적분을 구하기 위해 자연로그로 바꾸어 계산하면 된다. 예를 들어 $\log_a x$의 미분을 구해보면 다음과 같다.

$$\frac{d}{dx}(\log_a x) = \frac{d}{dx}\left(\frac{\ln x}{\ln a}\right) = \frac{1}{\ln a}\frac{d}{dx}(\ln x) = \frac{1}{\ln a}\cdot\frac{1}{x}$$

그러므로 다음을 얻는다.

$$\frac{d}{dx}(\log_a x) = \frac{1}{x \ln a}$$

u가 x에 관한 미분가능한 양의 함수라면, 다음과 같다.

$$\frac{d}{dx}(\log_a u) = \frac{1}{\ln a}\cdot\frac{1}{u}\frac{du}{dx}$$

예제 2 다음과 같이 미분과 적분을 구할 수 있다.

(a) $$\frac{d}{dx}\log_{10}(3x+1) = \frac{1}{\ln 10}\cdot\frac{1}{3x+1}\frac{d}{dx}(3x+1) = \frac{3}{(\ln 10)(3x+1)}$$

(b) $$\int \frac{\log_2 x}{x}\,dx = \frac{1}{\ln 2}\int \frac{\ln x}{x}\,dx \qquad \log_2 x = \frac{\ln x}{\ln 2}$$

$$= \frac{1}{\ln 2}\int u\,du \qquad u = \ln x,\quad du = \frac{1}{x}dx$$

$$= \frac{1}{\ln 2}\frac{u^2}{2} + C = \frac{1}{\ln 2}\frac{(\ln x)^2}{2} + C = \frac{(\ln x)^2}{2\ln 2} + C$$

■

초월수와 초월함수

유리수 계수를 갖는 다항 방정식의 근이 되는 수를 **대수적 수**(algebraic number)라 부른다. -2는 $x+2=0$의 근이고, $\sqrt{3}$은 $x^2-3=0$의 근이므로 대수적 수이다. e, π와 같은 수는 대수적 수가 아니며 **초월수**(transcendental number)라 부른다.

함수 $y=f(x)$가 다음과 같은 형태의 방정식을 만족시킨다고 하자.

$$P_n y^n + \cdots + P_1 y + P_0 = 0$$

이때 $P_0, P_1, \cdots, P_n$은 유리수 계수를 갖는 x에 관한 다항식이다. 그러면 이 함수 $y=f(x)$를 대수적이라 한다. 예를 들어 함수 $y=1/\sqrt{x+1}$은 방정식 $(x+1)y^2-1=0$을 만족시키므로 대수적이다. 이때 $P_2=x+1$, $P_1=0$, $P_0=-1$이다. 대수적이 아닌 함수를 초월함수라고 한다.

요약

이 절에서는 미적분을 이용하여 로그함수와 지수함수의 엄밀한 정의를 제시했다. 이 방법은 앞에서 다항식이나 유리함수 삼각함수 등을 다루었을 때 사용한 방법과는 다르다. 지금까지는 먼저 함수를 정의한 후 그 함수의 미분과 적분을 공부했지만, 이 절에서는 원하는 함수를 정의할 때 그 함수를 얻을 수 있는 적분을 이용하는 방법을 사용했다. 이런 방법을 사용한 이유는 유리수와 무리수를 모두 포함하는 임의의 실수 x에 대해 a^x와 같은 함수의 값을 수학적으로 엄밀하게 정의하기가 쉽지 않기 때문이다. $\ln x$를 함수 $1/t$의 $t=1$에서 $t=x$까지의 정적분으로 정의하여, 모든 지수함수와 로그함수를 정의하고 중요한 대수적 해석적 성질을 증명할 수 있었다.

연습문제 6.1 EXERCISE QUESTION

적분

연습문제 1~46에서 적분을 구하라.

1. $\int_{-3}^{-2} \frac{dx}{x}$
2. $\int_{-1}^{0} \frac{3\,dx}{3x-2}$
3. $\int \frac{2y\,dy}{y^2-25}$
4. $\int \frac{8r\,dr}{4r^2-5}$
5. $\int \frac{3\sec^2 t}{6+3\tan t}\,dt$
6. $\int \frac{\sec y \tan y}{2+\sec y}\,dy$
7. $\int \frac{dx}{2\sqrt{x}+2x}$
8. $\int \frac{\sec x\,dx}{\sqrt{\ln(\sec x+\tan x)}}$
9. $\int_{\ln 2}^{\ln 3} e^x\,dx$
10. $\int 8e^{(x+1)}\,dx$
11. $\int_1^4 \frac{(\ln x)^3}{2x}\,dx$
12. $\int \frac{\ln(\ln x)}{x \ln x}\,dx$
13. $\int_{\ln 4}^{\ln 9} e^{x/2}\,dx$
14. $\int \tan x \ln(\cos x)\,dx$
15. $\int \frac{e^{\sqrt{r}}}{\sqrt{r}}\,dr$
16. $\int \frac{e^{-\sqrt{r}}}{\sqrt{r}}\,dr$
17. $\int 2te^{-t^2}\,dt$
18. $\int \frac{\ln x\,dx}{x\sqrt{\ln^2 x+1}}$
19. $\int \frac{e^{1/x}}{x^2}\,dx$
20. $\int \frac{e^{-1/x^2}}{x^3}\,dx$
21. $\int e^{\sec \pi t}\sec \pi t \tan \pi t\,dt$
22. $\int e^{\csc(\pi+t)}\csc(\pi+t)\cot(\pi+t)\,dt$
23. $\int_{\ln(\pi/6)}^{\ln(\pi/2)} 2e^v \cos e^v\,dv$
24. $\int_0^{\sqrt{\ln \pi}} 2xe^{x^2}\cos(e^{x^2})\,dx$
25. $\int \frac{e^r}{1+e^r}\,dr$
26. $\int \frac{dx}{1+e^x}$
27. $\int_0^1 2^{-\theta}\,d\theta$
28. $\int_{-2}^{0} 5^{-\theta}\,d\theta$
29. $\int_1^{\sqrt{2}} x\,2^{(x^2)}\,dx$
30. $\int_1^4 \frac{2^{\sqrt{x}}}{\sqrt{x}}\,dx$
31. $\int_0^{\pi/2} 7^{\cos t}\sin t\,dt$
32. $\int_0^{\pi/4} \left(\frac{1}{3}\right)^{\tan t}\sec^2 t\,dt$
33. $\int_2^4 x^{2x}(1+\ln x)\,dx$
34. $\int_1^2 \frac{2^{\ln x}}{x}\,dx$
35. $\int_0^3 (\sqrt{2}+1)x^{\sqrt{2}}\,dx$
36. $\int_1^e x^{(\ln 2)-1}\,dx$
37. $\int \frac{\log_{10} x}{x}\,dx$
38. $\int_1^4 \frac{\log_2 x}{x}\,dx$
39. $\int_1^4 \frac{\ln 2 \log_2 x}{x}\,dx$
40. $\int_1^e \frac{2\ln 10 \log_{10} x}{x}\,dx$
41. $\int_0^2 \frac{\log_2(x+2)}{x+2}\,dx$
42. $\int_{1/10}^{10} \frac{\log_{10}(10x)}{x}\,dx$
43. $\int_0^9 \frac{2\log_{10}(x+1)}{x+1}\,dx$
44. $\int_2^3 \frac{2\log_2(x-1)}{x-1}\,dx$
45. $\int \frac{dx}{x \log_{10} x}$
46. $\int \frac{dx}{x(\log_8 x)^2}$

초기값 문제

연습문제 47~52에서 초기값 문제를 풀어라.

47. $\frac{dy}{dt} = e^t \sin(e^t - 2), \quad y(\ln 2) = 0$
48. $\frac{dy}{dt} = e^{-t}\sec^2(\pi e^{-t}), \quad y(\ln 4) = 2/\pi$
49. $\frac{d^2y}{dx^2} = 2e^{-x}, \quad y(0) = 1, \quad y'(0) = 0$
50. $\frac{d^2y}{dt^2} = 1 - e^{2t}, \quad y(1) = -1, \quad y'(1) = 0$
51. $\frac{dy}{dx} = 1 + \frac{1}{x}, \quad y(1) = 3$
52. $\frac{d^2y}{dx^2} = \sec^2 x, \quad y(0) = 0, \quad y'(0) = 1$

이론과 응용

53. $1/2 \le x \le 2$에서 곡선 $y=1/x^2$과 x축 사이의 영역을 y축을 중심으로 회전시킨 입체의 부피를 구하라.
54. 5.2절의 연습문제 6에서 $0 \le x \le 3$에서 곡선 $y=9x/\sqrt{x^3+9}$와 x축 사이의 영역을 y축을 중심으로 회전시켜 얻은 입체의 부피는 36π이다. 같은 영역을 x축을 중심으로 회전시켜 얻은 입체의 부피를 구하라(5.2절의 연습문제 6의 그래프를 참조).

연습문제 55와 56에서 곡선의 길이를 구하라.

55. $y = (x^2/8) - \ln x, \quad 4 \le x \le 8$
56. $x = (y/4)^2 - 2\ln(y/4), \quad 4 \le y \le 12$

T 57. **$x=0$에서 $\ln(1+x)$의 선형 근사** $\ln x$를 $x=1$에서 근사하는 대신 $\ln(1+x)$를 $x=0$에서 선형 근사해보자. 다음과 같이 더 간단한 식을 얻을 수 있다.
   a. $x=0$에서 선형 근사식 $\ln(1+x) \approx x$를 유도하라.
   b. 구간 $[0, 0.1]$에서 $\ln(1+x)$의 근사값으로 x를 사용했을 때의 오차를 소수 5자리까지 계산하라.
   c. $0 \le x \le 0.5$에서 $\ln(1+x)$와 x를 가능하면 서로 다른 색을 사용하여 함께 그려라. 근사값이 가장 좋은 점과 가장 좋지 않은 점을 구하라. 그래프의 좌표를 읽어 그래프에서 보이는 오차의 범위를 구하라.

58. **$x=0$에서 e^x의 선형 근사**
   a. $x=0$에서 선형 근사식 $e^x \approx 1+x$를 유도하라.
   T **b.** 구간 $[0, 0.2]$에서 e^x의 근사값으로 $1+x$를 사용했을 때의 오차를 소수 5자리까지 계산하라.
   T **c.** $-2 \le x \le 2$에서 e^x와 $1+x$를 가능하면 서로 다른 색을 사용하여 함께 그려라. 근사값이 e^x의 값보다 크게 되는 구간과 작게 되는 구간을 각각 구하라.

59. 주어진 그림을 참고하여 임의의 $a > 1$에 대해 다음을 보여라.

$$\int_1^a \ln x\,dx + \int_0^{\ln a} e^y\,dy = a \ln a$$

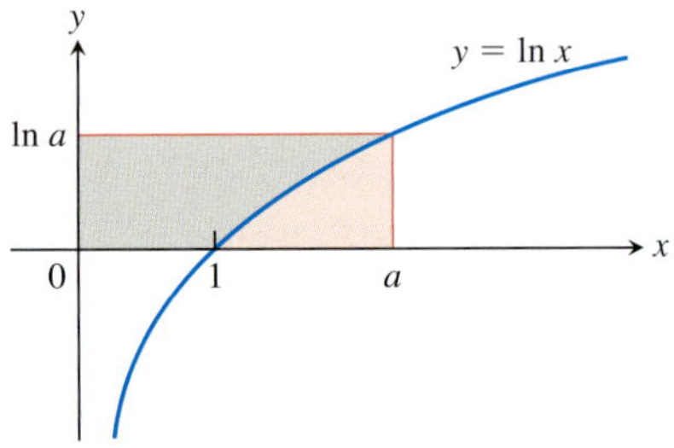

60. 기하평균, 로그평균, 산술평균의 부등식

a. e^x의 그래프는 x의 모든 구간에서 아래로 볼록임을 보여라.

b. 주어진 그림을 참고하여 $0 < a < b$일 때 다음을 보여라.

$$e^{(\ln a + \ln b)/2} \cdot (\ln b - \ln a) < \int_{\ln a}^{\ln b} e^x\,dx < \frac{e^{\ln a} + e^{\ln b}}{2} \cdot (\ln b - \ln a)$$

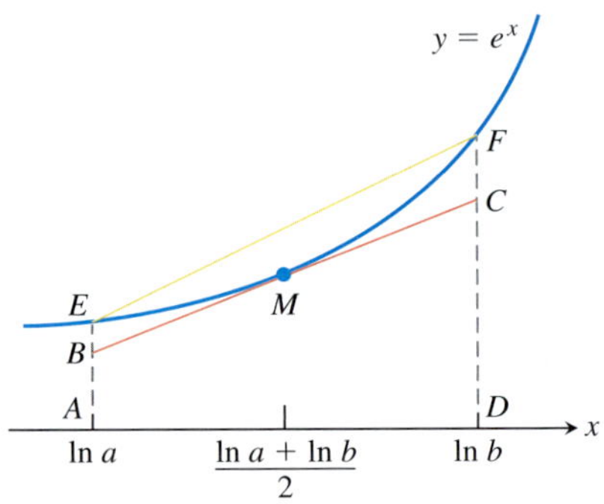

c. 문제 (b)의 부등식을 이용하여 다음을 보여라.

$$\sqrt{ab} < \frac{b-a}{\ln b - \ln a} < \frac{a+b}{2}$$

이 부등식은 두 양의 실수의 기하평균이 로그평균보다 작고 로그평균은 다시 산술평균보다 작다는 것을 말해준다.

61. 그림 6.1과 적당한 영역의 넓이를 이용하여 다음을 보여라.

$$\frac{1}{2} + \frac{1}{3} + \frac{1}{4} + \cdots + \frac{1}{n} < \ln n < 1 + \frac{1}{2} + \frac{1}{3} + \cdots + \frac{1}{n-1}$$

62. 그림 6.1에서 구간 [1, 2]를 n등분하고 적당한 영역의 넓이를 이용하여 다음을 보여라.

$$\frac{1}{n+1} + \frac{1}{n+2} + \frac{1}{n+3} + \cdots + \frac{1}{2n} < \ln 2 < \frac{1}{n} + \frac{1}{n+1} + \frac{1}{n+2} + \cdots + \frac{1}{2n-1}$$

63. 로그의 곱의 법칙과 거듭제곱 법칙의 증명과 같이 미분이 같은 두 함수를 이용하여 몫의 법칙을 증명하라.

64. 도함수가 같은 두 함수를 이용하여 다음 등식을 보여라.

a. $\tan^{-1} x + \cot^{-1} x = \dfrac{\pi}{2}$ **b.** $\sec^{-1} x + \csc^{-1} x = \dfrac{\pi}{2}$

65. 본문에서 유도한 등식 $e^x\, e^y = e^{x+y}$을 이용하여, 임의의 실수 x에 대해 $e^{-x} = 1/e^x$임을 보여라. 또한 임의의 실수 x, y에 대해 $e^x/e^y = e^{x-y}$임을 보여라.

66. 임의의 실수 x, y에 대해 $(e^x)^y = e^{xy} = (e^y)^x$임을 보여라.

67. 로그함수와 지수함수의 역함수 관계와 정리 1을 이용하여 정리 2의 성질 (2), (3), (4)를 증명하라.

68. $\displaystyle\lim_{x\to\infty}\left(1+\frac{1}{x}\right)^x = e$의 다른 증명

a. $x > 0$에 대해 그림 6.1을 이용하여 다음을 보여라.

$$\frac{1}{x+1} < \int_x^{x+1} \frac{1}{t}\,dt < \frac{1}{x}$$

b. 문제 (a)로부터 다음을 보여라.

$$\frac{1}{x+1} < \ln\left(1 + \frac{1}{x}\right) < \frac{1}{x}$$

c. 문제 (b)로부터 다음을 보여라.

$$e^{\frac{x}{x+1}} < \left(1 + \frac{1}{x}\right)^x < e$$

d. 문제 (c)로부터 다음을 보여라.

$$\lim_{x\to\infty}\left(1 + \frac{1}{x}\right)^x = e$$

그래프 그리기

T 연습문제 69~76에서 그래프를 그려주는 계산기나 컴퓨터를 이용하여 답하라.

69. $0 < x \le 10$인 가능한 많은 x값에 대해 $\ln x$, $\ln 2x$, $\ln 4x$, $\ln 8x$, $\ln 16x$를 함께 그려라. 어떤 현상이 관찰되는지 설명하라.

70. $0 \le x \le 22$, $-2 \le y \le 0$에서 $y = \ln|\sin x|$의 그래프를 그리고 결과를 설명하라. 곡선을 위아래로 뒤집으려 한다면 함수식을 어떻게 바꿔야 하는가?

71. **a.** $0 \le x \le 23$에서 $y = \sin x$의 그래프와 $a = 2, 4, 8, 20, 50$에 대해 곡선 $y = \ln(a + \sin x)$의 그래프를 함께 그려라.

b. a가 증가하면서 곡선이 평평해지는 이유는 무엇인가? [힌트: a 값에 따른 $|y'|$의 최댓값을 구하라.]

72 $y = \sqrt{x} - \ln x$, $x > 0$의 그래프가 변곡점을 갖는가? **(a)** 그래프를 그려서 답해보고, **(b)** 미적분을 이용하여 답하라.

73. 방정식 $x^2 = 2^x$는 $x = 2$, 4와 다른 한 근, 총 세 근을 갖는다. 세 번째 근을 그래프를 이용하여 가능한 정확한 근사값을 구하라.

74. 어떤 $x > 0$에 대해 $x^{\ln 2}$와 $2^{\ln x}$의 값이 같을 수가 있는가? 두 함수의 그래프를 그려 결과를 설명하라.

75. **π^e와 e^π의 대소 비교** 계산기를 이용하면 과거에는 어려웠던 이 문제의 답을 쉽게 확인할 수 있다. (계산기로 계산해보면 두 값이 놀랍게도 가까운 값이라는 것을 알 수 있다.) 계산기 없이도 다음과 같이 이 문제에 답할 수 있다.

a. 원점을 지나고 $y = \ln x$의 그래프에 접하는 직선의 방정식을 구하라.

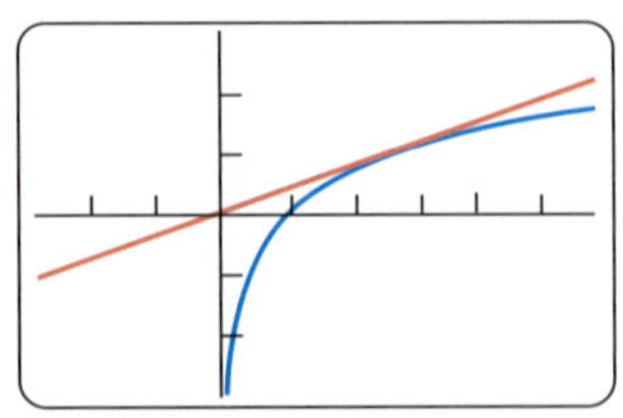

$[-3, 6] \times [-3, 3]$

b. $y = \ln x$의 그래프와 접선의 방정식으로부터 임의의 $x \ne e$에 대해 $\ln x < x/e$임을 설명하라.

c. 임의의 $x \neq e$에 대해 $\ln(x^e) < x$임을 보여라.
d. 임의의 $x \neq e$에 대해 $x^e < e^x$임을 보여라.
e. π^e와 e^π 중 어느 것이 더 큰가?

76. e를 소수로 나타내기 3.7절의 뉴턴 방법을 이용하여 방정식 $\ln x = 1$의 해를 구해 e의 값을 가능한 근접한 소수로 나타내라.

다른 밑에 대한 계산

T **77.** 대부분의 공학용 계산기는 $\log_{10} x$와 $\ln x$에 대한 버튼이 있다. 다른 밑에 대한 로그 값을 계산하기 위해 $\log_a x = (\ln x)/(\ln a)$를 이용한다. 다음 로그 값을 소수 5자리까지 구하라.

a. $\log_3 8$
b. $\log_7 0.5$
c. $\log_{20} 17$
d. $\log_{0.5} 7$
e. $\log_{10} x = 2.3$일 때 $\ln x$
f. $\log_2 x = 1.4$일 때 $\ln x$
g. $\log_2 x = -1.5$일 때 $\ln x$
h. $\log_2 x = -0.7$일 때 $\ln x$

78. 로그의 밑변환

a. 밑이 10인 로그를 밑이 2인 로그로 바꾸는 식은 다음과 같음을 보여라.

$$\log_2 x = \frac{\ln 10}{\ln 2} \log_{10} x$$

b. 밑이 a인 로그를 밑이 b인 로그로 바꾸는 식은 다음과 같음을 보여라.

$$\log_b x = \frac{\ln a}{\ln b} \log_a x$$

6.2 지수적 변화와 분리가능한 미분방정식

지수함수는 독립변수의 변화에 따라 매우 빠르게 증가하거나 감소한다. 지수함수를 이용하여 많은 자연현상이나 산업현장의 상황에서 증가나 감소를 표현할 수 있다. 지수함수가 중요한 이유는 이와 같이 다양한 모형이 지수함수를 기반으로 하고 있기 때문이다.

지수적 변화

현실의 상황을 모형화할 때, 주어진 시점 t에서 어떤 양 y의 증가하거나 감소하는 속도가 자신의 크기에 비례하는 경우가 많다. 인구의 증가, 방사성 물질의 붕괴량, 뜨거운 물체와 매질 사이의 온도 차 등이 좋은 예이다. 이러한 현상을 **지수적 변화**(exponential change)라고 부른다.

$t=0$일 때의 양을 y_0라 하면, 다음 초기값 문제를 풀어 y를 t의 함수로 나타낼 수 있다.

$$\text{미분방정식:} \quad \frac{dy}{dt} = ky \tag{1a}$$

$$\text{초기 조건:} \quad t = 0\text{일 때 } y = y_0 \tag{1b}$$

y가 양의 값이고 증가한다면 k는 양이고, 식 (1a)는 증가율이 지금까지의 누적 양에 비례함을 뜻한다. y가 양의 값이고 감소한다면 k는 음이고, 식 (1a)는 감소율이 현재 남아있는 양에 비례함을 뜻한다.

$y_0=0$인 경우 상수함수 $y=0$이 식 (1a)의 해가 된다. y_0이 0이 아닌 경우에 해를 구하기 위해 식 (1a)의 양변을 y로 나눈다.

$$
\begin{aligned}
\frac{1}{y} \cdot \frac{dy}{dt} &= k && y \neq 0 \\
\int \frac{1}{y} \frac{dy}{dt}\, dt &= \int k\, dt && t\text{에 대한 적분} \\
\ln|y| &= kt + C && \textstyle\int (1/u)\, du = \ln|u| + C \\
|y| &= e^{kt+C} && \text{지수를 취함} \\
|y| &= e^C \cdot e^{kt} && e^{a+b} = e^a \cdot e^b \\
y &= \pm e^C e^{kt} && |y| = r\text{이면 } y = \pm r \\
y &= Ae^{kt} && \pm e^C\text{를 } A\text{로 둠}
\end{aligned}
$$

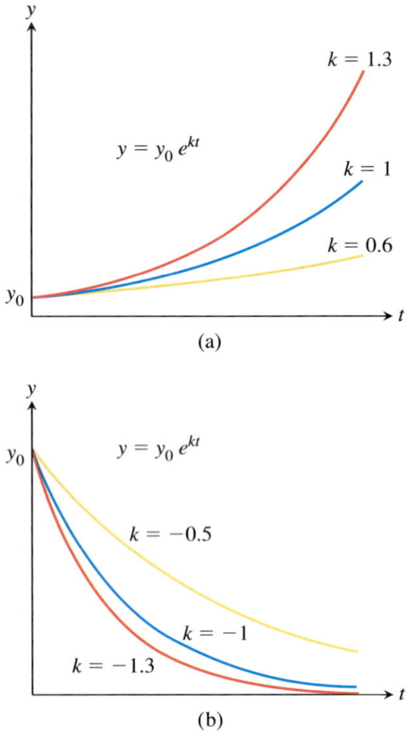

그림 6.5 (a) 지수적 성장, (b) 지수적 감소의 그래프. $|k|$가 증가함에 따라 증가율($k > 0$) 또는 감소율($k < 0$)이 커진다.

A의 값에 $\pm e^C$가 가질 수 있는 모든 값과 더불어 0도 허용하면 $y=0$도 이 형태에 포함할 수 있다.

다음과 같이 $t=0$과 $y=y_0$을 대입하여 초기값 문제에서 A의 값을 구할 수 있다.

$$y_0 = Ae^{k \cdot 0} = A$$

> 초기값 문제가 다음과 같다고 하자.
>
> $$\frac{dy}{dt} = ky, \qquad y(0) = y_0$$
>
> 이 문제의 해는 다음과 같다.
>
> $$y = y_0 e^{kt} \tag{2}$$

이와 같이 변화하는 양을 $k > 0$이면 **지수적으로 증가**(exponential growth)한다고 하고, $k < 0$이면 **지수적으로 감소**(exponential decay)한다고 한다. 여기서 k는 **변화상수**(rate constant)이다(그림 6.5).

식 (2)에서 미분이 자기자신인 함수(즉 $k=1$)는 지수함수의 상수배뿐임을 알 수 있다.

지수적 변화의 여러 예를 보기 전에 지수함수가 유도되는 과정을 살펴보자.

분리가능한 미분방정식

지수적 변화는 영이 아닌 상수 k에 대해 미분방정식 $dy/dx=ky$로 모형화된다. 더 일반적으로 미분방정식이 다음과 같은 형태를 갖는다고 하자.

$$\frac{dy}{dx} = f(x, y) \tag{3}$$

이때 f는 독립변수와 종속변수 모두의 함수이다. 이 방정식의 해를 어떤 x값의 구간(무한한 구간도 가능)에서 정의된 미분가능한 함수 $y=y(x)$로 쓰면 같은 구간에서 다음의 방정식을 만족시킨다.

$$\frac{d}{dx}y(x) = f(x, y(x))$$

즉 미분방정식에 $y(x)$와 $y'(x)$를 대입하면 해 구간의 모든 x에 대해 이 식이 성립한다. **일반해**는 이 방정식의 가능한 모든 해를 말하며, 임의의 상수항을 항상 포함한다.

f가 x만의 함수와 y만의 함수의 곱으로 나타낼 수 있을 때, 식 (3)을 **분리가능**(separable)하다고 한다. 이때 미분방정식은 다음의 형태이다.

$$\frac{dy}{dx} = g(x)\,H(y)$$

g는 x만의 함수이고, H는 y만의 함수이다.

이 경우 y를 포함한 식을 dy와 같은 쪽으로 모으고, x를 포함한 식을 dx와 같은 쪽으로 모으면 다음과 같다.

$$\frac{1}{H(y)}\,dy = g(x)\,dx$$

양변을 적분하면 다음을 얻는다.

$$\int \frac{1}{H(y)}\,dy = \int g(x)\,dx \tag{4}$$

적분을 계산하면 x의 음함수의 꼴로 방정식의 해 y를 얻는다.

식 (4)는 다음과 같이 4.5절의 치환적분법을 적용하여 확인할 수 있다.

$$\begin{aligned}\int \frac{1}{H(y)}\,dy &= \int \frac{1}{H(y(x))}\frac{dy}{dx}\,dx \\ &= \int \frac{1}{H(y(x))}H(y(x))\,g(x)\,dx \qquad \frac{dy}{dx} = H(y(x))\,g(x) \\ &= \int g(x)\,dx\end{aligned}$$

예제 1 다음 방정식을 풀어라.

$$\frac{dy}{dx} = (1+y)e^x, \quad y > -1$$

풀이 $y > -1$일 때 $1+y$는 0이 되지 않으므로, 변수를 분리하여 방정식을 풀 수 있다.

$$\begin{aligned}\frac{dy}{dx} &= (1+y)e^x \\ dy &= (1+y)e^x\,dx \qquad &&dy/dx\text{를 분수로 이해하고 양변에 } dx\text{를 곱함} \\ \frac{dy}{1+y} &= e^x\,dx &&(1+y)\text{로 나눔} \\ \int \frac{dy}{1+y} &= \int e^x\,dx &&\text{양변을 적분} \\ \ln(1+y) &= e^x + C &&\text{양변의 적분상수를 한꺼번에 } C\text{로 나타냄}\end{aligned}$$

마지막 식은 y를 x에 대한 음함수로 나타낸다. ■

예제 2 다음 방정식을 풀어라.

$$y(x+1)\frac{dy}{dx} = x(y^2+1)$$

풀이 미분형식으로 바꾸어 변수를 분리하고 적분하면 다음과 같다.

$$\begin{aligned}y(x+1)\,dy &= x(y^2+1)\,dx \\ \frac{y\,dy}{y^2+1} &= \frac{x\,dx}{x+1} \qquad &&x \neq -1 \\ \int \frac{y\,dy}{1+y^2} &= \int \left(1 - \frac{1}{x+1}\right)dx &&x\text{를 } x+1\text{로 나눔} \\ \frac{1}{2}\ln(1+y^2) &= x - \ln|x+1| + C\end{aligned}$$

마지막 식은 y를 x에 대한 음함수로 나타낸다. ■

초기값 문제는 다음과 같이 분리가능한 미분방정식이다.

$$\frac{dy}{dt} = ky, \qquad y(0) = y_0$$

해인 $y = y_0\,e^{kt}$는 지수적 변화를 나타낸다. 이제 지수적 변화의 예를 살펴보자.

무제한 개체수 증가

엄밀히 말하면 어느 집단(예를 들어 사람, 식물, 동물, 박테리아 등)에서 개체수는 자연수 값을 가지므로 시간에 대해 불연속함수이다. 그러나 개체수가 충분히 큰 경우에는 연속함수로 근사시켜 분석할 수 있다. 또한 많은 경우에 근사함수가 미분가능하다고 가정해도 무리가 없으며,

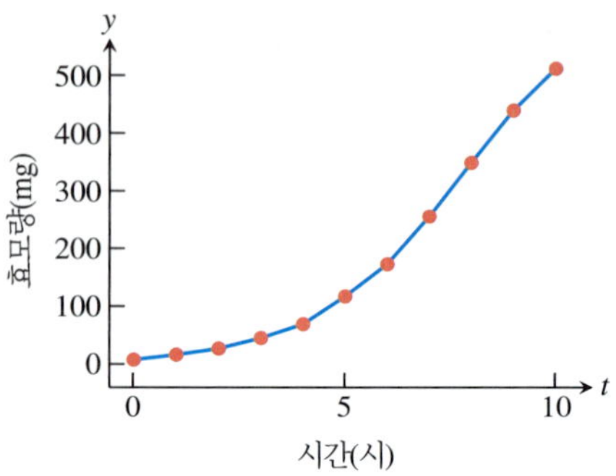

그림 6.6 표 6.3의 자료를 바탕으로 한 10시간 동안 효모의 성장 그래프.

표 6.3 효모량.

시간(시)	효모량(mg)
0	9.6
1	18.3
2	29.0
3	47.2
4	71.1
5	119.1
6	174.6
7	257.3
8	350.7
9	441.0
10	513.3

미적분학을 이용해 개체수를 모형화하고 예측할 수 있다.

집단에서 개체의 번식력이 일정하게 유지된다고 가정하면 어떤 시점 t에서 출생 개체수는 그 시점에서의 개체수 $y(t)$에 비례한다. 사망 개체수 역시 안정적인 비율로 $y(t)$에 비례한다고 가정하자[역자 주: 원문에 birth rate(출생률), death rate(사망률)로 표현된 것은 시간에 따른 비율인데, 우리말로는 전체 인구에 대한 비율로 오해의 소지가 있어 각각 출생 개체수와 사망 개체수로 표현을 바꾼다]. 추가적으로 외부에서 유입되거나 외부로 유출되는 부분을 무시하면, 개체수 증가 dy/dt는 출생 개체수에서 사망 개체수를 뺀 값, 즉 가정에서 $y(t)$에 비례하는 두 값의 차이이다. 식으로 표현하면 $dy/dt = ky$이고, 따라서 $y = y_0 e^{kt}$를 얻는다. 이때 y_0는 $t = 0$ 시점의 개체수이다. 모든 증가 문제에서 주변 환경에 따라 개체수의 최댓값에 제한이 있을 수 있지만, 여기서는 그 부분은 고려하지 않는다. k가 양수인 경우 비례식 $dy/dt = ky$는 무제한 개체수 증가의 모형이다(그림 6.6).

예제 3 어떤 실험에서 배양되는 효모의 양이 초기에는 29그램이었다. 30분이 지난 후에는 37그램이 되었다고 한다. 효모의 양이 100그램 이하일 때는 무제한 개체수 증가 모형이 효모의 성장을 잘 설명한다고 할 때, 효모의 양이 처음의 두 배가 되는 데 걸리는 시간은 얼마인가?

풀이 $y(t)$를 t분 후 효모의 양이라 하자. 무제한 개체수 증가 모형 $dy/dt = ky$를 사용하면 개체수는 $y = y_0 e^{kt}$이다.

이때 $y_0 = y(0) = 29$이다. 또한 다음과 같음을 알고 있다.

$$y(30) = 29e^{k(30)} = 37$$

이를 k에 대해 풀면 다음과 같다.

$$\begin{aligned} e^{k(30)} &= \frac{37}{29} \\ 30k &= \ln\left(\frac{37}{29}\right) \\ k &= \frac{1}{30}\ln\left(\frac{37}{29}\right) \approx 0.008118 \end{aligned}$$

따라서 t분 후 효모의 양은 다음과 같은 식으로 주어진다.

$$y = 29e^{(0.008118)t}$$

효모의 양이 두 배가 되는 시간을 구하기 위해 $y(t) = 58$을 풀면 다음과 같다.

$$\begin{aligned} 29e^{(0.008118)t} &= 58 \\ (0.008118)t &= \ln\left(\frac{58}{29}\right) \\ t &= \frac{\ln 2}{0.008118} \approx 85.38 \end{aligned}$$

따라서 효모의 양이 두 배가 되는 데는 약 85분이 걸린다. ■

다음 예제에서는 주어진 감염자 집단에서 감염자의 수가 감소하는 현상을 모형화한다. 여기서 비례상수 k는 음수이며, 모형은 지수적으로 감소하는 감염자의 수를 설명한다.

예제 4 치료 후 질병이 소멸되는 현상을 모형화하는 방법 중 하나는 감염자의 수가 변하는 속도인 dy/dt가 감염자의 수 y와 비례한다고 가정하는 것이다. 치료된 사람의 수는 질병에 감염된 사람의 수 y와 비례한다. 감염자의 수는 매년 20% 감소한다고 하자. 현재 감염자의 수가 10,000명이라면 그 수가 1000명으로 줄어드는 데 몇 년이 걸리는가?

풀이 $y=y_0 e^{kt}$를 사용하여 y_0와 k를 구하고, $y=1000$일 때 시간 t를 구하면 된다.

- **y_0의 값:** 시간의 시작점은 임의로 선택할 수 있다. 현재를 시작점으로 한다면 $t=0$일 때 $y=10000$이다. 따라서 $y_0=10000$이다. 이를 식에 대입하면 다음과 같다.

$$y = 10,000e^{kt} \tag{5}$$

- **k의 값:** $t=1$년 후의 감염자의 수는 현재 값의 80%이므로 8000명이다. 따라서 다음과 같다.

$$\begin{aligned} 8000 &= 10,000e^{k(1)} && \text{식 (5)에 } t=1\text{과 } y=8000\text{을 대입} \\ e^k &= 0.8 \\ \ln(e^k) &= \ln 0.8 && \text{양변에 로그를 취함} \\ k &= \ln 0.8 < 0 && \ln 0.8 \approx -0.223 \end{aligned}$$

그러므로 t년 후의 감염자의 수는 다음과 같다.

$$y = 10,000e^{(\ln 0.8)t} \tag{6}$$

- **$y=1000$이 되는 시간:** 식 (6)에서 y를 1000으로 두고 t에 대해 풀면 다음과 같다.

$$\begin{aligned} 1000 &= 10,000e^{(\ln 0.8)t} \\ e^{(\ln 0.8)t} &= 0.1 \\ (\ln 0.8)t &= \ln 0.1 && \text{로그를 취함} \\ t &= \frac{\ln 0.1}{\ln 0.8} \approx 10.32\text{년} \end{aligned}$$

그러므로 감염자의 수가 1000으로 줄어드는 데 10년이 조금 더 걸린다(그림 6.7). ■

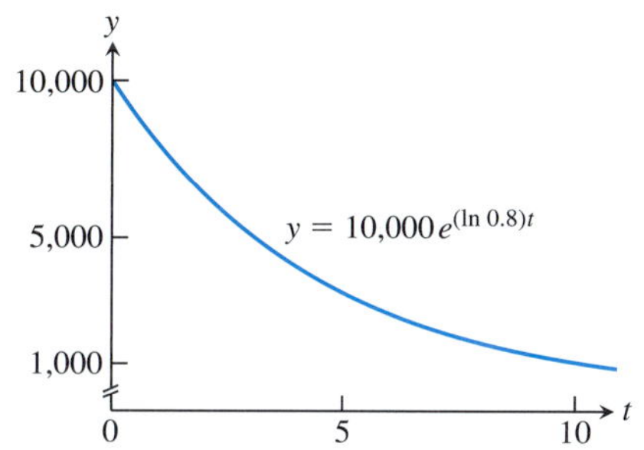

그림 6.7 지수적 감소를 보여주는 감염자의 수 그래프.

방사성 물질

어떤 원자는 불안정하여 저절로 질량이나 방사선이 방출될 수 있다. 이 과정을 **방사성 붕괴**(radioactive decay)라고 하며, 이런 현상을 보이는 원소를 **방사성 원소**(radioactive element)이라 한다. 원자가 방사성 붕괴 과정을 거쳐 질량의 일부가 방출되면, 나머지 부분은 다른 원소의 원자로 변하기도 한다. 예를 들어 방사성 탄소-14는 질소로 붕괴하며, 라듐은 여러 방사성 단계를 거쳐 납으로 붕괴한다.

라돈-222 기체의 경우 t를 일 단위로 측정하면 $k=0.18$이다. 과거에 시계바늘의 야광 도료로 사용되었던(위험한 행동이다) 라듐-226의 경우 t를 연 단위로 측정하여 $k=4.3\times10^{-4}$이다.

실험으로 밝혀진 바에 따르면, 특정 시점에서 방사성 원소의 소멸 비율(단위시간당 소멸 원자의 수)은 그 시점의 원자의 수에 비례한다고 한다. 따라서 방사성 붕괴는 방정식 $dy/dt=-ky$, $k>0$으로 설명될 수 있다. y가 감소한다는 것을 강조하기 위해 관습적으로 $-k\ (k>0)$을 사용한다. $t=0$ 시점의 원자의 수를 y_0라 하면 t시점에 남아있는 원자의 수는 다음과 같다.

$$y = y_0e^{-kt}, \quad k > 0$$

방사성 원소의 **반감기**(half-life)는 표본의 방사성 원소가 붕괴하여 그 양이 절반이 될 때까지 걸리는 시간을 말한다. 흥미로운 점은 반감기는 초기의 원자의 수와 무관하며 방사성 물질의 종류에 따라 결정되는 일정한 상수라는 것이다. 반감기는 다음 식으로 주어진다는 것을 알 수 있다.

$$\text{반감기} = \frac{\ln 2}{k} \tag{7}$$

예를 들어 라돈-222의 반감기는 다음과 같다.

$$\text{반감기} = \frac{\ln 2}{0.18} \approx 3.9\text{ days}$$

탄소-14 연대 측정에 사용되는 반감기는 5730년이다.

예제 5 방사성 원소의 소멸을 이용하여 지구 과거 사건의 연대를 측정할 수 있다. 탄소화합물 중 방사성 탄소인 탄소-14의 비율은 어떤 유기체가 살아있는 동안은 주변 환경의 비율과 동일한 정도로 일정하게 유지된다. 유기체가 죽고 나면 더 이상 탄소화합물을 섭취하지 않으므로 탄소-14가 붕괴하면서 탄소-14의 비율이 감소하게 된다.

탄소-14 연대 측정을 사용하는 과학자들은 5730년을 반감기로 사용한다. 원래 탄소-14의 10%가 소멸된 표본의 연대를 측정하라.

풀이 붕괴 식 $y=y_0\, e^{-kt}$를 사용하여 k의 값과 $y=0.9y_0$일 때(즉 90%의 탄소-14가 남아있을 때)의 t값을 구하면 된다. 즉 $y_0\, e^{-kt}=0.9\, y_0$이므로 $e^{-kt}=0.9$를 풀면 된다.

- k의 값: 식 (7)의 반감기 공식을 사용하면 다음과 같다.

$$k = \frac{\ln 2}{\text{반감기}} = \frac{\ln 2}{5730} \quad (\text{약 } 1.2 \times 10^{-4})$$

- $e^{-kt}=0.9$일 때 t의 값:

$$\begin{aligned} e^{-kt} &= 0.9 \\ e^{-(\ln 2/5730)t} &= 0.9 \\ -\frac{\ln 2}{5730}t &= \ln 0.9 && \text{양변에 로그를 취함} \\ t &= -\frac{5730 \ln 0.9}{\ln 2} \approx 871\text{년} \end{aligned}$$

따라서 문제의 표본은 약 871년 전의 것이다. ■

열 전도: 뉴턴의 냉각법칙

냄비에 담긴 뜨거운 수프는 주변 공기의 온도가 될 때까지 식는다. 큰 물통에 잠긴 뜨거운 은 막대는 주변 물의 온도가 될 때까지 식는다. 이러한 상황에서 어떤 시점에 물체의 온도가 변하는 속도는 대략 그 물체의 온도와 주변 매질의 온도 간의 차이에 비례한다. 이 관찰을 뉴턴의 냉각법칙이라고 부르며, 온도 상승에도 적용된다.

t시점에서 온도를 H라 하고 H_s를 주변 매질의 온도라고 하면, 이 현상을 설명하는 미분방정식은 다음과 같다.

$$\frac{dH}{dt} = -k(H - H_S) \tag{8}$$

$(H-H_s)$를 y로 치환하면 다음을 얻는다.

$$\begin{aligned} \frac{dy}{dt} &= \frac{d}{dt}(H - H_S) = \frac{dH}{dt} - \frac{d}{dt}(H_S) \\ &= \frac{dH}{dt} - 0 && H_s\text{는 상수} \\ &= \frac{dH}{dt} \\ &= -k(H - H_S) && \text{식 (8)} \\ &= -ky && H - H_s = y \end{aligned}$$

$y(0)=y_0$라 하면 방정식 $dy/dt=-ky$의 해는 $y=y_0\, e^{-kt}$임을 알고 있다. 다시 y 대신 $(H-H_s)$를 대입하면 다음을 얻는다.

$$H - H_S = (H_0 - H_S)e^{-kt} \tag{9}$$

이때 H_0은 $t=0$시점의 온도를 뜻한다. 이 식이 뉴턴의 냉각법칙의 해이다.

예제 6 98°C의 삶은 계란을 18°C의 물에 넣었다. 5분 후 계란의 온도는 38°C였다. 물의 온도변화를 무시할 때, 계란이 20°C가 될 때까지 얼마나 시간이 더 걸리겠는가?

풀이 계란의 온도가 98°C에서 20°C가 될 때까지 걸리는 시간을 구한 뒤 이미 지나간 5분을 빼면 된다. 식 (9)에 $H_s = 18$, $H_0 = 98$을 대입하면, t분 후 계란의 온도는 다음과 같다.

$$H = 18 + (98 - 18)e^{-kt} = 18 + 80e^{-kt}$$

k를 구하기 위해 $t = 5$일 때 $H = 38$임을 이용하면 다음을 얻는다.

$$\begin{aligned} 38 &= 18 + 80e^{-5k} \\ e^{-5k} &= \frac{1}{4} \\ -5k &= \ln\frac{1}{4} = -\ln 4 \\ k &= \frac{1}{5}\ln 4 = 0.2\ln 4 \qquad (\text{약 } 0.28) \end{aligned}$$

따라서 t분 후 계란의 온도는 $H = 18 + 80e^{-(0.2\ln 4)t}$이다. 이제 $H = 20$일 때의 t를 구하면 다음과 같다.

$$\begin{aligned} 20 &= 18 + 80e^{-(0.2\ln 4)t} \\ 80e^{-(0.2\ln 4)t} &= 2 \\ e^{-(0.2\ln 4)t} &= \frac{1}{40} \\ -(0.2\ln 4)t &= \ln\frac{1}{40} = -\ln 40 \\ t &= \frac{\ln 40}{0.2\ln 4} \approx 13\text{분} \end{aligned}$$

약 13분 후에 계란의 온도가 20°C가 된다. 38°C가 될 때까지 5분이 이미 지났으므로 약 8분 후에 계란의 온도가 20°C가 된다. ■

연습문제 6.2 EXERCISE QUESTION

미분방정식의 해

연습문제 1~4에서 각각의 함수 $y = f(x)$는 주어진 미분방정식의 해가 됨을 확인하라.

1. $2y' + 3y = e^{-x}$

   a. $y = e^{-x}$ **b.** $y = e^{-x} + e^{-(3/2)x}$

   c. $y = e^{-x} + Ce^{-(3/2)x}$

2. $y' = y^2$

   a. $y = -\dfrac{1}{x}$ **b.** $y = -\dfrac{1}{x+3}$ **c.** $y = -\dfrac{1}{x+C}$

3. $y = \dfrac{1}{x}\displaystyle\int_1^x \frac{e^t}{t}\,dt,\quad x^2y' + xy = e^x$

4. $y = \dfrac{1}{\sqrt{1+x^4}}\displaystyle\int_1^x \sqrt{1+t^4}\,dt,\quad y' + \frac{2x^3}{1+x^4}y = 1$

초기값 문제

연습문제 5~8에서 각각의 함수가 주어진 초기값 문제의 해가 됨을 확인하라.

	미분방정식	초기값	해
5.	$y' + y = \dfrac{2}{1+4e^{2x}}$	$y(-\ln 2) = \dfrac{\pi}{2}$	$y = e^{-x}\tan^{-1}(2e^x)$
6.	$y' = e^{-x^2} - 2xy$	$y(2) = 0$	$y = (x-2)e^{-x^2}$
7.	$xy' + y = -\sin x,\ x > 0$	$y\left(\dfrac{\pi}{2}\right) = 0$	$y = \dfrac{\cos x}{x}$
8.	$x^2y' = xy - y^2,\ x > 1$	$y(e) = e$	$y = \dfrac{x}{\ln x}$

분리가능한 미분방정식

연습문제 9~22의 미분방정식을 풀어라.

9. $2\sqrt{xy}\dfrac{dy}{dx} = 1,\quad x, y > 0$

10. $\dfrac{dy}{dx} = x^2\sqrt{y},\quad y > 0$

11. $\dfrac{dy}{dx} = e^{x-y}$

12. $\dfrac{dy}{dx} = 3x^2e^{-y}$

13. $\dfrac{dy}{dx} = \sqrt{y}\cos^2\sqrt{y}$

14. $\sqrt{2xy}\dfrac{dy}{dx} = 1$

15. $\sqrt{x}\dfrac{dy}{dx} = e^{y+\sqrt{x}}, \quad x > 0$ **16.** $(\sec x)\dfrac{dy}{dx} = e^{y+\sin x}$

17. $\dfrac{dy}{dx} = 2x\sqrt{1-y^2}, \quad -1 < y < 1$

18. $\dfrac{dy}{dx} = \dfrac{e^{2x-y}}{e^{x+y}}$

19. $y^2\dfrac{dy}{dx} = 3x^2y^3 - 6x^2$ **20.** $\dfrac{dy}{dx} = xy + 3x - 2y - 6$

21. $\dfrac{1}{x}\dfrac{dy}{dx} = ye^{x^2} + 2\sqrt{y}\,e^{x^2}$ **22.** $\dfrac{dy}{dx} = e^{x-y} + e^x + e^{-y} + 1$

응용과 예제

다음 문제 중 대부분의 답은 로그함수나 지수함수의 값이다. 소수로 답을 구하려면 계산기를 사용할 수 있다.

23. 인류는 계속 진화한다 미시간 대학의 인류학 박물관의 로링 브레이스(C. Loring Brace) 연구팀의 연구에 따르면 인류의 치아 크기는 계속 작아지고 있으며 이 진화 과정은 아직 끝나지 않았다고 한다. 예를 들어 북유럽인의 치아는 현재 1000년마다 1%의 속도로 크기가 작아진다고 한다.

a. t를 연 단위의 시간, y를 치아의 크기라고 하면 $t=1000$일 때 $y=0.99y_0$임을 이용하여 $y=y_0e^{kt}$에서 k의 값을 구하라. 여기서 구한 k값을 이용하여 다음 문제에 답하라.

b. 인류의 치아가 현재의 90%로 줄어들려면 약 몇 년이 걸리겠는가?

c. 20,000년 후 후손의 치아 크기는 현재 인류의 치아 크기의 몇 퍼센트가 되겠는가?

24. 대기압 지구의 대기압 p는 해발고도 h에 대한 p의 변화율인 dp/dh가 p에 비례하는 모형으로 설명할 수 있다. 해수면에서의 기압은 1013헥토파스칼, 해발 20 km에서의 기압은 90헥토파스칼이라 가정하자.

a. 다음 초기값 문제를 풀어 p를 h에 관한 식으로 나타내라.

미분방정식: $dp/dh = kp$ (k는 상수)

초기 조건: $h = 0$일 때 $p = p_0$

주어진 고도와 기압의 자료를 이용하여 p_0와 k의 값을 구하라.

b. $h=50$ km에서 기압은 얼마인가?

c. 기압이 900헥토파스칼이 되는 고도는 얼마인가?

25. 1차 화학반응 어떤 화학반응에서 물질이 변화하는 속도는 물질의 양에 비례한다. 예를 들어 델타-글루코노락톤이 글루콘산으로 변화하는 경우 t를 시간 단위로 측정하면 다음과 같다.

$$\frac{dy}{dt} = -0.6y$$

$t=0$일 때 델타-글루코노락톤이 100그램 있다면, 1시간 후에 남아있는 양은 얼마인가?

26. 설탕의 전화 원당의 처리 과정 중에 설탕 분자 구조를 바꾸는 '전화'라는 과정이 있다. 이 과정이 시작되면, 전화되는 원당의 양은 현재 남아있는 원당의 양에 비례한다. 원당 1000 kg이 800 kg으로 줄어드는 데 10시간이 걸렸다고 할 때, 앞으로 14시간 후에는 원당이 얼마나 남아있는가?

27. 수중 작업 해수면 x미터 아래의 빛의 세기를 $L(x)$라 하면 다음 미분방정식을 만족시킨다.

$$\frac{dL}{dx} = -kL$$

잠수부의 경험에 의하면 캐리비안 해에서 6미터 잠수하면 밝기가 해수면의 절반이 된다고 한다. 밝기가 해수면의 10분의 1 미만이면 수중라이트를 켜야 한다고 할 때, 수중라이트를 켜지 않고 잠수할 수 있는 최대 깊이는 얼마인가?

28. 방전되는 축전기의 전압 축전지에서 방전되는 전류의 양은 전극 사이의 전압 V에 비례하고, 시간 t가 초 단위일 때 다음을 만족시킨다.

$$\frac{dV}{dt} = -\frac{1}{40}V$$

$t=0$일 때 V의 값을 V_0라 두고 이 방정식을 풀어라. 전압이 처음 전압의 10%로 떨어질 때까지 걸리는 시간은 얼마인가?

29. 콜레라 박테리아 박테리아 군집이 지수적 변화에 따라 제한 없이 성장한다고 가정하자. 이 군집은 박테리아 한 마리로 시작하여 30분마다 2배로 증가한다. 24시간 후에 군집에 박테리아가 얼마나 있는가? (실험실 조건이 좋으면 콜레라 박테리아는 30분마다 2배 증가한다. 박테리아에 감염된 사람의 체내에서는 많은 박테리아가 죽기도 하지만, 이 문제의 결과로 알 수 있는 사실은 박테리아에 감염되면 아침에 건강했던 사람이 저녁에 생명이 위험해질 수 있을 정도로 감염이 빠르게 진행된다는 것이다.)

30. 박테리아 배양 이상적인 실험실 조건에서 박테리아 군집을 지수적으로 성장하도록 배양한다. 3시간 후에 10,000마리, 5시간 후에는 40,000마리였다면, 처음에 박테리아가 몇 마리 있었는가?

31. 질병의 발병(예제 4에서 계속) 해마다 감염자의 수의 감소가 20%가 아닌 25%라 가정하자.

a. 감염자의 수가 1000이 될 때까지 걸리는 시간은?

b. 질병을 완전히 퇴치하는 데, 즉 감염자의 수가 1보다 작게 되는 데 걸리는 시간은?

32. 약의 농도 항생제가 정맥주사로 혈관 내 일정한 속도 r로 투여된다. 약물은 환자의 체내를 흐르며 혈류 내 병균에 작용하며, 혈중에 있는 양에 비례하여 혈중 약물의 양이 줄어든다. 환자의 혈액양은 일정하므로, 이는 혈중 항생제의 농도 $y=y(t)$를 다음과 같은 미분방정식으로 분석할 수 있음을 뜻한다.

$$\frac{dy}{dt} = r - ky \quad (k\text{는 양의 상수})$$

a. $y(0)=y_0$일 때 시간 t에서 약의 혈중 농도 $y(t)$를 구하라.

b. $y_0 < (r/k)$라 가정할 때, $\lim_{y\to\infty} y(t)$를 구하라. 약의 농도 그래프를 그려라.

33. 멸종 위기종 생물학자는 동물이나 식물의 종이 20년 안에 멸종될 것으로 예상되면 멸종 위기종으로 분류한다. 현재 특정 야생동물 종의 개체 수가 1147마리이고, 지난 7년간 연평균 39% 비율로 지수적으로 계속 감소하고 있다고 한다. 이 종이 멸종 위기에 있다고 생각하는가? 이유를 설명하라.

34. 미국 인구 미국 인구통계국은 미국 인구 시계를 운영한다. 2021년 4월 19일에는 매 40초마다 인구가 1명씩 증가하고 있다. 이 날 동부 표준시로 오후 1시 32분의 총 인구는 330,215,841명이었다.

a. 인구가 일정한 속도로 지수적 증가한다고 가정하고, 인구 증가의 속도(연간 인구 증가분)를 구하라.

b. 이 속도로 인구가 증가할 때 2028년 4월 19일 오후 1시 32분의 총 인구는 얼마인가?

35. 석유 고갈 캘리포니아의 휘티어 협곡의 유정에서 생산되는 석유양이 연간 지속적으로 10%씩 감소한다고 가정하자. 이 유정의 생산량이 현재 값의 5분의 1로 떨어지는 때는 언제인가?

36. 연속 가격 할인 어떤 회사의 영업부는 100개 단위 주문을 장려하기 위해 연속 가격 할인을 적용한다. 개당 가격을 주문한 수량 x에 대한 함수 $p(x)$로 결정한다. 주문 단위가 하나 늘어날 때마다 개당 가격을 0.01달러씩 할인한다. 100개 주문시 개당 가격은 20.09달러이다.

a. 다음의 초기값 문제를 풀어서 $p(x)$를 구하라.

$$\text{미분방정식:} \quad \frac{dp}{dx} = -\frac{1}{100}p$$
$$\text{초기 조건:} \quad p(100) = 20.09$$

b. 10개 주문시 개당 가격 $p(10)$과 90개 주문시 개당 가격 $p(90)$을 찾아라.

c. 회사의 수입은 $r(x)=xp(x)$이다. 영업부에서는 100개 주문시 수입이 90개 주문시 수입보다 실제로 작아질 수 있는지 확인하려 한다. $x=100$일 때 r이 최대가 됨을 보여라.

d. $0 \le x \le 200$일 때 수익함수 $r(x)=xp(x)$의 그래프를 그려라.

37. 플루토늄-239 플루토늄 동위원소의 반감기는 24,360년이다. 원전 사고로 대기 중에 방출된 플루토늄 10그램의 80%가 붕괴되는 데 걸리는 시간은 얼마인가?

38. 폴로늄-210 폴로늄의 반감기는 139일이다. 샘플에서 폴로늄의 95%가 붕괴된 후에는 샘플이 쓸모 없어진다. 새 폴로늄 샘플은 약 몇 일 동안 사용 가능한가?

39. 방사성 원소의 평균 수명 방사능 방정식 $y=y_0 e^{kt}$를 사용하는 물리학자는 $1/k$를 방사성 원소의 평균 수명이라 부른다. 라돈의 평균 수명은 약 1/0.18=5.6일이다. 탄소-14의 평균 수명은 8000년 이상이다. 원래 샘플의 방사성 원소의 95%가 평균 수명의 3배 기간, 즉 $t=3/k$기간 이내에 소멸됨을 보여라. 따라서 원소의 평균 수명은 이용하여 샘플의 방사능이 얼마나 오랫동안 지속될지 빠르게 추정할 수 있다.

40. 칼리포늄-252 1그램당 2700만 달러의 비용이 들며 뇌암 치료, 석탄의 황 함유량 분석, 수하물에서 폭발물 탐지에 사용될 수 있는 것은 무엇인가? 답은 1950년에 글렌 시보그에 의해 발견된 방사성 동위원소인 칼리포늄-252이다. 매년 1그램 미만의 양이 생산된다. 이 동위원소의 반감기는 2,645년인데, 사용하기에는 충분히 길며 단위질량당 높은 방사능을 얻을만큼 충분히 짧다. 이 동위원소의 1마이크로그램은 분당 1억 7천만 개의 중성자를 방출한다.

a. 이 동위원소의 붕괴 방정식에서 k의 값은 얼마인가?

b. 이 동위원소의 평균 수명은 얼마인가(연습문제 39 참조)?

c. 샘플의 방사성 원소의 95%가 소멸되는 데 얼마나 걸리는가?

41. 수프 식기 실내온도가 20°C인 방에서 수프가 10분 동안 90°C에서 60°C로 식었다. 뉴턴의 냉각법칙을 사용하여 다음 질문에 답하라.

a. 수프가 35°C로 식으려면 얼마나 시간이 더 걸리겠는가?

b. 수프를 방에 두는 대신 −15°C인 냉동실에 넣어둔다면 90°C에서 35°C까지 식는 데 걸리는 시간은 얼마인가?

42. 온도를 알 수 없는 막대 알루미늄 막대를 실외의 추운 곳에서 내부 온도가 18°C인 기계 공장 안으로 가져왔다. 10분 후에 막대는 2°C까지 온도가 올라갔고, 다시 10분 후에는 10°C까지 올라갔다. 뉴턴의 냉각법칙을 사용하여 막대의 처음 온도를 구하라.

43. 온도를 알 수 없는 매질 46°C의 따뜻한 물을 냉장고에 넣었다. 10분 후 물의 온도는 39°C가 되었고, 다시 10분 후에는 33°C가 되었다. 뉴턴의 냉각법칙을 사용하여 냉장고의 온도를 구하라.

44. 공기 중 은괴의 냉각 은괴의 온도가 현재 공기 온도보다 60°C 높다. 20분 전에는 공기 온도보다 70°C 높았다. 다음 경우에 은괴의 온도가 공기 온도보다 얼마나 더 높은가?

a. 지금부터 15분 후

b. 지금부터 2시간 후

c. 은괴가 공기 온도보다 10°C 높은 것은 언제인가?

45. 크레이터 호수의 연대 오리건의 크레이터 호수를 형성한 화산 분출로 죽은 나무에서 얻은 숯은 살아 있는 나무가 갖고 있는 탄소-14의 44.5%만 가지고 있었다. 크레이터 호수의 나이는 대략 얼마인가?

46. 탄소-14 연대 측정의 민감도 탄소-14의 양을 추정하는 데 상대적으로 작은 오차의 영향을 보기 위해 다음과 같은 가상의 상황을 고려해보자.

a. 일리노이 중부에서 2000년에 발견된 뼈 파편은 원래의 탄소-14 함량의 17%를 포함하고 있었다. 이 동물이 죽은 연도를 추정하라.

b. 문제 (a)에서 17% 대신에 18%로 가정하면 언제인가?

c. 문제 (a)에서 17% 대신에 16%로 가정하면 언제인가?

47. 탄소-14 외치(Otzi)는 가장 오래되었다고 알려진 인간 냉동 미라로 1991년 이탈리아 알프스 쉬날스탈 빙하에서 발견되었고, 발견 당시 짚신을 신고 염소 가죽 옷을 입었으며 구리 도끼와 돌칼을 들고 있었다. 외치는 빙하가 녹으면서 발견되었는데, 5000년 전에 죽은 것으로 추정되었다. 외치의 몸에 있던 원래 탄소-14 중 발견되었을 때 남아있는 양은 얼마나 될까?

48. 예술 위조 페르메이르(Vermeer, 1632~1675)가 그린 것으로 알려진 그림은 원래 탄소-14의 96.2%를 포함하고 있어야 하지만, 실제로는 99.5%를 포함하고 있다고 한다. 이 위조품은 얼마나 오래된 것인가?

49. 라스코 동굴 그림 1940년에 프랑스의 라스코 동굴에서 선사 시대 동굴 벽화가 발견되었다. 과학적 분석 결과, 그림에 남아있는 탄소-14는 원래의 15%였다. 그림은 얼마나 오래된 것인가?

50. 잉카 미라 1995년 고고학자 요한 라인하르트는 페루의 암파토 산에서 젊은 잉카 여성의 냉동 유해를 발견했다.

a. '냉동 여성'의 추정 나이가 500살인 경우 원래 탄소-14의 얼마나 남아있겠는가?

b. 탄소-14 측정값에 1%의 오차가 있을 수 있다면, 냉동 여성의 나이는 최대 몇 살인가?

6.3 쌍곡선함수

쌍곡선함수는 두 지수함수 e^x와 e^{-x}의 조합으로 만들어진다. 쌍곡선함수를 이용하여 많은 수학 표현을 간단히 할 수 있으며 수학과 공학 응용 문제에서 자주 사용된다.

정의와 항등식

쌍곡사인함수와 쌍곡코사인함수는 다음 식으로 정의한다.

$$\sinh x = \frac{e^x - e^{-x}}{2}, \qquad \cosh x = \frac{e^x + e^{-x}}{2}$$

sinh x를 "신치 x", cosh x를 "코시 x"라 읽기도 한다. 이 함수들로부터 쌍곡탄젠트, 쌍곡코탄젠트, 쌍곡시컨트, 쌍곡코시컨트함수를 정의한다. 정의식과 함수의 그래프가 표 6.4에 나타나 있다. 쌍곡선함수는 대응되는 삼각함수와 여러 면에서 비슷함을 알게 될 것이다.

쌍곡선함수는 표 6.5의 등식을 만족시킨다. 이 등식들은 우리가 알고 있는 삼각함수에 대한 등식과 부호의 차이를 제외하고 동일하다. 이 등식들은 정의로부터 바로 증명할 수 있다. 예를 들어 두 번째 등식은 다음과 같이 증명할 수 있다.

표 6.4 6가지 기본 쌍곡선함수.

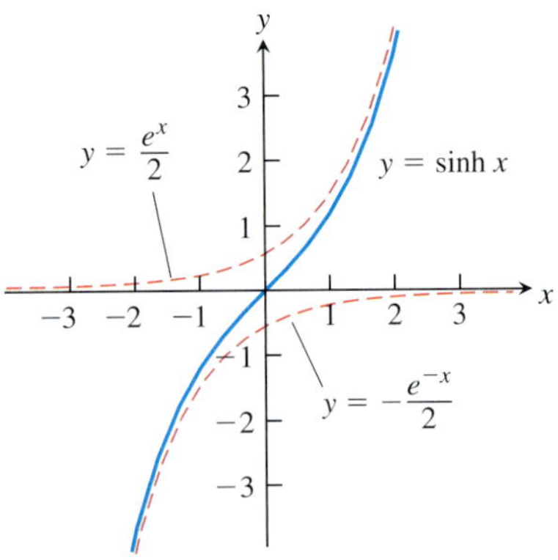

(a)

쌍곡사인:

$$\sinh x = \frac{e^x - e^{-x}}{2}$$

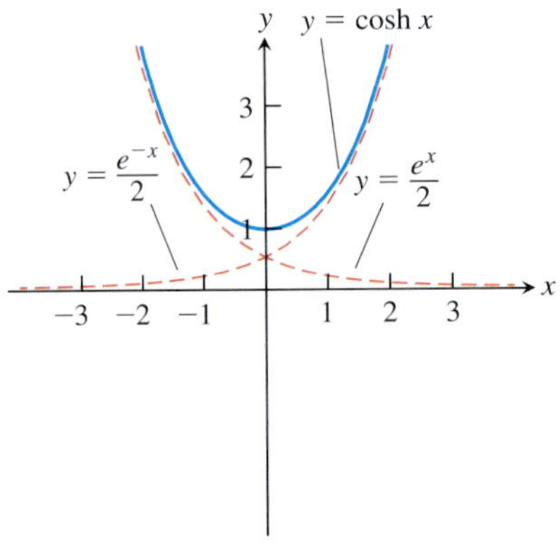

(b)

쌍곡코사인:

$$\cosh x = \frac{e^x + e^{-x}}{2}$$

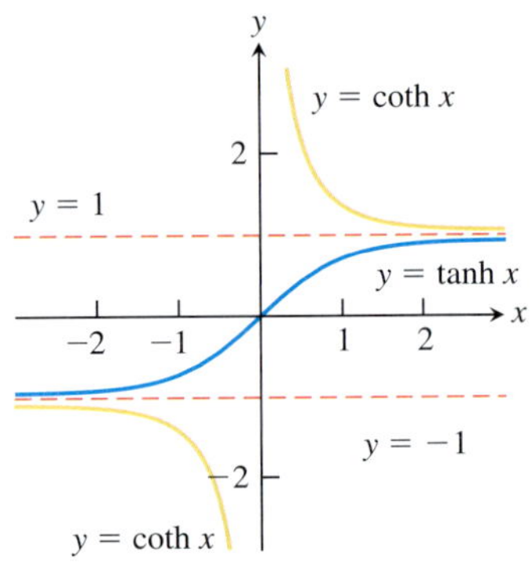

(c)

쌍곡탄젠트:

$$\tanh x = \frac{\sinh x}{\cosh x} = \frac{e^x - e^{-x}}{e^x + e^{-x}}$$

쌍곡코탄젠트:

$$\coth x = \frac{\cosh x}{\sinh x} = \frac{e^x + e^{-x}}{e^x - e^{-x}}$$

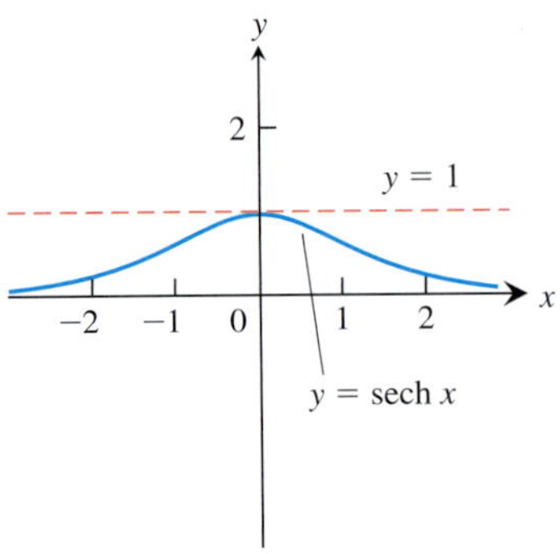

(d)

쌍곡시컨트:

$$\operatorname{sech} x = \frac{1}{\cosh x} = \frac{2}{e^x + e^{-x}}$$

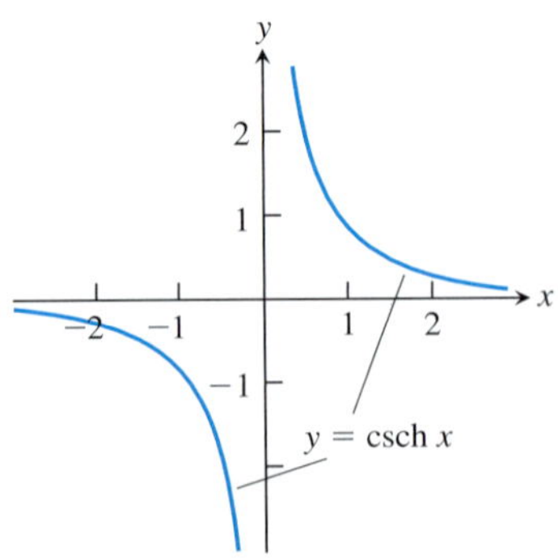

(e)

쌍곡코시컨트:

$$\operatorname{csch} x = \frac{1}{\sinh x} = \frac{2}{e^x - e^{-x}}$$

표 6.5 쌍곡선함수의 항등식.

$$\cosh^2 x - \sinh^2 x = 1$$
$$\sinh 2x = 2\sinh x \cosh x$$
$$\cosh 2x = \cosh^2 x + \sinh^2 x$$
$$\cosh^2 x = \frac{\cosh 2x + 1}{2}$$
$$\sinh^2 x = \frac{\cosh 2x - 1}{2}$$
$$\tanh^2 x = 1 - \operatorname{sech}^2 x$$
$$\coth^2 x = 1 + \operatorname{csch}^2 x$$

$$\begin{aligned} 2\sinh x\cosh x &= 2\left(\frac{e^x - e^{-x}}{2}\right)\left(\frac{e^x + e^{-x}}{2}\right) \\ &= \frac{e^{2x} - e^{-2x}}{2} && \text{계산} \\ &= \sinh 2x && \text{sinh의 정의} \end{aligned}$$

다른 등식들도 쌍곡선함수의 정의를 대입하고 계산하여 비슷하게 증명할 수 있다.

임의의 실수 u에 대해 점 $(\cos u, \sin u)$는 단위원 $x^2+y^2=1$ 위의 점임을 알고 있다. 따라서 삼각함수를 때로는 원함수라 부르기도 한다. 표 6.5의 첫 번째 항등식에서 x를 u로 바꾼 식은 다음과 같다.

$$\cosh^2 u - \sinh^2 u = 1$$

따라서 점 $(\cosh u, \sinh u)$는 쌍곡선 $x^2-y^2=1$의 오른쪽 곡선 위에 있다. 쌍곡선함수라는 이름은 이 때문이다(연습문제 86 참조).

쌍곡선함수는 7장에서 다루게 될 여러 가지 함수의 적분에 유용하게 쓰인다. 또한 과학과 공학에서도 중요한 역할을 한다. 쌍곡코사인은 끝점이 같은 높이에 고정되고 자유롭게 매달린 줄이나 전선의 모양을 표현한다(연습문제 83 참조). 세인트 루이스 아치는 쌍곡코사인함수를 뒤집어 놓은 모양이다. 쌍곡탄젠트함수는 깊이가 일정한 바다 위를 움직이는 파도의 속도를 나타내는 공식에 사용되며, 역쌍곡탄젠트함수는 아인슈타인의 특수 상대성 이론에서 상대속도를 더할 때 사용된다.

쌍곡선함수의 미분과 적분

6가지 쌍곡선함수는 e^x와 e^{-x}로 만들어진 유리식이므로 함수가 정의되는 모든 점에서 미분가능하다(표 6.6). 미분도 삼각함수의 경우와 유사하다.

표 6.6 쌍곡선함수의 미분.

$$\frac{d}{dx}(\sinh x) = \cosh x$$
$$\frac{d}{dx}(\cosh x) = \sinh x$$
$$\frac{d}{dx}(\tanh x) = \operatorname{sech}^2 x$$
$$\frac{d}{dx}(\coth x) = -\operatorname{csch}^2 x$$
$$\frac{d}{dx}(\operatorname{sech} x) = -\operatorname{sech} x \tanh x$$
$$\frac{d}{dx}(\operatorname{csch} x) = -\operatorname{csch} x \coth x$$

미분 공식은 e^x의 미분으로부터 얻는다.

$$\begin{aligned} \frac{d}{dx}(\sinh x) &= \frac{d}{dx}\left(\frac{e^x - e^{-x}}{2}\right) && \sinh x\text{의 정의} \\ &= \frac{e^x + e^{-x}}{2} && e^x\text{의 미분} \\ &= \cosh x && \cosh x\text{의 정의} \end{aligned}$$

위와 같이 첫 번째 공식을 얻는다. 정의로부터 쌍곡코시컨트함수의 미분은 다음과 같이 구할 수 있다.

$$\begin{aligned} \frac{d}{dx}(\operatorname{csch} x) &= \frac{d}{dx}\left(\frac{1}{\sinh x}\right) && \operatorname{csch} x\text{의 정의} \\ &= -\frac{\cosh x}{\sinh^2 x} && \text{몫의 미분} \\ &= -\frac{1}{\sinh x}\frac{\cosh x}{\sinh x} && \text{정리} \\ &= -\operatorname{csch} x \coth x && \operatorname{csch} x\text{와 } \coth x\text{의 정의} \end{aligned}$$

비슷한 방법으로 표 6.6의 다른 공식들도 얻을 수 있다.

도함수의 공식으로부터 표 6.7의 적분 공식을 얻는다.

표 6.7 쌍곡선함수의 적분.

$$\int \sinh x\,dx = \cosh x + C$$
$$\int \cosh x\,dx = \sinh x + C$$
$$\int \operatorname{sech}^2 x\,dx = \tanh x + C$$
$$\int \operatorname{csch}^2 x\,dx = -\coth x + C$$
$$\int \operatorname{sech} x \tanh x\,dx = -\operatorname{sech} x + C$$
$$\int \operatorname{csch} x \coth x\,dx = -\operatorname{csch} x + C$$

예제 1 미분과 적분의 예를 살펴보자.

(a) $\frac{d}{dt}\left(\tanh\sqrt{1+t^2}\right) = \operatorname{sech}^2\sqrt{1+t^2}\cdot\frac{d}{dt}\left(\sqrt{1+t^2}\right)$

$$= \frac{t}{\sqrt{1+t^2}} \operatorname{sech}^2 \sqrt{1+t^2}$$

(b) $$\int \coth 5x\, dx = \int \frac{\cosh 5x}{\sinh 5x} dx = \frac{1}{5}\int \frac{du}{u}$$ $u = \sinh 5x,$ $du = 5\cosh 5x\, dx$

$$= \frac{1}{5}\ln|u| + C = \frac{1}{5}\ln|\sinh 5x| + C$$

(c) $$\int_0^1 \sinh^2 x\, dx = \int_0^1 \frac{\cosh 2x - 1}{2} dx$$ 표 6.5

$$= \frac{1}{2}\int_0^1 (\cosh 2x - 1)\, dx = \frac{1}{2}\left[\frac{\sinh 2x}{2} - x\right]_0^1$$

$$= \frac{\sinh 2}{4} - \frac{1}{2} \approx 0.40672$$ 계산기로 계산

(d) $$\int_0^{\ln 2} 4e^x \sinh x\, dx = \int_0^{\ln 2} 4e^x \frac{e^x - e^{-x}}{2} dx = \int_0^{\ln 2} (2e^{2x} - 2)\, dx$$

$$= \left[e^{2x} - 2x\right]_0^{\ln 2} = (e^{2\ln 2} - 2\ln 2) - (1 - 0)$$

$$= 4 - 2\ln 2 - 1 \approx 1.6137$$ ■

역쌍곡선함수

6가지 기본 쌍곡선함수의 역함수는 적분의 계산에서 매우 유용하다(7장 참조). $d(\sinh x)/dx = \cosh x > 0$이므로 쌍곡사인함수는 증가함수이다. 그 역함수는 다음과 같다.

$$y = \sinh^{-1} x$$

$-\infty < x < \infty$인 모든 x에 대해 $y = \sinh^{-1} x$의 값은 쌍곡사인함수의 값이 x인 실수이다. 그림 6.8a는 $y = \sinh x$와 $y = \sinh^{-1} x$의 그래프이다. 역쌍곡사인함수를 표시하는 다른 방법으로 arcsinh x, arsinh x, argsinh x 등이 있다.

표 6.4에서 보이는 것처럼 함수 $y = \cosh x$는 일대일이 아니다. 그러나 정의역을 제한하면 $y = \cosh x$, $x > 0$은 일대일이 되어 역함수를 갖고, 이를 다음과 같이 쓴다.

$$y = \cosh^{-1} x$$

$x \geq 1$인 모든 x에 대해 $y = \cosh^{-1} x$의 값은 쌍곡코사인함수의 값이 x이고 $0 \leq y \leq \infty$인 실수이다. 그림 6.8b는 $y = \cosh x$, $x \geq 0$와 $y = \cosh^{-1} x$의 그래프이다.

$y = \cosh x$와 마찬가지로 $y = \operatorname{sech} x = 1/\cosh x$는 일대일이 아니다. 그러나 x를 음이 아닌 실수로 제한하면 역함수를 갖고 이를 다음과 같이 쓴다.

$$y = \operatorname{sech}^{-1} x$$

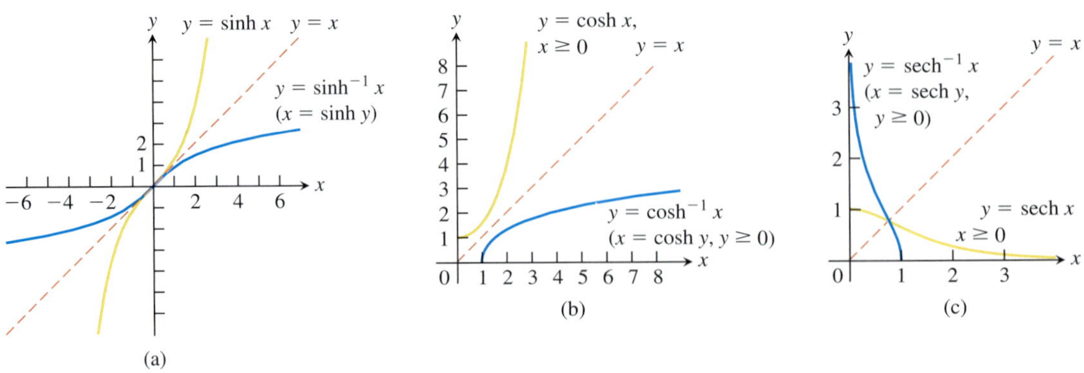

그림 6.8 역쌍곡사인, 역쌍곡코사인, 역쌍곡시컨트함수의 그래프. 역함수는 원래 함수와 직선 $y=x$에 대해 대칭이다.

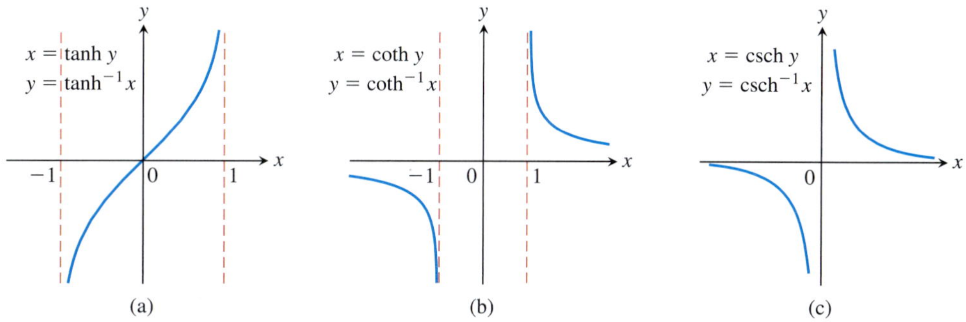

그림 6.9 역쌍곡탄젠트, 역쌍곡코탄젠트, 역쌍곡코시컨트함수의 그래프.

구간 $(0, 1]$의 모든 x에 대해 $y=\text{sech}^{-1} x$는 쌍곡시컨트의 값이 x인 음이 아닌 실수이다. 그림 6.8c는 $y=\text{sech}\, x$, $x \geq 0$과 $y=\text{sech}^{-1} x$의 그래프이다.

쌍곡탄젠트, 쌍곡코탄젠트, 쌍곡코시컨트는 각각 그 정의역에서 일대일이고 따라서 역함수를 가지며, 이를 다음과 같이 나타낸다.

$$y = \tanh^{-1} x, \qquad y = \coth^{-1} x, \qquad y = \text{csch}^{-1} x$$

그림 6.9는 이 함수들의 그래프이다.

유용한 등식

표 6.8 역쌍곡선함수의 등식.

$\text{sech}^{-1} x = \cosh^{-1} \dfrac{1}{x}$
$\text{csch}^{-1} x = \sinh^{-1} \dfrac{1}{x}$
$\coth^{-1} x = \tanh^{-1} \dfrac{1}{x}$

표 6.8의 등식을 이용하여 $\text{sech}^{-1} x$, $\text{csch}^{-1} x$, $\coth^{-1} x$를 $\cosh^{-1} x$, $\sinh^{-1} x$, $\tanh^{-1} x$의 식으로 나타낼 수 있다. 이 등식 역시 정의로부터 자명한 것이다. 예를 들어 $0 < x \leq 1$이면 다음 식이 성립한다.

$$\text{sech}\left(\cosh^{-1}\left(\frac{1}{x}\right)\right) = \frac{1}{\cosh\left(\cosh^{-1}\left(\frac{1}{x}\right)\right)} = \frac{1}{\left(\frac{1}{x}\right)} = x$$

또한 $\text{sech}(\text{sech}^{-1} x)=x$이고 쌍곡시컨트함수는 구간 $(0, 1]$에서 일대일이므로 다음과 같다.

$$\cosh^{-1}\left(\frac{1}{x}\right) = \text{sech}^{-1} x$$

역쌍곡선함수의 미분

표 6.9는 역쌍곡선함수의 미분 공식이며, 이 공식을 역으로 적용하여 역쌍곡선함수는 적분에서

표 6.9 역쌍곡선함수의 미분.

$\dfrac{d(\sinh^{-1} x)}{dx} = \dfrac{1}{\sqrt{1 + x^2}}$	
$\dfrac{d(\cosh^{-1} x)}{dx} = \dfrac{1}{\sqrt{x^2 - 1}},$	$x > 1$
$\dfrac{d(\tanh^{-1} x)}{dx} = \dfrac{1}{1 - x^2},$	$\lvert x\rvert < 1$
$\dfrac{d(\coth^{-1} x)}{dx} = \dfrac{1}{1 - x^2},$	$\lvert x\rvert > 1$
$\dfrac{d(\text{sech}^{-1} x)}{dx} = -\dfrac{1}{x\sqrt{1 - x^2}},$	$0 < x < 1$
$\dfrac{d(\text{csch}^{-1} x)}{dx} = -\dfrac{1}{\lvert x\rvert\sqrt{1 + x^2}},$	$x \neq 0$

유용하게 사용된다.

$\tanh^{-1} x$와 $\coth^{-1} x$의 미분 공식에서 $|x| < 1$과 $|x| > 1$의 조건은 각각의 함숫값이 제한되기 때문이다(그림 6.9a와 b 참조). $|x| < 1$과 $|x| > 1$를 구별하는 것은 미분 공식을 적분 공식으로 바꿀 때 중요하다.

예제 2에서 역쌍곡선함수의 미분이 어떻게 유도되는지 $d(\cosh^{-1} x)/dx$의 예제를 이용하여 설명한다. 다른 미분도 비슷하게 계산할 수 있다.

예제 2 $x > 1$일 때 다음을 보여라.

$$\frac{d}{dx}(\cosh^{-1} x) = \frac{1}{\sqrt{x^2 - 1}}$$

풀이 2.8절의 정리 3에서 $f(x) = \cosh x$와 $f^{-1}(x) = \cosh^{-1} x$로 두어 $x > 1$에서 $y = \cosh^{-1} x$의 미분을 구한다. $x > 0$일 때 $\cosh x$의 미분이 양이므로 정리 3을 적용할 수 있다.

$$\begin{aligned}
(f^{-1})'(x) &= \frac{1}{f'(f^{-1}(x))} && \text{2.8절 정리 3} \\
&= \frac{1}{\sinh(\cosh^{-1} x)} && f'(x) = \sinh x \\
&= \frac{1}{\sqrt{\cosh^2(\cosh^{-1} x) - 1}} && \cosh^2 x - \sinh^2 x = 1,\ (x \ge 0),\ \sinh x = \sqrt{\cosh^2 x - 1} \\
&= \frac{1}{\sqrt{x^2 - 1}} && \cosh(\cosh^{-1} x) = x
\end{aligned}$$

■

역사적 인물

소냐 코발레프스키(Sonya Kovalevsky, 1850~1891)

코발레프스키는 러시아 수학자로, 주로 편미분 방정식 이론을 연구했으며, 해의 존재성에 관한 그녀의 이름을 딴 중요한 정리가 있다. 편미분방정식에 관한 많은 논문을 발표했으며, 1889년 러시아 과학 아카데미의 첫 번째 여성 회원으로 선출되어 인정을 받았다.

적절한 치환적분과 표 6.9의 미분 공식을 이용하면 표 6.10의 적분 공식을 얻을 수 있다. 표 6.10의 각 적분은 우변의 식을 미분하여 확인할 수 있다.

예제 3 다음 적분값을 구하라.

$$\int_0^1 \frac{2\,dx}{\sqrt{3 + 4x^2}}$$

풀이 부정적분은 다음과 같다.

$$\int \frac{2\,dx}{\sqrt{3 + 4x^2}} = \int \frac{du}{\sqrt{3 + u^2}} \qquad u = 2x,\quad du = 2\,dx$$

표 6.10 쌍곡선함수가 되는 적분.

1. $\displaystyle\int \frac{dx}{\sqrt{a^2 + x^2}} = \sinh^{-1}\left(\frac{x}{a}\right) + C, \qquad a > 0$

2. $\displaystyle\int \frac{dx}{\sqrt{x^2 - a^2}} = \cosh^{-1}\left(\frac{x}{a}\right) + C, \qquad x > a > 0$

3. $\displaystyle\int \frac{dx}{a^2 - x^2} = \begin{cases} \dfrac{1}{a}\tanh^{-1}\left(\dfrac{x}{a}\right) + C, & x^2 < a^2 \\ \dfrac{1}{a}\coth^{-1}\left(\dfrac{x}{a}\right) + C, & x^2 > a^2 \end{cases}$

4. $\displaystyle\int \frac{dx}{x\sqrt{a^2 - x^2}} = -\frac{1}{a}\operatorname{sech}^{-1}\left(\frac{x}{a}\right) + C, \qquad 0 < x < a$

5. $\displaystyle\int \frac{dx}{x\sqrt{a^2 + x^2}} = -\frac{1}{a}\operatorname{csch}^{-1}\left|\frac{x}{a}\right| + C, \qquad x \ne 0, \qquad a > 0$

$$= \sinh^{-1}\left(\frac{u}{\sqrt{3}}\right) + C \qquad \text{표 6.10의 공식 1에서 } a^2=3\text{으로 둠}$$

$$= \sinh^{-1}\left(\frac{2x}{\sqrt{3}}\right) + C$$

따라서 다음과 같다.

$$\int_0^1 \frac{2\,dx}{\sqrt{3+4x^2}} = \left[\sinh^{-1}\left(\frac{2x}{\sqrt{3}}\right)\right]_0^1 = \sinh^{-1}\left(\frac{2}{\sqrt{3}}\right) - \sinh^{-1}(0)$$

$$= \sinh^{-1}\left(\frac{2}{\sqrt{3}}\right) - 0 \approx 0.98665$$

연습문제 6.3 EXERCISE QUESTION

함숫값과 항등식

연습문제 1~4에서 $\sinh x$ 또는 $\cosh x$의 값이 주어져 있다. 쌍곡선함수의 정의와 등식 $\cosh^2 x - \sinh^2 x = 1$을 이용하여 나머지 5가지 쌍곡선함수의 값을 구하라.

1. $\sinh x = -\frac{3}{4}$ **2.** $\sinh x = \frac{4}{3}$

3. $\cosh x = \frac{17}{15},\quad x > 0$ **4.** $\cosh x = \frac{13}{5},\quad x > 0$

연습문제 5~10에서 식을 지수함수에 관한 식으로 바꾸어 쓰고 최대한 간단히 하라.

5. $2\cosh(\ln x)$ **6.** $\sinh(2\ln x)$

7. $\cosh 5x + \sinh 5x$ **8.** $\cosh 3x - \sinh 3x$

9. $(\sinh x + \cosh x)^4$

10. $\ln(\cosh x + \sinh x) + \ln(\cosh x - \sinh x)$

11. 다음 등식을 증명하라.

$$\sinh(x+y) = \sinh x \cosh y + \cosh x \sinh y$$
$$\cosh(x+y) = \cosh x \cosh y + \sinh x \sinh y$$

위 등식을 이용하여 다음을 증명하라.

a. $\sinh 2x = 2\sinh x \cosh x$

b. $\cosh 2x = \cosh^2 x + \sinh^2 x$

12. $\cosh x$와 $\sinh x$의 정의를 이용하여 다음을 보여라.

$$\cosh^2 x - \sinh^2 x = 1$$

미분 구하기

연습문제 13~24에서 적절한 변수에 대한 y의 미분을 구하라.

13. $y = 6\sinh\frac{x}{3}$ **14.** $y = \frac{1}{2}\sinh(2x+1)$

15. $y = 2\sqrt{t}\tanh\sqrt{t}$ **16.** $y = t^2\tanh\frac{1}{t}$

17. $y = \ln(\sinh z)$ **18.** $y = \ln(\cosh z)$

19. $y = (\operatorname{sech}\theta)(1 - \ln\operatorname{sech}\theta)$

20. $y = (\operatorname{csch}\theta)(1 - \ln\operatorname{csch}\theta)$

21. $y = \ln\cosh v - \frac{1}{2}\tanh^2 v$ **22.** $y = \ln\sinh v - \frac{1}{2}\coth^2 v$

23. $y = (x^2+1)\operatorname{sech}(\ln x)$

[힌트: 미분하기 전에 지수함수에 관한 식으로 바꾸고 간단히 하라.]

24. $y = (4x^2-1)\operatorname{csch}(\ln 2x)$

연습문제 25~36에서 적절한 변수에 대한 y의 미분을 구하라.

25. $y = \sinh^{-1}\sqrt{x}$ **26.** $y = \cosh^{-1}2\sqrt{x+1}$

27. $y = (1-\theta)\tanh^{-1}\theta$ **28.** $y = (\theta^2+2\theta)\tanh^{-1}(\theta+1)$

29. $y = (1-t)\coth^{-1}\sqrt{t}$ **30.** $y = (1-t^2)\coth^{-1}t$

31. $y = \cos^{-1}x - x\operatorname{sech}^{-1}x$ **32.** $y = \ln x + \sqrt{1-x^2}\operatorname{sech}^{-1}x$

33. $y = \operatorname{csch}^{-1}\left(\frac{1}{2}\right)^\theta$ **34.** $y = \operatorname{csch}^{-1}2^\theta$

35. $y = \sinh^{-1}(\tan x)$

36. $y = \cosh^{-1}(\sec x),\quad 0 < x < \pi/2$

적분 공식

연습문제 37~40에서 적분 공식을 증명하라.

37. **a.** $\int \operatorname{sech} x\,dx = \tan^{-1}(\sinh x) + C$

b. $\int \operatorname{sech} x\,dx = \sin^{-1}(\tanh x) + C$

38. $\int x\operatorname{sech}^{-1}x\,dx = \frac{x^2}{2}\operatorname{sech}^{-1}x - \frac{1}{2}\sqrt{1-x^2} + C$

39. $\int x\coth^{-1}x\,dx = \frac{x^2-1}{2}\coth^{-1}x + \frac{x}{2} + C$

40. $\int \tanh^{-1}x\,dx = x\tanh^{-1}x + \frac{1}{2}\ln(1-x^2) + C$

적분 계산

연습문제 41~60에서 적분을 구하라.

41. $\int \sinh 2x\,dx$ **42.** $\int \sinh\frac{x}{5}\,dx$

43. $\int 6\cosh\left(\frac{x}{2} - \ln 3\right)dx$ **44.** $\int 4\cosh(3x - \ln 2)\,dx$

45. $\int \tanh\frac{x}{7}\,dx$ **46.** $\int \coth\frac{\theta}{\sqrt{3}}\,d\theta$

47. $\int \operatorname{sech}^2\left(x - \frac{1}{2}\right)dx$ **48.** $\int \operatorname{csch}^2(5-x)\,dx$

49. $\int \frac{\operatorname{sech}\sqrt{t}\tanh\sqrt{t}\,dt}{\sqrt{t}}$ **50.** $\int \frac{\operatorname{csch}(\ln t)\coth(\ln t)\,dt}{t}$

51. $\int_{\ln 2}^{\ln 4} \coth x\,dx$ **52.** $\int_0^{\ln 2} \tanh 2x\,dx$

53. $\int_{-\ln 4}^{-\ln 2} 2e^{\theta}\cosh\theta\,d\theta$ **54.** $\int_0^{\ln 2} 4e^{-\theta}\sinh\theta\,d\theta$

55. $\int_{-\pi/4}^{\pi/4} \cosh(\tan\theta)\sec^2\theta\,d\theta$ **56.** $\int_0^{\pi/2} 2\sinh(\sin\theta)\cos\theta\,d\theta$

57. $\int_1^2 \frac{\cosh(\ln t)}{t}\,dt$ **58.** $\int_1^4 \frac{8\cosh\sqrt{x}}{\sqrt{x}}\,dx$

59. $\int_{-\ln 2}^0 \cosh^2\left(\frac{x}{2}\right)dx$ **60.** $\int_0^{\ln 10} 4\sinh^2\left(\frac{x}{2}\right)dx$

역쌍곡선함수와 적분

쌍곡선함수는 지수함수의 식으로 나타낼 수 있으므로 역쌍곡선함수는 다음 표에서와 같이 로그함수의 식으로 나타낼 수 있다.

$$\sinh^{-1}x = \ln\left(x+\sqrt{x^2+1}\right), \quad -\infty < x < \infty$$
$$\cosh^{-1}x = \ln\left(x+\sqrt{x^2-1}\right), \quad x \ge 1$$
$$\tanh^{-1}x = \frac{1}{2}\ln\frac{1+x}{1-x}, \quad |x| < 1$$
$$\operatorname{sech}^{-1}x = \ln\left(\frac{1+\sqrt{1-x^2}}{x}\right), \quad 0 < x \le 1$$
$$\operatorname{csch}^{-1}x = \ln\left(\frac{1}{x}+\frac{\sqrt{1+x^2}}{|x|}\right), \quad x \ne 0$$
$$\coth^{-1}x = \frac{1}{2}\ln\frac{x+1}{x-1}, \quad |x| > 1$$

연습문제 61~66에서 이 공식을 이용하여 함숫값을 자연로그를 이용하여 표현하라.

61. $\sinh^{-1}(-5/12)$ **62.** $\cosh^{-1}(5/3)$

63. $\tanh^{-1}(-1/2)$ **64.** $\coth^{-1}(5/4)$

65. $\operatorname{sech}^{-1}(3/5)$ **66.** $\operatorname{csch}^{-1}(-1/\sqrt{3})$

연습문제 67~74에서 적분의 값을 구하라.

a. 역쌍곡선함수를 이용하여 표현하라.
b. 자연로그함수를 이용하여 표현하라.

67. $\int_0^{2\sqrt{3}} \frac{dx}{\sqrt{4+x^2}}$ **68.** $\int_0^{1/3} \frac{6\,dx}{\sqrt{1+9x^2}}$

69. $\int_{5/4}^2 \frac{dx}{1-x^2}$ **70.** $\int_0^{1/2} \frac{dx}{1-x^2}$

71. $\int_{1/5}^{3/13} \frac{dx}{x\sqrt{1-16x^2}}$ **72.** $\int_1^2 \frac{dx}{x\sqrt{4+x^2}}$

73. $\int_0^{\pi} \frac{\cos x\,dx}{\sqrt{1+\sin^2 x}}$ **74.** $\int_1^e \frac{dx}{x\sqrt{1+(\ln x)^2}}$

응용과 예제

75. 함수 f가 원점에 대칭인 구간에서 정의된 함수일 때(따라서 f가 x에서 정의되면 $-x$에서도 정의됨) 다음이 성립함을 보여라.

$$f(x) = \frac{f(x)+f(-x)}{2} + \frac{f(x)-f(-x)}{2}$$

그리고 $(f(x)+f(-x))/2$는 우함수이고 $(f(x)-f(-x))/2$는 기함수임을 보여라.

76. 모든 실수 x에 대해 등식 $\sinh^{-1}x=\ln(x+\sqrt{x^2+1})$을 유도하라. 유도 과정 중 제곱근호 앞에 −부호가 아닌 +부호를 써야 하는 이유를 설명하라.

77. 스카이다이빙 질량이 m인 물체가 떨어질 때 공기의 저항은 속력의 제곱에 비례한다. 낙하 t초 후 물체의 속력은 다음 미분방정식으로 주어진다.

$$m\frac{dv}{dt} = mg - kv^2$$

이때 k는 물체의 공기역학적 성질과 공기 밀도에 따라 정해지는 상수이다(낙하길이가 짧아 공기 밀도의 변화는 결과에 영향을 주지 않는다고 가정한다).

a. 다음 식이 주어진 미분방정식과 초기 조건 $t=0$일 때 $v=0$을 만족시킴을 보여라.

$$v = \sqrt{\frac{mg}{k}}\tanh\left(\sqrt{\frac{gk}{m}}\,t\right)$$

b. 물체의 한계속도 $\lim_{t\to\infty} v$를 구하라.

c. 무게가 75 kg ($mg=735$ N)인 스카이다이버의 k값은 시간의 단위가 초이고, 거리의 단위가 미터일 때 0.235라고 한다. 이 스카이다이버의 한계 속도는 얼마인가?

78. 가속도가 위치에 비례하는 경우 수직선을 따라 이동하는 물체의 위치가 시각 t에 다음과 같다고 하자.

a. $s = a\cos kt + b\sin kt$ **b.** $s = a\cosh kt + b\sinh kt$

각각 경우에서 가속도 d^2s/dt^2가 s에 비례하고, 가속도의 방향은 문제 (a)의 경우에는 원점을 향하며, 문제 (b) 경우에는 원점 반대쪽을 향하는 것을 보여라.

79. 부피 제1사분면에 곡선 $y=x\cosh x$, $y=x\sinh x$과 y축과 직선 $x=2$에 의해 둘러싸인 영역이 있다. 이 영역을 x축을 중심으로 회전하여 얻어지는 회전체의 부피를 구하라.

80. 부피 곡선 $y=\operatorname{sech}x$, x축, 직선 $x=\pm\ln\sqrt{3}$으로 둘러싸인 영역을 x축을 중심으로 회전하여 얻어지는 회전체의 부피를 구하라.

81. 곡선의 길이 $x=0$에서 $x=\ln\sqrt{5}$까지 곡선 $y=(1/2)\cosh 2x$의 길이를 구하라.

82. 쌍곡선함수의 정의를 사용하여 다음 극한값을 구하라.

a. $\lim_{x\to\infty}\tanh x$ **b.** $\lim_{x\to-\infty}\tanh x$

c. $\lim_{x\to\infty}\sinh x$ **d.** $\lim_{x\to-\infty}\sinh x$

e. $\lim_{x\to\infty}\operatorname{sech}x$ **f.** $\lim_{x\to\infty}\coth x$

g. $\lim_{x\to0^+}\coth x$ **h.** $\lim_{x\to0^-}\coth x$

i. $\lim_{x\to-\infty}\operatorname{csch}x$

83. 매달려 있는 케이블 전화선이나 TV 케이블과 같이 두 지지대 사이 케이블에 매달려 있는 경우를 생각해보자. 케이블의 단위길이당 무게는 상수 w이며, 케이블의 최저점에서 수평 장력은 길이가 H인 벡터이다. 수평축을 x축, 수직축을 y축으로 하는 좌표평면 위에서 생각하자. 중력은 수직으로 작용하며, 케이블의 최저점이 y축 위의 점 $y=H/w$라 하자(주어진 그림 참조). 케이블은 다음 쌍

곡코사인함수의 그래프를 따라 놓여 있음을 보일 수 있다.

$$y = \frac{H}{w}\cosh\frac{w}{H}x$$

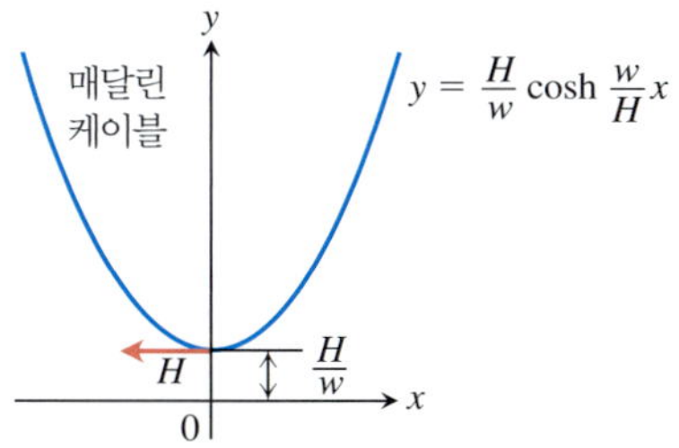

이러한 곡선을 **사슬곡선**(chain curve) 또는 **현수선**(catenary)이라 한다. 현수선은 '사슬'을 의미하는 라틴어 "*catena*"에서 유래되었다.

a. $P(x, y)$를 케이블 위의 임의의 점이라 하자. 주어진 그림에서 점 P에서의 장력은 길이가 T인 벡터로, 최저점 A에서의 장력은 길이가 H인 벡터로 표시했다. P에서의 케이블의 기울기는 다음과 같음을 보여라.

$$\tan\phi = \frac{dy}{dx} = \sinh\frac{w}{H}x$$

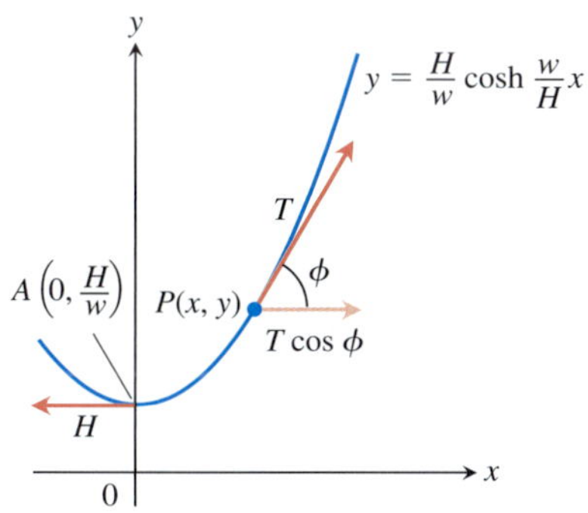

b. 문제 (a)의 결과와 P에서의 수평 장력의 크기가 H라는 사실(케이블은 움직이지 않는다)을 이용하여 $T = wy$임을 보여라. 즉 $P(x, y)$에서의 장력의 크기는 정확히 길이가 y인 케이블의 무게와 같다.

84. (연습문제 83의 계속) 연습문제 83의 그림에서 곡선 AP의 길이는 $s = (1/a)\sinh ax$ (단, $a = w/H$)이다. P의 좌표를 s를 포함한 식으로 다음과 같이 나타낼 수 있음을 보여라.

$$x = \frac{1}{a}\sinh^{-1}as, \qquad y = \sqrt{s^2 + \frac{1}{a^2}}$$

85. 넓이 제1사분면에서 곡선 $y = (1/a)\cosh ax$와 두 좌표축 및 직선 $x = b$로 둘러싸인 영역의 넓이는 $x = 0$부터 $x = b$까지 이 곡선의 길이를 s라 할 때 높이가 $1/a$이고 밑변이 s인 직사각형의 넓이와 같음을 보여라. 결과를 그림으로 설명하라.

86. 쌍곡선과 쌍곡선함수 $x = \cos u$와 $y = \sin u$가 단위원 위의 점 (x, y)인 것처럼 $x = \cosh u$와 $y = \sinh u$는 단위쌍곡선 $x^2 - y^2 = 1$의 오른쪽 곡선 위의 점 (x, y)이다.

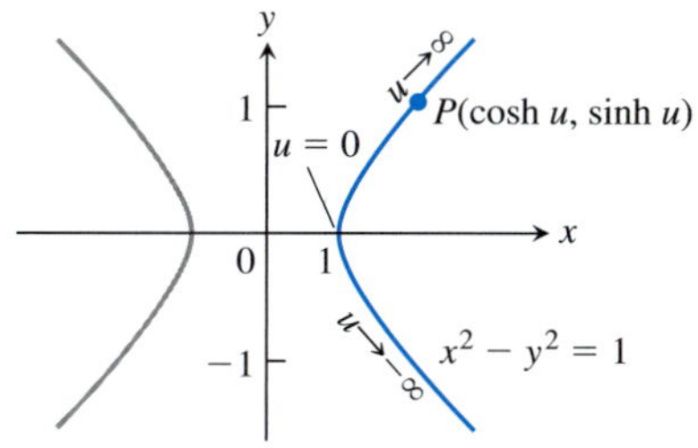

모든 실수 u에 대해 $\cosh^2 u - \sinh^2 u = 1$이므로, 점 $(\cosh u, \sinh u)$는 쌍곡선 $x^2 - y^2 = 1$의 오른쪽 곡선 위의 점이다.

쌍곡선함수와 삼각함수의 또 한 가지 유사점은 쌍곡선 $x^2 - y^2 = 1$의 오른쪽 곡선 위의 점 $(\cosh u, \sinh u)$에 대해 변수 u가 문제 (c)에 주어진 그림에서 색칠된 AOP 영역의 넓이의 두 배라는 것이다. 이것을 다음과 같이 증명하라.

a. 색칠된 영역 AOP의 넓이 $A(u)$가 다음과 같음을 보여라.

$$A(u) = \frac{1}{2}\cosh u \sinh u - \int_1^{\cosh u}\sqrt{x^2 - 1}\,dx$$

b. 문제 (a)의 식의 양변을 미분하여 다음을 보여라.

$$A'(u) = \frac{1}{2}$$

c. 위 식을 $A(u)$에 대해 풀어라. $A(0)$의 값은 무엇인가? 적분상수 C의 값은? u와 $A(u)$의 관계는 무엇인가?

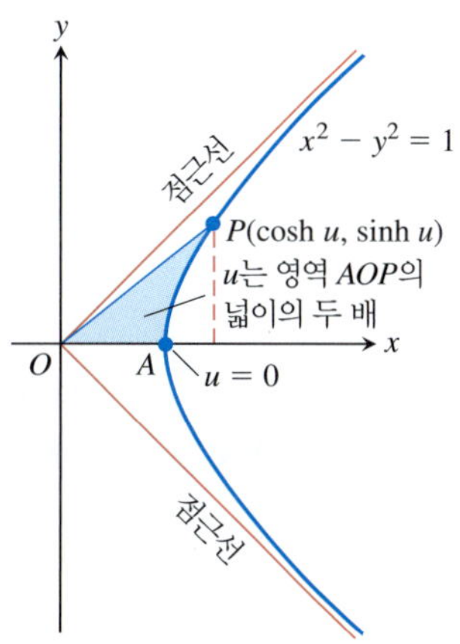

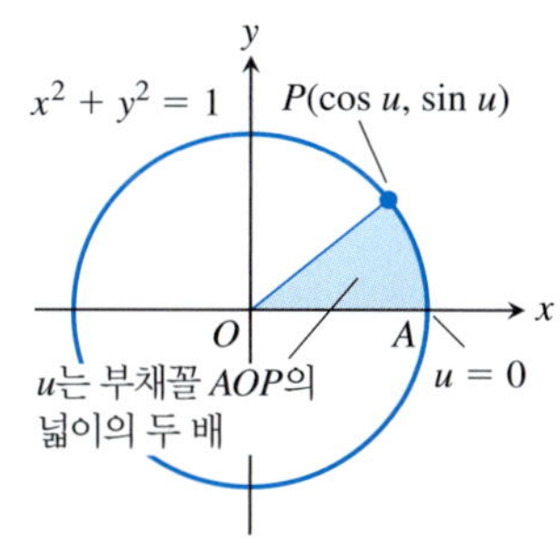

이 그림은 쌍곡선함수와 삼각함수의 유사점 한 가지를 보여준다 (연습문제 86).

6.4 상대적 증가 속도

수학, 컴퓨터 과학, 공학에서는 어떤 변수 x가 증가함에 따라 x를 변수로 하는 함수가 증가하는 속도를 비교하는 것은 중요하다. 이때 지수함수는 매우 빠르게 증가하는 함수로, 로그함수는 매우 느리게 증가하는 함수로 중요하게 사용된다. 이 절에서는 '작은 o'와 '큰 O'의 표기법

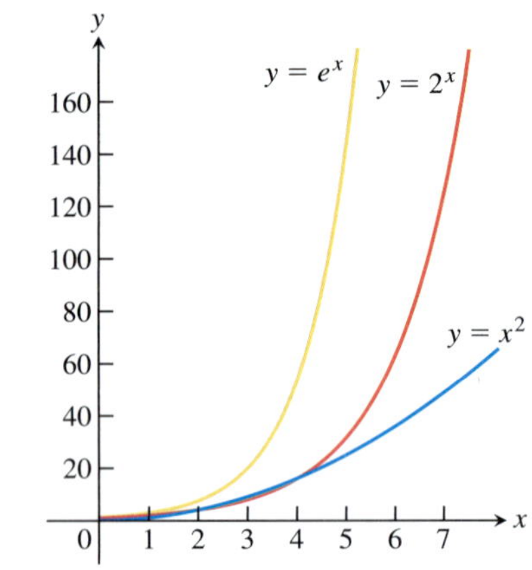

그림 6.10 e^x, 2^x, x^2의 그래프.

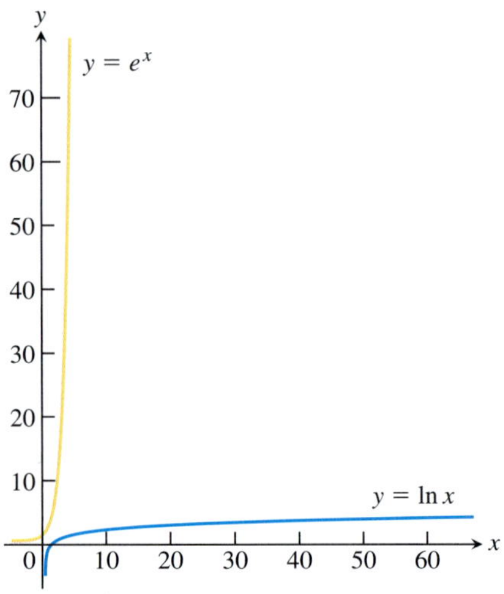

그림 6.11 실제 비율로 그린 e^x와 $\ln x$의 그래프.

을 소개하고 이를 통한 증가 속도의 비교법을 알아본다. 충분히 큰 x에 대해 함숫값이 양인 함수만을 다룬다.

함수의 증가 속도

2^x나 e^x 같은 지수함수는 x가 커짐에 따라 다항함수나 유리함수보다 훨씬 빠르게 증가한다는 것을 짐작했을 것이다. 지수함수는 x 자신보다 훨씬 빠르게 증가하며, 그림 6.10에서 보이는 것처럼 2^x는 x^2에 비해 빠르게 증가한다. 실제로 $x \to \infty$일 때 2^x나 e^x 같은 지수함수는 x의 어떤 거듭제곱을 예를 들어 $x^{1,000,000}$보다도 더 빠르게 증가한다(연습문제 19). 반면에 $y=\log_2 x$나 $y=\ln x$와 같은 로그함수는 $x \to \infty$일 때 x의 어떤 거듭제곱보다도 느리게 증가한다(연습문제 21).

x가 증가할 때 $y=e^x$가 얼마나 빠르게 증가하는지 보기 위해 함수를 매우 큰 칠판에 센티미터 단위를 사용하여 그린다고 생각해보자. $x=1$ cm일 때 그래프는 x축 위 $e^1 \approx 3$ cm에 위치한다. $x=6$ cm일 때 그래프는 x축 위 $e^6 \approx 403$ cm ≈ 4 m에 위치하며 이 정도면 천장의 높이를 넘었을 것이다. $x=10$ cm일 때 그래프는 x축 위 $e^{10} \approx 22{,}026$ cm ≈ 220 m에 위치하며 웬만한 건물보다 높다. $x=24$ cm일 때 그래프는 달까지의 거리의 절반 정도에 위치하고 $x=43$ cm일 때는 태양계에서 가장 가까운 항성인 적색왜성 프록시마 센타우리에 닿고도 남는다. 반면에 $y=\ln x$에 대해 같은 방법으로 $y=43$ cm 높이에 도달하려면 x축 방향으로 거의 5광년을 가야 한다(그림 6.11).

이와 같은 지수함수, 다항함수, 로그함수의 크기 비교를 명확하게 하려면, 어떤 함수 $f(x)$가 $x \to \infty$일 때 다른 함수 $g(x)$보다 빠르게 증가한다는 것의 의미를 수학적으로 정의해야 한다.

정의 두 함수 $f(x)$와 $g(x)$가 충분히 큰 x에 대해 양인 함수라 하자.

1. 다음 식이 성립할 때 $x \to \infty$일 때 f가 g보다 **빠르게 증가한다**(grow faster)고 한다.

$$\lim_{x\to\infty} \frac{f(x)}{g(x)} = \infty$$

또는 이와 동치 명제로 다음이 성립함을 뜻한다.

$$\lim_{x\to\infty} \frac{g(x)}{f(x)} = 0$$

$x \to \infty$일 때 g가 f보다 **느리게 증가한다**(grow slower)도 같은 의미이다.

2. $x \to \infty$일 때 f와 g가 **같은 정도로 증가한다**(grow at the same rate)는 다음과 같다.

$$\lim_{x\to\infty} \frac{f(x)}{g(x)} = L$$

여기서 L은 유한한 양수이다.

이 정의에 따르면 $y=2x$는 $y=x$보다 빠르게 증가하지 않는다. 두 함수는 같은 정도로 증가하는데, 다음과 같이 극한값이 유한한 양수이기 때문이다.

$$\lim_{x\to\infty} \frac{2x}{x} = \lim_{x\to\infty} 2 = 2$$

이와 같이 상식과 다르게 정의하는 이유는 'f가 g보다 빠르게 증가한다는 것'이 x가 충분히 크면 g는 f에 비해 무시할 정도로 작다는 의미를 갖게 하기 위함이다.

예제 1 몇 가지 함수에 대해 증가 속도를 비교해보자.

(a) $x \to \infty$일 때 e^x은 x^2보다 빠르게 증가한다.

$$\underbrace{\lim_{x\to\infty} \frac{e^x}{x^2}}_{\infty/\infty} = \underbrace{\lim_{x\to\infty} \frac{e^x}{2x}}_{\infty/\infty} = \lim_{x\to\infty} \frac{e^x}{2} = \infty \qquad \text{로피탈 정리를 두 번 사용}$$

(b) $x \to \infty$일 때 3^x은 2^x보다 빠르게 증가한다.

$$\lim_{x\to\infty} \frac{3^x}{2^x} = \lim_{x\to\infty} \left(\frac{3}{2}\right)^x = \infty$$

(c) $x \to \infty$일 때 x^2은 $\ln x$ 보다 빠르게 증가한다.

$$\lim_{x\to\infty} \frac{x^2}{\ln x} = \lim_{x\to\infty} \frac{2x}{1/x} = \lim_{x\to\infty} 2x^2 = \infty \qquad \text{로피탈 정리}$$

(d) $x \to \infty$일 때 e^x은 x^2보다 빠르게 증가한다.

$$\lim_{x\to\infty} \frac{\ln x}{x^{1/n}} = \lim_{x\to\infty} \frac{1/x}{(1/n)x^{(1/n)-1}} \qquad \text{로피탈 정리}$$

$$= \lim_{x\to\infty} \frac{n}{x^{1/n}} = 0 \qquad n\text{은 상수}$$

(e) 문제 (b)에서 알 수 있는 것처럼 밑이 서로 다른 지수함수는 $x \to \infty$일 때 절대 같은 정도로 증가할 수 없다. $a > b > 0$이면 a^x는 b^x보다 빠르게 증가한다. 왜냐하면 $(a/b) > 1$이므로 다음과 같다.

$$\lim_{x\to\infty} \frac{a^x}{b^x} = \lim_{x\to\infty} \left(\frac{a}{b}\right)^x = \infty$$

(f) 지수함수와는 다르게 로그함수는 밑이 서로 다르더라도 항상 같은 정도로 증가한다. $x \to \infty$일 때 $a > 1$과 $b > 1$이면 다음과 같다.

$$\lim_{x\to\infty} \frac{\log_a x}{\log_b x} = \lim_{x\to\infty} \frac{\ln x/\ln a}{\ln x/\ln b} = \frac{\ln b}{\ln a}$$

두 함수의 비의 극한은 항상 유한한 양수이다. ■

$x \to \infty$일 때 f와 g가 같은 정도로 증가하고, g와 h가 같은 정도로 증가한다면, f와 h는 같은 정도로 증가한다. 그 이유는 다음과 같기 때문이다.

$$\lim_{x\to\infty} \frac{f}{g} = L_1, \qquad \lim_{x\to\infty} \frac{g}{h} = L_2$$

$$\lim_{x\to\infty} \frac{f}{h} = \lim_{x\to\infty} \frac{f}{g} \cdot \frac{g}{h} = L_1 L_2$$

위 식에서 L_1과 L_2가 유한한 양수이면 $L_1\ L_2$도 유한한 양수이기 때문이다.

예제 2 $x \to \infty$일 때 $\sqrt{x^2+5}$와 $(2\sqrt{x}-1)^2$은 같은 정도로 증가함을 보여라.

풀이 다음과 같이 두 함수가 모두 $g(x)=x$와 같은 정도로 증가함을 보일 수 있다.

$$\lim_{x\to\infty} \frac{\sqrt{x^2+5}}{x} = \lim_{x\to\infty} \sqrt{1 + \frac{5}{x^2}} = 1,$$

$$\lim_{x\to\infty} \frac{(2\sqrt{x}-1)^2}{x} = \lim_{x\to\infty} \left(\frac{2\sqrt{x}-1}{\sqrt{x}}\right)^2 = \lim_{x\to\infty} \left(2 - \frac{1}{\sqrt{x}}\right)^2 = 4$$

■

차수와 o와 O 기호

작은 o와 큰 O 기호는 백년 전 정수론 학자들이 만들었고, 이제는 해석학 분야와 컴퓨터 과학 분야에서 주로 사용된다. 다음 정의에 따르면 $x \to \infty$일 때 f가 g보다 느리게 증가한다의 기호 표현이 $f=o(g)$이다.

정의 $x \to \infty$일 때 함수 f가 g보다 **차수가 작다**(of small order)라는 것은 $\lim_{x\to\infty} \frac{f(x)}{g(x)}=0$임을 뜻한다. 이때 $f=o(g)$라 쓰고, 'f는 g의 작은 o'라 한다.

예제 3 작은 o 기호를 사용해보자.

(a) $\lim_{x\to\infty} \frac{\ln x}{x}=0$이므로 $x \to \infty$일 때 $\ln x=o(x)$이다.

(b) $\lim_{x\to\infty} \frac{x^2}{x^3+1}=0$이므로 $x \to \infty$일 때 $x^2 =o(x^3+1)$이다. ■

정의 함수 $f(x)$와 $g(x)$가 충분히 큰 x에 대해 양의 값을 가진다고 하자. $x \to \infty$일 때 f가 g보다 **차수가 크지 않다**(at most the order of)라는 것은 충분히 큰 x에 대해 다음과 같은 양의 정수 M이 존재한다는 뜻이다.

$$\frac{f(x)}{g(x)} \le M$$

이때 $f=O(g)$라 쓰고 'f는 g의 큰 O'라 한다.

예제 4 큰 O 기호를 사용해보자.

(a) 충분히 큰 x에 대해 $\frac{x+\sin x}{x} \le 2$이므로, $x \to \infty$일 때 $x+\sin x=O(x)$이다.

(b) $x \to \infty$일 때 $\frac{e^x+x^2}{e^x} \to 1$이므로, $x \to \infty$일 때 $e^x+x^2=O(e^x)$이다.

(c) $x \to \infty$일 때 $\frac{x}{e^x} \to 0$이므로, $x \to \infty$일 때 $x=O(e^x)$이다. ■

정의를 잘 살펴보면 f가 충분히 큰 x에 대해 양의 값을 가질 때 $f=o(g)$이면 $f=O(g)$임을 알 수 있다. 또한 f와 g가 같은 정도로 증가하면, $f=O(g)$이고 $g=O(f)$이다(연습문제 11).

순차 검색과 이진 검색

컴퓨터 과학자는 어떤 알고리즘의 효율성을 평가하기 위해 컴퓨터가 알고리즘을 실행할 때 필요한 연산의 수를 센다. 같은 작업을 위한 알고리즘이라도 각각의 효율성은 상당한 차이가 있을 수 있다. 이러한 차이는 큰 O 표기법으로 설명할 수 있다. 예를 들어보자.

웹스터 영어사전에는 a로 시작하는 단어가 약 26,000개 있다. 어떤 단어를 찾는 한 가지 방법은 단어 목록을 처음부터 원하는 단어가 나올 때까지 한 단어씩 차례로 검색하고 끝까지 나오지 않으면 사전에 없다고 판단하는 것이다. 이 방법을 **순차 검색**(sequential search)이라고 하며, 단어 목록이 알파벳 순서로 되어 있다는 사실을 특별히 이용하지 않는다. 검색을 마칠 때까지 최대 26,000단계가 필요할 수 있다.

다른 방법은 목록의 한 가운데에서 검색을 시작하는 것이다. 한 가운데의 단어가 찾는 단어가 아니라면 단어들은 알파벳순으로 정렬되어 있으므로 앞 또는 뒤 어느 쪽에 찾는 단어가 포함되어 있는지를 알 수 있다. 따라서 찾는 단어가 포함되는 쪽의 가운데로 이동하고, 찾는 단어를 포함하지 않는 나머지 절반은 버린다. 이 방법은 **이진 검색**(binary search)이라고 하며, 첫 번째 단계에서 대략 13,000단어가 제거된다. 두 번째 시도에서도 단어를 찾지 못하면 다시 찾는 단어가 포함된 쪽의 한 가운데로 이동한다. 단어를 찾거나 남은 단어가 없을 때까지 같은 방식으로 계속한다. 단어를 찾거나 단어가 목록에 없다는 것을 알아낼 때까지 몇 번 반복해야 하는가? 최대 15번이다. 왜냐하면 다음과 같기 때문이다.

$$(26{,}000/2^{15}) < 1$$

이는 당연히 26,000단계보다는 효율적이다.

길이가 n인 목록의 경우 순차 검색 알고리즘은 n번의 연산이 필요하다. 이진 검색의 경우에는 $\log_2 n$의 차수를 갖는 연산이 필요하다. 왜냐하면 $2^{m-1} < n \le 2^m$이면 $m-1 < \log_2 n \le m$이므로 한 단어만 남을 때까지 목록을 등분하는 횟수는 최대 m번이고, 이때 $m = \lceil \log_2 n \rceil$은 $\log_2 n$보다 큰 최소 정수이기 때문이다.

큰 O 표기법으로 이를 간략히 쓸 수 있다. 순차 검색의 필요 연산의 수는 $O(n)$이고, 이진 검색의 필요 연산의 수는 $O(\log_2 n)$이다. 앞의 예에서 둘 사이는 26,000 대 15라는 큰 차이가 있었다. n이 커짐에 따라 이 차이는 점점 더 커질 수밖에 없는데, $n \to \infty$일 때 n이 $\log_2 n$보다 빠르게 증가하기 때문이다.

연습문제 6.4 EXERCISE QUESTION

지수함수 e^x와 비교

1. 다음 함수 중 $x \to \infty$일 때 e^x보다 빠르게 증가하는 함수는 어느 것인가? 같은 정도로 증가하는 함수는? 더 느리게 증가하는 함수는?

a. $x - 3$ **b.** $x^3 + \sin^2 x$
c. $\sqrt{x}$ **d.** 4^x
e. $(3/2)^x$ **f.** $e^{x/2}$
g. $e^x/2$ **h.** $\log_{10} x$

2. 다음 함수 중 $x \to \infty$일 때 e^x보다 빠르게 증가하는 함수는 어느 것인가? 같은 정도로 증가하는 함수는? 더 느리게 증가하는 함수는?

a. $10x^4 + 30x + 1$ **b.** $x \ln x - x$
c. $\sqrt{1 + x^4}$ **d.** $(5/2)^x$
e. e^{-x} **f.** xe^x
g. $e^{\cos x}$ **h.** e^{x-1}

이차함수 x^2과 비교

3. 다음 함수 중 $x \to \infty$일 때 x^2보다 빠르게 증가하는 함수는 어느 것인가? 같은 정도로 증가하는 함수는? 더 느리게 증가하는 함수는?

a. $x^2 + 4x$ **b.** $x^5 - x^2$
c. $\sqrt{x^4 + x^3}$ **d.** $(x + 3)^2$
e. $x \ln x$ **f.** 2^x
g. $x^3 e^{-x}$ **h.** $8x^2$

4. 다음 함수 중 $x \to \infty$일 때 x^2보다 빠르게 증가하는 함수는 어느 것인가? 같은 정도로 증가하는 함수는? 더 느리게 증가하는 함수는?

a. $x^2 + \sqrt{x}$ **b.** $10x^2$
c. $x^2 e^{-x}$ **d.** $\log_{10}(x^2)$
e. $x^3 - x^2$ **f.** $(1/10)^x$
g. $(1.1)^x$ **h.** $x^2 + 100x$

로그함수 $\ln x$와 비교

5. 다음 함수 중 $x \to \infty$일 때 $\ln x$보다 빠르게 증가하는 함수는 어느 것인가? 같은 정도로 증가하는 함수는? 더 느리게 증가하는 함수는?

a. $\log_3 x$ **b.** $\ln 2x$
c. $\ln \sqrt{x}$ **d.** $\sqrt{x}$
e. x **f.** $5 \ln x$
g. $1/x$ **h.** e^x

6. 다음 함수 중 $x \to \infty$일 때 $\ln x$보다 빠르게 증가하는 함수는 어느 것인가? 같은 정도로 증가하는 함수는? 더 느리게 증가하는 함수는?

a. $\log_2(x^2)$ **b.** $\log_{10} 10x$
c. $1/\sqrt{x}$ **d.** $1/x^2$
e. $x - 2 \ln x$ **f.** e^{-x}
g. $\ln(\ln x)$ **h.** $\ln(2x + 5)$

증가하는 정도로 나열하기

7. 다음 함수를 $x \to \infty$일 때 가장 느리게 증가하는 것부터 가장 빠르게 증가하는 것까지 순서대로 나열하라.

a. e^x **b.** x^x
c. $(\ln x)^x$ **d.** $e^{x/2}$

8. 다음 함수를 $x \to \infty$일 때 가장 느리게 증가하는 것부터 가장 빠르게 증가하는 것까지 순서대로 나열하라.

a. 2^x **b.** x^2
c. $(\ln 2)^x$ **d.** e^x

큰 O와 작은 o; 차수

9. $x \to \infty$일 때 참 또는 거짓을 판별하라.

a. $x = o(x)$ **b.** $x = o(x + 5)$

c. $x = O(x + 5)$ **d.** $x = O(2x)$

e. $e^x = o(e^{2x})$ **f.** $x + \ln x = O(x)$

g. $\ln x = o(\ln 2x)$ **h.** $\sqrt{x^2 + 5} = O(x)$

10. $x \to \infty$일 때 참 또는 거짓을 판별하라.

a. $\dfrac{1}{x+3} = O\left(\dfrac{1}{x}\right)$ **b.** $\dfrac{1}{x} + \dfrac{1}{x^2} = O\left(\dfrac{1}{x}\right)$

c. $\dfrac{1}{x} - \dfrac{1}{x^2} = o\left(\dfrac{1}{x}\right)$ **d.** $2 + \cos x = O(2)$

e. $e^x + x = O(e^x)$ **f.** $x \ln x = o(x^2)$

g. $\ln(\ln x) = O(\ln x)$ **h.** $\ln(x) = o(\ln(x^2 + 1))$

11. 양의 값을 갖는 두 함수 $f(x)$와 $g(x)$가 $x \to \infty$일 때 같은 정도로 증가하면, $f = O(g)$이고 $g = O(f)$임을 보여라.

12. $x \to \infty$일 때 다항함수 $f(x)$가 다항함수 $g(x)$보다 차수가 작게 되는 조건은 무엇인가? 그 이유를 설명하라.

13. $x \to \infty$일 때 다항함수 $f(x)$가 다항함수 $g(x)$보다 차수가 크지 않게 되는 조건은 무엇인가? 그 이유를 설명하라.

14. 1.8절에서 살펴본 유리함수의 극한의 성질로부터 $x \to \infty$일 때 다항함수의 상대적 증가에 대해 알 수 있는 것은 무엇인가?

다른 비교

T **15.** 다음 극한값을 구하라.

$$\lim_{x\to\infty} \frac{\ln(x+1)}{\ln x}, \quad \lim_{x\to\infty} \frac{\ln(x+999)}{\ln x}$$

로피탈 정리를 이용하여 결과를 설명하라.

16. (연습문제 15의 계속) 모든 상수 a에 대해 다음 극한값은 항상 같음을 보여라.

$$\lim_{x\to\infty} \frac{\ln(x+a)}{\ln x}$$

이 결과로부터 $f(x) = \ln(x+a)$와 $g(x) = \ln x$의 상대적 증가에 대해 무엇을 알 수 있는가?

17. $x \to \infty$일 때 두 함수 $\sqrt{10x+1}$과 $\sqrt{x+1}$이 모두 $\sqrt{x}$와 같은 정도로 증가함을 보임으로써 두 함수가 같은 정도로 증가함을 보여라.

18. $x \to \infty$일 때 두 함수 $\sqrt{x^4+x}$와 $\sqrt{x^4-x^3}$이 모두 x^2과 같은 정도로 증가함을 보임으로써 두 함수가 같은 정도로 증가함을 보여라.

19. $x \to \infty$일 때 e^x가 모든 자연수 n에 대해 x^n보다 빠르게 증가한다는 것을 보여라. 예를 들어 $x^{1,000,000}$보다도 더 빠르게 증가한다. [힌트: x^n을 n번 미분하면 무엇이 되는가?]

20. 함수 e^x는 어떤 다항함수보다 빠르게 증가한다. $x \to \infty$일 때 e^x가 다음의 다항함수보다 빠르게 증가함을 보여라.

$$a_n x^n + a_{n-1} x^{n-1} + \cdots + a_1 x + a_0$$

21. a. 모든 양의 정수 n에 대해 $x \to \infty$일 때 $\ln x$가 $x^{1/n}$보다 느리게 증가함을 보여라. 예를 들어 $x^{1/1,000,000}$보다도 더 느리게 증가한다.

T **b.** $x^{1/1,000,000}$의 값은 결국 $\ln x$보다 커지긴 하나 그렇게 되려면 x가 매우 커야 한다. $x^{1/1,000,000} > \ln x$가 되는 양수 x를 하나 찾아라. $x > 1$일 때 $\ln x = x^{1/1,000,000}$은 $\ln(\ln x) = (\ln x)/1,000,000$과 동치라는 것을 이용하라.

T **c.** $x^{1/10}$이 $\ln x$보다 크게 되는 x도 매우 큰 수이다. 계산기를 이용하여 $x^{1/10}$의 그래프가 $\ln x$의 그래프와 만나는 점의 x좌표, 즉 $\ln x = 10 \ln(\ln x)$를 만족시키는 x의 값을 찾아라. 10의 거듭제곱에서의 값을 비교한 뒤, 이진 검색을 이용하여 찾으면 된다.

T **d.** (문제 (c)의 계속) $\ln x = 10 \ln(\ln x)$가 되는 x의 값은 너무 커서 계산기에 따라 찾을 수 없을 수도 있다. 가지고 있는 계산기를 이용하여 계산하라.

22. 함수 $\ln x$는 어떤 다항함수보다도 느리게 증가한다. $x \to \infty$일 때 $\ln x$는 상수함수가 아닌 어떤 다항함수보다도 느리게 증가함을 보여라.

알고리즘과 검색

23. a. 같은 문제를 해결하는 데 각각 다음 식과 같은 차수의 연산 횟수를 갖는 3개의 알고리즘이 있다고 하자.

$$n \log_2 n, \quad n^{3/2}, \quad n(\log_2 n)^2$$

어느 알고리즘이 가장 효율적인가? 그 이유를 설명하라.

T **b.** 문제 (a)의 함수의 그래프를 함께 그리고, 각각이 얼마나 빠르게 증가하는지 살펴보라.

24. 다음 함수로 연습문제 23을 다시 풀어라.

$$n, \quad \sqrt{n}\log_2 n, \quad (\log_2 n)^2$$

T **25.** 백만 개의 목록에서 1개를 찾으려 한다. 순차 검색을 이용하면 몇 번의 연산이 필요한가? 이진 검색은 어떠한가?

T **26.** 450,000개의 목록에서 1개를 찾으려 한다(450,000개는 《웹스터 신영어사전, 3판》의 단어 수임). 순차 검색을 이용하면 몇 번의 연산이 필요한가? 이진 검색은 어떠한가?

복습문제 REVIEW QUESTION

1. 자연로그함수의 적분을 이용한 정의는 무엇인가? 자연로그함수의 정의역, 치역, 도함수는 무엇인가? 산술적인 특징은 무엇인가? 그래프를 설명하라.

2. 어떤 함수의 적분이 로그함수가 되는가? 예를 들어 설명하라.

3. $\tan x$와 $\cot x$의 적분은 무엇인가? $\sec x$와 $\csc x$의 적분은 무엇인가?

4. 지수함수 e^x의 정의는 무엇인가? 정의역, 치역, 도함수는 무엇인가? 지수법칙은 무엇인가? 그래프를 설명하라.

5. 함수 a^x와 $\log_a x$는 어떻게 정의되는가? a의 범위에 제한이 있는가? $\log_a x$의 그래프는 $\ln x$의 그래프와 어떤 관계를 갖는가? 지수함수와 로그함수는 사실상 하나뿐이라는 주장은 무슨 의미인가?

6. 분리가능한 1계 미분방정식을 어떻게 푸는가?

7. 지수적 변화의 법칙은 무엇인가? 초기값 문제에서 어떻게 유도되는가? 이 법칙이 적용되는 예는 무엇인가?

8. 6가지 쌍곡선함수는 무엇인가? 각각의 정의역, 치역과 그래프에

대해 설명하라. 함수들 사이의 항등식을 말하라.

9. 6가지 쌍곡선함수의 미분은 무엇인가? 각각에 대응하는 적분 공식을 설명하라. 6가지 삼각함수와 어떤 유사점이 있는가?

10. 역쌍곡선함수는 어떻게 정의되는가? 각각의 정의역, 치역과 그래프에 대해 설명하라. $\cosh^{-1} x$, $\sinh^{-1} x$, $\tanh^{-1} x$의 값을 이용하여 $\operatorname{sech}^{-1} x$, $\operatorname{csch}^{-1} x$, $\coth^{-1} x$의 값을 어떻게 구할 수 있는가?

11. 어떤 함수의 적분이 역쌍곡선함수가 되는가?

12. $x \to \infty$일 때 양의 함수의 증가를 어떻게 비교할 수 있는가?

13. 증가 비교에서 e^x와 $\ln x$의 역할은 무엇인가?

14. 큰 O와 작은 o 표기법을 설명하라. 예를 들어라.

15. 순차 검색과 이진 검색 중 어느 것이 더 효율적인가? 이유를 설명하라.

실전문제 PRACTICE QUESTION

적분

실전문제 1~12에서 적분을 계산하라.

1. $\int e^x \sin(e^x)\,dx$　　**2.** $\int e^t \cos(3e^t - 2)\,dt$

3. $\int_0^{\pi} \tan\frac{x}{3}\,dx$　　**4.** $\int_{1/6}^{1/4} 2\cot \pi x\,dx$

5. $\int_{-\pi/2}^{\pi/6} \frac{\cos t}{1-\sin t}\,dt$　　**6.** $\int e^x \sec e^x\,dx$

7. $\int \frac{\ln(x-5)}{x-5}\,dx$　　**8.** $\int \frac{\cos(1-\ln v)}{v}\,dv$

9. $\int_1^7 \frac{3}{x}\,dx$　　**10.** $\int_1^{32} \frac{1}{5x}\,dx$

11. $\int_e^{e^2} \frac{1}{x\sqrt{\ln x}}\,dx$　　**12.** $\int_2^4 (1+\ln t)\,t\ln t\,dt$

로그와 지수를 포함한 방정식 풀기

실전문제 13~18에서 y에 대해 풀어라.

13. $3^y = 2^{y+1}$　　**14.** $4^{-y} = 3^{y+2}$

15. $9e^{2y} = x^2,\ x > 0$　　**16.** $3^y = 3\ln x$

17. $\ln(y-1) = x + \ln y$　　**18.** $\ln(10\ln y) = \ln 5x$

함수의 증가 속도 비교

19. $x \to \infty$일 때 f가 g보다 빠르게 증가하는가, 느리게 증가하는가, 아니면 같은 정도로 증가하는가? 이유를 설명하라.

a. $f(x) = \log_2 x,\quad g(x) = \log_3 x$

b. $f(x) = x,\quad g(x) = x + \frac{1}{x}$

c. $f(x) = x/100,\quad g(x) = xe^{-x}$

d. $f(x) = x,\quad g(x) = \arctan x$

e. $f(x) = \operatorname{arccsc} x,\quad g(x) = 1/x$

f. $f(x) = \sinh x,\quad g(x) = e^x$

20. $x \to \infty$일 때 f가 g보다 빠르게 증가하는가, 느리게 증가하는가, 아니면 같은 정도로 증가하는가? 이유를 설명하라.

a. $f(x) = 3^{-x},\quad g(x) = 2^{-x}$

b. $f(x) = \ln 2x,\quad g(x) = \ln x^2$

c. $f(x) = 10x^3 + 2x^2,\quad g(x) = e^x$

d. $f(x) = \arctan(1/x),\quad g(x) = 1/x$

e. $f(x) = \arcsin(1/x),\quad g(x) = 1/x^2$

f. $f(x) = \operatorname{sech} x,\quad g(x) = e^{-x}$

21. 참 또는 거짓을 판별하고 이유를 설명하라.

a. $\frac{1}{x^2} + \frac{1}{x^4} = O\left(\frac{1}{x^2}\right)$　　**b.** $\frac{1}{x^2} + \frac{1}{x^4} = O\left(\frac{1}{x^4}\right)$

c. $x = o(x + \ln x)$　　**d.** $\ln(\ln x) = o(\ln x)$

e. $\arctan x = O(1)$　　**f.** $\cosh x = O(e^x)$

22. 참 또는 거짓을 판별하고 이유를 설명하라.

a. $\frac{1}{x^4} = O\left(\frac{1}{x^2} + \frac{1}{x^4}\right)$　　**b.** $\frac{1}{x^4} = o\left(\frac{1}{x^2} + \frac{1}{x^4}\right)$

c. $\ln x = o(x+1)$　　**d.** $\ln 2x = O(\ln x)$

e. $\sec^{-1} x = O(1)$　　**f.** $\sinh x = O(e^x)$

이론과 응용

23. 함수 $f(x)=e^x+x$는 미분가능하고 일대일이며 미분가능한 역함수 $f^{-1}(x)$를 갖는다. $f(\ln 2)$에서 df^{-1}/dx의 값을 구하라.

24. 함수 $f(x)=1+(1/x)$, $x \neq 0$의 역함수를 구하고, 다음 식을 증명하라.

$$\left.\frac{df^{-1}}{dx}\right|_{f(x)} = \frac{1}{f'(x)}$$

25. 어떤 입자가 곡선 $y=\ln x$를 따라 오른쪽 위로 움직이고 있다. 입자의 x좌표는 $(dx/dt)=\sqrt{x}$ m/s의 속도로 증가하고 있을 때, 점 $(e^2, 2)$에서 입자의 y좌표는 어떤 속도로 움직이고 있는가?

26. 한 어린이가 곡선 $y=3e^{-x/3}$의 모양을 한 미끄럼틀을 내려오고 있다. 이 어린이의 y좌표의 변화 속도는 다음과 같다.

$$dy/dt = (-1/4)\sqrt{3-y}\ \text{m/s}$$

미끄럼틀을 맨 아랫부분인 $x=3$ m에 도착했을 때 이 어린이의 x좌표의 변화 속도는 대략 얼마인가?

27. 두 함수 $f(x)=\ln 5x$와 $g(x)=\ln 3x$의 차이는 상수함수이다. 이 상수는 무엇인가? 이유를 설명하라.

28. a. $(\ln x)/x=(\ln 2)/2$인 $x=2$ 뿐인가?

b. $(\ln x)/x=-2\ln 2$인 $x=1/2$ 뿐인가?

이유를 설명하라.

29. $(\log_4 x)/(\log_2 x)$의 값은 상수이다. 이 상수는 무엇인가? 이유를 설명하라.

T **30.** **$\log_x 2$와 $\log_2 x$**　함수 $f(x)=\log_x 2$와 함수 $g(x)=\log_2 x$를 비교하자.

a. $\log_a b=(\ln b)/(\ln a)$를 이용하여 $f(x)$와 $g(x)$를 자연로그의 식으로 나타내라.

b. f와 g의 그래프를 함께 그려라. f의 움직임을 g의 값과 부호를 이용해 설명하라.

실전문제 31~34에서 주어진 미분방정식을 풀어라.

31. $\dfrac{dy}{dx} = \sqrt{y}\cos^2\sqrt{y}$

32. $y' = \dfrac{3y(x+1)^2}{y-1}$

33. $yy' = \sec y^2 \sec^2 x$

34. $y\cos^2 x\, dy + \sin x\, dx = 0$

실전문제 35~38에서 주어진 초기값 문제를 풀어라.

35. $\dfrac{dy}{dx} = e^{-x-y-2}, \quad y(0) = -2$

36. $\dfrac{dy}{dx} = \dfrac{y\ln y}{1+x^2}, \quad y(0) = e^2$

37. $x\,dy - (y+\sqrt{y})\,dx = 0, \quad y(1) = 1$

38. $y^{-2}\dfrac{dx}{dy} = \dfrac{e^x}{e^{2x}+1}, \quad y(0) = 1$

39. 원래 있던 탄소-14의 90%가 소멸된 목탄의 나이는 얼마인가?

40. 파이 식히기 온도가 104℃인 애플파이를 온도가 5℃인 바깥에 놓고 식혔다. 15분 후 파이의 온도는 82℃가 되었다. 21℃가 되려면 얼마나 시간이 더 걸리겠는가?

41. $\ln 2 \le x \le \ln 3$에서 곡선 $y=\ln(e^x-1)-\ln(e^x+1)$의 길이를 구하라.

42. 1934년 오스트리아의 생물학자 루드비히 폰 베르탈란피(Ludwig von Bertalanffy)는 폰 베르탈란피 성장방정식을 발표했다. 이 방정식은 지금까지 널리 사용되며, 특히 어업 연구에서 중요하게 사용된다. 시간 t일 때 물고기의 길이를 $L(t)$라 하고 $L(0)=L_0$로 가정하면 폰 베르탈란피 방정식은 다음과 같다.

$$\frac{dL}{dt} = k(A-L)$$

여기서 $A=\lim_{t\to\infty} L(t)$는 물고기의 최대 길이이고, k는 비례상수이다. $L(t)$가 생후 t년 된 상어의 길이를 미터로 잰 것이라 가정하자. 또한 $A=3$, $L(0)=0.5$ m, $L(5)=1.75$ m라 하자.

a. 폰 베르탈란피 미분방정식을 풀어라.

b. $L(10)$의 값은?

c. 언제 길이가 2.5 m가 되는가?

심화문제 ADVANCED QUESTION

1. 제1사분면에서 좌표축과 곡선 $y=e^{-x}$, 수직선 $x=t$, $t>0$으로 둘러싸인 영역의 넓이를 $A(t)$라 하자. 이 영역을 x축을 중심으로 회전시켜 얻은 회전체의 부피를 $V(t)$라 하자. 다음 극한을 구하라.

a. $\lim_{t\to\infty} A(t)$ **b.** $\lim_{t\to\infty} V(t)/A(t)$ **c.** $\lim_{t\to 0^+} V(t)/A(t)$

2. 로그의 밑 변화

a. $a \to 0^+, 1^-, 1^+, \infty$일 때 $\log_a 2$의 극한을 구하라.

T **b.** $0 < a \le 4$에서 $y=\log_a 2$를 a의 함수로 보고 그래프를 그려라.

T **3.** $-5 \le x \le 5$에서 함수 $f(x)=\tan^{-1}x+\tan^{-1}(1/x)$의 그래프를 그려라. 미적분을 이용하여 그래프를 설명하라. 주어진 구간 $[-5, 5]$ 바깥에서는 f가 어떻게 움직일 것으로 예상하는가? 이유를 설명하라.

T **4.** 구간 $[0, 3\pi]$에서 함수 $f(x)=(\sin x)^{\sin x}$의 그래프를 그리고, 그래프를 설명하라.

5. 우함수-기함수 분해

a. g는 x의 우함수이고, h는 x의 기함수라 가정하자. 임의의 x에 대해 $g(x)+h(x)=0$이면 임의의 x에 대해 $g(x)=0$, $h(x)=0$임을 보여라.

b. 문제 (a)의 결과를 이용하여 $f(x)=f_E(x)+f_O(x)$가 우함수 $f_E(x)$와 기함수 $f_O(x)$의 합으로 나타나면, 다음과 같음을 보여라.

$$f_E(x) = (f(x)+f(-x))/2, \quad f_O(x) = (f(x)-f(-x))/2$$

c. 문제 (b)에서 알 수 있는 중요한 사실은 무엇인가?

6. g는 원점을 포함한 열린 구간에서 미분가능한 함수이고 다음 성질을 갖는다.

i. g의 정의역에 속하는 임의의 실수 x, y, $x+y$에 대해

$$g(x+y)=\frac{g(x)+g(y)}{1-g(x)g(y)}$$

ii. $\lim_{h\to 0} g(h) = 0$

iii. $\lim_{h\to 0} \dfrac{g(h)}{h} = 1$

a. $g(0)=0$임을 보여라.

b. $g'(x)=1+[g(x)]^2$임을 보여라.

c. 문제 (b)의 미분방정식을 풀어서 $g(x)$를 구하라.

7. 질량중심 제1사분면과 제4사분면에 곡선 $y=1/(1+x^2)$, $y=-1/(1+x^2)$, $x=0$, $x=1$로 둘러싸인 영역을 덮는 밀도가 일정한 얇은 판의 질량중심을 구하라.

8. 회전체 $x=1/4$에서 $x=4$까지 곡선 $y=1/(2\sqrt{x})$와 x축으로 둘러싸인 영역을 x축을 중심으로 회전시켜 회전체를 얻었다.

a. 이 회전체의 부피를 구하라.

b. 이 영역의 무게중심을 구하라.

9. 70의 법칙 대략적인 근사식 $\ln 2 \approx 0.70$을 사용하여($\ln 2$의 실제값은 0.69314⋯이다) 다음 규칙을 만들어낼 수 있다. "연이율 r퍼센트의 연속 복리로 투자된 투자금이 두 배가 되는데 몇 년이 걸리는지 예상하려면 70을 r로 나눈다." 예를 들어 5%로 투자된 금액은 약 70/5=14년 후에 두 배가 된다. 만약 10년 안에 두 배로 만들고 싶다면, 70/10=7%의 수익률로 투자해야 한다. 70의 법칙이 어떻게 유도되었는지 보여라. (비슷한 '72의 법칙'은 70 대신 72를 사용하는데, 72가 더 많은 정수 약수를 가지고 있기 때문이다.)

T **10. 도시 정원** 동서 방향으로 150 m 떨어진 두 건물 사이에 폭이 15 m인 정원을 만들려 한다. 건물의 높이는 각각 60 m와 105 m라 할 때, 정원이 가장 많은 시간 동안 햇빛을 받을 수 있도록 하는 위치는 어디인가? [힌트: 주어진 그림에서 정원의 햇빛 노출을 최대화하는 x값을 구하라.]

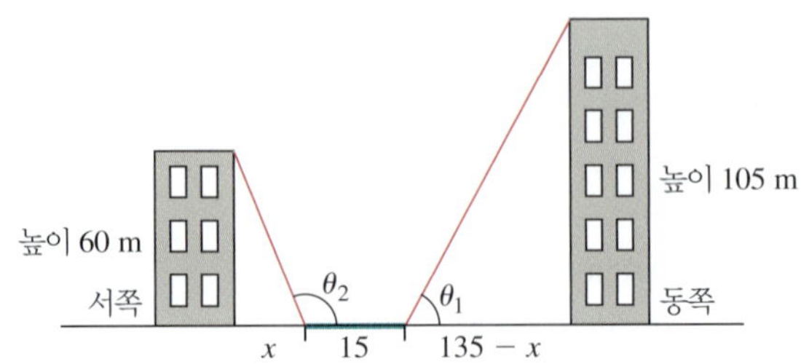

7

적분법

미적분학의 기본정리는 피적분함수의 역도함수를 알고 있을 때 어떻게 정적분을 계산하는지를 알려준다. 그러나 역도함수(또는 부정적분)를 찾는 것은 미분을 찾는 것만큼 간단하지 않다. 이 장에서는 삼각함수, 특정한 함수의 곱셈, 유리함수와 같은 특별한 종류의 함수에 대한 정적분을 찾는 데 적용되는 중요한 기법을 공부한다. 역도함수(부정적분)를 항상 찾을 수는 없다. 따라서 정적분을 계산하기 위한 수치적인 방법을 도입한다. 또한 정적분의 정의역이나 치역이 무한인 경우에 대한 정적분도 연구하는데, 이를 이상적분이라 부른다.

7.1 기본 적분 공식 사용

표 7.1은 지금까지 공부한 많은 함수의 부정적분을 요약하고, 치환법은 이 표를 사용하여 이러한 기본 함수를 포함하는 더 복잡한 함수를 계산하는 데 도움을 준다. 이 절에서는 치환 규칙(4장에서 공부함)을 대수적 방법과 삼각함수 항등식과 결합하여 표 7.1을 사용하는 데 도움이 되도록 한다. 부록에는 더 확장된 적분표가 있으며, 사용 방법은 7.6절에서 다룬다.

때때로 적분을 표 7.1에 표시된 유형의 표준 형태와 일치하도록 다시 써야 한다. 이 과정의 예제와 함께 시작한다.

예제 1 다음을 적분하여 계산하라.

$$\int_3^5 \frac{2x-3}{\sqrt{x^2-3x+1}}\,dx$$

풀이 4.6절에서 소개된 치환법을 적용하여 주어진 적분을 다음과 같이 치환한다.

$$\int_3^5 \frac{2x-3}{\sqrt{x^2-3x+1}}\,dx = \int_1^{11} \frac{du}{\sqrt{u}} \qquad u=x^2-3x+1,\ du=(2x-3)\,dx;\ x=3\text{일 때 } u=1,\ x=5\text{일 때 } u=11$$

$$= \int_1^{11} u^{-1/2}\,du$$

$$= 2\sqrt{u}\,\Big]_1^{11} = 2\left(\sqrt{11}-1\right) \approx 4.63 \qquad \text{표 7.1의 공식 2}$$ ■

예제 2 완전제곱식을 이용하여 적분하라.

$$\int \frac{dx}{\sqrt{8x-x^2}}$$

표 7.1 기본적인 적분 공식.

1. $\int k\,dx = kx + C$ (k는 모든 수)	12. $\int \tan x\,dx = \ln\lvert\sec x\rvert + C$
2. $\int x^n\,dx = \dfrac{x^{n+1}}{n+1} + C \quad (n \neq -1)$	13. $\int \cot x\,dx = \ln\lvert\sin x\rvert + C$
3. $\int \dfrac{dx}{x} = \ln\lvert x\rvert + C$	14. $\int \sec x\,dx = \ln\lvert\sec x + \tan x\rvert + C$
4. $\int e^x\,dx = e^x + C$	15. $\int \csc x\,dx = -\ln\lvert\csc x + \cot x\rvert + C$
5. $\int a^x\,dx = \dfrac{a^x}{\ln a} + C \quad (a > 0,\ a \neq 1)$	16. $\int \sinh x\,dx = \cosh x + C$
6. $\int \sin x\,dx = -\cos x + C$	17. $\int \cosh x\,dx = \sinh x + C$
7. $\int \cos x\,dx = \sin x + C$	18. $\int \dfrac{dx}{\sqrt{a^2 - x^2}} = \arcsin\left(\dfrac{x}{a}\right) + C$
8. $\int \sec^2 x\,dx = \tan x + C$	19. $\int \dfrac{dx}{a^2 + x^2} = \dfrac{1}{a}\arctan\left(\dfrac{x}{a}\right) + C$
9. $\int \csc^2 x\,dx = -\cot x + C$	20. $\int \dfrac{dx}{x\sqrt{x^2 - a^2}} = \dfrac{1}{a}\text{arcsec}\left\lvert\dfrac{x}{a}\right\rvert + C$
10. $\int \sec x \tan x\,dx = \sec x + C$	21. $\int \dfrac{dx}{\sqrt{a^2 + x^2}} = \sinh^{-1}\left(\dfrac{x}{a}\right) + C \quad (a > 0)$
11. $\int \csc x \cot x\,dx = -\csc x + C$	22. $\int \dfrac{dx}{\sqrt{x^2 - a^2}} = \cosh^{-1}\left(\dfrac{x}{a}\right) + C \quad (x > a > 0)$

풀이 분모를 간단히 하기 위해 완전제곱식을 활용한다.

$$\begin{aligned} 8x - x^2 &= -(x^2 - 8x) = -(x^2 - 8x + 16 - 16) \\ &= -(x^2 - 8x + 16) + 16 = 16 - (x - 4)^2 \end{aligned}$$

그러면 다음과 같다.

$$\begin{aligned} \int \frac{dx}{\sqrt{8x - x^2}} &= \int \frac{dx}{\sqrt{16 - (x - 4)^2}} \\ &= \int \frac{du}{\sqrt{a^2 - u^2}} && a = 4,\ u = (x - 4),\ du = dx \\ &= \arcsin\left(\frac{u}{a}\right) + C && \text{표 7.1의 공식 18} \\ &= \arcsin\left(\frac{x - 4}{4}\right) + C \end{aligned}$$

■

예제 3 적분을 구하라.

$$\int (\cos x \sin 2x + \sin x \cos 2x)\,dx$$

풀이 삼각함수의 덧셈 공식을 이용하여 피적분식을 동치인 삼각함수 표현식으로 대체할 수 있다. 이를 통해 간단한 치환을 얻을 수 있다.

$$\begin{aligned}\int(\cos x\sin 2x+\sin x\cos 2x)\,dx &= \int\sin(x+2x)\,dx\\ &= \int\sin 3x\,dx\\ &= \int\frac{1}{3}\sin u\,du && u=3x,\ du=3\,dx\\ &= -\frac{1}{3}\cos 3x+C && \text{표 7.1의 공식 6}\end{aligned}$$ ■

4.5절에서 secant 함수의 부정적분을 그와 같은 분수 형태로 변형 후 적분했다. 그와 같은 방법을 다른 상황에서도 사용할 수 있다. 다음 예제 4의 적분을 구해보자.

예제 4 적분 $\int_0^{\pi/4}\frac{dx}{1-\sin x}$를 구하라.

풀이 분모, 분자에 $1+\sin x$를 곱해 주어진 피적분함수를 동치인 함수로 변형하여 적분을 구할 수 있다.

$$\begin{aligned}\int_0^{\pi/4}\frac{dx}{1-\sin x} &= \int_0^{\pi/4}\frac{1}{1-\sin x}\cdot\frac{1+\sin x}{1+\sin x}\,dx && 1+\sin x\text{를 곱하고 나누면}\\ &= \int_0^{\pi/4}\frac{1+\sin x}{1-\sin^2 x}\,dx && \text{간단히}\\ &= \int_0^{\pi/4}\frac{1+\sin x}{\cos^2 x}\,dx && 1-\sin^2 x=\cos^2 x\\ &= \int_0^{\pi/4}(\sec^2 x+\sec x\tan x)\,dx && \text{표 7.1의 공식 8과 10}\\ &= \Big[\tan x+\sec x\Big]_0^{\pi/4} = \big(1+\sqrt{2}-(0+1)\big) = \sqrt{2}\end{aligned}$$ ■

예제 5 적분 $\int\frac{3x^2-7x}{3x+2}\,dx$를 구하라.

풀이 주어진 피적분함수는 분자의 차수가 분모의 차수보다 큰 진분수이다. 이를 적분하기 위해 나눗셈을 수행하여 분자의 차수가 분모의 차수보다 낮은 형태의 몫과 나머지로 변형하여 계산한다.

$$\begin{array}{r} x-3 \\ 3x+2\,\big)\,\overline{3x^2-7x} \\ \underline{3x^2+2x} \\ -9x \\ \underline{-9x-6} \\ +6 \end{array}$$

$$\frac{3x^2-7x}{3x+2}=x-3+\frac{6}{3x+2}$$

그러므로 다음과 같다.

$$\int\frac{3x^2-7x}{3x+2}\,dx=\int\left(x-3+\frac{6}{3x+2}\right)dx=\frac{x^2}{2}-3x+2\ln|3x+2|+C$$ ■

분자의 차수가 분모의 차수보다 큰 경우 나눗셈을 통해 분자의 차수가 분모의 차수보다 작게 할 수는 있지만, 이 형태가 항상 적분이 잘 되는 것은 아니다. 이런 경우에 대한 적분 방법은 7.5절(예제 5)에서 다룬다.

예제 6 $\int\frac{3x+2}{\sqrt{1-x^2}}\,dx$를 계산하라.

풀이 첫 번째로 다음과 같이 적분을 분할한다.

$$\int \frac{3x+2}{\sqrt{1-x^2}}\,dx = 3\int \frac{x\,dx}{\sqrt{1-x^2}} + 2\int \frac{dx}{\sqrt{1-x^2}}$$

분할된 적분의 첫 번째 적분에서 다음과 같이 치환법을 이용한다. $u=1-x^2$이라 하자. 양변을 미분하면 $du=-2x\,dx$이므로 $x\,dx=-\frac{1}{2}\,du$이다.

따라서 다음과 같이 적분을 할 수 있다.

$$3\int \frac{x\,dx}{\sqrt{1-x^2}} = 3\int \frac{(-1/2)\,du}{\sqrt{u}} = -\frac{3}{2}\int u^{-1/2}\,du$$

$$= -\frac{3}{2}\cdot\frac{u^{1/2}}{1/2} + C_1 = -3\sqrt{1-x^2} + C_1$$

분할된 적분의 두 번째 식은 기본 적분 공식의 형태이므로 다음과 같이 적분된다.

$$2\int \frac{dx}{\sqrt{1-x^2}} = 2\arcsin x + C_2$$ 표 7.1의 공식 18

위의 두 결과를 결합하고 C_1+C_2를 C로 표현하면 다음과 같은 결과를 얻는다.

$$\int \frac{3x+2}{\sqrt{1-x^2}}\,dx = -3\sqrt{1-x^2} + 2\arcsin x + C$$ ■

피적분식에서 무엇을 치환할 것인지에 대한 문제는 항상 명확하지 않을 수 있다. 때로는 시행착오를 거쳐 진행하고, 아무 효과가 없다면 전체적으로 다른 방법을 시도하기도 한다. 이어지는 여러 절에서 몇몇 다른 새로운 방법을 제시하지만, 다음 예제에서는 치환이 어떻게 작용하는지 보길 바란다.

예제 7 $\int \frac{dx}{(1+\sqrt{x})^3}$을 구하라.

풀이 항 $\sqrt{x}$에 대해 치환을 시도할 수 있다. 그러나 피적분함수에는 도함수인 $1/\sqrt{x}$가 빠져 있기 때문에, 이 치환은 도움이 되지 않는다. 다른 가능성은 $(1+\sqrt{x})$를 치환하는 것인데, 이 방법으로 적분이 가능하다.

$$\int \frac{dx}{(1+\sqrt{x})^3} = \int \frac{2(u-1)\,du}{u^3}$$ $u=1+\sqrt{x},\ du=\frac{1}{2\sqrt{x}}\,dx;$ $dx=2\sqrt{x}\,du=2(u-1)\,du$

$$= \int\left(\frac{2}{u^2}-\frac{2}{u^3}\right)du$$

$$= -\frac{2}{u}+\frac{1}{u^2}+C$$

$$= \frac{1-2u}{u^2}+C$$

$$= \frac{1-2(1+\sqrt{x})}{(1+\sqrt{x})^2}+C$$

$$= C-\frac{1+2\sqrt{x}}{(1+\sqrt{x})^2}$$ ■

정적분을 계산할 때 적분의 성질은 예제 8과 같이 결과를 계산하는 데 도움을 준다.

예제 8 $\int_{-\pi/2}^{\pi/2} x^3\cos x\,dx$를 계산하라.

풀이 치환 또는 대수적 조작이 여기에서는 도움이 되지 못한다. 그러나 적분 구간이 대칭적인 구간임을 관찰할 수 있다. 또한 x^3은 홀함수이고 $\cos x$는 짝함수이므로, 이들의 곱인 $x^3\cos x$는 홀함수이다. 그러므로 다음과 같다.

$$\int_{-\pi/2}^{\pi/2} x^3 \cos x\, dx = 0 \qquad \text{4.6절 정리 8}$$

■

연습문제 7.1 EXERCISE QUESTION

다양한 적분

연습문제 1~44에서 적분은 특별한 순서로 배열되어 있지는 않다. 적절한 대수적 방법, 삼각함수 공식 또는 치환을 사용하여 각 적분을 구하라.

1. $\int_0^1 \frac{16x}{8x^2+2}\,dx$

2. $\int \frac{x^2}{x^2+1}\,dx$

3. $\int (\sec x - \tan x)^2\,dx$

4. $\int_{\pi/4}^{\pi/3} \frac{dx}{\cos^2 x \tan x}$

5. $\int \frac{1-x}{\sqrt{1-x^2}}\,dx$

6. $\int \frac{dx}{x-\sqrt{x}}$

7. $\int \frac{e^{-\cot z}}{\sin^2 z}\,dz$

8. $\int \frac{2^{\ln z^3}}{16z}\,dz$

9. $\int \frac{dz}{e^z + e^{-z}}$

10. $\int_1^2 \frac{8\,dx}{x^2-2x+2}$

11. $\int_{-1}^0 \frac{4\,dx}{1+(2x+1)^2}$

12. $\int_{-1}^3 \frac{4x^2-7}{2x+3}\,dx$

13. $\int \frac{dt}{1-\sec t}$

14. $\int \csc t \sin 3t\,dt$

15. $\int_0^{\pi/4} \frac{1+\sin\theta}{\cos^2\theta}\,d\theta$

16. $\int \frac{d\theta}{\sqrt{2\theta-\theta^2}}$

17. $\int \frac{\ln y}{y+4y\ln^2 y}\,dy$

18. $\int \frac{2^{\sqrt{y}}\,dy}{2\sqrt{y}}$

19. $\int \frac{d\theta}{\sec\theta+\tan\theta}$

20. $\int \frac{dt}{t\sqrt{3+t^2}}$

21. $\int \frac{4t^3-t^2+16t}{t^2+4}\,dt$

22. $\int \frac{x+2\sqrt{x-1}}{2x\sqrt{x-1}}\,dx$

23. $\int_0^{\pi/2} \sqrt{1-\cos\theta}\,d\theta$

24. $\int (\sec t + \cot t)^2\,dt$

25. $\int \frac{dy}{\sqrt{e^{2y}-1}}$

26. $\int \frac{6\,dy}{\sqrt{y}(1+y)}$

27. $\int \frac{2\,dx}{x\sqrt{1-4\ln^2 x}}$

28. $\int \frac{dx}{(x-2)\sqrt{x^2-4x+3}}$

29. $\int (\csc x - \sec x)(\sin x + \cos x)\,dx$

30. $\int 3\sinh\left(\frac{x}{2}+\ln 5\right)dx$

31. $\int_{\sqrt{2}}^3 \frac{2x^3}{x^2-1}\,dx$

32. $\int_{-1}^1 \sqrt{1+x^2}\sin x\,dx$

33. $\int_{-1}^0 \sqrt{\frac{1+y}{1-y}}\,dy$

34. $\int e^{z+e^z}\,dz$

35. $\int \frac{7\,dx}{(x-1)\sqrt{x^2-2x-48}}$

36. $\int \frac{dx}{(2x+1)\sqrt{4x+4x^2}}$

37. $\int \frac{2\theta^3-7\theta^2+7\theta}{2\theta-5}\,d\theta$

38. $\int \frac{d\theta}{\cos\theta-1}$

39. $\int \frac{dx}{1+e^x}$
[힌트: 긴 나눗셈을 사용한다.]

40. $\int \frac{\sqrt{x}}{1+x^3}\,dx$
[힌트: $u = x^{3/2}$]

41. $\int \frac{e^{3x}}{e^x+1}\,dx$

42. $\int \frac{2^x-1}{3^x}\,dx$

43. $\int \frac{1}{\sqrt{x}(1+x)}\,dx$

44. $\int \frac{\tan\theta+3}{\sin\theta}\,d\theta$

이론 및 예제

45. 영역 $-\pi/4 \le x \le \pi/4$에서 $y=2\cos x$의 위쪽과 $y=\sec x$의 아래쪽에 의해 둘러싸인 영역의 넓이를 구하라.

46. 부피 연습문제 45에서 주어진 영역을 x축을 중심으로 회전하여 형성된 입체의 부피를 계산하라.

47. 호의 길이 함수 $y=\ln(\cos x)$에 대해 구간 $0 \le x \le \pi/3$에서 곡선의 길이를 구하라.

48. 호의 길이 함수 $y=\ln(\sec x)$에 대해 구간 $0 \le x \le \pi/4$에서 곡선의 길이를 구하라.

49. 중심 x축, 곡선 $y=\sec x$, 직선 $x=-\pi/4$, $x=\pi/4$에 둘러싸인 영역의 중심을 구하라.

50. 중심 x축, 곡선 $y=\csc x$, 직선 $x=\pi/6$, $x=5\pi/6$에 둘러싸인 영역의 중심을 구하라.

51. 함수 $y=e^{x^3}$과 $y=x^3e^{x^3}$은 기초적인 적분 공식을 갖지 않는다. 그러나 $y=(1+3x^3)e^{x^3}$은 그렇지 않다. $\int (1+3x^3)e^{x^3}\,dx$를 구하라.

52. $u=\tan x$로 치환하여 적분 $\int \frac{dx}{1+\sin^2 x}$를 구하라.

53. $u=x^4+1$로 치환하여 적분 $\int x^7\sqrt{x^4+1}\,dx$를 구하라.

54. 다른 치환 방법 사용하기 다양한 치환을 이용하여 적분 $\int ((x^2-1)(x+1))^{-2/3}\,dx$를 구할 수 있음을 보여라.

a. $u = 1/(x+1)$

b. $u = ((x-1)/(x+1))^k$, $k = 1,\ 1/2,\ 1/3,\ -1/3,\ -2/3,\ -1$에서

c. $u = \arctan x$

d. $u = \tan^{-1}\sqrt{x}$

e. $u = \tan^{-1}((x-1)/2)$

f. $u = \arccos x$

g. $u = \cosh^{-1} x$

7.2 부분적분

부분적분은 $\int u(x)\, v'(x)\, dx$와 같은 형태의 적분을 단순화하는 방법이다. 이것은 어려움 없이 u가 반복적으로 미분될 수 있고 v'은 반복적으로 적분될 수 있을 때 유용하다. 다음 적분을 살펴보자.

$$\int x \cos x\, dx \text{ 와} \qquad \int x^2 e^x\, dx$$

$u(x)=x$와 $u(x)=x^2$은 반복적으로 미분하고, $v'(x)=\cos x$와 $v'(x)=e^x$는 반복적으로 적분하는 데에 어려움이 없는 형태이다. 부분적분은 다음과 같은 적분에도 적용한다.

$$\int \ln x\, dx \text{ 와} \qquad \int e^x \cos x\, dx$$

첫 번째의 경우에 적분 $\int \ln x\, dx$은 $\int (\ln x) \times 1\, dx$처럼 다시 쓸 수 있고, $u(x)=\ln x$는 쉽게 미분되며 반면에 $v'(x)=1$은 $v(x)=x$로 쉽게 적분된다. 두 번째 경우는 반복된 미분 또는 적분 후에 적분식의 각 부분이 다시 나타난다.

적분형식에서 곱셈 법칙

만약 u와 v가 x에 대해 미분가능한 함수라면 곱셈 규칙은 다음과 같다.

$$\frac{d}{dx}[u(x)v(x)] = u'(x)v(x) + u(x)v'(x)$$

위 식의 양변을 부정적분하면 다음과 같다.

$$\int \frac{d}{dx}[u(x)v(x)]\, dx = \int [u'(x)v(x) + u(x)v'(x)]\, dx$$

또는

$$\int \frac{d}{dx}[u(x)v(x)]\, dx = \int u'(x)v(x)\, dx + \int u(x)v'(x)\, dx$$

이 마지막 식은 다음과 같이 정리할 수 있다.

$$\int u(x)v'(x)\, dx = \int \frac{d}{dx}[u(x)v(x)]\, dx - \int v(x)u'(x)\, dx$$

이 식은 다음과 같은 **부분적분**(integration by parts) 공식을 유도한다.

부분적분 공식

$$\int u(x)v'(x)\, dx = u(x)v(x) - \int v(x)u'(x)\, dx \qquad (1)$$

이 공식은 적분 $\int u(x)\, v'(x)\, dx$를 구하는 문제를 다른 적분 $\int v(x)\, u'(x)\, dx$로 바꾸는 것을 허용한다. 많은 경우에 첫 번째 적분보다 두 번째 적분이 더 쉽도록 함수 u와 v를 선택할 수 있다. u와 v를 선택하는 방법은 여러 가지가 있을 수 있으며 항상 최선의 선택을 하는 것은 아니다. 때로는 여러 번 시도할 필요가 있다.

공식은 미분 형식으로 주어진 경우가 자주 있다. $v'(x)dx=dv$이고 $u'(x)dx=du$라 하면 부분적분 공식은 다음과 같이 주어진다.

부분적분 공식-미분 형식

$$\int u\,dv = uv - \int v\,du \tag{2}$$

예제 1 $\int x\cos x\,dx$를 구하라.

풀이 $x\cos x$의 명확한 부정적분이 없으므로 부분적분 공식을 이용하여 적분이 쉬운 표현으로 바꾼다.

$$\int u(x)\,v'(x)\,dx = u(x)\,v(x) - \int v(x)\,u'(x)\,dx$$

첫 번째로 어떻게 $u(x)$와 $v(x)$를 선택할지 결정해야 한다. 여러 가지 방법이 있지만, 이 문제에서는 다음으로 선택한다.

$$u(x) = x, \quad v'(x) = \cos x$$

다음으로 $u(x)$의 미분과 $v'(x)$의 부정적분을 찾는다.

$$u'(x) = 1, \quad v(x) = \sin x$$

$v'(x)$에 대한 부정적분을 찾을 때 적분상수 C는 여러 값 중에서도 0으로 선택을 하는데, 그 이유는 부정적분을 보다 간략하게 하기 때문이다. 이제 부분적분 공식을 적용하여 적분하면 다음과 같은 결과를 얻는다. 이것은 처음에 주어진 적분을 구한 것과 같다.

$$\int \underbrace{x}_{u(x)}\underbrace{\cos x\,dx}_{v'(x)} = \underbrace{x}_{u(x)}\,\underbrace{\sin x}_{v(x)} - \int \underbrace{\sin x}_{v(x)}\underbrace{(1)}_{u'(x)}\,dx \qquad \text{부분적분 공식}$$

$$= x\sin x + \cos x + C \qquad \text{적분하고 간단히}$$

■

예제 1에서 $u(x)$와 $v'(x)$를 선택하는 가능한 방법은 적어도 네 가지의 명백한 방법이 있다.

1. $u(x) = 1,\ v'(x) = x\cos x$

2. $u(x) = x,\ v'(x) = \cos x$

3. $u(x) = x\cos x,\ v'(x) = 1$

4. $u(x) = \cos x,\ v'(x) = x$

예제 1에서 2번을 선택하여 부분적분을 계산했다. 다른 세 가지 방법은 적분 계산이 어려울 수 있다. 예를 들어 3번의 경우는 $u'(x)=\cos x - x\sin x$이고 $v(x)=x$이므로 부분적분에서 다음을 적분해야 한다.

$$\int (x\cos x - x^2\sin x)\,dx$$

부분적분법의 목표는 어떻게 계산할지 모르는 $\int u(x)\,v'(x)\,dx$ 형태의 적분을 계산할 수 있는 $\int v(x)\,u'(x)\,dx$ 형태의 적분으로 바꾸는 것이다. 일반적으로 $v'(x)$를 쉽게 적분할 수 있는 피적분함수의 일부로 선택하고, 나머지 부분을 $u(x)$로 둔다. $v(x)$를 $v'(x)$에서 찾을 때는 어떤 부정적분이라도 사용할 수 있으며, 보통 가장 간단한 것을 선택한다. 특히 $v(x)$에서 임의의 적분상수 C는 필요하지 않다. 왜냐하면 식 (2)의 양변에 동일하게 나타나 간단히 상쇄되기 때문이다.

예제 2 $\int \ln x\,dx$를 구하라.

풀이 $\ln x$에 대한 부정적분을 찾는 방법을 아직 보지 못했다. 만약 $u(x)=\ln x$라 하면 $u'(x)=1/x$이다. 피적분함수 $\ln x$에는 나머지 $v'(x)$가 나타나지 않는 것처럼 보이지만 $v'(x)$를 상수함수 $v'(x)=1$로 선택할 수 있다.

$u(x)=\ln x$와 $v'(x)=1$을 이용하여 식 (1)에 주어진 부분적분을 이용하면 $u'(x)=1/x$이고

$v(x)=x$이므로 다음과 같이 적분이 가능하다.

$$\int \underset{u(x)}{\ln x} \cdot \underset{v'(x)}{1}\, dx = (\underset{u(x)}{\ln x})\, \underset{v(x)}{x} - \int \underset{v(x)}{x}\, \underset{u'(x)}{\frac{1}{x}}\, dx \qquad \text{부분적분 공식}$$

$$= x \ln x - \int 1\, dx$$

$$= x \ln x - x + C \qquad \text{적분하고 간단히}$$

■

다음 예제에서는 부분적분법의 과정을 나타내기 위해 미분 형태를 사용한다. 계산은 동일하며, du와 dv는 각각 $u'(x)\, dx$와 $v'(x)\, dx$에 대한 간단한 표현을 제공한다.

때로는 다음 예제처럼 한 번 이상 부분적분법을 사용해야 하는 경우도 있다.

예제 3 $\int x^2 e^x\, dx$를 구하라.

풀이 $u(x)=x^2$와 $v'(x)=e^x$로 정하고, 식 (1)에서 주어진 부분적분 공식을 사용한다. 우선 $u(x)$의 미분과 $v'(x)$의 부정적분을 찾는다. 즉 $u'(x)=2x$와 $v(x)=e^x$이다. $du=u'(x)\, dx$와 $dv=v'(x)\, dx$을 간단히 하면 다음과 같다.

$$du = 2x\, dx, \quad dv = e^x\, dx$$

따라서 다음과 같이 부분적분을 구한다.

$$\int \underset{u}{x^2}\, \underset{dv}{\underline{e^x\, dx}} = \underset{u}{x^2}\, \underset{v}{e^x} - \int \underset{v}{e^x}\, \underset{du}{\underline{2x\, dx}} = x^2 e^x - 2\int x e^x\, dx \qquad \text{부분적분 공식}$$

새로운 적분 $\int xe^x\, dx$는 원래 적분보다 덜 복잡하다. 왜냐하면 x의 지수가 하나 감소했기 때문이다. 오른쪽의 적분을 구하기 위해 다시 한번 부분적분법을 사용하여 다음과 같이 구한다.

$$\int \underset{u}{x}\, \underset{dv}{\underline{e^x\, dx}} = \underset{u}{x}\, \underset{v}{e^x} - \int \underset{v}{e^x}\, \underset{du}{\underline{dx}} = xe^x - e^x + C \qquad \text{부분적분 공식 (2)} \quad u = x,\ dv = e^x\, dx \quad v = e^x,\ du = dx$$

마지막 계산을 이용하여 다음과 같이 적분을 구한다.

$$\int x^2 e^x\, dx = x^2 e^x - 2\int xe^x\, dx$$

$$= x^2 e^x - 2xe^x + 2e^x + C$$

마지막 계산을 대입하는 과정에서 나오는 적분상수 $-2C$는 새로운 상수 C로 대신 적는다. ■

예제 3의 기법은 n이 양의 정수인 모든 적분 $\int x^n e^x\, dx$에 적용될 수 있다. 왜냐하면 x^n을 미분하면 결국 상수가 되며 e^x를 반복적으로 적분하는 것은 쉽기 때문이다.

다음 예제와 같은 적분은 전기공학에서 발생한다. 이와 같은 적분은 두 번의 부분적분을 필요로 하며 두 번의 부분적분 후에 구하고자 하는 적분을 구할 수 있다.

예제 4 $\int e^x \cos x\, dx$를 구하라.

풀이 $u=e^x$, $dv=\cos x\, dx$라 하면 $du=e^x\, dx$, $v=\sin x$이다. 따라서 부분적분법을 이용하여 적분하면 다음과 같다.

$$\int e^x \cos x\, dx = e^x \sin x - \int e^x \sin x\, dx$$

두 번째 적분 $\int e^x \sin x\, dx$는 첫 번째 적분에서 $\cos x$ 대신 $\sin x$을 대입한 것을 제외하고는 같다. 이것을 구하기 위해 다음을 이용하여 부분적분하자.

$$u = e^x, \quad dv = \sin x\, dx, \quad v = -\cos x, \quad du = e^x\, dx$$

그러면 다음과 같다.

$$\int e^x \sin x\, dx = -e^x \cos x - \int (-\cos x)(e^x\, dx)$$

따라서 이를 종합하면 다음을 얻는다.

$$\int e^x \cos x\, dx = e^x \sin x - \left(-e^x \cos x - \int (-\cos x)(e^x\, dx)\right)$$
$$= e^x \sin x + e^x \cos x - \int e^x \cos x\, dx$$

위 식을 보면 계산되지 않는 적분 $\int e^x \cos x\, dx$가 반대 부호를 갖고 양변에 나타난다. 양변에 이 적분을 더하고 적분상수를 더해 다음과 같은 식을 얻는다.

$$2\int e^x \cos x\, dx = e^x \sin x + e^x \cos x + C_1$$

양변을 2로 나누고 상수를 $C/2$를 C라 하면 다음과 같이 적분을 구할 수 있다.

$$\int e^x \cos x\, dx = \frac{e^x \sin x + e^x \cos x}{2} + C$$ ■

예제 5 적분 $\int \cos^n x\, dx$를 낮은 차수의 $\cos x$가 포함된 적분 형식으로 표현된 공식을 유도하라.

풀이 $\cos^n x = \cos^{n-1} x \cdot \cos x$로 생각하자. 부분적분법을 위해 다음과 같다고 하자.

$$u = \cos^{n-1} x, \qquad dv = \cos x\, dx$$

그러면 다음과 같다.

$$du = (n-1)(\cos^{n-2} x)(-\sin x\, dx)\text{이고} \qquad v = \sin x$$

위 식을 이용하여 부분적분을 하면 다음과 같다.

$$\int \cos^n x\, dx = \cos^{n-1} x \sin x + (n-1)\int \sin^2 x \cos^{n-2} x\, dx$$
$$= \cos^{n-1} x \sin x + (n-1)\int (1-\cos^2 x)\cos^{n-2} x\, dx$$
$$= \cos^{n-1} x \sin x + (n-1)\int \cos^{n-2} x\, dx - (n-1)\int \cos^n x\, dx$$

양변에 $(n-1)\int \cos^n x\, dx$를 더하면 다음과 같은 식을 얻는다.

$$n\int \cos^n x\, dx = \cos^{n-1} x \sin x + (n-1)\int \cos^{n-2} x\, dx$$

양변에 n으로 나누면 다음과 같은 결과를 얻는다.

$$\int \cos^n x\, dx = \frac{\cos^{n-1} x \sin x}{n} + \frac{n-1}{n}\int \cos^{n-2} x\, dx$$ ■

예제 5에서 찾은 공식은 **감소 공식**(reduction formula)이라고 불린다. 왜냐하면 함수의 어떤 거듭제곱을 포함하는 적분을 거듭제곱이 감소한 같은 형태의 적분으로 대체하기 때문이다. n이 양의 정수인 경우에 이 공식을 반복 적용하여 나머지 적분을 쉽게 찾을 때까지 할 수 있다. 예를 들어 예제 5의 결과를 이용하면 다음과 같이 적분을 구할 수 있다.

$$\int \cos^3 x\, dx = \frac{\cos^2 x \sin x}{3} + \frac{2}{3}\int \cos x\, dx$$
$$= \frac{1}{3}\cos^2 x \sin x + \frac{2}{3}\sin x + C$$

부분적분을 이용한 정적분 계산

식 (1)의 부분적분 공식은 두 번째 기본정리와 결합되어 부분적분의 정적분을 계산할 수 있다.

구간 $[a, b]$에서 u'와 v'이 모두 연속이라고 가정하면, 두 번째 기본정리는 다음과 같다.

정적분에 대한 부분적분 공식

$$\int_a^b u(x)\,v'(x)\,dx = u(x)\,v(x)\Big]_a^b - \int_a^b v(x)\,u'(x)\,dx \tag{3}$$

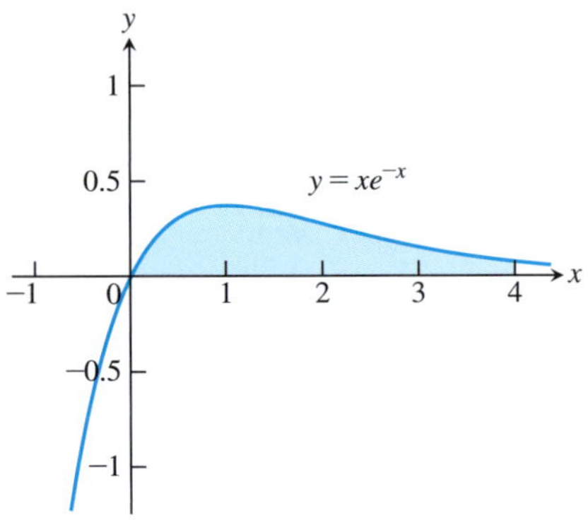

그림 7.1 예제 6의 영역.

예제 6 곡선 $y=xe^{-x}$, x축, $x=4$로 둘러싸인 영역의 넓이를 구하라.

풀이 영역은 그림 7.1에서 색칠된 영역이다. 이 영역의 넓이는 다음과 같다.

$$\int_0^4 xe^{-x}\,dx$$

$u=x$, $dv=e^{-x}\,dx$라 하자. 그러면 $du=dx$이고 $v=-e^{-x}$이다. 따라서 다음과 같이 계산할 수 있다.

$$\begin{aligned}\int_0^4 xe^{-x}\,dx &= -xe^{-x}\Big]_0^4 - \int_0^4 (-e^{-x})\,dx \qquad \text{부분적분 공식 (3)}\\ &= [-4e^{-4} - (-0e^{-0})] + \int_0^4 e^{-x}\,dx\\ &= -4e^{-4} - e^{-x}\Big]_0^4\\ &= -4e^{-4} - (e^{-4} - e^{-0}) = 1 - 5e^{-4} \approx 0.91\end{aligned}$$ ■

연습문제 7.2 EXERCISE QUESTION

부분적분

연습문제 1~24에서 부분적분을 이용하여 적분을 구하라.

1. $\int x \sin\frac{x}{2}\,dx$ **2.** $\int \theta \cos \pi\theta\,d\theta$

3. $\int t^2 \cos t\,dt$ **4.** $\int x^2 \sin x\,dx$

5. $\int_1^2 x \ln x\,dx$ **6.** $\int_1^e x^3 \ln x\,dx$

7. $\int xe^x\,dx$ **8.** $\int xe^{3x}\,dx$

9. $\int x^2 e^{-x}\,dx$ **10.** $\int (x^2 - 2x + 1)e^{2x}\,dx$

11. $\int \tan^{-1} y\,dy$ **12.** $\int \arcsin y\,dy$

13. $\int x \sec^2 x\,dx$ **14.** $\int 4x \sec^2 2x\,dx$

15. $\int x^3 e^x\,dx$ **16.** $\int p^4 e^{-p}\,dp$

17. $\int (x^2 - 5x)e^x\,dx$ **18.** $\int (r^2 + r + 1)e^r\,dr$

19. $\int x^5 e^x\,dx$ **20.** $\int t^2 e^{4t}\,dt$

21. $\int e^\theta \sin\theta\,d\theta$ **22.** $\int e^{-y}\cos y\,dy$

23. $\int e^{2x}\cos 3x\,dx$ **24.** $\int e^{-2x}\sin 2x\,dx$

치환하여 적분

연습문제 25~30에서 부분적분에 치환을 사용하여 적분을 구하라.

25. $\int e^{\sqrt{3s+9}}\,ds$ **26.** $\int_0^1 x\sqrt{1-x}\,dx$

27. $\int_0^{\pi/3} x \tan^2 x\,dx$ **28.** $\int \ln(x + x^2)\,dx$

29. $\int \sin(\ln x)\,dx$ **30.** $\int z(\ln z)^2\,dz$

적분 계산

연습문제 31~56에서 적분을 계산하다. 몇몇 적분은 부분적분이 사용되지 않는다.

31. $\int x \sec x^2\,dx$ **32.** $\int \frac{\cos\sqrt{x}}{\sqrt{x}}\,dx$

33. $\int x(\ln x)^2\,dx$ **34.** $\int \frac{1}{x(\ln x)^2}\,dx$

35. $\int \frac{\ln x}{x^2}\,dx$ **36.** $\int \frac{(\ln x)^3}{x}\,dx$

37. $\int x^3 e^{x^4}\,dx$ **38.** $\int x^5 e^{x^3}\,dx$

39. $\int x^3\sqrt{x^2+1}\,dx$

40. $\int x^2 \sin x^3\,dx$

41. $\int \sin 3x \cos 2x\,dx$

42. $\int \sin 2x \cos 4x\,dx$

43. $\int \sqrt{x}\ln x\,dx$

44. $\int \frac{e^{\sqrt{x}}}{\sqrt{x}}\,dx$

45. $\int \cos\sqrt{x}\,dx$

46. $\int \sqrt{x}\,e^{\sqrt{x}}\,dx$

47. $\int_0^{\pi/2} \theta^2 \sin 2\theta\,d\theta$

48. $\int_0^{\pi/2} x^3 \cos 2x\,dx$

49. $\int_{2/\sqrt{3}}^{2} t\sec^{-1} t\,dt$

50. $\int_0^{1/\sqrt{2}} 2x\arcsin(x^2)\,dx$

51. $\int x\arctan x\,dx$

52. $\int x^2 \tan^{-1}\frac{x}{2}\,dx$

53. $\int (1+2x^2)e^{x^2}\,dx$

54. $\int \frac{xe^x}{(x+1)^2}\,dx$

55. $\int \sqrt{x}(\arcsin\sqrt{x})\,dx$

56. $\int \frac{(\sin^{-1}x)^2}{\sqrt{1-x^2}}\,dx$

이론과 예제

57. 넓이 구하기 주어진 영역에 대해 곡선 $y=x\sin x$와 x축(주어진 그림 참조)에 의해 둘러싸인 넓이를 구하라.

a. $0 \le x \le \pi$

b. $\pi \le x \le 2\pi$

c. $2\pi \le x \le 3\pi$

d. 어떤 규칙을 발견할 수 있는가? 0 이상의 정수 n에 대해 구간 $n\pi \le x \le (n+1)\pi$에서 곡선과 x축 사이의 넓이는 무엇인가? 답변에 대한 이유를 써라.

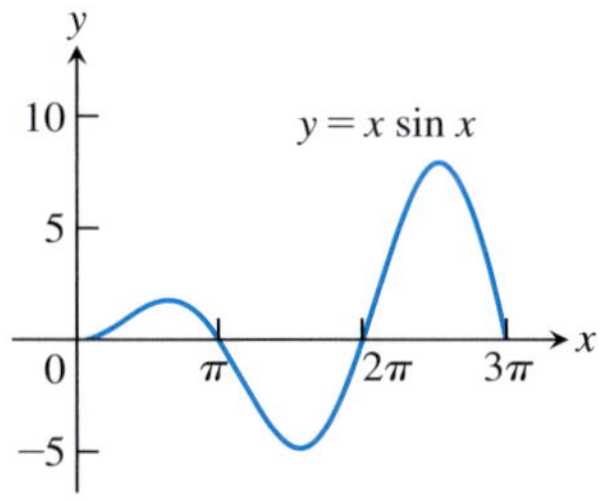

58. 넓이 구하기 주어진 영역에 대해 곡선 $y=x\cos x$와 x축(주어진 그림 참조)에 의해 둘러싸인 넓이를 구하라.

a. $\pi/2 \le x \le 3\pi/2$

b. $3\pi/2 \le x \le 5\pi/2$

c. $5\pi/2 \le x \le 7\pi/2$

d. 어떤 규칙을 발견할 수 있는가? 0 이상의 정수 n에 대해 구간을 다음과 같다고 하자.

$$\left(\frac{2n-1}{2}\right)\pi \le x \le \left(\frac{2n+1}{2}\right)\pi$$

곡선과 x축 사이의 넓이는 무엇인가? 답변에 대한 이유를 써라.

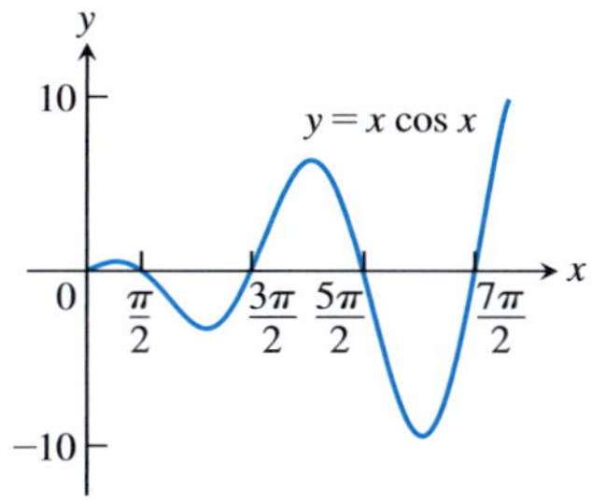

59. 부피 구하기 제1사분면에서 좌표축, 곡선 $y=e^x$, 직선 $x=\ln 2$로 둘러싸인 영역을 $x=\ln 2$를 축으로 회전시켜 생성되는 부피를 구하라.

60. 부피 구하기 제1사분면에서 좌표축, 곡선 $y=e^{-x}$, 직선 $x=1$에 둘러싸인 영역을 주어진 축으로 회전시켜 생성되는 부피를 구하라.

a. y축 **b.** 직선 $x=1$

61. 부피 구하기 제1사분면에서 좌표축, 곡선 $y=\cos x\,(0 \le x \le \pi/2)$로 둘러싸인 영역을 주어진 축으로 회전시켜 생성되는 부피를 구하라.

a. y축 **b.** 직선 $x=\pi/2$

62. 부피 구하기 제1사분면에서 좌표축과 곡선 $y=x\sin x\,(0 \le x \le \pi)$로 둘러싸인 영역을 주어진 축으로 회전시켜 생성되는 부피를 구하라(연습문제 57의 그래프 참조).

a. y축 **b.** 직선 $x=\pi$

63. $y=\ln x$, $y=0$, $x=e$의 그래프에 의해 둘러싸인 영역에 대해 다음을 구하라.

a. 영역의 넓이를 구하라.

b. 주어진 영역을 x축에 대해 회전할 때 생성되는 부피를 구하라.

c. 주어진 영역을 직선 $x=-2$를 축으로 하여 회전할 때 생성되는 부피를 구하라.

d. 영역의 중심을 구하라.

64. $y=\arctan x$, $y=0$, $x=1$의 그래프에 의해 둘러싸인 영역에 대해 다음을 구하라.

a. 영역의 넓이를 구하라.

b. 주어진 영역을 y축에 대해 회전할 때 생성되는 부피를 구하라.

65. 평균값 다음 그림에서 Dashpot(운동에너지를 감소시키는 장치)는 스프링의 운동을 감속한다. 시간 t에서 이 물체의 위치는 다음과 같다.

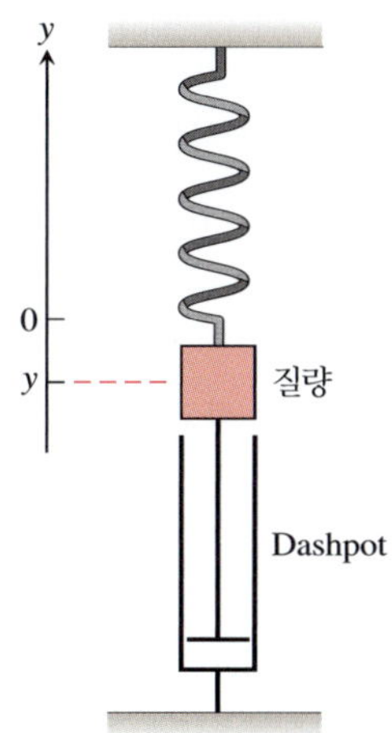

$$y = 2e^{-t}\cos t, \quad t \geq 0$$

구간 $0 \leq t \leq 2\pi$에서 y의 평균값을 구하라.

66. 평균값 연습문제 65에 있는 것과 같은 질량-용수철-Dashpot 시스템에서 시간 t에서 물체의 위치는 다음과 같다.

$$y = 4e^{-t}(\sin t - \cos t) \quad (t \geq 0)$$

구간 $0 \leq t \leq 2\pi$에서 y의 평균값을 구하라.

축소 공식

연습문제 67~73에서 부분적분을 사용하여 축소 공식을 유도하라.

67. $\int x^n \cos x\,dx = x^n \sin x - n\int x^{n-1}\sin x\,dx$

68. $\int x^n \sin x\,dx = -x^n \cos x + n\int x^{n-1}\cos x\,dx$

69. $\int x^n e^{ax}\,dx = \dfrac{x^n e^{ax}}{a} - \dfrac{n}{a}\int x^{n-1}e^{ax}\,dx, \quad a \neq 0$

70. $\int (\ln x)^n\,dx = x(\ln x)^n - n\int (\ln x)^{n-1}\,dx$

71. $\int x^m(\ln x)^n\,dx$

$$= \frac{x^{m+1}}{m+1}(\ln x)^n - \frac{n}{m+1}\int x^m(\ln x)^{n-1}\,dx, \ m \neq -1$$

72. $\int x^n\sqrt{x+1}\,dx$

$$= \frac{2x^n}{2n+3}(x+1)^{3/2} - \frac{2n}{2n+3}\int x^{n-1}\sqrt{x+1}\,dx$$

73. $\int \dfrac{x^n}{\sqrt{x+1}}\,dx$

$$= \frac{2x^n}{2n+1}\sqrt{x+1} - \frac{2n}{2n+1}\int \frac{x^{n-1}}{\sqrt{x+1}}\,dx$$

74. 예제 5를 사용하여 다음 공식을 유도하라.

$$\int_0^{\pi/2} \sin^n x\,dx = \int_0^{\pi/2} \cos^n x\,dx$$

$$= \begin{cases} \left(\dfrac{\pi}{2}\right)\dfrac{1\cdot 3\cdot 5\cdots(n-1)}{2\cdot 4\cdot 6\cdots n}, & n\text{이 짝수일 때} \\ \dfrac{2\cdot 4\cdot 6\cdots(n-1)}{1\cdot 3\cdot 5\cdots n}, & n\text{이 홀수일 때} \end{cases}$$

75. 다음을 증명하라.

$$\int_a^b \left(\int_x^b f(t)\,dt\right)dx = \int_a^b (x-a)f(x)\,dx$$

76. 부분적분을 사용하여 다음 공식을 유도하라.

$$\int \sqrt{1-x^2}\,dx = \frac{1}{2}x\sqrt{1-x^2} + \frac{1}{2}\int \frac{1}{\sqrt{1-x^2}}\,dx$$

역함수의 적분

부분적분은 다음과 같은 역함수 적분에 대한 규칙을 유도한다.

$$\int f^{-1}(x)\,dx = \int y f'(y)\,dy \qquad y = f^{-1}(x), \quad x = f(y), \quad dx = f'(y)\,dy$$

$$= y f(y) - \int f(y)\,dy \qquad u = y,\ dv = f'(y)\,dy\text{라 하고 부분적분}$$

$$= x f^{-1}(x) - \int f(y)\,dy$$

이 생각은 부분적분의 가장 복잡한 부분인 $f^{-1}(x)$를 단순화하는 것이다. $\ln x$의 적분을 예를 들면 다음과 같다.

$$\int \ln x\,dx = \int y e^y\,dy \qquad y = \ln x, \quad x = e^y, \quad dx = e^y\,dy$$

$$= ye^y - e^y + C$$

$$= x\ln x - x + C$$

또한 $\arccos x$의 적분을 예를 들면 다음과 같다.

$$\int \arccos x\,dx = x\arccos x - \int \cos y\,dy \qquad y = \arccos x$$

$$= x\arccos x - \sin y + C$$

$$= x\arccos x - \sin(\arccos x) + C$$

다음 공식을 사용하여 연습문제 77~78에서 적분을 x의 형태로 구하라.

$$\int f^{-1}(x)\,dx = x f^{-1}(x) - \int f(y)\,dy \qquad y = f^{-1}(x) \tag{4}$$

77. $\int \operatorname{arcsec} x\,dx$

78. $\int \arctan x\,dx$

79. $\int \sec^{-1} x\,dx$

80. $\int \log_2 x\,dx$

역함수 f^{-1}가 적분가능할 때 $f^{-1}(x)$에 대한 또 다른 적분 방법은 $u=f^{-1}(x)$, $dv=dx$로 놓고 다음과 같이 부분적분을 사용하는 것이다.

$$\int f^{-1}(x)\,dx = x f^{-1}(x) - \int x\left(\frac{d}{dx}f^{-1}(x)\right)dx \tag{5}$$

연습문제 81과 82에서 식 (4)와 (5)를 이용하여 각각 구하고 이를 비교하라.

81. 식 (4)와 (5)는 $\arccos x$의 적분에 대한 다른 공식을 준다.

a. $\int \arccos x\,dx = x\arccos x - \sin(\arccos x) + C$ 식 (4)

b. $\int \arccos x\,dx = x\arccos x - \sqrt{1-x^2} + C$ 식 (5)

두 적분이 모두 옳은 것인지 설명하라.

82. 식 (4)와 (5)는 $\arctan x$의 적분에 대한 다른 공식을 나타낸다.

a. $\int \arctan x\,dx = x\arctan x - \ln\sec(\arctan x) + C$ 식 (4)

b. $\int \arctan x\,dx = x\arctan x - \ln\sqrt{1+x^2} + C$ 식 (5)

두 적분이 모두 옳은 것인지 설명하라.

식 (4)와 (5)를 이용하여 연습문제 83과 84의 적분을 구하라. 각 경우 x에 대해 미분하여 바르게 적분되었는지 확인하라.

83. $\int \sinh^{-1} x\,dx$

84. $\int \tanh^{-1} x\,dx$

7.3 삼각함수의 적분

삼각함수의 적분은 6개의 기본적인 삼각함수의 대수적 조합을 포함한다. 원칙적으로 사인과 코사인의 형태로 그와 같은 적분을 표현할 수 있지만, 적분 $\int \sec^2 x\,dx = \tan x + C$처럼 종종 다른 함수를 이용하여 작업하는 것이 더 간단하다.

일반적인 생각은 찾아야 하는 적분을 보다 쉽게 다룰 수 있는 적분으로 변환하기 위해 항등식을 사용하는 것이다.

사인과 코사인의 거듭제곱의 곱

m, n이 음이 아닌 정수일 때 다음과 같은 적분 형태로 시작하자.

$$\int \sin^m x \cos^n x\,dx$$

m과 n이 짝수인지 홀수인지에 따라 세 가지의 적절한 치환 방법으로 구분할 수 있다.

경우 1 $\int \sin^m x \cos^n x\,dx$에서 **$m$이 홀수**일 때, $m=2k+1$로 표현하고 항등식 $\sin^2 x = 1 - \cos^2 x$을 이용하여 다음과 같은 식을 얻는다.

$$\sin^m x = \sin^{2k+1} x = (\sin^2 x)^k \sin x = (1 - \cos^2 x)^k \sin x \tag{1}$$

그러면 $u = \cos x$로 치환하고 $du = -\sin x\,dx$를 이용하여 치환적분한다.

경우 2 $\int \sin^m x \cos^n x\,dx$에서 **$n$이 홀수**일 때, $n=2k+1$로 표현하고 항등식 $\cos^2 x = 1 - \sin^2 x$을 이용하여 다음과 같은 식을 얻는다.

$$\cos^n x = \cos^{2k+1} x = (\cos^2 x)^k \cos x = (1 - \sin^2 x)^k \cos x$$

그러면 $u = \sin x$로 치환하고 $du = \cos x\,dx$를 이용하여 치환적분한다.

경우 3 $\int \sin^m x \cos^n x\,dx$에서 **$m$과 n이 모두 짝수**일 때, $\cos 2x$의 낮은 거듭제곱의 형태로 적분을 줄이기 위해 다음 식을 이용한다.

$$\sin^2 x = \frac{1 - \cos 2x}{2}, \quad \cos^2 x = \frac{1 + \cos 2x}{2} \tag{2}$$

각 경우를 설명하는 예제를 살펴보자.

예제 1 $\int \sin^3 x \cos^2 x\,dx$를 구하라.

풀이 경우 1에서 $m=3$이라고 하자.

$$\begin{aligned}
\int \sin^3 x \cos^2 x\,dx &= \int \sin^2 x \cos^2 x \sin x\,dx && m\text{이 홀수} \\
&= \int (1 - \cos^2 x)(\cos^2 x)\sin x\,dx && \sin^2 x = 1 - \cos^2 x \\
&= \int (1 - u^2)(u^2)(-du) && u = \cos x,\ du = -\sin x\,dx \\
&= \int (u^4 - u^2)\,du && \text{항을 곱함} \\
&= \frac{u^5}{5} - \frac{u^3}{3} + C = \frac{\cos^5 x}{5} - \frac{\cos^3 x}{3} + C
\end{aligned}$$

■

예제 2 $\int \cos^5 x\,dx$를 구하라.

풀이 경우 2에서 $m=0$ (짝수), $n=5$ (홀수)라고 하자.

$$\begin{aligned}\int \cos^5 x\,dx &= \int \cos^4 x \cos x\,dx \\ &= \int (1-\sin^2 x)^2 \cos x\,dx \\ &= \int (1-u^2)^2\,du \qquad u=\sin x,\ du=\cos x\,dx \\ &= \int (1-2u^2+u^4)\,du \qquad 1-u^2\text{을 제곱} \\ &= u-\frac{2}{3}u^3+\frac{1}{5}u^5+C = \sin x-\frac{2}{3}\sin^3 x+\frac{1}{5}\sin^5 x+C\end{aligned}$$ ■

예제 3 $\int \sin^2 x \cos^4 x\,dx$을 구하라.

풀이 경우 3에서 $m=2$ (짝수), $n=4$ (짝수)라고 하자.

$$\begin{aligned}\int \sin^2 x\cos^4 x\,dx &= \int \left(\frac{1-\cos 2x}{2}\right)\left(\frac{1+\cos 2x}{2}\right)^2 dx \qquad m,\ n\text{은 모두 짝수} \\ &= \frac{1}{8}\int (1-\cos 2x)(1+2\cos 2x+\cos^2 2x)\,dx \\ &= \frac{1}{8}\int (1+\cos 2x-\cos^2 2x-\cos^3 2x)\,dx \\ &= \frac{1}{8}\left[x+\frac{1}{2}\sin 2x-\int (\cos^2 2x+\cos^3 2x)\,dx\right]\end{aligned}$$

$\cos^2 2x$를 포함하는 항은 다음과 같이 구한다.

$$\begin{aligned}\int \cos^2 2x\,dx &= \frac{1}{2}\int (1+\cos 4x)\,dx \qquad \theta=2x\text{와 } \cos^2\theta=(1+\cos 2\theta)/2\text{인 항등식을 사용} \\ &= \frac{1}{2}\left(x+\frac{1}{4}\sin 4x\right)+C_1\end{aligned}$$

$\cos^3 2x$를 포함하는 항은 다음과 같이 구한다.

$$\begin{aligned}\int \cos^3 2x\,dx &= \int (1-\sin^2 2x)\cos 2x\,dx \qquad u=\sin 2x,\ du=2\cos 2x\,dx \\ &= \frac{1}{2}\int (1-u^2)\,du = \frac{1}{2}\left(\sin 2x-\frac{1}{3}\sin^3 2x\right)+C_2\end{aligned}$$

따라서 이를 종합하고 간단히 하면 다음 결과를 얻는다.

$$\int \sin^2 x\cos^4 x\,dx = \frac{1}{16}\left(x-\frac{1}{4}\sin 4x+\frac{1}{3}\sin^3 2x\right)+C$$ ■

제곱근 제거

다음 예제에서 항등식 $\cos^2\theta=(1+\cos 2\theta)/2$을 이용하여 제곱근을 제거한다.

예제 4 $\int_0^{\pi/4} \sqrt{1+\cos 4x}\,dx$를 구하라.

풀이 제곱근을 제거하기 위해 다음과 같은 항등식을 사용한다.

$$\cos^2\theta = \frac{1+\cos 2\theta}{2} \qquad \text{또는} \qquad 1+\cos 2\theta = 2\cos^2\theta$$

위 식에서 $\theta=2x$라 하면, $1+\cos 4x=2\cos^2 2x$이므로 다음과 같이 구할 수 있다.

$$\int_0^{\pi/4}\sqrt{1+\cos 4x}\,dx=\int_0^{\pi/4}\sqrt{2\cos^2 2x}\,dx=\int_0^{\pi/4}\sqrt{2}\sqrt{\cos^2 2x}\,dx$$

$$=\sqrt{2}\int_0^{\pi/4}|\cos 2x|\,dx=\sqrt{2}\int_0^{\pi/4}\cos 2x\,dx$$

$[0, \pi/4]$에서 $\cos 2x \ge 0$

$$=\sqrt{2}\left[\frac{\sin 2x}{2}\right]_0^{\pi/4}=\frac{\sqrt{2}}{2}[1-0]=\frac{\sqrt{2}}{2}$$ ■

tan x와 sec x의 거듭제곱에 대한 적분

우리는 탄젠트함수와 시컨트함수와 이것들의 제곱에 대한 적분을 알고 있다. 더 높은 거듭제곱을 적분하기 위해 항등식 $\tan^2 x=\sec^2 x-1$ 또는 $\sec^2 x=\tan^2 x+1$을 이용하고 높은 차수를 낮은 차수로 줄일 때 필요에 따라 부분적분을 이용한다.

예제 5 $\int \tan^4 x\,dx$를 구하라.

풀이

$$\int \tan^4 x\,dx=\int \tan^2 x\cdot\tan^2 x\,dx$$

$$=\int \tan^2 x\cdot(\sec^2 x-1)\,dx$$

$\tan^2 x=\sec^2 x-1$

$$=\int \tan^2 x\sec^2 x\,dx-\int \tan^2 x\,dx$$

$$=\int \tan^2 x\sec^2 x\,dx-\int(\sec^2 x-1)\,dx$$

$\tan^2 x=\sec^2 x-1$

$$=\int \tan^2 x\sec^2 x\,dx-\int \sec^2 x\,dx+\int dx$$

첫 번째 적분에서 $u=\tan x$, $du=\sec^2 x\,dx$로 치환하면 다음과 같은 결과를 얻는다.

$$\int u^2\,du=\frac{1}{3}u^3+C_1$$

나머지 적분은 기본적인 적분이다. 따라서 이를 종합하면 다음과 같다.

$$\int \tan^4 x\,dx=\frac{1}{3}\tan^3 x-\tan x+x+C$$ ■

예제 6 $\int \sec^3 x\,dx$를 구하라.

풀이 $u=\sec x$, $dv=\sec^2 x\,dx$, $v=\tan x$, $du=\sec x\tan x\,dx$를 이용하여 다음과 같이 부분적분을 한다.

$$\int \sec^3 x\,dx=\sec x\tan x-\int(\tan x)(\sec x\tan x)\,dx$$

부분적분

$$=\sec x\tan x-\int(\sec^2 x-1)\sec x\,dx$$

$\tan^2 x=\sec^2 x-1$

$$=\sec x\tan x-\int \sec^3 x\,dx+\int \sec x\,dx$$

우변의 $-\int \sec^3 x\,dx$를 좌변으로 이항하여 정리하면 다음과 같다.

$$2\int \sec^3 x\,dx=\sec x\tan x+\int \sec x\,dx$$

따라서 결과적으로 다음을 얻는다.

$$\int \sec^3 x\,dx = \frac{1}{2}\sec x \tan x + \frac{1}{2}\ln|\sec x + \tan x| + C$$ ■

예제 7 $\int \tan^4 x \sec^4 x\,dx$를 구하라.

풀이

$$\begin{aligned}\int (\tan^4 x)(\sec^4 x)\,dx &= \int (\tan^4 x)(1+\tan^2 x)(\sec^2 x)\,dx && \sec^2 x = 1+\tan^2 x\\ &= \int (\tan^4 x + \tan^6 x)(\sec^2 x)\,dx && \text{곱함}\\ &= \int (u^4+u^6)\,du = \frac{u^5}{5}+\frac{u^7}{7}+C && u=\tan x,\ du=\sec^2 x\,dx\\ &= \frac{\tan^5 x}{5}+\frac{\tan^7 x}{7}+C\end{aligned}$$ ■

코사인과 사인의 곱에 대한 적분

적분 $\int \sin mx \sin nx\,dx$, $\int \sin mx \cos nx\,dx$, $\int \cos mx \cos nx\,dx$는 주기함수를 포함하는 많은 응용에 나타난다. 이 적분은 부분적분을 이용하여 구할 수 있으나 두 번의 부분적분이 요구된다. 다음과 같은 항등식을 사용하는 것이 더 간단하다.

$$\sin mx \sin nx = \frac{1}{2}[\cos(m-n)x - \cos(m+n)x] \tag{3}$$

$$\sin mx \cos nx = \frac{1}{2}[\sin(m-n)x + \sin(m+n)x] \tag{4}$$

$$\cos mx \cos nx = \frac{1}{2}[\cos(m-n)x + \cos(m+n)x] \tag{5}$$

이 항등식은 사인함수와 코사인함수에 대한 공식이며, 부정적분을 더 쉽게 찾을 수 있는 함수를 제공한다.

예제 8 $\int \sin 3x \cos 5x\,dx$를 구하라.

풀이 $m=3$, $n=5$에 대해 식 (4)를 이용하여 다음과 같이 구한다.

$$\begin{aligned}\int \sin 3x \cos 5x\,dx &= \frac{1}{2}\int [\sin(-2x)+\sin 8x]\,dx\\ &= \frac{1}{2}\int (\sin 8x - \sin 2x)\,dx\\ &= -\frac{\cos 8x}{16}+\frac{\cos 2x}{4}+C\end{aligned}$$ ■

연습문제 7.3 EXERCISE QUESTION

사인과 코사인의 거듭제곱

연습문제 1~22에서 적분을 구하라.

1. $\int \cos 2x\,dx$

2. $\int_0^{\pi} 3\sin\frac{x}{3}\,dx$

3. $\int \cos^3 x \sin x\,dx$

4. $\int \sin^4 2x \cos 2x\,dx$

5. $\int \sin^3 x\,dx$

6. $\int \cos^3 4x\,dx$

7. $\int \sin^5 x\,dx$

8. $\int_0^{\pi} \sin^5 \frac{x}{2}\,dx$

9. $\int \cos^3 x\,dx$

10. $\int_0^{\pi/6} 3\cos^5 3x\,dx$

11. $\int \sin^3 x \cos^3 x\, dx$

12. $\int \cos^3 2x \sin^5 2x\, dx$

13. $\int \cos^2 x\, dx$

14. $\int_0^{\pi/2} \sin^2 x\, dx$

15. $\int_0^{\pi/2} \sin^7 y\, dy$

16. $\int 7\cos^7 t\, dt$

17. $\int_0^{\pi} 8\sin^4 x\, dx$

18. $\int 8\cos^4 2\pi x\, dx$

19. $\int 16\sin^2 x \cos^2 x\, dx$

20. $\int_0^{\pi} 8\sin^4 y \cos^2 y\, dy$

21. $\int 8\cos^3 2\theta \sin 2\theta\, d\theta$

22. $\int_0^{\pi/2} \sin^2 2\theta \cos^3 2\theta\, d\theta$

제곱근 적분

연습문제 23~32에서 적분을 구하라.

23. $\int_0^{2\pi} \sqrt{\frac{1-\cos x}{2}}\, dx$

24. $\int_0^{\pi} \sqrt{1-\cos 2x}\, dx$

25. $\int_0^{\pi} \sqrt{1-\sin^2 t}\, dt$

26. $\int_0^{\pi} \sqrt{1-\cos^2 \theta}\, d\theta$

27. $\int_{\pi/3}^{\pi/2} \frac{\sin^2 x}{\sqrt{1-\cos x}}\, dx$

28. $\int_0^{\pi/6} \sqrt{1+\sin x}\, dx$

$\left(\text{힌트: } \sqrt{\frac{1-\sin x}{1-\sin x}} \text{ 를 곱하라.}\right)$

29. $\int_{5\pi/6}^{\pi} \frac{\cos^4 x}{\sqrt{1-\sin x}}\, dx$

30. $\int_{\pi/2}^{3\pi/4} \sqrt{1-\sin 2x}\, dx$

31. $\int_0^{\pi/2} \theta\sqrt{1-\cos 2\theta}\, d\theta$

32. $\int_{-\pi}^{\pi} (1-\cos^2 t)^{3/2}\, dt$

탄젠트와 시컨트의 거듭제곱

연습문제 33~52에서 적분을 구하라.

33. $\int \sec^2 x \tan x\, dx$

34. $\int \sec x \tan^2 x\, dx$

35. $\int \sec^3 x \tan x\, dx$

36. $\int \sec^3 x \tan^3 x\, dx$

37. $\int \sec^2 x \tan^2 x\, dx$

38. $\int \sec^4 x \tan^2 x\, dx$

39. $\int_{-\pi/3}^{0} 2\sec^3 x\, dx$

40. $\int e^x \sec^3 e^x\, dx$

41. $\int \sec^4 \theta\, d\theta$

42. $\int \tan^4 x \sec^3 x\, dx$

43. $\int_{\pi/4}^{\pi/2} \csc^4 \theta\, d\theta$

44. $\int \sec^6 x\, dx$

45. $\int 4\tan^3 x\, dx$

46. $\int_{-\pi/4}^{\pi/4} 6\tan^4 x\, dx$

47. $\int \tan^5 x\, dx$

48. $\int \cot^6 2x\, dx$

49. $\int_{\pi/6}^{\pi/3} \cot^3 x\, dx$

50. $\int 8\cot^4 t\, dt$

51. $\int_{\pi/4}^{\pi/3} \tan^5 \theta \sec^4 \theta\, d\theta$

52. $\int \cot^3 t \csc^4 t\, dt$

사인과 코사인의 곱

연습문제 53~58에서 적분을 구하라.

53. $\int \sin 3x \cos 2x\, dx$

54. $\int \sin 2x \cos 3x\, dx$

55. $\int_{-\pi}^{\pi} \sin 3x \sin 3x\, dx$

56. $\int_0^{\pi/2} \sin x \cos x\, dx$

57. $\int \cos 3x \cos 4x\, dx$

58. $\int_{-\pi/2}^{\pi/2} \cos x \cos 7x\, dx$

연습문제 59~64에서 적분을 계산하기 전에 다양한 삼각함수 항등식 사용을 요구한다.

59. $\int \sin^2 \theta \cos 3\theta\, d\theta$

60. $\int \cos^2 2\theta \sin \theta\, d\theta$

61. $\int \cos^3 \theta \sin 2\theta\, d\theta$

62. $\int \sin^3 \theta \cos 2\theta\, d\theta$

63. $\int \sin \theta \cos \theta \cos 3\theta\, d\theta$

64. $\int \sin \theta \sin 2\theta \sin 3\theta\, d\theta$

다양한 종류의 적분

연습문제 65~70에서 적분을 구하기 위해 다양한 방법을 사용하라.

65. $\int \frac{\sec^3 x}{\tan x}\, dx$

66. $\int \frac{\sin^3 x}{\cos^4 x}\, dx$

67. $\int \frac{\tan^2 x}{\csc x}\, dx$

68. $\int \frac{\cot x}{\cos^2 x}\, dx$

69. $\int x\sin^2 x\, dx$

70. $\int x\cos^3 x\, dx$

응용

71. 호의 길이 곡선의 길이를 구하라.

$$y = \ln(\sin x), \quad \frac{\pi}{6} \le x \le \frac{\pi}{2}$$

72. 무게중심 x축, 곡선 $y=\sec x$, 직선 $x=-\pi/4$, $x=\pi/4$에 의해 둘러싸인 영역의 무게중심을 찾아라.

73. 부피 곡선 $y=\sin x$에서 하나의 호를 x축 주위로 회전시켜 생성된 부피를 찾아라.

74. 넓이 $0 \le x \le \pi$일 때 $y=\sqrt{1+\cos 4x}$와 x축 사이의 넓이를 구하라.

75. 질량중심 $0 \le x \le 2\pi$일 때 그래프 $y=x+\cos x$와 $y=0$에 의해 둘러싸인 영역의 질량중심을 찾아라.

76. 부피 그래프 $y=\sin x+\sec x$, $y=0$, $x=0$, $x=\pi/3$에 둘러싸인 영역을 x축에 대해 회전하여 형성되는 입체의 부피를 찾아라.

77. 부피 그래프 $y=\arctan x$, $x=0$, $y=\pi/4$에 둘러싸인 영역을 y축에 대해 회전하여 형성되는 입체의 부피를 찾아라.

78. 평균값 $[0, \pi/6]$에서 정의된 함수 $f(x)=\frac{1}{1-\sin \theta}$의 평균값을 찾아라.

7.4 삼각치환

삼각치환은 적분변수를 삼각함수로 대체할 때 발생한다. 가장 공통적인 치환은 $x=a\tan\theta$, $x=a\sin\theta$, $x=a\sec\theta$이다. 이들 치환은 $\sqrt{a^2+x^2}$, $\sqrt{a^2-x^2}$, $\sqrt{x^2-a^2}$을 포함하는 적분을 θ에 관한 적분으로 변환할 때 효과적인데, 이는 그림 7.2의 직각삼각형을 참조하기 바란다.

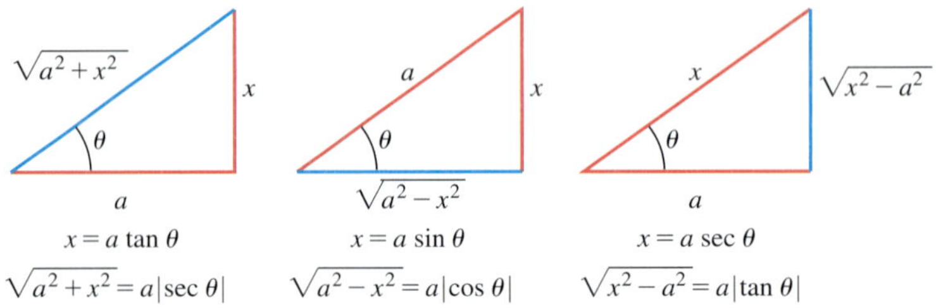

그림 7.2 세 가지 기본적인 치환에 대한 삼각형을 참조하고, 각 치환에 대해 지정된 변수 x와 a를 확인한다.

$x=a\tan\theta$로 치환하자.

$$a^2+x^2=a^2+a^2\tan^2\theta=a^2(1+\tan^2\theta)=a^2\sec^2\theta$$

$x=a\sin\theta$로 치환하자.

$$a^2-x^2=a^2-a^2\sin^2\theta=a^2(1-\sin^2\theta)=a^2\cos^2\theta$$

$x=a\sec\theta$로 치환하자.

$$x^2-a^2=a^2\sec^2\theta-a^2=a^2(\sec^2\theta-1)=a^2\tan^2\theta$$

적분에서 사용하는 어떤 치환이든 되돌릴 수 있도록 원래 변수로 바꿀 수 있어야 한다. 예를 들어 $x=a\tan\theta$이면, 적분이 이루어진 후에 $\theta=\arctan(x/a)$로 설정할 수 있어야 한다. $x=a\sin\theta$이면, 적분이 끝난 후에 $\theta=\arcsin(x/a)$로 설정할 수 있어야 한다. $x=a\sec\theta$에 대해서도 비슷하게 시컨트의 역함수를 사용하여 되돌릴 수 있어야 한다.

이 치환에서 사용되는 함수는 단지 θ의 선택된 값에 대해서만 역함수를 가지고 있다(그림 7.3). 되돌릴 수 있는 θ의 범위는 다음과 같다.

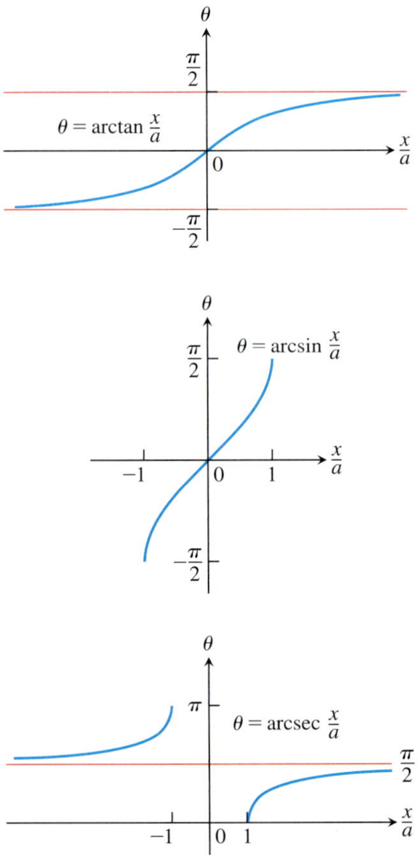

그림 7.3 arctan (x/a), arcsin (x/a), arcsec (x/a)는 x/a의 함수로 나타낸다.

치환 $x=a\tan\theta$는 $-\frac{\pi}{2}<\theta<\frac{\pi}{2}$에서 $\theta=\arctan\left(\frac{x}{a}\right)$를 요구한다.

치환 $x=a\sin\theta$는 $-\frac{\pi}{2}\le\theta\le\frac{\pi}{2}$에서 $\theta=\arcsin\left(\frac{x}{a}\right)$를 요구한다.

치환 $x=a\sec\theta$는 $\begin{cases}\frac{x}{a}\ge 1\text{일 때 } 0\le\theta<\frac{\pi}{2}\\ \frac{x}{a}\le -1\text{일 때 } \frac{\pi}{2}<\theta\le\pi\end{cases}$ 에서 $\theta=\operatorname{arcsec}\left(\frac{x}{a}\right)$를 요구한다.

$x=a\sec\theta$로 치환하여 간단히 계산을 하기 위해 $x/a\ge 1$에서의 적분으로 제한할 것이다. 이것은 $\theta\in[0,\ \pi/2)$이고 $\tan\theta\ge 0$임을 나타낸다. 따라서 $a>0$일 때 $\sqrt{x^2-a^2}=\sqrt{a^2\tan^2\theta}=|a\tan\theta|=a\tan\theta$이다.

삼각치환 과정

1. x에 대한 치환을 작성하고 미분 dx를 계산하며 치환을 위해 선택한 θ의 값을 명시한다.
2. 삼각법 표현식과 계산된 미분을 적분식에 대입하고, 그 결과를 대수적으로 단순화한다.
3. 역방향으로 적분할 때 θ에 대한 제약사항을 고려하여 삼각함수 적분을 구한다.
4. 적분 결과의 치환을 되돌리기 위해 참고할 적당한 삼각형을 그리고, 원래의 변수 x로 되돌린다.

예제 1 $\int \frac{dx}{\sqrt{4+x^2}}$를 구하라.

풀이 다음과 같이 치환한다.

$$x = 2\tan\theta, \qquad dx = 2\sec^2\theta\, d\theta, \qquad -\frac{\pi}{2} < \theta < \frac{\pi}{2}$$

$$4 + x^2 = 4 + 4\tan^2\theta = 4(1+\tan^2\theta) = 4\sec^2\theta$$

그러면 다음과 같이 적분할 수 있다.

$$\int \frac{dx}{\sqrt{4+x^2}} = \int \frac{2\sec^2\theta\, d\theta}{\sqrt{4\sec^2\theta}} = \int \frac{\sec^2\theta\, d\theta}{|\sec\theta|} \qquad \sqrt{\sec^2\theta} = |\sec\theta|$$

$$= \int \sec\theta\, d\theta \qquad -\frac{\pi}{2} < \theta < \frac{\pi}{2}\text{에서 } \sec\theta > 0$$

$$= \ln|\sec\theta + \tan\theta| + C$$

$$= \ln\left|\frac{\sqrt{4+x^2}}{2} + \frac{x}{2}\right| + C. \qquad \text{그림 7.4}$$

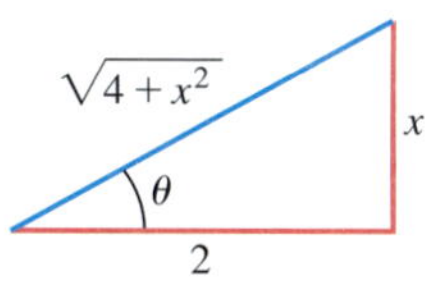

그림 7.4 치환 $x=2\tan\theta$를 나타내는 직각삼각형(예제 1):

$$\tan\theta = \frac{x}{2}$$

$$\sec\theta = \frac{\sqrt{4+x^2}}{2}$$

$\ln|\sec\theta+\tan\theta|$을 x의 형태로 표현하는 방법을 주의하자. 치환 $x=2\tan\theta$에 대한 직각삼각형을 그리고 삼각비를 이용하여 x의 형태로 바꾼다(그림 7.4). ■

예제 2 역쌍곡싸인함수가 자연로그의 모양으로 표현되는 것을 알 수 있다. 예제 1과 같은 과정을 거쳐 다음과 같이 적분을 찾는다.

$$\int \frac{dx}{\sqrt{a^2+x^2}} = \int \sec\theta\, d\theta \qquad x = a\tan\theta,\ dx = a\sec^2\theta\, d\theta$$

$$= \ln|\sec\theta + \tan\theta| + C$$

$$= \ln\left|\frac{\sqrt{a^2+x^2}}{a} + \frac{x}{a}\right| + C \qquad \text{그림 7.2 참조}$$

표 6.9에서 $\sinh^{-1}(x/a)$는 또한 $1/\sqrt{a^2+x^2}$의 부정적분이다. 그 결과 주어진 것처럼 두 부정적분은 다른 적분상수를 갖는다.

$$\sinh^{-1}\frac{x}{a} = \ln\left|\frac{\sqrt{a^2+x^2}}{a} + \frac{x}{a}\right| + C$$

마지막 수식에서 $x=0$을 대입하자. 그러면 $0=\ln|1|+C$이므로 $C=0$이 된다. 또한 $\sqrt{a^2+x^2} > |x|$이므로 $\frac{\sqrt{a^2+x^2}}{a}+\frac{x}{a} > 0$이다. 따라서 다음과 같다(6.3절의 연습문제 76 참조).

$$\sinh^{-1}\frac{x}{a} = \ln\left(\frac{\sqrt{a^2+x^2}}{a} + \frac{x}{a}\right)$$ ■

예제 3 $\displaystyle\int \frac{x^2\,dx}{\sqrt{9-x^2}}$를 구하라.

풀이 다음과 같이 치환하자.

$$x = 3\sin\theta, \qquad dx = 3\cos\theta\,d\theta, \qquad -\frac{\pi}{2} < \theta < \frac{\pi}{2}$$

$$9 - x^2 = 9 - 9\sin^2\theta = 9(1-\sin^2\theta) = 9\cos^2\theta$$

그러면 치환적분에 의해 다음과 같이 구할 수 있다.

$$\int \frac{x^2\,dx}{\sqrt{9-x^2}} = \int \frac{9\sin^2\theta \cdot 3\cos\theta\,d\theta}{|3\cos\theta|}$$

$$= 9\int \sin^2\theta\,d\theta \qquad -\frac{\pi}{2} < \theta < \frac{\pi}{2}\text{에서 } \cos\theta > 0$$

$$= 9\int \frac{1-\cos 2\theta}{2}\,d\theta \qquad \sin^2\theta = \frac{1-\cos 2\theta}{2}$$

$$= \frac{9}{2}\left(\theta - \frac{\sin 2\theta}{2}\right) + C$$

$$= \frac{9}{2}(\theta - \sin\theta\cos\theta) + C \qquad \sin 2\theta = 2\sin\theta\cos\theta$$

$$= \frac{9}{2}\left(\arcsin\frac{x}{3} - \frac{x}{3}\cdot\frac{\sqrt{9-x^2}}{3}\right) + C \qquad \text{그림 7.5}$$

$$= \frac{9}{2}\arcsin\frac{x}{3} - \frac{x}{2}\sqrt{9-x^2} + C$$

■

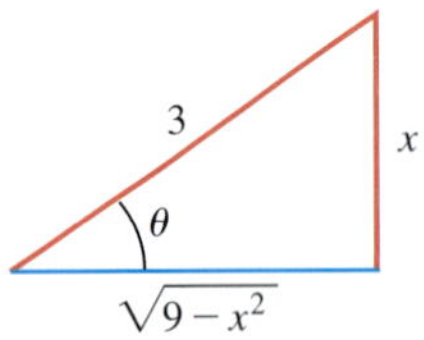

그림 7.5 치환 $x=3\sin\theta$를 나타내는 직각삼각형(예제 3).

$$\sin\theta = \frac{x}{3}$$

$$\cos\theta = \frac{\sqrt{9-x^2}}{3}$$

예제 4 $x > \frac{2}{5}$에서 $\displaystyle\int \frac{dx}{\sqrt{25x^2-4}}$를 구하라.

풀이 근호 안의 수식이 x^2-a^2이 되도록 다음과 같이 근호를 다시 쓰도록 하자.

$$\sqrt{25x^2-4} = \sqrt{25\left(x^2 - \frac{4}{25}\right)}$$

$$= 5\sqrt{x^2 - \left(\frac{2}{5}\right)^2} \qquad a = \frac{2}{5}\text{일 때 } \sqrt{x^2-a^2}$$

그리고 다음과 같이 치환하자.

$$x = \frac{2}{5}\sec\theta, \quad dx = \frac{2}{5}\sec\theta\tan\theta\,d\theta, \quad 0 < \theta < \frac{\pi}{2}$$

그러면 근호 안의 수식이 다음과 같이 치환된다.

$$x^2 - \left(\frac{2}{5}\right)^2 = \frac{4}{25}\sec^2\theta - \frac{4}{25} = \frac{4}{25}(\sec^2\theta - 1) = \frac{4}{25}\tan^2\theta$$

$$\sqrt{x^2 - \left(\frac{2}{5}\right)^2} = \frac{2}{5}|\tan\theta| = \frac{2}{5}\tan\theta \qquad 0<\theta<\pi/2\text{에서 } \tan\theta > 0$$

이 치환에 의해 다음과 같이 적분을 할 수 있다.

$$\int \frac{dx}{\sqrt{25x^2-4}} = \int \frac{dx}{5\sqrt{x^2-(4/25)}} = \int \frac{(2/5)\sec\theta\tan\theta\,d\theta}{5\cdot(2/5)\tan\theta}$$

$$= \frac{1}{5}\int \sec\theta\,d\theta = \frac{1}{5}\ln|\sec\theta + \tan\theta| + C$$

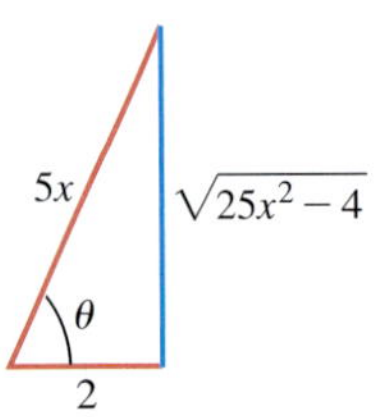

그림 7.6 만약 $x=(2/5)\sec\theta$, $0<\theta<\pi/2$이면 $\theta=\text{arcsec}(5x/2)$이고, 직각삼각형으로부터 θ의 값에 대해 다른 삼각함숫값을 알 수 있다(예제 4).

$$= \frac{1}{5}\ln\left|\frac{5x}{2} + \frac{\sqrt{25x^2 - 4}}{2}\right| + C \qquad \text{그림 7.6}$$

연습문제 7.4 EXERCISE QUESTION

삼각치환 사용하기

연습문제 1~14에서 적분을 구하라.

1. $\int \frac{dx}{\sqrt{9 + x^2}}$
2. $\int \frac{3\,dx}{\sqrt{1 + 9x^2}}$
3. $\int_{-2}^{2} \frac{dx}{4 + x^2}$
4. $\int_{0}^{2} \frac{dx}{8 + 2x^2}$
5. $\int_{0}^{3/2} \frac{dx}{\sqrt{9 - x^2}}$
6. $\int_{0}^{1/2\sqrt{2}} \frac{2\,dx}{\sqrt{1 - 4x^2}}$
7. $\int \sqrt{25 - t^2}\,dt$
8. $\int \sqrt{1 - 9t^2}\,dt$
9. $\int \frac{dx}{\sqrt{4x^2 - 49}}, \quad x > \frac{7}{2}$
10. $\int \frac{5\,dx}{\sqrt{25x^2 - 9}}, \quad x > \frac{3}{5}$
11. $\int \frac{\sqrt{y^2 - 49}}{y}\,dy, \quad y > 7$
12. $\int \frac{\sqrt{y^2 - 25}}{y^3}\,dy, \quad y > 5$
13. $\int \frac{dx}{x^2\sqrt{x^2 - 1}}, \quad x > 1$
14. $\int \frac{2\,dx}{x^3\sqrt{x^2 - 1}}, \quad x > 1$

다양한 방법의 적분

연습문제 15~38에서 적분을 계산하기 위한 어떤 방법이든 사용하라. 대부분 삼각치환이 필요하지만 몇몇은 다른 방법으로 구할 수 있다.

15. $\int \frac{dx}{x\sqrt{x^2 - 1}}$
16. $\int \frac{dx}{1 + x^2}$
17. $\int \frac{x\,dx}{\sqrt{x^2 - 1}}$
18. $\int \frac{dx}{\sqrt{1 - x^2}}$
19. $\int \frac{x}{\sqrt{9 - x^2}}\,dx$
20. $\int \frac{x^2}{4 + x^2}\,dx$
21. $\int \frac{x^3\,dx}{\sqrt{x^2 + 4}}$
22. $\int \frac{dx}{x^2\sqrt{x^2 + 1}}$
23. $\int \frac{8\,dw}{w^2\sqrt{4 - w^2}}$
24. $\int \frac{\sqrt{9 - w^2}}{w^2}\,dw$
25. $\int \sqrt{\frac{x + 1}{1 - x}}\,dx$
26. $\int x\sqrt{x^2 - 4}\,dx$
27. $\int_{0}^{\sqrt{3}/2} \frac{4x^2\,dx}{(1 - x^2)^{3/2}}$
28. $\int_{0}^{1} \frac{dx}{(4 - x^2)^{3/2}}$
29. $\int \frac{dx}{(x^2 - 1)^{3/2}}, \quad x > 1$
30. $\int \frac{x^2\,dx}{(x^2 - 1)^{5/2}}, \quad x > 1$
31. $\int \frac{(1 - x^2)^{3/2}}{x^6}\,dx$
32. $\int \frac{(1 - x^2)^{1/2}}{x^4}\,dx$
33. $\int \frac{8\,dx}{(4x^2 + 1)^2}$
34. $\int \frac{6\,dt}{(9t^2 + 1)^2}$
35. $\int \frac{x^3\,dx}{x^2 - 1}$
36. $\int \frac{x\,dx}{25 + 4x^2}$
37. $\int \frac{v^2\,dv}{(1 - v^2)^{5/2}}$
38. $\int \frac{(1 - r^2)^{5/2}}{r^8}\,dr$

연습문제 39~48에서 적당한 치환을 사용하여 적분을 구하라.

39. $\int_{0}^{\ln 4} \frac{e^t\,dt}{\sqrt{e^{2t} + 9}}$
40. $\int_{\ln(3/4)}^{\ln(4/3)} \frac{e^t\,dt}{(1 + e^{2t})^{3/2}}$
41. $\int_{1/12}^{1/4} \frac{2\,dt}{\sqrt{t} + 4t\sqrt{t}}$
42. $\int_{1}^{e} \frac{dy}{y\sqrt{1 + (\ln y)^2}}$
43. $\int \frac{x\,dx}{\sqrt{1 + x^4}}$
44. $\int \frac{\sqrt{1 - (\ln x)^2}}{x\ln x}\,dx$
45. $\int \sqrt{\frac{4 - x}{x}}\,dx$ [힌트: $x = u^2$]
46. $\int \sqrt{\frac{x}{1 - x^3}}\,dx$ [힌트: $u = x^{3/2}$]
47. $\int \sqrt{x}\sqrt{1 - x}\,dx$
48. $\int \frac{\sqrt{x - 2}}{\sqrt{x - 1}}\,dx$

삼각치환하기 전에 완전제곱이 포함된 식으로 완성하기

연습문제 49~52에서 적당한 삼각치환을 사용하기 전에 완전제곱이 포함된 식으로 완성하라.

49. $\int \sqrt{8 - 2x - x^2}\,dx$
50. $\int \frac{1}{\sqrt{x^2 - 2x + 5}}\,dx$
51. $\int \frac{\sqrt{x^2 + 4x + 3}}{x + 2}\,dx$
52. $\int \frac{\sqrt{x^2 + 2x + 2}}{x^2 + 2x + 1}\,dx$

초깃값 문제

연습문제 53~56에서 초깃값 문제를 x에 대한 y의 함수로 풀어라.

53. $x\frac{dy}{dx} = \sqrt{x^2 - 4}, \quad x \geq 2, \quad y(2) = 0$
54. $\sqrt{x^2 - 9}\,\frac{dy}{dx} = 1, \quad x > 3, \quad y(5) = \ln 3$
55. $(x^2 + 4)\frac{dy}{dx} = 3, \quad y(2) = 0$
56. $(x^2 + 1)^2\frac{dy}{dx} = \sqrt{x^2 + 1}, \quad y(0) = 1$

응용과 예제

57. **영역** 좌표축과 곡선 $y = \sqrt{9 - x^2}/3$에 의해 둘러싸인 제1사분면에

있는 영역의 넓이를 구하라.

58. 영역 타원에 의해 둘러싸인 영역의 넓이를 구하라.

$$\frac{x^2}{a^2}+\frac{y^2}{b^2}=1$$

59. $y=\sin^{-1}x$, $y=0$, $x=1/2$의 그래프에 의해 둘러싸인 영역에 대해 다음을 구하라.

a. 영역의 넓이를 구하라.

b. 영역의 무게중심을 구하라.

60. $0 \le x \le 1$에서 그래프 $y=\sqrt{x \arctan x}$와 $y=0$에 의해 둘러싸인 영역의 넓이를 고려하자. 이 영역을 x축에 대해 회전시킨 입체의 부피를 구하라(주어진 그림 참조).

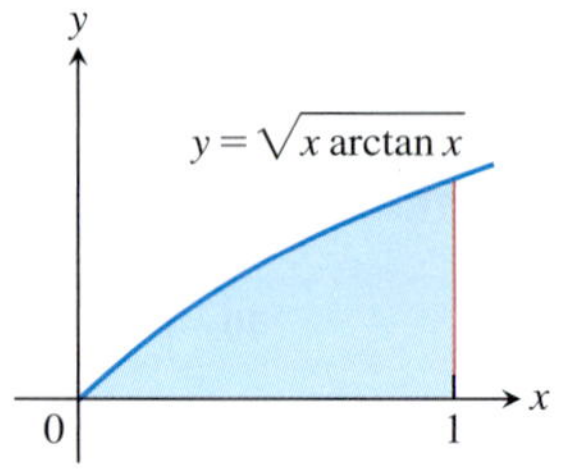

61. 다음 방법을 이용하여 $\int x^3\sqrt{1-x^2}\,dx$를 구하라.

a. 부분적분

b. u치환적분

c. 삼각치환

62. 수상스키어의 경로 보트가 수상스키어를 매단 상태로 원점에 위치해 있으며, 수상스키어는 줄의 길이가 10 m인 지점인 (10, 0)에 매달려 있다. 보트가 양의 y축을 따라 이동함에 따라 수상스키어는 주어진 그림과 같이 보트 뒤로 끌려가며 알려지지 않은 경로 $y=f(x)$를 따라 이동한다.

a. $f'(x)=\dfrac{-\sqrt{100-x^2}}{x}$임을 보여라.

[힌트: 수상스키어는 항상 보트를 향하고 로프는 경로 $y=f(x)$의 접선 상에 있다.]

b. $f(10)=0$을 이용하여 문제 (a)에 있는 $f(x)$에 대한 방정식을 풀어라.

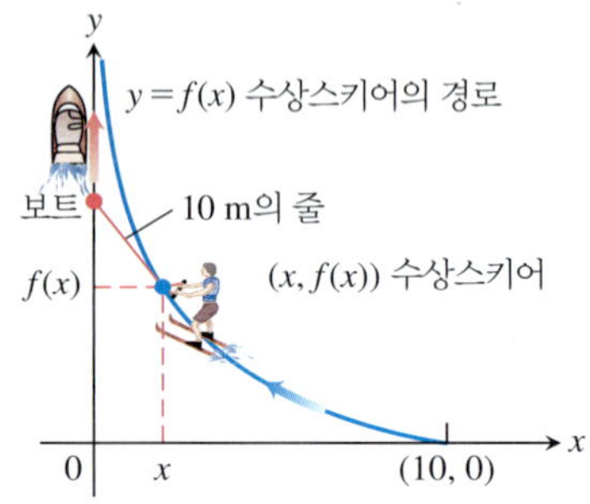

63. 구간 [1, 3]에서 $f(x)=\dfrac{\sqrt{x+1}}{\sqrt{x}}$의 평균값을 구하라.

64. $0 \le x \le 1$에서 곡선 $y=1-e^{-x}$의 길이를 구하라.

7.5 부분분수를 이용한 유리함수 적분

이번 절은 유리함수(다항식의 비)를 더 간단한 분수의 합으로 표현하는 부분분수라 불리는 방법을 보여준다. 부분분수는 더 쉽게 적분된다. 예를 들어 유리함수 $(5x-3)/(x^2-2x-3)$은 다음과 같이 다시 쓰인다.

$$\frac{5x-3}{x^2-2x-3}=\frac{2}{x+1}+\frac{3}{x-3}$$

위 식은 오른쪽에 있는 분모의 공통분모인 $(x+1)(x-3)$으로 통분하여, 대수적으로 이 식을 확인할 수 있다. 그와 같은 합으로 유리함수를 표현하는 방법은 다른 상황에서도 유용하다(예를 들어 미분방정식을 풀기 위해 어떤 변환 방법을 사용할 때). 우리가 고려 중인 표현의 왼쪽에 있는 유리함수 $(5x-3)/(x^2-2x-3)$을 적분하기 위해 오른쪽에 있는 분수의 적분 합으로 간단히 한다.

$$\int \frac{5x-3}{(x+1)(x-3)}\,dx=\int \frac{2}{x+1}\,dx+\int \frac{3}{x-3}\,dx$$
$$=2\ln|x+1|+3\ln|x-3|+C$$

더 간단한 함수의 합으로서 유리함수를 다시 쓰는 방법은 **부분분수분해 방법**(method of partial fraction)으로 불린다. 위 예의 경우 다음과 같이 상수 A와 B를 찾는 것으로 구성된다.

$$\frac{5x-3}{x^2-2x-3}=\frac{A}{x+1}+\frac{B}{x-3} \qquad (1)$$

(잠시 $A=2$이고 $B=3$인 것을 모른다고 가정하자.) 분수 $A/(x+1)$와 $B/(x-3)$를 **부분분수**

(partial fraction)라고 부른다. 왜냐하면 그것들의 분모는 단지 원래의 분모인 x^2-2x-3의 부분이기 때문이다. 적당한 값을 찾기 전까지 A와 B를 **미정계수**(undetermined coefficients)라 부른다.

A와 B를 찾기 위해 식 (1)의 양변에 $(x+1)(x-3)$을 곱하여 분모를 제거하여 다음과 같은 항등식을 얻는다.

$$5x-3=A(x-3)+B(x+1)=(A+B)x-3A+B$$

x에 대한 항등식과 동일한 x의 거듭제곱 계수가 같다는 것이 필요충분 조건이기 때문에 다음과 같다.

$$A+B=5, \qquad -3A+B=-3$$

이 방정식을 연립하면 $A=2$와 $B=3$을 찾을 수 있다.

부분분수분해에 대한 일반적인 설명

유리함수 $f(x)/g(x)$를 부분분수의 합으로 표현하는 방법은 다음 세 가지에 달려 있다.

- $f(x)$의 차수가 $g(x)$의 차수보다 작아야 한다. 즉 그 분수는 진분수이어야만 한다. 만약 그렇지 않다면, $f(x)$를 $g(x)$로 나누어 몫과 나머지로 나타낸다. 이 절의 예제 3은 그와 같은 경우를 설명한다.
- 분모 $g(x)$의 인수를 알아야 한다. 이론적으로 실수계수를 갖는 임의의 다항식은 실수계수를 갖는 선형(1차)과 2차 인수의 곱으로 쓰일 수 있다. 하지만 실제로는 이러한 인수를 찾기 어려울 수 있다.
- 미정계수의 값은 n개의 미지수를 갖는 n개의 선형연립방정식을 형성한다. 큰 n에 대해 그와 같은 선형연립방정식을 푸는 것은 선형대수 방법(가우스소거법과 같은)이 필요할 수 있다.

다음은 $g(x)$의 인수가 알려진 상태에서 분수 $f(x)/g(x)$의 부분분수를 찾는 방법이다. 2차 다항식(또는 인수)이 실수계수를 가진 두 선형 인수의 곱으로 나타낼 수 없다면 그 다항식은 **기약**(irreducible)이라 하며, 해당 다항식은 실근을 갖지 않는다.

$f(x)/g(x)$의 부분분수분해 방법

1. $x-r$이 $g(x)$의 선형 인수이고 $(x-r)^m$이 $g(x)$를 나누는 $(x-r)$의 가장 큰 거듭제곱일 때, 이 인수에 m개의 부분분수의 합을 할당한다.

$$\frac{A_1}{(x-r)}+\frac{A_2}{(x-r)^2}+\cdots+\frac{A_m}{(x-r)^m}$$

$g(x)$의 각각 구별되는 선형 인수에 대해 이 작업을 수행한다.

2. x^2+px+q가 $g(x)$의 기약인 2차 인수라 하자. 이 경우에 x^2+px+q는 실근을 갖지 않는다. $(x^2+px+q)^n$이 $g(x)$를 나누는 가장 큰 거듭제곱인 인수일 때, 이 인수에 n개의 부분분수의 합을 할당한다.

$$\frac{B_1x+C_1}{(x^2+px+q)}+\frac{B_2x+C_2}{(x^2+px+q)^2}+\cdots+\frac{B_nx+C_n}{(x^2+px+q)^n}$$

$g(x)$의 각각 구별되는 2차 인수에 대해 이 작업을 수행한다.

3. 원래의 분수 $f(x)/g(x)$를 이러한 모든 부분분수의 합으로 설정하고 분모를 제거한다.

4. 미정계수의 값을 찾는다.

4단계에서 미정계수의 값을 찾는 방법은 여러 가지가 있다. 식 (1)을 만족하는 계수의 값을 찾기 위해 x의 동일한 차수의 계수를 비교한다. 다음 예제에서는 편리한 x의 값을 할당하는 수치대입법을 이용하여 미정계수를 구하는 간단한 방법을 사용한다.

예제 1 부분분수를 이용하여 다음을 구하라.

$$\int \frac{x^2 + 4x + 1}{(x - 1)(x + 1)(x + 3)}\, dx$$

풀이 각각의 인수 $(x-1)$, $(x+1)$, $(x+3)$이 1차로만 나타나고 있음에 주목하자. 그러므로 부분분수분해는 다음의 형태를 갖는다.

$$\frac{x^2 + 4x + 1}{(x - 1)(x + 1)(x + 3)} = \frac{A}{x - 1} + \frac{B}{x + 1} + \frac{C}{x + 3}$$

미정계수 A, B, C를 찾기 위해 분모를 제거하면 다음을 얻는다.

$$x^2 + 4x + 1 = A(x + 1)(x + 3) + B(x - 1)(x + 3) + C(x - 1)(x + 1)$$

오른쪽 항에서 인수 $(x-1)$이 A를 포함하는 항 이외의 모든 항에 나타난다는 것을 주목한다. 그러므로 $x=1$로 하면 A를 구할 수 있다.

$$x = 1: \qquad 1^2 + 4(1) + 1 = A(2)(4) + B(0) + C(0)$$

$$6 = 8A$$

$$A = \frac{3}{4}$$

유사한 방법으로 B를 찾기 위해 $x=-1$, C를 찾기 위해 $x=-3$으로 놓는다.

$$x = -1: \qquad (-1)^2 + 4(-1) + 1 = A(0) + B(-2)(2) + C(0)$$

$$-2 = -4B$$

$$B = \frac{1}{2}$$

$$x = -3: \qquad (-3)^2 + 4(-3) + 1 = A(0) + B(0) + C(-4)(-2)$$

$$-2 = 8C$$

$$C = -\frac{1}{4}$$

따라서 다음과 같이 부분분수로 분해하여 적분할 수 있다.

$$\int \frac{x^2 + 4x + 1}{(x - 1)(x + 1)(x + 3)}\, dx = \int \left[\frac{3}{4}\frac{1}{x - 1} + \frac{1}{2}\frac{1}{x + 1} - \frac{1}{4}\frac{1}{x + 3}\right] dx$$

$$= \frac{3}{4}\ln|x - 1| + \frac{1}{2}\ln|x + 1| - \frac{1}{4}\ln|x + 3| + K$$

여기서 K는 임의의 적분상수이다(미정계수 C와 혼동을 피하기 위해 여기서는 적분상수를 K로 한다). ■

계수비교법이나 수치대입법을 이용하여 미정계수(A, B 등)를 찾을 수 있다. 어떤 방법이 문제 해결에 가장 편리한지를 선택해야 한다.

예제 2 부분분수를 이용하여 $\int \frac{6x + 7}{(x + 2)^2}\, dx$를 구하라.

풀이 첫 번째로 피적분식을 미정계수가 포함된 부분분수의 합으로 표현한다.

$$\frac{6x+7}{(x+2)^2} = \frac{A}{x+2} + \frac{B}{(x+2)^2} \qquad (x+2)\text{의 2차식이므로}$$

$$6x+7 = A(x+2)+B \qquad \text{양변에 } (x+2)^2\text{을 곱하기}$$

$$= Ax + (2A+B)$$

x에 대한 계수를 비교하여 다음을 얻는다.

$$A = 6\text{과} \quad 2A+B = 12+B = 7 \quad \text{또는} \quad A = 6\text{과} \quad B = -5$$

그러므로 다음과 같다.

$$\int \frac{6x+7}{(x+2)^2}\,dx = \int \left(\frac{6}{x+2} - \frac{5}{(x+2)^2}\right)dx$$

$$= 6\int \frac{dx}{x+2} - 5\int (x+2)^{-2}\,dx$$

$$= 6\ln|x+2| + 5(x+2)^{-1} + C$$

■

다음 예제는 $f(x)/g(x)$가 진분수가 아닐 경우에 다루는 방법을 보여준다. $f(x)$의 차수가 $g(x)$의 차수보다 더 큰 경우이다.

예제 3 부분분수를 이용하여 $\int \frac{2x^3-4x^2-x-3}{x^2-2x-3}\,dx$를 구하라.

풀이 우선 다항식과 진분수의 합으로 나타내기 위해 분자를 분모로 나눈다.

$$\begin{array}{r|l} & 2x \\ x^2-2x-3 & 2x^3-4x^2-x-3 \\ & \underline{2x^3-4x^2-6x} \\ & \qquad\qquad 5x-3 \end{array}$$

이때 주어진 피적분함수를 다항식과 진분수의 합으로 쓴다.

$$\frac{2x^3-4x^2-x-3}{x^2-2x-3} = 2x + \frac{5x-3}{x^2-2x-3}$$

오른쪽에 있는 분수의 부분분수분해는 7.5절의 도입부에 있는 예에서 이미 찾았다. 따라서 다음과 같이 구할 수 있다.

$$\int \frac{2x^3-4x^2-x-3}{x^2-2x-3}\,dx = \int 2x\,dx + \int \frac{5x-3}{x^2-2x-3}\,dx$$

$$= \int 2x\,dx + \int \frac{2}{x+1}\,dx + \int \frac{3}{x-3}\,dx$$

$$= x^2 + 2\ln|x+1| + 3\ln|x-3| + C$$

■

예제 4 부분분수를 이용하여 $\int \frac{-2x+4}{(x^2+1)(x-1)^2}\,dx$를 구하라.

풀이 분모가 1차 인수인 $(x-1)^2$뿐만 아니라 인수분해가 되지 않는 2차 인수 x^2+1을 가지고 있다. 그래서 다음과 같이 쓴다.

$$\frac{-2x+4}{(x^2+1)(x-1)^2} = \frac{Ax+B}{x^2+1} + \frac{C}{x-1} + \frac{D}{(x-1)^2} \tag{2}$$

분수식을 정리하면 다음을 얻는다.

$$-2x+4 = (Ax+B)(x-1)^2 + C(x-1)(x^2+1) + D(x^2+1)$$

$$= (A+C)x^3 + (-2A+B-C+D)x^2$$

$$+(A-2B+C)x + (B-C+D)$$

x에 대해 양변의 계수를 비교하여 다음을 얻는다.

$$\begin{aligned} x^3\text{의 계수:} \quad & 0 = A + C \\ x^2\text{의 계수:} \quad & 0 = -2A + B - C + D \\ x^1\text{의 계수:} \quad & -2 = A - 2B + C \\ x^0\text{의 계수:} \quad & 4 = B - C + D \end{aligned}$$

A, B, C, D를 찾기 위해 연립방정식을 푼다.

$$\begin{aligned} -4 = -2A, \quad A = 2 \qquad & \text{두 번째 방정식에서 네 번째 방정식을 뺀다.} \\ C = -A = -2 \qquad & \text{첫 번째 방정식 이용} \\ B = (A + C + 2)/2 = 1 \qquad & \text{세 번째 방정식과 } C=-A\text{를 이용} \\ D = 4 - B + C = 1 \qquad & \text{네 번째 방정식 이용} \end{aligned}$$

식 (2)에 이 값들을 대입하여 다음을 얻는다.

$$\frac{-2x+4}{(x^2+1)(x-1)^2} = \frac{2x+1}{x^2+1} - \frac{2}{x-1} + \frac{1}{(x-1)^2}$$

결과적으로 위의 전개를 이용하여 다음과 같이 적분할 수 있다.

$$\begin{aligned} \int \frac{-2x+4}{(x^2+1)(x-1)^2}\,dx &= \int \left(\frac{2x+1}{x^2+1} - \frac{2}{x-1} + \frac{1}{(x-1)^2}\right) dx \\ &= \int \left(\frac{2x}{x^2+1} + \frac{1}{x^2+1} - \frac{2}{x-1} + \frac{1}{(x-1)^2}\right) dx \\ &= \ln(x^2+1) + \tan^{-1}x - 2\ln|x-1| - \frac{1}{x-1} + K \end{aligned}$$

이미 부분적분 표현에서 C를 사용했기 때문에, 임의의 상수를 나타내는 적분상수 C 대신에 문자 K를 사용한다. ■

예제 5 부분분수를 사용하여 $\int \frac{dx}{x(x^2+1)^2}$를 구하라.

풀이 부분분수분해는 다음과 같은 형태이다.

$$\frac{1}{x(x^2+1)^2} = \frac{A}{x} + \frac{Bx+C}{x^2+1} + \frac{Dx+E}{(x^2+1)^2}$$

양변에 $x(x^2+1)^2$을 곱하여 다음 식을 얻는다.

$$\begin{aligned} 1 &= A(x^2+1)^2 + (Bx+C)x(x^2+1) + (Dx+E)x \\ &= A(x^4+2x^2+1) + B(x^4+x^2) + C(x^3+x) + Dx^2 + Ex \\ &= (A+B)x^4 + Cx^3 + (2A+B+D)x^2 + (C+E)x + A \end{aligned}$$

계수를 비교하여 다음과 같은 연립방정식을 얻는다.

$$A + B = 0, \quad C = 0, \quad 2A + B + D = 0, \quad C + E = 0, \quad A = 1$$

이 연립방정식을 풀어 $A=1, B=-1, C=0, D=-1, E=0$을 구한다.

$$\begin{aligned} \int \frac{dx}{x(x^2+1)^2} &= \int \left[\frac{1}{x} + \frac{-x}{x^2+1} + \frac{-x}{(x^2+1)^2}\right] dx \\ &= \int \frac{dx}{x} - \int \frac{x\,dx}{x^2+1} - \int \frac{x\,dx}{(x^2+1)^2} \\ &= \int \frac{dx}{x} - \frac{1}{2}\int \frac{du}{u} - \frac{1}{2}\int \frac{du}{u^2} \qquad u = x^2+1,\ du = 2x\,dx \end{aligned}$$

역사적 인물

올리버 헤비사이드(Oliver Heaviside, 1850~1925)

헤비사이드는 독학으로 전기와 언어를 공부했다. 그는 맥스웰의 20개 방정식을 현재 우리가 맥스웰 방정식이라고 부르는 2개로 간소화할 수 있었다. 헤비사이드의 수학적 기여는 벡터 대수와 벡터 미적분 분야에 있다.

$$= \ln|x| - \frac{1}{2}\ln|u| + \frac{1}{2u} + K$$

$$= \ln|x| - \frac{1}{2}\ln(x^2+1) + \frac{1}{2(x^2+1)} + K$$

$$= \ln\frac{|x|}{\sqrt{x^2+1}} + \frac{1}{2(x^2+1)} + K$$ ■

미분을 이용한 계수 결정

부분분수에서 나타나는 계수를 결정하는 다른 방법은 다음 예제와 같이 미분하는 것이다.

예제 6 다음 식에서 A, B, C를 찾아라.

$$\frac{x-1}{(x+1)^3} = \frac{A}{x+1} + \frac{B}{(x+1)^2} + \frac{C}{(x+1)^3}$$

풀이 우선 분수식을 다음과 같이 정리한다.

$$x - 1 = A(x+1)^2 + B(x+1) + C$$

$x=-1$을 대입하여 $C=-2$를 구한다. 다음으로 양변을 x에 대해 다음과 같이 미분한다.

$$1 = 2A(x+1) + B$$

$x=-1$을 대입하여 $B=1$을 구한다. 양변을 다시 미분하여 $0=2A$를 구하고, 이로부터 $A=0$을 구한다. 그러므로 다음과 같다.

$$\frac{x-1}{(x+1)^3} = \frac{1}{(x+1)^2} - \frac{2}{(x+1)^3}$$ ■

연습문제 7.5 EXERCISE QUESTION

부분분수로 전개하기

연습문제 1~8에서 부분분수로 전개하라.

1. $\dfrac{5x-13}{(x-3)(x-2)}$ **2.** $\dfrac{5x-7}{x^2-3x+2}$

3. $\dfrac{x+4}{(x+1)^2}$ **4.** $\dfrac{2x+2}{x^2-2x+1}$

5. $\dfrac{z+1}{z^2(z-1)}$ **6.** $\dfrac{z}{z^3-z^2-6z}$

7. $\dfrac{t^2+8}{t^2-5t+6}$ **8.** $\dfrac{t^4+9}{t^4+9t^2}$

반복되지 않는 1차 인수

연습문제 9~16에서 피적분식을 부분분수의 합으로 표현하고 적분을 구하라.

9. $\displaystyle\int \frac{dx}{1-x^2}$ **10.** $\displaystyle\int \frac{dx}{x^2+2x}$

11. $\displaystyle\int \frac{x+4}{x^2+5x-6}\,dx$ **12.** $\displaystyle\int \frac{2x+1}{x^2-7x+12}\,dx$

13. $\displaystyle\int_4^8 \frac{y\,dy}{y^2-2y-3}$ **14.** $\displaystyle\int_{1/2}^1 \frac{y+4}{y^2+y}\,dy$

15. $\displaystyle\int \frac{dt}{t^3+t^2-2t}$ **16.** $\displaystyle\int \frac{x+3}{2x^3-8x}\,dx$

반복된 1차 인수

연습문제 17~20에서 피적분식을 부분분수의 합으로 표현하고 적분을 구하라.

17. $\displaystyle\int_0^1 \frac{x^3\,dx}{x^2+2x+1}$ **18.** $\displaystyle\int_{-1}^0 \frac{x^3\,dx}{x^2-2x+1}$

19. $\displaystyle\int \frac{dx}{(x^2-1)^2}$ **20.** $\displaystyle\int \frac{x^2\,dx}{(x-1)(x^2+2x+1)}$

인수분해되지 않는 분모 인수

연습문제 21~32에서 피적분식을 부분분수의 합으로 표현하고 적분을 구하라.

21. $\displaystyle\int_0^1 \frac{dx}{(x+1)(x^2+1)}$ **22.** $\displaystyle\int_1^{\sqrt{3}} \frac{3t^2+t+4}{t^3+t}\,dt$

23. $\displaystyle\int \frac{y^2+2y+1}{(y^2+1)^2}\,dy$ **24.** $\displaystyle\int \frac{8x^2+8x+2}{(4x^2+1)^2}\,dx$

25. $\displaystyle\int \frac{2s+2}{(s^2+1)(s-1)^3}\,ds$ **26.** $\displaystyle\int \frac{s^4+81}{s(s^2+9)^2}\,ds$

27. $\int \frac{x^2 - x + 2}{x^3 - 1}\,dx$

28. $\int \frac{1}{x^4 + x}\,dx$

29. $\int \frac{x^2}{x^4 - 1}\,dx$

30. $\int \frac{x^2 + x}{x^4 - 3x^2 - 4}\,dx$

31. $\int \frac{2\theta^3 + 5\theta^2 + 8\theta + 4}{(\theta^2 + 2\theta + 2)^2}\,d\theta$

32. $\int \frac{\theta^4 - 4\theta^3 + 2\theta^2 - 3\theta + 1}{(\theta^2 + 1)^3}\,d\theta$

분자의 차수가 분모의 차수보다 큰 분수

연습문제 33~38에서 피적분함수에 나눗셈을 수행하고 부분분수의 합으로 나타낸 후 적분을 구하라.

33. $\int \frac{2x^3 - 2x^2 + 1}{x^2 - x}\,dx$

34. $\int \frac{x^4}{x^2 - 1}\,dx$

35. $\int \frac{9x^3 - 3x + 1}{x^3 - x^2}\,dx$

36. $\int \frac{16x^3}{4x^2 - 4x + 1}\,dx$

37. $\int \frac{y^4 + y^2 - 1}{y^3 + y}\,dy$

38. $\int \frac{2y^4}{y^3 - y^2 + y - 1}\,dy$

적분 구하기

연습문제 39~54에서 적분을 구하라.

39. $\int \frac{e^t\,dt}{e^{2t} + 3e^t + 2}$

40. $\int \frac{e^{4t} + 2e^{2t} - e^t}{e^{2t} + 1}\,dt$

41. $\int \frac{\cos y\,dy}{\sin^2 y + \sin y - 6}$

42. $\int \frac{\sin\theta\,d\theta}{\cos^2\theta + \cos\theta - 2}$

43. $\int \frac{(x - 2)^2 \tan^{-1}(2x) - 12x^3 - 3x}{(4x^2 + 1)(x - 2)^2}\,dx$

44. $\int \frac{(x + 1)^2 \tan^{-1}(3x) + 9x^3 + x}{(9x^2 + 1)(x + 1)^2}\,dx$

45. $\int \frac{1}{x^{3/2} - \sqrt{x}}\,dx$

46. $\int \frac{1}{(x^{1/3} - 1)\sqrt{x}}\,dx$
(힌트: $x = u^6$)

47. $\int \frac{\sqrt{x + 1}}{x}\,dx$
(힌트: $x + 1 = u^2$)

48. $\int \frac{1}{x\sqrt{x + 9}}\,dx$

49. $\int \frac{1}{x(x^4 + 1)}\,dx$
$\left(\text{힌트: } \frac{x^3}{x^3}\text{를 곱하기}\right)$

50. $\int \frac{1}{x^6(x^5 + 4)}\,dx$

51. $\int \frac{1}{\cos 2\theta \sin\theta}\,d\theta$

52. $\int \frac{1}{\cos\theta + \sin 2\theta}\,d\theta$

53. $\int \frac{\sqrt{1 + \sqrt{x}}}{x}\,dx$

54. $\int \frac{\sqrt{x}}{\sqrt{2 - \sqrt{x}} + \sqrt{x}}\,dx$

연습문제 55~66에서 적분을 구하기 위해 어떤 방법이든 사용하라.

55. $\int \frac{x^3 - 2x^2 - 3x}{x + 2}\,dx$

56. $\int \frac{x + 2}{x^3 - 2x^2 - 3x}\,dx$

57. $\int \frac{2^x - 2^{-x}}{2^x + 2^{-x}}\,dx$

58. $\int \frac{2^x}{2^{2x} + 2^x - 2}\,dx$

59. $\int \frac{1}{x^4 - 1}\,dx$

60. $\int \frac{x^4 - 1}{x^5 - 5x + 1}\,dx$

61. $\int \frac{\ln x + 2}{x(\ln x + 1)(\ln x + 3)}\,dx$

62. $\int \frac{2}{x(\ln x - 2)^3}\,dx$

63. $\int \frac{1}{\sqrt{x^2 - 1}}\,dx$

64. $\int \frac{x}{x + \sqrt{x^2 + 2}}\,dx$

65. $\int x^5\sqrt{x^3 + 1}\,dx$

66. $\int x^2\sqrt{1 - x^2}\,dx$

초깃값 문제

연습문제 67~70에서 t에 대한 함수로서 x에 대해 초깃값 문제를 풀어라.

67. $(t^2 - 3t + 2)\frac{dx}{dt} = 1 \quad (t > 2), \quad x(3) = 0$

68. $(3t^4 + 4t^2 + 1)\frac{dx}{dt} = 2\sqrt{3}, \quad x(1) = -\pi\sqrt{3}/4$

69. $(t^2 + 2t)\frac{dx}{dt} = 2x + 2 \quad (t, x > 0), \quad x(1) = 1$

70. $(t + 1)\frac{dx}{dt} = x^2 + 1 \quad (t > -1), \quad x(0) = 0$

응용과 예제

연습문제 71과 72에서 색칠된 영역을 지정된 축에 대해 회전시켰을 때 생성된 입체의 부피를 구하라.

71. x축

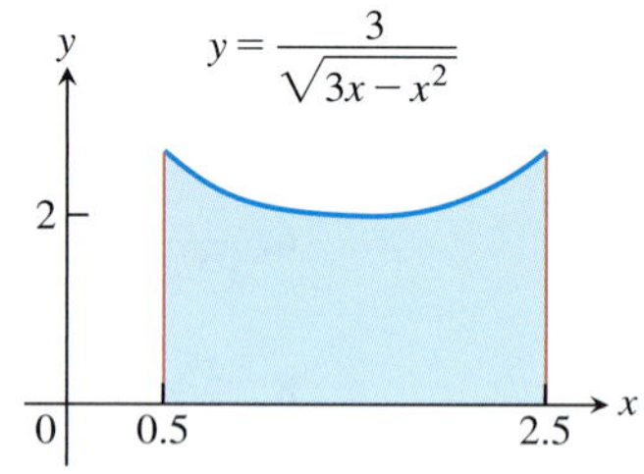

72. y축

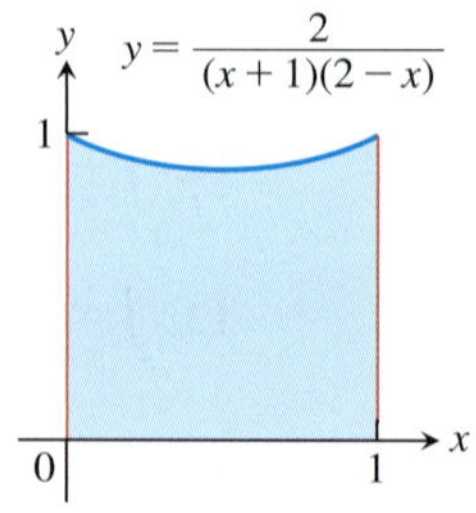

73. $0 \le x \le \frac{1}{2}$에서 정의된 곡선 $y = \ln(1-x^2)$의 길이를 구하라.

74. 주어진 방법으로 $\int \sec\theta\, d\theta$를 구하라.

a. $\dfrac{\sec\theta + \tan\theta}{\sec\theta + \tan\theta}$을 곱하고 u치환을 사용하라.

b. 적분을 $\int \dfrac{1}{\cos\theta}\, d\theta$로 쓰고 피적분함수에 $\dfrac{\cos\theta}{\cos\theta}$을 곱하라. 그리고 삼각함수의 성질과 u치환을 사용하고 마지막으로 부분분수를 사용하여 적분하라.

T **75.** x축, 곡선 $y = \arctan x$, 직선 $x = \sqrt{3}$에 의해 둘러싸인 제1사분면에 있는 영역의 무게중심의 x좌표를 소수점 아래 두 번째 자리까지 구하라.

T **76.** 색칠된 영역의 무게중심의 x좌표를 소수점 아래 두 번째 자리까지 구하라.

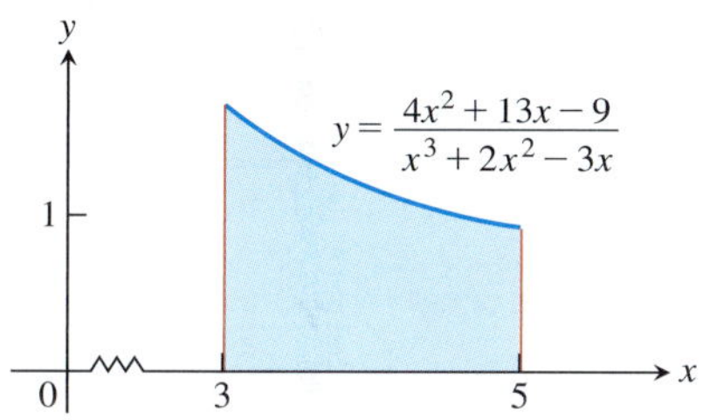

T **77. 사회적 확산** 때때로 사회학자는 정보가 인구를 통해 어떻게 전파되는지를 기술하기 위해 '사회적 확산'이란 용어를 사용한다. 정보는 소문, 문화적 유행, 기술적 혁신에 대한 소식이 될 수 있다. 충분히 많은 인구에서 정보를 가진 사람의 수 x는 미분가능한 시간의 함수로서 간주되며, 확산의 비(속도) dx/dt는 정보를 가진 사람의 수와 그렇지 않은 사람의 수의 곱에 비례한다고 가정한다. 이로 인해 다음과 같은 방정식이 도출된다.

$$\frac{dx}{dt} = kx(N - x)$$

여기서 k는 양의 상수이고, N은 인구 전체의 수이다.

t는 날짜 수이며($k = 1/250$), 1000명 중 두 사람이 $t = 0$에서 시작한다고 가정하자.

a. t의 함수로서 x를 찾아라.

b. 인구의 절반이 소문을 들을 때는 언제인가? (이때가 소문이 가장 빠르게 퍼질 때이다.)

T **78. 2차 화학반응** 많은 화학반응은 새로운 물질을 생산하기 위해 변화를 받는 두 분자의 상호작용의 결과이다. 전형적인 반응의 비율은 두 종류의 분자의 농도에 의존한다. 만약 $t = 0$에서 a가 물질 A의 양, b가 물질 B의 양, x가 시간 t에서 생성된 물질의 양이라면 x의 형성비는 다음과 같은 미분방정식으로 주어질 수 있다.

$$\frac{dx}{dt} = k(a - x)(b - x)$$

또는

$$\frac{1}{(a - x)(b - x)}\frac{dx}{dt} = k$$

여기서 k는 반응에 대한 상수이다. x와 t 사이의 관계를 얻기 위해 **(a)** $a = b$일 때, **(b)** $a \ne b$일 때, 이 방정식의 양변을 적분하라. 각각의 경우에 $t = 0$일 때 $x = 0$으로 가정한다.

7.6 적분표와 컴퓨터 대수 시스템

이 절에서는 적분을 계산하기 위해 적분표와 컴퓨터 대수 시스템을 사용하는 방법을 토론한다.

적분표

책 뒤에 기본 적분표가 제공된다(좀더 확장된 표는 수천개의 적분이 포함된 CRC Mathematical Table과 같은 편집물에 나타난다). 적분 공식은 상수 a, b, c, m, n 등을 사용하여 기술된다. 이러한 상수는 일반적으로 임의의 실숫값으로 가정할 수 있고 정수일 필요는 없다. 가끔 이들 값에 대한 제한은 공식과 함께 명시된다. 예를 들어 공식 21은 $n \ne -1$, 공식 27은 $n \ne -2$을 요구한다.

이러한 공식들은 또한 상수가 0으로 나누어지거나 음수에 대한 짝수인 거듭제곱근을 갖지 않는 상수로 가정한다. 예를 들어 공식 24는 $a \ne 0$, 공식 29a와 29b는 b가 양수일 때만 사용될 수 있다.

예제 1 $\int x(2x+5)^{-1}dx$를 구하라.

풀이 책의 뒤에 있는 공식 24를 사용한다($n \ne -1$을 요구하는 공식 22가 아님).

$$\int x(ax + b)^{-1}\, dx = \frac{x}{a} - \frac{b}{a^2}\ln|ax + b| + C$$

$a = 2$, $b = 5$로 하면 적분은 다음과 같다.

$$\int x(2x+5)^{-1}\,dx = \frac{x}{2} - \frac{5}{4}\ln|2x+5| + C$$ ■

예제 2 $\displaystyle\int \frac{dx}{x\sqrt{2x-4}}$를 구하라.

풀이 다음과 같은 공식 29b를 사용한다.

$$\int \frac{dx}{x\sqrt{ax-b}} = \frac{2}{\sqrt{b}}\arctan\sqrt{\frac{ax-b}{b}} + C$$

$a=2$, $b=4$로 하면 적분은 다음과 같다.

$$\int \frac{dx}{x\sqrt{2x-4}} = \frac{2}{\sqrt{4}}\arctan\sqrt{\frac{2x-4}{4}} + C = \arctan\sqrt{\frac{x-2}{2}} + C$$ ■

예제 3 $\int x \arcsin x\,dx$를 구하라.

풀이 우선 다음 공식 106을 사용한다.

$$\int x^n \arcsin ax\,dx = \frac{x^{n+1}}{n+1}\arcsin ax - \frac{a}{n+1}\int \frac{x^{n+1}\,dx}{\sqrt{1-a^2x^2}}, \quad n \neq -1$$

$n=1$, $a=1$로 하면 다음과 같이 적분된다.

$$\int x \arcsin x\,dx = \frac{x^2}{2}\arcsin x - \frac{1}{2}\int \frac{x^2\,dx}{\sqrt{1-x^2}}$$

다음으로 오른쪽 적분을 구하기 위해 다음 공식 49를 사용한다.

$$\int \frac{x^2}{\sqrt{a^2-x^2}}\,dx = \frac{a^2}{2}\arcsin\left(\frac{x}{a}\right) - \frac{1}{2}x\sqrt{a^2-x^2} + C$$

$a=1$로 하여 적분하면 다음과 같다.

$$\int \frac{x^2\,dx}{\sqrt{1-x^2}} = \frac{1}{2}\arcsin x - \frac{1}{2}x\sqrt{1-x^2} + C$$

결과를 종합하면 다음과 같이 적분을 구할 수 있다.

$$\begin{aligned}\int x \arcsin x\,dx &= \frac{x^2}{2}\arcsin x - \frac{1}{2}\left(\frac{1}{2}\arcsin x - \frac{1}{2}x\sqrt{1-x^2} + C\right)\\ &= \left(\frac{x^2}{2} - \frac{1}{4}\right)\arcsin x + \frac{1}{4}x\sqrt{1-x^2} + C'\end{aligned}$$ ■

축소 공식

때때로 반복된 부분적분을 요구하는 시간은 다음과 같은 축소 공식을 적용하여 짧아질 수 있다.

$$\int \tan^n x\,dx = \frac{1}{n-1}\tan^{n-1}x - \int \tan^{n-2}x\,dx \tag{1}$$

$$\int (\ln x)^n\,dx = x(\ln x)^n - n\int (\ln x)^{n-1}\,dx \tag{2}$$

$$\int \sin^n x\cos^m x\,dx = -\frac{\sin^{n-1}x\cos^{m+1}x}{m+n} + \frac{n-1}{m+n}\int \sin^{n-2}x\cos^m x\,dx \quad (n \neq -m) \tag{3}$$

반복적으로 그와 같은 공식을 적용하는 것에 의해 직접 구하기에 충분히 작은 거듭제곱의 항으로 원래의 적분을 표현할 수 있다. 다음 예제는 이 과정을 설명한다.

예제 4 $\int \tan^5 x\,dx$를 구하라.

풀이 $n=5$와 함께 식 (1)에 적용하면 다음과 같다.

$$\int \tan^5 x\,dx = \frac{1}{4}\tan^4 x - \int \tan^3 x\,dx$$

남은 적분을 구하기 위해 $n=3$과 함께 식 (1)을 다시 한번 적용하면 다음과 같다.

$$\int \tan^3 x\,dx = \frac{1}{2}\tan^2 x - \int \tan x\,dx = \frac{1}{2}\tan^2 x + \ln|\cos x| + C_1$$

결과를 종합하면 다음과 같이 적분을 구할 수 있다.

$$\int \tan^5 x\,dx = \frac{1}{4}\tan^4 x - \frac{1}{2}\tan^2 x - \ln|\cos x| + C$$ ■

형태에서 제시하듯이 축소 공식은 부분적분을 사용하여 유도된다(7.3절의 예제 5 참조).

CAS를 이용한 적분

컴퓨터 대수 시스템의 강력한 능력 중의 하나는 기호적으로 적분하는 능력이다. 이 작업은 특정시스템에 의해 지정된 **적분 명령어**(integrate command)와 함께 수행된다(예를 들어 Maple에서 **int**, Mathematica에서 **Integrate**).

예제 5 다음과 같은 함수의 부정적분을 구한다고 가정하자.

$$f(x) = x^2\sqrt{a^2 + x^2}$$

먼저 Maple을 사용하여 함수를 정의하거나 이름을 지정한다.

```
> f:= x^2 * sqrt(a^2 + x^2);
```

그런 다음에 적분변수를 확인하면서 f에 대해 적분 명령어를 사용한다.

```
> int(f, x);
```

Maple은 다음과 같은 답을 보여준다.

$$\frac{x(a^2+x^2)^{3/2}}{4} - \frac{a^2x\sqrt{a^2+x^2}}{8} - \frac{a^4\ln\left(x+\sqrt{a^2+x^2}\right)}{8}$$

만약 그 답이 간단하게 될 수 있는지 아닌지를 보기 원한다면 다음과 같이 입력한다.

```
> simplify(%);
```

Maple은 다음과 같은 답을 보여준다.

$$-\frac{a^4\ln\left(x+\sqrt{a^2+x^2}\right)}{8} + \frac{x\sqrt{a^2+x^2}\,(a^2+2x^2)}{8}$$

만약 $0 \le x \le \pi/2$에 대해 정적분을 원한다면 다음과 같은 형식을 사용할 수 있다.

```
> int(f, x = 0..Pi/2);
```

Maple은 다음과 같은 결과를 보여줄 것이다.

$$\frac{a^4\ln(a^2)}{16} + \frac{\pi(\pi^2+4a^2)^{3/2}}{64} - \frac{a^2\pi\sqrt{\pi^2+4a^2}}{32} + \frac{a^4\ln(2)}{8} - \frac{a^4\ln\left(\pi+\sqrt{\pi^2+4a^2}\right)}{8}$$

또한 상수 a의 특별한 값에 대해 정적분을 구할 수 있다.

$$> a := 1;$$
$$> \text{int}(f, x = 0..1);$$

Maple은 다음과 같은 수치적 답을 보여준다.

$$\frac{3}{8}\sqrt{2} + \frac{1}{8}\ln(\sqrt{2} - 1)$$ ■

예제 6 CAS를 사용하여 다음을 구하라.

$$\int \sin^2 x \cos^3 x \, dx$$

풀이 Maple을 이용하여 다음과 같이 입력한다.

$$> \text{int}((\sin\hat{\ }2)(x) * (\cos\hat{\ }3)(x), x);$$

즉각적인 대답으로 다음 결과를 보여준다.

$$-\frac{1}{5}\sin(x)\cos(x)^4 + \frac{1}{15}\cos(x)^2\sin(x) + \frac{2}{15}\sin(x)$$ ■

컴퓨터 대수 시스템은 적분을 처리하는 방법이 다양하다. 예제 5와 예제 6에서 Maple을 사용했다. Mathematica는 다음과 같이 다소 다른 결과를 보여준다.

1. 예제 5에서 주어진 적분을 Mathematica의 명령어를 이용하여 입력하자.

$$In[1] := \text{Integrate}[x\hat{\ }2 * \text{Sqrt}[a\hat{\ }2 + x\hat{\ }2], x]$$

Mathematica는 간단히 하는 것 없이 즉각적으로 다음과 같은 답을 보여준다.

$$Out[1] = \frac{1}{8}\sqrt{a^2 + x^2}\left(a^2 x + 2x^3 - \frac{a^3 \sinh^{-1}\left(\frac{x}{a}\right)}{\sqrt{1 + \frac{x^2}{a^2}}}\right)$$

이 답은 적분표 공식 36과는 다르지만 동등한 것이다.

2. 예제 6에서 주어진 적분을 Mathematica의 명령어를 이용하여 입력하자.

$$In[2] := \text{Integrate}[\text{Sin}[x]\hat{\ }2 * \text{Cos}[x]\hat{\ }3, x]$$

Mathematica는 다음과 같은 답을 보여준다.

$$Out[2] = \frac{\text{Sin}[x]}{8} - \frac{1}{48}\text{Sin}[3x] - \frac{1}{80}\text{Sin}[5x]$$

Maple과 다른 답을 보여주지만 두 답 모두 올바른 결과이다.

컴퓨터 대수 시스템은 매우 강력하고 어려운 문제해결에 도움을 줄 수 있지만, 각각의 CAS는 자체적인 한계를 가지고 있다. 때로는 CAS가 문제를 더 복잡하게 만들 수 있다(극단적으로 생성된 답이 해석하거나 사용하기 어려운 관점에서). 또한 Maple이나 Mathematica 모두 임의의 상수 $+C$를 보여주지 않는다는 것에 주의한다. 반면에 약간의 수학적 사고는 문제를 다루기 쉬운 형태로 단순화할 수 있다. 연습문제 67에서 이에 대한 예제를 제공한다.

비기본적 적분

많은 함수는 우리가 마주친 다항식, 삼각함수, 지수함수와 같은 표준 함수로 표현될 수 없는 역도함수를 갖는다. 기본적인 역도함수를 갖지 않는 함수의 적분은 **비기본적**(nonelementary) **적분**이라 불린다. 이러한 적분은 때때로 무한급수(8장)로 표현되거나 수치적인 방법(7.7절)을 사용하여 근사화될 수 있다. 비기본적 적분의 예로는 무작위 오차의 확률을 측정하는 오차함수를 포함한다.

$$\operatorname{erf}(x) = \frac{2}{\sqrt{\pi}} \int_0^x e^{-t^2}\, dt$$

$$\int \sin x^2\, dx, \qquad \int \sqrt{1 + x^4}\, dx$$

그리고 다음 적분은 기술이나 물리학에서 나타난다.

$$\int \frac{e^x}{x}\, dx, \qquad \int e^{(e^x)}\, dx, \qquad \int \frac{1}{\ln x}\, dx, \qquad \int \ln(\ln x)\, dx, \qquad \int \frac{\sin x}{x}\, dx$$

$$\int \sqrt{1 - k^2 \sin^2 x}\, dx, \qquad 0 < k < 1$$

위와 같은 적분 및 다른 많은 적분은 어떻게 나오는지 보기 위해 그냥 시도할 정도로 너무 쉽게 보일지도 모른다. 그러나 유한한 기본함수의 조합으로 이들 적분 중 어느 것도 표현할 방법이 없다는 것이 증명될 수 있다. 치환에 의해 이것처럼 바뀌는 적분도 마찬가지이다. 이 적분에 있는 모든 함수는 연속이므로 미적분학의 제1 기본정리에 의해 역도함수를 갖고 있다. 그러나 역도함수의 어떤 것도 기본적인 적분이 아니다. 이 장에서 구하려는 적분은 기본적인 역도함수를 갖는다.

연습문제 7.6 EXERCISE QUESTION

적분표 사용하기

연습문제 1~26에서 적분을 계산하기 위해 책의 뒤에 있는 기본 적분표를 사용하라.

1. $\displaystyle\int \frac{dx}{x\sqrt{x-3}}$

2. $\displaystyle\int \frac{dx}{x\sqrt{x+4}}$

3. $\displaystyle\int \frac{x\, dx}{\sqrt{x-2}}$

4. $\displaystyle\int \frac{x\, dx}{(2x+3)^{3/2}}$

5. $\displaystyle\int x\sqrt{2x-3}\, dx$

6. $\displaystyle\int x(7x+5)^{3/2}\, dx$

7. $\displaystyle\int \frac{\sqrt{9-4x}}{x^2}\, dx$

8. $\displaystyle\int \frac{dx}{x^2\sqrt{4x-9}}$

9. $\displaystyle\int x\sqrt{4x-x^2}\, dx$

10. $\displaystyle\int \frac{\sqrt{x-x^2}}{x}\, dx$

11. $\displaystyle\int \frac{dx}{x\sqrt{7+x^2}}$

12. $\displaystyle\int \frac{dx}{x\sqrt{7-x^2}}$

13. $\displaystyle\int \frac{\sqrt{4-x^2}}{x}\, dx$

14. $\displaystyle\int \frac{\sqrt{x^2-4}}{x}\, dx$

15. $\displaystyle\int e^{2t}\cos 3t\, dt$

16. $\displaystyle\int e^{-3t}\sin 4t\, dt$

17. $\displaystyle\int x \arccos x\, dx$

18. $\displaystyle\int x \arctan x\, dx$

19. $\displaystyle\int x^2 \arctan x\, dx$

20. $\displaystyle\int \frac{\tan^{-1} x}{x^2}\, dx$

21. $\displaystyle\int \sin 3x \cos 2x\, dx$

22. $\displaystyle\int \sin 2x \cos 3x\, dx$

23. $\displaystyle\int 8 \sin 4t \sin \frac{t}{2}\, dt$

24. $\displaystyle\int \sin \frac{t}{3} \sin \frac{t}{6}\, dt$

25. $\displaystyle\int \cos \frac{\theta}{3} \cos \frac{\theta}{4}\, d\theta$

26. $\displaystyle\int \cos \frac{\theta}{2} \cos 7\theta\, d\theta$

치환 및 적분표

연습문제 27~40에서 주어진 기본 적분을 적분표에서 발견할 수 있는 적분으로 바꾸기 위해 치환하고 구하라.

27. $\displaystyle\int \frac{x^3+x+1}{(x^2+1)^2}\, dx$

28. $\displaystyle\int \frac{x^2+6x}{(x^2+3)^2}\, dx$

29. $\displaystyle\int \arcsin \sqrt{x}\, dx$

30. $\displaystyle\int \frac{\cos^{-1}\sqrt{x}}{\sqrt{x}}\, dx$

31. $\displaystyle\int \frac{\sqrt{x}}{\sqrt{1-x}}\, dx$

32. $\displaystyle\int \frac{\sqrt{2-x}}{\sqrt{x}}\, dx$

33. $\displaystyle\int \cot t \sqrt{1-\sin^2 t}\, dt, \quad 0 < t < \pi/2$

34. $\displaystyle\int \frac{dt}{\tan t\sqrt{4-\sin^2 t}}$

35. $\displaystyle\int \frac{dy}{y\sqrt{3+(\ln y)^2}}$

36. $\displaystyle\int \tan^{-1}\sqrt{y}\, dy$

37. $\displaystyle\int \frac{1}{\sqrt{x^2+2x+5}}\, dx$
[힌트: 완전제곱꼴로 변형하라.]

38. $\displaystyle\int \frac{x^2}{\sqrt{x^2-4x+5}}\, dx$

39. $\int \sqrt{5-4x-x^2}\,dx$

40. $\int x^2\sqrt{2x-x^2}\,dx$

축약 공식 사용하기

연습문제 41~50에서 축약 공식을 사용하여 적분을 구하라.

41. $\int \sin^5 2x\,dx$

42. $\int 8\cos^4 2\pi t\,dt$

43. $\int \sin^2 2\theta \cos^3 2\theta\,d\theta$

44. $\int 2\sin^2 t \sec^4 t\,dt$

45. $\int 4\tan^3 2x\,dx$

46. $\int 8\cot^4 t\,dt$

47. $\int 2\sec^3 \pi x\,dx$

48. $\int 3\sec^4 3x\,dx$

49. $\int \csc^5 x\,dx$

50. $\int 16x^3(\ln x)^2\,dx$

연습문제 51~56에서 적분을 구하기 위해 치환(가능한 삼각함수)하고 축약 공식을 적용하여 구하라.

51. $\int e^t \sec^3(e^t-1)\,dt$

52. $\int \frac{\csc^3\sqrt{\theta}}{\sqrt{\theta}}\,d\theta$

53. $\int_0^1 2\sqrt{x^2+1}\,dx$

54. $\int_0^{\sqrt{3}/2} \frac{dy}{(1-y^2)^{5/2}}$

55. $\int_1^2 \frac{(r^2-1)^{3/2}}{r}\,dr$

56. $\int_0^{1/\sqrt{3}} \frac{dt}{(t^2+1)^{7/2}}$

응용

57. **겉넓이** 곡선 $y=\sqrt{x^2+2}$, $0 \le x \le \sqrt{2}$를 x축에 대해 회전시켜 생성된 겉넓이를 구하라.

58. **곡선의 길이** 곡선 $y=x^2$, $0 \le x \le \sqrt{3}/2$의 길이를 구하라.

59. **무게중심** 제1사분면에서 곡선 $y=1/\sqrt{x+1}$과 직선 $x=3$에 의해 잘린 영역의 무게중심을 찾아라.

60. ***y*축에 대한 모멘트** 일정한 밀도 $\delta=1$의 얇은 판이 제1사분면에서 곡선 $y=36/(2x+3)$과 직선 $x=3$에 의해 둘러싸인 영역을 차지하고 있다. y축에 대한 모멘트를 찾아라.

T 61. 곡선 $y=x^2$, $-1 \le x \le 1$을 x축에 대한 회전에 의해 생성된 겉넓이를 적분표와 계산기를 사용하여 소수점 둘째 자리까지 구하라.

62. **부피** 회사의 회계부서의 부서장은 연말에 회사의 가솔린 재고량 계산을 위해 컴퓨터프로그램에 사용할 프로그램 공식을 찾도록 요청을 했다. 전형적인 탱크는 주어진 그림과 같은 반지름 r과 길이 L을 가진 수평으로 설치된 원통 모양이다. 센티미터로 기록된 수직 측정기둥으로 얻은 깊이 측정값은 회계사무실로 도달된다.

   a. 그림의 개념에서 깊이 d인 탱크에 채워진 가솔린의 부피는 다음과 같음을 보여라.

$$V = 2L\int_{-r}^{-r+d}\sqrt{r^2-y^2}\,dy$$

   b. 적분을 구하라.

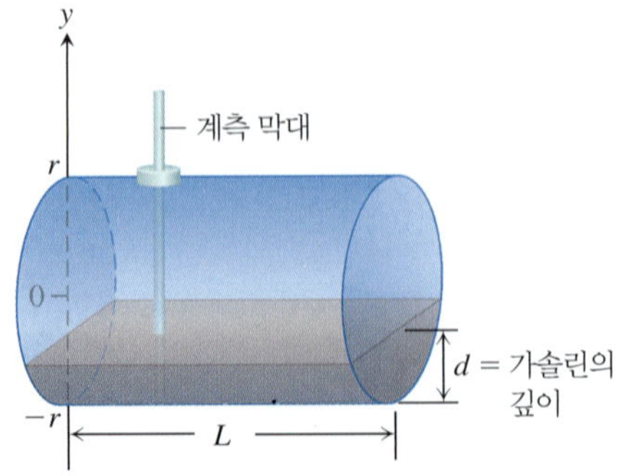

63. 임의의 a, b에 대해 적분 $\int_a^b \sqrt{x-x^2}\,dx$가 가질 수 있는 최댓값을 구하라. 답에 대한 이유를 써라.

64. 임의의 a, b에 대해 적분 $\int_a^b x\sqrt{2x-x^2}\,dx$가 가질 수 있는 최댓값을 구하라. 답에 대한 이유를 써라.

컴퓨터 탐구

연습문제 65와 66에서 CAS를 사용하여 적분을 수행하라.

65. 적분을 구하라.

   a. $\int x\ln x\,dx$ b. $\int x^2\ln x\,dx$ c. $\int x^3\ln x\,dx$

   d. 어떤 규칙을 볼 수 있는가? $\int x^4 \ln x\,dx$에 대해 공식을 예상한 후에 CAS로 계산하고 정확한지 확인하라.

   e. $n \ge 1$일 때 $\int x^n \ln x\,dx$에 대한 공식은 무엇인가? CAS를 사용하여 답을 확인하라.

66. 적분을 구하라.

   a. $\int \frac{\ln x}{x^2}\,dx$ b. $\int \frac{\ln x}{x^3}\,dx$ c. $\int \frac{\ln x}{x^4}\,dx$

   d. 어떤 규칙을 볼 수 있는가? $\int \frac{\ln x}{x^5}\,dx$에 대한 공식을 예상한 후에 CAS로 계산하고 정확한지 확인하라.

   e. $n \ge 2$일 때 $\int \frac{\ln x}{x^n}\,dx$에 대한 공식은 무엇인가? CAS를 사용하여 답을 확인하라.

67. a. n이 임의의 양의 정수일 때 CAS를 사용하여 다음을 구하라.

$$\int_0^{\pi/2} \frac{\sin^n x}{\sin^n x + \cos^n x}\,dx$$

   사용하고 있는 CAS로 결과를 찾았는가?

   b. 차례로 $n=1, 2, 3, 5, 7$일 때 적분을 구하라. 결과의 복잡성에 대한 의견을 작성하라.

   c. 이제 $x=(\pi/2)-u$로 치환하고 새로운 적분과 이전의 적분을 더하라. 다음 식의 값은 무엇인가?

$$\int_0^{\pi/2} \frac{\sin^n x}{\sin^n x + \cos^n x}\,dx$$

   이 예제는 때때로 CAS로 즉시 해결하기 어려운 문제를 약간의 수학적 독창성이 어떻게 문제를 해결할 수 있는지 설명한다.

7.7 수치적분

$\sin(x^2)$, $1/\ln x$, $\sqrt{1+x^4}$과 같은 몇몇 함수의 역도함수는 기본적인 공식을 갖고 있지 않다. 적분해야 하는 함수 f에 대한 역도함수를 찾을 수 없을 때 적분 구간을 분할하고, 각 하위 구간에서 근사 다항식으로 f를 대체하여 다항식을 적분하고 결과를 더해 f의 정적분을 근사화한다. 이 과정은 수치적분의 한 예이다. 이 절에서 4.2절에서 공부한 중점 규칙을 복습한다. 그 후에 두 가지 방법인 사다리꼴 규칙과 심프슨의 규칙을 공부한다. 분석의 주된 목적은 적분에 대한 근삿값을 계산할 때 소개되는 가능한 오차를 제어하는 것이다.

중점 규칙을 이용한 적분을 근사화하기

4.2절에서는 구간 $[a, b]$ 위에 정적분을 근사화하기 위해 중점 규칙을 소개했다. 이 규칙은 $[a, b]$를 각각의 너비가 $\Delta x = \dfrac{b-a}{n}$인 n개의 부분구간 $[x_0, x_1]$, $[x_1, x_2]$, $\cdots$, $[x_{n-1}, x_n]$으로 나누는 것에 기초를 둔다. 그 후 k번째 부분구간의 중점 $c_k = (x_{k-1}+x_k)/2$에서의 함숫값을 k번째 사각형의 높이로 하는 n개의 사각형을 사용하여 적분을 근사화한다.

정적분을 근사화하기 위한 중점 규칙

$$\int_a^b f(x)\,dx \approx \sum_{k=1}^{n} f(c_k)\left(\frac{b-a}{n}\right) = [f(c_1) + f(c_2) + \cdots + f(c_n)]\left(\frac{b-a}{n}\right)$$

여기서 $c_k = \dfrac{x_{k-1}+x_k}{2}$이고 $x_k = a + k\left(\dfrac{b-a}{n}\right)$이다.

사다리꼴 근사화

정적분값에 대한 사다리꼴 규칙은 그림 7.7에서처럼 사각형 대신 사다리꼴로 곡선과 x축 사이의 영역을 근사화하는 데 기초를 두고 있다. 그림에서 구간 분할 지점 x_0, x_1, x_2, $\cdots$, x_n을 균일하게 할 필요는 없지만, 균일하게 하는 것이 더 간단한 공식을 제공한다. 그러므로 각각의 부분구간의 길이는 $\Delta x = \dfrac{b-a}{n}$로 가정한다.

길이 $\Delta x = \dfrac{b-a}{n}$은 **소구간의 길이**(step size, mesh size)라 부른다. i번째 부분구간 위에 놓여 있는 사다리꼴의 넓이는 다음과 같다.

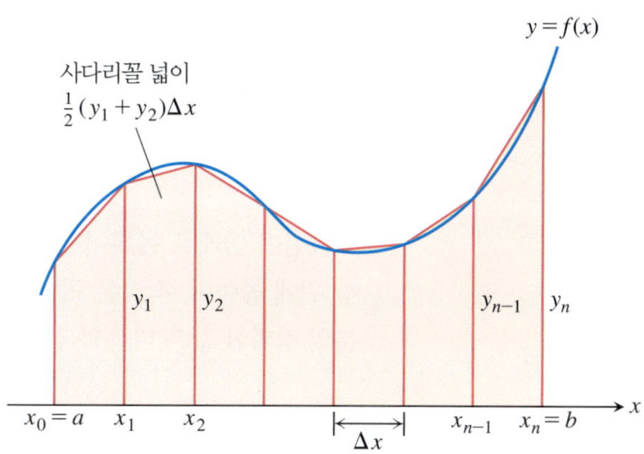

그림 7.7 사다리꼴 규칙은 곡선 $y=f(x)$의 짧은 구간을 직선으로 근사화한다. a부터 b까지 f의 적분을 근사화하기 위해 x축에 수직으로 만나는 구간의 끝점을 연결하여 만들어진 사다리꼴의 넓이를 더한다.

$$\Delta x\left(\frac{y_{i-1}+y_i}{2}\right)=\frac{\Delta x}{2}(y_{i-1}+y_i)$$

여기서 $y_{i-1}=f(x_{i-1})$이고 $y_i=f(x_i)$이다(그림 7.7 참조). 이때 곡선 $y=f(x)$의 아래쪽과 x축 위쪽의 넓이는 모든 사다리꼴의 넓이를 더하는 것에 의해 다음과 같이 근사화된다.

$$\begin{aligned}T&=\frac{1}{2}(y_0+y_1)\Delta x+\frac{1}{2}(y_1+y_2)\Delta x+\cdots\\&\quad+\frac{1}{2}(y_{n-2}+y_{n-1})\Delta x+\frac{1}{2}(y_{n-1}+y_n)\Delta x\\&=\Delta x\left(\frac{1}{2}y_0+y_1+y_2+\cdots+y_{n-1}+\frac{1}{2}y_n\right)\\&=\frac{\Delta x}{2}(y_0+2y_1+2y_2+\cdots+2y_{n-1}+y_n)\end{aligned}$$

여기서 다음과 같다.

$$y_0=f(a),\quad y_1=f(x_1),\ldots,\quad y_{n-1}=f(x_{n-1}),\quad y_n=f(b)$$

사다리꼴 규칙을 사용하여 a부터 b까지 f의 정적분을 구하기 위해 T를 사용하자.

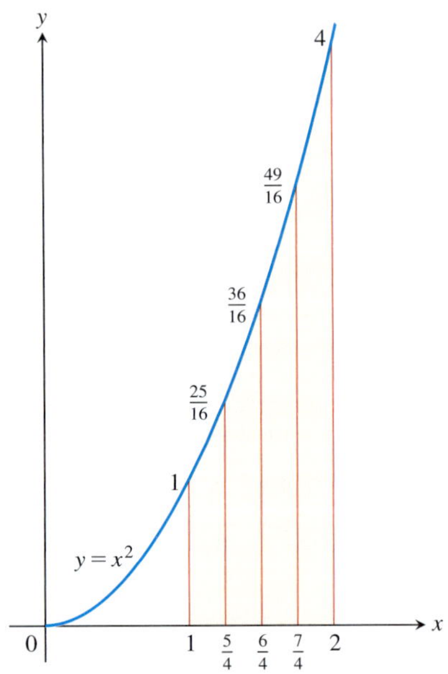

그림 7.8 $x=1$에서 $x=2$까지 그래프 $y=x^2$의 아래 영역에 대한 사다리꼴 근사는 정확한 값보다 약간 크다(예제 1).

표 7.2

x	$y=x^2$
1	1
$\frac{5}{4}$	$\frac{25}{16}$
$\frac{6}{4}$	$\frac{36}{16}$
$\frac{7}{4}$	$\frac{49}{16}$
2	4

사다리꼴 규칙

$\int_a^b f(x)\,dx$의 근삿값을 구하기 위해 다음을 사용한다.

$$T=\frac{\Delta x}{2}(y_0+2y_1+2y_2+\cdots+2y_{n-1}+y_n)$$

y는 다음과 같이 분할점에 대한 함숫값이다.

$$x_0=a,\ x_1=a+\Delta x,\ x_2=a+2\Delta x,\ \cdots,\ x_{n-1}=a+(n-1)\Delta x,\ x_n=b$$

여기서 $\Delta x=(b-a)/n$이다.

예제 1 $n=4$일 때 사다리꼴 규칙을 사용하여 $\int_1^2 x^2\,dx$를 구하라. 정확한 값을 구해 비교하라.

풀이 [1, 2]을 4개의 같은 길이의 부분구간으로 분할한다(그림 7.8). 그 후에 각각의 분할점에서 $y=x^2$을 구한다(표 7.2).

사다리꼴 규칙에 y값, $n=4$, $\Delta x=(2-1)/4=1/4$을 사용하여 다음과 같은 값을 구한다.

$$\begin{aligned}T&=\frac{\Delta x}{2}(y_0+2y_1+2y_2+2y_3+y_4)\\&=\frac{1}{8}\left(1+2\left(\frac{25}{16}\right)+2\left(\frac{36}{16}\right)+2\left(\frac{49}{16}\right)+4\right)\\&=\frac{75}{32}=2.34375\end{aligned}$$

포물선이 아래로 볼록이므로 근사적인 선분은 곡선 아래 놓여 있으며, 근사를 위한 선분은 곡선 위에 놓이며, 각각은 곡선 아래에 대응하는 얇고 긴 영역보다 약간 더 큰 넓이를 갖는다. 적분의 정확한 값은 다음과 같다.

$$\int_1^2 x^2\,dx=\frac{x^3}{3}\bigg]_1^2=\frac{8}{3}-\frac{1}{3}=\frac{7}{3}$$

T 근사는 참값인 7/3보다 약 0.5% 더 큰 값을 갖는다. 백분율 오차는 $(2.34375-7/3)/(7/3)\approx 0.00446$ 또는 0.446%이다. ■

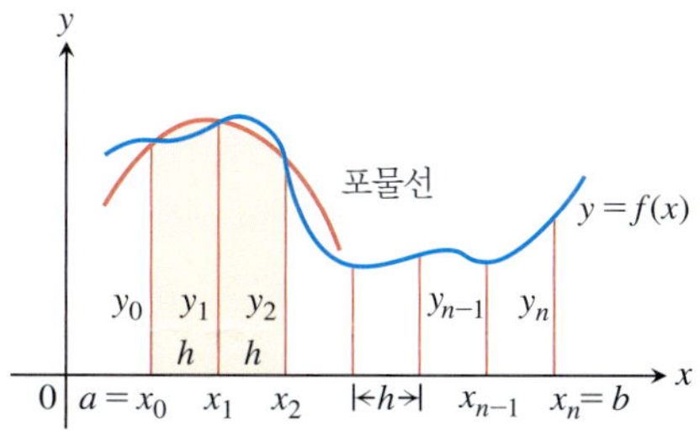

그림 7.9 심프슨의 규칙은 포물선으로 원래의 곡선을 근사한다.

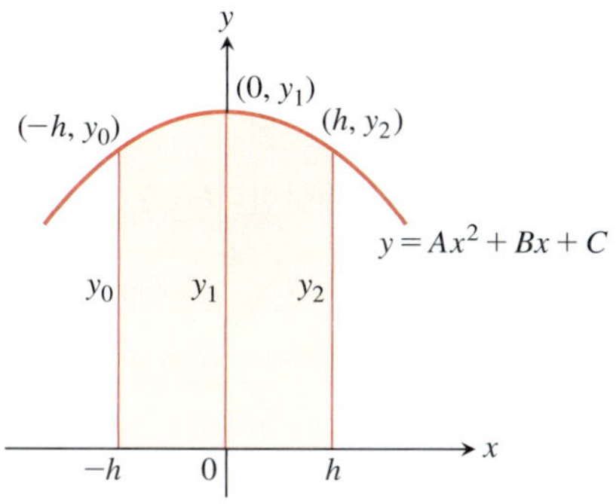

그림 7.10 $-h$에서 h까지 적분을 구하면 다음과 같다.

$$\frac{h}{3}(y_0 + 4y_1 + y_2)$$

심프슨의 규칙: 포물선을 이용한 근사화

연속함수의 정적분에 근사화하는 다른 방법은 선분을 사용한 사다리꼴로 대신 포물선을 사용하는 것이다. 이전처럼 구간 $[a, b]$에 대해 동일한 길이 $h=\Delta x=(b-a)/n$를 갖는 n개의 부분구간으로 분할한다. 여기에서 n은 짝수여야 한다. 각각의 연속적인 두 구간에 대해 그림 7.9에서 보는 것처럼 곡선 $y=f(x)\geq 0$을 포물선으로 근사시킨다. 전형적인 포물선은 곡선 위의 세 점 (x_{i-1}, y_{i-1}), (x_i, y_i), (x_{i+1}, y_{i+1})을 지난다.

세 연속된 점을 지나는 포물선 아래의 색칠된 영역을 계산하자. 계산을 간단히 하기 위해 $x_0=-h$, $x_1=0$, $x_2=h$인 경우를 택하자(그림 7.10). 여기서 $h=\Delta x=(b-a)/n$이다. 포물선 아래 넓이는 y축의 위치에 관계 없이 일정하다. 포물선의 방정식은 다음과 같다.

$$y = Ax^2 + Bx + C$$

$x=-h$에서 $x=h$까지 포물선 아래 넓이 A_p는 다음과 같다.

$$\begin{aligned} A_p &= \int_{-h}^{h} (Ax^2 + Bx + C)\,dx \\ &= \left[\frac{Ax^3}{3} + \frac{Bx^2}{2} + Cx\right]_{-h}^{h} \\ &= \frac{2Ah^3}{3} + 2Ch = \frac{h}{3}(2Ah^2 + 6C) \end{aligned}$$

곡선이 세 점 $(-h, y_0)$, $(0, y_1)$, (h, y_2)을 지나므로 대입하면 다음과 같다.

$$y_0 = Ah^2 - Bh + C, \qquad y_1 = C, \qquad y_2 = Ah^2 + Bh + C$$

약간의 대수적 조작을 하면 다음과 같이 A_p를 정리할 수 있다.

$$A_p = \frac{h}{3}(y_0 + 4y_1 + y_2)$$

이제 포물선을 그림 7.9에 색칠된 영역으로 이동시켜도 그 아래 넓이는 변하지 않는다. 그러므로 그림 7.9에서 (x_0, y_0), (x_1, y_1), (x_2, y_2)을 지나는 포물선 아래의 넓이는 여전히 다음과 같다.

$$\frac{h}{3}(y_0 + 4y_1 + y_2)$$

유사하게 (x_2, y_2), (x_3, y_3), (x_4, y_4)를 지나는 포물선 아래의 넓이는 다음과 같다.

$$\frac{h}{3}(y_2 + 4y_3 + y_4)$$

모든 포물선 아래의 넓이를 계산하고 결과를 더해 다음과 같이 근사시킬 수 있다.

$$\begin{aligned} \int_a^b f(x)\,dx &\approx \frac{h}{3}(y_0 + 4y_1 + y_2) + \frac{h}{3}(y_2 + 4y_3 + y_4) + \cdots \\ &\quad + \frac{h}{3}(y_{n-2} + 4y_{n-1} + y_n) \\ &= \frac{h}{3}(y_0 + 4y_1 + 2y_2 + 4y_3 + 2y_4 + \cdots + 2y_{n-2} + 4y_{n-1} + y_n) \end{aligned}$$

결과는 심프슨의 규칙으로 알려져 있다. 유도 과정에서와 같이 함수는 양수일 필요가 없다. 그러나 심프슨의 규칙을 적용하기 위한 부분구간의 수 n은 짝수이어야만 하는데, 그 이유는 각각의 포물선의 호는 2개의 부분구간을 사용하기 때문이다.

역사적 인물

토마스 심프슨(Thomas Simpson, 1720~1761)
심프슨은 성공한 교재 저자였으며 대부분의 연구를 확률론에 집중했다. 정적분을 근사하기 위한 심프슨의 법칙은 그가 태어나기 전에 개발되었다. 18세기 가장 유능한 수학자 중 한 명이 자신의 업적이 아닌, 자신이 주장하지도 않았고 단지 자신의 책 중 하나에서 언급했을 뿐인 법칙으로 기억된다는 것은 역사에서 또다른 아름다운 우연의 일치다.

심프슨의 규칙

$\int_a^b f(x)\,dx$를 근사시키기 위해 다음을 이용한다.

$$S = \frac{\Delta x}{3}(y_0 + 4y_1 + 2y_2 + 4y_3 + \cdots + 2y_{n-2} + 4y_{n-1} + y_n)$$

y는 다음과 같은 분할점에 대한 f의 함숫값이다.

$$x_0 = a,\ x_1 = a + \Delta x,\ x_2 = a + 2\Delta x,\ \cdots,\ x_{n-1} = a + (n-1)\Delta x,\ x_n = b$$

n은 짝수이고 $\Delta x = (b-a)/n$이다.

참고로 심프슨의 규칙에서 계수의 규칙은 1, 4, 2, 4, 2, 4, 2, ⋯, 4, 1이다.

예제 2 $n=4$일 때 $\int_0^2 5x^4\,dx$를 근사시키기 위해 심프슨의 규칙을 이용하라.

풀이 [0, 2]을 4개의 부분구간으로 분할하고 그 분할점에서 $y=5x^4$을 계산한다(표 7.3). 그 후에 $n=4$와 $\Delta x=1/2$를 가지고 심프슨의 규칙을 적용하면 다음과 같다.

$$\begin{aligned} S &= \frac{\Delta x}{3}(y_0 + 4y_1 + 2y_2 + 4y_3 + y_4) \\ &= \frac{1}{6}\left(0 + 4\left(\frac{5}{16}\right) + 2(5) + 4\left(\frac{405}{16}\right) + 80\right) \\ &= 32\frac{1}{12} \end{aligned}$$

표 7.3

x	$y = 5x^4$
0	0
$\frac{1}{2}$	$\frac{5}{16}$
1	5
$\frac{3}{2}$	$\frac{405}{16}$
2	80

이 근삿값은 정확한 값(32)에서 단지 1/2만큼 차이나며, 백분율 오차는 0.3% 미만이다. 이는 4개의 하위 구간만 사용한 결과이다. ■

오차 분석

근사 기법을 사용할 때, 근삿값이 얼마나 정확한지 고려해야만 한다. 다음 정리는 중점 규칙, 사다리꼴 규칙, 심프슨의 규칙을 사용할 때 오차를 추정하기 위한 공식을 제공한다. 오차는 해당 규칙을 사용하여 얻은 근삿값과 정적분의 실제값 $\int_a^b f(x)\,dx$ 사이의 차이이다.

정리 1 ❙ 중점 규칙, 사다리꼴 규칙, 심프슨의 규칙에서 오차 계산

만약 f''이 연속이고 M이 $[a, b]$에서 $|f''|$에 대한 상한이라면, n단계에 대해 a부터 b까지 f의 적분에 대한 중점 규칙에서 근사오차 E_M는 다음 부등식을 만족한다.

$$|E_M| \le \frac{M(b-a)^3}{24n^2} \qquad \text{중점 규칙}$$

만약 f''이 연속이고 M이 $[a, b]$에서 $|f''|$에 대한 상한이라면, n단계에 대해 a부터 b까지 f의 적분에 대한 사다리꼴 규칙에서 근사오차 E_T는 다음 부등식을 만족한다.

$$|E_T| \le \frac{M(b-a)^3}{12n^2} \qquad \text{사다리꼴 규칙}$$

만약 $f^{(4)}$이 연속이고 M이 $[a, b]$에서 $|f^{(4)}|$에 대한 상한이라면, n단계에 대해 a부터 b까지 f의 적분에 대한 심프슨의 규칙에서 근사오차 E_S는 다음 부등식을 만족한다.

$$|E_S| \le \frac{M(b-a)^5}{180n^4} \qquad \text{심프슨의 규칙}$$

정리 1이 사다리꼴 규칙의 경우에 참인 이유를 설명하기 위해 f''이 구간 $[a, b]$에서 연속이면 어떤 수 $c \in (a, b)$에 대해 다음 식과 같은 결과로 시작한다.

$$\int_a^b f(x)\,dx = T - \frac{b-a}{12} \cdot f''(c)(\Delta x)^2$$

이 결과는 8.9절의 정리 24에서 논의된 테일러의 나머지 정리로부터 나온다. Δx가 0으로 접근할 때, 다음과 같이 정의된 오차 E_T은 Δx의 제곱에 비례하여 0에 수렴한다.

$$E_T = -\frac{b-a}{12} \cdot f''(c)(\Delta x)^2$$

'max'가 구간 $[a, b]$에서 $|f''(x)|$의 최댓값을 나타낼 때 다음 부등식은 오차의 크기에 대한 상한을 제공한다.

$$|E_T| \le \frac{b-a}{12} \max|f''(x)|(\Delta x)^2$$

실제로 max $|f''(x)|$의 정확한 값은 일반적으로 찾을 수 없고 상한 또는 '최악의 경우' 그것을 대신할 값을 추정해야 한다. 만약 M이 구간 $[a, b]$에서 $|f''(x)|$의 상한, 즉 $|f''(x)| \le M$, $\forall x \in [a, b]$이라면 다음과 같이 쓸 수 있다.

$$|E_T| \le \frac{b-a}{12} M(\Delta x)^2$$

만약 Δx 대신에 $(b-a)/n$을 대입하면 다음과 같다.

$$|E_T| \le \frac{M(b-a)^3}{12n^2}$$

중점 규칙에 있는 오차 $|E_M|$에 대한 상한은 비슷한 논의를 기반으로 하며 다음과 같다.

$$|E_M| \le \frac{M(b-a)^3}{24n^2}$$

테일러의 나머지 정리는 중점 규칙 근사와 정적분의 차이가 어떤 $c \in [a, b]$에 대해 많아야 다음과 같다는 것을 의미한다.

$$\frac{|f''(c)|(b-a)^3}{24n^2}$$

M을 $[a, b]$에서 적어도 $|f''(x)|$의 최댓값만큼 큰 값으로 되도록 할 때, 정리 1에 의해 오차범위를 얻는다. 이때 중점 규칙의 오차범위가 사다리꼴 규칙에 대한 오차범위의 절반임에 주의한다. 이것이 사다리꼴 규칙보다 중점 규칙이 항상 더 정확하다는 것을 의미하는 것은 아니다. 오히려 발생가능한 가장 큰 가능한 오차가 단지 사다리꼴에 대한 가장 큰 가능한 오차의 절반임을 나타낸다.

심프슨의 규칙에서 오차를 계산하기 위해 테일러의 나머지 정리에 따라 네 번째 도함수 $f^{(4)}$가 연속이면 a와 b 사이의 점 c에 대해 다음이 성립한다는 결과와 함께 시작한다.

$$\int_a^b f(x)\,dx = S - \frac{b-a}{180} \cdot f^{(4)}(c)(\Delta x)^4$$

그러므로 Δx가 0으로 가까이 갈 때, 다음과 같은 오차는 Δx의 4제곱으로 0에 가까이 간다.

$$E_S = -\frac{b-a}{180} \cdot f^{(4)}(c)(\Delta x)^4$$

(이것은 왜 심프슨의 규칙이 사다리꼴 규칙보다 더 나은 결과를 제공하는지 설명하는 데 도움을 준다.)

'max'가 구간 $[a, b]$에서 $|f^{(4)}(x)|$의 최댓값으로 간주할 때 다음 부등식은 오차의 크기에 대한 상한 중의 하나를 제공한다.

$$|E_S| \le \frac{b-a}{180} \max|f^{(4)}(x)|(\Delta x)^4$$

사다리꼴 규칙에 대한 오차 공식에서 max $|f''|$와 마찬가지로 일반적 max $|f^{(4)}|$의 정확한 값을 찾을 수 없고 상한으로 그것을 대체해야만 한다. 만약 M이 $[a, b]$ 상에서 $|f^{(4)}(x)|$의 값에 대한 임의의 상한이라면 다음의 식이 성립한다.

$$|E_S| \le \frac{b-a}{180} M(\Delta x)^4$$

마지막 표현에 Δx 대신 $(b-a)/n$을 대입하면 다음과 같다.

$$|E_S| \le \frac{M(b-a)^5}{180n^4}$$

앞의 두 규칙에 대해 $[a, b]$ 위에 $|f''(x)|$의 최댓값 또는 심프슨의 규칙에 대해 $|f^{(4)}(x)|$의 최댓값 M을 바로 택하지 않았는지 궁금할 수 있다. 그 이유는 이 최댓값은 계산하기 어려운 반면에 덜 정확한 상한값은 쉽게 찾을 수 있기 때문이다. 계산할 수 있다면 확실하게 M을 최댓값으로 설정할 수 있다.

예제 3 $n=4$일 때 심프슨의 규칙을 사용하여 적분 $\int_0^2 5x^4\,dx$를 추정할 때 오차에 대한 상한을 찾아라(예제 2).

풀이 오차를 추정하기 위해 우선 구간 $0 \le x \le 2$에서 $f(x)=5x^4$의 4계 미분의 크기에 대한 상한 M을 찾는다. 4계 미분이 상숫값인 $f^{(4)}(x)=120$을 갖기 때문에 $M=120$을 택한다. $b-a=2$와 $n=4$에 대해 심프슨의 규칙에 대한 오차 추정은 다음과 같다.

$$|E_S| \le \frac{M(b-a)^5}{180n^4} = \frac{120(2)^5}{180 \cdot 4^4} = \frac{1}{12}$$

이 추정값은 예제 2의 결과와 일치한다. ■

정리 1은 오차에 대한 특정 허용오차를 지정하는 경우 사다리꼴 또는 심프슨의 규칙을 사용할 때 요구되는 하위 구간의 수를 추정하는 데에도 사용할 수 있다.

예제 4 심프슨의 법칙을 사용하여 예제 3의 적분을 근사화하는 데 필요한 최소 하위 간격 수를 오차가 10^{-4}보다 작은 값으로 추정하라.

풀이 정리 1의 부등식을 사용하여 $\frac{M(b-a)^5}{180n^4} < 10^{-4}$을 만족하는 부분구간의 수 n을 선택한다면, 심프슨의 규칙에서 오차 E_S은 요구에 따라 $|E_S| < 10^{-4}$을 만족한다.

예제 3의 풀이로부터 $M=120$과 $b-a=2$를 갖기 때문에, n이 $\frac{120(2)^5}{180n^4} < \frac{1}{10^4}$을 만족하거나 $n^4 > \frac{64 \cdot 10^4}{3}$와 동치이다. 이것은 다음을 따른다.

$$n > 10\left(\frac{64}{3}\right)^{1/4} \approx 21.5$$

심프슨의 규칙에서 n은 짝수가 되어야만 하므로 허용오차에 대해 요구되는 하위 구간의 최소개수 n을 22로 추정한다. ■

예제 5 6장에서 본 것과 같이 ln 2의 값은 다음 적분으로부터 계산될 수 있다.

$$\ln 2 = \int_1^2 \frac{1}{x}\,dx$$

표 7.4는 다양한 n의 값을 사용하여 $\int_1^2 (1/x)\,dx$의 근삿값에 대한 T와 S의 값을 보여준다. 심프슨의 규칙이 사다리꼴 규칙에 비해 어떻게 극적으로 향상되는지 주목하라.

표 7.4 $\ln 2 = \int_1^2 (1/x)\,dx$에 대한 사다리꼴 규칙 근사($T_n$)와 심프슨의 규칙 근사($S_n$).

n	T_n	보다 적은 |오차|	S_n	보다 적은 |오차|
10	0.6937714032	0.0006242227	0.6931502307	0.0000030502
20	0.6933033818	0.0001562013	0.6931473747	0.0000001942
30	0.6932166154	0.0000694349	0.6931472190	0.0000000385
40	0.6931862400	0.0000390595	0.6931471927	0.0000000122
50	0.6931721793	0.0000249988	0.6931471856	0.0000000050
100	0.6931534305	0.0000062500	0.6931471809	0.0000000004

특히 n의 값을 두 배로 할 때(따라서 $h=\Delta x$의 값이 반으로 줄어든다), 오차 T는 2의 제곱으로 나누어는 반면에 오차 S는 2의 네제곱으로 나누어진다. 이것은 $\Delta x=(2-1)/n$이 매우 작아질 때 극적인 영향을 준다. $n=50$일 때 심프슨의 근삿값은 일곱 자리까지 정확하게 반올림되고 $n=100$에 대해 소수점 아래 아홉 자리까지 정확하다(십억분의 1). ■

만약 $f(x)$가 4보다 작은 차수의 다항식이라면 $f^{(4)}(x)=0$이다. 그리고 심프슨 오차 E_S는 다음과 같다.

$$E_S = -\frac{b-a}{180} f^{(4)}(c)(\Delta x)^4 = -\frac{b-a}{180}(0)(\Delta x)^4 = 0$$

그러므로 f의 어떤 적분에 대한 심프슨 근삿값에는 오차가 없을 것이다. 다시 말하면 f가 상수, 선형(1차), 2차, 3차 다항식이라면 심프슨의 규칙은 f의 어떤 적분이든 부분구간의 수에 관계없이 정확한 값을 줄 것이다. 유사하게 f가 상수 또는 선형함수라면 이것의 2계 도함수 $f''(x)$는 0이 되고 다음과 같은 E_T값을 갖는다.

$$E_T = -\frac{b-a}{12} f''(c)(\Delta x)^2 = -\frac{b-a}{12}(0)(\Delta x)^2 = 0$$

그러므로 사다리꼴 규칙은 f에 대한 임의의 적분에 대한 정확한 값을 제공한다. 이것은 놀랄만한 것이 아니다. 왜냐하면 사다리꼴은 그래프에 완벽하게 맞기 때문이다.

이론적으로 Δx의 값을 줄이는 것이 심프슨과 사다리꼴 근사의 오차를 줄어들게 하지만, 실제로는 그렇지 않을 수 있다. $\Delta x=10^{-8}$ 정도로 Δx가 매우 작을 때, 컴퓨터나 계산기에서 필요한 산술 연산에서의 반올림 오차가 축적되어 오차 공식이 더 이상 현상을 설명하지 못할 수 있다. Δx를 특정 크기 아래로 줄이면 상황을 악화시킬 수 있다. 이 절에서 논의된 규칙을 사용한 반올림 오차로 인한 문제가 있다면, 좀더 정교한 방법에 대한 수치해석 책을 참고해야만 한다.

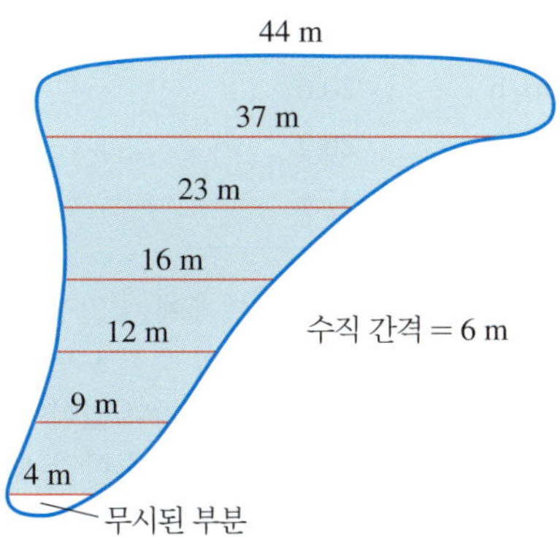

그림 7.11 예제 6에서 습지의 치수.

예제 6 어떤 마을이 오염된 습지를 배수하고 채우려고 한다(그림 7.11). 습지의 평균 깊이는 1.5 m이다. 습지를 배수한 후에 습지를 채우기 위해 얼마나 많은 입방미터의 흙이 필요한가?

풀이 습지의 부피를 계산하기 위해 겉넓이를 추정하고 1.5를 곱한다. 영역을 계산하기 위해 $\Delta x=6$ m와 함께 심프슨의 규칙을 사용한다. 그리고 그림 7.11에서처럼 y값은 습지를 가로질러 측정한 거리와 같다.

$$\begin{aligned} S &= \frac{\Delta x}{3}(y_0 + 4y_1 + 2y_2 + 4y_3 + 2y_4 + 4y_5 + y_6) \\ &= \frac{6}{3}(44 + 148 + 46 + 64 + 24 + 36 + 4) = 732 \end{aligned}$$

부피는 약 $(732)(1.5)=1098\ \text{m}^3$이다. ■

연습문제 7.7 EXERCISE QUESTION

몇몇 연습문제에 대해 계산기는 소수점 형태의 답을 표현하는 데 도움을 줄 것이다.

정적분의 추정

연습문제 1~10에서 적분에 대한 구조는 세 부분을 갖는다. 중점 규칙에 대한 것 하나, 사다리꼴 규칙에 대한 것 하나, 심프슨 규칙에 대한 하나이다.

I. 중점 규칙 사용

a. $n=4$로 적분을 추정하고 $|E_n|$의 하나의 상한을 찾아라.

b. 직접 적분을 구하고 $|E_M|$을 찾아라.

c. 적분의 참값에 대한 백분율로서 $|E_M|$을 표현하기 위해 공식 $(|E_M|/(\text{참값})) \times 100$을 사용하라.

II. 사다리꼴 규칙 사용

a. $n=4$로 적분을 추정하고 $|E_T|$의 하나의 상한을 찾아라.

b. 직접 적분을 구하고 $|E_T|$을 찾아라.

c. 적분의 참값에 대한 백분율로서 $|E_T|$을 표현하기 위해 공식 $(|E_T|/(\text{참값})) \times 100$을 사용하라.

III. 심프슨 규칙 사용

a. $n=4$로 적분을 추정하고 $|E_S|$의 하나의 상한을 찾아라.

b. 직접 적분을 구하고 $|E_S|$을 찾아라.

c. 적분의 참값에 대한 백분율로서 $|E_S|$을 표현하기 위해 공식 $(|E_S|/(\text{참값})) \times 100$을 사용하라.

1. $\int_1^2 x\,dx$ **2.** $\int_1^3 (2x-1)\,dx$

3. $\int_{-1}^1 (x^2+1)\,dx$ **4.** $\int_{-2}^0 (x^2-1)\,dx$

5. $\int_0^2 (t^3+t)\,dt$ **6.** $\int_{-1}^1 (t^3+1)\,dt$

7. $\int_1^2 \frac{1}{s^2}\,ds$ **8.** $\int_2^4 \frac{1}{(s-1)^2}\,ds$

9. $\int_0^\pi \sin t\,dt$ **10.** $\int_0^1 \sin \pi t\,dt$

부분구간의 수 추정하기

연습문제 11~22에서 **(a)** 사다리꼴 규칙, **(b)** 심프슨 규칙을 사용하여 오차의 크기가 10^{-4}보다 작은 적분을 추정하는 데 필요한 부분구간의 최소 개수를 추정하라(연습문제 11~18에서 적분은 연습문제 1~8에 있는 적분이다).

11. $\int_1^2 x\,dx$ **12.** $\int_1^3 (2x-1)\,dx$

13. $\int_{-1}^1 (x^2+1)\,dx$ **14.** $\int_{-2}^0 (x^2-1)\,dx$

15. $\int_0^2 (t^3+t)\,dt$ **16.** $\int_{-1}^1 (t^3+1)\,dt$

17. $\int_1^2 \frac{1}{s^2}\,ds$ **18.** $\int_2^4 \frac{1}{(s-1)^2}\,ds$

19. $\int_0^3 \sqrt{x+1}\,dx$ **20.** $\int_0^3 \frac{1}{\sqrt{x+1}}\,dx$

21. $\int_0^2 \sin(x+1)\,dx$ **22.** $\int_{-1}^1 \cos(x+\pi)\,dx$

수치데이터를 사용한 추정

23. 수영장의 물의 부피 가로로 5 m, 세로로 10 m인 직사각형 수영장이 있다. 수영장의 한쪽 끝부터 다른 쪽 끝까지 1 m 간격으로 물의 깊이 $h(x)$가 주어진 표와 함께 제공된다. 적분 $V=\int_0^{10} 5\cdot h(x)\,dx$에 $n=10$을 적용한 사다리꼴 규칙을 사용하여 수영장의 물의 부피를 추정하라.

위치 x (m)	깊이 $h(x)$ (m)	위치 x (m)	깊이 $h(x)$ (m)
0	1.20	6	2.30
1	1.64	7	2.38
2	1.82	8	2.46
3	1.98	9	2.54
4	2.10	10	2.60
5	2.20		

24. 이동거리 주어진 표는 정지 상태에서 130 km/h까지 가속하는 자동차의 속도 도달 시간데이터를 보여준다. 자동차가 이 속도에 도달할 때까지 얼마나 멀리 이동했는가? (속도 곡선 아래의 넓이를 추정하려면 사다리꼴을 사용하라. 시간 간격의 길이는 다양함에 주의하라.)

속도 변화	시간(s)
0에서 30 km/h까지	2.2
40 km/h	3.2
50 km/h	4.5
60 km/h	5.9
70 km/h	7.8
80 km/h	10.2
90 km/h	12.7
100 km/h	16.0
110 km/h	20.6
120 km/h	26.2
130 km/h	37.1

25. 날개 디자인 새로운 비행기를 설계하려면 각 날개에는 일정한 횡단면 넓이를 갖는 가솔린 탱크가 필요하다. 단면의 축척 도면이 여기에 나타난다. 탱크에는 2000 kg의 휘발유를 담을 수 있어야 하며 673 kg/m^{3}의 밀도를 가져야 한다. 심프슨의 법칙에 따라 탱크의 길이를 추정하라.

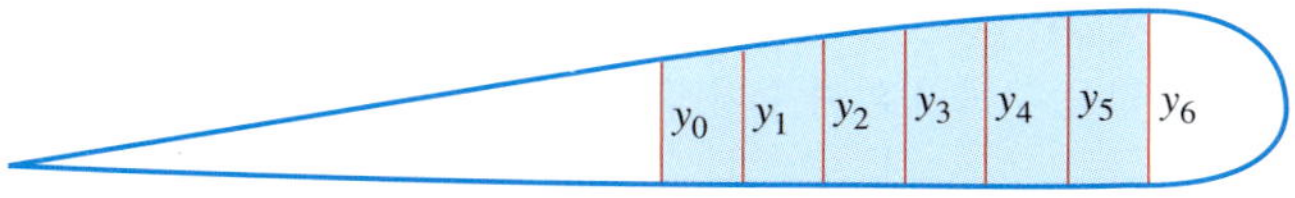

$y_0 = 0.5$ m, $y_1 = 0.55$ m, $y_2 = 0.6$ m, $y_3 = 0.65$ m,
$y_4 = 0.7$ m, $y_5 = y_6 = 0.75$ m, 수평 공간 $= 0.3$ m

26. Pathfinder Island의 석유 소비 디젤 발전기는 필터를 교체하기 위해 일시적으로 정지해야 할 때까지 점진적으로 증가하는 속도로 오일을 소비하면서 연속적으로 작동한다. 사다리꼴 법칙을 사용하여 해당 주 동안 발전기가 소비하는 오일의 양을 추정하라.

요일	기름 소비 속도 (liters/hour)
Sun	0.019
Mon	0.020
Tue	0.021
Wed	0.023
Thu	0.025
Fri	0.028
Sat	0.031
Sun	0.035

이론과 예제

27. 사인-적분함수의 사용가능한 값 공학에서 다음과 같은 사인-적분 함수는 단순화될 수 없는 많은 함수 중 하나이다.

$$\text{Si}(x) = \int_0^x \frac{\sin t}{t}\,dt \quad \text{'}x\text{의 사인 적분'}$$

$(\sin t)/t$에 대한 부정적분에 대한 어떤 기본 공식도 없다. 그러나 $\text{Si}(x)$의 값은 수치적분에 의해 손쉽게 추정된다.

비록 표기법을 명확하게 보여주지 않지만, 적분되는 함수 $f(t)$는 구간 $[0, x]$에서 $(\sin t)/t$의 연속적 확장이며 다음과 같다.

$$f(t) = \begin{cases} \dfrac{\sin t}{t}, & t \neq 0 \\ 1, & t = 0 \end{cases}$$

이 함수는 정의역의 모든 점에서 모든 차수의 미분을 갖고 있다. 주어진 그래프는 부드럽고 심프슨의 규칙으로부터 좋은 결과를 기대할 수 있다.

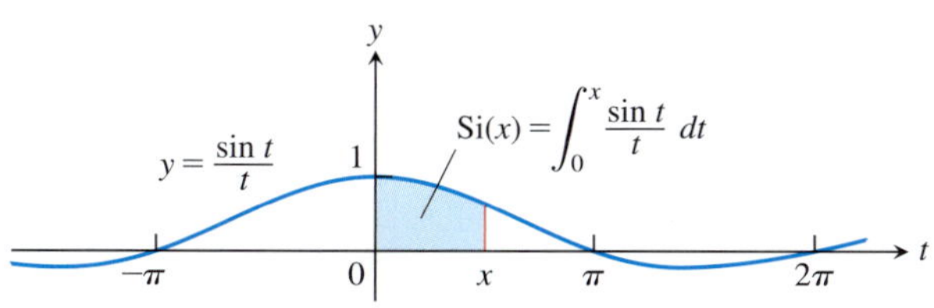

a. 만약 $\text{Si}\left(\frac{\pi}{2}\right) = \int_0^{\pi/2} \frac{\sin t}{t}\,dt$이 $n=4$인 경우 심프슨의 규칙에 의해 추정된다면 발생할 오차에 대한 상한을 주기 위해 $[0, \pi/2]$에서 $|f^{(4)}| \leq 1$이란 사실을 사용하라.

b. $n=4$인 경우 심프슨의 규칙에 의해 $\text{Si}(\pi/2)$을 추정하라.

c. 문제 (a)에서 찾은 오차 상한을 문제 (b)에서 찾은 값에 대한 백분율로 표현하라.

28. 오차함수 오차함수는 다음과 같이 정의된다

$$\text{erf}(x) = \frac{2}{\sqrt{\pi}} \int_0^x e^{-t^2}\,dt$$

확률론, 열 흐름 이론, 신호전달 이론에서 중요한 오차함수는 수치적으로 계산되어야만 한다. 왜냐하면 e^{-t^2}의 원시함수에 대한 기본적인 표현이 존재하지 않기 때문이다.

a. 심프슨의 규칙을 사용하여 $n=10$인 경우 $\text{erf}(1)$을 추정하라.

b. $[0, 1]$에서 다음과 같다고 하자.

$$\left|\frac{d^4}{dt^4}\left(e^{-t^2}\right)\right| \leq 12$$

문제 (a)에서 추정한 오차의 크기에 대한 상한을 제시하라.

29. $\int_a^b f(x)\,dx$에 대한 사다리꼴 규칙에서 합 T가 $[a, b]$에서 연속인 f에 대한 리만 합임을 증명하라. [힌트: 부분구간 $[x_{k-1}, x_k]$에서 $f(c) = (f(x_{k-1}) + f(x_k))/2$)을 만족하는 c_k의 존재를 보이기 위해 중간값의 정리를 사용하라.]

30. $\int_a^b f(x)\,dx$에 대한 심프슨의 규칙에서 합 S가 $[a, b]$에서 연속인 f에 대한 리만 합임을 증명하라.

31. 타원적분 타원 $\dfrac{x^2}{a^2} + \dfrac{y^2}{b^2} = 1$의 길이는 다음과 같음이 밝혀졌다.

$$\text{길이} = 4a \int_0^{\pi/2} \sqrt{1 - e^2 \cos^2 t}\,dt$$

여기서 $\sqrt{a^2 - b^2}/a$는 타원의 이심률이다. 타원적분이라고 불리는 이 공식에서 적분은 $e=0$ 또는 $e=1$인 경우를 제외하고는 기본적인 적분이 아니다.

a. $n=10$인 경우에 사다리꼴 규칙을 사용하여 $a=1$이고 $e=1/2$일 때 타원의 길이를 추정하라.

b. $f(t) = \sqrt{1 - e^2\cos^2 t}$의 2계 도함수의 절대값이 1보다 작다는 사실을 이용하여 문제 (a)에서 얻은 추정값의 오차 상한을 찾아라.

응용

32. 곡선 $y = \sin x$의 한 호의 길이는 다음과 같이 주어진다.

$$L = \int_0^{\pi} \sqrt{1 + \cos^2 x}\,dx$$

$n=8$인 경우 심프슨의 규칙을 사용하여 L을 추정하라.

T 연습문제 33~40에서 컴퓨터나 계산기를 사용할 필요가 있을 수 있다.

33. 금속가공회사가 여기에 보인 것과 동일한 주철 철제 지붕 시트를 제작하는 계약을 맺는 중이다. 주철 시트의 단면은 다음 곡선에 따라야만 한다.

$$y = \sin \frac{3\pi}{20}x, \quad 0 \leq x \leq 20 \text{ cm}$$

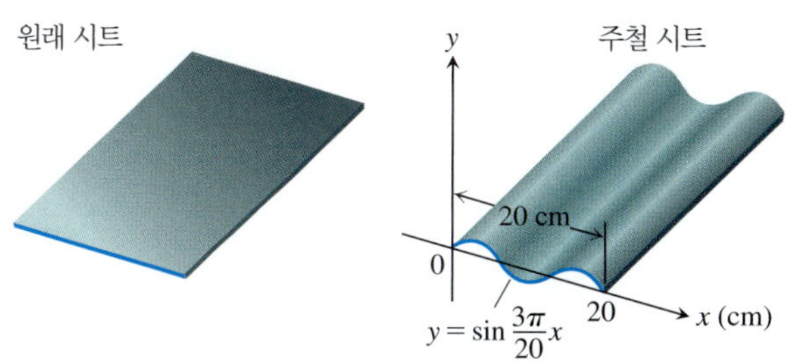

주철이 재료를 늘리지 않는 과정으로 평평한 시트에서 찍혀야 한다면, 원래 재료는 얼마나 넓어야 하는가? 사인 곡선의 길이를 소수점 두 자리까지 추정하기 위해 수치적분을 사용하여 밝혀라.

34. 공학회사가 주어진 그림과 같이 터널을 건설하는 계약을 하는 중이다. 터널은 90 m 길이이며, 하단 부분의 폭은 15 m이다. 단면은 곡선 $y=7.5\cos(\pi x/5)$와 같은 모양이다. 완성되면 터널의 내부 표면(도로 표면 제외)은 1 m^2 당 26.11달러의 방수 씰러를 적용하여 처리될 것이다. 방수 씰러를 적용하는 데 얼마나 비용이 드는가? [힌트: 코사인 곡선의 길이를 찾기 위해 수치적분을 사용하라.]

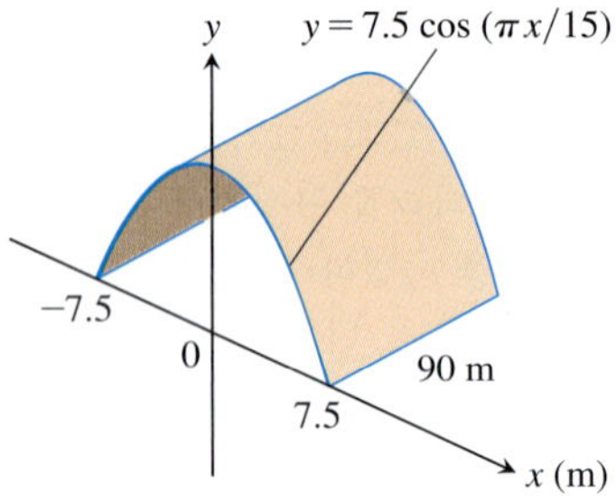

연습문제 35와 36에 있는 곡선을 x축에 대해 회전하여 생성되는 표면적을 소수점 아래 두 번째 자리까지 구하라.

35. $y = \sin x,\quad 0 \le x \le \pi$

36. $y = x^2/4,\quad 0 \le x \le 2$

37. 다음 값을 구하기 위해 수치적분을 사용하라.

$$\arcsin 0.6 = \int_0^{0.6} \frac{dx}{\sqrt{1-x^2}}$$

참고로 arcsin 0.6=0.64350이다.

38. 다음 값을 구하기 위해 수치적분을 사용하라.

$$\pi = 4\int_0^1 \frac{1}{1+x^2}\,dx$$

39. 약물의 흡수 60세 미만의 성인 남녀는 평균적으로 다음과 같이 모델링된 비율로 12시간 감기약을 흡수한다.

$$\frac{dy}{dt} = 6 - \ln(2t^2 - 3t + 3)$$

여기서 y는 밀리그램으로 측정되며 t는 약물 복용한 후 경과한 시간이다. 12시간 동안 사람의 몸에 흡수된 약의 양은 얼마인가?

40. 알레르기 항히스타민제의 효과 건강한 성인의 혈류에서 항히스타민제의 농도는 다음과 같이 모델링된다.

$$C = 12.5 - 4\ln(t^2 - 3t + 4)$$

여기서 C는 리터당 그램으로 측정되며 t는 약물 복용한 후 경과한 시간이다. 6시간 동안의 혈액 중 평균 농도는 얼마인가?

7.8 이상적분

지금까지 정적분이 두 가지 성질을 만족할 것을 요구했다. 첫째로 적분의 정의역 $[a, b]$는 유한해야만 하고, 둘째로 적분함수의 치역은 이 정의역에서 유한해야만 한다. 실제 이러한 조건 중 하나 또는 둘다 만족시키지 못하는 문제에 부딪힐 수 있다. x는 $[1, \infty)$에서 곡선 $y=(\ln x)/x^2$ 아래의 영역에 대한 적분은 정의역이 무한한 예이다(그림 7.12a). $x=0$에서 $x=1$ 사이에 곡선 $y=1/\sqrt{x}$ 아래 영역에 대한 적분은 적분함수의 치역이 무한한 것에 대한 예이다(그림 7.12b). 어느 경우에도 이러한 적분은 불완전하다고 말하며, 극한값으로 계산된다. 이상적분(불완전적분)은 특정 무한수열의 수렴을 조사하는 데 유용하다는 것을 8장에서 볼 것이다.

적분에 대한 무한극한

제1사분면에서 곡선 $y=e^{-x/2}$ 아래에 놓인 무한한 영역(오른쪽이 무한)을 고려하자(그림 7.13a). 이 영역이 무한한 영역을 갖는다고 생각할지도 모른다. 그러나 그 값은 유한하다는 것

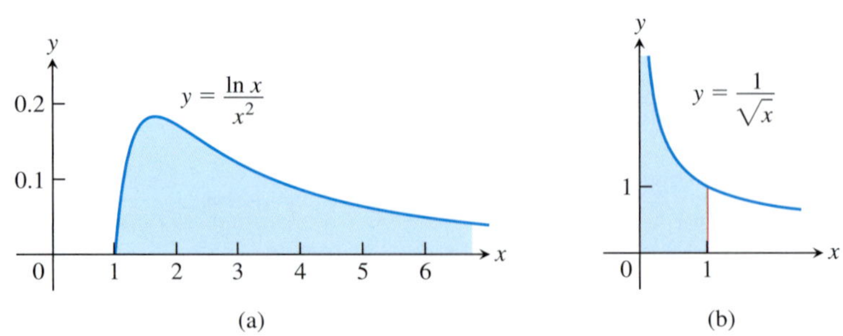

그림 7.12 이러한 무한 곡선 아래의 영역은 유한한가? 이 두 곡선에 대한 답변은 '예'이다.

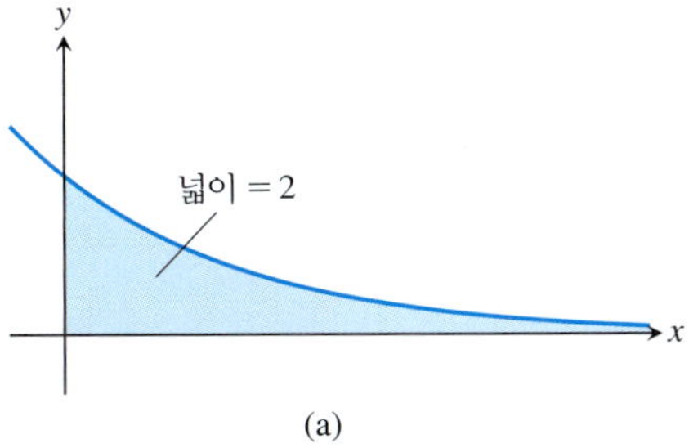

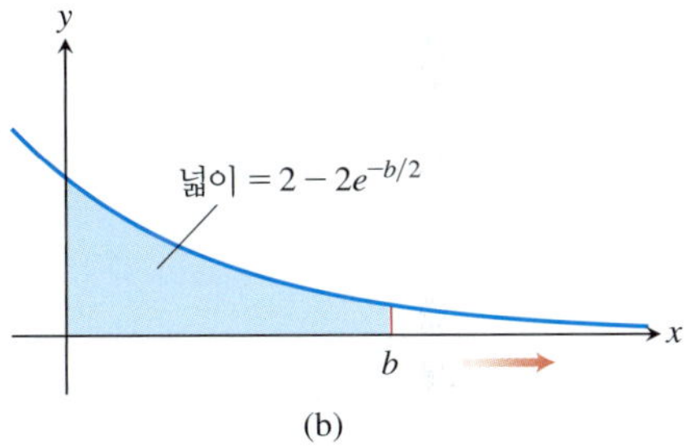

그림 7.13 (a) 곡선 $y = e^{-x/2}$ 아래에 놓이고 제1사분면에 속하는 영역의 넓이다. (b) 넓이는 유형 I의 이상적분이다.

을 볼 것이다. 다음의 방법으로 그 영역에 값을 할당한다. 첫 번째로 오른쪽에 $x = b$로 유계되는 영역의 일부분인 영역 $A(b)$를 찾는다(그림 7.13b).

$$A(b) = \int_0^b e^{-x/2}\,dx = -2e^{-x/2}\Big]_0^b = -2e^{-b/2} + 2 = 2 - 2e^{-b/2}$$

이것은 2보다 약간 더 작다. 그런 다음에 $b \to \infty$로서 극한 $A(b)$를 구한다.

$$\lim_{b\to\infty} A(b) = \lim_{b\to\infty} (2 - 2e^{-b/2}) = 2$$

그러므로 0부터 ∞까지 곡선 아래의 영역에 할당한 값은 다음과 같다.

$$\int_0^\infty e^{-x/2}\,dx = \lim_{b\to\infty} \int_0^b e^{-x/2}\,dx = 2$$

정의 적분에 무한극한을 갖는 적분은 **유형 I의 이상적분**(improper integral of type I)이다.

1. 만약 $f(x)$가 $[a, \infty)$에서 연속일 때, 다음과 같이 적분한다.

$$\int_a^\infty f(x)\,dx = \lim_{b\to\infty} \int_a^b f(x)\,dx$$

2. 만약 $f(x)$가 $(-\infty, b]$에서 연속일 때, 다음과 같이 적분한다.

$$\int_{-\infty}^b f(x)\,dx = \lim_{a\to-\infty} \int_a^b f(x)\,dx$$

3. 만약 $f(x)$가 $(-\infty, \infty)$에서 연속일 때, 다음과 같이 적분한다.

$$\int_{-\infty}^\infty f(x)\,dx = \int_{-\infty}^c f(x)\,dx + \int_c^\infty f(x)\,dx$$

여기서 c는 임의의 실수이다.

각각의 경우에 극한이 존재하고 유한하다면 이상적분이 **수렴한다**(converges)고 하고, 그 극한값이 이상적분의 **값**이다. 극한이 존재하지 않을 때 이상적분이 **발산한다**(diverges)고 한다.

정의의 조건 3에서 c의 선택은 중요하지 않다. 어떤 편리한 선택으로 $\int_{-\infty}^{\infty} f(x)\,dx$의 수렴 또는 발산을 결정하거나 계산할 수 있다.

만약 적분 구간에서 $f \geq 0$이라면 위의 정의에 있는 모든 적분은 넓이로 해석될 수 있다. 그림 7.13에 있는 이상적분을 넓이로 해석한다. 그 경우에 영역의 넓이는 유한한 값 2를 갖는다. 만약 $f \geq 0$과 이상적분이 발산한다면 곡선 아래의 넓이는 무한하다고 말한다.

예제 1 $x = 1$부터 $x = \infty$까지 곡선 $y = (\ln x)/x^2$ 아래 넓이는 유한한가? 만약 그렇다면 그 값은 무엇인가?

풀이 $x = 1$부터 $x = b$까지 곡선 아래의 영역을 구한다. 그리고 $b \to \infty$로 극한을 보낸다. 만약 그 극한이 유한하다면 그 값을 곡선(그림 7.14) 아래의 영역의 넓이로 택한다. 1부터 b까지 그 넓이는 다음과 같다.

$$\int_1^b \frac{\ln x}{x^2}\,dx = \left[(\ln x)\left(-\frac{1}{x}\right)\right]_1^b - \int_1^b \left(-\frac{1}{x}\right)\left(\frac{1}{x}\right)dx$$

다음을 이용하여 부분적분한다. $u = \ln x$, $dv = dx/x^2$, $du = dx/x$, $v = -1/x$

$$= -\frac{\ln b}{b} - \left[\frac{1}{x}\right]_1^b$$

$$= -\frac{\ln b}{b} - \frac{1}{b} + 1$$

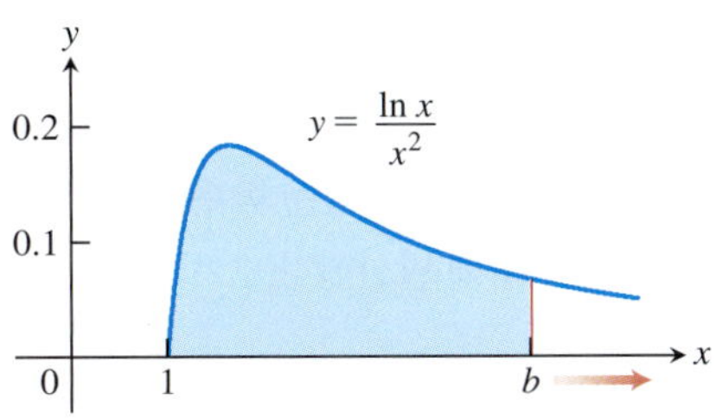

그림 7.14 곡선 아래의 넓이는 이상적분이다(예제 1).

$b \to \infty$일 때 넓이의 극한은 다음과 같다.

$$\int_1^\infty \frac{\ln x}{x^2}\,dx = \lim_{b\to\infty}\int_1^b \frac{\ln x}{x^2}\,dx$$
$$= \lim_{b\to\infty}\left[-\frac{\ln b}{b} - \frac{1}{b} + 1\right]$$
$$= -\left[\lim_{b\to\infty}\frac{\ln b}{b}\right] - 0 + 1$$
$$= -\left[\lim_{b\to\infty}\frac{1/b}{1}\right] + 1 = 0 + 1 = 1 \qquad \text{로피탈의 정리}$$

그러므로 이상적분은 수렴하고 넓이는 유한한 값 1이다. ■

예제 2 다음을 계산하라.

$$\int_{-\infty}^{\infty}\frac{dx}{1+x^2}$$

풀이 정의의 3에 의해 $c=0$을 선택하고 다음과 같이 쓸 수 있다.

$$\int_{-\infty}^{\infty}\frac{dx}{1+x^2} = \int_{-\infty}^{0}\frac{dx}{1+x^2} + \int_{0}^{\infty}\frac{dx}{1+x^2}$$

다음으로 위 식의 오른쪽에 있는 각각의 이상적분을 계산한다.

$$\int_{-\infty}^{0}\frac{dx}{1+x^2} = \lim_{a\to-\infty}\int_a^0\frac{dx}{1+x^2}$$
$$= \lim_{a\to-\infty}\tan^{-1}x\Big]_a^0$$
$$= \lim_{a\to-\infty}(\tan^{-1}0 - \tan^{-1}a) = 0 - \left(-\frac{\pi}{2}\right) = \frac{\pi}{2}$$

그러므로 다음과 같다.

$$\int_0^\infty\frac{dx}{1+x^2} = \lim_{b\to\infty}\int_0^b\frac{dx}{1+x^2}$$
$$= \lim_{b\to\infty}\tan^{-1}x\Big]_0^b$$
$$= \lim_{b\to\infty}(\tan^{-1}b - \tan^{-1}0) = \frac{\pi}{2} - 0 = \frac{\pi}{2}$$

그러므로 다음을 얻는다.

$$\int_{-\infty}^{\infty}\frac{dx}{1+x^2} = \frac{\pi}{2} + \frac{\pi}{2} = \pi$$

$1/(1+x^2) > 0$이므로 이상적분은 x축 위와 곡선 아래에 위치한 넓이로 해석될 수 있다(그림 7.15). ■

역사적 인물

르죈 디리클레(Lejeune Dirichlet, 1805~1859) 독일 수학자인 디리클레는 미분방정식 시스템의 해와 평형을 연구하고, 급수의 수렴에 대한 많은 결과를 발견했다. 1855년에 디리클레는 괴팅겐대학교의 수학 교수로 가우스의 뒤를 이었다.

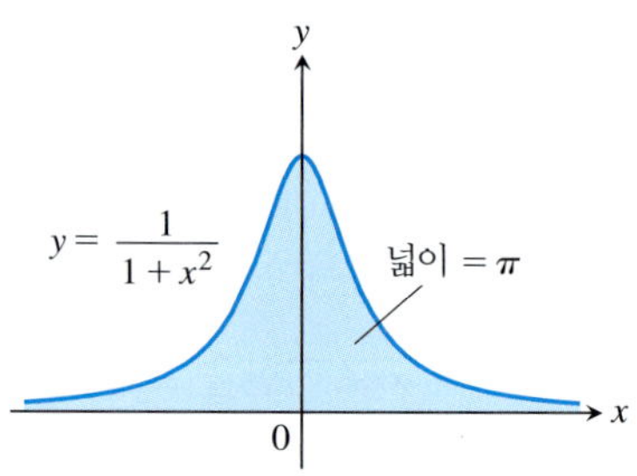

그림 7.15 이 곡선 아래의 넓이는 유한하다(예제 2).

적분 $\int_1^\infty \frac{dx}{x^p}$

함수 $y=1/x$는 형태가 $y=1/x^p$인 적분함수에 대한 수렴과 발산의 경계에 있는 함수이다. 다음 예제에서 보이는 것처럼 이상적분은 $p>1$일 때 수렴하고, $p \le 1$일 때 발산한다.

예제 3 p의 어떤 값에 대해 적분 $\int_1^\infty dx/x^p$가 수렴하는가? 적분이 수렴할 때 그 값은 무엇인가?

풀이 만약 $p \ne 1$이라면 다음을 구할 수 있다.

$$\int_1^b \frac{dx}{x^p} = \frac{x^{-p+1}}{-p+1}\bigg]_1^b = \left(\frac{1}{1-p}\right)(b^{-p+1}-1) = \left(\frac{1}{1-p}\right)\left(\frac{1}{b^{p-1}}-1\right)$$

따라서 $\lim_{b\to\infty} \frac{1}{b^{p-1}} = \begin{cases} 0, & p>1 \\ \infty, & p<1 \end{cases}$와 극한을 이용하여 이상적분을 구하면 다음과 같다.

$$\begin{aligned} \int_1^\infty \frac{dx}{x^p} &= \lim_{b\to\infty} \int_1^b \frac{dx}{x^p} \\ &= \lim_{b\to\infty} \left[\left(\frac{1}{1-p}\right)\left(\frac{1}{b^{p-1}}-1\right)\right] = \begin{cases} \dfrac{1}{p-1}, & p>1 \\ \infty, & p<1 \end{cases} \end{aligned}$$

그러므로 적분은 $p>1$이면 $1/(p-1)$에 수렴하고, $p<1$이면 발산한다.

또한 $p=1$이면 다음과 같은 이유로 적분은 발산한다.

$$\begin{aligned} \int_1^\infty \frac{dx}{x^p} &= \int_1^\infty \frac{dx}{x} \\ &= \lim_{b\to\infty} \int_1^b \frac{dx}{x} \\ &= \lim_{b\to\infty} \left[\ln|x|\right]_1^b \\ &= \lim_{b\to\infty} (\ln b - \ln 1) = \infty \end{aligned}$$

■

수직 점근선을 갖는 적분

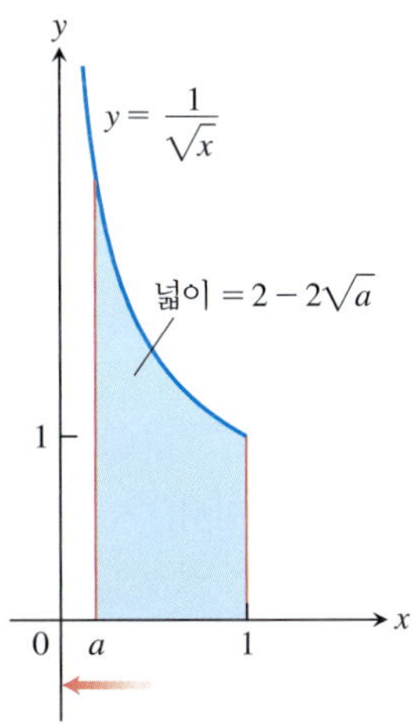

그림 7.16 이 곡선 아래의 넓이는 유형 II의 이상적분의 예이다.

이상적분의 또 다른 형태는 적분이 수직 점근선을 갖는 경우에 발생한다. 이 수직 점근선은 적분의 양끝 또는 그 사이의 점에서 함숫값이 무한대인 불연속인 점이다. 만약 적분함수 f가 적분 구간에서 양수이면 이상적분은 함수 f의 그래프 아래와 적분의 극한 사이의 x축 위의 넓이로 또 다시 해석할 수 있다.

$x=0$부터 $x=1$까지 곡선 $y=1/\sqrt{x}$ 아래에 놓인 제1사분면에 있는 영역을 고려하자(그림 7.12b). 우선 a부터 1까지 부분 넓이를 구한다(그림 7.16).

$$\int_a^1 \frac{dx}{\sqrt{x}} = 2\sqrt{x}\bigg]_a^1 = 2 - 2\sqrt{a}$$

그러면 $a \to 0^+$일 때 이 영역의 극한을 다음과 같이 구한다.

$$\lim_{a\to 0^+} \int_a^1 \frac{dx}{\sqrt{x}} = \lim_{a\to 0^+} \left(2 - 2\sqrt{a}\right) = 2$$

그러므로 0부터 1까지 곡선 아래의 넓이는 유한하고 다음과 같이 정의된다.

$$\int_0^1 \frac{dx}{\sqrt{x}} = \lim_{a\to 0^+} \int_a^1 \frac{dx}{\sqrt{x}} = 2$$

정의 적분 구간 안에 있는 한 점에서 무한이 되는 함수의 적분은 **유형 II의 이상적분**(improper integrals of type II)이다.

1. 만약 $f(x)$가 $(a, b]$에서 연속이고 a에서 불연속이면, 다음과 같이 적분한다.

$$\int_a^b f(x)\,dx = \lim_{c\to a^+} \int_c^b f(x)\,dx$$

2. 만약 $f(x)$가 $[a, b)$에서 연속이고 b에서 불연속이면, 다음과 같이 적분한다.

$$\int_a^b f(x)\,dx = \lim_{c \to b^-} \int_a^c f(x)\,dx$$

3. 만약 $f(x)$가 c $(a < c < b)$에서 불연속이고 $[a, c) \cup (c, b]$에서 연속이면, 다음과 같이 적분한다.

$$\int_a^b f(x)\,dx = \int_a^c f(x)\,dx + \int_c^b f(x)\,dx$$

각각의 경우에 극한이 존재하고 유한하다면 이상적분이 **수렴한다**고 하고, 그 극한값이 이상적분의 **값**이다. 극한이 존재하지 않을 때 이상적분이 **발산한다**고 한다.

정의의 조건 3에서 등식의 왼쪽에 있는 적분은 오른쪽에 있는 적분이 모두 수렴할 경우에 수렴하며 그렇지 않으면 발산한다.

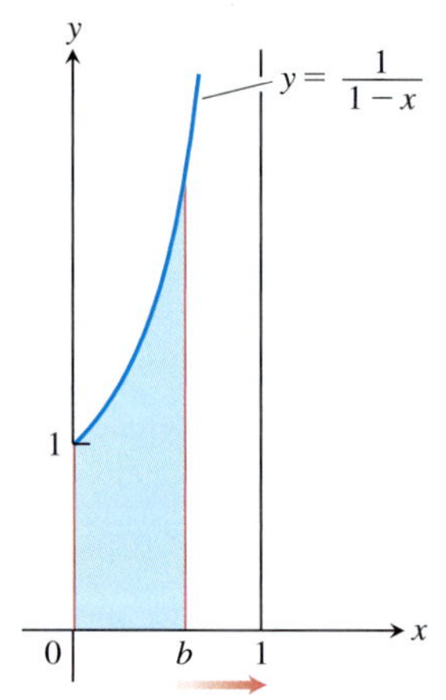

그림 7.17 [0, 1)에서 곡선 아래에 놓이고, x축 위에 놓이는 넓이는 실수가 아니다(예제 4).

예제 4 $\displaystyle\int_0^1 \frac{1}{1-x}\,dx$의 수렴을 조사하라.

풀이 피적분함수 $f(x) = 1/(1-x)$가 [0, 1)에서 연속이지만 $x = 1$에서 불연속이고 $x \to 1^-$일 때 무한이 된다(그림 7.17). 다음과 같이 적분을 계산한다.

$$\lim_{b \to 1^-} \int_0^b \frac{1}{1-x}\,dx = \lim_{b \to 1^-} \Big[-\ln|1-x|\Big]_0^b$$

$$= \lim_{b \to 1^-} [-\ln(1-b) + 0] = \infty$$

극한값이 무한대이므로 적분은 발산한다. ■

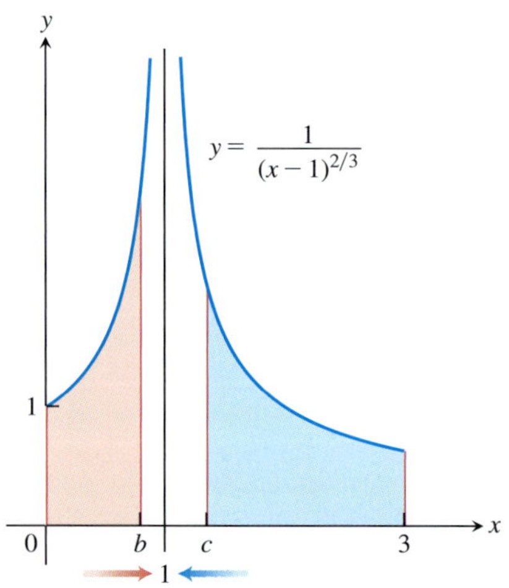

그림 7.18 예제 5는 적분이 수렴함을 보여준다(그 넓이는 실수).

예제 5 다음을 계산하라.

$$\int_0^3 \frac{dx}{(x-1)^{2/3}}$$

풀이 피적분함수는 $x = 1$을 수직 점근선으로 갖고 [0, 1)과 (1, 3]에서 연속이다(그림 7.18). 그러므로 위 정의의 조건 3에 의해 다음과 같이 쓸 수 있다.

$$\int_0^3 \frac{dx}{(x-1)^{2/3}} = \int_0^1 \frac{dx}{(x-1)^{2/3}} + \int_1^3 \frac{dx}{(x-1)^{2/3}}$$

다음으로 이 등식의 오른쪽에 있는 각각의 부정적분을 다음과 같이 계산한다.

$$\int_0^1 \frac{dx}{(x-1)^{2/3}} = \lim_{b \to 1^-} \int_0^b \frac{dx}{(x-1)^{2/3}}$$

$$= \lim_{b \to 1^-} 3(x-1)^{1/3}\Big]_0^b$$

$$= \lim_{b \to 1^-} \left[3(b-1)^{1/3} + 3\right] = 3$$

$$\int_1^3 \frac{dx}{(x-1)^{2/3}} = \lim_{c \to 1^+} \int_c^3 \frac{dx}{(x-1)^{2/3}}$$

$$= \lim_{c \to 1^+} 3(x-1)^{1/3}\Big]_c^3$$

$$= \lim_{c \to 1^+} \left[3(3-1)^{1/3} - 3(c-1)^{1/3}\right] = 3\sqrt[3]{2}$$

따라서 결과는 다음과 같다.

$$\int_0^3 \frac{dx}{(x-1)^{2/3}} = 3 + 3\sqrt[3]{2}$$ ■

CAS를 이용한 이상적분

컴퓨터 대수 시스템(CAS)은 수렴하는 많은 이상적분을 계산할 수 있다. Maple을 사용하여 다음 적분을 계산해보자.

$$\int_2^{\infty} \frac{x+3}{(x-1)(x^2+1)}\, dx$$

Maple에 다음과 같이 입력하자.

$$> f := (x+3)/((x-1)*(x\text{^}2+1));$$

그러고 나서 다음과 같은 적분 명령어를 사용한다.

$$> \text{int}(f, x = 2..\text{infinity});$$

Maple은 다음과 같이 결과를 반환한다.

$$\ln(5) + \arctan(2) - \frac{\pi}{2}$$

수치적 결과를 얻기 위해 계산 명령어 **evalf**을 사용하고, 다음과 같이 숫자의 자릿수를 지정한다.

$$> \text{evalf}(\%, 6);$$

기호 %는 화면에서 마지막에 있는 표현식을 계산하라는 컴퓨터 지시이며, 이 경우에 $(-1/2)\pi + \ln(5) + \arctan(2)$가 마지막 표현 식이다. Maple은 1.14579를 반환한다.

만약 Mathematica를 사용한다면 다음과 같이 입력한다.

$$In[1] := \text{Integrate}[(x+3)/((x-1)(x\text{^}2+1)),\ \{x, 2, \text{Infinity}\}]$$

그러면 다음과 같은 결과를 반환한다.

$$Out[1] = -\frac{\pi}{2} + \text{ArcTan}[2] + \text{Log}[5]$$

여섯 자리인 수치적 결과를 얻기 위해 명령어 "N[%,6]"을 사용하면, 1.14579를 반환한다.

수렴과 발산 판정법

만약 직접적으로 이상적분을 계산할 수 없을 때, 그것이 수렴하는지 발산하는지 결정하기를 시도한다. 만약 적분이 발산하면 더 이상 진행할 필요가 없다. 만약 수렴한다면 수치적 방법을 사용하여 그 값을 근사화할 수 있다. 수렴 또는 발산의 주요 판정법은 직접 비교판정법과 극한 비교판정법이 있다.

정리 2 ▌ 직접 비교판정법

함수 f와 g가 $[a, \infty)$에서 연속이고 $x \geq a$ 인 모든 x에 대해 $0 \leq f(x) \leq g(x)$이라고 하자. 그러면 다음을 만족한다.

1. 만약 $\int_a^{\infty} g(x)\, dx$가 수렴하면 $\int_a^{\infty} f(x)\, dx$ 또한 수렴한다.
2. 만약 $\int_a^{\infty} f(x)\, dx$가 발산하면 $\int_a^{\infty} g(x)\, dx$ 또한 발산한다.

역사적 인물

카를 바이어슈트라스(Karl Weierstrass, 1815~1897)

바이어슈트라스는 공무원으로서의 교육을 받기 위해 본 대학에 입학했지만, 그의 열정은 수학에 있었다. 1860년대 그의 베를린 강의에서 연속적이고 복잡한 함수에 대한 몇 가지 정리도 증명했다. 그가 정립한 엄격한 기준은 수학의 미래에 큰 영향을 미쳤다.

대략적인 증명 $\int_a^{\infty} g(x)\, dx$가 수렴한다고 가정하자. $b \geq a$인 각 숫자에 대해 $I(b) = \int_a^b f(x)\, dx$라 하자. $f(x)$가 음이 아니므로 $I(b)$는 b에 대한 증가함수이다. 실수의 완비성 성질(부록 A.7)을 사용하면 이 적분이 b와 함께 증가함에 따라 극한을 갖거나 $b \to \infty$일 때 무한대로 발산한다는 것을 보일 수 있다. 여기서 이 사실에 대한 증명을 제공하지는 않는다. 모든 x에 대해 $f(x) \le g(x)$이므로 다음이 성립한다.

$$I(b) = \int_a^b f(x)\,dx \le \int_a^b g(x)\,dx \le \int_a^\infty g(x)\,dx$$

그러므로 유한한 수 $M = \int_a^\infty g(x)\,dx$가 $I(b)$의 상한이다. $I(b)$는 무한으로 발산할 수 없으므로 $b \to \infty$일 때 유한한 값으로 수렴해야만 한다. 따라서 $\int_a^\infty f(x)\,dx$는 수렴한다. 이것은 명제 1이 성립함을 의미한다. 명제 2는 명제 1의 대우 형태이므로 명제 2도 잘 성립해야만 한다. ■

비록 이 정리는 유형 1의 부정적분에 대해 언급했지만, 유형 2의 적분에 대해서도 유사한 결과가 성립한다.

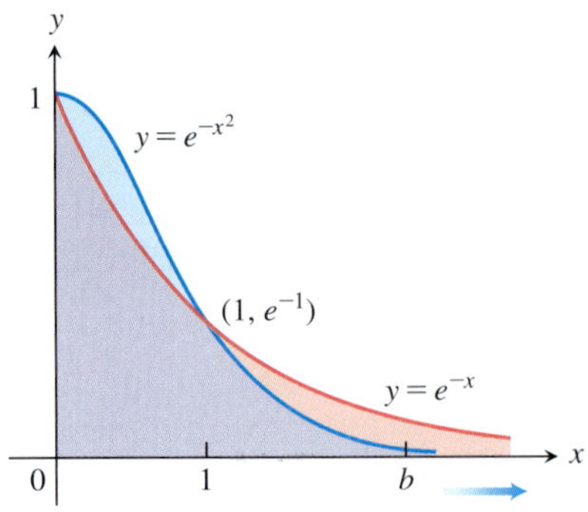

그림 7.19 e^{-x^2}의 그래프는 $x > 1$일 때 e^{-x}의 그래프보다 아래에 놓인다(예제 6a).

예제 6 이 예제는 정리 2가 어떻게 활용되는지를 설명한다.

(a) $\int_1^\infty e^{-x^2}\,dx$은 모든 $x \ge 1$에 대해 $0 < e^{-x^2} < e^{-x}$이므로 수렴하고(그림 7.19), 이상적분은 다음과 같이 구한다.

$$\begin{aligned}\int_1^\infty e^{-x}\,dx &= \lim_{b\to\infty} \int_1^b e^{-x}\,dx \\ &= \lim_{b\to\infty} \Big[-e^{-x}\,dx\Big]_1^b \\ &= \lim_{b\to\infty} (-e^{-b} + e^{-1}) \\ &= \frac{1}{e}\end{aligned}$$

(b) $\int_1^\infty \frac{\sin^2 x}{x^2}\,dx$는 수렴한다.

왜냐하면 $[1, \infty)$에서 $0 \le \frac{\sin^2 x}{x^2} \le \frac{1}{x^2}$이고 $\int_1^\infty \frac{1}{x^2}\,dx$가 수렴하기 때문이다. (예제 3)

(c) $\int_1^\infty \frac{1}{\sqrt{x^2 - 0.1}}\,dx$는 발산한다.

왜냐하면 $[1, \infty)$에서 $\frac{1}{\sqrt{x^2 - 0.1}} \ge \frac{1}{x}$이고 $\int_1^\infty \frac{1}{x}\,dx$가 발산하기 때문이다. (예제 3)

(d) $\int_0^{\pi/2} \frac{\cos x}{\sqrt{x}}\,dx$는 수렴한다.

왜냐하면 $\left[0, \frac{\pi}{2}\right]$에서 $0 \le \frac{\cos x}{\sqrt{x}} \le \frac{1}{\sqrt{x}}$이다. $0 \le \cos x \le 1$ on $\left[0, \frac{\pi}{2}\right]$

또한 다음과 같이 이상적분 $\int_0^{\pi/2} \frac{dx}{\sqrt{x}}$의 값이 존재하므로 수렴한다.

$$\begin{aligned}\int_0^{\pi/2} \frac{dx}{\sqrt{x}} &= \lim_{a\to 0^+} \int_a^{\pi/2} \frac{dx}{\sqrt{x}} \\ &= \lim_{a\to 0^+} \sqrt{4x}\,\Big|_a^{\pi/2} \qquad 2\sqrt{x} = \sqrt{4x} \\ &= \lim_{a\to 0^+} \left(\sqrt{2\pi} - \sqrt{4a}\right) = \sqrt{2\pi}\end{aligned}$$

■

예제 6a, 6b, 6d에서 적분이 수렴한다는 것을 보였지만, 이들 적분의 정확한 값을 알지 못한다. 예제 6d의 계산은 다음을 의미한다.

$$0 \le \int_0^{\pi/2} \frac{\cos x}{\sqrt{x}}\,dx \le \int_0^{\pi/2} \frac{dx}{\sqrt{x}} = \sqrt{2\pi}$$

그러나 추가적인 계산을 더 하지 않는다면 할 수 있는 최선은 그 적분이 0과 $\sqrt{2\pi}$ 사이의 어떤 실수라고 말하는 것이다.

정리 3 | 극한 비교판정법

만약 양의 함수 f와 g가 $[a, \infty)$에서 연속이라고 하자.

$$\lim_{x\to\infty} \frac{f(x)}{g(x)} = L, \quad 0 < L < \infty$$

그러면 다음은 동시에 수렴하거나 발산한다.

$$\int_a^\infty f(x)\,dx, \quad \int_a^\infty g(x)\,dx$$

정리 3의 증명은 정리 2의 증명과 유사하므로 생략한다.

만약 두 함수 $f(x)$와 $g(x)$는 정리 3의 가정과 그들의 이상적분이 모두 수렴한다면, 이들 두 적분이 같은 값을 갖는 경우가 될 필요는 없다. 다음 예제를 살펴보자.

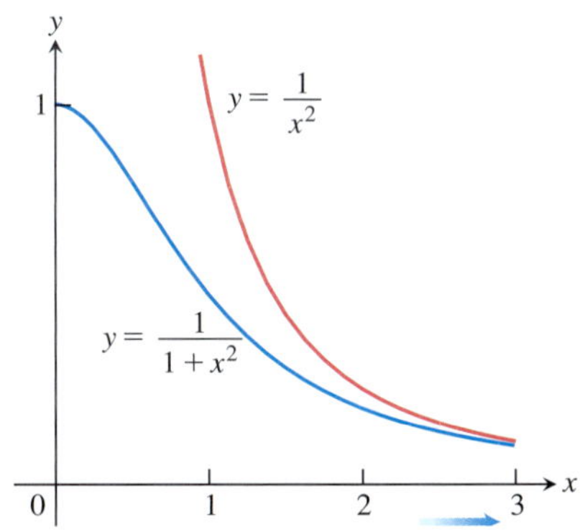

그림 7.20 예제 7의 함수.

예제 7 $\int_1^\infty \frac{1}{x^2}\,dx$ 와 비교하여 $\int_1^\infty \frac{dx}{1+x^2}$가 수렴함을 보여라. 두 적분값을 찾고 비교하라.

풀이 함수 $f(x)=1/x^2$과 $g(x)=1/(1+x^2)$이 $[1, \infty)$에서 모두 양수인 함수이고 연속이다. 또한 다음과 같은 양의 유한한 극한값을 갖는다(그림 7.20).

$$\lim_{x\to\infty} \frac{f(x)}{g(x)} = \lim_{x\to\infty} \frac{1/x^2}{1/(1+x^2)} = \lim_{x\to\infty} \frac{1+x^2}{x^2}$$

$$= \lim_{x\to\infty} \left(\frac{1}{x^2} + 1\right) = 0 + 1 = 1$$

그러므로 $\int_1^\infty \frac{dx}{x^2}$이 수렴하므로 $\int_1^\infty \frac{dx}{1+x^2}$도 수렴한다.

하지만 두 적분은 다음과 같이 서로 다른 값으로 수렴한다.

$$\int_1^\infty \frac{dx}{x^2} = \frac{1}{2-1} = 1 \qquad \text{예제 3}$$

$$\int_1^\infty \frac{dx}{1+x^2} = \lim_{b\to\infty} \int_1^b \frac{dx}{1+x^2} = \lim_{b\to\infty} [\tan^{-1} b - \tan^{-1} 1] = \frac{\pi}{2} - \frac{\pi}{4} = \frac{\pi}{4}$$ ■

표 7.5

b	$\int_1^b \frac{1-e^{-x}}{x}\,dx$
2	0.5226637569
5	1.3912002736
10	2.0832053156
100	4.3857862516
1000	6.6883713446
10000	8.9909564376
100000	11.2935415306

예제 8 $\int_1^\infty \frac{1-e^{-x}}{x}\,dx$의 수렴을 조사하라.

풀이 적분함수는 $f(x)=(1-e^{-x})/x$를 $g(x)=1/x$로 비교하기를 제안한다. 그러나 $f(x) \le g(x)$이고 $g(x)$의 적분이 발산하므로 직접 비교판정법을 사용할 수 없다. 반면에 극한 비교판정법을 사용하면, 다음과 같이 양의 유한한 극한값을 갖는다는 것을 발견할 수 있다.

$$\lim_{x\to\infty} \frac{f(x)}{g(x)} = \lim_{x\to\infty} \left(\frac{1-e^{-x}}{x}\right)\left(\frac{x}{1}\right) = \lim_{x\to\infty} (1-e^{-x}) = 1$$

그러므로 $\int_1^\infty \frac{dx}{x}$가 발산하므로 $\int_1^\infty \frac{1-e^{-x}}{x}\,dx$는 발산한다. 이상적분에서 근삿값은 표 7.5에 주어져 있다. 이들 근삿값은 $b \to \infty$일 때 고정된 유한한 극한값으로 다가가는 것으로 보이지 않는다는 것에 주의한다. ■

연습문제 7.8 EXERCISE QUESTION

이상적분 계산

연습문제 1~34에서 적분은 수렴한다. 표를 사용하지 않고 적분을 계산하라.

1. $\int_0^{\infty} \frac{dx}{x^2+1}$

2. $\int_1^{\infty} \frac{dx}{x^{1.001}}$

3. $\int_0^1 \frac{dx}{\sqrt{x}}$

4. $\int_0^4 \frac{dx}{\sqrt{4-x}}$

5. $\int_{-1}^1 \frac{dx}{x^{2/3}}$

6. $\int_{-8}^1 \frac{dx}{x^{1/3}}$

7. $\int_0^1 \frac{dx}{\sqrt{1-x^2}}$

8. $\int_0^1 \frac{dr}{r^{0.999}}$

9. $\int_{-\infty}^{-2} \frac{2\,dx}{x^2-1}$

10. $\int_{-\infty}^{2} \frac{2\,dx}{x^2+4}$

11. $\int_2^{\infty} \frac{2}{v^2-v}\,dv$

12. $\int_2^{\infty} \frac{2\,dt}{t^2-1}$

13. $\int_{-\infty}^{\infty} \frac{2x\,dx}{(x^2+1)^2}$

14. $\int_{-\infty}^{\infty} \frac{x\,dx}{(x^2+4)^{3/2}}$

15. $\int_0^1 \frac{\theta+1}{\sqrt{\theta^2+2\theta}}\,d\theta$

16. $\int_0^2 \frac{s+1}{\sqrt{4-s^2}}\,ds$

17. $\int_0^{\infty} \frac{dx}{(1+x)\sqrt{x}}$

18. $\int_1^{\infty} \frac{1}{x\sqrt{x^2-1}}\,dx$

19. $\int_0^{\infty} \frac{dv}{(1+v^2)(1+\tan^{-1} v)}$

20. $\int_0^{\infty} \frac{16\tan^{-1} x}{1+x^2}\,dx$

21. $\int_{-\infty}^0 \theta e^{\theta}\,d\theta$

22. $\int_0^{\infty} 2e^{-\theta}\sin\theta\,d\theta$

23. $\int_{-\infty}^0 e^{-|x|}\,dx$

24. $\int_{-\infty}^{\infty} 2x e^{-x^2}\,dx$

25. $\int_0^1 x\ln x\,dx$

26. $\int_0^1 (-\ln x)\,dx$

27. $\int_0^2 \frac{ds}{\sqrt{4-s^2}}$

28. $\int_0^1 \frac{4r\,dr}{\sqrt{1-r^4}}$

29. $\int_1^2 \frac{ds}{s\sqrt{s^2-1}}$

30. $\int_2^4 \frac{dt}{t\sqrt{t^2-4}}$

31. $\int_{-1}^4 \frac{dx}{\sqrt{|x|}}$

32. $\int_0^2 \frac{dx}{\sqrt{|x-1|}}$

33. $\int_{-1}^{\infty} \frac{d\theta}{\theta^2+5\theta+6}$

34. $\int_0^{\infty} \frac{dx}{(x+1)(x^2+1)}$

수렴성 판정법

연습문제 35~68에서 수렴을 검증하기 위해 적분, 직접 비교판정법, 극한 비교판정법을 사용하라. 여러 방법을 적용할 수 있는 경우에 선호하는 방법을 사용하라.

35. $\int_{1/2}^2 \frac{dx}{x\ln x}$

36. $\int_{-1}^1 \frac{d\theta}{\theta^2-2\theta}$

37. $\int_{1/2}^{\infty} \frac{dx}{x(\ln x)^3}$

38. $\int_0^{\infty} \frac{d\theta}{\theta^2-1}$

39. $\int_0^{\pi/2} \tan\theta\,d\theta$

40. $\int_0^{\pi/2} \cot\theta\,d\theta$

41. $\int_0^1 \frac{\ln x}{x^2}\,dx$

42. $\int_1^2 \frac{dx}{x\ln x}$

43. $\int_0^{\ln 2} x^{-2}e^{-1/x}\,dx$

44. $\int_0^1 \frac{e^{-\sqrt{x}}}{\sqrt{x}}\,dx$

45. $\int_0^{\pi} \frac{dt}{\sqrt{t}+\sin t}$

46. $\int_0^1 \frac{dt}{t-\sin t}$
[힌트: $t \ge \sin t,\ t \ge 0$]

47. $\int_0^2 \frac{dx}{1-x^2}$

48. $\int_0^2 \frac{dx}{1-x}$

49. $\int_{-1}^1 \ln|x|\,dx$

50. $\int_{-1}^1 -x\ln|x|\,dx$

51. $\int_1^{\infty} \frac{dx}{x^3+1}$

52. $\int_4^{\infty} \frac{dx}{\sqrt{x}-1}$

53. $\int_2^{\infty} \frac{dv}{\sqrt{v-1}}$

54. $\int_0^{\infty} \frac{d\theta}{1+e^{\theta}}$

55. $\int_0^{\infty} \frac{dx}{\sqrt{x^6+1}}$

56. $\int_2^{\infty} \frac{dx}{\sqrt{x^2-1}}$

57. $\int_1^{\infty} \frac{\sqrt{x+1}}{x^2}\,dx$

58. $\int_2^{\infty} \frac{x\,dx}{\sqrt{x^4-1}}$

59. $\int_{\pi}^{\infty} \frac{2+\cos x}{x}\,dx$

60. $\int_{\pi}^{\infty} \frac{1+\sin x}{x^2}\,dx$

61. $\int_4^{\infty} \frac{2\,dt}{t^{3/2}-1}$

62. $\int_2^{\infty} \frac{1}{\ln x}\,dx$

63. $\int_1^{\infty} \frac{e^x}{x}\,dx$

64. $\int_{e^e}^{\infty} \ln(\ln x)\,dx$

65. $\int_1^{\infty} \frac{1}{\sqrt{e^x-x}}\,dx$

66. $\int_1^{\infty} \frac{1}{e^x-2^x}\,dx$

67. $\int_{-\infty}^{\infty} \frac{dx}{\sqrt{x^4+1}}$

68. $\int_{-\infty}^{\infty} \frac{dx}{e^x+e^{-x}}$

연습문제 69~80에서 이상적분이 수렴하는지 발산하는지 결정하라. 만약 수렴한다면 적분을 계산하라.

69. $\int_0^1 \frac{1}{x\sqrt{x}}\,dx$

70. $\int_2^{\infty} \frac{1}{x\sqrt{x}}\,dx$

71. $\int_0^{32} \frac{1}{\sqrt[5]{x}}\,dx$

72. $\int_1^{\infty} \frac{1}{\sqrt[5]{x}}\,dx$

73. $\int_3^\infty \frac{1}{x^4}\,dx$

74. $\int_{-2}^1 \frac{1}{x^4}\,dx$

75. $\int_0^\infty x^2 e^{x^3}\,dx$

76. $\int_{-\infty}^0 x^2 e^{x^3}\,dx$

77. $\int_{-3}^0 \frac{1}{x^2+3x}\,dx$

78. $\int_1^\infty \frac{1}{x^2+3x}\,dx$

79. $\int_{-\infty}^4 \frac{x}{(x^2+9)^{5/2}}\,dx$

80. $\int_{-\infty}^4 \frac{x}{(x^2+9)^{2/5}}\,dx$

이론과 예제

81. 각각의 적분이 수렴하기 위한 p값을 찾아라.

a. $\int_1^2 \frac{dx}{x(\ln x)^p}$ **b.** $\int_2^\infty \frac{dx}{x(\ln x)^p}$

82. $\int_{-\infty}^\infty f(x)\,dx$ **는** $\lim_{b\to\infty}\int_{-b}^b f(x)\,dx$ **와 같지 않다.** $\int_0^\infty \frac{2x\,dx}{x^2+1}$는 발산함을 보이고, $\int_{-\infty}^\infty \frac{2x\,dx}{x^2+1}$도 발산함을 보여라. 그런 다음 $\lim_{b\to\infty}\int_{-b}^b \frac{2x\,dx}{x^2+1} = 0$임을 보여라.

연습문제 83~86은 제1사분면에서 곡선 $y=e^{-x}$과 x축 사이의 무한한 영역에 관한 것이다.

83. 영역의 넓이를 구하라.

84. 영역의 중심을 구하라.

85. 영역을 y축에 대해 회전시켰을 때 생성되는 입체의 부피를 구하라.

86. 영역을 x축에 대해 회전시켰을 때 생성되는 입체의 부피를 구하라.

87. $x=0$부터 $x=\pi/2$까지 곡선 $y=\sec x$와 $y=\tan x$ 사이에 놓인 영역의 넓이를 구하라.

88. 연습문제 87에 있는 영역은 입체를 생성하기 위해 x축에 대해 회전된다.

a. 입체의 부피를 구하라.

b. 입체의 내부와 외부 표면이 무한한 넓이를 갖는다는 것을 보여라.

89. 세 그래프 $y=\frac{1}{x^2}$, $y=0$, $x=1$에 의해 둘러싸인 제1사분면의 무한한 영역에 대해 다음을 구하라.

a. 영역의 넓이를 구하라.

b. **(i)** x축에 대해 영역을 회전할 때 형성되는 입체의 부피를 구하라.

(ii) y축에 대해 영역을 회전할 때 형성되는 입체의 부피를 구하라.

90. 네 그래프 $y=\frac{1}{\sqrt{x}}$, $y=0$, $x=0$, $x=1$에 의해 둘러싸인 제1사분면의 무한한 영역에 대해 다음을 구하라.

a. 영역의 넓이를 구하라.

b. **(i)** x축에 대해 영역을 회전할 때 형성되는 입체의 부피를 구하라.

(ii) y축에 대해 영역을 회전할 때 형성되는 입체의 부피를 구하라.

91. 다음 적분을 계산하라.

a. $\int_0^1 \frac{dt}{\sqrt{t}(1+t)}$ **b.** $\int_0^\infty \frac{dt}{\sqrt{t}(1+t)}$

92. $\int_3^\infty \frac{dx}{x\sqrt{x^2-9}}$을 계산하라.

93. **정의역이 무한한 수렴하는 이상적분의 값을 추정하라.**

a. 다음 식이 성립함을 보이고,

$$\int_3^\infty e^{-3x}\,dx = \frac{1}{3}e^{-9} < 0.000042$$

$\int_3^\infty e^{-x^2}\,dx < 0.000042$이 성립함을 보여라. 이것이 0.000042보다 큰 오류 없이 $\int_0^\infty e^{-x^2}\,dx$를 $\int_0^3 e^{-x^2}\,dx$로 대체할 수 있다는 것을 의미한다. 그 이유를 설명하라.

T **b.** 수치적으로 $\int_0^3 e^{-x^2}\,dx$를 계산하라.

94. **무한한 페인트 통이나 가브리엘의 뿔** 예제 3에서 보여준 것과 같이 적분 $\int_1^\infty (dx/x)$는 발산한다. 이것은 곡선 $y=1/x$, $1\le x$을 x에 대한 회전에 의해 형성된 회전체의 겉넓이를 측정하는 다음 적분이 발산함을 의미한다.

$$\int_1^\infty 2\pi\frac{1}{x}\sqrt{1+\frac{1}{x^4}}\,dx$$

두 적분을 비교하면 모든 유한한 값 $b>1$에 대해 다음이 성립함을 알 수 있다.

$$\int_1^b 2\pi\frac{1}{x}\sqrt{1+\frac{1}{x^4}}\,dx > 2\pi\int_1^b \frac{1}{x}\,dx$$

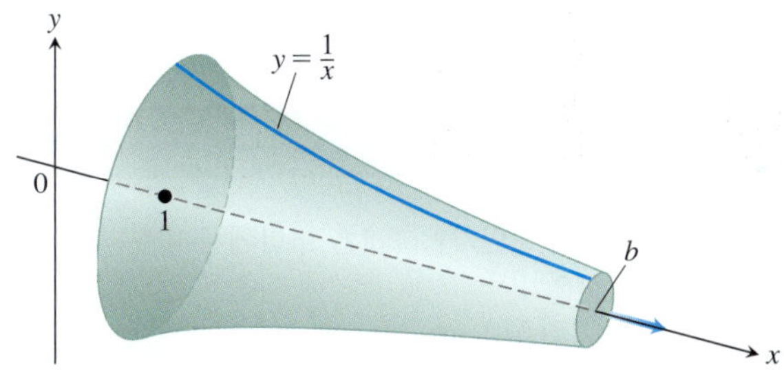

그러나 입체의 부피에 대한 적분 $\int_1^\infty \pi\left(\frac{1}{x}\right)^2 dx$는 수렴한다.

a. 적분 $\int_1^\infty \pi\left(\frac{1}{x}\right)^2 dx$를 계산하라.

b. 이 회전체는 때때로 내부를 덮기에는 페인트가 부족한 깡통으로써 설명된다. 잠시 생각해보자. 유한한 양의 페인트는 무한한 표면을 덮을 수 없다는 것이 상식이다. 그러나 만약 페인트로 뿔을 채운다면(유한한 양), 무한한 표면을 덮게 될 것이다. 이 명백한 모순을 설명하라.

95. **사인-적분함수** 사인-적분함수로 불리는 적분 $\text{Si}(x)=\int_0^x \frac{\sin t}{t}\,dt$는 광학에서 중요하게 응용된다.

T **a.** $t>0$에 대해 적분함수 $(\sin t)/t$를 그려라. 사인-적분함수는 어디에서 증가하거나, 감소하는가? $x\ge 0$인 범위에서 $\text{Si}(x)=0$에 대해 어떻게 생각하는가? $\text{Si}(x)$, $0\le x\le 25$의 그래프를 그려서 대답을 확인하라.

b. $\int_0^\infty \frac{\sin t}{t}\,dt$의 수렴을 탐구하라. 만약 수렴한다면 그 값은 무엇인가?

96. **오차함수** 오차함수라 불리는 $\text{erf}(x) = \int_0^x \frac{2e^{-t^2}}{\sqrt{\pi}}\,dt$는 확률과 통계에서 중요하게 응용된다.

T **a.** $0\le x\le 25$에서 오차함수를 그려라.

b. $\int_0^\infty \frac{2e^{-t^2}}{\sqrt{\pi}}\,dt$의 수렴에 대해 탐구하라. 만약 수렴하면 그 값은 어떤가? 13.4절 연습문제 41에서 추정값을 확인하는 방법을 볼 것이다.

97. **정규확률분포** 함수 $f(x) = \frac{1}{\sigma\sqrt{2\pi}}e^{-\frac{1}{2}\left(\frac{x-\mu}{\sigma}\right)^2}$은 평균이 μ이고 표준편차가 σ인 정규확률밀도함수라 불린다. 숫자 μ는 분산이 어디에 중심을 두고 있는지, σ는 평균 주위에서 얼마나 흩어져 있는지

에 대한 척도를 의미한다.

확률 이론으로부터 $\int_{-\infty}^{\infty} f(x)\,dx = 1$임이 알려져 있다. 다음 내용에서 $\mu=0$, $\sigma=1$인 것으로 한다.

T **a.** f의 그래프를 그려라. f가 증가하는 구간과 감소하는 구간을 찾아라. 그리고 어떤 극값이 존재하고 어디에 있는지를 찾아라.

b. $n=1, 2, 3$인 각각의 경우에 대해 $\int_{-n}^{n} f(x)\,dx$를 계산하라.

c. $\int_{-\infty}^{\infty} f(x)\,dx = 1$이라는 납득할 만한 근거를 제시하라. [힌트: $x>1$에 대해 $0<f(x)<e^{-x/2}$이고, $b>1$에 대해 $b\to\infty$일 때 $\int_{b}^{\infty} e^{-x/2}\,dx \to 0$임을 보여라.]

98. 만약 $f(x)$가 실수의 모든 구간에서 적분가능하고 실수 a, b가 $a<b$을 만족할 때, 다음을 증명하라.

a. $\int_{-\infty}^{a} f(x)\,dx$와 $\int_{a}^{\infty} f(x)\,dx$가 모두 수렴하기 위한 필요충분 조건은 $\int_{-\infty}^{b} f(x)\,dx$와 $\int_{b}^{\infty} f(x)\,dx$가 모두 수렴하는 것이다.

b. 포함된 적분이 수렴할 때 다음 식이 성립한다.

$$\int_{-\infty}^{a} f(x)\,dx + \int_{a}^{\infty} f(x)\,dx = \int_{-\infty}^{b} f(x)\,dx + \int_{b}^{\infty} f(x)\,dx$$

컴퓨터 탐구

연습문제 99~102에서 다양한 p값에 대한 적분을 구하기 위해 CAS를 사용하라(비정수값을 포함한다). 어떤 p값에 대해 수렴하는가? 적분이 수렴한다면 그 값은 무엇인가? 다양한 p값에 대해 적분함수를 그려라.

99. $\int_{0}^{e} x^p \ln x\,dx$ **100.** $\int_{e}^{\infty} x^p \ln x\,dx$

101. $\int_{0}^{\infty} x^p \ln x\,dx$ **102.** $\int_{-\infty}^{\infty} x^p \ln|x|\,dx$

적분을 계산하기 위해 CAS를 사용하라.

103. $\int_{0}^{2/\pi} \sin\frac{1}{x}\,dx$ **104.** $\int_{0}^{2/\pi} x\sin\frac{1}{x}\,dx$

복습문제 REVIEW QUESTION

1. 부분적분 공식은 무엇인가? 그것은 어디에서 비롯되었나? 왜 그것을 사용하고 싶은가?

2. 부분적분 공식을 적용할 때, 어떻게 u와 dv를 선택하는가? 형태 $\int f(x)\,dx$의 적분에 부분적분을 어떻게 적용할 수 있는가?

3. 적분식이 $\sin^n x \cos^m x$의 형태일 때, 적분을 어떻게 하는가? 각각의 경우에 대한 구체적인 예를 제시하라.

4. $\sin mx \sin nx$, $\sin mx \cos nx$, $\cos mx \cos nx$의 적분을 구하기 위해 어떤 형태로 치환되는가? 각각의 경우에 대한 예를 제시하라.

5. $\sqrt{a^2+x^2}$, $\sqrt{a^2-x^2}$, $\sqrt{x^2-a^2}$을 포함하는 적분을 직접 계산할 수 있는 적분으로 변형하기 위해 어떤 치환이 사용되는가? 각각의 경우에 대한 예를 제시하라.

6. 세 가지 기본 삼각함수 치환에 관련된 변수에 어떤 제약을 두어 치환이 원래의 형태로 되돌리는 것이 가능하도록 할 수 있는가?

7. 부분분수분해 방법의 목표는 무엇인가?

8. 다항식 $f(x)$의 차수가 다항식 $g(x)$의 차수보다 작을 때 어떻게 부분분수의 합으로 $f(x)/g(x)$를 쓸 수 있는가? 다음 $g(x)$의 경우에 따라 답하라.

a. $g(x)$가 선형 인수의 곱인 경우엔 어떻게 쓸 수 있는가?

b. $g(x)$가 반복된 선형 인수로 구성된 경우엔 어떻게 쓸 수 있는가?

c. $g(x)$가 기약 2차 인수를 포함하는 경우엔 어떻게 쓸 수 있는가?

만약 f의 차수가 g의 차수보다 작지 않은 경우엔 무엇을 해야 하는가?

9. 기본 적분표는 일반적으로 어떻게 사용되는가? 표에 없는 특정 적분을 계산하려면 어떻게 해야 하는가?

10. 축소 공식이란 무엇인가? 축소 공식은 어떻게 사용되는가? 예를 들어 설명하라.

11. 중점 규칙, 사다리꼴 규칙, 심프슨의 규칙의 상대적 이점을 어떻게 비교하는가?

12. 유형 I의 이상적분은 무엇인가? 유형 II는 무엇인가? 다양한 종류의 이상적분의 값을 어떻게 정의하는가? 예를 들어 설명하라.

13. 직접적으로 계산할 수 없는 이상적분의 수렴과 발산을 결정하기 위해 사용할 수 있는 검사는 무엇인가? 그 사용의 예를 들어 설명하라.

14. 무작위 변수란 무엇인가? 연속적인 무작위 변수는 무엇인가? 몇 가지 구체적인 예를 들어라.

15. 확률밀도함수는 무엇인가? 연속적인 무작위변수가 구간 $[c, d]$에 있을 확률은 무엇인가?

16. 지수적으로 감소하는 확률밀도함수는 무엇인가? 이 분포로 모델링될 수 있는 일부 일반적인 사건은 무엇이 있는가? 이러한 분포가 '기억이 없는'이라고 말할 때 무슨 의미인가?

17. 연속확률변수의 기댓값은 무엇인가? 지수적으로 분포되는 확률변수의 기댓값은 무엇인가?

18. 연속확률변수의 중앙값은 무엇인가? 지수분포의 중앙값은 무엇인가?

19. 확률변수의 분산은 무엇을 측정하는가? 연속확률변수 X의 표준편차는 무엇인가?

20. 정규분포를 설명하는 확률밀도함수는 무엇인가? 정규분포로 모델링되는 일반적인 몇 가지 예는 무엇인가? 일반적으로 정규분포에 대한 확률을 어떻게 계산하는가?

21. 정규분포에서 인구의 백분율이 평균의 1표준편차 내에 있다는 것과 2표준편차 내에 있다는 것은 무엇을 의미하는가?

실전문제 PRACTICE QUESTION

부분적분

부분적분을 이용하여 실전문제 1~8에서 적분을 계산하라.

1. $\int \ln(x+1)\,dx$

2. $\int x^2 \ln x\,dx$

3. $\int \arctan 3x\,dx$

4. $\int \cos^{-1}\left(\frac{x}{2}\right)dx$

5. $\int (x+1)^2 e^x\,dx$

6. $\int x^2 \sin(1-x)\,dx$

7. $\int e^x \cos 2x\,dx$

8. $\int x \sin x \cos x\,dx$

부분분수

실전문제 9~28에서 적분을 계산하라. 우선적으로 치환이 필요할 수도 있다.

9. $\int \frac{x\,dx}{x^2-3x+2}$

10. $\int \frac{x\,dx}{x^2+4x+3}$

11. $\int \frac{dx}{x(x+1)^2}$

12. $\int \frac{x+1}{x^2(x-1)}dx$

13. $\int \frac{\sin\theta\,d\theta}{\cos^2\theta+\cos\theta-2}$

14. $\int \frac{\cos\theta\,d\theta}{\sin^2\theta+\sin\theta-6}$

15. $\int \frac{3x^2+4x+4}{x^3+x}dx$

16. $\int \frac{4x\,dx}{x^3+4x}$

17. $\int \frac{v+3}{2v^3-8v}dv$

18. $\int \frac{(3v-7)\,dv}{(v-1)(v-2)(v-3)}$

19. $\int \frac{dt}{t^4+4t^2+3}$

20. $\int \frac{t\,dt}{t^4-t^2-2}$

21. $\int \frac{x^3+x^2}{x^2+x-2}dx$

22. $\int \frac{x^3+1}{x^3-x}dx$

23. $\int \frac{x^3+4x^2}{x^2+4x+3}dx$

24. $\int \frac{2x^3+x^2-21x+24}{x^2+2x-8}dx$

25. $\int \frac{dx}{x(3\sqrt{x}+1)}$

26. $\int \frac{dx}{x(1+\sqrt[3]{x})}$

27. $\int \frac{ds}{e^s-1}$

28. $\int \frac{ds}{\sqrt{e^s+1}}$

삼각치환

실전문제 29~32에서 적분을 계산하라. **(a)** 삼각치환을 사용하지 않고 계산하기, **(b)** 삼각치환을 사용하여 계산하기.

29. $\int \frac{y\,dy}{\sqrt{16-y^2}}$

30. $\int \frac{x\,dx}{\sqrt{4+x^2}}$

31. $\int \frac{x\,dx}{4-x^2}$

32. $\int \frac{t\,dt}{\sqrt{4t^2-1}}$

실전문제 33~36에서 적분을 계산하라.

33. $\int \frac{x\,dx}{9-x^2}$

34. $\int \frac{dx}{x(9-x^2)}$

35. $\int \frac{dx}{9-x^2}$

36. $\int \frac{dx}{\sqrt{9-x^2}}$

삼각함수 적분

실전문제 37~44에서 적분을 계산하라.

37. $\int \sin^3 x \cos^4 x\,dx$

38. $\int \cos^5 x \sin^5 x\,dx$

39. $\int \tan^4 x \sec^2 x\,dx$

40. $\int \tan^3 x \sec^3 x\,dx$

41. $\int \sin 5\theta \cos 6\theta\,d\theta$

42. $\int \sec^2\theta \sin^3\theta\,d\theta$

43. $\int \sqrt{1+\cos(t/2)}\,dt$

44. $\int e^t\sqrt{\tan^2 e^t+1}\,dt$

수치적분

45. 심프슨의 규칙에 대한 오차한계 공식에 따르면 절댓값으로 10^{-4}보다 더 크지 않는 오차를 갖는 심프슨의 규칙에 의해 $\ln 3 = \int_1^3 \frac{1}{x}dx$의 값을 추정하기 위해 얼마나 많은 부분구간을 사용해야 하는가? (심프슨의 규칙에서 부분구간의 수가 짝수개임을 기억하라.)

46. 만약 $0 \le x \le 1$이면 $f(x)=\sqrt{1+x^4}$의 2계 도함수는 0과 8 사이에 있다는 것을 간단한 계산을 통해 알 수 있다. 이것에 기초하여 사다리꼴 규칙을 사용할 때 절댓값에서 10^{-3}보다 작은 오차로, 0부터 1까지 f의 적분을 추정하기 위해 얼마나 많은 부분분할이 필요한가?

47. 직접 적분을 통해 $\int_0^\pi 2\sin^2 x\,dx=\pi$임을 알고 있다. $n=6$일 때 사다리꼴 규칙, $n=6$일 때 중점 규칙, $n=6$일 때 심프슨의 규칙을 사용하여 이 값을 구할 때, 얼마나 근접하는가? 이것들을 시도하고 그 결과를 찾아라.

48. 10^{-5}보다 작은 크기의 오차로 적분 $\int_1^2 f(x)\,dx$의 값을 추정하기 위해 심프슨의 규칙을 사용할 계획이 있다. 적분 구간에서 $|f^{(4)}(x)| \le 3$인 것으로 결정했다. 요구되는 정확도를 보장하기 위해 얼마나 많은 부분구간을 사용해야 하는가? (심프슨의 규칙에서 부분구간의 수가 짝수개임을 기억하라.)

T **49. 평균 온도** 1년(365일) 동안 다음 온도함수의 평균값을 계산하라.

$$f(x) = 20\sin\left(\frac{2\pi}{365}(x-101)\right)-4$$

이것은 알래스카 페어뱅크스의 연간 평균 기온을 추정하는 한 가지 방법이다. 국립기상서비스의 공식값은 연간 평균 일일 정상 기온의 수치 평균으로 −3.5℃이다. 이 값은 $f(x)$값의 평균값보다 약간 높다.

50. 가스의 열 용량 열 용량 C_v는 일정한 부피를 갖는 주어진 질량의 가스의 온도를 1℃까지 올리기 위해 요구되는 열의 양으로 분자량 당 온도 단위의 칼로리(cal/deg-mol)의 단위로 측정된다. 산소의 열 용량은 그것의 온도 T에 의존하고 다음 공식을 만족한다.

$$C_v = 8.27 + 10^{-5}(26T - 1.87T^2)$$

C_v의 평균값과 20℃ $\le T \le$ 675℃에 도달하기 위한 온도를 찾기

위해 심프슨의 규칙을 사용하라.

51. 연료 효율 자동차 컴퓨터는 시간당 리터 단위로 연료 소모량의 디지털 판독을 제공한다. 여행하는 동안 승객은 여행의 1시간 동안 매 5분마다 연료 소비를 기록했다.

시간	L/h	시간	L/h
0	2.5	35	2.5
5	2.4	40	2.4
10	2.3	45	2.3
15	2.4	50	2.4
20	2.4	55	2.4
25	2.5	60	2.3
30	2.6		

a. 한 시간 동안 전체 연료 소비량의 근삿값을 구하기 위해 사다리꼴 규칙을 사용하라.

b. 만약 자동차가 한 시간 안에 60 km를 이동했다면, 이 여행에 대한 연료 효율(km/L)은 얼마인가?

52. 새로운 주차장 주차 수요를 충족시키키기 위해 도시는 주어진 그림에 보이는 영역을 할당했다. 도시 공학자는 이 구역을 11,000달러에 건설할 수 있는지 여부를 조사해 달라고 마을 의회로부터 요청받았다. 땅을 청소하는 데 필요한 비용은 제곱미터당 1.00달러이며, 주차장을 포장하는 데 필요한 비용은 제곱미터당 20.00달러이다. 그 작업을 11,000달러에 수행할 수 있는지를 알아내기 위해 심프슨의 규칙을 사용하라.

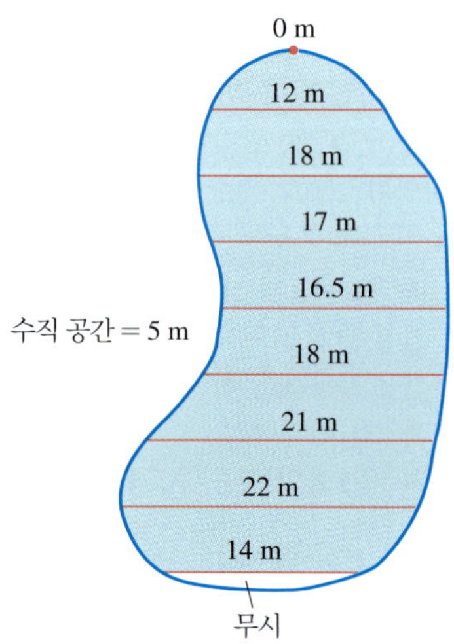

이상적분

실전문제 53~62에서 이상적분을 계산하라.

53. $\int_0^3 \frac{dx}{\sqrt{9-x^2}}$

54. $\int_0^1 \ln x\, dx$

55. $\int_0^2 \frac{dy}{(y-1)^{2/3}}$

56. $\int_{-2}^0 \frac{d\theta}{(\theta+1)^{3/5}}$

57. $\int_3^\infty \frac{2\,du}{u^2-2u}$

58. $\int_1^\infty \frac{3v-1}{4v^3-v^2}\,dv$

59. $\int_0^\infty x^2 e^{-x}\,dx$

60. $\int_{-\infty}^0 xe^{3x}\,dx$

61. $\int_{-\infty}^\infty \frac{dx}{4x^2+9}$

62. $\int_{-\infty}^\infty \frac{4\,dx}{x^2+16}$

실전문제 63~68에서 어떤 이상적분이 수렴하고 발산하는가?

63. $\int_6^\infty \frac{d\theta}{\sqrt{\theta^2+1}}$

64. $\int_0^\infty e^{-u}\cos u\,du$

65. $\int_1^\infty \frac{\ln z}{z}\,dz$

66. $\int_1^\infty \frac{e^{-t}}{\sqrt{t}}\,dt$

67. $\int_{-\infty}^\infty \frac{2\,dx}{e^x+e^{-x}}$

68. $\int_{-\infty}^\infty \frac{dx}{x^2(1+e^x)}$

다양한 적분

실전문제 69~134에서 적분을 계산하라. 적분은 순서없이 나열되어 있으므로 사용할 적분 기술을 결정할 필요가 있다.

69. $\int xe^{2x}\,dx$

70. $\int_0^1 x^2 e^{x^3}\,dx$

71. $\int (\tan^2 x + \sec^2 x)\,dx$

72. $\int_0^{\pi/4} \cos^2 2x\,dx$

73. $\int x\sec^2 x\,dx$

74. $\int x\sec^2(x^2)\,dx$

75. $\int \sin x\cos^2 x\,dx$

76. $\int \sin 2x\sin(\cos 2x)\,dx$

77. $\int_{-1}^0 \frac{e^x}{e^x+e^{-x}}\,dx$

78. $\int (e^{2x}+e^{-x})^2\,dx$

79. $\int \frac{x+1}{x^4-x^3}\,dx$

80. $\int \frac{e^x+1}{e^x(e^{2x}-4)}\,dx$

81. $\int \frac{e^x+e^{3x}}{e^{2x}}\,dx$

82. $\int (e^x-e^{-x})(e^x+e^{-x})^3\,dx$

83. $\int_0^{\pi/3} \tan^3 x\sec^2 x\,dx$

84. $\int \tan^4 x\sec^4 x\,dx$

85. $\int_0^3 (x+2)\sqrt{x+1}\,dx$

86. $\int (x+1)\sqrt{x^2+2x}\,dx$

87. $\int \cot x\csc^3 x\,dx$

88. $\int \sin x(\tan x-\cot x)^2\,dx$

89. $\int \frac{x\,dx}{1+\sqrt{x}}$

90. $\int \frac{x^3+2}{4-x^2}\,dx$

91. $\int \sqrt{2x-x^2}\,dx$

92. $\int \frac{dx}{\sqrt{-2x-x^2}}$

93. $\int \frac{2-\cos x+\sin x}{\sin^2 x}\,dx$

94. $\int \sin^2\theta\cos^5\theta\,d\theta$

95. $\int \frac{9\,dv}{81-v^4}$

96. $\int_2^\infty \frac{dx}{(x-1)^2}$

97. $\int \theta\cos(2\theta+1)\,d\theta$

98. $\int \frac{x^3\,dx}{x^2-2x+1}$

99. $\int \frac{\sin 2\theta\, d\theta}{(1+\cos 2\theta)^2}$

100. $\int_{\pi/4}^{\pi/2} \sqrt{1+\cos 4x}\, dx$

101. $\int \frac{x\, dx}{\sqrt{2-x}}$

102. $\int \frac{\sqrt{1-v^2}}{v^2}\, dv$

103. $\int \frac{dy}{y^2-2y+2}$

104. $\int \frac{x\, dx}{\sqrt{8-2x^2-x^4}}$

105. $\int \frac{z+1}{z^2(z^2+4)}\, dz$

106. $\int x^2(x-1)^{1/3}\, dx$

107. $\int \frac{t\, dt}{\sqrt{9-4t^2}}$

108. $\int \frac{\arctan x}{x^2}\, dx$

109. $\int \frac{e^t\, dt}{e^{2t}+3e^t+2}$

110. $\int \tan^3 t\, dt$

111. $\int_1^{\infty} \frac{\ln y}{y^3}\, dy$

112. $\int y^{3/2}(\ln y)^2\, dy$

113. $\int e^{\ln\sqrt{x}}\, dx$

114. $\int e^{\theta}\sqrt{3+4e^{\theta}}\, d\theta$

115. $\int \frac{\sin 5t\, dt}{1+(\cos 5t)^2}$

116. $\int \frac{dv}{\sqrt{e^{2v}-1}}$

117. $\int \frac{dr}{1+\sqrt{r}}$

118. $\int \frac{4x^3-20x}{x^4-10x^2+9}\, dx$

119. $\int \frac{x^3}{1+x^2}\, dx$

120. $\int \frac{x^2}{1+x^3}\, dx$

121. $\int \frac{1+x^2}{1+x^3}\, dx$

122. $\int \frac{1+x^2}{(1+x)^3}\, dx$

123. $\int \sqrt{x}\cdot\sqrt{1+\sqrt{x}}\, dx$

124. $\int \sqrt{1+\sqrt{1+x}}\, dx$

125. $\int \frac{1}{\sqrt{x}\cdot\sqrt{1+x}}\, dx$

126. $\int_0^{1/2} \sqrt{1+\sqrt{1-x^2}}\, dx$

127. $\int \frac{\ln x}{x+x\ln x}\, dx$

128. $\int \frac{1}{x\cdot\ln x\cdot\ln(\ln x)}\, dx$

129. $\int \frac{x^{\ln x}\ln x}{x}\, dx$

130. $\int (\ln x)^{\ln x}\left[\frac{1}{x}+\frac{\ln(\ln x)}{x}\right] dx$

131. $\int \frac{1}{x\sqrt{1-x^4}}\, dx$

132. $\int \frac{\sqrt{1-x}}{x}\, dx$

133. $\int \frac{\sin^2 x}{1+\sin^2 x}\, dx$

134. $\int \frac{1-\cos x}{1+\cos x}\, dx$

135 $\int_0^{\pi/2} \frac{\sin x}{\sin x+\cos x}\, dx$을 계산하기 위해 다음 두 가지 방법을 이용하라.

a. $\int \frac{\sin x}{\sin x+\cos x}\, dx$를 계산하고, 이 값을 구하라.

b. $\int_0^a f(x)\, dx = \int_0^a f(a-x)\, dx$이 성립함을 보이고, 이 결과를 사용하여 값을 구하라.

심화문제 ADVANCED QUESTION

적분계산

심화문제 1~6에서 적분을 계산하라.

1. $\int (\arcsin x)^2\, dx$

2. $\int \frac{dx}{x(x+1)(x+2)\cdots(x+m)}$

3. $\int x\arcsin x\, dx$

4. $\int \sin^{-1}\sqrt{y}\, dy$

5. $\int \frac{dt}{t-\sqrt{1-t^2}}$

6. $\int \frac{dx}{x^4+4}$

심화문제 7과 8에서 극한을 계산하라.

7. $\lim_{x\to\infty} \int_{-x}^{x} \sin t\, dt$

8. $\lim_{x\to 0^+} x\int_x^1 \frac{\cos t}{t^2}\, dt$

정적분과 적분 계산을 이용하여 심화문제 9와 10에서 극한을 계산하라.

9. $\lim_{n\to\infty} \sum_{k=1}^{n} \ln\sqrt[n]{1+\frac{k}{n}}$

10. $\lim_{n\to\infty} \sum_{k=0}^{n-1} \frac{1}{\sqrt{n^2-k^2}}$

응용

11. 곡선의 길이 찾기 다음 곡선의 길이를 구하라.

$$y = \int_0^x \sqrt{\cos 2t}\, dt, \quad 0 \le x \le \pi/4$$

12. 곡선의 길이 찾기 다음 함수의 그래프의 길이를 구하라.

$$y = \ln(1-x^2), \ 0 \le x \le 1/2$$

13. 부피 찾기 x축과 $y=3x\sqrt{1-x}$에 둘러싸인 제1사분면의 영역은 입체를 생성하기 위해 y축에 대해 회전된다. 이 입체의 부피를 구하라.

14. 부피 찾기 x축, $y=5/(x\sqrt{5-x})$, 직선 $x=1$, 직선 $x=4$에 둘러싸인 제1사분면의 영역은 입체를 생성하기 위해 x축에 대해 회전된다. 이 입체의 부피를 구하라.

15. 부피 찾기 좌표축, 곡선 $y=e^x$, 직선 $x=1$에 의해 둘러싸인 제1사분면의 영역은 입체를 생성하기 위해 y축에 대해 회전된다. 이 입체의 부피를 구하라.

16. 부피 찾기 곡선 $y=e^x-1$의 아래, x축 위, 직선 $x=\ln 2$의 오른쪽에 의해 둘러싸인 제1사분면의 영역은 입체를 생성하기 위해 직선 $x=\ln 2$에 대해 회전된다. 이 입체의 부피를 구하라.

17. 부피 찾기 R이 $y=1$, $y=\ln x$, $x=1$에 의해 둘러싸인 제1사분면에 있는 삼각형 영역이라 하자. 다음 조건에 따라 R을 회전시킨 입체의 부피를 구하라.

a. x축에 대해 회전

b. 직선 $y=1$에 대해 회전

18. 부피 찾기(심화문제 17 계속) 영역 R을 다음에 제시하는 축에 대해 회전하여 생성된 입체의 부피를 구하라.

a. y축에 대한 회전

b. 직선 $x=1$에 대한 회전

19. 부피 찾기 x축과 곡선 $y = f(x) = \begin{cases} 0, & x = 0 \\ x \ln x, & 0 < x \leq 2 \end{cases}$은 주어진 그림에 보이는 입체를 생성하기 위해 x축에 대해 회전된다.

a. 함수 f가 $x=0$에서 연속임을 보여라.

b. 입체의 부피를 구하라.

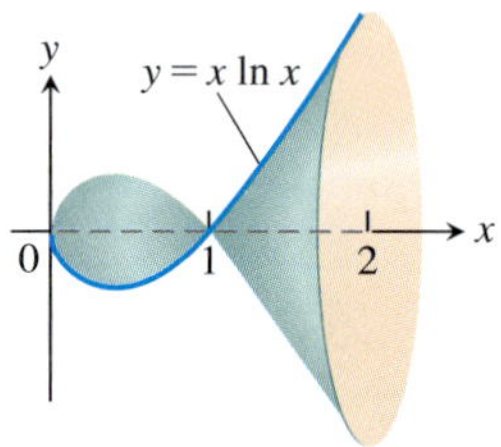

20. 부피 찾기 제1사분면에서 좌표축과 곡선 $y=-\ln x$에 의해 둘러싸인 무한 영역은 입체를 생성하기 위해 x축에 대해 회전된다. 이 입체의 부피를 구하라.

21. 영역의 중심 x축, $y=\ln x$, $x=e$에 의해 둘러싸인 제1사분면에 있는 영역의 중심을 구하라.

22. 영역의 중심 곡선 $y=\pm(1-x^2)^{-1/2}$, 직선 $x=0$, $x=1$에 의해 둘러싸인 평면에 있는 영역의 중심을 구하라.

23. 곡선의 길이 $x=1$부터 $x=e$까지 곡선 $y=\ln x$의 길이를 구하라.

24. 표면적 찾기 심화문제 23에 있는 곡선을 y축에 대한 회전할 때 생성된 겉넓이를 구하라.

25. 아스트로이드에 의해 생성된 겉넓이 방정식 $x^{2/3}+y^{2/3}=1$의 그래프는 아스트로이드(주어진 그림 참조)이다. 곡선을 x축에 대해 회전할 때 생성되는 겉넓이를 구하라.

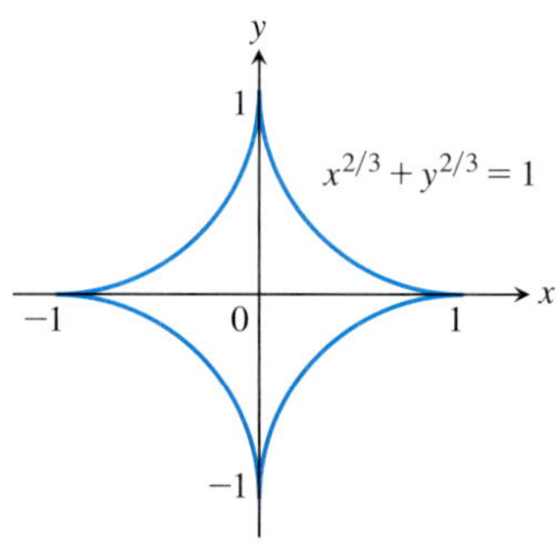

26. 곡선의 길이 다음 곡선의 길이를 구하라.

$$y = \int_1^x \sqrt{\sqrt{t} - 1}\, dt, \qquad 1 \leq x \leq 16$$

27. 이상적분 $\int_1^\infty \left(\frac{ax}{x^2+1} - \frac{1}{2x}\right)dx$은 어떤 a값에 대해 수렴하는가? 각 대응하는 값에 대해 적분을 구하라.

28. $x>0$에 대해 $G(x)=\int_0^\infty e^{-xt}\,dt$라 하자. $x>0$일 때, $xG(x)=1$임을 증명하라.

29. 무한한 영역과 유한한 부피 다음 성질을 갖는 p값은 무엇인가? 곡선 $y=x^{-p}$, $1 \leq x < \infty$와 x축 사이 영역의 넓이는 무한하다. 그러나 x축에 대해 이 영역을 회전할 때 생성된 입체의 부피는 유한하다.

30. 무한한 영역과 유한한 부피 다음 성질을 갖는 p값은 무엇인가? 곡선 $y=x^{-p}$, y축, 직선 $x=1$, x축 위의 구간 [0, 1]에 의해 둘러싸인 제1사분면에 있는 영역의 넓이는 무한하다. 그러나 좌표축 중의 하나에 대해 그 영역을 회전할 때 생성된 입체의 부피는 유한하다.

31. 도함수의 제곱 적분 만약 f가 [0,1]에서 연속적으로 미분가능하고 $f(1)=f(0)=-1/6$을 만족한다고 가정할 때, 다음을 증명하라.

$$\int_0^1 (f'(x))^2\, dx \geq 2\int_0^1 f(x)\, dx + \frac{1}{4}$$

[힌트: 부등식 $0 \leq \int_0^1 \left(f'(x)+x-\frac{1}{2}\right)^2 dx$임을 고려하라.]

(출처: *Mathematics Magazine*, vol. 84, no. 4, Oct. 2011.)

32. (심화문제 31 계속) 만약 f가 $[0, a]$에서 연속적으로 미분가능하고 $f(a)=f(0)=b$를 만족한다고 가정할 때 다음을 증명하라.

$$\int_0^a (f'(x))^2\, dx \geq 2\int_0^a f(x)\, dx - \left(2ab + \frac{a^3}{12}\right)$$

[힌트: 부등식 $0 \leq \int_0^a \left(f'(x)+x-\frac{a}{2}\right)^2 dx$임을 고려하라.]

(출처: *Mathematics Magazine*, vol. 84, no. 4, Oct. 2011.)

치환 $z=\tan(x/2)$

치환은 다음과 같다.

$$z = \tan\frac{x}{2} \tag{1}$$

은 $\sin x$와 $\cos x$의 유리식으로 표현된 적분 문제를 z에 대한 유리함수 적분에 대한 문제로 축소한다. 이것은 부분분수에 의해 적분될 수 있다.

주어진 그림으로부터 다음 관계를 알 수 있다.

$$\tan\frac{x}{2} = \frac{\sin x}{1+\cos x}$$

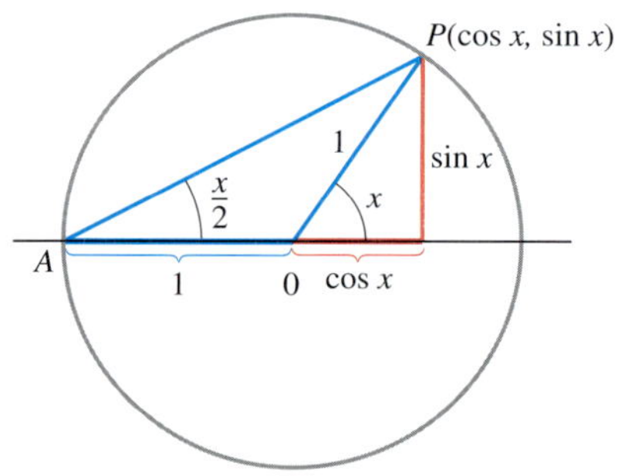

치환의 효과를 이해하기 위해 다음을 계산한다.

$$\cos x = 2\cos^2\left(\frac{x}{2}\right) - 1 = \frac{2}{\sec^2(x/2)} - 1$$

$$= \frac{2}{1+\tan^2(x/2)} - 1 = \frac{2}{1+z^2} - 1$$

$$\cos x = \frac{1-z^2}{1+z^2} \tag{2}$$

$$\sin x = 2\sin\frac{x}{2}\cos\frac{x}{2} = 2\frac{\sin(x/2)}{\cos(x/2)} \cdot \cos^2\left(\frac{x}{2}\right)$$

$$= 2\tan\frac{x}{2} \cdot \frac{1}{\sec^2(x/2)} = \frac{2\tan(x/2)}{1+\tan^2(x/2)}$$

$$\sin x = \frac{2z}{1+z^2} \tag{3}$$

결론적으로 $x = 2\arctan z$이므로 다음과 같다.

$$dx = \frac{2\,dz}{1+z^2} \tag{4}$$

예제

a. $$\int \frac{1}{1+\cos x}\,dx = \int \frac{1+z^2}{2}\frac{2\,dz}{1+z^2} = \int dz = z + C = \tan\left(\frac{x}{2}\right) + C$$

b. $$\int \frac{1}{2+\sin x}\,dx = \int \frac{1+z^2}{2+2z+2z^2}\frac{2\,dz}{1+z^2} = \int \frac{dz}{z^2+z+1} = \int \frac{dz}{(z+(1/2))^2+3/4} = \int \frac{du}{u^2+a^2} = \frac{1}{a}\arctan\left(\frac{u}{a}\right) + C = \frac{2}{\sqrt{3}}\arctan\frac{2z+1}{\sqrt{3}} + C = \frac{2}{\sqrt{3}}\arctan\frac{1+2\tan(x/2)}{\sqrt{3}} + C$$

심화문제 33~40에서 적분을 계산하기 위해 식 (1)~(4)에 있는 치환을 사용하라. 이러한 적분은 입력축과 출력축이 정렬되지 않은 경우에 유니버설 조인트의 출력축의 평균 각속도를 계산할 때 발생한다.

33. $\int \frac{dx}{1-\sin x}$

34. $\int \frac{dx}{1+\sin x+\cos x}$

35. $\int_0^{\pi/2} \frac{dx}{1+\sin x}$

36. $\int_{\pi/3}^{\pi/2} \frac{dx}{1-\cos x}$

37. $\int_0^{\pi/2} \frac{d\theta}{2+\cos\theta}$

38. $\int_{\pi/2}^{2\pi/3} \frac{\cos\theta\,d\theta}{\sin\theta\cos\theta+\sin\theta}$

39. $\int \frac{dt}{\sin t-\cos t}$

40. $\int \frac{\cos t\,dt}{1-\cos t}$

치환 $z = \tan(\theta/2)$을 사용하여 심화문제 41과 42에서 적분을 계산하라.

41. $\int \sec\theta\,d\theta$

42. $\int \csc\theta\,d\theta$

감마함수와 스털링 공식

오일러의 감마함수 $\Gamma(x)$ (x의 감마: Γ는 그리스 문자 g의 대문자)은 팩토리얼 함수를 음이 아닌 정수에서 다른 실숫값으로 확장하기 위해 적분을 사용한다. 공식은 다음과 같다.

$$\Gamma(x) = \int_0^\infty t^{x-1}e^{-t}\,dt, \quad x > 0$$

양수 x에 대해 숫자 $\Gamma(x)$는 0에서 ∞까지 t에 관한 $t^{x-1}e^{-t}$의 적분이다. 그림 7.21은 원점 근방의 Γ의 그래프를 보여준다. 13장에 있는 심화문제 23을 수행하면 $\Gamma(1/2)$을 계산하는 방법을 이해할 것이다.

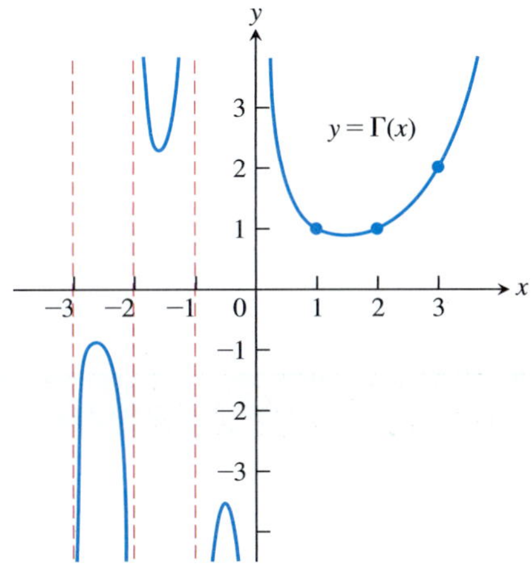

그림 7.21 오일러의 감마함수 $\Gamma(x)$는 각각의 양의 정수 $n+1$에서의 값이 $n!$인 x에 대한 연속함수이다. Γ에 대한 적분 공식을 정의하는 것은 단지 $x > 0$에 대해 의미가 있지만, 공식 $\Gamma(x) = (\Gamma(x+1))/x$와 함께 x의 정수가 아닌 음의 값으로 Γ을 확장할 수 있다. 그것은 심화문제 43의 주제이다.

43. 만약 n이 음이 아닌 정수라면 $\Gamma(n+1) = n!$이다.

a. $\Gamma(1) = 1$임을 보여라.

b. $\Gamma(x+1) = x\Gamma(x)$를 증명하기 위해 $\Gamma(x+1)$에 대한 적분에 부분적분을 적용하라. 이것은 다음 결과를 제공한다.

$$\begin{aligned}\Gamma(2) &= 1\Gamma(1) = 1\\ \Gamma(3) &= 2\Gamma(2) = 2\\ \Gamma(4) &= 3\Gamma(3) = 6\\ &\vdots\\ \Gamma(n+1) &= n\Gamma(n) = n!\end{aligned} \tag{1}$$

c. 모든 음이 아닌 정수 n에 대해 식 (1)을 확인하기 위한 수학적 귀납법을 사용하라.

44. 스털링의 공식 스코틀랜드 수학자 제임스 스털링(James Stirling, 1692~1770)은 다음 식을 보였다.

$$\lim_{x\to\infty}\left(\frac{e}{x}\right)^x\sqrt{\frac{x}{2\pi}}\,\Gamma(x) = 1$$

그 결과 큰 x에 대해 다음이 성립한다.

$$\Gamma(x) = \left(\frac{x}{e}\right)^x\sqrt{\frac{2\pi}{x}}(1+\varepsilon(x)), \quad x\to\infty\text{일 때 } \varepsilon(x)\to 0 \tag{2}$$

$\varepsilon(x)$를 버린다면 다음과 같은 근사 공식을 얻는다.

$$\Gamma(x) \approx \left(\frac{x}{e}\right)^x\sqrt{\frac{2\pi}{x}} \quad \textbf{(스털링 공식)} \tag{3}$$

a. $n!$에 대한 스털링 공식 식 (3)과 $n! = n\Gamma(n)$을 사용하여 다음을 보여라.

$$n! \approx \left(\frac{n}{e}\right)^n\sqrt{2n\pi} \quad \textbf{(스털링 근사)} \tag{4}$$

8.1절에 있는 연습문제 114를 풀어보면, 식 (4)로부터 다음과 같은 근삿값을 얻게 된다.

$$\sqrt[n]{n!} \approx \frac{n}{e} \tag{5}$$

T **b.** 계산기로 구한 $n!$의 값과 스털링 근사에 의해 주어진 값을 $n = 10, 20, 30, \cdots$에 대해 계산기로 계산가능한 한계까지 비교하라.

c. 식 (2)에 대한 보다 정교한 식은 다음과 같다.

$$\Gamma(x) = \left(\frac{x}{e}\right)^x \sqrt{\frac{2\pi}{x}}\, e^{1/(12x)}(1 + \varepsilon(x))$$

또는

$$\Gamma(x) \approx \left(\frac{x}{e}\right)^x \sqrt{\frac{2\pi}{x}}\, e^{1/(12x)}$$

이것은 다음과 같은 정보를 알려준다.

$$n! \approx \left(\frac{n}{e}\right)^n \sqrt{2n\pi}\, e^{1/(12n)} \tag{6}$$

계산기와 스털링 근삿값과 식 (6)을 이용하여 10!에 대한 값을 비교하라.

기술 응용 프로젝트 TECHNOLOGY APPLICATION PROJECT

매스매티카/메이플 프로젝트

프로젝트는 MyLab Math에서 찾을 수 있다.

- **리만, 사다리꼴, 심슨 근사화**

  I영역: 곡선 아래의 넓이를 근사하기 위해 리만 합을 사용하는 데 수반되는 오차를 시각화하라.

  II영역: 값에 대한 표를 작성하고 Δx의 함수로서 오차의 상대적 크기를 계산하라.

  III영역: 오차에 대한 도함수의 영향을 조사하라.

  IV, V영역: 사다리꼴 법칙 근사화.

  VI영역: 심슨의 법칙 근사화.

- **기회의 게임: 수치적분을 위한 몬테카를로 확률 기법 탐색**

  정적분을 근사하기 위한 몬테카를로 방법을 그래픽으로 살펴보라.

- **이상적분으로 확률 계산**

  정적분을 근사하기 위한 몬테카를로 방법에 대한 더 많은 탐색을 하라.

8

무한수열과 무한급수

이 장에서는 무한급수를 소개한다. 이러한 급수는 익숙하거나 새로운 수와 함수를 무한히 많은 항의 산술 합으로 정확하게 표현하는 방법을 제공한다. 예를 들어 다음과 같은 것을 배울 것이다.

$$\frac{\pi}{4} = 1 - \frac{1}{3} + \frac{1}{5} - \frac{1}{7} + \frac{1}{9} - \cdots$$

$$\cos x = 1 - \frac{x^2}{2} + \frac{x^4}{24} - \frac{x^6}{720} + \frac{x^8}{40,320} - \cdots$$

이러한 표현을 이해하는 방법에 대해 개발할 필요가 있다. 2개의 수, 더 나아가 여러 개의 수를 더하는 것은 누구나 쉽게 알 수 있다. 그러나 무한히 많은 수는 어떻게 더할 수 있는가? 또한 함수들을 더하는 경우에서는 무한히 많은 x의 거듭제곱을 더할 수 있는가? 이 장에서는 무한수열과 무한급수의 이론을 이용하여 이러한 질문에 대한 답변을 제공한다. 미분, 적분과 마찬가지로 극한은 무한급수의 발전에 중요한 역할을 했다.

하나의 공통적이고 중요한 급수의 응용은 복잡한 함수를 사용하여 계산할 때 발생한다. 위에서 주어진 코사인함수와 같이 계산하기 어려운 함수는 x의 거듭제곱에 대한 무한급수인 '무한차수의 다항식'의 표현으로 대체된다. 무한급수의 처음 몇 항을 사용해도 다항식만으로도 복잡한 함수에 대해 정확한 근사치를 얻을 수 있고, 이는 앞에서 다루었던 것보다 훨씬 더 많은 일반적인 함수에 대해 적용할 수 있게 해준다. 이러한 새로운 함수는 과학 및 공학에서 적용되면서 만들어진 중요한 응용수학 분야인 미분방정식의 해를 구할 때, 이 새로운 함수가 일반적인 해로 얻어지게 된다.

구어체에서 두 용어 '수열'과 '급수'는 때때로 같은 의미로 사용된다. 그러나 수학적으로 두 용어는 서로 다른 의미를 가진다. 수열은 무한히 많은 수를 나열한 한 형태라면, 급수는 무한히 더하는 합의 형태를 의미한다. 급수에 의해 표현된 무한한 합을 이해하려면, 먼저 무한수열을 이해해야 한다.

8.1 수열

수열은 무한급수뿐 아니라 수학의 여러 분야를 공부하는 데 있어 기본적인 개념이다. 이미 3.7절에서 수열을 사용하는 예로 뉴턴 방법을 살펴보았다. 뉴턴 방법은 미분가능한 함수의 근에 점점 가까이 가도록 근사수열 x_n을 구성했다. 이제는 일반적인 수의 수열과 그 수열이 유한값으로 수렴하는 조건을 탐구할 것이다.

수열의 표현

수열은 다음과 같이 순서가 주어진 수의 나열이다.

$$a_1, a_2, a_3, \cdots, a_n, \cdots$$

여기서 a_1, a_2, a_3 등은 수를 나타내며, 이것을 수열의 **항**(term)이라 부른다. 예를 들어 다음과 같은 수열이라고 하자.

$$2, 4, 6, 8, 10, 12, \cdots, 2n, \cdots$$

그러면 첫 번째 항 $a_1=2$, 두 번째 항 $a_2=4$, n번째 항 $a_n=2n$을 갖는다. 정수 n은 a_n의 **지수**(index)라고 하며, 숫자의 나열에서 a_n이 나타나는 위치를 의미한다. 이때 순서는 중요하다. 즉 수열 2, 4, 6, 8, ⋯은 수열 4, 2, 6, 8, ⋯과 같지 않다.

다음과 같은 수열이라고 하자.

$$a_1, a_2, a_3, \cdots, a_n, \cdots$$

그러면 1을 a_1에, 2를 a_2에, 3을 a_3에, 일반적으로 양의 정수 n을 n번째 항인 a_n으로 대응하는 함수로 생각을 할 수 있다. 더 자세하게 말하면 **무한수열**(infinite sequence)이란 양의 정수 집합을 정의역으로 가지는 함수이다. 예를 들어 다음과 같은 수열이라고 하자.

$$2, 4, 6, 8, 10, 12, \cdots, 2n, \cdots$$

그러면 1을 $a_1=2$에, 2를 $a_2=4$에, 3을 $a_3=6$에 대응하는 함수이다. 이 수열은 일반적으로 식 $a_n=2n$에 의해 표현된다.

주어진 숫자 n에서 시작하도록 지수를 변경할 수 있다. 예를 들어 다음과 같은 수열이라고 하자.

$$12, 14, 16, 18, 20, 22, \cdots$$

그러면 $n=1$로 시작하는 $a_n=10+2n$으로 나타낼 수 있다. 만약 지수 $n \geq 6$으로 잡으면 더 간단한 일반항 $b_n=2n$으로 식을 나타낼 수 있다. 이처럼 간단한 식으로 일반항을 표현하기 위해 수열의 시작하는 지수를 적절한 정수로 둔다. 즉 수열에서 $\{a_n\}$은 a_1에서 시작하고, $\{b_n\}$은 b_6에서 시작한다.

수열은 다음과 같이 일반항을 나타내는 규칙을 작성한다.

$$a_n = \sqrt{n}, \quad b_n = (-1)^{n+1}\frac{1}{n}, \quad c_n = \frac{n-1}{n}, \quad d_n = (-1)^{n+1}$$

또는 다음과 같이 각 항을 나열하는 방식으로 표현된다.

$$\{a_n\} = \{\sqrt{1}, \sqrt{2}, \sqrt{3}, \cdots, \sqrt{n}, \cdots\}$$

$$\{b_n\} = \left\{1, -\frac{1}{2}, \frac{1}{3}, -\frac{1}{4}, \cdots, (-1)^{n+1}\frac{1}{n}, \cdots\right\}$$

$$\{c_n\} = \left\{0, \frac{1}{2}, \frac{2}{3}, \frac{3}{4}, \frac{4}{5}, \cdots, \frac{n-1}{n}, \cdots\right\}$$

$$\{d_n\} = \{1, -1, 1, -1, 1, -1, \cdots, (-1)^{n+1}, \cdots\}$$

때때로 다음과 같은 규칙을 사용하여 수열을 나타내기도 한다.

$$\{a_n\} = \{\sqrt{n}\}_{n=1}^{\infty}$$

$$\{b_n\} = \left\{(-1)^{n+1}\frac{1}{n}\right\}_{n=1}^{\infty}$$

그림 8.1은 그래프를 이용하여 수열을 표현하는 두 가지 방법을 보인다. 첫 번째는 실직선 상에 수열 a_1, a_2, a_3, ⋯, a_n, ⋯ 중 처음 몇 개의 항을 점으로 표시하는 것이다. 두 번째 방법은

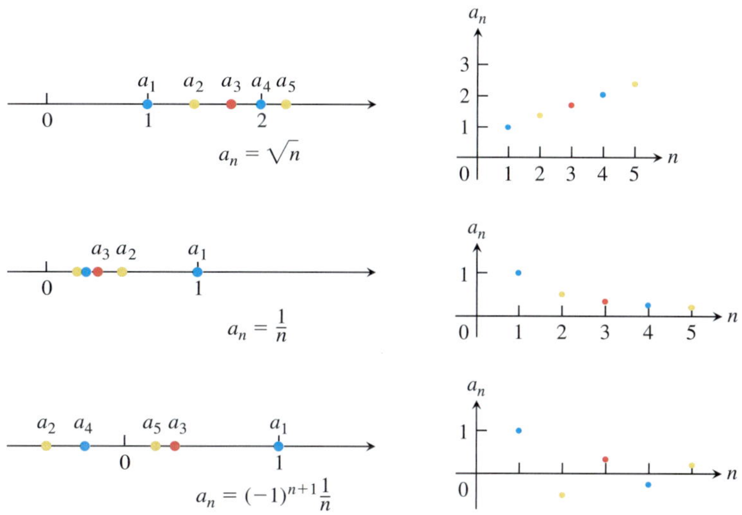

그림 8.1 수열은 실수축의 점으로 표현되거나, 수평축인 n은 항의 지수이고 수직축인 a_n은 항의 값인 점이고 평면 상의 점으로 표현될 수 있다.

수열을 정의하는 함수의 그래프를 좌표평면에 나타내는 방법이다. 이 함수는 정의역이 양의 정수의 집합이며, 그래프는 xy평면 위에 위치한 일부 점 $(1, a_1)$ $(2, a_2)$, $\cdots$, (n, a_n), $\cdots$으로 구성된다.

수렴과 발산

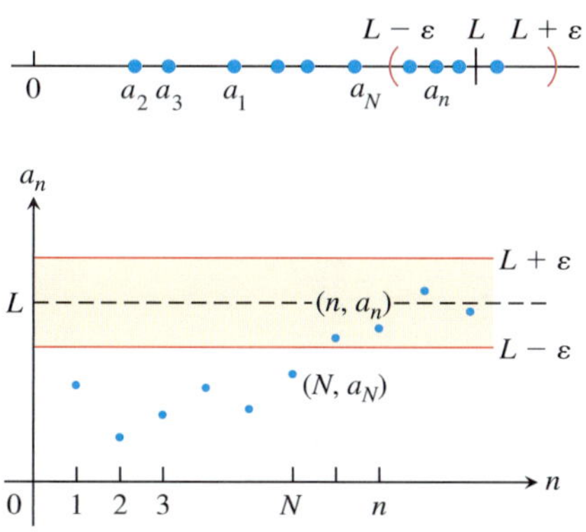

그림 8.2 수열의 좌표평면에서 표현하면 수열 a_n의 점 (n, a_n)의 수평 점근선이 $y=L$일 때 $a_n \to L$이다. 그림 상에서 a_N 이후의 모든 a_n 항은 L의 ε 반경 안에 놓여 있다.

어떤 수열은 n이 증가할 때 하나의 값에 가까워진다. 다음과 같은 수열이라고 하자.

$$\left\{1, \frac{1}{2}, \frac{1}{3}, \frac{1}{4}, \cdots, \frac{1}{n}, \cdots\right\}$$

그러면 n이 증가할 때 수열의 항이 0에 가까워지는 다음과 같은 수열을 얻을 수 있다.

$$\left\{0, \frac{1}{2}, \frac{2}{3}, \frac{3}{4}, \frac{4}{5}, \cdots, 1-\frac{1}{n}, \cdots\right\}$$

그러면 n이 증가할 때 1에 가까워짐을 확인할 수 있다. 반면에 다음과 같은 수열의 항이라고 하자.

$$\{\sqrt{1}, \sqrt{2}, \sqrt{3}, \cdots, \sqrt{n}, \cdots\}$$

그러면 n이 증가함에 따라 무한히 큰 값을 가지는 다음과 같은 수열을 얻을 수 있다.

$$\{1, -1, 1, -1, 1, -1, \cdots, (-1)^{n+1}, \cdots\}$$

1과 -1 사이를 계속 오가며 하나의 값으로는 수렴하지 않는다. 다음 정의는 수열이 하나의 극한 값으로 수렴하는 것을 의미한다. 어떤 양의 실수 $\varepsilon > 0$을 잡자. 수열의 항을 충분히 멀리 나아간 상황을 생각한다면, 어떤 값 N보다 더 큰 n에 대해 a_n과 수열의 극한값의 차이는 ε보다 작아진다.

정의 임의의 양수 ε에 대해 그에 대응하는 정수 N이 존재하여 다음을 만족한다고 하자.

$$n > N\text{일 때마다 } |a_n - L| < \varepsilon$$

그러면 수열 $\{a_n\}$은 L로 **수렴**한다. 만약 위의 조건을 만족하는 L이 존재하지 않으면 수열 $\{a_n\}$은 **발산**한다. 만약 $\{a_n\}$이 L로 수렴하면 $\lim_{n\to\infty} a_n = L$ 또는 간단히 $a_n \to L$이라 쓰고, 이때 L을 수열의 **극한**이라 한다(그림 8.2).

역사적 인물

니콜 오렘(Nicole Oresme, ca. 1320~1382)

프랑스인 오렘은 1340년대에 파리대학교에 가서 신학과 인문학을 공부했다. 나중에 그는 같은 대학의 교수이자 교직원이 되었다. 《*De Configurationibus*》(1350s)라는 그의 저서에 기하학에 대한 결과를 담고 있으며, 속도 그래프를 최초로 제시했다. 우리가 보이는 조화급수의 발산은 이 출판물에서 오렘에 의해 고안된 것이다.

이 정의는 1.5절에서 다루었던 x가 무한대에 가까워질 때 함수 $f(x)$의 극한 $\lim_{x\to\infty} f(x)$ 정의와 매우 유사하다. 이것을 연관지어 수열의 극한을 계산해볼 것이다.

예제 1 다음을 보여라.

(a) $\lim_{n\to\infty} \dfrac{1}{n} = 0$ **(b)** $\lim_{n\to\infty} k = k$ (k는 상수)

풀이

(a) 임의의 $\varepsilon > 0$에 대해 다음을 만족하는 정수 N이 존재하여 성립함을 보인다.

$$n > N\text{일 때} \quad \left|\frac{1}{n} - 0\right| < \varepsilon$$

부등식 $|1/n - 0| < \varepsilon$은 $1/n < \varepsilon$이거나 $n > 1/\varepsilon$일 때 유지된다. 만약 N이 $1/\varepsilon$보다 크다면 $n > N$인 모든 n에 대해 그 부등식 $\left|\dfrac{1}{n} - 0\right| < \varepsilon$은 성립한다. 이것은 $\lim_{n\to\infty} 1/n = 0$을 증명한다.

(b) k가 상수라고 할 때, 임의의 $\varepsilon > 0$에 대해 다음을 만족하는 정수 N이 존재하여 성립함을 보인다.

$$n > N\text{일 때 } |k - k| < \varepsilon$$

$k - k = 0$이므로 어떤 양의 정수 N을 취해도 그 부등식 $|k - k| < \varepsilon$은 성립할 수 있다. 이것은 $\lim_{n\to\infty} k = k$를 증명한다. ■

예제 2 수열 $\{1, -1, 1, -1, 1, -1, \cdots, (-1)^{n+1}, \cdots\}$이 발산함을 보여라.

풀이 이 수열의 항은 1과 -1 번갈아가며 나타나므로, 직관적으로 어떤 특정한 극한 L에 임의로 가깝게 접근할 수 없는 것을 알 수 있다. 이를 증명하기 위해 주어진 수열이 L에 수렴한다고 가정하자. 수열의 수렴 정의에 의해 임의의 양수 $\varepsilon > 0$에 대해 양의 정수 N이 존재하여 $n > N$일 때 $|a_n - L| < \varepsilon$을 만족한다. 어떤 양수 ε을 잡더라도 양의 정수 N은 존재해야 한다. $\varepsilon = 1/2$일 때도 $n > N$인 모든 n에 대해 $|a_n - L| < 1/2$을 만족하는 N이 존재해야 한다. 만약 $n > N$인 n이 홀수일 때 $a_n = 1$이면 $|1 - L| < 1/2$이거나 다음이 된다.

$$\frac{1}{2} < L < \frac{3}{2}$$

한편 $n > N$인 n이 짝수일 때 $a_n = -1$이라면 $|-1 - L| < 1/2$이거나 다음과 같다.

$$-\frac{3}{2} < L < -\frac{1}{2}$$

그러나 위의 두 조건은 둘 다 동시에 성립할 수 없으므로 모순이다. 그러므로 이 수렴은 발산한다.

여기서 편의상 $\varepsilon = 1/2$을 잡았지만, 대신 $\varepsilon = 1/4$이나 1보다 작은 값을 잡더라도 같은 방법으로 증명 가능하다. ■

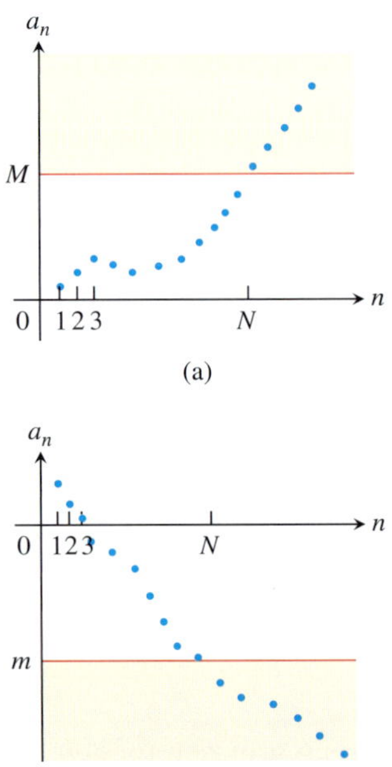

그림 8.3 (a) 어떤 수 M이 주어지든 어떤 지수 N 이후의 모든 수열의 항은 모두 M 위의 노란색 영역에 놓이기 때문에 수열은 ∞로 발산한다. (b) 어떤 지수 N 이후의 모든 수열의 항이 주어진 수 m 아래에 있기 때문에 수열은 $-\infty$로 발산한다.

수열 $\{\sqrt{n}\}$도 발산하지만 증명은 다르다. n이 증가함에 따라 수열의 항은 어떤 고정된 값보다 커진다. 이와 같은 현상을 다음과 같이 표현한다.

$$\lim_{n\to\infty} \sqrt{n} = \infty$$

무한대를 수열의 극한으로 쓸 때는 n이 증가함에 따라 항 a_n과 ∞ 사이의 차이가 작아진다고 하지 않는다. 또한 수열이 접근하는 어떤 무한대인 수가 있다고 주장하는 것도 아니다. 단지 n이 커짐에 따라 a_n이 결국 주어진 어떠한 값보다 더 커진다는 것을 뜻하는 기호일 뿐이다(그림 8.3a). 그림 8.3b에서처럼 음의 무한대로 작아지는 수열의 항도 있다.

정의 임의의 M에 대해 정수 N이 존재하여, $n > N$인 모든 n에 대해 $a_n > M$을 만족하면 수열 a_n은 **무한대로 발산**(diverges to infinity)한다. 이때 다음과 같이 쓴다.

$$\lim_{n\to\infty} a_n = \infty \quad \text{또는} \quad a_n \to \infty$$

유사하게 임의의 m에 대해 정수 N이 존재하여, $n > N$인 모든 n에 대해 $a_n < m$을 만족하면 수열 a_n은 **음의 무한대로 발산**(diverges to negative infinity)한다고 한다. 이때 다음과 같이 쓴다.

$$\lim_{n\to\infty} a_n = -\infty \quad \text{또는} \quad a_n \to -\infty$$

예제 2에서 살펴본 바와 같이 수열은 무한대나 음의 무한대로 발산하지 않고도 발산할 수 있다. 수열 $\{1, -2, 3, -4, 5, -6, 7, -8, \cdots\}$과 $\{1, 0, 2, 0, 3, 0, \cdots\}$이 발산하지만, 무한대나 음의 무한대로 발산하지 않는 수열의 예이다. 수열의 수렴과 발산은 처음 몇 개의 항의 값에 영향을 받지 않는다(처음 10개, 처음 1000개, 심지어 처음 100만 개의 항을 제거하거나 값을 변경하는지 여부는 중요하지 않다). 그림 8.2에 의해 처음 몇 개의 항을 없앤 후 남아 있는 수열의 항으로 수열에 극한이 있는지 여부와 극한이 존재할 경우 해당 극한의 값을 결정하는 것을 확인할 수 있다.

수열의 극한 계산

수열은 양의 정수를 정의역으로 갖는 함수이므로 1장에서 다룬 함수의 극한에 관한 정리를 수열에 그대로 적용할 수 있다.

정리 1

$\{a_n\}$과 $\{b_n\}$이 실수열이고, 실수 A, B에 대해 $\lim_{n\to\infty} a_n = A$와 $\lim_{n\to\infty} b_n = B$일 때 다음이 성립한다.

1. 합의 규칙: $\lim_{n\to\infty} (a_n + b_n) = A + B$

2. 차의 규칙: $\lim_{n\to\infty} (a_n - b_n) = A - B$

3. 상수배의 규칙: $\lim_{n\to\infty} (k \cdot b_n) = k \cdot B$ (k는 임의의 상수)

4. 곱의 규칙: $\lim_{n\to\infty} (a_n \cdot b_n) = A \cdot B$

5. 몫의 규칙: $\lim_{n\to\infty} \dfrac{a_n}{b_n} = \dfrac{A}{B}$ (단, $B \neq 0$)

증명은 1.2절의 정리 1과 유사하므로 생략하겠다.

예제 3 예제 1의 극한과 정리 1을 적용하여 다음과 같은 결과를 얻는다.

(a) $\lim_{n\to\infty} \left(-\dfrac{1}{n}\right) = -1 \cdot \lim_{n\to\infty} \dfrac{1}{n} = -1 \cdot 0 = 0$ 상수배의 규칙과 예제 1a

(b) $\lim_{n\to\infty} \left(\dfrac{n-1}{n}\right) = \lim_{n\to\infty} \left(1 - \dfrac{1}{n}\right) = \lim_{n\to\infty} 1 - \lim_{n\to\infty} \dfrac{1}{n} = 1 - 0 = 1$ 차의 규칙과 예제 1a

(c) $\lim_{n\to\infty} \dfrac{5}{n^2} = 5 \cdot \lim_{n\to\infty} \dfrac{1}{n} \cdot \lim_{n\to\infty} \dfrac{1}{n} = 5 \cdot 0 \cdot 0 = 0$ 곱의 규칙

(d) $\lim_{n\to\infty} \dfrac{4 - 7n^6}{n^6 + 3} = \lim_{n\to\infty} \dfrac{(4/n^6) - 7}{1 + (3/n^6)} = \dfrac{0 - 7}{1 + 0} = -7$ 분자, 분모에 n^6을 나누고 합과 몫의 규칙을 사용한다. ■

정리 1을 적용할 때 주의하자. 예를 들어 두 수열의 합 $\{a_n+b_n\}$이 극한을 가진다고 해서 두 수열 $\{a_n\}$과 $\{b_n\}$이 모두 극한을 갖는다고 말하지 않는다. 예를 들어 $a_n=\{1, 2, 3, \cdots\}$과 $b_n=\{-1, -2, -3, \cdots\}$은 모두 발산하지만, $a_n+b_n=\{0, 0, 0, \cdots\}$은 0으로 수렴한다.

정리 1의 한 가지 결론은 발산수열 $\{a_n\}$에 0이 아닌 모든 상수를 곱해도 발산한다. 반대로 $c\neq 0$인 수열 $\{ca_n\}$이 수렴한다고 가정하자. 이때 정리 1에서의 상수배의 규칙을 적용하여 $k=1/c$이라 하면 다음과 같이 수열 a_n은 수렴한다.

$$\left\{\frac{1}{c}\cdot ca_n\right\} = \{a_n\}$$

따라서 $\{a_n\}$이 수렴하지 않으면 $\{ca_n\}$은 수렴할 수 없다. 다시 말해 $\{a_n\}$이 수렴하지 않으면 $\{ca_n\}$은 수렴하지 않는다.

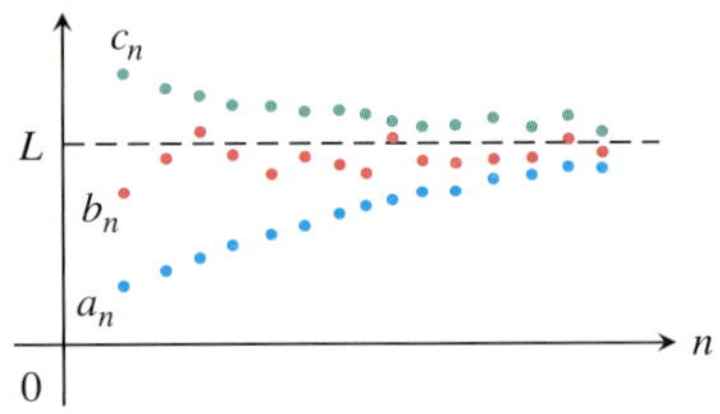

그림 8.4 수열 $\{b_n\}$의 각 항은 수열 $\{a_n\}$과 $\{c_n\}$의 항 사이에 끼어 있으므로 같은 극한 L로 향한다.

다음 정리는 수열에 관한 샌드위치 정리(1.2절 참조)이다. 정리의 증명은 연습문제 119에서 다루기로 한다(그림 8.4).

정리 2 ❙ 수열에 관한 샌드위치 정리

실수열 $\{a_n\}$, $\{b_n\}$, $\{c_n\}$에 대해 적당한 지수 N 이후의 모든 n에 대해 $a_n\le b_n\le c_n$이 성립하고, $\lim_{n\to\infty} a_n=\lim_{n\to\infty} c_n=L$이면 $\lim_{n\to\infty} b_n=L$이다.

정리 2로부터 $|b_n|\le c_n$이고 $c_n\to 0$이면 $-c_n\le b_n\le c_n$가 되므로 $b_n\to 0$임을 알 수 있다. 이 사실을 다음 예제로 확인해보자.

예제 4 $1/n\to 0$이므로 다음을 알 수 있다.

(a) $-\dfrac{1}{n}\le\dfrac{\cos n}{n}\le\dfrac{1}{n}$ 이기 때문에 $\dfrac{\cos n}{n}\to 0$이다.

(b) $0\le\dfrac{1}{2^n}\le\dfrac{1}{n}$ 이기 때문에 $\dfrac{1}{2^n}\to 0$이다.

(c) $-\dfrac{1}{n}\le(-1)^n\dfrac{1}{n}\le\dfrac{1}{n}$ 이기 때문에 $(-1)^n\dfrac{1}{n}\to 0$이다.

(d) $-|a_n|\le a_n\le|a_n|$ 이기 때문에 $|a_n|\to 0$이면 $a_n\to 0$이다. ■

정리 1과 2를 활용하여 수렴수열에 연속함수를 적용하면 수렴수열이 생성된다는 정리로 확장할 수 있다. 증명은 연습문제로 남겨두고 정리를 설명하겠다(연습문제 120).

정리 3 ❙ 수열에 대한 연속함수 정리

실수열 $\{a_n\}$에 대해 $a_n\to L$이고 f가 모든 a_n에서 정의되고 L에서 연속인 함수이면 $f(a_n)\to f(L)$이다.

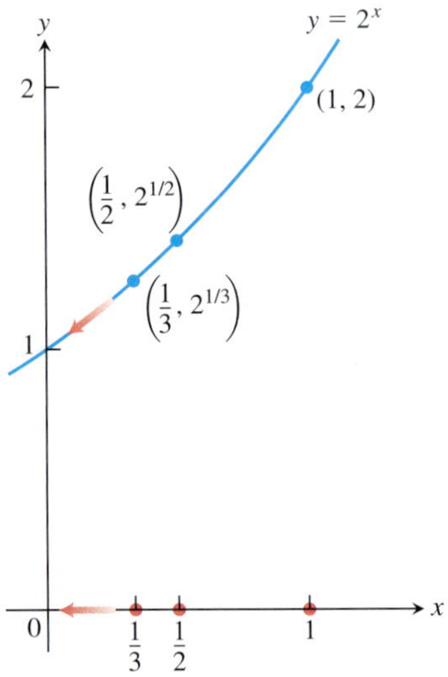

그림 8.5 $n\to\infty$, $1/n\to 0$일 때, $2^{1/n}\to 2^0$이다(예제 6). $\{1/n\}$의 항은 x축 위에 그리고, $\{2^{1/n}\}$의 항은 $f(x)=2^x$의 그래프 위에 y값으로 그린다.

예제 5 $\sqrt{(n+1)/n}\to 1$ 임을 보여라.

풀이 $(n+1)/n\to 1$이므로, $f(x)=\sqrt{x}$이고 $L=1$이면 정리 3에 의해 $\sqrt{(n+1)/n}\to\sqrt{1}=1$이 성립한다. ■

예제 6 수열 $\{1/n\}$은 0으로 수렴한다. $a_n=1/n$, $f(x)=2^x$, $L=0$이라 하면 정리 3에 의해 $2^{1/n}=f(1/n)\to f(L)=2^0=1$이 된다. 따라서 수열 $\{2^{1/n}\}$은 1로 수렴한다(그림 8.5). ■

로피탈의 법칙의 사용

다음 정리는 $\lim_{n\to\infty} a_n$과 $\lim_{x\to\infty} f(x)$의 관계를 식으로 나타낸 것이다. 로피탈의 법칙을 사용하여 수열의 극한을 구할 수 있다.

정리 4

$f(x)$가 모든 $x \geq n_0$에서 정의된 함수이고 실수열 $\{a_n\}$이 $n \geq n_0$에 대해 $a_n = f(n)$을 만족하면 다음이 성립한다.

$$\lim_{x\to\infty} f(x) = L \text{이면} \qquad \lim_{n\to\infty} a_n = L$$

증명 $\lim_{x\to\infty} f(x) = L$이라 가정하자. 그러면 임의의 $\varepsilon > 0$에 대해 다음을 만족하는 M이 존재한다.

$$x > M \text{이면} \quad |f(x) - L| < \varepsilon$$

M보다 크고 n_0보다 크거나 같은 정수 N에 대해 $a_n = f(n)$이므로 다음과 같이 성립한다.

$$n \geq N \text{일 때} \quad |a_n - L| = |f(n) - L| < \varepsilon$$

■

예제 7 $\lim_{n\to\infty} \dfrac{\ln n}{n} = 0$임을 보여라.

풀이 모든 $x \geq 1$에서 함수 $(\ln x)/x$가 정의되고, 양의 정수에서 주어진 수열을 생각하자. 정리 4에 의해 $\lim_{n\to\infty} (\ln n)/n$의 값은 $\lim_{x\to\infty} (\ln x)/x$의 값과 같다. 로피탈의 법칙을 적용하면 다음 결과를 얻을 수 있다.

$$\lim_{x\to\infty} \frac{\ln x}{x} = \lim_{x\to\infty} \frac{1/x}{1} = \frac{0}{1} = 0$$

따라서 $\lim_{n\to\infty} (\ln n)/n = 0$이다. ■

예제 8 다음과 같은 n번째 항을 갖는 수열은 수렴하는가?

$$a_n = \left(\frac{n+1}{n-1}\right)^n, \quad n \geq 2$$

그렇다면 $\lim_{n\to\infty} a_n$를 구하라.

풀이 $x \geq 2$에서 정의된 함수 $f(x) = \left(\dfrac{x+1}{x-1}\right)^x$과 $n \geq 2$에서의 수열 a_n에 대해 정리 4에 의해 $\lim_{x\to\infty} \left(\dfrac{x+1}{x-1}\right)^x = L$을 구하면 $\lim_{n\to\infty} \left(\dfrac{n+1}{n-1}\right)^n = L$임을 알 수 있다.

$\lim_{x\to\infty} f(x)$은 1^∞ 형태의 부정형이 되므로, 극한을 구하기 위해 다음과 같이 $f(x)$에 자연로그를 취한 후 로피탈의 법칙을 적용한다.

$$\ln f(x) = \ln\left(\frac{x+1}{x-1}\right)^x = x \ln\left(\frac{x+1}{x-1}\right)$$

그러면 다음과 같은 결과를 얻을 수 있다.

$$\begin{aligned}
\lim_{x\to\infty} \ln f(x) &= \lim_{x\to\infty} x \ln\left(\frac{x+1}{x-1}\right) && \infty \cdot 0 \text{ 형태} \\
&= \lim_{x\to\infty} \frac{\ln\left(\dfrac{x+1}{x-1}\right)}{1/x} && \frac{0}{0} \text{ 형태} \\
&= \lim_{x\to\infty} \frac{-2/(x^2-1)}{-1/x^2} && \text{로피탈의 법칙}
\end{aligned}$$

$$= \lim_{x\to\infty} \frac{2x^2}{x^2-1} = 2$$ 간단히 하고 계산

그러므로 $\lim_{x\to\infty} \left(\frac{x+1}{x-1}\right)^x = \lim_{x\to\infty} f(x) = \lim_{x\to\infty} e^{\ln f(x)} = e^2$이다. 정리 4를 적용하여 $\{a_n\}$은 e^2로 수렴한다. ■

계승 기호

기호 $n!$(n 팩토리얼)은 1부터 n까지 정수의 곱 $1\cdot2\cdot3\cdots n$을 뜻한다. $(n+1)!=(n+1)\cdot n!$임을 이용하자. 그러면 $4!=1\cdot2\cdot3\cdot4=24$이고, $5!=1\cdot2\cdot3\cdot4\cdot5=5\cdot4!=120$이다. $0!=1$로 정의한다. 다음 표에서 볼 수 있듯이 계승은 지수보다 더욱 빠르게 증가한다. 표에서의 값은 반올림했다.

n	e^n	$n!$
1	3	1
5	148	120
10	22,026	3,628,800
20	4.9×10^8	2.4×10^{18}

자주 사용되는 극한

다음 정리는 자주 나오는 몇 개의 극한을 제공한다.

정리 5

다음 6개의 수열은 수렴한다.

1. $\lim_{n\to\infty} \frac{\ln n}{n} = 0$
2. $\lim_{n\to\infty} \sqrt[n]{n} = 1$
3. $\lim_{n\to\infty} x^{1/n} = 1 \quad (x>0)$
4. $\lim_{n\to\infty} x^n = 0 \quad (|x|<1)$
5. $\lim_{n\to\infty} \left(1+\frac{x}{n}\right)^n = e^x$ (임의의 x에 대해)
6. $\lim_{n\to\infty} \frac{x^n}{n!} = 0$ (임의의 x에 대해)

공식 3에서 6까지에서 $n\to\infty$일 때 x는 상수로 생각한다.

증명 공식 1은 예제 7번에서 증명했다. 공식 2와 3은 로그함수를 취하고 정리 4를 적용해서 증명한다(연습문제 117과 118). 나머지 증명은 부록 A.6에서 참고한다.

예제 9 정리 5를 활용하여 다음 극한을 구한다.

(a) $\frac{\ln(n^2)}{n} = \frac{2\ln n}{n} \to 2\cdot0 = 0$ 정리 5의 공식 1

(b) $\sqrt[n]{n^2} = n^{2/n} = (n^{1/n})^2 \to (1)^2 = 1$ 정리 5의 공식 2

(c) $\sqrt[n]{3n} = 3^{1/n}(n^{1/n}) \to 1\cdot1 = 1$ 정리 5의 공식 3($x=3$일 때)과 공식 2

(d) $\left(-\frac{1}{2}\right)^n \to 0$ 정리 5의 공식 4($x=-\frac{1}{2}$일 때)

(e) $\left(\frac{n-2}{n}\right)^n = \left(1+\frac{-2}{n}\right)^n \to e^{-2}$ 정리 5의 공식 5($x=-2$일 때)

(f) $\frac{100^n}{n!} \to 0$ 정리 5의 공식 6($x=100$일 때) ■

점화적 정의

지금까지는 n의 값으로부터 직접 각 a_n을 계산했다. 그러나 수열은 다음 두 조건에 의해 **점화적**(recursively)으로 정의된다.

1. 첫째 항(또는 여러 개의 항)
2. **점화식**(recursive formula)이라 불리는 이웃하는 항 사이의 관계식

예제 10

(a) 양의 정수로 이루어진 수열 1, 2, 3, …, n, …을 귀납적으로 정의하면 $a_1=1$, $a_n=a_{n-1}+1$ $(n>1)$이다. $a_1=1$을 차례대로 대입하면 $a_2=a_1+1=2$, $a_3=a_2+1=3$ 등을 얻는다.

(b) 계승으로 이루어진 수열 1, 2, 6, 24, …, $n!$, …을 귀납적으로 정의하면, $a_1=1$, $a_n=n\cdot a_{n-1}$ $(n>1)$이다. $a_1=1$, $a_2=2\cdot a_1=2$, $a_3=3\cdot a_2=6$, $a_4=4\cdot a_3=24$ 등을 얻

는다.

(c) $a_1=1,\ a_2=1,\ a_{n+1}=a_n+a_{n-1}(n>2)$은 **피보나치 수열**(Fibonacci sequence)인 1, 1, 2, 3, 5, ⋯ 의 점화적 정의이다. $a_1=1,\ a_2=2\cdot a_1=2,\ a_3=1+1=2,\ a_5=3+2=5$ 등을 얻는다.

(d) 뉴턴의 방법(연습문제 145 참조)을 적용하여 방정식 $\sin x-x^2=0$의 해에 수렴하는 수열을 점화적으로 정의하면 $x_0=1$과 $x_{n+1}=x_n-[(\sin x_n-x_n^2)/(\cos x_n-2x_n)]\ (n>0)$이다. ■

유계단조수열

수열의 수렴을 결정하는 데 중요한 역할을 하는 두 가지 개념은 유계수열과 단조수열이다. 먼저 유계수열을 정의해보자.

정의 모든 $n\geq 1$에 대해 $a_n\leq M$을 만족하는 실수 M이 존재하면, 수열 $\{a_n\}$은 **위로 유계**(bounded from above)라 한다. 이때 M은 $\{a_n\}$의 **상계**(upper bound)라 한다. 만약 M이 $\{a_n\}$의 상계이고 M보다 작은 $\{a_n\}$의 상계가 존재하지 않는다면, 이때 M은 $\{a_n\}$의 **최소 상계**(least upper bound)라고 한다.

모든 $n\geq 1$에 대해 $a_n\geq m$을 만족하는 실수 m이 존재하면, 수열 $\{a_n\}$은 **아래로 유계**(bounded from below)라 한다. 이때 m은 $\{a_n\}$의 **하계**(lower bound)라 한다. 만약 m이 $\{a_n\}$의 하계이고 m보다 큰 $\{a_n\}$의 하계가 존재하지 않는다면, 이때 m은 $\{a_n\}$의 **최대 하계**(greatest lower bound)라고 한다.

수열 $\{a_n\}$이 위로 유계이면서 아래로 유계이면, $\{a_n\}$은 **유계**(bounded)이다. $\{a_n\}$이 유계가 아니면, $\{a_n\}$은 **유계가 아니다**(unbounded)라고 한다.

예제 11

(a) 수열 1, 2, 3, ⋯, n, ⋯은 상계를 갖지 않는다. 왜냐하면 어떠한 실수 M이 주어지더라도 수열의 항이 결국 M보다 커지기 때문이다. 그러나 1보다 작거나 같은 모든 수는 아래로 유계이다. 이때 $m=1$은 이 수열의 최대 하계이다.

(b) 수열 $\frac{1}{2}, \frac{2}{3}, \frac{3}{4}, \cdots, \frac{n}{n+1}, \cdots$은 1보다 크거나 같은 모든 수에 의해 위로 유계이다. 상계 $M=1$은 이 수열의 최소 상계이다(연습문제 137). 또한 이 수열은 최대 하계인 $\frac{1}{2}$보다 작거나 같은 모든 수에 의해 아래로 유계이다. ■

수렴수열은 유계이다.

만약 수열 $\{a_n\}$이 L로 수렴한다면, 수열의 수렴 정의에 의해 $\varepsilon=1$일 때도 $n>N$인 자연수에 대해 $|a_n-L|<1$을 만족하는 N이 반드시 존재한다. 즉 다음과 같다.

$$n>N\text{일 때}\quad L-1<a_n<L+1$$

M이 $L+1$과 유한개의 수열의 항 $a_1,\ a_2,\ \cdots,\ a_N$보다 더 큰 수라면, 모든 지수 n에 대하여 $a_n\leq M$이 되므로 수열 $\{a_n\}$은 위로 유계이다. 같은 방법으로 모든 지수 n에 대해 m이 $L-1$과 유한개의 수열의 항 $a_1,\ a_2,\ \cdots,\ a_N$보다 더 작은 수라면, m은 수열 $\{a_n\}$의 하계이다. 그러므로 모든 수렴하는 수열은 유계이다.

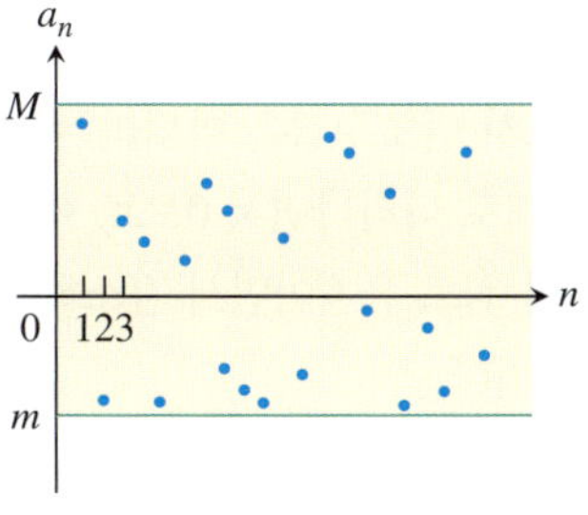

그림 8.6 어떤 유계수열은 그 상계와 하계 사이에서 크게 움직이므로 어떤 값으로도 수렴하지 않는다.

수렴하는 모든 수열이 유계임에도 불구하고, 그 역은 성립하지 않는다. 즉 유계이지만 수렴하지 않는 수열이 존재한다. 그러한 예가 예제 2에서 살펴본 유계수열 $\{(-1)^{n+1}\}$이다. 이 경우 유계수열은 하계인 m과 상계인 M에 의해 둘러싸인 띠 안에서 크게 오가며 움직이지만, 수렴하지는 않는다(그림 8.6). 이런 식으로 행동하지 않는 중요한 유형의 수열은 각 항이 적어도 이전 항보다 커지거나 적어도 작아지는 것이다.

정의 모든 n에 대해 $a_n \le a_{n+1}$, 즉 $a_1 \le a_2 \le a_3 \le \cdots$이면 수열 $\{a_n\}$은 **감소하지 않는**(nondecresing) 수열이라 한다. 모든 n에 대해 $a_n \ge a_{n+1}$이면 수열 $\{a_n\}$은 **증가하지 않는**(nonincresing) 수열이라 한다. 수열 $\{a_n\}$이 감소하지 않거나 증가하지 않는 수열이라면 **단조**(monotonic)인 수열이라 한다.

예제 12

(a) 수열 $1, 2, 3, \cdots, n, \cdots$은 감소하지 않는 수열이다.

(b) 수열 $\frac{1}{2}, \frac{2}{3}, \frac{3}{4}, \cdots, \frac{n}{n+1}, \cdots$은 감소하지 않는 수열이다.

(c) 수열 $1, \frac{1}{2}, \frac{1}{4}, \frac{1}{8}, \cdots, \frac{1}{2^n}, \cdots$은 증가하지 않는 수열이다.

(d) 상수열 $3, 3, 3, \cdots, 3, \cdots$은 증가하지 않는 수열이면서 동시에 감소하지 않는 수열이다.

(e) 수열 $1, -1, 1, -1, 1, -1, \cdots$은 단조수열이 아니다. ■

위로 유계인 수열은 항상 최소 상계를 갖는다. 마찬가지로 아래로 유계인 수열은 항상 최대 하계를 갖는다. 이 결과는 부록 A.9에서 논의된 실수의 완비성 공리에 기초한 결과이다. 여기서는 L이 감소하지 않는 수열의 최소 상계이면 수열은 L로 수렴한다는 것, L이 증가하지 않는 수열의 최대 하계이면 수열이 L로 수렴한다는 것을 증명한다.

정리 6 ▮ 단조수열 정리

수열 $\{a_n\}$이 유계이고 단조이면, 이 수열은 수렴한다.

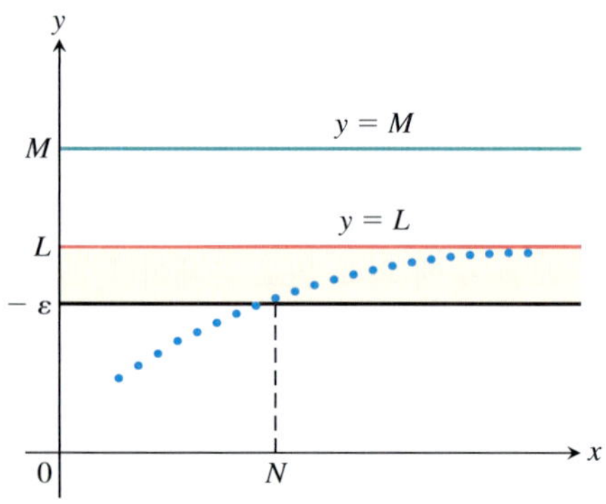

그림 8.7 감소하지 않는 수열이 상계 M을 가지면 그 수열은 $L \le M$을 만족하는 극한값 L을 갖는다.

증명 $\{a_n\}$이 감소하지 않는 수열이며 최소 상계인 L을 갖는다고 하자. xy평면에 $(1, a_1)$, $(2, a_2)$, $\cdots$, (n, a_n), $\cdots$을 그려보자. M이 이 수열의 상계이면, 모든 점은 직선 $y=M$을 포함한 아래쪽에 찍히게 된다(그림 8.7). 직선 $y=L$은 이러한 직선 중 가장 낮은 직선이다. (n, a_n)의 어떤 점도 직선 $y=L$보다 위쪽에 찍히지 않지만, 양의 실수 ε에 대해 몇몇의 점은 직선 $y=L-\varepsilon$ 보다 위쪽에 찍힐 수 있다($L-\varepsilon$은 상계가 아니기 때문에). 즉 다음과 같다.

a. 모든 n에 대해 $a_n \le L$이다.

b. 주어진 $\varepsilon > 0$에 대해 $a_N > L-\varepsilon$을 만족하는 가장 작은 정수 N이 존재한다.

$\{a_n\}$이 감소하지 않는 수열이라는 사실로부터 다음과 같다.

$$\text{모든 } n > N\text{에 대해} \quad a_n \ge a_N > L - \varepsilon$$

그러므로 N번째 항 이후의 모든 항 a_n의 값은 L과의 차이가 ε보다 작아진다. 이는 수열 $\{a_n\}$이 L로 수렴하기 위한 조건을 충족함을 의미한다. ■

정리 6에서 알아야 할 중요한 사실은 수렴하는 수열이 반드시 단조수열은 아니라는 것이다. 수열 $\{(-1)^{n+1}/n\}$은 수렴하는 유계이지만, 양수와 음수를 교대로 나타나면서 0으로 향하기 때문에 단조수열은 아니다. 정리 6이 말하고자 하는 바는 $\{a_n\}$이 위로 유계이면서 감소하지 않은 수열이면 수렴하지만, 그렇지 않으면 무한대로 발산한다는 것이다.

연습문제 8.1 EXERCISE QUESTION

수열의 항 구하기

연습문제 1~6에서 수열 $\{a_n\}$의 식을 나타내고 있다. a_1, a_2, a_3, a_4의 값을 구하라.

1. $a_n = \dfrac{1-n}{n^2}$ **2.** $a_n = \dfrac{1}{n!}$

3. $a_n = \dfrac{(-1)^{n+1}}{2n-1}$ **4.** $a_n = 2 + (-1)^n$

5. $a_n = \dfrac{2^n}{2^{n+1}}$ **6.** $a_n = \dfrac{2^n - 1}{2^n}$

연습문제 7~12에서 수열의 첫 번째 항 또는 두 번째 항과 남은 항을 위한 점화식이 주어져 있다. 수열의 첫 10개의 항을 적어라.

7. $a_1 = 1, \quad a_{n+1} = a_n + (1/2^n)$

8. $a_1 = 1, \quad a_{n+1} = a_n/(n+1)$

9. $a_1 = 2, \quad a_{n+1} = (-1)^{n+1}a_n/2$

10. $a_1 = -2, \quad a_{n+1} = na_n/(n+1)$

11. $a_1 = a_2 = 1, \quad a_{n+2} = a_{n+1} + a_n$

12. $a_1 = 2, \quad a_2 = -1, \quad a_{n+2} = a_{n+1}/a_n$

수열의 식 구하기

연습문제 13~30에서 수열의 n번째 항의 식을 구하라.

13. $1, -1, 1, -1, 1, \cdots$ 부호가 번갈아 나타나는 1

14. $-1, 1, -1, 1, -1, \cdots$ 부호가 번갈아 나타나는 1

15. $1, -4, 9, -16, 25, \cdots$ 부호가 번갈아 나타나면서 양의 정수의 제곱

16. $1, -\dfrac{1}{4}, \dfrac{1}{9}, -\dfrac{1}{16}, \dfrac{1}{25}, \cdots$ 부호가 번갈아 나타나면서 양의 정수의 제곱의 역

17. $\dfrac{1}{9}, \dfrac{2}{12}, \dfrac{2^2}{15}, \dfrac{2^3}{18}, \dfrac{2^4}{21}, \cdots$ 2의 거듭제곱을 3의 배수로 나눔

18. $-\dfrac{3}{2}, -\dfrac{1}{6}, \dfrac{1}{12}, \dfrac{3}{20}, \dfrac{5}{30}, \cdots$ 2씩 증가하는 정수를 연속하는 정수의 곱으로 나눔

19. $0, 3, 8, 15, 24, \cdots$ 1을 뺀 양의 정수의 제곱

20. $-3, -2, -1, 0, 1, \cdots$ −3부터 시작하는 정수

21. $1, 5, 9, 13, 17, \cdots$ 모두 다른 양의 홀수

22. $2, 6, 10, 14, 18, \cdots$ 모두 다른 양의 짝수

23. $\dfrac{5}{1}, \dfrac{8}{2}, \dfrac{11}{6}, \dfrac{14}{24}, \dfrac{17}{120}, \cdots$ 3씩 증가하는 정수를 계승으로 나눔

24. $\dfrac{1}{25}, \dfrac{8}{125}, \dfrac{27}{625}, \dfrac{64}{3125}, \dfrac{125}{15,625}, \cdots$ 양의 정수의 세제곱을 5의 거듭제곱으로 나눔

25. $1, 0, 1, 0, 1, \cdots$ 1과 0이 번갈아 나타남

26. $0, 1, 1, 2, 2, 3, 3, 4, \cdots$ 매 반복되는 양의 정수

27. $\dfrac{1}{2} - \dfrac{1}{3}, \dfrac{1}{3} - \dfrac{1}{4}, \dfrac{1}{4} - \dfrac{1}{5}, \dfrac{1}{5} - \dfrac{1}{6}, \cdots$

28. $\sqrt{5} - \sqrt{4}, \sqrt{6} - \sqrt{5}, \sqrt{7} - \sqrt{6}, \sqrt{8} - \sqrt{7}, \cdots$

29. $\sin\left(\dfrac{\sqrt{2}}{1+4}\right), \sin\left(\dfrac{\sqrt{3}}{1+9}\right), \sin\left(\dfrac{\sqrt{4}}{1+16}\right), \sin\left(\dfrac{\sqrt{5}}{1+25}\right), \cdots$

30. $\sqrt{\dfrac{5}{8}}, \sqrt{\dfrac{7}{11}}, \sqrt{\dfrac{9}{14}}, \sqrt{\dfrac{11}{17}}, \cdots$

수렴과 발산

연습문제 31~100에서 수열 $\{a_n\}$은 수렴하는가, 아니면 발산하는가? 수렴하는 수열의 경우에는 극한을 구하라.

31. $a_n = 2 + (0.1)^n$ **32.** $a_n = \dfrac{n + (-1)^n}{n}$

33. $a_n = \dfrac{1-2n}{1+2n}$ **34.** $a_n = \dfrac{2n+1}{1-3\sqrt{n}}$

35. $a_n = \dfrac{1-5n^4}{n^4+8n^3}$ **36.** $a_n = \dfrac{n+3}{n^2+5n+6}$

37. $a_n = \dfrac{n^2-2n+1}{n-1}, n \geq 2$ **38.** $a_n = \dfrac{1-n^3}{70-4n^2}$

39. $a_n = 1 + (-1)^n$ **40.** $a_n = (-1)^n\left(1 - \dfrac{1}{n}\right)$

41. $a_n = \left(\dfrac{n+1}{2n}\right)\left(1 - \dfrac{1}{n}\right)$ **42.** $a_n = \left(2 - \dfrac{1}{2^n}\right)\left(3 + \dfrac{1}{2^n}\right)$

43. $a_n = \dfrac{(-1)^{n+1}}{2n-1}$ **44.** $a_n = \left(-\dfrac{1}{2}\right)^n$

45. $a_n = \sqrt{\dfrac{2n}{n+1}}$ **46.** $a_n = \dfrac{1}{(0.9)^n}$

47. $a_n = \sin\left(\dfrac{\pi}{2} + \dfrac{1}{n}\right)$ **48.** $a_n = n\pi\cos(n\pi)$

49. $a_n = \dfrac{\sin n}{n}$ **50.** $a_n = \dfrac{\sin^2 n}{2^n}$

51. $a_n = \dfrac{n}{2^n}$ **52.** $a_n = \dfrac{3^n}{n^3}$

53. $a_n = \dfrac{\ln(n+1)}{\sqrt{n}}$ **54.** $a_n = \dfrac{\ln n}{\ln 2n}$

55. $a_n = 8^{1/n}$ **56.** $a_n = (0.03)^{1/n}$

57. $a_n = \left(1 + \dfrac{7}{n}\right)^n$ **58.** $a_n = \left(1 - \dfrac{1}{n}\right)^n$

59. $a_n = \sqrt[n]{10n}$ **60.** $a_n = \sqrt[n]{n^2}$

61. $a_n = \left(\dfrac{3}{n}\right)^{1/n}$ **62.** $a_n = (n+4)^{1/(n+4)}$

63. $a_n = \dfrac{\ln n}{n^{1/n}}$ **64.** $a_n = \ln n - \ln(n+1)$

65. $a_n = \sqrt[n]{4^n n}$ **66.** $a_n = \sqrt[n]{3^{2n+1}}$

67. $a_n = \dfrac{n!}{n^n}$ [힌트: $1/n$과 비교하라.]

68. $a_n = \dfrac{(-4)^n}{n!}$ **69.** $a_n = \dfrac{n!}{10^{6n}}$

70. $a_n = \dfrac{n!}{2^n \cdot 3^n}$ **71.** $a_n = \left(\dfrac{1}{n}\right)^{1/(\ln n)}$

72. $a_n = \dfrac{(n+1)!}{(n+3)!}$ **73.** $a_n = \dfrac{(2n+2)!}{(2n-1)!}$

74. $a_n = \dfrac{3e^n + e^{-n}}{e^n + 3e^{-n}}$

75. $a_n = \dfrac{e^{-2n} - 2e^{-3n}}{e^{-2n} - e^{-n}}$

76. $a_n = \left(1 - \dfrac{1}{2}\right) + \left(\dfrac{1}{2} - \dfrac{1}{3}\right) + \left(\dfrac{1}{3} - \dfrac{1}{4}\right) + \cdots + \left(\dfrac{1}{n-2} - \dfrac{1}{n-1}\right) + \left(\dfrac{1}{n-1} - \dfrac{1}{n}\right)$

77. $a_n = (\ln 3 - \ln 2) + (\ln 4 - \ln 3) + (\ln 5 - \ln 4) + \cdots + (\ln(n-1) - \ln(n-2)) + (\ln n - \ln(n-1))$

78. $a_n = \ln\left(1 + \dfrac{1}{n}\right)^n$

79. $a_n = \left(\dfrac{3n+1}{3n-1}\right)^n$

80. $a_n = \left(\dfrac{n}{n+1}\right)^n$

81. $a_n = \left(\dfrac{x^n}{2n+1}\right)^{1/n}, \quad x > 0$

82. $a_n = \left(1 - \dfrac{1}{n^2}\right)^n$

83. $a_n = \dfrac{3^n \cdot 6^n}{2^{-n} \cdot n!}$

84. $a_n = \dfrac{(10/11)^n}{(9/10)^n + (11/12)^n}$

85. $a_n = \tanh n$

86. $a_n = \sinh(\ln n)$

87. $a_n = \dfrac{n^2}{2n-1} \sin \dfrac{1}{n}$

88. $a_n = n\left(1 - \cos \dfrac{1}{n}\right)$

89. $a_n = \sqrt{n} \sin \dfrac{1}{\sqrt{n}}$

90. $a_n = (3^n + 5^n)^{1/n}$

91. $a_n = \tan^{-1} n$

92. $a_n = \dfrac{1}{\sqrt{n}} \arctan n$

93. $a_n = \left(\dfrac{1}{3}\right)^n + \dfrac{1}{\sqrt{2^n}}$

94. $a_n = \sqrt[n]{n^2 + n}$

95. $a_n = \dfrac{(\ln n)^{200}}{n}$

96. $a_n = \dfrac{(\ln n)^5}{\sqrt{n}}$

97. $a_n = n - \sqrt{n^2 - n}$

98. $a_n = \dfrac{1}{\sqrt{n^2 - 1} - \sqrt{n^2 + n}}$

99. $a_n = \dfrac{1}{n} \displaystyle\int_1^n \dfrac{1}{x}\, dx$

100. $a_n = \displaystyle\int_1^n \dfrac{1}{x^p}\, dx, \quad p > 1$

점화적으로 정의된 수열

연습문제 101~108에서 수열이 수렴한다고 가정하고, 그의 극한을 구하라.

101. $a_1 = 2, \quad a_{n+1} = \dfrac{72}{1 + a_n}$

102. $a_1 = -1, \quad a_{n+1} = \dfrac{a_n + 6}{a_n + 2}$

103. $a_1 = -4, \quad a_{n+1} = \sqrt{8 + 2a_n}$

104. $a_1 = 0, \quad a_{n+1} = \sqrt{8 + 2a_n}$

105. $a_1 = 5, \quad a_{n+1} = \sqrt{5a_n}$

106. $a_1 = 3, \quad a_{n+1} = 12 - \sqrt{a_n}$

107. $2, 2 + \dfrac{1}{2}, 2 + \dfrac{1}{2 + \frac{1}{2}}, 2 + \dfrac{1}{2 + \frac{1}{2 + \frac{1}{2}}}, \ldots$

108. $\sqrt{1}, \sqrt{1 + \sqrt{1}}, \sqrt{1 + \sqrt{1 + \sqrt{1}}}, \sqrt{1 + \sqrt{1 + \sqrt{1 + \sqrt{1}}}}, \ldots$

이론과 예제

109. 수열의 첫 항은 $x_1 = 1$이다. 그 다음과 같이 각 항은 그 항 전의 모든 항의 합이다.

$$x_{n+1} = x_1 + x_2 + \cdots + x_n$$

$n \geq 2$일 때 x_n의 일반식을 추론할 수 있도록 수열의 초기 항을 충분히 나열하라.

110. $\dfrac{1}{1}, \dfrac{3}{2}, \dfrac{7}{5}, \dfrac{17}{12}, \ldots, \dfrac{a}{b}, \dfrac{a+2b}{a+b}, \cdots$와 같은 유리수열이 있다. 여기서 분자들로 하나의 수열 $\{x_n\}$이, 분모들로 하나의 수열 $\{y_n\}$이, 그들의 비, 즉 $r_n = x_n/y_n$으로 수열 $\{r_n\}$을 정의하자.

a. $x_1^2 - 2y_1^2 = -1$, $x_2^2 - 2y_2^2 = +1$임을 확인하고, 더 일반적으로 $a^2 - 2b^2 = -1$ 또는 $+1$이면 각각 $(a+2b)^2 - 2(a+b)^2 = +1$ 또는 -1임을 증명하라.

$$(a + 2b)^2 - 2(a + b)^2 = +1 \text{ 또는 } -1$$

b. n이 증가함에 따라 분수 $r_n = x_n/y_n$은 극한에 수렴한다. 그 극한값은 무엇인가? [힌트: 문제 (a)를 사용하여 $r_n^2 - 2 = \pm(1/y_n)^2$이고 y_n이 n보다 작아지지 않음을 보여라.]

111. 뉴턴 방법 다음 수열은 뉴턴 방법의 점화식에서 온 것이다.

$$x_{n+1} = x_n - \frac{f(x_n)}{f'(x_n)}$$

이 수열은 수렴하는가, 그렇다면 극한은 얼마인가? 각각의 경우에서 수열을 생성하는 함수 f에서 시작하라.

a. $x_0 = 1, \quad x_{n+1} = x_n - \dfrac{x_n^2 - 2}{2x_n} = \dfrac{x_n}{2} + \dfrac{1}{x_n}$

b. $x_0 = 1, \quad x_{n+1} = x_n - \dfrac{\tan x_n - 1}{\sec^2 x_n}$

c. $x_0 = 1, \quad x_{n+1} = x_n - 1$

112. a. $f(x)$는 $[0, 1]$에서의 모든 점 x에서 미분가능하고 $f(0) = 0$이라 하자. 수열 $\{a_n\}$을 $a_n = nf(1/n)$으로 정의할 때, $\lim_{n\to\infty} a_n = f'(0)$임을 보여라. 문제 (a)의 결과를 이용하여 다음 수열 $\{a_n\}$의 극한을 구하라.

b. $a_n = n \tan^{-1} \dfrac{1}{n}$

c. $a_n = n(e^{1/n} - 1)$

d. $a_n = n \ln\left(1 + \dfrac{2}{n}\right)$

113. 피타고라스 삼중수 $a^2 + b^2 = c^2$을 만족하는 양의 세 정수 a, b, c를 피타고라스의 삼중수라고 한다. a를 양의 홀수라 하고, $b = \left\lfloor \dfrac{a^2}{2} \right\rfloor$, $c = \left\lceil \dfrac{a^2}{2} \right\rceil$을 각각 $a^2/2$보다 크지 않은 가장 큰 정수와 작지 않은 가장 작은 정수라고 하자.

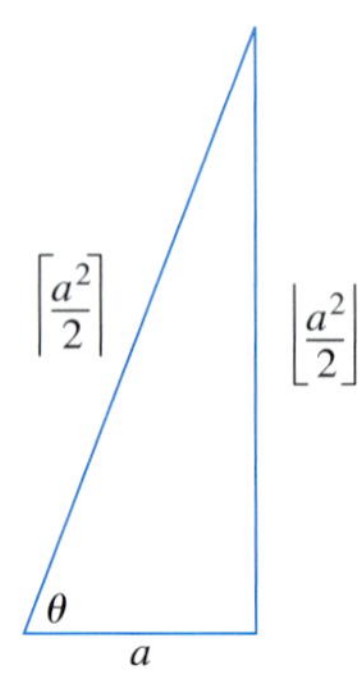

a. $a^2+b^2=c^2$를 증명하라. [힌트: $a=2n+1$이라 하고, b와 c를 n에 대한 식으로 나타내라.]

b. 직접 계산하거나 그림을 통해 다음 값을 구하라.

$$\lim_{a\to\infty}\frac{\left\lfloor \frac{a^2}{2}\right\rfloor}{\left\lceil \frac{a^2}{2}\right\rceil}$$

114. n!의 n제곱근

a. $\lim_{n\to\infty}(2n\pi)^{1/(2n)}=1$을 보이고 스털링의 근사식(7장 심화문제 44a)를 이용하여 다음을 보여라.

$$\text{충분히 큰 } n\text{에 대해 } \sqrt[n]{n!}\approx\frac{n}{e}$$

T **b.** 계산기 사용을 허용하는 범위 내에서 $n=40, 50, 60, \cdots$에 대해 문제 (a)에서의 근삿값을 확인하라.

115. a. 양의 상수 c에 대해 $\lim_{n\to\infty}(1/n^c)=0$이라 할 때, c가 어떤 양의 상수라도 다음이 성립함을 증명하라.

$$\lim_{n\to\infty}\frac{\ln n}{n^c}=0$$

b. c가 임의의 양의 상수일 때 $\lim_{n\to\infty}(1/n^c)=0$임을 증명하라. [힌트: $\varepsilon=0.001$이고 $c=0.04$일 때, $n>N$에 대해 $|1/n^c-0|<\varepsilon$ 이 성립하려면 N이 얼마나 커야 하는가?]

116. 지퍼 정리 수열에 대한 '지퍼 정리'를 증명하라. 만약 $\{a_n\}$과 $\{b_n\}$이 L로 수렴하면 다음과 같은 수열이 L로 수렴함을 보여라.

$$a_1, b_1, a_2, b_2, \cdots, a_n, b_n, \cdots$$

117. $\lim_{n\to\infty}\sqrt[n]{n}=1$임을 증명하라.

118. $\lim_{n\to\infty}x^{1/n}=1\ (x>0)$임을 증명하라.

119. 정리 2를 증명하라.

120. 정리 3을 증명하라.

연습문제 121~124에서 수열이 단조인지, 유계인지를 판정하라.

121. $a_n=\dfrac{3n+1}{n+1}$ **122.** $a_n=\dfrac{(2n+3)!}{(n+1)!}$

123. $a_n=\dfrac{2^n3^n}{n!}$ **124.** $a_n=2-\dfrac{2}{n}-\dfrac{1}{2^n}$

연습문제 125~134에서 수열이 단조인지, 유계인지를 판정하고, 그 수열이 수렴하는지를 판정하라.

125. $a_n=1-\dfrac{1}{n}$ **126.** $a_n=n-\dfrac{1}{n}$

127. $a_n=\dfrac{2^n-1}{2^n}$ **128.** $a_n=\dfrac{2^n-1}{3^n}$

129. $a_n=((-1)^n+1)\left(\dfrac{n+1}{n}\right)$

130. 수열의 첫 번째 항은 $x_1=\cos(1)$이다. 두 번째 항 x_2는 x_1과 $\cos(2)$ 둘 중 큰 수이다. 세 번째 항 x_3은 x_2과 $\cos(3)$의 둘 중 큰 수이다. 일반항은 다음과 같다.

$$x_{n+1}=\max\{x_n, \cos(n+1)\}$$

131. $a_n=\dfrac{1+\sqrt{2n}}{\sqrt{n}}$ **132.** $a_n=\dfrac{n+1}{n}$

133. $a_n=\dfrac{4^{n+1}+3^n}{4^n}$ **134.** $a_1=1,\quad a_{n+1}=2a_n-3$

연습문제 135와 136에서 수렴의 정의를 사용하여 주어진 극한을 증명하라.

135. $\lim_{n\to\infty}\dfrac{\sin n}{n}=0$ **136.** $\lim_{n\to\infty}\left(1-\dfrac{1}{n^2}\right)=1$

137. 수열 $\{n/(n+1)\}$은 최소 상계 1을 가진다. 만약 M이 1보다 작은 수일 때, $\{n/(n+1)\}$의 항은 결국 M을 초과함을 보여라. 즉 $M<1$이면, $n>N$인 모든 자연수에 대해 $n/(n+1)>M$이 만족하는 정수 N이 존재함을 보여라. 모든 n에 대해 $n/(n+1)<1$이기 때문에 이것은 1이 $\{n/(n+1)\}$의 최소 상계라는 것을 증명하는 것이 된다.

138. 최소 상계의 유일성 만약 M_1과 M_2이 수열 $\{a_n\}$의 최소 상계라고 할 때, $M_1=M_2$임을 보여라. 즉 한 수열은 2개의 서로 다른 최소 상계를 가질 수 없다.

139. 양수로 이루어진 수열 $\{a_n\}$이 위로 유계이면 반드시 수렴하는가? 이유를 설명하라.

140. $\{a_n\}$이 수렴수열이면, 모든 양수 ε에 대해 그것에 대응되는 정수 N이 존재하여 다음이 성립함을 보여라.

$$m>N\text{와 } n>N\text{이면 } |a_m-a_n|<\varepsilon$$

141. 극한의 유일성 수열의 극한이 유일하다는 것을 증명하라. 즉 $a_n\to L_1$과 $a_n\to L_2$이면 $L_1=L_2$임을 보여라.

142. 극한과 부분수열 한 수열의 항이 주어진 순서대로 또 다른 수열에 나타낼 때, 첫 번째 수열을 두 번째 수열의 부분수열이라 한다. 만약 수열 $\{a_n\}$의 두 부분수열이 $L_1\neq L_2$로 그 극한값이 다르면 $\{a_n\}$이 발산함을 증명하라.

143. 수열 $\{a_n\}$에 대해 짝수 번째 항을 a_{2k}로, 홀수 번째 항을 a_{2k+1}로 나타낸다. 만약 $a_{2k}\to L$이고 $a_{2k+1}\to L$이면, $a_n\to L$ 임을 증명하라.

144. 수열 $\{a_n\}\to 0$일 필요충분 조건은 $\{|a_n|\}\to 0$임을 증명하라.

145. 뉴턴 방법에 의해 생성된 수열 미분가능한 함수 $f(x)$를 이용한 뉴턴 방법은 x_0으로부터 시작하여 $f(x)=0$의 근으로 수렴하는 조건하에 수열 $\{x_n\}$을 만드는 것이다. 이 수열의 점화식은 다음과 같다.

$$x_{n+1}=x_n-\frac{f(x_n)}{f'(x_n)}$$

a. $f(x)=x^2-a$, $a>0$일 때 점화식은 $x_{n+1}=(x_n+a/x_n)/2$임을 보여라.

T **b.** $x_0=1$, $a=3$을 시작값으로 하여 수열의 항을 계속해서 값이 반복될 때까지 구하라. 또한 근삿값은 얼마인가? 그 이유를 설명하라.

T **146. $\pi/2$의 점화적 정의** $x_1=1$로 시작하여 $x_n=x_{n-1}+\cos x_{n-1}$의 규칙으로 $\{x_n\}$의 다음 항을 정의하면, $\pi/2$로 빠르게 수렴하는 수열 $\{x_n\}$을 만들 수 있다.

a. 수렴함을 보여라.

b. 주어진 그림으로부터 왜 수렴이 빠르게 이루어지는지 설명하라.

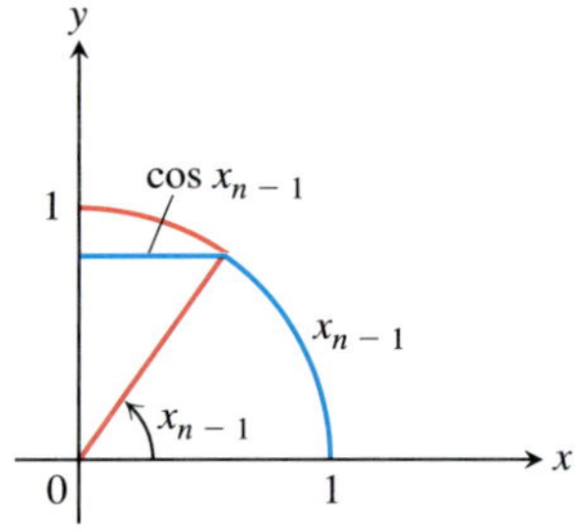

컴퓨터 탐구

연습문제 147~158에서 주어진 수열에 대해 CAS를 사용하여 각 단계를 수행하라.

a. 수열의 처음 25개의 항을 계산하고 그래프를 그려라. 수열이 위로 유계인가, 아래로 유계인가? 수열은 수렴하는가, 발산하는가? 만약 수열이 수렴한다면 극한 L은 얼마인가?

b. 만약 수렴한다면 $n \geq N$인 모든 수에 대해 $|a_n - L| \leq 0.01$이 성립하는 정수 N을 찾아라. 항들이 L로부터 0.001 이내에 놓여 있으려면 N이 얼마나 커져야 하는가?

147. $a_n = \sqrt[n]{n}$

148. $a_n = \left(1 + \dfrac{0.5}{n}\right)^n$

149. $a_1 = 1, \quad a_{n+1} = a_n + \dfrac{1}{5^n}$

150. $a_1 = 1, \quad a_{n+1} = a_n + (-2)^n$

151. $a_n = \sin n$

152. $a_n = n \sin \dfrac{1}{n}$

153. $a_n = \dfrac{\sin n}{n}$

154. $a_n = \dfrac{\ln n}{n}$

155. $a_n = (0.9999)^n$

156. $a_n = (123456)^{1/n}$

157. $a_n = \dfrac{8^n}{n!}$

158. $a_n = \dfrac{n^{41}}{19^n}$

8.2 무한급수

무한급수는 다음과 같이 무한수열의 각 항을 더한 합이다.

$$a_1 + a_2 + a_3 + \cdots + a_n + \cdots$$

이 절의 목표는 무한히 더한 합의 의미를 이해하고, 그 합을 구하는 방법을 아는 것이다. 무한급수에 무한히 많은 항이 더해지기 때문에, 합이 무엇일지 확인하기 위해 일일이 더하고 있을 수는 없다. 대신에 급수의 일부인 첫 번째 항부터 n번째 항까지만 더해 그 결과를 살펴볼 수는 있다. 다음과 같은 첫 번째 항부터 n번째 항까지의 합은 그저 단순한 유한합으로 쉽게 더해 계산할 수 있다.

$$s_n = a_1 + a_2 + a_3 + \cdots + a_n$$

이것을 n번째 부분합이라고 부른다. 8.1절에서 논의했던 n이 커질수록 수열의 항이 극한에 가까워지는 것과 같이 부분합도 점점 극한값으로 가까워짐을 기대할 수 있다.

예를 들어 다음과 같은 급수라고 하자.

$$1 + \frac{1}{2} + \frac{1}{4} + \frac{1}{8} + \frac{1}{16} + \cdots$$

첫 번째 항부터 하나씩 항을 더해가며, 부분합이 어떻게 변하는지 패턴을 확인해보자.

부분합		값	부분합의 또 다른 표현식
첫 번째	$s_1 = 1$	1	$2 - 1$
두 번째	$s_2 = 1 + \frac{1}{2}$	$\frac{3}{2}$	$2 - \frac{1}{2}$
세 번째	$s_3 = 1 + \frac{1}{2} + \frac{1}{4}$	$\frac{7}{4}$	$2 - \frac{1}{4}$
⋮	⋮	⋮	⋮
n번째	$s_n = 1 + \frac{1}{2} + \frac{1}{4} + \cdots + \frac{1}{2^{n-1}}$	$\frac{2^n - 1}{2^{n-1}}$	$2 - \frac{1}{2^{n-1}}$

정말로 패턴이 나왔다. 부분합은 수열의 n번째 항이 다음과 같은 수열이 되었다.

$$s_n = 2 - \frac{1}{2^{n-1}}$$

이때 $\lim_{n\to\infty} (1/2^{n-1}) = 0$이므로 부분합의 수열은 2에 수렴한다. 우리는 이것을 다음과 같다고 말한다.

$$\text{“무한급수 } 1 + \frac{1}{2} + \frac{1}{4} + \cdots + \frac{1}{2^{n-1}} + \cdots \text{ 의 합은 2이다.”}$$

위 급수에서 유한개 항의 합이 2와 같을 수 있는가? 없다. 그러면 무한개의 항을 일일이 하나씩 더할 수는 있는가? 그렇지 않다. 그러나 무한 합은 $n \to \infty$일 때 부분합의 수열의 극한, 즉 위의 경우는 2로 정의할 수 있다(그림 8.8). 수열과 극한의 개념을 통해 유한합의 한계를 벗어날 수 있다.

역사적 인물

블레즈 파스칼(Blaise Pascal, 1623~1662)
파스칼은 프랑스에서 태어났고, 그의 아버지는 파스칼에게 과학을 공부하길 권유했다. 그는 페르마를 만났고 응용과학 문제에 대한 연구에 영감을 받았다. 1640년초에 그는 원뿔 곡선에 관한 에세이를 썼고, 데카르트로부터 찬사를 받았다. 건강이 좋지 않음에도 불구하고 파스칼은 세금 징수 계산을 수행하기 위한 '산술 기계'를 고안했다. 파스칼은 또한 미분학의 발전에 기여했다.

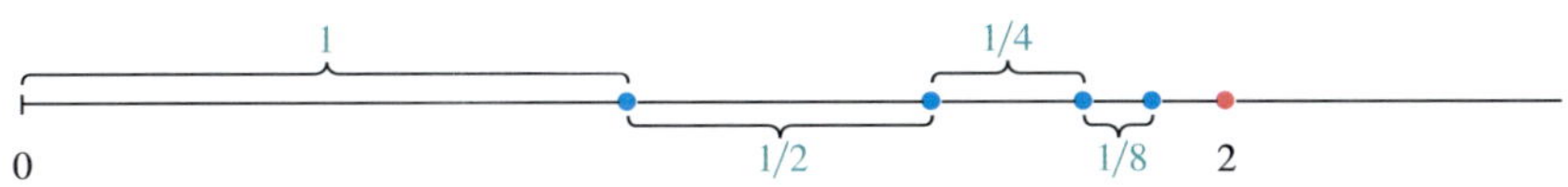

그림 8.8 길이 1, 1/2, 1/4, 1/8, …가 차례로 더해지면 합은 2에 가까워진다.

> **정의** 주어진 수열 $\{a_n\}$에 대해 다음 식은 **무한급수**(infinite series)이다.
>
> $$a_1 + a_2 + a_3 + \cdots + a_n + \cdots$$
>
> 이때 a_n은 급수의 n번째 **항**(term)이라 한다. 다음과 같이 정의된 수열 $\{s_n\}$은 급수의 **부분합의 수열**(sequence of partial sum)이라 한다.
>
> $$\begin{aligned} s_1 &= a_1 \\ s_2 &= a_1 + a_2 \\ &\vdots \\ s_n &= a_1 + a_2 + \cdots + a_n = \sum_{k=1}^{n} a_k \\ &\vdots \end{aligned}$$
>
> s_n은 n번째 **부분합**(partial sum)이다. 부분합의 수열이 극한값 L로 수렴하면 급수는 **수렴**하고, 그 **합**(sum)이 L이라고 말한다. 이 경우에는 다음과 같이 쓰기도 한다.
>
> $$a_1 + a_2 + \cdots + a_n + \cdots = \sum_{n=1}^{\infty} a_n = L$$
>
> 수열의 부분합이 수렴하지 않는다면 급수는 **발산**한다고 말한다.

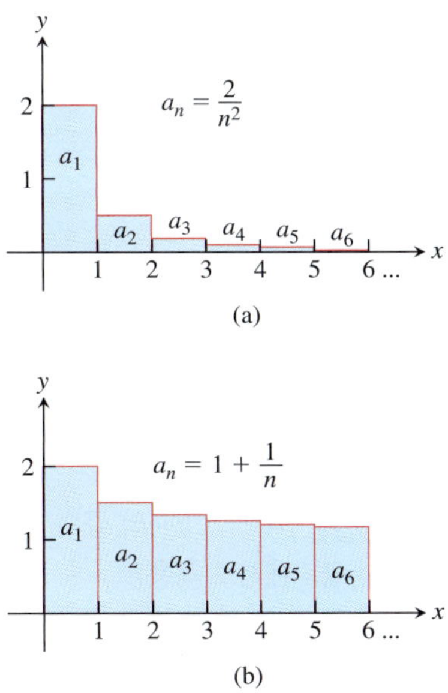

그림 8.9 양수 항을 갖는 급수의 합은 무한히 많은 직사각형의 전체 넓이의 합으로 해석할 수 있다. (a) 전체 넓이의 합이 유한이면 급수는 수렴하고, (b) 전체 넓이의 합이 유계가 아니면 급수는 발산한다. 직사각형의 넓이가 감소하는 경우일지라도 전체 넓이의 합은 무한이 될 수 있음에 주의하자.

무한급수에서 모든 항 a_n이 양수일 때, 각 항을 직사각형의 넓이로 표현할 수 있다. 이때 사각형의 전체 넓이의 합이 유한이면 급수는 수렴하고 그렇지 않으면 발산한다. 그림 8.9a는 급수가 수렴하는 예를 보이고, 그림 8.9b는 급수가 발산하는 예를 보인다. 전체 넓이의 합의 수렴은 7.8절에서 공부했던 이상적분의 수렴 또는 발산과 관련되어 있다. 다음 절에서 급수에 대해 중요한 수렴판정법인 적분판정법으로 발전시키는 것을 통해 이 연관 관계를 명확히 한다.

주어진 급수 $a_1 + a_2 + \cdots + a_n + \cdots$에 대해 수렴하는지, 발산하는지 알지 못할 수도 있지만, 어떤 경우에서도 $\sum$ 기호를 다음과 같이 편하게 사용할 수 있다.

$$\sum_{n=1}^{\infty} a_n, \quad \sum_{k=1}^{\infty} a_k, \quad \sum a_n \qquad \text{1부터 ∞까지의 합을 나타낸 간단한 표기법}$$

기하급수

실수 a와 r, $a \neq 0$에 대해 다음과 같은 형태의 급수를 **기하급수**(geometric series)라 한다.

$$a + ar + ar^2 + \cdots + ar^{n-1} + \cdots = \sum_{n=1}^{\infty} ar^{n-1}$$

기하급수를 $\sum_{n=0}^{\infty} ar^n$로 쓰기도 한다. 다음과 같이 **공비**(ratio) r은 양수일 수도 있고,

$$1 + \frac{1}{2} + \frac{1}{4} + \cdots + \left(\frac{1}{2}\right)^{n-1} + \cdots \qquad r = 1/2, a = 1$$

다음 식처럼 음수일 수도 있다.

$$1 - \frac{1}{3} + \frac{1}{9} - \cdots + \left(-\frac{1}{3}\right)^{n-1} + \cdots \qquad r = -1/3, a = 1$$

$r=1$이면 기하급수의 n번째 부분합은 다음과 같다.

$$s_n = a + a \cdot 1 + a \cdot 1^2 + \cdots + a \cdot 1^{n-1} = na$$

a의 부호에 따라 $\lim_{n\to\infty} s_n = \pm\infty$이 되므로 급수는 발산한다. $r=-1$이면, n번째 부분합은 a와 0 사이에서 진동하고 하나의 극한으로 가까워질 수 없으므로 급수는 발산한다. $|r| \neq 1$이면 다음 방법으로 급수의 수렴과 발산을 판정할 수 있다.

$$s_n = a + ar + ar^2 + \cdots + ar^{n-1} \qquad n\text{번째 부분합을 써라.}$$

$$rs_n = ar + ar^2 + \cdots + ar^{n-1} + ar^n \qquad s_n\text{에 } r\text{을 곱하자.}$$

$$s_n - rs_n = a - ar^n \qquad s_n\text{에서 } rs_n\text{을 뺀다. 우항의 대부분의 항은 소거된다.}$$

$$s_n(1-r) = a(1-r^n) \qquad \text{인수분해}$$

$$s_n = \frac{a(1-r^n)}{1-r} \quad (r \neq 1) \qquad r \neq 1\text{일 때 } s_n\text{을 얻는다.}$$

$|r| < 1$이면 $n \to \infty$에 의해 $r^n \to 0$이 되므로(8.1절 참조), 이 경우 $s_n \to a/(1-r)$이다. 반면에 $|r| > 1$이면 $|r^n| \to \infty$이므로 급수는 발산한다. 위 결과는 다음과 같이 요약할 수 있다.

> **기하급수**
>
> $|r| < 1$이면 기하급수 $a+ar+ar^2+\cdots+ar^{n-1}+\cdots$는 $a/(1-r)$로 수렴한다.
>
> $$\sum_{n=1}^{\infty} ar^{n-1} = \frac{a}{1-r}, \qquad |r| < 1$$
>
> $|r| \geq 1$이면 급수는 발산한다.

기하급수의 합 공식 $a/(1-r)$은 지수가 $n=1$부터 시작되는 $\sum_{n=1}^{\infty} ar^{n-1}$ 형태의 급수에서만 적용한다(또는 지수 $n=0$에서부터 시작되는 $\sum_{n=0}^{\infty} ar^n$ 형태의 급수에서도 적용).

예제 1 $a=1/9$이고 $r=1/3$인 기하급수의 경우는 다음과 같다.

$$\frac{1}{9} + \frac{1}{27} + \frac{1}{81} + \cdots = \sum_{n=1}^{\infty} \frac{1}{9}\left(\frac{1}{3}\right)^{n-1}$$

$|r| = 1/3 < 1$이므로 급수는 다음과 같이 수렴한다.

$$\frac{1/9}{1-(1/3)} = \frac{1}{6}$$

■

예제 2 $a=5$이고 $r=-1/4$인 기하급수는 다음과 같다.

$$\sum_{n=0}^{\infty}\frac{(-1)^n 5}{4^n} = 5 - \frac{5}{4} + \frac{5}{16} - \frac{5}{64} + \cdots$$

$|r| = 1/4 < 1$이므로 급수는 다음과 같이 수렴한다.

$$\frac{a}{1-r} = \frac{5}{1+(1/4)} = 4$$ ■

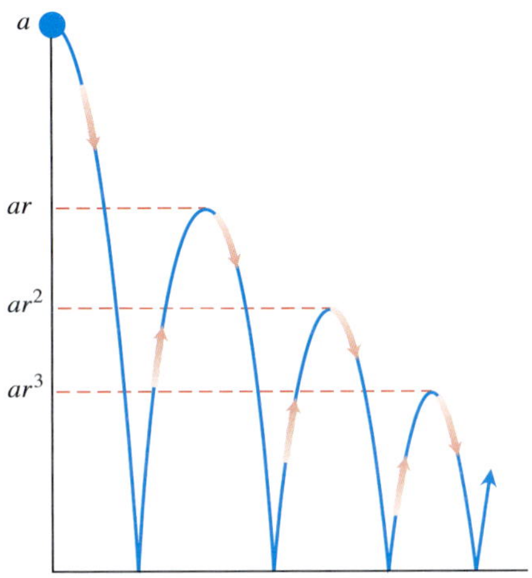

(a)

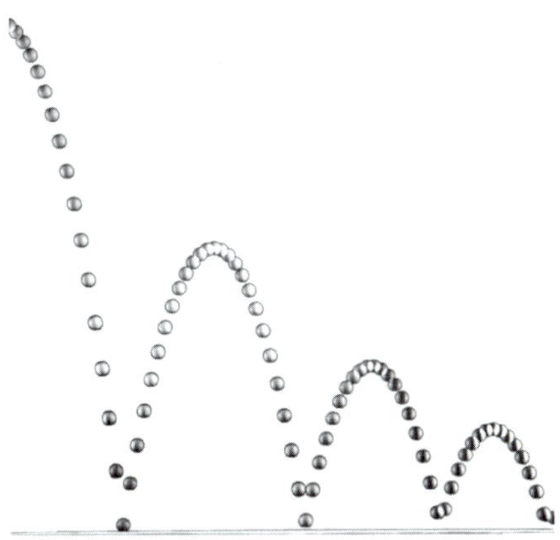

(b)

그림 8.10 (a) 예제 3에서 공을 튀게 했을 때 반동의 높이가 r곱만큼 감소하는 경우 공이 이동한 수직 거리를 계산하기 위해 기하급수를 사용하는 방법을 보인다. (b) 튀는 공의 움직임 진행 과정을 포착한 사진이다. (출처: Berenice Abbott/Science Source)

예제 3 평평한 바닥에서부터 a미터 떨어진 높이에서 공을 떨어뜨린다. 공의 높이 h에서 낙하 후 표면에 맞을 때마다 다시 높이 rh만큼 튀어오른다($0 < r < 1$). 이때 공이 위아래로 움직인 총 거리를 계산하라(그림 8.10).

풀이 총 거리는 다음과 같다.

$$s = a + \underbrace{2ar + 2ar^2 + 2ar^3 + \cdots}_{\text{합은 } 2ar/(1-r)} = a + \frac{2ar}{1-r} = a\frac{1+r}{1-r}$$

예를 들어 $a = 6$ m이고 $r = 2/3$이면 총 거리는 다음과 같다.

$$s = 6 \cdot \frac{1+(2/3)}{1-(2/3)} = 6\left(\frac{5/3}{1/3}\right) = 30 \text{ m}$$ ■

예제 4 순환소수 5.232323…를 분수로 나타내라.

풀이 소수의 정의에 의해 기하급수를 표현할 수 있다.

$$\begin{aligned} 5.232323\ldots &= 5 + \frac{23}{100} + \frac{23}{(100)^2} + \frac{23}{(100)^3} + \cdots \\ &= 5 + \frac{23}{100}\underbrace{\left(1 + \frac{1}{100} + \left(\frac{1}{100}\right)^2 + \cdots\right)}_{1/(1-1/100)} \\ &= 5 + \frac{23}{100}\left(\frac{1}{0.99}\right) = 5 + \frac{23}{99} = \frac{518}{99} \end{aligned}$$

$a = 1$, $r = 1/100$, $|r| = 1/100 < 1$ ■

불행하게도 수렴하는 기하급수의 합 공식과 같은 공식은 흔하지 않고, 대개 급수의 합의 추정값을 정해야 한다(뒤에 이것에 대해 더 논의 예정). 그러나 다음 예제에서는 급수의 합의 정확한 값을 구할 수 있는 또 다른 경우이다.

예제 5 다음 '망원'급수 $\sum_{n=1}^{\infty}\frac{1}{n(n+1)}$의 합을 구하라.

풀이 부분합 수열의 패턴을 찾아 일반항 s_k를 구할 수 있다. 여기서 핵심은 부분분수식이다.

$$\frac{1}{n(n+1)} = \frac{1}{n} - \frac{1}{n+1}$$

그래서 부분합은 다음과 같다.

$$\sum_{n=1}^{k}\frac{1}{n(n+1)} = \sum_{n=1}^{k}\left(\frac{1}{n} - \frac{1}{n+1}\right)$$

그리고 다음을 얻는다.

$$s_k = \left(\frac{1}{1} - \frac{1}{2}\right) + \left(\frac{1}{2} - \frac{1}{3}\right) + \left(\frac{1}{3} - \frac{1}{4}\right) + \cdots + \left(\frac{1}{k} - \frac{1}{k+1}\right)$$

괄호를 없애고 서로 다른 부호를 갖는 이웃하는 항을 소거해나가면 그 합은 다음과 같다.

$$s_k = 1 - \frac{1}{k+1}$$

$k \to \infty$일 때 $s_k \to 1$이다. 따라서 급수는 수렴하고 그 합은 1이다.

$$\sum_{n=1}^{\infty} \frac{1}{n(n+1)} = 1$$

■

발산하는 급수에 대한 일반항 판정법(발산판정법)

급수가 수렴하지 않는 이유 중 한 가지는 급수의 항의 크기가 작아지지 않는 데 있다.

예제 6 다음 급수는 부분합이 결국 어떤 정해진 수보다도 커지므로 발산한다.

$$\sum_{n=1}^{\infty} \frac{n+1}{n} = \frac{2}{1} + \frac{3}{2} + \frac{4}{3} + \cdots + \frac{n+1}{n} + \cdots$$

각 항은 모두 1보다 크므로 n번째 부분합은 n보다 크다. ■

이제 급수 $\sum_{n=1}^{\infty} a_n$이 수렴하면 $\lim_{n\to\infty} a_n$은 반드시 0이 됨을 보일 것이다. 먼저 S를 급수의 합이라 하고 $s_n = a_1 + a_2 + \cdots + a_n$을 n번째 부분합이라고 하자. n이 커지면 s_n과 s_{n-1}은 S에 가까워지므로, 두 항의 차이인 a_n은 0에 가까워진다. 즉 n이 증가하면 s_n과 s_{n-1}이 S로 수렴하므로 다음과 같다.

$$\lim_{n\to\infty} a_n = \lim_{n\to\infty} (s_n - s_{n-1}) = \lim_{n\to\infty} s_n - \lim_{n\to\infty} s_{n-1} = S - S = 0$$

수열에 관한 차의 규칙

이것으로 다음 정리를 입증할 수 있다.

주의 정리 7의 역은 성립하지 않는다. $a_n \to 0$이라고 해서 $\sum_{n=1}^{\infty} a_n$이 수렴하는 것은 아니다. $a_n \to 0$일 때 급수가 발산하는 경우도 있다(예제 8 참조).

정리 7

$\sum_{n=1}^{\infty} a_n$이 수렴하면 $a_n \to 0$이다.

정리 7을 이용하여 예제 6에서의 급수와 같은 발산하는 급수를 판정할 수 있다.

발산에 대한 일반항 판정법

$\lim_{n\to\infty} a_n$이 존재하지 않거나 0이 아닌 다른 값이면, $\sum_{n=1}^{\infty} a_n$은 발산한다.

예제 7

(a) $n^2 \to \infty$이므로 $\sum_{n=1}^{\infty} n^2$은 발산한다. $\lim_{n\to\infty} a_n$은 존재하지 않는다.

(b) $\frac{n+1}{n} \to 1$이므로 $\sum_{n=1}^{\infty} \frac{n+1}{n}$는 발산한다. $\lim_{n\to\infty} a_n \neq 0$

(c) $\lim_{n\to\infty} (-1)^{n+1}$은 존재하지 않으므로 $\sum_{n=1}^{\infty} (-1)^{n+1}$는 발산한다.

(d) $\lim_{n\to\infty} \frac{-n}{2n+5} = -\frac{1}{2} \neq 0$이므로 $\sum_{n=1}^{\infty} \frac{-n}{2n+5}$은 발산한다. ■

예제 8 다음 급수는 2개, 4개, ⋯, 2^n개씩 항을 묶어 무한히 많은 클러스터로 그룹을 만들고, 각 클러스터로부터 1씩 무한히 더해지므로 급수의 부분합은 한없이 증가한다.

$$1+\underbrace{\frac{1}{2}+\frac{1}{2}}_{2\text{개}}+\underbrace{\frac{1}{4}+\frac{1}{4}+\frac{1}{4}+\frac{1}{4}}_{4\text{개}}+\cdots+\underbrace{\frac{1}{2^n}+\frac{1}{2^n}+\cdots+\frac{1}{2^n}}_{2^n\text{개}}+\cdots$$

그러나 급수의 항으로 이루어진 수열은 0으로 수렴한다. 8.3절의 예제 1에서 조화급수 $\sum 1/n$도 이러한 양상을 띠는 것을 볼 수 있다. ■

급수의 연산

수렴하는 두 급수를 항별로 더하거나, 항별로 빼거나, 급수의 각 항에 상수를 곱하면 새로운 급수가 만들어진다.

정리 8

$\sum a_n = A$와 $\sum b_n = B$가 수렴하면 다음과 같다.

1. 합의 규칙: $\sum(a_n + b_n) = \sum a_n + \sum b_n = A + B$

2. 차의 규칙: $\sum(a_n - b_n) = \sum a_n - \sum b_n = A - B$

3. 상수배의 규칙: $\sum ka_n = k\sum a_n = kA$ (k는 임의의 상수)

증명 급수에 관한 위의 세 가지 규칙은 8.1절의 정리 1에서 소개한 수열에 관한 규칙과 유사하다. 급수에 관한 합의 규칙을 증명해보자. 먼저 다음과 같다고 하자.

$$A_n = a_1 + a_2 + \cdots + a_n, \qquad B_n = b_1 + b_2 + \cdots + b_n$$

그러면 $\sum(a_n+b_n)$의 부분합은 다음과 같다.

$$\begin{aligned} s_n &= (a_1 + b_1) + (a_2 + b_2) + \cdots + (a_n + b_n) \\ &= (a_1 + \cdots + a_n) + (b_1 + \cdots + b_n) \\ &= A_n + B_n \end{aligned}$$

$A_n \to A$이고 $B_n \to B$이므로 수열에 관한 합의 규칙에 의해 $s_n \to A+B$이다. 차의 규칙에 대한 증명도 비슷하다.

급수에 관한 상수배의 규칙에 관한 증명을 위해 $\sum ka_n$의 부분합을 다음과 같은 수열로 생각해볼 수 있다.

$$s_n = ka_1 + ka_2 + \cdots + ka_n = k(a_1 + a_2 + \cdots + a_n) = kA_n$$

수열에 관한 상수배의 규칙에 의해 kA로 수렴한다. ■

정리 8의 따름정리로서 다음과 같은 결과를 얻는다. 증명은 생략하겠다.

1. 발산하는 급수에 0이 아닌 상수를 곱하면 그 급수는 발산한다.
2. $\sum a_n$이 수렴하고 $\sum b_n$이 발산하면 $\sum(a_n+b_n)$과 $\sum(a_n-b_n)$은 모두 발산한다.

주의 $\sum a_n$과 $\sum b_n$이 모두 발산하더라도 $\sum(a_n+b_n)$은 수렴할 수 있다. 예를 들어 $\sum a_n = 1+1+1+\cdots$과 $\sum b_n = (-1)+(-1)+(-1)+\cdots$은 모두 발산하지만, $\sum(a_n+b_n) = 0+0+0+\cdots$은 0으로 수렴한다. ●

예제 9 다음 급수의 합을 구하라.

(a) $\displaystyle\sum_{n=1}^{\infty}\frac{3^{n-1}-1}{6^{n-1}} = \sum_{n=1}^{\infty}\left(\frac{1}{2^{n-1}} - \frac{1}{6^{n-1}}\right)$

$$= \sum_{n=1}^{\infty} \frac{1}{2^{n-1}} - \sum_{n=1}^{\infty} \frac{1}{6^{n-1}}$$ 차의 규칙

$$= \frac{1}{1-(1/2)} - \frac{1}{1-(1/6)}$$ $a=1$이고 $r=1/2$, $1/6$인 기하급수, $|1/2| < 1$과 $|1/6| < 1$이므로 두 급수는 모두 수렴

$$= 2 - \frac{6}{5} = \frac{4}{5}$$

(b) $\sum_{n=0}^{\infty} \frac{4}{2^n} = 4\sum_{n=0}^{\infty} \frac{1}{2^n}$ 차의 규칙

$$= 4\left(\frac{1}{1-(1/2)}\right)$$ $a=1$이고 $r=1/2$인 기하급수, $|1/2| < 1$이므로 급수는 수렴

$$= 8$$ ■

항 추가 또는 소거

주어진 급수에 유한개의 항을 추가하거나 소거할 수 있다. 이때 수렴급수의 경우 보통 합은 달라지더라도 급수의 수렴성 또는 발산성은 유지된다. 급수 $\sum_{n=1}^{\infty} a_n$이 수렴하면 어떤 $k > 1$에 대해 $\sum_{n=k}^{\infty} a_n$ 역시 수렴하고, 다음과 같다.

$$\sum_{n=1}^{\infty} a_n = a_1 + a_2 + \cdots + a_{k-1} + \sum_{n=k}^{\infty} a_n$$

역으로 $k > 1$인 임의의 k에 대해 $\sum_{n=k}^{\infty} a_n$이 수렴하면 $\sum_{n=1}^{\infty} a_n$도 수렴한다. 그러므로 다음과 같다.

$$\sum_{n=1}^{\infty} \frac{1}{5^n} = \frac{1}{5} + \frac{1}{25} + \frac{1}{125} + \sum_{n=4}^{\infty} \frac{1}{5^n}$$

$$\sum_{n=4}^{\infty} \frac{1}{5^n} = \left(\sum_{n=1}^{\infty} \frac{1}{5^n}\right) - \frac{1}{5} - \frac{1}{25} - \frac{1}{125}$$

급수의 처음 몇 항은 급수의 수렴 또는 발산에 영향을 주지 못한다. 오직 급수의 '꼬리', 즉 어떤 유한개의 항 이후의 나머지 부분을 더한 것이 수렴하는지 발산하는지가 급수의 수렴과 발산에 영향을 미치게 된다.

역사적 인물

리하르트 데데킨트(Richard Dedekind, 1831~1916)

데데킨트는 독일에서 자랐으며 1850년에 괴팅겐 대학교에 입학했다. 그곳에서 그는 베른하르트 리만, 칼 가우스와 함께 공부했다. 가우스와 마찬가지로 데데킨트도 정수론의 이론적 측면을 연구하는 것을 선호했다. 무리수에 대한 그의 연구는 그 분야의 논리적 기초를 제공했다.

지수변환

항의 순서가 보존되는 한 어떠한 급수도 급수의 수렴성을 유지하며 지수를 변환할 수 있다. 첫 번째 항의 지수를 h만큼 올려 $1+h$에서 시작하기 위해 $\sum_{n=1}^{\infty} a_n$의 a_n에서 n 대신 $n-h$로 변환하면 다음과 같다.

$$\sum_{n=1}^{\infty} a_n = \sum_{n=1+h}^{\infty} a_{n-h} = a_1 + a_2 + a_3 + \cdots$$

첫 번째 항의 지수를 h만큼 내려 $1-h$에서 시작하기 위해 $\sum_{n=1}^{\infty} a_n$의 a_n에서 n 대신 $n+h$로 변환하면 다음과 같다.

$$\sum_{n=1}^{\infty} a_n = \sum_{n=1-h}^{\infty} a_{n+h} = a_1 + a_2 + a_3 + \cdots$$

이미 기하급수에서 첫 번째 항의 지수를 $n=1$ 대신 $n=0$을 사용하는 지수변환을 보였으며, 지수변환은 어떠한 수도 처음 시작하는 지수로 사용할 수 있다. 지수변환을 통해 급수의 표현을 간결하게 할 수 있다.

예제 10 기하급수가 다음과 같다고 하자.

$$\sum_{n=1}^{\infty} \frac{1}{2^{n-1}} = 1 + \frac{1}{2} + \frac{1}{4} + \cdots$$

그러면 다음과 같이 쓸 수 있다.

$$\sum_{n=0}^{\infty} \frac{1}{2^n}, \quad \sum_{n=5}^{\infty} \frac{1}{2^{n-5}}, \quad \sum_{n=-4}^{\infty} \frac{1}{2^{n+4}}$$

그러나 지수변환을 하더라도 급수의 부분합은 같다. ■

연습문제 8.2 EXERCISE QUESTION

n번째 부분합 구하기

연습문제 1~6에서 급수의 n번째 부분합을 구하는 공식을 찾고, 급수가 수렴한다면 공식을 이용하여 급수의 합을 구하라.

1. $2 + \frac{2}{3} + \frac{2}{9} + \frac{2}{27} + \cdots + \frac{2}{3^{n-1}} + \cdots$

2. $\frac{9}{100} + \frac{9}{100^2} + \frac{9}{100^3} + \cdots + \frac{9}{100^n} + \cdots$

3. $1 - \frac{1}{2} + \frac{1}{4} - \frac{1}{8} + \cdots + (-1)^{n-1}\frac{1}{2^{n-1}} + \cdots$

4. $1 - 2 + 4 - 8 + \cdots + (-1)^{n-1}2^{n-1} + \cdots$

5. $\frac{1}{2 \cdot 3} + \frac{1}{3 \cdot 4} + \frac{1}{4 \cdot 5} + \cdots + \frac{1}{(n+1)(n+2)} + \cdots$

6. $\frac{5}{1 \cdot 2} + \frac{5}{2 \cdot 3} + \frac{5}{3 \cdot 4} + \cdots + \frac{5}{n(n+1)} + \cdots$

기하급수

연습문제 7~14에서 급수가 어떻게 시작하는지 확인을 위해 처음 8개의 항을 써라. 그 급수의 합을 구하거나 발산함을 보여라.

7. $\sum_{n=0}^{\infty} \frac{(-1)^n}{4^n}$

8. $\sum_{n=2}^{\infty} \frac{1}{4^n}$

9. $\sum_{n=1}^{\infty} \left(1 - \frac{7}{4^n}\right)$

10. $\sum_{n=0}^{\infty} (-1)^n \frac{5}{4^n}$

11. $\sum_{n=0}^{\infty} \left(\frac{5}{2^n} + \frac{1}{3^n}\right)$

12. $\sum_{n=0}^{\infty} \left(\frac{5}{2^n} - \frac{1}{3^n}\right)$

13. $\sum_{n=0}^{\infty} \left(\frac{1}{2^n} + \frac{(-1)^n}{5^n}\right)$

14. $\sum_{n=0}^{\infty} \left(\frac{2^{n+1}}{5^n}\right)$

연습문제 15~22에서 기하급수가 수렴하는지 발산하는지를 판정하라. 급수가 수렴한다면, 그 합을 구하라.

15. $1 + \left(\frac{2}{5}\right) + \left(\frac{2}{5}\right)^2 + \left(\frac{2}{5}\right)^3 + \left(\frac{2}{5}\right)^4 + \cdots$

16. $1 + (-3) + (-3)^2 + (-3)^3 + (-3)^4 + \cdots$

17. $\left(\frac{1}{8}\right) + \left(\frac{1}{8}\right)^2 + \left(\frac{1}{8}\right)^3 + \left(\frac{1}{8}\right)^4 + \left(\frac{1}{8}\right)^5 + \cdots$

18. $\left(\frac{-2}{3}\right)^2 + \left(\frac{-2}{3}\right)^3 + \left(\frac{-2}{3}\right)^4 + \left(\frac{-2}{3}\right)^5 + \left(\frac{-2}{3}\right)^6 + \cdots$

19. $1 - \left(\frac{2}{e}\right) + \left(\frac{2}{e}\right)^2 - \left(\frac{2}{e}\right)^3 + \left(\frac{2}{e}\right)^4 - \cdots$

20. $\left(\frac{1}{3}\right)^{-2} - \left(\frac{1}{3}\right)^{-1} + 1 - \left(\frac{1}{3}\right) + \left(\frac{1}{3}\right)^2 - \cdots$

21. $1 + \left(\frac{10}{9}\right)^2 + \left(\frac{10}{9}\right)^4 + \left(\frac{10}{9}\right)^6 + \left(\frac{10}{9}\right)^8 + \cdots$

22. $\frac{9}{4} - \frac{27}{8} + \frac{81}{16} - \frac{243}{32} + \frac{729}{64} - \cdots$

순환소수

연습문제 23~30에서 주어진 수를 분수로 표현하라.

23. $0.\overline{23} = 0.23\ 23\ 23\cdots$

24. $0.\overline{234} = 0.234\ 234\ 234\cdots$

25. $0.\overline{7} = 0.7777\cdots$

26. $0.\overline{d} = 0.dddd\cdots$ (여기서 d는 숫자)

27. $0.0\overline{6} = 0.06666\cdots$

28. $1.\overline{414} = 1.414\ 414\ 414\cdots$

29. $1.24\overline{123} = 1.24\ 123\ 123\ 123\cdots$

30. $3.\overline{142857} = 3.142857\ 142857\cdots$

일반항 판정법

연습문제 31~38에서 발산에 대한 일반항 판정법을 사용하여 급수가 발산함을 보이거나, 아니면 판정법을 적용할 수 없는 이유를 말하라.

31. $\sum_{n=1}^{\infty} \frac{n}{n+10}$

32. $\sum_{n=1}^{\infty} \frac{n(n+1)}{(n+2)(n+3)}$

33. $\sum_{n=0}^{\infty} \frac{1}{n+4}$

34. $\sum_{n=1}^{\infty} \frac{n}{n^2+3}$

35. $\sum_{n=1}^{\infty} \cos\frac{1}{n}$

36. $\sum_{n=0}^{\infty} \frac{e^n}{e^n+n}$

37. $\sum_{n=1}^{\infty} \ln\frac{1}{n}$

38. $\sum_{n=0}^{\infty} \cos n\pi$

망원급수

연습문제 39~44에서 급수의 n번째 부분합을 구하고, 이를 이용하여 급수가 수렴하는지, 발산하는지 판정하라. 수렴한다면 급수의 합을 구하라.

39. $\sum_{n=1}^{\infty}\left(\frac{1}{n}-\frac{1}{n+1}\right)$

40. $\sum_{n=1}^{\infty}\left(\frac{3}{n^2}-\frac{3}{(n+1)^2}\right)$

41. $\sum_{n=1}^{\infty}(\ln\sqrt{n+1}-\ln\sqrt{n})$

42. $\sum_{n=1}^{\infty}(\tan(n)-\tan(n-1))$

43. $\sum_{n=1}^{\infty}\left(\arccos\left(\frac{1}{n+1}\right)-\arccos\left(\frac{1}{n+2}\right)\right)$

44. $\sum_{n=1}^{\infty}(\sqrt{n+4}-\sqrt{n+3})$

연습문제 45~52에서 각 급수의 합을 구하라.

45. $\sum_{n=1}^{\infty}\frac{4}{(4n-3)(4n+1)}$

46. $\sum_{n=1}^{\infty}\frac{6}{(2n-1)(2n+1)}$

47. $\sum_{n=1}^{\infty}\frac{40n}{(2n-1)^2(2n+1)^2}$

48. $\sum_{n=1}^{\infty}\frac{2n+1}{n^2(n+1)^2}$

49. $\sum_{n=1}^{\infty}\left(\frac{1}{\sqrt{n}}-\frac{1}{\sqrt{n+1}}\right)$

50. $\sum_{n=1}^{\infty}\left(\frac{1}{2^{1/n}}-\frac{1}{2^{1/(n+1)}}\right)$

51. $\sum_{n=1}^{\infty}\left(\frac{1}{\ln(n+2)}-\frac{1}{\ln(n+1)}\right)$

52. $\sum_{n=1}^{\infty}(\tan^{-1}(n)-\tan^{-1}(n+1))$

수렴과 발산

연습문제 53~76에서 급수의 수렴과 발산을 판정하고, 그 이유를 설명하라. 또한 급수가 수렴한다면 그 합을 구하라.

53. $\sum_{n=0}^{\infty}\left(\frac{1}{\sqrt{2}}\right)^n$

54. $\sum_{n=0}^{\infty}(\sqrt{2})^n$

55. $\sum_{n=1}^{\infty}(-1)^{n+1}\frac{3}{2^n}$

56. $\sum_{n=1}^{\infty}(-1)^{n+1}n$

57. $\sum_{n=0}^{\infty}\cos\left(\frac{n\pi}{2}\right)$

58. $\sum_{n=0}^{\infty}\frac{\cos n\pi}{5^n}$

59. $\sum_{n=0}^{\infty}e^{-2n}$

60. $\sum_{n=1}^{\infty}\ln\frac{1}{3^n}$

61. $\sum_{n=1}^{\infty}\frac{2}{10^n}$

62. $\sum_{n=0}^{\infty}\frac{1}{x^n},\quad |x|>1$

63. $\sum_{n=0}^{\infty}\frac{2^n-1}{3^n}$

64. $\sum_{n=1}^{\infty}\left(1-\frac{1}{n}\right)^n$

65. $\sum_{n=0}^{\infty}\frac{n!}{1000^n}$

66. $\sum_{n=1}^{\infty}\frac{n^n}{n!}$

67. $\sum_{n=1}^{\infty}\frac{2^n+3^n}{4^n}$

68. $\sum_{n=1}^{\infty}\frac{2^n+4^n}{3^n+4^n}$

69. $\sum_{n=1}^{\infty}\ln\left(\frac{n}{n+1}\right)$

70. $\sum_{n=1}^{\infty}\ln\left(\frac{n}{2n+1}\right)$

71. $\sum_{n=0}^{\infty}\left(\frac{e}{\pi}\right)^n$

72. $\sum_{n=0}^{\infty}\frac{e^{n\pi}}{\pi^{ne}}$

73. $\sum_{n=1}^{\infty}\left(\frac{n}{n+1}-\frac{n+2}{n+3}\right)$

74. $\sum_{n=2}^{\infty}\left(\sin\left(\frac{\pi}{n}\right)-\sin\left(\frac{\pi}{n-1}\right)\right)$

75. $\sum_{n=1}^{\infty}\left(\cos\left(\frac{\pi}{n}\right)+\sin\left(\frac{\pi}{n}\right)\right)$

76. $\sum_{n=0}^{\infty}(\ln(4e^n-1)-\ln(2e^n+1))$

x를 포함한 기하급수

연습문제 77~80에서 a와 r을 구하기 위해 기하급수의 처음 몇 항을 쓰고, 급수의 합을 구하라. 부등식 $|r|<1$을 x에 관한 식으로 나타내고, 급수가 수렴하기 위한 x의 범위를 구하라.

77. $\sum_{n=0}^{\infty}(-1)^n x^n$

78. $\sum_{n=0}^{\infty}(-1)^n x^{2n}$

79. $\sum_{n=0}^{\infty}3\left(\frac{x-1}{2}\right)^n$

80. $\sum_{n=0}^{\infty}\frac{(-1)^n}{2}\left(\frac{1}{3+\sin x}\right)^n$

연습문제 81~86에서 기하급수가 수렴하도록 하는 x값을 찾고 급수의 합(x에 관한 함수)을 구하라.

81. $\sum_{n=0}^{\infty}2^n x^n$

82. $\sum_{n=0}^{\infty}(-1)^n x^{-2n}$

83. $\sum_{n=0}^{\infty}(-1)^n(x+1)^n$

84. $\sum_{n=0}^{\infty}\left(-\frac{1}{2}\right)^n(x-3)^n$

85. $\sum_{n=0}^{\infty}\sin^n x$

86. $\sum_{n=0}^{\infty}(\ln x)^n$

이론과 예제

87. 연습문제 5의 급수는 다음과 같이 나타낼 수 있다.

$$\sum_{n=1}^{\infty}\frac{1}{(n+1)(n+2)},\quad \sum_{n=-1}^{\infty}\frac{1}{(n+3)(n+4)}$$

이를 다음의 n으로 시작할 때 합으로 나타내라.

a. $n=-2$ **b.** $n=0$ **c.** $n=5$

88. 연습문제 6의 수열 또한 다음과 같이 나타낼 수 있다.

$$\sum_{n=1}^{\infty}\frac{5}{n(n+1)},\quad \sum_{n=0}^{\infty}\frac{5}{(n+1)(n+2)}$$

이를 다음의 n으로 시작할 때 합으로 나타내라.

a. $n=-1$ **b.** $n=3$ **c.** $n=20$

89. 합이 다음과 같은 0이 아닌 항의 무한급수를 구하라.

a. 1 **b.** -3 **c.** 0

90. (연습문제 89에서 계속) 원하는 어떤 수로 수렴하는 0이 아닌 항의 무한급수를 만들 수 있는가? 설명하라.

91. $\sum a_n$와 $\sum b_n$이 모두 수렴하지만, 모든 n에 대해 $b_n\neq 0$이고 $\sum(a_n/b_n)$이 발산하는 예를 들어라.

92. 수렴하는 기하급수 $A=\sum a_n$와 $B=\sum b_n$에 대해 $\sum a_n b_n$이 AB가 아닌 다른 값으로 수렴하는 예를 들어라.

93. $A=\sum a_n$, $B=\sum b_n\neq 0$이 수렴하고 모든 n에 대해 $b_n\neq 0$일 때 $\sum(a_n/b_n)$가 A/B가 아닌 다른 값에 수렴하는 예를 들어라.

94. $\sum a_n$이 수렴하고, 모든 n에 대해 $a_n>0$일 때 $\sum(1/a_n)$이 성립하는 성질은 무엇인가? 그 이유를 설명하라.

95. 발산하는 급수에 유한개의 항을 더하거나, 유한개의 항을 뺀다면

어떻게 되겠는가? 그 이유를 설명하라.

96. $\sum a_n$이 수렴하고 $\sum b_n$이 발산하면, $\sum (a_n + b_n)$에 대해 항상 성립하는 성질은 무엇인가? 이유를 설명하라.

97. 다음 a값으로 5로 수렴하는 기하급수 $\sum ar^{n-1}$을 만들어라.

a. $a=2$ **b.** $a=13/2$

98. 다음 식이 성립하도록 b의 값을 구하라.

$$1 + e^b + e^{2b} + e^{3b} + \cdots = 9$$

99. 다음 무한급수는 r이 어떤 값일 때 수렴하는가?

$$1 + 2r + r^2 + 2r^3 + r^4 + 2r^5 + r^6 + \cdots$$

급수가 수렴한다면 급수의 합을 구하라.

100. 주어진 그림은 일련의 정사각형 중 처음 5개를 보인다. 가장 바깥쪽의 사각형 넓이는 4 m^2이다. 앞의 사각형의 각 변의 중점을 연결하여 다른 사각형을 만든다. 이 과정에서 모든 사각형의 넓이의 합을 구하라.

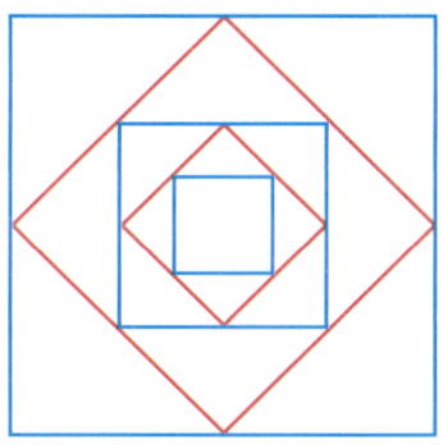

101. 약의 투약량 어떤 환자가 매일 아침 같은 시각에 고혈압의 조절을 위해 300 mg의 알약을 복용한다. 환자의 신체 내에서 약의 농도가 시간당 일정한 비율 $k=0.12$로 지수적인 감소를 한다.

a. 환자가 복용한 알의 약이 다음 약을 복용하기 전에 몇 mg 남아 있는가? 또 그 다음 약을 복용하기 전에는 몇 mg의 알약이 남아 있는가?

b. 장기적으로 환자가 약을 최소한 6개월 동안 복용한 이후, 그 다음날 약을 복용하기 전에 환자의 신체 내에는 몇 mg의 약이 남아 있는가?

102. 수렴하는 기하급수의 합 L과 부분합 중 하나인 s_n과의 차 $(L-s_n)$는 $ar^n/(1-r)$임을 증명하라.

103. 칸토어 집합 닫힌 구간 [0, 1]로 시작하여 이 집합을 만들어보자. 먼저 이 집합에서 중앙의 열린 구간 (1/3, 2/3)을 제거하면, 2개의 닫힌 구간 [0, 1/3]과 [2/3, 1]이 남는다. 그 다음으로 남아 있는 각각의 닫힌 구간에서 중앙의 1/3이 되는 열린 구간을 제거한다. [0, 1/3]에서는 (1/9, 2/9)를, [2/3, 1]에서는 (7/9, 8/9)을 제거한 후 4개의 닫힌 구간 [0, 1/9], [2/9, 1/3], [2/3, 7/9], [8/9, 1]이 남는다. 또 다음 과정으로 남아 있는 각각의 닫힌 구간이 중앙의 1/3이 되는 열린 구간을 제거한다. 그러면 [0, 1/9]에서는 열린 구간 (1/27, 2/27)이 제거되고, 닫힌 구간 [0, 1/27]과 [2/27, 1/9]가 남고, [2/9, 1/3]에서는 열린 구간 (7/27, 8/27)이 제거되고, 닫힌 구간 [2/9, 7/27]과 [8/27, 1/3]이 남고, 나머지도 같은 방법으로 구한다. 이와 같이 전 과정에서 남아 있는 각각의 닫힌 구간에서 중앙의 1/3이 되는 열린 구간을 제거하는 과정을 무한히 반복한다. 처음 [0, 1]에서 모든 열린 구간이 제거되고 남아 있는 수의 집합을 칸토어 집합(게오르그 칸토어의 이름을 따서)이라 한다. 이 집합은 다음과 같은 흥미로운 성질을 가지고 있다.

a. 칸토어 집합은 [0, 1] 내의 무한히 많은 수를 포함한다. 칸토어 집합에 속하는 12개의 수를 나열하라.

b. 적절한 기하급수를 이용하여 [0, 1]로부터 제거되는 모든 열린 구간의 길이의 총합이 1임을 보여라.

104. 코흐의 눈송이 곡선 코흐의 눈송이는 유한한 넓이의 영역을 둘러싼 무한대의 길이를 가진 곡선이다. 왜 그런지 알아보기 위해 한 변의 길이가 1인 정삼각형으로 시작하여 이러한 곡선을 만든다고 생각해보자.

a. n번째 곡선 C_n의 길이 L_n을 구하고, $\lim_{n\to\infty} L_n = \infty$임을 보여라.

b. C_n에 의해 둘러싸인 영역 A_n의 넓이를 구하고, $\lim_{n\to\infty} A_n = (8/5)A_1$임을 보여라.

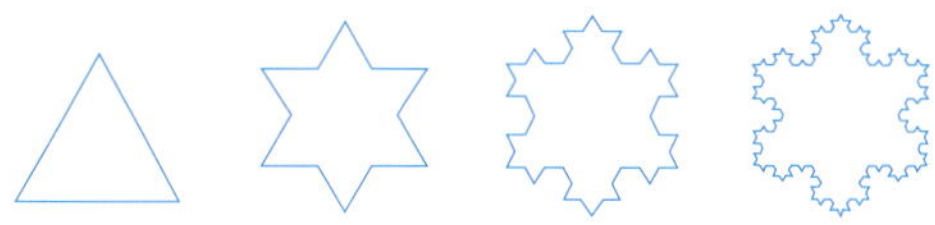

C_1 C_2 C_3 C_4

105. 주어진 그림에서 가장 큰 원의 반지름은 1이다. 크기가 줄어드는 반원에 내접하면서 넓이가 가장 큰 원의 수열을 생각하자. 모든 원의 넓이의 합은 얼마인가?

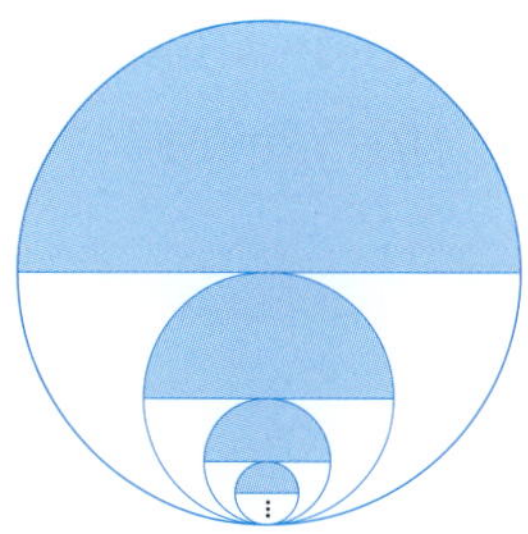

8.3 적분판정법

급수에 대해 알고 싶어 하는 가장 기본적인 질문은 급수가 수렴하는지 아닌지에 관한 것이다. 이 절에서는 음수항이 없는 급수로 시작하여 이 질문에 관한 공부를 시작한다. 이러한 급수는 급수의 부분합이 유계이면 수렴한다. 급수가 수렴성이 밝혀져도 일반적으로 합을 구하는 공식이 없으므로 수렴하는 급수의 합을 추정하기 위해 부분합을 사용하여 총합을 근사할 때 발생하는 오차를 알아본다.

감소하지 않는 부분합

$\sum_{n=1}^{\infty} a_n$은 모든 n에 대해 $a_n \geq 0$인 무한급수라 하자. 그러면 $s_{n+1} = s_n + a_n$이므로 각각의 부분합 s_{n+1}은 s_n보다 크거나 같아지므로 다음과 같다.

$$s_1 \leq s_2 \leq s_3 \leq \cdots \leq s_n \leq s_{n+1} \leq \cdots$$

부분합은 감소하지 않는 수열이 되고, 단조수열 정리(8.1절의 정리 6)에 의해 다음 결과를 얻는다.

정리 6의 따름정리

음이 아닌 항으로 이루어진 급수 $\sum_{n=1}^{\infty} a_n$이 수렴할 필요충분 조건은 급수의 부분합이 위로 유계이다.

예제 1 위의 따름정리의 예로 다음과 같은 **조화급수**(harmonic series)를 살펴보자.

$$\sum_{n=1}^{\infty} \frac{1}{n} = 1 + \frac{1}{2} + \frac{1}{3} + \cdots + \frac{1}{n} + \cdots$$

n번째 항인 $1/n$이 0으로 가까워지지만, 부분합의 상계가 존재하지 않기 때문에 급수는 발산한다. 이를 증명하기 위해 다음과 같이 급수의 항을 그룹지어 보자.

$$1 + \frac{1}{2} + \underbrace{\left(\frac{1}{3} + \frac{1}{4}\right)}_{> \frac{2}{4} = \frac{1}{2}} + \underbrace{\left(\frac{1}{5} + \frac{1}{6} + \frac{1}{7} + \frac{1}{8}\right)}_{> \frac{4}{8} = \frac{1}{2}} + \underbrace{\left(\frac{1}{9} + \frac{1}{10} + \cdots + \frac{1}{16}\right)}_{> \frac{8}{16} = \frac{1}{2}} + \cdots$$

처음 두 항의 합은 1.5이다. 다음 두 항의 합은 $1/3 + 1/4$이고, 이것은 $1/4 + 1/4 = 1/2$보다 크다. 그 다음 네 항의 합은 $1/5 + 1/6 + 1/7 + 1/8$이고, 이것은 $1/8 + 1/8 + 1/8 + 1/8 = 1/2$보다 크다. 그 다음 8개 항의 합은 $1/9 + 1/10 + 1/11 + 1/12 + 1/13 + 1/14 + 1/15 + 1/16$으로, 이것은 $8/16 = 1/2$보다 크다. 그다음 16개의 항의 합은 $16/32 = 1/2$보다 커진다. 일반적으로 $1/2^{m+1}$이 마지막 항이 되는 2^m항까지의 합은 $2^m/2^{m+1} = 1/2$보다 크다. $n = 2^k$일 때 부분합 s_n이 $k/2$보다 커지므로 부분합수열 s_n은 위로 유계가 아니다. 그러므로 조화급수는 발산한다. ■

주의 급수와 적분값이 수렴할 경우 그 수렴값이 반드시 일치할 필요는 없다. 예제 6에서 확인하라.

$$\sum_{n=1}^{\infty} (1/n^2) \neq \int_1^{\infty} (1/x^2)\, dx = 1$$

적분판정법

조화급수와 연관되지만 n번째 항이 $1/n$이 아닌 $1/n^2$인 형태의 급수를 이용하여 적분판정법을 소개한다.

예제 2 다음 급수는 수렴하는가?

$$\sum_{n=1}^{\infty} \frac{1}{n^2} = 1 + \frac{1}{4} + \frac{1}{9} + \frac{1}{16} + \cdots + \frac{1}{n^2} + \cdots$$

풀이 $\sum_{n=1}^{\infty} (1/n^2)$의 수렴성 판정을 $\int_1^{\infty} (1/x^2)\, dx$와 비교하여 판정한다. 비교를 위해 급수의 항을 함수 $f(x) = 1/x^2$의 함숫값으로 보고 곡선 $y = 1/x^2$ 아래의 직사각형 넓이의 합으로서 해석해보자.

그림 8.11에서 보듯이 다음과 같다.

$$\begin{aligned} s_n &= \frac{1}{1^2} + \frac{1}{2^2} + \frac{1}{3^2} + \cdots + \frac{1}{n^2} \\ &= f(1) + f(2) + f(3) + \cdots + f(n) \\ &< f(1) + \int_1^n \frac{1}{x^2}\, dx \end{aligned}$$

직사각형 넓이의 합은 그래프 아래의 넓이보다 작다.

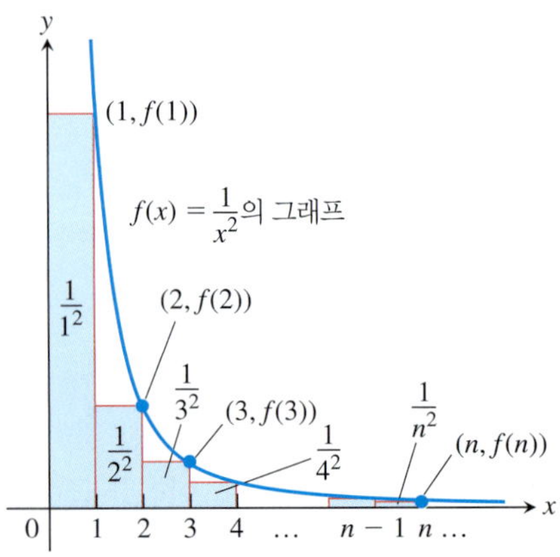

그림 8.11 $f(x) = 1/x^2$의 그래프 아래 직사각형 넓이의 합은 그래프 아래 넓이보다 작다(예제 2).

$$< 1 + \int_1^\infty \frac{1}{x^2}\,dx$$
$$= 1 + 1 = 2$$

$\int_1^n (1/x^2)\,dx < \int_1^\infty (1/x^2)\,dx$

7.8절 예제 3에서 $\int_1^\infty (1/x^2)\,dx = 1$

$\sum_{n=1}^\infty (1/n^2)$의 부분합은 위로 유계(2에 의해)이므로 주어진 급수는 수렴한다. ■

정리 9 | 적분판정법

a_n가 양수 항으로 이루어진 수열이라 하자. $x \geq N$ (N은 양의 정수)인 모든 x에서 f가 연속, 양수, 감소함수이며 $a_n = f(n)$이 성립한다고 가정하자. 그러면 급수 $\sum_{n=N}^\infty a_n$과 $\int_N^\infty f(x)\,dx$는 둘 다 수렴하거나, 둘 다 발산한다.

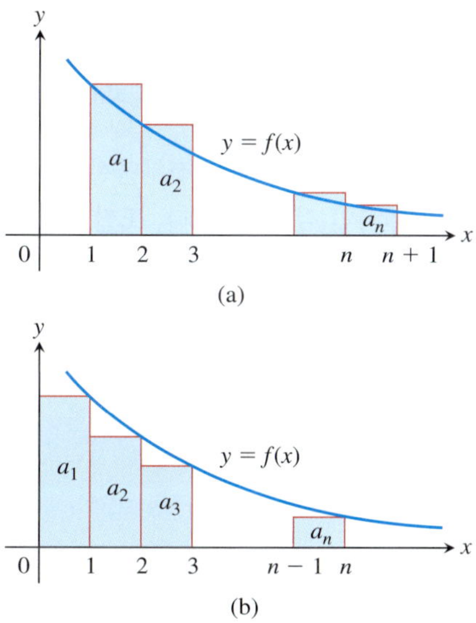

그림 8.12 적분판정법의 조건하에서 급수 $\sum_{n=1}^\infty a_n$과 $\int_1^\infty f(x)\,dx$는 둘 다 수렴하거나, 둘 다 발산한다.

증명 $N=1$일 때 성립함을 보이자. 일반적인 N인 경우의 증명은 이와 유사하다.

먼저 f가 모든 n에 대해 $a_n = f(n)$를 만족하는 감소함수라고 가정하자. 그림 8.12a에서 $x=1$에서 $x=n+1$까지 곡선 $y=f(x)$ 아래의 넓이보다 각각 $a_1, a_2, \cdots, a_n$를 넓이로 갖는 직사각형들의 넓이의 합이 더 큰 것을 관찰할 수 있다. 즉 다음과 같다.

$$\int_1^{n+1} f(x)\,dx \leq a_1 + a_2 + \cdots + a_n$$

그림 8.12b에서는 오른쪽이 아닌 왼쪽으로 직사각형이 놓여 있다. 넓이 a_1을 갖는 처음 직사각형을 잠시 제외하면 다음과 같다.

$$a_2 + a_3 + \cdots + a_n \leq \int_1^n f(x)\,dx$$

이제 부등식의 양변에 a_1를 더하면 다음을 얻는다.

$$a_1 + a_2 + \cdots + a_n \leq a_1 + \int_1^n f(x)\,dx$$

위 두 결과를 종합하면 다음과 같다.

$$\int_1^{n+1} f(x)\,dx \leq a_1 + a_2 + \cdots + a_n \leq a_1 + \int_1^n f(x)\,dx$$

위 부등식은 모든 n에 대해 성립하고 $n \to \infty$일 때도 마찬가지다.

$\int_1^\infty f(x)\,dx$가 유한이면 위 부등식의 우변이 유한이고, 따라서 $\sum a_n$도 유한이다. $\int_1^\infty f(x)\,dx$가 무한이면 위 부등식의 좌변이 무한이 되므로, $\sum a_n$도 무한이다. 따라서 급수와 적분은 유한과 무한을 같이 한다. ■

예제 3 다음과 같은 ***p*-급수**(p-series)가 (p는 실수) $p > 1$이면 수렴하고, $p \leq 1$이면 발산함을 보여라.

$$\sum_{n=1}^\infty \frac{1}{n^p} = \frac{1}{1^p} + \frac{1}{2^p} + \frac{1}{3^p} + \cdots + \frac{1}{n^p} + \cdots$$

p-급수 $\sum_{n=1}^\infty \frac{1}{n^p}$

$p > 1$이면 수렴하고, $p \leq 1$이면 발산한다.

풀이 $p > 1$이면 $f(x) = 1/x^p$가 x에 관한 양수, 연속, 감소함수이다.

$$\int_1^\infty \frac{1}{x^p}\,dx = \int_1^\infty x^{-p}\,dx = \lim_{b\to\infty}\left[\frac{x^{-p+1}}{-p+1}\right]_1^b$$

이상적분 계산

$$= \frac{1}{1-p}\lim_{b\to\infty}\left(\frac{1}{b^{p-1}} - 1\right)$$

$$= \frac{1}{1-p}(0-1) = \frac{1}{p-1}$$

$p - 1 > 0$이므로 $b \to \infty$일 때 $b^{p-1} \to \infty$

따라서 적분판정법에 의해 주어진 급수는 수렴한다. 이때 p-급수의 합이 $1/(p-1)$이 아님을 주의하자. 급수가 수렴하더라도 어느 값으로 수렴하는지는 알 수 없다.

$p \le 0$이면 급수는 발산에 관한 일반항 판정법에 의해 발산한다. $0 < p < 1$이면 $1-p > 0$이 되어 다음과 같다.

$$\int_1^\infty \frac{1}{x^p}\,dx = \frac{1}{1-p}\lim_{b\to\infty}(b^{1-p} - 1) = \infty$$

따라서 적분판정법에 의해 급수는 발산한다.

$p=1$이면 조화급수가 되므로 급수는 발산한다.

$$1 + \frac{1}{2} + \frac{1}{3} + \cdots + \frac{1}{n} + \cdots$$

요약하면 $p > 1$일 때만 급수는 수렴하고, 그 외의 p의 값($p \le 1$)에서 급수는 발산한다. ■

$p=1$일 때 p-급수는 **조화급수**가 된다(예제 1). p-급수판정법은 조화급수가 아슬아슬하게 발산하게 됨을 보인다. 예를 들어 p값을 1.000000001로만 증가해도 급수는 수렴한다.

조화급수의 부분합이 무한대에 접근하는 속도가 매우 느린 것은 인상적이다. 예를 들어 조화급수의 부분합이 20을 넘기려면 1억 7800만 개 이상의 항이 더해져야 한다(연습문제 49b 참조).

예제 4 급수 $\sum_{n=1}^{\infty}(1/(n^2+1))$은 p-급수가 아니지만, 이 급수가 수렴함을 적분판정법을 이용해 보이자. $f(x)=1/(x^2+1)$은 모든 $x \ge 1$에서 양수이고 연속인 감소함수이다. 또한 다음과 같으므로 적분판정법에 의해 급수는 수렴한다.

$$\begin{aligned}\int_1^\infty \frac{1}{x^2+1}\,dx &= \lim_{b\to\infty}\Big[\arctan x\Big]_1^b \\ &= \lim_{b\to\infty}[\arctan b - \arctan 1] \\ &= \frac{\pi}{2} - \frac{\pi}{4} = \frac{\pi}{4}\end{aligned}$$

하지만 급수의 합이 $\pi/4$로 수렴한다고 말할 수는 없다. ■

예제 5 급수의 수렴 또는 발산을 판정하라.

(a) $\displaystyle\sum_{n=1}^{\infty} ne^{-n^2}$ **(b)** $\displaystyle\sum_{n=1}^{\infty} \frac{1}{2^{\ln n}}$

풀이

(a) 함수 $f(x)=xe^{-x^2}$는 $x \ge 1$에서 연속이고 양수이다. 다음과 같은 f의 1차 도함수가 해당 구간에서 음수이다($x \ge 1$이면 $1-2x^2 \le 1-2 < 0$).

$$f'(x) = e^{-x^2} - 2x^2e^{-x^2} = (1-2x^2)e^{-x^2}$$

그러므로 f는 감소하며, 적분판정법을 적용할 수 있다.

$$\begin{aligned}\int_1^\infty \frac{x}{e^{x^2}}\,dx &= \frac{1}{2}\int_1^\infty \frac{du}{e^u} && u = x^2,\ du = 2x\,dx \\ &= \lim_{b\to\infty}\left[-\frac{1}{2}e^{-u}\right]_1^b \\ &= \lim_{b\to\infty}\left(-\frac{1}{2e^b} + \frac{1}{2e}\right) = \frac{1}{2e}\end{aligned}$$

적분이 수렴하므로, 급수도 수렴한다.

(b) 피적분함수 $1/(2^{\ln x})$이 $(1, \infty)$에서 양수이고 연속인 감소함수이므로, 적분판정법을 적용할 수 있다.

$$\int_1^\infty \frac{dx}{2^{\ln x}} = \int_0^\infty \frac{e^u\,du}{2^u} \qquad u = \ln x,\ x = e^u,\ dx = e^u\,du$$

$$= \int_0^\infty \left(\frac{e}{2}\right)^u du$$

$$= \lim_{b\to\infty} \frac{1}{\ln\left(\frac{e}{2}\right)}\left(\left(\frac{e}{2}\right)^b - 1\right) = \infty \qquad (e/2) > 1$$

이상적분이 발산하므로, 급수도 역시 발산한다. ■

오차 추정

기하급수나 8.2절 예제 5의 망원급수와 같은 수렴하는 급수에 대해 그 급수의 합을 계산할 수 있다. 다시 말해 부분합수열의 극한 S를 구할 수 있다. 그러나 대부분의 수렴하는 급수는 급수의 합을 쉽게 계산할 수 없다. 그럼에도 불구하고 처음 n개의 항을 더해 얻은 s_n을 통해 급수의 합을 추정할 수 있다. 그러나 이때 s_n이 급수의 합인 S에 얼마나 떨어져 있는지를 알아볼 필요가 있다. 함수 또는 수에 대한 근사치는 발생할 수 있는 최악의 오차의 크기에 대한 한계를 동반할 때 더 유용하다. 이와 같은 오차 한계 내에서 우리가 당면한 문제에 충분히 가까운 추정값 또는 근삿값을 구할 수 있다. 오차 크기에 대한 한계가 없다면, 실제 답에 가까울 것이라고 단지 추측하거나 희망하는 것이 된다. 이제 적분을 사용하여 오차 크기의 한계를 구하는 방법을 알아보자.

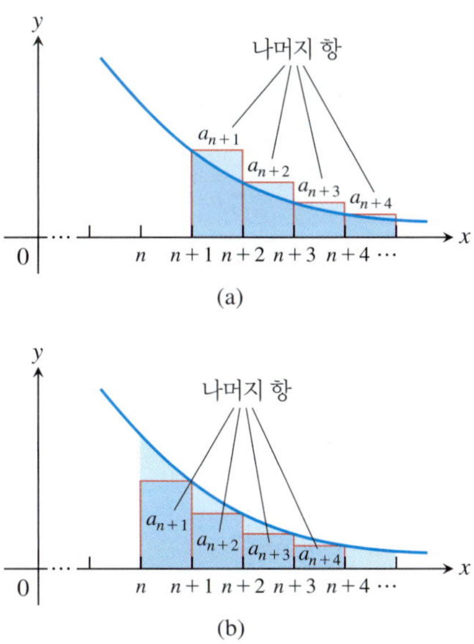

그림 8.13 나머지 공식 (1)의 기하학적 해석.

양항급수 $\sum a_n$이 적분판정법에 의해 수렴한다고 판정되면, 급수의 합 S와 n번째 부분합인 s_n과의 차이를 계산하여 **나머지**(remainder) R_n의 크기를 추정해야 할 것이다. 즉 다음 값을 추정하고자 한다.

$$R_n = S - s_n = a_{n+1} + a_{n+2} + a_{n+3} + \cdots$$

이 값의 하계를 구하기 위해 $x \ge n$에서 곡선 $y = f(x)$ 아랫부분과 직사각형의 넓이의 합(그림 8.13a)을 비교해보면 다음과 같다.

$$R_n = a_{n+1} + a_{n+2} + a_{n+3} + \cdots \ge \int_{n+1}^\infty f(x)\,dx$$

또한 그림 8.13b로부터 상계를 구하기 위해 다음 식을 얻는다.

$$R_n = a_{n+1} + a_{n+2} + a_{n+3} + \cdots \le \int_n^\infty f(x)\,dx$$

위의 비교를 통해 나머지의 한계에 대한 다음 결과를 얻을 수 있다.

> **적분판정법에서 나머지에 대한 한계**
>
> f가 $x \ge n$인 x에서 연속, 양수, 감소함수일 때 $\{a_k\}$을 $a_k = f(k)$에 의해 구성된 양항수열이라 하고, $\sum a_n$이 S로 수렴한다고 가정하자. 이때 나머지 $R_n = S - s_n$는 다음 부등식을 만족한다.
>
> $$\int_{n+1}^\infty f(x)\,dx \le R_n \le \int_n^\infty f(x)\,dx \qquad (1)$$

$s_n + R_n = S$이므로, 식 (1)의 각 변에 부분합 s_n을 더하면 다음을 얻는다.

$$s_n + \int_{n+1}^\infty f(x)\,dx \le S \le s_n + \int_n^\infty f(x)\,dx \qquad (2)$$

적분판정법에 의해 수렴한다고 판정된 급수의 합을 근사시킬 때 오차를 추정하기 위해 식 (2)가 유용하게 사용된다. 즉 오차는 식 (2)에서 주어진 끝점으로 S를 포함하는 구간의 길이보다 더 클 수는 없기 때문이다.

예제 6 식 (2)와 $n=10$을 이용하여 급수 $\sum(1/n^2)$의 합을 추정하라.

풀이 다음 적분을 가진다고 하자.

$$\int_n^\infty \frac{1}{x^2}\,dx = \lim_{b\to\infty}\left[-\frac{1}{x}\right]_n^b = \lim_{b\to\infty}\left(-\frac{1}{b}+\frac{1}{n}\right) = \frac{1}{n}$$

식 (2)의 결과를 적용하면 다음을 얻는다.

$$s_{10} + \frac{1}{11} \le S \le s_{10} + \frac{1}{10}$$

$s_{10} = 1+(1/4)+(1/9)+(1/16)+\cdots+(1/100) \approx 1.54977$이므로, 이를 부등식에 대입하면 다음과 같다.

$$1.64068 \le S \le 1.64977$$

이 구간의 중점을 이용하여 급수의 합 S을 다음과 같이 추정할 수 있다.

$$\sum_{n=1}^\infty \frac{1}{n^2} \approx 1.6452$$

이때 오차는 구간의 길이의 반보다 작다. 즉 오차는 0.005보다 작다. 삼각함수의 푸리에 급수를 이용하면, S가 $\pi^2/6 \approx 1.64493$임을 증명할 수 있다. ■

$p=2$일 때 p-급수

$$\sum_{n=1}^\infty \frac{1}{n^2} = \frac{\pi^2}{6} \approx 1.64493$$

연습문제 8.3 EXERCISE QUESTION

적분판정법의 적용

연습문제 1~12에서 적분판정법을 사용하여 급수의 수렴 또는 발산을 판정하라. 적분판정법의 조건을 만족하는지 확실하게 확인하라.

1. $\sum_{n=1}^\infty \frac{1}{n^2}$ **2.** $\sum_{n=1}^\infty \frac{1}{n^{0.2}}$ **3.** $\sum_{n=1}^\infty \frac{1}{n^2+4}$

4. $\sum_{n=1}^\infty \frac{1}{n+4}$ **5.** $\sum_{n=1}^\infty e^{-2n}$ **6.** $\sum_{n=2}^\infty \frac{1}{n(\ln n)^2}$

7. $\sum_{n=1}^\infty \frac{n}{n^2+4}$ **8.** $\sum_{n=2}^\infty \frac{\ln(n^2)}{n}$

9. $\sum_{n=1}^\infty \frac{n^2}{e^{n/3}}$ **10.** $\sum_{n=2}^\infty \frac{n-4}{n^2-2n+1}$

11. $\sum_{n=1}^\infty \frac{7}{\sqrt{n+4}}$ **12.** $\sum_{n=2}^\infty \frac{1}{5n+10\sqrt{n}}$

연습문제 13~46에서 어떤 급수는 수렴하고, 어떤 급수는 발산하는가? 그 이유를 설명하라. (답을 확인할 때, 급수의 수렴 또는 발산을 판정하는 방법은 여러 가지가 있을 수 있음을 기억하라.)

13. $\sum_{n=1}^\infty \frac{1}{10^n}$ **14.** $\sum_{n=1}^\infty e^{-n}$ **15.** $\sum_{n=1}^\infty \frac{n}{n+1}$

16. $\sum_{n=1}^\infty \frac{5}{n+1}$ **17.** $\sum_{n=1}^\infty \frac{3}{\sqrt{n}}$ **18.** $\sum_{n=1}^\infty \frac{-2}{n\sqrt{n}}$

19. $\sum_{n=1}^\infty -\frac{1}{8^n}$ **20.** $\sum_{n=1}^\infty \frac{-8}{n}$ **21.** $\sum_{n=2}^\infty \frac{\ln n}{n}$

22. $\sum_{n=2}^\infty \frac{\ln n}{\sqrt{n}}$ **23.** $\sum_{n=1}^\infty \frac{2^n}{3^n}$ **24.** $\sum_{n=1}^\infty \frac{5^n}{4^n+3}$

25. $\sum_{n=0}^\infty \frac{-2}{n+1}$ **26.** $\sum_{n=1}^\infty \frac{1}{2n-1}$ **27.** $\sum_{n=1}^\infty \frac{2^n}{n+1}$

28. $\sum_{n=1}^\infty \left(1+\frac{1}{n}\right)^n$ **29.** $\sum_{n=2}^\infty \frac{\sqrt{n}}{\ln n}$ **30.** $\sum_{n=1}^\infty \frac{1}{\sqrt{n}(\sqrt{n}+1)}$

31. $\sum_{n=1}^\infty \frac{1}{(\ln 2)^n}$ **32.** $\sum_{n=1}^\infty \frac{1}{(\ln 3)^n}$

33. $\sum_{n=3}^\infty \frac{(1/n)}{(\ln n)\sqrt{\ln^2 n-1}}$ **34.** $\sum_{n=1}^\infty \frac{1}{n(1+\ln^2 n)}$

35. $\sum_{n=1}^\infty n\sin\frac{1}{n}$ **36.** $\sum_{n=1}^\infty n\tan\frac{1}{n}$

37. $\sum_{n=1}^\infty \frac{e^n}{1+e^{2n}}$ **38.** $\sum_{n=1}^\infty \frac{2}{1+e^n}$

39. $\sum_{n=1}^\infty \frac{e^n}{10+e^n}$ **40.** $\sum_{n=1}^\infty \frac{e^n}{(10+e^n)^2}$

41. $\sum_{n=2}^\infty \frac{\sqrt{n+2}-\sqrt{n+1}}{\sqrt{n+1}\sqrt{n+2}}$ **42.** $\sum_{n=3}^\infty \frac{7}{\sqrt{n+1}\ln\sqrt{n+1}}$

43. $\sum_{n=1}^\infty \frac{8\tan^{-1} n}{1+n^2}$ **44.** $\sum_{n=1}^\infty \frac{n}{n^2+1}$

45. $\sum_{n=1}^\infty \operatorname{sech} n$ **46.** $\sum_{n=1}^\infty \operatorname{sech}^2 n$

이론과 예제

연습문제 47과 48에서 급수가 수렴하기 위한 a값은 얼마인가?

47. $\sum_{n=1}^\infty \left(\frac{a}{n+2}-\frac{1}{n+4}\right)$ **48.** $\sum_{n=3}^\infty \left(\frac{1}{n-1}-\frac{2a}{n+1}\right)$

49. a. 조화급수의 부분합이 다음 부등식을 만족한다는 것을 그림 8.12a와 b와 같은 그림을 그려서 설명하라.

$$\ln(n+1) = \int_1^{n+1} \frac{1}{x}\,dx \le 1 + \frac{1}{2} + \cdots + \frac{1}{n}$$
$$\le 1 + \int_1^{n} \frac{1}{x}\,dx = 1 + \ln n$$

T b. 조화급수가 발산하는 것을 알고 있더라도 그것이 발산한다는 것을 분명하게 실감하기는 어렵다. 부분합은 아주 천천히 증가한다. 이를 이해하기 위해 다음을 생각해보자. 우주가 탄생한 날을 $s_1=1$로 놓자. 이제 우주는 13억 년 전에 생성되었으며 매 초마다 새로운 항이 더해진다고 가정하자. 1년을 365일이라 가정한다면 오늘날의 부분합 s_n은 얼마나 커져 있는가?

50. $\sum_{n=1}^{\infty}(1/nx)$가 수렴하기 위한 x값은 존재하는가? 그 이유를 설명하라.

51. $\sum_{n=1}^{\infty} a_n$이 발산하는 양항급수일 때 모든 n에 대해 $b_n < a_n$을 만족하고 발산하는 양항급수 $\sum_{n=1}^{\infty} b_n$이 존재하는가? '가장 작은' 발산하는 양항급수가 존재하는가? 그 이유를 설명하라.

52. (연습문제 51에서 계속) '가장 큰' 수렴하는 양항급수가 존재하는가? 그 이유를 설명하라.

53. $\sum_{n=1}^{\infty}(1/\sqrt{n+1})$은 발산한다.

a. 주어진 그래프를 이용하여 부분합 $s_{50} = \sum_{n=1}^{50}(1/\sqrt{n+1})$이 다음 식을 만족함을 보여라.

$$\int_1^{51} \frac{1}{\sqrt{x+1}}\,dx < s_{50} < \int_0^{50} \frac{1}{\sqrt{x+1}}\,dx$$

이 식으로부터 $11.5 < s_{50} < 12.3$임을 보여라.

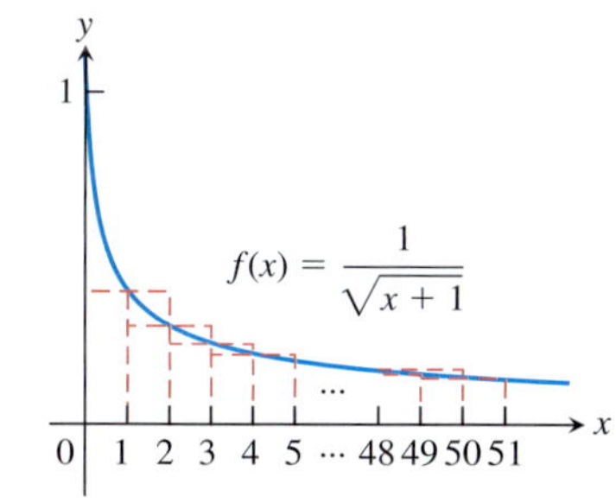

b. 부분합 $s_n = \sum_{i=1}^{n}(1/\sqrt{i+1})$이 $s_n > 1000$을 만족하기 위한 n의 범위를 구하라.

54. $\sum_{n=1}^{\infty}(1/n^4)$은 수렴한다.

a. 주어진 그래프를 이용하여 부분합 $s_{30} = \sum_{n=1}^{30}(1/n^4)$으로 급수 $\sum_{n=1}^{\infty}(1/n^4)$의 합을 추정할 때 생기는 오차의 상계를 구하라.

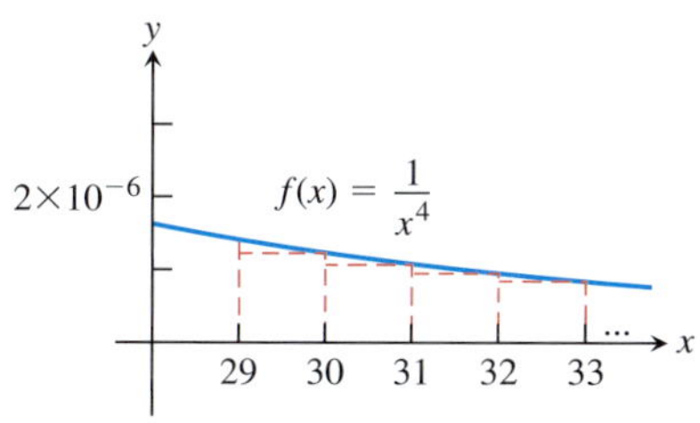

b. 부분합 $s_n = \sum_{i=1}^{\infty}(1/i^4)$이 급수 $\sum_{n=1}^{\infty}(1/n^4)$의 합을 오차범위 0.000001 이내에서 추정하고자 할 때 n의 범위를 구하라. (이 급수의 정확한 값의 계산은 18.4절 연습문제 20에서 다룬다.)

55. $\sum_{n=1}^{\infty}(1/n^3)$의 근삿값을 참값의 0.01 범위 내에서 추정하라.

56. $\sum_{n=2}^{\infty}(1/(n^2+4))$의 근삿값을 참값의 0.1 범위 내에서 추정하라.

57. 수렴하는 급수 $\sum_{n=1}^{\infty}(1/n^{1.1})$의 합을 0.00001 범위 내에서 추정하기 위해서는 몇 개의 항을 사용해야 하는가?

58. 수렴하는 급수 $\sum_{n=4}^{\infty} 1/\left(n(\ln n)^3\right)$의 합을 0.01 범위 내에서 추정하기 위해 몇 개의 항을 사용해야 하는가?

59. 코시 압축 판정 a_n이 증가하지 않는 양수의 수열이고(즉 모든 n에 대해 $a_n \ge a_{n+1}$) 0으로 수렴한다고 하자. $\sum a_n$이 수렴하기 위한 필요충분 조건은 $\sum 2^n a_{2^n}$이 수렴하는 것이다. 예를 들어 $\sum 2^n \cdot (1/2^n) = \sum 1$이 발산하기 때문에 $\sum(1/n)$은 발산한다. 이 판정법을 증명하라.

60. 연습문제 59의 코시 압축 판정을 이용해 다음을 보여라.

a. $\displaystyle\sum_{n=2}^{\infty} \frac{1}{n \ln n}$은 발산한다.

b. $\displaystyle\sum_{n=1}^{\infty} \frac{1}{n^p}$은 $p > 1$일 때 수렴하고, $p \le 1$이면 발산한다.

61. 로그 p-급수

a. 이상적분 $\displaystyle\int_2^{\infty} \frac{dx}{x(\ln x)^p}$ (p는 양의 상수)는 $p > 1$일 때만 수렴함을 보여라.

b. 문제 (a)로부터 다음의 급수가 수렴하기 위한 조건을 구하고 그 이유를 설명하라.

$$\sum_{n=2}^{\infty} \frac{1}{n(\ln n)^p}$$

62. (연습문제 61에서 계속) 연습문제 61의 결과를 이용하여 다음 급수의 수렴과 발산을 판정하고 그 이유를 제시하라.

a. $\displaystyle\sum_{n=2}^{\infty} \frac{1}{n(\ln n)}$ **b.** $\displaystyle\sum_{n=2}^{\infty} \frac{1}{n(\ln n)^{1.01}}$

c. $\displaystyle\sum_{n=2}^{\infty} \frac{1}{n \ln (n^3)}$ **d.** $\displaystyle\sum_{n=2}^{\infty} \frac{1}{n(\ln n)^3}$

63. 오일러 상수 그림 8.12와 같은 그래프는 n이 증가하면 다음 합과 적분의 차이가 거의 없다는 것을 보인다.

$$\text{합: } 1 + \frac{1}{2} + \cdots + \frac{1}{n}$$

$$\text{적분: } \ln n = \int_1^n \frac{1}{x}\,dx$$

다음 단계를 따라 이를 탐구해보자.

a. 정리 9의 증명에서 $f(x)=1/x$을 사용하여 다음을 증명하라.

$$\ln(n+1) \le 1 + \frac{1}{2} + \cdots + \frac{1}{n} \le 1 + \ln n$$

$$0 < \ln(n+1) - \ln n \le 1 + \frac{1}{2} + \cdots + \frac{1}{n} - \ln n \le 1$$

따라서 다음 수열은 아래로 위로도 모두 유계이다.

$$a_n = 1 + \frac{1}{2} + \cdots + \frac{1}{n} - \ln n$$

b. 다음을 보이고, 이 결과를 이용해서 문제 (a)의 수열 $\{a_n\}$이 감소함을 보여라.

$$\frac{1}{n+1} < \int_{n}^{n+1} \frac{1}{x}\,dx = \ln(n+1) - \ln n$$

아래로 유계인 감소하는 수열은 수렴하므로, 문제 (a)에서 정의된 수열 a_n은 수렴한다.

$$1 + \frac{1}{2} + \cdots + \frac{1}{n} - \ln n \to \gamma$$

이때 값이 0.5772⋯인 γ는 오일러 상수라고 한다.

64. 적분판정법을 이용해 다음이 수렴함을 보여라.

$$\sum_{n=0}^{\infty} e^{-n^2}$$

65. a. 급수 $\sum(1/n^3)$에 대해 식 (2)를 사용하여 $n=10$일 때 S를 포함하는 구간을 구하라.

b. 예제 5에서와 같이 구간의 중앙값을 사용하여 문제 (a)에서 급수합의 근삿값을 구하라. 이 근삿값에 대한 최대 오차는 얼마인가?

66. $\sum(1/n^4)$에 대해 연습문제 65를 반복하라.

67. 넓이 수열 $\{1/n\}_{n=1}^{\infty}$을 생각해보자. 구간 [0, 1] 내에 있는 각 소구간 $(1/(n+1),\ 1/n)$에서 소구간의 길이를 밑변으로 하고 높이가 $1/n$인 직사각형을 세우고, 그 넓이를 a_n이라 하자. 이때 모든 직사각형의 넓이의 총합 $\sum a_n$을 구하라. [힌트: 8.2절 예제 5의 결과를 이용하라.]

68. 넓이 연습문제 67에서 직사각형 대신 사다리꼴을 사용하여 풀어라. 즉 각 소구간 $(1/(n+1),\ 1/n)$에서 a_n을 $x=1/(n+1)$에서 높이가 $y=1/(n+1)$이고 $x=1/n$에서 높이가 $y=1/n$인 사다리꼴의 넓이라 하자.

8.4 비교판정법

지금까지 기하급수와 p-급수, 그 외 몇 가지 급수의 수렴성을 알아보았다. 수렴 여부를 알고 있는 급수와 비교를 통해 더 많은 급수의 수렴여부를 판정할 수 있다.

정리 10 ❙ 직접 비교판정법

두 급수 $\sum a_n$과 $\sum b_n$이 모든 n에 대해 $0 \le a_n \le b_n$을 만족한다고 하자.

1. $\sum b_n$가 수렴하면, 또한 $\sum a_n$도 수렴한다.
2. $\sum a_n$가 발산하면, 또한 $\sum b_n$도 발산한다.

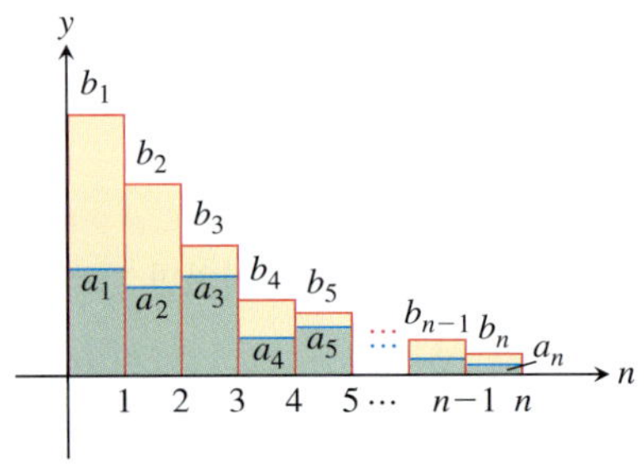

그림 8.14 더 큰 직사각형 b_n의 전체 넓이 $\sum b_n$이 유한이면, 작은 직사각형 a_n의 전체 넓이인 $\sum a_n$도 유한이다.

증명 급수 $\sum a_n$과 $\sum b_n$은 음이 아닌 항으로 이루어져 있다. 8.3절 정리 6의 따름정리에서 급수 $\sum a_n$과 $\sum b_n$은 그것들의 부분합이 위로 유계일 때만 수렴함을 보였다.

1. $\sum b_n$이 수렴한다고 가정했으므로, $\sum b_n$가 어떤 수 M으로 수렴한다고 하자. 부분합 $\sum_{n=1}^{N} a_n$은 $M=\sum b_n$에 의해 위로 유계이므로 다음과 같다.

$$s_N = a_1 + a_2 + \cdots + a_N \le b_1 + b_2 + \cdots + b_N \le \sum_{n=1}^{\infty} b_n = M$$

$\sum a_n$의 부분합이 위로 유계이므로, 정리 6의 따름정리에 의해 $\sum a_n$은 수렴한다. 따라서 $\sum b_n$이 수렴하면, $\sum a_n$도 수렴하게 된다. 그림 8.14는 각 급수의 각 항을 직사각형의 넓이로 표현하여, 이 결과를 설명한다.

2. $\sum a_n$은 발산한다고 가정했으므로, $\sum_{n=1}^{\infty} b_n$의 부분합은 위로 유계가 아니다. 만약 위로 유계라고 한다면 다음과 같다.

$$a_1 + a_2 + \cdots + a_N \le b_1 + b_2 + \cdots + b_N$$

그렇기 때문에 $\sum a_n$의 부분합 또한 위로 유계이어야 한다. 이는 $\sum a_n$가 수렴함을 의미한다. 따라서 $\sum a_n$이 발산하면 $\sum b_n$도 발산한다. ■

예제 1 정리 10을 적용하여 다음 급수의 수렴성을 판정해보자.

(a) 다음 급수는 발산한다.

$$\sum_{n=1}^{\infty} \frac{5}{5n-1}$$

왜냐하면 다음과 같이 양수이고 발산하는 급수인 조화급수의 n번째 항보다 크기 때문이다.

$$\frac{5}{5n-1} = \frac{1}{n-\frac{1}{5}} > \frac{1}{n} \qquad \sum_{n=1}^{\infty}\frac{1}{n}\text{은 발산하고 } 1/n > 0\text{이다.}$$

(b) 다음 급수는 수렴한다.

$$\sum_{n=0}^{\infty}\frac{1}{n!} = 1 + \frac{1}{1!} + \frac{1}{2!} + \frac{1}{3!} + \cdots$$

왜냐하면 급수의 모든 항이 모두 양수이고 다음 급수의 각 항과 항별로 비교하면 주어진 급수의 항이 작거나 같기 때문이다.

$$1 + \sum_{n=0}^{\infty}\frac{1}{2^n} = 1 + 1 + \frac{1}{2} + \frac{1}{2^2} + \cdots$$

좌변의 기하급수는 수렴하고($|r| = 1/2 < 1$이므로), 급수의 합은 다음과 같다.

$$1 + \sum_{n=0}^{\infty}\frac{1}{2^n} = 1 + \frac{1}{1-(1/2)} = 3$$

그러나 3이 $\sum_{n=0}^{\infty}(1/n!)$의 부분합의 상계라는 사실은 급수가 3으로 수렴하는 것을 의미하지는 않는다. 8.9절에서 이 급수가 e으로 수렴하는 것을 확인할 것이다.

(c) 다음 급수는 수렴한다.

$$5 + \frac{2}{3} + \frac{1}{7} + 1 + \frac{1}{2+\sqrt{1}} + \frac{1}{4+\sqrt{2}} + \frac{1}{8+\sqrt{3}} + \cdots + \frac{1}{2^n+\sqrt{n}} + \cdots$$

확인을 위해 처음 세 항은 무시하고, 그 이후의 항을 수렴하는 기하급수인 $\sum_{n=0}^{\infty}(1/2^n)$과 비교한다. 처음 3개의 항이 잘려진 수열의 항 $1/(2^n+\sqrt{n})$은 양수이고 기하급수의 대응되는 항 $1/2^n$보다 작다. 다음과 같이 양수의 항을 항별로 비교한다.

$$1 + \frac{1}{2+\sqrt{1}} + \frac{1}{4+\sqrt{2}} + \frac{1}{8+\sqrt{3}} + \cdots \le 1 + \frac{1}{2} + \frac{1}{4} + \frac{1}{8} + \cdots$$

따라서 직접 비교판정법을 사용하여 처음 3개의 항이 잘려진 급수가 수렴하므로 주어진 급수도 수렴한다. ■

역사적 인물

작센의 알베르트(Albert of Saxony, 약 1316~1390)

알베르트는 파리 대학에 다녔고, 그 대학의 예술학부에서 교수로 인정을 받았다. 그는 원의 제곱과 다른 기하학적 문제에 관해 글을 썼다. 그는 또한 물리학과 역학에 관한 책을 출간했는데, 그 중 《*Tractatus Proportionum*》이 가장 인기 있는 책이다.

극한 비교판정법

이제 a_n이 n에 관한 유리함수인 급수의 수렴성을 판정하는 데 특히 유용한 비교판정법을 소개한다.

정리 11 | 극한 비교판정법

모든 $n \ge N$ (N은 정수)에 대해 $a_n > 0$, $b_n > 0$라 하자.

1. $\lim_{n\to\infty}\frac{a_n}{b_n} = c$이고 $c > 0$이면, $\sum a_n$와 $\sum b_n$는 둘 다 수렴하거나, 둘 다 발산한다.

2. $\lim_{n\to\infty}\frac{a_n}{b_n} = 0$이고 $\sum b_n$이 수렴하면, $\sum a_n$도 수렴한다.

3. $\lim_{n\to\infty}\frac{a_n}{b_n} = \infty$이고 $\sum b_n$이 발산하면, $\sum a_n$도 발산한다.

증명 1번만 증명하고 2번과 3번은 연습문제 57a와 b로 남겨둘 것이다.

$\lim_{n\to\infty}\frac{a_n}{b_n} = c$ ($c > 0$)라 하자. $\varepsilon = c/2$는 양수이므로 수열의 정의에 의해 다음을 만족하는 정수 N이 존재한다.

$$n > N\text{일 때마다} \quad \left|\frac{a_n}{b_n} - c\right| < \frac{c}{2}$$

극한의 정의에서 $\varepsilon = c/2$, $L = c$이고 a_n에 a_n/b_n을 대입

따라서 모든 $n > N$에 대해 다음을 얻는다.

$$-\frac{c}{2} < \frac{a_n}{b_n} - c < \frac{c}{2},$$

$$\frac{c}{2} < \frac{a_n}{b_n} < \frac{3c}{2},$$

$$\left(\frac{c}{2}\right)b_n < a_n < \left(\frac{3c}{2}\right)b_n$$

만약 $\sum b_n$이 수렴하면 $\sum(3c/2)b_n$이 수렴하고, 직접 비교판정법에 의해 $\sum a_n$도 수렴한다. 반면에 $\sum b_n$이 발산하면 $\sum(c/2)b_n$이 발산하고, 직접 비교판정법에 의해 $\sum a_n$도 발산한다. ■

예제 2 다음 중 어떤 급수가 수렴하는가, 발산하는가?

(a) $\dfrac{3}{4} + \dfrac{5}{9} + \dfrac{7}{16} + \dfrac{9}{25} + \cdots = \displaystyle\sum_{n=1}^{\infty} \frac{2n+1}{(n+1)^2} = \sum_{n=1}^{\infty} \frac{2n+1}{n^2+2n+1}$

(b) $\dfrac{1}{1} + \dfrac{1}{3} + \dfrac{1}{7} + \dfrac{1}{15} + \cdots = \displaystyle\sum_{n=1}^{\infty} \frac{1}{2^n - 1}$

(c) $\dfrac{1+2\ln 2}{9} + \dfrac{1+3\ln 3}{14} + \dfrac{1+4\ln 4}{21} + \cdots = \displaystyle\sum_{n=2}^{\infty} \frac{1+n\ln n}{n^2+5}$

풀이 각 급수에 극한 비교판정법을 적용해보자.

(a) $a_n = (2n+1)/(n^2+2n+1)$이라 하자. 충분히 큰 n에 대해 차수가 큰 항이 값을 주도하게 된다. 결국 a_n은 $2n/n^2 = 2/n$와 비슷하게 되므로 $b_n = 1/n$이라 잡자. 각 n에 대해 a_n과 b_n은 양수이므로, 다음 급수는 발산한다.

$$\sum_{n=1}^{\infty} b_n = \sum_{n=1}^{\infty} \frac{1}{n}$$

그리고 다음과 같다.

$$\lim_{n\to\infty} \frac{a_n}{b_n} = \lim_{n\to\infty} \frac{2n^2+n}{n^2+2n+1} = 2$$

극한 비교판정법의 1번에 의해 $\sum a_n$은 발산한다. 여기서 $b_n = 2/n$로 잡을 수도 있지만, $1/n$로 잡는 것이 더 간단하다.

(b) $a_n = 1/(2^n - 1)$이라 하자. 충분히 큰 n에 대해 a_n은 $1/2^n$과 비슷하게 되므로 $b_n = 1/2^n$이라 두자. 각 n에 대해 a_n과 b_n는 양수이므로, 다음 급수는 수렴한다.

$$\sum_{n=1}^{\infty} b_n = \sum_{n=1}^{\infty} \frac{1}{2^n} \quad (\text{수렴})$$

그리고 다음과 같다.

$$\lim_{n\to\infty} \frac{a_n}{b_n} = \lim_{n\to\infty} \frac{2^n}{2^n - 1} = \lim_{n\to\infty} \frac{1}{1-(1/2^n)} = 1$$

극한 비교판정법의 1번에 의해 $\sum a_n$은 수렴한다.

(c) $a_n = (1+n\ln n)/(n^2+5)$라 하자. 충분히 큰 n에 대해 a_n은 $(n\ln n)/n^2 = (\ln n)/n$과 비슷하게 되고, 이것은 $n \geq 3$일 때 $1/n$보다 더 크므로 $b_n = 1/n$이라 하자. 각 n에 대해 a_n과 b_n은 양수이므로, 다음 급수는 발산한다.

$$\sum_{n=2}^{\infty} b_n = \sum_{n=2}^{\infty} \frac{1}{n} \quad (\text{발산})$$

다음과 같다.

$$\lim_{n\to\infty}\frac{a_n}{b_n}=\lim_{n\to\infty}\frac{n+n^2\ln n}{n^2+5}=\infty$$

극한 비교판정법의 3번에 의해 $\sum a_n$은 발산한다. ■

예제 3 $\displaystyle\sum_{n=1}^{\infty}\frac{\ln n}{n^{3/2}}$은 수렴하는가?

풀이 $n\geq 3$에 대해 $\ln n$과 $n^{3/2}$은 양수이므로, 극한 비교판정법을 적용할 수 있다. 임의의 양의 상수 c에 대해 $\ln n$은 n^c보다 천천히 증가하므로(8.1절 연습문제 115), 수렴하는 p-급수와 비교할 수 있다. 충분히 큰 n에 대해 다음과 같이 적절한 p-급수와의 비교식을 얻을 수 있다.

$$\frac{\ln n}{n^{3/2}}<\frac{n^{1/4}}{n^{3/2}}=\frac{1}{n^{5/4}}$$

$a_n=(\ln n)/n^{3/2}$과 $b_n=1/n^{5/4}$이라 하면 다음을 얻는다.

$$\begin{aligned}\lim_{n\to\infty}\frac{a_n}{b_n}&=\lim_{n\to\infty}\frac{\ln n}{n^{1/4}}\\&=\lim_{n\to\infty}\frac{1/n}{(1/4)n^{-3/4}}\quad\text{로피탈 법칙}\\&=\lim_{n\to\infty}\frac{4}{n^{1/4}}=0\end{aligned}$$

$\sum b_n=\sum(1/n^{5/4})$은 $p>1$인 p-급수이므로 급수는 수렴한다. 그러므로 극한 비교판정법의 2번에 의해 $\sum a_n$은 수렴한다. ■

연습문제 8.4 EXERCISE QUESTION

직접 비교판정법

연습문제 1~8에서 직접 비교판정법을 사용하여 급수의 수렴 또는 발산을 판정하라.

1. $\displaystyle\sum_{n=1}^{\infty}\frac{1}{n^2+30}$
2. $\displaystyle\sum_{n=1}^{\infty}\frac{n-1}{n^4+2}$
3. $\displaystyle\sum_{n=2}^{\infty}\frac{1}{\sqrt{n}-1}$
4. $\displaystyle\sum_{n=2}^{\infty}\frac{n+2}{n^2-n}$
5. $\displaystyle\sum_{n=1}^{\infty}\frac{\cos^2 n}{n^{3/2}}$
6. $\displaystyle\sum_{n=1}^{\infty}\frac{1}{n3^n}$
7. $\displaystyle\sum_{n=1}^{\infty}\sqrt{\frac{n+4}{n^4+4}}$
8. $\displaystyle\sum_{n=1}^{\infty}\frac{\sqrt{n}+1}{\sqrt{n^2+3}}$

극한 비교판정법

연습문제 9~16에서 극한 비교판정법을 사용하여 급수의 수렴 또는 발산을 판정하라.

9. $\displaystyle\sum_{n=1}^{\infty}\frac{n-2}{n^3-n^2+3}$
   [힌트: $\sum_{n=1}^{\infty}(1/n^2)$과 극한 비교하라.]
10. $\displaystyle\sum_{n=1}^{\infty}\sqrt{\frac{n+1}{n^2+2}}$
   [힌트: $\sum_{n=1}^{\infty}(1/\sqrt{n})$과 극한 비교하라.]
11. $\displaystyle\sum_{n=2}^{\infty}\frac{n(n+1)}{(n^2+1)(n-1)}$
12. $\displaystyle\sum_{n=1}^{\infty}\frac{2^n}{3+4^n}$
13. $\displaystyle\sum_{n=1}^{\infty}\frac{5^n}{\sqrt{n}\,4^n}$
14. $\displaystyle\sum_{n=1}^{\infty}\left(\frac{2n+3}{5n+4}\right)^n$
15. $\displaystyle\sum_{n=2}^{\infty}\frac{1}{\ln n}$
   [힌트: $\sum_{n=2}^{\infty}(1/n)$과 극한 비교하라.]
16. $\displaystyle\sum_{n=1}^{\infty}\ln\left(1+\frac{1}{n^2}\right)$
   [힌트: $\sum_{n=1}^{\infty}(1/n^2)$과 극한 비교하라.]

수렴과 발산의 판정

연습문제 17~56에서 급수가 수렴하는가 또는 발산하는가? 적절한 방법을 사용하고 그 이유에 대해 설명하라.

17. $\displaystyle\sum_{n=1}^{\infty}\frac{1}{2\sqrt{n}+\sqrt[3]{n}}$
18. $\displaystyle\sum_{n=1}^{\infty}\frac{3}{n+\sqrt{n}}$
19. $\displaystyle\sum_{n=1}^{\infty}\frac{\sin^2 n}{2^n}$
20. $\displaystyle\sum_{n=1}^{\infty}\frac{1+\cos n}{n^2}$
21. $\displaystyle\sum_{n=1}^{\infty}\frac{2n}{3n-1}$
22. $\displaystyle\sum_{n=1}^{\infty}\frac{n+1}{n^2\sqrt{n}}$
23. $\displaystyle\sum_{n=1}^{\infty}\frac{10n+1}{n(n+1)(n+2)}$
24. $\displaystyle\sum_{n=3}^{\infty}\frac{5n^3-3n}{n^2(n-2)(n^2+5)}$
25. $\displaystyle\sum_{n=1}^{\infty}\left(\frac{n}{3n+1}\right)^n$
26. $\displaystyle\sum_{n=1}^{\infty}\frac{1}{\sqrt{n^3+2}}$
27. $\displaystyle\sum_{n=3}^{\infty}\frac{1}{\ln(\ln n)}$

28. $\sum_{n=1}^{\infty} \frac{(\ln n)^2}{n^3}$ **29.** $\sum_{n=2}^{\infty} \frac{1}{\sqrt{n}\ln n}$ **30.** $\sum_{n=1}^{\infty} \frac{(\ln n)^2}{n^{3/2}}$

31. $\sum_{n=1}^{\infty} \frac{1}{1+\ln n}$ **32.** $\sum_{n=2}^{\infty} \frac{\ln(n+1)}{n+1}$ **33.** $\sum_{n=2}^{\infty} \frac{1}{n\sqrt{n^2-1}}$

34. $\sum_{n=1}^{\infty} \frac{\sqrt{n}}{n^2+1}$ **35.** $\sum_{n=1}^{\infty} \frac{1-n}{n2^n}$ **36.** $\sum_{n=1}^{\infty} \frac{n+2^n}{n^2 2^n}$

37. $\sum_{n=1}^{\infty} \frac{1}{3^{n-1}+1}$ **38.** $\sum_{n=1}^{\infty} \frac{3^{n-1}+1}{3^n}$ **39.** $\sum_{n=1}^{\infty} \frac{n+1}{n^2+3n} \cdot \frac{1}{5n}$

40. $\sum_{n=1}^{\infty} \frac{2^n+3^n}{3^n+4^n}$ **41.** $\sum_{n=1}^{\infty} \frac{2^n-n}{n2^n}$ **42.** $\sum_{n=1}^{\infty} \frac{\ln n}{\sqrt{n}\, e^n}$

43. $\sum_{n=2}^{\infty} \frac{1}{n!}$ [힌트: $n \geq 2$에 대해 $(1/n!) \leq (1/n(n-1))$을 먼저 보여라.]

44. $\sum_{n=1}^{\infty} \frac{(n-1)!}{(n+2)!}$ **45.** $\sum_{n=1}^{\infty} \sin\frac{1}{n}$ **46.** $\sum_{n=1}^{\infty} \tan\frac{1}{n}$

47. $\sum_{n=1}^{\infty} \frac{\tan^{-1} n}{n^{1.1}}$ **48.** $\sum_{n=1}^{\infty} \frac{\operatorname{arcsec} n}{n^{1.3}}$ **49.** $\sum_{n=1}^{\infty} \frac{\coth n}{n^2}$

50. $\sum_{n=1}^{\infty} \frac{\tanh n}{n^2}$ **51.** $\sum_{n=1}^{\infty} \frac{1}{n\sqrt[n]{n}}$ **52.** $\sum_{n=1}^{\infty} \frac{\sqrt[n]{n}}{n^2}$

53. $\sum_{n=1}^{\infty} \frac{1}{1+2+3+\cdots+n}$ **54.** $\sum_{n=1}^{\infty} \frac{1}{1+2^2+3^2+\cdots+n^2}$

55. $\sum_{n=2}^{\infty} \frac{n}{(\ln n)^2}$ **56.** $\sum_{n=2}^{\infty} \frac{(\ln n)^2}{n}$

이론과 예제

57. 극한 비교판정법의 **(a)** 정리 11의 2번, **(b)** 정리 11의 3번을 증명하라.

58. $\sum_{n=1}^{\infty} a_n$이 음수가 아닌 수렴하는 급수일 때 $\sum_{n=1}^{\infty} (a_n/n)$은 어떤 성질을 가지고 있는가? 그 이유를 설명하라.

59. $n \geq N$ (N은 정수)에 대해 $a_n > 0$, $b_n > 0$이라 하자. $\lim_{n\to\infty}(a_n/b_n) = \infty$이고 $\sum a_n$이 수렴한다면 $\sum b_n$은 어떤 성질을 가지고 있는가? 그 이유를 설명하라.

60. $\sum a_n$이 음수항이 아닌 수렴하는 급수일 때, $\sum a_n^2$은 수렴함을 보여라.

61. $a_n > 0$이고 $\lim_{n\to\infty} a_n = \infty$라 하자. $\sum a_n$이 발산함을 보여라.

62. $a_n > 0$이고 $\lim_{n\to\infty} n^2 a_n = 0$이라 하자. $\sum a_n$이 수렴함을 보여라.

63. $-\infty < q < \infty$이고 $p > 1$일 때 $\sum_{n=2}^{\infty} ((\ln n)^q/n^p)$가 수렴함을 보여라.

[힌트: $1 < r < p$일 때 $\sum_{n=2}^{\infty} (1/n^r)$과 극한 비교하라.]

64. (연습문제 63에서 계속) $-\infty < q < \infty$이고 $0 < p < 1$일 때 $\sum_{n=2}^{\infty} ((\ln n)^q/n^p)$가 발산함을 보여라. [힌트: 적절한 p-급수와 극한 비교하라.]

65. 십진수 구간 [0, 1]의 임의의 실수는 다음과 같이 소수(반드시 고유한 것은 아님)로 표현될 수 있다.

$$0.d_1d_2d_3d_4\cdots = \frac{d_1}{10} + \frac{d_2}{10^2} + \frac{d_3}{10^3} + \frac{d_4}{10^4} + \cdots$$

여기서 d_i는 0, 1, 2, 3, …, 9 중 하나의 수이다. 우변의 급수가 항상 수렴함을 증명하라.

66. 양수항을 갖는 $\sum a_n$이 수렴하면, $\sum \sin(a_n)$도 수렴함을 보여라.

연습문제 67~72에서 연습문제 63과 64의 결과를 사용하여 각 급수의 수렴, 발산을 판정하라.

67. $\sum_{n=2}^{\infty} \frac{(\ln n)^3}{n^4}$ **68.** $\sum_{n=2}^{\infty} \sqrt{\frac{\ln n}{n}}$

69. $\sum_{n=2}^{\infty} \frac{(\ln n)^{1000}}{n^{1.001}}$ **70.** $\sum_{n=2}^{\infty} \frac{(\ln n)^{1/5}}{n^{0.99}}$

71. $\sum_{n=2}^{\infty} \frac{1}{n^{1.1}(\ln n)^3}$ **72.** $\sum_{n=2}^{\infty} \frac{1}{\sqrt{n \cdot \ln n}}$

컴퓨터 탐구

73. 다음 급수는 수렴하는지, 발산하는지 알려지지 않은 급수이다.

$$\sum_{n=1}^{\infty} \frac{1}{n^3 \sin^2 n}$$

CAS를 사용하여 각 단계를 수행하여 급수를 탐구하라.

a. 다음과 같은 부분합의 수열을 정의하자.

$$s_k = \sum_{n=1}^{k} \frac{1}{n^3 \sin^2 n}$$

$k \to \infty$일 때 s_k의 극한을 찾으려고 하면 어떻게 되는가? CAS는 극한의 근사한 값을 제시하는가?

b. 부분합의 수열에서 처음 100개의 점 (k, s_k)를 찍어보라. 수렴하는가? 극한을 얼마로 추정할 수 있느냐?

c. 다음에는 처음 200개의 점 (k, s_k)를 찍어보고 그 특징을 설명하라.

d. 처음 400개의 점 (k, s_k)를 찍어보라. $k=355$일 때 어떻게 되는가? 355/113의 값을 계산하라. 그리고 $k=355$일 때 어떻게 되었는지를 설명하라. 어떤 k값에 대해 이런 행동이 다시 일어날 것이라 추측할 수 있는가?

74. a. 정리 8을 이용하여 수렴하는 p-급수 $S = \sum_{n=1}^{\infty} (1/n^2)$에 대해 다음이 성립함을 보여라.

$$S = \sum_{n=1}^{\infty} \frac{1}{n(n+1)} + \sum_{n=1}^{\infty}\left(\frac{1}{n^2} - \frac{1}{n(n+1)}\right)$$

b. 8.2절의 예제 5로부터 다음이 성립함을 보여라.

$$S = 1 + \sum_{n=1}^{\infty} \frac{1}{n^2(n+1)}$$

c. 원래의 급수 $\sum_{n=1}^{\infty} (1/n^2)$이 처음 M개의 항을 취했을 때보다 문제 (b)에서 급수의 처음 M개의 항을 취했을 때가 S에 더 가까운 값이 되는 이유를 설명하라.

d. S의 정확한 값이 $\pi^2/6$이라 할 때, 다음 두 합 중 어느 것이 S에 가까운가?

$$\sum_{n=1}^{1000000} \frac{1}{n^2} \quad \text{또는} \quad 1 + \sum_{n=1}^{1000} \frac{1}{n^2(n+1)}$$

8.5 절대수렴: 비판정법과 근판정법

급수의 어떤 항은 양수이고 또 다른 항은 음수일 때, 급수는 수렴할 수도 그렇지 않을 수도 있다. 예를 들어 다음과 같은 기하급수는 수렴한다($|r|=\frac{1}{4}<1$이므로).

$$5-\frac{5}{4}+\frac{5}{16}-\frac{5}{64}+\cdots=\sum_{n=0}^{\infty}5\left(\frac{-1}{4}\right)^n \tag{1}$$

그러나 다른 기하급수는 발산한다($|r|=\frac{5}{4}>1$이므로).

$$1-\frac{5}{4}+\frac{25}{16}-\frac{125}{64}+\cdots=\sum_{n=0}^{\infty}\left(\frac{-5}{4}\right)^n \tag{2}$$

급수 (1)에서 부분합에서의 음수항과 양수항이 소거가 일어나게 되는데, 이는 급수가 수렴하는 것에 도움이 되었을 수 있다. 한편 급수 (1)에서 모든 항을 양수항이 되게 하여 새로운 급수를 만들어보면, 다음과 같이 된다.

$$5+\frac{5}{4}+\frac{5}{16}+\frac{5}{64}+\cdots=\sum_{n=0}^{\infty}\left|5\left(\frac{-1}{4}\right)^n\right|=\sum_{n=0}^{\infty}5\left(\frac{1}{4}\right)^n$$

이 급수는 여전히 수렴함을 확인할 수 있다. 양수항과 음수항을 둘 다 갖는 일반적인 급수의 경우로 이전에 공부했던 수렴판정법을 그 항에 절댓값을 취해 만든 급수에 적용할 수 있다. 그렇게 함으로써 자연스럽게 다음과 같은 개념으로 유도한다.

정의 a_n의 절댓값으로 이루어진 급수 $\sum|a_n|$이 수렴하면, 급수 $\sum a_n$은 **절대수렴**(converges absolutely)한다고 한다.

따라서 기하급수인 식 (1)은 절대수렴한다. 이 급수는 또한 수렴한다는 것도 관찰할 수 있다. 이러한 사실, 즉 절대수렴하는 급수는 또한 수렴한다는 명제는 항상 참이 된다. 이를 증명해보자.

주의 정리 12를 적용할 때 주의해야 할 점이 있다. 다음 절에서 살펴볼 수 있듯이, 수렴하는 급수는 절대수렴할 필요는 없다.

정리 12 | 절대수렴판정법

급수 $\sum_{n=1}^{\infty}|a_n|$이 수렴하면, $\sum_{n=1}^{\infty}a_n$은 수렴한다.

증명 모든 n에 대해 다음과 같다.

$$-|a_n|\le a_n\le|a_n|\text{이므로}\qquad 0\le a_n+|a_n|\le 2|a_n|$$

$\sum_{n=1}^{\infty}|a_n|$이 수렴하므로, 직접 비교판정법에 의해 $\sum_{n=1}^{\infty}2|a_n|$도 수렴하고, 음수항이 없는 급수 $\sum_{n=1}^{\infty}(a_n+|a_n|)$도 수렴한다. $a_n=(a_n+|a_n|)-|a_n|$이므로 $\sum_{n=1}^{\infty}a_n$을 다음과 같이 수렴하는 두 급수의 차로 표현할 수 있다.

$$\sum_{n=1}^{\infty}a_n=\sum_{n=1}^{\infty}(a_n+|a_n|-|a_n|)=\sum_{n=1}^{\infty}(a_n+|a_n|)-\sum_{n=1}^{\infty}|a_n|$$

그러므로 $\sum_{n=1}^{\infty}a_n$은 수렴한다. ■

예제 1 다음 예는 절대수렴하는 두 가지 급수이다.

(a) $\sum_{n=1}^{\infty}(-1)^{n+1}\frac{1}{n^2}=1-\frac{1}{4}+\frac{1}{9}-\frac{1}{16}+\cdots$에 대해 급수의 각 항에 절댓값을 취한 다음 급수는 수렴한다.

$$\sum_{n=1}^{\infty} \frac{1}{n^2} = 1 + \frac{1}{4} + \frac{1}{9} + \frac{1}{16} + \cdots$$

따라서 주어진 급수는 절대수렴하므로 급수는 수렴한다.

(b) 양수항과 음수항을 모두 가지는 급수 $\sum_{n=1}^{\infty} \frac{\sin n}{n^2} = \frac{\sin 1}{1} + \frac{\sin 2}{4} + \frac{\sin 3}{9} + \cdots$에 대해 급수의 각 항에 절댓값을 취한 급수는 다음과 같다.

$$\sum_{n=1}^{\infty} \left| \frac{\sin n}{n^2} \right| = \frac{|\sin 1|}{1} + \frac{|\sin 2|}{4} + \cdots$$

이것은 모든 n에 대해 $|\sin n| \le 1$이므로 $\sum_{n=1}^{\infty} (1/n^2)$과 비교하면 직접 비교판정법에 의해 수렴한다. 따라서 주어진 급수가 절대수렴하므로 급수는 수렴한다. ■

비판정법

비판정법은 비 a_{n+1}/a_n를 계산하여 급수의 증가(또는 감소) 속도를 알아보는 방법이다. 기하급수 $\sum ar^n$에서 비 a_{n+1}/a_n는 상수 $((ar^{n+1})/(ar^n) = r)$이고, 이때 비의 절댓값이 1보다 작은 경우에만 급수는 수렴한다. 이 결과를 확장한 것이 비판정법이며, 이는 매우 유용하게 사용된다.

정리 13 | 비판정법

$\sum a_n$는 급수이고, 다음과 같다고 하자.

$$\lim_{n \to \infty} \left| \frac{a_{n+1}}{a_n} \right| = \rho$$

(a) $\rho < 1$이면, 급수는 절대수렴한다.

(b) $\rho > 1$이거나 무한이면, 급수는 발산한다.

(c) $\rho = 1$이면, 결정할 수 없다.

ρ는 그리스 소문자 rho로 "로"라고 읽는다.

증명

(a) $\boldsymbol{\rho < 1.}$ r이 ρ와 1 사이의 수라 하자. $\varepsilon = r - \rho$은 양수이다.

$$\left| \frac{a_{n+1}}{a_n} \right| \to \rho$$

따라서 충분히 큰 모든 n에 대해 $|a_{n+1}/a_n|$은 반드시 ρ의 ε 반경 안에 놓이게 되는데, 이것을 충분히 큰 N이 존재하여 $n \ge N$일 때라고 하자. 구체적으로 다음을 얻는다.

$$n \ge N\text{일 때} \qquad \left| \frac{a_{n+1}}{a_n} \right| < \rho + \varepsilon = r$$

즉 다음과 같다.

$$\begin{aligned} |a_{N+1}| &< r|a_N|, \\ |a_{N+2}| &< r|a_{N+1}| < r^2|a_N|, \\ |a_{N+3}| &< r|a_{N+2}| < r^3|a_N|, \\ &\vdots \\ |a_{N+m}| &< r|a_{N+m-1}| < r^m|a_N| \end{aligned}$$

그러므로 다음과 같이 쓴다.

$$\sum_{m=N}^{\infty} |a_m| = \sum_{m=0}^{\infty} |a_{N+m}| \le \sum_{m=0}^{\infty} |a_N| r^m = |a_N| \sum_{m=0}^{\infty} r^m$$

$0 < r < 1$이므로 우변의 기하급수는 수렴하고, 직접 비교판정법에 의해 절댓값을 취한 급수 $\sum_{m=N}^{\infty} |a_m|$도 수렴한다. 급수에서 유한개의 항을 추가하거나 삭제하는 것은 수렴이나 발산성에 영향을 주지 않기 때문에 $\sum_{n=1}^{\infty} |a_n|$ 또한 수렴한다. 즉 $\sum a_n$는 절대수렴한다.

(b) $1 < \rho \le \infty$. 어떤 지수 M에서부터 다음과 같다.

$$\left|\frac{a_{n+1}}{a_n}\right| > 1 \text{ 이고} \qquad |a_M| < |a_{M+1}| < |a_{M+2}| < \cdots$$

n이 무한히 커짐에 따라 급수의 항은 0으로 수렴하지 않으므로, 발산에 관한 일반항 판정법에 의해 급수는 발산한다.

(c) $\rho = 1$. 다음 두 급수라고 하자.

$$\sum_{n=1}^{\infty} \frac{1}{n} \text{ 과 } \qquad \sum_{n=1}^{\infty} \frac{1}{n^2}$$

그러면 $\rho = 1$일 때 수렴성 판정을 위해 다른 판정법을 사용해야 하는 경우를 보인다.

$$\sum_{n=1}^{\infty} \frac{1}{n} \text{ 의 경우:} \quad \left|\frac{a_{n+1}}{a_n}\right| = \frac{1/(n+1)}{1/n} = \frac{n}{n+1} \to 1$$

$$\sum_{n=1}^{\infty} \frac{1}{n^2} \text{ 의 경우:} \quad \left|\frac{a_{n+1}}{a_n}\right| = \frac{1/(n+1)^2}{1/n^2} = \left(\frac{n}{n+1}\right)^2 \to 1^2 = 1$$

두 경우 모두 $\rho = 1$이지만, 처음 급수는 발산하는 반면에 두 번째 급수는 수렴한다. ■

비판정법은 급수의 항이 n에 관련된 계승이나 제곱(승)을 포함했을 때 매우 효과적으로 사용된다.

예제 2 다음 급수의 수렴성을 조사하라.

(a) $\displaystyle\sum_{n=0}^{\infty} \frac{2^n + 5}{3^n}$ **(b)** $\displaystyle\sum_{n=1}^{\infty} \frac{(2n)!}{n!n!}$ **(c)** $\displaystyle\sum_{n=1}^{\infty} \frac{4^n n! n!}{(2n)!}$

풀이

(a) 급수 $\sum_{n=0}^{\infty} \frac{2^n+5}{3^n}$에 대해 다음을 얻는다.

$$\left|\frac{a_{n+1}}{a_n}\right| = \frac{(2^{n+1} + 5)/3^{n+1}}{(2^n + 5)/3^n} = \frac{1}{3} \cdot \frac{2^{n+1} + 5}{2^n + 5} = \frac{1}{3} \cdot \left(\frac{2 + 5 \cdot 2^{-n}}{1 + 5 \cdot 2^{-n}}\right) \to \frac{1}{3} \cdot \frac{2}{1} = \frac{2}{3}$$

$\rho = 2/3$가 1보다 작기 때문에 급수는 절대수렴한다(또한 수렴한다). 이것은 급수의 합이 2/3를 의미하지는 않는다. 사실 급수의 합은 다음과 같다.

$$\sum_{n=0}^{\infty} \frac{2^n + 5}{3^n} = \sum_{n=0}^{\infty} \left(\frac{2}{3}\right)^n + \sum_{n=0}^{\infty} \frac{5}{3^n} = \frac{1}{1 - (2/3)} + \frac{5}{1 - (1/3)} = \frac{21}{2}$$

(b) $a_n = \dfrac{(2n)!}{n!n!}$이면 $a_{n+1} = \dfrac{(2n+2)!}{(n+1)!(n+1)!}$이고, 다음을 얻는다.

$$\begin{aligned}\left|\frac{a_{n+1}}{a_n}\right| &= \frac{n!n!(2n+2)(2n+1)(2n)!}{(n+1)!(n+1)!(2n)!} \\ &= \frac{(2n+2)(2n+1)}{(n+1)(n+1)} = \frac{4n+2}{n+1} \to 4\end{aligned}$$

$\rho = 4$가 1보다 크기 때문에 주어진 급수는 발산한다.

(c) $a_n = \dfrac{4^n n! n!}{(2n)!}$이면 다음을 만족한다.

$$\left|\frac{a_{n+1}}{a_n}\right| = \frac{4^{n+1}(n+1)!(n+1)!}{(2n+2)(2n+1)(2n)!} \cdot \frac{(2n)!}{4^n n! n!}$$

$$= \frac{4(n+1)(n+1)}{(2n+2)(2n+1)} = \frac{2(n+1)}{2n+1} \to 1$$

극한이 $\rho=1$이므로, 급수가 수렴하는지에 대해 비판정법으로 결정지을 수 없다. 그러나 $a_{n+1}/a_n=(2n+2)/(2n+1)$에 주목해볼 때 $(2n+2)/(2n+1)$은 항상 1보다 크기 때문에 a_{n+1}은 항상 a_n보다 크다는 결론을 낼 수 있다. 따라서 모든 항이 $a_1=2$보다 크거나 같고, $n\to\infty$일 때 n번째 항은 0으로 수렴하지 않는다. 따라서 급수는 발산한다. ■

근판정법

지금까지 공부했던 $\sum a_n$의 수렴판정법은 a_n이 비교적 단순한 형태일 때 가장 잘 작용했다. 그러나 다음 급수를 보자.

$$a_n = \begin{cases} n/2^n, & n\text{이 홀수} \\ 1/2^n, & n\text{이 짝수} \end{cases}$$

수렴성을 조사하기 위해 주어진 급수의 몇 개의 항을 나열해보자.

$$\sum_{n=1}^{\infty} a_n = \frac{1}{2^1}+\frac{1}{2^2}+\frac{3}{2^3}+\frac{1}{2^4}+\frac{5}{2^5}+\frac{1}{2^6}+\frac{7}{2^7}+\cdots$$
$$= \frac{1}{2}+\frac{1}{4}+\frac{3}{8}+\frac{1}{16}+\frac{5}{32}+\frac{1}{64}+\frac{7}{128}+\cdots.$$

명백히 이 급수는 기하급수가 아니다. $n\to\infty$일 때 n번째 항은 0으로 수렴하므로, 발산에 관한 일반항 판정법에 의해 이 급수가 발산하는 것을 알 수 없다. 적분판정법도 딱히 보장할 수 없어 보인다. 비판정법을 이용하면 다음과 같다.

$$\left|\frac{a_{n+1}}{a_n}\right| = \begin{cases} \dfrac{1}{2n}, & n\text{이 홀수} \\ \dfrac{n+1}{2}, & n\text{이 짝수} \end{cases}$$

$n\to\infty$일 때 비 a_{n+1}/a_n는 작아졌다가 커졌다가를 반복하므로 극한값을 갖지 않는다. 그러나 다음 판정법을 사용하여 이 급수가 수렴하는지 보일 것이다.

정리 14 ▮ 근판정법

$\sum a_n$은 급수이고, 다음과 같다고 하자.

$$\lim_{n\to\infty} \sqrt[n]{|a_n|} = \rho$$

(a) $\rho<1$이면, 급수는 절대수렴한다.
(b) $\rho>1$이거나 무한이면, 급수는 발산한다.
(c) $\rho=1$이면, 결정할 수 없다.

증명

(a) $\rho<1$. $\rho+\varepsilon<1$인 충분히 작은 $\varepsilon>0$값을 선택하자. $\sqrt[n]{|a_n|}\to\rho$이므로 $\sqrt[n]{|a_n|}$은 결국 ρ의 ε 반경 안에 들어오게 된다. 즉 자연수 M이 존재하여 다음이 성립한다.

$$n \ge M \text{ 일 때 } \sqrt[n]{|a_n|} < \rho+\varepsilon$$

다시 말해 다음과 같다.

$$n \ge M\text{에 대해 } |a_n| < (\rho+\varepsilon)^n$$

이제 $\sum_{n=M}^{\infty}(\rho+\varepsilon)^n$은 공비가 $0<(\rho+\varepsilon)<1$인 기하급수이므로 급수는 수렴한다. 직접

비교판정법에 의해 $\sum_{n=M}^{\infty}|a_n|$은 수렴한다. 유한개의 항을 급수에 더해도 급수의 수렴 또는 발산에 영향을 주지 않으므로, 다음 급수는 수렴한다.

$$\sum_{n=1}^{\infty}|a_n| = |a_1| + \cdots + |a_{M-1}| + \sum_{n=M}^{\infty}|a_n|$$

그러므로 $\sum a_n$는 절대수렴한다.

(b) $1 < \rho \le \infty$**.** 어떤 정수 M보다 큰 모든 자연수 n에 대해 $\sqrt[n]{|a_n|} > 1$이 되므로 $n > M$에 대해 $|a_n| > 1$이다. 급수의 항은 0으로 수렴하지 않는다. 급수는 일반항 판정법에 의해 발산한다.

(c) $\rho = 1$**.** 급수 $\sum_{n=1}^{\infty}(1/n)$과 $\sum_{n=1}^{\infty}(1/n^2)$은 $\rho=1$일 때 수렴성을 판정할 수 없음을 보인다. 두 급수의 경우 모두 $\sqrt[n]{|a_n|} \to 1$이지만, 처음 급수는 발산하고 두 번째 급수는 수렴한다. ■

예제 3 항이 $a_n = \begin{cases} n/2^n, & n\text{이 홀수} \\ 1/2^n, & n\text{이 짝수} \end{cases}$라 하자. 급수 $\sum a_n$은 수렴하는가?

풀이 근판정법을 적용하여 다음과 같다.

$$\sqrt[n]{|a_n|} = \begin{cases} \sqrt[n]{n}/2, & n\text{이 홀수} \\ 1/2, & n\text{이 짝수} \end{cases}$$

그러므로 다음을 얻는다.

$$\frac{1}{2} \le \sqrt[n]{|a_n|} \le \frac{\sqrt[n]{n}}{2}$$

$\sqrt[n]{n} \to 1$ (8.1절 정리 5)이므로, 샌드위치 정리에 의해 $\lim_{n\to\infty}\sqrt[n]{|a_n|} = 1/2$이다. 극한은 1보다 작으므로, 주어진 급수는 근판정법에 의해 절대수렴한다. ■

예제 4 다음 중 어떤 급수가 수렴하는가, 발산하는가?

(a) $\displaystyle\sum_{n=1}^{\infty}\frac{n^2}{2^n}$ **(b)** $\displaystyle\sum_{n=1}^{\infty}\frac{2^n}{n^3}$ **(c)** $\displaystyle\sum_{n=1}^{\infty}\left(\frac{1}{1+n}\right)^n$

풀이

(a) $\sqrt[n]{\dfrac{n^2}{2^n}} = \dfrac{\sqrt[n]{n^2}}{\sqrt[n]{2^n}} = \dfrac{\left(\sqrt[n]{n}\right)^2}{2} \to \dfrac{1^2}{2} < 1$이므로 $\displaystyle\sum_{n=1}^{\infty}\frac{n^2}{2^n}$은 수렴한다.

(b) $\sqrt[n]{\dfrac{2^n}{n^3}} = \dfrac{2}{\left(\sqrt[n]{n}\right)^3} \to \dfrac{2}{1^3} > 1$이므로 $\displaystyle\sum_{n=1}^{\infty}\frac{2^n}{n^3}$은 발산한다.

(c) $\sqrt[n]{\left(\dfrac{1}{1+n}\right)^n} = \dfrac{1}{1+n} \to 0 < 1$이므로 $\displaystyle\sum_{n=1}^{\infty}\left(\frac{1}{1+n}\right)^n$은 수렴한다. ■

연습문제 8.5 EXERCISE QUESTION

비판정법

연습문제 1~8에서 비판정법을 사용하여 급수의 절대수렴, 발산을 판정하라.

1. $\displaystyle\sum_{n=1}^{\infty}\frac{2^n}{n!}$

2. $\displaystyle\sum_{n=1}^{\infty}(-1)^n\frac{n+2}{3^n}$

3. $\displaystyle\sum_{n=1}^{\infty}\frac{(n-1)!}{(n+1)^2}$

4. $\displaystyle\sum_{n=1}^{\infty}\frac{2^{n+1}}{n3^{n-1}}$

5. $\displaystyle\sum_{n=1}^{\infty}\frac{n^4}{(-4)^n}$

6. $\displaystyle\sum_{n=2}^{\infty}\frac{3^{n+2}}{\ln n}$

7. $\displaystyle\sum_{n=1}^{\infty}(-1)^n\frac{n^2(n+2)!}{n!\,3^{2n}}$

8. $\displaystyle\sum_{n=1}^{\infty}\frac{n5^n}{(2n+3)\ln(n+1)}$

근판정법

연습문제 9~16에서 비판정법을 사용하여 급수의 절대수렴, 발산을 판정하라.

9. $\sum_{n=1}^{\infty} \frac{7}{(2n+5)^n}$

10. $\sum_{n=1}^{\infty} \frac{4^n}{(3n)^n}$

11. $\sum_{n=1}^{\infty} \left(\frac{4n+3}{3n-5}\right)^n$

12. $\sum_{n=1}^{\infty} \left(-\ln\left(e^2+\frac{1}{n}\right)\right)^{n+1}$

13. $\sum_{n=1}^{\infty} \frac{-8}{(3+(1/n))^{2n}}$

14. $\sum_{n=1}^{\infty} \sin^n\left(\frac{1}{\sqrt{n}}\right)$

15. $\sum_{n=1}^{\infty} (-1)^n\left(1-\frac{1}{n}\right)^{n^2}$

(힌트: $\lim_{n\to\infty} (1+x/n)^n = e^x$)

16. $\sum_{n=2}^{\infty} \frac{(-1)^n}{n^{1+n}}$

수렴과 발산의 판정

연습문제 17~46에서 적절한 방법을 사용하여 급수가 수렴하는지, 발산하는지를 판정하고 그 이유를 설명하라.

17. $\sum_{n=1}^{\infty} \frac{n^{\sqrt{2}}}{2^n}$

18. $\sum_{n=1}^{\infty} (-1)^n n^2 e^{-n}$

19. $\sum_{n=1}^{\infty} n!(-e)^{-n}$

20. $\sum_{n=1}^{\infty} \frac{n!}{10^n}$

21. $\sum_{n=1}^{\infty} \frac{n^{10}}{10^n}$

22. $\sum_{n=1}^{\infty} \left(\frac{n-2}{n}\right)^n$

23. $\sum_{n=1}^{\infty} \frac{2+(-1)^n}{1.25^n}$

24. $\sum_{n=1}^{\infty} \frac{(-2)^n}{3^n}$

25. $\sum_{n=1}^{\infty} (-1)^n\left(1-\frac{3}{n}\right)^n$

26. $\sum_{n=1}^{\infty} \left(1-\frac{1}{3n}\right)^n$

27. $\sum_{n=1}^{\infty} \frac{\ln n}{n^3}$

28. $\sum_{n=1}^{\infty} \frac{(-\ln n)^n}{n^n}$

29. $\sum_{n=1}^{\infty} \left(\frac{1}{n}-\frac{1}{n^2}\right)$

30. $\sum_{n=1}^{\infty} \left(\frac{1}{n}-\frac{1}{n^2}\right)^n$

31. $\sum_{n=1}^{\infty} \frac{e^n}{n^e}$

32. $\sum_{n=1}^{\infty} \frac{n \ln n}{(-2)^n}$

33. $\sum_{n=1}^{\infty} \frac{(n+1)(n+2)}{n!}$

34. $\sum_{n=1}^{\infty} e^{-n}(n^3)$

35. $\sum_{n=1}^{\infty} \frac{(n+3)!}{3!n!3^n}$

36. $\sum_{n=1}^{\infty} \frac{n2^n(n+1)!}{3^n n!}$

37. $\sum_{n=1}^{\infty} \frac{n!}{(2n+1)!}$

38. $\sum_{n=1}^{\infty} \frac{n!}{(-n)^n}$

39. $\sum_{n=2}^{\infty} \frac{-n}{(\ln n)^n}$

40. $\sum_{n=2}^{\infty} \frac{n}{(\ln n)^{(n/2)}}$

41. $\sum_{n=1}^{\infty} \frac{n! \ln n}{n(n+2)!}$

42. $\sum_{n=1}^{\infty} \frac{(-3)^n}{n^3 2^n}$

43. $\sum_{n=1}^{\infty} \frac{(n!)^2}{(2n)!}$

44. $\sum_{n=1}^{\infty} \frac{(2n+3)(2^n+3)}{3^n+2}$

45. $\sum_{n=3}^{\infty} \frac{2^n}{n^2}$

46. $\sum_{n=3}^{\infty} \frac{2^{n^2}}{n^{2^n}}$

연습문제 47~56에서 점화적으로 정의된 급수 $\sum_{n=1}^{\infty} a_n$은 수렴하는가, 발산하는가? 그 이유를 설명하라.

47. $a_1 = 2, \quad a_{n+1} = \frac{1+\sin n}{n} a_n$

48. $a_1 = 1, \quad a_{n+1} = \frac{1+\tan^{-1} n}{n} a_n$

49. $a_1 = \frac{1}{3}, \quad a_{n+1} = \frac{3n-1}{2n+5} a_n$

50. $a_1 = 3, \quad a_{n+1} = \frac{n}{n+1} a_n$

51. $a_1 = 2, \quad a_{n+1} = \frac{2}{n} a_n$

52. $a_1 = 5, \quad a_{n+1} = \frac{\sqrt[n]{n}}{2} a_n$

53. $a_1 = 1, \quad a_{n+1} = \frac{1+\ln n}{n} a_n$

54. $a_1 = \frac{1}{2}, \quad a_{n+1} = \frac{n+\ln n}{n+10} a_n$

55. $a_1 = \frac{1}{3}, \quad a_{n+1} = \sqrt[n]{a_n}$

56. $a_1 = \frac{1}{2}, \quad a_{n+1} = (a_n)^{n+1}$

수렴 또는 발산

연습문제 57~64에서 급수는 수렴하는가, 발산하는가? 그 이유를 설명하라.

57. $\sum_{n=1}^{\infty} \frac{2^n n! n!}{(2n)!}$

58. $\sum_{n=1}^{\infty} \frac{(-1)^n (3n)!}{n!(n+1)!(n+2)!}$

59. $\sum_{n=1}^{\infty} \frac{(n!)^n}{(n^n)^2}$

60. $\sum_{n=1}^{\infty} (-1)^n \frac{(n!)^n}{n^{(n^2)}}$

61. $\sum_{n=1}^{\infty} \frac{n^n}{2^{(n^2)}}$

62. $\sum_{n=1}^{\infty} \frac{n^n}{(2^n)^2}$

63. $\sum_{n=1}^{\infty} \frac{1\cdot 3\cdot \cdots \cdot (2n-1)}{4^n 2^n n!}$

64. $\sum_{n=1}^{\infty} \frac{1\cdot 3\cdot \cdots \cdot (2n-1)}{[2\cdot 4\cdot \cdots \cdot (2n)](3^n+1)}$

65. b_n을 4/5로 수렴하는 양수의 수열이라 하자. 다음 급수의 수렴, 발산을 판정하라.

a. $\sum_{n=1}^{\infty} (b_n)^{1/n}$

b. $\sum_{n=1}^{\infty} \left(\frac{5}{4}\right)^n (b_n)$

c. $\sum_{n=1}^{\infty} (b_n)^n$

d. $\sum_{n=1}^{\infty} \frac{1000^n}{n!+b_n}$

66. b_n을 1/3로 수렴하는 양수의 수열이라 하자. 다음 급수의 수렴, 발산을 판정하라.

a. $\sum_{n=1}^{\infty} \frac{b_{n+1}b_n}{n4^n}$ **b.** $\sum_{n=1}^{\infty} \frac{n^n}{n!\,b_1^2\,b_2^2\cdots b_n^2}$

이론과 예제

67. 비판정법과 근판정법은 p-급수에 도움이 되지 않는다. 다음 급수에 두 판정법을 적용하여 둘 다 수렴에 대한 정보를 제공하지 못한다는 것을 보여라.

$$\sum_{n=1}^{\infty} \frac{1}{n^p}$$

68. 다음 급수에 대해 비판정법과 근판정법 모두 판정에 도움이 되지 않음을 보여라.

$$\sum_{n=2}^{\infty} \frac{1}{(\ln n)^p} \qquad (p\text{는 상수})$$

69. $a_n = \begin{cases} n/2^n, & n\text{이 소수일 때} \\ 1/2^n, & n\text{이 소수가 아닐 때} \end{cases}$ 에 대해 $\sum a_n$이 수렴하는가? 그 이유를 설명하라.

70. $\sum_{n=1}^{\infty} 2^{(n^2)}/n!$이 발산함을 보여라. 지수법칙 $2^{(n^2)}=(2^n)^n$을 떠올려 보아라.

71. $c_n = \begin{cases} -1/n, & n\text{이 완전제곱수일 때} \\ 1/n^2, & n\text{이 완전제곱수가 아닐 때} \end{cases}$ 에 대해 $\sum_{n=1}^{\infty} c_n$이 수렴하는지 판정하라.

8.6 교대급수와 조건수렴

양수항과 음수항을 교대로 가지는 급수를 **교대급수**(alternation series)라 한다. 교대급수의 세 가지 예를 살펴보자.

$$1 - \frac{1}{2} + \frac{1}{3} - \frac{1}{4} + \frac{1}{5} - \cdots + \frac{(-1)^{n+1}}{n} + \cdots \tag{1}$$

$$-2 + 1 - \frac{1}{2} + \frac{1}{4} - \frac{1}{8} + \cdots + \frac{(-1)^n 4}{2^n} + \cdots \tag{2}$$

$$1 - 2 + 3 - 4 + 5 - 6 + \cdots + (-1)^{n+1} n + \cdots \tag{3}$$

예에서 보듯이 교대급수의 일반항은 다음과 같은 형태이다.

$$a_n = (-1)^{n+1} u_n \qquad \text{또는} \qquad a_n = (-1)^n u_n$$

여기서 $u_n = |a_n|$은 양수이다.

급수 (1)은 **교대 조화급수**(alternating harmonic series)라 하며, 이 급수가 수렴함을 곧 알아볼 것이다. 급수 (2)는 공비가 $r=-1/2$인 기하급수이고 $-2/[1+(1/2)]=-4/3$로 수렴한다. 급수 (3)은 일반항이 0에 수렴하지 않으므로 발산한다.

교대급수판정법을 이용하여 교대조화급수가 수렴함을 증명해보자. 이 판정법은 교대급수의 수렴함을 보일 때 사용되며, 발산함을 보일 때는 사용되지 않는다. 이 판정법은 급수 (2)와 같은 교대급수 $-u_1+u_2-u_3+u_4-\cdots$에 대해서도 적용할 수 있다.

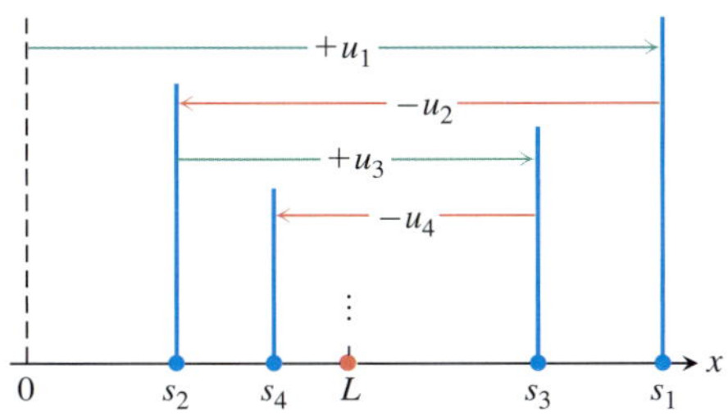

그림 8.15 $N=1$일 때 정리 15의 조건을 만족하는 교대급수의 부분은 처음부터 커졌다가 작아졌다를 반복하며 극한값에 가까워진다.

정리 15 | 교대급수판정법

다음 급수라고 하자.

$$\sum_{n=1}^{\infty} (-1)^{n+1} u_n = u_1 - u_2 + u_3 - u_4 + \cdots$$

다음 세 조건을 만족하면 수렴한다.

1. 모든 n에 대해 $u_n > 0$이다.

2. u_n은 궁극적으로 증가하지 않는다. 적당한 정수 N이 존재하여 모든 $n \ge N$에 대해 $u_n \ge u_{n+1}$이다.

3. $u_n \to 0$이다.

증명 $N=1$일 때, 즉 $u_1 \ge u_2 \ge u_3 \ge \cdots$으로 증가하지 않는 경우를 살펴보자. n이 짝수인 정수, 즉 $n=2m$이면 처음 n항의 합은 다음과 같다.

$$s_{2m} = (u_1 - u_2) + (u_3 - u_4) + \cdots + (u_{2m-1} - u_{2m})$$

괄호 안의 각 항이 양수이거나 0이므로, s_{2m}은 음이 아닌 항의 합임을 알 수 있다. 특히 $s_{2m+2} = s_{2m} + (u_{2m+1} - u_{2m+2})$이고, 즉 $s_{2m+2} \geq s_{2m}$이므로 s_{2m}은 감소하지 않는 수열이다. 한편 다음과 같이 쓸 수 있다.

$$s_{2m} = u_1 - (u_2 - u_3) - (u_4 - u_5) - \cdots - (u_{2m-2} - u_{2m-1}) - u_{2m}$$

그러므로 모든 m에 대해 $s_{2m} \leq u_1$임을 알 수 있다. $\{s_{2m}\}$은 감소하지 않은 수열이고 위로 유계이므로, 극한값을 가지고 다음과 같이 그 값을 L이라 하자.

$$\lim_{m \to \infty} s_{2m} = L \qquad \text{정리 6} \tag{4}$$

n이 홀수인 정수, 즉 $n = 2m + 1$이면 처음 n항의 합은 $s_{2m+1} = s_{2m} + u_{2m+1}$이다. $u_n \to 0$이므로 다음을 얻는다.

$$\lim_{m \to \infty} u_{2m+1} = 0$$

따라서 다음과 같다.

$$\lim_{m \to \infty} s_{2m+1} = \lim_{m \to \infty} s_{2m} + \lim_{m \to \infty} u_{2m+1} = L + 0 = L \tag{5}$$

식 (4)와 (5)의 결과에 의해 $\lim_{n \to \infty} s_n = L$(8.1절의 연습문제 143)이다. ■

예제 1 다음과 같이 교대조화급수는 $N = 1$에 대해 정리 15의 세 가지 조건을 확실히 만족한다.

$$\sum_{n=1}^{\infty} (-1)^{n+1} \frac{1}{n} = 1 - \frac{1}{2} + \frac{1}{3} - \frac{1}{4} + \cdots$$

그러므로 교대급수판정법에 의해 수렴한다. 하지만 판정법은 급수의 합이 얼마인지에 대해 아무 정보도 주지 않는다. 그림 8.16의 히스토그램은 조화급수의 부분합은 발산하고 교대조화급수의 부분합은 수렴함을 보인다. 교대조화급수는 ln 2로 수렴한다(8.7절의 연습문제 61). ■

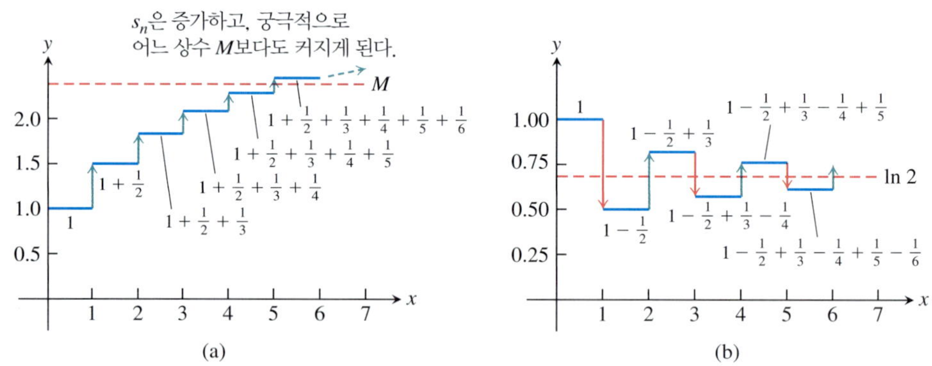

그림 8.16 (a) 조화급수의 부분합은 궁극적으로 어떠한 상수보다도 커지게 되므로 조화급수는 발산한다. (b) 교대조화급수는 $\ln 2 \approx 0.693$으로 수렴한다.

수열 $\{u_n\}$이 증가하지 않는 수열이 됨을 보이는 두 번째 방법은 $u_n \geq u_{n+1}$을 직접적으로 보이는 것보다 $f(n) = u_n$을 만족하는 미분가능한 함수 $f(x)$를 정의해볼 수도 있다. 즉 각 양의 정수 n에서 함숫값과 수열의 값이 일치하는 미분가능한 함수를 정의한다. 적당한 양의 정수 N보다 크거나 같은 모든 x에 대해 $f'(x) \leq 0$이면, 함수 $f(x)$는 $x \geq N$에서 증가하지 않는 함수이다. 그러면 모든 $n \geq N$에 대해 $f(n) \geq f(n+1)$ 또는 $u_n \geq u_{n+1}$을 만족한다.

예제 2 일반항이 $u_n = 10n/(n^2+16)$인 수열 $\{u_n\}$이 궁극적으로 증가하지 않음을 보여라.
함수 $f(x) = 10x/(x^2+16)$를 정의하자. 그러면 미분 공식에 의해 다음과 같다.

$$x \geq 4\text{일 때} \qquad f'(x) = \frac{10(16-x^2)}{(x^2+16)^2} \leq 0$$

따라서 $n \geq 4$에 대해 $u_n \geq u_{n+1}$이다. 즉 $\{u_n\}$은 $n \geq 4$에서 증가하지 않는 수열이다. ■

부분합을 그래프로 해석한 그림 8.15는 $N=1$이고, 정리 15의 세 조건을 만족할 때 어떻게 교대급수가 극한값 L로 수렴하는지를 보인다. x축의 원점에서 출발하여 양의 거리 $s_1 = u_1$을 표시한다. $s_2 = u_1 - u_2$에 대응하는 점을 표시하기 위해 u_2만큼의 거리를 되돌아온다. 이때 $u_2 \leq u_1$이므로 원점보다 더 왼쪽으로 가지는 않는다. 이런 식으로 방법을 계속하면서 급수의 부호에 따라 뒤로갔다가 앞으로갔다를 반복한다. $u_{n+1} \leq u_n$이므로 후진과 전진의 폭은 전단계보다 줄어든다(기껏해야 같아진다). n이 커질수록 일반항은 0에 가까워지기 때문에, 후진과 전진을 하면서 진폭은 점점 작아진다. 극한값 L을 가로지르며 진동하고, 진동의 폭은 0에 가까워진다. 극한값 L은 임의의 연속되는 두 합 s_n과 s_{n+1} 사이에 있으므로 u_{n+1}보다 작은 양만큼 s_n와 다르다. $N > 1$에 대해 처음 몇 단계에서의 전진과 후진 폭은 작아질 필요는 없으나 $n > N$에 대해는 진폭이 줄어든다. 즉 다음과 같다.

$$n \geq N\text{에 대해} \qquad |L - s_n| < u_{n+1}$$

이 사실을 이용하여 수렴하는 교대급수의 합을 유용하게 추정할 수 있다.

정리 16 | 교대급수 추정 정리

교대급수 $\sum_{n=1}^{\infty}(-1)^{n+1}u_n$이 정리 15의 세 조건을 만족하면, 모든 $n \geq N$에 대해 다음과 같은 급수의 합 L에 가까워진다.

$$s_n = u_1 - u_2 + \cdots + (-1)^{n+1}u_n$$

이때 오차의 절댓값은 사용되지 않는 첫 번째 항의 절댓값인 u_{n+1}보다 작다. 또한 합 L은 연속한 두 부분합 s_n과 s_{n+1} 사이의 값이고, 나머지인 $L - s_n$의 부호는 사용되지 않는 첫 번째 항과 같은 부호를 갖는다.

나머지 $L - s_n$의 부호를 확인하는 증명은 연습문제 87에 남겨두겠다.

예제 3 합을 알고 있는 급수에 정리 16을 적용하자.

$$\sum_{n=0}^{\infty}(-1)^n\frac{1}{2^n} = 1 - \frac{1}{2} + \frac{1}{4} - \frac{1}{8} + \frac{1}{16} - \frac{1}{32} + \frac{1}{64} - \frac{1}{128} + \frac{1}{256} - \cdots$$

주어진 급수의 8번째 이후의 항을 잘라내면, 1/256보다 작은 양수만큼의 값이 소거된다. 처음 8개의 항의 합은 $s_8 = 0.6640625$이고, 처음 9개의 항의 합은 $s_9 = 0.66796875$이다. 기하급수의 합은 다음과 같다.

$$\frac{1}{1-(-1/2)} = \frac{1}{3/2} = \frac{2}{3}$$

그리고 $0.6640625 < (2/3) < 0.66796875$임을 알 수 있다. 오차는 다음과 같은 양수이다.

$$(2/3) - 0.6640625 = 0.0026041666\cdots$$

따라서 $(1/256) = 0.00390625$보다 작다. ■

조건수렴

예제 3의 교대급수에서 모든 음수항을 양수항으로 바꾸면 기하급수 $\sum 1/2^n$가 된다. 원래의 급수와 절댓값이 취해진 새로운 급수는 둘 다 수렴한다(비록 서로 다른 합을 갖지만). 절대수렴하는 급수의 경우는 급수의 무한히 많은 음수항을 양수로 바꾸어도 급수의 수렴성은 변하지 않는다. 수렴하는 급수 중에는 그렇지 않은 급수도 있다. 수렴하는 교대조화급수는 무한히 많은 음수항을 가지고 있으나, 이 음수항을 모두 양수로 바꾸면 급수는 조화급수가 되어 발산한다. 따라서 교대조화급수가 수렴하기 위해서는 무한히 많은 음수항이 필수적이다. 이런 두 가지 형태의 수렴하는 급수를 구별하기 위해 다음의 용어를 정의한다.

정의 수렴하지만 절대수렴하지 않는 급수를 **조건수렴**(conditionally convergent)한다고 한다.

교대조화급수는 **조건수렴**한다. 다음 예제는 해당 결과를 교대 p-급수로 확장한다.

예제 4 p가 양의 상수이면 수열 $\{1/n^p\}$은 감소하는 수열이고, 극한값이 0이다. 그러므로 다음과 같은 교대 p-급수는 수렴한다.

$$\sum_{n=1}^{\infty} \frac{(-1)^{n-1}}{n^p} = 1 - \frac{1}{2^p} + \frac{1}{3^p} - \frac{1}{4^p} + \cdots, \qquad p > 0$$

$p > 1$이면 급수는 일반적인 p-급수로서 절대수렴한다. $0 < p \leq 1$이면 급수는 조건수렴한다. 교대급수판정법에 의해 수렴하지만, 해당 급수에 절댓값을 취한 급수는 발산한다. 예를 들어 다음과 같다.

$$\text{절대수렴}(p = 3/2): \ 1 - \frac{1}{2^{3/2}} + \frac{1}{3^{3/2}} - \frac{1}{4^{3/2}} + \cdots$$

$$\text{조건수렴}(p = 1/2): \ 1 - \frac{1}{\sqrt{2}} + \frac{1}{\sqrt{3}} - \frac{1}{\sqrt{4}} + \cdots$$ ■

조건수렴하는 급수를 사용할 때 주의해야 할 점이 있다. 교대조화급수에서 볼 수 있는 것처럼 조건수렴하는 급수는 무한히 많은 항의 부호를 바꾸어주면 수렴하지 않게 될 수 있다. 더 나아가 간단히 무한히 많은 항의 순서만 바꾸는 것도 수렴성의 변화에 중요한 영향을 미칠 수 있다. 이 부분에 대해 이제 논의해보자.

재배열급수

합을 변경하지 않고도 유한한 수 모음의 항을 언제든지 재배열할 수 있다. 절대수렴하는 무한급수에 대해서도 동일한 결과가 적용된다(증명은 연습문제 96 참조).

정리 17 | 절대수렴급수의 재배열 정리

$\sum_{n=1}^{\infty} a_n$이 절대수렴하고 $b_1, b_2, \cdots, b_n, \cdots$은 수열 $\{a_n\}$을 임의로 배열한 수열이라 하면, $\sum_{n=1}^{\infty} b_n$도 절대수렴하며 다음과 같다.

$$\sum_{n=1}^{\infty} b_n = \sum_{n=1}^{\infty} a_n$$

한편 조건수렴하는 급수의 항을 재배열하면 다른 합을 얻을 수 있다. 실제로 어떤 실수 r에 대해 주어진 조건수렴하는 급수의 합을 r이 되도록 재배열할 수 있다(이 증명은 생략한다). 다음은 조건수렴하는 급수의 순서를 달리하면 항의 합이 원래의 합과 다르게 얻어지는 예를 보인다.

예제 5 교대조화급수 $\sum_{n=1}^{\infty} (-1)^{n+1}/n$은 어떤 수 L로 수렴함을 알고 있다. 또한 정리 16에 의해 L은 연속하는 두 부분합 $s_2 = 1/2$과 $s_3 = 5/6$ 사이의 값이므로, 즉 $L \neq 0$이다. 급수에 2를 곱하면 다음을 얻는다.

$$\begin{aligned} 2L &= 2\sum_{n=1}^{\infty} \frac{(-1)^{n+1}}{n} = 2\left(1 - \frac{1}{2} + \frac{1}{3} - \frac{1}{4} + \frac{1}{5} - \frac{1}{6} + \frac{1}{7} - \frac{1}{8} + \frac{1}{9} - \frac{1}{10} + \frac{1}{11} - \cdots\right) \\ &= 2 - 1 + \frac{2}{3} - \frac{1}{2} + \frac{2}{5} - \frac{1}{3} + \frac{2}{7} - \frac{1}{4} + \frac{2}{9} - \frac{1}{5} + \frac{2}{11} - \cdots \end{aligned}$$

이제 동일한 홀수 분모를 가진 각 항의 쌍을 그룹화하여 마지막으로 합의 순서를 변경하지만, 분모가 짝수인 음수항은 그 위치에서 그대로 계산하도록 하자(분모가 자연스러운 순서의 양의 정수가 되도록 한다). 이 재배열은 다음을 얻는다.

$$\begin{aligned} &(2 - 1) - \frac{1}{2} + \left(\frac{2}{3} - \frac{1}{3}\right) - \frac{1}{4} + \left(\frac{2}{5} - \frac{1}{5}\right) - \frac{1}{6} + \left(\frac{2}{7} - \frac{1}{7}\right) - \frac{1}{8} + \cdots \\ &\quad = \left(1 - \frac{1}{2} + \frac{1}{3} - \frac{1}{4} + \frac{1}{5} - \frac{1}{6} + \frac{1}{7} - \frac{1}{8} + \frac{1}{9} - \frac{1}{10} + \frac{1}{11} - \cdots\right) \\ &\quad = \sum_{n=1}^{\infty} \frac{(-1)^{n+1}}{n} = L \end{aligned}$$

따라서 조건수렴하는 급수 $\sum_{n=1}^{\infty} 2(-1)^{n+1}/n$를 재배열하면, 이 급수는 교대조화급수 $\sum_{n=1}^{\infty} (-1)^{n+1}/n$이 된다. 두 급수의 합은 같아야 하므로 $2L = L$이어야 하고, $L \neq 0$이므로 이것은 명백히 거짓이다. ■

예제 5는 조건수렴하는 급수의 항을 재배열하여 얻은 급수의 합이 원래 급수의 합과 같기를 기대할 수 없다는 것을 보인다. 조건수렴하는 급수를 사용할 때 올바른 결과를 얻을 수 있도록 주어진 순서대로 항을 더해야 한다. 한편 정리 17은 절대수렴하는 급수가 순서를 아무리 바꾸어 더하더라도 결과에 영향을 미치지 않는다는 것을 보장해준다.

수렴 또는 발산 판정 요약

무한급수가 수렴하는지, 발산하는지를 판정하는 다양한 판정법을 공부했다. 여기서 다루지 않은 다른 판정법은 고급 과정에서 다루기도 한다. 우리가 배운 판정법을 요약해보자.

1. **일반항 판정법**: $a_n \to 0$이 아니면, 급수는 발산한다.
2. **기하급수**: $|r| < 1$이면 $\sum ar^n$은 수렴한다. 그렇지 않으면 급수는 발산한다.
3. ***p*-급수**: $p > 1$이면 $\sum 1/n^p$은 수렴한다. 그렇지 않으면 급수는 발산한다.
4. **음수항을 갖지 않는 급수**: 적분판정법을 시도해보자. 수렴여부를 알고 있는 급수와 비교하는 직접 비교판정법 또는 극한 비교판정법을 사용하자. 비판정법 또는 근판정법을 사용하자.
5. **음수항을 갖는 급수**: 비판정법, 근판정법 또는 다른 판정법에 의해 $\sum |a_n|$이 수렴하는가? 절대수렴하는 급수는 수렴한다는 사실을 기억하자.
6. **교대급수**: $\sum a_n$이 교대급수판정법의 조건을 충족하면 $\sum a_n$은 수렴한다.

연습문제 8.6 EXERCISE QUESTION

교대급수의 수렴

연습문제 1~14에서 교대급수가 수렴하는지, 발산하는지 판정하라. 몇몇의 급수는 교대급수판정법의 조건을 충족하지 않는다.

1. $\sum_{n=1}^{\infty}(-1)^{n+1}\frac{1}{\sqrt{n}}$

2. $\sum_{n=1}^{\infty}(-1)^{n+1}\frac{1}{n^{3/2}}$

3. $\sum_{n=1}^{\infty}(-1)^{n+1}\frac{1}{n3^n}$

4. $\sum_{n=2}^{\infty}(-1)^{n}\frac{4}{(\ln n)^2}$

5. $\sum_{n=1}^{\infty}(-1)^{n}\frac{n}{n^2+1}$

6. $\sum_{n=1}^{\infty}(-1)^{n+1}\frac{n^2+5}{n^2+4}$

7. $\sum_{n=1}^{\infty}(-1)^{n+1}\frac{2^n}{n^2}$

8. $\sum_{n=1}^{\infty}(-1)^{n}\frac{10^n}{(n+1)!}$

9. $\sum_{n=1}^{\infty}(-1)^{n+1}\left(\frac{n}{10}\right)^n$

10. $\sum_{n=2}^{\infty}(-1)^{n+1}\frac{1}{\ln n}$

11. $\sum_{n=1}^{\infty}(-1)^{n+1}\frac{\ln n}{n}$

12. $\sum_{n=1}^{\infty}(-1)^{n}\ln\left(1+\frac{1}{n}\right)$

13. $\sum_{n=1}^{\infty}(-1)^{n+1}\frac{\sqrt{n}+1}{n+1}$

14. $\sum_{n=1}^{\infty}(-1)^{n+1}\frac{3\sqrt{n+1}}{\sqrt{n}+1}$

절대수렴과 조건수렴

연습문제 15~48에서 급수의 절대수렴, 조건수렴, 발산을 판정하고, 그 이유를 설명하라.

15. $\sum_{n=1}^{\infty}(-1)^{n+1}(0.1)^n$

16. $\sum_{n=1}^{\infty}(-1)^{n+1}\frac{(0.1)^n}{n}$

17. $\sum_{n=1}^{\infty}(-1)^{n}\frac{1}{\sqrt{n}}$

18. $\sum_{n=1}^{\infty}\frac{(-1)^n}{1+\sqrt{n}}$

19. $\sum_{n=1}^{\infty}(-1)^{n+1}\frac{n}{n^3+1}$

20. $\sum_{n=1}^{\infty}(-1)^{n+1}\frac{n!}{2^n}$

21. $\sum_{n=1}^{\infty}(-1)^{n}\frac{1}{n+3}$

22. $\sum_{n=1}^{\infty}(-1)^{n}\frac{\sin n}{n^2}$

23. $\sum_{n=1}^{\infty}(-1)^{n+1}\frac{3+n}{5+n}$

24. $\sum_{n=1}^{\infty}\frac{(-2)^{n+1}}{n+5^n}$

25. $\sum_{n=1}^{\infty}(-1)^{n+1}\frac{1+n}{n^2}$

26. $\sum_{n=1}^{\infty}(-1)^{n+1}(\sqrt[n]{10})$

27. $\sum_{n=1}^{\infty}(-1)^{n}n^2(2/3)^n$

28. $\sum_{n=2}^{\infty}(-1)^{n+1}\frac{1}{n\ln n}$

29. $\sum_{n=1}^{\infty}(-1)^{n}\frac{\arctan n}{n^2+1}$

30. $\sum_{n=1}^{\infty}(-1)^{n}\frac{\ln n}{n-\ln n}$

31. $\sum_{n=1}^{\infty}(-1)^{n}\frac{n}{n+1}$

32. $\sum_{n=1}^{\infty}(-5)^{-n}$

33. $\sum_{n=1}^{\infty}\frac{(-100)^n}{n!}$

34. $\sum_{n=1}^{\infty}\frac{(-1)^{n-1}}{n^2+2n+1}$

35. $\sum_{n=1}^{\infty}\frac{\cos n\pi}{n\sqrt{n}}$

36. $\sum_{n=1}^{\infty}\frac{\cos n\pi}{n}$

37. $\sum_{n=1}^{\infty}\frac{(-1)^n(n+1)^n}{(2n)^n}$

38. $\sum_{n=1}^{\infty}\frac{(-1)^{n+1}(n!)^2}{(2n)!}$

39. $\sum_{n=1}^{\infty}(-1)^{n}\frac{(2n)!}{2^n n! n}$

40. $\sum_{n=1}^{\infty}(-1)^{n}\frac{(n!)^2 3^n}{(2n+1)!}$

41. $\sum_{n=1}^{\infty}(-1)^{n}\left(\sqrt{n+1}-\sqrt{n}\right)$

42. $\sum_{n=1}^{\infty}(-1)^{n}\left(\sqrt{n^2+n}-n\right)$

43. $\sum_{n=1}^{\infty}(-1)^{n}\left(\sqrt{n+\sqrt{n}}-\sqrt{n}\right)$

44. $\sum_{n=1}^{\infty}\frac{(-1)^n}{\sqrt{n}+\sqrt{n+1}}$

45. $\sum_{n=1}^{\infty}(-1)^{n}\operatorname{sech} n$

46. $\sum_{n=1}^{\infty}(-1)^{n}\operatorname{csch} n$

47. $\frac{1}{4}-\frac{1}{6}+\frac{1}{8}-\frac{1}{10}+\frac{1}{12}-\frac{1}{14}+\cdots$

48. $1+\frac{1}{4}-\frac{1}{9}-\frac{1}{16}+\frac{1}{25}+\frac{1}{36}-\frac{1}{49}-\frac{1}{64}+\cdots$

오차 추정

연습문제 49~52에서 주어진 급수의 합을 근사하기 위해 사용한 처음 4개의 항의 합에 대한 오차의 크기를 추정하라.

49. $\sum_{n=1}^{\infty}(-1)^{n+1}\frac{1}{n}$

50. $\sum_{n=1}^{\infty}(-1)^{n+1}\frac{1}{10^n}$

51. $\sum_{n=1}^{\infty}(-1)^{n+1}\frac{(0.01)^n}{n}$ 8.7절에서 다루겠지만, 이 급수의 합은 ln (0.01)이다.

52. $\frac{1}{1+t}=\sum_{n=0}^{\infty}(-1)^n t^n,\quad 0<t<1$

연습문제 53~56에서 주어진 급수의 합을 추정할 때, 몇 개의 항을 사용해야 오차가 0.001보다 작아지는가?

53. $\sum_{n=1}^{\infty}(-1)^{n}\frac{1}{n^2+3}$

54. $\sum_{n=1}^{\infty}(-1)^{n+1}\frac{n}{n^2+1}$

55. $\sum_{n=1}^{\infty}(-1)^{n+1}\frac{1}{\left(n+3\sqrt{n}\right)^3}$

56. $\sum_{n=1}^{\infty}(-1)^{n}\frac{1}{\ln(\ln(n+2))}$

연습문제 57~82에서 적절한 판정법을 사용하여 급수가 수렴하는지, 발산하는지를 판정하고, 그 이유를 설명하라.

57. $\sum_{n=1}^{\infty}\frac{3^n}{n^n}$

58. $\sum_{n=1}^{\infty}\frac{3^n}{n^3}$

59. $\sum_{n=1}^{\infty}\left(\frac{1}{n+2}-\frac{1}{n+3}\right)$

60. $\sum_{n=1}^{\infty}\left(\frac{1}{2n+1}-\frac{1}{2n+2}\right)$

61. $\sum_{n=0}^{\infty}(-1)^{n}\frac{(n+2)!}{(2n)!}$

62. $\sum_{n=2}^{\infty}\frac{(3n)!}{(n!)^3}$

63. $\sum_{n=1}^{\infty}n^{-2/\sqrt{5}}$

64. $\sum_{n=2}^{\infty}\frac{3}{10+n^{4/3}}$

65. $\sum_{n=1}^{\infty}\left(1-\frac{2}{n}\right)^{n^2}$

66. $\sum_{n=0}^{\infty}\left(\frac{n+1}{n+2}\right)^{n}$

67. $\sum_{n=1}^{\infty}\frac{n-2}{n^2+3n}\left(-\frac{2}{3}\right)^{n}$

68. $\sum_{n=0}^{\infty}\frac{n+1}{(n+2)!}\left(\frac{3}{2}\right)^{n}$

69. $\frac{1}{2}-\frac{1}{2}+\frac{1}{2}-\frac{1}{2}+\frac{1}{2}-\frac{1}{2}+\cdots$

70. $1-\frac{1}{8}+\frac{1}{64}-\frac{1}{512}+\frac{1}{4096}-\cdots$

71. $\sum_{n=3}^{\infty}\sin\left(\frac{1}{\sqrt{n}}\right)$

72. $\sum_{n=1}^{\infty}\tan(n^{1/n})$

73. $\sum_{n=2}^{\infty}\frac{n}{\ln n}$

74. $\sum_{n=2}^{\infty}\frac{1}{n\sqrt{\ln n}}$

75. $\sum_{n=2}^{\infty}\ln\left(\frac{n+2}{n+1}\right)$

76. $\sum_{n=2}^{\infty}\left(\frac{\ln n}{n}\right)^{3}$

77. $\sum_{n=2}^{\infty}\frac{1}{1+2+2^2+\cdots+2^n}$

78. $\sum_{n=2}^{\infty}\frac{1+3+3^2+\cdots+3^{n-1}}{1+2+3+\cdots+n}$

79. $\sum_{n=0}^{\infty}(-1)^n\frac{e^n}{e^n+e^{n^2}}$

80. $\sum_{n=0}^{\infty}\frac{(2n+3)(2^n+3)}{3^n+2}$

81. $\sum_{n=1}^{\infty}\frac{n^2 3^n}{3\cdot 5\cdot 7\cdots(2n+1)}$

82. $\sum_{n=1}^{\infty}\frac{4\cdot 6\cdot 8\cdots(2n)}{5^{n+1}(n+2)!}$

T 연습문제 83과 84에서 오차의 크기가 5×10^{-6} 이내로 되도록 급수의 합의 근삿값을 계산하라.

83. $\sum_{n=0}^{\infty}(-1)^n\frac{1}{(2n)!}$ 8.9절에서 확인하겠지만, 이 급수의 합은 cos 1이 된다.

84. $\sum_{n=0}^{\infty}(-1)^n\frac{1}{n!}$ 8.9절에서 확인하겠지만, 이 급수의 합은 e^{-1}이 된다.

이론과 예제

85. a. 다음 급수는 교대급수판정법(정리 15)의 조건 중 하나를 만족하지 않는다.

$$\frac{1}{3}-\frac{1}{2}+\frac{1}{9}-\frac{1}{4}+\frac{1}{27}-\frac{1}{8}+\cdots+\frac{1}{3^n}-\frac{1}{2^n}+\cdots$$

어떤 것인가?

b. 8.2절의 합의 규칙을 사용하여 문제 (a)에서 주어진 급수의 합을 구하라.

T **86.** 정리 15의 조건을 만족하는 교대급수의 극한 L은 급수의 연속하는 2개의 부분합 사이에 놓여 있다. 이는 다음의 평균을 사용하여 L의 근삿값을 계산할 수 있음을 뜻한다.

$$\frac{s_n+s_{n+1}}{2}=s_n+\frac{1}{2}(-1)^{n+2}a_{n+1}$$

교대조화급수의 합의 근삿값은 다음과 같음을 보여라.

$$s_{20}+\frac{1}{2}\cdot\frac{1}{21}$$

정확한 합은 ln 2=0.69314718⋯이다.

87. 정리 15의 조건을 만족하는 교대급수의 나머지 항의 부호 정리 15의 조건을 만족하는 교대급수에 대해 그 급수의 부분합 중 하나가 무한급수의 합으로 근사할 때, 나머지(사용되지 않은 항의 합)의 부호는 사용되지 않았던 최초의 항과 같은 부호를 갖는다는 정리 16의 주장을 증명하라. [힌트: 나머지 항을 연속하는 두 항씩 그룹화하라.]

88. 다음과 같은 급수라고 하자.

$$1-\frac{1}{2}+\frac{1}{2}-\frac{1}{3}+\frac{1}{3}-\frac{1}{4}+\frac{1}{4}-\frac{1}{5}+\frac{1}{5}-\frac{1}{6}+\cdots$$

첫 $2n$번째까지 항의 합이 다음 급수의 첫 n번째 항까지의 합과 같음을 보여라.

$$\frac{1}{1\cdot 2}+\frac{1}{2\cdot 3}+\frac{1}{3\cdot 4}+\frac{1}{4\cdot 5}+\frac{1}{5\cdot 6}+\cdots$$

이 급수는 수렴하는가? 처음 급수의 $2n+1$까지 항의 합은 얼마인가? 또 급수가 수렴한다면 그 값은 얼마인가?

89. $\sum_{n=1}^{\infty}a_n$이 발산하면, $\sum_{n=1}^{\infty}|a_n|$이 발산함을 보여라.

90. $\sum_{n=1}^{\infty}a_n$이 절대수렴하면, 다음을 보여라.

$$\left|\sum_{n=1}^{\infty}a_n\right|\le\sum_{n=1}^{\infty}|a_n|$$

91. $\sum_{n=1}^{\infty}a_n$과 $\sum_{n=1}^{\infty}b_n$이 둘 다 절대수렴하면, 다음 급수도 절대수렴함을 보여라.

a. $\sum_{n=1}^{\infty}(a_n+b_n)$

b. $\sum_{n=1}^{\infty}(a_n-b_n)$

c. $\sum_{n=1}^{\infty}ka_n$ (k는 임의의 수)

92. $\sum_{n=1}^{\infty}a_n$과 $\sum_{n=1}^{\infty}b_n$이 둘 다 절대수렴해도 $\sum_{n=1}^{\infty}a_nb_n$이 발산할 수 있는 예를 들어라.

93. $\sum a_n$이 절대수렴하면, $\sum a_n^2$이 수렴함을 보여라.

94. 다음과 같은 급수라고 하자.

$$\sum_{n=1}^{\infty}\left(\frac{1}{n}-\frac{1}{n^2}\right)$$

수렴하는가, 발산하는가? 이유를 설명하라.

T **95.** 교대조화급수에서 목표가 항을 재배열하여 만든 새로운 급수가 −1/2에 수렴하는 것이라 하자. 새롭게 배열을 할 때 첫 음수의 항이 −1/2으로 시작하자. 합이 −1/2보다 작거나 같을 때 새로운 합이 −1/2보다 클 때까지 양수항을 순서대로 도입하자. 그리고 나서 다시 합이 −1/2보다 작거나 같도록 음수의 항을 더해보자. 부분합이 최소한 세 번은 원하는 값에 도달할 때까지 이러한 과정을 반복하라. 그렇게 해서 만든 새로운 급수의 n번째 항까지의 합을 s_n이라고 하면, 그 합이 어떻게 그려지는지 점 (n, s_n)을 찍어보며 확인하라.

96. 재배열 정리(정리 17)의 증명의 개요

a. ε을 양의 실수라 하고 $L=\sum_{n=1}^{\infty}a_n$이라 하며, $S_k=\sum_{n=1}^{k}a_n$이라 하자. 다음을 어떤 지수 N_1과 $N_2\ge N_1$에 대해 다음을 만족함을 보여라.

$$\sum_{n=N_1}^{\infty}|a_n|<\frac{\varepsilon}{2} \text{ 이고 } \left|s_{N_2}-L\right|<\frac{\varepsilon}{2}$$

모든 항 $a_1, a_2, \cdots, a_{N_2}$이 수열 $\{b_n\}$의 어딘가에서 나타나기 때

문에 다음을 만족하는 지수 $N_3 \ge N_2$가 존재한다. 즉 $n \ge N_3$이라면 $\left(\sum_{k=1}^{n} b_k\right) - s_{N_2}$는 기껏해야 $m \ge N_1$인 a_m의 합이다. 그러므로 $n \ge N_3$이라면 다음이 성립한다.

$$\left|\sum_{k=1}^{n} b_k - L\right| \le \left|\sum_{k=1}^{n} b_k - s_{N_2}\right| + |s_{N_2} - L|$$

$$\le \sum_{k=N_1}^{\infty} |a_k| + |s_{N_2} - L| < \varepsilon$$

b. 문제 (a)에서 증명한 것은 $\sum_{n=1}^{\infty} a_n$이 절대수렴하면 $\sum_{n=1}^{\infty} b_n$은 수렴하고 $\sum_{n=1}^{\infty} b_n = \sum_{n=1}^{\infty} a_n$라는 것이다. 이제 $\sum_{n=1}^{\infty} a_n$이 수렴하기 때문에, $\sum_{n=1}^{\infty} b_n$이 $\sum_{n=1}^{\infty} a_n$으로 수렴함을 보여라.

8.7 거듭제곱급수

수로 이루어진 많은 무한급수의 수렴성을 판정할 수 있다. 이제는 '무한히 더해지는 다항식'과 같은 급수의 합에 대해 공부한다. 이러한 합을 거듭제곱급수라 하는데, 이는 변수 x에 대한 거듭제곱의 무한급수로 나타나기 때문이다. 다항식과 마찬가지로 거듭제곱급수를 더하고, 빼고, 곱할 뿐 아니라 미분하고 적분하여 새로운 거듭제곱급수로 나타난다. 거듭제곱급수를 사용하여 미분적분학의 방법을 광범위한 함수 배열로 확장할 수 있으며, 미적분 기술을 훨씬 더 넓은 환경에 응용할 수 있다.

거듭제곱급수와 수렴

먼저 거듭제곱급수에서 사용될 기호와 용어의 정의를 살펴보자.

정의 **$x=0$을 중심으로 하는 거듭제곱급수**(power series about $x=0$)는 다음과 같은 형태의 급수이다.

$$\sum_{n=0}^{\infty} c_n x^n = c_0 + c_1 x + c_2 x^2 + \cdots + c_n x^n + \cdots \tag{1}$$

$x=a$을 중심으로 하는 거듭제곱급수(power series about $x=a$)는 다음과 같은 형태의 급수이다.

$$\sum_{n=0}^{\infty} c_n (x-a)^n = c_0 + c_1(x-a) + c_2(x-a)^2 + \cdots + c_n(x-a)^n + \cdots \tag{2}$$

여기서 a는 **중심**(center)이고, 상수 $c_1, c_2, \cdots, c_n, \cdots$은 **계수**(coefficients)라 한다.

위의 식 (1)은 식 (2)에서 $a=0$을 대입하여 얻은 특별한 경우이다. 거듭제곱급수가 수렴하는 특정 구간에서 함수 $f(x)$를 정의한다. 또한 그 구간 내에서 함수는 연속이고 미분가능하다고 알려져 있다.

$\dfrac{1}{1-x}$에 대한 거듭제곱급수

$$\frac{1}{1-x} = \sum_{n=0}^{\infty} x^n, \quad |x| < 1$$

예제 1 식 (1)에서 모든 계수에 1을 대입하면 다음과 같이 기하거듭제곱급수가 된다.

$$\sum_{n=0}^{\infty} x^n = 1 + x + x^2 + \cdots + x^n + \cdots$$

이것은 초항이 1이고 공비가 x인 기하급수이므로, $|x| < 1$일 때 $1/(1-x)$로 수렴한다. 이것을 다음과 같은 식으로 나타낼 수 있다.

$$\frac{1}{1-x} = 1 + x + x^2 + \cdots + x^n + \cdots, \qquad -1 < x < 1 \tag{3}$$ ■

지금까지 식 (3)을 우변의 급수의 합을 나타내는 공식으로 사용했다. 이제는 관점을 바꾸어서 우변의 급수의 부분합을 좌변의 함수로 근사하는 다항식 $P_n(x)$로 생각해보자. 0에 가까운 x

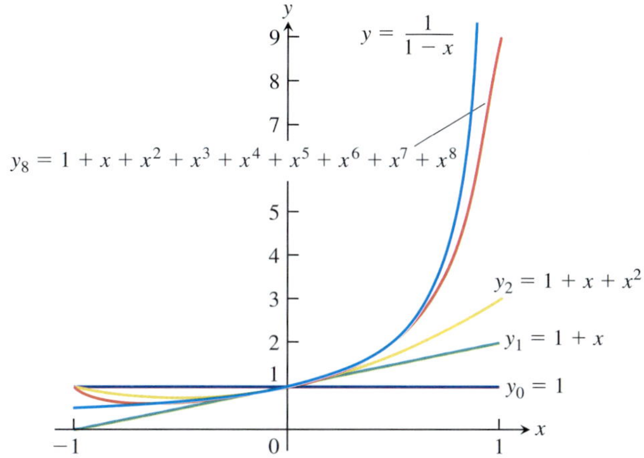

그림 8.17 $f(x)=1/(1-x)$와 4개의 근사다항식 그래프(예제 1).

값의 경우에 좋은 근사값을 얻기 위해 급수의 몇 항만 사용하면 되지만, x가 1 또는 -1에 가까워지면 사용되는 항의 개수는 더 많아진다. 그림 8.17은 함수 $f(x)=1/(1-x)$와 $n=0, 1, 2, 8$일 때의 근사다항식 $y_n=P_n(x)$의 그래프이다. 함수 $f(x)=1/(1-x)$는 수직 점근선인 $x=1$을 포함하는 구간에서는 연속이 아니다. 그러므로 $x \geq 1$에서는 다항식으로 근사할 수 없다.

예제 2 식 (2)에 $a=2$, $c_0=1$, $c_1=-1/2$, $c_2=1/4$, $\cdots$, $c_n=(-1/2)^n$을 대입하면 다음의 거듭제곱급수가 된다.

$$1 - \frac{1}{2}(x-2) + \frac{1}{4}(x-2)^2 + \cdots + \left(-\frac{1}{2}\right)^n (x-2)^n + \cdots \tag{4}$$

이것은 첫 항이 1, 공비가 $r=-\dfrac{x-2}{2}$인 기하급수이다. 이 급수는 $\left|\dfrac{x-2}{2}\right|<1$일 때, 즉 $0<x<4$일 때 수렴한다. 그 합은 다음과 같다.

$$\frac{1}{1-r} = \frac{1}{1+\dfrac{x-2}{2}} = \frac{2}{x}$$

따라서 다음과 같은 식을 얻는다.

$$\frac{2}{x} = 1 - \frac{(x-2)}{2} + \frac{(x-2)^2}{4} - \cdots + \left(-\frac{1}{2}\right)^n (x-2)^n + \cdots, \qquad 0 < x < 4$$

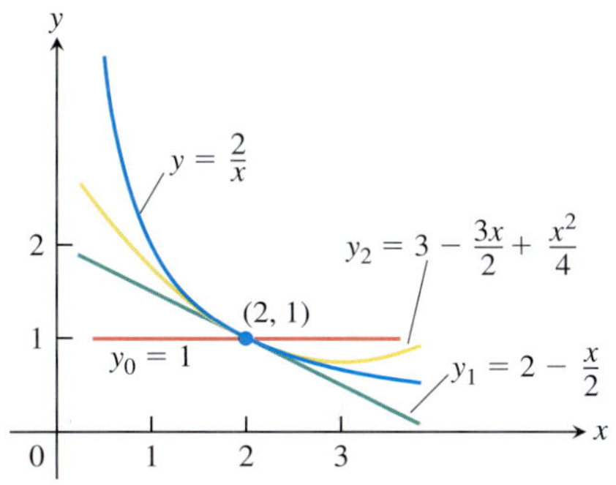

그림 8.18 $f(x)=2/x$와 처음 세 근사다항식의 그래프(예제 2).

급수 (4)로부터 2 근처에서의 x값에 대해 $f(x)=2/x$의 다음과 같은 유용한 근사다항식을 만들 수 있다(그림 8.18).

$$P_0(x) = 1$$

$$P_1(x) = 1 - \frac{1}{2}(x-2) = 2 - \frac{x}{2}$$

$$P_2(x) = 1 - \frac{1}{2}(x-2) + \frac{1}{4}(x-2)^2 = 3 - \frac{3x}{2} + \frac{x^2}{4}$$ ■

다음 예제는 비판정법을 이용하여 거듭제곱급수가 어디에서 수렴하고, 어디에서 발산하는지를 확인하는 거듭제곱급수의 수렴 판정법을 보인다.

예제 3 다음의 거듭제곱급수가 수렴하도록 하는 x의 범위는?

(a) $\displaystyle\sum_{n=1}^{\infty} (-1)^{n-1} \frac{x^n}{n} = x - \frac{x^2}{2} + \frac{x^3}{3} - \cdots$

(b) $\displaystyle\sum_{n=1}^{\infty}(-1)^{n-1}\frac{x^{2n-1}}{2n-1} = x - \frac{x^3}{3} + \frac{x^5}{5} - \cdots$

(c) $\displaystyle\sum_{n=0}^{\infty}\frac{x^n}{n!} = 1 + x + \frac{x^2}{2!} + \frac{x^3}{3!} + \cdots$

(d) $\displaystyle\sum_{n=0}^{\infty} n!\,x^n = 1 + x + 2!\,x^2 + 3!\,x^3 + \cdots$

풀이 급수에서 n번째 항을 u_n이라 하고, $\sum u_n$에 비판정법을 적용하자.

(a) $\displaystyle\left|\frac{u_{n+1}}{u_n}\right| = \left|\frac{x^{n+1}}{n+1}\cdot\frac{n}{x}\right| = \frac{n}{n+1}|x| \to |x|$

비판정법에 의해 이 급수는 $|x| < 1$에서 절대수렴하고, $|x| > 1$에서 발산한다. $x=1$이면 교대조화급수 $1 - 1/2 + 1/3 - 1/4 + \cdots$이 되는데, 이것은 수렴한다(그러나 절대수렴하지는 않는다). $x=-1$이면 -1이 곱해진 조화급수가 되고, 이것은 발산한다. 급수 (a)는 $-1 < x \le 1$에서 수렴하고 그 외에는 발산한다.

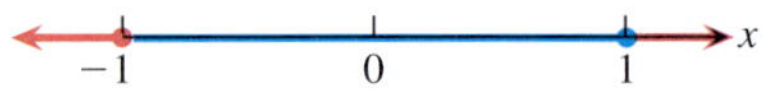

예제 6에서 이 급수가 구간 $(-1, 1]$에서 함수 $\ln(x+1)$로 수렴함을 보일 것이다(그림 8.19).

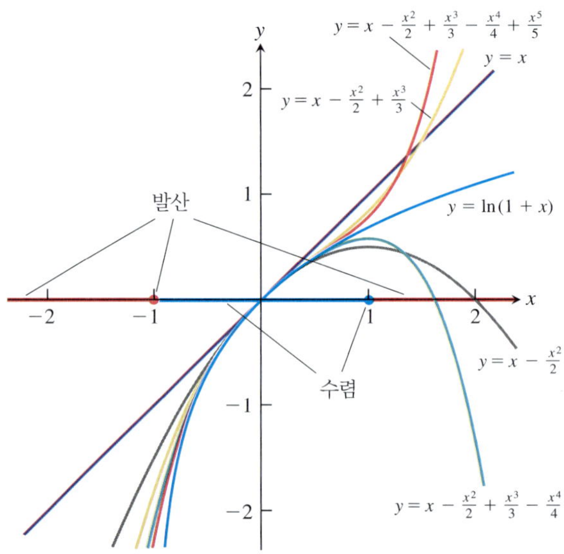

그림 8.19 거듭제곱급수 $x - \dfrac{x^2}{2} + \dfrac{x^3}{3} - \dfrac{x^4}{4} + \cdots$는 구간 $(-1, 1]$에서 수렴한다.

(b) $\displaystyle\left|\frac{u_{n+1}}{u_n}\right| = \left|\frac{x^{2n+1}}{2n+1}\cdot\frac{2n-1}{x^{2n-1}}\right| = \frac{2n-1}{2n+1}x^2 \to x^2$ $\quad 2(n+1)-1 = 2n+1$

비판정법에 의해 급수는 $x^2 < 1$에서 절대수렴하고, $x^2 > 1$에서 발산한다. $x=1$이면 $1 - 1/3 + 1/5 - 1/7 + \cdots$이 되어 교대급수판정법에 의해 수렴한다(그러나 절대수렴하지는 않는다). $x=-1$일 때 역시 교대급수의 수렴 조건을 만족하므로 급수는 수렴한다. 급수 (b)는 $-1 \le x \le 1$에서 수렴하고 그 외에는 발산한다. $-1 < x < 1$에서 절대수렴하고, $x=1$과 $x=-1$에서는 조건수렴한다.

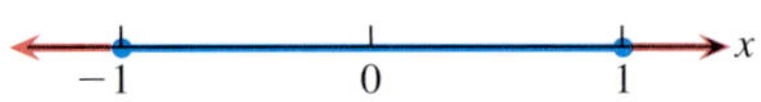

(c) 모든 x에 대해 $\left|\frac{u_{n+1}}{u_n}\right| = \left|\frac{x^{n+1}}{(n+1)!}\cdot\frac{n!}{x^n}\right| = \frac{|x|}{n+1} \to 0$ $\frac{n!}{(n+1)!} = \frac{1\cdot 2\cdot 3\cdots n}{1\cdot 2\cdot 3\cdots n\cdot(n+1)}$

이 급수는 모든 x에서 절대수렴한다.

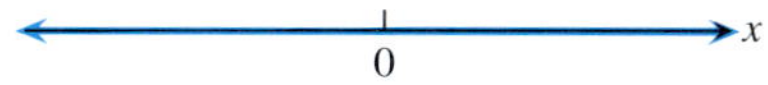

(d) $\left|\frac{u_{n+1}}{u_n}\right| = \left|\frac{(n+1)!\,x^{n+1}}{n!\,x^n}\right| = (n+1)|x| \to \begin{cases} 0, & x=0\text{일 때} \\ \infty, & x\neq 0\text{일 때}\end{cases}$

이 급수는 $x=0$을 제외한 모든 x에서 발산한다.

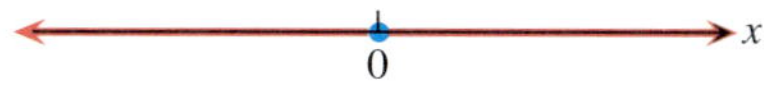

■

앞의 예제에서는 거듭제곱급수가 어떻게 수렴하는지를 보였다. 다음 정리는 거듭제곱급수가 0이 아닌 한 점에서 수렴한다면 이 점을 포함하는 구간 전체에서 수렴한다는 것을 보인다. 구간은 유한 또는 무한일 수 있으며, 구간의 끝점은 둘 다 포함될 수도 있고 한 쪽만 포함될 수도 있으며 둘 다 포함되지 않을 수도 있다. 유한 구간의 끝점에서 수렴하는지, 발산하는지는 따로 판정해야 한다.

정리 18 ▎ 거듭제곱의 수렴 정리

거듭제곱급수 $\sum_{n=0}^{\infty} a_n x^n = a_0 + a_1 x + a_2 x^2 + \cdots$이 $x=c\neq 0$에서 수렴하면 $|x|<|c|$에서 절대수렴한다. 급수가 $x=d$에서 발산하면 $|x|>|d|$에서 발산한다.

증명 직접 비교판정법을 사용하여 주어진 급수를 수렴하는 기하급수와 비교하여 증명하자.

급수 $\sum_{n=0}^{\infty} a_n c^n$이 수렴한다고 가정하자. 일반항 판정법에 의해 $\lim_{n\to\infty} a_n c^n = 0$이므로 어떤 자연수 N이 존재하여 모든 $n>N$에 대해 $|a_n c^n|<1$이다. 즉 다음과 같다.

$$\text{모든 } n>N\text{에 대해 } \quad |a_n| < \frac{1}{|c|^n} \tag{5}$$

이제 $|x|<|c|$, 즉 $|x|/|c|<1$인 모든 x에 대해 식 (5)의 양변에 $|x|^n$을 곱하면 다음과 같다.

$$\text{모든 } n>N\text{에 대해 } \quad |a_n||x|^n < \frac{|x|^n}{|c|^n}$$

$|x/c|<1$이므로 기하급수 $\sum_{n=0}^{\infty} |x/c|^n$은 수렴한다. 따라서 직접 비교판정법(정리 10)에 의해 급수 $\sum_{n=0}^{\infty} |a_n||x^n|$은 수렴하고, 원래 급수 $\sum_{n=0}^{\infty} a_n x^n$는 $-|c|<x<|c|$에서 절대수렴한다(그림 8.20).

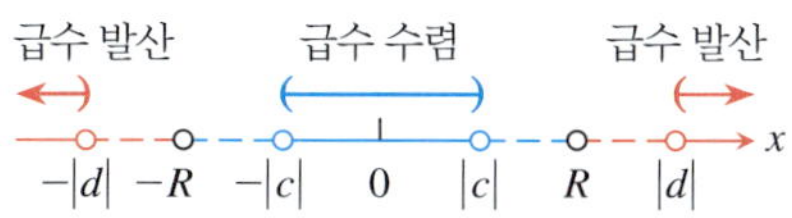

그림 8.20 급수 $\sum a_n x^n$이 $x=c$에서 수렴하면 급수는 $-|c|<x<|c|$에서 절대수렴하고, $x=d$에서 발산하면 급수는 $|x|>|d|$인 모든 x에서 발산한다. 정리 18의 따름정리에서 수렴 반지름 $R\geq 0$의 존재성에 대해 설명한다. $|x|<R$에서 급수는 절대수렴하고, $|x|>R$에서 급수는 발산한다.

이제 급수 $\sum_{n=0}^{\infty} a_n x^n$이 $x=d$에서 발산한다고 가정하자. 만약 $|x|>|d|$인 어떤 수 x에서 급수가 수렴한다고 가정하면 첫 번째 내용에 따라서 급수가 $x=d$에서도 수렴해야 하지만, 이는 가정에 모순이 된다. 따라서 $|x|>|d|$인 모든 x에서 급수는 발산한다. ■

간결한 표현을 위해 정리 18에서는 $\sum a_n x^n$의 형태인 급수의 수렴성만 다루지만, $\sum a_n(x-a)^n$ 꼴의 급수는 $x-a$를 t로 치환하여 급수 $\sum a_n t^n$에 정리의 결과를 적용하면 된다.

거듭제곱급수의 수렴 반지름

지금까지 공부한 예제와 정리에 의하면 거듭제곱급수 $\sum c_n(x-a)^n$은 수렴에 관해 세 가지 방법이 가능하다. $x=a$에서만 수렴하거나, 모든 점에서 수렴하거나, 중심이 $x=a$이고 반지름이 R인 구간에서 수렴한다. 정리 18의 따름정리로서 이 사실을 증명해보자. 구간의 양 끝점에서의 수렴을 판단할 때에는 그림 8.21처럼 여섯 가지 가능한 경우로 살펴볼 수 있다.

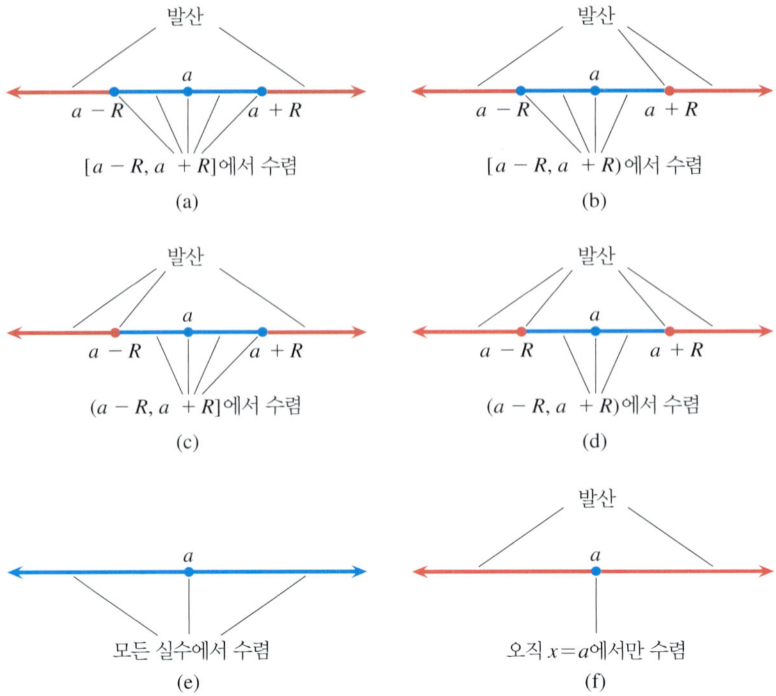

그림 8.21 수렴 구간의 여섯 가지 가능성.

정리 18의 따름정리

급수 $\sum c_n(x-a)^n$의 수렴성은 다음 세 가지 중 하나이다.

1. 양수 R이 존재하여 $|x-a|>R$인 모든 x에서 발산하고, $|x-a|<R$인 모든 x에서 절대수렴한다. 양 끝점 $x=a-R$, $x=a+R$에서는 급수에 따라 수렴할 수도 있고 발산할 수도 있다.

2. 급수는 모든 x에서 절대수렴한다($R=\infty$인 경우).

3. 급수는 $x=a$에서만 수렴하고 그 외 모든 점에서 발산한다($R=0$인 경우).

증명 먼저 $a=0$인 경우, 즉 중심이 0인 거듭제곱급수 $\sum_{n=0}^{\infty} c_n x^n$을 생각하자. 이 급수가 모든 점에서 수렴하면 경우 2에 해당하고, $x=0$에서만 수렴하면 경우 3에 해당한다. 이 두 경우에 해당되지 않는다면 0이 아닌 실수 d가 존재하여 급수 $\sum_{n=0}^{\infty} c_n d^n$이 발산한다. 집합 S를 급수 $\sum_{n=0}^{\infty} c_n x^n$이 수렴하기 위한 x값의 집합이라고 하자. 정리 18에 의하면 $|x|>|d|$인 모든 x에서 급수는 발산하게 되므로, 집합 S는 $|x|>|d|$인 어떤 x도 포함하지 않는다. 따라서 집합 S는 유계이다. 실수의 완비성(부록 A.9 참조)에 의해 집합 S는 최소 상계 R을 갖는다. (이는 집합 S의 모든 원소가 R보다 작거나 같은 성질을 만족하는 R 중 가장 작은 수를 의미한다.) 경우 3에 해당하지 않으므로 급수는 $b\neq 0$인 어떤 수에서 수렴하고, 정리 18에 의해 급수는 열린 구간 $(-|b|, |b|)$에서도 수렴한다. 그러므로 $R>0$이다.

만약 $|x|<R$이면 R이 집합 S의 최소 상계이므로 $|x|<c<R$을 만족하는 집합 S의 원소 c가 존재한다. $c\in S$이므로 급수는 $x=c$에서 수렴하고 정리 18에 의해 급수는 x에서 절대수렴한다.

이제 $|x|>R$이라고 하자. 만약 급수가 x에서 수렴한다면 정리 18에 의해 급수는 열린 구간 $(-|x|, |x|)$에서 절대수렴하고, 따라서 집합 S는 이 구간을 포함한다. 그런데 R은 집합 S의 최소 상계이므로 $|x|\le R$이 되고 모순이 된다. 따라서 $|x|>R$인 모든 x에서 급수는 발산한다. 중심이 $a=0$인 거듭제곱급수의 경우는 증명되었다.

급수의 중심이 임의의 $x=a$인 거듭제곱급수에 대해 $t=x-a$로 두고 앞에서 했던 증명을 x에서 t로 바꾸어 반복한다. $x=a$이면 $t=0$이므로 급수 $\sum_{n=0}^{\infty}|c_n t^n|$이 $t=0$을 중심으로 반지름이 R인 열린 구간에서 수렴한다는 것은 급수 $\sum_{n=0}^{\infty}|c_n(x-a)^n|$이 $x=a$를 중심으로 반지름이 R인 열린 구간에서 수렴한다는 것과 같다. ■

R을 거듭제곱급수의 **수렴 반지름**(radius of convergence)라 하고, $x=a$를 중심으로 하는 반지름이 R인 구간을 **수렴 구간**(interval of convergence)이라 한다. 수렴 구간은 어떤 급수냐에 따라 열린 구간, 닫힌 구간, 반구간 등이 될 수 있다. $|x-a|<R$인 점 x에서 급수는 절대수렴한다. 모든 x에 대해 급수가 수렴하면 수렴 반지름이 무한대라 하고, 한 점 $x=a$에서만 급수가 수렴하면 수렴 반지름은 0이라 한다.

거듭제곱급수의 수렴성을 판정하는 방법

1. 비판정법이나 근판정법을 사용하여 급수가 절대수렴하는 최대의 구간을 찾는다.

$$|x-a|<R \quad \text{또는} \quad a-R<x<a+R$$

2. R이 유한이면 예제 3a와 3b와 같이 양 끝점에서 급수의 수렴 또는 발산 여부를 판정한다.

3. R이 유한이면 급수는 $|x-a|>R$에서 발산한다.

거듭제곱급수의 연산

두 거듭제곱급수는 두 급수의 수렴 구간의 교집합 내에서 상수의 급수에서와 같이(정리 8 참조) 항별로 더할 수도 있고 뺄 수도 있다. 또한 다항식을 곱하는 것과 같이 곱할 수도 있지만, 곱의 계산을 가장 중요한 처음 몇 항으로 제한하는 경우가 많다. 곱의 계수에 대한 공식은 다음과 같다. 여기서 증명은 생략한다(거듭제곱급수는 다항식의 나눗셈과 유사한 방법으로 나눌 수도 있지만, 여기서는 계수에 대한 일반적인 형태를 다루지 않는다).

정리 19 | 거듭제곱급수에 대한 급수의 곱셈 공식

$A(x)=\sum_{n=0}^{\infty}a_n x^n$와 $B(x)=\sum_{n=0}^{\infty}b_n x^n$가 $|x|<R$에서 절대수렴한다고 하자.

$$c_n = a_0b_n + a_1b_{n-1} + a_2b_{n-2} + \cdots + a_{n-1}b_1 + a_nb_0 = \sum_{k=0}^{n} a_k b_{n-k}$$

그러면 $\sum_{n=0}^{\infty}c_n x^n$은 $|x|<R$에서 $A(x)B(x)$로 절대수렴한다. 즉 다음과 같다.

$$\left(\sum_{n=0}^{\infty}a_n x^n\right)\left(\sum_{n=0}^{\infty}b_n x^n\right) = \sum_{n=0}^{\infty}c_n x^n$$

두 거듭제곱급수의 곱셈에서의 일반적인 계수 c_n을 구하는 것은 지루하고 다루기 어려울 수 있다. 다음 계산은 두 번째 급수의 항을 첫 번째 급수의 각 항에 곱해 처음 몇 개의 항을 찾는 두 급수의 곱셈의 예를 보인다.

$$\left(\sum_{n=0}^{\infty}x^n\right)\cdot\left(\sum_{n=0}^{\infty}(-1)^n\frac{x^{n+1}}{n+1}\right)$$

$$= (1 + x + x^2 + \cdots)\left(x - \frac{x^2}{2} + \frac{x^3}{3} - \cdots\right) \qquad \text{두 번째 급수에 곱하기}$$

$$= \underbrace{\left(x - \frac{x^2}{2} + \frac{x^3}{3} - \cdots\right)}_{1\text{을 곱하고}} + \underbrace{\left(x^2 - \frac{x^3}{2} + \frac{x^4}{3} - \cdots\right)}_{x\text{를 곱하고}} + \underbrace{\left(x^3 - \frac{x^4}{2} + \frac{x^5}{3} - \cdots\right)}_{x^2\text{을 곱하고}} + \cdots$$

$$= x + \frac{x^2}{2} + \frac{5x^3}{6} + \cdots$$ 처음 3개의 거듭제곱을 정리한다.

또한 수렴하는 거듭제곱급수의 x에 $f(x)$를 대입할 수도 있다.

정리 20

$\sum_{n=0}^{\infty} a_n x^n$이 $|x| < R$에서 절대수렴하면, 모든 연속함수 $f(x)$에 대해 $\sum_{n=0}^{\infty} a_n(f(x))^n$이 $|f(x)| < R$인 x에서 절대수렴한다.

예를 들어 $1/(1-x) = \sum_{n=0}^{\infty} x^n$는 $|x| < 1$에서 절대수렴하므로 정리 20에 의해 $1/(1-4x^2) = \sum_{n=0}^{\infty} (4x^2)^n$은 $|4x^2| < 1$, 즉 $|x| < 1/2$에서 절대수렴한다.

정리 21에 따르면 거듭제곱급수는 수렴 구간 내의 점에서 각 항별로 미분할 수 있다. 증명은 연습문제 66을 참조한다.

정리 21 항별 미분 정리

$\sum c_n(x-a)^n$이 수렴 반지름 $R > 0$을 가지며, 급수의 합을 다음과 같은 함수로 정의하자.

$$f(x) = \sum_{n=0}^{\infty} c_n(x-a)^n, \quad \text{구간 } a - R < x < a + R$$

그러면 이 함수 f는 구간 $a-R < x < a+R$ 내에서 무한 번 미분가능하다. 이 도함수는 거듭제곱급수를 항별로 미분하여 얻는다. 즉 다음과 같이 계속 할 수 있다.

$$f'(x) = \sum_{n=1}^{\infty} nc_n(x-a)^{n-1},$$

$$f''(x) = \sum_{n=2}^{\infty} n(n-1)c_n(x-a)^{n-2}$$

이때 새롭게 얻어지는 거듭제곱급수는 각각 구간 $a-R < x < a+R$의 모든 점에서 수렴한다.

예제 4 다음 함수에 대해 $f'(x)$와 $f''(x)$를 나타내는 급수를 구하라.

$$f(x) = \frac{1}{1-x} = 1 + x + x^2 + x^3 + x^4 + \cdots + x^n + \cdots$$

$$= \sum_{n=0}^{\infty} x^n, \quad -1 < x < 1$$

풀이 주어진 거듭제곱급수의 우변을 항별로 미분하여 다음을 얻을 수 있다.

$$f'(x) = \frac{1}{(1-x)^2} = 1 + 2x + 3x^2 + 4x^3 + \cdots + nx^{n-1} + \cdots$$

$$= \sum_{n=1}^{\infty} nx^{n-1}, \quad -1 < x < 1$$

$$f''(x) = \frac{2}{(1-x)^3} = 2 + 6x + 12x^2 + \cdots + n(n-1)x^{n-2} + \cdots$$

$$= \sum_{n=2}^{\infty} n(n-1)x^{n-2}, \quad -1 < x < 1$$

■

주의 거듭제곱급수가 아닌 다른 종류의 급수에서 항별 미분이 성립하지 않을 수도 있다. 예를 들어 다음의 삼각급수는 모든 x에 대해 수렴한다.

$$\sum_{n=1}^{\infty} \frac{\sin(n!x)}{n^2}$$

그러나 항별 미분을 하여 얻은 다음 급수는 모든 x에 대해 발산한다.

$$\sum_{n=1}^{\infty} \frac{n!\cos(n!x)}{n^2}$$

위의 급수는 거듭제곱의 합이 아니기 때문에 거듭제곱급수는 아니다. 또한 거듭제곱급수는 수렴 구간 내의 점에서 각 항별로 적분가능하다. 증명의 개요는 연습문제 67을 참조한다.

정리 22 | 항별 적분 정리

$f(x) = \sum_{n=0}^{\infty} c_n(x-a)^n$이 $a-R<x<a+R$ $(R>0)$에서 수렴할 때, $\sum_{n=0}^{\infty} c_n \frac{(x-a)^{n+1}}{n+1}$은 $a-R<x<a+R$에서 수렴하며 다음과 같다.

$$\int f(x)\,dx = \sum_{n=0}^{\infty} c_n \frac{(x-a)^{n+1}}{n+1} + C, \quad a-R<x<a+R$$

예제 5 다음 함수는 어떤 함수인가?

$$f(x) = \sum_{n=0}^{\infty} \frac{(-1)^n x^{2n+1}}{2n+1} = x - \frac{x^3}{3} + \frac{x^5}{5} - \cdots, \qquad -1 \le x \le 1$$

풀이 원래 급수를 항별로 미분하면 다음과 같다.

$$f'(x) = 1 - x^2 + x^4 - x^6 + \cdots, \qquad -1 < x < 1 \qquad \text{정리 21}$$

이것은 첫 항이 1, 공비가 $-x^2$인 기하급수이므로 다음과 같다.

$$f'(x) = \frac{1}{1-(-x^2)} = \frac{1}{1+x^2}$$

이제 $f'(x)=1/(1+x^2)$를 적분하면 다음을 얻는다.

$$\int f'(x)\,dx = \int \frac{dx}{1+x^2} = \arctan x + C$$

π를 급수로 표현하기

$$\frac{\pi}{4} = \arctan 1 = \sum_{n=0}^{\infty} \frac{(-1)^n}{2n+1}$$

$x=0$일 때 $f(x)$의 급수는 0이므로, $C=0$이다. 따라서 다음과 같다.

$$f(x) = x - \frac{x^3}{3} + \frac{x^5}{5} - \frac{x^7}{7} + \cdots = \arctan x, \qquad -1 < x < 1 \tag{6}$$

양 끝점 $x=\pm1$일 때도 급수는 $\tan^{-1}x$로 수렴함을 보일 수 있지만, 이에 대한 증명은 생략한다. ■

예제 5에서 원래 급수는 원래의 수렴 구간의 양 끝점($x=\pm1$)에서 수렴한다. 그러나 일반적으로 정리 22에 의해 적분하여 얻은 급수는 수렴 구간 내부에서만 수렴성을 보장받을 수 있다.

예제 6 다음 급수는 열린 구간 $-1<t<1$에서 수렴한다.

$$\frac{1}{1+t} = 1 - t + t^2 - t^3 + \cdots$$

따라서 다음과 같다.

$$\begin{aligned} \ln(1+x) &= \int_0^x \frac{1}{1+t}\,dt = t - \frac{t^2}{2} + \frac{t^3}{3} - \frac{t^4}{4} + \cdots \Big]_0^x \qquad \text{정리 22} \\ &= x - \frac{x^2}{2} + \frac{x^3}{3} - \frac{x^4}{4} + \cdots \end{aligned}$$

교대조화급수의 합

$$\ln 2 = \sum_{n=1}^{\infty} \frac{(-1)^{n-1}}{n}$$

즉 다음을 얻는다.

$$\ln(1+x) = \sum_{n=1}^{\infty} \frac{(-1)^{n-1} x^n}{n}, \qquad -1 < x < 1$$

이 급수는 $x=1$에서도 ln 2로 수렴함을 보일 수 있지만, 정리 22에 의해 보장받을 수는 없다. 이에 대한 증명은 연습문제 63을 참조한다. ■

연습문제 8.7 EXERCISE QUESTION

수렴 구간

연습문제 1~36에서 **(a)** 급수의 수렴 반지름과 수렴반경을 찾아라. 어떤 x에 대해 급수는 **(b)** 절대수렴하는가? **(c)** 조건수렴하는가?

1. $\sum_{n=0}^{\infty} x^n$

2. $\sum_{n=0}^{\infty} (x+5)^n$

3. $\sum_{n=0}^{\infty} (-1)^n (4x+1)^n$

4. $\sum_{n=1}^{\infty} \frac{(3x-2)^n}{n}$

5. $\sum_{n=0}^{\infty} \frac{(x-2)^n}{10^n}$

6. $\sum_{n=0}^{\infty} (2x)^n$

7. $\sum_{n=0}^{\infty} \frac{nx^n}{n+2}$

8. $\sum_{n=1}^{\infty} \frac{(-1)^n (x+2)^n}{n}$

9. $\sum_{n=1}^{\infty} \frac{x^n}{n\sqrt{n}\, 3^n}$

10. $\sum_{n=1}^{\infty} \frac{(x-1)^n}{\sqrt{n}}$

11. $\sum_{n=0}^{\infty} \frac{(-1)^n x^n}{n!}$

12. $\sum_{n=0}^{\infty} \frac{3^n x^n}{n!}$

13. $\sum_{n=1}^{\infty} \frac{4^n x^{2n}}{n}$

14. $\sum_{n=1}^{\infty} \frac{(x-1)^n}{n^3 3^n}$

15. $\sum_{n=0}^{\infty} \frac{x^n}{\sqrt{n^2+3}}$

16. $\sum_{n=0}^{\infty} \frac{(-1)^n x^{n+1}}{\sqrt{n}+3}$

17. $\sum_{n=0}^{\infty} \frac{n(x+3)^n}{5^n}$

18. $\sum_{n=0}^{\infty} \frac{nx^n}{4^n(n^2+1)}$

19. $\sum_{n=0}^{\infty} \frac{\sqrt{n}x^n}{3^n}$

20. $\sum_{n=1}^{\infty} \sqrt[n]{n}(2x+5)^n$

21. $\sum_{n=1}^{\infty} (2+(-1)^n)\cdot(x+1)^{n-1}$

22. $\sum_{n=1}^{\infty} \frac{(-1)^n 3^{2n}(x-2)^n}{3n}$

23. $\sum_{n=1}^{\infty} \left(1+\frac{1}{n}\right)^n x^n$

24. $\sum_{n=1}^{\infty} (\ln n)x^n$

25. $\sum_{n=1}^{\infty} n^n x^n$

26. $\sum_{n=0}^{\infty} n!(x-4)^n$

27. $\sum_{n=1}^{\infty} \frac{(-1)^{n+1}(x+2)^n}{n2^n}$

28. $\sum_{n=0}^{\infty} (-2)^n (n+1)(x-1)^n$

29. $\sum_{n=2}^{\infty} \frac{x^n}{n(\ln n)^2}$ 8.3절의 연습문제 61에서 $\sum 1/(n(\ln n)^2)$에 대한 정보를 얻어라.

30. $\sum_{n=2}^{\infty} \frac{x^n}{n\ln n}$ 8.3절의 연습문제 60에서 $\sum 1/(n\ln n)$에 대한 정보를 얻어라.

31. $\sum_{n=1}^{\infty} \frac{(4x-5)^{2n+1}}{n^{3/2}}$

32. $\sum_{n=1}^{\infty} \frac{(3x+1)^{n+1}}{2n+2}$

33. $\sum_{n=1}^{\infty} \frac{1}{2\cdot 4\cdot 6\cdots(2n)}x^n$

34. $\sum_{n=1}^{\infty} \frac{3\cdot 5\cdot 7\cdots(2n+1)}{n^2\cdot 2^n}x^{n+1}$

35. $\sum_{n=1}^{\infty} \frac{1+2+3+\cdots+n}{1^2+2^2+3^2+\cdots+n^2}x^n$

36. $\sum_{n=1}^{\infty} (\sqrt{n+1}-\sqrt{n})(x-3)^n$

연습문제 37~42에서 급수의 수렴 반지름을 구하라.

37. $\sum_{n=1}^{\infty} \frac{n!}{3\cdot 6\cdot 9\cdots 3n}x^n$

38. $\sum_{n=1}^{\infty} \left(\frac{2\cdot 4\cdot 6\cdots(2n)}{2\cdot 5\cdot 8\cdots(3n-1)}\right)^2 x^n$

39. $\sum_{n=1}^{\infty} \frac{(n!)^2}{2^n(2n)!}x^n$

40. $\sum_{n=1}^{\infty} \frac{n!x^n}{n^n}$

41. $\sum_{n=1}^{\infty} \frac{(n+a)!}{n!(n+b)!}x^n$ (여기서 a, b는 양수)

42. $\sum_{n=1}^{\infty} \left(\frac{n}{n+1}\right)^{n^2} x^n$

[힌트: 근판정법 적용]

연습문제 43~50에서 정리 20을 사용하여 급수의 수렴 반지름을 구하고, 수렴 구간 내에서 주어진 급수의 합을 x에 관한 함수로 나타내라.

43. $\sum_{n=0}^{\infty} 3^n x^n$

44. $\sum_{n=0}^{\infty} (e^x-4)^n$

45. $\sum_{n=0}^{\infty} \frac{(x-1)^{2n}}{4^n}$

46. $\sum_{n=0}^{\infty} \frac{(x+1)^{2n}}{9^n}$

47. $\sum_{n=0}^{\infty} \left(\frac{\sqrt{x}}{2}-1\right)^n$

48. $\sum_{n=0}^{\infty} (\ln x)^n$

49. $\sum_{n=0}^{\infty} \left(\frac{x^2+1}{3}\right)^n$

50. $\sum_{n=0}^{\infty} \left(\frac{x^2-1}{2}\right)^n$

기하급수 이용하기

51. 예제 2에서 $f(x)=2/x$를 $x=2$를 중심으로 하는 거듭제곱급수로 표현했다. 기하급수를 이용하여 $f(x)$를 $x=1$를 중심으로 하는 거듭제곱급수로 표현하고, 수렴 구간을 구하라.

52. 기하급수를 이용하여 다음 각 함수를 $x=0$을 중심으로 하는 거듭제곱급수로 표현하고, 수렴 구간을 구하라.

a. $f(x) = \dfrac{5}{3-x}$ **b.** $g(x) = \dfrac{3}{x-2}$

53. 연습문제 52에서 함수 $g(x)$를 $x=5$를 중심으로 하는 거듭제곱급수로 표현하고, 수렴 구간을 구하라.

54. a. 다음 거듭제곱급수의 수렴 구간을 구하라.

$$\sum_{n=0}^{\infty} \frac{8}{4^{n+2}} x^n$$

b. 문제 (a)의 거듭제곱급수를 $x=3$을 중심으로 하는 거듭제곱급수로 표현하고, 새로운 급수의 수렴 구간을 구하라. (왜 새로운 수렴 구간이 원래 수렴 구간에 속하는 모든 수를 포함하지 않아도 되는지를 이 장의 뒷부분에서 설명할 것이다.)

이론과 예제

55. 다음 급수는 어떤 x에 대해 수렴하는가?

$$1 - \frac{1}{2}(x-3) + \frac{1}{4}(x-3)^2 + \cdots + \left(-\frac{1}{2}\right)^n (x-3)^n + \cdots$$

합은 무엇인가? 주어진 급수를 항별로 미분하면 어떤 급수가 되는가? 새로운 급수는 어떤 x에 대해 수렴하는가? 합은 무엇인가?

56. 연습문제 55에서 항별로 적분하면 어떤 급수가 되는가? 새로운 급수는 어떤 x에 대해 수렴하는가? 이 합의 다른 이름은 무엇인가?

57. 다음 급수는 x에 대해 $\sin x$로 수렴한다.

$$\sin x = x - \frac{x^3}{3!} + \frac{x^5}{5!} - \frac{x^7}{7!} + \frac{x^9}{9!} - \frac{x^{11}}{11!} + \cdots$$

a. $\cos x$에 대한 급수의 처음 6개의 항을 구하라. 급수는 어떤 x에 대해 수렴하는가?

b. $\sin x$에 대한 급수에서 x에 $2x$을 대입하여 모든 x에 대해 $\sin 2x$로 수렴하는 급수를 구하라.

c. 문제 (a)의 결과와 급수 곱을 이용하여 $2\sin x \cos x$에 대한 급수의 처음 6개의 항을 구하라. 계산한 답을 문제 (b)의 답과 비교하라.

58. 다음 급수는 모든 x에 대해 e^x로 수렴한다.

$$e^x = 1 + x + \frac{x^2}{2!} + \frac{x^3}{3!} + \frac{x^4}{4!} + \frac{x^5}{5!} + \cdots$$

a. $(d/dx)e^x$에 대한 급수를 구하라. e^x에 대한 급수가 나오는가? 그 이유를 설명하라.

b. $\int e^x dx$에 대한 급수를 구하라. e^x에 대한 급수가 나오는가? 그 이유를 설명하라.

c. 모든 x에 대해 e^{-x}에 수렴하는 급수를 찾기 위해 급수 e^x에서 x 대신 $-x$를 대입하라. 그리고 e^x에 대한 급수와 e^{-x}에 대한 급수를 곱해 $e^{-x}\cdot e^x$에 대한 급수의 처음 6개의 항을 찾아라.

59. 다음 급수는 $-\pi/2 < x < \pi/2$에서 $\tan x$로 수렴한다.

$$\tan x = x + \frac{x^3}{3} + \frac{2}{15}x^5 + \frac{17}{315}x^7 + \frac{62}{2835}x^9 + \cdots$$

a. $\ln|\sec x|$에 대한 급수의 처음 5개의 항을 구하라. 급수는 어떤 x에 대해 수렴하는가?

b. $\sec^2 x$에 대한 급수의 처음 5개의 항을 구하라. 급수는 어떤 x에 대해 수렴하는가?

c. 연습문제 60에서 주어진 $\sec x$에 대한 급수를 제곱하여 문제 (b)의 결과를 확인하라.

60. 다음 급수는 $-\pi/2 < x < \pi/2$에서 $\sec x$로 수렴한다.

$$\sec x = 1 + \frac{x^2}{2} + \frac{5}{24}x^4 + \frac{61}{720}x^6 + \frac{277}{8064}x^8 + \cdots$$

a. $\ln|\sec x + \tan x|$에 대한 거듭제곱급수의 처음 5개의 항을 구하라. 급수는 어떤 x에 대해 수렴하는가?

b. $\sec x \tan x$에 대한 급수의 처음 4개의 항을 구하라. 급수는 어떤 x에 대해 수렴하는가?

c. $\sec x$에 대한 급수와 연습문제 59에서 주어진 $\tan x$에 대한 급수를 곱하여 문제 (b)의 결과를 확인하라.

61. 수렴하는 거듭제곱급수의 유일성

a. 두 거듭제곱급수 $\sum_{n=0}^{\infty} a_n x^n$과 $\sum_{n=0}^{\infty} b_n x^n$이 수렴하고 열린 구간 $(-c, c)$에서의 모든 x값에 대해 동일하다면, 모든 n에 대해 $a_n = b_n$임을 보여라. [힌트: $f(x) = \sum_{n=0}^{\infty} a_n x^n = \sum_{n=0}^{\infty} b_n x^n$이라 하자. a_n과 b_n 모두 $f^{(n)}(0)/(n!)$와 같음을 보이기 위해 각각의 항을 미분하라.]

b. 열린 구간 $(-c, c)$에서의 모든 x에 대해 $\sum_{n=0}^{\infty} a_n x^n = 0$이면, 모든 n에 대해 $a_n = 0$임을 보여라.

62. 급수 $\sum_{n=0}^{\infty}(n^2/2^n)$의 합 이 급수의 합을 알아내기 위해 $1/(1-x)$를 기하급수로 표현한 후 x에 관한 식의 양변을 미분하고, 양변에 x를 곱하라. 다시 미분하고 x를 곱하라. $x=1/2$로 두면 어떤 결과를 얻을 수 있는가?

63. 교대조화급수의 합 이 연습문제에서는 다음을 보일 것이다.

$$\sum_{n=1}^{\infty} \frac{(-1)^{n+1}}{n} = \ln 2$$

조화급수의 n번째 부분합을 h_n이라 하고, 교대조화급수의 n번째 부분합을 s_n이라 하자.

a. 수학적 귀납법 또는 연산을 사용하여 다음을 보여라.

$$s_{2n} = h_{2n} - h_n$$

b. 8.3절 연습문제 63의 결과를 이용하여 다음을 보여라.

$$\lim_{n\to\infty}(h_n - \ln n) = \gamma$$
$$\lim_{n\to\infty}(h_{2n} - \ln 2n) = \gamma$$

이때 γ는 오일러 상수이다.

c. 이 결과를 이용하여 다음을 보여라.

$$\sum_{n=1}^{\infty} \frac{(-1)^{n+1}}{n} = \lim_{n\to\infty} s_{2n} = \ln 2$$

64. 급수 $\sum a_n x^n$이 $x=4$에서 수렴하고 $x=7$에서 발산한다고 가정하자. 급수에 대한 다음 진술에 대해 참(T), 거짓(F), 정보가 충분하지 않음(N)으로 답하라.

a. $x=-4$에서 절대수렴한다.

b. $x=5$에서 발산한다.

c. $x=-8.5$에서 절대수렴한다.

d. $x=-2$에서 수렴한다.

e. $x=8$에서 발산한다.

f. $x=-6$에서 발산한다.

g. $x=0$에서 절대수렴한다.

h. $x=-7.1$에서 절대수렴한다.

65. 급수 $\sum a_n(x-2)^n$이 $x=-1$에서 수렴하고 $x=6$에서 발산한다고 가정하자. 급수에 대한 다음 진술에 대해 참(T), 거짓(F), 정보가 충분하지 않음(N)으로 답하라.

a. $x=1$에서 절대수렴한다.
b. $x=-6$에서 발산한다.
c. $x=2$에서 발산한다.
d. $x=0$에서 수렴한다.
e. $x=5$에서 절대수렴한다.
f. $x=4.9$에서 발산한다.
g. $x=5.1$에서 발산한다.
h. $x=4$에서 절대수렴한다.

66. 정리 21의 증명 정리 21에서 $a=0$이고, $L=\lim_{n\to\infty}\frac{|c_{n+1}|}{|c_n|}$이 존재한다고 가정하자. $L\neq 0$이면 $R=1/L$라 하고, $L=0$이면 $R=\infty$이라 하자. 비판정법은 $f(x)=\sum_{n=0}^{\infty} c_n x^n$이 $-R<x<R$에서 수렴함을 의미한다. $g(x)=\sum_{n=0}^{\infty} nc_n x^{n-1}$이라 하자. 이 연습문제에서는 $-R<x<R$에서 f가 $f'(x)=g(x)$인 미분가능한 함수, 즉 $\lim_{h\to 0}\frac{f(x+h)-f(x)}{h}=g(x)$임을 보일 것이다. 문제 (a)~(h)에서 $-R<x<R$이고, h는 $-R<x+h<R$인 충분히 작은 수라고 가정하자.

a. 비판정법을 이용하여 $g(x)$가 $-R<x<R$에서 수렴함을 보여라.

b. 함수 $p_n(x)=x^n$에 평균값 정리를 적용하여 $n=1, 2, 3, \cdots$에 대해 x와 $x+h$ 사이의 t_n에 대해 다음 식이 성립함을 보여라.

$$\frac{(x+h)^n-x^n}{h}=n(t_n)^{n-1}$$

c. 다음 식이 성립함을 보여라.

$$g(x)-\frac{f(x+h)-f(x)}{h}=\sum_{n=2}^{\infty} nc_n\left(x^{n-1}-(t_n)^{n-1}\right)$$

d. 함수 $p_{n-1}(x)=x^{n-1}$에 평균값 정리를 적용하여 $n=2, 3, 4, \cdots$에 대해 x와 t_n 사이의 어떤 d_{n-1}에 대해 다음 식이 성립함을 보여라.

$$\frac{x^{n-1}-(t_n)^{n-1}}{x-t_n}=(n-1)(d_{n-1})^{n-2}$$

e. $|x-t_n|<h$와 $|d_{n-1}|\leq\alpha=\max\{|x|,|x+h|\}$이 왜 성립하는지 이유를 설명하라.

f. 다음 식이 성립함을 보여라.

$$\left|g(x)-\frac{f(x+h)-f(x)}{h}\right|\leq|h|\sum_{n=2}^{\infty}|n(n-1)c_n\alpha^{n-2}|$$

[힌트: 문제 (c)에서의 각 항 $nc_n(x^{n-1}-(t_n)^{n-1})$에 $\frac{x-t_n}{x-t_n}$을 곱하라.]

g. 급수 $\sum_{n=2}^{\infty} n(n-1)c_n\alpha^{n-2}$가 $-R<x<R$에서 수렴함을 보여라.

h. 문제 (f)에 극한 $h\to 0$을 취해 다음 결론을 얻어라.

$$\lim_{h\to 0}\frac{f(x+h)-f(x)}{h}=g(x)$$

67. 정리 22의 증명 정리 22에서 $a=0$이라 놓고, $f(x)=\sum_{n=0}^{\infty} c_n x^n$이 $-R<x<R$에서 수렴한다고 가정하자. $g(x)=\sum_{n=0}^{\infty}\frac{c_n}{n+1}x^{n+1}$이라 하자. 이 연습문제에서는 $g'(x)=f(x)$임을 보일 것이다.

a. 비 판정법을 이용하여 $g(x)$가 $-R<x<R$에서 수렴함을 보여라.

b. 정리 21을 이용하여 $g'(x)=f(x)$, 즉 다음 식이 성립함을 보여라.

$$\int f(x)\,dx=g(x)+C$$

8.8 테일러 급수와 매클로린 급수

지금까지 기하급수를 사용하여 $f(x)=1/(1-x)$ 또는 $g(x)=3/(x-2)$와 같은 함수에 대한 거듭제곱급수를 표현하는 방법을 살펴보았다. 이제 일반적인 함수를 거듭제곱급수로 표현해보고자 한다. 이 절에서는 무한번 미분가능한 함수가 '테일러 급수'라는 거듭제곱급수를 어떻게 생성하는지 공부한다. 대부분 이러한 급수는 원래 함수의 유용한 근사다항식을 제공한다. 다항식에 의한 근사는 수학자나 과학자에게 매우 유용하므로, 테일러 급수는 무한급수의 이론에서 아주 중요한 응용이라 할 수 있다.

급수 표현

정리 21을 통해 수렴 구간 내에서 거듭제곱급수의 합은 무한번 미분가능한 연속함수임을 알았다. 그 반대의 경우는 어떠한가? 즉 함수 $f(x)$가 어떤 구간 I에서 무한번 미분가능할 때 f는 최소한 이 구간에서 거듭제곱급수로 표현될 수 있는가? 가능하다면 그 계수는 무엇인가?

$f(x)$가 양의 수렴 반지름을 가진 $x=a$에 대한 거듭제곱급수의 합이라면 마지막 질문에는 쉽게 답할 수 있다.

$$f(x)=\sum_{n=0}^{\infty} a_n(x-a)^n$$

$$= a_0 + a_1(x-a) + a_2(x-a)^2 + \cdots + a_n(x-a)^n + \cdots$$

수렴 구간 I에서 반복적으로 항별 미분하면 다음을 얻는다.

$$\begin{aligned} f'(x) &= a_1 + 2a_2(x-a) + 3a_3(x-a)^2 + \cdots + na_n(x-a)^{n-1} + \cdots \\ f''(x) &= 1 \cdot 2a_2 + 2 \cdot 3a_3(x-a) + 3 \cdot 4a_4(x-a)^2 + \cdots \\ f'''(x) &= 1 \cdot 2 \cdot 3a_3 + 2 \cdot 3 \cdot 4a_4(x-a) + 3 \cdot 4 \cdot 5a_5(x-a)^2 + \cdots \end{aligned}$$

이때 모든 n에 대해 n계 도함수는 다음과 같다.

$$f^{(n)}(x) = n!a_n + (x-a)\text{의 인수를 가지는 항의 합}$$

위의 식은 $x=a$에서 모두 성립하므로 다음과 같다.

$$f'(a) = a_1, \qquad f''(a) = 1 \cdot 2a_2, \qquad f'''(a) = 1 \cdot 2 \cdot 3a_3$$

일반적인 식으로 다음을 얻는다.

$$f^{(n)}(a) = n!\,a_n$$

이 공식은 구간 I에서 f의 값으로 수렴하는 모든 거듭제곱급수 $\sum_{n=0}^{\infty} a_n(x-a)^n$의 계수의 패턴을 나타낸다. 그러한 급수가 존재한다고 가정하면(아직까지는 존재하는지의 여부를 알 수 없지만), 그러한 급수는 오직 하나뿐이며 그것의 n번째 계수는 다음과 같다.

$$a_n = \frac{f^{(n)}(a)}{n!}$$

즉 f가 중심이 a인 급수로 표현된다면 다음과 같다.

$$\begin{aligned} f(x) = f(a) + f'(a)(x-a) + \frac{f''(a)}{2!}(x-a)^2 \\ + \cdots + \frac{f^{(n)}(a)}{n!}(x-a)^n + \cdots \end{aligned} \tag{1}$$

$x=a$를 포함하는 구간에서 무한번 미분가능한 임의의 함수 f가 식 (1)과 같이 급수로 나타낼 때, 이 급수는 수렴 구간 내의 임의의 점 x에서 $f(x)$로 수렴하는가? 그 답은 '함수에 따라 다르다'라고 할 수 있다. 즉 어떤 함수에서는 그렇지만, 다른 함수에서는 그렇지 않을 것이다(예제 4 참조).

역사적 인물

브룩 테일러(Brook Taylor, 1685~1731)
테일러는 독창적이고 생산적인 영국의 수학자였다. 테일러는 1715년에 《미분적분학 증분법》이란 책을 출판했고, 같은 해에 《기하학》이란 책을 출판했다.

콜린 매클로린(Colin Maclaurin, 1698~1746)
매클로린은 21세의 어린 나이에 런던왕립학회 회원으로 선출되었다. 그의 《유량론》(1742)는 뉴턴의 방법에 대한 최초로 논리적이고 체계적인 출판물로 묘사된다.

테일러 급수와 매클로린 급수

식 (1)의 우변의 급수는 이 장에서 가장 중요하고 유용한 급수이다.

정의 $x=a$를 포함하는 구간에서 f가 무한번 미분가능할 때 **$x=a$에서 f의 테일러 급수**(Taylor series generated by f at $x=a$)는 다음과 같다.

$$\begin{aligned} \sum_{k=0}^{\infty} \frac{f^{(k)}(a)}{k!}(x-a)^k = f(a) + f'(a)(x-a) + \frac{f''(a)}{2!}(x-a)^2 \\ + \cdots + \frac{f^{(n)}(a)}{n!}(x-a)^n + \cdots \end{aligned}$$

$x=0$에서 f의 테일러 급수인 **f의 매클로린 급수**(Maclaurin series of f)는 다음과 같다.

$$\sum_{k=0}^{\infty} \frac{f^{(k)}(0)}{k!}x^k = f(0) + f'(0)x + \frac{f''(0)}{2!}x^2 + \cdots + \frac{f^{(n)}(0)}{n!}x^n + \cdots$$

f에 의해 생성된 매클로린 급수는 그냥 f의 테일러 급수라고 통칭하는 경우도 많다.

예제 1 $a=2$에서 $f(x)=1/x$의 테일러 급수를 구하라. 그리고 이 급수가 $1/x$로 수렴하는 x의 범위를 구하라.

풀이 $f(2), f'(2), f''(2), \cdots$를 구해보자. 먼저 미분하면 다음과 같다.

$$f(x) = x^{-1},\quad f'(x) = -x^{-2},\quad f''(x) = 2!\,x^{-3}, \cdots, f^{(n)}(x) = (-1)^n n!\,x^{-(n+1)}$$

그러므로 다음을 얻는다.

$$f(2) = 2^{-1} = \frac{1}{2},\quad f'(2) = -\frac{1}{2^2},\quad \frac{f''(2)}{2!} = 2^{-3} = \frac{1}{2^3}, \cdots, \frac{f^{(n)}(2)}{n!} = \frac{(-1)^n}{2^{n+1}}$$

따라서 테일러 급수는 다음과 같다.

$$\begin{aligned} f(2) + f'(2)(x-2) - \frac{f''(2)}{2!}(x-2)^2 + \cdots + \frac{f^{(n)}(2)}{n!}(x-2)^n + \cdots \\ = \frac{1}{2} - \frac{(x-2)}{2^2} + \frac{(x-2)^2}{2^3} - \cdots + (-1)^n \frac{(x-2)^n}{2^{n+1}} + \cdots \end{aligned}$$

이것은 첫 항이 1/2, 공비가 $r=-(x-2)/2$인 기하급수이다. 따라서 $|x-2|<2$일 때 절대수렴하며, 그 합은 다음과 같다.

$$\frac{1/2}{1+(x-2)/2} = \frac{1}{2+(x-2)} = \frac{1}{x}$$

그러므로 $|x-2|<2$, 즉 $0<x<4$일 때 $a=2$에서 $f(x)=1/x$에 대한 테일러 급수는 $1/x$로 수렴한다. ■

테일러 다항식

점 a에서 미분가능한 함수 f의 선형화는 다음과 같은 1차 다항식이다.

$$P_1(x) = f(a) + f'(a)(x-a)$$

2.11절에서 선형화는 a근처의 값 x에서 $f(x)$의 근삿값을 구할 때 사용했다. f가 a에서 더 높은 계수의 도함수를 가진다면, 사용가능한 각 도함수에 대해 하나씩 높은 계수의 다항식으로 근사가 가능하다. 이 다항식을 f의 테일러 다항식이라 한다.

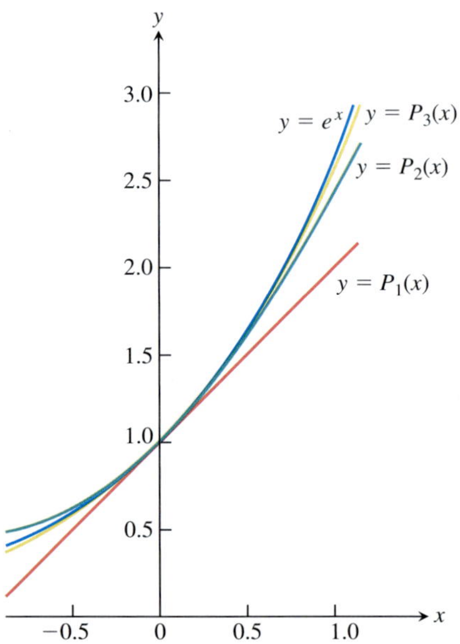

그림 8.22 $f(x)=e^x$의 그래프와 테일러 다항식은 $x=0$ 근처에서 이들은 거의 일치함에 주목하자(예제 2).

$P_1(x) = 1 + x$

$P_2(x) = 1 + x + (x^2/2!)$

$P_3(x) = 1 + x + (x^2/2!) + (x^3/3!)$

정의 f가 내부 점 a를 포함하는 어떤 구간에서 k계 도함수($k=1, 2, \cdots, N$)를 가진다고 하자. 0부터 N까지의 임의의 정수 n에 대해 $x=a$에서 f의 **n계 테일러 다항식**(Taylor polynomial of order n)은 다음의 다항식과 같다.

$$\begin{aligned} P_n(x) = f(a) + f'(a)(x-a) + \frac{f''(a)}{2!}(x-a)^2 + \cdots \\ + \frac{f^{(k)}(a)}{k!}(x-a)^k + \cdots + \frac{f^{(n)}(a)}{n!}(x-a)^n \end{aligned}$$

'n차'라고 하지 않고 'n계'라고 하는 이유는 $f^{(n)}(a)$가 0이 되는 경우도 있기 때문이다. 예를 들어 $x=0$에서 $f(x)=\cos x$의 처음 두 테일러 다항식은 $P_0(x)=1$과 $P_1(x)=1$이므로 1계 테일러 다항식의 차수는 1이 아니고 0이다. $x=a$에서 f의 선형화가 a 근방에서 f의 가장 좋은 선형 근사인 것처럼 고계 테일러 다항식은 각 차수의 '최상의' 다항식 근사를 만든다(연습문제 51 참조.)

예제 2 $x=0$에서 $f(x)=e^x$의 테일러 급수와 테일러 다항식을 구하라.

풀이 모든 $n=0, 1, 2, \cdots$에 대해 $f^{(n)}(x)=e^x$와 $f^{(n)}(0)=1$이다. 따라서 $x=0$에서 f의 테일러 급수(그림 8.22)는 다음과 같다.

$$f(0)+f'(0)x+\frac{f''(0)}{2!}x^2+\cdots+\frac{f^{(n)}(0)}{n!}x^n+\cdots$$
$$=1+x+\frac{x^2}{2}+\cdots+\frac{x^n}{n!}+\cdots$$
$$=\sum_{k=0}^{\infty}\frac{x^k}{k!}$$

이것은 또한 e^x의 매클로린 급수이다. 다음 절에서 이 급수는 모든 x에 대해 e^x로 수렴함을 공부하게 된다.

$x=0$에서 f의 n계 테일러 다항식은 다음과 같다.

$$P_n(x)=1+x+\frac{x^2}{2}+\cdots+\frac{x^n}{n!}$$ ■

예제 3 $x=0$에서 $f(x)=\cos x$의 테일러 급수와 테일러 다항식을 구하라.

풀이 코사인과 그것의 도함수를 계산하면 다음과 같다.

$$\begin{aligned} f(x)&=\cos x, & f'(x)&=-\sin x\\ f''(x)&=-\cos x, & f^{(3)}(x)&=\sin x\\ &\vdots & &\vdots\\ f^{(2n)}(x)&=(-1)^n\cos x, & f^{(2n+1)}(x)&=(-1)^{n+1}\sin x \end{aligned}$$

$x=0$에서 $\cos x=1$, $\sin x=0$이므로 다음과 같다.

$$f^{(2n)}(0)=(-1)^n,\qquad f^{(2n+1)}(0)=0$$

따라서 $x=0$에서 f의 테일러 급수는 다음과 같다.

$$f(0)+f'(0)x+\frac{f''(0)}{2!}x^2+\frac{f'''(0)}{3!}x^3+\cdots+\frac{f^{(n)}(0)}{n!}x^n+\cdots$$
$$=1+0\cdot x-\frac{x^2}{2!}+0\cdot x^3+\frac{x^4}{4!}+\cdots+(-1)^n\frac{x^{2n}}{(2n)!}+\cdots$$
$$=\sum_{k=0}^{\infty}\frac{(-1)^k x^{2k}}{(2k)!}$$

이것은 또한 $\cos x$의 매클로린 급수이다. 코사인함수의 테일러 급수에는 x의 짝수 거듭제곱만 나오는데, 이는 우함수의 성질과 일치된다. 8.9절에서 이 급수는 모든 x에 대해 $\cos x$로 수렴함을 공부하게 된다.

한편 $f^{(2n+1)}(0)=0$이므로 $2n$계 테일러 다항식과 $2n+1$계 테일러 다항식은 같다.

$$P_{2n}(x)=P_{2n+1}(x)=1-\frac{x^2}{2!}+\frac{x^4}{4!}-\cdots+(-1)^n\frac{x^{2n}}{(2n)!}$$

그림 8.23은 이러한 테일러 다항식이 $x=0$ 근처에서 $\cos x$와 비슷함을 보이고 있다. 여기에서 그림은 y축에 대칭이므로 그래프의 오른쪽 부분만을 그려 놓았다. ■

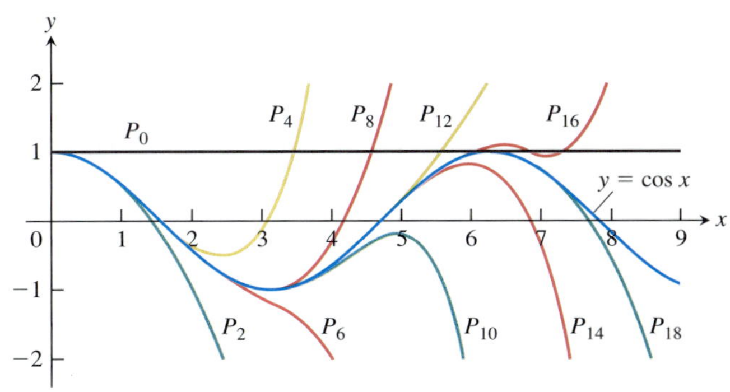

그림 8.23 $n\to\infty$일 때 다음 다항식은 $\cos x$로 수렴한다.

$$P_{2n}(x)=\sum_{k=0}^{n}\frac{(-1)^k x^{2k}}{(2k)!}$$

$x=0$에서 코사인값과 그 도함수값을 아는 것만으로도 $\cos x$의 움직임을 미루어 예상할 수 있다(예제 3).

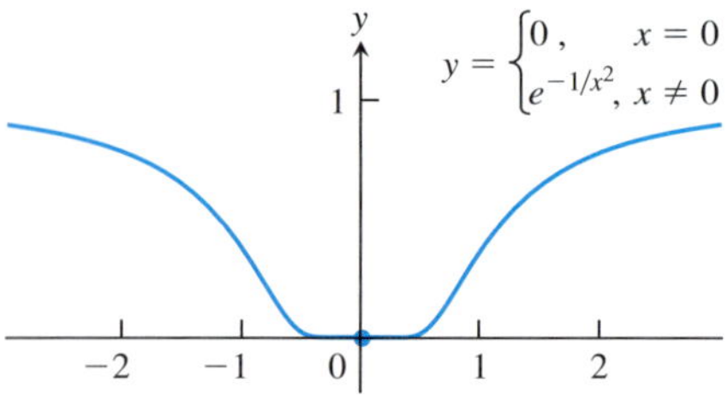

그림 8.24 $y=e^{-1/x^2}$의 연속 확장의 그래프는 원점에서 모든 도함수가 0이고 평평하다(예제 4). 그러므로 이 함수의 테일러 급수는 0이 되며, 자기자신인 함수와 같지 않다.

예제 4 수학적 귀납법을 이용하여(연습문제 51 참조), 다음 함수(그림 8.24)는 $x=0$에서 무한 번 미분가능하며 모든 n에 대해 $f^{(n)}(0)=0$임을 보일 수 있다.

$$f(x) = \begin{cases} 0, & x = 0 \\ e^{-1/x^2}, & x \neq 0 \end{cases}$$

따라서 $x=0$에서 f의 테일러 급수는 다음과 같다.

$$\begin{aligned} f(0) + f'(0)x + \frac{f''(0)}{2!}x^2 + \cdots + \frac{f^{(n)}(0)}{n!}x^n + \cdots \\ = 0 + 0 \cdot x + 0 \cdot x^2 + \cdots + 0 \cdot x^n + \cdots \\ = 0 + 0 + \cdots + 0 + \cdots \end{aligned}$$

이 급수는 x에 대해 (합이 0으로) 수렴하지만, 오직 $x=0$에서만 $f(x)$로 수렴한다. 전체 수렴 구간에서 $f(x)$의 테일러 급수가 $f(x)$ 자신과 일치하지 않는 예이다. ■

아직 두 가지 질문이 해결되지 않았다.

1. x가 어떤 값을 가질 때 f의 테일러 급수는 f로 수렴하는가?
2. 주어진 구간에서 함수의 테일러 다항식은 얼마나 정확하게 원래의 함수를 근사하는가?

다음 절에서 테일러 정리에 의해 이 질문의 답을 해결해보자.

연습문제 8.8 EXERCISE QUESTION

테일러 다항식 구하기

연습문제 1~10에서 a에서 f의 0, 1, 2, 3계 테일러 다항식을 구하라.

1. $f(x) = e^{2x}, \quad a = 0$
2. $f(x) = \sin x, \quad a = 0$
3. $f(x) = \ln x, \quad a = 1$
4. $f(x) = \ln(1 + x), \quad a = 0$
5. $f(x) = 1/x, \quad a = 2$
6. $f(x) = 1/(x + 2), \quad a = 0$
7. $f(x) = \sin x, \quad a = \pi/4$
8. $f(x) = \tan x, \quad a = \pi/4$
9. $f(x) = \sqrt{x}, \quad a = 4$
10. $f(x) = \sqrt{1 - x}, \quad a = 0$

$x=0$에서 테일러 급수(매클로린 급수) 구하기

연습문제 11~24에서 주어진 함수의 매클로린 급수를 구하라.

11. e^{-x}
12. xe^x
13. $\dfrac{1}{1 + x}$
14. $\dfrac{2 + x}{1 - x}$
15. $\sin 3x$
16. $\sin\dfrac{x}{2}$
17. $7\cos(-x)$
18. $5\cos \pi x$
19. $\cosh x = \dfrac{e^x + e^{-x}}{2}$
20. $\sinh x = \dfrac{e^x - e^{-x}}{2}$
21. $x^4 - 2x^3 - 5x + 4$
22. $\dfrac{x^2}{x + 1}$
23. $x \sin x$
24. $(x + 1)\ln(x + 1)$

테일러 급수와 매클로린 급수

연습문제 25~34에서 $x=a$에서 f의 테일러 급수를 구하라.

25. $f(x) = x^3 - 2x + 4, \quad a = 2$
26. $f(x) = 2x^3 + x^2 + 3x - 8, \quad a = 1$
27. $f(x) = x^4 + x^2 + 1, \quad a = -2$
28. $f(x) = 3x^5 - x^4 + 2x^3 + x^2 - 2, \quad a = -1$
29. $f(x) = 1/x^2, \quad a = 1$
30. $f(x) = 1/(1 - x)^3, \quad a = 0$
31. $f(x) = e^x, \quad a = 2$
32. $f(x) = 2^x, \quad a = 1$
33. $f(x) = \cos(2x + (\pi/2)), \quad a = \pi/4$
34. $f(x) = \sqrt{x + 1}, \quad a = 0$

연습문제 35~40에서 각 함수에 대한 매클로린 급수의 0이 아닌 처음 3개의 항을 구하라.

35. $f(x) = \cos x - (2/(1 - x))$
36. $f(x) = (1 - x + x^2)e^x$
37. $f(x) = (\sin x)\ln(1 + x)$
38. $f(x) = x \sin^2 x$
39. $f(x) = x^4 e^{x^2}$
40. $f(x) = \dfrac{x^3}{1 + 2x}$

2차 근사 $x=a$에서 2번 미분가능한 함수 $f(x)$에 의해 생성된 2계 테일러 다항식을 x에서의 2차 근사라고 한다. 연습문제 41~46에서 $x=0$에서 f의 (a) 선형화(1차 테일러 다항식), (b) 2차 근사를 구하라.

41. $f(x) = \ln(\cos x)$
42. $f(x) = e^{\sin x}$
43. $f(x) = 1/\sqrt{1 - x^2}$
44. $f(x) = \cosh x$
45. $f(x) = \sin x$
46. $f(x) = \tan x$

47. m이 작은 양수이면 $y=\sin x$와 $y=mx$의 그래프는 x좌표가 π에 가까운 점에서 교차한다. $x=\pi$에서 $f(x)=\sin x-mx$의 2차 근사를 구하고, 이를 이용하여 방정식 $\sin x=mx$의 근사해가 $x \approx \pi/(1+m)$

임을 보여라.

이론과 예제

48. $x=a$에서 e^x의 테일러 급수를 사용하여 다음을 보여라.

$$e^x = e^a\left[1 + (x - a) + \frac{(x - a)^2}{2!} + \cdots\right]$$

49. (연습문제 48에서 계속) $x=1$에서 e^x의 테일러 급수를 구하라. 연습문제 48에서의 식과 비교하라.

50. $f(x)$가 $x=a$에서 n계 도함수를 가진다고 하자. n계 테일러 다항식과 그것의 처음 n개의 도함수는 f와 그것의 처음 n개 도함수와 $x=a$에서 같은 값을 가짐을 보여라.

51. 테일러 다항식의 근사 성질 $f(x)$는 $x=a$를 중심으로 하는 구간에서 미분가능하다고 하고, $g(x)=b_0+b_1(x-a)+\cdots+b_n(x-a)^n$이 상수 계수 $b_0, \cdots, b_n$를 가지는 n차 다항식이라 하자. $E(x)=f(x)-g(x)$라 하고, g가 다음 두 조건을 만족한다고 하자.

i) $E(a) = 0$ $x=a$에서 근삿값의 오차는 0이다.

ii) $\lim_{x\to a} \frac{E(x)}{(x - a)^n} = 0$ $(x-a)^n$과 비교하면, 오차는 무시할 수 있다.

그러면 다음과 같이 됨을 보여라.

$$g(x) = f(a) + f'(a)(x - a) + \frac{f''(a)}{2!}(x - a)^2 + \cdots + \frac{f^{(n)}(a)}{n!}(x - a)^n$$

따라서 테일러 다항식 $P_n(x)$는 $x=a$일 때 오차가 0이고, $(x-a)^n$과 비교할 때 무시할 수 있는 n차 이하의 유일한 다항식이다.

52. f를 예제 4의 함수로 두자. $p_1(t)=2t^3$이고 $p_2(t)=4t^6-6t^4$라 하자.

a. $x>0$이면 다음과 같다.

$$f'(x) = 2x^{-3}e^{-x^{-2}} = p_1(1/x)f(x)$$

반면에 $x=0$이면 다음과 같음을 보여라.

$$f'(0) = \lim_{h\to 0^+} \frac{f(h) - 0}{h - 0} = \lim_{t\to\infty} \frac{f(1/t)}{1/t} = 0$$

b. $x>0$이면 다음과 같음을 보여라.

$$f''(x) = (4x^{-6} - 6x^{-3})e^{-x^{-2}} = p_2(1/x)f(x), \quad f''(0) = 0$$

c. $n\geq 2$에 대해 $p_{n+1}(t)=2t^3p_n(t)-t^2p_n'(t)$은 다항식 p_n의 점화적 정의이다. 수학적 귀납법을 사용하여 p_n의 차수가 $3n$임을 증명하라. $x>0$에 대해 $f^{(n)}(x)=p_n(1/x)f(x)$이고 $f^{(n)}(0)=0$이다.

8.9 테일러 급수의 수렴성

앞 절에서 함수에 의해 생성되는 테일러 급수가 언제 이 함수로 수렴될 것으로 예상할 수 있는지에 대한 질문을 했다. 테일러 급수를 근사화한 유한-계수 테일러 다항식은 생성함수에 대한 추정값을 제공한다. 이 추정값이 유용하려면 유한-계수 테일러 다항식 사용하여 함수를 근사할 때 발생할 수 있는 오차를 제어하기 위한 방법이 필요하다. 그러한 가능한 오차의 한계는 어떻게 정할 것인가? 다음 정리는 이 질문에 대한 답을 제시한다.

정리 23 | 테일러 정리

f와 처음 n계 도함수 $f', f'', \cdots, f^{(n)}$가 $[a, b]$에서 연속이고, $f^{(n)}$가 (a, b)에서 미분가능하면, $a<c<b$인 c가 존재하여 다음 식을 만족한다.

$$f(b) = f(a) + f'(a)(b - a) + \frac{f''(a)}{2!}(b - a)^2 + \cdots + \frac{f^{(n)}(a)}{n!}(b - a)^n + \frac{f^{(n+1)}(c)}{(n + 1)!}(b - a)^{n+1}$$

테일러 정리는 평균값 정리의 일반화이다(연습문제 49 참조). 테일러 정리의 증명은 여기서는 생략한다.

테일러 정리를 사용할 때, 때때로 a를 상수로 취급하여 고정하고 b를 독립변수처럼 취급한다. b를 x로 바꾸면 이와 같은 상황에서 테일러 공식을 사용하기 편리하다. 이렇게 상수를 변수로 바꾼 정리를 소개한다.

테일러 공식

a를 포함하는 열린 구간 I에서 f의 모든 계수의 도함수가 존재하면, 모든 양의 정수 n과 모든 $x \in I$에 대해 다음이 성립한다.

$$f(x) = f(a) + f'(a)(x-a) + \frac{f''(a)}{2!}(x-a)^2 + \cdots + \frac{f^{(n)}(a)}{n!}(x-a)^n + R_n(x) \qquad (1)$$

여기서 다음과 같다.

$$R_n(x) = \frac{f^{(n+1)}(c)}{(n+1)!}(x-a)^{n+1} \qquad (c\text{는 } a\text{와 } x \text{ 사이의 어떤 수}) \qquad (2)$$

테일러 정리를 이렇게 나타낼 때, 각 $x \in I$에 대해 다음과 같다고 하자.

$$f(x) = P_n(x) + R_n(x)$$

함수 $R_n(x)$는 a와 x 사이 어딘가에 놓여 있으면서, 이 둘에 의해 정해지는 점 c에서의 $(n+1)$계 미분계수 $f^{(n+1)}(c)$에 의해 결정된다. 임의의 값 n에 대해 위 식은 구간 I에서 f의 n계 근사 다항식 $P_n(x)$와 그와 관련된 오차 $R_n(x)$를 모두 보인다.

식 (1)을 **테일러 공식**(Taylor's formula)이라 한다. 함수 $R_n(x)$을 I에서 $P_n(x)$에 의한 f의 근사에 대한 ***n*계 나머지항**(remainder of order n) 또는 **오차항**(error term)이라 한다.

모든 $x \in I$에 대해 $n \to \infty$일 때 $R_n(x) \to 0$이면, $x=a$에서 f의 테일러 급수는 I에서 f로 **수렴**한다고 하고, 다음과 같이 쓴다.

$$f(x) = \sum_{k=0}^{\infty} \frac{f^{(k)}(a)}{k!}(x-a)^k$$

다음 예제에서 설명하는 바와 같이 정확한 c값을 모르더라도 R_n을 추정할 수 있다.

예제 1 $x=0$에서 $f(x)=e^x$의 테일러 급수는 모든 실수 x에 대해 $f(x)$에 수렴함을 보여라.

풀이 주어진 함수는 구간 $I=(-\infty, \infty)$ 위에서 모든 계수의 도함수를 가진다. 식 (1)과 (2)에 $f(x)=e^x$와 $a=0$을 대입하면 다음과 같다.

$$e^x = 1 + x + \frac{x^2}{2!} + \cdots + \frac{x^n}{n!} + R_n(x)$$ 8.8절 예제 2의 다항식

그리고 다음과 같다.

$$R_n(x) = \frac{e^c}{(n+1)!}x^{n+1} \qquad (c\text{는 } 0\text{과 } x \text{ 사이의 수})$$

e^x는 x의 증가함수이므로 e^c는 $e^0=1$과 e^x 사이의 값을 갖는다. x가 음수이면 c도 음수가 되어 $e^c < 1$이다. $x=0$이면 $e^x=1$이 되어 $R_n(x)=0$이다. x가 양수이면 c도 양수이고 $e^c < e^x$이다. 따라서 주어진 $R_n(x)$는 다음과 같다.

$$x \le 0\text{일 때 } |R_n(x)| \le \frac{|x|^{n+1}}{(n+1)!}$$ $c<0$이므로 $e^c<1$

$$x > 0\text{일 때 } |R_n(x)| < e^x \frac{x^{n+1}}{(n+1)!}$$ $c<x$이므로 $e^c<e^x$

따라서 모든 x에 대해 다음을 얻는다.

$$\lim_{n\to\infty}\frac{x^{n+1}}{(n+1)!} = 0 \quad (\text{모든 } x\text{에 대해}) \qquad \text{8.1절의 정리 5}$$

결론적으로 $\lim_{n\to\infty} R_n = 0$이 되어 주어진 테일러 급수는 모든 x에 대해 e^x에 수렴한다. 따라서 다음과 같다.

$$e^x = \sum_{k=0}^{\infty}\frac{x^k}{k!} = 1 + x + \frac{x^2}{2!} + \cdots + \frac{x^k}{k!} + \cdots \tag{3}$$ ■

e를 급수로 표현하기

$$e = \sum_{n=0}^{\infty}\frac{1}{n!}$$

$x=1$에서 예제 1의 결과로부터 다음과 같다.

$$e = 1 + 1 + \frac{1}{2!} + \cdots + \frac{1}{n!} + R_n(1)$$

여기서 0과 1 사이의 적당한 c가 존재하여 다음이 성립한다.

$$R_n(1) = e^c\frac{1}{(n+1)!} < \frac{3}{(n+1)!} \qquad e^c < e^1 < 3$$

나머지항 추정하기

예제 1에서 했던 것처럼 종종 $R_n(x)$를 추정할 수 있다. 나머지항을 구하는 이러한 방법은 편리하기 때문에 다음에도 참고할 수 있도록 정리로 나타낸다.

정리 24 | 나머지항 추정 정리

상수 $M > 0$이 존재하여 x와 a 사이의 모든 t에 대해 $|f^{(n+1)}(t)| \le M$일 때 테일러 정리의 나머지항 $R_n(x)$는 다음 부등식을 만족한다.

$$|R_n(x)| \le M\frac{|x-a|^{n+1}}{(n+1)!}$$

위 부등식이 모든 n에 대해 성립하고 테일러 정리의 다른 조건은 f에 의해 충족하면, 테일러 급수는 $f(x)$에 수렴한다.

다음 두 예제는 정리 24를 이용하여 사인함수와 코사인함수의 테일러 급수가 그들 자신으로 수렴함을 증명한다.

예제 2 $x=0$에서 $\sin x$의 테일러 급수는 모든 x에 대해 수렴함을 보여라.

풀이 함수 $\sin x$와 그것의 도함수는 다음과 같다.

$$\begin{aligned} f(x) &= \sin x, & f'(x) &= \cos x \\ f''(x) &= -\sin x, & f'''(x) &= -\cos x \\ &\vdots & &\vdots \\ f^{(2k)}(x) &= (-1)^k \sin x, & f^{(2k+1)}(x) &= (-1)^k \cos x \end{aligned}$$

그래서 다음을 얻는다.

$$f^{(2k)}(0) = 0 \text{이고} \qquad f^{(2k+1)}(0) = (-1)^k$$

구하는 급수는 홀수 차수 항일 때만, 즉 항이 $n=2k+1$일 때만 값을 가지고, 테일러 정리에 의해 다음과 같이 주어진다.

$$\sin x = x - \frac{x^3}{3!} + \frac{x^5}{5!} - \cdots + \frac{(-1)^k x^{2k+1}}{(2k+1)!} + R_{2k+1}(x)$$

$\sin x$의 모든 도함수의 절댓값은 1보다 작거나 같으므로 $M=1$을 나머지항 추정 정리에 적용하

여 다음 식을 얻을 수 있다.

$$|R_{2k+1}(x)| \le 1 \cdot \frac{|x|^{2k+2}}{(2k+2)!}$$

정리 5의 공식 6으로부터 x가 어떤 값을 갖든 $k \to \infty$일 때 $(|x|^{2k+2}/(2k+2)!) \to 0$이므로 $R_{2k+1}(x) \to 0$이고, $\sin x$의 매클로린 급수는 모든 x에 대해 $\sin x$에 수렴한다. 따라서 다음과 같다.

$\sin x = x - \frac{x^3}{3!} + \frac{x^5}{5!} - \frac{x^7}{7!} + \cdots$

$$\sin x = \sum_{k=0}^{\infty} \frac{(-1)^k x^{2k+1}}{(2k+1)!} = x - \frac{x^3}{3!} + \frac{x^5}{5!} - \frac{x^7}{7!} + \cdots \tag{4}$$ ■

예제 3 $x=0$에서 $\cos x$의 테일러 급수가 모든 x에 대해 $\cos x$에 수렴함을 보여라.

풀이 $\cos x$의 테일러 다항함수(8.8절의 예제 3)에 나머지항을 더해 $\cos x$의 $n=2k$일 때의 테일러 공식을 얻는다.

$$\cos x = 1 - \frac{x^2}{2!} + \frac{x^4}{4!} - \cdots + (-1)^k \frac{x^{2k}}{(2k)!} + R_{2k}(x)$$

$\cos x$의 모든 도함수의 절댓값은 1 이하이므로 $M=1$을 나머지항 추정 정리에 적용하여 다음 식을 얻을 수 있다.

$$|R_{2k}(x)| \le 1 \cdot \frac{|x|^{2k+1}}{(2k+1)!}$$

모든 x에 대해 $k \to \infty$일 때 $R_{2k}(x) \to 0$이므로 이 급수는 모든 x에 대해 $\cos x$에 수렴한다. 따라서 다음과 같다.

$\cos x = 1 - \frac{x^2}{2!} + \frac{x^4}{4!} - \frac{x^6}{6!} + \cdots$

$$\cos x = \sum_{k=0}^{\infty} \frac{(-1)^k x^{2k}}{(2k)!} = 1 - \frac{x^2}{2!} + \frac{x^4}{4!} - \frac{x^6}{6!} + \cdots \tag{5}$$ ■

테일러 급수 활용하기

모든 테일러 급수는 거듭제곱급수이므로 테일러 급수를 더하거나, 빼거나, 곱하는 연산은 그 급수의 수렴 구간의 교집합에서 모두 가능하다.

예제 4 알고 있는 급수를 이용하여 거듭제곱급수의 연산으로 주어진 함수의 테일러 급수의 처음 몇개의 항을 구하라.

(a) $\frac{1}{3}(2x + x\cos x)$ **(b)** $e^x \cos x$

풀이

(a) $$\frac{1}{3}(2x + x\cos x) = \frac{2}{3}x + \frac{1}{3}x\left(1 - \frac{x^2}{2!} + \frac{x^4}{4!} - \cdots + (-1)^k \frac{x^{2k}}{(2k)!} + \cdots\right)$$

$\cos x$의 테일러 급수

$$= \frac{2}{3}x + \frac{1}{3}x - \frac{x^3}{3!} + \frac{x^5}{3 \cdot 4!} - \cdots = x - \frac{x^3}{6} + \frac{x^5}{72} - \cdots$$

(b) $$e^x \cos x = \left(1 + x + \frac{x^2}{2!} + \frac{x^3}{3!} + \frac{x^4}{4!} + \cdots\right)\left(1 - \frac{x^2}{2!} + \frac{x^4}{4!} - \cdots\right)$$

두 번째 급수의 각 항을 첫 번째 급수에 곱하기

$$= \left(1 + x + \frac{x^2}{2!} + \frac{x^3}{3!} + \frac{x^4}{4!} + \cdots\right) - \left(\frac{x^2}{2!} + \frac{x^3}{2!} + \frac{x^4}{2!2!} + \frac{x^5}{2!3!} + \cdots\right)$$
$$+ \left(\frac{x^4}{4!} + \frac{x^5}{4!} + \frac{x^6}{2!4!} + \cdots\right) + \cdots$$

$$= 1 + x - \frac{x^3}{3} - \frac{x^4}{6} + \cdots$$ ■

정리 20에 의해 $x=0$에서 f의 테일러 급수가 다음 식과 같이 $|x|<R$에서 절대수렴하고 u가 연속함수인 경우라고 하자.

$$\sum_{k=0}^{\infty}\frac{f^{(k)}(0)}{k!}x^k = f(0)+f'(0)x+\frac{f''(0)}{2!}x^2+\cdots+\frac{f^{(n)}(0)}{n!}x^n+\cdots \tag{6}$$

식 (6)의 테일러 급수에서 x를 $u(x)$로 대체하여 얻은 다음 급수는 $|u(x)|<R$인 모든 x에서 절대수렴한다.

$$\sum_{k=0}^{\infty}\frac{f^{(k)}(0)}{k!}(u(x))^k \tag{7}$$

만약 $u(x)=cx^m$, $c\neq 0$이고 m이 양의 정수라면 식 (7)의 급수는 거듭제곱급수이고 $x=0$에서 $f(u(x))$에 의해 생성된 테일러 급수로 볼 수 있다.

예를 들어 $\cos x$의 테일러 급수에서 x를 $2x$로 치환하여 $\cos 2x$의 테일러 급수를 구할 수 있다.

$$\begin{aligned}\cos 2x &= \sum_{k=0}^{\infty}\frac{(-1)^k(2x)^{2k}}{(2k)!} = 1-\frac{(2x)^2}{2!}+\frac{(2x)^4}{4!}-\frac{(2x)^6}{6!}+\cdots \qquad \text{식 (5)에 } x\text{를 } 2x\text{로 치환}\\ &= 1-\frac{2^2x^2}{2!}+\frac{2^4x^4}{4!}-\frac{2^6x^6}{6!}+\cdots\\ &= \sum_{k=0}^{\infty}(-1)^k\frac{2^{2k}x^{2k}}{(2k)!}\end{aligned}$$

정리 20에 의해 모든 x에서 새로운 테일러 급수는 수렴한다.

예제 5 $\sin x$를 $x-(x^3/3!)$로 대체할 때 오차가 3×10^{-4}를 넘지 않도록 x의 값을 결정하라.

풀이 여기서 $\sin x$의 테일러 급수가 0이 아닌 모든 x값에 대해 교대급수라는 사실을 이용하자. 교대급수 추정 정리(8.6절)에 따르면, 다음과 같은 식의 우변에서 $(x^3/3!)$ 이후의 항을 버림으로써 오차를 구한다.

$$\sin x = x-\frac{x^3}{3!}\;\Big|\;+\frac{x^5}{5!}-\frac{x^7}{7!}+\cdots$$

이때 발생한 오차는 다음 식보다 크지 않다.

$$\left|\frac{x^5}{5!}\right| = \frac{|x|^5}{120}$$

그러므로 다음과 같이 모든 x에 대해 오차는 3×10^{-4}을 넘지 않는다.

$$\frac{|x|^5}{120} < 3\times10^{-4}, \quad \text{즉 } |x| < \sqrt[5]{360\times10^{-4}} \approx 0.514 \qquad \text{안전하게 버림함(또는 버림한다)}$$

교대급수 추정 정리는 나머지항 추정 정리에서는 제공하지 않는 내용을 말해주고 있다. 즉 x가 양수일 때 $x^5/120$이 양수가 되므로 $\sin x$의 근사함수 $x-(x^3/3!)$은 적게 어림한 값이다.

그림 8.25는 $\sin x$의 그래프와 $\sin x$에 대한 근사 테일러 다항식의 그래프를 동시에 보인다. $0\le x\le 1$에서 $P_3(x)=x-(x^3/3!)$의 그래프는 사인 곡선과 거의 구별이 안 될만큼 비슷하다. ■

테일러 정리의 증명

$a<b$라고 가정하고 테일러 정리를 증명하자. $a>b$일 때와 거의 비슷하다.

다음 테일러 다항식과 $P_n(x)$의 처음 n계 도함수는 $x=a$에서 함수 f와 f의 처음 n계 도함수와 일치한다.

$$P_n(x) = f(a)+f'(a)(x-a)+\frac{f''(a)}{2!}(x-a)^2+\cdots+\frac{f^{(n)}(a)}{n!}(x-a)^n$$

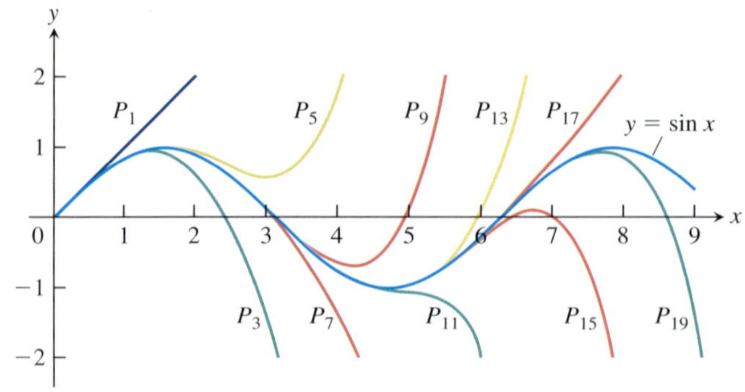

그림 8.25 다음 다항식은 $n \to \infty$일 때 $\sin x$에 수렴한다.

$$P_{2n+1}(x) = \sum_{k=0}^{n} \frac{(-1)^k x^{2k+1}}{(2k+1)!}$$

$x \le 1$에 대해 $P_3(x)$가 사인 곡선에 얼마만큼 가까이 근접하는지에 주목하자(예제 5).

여기에 $K(x-a)^{n+1}$ (K는 상수)형식의 다른 항을 더해도 마찬가지다. 왜냐하면 항 $K(x-a)^{n+1}$과 처음 n계 도함수는 $x=a$에서 모두 0이 되기 때문이다. 다음의 새로운 함수와 이 함수의 처음 n계 도함수는 $x=a$에서 여전히 f와 f의 처음 n계 도함수와 일치한다.

$$\phi_n(x) = P_n(x) + K(x-a)^{n+1}$$

이제 $x=b$에서 곡선 $y=\phi_n(x)$와 주어진 곡선 $y=f(x)$가 일치되는 K값을 정하자. 식으로 나타내면 다음과 같다.

$$f(b) = P_n(b) + K(b-a)^{n+1}, \quad \text{즉} \quad K = \frac{f(b) - P_n(b)}{(b-a)^{n+1}} \tag{8}$$

식 (8)에서 정의된 K를 대입하여 다음과 같이 정의된 함수는 모든 $x \in [a, b]$에 대해 주어진 함수 f와 그 근사함수 ϕ_n와의 차를 측정한다.

$$F(x) = f(x) - \phi_n(x)$$

이제 롤의 정리(3.2절)를 이용하자. 먼저 $F(a)=F(b)=0$이고 F와 F'은 $[a, b]$에서 연속이므로, 다음 식을 만족하는 $c_1 \in (a, b)$이 존재한다.

$$F'(c_1) = 0$$

다음으로 $F'(a)=F'(c_1)=0$이고 F'와 F''은 $[a, c_1]$에서 연속이므로, 다음 식을 만족하는 $c_2 \in (a, c_1)$가 존재한다.

$$F''(c_2) = 0$$

롤의 정리를 F'', F''', $\cdots$, $F^{(n-1)}$에 대해 계속해서 사용하면, 다음의 상수가 존재한다.

(a, c_2) 내에서 $F'''(c_3)=0$을 만족하는 c_3가 있고,
(a, c_3) 내에서 $F^{(4)}(c_4)=0$을 만족하는 c_4가 있고,
$\vdots$
(a, c_{n-1}) 내에서 $F^{(n)}(c_n)=0$을 만족하는 c_n이 있다.

마지막으로 $F^{(n)}$은 $[a, c_n]$에서 연속이고 (a, c_n)에서 미분가능하며, $F^{(n)}(a)=F^{(n)}(c_n)=0$이므로 롤의 정리에 의해 다음을 만족하는 c_{n+1}이 (a, c_n)에 있다.

$$F^{(n+1)}(c_{n+1}) = 0 \tag{9}$$

$F(x)=f(x)-P_n(x)-K(x-a)^{n+1}$를 $n+1$번 미분하면, 다음 식을 얻는다.

$$F^{(n+1)}(x) = f^{(n+1)}(x) - 0 - (n+1)!\,K \tag{10}$$

식 (9)과 (10)으로부터 다음과 같이 쓴다.

$$K = \frac{f^{(n+1)}(c)}{(n+1)!}, \quad c = c_{n+1} \in (a, b) \tag{11}$$

식 (8)과 (11)로부터 다음을 얻는다.

$$f(b) = P_n(b) + \frac{f^{(n+1)}(c)}{(n+1)!}(b-a)^{n+1}$$

따라서 정리가 증명된다.

연습문제 8.9 EXERCISE QUESTION

테일러 급수 구하기

연습문제 1~12에서 식 (7)과 같은 치환을 이용하여 $x=0$에서 함수의 테일러 급수를 구하라.

1. e^{-5x} **2.** $e^{-x/2}$ **3.** $5\sin(-x)$

4. $\sin\left(\frac{\pi x}{2}\right)$ **5.** $\cos 5x^2$ **6.** $\cos(x/\sqrt{2})$

7. $\ln(1+x^2)$ **8.** $\arctan(3x^4)$ **9.** $\frac{1}{1+\frac{3}{4}x^3}$

10. $\frac{1}{2-x}$ **11.** $\ln(3+6x)$ **12.** $e^{-x^2+\ln 5}$

연습문제 13~30에서 거듭제곱급수의 연산을 이용하여 $x=0$에서 함수의 테일러 급수를 구하라.

13. xe^x **14.** $x^2\sin x$ **15.** $\frac{x^2}{2} - 1 + \cos x$

16. $\sin x - x + \frac{x^3}{3!}$ **17.** $x\cos \pi x$ **18.** $x^2\cos(x^2)$

19. $\cos^2 x$ [힌트: $\cos^2 x = (1+\cos 2x)/2$]

20. $\sin^2 x$ **21.** $\frac{x^2}{1-2x}$ **22.** $x\ln(1+2x)$

23. $\frac{1}{(1-x)^2}$ **24.** $\frac{2}{(1-x)^3}$ **25.** $x\arctan x^2$

26. $\sin x \cdot \cos x$ **27.** $e^x + \frac{1}{1+x}$ **28.** $\cos x - \sin x$

29. $\frac{x}{3}\ln(1+x^2)$ **30.** $\ln(1+x) - \ln(1-x)$

테일러 급수와 매클로린 급수

연습문제 31~38에서 함수의 매클로린 급수에서 0이 아닌 처음 4개의 항을 구하라.

31. $e^x\sin x$ **32.** $\frac{\ln(1+x)}{1-x}$ **33.** $(\arctan x)^2$

34. $\cos^2 x \cdot \sin x$ **35.** $e^{\sin x}$ **36.** $\sin(\tan^{-1} x)$

37. $\cos(e^x - 1)$ **38.** $\cos\sqrt{x} + \ln(\cos x)$

오차의 추정

39. $P_3(x) = x - (x^3/6)$을 사용하여 $x=0.1$에서 $\sin x$의 값을 근사할 때 오차를 추정하라.

40. $P_4(x) = 1 + x + (x^2/2) + (x^3/6) + (x^4/24)$을 사용하여 $x=1/2$에서 e^x의 값을 근사할 때 오차를 추정하라.

41. 대략 어떤 x값에 대해 5×10^{-4}보다 크지 않는 오차 범위 내에서 $\sin x$를 $x-(x^3/6)$로 대체할 수 있는가? 답변에 대한 이유를 제시하라.

42. $|x| < 0.5$에서 $\cos x$를 $1-(x^2/2)$로 대체할 때, 이때 생기는 오차의 범위는 얼마인가? $1-(x^2/2)$이 너무 크거나 너무 작지는 않은가? 답변에 대한 이유를 제시하라.

43. $|x| < 10^{-3}$일 때 근사식 $\sin x = x$는 얼마나 가까운가? 또한 $x < \sin x$가 되는 x의 범위를 구하라.

44. 작은 수 x에 대해 근사식 $\sqrt{1+x} = 1+(x/2)$이 사용된다. $|x| < 0.01$일 때 오차의 범위를 구하라.

45. 작은 수 x에 대해 근사식 $e^x = 1+x+(x^2/2)$이 사용된다. $|x| < 0.1$일 때 나머지 추정 정리를 사용하여 오차의 범위를 구하라.

46. (연습문제 45에서 계속) $x<0$일 때 e^x의 급수는 교대급수이다. 교대급수 추정 정리를 사용하여 $-0.1 < x < 0$에서 e^x을 $1+x+(x^2/2)$로 대체할 때 발생하는 오차의 범위를 구하라. 이것과 연습문제 45의 결과를 비교하라.

이론과 예제

47. 항등식 $\sin^2 x = (1-\cos 2x)/2$를 이용하여 $\sin^2 x$의 매클로린 급수를 구하라. 또한 이 급수를 미분하여 $2\sin x\cos x$의 매클로린 급수를 구하라. 이 급수는 $\sin 2x$와 같음을 확인하라.

48. (연습문제 47에서 계속) 항등식 $\cos^2 x = \cos 2x + \sin^2 x$를 이용하여 $\cos^2 x$의 거듭제곱급수를 구하라.

49. 테일러 정리와 평균값 정리 평균값 정리(3.2절 정리 4)가 테일러 정리의 특별한 경우인 이유를 설명하라.

50. 변곡점의 선형화 두 번 미분가능한 함수 $f(x)$의 그래프가 $x=a$에서 변곡점을 가질 때, $x=a$에서 f의 선형화는 $x=a$에서 2차 근사와 같음을 보여라. 이는 왜 접선이 변곡점에서 잘 맞는지를 보인다.

51. 2계 도함수 판정법 다음 방정식을 이용하여 주어진 사실을 확인하라.

$$f(x) = f(a) + f'(a)(x-a) + \frac{f''(c_2)}{2}(x-a)^2$$

f가 연속인 1계, 2계 도함수를 가지고 $f'(a)=0$이라 하자. 그러면

다음과 같다.

a. a를 포함하는 구간 내에서 $f'' \le 0$이면 f는 a에서 극댓값을 갖는다.

b. a를 포함하는 구간 내에서 $f'' \ge 0$이면 f는 a에서 극솟값을 갖는다.

52. 3차 근사 $a=0$, $n=3$일 때 테일러 공식을 이용하여 $x=0$에서 함수 $f(x)=1/(1-x)$의 3차 근사식을 구하라. $|x|<0.1$일 때 근사식에 대한 오차의 상계를 구하라.

53. a. $n=2$일 때 테일러 공식을 이용하여 $x=0$에서 함수 $f(x)=(1+x)^k$ (k는 상수)에서의 2차 근사를 구하라.

b. $k=3$일 때 구간 $[0, 1]$에서 2차 근사식에 대한 오차가 1/100 이내가 되도록 하는 x값을 정하라.

54. π의 근사값 개선

a. 소수점 n자리까지 정확한 π의 근삿값을 P라고 할 때, $P+\sin P$는 소수점 $3n$자리까지 정확한 π의 근삿값임을 보여라. [힌트: $P=\pi+x$라 하자.]

T **b.** 이것을 계산기로 시도하라.

55. 함수 $f(x)=\sum_{n=0}^{\infty} a_n x^n$에 의해 생성된 테일러 급수는 $\sum_{n=0}^{\infty} a_n x^n$이다. 수렴 반지름이 $R>0$인 거듭제곱급수 $\sum_{n=0}^{\infty} a_n x^n$에 의해 정의된 함수는 $(-R, R)$인 모든 점에서 그 함수에 수렴하는 테일러 급수를 가진다. 함수 $f(x)=\sum_{n=0}^{\infty} a_n x^n$에 의해 생성된 테일러 급수는 $\sum_{n=0}^{\infty} a_n x^n$ 자기자신임을 보임으로써 이 사실을 증명하라.

이를 이용하면 다음과 같이 테일러 급수에 x의 거듭제곱을 곱하여 얻은 두 급수와 수렴하는 거듭제곱급수의 적분과 미분에 통해 얻어지는 급수는 그 자체가 그것이 나타내는 함수에 의해 생성된 테일러 급수와 같다.

$$x \sin x = x^2 - \frac{x^4}{3!} + \frac{x^6}{5!} - \frac{x^8}{7!} + \cdots$$

$$x^2 e^x = x^2 + x^3 + \frac{x^4}{2!} + \frac{x^5}{3!} + \cdots$$

56. 우함수와 기함수의 테일러 급수(8.7절의 연습문제 61에서 계속) $f(x)=\sum_{n=0}^{\infty} a_n x^n$가 열린 구간 $(-R, R)$의 모든 점 x에서 수렴한다고 하자. 다음을 증명하라.

a. f가 우함수이면 $a_1=a_3=a_5=\cdots=0$, 즉 $x=0$에서 f의 테일러 급수는 x의 짝수 거듭제곱만을 포함한다.

b. f가 기함수이면 $a_0=a_2=a_4=\cdots=0$, 즉 $x=0$에서 f의 테일러 급수는 x의 홀수 거듭제곱만을 포함한다.

컴퓨터 탐구

$n=1$, $a=0$일 때 테일러 공식은 $x=0$에서의 선형화이다. $n=2$이고 $n=3$일 때 각각 2차, 3차 근사식을 구할 수 있다. 다음의 연습문제에서 이 근사식과 관련된 오차를 탐색하자. 주어진 두 가지 질문에 대한 답을 구해보자.

a. 함수에 대한 각 근사식이 오차가 10^{-2} 이내가 되기 위한 x의 범위는 무엇인가?

b. 주어진 구간에서 함수를 각 근사식으로 대체할 경우에 예상할 수 있는 최대 오차는 얼마인가?

연습문제 57~62에서 주어진 함수와 구간에 대해 문제 (a), (b)를 답하기 위해 CAS를 이용해 다음 단계를 수행하라.

단계 1: 주어진 구간에서 함수의 그래프의 개형을 그려라.

단계 2: $x=0$에서의 테일러 다항식 $P_1(x)$, $P_2(x)$, $P_3(x)$를 구하라.

단계 3: 각 테일러 다항식의 나머지항에 연관된 $(n+1)$계 도함수 $f^{(n+1)}(c)$를 계산하라. 주어진 구간에서 c의 함수로서 도함수의 그래프의 개형을 그리고, 도함수의 절댓값의 최댓값 M을 어림하라.

단계 4: 각 다항식의 나머지식 $R_n(x)$을 계산하라. $f^{(n+1)}(c)$ 대신 단계 3에서의 어림값 M을 이용하여 $R_n(x)$의 그래프의 개형을 그려라. 그런 다음은 문제 (a)에 답하기 위한 x의 값을 추정하라.

단계 5: 주어진 구간에서 실제 오차인 $E_n(x)=|f(x)-P_n(x)|$의 그래프의 개형을 그리고, 어림한 오차와 실제 오차를 비교하라. 이 단계는 문제 (b)를 답하는 데 도움이 될 것이다.

단계 6: 함수와 그것의 3개의 테일러 근사식의 그래프를 함께 그려라. 이들과 더불어 단계 4와 5에서 발견한 사실을 연관지어 의논하라.

57. $f(x) = \dfrac{1}{\sqrt{1+x}}, \quad |x| \le \dfrac{3}{4}$

58. $f(x) = (1+x)^{3/2}, \quad -\dfrac{1}{2} \le x \le 2$

59. $f(x) = \dfrac{x}{x^2+1}, \quad |x| \le 2$

60. $f(x) = (\cos x)(\sin 2x), \quad |x| \le 2$

61. $f(x) = e^{-x}\cos 2x, \quad |x| \le 1$

62. $f(x) = e^{x/3}\sin 2x, \quad |x| \le 2$

8.10 이항급수와 테일러 급수의 활용

테일러 급수는 다른 방법으로는 좀처럼 풀기 어려운 문제를 해결하는 데 사용될 수 있다. 예를 들어 많은 함수는 익숙한 함수로 표현되지 않은 역도함수를 가지고 있다. 이 절에서는 이러한 함수의 적분을 계산하는 데 있어 테일러 급수를 어떻게 이용하는지를 공부한다. 또한 테일러 급수를 이용하여 부정형으로 나타나는 극한값을 구하는 방법과 지수함수를 실수에서 복소수로 확장하는 방법을 공부할 것이다. 먼저 함수 $f(x)=(1+x)^m$의 테일러 급수부터 나온 이항급수에 대해 논의를 시작하고, 자주 사용되는 몇 가지의 테일러 급수를 정리한 표 8.1로 이 절을 마무리한다.

거듭제곱과 제곱근에 관한 이항급수

m이 상수일 때 $f(x)=(1+x)^m$의 테일러 급수는 다음과 같다.

$$1+mx+\frac{m(m-1)}{2!}x^2+\frac{m(m-1)(m-2)}{3!}x^3+\cdots$$
$$+\frac{m(m-1)(m-2)\cdots(m-k+1)}{k!}x^k+\cdots \qquad (1)$$

이 급수는 $|x|<1$에서 절대수렴하고, 이러한 급수를 **이항급수**(binomial series)라 한다. 이항급수를 구하기 위해 먼저 주어진 함수와 그 도함수를 다음과 같이 나열해보자.

$$\begin{aligned} f(x) &= (1+x)^m \\ f'(x) &= m(1+x)^{m-1} \\ f''(x) &= m(m-1)(1+x)^{m-2} \\ f'''(x) &= m(m-1)(m-2)(1+x)^{m-3} \\ &\vdots \\ f^{(k)}(x) &= m(m-1)(m-2)\cdots(m-k+1)(1+x)^{m-k} \end{aligned}$$

이제 급수 (1)을 얻기 위해 $x=0$에서 나열한 도함수의 값을 구하고, 그것들을 테일러 공식에 대입하자.

m이 0보다 크거나 같은 정수일 때, $k=m+1$에서부터는 계수가 0이 되므로 이항급수는 $(m+1)$번째 항에서 끝난다.

m이 양의 정수나 0이 아니면, 이항급수는 $|x|<1$에서 수렴하는 무한급수가 된다. 수렴함을 보이기 위해 x^k를 포함하는 항을 u_k라 놓자. 절대수렴성을 알아보기 위한 비판정법을 적용하면 다음을 확인할 수 있다.

$$k\to\infty\text{이면}\qquad \left|\frac{u_{k+1}}{u_k}\right|=\left|\frac{m-k}{k+1}x\right|\to|x|$$

이항급수는 $(1+x)^m$에 의해 생성되고 $|x|<1$에서 수렴함을 알 수 있다. 이 사실은 이항급수가 $(1+x)^m$에 수렴함을 말해주지는 않는다. 그러나 사실 이항급수 $(1+x)^m$에 수렴한다. 증명은 연습문제 58에 남긴다. 다음 공식은 급수를 표현하는 간결한 방법을 제공한다.

이항급수

$-1<x<1$에 대해 다음과 같다.

$$(1+x)^m=1+\sum_{k=1}^{\infty}\binom{m}{k}x^k$$

여기서 다음을 정의한다.

$$\binom{m}{1}=m,\qquad \binom{m}{2}=\frac{m(m-1)}{2!}$$
$$\binom{m}{k}=\frac{m(m-1)(m-2)\cdots(m-k+1)}{k!}\qquad (k\ge 3)$$

예제 1 $m=-1$이면 다음과 같다.

$$\binom{-1}{1}=-1,\quad \binom{-1}{2}=\frac{-1(-2)}{2!}=1$$
$$\binom{-1}{k}=\frac{-1(-2)(-3)\cdots(-1-k+1)}{k!}=(-1)^k\left(\frac{k!}{k!}\right)=(-1)^k$$

이 계수들을 사용하면 이항급수 공식은 다음과 같이 친숙한 기하급수가 된다.

$$(1+x)^{-1} = 1 + \sum_{k=1}^{\infty} (-1)^k x^k = 1 - x + x^2 - x^3 + \cdots + (-1)^k x^k + \cdots \quad \blacksquare$$

예제 2 2.11절 예제 1에 의해 $|x|$가 작을 때 $\sqrt{1+x} \approx 1+(x/2)$임을 알고 있다. $m=1/2$일 때, 이항급수는 교대급수 추정 정리로부터 오차 추정과 함께 2차 및 고차 근사식을 제공한다.

$$\begin{aligned}(1+x)^{1/2} &= 1 + \frac{x}{2} + \frac{\left(\frac{1}{2}\right)\left(-\frac{1}{2}\right)}{2!}x^2 + \frac{\left(\frac{1}{2}\right)\left(-\frac{1}{2}\right)\left(-\frac{3}{2}\right)}{3!}x^3 \\ &\quad + \frac{\left(\frac{1}{2}\right)\left(-\frac{1}{2}\right)\left(-\frac{3}{2}\right)\left(-\frac{5}{2}\right)}{4!}x^4 + \cdots \\ &= 1 + \frac{x}{2} - \frac{x^2}{8} + \frac{x^3}{16} - \frac{5x^4}{128} + \cdots\end{aligned}$$

위 식에서 x에 다른 것을 치환하면 다른 함수에 대한 근삿값도 구할 수 있다. 예를 들어 다음과 같다.

$$|x^2|\text{이 작을 때} \qquad \sqrt{1-x^2} \approx 1 - \frac{x^2}{2} - \frac{x^4}{8}$$

$$\left|\frac{1}{x}\right|\text{이 작을 때, 즉 } |x|\text{가 클 때} \qquad \sqrt{1-\frac{1}{x}} \approx 1 - \frac{1}{2x} - \frac{1}{8x^2} \quad \blacksquare$$

비초등함수의 적분 계산

때로는 익숙한 테일러 급수를 사용하여 주어진 거듭제곱급수의 합을 알려진 함수로 표현할 수 있다. 예를 들어 다음과 같다고 하자.

$$x^2 - \frac{x^6}{3!} + \frac{x^{10}}{5!} - \frac{x^{14}}{7!} + \cdots = (x^2) - \frac{(x^2)^3}{3!} + \frac{(x^2)^5}{5!} - \frac{(x^2)^7}{7!} + \cdots = \sin x^2$$

연습문제 59~62에서 추가적인 예를 볼 수 있다.

테일러 급수를 이용하면 비초등함수의 적분을 급수로 나타낼 수 있다. $\int \sin x^2\,dx$와 같은 적분은 빛의 회절에 관한 연구에서 등장한다.

예제 3 $\int \sin x^2\,dx$를 거듭제곱급수로 나타내라.

풀이 $\sin x$의 급수 표현에서 x를 x^2으로 치환하면 다음을 얻는다.

$$\sin x^2 = x^2 - \frac{x^6}{3!} + \frac{x^{10}}{5!} - \frac{x^{14}}{7!} + \frac{x^{18}}{9!} - \cdots$$

따라서 다음과 같다.

$$\int \sin x^2\,dx = C + \frac{x^3}{3} - \frac{x^7}{7\cdot 3!} + \frac{x^{11}}{11\cdot 5!} - \frac{x^{15}}{15\cdot 7!} + \frac{x^{19}}{19\cdot 9!} - \cdots \quad \blacksquare$$

예제 4 오차의 한계가 0.001이 되도록 $\int_0^1 \sin x^2\,dx$의 근삿값을 구하라.

풀이 예제 3에서 구한 부정적분으로부터 다음을 쉽게 구할 수 있다.

$$\int_0^1 \sin x^2\,dx = \frac{1}{3} - \frac{1}{7\cdot 3!} + \frac{1}{11\cdot 5!} - \frac{1}{15\cdot 7!} + \frac{1}{19\cdot 9!} - \cdots$$

위 식의 우변은 교대급수이고 수치 계산을 통해 다음을 얻는다.

$$\frac{1}{11\cdot 5!} \approx 0.00076$$

이것은 수치적으로 0.001보다 작은 첫 번째 항이다. 직전의 두 항을 합하면 다음과 같다.

$$\int_0^1 \sin x^2\, dx \approx \frac{1}{3} - \frac{1}{42} \approx 0.310$$

그 다음 두 항을 더하면 오차의 한계가 10^{-6}인 다음 근삿값을 얻는다.

$$\int_0^1 \sin x^2\, dx \approx 0.310268$$

마지막으로 한 항을 더하면 오차를 대략 1.08×10^{-9}으로 가지는 다음을 얻는다.

$$\int_0^1 \sin x^2\, dx \approx \frac{1}{3} - \frac{1}{42} + \frac{1}{1320} - \frac{1}{75600} + \frac{1}{6894720} \approx 0.310268303$$

이와 같은 정확성을 보장받기 위해 사다리꼴 공식에 관한 오차 공식을 사용한다면 약 8000여 개의 소구간으로 분할해야 할 것이다. ■

역탄젠트함수

8.7절 예제 5에서 arctan x의 급수를 얻기 위해 먼저 다음과 같은 도함수의 급수을 찾는다.

$$\frac{d}{dx}\arctan x = \frac{1}{1+x^2} = 1 - x^2 + x^4 - x^6 + \cdots$$

그 다음 적분하여 다음을 얻었다.

$$\arctan x = x - \frac{x^3}{3} + \frac{x^5}{5} - \frac{x^7}{7} + \cdots$$

그러나 이 결론의 기초가 되는 항별 적분 정리를 증명하지 않았다. 이제 유한개의 항으로 표현된 다음 식의 양변을 적분하여 arctan x의 급수를 유도해보자.

$$\frac{1}{1+t^2} = 1 - t^2 + t^4 - t^6 + \cdots + (-1)^n t^{2n} + \frac{(-1)^{n+1} t^{2n+2}}{1+t^2} \tag{2}$$

식 (2)에서 마지막 항은 나머지 항을 추가하여 얻은 것으로 나머지 항은 첫 항이 $a=(-1)^{n+1}t^{2n+2}$이고, 공비 $r=-t^2$인 기하급수로 표현된다. 식 (2)의 양변을 구간 $t=0$부터 $t=x$까지 적분하면 다음을 얻는다.

$$\arctan x = x - \frac{x^3}{3} + \frac{x^5}{5} - \frac{x^7}{7} + \cdots + (-1)^n \frac{x^{2n+1}}{2n+1} + R_n(x)$$

여기서 다음을 얻는다.

$$R_n(x) = \int_0^x \frac{(-1)^{n+1} t^{2n+2}}{1+t^2}\, dt$$

피적분함수의 분모는 1보다 크다. 따라서 다음과 같다.

$$|R_n(x)| \le \int_0^{|x|} t^{2n+2}\, dt = \frac{|x|^{2n+3}}{2n+3}$$

$|x| \le 1$이면, $n \to \infty$일 때 이 부등식의 우변은 0으로 수렴한다. 따라서 $|x| \le 1$이면 $\lim_{n\to\infty} R_n(x)=0$이고 다음 식이 성립한다.

$$\begin{aligned} \arctan x &= \sum_{n=0}^{\infty} \frac{(-1)^n x^{2n+1}}{2n+1}, \quad (|x| \le 1) \\ \arctan x &= x - \frac{x^3}{3} + \frac{x^5}{5} - \frac{x^7}{7} + \cdots, \quad (|x| \le 1) \end{aligned} \tag{3}$$

arctan x의 고차 도함수에 대한 공식은 다루기 어렵기 때문에 테일러 급수를 직접 찾는 대신 위와 같이 간접적인 방법으로 구했다. 식 (3)에 $x=1$을 대입하면 **라이프니츠 공식**(Leibniz's formula)이 된다.

$$\frac{\pi}{4} = 1 - \frac{1}{3} + \frac{1}{5} - \frac{1}{7} + \frac{1}{9} - \cdots + \frac{(-1)^n}{2n+1} + \cdots$$

이 급수는 매우 느리게 수렴하므로, 소수점 아래 많은 자릿수까지 π의 근삿값을 구할 때 이것을 사용하지는 않는다. arctan x의 급수는 x가 0에 가까울 때 가장 빠르게 수렴한다. 이런 이유에서 arctan x의 급수로 π를 계산할 때 다양한 삼각함수 공식을 사용한다.

예를 들어 다음과 같다고 하자.

$$\alpha = \arctan\frac{1}{2}, \qquad \beta = \arctan\frac{1}{3}$$

그러면 다음을 얻는다.

$$\tan(\alpha + \beta) = \frac{\tan\alpha + \tan\beta}{1 - \tan\alpha\tan\beta} = \frac{\frac{1}{2} + \frac{1}{3}}{1 - \frac{1}{6}} = 1 = \tan\frac{\pi}{4}$$

따라서 다음과 같다.

$$\frac{\pi}{4} = \alpha + \beta = \arctan\frac{1}{2} + \arctan\frac{1}{3}$$

이제 식 (3)에 $x = 1/2$과 $x = 1/3$을 각각 대입하면, arctan(1/2)과 arctan(1/3)을 구할 수 있다. 두 결과를 더하고 4를 곱하면 π가 나온다.

부정형의 극한 계산

테일러 급수로 관련된 함수를 표현함으로써 부정형의 극한을 계산할 수 있다.

예제 5 다음 극한을 구하라.

$$\lim_{x \to 1} \frac{\ln x}{x - 1}$$

풀이 ln x를 $x - 1$의 거듭제곱인 테일러 급수로 표현하자. 그렇게 하기 위해 $x = 1$에서 ln x의 테일러 급수를 직접 계산하여 얻고, 8.7절 예제 6의 $\ln(x+1)$에 대한 급수에서 x를 $x - 1$로 치환한다. 어떤 방법을 사용하든 다음을 얻는다.

$$\ln x = (x - 1) - \frac{1}{2}(x - 1)^2 + \cdots$$

이 식으로부터 다음과 같다.

$$\lim_{x \to 1} \frac{\ln x}{x - 1} = \lim_{x \to 1}\left(1 - \frac{1}{2}(x - 1) + \cdots\right) = 1$$

물론 이 특별한 극한값은 로피탈의 법칙을 사용해도 계산할 수 있다. ■

예제 6 다음 극한을 구하라.

$$\lim_{x \to 0} \frac{\sin x - \tan x}{x^3}$$

풀이 sin x와 tan x의 테일러 급수를 x^5까지 나타내면 다음과 같다.

$$\sin x = x - \frac{x^3}{3!} + \frac{x^5}{5!} - \cdots, \qquad \tan x = x + \frac{x^3}{3} + \frac{2x^5}{15} + \cdots$$

급수를 항별로 빼면 다음과 같다.

$$\sin x - \tan x = -\frac{x^3}{2} - \frac{x^5}{8} - \cdots = x^3\left(-\frac{1}{2} - \frac{x^2}{8} - \cdots\right)$$

위의 식에 양변을 x^3으로 나누고 극한을 취하면 극한값을 얻는다.

$$\lim_{x\to 0}\frac{\sin x - \tan x}{x^3} = \lim_{x\to 0}\left(-\frac{1}{2}-\frac{x^2}{8}-\cdots\right) = -\frac{1}{2}$$ ■

$\lim_{x\to 0}((1/\sin x)-(1/x))$의 계산에 급수를 이용하면 극한값을 구할 뿐 아니라, $\csc x$의 근사 공식을 유도할 수 있다.

예제 7 $\lim_{x\to 0}\left(\frac{1}{\sin x}-\frac{1}{x}\right)$을 구하라.

풀이 $\sin x$의 테일러 급수와 연산을 이용하여 다음을 얻는다.

$$\frac{1}{\sin x}-\frac{1}{x} = \frac{x-\sin x}{x\sin x} = \frac{x-\left(x-\frac{x^3}{3!}+\frac{x^5}{5!}-\cdots\right)}{x\cdot\left(x-\frac{x^3}{3!}+\frac{x^5}{5!}-\cdots\right)}$$

$$= \frac{x^3\left(\frac{1}{3!}-\frac{x^2}{5!}+\cdots\right)}{x^2\left(1-\frac{x^2}{3!}+\cdots\right)} = x\cdot\frac{\frac{1}{3!}-\frac{x^2}{5!}+\cdots}{1-\frac{x^2}{3!}+\cdots}$$

그러므로 다음과 같다.

$$\lim_{x\to 0}\left(\frac{1}{\sin x}-\frac{1}{x}\right) = \lim_{x\to 0}\left(x\cdot\frac{\frac{1}{3!}-\frac{x^2}{5!}+\cdots}{1-\frac{x^2}{3!}+\cdots}\right) = 0$$

우변의 분수식으로부터 $|x|$가 작을 때 다음을 얻는다.

$$\frac{1}{\sin x}-\frac{1}{x} \approx x\cdot\frac{1}{3!} = \frac{x}{6} \quad 또는 \quad \csc x \approx \frac{1}{x}+\frac{x}{6}$$ ■

오일러 항등식

복소수는 a와 b가 실수이고 $i=\sqrt{-1}$ (18장 참조)일 때, $a+bi$ 형태의 수를 의미한다. e^x의 테일러 급수에서 $x=i\theta$ (θ는 실수)로 치환하고, 다음 관계 식을 이용하자.

$$i^2 = -1, \quad i^3 = i^2 i = -i, \quad i^4 = i^2 i^2 = 1, \quad i^5 = i^4 i = i$$

결과를 간단히 하면, 다음 식을 얻는다.

$$\begin{aligned} e^{i\theta} &= 1+\frac{i\theta}{1!}+\frac{i^2\theta^2}{2!}+\frac{i^3\theta^3}{3!}+\frac{i^4\theta^4}{4!}+\frac{i^5\theta^5}{5!}+\frac{i^6\theta^6}{6!}+\cdots \\ &= \left(1-\frac{\theta^2}{2!}+\frac{\theta^4}{4!}-\frac{\theta^6}{6!}+\cdots\right)+i\left(\theta-\frac{\theta^3}{3!}+\frac{\theta^5}{5!}-\cdots\right) = \cos\theta + i\sin\theta \end{aligned}$$

이 식에서 e의 허수의 거듭제곱에 대한 의미를 정의하지 않았으므로 아직 $e^{i\theta}=\cos\theta+i\sin\theta$가 성립함을 증명했다고 볼 수 없다. 오히려 이 식은 $e^{i\theta}$가 이미 실수에서 지수함수에 대해 알고 있는 다른 사실과 일치하도록 하기 위해 어떻게 정의되어야 하는지 말해준다.

정의 임의의 실수 θ에 대해 다음과 같다.

$$e^{i\theta} = \cos\theta + i\sin\theta \tag{4}$$

식 (4)를 **오일러 항등식**(Euler's identity)이라 하며, 이 식으로부터 임의의 복소수 $a+bi$에 대해 e^{a+bi}를 $e^a\cdot e^{bi}$로 정의할 수 있다. 따라서 다음과 같다.

$$e^{a+ib} = e^a(\cos b + i\sin b)$$

표 8.1 자주 사용되는 테일러 급수.

$$\frac{1}{1-x} = 1 + x + x^2 + \cdots + x^n + \cdots = \sum_{n=0}^{\infty} x^n, \qquad |x| < 1$$

$$\frac{1}{1+x} = 1 - x + x^2 - \cdots + (-x)^n + \cdots = \sum_{n=0}^{\infty} (-1)^n x^n, \qquad |x| < 1$$

$$e^x = 1 + x + \frac{x^2}{2!} + \cdots + \frac{x^n}{n!} + \cdots = \sum_{n=0}^{\infty} \frac{x^n}{n!}, \qquad |x| < \infty$$

$$\sin x = x - \frac{x^3}{3!} + \frac{x^5}{5!} - \cdots + (-1)^n \frac{x^{2n+1}}{(2n+1)!} + \cdots = \sum_{n=0}^{\infty} \frac{(-1)^n x^{2n+1}}{(2n+1)!}, \qquad |x| < \infty$$

$$\cos x = 1 - \frac{x^2}{2!} + \frac{x^4}{4!} - \cdots + (-1)^n \frac{x^{2n}}{(2n)!} + \cdots = \sum_{n=0}^{\infty} \frac{(-1)^n x^{2n}}{(2n)!}, \qquad |x| < \infty$$

$$\ln(1+x) = x - \frac{x^2}{2} + \frac{x^3}{3} - \cdots + (-1)^{n-1} \frac{x^n}{n} + \cdots = \sum_{n=1}^{\infty} \frac{(-1)^{n-1} x^n}{n}, \qquad -1 < x \le 1$$

$$\arctan x = x - \frac{x^3}{3} + \frac{x^5}{5} - \cdots + (-1)^n \frac{x^{2n+1}}{2n+1} + \cdots = \sum_{n=0}^{\infty} \frac{(-1)^n x^{2n+1}}{2n+1}, \qquad |x| \le 1$$

이 항등식의 또 하나의 결과로 다음 식을 얻는다.

$$e^{i\pi} = -1$$

위 식을 변형한 방정식 $e^{i\pi}+1=0$은 수학에서 가장 중요한 다섯 가지의 상수로 이루어져 있다.

연습문제 8.10 EXERCISE QUESTION

테일러 급수

연습문제 1~10에서 주어진 함수에 대한 테일러 급수의 0이 아닌 처음 4개의 항을 구하라.

1. $(1+x)^{1/2}$ **2.** $(1+x)^{1/3}$

3. $(1-x)^{-3}$ **4.** $(1-2x)^{1/2}$

5. $\left(1+\frac{x}{2}\right)^{-2}$ **6.** $\left(1-\frac{x}{3}\right)^{4}$

7. $(1+x^3)^{-1/2}$ **8.** $(1+x^2)^{-1/3}$

9. $\left(1+\frac{x^2}{2}\right)^{3/2}$ **10.** $\frac{x}{\sqrt[3]{1+x}}$

연습문제 11~14에서 주어진 함수에 대한 이항급수를 구하라.

11. $(1+x)^4$ **12.** $(1+x^2)^3$

13. $(1-2x)^3$ **14.** $\left(1-\frac{x}{2}\right)^{4}$

비초등함수의 적분과 근사 계산

T 연습문제 15~18에서 급수를 이용하여 10^{-5}보다 작은 오차로 적분값을 추정하라. (해답에서는 소수점 7자리에서 반올림한 적분값이 제시되어 있다.)

15. $\int_0^{0.6} \sin x^2\, dx$ **16.** $\int_0^{0.4} \frac{e^{-x}-1}{x}\, dx$

17. $\int_0^{0.5} \frac{1}{\sqrt{1+x^4}}\, dx$ **18.** $\int_0^{0.35} \sqrt[3]{1+x^2}\, dx$

T 연습문제 19~22에서 급수를 이용하여 10^{-8}보다 작은 크기의 오차로 적분값을 근사하라.

19. $\int_0^{0.1} \frac{\sin x}{x}\, dx$ **20.** $\int_0^{0.1} e^{-x^2}\, dx$

21. $\int_0^{0.1} \sqrt{1+x^4}\, dx$ **22.** $\int_0^{1} \frac{1-\cos x}{x^2}\, dx$

23. $\int_0^1 \cos t^2\, dt$에서 $\cos t^2$을 $1-\frac{t^4}{2}+\frac{t^8}{4!}$로 근사화할 때 오차를 추정하라.

24. $\int_0^1 \cos\sqrt{t}\, dt$에서 $\cos\sqrt{t}$을 $1-\frac{t}{2}+\frac{t^2}{4!}-\frac{t^3}{6!}$로 근사화할 때 오차를 추정하라.

연습문제 25~28에서 주어진 구간 전체에서 10^{-3}보다 작은 크기의 오차로 $F(x)$를 근사화하는 다항식을 구하라.

25. $F(x) = \int_0^x \sin t^2\,dt,\quad [0,1]$

26. $F(x) = \int_0^x t^2 e^{-t^2}\,dt,\quad [0,1]$

27. $F(x) = \int_0^x \arctan t\,dt,\quad$ **(a)** $[0, 0.5]\quad$ **(b)** $[0,1]$

28. $F(x) = \int_0^x \frac{\ln(1+t)}{t}\,dt,\quad$ **(a)** $[0, 0.5]\quad$ **(b)** $[0,1]$

부정형

연습문제 29~40에서 급수를 이용하여 극한값을 구하라.

29. $\lim_{x\to 0} \frac{e^x - (1+x)}{x^2}$

30. $\lim_{x\to 0} \frac{e^x - e^{-x}}{x}$

31. $\lim_{t\to 0} \frac{1 - \cos t - (t^2/2)}{t^4}$

32. $\lim_{\theta\to 0} \frac{\sin\theta - \theta + (\theta^3/6)}{\theta^5}$

33. $\lim_{y\to 0} \frac{y - \arctan y}{y^3}$

34. $\lim_{y\to 0} \frac{\tan^{-1} y - \sin y}{y^3 \cos y}$

35. $\lim_{x\to\infty} x^2\left(e^{-1/x^2} - 1\right)$

36. $\lim_{x\to\infty} (x+1)\sin\frac{1}{x+1}$

37. $\lim_{x\to 0} \frac{\ln(1+x^2)}{1 - \cos x}$

38. $\lim_{x\to 2} \frac{x^2 - 4}{\ln(x-1)}$

39. $\lim_{x\to 0} \frac{\sin 3x^2}{1 - \cos 2x}$

40. $\lim_{x\to 0} \frac{\ln(1+x^3)}{x \cdot \sin x^2}$

표 8.1 이용하기

연습문제 41~52에서 표 8.1을 이용하여 각 급수의 합을 구하라.

41. $1 + 1 + \frac{1}{2!} + \frac{1}{3!} + \frac{1}{4!} + \cdots$

42. $\left(\frac{1}{4}\right)^3 + \left(\frac{1}{4}\right)^4 + \left(\frac{1}{4}\right)^5 + \left(\frac{1}{4}\right)^6 + \cdots$

43. $1 - \frac{3^2}{4^2 \cdot 2!} + \frac{3^4}{4^4 \cdot 4!} - \frac{3^6}{4^6 \cdot 6!} + \cdots$

44. $\frac{1}{2} - \frac{1}{2 \cdot 2^2} + \frac{1}{3 \cdot 2^3} - \frac{1}{4 \cdot 2^4} + \cdots$

45. $\frac{\pi}{3} - \frac{\pi^3}{3^3 \cdot 3!} + \frac{\pi^5}{3^5 \cdot 5!} - \frac{\pi^7}{3^7 \cdot 7!} + \cdots$

46. $\frac{2}{3} - \frac{2^3}{3^3 \cdot 3} + \frac{2^5}{3^5 \cdot 5} - \frac{2^7}{3^7 \cdot 7} + \cdots$

47. $x^3 + x^4 + x^5 + x^6 + \cdots$

48. $1 - \frac{3^2 x^2}{2!} + \frac{3^4 x^4}{4!} - \frac{3^6 x^6}{6!} + \cdots$

49. $x^3 - x^5 + x^7 - x^9 + x^{11} - \cdots$

50. $x^2 - 2x^3 + \frac{2^2 x^4}{2!} - \frac{2^3 x^5}{3!} + \frac{2^4 x^6}{4!} - \cdots$

51. $-1 + 2x - 3x^2 + 4x^3 - 5x^4 + \cdots$

52. $1 + \frac{x}{2} + \frac{x^2}{3} + \frac{x^3}{4} + \frac{x^4}{5} + \cdots$

이론과 예제

53. $\ln(1-x)$의 급수를 구하기 위해 $\ln(1+x)$의 테일러 급수에서 x를 $-x$로 치환하라. 그런 다음 이것을 $\ln(1+x)$의 테일러 급수로부터 빼서 $|x| < 1$일 때 다음을 증명하라.

$$\ln\frac{1+x}{1-x} = 2\left(x + \frac{x^3}{3} + \frac{x^5}{5} + \cdots\right)$$

54. 10^{-8}보다 작은 크기의 오차로 $\ln(1.1)$을 계산하려면 $\ln(1+x)$에 대한 테일러 급수 항을 몇 개 더해야 하는가? 답변에 대한 이유를 제시하라.

55. 교대급수 추정 정리를 사용하여 10^{-3}보다 작은 크기의 오차로 $\pi/4$을 계산하려면 arctan 1에 대한 테일러 급수 항을 몇 개 더해야 하는가? 답변에 대한 이유를 제시하라.

56. $f(x) = \arctan x$의 테일러 급수는 $|x| > 1$에서 발산함을 보여라.

T **57.** **π의 어림값** 10^{-6}보다 작은 크기의 오차로 다음 방정식의 우변을 계산하려면 $\arctan x$에 대한 테일러 급수의 항을 몇 개 사용해야 하는가?

$$\pi = 48\arctan\frac{1}{18} + 32\arctan\frac{1}{57} - 20\arctan\frac{1}{239}$$

이와 대조적으로 $\sum_{n=1}^{\infty}(1/n^2)$이 $\pi^2/6$으로 수렴하는 속도는 매우 느려서 50개의 항까지 조사해도 2자리 정확도를 산출하지 못한다.

58. 식 (1)에서 이항급수가 $(1+x)^m$으로 수렴함을 증명하기 위해 다음 단계를 사용하라.

a. 다음 급수를 미분하라.

$$f(x) = 1 + \sum_{k=1}^{\infty}\binom{m}{k}x^k$$

다음과 같음을 보여라.

$$f'(x) = \frac{mf(x)}{1+x},\quad -1 < x < 1$$

b. $g(x) = (1+x)^{-m} f(x)$라 정의하고, $g'(x) = 0$임을 보여라.

c. 문제 (b)로부터 다음을 보여라.

$$f(x) = (1+x)^m$$

59. a. 이항급수와 다음 식을 이용하여 $\arcsin x$에 대한 테일러 급수의 0이 아닌 처음 4개의 항을 구하라.

$$\frac{d}{dx}\arcsin x = (1 - x^2)^{-1/2}$$

수렴 반지름은 얼마인가?

b. **arccos *x*의 급수** 문제 (a)에서의 결과를 이용하여 $\arccos x$에 대한 테일러 급수의 0이 아닌 처음 다섯 항을 구하라.

60. a. **$\sinh^{-1}x$의 급수** 다음 함수에 대한 테일러 급수의 0이 아닌 처음 4개의 항을 구하라.

$$\sinh^{-1} x = \int_0^x \frac{dt}{\sqrt{1+t^2}}$$

T **b.** 문제 (a)에서 급수의 처음 3개의 항을 이용하여 $\sinh^{-1}0.25$를 어림 계산하라. 어림값의 오차의 상계를 구하라.

61. $-1/(1+x)$의 급수로부터 $1/(1+x)^2$의 테일러 급수를 구하라.

62. $1/(1-x)^2$의 테일러 급수를 이용하여 $2x/(1-x^2)^2$의 급수를 구하라.

T **63.** **π의 어림값** 영국 수학자 왈리스는 다음과 같은 공식을 발견했다.

$$\frac{\pi}{4} = \frac{2\cdot 4\cdot 4\cdot 6\cdot 6\cdot 8\cdot\cdots}{3\cdot 3\cdot 5\cdot 5\cdot 7\cdot 7\cdot\cdots}$$

이 공식에서 π를 소수점 아래 둘째 자리까지 구하라.

64. 1종 완전타원적분 상수 $0<k<1$에 대해 다음 적분을 1종 완전타원적분이라 한다.

$$K = \int_0^{\pi/2} \frac{d\theta}{\sqrt{1-k^2\sin^2\theta}}$$

a. $1/\sqrt{1-x}$에 대한 이항급수의 처음 4개의 항이 다음과 같음을 보여라.

$$(1-x)^{-1/2} = 1 + \frac{1}{2}x + \frac{1\cdot 3}{2\cdot 4}x^2 + \frac{1\cdot 3\cdot 5}{2\cdot 4\cdot 6}x^3 + \cdots$$

b. 문제 (a)에서 책의 뒷부분에 있는 기본 적분표 67로부터 다음을 보여라.

$$K = \frac{\pi}{2}\left[1 + \left(\frac{1}{2}\right)^2 k^2 + \left(\frac{1\cdot 3}{2\cdot 4}\right)^2 k^4 + \left(\frac{1\cdot 3\cdot 5}{2\cdot 4\cdot 6}\right)^2 k^6 + \cdots\right]$$

65. arcsin x에 대한 급수 $|x|<1$에서 이항급수 $(1-x^2)^{-1/2}$를 적분하여 다음을 보여라.

$$\arcsin x = x + \sum_{n=1}^{\infty} \frac{1\cdot 3\cdot 5\cdot \cdots \cdot (2n-1)}{2\cdot 4\cdot 6\cdot \cdots \cdot (2n)} \frac{x^{2n+1}}{2n+1}$$

66. $|x|>1$에서 arctan x에 대한 급수 다음 급수라고 하자.

$$\arctan x = \frac{\pi}{2} - \frac{1}{x} + \frac{1}{3x^3} - \frac{1}{5x^5} + \cdots, \quad x>1$$

$$\arctan x = -\frac{\pi}{2} - \frac{1}{x} + \frac{1}{3x^3} - \frac{1}{5x^5} + \cdots, \quad x<-1$$

x에서 ∞까지와 $-\infty$에서 x까지를 각각 적분하여 다음 급수가 됨을 보여라.

$$\frac{1}{1+t^2} = \frac{1}{t^2}\cdot\frac{1}{1+(1/t^2)} = \frac{1}{t^2} - \frac{1}{t^4} + \frac{1}{t^6} - \frac{1}{t^8} + \cdots$$

오일러의 항등식

67. 식 (4)를 이용하여 e의 거듭제곱에 관한 표현을 $a+bi$꼴로 바꾸어 쓰라.

a. $e^{-i\pi}$ **b.** $e^{i\pi/4}$ **c.** $e^{-i\pi/2}$

68. 식 (4)를 이용하여 다음을 보여라.

$$\cos\theta = \frac{e^{i\theta}+e^{-i\theta}}{2} \quad \text{와} \quad \sin\theta = \frac{e^{i\theta}-e^{-i\theta}}{2i}$$

69. $e^{i\theta}$와 $e^{-i\theta}$에 대한 테일러 급수를 이용하여 연습문제 68의 식을 증명하라.

70. 다음을 증명하라.

a. $\cosh i\theta = \cos\theta$ **b.** $\sinh i\theta = i\sin\theta$

71. e^x과 $\sin x$에 대한 테일러 급수를 곱해 $e^x\sin x$에 대한 테일러 급수의 x^5까지의 항을 구하라. 이 급수는 다음 급수의 허수부이다.

$$e^x\cdot e^{ix} = e^{(1+i)x}$$

이 사실을 이용하여 답을 확인하라. 어떤 x값에 대해 $e^x\sin x$의 급수는 수렴하는가?

72. a, b가 실수일 때 $e^{(a+bi)x}$를 다음과 같이 정의할 수 있다.

$$e^{(a+ib)x} = e^{ax}\cdot e^{ibx} = e^{ax}(\cos bx + i\sin bx)$$

이 식의 우변을 미분하여 다음이 성립함을 보여라.

$$\frac{d}{dx}e^{(a+ib)x} = (a+ib)e^{(a+ib)x}$$

그러므로 이 익숙한 규칙 $(d/dx)e^{kx}=ke^{kx}$은 k가 실수뿐만 아니라 복소수일 때도 성립한다.

73. 임의의 실수 θ, θ_1, θ_2에 대해 $e^{i\theta}$의 정의를 이용하여 다음이 성립함을 보여라.

a. $e^{i\theta_1}e^{i\theta_2} = e^{i(\theta_1+\theta_2)}$

b. $e^{-i\theta} = 1/e^{i\theta}$

74. 두 복소수 $a+ib$와 $c+id$가 같기 위한 필요충분 조건은 $a=c$이고 $b=d$이다. $\int e^{ax}\cos bx\,dx$와 $\int e^{ax}\sin bx\,dx$로부터 이 사실을 이용하여 다음의 값을 구하라.

$$\int e^{(a+ib)x}\,dx = \frac{a-ib}{a^2+b^2}e^{(a+ib)x} + C$$

(단, $C=C_1+iC_2$는 복소 적분상수)

복습문제 REVIEW QUESTION

1. 무한수열이 무엇인가? 어떤 수열이 수렴하는 것은 무엇을 의미하는가? 예를 들어라.
2. 단조증가함수란 무엇인가? 어떤 상황에서 이런 수열이 극한값을 가질 수 있는가? 예를 들라.
3. 극한을 계산하는 데 어떤 정리를 사용할 수 있는가? 예를 들어라.
4. 로피탈 법칙을 사용하여 수열의 극한을 계산할 수 있는 정리는 무엇인가? 예를 들어라.
5. 정리 5에서 소개한 수열과 급수를 다룰 때 자주 접하게 될 6개의 잘 알려진 극한은 무엇인가?
6. 무한급수란 무엇인가? 무한급수가 수렴한다거나, 발산한다의 의미는 무엇인가? 예를 들어라.
7. 기하급수란 무엇인가? 기하급수는 언제 수렴하고, 발산하는가? 수렴한다면 그 합은 얼마인가? 예를 들어라.
8. 기하급수 외에 또 다른 수렴하거나, 발산하는 급수로는 무엇을 알고 있는가?
9. 발산에 대한 일반항 판정법이란 무엇인가? 이 판정법은 어떤 개념을 기반으로 하고 있는가?
10. 수렴하는 급수의 항별 합과 차에 관해 어떻게 말할 수 있는가? 또 수렴하거나, 발산하는 수열과 상수배에 관해 어떠한가?
11. 수렴하는(또는 발산하는) 급수에 유한개의 항을 더한다면 어떻게 되겠는가? 또 수렴하는(또는 발산하는) 급수에서 유한개의 항을 뺀다면 어떻게 되겠는가?
12. 어떻게 수열의 번호를 다시 매길 수 있는가? 왜 이렇게 해야 하는가?
13. 음이 아닌 항으로 이루어진 무한급수는 어떤 조건에서 수렴하거나, 발산하는가? 음이 아닌 항으로 이루어진 급수를 왜 공부하는가?
14. 적분판정법이 무엇인가? 또 그 근거는 무엇인가? 그 사용의 예를 들어라.
15. p-급수가 수렴할 때와 발산할 때가 언제이며 그것을 어떻게 알 수

있는가? p-급수의 수렴과 발산의 예를 들어라.

16. 직접 비교판정법과 극한 비교판정법이 무엇인가? 이 판정법의 근거는 무엇인가? 그 사용의 예를 들어라.

17. 비판정법과 근판정법은 무엇인가? 그것들은 수렴인지 발산인지 알아보려고 할 때 언제나 원하는 답을 주는가?

18. 절대수렴이 무엇인가? 조건수렴은 무엇인가? 두 가지는 어떻게 연관되어 있는가?

19. 교대급수는 무엇인가, 이런 급수의 수렴을 판정할 때 사용할 수 있는 판정법은 무엇인가?

20. 교대급수의 합을 이 급수의 부분합 중 하나로 근사화했을 때 그 오차는 어떻게 추정할 수 있는가? 추정의 근거는 무엇인가?

21. 절대수렴하는 급수의 항을 재배열하는 것은 어떤 의미가 있는가? 또 조건수렴하는 급수의 항을 재배열하는 것은 어떠한가?

22. 거듭제곱급수는 무엇인가? 거듭제곱급수의 수렴 여부를 어떻게 판정할 수 있는가? 가능한 결과는 무엇인가?

23. 다음에 대한 기본적 사실은 무엇인가?

a. 거듭제곱급수의 합, 차, 곱

b. 거듭제곱급수에서 x에 대한 함수 치환

c. 거듭제곱급수의 항별 미분

d. 거듭제곱급수의 항별 적분

e. 예를 들어라.

24. $x=a$에서 함수 $f(x)$에 의해 만들어지는 테일러 급수는 무엇인가? 이 급수를 구하기 위해서는 함수 f에 관한 어떤 정보가 필요한가? 예를 들어라.

25. 매클로린 급수란 무엇인가?

26. 테일러 급수는 항상 원래의 함수에 수렴하는가?

27. 테일러 다항식이란 무엇인가? 이 다항식은 어디에 사용되나?

28. 테일러 공식이란 무엇인가? 테일러 다항식을 사용하여 함수를 근사화할 때에 발생하는 오차에 대해 무엇이라 말하는가? 특히 선형화시켰을 때의 오차에 관해 테일러 다항식은 어떤 점을 말해주는가? 2차까지 근사했을 때는?

29. 이항급수란 무엇인가? 어떤 구간에서 수렴하는가? 어떻게 그것을 사용하는가?

30. 어려운 정적분의 값을 근사하기 위해 거듭제곱급수를 어떻게 사용하면 되겠는가? 극한을 찾으려면?

31. $1/(1-x)$, $1/(1+x)$, e^x, $\sin x$, $\cos x$, $\ln(1+x)$, $\tan^{-1}x$의 테일러 급수는 무엇인가? 이들 급수를 그들의 부분합으로 대체했을 때, 오차는 어떻게 추정할 것인가?

실전문제 PRACTICE QUESTION

수열의 수렴 판정

실전문제 1~18에서 n번째 항의 수열이 다음과 같이 나타내는 수열은 수렴하는가, 발산하는가? 수렴수열의 경우 극한을 구하라.

1. $a_n = 1 + \dfrac{(-1)^n}{n}$

2. $a_n = \dfrac{1-(-1)^n}{\sqrt{n}}$

3. $a_n = \dfrac{1-2^n}{2^n}$

4. $a_n = 1 + (0.9)^n$

5. $a_n = \sin\dfrac{n\pi}{2}$

6. $a_n = \sin n\pi$

7. $a_n = \dfrac{\ln(n^2)}{n}$

8. $a_n = \dfrac{\ln(2n+1)}{n}$

9. $a_n = \dfrac{n + \ln n}{n}$

10. $a_n = \dfrac{\ln(2n^3+1)}{n}$

11. $a_n = \left(\dfrac{n-5}{n}\right)^n$

12. $a_n = \left(1 + \dfrac{1}{n}\right)^{-n}$

13. $a_n = \sqrt[n]{\dfrac{3^n}{n}}$

14. $a_n = \left(\dfrac{3}{n}\right)^{1/n}$

15. $a_n = n(2^{1/n} - 1)$

16. $a_n = \sqrt[n]{2n+1}$

17. $a_n = \dfrac{(n+1)!}{n!}$

18. $a_n = \dfrac{(-4)^n}{n!}$

수렴하는 급수

실전문제 19~24에서 급수의 합을 구하라.

19. $\displaystyle\sum_{n=3}^{\infty} \frac{1}{(2n-3)(2n-1)}$

20. $\displaystyle\sum_{n=2}^{\infty} \frac{-2}{n(n+1)}$

21. $\displaystyle\sum_{n=1}^{\infty} \frac{9}{(3n-1)(3n+2)}$

22. $\displaystyle\sum_{n=3}^{\infty} \frac{-8}{(4n-3)(4n+1)}$

23. $\displaystyle\sum_{n=0}^{\infty} e^{-n}$

24. $\displaystyle\sum_{n=1}^{\infty} (-1)^n \frac{3}{4^n}$

급수의 수렴 판정하기

실전문제 25~44에서 급수는 절대수렴하는가, 조건수렴하는가, 발산하는가? 답변에 대한 이유를 제시하라.

25. $\displaystyle\sum_{n=1}^{\infty} \frac{1}{\sqrt{n}}$

26. $\displaystyle\sum_{n=1}^{\infty} \frac{-5}{n}$

27. $\displaystyle\sum_{n=1}^{\infty} \frac{(-1)^n}{\sqrt{n}}$

28. $\displaystyle\sum_{n=1}^{\infty} \frac{1}{2n^3}$

29. $\displaystyle\sum_{n=1}^{\infty} \frac{(-1)^n}{\ln(n+1)}$

30. $\displaystyle\sum_{n=2}^{\infty} \frac{1}{n(\ln n)^2}$

31. $\displaystyle\sum_{n=1}^{\infty} \frac{\ln n}{n^3}$

32. $\displaystyle\sum_{n=3}^{\infty} \frac{\ln n}{\ln(\ln n)}$

33. $\displaystyle\sum_{n=1}^{\infty} \frac{(-1)^n}{n\sqrt{n^2+1}}$

34. $\displaystyle\sum_{n=1}^{\infty} \frac{(-1)^n 3n^2}{n^3+1}$

35. $\displaystyle\sum_{n=1}^{\infty} \frac{n+1}{n!}$

36. $\displaystyle\sum_{n=1}^{\infty} \frac{(-1)^n(n^2+1)}{2n^2+n-1}$

37. $\displaystyle\sum_{n=1}^{\infty} \frac{(-3)^n}{n!}$

38. $\displaystyle\sum_{n=1}^{\infty} \frac{2^n 3^n}{n^n}$

39. $\displaystyle\sum_{n=1}^{\infty} \frac{1}{\sqrt{n(n+1)(n+2)}}$

40. $\displaystyle\sum_{n=2}^{\infty} \frac{1}{n\sqrt{n^2-1}}$

41. $1-\left(\frac{1}{\sqrt{3}}\right)^2+\left(\frac{1}{\sqrt{3}}\right)^4-\left(\frac{1}{\sqrt{3}}\right)^6+\left(\frac{1}{\sqrt{3}}\right)^8-\cdots$

42. $\sum_{n=0}^{\infty}\frac{(-1)^n}{e^{-n}+1}$

43. $\sum_{n=0}^{\infty}\frac{1}{1+r+r^2+\cdots+r^n},\qquad(-1<r<1)$

44. $\sum_{n=1}^{\infty}\frac{(-1)^n}{\sqrt{n+100}-\sqrt{n}}$

45. 급수 $\sum_{n=3}^{\infty}\frac{1}{n(\ln n)(\ln(\ln n))^p}$가 수렴하는 필요충분 조건은 $p>1$이다.

46. 급수 $\sum_{n=1}^{\infty}\frac{\ln n}{n^p}$가 수렴하는 필요충분 조건은 $p>1$이다.

거듭제곱급수

실전문제 47~56에서 **(a)** 급수의 수렴 반지름과 수렴 구간을 찾아라. 그 급수가 **(b)** 절대수렴하는 x값, **(c)** 조건수렴하는 x값을 식별하라.

47. $\sum_{n=1}^{\infty}\frac{(x+4)^n}{n3^n}$

48. $\sum_{n=1}^{\infty}\frac{(x-1)^{2n-2}}{(2n-1)!}$

49. $\sum_{n=1}^{\infty}\frac{(-1)^{n-1}(3x-1)^n}{n^2}$

50. $\sum_{n=0}^{\infty}\frac{(n+1)(2x+1)^n}{(2n+1)2^n}$

51. $\sum_{n=1}^{\infty}\frac{x^n}{n^n}$

52. $\sum_{n=1}^{\infty}\frac{x^n}{\sqrt{n}}$

53. $\sum_{n=0}^{\infty}\frac{(n+1)x^{2n-1}}{3^n}$

54. $\sum_{n=0}^{\infty}\frac{(-1)^n(x-1)^{2n+1}}{2n+1}$

55. $\sum_{n=1}^{\infty}(\operatorname{csch} n)x^n$

56. $\sum_{n=1}^{\infty}(\coth n)x^n$

매클로린 급수

실전문제 57~62에서 각 급수는 $x=0$에서 함수 $f(x)$에 관한 테일러 급수의 특정 점에서의 값이다. 어떤 함수의 어떤 점인가? 급수의 합은 얼마인가?

57. $1-\frac{1}{4}+\frac{1}{16}-\cdots+(-1)^n\frac{1}{4^n}+\cdots$

58. $\frac{2}{3}-\frac{4}{18}+\frac{8}{81}-\cdots+(-1)^{n-1}\frac{2^n}{n3^n}+\cdots$

59. $\pi-\frac{\pi^3}{3!}+\frac{\pi^5}{5!}-\cdots+(-1)^n\frac{\pi^{2n+1}}{(2n+1)!}+\cdots$

60. $1-\frac{\pi^2}{9\cdot 2!}+\frac{\pi^4}{81\cdot 4!}-\cdots+(-1)^n\frac{\pi^{2n}}{3^{2n}(2n)!}+\cdots$

61. $1+\ln 2+\frac{(\ln 2)^2}{2!}+\cdots+\frac{(\ln 2)^n}{n!}+\cdots$

62. $\frac{1}{\sqrt{3}}-\frac{1}{9\sqrt{3}}+\frac{1}{45\sqrt{3}}-\cdots+(-1)^{n-1}\frac{1}{(2n-1)(\sqrt{3})^{2n-1}}+\cdots$

실전문제 63~70에서 함수의 $x=0$에서 테일러 급수를 구하라.

63. $\frac{1}{1-2x}$

64. $\frac{1}{1+x^3}$

65. $\sin\pi x$

66. $\sin\frac{2x}{3}$

67. $\cos(x^{5/3})$

68. $\cos\frac{x^3}{\sqrt{5}}$

69. $e^{(\pi x/2)}$

70. e^{-x^2}

테일러 급수

실전문제 71~74에서 $x=a$에서 함수 f에 의해 생성된 테일러 급수의 0이 아닌 처음 4개의 항을 구하라.

71. $f(x)=\sqrt{3+x^2}\quad(x=-1$에서$)$

72. $f(x)=1/(1-x)\quad(x=2$에서$)$

73. $f(x)=1/(x+1)\quad(x=3$에서$)$

74. $f(x)=1/x\quad(x=a>0$에서$)$

비초등함수의 적분

실전문제 75~78에서 급수를 사용하여 주어진 적분의 근삿값을 10^{-8} 이내의 오차 범위에서 구하라. (정답에 소수점 아래 10자리까지 반올림된 적분값이 제시되었다.)

75. $\int_0^{1/2}e^{-x^3}\,dx$

76. $\int_0^1 x\sin(x^3)\,dx$

77. $\int_0^{1/2}\frac{\tan^{-1}x}{x}\,dx$

78. $\int_0^{1/64}\frac{\arctan x}{\sqrt{x}}\,dx$

급수 이용하여 극한 찾기

실전문제 79~84에서 다음을 구한다.

a. 거듭제곱급수를 사용하여 극한을 구하라.

T **b.** 그래퍼를 이용하여 계산한 값을 확인하라.

79. $\lim_{x\to 0}\frac{7\sin x}{e^{2x}-1}$

80. $\lim_{\theta\to 0}\frac{e^\theta-e^{-\theta}-2\theta}{\theta-\sin\theta}$

81. $\lim_{t\to 0}\left(\frac{1}{2-2\cos t}-\frac{1}{t^2}\right)$

82. $\lim_{h\to 0}\frac{(\sin h)/h-\cos h}{h^2}$

83. $\lim_{z\to 0}\frac{1-\cos^2 z}{\ln(1-z)+\sin z}$

84. $\lim_{y\to 0}\frac{y^2}{\cos y-\cosh y}$

이론과 예제

85. $\sin 3x$의 급수 표현을 이용하여 다음 식에서 r과 s의 값을 찾아라.

$$\lim_{x\to 0}\left(\frac{\sin 3x}{x^3}+\frac{r}{x^2}+s\right)=0$$

T **86.** $f(x)=\sin x-x$와 $g(x)=\sin x-(6x/(6+x^2))$의 그래프를 비교하여 근사화 $\sin x\approx x$와 $\sin x\approx(6x/(6+x^2))$의 정확도를 비교하라. 찾은 것을 설명하라.

87. 다음 급수의 수렴 반지름을 구하라.

$$\sum_{n=1}^{\infty}\frac{2\cdot 5\cdot 8\cdot\cdots\cdot(3n-1)}{2\cdot 4\cdot 6\cdot\cdots\cdot(2n)}x^n$$

88. 다음 급수의 수렴 반지름을 구하라.

$$\sum_{n=1}^{\infty}\frac{3\cdot 5\cdot 7\cdot\cdots\cdot(2n+1)}{4\cdot 9\cdot 14\cdot\cdots\cdot(5n-1)}(x-1)^n$$

89. $\sum_{n=2}^{\infty} \ln(1-(1/n^2))$의 n번째 부분합에 대한 닫힌 형식의 공식을 구하고, 급수의 수렴과 발산을 판정하라.

90. $\sum_{k=2}^{\infty} (1/(k^2-1))$의 n번째 부분합이 $n \to \infty$일 때의 극한을 구하여 급수의 합을 구하라.

91. a. 다음 급수의 수렴 구간을 구하라.

$$y = 1 + \frac{1}{6}x^3 + \frac{1}{180}x^6 + \cdots + \frac{1 \cdot 4 \cdot 7 \cdot \cdots \cdot (3n-2)}{(3n)!}x^{3n} + \cdots$$

b. 급수에 의해 정의된 함수가 다음 형식의 미분방정식을 만족함을 보이고, a와 b의 값을 구하라.

$$\frac{d^2y}{dx^2} = x^a y + b$$

92. a. $x^2/(1+x)$의 매클로린 급수를 구하라.

b. 위 급수가 $x=1$일 때 수렴하는가? 설명하라.

93. $\sum_{n=1}^{\infty} a_n$과 $\sum_{n=1}^{\infty} b_n$이 음수가 아닌 수로 이루어진 수렴하는 급수일 때 $\sum_{n=1}^{\infty} a_n b_n$에 대해 뭐라고 말할 수 있는가? 답변에 대한 이유를 제시하라.

94. $\sum_{n=1}^{\infty} a_n$과 $\sum_{n=1}^{\infty} b_n$이 음수가 아닌 수로 이루어진 발산하는 급수일 때 $\sum_{n=1}^{\infty} a_n b_n$에 대해 뭐라고 말할 수 있는가? 답변에 대한 이유를 제시하라.

95. 수열 $\{x_n\}$과 $\sum_{k=1}^{\infty} (x_{k+1}-x_k)$가 둘 다 수렴하거나, 둘 다 발산함을 증명하라.

96. 모든 n에 대해 $a_n > 0$이고 $\sum_{n=1}^{\infty} a_n$이 수렴하면 $\sum_{n=1}^{\infty} (a_n/(1+a_n))$이 수렴함을 보여라.

97. 양수 $a_1, a_2, a_3, \cdots, a_n$이 다음 조건을 만족한다고 하자.

i) $a_1 \ge a_2 \ge a_3 \ge \cdots$

ii) 급수 $a_2+a_4+a_8+a_{16}+\cdots$은 발산한다.

이때 다음 급수 $\frac{a_1}{1} + \frac{a_2}{2} + \frac{a_3}{3} + \cdots$이 발산함을 보여라.

98. 실전문제 97의 결과를 이용하여 다음 식이 발산함을 보여라.

$$1 + \sum_{n=2}^{\infty} \frac{1}{n \ln n}$$

99. $a_n > 0$이고 $\sum_{n=1}^{\infty} a_n$이 수렴하면, $\sum_{n=1}^{\infty} \frac{\sqrt{a_n}}{n}$이 수렴함을 보여라.

100. 다음 급수 $\sum_{n=1}^{\infty} b_n$이 수렴하는지, 발산하는지 판정하라.

a. $b_1 = 1, \quad b_{n+1} = (-1)^n \frac{n+1}{3n+2} b_n$

b. $b_1 = 3, \quad b_{n+1} = \frac{n}{\ln n} b_n$

101. $b_n > 0$이고 $\sum_{n=1}^{\infty} b_n$이 수렴한다고 하자. 다음 급수에 대해 무엇을 말할 수 있는가?

a. $\sum_{n=1}^{\infty} \tan(b_n)$

b. $\sum_{n=1}^{\infty} \ln(1+b_n)$

c. $\sum_{n=1}^{\infty} \ln(2+b_n)$

102. 수렴하는 급수 $\sum_{n=1}^{\infty} \frac{(-1)^n}{e^n + e^{cn}}$ (c는 상수)를 생각하자. 이 급수의 처음 10개의 항으로 전체 급수의 합을 0.00001 미만의 오차로 추정하려면 c는 어떤 값이어야 하는가?

103. 다음 수열의 극한을 L이라 하자. L의 값을 구하라.

$$4^{1/3},\ (4(4^{1/3}))^{1/3},\ (4(4(4^{1/3}))^{1/3})^{1/3},\ (4(4(4(4^{1/3}))^{1/3})^{1/3})^{1/3},\ \ldots$$

104. 주어진 그림과 같이 색칠된 직각삼각형의 무한수열을 생각하자. 삼각형의 전체 넓이를 계산하라.

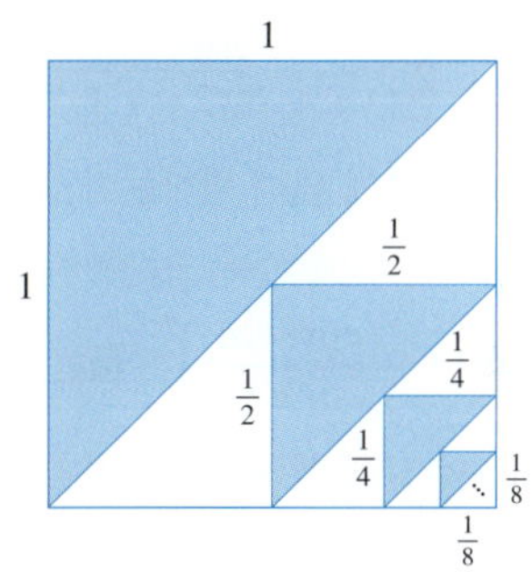

심화문제 ADVANCED QUESTION

급수의 수렴 판정

심화문제 1~4에서 공식에 의해 정의된 급수 $\sum_{n=1}^{\infty} a_n$ 중 어떤 것이 수렴하고, 어떤 것이 발산하는가? 답변에 대한 이유를 제시하라.

1. $\sum_{n=1}^{\infty} \frac{1}{(3n-2)^{n+(1/2)}}$

2. $\sum_{n=1}^{\infty} \frac{(\tan^{-1} n)^2}{n^2+1}$

3. $\sum_{n=1}^{\infty} (-1)^n \tanh n$

4. $\sum_{n=2}^{\infty} \frac{\log_n(n!)}{n^3}$

심화문제 5~8에서 공식에 의해 정의된 급수 $\sum_{n=1}^{\infty} a_n$ 중 어떤 것이 수렴하고 어떤 것이 발산하는가? 답변에 대한 이유를 제시하라.

5. $a_1 = 1, \quad a_{n+1} = \frac{n(n+1)}{(n+2)(n+3)} a_n$

[힌트: 몇 개의 항을 써보고 어느 것이 약분이 가능한지 확인 후 일반화하라.]

6. $a_1 = a_2 = 7, \quad a_{n+1} = \frac{n}{(n-1)(n+1)} a_n \quad (n \ge 2)$

7. $a_1 = a_2 = 1, \quad a_{n+1} = \frac{1}{1+a_n} \quad (n \ge 2)$

8. $a_n = 1/3^n$ (n은 홀수), $a_n = n/3^n$ (n은 짝수)

테일러 급수의 중심 정하기

다음 테일러의 공식은 $x=a$에서의 함수 f와 f의 도함수의 값으로부터 f를 나타낸다.

$$f(x) = f(a) + f'(a)(x-a) + \frac{f''(a)}{2!}(x-a)^2 + \cdots$$

$$+\frac{f^{(n)}(a)}{n!}(x-a)^n+\frac{f^{(n+1)}(c)}{(n+1)!}(x-a)^{n+1}$$

수치계산을 할 때, 함수 f와 f의 도함수의 값을 아는 한 점 a가 필요하다. 또한 $(x-a)^{n+1}$을 무시할 수 있을 정도로 작게 만들기 위해 a는 f의 값에 충분히 가까워야 한다.

심화문제 9~14에서 주어진 x값 근방에서 함수를 표현하기 위해 어떤 테일러 급수를 선택해야 하는가(1개 이상의 정답이 있을 수 있다)? 선택한 급수의 0이 아닌 처음 4개의 항을 써라.

9. $\cos x$, $x=1$ 근방에서
10. $\sin x$, $x=6.3$ 근방에서
11. e^x, $x=0.4$ 근방에서
12. $\ln x$, $x=1.3$ 근방에서
13. $\cos x$, $x=69$ 근방에서
14. $\arctan x$, $x=2$ 근방에서

이론과 예제

15. a와 b를 $0<a<b$라 하자. 수열 $\{(a^n+b^n)^{1/n}\}$은 수렴하는가? 만약 수렴한다면 그 극한은 무엇인가?

16. 다음 무한급수의 합을 구하라.

$$1+\frac{2}{10}+\frac{3}{10^2}+\frac{7}{10^3}+\frac{2}{10^4}+\frac{3}{10^5}+\frac{7}{10^6}+\frac{2}{10^7}+\frac{3}{10^8}+\frac{7}{10^9}+\cdots$$

17. 다음을 계산하라.

$$\sum_{n=0}^{\infty}\int_n^{n+1}\frac{1}{1+x^2}\,dx$$

18. 다음 급수가 항상 절대수렴하는 x값을 구하라.

$$\sum_{n=1}^{\infty}\frac{nx^n}{(n+1)(2x+1)^n}$$

T **19.** **a.** 다음 식의 값이 a의 값에 의해 변하는가? 그렇다면 어떻게 변하는가?

$$\lim_{n\to\infty}\left(1-\frac{\cos(a/n)}{n}\right)^n \quad (a\text{는 상수})$$

b. 다음 식의 값이 b의 값에 의해 변하는가? 그렇다면 어떻게 변하는가?

$$\lim_{n\to\infty}\left(1-\frac{\cos(a/n)}{bn}\right)^n \quad (a\text{와 } b\text{는 상수}, b\neq 0)$$

c. 계산기를 사용하여 문제 (a)와 (b)에서 얻은 결과를 확인하라.

20. $\sum_{n=1}^{\infty} a_n$이 수렴하면, 다음 급수도 수렴함을 보여라.

$$\sum_{n=1}^{\infty}\left(\frac{1+\sin a_n}{2}\right)^n$$

21. 다음 거듭제곱급수의 수렴 반지름이 5가 되기 위한 b의 값을 찾아라.

$$\sum_{n=2}^{\infty}\frac{b^n x^n}{\ln n}$$

22. $\sin x$, $\ln x$, e^x가 다항식이 아니라는 것을 어떻게 알 수 있는가? 답변에 대한 이유를 제시하라.

23. 다음 극한이 존재하도록 하는 a의 값을 구하고, 그 극한을 구하라.

$$\lim_{x\to 0}\frac{\sin(ax)-\sin x-x}{x^3}$$

24. 다음 식을 만족하도록 하는 a와 b의 값을 구하라.

$$\lim_{x\to 0}\frac{\cos(ax)-b}{2x^2}=-1$$

25. 라베(또는 가우스) 판정법 증명 없이 언급되는 다음 판정법은 비 판정법의 확장이다.

라베 판정법: $\sum_{n=1}^{\infty} u_n$이 양수로 이루어진 급수이고, 상수 C, K, N이 존재하여 $n\geq N$에 대해 $|f(n)|<K$에서 다음 식을 만족한다.

$$\frac{u_n}{u_{n+1}}=1+\frac{C}{n}+\frac{f(n)}{n^2}$$

$\sum_{n=1}^{\infty} u_n$은 $C>1$에서 수렴하고, $C\leq 1$에서 발산한다.

라베 판정법의 결과가 급수 $\sum_{n=1}^{\infty}(1/n^2)$와 $\sum_{n=1}^{\infty}(1/n)$에 대해 알고 있는 것과 일치함을 보여라.

26. (심화문제 25에서 계속) $\sum_{n=1}^{\infty} u_n$의 항이 다음 식에 의해 점화적으로 정의된다고 하자.

$$u_1=1,\quad u_{n+1}=\frac{(2n-1)^2}{(2n)(2n+1)}u_n$$

라베 판정법을 적용하여 급수의 수렴여부를 판정하라.

27. 모든 n에 대해 $a_n\neq 1$, $a_n>0$인 급수 $\sum_{n=1}^{\infty} a_n$이 수렴한다고 하자.

a. $\sum_{n=1}^{\infty} a_n^2$이 수렴함을 보여라.

b. $\sum_{n=1}^{\infty} a_n/(1-a_n)$이 수렴하는가? 그 이유를 설명하라.

28. (심화문제 27에서 계속) $\sum_{n=1}^{\infty} a_n$이 수렴하고, 모든 n에 대해 $0<a_n<1$이면 $\sum_{n=1}^{\infty}\ln(1-a_n)$이 수렴함을 보여라.

[힌트: $|\ln(1-a_n)|\leq a_n/(1-a_n)$을 먼저 보여라.]

29. 니콜 오래슴의 정리 다음을 증명하라.

$$1+\frac{1}{2}\cdot 2+\frac{1}{4}\cdot 3+\cdots+\frac{n}{2^{n-1}}+\cdots=4$$

[힌트: 식 $1/(1-x)=1+\sum_{n=1}^{\infty}x^n$의 양변을 미분하라.]

30. **a.** $\dfrac{e^x-1}{x}$을 거듭제곱급수 표현으로 나타내라.

b. 문제 (a)에서 구한 급수를 항마다 미분하여 다음을 보여라.

$$\sum_{n=1}^{\infty}\frac{n}{(n+1)!}=1$$

31. **a.** e^{-x^2}을 거듭제곱급수 표현으로 나타내라.

b. 문제 (a)에서 구한 급수를 항마다 미분하여 다음을 보여라.

$$\sum_{n=1}^{\infty}(-1)^{n+1}\frac{2n+1}{2^n n!}=1$$

32. **a.** 다음 항등식을 두 번 미분하자.

$$\sum_{n=1}^{\infty}\frac{n(n+1)}{x^n}=\frac{2x^2}{(x-1)^3}$$

그 결과에 x를 곱하고, 다음에 x를 $1/x$로 대체하여 $|x|>1$에서 다음과 같음을 보여라.

$$\sum_{n=1}^{\infty}x^{n+1}=\frac{x^2}{1-x}$$

b. 문제 (a)를 이용하여 다음 방정식의 1보다 큰 실근을 구하라.

$$x=\sum_{n=1}^{\infty}\frac{n(n+1)}{x^n}$$

33. 품질 관리

a. $1/(1-x)^2$을 구하기 위해 다음 급수를 미분하라.

$$\frac{1}{1-x} = 1 + x + x^2 + \cdots + x^n + \cdots$$

b. 2개의 주사위를 한 번 던졌을 때 합이 7이 될 확률은 $p=1/6$이다. 만약 주사위를 반복해서 던진다면 n번째 던졌을 때 처음으로 합이 7이 될 확률은 $q^{n-1}p$이다(여기서 $q=1-p=5/6$). 7이 처음 나올 때까지 던지는 횟수의 기댓값은 $\sum_{n=1}^{\infty} nq^{n-1}p$이다. 이 급수의 합을 구하라.

c. 생산 과정을 통계적으로 제어하는 엔지니어는 조립라인으로부터 무작위로 제품을 검사하여 각각의 견본품을 '양호' 또는 '불량'으로 분류한다. 만약 한 제품이 '양호'일 확률이 p이고 한 제품이 '불량'일 확률이 $q=1-p$이면, '불량'인 제품이 처음으로 n번째에서 발견될 확률은 $p^{n-1}q$이다. '불량'인 제품이 처음 나올 때까지 검사 횟수의 평균값은 $\sum_{n=1}^{\infty} np^{n-1}q$이다. $0<p<1$일 때, 이 급수의 합을 구하라.

34. 기댓값 확률변수 X가 k ($k=1, 2, 3, \cdots$)일 때의 확률을 p_k라 할 때, 즉 값 1, 2, 3, ⋯을 취할 확률이 $p_1, p_2, p_3, \cdots$ 이라 하자. 또한 $p_k \geq 0$이고 $\sum_{k=1}^{\infty} p_k=1$이라 할 때 X의 기댓값, 즉 $E(X)$는 $\sum_{k=1}^{\infty} kp_k$가 수렴한다는 가정하에 구해지는 값이다. 다음 각각의 경우에 $\sum_{k=1}^{\infty} p_k=1$임을 보이고, $E(X)$가 존재한다면 구하라. [힌트: 심화문제 33]

a. $p_k = 2^{-k}$ **b.** $p_k = \dfrac{5^{k-1}}{6^k}$

c. $p_k = \dfrac{1}{k(k+1)} = \dfrac{1}{k} - \dfrac{1}{k+1}$

T **35. 안전하고 효과적인 투약** 단일 용량의 약물 복용으로 혈액 속에 남아 있는 약의 성분은 시간이 지남에 따라 몸에서 빠져나가기 때문에 혈액 내 약물의 농도는 일반적으로 시간에 따라 감소한다. 따라서 농도가 일정 이하로 떨어지는 것을 방지하기 위해 일정한 주기로 반복 투여가 필요하다. 반복 투여의 효과를 알려주는 한 모델은 $(n+1)$번째 투여 직전의 잔여농도 R_n을 다음과 같이 나타낸다.

$$R_n = C_0e^{-kt_0} + C_0e^{-2kt_0} + \cdots + C_0e^{-nkt_0}$$

여기서 C_0는 단일 용량 투여(mg/mL)에 의한 농도 변화, k는 제거상수(h^{-1}), t_0는 투여 사이 시간(h)이다. 주어진 그림을 참고하라.

a. R_n을 분수 형태의 식으로 쓰고, $R=\lim_{n\to\infty} R_n$을 구하라.

b. $C_0=1$ mg/mL, $k=0.1$ h^{-1}, $t_0=10$ h일 때 R_1, R_{10}을 구하라. R_{10}은 R을 얼마나 잘 추정하는가?

c. $k=0.01$ h^{-1}, $t_0=10$ h일 때 $R_n > (1/2)R$을 만족하는 가장 작은 n을 구하라. $C_0=1$ mg/mL을 사용하라.

(출처: *Prescribing Safe and Effective Dosage*, B. Horelick and S. Koont, COMAP, Inc., Lexington, MA)

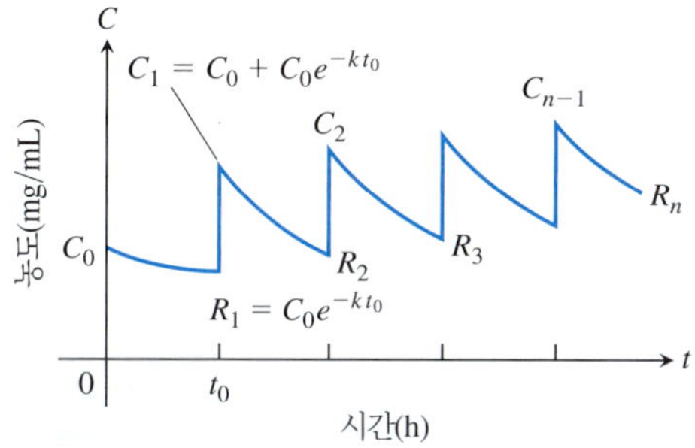

36. 약 복용의 주기(심화문제 35에서 계속) 만약 약물이 C_L 이하의 농도에서는 효과가 없고, C_H 이상의 농도에서는 해롭다고 알려졌다면, 안전하면서(C_H 이하), 효과적인(C_H 이상) 농도를 생성하는 C_0과 t_0의 값을 찾아야 한다. 주어진 그림을 참고하라. 따라서 다음을 만족하는 C_0과 t_0을 찾고자 한다.

$$R = C_L \text{와} \qquad C_0 + R = C_H$$

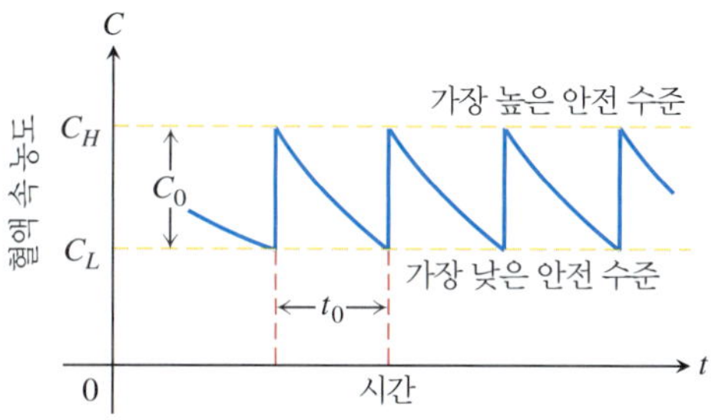

따라서 $C_0=C_H-C_L$이다. 심화문제 35a에서 얻은 R에 대한 방정식에 이러한 값을 대입하면, 다음 식을 얻을 수 있다.

$$t_0 = \frac{1}{k}\ln\frac{C_H}{C_L}$$

효과적인 수준에 빨리 도달하려면 C_H mg/mL의 농도를 만들도록 과한 용량을 처방해야 할지도 모른다. 매 t_0시간마다 복용하면 농도는 $C_0=C_H-C_L$ mg/mL만큼 올라갈 수 있음을 알 수 있다.

a. t_0에 관한 식을 유도하라.

b. $k=0.05$ h^{-1}일 때 최대 안전 농도가 최소 효과 농도의 e배라고 하고, 안전하면서 효과적인 농도가 보장되는 시간의 길이를 구하라.

c. $C_H=2$ mg/mL, $C_L=0.5$ mg/mL, $k=0.02$ h^{-1}라고 할 때 약물 투여 계획을 세워보라.

d. $k=0.2$ h^{-1}, 최소 효과 농도가 0.03 mg/mL라고 하자. 매 복용 시 0.1 mg/mL의 농도가 올라가도록 처방되었다면 약의 효과는 얼마나 오랫동안 유지되는가?

기술 응용 프로젝트 TECHNOLOGY APPLICATION PROJECT

매스매티카/메이플 프로젝트

프로젝트는 MyLab Math에서 찾을 수 있다.

- **튀어 오르는 공**

  이 모델은 튀는 공의 높이와 공이 튀는 것을 멈출 때까지의 시간을 예측한다.

- **테일러 다항식 근사**

  그래픽 애니메이션은 테일러 다항식이 함수의 정의역 내 구간에서 모든 차수의 도함수를 가진 함수로 수렴하는 과정을 보여준다.

9

매개방정식과 극좌표

이 장에서는 평면에서 곡선을 정의하는 새로운 방법에 대해 공부한다. 함수의 그래프나 식으로서 곡선을 생각하는 대신에 어떤 입자가 움직일 때 시간에 따른 위치의 변화를 나타내는 경로로서 곡선을 생각한다. 그러면 입자의 위치에 대한 x, y좌표가 각각 시간변수 t의 함수가 된다. 또한 평면에서의 점을 표현하는 방식도 바꾸어 줄 수 있는데, 직교좌표(또는 카테시안 좌표)가 아닌 극좌표를 사용하는 것이다. 이 두 가지는 행성, 위성 또는 발사체 등 평면이나 공간 상의 운동을 표현하는 데 유용한 새로운 방법이다.

9.1 평면 곡선의 매개변수화

매개방정식

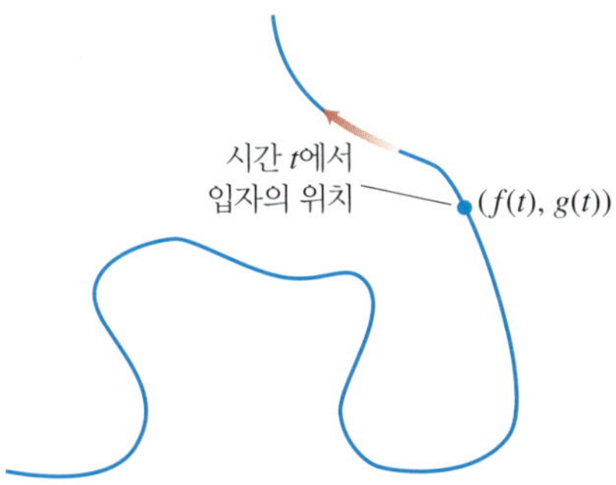

그림 9.1 xy평면에서 움직이는 입자에 의해 그려진 경로나 곡선은 항상 함수의 그래프나 하나의 식으로 나타나는 것은 아니다.

그림 9.1은 x, y평면에서 움직이는 입자의 경로를 보여준다. 수직 방향이 포함된 경로는 기존 함수의 그래프로 표현할 수 없다. 수직 방향의 경로는 변수 x에 대한 함수의 그래프로 표현될 수 없기 때문이다. 하지만 경로를 한 쌍의 연속함수 f와 g을 사용하여 식 $x=f(t)$와 $y=g(t)$로 나타낼 수 있다. 입자의 운동에서 t는 주로 시간을 나타낸다. 이와 같은 식은 $y=f(x)$와 같이 표현하는 식보다 더 일반적인 곡선을 표현할 수 있으며, 경로의 추적 뿐만 아니라 시간 t에서 입자의 위치 $(x, y)=(f(t), g(t))$를 또한 알려준다.

정의 x와 y가 구간 I 내의 t에서 정의된 다음과 같은 함수라고 하자.

$$x = f(t), \qquad y = g(t)$$

이 식으로부터 정의된 점 $(x, y)=(f(t), g(t))$의 집합을 **매개곡선**(parametric curve)이라 한다. 이 식을 **곡선의 매개방정식**(parametric equation)이라고 한다.

변수 t를 곡선의 **매개변수**(parameter)라 하고, 정의역 I는 **매개구간**(parameter interval)이라고 한다. 만약 구간 $I=[a, b]$가 닫힌 구간이면, 점 $(f(a), g(a))$를 곡선의 **시작점**(initial point), 점 $(f(b), g(b))$를 **끝점**(terminal point)라고 한다. 주어진 곡선에 대해 매개방정식과 매개구간을 찾으면 곡선이 **매개변수화되었다**(parameterized)라고 한다. 매개방정식과 매개구간이 함께 곡선의 **매개변수화**(parametrization)를 구성한다. 이때 하나의 주어진 곡선이 서로 다른 매개방정식에 의해 표현될 수 있다(연습문제 29와 30 참조).

예제 1 다음 매개방정식에 의해 정의되는 곡선의 개형을 그려라.

$$x = \sin\frac{\pi t}{2}, \qquad y = t, \qquad 0 \le t \le 6$$

풀이 먼저 값의 표를 작성하고(표 9.1), 그 점 (x, y)를 따라 부드러운 곡선을 그려나간다(그림 9.2). 만약 곡선을 움직이는 입자의 경로로 생각한다면, 입자는 시간 $t=0$에서 초기점 $(0, 0)$에서 시작하고, 그후 파도 모양의 경로를 따라 위로 이동하여 시간 $t=6$에는 종단점 $(0, 6)$에 도달한다. 입자 움직임의 방향은 그림 9.2에서 화살표로 표시된다.

표 9.1 선택된 t값에 대한 $x=\sin\frac{\pi t}{2}$와 $y=t$의 값.

t	x	y
0	0	0
1	1	1
2	0	2
3	−1	3
4	0	4
5	1	5
6	0	6

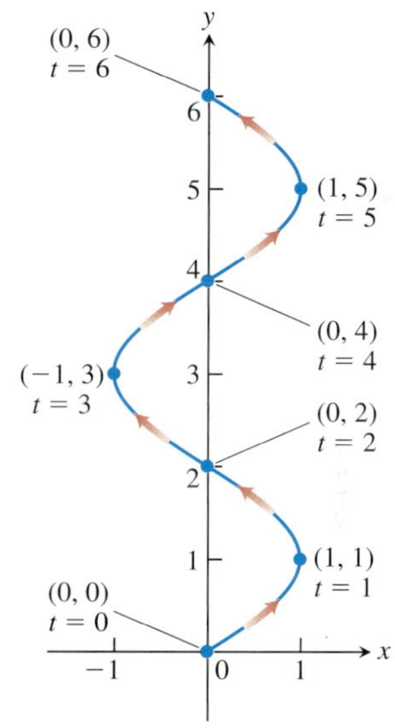

그림 9.2 매개방정식 $x=\sin\frac{\pi t}{2}$와 $y=t$에 의해 주어진 곡선(예제 1). ■

예제 2 다음 매개방정식에 의해 정의되는 곡선을 그려라.

$$x = t^2, \qquad y = t + 1, \qquad -\infty < t < \infty$$

풀이 먼저 값의 표를 간단히 작성하고(표 9.2), 그 점 (x, y)를 따라 부드러운 곡선을 그려나간다(그림 9.3). 우리는 곡선을 화살표의 방향으로 입자가 이동하는 경로로 생각한다. 표의 시간 간격은 동일하지만 곡선을 따라 표시된 연속하는 점을 연결하는 짧은 호의 길이가 동일하지 않다. 그 이유는 t가 증가할 때 곡선의 아래쪽을 따라 y축에 가까워지면 입자가 천천히 움직이고, 점 $(0, 1)$에서 y축과 만난 후 곡선의 위쪽을 따라 움직일 때는 다시 빨라지기 때문이다. t의 범위

표 9.2 선택된 t값에 대한 $x=t^2$, $y=t+1$의 값.

t	x	y
−3	9	−2
−2	4	−1
−1	1	0
0	0	1
1	1	2
2	4	3
3	9	4

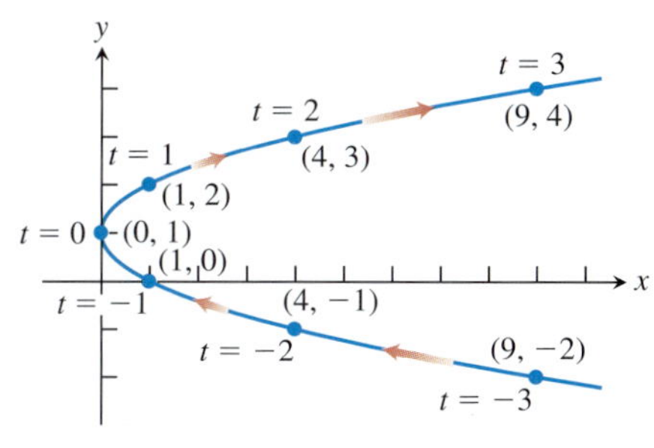

그림 9.3 매개방정식 $x=t^2$, $y=t+1$로 주어진 곡선(예제 2).

가 모든 실수 구간이기 때문에 시작점과 끝점은 없다.

이 예제에서 매개변수 t를 소거하여 x와 y에 항으로 곡선의 대수적 방정식을 얻을 수 있다. $y=t+1$을 t에 대해 풀고, 그 결과 $t=y-1$을 x에 대한 매개방정식에 대입하면 다음 식을 얻는다.

$$x = t^2 = (y-1)^2 = y^2 - 2y + 1$$

식 $x=y^2-2y+1$은 그림 9.3에서 보는 것과 같이 포물선을 나타낸다. 하지만 매개방정식으로부터 이렇게 매개변수를 소거하는 것은 종종 어렵거나 불가능할 수도 있다. ■

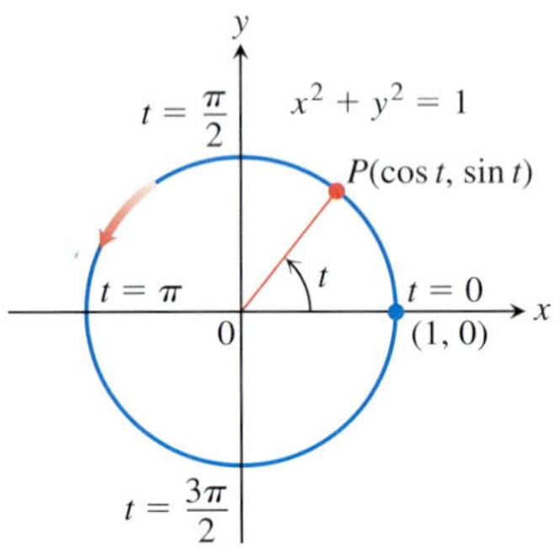

그림 9.4 식 $x=\cos t$, $y=\sin t$는 원 $x^2+y^2=1$ 위에서 움직임을 나타낸다. t가 증가할 때 화살표 방향으로 움직인다(예제 3).

예제 3 매개곡선의 그래프를 그려라.

(a) $x = \cos t, \quad y = \sin t, \quad 0 \le t \le 2\pi$

(b) $x = a\cos t, \quad y = a\sin t, \quad 0 \le t \le 2\pi$

풀이

(a) $x^2+y^2=\cos^2 x+\sin^2 x=1$이므로 매개곡선은 단위원 $x^2+y^2=1$ 위에 놓여 있다. t가 0에서 2π까지 증가할 때 점 $(x, y)=(\cos t, \sin t)$는 $(0, 1)$에서 출발하여 원 전체를 시계반대 방향으로 한 바퀴 돈다(그림 9.4).

(b) $x=a\cos t$, $y=a\sin t$는 $x^2+y^2=a^2\cos^2 t+a^2\sin^2 t=a^2$을 만족한다. 매개곡선은 점 $(a, 0)$에서 출발하여 원 $x^2+y^2=a^2$을 시계반대 방향으로 한 바퀴 돌아 $t=2\pi$에서 점 $(a, 0)$으로 마치는 움직임을 나타낸다. 그래프는 원점이 중심이고 반지름이 $r=|a|$인 원이다. 이 점의 좌표는 $(a\cos t, a\sin t)$이다. ■

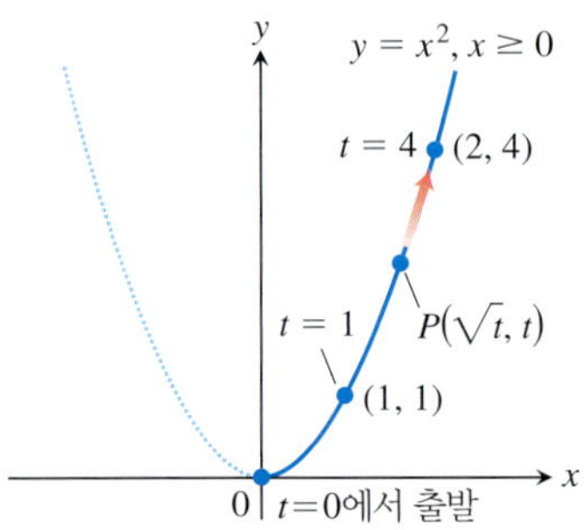

그림 9.5 방정식 $x=\sqrt{t}$, $y=t$, 매개구간 $t \ge 0$에 의해 정의되는 경로는 포물선 $y=x^2$의 오른쪽 반쪽이다(예제 4).

예제 4 xy평면에서 움직이는 입자의 위치 $P(x, y)$가 다음과 같이 매개방정식과 매개구간으로 주어진다고 하자.

$$x = \sqrt{t}, \quad y = t, \quad t \ge 0$$

입자가 움직이는 경로를 확인하고, 움직임을 나타내라.

풀이 매개방정식 $x=\sqrt{t}$와 $y=t$에서 t를 소거함으로써 경로를 확인하려고 한다. 이를 통해 x와 y 사이의 대수방정식을 다음과 같이 얻을 수 있다.

$$y = t = \left(\sqrt{t}\right)^2 = x^2$$

따라서 이 입자의 위치 좌표는 식 $y=x^2$을 만족한다. 즉 이 입자는 포물선 $y=x^2$ 위를 움직인다.

하지만 입자의 경로가 이 포물선 전체라고 결론을 내리는 것은 잘못이다. 왜냐하면 입자의 x좌표가 결코 음수가 나오지 않으므로 포물선의 반쪽만 해당된다. $t=0$일 때 원점을 출발하여 t가 증가할 때 제1사분면을 따라 올라간다(그림 9.5). 매개구간 $[0, \infty)$이므로 끝점은 존재하지 않는다. ■

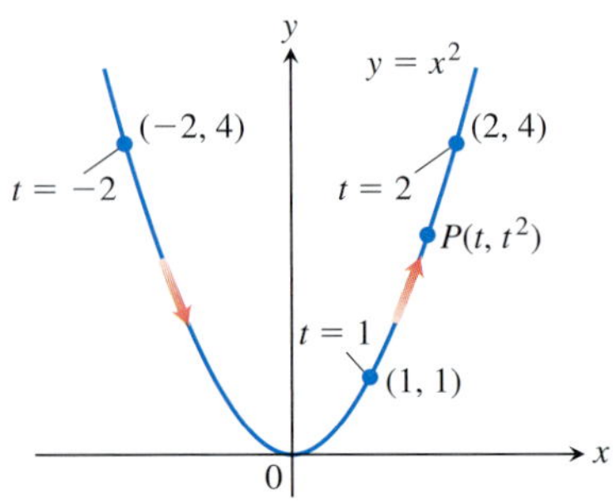

그림 9.6 $x=t$, $y=t^2$, $-\infty < t < \infty$에 의해 정의되는 경로는 포물선 $y=x^2$ 전체이다(예제 5).

모든 함수 $y=f(x)$의 그래프는 항상 자연스럽게 $x=t$와 $y=f(t)$로 매개화시킬 수 있다. 이 경우 매개변수의 정의역인 매개구간은 함수 f의 정의역과 같다.

예제 5 함수 $f(x)=x^2$의 그래프를 매개변수화한 결과는 다음과 같다.

$$x = t, \quad y = f(t) = t^2, \quad -\infty < t < \infty$$

$t \ge 0$일 때 매개변수화는 xy평면의 예제 4에서 보았던 것과 같은 경로이다. 하지만 여기서는 매개변수 t가 음수까지 포함하므로 왼쪽 반의 경로도 포함하게 된다. 즉 포물선 전체가 된다. 이 매개변수화의 구성에 의하면 시작점과 끝점이 존재하지 않는다(그림 9.6). ■

매개변수화는 또한 곡선을 따라 움직이는 입자가 지정된 곡선 위의 점을 언제 지나가는지를 알게 해준다. 예제 4에서 점 (2, 4)를 $t=4$에서 지나며, 예제 5에서 좀 더 빨리 $t=2$에서 지나간다. 두 물체가 충동할 가능성을 생각해야 하는 경우 이 매개변수와의 형태는 좋은 방법이 될 수 있다. 2개의 각 매개변수의 서로 다른 값에서 위치 $P(x, y)$가 정확히 같아진다. 11장에서 운동에 대해 공부할 때 이러한 매개변수화의 특징을 좀 더 알아볼 것이다.

예제 6 점 (a, b)를 지나고 기울기가 m인 직성의 매개변수화를 구성하라.

풀이 이 직선의 직교좌표방정식은 $y-b=m(x-a)$이다. 여기서 매개변수 $t=x-a$라 놓으면, $x=a+t$이고 $y-b=mt$이다. 즉 직선의 매개변수화는 다음과 같다.

$$x = a + t, \qquad y = b + mt, \qquad -\infty < t < \infty$$

예제 5에서 매개변수화했던 것처럼 $t=x$라고 놓음으로써 자연스러운 매개변수화를 구성할 수 있다. 이 매개변수화는 표현되는 식이 다르지만, 두 가지 모두 같은 직선에 대한 표현이다. ■

예제 7 다음 식으로 나타나는 점 $P(x, y)$를 따라 움직이는 경로를 확인하고 그려라.

$$x = t + \frac{1}{t}, \qquad y = t - \frac{1}{t}, \qquad t > 0$$

표 9.3 선택된 t의 값에 대한 $x=t+(1/t)$, $y=t-(1/t)$의 값.

t	$1/t$	x	y
0.1	10.0	10.1	−9.9
0.2	5.0	5.2	−4.8
0.4	2.5	2.9	−2.1
1.0	1.0	2.0	0.0
2.0	0.5	2.5	1.5
5.0	0.2	5.2	4.8
10.0	0.1	10.1	9.9

풀이 예제 1에서와 같이 표 9.3에 값의 표를 간단히 만들고, 그 점 (x, y)를 부드럽게 연결하여 곡선을 그렸다. 이제 매개변수 t를 소거하자. 이는 예제 2에서보다 조금 더 복잡하다. 주어진 식으로부터 차 $x-y$를 구하면 다음과 같다.

$$x - y = \left(t + \frac{1}{t}\right) - \left(t - \frac{1}{t}\right) = \frac{2}{t}$$

또한 합 $x+y$를 구하면 다음을 얻는다.

$$x + y = \left(t + \frac{1}{t}\right) + \left(t - \frac{1}{t}\right) = 2t$$

여기서 위 두 식을 곱하면 매개변수 t가 소거된 다음 식을 얻는다.

$$(x - y)(x + y) = \left(\frac{2}{t}\right)(2t) = 4$$

좌변의 항을 곱해 쌍곡선의 표준방정식을 얻는다(9.6절).

$$x^2 - y^2 = 4 \tag{1}$$

그러므로 매개방정식에 의해 표현된 모든 점 $P(x, y)$의 좌표는 식 (1)을 만족한다. 하지만 식 (1)은 x좌표가 양수임을 나타내지 못한다. 따라서 쌍곡선 위의 점들 중에는 x의 값이 항상 양수인 식 $x=t+(1/t)$, $t>0$을 만족하지 못하는 점이 존재한다. 즉 매개방정식은 식 (1)에서 주어진 쌍곡선의 $x<0$인 왼쪽 곡선의 어떤 점도 만족하지 않는다. t가 아주 작은 양수 값일 때 점 P는 사분면에 놓여 있으며, t가 증가하면 $t=1$일 때 x축 위를 지나 계속 제1사분면으로 올라간다(그림 9.7). 매개구간은 $(0, \infty)$이고 경로의 시작점과 끝점은 존재하지 않는다. ■

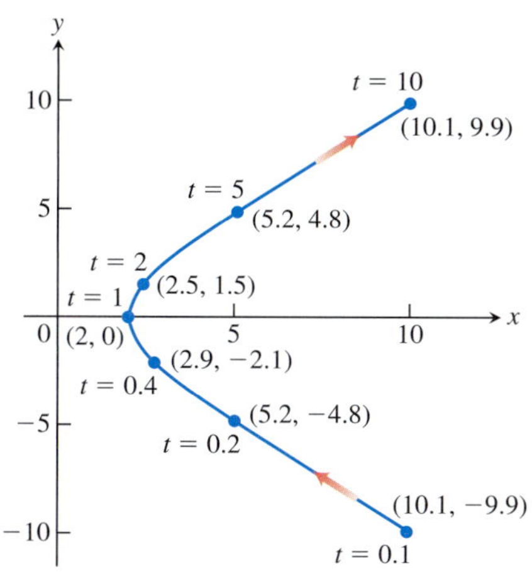

그림 9.7 예제 7에서 매개방정식 $x=t+(1/t)$, $y=t-(1/t)$, $t>0$로 주어진 곡선(매개구간 $0.1 \le t \le 10$에 대한 부분만 보인다).

예제 4, 5, 6은 주어진 곡선 또는 그의 일부분, 서로 다른 매개변수화에 의해 표현될 수 있음을 설명한다. 예제 7의 경우는 쌍곡선의 오른쪽 분지를 다음과 같은 매개변수화에 의해 나타낼 수도 있다.

$$x = \sqrt{4 + t^2}, \qquad y = t, \qquad -\infty < t < \infty$$

이 식은 식 (1)을 y를 매개변수로 놓고, $x \ge 0$에 대해 풀어 구한 식이다. 물론 이에 대한 또 다른 매개변수화를 얻을 수도 있다.

$$x = 2\sec t, \qquad y = 2\tan t, \qquad -\frac{\pi}{2} < t < \frac{\pi}{2}$$

이 식은 삼각항등식 $\sec^2 t - \tan^2 t = 1$로부터 다음과 같이 보일 수 있다.

$$x^2 - y^2 = 4\sec^2 t - 4\tan^2 t = 4(\sec^2 t - \tan^2 t) = 4$$

t가 $-\pi/2$부터 $\pi/2$까지 움직일 때, $x = \sec t$는 양수로 남아 있고 $y = \tan t$는 $-\infty$부터 ∞까지 움직인다. 따라서 점 P는 쌍곡선의 오른쪽 곡선을 지나간다. $t \to 0^-$일 때 점은 오른쪽 곡선의 아래 반쪽을 따라 움직이며, $t = 0$일 때 점 $(2, 0)$을 지나고, t가 $\pi/2$까지 증가할 때 제1사분면을 따라 움직인다. 이는 그림 9.7에서 보인 쌍곡선 오른쪽 곡선과 같다.

역사적 인물

크리스티안 하위헌스(Christiaan Huygens, 1629~1695)
하위헌스는 네델란드의 헤이그에서 태어나고, 라이덴 대학에서 수학을 공부했다. 그는 데카르트의 추종자였다. 그는 1654년에 중요한 기하학적 결과를 《*Theoremata de quadratura hyperboles, ellipses et circuli*》와 《*De circuli magnitudine inventa*》에서 발표했다. 이후 그는 확률을 공부하여 1657년에 《*Tractatus de ratiociniis in aleae ludo*》를 출판했다.

사이클로이드

원호 위에서 움직이는 추시계의 성질 중 하나는 진동수가 진폭의 크기에 영향을 받는다는 것이다. 진폭이 넓을수록 추가 중심(가장 낮은 위치)으로 오는 데 더 많은 시간이 걸린다.

만약 추가 사이클로이드에서 움직인다면 이런 현상은 발생하지 않는다. 1673년 하위헌스는 예제 8에서 정의된 사이클로이드에서 추가 움직이는 시계를 설계했다. 그는 중심으로부터 추가 운동할 때 추가 위로 끌어당기도록 하는 경계로 막혀 있는 가는 철사에 추를 매달았다(그림 9.8). 다음 예제에서 추의 경로를 매개화하여 나타내었다.

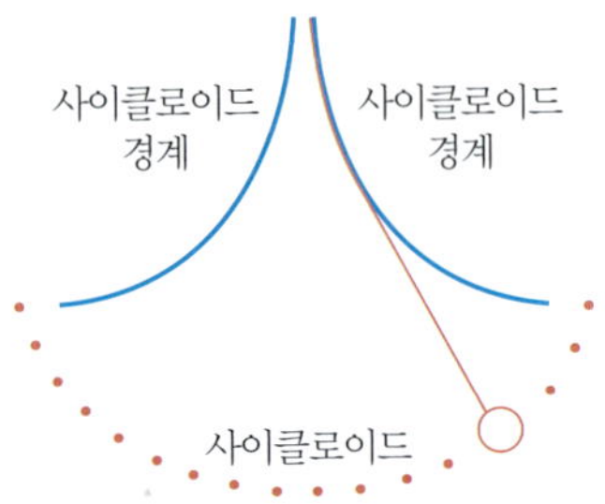

그림 9.8 하위헌스의 진자시계에서는 시계추가 사이클로이드로 움직이므로 진동수는 진폭에 무관하다.

예제 8 수평으로 곧은 직선을 따라 반지름이 a인 바퀴를 굴린다. 바퀴의 한 점 P의 자취를 나타내는 호의 매개방정식을 구하라. 이 호를 **사이클로이드**(cycloid)라고 한다.

풀이 직선을 x축이라 하고 바퀴 위에 한 점 P를 표시한 다음 P가 원점에 있는 상태에서 시작하여 바퀴를 오른쪽으로 굴린다. 바퀴가 돌아간 각을 라디안으로 측정하여 매개변수 t로 사용한다. 그림 9.9는 바퀴가 잠깐 회전했을 때 바퀴와 지면이 닿은 점은 원점으로부터 거리가 at가 됨을 보여주고 있다. 바퀴의 중심 C는 (at, a)가 되고 P의 좌표는 다음과 같다.

$$x = at + a\cos\theta, \qquad y = a + a\sin\theta$$

θ를 t성분으로 표현하기 위해 그림에서 $t + \theta = 3\pi/2$가 됨을 알 수 있다. 따라서 다음과 같다.

$$\theta = \frac{3\pi}{2} - t$$

이로부터 다음을 얻는다.

$$\cos\theta = \cos\left(\frac{3\pi}{2} - t\right) = -\sin t, \qquad \sin\theta = \sin\left(\frac{3\pi}{2} - t\right) = -\cos t$$

구한 방정식은 다음과 같다.

$$x = at - a\sin t, \qquad y = a - a\cos t$$

이 방정식을 a를 공통인수로 하여 인수분해하면 다음과 같다.

$$x = a(t - \sin t), \qquad y = a(1 - \cos t) \tag{2}$$

그림 9.10은 사이클로이드의 첫 번째 호와 그 다음 호를 보여준다. ■

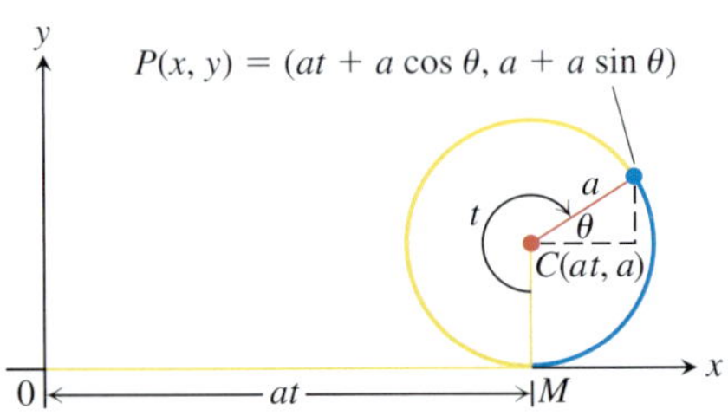

그림 9.9 굴러가는 바퀴의 각 t에서 위치 $P(x, y)$ (예제 8).

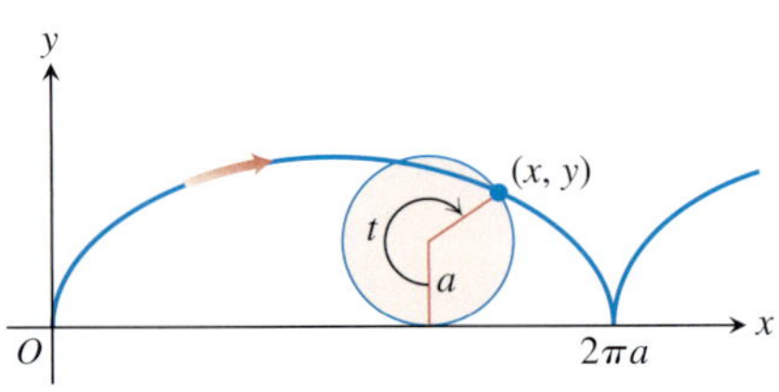

그림 9.10 $t \ge 0$일 때 사이클로이드 $x = a(t - \sin t)$, $y = a(1 - \cos t)$ 곡선.

브라키스토크론과 토우토크론

그림 9.10의 위쪽 부분을 아래로 뒤집어 식 (2)가 계속 적용되어 나타나는 곡선(그림 9.11)은 두 가지 흥미로운 물리적 성질을 가지고 있다. 첫 번째 성질은 원점 O와 첫 번째 호의 바닥에 있는 점 B의 관계이다. 이 두 점을 연결하는 미분가능한 모든 곡선 중에서 사이클로이드는 중력에 의한 힘만 작용한다고 가정하면 마찰력이 없는 구슬이 O부터 B까지 가장 빨리 도달할

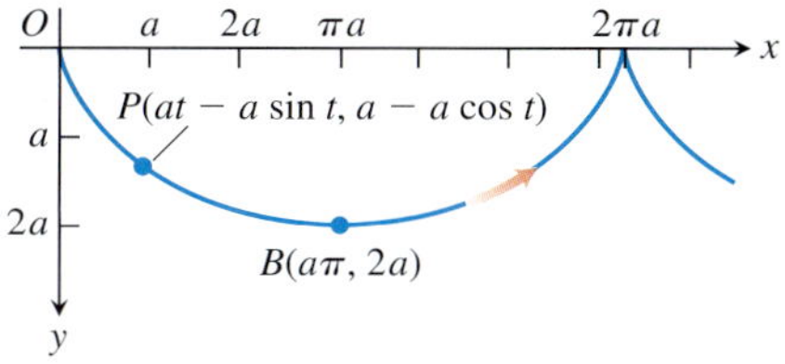

그림 9.11 그림 9.10을 거꾸로 뒤집었을 때, y축 좌표가 중력 방향을 가리키는 아래로 향한다. 이 곡선의 매개방정식은 여전히 식 (2)에 의해 표현된다.

수 있는 곡선이다. 그래서 사이클로이드를 **브라키스토크론**(brachistochrones, "brah-*kiss*-toe-kron")이라 하고, 이 점에 대한 가장 짧은 시간의 곡선이라 한다. 두 번째 성질은 곡선의 어느 부분에서 구슬을 출발시켜도 B에 도달하는 시간은 같게 된다는 것이다. 따라서 사이클로이드를 **토우토크론**(tautochrones, "*taw*-toe-krone") 또는 O와 B에 대한 동일한 시간 곡선이라 한다.

O와 B를 연결하는 다른 브라키스토크론이 존재하는가, 아니면 사이클로이드뿐인가? 다음과 같이 수학적인 질문을 수식화할 수 있다. 출발할 때 속도(속력)가 0이므로, 구슬에 대한 운동에너지는 0이다. 구슬이 (0, 0)으로부터 평면 상의 어떤 다른 점 (x, y)로 이동할 때 중력에 의해 한 일은 mgy이다. 그리고 이것은 운동에너지의 변화량과 같다(5.5절 연습문제 25를 참조). 즉 다음과 같다.

$$mgy = \frac{1}{2}mv^2 - \frac{1}{2}m(0)^2$$

따라서 구슬이 (x, y)에 도착할 때 구슬의 속도는 $v = \sqrt{2gy}$이다. 즉 다음과 같다.

$$\frac{ds}{dT} = \sqrt{2gy}$$

ds는 구슬이 지나간 호의 길이에 대한 전미분이고, T는 시간이다.

또는 다음과 같다.

$$dT = \frac{ds}{\sqrt{2gy}} = \frac{\sqrt{1 + (dy/dx)^2}\,dx}{\sqrt{2gy}} \tag{3}$$

특별한 곡선 $y = f(x)$를 따라 O부터 $B(a\pi, 2a)$까지 구슬이 이동한 시간을 T_f라 하자.

$$T_f = \int_{x=0}^{x=a\pi} \sqrt{\frac{1 + (dy/dx)^2}{2gy}}\,dx \tag{4}$$

이 적분의 값을 최소화하는 $y = f(x)$는 어떤 곡선인가?

우선 살펴본다면 O와 B를 연결하는 직선이 가장 짧은 시간이 되리라 추측할 수 있다. 그러나 그렇지 않다. 구슬을 처음에는 수직으로 떨어뜨리면 속도가 더 빠르게 증가하기 때문데 어느 정도 이익이 있을 것이다. 속도가 빠르기 때문에 구슬이 점 B에 먼저 도달하기 위해 움직이는 거리를 더 많이 필요로 한다. 이것은 정말로 옳은 생각이다. 변분법이라고 알려진 수학 분야의 연구결과에 의하면 원점 O로부터 점 B까지의 원래의 사이클로이드가 원점 O와 점 B에 대한 유일한 브라키스토크론이라고 알려져 있다(그림 9.12).

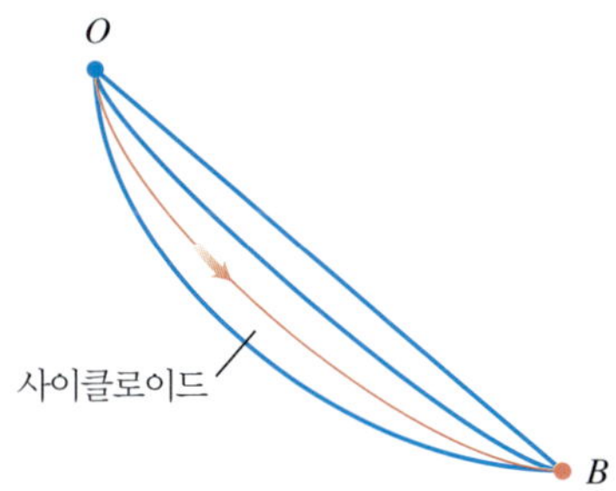

그림 9.12 사이클로이드는 마찰력 없는 구슬이 점 O에서 점 B까지 내려오는 데 걸리는 시간을 최소가 되게 하는 유일한 곡선이다.

다음 절에서 매개곡선에 대해 호의 길이 미분 ds가 어떻게 구해지는지를 공부할 것이다. ds를 어떻게 구하는지를 안다면, 사이클로이드에 대해 식 (4)의 우변에서 주어진 시간을 계산할 수 있다. 이 계산으로부터 마찰력 없는 구슬이 점 O를 출발하여 사이클로이드를 따라 B까지 내려오는 데 걸리는 시간이 $\pi\sqrt{a/g}$이다. 더 나아가 구슬이 사이클로이드의 다른 낮은 점, 즉 매개변수의 $t_0 > 0$에 해당하는 점에서 출발한다고 하면 구슬이 점 B까지 내려오는 데 걸리는 시간을 구하기 위해 식 (3)의 $ds/\sqrt{2gy}$의 매개변수 형태를 구간 $[t_0, \pi]$에서 적분해야 한다. 이렇게 구한 계산도 마찬가지로 $T = \pi\sqrt{a/g}$이다. 이는 구슬이 출발하는 위치에 관계없이 B에 도달하는 시간이 동일하게 소요됨을 보여주고 있다. 예를 들어 그림 9.13와 같이 동시에 O, A, C에서 구슬이 출발한다고 해도 동일한 시간에 B에 도착할 것이다. 이것은 그림 9.8의 하위헌스 진자시계가 흔들리는 추의 진폭과 무관하다는 이유가 된다.

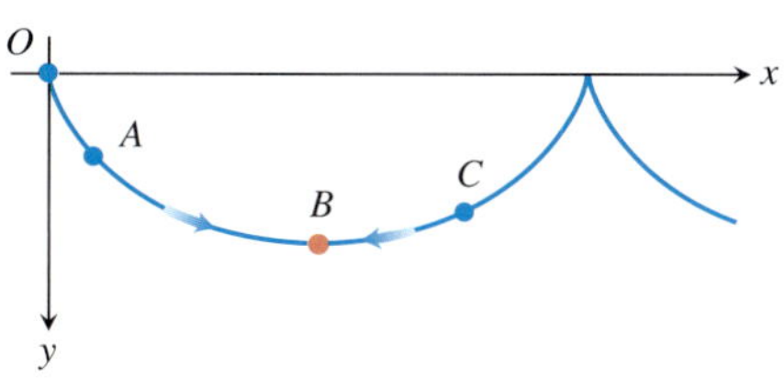

그림 9.13 위아래가 뒤집어진 사이클로이드 위의 점 O, A, C에서 동시에 출발한 구슬은 같은 시간에 B에 도달한다.

연습문제 9.1 EXERCISE QUESTION

매개방정식으로부터 직교방정식 구하기

연습문제 1~18에서 xy평면에서 입자의 움직임에 대한 매개방정식과 매개구간이 주어졌다. 이에 대한 직교방정식을 구하고 입자의 경로를 확인하라. 직교방정식의 그래프를 그려라. 입자가 움직이는 그래프의 부분과 방향을 조사하라.

1. $x = 3t, \quad y = 9t^2, \quad -\infty < t < \infty$

2. $x = -\sqrt{t}, \quad y = t, \quad t \geq 0$

3. $x = 2t - 5, \quad y = 4t - 7, \quad -\infty < t < \infty$

4. $x = 3 - 3t, \quad y = 2t, \quad 0 \leq t \leq 1$

5. $x = \cos 2t, \quad y = \sin 2t, \quad 0 \leq t \leq \pi$

6. $x = \cos(\pi - t), \quad y = \sin(\pi - t), \quad 0 \leq t \leq \pi$

7. $x = 4\cos t, \quad y = 2\sin t, \quad 0 \leq t \leq 2\pi$

8. $x = 4\sin t, \quad y = 5\cos t, \quad 0 \leq t \leq 2\pi$

9. $x = \sin t, \quad y = \cos 2t, \quad -\frac{\pi}{2} \leq t \leq \frac{\pi}{2}$

10. $x = 1 + \sin t, \quad y = \cos t - 2, \quad 0 \leq t \leq \pi$

11. $x = t^2, \quad y = t^6 - 2t^4, \quad -\infty < t < \infty$

12. $x = \frac{t}{t-1}, \quad y = \frac{t-2}{t+1}, \quad -1 < t < 1$

13. $x = t, \quad y = \sqrt{1 - t^2}, \quad -1 \leq t \leq 0$

14. $x = \sqrt{t+1}, \quad y = \sqrt{t}, \quad t \geq 0$

15. $x = \sec^2 t - 1, \quad y = \tan t, \quad -\pi/2 < t < \pi/2$

16. $x = -\sec t, \quad y = \tan t, \quad -\pi/2 < t < \pi/2$

17. $x = -\cosh t, \quad y = \sinh t, \quad -\infty < t < \infty$

18. $x = 2\sinh t, \quad y = 2\cosh t, \quad -\infty < t < \infty$

연습문제 19~24에서 A에서 F까지 표시된 매개곡선과 매개방정식을 매칭하라.

19. $x = 1 - \sin t, \quad y = 1 + \cos t$

20. $x = \cos t, \quad y = 2\sin t$

21. $x = \frac{1}{4}t\cos t, \quad y = \frac{1}{4}t\sin t$

22. $x = \sqrt{t}, \quad y = \sqrt{t}\cos t$

23. $x = \ln t, \quad y = 3e^{-t/2}$

24. $x = \cos t, \quad y = \sin 3t$

A.

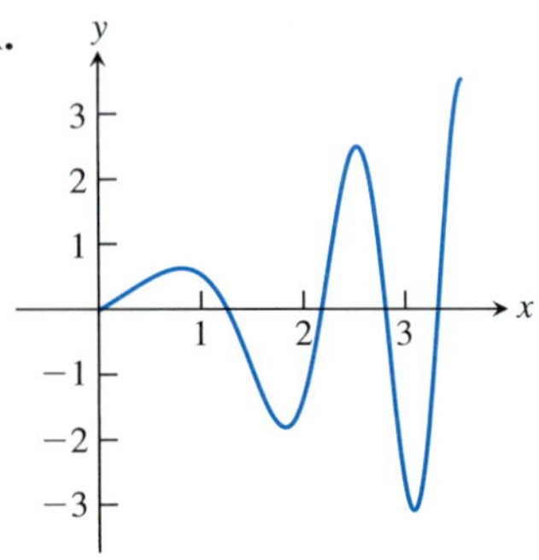

B.

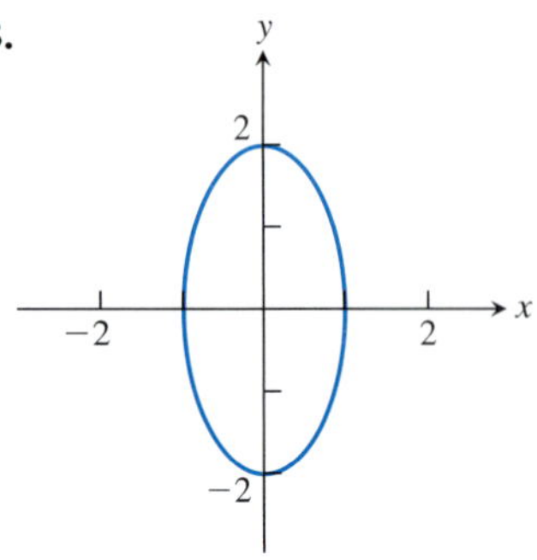

C.

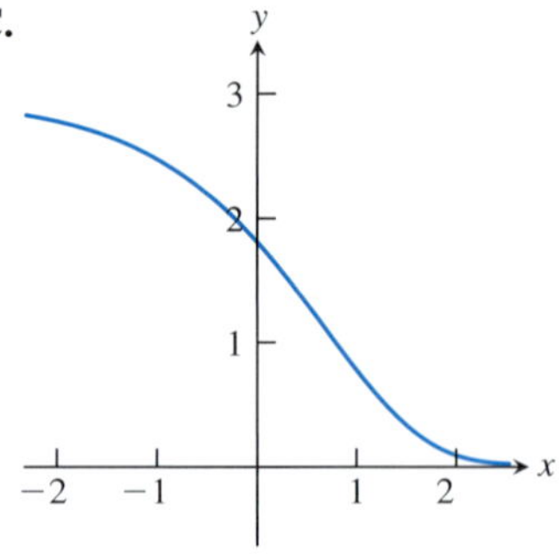

D.

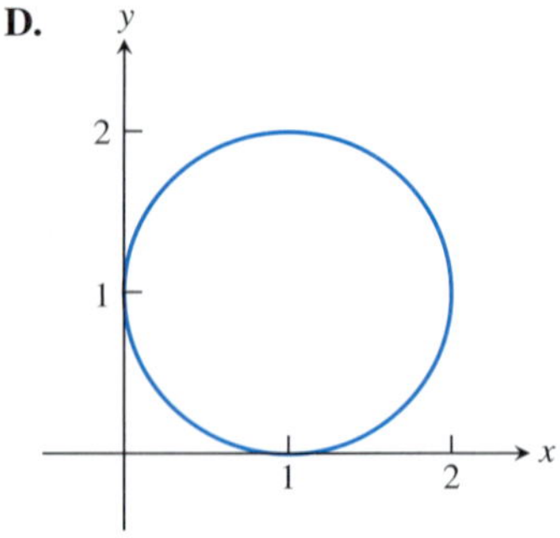

E.

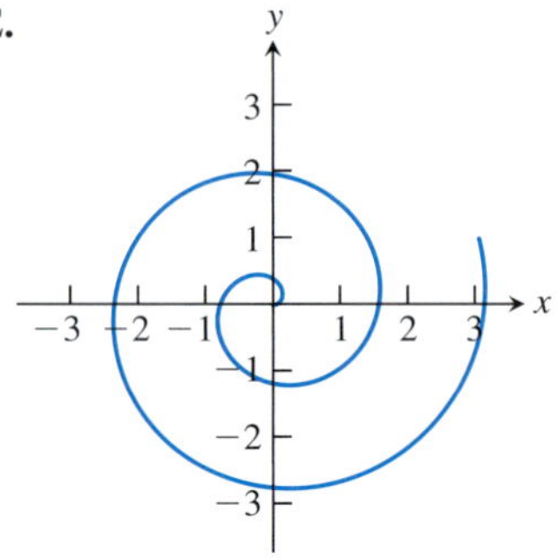

F.

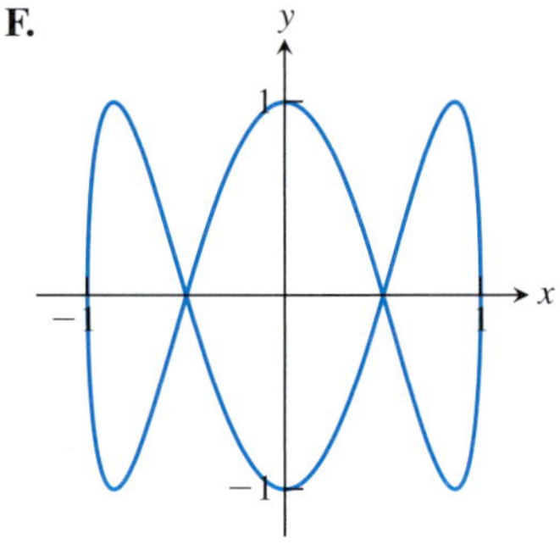

연습문제 25~28에서 주어진 $x=f(t)$와 $y=g(t)$의 그래프를 이용하여 이에 대응하는 xy평면에서의 매개곡선을 그려라.

25.

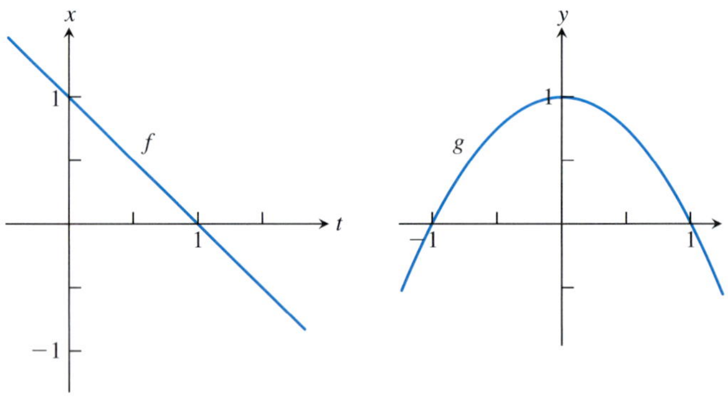

26.

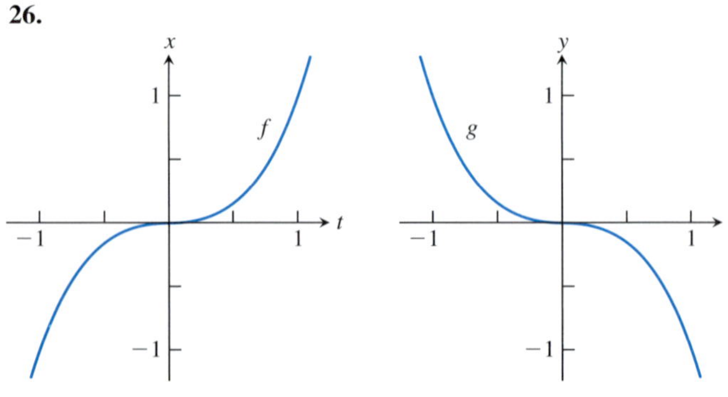

27.

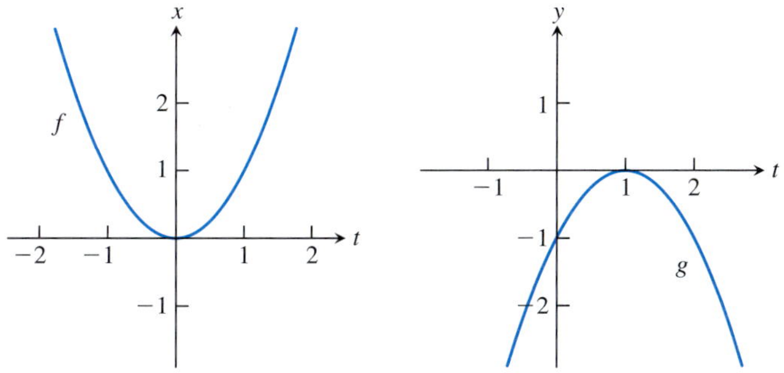

28.

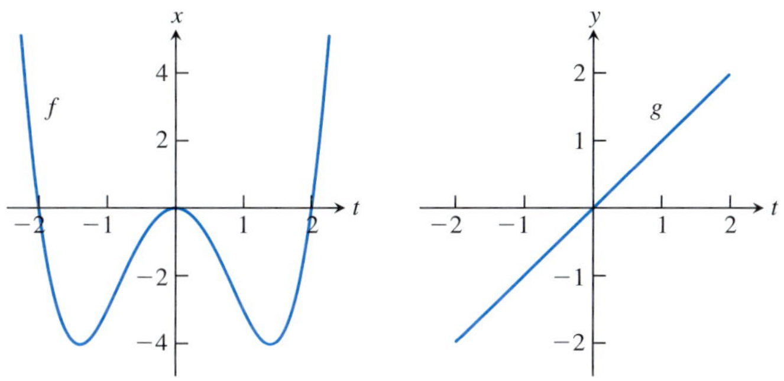

매개방정식 구하기

29. 점 $(a, 0)$에서 출발하여 원 $x^2+y^2=a^2$을 따라 움직이는 입자의 운동에 대한 매개방정식과 매개구간을 구하라.

a. 시계 방향으로 한 바퀴

b. 시계반대 방향으로 한 바퀴

c. 시계 방향으로 두 바퀴

d. 시계반대 방향으로 두 바퀴

(이에 대한 답은 여러 가지이다. 책의 뒤에 나온 답과 같지 않을 수 있다.)

30. 점 $(a, 0)$에서 출발하여 타원 $(x^2/a^2)+(y^2/b^2)=1$을 따라 움직이는 입자의 운동에 대한 매개방정식과 매개구간을 구하라.

a. 시계 방향으로 한 바퀴

b. 시계반대 방향으로 한 바퀴

c. 시계 방향으로 두 바퀴

d. 시계반대 방향으로 두 바퀴

(연습문제 29와 같이 정답이 여러 가지 있을 수 있다.)

연습문제 31~36에서 곡선을 매개변수화하라.

31. 양 끝점이 $(-1, -3)$과 $(4, 1)$인 선분

32. 양 끝점이 $(-1, 3)$과 $(3, -2)$인 선분

33. 포물선 $x-1=y^2$의 아래 반쪽

34. 포물선 $y=x^2+2x$의 왼쪽 반쪽

35. 시작점이 $(2, 3)$이고 점 $(-1, -1)$을 지나는 반직선

36. 시작점이 $(-1, 2)$이고 점 $(0, 0)$을 지나는 반직선

37. 점 $(2, 0)$에서 출발하여 원 $x^2+y^2=4$의 위쪽 반원을 따라 네 번 움직이는 입자의 운동에 대한 매개방정식과 매개구간을 구하라.

38. 포물선 $y=x^2$을 따라 점 $(0, 0)$에서 시작하여 점 $(3, 9)$까지 움직이고 다시 점 $(3, 9)$와 점 $(-3, 9)$ 사이를 무한히 반복하는 운동에서 움직이는 입자의 운동에 대한 매개방정식과 매개구간을 구하라.

39. 반원에 대해 다음과 같은 식이 주어졌다고 하자.

$$x^2 + y^2 = a^2, \quad y > 0$$

점 (x, y)에서의 접선의 기울기 $t=dy/dx$를 매개변수로 하는 매개방정식을 구하라.

40. 다음 원에 대해 점 $(a, 0)$에서 시계반대 방향으로 점 (x, y)까지 잰 호의 길이 s를 매개변수로 하는 매개방정식을 구하라.

$$x^2 + y^2 = a^2$$

41. 점 $(0, 2)$와 점 $(4, 0)$을 연결하는 직선을 주어진 그림에서 각 θ를 매개변수로 매개변수화하라.

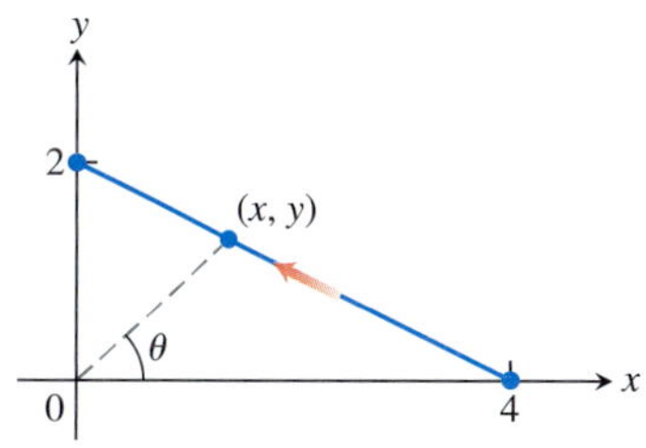

42. 점 $(0, 0)$을 끝점으로 하는 곡선 $y=\sqrt{x}$를 주어진 그림에서 각 θ를 매개변수로 매개변수화하라.

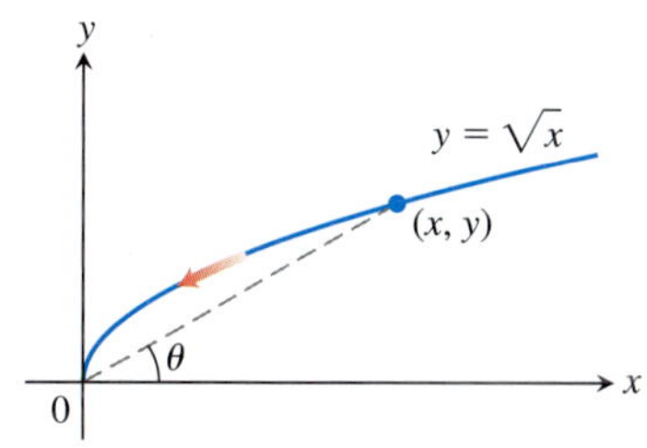

43. 점 $(1, 0)$을 시작점으로 시계 방향으로 한 바퀴 움직이는 원 $(x-2)^2+y^2=1$을 주어진 그림에서 중심각 θ를 매개변수로 매개변수화하라.

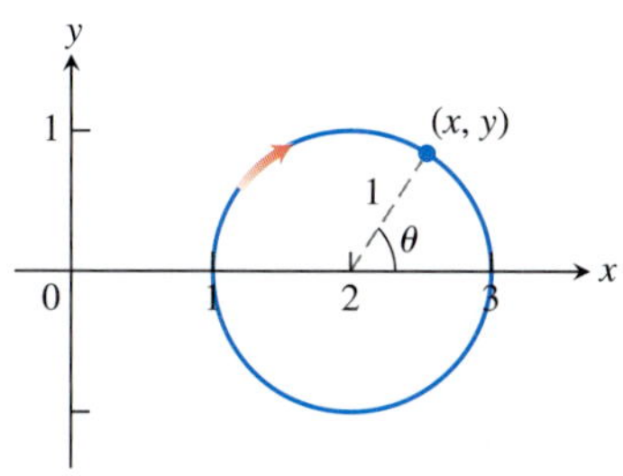

44. 점 $(1, 0)$을 시작점으로 시계반대 방향으로 점 $(0, 1)$까지 움직이는 원 $x^2+y^2=1$을 그림에서 주어진 각 θ를 매개변수로 매개변수화하라.

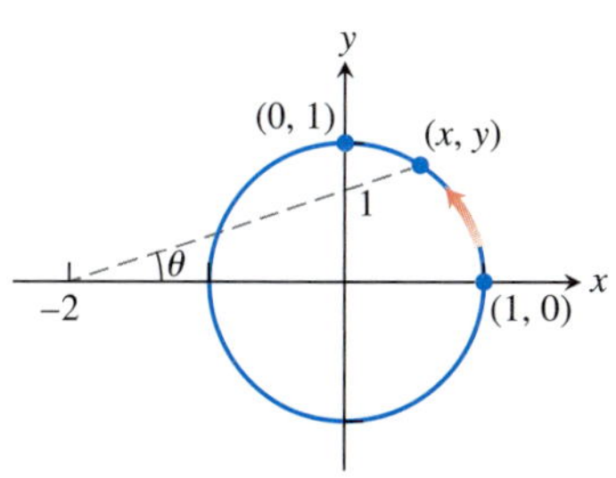

45. 마리아 아그네스의 마녀 종 모양인 마리아 아그네스의 마녀는 주어진 그림처럼 중심이 (0, 1)이고 반지름 이 1인 원을 시작으로, 직선 $y=2$ 위에 점 A를 잡고 원점과 연결하는 선분을 그린다. 선분이 원과 만나는 점을 B라 한다. 점 A를 지나는 수직선과 점 B를 지나는 수평선이 만나는 점을 P라 하자. 점 A가 직선 $y=2$ 위를 움직일 때, 점 P가 그리는 곡선을 마녀라고 한다. 점 P의 좌표를 선분 OA와 양의 x축이 이루는 각 1(라디안)에 의해 나타냄으로써 매개방정식과 매개구간을 구하라. 다음 식을 이용하라.

a. $x = AQ$ **b.** $y = 2 - AB\sin t$

c. $AB \cdot OA = (AQ)^2$

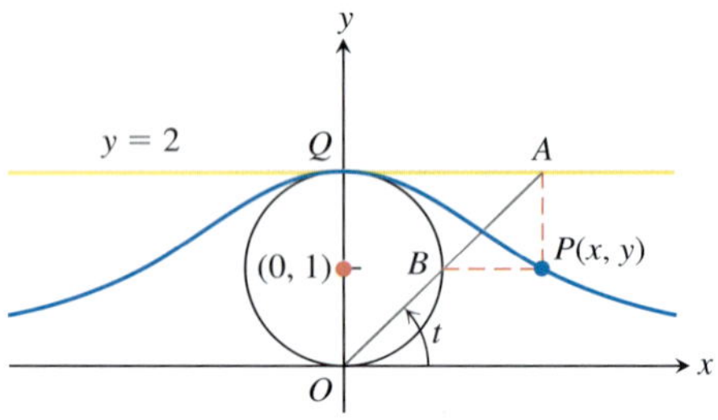

46. 하이포사이클로이드 고정된 원의 내부 안에서 원을 회전할 때, 회전하는 원의 원주 위에 있는 점 P는 하이포사이클로이드를 그린다. 고정된 원을 $x^2+y^2=a^2$이라 하고, 회전하는 원의 반지름을 b라 하고, 움직이는 점 P의 처음 위치를 $A(a, 0)$이라 하자. 양의 x축으로부터 원의 중심을 포함하는 직선까지의 각 h를 매개변수로 사용하여 하이포사이클로이드의 매개방정식을 구하라. 특히 주어진 그림처럼 $b=a/4$이면 하이포사이클로이드가 별 모양 $x=a\cos^3\theta$, $y=a\sin^3\theta$임을 보여라.

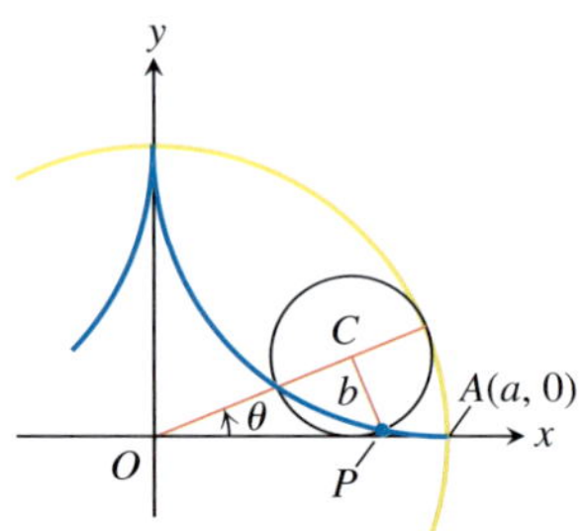

47. 주어진 그림에서 점 N은 직선 $y=a$를 따라 움직이며 P는 $OP=MN$이 되도록 움직인다. 양의 y축과 직선 ON이 만드는 각 t를 매개변수로 하는 P의 좌표에 대한 방정식을 구하라.

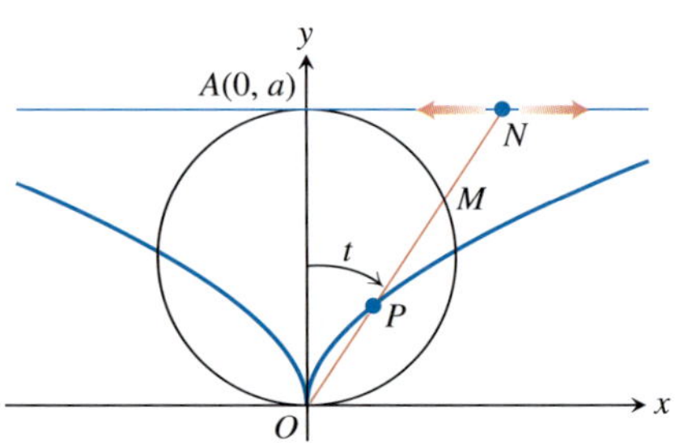

48. 트로코이드 반지름이 a인 바퀴가 미끄러짐 없이 수평선을 따라 회전한다. 바퀴의 중심으로부터 b만큼 떨어진 바퀴살 위의 점 P에 의해 그려지는 곡선의 매개방정식을 구하라. 바퀴의 회전각 θ를 매개변수로 하라. 이 곡선을 트로코이드라 하고, $b=a$일 때 이것을 사이클로이드라 한다.

매개방정식에서의 거리

49. 점 (2, 1/2)과 가장 가까운 포물선 $x=t$, $y=t^2$, $-\infty<t<\infty$ 위의 점을 구하라. [힌트: 거리를 t의 함수로 나타내고 제곱을 최소화하라.]

40. 점 (3/4, 0)과 가장 가까운 타원 $x=2\cos t$, $y=\sin t$, $0\le t\le 2\pi$ 위의 점을 구하라. [힌트: t의 함수로 거리의 제곱을 최소화하라.]

T 그래퍼 탐구

연습문제 51~58에서 만약 매개방정식 그래퍼를 가지고 있다면 주어진 구간 위에서 다음 방정식의 그래프를 그려라.

51. 타원 $x = 4\cos t, \quad y = 2\sin t$

a. $0 \le t \le 2\pi$

b. $0 \le t \le \pi$

c. $-\pi/2 \le t \le \pi/2$

52. 쌍곡선 분지 $x=\sec t$ ($1/\cos t$로 입력), $y=\tan t$ [$\sin(t)/\cos(t)$로 입력]

a. $-1.5 \le t \le 1.5$

b. $-0.5 \le t \le 0.5$

c. $-0.1 \le t \le 0.1$

53. 포물선 $x = 2t+3, \quad y = t^2-1, \quad -2 \le t \le 2$

54. 사이클로이드 $x = t - \sin t, \quad y = 1 - \cos t$

a. $0 \le t \le 2\pi$

b. $0 \le t \le 4\pi$

c. $\pi \le t \le 3\pi$

55. 삼각주형

$$x = 2\cos t + \cos 2t, \quad y = 2\sin t - \sin 2t, \quad 0 \le t \le 2\pi$$

x와 y에 대한 방정식에서 2 대신에 −2를 대입하면 어떻게 되는가? 새로운 방정식을 구하고 그래프를 그려라.

56. 아름다운 곡선

$$x = 3\cos t + \cos 3t, \quad y = 3\sin t - \sin 3t, \quad 0 \le t \le 2\pi$$

x와 y에 대한 방정식에서 3 대신에 −3을 대입하면 어떻게 되는가? 새로운 방정식을 구하고 그래프를 그려라.

57. a. 에피사이클로이드

$$x = 9\cos t - \cos 9t, \quad y = 9\sin t - \sin 9t, \quad 0 \le t \le 2\pi$$

b. 하이포사이클로이드

$$x = 8\cos t + 2\cos 4t, \quad y = 8\sin t - 2\sin 4t, \quad 0 \le t \le 2\pi$$

c. 하이포트로코이드

$$x = \cos t + 5\cos 3t, \quad y = 6\cos t - 5\sin 3t, \quad 0 \le t \le 2\pi$$

58. a. $x = 6\cos t + 5\cos 3t, \quad y = 6\sin t - 5\sin 3t,$
$0 \le t \le 2\pi$

b. $x = 6\cos 2t + 5\cos 6t, \quad y = 6\sin 2t - 5\sin 6t,$
$0 \le t \le \pi$

c. $x = 6\cos t + 5\cos 3t, \quad y = 6\sin 2t - 5\sin 3t,$
$0 \le t \le 2\pi$

d. $x = 6\cos 2t + 5\cos 6t, \quad y = 6\sin 4t - 5\sin 6t,$
$0 \le t \le \pi$

9.2 매개곡선의 미적분

이 절에서는 매개곡선에 미분을 적용한다. 특히 매개곡선에 대한 접선의 기울기, 곡선의 길이와 곡선과 관련된 넓이를 구한다.

접선과 넓이

함수 f와 g가 미분가능하면, 매개곡선 $x=f(t)$와 $y=g(t)$는 t에서 **미분가능**하다고 한다. 미분가능한 매개곡선 위의 한 점에서 물론 이 점에서 y도 또한 x에 관해 미분가능하며, 도함수 dy/dt, dx/dt, dy/dx 사이에는 연쇄법칙에 의해 다음 관계가 있다.

$$\frac{dy}{dt} = \frac{dy}{dx} \cdot \frac{dx}{dt}$$

$dx/dt \neq 0$이면, 이 방정식의 양변을 dx/dt로 나눠서 dy/dx를 구할 수 있다.

dx/dt에 대한 매개변수 공식

세 도함수 모두가 존재하고 $dx/dt \neq 0$이면 다음 식이 성립한다.

$$\frac{dy}{dx} = \frac{dy/dt}{dx/dt} \tag{1}$$

매개방정식에서 y가 x에 관해 두 번 미분가능한 함수이면, 식 (1)을 함수 $dy/dx=y'$에 적용하여 t의 함수로 $d^2 y/dx^2$을 구할 수 있다.

$$\frac{d^2y}{dx^2} = \frac{d}{dx}(y') = \frac{dy'/dt}{dx/dt} \qquad \text{식 (1)에서 } y \text{ 대신 } y'\text{을 대입}$$

d^2y/dx^2에 대한 매개변수 공식

매개방정식 $x=f(t)$, $y=g(t)$에서 y가 x에 관해 두 번 미분가능한 함수이면 $dx/dt \neq 0$인 임의의 점에서 다음 식이 성립한다.

$$\frac{d^2y}{dx^2} = \frac{dy'/dt}{dx/dt} \tag{2}$$

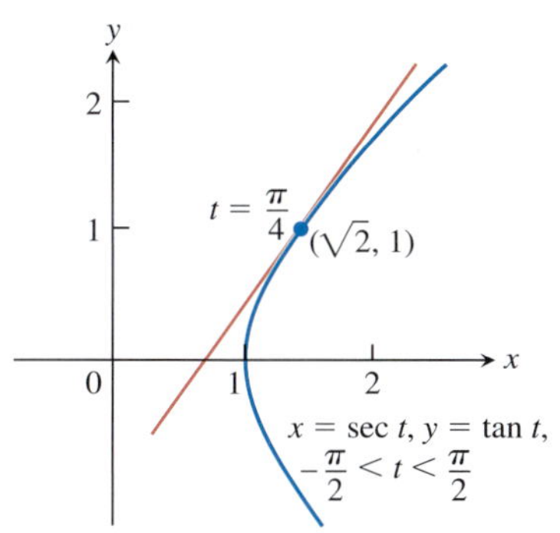

그림 9.14 예제 1에서의 곡선은 쌍곡선 $x^2 - y^2 = 1$의 오른쪽 분지이다.

예제 1 다음 곡선에서 $t=\pi/4$일 때, 즉 점 $(\sqrt{2}, 1)$에서의 접선을 구하라(그림 9.14).

$$x = \sec t, \qquad y = \tan t, \qquad -\frac{\pi}{2} < t < \frac{\pi}{2}$$

풀이 t에서의 접선의 기울기는 다음과 같다.

$$\frac{dy}{dx} = \frac{dy/dt}{dx/dt} = \frac{\sec^2 t}{\sec t \tan t} = \frac{\sec t}{\tan t} \qquad \text{식 (1)에 의해}$$

t에 $\pi/4$를 대입하면 다음을 얻는다.

$$\left.\frac{dy}{dx}\right|_{t=\pi/4} = \frac{\sec(\pi/4)}{\tan(\pi/4)} = \frac{\sqrt{2}}{1} = \sqrt{2}$$

따라서 접선의 방정식은 다음과 같다.

$$y - 1 = \sqrt{2}(x - \sqrt{2})$$

$$y = \sqrt{2}x - 2 + 1$$
$$y = \sqrt{2}x - 1 \qquad \blacksquare$$

d^2y/dx^2을 t의 함수로 구하기

1. $y' = dy/dx$를 t의 함수로 구한다.
2. dy'/dt를 구한다.
3. dy'/dt를 dx/dt로 나눠준다.

예제 2 매개곡선 $x = t - t^2$, $y = t - t^3$의 d^2y/dx^2을 t의 함수로 나타내라.

풀이

1. 먼저 $y' = dy/dx$를 t의 함수로 나타내자.

$$y' = \frac{dy}{dx} = \frac{dy/dt}{dx/dt} = \frac{1 - 3t^2}{1 - 2t}$$

2. y'을 t에 대해 미분하자.

$$\frac{dy'}{dt} = \frac{d}{dt}\left(\frac{1 - 3t^2}{1 - 2t}\right) = \frac{2 - 6t + 6t^2}{(1 - 2t)^2} \qquad \text{몫의 미분법에 의해}$$

3. dy'/dt를 dx/dt로 나눠주면 된다.

$$\frac{d^2y}{dx^2} = \frac{dy'/dt}{dx/dt} = \frac{(2 - 6t + 6t^2)/(1 - 2t)^2}{1 - 2t} = \frac{2 - 6t + 6t^2}{(1 - 2t)^3} \qquad \text{식 (2)에 의해} \qquad \blacksquare$$

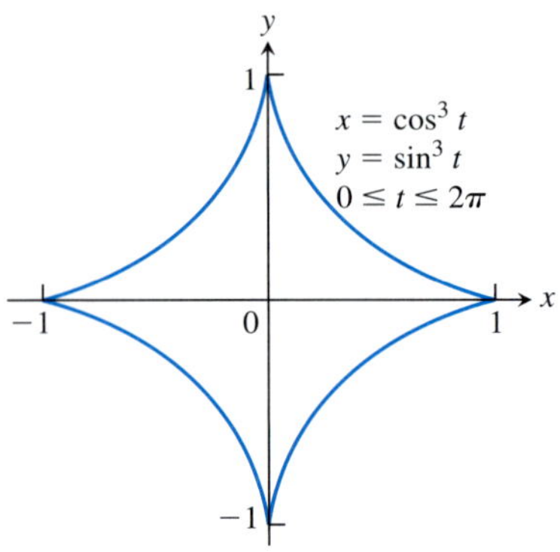

그림 9.15 예제 3의 성망형.

예제 3 성망형(그림 9.15)에 의해 둘러싸인 넓이를 구하라

$$x = \cos^3 t, \qquad y = \sin^3 t, \qquad 0 \le t \le 2\pi$$

풀이 대칭성에 의해 구하고자 하는 전체 넓이는 제1사분면에서 곡선 아래에 있는, 즉 $0 \le t \le 2\pi$에서의 넓이의 4배가 된다. 4장에서 공부한 넓이 구하는 정적분 공식을 적용하고, 곡선을 나타내는 식과 미분 dx를 매개변수 t의 함수로 나타내면 다음과 같다.

$$\begin{aligned}
A &= 4\int_0^1 y\,dx && x=0\text{부터 } x=1\text{까지 } y\text{아래 영역의 4배} \\
&= 4\int_{\pi/2}^{0} (\sin^3 t)(-3\cos^2 t \sin t)\,dt && \cos^3 \pi/2 = 0,\ \cos^3 0 = 1 \\
&= 4\int_0^{\pi/2} (\sin^3 t)(3\cos^2 t \sin t)\,dt && y\text{와 } dx\text{에 대입} \\
&= 12\int_0^{\pi/2} \left(\frac{1 - \cos 2t}{2}\right)^2 \left(\frac{1 + \cos 2t}{2}\right) dt && \sin^4 t = \left(\frac{1 - \cos 2t}{2}\right)^2 \\
&= \frac{3}{2}\int_0^{\pi/2} (1 - 2\cos 2t + \cos^2 2t)(1 + \cos 2t)\,dt && \text{제곱항 전개} \\
&= \frac{3}{2}\int_0^{\pi/2} (1 - \cos 2t - \cos^2 2t + \cos^3 2t)\,dt && \text{곱 전개} \\
&= \frac{3}{2}\left[\int_0^{\pi/2} (1 - \cos 2t)\,dt - \int_0^{\pi/2} \cos^2 2t\,dt + \int_0^{\pi/2} \cos^3 2t\,dt\right] \\
&= \frac{3}{2}\left[\left(t - \frac{1}{2}\sin 2t\right) - \frac{1}{2}\left(t + \frac{1}{4}\sin 4t\right) + \frac{1}{2}\left(\sin 2t - \frac{1}{3}\sin^3 2t\right)\right]_0^{\pi/2} && \text{7.3절 예제 3} \\
&= \frac{3}{2}\left[\left(\frac{\pi}{2} - 0 - 0 - 0\right) - \frac{1}{2}\left(\frac{\pi}{2} + 0 - 0 - 0\right) + \frac{1}{2}(0 - 0 - 0 + 0)\right] && \text{계산} \\
&= \frac{3\pi}{8}
\end{aligned}$$

$\blacksquare$

매개방정식으로 정의된 곡선의 길이

C를 다음과 같은 매개방정식으로 주어진 곡선이라고 하자.

$$x = f(t), \qquad y = g(t), \qquad a \le t \le b$$

함수 f와 g는 구간 $[a, b]$에서 **연속적으로 미분가능**(continuously differentiable), 즉 도함수

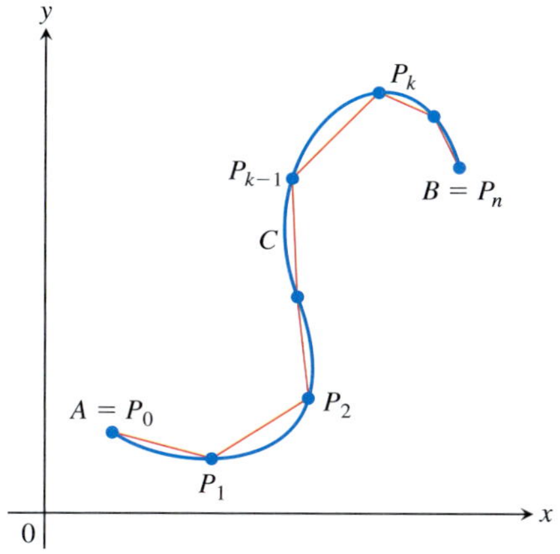

그림 9.16 매끄러운 곡선의 A에서 B 사이의 길이는 $A=P_0$에서 시작해서 P_1을 거쳐서 끝점인 $B=P_n$까지 연결된 꺾은선의 총 길이에 의해 근사된다.

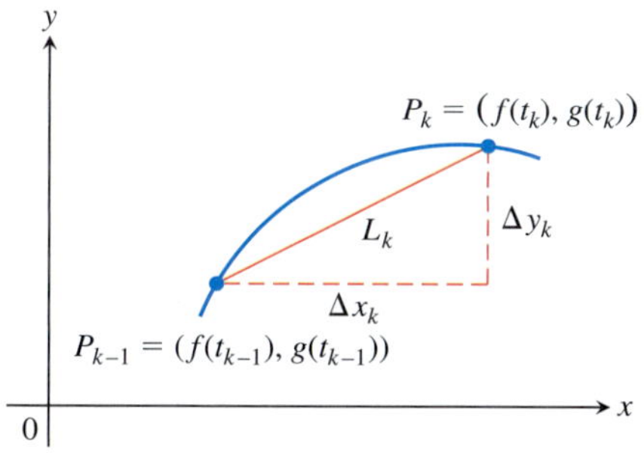

그림 9.17 호 $P_{k-1}\ P_k$는 그림에서와 같이 선분에 의해 가까워지게 되고, 그 선분의 길이는 $L_k=\sqrt{(\Delta x_k)^2+(\Delta y_k)^2}$이다.

가 연속임을 의미한다고 가정하자. 또한 $f'(t)$와 $g'(t)$가 동시에 0이 아니라고 가정하자. 이는 곡선 C가 모서리 점이나 첨점(뾰족점)을 갖지 않게 해준다. 이러한 곡선을 **매끄러운 곡선**이라 부른다. 경로(또는 호) AB를 $A=P_0$, P_1, P_2, $\cdots$, $P_n=B$를 절점으로 n개의 조각으로 분할한다(그림 9.16). 이 점은 구간 $[a, b]$의 분할 $a=t_0<t_1<t_2<\cdots<t_n=b$에 대응한다. 여기서 $P_k=(f(t_k), g(t_k))$이다. 이 분할의 이웃하는 분할점을 선분으로 연결한다(그림 9.16). 표본 선분의 길이는 다음과 같다(그림 9.17).

$$\begin{aligned} L_k &= \sqrt{(\Delta x_k)^2 + (\Delta y_k)^2} \\ &= \sqrt{[f(t_k) - f(t_{k-1})]^2 + [g(t_k) - g(t_{k-1})]^2} \end{aligned}$$

만약 Δt_k는 호 $P_{k-1}\ P_k$의 길이에 가까워진다. 평균값 정리에 의하면 다음을 만족하는 $[t_{k-1}, t_k]$에 속하는 수 t_k^*와 t_k^{**}가 존재한다.

$$\begin{aligned} \Delta x_k &= f(t_k) - f(t_{k-1}) = f'(t_k^*)\,\Delta t_k \\ \Delta y_k &= g(t_k) - g(t_{k-1}) = g'(t_k^{**})\,\Delta t_k \end{aligned}$$

A에서 B 사이의 호가 t가 $t=a$에서 $t=b$까지 움직일 때 돌아오거나 거꾸로 돌아가지 않고 단 한번만 지나간다고 가정하자. 곡선 AB의 길이에 대한 직관적인 근삿값은 모든 길이 L_k의 합이다.

$$\begin{aligned} \sum_{k=1}^{n} L_k &= \sum_{k=1}^{n} \sqrt{(\Delta x_k)^2 + (\Delta y_k)^2} \\ &= \sum_{k=1}^{n} \sqrt{[f'(t_k^*)]^2 + [g'(t_k^{**})]^2}\ \Delta t_k \end{aligned}$$

비록 우변에 있는 이 마지막 합은 정확한 리만 합은 아니지만(f'과 g'이 다른 점에서의 값이기 때문이다), 고등 미적분학의 내용에 의하면 그 분할의 노름이 0에 가까워지고 $n \to \infty$일 때 이 합의 극한이 다음의 정적분과 같음을 알 수 있다.

$$\lim_{\|P\|\to 0} \sum_{k=1}^{n} \sqrt{[f'(t_k^*)]^2 + [g'(t_k^{**})]^2}\ \Delta t_k = \int_a^b \sqrt{[f'(t)]^2 + [g'(t)]^2}\ dt$$

그러므로 A에서 B 사이의 곡선의 길이를 정적분으로 정의하는 것이 합당하다.

정의 만약 곡선 C를 $x=f(t)$, $y=g(t)$, $a \le t \le b$인 매개방정식으로 정의하자. f'과 g'은 $[a, b]$에서 연속이고 동시에 0이 아니며 t가 $t=a$에서 $t=b$까지 증가할 때 정확하게 한 번 지나간다고 하면, **C의 길이**(length of C)는 다음 정적분으로 정의한다.

$$L = \int_a^b \sqrt{[f'(t)]^2 + [g'(t)]^2}\ dt$$

만약 $x=f(t)$이고 $y=g(t)$라 하고, 라이프니츠 기호를 이용하면 호의 길이 공식을 다음과 같이 쓸 수 있다.

$$L = \int_a^b \sqrt{\left(\frac{dx}{dt}\right)^2 + \left(\frac{dy}{dt}\right)^2}\ dt \qquad (3)$$

매끄러운 곡선 C는 구간 전체에서 $(f')^2+(g')^2>0$이므로 시간을 나타내는 구간 $[a, b]$ 위에서 곡선은 운동의 방향을 정반대로 되돌아 나아가지 않는다. 곡선이 중단되고 자신에게 되돌아가는 점에서는 곡선이 미분가능하지 않거나 두 도함수가 동시에 0이 되어야 한다. 우리는 이 현상을 곡선에 대한 접선벡터를 공부하는 11장에서 살펴볼 것이다.

만약 길이를 구해야 할 곡선 C가 두 가지 다른 매개방정식으로 표현되었을 때 어떤 방정식을 선택해야 하는지는 문제가 되지 않는다. 하지만 선택된 매개방정식에서 곡선 C의 길이에 대한 정의에서 언급된 모든 조건은 충족되어야 한다(연습문제 41 참조).

예제 4 다음과 같이 매개변수로 정의된 반지름이 r인 원의 길이를 구하라.

$$x = r\cos t, \qquad y = r\sin t, \qquad 0 \le t \le 2\pi$$

풀이 t가 0에서 2π까지 변할 때, 원이 정확하게 한 바퀴 지난다. 그러므로 둘레의 길이는 다음 정적분으로 정의된다.

$$L = \int_0^{2\pi} \sqrt{\left(\frac{dx}{dt}\right)^2 + \left(\frac{dy}{dt}\right)^2}\, dt$$

다음을 얻는다.

$$\frac{dx}{dt} = -r\sin t, \qquad \frac{dy}{dt} = r\cos t$$

$$\left(\frac{dx}{dt}\right)^2 + \left(\frac{dy}{dt}\right)^2 = r^2(\sin^2 t + \cos^2 t) = r^2$$

그러므로 대입하여 계산하면 길이는 다음과 같다.

$$L = \int_0^{2\pi} \sqrt{r^2}\, dt = r\Big[t\Big]_0^{2\pi} = 2\pi r$$

■

예제 5 성망형(그림 9.15)의 길이를 구하라.

$$x = \cos^3 t, \qquad y = \sin^3 t, \qquad 0 \le t \le 2\pi$$

풀이 주어진 곡선이 좌표축에 대해 대칭이기 때문에 그 곡선의 길이는 제1사분면에 놓여 있는 곡선 길이의 4배이다. 따라서 다음을 얻는다.

$$x = \cos^3 t, \qquad y = \sin^3 t$$

$$\left(\frac{dx}{dt}\right)^2 = [3\cos^2 t(-\sin t)]^2 = 9\cos^4 t \sin^2 t$$

$$\left(\frac{dy}{dt}\right)^2 = [3\sin^2 t(\cos t)]^2 = 9\sin^4 t\cos^2 t$$

$$\begin{aligned}\sqrt{\left(\frac{dx}{dt}\right)^2 + \left(\frac{dy}{dt}\right)^2} &= \sqrt{9\cos^2 t\sin^2 t\underbrace{(\cos^2 t + \sin^2 t)}_{1}} \\ &= \sqrt{9\cos^2 t\sin^2 t} \\ &= 3|\cos t\sin t| \qquad 0 \le t \le \pi/2\text{일 때 } \cos t\sin t \ge 0 \\ &= 3\cos t\sin t\end{aligned}$$

그러므로 다음과 같다.

$$\begin{aligned}\text{제1사분면에 놓여 있는 곡선의 길이} &= \int_0^{\pi/2} 3\cos t\sin t\, dt \\ &= \frac{3}{2}\int_0^{\pi/2} \sin 2t\, dt \qquad \cos t\sin t = (1/2)\sin 2t \\ &= -\frac{3}{4}\cos 2t\Big]_0^{\pi/2} = \frac{3}{2}\end{aligned}$$

성망형의 길이는 이 값의 4배이다[$4(3/2)=6$]. ■

예제 6 타원 $\dfrac{x^2}{a^2}+\dfrac{y^2}{b^2}=1$, $a>b>0$의 둘레의 길이를 구하라.

풀이 타원은 매개방정식 $x=a\sin t$와 $y=b\cos t$, $0\le t\le 2\pi$로 표현된다. 그러면 다음과 같다.

$$\left(\frac{dx}{dt}\right)^2+\left(\frac{dy}{dt}\right)^2=a^2\cos^2 t+b^2\sin^2 t$$
$$=a^2-(a^2-b^2)\sin^2 t$$
$$=a^2[1-e^2\sin^2 t]$$

$e=\sqrt{1-\dfrac{b^2}{a^2}}$
(수 2.71828⋯이 아님)

식 (3)으로부터 둘레의 길이는 다음과 같다.

$$P=4a\int_0^{\pi/2}\sqrt{1-e^2\sin^2 t}\,dt$$

P에 대한 적분은 단순하지 않고, 제2종의 완전타원적분으로 알려진 적분이다. 무한급수를 이용하여 다음과 같은 식으로 적당한 정확도 내에서 값을 계산할 수 있다. 8.10절의 $\sqrt{1-x^2}$에 대한 이항전개식으로부터 다음 식을 얻는다.

$$\sqrt{1-e^2\sin^2 t}=1-\frac{1}{2}e^2\sin^2 t-\frac{1}{2\cdot 4}e^4\sin^4 t-\cdots.$$

$|e\sin t|\le e<1$

이제 이 전개식의 각 항에 대해 n이 짝수일 때 $\int_0^{\pi/2}\sin^n t\,dt$를 적분 공식 157(책의 뒤쪽 기본 적분표 참조)을 적용하면, 둘레의 길이는 다음과 같다.

$$P=4a\int_0^{\pi/2}\sqrt{1-e^2\sin^2 t}\,dt$$
$$=4a\left[\frac{\pi}{2}-\left(\frac{1}{2}e^2\right)\left(\frac{1}{2}\cdot\frac{\pi}{2}\right)-\left(\frac{1}{2\cdot 4}e^4\right)\left(\frac{1\cdot 3}{2\cdot 4}\cdot\frac{\pi}{2}\right)-\left(\frac{1\cdot 3}{2\cdot 4\cdot 6}e^6\right)\left(\frac{1\cdot 3\cdot 5}{2\cdot 4\cdot 6}\cdot\frac{\pi}{2}\right)-\cdots\right]$$
$$=2\pi a\left[1-\left(\frac{1}{2}\right)^2 e^2-\left(\frac{1\cdot 3}{2\cdot 4}\right)^2\frac{e^4}{3}-\left(\frac{1\cdot 3\cdot 5}{2\cdot 4\cdot 6}\right)^2\frac{e^6}{5}-\cdots\right]$$

$e<1$이므로 기하급수 $\sum_{n=1}^{\infty}(e^2)^n$는 수렴하고, 또한 비교판정법에 의해 우변의 급수는 수렴한다. P의 정확한 값을 구할 수 없지만, 무한급수에서 유한개 항의 합으로 원하는 만큼 가까이 추정할 수 있다. ■

곡선 $y=f(x)$의 길이

5.3절의 길이 공식은 식 (3)의 특별한 경우에 해당된다. 연속적으로 미분가능한 함수 $y=f(x)$, $a\le x\le b$가 주어졌을 때 $x=t$를 매개변수로 쓸 수 있다. 그러면 함수 f의 그래프는 앞에서 살펴보았던 매개방정식의 특별한 경우인 다음과 같은 매개방정식으로 정의된 곡선 C이다.

$$x=t,\qquad y=f(t),\qquad a\le t\le b$$

그러면 다음을 얻는다.

$$\frac{dx}{dt}=1,\qquad \frac{dy}{dt}=f'(t)$$

식 (1)에 의해 다음과 같다.

$$\frac{dy}{dx}=\frac{dy/dt}{dx/dt}=f'(t)$$

따라서 다음과 같다.

$$\left(\frac{dx}{dt}\right)^2+\left(\frac{dy}{dt}\right)^2=1+[f'(t)]^2$$
$$=1+[f'(x)]^2$$

$t=x$

식 (3)에 이 결과를 대입하면 5.3절에서 공부했던 $y=f(x)$의 그래프에 대한 호의 길이 공식이 된다.

호의 길이 미분

5.3절에서 공부했던 것처럼 매개곡선 $x=f(t)$, $y=g(t)$, $a \le t \le b$에 대해 호의 길이 함수를 정의할 수 있다.

$$s(t) = \int_a^t \sqrt{[f'(z)]^2 + [g'(z)]^2}\, dz$$

그러면 미적분학의 기본정리에 의해 다음과 같다.

$$\frac{ds}{dt} = \sqrt{[f'(t)]^2 + [g'(t)]^2} = \sqrt{\left(\frac{dx}{dt}\right)^2 + \left(\frac{dy}{dt}\right)^2}$$

호의 길이 미분은 다음과 같다.

$$ds = \sqrt{\left(\frac{dx}{dt}\right)^2 + \left(\frac{dy}{dt}\right)^2}\, dt \tag{4}$$

식 (4)는 줄여서 간단히 다음과 같이 나타낸다.

$$ds = \sqrt{dx^2 + dy^2}$$

5.3절에서와 같이 미분 ds를 적절한 적분 구간 사이에서 적분하여 곡선의 길이를 구할 수 있다.

여기서 호의 길이 공식을 이용하여 호의 중심을 구하는 예제를 살펴본다.

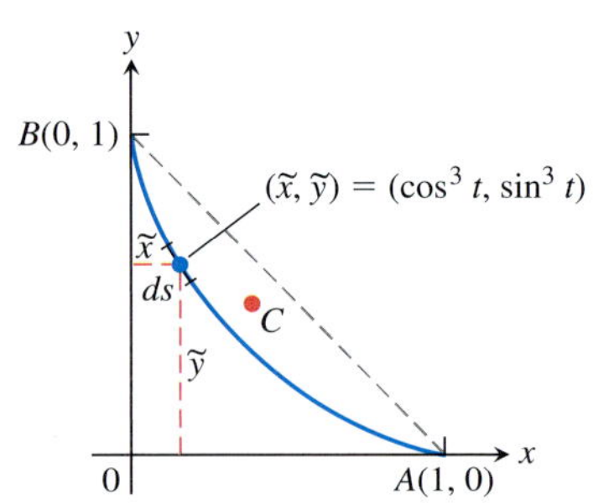

그림 9.18 예제 7에서의 성망형 호의 중심.

예제 7 예제 5의 성망형의 제1사분면에 놓여 있는 호의 중심을 구하라.

풀이 이 곡선의 밀도를 $\delta=1$이라 하고, 5.6절에서 했던 것처럼 좌표축에 대해 모멘트와 질량을 계산한다.

질량의 분포는 직선 $y=x$에 대해 대칭이며, 따라서 $\bar{x}=\bar{y}$이다. 곡선(그림 9.18)의 각 부분에서의 질량을 구하면 다음을 얻는다.

$$dm = 1 \cdot ds = \sqrt{\left(\frac{dx}{dt}\right)^2 + \left(\frac{dy}{dt}\right)^2}\, dt = 3\cos t \sin t\, dt \qquad \text{예제 5로부터}$$

곡선 전체의 질량은 다음과 같다.

$$M = \int_0^{\pi/2} dm = \int_0^{\pi/2} 3\cos t \sin t\, dt = \frac{3}{2} \qquad \text{다시 예제 5로부터}$$

x축에 대한 곡선의 모멘트는 다음과 같다.

$$\begin{aligned} M_x = \int \tilde{y}\, dm &= \int_0^{\pi/2} \sin^3 t \cdot 3\cos t \sin t\, dt \\ &= 3\int_0^{\pi/2} \sin^4 t \cos t\, dt = 3 \cdot \frac{\sin^5 t}{5}\bigg]_0^{\pi/2} = \frac{3}{5} \end{aligned}$$

이로부터 다음을 얻는다.

$$\bar{y} = \frac{M_x}{M} = \frac{3/5}{3/2} = \frac{2}{5}$$

따라서 중심은 $(2/5, 2/5)$이다. ■

예제 8 마찰력이 없는 구슬이 사이클로이드 $x=a(t-\sin t)$, $y=a(1-\cos t)$를 따라 $t=0$부터 $t=\pi$까지 내려오는 데 걸리는 시간 T_c를 구하라(그림 9.13 참조).

풀이 9.1절의 식 (3)으로부터 다음과 같이 시간을 구하고자 한다.

$$T_c = \int_{t=0}^{t=\pi} \frac{ds}{\sqrt{2gy}}$$

여기서 ds를 매개변수 t로 표현해야 한다. 사이클로이드에서는 $dx/dt = a(1-\cos t)$와 $dy/dt = a \sin t$이므로 다음과 같다.

$$\begin{aligned} ds &= \sqrt{\left(\frac{dx}{dt}\right)^2 + \left(\frac{dy}{dt}\right)^2}\, dt \\ &= \sqrt{a^2(1 - 2\cos t + \cos^2 t + \sin^2 t)}\, dt \\ &= \sqrt{a^2(2 - 2\cos t)}\, dt \end{aligned}$$

ds와 y를 적분식에 대입하면, 다음을 얻는다.

$$\begin{aligned} T_c &= \int_0^{\pi} \sqrt{\frac{a^2(2 - 2\cos t)}{2ga(1 - \cos t)}}\, dt \qquad y = a(1 - \cos t) \\ &= \int_0^{\pi} \sqrt{\frac{a}{g}}\, dt = \pi\sqrt{\frac{a}{g}} \end{aligned}$$

이 값은 마찰력이 없는 구슬이 점 O에서 출발하여 사이클로이드를 따라 B까지 내려오는 데 걸리는 시간이다(그림 9.13 참조). ■

회전면의 넓이

5.4절에서 곡선의 좌표축을 회전축으로 회전하여 얻은 곡면의 넓이를 구하는 공식을 구했다. 특히 x축을 회전축으로 하면 넓이는 $S = \int 2\pi y\, ds$, y축을 회전축으로 하면 넓이는 $S = \int 2\pi x\, ds$임을 알았다. 만약 곡선이 매개방정식 $x = f(t)$, $y = g(t)$, $a \le t \le b$로 표현되고, 여기서 f와 g는 연속이며 미분가능하고 구간 $[a, b]$에서 $(f')^2 + (g')^2 > 0$이면, 호의 길이 미분 ds는 식 (4)에 의해 구할 수 있다. 이를 정리하면 매끄러운 매개곡선을 회전하여 얻은 영역의 넓이를 구하는 공식을 다음과 같이 얻을 수 있다.

매개곡선을 회전하여 얻은 곡면의 넓이

만약 매끄러운 곡선 $x = f(t)$, $y = g(t)$, $a \le t \le b$는 t가 a에서 b까지 변할 때 곡선 위를 정확하게 한 번만 지나간다면 좌표축을 회전축으로 그 곡선 위의 입자가 회전하여 얻은 곡면의 넓이는 다음과 같다.

1. x축을 회전축으로 한 경우($y \ge 0$):

$$S = \int_a^b 2\pi y \sqrt{\left(\frac{dx}{dt}\right)^2 + \left(\frac{dy}{dt}\right)^2}\, dt \tag{5}$$

2. y축을 회전축으로 한 경우($x \ge 0$):

$$S = \int_a^b 2\pi x \sqrt{\left(\frac{dx}{dt}\right)^2 + \left(\frac{dy}{dt}\right)^2}\, dt \tag{6}$$

길이에서와 같이 이 공식에서 언급된 조건을 만족하는 계산에 편리한 매개방정식을 이용해서 곡면의 넓이를 구할 수 있다.

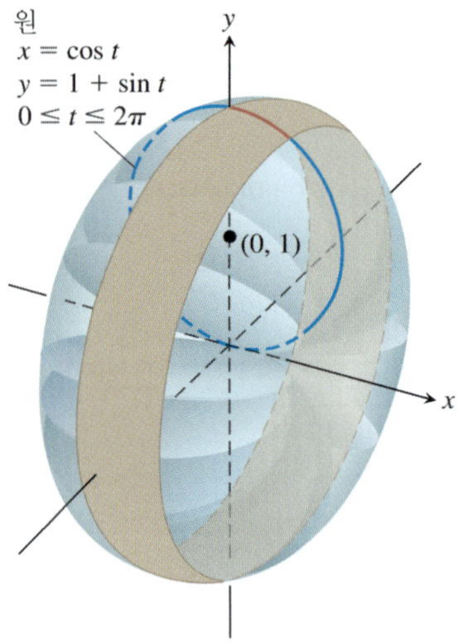

그림 9.19 예제 9에서 이 매개곡선을 한 바퀴 회전하여 생기는 곡면의 넓이를 계산할 수 있다.

예제 9 xy평면에서 중심의 좌표가 (0, 1)이고, 반지름이 1인 원의 매개방정식은 다음과 같다.

$$x = \cos t, \quad y = 1 + \sin t, \quad 0 \le t \le 2\pi$$

이 매개방정식을 이용해서 그 원을 x축에 관해 한 바퀴 회전시켜서 얻은 곡면의 넓이를 구하라(그림 9.19).

풀이 다음 공식을 이용하여 구한다.

$$S = \int_a^b 2\pi y \sqrt{\left(\frac{dx}{dt}\right)^2 + \left(\frac{dy}{dt}\right)^2}\, dt$$

x축을 회전축으로 $y = 1 + \sin t \ge 0$를 회전시켰을 때의 식 (5)

$$= \int_0^{2\pi} 2\pi(1 + \sin t)\underbrace{\sqrt{(-\sin t)^2 + (\cos t)^2}}_{1}\, dt$$

$$= 2\pi \int_0^{2\pi} (1 + \sin t)\, dt$$

$$= 2\pi \Big[t - \cos t\Big]_0^{2\pi} = 4\pi^2$$

연습문제 9.2 EXERCISE QUESTION

매개방정식 곡선의 접선

연습문제 1~14에서 주어진 t값에서 곡선의 접선의 방정식을 구하라. 또한 이 점에서 d^2y/dx^2을 구하라.

1. $x = 2\cos t, \quad y = 2\sin t, \quad t = \pi/4$
2. $x = \sin 2\pi t, \quad y = \cos 2\pi t, \quad t = -1/6$
3. $x = 4\sin t, \quad y = 2\cos t, \quad t = \pi/4$
4. $x = \cos t, \quad y = \sqrt{3}\cos t, \quad t = 2\pi/3$
5. $x = t, \quad y = \sqrt{t}, \quad t = 1/4$
6. $x = \sec^2 t - 1, \quad y = \tan t, \quad t = -\pi/4$
7. $x = \sec t, \quad y = \tan t, \quad t = \pi/6$
8. $x = -\sqrt{t+1}, \quad y = \sqrt{3t}, \quad t = 3$
9. $x = 2t^2 + 3, \quad y = t^4, \quad t = -1$
10. $x = 1/t, \quad y = -2 + \ln t, \quad t = 1$
11. $x = t - \sin t, \quad y = 1 - \cos t, \quad t = \pi/3$
12. $x = \cos t, \quad y = 1 + \sin t, \quad t = \pi/2$
13. $x = \dfrac{1}{t+1}, \quad y = \dfrac{t}{t-1}, \quad t = 2$
14. $x = t + e^t, \quad y = 1 - e^t, \quad t = 0$

음함수로 정의된 매개변수화

연습문제 15~20에서 x와 y는 미분가능한 함수 $x=f(t)$, $y=g(t)$로서 음함수로 정의되었다고 가정하자. 이 곡선 $x=f(t)$, $y=g(t)$의 주어진 t값에서의 접선의 기울기를 구하라.

15. $x^3 + 2t^2 = 9, \quad 2y^3 - 3t^2 = 4, \quad t = 2$
16. $x = \sqrt{5 - \sqrt{t}}, \quad y(t-1) = \sqrt{t}, \quad t = 4$
17. $x + 2x^{3/2} = t^2 + t, \quad y\sqrt{t+1} + 2t\sqrt{y} = 4, \quad t = 0$
18. $x\sin t + 2x = t, \quad t\sin t - 2t = y, \quad t = \pi$
19. $x = t^3 + t, \quad y + 2t^3 = 2x + t^2, \quad t = 1$
20. $t = \ln(x - t), \quad y = te^t, \quad t = 0$

넓이

21. 사이클로이드의 한 호의 아랫부분의 넓이를 구하라.
$$x = a(t - \sin t), \quad y = a(1 - \cos t)$$
22. 다음 곡선과 y축으로 둘러싸인 영역의 넓이를 구하라.
$$x = t - t^2, \quad y = 1 + e^{-t}$$
23. 타원에 둘러싸인 영역의 넓이를 구하라.
$$x = a\cos t, \quad y = b\sin t, \quad 0 \le t \le 2\pi$$
24. 구간 [0, 1]에서 곡선 $y=x^3$ 아랫부분의 넓이를 다음 매개방정식을 이용하여 구하라.
   a. $x = t^2, \quad y = t^6$ **b.** $x = t^3, \quad y = t^9$

곡선의 길이

연습문제 25~30에서 곡선의 길이를 구하라.

25. $x = \cos t, \quad y = t + \sin t, \quad 0 \le t \le \pi$
26. $x = t^3, \quad y = 3t^2/2, \quad 0 \le t \le \sqrt{3}$
27. $x = t^2/2, \quad y = (2t+1)^{3/2}/3, \quad 0 \le t \le 4$
28. $x = (2t+3)^{3/2}/3, \quad y = t + t^2/2, \quad 0 \le t \le 3$
29. $x = 8\cos t + 8t\sin t,$
   $y = 8\sin t - 8t\cos t,$
   $0 \le t \le \pi/2$
30. $x = \ln(\sec t + \tan t) - \sin t,$
   $y = \cos t, \quad 0 \le t \le \pi/3$

곡면의 넓이

연습문제 31~34에서 주어진 축을 회전축으로 회전하여 얻은 곡면의 넓이를 구하라.

31. $x = \cos t, \quad y = 2 + \sin t, \quad 0 \le t \le 2\pi; \quad x$축

32. $x = (2/3)t^{3/2}, \quad y = 2\sqrt{t}, \quad 0 \le t \le \sqrt{3}; \quad y$축

33. $x = t + \sqrt{2}, \quad y = (t^2/2) + \sqrt{2}t, \ -\sqrt{2} \le t \le \sqrt{2}; \quad y$축

34. $x = \ln(\sec t + \tan t) - \sin t,\ y = \cos t,\ 0 \le t \le \pi/3;\ x$축

35. 원뿔추대 두 점 (0, 1)과 (2, 2)를 연결하는 선분을 x축을 회전축으로 회전시켜 원뿔추대를 얻었다. 매개변수화 $x=2t,\ y=t+1,\ 0 \le t \le 1$을 이용하여 이 추대의 곡면의 넓이를 구하라. 기하적인 공식 (넓이)$=\pi\,(r_1+r_2)$(경사 높이)와 비교하라.

36. 원뿔 원점과 점 (h, r)를 연결하는 선분을 x축을 회전축으로 회전시켜 높이가 h이고 밑면의 반지름이 r인 원뿔을 얻었다. 이 원뿔의 곡면의 넓이를 매개방정식 $x=ht,\ y=rt,\ 0 \le t \le 1$을 이용하여 구하라. 기하적인 공식 (넓이)$=\pi r$(경사 높이)와 비교하라.

중심

37. 다음 곡선의 중심의 좌표를 구하라.

$$x = \cos t + t\sin t, \quad y = \sin t - t\cos t, \quad 0 \le t \le \pi/2$$

38. 다음 곡선의 중심의 좌표를 구하라.

$$x = e^t\cos t, \quad y = e^t\sin t, \quad 0 \le t \le \pi$$

39. 다음 곡선의 중심의 좌표를 구하라.

$$x = \cos t, \quad y = t + \sin t, \quad 0 \le t \le \pi$$

T **40.** 곡선의 중심 계산은 대부분 적분 계산이 가능한 컴퓨터나 계산기를 이용하여 구한다. 그러한 경우에 다음 곡선의 중심의 좌표를 소수 둘째 자리까지 구하라.

$$x = t^3, \quad y = 3t^2/2, \quad 0 \le t \le \sqrt{3}$$

이론과 예제

41. 길이는 매개화와 무관하다. 구한 길이가 곡선을 매개화하는 방법에 따라 다르지 않다는 사실을 설명하기 위해 반원 $y=\sqrt{1-x^2}$의 길이를 다음과 같이 매개변수화하여 계산하라.

a. $x = \cos 2t, \quad y = \sin 2t, \quad 0 \le t \le \pi/2$

b. $x = \sin \pi t, \quad y = \cos \pi t, \quad -1/2 \le t \le 1/2$

42. a. 곡선 $x=g(y),\ c \le y \le d$에 대한 직교좌표 공식[5.3절 식 (4)]은 다음과 같다.

$$L = \int_c^d \sqrt{1 + \left(\frac{dx}{dy}\right)^2}\, dy$$

다음 매개변수 공식의 특별한 경우임을 보여라.

$$L = \int_a^b \sqrt{\left(\frac{dx}{dt}\right)^2 + \left(\frac{dy}{dt}\right)^2}\, dt$$

이 결과를 이용하여 다음 곡선의 길이를 구하라.

b. $x = y^{3/2}, \quad 0 \le y \le 4/3$

c. $x = \dfrac{3}{2}y^{2/3}, \quad 0 \le y \le 1$

43. 다음 매개방정식 곡선을 달팽이꼴이라 부르며, 주어진 그림과 같다.

$$x = (1 + 2\sin\theta)\cos\theta, \quad y = (1 + 2\sin\theta)\sin\theta$$

이 주어진 θ값에 대한 곡선 위의 각 점 (x, y)와 그 점에서 접선의 기울기를 구하라.

a. $\theta = 0$ **b.** $\theta = \pi/2$ **c.** $\theta = 4\pi/3$

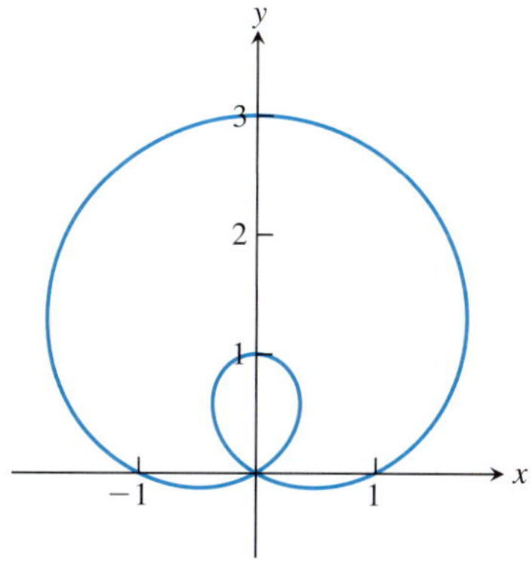

44. 다음 매개방정식 곡선을 시누소이드라 부르며, 주어진 그림과 같다.

$$x = t, \quad y = 1 - \cos t, \quad 0 \le t \le 2\pi$$

이 곡선의 접선의 기울기가 **a.** 최대, **b.** 최소인 점 (x, y)를 구하라.

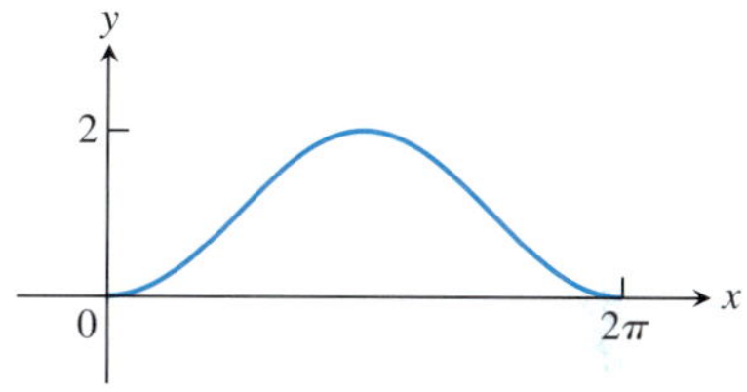

T 연습문제 45와 46은 보우디치 곡선과 리싸주 도형이라 부른다. 각 경우에 곡선의 접선이 수평인 제1사분면 내부의 점을 구하고, 원점에서 두 접선의 방정식을 구하라.

45.

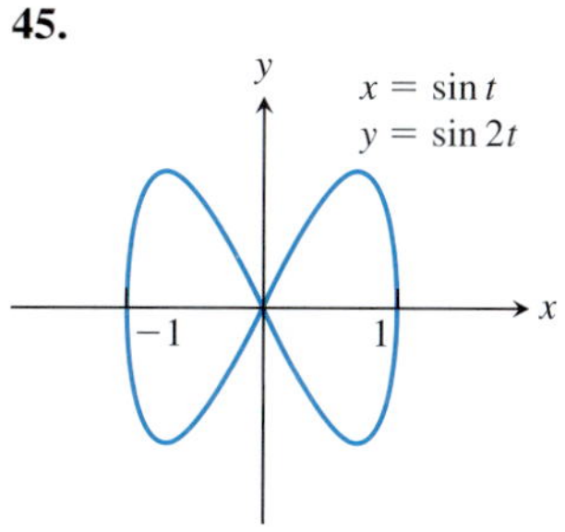

46.

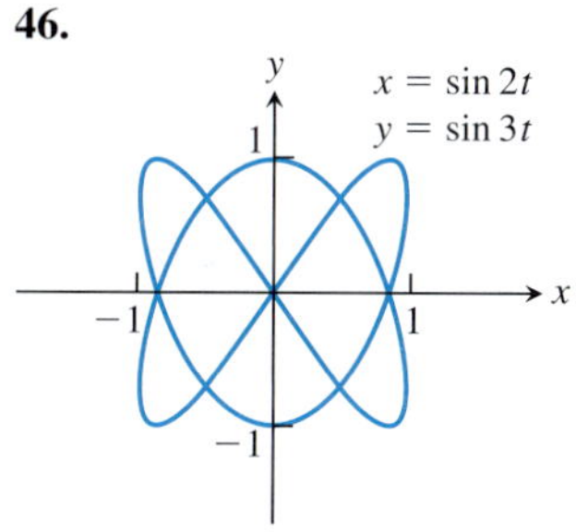

47. 사이클로이드

a. 사이클로이드의 한 호의 길이를 구하라.

$$x = a(t - \sin t), \quad y = a(1 - \cos t)$$

b. 문제 (a)에서 $a=1$인 경우 x축을 회전축으로 한 호를 회전시켜 얻은 곡면의 넓이를 구하라.

48. 부피 다음 사이클로이드의 한 호와 x축으로 둘러싸인 영역을 x축을 회전축으로 회전시켜 얻은 회전체의 부피를 구하라.

$$x = t - \sin t, \quad y = 1 - \cos t$$

49. x축과 다음 식의 그래프로 둘러싸인 영역을 x축을 회전축으로 회전시켜 얻은 회전체의 부피를 구하라.

$$x = 2t, \quad y = t(2 - t)$$

50. y축과 다음 식의 그래프로 둘러싸인 영역을 y축을 회전축으로 회전시켜 얻은 회전체의 부피를 구하라.

$$x = t(1 - t), \quad y = 1 + t^2$$

컴퓨터 탐구

연습문제 51~54에서 CAS를 이용하여 닫힌 구간에서 정의된 주어진 곡선에 대해 다음 단계를 수행하라.

a. 곡선과 함께 구간을 $n=2, 4, 8$개의 점으로 분할하여 근사시킨 꺾은선(그림 9.16 참조)을 그려라.

b. 곡선의 길이를 꺾은선의 각 선분의 길이의 합으로 근사시켜라.

c. 곡선의 길이를 적분을 사용하여 구하고, 이 값과 $n=2, 4, 8$에서의 근삿값과 비교하라. n을 계속 증가시킬 때, 실제 길이값과 비교하면 어떠한가? 그 이유를 설명하라.

51. $x = \frac{1}{3}t^3, \quad y = \frac{1}{2}t^2, \quad 0 \le t \le 1$

52. $x = 2t^3 - 16t^2 + 25t + 5, \quad y = t^2 + t - 3, \quad 0 \le t \le 6$

53. $x = t - \cos t, \quad y = 1 + \sin t, \quad -\pi \le t \le \pi$

54. $x = e^t \cos t, \quad y = e^t \sin t, \quad 0 \le t \le \pi$

9.3 극좌표

이 절에서는 극좌표를 공부하고 직교좌표와의 관계를 알아본다. 극좌표는 13장에서 공부할 다중적분을 계산하는 데 아주 유용하게 사용될 것이다. 또한 행성과 위성의 궤도를 표현하는 데도 유용하게 사용된다.

극좌표의 정의

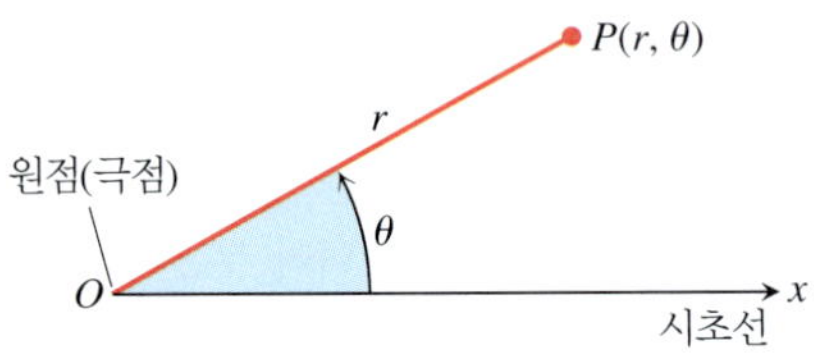

그림 9.20 평면에서 극좌표를 정의하기 위해 극점이라 불리는 원점과 시초선으로부터 시작한다.

극좌표를 정의하기 위해 먼저 **극점**(pole)이라 부르는 **원점**(origin) O와 O로부터 **시초선**(initial ray)을 고정한다(그림 9.20). 일반적으로 양의 x축이 시초선으로 선택된다. 평면 상의 한 점 P에 대해 O에서 P까지의 거리를 r이라 하고 시초선으로부터 반직선 OP까지의 각을 θ라 할 때, 점 P를 **극좌표 순서쌍**(polar coordinate pair) (r, θ)로 나타낼 수 있다. 점 P를 다음과 같이 표기한다.

$$P(r, \theta)$$

r: O에서 P까지의 거리 / θ: 시초선으로부터 반직선 OP까지의 방향각

삼각법에서와 같이 θ는 시계반대 방향으로 측정될 때 양이고, 시계 방향으로 측정될 때 음이 된다. 주어진 점에 대한 각은 유일하게 결정되는 것은 아니다. 평면 위의 한 점이 직교좌표에서는 하나의 순서쌍으로 표현되지만, 극좌표에서는 무한히 많은 순서쌍으로 나타낼 수 있다. 예를 들어 반직선 $\pi/6$ 위의 원점으로부터 거리가 2인 점의 극좌표는 $r=2$이고 $\theta=\pi/6$이다. 이는 또한 $r=2$, $\theta=-11\pi/6$인 극좌표로 나타낼 수 있다(그림 9.21). 만약 r이 음수인 것을 허용하면 더욱 다양하게 표현될 수 있다. 이것이 $P(r, \theta)$를 정의하는 데 유향거리를 사용하는 이유이다. 점 $P(2, 7\pi/6)$은 길이가 2인 초기 반직선을 양의 방향으로 $7\pi/6$라디안 회전시켰을 때 도달한다(그림 9.22). 또한 이는 시초선을 시계반대 방향으로 $\pi/6$라디안 회전한 다음, 반대 방향으로 2만큼 이동하면 P에 도달된다. 따라서 점의 극좌표는 $r=-2$, $\theta=\pi/6$이다.

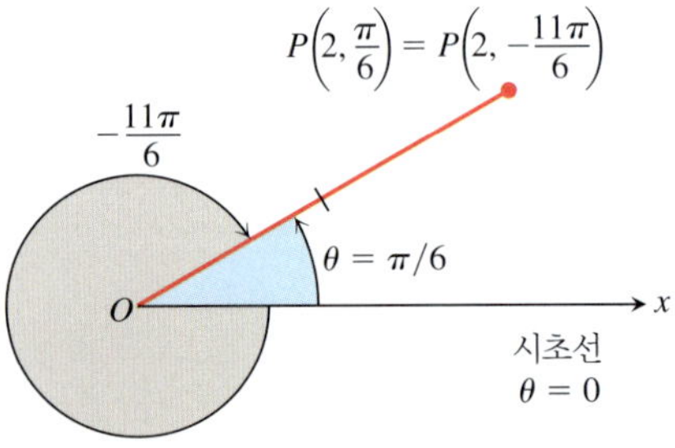

그림 9.21 극좌표는 유일하게 표현되지 않는다.

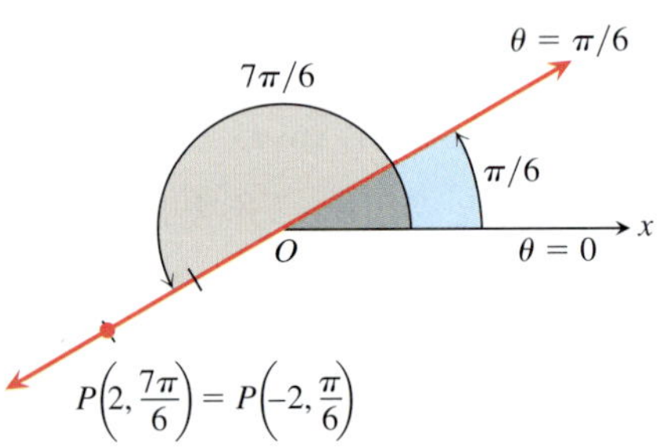

그림 9.22 극좌표에서 r값은 음이 될 수 있다.

예제 1 $P(2, \pi/6)$의 모든 극좌표를 구하라.

풀이 좌표계에 시초선을 그리고 시초선과 $\pi/6$라디안의 각을 이루는 반직선을 그린 다음, 점 $P(2, \pi/6)$를 표시한다(그림 9.23). 다음으로 $r=2$와 $r=-2$가 되는 P의 다른 각을 구한다.

$r=2$인 경우에 해당되는 각은 다음과 같다.

$$\frac{\pi}{6}, \quad \frac{\pi}{6} \pm 2\pi, \quad \frac{\pi}{6} \pm 4\pi, \quad \frac{\pi}{6} \pm 6\pi, \quad \cdots$$

$r=-2$인 경우에 해당되는 각은 다음과 같다.

$$-\frac{5\pi}{6}, \quad -\frac{5\pi}{6} \pm 2\pi, \quad -\frac{5\pi}{6} \pm 4\pi, \quad -\frac{5\pi}{6} \pm 6\pi, \quad \cdots$$

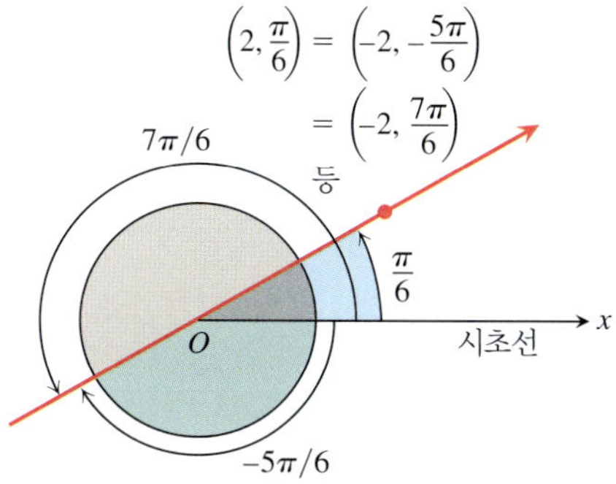

그림 9.23 점 $P(2, \pi/6)$을 나타내는 극좌표는 많이 존재한다(예제 1).

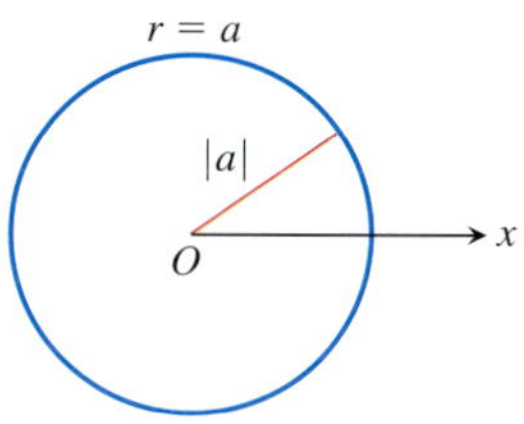

그림 9.24 원에 대한 극방정식은 $r=a$이다.

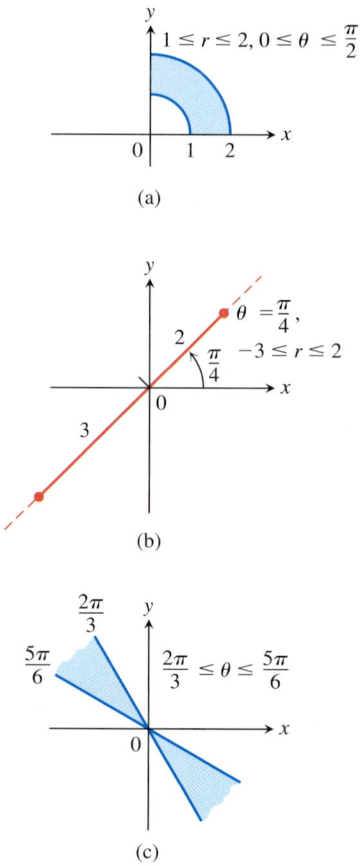

그림 9.25 r과 θ에 대한 표준 부등식의 그래프(예제 3).

P에 대응하는 극좌표 순서쌍은 다음과 같다.

$$\left(2, \frac{\pi}{6} + 2n\pi\right), \qquad n = 0, \pm 1, \pm 2, \cdots$$

$$\left(-2, -\frac{5\pi}{6} + 2n\pi\right), \qquad n = 0, \pm 1, \pm 2, \cdots$$

$n=0$일 때 공식에서 $(2, \pi/6)$와 $(-2, -5\pi/6)$을 얻게 되고, $n=1$일 때 $(2, 13\pi/6)$와 $(-2, 7\pi/6)$을 얻게 된다. 이와 같은 방법으로 극좌표의 순서쌍을 계속 구할 수 있다. ■

극방정식과 그래프

상숫값 $r=a \ne 0$인 r을 고정하면, $P(r, \theta)$는 원점 O로부터 거리가 $|a|$가 되는 점이다. 길이가 2π가 되는 구간 위를 θ가 움직인다면, P는 중심이 O이고 반지름이 $|a|$인 원을 그리게 된다(그림 9.24).

만약 $\theta=\theta_0$인 상숫값으로 θ를 고정하고 r을 $-\infty$에서 ∞로 변하는 값이라 하면, $P(r, \theta)$의 자취는 원점을 지나 시초선과 θ_0의 각을 이루는 직선이 된다(예를 들어 그림 9.22 참조).

예제 2 원이나 직선은 1개 이상의 극방정식을 가진다.

(a) $r=1$과 $r=-1$은 원점에 중심이 있고 반지름이 1인 원의 방정식이다.

(b) $\theta=\pi/6$, $\theta=7\pi/6$, $\theta=-5\pi/6$는 그림 9.23의 직선에 대한 방정식이다. ■

$r=a$와 $\theta=\theta_0$ 형태의 방정식과 $r \le a$와 $0 \le \theta \le \pi$ 형태의 부등식을 결합하여 영역, 선분, 반직선을 정의할 수 있다.

예제 3 다음 조건을 만족하는 극좌표 집합을 그래프로 나타내라.

(a) $1 \le r \le 2$와 $0 \le \theta \le \frac{\pi}{2}$

(b) $-3 \le r \le 2$와 $\theta = \frac{\pi}{4}$

(c) $\frac{2\pi}{3} \le \theta \le \frac{5\pi}{6}$ (r에 대한 제한이 없음)

풀이 그래프는 그림 9.25에 있다. ■

극좌표와 직교좌표 사이의 관계

평면상에서 극좌표와 직교좌표를 모두 사용할 때 2개의 원점을 겹쳐 놓고 양의 x축을 시초선으로 택한다. 반직선 $\theta=\pi/2$, $r>0$은 양의 y축이 된다(그림 9.26). 2개의 좌표 사이에는 다음 관계 식이 성립한다.

극좌표와 직교좌표 사이의 관계 식

극좌표에서 직교좌표로:

$$x = r\cos\theta, \qquad y = r\sin\theta$$

직교좌표에서 극좌표로:

$$r^2 = x^2 + y^2, \qquad \tan\theta = \frac{y}{x}$$

이 관계 식 중 처음 2개의 식에서 극좌표에 의해 주어진 r과 θ는 직교좌표에서 x와 y를 유일하게 결정하는 식이다. 반면에 원점을 제외하고 x와 y가 주어지면 세 번째 방정식에 의해 가능한

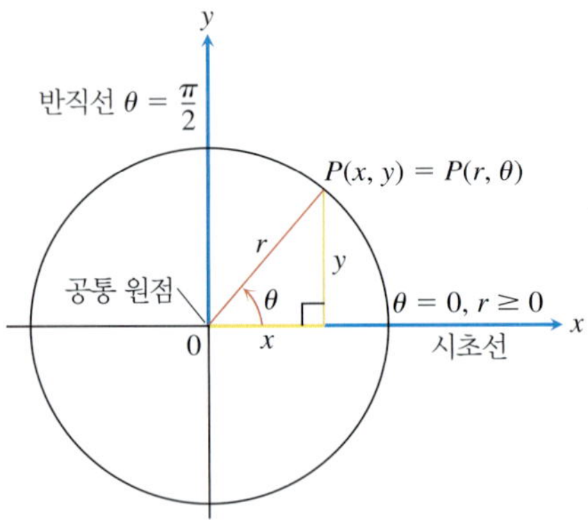

그림 9.26 극좌표와 직교좌표를 연결하는 방법.

r의 값은 두 가지이다(양의 값과 음의 값). 각각의 r의 값의 경우에 앞의 2개의 식을 만족하는 유일한 $\theta \in [0, 2\pi)$가 존재하고, 이를 통해 직교좌표 (x, y)를 나타내는 극좌표를 얻을 수 있다. 예제 1에서와 같이 하나의 직교좌표에 대한 두 가지의 다른 극좌표가 결정될 수 있다.

예제 4 극방정식과 직교방정식으로 표현한 동치인 평면 곡선의 예이다.

극방정식	동치인 직교방정식
$r\cos\theta = 2$	$x = 2$
$r^2\cos\theta\sin\theta = 4$	$xy = 4$
$r^2\cos^2\theta - r^2\sin^2\theta = 1$	$x^2 - y^2 = 1$
$r = 1 + 2r\cos\theta$	$y^2 - 3x^2 - 4x - 1 = 0$
$r = 1 - \cos\theta$	$x^4 + y^4 + 2x^2y^2 + 2x^3 + 2xy^2 - y^2 = 0$

일부 곡선에서는 극좌표가 보다 편리하지만, 일반적으로는 그렇지 않다. ■

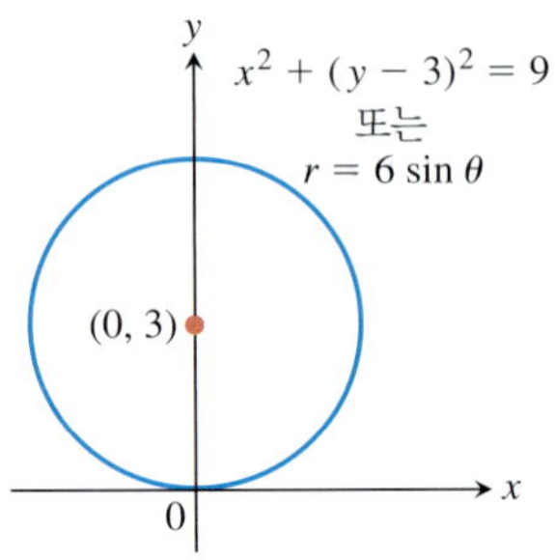

그림 9.27 예제 5의 원.

예제 5 원 $x^2+(y-3)^2=9$(그림 9.27)에 대한 극방정식을 구하라.

풀이 극좌표와 직교좌표 사이의 관계식을 이용하여 극방정식을 구할 수 있다.

$$\begin{aligned} x^2 + (y-3)^2 &= 9 \\ x^2 + y^2 - 6y + 9 &= 9 && (y-3)^2\text{의 전개} \\ x^2 + y^2 - 6y &= 0 && 9\text{의 소거} \\ r^2 - 6r\sin\theta &= 0 && x^2+y^2=r^2,\ y=r\sin\theta \\ r = 0 \text{ 또는 } r - 6\sin\theta &= 0 \\ r &= 6\sin\theta && \text{하나의 식으로 두 경우를 포함} \end{aligned}$$

■

예제 6 다음의 극방정식과 동치인 직교방정식을 말하고 그래프의 특성을 설명하라.

(a) $r\cos\theta = -4$

(b) $r^2 = 4r\cos\theta$

(c) $r = \dfrac{4}{2\cos\theta - \sin\theta}$

풀이 $r\cos\theta=x$, $r\sin\theta=y$, $r^2=x^2+y^2$을 이용하자.

(a) $r\cos\theta=-4$

직교방정식: $r\cos\theta=-4$

$x=-4$ 치환

그래프: $x=-4$를 지나면서 x축에 수직인 직선

(b) $r^2=4r\cos\theta$

직교방정식:

$$\begin{aligned} r^2 &= 4r\cos\theta \\ x^2 + y^2 &= 4x && \text{치환} \\ x^2 - 4x + y^2 &= 0 \\ x^2 - 4x + 4 + y^2 &= 4 && \text{완전제곱} \\ (x-2)^2 + y^2 &= 4 && \text{인수분해} \end{aligned}$$

그래프: 반지름이 2, 중심이 $(h, k)=(2, 0)$인 원

(c) $r = \dfrac{4}{2\cos\theta - \sin\theta}$

직교방정식: $r(2\cos\theta - \sin\theta) = 4$

$2r\cos\theta - r\sin\theta = 4$ r을 곱함

$2x - y = 4$ 치환

$y = 2x - 4$ y를 푼다

그래프: 기울기가 $m=2$, y절편이 $b=-4$인 직선 ■

연습문제 9.3 EXERCISE QUESTION

극좌표

1. 동일한 점을 나타내는 극좌표 순서쌍은 어떤 것인가?
a. $(3, 0)$ **b.** $(-3, 0)$ **c.** $(2, 2\pi/3)$
d. $(2, 7\pi/3)$ **e.** $(-3, \pi)$ **f.** $(2, \pi/3)$
g. $(-3, 2\pi)$ **h.** $(-2, -\pi/3)$

2. 동일한 점을 나타내는 극좌표 순서쌍은 어떤 것인가?
a. $(-2, \pi/3)$ **b.** $(2, -\pi/3)$ **c.** (r, θ)
d. $(r, \theta + \pi)$ **e.** $(-r, \theta)$ **f.** $(2, -2\pi/3)$
g. $(-r, \theta + \pi)$ **h.** $(-2, 2\pi/3)$

3. 다음 점(극좌표에서 주어진)을 나타내라. 그리고 각 점에 대한 극좌표를 모두 구하라.
a. $(2, \pi/2)$ **b.** $(2, 0)$
c. $(-2, \pi/2)$ **d.** $(-2, 0)$

4. 다음 점(극좌표에서 주어진)을 나타내라. 그리고 각 점에 대한 극좌표를 모두 구하라.
a. $(3, \pi/4)$ **b.** $(-3, \pi/4)$
c. $(3, -\pi/4)$ **d.** $(-3, -\pi/4)$

극좌표를 직교좌표로

5. 연습문제 1에 제시된 점의 직교좌표를 구하라.

6. 다음 점(극좌표에서 주어진)의 직교좌표를 구하라.
a. $(\sqrt{2}, \pi/4)$ **b.** $(1, 0)$
c. $(0, \pi/2)$ **d.** $(-\sqrt{2}, \pi/4)$
e. $(-3, 5\pi/6)$ **f.** $(5, \tan^{-1}(4/3))$
g. $(-1, 7\pi)$ **h.** $(2\sqrt{3}, 2\pi/3)$

직교좌표를 극좌표로

7. 직교좌표로 주어진 다음 점의 극좌표($r \ge 0$, $0 \le \theta \le 2\pi$인 범위)를 구하라.
a. $(1, 1)$ **b.** $(-3, 0)$
c. $(\sqrt{3}, -1)$ **d.** $(-3, 4)$

8. 직교좌표로 주어진 다음 점의 극좌표($r \ge 0$, $-\pi \le \theta \le \pi$인 범위)를 구하라.
a. $(-2, -2)$ **b.** $(0, 3)$
c. $(-\sqrt{3}, 1)$ **d.** $(5, -12)$

9. 직교좌표로 주어진 다음 점의 극좌표($r \le 0$, $0 \le \theta \le 2\pi$인 범위)를 구하라.
a. $(3, 3)$ **b.** $(-1, 0)$
c. $(-1, \sqrt{3})$ **d.** $(4, -3)$

10. 직교좌표로 주어진 다음 점의 극좌표($r \le 0$, $-\pi \le \theta \le \pi$인 범위)를 구하라.
a. $(-2, 0)$ **b.** $(1, 0)$
c. $(0, -3)$ **d.** $\left(\frac{\sqrt{3}}{2}, \frac{1}{2}\right)$

극좌표에서 그래프

연습문제 11~26에서 극좌표가 주어진 방정식과 부등식을 만족하는 점의 집합을 그려라.

11. $r = 2$ **12.** $0 \le r \le 2$
13. $r \ge 1$ **14.** $1 \le r \le 2$
15. $0 \le \theta \le \pi/6, \quad r \ge 0$ **16.** $\theta = 2\pi/3, \quad r \le -2$
17. $\theta = \pi/3, \quad -1 \le r \le 3$ **18.** $\theta = 11\pi/4, \quad r \ge -1$
19. $\theta = \pi/2, \quad r \ge 0$ **20.** $\theta = \pi/2, \quad r \le 0$
21. $0 \le \theta \le \pi, \quad r = 1$ **22.** $0 \le \theta \le \pi, \quad r = -1$
23. $\pi/4 \le \theta \le 3\pi/4, \quad 0 \le r \le 1$
24. $-\pi/4 \le \theta \le \pi/4, \quad -1 \le r \le 1$
25. $-\pi/2 \le \theta \le \pi/2, \quad 1 \le r \le 2$
26. $0 \le \theta \le \pi/2, \quad 1 \le |r| \le 2$

극방정식을 직교방정식으로

연습문제 27~52에서 주어진 극방정식을 동치인 직교방정식으로 변환하고, 그 그래프를 기술하거나 확인하라.

27. $r\cos\theta = 2$ **28.** $r\sin\theta = -1$
29. $r\sin\theta = 0$ **30.** $r\cos\theta = 0$
31. $r = 4\csc\theta$ **32.** $r = -3\sec\theta$
33. $r\cos\theta + r\sin\theta = 1$ **34.** $r\sin\theta = r\cos\theta$
35. $r^2 = 1$ **36.** $r^2 = 4r\sin\theta$
37. $r = \dfrac{5}{\sin\theta - 2\cos\theta}$ **38.** $r^2\sin 2\theta = 2$
39. $r = \cot\theta\csc\theta$ **40.** $r = 4\tan\theta\sec\theta$
41. $r = \csc\theta\, e^{r\cos\theta}$ **42.** $r\sin\theta = \ln r + \ln\cos\theta$
43. $r^2 + 2r^2\cos\theta\sin\theta = 1$ **44.** $\cos^2\theta = \sin^2\theta$
45. $r^2 = -4r\cos\theta$ **46.** $r^2 = -6r\sin\theta$
47. $r = 8\sin\theta$ **48.** $r = 3\cos\theta$
49. $r = 2\cos\theta + 2\sin\theta$ **50.** $r = 2\cos\theta - \sin\theta$
51. $r\sin\left(\theta + \frac{\pi}{6}\right) = 2$ **52.** $r\sin\left(\frac{2\pi}{3} - \theta\right) = 5$

직교방정식을 극방정식으로

연습문제 53~66에서 주어진 직교방정식을 동치인 극방정식으로 변환하라.

53. $x = 7$ **54.** $y = 1$ **55.** $x = y$

56. $x - y = 3$ **57.** $x^2 + y^2 = 4$ **58.** $x^2 - y^2 = 1$

59. $\dfrac{x^2}{9} + \dfrac{y^2}{4} = 1$ **60.** $xy = 2$

61. $y^2 = 4x$ **62.** $x^2 + xy + y^2 = 1$

63. $x^2 + (y - 2)^2 = 4$ **64.** $(x - 5)^2 + y^2 = 25$

65. $(x - 3)^2 + (y + 1)^2 = 4$ **66.** $(x + 2)^2 + (y - 5)^2 = 16$

67. 원점을 나타내는 모든 극좌표를 구하라.

68. 수직선과 수평선

a. xy평면 상의 모든 수직선은 $r = a\sec\theta$ 꼴의 극방정식으로 표현됨을 보여라.

b. xy평면 상의 수평선에 대한 비슷한 형태인 극방정식을 구하라.

9.4 극좌표에서의 그래프 그리기

극좌표로 표현된 방정식의 그래프를 직교 xy평면에 그리는 것이 종종 도움이 된다. 이 절에서는 대칭성과 접선을 이용하여 방정식의 그래프를 그리는 방법에 대해 공부한다.

대칭

다음은 극좌표를 이용할 때 세 가지 표준 대칭성을 구하는 방법을 알려준다. 그림 9.28에서 이 대칭성에 대해 설명하고 있다.

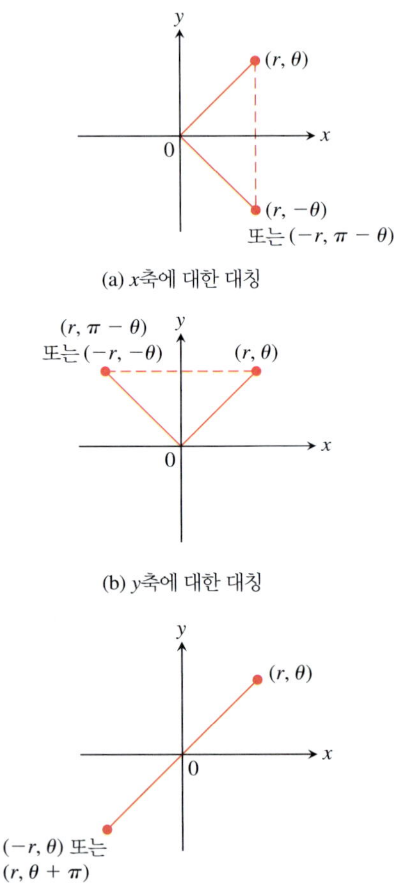

(a) x축에 대한 대칭

(b) y축에 대한 대칭

(c) 원점에 대한 대칭

그림 9.28 극좌표에서 대칭에 대한 세 가지 판정.

극좌표 그래프에 대한 직교 xy평면에서 대칭성 판정

1. **x축에 대한 대칭:** 그래프 위에 있는 점 (r, θ)에 대해, $(r, -\theta)$ 또는 $(-r, \pi - \theta)$가 그래프 위에 있는 경우(그림 9.28a).
2. **y축에 대한 대칭:** 그래프 위에 있는 점 (r, θ)에 대해, $(r, \pi - \theta)$ 또는 $(-r, -\theta)$가 그래프 위에 있는 경우(그림 9.28b).
3. **원점에 대한 대칭:** 그래프 위에 있는 점 (r, θ)에 대해, $(-r, \theta)$ 또는 $(r, \theta + \pi)$가 그래프 위에 있는 경우(그림 9.28c).

기울기

xy평면에서 극좌표 곡선 $r = f(\theta)$의 기울기는 $r' = df/d\theta$가 아닌 dy/dx로 주어진다. 그 이유는 다음과 같은 매개방정식의 그래프를 f의 그래프로 생각하기 때문이다.

$$x = r\cos\theta = f(\theta)\cos\theta, \qquad y = r\sin\theta = f(\theta)\sin\theta$$

f가 미분가능한 θ에 대한 함수라면 x, y도 미분가능한 θ에 대한 함수가 되고, $dx/d\theta \neq 0$일 때 매개변수 공식으로부터 dy/dx를 계산할 수 있다.

$$\frac{dy}{dx} = \frac{dy/d\theta}{dx/d\theta} \qquad \text{9.2절 식 (1)에 } t = \theta$$

$$= \frac{\dfrac{d}{d\theta}(f(\theta)\sin\theta)}{\dfrac{d}{d\theta}(f(\theta)\cos\theta)} \qquad \text{치환}$$

$$= \frac{\dfrac{df}{d\theta}\sin\theta + f(\theta)\cos\theta}{\dfrac{df}{d\theta}\cos\theta - f(\theta)\sin\theta} \qquad \text{곱의 미분 공식}$$

그러므로 dy/dx는 $df/d\theta$와 같지 않다.

θ	$r = 1 - \cos\theta$
0	0
$\frac{\pi}{3}$	$\frac{1}{2}$
$\frac{\pi}{2}$	1
$\frac{2\pi}{3}$	$\frac{3}{2}$
π	2

(a)

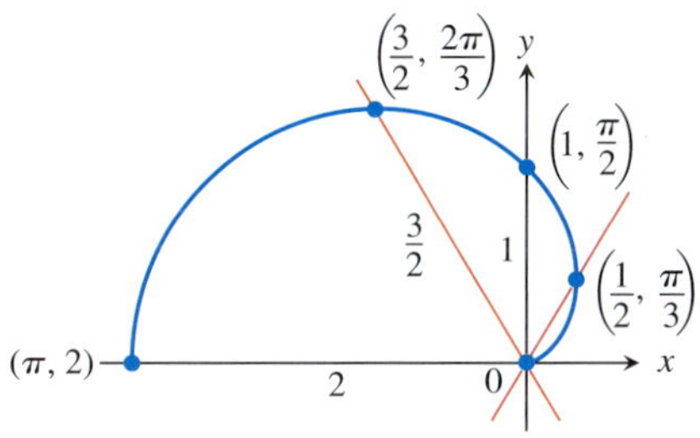

(b)

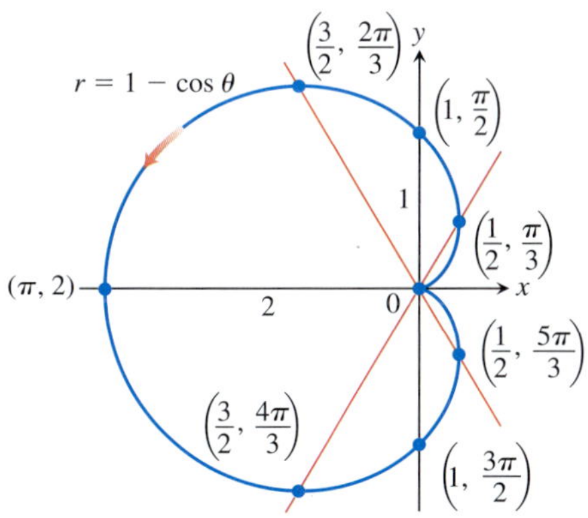

그림 9.29 심장형 $r=1-\cos\theta$의 그래프 그리는 단계(예제 1). 화살표는 θ가 증가하는 방향을 나타낸다.

> **직교 xy평면에서 곡선 $r=f(\theta)$의 기울기**
>
> (r, θ)에서 $dx/d\theta \neq 0$일 때 다음과 같다.
>
> $$\left.\frac{dy}{dx}\right|_{(r,\theta)} = \frac{f'(\theta)\sin\theta + f(\theta)\cos\theta}{f'(\theta)\cos\theta - f(\theta)\sin\theta} \tag{1}$$

곡선 $r=f(\theta)$가 $\theta=\theta_0$에서 원점을 통과하면, $f(\theta_0)=0$이고 곡선의 기울기는 다음과 같다.

$$\left.\frac{dy}{dx}\right|_{(0,\theta_0)} = \frac{f'(\theta_0)\sin\theta_0}{f'(\theta_0)\cos\theta_0} = \tan\theta_0$$

즉 $(0, \theta_0)$에서 기울기는 $\tan\theta_0$이다. 원점에서의 기울기가 아니라 $(0, \theta_0)$에서의 기울기라고 하는 이유는 θ_0과 다른 θ일 때 다른 기울기로 원점(또는 어떤 점)을 한 번 이상 통과할 수 있기 때문이다. 그러나 첫 번째 예제에서는 그러하지 않다.

예제 1 곡선 $r=1-\cos\theta$의 그래프를 그리고 직교 xy평면에 그려라.

풀이 다음과 같으므로 곡선은 x축에 대해 대칭이다.

$$\begin{aligned} (r, \theta)\text{가 그래프 위의 점} &\Rightarrow r=1-\cos\theta \\ &\Rightarrow r=1-\cos(-\theta) \qquad \cos\theta=\cos(-\theta) \\ &\Rightarrow (r, \theta)\text{는 그래프 위의 점} \end{aligned}$$

따라서 θ가 0에서 π까지 증가하면 $\cos\theta$는 1부터 -1까지 감소하고, $r=1-\cos\theta$는 최솟값 0부터 최댓값 2로 증가한다. θ가 π부터 2π까지 연속적으로 증가하면 $\cos\theta$는 -1부터 1까지 증가하고, r은 2부터 0까지 감소한다. 이 곡선은 코사인의 주기가 2π이므로 $\theta=2\pi$일 때 반복하여 출발하게 된다.

이 곡선은 기울기가 $\tan(0)=0$일 때 원점을 출발하여 기울기가 $\tan(2\pi)=0$일 때 원점을 돌아온다.

$\theta=0$에서 $\theta=\pi$까지 함숫값에 대한 표를 만든다. 그리고 각 점을 표시한 다음 원점에서 접선이 수평선이 되고 각 점을 지나는 매끄러운 곡선을 그린 다음 x축을 중심으로 대칭된 그래프를 그려 완성한다(그림 9.29). 이 모양이 심장의 모습을 하고 있어 심장형이라 한다. ■

예제 2 곡선 $r^2=4\cos\theta$의 그래프를 직교 xy평면에 그려라.

풀이 방정식 $r^2=4\cos\theta$는 $\cos\theta \geq 0$일 때만 의미가 있다. 따라서 θ가 $-\pi/2$에서 $\pi/2$로 움직일 때 전체 그래프를 그릴 수 있다. 다음과 같으므로 곡선은 x축에 대해 대칭이다.

$$\begin{aligned} (r, \theta)\text{가 그래프 위의 점} &\Rightarrow r^2=4\cos\theta \\ &\Rightarrow r^2=4\cos(-\theta) \qquad \cos\theta=\cos(-\theta) \\ &\Rightarrow (r, -\theta)\text{는 그래프 위의 점} \end{aligned}$$

또한 이 곡선은 원점에 대해 대칭이다. 왜냐하면 다음 식이 성립하기 때문이다.

$$\begin{aligned} (r, \theta)\text{가 그래프 위의 점} &\Rightarrow r^2=4\cos\theta \\ &\Rightarrow (-r)^2=4\cos\theta \\ &\Rightarrow (-r, \theta)\text{는 그래프 위의 점} \end{aligned}$$

따라서 이 두 대칭성으로부터 곡선은 y축에 대해 대칭이다.

$\theta=-\pi/2$와 $\theta=\pi/2$일 때, 곡선은 원점을 지난다. 이때 $\tan\theta$가 무한대이므로 이 점들에서 접선은 x축에 수직이다.

θ	$\cos\theta$	$r = \pm 2\sqrt{\cos\theta}$
0	1	± 2
$\pm\frac{\pi}{6}$	$\frac{\sqrt{3}}{2}$	$\approx \pm 1.9$
$\pm\frac{\pi}{4}$	$\frac{1}{\sqrt{2}}$	$\approx \pm 1.7$
$\pm\frac{\pi}{3}$	$\frac{1}{2}$	$\approx \pm 1.4$
$\pm\frac{\pi}{2}$	0	0

(a)

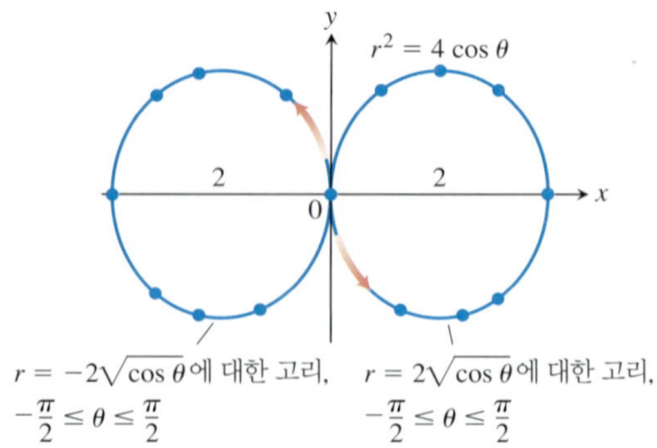

(b)

그림 9.30 $r^2=4\cos\theta$의 그래프. 화살표는 θ가 증가하는 방향을 나타내고 있다. 표 안의 r의 값은 반올림한 것이다(예제 2).

$-\pi/2$와 $\pi/2$ 사이의 구간에 있는 θ에 대해 $r^2=4\cos\theta$이므로 다음과 같다.

$$r = \pm 2\sqrt{\cos\theta}$$

주어진 표를 만든 다음, 대응된 점을 표시하고 곡선의 대칭성과 기울기를 이용하여 각 점을 곡선으로 연결한다(그림 9.30). ■

$r\theta$평면에서 xy평면으로 그래프 변환

극방정식 $r=f(\theta)$의 그래프를 xy평면에 그리는 한 가지 방법은 (r, θ)값에 대한 표를 만든 다음 대응점을 표시하고, θ가 증가하는 순서대로 점을 연결하여 그리는 것이다. 표시된 점이 곡선의 유형을 잘 나타내고 있을 때에는 이 방법이 그래프를 그릴 때 유용하다. 그래프를 그리는 또 다른 방법은 다음과 같다.

1. 먼저 직교 $r\theta$평면에서 $r=f(\theta)$의 그래프를 그린다.
2. 그때 이 직교 그래프를 '표'로써 이용하여 극좌표 그래프를 직교 xy평면에 그린다.

때로는 이 방법이 단순히 점을 찍어 그리는 방법보다 좋은 방법이다. 왜냐하면 좌표의 그래프가 대략 그려졌을지라도 첫 번째 직교 그래프는 r이 증가하고 감소하는 것뿐만 아니라 r이 양인 경우, 음인 경우, 존재하지 않는 경우를 단번에 보여준다. 다음 예제를 살펴보자.

예제 3 곡선 $r^2=\sin 2\theta$의 그래프를 직교 xy평면에 그려라.

풀이 먼저 직교좌표 $r^2\theta$평면에 θ의 함수 r^2 (r이 아님)의 그래프를 그린다(그림 9.31a). 여기서 직교좌표 $r\theta$평면에 $r=\pm\sqrt{\sin 2\theta}$의 그래프를 그리고(그림 9.31b), 극좌표 그래프를 그린다(그림 9.31c). 그림 9.31b의 그래프는 마지막에 있는 그림 9.31c의 그래프를 두 번 중복하여 그리게 된다. 그래프의 두 위쪽 부분이나 그래프의 두 아래쪽 부분을 이용하여 그래프를 그릴 수도 있다. 이렇게 두 번 그래프를 그리는 것은 아무런 문제가 없고 실제로 이런 방법으로 함수에 대한 많은 것을 공부할 수도 있다. ■

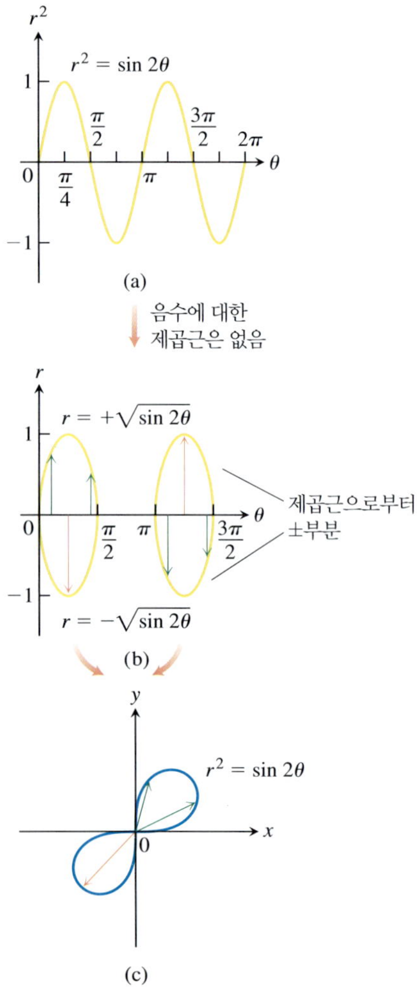

그림 9.31 (b)의 직교 $r\theta$평면 위에 $r=f(\theta)$의 그래프를 그리기 위해 먼저 (a)의 $r^2\theta$평면 위에 $r^2=\sin 2\theta$의 그래프를 그린다. $\sin 2\theta$가 음이 되는 θ값은 무시한다. (b)에 있는 그래프에서 반지름이 (c)에 있는 염주형의 극좌표 그래프를 두 번 지난다(예제 3).

과학기술의 활용: 극 곡선을 매개변수로 그리기

복잡한 극 곡선을 그리기 위해 그래프 계산기나 컴퓨터를 이용할 수 있다. 만약 이러한 장치에 극좌표 그래프를 직접 그릴 수 있는 기능이 없다면 $r=f(\theta)$를 다음 방정식을 이용하여 매개변수화한다.

$$x = r\cos\theta = f(\theta)\cos\theta, \qquad y = r\sin\theta = f(\theta)\sin\theta$$

그리고 장치를 이용하여 직교좌표 xy평면 위에 매개변수화된 곡선을 그린다.

연습문제 9.4 EXERCISE QUESTION

극 곡선의 대칭과 그래프

연습문제 1~12에서 곡선의 대칭성을 확인하고, 그 곡선을 그려라.

1. $r = 1 + \cos\theta$ **2.** $r = 2 - 2\cos\theta$

3. $r = 1 - \sin\theta$ **4.** $r = 1 + \sin\theta$

5. $r = 2 + \sin\theta$ **6.** $r = 1 + 2\sin\theta$

7. $r = \sin(\theta/2)$ **8.** $r = \cos(\theta/2)$

9. $r^2 = \cos\theta$ **10.** $r^2 = \sin\theta$

11. $r^2 = -\sin\theta$ **12.** $r^2 = -\cos\theta$

연습문제 13~16에서 염주형의 그래프를 그려라. 이 곡선에는 어떤 대칭성이 있는가?

13. $r^2 = 4\cos 2\theta$ **14.** $r^2 = 4\sin 2\theta$

15. $r^2 = -\sin 2\theta$ **16.** $r^2 = -\cos 2\theta$

극 곡선의 기울기

연습문제 17~20에서 주어진 점에서 곡선의 기울기를 구하고, 이 점에서의 접선과 함께 곡선을 그려라.

17. 심장형 $r = -1 + \cos\theta$; $\theta = \pm\pi/2$

18. 심장형 $r = -1 + \sin\theta$; $\theta = 0, \pi$

19. 사엽 장미형 $r = \sin 2\theta$; $\theta = \pm\pi/4, \pm 3\pi/4$

20. 사엽 장미형 $r = \cos 2\theta$; $\theta = 0, \pm\pi/2, \pi$

극 곡선의 오목함

식 (1)은 극 곡선 $r=f(\theta)$의 도함수 y'에 대한 공식을 제공한다. 2계 도함수는 $\dfrac{d^2y}{dx^2} = \dfrac{dy'/d\theta}{dx/d\theta}$로 주어진다[9.2절 식 (2) 참조]. 연습문제 21~24에서 주어진 점에서 곡선의 오목성과 기울기를 구하라.

21. $r = \sin\theta, \quad \theta = \pi/6, \pi/3$ **22.** $r = e^\theta, \quad \theta = 0, \pi$

23. $r = \theta, \quad \theta = 0, \pi/2$ **24.** $r = 1/\theta, \quad \theta = -\pi, 1$

리마송 그래프

연습문제 25~28에서 리마송 그래프를 그려라. "limaçon(*lee*-ma sahn)"은 옛 프랑스어로 '달팽이'를 뜻한다. 연습문제 25의 그래프를 그려보면 리마송 그래프의 이름을 이해할 것이다. 리마송에 대한 방정식의 형태는 $r=a\pm b\cos\theta$ 또는 $r=a\pm b\sin\theta$이다. 여기에는 4가지의 기본 형태가 있다.

25. 내부 루프를 가지고 있는 리마송

a. $r = \dfrac{1}{2} + \cos\theta$ **b.** $r = \dfrac{1}{2} + \sin\theta$

26. 심장형

a. $r = 1 - \cos\theta$ **b.** $r = -1 + \sin\theta$

27. 보조개 있는 리마송

a. $r = \dfrac{3}{2} + \cos\theta$ **b.** $r = \dfrac{3}{2} - \sin\theta$

28. 계란형 리마송

a. $r = 2 + \cos\theta$ **b.** $r = -2 + \sin\theta$

xy평면에서 극 곡선과 극부등식 그리기

29. 부등식 $-1 \le r \le 2$와 $-\pi/2 \le \theta \le \pi/2$에 의해 정의된 영역을 그려라.

30. 부등식 $0 \le r \le 2\sec\theta$와 $-\pi/4 \le \theta \le \pi/4$에 의해 정의된 영역을 그려라.

연습문제 31과 32에서 주어진 부등식에 의해 정의된 영역을 그려라.

31. $0 \le r \le 2 - 2\cos\theta$ **32.** $0 \le r^2 \le \cos\theta$

T **33.** 다음 중 어느 것이 $r=1-\cos\theta$와 같은 그래프를 갖는가?

a. $r = -1 - \cos\theta$ **b.** $r = 1 + \cos\theta$

대수적으로 답을 확인하라.

T **34.** 다음 중 어느 것이 $r=\cos 2\theta$와 같은 그래프를 갖는가?

a. $r = -\sin(2\theta + \pi/2)$ **b.** $r = -\cos(\theta/2)$

대수적으로 답을 확인하라.

T **35. 장미형 안의 장미** 방정식 $r=1-2\sin 3\theta$의 그래프를 그려라.

T **36. 신장형** 다음 방정식의 그래프를 그려라.

$$r = 1 + 2\sin\frac{\theta}{2}$$

T **37. 장미형** $m=1/3, 2, 3, 7$에 대한 $r=\cos m\theta$의 그래프를 그려라.

T **38. 나선형** 나선형을 정의한 극좌표가 주어져 있다. 다음 나선형 그래프를 그려라.

a. $r = \theta$

b. $r = -\theta$

c. 로그함수 나선형: $r=e^{\theta/10}$

d. 쌍곡선 나선형: $r=8/\theta$

e. 등변의 쌍곡선: $r = \pm 10/\sqrt{\theta}$

(2개의 가지에 대해 다른 색을 사용하라.)

T **39.** 방정식 $r=\sin(\frac{8}{7}\theta)$, $0 \le \theta \le 14\pi$의 그래프를 그려라.

T **40.** 다음 방정식의 $0 \le \theta \le 10\pi$ 범위에서 그래프를 그려라.

$$r = \sin^2(2.3\theta) + \cos^4(2.3\theta)$$

9.5 극좌표에서의 넓이와 길이

이 절에서는 평면에서의 영역과 곡선의 길이를 극좌표에서 어떻게 계산하는지를 공부한다.

평면에서의 넓이

그림 9.32에서 영역 OTS는 반직선 $\theta=\alpha$, $\theta=\beta$, 곡선 $r=f(\theta)$로 둘러싸여 있다. 각 TOS의 분할 P에 의해 서로 겹쳐지지 않는 n개의 부채꼴로 주어진 영역을 근사시킨다. 부채꼴의 반지름은 $r_k=f(\theta_k)$이고 중심각이 $\Delta\theta_k$라디안이다. 부채꼴의 넓이는 반지름이 r_k인 원의 넓이의 $\Delta\theta_k/2\pi$배, 즉 다음과 같다.

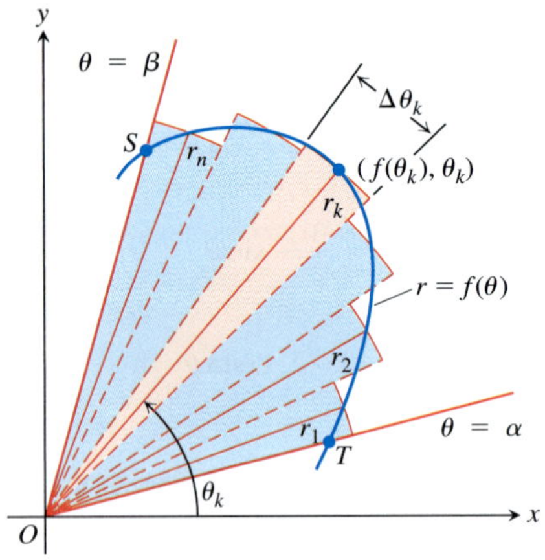

그림 9.32 영역 OTS의 넓이를 구하는 공식을 유도하기 위해 부채꼴 영역으로 근사시킨다.

$$A_k = \frac{1}{2}{r_k}^2\,\Delta\theta_k = \frac{1}{2}(f(\theta_k))^2\,\Delta\theta_k$$

영역 OTS의 넓이에 대한 근삿값은 다음과 같다.

$$\sum_{k=1}^{n} A_k = \sum_{k=1}^{n}\frac{1}{2}(f(\theta_k))^2\,\Delta\theta_k$$

f가 연속이므로 분할의 노름 $\|P\|\to 0$일 때 참값에 가까운 근삿값을 구할 수 있다. 여기서 $\|P\|$는 $\Delta\theta_k$의 값 중에서 최댓값이다. 그러므로 넓이에 대한 다음 공식을 얻게 된다.

$$A = \lim_{\|P\|\to 0}\sum_{k=1}^{n}\frac{1}{2}(f(\theta_k))^2\,\Delta\theta_k = \int_{\alpha}^{\beta}\frac{1}{2}(f(\theta))^2\,d\theta$$

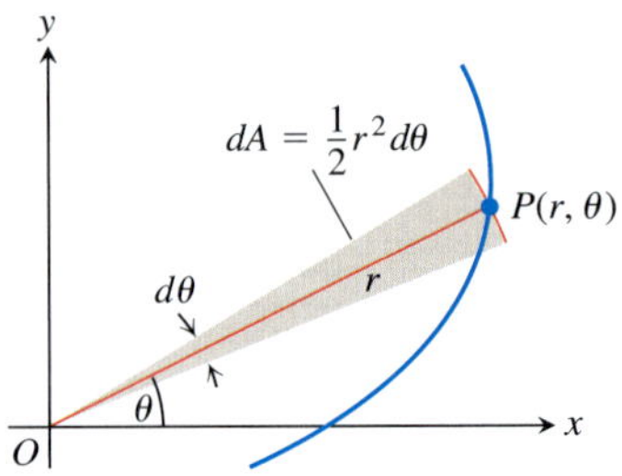

그림 9.33 $r=f(\theta)$에 대한 넓이 미분 dA.

원점과 곡선 $r=f(\theta)$, $\alpha\le\theta\le\beta$, $r\ge 0$, $\beta-\alpha\le 2\pi$ 사이의 부채꼴 영역의 넓이

$$A = \int_{\alpha}^{\beta}\frac{1}{2}r^2\,d\theta$$

여기서 다음을 **넓이미분**(area differential)이라고 한다(그림 9.33).

$$dA = \frac{1}{2}r^2\,d\theta = \frac{1}{2}(f(\theta))^2\,d\theta$$

위 넓이 공식에서 $r\ge 0$이고 각이 2π보다 크지 않다고 가정하고 있다. 이것은 음의 부호가 있는 영역이나 영역이 겹치는 문제를 피할 수 있다. 더 일반적인 영역의 경우는 이러한 모양으로 세분하여 넓이를 구할 수 있다.

예제 1 심장형 $r=2(1+\cos\theta)$에 둘러싸인 xy평면 상에서 영역의 넓이를 구하라.

풀이 심장형 그래프를 그리고(그림 9.34), θ가 0에서 2π까지 변할 때 OP가 영역 전체를 단 한 번 지나게 됨을 알 수 있다. 따라서 넓이는 다음과 같다.

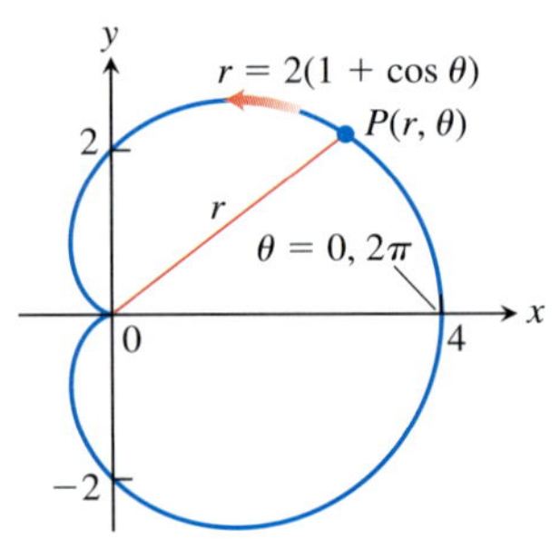

그림 9.34 예제 1의 심장형.

$$\begin{aligned}
\int_{\theta=0}^{\theta=2\pi}\frac{1}{2}r^2\,d\theta &= \int_0^{2\pi}\frac{1}{2}\cdot 4(1+\cos\theta)^2\,d\theta \\
&= \int_0^{2\pi}2(1+2\cos\theta+\cos^2\theta)\,d\theta \\
&= \int_0^{2\pi}\left(2+4\cos\theta+2\cdot\frac{1+\cos 2\theta}{2}\right)d\theta \\
&= \int_0^{2\pi}(3+4\cos\theta+\cos 2\theta)\,d\theta \\
&= \left[3\theta+4\sin\theta+\frac{\sin 2\theta}{2}\right]_0^{2\pi} = 6\pi-0 = 6\pi
\end{aligned}$$

■

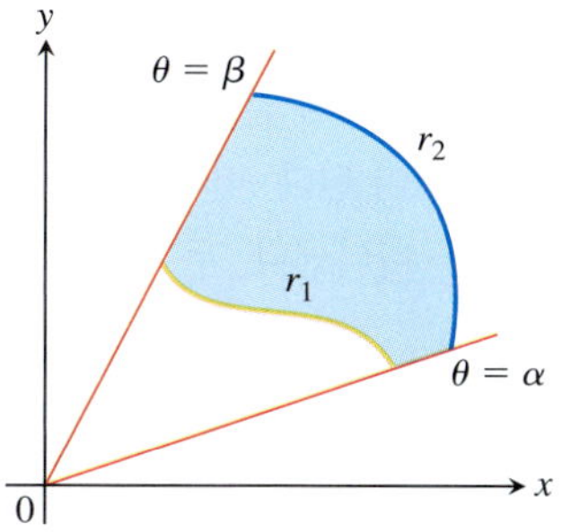

그림 9.35 음영 영역의 넓이는 원점과 r_2 사이 넓이에서 원점과 r_1 사이 넓이를 뺀다.

그림 9.35에서와 같이 $\theta=\alpha$에서 $\theta=\beta$까지인 극좌표 곡선 $r_1=r_1(\theta)$와 $r_2=r_2(\theta)$ 사이 영역의 넓이를 구하기 위해 $(1/2)r_2^2\,d\theta$의 적분에서 $(1/2)r_1^2\,d\theta$의 적분을 빼면 된다. 따라서 다음 공식을 얻는다.

영역 $0 \le r_1(\theta) \le \theta \le r_2(\theta),\ \alpha \le \theta \le \beta,\ \beta-\alpha \le 2\pi$의 넓이

$$A = \int_\alpha^\beta \frac{1}{2}r_2^2\,d\theta - \int_\alpha^\beta \frac{1}{2}r_1^2\,d\theta = \int_\alpha^\beta \frac{1}{2}(r_2^2 - r_1^2)\,d\theta \tag{1}$$

예제 2 원 $r=1$ 내부와 심장형 $r=1-\cos\theta$의 외부에 놓여 있는 영역의 넓이를 구하라.

풀이 영역을 그려서 경계를 정하고 적분의 구간을 구한다(그림 9.36). 외부 곡선은 $r_2=1$이고 내부 곡선은 $r_1=1-\cos\theta$이다. θ는 $-\pi/2$에서 $\pi/2$까지 변할 때 식 (1)에 의해 넓이는 다음과 같다.

$$\begin{aligned} A &= \int_{-\pi/2}^{\pi/2} \frac{1}{2}(r_2^2 - r_1^2)\,d\theta && \text{식 (1)} \\ &= 2\int_0^{\pi/2} \frac{1}{2}(r_2^2 - r_1^2)\,d\theta && \text{대칭성} \\ &= \int_0^{\pi/2} (1-(1-2\cos\theta+\cos^2\theta))\,d\theta && r_2=1\text{과 } r_1=1-\cos\theta \\ &= \int_0^{\pi/2} (2\cos\theta-\cos^2\theta)\,d\theta = \int_0^{\pi/2}\left(2\cos\theta - \frac{1+\cos 2\theta}{2}\right)d\theta \\ &= \left[2\sin\theta - \frac{\theta}{2} - \frac{\sin 2\theta}{4}\right]_0^{\pi/2} = 2-\frac{\pi}{4} \end{aligned}$$

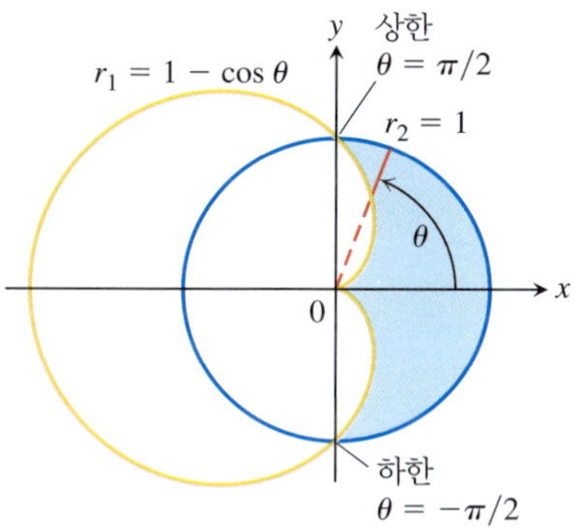

그림 9.36 예제 2의 적분의 영역과 끝점.

한 점이 극좌표에서는 여러 가지 형태로 표현될 수 있다는 사실 때문에 극방정식의 그래프 위의 점을 결정하거나 그래프가 만나는 점의 좌표를 결정하는 데 있어 각별한 주의가 요망된다(예제 2에서는 교점이 필요했다). 직교좌표에서는 두 곡선의 교점을 구하기 위해 항상 두 방정식을 연립하여 풀면 되었다. 그러나 극좌표에서는 이야기가 달라진다. 연립방정식의 해는 전체 교점을 구하지 못한 채로 몇몇 교점만을 구할 수도 있다. 따라서 두 극 곡선의 교점을 모두 구하는 것이 가끔은 어렵다. 모든 교점을 확인하는 하나의 방법은 곡선의 그래프를 그리는 것이다.

예제 3 곡선 $r=2\cos(\theta/3)$는 원점이 중심이고 반지름이 $\sqrt{2}$인 원과 만나는 모든 교점을 구하라.

풀이 함수 $r=2\cos(\theta/3)$가 양과 음의 값을 모두 가진다는 것에 유의해야 한다. 따라서 이 곡선이 원과 만나는 교점을 찾을 때, 원이 방정식 $r=\sqrt{2}$와 $r=-\sqrt{2}$로 표현됨을 고려하는 것이 중요하다.

$2\cos(\theta/3)=\sqrt{2}$를 θ에 대해 풀면 다음과 같다.

$$2\cos(\theta/3) = \sqrt{2}, \quad \cos(\theta/3) = \sqrt{2}/2, \quad \theta/3 = \pi/4, \quad \theta = 3\pi/4$$

이로써 두 곡선이 교차하는 한 점인 $(\sqrt{2}, 3\pi/4)$를 얻을 수 있다. 그러나 그림 9.37의 그래프를 보면 두 번째 교점이 있음을 알 수 있다. 두 번째 점을 찾기 위해 $2\cos(\theta/3)=-\sqrt{2}$을 θ에 대해 풀면 다음과 같다.

$$2\cos(\theta/3) = -\sqrt{2}, \quad \cos(\theta/3) = -\sqrt{2}/2, \quad \theta/3 = 3\pi/4, \quad \theta = 9\pi/4$$

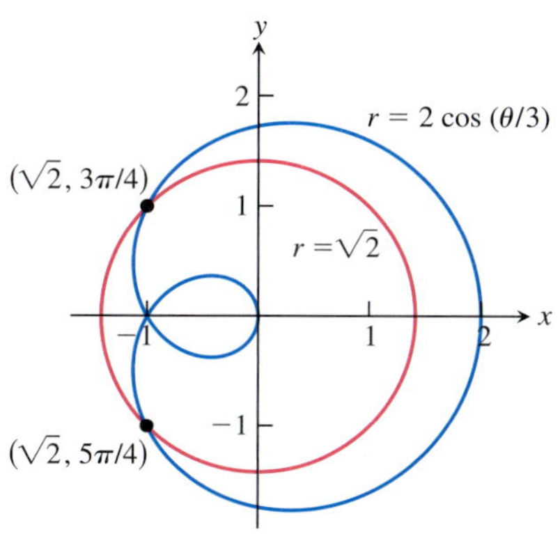

그림 9.37 곡선 $r=2\cos(\theta/3)$와 $r=\sqrt{2}$는 두 점에서 만난다(예제 2).

두 번째 교점은 $(-\sqrt{2}, 9\pi/4)$에 위치한다. 이 점을 극좌표에서 양의 값 r과 0과 2π 사이의 각을 사용하여 표현할 수 있다. 극좌표에서 θ에 2π의 배수를 더하면 평면에서 같은 점을 나타낸다. 마찬가지로 r의 부호를 변경하면서 θ에 π를 더하거나 빼면 같은 점이 된다. 따라서 극좌표에서 $(-\sqrt{2}, 9\pi/4)$는 평면에서 $(-\sqrt{2}, \pi/4)$와 $(\sqrt{2}, 5\pi/4)$와 같은 점을 나타낸다. 두 번째 교차점은 $(\sqrt{2}, 5\pi/4)$에 위치한다. ■

극 곡선의 길이

곡선을 다음과 같이 매개변수화하여 곡선 $r=f(\theta)$, $\alpha \le \theta \le \beta$의 길이에 대한 극좌표 공식을 구할 수 있다.

$$x = r\cos\theta = f(\theta)\cos\theta, \qquad y = r\sin\theta = f(\theta)\sin\theta, \qquad \alpha \le \theta \le \beta \tag{2}$$

9.2절 식 (3)의 매개변수 곡선에 대한 길이 공식에 의해 곡선의 길이는 다음과 같다.

$$L = \int_\alpha^\beta \sqrt{\left(\frac{dx}{d\theta}\right)^2 + \left(\frac{dy}{d\theta}\right)^2}\, d\theta$$

x와 y에 식 (2)를 대입하면(연습문제 29), 다음 공식을 얻는다.

$$L = \int_\alpha^\beta \sqrt{r^2 + \left(\frac{dr}{d\theta}\right)^2}\, d\theta$$

극 곡선의 길이

$r=f(\theta)$가 $\alpha \le \theta \le \beta$에서 1계 도함수가 연속이고 θ가 α에서 β까지 움직일 때 점 $P(r, \theta)$가 곡선 $r=f(\theta)$ 위를 정확하게 한 번 지난다면 곡선의 길이는 다음과 같다.

$$L = \int_\alpha^\beta \sqrt{r^2 + \left(\frac{dr}{d\theta}\right)^2}\, d\theta \tag{3}$$

예제 4 심장형 $r=1-\cos\theta$의 길이를 구하라.

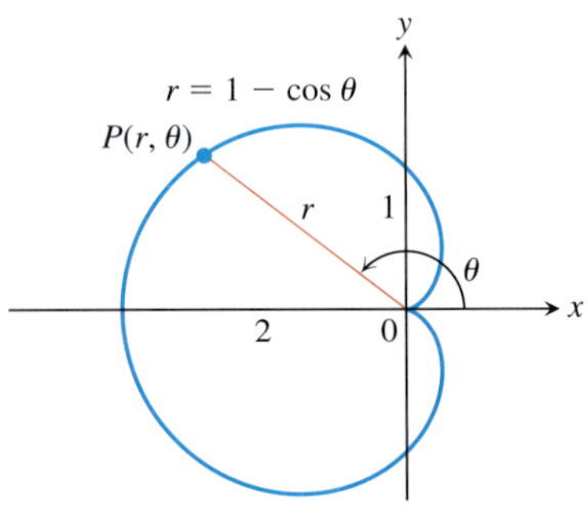

그림 9.38 심장형 곡선의 길이 계산(예제 4).

풀이 적분의 끝점을 결정하기 위해 그래프를 그린다(그림 9.38). 점 $P(r, \theta)$는 θ가 0에서 2π까지 변할 때 시계반대 방향으로 곡선을 1번 지나게 된다. 따라서 이 값을 α와 β로 결정하면 된다. 다음과 같다고 하자.

$$r = 1 - \cos\theta, \qquad \frac{dr}{d\theta} = \sin\theta$$

다음을 얻는다.

$$\begin{aligned} r^2 + \left(\frac{dr}{d\theta}\right)^2 &= (1-\cos\theta)^2 + (\sin\theta)^2 \\ &= 1 - 2\cos\theta + \underbrace{\cos^2\theta + \sin^2\theta}_{1} = 2 - 2\cos\theta \end{aligned}$$

심장형의 길이는 다음과 같다.

$$\begin{aligned} L &= \int_\alpha^\beta \sqrt{r^2 + \left(\frac{dr}{d\theta}\right)^2}\, d\theta = \int_0^{2\pi} \sqrt{2 - 2\cos\theta}\, d\theta \\ &= \int_0^{2\pi} \sqrt{4\sin^2\frac{\theta}{2}}\, d\theta \qquad 1 - \cos\theta = 2\sin^2(\theta/2) \\ &= \int_0^{2\pi} 2\left|\sin\frac{\theta}{2}\right| d\theta \end{aligned}$$

$$= \int_0^{2\pi} 2\sin\frac{\theta}{2}\,d\theta \qquad 0 \le \theta \le 2\pi\text{일 때 } \sin(\theta/2) \ge 0$$

$$= \left[-4\cos\frac{\theta}{2}\right]_0^{2\pi} = 4 + 4 = 8$$

연습문제 9.5 EXERCISE QUESTION

극 곡선 영역의 넓이

연습문제 1~8에서 주어진 영역의 넓이를 구하라.

1. 나선 $r=\theta$의 $0 \le \theta \le \pi$로 제한된 영역

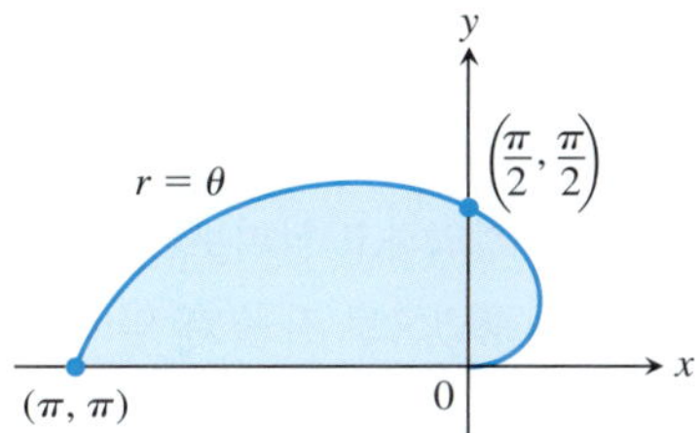

2. 원 $r=2\sin\theta$의 $\pi/4 \le \theta \le \pi/2$로 제한된 영역

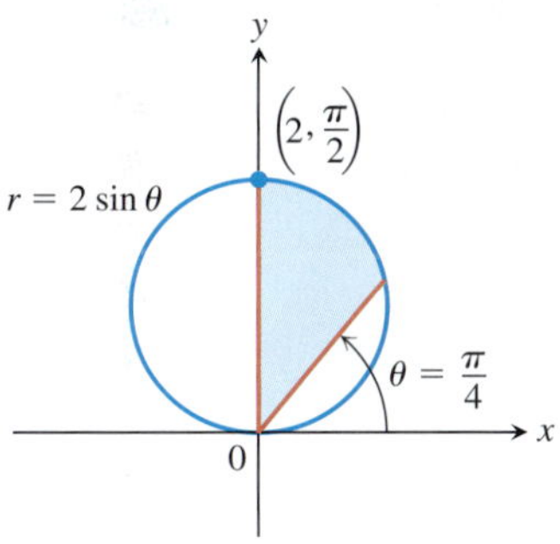

3. 계란형 리마송 $r=4+2\cos\theta$의 내부

4. 심장형 $r=a(1+\cos\theta)$, $a>0$의 내부

5. 사엽 장미형 $r=\cos 2\theta$의 한 잎의 내부

6. 삼엽 장미형 $r=\cos 3\theta$의 한 잎의 내부

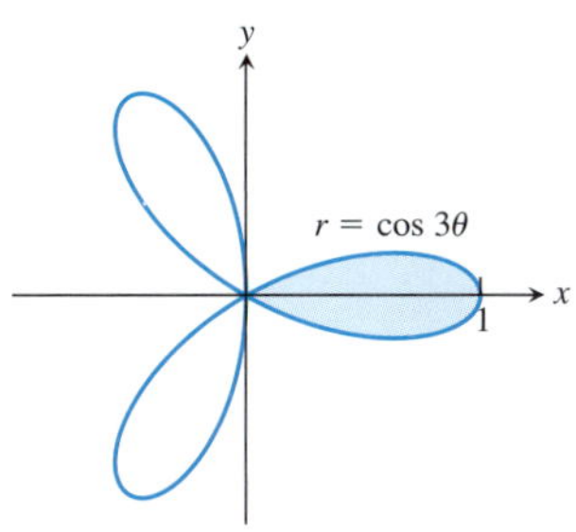

7. 염주형 $r^2=4\sin 2\theta$의 한 루프의 내부

8. 육엽 장미형 $r^2=2\sin 3\theta$의 내부

연습문제 9~18에서 주어진 영역의 넓이를 구하라.

9. 원 $r=2\cos\theta$와 $r=2\sin\theta$의 공통영역

10. 원 $r=1$과 $r=2\sin\theta$의 공통영역

11. 원 $r=2$와 심장형 $r=2(1-\cos\theta)$의 공통영역

12. 심장형 $r=2(1+\cos\theta)$와 $r=2(1-\cos\theta)$의 공통영역

13. 염주형 $r^2=6\cos 2\theta$의 내부와 원 $r=\sqrt{3}$ 곡선의 외부의 공통영역

14. 원 $r=3a\cos\theta$의 내부와 심장형 $r=a(1+\cos\theta)$, $a>0$ 외부의 공통영역

15. 원 $r=-2\cos\theta$의 내부와 원 $r=1$의 외부의 공통영역

16. 원 $r=6$의 내부와 직선 $r=3\csc\theta$의 위쪽 영역

17. 원 $r=4\cos\theta$의 내부와 수직선 $r=\sec\theta$의 오른쪽 영역

18. 원 $r=4\sin\theta$의 내부와 수평선 $r=3\csc\theta$의 아래쪽 영역

19. a. 주어진 그림에서 색칠한 영역의 넓이를 구하라.

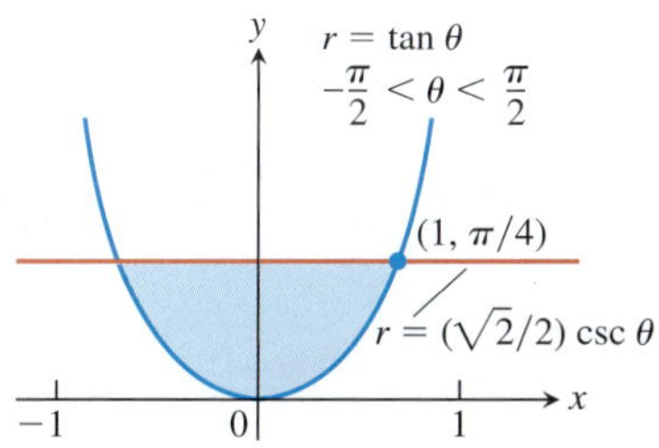

b. $r=\tan\theta$, $-\pi/2<\theta<\pi/2$에서 그래프의 점근선이 $x=1$과 $x=-1$이 될 수 있을 것으로 보인다. 과연 그런가? 그 이유를 설명하라.

20. 심장형 곡선 $r=\cos\theta+1$의 내부와 원 $r=\cos\theta$의 외부의 공통영역의 넓이는 다음과 같다.

$$\frac{1}{2}\int_0^{2\pi}\left[(\cos\theta+1)^2-\cos^2\theta\right]d\theta = \pi$$

왜 그런가? 넓이는 무엇인가? 그 이유를 설명하라.

극 곡선의 길이

연습문제 21~28에서 주어진 영역의 넓이를 구하라.

21. 나선형 $r=\theta^2$, $0 \le \theta \le \sqrt{5}$

22. 나선형 $r=e^{\theta}/\sqrt{2}$, $0 \le \theta \le \pi$

23. 심장형 $r=1+\cos\theta$

24. 곡선 $r=a\sin^2(\theta/2)$, $0 \le \theta \le \pi$, $a>0$

25. 포물선 세그먼트 $r=6/(1+\cos\theta)$, $0 \le \theta \le \pi/2$

26. 포물선 세그먼트 $r=2/(1-\cos\theta)$, $\pi/2 \le \theta \le \pi$

27. 곡선 $r=\cos^3(\theta/3)$, $0 \le \theta \le \pi/4$

28. 곡선 $r=\sqrt{1+\sin 2\theta}$, $0 \le \theta \le \pi\sqrt{2}$

29. 곡선 $r=f(\theta)$, $a \le \theta \le b$의 길이 만약 도함수가 연속이라고 가정하자. 어떻게 이 치환[본문의 식 (2) 참조] $x=f(\theta)\cos\theta$, $y=f(\theta)\sin\theta$를 사용하여 $L=\int_{\alpha}^{\beta}\sqrt{\left(\frac{dx}{d\theta}\right)^2+\left(\frac{dy}{d\theta}\right)^2}\,d\theta$ 이 $L=\int_{\alpha}^{\beta}\sqrt{r^2+\left(\frac{dr}{d\theta}\right)^2}\,d\theta$로 변환되는지를 보여라.

30. 원의 둘레 보통 새로운 공식에 접할 때, 이 공식을 잘 알려진 문제에 적용하여 과거의 방법으로 해결한 결과와 일치하는지를 알아보는 것도 좋은 생각이다. 아래에 있는 원의 둘레를 계산하기 위해 길이에 대한 공식인 식 (3)을 이용하라($a > 0$).

a. $r = a$

b. $r = a \cos \theta$

c. $r = a \sin \theta$

이론과 예제

31. 평균값 f가 연속이면 곡선 $r = f(\theta)$, $\alpha \leq \theta \leq \beta$에 대해 θ에 대한 극좌표 r의 평균값은 다음과 같이 주어진다.

$$r_{\mathrm{av}} = \frac{1}{\beta - \alpha} \int_{\alpha}^{\beta} f(\theta)\, d\theta$$

다음과 같이 주어진 곡선에 대해 위의 공식을 사용하여 θ에 대한 r의 평균값을 구하라($a > 0$).

a. 심장형 $r = a(1 - \cos \theta)$

b. 원 $r = a$

c. 원 $r = a \cos \theta$, $-\pi/2 < \theta < \pi/2$

32. $r = f(\theta)$와 $r = 2f(\theta)$의 비교 곡선 $r = f(\theta)$, $\alpha \leq \theta \leq \beta$와 $r = 2f(\theta)$, $\alpha \leq \theta \leq \beta$의 길이에 대한 관련성을 어떻게 설명할 수 있는가? 그 이유를 설명하라.

9.6 원뿔 곡선

이 절에서는 포물선, 타원과 쌍곡선을 기하학적으로 정의하고 살펴보며, 그에 대한 직교방정식의 표준형을 이끌어낸다. 이들 곡선은 2개의 원뿔을 평면으로 자를 때 얻어지는 곡선이므로 원뿔 곡선 또는 원추 곡선이라 부른다(그림 9.39). 이러한 기하학적인 방법은 직교좌표나 극좌표

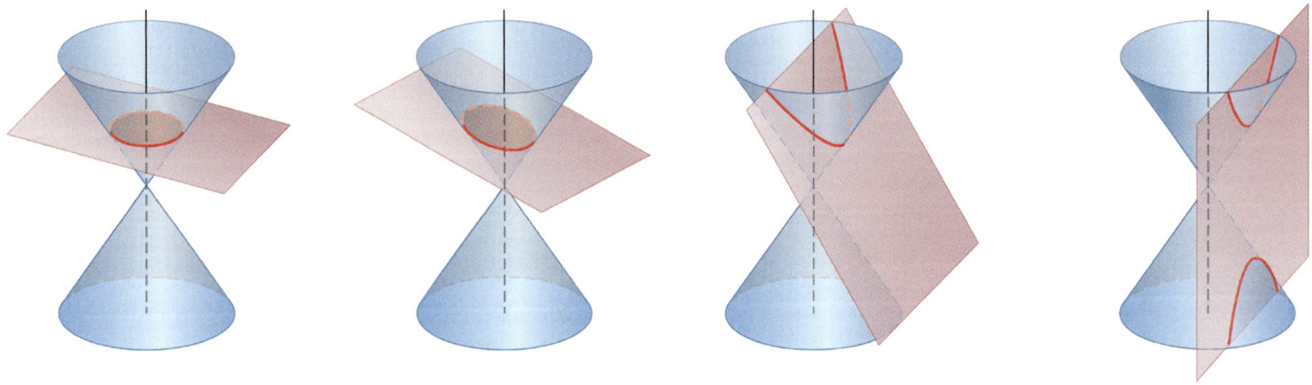

원: 원뿔축에 수직인 평면 | 타원: 원뿔축에 비스듬한 평면 | 포물선: 원뿔의 옆면에 평행한 평면 | 쌍곡선: 원뿔 축에 평행한 평면

(a)

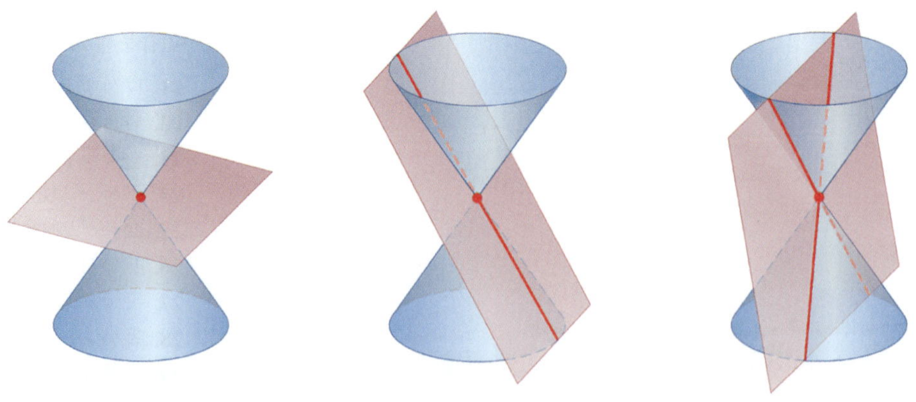

점: 원뿔의 꼭지점만 지나는 평면 | 단일 직선: 원뿔에 접하는 평면 | 한 쌍의 교차 직선

(b)

그림 9.39 표준원뿔 곡선 (a)는 쌍원뿔을 평면으로 절단하여 나타난 곡선이다. 쌍곡선은 두 부분으로 나누어지는데, 각 부분을 분지라고 한다. 원뿔의 꼭짓점을 평면이 통과할 때 얻게 되는 점과 직선 (b)는 퇴화된 원뿔 곡선이다.

역사적 인물

그레고리 세인트 빈센트(Gregory St. Vincent, 1584~1667)

벨기에에서 출생한 세이트 빈센트는 두아이(Douai)에서 수학을 공부했다. 그는 미분적분의 발전에 중요한 기여를 했으며, 그의 책은 다음 세대의 수학자에 의해 읽혀 그들의 아이디어를 연결하고 미적분학의 개념을 정밀하게 다듬는 데 도움이 되었다.

를 사용하지 않았던 고대 그리스 수학자에 의해 표현되었다. 원뿔 곡선을 극좌표로 표현하는 방법은 다음 절에서 공부한다.

포물선

정의 평면 상의 고정된 점과 고정된 선으로부터 동일한 거리에 있는 모든 점으로 구성된 집합이 **포물선**(parabola)이다. 고정된 점은 포물선의 **초점**(focus)이다. 고정된 직선은 **준선**(directrix)이다.

만약 초점 F가 준선 L 위에 있으면 포물선은 F를 지나고 L에 수직인 직선이 된다. 따라서 이러한 경우는 제외하기로 하고, 초점 F가 준선 L 위에 있지 않는 것으로 가정한다.

포물선의 방정식은 포물선의 초점과 준선이 서로 다른 좌표축 위에 있을 때 가장 간단하게 표현된다. 예를 들어 초점 $F(0, p)$가 양의 y축에 있고 준선이 $y=-p$인 경우이다(그림 9.40). 그림의 기호에서 한 점 $P(x, y)$가 포물선 위에 있을 필요충분 조건은 $PF=PQ$이다. 거리 공식으로부터 다음과 같다.

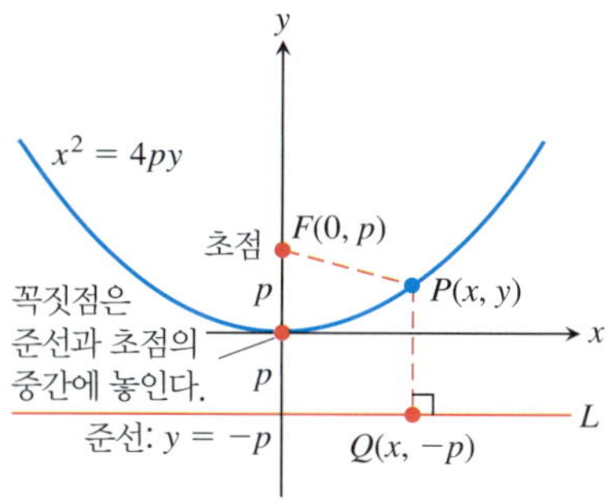

그림 9.40 포물선 $x^2=4py$, $p>0$에 대한 표준형.

$$PF = \sqrt{(x-0)^2 + (y-p)^2} = \sqrt{x^2 + (y-p)^2}$$
$$PQ = \sqrt{(x-x)^2 + (y-(-p))^2} = \sqrt{(y+p)^2}$$

위 두 식을 같게 한 다음 양변을 제곱하여 간단히 하면 다음을 얻는다.

$$y = \frac{x^2}{4p} \quad \text{또는} \quad x^2 = 4py \qquad \text{표준형} \tag{1}$$

이 방정식은 y축에 대해 포물선이 대칭임을 보여주고 있다. 이 y축을 포물선의 축이라 한다(간단히 '대칭축').

포물선의 대칭축과 포물선이 만나는 점을 **꼭지점**(vertex)이라 한다. 포물선 $x^2=4py$의 꼭짓점은 원점이다(그림 9.40 참조). 양수 p를 **초점거리**(focal length)라 한다.

만약 포물선이 아래로 열려 있고 초점이 $(0, -p)$이고 준선이 $y=p$이면 식 (1)은 다음과 같다.

$$y = -\frac{x^2}{4p}, \qquad x^2 = -4py$$

변수 x와 y를 바꾸어 줌으로써 오른쪽 또는 왼쪽으로 열려 있는 포물선에 대한 유사한 방정식을 얻을 수 있다(그림 9.41).

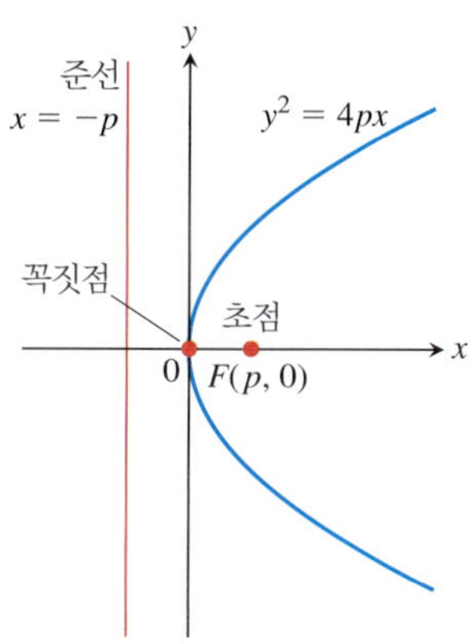

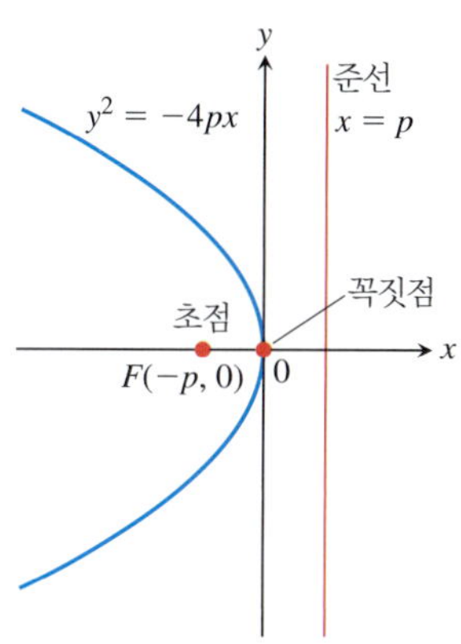

그림 9.41 (a) 포물선 $y^2=4px$, (b) 포물선 $y^2=-4px$.

예제 1 포물선 $y^2=10x$의 초점과 준선을 구하라.

풀이 포물선의 표준형 $y^2=4px$에서 p값을 구하면 다음과 같다.

$$4p = 10 \text{ 이므로} \qquad p = \frac{10}{4} = \frac{5}{2}$$

따라서 p값에 대한 초점과 준선을 구하면 다음을 얻는다.

$$\text{초점:} \quad (p, 0) = \left(\frac{5}{2}, 0\right)$$

$$\text{준선:} \quad x = -p \quad \text{또는} \quad x = -\frac{5}{2}$$

■

타원

정의 평면 위에 2개의 고정된 점으로부터 거리의 합이 일정한 평면 위의 점의 집합을 **타원**(ellipse)이라 한다. 이 두 고정점을 타원의 **초점**이라 한다.

타원의 두 초점을 지나는 좌표축을 **초점축**(focal axis)이라 하고, 이 축 위에 있는 두 초점의 중점을 타원의 **중심**이라 한다. 초점축과 타원의 교점을 타원의 **꼭짓점**이라 한다(그림 9.42).

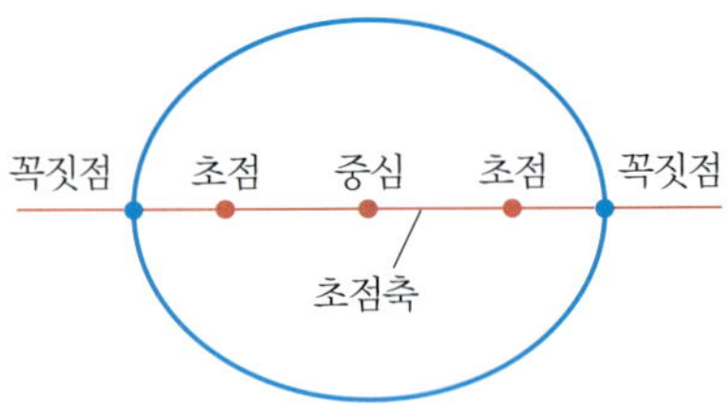

그림 9.42 타원의 초점축에 있는 점.

만약 두 초점이 $F_1(-c, 0)$, $F_2(c, 0)$이고(그림 9.43) PF_1+PF_2가 $2a$라 하면 타원의 점 $P(x, y)$는 다음 방정식을 만족한다.

$$\sqrt{(x+c)^2+y^2}+\sqrt{(x-c)^2+y^2}=2a$$

이 방정식을 간단하게 하기 위해 두 번째 근호를 오른쪽으로 이항하고 제곱한 다음 남아 있는 근호를 분리하고 다시 제곱하여 정리하면 다음 식을 얻는다.

$$\frac{x^2}{a^2}+\frac{y^2}{a^2-c^2}=1 \tag{2}$$

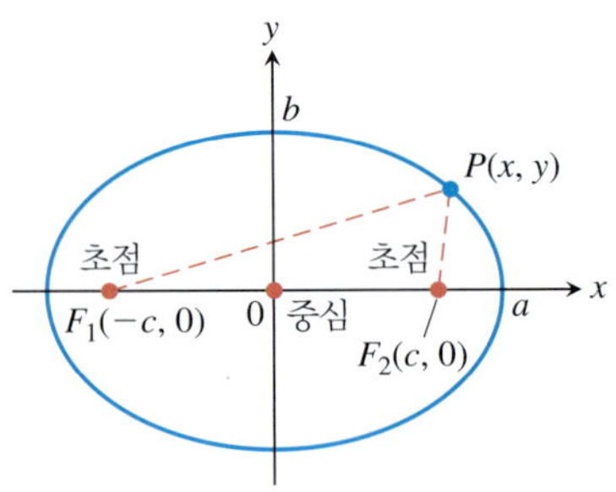

그림 9.43 방정식 $PF_1+PF_2=2a$로 정의된 타원은 방정식 $(x^2/a^2)+(y^2/b^2)=1$ $(b^2=a^2-c^2)$의 그래프이다.

PF_1+PF_2가 F_1F_2의 길이보다 크기 때문에(삼각형 PF_1F_2에 대한 삼각부등식에 의해) $2a$는 $2c$보다 크게 된다. 따라서 $a>c$이므로 식 (2)의 a^2-c^2은 양이다.

또한 $0<c<a$일 때 식 (2)를 만족하는 모든 점 P는 $PF_1+PF_2=2a$를 만족하게 된다. 따라서 한 점이 타원 위에 있을 필요충분 조건은 그 점의 좌표가 식 (2)를 만족하는 것이다.

만약 b를 a^2-c^2의 양의 제곱근으로 표기하면 다음과 같다.

$$b=\sqrt{a^2-c^2} \tag{3}$$

그러면 $a^2-c^2=b^2$이고 식 (2)는 다음과 같다.

$$\frac{x^2}{a^2}+\frac{y^2}{b^2}=1 \tag{4}$$

식 (4)로부터 이 타원이 원점과 두 좌표축에 대해 대칭이 되고 $x=\pm a$와 $y=\pm b$로 생성되는 직사각형의 내부에 있음을 알 수 있다. 타원과 좌표축과의 교점은 $(\pm a, 0)$과 $(0, \pm b)$이다. 다음 식이 $x=0$일 때 $dy/dx=0$이고 $y=0$일 때 $dy/dx=\infty$이므로 타원과 좌표축과의 교점에서의 접선은 좌표축과 수직이 된다.

$$\frac{dy}{dx}=-\frac{b^2x}{a^2y}$$

음함수의 미분을 식 (4)에 적용하여 얻는다.

식 (4)에서 타원의 **장축**(major axis)은 두 점 $(\pm a, 0)$을 연결한 선분을 말하며, 그 길이는 $2a$가 된다. 두 점 $(0, \pm b)$를 연결한 선분을 **단축**(minor axis)이라 하며, 그 길이는 $2b$가 된다. a를 **반장축**(semimajor axis)이라 하고, b를 **단반축**(semiminor axis)이라 한다. 식 (3)으로부터 다음

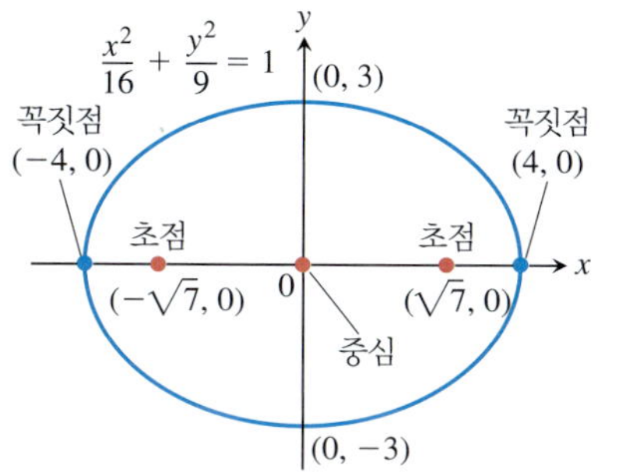

그림 9.44 장축이 수평선이 되는 타원(예제 2).

과 같은 식을 얻는다.

$$c = \sqrt{a^2 - b^2}$$

즉 타원의 **중심-초점거리**(center-to-focus distance)가 된다. $a = b$이면 타원은 원이 된다.

예제 2 다음과 같은 타원이라고 하자.

$$\frac{x^2}{16} + \frac{y^2}{9} = 1 \tag{5}$$

그러면 그림 9.44에서처럼 다음을 얻는다.

반장축: $a = \sqrt{16} = 4$, 반단축: $b = \sqrt{9} = 3$
중심-초점거리: $c = \sqrt{16 - 9} = \sqrt{7}$
초점: $(\pm c, 0) = (\pm\sqrt{7}, 0)$
꼭짓점: $(\pm a, 0) = (\pm 4, 0)$
중심: $(0, 0)$ ■

식 (5)에서 x와 y를 바꾸어주면, 다음과 같은 타원을 얻는다.

$$\frac{x^2}{9} + \frac{y^2}{16} = 1 \tag{6}$$

이 타원의 장축은 이제 수평선이 아닌 수직선이고 초점과 꼭짓점은 y축 위에 있다. 좌표축과의 교점을 찾아주기만 하면, 두 축에서 길이가 긴 축이 장축이므로 장축을 쉽게 알 수 있다.

중심이 원점에 있는 타원의 표준형 방정식

x축에 초점이 있는 경우: $\frac{x^2}{a^2} + \frac{y^2}{b^2} = 1 \quad (a > b)$
중심-초점거리: $c = \sqrt{a^2 - b^2}$
초점: $(\pm c, 0)$
꼭짓점: $(\pm a, 0)$

x축에 초점이 있는 경우: $\frac{x^2}{b^2} + \frac{y^2}{a^2} = 1 \quad (a > b)$
중심-초점거리: $c = \sqrt{a^2 - b^2}$
초점: $(0, \pm c)$
꼭짓점: $(0, \pm a)$

각 경우에 a는 반장축, b는 반단축이다.

쌍곡선

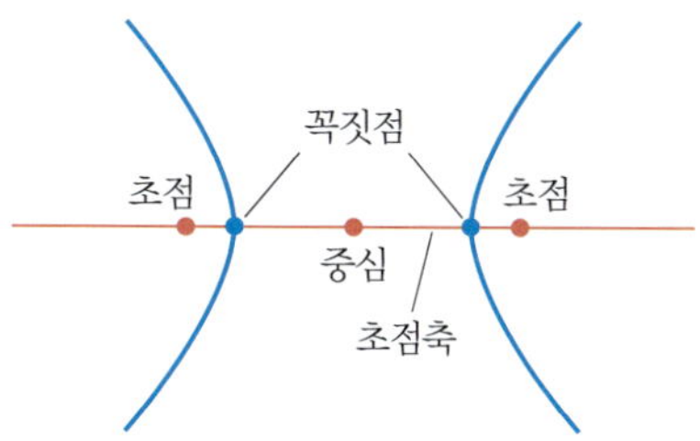

그림 9.45 쌍곡선의 초점축에 있는 점.

정의 평면 위에서 2개의 고정된 점으로부터 거리의 차가 일정한 평면 위의 점의 집합을 **쌍곡선**(hyperbola)이라 한다. 이 두 고정점을 쌍곡선의 **초점**이라 한다.

쌍곡선의 초점을 지나는 좌표축을 **초점축**이라 하고, 이 축 위에 있는 두 초점의 중점을 쌍곡선의 **중심**이라 한다. 초점축과 타원의 교점을 쌍곡선의 **꼭짓점**이라 한다(그림 9.45).

만약 $F_1(-c, 0)$과 $F_2(c, 0)$이 초점이고(그림 9.46) 두 점으로부터 일정한 거리의 차가 $2a$라 할 때 (x, y)가 쌍곡선 위에 있을 필요충분 조건은 다음과 같다.

$$\sqrt{(x + c)^2 + y^2} - \sqrt{(x - c)^2 + y^2} = \pm 2a \tag{7}$$

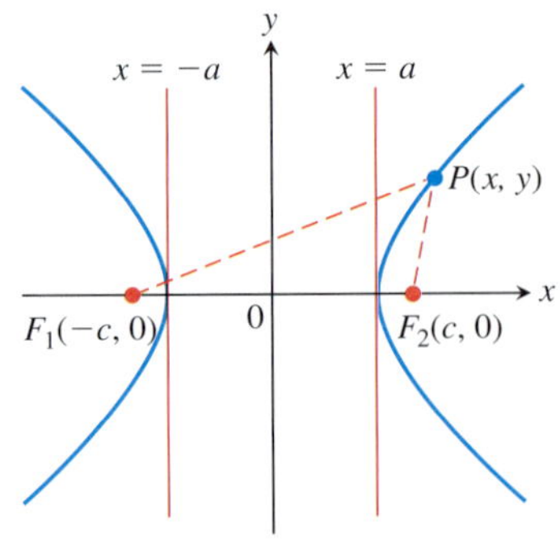

그림 9.46 쌍곡선은 2개의 분지로 되어 있다. 쌍곡선의 오른쪽 분지에 있는 점에 대해 $PF_1-PF_2=2a$이다. 왼쪽 분지의 점에 대해 $PF_2-PF_1=2a$, $b=\sqrt{c^2-a^2}$이다.

위의 좌변의 두 번째 근호를 우변으로 이항하고 제곱하여 근호가 있는 항만 남긴다. 다시 제곱하여 정리하면 다음 식을 얻는다.

$$\frac{x^2}{a^2}+\frac{y^2}{a^2-c^2}=1 \tag{8}$$

위 식이 타원방정식과 같은 형태로 보이지만, $2a$는 삼각형 PF_1F_2의 두 변의 차가 되고 이것은 나머지 한 변의 길이 $2c$보다 작기 때문에 $a^2-c^2<0$이다.

또한 $0<a<c$일 때 식 (8)을 만족하는 모든 점 P는 식 (7)을 만족한다. 따라서 쌍곡선 위에 있을 필요충분 조건은 그 점의 좌표가 식 (8)을 만족하는 것이다.

b를 c^2-a^2의 양의 제곱근으로 표기할 때, 즉 다음과 같다고 하자.

$$b=\sqrt{c^2-a^2} \tag{9}$$

그러면 $a^2-c^2=-b^2$이고 식 (8)은 다음과 같다.

$$\frac{x^2}{a^2}-\frac{y^2}{b^2}=1 \tag{10}$$

식 (10)과 타원의 식 (4)의 차이는 다음과 같은 음의 부호와 새로운 관계를 갖는다.

$$c^2=a^2+b^2 \qquad \text{식 (9)로부터}$$

타원과 마찬가지로 쌍곡선은 원점과 좌표축에 대해 대칭이다. 쌍곡선은 x축과 점 $(\pm a, 0)$에서 만난다. $y=0$일 때 다음 식이 무한이므로 교점에서 쌍곡선에 대한 접선은 수직선이다.

$$\frac{dy}{dx}=\frac{b^2x}{a^2y} \qquad \text{식 (10)에 음함수 미분법 적용}$$

이 쌍곡선은 y축과의 교점이 없다. 즉 $x=-a$와 $x=a$ 사이에 쌍곡선의 부분은 존재하지 않는다.

직선을 다음과 같이 식 (10)에 의해 정의된 쌍곡선의 두 **점근선**(asymptote)이라 하자.

$$y=\pm\frac{b}{a}x$$

점근선의 방정식을 빠르게 구하는 방법으로는 식 (10)의 우변을 1 대신에 0으로 놓은 다음 이 식을 y에 대해 풀면 된다.

$$\underbrace{\frac{x^2}{a^2}-\frac{y^2}{b^2}=1}_{\text{쌍곡선}} \rightarrow \underbrace{\frac{x^2}{a^2}-\frac{y^2}{b^2}=0}_{\text{1을 0으로}} \rightarrow \underbrace{y=\pm\frac{b}{a}x}_{\text{점근선}}$$

예제 3 다음 방정식은 식 (10)을 만족하고 $a^2=4$, $b^2=5$이다(그림 9.47).

$$\frac{x^2}{4}-\frac{y^2}{5}=1 \tag{11}$$

따라서 다음을 얻는다.

중심-초점거리: $c=\sqrt{a^2+b^2}=\sqrt{4+5}=3$

초점: $(\pm c, 0)=(\pm 3, 0)$ 꼭짓점: $(\pm a, 0)=(\pm 2, 0)$

중심: $(0, 0)$

점근선: $\frac{x^2}{4}-\frac{y^2}{5}=0$ 또는 $y=\pm\frac{\sqrt{5}}{2}x$ ■

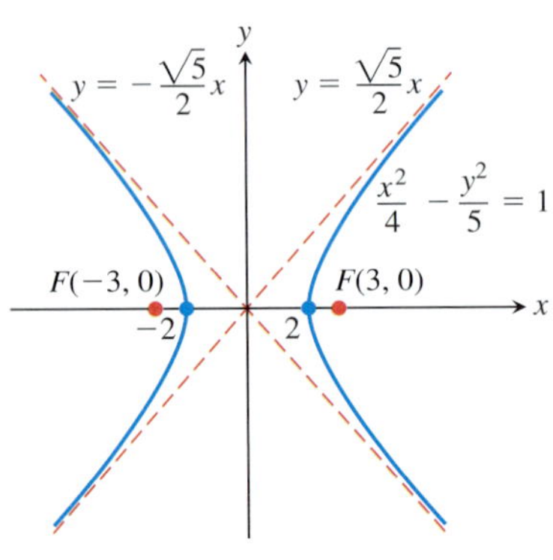

그림 9.47 예제 3의 쌍곡선과 점근선.

식 (11)에서 x와 y를 바꾸어주면, 초점과 꼭짓점이 y축 위에 놓여 있는 쌍곡선이 된다. 앞에서와 같은 방법으로 점근선을 구할 수 있으며, 그 식은 $y=\pm 2x/\sqrt{5}$가 된다.

중심이 원점에 있는 쌍곡선의 표준형 방정식

x축에 초점이 있는 경우: $\dfrac{x^2}{a^2} - \dfrac{y^2}{b^2} = 1$	y축에 초점이 있는 경우: $\dfrac{y^2}{a^2} - \dfrac{x^2}{b^2} = 1$
중심-초점거리: $c = \sqrt{a^2 + b^2}$	중심-초점거리: $c = \sqrt{a^2 + b^2}$
초점: $(\pm c,\ 0)$	초점: $(0,\ \pm c)$
꼭짓점: $(\pm a,\ 0)$	꼭짓점: $(0,\ \pm a)$
점근선: $\dfrac{x^2}{a^2} - \dfrac{y^2}{b^2} = 0$ 또는 $y = \pm\dfrac{b}{a}x$	점근선: $\dfrac{y^2}{a^2} - \dfrac{x^2}{b^2} = 0$ 또는 $y = \pm\dfrac{a}{b}x$

점근선 방정식에서 거리의 차를 주의하자(첫 번째 경우는 b/a, 두 번째 경우는 a/b).

x 대신에 $x+h$ 또는 y 대신에 $y+k$를 대입하여 원뿔 곡선을 평행이동시킬 수 있다.

예제 4 방정식 $x^2-4y^2+2x+8y-7=0$이 쌍곡선임을 보여라. 또한 중심, 점근선, 꼭짓점을 구하라.

풀이 방정식을 x와 y에 관한 완전제곱꼴로 고쳐서 표준형으로 나타내면 다음과 같다.

$$(x^2 + 2x) - 4(y^2 - 2y) = 7$$

$$(x^2 + 2x + 1) - 4(y^2 - 2y + 1) = 7 + 1 - 4$$

$$\frac{(x + 1)^2}{4} - (y - 1)^2 = 1$$

이는 식 (10)에서 x 대신에 $x+1$이, y 대신에 $y-1$이 대입된 쌍곡선에 대한 표준형이다. 따라서 이 쌍곡선은 왼쪽으로 1만큼, 위쪽으로 1만큼 평행이동되었다. 이 쌍곡선의 중심은 $x+1=0$과 $y-1=0$, 즉 $x=-1$과 $y=1$이다. 또한 다음과 같다.

$$a^2 = 4, \qquad b^2 = 1, \qquad c^2 = a^2 + b^2 = 5$$

그러므로 점근선의 방정식은 다음을 얻는다.

$$\frac{x + 1}{2} - (y - 1) = 0, \qquad \frac{x + 1}{2} + (y - 1) = 0$$

또는

$$y - 1 = \pm\frac{1}{2}(x + 1)$$

초점은 평행이동된 두 점 $(-1\pm\sqrt{5},\ 1)$이다. ■

연습문제 9.6 EXERCISE QUESTION

그래프 구하기

다음 방정식을 만족하는 포물선의 그래프를 연습문제 1~4에서 구하라.

$$x^2 = 2y, \quad x^2 = -6y, \quad y^2 = 8x, \quad y^2 = -4x$$

그리고 포물선의 초점과 준선을 구하라.

1.

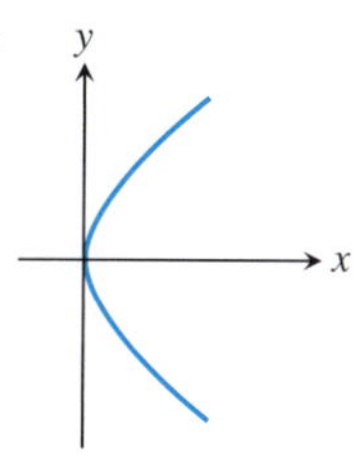

2.

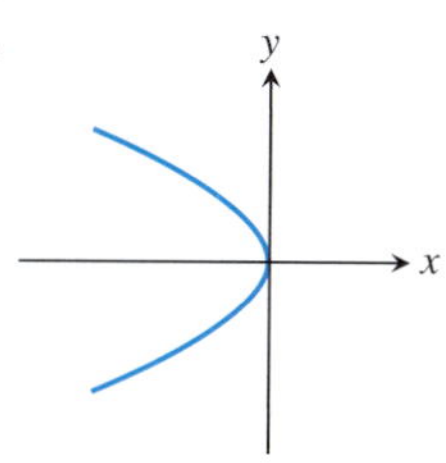

3. 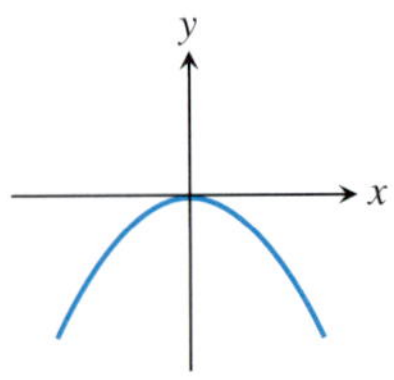

4. 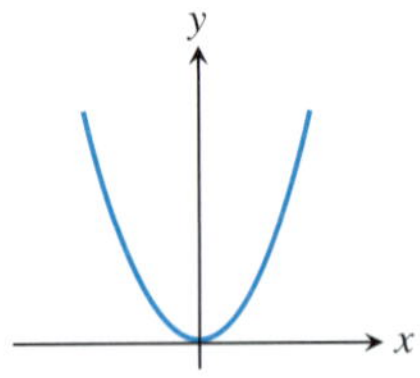

다음 방정식을 만족하는 원뿔 곡선의 그래프를 연습문제 5~8에서 구하라.

$$\frac{x^2}{4}+\frac{y^2}{9}=1, \qquad \frac{x^2}{2}+y^2=1$$

$$\frac{y^2}{4}-x^2=1, \qquad \frac{x^2}{4}-\frac{y^2}{9}=1$$

그리고 원뿔 곡선의 초점과 꼭짓점을 구하라. 만약 원뿔 곡선이 쌍곡선이면 점근선도 구하라.

5. 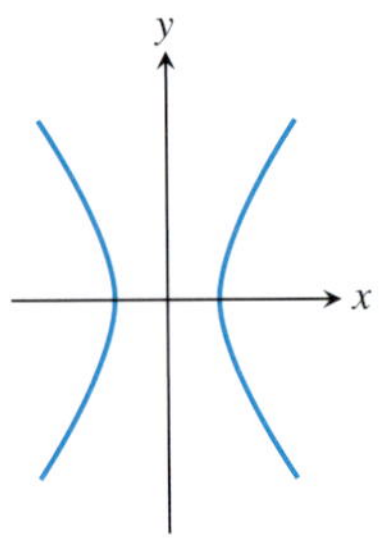

6. 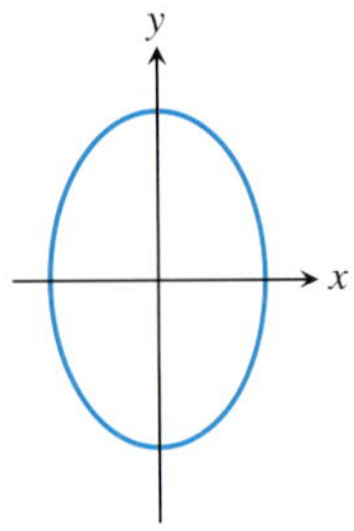

7. 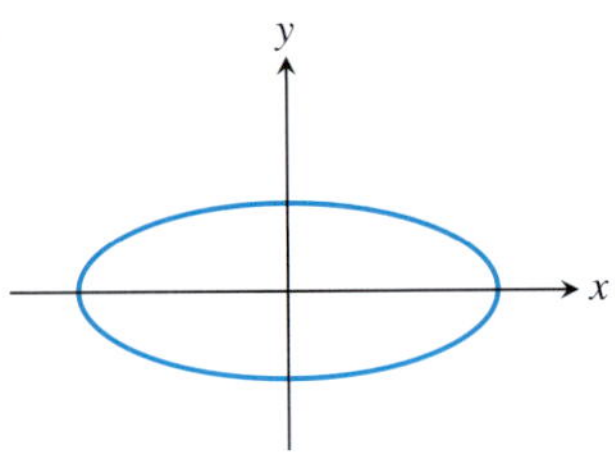

8. 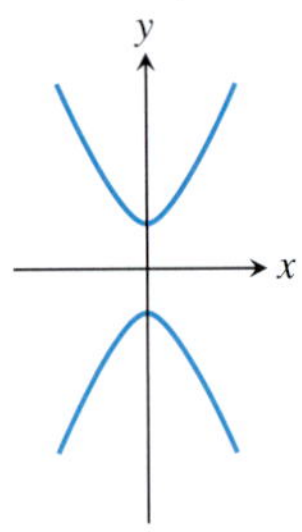

포물선

연습문제 9~16에서 포물선의 방정식이다. 각 포물선의 초점과 준선을 찾고 그래프에 초점과 준선이 나타나도록 포물선의 그래프를 그려라.

9. $y^2=12x$ **10.** $x^2=6y$ **11.** $x^2=-8y$
12. $y^2=-2x$ **13.** $y=4x^2$ **14.** $y=-8x^2$
15. $x=-3y^2$ **16.** $x=2y^2$

타원

연습문제 17~24에서 타원 방정식이 주어졌다. 각각의 방정식을 타원의 표준형으로 바꾸고 그래프에 초점이 나타나도록 각각의 그래프를 그려라.

17. $16x^2+25y^2=400$ **18.** $7x^2+16y^2=112$
19. $2x^2+y^2=2$ **20.** $2x^2+y^2=4$
21. $3x^2+2y^2=6$ **22.** $9x^2+10y^2=90$
23. $6x^2+9y^2=54$ **24.** $169x^2+25y^2=4225$

연습문제 25와 26은 xy평면의 원점에 중심이 있는 타원의 초점과 꼭짓점을 나타내고 있다. 주어진 정보로부터 타원의 표준방정식을 구하라.

25. 초점: $(\pm\sqrt{2}, 0)$, 꼭짓점: $(\pm 2, 0)$
26. 초점: $(0, \pm 4)$, 꼭짓점: $(0, \pm 5)$

쌍곡선

연습문제 27~34에서 쌍곡선 방정식이 주어졌다. 각 방정식을 표준형으로 바꾸고 점근선을 구하라. 그리고 점근선과 초점이 나타나도록 쌍곡선의 그래프를 그려라.

27. $x^2-y^2=1$ **28.** $9x^2-16y^2=144$
29. $y^2-x^2=8$ **30.** $y^2-x^2=4$
31. $8x^2-2y^2=16$ **32.** $y^2-3x^2=3$
33. $8y^2-2x^2=16$ **34.** $64x^2-36y^2=2304$

연습문제 35~38에서 xy평면의 원점에 중심이 있는 쌍곡선의 초점과 점근선을 나타내고 있다. 주어진 정보로부터 쌍곡선의 표준방정식을 구하라.

35. 초점: $(0, \pm\sqrt{2})$, 점근선: $y=\pm x$
36. 초점: $(\pm 2, 0)$, 점근선: $y=\pm\frac{1}{\sqrt{3}}x$
37. 초점: $(\pm 3, 0)$, 점근선: $y=\pm\frac{4}{3}x$
38. 초점: $(0, \pm 2)$, 점근선: $y=\pm\frac{1}{2}x$

원뿔 곡선의 평행이동

연습문제 39~56에서 풀어라.

39. 포물선 $y^2=8x$를 아래로 2, 오른쪽으로 1만큼 평행이동하여 생성된 포물선은 $(y+2)^2=8(x-1)$이다.
a. 새로운 포물선의 꼭짓점, 초점, 준선을 구하라.
b. 포물선의 그래프에 꼭짓점, 초점, 준선을 나타내라.

40. 포물선 $x^2=-4y$를 왼쪽으로 1, 위로 3만큼 평행이동하여 생성된 포물선은 $(x+1)^2=-4(y-3)$이다.
a. 새로운 포물선의 꼭짓점, 초점, 준선을 구하라.
b. 포물선의 그래프에 꼭짓점, 초점, 준선을 나타내라.

41. 타원 $(x^2/16)+(y^2/9)=1$을 오른쪽으로 4, 위로 3만큼 평행이동하여 생성된 타원은 다음과 같다.

$$\frac{(x-4)^2}{16}+\frac{(y-3)^2}{9}=1$$

a. 새로운 타원의 초점, 꼭짓점, 중심을 구하라.
b. 타원의 그래프에 초점, 꼭짓점, 중심을 나타내라.

42. 타원 $(x^2/9)+(y^2/25)=1$을 오른쪽으로 3, 위로 2만큼 평행이동하여 생성된 타원은 다음과 같다.

$$\frac{(x+3)^2}{9}+\frac{(y+2)^2}{25}=1$$

a. 새로운 타원의 초점, 꼭짓점, 중심을 구하라.
b. 타원의 그래프에 초점, 꼭짓점, 중심을 나타내라.

43. 쌍곡선 $(x^2/16)-(y^2/9)=1$을 오른쪽으로 2만큼 평행이동하여 생성된 타원은 다음과 같다.

$$\frac{(x-2)^2}{16}-\frac{y^2}{9}=1$$

a. 새로운 쌍곡선의 중심, 초점, 꼭짓점, 점근선을 구하라.

b. 쌍곡선의 그래프에 중심, 초점, 꼭짓점, 점근선을 나타내라.

44. 쌍곡선 $(y^2/4)-(x^2/5)=1$을 아래로 2만큼 평행이동하여 생성된 타원은 다음과 같다.

$$\frac{(y+2)^2}{4}-\frac{x^2}{5}=1$$

a. 새로운 쌍곡선의 중심, 초점, 꼭짓점, 점근선을 구하라.

b. 쌍곡선의 그래프에 중심, 초점, 꼭짓점, 점근선을 나타내라.

연습문제 45~48에서 포물선의 방정식과 위쪽 또는 아래쪽, 왼쪽 또는 오른쪽 방향으로 평행이동할 거리를 나타내고 있다. 이동하여 새롭게 생성된 포물선의 방정식을 구하고 꼭짓점, 초점과 준선을 구하라.

45. $y^2=4x$ 왼쪽 2, 아래쪽 3

46. $y^2=-12x$, 오른쪽 4, 위쪽 3

47. $x^2=8y$, 오른쪽 1, 아래쪽 7

48. $x^2=6y$, 왼쪽 3, 아래쪽 2

연습문제 49~52에서 타원의 방정식과 위쪽 또는 아래쪽, 왼쪽 또는 오른쪽 방향으로 평행이동할 단위를 나타내고 있다. 이동하여 새롭게 생성된 타원의 방정식을 구하고 초점, 꼭짓점과 중심을 구하라.

49. $\frac{x^2}{6}+\frac{y^2}{9}=1$, 왼쪽 2, 아래쪽 1

50. $\frac{x^2}{2}+y^2=1$, 오른쪽 3, 위쪽 4

51. $\frac{x^2}{3}+\frac{y^2}{2}=1$, 오른쪽 2, 위쪽 3

52. $\frac{x^2}{16}+\frac{y^2}{25}=1$, 왼쪽 4, 아래쪽 5

연습문제 53~56에서 쌍곡선의 방정식과 위쪽 또는 아래쪽, 왼쪽 또는 오른쪽 방향으로 평행이동할 단위를 나타내고 있다. 이동하여 새롭게 생성된 쌍곡선의 방정식을 구하고 중심, 초점, 꼭짓점과 점근선을 구하라.

53. $\frac{x^2}{4}-\frac{y^2}{5}=1$, 오른쪽 2, 위쪽 2

54. $\frac{x^2}{16}-\frac{y^2}{9}=1$, 왼쪽 2, 아래쪽 1

55. $y^2-x^2=1$, 왼쪽 1, 아래쪽 1

56. $\frac{y^2}{3}-x^2=1$, 오른쪽 1, 위쪽 3

연습문제 57~68에서 원뿔 곡선의 중심, 초점, 점근선, 반지름을 구하라.

57. $x^2+4x+y^2=12$

58. $2x^2+2y^2-28x+12y+114=0$

59. $x^2+2x+4y-3=0$

60. $y^2-4y-8x-12=0$

61. $x^2+5y^2+4x=1$

62. $9x^2+6y^2+36y=0$

63. $x^2+2y^2-2x-4y=-1$

64. $4x^2+y^2+8x-2y=-1$

65. $x^2-y^2-2x+4y=4$

66. $x^2-y^2+4x-6y=6$

67. $2x^2-y^2+6y=3$

68. $y^2-4x^2+16x=24$

이론과 예제

69. 포물선 $y^2=kx$, $k>0$의 한 점에서 두 좌표축과 평행하게 작도한 두 직선과 좌표축에 의해 둘러싸인 직사각형은 포물선에 의해 2개의 작은 영역 A, B로 나누어진다.

a. 2개의 영역을 y축을 회전축으로 회전하면 생성된 두 회전체의 비가 4 : 1임을 증명하라.

b. 2개의 영역을 x축을 회전축으로 회전했을 때 생기는 두 회전체의 비는 얼마인가?

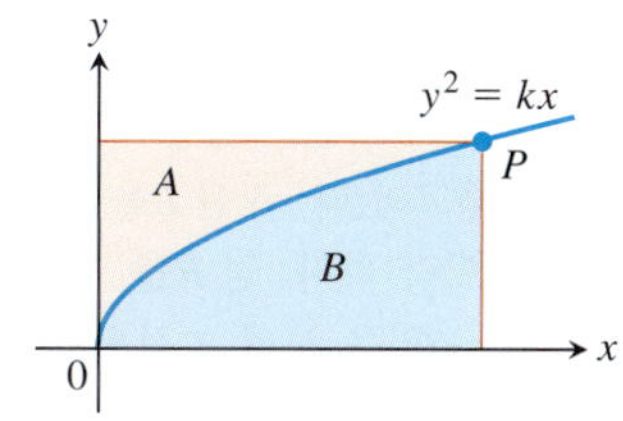

70. 현수교의 포물선 케이블 주어진 그림에서 보이는 현수교의 케이블은 수평으로 미터당 w N의 균일한 무게를 지탱한다. H를 원점에 대한 케이블의 수평 장력이라 할 때, 케이블의 곡선은 다음 식을 만족한다.

$$\frac{dy}{dx}=\frac{w}{H}x$$

초기 조건을 $x=0$일 때 $y=0$이라 놓고 이 미분방정식을 풀어 케이블이 포물선형임을 보여라.

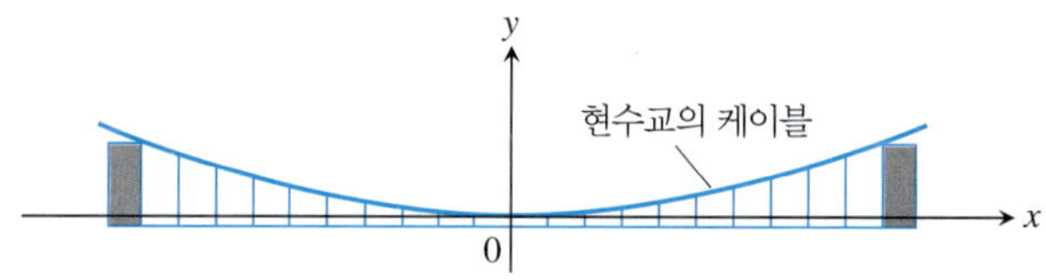

71. 초점에서 포물선의 폭 직선 $y=p$가 포물선 $x^2=4py$, $p>0$와 만나는 두 점 사이의 거리가 $4p$가 됨을 보임으로서 초점에서 포물선의 폭이 $4p$임을 보여라.

72. $(x^2/a^2)-(y^2/b^2)=1$의 점근선 다음 식을 보임으로써 직선 $y=(b/a)x$와 쌍곡선 $(x^2/a^2)-(y^2/b^2)=1$의 오른쪽 곡선의 윗부분 $y=(b/a)\sqrt{x^2-a^2}$ 사이의 수직거리가 0으로 접근함을 보여라.

$$\lim_{x\to\infty}\left(\frac{b}{a}x-\frac{b}{a}\sqrt{x^2-a^2}\right)=\frac{b}{a}\lim_{x\to\infty}\left(x-\sqrt{x^2-a^2}\right)=0$$

쌍곡선의 다른 부분과 직선 $y=\pm(b/a)x$에 대해 비슷한 결과가 성립된다.

73. 넓이 타원 $x^2+4y^2=4$ 내부에 각각의 변이 좌표축에 평행하도록 직사각형을 만들 때 넓이가 최대가 되는 직사각형의 각 변의 길이와 그때의 넓이를 구하라.

74. 부피 타원 $9x^2+4y^2=36$을 **(a)** x축, **(b)** y축을 회전축으로 회전하여 생성되는 입체도형의 부피를 구하라.

75. 부피 x축과 직선 $x=4$와 쌍곡선 $9x^2-4y^2=36$에 의해 둘러싸인 영역 중 제1사분면에 있는 영역을 x축을 회전축으로 회전하여 입체도형을 생성한다. 이 입체도형의 부피를 구하라.

76. 접선 $x=-p$ 위의 점을 지나고 곡선 $y^2=4px$에 접하는 접선은 서로 수직임을 보여라.

77. 접선 원 $(x-2)^2+(y-1)^2=5$와 좌표축과 만나는 점에서의 접선

의 방정식을 구하라.

78. 부피 영역의 오른쪽은 쌍곡선 $x^2-y^2=1$, 영역의 왼쪽은 y축, 영역의 위와 아래는 $y=\pm 3$으로 둘러싸인 영역을 y축을 회전축으로 회전하여 입체도형을 생성한다. 이때 생성된 입체도형의 부피를 구하라.

79. 중심 아래쪽은 x축, 위쪽은 타원 $(x^2/9)+(y^2/16)=1$로 둘러싸인 영역의 중심을 구하라.

80. 곡면 넓이 쌍곡선 $y^2-x^2=1$의 위쪽 분지인 곡선 $y=\sqrt{x^2+1}$, $0\le x\le\sqrt{2}$를 x축을 회전축으로 회전시켜서 곡면을 얻는다. 이 곡면의 넓이를 구하라.

81. 포물선의 반사 성질 응용 주어진 그림은 포물선 $y^2=4px$ 위에 있는 점 $P(x_0, y_0)$를 보여주고 있다. 직선 L을 점 P를 지나는 접선이라 하고 $F(p, 0)$을 초점이라 하자. 점 P를 지나면서 x축과 평행한 직선을 L'이라 하자. $\alpha=\beta$임을 보여 초점으로부터 출발한 광선이 L'을 따라 반사됨을 보이고자 한다.

a. $\tan\beta=2p/y_0$를 보여라.

b. $\tan\phi=y_0/(x_0-p)$를 보여라.

c. 다음 항등식을 이용하여 $\tan\alpha=2p/y_0$임을 보여라.

$$\tan\alpha = \frac{\tan\phi - \tan\beta}{1+\tan\phi\tan\beta}$$

α와 β가 예각이기 때문에 $\tan\beta=\tan\alpha$이면 $\beta=\alpha$이다.

이 성질은 자동차 전조등, 전파망원경, 위성 TV 수신기 등에 응용되고 있다.

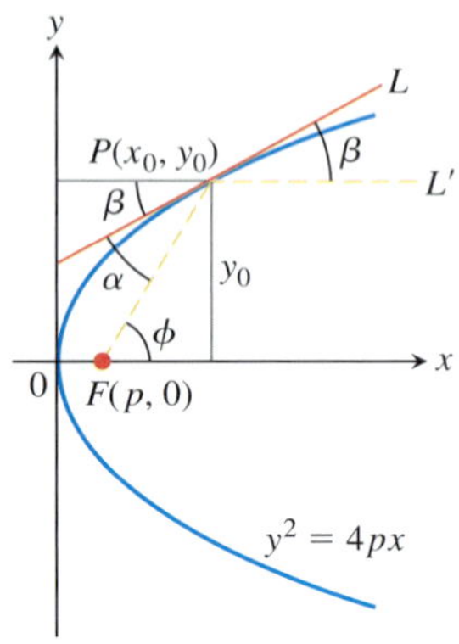

9.7 극좌표에서의 원뿔 곡선

극좌표는 천문학이나 항공우주공학에서 특히 중요하다. 왜냐하면 인공위성, 달, 행성, 혜성 등의 움직이는 궤적이 타원, 포물선, 쌍곡선과 같은 곡선과 매우 유사하며, 이 곡선이 상대적으로 간단한 하나의 극좌표방정식에 의해 표현될 수 있기 때문이다. 여기서는 원뿔 곡선의 이심률을 먼저 소개하고 이 개념을 발전시켜서 방정식을 설명하겠다. 이심률은 원뿔 곡선을 분류(원, 타원, 포물선, 쌍곡선)하는 데 사용되며 모양이 네모난지 또는 평평한지의 정도를 결정해준다.

이심률

중심에서 초점까지의 거리 c가 다음과 같은 타원방정식에 나타나 있지는 않지만, 방정식 $c=\sqrt{a^2-b^2}$에서 c값을 구할 수 있다.

$$\frac{x^2}{a^2}+\frac{y^2}{b^2}=1, \qquad a>b$$

만약 a를 고정하고 c를 구간 $0\le c\le a$인 변수라 하면 타원의 모양도 다양하게 변화된다. $c=0$ (그러면 $a=b$)이면 원이 되고 c가 증가함에 따라 납작해져서 점점 길게 늘어져 간다. 만약 $c=a$이면 초점과 꼭짓점이 겹쳐지고 타원은 선분이 된다. 그래서 비율 $e=c/a$을 고려한다. 쌍곡선에서도 이 비율을 사용하는데, 이 경우 c는 $\sqrt{a^2+b^2}$ 대신 $\sqrt{a^2-b^2}$과 같다. 이것을 타원이나 쌍곡선의 이심률이라고 한다.

정의 타원 $(x^2/a^2)+(y^2/b^2)=1$, $a>b$의 **이심률**(eccentricity)은 다음과 같다.

$$e=\frac{c}{a}=\frac{\sqrt{a^2-b^2}}{a}$$

쌍곡선 $(x^2/a^2)-(y^2/b^2)=1$의 **이심률**은 다음과 같다.

$$e = \frac{c}{a} = \frac{\sqrt{a^2 + b^2}}{a}$$

포물선의 **이심률**은 $e=1$이다.

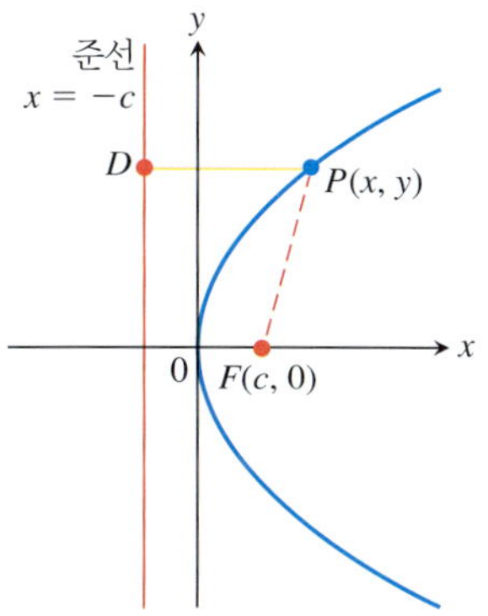

그림 9.48 포물선 위의 임의의 점 P에서 초점 F까지 거리는 점 P로부터 준선까지 가장 가까운 점 D까지 거리와 같다. 즉 $PF=PD$이다.

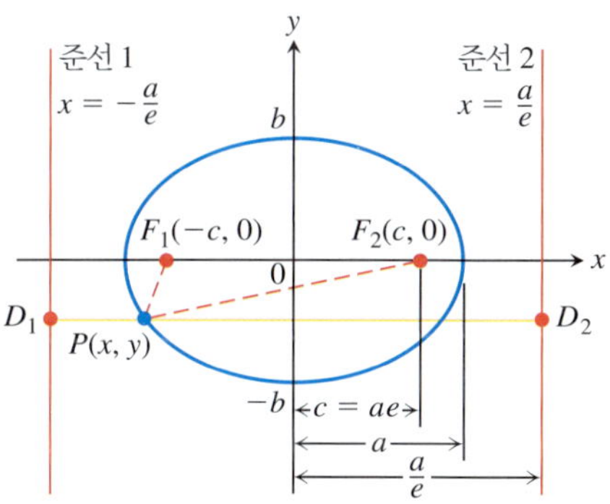

그림 9.49 타원 $(x^2/a^2)+(y^2/b^2)=1$의 초점과 준선. 준선 1은 초점 F_1에 대응되고, 준선 2는 초점 F_2에 대응된다.

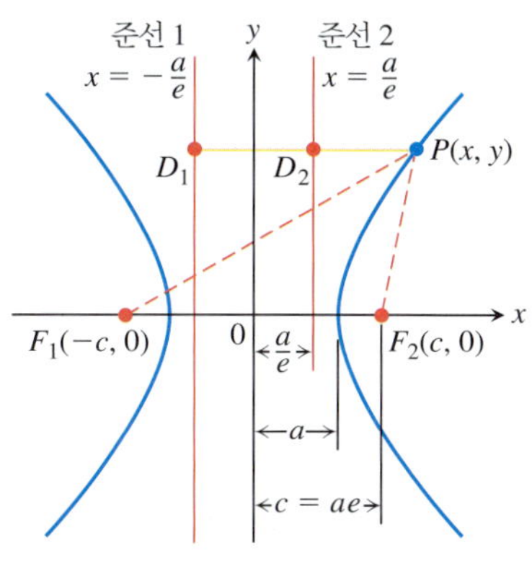

그림 9.50 쌍곡선 $(x^2/a^2)-(y^2/b^2)=1$의 초점과 준선. P가 쌍곡선의 어떤 위치에 있을지라도 $PF_1=e \cdot PD_1$, $PF_2=e \cdot PD_2$이다.

포물선에는 하나의 초점과 하나의 준선이 존재하는 반면에, 타원에는 2개의 **초점**과 2개의 **준선**이 존재한다. 이 준선은 중점으로부터 거리가 $\pm a/e$가 되는 점에서 장축과 수직을 이룬다. 그림 9.48에서 알 수 있는 것처럼 포물선의 한 점을 P라 하고, F를 초점, D를 P와 최단거리에 있는 준선 위의 점이라 하면 다음 식이 성립한다.

$$PF = 1 \cdot PD \tag{1}$$

타원의 경우에는 식 (1)은 다음과 같은 방정식으로 대체된다.

$$PF_1 = e \cdot PD_1, \qquad PF_2 = e \cdot PD_2 \tag{2}$$

여기서 e는 이심률, P는 타원 위의 점, F_1과 F_2는 초점이고, D_1과 D_2는 P와 최단거리에 있는 준선 위의 점이다(그림 9.49).

식 (2)에서 준선과 초점은 반드시 대응되어야 한다. 즉 P에서 F_1까지의 거리를 사용한다면 P에서 타원의 동일한 꼭짓점에 대응되는 준선까지의 거리를 사용해야 한다. 준선 $x=-a/e$는 $F_1(-c, 0)$에 대응되고, 준선 $x=a/e$는 $F_2(c, 0)$에 대응된다.

타원과 마찬가지로 **쌍곡선**에서의 **준선**은 $x=\pm a/e$이고 다음과 같다.

$$PF_1 = e \cdot PD_1, \qquad PF_2 = e \cdot PD_2 \tag{3}$$

여기서 P는 쌍곡선 위의 점, F_1과 F_2는 초점이고, D_1과 D_2는 P와 최단거리에 있는 준선 위의 점이다(그림 9.50).

타원과 쌍곡선에서 이심률은 초점과 꼭짓점 사이의 거리의 비가 된다($c/a=2c/2a$이기 때문).

$$\text{이심률} = \frac{\text{초점 사이의 거리}}{\text{꼭짓점 사이의 거리}}$$

타원에서 초점은 꼭짓점보다 가까이 있기 때문에 비가 1보다 작고, 쌍곡선에서는 초점이 꼭짓점보다 멀리 있기 때문에 비가 1보다 크다.

'초점-준선'의 방정식 $PF=e \cdot PD$는 다음과 같은 방법으로 포물선, 타원과 쌍곡선을 한 식으로 표현할 수 있다. 점 P에서 고정점 F(초점)까지의 거리인 PF는 점 P에서 고정된 직선(준선)까지의 거리의 상수곱이다.

$$PF = e \cdot PD \tag{4}$$

여기서 e는 비례상수이다. 따라서 P의 자취는 다음과 같다.

(a) $e=1$인 경우 포물선이다.

(b) $e<1$인 경우 이심률이 e인 타원이다.

(c) $e>1$인 경우 이심률이 e인 쌍곡선이다.

e가 클수록($e \to 1^-$) 타원은 점점 길게 늘어지고, 쌍곡선($e \to \infty$)은 준선에 평행인 두 직선을 향해 펴지게 된다. 식 (4)에는 좌표가 없다. 만약 직교좌표 형태로 방정식을 전환한다면 e의 크기에 따라 다른 형태로 전환된다. 그러나 극좌표에서는 나중에 보겠지만 $PF=e \cdot PD$는 e값에 관계없이 간단한 방정식으로 표현된다.

x축에 초점이 있고 원점에 중심이 있는 쌍곡선의 준선이 주어졌을 때 그림 9.50에 나타난 값을 이용하여 e값을 구할 수 있다. e값을 알고 있다면 다음의 예제와 같이 방정식 $PF=e \cdot PD$로

부터 쌍곡선의 직교방정식을 유도할 수 있다. 그림 9.49에 있는 치수를 이용하여 비슷한 방법으로 원점에 중심이 있고 x축에 초점이 있는 타원의 방정식을 구할 수 있다.

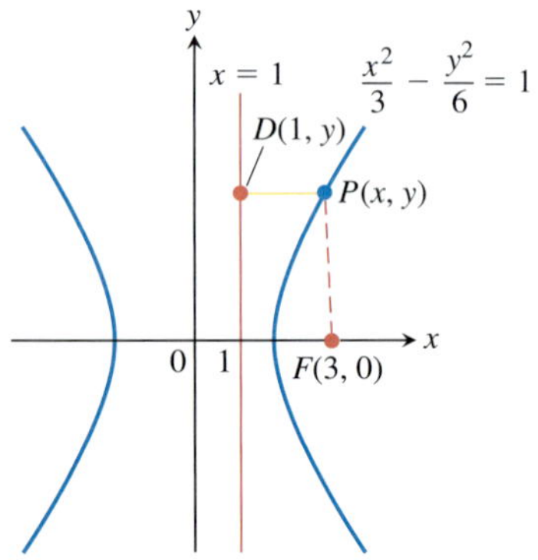

그림 9.51 예제 1의 쌍곡선과 점근선.

예제 1 원점에 중심이 있으며 초점이 (3, 0)이고 대응된 준선이 $x=1$인 쌍곡선의 방정식을 구하라.

풀이 쌍곡선의 이심률을 구하기 위해 우선 그림 9.50에 주어진 치수를 이용하자. 초점은 다음과 같다(그림 9.51).

$$(c, 0) = (3, 0) \text{ 이므로} \qquad c = 3$$

다시 그림 9.50로부터 준선은 다음과 같은 직선을 얻는다.

$$x = \frac{a}{e} = 1 \text{ 이므로} \qquad a = e$$

이심률을 나타내는 방정식 $e=c/a$를 이용하면 다음과 같다.

$$e = \frac{c}{a} = \frac{3}{e} \text{ 이므로} \qquad e^2 = 3 \text{ 이고} \qquad e = \sqrt{3}$$

e를 알기 때문에 방정식 $PF=e\cdot PD$로부터 쌍곡선의 방정식을 유도할 수 있다. 그림 9.51의 좌표로부터 다음 식을 얻는다.

$$\begin{aligned} PF &= e\cdot PD && \text{식 (4)} \\ \sqrt{(x-3)^2+(y-0)^2} &= \sqrt{3}|x-1| && e=\sqrt{3} \\ x^2-6x+9+y^2 &= 3(x^2-2x+1) && \text{양변을 제곱} \\ 2x^2-y^2 &= 6 && \text{식을 간소화} \\ \frac{x^2}{3}-\frac{y^2}{6} &= 1 \end{aligned}$$

■

극방정식

타원, 포물선, 쌍곡선의 극방정식을 구하기 위해 한 초점이 원점에 있고 원점의 오른쪽에 대응된 준선이 수직선 $x=k$(그림 9.52)가 되는 경우를 생각하자. 그러면 다음과 같다.

$$PF = r$$

$$PD = k - FB = k - r\cos\theta$$

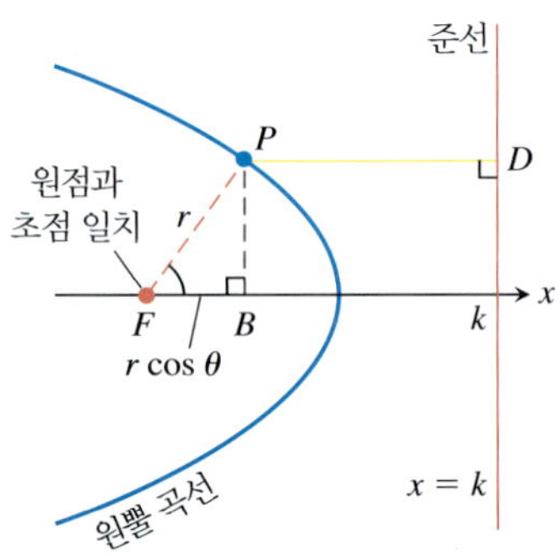

그림 9.52 원뿔 곡선의 초점이 원점에 있고 준선이 시초선에 수직이고 원점의 오른쪽에 있다면, 원뿔 곡선의 초점-준선 방정식으로부터 극방정식을 구할 수 있다.

원뿔의 초점-준선의 방정식 $PF=e\cdot PD$는 다음과 같다.

$$r = e(k - r\cos\theta)$$

이를 r에 대해 풀면 다음과 같은 식을 얻게 된다.

이심률이 e인 원뿔 곡선의 방정식

$$r = \frac{ke}{1+e\cos\theta} \tag{5}$$

여기서 $x=k>0$은 수직인 준선이다.

예제 2 세 원뿔 곡선의 극방정식이다. 원뿔 곡선의 이심률은 극좌표나 직교좌표에서 같은 값이다.

$$e = \frac{1}{2}: \quad \text{타원} \qquad r = \frac{k}{2+\cos\theta}$$

$$e = 1: \quad \text{포물선} \qquad r = \frac{k}{1+\cos\theta}$$

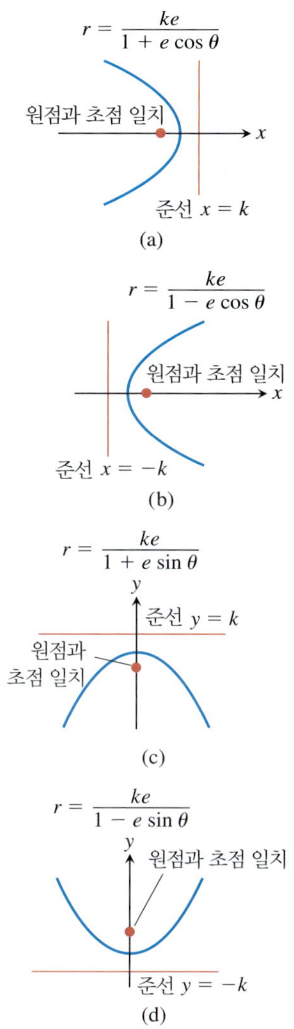

그림 9.53 준선의 위치는 다르지만 이심률 $e>0$을 갖는 원뿔 곡선의 방정식, 여기서 그래프가 포물선이면 $e=1$이다.

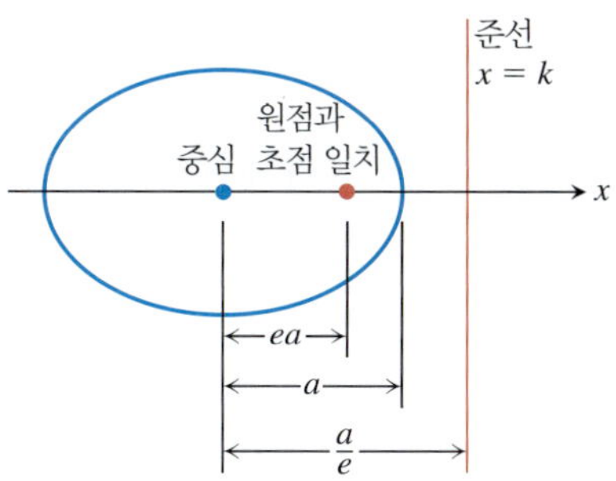

그림 9.54 반장축이 a이고 초점-준선거리가 $k=(a/e)-ea$인 타원에서 $ke=a(1-e^2)$이다.

$$e = 2: \quad \text{쌍곡선} \qquad r = \frac{2k}{1 + 2\cos\theta}$$ ■

때때로 준선의 위치에 따라 식 (5)의 변화를 볼 수 있다. 준선 $x=-k$가 원점의 왼쪽에 위치한 경우(초점은 원점에 위치) 식 (5)는 다음과 같다.

$$r = \frac{ke}{1 - e\cos\theta}$$

분모는 (+) 대신에 (−)를 갖는다. 만약 준선이 직선 $y=k$ 또는 $y=-k$라 하면 그림 9.53과 같이 방정식은 코사인 대신에 사인에 대한 방정식이 된다.

예제 3 이심률이 3/2이고 준선이 $x=2$인 쌍곡선의 방정식을 구하라.

풀이 $k=2$와 $e=3/2$을 식 (5)에 적용하면 다음과 같다.

$$r = \frac{2(3/2)}{1 + (3/2)\cos\theta} \quad \text{또는} \quad r = \frac{6}{2 + 3\cos\theta}$$ ■

예제 4 포물선 $r = \dfrac{25}{10+10\cos\theta}$의 준선을 구하라.

풀이 분자와 분모를 10으로 나누면 다음과 같이 표준화된 방정식이 된다.

$$r = \frac{5/2}{1 + \cos\theta}$$

다음 방정식에서 $k=5/2$와 $e=1$이다.

$$r = \frac{ke}{1 + e\cos\theta}$$

따라서 준선의 방정식은 $x=5/2$이다. ■

그림 9.54의 타원에 대한 그림으로부터 다음과 같은 k가 이심률 e와 반장축 a의 방정식으로 표현됨을 알 수 있다.

$$k = \frac{a}{e} - ea$$

이로부터 $ke=a(1-e^2)$을 얻는다. 식 (5)의 ke 대신에 $a(1-e^2)$을 대입하여 타원의 표준화된 극방정식을 구한다.

> **이심률이 e이고 반장축이 a인 타원의 극방정식**
>
> $$r = \frac{a(1-e^2)}{1 + e\cos\theta} \qquad (6)$$

$e=0$인 경우 식 (6)은 $r=a$가 되고 원을 나타낸다.

직선

원점을 지나고 직선 L에 수직인 직선이 점 $P_0(r_0, \theta_0)$, $r_0 \geq 0$에서 직선 L과 만난다고 가정하자(그림 9.55). 만약 직선 L 위의 $P(r, \theta)$가 $P_0(r_0, \theta_0)$와 다른 점이라 하면 점 P, P_0, O는 직각삼각형의 꼭짓점이 되고, 이것으로부터 다음 식을 얻는다.

$$r_0 = r\cos(\theta - \theta_0)$$

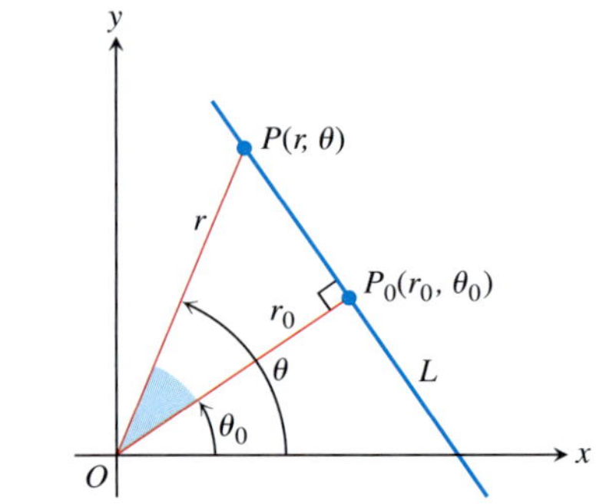

그림 9.55 직각삼각형 OP_0P로부터 직선 L에 대한 극방정식 $r_0 = r\cos(\theta - \theta_0)$을 얻을 수 있다.

> **직선에 대한 극방정식의 표준형**
>
> 원점을 지나고 직선 L에 수직인 직선이 직선 L과 만나는 점을 $P_0(r_0, \theta_0)$, $r_0 \ge 0$이라 하면 방정식 L은 다음과 같다.
>
> $$r\cos(\theta - \theta_0) = r_0 \tag{7}$$

예를 들어 $\theta_0 = \pi/3$이고 $r_0 = 2$이면, 다음 식을 얻는다.

$$r\cos\left(\theta - \frac{\pi}{3}\right) = 2$$

$$r\left(\cos\theta\cos\frac{\pi}{3} + \sin\theta\sin\frac{\pi}{3}\right) = 2$$

$$\frac{1}{2}r\cos\theta + \frac{\sqrt{3}}{2}r\sin\theta = 2 \qquad \text{또는} \qquad x + \sqrt{3}y = 4$$

원

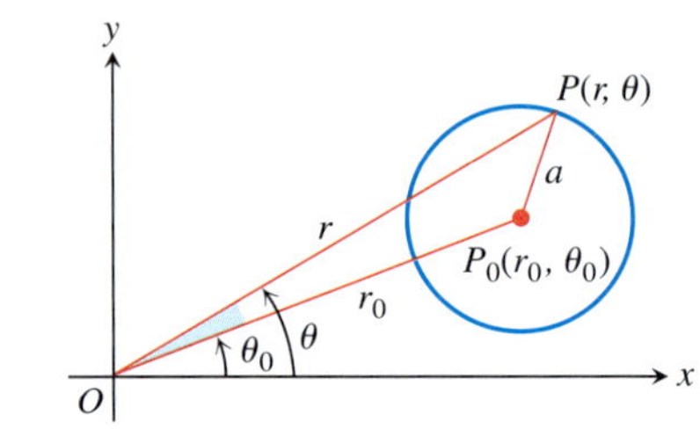

그림 9.56 삼각형 OP_0P에 코사인 법칙을 적용하여 원에 대한 극방정식을 구할 수 있다.

중심이 $P_0(r_0, \theta_0)$이고 반지름이 a인 원의 극방정식을 구하기 위해 원 위의 임의의 점을 $P(r, \theta)$라 하고, 삼각형 OP_0P에 코사인 법칙을 적용해보자(그림 9.56). 그러면 다음과 같다.

$$a^2 = r_0^2 + r^2 - 2r_0r\cos(\theta - \theta_0)$$

만약 원이 원점을 지나면 $r_0 = a$이고, 이 방정식은 간단히 다음과 같다.

$$a^2 = a^2 + r^2 - 2ar\cos(\theta - \theta_0)$$
$$r^2 = 2ar\cos(\theta - \theta_0)$$
$$r = 2a\cos(\theta - \theta_0)$$

만약 원의 중심이 양의 x축 위에 있으면 $\theta_0 = 0$이고, 더 간단한 식을 얻게 된다.

$$r = 2a\cos\theta \tag{8}$$

만약 원의 중심이 양의 y축 위에 있으면 $\theta_0 = \pi/2$이고 $\cos(\theta - \pi/2) = \sin\theta$이므로, 식 $r = 2a\cos(\theta - \theta_0)$는 다음과 같이 된다.

$$r = 2a\sin\theta \tag{9}$$

원의 중심이 음의 x축과 음의 y축 위에 있는 원의 방정식은 위의 방정식에서 r 대신에 $-r$를 대입하여 얻을 수 있다.

예제 5 다음은 식 (8)과 (9)에 의해 주어진 원에 대한 극방정식의 몇 가지 예이다. 각 원은 원점을 지나고 중심이 x축 또는 y축에 놓여 있다.

반지름	중심(극좌표)	극방정식
3	$(3, 0)$	$r = 6\cos\theta$
2	$(2, \pi/2)$	$r = 4\sin\theta$
1/2	$(-1/2, 0)$	$r = -\cos\theta$
1	$(-1, \pi/2)$	$r = -2\sin\theta$

■

연습문제 9.7 EXERCISE QUESTION

타원과 이심률

연습문제 1~8에서 타원의 이심률을 구하라. 타원의 초점과 준선을 구하고 그래프를 그려라.

1. $16x^2 + 25y^2 = 400$ **2.** $7x^2 + 16y^2 = 112$

3. $2x^2 + y^2 = 2$ **4.** $2x^2 + y^2 = 4$

5. $3x^2 + 2y^2 = 6$ **6.** $9x^2 + 10y^2 = 90$

7. $6x^2 + 9y^2 = 54$ **8.** $169x^2 + 25y^2 = 4225$

연습문제 9~12에서 xy평면의 원점에 중심을 둔 타원의 초점 또는 꼭짓점과 이심률에 대한 정보를 제공하고 있다. 각 경우에 타원의 표준방정식을 구하라.

9. 초점: $(0, \pm 3)$
이심률: 0.5

10. 초점: $(\pm 8, 0)$
이심률: 0.2

11. 초점: $(0, \pm 70)$
이심률: 0.1

12. 초점: $(\pm 10, 0)$
이심률: 0.24

연습문제 13~16에서 xy평면의 원점에 중심을 둔 타원의 초점과 이에 대응된 준선에 대한 정보를 제공하고 있다. 각 경우에 그림 9.49의 값을 이용하여 타원의 이심률을 구하라. 그리고 타원의 표준방정식을 구하라.

13. 초점: $(\sqrt{5}, 0)$
준선: $x = \dfrac{9}{\sqrt{5}}$

14. 초점: $(4, 0)$
준선: $x = \dfrac{16}{3}$

15. 초점: $(-4, 0)$
준선: $x = -16$

16. 초점: $(\sqrt{2}, 0)$
준선: $x = -2\sqrt{2}$

쌍곡선과 이심률

연습문제 17~24에서 쌍곡선의 이심률을 구하고, 쌍곡선의 초점과 준선을 구하고 그래프를 그려라.

17. $x^2 - y^2 = 1$ **18.** $9x^2 - 16y^2 = 144$

19. $y^2 - x^2 = 8$ **20.** $y^2 - x^2 = 4$

21. $8x^2 - 2y^2 = 16$ **22.** $y^2 - 3x^2 = 3$

23. $8y^2 - 2x^2 = 16$ **24.** $64x^2 - 36y^2 = 2304$

연습문제 25~28에서 중심이 xy평면의 원점에 있는 쌍곡선의 이심률과 꼭짓점 또는 초점에 대한 정보가 주어졌다. 각 경우에 쌍곡선의 표준방정식을 구하라.

25. 이심률: 3
꼭짓점: $(0, \pm 1)$

26. 이심률: 2
꼭짓점: $(\pm 2, 0)$

27. 이심률: 3
꼭짓점: $(\pm 3, 0)$

28. 이심률: 1.25
꼭짓점: $(0, \pm 5)$

이심률과 준선

연습문제 29~36에서 원점에 한 초점이 있는 원뿔 곡선의 이심률과 그 초점에 대응되는 준선이 주어져 있다. 각 원뿔 곡선의 극방정식을 구하라.

29. $e = 1, \quad x = 2$ **30.** $e = 1, \quad y = 2$

31. $e = 5, \quad y = -6$ **32.** $e = 2, \quad x = 4$

33. $e = 1/2, \quad x = 1$ **34.** $e = 1/4, \quad x = -2$

35. $e = 1/5, \quad y = -10$ **36.** $e = 1/3, \quad y = 6$

포물선과 타원

연습문제 37~44에서 주어진 포물선과 타원의 그래프를 그려라. 원점에 있는 초점에 대응되는 준선을 그리고 꼭짓점을 극좌표로 표시하라. 마찬가지로 타원의 중심을 표시하라.

37. $r = \dfrac{1}{1 + \cos\theta}$ **38.** $r = \dfrac{6}{2 + \cos\theta}$

39. $r = \dfrac{25}{10 - 5\cos\theta}$ **40.** $r = \dfrac{4}{2 - 2\cos\theta}$

41. $r = \dfrac{400}{16 + 8\sin\theta}$ **42.** $r = \dfrac{12}{3 + 3\sin\theta}$

43. $r = \dfrac{8}{2 - 2\sin\theta}$ **44.** $r = \dfrac{4}{2 - \sin\theta}$

직선

연습문제 45~48에서 주어진 직선에 대한 그래프를 그리고 이에 대한 직교방정식을 구하라.

45. $r\cos\left(\theta - \dfrac{\pi}{4}\right) = \sqrt{2}$ **46.** $r\cos\left(\theta + \dfrac{3\pi}{4}\right) = 1$

47. $r\cos\left(\theta - \dfrac{2\pi}{3}\right) = 3$ **48.** $r\cos\left(\theta + \dfrac{\pi}{3}\right) = 2$

연습문제 49~52에서 주어진 직선을 $r\cos(\theta - \theta_0) = r_0$ 형태인 극방정식으로 나타내라.

49. $\sqrt{2}x + \sqrt{2}y = 6$ **50.** $\sqrt{3}x - y = 1$

51. $y = -5$ **52.** $x = -4$

원

연습문제 53~56에서 주어진 방정식의 원을 그리고 중심에 대한 극좌표와 반지름을 구하라.

53. $r = 4\cos\theta$ **54.** $r = 6\sin\theta$

55. $r = -2\cos\theta$ **56.** $r = -8\sin\theta$

연습문제 57~64에서 주어진 원의 극방정식을 구하고 직교좌표 평면 위에 각 원을 그리고 그것의 직교방정식과 극방정식을 표시하라.

57. $(x - 6)^2 + y^2 = 36$ **58.** $(x + 2)^2 + y^2 = 4$

59. $x^2 + (y - 5)^2 = 25$ **60.** $x^2 + (y + 7)^2 = 49$

61. $x^2 + 2x + y^2 = 0$ **62.** $x^2 - 16x + y^2 = 0$

63. $x^2 + y^2 + y = 0$ **64.** $x^2 + y^2 - \dfrac{4}{3}y = 0$

극방정식의 예제

T 연습문제 65~74에서 주어진 원뿔 곡선과 직선의 그래프를 그려라.

65. $r = 3\sec(\theta - \pi/3)$ **66.** $r = 4\sec(\theta + \pi/6)$

67. $r = 4\sin\theta$ **68.** $r = -2\cos\theta$

69. $r = 8/(4 + \cos\theta)$

70. $r = 8/(4 + \sin\theta)$

71. $r = 1/(1 - \sin\theta)$

72. $r = 1/(1 + \cos\theta)$

73. $r = 1/(1 + 2\sin\theta)$

74. $r = 1/(1 + 2\cos\theta)$

75. 근일점과 원일점 태양의 주위를 반장축의 길이가 a인 타원형으로 공전하는 행성이 있다(주어진 그림을 참조).

a. 행성이 태양에 가장 가까울 때는 $r=a(1-e)$이고, 가장 멀리 떨어져 있을 때는 $r=a(1+e)$임을 보여라.

b. 연습문제 76의 표를 이용하여 태양계에서 각 행성이 태양에서 얼마나 가까워지는지, 태양에서 얼마나 멀리 떨어지는지를 밝혀라.

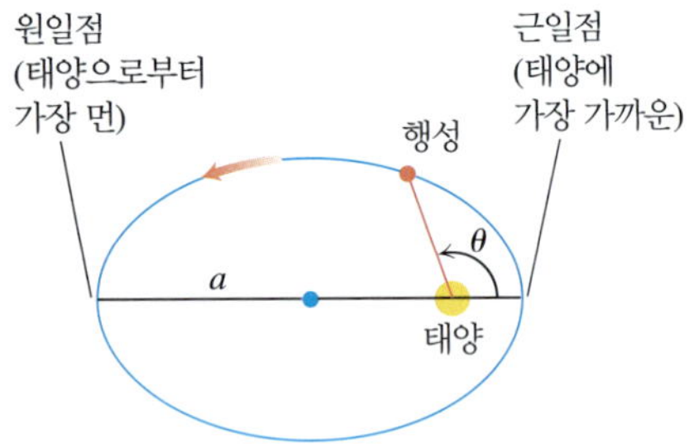

76. 행성의 궤도 주어진 표와 식 (6)을 이용하여 다른 행성의 궤도에 대한 극방정식을 구하라.

행성	준장축 (천문학 단위)	이심률
수성	0.3871	0.2056
금성	0.7233	0.0068
지구	1.000	0.0167
화성	1.524	0.0934
목성	5.203	0.0484
천왕성	9.539	0.0543
해왕성	19.18	0.0460
명왕성	30.06	0.0082

복습문제 REVIEW QUESTION

1. xy평면에서 곡선의 매개변수화는 무엇인가? 함수 $y=f(x)$는 항상 매개방정식으로 표현이 되는가? 곡선의 매개방정식은 유일한가? 예를 들어라.

2. 직선, 원, 포물선, 타원, 쌍곡선에 대한 표준 매개방정식을 구하라. 매개방정식으로 표현된 곡선은 직교방정식의 그래프와 어떤 것이 다른가?

3. 사이클로이드는 무엇인가? 사이클로이드에 대한 표준 매개방정식에는 무엇이 있는가? 사이클로이드에 대한 중요한 물리학적 성질에는 무엇이 있는가?

4. 매개방정식 $x=f(t)$, $y=g(t)$에 관한 도함수 dy/dx를 구하는 공식을 써라. 언제 이 공식을 사용할 수 있는가? d^2y/dx^2은 어떻게 구하는가? 몇 가지 예를 들어 설명하라.

5. 매개방정식으로 표현된 곡선과 좌표축으로 둘러싸인 영역의 넓이를 어떻게 구할 수 있는가?

6. 매개변수 곡선 $y=f(t)$, $y=g(t)$, $a \le t \le b$의 길이는 어떻게 정의하는가? 곡선이 매끄럽다는 조건은 길이를 구하는 데 왜 필요한가? 곡선의 길이를 구하는 데 매개변수 곡선에 대해 그밖에 무엇을 알아야 하는가?

7. 매끄러운 매개방정식 곡선의 호의 길이 함수는 무엇인가? 호의 길이 미분은 무엇인가?

8. 곡선 $x=f(t)$, $y=g(t)$, $a \le t \le b$를 x축에 대해 한 바퀴 회전하여 생기는 곡면 넓이를 어떤 조건하에서 구할 수 있는가? y축에 대해는? 예를 들어 설명하라.

9. 극좌표는 무엇인가? 직교좌표와 극좌표 사이에는 어떤 방정식의 관계가 있는가? 한 좌표계에서 다른 좌표계로의 변환이 왜 필요한가?

10. 극좌표의 유일하게 표현되지 않음으로 인해 그래프 작성에 어떤 영향을 미치는가? 예를 들어라.

11. 극좌표에서 방정식에 대한 그래프를 어떻게 그리는가? 대칭성, 기울기, 원점에서의 형태와 직교좌표 그래프의 이용을 포함하여 설명하라. 예를 들어라.

12. 극좌표 평면에서 $0 \le r_1(\theta) \le r \le r_2(\theta)$, $\alpha \le \theta \le \beta$ 영역에 대한 넓이를 어떻게 구할 수 있는가? 예를 들어라.

13. 극좌표 평면에서 곡선 $r=f(\theta)$, $\alpha \le \theta \le \beta$에 대한 길이를 어떤 조건에서 구할 수 있는가? 표준 계산방법에 대한 예를 들어라.

14. 포물선은 무엇인가? 꼭짓점이 원점에 있고 초점이 좌표축 위에 있는 포물선에 대한 직교방정식은 무엇인가? 이 방정식에서 포물선의 초점과 준선을 어떻게 구할 수 있는가?

15. 타원은 무엇인가? 원점에 중심이 있고 한 좌표축 위에 초점이 있는 타원에 대한 직교방정식은 무엇인가? 이 방정식에서 타원의 초점, 꼭짓점, 준선을 어떻게 구할 수 있는가?

16. 쌍곡선은 무엇인가? 원점에 중심이 있고 한 좌표축 위에 초점이 있는 쌍곡선의 직교방정식은 무엇인가? 이 방정식에서 쌍곡선의 초점, 꼭짓점, 준선을 어떻게 구할 수 있는가?

17. 원뿔 곡선의 이심률은 무엇인가? 이심률에 의해 원뿔 곡선을 어떻게 분류할 수 있는가? 타원형과 이심률은 어떤 관계에 있는가?

18. 방정식 $PF=e \cdot PD$를 설명하라.

19. 극좌표에서 직선과 원뿔 곡선에 대한 표준방정식은 무엇인가? 예를 들어라.

실전문제 PRACTICE QUESTION

평면 상의 매개방정식에 대한 확인

실전문제 1~6에서는 xy평면에서 한 입자의 움직임에 대한 매개변수의 범위와 방정식이 주어져 있다. 그것에 대한 직교방정식을 구하여 입자의 자취를 확인하라. 직교방정식에 대한 그래프를 그리고 입자의 움직인 방향과 자취를 표시하라.

1. $x = t/2,\quad y = t + 1,\quad -\infty < t < \infty$

2. $x = \sqrt{t},\quad y = 1 - \sqrt{t},\quad t \ge 0$

3. $x = (1/2)\tan t,\quad y = (1/2)\sec t,\quad -\pi/2 < t < \pi/2$

4. $x = -2\cos t,\quad y = 2\sin t,\quad 0 \le t \le \pi$

5. $x = -\cos t,\quad y = \cos^2 t,\quad 0 \le t \le \pi$

6. $x = 4\cos t,\quad y = 9\sin t,\quad 0 \le t \le 2\pi$

매개방정식과 접선 구하기

7. xy평면에서 타원 $16x^2+9y^2=144$를 따라 시계반대 방향으로 한 바퀴 도는 입자의 운동에 대한 매개방정식과 매개구간을 구하라(이에 대한 식은 여러 가지일 수 있다).

8. xy평면에서 점 $(-2, 0)$을 출발하여 원 $x^2+y^2=4$를 따라 시계 방향으로 세 바퀴 도는 입자의 운동에 대한 매개방정식과 매개구간을 구하라(이에 대한 식은 여러 가지일 수 있다).

실전문제 9와 10에서 주어진 매개방정식에 대해 xy평면에서 주어진 t의 값에 대응되는 점에서의 접선의 방정식을 구하라. 또한 이 점에서 d^2y/dx^2의 값을 구하라.

9. $x = (1/2)\tan t,\quad y = (1/2)\sec t,\quad t = \pi/3$

10. $x = 1 + 1/t^2,\quad y = 1 - 3/t,\quad t = 2$

11. 매개변수를 제거하여 곡선을 $y=f(x)$ 형태로 표현하라.

a. $x = 4t^2,\quad y = t^3 - 1$

b. $x = \cos t,\quad y = \tan t$

12. 주어진 곡선에 대한 매개방정식을 구하라.

a. 점 $(1, -2)$를 지나고 기울기가 3인 직선

b. $(x-1)^2 + (y+2)^2 = 9$

c. $y = 4x^2 - x$

d. $9x^2 + 4y^2 = 36$

곡선의 길이

실전문제 13~19에서 주어진 곡선의 길이를 구하라.

13. $y = x^{1/2} - (1/3)x^{3/2},\quad 1 \le x \le 4$

14. $x = y^{2/3},\quad 1 \le y \le 8$

15. $y = (5/12)x^{6/5} - (5/8)x^{4/5},\quad 1 \le x \le 32$

16. $x = (y^3/12) + (1/y),\quad 1 \le y \le 2$

17. $x = 5\cos t - \cos 5t,\quad y = 5\sin t - \sin 5t,\quad 0 \le t \le \pi/2$

18. $x = t^3 - 6t^2,\quad y = t^3 + 6t^2,\quad 0 \le t \le 1$

19. $x = 3\cos\theta,\quad y = 3\sin\theta,\quad 0 \le \theta \le \dfrac{3\pi}{2}$

20. 매개방정식 $x=t^2$, $y=(t^3/3)-t$는 주어진 그림에서와 같이 자폐선을 가진 곡선을 나타낸다. 자폐선은 $t=-\sqrt{3}$에서 시작해서 $t=\sqrt{3}$에서 끝나는 곡선의 일부이다. 자폐선의 길이를 구하라.

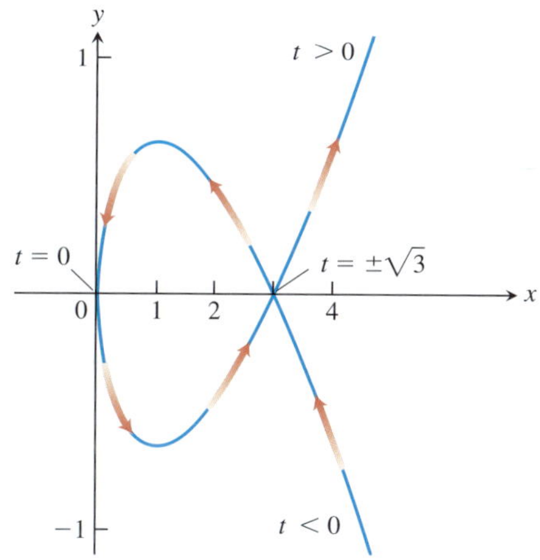

곡면의 넓이

실전문제 21과 22에서 주어진 축을 회전축으로 회전하여 생기는 회전면의 넓이를 구하라.

21. $x = t^2/2,\quad y = 2t,\quad 0 \le t \le \sqrt{5},\quad x$축

22. $x = t^2 + 1/(2t),\quad y = 4\sqrt{t},\quad 1/\sqrt{2} \le t \le 1,\quad y$축

극방정식을 직교방정식으로

실전문제 23~28에서 주어진 직선을 그려라. 또한 각 직선에 대한 직교방정식을 구하라.

23. $r\cos\left(\theta + \dfrac{\pi}{3}\right) = 2\sqrt{3}$

24. $r\cos\left(\theta - \dfrac{3\pi}{4}\right) = \dfrac{\sqrt{2}}{2}$

25. $r = 2\sec\theta$

26. $r = -\sqrt{2}\sec\theta$

27. $r = -(3/2)\csc\theta$

28. $r = (3\sqrt{3})\csc\theta$

실전문제 29~32에서 주어진 원에 대한 직교방정식을 구하라. 좌표평면에서 각 원을 그리고 그것의 직교방정식과 극방정식을 함께 표시하라.

29. $r = -4\sin\theta$

30. $r = 3\sqrt{3}\sin\theta$

31. $r = 2\sqrt{2}\cos\theta$

32. $r = -6\cos\theta$

직교방정식을 극방정식으로

실전문제 33~36에서 주어진 원에 대한 극방정식을 구하라. 좌표평면에서 각 원을 그리고 그것의 직교방정식과 극방정식을 표시하라.

33. $x^2 + y^2 + 5y = 0$

34. $x^2 + y^2 - 2y = 0$

35. $x^2 + y^2 - 3x = 0$

36. $x^2 + y^2 + 4x = 0$

극좌표에서 그래프

실전문제 37과 38에서 주어진 극좌표 부등식에 의해 정의된 영역을 그려라.

37. $0 \le r \le 6\cos\theta$

38. $-4\sin\theta \le r \le 0$

실전문제 39~46에 주어진 각 그래프를 나타내는 방정식을 문제 (a)~(l)에서 찾아라. 그래프보다 더 많은 방정식이 있어 몇몇 방정식은 짝이 없을 것이다.

a. $r = \cos 2\theta$ **b.** $r\cos\theta = 1$ **c.** $r = \dfrac{6}{1 - 2\cos\theta}$

d. $r = \sin 2\theta$ **e.** $r = \theta$ **f.** $r^2 = \cos 2\theta$

g. $r = 1 + \cos\theta$ **h.** $r = 1 - \sin\theta$ **i.** $r = \dfrac{2}{1 - \cos\theta}$

j. $r^2 = \sin 2\theta$ **k.** $r = -\sin\theta$ **l.** $r = 2\cos\theta + 1$

39. 사엽 장미형

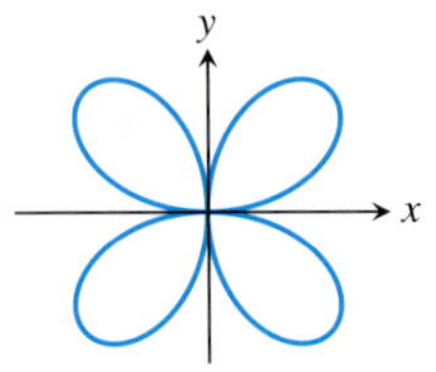

40. 나선형

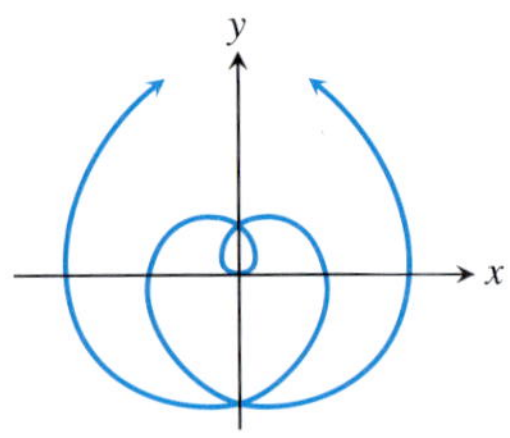

41. 달팽이형

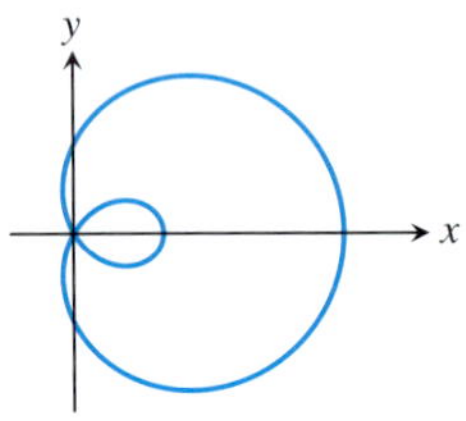

42. 염주형

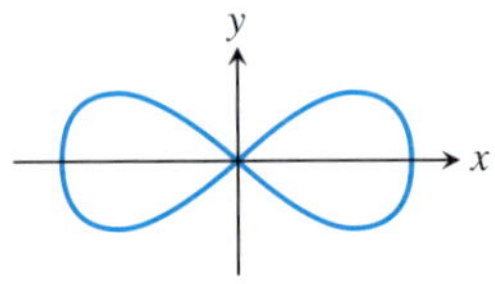

43. 원

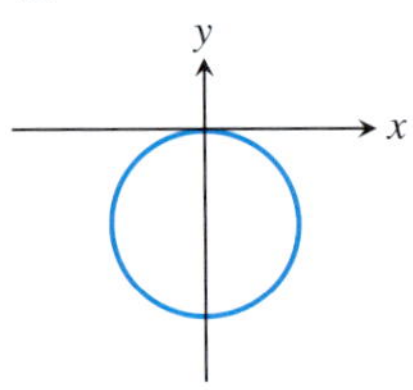

44. 심장형

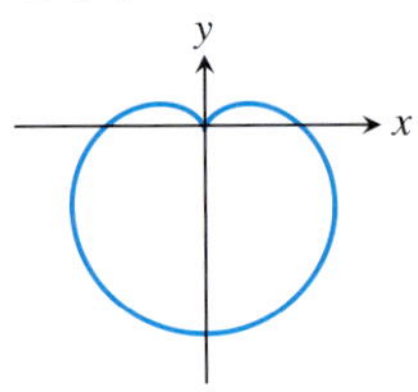

45. 포물선

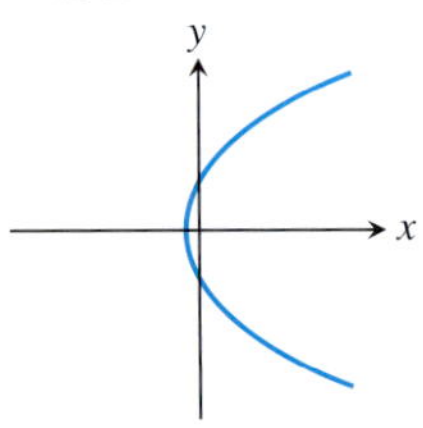

46. 염주형

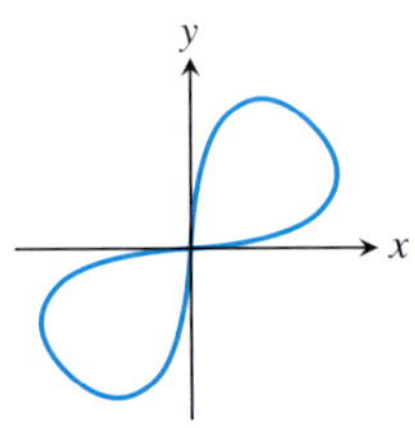

극좌표에서 넓이

실전문제 47~50에서 극좌표평면에 주어진 영역의 넓이를 구하라.

47. 달팽이형 $r=2-\cos\theta$에 의해 둘러싸인 영역

48. 삼엽 장미형 $r=\sin 3\theta$의 한 잎에 둘러싸인 영역

49. 팔자형 $r=1+\cos 2\theta$의 내부와 원 $r=1$의 외부

50. 심장형 $r=2(1+\sin\theta)$의 내부와 원 $r=2\sin\theta$의 외부

극좌표에서 길이

실전문제 51~54에서 주어진 극좌표방정식의 곡선의 길이를 구하라.

51. $r = -1 + \cos\theta$

52. $r = 2\sin\theta + 2\cos\theta,\quad 0 \le \theta \le \pi/2$

53. $r = 8\sin^3(\theta/3),\quad 0 \le \theta \le \pi/4$

54. $r = \sqrt{1 + \cos 2\theta},\quad -\pi/2 \le \theta \le \pi/2$

원뿔 곡선의 그래프

실전문제 55~58에서 주어진 포물선의 그래프를 그려라. 각 그림에는 초점과 준선도 포함하라.

55. $x^2 = -4y$ **56.** $x^2 = 2y$

57. $y^2 = 3x$ **58.** $y^2 = -(8/3)x$

실전문제 59~62에서 주어진 타원과 쌍곡선의 이심률을 구하라. 각 원뿔 곡선의 그래프를 그려라. 그래프에는 초점, 꼭짓점, 점근선을 포함하라.

59. $16x^2 + 7y^2 = 112$ **60.** $x^2 + 2y^2 = 4$

61. $3x^2 - y^2 = 3$ **62.** $5y^2 - 4x^2 = 20$

실전문제 63~68에서 원뿔 곡선에 대한 방정식이 주어졌고 곡선이 오른쪽 또는 왼쪽, 위 또는 아래로 평행이동할 값이 주어졌다. 이동된 새로운 원뿔 곡선의 방정식을 구하고, 이에 대한 초점과 꼭짓점, 중심, 점근선을 구하라. 만약 곡선이 포물선이라면 새 준선도 구하라.

63. $x^2=-12y$, 오른쪽 2, 위 3

64. $y^2=10x$, 왼쪽 1/2, 아래 1

65. $\dfrac{x^2}{9} + \dfrac{y^2}{25} = 1$, 왼쪽 3, 아래 5

66. $\dfrac{x^2}{169} + \dfrac{y^2}{144} = 1$, 오른쪽 5, 위 12

67. $\dfrac{y^2}{8} - \dfrac{x^2}{2} = 1$, 오른쪽 2, 위 $2\sqrt{2}$

68. $\dfrac{x^2}{36} - \dfrac{y^2}{64} = 1$, 왼쪽 10, 아래 3

원뿔 곡선 확인

실전문제 69~76에서 주어진 방정식이 원뿔 곡선임을 확인하고 그들의 초점, 꼭짓점, 중심, 점근선(적합한)을 구하라. 만약 곡선이 포물선이라면 그것의 준선도 구하라.

69. $x^2 - 4x - 4y^2 = 0$ **70.** $4x^2 - y^2 + 4y = 8$

71. $y^2 - 2y + 16x = -49$ **72.** $x^2 - 2x + 8y = -17$

73. $9x^2 + 16y^2 + 54x - 64y = -1$

74. $25x^2 + 9y^2 - 100x + 54y = 44$

75. $x^2 + y^2 - 2x - 2y = 0$ **76.** $x^2 + y^2 + 4x + 2y = 1$

극좌표에서 원뿔 곡선

실전문제 77~80에서 주어진 극좌표방정식에 대한 원뿔 곡선을 그려라. 타원의 경우 꼭짓점과 중심에 대한 극좌표도 함께 표시하라.

77. $r = \dfrac{2}{1 + \cos\theta}$ **78.** $r = \dfrac{8}{2 + \cos\theta}$

79. $r = \dfrac{6}{1 - 2\cos\theta}$ **80.** $r = \dfrac{12}{3 + \sin\theta}$

실전문제 81~84에서 극좌표 평면의 원점에 1개의 초점이 있는 원뿔 곡선에 대한 이심률과 초점에 대한 준선이 주어졌다. 각 원뿔 곡선에 대한 극방정식을 구하라.

81. $e = 2,\quad r\cos\theta = 2$ **82.** $e = 1,\quad r\cos\theta = -4$

83. $e = 1/2,\quad r\sin\theta = 2$ **84.** $e = 1/3,\quad r\sin\theta = -6$

이론과 예제

85. 타원 $9x^2+4y^2=36$으로 둘러싸인 영역을 **(a)** x축, **(b)** y축을 회전축으로 회전하여 생성된 입체의 부피를 구하라.

86. x축과 직선 $x=4$와 포물선 $9x^2-4y^2=36$으로 둘러싸인 제1사분면의 삼각 모양의 영역을 x축을 회전축으로 회전하면 입체도형이 생성된다. 이 입체도형의 부피를 구하라.

87. 방정식 $x=r\cos\theta$, $y=r\sin\theta$를 이용해 극방정식 $r=\dfrac{k}{1+e\cos\theta}$이 직교방정식 $(1-e^2)x^2+y^2+2kex-k^2=0$으로 변환됨을 보여라.

88. **아르키메데스 나선** a는 0이 아닌 상수이고, $r=a\theta$ 형식의 방정식의 그래프를 아르키메데스 나선이라 부른다. 이와 같은 나선이 연속된 회전으로 생기는 영역의 폭에서 어떤 특별한 것을 발견할 수 있는가?

심화문제 ADVANCED QUESTION

원뿔 곡선 구하기

1. 원뿔 곡선 초점 (4, 0)과 준선 $x=3$을 갖는 포물선의 방정식을 구하라. 꼭짓점, 초점, 준선과 함께 포물선을 그려라.

2. 포물선 $x^2-6x-12y+9=0$의 꼭짓점, 초점, 준선을 구하라.

3. 점 P에서 포물선 $x^2=4y$의 꼭짓점까지의 거리가 점 P에서 초점까지의 거리의 2배라면, 점 $P(x, y)$에 의해 그려지는 곡선의 방정식을 구하라. 그리고 곡선을 확인하라.

4. x축에서 y축까지 연결한 한 선분의 길이가 $a+b$이다. 선분 위의 점 P는 한 끝점으로부터 거리가 a이고, 다른 끝점으로부터는 거리가 b이다. 선분의 끝점이 축을 따라 움직이면 P의 자취가 타원이 됨을 보여라.

5. 이심률이 0.5인 타원의 꼭짓점이 점 $(0, \pm2)$이다. 초점은 어디에 있는가?

6. 준선이 $x=2$이고 이에 대한 초점이 (4, 0)이 되고 이심률이 2/3인 타원의 방정식을 구하라.

7. 쌍곡선의 한 초점이 점 $(0, -7)$이고, 이에 대응된 준선은 $y=-1$이다. 만약 이심률이 **(a)** 2, **(b)** 5라 할 때 쌍곡선의 방정식을 각각 구하라.

8. 점 (12, 7)을 지나며 $(0, -2)$와 $(0, 2)$를 초점으로 하는 쌍곡선의 방정식을 구하라.

9. 직선 $b^2xx_1+a^2yy_1-a^2b^2=0$이 타원 위의 점 (x_1, y_1)에서 타원 $b^2x^2+a^2y^2-a^2b^2=0$의 접선임을 보여라.

10. 직선 $b^2xx_1-a^2yy_1-a^2b^2=0$이 쌍곡선 위의 점 (x_1, y_1)에서 쌍곡선 $b^2x^2-a^2y^2-a^2b^2=0$의 접선임을 보여라.

방정식과 부등식

심화문제 11~16에서 주어진 방정식과 부등식을 만족하는 xy평면의 점은 무엇인가? 각각 문제에 대해 그림을 그려라.

11. $(x^2-y^2-1)(x^2+y^2-25)(x^2+4y^2-4)=0$

12. $(x+y)(x^2+y^2-1)=0$

13. $(x^2/9)+(y^2/16)\le 1$

14. $(x^2/9)-(y^2/16)\le 1$

15. $(9x^2+4y^2-36)(4x^2+9y^2-16)\le 0$

16. $(9x^2+4y^2-36)(4x^2+9y^2-16)>0$

극좌표

17. **a.** 다음 곡선에 대한 극좌표의 방정식을 구하라.

$$x=e^{2t}\cos t,\quad y=e^{2t}\sin t,\quad -\infty<t<\infty$$

b. $t=0$에서 $t=2\pi$까지의 곡선의 길이를 구하라.

18. 극좌표평면에서 곡선 $r=2\sin^3(\theta/3)$, $0\le\theta\le 3\pi$의 길이를 구하라.

심화문제 19~22에서 원점에 한 초점이 있는 원뿔 곡선의 이심률과 그것에 대한 준선이 주어졌다. 각 원뿔 곡선에 대한 극방정식을 구하라.

19. $e=2,\quad r\cos\theta=2$

20. $e=1,\quad r\cos\theta=-4$

21. $e=1/2,\quad r\sin\theta=2$

22. $e=1/3,\quad r\sin\theta=-6$

이론과 예제

23. **에피사이클로이드** 한 원이 고정된 원의 원주를 따라 원의 외부를 회전할 때, 회전하는 원의 원주 위에 있는 한 점 P는 주어진 그림과 같이 에피사이클로이드를 나타낸다. 고정된 원은 원점 O를 중심으로 하고, 반지름은 a이다.

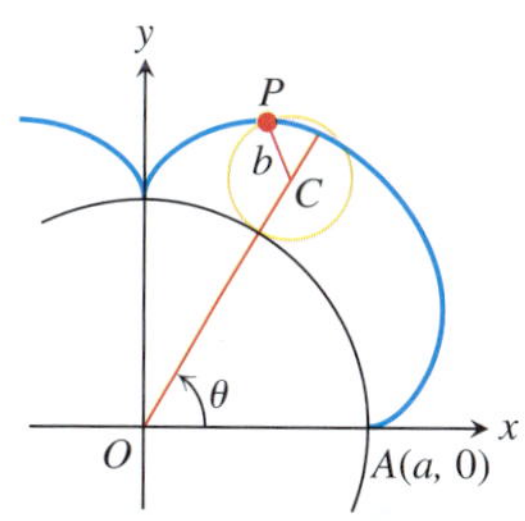

회전하는 원의 반지름을 b라 하고, 점 P의 처음 시작 위치를 $A(a, 0)$이라 하자. 양의 x축으로부터 원의 중심을 통과하는 직선까지의 각 θ를 매개변수로 하는 에피사이클로이드에 대한 매개방정식을 구하라.

24. x축과 사이클로이드 $x=a(t-\sin t)$, $y=a(1-\cos t)$, $0\le t\le 2\pi$에 의해 둘러싸인 영역의 중심을 구하라.

극좌표에 대한 반지름 벡터와 접선 사이의 각 직교좌표 상의 한 점에서 곡선의 방향을 논의하려면 양의 x축으로부터 접선까지 시계반대 방향으로 측정된 각 ϕ를 사용한다. 극좌표에서는 반지름 벡터에서 접선까지의 각 ψ를 계산하는 것이 더 편리하다(주어진 그림 참조). 각 ϕ는 다음과 같은 관계식으로부터 계산될 수 있다.

$$\phi=\theta+\psi \qquad (1)$$

이것은 주어진 그림에서 삼각형의 외각 정리로부터 얻어질 수 있다.

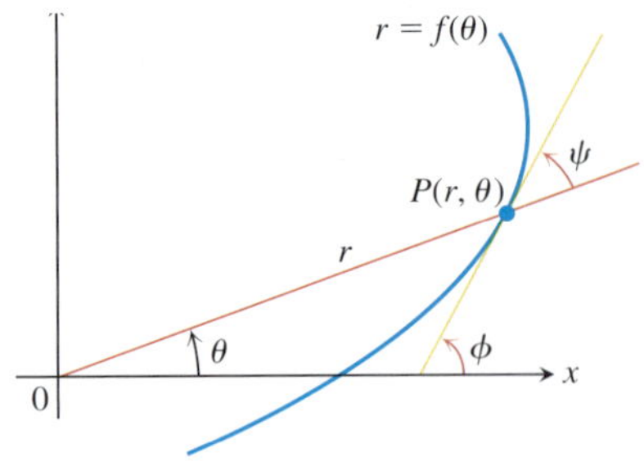

곡선의 방정식이 $r=f(\theta)$의 형태로 주어졌다고 하고, 이때 $f(\theta)$는 θ의 미분가능한 함수라 하자. 그러면 다음 식은 θ에 대한 미분가능한 함수이다.

$$x = r\cos\theta, \quad y = r\sin\theta \tag{2}$$

미분하면 다음 식을 얻는다.

$$\begin{aligned}\frac{dx}{d\theta} &= -r\sin\theta + \cos\theta\frac{dr}{d\theta}\\ \frac{dy}{d\theta} &= r\cos\theta + \sin\theta\frac{dr}{d\theta}\end{aligned} \tag{3}$$

식 (1)로부터 $\psi=\phi-\theta$이므로 다음과 같다.

$$\tan\psi = \tan(\phi - \theta) = \frac{\tan\phi - \tan\theta}{1 + \tan\phi\tan\theta}$$

$$\tan\phi = \frac{dy}{dx} = \frac{dy/d\theta}{dx/d\theta}$$

$\tan\phi$가 P에서의 곡선의 기울기이므로 다음과 같다.

$$\tan\theta = \frac{y}{x}$$

그러므로 다음 식을 얻는다.

$$\tan\psi = \frac{\dfrac{dy/d\theta}{dx/d\theta} - \dfrac{y}{x}}{1 + \dfrac{y}{x}\dfrac{dy/d\theta}{dx/d\theta}} = \frac{x\dfrac{dy}{d\theta} - y\dfrac{dx}{d\theta}}{x\dfrac{dx}{d\theta} + y\dfrac{dy}{d\theta}} \tag{4}$$

식 (4)의 마지막 항의 분자는 식 (2)와 (3)으로부터 다음과 같다.

$$x\frac{dy}{d\theta} - y\frac{dx}{d\theta} = r^2$$

비슷한 방법으로 분모는 다음을 얻는다.

$$x\frac{dx}{d\theta} + y\frac{dy}{d\theta} = r\frac{dr}{d\theta}$$

식 (4)에 이것을 대입하면 다음과 같다.

$$\tan\psi = \frac{r}{dr/d\theta} \tag{5}$$

이것은 θ의 함수로서 ψ를 찾기 위해 사용하는 방정식이다.

25. 그림을 참고하여 두 곡선의 교점에서 두 곡선의 접선들 사이의 각 β가 다음 공식으로부터 구할 수 있음을 보여라.

$$\tan\beta = \frac{\tan\psi_2 - \tan\psi_1}{1 + \tan\psi_2\tan\psi_1} \tag{6}$$

언제 두 곡선이 직각으로 교차하는가?

26. 곡선 $r=\sin^4(\theta/4)$에 대해 $\tan\psi$의 값을 구하라.

27. $\theta=\pi/6$일 때 곡선 $r=2a\sin 3\theta$에 대해 동경과 접선 사이의 각을 구하라.

T **28.** **a.** 쌍곡나선형 $r\theta=1$의 그래프를 그려라. 나선형 곡선이 원점 주위를 감아돌 때 ψ에는 어떤 현상이 나타나는가?

b. 문제 (a)에서 발견한 것을 분석적으로 규명하라.

29. 원 $r=\sqrt{3}\cos\theta$와 원 $r=\sin\theta$가 점 $(\sqrt{3}/2, \pi/3)$에서 만난다. 교점에서 두 원에 대한 접선이 서로 수직이 됨을 보여라.

30. 심장형 $r=a(1-\cos\theta)$가 반직선 $\theta=\pi/2$와 교차할 때의 각을 구하라.

기술 응용 프로젝트 TECHNOLOGY APPLICATION PROJECT

매스매티카/메이플 프로젝트

프로젝트는 MyLab Math에서 찾을 수 있다.

- **이동 객체의 레이더 추적**

  I영역: 극좌표를 직교좌표로 변환하기

- **피겨 스케이터와 매개방정식 및 극방정식**

  I영역: 매개방정식에 의해 정의된 움직임을 분석하기 위해 위치, 속도, 가속도를 시각화하라.

  II영역: 극 곡선을 그리는 피겨스케이터의 운동방정식을 찾아 분석하라.

10

벡터와 공간기하

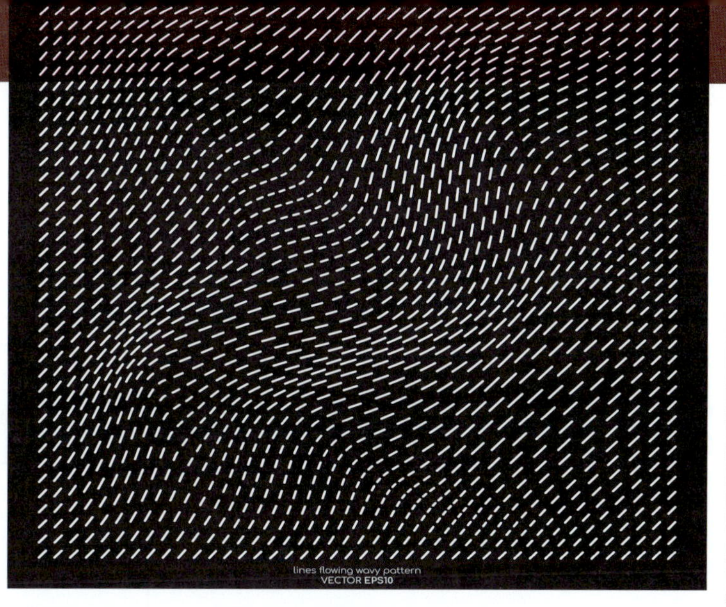

이 장에서는 다변수 미분적분학의 연구를 시작한다. 많은 현실 상황에 미분적분학을 적용하기 위해 3차원 좌표계와 벡터를 소개한다. xy평면 위아래에 거리를 측정하는 세 번째 축을 추가하여 공간에 좌표를 도입한다. 이때 공간에서 직선, 평면, 곡선, 곡면을 표현하는 방정식을 간단한 방법으로 제시하는 벡터를 정의한다.

10.1 3차원 좌표계

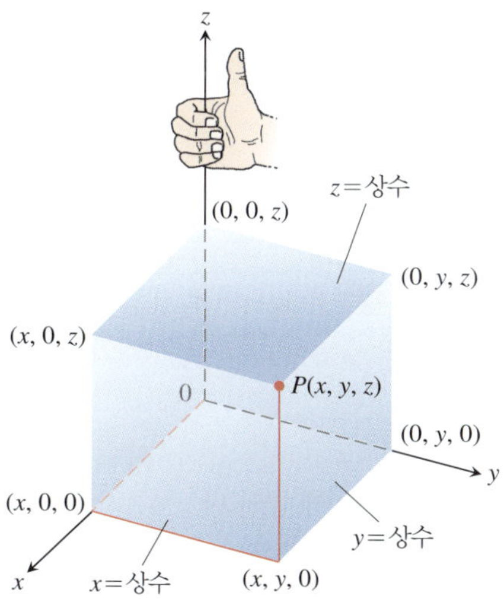

그림 10.1 데카르트 좌표계는 오른손 좌표계이다.

공간에 한 점을 나타내기 위해 그림 10.1과 같이 배열된 3개의 서로 수직인 좌표축을 이용한다. 그림에 보이는 축들은 오른손 좌표계를 만든다. 손가락이 양의 x축에서 양의 y축 방향을 감도록 오른손을 쥐면, 엄지손가락은 양의 z축 방향을 가리킨다. 그래서 z축의 양의 방향에서 xy평면으로 내려다볼 때, 평면에서 양의 각은 양의 x축에서 시계반대 방향으로 양의 z축을 중심으로 회전한 각으로 측정한다. (왼손 좌표계에서는 그림 10.1에서 z축은 아래로 향하고 평면에서 양의 각은 양의 x축에서 시계 방향으로 측정한다. 오른손 좌표계와 왼손 좌표계는 동등하지 않다.)

공간에서 점 P의 데카르트 좌표 (x, y, z)는 P를 지나고 축에 수직인 평면이 각 축을 자르는 값으로 이루어진다. 공간에서 데카르트 좌표를 정의하는 세 축이 직교하므로 데카르트 좌표를 **직교좌표**(rectangular coordinate)라고도 부른다. x축 위의 점은 y, z축의 값이 0이다. 즉 이 점은 $(x, 0, 0)$ 형태의 좌표를 갖는다. 마찬가지로 y축 위의 점의 좌표는 $(0, y, 0)$, z축 위의 점의 좌표는 $(0, 0, z)$이다.

좌표축으로 결정되는 평면은 표준방정식이 $z=0$인 ***xy*평면**, 표준방정식이 $x=0$인 ***yz*평면**, 표준방정식이 $y=0$인 ***xz*평면**이다. 이 세 평면은 **원점** $(0, 0, 0)$에서 만난다(그림 10.2). 원점을 0 또는 문자 O로 나타낸다.

세 **좌표 평면**(coordinate plane) $x=0$, $y=0$, $z=0$은 공간을 **팔분공간**(octants)이라 하는 8개의 조각으로 나눈다. 이 중 점의 좌표가 모두 양인 팔분공간을 **제1팔분공간**(first octant)이라 부른다. 나머지 7개의 팔분공간에 대해서는 순서를 정한 규정이 없다.

x축에 수직인 평면 상의 점은 모두 같은 x좌표를 갖고, 이 x좌표는 그 평편이 x축을 자르는 수가 된다. 여기서 y, z좌표는 임의의 수가 될 수 있다. 마찬가지로 y축에 수직인 평면 상의 점은 같은 y좌표를 가지고, z축에 수직인 평면 상의 점은 공통된 z좌표를 가진다. 이러한 평면을

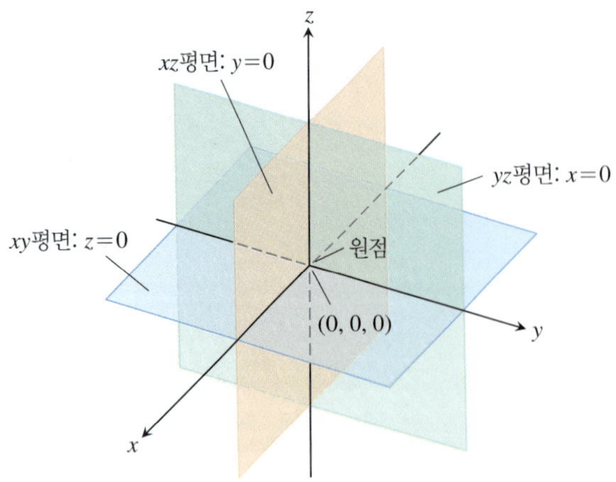

그림 10.2 세 평면 $x=0$, $y=0$, $z=0$은 공간을 팔분공간으로 나눈다.

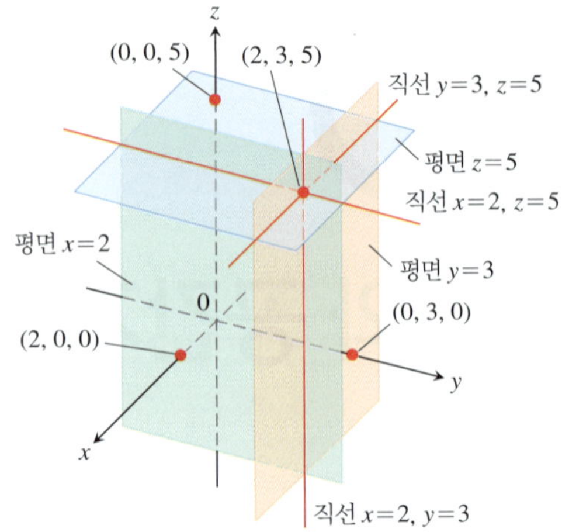

그림 10.3 세 평면 $x=2$, $y=3$, $z=5$는 점 $(2, 3, 5)$를 지나는 3개의 직선을 결정한다.

방정식으로 나타내기 위해 공통의 좌표값을 정한다. 평면 $x=2$는 $x=2$에서 x축에 수직인 평면이다. 평면 $y=3$은 $y=3$에서 y축에 수직인 평면이다. 평면 $z=5$는 $z=5$에서 z축에 수직인 평면이다. 그림 10.3은 교차점 $(2, 3, 5)$와 함께 평면 $x=2$, $y=3$, $z=5$를 나타낸다.

그림 10.3에서 평면 $x=2$와 평면 $y=3$은 z축에 평행한 직선에서 만난다. 이 직선은 방정식 $x=2$, $y=3$의 한 쌍으로 표현된다. 한 점 (x, y, z)가 이 직선 위에 있다는 것은 $x=2$이고 $y=3$이라는 것과 같다. 마찬가지로 평면 $y=3$과 $z=5$의 교선은 한 쌍의 방정식 $y=3$, $z=5$로 표현된다. 이 교선은 x축과 평행하다. 평면 $x=2$와 $z=5$의 교선은 y축과 평행한 한쌍의 방정식 $x=2$, $z=5$로 표현된다.

다음 예제는 좌표방정식과 부등식은 그 식이 공간에서 정의하는 점의 집합으로 대응시킬 수 있다는 것을 보여준다.

예제 1 방정식과 부등식을 기하학적으로 해석한다.

(a) $z \geq 0$ — xy평면과 그 위의 점으로 구성된 반공간.

(b) $x=-3$ — $x=-3$에서 x축에 수직인 평면. 이 평면은 yz평면에 평행하고 yz평면에서 3만큼 뒤에 놓여 있다.

(c) $z=0$, $x \leq 0$, $y \geq 0$ — xy평면의 제2사분면.

(d) $x \geq 0$, $y \geq 0$, $z \geq 0$ — 제1팔분공간.

(e) $-1 \leq y \leq 1$ — 평면 $y=-1$과 $y=1$을 포함하여 그 사이에 놓인 판.

(f) $y=-2$, $z=2$ — 두 평면 $y=-2$와 $z=2$의 교선. 다른 표현으로 점 $(0, -2, 2)$를 지나고 x축에 평행한 직선. ■

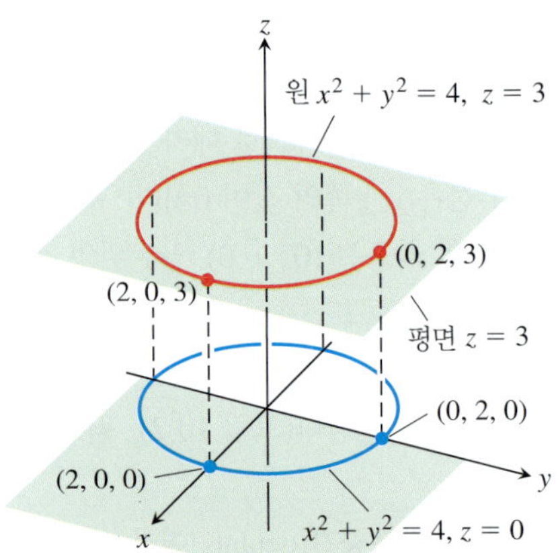

그림 10.4 평면 $z=3$ 위의 원 $x^2+y^2=4$ (예제 2).

예제 2 다음 방정식을 만족시키는 점 (x, y, z)는 무엇을 나타내는가?

$$x^2 + y^2 = 4, \quad z=3$$

풀이 점 (x, y, z)는 수평 평면 $z=3$ 위에 놓여 있고, 이 평면에서 원 $x^2+y^2=4$를 구성한다. 이러한 점의 집합을 '평면 $z=3$ 위의 원 $x^2+y^2=4$' 또는 간단하게 '원 $x^2+y^2=4$, $z=3$'(그림 10.4)라 한다. ■

공간에서 거리와 구(면)

xy평면에서 두 점 사이의 거리를 구하는 공식은 공간에서 점으로 확장된다.

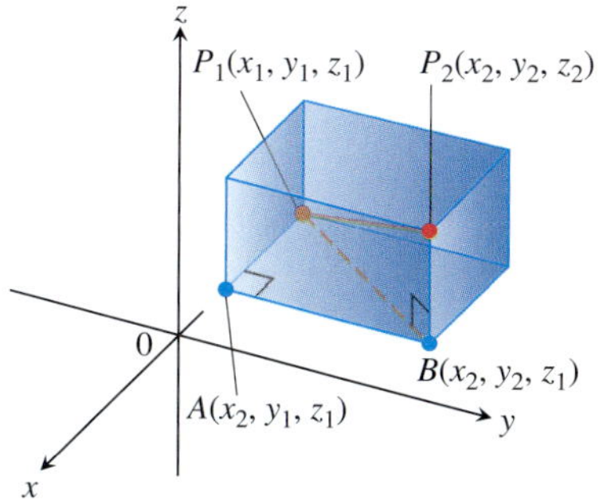

그림 10.5 직각삼각형 P_1AB와 P_1BP_2에 피타고라스 정리를 적용하면 P_1과 P_2 사이의 거리를 구한다.

> **$P_1(x_1, y_1, z_1)$와 $P_2(x_2, y_2, z_2)$ 사이의 거리**
>
> $$|P_1P_2| = \sqrt{(x_2 - x_1)^2 + (y_2 - y_1)^2 + (z_2 - z_1)^2}$$

증명 각 좌표평면에 평행한 면으로 직육면체를 구성하고 그 직육면체의 대각선의 양 끝점을 P_1과 P_2로 구성한다(그림 10.5). 그림에 표시된 것처럼 $A(x_2, y_1, z_1)$와 $B(x_2, y_2, z_1)$을 직육면체의 꼭짓점이라 하면, 직육면체의 세 모서리 P_1A, AB, BP_2의 길이는 다음과 같다.

$$|P_1A| = |x_2 - x_1|, \qquad |AB| = |y_2 - y_1|, \qquad |BP_2| = |z_2 - z_1|$$

삼각형 P_1BP_2와 삼각형 P_1AB가 직각삼각형이므로 피타고라스 정리를 적용하면 다음을 얻는다.

$$|P_1P_2|^2 = |P_1B|^2 + |BP_2|^2 \text{ 와 } \quad |P_1B|^2 = |P_1A|^2 + |AB|^2$$

따라서 다음과 같다.

$$\begin{aligned}|P_1P_2|^2 &= |P_1B|^2 + |BP_2|^2\\ &= |P_1A|^2 + |AB|^2 + |BP_2|^2 \qquad |P_1B|^2 = |P_1A|^2 + |AB|^2\text{을 대입}\\ &= |x_2 - x_1|^2 + |y_2 - y_1|^2 + |z_2 - z_1|^2\\ &= (x_2 - x_1)^2 + (y_2 - y_1)^2 + (z_2 - z_1)^2\end{aligned}$$

그러므로 다음과 같다.

$$|P_1P_2| = \sqrt{(x_2 - x_1)^2 + (y_2 - y_1)^2 + (z_2 - z_1)^2}$$ ■

예제 3 $P_1(2, 1, 5)$와 $P_2(-2, 3, 0)$ 사이의 거리는 다음과 같다.

$$\begin{aligned}|P_1P_2| &= \sqrt{(-2 - 2)^2 + (3 - 1)^2 + (0 - 5)^2}\\ &= \sqrt{16 + 4 + 25}\\ &= \sqrt{45} \approx 6.708\end{aligned}$$ ■

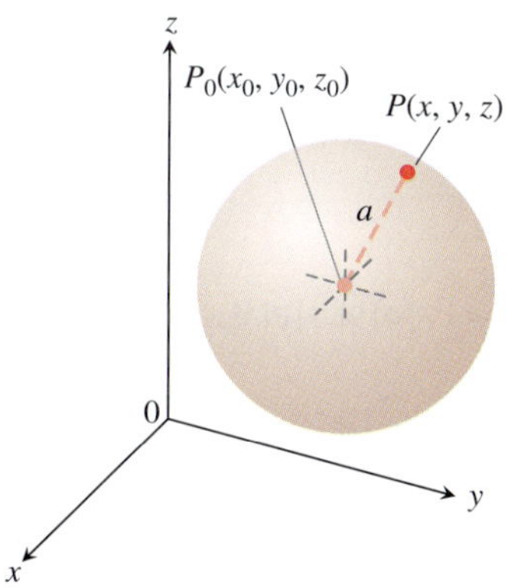

그림 10.6 점 (x_0, y_0, z_0)을 중심으로 하고, 반지름이 a인 구.

공간에서 구면 방정식을 나타내는 데 거리 공식을 사용할 수 있다(그림 10.6). $|P_0P| = a$, 즉 다음과 같다고 하자.

$$(x - x_0)^2 + (y - y_0)^2 + (z - z_0)^2 = a^2$$

정확하게 점 $P(x, y, z)$는 $P_0(x_0, y_0, z_0)$을 중심으로 하고, 반지름이 a인 구면 상에 놓여 있다.

> **중심이 (x_0, y_0, z_0)이고 반지름이 a인 구면의 표준방정식**
>
> $$(x - x_0)^2 + (y - y_0)^2 + (z - z_0)^2 = a^2$$

예제 4 다음 식과 같은 구면의 중심과 반지름을 구하라.

$$x^2 + y^2 + z^2 + 3x - 4z + 1 = 0$$

풀이 원의 중심과 반지름을 찾는 방식으로 구면의 중심과 반지름을 찾는다. x, y, z항에 관한 완전제곱식을 만들어 1차식 형태의 제곱으로 각각 2차식으로 나타낸다. 이제 표준형의 방정식에서 중심과 반지름을 읽는다. 주어진 구면에 대해 다음을 얻는다.

$$x^2 + y^2 + z^2 + 3x - 4z + 1 = 0$$

$$(x^2 + 3x) + y^2 + (z^2 - 4z) = -1$$

$$\left(x^2+3x+\left(\frac{3}{2}\right)^2\right)+y^2+\left(z^2-4z+\left(\frac{-4}{2}\right)^2\right)=-1+\left(\frac{3}{2}\right)^2+\left(\frac{-4}{2}\right)^2$$

$$\left(x+\frac{3}{2}\right)^2+y^2+(z-2)^2=\frac{21}{4}$$

이 표준형에서 $x_0=-3/2$, $y_0=0$, $z_0=2$, $a=\sqrt{21}/2$이다. 구면의 중심은 $(-3/2, 0, 2)$이고, 반지름은 $\sqrt{21}/2$이다. ■

예제 5 구면을 포함한 방정식과 부등식을 기하학으로 해석한다.

(a) $x^2+y^2+z^2<4$ 구면 $x^2+y^2+z^2=4$의 내부.

(b) $x^2+y^2+z^2\le 4$ 구면 $x^2+y^2+z^2=4$로 둘러싸인 속이 꽉 찬 볼 또는 구면 $x^2+y^2+z^2=4$와 그 내부.

(c) $x^2+y^2+z^2>4$ 구면 $x^2+y^2+z^2=4$의 외부.

(d) $x^2+y^2+z^2=4$, $z\le 0$ 구면 $x^2+y^2+z^2=4$를 xy평면(평면 $z=0$)으로 잘라 만든 하반구. ■

xy평면에서 점의 위치를 나타내는데 직교좌표 외에도 극좌표(9.3절)를 사용하는 것처럼, 3차원 공간에서도 점의 위치를 표현하는 또 다른 좌표계(원주좌표와 구면좌표)가 있다. 이 두 좌표계는 13.7절에서 다룬다.

연습문제 10.1 EXERCISE QUESTION

방정식의 기하학적 해석

연습문제 1~16에서 다음 한 쌍의 식을 만족시키는 공간 상의 점의 집합을 기하학적으로 서술하라.

1. $x=2,\ \ y=3$ **2.** $x=-1,\ \ z=0$

3. $y=0,\ \ z=0$ **4.** $x=1,\ \ y=0$

5. $x^2+y^2=4,\ \ z=0$ **6.** $x^2+y^2=4,\ \ z=-2$

7. $x^2+z^2=4,\ \ y=0$ **8.** $y^2+z^2=1,\ \ x=0$

9. $x^2+y^2+z^2=1,\ \ x=0$

10. $x^2+y^2+z^2=25,\ \ y=-4$

11. $x^2+y^2+(z+3)^2=25,\ \ z=0$

12. $x^2+(y-1)^2+z^2=4,\ \ y=0$

13. $x^2+y^2=4,\ \ z=y$

14. $x^2+y^2+z^2=4,\ \ y=x$

15. $y=x^2,\ \ z=0$

16. $z=y^2,\ \ x=1$

부등식과 방정식의 기하학적 해석

연습문제 17~24에서 부등식 또는 방정식과 부등식의 결합으로 이루어진 식을 만족시키는 공간 상의 점의 집합을 서술하라.

17. a. $x\ge 0,\ \ y\ge 0,\ \ z=0$ **b.** $x\ge 0,\ \ y\le 0,\ \ z=0$

18. a. $0\le x\le 1$ **b.** $0\le x\le 1,\ \ 0\le y\le 1$

c. $0\le x\le 1,\ \ 0\le y\le 1,\ \ 0\le z\le 1$

19. a. $x^2+y^2+z^2\le 1$ **b.** $x^2+y^2+z^2>1$

20. a. $x^2+y^2\le 1,\ \ z=0$ **b.** $x^2+y^2\le 1,\ \ z=3$

c. $x^2+y^2\le 1$, z에 대한 조건은 없음

21. a. $1\le x^2+y^2+z^2\le 4$ **b.** $x^2+y^2+z^2\le 1,\ \ z\ge 0$

22. a. $x=y,\ \ z=0$ **b.** $x=y$, z에 대한 조건은 없음

23. a. $y\ge x^2,\ \ z\ge 0$ **b.** $x\le y^2,\ \ 0\le z\le 2$

24. a. $z=1-y$, x에 대한 조건은 없음

b. $z=y^3,\ \ x=2$

거리

연습문제 25~30에서 두 점 P_1과 P_2 사이의 거리를 구하라.

25. $P_1(1, 1, 1)$, $P_2(3, 3, 0)$

26. $P_1(-1, 1, 5)$, $P_2(2, 5, 0)$

27. $P_1(1, 4, 5)$, $P_2(4, -2, 7)$

28. $P_1(3, 4, 5)$, $P_2(2, 3, 4)$

29. $P_1(0, 0, 0)$, $P_2(2, -2, -2)$

30. $P_1(5, 3, -2)$, $P_2(0, 0, 0)$

31. 점 $(3, -4, 2)$에서 다음 평면 사이의 거리를 구하라.

a. xy평면 **b.** yz평면 **c.** xz평면

32. 점 $(-2, 1, 4)$에서 다음 평면 사이의 거리를 구하라.

a. 평면 $x=3$ **b.** 평면 $y=-5$ **c.** 평면 $z=-1$

33. 점 $(4, 3, 0)$에서 다음 축 사이의 거리를 구하라.

a. x축 **b.** y축 **c.** z축

34. 주어진 조건에 맞는 거리를 구하라.

a. x축과 평면 $z=3$ 사이

b. 원점과 평면 $2=z-x$ 사이

c. 점 $(0, 4, 0)$과 평면 $y=x$ 사이

연습문제 35~44에서 주어진 집합을 하나 또는 한 쌍의 식으로 표현하라.

35. 다음에 수직인 평면
a. (3, 0, 0)에서 x축
b. (0, −1, 0)에서 y축
c. (0, 0, −2)에서 z축

36. 점 (3, −1, 2)를 지나고 다음에 수직인 평면
a. x축 **b.** y축 **c.** z축

37. 점 (3, −1, 1)를 지나고 다음에 평행한 평면
a. xy평면 **b.** yz평면 **c.** xz평면

38. 중심 (0, 0, 0), 반지름 2이고 다음 평면에 놓여 있는 원
a. xy평면 **b.** yz평면 **c.** xz평면

39. 중심 (0, 2, 0), 반지름 2이고 다음 평면에 놓여 있는 원
a. xy평면 **b.** yz평면 **c.** 평면 $y=2$

40. 중심 (−3, 4, 1), 반지름 1이고 다음 평면과 평행한 평면에 놓여 있는 원
a. xy평면 **b.** yz평면 **c.** xz평면

41. 점 (1, 3, −1)을 지나고 다음에 평행한 직선
a. x축 **b.** y축 **c.** z축

42. 원점과 점 (0, 2, 0)에서 같은 거리에 있는 공간 상의 점의 집합

43. 점 (1, 1, 3)을 지나고 z축에 수직인 평면과 중심이 원점이고 반지름이 5인 구면이 만나서 만들어지는 원

44. 점 (0, 0, 1)과 점 (0, 0, −1)에서 동시에 거리가 2인 공간 상의 점의 집합

점의 집합을 나타내는 부등식

연습문제 45~50에서 다음 집합을 나타내는 부등식을 써라.

45. 평면 $z=0$과 $z=1$을 포함하여 그 사이에 놓인 판

46. 제1팔분공간에서 각 좌표평면과 평면 $x=2$, $y=2$, $z=2$로 둘러싸인 정육면체

47. xy평면과 그 아래의 반공간

48. 원점을 중심이고 반지름이 1인 구면의 상반구

49. 점 (1, 1, 1)이 중심이고 반지름이 1인 구면의 **(a)** 내부, **(b)** 외부

50. 원점을 중심으로 하고 반지름이 1인 구면과 반지름이 2인 구면으로 둘러싸인 닫힌 영역(**닫힌 영역**이란 두 구면을 포함한다는 뜻이다. 반면 두 구면을 포함하지 않으려면 두 구면으로 둘러싸인 **열린 영역**이라고 부른다. 구간에서 사용하는 **닫힘**과 **열림**과 비슷한 식이다. 닫힌 구간은 양 끝점을 포함하나, **열린 구간**은 양 끝점을 포함하지 않는다. 닫힌 집합은 경계를 포함하나, 열린 집합은 경계를 포함하지 않는다.)

구면

연습문제 51~60에서 다음 구면의 중심 C와 반지름 a를 구하라.

51. $(x+2)^2 + y^2 + (z-2)^2 = 8$

52. $(x-1)^2 + \left(y+\frac{1}{2}\right)^2 + (z+3)^2 = 25$

53. $\left(x-\sqrt{2}\right)^2 + \left(y-\sqrt{2}\right)^2 + \left(z+\sqrt{2}\right)^2 = 2$

54. $x^2 + \left(y+\frac{1}{3}\right)^2 + \left(z-\frac{1}{3}\right)^2 = \frac{16}{9}$

55. $x^2 + y^2 + z^2 + 4x - 4z = 0$

56. $x^2 + y^2 + z^2 - 6y + 8z = 0$

57. $2x^2 + 2y^2 + 2z^2 + x + y + z = 9$

58. $3x^2 + 3y^2 + 3z^2 + 2y - 2z = 9$

59. $x^2 + y^2 + z^2 - 4x + 6y - 10z = 11$

60. $(x-1)^2 + (y-2)^2 + (z+1)^2 = 103 + 2x + 4y - 2z$

연습문제 61~64에서 다음에 주어진 중심과 반지름을 가진 구면의 방정식을 구하라.

	중심	반지름
61.	(1, 2, 3)	$\sqrt{14}$
62.	(0, −1, 5)	2
63.	$\left(-1, \frac{1}{2}, -\frac{2}{3}\right)$	$\frac{4}{9}$
64.	(0, −7, 0)	7

이론과 예제

65. 점 $P(x, y, z)$에서 다음 좌표축까지의 거리를 구하라.
a. x축 **b.** y축 **c.** z축

66. 점 $P(x, y, z)$에서 다음 좌표평면까지의 거리를 구하라.
a. xy평면 **b.** yz평면 **c.** xz평면

67. 꼭짓점이 $A(-1, 2, 1)$, $B(1, -1, 3)$, $C(3, 4, 5)$인 삼각형의 둘레 길이를 구하라.

68. 점 $P(3, 1, 2)$에서 두 점 $A(2, -1, 3)$, $B(4, 3, 1)$까지의 거리가 같음을 보여라.

69. 두 평면 $y=3$와 $y=-1$으로부터 같은 거리에 있는 점의 집합의 방정식을 구하라.

70. 점 (0, 0, 2)와 xy평면으로부터 같은 거리에 있는 점의 집합의 방정식을 구하라.

71. 다음에 주어진 평면이나 점에서 구면 $x^2+(y-3)^2+(z+5)^2=4$ 위에 있는 가장 가까운 점을 구하라.
a. xy평면 **b.** 점 (0, 7, −5)

72. 점 (0, 0, 0), (0, 4, 0), (3, 0, 0), (2, 2, −3)으로부터 같은 거리에 있는 점을 구하라.

73. 점 (0, 0, 2)와 x축으로부터 같은 거리에 있는 점의 집합의 방정식을 구하라.

74. y축과 평면 $z=6$으로부터 같은 거리에 있는 점의 집합의 방정식을 구하라.

75. 다음 좌표평면이나 좌표축으로부터 같은 거리에 있는 점의 집합의 방정식을 구하라.
a. xy평면과 yz평면 **b.** x축과 y축

76. 각 점 (2, 0, 0), (0, 2, 0), (0, 0, 2)로부터 동시에 3만큼 떨어져 있는 점을 구하라.

10.2 벡터

측정하는 사물 몇몇은 단순히 크기만으로 결정된다. 예를 들어 질량, 크기, 시간을 기록하기 위해 적절한 측정 단위를 정하고 그 값을 단지 적는 게 필요하다. 힘, 변위, 속도를 표현하기 위해서는 더 많은 정보가 필요하다. 힘을 기술하기 위해서는 얼마나 큰지 뿐만 아니라 작용하는 방향도 기록해야만 한다. 물체의 변위를 묘사하기 위해 멀리 가는 것과 옮겨간 방향으로 이야기해야만 한다. 물체의 속도를 나타내기 위해서는 얼마나 빨리 움직이는지 뿐만 아니라 움직임의 방향을 알아야만 한다. 이번 절에서는 평면이나 공간에서 크기와 방향을 가지는 물체를 표현하는 방법을 알아본다.

성분 표현

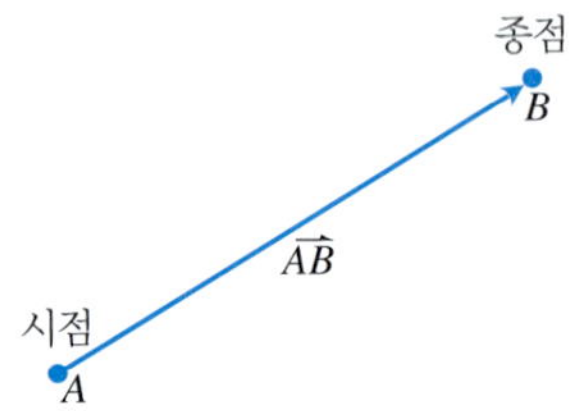

그림 10.7 유향선분 $\overrightarrow{AB}$를 벡터라고 한다.

힘, 변위, 속도와 같은 양을 **벡터**(vector)라 하고, **유향선분**(directed line segment, 그림 10.7)으로 표현한다. 화살은 작용 방향으로 향하고, 화살의 길이는 주어진 단위에 대해 작용의 크기를 나타낸다. 예를 들어 힘벡터는 힘이 작용하는 방향으로 향하고, 힘벡터의 길이는 힘의 강도를 측정한 것이다. 속도벡터는 운동 방향을 가리키고, 길이는 움직이는 물체의 속력이다. 그림 10.8은 평면 또는 공간의 특정한 위치에서 경로를 따라 움직이는 입자를 속도벡터 $\mathbf{v}$로 나타낸다.

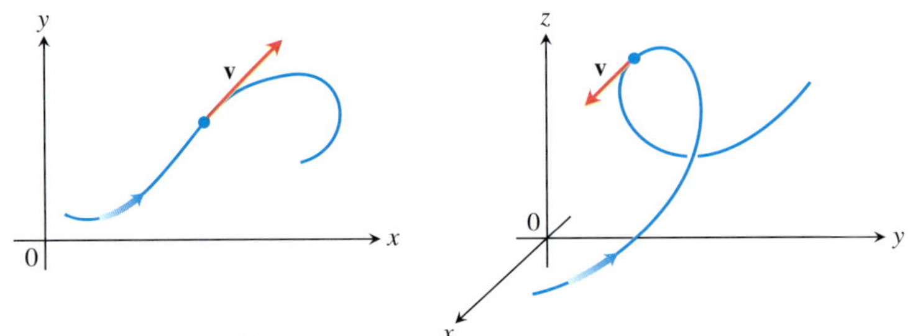

그림 10.8 (a) 평면에서, (b) 공간에서 경로를 따라 움직이는 한 입자의 속도벡터. 경로 상의 화살표는 입자의 운동 방향을 가르킨다.

정의 유향선분 $\overrightarrow{AB}$를 벡터로 표현하며, A를 **시점**(initial point)이라고 하고, B를 **종점**(terminal point)이라고 한다. 벡터 $\overrightarrow{AB}$의 **길이**(length)는 $|\overrightarrow{AB}|$로 나타낸다. 두 벡터의 길이와 방향이 같으면 두 벡터는 **서로 같다**.

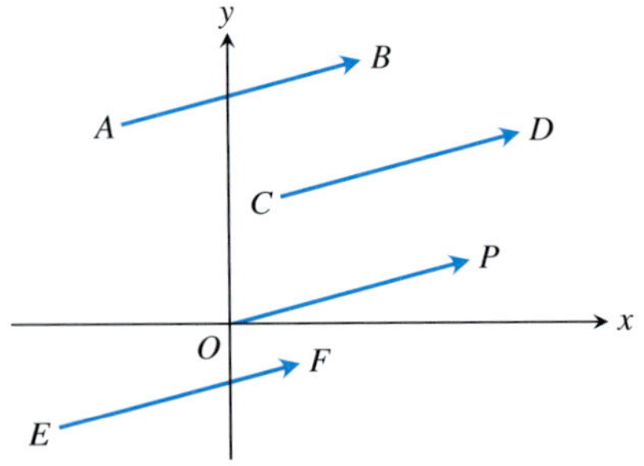

그림 10.9 평면 상의 4개의 화살(유향선분)의 크기와 방향이 같다. 따라서 동일한 벡터, 즉 $\overrightarrow{AB} = \overrightarrow{CD} = \overrightarrow{OP} = \overrightarrow{EF}$이다.

벡터를 그릴 때 사용하는 화살표가 크기가 같고, 평행하며 같은 방향을 나타낸다면 시점에 관계없이 동일한 벡터를 나타낸다(그림 10.9).

교재에서 벡터는 $\mathbf{u}$, $\mathbf{v}$, $\mathbf{w}$와 같이 대체로 볼드체 소문자로 쓴다. 때로는 힘벡터를 표현할 때, $\mathbf{F}$와 같이 볼드체 대문자로 사용한다. 손으로 쓸 때는 $\vec{u}$, $\vec{v}$, $\vec{w}$, $\vec{F}$처럼 문자 위에 작은 화살표를 그려 넣는다.

벡터의 방향에 대해 좀 더 엄밀하게 할 수 있도록 벡터를 대수적으로 표현하는 방법이 필요하다. 벡터 $\mathbf{v} = \overrightarrow{PQ}$를 생각하자. 이때 시점이 원점이면서 $\overrightarrow{PQ}$와 같은 유향선분이 존재한다(그림 10.10). 이것은 **표준위치**(standard position)에 있는 벡터로 통상적으로 $\mathbf{v}$를 나타낸다. $\mathbf{v}$가 표준위치에 있을 때, 종점의 좌표 (v_1, v_2, v_3)로 $\mathbf{v}$를 구체화할 수 있다. 만약 $\mathbf{v}$가 평면 위에 벡터라면 종점 (v_1, v_2)은 2개의 좌표를 갖는다.

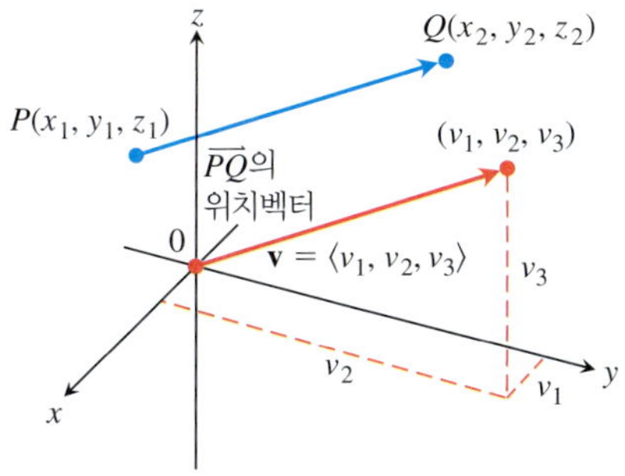

그림 10.10 벡터 $\overrightarrow{PQ}$는 표준위치에서 시점이 원점이다. 유향선분 $\overrightarrow{PQ}$와 $\mathbf{v}$는 평행이고 같은 크기를 갖는다.

역사적 인물

카를 프리드리히 가우스(Carl Friedrich Gauss, 1777~1855)
가우스는 독일 브라운슈바이크에서 태어났다. 가우스의 과학 및 수학 분야에서의 업적 목록은 전신기(1833년 빌헬름 베버(Wilhelm Weber)와 함께 발명) 발명부터 행성 궤도 이론의 발전과 비유클리드 기하학의 정확한 이론 개발에 이르기까지 놀라울 정도로 다양하다.

정의 $\mathbf{v}$가 원점이 시점이고 종점이 (v_1, v_2)인 평면 상의 **2차원 벡터**(two-dimensional vector)라면, $\mathbf{v}$의 **성분 형식**(component form)은 다음과 같다.

$$\mathbf{v} = \langle v_1, v_2 \rangle$$

$\mathbf{v}$가 원점이 시점이고 종점이 (v_1, v_2, v_3)인 **3차원 벡터**(three-dimensional vector)라면, $\mathbf{v}$의 **성분 형식**은 다음과 같다.

$$\mathbf{v} = \langle v_1, v_2, v_3 \rangle$$

따라서 2차원 벡터는 실수의 순서쌍 $\mathbf{v} = \langle v_1, v_2 \rangle$이고, 3차원 벡터는 실수의 순서쌍 $\mathbf{v} = \langle v_1, v_2, v_3 \rangle$이다. 여기서 v_1, v_2, v_3는 $\mathbf{v}$의 **성분**(component)이다.

$\mathbf{v} = \langle v_1, v_2, v_3 \rangle$가 시점이 $P(x_1, y_1, z_1)$이고 종점이 $Q(x_2, y_2, z_2)$인 유향선분 $\overrightarrow{PQ}$로 표현된다면 $x_1 + v_1 = x_2$, $y_1 + v_2 = y_2$, $z_1 + v_3 = z_2$이다(그림 10.10). 따라서 $v_1 = x_2 - x_1$, $v_2 = y_2 - y_1$, $v_3 = z_2 - z_1$은 $\overrightarrow{PQ}$의 성분이다.

요약하면 두 점 $P(x_1, y_1, z_1)$과 $Q(x_2, y_2, z_2)$가 주어질 때, $\overrightarrow{PQ}$와 같은 표준위치벡터 $\mathbf{v} = \langle v_1, v_2, v_3 \rangle$는 다음과 같다.

$$\mathbf{v} = \langle x_2 - x_1, y_2 - y_1, z_2 - z_1 \rangle$$

$\mathbf{v}$가 $P(x_1, y_1)$과 $Q(x_2, y_2)$를 가지는 평면 상의 2차원 벡터라면 $\mathbf{v} = \langle x_2 - x_1, y_2 - y_1 \rangle$이다. 즉 평면벡터는 세 번째 성분이 없다. 이해를 돕기 위해 3차원 벡터를 대수적으로 다루고, 2차원의 평면벡터는 세 번째 성분 없이 나타낸다.

두 벡터가 서로 같을 필요충분 조건은 그들의 표준벡터가 서로 같은 것이다. 그래서 두 벡터 $\langle u_1, u_2, u_3 \rangle$와 $\langle v_1, v_2, v_3 \rangle$이 **서로 같을** 필요충분 조건은 $u_1 = v_1$, $u_2 = v_2$, $u_3 = v_3$이다.

벡터 $\overrightarrow{PQ}$의 **크기** 또는 **길이**는 임의의 동치인 유향선분 표현의 길이와 같다. 특히, $\mathbf{v} = \langle x_2 - x_1, y_2 - y_1, z_2 - z_1 \rangle$이 $\overrightarrow{PQ}$의 성분 형식이라면 거리 공식에 의해 $\mathbf{v}$의 크기 또는 길이를 주고, $|\mathbf{v}|$ 또는 $\|\mathbf{v}\|$로 표현한다.

벡터 $\mathbf{v} = \langle v_1, v_2, v_3 \rangle = \langle x_2 - x_1, y_2 - y_1, z_2 - z_1 \rangle$의 **크기** 또는 **길이**는 음이 아닌 값이다(그림 10.10 참조).

$$|\mathbf{v}| = \sqrt{v_1^2 + v_2^2 + v_3^2} = \sqrt{(x_2 - x_1)^2 + (y_2 - y_1)^2 + (z_2 - z_1)^2}$$

길이가 0인 벡터는 유일하게 **영벡터**(zero vector)이고 $\mathbf{0} = \langle 0, 0 \rangle$ 또는 $\mathbf{0} = \langle 0, 0, 0 \rangle$으로 표시한다. 또한 영벡터는 방향이 없는 유일한 벡터이다.

예제 1 시점 $P(-3, 4, 1)$이고 종점 $Q(-5, 2, 2)$인 벡터의 **(a)** 성분 형식, **(b)** 길이를 구하라.

풀이

(a) 벡터 $\mathbf{v} = \overrightarrow{PQ}$는 다음과 같은 성분을 가진다.

$$v_1 = x_2 - x_1 = -5 - (-3) = -2, \qquad v_2 = y_2 - y_1 = 2 - 4 = -2$$

그리고 다음을 얻는다.

$$v_3 = z_2 - z_1 = 2 - 1 = 1$$

$\overrightarrow{PQ}$의 성분 형식은 다음과 같다.

$$\mathbf{v} = \langle -2, -2, 1 \rangle$$

(b) $\mathbf{v} = \overrightarrow{PQ}$의 길이 또는 크기는 다음과 같다.

$$|\mathbf{v}| = \sqrt{(-2)^2 + (-2)^2 + (1)^2} = \sqrt{9} = 3$$ ■

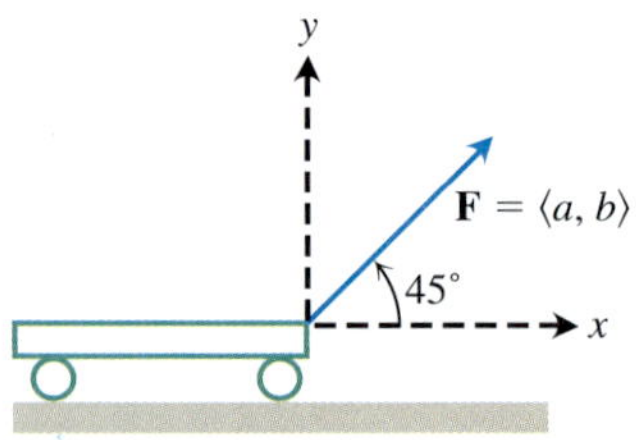

그림 10.11 수레를 앞으로 당기는 힘은 수평 성분이 유효 힘인 벡터 **F**로 표현된다(예제 2).

예제 2 매끄러운 평행한 바닥에서 작은 수레를 45° 방향으로 20 N의 힘 **F**로 당긴다(그림 10.11). 이때 수레를 앞으로 움직이게 하는 실제 힘의 크기를 구하라.

풀이 실제의 힘은 $\mathbf{F} = \langle a, b \rangle$의 수평 성분이고, 다음과 같다.

$$a = \mathbf{F}\cos 45° = (20)\left(\frac{\sqrt{2}}{2}\right) \approx 14.14 \text{ N}$$

여기서 **F**는 2차원 벡터이다. ■

벡터의 대수적 연산

벡터에서 2개의 주요한 연산은 벡터의 합과 스칼라곱이다. **스칼라**(scalar)는 단순하게 실수이다. 수와 벡터를 구분이 필요할 때는 이렇게 지칭한다. 스칼라는 양수, 음수, 0일 수 있고 곱셈으로 벡터의 크기를 정할 때 사용된다.

정의 벡터 $\mathbf{u} = \langle u_1, u_2, u_3 \rangle$, $\mathbf{v} = \langle v_1, v_2, v_3 \rangle$와 스칼라 k에 대해 다음과 같다.

벡터의 합: $\mathbf{u} + \mathbf{v} = \langle u_1 + v_1, u_2 + v_2, u_3 + v_3 \rangle$
스칼라곱: $k\mathbf{u} = \langle ku_1, ku_2, ku_3 \rangle$

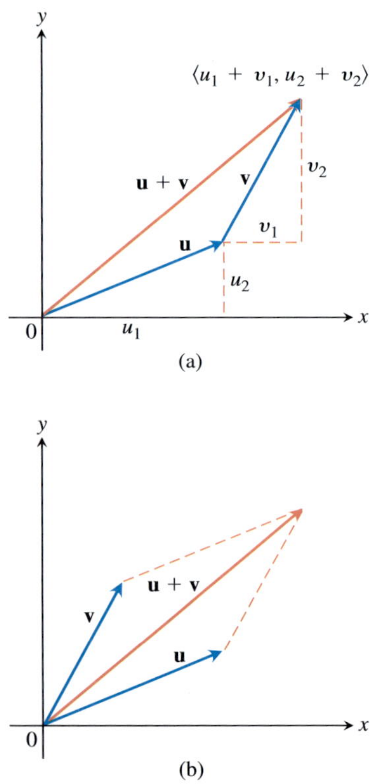

그림 10.12 (a) 벡터 합의 기하학적 해석, (b) 표준위치에 있는 두 벡터의 벡터 합에 관한 평행사변형 법칙.

벡터의 합은 벡터의 대응하는 각 성분의 합과 같다. 벡터의 스칼라곱은 각 성분의 스칼라곱이다. 단지 성분이 2개 $\langle u_1, u_2 \rangle$, $\langle v_1, v_2 \rangle$라는 사실을 제외하면 이러한 정의는 평면벡터에서도 그대로 적용된다.

벡터의 합은 그림 10.12a와 같이 평면벡터에 대해 한 벡터의 시점을 다른 한 벡터의 종점을 옮겨 놓음으로써 기하학적으로 설명된다. 다른 방법으로는 그림 10.12에서 보는 것과 같다. 합에 대한 이런 **평행사변형 법칙**(parallelogram law)에서 벡터의 합은 평행사변형의 대각선으로써 **합벡터**(resultant vector)라 부른다. 물리학에서 힘은 속도, 가속도 등과 같이 벡터적으로 더한다. 2개의 중력에 제한된 입자에 작용하는 힘은 2개의 힘벡터를 더해 구한다.

그림 10.13은 스칼라 k와 벡터 $\mathbf{u}$의 곱 $k\mathbf{u}$의 기하학적 해석을 보여준다. $k > 0$이면 $k\mathbf{u}$는 $\mathbf{u}$와 같은 방향을 가지고, $k < 0$이면 $k\mathbf{u}$는 $\mathbf{u}$의 방향과 반대이다. $\mathbf{u}$와 $k\mathbf{u}$의 길이를 비교하면 다음과 같다.

$$|k\mathbf{u}| = \sqrt{(ku_1)^2 + (ku_2)^2 + (ku_3)^2} = \sqrt{k^2(u_1{}^2 + u_2{}^2 + u_3{}^2)}$$
$$= \sqrt{k^2}\sqrt{u_1{}^2 + u_2{}^2 + u_3{}^2} = |k||\mathbf{u}|$$

$k\mathbf{u}$의 길이는 $\mathbf{u}$의 크기에 스칼라 k의 절댓값을 곱한 것이다. 벡터 $(-1)\mathbf{u} = -\mathbf{u}$는 $\mathbf{u}$와 길이는 같지만, 방향은 반대이다. $k \neq 0$에 대해 $(1/k)\mathbf{u} = \mathbf{u}/k$로 나타낸다.

두 **벡터의 차** $\mathbf{u} - \mathbf{v}$는 다음과 같이 정의한다.

$$\mathbf{u} - \mathbf{v} = \mathbf{u} + (-\mathbf{v})$$

$\mathbf{u} = \langle u_1, u_2, u_3 \rangle$이고 $\mathbf{v} = \langle v_1, v_2, v_3 \rangle$이면 다음과 같다.

$$\mathbf{u} - \mathbf{v} = \langle u_1 - v_1, u_2 - v_2, u_3 - v_3 \rangle$$

$(\mathbf{u} - \mathbf{v}) + \mathbf{v} = \mathbf{u}$임을 알면 벡터 $\mathbf{v}$에 $(\mathbf{u} - \mathbf{v})$를 더해 $\mathbf{u}$를 얻는다(그림 10.14a). 그림 10.14b에서

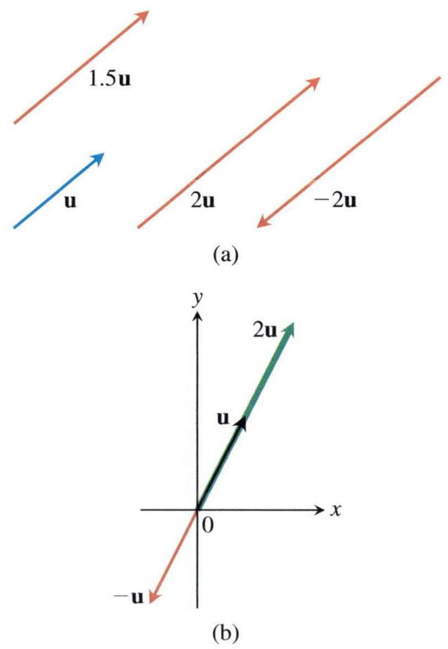

그림 10.13 (a) **u**의 스칼라곱, (b) 표준위치에 있는 벡터 **u**의 스칼라곱.

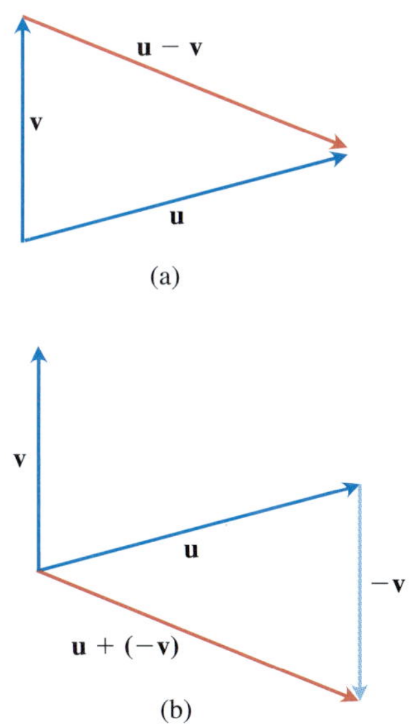

그림 10.14 (a) **v**에 벡터 **u**−**v**를 더하면 **u**가 된다. (b) **u**−**v**=**u**+(−**v**).

벡터의 차 **u**−**v**는 두 벡터의 합 **u**+(−**v**)임을 보여준다.

예제 3 $\mathbf{u}=\langle -1, 3, 1\rangle$이고 $\mathbf{v}=\langle 4, 7, 0\rangle$에 대해 다음을 구하라.

(a) $2\mathbf{u}+3\mathbf{v}$ **(b)** $\mathbf{u}-\mathbf{v}$ **(c)** $\left|\frac{1}{2}\mathbf{u}\right|$

풀이

(a) $2\mathbf{u}+3\mathbf{v} = 2\langle -1, 3, 1\rangle + 3\langle 4, 7, 0\rangle = \langle -2, 6, 2\rangle + \langle 12, 21, 0\rangle = \langle 10, 27, 2\rangle$

(b) $\mathbf{u}-\mathbf{v} = \langle -1, 3, 1\rangle - \langle 4, 7, 0\rangle = \langle -1-4, 3-7, 1-0\rangle = \langle -5, -4, 1\rangle$

(c) $\left|\frac{1}{2}\mathbf{u}\right| = \left|\left\langle -\frac{1}{2}, \frac{3}{2}, \frac{1}{2}\right\rangle\right| = \sqrt{\left(-\frac{1}{2}\right)^2+\left(\frac{3}{2}\right)^2+\left(\frac{1}{2}\right)^2} = \frac{1}{2}\sqrt{11}$ ■

벡터 연산은 통상적인 산술로 이루어진 성질이 많다.

벡터 연산의 성질

벡터 **u**, **v**, **w**와 스칼라 a, b에 대해 다음과 같은 성질이 있다.

1. $\mathbf{u}+\mathbf{v}=\mathbf{v}+\mathbf{u}$
2. $(\mathbf{u}+\mathbf{v})+\mathbf{w}=\mathbf{u}+(\mathbf{v}+\mathbf{w})$
3. $\mathbf{u}+\mathbf{0}=\mathbf{u}$
4. $\mathbf{u}+(-\mathbf{u})=\mathbf{0}$
5. $0\mathbf{u}=\mathbf{0}$
6. $1\mathbf{u}=\mathbf{u}$
7. $a(b\mathbf{u})=(ab)\mathbf{u}$
8. $a(\mathbf{u}+\mathbf{v})=a\mathbf{u}+a\mathbf{v}$
9. $(a+b)\mathbf{u}=a\mathbf{u}+b\mathbf{u}$

이러한 성질은 벡터의 합과 스칼라곱에 관한 정의를 이용하면 쉽게 증명된다. 예를 들어 성질 1은 다음과 같이 증명된다.

$$\begin{aligned}\mathbf{u}+\mathbf{v} &= \langle u_1, u_2, u_3\rangle + \langle v_1, v_2, v_3\rangle \\ &= \langle u_1+v_1, u_2+v_2, u_3+v_3\rangle && \text{벡터 합의 정의} \\ &= \langle v_1+u_1, v_2+u_2, v_3+u_3\rangle && \text{(각 성분에) 실수의 교환법칙} \\ &= \langle v_1, v_2, v_3\rangle + \langle u_1, u_2, u_3\rangle && \text{벡터 합의 정의} \\ &= \mathbf{v}+\mathbf{u}\end{aligned}$$

3차원이나 그 이상의 차원의 공간벡터가 같은 평면에 놓여 있을 때, 그 벡터는 **동일평면**(coplanar) 상에 있다고 말한다. 예를 들어 **u**, **v**, **u**+**v**는 항상 동일평면 상에 있다.

단위벡터

길이가 1인 벡터 **v**를 **단위벡터**(unit vector)라 한다. **표준단위벡터**(standard unit vector)는 다음과 같다.

$$\mathbf{i}=\langle 1, 0, 0\rangle, \quad \mathbf{j}=\langle 0, 1, 0\rangle, \quad \mathbf{k}=\langle 0, 0, 1\rangle$$

임의의 벡터 $\mathbf{v}=\langle v_1, v_2, v_3\rangle$은 다음과 같이 표준단위벡터의 1차 결합으로 표현할 수 있다.

$$\begin{aligned}\mathbf{v} &= \langle v_1, v_2, v_3\rangle = \langle v_1, 0, 0\rangle + \langle 0, v_2, 0\rangle + \langle 0, 0, v_3\rangle \\ &= v_1\langle 1, 0, 0\rangle + v_2\langle 0, 1, 0\rangle + v_3\langle 0, 0, 1\rangle \\ &= v_1\mathbf{i} + v_2\mathbf{j} + v_3\mathbf{k}\end{aligned}$$

스칼라(또는 실수) v_1을 벡터 **v**의 **i성분**(**i**-component), v_2를 벡터 **v**의 **j성분**(**j**-component), v_3을 벡터 **v**의 **k성분**(**k**-component)이라 한다. $P_1(x_1, y_1, z_1)$에서 $P_2(x_2, y_2, z_2)$로의 벡터를 성분 형식으로 나타내면 다음과 같다(그림 10.15).

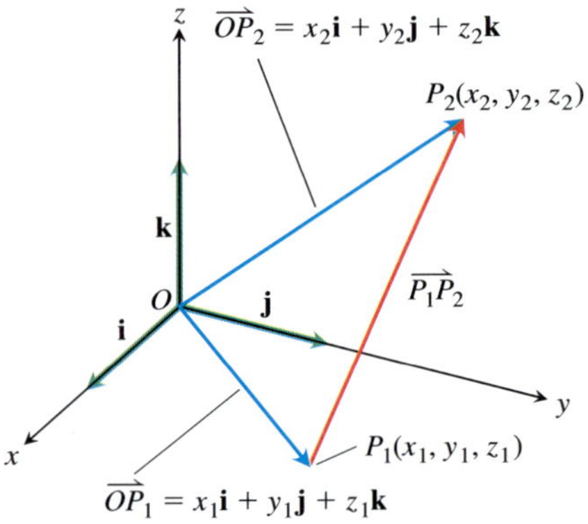

그림 10.15 P_1에서 P_2로 향하는 벡터는 $\overrightarrow{P_1P_2} = (x_2-x_1)\mathbf{i}+(y_2-y_1)\mathbf{j}+(z_2-z_1)\mathbf{k}$.

$$\overrightarrow{P_1P_2} = (x_2 - x_1)\mathbf{i} + (y_2 - y_1)\mathbf{j} + (z_2 - z_1)\mathbf{k}$$

$\mathbf{v} \neq \mathbf{0}$이면 길이 $|\mathbf{v}|$는 0이 아니고, 다음을 얻는다.

$$\left|\frac{1}{|\mathbf{v}|}\mathbf{v}\right| = \frac{1}{|\mathbf{v}|}|\mathbf{v}| = 1$$

즉 $\mathbf{v}/|\mathbf{v}|$는 **$\mathbf{v}$와 같은 방향의 단위벡터**이고, $\mathbf{v}$의 **방향**(direction)이라 부른다.

예제 4 $P_1(1, 0, 1)$에서 $P_2(3, 2, 0)$으로의 벡터의 방향으로 단위벡터를 구하라.

풀이 $\overrightarrow{P_1P_2}$를 표준단위벡터의 1차 결합으로 나타내고, $\overrightarrow{P_1P_2}$의 길이로 나눈다.

$$\overrightarrow{P_1P_2} = (3 - 1)\mathbf{i} + (2 - 0)\mathbf{j} + (0 - 1)\mathbf{k} = 2\mathbf{i} + 2\mathbf{j} - \mathbf{k}$$

$$|\overrightarrow{P_1P_2}| = \sqrt{(2)^2 + (2)^2 + (-1)^2} = \sqrt{4 + 4 + 1} = \sqrt{9} = 3$$

$$\mathbf{u} = \frac{\overrightarrow{P_1P_2}}{|\overrightarrow{P_1P_2}|} = \frac{2\mathbf{i} + 2\mathbf{j} - \mathbf{k}}{3} = \frac{2}{3}\mathbf{i} + \frac{2}{3}\mathbf{j} - \frac{1}{3}\mathbf{k}$$

단위벡터 $\mathbf{u}$는 $\overrightarrow{P_1P_2}$의 방향이다. ■

예제 5 $\mathbf{v} = 3\mathbf{i} - 4\mathbf{j}$가 속도벡터일 때, $\mathbf{v}$를 $\mathbf{v}$의 크기(속력)와 $\mathbf{v}$의 방향의 곱으로 표현하라.

풀이 속력은 $\mathbf{v}$의 크기(또는 길이)이다.

$$|\mathbf{v}| = \sqrt{(3)^2 + (-4)^2} = \sqrt{9 + 16} = 5$$

단위벡터 $\mathbf{v}/|\mathbf{v}|$는 $\mathbf{v}$의 방향이다.

$$\frac{\mathbf{v}}{|\mathbf{v}|} = \frac{3\mathbf{i} - 4\mathbf{j}}{5} = \frac{3}{5}\mathbf{i} - \frac{4}{5}\mathbf{j}$$

따라서 다음과 같다.

$$\mathbf{v} = 3\mathbf{i} - 4\mathbf{j} = \underset{\text{길이(속력)}}{5}\underbrace{\left(\frac{3}{5}\mathbf{i} - \frac{4}{5}\mathbf{j}\right)}_{\text{운동 방향}}$$ ■

위 내용을 요약하면, 임의의 0이 아닌 벡터 $\mathbf{v}$는 크기와 방향이라는 2개의 중요한 요소로 $\mathbf{v} = |\mathbf{v}|\dfrac{\mathbf{v}}{|\mathbf{v}|}$와 같이 쓸 수 있다.

> $\mathbf{v} \neq 0$이면 다음과 같다.
>
> **1.** $\dfrac{\mathbf{v}}{|\mathbf{v}|}$는 $\mathbf{v}$의 방향이라 불리는 단위벡터이다.
>
> **2.** $\mathbf{v} = |\mathbf{v}|\dfrac{\mathbf{v}}{|\mathbf{v}|}$는 크기와 방향으로 $\mathbf{v}$를 표현한 식이다.

예제 6 뉴턴의 힘이 $\mathbf{v} = 2\mathbf{i} + 2\mathbf{j} - \mathbf{k}$의 방향으로 작용한다. 그 힘 $\mathbf{F}$를 그 크기와 $\mathbf{v}$의 방향의 곱으로 표현하라.

풀이 힘벡터는 크기 6과 방향 $\dfrac{\mathbf{v}}{|\mathbf{v}|}$를 가진다. 그러므로 다음과 같다.

$$\mathbf{F} = 6\frac{\mathbf{v}}{|\mathbf{v}|} = 6\frac{2\mathbf{i} + 2\mathbf{j} - \mathbf{k}}{\sqrt{2^2 + 2^2 + (-1)^2}} = 6\frac{2\mathbf{i} + 2\mathbf{j} - \mathbf{k}}{3}$$

$$= 6\left(\frac{2}{3}\mathbf{i} + \frac{2}{3}\mathbf{j} - \frac{1}{3}\mathbf{k}\right)$$ ■

역사적 인물

헤르만 그라스만(Hermann Grassmann, 1809~1877)

그라스만은 프로이센(지금은 폴란드)에서 태어났고 베를린 대학교에 다녔다. 그러나 수학과 물리학 공부는 독학으로 했다. 1844년에 그는 기하학적 미적분학의 새로운 개념을 담은 《선형 확장 이론》을 출판했다. 그는 n차원 벡터 공간과 선형대수학의 새로운 개념과 구조를 도입했다.

선분의 중점

벡터는 종종 기하학에서 유용하게 쓰인다. 예를 들어 선분의 중점 좌표는 각 좌표의 평균으로 얻어진다.

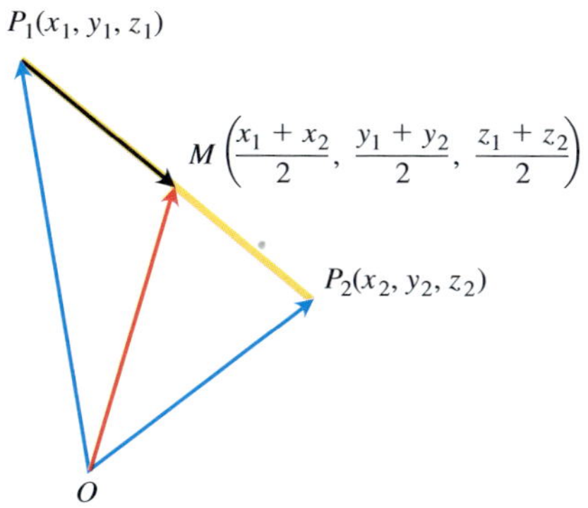

그림 10.16 중점의 좌표는 P_1과 P_2의 좌표의 평균이다.

> 두 점 $P_1(x_1, y_1, z_1)$과 $P_2(x_2, y_2, z_2)$를 잇는 선분의 **중점**(midpoint) M은 다음과 같다.
> $$\left(\frac{x_1+x_2}{2}, \frac{y_1+y_2}{2}, \frac{z_1+z_2}{2}\right)$$

그 이유를 살펴보면(그림 10.16), 다음과 같다.

$$\begin{aligned}\overrightarrow{OM} &= \overrightarrow{OP_1} + \frac{1}{2}(\overrightarrow{P_1P_2}) = \overrightarrow{OP_1} + \frac{1}{2}(\overrightarrow{OP_2} - \overrightarrow{OP_1})\\ &= \frac{1}{2}(\overrightarrow{OP_1} + \overrightarrow{OP_2})\\ &= \frac{x_1+x_2}{2}\mathbf{i} + \frac{y_1+y_2}{2}\mathbf{j} + \frac{z_1+z_2}{2}\mathbf{k}\end{aligned}$$

예제 7 두 점 $P_1(3, -2, 0)$과 $P_2(7, 4, 4)$를 잇는 선분의 중점은 다음과 같다.

$$\left(\frac{3+7}{2}, \frac{-2+4}{2}, \frac{0+4}{2}\right) = (5, 1, 2)$$ ■

응용

벡터의 중요한 활용은 항법에서 유용하다.

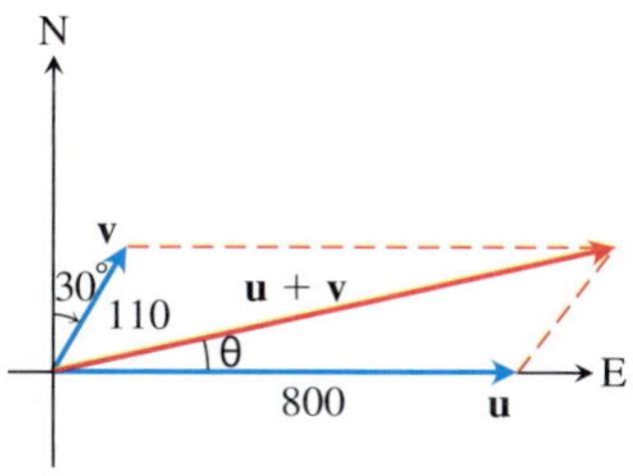

그림 10.17 예제 8의 비행기와 바람의 속도벡터는 각각 **u**와 **v**이다.

예제 8 80 km/h로 동쪽으로 나는 제트여객기가 동북쪽 60° 방향으로 부는 110 km/h의 순풍을 만났다. 이 여객기는 나침판을 정동쪽으로 향하고 있지만, 바람 때문에 새로운 대지에서 속도와 방향으로 움직인다. 새로운 대지에서 속도와 방향을 구하라.

풀이 **u**가 여객기의 속도이고 **v**는 순풍의 속도라고 하면, $|\mathbf{u}|=800$이고 $|\mathbf{v}|=110$이다(그림 10.17). 대지에서 여객기의 속도는 합벡터 $\mathbf{u}+\mathbf{v}$의 크기와 방향으로 주어진다. 양의 x축을 동쪽으로, 양의 y축을 북쪽으로 나타내면 **u**와 **v**의 성분 형식은 다음과 같다.

$$\mathbf{u} = \langle 800,\ 0\rangle \text{ 이고} \qquad \mathbf{v} = \langle 110\cos 60°,\ 110\sin 60°\rangle = \langle 55,\ 55\sqrt{3}\rangle$$

그러므로 다음을 얻는다.

$$\begin{aligned}\mathbf{u}+\mathbf{v} &= \langle 855,\ 55\sqrt{3}\rangle = 855\mathbf{i} + 55\sqrt{3}\mathbf{j}\\ |\mathbf{u}+\mathbf{v}| &= \sqrt{855^2 + (55\sqrt{3})^2} \approx 860.3\end{aligned}$$

새로운 대지에서 여객기의 속도는 약 860.3 km/h이고 그것의 새로운 방향은 동북쪽으로 약 6.4°이다.

$$\theta = \tan^{-1}\frac{55\sqrt{3}}{855} \approx 6.4°$$ ■

벡터의 또 다른 응용은 물리학과 공학에서 하나의 물체에 여러 가지 힘이 작용할 때 유용하다.

예제 9 그림 10.18a와 같이 무게 75 **N**인 물체가 두 줄에 매달려 있다. 두 줄에 걸리는 장력(힘) $\mathbf{F}_1$과 $\mathbf{F}_2$를 구하라.

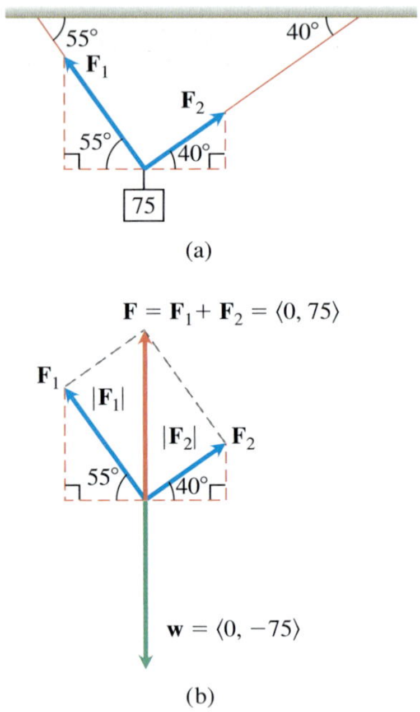

그림 10.18 예제 9의 매달려 있는 추.

풀이 힘벡터 $\mathbf{F}_1$과 $\mathbf{F}_2$는 뉴턴으로 측정되는 크기 $|\mathbf{F}_1|$, $|\mathbf{F}_2|$과 성분을 가진다. 두 장력의 합력은 $\mathbf{F}_1+\mathbf{F}_2$으로 반대(또는 위로 향하는) 방향으로의 무게벡터 $\mathbf{w}$의 크기와 같다(그림 10.18b). 그림에서 보는 것처럼 다음을 얻는다.

$$\mathbf{F}_1 = \langle -|\mathbf{F}_1|\cos 55°, |\mathbf{F}_1|\sin 55°\rangle \text{이고} \qquad \mathbf{F}_2 = \langle |\mathbf{F}_2|\cos 40°, |\mathbf{F}_2|\sin 40°\rangle$$

$\mathbf{F}_1+\mathbf{F}_2=\langle 0, 75\rangle$이므로 합벡터는 다음 식을 만족한다.

$$-|\mathbf{F}_1|\cos 55° + |\mathbf{F}_2|\cos 40° = 0$$
$$|\mathbf{F}_1|\sin 55° + |\mathbf{F}_2|\sin 40° = 75$$

첫 번째 방정식을 $|\mathbf{F}_2|$에 대해 풀어서 두 번째 방정식에 대입하면 다음과 같다.

$$|\mathbf{F}_2| = \frac{|\mathbf{F}_1|\cos 55°}{\cos 40°} \text{이고} \qquad |\mathbf{F}_1|\sin 55° + \frac{|\mathbf{F}_1|\cos 55°}{\cos 40°}\sin 40° = 75$$

따라서 힘의 크기는 다음과 같다.

$$|\mathbf{F}_1| = \frac{75}{\sin 55° + \cos 55° \tan 40°} \approx 57.67 \text{ N}$$
$$|\mathbf{F}_2| = \frac{|\mathbf{F}_1|\cos 55°}{\cos 40°} = \frac{75}{\sin 55° + \cos 55° \tan 40°}\frac{\cos 55°}{\cos 40°} \approx 43.18 \text{ N}$$

따라서 다음과 같은 힘벡터를 얻는다.

$$\mathbf{F}_1 = \langle -|\mathbf{F}_1|\cos 55°, |\mathbf{F}_1|\sin 55°\rangle \approx \langle -33.08, 47.24\rangle$$
$$\mathbf{F}_2 = \langle |\mathbf{F}_2|\cos 40°, |\mathbf{F}_2|\sin 40°\rangle \approx \langle 33.08, 27.76\rangle$$

■

n차원 벡터

이번 절에서 2차원 벡터와 3차원 벡터를 이야기했다. 이러한 개념들을 ***n*차원 벡터**(n-dimensional vector) $\mathbf{v}=\langle v_1, v_2, \cdots, v_n\rangle$(실수의 n짝)을 생각하여 확장한다.

1. 벡터 $\mathbf{v}$의 크기나 길이: $|\mathbf{v}| = \sqrt{v_1^2 + v_2^2 + \cdots + v_n^2}$

2. 벡터의 합:

$$\langle u_1, u_2, \cdots, u_n\rangle + \langle v_1, v_2, \cdots, v_n\rangle = \langle u_1 + v_1, u_2 + v_2, \cdots, u_n + v_n\rangle$$

3. 실수에 의한 벡터의 스칼라곱:

$$k\langle v_1, v_2, \cdots, v_n\rangle = \langle kv_1, kv_2, \cdots, kv_n\rangle$$

벡터 연산의 성질은 앞서 언급한 것처럼 n차원 벡터에서도 성립한다.

이번 주제에서 벡터를 이야기할 때, 많은 응용에 사용되는(예를 들어 이런 벡터는 속도나 힘을 표현할 수 있다) 평면벡터와 3차원 공간벡터에 각각 대응하는 $n=2$와 $n=3$인 경우에 대체적으로 중점을 둘 것이다. 그 맥락에서 3개 이상의 성분을 갖는 벡터가 응용에서 나타나지만, 평면이나 3차원 공간의 선분과 일치하지 않는다.

예제 10 벡터 $\mathbf{u}=\langle 70.9, 63.2, 77.2, 47.1, 55.6\rangle$의 성분은 2006년과 2010년 사이에 기록된 휴스턴, 로스앤젤레스, 마이애미, 미니애폴리스, 뉴욕의 평균온도(화씨)를 나타낸다. 유사하게 $\mathbf{v}=\langle 71.2, 64.3, 78.0, 47.1, 56.0\rangle$와 $\mathbf{w}=\langle 72.5, 64.7, 78.6, 47.6, 56.5\rangle$는 각각 2011년부터 2015년, 2016년부터 2020년까지 같은 도시의 평균온도를 나타낸다. 성분이 2006년부터 2020년까지 이러한 도시의 평균온도인 벡터를 구하라.

풀이 평균온도를 구하기 위해 세 벡터의 스칼라곱을 한 후에 더한다(즉 1차 결합을 계산한다).

$$\mathbf{a} = \frac{1}{3}\mathbf{u} + \frac{1}{3}\mathbf{v} + \frac{1}{3}\mathbf{w}$$

$$= \frac{1}{3}\langle 70.9, 63.2, 77.2, 47.1, 55.6\rangle + \frac{1}{3}\langle 71.2, 64.3, 78.0, 47.1, 56.0\rangle + \frac{1}{3}\langle 72.5, 64.7, 78.6, 47.6, 56.5\rangle \approx \langle 71.5, 64.1, 77.9, 47.3, 56.0\rangle$$

■

예제 11 너비가 m픽셀(도트)이고 높이가 n픽셀인 직사각형 회색조 이미지는 컴퓨터에서 $m \cdot n$ 성분을 가지는 벡터로 표현될 수 있다. 일반적인 형식은 각 픽셀에 0에서 255 사이의 정수를 할당한다. 55는 가장 높은 강도(흰색), 0은 가장 낮은 강도(검은색), 중간값은 다양한 회색 음영에 해당한다.

이 형식을 사용하면 모든 흰색 픽셀을 포함하는 400 × 400이미지는 166,000차원 벡터 $\mathbf{w} = \langle 255, \cdots, 255\rangle$로 표현된다. 그림 10.19a와 b는 유사하게 각각 벡터 $\mathbf{u}$와 $\mathbf{v}$를 나타낼 수 있다.

그림 10.19c, d, e에서 $\mathbf{u}$와 $\mathbf{v}$의 다양한 1차 결합을 보여준다. 각 벡터 앞에 스칼라의 변화가 결과적인 이미지에 어떤 영향을 미치는지 확인할 수 있다.

그림 10.19f에서 이미지는 $\mathbf{w} - \mathbf{v}$에 해당하며, 그 이미지의 회색조를 효과적으로 반전시킨다.

■

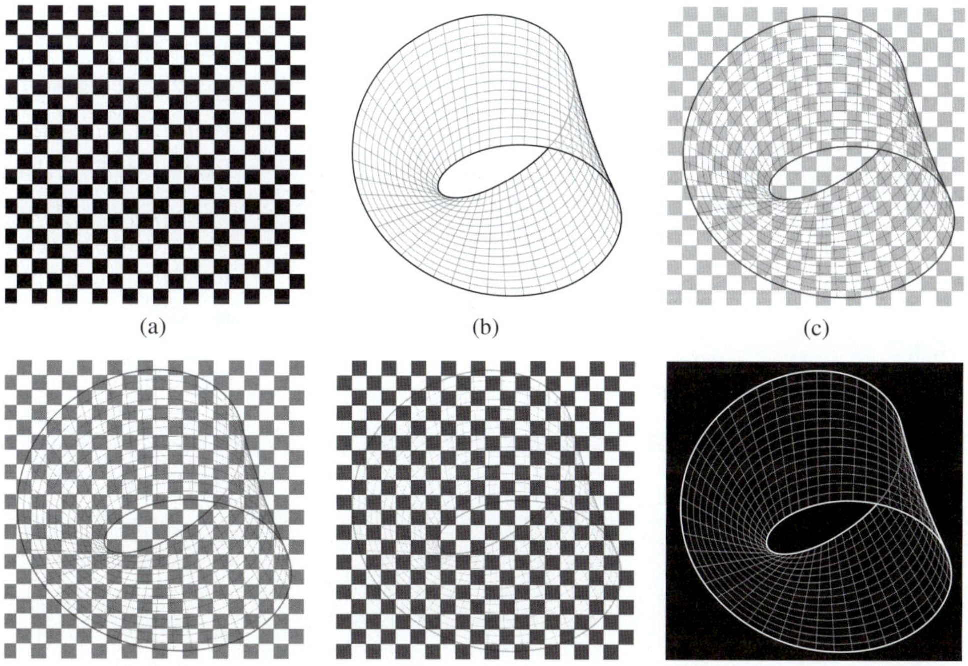

그림 10.19 각 400 × 400픽셀 이미지는 160,000차원 벡터에 대응한다.
(a) $\mathbf{u}$; (b) $\mathbf{v}$; (c) $\frac{1}{4}\mathbf{u}+\frac{3}{4}\mathbf{v}$; (d) $\frac{1}{2}\mathbf{u}+\frac{1}{2}\mathbf{v}$; (e) $\frac{3}{4}\mathbf{u}+\frac{1}{4}\mathbf{v}$; (f) $\mathbf{w}-\mathbf{v}$.

연습문제 10.2 EXERCISE QUESTION

평면벡터

연습문제 1~8에서 $\mathbf{u} = \langle 3, -2\rangle$와 $\mathbf{v} = \langle -2, 5\rangle$일 때, 다음 벡터의 **(a)** 성분 형식, **(b)** 크기(길이)를 구하라.

1. $3\mathbf{u}$

2. $-2\mathbf{v}$

3. $\mathbf{u} + \mathbf{v}$

4. $\mathbf{u} - \mathbf{v}$

5. $2\mathbf{u} - 3\mathbf{v}$

6. $-2\mathbf{u} + 5\mathbf{v}$

7. $\frac{3}{5}\mathbf{u} + \frac{4}{5}\mathbf{v}$

8. $-\frac{5}{13}\mathbf{u} + \frac{12}{13}\mathbf{v}$

연습문제 9~16에서 다음 벡터의 성분 형식을 구하라.

9. $P(1, 3)$과 $Q(2, -1)$일 때, 벡터 $\overrightarrow{PQ}$

10. $R(2, -1)$이고 $S(-4, 3)$일 때, 선분 RS의 중점이 P이고 O가 원점이면, 벡터 $\overrightarrow{OP}$

11. 점 $A(2, 3)$에서 원점으로의 벡터

12. $A(1, -1)$, $B(2, 0)$, $C(-1, 3)$, $D(-2, 2)$일 때, $\overrightarrow{AB}$와 $\overrightarrow{CD}$의 합

13. 양의 x축과 이루는 각이 $\theta=2\pi/3$인 단위벡터

14. 양의 x축과 이루는 각이 $\theta=-3\pi/4$인 단위벡터

15. 벡터 $\langle 0, 1\rangle$을 원점을 중심으로 시계반대 방향으로 120° 회전시켜 얻어진 단위벡터

16. 벡터 $\langle 1, 0\rangle$을 원점을 중심으로 시계반대 방향으로 135° 회전시켜 얻어진 단위벡터

공간벡터

연습문제 17~22에서 각 벡터를 $\mathbf{w}=w_1\mathbf{i}+w_2\mathbf{j}+w_3\mathbf{k}$의 형태로 표현하라.

17. $P_1(5, 7, -1)$와 $P_2(2, 9, -2)$일 때, $\overrightarrow{P_1P_2}$

18. $P_1(1, 2, 0)$와 $P_2(-3, 0, 5)$일 때, $\overrightarrow{P_1P_2}$

19. $A(-7, -8, 1)$와 $B(-10, 8, 1)$일 때, $\overrightarrow{AB}$

20. $A(1, 0, 3)$와 $B(-1, 4, 5)$일 때, $\overrightarrow{AB}$

21. $\mathbf{u}=\langle 1, 1, -1\rangle$와 $\mathbf{v}=\langle 2, 0, 3\rangle$일 때, $5\mathbf{u}-\mathbf{v}$

22. $\mathbf{u}=\langle -1, 0, 2\rangle$와 $\mathbf{v}=\langle 1, 1, 1\rangle$일 때, $-2\mathbf{u}+3\mathbf{v}$

기하학적 표현

연습문제 23~24에서 주어진 세 벡터 $\mathbf{u}$, $\mathbf{v}$, $\mathbf{w}$의 종점에 시점을 옮기는 평행이동(필요하다면)을 통해 다음에 제시한 벡터를 그려라.

23.

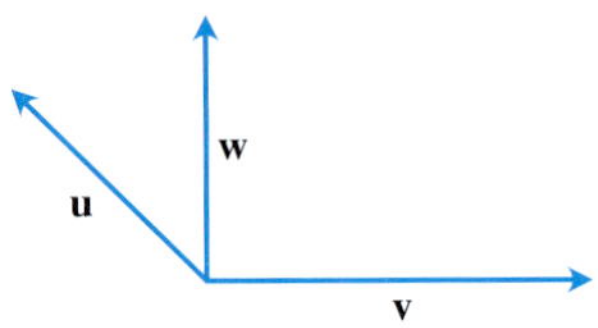

a. $\mathbf{u}+\mathbf{v}$
b. $\mathbf{u}+\mathbf{v}+\mathbf{w}$
c. $\mathbf{u}-\mathbf{v}$
d. $\mathbf{u}-\mathbf{w}$

24.

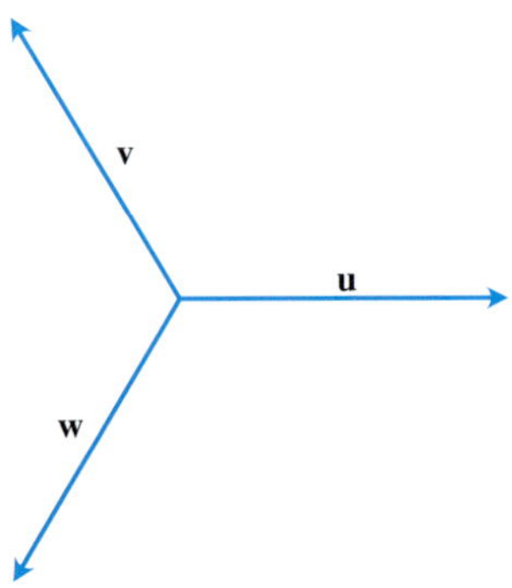

a. $\mathbf{u}-\mathbf{v}$
b. $\mathbf{u}-\mathbf{v}+\mathbf{w}$
c. $2\mathbf{u}-\mathbf{v}$
d. $\mathbf{u}+\mathbf{v}+\mathbf{w}$

길이와 방향

연습문제 25~30에서 다음 각 벡터를 길이와 방향의 곱으로 나타내라.

25. $2\mathbf{i}+\mathbf{j}-2\mathbf{k}$

26. $9\mathbf{i}-2\mathbf{j}+6\mathbf{k}$

27. $5\mathbf{k}$

28. $\frac{3}{5}\mathbf{i}+\frac{4}{5}\mathbf{k}$

29. $\frac{1}{\sqrt{6}}\mathbf{i}-\frac{1}{\sqrt{6}}\mathbf{j}-\frac{1}{\sqrt{6}}\mathbf{k}$

30. $\frac{\mathbf{i}}{\sqrt{3}}+\frac{\mathbf{j}}{\sqrt{3}}+\frac{\mathbf{k}}{\sqrt{3}}$

31. 다음과 같이 길이와 방향이 주어진 벡터를 구하라. 쓰지 말고 답을 말하라.

길이	방향
a. 2	$\mathbf{i}$
b. $\sqrt{3}$	$-\mathbf{k}$
c. $\frac{1}{2}$	$\frac{3}{5}\mathbf{j}+\frac{4}{5}\mathbf{k}$
d. 7	$\frac{6}{7}\mathbf{i}-\frac{2}{7}\mathbf{j}+\frac{3}{7}\mathbf{k}$

32. 다음과 같이 길이와 방향이 주어진 벡터를 구하라. 쓰지 말고 답을 말하라.

길이	방향
a. 7	$-\mathbf{j}$
b. $\sqrt{2}$	$-\frac{3}{5}\mathbf{i}-\frac{4}{5}\mathbf{k}$
c. $\frac{13}{12}$	$\frac{3}{13}\mathbf{i}-\frac{4}{13}\mathbf{j}-\frac{12}{13}\mathbf{k}$
d. $a>0$	$\frac{1}{\sqrt{2}}\mathbf{i}+\frac{1}{\sqrt{3}}\mathbf{j}-\frac{1}{\sqrt{6}}\mathbf{k}$

33. 크기가 7이고 $\mathbf{v}=12\mathbf{i}-5\mathbf{k}$의 방향인 벡터를 구하라.

34. 크기가 3이고 $\mathbf{v}=(1/2)\mathbf{i}-(1/2)\mathbf{j}-(1/2)\mathbf{k}$의 반대 방향인 벡터를 구하라.

방향과 중점

연습문제 35~38에서 **(a)** $\overrightarrow{P_1P_2}$의 방향, **(b)** 선분 P_1P_2의 중점을 구하라.

35. $P_1(-1, 1, 5)$, $P_2(2, 5, 0)$

36. $P_1(1, 4, 5)$, $P_2(4, -2, 7)$

37. $P_1(3, 4, 5)$, $P_2(2, 3, 4)$

38. $P_1(0, 0, 0)$, $P_2(2, -2, -2)$

39. $\overrightarrow{AB}=\mathbf{i}+4\mathbf{j}-2\mathbf{k}$이고 $B(5, 1, 3)$일 때, 점 A를 구하라.

40. $\overrightarrow{AB}=-7\mathbf{i}+3\mathbf{j}+8\mathbf{k}$이고 $A(-2, -3, 6)$일 때, 점 B를 구하라.

이론과 응용

41. 1차 결합 $\mathbf{u}=2\mathbf{i}+\mathbf{j}$, $\mathbf{v}=\mathbf{i}+\mathbf{j}$, $\mathbf{w}=\mathbf{i}-\mathbf{j}$일 때, $\mathbf{u}=a\mathbf{v}+b\mathbf{w}$을 만족하는 a와 b를 구하라.

42. 1차 결합 $\mathbf{u}=\mathbf{i}-2\mathbf{j}$, $\mathbf{v}=2\mathbf{i}+3\mathbf{j}$, $\mathbf{w}=\mathbf{i}+\mathbf{j}$이고, $\mathbf{u}_1$이 $\mathbf{v}$에 평행하고 $\mathbf{u}_2$가 $\mathbf{w}$에 평행일 때, $\mathbf{u}$를 $\mathbf{u}=\mathbf{u}_1+\mathbf{u}_2$의 형태로 나타내라.

43. 1차 결합 $\mathbf{u}=\langle 1, 2, 1\rangle$, $\mathbf{v}=\langle 1, -1, -1\rangle$, $\mathbf{w}=\langle 1, 1, -1\rangle$, $\mathbf{z}=\langle 2, -3, -4\rangle$일 때, $\mathbf{z}=a\mathbf{u}+b\mathbf{v}+c\mathbf{w}$을 만족하는 a, b, c를 구하라.

44. 1차 결합 $\mathbf{u}=\langle 1, 2, 2\rangle$, $\mathbf{v}=\langle 1, -1, -1\rangle$, $\mathbf{w}=\langle 1, 3, -1\rangle$, $\mathbf{z}=\langle 2, 11, 8\rangle$이고, $\mathbf{u}_1$이 $\mathbf{u}$에 평행하고 $\mathbf{u}_2$가 $\mathbf{v}$에 평행하고 $\mathbf{u}_3$가 $\mathbf{w}$에 평행할 때, $\mathbf{u}$를 $\mathbf{u}=\mathbf{u}_1+\mathbf{u}_2+\mathbf{u}_3$의 형태로 나타내라. 또한 $\mathbf{u}_1$, $\mathbf{u}_2$, $\mathbf{u}_3$는 무엇인가?

연습문제 45~50에서 풀 때, 계산기나 컴퓨터가 필요할 수도 있다.

45. 속도 비행기가 북서 25° 방향으로 속력 800 km/h로 날고 있다. 양의 x축은 정동쪽 방향이고, 양의 y축은 정북 방향이라고 할 때, 비행기의 속도를 성분 형식으로 나타내라.

46. (예제 8의 계속) 예제 8에서 합벡터가 정동쪽 방향으로 800 km/h가 되기 위한 제트여객기의 속력과 방향은 무엇인가?

47. 주어진 그림과 같이 무게 100 N인 물체가 두 줄에 매달려 있다. 힘벡터 $\mathbf{F}_1$과 $\mathbf{F}_2$의 크기와 성분을 구하라.

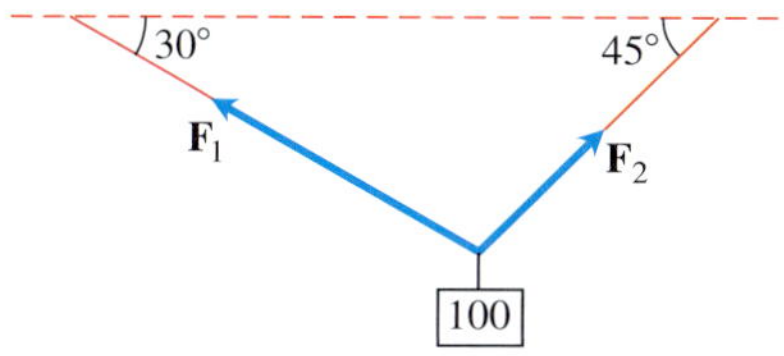

48. 주어진 그림과 같이 무게 50 **N**인 물체가 두 줄에 매달려 있다. 벡터 $\mathbf{F}_1$의 무게가 35 **N**일 때, 벡터 $\mathbf{F}_2$의 크기와 각도 α를 구하라.

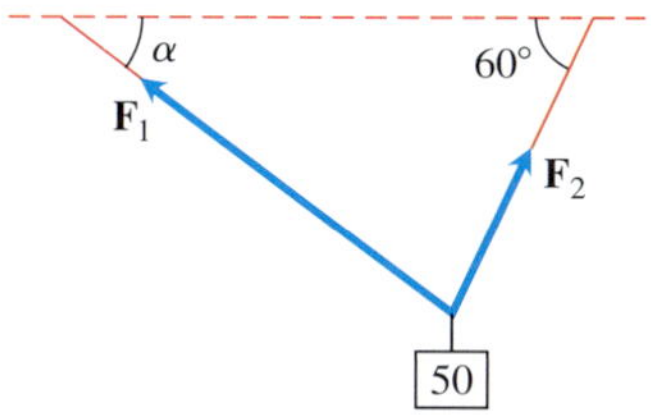

49. 주어진 그림과 같이 무게 w **N**인 물체가 두 줄에 매달려 있다. 벡터 $\mathbf{F}_2$의 무게가 100 **N**일 때, w와 벡터 $\mathbf{F}_1$의 크기를 구하라.

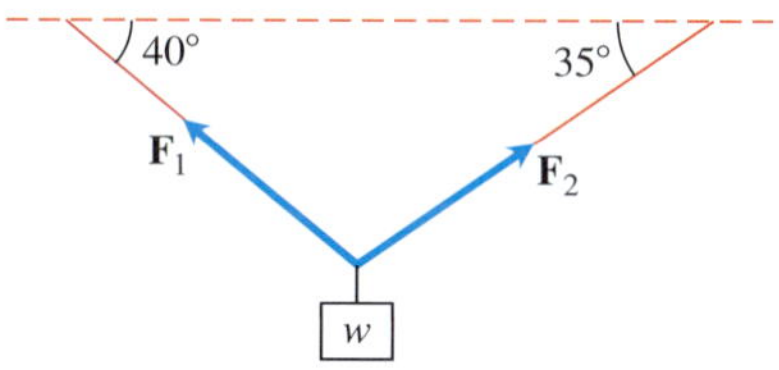

50. 주어진 그림과 같이 무게 25 **N**인 물체가 두 줄에 매달려 있다. 벡터 $\mathbf{F}_1$와 $\mathbf{F}_2$의 무게가 75 **N**일 때, 각도 α와 β가 같다. 이때 각도 α를 구하라.

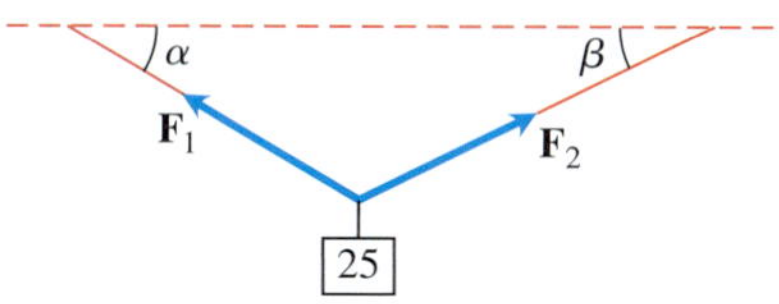

51. 위치 새가 둥지에서 동북 60° 방향으로 5 km를 날아서 나뭇가지에 앉았다. 다시 정남동 방향으로 10 km를 날아서 전신주에 앉았다. 원점은 둥지로, 양의 x축은 동쪽으로, 양의 y축은 북쪽 방향으로 xy좌표평면을 잡아라.

a. 나무의 좌표는 무엇인가?

b. 전신주의 좌표는 무엇인가?

52. 닮은 삼각형을 이용하여 $P_1(x_1, y_1, z_1)$과 $P_2(x_2, y_2, z_2)$를 잇는 선분을 길이의 비 $p/q=r$로 내분하는 점 Q를 구하라.

53. 삼각형의 중선 주어진 그림과 같이 꼭짓점이 A, B, C인 밀도가 균일한 얇은 삼각형 평판이 있다.

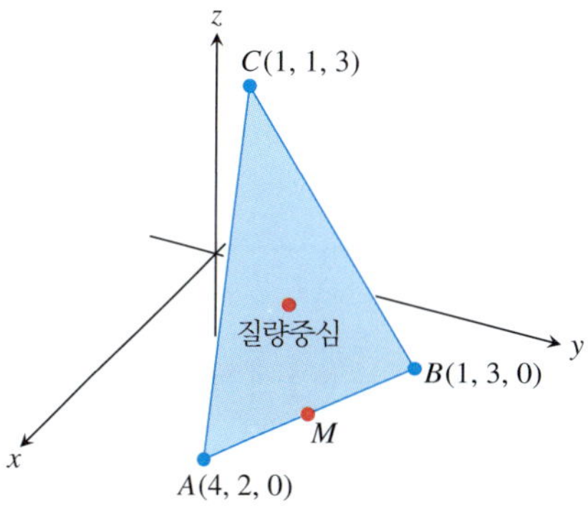

a. 점 C에서 변 AB의 중점 M을 향하는 벡터를 구하라.

b. 점 C에서 중선 CM의 길이의 2/3에 위치한 점에 이르는 벡터를 구하라.

c. ΔABC의 중선이 만나는 점의 좌표를 구하라. 5.6절의 연습문제 27에 의하면, 이 점은 평판의 질량중심이다(주어진 그림 참조).

54. 원점에서 꼭짓점이 다음과 같다고 하자.

$$A(1, -1, 2),\ B(2, 1, 3),\ C(-1, 2, -1)$$

삼각형의 세 중선의 교점에 이르는 벡터를 구하라.

55. $ABCD$는 공간에서 평면에 있을 필요 없는 일반적인 사변형이다. $ABCD$의 마주보는 변의 중점을 잇는 두 선분은 서로 이등분함을 보여라. [힌트: 두 선분의 중점이 일치함을 보여라.]

56. 평면 위의 정n각형의 중점에서 각 꼭짓점으로 가는 벡터가 그려져 있다. 이때 그 벡터의 합이 0임을 보여라. [힌트: 주어진 다각형을 다각형의 중심으로부터 회전하면 그 합은 어떻게 되는가?]

57. 꼭짓점이 A, B, C인 삼각형에서 마주보는 변의 중점을 각각 a, b, c라 하자. 이때 $\overrightarrow{Aa}+\overrightarrow{Bb}+\overrightarrow{Cc}=\mathbf{0}$임을 보여라.

58. 평면 위의 단위벡터평면에서 단위벡터는 $\mathbf{i}$를 시계반대 방향으로 θ만큼 회전하여 $\mathbf{u}=(\cos\theta)\mathbf{i}+(\sin\theta)\mathbf{j}$로 표현됨을 보여라. 평면 위의 모든 단위벡터는 이와 같은 형태로 표현할 수 있음을 설명하라.

59. 꼭짓점이 $A(2, -3, 4)$, $B(1, 0, -1)$, $C(3, 1, 2)$인 삼각형에 대해 다음을 구하라.

a. $\overrightarrow{AB}+\overrightarrow{BC}+\overrightarrow{CA}$ **b.** $\overrightarrow{BA}+\overrightarrow{AC}+\overrightarrow{CB}$

n차원 벡터

연습문제 60~65에서 $\mathbf{u}=\langle 2, -3, 0, 1\rangle$, $\mathbf{v}=\langle 0, -4, -1, 3\rangle$에 대해 다음 벡터의 **(a)** 성분 형식, **(b)** 크기(길이)를 구하라.

60. $2\mathbf{u}$ **61.** $-4\mathbf{v}$

62. $\mathbf{u}+\mathbf{v}$ **63.** $\mathbf{v}-\mathbf{u}$

64. $3\mathbf{u}-2\mathbf{v}$ **65.** $4\mathbf{u}+3\mathbf{v}$

10.3 내적

경로를 따라 운동하는 입자에 힘 **F**가 작용할 때, 운동 방향으로 작용하는 힘의 크기를 알아야 할 필요가 가끔 있다. **v**가 **F**가 가해진 점에서 경로의 접선과 평행하다면, **v**의 방향으로 **F**의 크기를 구해야 한다. 두 벡터 **F**와 **v**가 이루는 각을 θ라 할 때, 그림 10.20에서 운동 방향으로 가해진 힘의 스칼라 양이 $|\mathbf{F}|\cos\theta$임을 보여준다.

이 절에서 성분을 이용하여 직접적으로 두 벡터가 이루는 각을 쉽게 계산하는 방법을 배운다. 이 계산의 핵심 요소는 점적이다. 점적은 결과가 벡터가 아니라 스칼라로 나타나기 때문에 내적 또는 스칼라적이라고도 한다. 내적에 대해 공부를 한 후, 한 벡터를 다른 벡터 위로 사영시키는 방법(그림 10.20에서 제시된)과 일정한 힘을 작용해 변위가 생길 때 그 힘이 한 일을 구하는 방법에 응용해본다.

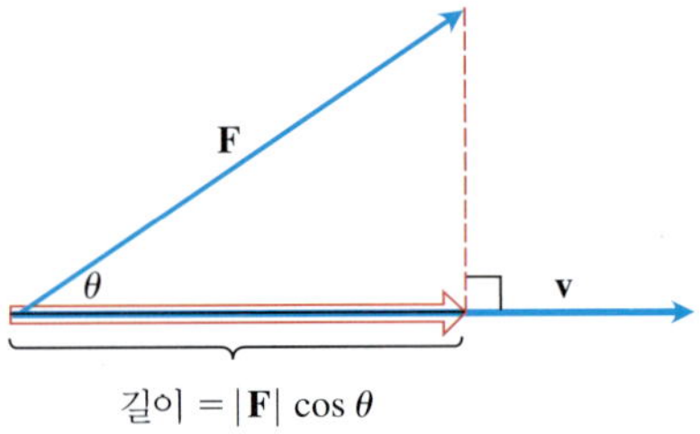

그림 10.20 벡터 $\mathbf{v}$의 방향으로 힘 $\mathbf{F}$의 크기는 $\mathbf{v}$ 위에 $\mathbf{F}$를 사영한 길이 $|\mathbf{F}|\cos\theta$이다.

벡터가 이루는 각

영벡터가 아닌 $\mathbf{u}$와 $\mathbf{v}$가 같은 시점을 가질 때, 두 벡터는 $0 \le \theta \le \pi$인 각 θ를 가진다(그림 10.21). 두 벡터가 같은 직선 위에 있지 않다면, 두 벡터가 이루는 각 θ는 두 벡터를 포함하는 평면상에서 측정된다. 두 벡터가 같은 직선 상에 놓여 있을 때, 두 벡터가 이루는 각은 두 벡터가 같은 방향이면 0이고 반대 방향이면 π이다. 각 θ는 $\mathbf{u}$와 $\mathbf{v}$가 **이루는 각**(angle between)이라고 한다. 정리 1은 각을 계산하는 공식이다.

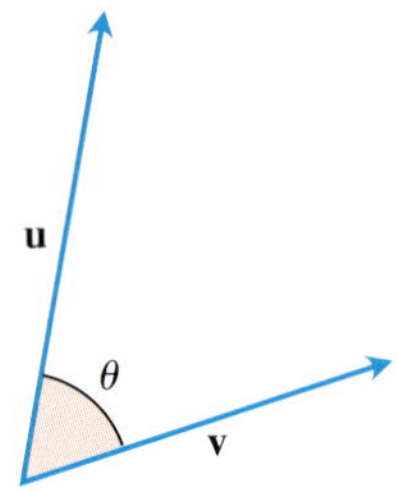

그림 10.21 구간 $[0, \pi]$에 있는 정리 1에서 주어진 벡터 $\mathbf{u}$와 $\mathbf{v}$가 이루는 각.

정리 1 ▮ 두 벡터가 이루는 각

영벡터가 아닌 두 벡터 $\mathbf{u} = \langle u_1, u_2, u_3 \rangle$이고 $\mathbf{v} = \langle v_1, v_2, v_3 \rangle$가 이루는 각은 다음과 같다.

$$\theta = \arccos\left(\frac{u_1v_1 + u_2v_2 + u_3v_3}{|\mathbf{u}||\mathbf{v}|}\right)$$

정리 1을 증명하는 데 코사인 법칙을 사용하지만, 그 전에 θ에 관한 식에 포함된 표현 $u_1v_1 + u_2v_2 + u_3v_3$에 초점을 둔다.

정의 벡터 $\mathbf{u} = \langle u_1, u_2, u_3 \rangle$, $\mathbf{v} = \langle v_1, v_2, v_3 \rangle$의 **내적**(dot product) $\mathbf{u} \cdot \mathbf{v}$ ($\mathbf{u}$ dot $\mathbf{v}$)는 스칼라이고 다음과 같다.

$$\mathbf{u} \cdot \mathbf{v} = u_1v_1 + u_2v_2 + u_3v_3$$

예제 1

(a) $\langle 1, -2, -1 \rangle \cdot \langle -6, 2, -3 \rangle = (1)(-6) + (-2)(2) + (-1)(-3)$
$= -6 - 4 + 3 = -7$

(b) $\left(\frac{1}{2}\mathbf{i} + 3\mathbf{j} + \mathbf{k}\right) \cdot (4\mathbf{i} - \mathbf{j} + 2\mathbf{k}) = \left(\frac{1}{2}\right)(4) + (3)(-1) + (1)(2) = 1$ ■

2차원 벡터의 내적도 다음과 같은 유사한 방법으로 정의한다.

$$\langle u_1, u_2 \rangle \cdot \langle v_1, v_2 \rangle = u_1v_1 + u_2v_2$$

공간(평면)에서 많은 중요한 기하학적 · 물리학적 계산에 내적은 핵심 도구임을 이 절의 남은 부분을 통해 알 수 있다.

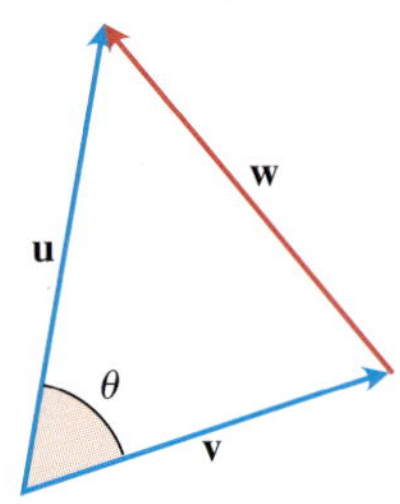

그림 10.22 벡터의 합에 관한 평행사변형 법칙에서 $\mathbf{w} = \mathbf{u} - \mathbf{v}$이다.

정리 1의 증명 그림 10.22에서 삼각형의 코사인 법칙을 적용하면 다음과 같다.

$$|\mathbf{w}|^2 = |\mathbf{u}|^2 + |\mathbf{v}|^2 - 2|\mathbf{u}||\mathbf{v}|\cos\theta \quad \text{코사인 법칙}$$

$$2|\mathbf{u}||\mathbf{v}|\cos\theta = |\mathbf{u}|^2 + |\mathbf{v}|^2 - |\mathbf{w}|^2$$

$\mathbf{w} = \mathbf{u} - \mathbf{v}$이므로 $\mathbf{w}$의 형식 성분은 $\langle u_1 - v_1, u_2 - v_2, u_3 - v_3 \rangle$이다. 따라서 다음을 얻는다.

$$|\mathbf{u}|^2 = \left(\sqrt{u_1^2 + u_2^2 + u_3^2}\right)^2 = u_1^2 + u_2^2 + u_3^2$$

$$|\mathbf{v}|^2 = \left(\sqrt{v_1^2 + v_2^2 + v_3^2}\right)^2 = v_1^2 + v_2^2 + v_3^2$$

$$\begin{aligned}|\mathbf{w}|^2 &= \left(\sqrt{(u_1 - v_1)^2 + (u_2 - v_2)^2 + (u_3 - v_3)^2}\right)^2 \\ &= (u_1 - v_1)^2 + (u_2 - v_2)^2 + (u_3 - v_3)^2 \\ &= u_1^2 - 2u_1v_1 + v_1^2 + u_2^2 - 2u_2v_2 + v_2^2 + u_3^2 - 2u_3v_3 + v_3^2\end{aligned}$$

그러므로 다음과 같다.

$$|\mathbf{u}|^2 + |\mathbf{v}|^2 - |\mathbf{w}|^2 = 2(u_1v_1 + u_2v_2 + u_3v_3)$$

그래서 다음을 얻는다.

$$\begin{aligned}2|\mathbf{u}||\mathbf{v}|\cos\theta &= |\mathbf{u}|^2 + |\mathbf{v}|^2 - |\mathbf{w}|^2 = 2(u_1v_1 + u_2v_2 + u_3v_3) \\ |\mathbf{u}||\mathbf{v}|\cos\theta &= u_1v_1 + u_2v_2 + u_3v_3 \\ \cos\theta &= \frac{u_1v_1 + u_2v_2 + u_3v_3}{|\mathbf{u}||\mathbf{v}|}\end{aligned}$$

따라서 $0 \le \theta \le \pi$에서 $\mathbf{u}$와 $\mathbf{v}$가 이루는 각 θ는 다음과 같다.

$$\theta = \arccos\left(\frac{u_1v_1 + u_2v_2 + u_3v_3}{|\mathbf{u}||\mathbf{v}|}\right)$$ ■

내적과 각

영벡터가 아닌 두 벡터 $\mathbf{u}$와 $\mathbf{v}$가 이루는 각은 $\theta = \arccos\left(\frac{\mathbf{u}\cdot\mathbf{v}}{|\mathbf{u}||\mathbf{v}|}\right)$이다.
두 벡터 $\mathbf{u}$와 $\mathbf{v}$의 내적은 $\mathbf{u}\cdot\mathbf{v} = |\mathbf{u}||\mathbf{v}|\cos\theta$이다.

예제 2 두 벡터 $\mathbf{u} = \mathbf{i} - 2\mathbf{j} - 2\mathbf{k}$와 $\mathbf{v} = 6\mathbf{i} + 3\mathbf{j} + 2\mathbf{k}$가 이루는 각을 구하라.

풀이 위의 공식을 이용하여 다음을 얻는다.

$$\begin{aligned}\mathbf{u}\cdot\mathbf{v} &= (1)(6) + (-2)(3) + (-2)(2) = 6 - 6 - 4 = -4 \\ |\mathbf{u}| &= \sqrt{(1)^2 + (-2)^2 + (-2)^2} = \sqrt{9} = 3 \\ |\mathbf{v}| &= \sqrt{(6)^2 + (3)^2 + (2)^2} = \sqrt{49} = 7 \\ \theta &= \arccos\left(\frac{\mathbf{u}\cdot\mathbf{v}}{|\mathbf{u}||\mathbf{v}|}\right) = \arccos\left(\frac{-4}{(3)(7)}\right) \approx 1.76\text{라디안 또는 }100.98^\circ\end{aligned}$$ ■

각을 구하는 공식은 2차원 벡터에도 그대로 적용된다. $\mathbf{u}\cdot\mathbf{v} > 0$이면 각 θ는 예각이고, $\mathbf{u}\cdot\mathbf{v} < 0$이면 각 θ는 둔각이다.

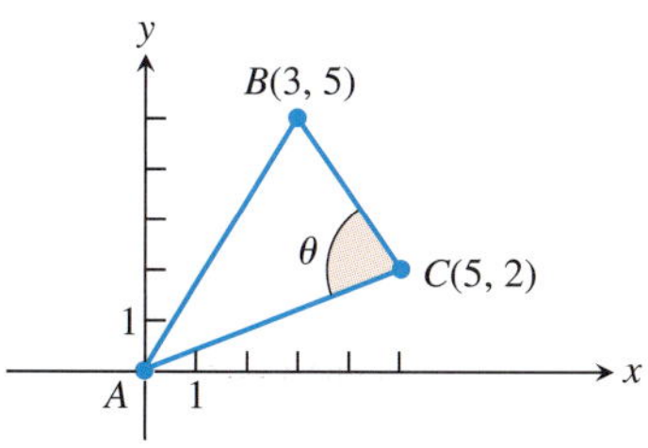

그림 10.23 예제 3의 삼각형.

예제 3 꼭짓점 $A(0, 0)$, $B(3, 5)$, $C(5, 2)$를 갖는 삼각형 ABC의 내각을 구하라(그림 10.23).

풀이 각 θ는 두 벡터 $\overrightarrow{CA}$와 $\overrightarrow{CB}$가 이루는 각이다. 이 두 벡터의 성분 형식은 다음과 같다.

$$\overrightarrow{CA} = \langle -5, -2\rangle, \qquad \overrightarrow{CB} = \langle -2, 3\rangle$$

먼저 이 두 벡터의 내적과 크기를 계산한다.

$$\begin{aligned}\overrightarrow{CA}\cdot\overrightarrow{CB} &= (-5)(-2) + (-2)(3) = 4 \\ |\overrightarrow{CA}| &= \sqrt{(-5)^2 + (-2)^2} = \sqrt{29} \\ |\overrightarrow{CB}| &= \sqrt{(-2)^2 + (3)^2} = \sqrt{13}\end{aligned}$$

그러므로 각을 구하는 공식에 적용하여 다음과 같은 각을 얻는다.

$$\theta = \arccos\left(\frac{\overrightarrow{CA}\cdot\overrightarrow{CB}}{|\overrightarrow{CA}|\,|\overrightarrow{CB}|}\right) = \arccos\left(\frac{4}{(\sqrt{29})(\sqrt{13})}\right)$$
$$\approx 78.1^\circ \text{ 또는 } 1.36\text{라디안}$$ ■

직교벡터

영벡터가 아닌 두 벡터 **u**와 **v**의 이루는 각이 $\pi/2$이면 이 두 벡터는 수직이다. 그 벡터에 대해 $\cos(\pi/2)=0$이므로 $\mathbf{u}\cdot\mathbf{v}=0$이다. 그 역도 성립한다. 영벡터가 아닌 두 벡터 **u**와 **v**가 $\mathbf{u}\cdot\mathbf{v}=|\mathbf{u}||\mathbf{v}|\cos\theta=0$을 만족하면 $\cos\theta=0$이므로 $\theta=\arccos 0=\pi/2$이다. 다음 정의는 둘 중의 하나의 벡터 또는 2개의 모든 벡터가 영벡터라도 성립한다.

정의 두 벡터 **u**와 **v**가 $\mathbf{u}\cdot\mathbf{v}=0$을 만족하면 그 두 벡터 **u**와 **v**는 직교한다.

예제 4 다음에 주어진 두 벡터가 직교인지 아닌지 결정하기 위해 내적을 계산하라.

(a) $\mathbf{u}=\langle 3, -2\rangle$와 $\mathbf{v}=\langle 4, 6\rangle$은 $\mathbf{u}\cdot\mathbf{v}=(3)(4)+(-2)(6)=0$이므로 직교한다.

(b) $\mathbf{u}=3\mathbf{i}-2\mathbf{j}+\mathbf{k}$와 $\mathbf{v}=2\mathbf{j}+4\mathbf{k}$는 $\mathbf{u}\cdot\mathbf{v}=(3)(0)+(-2)(2)+(1)(4)=0$이므로 직교한다.

(c) 영벡터 **0**은 임의의 벡터 **u**에 대해 수직이다. 왜냐하면 다음과 같기 때문이다.

$$\begin{aligned}\mathbf{0}\cdot\mathbf{u} &= \langle 0, 0, 0\rangle\cdot\langle u_1, u_2, u_3\rangle \\ &= (0)(u_1)+(0)(u_2)+(0)(u_3) = 0\end{aligned}$$ ■

내적의 성질과 벡터사영

내적은 실수(스칼라)의 일반적인 곱셈 성질 중에 많은 성질을 만족한다.

내적의 성질

임의의 벡터 **u**, **v**, **w**와 스칼라 c에 대해 다음이 성립한다.

1. $\mathbf{u}\cdot\mathbf{v} = \mathbf{v}\cdot\mathbf{u}$ **2.** $(c\mathbf{u})\cdot\mathbf{v} = \mathbf{u}\cdot(c\mathbf{v}) = c(\mathbf{u}\cdot\mathbf{v})$

3. $\mathbf{u}\cdot(\mathbf{v}+\mathbf{w}) = \mathbf{u}\cdot\mathbf{v}+\mathbf{u}\cdot\mathbf{w}$ **4.** $\mathbf{u}\cdot\mathbf{u} = |\mathbf{u}|^2$

5. $\mathbf{0}\cdot\mathbf{u} = 0$.

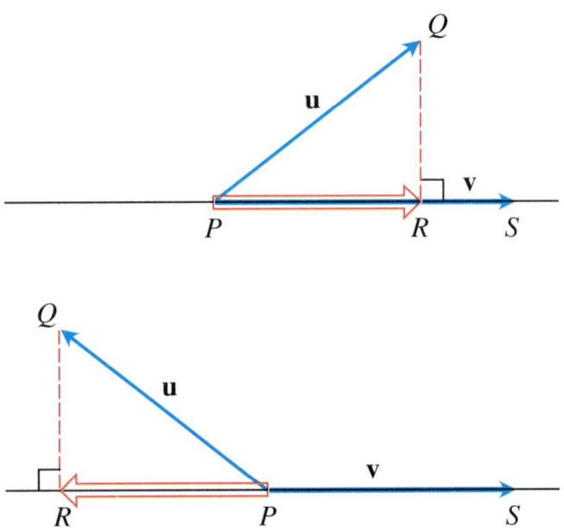

그림 10.24 **u**의 **v** 위로의 벡터사영.

성질 1과 3의 증명 이러한 성질은 내적의 정의를 이용하여 쉽게 증명할 수 있다. 예를 들어 성질 1과 3의 증명은 다음과 같다.

1. $\mathbf{u}\cdot\mathbf{v} = u_1v_1+u_2v_2+u_3v_3 = v_1u_1+v_2u_2+v_3u_3 = \mathbf{v}\cdot\mathbf{u}$

3. $$\begin{aligned}\mathbf{u}\cdot(\mathbf{v}+\mathbf{w}) &= \langle u_1, u_2, u_3\rangle\cdot\langle v_1+w_1, v_2+w_2, v_3+w_3\rangle \\ &= u_1(v_1+w_1)+u_2(v_2+w_2)+u_3(v_3+w_3) \\ &= u_1v_1+u_1w_1+u_2v_2+u_2w_2+u_3v_3+u_3w_3 \\ &= (u_1v_1+u_2v_2+u_3v_3)+(u_1w_1+u_2w_2+u_3w_3) \\ &= \mathbf{u}\cdot\mathbf{v}+\mathbf{u}\cdot\mathbf{w}\end{aligned}$$ ■

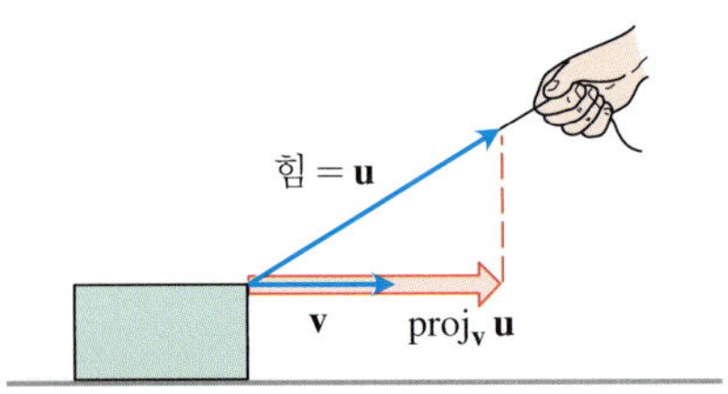

그림 10.25 힘 **u**로 상자를 끌 때, 벡터 **v**방향으로 움직이는 상자에 가해지는 유효 힘은 **u**의 **v** 위로의 사영이다.

지금은 이 절의 처음에 제시했던 한 벡터를 다른 벡터 위로 사영하는 문제로 돌아가본다. 영벡터가 아닌 벡터 $\mathbf{u}=\overrightarrow{PQ}$의 $\mathbf{v}=\overrightarrow{PS}$ 위로의 **벡터사영**(vector projection)은 점 Q에서 직선 PS에 정사영할 때 나타나는 벡터 $\overrightarrow{PR}$이다(그림 10.24). 이 벡터는 다음과 같이 표현한다.

$$\text{proj}_{\mathbf{v}}\,\mathbf{u} \qquad (\mathbf{u}\text{의 } \mathbf{v} \text{ 위로의 벡터사영})$$

벡터 **u**가 힘이라면 $\text{proj}_{\mathbf{v}}\,\mathbf{u}$는 **v** 방향으로의 실제 힘을 나타낸다(그림 10.25).

u와 v가 이루는 각 θ가 예각이면, $\text{proj}_{\mathbf{v}}\,\mathbf{u}$의 길이는 $|\mathbf{u}|\cos\theta$이고 방향은 $\mathbf{v}/|\mathbf{v}|$이다(그림 10.26). 각 θ가 둔각이면, $\cos\theta < 0$이므로 $\text{proj}_{\mathbf{v}}\,\mathbf{u}$의 길이는 $-|\mathbf{u}|\cos\theta$이고 방향은 $-\mathbf{v}/|\mathbf{v}|$이다. 이 두 경우에서 다음과 같다.

$$\begin{aligned}\text{proj}_{\mathbf{v}}\,\mathbf{u} &= (|\mathbf{u}|\cos\theta)\frac{\mathbf{v}}{|\mathbf{v}|}\\ &= \left(\frac{\mathbf{u}\cdot\mathbf{v}}{|\mathbf{v}|}\right)\frac{\mathbf{v}}{|\mathbf{v}|} \qquad |\mathbf{u}|\cos\theta = \frac{|\mathbf{u}||\mathbf{v}|\cos\theta}{|\mathbf{v}|} = \frac{\mathbf{u}\cdot\mathbf{v}}{|\mathbf{v}|}\\ &= \left(\frac{\mathbf{u}\cdot\mathbf{v}}{|\mathbf{v}|^2}\right)\mathbf{v}\end{aligned}$$

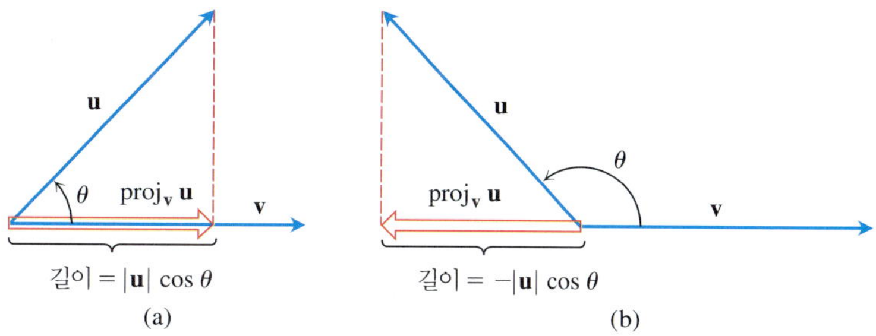

그림 10.26 $\text{proj}_{\mathbf{v}}\,\mathbf{u}$의 길이는 (a) $\cos\theta \ge 0$일 때 $|\mathbf{u}|\cos\theta$이고, (b) $\cos\theta < 0$일 때 $-|\mathbf{u}|\cos\theta$이다.

실수 $|\mathbf{u}|\cos\theta$는 **u의 v방향으로의 스칼라 성분**이라고 한다. 요약하면 다음과 같다.

> u의 v 위로의 벡터사영:
>
> $$\text{proj}_{\mathbf{v}}\mathbf{u} = \left(\frac{\mathbf{u}\cdot\mathbf{v}}{|\mathbf{v}|^2}\right)\mathbf{v} = \left(\frac{\mathbf{u}\cdot\mathbf{v}}{|\mathbf{v}|}\right)\frac{\mathbf{v}}{|\mathbf{v}|} \tag{1}$$
>
> u의 v 방향으로의 스칼라 성분:
>
> $$|\mathbf{u}|\cos\theta = \frac{\mathbf{u}\cdot\mathbf{v}}{|\mathbf{v}|} = \mathbf{u}\cdot\frac{\mathbf{v}}{|\mathbf{v}|} \tag{2}$$

u의 v 위로의 벡터사영과 u의 v 방향으로의 스칼라 성분은 모두 벡터 v의 길이가 아니라 방향에만 영향을 받는다는 것에 주목하자. 이 두 경우에서 v의 방향인 $\mathbf{v}/|\mathbf{v}|$에 u를 내적하여 스칼라 성분을 얻고, 그 결과에 방향벡터를 곱해 벡터사영을 얻기 때문이다.

예제 5 $\mathbf{u} = 6\mathbf{i}+3\mathbf{j}+2\mathbf{k}$의 $\mathbf{v} = \mathbf{i}-2\mathbf{j}-2\mathbf{k}$ 위로의 벡터사영과 u의 v 방향으로의 스칼라 성분을 구하라.

풀이 위의 식 (1)로부터 $\text{proj}_{\mathbf{v}}\,\mathbf{u}$를 구한다.

$$\begin{aligned}\text{proj}_{\mathbf{v}}\,\mathbf{u} &= \frac{\mathbf{u}\cdot\mathbf{v}}{|\mathbf{v}|^2}\mathbf{v} = \frac{\mathbf{u}\cdot\mathbf{v}}{\mathbf{v}\cdot\mathbf{v}}\mathbf{v} = \frac{6-6-4}{1+4+4}(\mathbf{i}-2\mathbf{j}-2\mathbf{k})\\ &= -\frac{4}{9}(\mathbf{i}-2\mathbf{j}-2\mathbf{k}) = -\frac{4}{9}\mathbf{i}+\frac{8}{9}\mathbf{j}+\frac{8}{9}\mathbf{k}\end{aligned}$$

또한 식 (2)로부터 u의 v방향으로의 스칼라 성분을 구한다.

$$\begin{aligned}|\mathbf{u}|\cos\theta &= \mathbf{u}\cdot\frac{\mathbf{v}}{|\mathbf{v}|} = (6\mathbf{i}+3\mathbf{j}+2\mathbf{k})\cdot\left(\frac{1}{3}\mathbf{i}-\frac{2}{3}\mathbf{j}-\frac{2}{3}\mathbf{k}\right)\\ &= 2-2-\frac{4}{3} = -\frac{4}{3}\end{aligned}$$

■

식 (1)과 (2)는 2차원 벡터에서도 적용된다. 이것은 다음 예제에서 확인할 수 있다.

예제 6 힘 $\mathbf{F}=5\mathbf{i}+2\mathbf{j}$의 $\mathbf{v}=\mathbf{i}-3\mathbf{j}$ 위로의 벡터사영과 $\mathbf{v}$방향으로의 $\mathbf{F}$의 스칼라 성분을 구하라.

풀이 벡터사영은 다음과 같다.

$$\begin{aligned}\text{proj}_{\mathbf{v}}\,\mathbf{F} &= \left(\frac{\mathbf{F}\cdot\mathbf{v}}{|\mathbf{v}|^2}\right)\mathbf{v} = \left(\frac{\mathbf{F}\cdot\mathbf{v}}{\mathbf{v}\cdot\mathbf{v}}\right)\mathbf{v}\\ &= \frac{5-6}{1+9}(\mathbf{i}-3\mathbf{j}) = -\frac{1}{10}(\mathbf{i}-3\mathbf{j})\\ &= -\frac{1}{10}\mathbf{i}+\frac{3}{10}\mathbf{j}\end{aligned}$$

$\mathbf{F}$의 $\mathbf{v}$방향으로의 스칼라 성분은 다음과 같다.

$$|\mathbf{F}|\cos\theta = \frac{\mathbf{F}\cdot\mathbf{v}}{|\mathbf{v}|} = \frac{5-6}{\sqrt{1+9}} = -\frac{1}{\sqrt{10}}$$ ■

예제 7 벡터 $\mathbf{u}-\text{proj}_{\mathbf{v}}\,\mathbf{u}$는 벡터사영과 직교함을 보여라.

풀이 벡터 $\text{proj}_{\mathbf{v}}\,\mathbf{u}=\left(\frac{\mathbf{u}\cdot\mathbf{v}}{|\mathbf{v}|^2}\right)\mathbf{v}$는 $\mathbf{v}$와 평행하다. 그래서 벡터 $\mathbf{u}-\text{proj}_{\mathbf{v}}\,\mathbf{u}$는 $\mathbf{v}$와 직교함을 보이면 된다. $\mathbf{u}-\text{proj}_{\mathbf{v}}\,\mathbf{u}$와 $\mathbf{v}$의 내적이 0임을 밝힘으로 수직임을 보인다.

$$\begin{aligned}(\mathbf{u}-\text{proj}_{\mathbf{v}}\,\mathbf{u})\cdot\mathbf{v} &= \mathbf{u}\cdot\mathbf{v}-\left(\frac{\mathbf{u}\cdot\mathbf{v}}{|\mathbf{v}|^2}\mathbf{v}\right)\cdot\mathbf{v} && \text{proj}_{\mathbf{v}}\,\mathbf{u}\text{의 정의}\\ &= \mathbf{u}\cdot\mathbf{v}-\frac{\mathbf{u}\cdot\mathbf{v}}{|\mathbf{v}|^2}(\mathbf{v}\cdot\mathbf{v}) && \text{내적 성질 (2)}\\ &= \mathbf{u}\cdot\mathbf{v}-\frac{\mathbf{u}\cdot\mathbf{v}}{|\mathbf{v}|^2}|\mathbf{v}|^2 && \mathbf{v}\cdot\mathbf{v}=|\mathbf{v}|^2\\ &= \mathbf{u}\cdot\mathbf{v}-\mathbf{u}\cdot\mathbf{v}=0\end{aligned}$$ ■

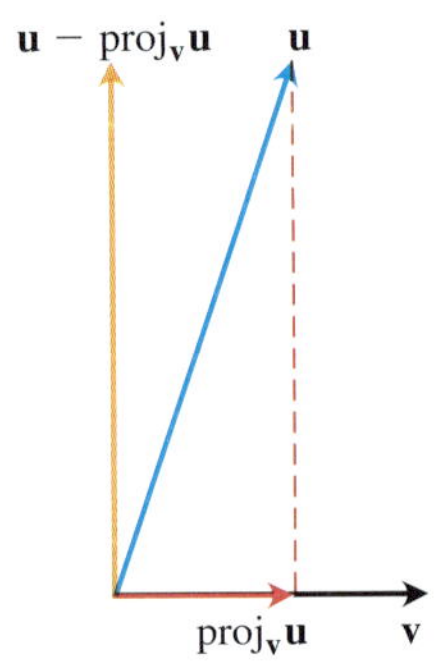

그림 10.27 벡터 $\mathbf{u}$는 두 직교벡터의 합이다. 벡터 $\text{proj}_{\mathbf{v}}\,\mathbf{u}$는 $\mathbf{v}$와 평행하고, 벡터 $\mathbf{u}-\text{proj}_{\mathbf{v}}\,\mathbf{u}$는 $\mathbf{v}$와 직교한다.

예제 7은 벡터 $\mathbf{u}-\text{proj}_{\mathbf{v}}\,\mathbf{u}$는 벡터사영 $\text{proj}_{\mathbf{v}}\,\mathbf{u}$ ($\mathbf{v}$와 같은 방향을 가진다)와 직교함을 보인다. 그래서 다음 식으로부터 $\mathbf{u}$는 수직인 두 벡터의 합으로 표현된다(그림 10.27).

$$\mathbf{u} = \text{proj}_{\mathbf{v}}\,\mathbf{u}+(\mathbf{u}-\text{proj}_{\mathbf{v}}\,\mathbf{u}) = \underbrace{\left(\frac{\mathbf{u}\cdot\mathbf{v}}{|\mathbf{v}|^2}\right)\mathbf{v}}_{\mathbf{v}\text{에 평행}}+\underbrace{\left(\mathbf{u}-\left(\frac{\mathbf{u}\cdot\mathbf{v}}{|\mathbf{v}|^2}\right)\mathbf{v}\right)}_{\mathbf{v}\text{에 직교}}$$

일

5장에서 어떤 물체를 크기가 F인 일정한 힘으로 거리 d만큼 이동시켰을 경우 한 일을 $W=Fd$로 계산했다. 이 공식은 힘이 운동의 방향과 같은 방향인 경우에만 성립한다. 변위 $\mathbf{D}=\overrightarrow{PQ}$ 만큼 이동하는 물체에 힘 $\mathbf{F}$가 다른 방향을 가진다면, 한 일은 $\mathbf{D}$ 방향으로의 힘 $\mathbf{F}$의 성분이다. $\mathbf{F}$와 $\mathbf{D}$가 이루는 각을 θ라 할 때(그림 10.28), 일은 다음과 같다.

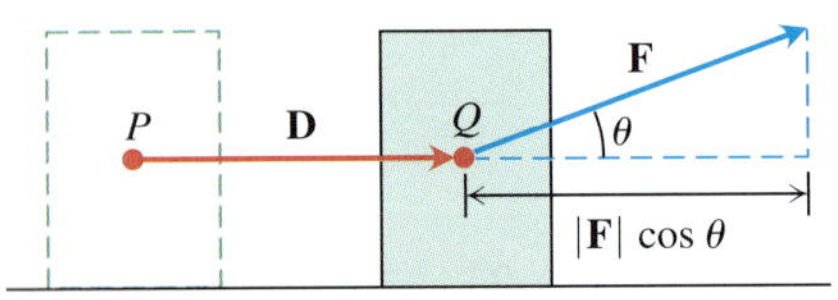

그림 10.28 일정한 힘 $\mathbf{F}$로 변위 $\mathbf{D}$에 대한 일은 $(|\mathbf{F}|\cos\theta)|\mathbf{D}|$이다. 이는 내적 $\mathbf{F}\cdot\mathbf{D}$이다.

$$\begin{aligned}\text{일} &= (\mathbf{D}\text{ 방향으로 }\mathbf{F}\text{의 스칼라 성분})\cdot(\mathbf{D}\text{의 크기})\\ &= (|\mathbf{F}|\cos\theta)|\mathbf{D}|\\ &= \mathbf{F}\cdot\mathbf{D}\end{aligned}$$

정의 일정한 힘 $\mathbf{F}$로 물체를 변위 $\mathbf{D}=\overrightarrow{PQ}$만큼 이동시켰을 때 한 **일**(work)은 다음과 같다.

$$W=\mathbf{F}\cdot\mathbf{D}$$

예제 8 $|\mathbf{F}| = 40$ N (뉴턴), $|\mathbf{D}| = 3$ cm, $\theta = 60°$일 때, P에서 Q까지 이동시키는 데 작용한 힘 $\mathbf{F}$에 의한 일은 다음과 같다.

$$\begin{aligned} \text{일} &= \mathbf{F} \cdot \mathbf{D} && \text{정의} \\ &= |\mathbf{F}||\mathbf{D}| \cos\theta \\ &= (40)(3)\cos 60° && \text{주어진 값} \\ &= (120)(1/2) = 60 \text{ J(joules)} \end{aligned}$$

■

14장에서는 공간에서 더 일반화된 경로를 따라 변화하는 힘이 만드는 일과 같이 배우 흥미로운 문제를 다룰 것이다.

n차원 벡터의 내적

n차원 벡터 $\mathbf{u} = \langle u_1, u_2, \cdots, u_n \rangle$와 $\mathbf{v} = \langle v_1, v_2, \cdots, v_n \rangle$의 내적은 다음과 같이 정의한다.

$$\mathbf{u} \cdot \mathbf{v} = u_1 v_1 + u_2 v_2 + \cdots + u_n v_n$$

2차원과 3차원 벡터처럼 내적은 두 벡터에 대응하는 각 성분의 곱의 합으로 계산한다. 이런 일반화된 내적은 이 절의 초반에 소개된 내적이 성질을 만족함을 보일 수 있고, 유사한 풀이가 사용된다. n차원 두 벡터 $\mathbf{u}$와 $\mathbf{v}$에 대해 다음과 같다.

1. $\mathbf{u} \cdot \mathbf{v} = 0$이면 $\mathbf{u}$와 $\mathbf{v}$는 직교한다.

2. $\mathbf{u}$의 $\mathbf{v}$ 위로의 벡터사영은 $\text{proj}_{\mathbf{v}}\, \mathbf{u} = \dfrac{\mathbf{u} \cdot \mathbf{v}}{|\mathbf{v}|^2}\mathbf{v}$이다.

3. 두 벡터 $\mathbf{u}$와 $\mathbf{v}$가 이루는 각은 $\theta = \arccos\left(\dfrac{\mathbf{u} \cdot \mathbf{v}}{|\mathbf{u}||\mathbf{v}|}\right)$으로 정의한다(연습문제 27에서 언급한 코시-슈바르츠 부등식 $|\mathbf{u} \cdot \mathbf{v}| \le |\mathbf{u}||\mathbf{v}|$을 n차원 벡터로 확장할 수 있다. 이것은 $\dfrac{\mathbf{u} \cdot \mathbf{v}}{|\mathbf{u}||\mathbf{v}|}$이 구간 $[-1, 1]$ 안에 있을 때만 성립한다).

예제 9 자동차 조립 공장에서는 4개의 자동차 모델을 생산한다. 벡터 $\mathbf{u} = \langle 36, 50, 24, 10 \rangle$의 각 성분은 시간당 각 모델을 생산량을 나타낸다. 반면에 $\mathbf{v} = \langle 20{,}000, 31{,}000, 39{,}000, 52{,}000 \rangle$는 각 모델의 차량당 수익(달러)를 나타낸다. 내적 $\mathbf{u} \cdot \mathbf{v}$을 계산하고, 그 결과의 중요성을 설명하라.

풀이 $\mathbf{u} \cdot \mathbf{v} = (36)(24{,}000) + (50)(31{,}000) + (24)(39{,}000) + (10)(52{,}000) = 3{,}870{,}000$

이 값 3,870,000달러는 시간당 자동차를 만들어낸 전체 수익을 말한다. ■

연습문제 10.3 EXERCISE QUESTION

어떤 연습문제는 소수로 답을 할 때, 계산기가 필요할 수 있다.

내적과 사영

연습문제 1~8에서 주어진 벡터에 대해 다음을 구하라.

a. $\mathbf{u} \cdot \mathbf{v}$, $|\mathbf{v}|$, $|\mathbf{u}|$

b. $\mathbf{u}$와 $\mathbf{v}$ 이루는 각의 코사인 값

c. $\mathbf{u}$의 $\mathbf{v}$ 방향의 스칼라 성분

d. 벡터 $\text{proj}_{\mathbf{v}}\, \mathbf{u}$

1. $\mathbf{v} = 2\mathbf{i} - 4\mathbf{j} + \sqrt{5}\mathbf{k}, \quad \mathbf{u} = -2\mathbf{i} + 4\mathbf{j} - \sqrt{5}\mathbf{k}$

2. $\mathbf{v} = (3/5)\mathbf{i} + (4/5)\mathbf{k}, \quad \mathbf{u} = 5\mathbf{i} + 12\mathbf{j}$

3. $\mathbf{v} = 10\mathbf{i} + 11\mathbf{j} - 2\mathbf{k}, \quad \mathbf{u} = 3\mathbf{j} + 4\mathbf{k}$

4. $\mathbf{v} = 2\mathbf{i} + 10\mathbf{j} - 11\mathbf{k}, \quad \mathbf{u} = 2\mathbf{i} + 2\mathbf{j} + \mathbf{k}$

5. $\mathbf{v} = 5\mathbf{j} - 3\mathbf{k}, \quad \mathbf{u} = \mathbf{i} + \mathbf{j} + \mathbf{k}$

6. $\mathbf{v} = -\mathbf{i} + \mathbf{j}, \quad \mathbf{u} = \sqrt{2}\mathbf{i} + \sqrt{3}\mathbf{j} + 2\mathbf{k}$

7. $\mathbf{v} = 5\mathbf{i} + \mathbf{j}, \quad \mathbf{u} = 2\mathbf{i} + \sqrt{17}\mathbf{j}$

8. $\mathbf{v} = \left\langle \dfrac{1}{\sqrt{2}}, \dfrac{1}{\sqrt{3}} \right\rangle, \quad \mathbf{u} = \left\langle \dfrac{1}{\sqrt{2}}, -\dfrac{1}{\sqrt{3}} \right\rangle$

두 벡터 사이의 각

연습문제 9~12에서 다음 벡터가 이루는 각을 반올림하여 소수점 두 자리까지 구하라.

9. $\mathbf{u} = 2\mathbf{i} + \mathbf{j}, \quad \mathbf{v} = \mathbf{i} + 2\mathbf{j} - \mathbf{k}$

10. $\mathbf{u} = 2\mathbf{i} - 2\mathbf{j} + \mathbf{k}, \quad \mathbf{v} = 3\mathbf{i} + 4\mathbf{k}$

11. $\mathbf{u} = \sqrt{3}\mathbf{i} - 7\mathbf{j}, \quad \mathbf{v} = \sqrt{3}\mathbf{i} + \mathbf{j} - 2\mathbf{k}$

12. $\mathbf{u} = \mathbf{i} + \sqrt{2}\mathbf{j} - \sqrt{2}\mathbf{k}, \quad \mathbf{v} = -\mathbf{i} + \mathbf{j} + \mathbf{k}$

13. 삼각형 꼭짓점이 $A(-1, 0)$, $B(2, 1)$, $C(1, -2)$인 삼각형의 내각의 크기를 구하라.

14. 사각형 꼭짓점이 $A(1, 0)$, $B(0, 3)$, $C(3, 4)$, $D(4, 1)$인 사각형에서 두 대각선의 이루는 각을 구하라.

15. 방향각과 방향코사인 벡터 $\mathbf{v}=a\mathbf{i}+b\mathbf{j}+c\mathbf{k}$의 방향각 α, β, γ는 다음과 같이 정의한다.

α는 $\mathbf{v}$와 양의 x축의 이루는 각$(0 \le \alpha \le \pi)$

β는 $\mathbf{v}$와 양의 y축의 이루는 각$(0 \le \beta \le \pi)$

γ는 $\mathbf{v}$와 양의 z축의 이루는 각$(0 \le \gamma \le \pi)$

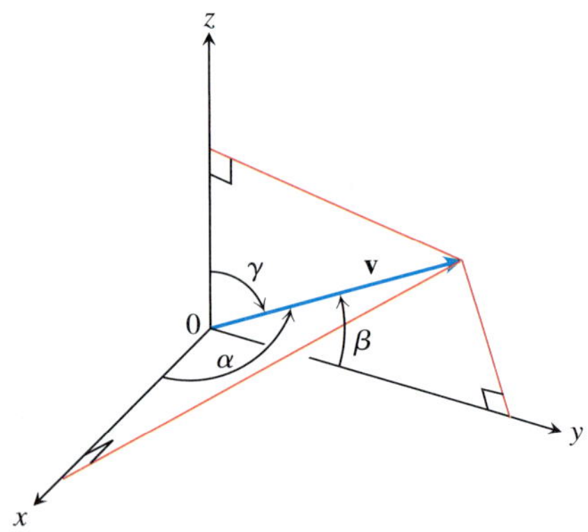

a. 다음을 증명하라.

$$\cos\alpha = \frac{a}{|\mathbf{v}|}, \qquad \cos\beta = \frac{b}{|\mathbf{v}|}, \qquad \cos\gamma = \frac{c}{|\mathbf{v}|}$$

$$\cos^2\alpha+\cos^2\beta+\cos^2\gamma=1$$

이들을 $\mathbf{v}$의 방향코사인이라 한다.

b. 방향코사인으로 단위벡터 구성 $\mathbf{v}=a\mathbf{i}+b\mathbf{j}+c\mathbf{k}$가 단위벡터일 때 a, b, c가 $\mathbf{v}$의 방향코사인임을 보여라.

16. 수도관 건설 수도관을 북쪽으로 20% 경사지게 가다가 동쪽으로 10% 경사지게 만들려고 한다. 수도관이 북쪽에서 동쪽으로 굽은 각 θ를 구하라.

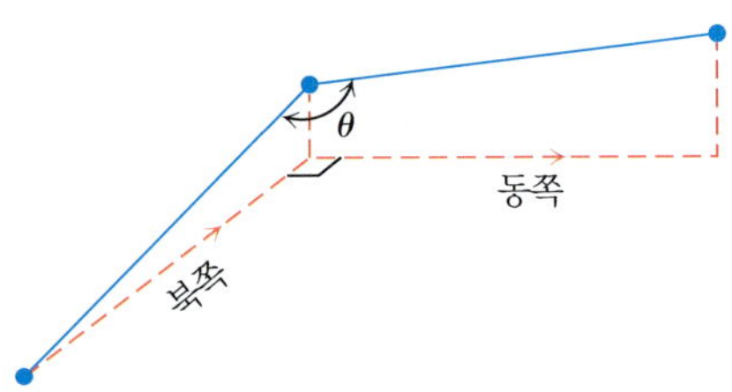

연습문제 17과 18에 대해 두 직선에 평행한 벡터를 이용하여 다음 주어진 두 직선 사이의 예각을 구하라.

17. $y = x, \quad y = 2x + 3$

18. $2 - x + 2y = 0, \quad 3x - 4y = -12$

이론과 예제

19. 합과 차 주어진 그림에서 $\mathbf{v}_1+\mathbf{v}_2$와 $\mathbf{v}_1-\mathbf{v}_2$가 직교하는 것처럼 보인다. 이것이 단순히 우연의 일치인가 또는 임의의 두 벡터 합은 차와 항상 직교하는가? 그 이유를 설명하라.

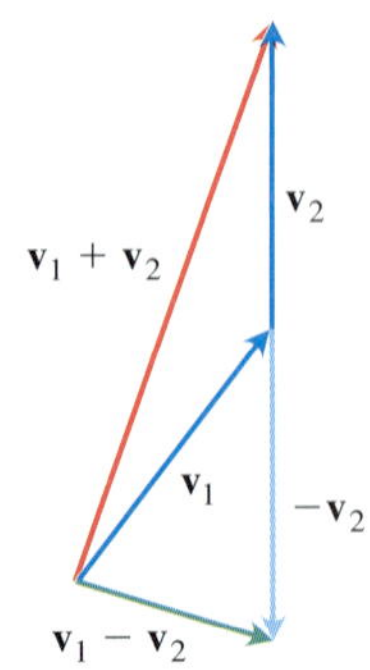

20. 원 위의 직교성 AB는 중심이 O인 원의 지름이고 C는 A와 B를 잇는 두 호 중의 한 호 위의 임의의 한 점이라고 하자. 두 벡터 $\overrightarrow{CA}$와 $\overrightarrow{CB}$가 직교임을 보여라.

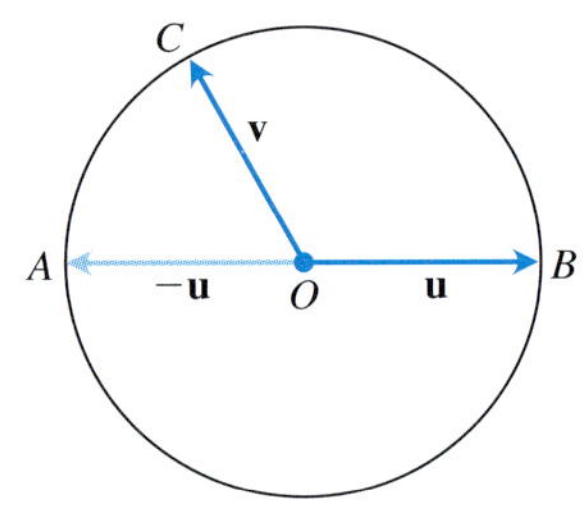

21. 마름모의 대각선 마름모(네 변의 길이가 모두 같은 평행사변형)의 대각선은 직교함을 보여라.

22. 직교하는 대각선 대각선이 직교하는 유일한 직사각형은 정사삭형임을 보여라.

23. 평행사변형이 직사각형될 때 평행사변형이 직사각형이 될 필요충분 조건은 두 대각선의 길이가 같음을 보여라(이 사실은 목수가 많이 활용한다).

24. 평행사변형의 대각선 $\mathbf{u}$와 $\mathbf{v}$로 결정되는 평행사변형에서 $|\mathbf{u}| = |\mathbf{v}|$이면 점선으로 표시된 대각선이 $\mathbf{u}$와 $\mathbf{v}$의 사잇각을 이등분함을 보여라.

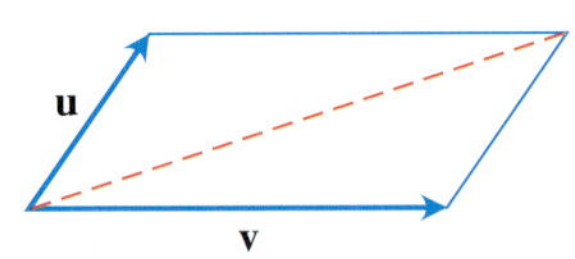

25. 투사체 운동 총구속도가 400 m/s으로 수평 방향에서 8° 위로 총을 쐈을 때, 총구속도의 수평과 수직 성분을 각각 구하라.

26. 경사면 주어진 그림과 같이 경사면에서 상자를 끌어당긴다. 경사면과 평행한 힘 $\mathbf{w}$의 성분이 2.5 **N**일 때, 힘 $\mathbf{w}$를 구하라.

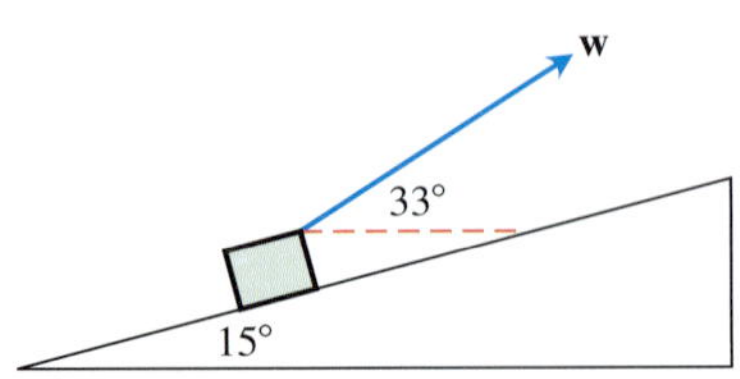

27. a. 코시-슈바르츠 부등식 임의의 두 벡터 $\mathbf{u}$, $\mathbf{v}$에 대해 $\mathbf{u}\cdot\mathbf{v} = |\mathbf{u}||\mathbf{v}|\cos\theta$임을 이용하여 부등식 $|\mathbf{u}\cdot\mathbf{v}| \le |\mathbf{u}||\mathbf{v}|$를 증명하라.

b. 어떤 경우에 $|\mathbf{u}\cdot\mathbf{v}|=|\mathbf{u}||\mathbf{v}|$이 성립하는가? 그 이유를 설명하라.

28. 내적은 양정치 벡터의 내적은 양정치임을 보여라. 즉 임의의 벡터 $\mathbf{u}$에 대해 $\mathbf{u}\cdot\mathbf{u}\geq 0$이고, $\mathbf{u}\cdot\mathbf{u}=0$일 필요충분 조건은 $\mathbf{u}=\mathbf{0}$임을 보여라.

29. 직교하는 단위벡터 $\mathbf{u}_1$와 $\mathbf{u}_2$이 직교하는 단위벡터이고 $\mathbf{v}=a\mathbf{u}_1+b\mathbf{u}_2$일 때, $\mathbf{v}\cdot\mathbf{u}_1$을 구하라.

30. 내적에서 소거 실수에서 $uv_1=uv_2$이고 $u\neq 0$이면 u를 소거하여 $v_1=v_2$가 된다. 벡터의 내적에서 곱에 관한 소거가 성립하는가? 즉 $\mathbf{u}\cdot\mathbf{v}_1=\mathbf{u}\cdot\mathbf{v}_2$이고 $\mathbf{u}\neq\mathbf{0}$이면, $\mathbf{v}_1=\mathbf{v}_2$인가? 그 이유를 설명하라.

31. 두 벡터 $\mathbf{u}$와 $\mathbf{v}$가 직교하면 $\text{proj}_{\mathbf{v}}\,\mathbf{u}=0$임을 보여라.

32. 속도가 $\mathbf{v}=3\mathbf{i}-\mathbf{j}$인 우주선에 힘 $\mathbf{F}=2\mathbf{i}+\mathbf{j}-3\mathbf{k}$가 작용한다. 힘 $\mathbf{F}$를 $\mathbf{v}$의 평행한 벡터와 수직인 벡터의 합으로 나타내라.

평면에서 직선의 방정식

33. 벡터에 수직인 직선 벡터 $\mathbf{v}=a\mathbf{i}+b\mathbf{j}$가 직선 $ax+by=c$와 수직임을 증명하라. [힌트: 0이 아닌 실수 a, b에 대해 $\mathbf{v}$를 나타내는 선분의 기울기가 주어진 직선의 기울기의 음의 역수임을 보인다. 또한 $a=0$ 또는 $b=0$인 경우에도 성립함을 보여라.]

34. 벡터에 평행한 직선 벡터 $\mathbf{v}=a\mathbf{i}+b\mathbf{j}$가 직선 $bx-ay=c$와 평행함을 증명하라. [힌트: 0이 아닌 실수 a, b에 대해 $\mathbf{v}$를 나타내는 선분의 기울기가 주어진 직선의 기울기와 같음을 보인다. 또한 $a=0$ 또는 $b=0$인 경우에도 성립함을 보여라.]

연습문제 35~38에서 연습문제 33을 이용하여 다음의 점 P를 지나고 $\mathbf{v}$에 수직인 직선의 식을 구하고 도시하라. 벡터 $\mathbf{v}$를 원점을 시점으로 하는 벡터로 그려라.

35. $P(2, 1)$, $\mathbf{v}=\mathbf{i}+2\mathbf{j}$ **36.** $P(-1, 2)$, $\mathbf{v}=-2\mathbf{i}-\mathbf{j}$

37. $P(-2, -7)$, $\mathbf{v}=-2\mathbf{i}+\mathbf{j}$ **38.** $P(11, 10)$, $\mathbf{v}=2\mathbf{i}-3\mathbf{j}$

연습문제 39~42에서 연습문제 34를 이용하여 다음의 점 P를 지나고 $\mathbf{v}$에 평행한 직선의 식을 구하고 도시하라. 벡터 $\mathbf{v}$를 원점을 시점으로 하는 벡터로 그려라.

39. $P(-2, 1)$, $\mathbf{v}=\mathbf{i}-\mathbf{j}$ **40.** $P(0, -2)$, $\mathbf{v}=2\mathbf{i}+3\mathbf{j}$

41. $P(1, 2)$, $\mathbf{v}=-\mathbf{i}-2\mathbf{j}$ **42.** $P(1, 3)$, $\mathbf{v}=3\mathbf{i}-2\mathbf{j}$

일

43. 직선을 따라 한 일 물체를 원점에서 점 (1, 1)로 직선을 따라 움직이는 데 힘 $\mathbf{F}=5\mathbf{i}$ (5**N**의 크기)가 한 일을 구하라(거리의 단위는 m).

44. 기관차 태평양의 Big Boy 기관차 연합은 602,148 **N**의 힘으로 6000톤인 기차를 끌 수 있다. 이 효율로 열차 Big Boy가 샌프란시스코에서 거의 직선 철로를 따라 로스앤젤레스까지 605 km를 달릴 때 한 일을 계산하라.

45. 경사면 나무상자를 200 **N**의 힘으로 수평에서 30°로 끌어당겨서 싣는 곳까지 20 m를 옮길 때, 한 일을 구하라.

46. 보트 바람이 보트의 돛에 1000 **N**의 힘 $\mathbf{F}$로 주어진 그림과 같이 분다. 보트가 앞으로 1 km을 움직였다면 바람이 한 일을 계산하라. 단위를 줄로 답하라.

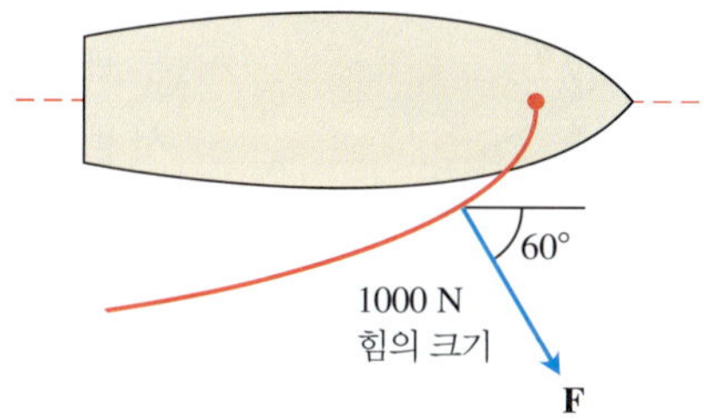

평면에서 직선이 이루는 각

직각으로 만나지 않는 두 직선이 이루는 각은 두 직선에 수직인 벡터가 이루는 각과 같고, 또한 두 직선에 평한 벡터가 이루는 각과 같다.

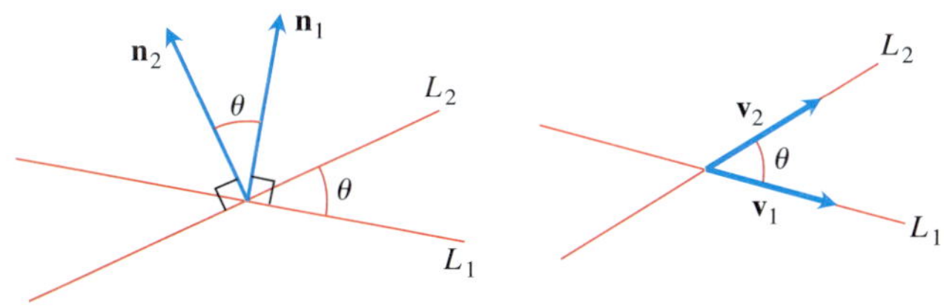

연습문제 47~52에서 연습문제 33 또는 34의 결과를 이용하여 다음 두 직선이 이루는 각을 구하라.

47. $3x+y=5$, $2x-y=4$

48. $y=\sqrt{3}x-1$, $y=-\sqrt{3}x+2$

49. $\sqrt{3}x-y=-2$, $x-\sqrt{3}y=1$

50. $x+\sqrt{3}y=1$, $(1-\sqrt{3})x+(1+\sqrt{3})y=8$

51. $3x-4y=3$, $x-y=7$

52. $12x+5y=1$, $2x-2y=3$

*n*차원 벡터의 내적

연습문제 53~56에서 **(a)** $\mathbf{u}\cdot\mathbf{v}$을 구하고, **(b)** $\mathbf{u}$와 $\mathbf{v}$가 직교하는지 판별하라.

53. $\mathbf{u}=\langle 3, 2, -4, 0\rangle$, $\mathbf{v}=\langle 1, 0, 0, 2\rangle$

54. $\mathbf{u}=\langle -2, 1, 1, 2\rangle$, $\mathbf{v}=\langle -1, 2, -2, -1\rangle$

55. $\mathbf{u}=\langle 6, 3, 0, 1, -2\rangle$, $\mathbf{v}=\langle 0, 2, -7, 0, 3\rangle$

56. $\mathbf{u}=\langle 4, 2, -3, -2, 1, 5\rangle$, $\mathbf{v}=\langle 3, -3, 2, -2, 1, -1\rangle$

10.4 외적

평면에서 직선의 기울어짐을 표현할 때, 기울기와 경사각의 개념을 사용했다. 공간에서 한 평면의 기울어진 정도를 나타내는 방법을 공부하고자 한다. 평면의 기울어진 정도는 평면에 놓인 두 벡터의 곱으로 생긴 평면에 수직인 세 번째 벡터를 이용하여 나타낸다. 세 번째 벡터의 방향이 주어진 평면의 '기울기'이다. 두 벡터를 곱한 결과는 벡터곱 또는 외적이다. 외적은 두 벡

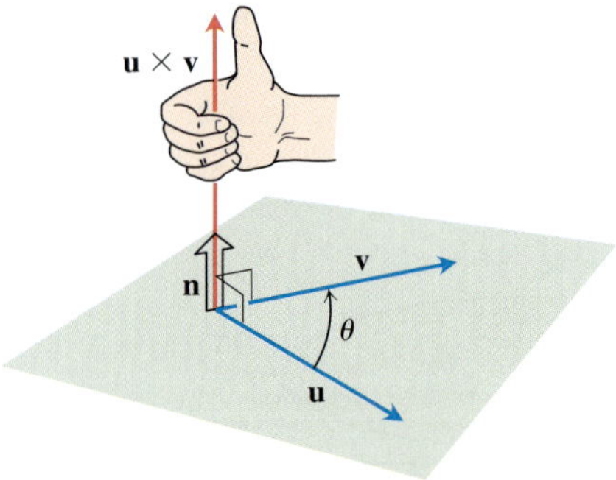

그림 10.29 $\mathbf{u}\times\mathbf{v}$의 설명.

터를 곱하는 두 번째 방법이다. 외적은 부피, 넓이, 수직인 두 벡터를 구하는 데 간단한 방법을 준다.

공간에서 두 벡터의 외적

공간에서 0이 아닌 두 벡터 **u**와 **v**를 잡자. 하나의 벡터가 다른 벡터의 스칼라곱으로 나타나면 두 벡터는 평행하다. 두 벡터 **u**와 **v**가 평행하지 않으면, 하나의 평면이 만들어진다. 이 평면에서 벡터는 **u**와 **v**의 1차 결합 $a\mathbf{u}+b\mathbf{v}$로 표현된다. **오른손 법칙**(right-hand rule)에 맞게 이 평면에 수직인 단위벡터 **n**을 선택한다. 즉 오른쪽 손가락을 **u**에서 **v**방향으로 회전하여 각 θ만큼 감으면 엄지손가락이 가리키는 방향으로 단위법벡터 **n**을 택한다(그림 10.29). 이 새로운 벡터는 다음과 같이 정의한다.

정의 **외적**(cross product) $\mathbf{u}\times\mathbf{v}$ (**u** cross **v**)은 다음과 같다.

$$\mathbf{u}\times\mathbf{v} = (|\mathbf{u}||\mathbf{v}|\sin\theta)\,\mathbf{n}$$

내적과 달리 외적은 벡터이다. 이러한 이유로 **u**와 **v**의 **벡터곱**(vector product)이라고도 하며, 공간에서만 정의될 수 있다. 벡터 $\mathbf{u}\times\mathbf{v}$은 **n**의 스칼라곱이므로 **u**와 **v** 동시에 수직이다.

u와 **v**의 성분으로 외적 $\mathbf{u}\times\mathbf{v}$를 직접적으로 계산하는 방법이 있다. 이 방법은(외적의 정의처럼) 두 벡터 사이의 각 θ을 알 필요는 없지만, 이 방법을 잠시 보류하고 우선 외적의 성질에 집중한다.

$\sin 0=0$이고 $\sin\pi=0$이므로 2개의 평행한 0이 아닌 벡터의 외적은 **0**이다. **u**와 **v** 중 하나 이상이 0이면 $\mathbf{u}\times\mathbf{v}$는 **0**으로 정의한다. 두 벡터 **u**와 **v**의 외적이 **0**일 필요충분 조건은 **u**와 **v**가 평행하거나 하나 또는 둘 다 **0**이다.

평행한 벡터

u와 **v**가 평행일 필요충분 조건은 $\mathbf{u}\times\mathbf{v}=\mathbf{0}$이다.

외적은 다음 성질을 만족한다.

외적의 성질

벡터 **u**, **v**, **w**와 스칼라 r, s에 대해 다음과 같다.

1. $(r\mathbf{u})\times(s\mathbf{v}) = (rs)(\mathbf{u}\times\mathbf{v})$
2. $\mathbf{u}\times(\mathbf{v}+\mathbf{w}) = \mathbf{u}\times\mathbf{v}+\mathbf{u}\times\mathbf{w}$
3. $\mathbf{v}\times\mathbf{u} = -(\mathbf{u}\times\mathbf{v})$
4. $(\mathbf{v}+\mathbf{w})\times\mathbf{u} = \mathbf{v}\times\mathbf{u}+\mathbf{w}\times\mathbf{u}$
5. $\mathbf{0}\times\mathbf{u} = \mathbf{0}$
6. $\mathbf{u}\times(\mathbf{v}\times\mathbf{w}) = (\mathbf{u}\cdot\mathbf{w})\mathbf{v}-(\mathbf{u}\cdot\mathbf{v})\mathbf{w}$

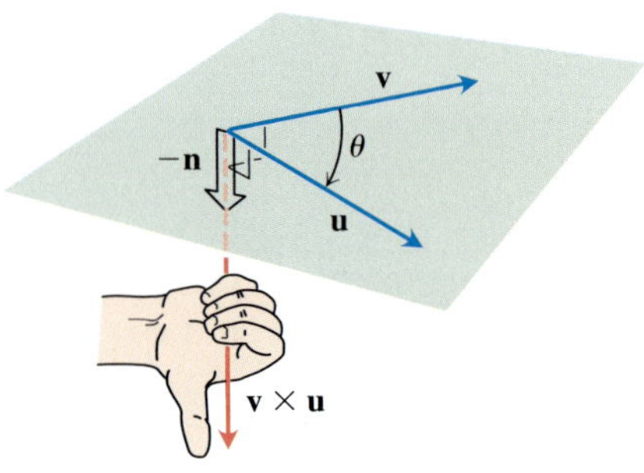

그림 10.30 $\mathbf{v}\times\mathbf{u}$ 나타내기.

예를 들어 성질 3을 시각화하기 위해 오른쪽의 손가락을 **v**에서 **u**방향으로 회전하는 각 θ만큼 감아질 때 엄지손가락이 향하는 방향은 반대이다. 즉 $\mathbf{v}\times\mathbf{u}$로 생성되는 단위벡터는 $\mathbf{u}\times\mathbf{v}$로 생성된 단위벡터와 부호가 반대이다(그림 10.30).

성질 1은 외적의 정의를 식의 양변에 적용하고 그 결과를 비교하여 증명할 수 있다. 성질 2는 부록 A.9에 증명했다. 성질 4는 성질 2의 양변에 −1을 곱하고 성질 3에 의해 순서를 바꾸면 증명된다. 성질 5는 정의이다. 일반적인 경우 외적은 결합 법칙이 성립하지 않는다. 그래서 $\mathbf{u}\times(\mathbf{v}\times\mathbf{w})$와 $(\mathbf{u}\times\mathbf{v})\times\mathbf{w}$는 일반적으로 다르다(심화문제 17 참조).

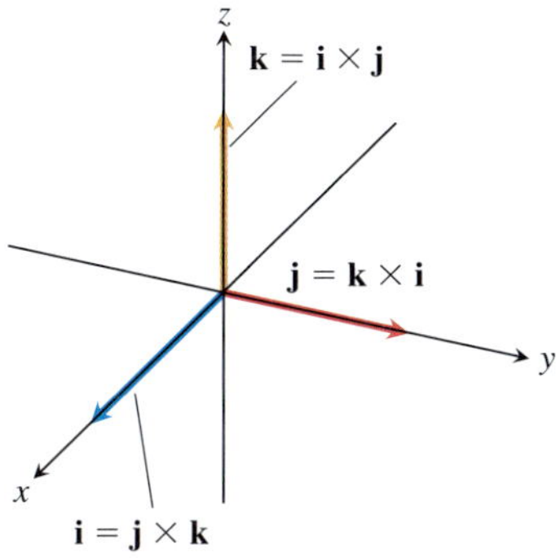

그림 10.31 **i**, **j**, **k**에 대해 각 쌍의 외적.

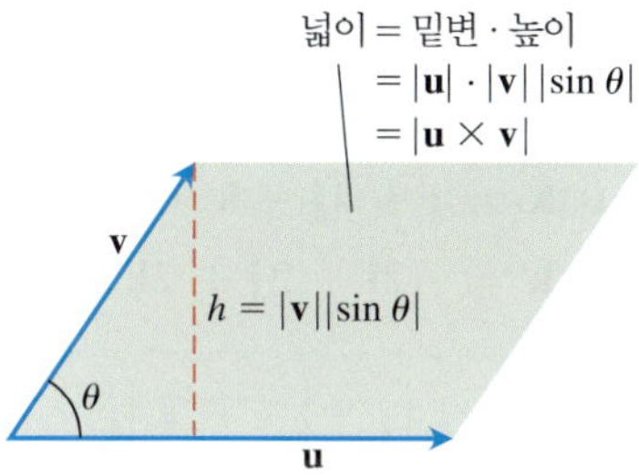

그림 10.32 **u**와 **v**로 결정되는 평행사변형.

정의와 성질 3을 이용하여 표준단위벡터 **i**, **j**, **k**에 대해 각 쌍마다 외적을 계산하면 다음과 같다(그림 10.31).

$$\mathbf{i}\times\mathbf{j} = -(\mathbf{j}\times\mathbf{i}) = \mathbf{k}$$
$$\mathbf{j}\times\mathbf{k} = -(\mathbf{k}\times\mathbf{j}) = \mathbf{i}$$
$$\mathbf{k}\times\mathbf{i} = -(\mathbf{i}\times\mathbf{k}) = \mathbf{j}$$
$$\mathbf{i}\times\mathbf{i} = \mathbf{j}\times\mathbf{j} = \mathbf{k}\times\mathbf{k} = \mathbf{0}$$

$|\mathbf{u}\times\mathbf{v}|$는 평행사변형의 넓이

n는 단위벡터이므로 $\mathbf{u}\times\mathbf{v}$의 크기는 다음과 같다.

$$|\mathbf{u}\times\mathbf{v}| = |\mathbf{u}||\mathbf{v}||\sin\theta||\mathbf{n}| = |\mathbf{u}||\mathbf{v}|\sin\theta$$

$|\mathbf{u}|$는 평행사변형의 밑변이고 $|\mathbf{v}||\sin\theta|$는 높이를 나타내므로, $|\mathbf{u}\times\mathbf{v}|$는 **u**와 **v**로 결정되는 평행사변형의 넓이가 된다(그림 10.32).

$\mathbf{u}\times\mathbf{v}$의 행렬식 공식

다음은 직교좌표계와 관련하여 **u**와 **v**의 성분으로 $\mathbf{u}\times\mathbf{v}$을 계산한다.

벡터 **u**, **v**를 다음과 같이 가정하자.

$$\mathbf{u} = u_1\mathbf{i} + u_2\mathbf{j} + u_3\mathbf{k} \text{ 와 } \quad \mathbf{v} = v_1\mathbf{i} + v_2\mathbf{j} + v_3\mathbf{k}$$

그러면 분배법칙과 **i**, **j**, **k**의 곱의 법칙을 이용하여 다음을 얻는다.

$$\begin{aligned}\mathbf{u}\times\mathbf{v} &= (u_1\mathbf{i} + u_2\mathbf{j} + u_3\mathbf{k})\times(v_1\mathbf{i} + v_2\mathbf{j} + v_3\mathbf{k})\\ &= u_1v_1\mathbf{i}\times\mathbf{i} + u_1v_2\mathbf{i}\times\mathbf{j} + u_1v_3\mathbf{i}\times\mathbf{k}\\ &\quad + u_2v_1\mathbf{j}\times\mathbf{i} + u_2v_2\mathbf{j}\times\mathbf{j} + u_2v_3\mathbf{j}\times\mathbf{k}\\ &\quad + u_3v_1\mathbf{k}\times\mathbf{i} + u_3v_2\mathbf{k}\times\mathbf{j} + u_3v_3\mathbf{k}\times\mathbf{k}\\ &= (u_2v_3 - u_3v_2)\mathbf{i} - (u_1v_3 - u_3v_1)\mathbf{j} + (u_1v_2 - u_2v_1)\mathbf{k}\end{aligned}$$

마지막 줄의 성분을 기억하기 어렵지만, 다음과 같이 기호 행렬식으로 확장하는 것과 같다.

$$\begin{vmatrix}\mathbf{i} & \mathbf{j} & \mathbf{k}\\ u_1 & u_2 & u_3\\ v_1 & v_2 & v_3\end{vmatrix}$$

따라서 다음과 같이 쉽게 기억할 수 있는 공식을 만든다.

행렬식

2×2와 3×3 행렬식은 다음과 같이 계산된다.

$$\begin{vmatrix} a & b\\ c & d\end{vmatrix} = ad - bc$$

$$\begin{vmatrix} a_1 & a_2 & a_3\\ b_1 & b_2 & b_3\\ c_1 & c_2 & c_3\end{vmatrix} = a_1\begin{vmatrix} b_2 & b_3\\ c_2 & c_3\end{vmatrix} - a_2\begin{vmatrix} b_1 & b_3\\ c_1 & c_3\end{vmatrix} + a_3\begin{vmatrix} b_1 & b_2\\ c_1 & c_2\end{vmatrix}$$

행렬식으로 외적 계산

$\mathbf{u}=u_1\mathbf{i}+u_2\mathbf{j}+u_3\mathbf{k}$와 $\mathbf{v}=v_1\mathbf{i}+v_2\mathbf{j}+v_3\mathbf{k}$에 대해 다음을 얻는다.

$$\mathbf{u}\times\mathbf{v} = \begin{vmatrix}\mathbf{i} & \mathbf{j} & \mathbf{k}\\ u_1 & u_2 & u_3\\ v_1 & v_2 & v_3\end{vmatrix}$$

예제 1 $\mathbf{u}=2\mathbf{i}+\mathbf{j}+\mathbf{k}$와 $\mathbf{v}=-4\mathbf{i}+3\mathbf{j}+\mathbf{k}$일 때, $\mathbf{u}\times\mathbf{v}$와 $\mathbf{v}\times\mathbf{u}$를 구하라.

풀이

$$\mathbf{u}\times\mathbf{v} = \begin{vmatrix} \mathbf{i} & \mathbf{j} & \mathbf{k} \\ 2 & 1 & 1 \\ -4 & 3 & 1 \end{vmatrix} = \begin{vmatrix} 1 & 1 \\ 3 & 1 \end{vmatrix}\mathbf{i} - \begin{vmatrix} 2 & 1 \\ -4 & 1 \end{vmatrix}\mathbf{j} + \begin{vmatrix} 2 & 1 \\ -4 & 3 \end{vmatrix}\mathbf{k}$$

$$= -2\mathbf{i} - 6\mathbf{j} + 10\mathbf{k}$$

$$\mathbf{v}\times\mathbf{u} = -(\mathbf{u}\times\mathbf{v}) = 2\mathbf{i} + 6\mathbf{j} - 10\mathbf{k} \qquad \text{성질 3}$$

■

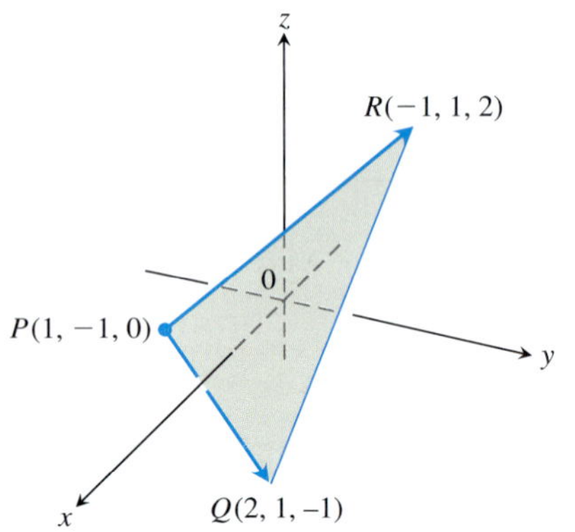

그림 10.33 벡터 $\overrightarrow{PQ}\times\overrightarrow{PR}$은 삼각형 PQR의 평면에 수직이다(예제 2). 삼각형 PQR의 넓이는 $|\overrightarrow{PQ}\times\overrightarrow{PR}|$의 1/2이다(예제 3).

예제 2 세 점 $P(1, -1, 0)$, $Q(2, 1, -1)$, $R(-1, 1, 2)$를 포함하는 평면에 수직인 벡터를 구하라(그림 10.33).

풀이 $\overrightarrow{PQ}\times\overrightarrow{PR}$은 $\overrightarrow{PQ}$와 $\overrightarrow{PR}$ 동시에 수직이므로 주어진 평면과도 수직이다. 성분을 살펴보면 다음과 같다.

$$\overrightarrow{PQ} = (2-1)\mathbf{i} + (1+1)\mathbf{j} + (-1-0)\mathbf{k} = \mathbf{i} + 2\mathbf{j} - \mathbf{k}$$

$$\overrightarrow{PR} = (-1-1)\mathbf{i} + (1+1)\mathbf{j} + (2-0)\mathbf{k} = -2\mathbf{i} + 2\mathbf{j} + 2\mathbf{k}$$

$$\overrightarrow{PQ}\times\overrightarrow{PR} = \begin{vmatrix} \mathbf{i} & \mathbf{j} & \mathbf{k} \\ 1 & 2 & -1 \\ -2 & 2 & 2 \end{vmatrix} = \begin{vmatrix} 2 & -1 \\ 2 & 2 \end{vmatrix}\mathbf{i} - \begin{vmatrix} 1 & -1 \\ -2 & 2 \end{vmatrix}\mathbf{j} + \begin{vmatrix} 1 & 2 \\ -2 & 2 \end{vmatrix}\mathbf{k}$$

$$= 6\mathbf{i} + 6\mathbf{k}$$

■

예제 3 꼭짓점이 $P(1, -1, 0)$, $Q(2, 1, -1)$, $R(-1, 1, 2)$인 삼각형의 넓이를 구하라(그림 10.33).

풀이 P, Q, R에 의해 결정되는 평행사변형의 넓이는 다음과 같다.

$$|\overrightarrow{PQ}\times\overrightarrow{PR}| = |6\mathbf{i} + 6\mathbf{k}| \qquad \text{예제 2의 결과}$$

$$= \sqrt{(6)^2 + (6)^2} = \sqrt{2\cdot 36} = 6\sqrt{2}$$

삼각형의 넓이는 평행사변형의 넓이의 반, 즉 $3\sqrt{2}$이다. ■

예제 4 $P(1, -1, 0)$, $Q(2, 1, -1)$, $R(-1, 1, 2)$으로 결정되는 평면에 수직인 단위벡터를 구하라.

풀이 $\overrightarrow{PQ}\times\overrightarrow{PR}$는 주어진 평면에 수직이므로 이 벡터의 방향 $\mathbf{n}$은 평면에 수직인 단위벡터이다. 예제 2과 3의 결과로부터 다음을 얻는다.

$$\mathbf{n} = \frac{\overrightarrow{PQ}\times\overrightarrow{PR}}{|\overrightarrow{PQ}\times\overrightarrow{PR}|} = \frac{6\mathbf{i} + 6\mathbf{k}}{6\sqrt{2}} = \frac{1}{\sqrt{2}}\mathbf{i} + \frac{1}{\sqrt{2}}\mathbf{k}$$

■

외적을 쉽게 계산하기 위해 행렬식을 하려면 벡터를 순서쌍 $\mathbf{v}=\langle v_1, v_2, v_3\rangle$의 형태가 아니라 $\mathbf{v}=v_1\mathbf{i}+v_2\mathbf{j}+v_3\mathbf{k}$로 쓴다.

회전력

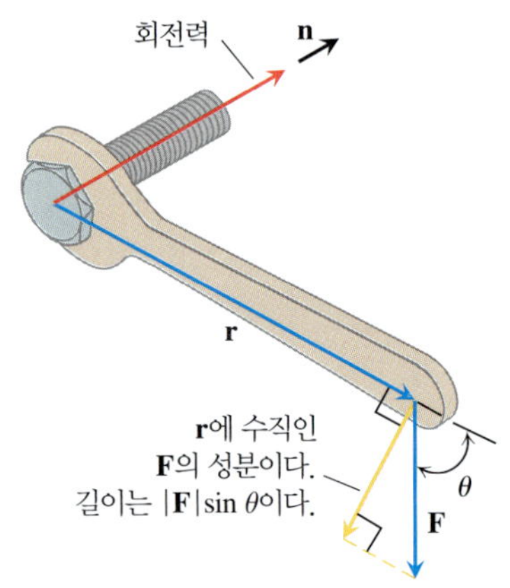

그림 10.34 회전력벡터는 볼트를 앞으로 돌리는 힘 $\mathbf{F}$의 경향을 나타낸다.

렌치에 힘 $\mathbf{F}$를 가해서 볼트를 돌릴 때(그림 10.34), 회전력은 볼트를 돌리는 힘이다. **회전력벡터**(torque vector)는 오른손 법칙에 따라 볼트를 축의 방향으로 향한다(그래서 회전은 벡터의 끝에서 볼 때, 시계반대 방향이다). 회전력의 크기는 힘의 작용점에서의 거리와 힘의 작용점에서 렌치에 수직으로 작용하는 힘의 크기에 따라 달라진다. 회전력의 크기는 렌치의 손잡이 벡터 $\mathbf{r}$의 길이와 $\mathbf{r}$에 수직인 힘 $\mathbf{F}$의 스칼라 성분의 곱이다. 그림 10.34에서 다음 식을 알 수 있다.

$$\text{회전력의 크기} = |\mathbf{r}||\mathbf{F}| \sin\theta$$

또는 $|\mathbf{r} \times \mathbf{F}|$이다. $\mathbf{n}$을 회전력의 방향에 있는 볼트축 방향의 단위벡터라 하자. 그러면 회전력 벡터는 $\mathbf{r} \times \mathbf{F}$, 즉 다음과 같다.

$$\text{회전력벡터} = \mathbf{r} \times \mathbf{F} = (|\mathbf{r}||\mathbf{F}| \sin\theta)\,\mathbf{n}$$

$\mathbf{u}$와 $\mathbf{v}$가 평행일 때, $\mathbf{u} \times \mathbf{v}$가 $\mathbf{0}$임을 떠올리자. 이 사실이 회전력에도 성립한다. 그림 10.34에서 힘 $\mathbf{F}$가 렌치에 평행하다면, 즉 렌치의 손잡이를 따라 볼트를 밀거나 당겨서 돌리려 한다면 회전력은 0이 된다.

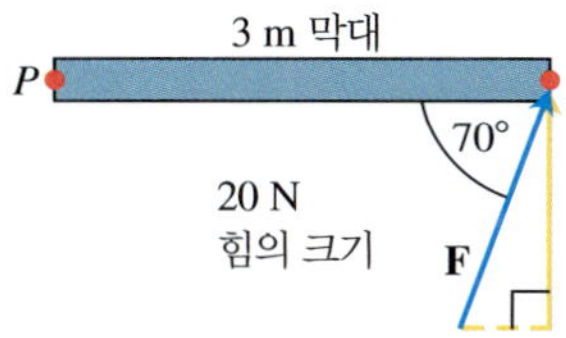

그림 10.35 P에서 $\mathbf{F}$에 의해 걸리는 회전력의 크기는 약 56.4 N · m이다(예제 5). 막대는 P를 중심으로 시계반대 방향으로 회전한다.

예제 5 그림 10.35에서 힘 $\mathbf{F}$에 의해 회전점 P에서 회전력의 크기는 다음과 같다.

$$|\overrightarrow{PQ} \times \mathbf{F}| = |\overrightarrow{PQ}||\mathbf{F}| \sin 70° \approx (3)(20)(0.94) \approx 56.4\ \text{N} \cdot \text{m}$$

이 예제에서 회전력벡터는 페이지의 바깥쪽을 가리킨다. ■

스칼라 3중적 또는 박스곱

$(\mathbf{u} \times \mathbf{v}) \cdot \mathbf{w}$를 $\mathbf{u}$, $\mathbf{v}$, $\mathbf{w}$ (차례로)의 **스칼라 3중적**(triple scalar product)이라고 한다. 다음과 같은 공식을 알 수 있다.

$$|(\mathbf{u} \times \mathbf{v}) \cdot \mathbf{w}| = |\mathbf{u} \times \mathbf{v}||\mathbf{w}||\cos\theta|$$

스칼라 3중적의 절댓값은 $\mathbf{u}$, $\mathbf{v}$, $\mathbf{w}$로 결정되는 평행육면체의 부피가 된다(그림 10.36). $|\mathbf{u} \times \mathbf{v}|$는 평행육면체의 밑면의 넓이이다. $|\mathbf{w}||\cos\theta|$는 평행육면체의 높이이다. 이러한 기하학적 이유로 $(\mathbf{u} \times \mathbf{v}) \cdot \mathbf{w}$를 $\mathbf{u}$, $\mathbf{v}$, $\mathbf{w}$의 **박스곱**(box product)이라고도 한다.

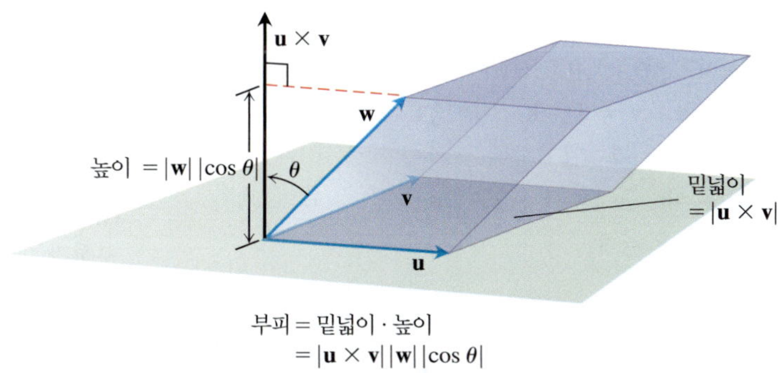

그림 10.36 $|(\mathbf{u} \times \mathbf{v}) \cdot \mathbf{w}|$는 평행육면체의 부피이다.

$\mathbf{u}$, $\mathbf{v}$, $\mathbf{w}$로 결정되는 평행육면체에서 $\mathbf{v}$와 $\mathbf{w}$를 품는 평면 또는 $\mathbf{w}$와 $\mathbf{u}$를 품는 평면을 밑면으로 정할 수 있으므로 그 부피는 동일하게 다음과 같음을 알 수 있다.

$$(\mathbf{u} \times \mathbf{v}) \cdot \mathbf{w} = (\mathbf{v} \times \mathbf{w}) \cdot \mathbf{u} = (\mathbf{w} \times \mathbf{u}) \cdot \mathbf{v}$$

스칼라 3중적에서 문자는 그대로 둔 채 · 와 ×만 바꿀 수 있다.

내적은 교환법칙이 성립하므로 다음을 얻는다.

$$(\mathbf{u} \times \mathbf{v}) \cdot \mathbf{w} = \mathbf{u} \cdot (\mathbf{v} \times \mathbf{w})$$

스칼라 3중적은 행렬식으로 표현할 수 있다.

$$(\mathbf{u} \times \mathbf{v}) \cdot \mathbf{w} = \left(\begin{vmatrix} u_2 & u_3 \\ v_2 & v_3 \end{vmatrix} \mathbf{i} - \begin{vmatrix} u_1 & u_3 \\ v_1 & v_3 \end{vmatrix} \mathbf{j} + \begin{vmatrix} u_1 & u_2 \\ v_1 & v_2 \end{vmatrix} \mathbf{k} \right) \cdot \mathbf{w}$$

$$= w_1 \begin{vmatrix} u_2 & u_3 \\ v_2 & v_3 \end{vmatrix} - w_2 \begin{vmatrix} u_1 & u_3 \\ v_1 & v_3 \end{vmatrix} + w_3 \begin{vmatrix} u_1 & u_2 \\ v_1 & v_2 \end{vmatrix}$$

$$= \begin{vmatrix} u_1 & u_2 & u_3 \\ v_1 & v_2 & v_3 \\ w_1 & w_2 & w_3 \end{vmatrix}$$

$$\begin{vmatrix} u_1 & u_2 & u_3 \\ v_1 & v_2 & v_3 \\ w_1 & w_2 & w_3 \end{vmatrix} = -\begin{vmatrix} w_1 & w_2 & w_3 \\ v_1 & v_2 & v_3 \\ u_1 & u_2 & u_3 \end{vmatrix}$$

행렬의 두 행을 서로 바꾸어도 행렬식의 절댓값은 변하지 않는다. 따라서 3중 곱의 절대값을 계산할 때 벡터 **u**, **v**, **w**의 순서와 상관없이 선택할 수 있다.

스칼라 3중적의 행렬식으로 계산

$$(\mathbf{u} \times \mathbf{v}) \cdot \mathbf{w} = \begin{vmatrix} u_1 & u_2 & u_3 \\ v_1 & v_2 & v_3 \\ w_1 & w_2 & w_3 \end{vmatrix}$$

예제 6 $\mathbf{u}=\mathbf{i}+2\mathbf{j}-\mathbf{k}$, $\mathbf{v}=-2\mathbf{i}+3\mathbf{k}$, $\mathbf{w}=7\mathbf{j}-4\mathbf{k}$에 의해 결정되는 평행육면체의 부피를 구하라.

풀이 3×3 행렬식의 계산 법칙을 사용하여 다음과 같은 결과를 얻는다.

$$(\mathbf{u} \times \mathbf{v}) \cdot \mathbf{w} = \begin{vmatrix} 1 & 2 & -1 \\ -2 & 0 & 3 \\ 0 & 7 & -4 \end{vmatrix} = (1)\begin{vmatrix} 0 & 3 \\ 7 & -4 \end{vmatrix} - (2)\begin{vmatrix} -2 & 3 \\ 0 & -4 \end{vmatrix} + (-1)\begin{vmatrix} -2 & 0 \\ 0 & 7 \end{vmatrix} = -23$$

따라서 부피는 $(\mathbf{u} \times \mathbf{v}) \cdot \mathbf{w} = -23$이다. ■

연습문제 10.4 EXERCISE QUESTION

외적의 계산

연습문제 1~8에서 $\mathbf{u} \times \mathbf{v}$와 $\mathbf{v} \times \mathbf{u}$의 길이와 방향을 구하라.

1. $\mathbf{u} = 2\mathbf{i} - 2\mathbf{j} - \mathbf{k}$, $\mathbf{v} = \mathbf{i} - \mathbf{k}$
2. $\mathbf{u} = 2\mathbf{i} + 3\mathbf{j}$, $\mathbf{v} = -\mathbf{i} + \mathbf{j}$
3. $\mathbf{u} = 2\mathbf{i} - 2\mathbf{j} + 4\mathbf{k}$, $\mathbf{v} = -\mathbf{i} + \mathbf{j} - 2\mathbf{k}$
4. $\mathbf{u} = \mathbf{i} + \mathbf{j} - \mathbf{k}$, $\mathbf{v} = \mathbf{0}$
5. $\mathbf{u} = 2\mathbf{i}$, $\mathbf{v} = -3\mathbf{j}$
6. $\mathbf{u} = \mathbf{i} \times \mathbf{j}$, $\mathbf{v} = \mathbf{j} \times \mathbf{k}$
7. $\mathbf{u} = -8\mathbf{i} - 2\mathbf{j} - 4\mathbf{k}$, $\mathbf{v} = 2\mathbf{i} + 2\mathbf{j} + \mathbf{k}$
8. $\mathbf{u} = \frac{3}{2}\mathbf{i} - \frac{1}{2}\mathbf{j} + \mathbf{k}$, $\mathbf{v} = \mathbf{i} + \mathbf{j} + 2\mathbf{k}$

연습문제 9~14에서 좌표축을 그려 원점을 시점으로 하는 벡터로 **u**, **v**, $\mathbf{u} \times \mathbf{v}$를 그려라.

9. $\mathbf{u} = \mathbf{i}$, $\mathbf{v} = \mathbf{j}$
10. $\mathbf{u} = \mathbf{i} - \mathbf{k}$, $\mathbf{v} = \mathbf{j}$
11. $\mathbf{u} = \mathbf{i} - \mathbf{k}$, $\mathbf{v} = \mathbf{j} + \mathbf{k}$
12. $\mathbf{u} = 2\mathbf{i} - \mathbf{j}$, $\mathbf{v} = \mathbf{i} + 2\mathbf{j}$
13. $\mathbf{u} = \mathbf{i} + \mathbf{j}$, $\mathbf{v} = \mathbf{i} - \mathbf{j}$
14. $\mathbf{u} = \mathbf{j} + 2\mathbf{k}$, $\mathbf{v} = \mathbf{i}$

공간에서 삼각형

연습문제 15~18에서 다음 물음에 답하라.

a. 주어진 점 P, Q, R로 결정된 삼각형의 넓이를 구하라.
b. 평면 PQR에 수직인 단위벡터를 구하라.

15. $P(1, -1, 2)$, $Q(2, 0, -1)$, $R(0, 2, 1)$
16. $P(1, 1, 1)$, $Q(2, 1, 3)$, $R(3, -1, 1)$
17. $P(2, -2, 1)$, $Q(3, -1, 2)$, $R(3, -1, 1)$
18. $P(-2, 2, 0)$, $Q(0, 1, -1)$, $R(-1, 2, -2)$

스칼라 3중적

연습문제 19~22에서 벡터 **u**, **v**, **w**에 대해 $(\mathbf{u} \times \mathbf{v}) \cdot \mathbf{w} = (\mathbf{v} \times \mathbf{w}) \cdot \mathbf{u} = (\mathbf{w} \times \mathbf{u}) \cdot \mathbf{v}$을 증명하고 **u**, **v**, **w**에 의해 결정되는 평행육면체의 부피를 구하라.

	u	v	w
19.	$2\mathbf{i}$	$2\mathbf{j}$	$2\mathbf{k}$
20.	$\mathbf{i} - \mathbf{j} + \mathbf{k}$	$2\mathbf{i} + \mathbf{j} - 2\mathbf{k}$	$-\mathbf{i} + 2\mathbf{j} - \mathbf{k}$
21.	$2\mathbf{i} + \mathbf{j}$	$2\mathbf{i} - \mathbf{j} + \mathbf{k}$	$\mathbf{i} + 2\mathbf{k}$
22.	$\mathbf{i} + \mathbf{j} - 2\mathbf{k}$	$-\mathbf{i} - \mathbf{k}$	$2\mathbf{i} + 4\mathbf{j} - 2\mathbf{k}$

이론과 예제

23. **평행하고 수직인 벡터** $\mathbf{u}=5\mathbf{i}-\mathbf{j}+\mathbf{k}$, $\mathbf{v}=\mathbf{j}-5\mathbf{k}$, $\mathbf{w}=-15\mathbf{i}+3\mathbf{j}-3\mathbf{k}$ 중 어떤 벡터의 쌍이 **(a)** 직교하고, **(b)** 평행한가? 그 이유를 설명하라.
24. **평행하고 수직인 벡터** $\mathbf{u}=\mathbf{i}+2\mathbf{j}-\mathbf{k}$, $\mathbf{v}=-\mathbf{i}+\mathbf{j}+\mathbf{k}$, $\mathbf{w}=\mathbf{i}+\mathbf{k}$, $\mathbf{r}=-(\pi/2)\mathbf{i}-\pi\mathbf{j}+(\pi/2)\mathbf{k}$ 중 어떤 벡터의 쌍이 **(a)** 직교하고, **(b)** 평행한가? 그 이유를 설명하라.

연습문제 25와 26에서 $|\overrightarrow{PQ}|=20$ cm이고 $|\mathbf{F}|=15$ **N**일 때, 점 P에서 볼트에 힘 **F**를 가했을 때, 회전력의 크기를 구하라. **N** m로 답하라.

25.

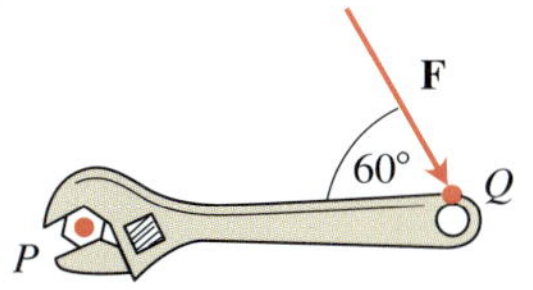

26.

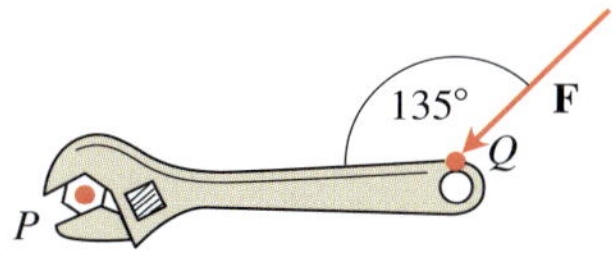

27. 다음 명제의 참, 거짓을 밝혀라. 그 이유를 설명하라.

- **a.** $|\mathbf{u}| = \sqrt{\mathbf{u}\cdot\mathbf{u}}$
- **b.** $\mathbf{u}\cdot\mathbf{u} = |\mathbf{u}|$
- **c.** $\mathbf{u}\times\mathbf{0} = \mathbf{0}\times\mathbf{u} = \mathbf{0}$
- **d.** $\mathbf{u}\times(-\mathbf{u}) = \mathbf{0}$
- **e.** $\mathbf{u}\times\mathbf{v} = \mathbf{v}\times\mathbf{u}$
- **f.** $\mathbf{u}\times(\mathbf{v}+\mathbf{w}) = \mathbf{u}\times\mathbf{v} + \mathbf{u}\times\mathbf{w}$
- **g.** $(\mathbf{u}\times\mathbf{v})\cdot\mathbf{v} = 0$
- **h.** $(\mathbf{u}\times\mathbf{v})\cdot\mathbf{w} = \mathbf{u}\cdot(\mathbf{v}\times\mathbf{w})$

28. 다음 명제의 참, 거짓을 밝혀라. 그 이유를 설명하라.

- **a.** $\mathbf{u}\cdot\mathbf{v} = \mathbf{v}\cdot\mathbf{u}$
- **b.** $\mathbf{u}\times\mathbf{v} = -(\mathbf{v}\times\mathbf{u})$
- **c.** $(-\mathbf{u})\times\mathbf{v} = -(\mathbf{u}\times\mathbf{v})$
- **d.** $(c\mathbf{u})\cdot\mathbf{v} = \mathbf{u}\cdot(c\mathbf{v}) = c(\mathbf{u}\cdot\mathbf{v})$ (c는 임의의 실수)
- **e.** $c(\mathbf{u}\times\mathbf{v}) = (c\mathbf{u})\times\mathbf{v} = \mathbf{u}\times(c\mathbf{v})$ (c는 임의의 실수)
- **f.** $\mathbf{u}\cdot\mathbf{u} = |\mathbf{u}|^2$
- **g.** $(\mathbf{u}\times\mathbf{u})\cdot\mathbf{u} = 0$
- **h.** $(\mathbf{u}\times\mathbf{v})\cdot\mathbf{u} = \mathbf{v}\cdot(\mathbf{u}\times\mathbf{v})$

29. 0이 아닌 벡터 **u**, **v**, **w**에 대해 내적과 외적을 이용하여 다음을 표현하라.

- **a.** **v** 위로의 **u**의 벡터사영
- **b.** **u**와 **v**에 수직인 벡터
- **c.** $\mathbf{u}\times\mathbf{v}$ 와 **w**에 수직인 벡터
- **d.** **u**, **v**, **w**에 의해 결정되는 평행육면체의 부피
- **e.** $\mathbf{u}\times\mathbf{v}$ 와 $\mathbf{u}\times\mathbf{w}$ 에 수직인 벡터
- **f.** **v** 방향으로 길이가 $|\mathbf{u}|$인 벡터

30. $(\mathbf{i}\times\mathbf{j})\times\mathbf{j}$와 $\mathbf{i}\times(\mathbf{j}\times\mathbf{j})$를 계산하라. 이 결과로 외적의 결합법칙에 대해 설명하라.

31. 벡터 **u**, **v**, **w**에 대해 다음 식이 의미가 있는지 없는지 알아보고, 그 이유를 설명하라.

- **a.** $(\mathbf{u}\times\mathbf{v})\cdot\mathbf{w}$
- **b.** $\mathbf{u}\times(\mathbf{v}\cdot\mathbf{w})$
- **c.** $\mathbf{u}\times(\mathbf{v}\times\mathbf{w})$
- **d.** $\mathbf{u}\cdot(\mathbf{v}\cdot\mathbf{w})$

32. 세 벡터의 외적 $(\mathbf{u}\times\mathbf{v})\times\mathbf{w}$는 **u**, **v**가 결정하는 평면에, $\mathbf{u}\times(\mathbf{v}\times\mathbf{w})$는 **v**, **w**가 결정하는 평면에 놓여 있다. 성립하지 않는 경우는 언제인가?

33. 외적의 소거 $\mathbf{u}\times\mathbf{v}=\mathbf{u}\times\mathbf{w}$이고 $\mathbf{u}\neq\mathbf{0}$이면 $\mathbf{v}=\mathbf{w}$인가? 그 이유를 설명하라.

34. 두 가지 소거 $\mathbf{u}\neq\mathbf{0}$일 때, $\mathbf{u}\times\mathbf{v}=\mathbf{u}\times\mathbf{w}$이고 $\mathbf{u}\cdot\mathbf{v}=\mathbf{u}\cdot\mathbf{w}$이면 $\mathbf{v}=\mathbf{w}$인가? 그 이유를 설명하라.

평행사변형의 넓이

연습문제 35~40에서 주어진 꼭짓점으로 만들어지는 평행사변형의 넓이를 구하라.

35. $A(1, 0)$, $B(0, 1)$, $C(-1, 0)$, $D(0, -1)$

36. $A(0, 0)$, $B(7, 3)$, $C(9, 8)$, $D(2, 5)$

37. $A(-1, 2)$, $B(2, 0)$, $C(7, 1)$, $D(4, 3)$

38. $A(-6, 0)$, $B(1, -4)$, $C(3, 1)$, $D(-4, 5)$

39. $A(0, 0, 0)$, $B(3, 2, 4)$, $C(5, 1, 4)$, $D(2, -1, 0)$

40. $A(1, 0, -1)$, $B(1, 7, 2)$, $C(2, 4, -1)$, $D(0, 3, 2)$

삼각형의 넓이

연습문제 41~47에서 주어진 점을 꼭짓점으로 하는 삼각형의 넓이를 구하라.

41. $A(0, 0)$, $B(-2, 3)$, $C(3, 1)$

42. $A(-1, -1)$, $B(3, 3)$, $C(2, 1)$

43. $A(-5, 3)$, $B(1, -2)$, $C(6, -2)$

44. $A(-6, 0)$, $B(10, -5)$, $C(-2, 4)$

45. $A(1, 0, 0)$, $B(0, 2, 0)$, $C(0, 0, -1)$

46. $A(0, 0, 0)$, $B(-1, 1, -1)$, $C(3, 0, 3)$

47. $A(1, -1, 1)$, $B(0, 1, 1)$, $C(1, 0, -1)$

48. 8개의 꼭짓점 중에서 하나는 $A(0, 0, 0)$이고 인접한 3개가 $B(1, 2, 0)$, $C(0, -3, 2)$, $D(3, -4, 5)$인 평행육면체의 부피를 구하라.

49. 삼각형의 넓이 xy평면에서 꼭짓점이 $(0, 0)$, (a_1, a_2), (b_1, b_2)인 삼각형의 넓이에 대한 2×2 행렬식 공식을 구하라.

50. 삼각형의 넓이 xy평면에서 꼭짓점이 (a_1, a_2), (b_1, b_2), (c_1, c_2)인 삼각형의 넓이에 대한 3×3 행렬식 공식을 구하라.

사면체의 부피

5.1절의 성질을 이용하여 단면적을 적분함으로 부피를 계산할 수 있다. 3개의 벡터로부터 얻어진 사면체의 부피는 그 세 벡터에 의해 결정되는 평행육면체의 부피의 $\frac{1}{6}$임을 보일 수 있다. 연습문제 51~54에서 주어진 꼭짓점에 의해 만들어지는 사면체의 부피를 구하라.

51. $A(0, 0, 0)$, $B(2, 0, 0)$, $C(0, 3, 0)$, $D(0, 0, 4)$

52. $A(0, 0, 0)$, $B(1, 0, 2)$, $C(0, 2, 1)$, $D(3, 4, 0)$

53. $A(1, -1, 0)$, $B(0, 2, -2)$, $C(-3, 0, 3)$, $D(0, 4, 4)$

54. $A(-1, 2, 3)$, $B(2, 0, 1)$, $C(1, -3, 2)$, $D(-2, 1, -1)$

연습문제 55~57에서 주어진 점이 같은 평면에 있는지 판별하라.

55. $A(1, 1, 1)$, $B(-1, 0, 4)$, $C(0, 2, 1)$, $D(2, -2, 3)$

56. $A(0, 0, 4)$, $B(6, 2, 0)$, $C(2, -1, 1)$, $D(-3, -4, 3)$

57. $A(0, 1, 2)$, $B(-1, 1, 0)$, $C(2, 0, -1)$, $D(1, -1, 1)$

10.5 공간에서 직선과 평면

이 절에서는 내적과 외적을 사용하여 공간에서 직선, 선분, 평면의 방정식을 구하는 방법을 배운다. 공간에서 곡선과 곡면의 연구에 이번 절에서 배운 직선과 평면에 관한 표현을 사용할 것이다.

공간에서 직선과 선분

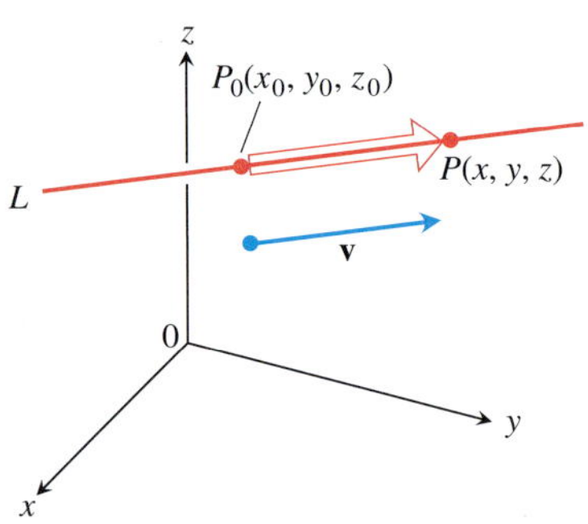

그림 10.37 P가 P_0을 지나 $\mathbf{v}$에 평행한 직선 L 상의 점일 필요충분 조건은 $\overrightarrow{P_0P}$가 $\mathbf{v}$의 스칼라곱이다.

평면에서 한 점과 기울기가 주어지면 직선이 결정된다. 공간에서 직선은 한 점과 직선의 방향을 나타내는 벡터에 의해 결정된다.

공간에서 직선 L이 점 $P_0(x_0, y_0, z_0)$을 지나고 벡터 $\mathbf{v}=v_1\mathbf{i}+v_2\mathbf{j}+v_3\mathbf{k}$와 평행할 때, L은 벡터 $\overrightarrow{P_0P}$가 $\mathbf{v}$와 평행하게 되는 모든 점 $P(x, y, z)$의 집합이다(그림 10.37). 그러므로 스칼라인 t에 대해 $\overrightarrow{P_0P}=t\mathbf{v}$이다. 이때 t는 정의역이 $(-\infty, \infty)$이고 직선 위를 움직이는 점 P의 위치에 따라 결정된다. 식 $\overrightarrow{P_0P}=t\mathbf{v}$을 벡터의 성분을 써서 표현하면 다음과 같다.

$$(x-x_0)\mathbf{i}+(y-y_0)\mathbf{j}+(z-z_0)\mathbf{k}=t(v_1\mathbf{i}+v_2\mathbf{j}+v_3\mathbf{k})$$

정리를 하면 다음을 얻는다.

$$x\mathbf{i}+y\mathbf{j}+z\mathbf{k}=x_0\mathbf{i}+y_0\mathbf{j}+z_0\mathbf{k}+t(v_1\mathbf{i}+v_2\mathbf{j}+v_3\mathbf{k}) \tag{1}$$

직선 위의 점 $P(x, y, z)$의 위치벡터는 $\mathbf{r}(t)$이고 $P_0(x_0, y_0, z_0)$의 위치벡터는 $\mathbf{r}_0$이라고 하면, 식 (1)은 공간에서 직선의 방정식을 다음과 같은 벡터 형식으로 표현한다.

> **직선의 벡터방정식**
>
> **점 $P_0(x_0, y_0, z_0)$을 지나고 $\mathbf{0}$이 아닌 벡터 $\mathbf{v}$에 평행한 직선의 벡터방정식** L은 다음과 같다.
>
> $$\mathbf{r}(t)=\mathbf{r}_0+t\mathbf{v}, \quad -\infty < t < \infty \tag{2}$$
>
> 여기서 $\mathbf{r}$은 L 상의 점 $P(x, y, z)$의 위치벡터이고 $\mathbf{r}_0$은 L 상의 $P_0(x_0, y_0, z_0)$의 위치벡터이다.

식 (1)의 양변에서 대응하는 성분끼리 식으로 표현하면 t에 관한 3개의 매개방정식을 준다.

$$x=x_0+tv_1, \qquad y=y_0+tv_2, \qquad z=z_0+tv_3$$

위 식은 매개변수의 범위가 $-\infty < t < \infty$인 직선의 표준매개방정식이다.

> **직선의 매개방정식**
>
> **$P_0(x_0, y_0, z_0)$를 지나고 $\mathbf{0}$이 아닌 벡터 $\mathbf{v}=v_1\mathbf{i}+v_2\mathbf{j}+v_3\mathbf{k}$에 평행한 직선의 표준매개방정식**은 다음과 같다.
>
> $$x=x_0+tv_1, \quad y=y_0+tv_2, \quad z=z_0+tv_3, \quad -\infty < t < \infty \tag{3}$$

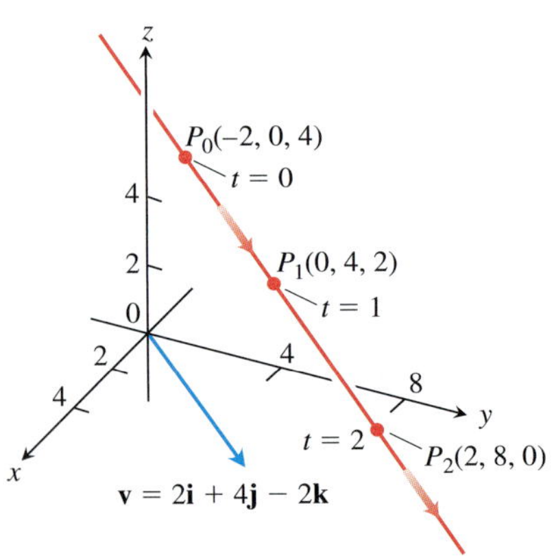

그림 10.38 예제 1에서 직선의 매개방정식 위에 선택된 점과 매개변수 값이다. 화살표는 t의 증가 방향을 나타낸다.

예제 1 $(-2, 0, 4)$를 지나고 $\mathbf{v}=2\mathbf{i}+4\mathbf{j}-2\mathbf{k}$와 평행한 직선의 매개방정식을 구하라(그림 10.38).

풀이 $P_0(x_0, y_0, z_0)=(-2, 0, 4)$이고 $\mathbf{v}=v_1\mathbf{i}+v_2\mathbf{j}+v_3\mathbf{k}=2\mathbf{i}+4\mathbf{j}-2\mathbf{k}$를 식 (3)에 대입하면 다음을 얻는다.

$$x=-2+2t, \qquad y=4t, \qquad z=4-2t$$

■

예제 2 두 점 $P(-3, 2, -3)$, $Q(1, -1, 4)$를 지나는 직선의 매개방정식을 구하라.

풀이 다음과 같은 벡터는 직선에 평행하고,

$$\overrightarrow{PQ} = (1-(-3))\mathbf{i} + (-1-2)\mathbf{j} + (4-(-3))\mathbf{k} = 4\mathbf{i} - 3\mathbf{j} + 7\mathbf{k}$$

식 (3)에 $(x_0, y_0, z_0) = (-3, 2, -3)$을 대입하면 다음을 얻는다.

$$x = -3 + 4t, \qquad y = 2 - 3t, \qquad z = -3 + 7t$$

직선 위의 점 $Q(1, -1, 4)$를 '기준점'으로 선택하면 다음과 같이 쓸 수 있다.

$$x = 1 + 4t, \qquad y = -1 - 3t, \qquad z = 4 + 7t$$

위의 두 식은 동일한 직선을 나타낸다. 단지 주어진 매개변수 t에 대해 직선 위의 점을 다르게 택했을 뿐이다. ■

주어진 매개방정식은 유일하지 않다. 동일한 직선이라도 기준점을 다르게 택하거나 매개변수를 다르게 표현하면 매개변수식은 달라진다. 예제 2에서 $x=-3+4t^3$, $y=2-3t^3$, $z=-3+7t^3$도 같은 직선의 매개방정식이다.

두 점을 잇는 선분의 매개방정식을 구하려면, 먼저 그 두 점을 포함하는 직선의 매개방정식을 구한다. 그 다음에 양 끝점의 대입하여 t의 값을 각각 구하고, 이 두 값을 각각 닫힌 구간의 양 끝 값으로 정하면 된다. 이러한 제한 조건을 가지는 직선의 방정식이 선분을 매개화한다.

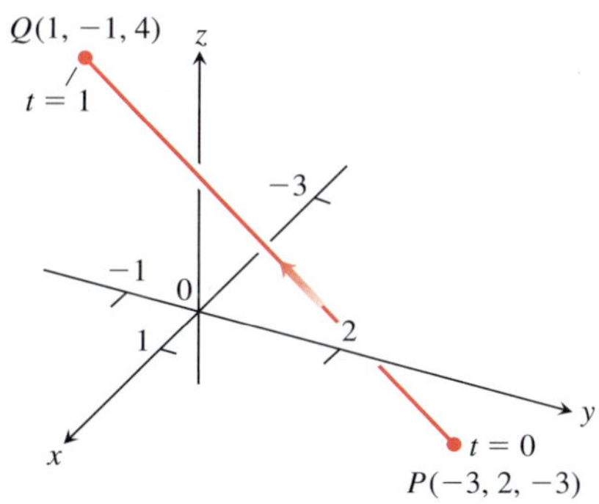

그림 10.39 예제 3으로부터 선분 PQ의 매개방정식을 얻는다. 화살표는 t의 증가 방향을 나타낸다.

예제 3 두 점 $P(-3, 2, -3)$, $Q(1, -1, 4)$를 잇는 선분의 매개방정식을 구하라(그림 10.39).

풀이 먼저 P, Q를 지나는 직선의 매개방정식을 구하자. 이 문제의 경우는 예제 2로부터 다음을 얻는다.

$$x = -3 + 4t, \qquad y = 2 - 3t, \qquad z = -3 + 7t$$

다음과 같이 직선 위의 점은 $t=0$에서 $P(-3, 2, -3)$이고 $t=1$에서 $Q(1, -1, 4)$이다.

$$(x, y, z) = (-3 + 4t, 2 - 3t, -3 + 7t)$$

선분을 매개화하기 위해 $0 \le t \le 1$으로 제한 조건을 추가한다.

$$x = -3 + 4t, \qquad y = 2 - 3t, \qquad z = -3 + 7t, \qquad 0 \le t \le 1$$ ■

공간에서 직선의 벡터 형식(식 (2))은 입자가 위치 $P_0(x_0, y_0, z_0)$에서 출발하여 벡터 $\mathbf{v}$의 방향으로 운동하는 경로로 생각해도 된다. 식 (2)를 다시 쓰면 다음을 얻는다.

$$\mathbf{r}(t) = \mathbf{r}_0 + t\mathbf{v}$$
$$= \mathbf{r}_0 + t\,|\mathbf{v}|\,\frac{\mathbf{v}}{|\mathbf{v}|} \tag{4}$$

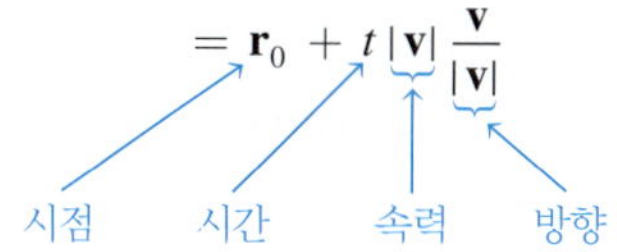

다시 말해 직선운동에서 시간 t에서의 입자의 위치는 입자의 시점에 $\mathbf{v}/|\mathbf{v}|$ 방향으로 이동한 거리(속력 × 시간)의 합이 됨을 보여준다.

예제 4 헬리콥터가 원점인 발착장에서 점 (1, 1, 1)의 방향으로 속력 60 m/s로 날아가려 한다. 직선으로 날아갈 때, 10초 후에 헬리콥터의 위치를 구하라.

풀이 헬리콥터의 시점(발착장)을 원점으로 놓는다. 이때 다음과 같은 단위벡터는 헬리콥터의 비행 방향이다.

$$\mathbf{u} = \frac{1}{\sqrt{3}}\mathbf{i} + \frac{1}{\sqrt{3}}\mathbf{j} + \frac{1}{\sqrt{3}}\mathbf{k}$$

식 (4)로부터 임의의 시간 t에서의 헬리콥터의 위치는 다음과 같다.

$$\begin{aligned}\mathbf{r}(t) &= \mathbf{r}_0 + t\,(\text{속력})\,\mathbf{u} \\ &= \mathbf{0} + t\,(60)\left(\frac{1}{\sqrt{3}}\mathbf{i} + \frac{1}{\sqrt{3}}\mathbf{j} + \frac{1}{\sqrt{3}}\mathbf{k}\right) \\ &= 20\sqrt{3}\,t\,(\mathbf{i} + \mathbf{j} + \mathbf{k})\end{aligned}$$

$t=10$일 때 다음과 같다.

$$\begin{aligned}\mathbf{r}(10) &= 200\sqrt{3}(\mathbf{i} + \mathbf{j} + \mathbf{k}) \\ &= \langle 200\sqrt{3},\ 200\sqrt{3},\ 200\sqrt{3}\rangle\end{aligned}$$

10초 후에 헬리콥터가 원점에서 (1, 1, 1) 방향으로 날아갈 때 헬리콥터의 위치는 $(200\sqrt{3}, 200\sqrt{3}, 200\sqrt{3})$이다. 벡터 $\mathbf{r}(10)$의 길이가 거리 (60 m/s)(10 s)=600 m만큼 이동한다. ■

공간에서 한 점에서 직선까지의 거리

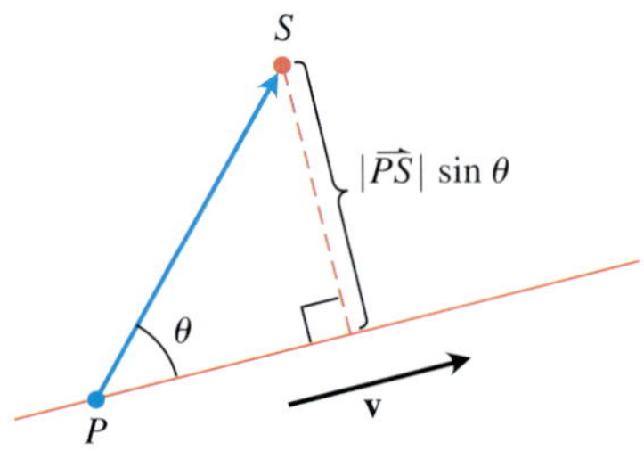

그림 10.40 θ가 $\overrightarrow{PS}$와 $\mathbf{v}$가 이루는 각일 때 점 S로부터 점 P를 지나고 벡터 $\mathbf{v}$에 평행한 직선까지의 거리는 $|\overrightarrow{PS}|\sin\theta$이다.

한 점 S로부터 점 P를 지나고 벡터 $\mathbf{v}$에 평행한 직선까지의 거리를 구하려면, 직선에 수직인 벡터 방향으로 $\overrightarrow{PS}$의 스칼라 성분의 절댓값을 구한다(그림 10.40). 그림에서 개념을 살펴보면 스칼라 성분의 절댓값은 $|\overrightarrow{PS}|\sin\theta$, 즉 $\dfrac{|\overrightarrow{PS}|\,|\mathbf{v}|\sin\theta}{|\mathbf{v}|} = \dfrac{|\overrightarrow{PS}\times\mathbf{v}|}{|\mathbf{v}|}$이다.

점 S에서 점 P를 지나고 벡터 $\mathbf{v}$에 평행한 직선까지의 거리

$$d = \frac{|\overrightarrow{PS}\times\mathbf{v}|}{|\mathbf{v}|} \tag{5}$$

예제 5 점 $S(1, 1, 5)$에서 다음 직선 L까지의 거리를 구하라.

$$L:\quad x = 1 + t,\qquad y = 3 - t,\qquad z = 2t$$

풀이 L의 직선의 방정식으로부터 L이 한 점 $P(1, 3, 0)$을 지나고 $\mathbf{v}=\mathbf{i}-\mathbf{j}+2\mathbf{k}$에 평행한 직선임을 알 수 있다.

$$\overrightarrow{PS} = (1-1)\mathbf{i} + (1-3)\mathbf{j} + (5-0)\mathbf{k} = -2\mathbf{j} + 5\mathbf{k}$$

그리고 다음과 같다.

$$\overrightarrow{PS}\times\mathbf{v} = \begin{vmatrix}\mathbf{i} & \mathbf{j} & \mathbf{k}\\ 0 & -2 & 5\\ 1 & -1 & 2\end{vmatrix} = \mathbf{i} + 5\mathbf{j} + 2\mathbf{k}$$

그러므로 식 (5)에 의해 다음을 얻는다.

$$d = \frac{|\overrightarrow{PS}\times\mathbf{v}|}{|\mathbf{v}|} = \frac{\sqrt{1+25+4}}{\sqrt{1+1+4}} = \frac{\sqrt{30}}{\sqrt{6}} = \sqrt{5}$$ ■

공간에서 평면의 방정식

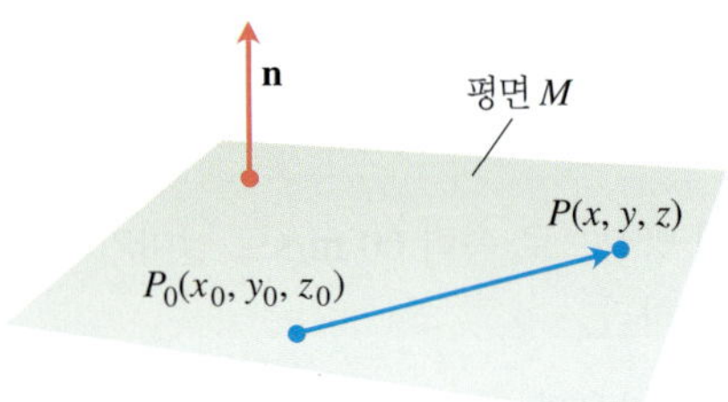

그림 10.41 공간에서 평면의 표준방정식은 평면에 수직인 법선벡터를 이용하여 정의된다. 점 P가 $\mathbf{n}$에 수직이고, P_0을 지나는 평면 상의 점일 필요충분 조건은 $\mathbf{n}\cdot\overrightarrow{P_0P}=0$이다.

공간에서 평면은 평면 위의 한 점과 그 평면의 '경사' 또는 방향으로 결정된다. 이런 '경사'는 평면에 수직인 벡터 또는 법선벡터로 정의된다.

평면 M이 한 점 $P_0(x_0, y_0, z_0)$를 지나고, $\mathbf{0}$이 아닌 벡터 $\mathbf{n}=A\mathbf{i}+B\mathbf{j}+C\mathbf{k}$에 수직이라 하자. 이때 M은 $\overrightarrow{P_0P}$와 $\mathbf{n}$이 직교하는 모든 점 $P(x, y, z)$의 집합이다(그림 10.41). 따라서 내적 $\mathbf{n}\cdot\overrightarrow{P_0P}=0$이다. 이 식은 다음과 동치이다.

$$(A\mathbf{i} + B\mathbf{j} + C\mathbf{k})\cdot[(x-x_0)\mathbf{i} + (y-y_0)\mathbf{j} + (z-z_0)\mathbf{k}] = 0$$

즉 평면 M은 다음 식을 만족하는 모든 점 (x, y, z)의 집합이다.

$$A(x-x_0)+B(y-y_0)+C(z-z_0)=0$$

평면의 방정식

점 $P_0(x_0, y_0, z_0)$를 지나고 $\mathbf{0}$이 아닌 벡터 $\mathbf{n}=A\mathbf{i}+B\mathbf{j}+C\mathbf{k}$에 수직인 평면은 다음과 같은 형태로 표현된다.

벡터방정식: $\mathbf{n}\cdot\overrightarrow{P_0P}=0$

성분방정식: $A(x-x_0)+B(y-y_0)+C(z-z_0)=0$

성분방정식의 일반형: $Ax+By+Cz=D$, 여기서 $D=Ax_0+By_0+Cz_0$

예제 6 점 $P_0(-3, 0, 7)$을 지나고 $\mathbf{n}=5\mathbf{i}+2\mathbf{j}-\mathbf{k}$에 수직은 평면의 방정식을 구하라.

풀이 성분방정식은 다음과 같다.

$$5(x-(-3))+2(y-0)+(-1)(z-7)=0$$

이를 간단히 정리하면 다음을 얻는다.

$$5x+15+2y-z+7=0$$
$$5x+2y-z=-22$$

■

예제 6에서 $\mathbf{n}=5\mathbf{i}+2\mathbf{j}-\mathbf{k}$의 성분이 방정식 $5x+2y-z=-22$의 x, y, z의 계수가 됨을 알 수 있다. 벡터 $\mathbf{n}=A\mathbf{i}+B\mathbf{j}+C\mathbf{k}$는 평면 $Ax+By+Cz=D$에 수직이다.

예제 7 세 점 $A(0, 0, 1)$, $B(2, 0, 0)$, $C(0, 3, 0)$을 지나는 평면의 방정식을 구하라.

풀이 평면에 수직인 벡터를 구하고, 세 점 중의 하나를 사용하여 평면의 방정식을 구한다.

다음과 같은 외적은 평면에 수직이다.

$$\overrightarrow{AB}\times\overrightarrow{AC}=\begin{vmatrix}\mathbf{i} & \mathbf{j} & \mathbf{k}\\ 2 & 0 & -1\\ 0 & 3 & -1\end{vmatrix}=3\mathbf{i}+2\mathbf{j}+6\mathbf{k}$$

이 벡터의 성분과 점 $A(0, 0, 1)$의 좌표를 평면의 성분방정식에 대입하면 다음과 같다.

$$3(x-0)+2(y-0)+6(z-1)=0$$
$$3x+2y+6z=6$$

■

교선

두 직선이 서로 평행할 필요충분 조건은 이들이 동일한 방향을 가지는 것이다. 이와 마찬가지로 두 평면이 서로 평행할 필요충분 조건은 이들 각각의 법선벡터가 서로 평행, 즉 적당한 스칼라 k에 대해 $\mathbf{n}_1=k\mathbf{n}_2$이다. 평행하지 않은 두 평면은 한 직선에서 만난다.

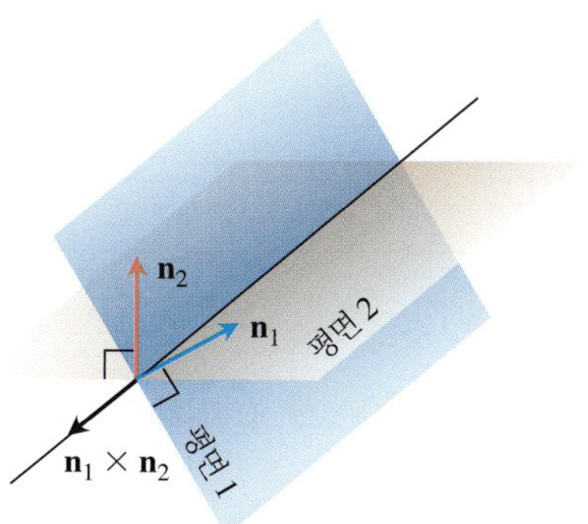

그림 10.42 두 평면의 교선과 평면의 법선벡터의 위치 관계(예제 8).

예제 8 두 평면 $3x-6y-2z=15$, $2x+y-2z=5$의 교선에 평행한 벡터를 구하라.

풀이 두 평면의 교선은 두 평면의 법벡터 $\mathbf{n}_1$, $\mathbf{n}_2$와 동시에 수직이고(그림 10.42), 따라서 $\mathbf{n}_1\times\mathbf{n}_2$에 평행하다. 다시 말하면 $\mathbf{n}_1\times\mathbf{n}_2$는 두 평면의 교선에 평행한 벡터이다.

$$\mathbf{n}_1\times\mathbf{n}_2=\begin{vmatrix}\mathbf{i} & \mathbf{j} & \mathbf{k}\\ 3 & -6 & -2\\ 2 & 1 & -2\end{vmatrix}=14\mathbf{i}+2\mathbf{j}+15\mathbf{k}$$

$\mathbf{n}_1 \times \mathbf{n}_2$의 임의의 0이 아닌 스칼라곱도 답일 수 있다. ■

예제 9 두 평면 $3x-6y-2z=15$, $2x+y-2z=5$의 교선의 매개방정식을 구하라.

풀이 교선에 평행한 벡터와 그 직선 위의 한 점을 찾아 식 (3)을 이용하자.

예제 8에서 교선에 평행한 벡터가 $\mathbf{v}=14\mathbf{i}+2\mathbf{j}+15\mathbf{k}$임을 알았다. 교선 위의 한 점은 두 평면이 동시에 만족시키는 점으로 택할 수 있다. $z=0$을 대입하고 x, y에 관한 연립방정식을 풀면, 교선 위의 한 점 $(3, -1, 0)$이 구해진다. 따라서 교선의 매개방정식은 다음과 같다.

$$x = 3 + 14t, \qquad y = -1 + 2t, \qquad z = 15t$$

$z=0$은 임의로 택한 값이고 $z=1$ 또는 $z=-1$을 택해도 된다. 또한 $x=0$으로 두고 y, z에 대해 풀 수도 있다. 점을 다르게 택하면 동일한 직선에 대해 서로 다른 매개방정식이 나온다. ■

때때로 직선과 평면이 어디서 만나는지 알기를 원한다. 예를 들어 얇은 판과 그 판을 통과하는 선분을 보면, 선분의 어느 부분이 판으로 가려졌는지 궁금하다. 이러한 응용은 컴퓨터 그래픽에 이용된다(연습문제 78).

예제 10 다음의 직선과 평면 $3x+2y+6z=6$의 교점을 구하라.

$$x = \frac{8}{3} + 2t, \qquad y = -2t, \qquad z = 1 + t$$

풀이 다음 점의 좌표가 평면의 방정식을 만족시킨다면 이 점은 평면 위에 놓여 있다.

$$\left(\frac{8}{3} + 2t, -2t, 1 + t\right)$$

즉 다음과 같다.

$$\begin{aligned} 3\left(\frac{8}{3} + 2t\right) + 2(-2t) + 6(1 + t) &= 6 \\ 8 + 6t - 4t + 6 + 6t &= 6 \\ 8t &= -8 \\ t &= -1 \end{aligned}$$

교점은 다음과 같다.

$$(x, y, z)|_{t=-1} = \left(\frac{8}{3} - 2, 2, 1 - 1\right) = \left(\frac{2}{3}, 2, 0\right)$$ ■

한 점에서 평면까지의 거리

P가 법벡터 $\mathbf{n}$인 평면 위의 한 점이라면 임의의 한 점 S에서 평면까지의 거리는 $\overrightarrow{PS}$의 $\mathbf{n}$ 위로의 벡터사영의 길이이다. 공식은 다음과 같이 주어진다.

> **한 점 S에서 점 P를 지나고 법벡터 $\mathbf{n}$인 평면까지의 거리**
>
> $$d = \left|\overrightarrow{PS} \cdot \frac{\mathbf{n}}{|\mathbf{n}|}\right| \tag{6}$$

예제 11 $S(1, 1, 3)$에서 평면 $3x+2y+6z=6$까지의 거리를 구하라.

풀이 평면 위의 한 점 P를 찾고 $\overrightarrow{PS}$의 법선벡터 $\mathbf{n}$ 위로의 벡터사영의 길이를 구한다(그림 10.43). 평면의 방정식 $3x+2y+6z=6$의 계수에서 법벡터를 구한다.

$$\mathbf{n} = 3\mathbf{i} + 2\mathbf{j} + 6\mathbf{k}$$

평면의 방정식에서 평면의 점을 가장 쉽게 찾는 방법은 절편을 이용하는 것이다. y절편 (0, 3,

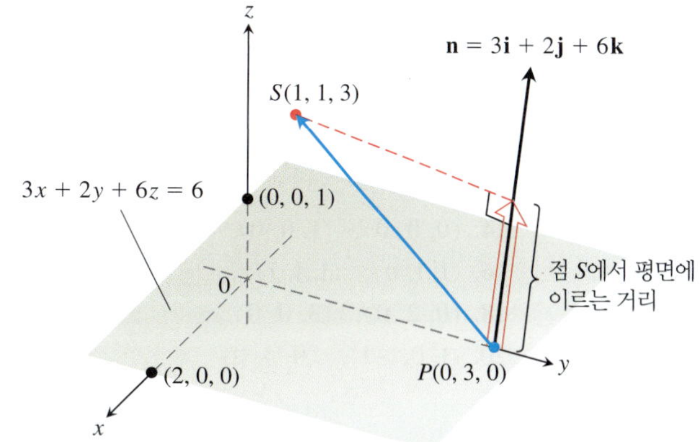

그림 10.43 S로부터 평면까지의 거리는 $\overrightarrow{PS}$의 $\mathbf{n}$ 위로의 벡터사영의 길이(예제 11).

0)을 P로 택하면 다음을 얻는다.

$$\overrightarrow{PS} = (1-0)\mathbf{i} + (1-3)\mathbf{j} + (3-0)\mathbf{k} = \mathbf{i} - 2\mathbf{j} + 3\mathbf{k}$$

$$|\mathbf{n}| = \sqrt{(3)^2 + (2)^2 + (6)^2} = \sqrt{49} = 7$$

그러므로 S에서 평면까지의 거리는 다음과 같다.

$$\begin{aligned} d &= \left|\overrightarrow{PS} \cdot \frac{\mathbf{n}}{|\mathbf{n}|}\right| \qquad \text{proj}_{\mathbf{n}}\,\overrightarrow{PS}\text{의 길이} \\ &= \left|(\mathbf{i} - 2\mathbf{j} + 3\mathbf{k}) \cdot \left(\frac{3}{7}\mathbf{i} + \frac{2}{7}\mathbf{j} + \frac{6}{7}\mathbf{k}\right)\right| \\ &= \left|\frac{3}{7} - \frac{4}{7} + \frac{18}{7}\right| = \frac{17}{7} \end{aligned}$$

■

두 평면 사이의 각

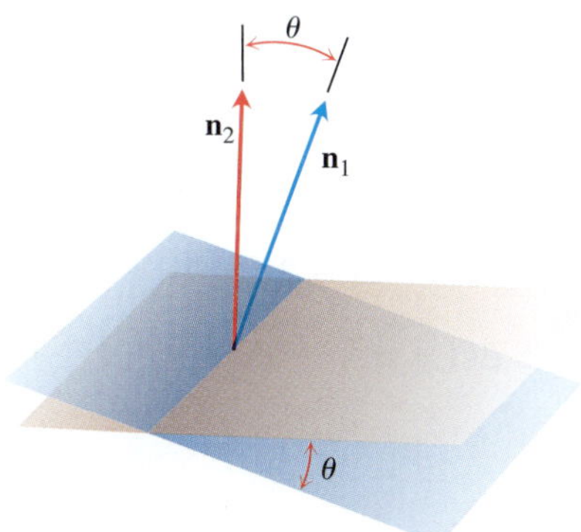

그림 10.44 두 평면 사잇각은 그들의 법선벡터 사잇각으로 정의한다.

만나는 두 평면이 이루는 각은 그들의 법선벡터가 이루는 각으로 정의된다(그림 10.44).

예제 12 두 평면 $3x-6y-2z=15$, $2x+y-2z=5$가 이루는 각을 구하라.

풀이 다음의 두 벡터는 각각 주어진 두 평면의 법벡터이다.

$$\mathbf{n}_1 = 3\mathbf{i} - 6\mathbf{j} - 2\mathbf{k}, \qquad \mathbf{n}_2 = 2\mathbf{i} + \mathbf{j} - 2\mathbf{k}$$

따라서 구하는 각은 다음과 같다.

$$\begin{aligned} \theta &= \arccos\left(\frac{\mathbf{n}_1 \cdot \mathbf{n}_2}{|\mathbf{n}_1||\mathbf{n}_2|}\right) \\ &= \arccos\left(\frac{4}{21}\right) \approx 1.38\text{라디안} \qquad \text{약 } 79\text{도} \end{aligned}$$

■

연습문제 10.5 EXERCISE QUESTION

직선과 선분

연습문제 1~12에서 직선의 매개방정식을 구하라.

1. 점 $P(3, -4, -1)$을 지나고 벡터 $\mathbf{i}+\mathbf{j}+\mathbf{k}$에 평행한 직선
2. $P(1, 2, -1)$과 $Q(-1, 0, 1)$을 지나는 직선
3. $P(-2, 0, 3)$과 $Q(3, 5, -2)$을 지나는 직선
4. $P(1, 2, 0)$과 $Q(1, 1, -1)$을 지나는 직선
5. 원점을 지나고 벡터 $2\mathbf{j}+\mathbf{k}$에 평행한 직선
6. 점 $(3, -2, 1)$을 지나고 직선 $x=1+2t$, $y=2-t$, $z=3t$에 평행한 직선
7. 점 $(1, 1, 1)$을 지나고 z축에 평행한 직선
8. 점 $(2, 4, 5)$를 지나고 평면 $3x+7y-5z=21$에 수직인 직선
9. 점 $(0, -7, 0)$을 지나고 평면 $x+2y+2z=13$에 수직인 직선
10. 점 $(2, 3, 0)$을 지나고 벡터 $\mathbf{u}=\mathbf{i}+2\mathbf{j}+3\mathbf{k}$와 $\mathbf{v}=3\mathbf{i}+4\mathbf{j}+5\mathbf{k}$에 수직

인 직선

11. x축　　**12.** y축

연습문제 13~20에서 주어진 두 점을 잇는 선분의 매개방정식을 구하라. 좌표축을 만들어서 각 선분을 그려 넣고, 매개변수 t의 증가 방향을 표시하라.

13. $(0, 0, 0)$, $(1, 1, 3/2)$　　**14.** $(0, 0, 0)$, $(1, 0, 0)$

15. $(1, 0, 0)$, $(1, 1, 0)$　　**16.** $(1, 1, 0)$, $(1, 1, 1)$

17. $(0, 1, 1)$, $(0, -1, 1)$　　**18.** $(0, 2, 0)$, $(3, 0, 0)$

19. $(2, 0, 2)$, $(0, 2, 0)$　　**20.** $(1, 0, -1)$, $(0, 3, 0)$

평면

연습문제 21~26에서 평면의 방정식을 구하라.

21. $P_0(0, 2, -1)$을 지나고 $\mathbf{n}=3\mathbf{i}-2\mathbf{j}-\mathbf{k}$에 수직인 평면

22. 점 $(1, -1, 3)$을 지나고 평면 $3x+y+z=7$에 평행한 평면

23. 점 $(1, 1, -1)$, $(2, 0, 2)$, $(0, -2, 1)$을 지나는 평면

24. 점 $(2, 4, 5)$, $(1, 5, 7)$, $(-1, 6, 8)$을 지나는 평면

25. $P_0(0, 2, -1)$을 지나고 직선 $x=5+t$, $y=1+3t$, $z=4t$에 수직인 평면

26. $A(1, -2, 1)$을 지나고 원점에서 A로 향하는 벡터에 수직인 평면

27. 두 직선 $x=2t+1$, $y=3t+2$, $z=4t+3$과 $x=s+2$, $y=2s+4$, $z=-4s-1$의 교점을 구하고, 두 직선에 의해 결정되는 평면을 구하라.

28. 두 직선 $x=t$, $y=-t+2$, $z=t+1$과 $x=2s+2$, $y=s+3$, $z=5s+6$의 교점을 구하고, 두 직선에 의해 결정되는 평면을 구하라.

연습문제 29와 30에서 다음의 만나는 두 직선에 의해 결정되는 평면을 구하라.

29. $L1: x = -1 + t,\quad y = 2 + t,\quad z = 1 - t;\quad -\infty < t < \infty$
$L2: x = 1 - 4s,\quad y = 1 + 2s,\quad z = 2 - 2s;\quad -\infty < s < \infty$

30. $L1: x = t,\quad y = 3 - 3t,\quad z = -2 - t;\quad -\infty < t < \infty$
$L2: x = 1 + s,\quad y = 4 + s,\quad z = -1 + s;\quad -\infty < s < \infty$

31. $P_0(2, 1, -1)$을 지나고 두 평면 $2x+y-z=3$과 $x+2y+z=2$의 교선에 수직인 평면을 구하라.

32. 두 점 $P_1(1, 2, 3)$과 $P_2(3, 2, 1)$을 지나고 평면 $4x-y+2z=7$에 수직인 평면을 구하라.

거리

연습문제 33~38에서 주어진 점에서 직선까지의 거리를 구하라.

33. $(0, 0, 12)$; $x = 4t,\quad y = -2t,\quad z = 2t$

34. $(0, 0, 0)$; $x = 5 + 3t,\quad y = 5 + 4t,\quad z = -3 - 5t$

35. $(2, 1, 3)$; $x = 2 + 2t,\quad y = 1 + 6t,\quad z = 3$

36. $(2, 1, -1)$; $x = 2t,\quad y = 1 + 2t,\quad z = 2t$

37. $(3, -1, 4)$; $x = 4 - t,\quad y = 3 + 2t,\quad z = -5 + 3t$

38. $(-1, 4, 3)$; $x = 10 + 4t,\quad y = -3,\quad z = 4t$

연습문제 39~44에서 주어진 점에서 평면까지의 거리를 구하라.

39. $(2, -3, 4)$, $x + 2y + 2z = 13$

40. $(0, 0, 0)$, $3x + 2y + 6z = 6$

41. $(0, 1, 1)$, $4y + 3z = -12$

42. $(2, 2, 3)$, $2x + y + 2z = 4$

43. $(0, -1, 0)$, $2x + y + 2z = 4$

44. $(1, 0, -1)$, $-4x + y + z = 4$

45. 두 평면 $x+2y+6z=1$과 $x+2y+6z=10$ 사이의 거리를 구하라.

46. 직선 $x=2+t$, $y=1+t$, $z=-(1/2)-(1/2)t$에서 평면 $x+2y+6z=10$ 사이의 거리를 구하라.

각

연습문제 47과 48에서 주어진 두 평면이 이루는 각을 구하라.

47. $x + y = 1,\quad 2x + y - 2z = 2$

48. $5x + y - z = 10,\quad x - 2y + 3z = -1$

연습문제 49와 50에서 다음의 만나는 두 직선 사이의 예각을 구하라.

49. $x = t,\ y = 2t,\ z = -t$ 와　$x = 1 - t,\ y = 5 + t,\ z = 2t$

50. $x = 2 + t,\ y = 4t + 2,\ z = 1 + t$ 와
$x = 3t - 2,\ y = -2,\ z = 2 - 2t$

연습문제 51과 52에서 주어진 직선과 평면 사이의 예각을 구하라.

51. $x = 1 - t,\ y = 3t,\ z = 1 + t;\quad 2x - y + 3z = 6$

52. $x = 2,\ y = 3 + 2t,\ z = 1 - 2t;\quad x - y + z = 0$

T 연습문제 53~56에서 주어진 두 평면이 이루는 예각을 계산기를 이용하여 반올림하여 소숫점 둘째 자리까지 구하라.

53. $2x + 2y + 2z = 3,\quad 2x - 2y - z = 5$

54. $x + y + z = 1,\quad z = 0$ (xy평면)

55. $2x + 2y - z = 3,\quad x + 2y + z = 2$

56. $4y + 3z = -12,\quad 3x + 2y + 6z = 6$

교점과 교선

연습문제 57~60에서 주어진 직선이 평면과 만나는 점을 구하라.

57. $x = 1 - t,\quad y = 3t,\quad z = 1 + t;\quad 2x - y + 3z = 6$

58. $x = 2,\quad y = 3 + 2t,\quad z = -2 - 2t;\quad 6x + 3y - 4z = -12$

59. $x = 1 + 2t,\quad y = 1 + 5t,\quad z = 3t;\quad x + y + z = 2$

60. $x = -1 + 3t,\quad y = -2,\quad z = 5t;\quad 2x - 3z = 7$

연습문제 61~64에서 주어진 두 평면의 교선의 매개방정식을 구하라.

61. $x + y + z = 1,\quad x + y = 2$

62. $3x - 6y - 2z = 3,\quad 2x + y - 2z = 2$

63. $x - 2y + 4z = 2,\quad x + y - 2z = 5$

64. $5x - 2y = 11,\quad 4y - 5z = -17$

공간에서 주어진 두 직선은 평행하거나, 만나거나, 꼬인(평행한 평면에 놓인) 경우 중의 하나이다. 연습문제 65와 66에서 주어진 세 직선에서 2개를 택해 어떤 관계(평행, 만남, 꼬임)인지 밝히고, 만난다면 교점을 구하라. 만나지 않는다면 두 직선 사이의 거리를 구하라.

65. $L1: x = 3 + 2t,\ y = -1 + 4t,\ z = 2 - t;\quad -\infty < t < \infty$
$L2: x = 1 + 4s,\ y = 1 + 2s,\ z = -3 + 4s;\quad -\infty < s < \infty$
$L3: x = 3 + 2r,\ y = 2 + r,\ z = -2 + 2r;\quad -\infty < r < \infty$

66. $L1: x = 1 + 2t,\quad y = -1 - t,\quad z = 3t;\quad -\infty < t < \infty$
$L2: x = 2 - s,\quad y = 3s,\quad z = 1 + s;\quad -\infty < s < \infty$
$L3: x = 5 + 2r,\quad y = 1 - r,\quad z = 8 + 3r;\quad -\infty < r < \infty$

이론과 예제

67. 식 (3)을 이용하여 $P(2, -4, 7)$을 지나고 $\mathbf{v}_1 = 2\mathbf{i} - \mathbf{j} + 3\mathbf{k}$에 평행한 직선의 매개방정식을 구하라. 또한 $P_2(-2, -2, 1)$을 지나고 $\mathbf{v}_2 = -\mathbf{i} + (1/2)\mathbf{j} - (3/2)\mathbf{k}$에 평행한 직선의 매개방정식을 구하라.

68. 성분 형식을 이용하여 $P_1(4, 1, 5)$을 지나고 $\mathbf{n}_1 = \mathbf{i} - 2\mathbf{j} + \mathbf{k}$에 수직인 평면의 방정식을 구하라. 이때 $P_2(3, -2, 0)$을 지나고 $\mathbf{n}_2 = -\sqrt{2}\mathbf{i} + 2\sqrt{2}\mathbf{j} - \sqrt{2}\mathbf{k}$에 수직인 평면의 방정식을 구하라.

69. 직선 $x = 1 + 2t$, $y = -1 - t$, $z = 3t$가 각 좌표평면과 만나는 점을 구하라. 그 과정을 설명하라.

70. 평면 $z = 3$에서 $\mathbf{i}$와 $\pi/6$의 각, $\mathbf{j}$와 $\pi/3$의 각을 이루는 직선의 방정식을 구하라. 그 과정을 설명하라.

71. 직선 $x = 1 - 2t$, $y = 2 + 5t$, $z = -3t$은 평면 $2x + y - z = 8$과 평행한가? 그 이유를 설명하라.

72. 두 평면 $A_1x + B_1y + C_1z = D_1$과 $A_2x + B_2y + C_2z = D_2$가 평행할 조건과 수직으로 만날 조건은 각각 무엇인가? 그 이유를 설명하라.

73. 직선 $x = 1 + t$, $y = 2 - t$, $z = 3 + 2t$를 교선으로 하는 서로 다른 두 평면을 구하라. 구하는 두 평면을 $Ax + By + Cz = D$의 형태로 나타내라.

74. 원점을 지나고 평면 M: $2x + 3y + z = 12$와 직교하는 평면을 구하라. 구하는 평면이 M과 직교하는지 어떻게 알 수 있는가?

75. 0이 아닌 실수 a, b, c에 대해 $(x/a) + (y/b) + (z/c) = 1$의 그래프는 평면이다. 이런 형식은 어떤 평면인가?

76. L_1와 L_2가 만나지 않고 평행하지도 않은 직선이라 하자. L_1와 L_2에 동시에 수직인 $\mathbf{0}$이 아닌 벡터가 존재하는가? 그 이유를 설명하라.

77. 컴퓨터 그래픽의 관점 컴퓨터 그래픽과 투시도에서 공간에 있는 물체는 눈에 보이는 대로 2차원인 평면에 표현된다. 주어진 그림과 같이 $E(x_0, 0, 0)$에 있는 눈으로 점 $P_1(x_1, y_1, z_1)$을 바라보아 yz평면에 표현하고자 한다. E로부터 나온 빛을 따라 yz평면 위로의 P_1의 그림자를 구하면 된다. 점 P_1의 상은 $P(0, y, z)$가 될 것이다. 그래픽 디자인에 있어 이 문제는 E와 P_1이 주어질 때, y와 z를 구하는 것이다.

a. $\overrightarrow{EP}$와 $\overrightarrow{EP_1}$을 만족하는 벡터방정식을 구하라. y와 z를 x_0, x_1, y_1, z_1으로 표현하라.

b. $x_1 = 0$와 $x_1 = x_0$일 때 문제 (a)에서 y와 z는 어떻게 표현되는가? 또한 $x_0 \to \infty$일 y와 z는 어떻게 되는가?

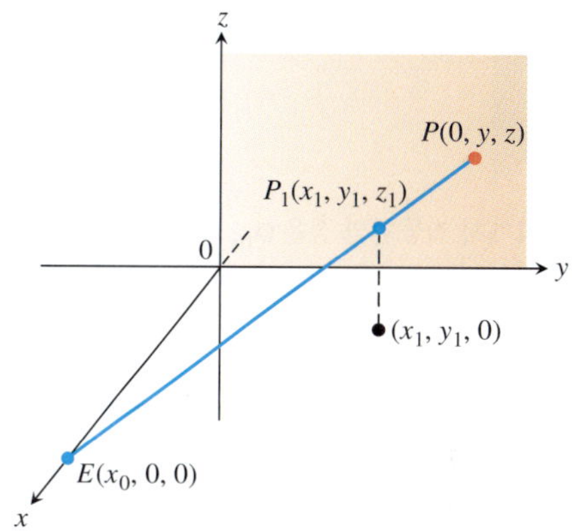

78. 컴퓨터 그래픽에서 숨겨진 직선 이것은 컴퓨터 그래픽에서 또다른 전형적인 문제이다. 눈을 점 (4, 0, 0)으로 하고 꼭짓점이 (1, 0, 1), (1, 1, 0), (−2, 2, 2)인 삼각형 모양의 판을 바라본다. (1, 1, 0)와 (−2, 2, 2)을 잇는 선분이 이 판을 통과한다. 선분의 어느 부분이 이 판에 가려서 보이지 않는가? (직선과 평면의 교점을 구하는 문제이다.)

10.6 기둥면과 2차곡면

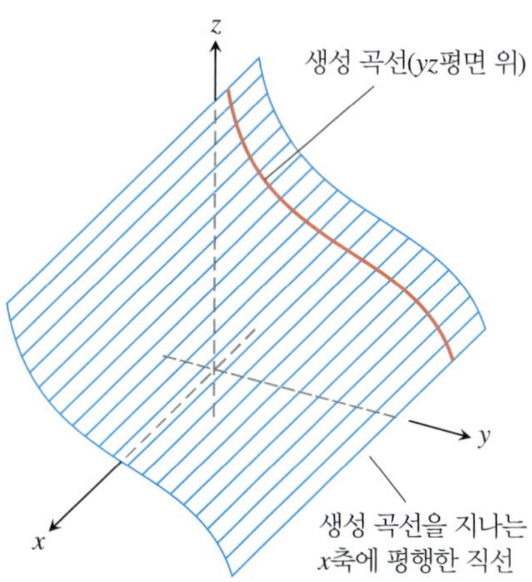

그림 10.45 기둥면과 생성 곡선.

지금까지 구면, 평면 같은 두 종류의 특별한 형태의 곡면을 이미 살펴보았다. 여기서는 더 나아가 기둥면과 2차곡면와 같은 다양한 곡면을 다룬다. 2차곡면은 x, y, z에 관한 2차방정식으로 정의되는 곡면이다. 구면은 2차곡면이지만, 12장부터 14장에 사용되는 다른 곡면도 존재한다.

기둥면

공간에 곡선을 포함하는 평면과 그 평면에 평행하지 않은 직선이 주어져 있다. **기둥면**(cylinder)은 곡선을 따라 주어진 직선에 평행하도록 직선을 평행이동시킬 때 나타나는 곡면이다. 이때 주어진 곡선을 기둥면의 **생성 곡선**(generating curve)이라 한다(그림 10.45에서 주어진 평면이 yz평면이고, 주어진 직선은 x축으로 설명한다). 입체기하학에서 기둥면은 생성 곡선이 원인 원기둥을 뜻하지만, 여기서는 다양한 생성 곡선을 다룬다. 첫 번째 예는 포물선이 생성 곡선인 기둥면이다.

예제 1 포물선 $y = x^2$, $z = 0$을 지나고 z축에 평행한 직선에 의해 만들어진 기둥면의 방정식을 구하라(그림 10.46).

풀이 한 점 $P_0(x_0, x_0^2, z)$이 xy평면 위의 포물선 $y = x^2$에 놓여 있다. 이때 임의의 실수 z에 대

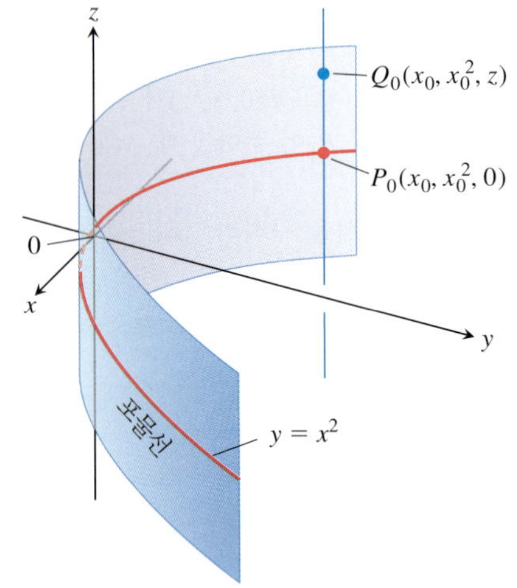

그림 10.46 예제 1에서 기둥면의 점은 (x_0, x_0^2, z)형태의 좌표를 갖는다.

해 점 $Q(x_0, x_0^2, z)$는 P_0을 지나고 z축에 평행한 직선 $x=x_0$, $y=x_0^2$ 위에 놓여 있으므로 기둥면 상의 점이 된다. 역으로 $Q(x_0, x_0^2, z)$는 P_0을 지나고 z축에 평행한 직선 $x=x_0$, $y=x_0^2$ 위의 점이므로 y좌표가 x좌표의 제곱인 임의의 한 점 $Q(x_0, x_0^2, z)$는 기둥면 상에 놓여 있다(그림 10.46).

그러므로 z가 임의의 실수이고 방정식 $y=x^2$을 만족시키는 모든 점의 집합이 구하는 기둥면이 된다. 따라서 기둥면의 식은 $y=x^2$이다. ■

예제 1에서 보듯이 xy평면 위의 임의의 곡선 $f(x, y)=c$은 z축에 평행한 기둥면을 만들고, 그 기둥면의 방정식도 $f(x, y)=c$이다. 예를 들어 방정식 $x^2+y^2=1$은 xy평면 위에서 원을 지나고 z축에 평행한 직선으로 구성된 원기둥이다.

마찬가지로 xz평면 상의 곡선 $g(x, z)=c$는 y축에 평행한 기둥면을 만들고, 이 기둥면의 방정식도 $g(x, z)=c$이다. 곡선 $h(y, z)=c$는 x축에 평행한 기둥면을 만들고, 기둥면의 방정식은 $h(y, z)=c$이다. 하지만 기둥면의 축이 좌표축일 필요는 없다.

2차곡면

2차곡면(quadric surface)은 공간에서 x, y, z에 대한 2차방정식의 그래프이다. 다음과 같이 주어지는 방정식의 2차곡면을 다룬다.

$$Ax^2 + By^2 + Cz^2 + Dz = E$$

여기서 A, B, C, D, E는 상수이다. 기본적인 2차곡면은 **타원면**(ellipsoid), **포물면**(paraboloid), **타원뿔면**(elliptical cone), **쌍곡면**(hyperboloid)이다. 구면은 타원면의 특별한 경우이다. 예제를 통해 2차곡면을 설명하고, 기본 형태의 그래프를 요약표에 나타낸다.

예제 2 다음과 같은 **타원면**은 $(\pm a, 0, 0)$, $(0, \pm b, 0)$, $(0, 0, \pm c)$에서 각각 좌표축에서 만난다(그림 10.47).

$$\frac{x^2}{a^2} + \frac{y^2}{b^2} + \frac{z^2}{c^2} = 1$$

이 타원면은 부등식 $|x| \le a$, $|y| \le b$, $|z| \le c$로 정의되는 직육면체 속에 놓인다. 주어진 방정식에서 각 변수의 제곱 형태이므로 이 타원면은 각 좌표평면에 대해 대칭이다.

각 좌표평면으로 이 타원면을 잘라 나타난 곡선은 타원이다. 예를 들어 다음과 같다.

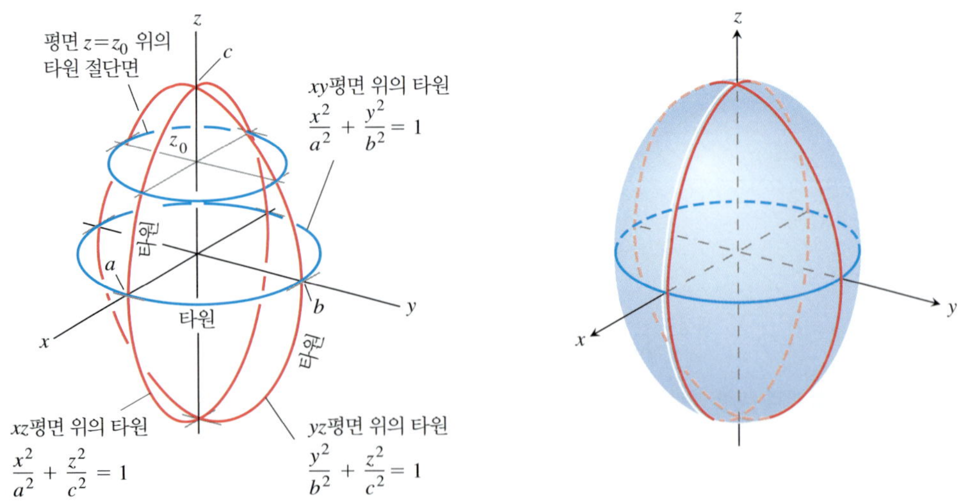

그림 10.47 예제 2에서 타원면 $\frac{x^2}{a^2}+\frac{y^2}{b^2}+\frac{z^2}{c^2}=1$의 세 좌표평면의 각 면의 절단면이 타원이다.

$$\frac{x^2}{a^2} + \frac{y^2}{b^2} = 1 \text{일 때} \qquad z = 0$$

평면 $z=z_0$, $|z_0| < c$로 자른 절단면은 다음과 같은 타원이다.

$$\frac{x^2}{a^2\left(1-(z_0/c)^2\right)} + \frac{y^2}{b^2\left(1-(z_0/c)^2\right)} = 1$$

만약 타원면의 반축 a, b, c 중에 어느 2개가 같으면, 이 타원면은 **회전타원면**(ellipsoid of revolution)이 된다. 3개가 모두 같으면 구면이 된다. ■

예제 3 다음과 같은 **쌍곡포물면**은 평면 $x=0$과 $y=0$에 대해 대칭이다(그림 10.48).

$$\frac{y^2}{b^2} - \frac{x^2}{a^2} = \frac{z}{c}, \qquad c > 0$$

두 평면으로 쌍곡포물면을 자른 절단면은 다음과 같다.

$$x=0\text{: 포물선 } z = \frac{c}{b^2}y^2 \tag{1}$$

$$y=0\text{: 포물선 } z = -\frac{c}{a^2}x^2 \tag{2}$$

평면 $x=0$ 상의 포물선은 원점에서 아래로 볼록이다. 평면 $y=0$ 상의 포물선은 위로 볼록이다.

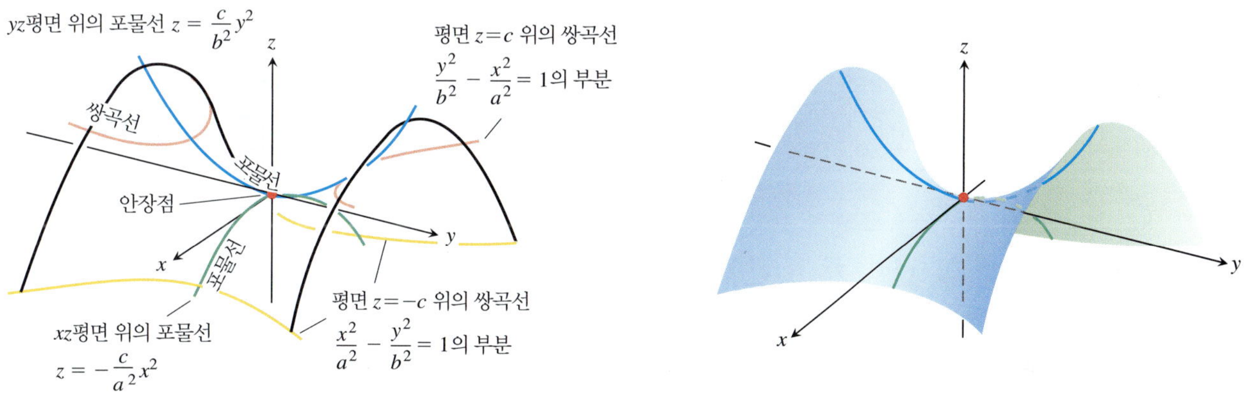

그림 10.48 쌍곡포물면 $(y^2/b^2)-(x^2/a^2)=z/c$, $c>0$. xy 평면의 위아래에서 z축에 수직인 평면으로 자른 절단면은 쌍곡선이다. 다른 축에 수직인 평면으로 자른 절단면은 포물선이다.

평면 $z=z_0>0$로 쌍곡포물면을 자른 절단면은 주축이 y축에 평행하고 꼭짓점이 식 (1)에 나타난 포물선 위에 놓인 쌍곡선으로 다음과 같다.

$$\frac{y^2}{b^2} - \frac{x^2}{a^2} = \frac{z_0}{c}$$

z_0가 음수이면 주축은 c축에 평행하고 꼭짓점은 식 (2)에 나타난 포물면에 놓인다.

원점 근방에서 쌍곡포물면은 말안장 또는 산의 고갯마루와 유사한 형태를 가진다. yz평면 상에서 곡면을 따라 이동하면 원점이 최솟값으로 보이지만, xz평면 상에서 곡면을 따라 이동하면 원점이 최댓값이 된다. 이러한 점을 쌍곡포물면의 **안장점**(saddle point)이라 부른다. ■

표 10.1은 2차곡면의 여섯 가지 기본 형태의 그래프이다. 각 2차곡면은 z축에 대해 대칭이지만 다른 좌표축에서도(식을 적당히 변화함으로) 대칭되도록 나타낼 수도 있다.

표 10.1 2차곡면의 그래프

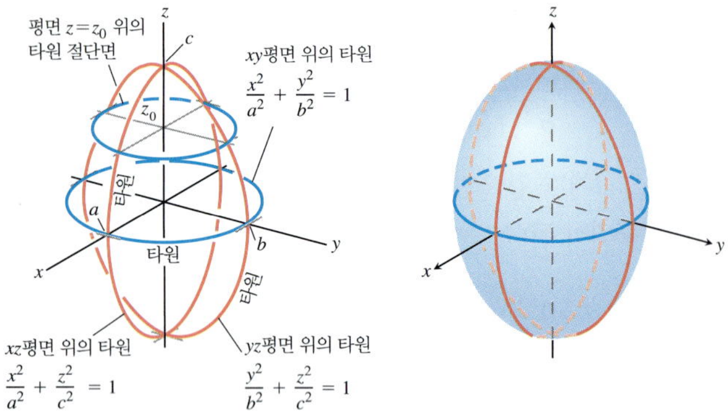

타원면 $\dfrac{x^2}{a^2}+\dfrac{y^2}{b^2}+\dfrac{z^2}{c^2}=1$

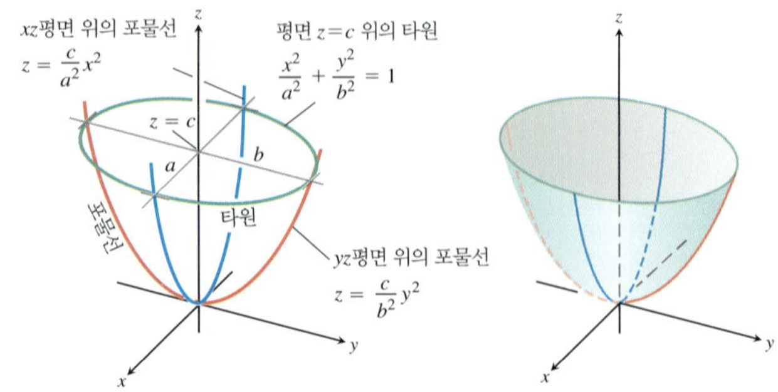

타원형 포물면 $\dfrac{x^2}{a^2}+\dfrac{y^2}{b^2}=\dfrac{z}{c}$

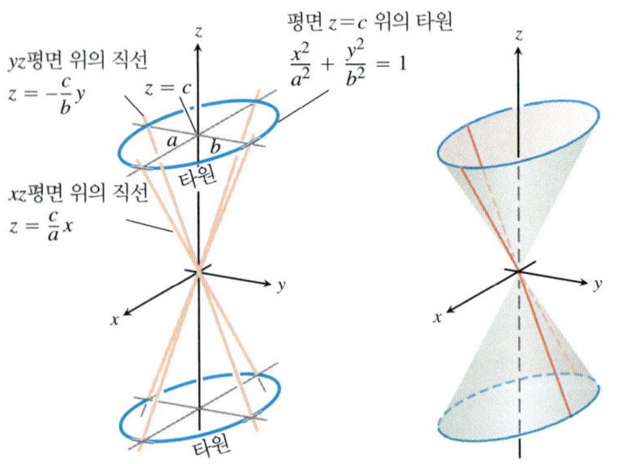

타원형 뿔면 $\dfrac{x^2}{a^2}+\dfrac{y^2}{b^2}=\dfrac{z^2}{c^2}$

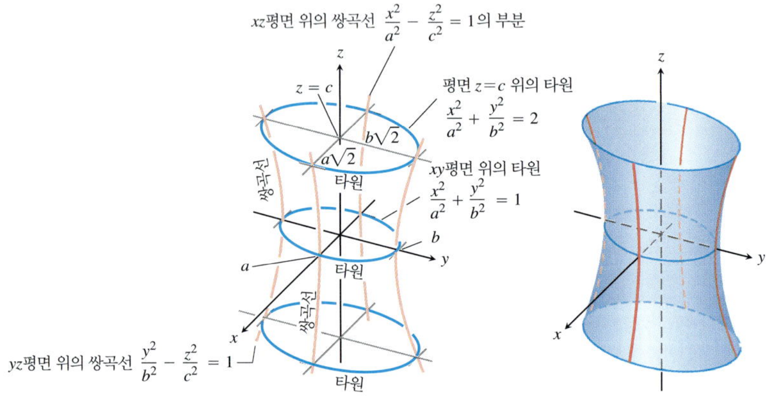

일엽쌍곡면 $\dfrac{x^2}{a^2}+\dfrac{y^2}{b^2}-\dfrac{z^2}{c^2}=1$

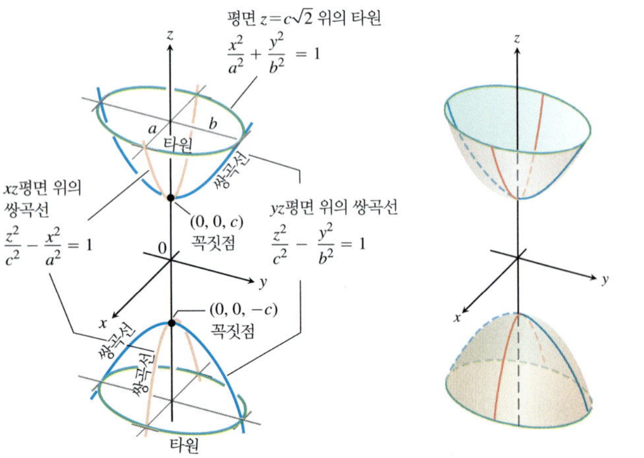

이엽쌍곡면 $\dfrac{z^2}{c^2}-\dfrac{x^2}{a^2}-\dfrac{y^2}{b^2}=1$

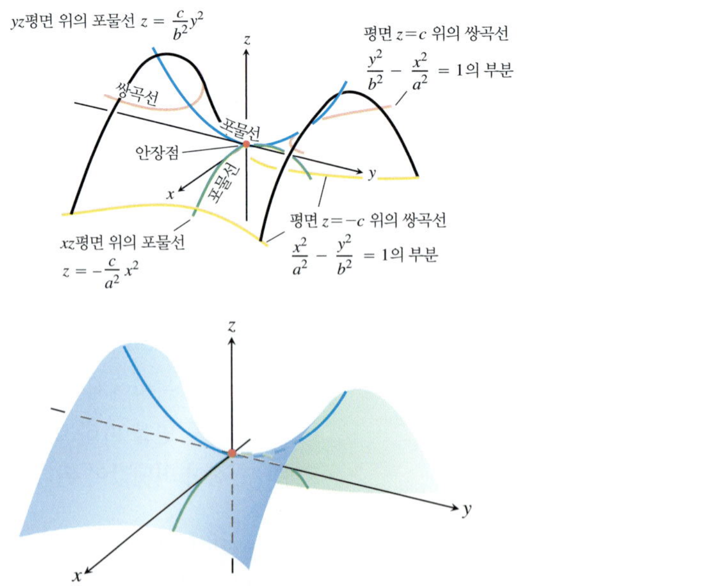

쌍곡포물면 $\dfrac{y^2}{b^2}-\dfrac{x^2}{a^2}=\dfrac{z}{c},\ c>0$

일반적인 2차곡면

지금까지의 2차곡면은 x축, y축, z축에 대해 대칭이다. 세 변수 x, y, z에 대한 일반적인 2차방정식은 다음과 같다.

$$Ax^2 + By^2 + Cz^2 + Dxy + Exz + Fyz + Gz + Hy + Iz + J = 0$$

여기서 $A, B, C, D, E, F, G, H, I, J$는 상수이다. 이 방정식도 표 10.1의 기본 형태와 같은 곡면을 만들지만, x축, y축, z축에 대해 좌표의 평행이동과 회전이 된 형태이다. Gx, Hy, Iz 항은 완전제곱을 통해 평행이동을 나타낸다.

예제 4 다음 2차방정식으로 표현되는 곡면을 분류하라.

$$x^2 + y^2 + 4z^2 - 2x + 4y + 1 = 0$$

풀이 주어진 방정식을 완전제곱꼴로 다음과 같이 간단하게 고쳐 쓴다.

$$\begin{aligned} x^2 + y^2 + 4z^2 - 2x + 4y + 1 &= (x-1)^2 - 1 + (y+2)^2 - 4 + 4z^2 + 1 \\ &= (x-1)^2 + (y+2)^2 + 4z^2 - 4 \end{aligned}$$

원래 방정식을 다음과 같이 쓸 수 있다.

$$\frac{(x-1)^2}{4} + \frac{(y+2)^2}{4} + \frac{z^2}{1} = 1$$

이 식은 그림 10.49에서 보는 것처럼 각 축의 길이가 2, 2, 1이고 중심이 (1, −2, 0)이 타원면이다. ■

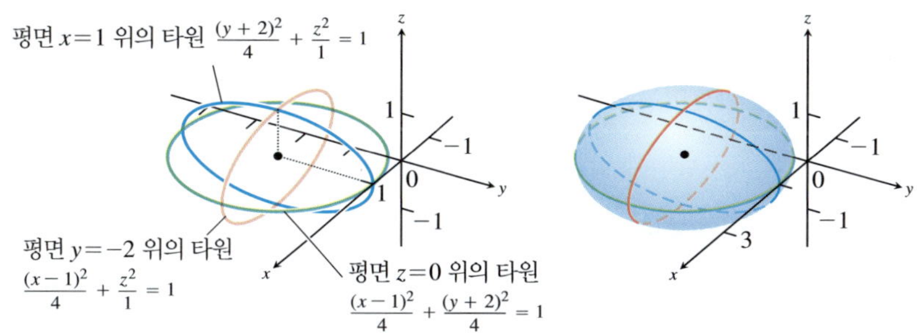

그림 10.49 중심이 (1, −2, 0)인 타원면.

연습문제 10.6 EXERCISE QUESTION

방정식과 곡면 일치하기

연습문제 1~12에서 주어진 방정식에 나타내는 곡면을 짝지어라. 또한 각 곡면의 유형(포물면, 타원면 등)을 써라. 곡면은 **(a)**~**(l)**이다.

1. $x^2 + y^2 + 4z^2 = 10$

2. $z^2 + 4y^2 - 4x^2 = 4$

3. $9y^2 + z^2 = 16$

4. $y^2 + z^2 = x^2$

5. $x = y^2 - z^2$

6. $x = -y^2 - z^2$

7. $x^2 + 2z^2 = 8$

8. $z^2 + x^2 - y^2 = 1$

9. $x = z^2 - y^2$

10. $z = -4x^2 - y^2$

11. $x^2 + 4z^2 = y^2$

12. $9x^2 + 4y^2 + 2z^2 = 36$

a.

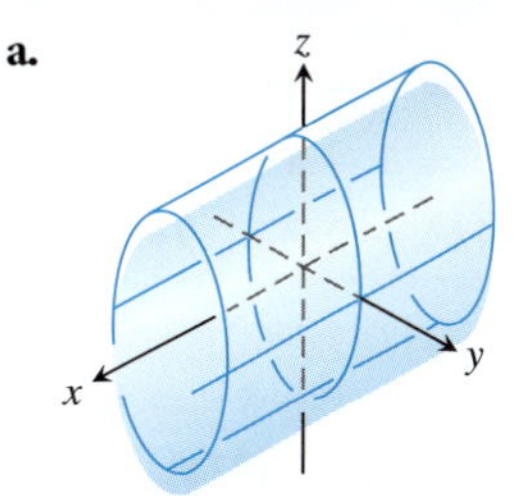

b.

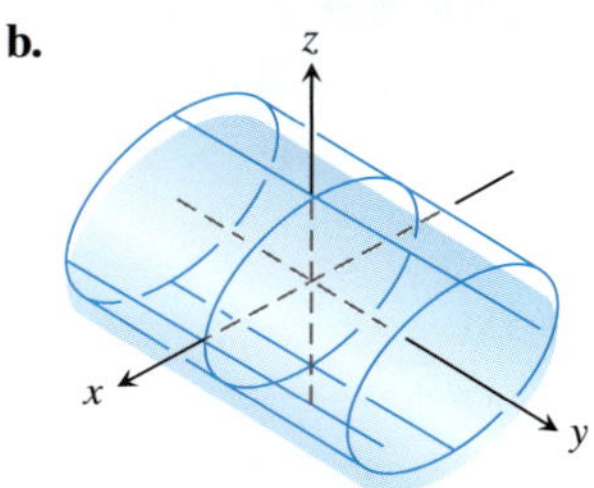

c.

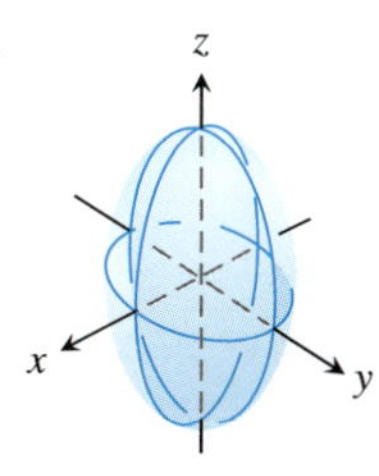

d.

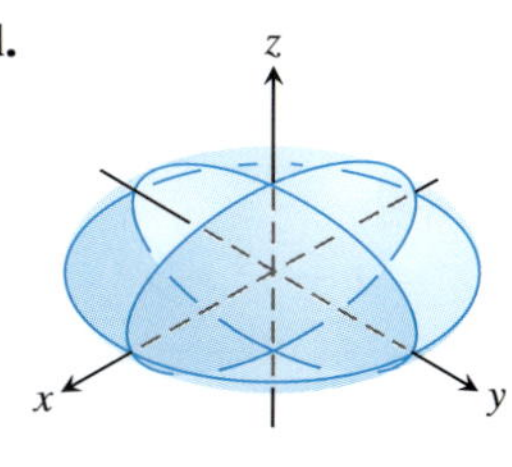

e.

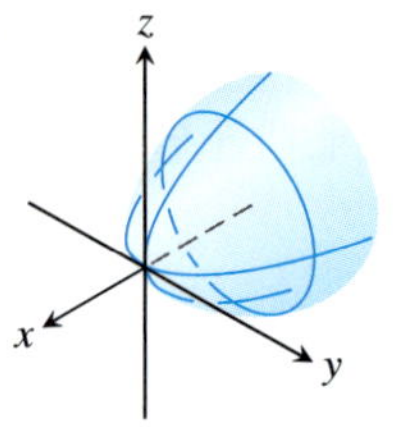

f.

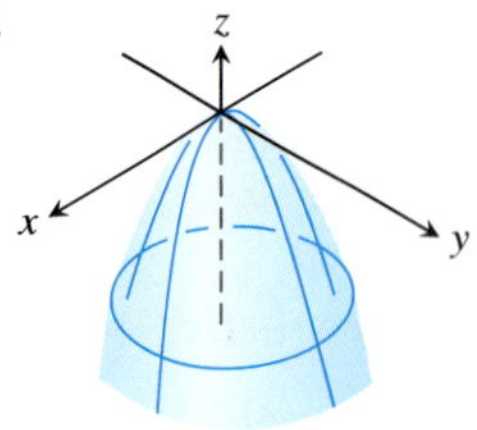

g.

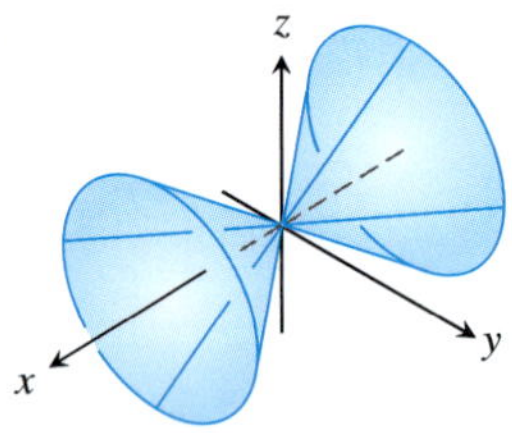

h.

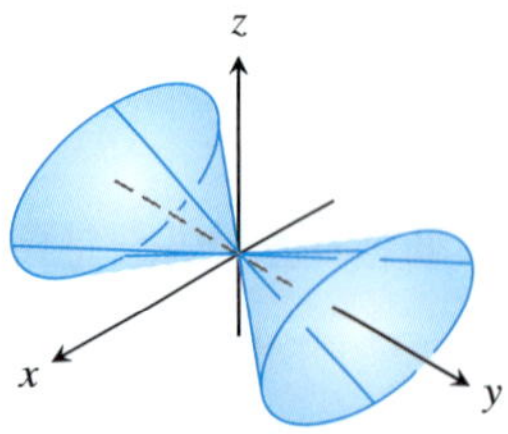

i.

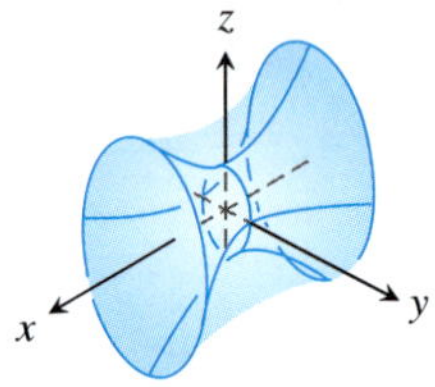

j.

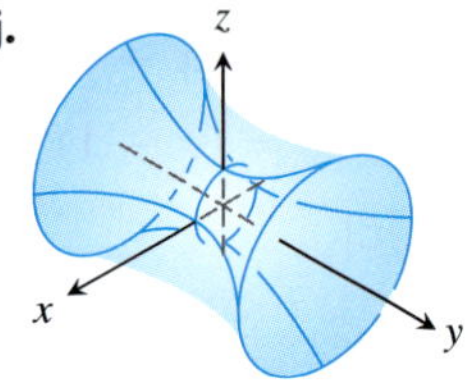

k.

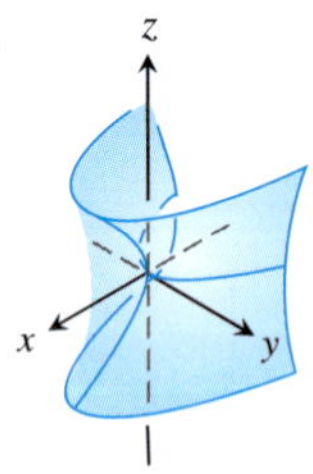

l.

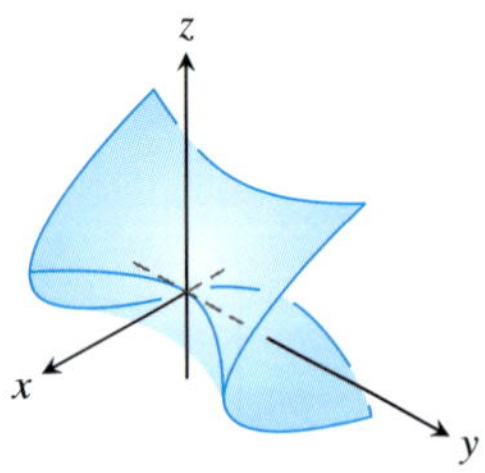

그리기

연습문제 13~44에서 주어진 곡면을 그려라.

기둥면

13. $x^2 + y^2 = 4$ **14.** $z = y^2 - 1$

15. $x^2 + 4z^2 = 16$ **16.** $4x^2 + y^2 = 36$

타원면

17. $9x^2 + y^2 + z^2 = 9$ **18.** $4x^2 + 4y^2 + z^2 = 16$

19. $4x^2 + 9y^2 + 4z^2 = 36$ **20.** $9x^2 + 4y^2 + 36z^2 = 36$

포물면과 뿔면

21. $z = x^2 + 4y^2$ **22.** $z = 8 - x^2 - y^2$

23. $x = 4 - 4y^2 - z^2$ **24.** $y = 1 - x^2 - z^2$

25. $x^2 + y^2 = z^2$ **26.** $4x^2 + 9z^2 = 9y^2$

쌍곡면

27. $x^2 + y^2 - z^2 = 1$ **28.** $y^2 + z^2 - x^2 = 1$

29. $z^2 - x^2 - y^2 = 1$ **30.** $(y^2/4) - (x^2/4) - z^2 = 1$

쌍곡포물면

31. $y^2 - x^2 = z$ **32.** $x^2 - y^2 = z$

섞인 유형

33. $z = 1 + y^2 - x^2$ **34.** $4x^2 + 4y^2 = z^2$

35. $y = -(x^2 + z^2)$ **36.** $16x^2 + 4y^2 = 1$

37. $x^2 + y^2 - z^2 = 4$ **38.** $x^2 + z^2 = y$

39. $x^2 + z^2 = 1$ **40.** $16y^2 + 9z^2 = 4x^2$

41. $z = -(x^2 + y^2)$ **42.** $y^2 - x^2 - z^2 = 1$

43. $4y^2 + z^2 - 4x^2 = 4$ **44.** $x^2 + y^2 = z$

이론과 예제

45. a. 다음과 같은 타원면이라고 하자.

$$x^2 + \frac{y^2}{4} + \frac{z^2}{9} = 1$$

평면 $z=c$로 자른 절단면의 넓이 A를 c에 관한 함수로 나타내라 (두 축의 길이가 a, b인 타원의 넓이는 πab이다).

b. z에 수직인 조각을 이용하여 문제 (a)의 타원면의 부피를 구하라.

c. 다음과 같은 타원면의 부피를 구하라.

$$\frac{x^2}{a^2} + \frac{y^2}{b^2} + \frac{z^2}{c^2} = 1$$

만약 $a=b=c$라면 구해진 식은 반지름이 a인 구의 부피가 되는가?

46. 주어진 그림과 같은 통은 양 끝을 z축에 수직인 평면으로 잘라서 만든 타원면 모양이다. z축에 수직인 평면으로 자른 절단면은 원이다. 높이가 $2h$이고, 중단 단면의 반지름은 R, 양 끝의 단면의 반지름은 모두 r이다. 이 통의 부피를 구하고, 두 가지를 확인하라. 첫째, 만약 이 통이 반지름이 R이고 높이가 $2h$인 원기둥이라면 구한 부피가 원기둥의 부피인가? 둘째, $r=0$이고 $h=R$, 즉 이 통이 구면이라면 앞서 구한 식이 구의 부피에 대한 식인가?

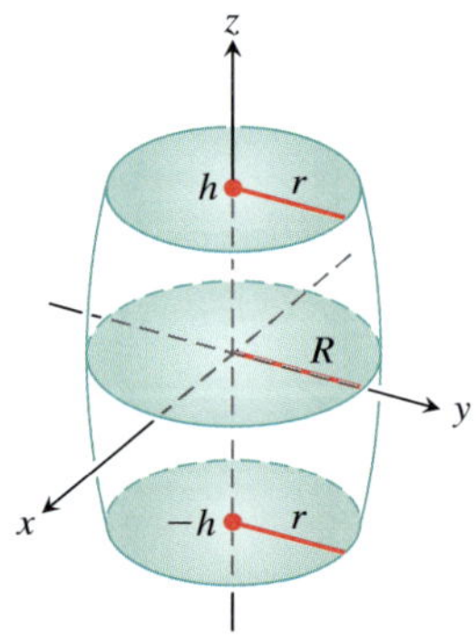

47. 다음과 같은 포물면을 평면 $z=h$로 자를 때, $z=h$의 아랫부분의 부피는 절단면의 넓이와 높이의 곱의 반임을 보여라.

$$\frac{x^2}{a^2} + \frac{y^2}{b^2} = \frac{z}{c}$$

48. a. 다음 쌍곡면과 평면 $z=0$와 $z=h$, $h>0$로 둘러싸인 입체의 부피를 구하라.

$$\frac{x^2}{a^2} + \frac{y^2}{b^2} - \frac{z^2}{c^2} = 1$$

b. 두 평면 $z=0$과 $z=h$로부터 쌍곡면에 의해 잘린 단면의 넓이를 각각 A_0, A_h이라 할 때, 문제 (a)에서 구한 부피를 h, A_0, A_h로 나타내라.

c. 문제 (a)에서 부피를 다음과 같이 나타낼 수 있음을 보여라.

$$V = \frac{h}{6}(A_0 + 4A_m + A_h)$$

단, A_m은 쌍곡면을 평면 $z=h/2$로 자른 단면의 넓이이다.

곡면 그리기

T 연습문제 49~52에서 주어진 영역에서 곡면을 컴퓨터로 그려라. 가능하면 그림을 다른 관점으로 회전시켜라.

49. $z = y^2, \quad -2 \le x \le 2, \quad -0.5 \le y \le 2$

50. $z = 1 - y^2, \quad -2 \le x \le 2, \quad -2 \le y \le 2$

51. $z = x^2 + y^2, \quad -3 \le x \le 3, \quad -3 \le y \le 3$

52. $z = x^2 + 2y^2$

a. $-3 \le x \le 3, \quad -3 \le y \le 3$

b. $-1 \le x \le 1, \quad -2 \le y \le 3$

c. $-2 \le x \le 2, \quad -2 \le y \le 2$

d. $-2 \le x \le 2, \quad -1 \le y \le 1$

컴퓨터 탐구

연습문제 53~58에서 CAS 프로그램으로 주어진 곡면을 그리고, 2차 곡면의 형태를 구별하라.

53. $\dfrac{x^2}{9} + \dfrac{y^2}{36} = 1 - \dfrac{z^2}{25}$ **54.** $\dfrac{x^2}{9} - \dfrac{z^2}{9} = 1 - \dfrac{y^2}{16}$

55. $5x^2 = z^2 - 3y^2$ **56.** $\dfrac{y^2}{16} = 1 - \dfrac{x^2}{9} + z$

57. $\dfrac{x^2}{9} - 1 = \dfrac{y^2}{16} + \dfrac{z^2}{2}$ **58.** $y - \sqrt{4 - z^2} = 0$

복습문제 REVIEW QUESTION

1. 평면 위의 유향선분이 같은 벡터로 표현될 조건은?

2. 벡터의 합과 차를 기하학적으로 표현하면, 대수적으로는 어떻게 표현하는가?

3. 벡터의 크기와 방향은 어떻게 구하는가?

4. 벡터에 양의 스칼라를 곱하면, 그 결과는 처음 벡터와 어떤 관계에 있는가? 스칼라가 0이면, 스칼라가 음이면?

5. 벡터의 내적(스칼라곱)의 정의는 무엇인가? 내적에 관한 연산법칙을 설명하고 예를 들어라. 어떤 경우에 내적이 0이 되는가?

6. 내적을 기하학적으로 설명하고 예를 들어라.

7. 벡터 **u**의 벡터 **v** 위로의 벡터사영의 정의는 무엇인가? 벡터사영의 유용한 응용의 예를 들어라.

8. 벡터의 외적(벡터곱)의 정의는 무엇인가? 외적에 관한 연산 법칙이 성립하는 경우와 성립하지 않는 경우를 설명하고 예를 들어라. 어떤 경우에 벡터의 외적이 **0**이 되는가?

9. 외적의 기하학적 의미와 물리적 의미는 무엇인가? 예를 들어라.

10. **i**, **j**, **k** 직교좌표와 관련된 벡터의 외적을 계산하는 행렬식은 무엇인가? 예를 사용하라.

11. 공간에서 직선, 선분, 평면의 방정식을 어떻게 구하는가? 예를 들어라. 공간 상의 직선을 하나의 식으로 나타낼 수 있는가? 평면에 대해서는 나타낼 수 있는가?

12. 공간에서 한 점과 직선 사이의 거리를 어떻게 구하는가? 예를 들어라. 공간 상의 직선을 하나의 식으로 나타낼 수 있는가? 평면에 대해서는 나타낼 수 있는가?

13. 스칼라 3중적은 무엇인가? 이것이 가지는 의미는? 어떻게 계산하는가? 예를 들어라.

14. 공간에서 구면의 방정식은 무엇인가? 예를 들어라.

15. 공간에서 두 직선의 교점은 어떻게 구하는가? 직선과 평면의 교점은? 두 평면의 교선은? 예를 들어라.

16. 기둥면이 무엇인가? 직교좌표에서 기둥면의 방정식의 예를 들어라.

17. 2차곡면은 무엇인가? 타원면, 포물면, 뿔면, 쌍곡면의 예를 들어라(방정식과 그림).

실전문제 PRACTICE QUESTION

2차원 벡터계산

실전문제 1~4에서 $\mathbf{u} = \langle -3, 4\rangle$, $\mathbf{v} = \langle 2, -5\rangle$일 때 다음 주어진에 대해 **(a)** 성분 형식의 표현, **(b)** 크기를 구하라.

1. $3\mathbf{u} - 4\mathbf{v}$ **2.** $\mathbf{u} + \mathbf{v}$

3. $-2\mathbf{u}$ **4.** $5\mathbf{v}$

실전문제 5~8에서 주어진 벡터의 성분 형식의 표현을 구하라.

5. $\langle 0, 1\rangle$을 $2\pi/3$라디안으로 회전하여 얻어진 벡터

6. 양의 x축과 $\pi/6$라디안인 단위벡터

7. $4\mathbf{i} - \mathbf{j}$ 방향으로 길이가 2인 벡터

8. $(3/5)\mathbf{i} + (4/5)\mathbf{j}$와 반대 방향으로 길이가 5인 벡터

실전문제 9~12에서 주어진 벡터를 크기와 방향으로 표현하라.

9. $\sqrt{2}\mathbf{i} + \sqrt{2}\mathbf{j}$ **10.** $-\mathbf{i} - \mathbf{j}$

11. $t = \pi/2$일 때, 속도벡터 $\mathbf{v} = (-2 \sin t)\mathbf{i} + (2 \cos t)\mathbf{j}$

12. $t = \ln 2$일 때, 속도벡터 $\mathbf{v} = (e^t \cos t - e^t \sin t)\mathbf{i} + (e^t \sin t + e^t \cos t)\mathbf{j}$

3차원 벡터 계산

실전문제 13과 14에서 다음 벡터를 크기와 방향으로 표현하라.

13. $2\mathbf{i} - 3\mathbf{j} + 6\mathbf{k}$ **14.** $\mathbf{i} + 2\mathbf{j} - \mathbf{k}$

15. $\mathbf{v} = 4\mathbf{i} - \mathbf{j} + 4\mathbf{k}$의 방향으로 길이가 2인 벡터를 구하라.

16. $\mathbf{v} = (3/5)\mathbf{i} + (4/5)\mathbf{k}$의 반대 방향으로 길이가 5인 벡터를 구하라.

실전문제 17과 18에서 다음 벡터 **u**, **v**에 대해 $|\mathbf{v}|$, $|\mathbf{u}|$, $\mathbf{v}\cdot\mathbf{u}$, $\mathbf{u}\cdot\mathbf{v}$, $\mathbf{v}\times\mathbf{u}$, $\mathbf{u}\times\mathbf{v}$, $|\mathbf{v}\times\mathbf{u}|$, **v**와 **u**가 이루는 각, **v** 방향으로 **u**의 스칼라 성분, **v** 위로의 **u**의 벡터사영을 구하라.

17. $\mathbf{v} = \mathbf{i} + \mathbf{j}$

$\mathbf{u} = 2\mathbf{i} + \mathbf{j} - 2\mathbf{k}$

18. $\mathbf{v} = \mathbf{i} + \mathbf{j} + 2\mathbf{k}$

$\mathbf{u} = -\mathbf{i} - \mathbf{k}$

실전문제 19와 20에서 $\text{proj}_{\mathbf{v}}\,\mathbf{u}$을 구하라.

19. $\mathbf{v} = 2\mathbf{i} + \mathbf{j} - \mathbf{k}$
$\mathbf{u} = \mathbf{i} + \mathbf{j} - 5\mathbf{k}$

20. $\mathbf{u} = \mathbf{i} - 2\mathbf{j}$
$\mathbf{v} = \mathbf{i} + \mathbf{j} + \mathbf{k}$

실전문제 21과 22에서 $\mathbf{u}$, $\mathbf{v}$, $\mathbf{u}\times\mathbf{v}$를 원점을 시점으로 좌표공간에서 그려라.

21. $\mathbf{u} = \mathbf{i}$, $\mathbf{v} = \mathbf{i} + \mathbf{j}$ **22.** $\mathbf{u} = \mathbf{i} - \mathbf{j}$, $\mathbf{v} = \mathbf{i} + \mathbf{j}$

23. $|\mathbf{v}|=2$, $|\mathbf{w}|=3$이고 $\mathbf{v}$와 $\mathbf{w}$가 이루는 각이 $\pi/3$일 때, $|\mathbf{v}-2\mathbf{w}|$을 구하라.

24. $\mathbf{u}=2\mathbf{i}+4\mathbf{j}-5\mathbf{k}$와 $\mathbf{v}=-4\mathbf{i}-8\mathbf{j}+a\mathbf{k}$가 평행하도록 a의 값을 구하라.

실전문제 25와 26에서 주어진 벡터 $\mathbf{u}$, $\mathbf{v}$, $\mathbf{w}$에 대해 **(a)** $\mathbf{u}$와 $\mathbf{v}$에 의해 결정되는 평면의 넓이, **(b)** $\mathbf{u}$, $\mathbf{v}$, $\mathbf{w}$에 의해 결정되는 평행육면체의 부피를 구하라.

25. $\mathbf{u} = \mathbf{i} + \mathbf{j} - \mathbf{k}$, $\mathbf{v} = 2\mathbf{i} + \mathbf{j} + \mathbf{k}$, $\mathbf{w} = -\mathbf{i} - 2\mathbf{j} + 3\mathbf{k}$

26. $\mathbf{u} = \mathbf{i} + \mathbf{j}$, $\mathbf{v} = \mathbf{j}$, $\mathbf{w} = \mathbf{i} + \mathbf{j} + \mathbf{k}$

직선, 평면, 거리

27. $\mathbf{n}$이 한 평면의 법벡터이고 $\mathbf{v}$가 그 평면과 평행할 때, $\mathbf{v}$에 수직이고 그 평면과 평행한 벡터 $\mathbf{n}$을 구하는 방법을 설명하라.

28. 평면에서 직선 $ax+by=c$에 평행한 벡터를 구하라.

실전문제 29와 30에서 주어진 점과 직선 사이의 거리를 구하라.

29. $(2, 2, 0)$; $x = -t$, $y = t$, $z = -1 + t$

30. $(0, 4, 1)$; $x = 2 + t$, $y = 2 + t$, $z = t$

31. 점 $(1, 2, 3)$을 지나고 벡터 $\mathbf{v}=-3\mathbf{i}+7\mathbf{k}$에 평행한 직선의 매개방정식을 구하라.

32. 두 점 $P(1, 2, 0)$과 $Q(1, 3, -1)$을 지나는 선분의 매개방정식을 구하라.

실전문제 33과 34에서 다음의 점과 평면 사이의 거리를 구하라.

33. $(6, 0, -6)$, $x - y = 4$

34. $(3, 0, 10)$, $2x + 3y + z = 2$

35. 점 $(3, -2, 1)$을 지나고 벡터 $\mathbf{n}=2\mathbf{i}+\mathbf{j}+\mathbf{k}$에 수직인 평면의 방정식을 구하라.

36. 점 $(-1, 6, 0)$을 지나고 직선 $x=-1+t$, $y=6-2t$, $z=3t$에 수직인 평면의 방정식을 구하라.

실전문제 37과 38에서 점 P, Q, R을 지나는 평면의 방정식을 구하라.

37. $P(1, -1, 2)$, $Q(2, 1, 3)$, $R(-1, 2, -1)$

38. $P(1, 0, 0)$, $Q(0, 1, 0)$, $R(0, 0, 1)$

39. 직선 $x=1+2t$, $y=-1-t$, $z=3t$가 각 좌표평면과 만나는 점을 구하라.

40. 평면 $2x-y-z=4$에 수직이고 원점을 지나는 직선이 평면 $3x-5y+2z=6$과 만나는 점을 구하라.

41. 평면 $x=7$과 $x+y+\sqrt{2}z=-3$ 사이의 예각을 구하라.

42. 평면 $x+y=1$과 $y+z=1$ 사이의 예각을 구하라.

43. 평면 $x+2y+z=1$과 $x-y+2z=-8$의 교선의 매개방정식을 구하라.

44. 평면 $x+2y-2z=5$, $5x-2y-z=0$의 교선이 직선 $x=-3+2t$, $y=3t$, $z=1+4t$와 평행함을 보여라.

45. 두 평면 $3x+6z=1$, $2x+2y-z=3$은 한 직선에서 만난다.

a. 두 평면이 직교함을 보여라.

b. 두 평면의 교선의 방정식을 구하라.

46. 점 $(1, 2, 3)$을 지나고 두 벡터 $\mathbf{u}=2\mathbf{i}+3\mathbf{j}+\mathbf{k}$, $\mathbf{v}=\mathbf{i}-\mathbf{j}+2\mathbf{k}$에 평행한 평면의 방정식을 구하라.

47. 벡터 $\mathbf{v}=2\mathbf{i}-4\mathbf{j}+\mathbf{k}$는 평면 $2x+y=5$와 어떤 특별한 관계가 있는가? 그 이유를 밝혀라.

48. 방정식 $\mathbf{n}\cdot\overrightarrow{P_0P}=0$은 점 P_0을 지나고 벡터 $\mathbf{n}$에 수직인 평면을 나타낸다. 부등식 $\mathbf{n}\cdot\overrightarrow{P_0P}>0$은 어떤 집합을 의미하는가?

49. 점 $A(0, 0, 0)$, $B(2, 0, -1)$, $C(2, -1, 0)$을 지나는 평면과 점 $P(1, 4, 0)$ 사이의 거리를 구하라.

50. 점 $(2, 2, 3)$과 평면 $2x+3y+5z=0$ 사이의 거리를 구하라.

51. 평면 $2x-y-z=4$에 평행하고 벡터 $\mathbf{i}+\mathbf{j}+\mathbf{k}$에 수직인 벡터를 구하라.

52. $\mathbf{A}=2\mathbf{i}-\mathbf{j}+\mathbf{k}$, $\mathbf{B}=\mathbf{i}+2\mathbf{j}+\mathbf{k}$, $\mathbf{C}=\mathbf{i}+\mathbf{j}-2\mathbf{k}$일 때, $\mathbf{B}$와 $\mathbf{C}$를 포함하는 평면 위에 $\mathbf{A}$에 수직인 단위벡터를 구하라.

53. 두 평면 $x+2y+z-1=0$, $x-y+2z+7=0$의 교선에 평행하고 크기가 2인 벡터를 구하라.

54. 평면 $2x-y-z=4$에 수직이고 원점을 지나는 직선이 평면 $3x-5y+2x=6$과 만나는 점을 구하라.

55. 평면 $2x-y+2x=-2$에 수직이고 점 $P(3, 2, 1)$을 지나는 직선이 그 평면과 만나는 점을 구하라.

56. 두 평면 $2x+y-z=0$, $x+y+2z=0$의 교선과 양의 x축 사이의 각은?

57. 직선 L: $x=3+2t$, $y=2t$, $z=t$가 평면 $x+3y-z=-4$와 점 P에서 만난다. 점 P의 좌표를 구하고 P를 지나고 직선 L과 수직이며 그 평면 위에 있는 직선의 방정식을 구하라.

58. 임의의 실수 k에 대해 평면 $x-2y+z+3+k(2x-y-z+1)=0$은 두 평면 $x-2y+z+3=0$, $2x-y-z+1=0$의 교선을 포함함을 보여라.

59. 두 점 $C(-2, -13/5, 26/5)$, $D(16/5, -13/5, 0)$을 지나는 직선과 평행하고, 두 점 $A(-2, 0, -3)$, $B(1, -2, 1)$을 지나는 평면의 방정식을 구하라.

60. 직선 $x=1+2t$, $y=-2+3t$, $z=-5t$는 평면 $-4x-6y+10z=9$와 어떤 특별한 관계가 있는가? 그 이유를 설명하라.

61. 다음 중 세 점 $P(1, 1, -1)$, $Q(3, 0, 2)$, $R(-2, 1, 0)$을 지나는 평면의 방정식은 어느 것인가?

a. $(2\mathbf{i} - 3\mathbf{j} + 3\mathbf{k})\cdot((x + 2)\mathbf{i} + (y - 1)\mathbf{j} + z\mathbf{k}) = 0$

b. $x = 3 - t$, $y = -11t$, $z = 2 - 3t$

c. $(x + 2) + 11(y - 1) = 3z$

d. $(2\mathbf{i} - 3\mathbf{j} + 3\mathbf{k})\times((x + 2)\mathbf{i} + (y - 1)\mathbf{j} + z\mathbf{k}) = \mathbf{0}$

e. $(2\mathbf{i} - \mathbf{j} + 3\mathbf{k})\times(-3\mathbf{i} + \mathbf{k})\cdot((x + 2)\mathbf{i} + (y - 1)\mathbf{j} + z\mathbf{k}) = 0$

62. 주어진 그림과 같이 꼭짓점이 $A(2, -1, 4)$, $B(1, 0, -1)$, $C(1, 2, 3)$, D인 평행사변형에 대해 다음 물음에 답하라.

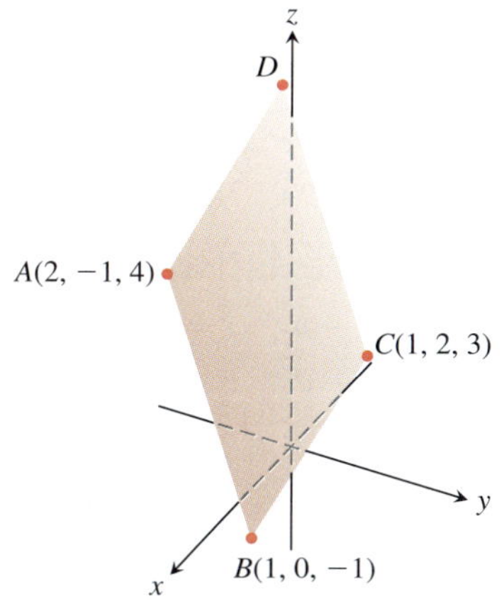

a. D의 좌표

b. 내각 $\angle B$의 코사인

c. 벡터 $\overrightarrow{BC}$ 위로의 벡터 $\overrightarrow{BA}$의 벡터사영

d. 평행사변형의 넓이

e. 평행사변형을 포함하는 평면의 방정식

f. 평행사변형을 각 좌표평면에 정사영한 영역의 넓이

63. 사교직선 사이의 거리 두 점 $A(1, 0, -1)$, $B(-1, 1, 0)$을 지나는 직선 L_1과 두 점 $C(3, 1, -1)$, $D(4, 5, -2)$를 지나는 직선 L_2 사이의 거리를 구하라. 두 직선 사이의 거리는 두 직선에 동시에 수직인 직선을 이용해서 얻어진다. 먼저 두 직선에 동시에 수직인 벡터 **n**을 찾아 **n** 위로의 $\overrightarrow{AC}$의 벡터사영을 구한다.

64. (실전문제 63의 계속) 두 점 $A(4, 0, 2)$, $B(2, 4, 1)$을 지나는 직선과 두 점 $C(1, 3, 2)$, $D(2, 2, 4)$를 지나는 직선 사이의 거리를 구하라.

2차곡면

실전문제 65~76에서 주어진 곡면을 분류하고 그래프를 그려라.

65. $x^2 + y^2 + z^2 = 4$

66. $x^2 + (y-1)^2 + z^2 = 1$

67. $4x^2 + 4y^2 + z^2 = 4$

68. $36x^2 + 9y^2 + 4z^2 = 36$

69. $z = -(x^2 + y^2)$

70. $y = -(x^2 + z^2)$

71. $x^2 + y^2 = z^2$

72. $x^2 + z^2 = y^2$

73. $x^2 + y^2 - z^2 = 4$

74. $4y^2 + z^2 - 4x^2 = 4$

75. $y^2 - x^2 - z^2 = 1$

76. $z^2 - x^2 - y^2 = 1$

심화문제 ADVANCED QUESTION

1. 잠수함 찾기 작전 중인 2개의 군함이 항공기 요격에 대비하기 위해 잠수함의 항로와 속력을 알아내려고 한다. 주어진 그림과 같이 군함 A의 위치는 $(4, 0, 0)$이고, 군함 B의 위치는 $(0, 5, 0)$이다. 모든 좌표는 수천 미터로 표시된다. 군함 A는 벡터 $2\mathbf{i}+3\mathbf{j}-(1/3)\mathbf{k}$의 방향에서 잠수함을 탐지했고, 군함 B는 벡터 $18\mathbf{i}-6\mathbf{j}-\mathbf{k}$ 방향에서 탐지했다. 4분 전에 잠수함은 $(2, -1, -1/3)$에 있었고, 일정한 속력으로 직선으로 움직일 때, 군함들은 요격기에 어느 위치를 알려야 하는가?

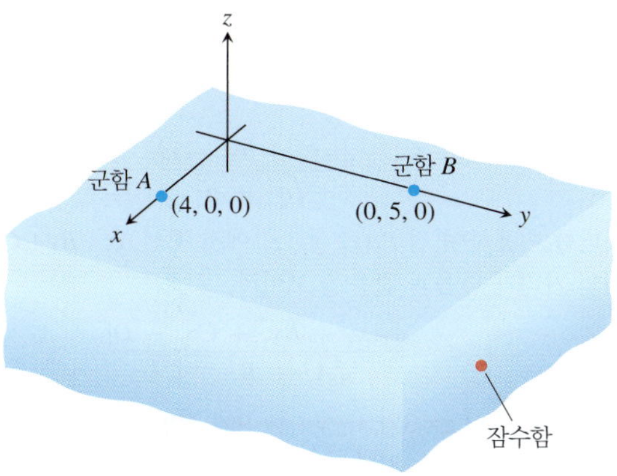

2. 헬기 구조 두 헬리콥터 H_1, H_2가 함께 비행하고 있다. $t=0$에서 각각 다음의 직선 항로를 따라 분리 비행한다.

$$H_1:\quad x = 6 + 40t,\quad y = -3 + 10t,\quad z = -3 + 2t$$
$$H_2:\quad x = 6 + 110t,\quad y = -3 + 4t,\quad z = -3 + t$$

여기서 t의 단위는 시간이고 모든 좌표의 단위는 킬로미터이다. 계기고장으로 H_2는 위치 $(446, 13, 1)$에서 멈추고, 곧바로 $(446, 13, 0)$에 착륙했다. 2시간 이후에 H_1은 이 사실을 알고 바로 H_2를 향해 시속 150 km/h로 비행했다. H_1이 H_2에 도착하는 데 걸리는 시간은 얼마인가?

3. 회전력 잔디 깎는 기계 Toro®53의 사용설명서에는 점화플러그를 20.4 **N**으로 조이게 되어 있다. 점화플러그의 축으로 손잡이의 23 cm 지점을 손으로 잡고 26.5 cm인 소켓 렌치를 돌려 점화플러그를 끼울 때, 얼마나 강하게 렌치의 손잡이를 당겨야 하는가? 단위를 **N**으로 답하라.

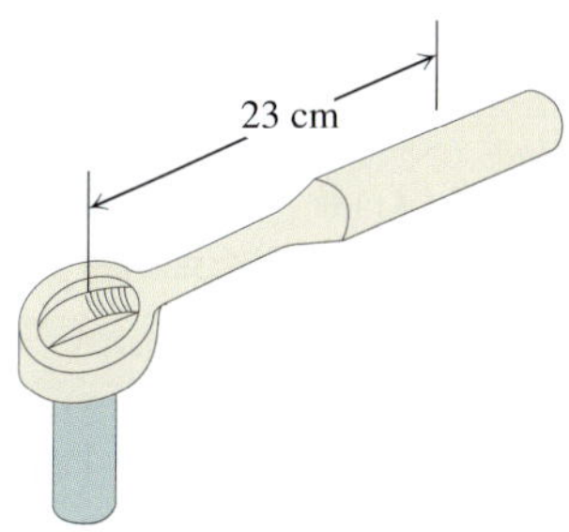

4. 회전체 원점과 $A(1, 1, 1)$을 지나는 직선이 속력 3/2 rad/s으로 회전하는 물체의 회전축이다. 회전 방향은 A (1, 1, 1)에서 원점을 바로볼 때 시계 방향이다. 점 $B(1,3,2)$에 있는 물체의 속도벡터 **v**를 구하라.

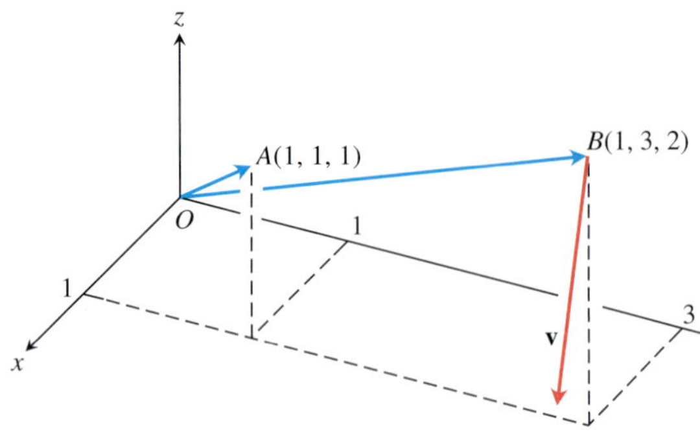

5. 주어진 그림에서 주어진 무게의 물체가 두 줄에 매달려 있을 때, 벡터 $\mathbf{F}_1$, $\mathbf{F}_2$의 크기와 성분을 구하고 각 α, β를 구하라. [힌트: 주어진 삼각형은 직각삼각형이다.]

a.

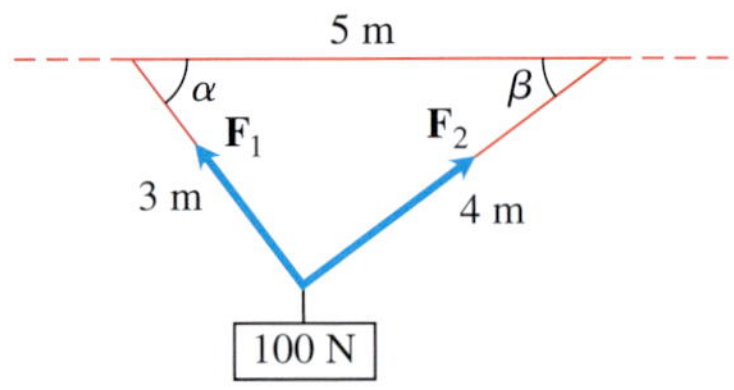

b.

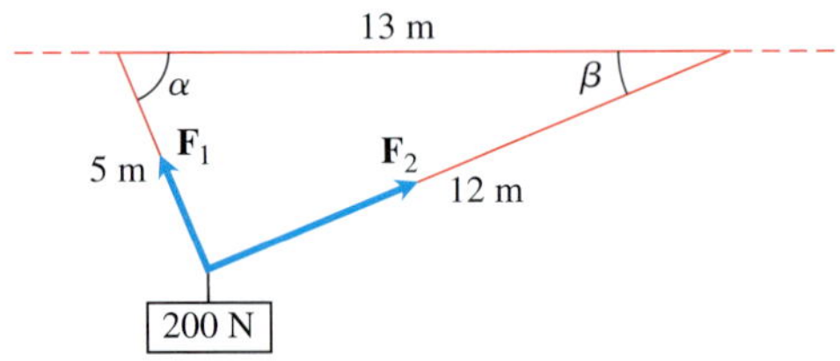

6. 주어진 그림에서 무게가 w**N**인 물체가 두 줄에 매달려 있을 때, 힘벡터 $\mathbf{T}_1$, $\mathbf{T}_2$은 줄을 따르는 방향을 향하고 있다.

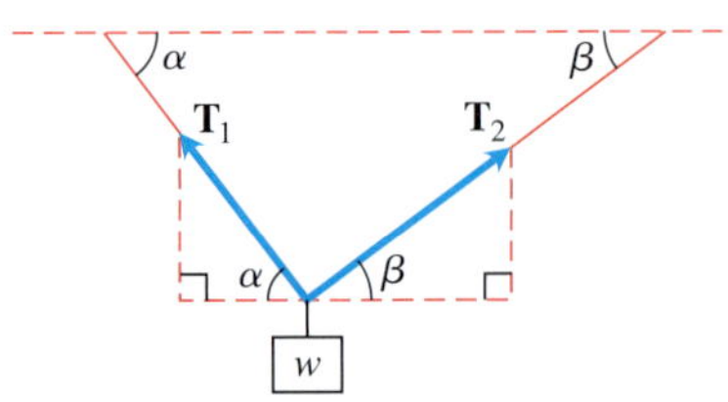

a. 힘벡터 $\mathbf{T}_1$, $\mathbf{T}_2$를 구하고, 벡터의 크기가 다음과 같음을 보여라.

$$|\mathbf{T}_1| = \frac{w\cos\beta}{\sin(\alpha+\beta)}$$

$$|\mathbf{T}_2| = \frac{w\cos\alpha}{\sin(\alpha+\beta)}$$

b. 고정된 각 β에 대해 $|\mathbf{T}_1|$을 최소로 하는 각 α를 구하라.

c. 고정된 각 α에 대해 $|\mathbf{T}_2|$을 최소로 하는 각 β를 구하라.

7. 행렬식과 평면

a. 일직선 상에 있지 않는 세 점 $P_1(x_1, y_1, z_1)$, $P_2(x_2, y_2, z_2)$, $P_3(x_3, y_3, z_3)$을 지나는 평면의 방정식이 다음과 같음을 보여라.

$$\begin{vmatrix} x_1 - x & y_1 - y & z_1 - z \\ x_2 - x & y_2 - y & z_2 - z \\ x_3 - x & y_3 - y & z_3 - z \end{vmatrix} = 0$$

b. 다음을 만족하는 점의 집합은 무엇인가?

$$\begin{vmatrix} x & y & z & 1 \\ x_1 & y_1 & z_1 & 1 \\ x_2 & y_2 & z_2 & 1 \\ x_3 & y_3 & z_3 & 1 \end{vmatrix} = 0$$

8. 행렬식과 직선 다음과 같은 두 직선이 있다고 하자.

$$x = a_1s + b_1,\quad y = a_2s + b_2,\quad z = a_3s + b_3,\quad -\infty < s < \infty$$
$$x = c_1t + d_1,\quad y = c_2t + d_2,\quad z = c_3t + d_3,\quad -\infty < t < \infty$$

만나거나 평행할 필요충분 조건은 다음과 같음을 보여라.

$$\begin{vmatrix} a_1 & c_1 & b_1 - d_1 \\ a_2 & c_2 & b_2 - d_2 \\ a_3 & c_3 & b_3 - d_3 \end{vmatrix} = 0$$

9. 길이가 2인 정사면체에 대한 물음에 답하라.

a. 벡터를 이용하여 정사면체의 밑변과 밑변에 있지 않는 다른 변이 이루는 각 θ를 구하라.

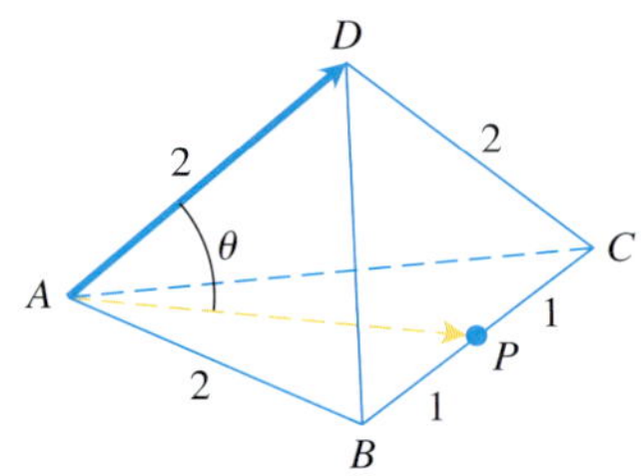

b. 벡터를 이용하여 정사면체에서 인접하는 두 면이 이루는 각을 구하라. 이 각을 **이면각**이라 부른다.

10. 주어진 그림에서 삼각형 ABC의 D는 변 AB의 중점이고, E는 C와 B 사이의 1/3인 점이다. 벡터를 이용하여 F가 선분 CD의 중점임을 보여라.

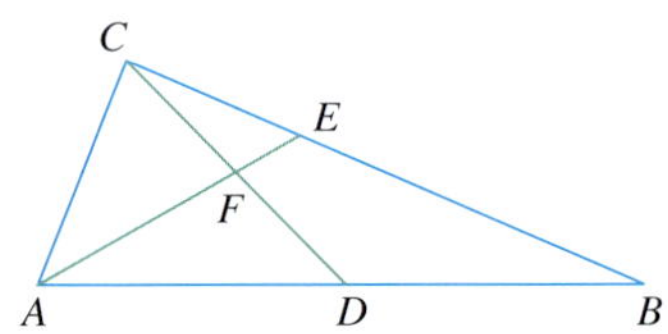

11. 벡터를 이용하여 점 $P_1(x_1, y_1)$에서 직선 $ax+by=c$ 사이의 거리가 다음과 같음을 보여라.

$$d = \frac{|ax_1 + by_1 - c|}{\sqrt{a^2 + b^2}}$$

12. a. 벡터를 이용하여 점 $P_1(x_1, y_1, z_1)$에서 직선 $Ax+By+Cy=D$ 사이의 거리가 다음과 같음을 보여라.

$$d = \frac{|Ax_1 + By_1 + Cz_1 - D|}{\sqrt{A^2 + B^2 + C^2}}$$

b. 두 평면 $x+y+z=3$와 $x+y+z=9$에 접하고 두 평면 $2x-y=0$, $3x-z=0$이 중심을 지나는 구면의 방정식을 구하라.

13. a. 평행한 평면 사이의 거리 평행한 두 평면 $Ax+By+Cy=D_1$와 $Ax+By+Cy=D_2$ 사이의 거리는 다음과 같음을 보여라.

$$d = \frac{|D_1 - D_2|}{|A\mathbf{i} + B\mathbf{j} + C\mathbf{k}|}$$

b. 두 평면 $2x+3y-z=6$과 $2x+3y-z=12$ 사이의 거리를 구하라.

c. 평면 $2x-y+2z=-4$와 평행하고 점 $(3, 2, -1)$에서 거리가 같은 평면을 구하라.

d. 평면 $x-2y+z=3$과 평행하고 거리가 5인 평면의 방정식을 구하라.

14. 네 점 A, B, C, D가 한 평면 위에 있을 필요충분 조건은 $\overrightarrow{AD}\cdot(\overrightarrow{AB}\times\overrightarrow{BC})=0$임을 보여라.

15. 평면 위로의 벡터사영 공간에서 평면 P 위로의 벡터 $\mathbf{v}$의 벡터사영 $\text{proj}_P\,\mathbf{v}$는 다음과 같이 정의한다. 태양이 평면 P에 수직으로 비칠 때, 평면 P위로의 벡터 $\mathbf{v}$의 그림자는 $\text{proj}_P\,\mathbf{v}$가 된다. P가 평면 $x+2y+6z=6$이고 $\mathbf{v}=\mathbf{i}+\mathbf{j}+\mathbf{k}$일 때, $\text{proj}_P\,\mathbf{v}$를 구하라.

16. $\mathbf{0}$이 아닌 벡터 $\mathbf{v}$, $\mathbf{w}$, $\mathbf{z}$는 주어진 그림과 같다. $\mathbf{z}$는 직선 L에 수직이고, $\mathbf{v}$, $\mathbf{w}$가 L과 이루는 같은 β로 같다. $|\mathbf{v}|=|\mathbf{w}|$일 때, $\mathbf{w}$를 $\mathbf{v}$와 $\mathbf{z}$로 표현하라.

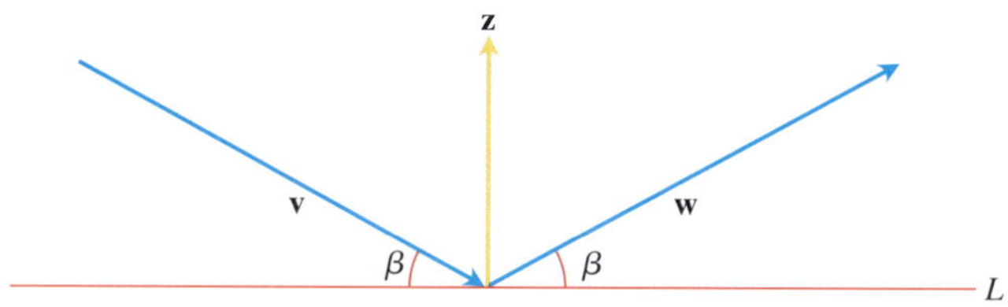

17. 3중적 3중적 $(\mathbf{u}\times\mathbf{v})\times\mathbf{w}$와 $\mathbf{u}\times(\mathbf{v}\times\mathbf{w})$은 일반적으로 다르며, 성분으로 계산하는 데 두 3중적은 유사하게 다음과 같이 주어진다.

$$(\mathbf{u}\times\mathbf{v})\times\mathbf{w}=(\mathbf{u}\cdot\mathbf{w})\mathbf{v}-(\mathbf{v}\cdot\mathbf{w})\mathbf{u}$$
$$\mathbf{u}\times(\mathbf{v}\times\mathbf{w})=(\mathbf{u}\cdot\mathbf{w})\mathbf{v}-(\mathbf{u}\cdot\mathbf{v})\mathbf{w}$$

주어진 벡터에 대해 앞선 공식이 성립함을 확인하라.

	$\mathbf{u}$	$\mathbf{v}$	$\mathbf{w}$
a.	$2\mathbf{i}$	$2\mathbf{j}$	$2\mathbf{k}$
b.	$\mathbf{i}-\mathbf{j}+\mathbf{k}$	$2\mathbf{i}+\mathbf{j}-2\mathbf{k}$	$-\mathbf{i}+2\mathbf{j}-\mathbf{k}$
c.	$2\mathbf{i}+\mathbf{j}$	$2\mathbf{i}-\mathbf{j}+\mathbf{k}$	$\mathbf{i}+2\mathbf{k}$
d.	$\mathbf{i}+\mathbf{j}-2\mathbf{k}$	$-\mathbf{i}-\mathbf{k}$	$2\mathbf{i}+4\mathbf{j}-2\mathbf{k}$

18. 외적과 내적 임의의 벡터 $\mathbf{u}$, $\mathbf{v}$, $\mathbf{w}$에 대해 다음을 증명하라.

a. $\mathbf{u}\times(\mathbf{v}\times\mathbf{w})+\mathbf{v}\times(\mathbf{w}\times\mathbf{u})+\mathbf{w}\times(\mathbf{u}\times\mathbf{v})=\mathbf{0}$

b. $\mathbf{u}\times\mathbf{v}=(\mathbf{u}\cdot\mathbf{v}\times\mathbf{i})\mathbf{i}+(\mathbf{u}\cdot\mathbf{v}\times\mathbf{j})\mathbf{j}+(\mathbf{u}\cdot\mathbf{v}\times\mathbf{k})\mathbf{k}$

c. $(\mathbf{u}\times\mathbf{v})\cdot(\mathbf{w}\times\mathbf{r})=\begin{vmatrix}\mathbf{u}\cdot\mathbf{w} & \mathbf{v}\cdot\mathbf{w}\\ \mathbf{u}\cdot\mathbf{r} & \mathbf{v}\cdot\mathbf{r}\end{vmatrix}$

19. 외적과 내적 다음 등식이 참인지 거짓인지 밝혀라.

$$\mathbf{u}\times(\mathbf{u}\times(\mathbf{u}\times\mathbf{v}))\cdot\mathbf{w}=-|\mathbf{u}|^2\,\mathbf{u}\cdot\mathbf{v}\times\mathbf{w}$$

20. 벡터의 외적을 이용하여 다음 삼각함수 항등식을 유도하라.

$$\sin(A-B)=\sin A\cos B-\cos A\sin B$$

21. 임의의 실수 a, b, c, d에 대해 백터를 이용하여 다음을 증명하라.

$$(a^2+b^2)(c^2+d^2)\geq(ac+bd)^2$$

[힌트: $\mathbf{u}=a\mathbf{i}+b\mathbf{j}$이고 $\mathbf{v}=c\mathbf{i}+d\mathbf{j}$라 두어라.]

22. 내적은 양정치 내적은 양정치임을 보여라. 즉 임의의 벡터 $\mathbf{u}$에 대해 $\mathbf{u}\cdot\mathbf{u}\geq 0$이다. 그리고 $\mathbf{u}\cdot\mathbf{u}=0$일 필요충분 조건은 $\mathbf{u}=\mathbf{0}$이다.

23. 임의의 벡터 $\mathbf{u}$, $\mathbf{v}$에 대해 $|\mathbf{u}+\mathbf{v}|\leq|\mathbf{u}|+|\mathbf{v}|$임을 증명하라.

24. 임의의 벡터 $\mathbf{u}$, $\mathbf{v}$에 대해 $\mathbf{w}=|\mathbf{v}|\mathbf{u}+|\mathbf{u}|\mathbf{v}$는 $\mathbf{u}$와 $\mathbf{v}$가 이루는 각을 이등분함을 보여라.

25. 임의의 벡터 $\mathbf{u}$, $\mathbf{v}$에 대해 $|\mathbf{v}|\mathbf{u}+|\mathbf{u}|\mathbf{v}$와 $|\mathbf{v}|\mathbf{u}-|\mathbf{u}|\mathbf{v}$가 직교함을 보여라.

기술 응용 프로젝트 TECHNOLOGY APPLICATION PROJECT

매스매티카/메이플 프로젝트

프로젝트는 MyLab Math에서 찾을 수 있다.

- **벡터를 이용하여 직을 표현하고 거리를 구하기**
  I, II영역: 직선을 벡터로 해석하는 이점을 알자.
  III영역: 벡터를 이용하여 한 점에서 직선까지의 거리를 구하라.
- **3차원의 풍경을 2차원의 화폭에 담기**
  공간 상의 평면에 대한 개념으로 2차원 상을 얻는 데 사용하라.
- **3D 도면에서 시작하기**
  I영역: 직선과 평면의 벡터 정의를 이용하여 그래프와 방정식을 구하고, 직선의 방정식의 다른 형태와 비교하라.
  II영역: 음함수로 정의된 함수를 그려라.

11

벡터값 함수와 공간에서의 운동

이 장에서는 벡터값 함수의 미적분을 소개한다. 이러한 함수의 정의역은 앞에서와 같이 실수의 집합이지만, 공역은 스칼라 대신에 벡터로 이루어져 있다. 벡터값 함수는 그것이 변할 때 크기와 방향이 둘 다 발생할 수 있으므로 도함수도 백터이다. 벡터값 함수의 적분 또한 벡터이다. 이러한 함수의 미적분을 이용하여 평면이나 공간에서 움직이는 물체의 경로와 운동을 설명하므로, 그들의 속도와 가속도는 벡터로 표현된다.

11.1 공간에서의 곡선과 접선

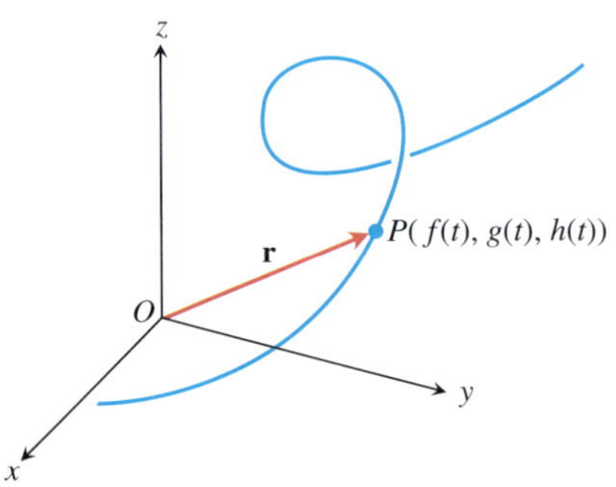

그림 11.1 공간에서 움직이는 입자의 위치벡터 $\mathbf{r} = \overrightarrow{OP}$는 시간의 함수이다.

입자가 시간 구간 I 동안 공간에서 움직일 때, 입자의 좌표를 I에서 정의된 함수로 생각하자.

$$x = f(t), \qquad y = g(t), \qquad z = h(t), \qquad t \in I \tag{1}$$

점 $(x, y, z) = (f(t), g(t), h(t))$, $t \in I$는 입자의 **경로**(path)라 부르는 공간에서의 **곡선**(curve)을 이룬다. 식 (1)에서의 방정식과 구간은 곡선을 매개변수화한다.

공간에서 곡선은 벡터 형태로도 표현될 수 있다. 다음 벡터는 원점으로부터 시간 t에서 입자의 위치 $P(f(t), g(t), h(t))$까지의 위치벡터이다(그림 11.1).

$$\mathbf{r}(t) = \overrightarrow{OP} = f(t)\mathbf{i} + g(t)\mathbf{j} + h(t)\mathbf{k} \tag{2}$$

함수 f, g, h는 위치벡터의 **성분함수**(component function) 또는 성분이다. 입자의 경로를 시간 구간 I 동안 $\mathbf{r}$에 의해 그려지는 곡선으로 생각한다. 그림 11.2는 컴퓨터 그래픽 프로그램에 의해 생성된 여러 공간 곡선을 보여준다.

식 (2)은 구간 I에서 실변수 t의 벡터함수 $\mathbf{r}$을 정의한다. 일반적으로 정의역 D 위에서의 **벡터값 함수**(vertor-valued function) 또는 **벡터함수**(vector function)는 D의 각 원소를 공간 내의 한 벡터를 대응시키는 규칙이다. 정의역은 실수의 구간이며, 함수의 그래프는 공간에서의 곡선을 나타낸다. 평면이나 공간에서의 벡터함수는 유체 흐름, 중력장, 전자기 현상의 연구에 중요한 '벡터장'을 유도한다. 벡터장과 그들의 응용을 14장에서 다룰 것이다.

실숫값 함수는 종종 벡터함수와 구별하기 위해 **스칼라함수**(scalar function)라고도 한다. 식 (2)에서 $\mathbf{r}$의 성분함수는 t의 스칼라함수이다. 벡터값 함수의 정의역은 그 성분함수의 공통 정의역이다.

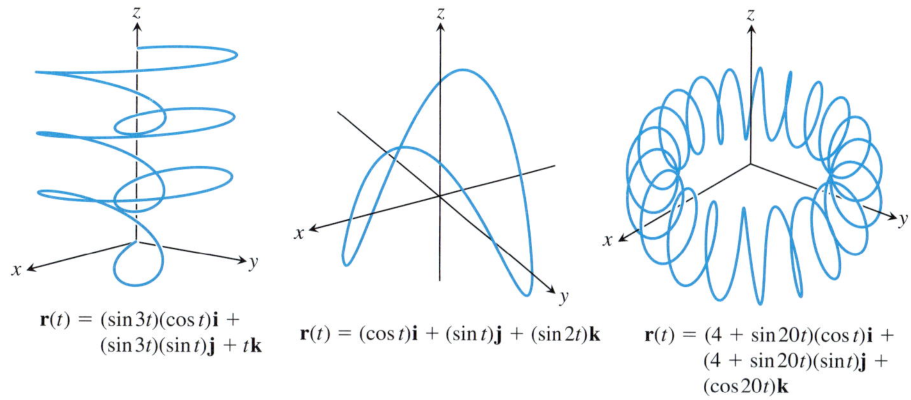

그림 11.2 공간 곡선은 위치벡터 $\mathbf{r}(t)$에 의해 정의된다.

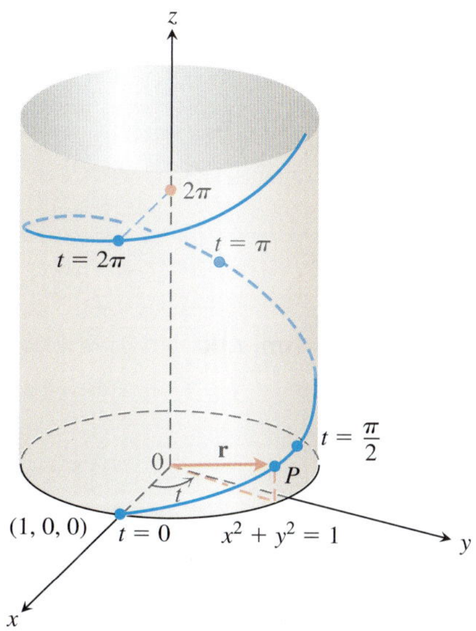

그림 11.3 나선
$\mathbf{r}(t) = (\cos t)\mathbf{i} + (\sin t)\mathbf{j} + t\mathbf{k}$ (예제 1).

예제 1 다음 벡터함수를 그려라.

$$\mathbf{r}(t) = (\cos t)\mathbf{i} + (\sin t)\mathbf{j} + t\mathbf{k}$$

풀이 벡터함수 $\mathbf{r}(t)$는 모든 실수 t에 대해 정의된다. $\mathbf{r}$에 의해 그려진 곡선은 원기둥 $x^2+y^2=1$을 따라 맴돈다(그림 11.3). 왜냐하면 $\mathbf{r}$의 $\mathbf{i}$ 및 $\mathbf{j}$ 성분은 $\mathbf{r}$의 끝점의 x 및 y 좌표로, 이들은 원기둥의 방정식을 만족하기 때문이다.

$$x^2 + y^2 = (\cos t)^2 + (\sin t)^2 = 1$$

곡선은 $\mathbf{k}$ 성분인 $z=t$가 증가함에 따라 위로 올라간다. t가 2π씩 증가할 때마다 곡선은 원기둥을 한 번 회전한다. 이 곡선을 **나선**(helix)이라고 부르며(고대 그리스어로 '나선(spiral)'이란 뜻) 다음 방정식은 나선을 매개변수화한다.

$$x = \cos t, \qquad y = \sin t, \qquad z = t$$

이 예제에서는 세 방정식이 정의되는 점의 가장 큰 집합인 정의역을 사용한다. 즉 이 경우에는 $-\infty < t < \infty$이다. 그림 11.4는 더 많은 나선을 보여준다. ■

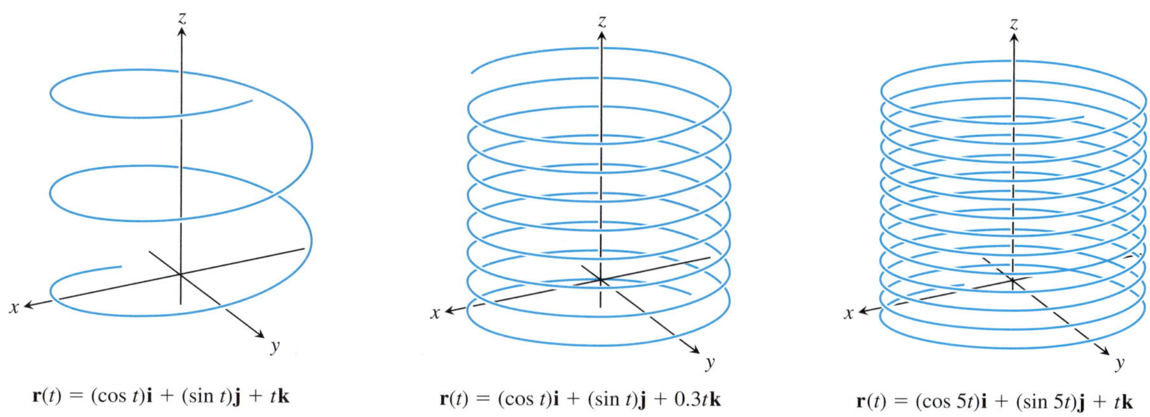

그림 11.4 용수철처럼 원기둥 주위로 올라가는 여러 가지 나선.

극한과 연속성

벡터값 함수의 극한을 정의하는 방법은 실숫값 함수의 극한을 정의하는 방법과 유사하다.

정의 $\mathbf{r}(t)=f(t)\mathbf{i}+g(t)\mathbf{j}+h(t)\mathbf{k}$를 정의역 D에서 정의된 벡터함수라고 하고, $\mathbf{L}$을 벡터라 하자. 임의의 양수 $\varepsilon>0$에 대해 적당한 양수 $\delta>0$가 존재하여 $0<|t-t_0|<\delta$인 모든 $t\in D$에 대해 다음을 만족한다면,

$$|\mathbf{r}(t)-\mathbf{L}|<\varepsilon$$

$\mathbf{r}$은 t가 t_0로 접근할 때 **극한**(limit) $\mathbf{L}$을 갖는다고 하고 $\lim_{t\to t_0}\mathbf{r}(t)=\mathbf{L}$로 쓴다.

만약 $\mathbf{L}=L_1\mathbf{i}+L_2\mathbf{j}+L_3\mathbf{k}$이고 다음과 같을 때, $\lim_{t\to t_0}\mathbf{r}(t)=\mathbf{L}$임을 보일 수 있다(증명은 생략한다).

$$\lim_{t\to t_0}f(t)=L_1,\qquad \lim_{t\to t_0}g(t)=L_2,\qquad \lim_{t\to t_0}h(t)=L_3$$

따라서 다음과 같다.

벡터함수의 극한을 정의하기 위해 성분 스칼라함수의 극한을 계산하면 된다.

$$\lim_{t\to t_0}\mathbf{r}(t)=\left(\lim_{t\to t_0}f(t)\right)\mathbf{i}+\left(\lim_{t\to t_0}g(t)\right)\mathbf{j}+\left(\lim_{t\to t_0}h(t)\right)\mathbf{k}\tag{3}$$

이 식은 벡터함수의 극한을 계산하는 실용적인 방법을 제공한다.

예제 2 $\mathbf{r}(t)=(\cos t)\mathbf{i}+(\sin t)\mathbf{j}+t\mathbf{k}$이면, 다음과 같다.

$$\begin{aligned}\lim_{t\to\pi/4}\mathbf{r}(t)&=\left(\lim_{t\to\pi/4}\cos t\right)\mathbf{i}+\left(\lim_{t\to\pi/4}\sin t\right)\mathbf{j}+\left(\lim_{t\to\pi/4}t\right)\mathbf{k}\\&=\frac{\sqrt{2}}{2}\mathbf{i}+\frac{\sqrt{2}}{2}\mathbf{j}+\frac{\pi}{4}\mathbf{k}\end{aligned}$$

■

구간에서 정의된 스칼라함수에 대한 연속성을 정의하는 방식과 동일한 방식으로 벡터함수에 대한 연속성을 정의한다.

정의 벡터함수 $\mathbf{r}(t)$가 정의역의 한 점 $t=t_0$에서 $\lim_{t\to t_0}\mathbf{r}(t)=\mathbf{r}(t_0)$이 성립할 때 **한 점에서 연속**(continuous at a point)이라고 한다. 또한 정의역의 모든 점에서 연속일 때 벡터함수는 **연속**이라고 한다.

식 (3)으로부터 $\mathbf{r}(t)$가 $t=t_0$에서 연속일 필요충분 조건은 각 성분함수가 그 점에서 연속인 경우이다(연습문제 45).

예제 3

(a) 그림 11.2와 11.4에 있는 모든 공간 곡선의 각 성분함수가 $(-\infty,\infty)$의 모든 t값에서 연속이기 때문에 공간 곡선은 연속이다.

(b) 함수 $\lfloor t\rfloor$는 모든 정수에서 불연속이기 때문에, 다음 함수는 모든 정수에서 불연속이다.

$$\mathbf{g}(t)=(\cos t)\mathbf{i}+(\sin t)\mathbf{j}+\lfloor t\rfloor\mathbf{k}$$

■

미분계수와 운동

$\mathbf{r}(t)=f(t)\mathbf{i}+g(t)\mathbf{j}+h(t)\mathbf{k}$는 공간에서 곡선을 따라 이동하는 입자의 위치벡터이고 f, g, h는 t에 대해 미분가능한 함수라 하자. 시간 t와 $t+\Delta t$에서 입자의 위치의 차는 다음과 같은 벡터이다(그림 11.5a).

$$\Delta\mathbf{r}=\mathbf{r}(t+\Delta t)-\mathbf{r}(t)$$

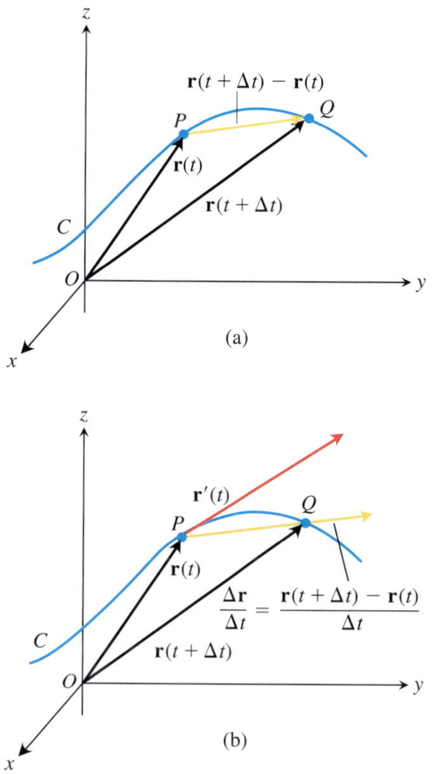

그림 11.5 $\Delta t \to 0$일 때 점 Q는 곡선 C를 따라 점 P에 접근한다. 극한에서 벡터 $\overline{PQ}/\Delta t$는 접벡터 $\mathbf{r}'(t)$가 된다.

성분함수로 표현하면 다음과 같다.

$$\begin{aligned}\Delta\mathbf{r} &= \mathbf{r}(t+\Delta t)-\mathbf{r}(t)\\ &= [f(t+\Delta t)\mathbf{i}+g(t+\Delta t)\mathbf{j}+h(t+\Delta t)\mathbf{k}]-[f(t)\mathbf{i}+g(t)\mathbf{j}+h(t)\mathbf{k}]\\ &= [f(t+\Delta t)-f(t)]\mathbf{i}+[g(t+\Delta t)-g(t)]\mathbf{j}+[h(t+\Delta t)-h(t)]\mathbf{k}\end{aligned}$$

Δt가 0에 가까워질 때, 다음 세 가지가 동시에 성립한다. 첫째, Q가 곡선을 따라 P로 접근한다. 둘째, 할선 PQ는 P에서의 곡선에 접하는 하나의 극한점에 접근한다. 셋째, 몫 $\Delta\mathbf{r}/\Delta t$(그림 11.5b)은 다음과 같은 극한에 접근한다.

$$\begin{aligned}\lim_{\Delta t\to 0}\frac{\Delta\mathbf{r}}{\Delta t} &= \left[\lim_{\Delta t\to 0}\frac{f(t+\Delta t)-f(t)}{\Delta t}\right]\mathbf{i}+\left[\lim_{\Delta t\to 0}\frac{g(t+\Delta t)-g(t)}{\Delta t}\right]\mathbf{j}\\ &\quad+\left[\lim_{\Delta t\to 0}\frac{h(t+\Delta t)-h(t)}{\Delta t}\right]\mathbf{k}\\ &= \left[\frac{df}{dt}\right]\mathbf{i}+\left[\frac{dg}{dt}\right]\mathbf{j}+\left[\frac{dh}{dt}\right]\mathbf{k}\end{aligned}$$

이러한 관찰로부터 다음과 같은 정의를 내릴 수 있다.

> **정의** 벡터함수 $\mathbf{r}(t)=f(t)\mathbf{i}+g(t)\mathbf{j}+h(t)\mathbf{k}$의 성분함수 f, g, h가 t에서 미분계수를 가질 때 $\mathbf{r}(t)$는 't에서 **미분계수**(derivative)를 가진다(미분가능하다)'라고 한다. 미분계수는 다음과 같은 벡터함수이다.
>
> $$\mathbf{r}'(t)=\frac{d\mathbf{r}}{dt}=\lim_{\Delta t\to 0}\frac{\mathbf{r}(t+\Delta t)-\mathbf{r}(t)}{\Delta t}=\frac{df}{dt}\mathbf{i}+\frac{dg}{dt}\mathbf{j}+\frac{dh}{dt}\mathbf{k}$$
>
> 벡터함수 $\mathbf{r}$이 정의역의 모든 점에서 미분가능할 때 **미분가능**(differentiable)이라고 한다.

미분계수의 기하학적 의미는 그림 11.5에 나타나 있다. 점 P와 Q는 위치벡터를 가지며 그들 각각의 위치벡터는 $\mathbf{r}(t)$와 $\mathbf{r}(t+\Delta t)$이다. 또 벡터 $\overline{PQ}$는 $\mathbf{r}(t+\Delta t)-\mathbf{r}(t)$로 표현된다. $\Delta t>0$인 경우 스칼라곱 $(1/\Delta t)(\mathbf{r}(t+\Delta t)-\mathbf{r}(t))$는 벡터 $\overline{PQ}$와 같은 방향을 가리킨다. $\Delta t\to 0$일 때 이 벡터는 벡터 $\mathbf{r}'(t)$에 접근한다. 이는 벡터 $\mathbf{r}'(t)$가 P에서의 곡선에 접하는 벡터임을 의미하며, 영벡터 $\mathbf{0}$이 아닌 경우이다(그림 11.5b).

벡터 $\mathbf{r}$에 의해 그려지는 곡선에서 $d\mathbf{r}/dt$가 연속이고 절대로 0이 아닌 경우에 **매끄럽다**고 한다. 다시 말해 f, g, h가 동시에 0이 아닌 연속적인 1계 도함수를 가지는 경우이다. 부드러운 곡선에서 각 지점에서 지속적으로 회전하는 접선이 있는지 확인하기 위해서는 $d\mathbf{r}/dt\neq 0$이 필요하다.

유한개의 매끄러운 곡선이 하나로 이어질 때 이 곡선을 **구분적으로 매끄러운 곡선**(piecewise smooth)이라 부른다(그림 11.6).

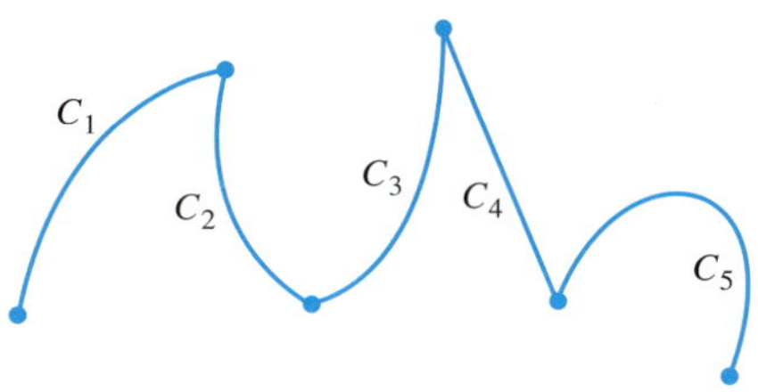

그림 11.6 5개의 매끄러운 곡선이 연속적으로 하나로 연결된 구분적으로 매끄러운 곡선.

그림 11.5를 다시 살펴보자. 이 그림을 $\Delta\mathbf{r}$이 운동 방향으로 진행하도록 양수 Δt에 대해 그림을 그렸다. 벡터 $\Delta\mathbf{r}/\Delta t$도 $\Delta\mathbf{r}$과 같은 운동 방향으로 진행한다. 만약 Δt가 음수이면 $\Delta\mathbf{r}$은 운동의 진행 방향과 반대 방향을 가리킬 것이다. 그러나 $\Delta\mathbf{r}/\Delta t$는 $\Delta\mathbf{r}$의 음의 스칼라 배수이기 때문에 운동의 진행 방향을 가리킨다. 따라서 $\Delta\mathbf{r}$가 어떤 방향을 가리키든지 $\Delta\mathbf{r}/\Delta t$는 운동 방향의 진행 방향을 나타내며, 벡터 $d\mathbf{r}/dt=\lim_{\Delta t\to 0}\Delta\mathbf{r}/\Delta t$는 0이 아닐 때 항상 같은 것으로 생각한다. 이것은 미분계수 $d\mathbf{r}/dt$가 운동의 진행 방향을 가리키고 시간에 대한 위치의 변화율을 나타낸다. 매끄러운 곡선의 경우에 $d\mathbf{r}/dt$는 결코 0이 되지 않는다. 즉 입자가 멈추거나 반대 방향으로 이동하지 않는다.

정의 $\mathbf{r}$이 공간에서 매끄러운 곡선을 따라 움직이는 입자의 위치벡터일 때, 다음은 입자의 **속도벡터**(velocity vector)라 한다.

$$\mathbf{v}(t) = \frac{d\mathbf{r}}{dt}$$

만약 $\mathbf{v}$가 0이 아닌 벡터라면, 곡선에 접하며 그 방향은 **운동 방향**(direction of motion)이라고 한다. $\mathbf{v}$의 크기는 입자의 **속력**이고 미분계수 $\mathbf{a} = d\mathbf{v}/dt$가 존재할 때, 이것을 입자의 **가속도벡터**라 한다. 요약하면 다음과 같다.

1. 속도는 위치벡터의 미분계수: $\mathbf{v} = \dfrac{d\mathbf{r}}{dt}$

2. 속력은 속도의 크기: 속력 $= |\mathbf{v}|$

3. 가속도는 속도의 미분계수: $\mathbf{a} = \dfrac{d\mathbf{v}}{dt} = \dfrac{d^2\mathbf{r}}{dt^2}$

4. 단위벡터 $\mathbf{v}/|\mathbf{v}|$는 시간 t에서의 운동 방향

예제 4 입자가 공간에서 위치벡터 $\mathbf{r}(t) = 2\cos t\mathbf{i} + 2\sin t\mathbf{j} + 5\cos^2 t\mathbf{k}$로 주어진 운동을 할 때 입자의 속도, 속력, 가속도를 찾아라. 속도벡터 $\mathbf{v}(7\pi/4)$를 그려라.

풀이 시간 t에서의 속도벡터와 가속도벡터는 다음과 같다.

$$\begin{aligned}\mathbf{v}(t) &= \mathbf{r}'(t) = -2\sin t\,\mathbf{i} + 2\cos t\,\mathbf{j} - 10\cos t\sin t\,\mathbf{k}\\ &= -2\sin t\,\mathbf{i} + 2\cos t\,\mathbf{j} - 5\sin 2t\,\mathbf{k},\\ \mathbf{a}(t) &= \mathbf{r}''(t) = -2\cos t\,\mathbf{i} - 2\sin t\,\mathbf{j} - 10\cos 2t\,\mathbf{k}\end{aligned}$$

그리고 속력은 다음과 같다.

$$|\mathbf{v}(t)| = \sqrt{(-2\sin t)^2 + (2\cos t)^2 + (-5\sin 2t)^2} = \sqrt{4 + 25\sin^2 2t}$$

$t = 7\pi/4$일 때 다음과 같다.

$$\mathbf{v}\left(\frac{7\pi}{4}\right) = \sqrt{2}\mathbf{i} + \sqrt{2}\mathbf{j} + 5\mathbf{k}, \quad \mathbf{a}\left(\frac{7\pi}{4}\right) = -\sqrt{2}\mathbf{i} + \sqrt{2}\mathbf{j}, \quad \left|\mathbf{v}\left(\frac{7\pi}{4}\right)\right| = \sqrt{29}$$

운동 곡선과 시간 $t = 7\pi/4$일 때의 속도벡터는 그림 11.7에서 볼 수 있다. ■

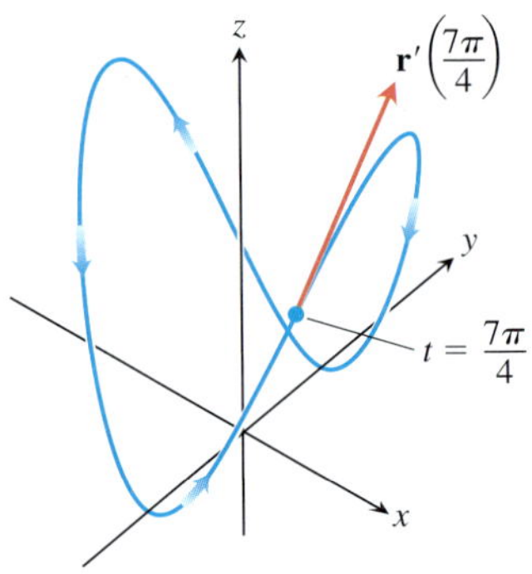

그림 11.7 예제 4에서 주어진 운동에 대한 곡선과 시간 $t = 7\pi/4$일 때의 속도벡터.

운동하는 입자의 속도를 속력과 방향의 곱으로 표현할 수 있다.

$$\text{속도} = |\mathbf{v}|\left(\frac{\mathbf{v}}{|\mathbf{v}|}\right) = (\text{속력})(\text{방향})$$

미분 법칙

벡터함수의 미분은 각 성분별로 계산할 수 있기 때문에, 벡터함수의 미분 법칙은 스칼라함수의 미분 법칙과 동일한 형태를 가진다.

벡터함수의 미분 법칙

$\mathbf{u}$와 $\mathbf{v}$를 t의 미분가능한 벡터함수, $\mathbf{C}$를 상수벡터, c를 임의의 스칼라, f를 임의의 미분가능한 스칼라함수라고 하자.

1. 상수함수 법칙: $\dfrac{d}{dt}\mathbf{C} = \mathbf{0}$

2. 스칼라곱 법칙: $\dfrac{d}{dt}[c\mathbf{u}(t)] = c\mathbf{u}'(t)$

$$\frac{d}{dt}[f(t)\,\mathbf{u}(t)] = f'(t)\,\mathbf{u}(t) + f(t)\,\mathbf{u}'(t)$$

3. 합의 법칙: $\frac{d}{dt}[\mathbf{u}(t) + \mathbf{v}(t)] = \mathbf{u}'(t) + \mathbf{v}'(t)$

4. 차의 법칙: $\frac{d}{dt}[\mathbf{u}(t) - \mathbf{v}(t)] = \mathbf{u}'(t) - \mathbf{v}'(t)$

5. 내적 곱 법칙: $\frac{d}{dt}[\mathbf{u}(t) \cdot \mathbf{v}(t)] = \mathbf{u}'(t) \cdot \mathbf{v}(t) + \mathbf{u}(t) \cdot \mathbf{v}'(t)$

6. 외적 곱 법칙: $\frac{d}{dt}[\mathbf{u}(t) \times \mathbf{v}(t)] = \mathbf{u}'(t) \times \mathbf{v}(t) + \mathbf{u}(t) \times \mathbf{v}'(t)$

7. 연쇄법칙: $\frac{d}{dt}[\mathbf{u}(f(t))] = f'(t)\mathbf{u}'(f(t))$

외적 곱 법칙을 사용할 때는 순서를 보존하는 것을 기억하자. 만약 **u**가 방정식의 왼쪽에 먼저 나오면, 오른쪽에도 그렇게 나와야 한다. 그렇지 않으면 부호가 잘못될 수 있다.

곱 법칙과 연쇄법칙을 증명할 것이지만 상수, 스칼라곱, 합, 차의 법칙은 연습문제로 남긴다.

내적 곱 법칙의 증명 벡터를 다음과 같다고 하자.

$$\mathbf{u} = u_1(t)\mathbf{i} + u_2(t)\mathbf{j} + u_3(t)\mathbf{k}$$
$$\mathbf{v} = v_1(t)\mathbf{i} + v_2(t)\mathbf{j} + v_3(t)\mathbf{k}$$

그러면 다음과 같다.

$$\frac{d}{dt}(\mathbf{u} \cdot \mathbf{v}) = \frac{d}{dt}(u_1v_1 + u_2v_2 + u_3v_3)$$
$$= \underbrace{u_1'v_1 + u_2'v_2 + u_3'v_3}_{\mathbf{u}' \cdot \mathbf{v}} + \underbrace{u_1v_1' + u_2v_2' + u_3v_3'}_{\mathbf{u} \cdot \mathbf{v}'} \qquad \blacksquare$$

외적 곱 법칙의 증명 스칼라함수의 곱의 법칙의 증명을 사용한다. 미분의 정의에 따르면 다음과 같다.

$$\frac{d}{dt}(\mathbf{u} \times \mathbf{v}) = \lim_{h \to 0} \frac{\mathbf{u}(t+h) \times \mathbf{v}(t+h) - \mathbf{u}(t) \times \mathbf{v}(t)}{h}$$

이 분수를 **u**와 **v**의 미분의 차분몫을 포함하는 동치인 분수식으로 바꾸기 위해 위의 분자에 $\mathbf{u}(t) \times \mathbf{v}(t+h)$를 뺀 다음 더하자. 그러면 다음과 같다.

$$\frac{d}{dt}(\mathbf{u} \times \mathbf{v})$$
$$= \lim_{h \to 0} \frac{\mathbf{u}(t+h) \times \mathbf{v}(t+h) - \mathbf{u}(t) \times \mathbf{v}(t+h) + \mathbf{u}(t) \times \mathbf{v}(t+h) - \mathbf{u}(t) \times \mathbf{v}(t)}{h}$$
$$= \lim_{h \to 0}\left[\frac{\mathbf{u}(t+h) - \mathbf{u}(t)}{h} \times \mathbf{v}(t+h) + \mathbf{u}(t) \times \frac{\mathbf{v}(t+h) - \mathbf{v}(t)}{h}\right]$$
$$= \lim_{h \to 0} \frac{\mathbf{u}(t+h) - \mathbf{u}(t)}{h} \times \lim_{h \to 0} \mathbf{v}(t+h) + \lim_{h \to 0} \mathbf{u}(t) \times \lim_{h \to 0} \frac{\mathbf{v}(t+h) - \mathbf{v}(t)}{h}$$

두 벡터함수의 외적의 극한은 그들의 극한(존재할 때)의 외적이므로 위의 마지막 등식은 성립한다(연습문제 46 참조). h가 0으로 접근할 때, **v**는 t에서 미분가능하고 연속이므로 $\mathbf{v}(t+h)$는 $\mathbf{v}(t)$에 접근한다(연습문제 47 참조). 이 두 분수는 t에서의 $d\mathbf{u}/dt$와 $d\mathbf{v}/dt$의 값에 접근한다. 요약하면 다음과 같다.

$$\frac{d}{dt}(\mathbf{u} \times \mathbf{v}) = \left(\frac{d\mathbf{u}}{dt} \times \mathbf{v}\right) + \left(\mathbf{u} \times \frac{d\mathbf{v}}{dt}\right) \qquad \blacksquare$$

연쇄법칙의 증명 함수 $\mathbf{u}(s) = a(s)\mathbf{i} + b(s)\mathbf{j} + c(s)\mathbf{k}$가 s에 대해 미분가능한 벡터함수이고 $s = f(t)$가 t에 대해 미분가능한 스칼라함수라 하자. 그러면 a, b, c는 미분가능한 함수이고, 미분가능한 실숫값 함수의 연쇄법칙에 의해 다음과 같다.

대수적 편의상, 스칼라 c와 벡터 $\mathbf{v}$의 곱을 $c\mathbf{v}$ 대신에 $\mathbf{v}c$로 쓰기도 한다. 이렇게 하면 연쇄법칙을 익숙한 형식으로 쓸 수 있다.

$$\frac{d\mathbf{u}}{dt} = \frac{d\mathbf{u}}{ds}\frac{ds}{dt}$$

여기서 $s = f(t)$이다.

$$\begin{aligned}\frac{d}{dt}[\mathbf{u}(s)] &= \frac{da}{dt}\mathbf{i} + \frac{db}{dt}\mathbf{j} + \frac{dc}{dt}\mathbf{k} \\ &= \frac{da}{ds}\frac{ds}{dt}\mathbf{i} + \frac{db}{ds}\frac{ds}{dt}\mathbf{j} + \frac{dc}{ds}\frac{ds}{dt}\mathbf{k} \\ &= \frac{ds}{dt}\left(\frac{da}{ds}\mathbf{i} + \frac{db}{ds}\mathbf{j} + \frac{dc}{ds}\mathbf{k}\right) \\ &= \frac{ds}{dt}\frac{d\mathbf{u}}{ds} \\ &= f'(t)\,\mathbf{u}'(f(t)) \qquad s = f(t)\end{aligned}$$

■

상수 길이를 갖는 벡터함수

원점을 중심으로 하는 구면 위를 따라 이동하는 입자를 추적할 때(그림 11.8), 위치벡터는 구면의 반지름과 같은 상수 길이를 갖는다. 속도벡터 $d\mathbf{r}/dt$는 움직임 경로에 접하는 접선벡터이며, 따라서 구면에 접하고 위치벡터 $\mathbf{r}$과 수직이다. 이는 상수 길이의 미분가능한 벡터함수에 대해 항상 성립하는 사실이다. 벡터와 1계 미분은 직교한다. 이는 직접적인 계산으로도 확인할 수 있다.

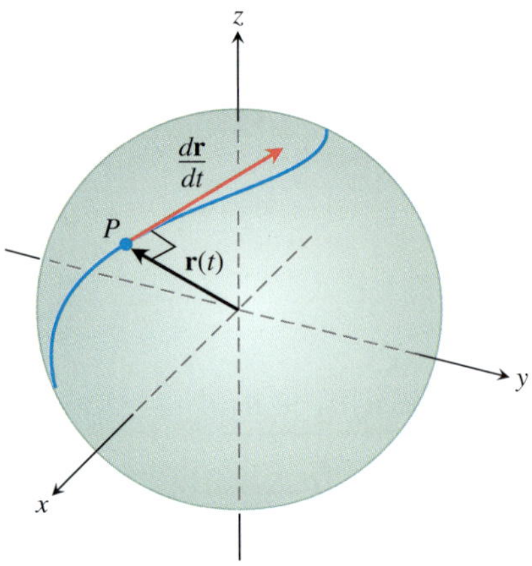

그림 11.8 위치벡터 $\mathbf{r}$이 시간에 미분가능한 함수가 되도록 한 입자가 구면 위를 움직일 때 $\mathbf{r}\cdot(d\mathbf{r}/dt) = 0$이다.

$$\begin{aligned}\mathbf{r}(t)\cdot\mathbf{r}(t) &= |\mathbf{r}(t)|^2 = c^2 && |\mathbf{r}(t)| = c\text{는 상수} \\ \frac{d}{dt}[\mathbf{r}(t)\cdot\mathbf{r}(t)] &= 0 && \text{양변을 미분} \\ \mathbf{r}'(t)\cdot\mathbf{r}(t) + \mathbf{r}(t)\cdot\mathbf{r}'(t) &= 0 && \text{법칙 5: } \mathbf{r}(t) = \mathbf{u}(t) = \mathbf{v}(t) \\ 2\mathbf{r}'(t)\cdot\mathbf{r}(t) &= 0\end{aligned}$$

따라서 벡터 $\mathbf{r}'(t)$와 $\mathbf{r}(t)$는 그들의 내적이 0이기 때문에 직교한다. 요약하면 다음과 같다.

> $\mathbf{r}$이 t에 대한 미분가능한 벡터함수이고 $\mathbf{r}(t)$의 길이가 상수라면 다음과 같다.
>
> $$\mathbf{r}\cdot\frac{d\mathbf{r}}{dt} = 0 \qquad (4)$$

이 성질을 11.4절에서 반복적으로 사용할 것이다. 반대 방향의 주장도 참이다(연습문제 41 참조).

연습문제 11.1 EXERCISE QUESTION

연습문제 1~4에서 주어진 극한을 구하라.

1. $\lim_{t\to\pi}\left[\left(\sin\frac{t}{2}\right)\mathbf{i} + \left(\cos\frac{2}{3}t\right)\mathbf{j} + \left(\tan\frac{5}{4}t\right)\mathbf{k}\right]$

2. $\lim_{t\to-1}\left[t^3\mathbf{i} + \left(\sin\frac{\pi}{2}t\right)\mathbf{j} + (\ln(t+2))\mathbf{k}\right]$

3. $\lim_{t\to1}\left[\left(\frac{t^2-1}{\ln t}\right)\mathbf{i} - \left(\frac{\sqrt{t}-1}{1-t}\right)\mathbf{j} + (\arctan t)\mathbf{k}\right]$

4. $\lim_{t\to0}\left[\left(\frac{\sin t}{t}\right)\mathbf{i} + \left(\frac{\tan^2 t}{\sin 2t}\right)\mathbf{j} - \left(\frac{t^3-8}{t+2}\right)\mathbf{k}\right]$

평면에서의 운동

연습문제 5~8에서 $\mathbf{r}(t)$는 시간 t에서 xy평면에서의 입자의 위치를 나타낸다. 입자의 경로를 그리는 x와 y의 방정식을 구하라. 주어진 t값에서 입자의 속도벡터 및 가속도벡터를 구하라.

5. $\mathbf{r}(t) = (t+1)\mathbf{i} + (t^2-1)\mathbf{j}, \quad t = 1$

6. $\mathbf{r}(t) = \frac{t}{t+1}\mathbf{i} + \frac{1}{t}\mathbf{j}, \quad t = -\frac{1}{2}$

7. $\mathbf{r}(t) = e^t\mathbf{i} + \frac{2}{9}e^{2t}\mathbf{j}, \quad t = \ln 3$

8. $\mathbf{r}(t) = (\cos 2t)\mathbf{i} + (3\sin 2t)\mathbf{j}, \quad t = 0$

연습문제 9~12에서 xy평면 위의 여러 곡선을 따라 움직이는 입자의 위치벡터를 제공한다. 각 경우에 대해 주어진 시간에서 입자의 속도와 가속도벡터를 찾고 곡선 위에 벡터로서 그림을 그려라.

9. 원 위의 운동 $x^2 + y^2 = 1$

$$\mathbf{r}(t) = (\sin t)\mathbf{i} + (\cos t)\mathbf{j};\quad t = \pi/4,\ \pi/2$$

10. 원 위의 운동 $x^2 + y^2 = 16$

$$\mathbf{r}(t) = \left(4\cos\frac{t}{2}\right)\mathbf{i} + \left(4\sin\frac{t}{2}\right)\mathbf{j};\quad t = \pi,\ 3\pi/2$$

11. 사이클로이드 위의 운동 $x = t - \sin t,\quad y = 1 - \cos t$

$$\mathbf{r}(t) = (t - \sin t)\mathbf{i} + (1 - \cos t)\mathbf{j};\quad t = \pi,\ 3\pi/2$$

12. 포물선 위의 운동 $y = x^2 + 1$

$$\mathbf{r}(t) = t\mathbf{i} + (t^2 + 1)\mathbf{j};\quad t = -1, 0, 1$$

공간에서의 운동

연습문제 13~18에서 $\mathbf{r}(t)$는 시간 t에서 공간 위의 입자의 위치를 나타낸다. 입자의 속도벡터와 가속도벡터를 찾아라. 그런 다음 주어진 t값에서 입자의 속도와 운동 방향을 찾아라. 주어진 시간에 입자의 속도를 그 속력과 방향의 곱으로 나타내라.

13. $\mathbf{r}(t) = (t + 1)\mathbf{i} + (t^2 - 1)\mathbf{j} + 2t\mathbf{k},\quad t = 1$

14. $\mathbf{r}(t) = (1 + t)\mathbf{i} + \frac{t^2}{\sqrt{2}}\mathbf{j} + \frac{t^3}{3}\mathbf{k},\quad t = 1$

15. $\mathbf{r}(t) = (2\cos t)\mathbf{i} + (3\sin t)\mathbf{j} + 4t\mathbf{k},\quad t = \pi/2$

16. $\mathbf{r}(t) = (\sec t)\mathbf{i} + (\tan t)\mathbf{j} + \frac{4}{3}t\mathbf{k},\quad t = \pi/6$

17. $\mathbf{r}(t) = (2\ln(t + 1))\mathbf{i} + t^2\mathbf{j} + \frac{t^2}{2}\mathbf{k},\quad t = 1$

18. $\mathbf{r}(t) = e^{-t}\mathbf{i} + (2\cos 3t)\mathbf{j} + (2\sin 3t)\mathbf{k},\quad t = 0$

연습문제 19~22에서 $\mathbf{r}(t)$는 시간 t에서 공간 위의 입자의 위치를 나타낸다. $t=0$에서 속도벡터와 가속도벡터 사이의 각도를 찾아라.

19. $\mathbf{r}(t) = (3t + 1)\mathbf{i} + \sqrt{3}t\mathbf{j} + t^2\mathbf{k}$

20. $\mathbf{r}(t) = \left(\frac{\sqrt{2}}{2}t\right)\mathbf{i} + \left(\frac{\sqrt{2}}{2}t - 16t^2\right)\mathbf{j}$

21. $\mathbf{r}(t) = (\ln(t^2 + 1))\mathbf{i} + (\arctan t)\mathbf{j} + \sqrt{t^2 + 1}\,\mathbf{k}$

22. $\mathbf{r}(t) = \frac{4}{9}(1 + t)^{3/2}\mathbf{i} + \frac{4}{9}(1 - t)^{3/2}\mathbf{j} + \frac{1}{3}t\mathbf{k}$

곡선의 접선

본문에서 언급한대로 $\mathbf{r}(t)=f(t)\mathbf{i}+g(t)\mathbf{j}+h(t)\mathbf{k}$의 매끄러운 곡선에 대한 $t=t_0$의 접선은 $(f(t_0),\ g(t_0),\ h(t_0))$를 지나며 곡선의 속도벡터인 $\mathbf{v}(t_0)$와 평행한 직선이다. 연습문제 23~26에서 주어진 매개변수값 $t=t_0$에서 주어진 곡선에 대한 접선의 매개방정식을 찾아라.

23. $\mathbf{r}(t) = (\sin t)\mathbf{i} + (t^2 - \cos t)\mathbf{j} + e^t\mathbf{k},\quad t_0 = 0$

24. $\mathbf{r}(t) = t^2\mathbf{i} + (2t - 1)\mathbf{j} + t^3\mathbf{k},\quad t_0 = 2$

25. $\mathbf{r}(t) = \ln t\,\mathbf{i} + \frac{t - 1}{t + 2}\mathbf{j} + t\ln t\,\mathbf{k},\quad t_0 = 1$

26. $\mathbf{r}(t) = (\cos t)\mathbf{i} + (\sin t)\mathbf{j} + (\sin 2t)\mathbf{k},\quad t_0 = \frac{\pi}{2}$

연습문제 27~30에서 주어진 곡선에 대한 접선이 주어진 점을 포함하는 t값을 구하라.

27. $\mathbf{r}(t) = t^2\mathbf{i} + (1 + t)\mathbf{j} + (2t - 3)\mathbf{k};\quad (-8, 2, -1)$

28. $\mathbf{r}(t) = t\mathbf{i} + 3\mathbf{j} + \left(\frac{2}{3}t^{3/2}\right)\mathbf{k};\quad (0, 3, -8/3)$

29. $\mathbf{r}(t) = 2t\mathbf{i} + t^2\mathbf{j} - t^2\mathbf{k};\quad (0, -4, 4)$

30. $\mathbf{r}(t) = -t\mathbf{i} + t^2\mathbf{j} + (\ln t)\mathbf{k};\quad (2, -5, -3)$

연습문제 31~36에서 $\mathbf{r}(t)$는 t에서 공간 위의 입자의 위치를 나타낸다. 각 위치함수를 그래프 A~F 중 하나와 일치시켜라.

31. $\mathbf{r}(t) = (t\cos t)\mathbf{i} + (t\sin t)\mathbf{j} + t\mathbf{k}$

32. $\mathbf{r}(t) = (\cos t)\mathbf{i} + (\sin t)\mathbf{j} + (\sin 2t)\mathbf{k}$

33. $\mathbf{r}(t) = t^2\mathbf{i} + (t^2 + 1)\mathbf{j} + t^4\mathbf{k}$

34. $\mathbf{r}(t) = t\mathbf{i} + (\ln t)\mathbf{j} + (\sin t)\mathbf{k}$

35. $\mathbf{r}(t) = t\mathbf{i} + (\cos t)\mathbf{j} + (\sin t)\mathbf{k}$

36. $\mathbf{r}(t) = (t\sin t)\mathbf{i} + (t\cos t)\mathbf{j} + \left(\frac{t}{t^2 + 1}\right)\mathbf{k}$

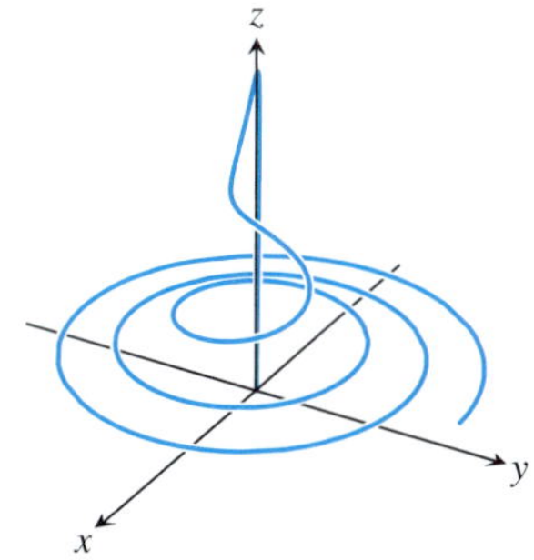

A.

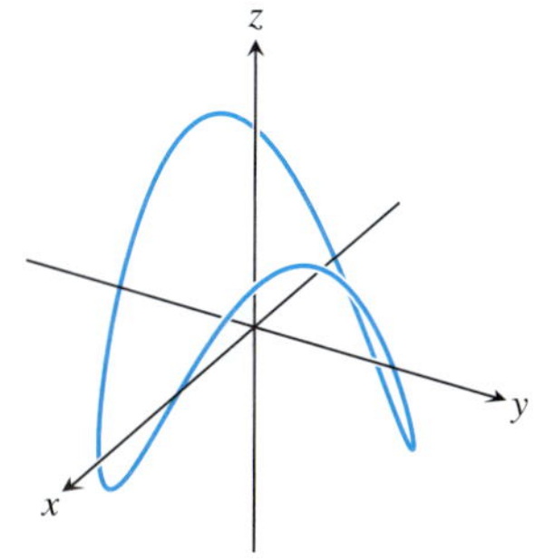

B.

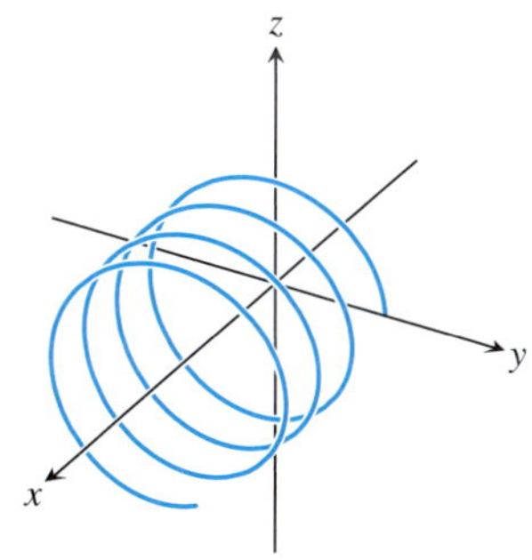

C.

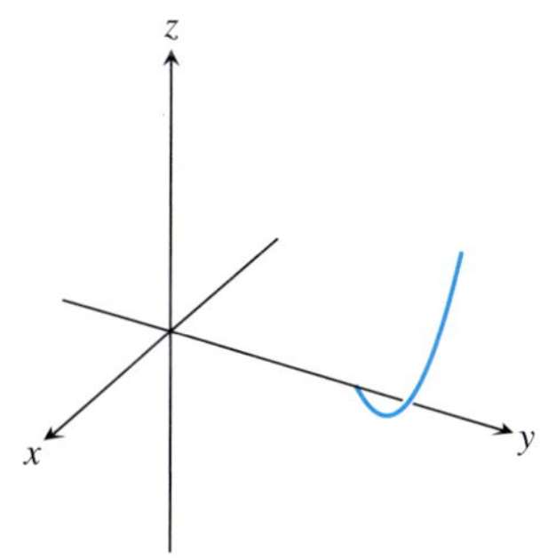

D.

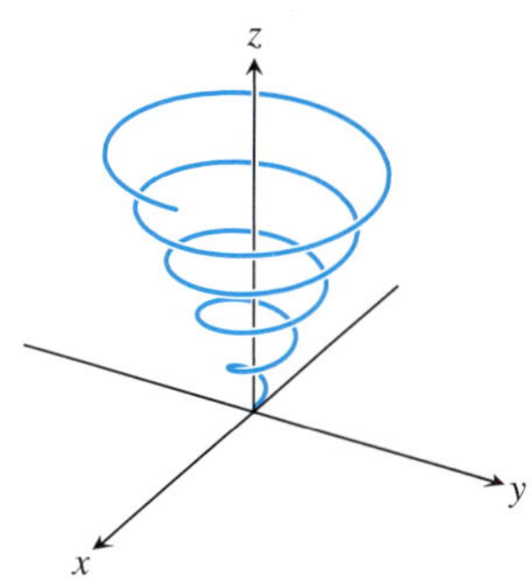

E.

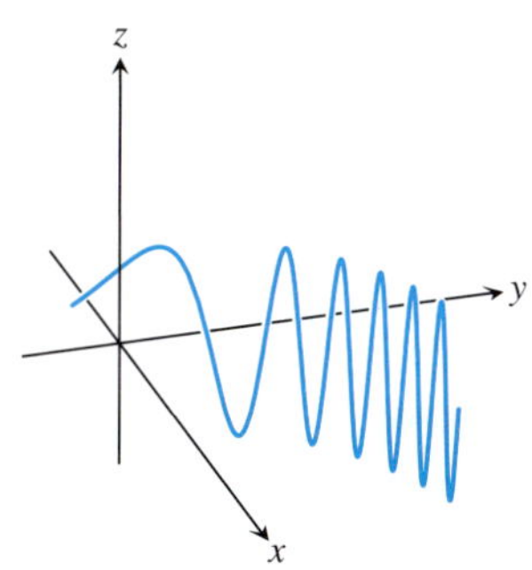

F.

이론과 예제

37. 원의 경로에 따른 운동 주어진 (a)~(e)의 방정식은 단위원 $x^2+y^2=1$의 경로를 가진 입자의 운동을 나타낸다. (a)~(e)의 각 입자 경로는 같지만, 각 입자의 움직임 또는 '역학'은 다르다. 각 입자에

대해 다음 질문에 답하라.

i) 입자의 속력는 일정한가? 그렇다면 그 일정한 속력는 얼마인가?

ii) 입자의 가속도벡터는 항상 입자의 속도벡터와 직교하는가?

iii) 입자는 원 주위를 시계 방향으로 이동하는가, 아니면 시계반대 방향으로 이동하는가?

iv) 입자는 초기에 (1, 0) 지점에 있는가?

a. $\mathbf{r}(t) = (\cos t)\mathbf{i} + (\sin t)\mathbf{j}, \quad t \geq 0$

b. $\mathbf{r}(t) = \cos(2t)\mathbf{i} + \sin(2t)\mathbf{j}, \quad t \geq 0$

c. $\mathbf{r}(t) = \cos(t - \pi/2)\mathbf{i} + \sin(t - \pi/2)\mathbf{j}, \quad t \geq 0$

d. $\mathbf{r}(t) = (\cos t)\mathbf{i} - (\sin t)\mathbf{j}, \quad t \geq 0$

e. $\mathbf{r}(t) = \cos(t^2)\mathbf{i} + \sin(t^2)\mathbf{j}, \quad t \geq 0$

38. 원 위의 운동 다음 벡터값 함수를 고려하자.

$$\mathbf{r}(t) = (2\mathbf{i} + 2\mathbf{j} + \mathbf{k}) + \cos t\left(\frac{1}{\sqrt{2}}\mathbf{i} - \frac{1}{\sqrt{2}}\mathbf{j}\right) + \sin t\left(\frac{1}{\sqrt{3}}\mathbf{i} + \frac{1}{\sqrt{3}}\mathbf{j} + \frac{1}{\sqrt{3}}\mathbf{k}\right)$$

중심이 (2, 2, 1)이고 평면 $x+y-2z=2$에 놓인 반지름이 1인 원 위를 이동하는 입자의 운동임을 보여라.

39. 포물선을 따른 운동 한 입자가 포물선 $y^2=2x$의 상반선을 따라 왼쪽에서 오른쪽으로 초당 5단위로 일정한 속력으로 움직이고 있다. 점 (2, 2)를 지날 때 그 입자의 속도를 구하라.

40. 사이클로이드 위의 운동 xy평면에서의 한 입자가 시간 t에서 다음과 같은 위치벡터를 가지고 움직이고 있다.

$$\mathbf{r}(t) = (t - \sin t)\mathbf{i} + (1 - \cos t)\mathbf{j}$$

T **a.** $\mathbf{r}(t)$를 그려라. 결과적으로 얻는 곡선은 사이클로이드이다.

b. $|\mathbf{v}|$와 $|\mathbf{a}|$의 최댓값과 최솟값을 찾아라. [힌트: 먼저 $|\mathbf{v}|^2$와 $|\mathbf{a}|^2$의 극값을 찾고, 제곱근을 계산한다.]

41. $\mathbf{r}$을 t의 미분가능한 벡터함수라 하자. 만약 모든 t에 대해 $\mathbf{r}\cdot(d\mathbf{r}/dt)=0$이면 $|\mathbf{r}|$은 상수임을 보여라.

42. 스칼라 3중적의 미분

a. $\mathbf{u}$, $\mathbf{v}$, $\mathbf{w}$가 미분가능한 벡터함수일 때 다음이 성립함을 보여라.

$$\frac{d}{dt}(\mathbf{u}\cdot\mathbf{v}\times\mathbf{w}) = \frac{d\mathbf{u}}{dt}\cdot\mathbf{v}\times\mathbf{w} + \mathbf{u}\cdot\frac{d\mathbf{v}}{dt}\times\mathbf{w} + \mathbf{u}\cdot\mathbf{v}\times\frac{d\mathbf{w}}{dt}$$

b. 다음을 보여라.

$$\frac{d}{dt}\left(\mathbf{r}\cdot\frac{d\mathbf{r}}{dt}\times\frac{d^2\mathbf{r}}{dt^2}\right) = \mathbf{r}\cdot\left(\frac{d\mathbf{r}}{dt}\times\frac{d^3\mathbf{r}}{dt^3}\right)$$

[힌트: 좌변을 미분하고, 곱이 0인 벡터를 찾아라.]

43. 벡터함수에 대한 2개의 스칼라곱 법칙을 증명하라.

44. 벡터함수에 대한 합과 차의 법칙을 증명하라.

45. 한 점에서의 연속성에 대한 성분함수 판정 $\mathbf{r}(t)=f(t)\mathbf{i}+g(t)\mathbf{j}+h(t)\mathbf{k}$에 의해 정의된 벡터함수 $\mathbf{r}(t)$이 $t=t_0$에서 연속이기 위한 필요충분조건은 f, g, h가 t_0에서 연속임을 보여라.

46. 벡터함수의 외적의 극한 $\mathbf{r}_1(t) = f_1(t)\mathbf{i} + f_2(t)\mathbf{j} + f_3(t)\mathbf{k}$, $\mathbf{r}_2(t) = g_1(t)\mathbf{i} + g_2(t)\mathbf{j} + g_3(t)\mathbf{k}$, $\lim_{t\to t_0}\mathbf{r}_1(t) = \mathbf{A}$, $\lim_{t\to t_0}\mathbf{r}_2(t) = \mathbf{B}$라 하자. 외적에 대한 행렬식 공식과 스칼라함수의 극한곱 법칙을 사용하여 다음을 보여라.

$$\lim_{t\to t_0}(\mathbf{r}_1(t)\times\mathbf{r}_2(t)) = \mathbf{A}\times\mathbf{B}$$

47. 미분가능한 벡터함수는 연속 만약 함수 $\mathbf{r}(t)=f(t)\mathbf{i}+g(t)\mathbf{j}+h(t)\mathbf{k}$가 $t=t_0$에서 미분가능하면 그것은 t_0에서 연속임을 보여라.

48. 상수함수 미분 법칙 만약 $\mathbf{u}$가 상숫값 $\mathbf{C}$를 갖는 벡터함수라면, $d\mathbf{u}/dt=0$임을 증명하라.

컴퓨터 탐구

CAS를 이용하여 연습문제 49~52에서 다음 단계를 수행하라.

a. 위치벡터 $\mathbf{r}$에 의해 표현된 공간 곡선을 그려라.

b. 속도벡터 $d\mathbf{r}/dt$의 성분을 구하라.

c. 주어진 $d\mathbf{r}/dt$에서 t_0를 구하고 $\mathbf{r}(t_0)$에서 그 곡선에 대한 접선방정식을 구하라.

d. 주어진 구간에 대해 곡선과 접선을 그려라.

49. $\mathbf{r}(t) = (\sin t - t\cos t)\mathbf{i} + (\cos t + t\sin t)\mathbf{j} + t^2\mathbf{k}$, $0 \leq t \leq 6\pi$, $t_0 = 3\pi/2$

50. $\mathbf{r}(t) = \sqrt{2}t\,\mathbf{i} + e^t\mathbf{j} + e^{-t}\mathbf{k}$, $-2 \leq t \leq 3$, $t_0 = 1$

51. $\mathbf{r}(t) = (\sin 2t)\mathbf{i} + (\ln(1+t))\mathbf{j} + t\mathbf{k}$, $0 \leq t \leq 4\pi$, $t_0 = \pi/4$

52. $\mathbf{r}(t) = (\ln(t^2+2))\mathbf{i} + (\arctan 3t)\mathbf{j} + \sqrt{t^2+1}\,\mathbf{k}$, $-3 \leq t \leq 5$, $t_0 = 3$

연습문제 53과 54에서 상수 a와 b의 값을 변화시킴으로써 다음 나선의 움직임을 그림으로 확인할 것이다.

$$\mathbf{r}(t) = (\cos at)\mathbf{i} + (\sin at)\mathbf{j} + bt\mathbf{k}$$

CAS를 사용하여 각 문제의 단계를 수행하라.

53. $b=1$이라 놓자. 구간 $0\leq t\leq 4\pi$에서 $a=1, 2, 4, 6$에 대한 $t=3\pi/2$에서 접선을 그려라. a가 이러한 수들로 증가할 때 나선의 그래프와 접선의 위치에 어떤 변화가 있는지 설명하라.

54. $a=1$이라 놓자. 구간 $0\leq t\leq 4\pi$에서 $b=1/4, 1/2, 2, 4$에 대한 $t=3\pi/2$에서 접선을 그려라. b가 이러한 수들로 증가할 때 나선의 그래프와 접선의 위치에 어떤 변화가 있는지 설명하라.

11.2 벡터함수의 적분, 발사체 운동

이 절에서는 벡터함수의 적분과 공간이나 평면 위에서 경로를 따라 이동하는 운동에 대한 그것의 응용을 조사한다.

벡터함수의 적분

미분가능한 벡터함수 $\mathbf{R}(t)$가 구간 I에서 벡터함수 $\mathbf{r}(t)$의 **원시함수**(antiderivative)라 함은 I의 각 점에서 $d\mathbf{R}/dt=\mathbf{r}$을 만족하는 것이다. 만약 $\mathbf{R}$이 I에서 $\mathbf{r}$의 원시함수라면 각 점에서 성분별로 계산함으로써 I에서 $\mathbf{r}$의 모든 부정적분은 적당한 상수벡터 $\mathbf{C}$에 대해 $\mathbf{R}+\mathbf{C}$를 형태임을 보일 수 있다(연습문제 45 참조). I에서 $\mathbf{r}$의 모든 원시함수의 집합을 I에서 $\mathbf{r}$의 **부정적분**(indefinite integral)이라고 한다.

정의 t에 대한 $\mathbf{r}$의 **부정적분**은 $\mathbf{r}$의 모든 원시함수의 집합으로 다음과 같이 나타낸다.

$$\int \mathbf{r}(t)\,dt$$

부정적분에 대한 일반적인 산술법칙이 적용된다.

예제 1 벡터함수를 적분하려면 각 성분함수를 적분하면 된다.

$$\int((\cos t)\mathbf{i}+\mathbf{j}-2t\mathbf{k})\,dt=\left(\int\cos t\,dt\right)\mathbf{i}+\left(\int dt\right)\mathbf{j}-\left(\int 2t\,dt\right)\mathbf{k} \qquad (1)$$

$$=(\sin t+C_1)\mathbf{i}+(t+C_2)\mathbf{j}-(t^2+C_3)\mathbf{k} \qquad (2)$$

$$=(\sin t)\mathbf{i}+t\mathbf{j}-t^2\mathbf{k}+\mathbf{C} \qquad C=C_1\mathbf{i}+C_2\mathbf{j}-C_3\mathbf{k}$$

스칼라함수의 적분과 마찬가지로, 식 (1)과 (2)의 단계를 건너뛰고 바로 최종 형태로 이동하는 것을 권장한다. 각 성분에 대한 원시함수를 찾은 다음에 마지막에 상수벡터를 추가하면 된다. ■

벡터함수의 정적분은 성분을 기준으로 정의된다. 이 정의는 벡터함수의 극한과 미분을 계산하는 방식과 일관성이 있다.

정의 만약 $\mathbf{r}(t)=f(t)\mathbf{i}+g(t)\mathbf{j}+h(t)\mathbf{k}$의 성분함수가 구간 $[a, b]$에서 적분가능하면 $\mathbf{r}$도 적분가능하며 a에서 b까지의 $\mathbf{r}$의 **정적분**(definite integral)은 다음과 같다.

$$\int_a^b \mathbf{r}(t)\,dt=\left(\int_a^b f(t)\,dt\right)\mathbf{i}+\left(\int_a^b g(t)\,dt\right)\mathbf{j}+\left(\int_a^b h(t)\,dt\right)\mathbf{k}$$

예제 2 예제 1에서처럼 각 성분을 적분하자.

$$\int_0^\pi((\cos t)\mathbf{i}+\mathbf{j}-2t\mathbf{k})\,dt=\left(\int_0^\pi\cos t\,dt\right)\mathbf{i}+\left(\int_0^\pi dt\right)\mathbf{j}-\left(\int_0^\pi 2t\,dt\right)\mathbf{k}$$

$$=\Big[\sin t\Big]_0^\pi\mathbf{i}+\Big[t\Big]_0^\pi\mathbf{j}-\Big[t^2\Big]_0^\pi\mathbf{k}$$

$$=[0-0]\mathbf{i}+[\pi-0]\mathbf{j}-[\pi^2-0^2]\mathbf{k}$$

$$=\pi\mathbf{j}-\pi^2\mathbf{k}$$ ■

연속인 벡터함수에 대한 미적분의 기본정리는 다음과 같다.

$$\int_a^b \mathbf{r}(t)\,dt=\mathbf{R}(t)\Big]_a^b=\mathbf{R}(b)-\mathbf{R}(a)$$

여기서 $\mathbf{R}$은 $\mathbf{r}$의 임의의 원시함수이므로, $\mathbf{R}'(t)=\mathbf{r}(t)$이다(연습문제 46 참조). 벡터함수의 원시함수는 벡터함수이지만, 벡터함수의 정적분은 상수벡터이다.

예제 3 행글라이더의 경로를 알지 못하지만 가속도벡터 $\mathbf{a}(t) = -(3\cos t)\mathbf{i} - (3\sin t)\mathbf{j} + 2\mathbf{k}$를 안다고 가정하자. 초기에(시간 $t=0$) 행글라이더가 점 (4, 0, 0)에서 속도 $\mathbf{v}(0) = 3\mathbf{j}$로 출발했다고 가정하자. t의 함수로 행글라이더의 위치를 찾아라.

풀이 목표는 주어진 정보를 바탕으로 $\mathbf{r}(t)$를 찾는 것이다.

$$\text{미분 방정식:} \quad \mathbf{a} = \frac{d^2\mathbf{r}}{dt^2} = -(3\cos t)\mathbf{i} - (3\sin t)\mathbf{j} + 2\mathbf{k}$$

$$\text{초기 조건:} \quad \mathbf{v}(0) = 3\mathbf{j}, \quad \mathbf{r}(0) = 4\mathbf{i} + 0\mathbf{j} + 0\mathbf{k}$$

미분방정식의 양변을 t에 대해 적분하면 다음과 같다.

$$\mathbf{v}(t) = -(3\sin t)\mathbf{i} + (3\cos t)\mathbf{j} + 2t\mathbf{k} + \mathbf{C}_1$$

$\mathbf{C}_1$을 찾기 위해 $\mathbf{v}(0) = 3\mathbf{j}$를 사용하자.

$$3\mathbf{j} = -(3\sin 0)\mathbf{i} + (3\cos 0)\mathbf{j} + (0)\mathbf{k} + \mathbf{C}_1$$
$$3\mathbf{j} = 3\mathbf{j} + \mathbf{C}_1$$
$$\mathbf{C}_1 = 0$$

시간의 함수로서 행글라이더의 속도는 다음과 같다.

$$\frac{d\mathbf{r}}{dt} = \mathbf{v}(t) = -(3\sin t)\mathbf{i} + (3\cos t)\mathbf{j} + 2t\mathbf{k}$$

마지막 미분방정식의 양변을 적분하면 다음과 같다.

$$\mathbf{r}(t) = (3\cos t)\mathbf{i} + (3\sin t)\mathbf{j} + t^2\mathbf{k} + \mathbf{C}_2$$

$\mathbf{C}_2$를 찾기 위해 초기 조건 $\mathbf{r}(0) = 4\mathbf{i}$를 사용하면,

$$4\mathbf{i} = (3\cos 0)\mathbf{i} + (3\sin 0)\mathbf{j} + (0^2)\mathbf{k} + \mathbf{C}_2$$
$$4\mathbf{i} = 3\mathbf{i} + (0)\mathbf{j} + (0)\mathbf{k} + \mathbf{C}_2$$
$$\mathbf{C}_2 = \mathbf{i}$$

t에 따른 행글라이더의 위치는 다음과 같다.

$$\mathbf{r}(t) = (1 + 3\cos t)\mathbf{i} + (3\sin t)\mathbf{j} + t^2\mathbf{k}$$

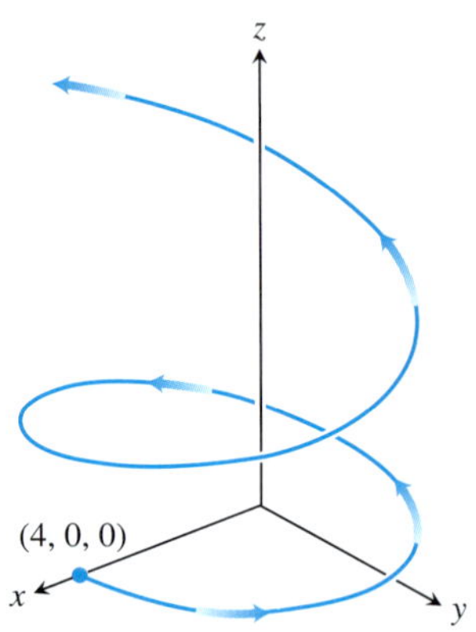

그림 11.9 예제 3의 행글라이더의 경로. 경로는 z축 주변으로 나선형이지만 나선 곡선은 아니다.

이것은 그림 11.9에 표시된 행글라이더의 경로이다. z축을 중심으로 나선형으로 휘어지기 때문에 경로가 나선으로 보일 수 있지만, 상승하는 방식 때문에 나선 곡선이 아니다(더 자세한 설명은 11.5절에서 다룬다). ■

이상적인 발사체 운동에 대한 벡터방정식 및 매개방정식

벡터함수를 적분하는 고전적인 예로는 발사체 운동의 운동방정식을 유도하는 것이 있다. 물리학에서 발사체 운동은 초기 위치로부터 어떤 각도로 발사된 물체가 중력의 영향만을 받아 직교좌표평면에서 어떻게 움직이는지를 설명한다. 고전적인 예에서는 물체의 속력과 고도에 따라 변할 수 있는 마찰력의 영향과 포물선의 높이가 변함에 따라 중력의 영향이 약간 변하는 사실을 무시한다. 또한 로켓 발사나 대포에서의 포탄 발사와 같은 경우 지구의 움직임으로 인한 장거리 효과를 무시한다. 이러한 영향을 무시함으로써 대부분의 경우에 운동에 대한 합리적인 근사값을 얻을 수 있다.

발사체 운동의 운동방정식을 유도하기 위해 발사체가 직교좌표평면에서 움직이는 입자처럼 행동하고, 발사체의 비행 도중에 작용하는 유일한 힘이 항상 아래쪽으로 향하는 중력의 일정한 힘이라고 가정한다. 중력의 크기인 가속도 g는 9.8 m/s^{2}로 근사된다. 발사체가 $t=0$에서 원점에서부터 초기 속도벡터 $\mathbf{v}_0$을 가지고 제1사분면으로 발사되었다고 가정하자(그림 11.10). 만약

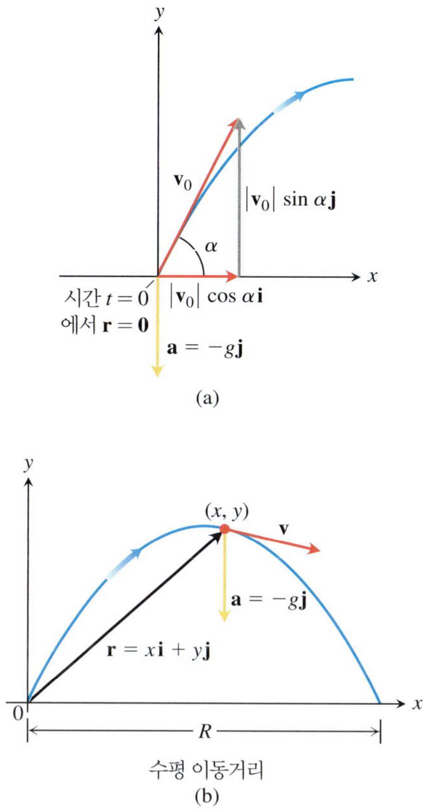

그림 11.10 (a) $t=0$에서의 위치, 속도, 가속도, 발사 각도. (b) 얼마 후 시간 t에서의 위치, 속도, 가속도.

$\mathbf{v}_0$이 수평선과 각 α를 이루면 다음을 얻는다.

$$\mathbf{v}_0 = (|\mathbf{v}_0|\cos\alpha)\mathbf{i} + (|\mathbf{v}_0|\sin\alpha)\mathbf{j}$$

초기 속력 $|\mathbf{v}_0|$ 대신에 간단한 기호 v_0을 사용하면 다음과 같다.

$$\mathbf{v}_0 = (v_0\cos\alpha)\mathbf{i} + (v_0\sin\alpha)\mathbf{j} \tag{3}$$

발사체의 초기 위치는 다음과 같다.

$$\mathbf{r}_0 = 0\mathbf{i} + 0\mathbf{j} = \mathbf{0} \tag{4}$$

뉴턴의 운동 제2법칙에 의해 발사체에 가해지는 힘은 이 발사체의 질량 m과 가속도 $d^2\mathbf{r}/dt^2$의 곱과 같다. 여기서 $\mathbf{r}$은 발사체의 위치벡터이고 t는 시간이다. 그 힘은 가속도 $m(d^2\mathbf{r}/dt^2)$이 된다. 만약 힘이 중력 $-mg\mathbf{j}$이라면 다음과 같다.

$$m\frac{d^2\mathbf{r}}{dt^2} = -mg\mathbf{j}, \qquad \frac{d^2\mathbf{r}}{dt^2} = -g\mathbf{j}$$

여기서 g는 중력가속도이다. 다음 초깃값 문제를 풀어 $\mathbf{r}$을 t의 함수로 표현해보자.

미분방정식: $\dfrac{d^2\mathbf{r}}{dt^2} = -g\mathbf{j}$

초기 조건: $t = 0$일 때 $\mathbf{r} = \mathbf{r}_0$, $\dfrac{d\mathbf{r}}{dt} = \mathbf{v}_0$

첫 번째 방정식에서 적분하면 다음과 같다.

$$\frac{d\mathbf{r}}{dt} = -(gt)\mathbf{j} + \mathbf{v}_0$$

위의 방정식을 다시 적분하면 다음을 얻는다.

$$\mathbf{r} = -\frac{1}{2}gt^2\mathbf{j} + \mathbf{v}_0t + \mathbf{r}_0$$

식 (3)과 (4)에서 $\mathbf{v}_0$와 $\mathbf{r}_0$의 값을 대입하면 다음과 같다.

$$\mathbf{r} = -\frac{1}{2}gt^2\mathbf{j} + \underbrace{(v_0\cos\alpha)t\mathbf{i} + (v_0\sin\alpha)t\mathbf{j}}_{\mathbf{v}_0t} + \mathbf{0}$$

항을 모아 정리한다.

이상적인 발사체의 운동방정식

$$\mathbf{r} = (v_0\cos\alpha)t\mathbf{i} + \left((v_0\sin\alpha)t - \frac{1}{2}gt^2\right)\mathbf{j} \tag{5}$$

식 (5)는 이상적인 발사체 운동에 대한 벡터방정식이다. 각 α는 발사체의 **발사 각도**(launch angle, firing angle) 또는 **고도 각도**(angle of elevation)라 하고, v_0는 발사체의 **초기 속력**(initial speed)이다. $\mathbf{r}$의 성분으로부터 다음과 같은 매개방정식을 얻는다.

$$x = (v_0\cos\alpha)t \text{와} \qquad y = (v_0\sin\alpha)t - \frac{1}{2}gt^2 \tag{6}$$

여기서 x는 지상으로부터의 거리이고, y는 시간 $t \geq 0$에서의 발사체의 높이이다.

예제 4 발사체가 지면에서 원점으로부터 초기속도 500 m/s와 발사 각도 60°로 발사된다. 이 발사체의 10초 후에 지점의 위치를 구하라.

풀이 발사 10초 후에 포탄의 성분을 찾기 위해 $v_0=500$, $\alpha=60°$, $g=9.8$, $t=10$을 식 (5)에 사용한다.

$$\begin{aligned}\mathbf{r} &= (v_0\cos\alpha)t\mathbf{i} + \left((v_0\sin\alpha)t - \frac{1}{2}gt^2\right)\mathbf{j}\\ &= (500)\left(\frac{1}{2}\right)(10)\mathbf{i} + \left((500)\left(\frac{\sqrt{3}}{2}\right)10 - \left(\frac{1}{2}\right)(9.8)(100)\right)\mathbf{j}\\ &\approx 2500\mathbf{i} + 3840\mathbf{j}\end{aligned}$$

발사 10초 후에 발사체는 지면으로부터 약 3840 m 높이에 있으며 원점으로부터 약 2500 m 떨어진 곳에 있다. ■

이상적인 발사체는 식 (6)에서 추론한 대로 포물선을 따라 움직인다. 첫 번째 방정식에서 $t=x/(v_0 \cos\alpha)$를 두 번째 방정식에 대입하면 카테시안 좌표방정식을 얻을 수 있다.

$$y = -\left(\frac{g}{2{v_0}^2\cos^2\alpha}\right)x^2 + (\tan\alpha)x$$

이 방정식은 $y=ax^2+bx$ 형태를 갖고 있으므로, 이 그래프는 포물선이다.

발사체의 수직 속도 성분이 0일 때 가장 높은 지점에 도달한다. 수평 지면을 향해 발사될 때, 발사체는 식 (5)에서 수직 성분 0일 때 착륙하며, **수평이동거리**(range) R은 원점에서 충돌점까지의 거리이다. 다음과 같은 결과를 요약하며, 이것은 연습문제 31에서 확인하도록 요청할 것이다.

이상적인 발사체 운동의 높이, 비행시간, 수평이동거리

한 물체가 지면으로부터 초기 속도 v_0와 발사 각도 α로 원점에서 발사될 때의 이상적인 발사체 운동에 대해 다음과 같다.

최대 높이: $y_{\max} = \dfrac{(v_0\sin\alpha)^2}{2g}$

비행시간: $t = \dfrac{2v_0\sin\alpha}{g}$

수평이동거리: $R = \dfrac{{v_0}^2}{g}\sin 2\alpha$

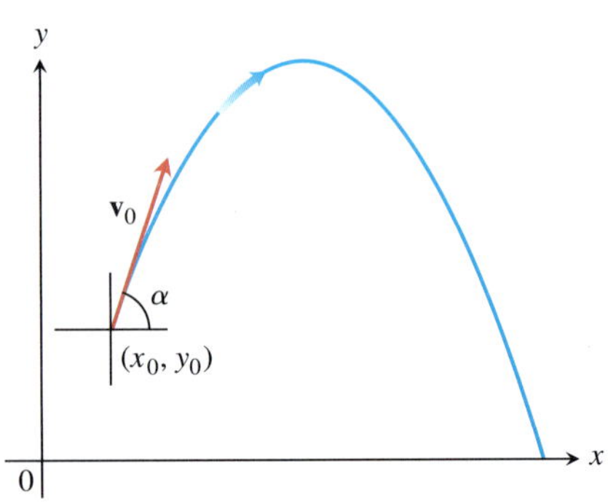

그림 11.11 수평선과 각도가 α이며 초기 속도 $\mathbf{v}_0$로 (x_0, y_0)에서 발사된 발사체의 경로.

만약 이상적인 발사체가 원점이 아닌 점 (x_0, y_0)에서 발사한다면(그림 11.11), 운동 경로의 위치벡터는 다음과 같다.

$$\mathbf{r} = (x_0 + (v_0\cos\alpha)t)\mathbf{i} + \left(y_0 + (v_0\sin\alpha)t - \frac{1}{2}gt^2\right)\mathbf{j} \qquad (7)$$

연습문제 33에서 해당 위치벡터를 보인다.

강한 바람의 영향을 받는 발사체 운동

다음의 예제는 돌풍으로 인해 한 발사체에 가해지는 또 다른 힘에 대해 다루는 문제를 보여준다. 예제 5에서 야구공의 경로가 수직평면에 놓여 있다고 가정한다.

예제 5 지면의 1 m에서 야구공이 타격된다. 그것은 초기 속력 50 m/s로 수평선과 각도 20°로 날아간다. 야구공이 타격된 순간에 돌풍이 그 공이 외야로 날아가는 방향과 반대 방향으로 수평적으로 불고, 결과적으로 그 공의 초기 속도에 $-2.5\mathbf{i}$ (m/s)의 성분을 추가한다(2.5 m/s =9 km/h).

(a) 야구공의 경로에 대한 벡터방정식(위치벡터)을 구하라.

(b) 야구공이 도달하는 최대의 높이와 그때의 시간을 구하라.

(c) 공을 잡지 않는다고 가정했을 때 그것의 수평이동거리와 비행시간을 구하라.

풀이

(a) 식 (3)과 돌풍을 고려하면 야구공의 초기 속도는 다음과 같다.

$$\begin{aligned}\mathbf{v}_0 &= (v_0\cos\alpha)\mathbf{i} + (v_0\sin\alpha)\mathbf{j} - 2.5\mathbf{i}\\ &= (50\cos 20^\circ)\mathbf{i} + (50\sin 20^\circ)\mathbf{j} - (2.5)\mathbf{i}\\ &= (50\cos 20^\circ - 2.5)\mathbf{i} + (50\sin 20^\circ)\mathbf{j}\end{aligned}$$

초기 위치는 $\mathbf{r}_0 = 0\mathbf{i} + 1\mathbf{j}$이다. $d^2\mathbf{r}/dt^2 = -g\mathbf{j}$를 적분하면 다음을 얻는다.

$$\frac{d\mathbf{r}}{dt} = -(gt)\mathbf{j} + \mathbf{v}_0$$

이 식을 한 번 더 적분하면 다음과 같다.

$$\mathbf{r} = -\frac{1}{2}gt^2\mathbf{j} + \mathbf{v}_0 t + \mathbf{r}_0$$

위 식에 $\mathbf{v}_0$와 $\mathbf{r}_0$의 값을 대입하면 위치벡터를 얻을 수 있다.

$$\begin{aligned}\mathbf{r} &= -\frac{1}{2}gt^2\mathbf{j} + \mathbf{v}_0 t + \mathbf{r}_0\\ &= -4.9t^2\mathbf{j} + (50\cos 20^\circ - 2.5)t\mathbf{i} + (50\sin 20^\circ)t\mathbf{j} + 1\mathbf{j}\\ &= (50\cos 20^\circ - 2.5)t\mathbf{i} + (1 + (50\sin 20^\circ)t - 4.9t^2)\mathbf{j}\end{aligned}$$

(b) 야구공은 수직 속도 성분이 0일 때 최고점에 도달한다. 따라서 다음이 성립한다.

$$\frac{dy}{dt} = 50\sin 20^\circ - 9.8t = 0$$

t에 대해 풀면 다음과 같다.

$$t = \frac{50\sin 20^\circ}{9.8} \approx 1.75\text{ s}$$

이 시간을 수직 성분에 대입하여 최대 높이를 구한다.

$$y_{\max} = 1 + (50\sin 20^\circ)(1.75) - 4.9(1.75)^2 \approx 15.9\text{ m}$$

야구공의 최대 높이는 약 15.9 m이며, 타격 후 약 1.75 s에 도달한다.

(c) 야구공이 착지하는 시간을 찾기 위해 $\mathbf{r}$의 수직 성분을 0으로 설정하고 t에 대해 해를 구하자.

$$\begin{aligned}1 + (50\sin 20^\circ)t - 4.9t^2 &= 0\\ 1 + (17.1)t - 4.9t^2 &= 0\end{aligned}$$

이 방정식의 해는 $t=3.55$ s과 $t=-0.06$ s이다. 양의 시간을 수평 성분에 대입하면 수평이동거리를 찾을 수 있다.

$$R = (50\cos 20^\circ - 2.5)(3.55) \approx 157.8\text{ m}$$

따라서 수평이동거리는 157.8 m이며 비행시간은 약 3.55 s이다. ■

연습문제 41번과 42번에서는 비행을 늦추는 공기 저항이 있는 경우의 발사체 운동을 고려한다.

연습문제 11.2 EXERCISE QUESTION

벡터값 함수의 적분

연습문제 1~10에서 적분을 계산하라.

1. $\int_0^1 [t^3\mathbf{i} + 7\mathbf{j} + (t+1)\mathbf{k}]\,dt$

2. $\int_1^2 \left[(6-6t)\mathbf{i} + 3\sqrt{t}\mathbf{j} + \left(\frac{4}{t^2}\right)\mathbf{k}\right]dt$

3. $\int_{-\pi/4}^{\pi/4} [(\sin t)\mathbf{i} + (1+\cos t)\mathbf{j} + (\sec^2 t)\mathbf{k}]\,dt$

4. $\int_0^{\pi/3} [(\sec t \tan t)\mathbf{i} + (\tan t)\mathbf{j} + (2\sin t\cos t)\mathbf{k}]\,dt$

5. $\int_1^4 \left[\frac{1}{t}\mathbf{i} + \frac{1}{5-t}\mathbf{j} + \frac{1}{2t}\mathbf{k}\right]dt$

6. $\int_0^1 \left[\frac{2}{\sqrt{1-t^2}}\mathbf{i} + \frac{\sqrt{3}}{1+t^2}\mathbf{k}\right]dt$

7. $\int_0^1 [te^{t^2}\mathbf{i} + e^{-t}\mathbf{j} + \mathbf{k}]\,dt$

8. $\int_1^{\ln 3} [te^t\mathbf{i} + e^t\mathbf{j} + \ln t\,\mathbf{k}]\,dt$

9. $\int_0^{\pi/2} [\cos t\,\mathbf{i} - \sin 2t\,\mathbf{j} + \sin^2 t\,\mathbf{k}]\,dt$

10. $\int_0^{\pi/4} [\sec t\,\mathbf{i} + \tan^2 t\,\mathbf{j} - t\sin t\,\mathbf{k}]\,dt$

초깃값 문제

연습문제 11~20에서 t의 벡터함수로서 $\mathbf{r}$에 대한 초깃값 문제를 풀어라.

11. 미분방정식: $\frac{d\mathbf{r}}{dt} = -t\mathbf{i} - t\mathbf{j} - t\mathbf{k}$

초기 조건: $\mathbf{r}(0) = \mathbf{i} + 2\mathbf{j} + 3\mathbf{k}$

12. 미분방정식: $\frac{d\mathbf{r}}{dt} = (180t)\mathbf{i} + (180t - 16t^2)\mathbf{j}$

초기 조건: $\mathbf{r}(0) = 100\mathbf{j}$

13. 미분방정식: $\frac{d\mathbf{r}}{dt} = \frac{3}{2}(t+1)^{1/2}\mathbf{i} + e^{-t}\mathbf{j} + \frac{1}{t+1}\mathbf{k}$

초기 조건: $\mathbf{r}(0) = \mathbf{k}$

14. 미분방정식: $\frac{d\mathbf{r}}{dt} = (t^3 + 4t)\mathbf{i} + t\mathbf{j} + 2t^2\mathbf{k}$

초기 조건: $\mathbf{r}(0) = \mathbf{i} + \mathbf{j}$

15. 미분방정식:

$$\frac{d\mathbf{r}}{dt} = (\tan t)\mathbf{i} + \left(\cos\left(\frac{1}{2}t\right)\right)\mathbf{j} - (\sec 2t)\mathbf{k},\ -\frac{\pi}{4} < t < \frac{\pi}{4}$$

초기 조건: $\mathbf{r}(0) = 3\mathbf{i} - 2\mathbf{j} + \mathbf{k}$

16. 미분방정식:

$$\frac{d\mathbf{r}}{dt} = \left(\frac{t}{t^2+2}\right)\mathbf{i} - \left(\frac{t^2+1}{t-2}\right)\mathbf{j} + \left(\frac{t^2+4}{t^2+3}\right)\mathbf{k},\ t < 2$$

초기 조건: $\mathbf{r}(0) = \mathbf{i} - \mathbf{j} + \mathbf{k}$

17. 미분방정식: $\frac{d^2\mathbf{r}}{dt^2} = -32\mathbf{k}$

초기 조건: $\mathbf{r}(0) = 100\mathbf{k},\ \left.\frac{d\mathbf{r}}{dt}\right|_{t=0} = 8\mathbf{i} + 8\mathbf{j}$

18. 미분방정식: $\frac{d^2\mathbf{r}}{dt^2} = -(\mathbf{i} + \mathbf{j} + \mathbf{k})$

초기 조건: $\mathbf{r}(0) = 10\mathbf{i} + 10\mathbf{j} + 10\mathbf{k},\ \left.\frac{d\mathbf{r}}{dt}\right|_{t=0} = \mathbf{0}$

19. 미분방정식: $\frac{d^2\mathbf{r}}{dt^2} = e^t\mathbf{i} - e^{-t}\mathbf{j} + 4e^{2t}\mathbf{k}$

초기 조건: $\mathbf{r}(0) = 3\mathbf{i} + \mathbf{j} + 2\mathbf{k},\ \left.\frac{d\mathbf{r}}{dt}\right|_{t=0} = -\mathbf{i} + 4\mathbf{j}$

20. 미분방정식: $\frac{d^2\mathbf{r}}{dt^2} = (\sin t)\mathbf{i} - (\cos t)\mathbf{j} + (4\sin t\cos t)\mathbf{k}$

초기 조건: $\mathbf{r}(0) = \mathbf{i} - \mathbf{k},\ \left.\frac{d\mathbf{r}}{dt}\right|_{t=0} = \mathbf{i}$

직선을 따른 운동

21. $t=0$에서 한 입자가 점 (1, 2, 3)에 있다. 그것은 한 직선을 따라서 점 (4, 1, 4)까지 움직이고, 점 (1, 2, 3)에서 속력이 2이고, 상수 가속도 $3\mathbf{i} - \mathbf{j} + \mathbf{k}$를 가진다. 시간 t에서의 입자의 위치벡터 $\mathbf{r}(t)$에 대한 방정식을 구하라.

22. 직선을 따라 움직이는 한 입자가 점 (1, −1, 2)에 있고 $t=0$에서 속력이 2이다. 그 입자는 상수 가속도 $2\mathbf{i}+\mathbf{j}+\mathbf{k}$를 가지고 점 (3, 0, 3)까지 앞으로 움직인다. 시간 t에서의 위치벡터 $\mathbf{r}(t)$를 구하라.

발사체 운동

연습문제 23~40에서 발사체 비행은 특별한 언급이 없으면 이상적인 발사체 운동으로 생각한다. 모든 발사 각도는 수평선으로부터 측정된 것으로 가정한다. 모든 발사체는 수평면의 원점에서 발사된 것으로 가정한다. 일부 연습문제에서는 계산기가 도움이 될 수 있다.

23. 비행시간 한 발사체가 초기속력 840 m/s, 60° 각도로 발사된다. 지면에서의 거리가 21 km가 될 때의 시간을 구하라.

24. 수평이동거리와 높이 대 속력

a. 주어진 발사 각도에서 한 발사체의 초기 속력을 2배로 증가하면 그 범위를 4배하는 것과 같음을 보여라.

b. 초기 속력을 대략 몇 퍼센트 증가해야 높이와 수평이동거리를 두 배로 늘릴 수 있는가?

25. 비행시간과 높이 한 발사체가 초기 속력 500 m/s과 경사각 45°로 발사되었다.

a. 발사체가 가장 멀리 도달한 시간과 거리를 구하라.

b. 발사체가 사거리 5 km 떨어져 있을 때 지상으로부터 얼마나 높이에 있는가?

c. 발사체가 달성한 최대 높이는 얼마인가?

26. 야구공 던지기 야구공이 경기장 지면의 9.8 m의 높이에서 수평각도 30° 각도로 투구된다. 초기속력이 9.8 m/s일 때, 그 공이 지면으로부터 가장 멀리 도달한 시간과 거리를 구하라.

27. 골프공 발사 지면에서 용수철 총이 골프공을 45° 각도로 발사한다. 그 공은 10 m 떨어진 곳에 도착한다.

a. 공의 초기 속력은 얼마였는가?

b. 동일한 초기 속력에 대해 사거리가 6 m가 되는 두 발사 각도를 찾아라.

28. 전자 발사 카토드 광선관(CRT)에서 전자가 튜브의 표면을 향해

수평적으로 5×10^6 m의 속력으로 40 cm 멀리 쏘아진다. 이때 전자가 충돌하기 전까지 약 얼마나 멀리 이동하는가?

29. 동일 범위 발사 각도 만약 발사체의 초기 속력이 400 m/s일 때, 목표물과 동일한 높이에 위치한 목표 지점까지 16 km 거리에 이르기 위해 필요한 2개의 고도각은 무엇입니까?

30. 총탄 속력 구하기 최대 사거리가 24.5 km일 때 총탄의 속력을 구하라.

31. 예제 4 이후에 있는 이상적 발사체 운동과 관련된 결과들(최대 높이, 비행시간, 수평이동거리)를 확인하라.

32. 충돌하는 구슬 주어진 그림은 2개의 구슬을 이용한 실험을 나타낸다. 구슬 A는 발사 각도 α와 초기 속도 v_0로 구슬 B쪽으로 발사되었다. 동시에 구슬 B는 A에서 R단위 떨어진 지점 위쪽에서 $R \tan \alpha$ 단위에서 정지 상태에서 떨어졌다. 실험 결과 구슬은 v_0의 값을 무시하고 충돌했다. 이것이 단순한 우연인가, 아니면 반드시 일어나야 하는 현상인가? 답변에 대한 이유를 들어 설명하라.

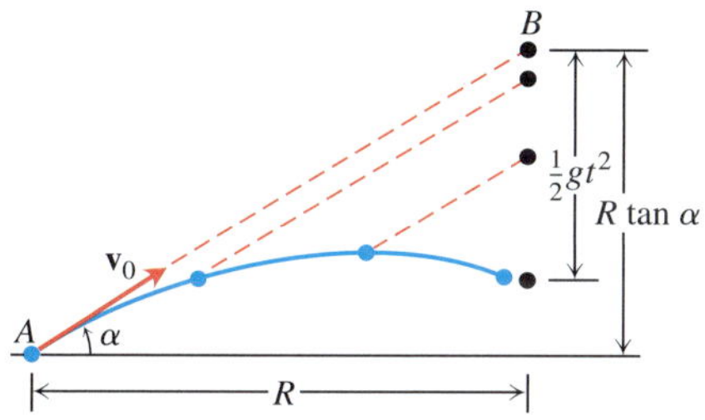

33. (x_0, y_0)에서의 발사 다음 방정식이 있다고 하자.

$$x = x_0 + (v_0 \cos \alpha)t$$

$$y = y_0 + (v_0 \sin \alpha)t - \frac{1}{2}gt^2$$

다음 벡터 $\mathbf{r}$에 대한 초깃값 문제를 풀어봄으로써 유도하라[식 (7) 참조].

미분방정식: $\dfrac{d^2\mathbf{r}}{dt^2} = -g\mathbf{j}$

초기 조건: $\mathbf{r}(0) = x_0\mathbf{i} + y_0\mathbf{j}$

$\dfrac{d\mathbf{r}}{dt}(0) = (v_0 \cos \alpha)\mathbf{i} + (v_0 \sin \alpha)\mathbf{j}$

34. 경로 위의 최대 높이가 되는 점 초기 속력 v_0, 발사 각도 α로 발사된 발사체에 대해 v_0을 변수로, α를 고정된 상수로 생각하자. $0 < \alpha < \pi/2$에 대해 주어진 그림에서처럼 포물선 경로를 얻는다. 이러한 포물선 경로의 최대 높이가 되는 평면의 점은 모두 아래의 타원 위에 있음을 보여라. 단, $x \geq 0$이다.

$$x^2 + 4\left(y - \frac{v_0^2}{4g}\right)^2 = \frac{v_0^4}{4g^2}$$

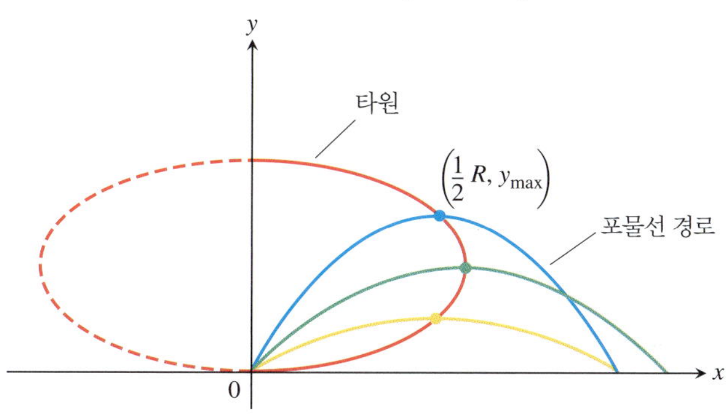

35. 내리막에서의 발사 이상적인 발사체가 주어진 그림에서처럼 경사진 평면 아래로 곧게 발사된다.

a. 초기 속도벡터가 AOR을 2등분할 때 내리막에서의 수평이동거리가 최대임을 보여라.

b. 만약 발사체가 내리막 대신에 오르막으로 발사된다면 그 수평이동거리가 최대가 되는 발사각은 얼마인가? 그 이유를 설명하라.

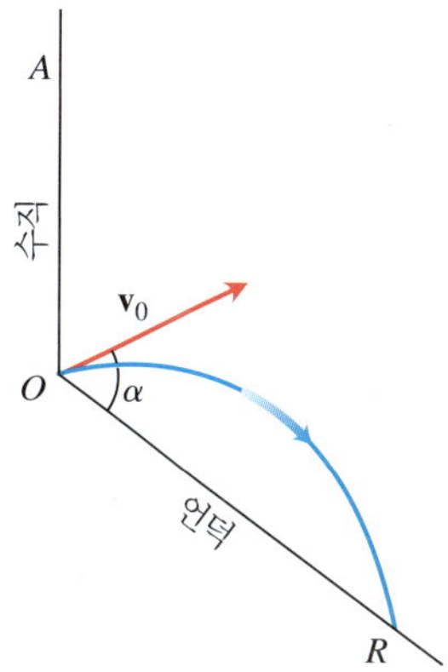

36. 경사진 그린 골프공이 주어진 그림처럼 각 홀의 도착점에서 14 m 위의 경사진 그린까지 45°의 경사각으로 35.5 m/s의 초기 속력으로 날아간다. 골프공이 어디에 떨어지는지 지면에서 112 m 떨어진 깃대를 중심으로 설명하라.

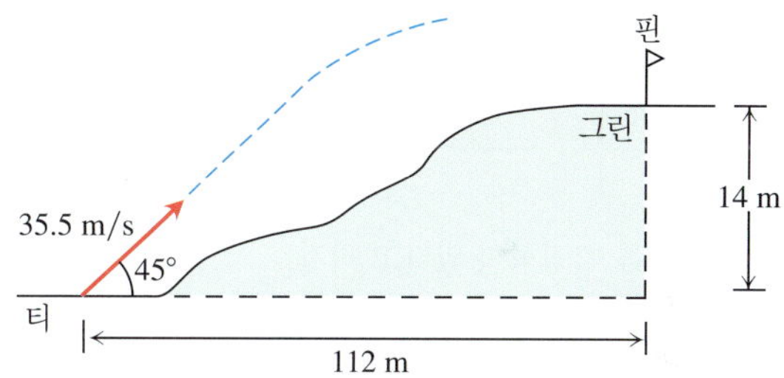

37. 배구공 2 m 높이의 네트와 4 m 떨어진 곳에서 배구공이 지면의 1.3 m 높이에서 쳐졌다. 그 공은 27°의 각도로 초기 속력 2 m/s로 떠나서 상대방 팀에 닿지 않고 지난다.

a. 이 배구공의 경로에 대한 벡터방정식을 구하라.

b. 이 배구공이 얼마나 높게 날아가고 언제 가장 높게 도달하는가?

c. 공의 수평이동거리와 비행시간을 구하라.

d. 공이 언제 2.3 m 높이에 있는가? 공이 지면에 닿을 때의 수평이동거리는 얼마인가?

e. 만약 네트를 2.5 m 올렸을 때 이것은 상황을 변화시키는가? 그 이유를 설명하라.

38. 투포환 공 1987년 모스크바에서 Natalya Lisouskaya는 4 kg 포환을 22.63 m를 던져 세계여자포환던지기 기록을 세웠다. 그녀가 2 m 높이에서 수평선과 40°의 각도로 포환을 던졌다고 할 때 포환의 초기 속력은 얼마인가?

39. 어린이가 18 m/s의 초기 속력으로 60°의 고정 각도로 공을 건물을 향해 던진다. 건물은 어린이로부터 7 m 떨어져 있고 어린이의 손이 지면으로부터 1.6 m 떨어져 있을 때, 공이 건물에 도달하는 것을 보여라. 그리고 공이 건물에 닿는 지점(땅으로부터 높이)을 구하라.

40. 돌풍에 의존한 야구공 타격 한 야구공이 지면의 0.8 m 높이에서 타격된다. 그것은 발사 각도가 23°로 초기 속도 40 m/s로 날아간다. 그 공이 타격된 순간에 돌풍이 공쪽으로 불어서 $-4\mathbf{i}$ (m/s)의 성분만큼 공의 초기 속도에 가해졌다. 비행의 방향으로 5 m 높이의 외야벽이 홈플레이트에서 90 m 떨어진 곳에 설치되어 있다.

a. 이 야구공의 경로에 대한 벡터방정식을 구하라.

b. 이 야구공이 얼마나 높게 날아가고 언제 가장 높게 도달하는가?

c. 이 공은 잡히지 않는다고 가정하고 수평이동거리와 비행시간을 구하라.

d. 언제 이 공이 6 m 높이에 있는가? 공이 이 높이에 있을 때 홈플레이트에서의 수평이동거리는 얼마인가?

e. 위의 타자는 홈런을 친 건가? 설명하라.

선형 항력을 갖는 발사체 운동

중력을 제외하고 발사체의 운동에 영향을 주는 주된 힘은 공기저항이다. 이러한 감속력을 **항력**이라고 한다. 그것은 발사체의 속도에 반대 방향으로 작용한다(주어진 그림 참조). 그러나 비교적 낮은 속력으로 공기 중에 움직이는 발사체에 대한 항력은 속력(최초의 힘)에 (거의) 비례한다. 그래서 이것은 **선형적**이라고 한다.

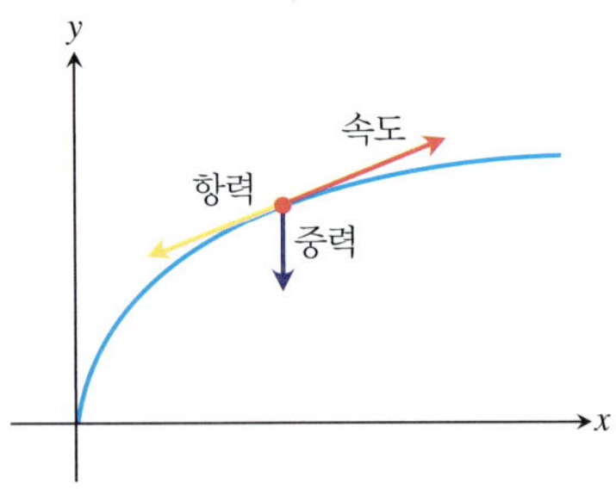

41. 선형 항력 다음 방정식이 있다고 하자.

$$x = \frac{v_0}{k}(1 - e^{-kt})\cos\alpha$$

$$y = \frac{v_0}{k}(1 - e^{-kt})(\sin\alpha) + \frac{g}{k^2}(1 - kt - e^{-kt})$$

다음의 평면벡터 $\mathbf{r}$에 대해 풀어봄으로써 유도하라.

미분방정식: $\dfrac{d^2\mathbf{r}}{dt^2} = -g\mathbf{j} - k\mathbf{v} = -g\mathbf{j} - k\dfrac{d\mathbf{r}}{dt}$

초기 조건: $\mathbf{r}(0) = \mathbf{0}$

$$\left.\frac{d\mathbf{r}}{dt}\right|_{t=0} = \mathbf{v}_0 = (v_0\cos\alpha)\mathbf{i} + (v_0\sin\alpha)\mathbf{j}$$

여기서 **항력상수** k는 공기밀도에 의한 상수이다. v_0와 α는 발사체의 초기 속도 및 발사 각도이며, g는 중력가속도이다.

42. 선형 항력을 갖는 야구공 타격 선형 항력이 수반될 때의 야구공 문제인 예제 5를 고려해보자(연습문제 41 참조). 항력상수 $k=0.12$이고 순간돌풍은 없는 것으로 가정한다.

a. 연습문제 41에서 그 야구공의 경로에 대한 벡터를 구하라.

b. 야구공이 얼마나 높이 날아가는가? 그리고 언제 최대의 높이에 도달하는가?

c. 야구공의 지상에서의 수평이동거리와 비행시간을 구하라.

d. 야구공이 9 m 높이에 도달하는 시간을 구하라. 그 높이에 있을 때 홈플레이트에서의 수평이동거리는 얼마인가?

e. 3 m 높이의 외야벽이 야구공의 비행 방향으로 홈플레이트에서 115 m 떨어진 곳에 있다. 외야수는 지상에서 3.3 m 높이까지는 어떠한 공도 잡을 수 있어서 공이 외야벽 밖으로 넘어가는 것을 막을 수 있다. 타자는 홈런을 쳤는가?

이론과 예제

43. 적분가능한 벡터함수의 다음의 성질을 증명하라.

a. 상수 스칼라곱 법칙

$$\int_a^b k\mathbf{r}(t)\,dt = k\int_a^b \mathbf{r}(t)\,dt \quad (\text{임의의 상수 } k)$$

음수의 법칙:

$$\int_a^b (-\mathbf{r}(t))\,dt = -\int_a^b \mathbf{r}(t)\,dt$$

k는 $k=-1$을 대입하여 얻는다.

b. 합과 차의 법칙:

$$\int_a^b (\mathbf{r}_1(t) \pm \mathbf{r}_2(t))\,dt = \int_a^b \mathbf{r}_1(t)\,dt \pm \int_a^b \mathbf{r}_2(t)\,dt$$

c. 상수벡터곱 법칙:

$$\int_a^b \mathbf{C}\cdot\mathbf{r}(t)\,dt = \mathbf{C}\cdot\int_a^b \mathbf{r}(t)\,dt \quad (\text{임의의 상수벡터 } \mathbf{C})$$

$$\int_a^b \mathbf{C}\times\mathbf{r}(t)\,dt = \mathbf{C}\times\int_a^b \mathbf{r}(t)\,dt \quad (\text{임의의 상수벡터 } \mathbf{C})$$

44. 스칼라함수 및 벡터함수의 곱 스칼라함수 $u(t)$와 벡터함수 $\mathbf{r}(t)$가 구간 $a \le t \le b$에서 정의되었다고 하자.

a. u와 $\mathbf{r}$이 $[a, b]$에서 연속이면 $u\mathbf{r}$도 $[a, b]$에서 연속임을 보여라.

b. u와 $\mathbf{r}$이 $[a, b]$에서 미분가능하면 $u\mathbf{r}$도 $[a, b]$에서 미분가능함을 보여라.

$$\frac{d}{dt}(u\mathbf{r}) = u\frac{d\mathbf{r}}{dt} + \frac{du}{dt}\mathbf{r}$$

45. 벡터함수의 원시함수

a. 스칼라함수에 대한 평균값 정리의 따름정리 2를 사용하여, 2개의 벡터함수 $\mathbf{R}_1(t)$과 $\mathbf{R}_2(t)$의 도함수가 구간 I에서 항등적으로 같다면 그 두 함수의 차는 구간 I에서 상수벡터가 됨을 보여라.

b. 문제 (a)의 결과를 사용하여 $\mathbf{R}(t)$가 구간 I에서 $\mathbf{r}(t)$의 역도함수이면 임의의 다른 원시함수는 적당한 상수벡터 $\mathbf{C}$에 대해 $\mathbf{R}(t)+\mathbf{C}$와 같음을 보여라.

46. 미적분학의 기본정리 실변수의 스칼라함수에 대한 미적분학의 기본정리는 실변수의 벡터함수에 대해서도 성립한다. 이것을 다음의 절차대로 증명하라. 만약 벡터함수 $\mathbf{r}(t)$가 구간 $a \le t \le b$에서 연속이라면 (a, b)의 모든 지점 t에 대해 다음과 같음을 증명하라.

$$\frac{d}{dt}\int_a^t \mathbf{r}(\tau)\,d\tau = \mathbf{r}(t)$$

그런 다음 연습문제 45b 부분의 결론을 사용하여, 만약 $\mathbf{R}$이 구간 $[a, b]$에서 $\mathbf{r}$의 임의의 원시함수이면 다음과 같음을 보여라.

$$\int_a^b \mathbf{r}(t)\,dt = \mathbf{R}(b) - \mathbf{R}(a)$$

47. 돌풍을 수반한 선형 항력을 갖는 야구공 타격 예제 5의 야구공 문제를 다시 생각하자. 이번에는 항력상수가 0.08이고 순간돌풍으로 인해 $-5\mathbf{i}$ (m/s)의 성분만큼 야구공의 초기 속도에 부가되었다고 가정한다.

a. 야구공의 경로에 대한 벡터방정식을 구하라.

b. 야구공은 얼마나 높이 날아가는가? 그리고 언제 최대 높이에 도달하는가?

c. 야구공의 지상에서의 수평이동거리와 비행시간을 구하라.

d. 야구공이 10 m 높이에 있을 도달하는 시간을 구하라. 그 높이에 있을 때 홈플레이트에서의 수평이동거리는 얼마인가?

e. 6 m 높이의 외야벽이 야구공의 비행 방향으로 홈플레이트에서 120 m 떨어진 곳에 있다. 타자는 홈런을 쳤는가? 만약 '쳤다'면, 공의 초기 속도의 수평 성분의 어떠한 변화가 그 공을 홈런을 치지 못하도록 유지하겠는가? 만약 '아니다'면, 어떠한 변화로 그 공이 홈런이 되도록 할 수 있는가?

48. 높이 대 시간 발사체가 최대 높이에 이르는 시간의 반(1/2)에 그 최대 높이의 3/4의 위치에 있음을 보여라.

11.3 공간에서의 호의 길이

이 절과 다음 두 절에서는 휘어짐과 비틀림의 정도를 수학적으로 표현하는 곡선의 모형의 특징에 대해 공부한다.

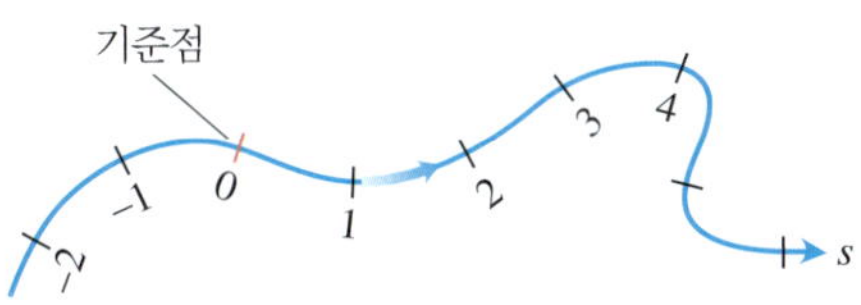

그림 11.12 수직선과 같이 곡선에도 주어진 기준점으로부터 방향이 주어진 거리가 되도록 각 점의 좌표를 축적할 수 있다.

공간 곡선을 따르는 호의 길이

매끄러운 공간 및 평면 곡선의 특징 중 하나는 측정가능한 길이를 갖고 있다는 것이다. 이는 기준점으로부터 곡선을 따라 방향이 주어진 거리 s를 제공함으로써 이러한 곡선 위의 점을 찾을 수 있게 해준다. 이것은 좌표축 위의 점을 원점으로부터의 방향이 주어진 거리로 지정하는 것과 유사하다. 이것은 9.2절에서 평면 곡선에 대해 했던 것이다.

공간의 매끄러운 곡선을 따라 거리를 측정하기 위한 평면의 곡선에 대해 사용하는 공식에 z항을 더한다.

정의 t가 $t=a$에서 $t=b$까지 증가할 때 정확히 한 번 그려지는 매끄러운 곡선 $\mathbf{r}(t)=x(t)\mathbf{i}+y(t)\mathbf{j}+z(t)\mathbf{k}$, $a \le t \le b$의 **길이**(length)는 다음과 같다.

$$L = \int_a^b \sqrt{\left(\frac{dx}{dt}\right)^2 + \left(\frac{dy}{dt}\right)^2 + \left(\frac{dz}{dt}\right)^2}\, dt \tag{1}$$

평면 곡선의 경우처럼 주어진 조건을 만족하는 임의의 편리한 매개변수 표현식으로부터 공간 곡선의 길이를 계산할 수 있다. 이것의 증명은 생략한다.

식 (1)의 제곱근은 속도벡터 $d\mathbf{r}/dt$의 길이인 $|\mathbf{v}|$이다. 이것으로부터 길이에 대한 공식을 다음과 같이 더 간단하게 쓸 수 있다.

호의 길이 공식

$$L = \int_a^b |\mathbf{v}|\, dt \tag{2}$$

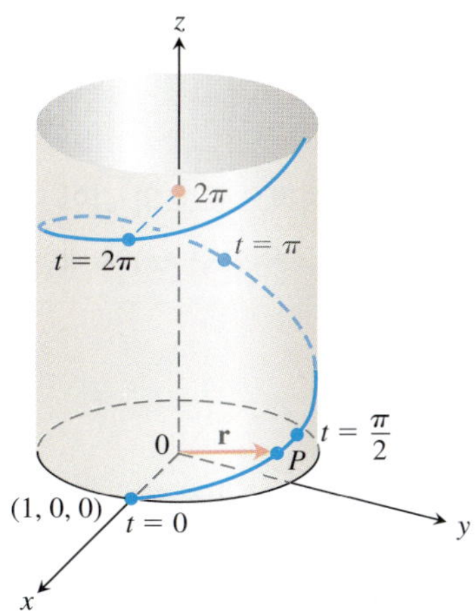

그림 11.13 예제 1에서의 나선 $\mathbf{r}(t)=(\cos t)\mathbf{i}+(\sin t)\mathbf{j}+t\mathbf{k}$.

예제 1 행글라이더가 다음 나선을 따라 올라가고 있다.

$$\mathbf{r}(t) = (\cos t)\mathbf{i} + (\sin t)\mathbf{j} + t\mathbf{k}$$

$t=0$에서 $t=2\pi$까지 행글라이더의 경로는 얼마가 되는가?

풀이 주어진 시간동안 이동 경로는 나선이 한번 완전히 회전한 것에 대응한다(그림 11.13). 이 부분의 곡선의 길이는 다음과 같다.

$$L = \int_a^b |\mathbf{v}|\, dt = \int_0^{2\pi} \sqrt{(-\sin t)^2 + (\cos t)^2 + (1)^2}\, dt$$

$$= \int_0^{2\pi} \sqrt{2}\, dt = 2\pi\sqrt{2} \text{ 단위 길이}$$

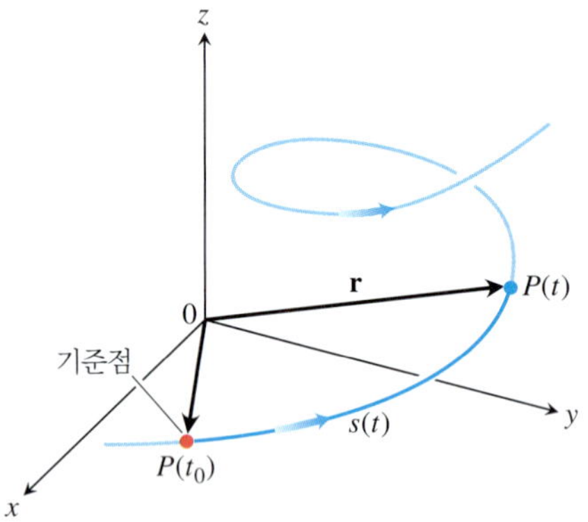

그림 11.14 $P(t_0)$에서 임의의 점 $P(t)$까지 곡선을 따라서 잰 방향거리는 다음과 같다.

$$s(t) = \int_{t_0}^{t} |\mathbf{v}(\tau)|\, d\tau$$

이것은 나선의 xy평면에 사영인 원의 길이의 $\sqrt{2}$배에 해당한다. ■

만약 t에 의해 매개변수화된 매끄러운 곡선 C 위에 기준점 $P(t_0)$을 택하면, t의 각 값은 C 위의 점 $P(t)=(x(t), y(t), z(t))$와 그 기준점으로부터 C를 따라서 잰 '방향거리'(그림 11.14)를 다음과 같이 결정한다.

$$s(t) = \int_{t_0}^{t} |\mathbf{v}(\tau)|\, d\tau$$

이것은 z성분이 없는 9.2절에서 정의된 평면 곡선을 위한 길이함수이다. $t > t_0$일 때 $s(t)$는 $P(t_0)$에서 $P(t)$까지의 거리이다. $t < t_0$일 때 $s(t)$는 그 거리의 음수이다. s의 각 값은 C 위의 점을 결정하고 이것은 s에 관해 C를 매개변수화한다. s를 이 곡선에 대한 **호의 길이 매개변수**(arc length parameter)라고 부른다. 이 매개변수의 값은 t가 증가하는 방향에서는 증가한다. 호의 길이 매개변수는 특히 공간 곡선의 회전과 비틀림의 성질을 조사하는 데 효과적이다.

기준점 $P(t_0)$을 가진 호의 길이 매개변수

$$s(t) = \int_{t_0}^{t} \sqrt{[x'(\tau)]^2 + [y'(\tau)]^2 + [z'(\tau)]^2}\, d\tau = \int_{t_0}^{t} |\mathbf{v}(\tau)|\, d\tau \qquad (3)$$

문자 t를 상극한으로서 사용하고 있으므로 그리스 문자 τ(타우)를 적분변수로서 사용한다.

그리스 문자 타우(τ)는 "now"와 운율이 같다.

만약 곡선 $\mathbf{r}(t)$가 이미 어떤 매개변수 t를 사용하여 주어졌고, 식 (3)으로 주어진 호의 길이함수 $s(t)$가 있다면 우리는 t를 s의 함수[$t=t(s)$]로 풀 수도 있다. 그런 다음 곡선은 t에 대한 대체로 s로 다시 매개화될 수 있다[$\mathbf{r}=\mathbf{r}(t(s))$]. 새로운 매개변수화는 기준점으로부터 곡선을 따라 방향이 지정된 거리로 곡선의 점을 식별한다.

예제 2 이것은 실제로 곡선의 호의 길이 매개변수화를 찾을 수 있는 예제이다. $t_0=0$일 때 t_0에서 t까지 $\mathbf{r}(t)=(\cos t)\mathbf{i}+(\sin t)\mathbf{j}+t\mathbf{k}$의 나선을 따른 호의 길이 매개변수는 다음과 같다.

$$\begin{aligned} s(t) &= \int_{t_0}^{t} |\mathbf{v}(\tau)|\, d\tau && \text{식 (3)} \\ &= \int_{0}^{t} \sqrt{2}\, d\tau && \text{예제 1로부터} \\ &= \sqrt{2}\, t \end{aligned}$$

방정식을 t에 대해 풀면 $t=s/\sqrt{2}$이다. 이것을 위치벡터 $\mathbf{r}$에 대입하면 다음의 나선에 대한 호의 길이 매개변수화를 얻는다.

$$\mathbf{r}(t(s)) = \left(\cos\frac{s}{\sqrt{2}}\right)\mathbf{i} + \left(\sin\frac{s}{\sqrt{2}}\right)\mathbf{j} + \frac{s}{\sqrt{2}}\mathbf{k}$$ ■

예제 2와 달리, 어떤 다른 매개변수 t에 의해서 주어진 곡선을 해석적으로 호의 길이 매개변수화를 구하는 것은 일반적으로 어렵다. 그러나 다행이도 $s(t)$ 또는 그 역함수 $t(s)$에 대한 정확한 공식을 자주 필요로 하지는 않는다.

역사적 인물

조사이어 윌러드 기브스(Josiah Willard Gibbs, 1839~1903)
미국 코네티컷 출신의 기브스는 수학 교수로 예일대학에서 가르쳤다. 그는 열역학, 전자기학, 통계 역학에 기여했다. 그의 기초적인 작업으로 인해 기브스는 벡터해석학의 아버지로 알려져 있다.

매끄러운 곡선 위의 속력

식 (3)의 근호 속의 도함수는 연속이므로(곡선이 매끄럽다), 미분적분학의 기본정리에 의해 s는 t에 관해 미분가능한 함수이고 그 미분계수는 다음과 같다.

$$\frac{ds}{dt} = |\mathbf{v}(t)| \qquad (4)$$

식 (3)에서는 s를 정의하는 데 기준점 $P(t_0)$가 필요하지만, 식 (4)에서는 전혀 필요치 않음을 주목하자. 움직이는 물체의 경로를 따라서 잰 거리의 변화율은 기준점으로부터 얼마나 떨어져 있는가는 문제되지 않는다. 식 (4)는 이것이 $\mathbf{v}$의 크기임을 말한다.

또한 매끄러운 곡선의 정의에 의해 $|\mathbf{v}|$는 절대 0이 되지 않으므로 $ds/dt > 0$임을 주목하자. 그래서 s는 t의 증가함수이다.

단위접선벡터

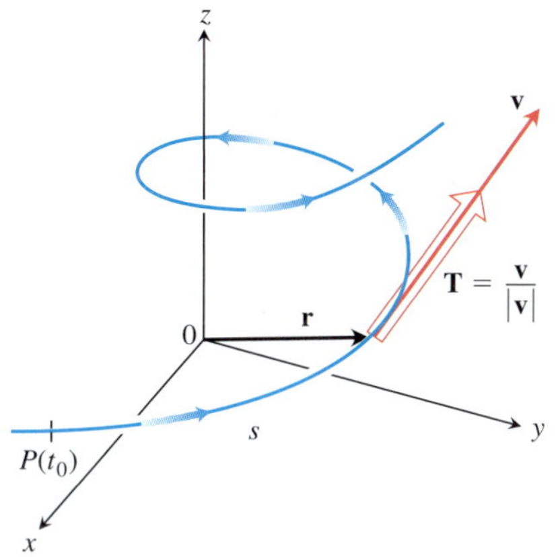

그림 11.15 $\mathbf{v}$를 $|\mathbf{v}|$로 나눔으로써 단위접선벡터 $\mathbf{T}$를 구한다.

매끄러운 곡선 위에서 이미 속도벡터 $\mathbf{v} = d\mathbf{r}/dt$가 곡선 $\mathbf{r}(t)$에 접한다는 것을 알고 있으며, 다음 벡터는 곡선에 접하는 단위벡터이며 이를 **단위접선벡터**(unit tangent vector)라 한다(그림 11.15).

$$\mathbf{T} = \frac{\mathbf{v}}{|\mathbf{v}|}$$

$\mathbf{v}$가 t의 미분가능한 함수이면 단위접선벡터 $\mathbf{T}$는 t의 미분가능한 함수이다. 11.5절에서 알 수 있듯이 $\mathbf{T}$는 3차원 공간에서 움직이는 물체의 운동을 표현하는 데 사용되는 운동표준틀의 3개의 단위벡터 중의 하나이다.

예제 3 11.2절의 예제 3에서 행글라이더의 경로를 표현하는 다음 곡선의 단위접선벡터를 구하라.

$$\mathbf{r}(t) = (1 + 3\cos t)\mathbf{i} + (3\sin t)\mathbf{j} + t^2\mathbf{k}$$

풀이 예제 3에서 다음을 얻는다.

$$\mathbf{v} = \frac{d\mathbf{r}}{dt} = -(3\sin t)\mathbf{i} + (3\cos t)\mathbf{j} + 2t\mathbf{k}$$

$$|\mathbf{v}| = \sqrt{9 + 4t^2}$$

따라서 다음과 같다.

$$\mathbf{T} = \frac{\mathbf{v}}{|\mathbf{v}|} = -\frac{3\sin t}{\sqrt{9 + 4t^2}}\mathbf{i} + \frac{3\cos t}{\sqrt{9 + 4t^2}}\mathbf{j} + \frac{2t}{\sqrt{9 + 4t^2}}\mathbf{k}$$ ■

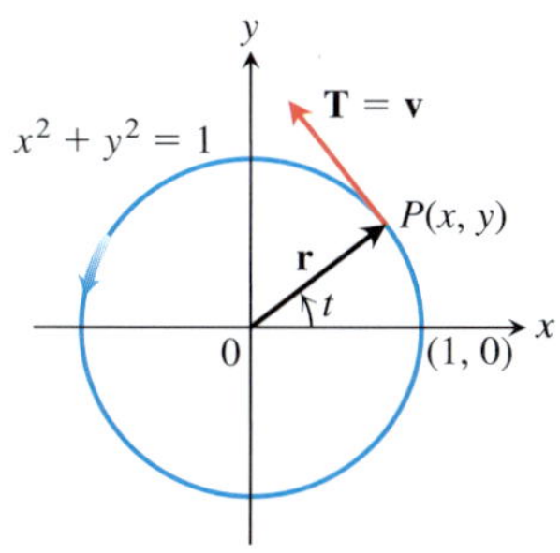

그림 11.16 단위원 주변의 시계반대 방향 운동.

다음과 같은 단위원을 따른 시계반대 방향 운동이라고 하자.

$$\mathbf{r}(t) = (\cos t)\mathbf{i} + (\sin t)\mathbf{j}$$

그러면 다음과 같이 그 자체가 단위벡터이다.

$$\mathbf{v} = (-\sin t)\mathbf{i} + (\cos t)\mathbf{j}$$

따라서 $\mathbf{T} = \mathbf{v}$이다(그림 11.16).

속도벡터는 위치벡터 $\mathbf{r}$의 시간 t에 따른 변화이다. 하지만 위치벡터는 호 길이에 따라 어떻게 변화하는가? 보다 정확히 $d\mathbf{r}/ds$는 무엇인가? 생각하고 있는 곡선은 $ds/dt > 0$이므로 s는 일대일함수이고 t를 s의 미분가능한 함수로 표현하는 역함수를 가진다(2.8절). 그 역함수의 미분계수는 다음과 같다.

$$\frac{dt}{ds} = \frac{1}{ds/dt} = \frac{1}{|\mathbf{v}|}$$

이것으로부터 $\mathbf{r}$은 s의 미분가능한 함수임을 알 수 있고 $\mathbf{r}$의 미분은 연쇄법칙에 의해 다음과 같다.

$$\frac{d\mathbf{r}}{ds} = \frac{d\mathbf{r}}{dt}\frac{dt}{ds} = \mathbf{v}\frac{1}{|\mathbf{v}|} = \frac{\mathbf{v}}{|\mathbf{v}|} = \mathbf{T} \tag{5}$$

그러므로 $d\mathbf{r}/ds$는 속도벡터 $\mathbf{v}$의 방향으로 단위접선벡터임을 말해준다(그림 11.15).

연습문제 11.3 EXERCISE QUESTION

단위접선벡터와 곡선의 길이 구하기

연습문제 1~8에서 곡선의 단위접선벡터를 구하라. 곡선의 주어진 일부분의 길이를 구하라.

1. $\mathbf{r}(t) = (2\cos t)\mathbf{i} + (2\sin t)\mathbf{j} + \sqrt{5}t\mathbf{k},\quad 0 \le t \le \pi$

2. $\mathbf{r}(t) = (6\sin 2t)\mathbf{i} + (6\cos 2t)\mathbf{j} + 5t\mathbf{k},\quad 0 \le t \le \pi$

3. $\mathbf{r}(t) = t\mathbf{i} + (2/3)t^{3/2}\mathbf{k},\quad 0 \le t \le 8$

4. $\mathbf{r}(t) = (2+t)\mathbf{i} - (t+1)\mathbf{j} + t\mathbf{k},\quad 0 \le t \le 3$

5. $\mathbf{r}(t) = (\cos^3 t)\mathbf{j} + (\sin^3 t)\mathbf{k},\quad 0 \le t \le \pi/2$

6. $\mathbf{r}(t) = 6t^3\mathbf{i} - 2t^3\mathbf{j} - 3t^3\mathbf{k},\quad 1 \le t \le 2$

7. $\mathbf{r}(t) = (t\cos t)\mathbf{i} + (t\sin t)\mathbf{j} + \left(2\sqrt{2}/3\right)t^{3/2}\mathbf{k},\quad 0 \le t \le \pi$

8. $\mathbf{r}(t) = (t\sin t + \cos t)\mathbf{i} + (t\cos t - \sin t)\mathbf{j},\quad \sqrt{2} \le t \le 2$

9. 곡선

$$\mathbf{r}(t) = (5\sin t)\mathbf{i} + (5\cos t)\mathbf{j} + 12t\mathbf{k}$$

위에서 증가하는 호의 길이의 방향으로 (0, 5, 0)으로부터 그 곡선을 따라서 26π 단위거리에 있는 점을 구하라.

10. 곡선

$$\mathbf{r}(t) = (12\sin t)\mathbf{i} - (12\cos t)\mathbf{j} + 5t\mathbf{k}$$

위에서 증가하는 호의 길이의 방향과 반대 방향으로 (0, −12, 0)으로부터 그 곡선을 따라서 13π 단위거리에 있는 점을 구하라.

호의 길이 매개변수

연습문제 11~14에서 식 (3)의 다음 적분값을 구함으로써 $t=0$인 점으로부터 곡선을 따른 호의 길이 매개변수를 구하라.

$$s(t) = \int_0^t |\mathbf{v}(\tau)|\, d\tau$$

$s(t)$를 위한 이 식을 사용하여 곡선의 지정된 부분의 길이를 구하라.

11. $\mathbf{r}(t) = (4\cos t)\mathbf{i} + (4\sin t)\mathbf{j} + 3t\mathbf{k},\quad 0 \le t \le \pi/2$

12. $\mathbf{r}(t) = (\cos t + t\sin t)\mathbf{i} + (\sin t - t\cos t)\mathbf{j},\quad \pi/2 \le t \le \pi$

13. $\mathbf{r}(t) = (e^t\cos t)\mathbf{i} + (e^t\sin t)\mathbf{j} + e^t\mathbf{k},\quad -\ln 4 \le t \le 0$

14. $\mathbf{r}(t) = (1+2t)\mathbf{i} + (1+3t)\mathbf{j} + (6-6t)\mathbf{k},\quad -1 \le t \le 0$

이론과 예제

15. 호의 길이 (0, 0, 1)에서 (2, 2, 0)까지 다음의 곡선 길이를 구하라.

$$\mathbf{r}(t) = \left(\sqrt{2t}\right)\mathbf{i} + \left(\sqrt{2t}\right)\mathbf{j} + (1-t^2)\mathbf{k}$$

16. 나선의 길이 예제 1에서 나선 1회전의 길이 $2\pi\sqrt{2}$는 또한 한 변의 길이가 2π 단위인 정사각형의 대각선의 길이이다. 나선이 감아 도는 원기둥의 일부분을 절단하고 펴서 이 정사각형을 얻어내는 방법을 설명하라.

17. 타원

a. 곡선 $\mathbf{r}(t)=(\cos t)\mathbf{i}+(\sin t)\mathbf{j}+(1-\cos t)\mathbf{k}$, $0 \le t \le 2\pi$는 한 직원기둥과 평면의 교선임을 보임으로써 타원임을 증명하라. 또 그 원기둥과 평면의 방정식을 구하라.

b. 원기둥 위에 타원을 스케치하라. 스케치에 $t=0,\ \pi/2,\ \pi,\ 3\pi/2$에서의 단위접선벡터를 그려 넣어라.

c. 가속도벡터는 항상(그 평면에 수직인 벡터에 직교하는) 평면에 평행임을 보여라. 따라서 가속도벡터를 타원 위의 한 벡터로서 그린다면 이 타원의 평면 위에 놓일 것이다. $t=0,\ \pi/2,\ \pi,\ 3\pi/2$에서의 가속도벡터를 스케치에 더해라.

d. 이 타원의 길이에 대한 적분식을 써라. 적분값을 구하려 하지 마라. 그것은 초보적인 문제가 아니다.

T **e. 수치 적분기** 이 타원의 길이를 소수점 2자리까지 계산하라.

18. 길이는 매개변수화에 의존하지 않는다. 매끄러운 곡선의 길이는 사용하는 매개변수화에 의존하지 않음을 보이기 위해 예제 1에서 나선 1회전의 길이를 다음의 매개변수를 사용하여 계산하라.

a. $\mathbf{r}(t) = (\cos 4t)\mathbf{i} + (\sin 4t)\mathbf{j} + 4t\mathbf{k},\quad 0 \le t \le \pi/2$

b. $\mathbf{r}(t) = [\cos(t/2)]\mathbf{i} + [\sin(t/2)]\mathbf{j} + (t/2)\mathbf{k},\quad 0 \le t \le 4\pi$

c. $\mathbf{r}(t) = (\cos t)\mathbf{i} - (\sin t)\mathbf{j} - t\mathbf{k},\quad -2\pi \le t \le 0$

19. 원의 신개선 고정된 원 주위에 감아진 끈을 이 원이 위치하는 평면에 팽팽하게 잡은 채로 풀면 그것의 끝점 P는 원의 신개선(involute)을 그린다. 주어진 그림에서 문제의 원은 방정식 $x^2+y^2=1$이고 신개선의 시점은 (1, 0)이다. 그 끈의 펼쳐진 부분은 Q에서 이 원에 접하고 t는 양의 x축에서 선분 OQ에 이르는 호도각이다. 다음과 같은 신개선에 대한 점 $P(x, y)$의 매개방정식을 유도하라.

$$x = \cos t + t\sin t,\quad y = \sin t - t\cos t,\quad t > 0$$

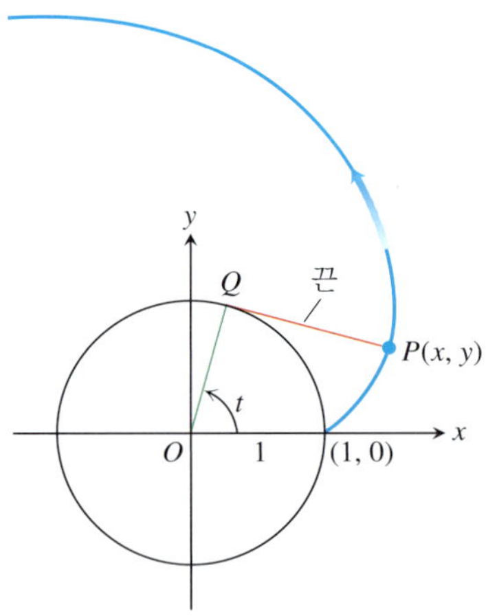

20. (연습문제 19의 계속) 점 $P(x, y)$에서 원의 신개선에 대한 단위 접선벡터를 구하라.

21. 직선을 따른 거리 만약 $\mathbf{u}$가 단위벡터이면, $t=0$에서의 점 $P_0(x_0, y_0, z_0)$을 지나는 직선 $\mathbf{r}(t)=P_0+t$의 호의 길이 매개변수는 t 자체임을 보여라.

22. 심프슨의 법칙을 $n=10$으로 사용하여 $\mathbf{r}(t)=t\mathbf{i}+t^2\mathbf{j}+t^3\mathbf{k}$의 원점에서 점 (2, 4, 8)까지 호의 길이를 근사화하라.

11.4 곡선의 곡률과 법선벡터

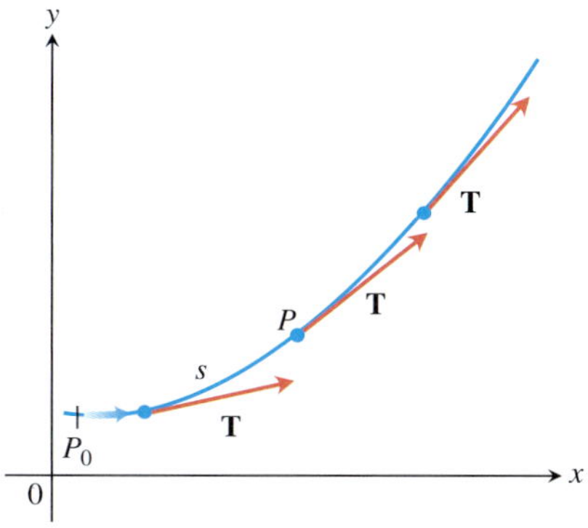

그림 11.17 P가 증가하는 호의 길이 방향으로 곡선을 따라 움직일 때, 단위접선벡터는 회전한다. P에서의 $|d\mathbf{T}/ds|$의 값을 P에서 그 곡선의 곡률이라고 한다.

이 절에서는 곡선이 어떻게 회전하거나 굽어 있는지에 대해 공부한다. 관점을 얻기 위해 먼저 좌표 평면 위에서 곡선을 살펴보고, 그 다음으로 공간 위에서 곡선을 고려한다.

평면 곡선의 곡률

한 입자가 평면의 매끄러운 곡선을 따라 움직일 때 $\mathbf{T}=d\mathbf{r}/ds$가 곡선이 굽히는 대로 회전한다. $\mathbf{T}$는 단위벡터이므로 입자가 곡선을 따라 움직일 때 $\mathbf{T}$의 길이는 상수이고 오직 방향만이 변한다. $\mathbf{T}$가 곡선을 따라 단위길이당 회전하는 변화율을 **곡률**(curvature)이라고 한다(그림 11.17). 곡률함수에 대한 전통적인 기호는 그리스 문자 "κ"(카파)이다.

정의 $\mathbf{T}$가 매끄러운 곡선의 단위벡터일 때 이 곡선의 **곡률**함수는 다음과 같이 정의한다.

$$\kappa = \left|\frac{d\mathbf{T}}{ds}\right|$$

κ는 그리스 문자 카파이다.

만약 $|d\mathbf{T}/ds|$가 크다면, 입자가 P를 지날 때 $\mathbf{T}$가 급격하게 회전하고 그러므로 P에서의 곡률은 크다. 만약 $|d\mathbf{T}/ds|$가 거의 0에 가깝다면, $\mathbf{T}$가 천천히 회전하고, P에서의 곡률은 작아진다. 만약 매끄러운 곡선 $\mathbf{r}(t)$가 호의 길이 매개변수 s가 아닌 다른 매개변수 t로 이미 주어졌다면, 곡률은 다음과 같이 계산할 수 있다.

$$\begin{aligned}\kappa &= \left|\frac{d\mathbf{T}}{ds}\right| = \left|\frac{d\mathbf{T}}{dt}\frac{dt}{ds}\right| && \text{연쇄법칙}\\ &= \frac{1}{|ds/dt|}\left|\frac{d\mathbf{T}}{dt}\right| \\ &= \frac{1}{|\mathbf{v}|}\left|\frac{d\mathbf{T}}{dt}\right| && \frac{ds}{dt} = |\mathbf{v}|\end{aligned}$$

곡률 계산 공식

$\mathbf{r}(t)$가 평면 상의 매끄러운 곡선일 때, 곡률은 다음과 같은 스칼라 함수이다.

$$\kappa = \frac{1}{|\mathbf{v}|}\left|\frac{d\mathbf{T}}{dt}\right| \tag{1}$$

단, $\mathbf{T}=\mathbf{v}/|\mathbf{v}|$는 단위접선벡터이다.

정의에 의해 구해보면, 예제 1과 2에서 직선과 원의 곡률은 상수임을 확인할 수 있다.

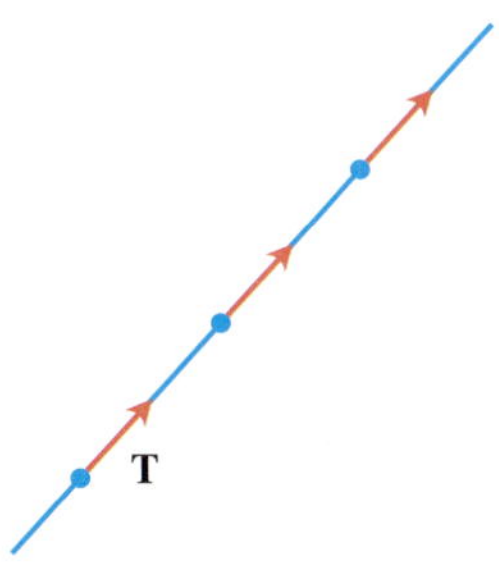

그림 11.18 직선 위에서 접선벡터 $\mathbf{T}$는 항상 같은 방향을 가리킨다. 곡률 $|d\mathbf{T}/ds|$는 항상 0이다(예제 1).

예제 1 직선은 상수벡터 $\mathbf{C}$와 $\mathbf{v}$에 의해 $\mathbf{r}(t)=\mathbf{C}+t\mathbf{v}$로 매개변수화된다. 따라서 $\mathbf{r}'(t)=\mathbf{v}$이고 단위접선벡터 $\mathbf{T}=\mathbf{v}/|\mathbf{v}|$는 항상 같은 방향을 가리키는 상수벡터이며, 미분값이 $\mathbf{0}$이다(그림 11.18). 따라서 매개변수 t의 모든 값에 대해 직선의 곡률은 0이다.

$$\kappa = \frac{1}{|\mathbf{v}|}\left|\frac{d\mathbf{T}}{dt}\right| = \frac{1}{|\mathbf{v}|}|\mathbf{0}| = 0$$ ■

예제 2 여기서는 원의 곡률을 찾는다. 먼저 다음과 같은 매개변수화로 시작하자.

$$\mathbf{r}(t) = (a\cos t)\mathbf{i} + (a\sin t)\mathbf{j}$$

이것은 반지름이 a인 원의 매개변수화이다. 그러면 다음을 얻는다.

$$\mathbf{v} = \frac{d\mathbf{r}}{dt} = -(a\sin t)\mathbf{i} + (a\cos t)\mathbf{j}$$

$$|\mathbf{v}| = \sqrt{(-a\sin t)^2 + (a\cos t)^2} = \sqrt{a^2} = |a| = a \qquad a > 0\text{이므로 } |a| = a$$

이로부터 다음을 얻는다.

$$\mathbf{T} = \frac{\mathbf{v}}{|\mathbf{v}|} = -(\sin t)\mathbf{i} + (\cos t)\mathbf{j}$$

$$\frac{d\mathbf{T}}{dt} = -(\cos t)\mathbf{i} - (\sin t)\mathbf{j}$$

$$\left|\frac{d\mathbf{T}}{dt}\right| = \sqrt{\cos^2 t + \sin^2 t} = 1$$

그러므로 매개변수 t의 임의의 값에 대해 다음과 같다.

$$\kappa = \frac{1}{|\mathbf{v}|}\left|\frac{d\mathbf{T}}{dt}\right| = \frac{1}{a}(1) = \frac{1}{a} = \frac{1}{\text{반지름}}$$

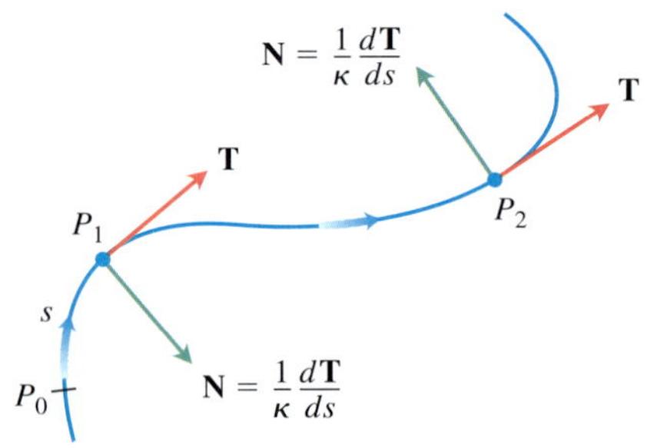

그림 11.19 곡선에 직교하는 벡터 $d\mathbf{T}/ds$는 항상 접선벡터 $\mathbf{T}$가 회전하는 방향을 가리킨다. 단위법선벡터 $\mathbf{N}$은 $d\mathbf{T}/ds$의 방향이다.

단위접선벡터 $\mathbf{T}$에 수직인 벡터 중에서 곡선이 회전하는 방향을 가리키는 특별한 의미를 가진 벡터가 있다. $\mathbf{T}$는 상수의 길이(즉 1)를 가지므로 그 미분 $d\mathbf{T}/ds$는 $\mathbf{T}$에 수직이다[11.1절 식 (4)]. 따라서 $d\mathbf{T}/ds$를 κ로 나누면, $\mathbf{T}$에 수직인 단위벡터 $\mathbf{N}$를 얻을 수 있다(그림 11.19).

정의 $\kappa \neq 0$인 점에서 평면의 매끄러운 곡선에 대한 **주단위법선벡터**(principal unit normal vector)는

$$\mathbf{N} = \frac{1}{\kappa}\frac{d\mathbf{T}}{ds}$$

벡터 $d\mathbf{T}/ds$ 곡선이 구부림에 따라 $\mathbf{T}$가 회전하는 방향을 가리킨다. 그러므로 증가하는 호 길이의 방향에서는 $d\mathbf{T}/ds$는 $\mathbf{T}$가 시계 방향으로 회전할 때 오른쪽을 향하고, 시계반대 방향으로 회전하면 왼쪽을 향한다. 다시 말해 주단위법선벡터 $\mathbf{N}$은 곡선의 오목한 쪽을 향한다(그림 11.19 참조).

매끄러운 곡선 $\mathbf{r}(t)$가 호의 길이 매개변수 s가 아닌 다른 매개변수 t로 이미 주어졌다면 연쇄법칙을 사용하여 직접 $\mathbf{N}$을 계산할 수 있다.

$$\begin{aligned}\mathbf{N} &= \frac{d\mathbf{T}/ds}{|d\mathbf{T}/ds|}\\ &= \frac{(d\mathbf{T}/dt)(dt/ds)}{|d\mathbf{T}/dt||dt/ds|}\\ &= \frac{d\mathbf{T}/dt}{|d\mathbf{T}/dt|} \qquad \frac{dt}{ds} = \frac{1}{ds/dt} > 0\text{을 소거한다.}\end{aligned}$$

이 공식을 사용하면 κ와 s를 먼저 구하지 않고도 $\mathbf{N}$을 구할 수 있다.

N을 계산하는 공식

$\mathbf{r}(t)$가 평면 위의 매끄러운 곡선일 때, 주단위법선벡터는 다음과 같다.

$$\mathbf{N} = \frac{d\mathbf{T}/dt}{|d\mathbf{T}/dt|} \qquad (2)$$

단, $\mathbf{T} = \mathbf{v}/|\mathbf{v}|$는 단위접선벡터이다.

예제 3 다음과 같은 원 운동의 $\mathbf{T}$와 $\mathbf{N}$을 구하라.

$$\mathbf{r}(t) = (\cos 2t)\mathbf{i} + (\sin 2t)\mathbf{j}$$

풀이 먼저 $\mathbf{T}$를 찾는다.

$$\mathbf{v} = -(2\sin 2t)\mathbf{i} + (2\cos 2t)\mathbf{j}$$
$$|\mathbf{v}| = \sqrt{4\sin^2 2t + 4\cos^2 2t} = 2$$
$$\mathbf{T} = \frac{\mathbf{v}}{|\mathbf{v}|} = -(\sin 2t)\mathbf{i} + (\cos 2t)\mathbf{j}$$

이것으로부터 다음을 얻는다.

$$\frac{d\mathbf{T}}{dt} = -(2\cos 2t)\mathbf{i} - (2\sin 2t)\mathbf{j}$$
$$\left|\frac{d\mathbf{T}}{dt}\right| = \sqrt{4\cos^2 2t + 4\sin^2 2t} = 2$$
$$\mathbf{N} = \frac{d\mathbf{T}/dt}{|d\mathbf{T}/dt|} = -(\cos 2t)\mathbf{i} - (\sin 2t)\mathbf{j} \qquad \text{식 (2)}$$

$\mathbf{T}\cdot\mathbf{N}=0$임을 주목하면 $\mathbf{N}$이 $\mathbf{T}$에 수직임을 알 수 있다. 또한 여기서의 원 운동에서 $\mathbf{N}$이 $\mathbf{r}(t)$로부터 원점을 향한다는 것을 알 수 있다. ■

평면 곡선에 대한 곡률원

$\kappa \neq 0$인 평면 곡선 위의 한 점 P에서 **곡률원**(circle of curvature) 또는 **접촉원**(osculating circle)이란 다음 성질을 갖는 평면에 있는 원이다.

1. 원은 점 P에서 이 곡선에 접한다(곡선과 같은 접선을 갖는다).
2. 점 P에서 이 곡선과 같은 곡률을 갖는다.
3. 이 곡선의 오목한 부분 또는 안쪽을 향해 위치한다(그림 11.20).

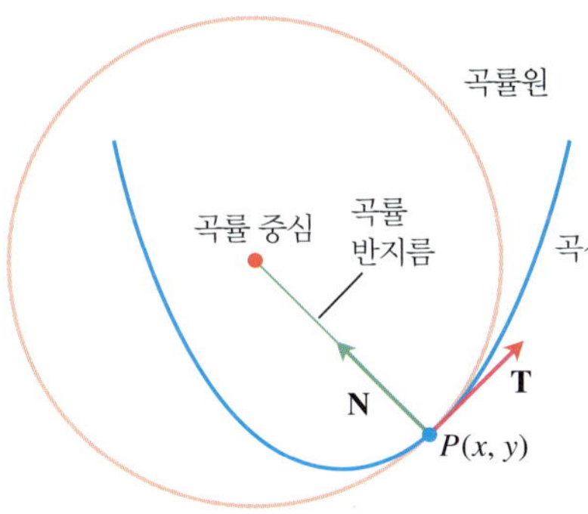

그림 11.20 점 $P(x, y)$에서 접촉원의 중심은 곡선의 안쪽에 위치한다.

점 P에서 곡선의 **곡률 반지름**(radius of curvature)은 곡률원의 반지름이며, 예제 2에 따르면 다음과 같다.

$$\text{곡률 반지름} = \rho = \frac{1}{\kappa}$$

ρ를 찾기 위해 κ를 구하고 역수를 취한다. P에서 곡선의 **곡률 중심**(center of curvature)은 곡률원의 중심이다.

예제 4 원점에서의 $y=x^2$의 접촉원을 구하고 그림을 그려라.

풀이 매개변수 $t=x$ (9.1절의 예제 5)를 사용하면 다음과 같다. 매개변수화한다.

$$\mathbf{r}(t) = t\mathbf{i} + t^2\mathbf{j}$$

식 (1)을 사용하여 원점에서 포물선의 곡률을 찾는다.

$$\mathbf{v} = \frac{d\mathbf{r}}{dt} = \mathbf{i} + 2t\mathbf{j}$$
$$|\mathbf{v}| = \sqrt{1+4t^2}$$

그러므로 다음과 같다.

$$\mathbf{T} = \frac{\mathbf{v}}{|\mathbf{v}|} = (1+4t^2)^{-1/2}\mathbf{i} + 2t(1+4t^2)^{-1/2}\mathbf{j}$$

이것으로부터 다음이 성립한다.

$$\frac{d\mathbf{T}}{dt} = -4t(1+4t^2)^{-3/2}\mathbf{i} + \left[2(1+4t^2)^{-1/2} - 8t^2(1+4t^2)^{-3/2}\right]\mathbf{j}$$

원점, $t=0$에서 곡률은 다음과 같다.

$$\kappa(0) = \frac{1}{|\mathbf{v}(0)|}\left|\frac{d\mathbf{T}}{dt}(0)\right| \qquad \text{식 (1)}$$

$$= \frac{1}{\sqrt{1}}|0\mathbf{i} + 2\mathbf{j}|$$

$$= (1)\sqrt{0^2 + 2^2} = 2$$

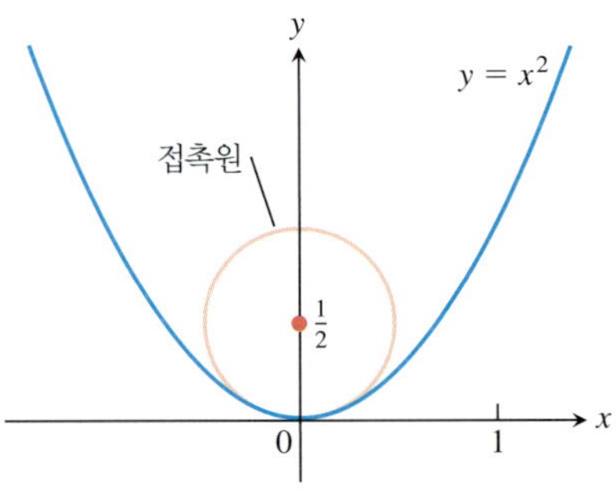

그림 11.21 원점에서 $y=x^2$의 접촉원(예제 4).

그러므로 곡률의 반지름은 $1/\kappa=1/2$이고, 원점에서 $t=0$이고 $\mathbf{T}=\mathbf{i}$이므로, $\mathbf{N}=\mathbf{j}$이다. 따라서 원의 중심은 (0, 1/2)이다. 접촉원의 방정식은 다음과 같다.

$$(x-0)^2 + \left(y - \frac{1}{2}\right)^2 = \left(\frac{1}{2}\right)^2$$

그림 11.21로부터 접촉원은 원점에서 이 포물선에 대한 접선 근사 $y=0$보다 더 나은 근사임을 알 수 있다. ■

공간 곡선에 대한 곡률과 법선벡터

공간 위의 한 매끄러운 곡선이 어떤 매개변수 t의 함수로써 위치벡터 $\mathbf{r}(t)$로 주어지고, s가 이 곡선의 호의 길이 매개변수이면 단위접선벡터 $\mathbf{T}$는 $d\mathbf{r}/ds=\mathbf{v}/|\mathbf{v}|$이다. 이때 공간에서의 **곡률**을 평면 곡선에서와 같이 다음 식으로 정의한다.

$$\kappa = \left|\frac{d\mathbf{T}}{ds}\right| = \frac{1}{|\mathbf{v}|}\left|\frac{d\mathbf{T}}{dt}\right| \tag{3}$$

벡터 $d\mathbf{T}/ds$는 $\mathbf{T}$에 직교하므로 **주단위법선벡터**(principal unit normal)를 다음과 같이 정의한다.

$$\mathbf{N} = \frac{1}{\kappa}\frac{d\mathbf{T}}{ds} = \frac{d\mathbf{T}/dt}{|d\mathbf{T}/dt|} \tag{4}$$

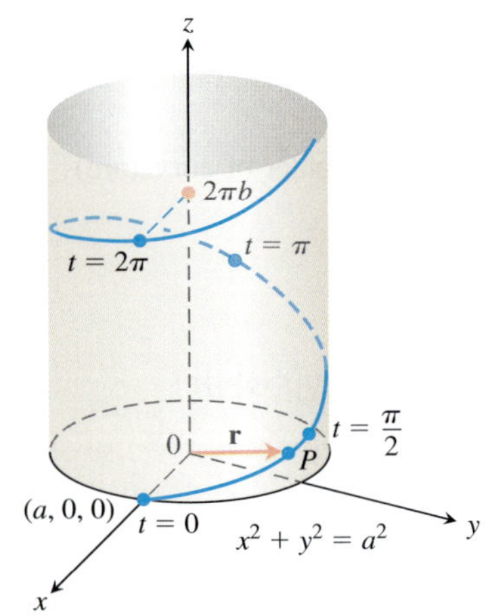

그림 11.22 a와 b가 양수이며 $t \geq 0$일 때의 나선 $\mathbf{r}(t) = (a\cos t)\mathbf{i} + (a\sin t)\mathbf{j} + bt\mathbf{k}$ (예제 5).

예제 5 나선의 곡률을 찾는다(그림 11.22).

$$\mathbf{r}(t) = (a\cos t)\mathbf{i} + (a\sin t)\mathbf{j} + bt\mathbf{k}, \qquad a, b \geq 0, \qquad a^2 + b^2 \neq 0$$

풀이 속도벡터 $\mathbf{v}$로부터 $\mathbf{T}$를 계산한다.

$$\mathbf{v} = -(a\sin t)\mathbf{i} + (a\cos t)\mathbf{j} + b\mathbf{k}$$

$$|\mathbf{v}| = \sqrt{a^2\sin^2 t + a^2\cos^2 t + b^2} = \sqrt{a^2+b^2}$$

$$\mathbf{T} = \frac{\mathbf{v}}{|\mathbf{v}|} = \frac{1}{\sqrt{a^2+b^2}}[-(a\sin t)\mathbf{i} + (a\cos t)\mathbf{j} + b\mathbf{k}]$$

이때 식 (3)을 사용하면 다음과 같다.

$$\kappa = \frac{1}{|\mathbf{v}|}\left|\frac{d\mathbf{T}}{dt}\right|$$

$$= \frac{1}{\sqrt{a^2+b^2}}\left|\frac{1}{\sqrt{a^2+b^2}}[-(a\cos t)\mathbf{i} - (a\sin t)\mathbf{j}]\right|$$

$$= \frac{a}{a^2+b^2}|-(\cos t)\mathbf{i} - (\sin t)\mathbf{j}|$$

$$= \frac{a}{a^2+b^2}\sqrt{(\cos t)^2 + (\sin t)^2} = \frac{a}{a^2+b^2}$$

이 방정식으로부터 고정된 a에 대해 b가 커지면 곡률이 작아지는 것을 알 수 있다. 그리고 고정된 b에 대해 a가 작아지면 곡률은 작아짐을 알 수 있다.

$b=0$일 때 나선은 반지름 a의 원이 되고, 원의 경우에서처럼 곡률은 $1/a$가 된다. $a=0$일 때 나선은 z축이 되고, 그래서 직선에서처럼 곡률은 0이다. ■

예제 6 예제 5의 나선에 대해 **N**을 찾고 그 벡터가 어디로 향하는지 설명하라.

풀이 먼저 다음을 구하자.

$$\frac{d\mathbf{T}}{dt} = -\frac{1}{\sqrt{a^2+b^2}}[(a\cos t)\mathbf{i} + (a\sin t)\mathbf{j}] \qquad \text{예제 5}$$

$$\left|\frac{d\mathbf{T}}{dt}\right| = \frac{1}{\sqrt{a^2+b^2}}\sqrt{a^2\cos^2 t + a^2\sin^2 t} = \frac{a}{\sqrt{a^2+b^2}}$$

$$\begin{aligned}\mathbf{N} &= \frac{d\mathbf{T}/dt}{|d\mathbf{T}/dt|} && \text{식 (4)}\\ &= -\frac{\sqrt{a^2+b^2}}{a}\cdot\frac{1}{\sqrt{a^2+b^2}}[(a\cos t)\mathbf{i} + (a\sin t)\mathbf{j}]\\ &= -(\cos t)\mathbf{i} - (\sin t)\mathbf{j}\end{aligned}$$

따라서 **N**은 xy평면에 평행하며 항상 z축을 향한다. ■

연습문제 11.4 EXERCISE QUESTION

평면 곡선

연습문제 1~4에서 평면 곡선의 **T**, **N**, κ를 구하라.

1. $\mathbf{r}(t) = t\mathbf{i} + (\ln\cos t)\mathbf{j}, \quad -\pi/2 < t < \pi/2$
2. $\mathbf{r}(t) = (\ln\sec t)\mathbf{i} + t\mathbf{j}, \quad -\pi/2 < t < \pi/2$
3. $\mathbf{r}(t) = (2t+3)\mathbf{i} + (5-t^2)\mathbf{j}$
4. $\mathbf{r}(t) = (\cos t + t\sin t)\mathbf{i} + (\sin t - t\cos t)\mathbf{j}, \quad t > 0$
5. **xy평면의 함수의 그래프의 곡률에 대한 공식**
   a. xy평면에서 그래프 $y=f(x)$는 자동으로 매개변수식 $x=x$, $y=f(x)$ 또는 $\mathbf{r}(x)=x\mathbf{i}+f(x)\mathbf{j}$를 갖는다. 이러한 공식을 사용하여 f가 x에 대해 2번 미분가능한 함수일 때, 다음을 보여라.
   $$\kappa(x) = \frac{|f''(x)|}{\left[1+(f'(x))^2\right]^{3/2}}$$
   b. 문제 (a)의 공식을 사용하여 $y=\ln(\cos x)$, $-\pi/2<x<\pi/2$의 곡률을 구하라. 연습문제 1의 답과 비교하라.
   c. 변곡점에서 곡률이 0임을 보여라.
6. **매개변수화된 평면 곡선의 곡률에 대한 공식**
   a. $x=f(t)$, $y=g(t)$일 때 2번 미분가능한 함수 $x=f(t)$, $y=g(t)$로 정의된 매끄러운 곡선 $\mathbf{r}(t)=f(t)\mathbf{i}+g(t)\mathbf{j}$의 곡률 공식이 다음과 같음을 보여라.
   $$\kappa = \frac{|x'y'' - y'x''|}{[(x')^2+(y')^2]^{3/2}}$$
   이 공식을 이용하여 다음 곡선의 곡률을 구하라.
   b. $\mathbf{r}(t) = t\mathbf{i} + (\ln\sin t)\mathbf{j}, \quad 0 < t < \pi$
   c. $\mathbf{r}(t) = [\arctan(\sinh t)]\mathbf{i} + (\ln\cosh t)\mathbf{j}$
7. **평면 곡선에 대한 법선벡터**
   a. $\mathbf{n}(t)=-g'(t)\mathbf{i}+f'(t)\mathbf{j}$와 $-\mathbf{n}(t)=g'(t)\mathbf{i}-f'(t)\mathbf{j}$는 둘 다 점 $(f(t), g(t))$에서 $\mathbf{r}(t)=f(t)\mathbf{i}+g(t)\mathbf{j}$에 직교함을 보여라.
   특별한 평면 곡선에 대한 **N**을 얻기 위해 문제 (a)에서 그 곡선의 구부러진 부분을 향하는 **n** 또는 **−n**을 선택하여 단위벡터로 만들 수 있다(그림 11.19). 이 방법을 이용하여 다음 곡선에 대해 **N**을 구하라.
   b. $\mathbf{r}(t) = t\mathbf{i} + e^{2t}\mathbf{j}$
   c. $\mathbf{r}(t) = \sqrt{4-t^2}\,\mathbf{i} + t\mathbf{j}, \quad -2 \le t \le 2$
8. (연습문제 7의 계속)
   a. 연습문제 7의 방법을 사용하여 $t<0$일 때와 $t>0$일 때 곡선 $\mathbf{r}(t)=t\mathbf{i}+(1/3)t^3\mathbf{j}$에서 **N**을 구하라.
   b. 문제 (a)의 곡선에 대해 식 (4)를 사용하여 **T**로부터 직접적으로 $t\neq 0$에서 **N**을 계산하라. 또한 $t=0$에서 **N**이 존재하는가? 곡선을 그래프로 그려서 t가 음수에서 양수 값으로 전환되는 과정에서 **N**이 어떻게 변화하는지 설명하라.

공간 곡선

연습문제 9~16에서 공간 곡선에 대해 **T**, **N**, κ를 구하라.

9. $\mathbf{r}(t) = (3\sin t)\mathbf{i} + (3\cos t)\mathbf{j} + 4t\mathbf{k}$
10. $\mathbf{r}(t) = (\cos t + t\sin t)\mathbf{i} + (\sin t - t\cos t)\mathbf{j} + 3\mathbf{k}$
11. $\mathbf{r}(t) = (e^t\cos t)\mathbf{i} + (e^t\sin t)\mathbf{j} + 2\mathbf{k}$
12. $\mathbf{r}(t) = (6\sin 2t)\mathbf{i} + (6\cos 2t)\mathbf{j} + 5t\mathbf{k}$
13. $\mathbf{r}(t) = (t^3/3)\mathbf{i} + (t^2/2)\mathbf{j} + \mathbf{k}, \quad t > 0$
14. $\mathbf{r}(t) = (\cos^3 t)\mathbf{j} + (\sin^3 t)\mathbf{k}, \quad 0 < t < \pi/2$
15. $\mathbf{r}(t) = t\mathbf{i} + (a\cosh(t/a))\mathbf{k}, \quad a > 0$
16. $\mathbf{r}(t) = (\cosh t)\mathbf{i} - (\sinh t)\mathbf{j} + t\mathbf{k}$

곡률에 관한 문제 추가

17. 포물선 $y=ax^2$, $a \neq 0$은 꼭짓점에서 최대의 곡률을 가지고 있음을 보이고, 또 최소의 곡률은 갖지 않음을 보여라. [주의: 곡선의 곡률은 곡선이 이동하거나 회전해도 동일하므로, 이 결과는 모든 포물선에 대해 참이다.]

18. 타원 $x=a\cos t$, $y=b\sin t$, $a>b>0$은 장축에서 최대의 곡률을, 단축에서 최소의 곡률을 가짐을 보여라(이는 모든 타원에 대해서도 동일하게 적용된다).

19. 나선의 곡률의 최대화 예제 5에서 나선의 곡률은 $\mathbf{r}(t)=(a\cos t)\mathbf{i}+(a\sin t)\mathbf{j}+bt\mathbf{k}$ $(a, b \geq 0)$, $\kappa=a/(a^2+b^2)$로 주어짐을 알았다. 주어진 b에 대해 κ의 최댓값을 구하라. 그 이유를 설명하라.

20. 전곡률 매끄러운 곡선의 $s=s_0$에서 $s=s_1>s_0$까지의 부분의 전곡률은 s_0에서 s_1까지 κ를 적분함으로써 구한다. 이 곡선이 어떤 다른 매개변수, 예를 들어 t를 가지면, 전곡률은 다음과 같다.

$$K = \int_{s_0}^{s_1} \kappa\, ds = \int_{t_0}^{t_1} \kappa \frac{ds}{dt}\, dt = \int_{t_0}^{t_1} \kappa |\mathbf{v}|\, dt$$

여기서 t_0와 t_1는 각각 s_0와 s_1에 대응된다. 다음 곡선의 전곡률을 구하라.

a. 나선의 일부분 $\mathbf{r}(t)=(3\cos t)\mathbf{i}+(3\sin t)\mathbf{j}+t\mathbf{k}$, $0 \leq t \leq 4\pi$

b. 포물선 $y=x^2$, $-\infty < x < \infty$

21. 곡선 $\mathbf{r}(t)=t\mathbf{i}+(\sin t)\mathbf{j}$의 점 $(\pi/2, 1)$에서의 곡률원의 방정식을 구하라. (이 곡선은 xy평면에서 $y=\sin x$의 그래프를 매개변수화한다.)

22. 곡선 $\mathbf{r}(t)=(2\ln t)\mathbf{i}-[t+(1/t)]\,\mathbf{j}$, $e^{-2} \leq t \leq e^2$의 $t=1$일 때 점 $(0, -2)$에서 곡률원의 방정식을 구하라.

T 예제 5에서 유도한 2번 미분가능한 평면 곡선 $y=f(x)$의 곡률 $\kappa(x)$는 다음과 같다.

$$\kappa(x) = \frac{|f''(x)|}{\left[1+(f'(x))^2\right]^{3/2}}$$

연습문제 23~26에서 각각의 곡선에 대한 곡률함수를 구하라. 그 다음 주어진 구간에서 $f(x)$와 $\kappa(x)$를 함께 그려라. 약간 놀라게 될 것이다.

23. $y = x^2$, $-2 \leq x \leq 2$

24. $y = x^4/4$, $-2 \leq x \leq 2$

25. $y = \sin x$, $0 \leq x \leq 2\pi$

26. $y = e^x$, $-1 \leq x \leq 2$

연습문제 27과 28에서 각 함수의 그래프에 대한 최대 곡률을 결정하라.

27. $f(x) = \ln x$

28. $f(x) = \dfrac{x}{x+1}$, $x > -1$

29. 접촉원 포물선 $y=x^2$에서 점 (a, a^2)에서의 접촉원의 중심이 $\left(-4a^3, 3a^2+\frac{1}{2}\right)$에 위치하는 것을 보여라.

30. 접촉원 포물선 $y=x^2$에서 $x=1$일 때 접촉원의 매개변수화를 구하라.

컴퓨터 탐구

연습문제 31~38에서 CAS를 사용하여 $\kappa \neq 0$인 평면 곡선 위의 한 점 P에서의 접촉원을 탐구할 것이다. CAS를 이용하여 다음 단계를 수행하라.

a. 주어진 구간에서 매개변수식 또는 함수식으로 주어진 평면 곡선을 도시하여 그것이 어떻게 보이는지 보여라.

b. 연습문제 5 또는 6에서 적절한 식을 사용하여 주어진 값 t_0에서 곡선의 곡률 κ를 계산하라. 곡선이 함수 $y=f(x)$로 주어진 경우 매개변수식 $x=t$, $y=f(t)$를 사용하라.

c. $t=t_0$에서 단위법선벡터 $\mathbf{N}$을 구하라. $\mathbf{N}$의 성분의 부호는 단위접선벡터 $\mathbf{T}$가 $t=t_0$에서 시계 방향 또는 시계반대 방향으로 회전하는지에 따라 달라짐을 주목하라(연습문제 7 참조).

d. $\mathbf{C}=a\mathbf{i}+b\mathbf{j}$가 원점에서 접촉원의 중심 (a, b)까지의 벡터일 때 다음과 같은 벡터방정식으로부터 중심 $\mathbf{C}$를 구하라.

$$\mathbf{C} = \mathbf{r}(t_0) + \frac{1}{\kappa(t_0)}\mathbf{N}(t_0)$$

e. 접촉원의 방정식 $(x-a)^2+(y-b)^2=1/\kappa^2$을 함축적으로 그려라. 그런 다음 곡선과 접촉원을 함께 그려라. 화면의 크기를 조정하는 데 실험을 해야 할 수 있지만, 축의 스케일링이 동일하도록 주의하라.

31. $\mathbf{r}(t) = (3\cos t)\mathbf{i} + (5\sin t)\mathbf{j}$, $0 \leq t \leq 2\pi$, $t_0 = \pi/4$

32. $\mathbf{r}(t) = (\cos^3 t)\mathbf{i} + (\sin^3 t)\mathbf{j}$, $0 \leq t \leq 2\pi$, $t_0 = \pi/4$

33. $\mathbf{r}(t) = t^2\mathbf{i} + (t^3 - 3t)\mathbf{j}$, $-4 \leq t \leq 4$, $t_0 = 3/5$

34. $\mathbf{r}(t) = (t^3 - 2t^2 - t)\mathbf{i} + \dfrac{3t}{\sqrt{1+t^2}}\mathbf{j}$, $-2 \leq t \leq 5$, $t_0 = 1$

35. $\mathbf{r}(t) = (2t - \sin t)\mathbf{i} + (2 - 2\cos t)\mathbf{j}$, $0 \leq t \leq 3\pi$, $t_0 = 3\pi/2$

36. $\mathbf{r}(t) = (e^{-t}\cos t)\mathbf{i} + (e^{-t}\sin t)\mathbf{j}$, $0 \leq t \leq 6\pi$, $t_0 = \pi/4$

37. $y = x^2 - x$, $-2 \leq x \leq 5$, $x_0 = 1$

38. $y = x(1-x)^{2/5}$, $-1 \leq x \leq 2$, $x_0 = 1/2$

11.5 가속도의 접선과 법선 성분

만약 우주에서 곡선을 따라 이동하는 비행기에 탑승 중이라면 운동을 설명해줄 벡터 표현을 위해 직교좌표계 **i**, **j**, **k**를 이용하는 것은 실제적으로는 적절하지 않다. 대신 의미가 있는 것은 운동하는 방향(단위접선벡터 **T**)과 운동 경로가 회전하는 방향(단위법선벡터 **N**)과 위 두 벡터에 수직인 단위벡터이다. 이 운동(그림 11.23)과 함께 이동하는 서로 직교하는 단위벡터의 1차 결합으로서 곡선에 대한 가속도벡터를 표현하면 그 경로와 경로에 따른 운동의 특성을 잘 나타낸다.

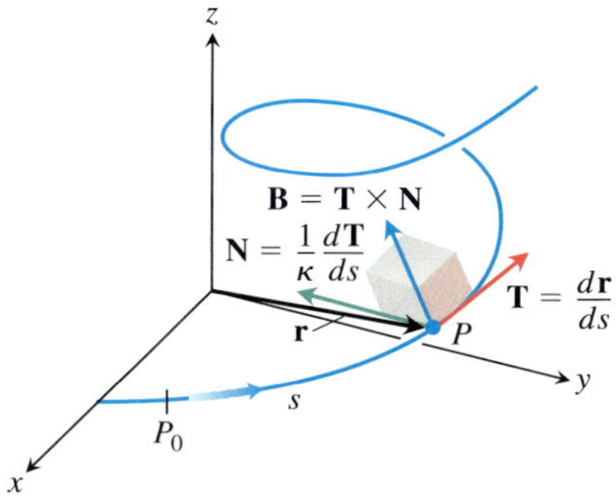

그림 11.23 공간 상의 곡선을 따라 운동하는 서로 직교하는 단위벡터의 **TNB** 틀.

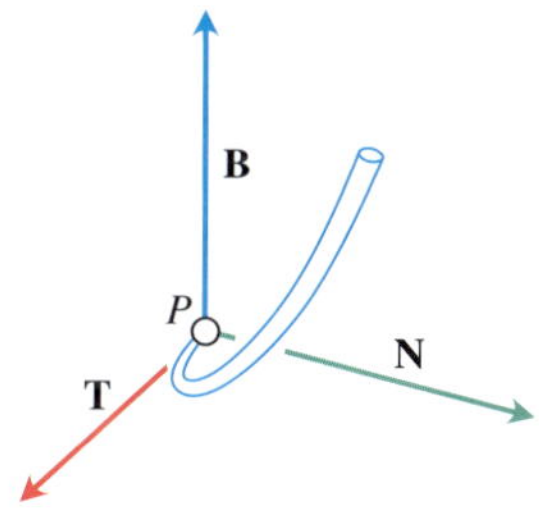

그림 11.24 벡터 **T**, **N**, **B**는(순서대로) 공간에서 서로 수직인 단위벡터의 오른손 법칙 틀을 구성한다.

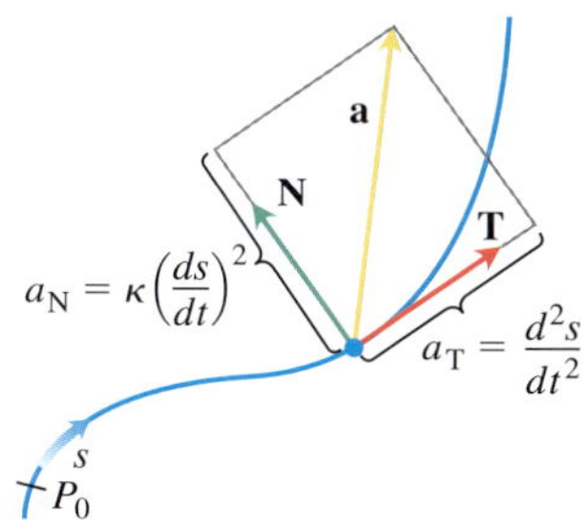

그림 11.25 가속도의 접선 및 법선 성분. 가속도 **a**는 항상 **B**에 수직인 **T**와 **N**에 의해 결정된 평면 위에 있다.

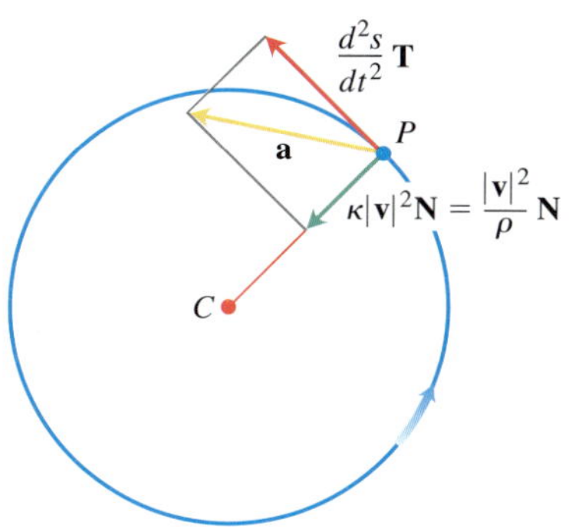

그림 11.26 반지름이 ρ인 원 주위를 시계반대 방향으로 회전함에 따라 속력을 높이는 물체의 가속도의 접선 및 법선 성분.

TNB 틀

공간의 한 곡선의 **종법선벡터**(binormal vector)는 $\mathbf{B} = \mathbf{T} \times \mathbf{N}$으로서 **T**와 **N**에 수직인 단위벡터이다(그림 11.24). **T**, **N**, **B**는 공간을 통해 운동하는 입자의 경로를 계산하는 데 중요한 역할을 하는 움직이는 오른손 법칙 벡터를 정의한다. 이것을 **프레네 틀**[Frenet frame, Jean-Frédéric Frenet (1816~1900)] 또는 **TNB 틀**(TNB frame)이라고 한다.

가속도의 접선과 법선 성분

한 물체가 중력, 브레이크, 로켓 모터, 무엇이든가에 의해 가속될 때 보통 가속도가 운동 방향, 접선 방향 **T**에 얼마나 크게 작용하는지를 알고 싶어 한다. 이것을 연쇄법칙을 사용하여 계산할 수 있다. 즉 **v**를 다음과 같이 쓴다.

$$\mathbf{v} = \frac{d\mathbf{r}}{dt} = \frac{d\mathbf{r}}{ds}\frac{ds}{dt} = \mathbf{T}\frac{ds}{dt}$$

위의 모든 등식을 미분함으로써 다음을 얻는다.

$$\begin{aligned}\mathbf{a} &= \frac{d\mathbf{v}}{dt} = \frac{d}{dt}\left(\mathbf{T}\frac{ds}{dt}\right) = \frac{d^2s}{dt^2}\mathbf{T} + \frac{ds}{dt}\frac{d\mathbf{T}}{dt}\\ &= \frac{d^2s}{dt^2}\mathbf{T} + \frac{ds}{dt}\left(\frac{d\mathbf{T}}{ds}\frac{ds}{dt}\right) = \frac{d^2s}{dt^2}\mathbf{T} + \frac{ds}{dt}\left(\kappa\mathbf{N}\frac{ds}{dt}\right) \qquad \frac{d\mathbf{T}}{ds} = \kappa\mathbf{N}\\ &= \frac{d^2s}{dt^2}\mathbf{T} + \kappa\left(\frac{ds}{dt}\right)^2\mathbf{N}\end{aligned}$$

정의 가속도의 접선과 법선 성분은 다음과 같다.

$$\mathbf{a} = a_{\mathrm{T}}\mathbf{T} + a_{\mathrm{N}}\mathbf{N} \tag{1}$$

여기서 다음과 같이 구한 a_{T}와 a_{N}을 각각 가속도의 **접선**과 **법선** 스칼라 성분이라 한다.

$$a_{\mathrm{T}} = \frac{d^2s}{dt^2} = \frac{d}{dt}|\mathbf{v}|, \qquad a_{\mathrm{N}} = \kappa\left(\frac{ds}{dt}\right)^2 = \kappa|\mathbf{v}|^2 \tag{2}$$

종법선벡터 **B**는 식 (1)에서 나타나지 않음에 유의한다. 관찰하고 있는 이동체의 경로가 공간에서 어떻게 꼬이고 회전하는 것으로 보일지라도 가속도 **a**는 항상 **B**에 수직인 **T**와 **N**에 의한 평면 위에 놓여 있다. 식 (1)은 또한 그 가속도가 운동 (d^2s/dt^2)에 얼마나 크게 접해 나타나는지, 운동 [$\kappa(ds/dt)^2$]에 얼마나 크게 수직으로 나타나는지 정확히 알 수 있게 한다(그림 11.25).

식 (2)으로부터는 어떠한 정보를 얻을 수 있는가? 정의에 의해 가속도 **a**는 속도 **v**의 변화율이고, 그래서 일반적으로 **a**의 길이와 방향은 물체가 그 경로를 따라 이동함에 따라 변한다. 가속도의 접선 성분 a_{T}은 **v**의 길이의 변화율을 측정한다(즉 속력의 변화). 가속도의 법선 성분 a_{N}은 **v**의 방향의 변화율을 측정한다.

가속도의 법선 스칼라 성분은 곡률 곱하기 속력의 제곱임을 유의한다. 이것은 자동차가 급격하게(큰 κ) 고속(큰 $|\mathbf{v}|$)으로 회전할 때 붙잡고 있어야 하는 이유를 설명해준다. 만약 자동차의 속력을 2배로 높이면 같은 곡률에 대해 가속도의 법선 성분은 4배가 됨을 경험할 것이다.

a_{N}을 계산하기 위해 보통 공식 $a_{\mathrm{N}} = \sqrt{|\mathbf{a}|^2 - a_{\mathrm{T}}^2}$을 사용하는데, 이것은 방정식 a_{N}을 $|\mathbf{a}|^2 = \mathbf{a}\cdot\mathbf{a} = a_{\mathrm{T}}^2 + a_{\mathrm{N}}^2$에 대해 풀어봄으로써 알 수 있다($a_{\mathrm{T}}$ 성분과 달리, a_{N} 성분은 음수가 될 수 없다). 이 공식을 사용하면 κ를 계산하지 않고도 a_{N}을 구할 수 있다.

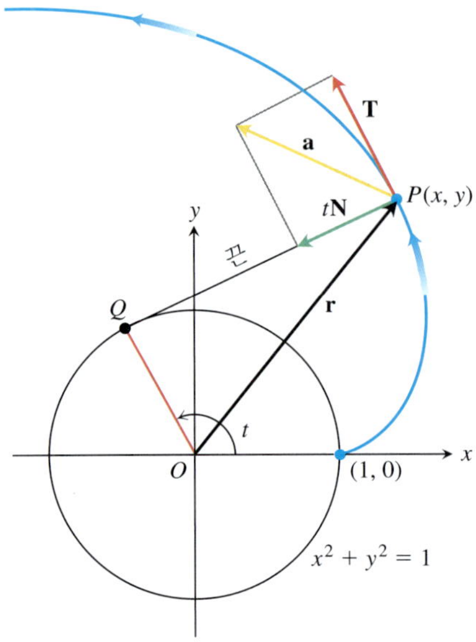

그림 11.27 운동 $\mathbf{r}(t) = (\cos t + t \sin t)\mathbf{i} + (\sin t - t \cos t)\mathbf{j}$의 접선 및 법선 성분. 고정된 원 주위에 감긴 끈을 원의 평면에 팽팽하게 잡은 채로 풀면 그것의 끝점 P는 원의 신개선을 그린다(예제 1).

가속도의 법선 성분 계산에 대한 공식

$$a_N = \sqrt{|\mathbf{a}|^2 - a_T^2} \qquad (3)$$

예제 1 **T**와 **N**을 찾지 않고, 다음 운동의 가속도를 $\mathbf{a} = a_T\mathbf{T} + a_N\mathbf{N}$의 형태로 써라(운동 경로는 그림 11.27에서처럼 원의 신개선이다).

$$\mathbf{r}(t) = (\cos t + t \sin t)\mathbf{i} + (\sin t - t \cos t)\mathbf{j}, \qquad t > 0$$

풀이 식 (2)를 먼저 사용하여 a_T을 구한다.

$$\mathbf{v} = \frac{d\mathbf{r}}{dt} = (-\sin t + \sin t + t\cos t)\mathbf{i} + (\cos t - \cos t + t \sin t)\mathbf{j}$$
$$= (t\cos t)\mathbf{i} + (t \sin t)\mathbf{j}$$
$$|\mathbf{v}| = \sqrt{t^2\cos^2 t + t^2 \sin^2 t} = \sqrt{t^2} = |t| = t \qquad t > 0$$
$$a_T = \frac{d}{dt}|\mathbf{v}| = \frac{d}{dt}(t) = 1 \qquad \text{식 (2)}$$

a_T값을 알고 있다면, 식 (3)을 사용하여 a_N을 찾을 수 있다.

$$\mathbf{a} = (\cos t - t \sin t)\mathbf{i} + (\sin t + t\cos t)\mathbf{j}$$
$$|\mathbf{a}|^2 = t^2 + 1 \qquad \text{적당한 계산을 하면}$$
$$a_N = \sqrt{|\mathbf{a}|^2 - a_T^2}$$
$$= \sqrt{(t^2+1) - (1)} = \sqrt{t^2} = t$$

그런 다음 식 (1)을 사용해 다음과 같이 쓸 수 있다.

$$\mathbf{a} = a_T\mathbf{T} + a_N\mathbf{N} = (1)\mathbf{T} + (t)\mathbf{N} = \mathbf{T} + t\mathbf{N}$$ ■

비틀림률

$d\mathbf{B}/ds$는 **T**, **N**, **B**와 어떤 관계가 있는가? 11.1절의 벡터 외적에 대한 미분 법칙으로부터 다음 식을 얻는다.

$$\frac{d\mathbf{B}}{ds} = \frac{d(\mathbf{T}\times\mathbf{N})}{ds} = \frac{d\mathbf{T}}{ds}\times\mathbf{N} + \mathbf{T}\times\frac{d\mathbf{N}}{ds}$$

N은 $d\mathbf{T}/ds$ 방향이므로 $(d\mathbf{T}/ds)\times\mathbf{N} = \mathbf{0}$이고, 다음과 같다.

$$\frac{d\mathbf{B}}{ds} = \mathbf{0} + \mathbf{T}\times\frac{d\mathbf{N}}{ds} = \mathbf{T}\times\frac{d\mathbf{N}}{ds}$$

따라서 외적은 그것의 각 인수와 직교하므로 $d\mathbf{B}/ds$는 **T**와 직교한다.

$d\mathbf{B}/ds$도 **B**와 직교하므로(후자는 상수의 길이를 가짐) $d\mathbf{B}/ds$는 **B**와 **T**에 의해 생성된 평면에 직교한다. 즉 $d\mathbf{B}/ds$는 **N**과 평행이고, $d\mathbf{B}/ds$는 **N**의 상수배이다. 기호로 다음과 같이 나타낸다.

$$\frac{d\mathbf{B}}{ds} = -\tau\mathbf{N}$$

위의 방정식에서 음의 부호는 전통적으로 쓰인다. 스칼라 τ을 그 곡선의 비틀림률이라고 한다. 그러므로 다음과 같다.

$$\frac{d\mathbf{B}}{ds}\cdot\mathbf{N} = -\tau\mathbf{N}\cdot\mathbf{N} = -\tau(1) = -\tau$$

다음 정의를 위해 이 방정식을 사용한다.

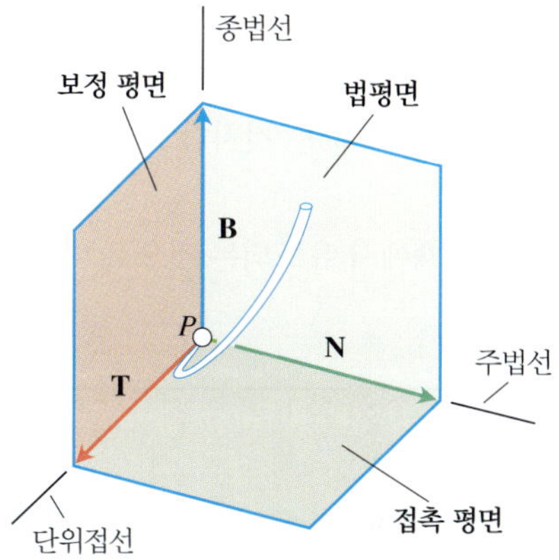

그림 11.28 **T**, **N**, **B**에 의해 결정된 3개의 평면 이름.

정의 $\mathbf{B} = \mathbf{T} \times \mathbf{N}$이라고 하자. 매끄러운 곡선의 **비틀림률**(torsion)은 다음 식과 같다.

$$\tau = -\frac{d\mathbf{B}}{ds} \cdot \mathbf{N} \tag{4}$$

절대 음이 아닌 곡률 κ와 달리 비틀림률은 양수, 음수, 0이 될 수 있다.

T, **N**, **B**에 의해 결정된 3개의 평면의 이름을 그림 11.28에 나타내었다. 곡률 $\kappa = |d\mathbf{T}/ds|$는 점 P가 경로를 따라 움직일 때 법평면이 회전하는 회전율로 생각될 수 있다. 마찬가지로 비틀림률 $\tau = -(d\mathbf{B}/ds) \cdot \mathbf{N}$은 P가 곡선을 따라 움직일 때 접촉 평면이 **T**를 중심으로 회전하는 회전율이다. 비틀림률은 그 곡선이 얼마나 비틀어 구부리는지를 측정한다.

그림 11.29를 보자. 만약 P가 구부러진 선로를 따라 올라가는 기차라면 전조등이 단위거리당 좌우로 회전하는 회전율은 그 선로의 곡률이다. 기차가 **T**와 **N**에 의해 결정된 평면을 비틀어 구부리는 비율이 비틀림률이다. 곡률과 비틀림률이 0이 아닌 상수인 공간 곡선일 필요충분 조건은 나선임을 보일 수 있다.

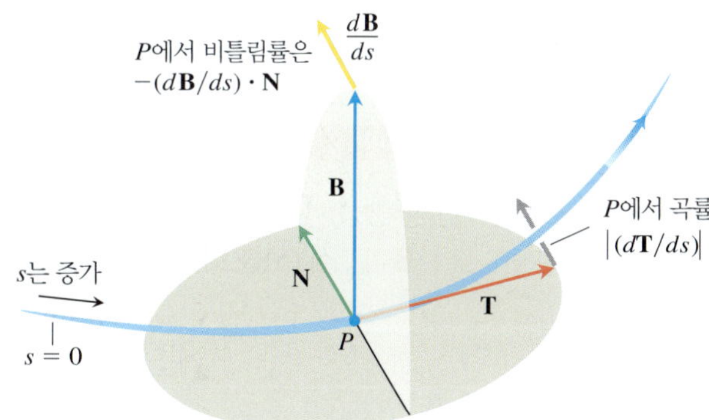

그림 11.29 모든 움직이는 물체는 그 이동 경로의 기하를 분류하는 **TNB** 틀을 가지고 운동한다.

곡률과 비틀림률 계산 공식

이제 매끄러운 곡선에 대한 곡률과 비틀림률을 계산하는 사용하기 쉬운 공식을 찾는다. 식 (1)과 (2)로부터 다음을 얻는다.

$$\begin{aligned}
\mathbf{v} \times \mathbf{a} &= \left(\frac{ds}{dt}\mathbf{T}\right) \times \left[\frac{d^2s}{dt^2}\mathbf{T} + \kappa\left(\frac{ds}{dt}\right)^2\mathbf{N}\right] && \mathbf{v} = dr/dt = (ds/dt)\mathbf{T} \\
&= \left(\frac{ds}{dt}\frac{d^2s}{dt^2}\right)(\mathbf{T} \times \mathbf{T}) + \kappa\left(\frac{ds}{dt}\right)^3(\mathbf{T} \times \mathbf{N}) \\
&= \kappa\left(\frac{ds}{dt}\right)^3\mathbf{B} && \mathbf{T} \times \mathbf{T} = 0 \text{ 이고 } \mathbf{T} \times \mathbf{N} = \mathbf{B}
\end{aligned}$$

따라서 다음과 같다.

$$|\mathbf{v} \times \mathbf{a}| = \kappa\left|\frac{ds}{dt}\right|^3|\mathbf{B}| = \kappa|\mathbf{v}|^3 \qquad \frac{ds}{dt} = |\mathbf{v}| \text{ 이고 } |\mathbf{B}| = 1$$

κ에 대해 풀면 다음의 공식을 얻는다.

곡률에 대한 벡터 공식

$$\kappa = \frac{|\mathbf{v} \times \mathbf{a}|}{|\mathbf{v}|^3} \tag{5}$$

식 (5)는 $|\mathbf{v}|$가 0이 아닌 곡선의 임의의 벡터 표현의 속도와 가속도로부터 이 곡선의 기하학적인 성질인 곡률을 계산해준다. 곡선을 따른 운동의 임의의 공식으로부터($\mathbf{v}$가 0이 아닌 이상) 그 운동이 어떻게 변할지라도 그 곡선이 그리는 방법과 전혀 관계가 없는 것처럼 보이는 곡선의 기하학적 성질을 계산할 수 있다.

가장 폭넓게 사용되는 비틀림률에 대한 공식은 좀 더 고급 교재에서 유도되는 것으로 다음과 같은 행렬식 형태로 주어진다.

비틀림률에 대한 공식

$$\tau = \frac{\begin{vmatrix} \dot{x} & \dot{y} & \dot{z} \\ \ddot{x} & \ddot{y} & \ddot{z} \\ \dddot{x} & \dddot{y} & \dddot{z} \end{vmatrix}}{|\mathbf{v} \times \mathbf{a}|^2} \qquad (\mathbf{v} \times \mathbf{a} \neq \mathbf{0}\text{일 때}) \tag{6}$$

뉴턴의 미분에 대한 점 기호

식 (6)의 점은 t에 대한 미분, 각 점에 대해 1번 미분을 의미한다. 따라서 $\dot{x}$는 dx/dt, $\ddot{x}$는 d^2x/dt^2, $\dddot{x}$는 d^3x/dt^3를 의미한다. 이와 유사하게 $\dot{y} = dy/dt$ 등이 있다.

이 공식을 이용하여 비틀림률을 $\mathbf{r}$을 구성하는 성분함수 $x = f(t)$, $y = g(t)$, $z = h(t)$의 미분으로부터 직접 계산할 수 있다. 행렬식의 첫 번째 행은 $\mathbf{v}$, 두 번째 행은 $\mathbf{a}$, 세 번째 행은 $\dot{\mathbf{a}} = d\mathbf{a}/dt$로부터 얻어진다.

예제 2 식 (5)와 (6)을 이용하여 나선의 곡률과 비틀림률을 구하라.

$$\mathbf{r}(t) = (a\cos t)\mathbf{i} + (a\sin t)\mathbf{j} + bt\mathbf{k}, \qquad a, b \geq 0, \qquad a^2 + b^2 \neq 0$$

풀이 식 (5)를 이용하여 곡률을 계산한다.

$$\mathbf{v} = -(a\sin t)\mathbf{i} + (a\cos t)\mathbf{j} + b\mathbf{k}$$

$$\mathbf{a} = -(a\cos t)\mathbf{i} - (a\sin t)\mathbf{j}$$

$$\mathbf{v} \times \mathbf{a} = \begin{vmatrix} \mathbf{i} & \mathbf{j} & \mathbf{k} \\ -a\sin t & a\cos t & b \\ -a\cos t & -a\sin t & 0 \end{vmatrix} = (ab\sin t)\mathbf{i} - (ab\cos t)\mathbf{j} + a^2\mathbf{k} \tag{7}$$

$$\kappa = \frac{|\mathbf{v} \times \mathbf{a}|}{|\mathbf{v}|^3} = \frac{\sqrt{a^2b^2 + a^4}}{(a^2 + b^2)^{3/2}} = \frac{a\sqrt{a^2 + b^2}}{(a^2 + b^2)^{3/2}} = \frac{a}{a^2 + b^2}$$

식 (7)은 11.4절 예제 5의 결과와 일치한다. 그때는 곡률을 정의로부터 직접 계산했다.

비틀림률에 대한 식 (6)을 계산하기 위해 $\mathbf{r}$을 t에 관해 미분함으로써 행렬식에 있는 성분을 구한다. 이미 $\mathbf{v}$와 $\mathbf{a}$를 계산했고, 다음을 얻는다.

$$\dot{\mathbf{a}} = \frac{d\mathbf{a}}{dt} = (a\sin t)\mathbf{i} - (a\cos t)\mathbf{j}$$

그러므로 다음과 같다.

$$\tau = \frac{\begin{vmatrix} \dot{x} & \dot{y} & \dot{z} \\ \ddot{x} & \ddot{y} & \ddot{z} \\ \dddot{x} & \dddot{y} & \dddot{z} \end{vmatrix}}{|\mathbf{v} \times \mathbf{a}|^2} = \frac{\begin{vmatrix} -a\sin t & a\cos t & b \\ -a\cos t & -a\sin t & 0 \\ a\sin t & -a\cos t & 0 \end{vmatrix}}{\left(a\sqrt{a^2 + b^2}\right)^2} \qquad \text{식 (7)로부터}$$

$$= \frac{b(a^2\cos^2 t + a^2\sin^2 t)}{a^2(a^2 + b^2)}$$

$$= \frac{b}{a^2 + b^2}$$

이 마지막의 방정식으로부터 원기둥의 나선의 비틀림률은 상수임을 알 수 있다. 사실은 공간 곡선 중에서 상수 곡률과 상수 비틀림률을 갖는 곡선은 나선이란 특성이 있다. ■

공간 곡선에 대한 공식

단위접선벡터: $\mathbf{T} = \dfrac{\mathbf{v}}{|\mathbf{v}|}$

주단위법선벡터: $\mathbf{N} = \dfrac{d\mathbf{T}/dt}{|d\mathbf{T}/dt|}$

종법선벡터: $\mathbf{B} = \mathbf{T} \times \mathbf{N}$

곡률: $\kappa = \left|\dfrac{d\mathbf{T}}{ds}\right| = \dfrac{|\mathbf{v} \times \mathbf{a}|}{|\mathbf{v}|^3}$

비틀림률: $\tau = -\dfrac{d\mathbf{B}}{ds} \cdot \mathbf{N} = \dfrac{\begin{vmatrix} \dot{x} & \dot{y} & \dot{z} \\ \ddot{x} & \ddot{y} & \ddot{z} \\ \dddot{x} & \dddot{y} & \dddot{z} \end{vmatrix}}{|\mathbf{v} \times \mathbf{a}|^2}$

가속도의 접선 및 법선 스칼라 성분:

$\mathbf{a} = a_{\mathrm{T}}\mathbf{T} + a_{\mathrm{N}}\mathbf{N}$

$a_{\mathrm{T}} = \dfrac{d}{dt}|\mathbf{v}|$

$a_{\mathrm{N}} = \kappa|\mathbf{v}|^2 = \sqrt{|\mathbf{a}|^2 - a_{\mathrm{T}}{}^2}$

연습문제 11.5 EXERCISE QUESTION

접선 및 법선 성분 찾기

연습문제 1~4에서 $\mathbf{a}$를 $\mathbf{T}$와 $\mathbf{N}$을 구하지 않고, $\mathbf{a}=a_{\mathrm{T}}\mathbf{T}+a_{\mathrm{N}}\mathbf{N}$ 형태로 나타내라.

1. $\mathbf{r}(t) = (2t+3)\mathbf{i} + (t^2-1)\mathbf{j}$

2. $\mathbf{r}(t) = 3t^2\mathbf{i} + 2t^3\mathbf{j}$

3. $\mathbf{r}(t) = (a\cos t)\mathbf{i} + (a\sin t)\mathbf{j} + bt\mathbf{k}$

4. $\mathbf{r}(t) = (1+3t)\mathbf{i} + (t-2)\mathbf{j} - 3t\mathbf{k}$

연습문제 5~10에서 $\mathbf{a}$를 $\mathbf{T}$와 $\mathbf{N}$을 구하지 않고, 주어진 t의 값에서 $\mathbf{a}=a_{\mathrm{T}}\mathbf{T}+a_{\mathrm{N}}\mathbf{N}$ 형태로 나타내라.

5. $\mathbf{r}(t) = e^t\mathbf{i} + e^{-t}\mathbf{j}, \quad t = 0$

6. $\mathbf{r}(t) = \cos(t^2)\mathbf{i} + \sin(t^2)\mathbf{j}, \quad t = \frac{1}{2}\sqrt{\pi}$

7. $\mathbf{r}(t) = (t+1)\mathbf{i} + 2t\mathbf{j} + t^2\mathbf{k}, \quad t = 1$

8. $\mathbf{r}(t) = (t\cos t)\mathbf{i} + (t\sin t)\mathbf{j} + t^2\mathbf{k}, \quad t = 0$

9. $\mathbf{r}(t) = t^2\mathbf{i} + (t + (1/3)t^3)\mathbf{j} + (t - (1/3)t^3)\mathbf{k}, \quad t = 0$

10. $\mathbf{r}(t) = (e^t\cos t)\mathbf{i} + (e^t\sin t)\mathbf{j} + \sqrt{2}e^t\mathbf{k}, \quad t = 0$

TNB 틀 찾기

연습문제 11과 12에서 t의 주어진 값에 $\mathbf{r}$, $\mathbf{T}$, $\mathbf{N}$, $\mathbf{B}$를 구하라. 또 t의 그러한 값에서 접촉 평면, 법평면, 보정 평면에 대한 방정식을 구하라.

11. $\mathbf{r}(t) = (\cos t)\mathbf{i} + (\sin t)\mathbf{j} - \mathbf{k}, \quad t = \pi/4$

12. $\mathbf{r}(t) = (\cos t)\mathbf{i} + (\sin t)\mathbf{j} + t\mathbf{k}, \quad t = 0$

11.4절의 연습문제 9~16에서 $\mathbf{T}$, $\mathbf{N}$, κ을 구했다. 이제 연습문제 13~20에서 이러한 공간 곡선에 대한 $\mathbf{B}$와 τ을 구하라.

13. $\mathbf{r}(t) = (3\sin t)\mathbf{i} + (3\cos t)\mathbf{j} + 4t\mathbf{k}$

14. $\mathbf{r}(t) = (\cos t + t\sin t)\mathbf{i} + (\sin t - t\cos t)\mathbf{j} + 3\mathbf{k}$

15. $\mathbf{r}(t) = (e^t\cos t)\mathbf{i} + (e^t\sin t)\mathbf{j} + 2\mathbf{k}$

16. $\mathbf{r}(t) = (6\sin 2t)\mathbf{i} + (6\cos 2t)\mathbf{j} + 5t\mathbf{k}$

17. $\mathbf{r}(t) = (t^3/3)\mathbf{i} + (t^2/2)\mathbf{j} + \mathbf{k}, \quad t > 0$

18. $\mathbf{r}(t) = (\cos^3 t)\mathbf{j} + (\sin^3 t)\mathbf{k}, \quad 0 < t < \pi/2$

19. $\mathbf{r}(t) = t\mathbf{i} + (a\cosh(t/a))\mathbf{k}, \quad a > 0$

20. $\mathbf{r}(t) = (\cosh t)\mathbf{i} - (\sinh t)\mathbf{j} + t\mathbf{k}$

물리적인 응용

21. 차량의 속도계가 안정된 35 km/h를 가리키고 있다. 가속되고 있는가? 그 이유를 설명하라.

22. 일정한 속력으로 움직이는 입자의 가속도에 관해 어떤 것이라도 말할 수 있는가? 답에 대한 이유를 들어라.

23. 가속도가 항상 속도에 수직인 입자의 속력에 관해 어떤 것이라도 말할 수 있는가? 그 이유를 설명하라.

24. 질량이 m인 한 물체가 10 unit/s의 일정한 속력으로 포물선 $y=x^2$을 따라서 운동한다. (0, 0)에서 가속도로 인한 그 물체의 힘은 얼마인가? $(2^{1/2}, 2)$에서는 어떤가? 답을 $\mathbf{i}$와 $\mathbf{j}$로 써라. (뉴턴의 법칙인 $\mathbf{F}=m\mathbf{a}$을 기억하라.)

이론과 예제

25. 직선에 대해 κ와 τ가 모두 0임을 보여라.

$$\mathbf{r}(t) = (x_0 + At)\mathbf{i} + (y_0 + Bt)\mathbf{j} + (z_0 + Ct)\mathbf{k}$$

26. 움직이는 입자는 가속도의 법선 성분이 0이면 직선을 따라 이동함을 보여라.

27. 곡률를 구하는 간단한 방법 이미 $|a_N|$과 $|\mathbf{v}|$를 알고 있다면 공식 $a_N = \kappa|\mathbf{v}|^2$은 곡률을 구하는 편리한 방법을 준다.
이것을 사용하여 다음 곡선의 곡률과 곡률 반지름을 구하라.

$$\mathbf{r}(t) = (\cos t + t\sin t)\mathbf{i} + (\sin t - t\cos t)\mathbf{j}, \quad t > 0$$

(예제 1로부터 $|a_N|$과 $|\mathbf{v}|$를 얻어라.)

28. 매끄러운 평면 곡선 $\mathbf{r}(t)=f(t)\mathbf{i}+g(t)\mathbf{j}$의 비틀림률에 관해 무엇을 말할 수 있는가? 그 이유를 설명하라.

29. 비틀림률이 0인 미분가능한 곡선은 평면에 있다. 비틀림률이 0인 충분히 미분가능한 곡선은 한 평면에 놓여 있다는 것은 "속도가 한 고정벡터 $\mathbf{C}$에 수직인 채로 움직이는 입자는 $\mathbf{C}$에 수직인 한 평면 위에서 운동한다"라는 사실의 특별한 경우이다. 이것을 다시 보면 미분적분학에서는 다음의 문제의 해로 생각될 수 있다.
구간 $[a, b]$의 모든 t에 대해 $\mathbf{r}(t)=f(t)\mathbf{i}+g(t)\mathbf{j}+h(t)\mathbf{k}$가 2번 미분가능하고 $t=a$일 때 $\mathbf{r}=0$이고, $[a, b]$의 모든 t에 대해 $\mathbf{v}\cdot\mathbf{k}=0$이라고 하자. 그때 $[a, b]$의 모든 t에 대해 $h(t)=0$임을 보여라. [힌트: $\mathbf{a}=d^2\mathbf{r}/dt^2$으로 시작하여 초기 조건을 반대 방향으로 적용하라.]

30. B와 v로부터 τ 계산하는 공식 정의 $\tau=-(d\mathbf{B}/ds)\cdot\mathbf{N}$에서 시작하고 연쇄법칙을 적용하여 $d\mathbf{B}/ds$를 다음과 같이 쓰자.

$$\frac{d\mathbf{B}}{ds} = \frac{d\mathbf{B}}{dt}\frac{dt}{ds} = \frac{d\mathbf{B}}{dt}\frac{1}{|\mathbf{v}|}$$

이 식을 사용하여 예제 2의 나선에 대한 비틀림률을 구하라.

$$\tau = -\frac{1}{|\mathbf{v}|}\left(\frac{d\mathbf{B}}{dt}\cdot\mathbf{N}\right)$$

컴퓨터 탐구

답을 소수점 네 번째 자리에서 반올림하여 CAS를 사용하여 연습문제 31~34에서 주어진 t의 값에서 곡선에 대한 $\mathbf{v}$, $\mathbf{a}$, 속력, $\mathbf{T}$, $\mathbf{N}$, $\mathbf{B}$, κ, τ를 구하고 가속도의 접선 및 법선 성분을 구하라.

31. $\mathbf{r}(t) = (t\cos t)\mathbf{i} + (t\sin t)\mathbf{j} + t\mathbf{k}, \quad t = \sqrt{3}$

32. $\mathbf{r}(t) = (e^t\cos t)\mathbf{i} + (e^t\sin t)\mathbf{j} + e^t\mathbf{k}, \quad t = \ln 2$

33. $\mathbf{r}(t) = (t - \sin t)\mathbf{i} + (1 - \cos t)\mathbf{j} + \sqrt{-t}\mathbf{k}, \quad t = -3\pi$

34. $\mathbf{r}(t) = (3t - t^2)\mathbf{i} + (3t^2)\mathbf{j} + (3t + t^3)\mathbf{k}, \quad t = 1$

11.6 극좌표계에서의 속도와 가속도

이 절에서는 극좌표계에서의 속도와 가속도에 대한 방정식을 유도한다. 이러한 방정식은 우주 공간에서 행성과 인공위성의 경로를 계산하는 데 유용하며, 이를 사용하여 케플러의 행성 운동의 세 가지 법칙을 조사한다.

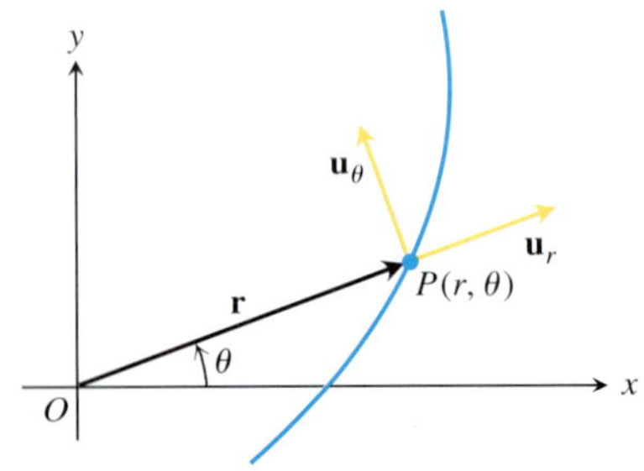

그림 11.30 $\mathbf{r}$의 길이는 점 P의 양의 극좌표 r이다. 따라서 $\mathbf{u}_r$은 $\mathbf{r}/|\mathbf{r}|$으로서 $\mathbf{r}/r$이다. 식 (1)은 $\mathbf{u}_r$과 $\mathbf{u}_\theta$를 $\mathbf{i}$와 $\mathbf{j}$에 관해 표현한다.

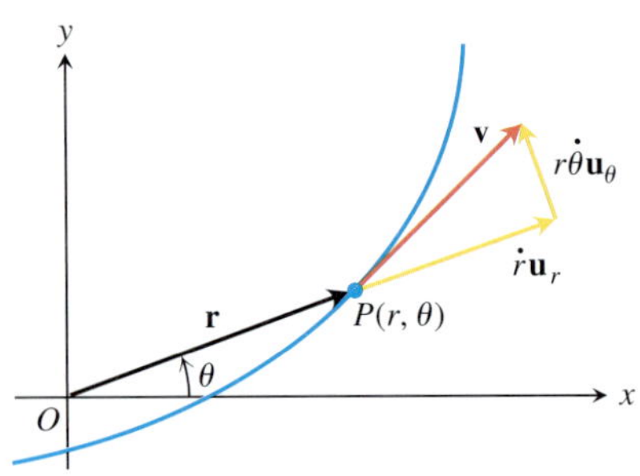

그림 11.31 극좌표에서 속도벡터 $\mathbf{v}=\dot{r}\mathbf{u}_r+r\dot{\theta}\mathbf{u}_\theta$이다.

극좌표 및 원주좌표에서의 운동

극좌표 평면 $P(r, \theta)$에서 한 입자가 곡선을 따라 움직일 때 위치, 속도, 가속도를 그림 11.30에서 보인 움직이는 단위벡터로 표현한다.

$$\mathbf{u}_r = (\cos\theta)\mathbf{i} + (\sin\theta)\mathbf{j}, \qquad \mathbf{u}_\theta = -(\sin\theta)\mathbf{i} + (\cos\theta)\mathbf{j} \tag{1}$$

벡터 $\mathbf{u}_r$은 위치벡터 $\overline{OP}$를 향하므로 $\mathbf{r}=r\mathbf{u}_r$이다. 벡터 $\mathbf{u}_\theta$는 $\mathbf{u}_r$에 수직이며, 증가하는 θ 방향으로 가리킨다.

식 (1)로부터 다음을 구할 수 있다.

$$\frac{d\mathbf{u}_r}{d\theta} = -(\sin\theta)\mathbf{i} + (\cos\theta)\mathbf{j} = \mathbf{u}_\theta$$

$$\frac{d\mathbf{u}_\theta}{d\theta} = -(\cos\theta)\mathbf{i} - (\sin\theta)\mathbf{j} = -\mathbf{u}_r$$

다음으로 $\mathbf{u}_r$과 $\mathbf{u}_\theta$를 t에 관해 미분하여 그것들이 시간이 지남에 따라 어떻게 변하는지 알아보면, 연쇄법칙에 의해 다음 식을 얻는다.

$$\dot{\mathbf{u}}_r = \frac{d\mathbf{u}_r}{d\theta}\dot{\theta} = \dot{\theta}\mathbf{u}_\theta, \qquad \dot{\mathbf{u}}_\theta = \frac{d\mathbf{u}_\theta}{d\theta}\dot{\theta} = -\dot{\theta}\mathbf{u}_r \tag{2}$$

그러므로 다음과 같은 식이 성립한다.

$$\mathbf{v} = \dot{\mathbf{r}} = \frac{d}{dt}(r\mathbf{u}_r) = \dot{r}\mathbf{u}_r + r\dot{\mathbf{u}}_r = \dot{r}\mathbf{u}_r + r\dot{\theta}\mathbf{u}_\theta$$

그림 11.31을 보자. 앞 절에서처럼 시간에 대한 미분에 대해 뉴턴의 점 표기를 사용하여 그 공

식들을 가능한 한 간단하게 한다. $\dot{\mathbf{u}}_r$은 $d\mathbf{u}_r/dt$, $\dot{\theta}$은 $d\theta/dt$를 의미한다.

가속도는 다음과 같다.

$$\mathbf{a} = \dot{\mathbf{v}} = (\ddot{r}\mathbf{u}_r + \dot{r}\dot{\mathbf{u}}_r) + (\dot{r}\dot{\theta}\mathbf{u}_\theta + r\ddot{\theta}\mathbf{u}_\theta + r\dot{\theta}\dot{\mathbf{u}}_\theta)$$

식 (2)를 사용하여 $\dot{\mathbf{u}}_r$과 $\dot{\mathbf{u}}_\theta$의 값을 구하고 그 성분을 분리하면, $\mathbf{u}_r$과 $\mathbf{u}_\theta$로 가속도를 표현하는 식은 다음과 같다.

$$\mathbf{a} = (\ddot{r} - r\dot{\theta}^2)\mathbf{u}_r + (r\ddot{\theta} + 2\dot{r}\dot{\theta})\mathbf{u}_\theta$$

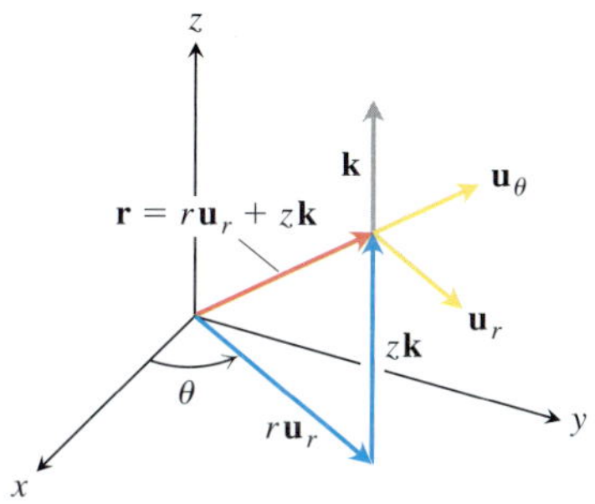

그림 11.32 원주좌표에서 위치벡터와 기본 단위벡터. $z \neq 0$인 경우에 $|\mathbf{r}| \neq r$임을 주목하라. 단 $|\mathbf{r}| = \sqrt{r^2 + z^2}$이다.

이러한 운동방정식을 공간으로 확장하기 위해 방정식 $\mathbf{r} = r\mathbf{u}_r$의 오른쪽에 $z\mathbf{k}$를 추가한다. 그러면 **원주좌표**(cylindrical of coordinate)에서 다음을 얻는다.

위치:	$\mathbf{r} = r\mathbf{u}_r + z\mathbf{k}$	
속도:	$\mathbf{v} = \dot{r}\mathbf{u}_r + r\dot{\theta}\mathbf{u}_\theta + \dot{z}\mathbf{k}$	(3)
가속도:	$\mathbf{a} = (\ddot{r} - r\dot{\theta}^2)\mathbf{u}_r + (r\ddot{\theta} + 2\dot{r}\dot{\theta})\mathbf{u}_\theta + \ddot{z}\mathbf{k}$	

벡터 $\mathbf{u}_r$, $\mathbf{u}_\theta$, $\mathbf{k}$는 오른손 법칙 틀(그림 11.32)을 구성한다.

$$\mathbf{u}_r \times \mathbf{u}_\theta = \mathbf{k}, \quad \mathbf{u}_\theta \times \mathbf{k} = \mathbf{u}_r, \quad \mathbf{k} \times \mathbf{u}_r = \mathbf{u}_\theta$$

평면에서의 행성 운동

뉴턴의 중력 법칙에 의하면 $\mathbf{r}$이 질량이 M인 태양의 중심으로부터 질량이 m인 행성의 중심까지의 반지름벡터일 때 행성과 태양 간의 중력의 힘 $\mathbf{F}$는 다음과 같다(그림 11.33).

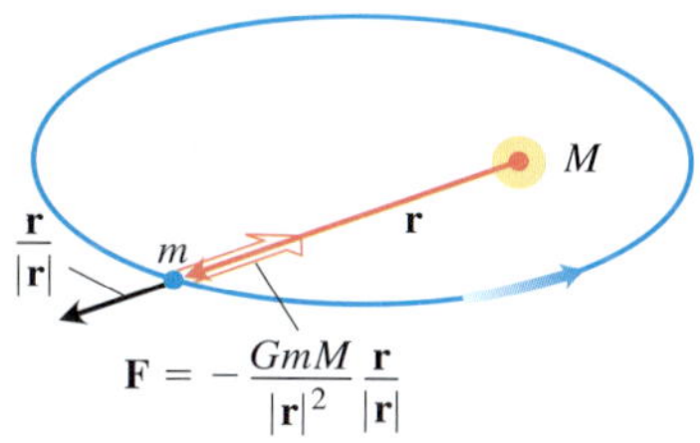

그림 11.33 중력은 질량의 중심을 연결하는 직선을 향한다.

$$\mathbf{F} = -\frac{GmM}{|\mathbf{r}|^2}\frac{\mathbf{r}}{|\mathbf{r}|}$$

수 G는 **만유인력상수**(universal gravitational constant)이다. 질량을 킬로그램으로, 힘을 뉴턴으로, 거리를 미터로 쟀을 때 G는 약 6.6738×10^{-11} Nm^2 kg^{-2}이다.

중력 법칙과 뉴턴의 운동 2법칙 $\mathbf{F} = m\ddot{\mathbf{r}}$에 의하면 다음을 얻는다.

$$m\ddot{\mathbf{r}} = -\frac{GmM}{|\mathbf{r}|^2}\frac{\mathbf{r}}{|\mathbf{r}|},$$

$$\ddot{\mathbf{r}} = -\frac{GM}{|\mathbf{r}|^2}\frac{\mathbf{r}}{|\mathbf{r}|}$$

행성은 언제든지 태양의 중심을 향해 가속된다.

$\ddot{\mathbf{r}}$은 $\mathbf{r}$의 스칼라 배이고, 다음을 얻는다.

$$\mathbf{r} \times \ddot{\mathbf{r}} = \mathbf{0}$$

마지막 식으로부터 다음과 같다.

$$\frac{d}{dt}(\mathbf{r} \times \dot{\mathbf{r}}) = \underbrace{\dot{\mathbf{r}} \times \dot{\mathbf{r}}}_{0} + \mathbf{r} \times \ddot{\mathbf{r}} = \mathbf{r} \times \ddot{\mathbf{r}} = \mathbf{0}$$

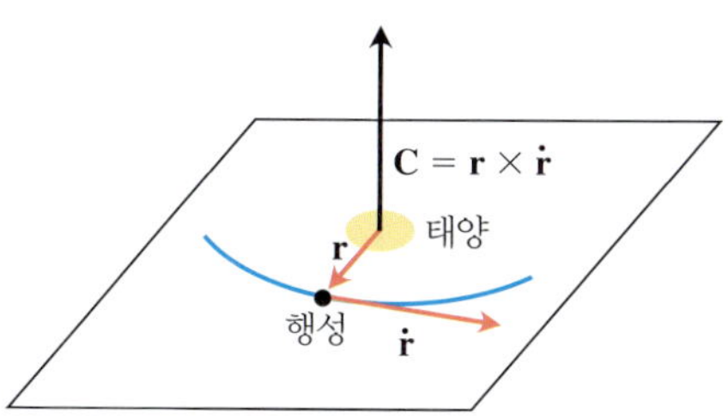

그림 11.34 뉴턴의 중력과 운동의 법칙을 따르는 행성은 $\mathbf{C} = \mathbf{r} \times \dot{\mathbf{r}}$에 수직인 태양의 질량 중심을 지나는 평면에서 운동한다.

그러므로 상수벡터 $\mathbf{C}$에 대해 다음과 같다.

$$\mathbf{r} \times \dot{\mathbf{r}} = \mathbf{C} \tag{4}$$

식 (4)에 의하면 $\mathbf{r}$과 $\dot{\mathbf{r}}$은 항상 $\mathbf{C}$에 수직인 한 평면에 놓여 있다. 그러므로 이 행성은 태양의 중심을 지나는 한 고정된 평면에서 운동한다(그림 11.34). 다음으로 케플러의 법칙이 그 운동을 정확하게 설명하는지 살펴보자.

케플러의 1법칙

케플러의 1법칙(타원 법칙)에 의하면 한 행성의 경로는 그 태양이 하나의 중심으로 이룬 타원이다. 그 타원의 이심률은 다음 식과 같고,

$$e = \frac{r_0 v_0^2}{GM} - 1 \tag{5}$$

극방정식[9.7절 식 (5) 참조]은 다음 식과 같다.

$$r = \frac{(1+e)r_0}{1 + e\cos\theta} \tag{6}$$

여기서 v_0는 행성이 태양으로부터 최소거리 r_0에 위치했을 때의 속도이다. 긴 증명을 생략한다. 태양의 질량 M은 1.99×10^{30} kg이다.

케플러의 2법칙

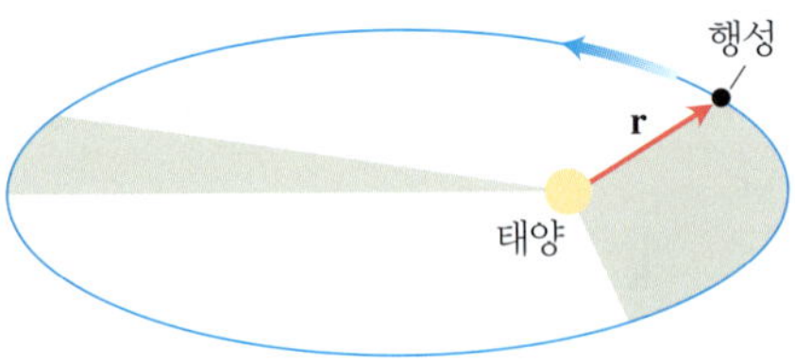

그림 11.35 한 행성과 그 태양을 연결하는 직선은 같은 시간에 같은 넓이를 이루며 이동한다.

케플러의 2법칙(등적 법칙)에 의하면 태양에서 한 행성까지의 반지름 벡터(모형에서 벡터 **r**)는 같은 시간에 같은 넓이(등적)를 이루며 이동한다(그림 11.35). 그 그림에서 행성의 평면이 xy 평면이라고 가정하므로 **C**방향의 단위벡터는 **k**이다. 기준선으로 $\theta=0$을 선택하고 평면에서의 극좌표를 도입한다. 이때 **r**이 최솟값이 되는 방향인 $|\mathbf{r}|=r$을 선택한다. 그러면 $t=0$에서 $r(0)=r_0$은 최솟값이므로, 다음을 얻는다.

$$\dot{r}\Big|_{t=0} = \frac{dr}{dt}\Big|_{t=0} = 0 \text{ 이고} \qquad v_0 = |\mathbf{v}|_{t=0} = \left[r\dot{\theta}\right]_{t=0} \qquad \text{식 (3)}, \dot{z}=0$$

케플러의 2법칙을 유도하기 위해 식 (3)을 사용하여 식 (4)의 외적 $\mathbf{C}=\mathbf{r}\times\dot{\mathbf{r}}$를 계산한다.

$$\begin{aligned}
\mathbf{C} &= \mathbf{r}\times\dot{\mathbf{r}} = \mathbf{r}\times\mathbf{v} \\
&= r\mathbf{u}_r \times (\dot{r}\mathbf{u}_r + r\dot{\theta}\mathbf{u}_\theta) \qquad \text{식 (3)}, \dot{z}=0 \\
&= r\dot{r}\underbrace{(\mathbf{u}_r\times\mathbf{u}_r)}_{0} + r(r\dot{\theta})\underbrace{(\mathbf{u}_r\times\mathbf{u}_\theta)}_{\mathbf{k}} \\
&= r(r\dot{\theta})\mathbf{k}
\end{aligned} \tag{7}$$

t를 0으로 택하면 다음을 얻는다.

$$\mathbf{C} = \left[r(r\dot{\theta})\right]_{t=0}\mathbf{k} = r_0 v_0 \mathbf{k}$$

이 값을 식 (7)의 **C**에 대입하면 다음이 성립한다.

$$r_0 v_0 \mathbf{k} = r^2\dot{\theta}\mathbf{k}, \qquad r^2\dot{\theta} = r_0 v_0$$

여기서 넓이가 나타났다. 극좌표에서 넓이 미분은 다음과 같다(9.5절 참조).

$$dA = \frac{1}{2}r^2\,d\theta$$

따라서 dA/dt은 다음과 같은 상수의 값을 가진다.

$$\frac{dA}{dt} = \frac{1}{2}r^2\dot{\theta} = \frac{1}{2}r_0 v_0 \tag{8}$$

그래서 dA/dt는 상수이고, 이것이 케플러의 2법칙을 증명한다.

역사적 인물

요하네스 케플러(Johannes Kepler, 1571~1630) 독일의 천문학자, 수학자, 물리학자인 케플러는 천체 현상에 대한 물리적 설명을 요구한 최초의 과학자이다. 그의 세 가지 행성 운동 법칙은 일생 동안의 연구 결과로, 천문학이 변화하고 뉴턴 물리학과 미적분학의 발전에 결정적인 역할을 했다.

케플러의 3법칙

행성이 태양 주위를 한 번 회전하는 데 걸린 시간 T를 행성의 **궤도주기**(orbital period)라 한다. 케플러의 3법칙(시간-거리 법칙)에 의하면 T와 궤도의 반장축 a는 다음과 같은 방정식에 의해 관계된다.

$$\frac{T^2}{a^3} = \frac{4\pi^2}{GM}$$

이 방성식의 우변은 주어진 태양계 내에서는 상수이므로 T^2의 a^3에 대한 비율은 이 계의 모든 행성에 대해도 같다.

케플러의 3법칙의 부분적인 유도를 제시한다. 행성의 타원 궤도로 둘러싸인 영역은 다음과 같이 계산된다.

$$\begin{aligned} \text{넓이} &= \int_0^T dA \\ &= \int_0^T \frac{1}{2} r_0 v_0 \, dt \qquad \text{식 (8)} \\ &= \frac{1}{2} T r_0 v_0 \end{aligned}$$

만약 b가 반단축이라면, 타원의 넓이는 πab이므로 다음과 같다.

$$T = \frac{2\pi ab}{r_0 v_0} = \frac{2\pi a^2}{r_0 v_0}\sqrt{1-e^2} \qquad \text{임의의 타원에 대해 } b = a\sqrt{1-e^2} \tag{9}$$

a와 e를 r_0, v_0, G, M에 대해 표현하는 것만 남아 있다. 식 (5)는 e에 대해 이것을 해결한다. a에 대해 식 (6)에서 θ를 π로 대입함으로써 다음 식을 얻는다.

$$r_{max} = r_0 \frac{1+e}{1-e}$$

그러므로 그림 11.36에서 다음과 같다.

$$2a = r_0 + r_{max} = \frac{2r_0}{1-e} = \frac{2r_0 GM}{2GM - r_0 v_0^2} \tag{10}$$

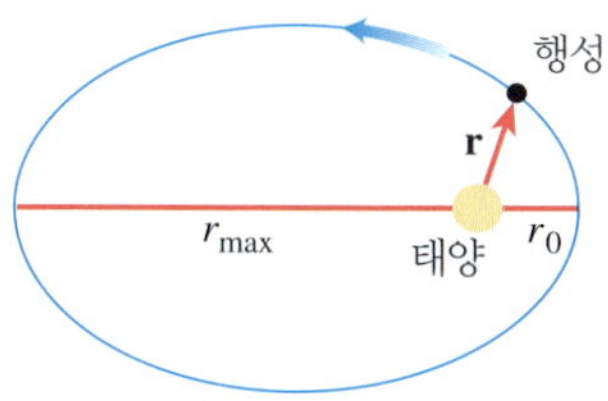

그림 11.36 타원의 장축의 길이는 $2a = r_0 + r_{max}$이다.

식 (9)의 양변을 제곱하고 식 (5)와 (10)의 결과를 대입하면 케플러의 3법칙을 얻는다(연습문제 11).

연습문제 11.6 EXERCISE QUESTION

연습문제 1~7에서 $\mathbf{u}_r$과 $\mathbf{u}_\theta$를 사용하여 속도벡터 및 가속도벡터를 구하라.

1. $r = \theta$ 이고 $\dfrac{d\theta}{dt} = 2$

2. $r = \dfrac{1}{\theta}$ 이고 $\dfrac{d\theta}{dt} = t^2$

3. $r = a(1 - \cos\theta)$ 이고 $\dfrac{d\theta}{dt} = 3$

4. $r = a\sin 2\theta$ 이고 $\dfrac{d\theta}{dt} = 2t$

5. $r = e^{a\theta}$ 이고 $\dfrac{d\theta}{dt} = 2$

6. $r = a(1 + \sin t)$ 이고 $\theta = 1 - e^{-t}$

7. $r = 2\cos 4t$ 이고 $\theta = 2t$

8. 궤도 유형 식 (5)에서 v_0의 어떤 값에 대해 식 (6)의 궤도가 원이 되는지? 타원이 되는지? 쌍곡선이 되는지? 확인하라.

9. 원형 궤도 원 궤도를 따라 운동하는 행성의 속력은 상수임을 보여라. [힌트: 이것은 케플러의 법칙 중 하나의 결과이다.]

10. $\mathbf{r}$이 평면 곡선을 따라서 움직이는 한 입자의 위치벡터이고, dA/dt가 그 위치벡터가 넓이를 이루는 비율이라고 하자. 좌표를 도입하지 않고, 또 적당한 미분이 존재한다고 했을 때 다음의 방정식이 성립하는 이유에 대해 증분과 극한에 기초한 기하학적인 설명을 하라.

$$\frac{dA}{dt} = \frac{1}{2}|\mathbf{r} \times \dot{\mathbf{r}}|$$

11. 케플러의 3법칙 케플러의 3법칙의 유도과정을 완성하라(식 (10) 이후 부분).

12. 주어진 표의 자료가 케플러 3법칙을 지지하는가? 답에 대한 이유를 말하라.

행성	반장축 a (10^{10} m)	주기 T (년)
수성	5.79	0.241
금성	10.81	0.615
화성	22.78	1.881
토성	142.70	29.457

13. **지구의 장축** 공전주기가 365.256일이면 지구 궤도의 장축 길이를 추정하라.
14. 천왕성의 공전주기가 84년이면 천왕성 궤도의 장축 길이를 추정하라.
15. 지구 궤도의 이심률은 $e=0.0167$이므로 궤도는 반지름이 약 150×10^6 km인 거의 원형이다. 케플러의 2법칙을 만족하는 dA/dt를 km^2/s 단위로 구하라.
16. **목성의 공전주기** $a=77.8\times10^{10}$ m를 가정할 때 목성의 공전주기를 추정하라.
17. **목성의 질량** 이오는 목성의 위성 중 하나다. 반장축은 0.042×10^{10} m이고 공전주기는 1.769일이다. 이 자료를 이용하여 목성의 질량을 추정하라.
18. **지구에서 달까지의 거리** 달의 지구에 대한 공전주기는 2.36055×10^6 s이다. 달은 약 얼마나 떨어져 있는가?

복습문제 REVIEW QUESTION

1. 벡터함수의 미분과 적분에 대한 법칙을 진술하라. 예를 들어라.
2. 충분히 매끄러운 공간 곡선을 따라서 움직이는 물체의 속도, 속력, 운동 방향, 가속도를 어떻게 정의하고 계산하는가? 예를 들어라.
3. 상수의 길이를 갖는 벡터함수의 미분에 관한 특징은 무엇인가? 예를 들어라.
4. 이상적인 발사체에 대한 벡터방정식 및 매개방정식은 무엇인가? 발사체의 최대 높이, 비행시간, 수평이동거리를 어떻게 구하는가? 예를 들어라.
5. 매끄러운 공간 곡선의 길이를 어떻게 정의하고 계산하는가? 예를 들어라. 정의에서 어떠한 수학적인 가정이 포함되는가?
6. 공간의 매끄러운 곡선을 따라서 주어진 점으로부터의 거리를 어떻게 재는가? 예를 들어라.
7. 미분가능한 곡선의 단위접선벡터는 무엇인가? 예를 들어라.
8. 평면에서 두 번 미분가능한 곡선에 대한 곡률, 곡률원(접촉원), 곡률 중심 및 곡률 반지름의 정의를 써라. 예를 들어라. 어떤 곡선이 곡률 0을 갖는가? 상수의 곡률을 갖는 곡선은 무엇인가?
9. 평면 곡선의 주법선벡터는 무엇인가? 그것은 언제 정의되는가? 그것의 방향은 무엇인가? 예를 들어라.
10. 공간 곡선에 대한 **N**과 κ를 어떻게 정의하는가? 이러한 양들의 관계는 무엇인가? 예를 들어라.
11. 곡선의 종법선벡터는 무엇인가? 예를 들어라. 이것은 곡선의 비틀림률과 무슨 관계가 있는가? 예를 들어라.
12. 움직이는 물체의 가속도를 접선 성분과 법선 성분의 합으로 표현하는 공식은 있는가? 예를 들어라. 이 가속도를 이러한 방법으로 표현하는 이유가 무엇인가? 그 물체가 상수의 속력으로 움직이면 어떠한가? 또한 원 주위를 상수의 속력으로 움직이면 어떠한가?
13. 케플러의 법칙을 진술하라.

실전문제 PRACTICE QUESTION

평면에서의 운동

실전문제 1과 2에서 곡선을 그리고 t의 주어진 값에서의 속도벡터와 가속도벡터를 그려라. 그리고 **T**와 **N**을 구하지 않고 **a**를 $\mathbf{a}=a_T\mathbf{T}+a_N\mathbf{N}$의 형태로 써라. t의 주어진 값에서 κ의 값을 구하라.

1. $\mathbf{r}(t)=(4\cos t)\mathbf{i}+(\sqrt{2}\sin t)\mathbf{j},\quad t=0$과 $\pi/4$
2. $\mathbf{r}(t)=(\sqrt{3}\sec t)\mathbf{i}+(\sqrt{3}\tan t)\mathbf{j},\quad t=0$
3. 시간 t에서 평면 위의 한 입자의 위치가 다음과 같다.

$$\mathbf{r}=\frac{1}{\sqrt{1+t^2}}\mathbf{i}+\frac{t}{\sqrt{1+t^2}}\mathbf{j}$$

그 입자의 최고 속력을 구하라.

4. $\mathbf{r}(t)=(e^t\cos t)\mathbf{i}+(et\sin t)\mathbf{j}$라 하자. **r**과 **a**가 이루는 각은 절대로 변하지 않음을 보여라. 그 각도는 얼마인가?
5. **곡률 구하기** 점 P에서 평면에서 움직이는 한 입자의 속도와 가속도는 각각 $\mathbf{v}=3\mathbf{i}+4\mathbf{j}$과 $\mathbf{a}=5\mathbf{i}+15\mathbf{j}$이다. P에서 그 입자의 경로에 대한 곡률을 구하라.
6. 곡선 $y=e^x$ 위의 점으로서 곡률이 최대가 되는 점을 찾아라.
7. 한 입자가 xy평면에서 단위원 주위에서 음직인다. 시간 t에서 그것의 위치는 $\mathbf{r}=x\mathbf{i}+y\mathbf{j}$이고, 여기서 x와 y는 t의 미분가능한 함수이다. 만약 $\mathbf{v}\cdot\mathbf{i}=y$이면 dy/dt를 구하라. 이 운동은 시계 방향인가, 시계반대 방향인가?
8. 곡선 $9y=x^3$ (거리 단위는 미터)으로 이루어진 기송관(공기 튜브)을 따라서 서신을 보낸다. 점 (3, 3)에서 $\mathbf{v}\cdot\mathbf{i}=4$와 $\mathbf{a}\cdot\mathbf{i}=-2$이다. (3, 3)에서 $\mathbf{v}\cdot\mathbf{j}$와 $\mathbf{a}\cdot\mathbf{j}$의 값을 구하라.
9. **원 운동 특성화** 한 입자는 속도벡터와 위치벡터가 항상 직교하도록 평면에서 움직인다. 이 입자는 원점이 중심인 원 운동함을 보여라.
10. **사이클로이드를 따른 속력** 반지름이 1 m이고, 중심이 C인 원 모양의 바퀴가 x축을 따라서 초당 반 바퀴로 오른쪽으로 굴러간다(주어진 그림 참조). 시간 t초 후에 이 바퀴의 원주 위의 점 P의 위치벡터는 다음과 같다.

$$\mathbf{r}=(\pi t-\sin\pi t)\mathbf{i}+(1-\cos\pi t)\mathbf{j}$$

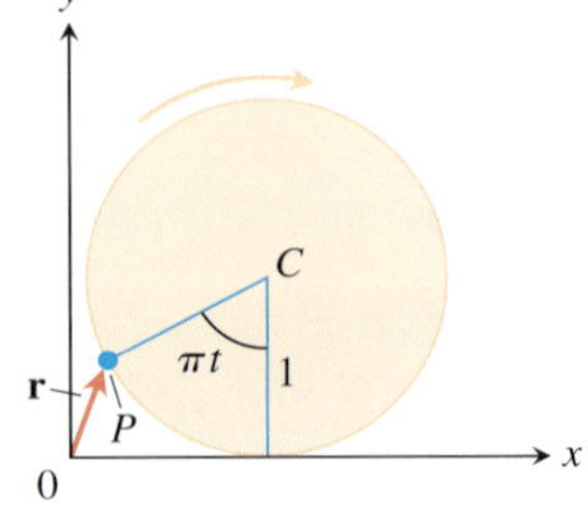

a. 구간 $0\le t\le 3$동안 P에 의해 추적된 곡선을 그려라.
b. $t=0, 1, 2, 3$에서 **v**와 **a**를 구하고, 이들 벡터를 그림에 첨가하라.

c. 임의의 주어진 시간에 이 바퀴의 그 끝점의 진행 방향의 속력은 얼마인가? C의 속력은 얼마인가?

발사체 운동

11. 포환 던지기 포환이 지면에서 2 m 위의 발사자의 손을 45° 각도와 14 m/s의 속도로 발사된다. 3초 후에는 포환은 어디에 있는가?

12. 창 던지기 창이 지면에서 2.5 m 위의 발사자의 손을 45°의 각도와 24 m/s의 속도로 발사된다. 이 창은 얼마나 높이 날아가는가?

13. 골프공이 초기 속도 v_0으로 수평선과 α각 기울어진 직선 방향의 언덕의 기슭에 위치한 한 점으로부터 수평선과 ϕ각으로 타격된다. 여기서 다음 조건이라고 하자.

$$0 < \phi < \alpha < \frac{\pi}{2}$$

이 공은 이 언덕의 기슭에서 위로 측정했을 때 거리가 다음과 같은 위치에 떨어짐을 보여라.

$$\frac{2v_0^2 \cos\alpha}{g\cos^2\phi}\sin(\alpha - \phi)$$

그러므로 주어진 v_0에 대해 얻을 수 있는 가장 큰 수평이동거리는 $\alpha=(\phi/2)+(\pi/4)$일 때, 즉 초기 속도벡터가 수직선과 언덕 간의 각을 이등분할 때, 일어남을 보여라.

T **14. 창 던지기** 1988년 포츠담에서 동독의 Petra Felke는 창던지기에서 80 m의 세계여자기록을 세웠다.

a. Felke가 창을 지면의 2 m에서 수평선과 40°의 각도로 던졌다고 하면 창의 초기속력은 얼마인가?

b. 이 창은 얼마나 높이 날아갔는가?

공간에서의 운동

실전문제 15와 16에서 곡선의 길이를 구하라.

15. $\mathbf{r}(t) = (2\cos t)\mathbf{i} + (2\sin t)\mathbf{j} + t^2\mathbf{k}, \quad 0 \le t \le \pi/4$

16. $\mathbf{r}(t) = (3\cos t)\mathbf{i} + (3\sin t)\mathbf{j} + 2t^{3/2}\mathbf{k}, \quad 0 \le t \le 3$

실전문제 17~20에서 주어진 t의 값에서 $\mathbf{T}$, $\mathbf{N}$, $\mathbf{B}$, κ, τ를 구하라.

17. $\mathbf{r}(t) = \frac{4}{9}(1+t)^{3/2}\mathbf{i} + \frac{4}{9}(1-t)^{3/2}\mathbf{j} + \frac{1}{3}t\mathbf{k}, \quad t = 0$

18. $\mathbf{r}(t) = (e^t\sin 2t)\mathbf{i} + (e^t\cos 2t)\mathbf{j} + 2e^t\mathbf{k}, \quad t = 0$

19. $\mathbf{r}(t) = t\mathbf{i} + \frac{1}{2}e^{2t}\mathbf{j}, \quad t = \ln 2$

20. $\mathbf{r}(t) = (3\cosh 2t)\mathbf{i} + (3\sinh 2t)\mathbf{j} + 6t\mathbf{k}, \quad t = \ln 2$

실전문제 21과 22에서 $\mathbf{a}$를 $\mathbf{T}$와 $\mathbf{N}$을 구하지 않고, $t=0$에서 $\mathbf{a}=a_{\mathrm{T}}\mathbf{T}+a_{\mathrm{N}}\mathbf{N}$ 형태로 표현하라.

21. $\mathbf{r}(t) = (2+3t+3t^2)\mathbf{i} + (4t+4t^2)\mathbf{j} - (6\cos t)\mathbf{k}$

22. $\mathbf{r}(t) = (2+t)\mathbf{i} + (t+2t^2)\mathbf{j} + (1+t^2)\mathbf{k}$

23. $\mathbf{r}(t)=(\sin t)\mathbf{i}+(\sqrt{2}\cos t)\mathbf{j}+(\sin t)\mathbf{k}$일 때 $\mathbf{T}$, $\mathbf{N}$, $\mathbf{B}$, κ, τ을 t의 함수로서 구하라.

24. 구간 $0 \le t \le \pi$의 어떠한 시간에서 운동 $\mathbf{r}(t)=\mathbf{i}+(5\cos t)\mathbf{j}+(3\sin t)\mathbf{k}$의 속도벡터와 가속도벡터가 서로 수직인가?

25. 시간 $t \ge 0$에서 공간에서 움직이는 입자의 위치는 다음과 같다.

$$\mathbf{r}(t) = 2\mathbf{i} + \left(4\sin\frac{t}{2}\right)\mathbf{j} + \left(3 - \frac{t}{\pi}\right)\mathbf{k}$$

$\mathbf{r}$이 벡터 $\mathbf{i}-\mathbf{j}$와 수직이 되는 최초의 시간을 구하라.

26. 점 (1, 1, 1)에서 곡선 $\mathbf{r}(t)=t\mathbf{i}+t^2\mathbf{j}+t^3\mathbf{k}$의 접촉 평면, 법평면, 보정평면에 대한 방적식을 구하라.

27. $t=0$에서 곡선 $\mathbf{r}(t)=e^t\,\mathbf{i}+(\sin t)\,\mathbf{j}+\ln(1-t)\mathbf{k}$에 접하는 직선의 매개방정식을 구하라.

28. $t=\pi/4$인 점에서 나선 $\mathbf{r}(t)=(\sqrt{2}\cos t)\mathbf{i}+(\sqrt{2}\sin t)\mathbf{j}+t\mathbf{k}$에 접하는 직선의 매개방정식을 구하라.

이론과 예제

29. 동시 곡선 이상적인 발사체 방정식 α로부터 다음과 같은 식을 소거할 때 $x^2+(y+gt^2/2)^2=v_0{}^2t^2$임을 보여라.

$$x = (v_0\cos\alpha)t, \quad y = (v_0\sin\alpha)t - \frac{1}{2}gt^2$$

이것은 동일한 초기 속력을 가지고 원점에서 동시에 발사된 발사체는 임의의 주어진 순간에 그들의 발사각에 관계없이 중심이 $(0, -gt^2/2)$이고 반지름이 v_0t인 원 위에 모두 놓여 있음을 보인다. 이러한 원은 그 발사의 동시 곡선이라 한다.

30. 곡률 반지름 2번 미분가능한 평면 곡선 $\mathbf{r}(t)=f(t)\mathbf{i}+g(t)\mathbf{j}$의 곡률 반지름은 다음 공식으로 주어짐을 보여라.

$$\ddot{s} = \frac{d}{dt}\sqrt{\dot{x}^2+\dot{y}^2}\text{일 때} \quad \rho = \frac{\dot{x}^2+\dot{y}^2}{\sqrt{\ddot{x}^2+\ddot{y}^2-\ddot{s}^2}}$$

31. 평면에서 곡률의 다른 정의 충분히 미분가능한 평면 곡선의 곡률의 다른 정의로 $|d\phi/ds|$라 할 수 있다. 여기서 ϕ은 $\mathbf{T}$와 $\mathbf{i}$ 간의 각이다(그림 11.37a). 그림 11.37b는 한 점 P에서 각 ϕ과 함께 점 $(a, 0)$에서 점 P까지 원 $x^2+y^2=a^2$을 따라서 시계반대 방향으로 잰 거리 s를 보인다. 이 두 번째 정의를 사용하여 원의 곡률을 구하라. [힌트: $\phi=\theta+\pi/2$]

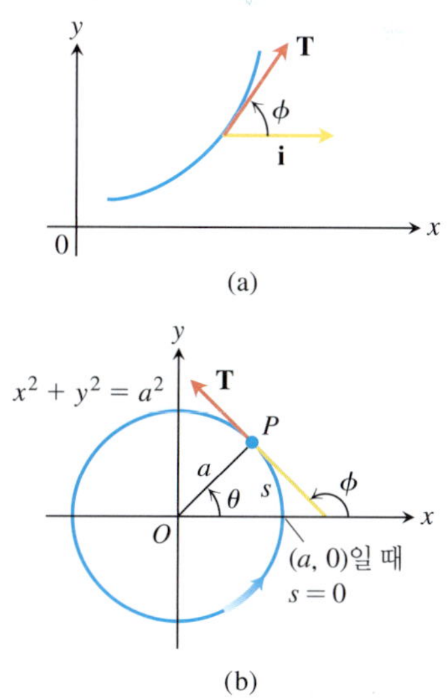

그림 11.37 실전문제 31의 그림.

32. 스카이랩 4호로부터 관측 스카이랩 4호가 지면 위로 437 km 높이의 원지점에 있을 때 지구의 겉넓이의 몇 퍼센트를 우주비행사가 볼 수 있는가? 위의 값을 구하기 위해 눈에 보이는 표면을 주어진 그림처럼 원호 GT를 y축 중심으로 회전하여 얻어진 면으로 모형을 만들어라. 그리고 다음의 단계를 수행하라.

a. 그림의 닮은 삼각형을 이용하여 $y_0/6380 = 6380/(6380+437)$임을 보여라. y_0에 대해 풀어라.

b. 소수점 4자리 유효숫자까지, 눈에 보이는 겉넓이를 다음 식으로 계산하라.

$$VA = \int_{y_0}^{6380} 2\pi x \sqrt{1 + \left(\frac{dx}{dy}\right)^2}\, dy$$

c. 그 결과를 지구의 겉넓이의 백분율로 표현하라.

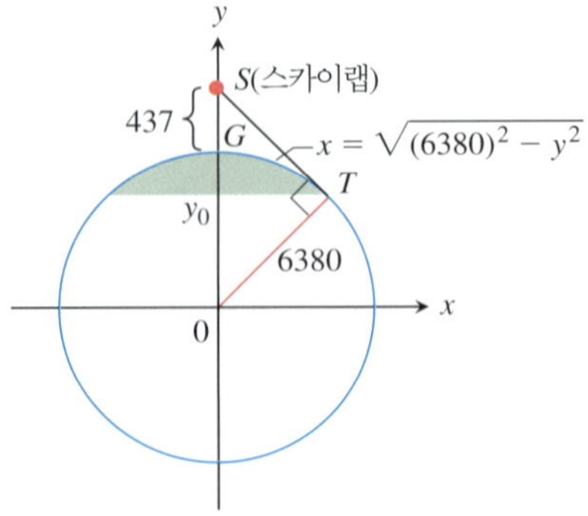

심화문제 ADVANCED QUESTION

응용

1. 마찰이 없는 입자 P가 시간 $t=0$에서 점 $(a, 0, 0)$을 정지 상태에서 출발하여 주어진 그림에서처럼 중력의 영향으로 다음 식의 나선을 따라 아래로 미끄러져 간다.

$$\mathbf{r}(\theta) = (a\cos\theta)\mathbf{i} + (a\sin\theta)\mathbf{j} + b\theta\mathbf{k} \quad (a, b > 0)$$

이 방정식에서 θ은 원주좌표 θ이고, 나선은 원주좌표계에서 곡선 $r=a$, $z=b\theta$, $\theta \ge 0$이다. θ를 그 운동에 대한 t의 미분가능한 함수라 가정한다. 에너지 보존 법칙에 의하면 입자가 거리 z직선 아래로 떨어진 후 속력은 $\sqrt{2gz}$이다. 여기서 g는 중력가속도 상수이다.

a. $\theta=2\pi$일 때 각의 속도 $d\theta/dt$를 구하라.

b. 입자의 θ좌표와 z좌표를 t의 함수로 표현하라.

c. 속도 $d\mathbf{r}/dt$의 접선 성분, 법선 성분으로 가속도 $d^2\mathbf{r}/dt^2$를 t의 함수로 표현하라. 이 가속도는 종법선벡터 $\mathbf{B}$의 방향으로 임의의 0이 아닌 성분을 가지는가?

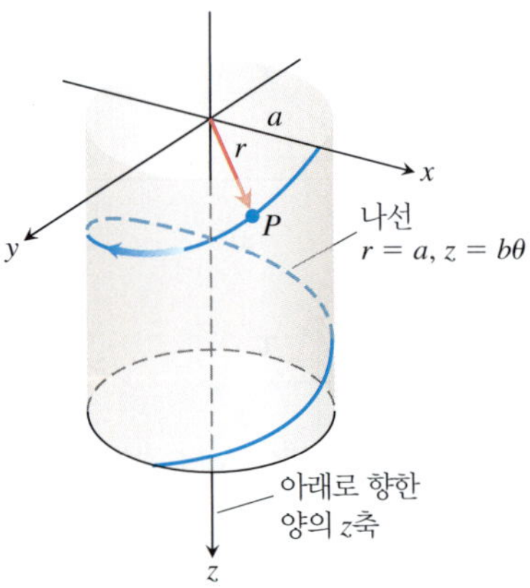

2. 심화문제 1에서 곡선이 주어진 그림에서처럼 원뿔나선 $r=a\theta$, $z=b\theta$로 대체된다고 하자.

a. 각의 속도 $d\theta/dt$를 θ의 함수로 표현하라.

b. 입자가 나선을 따라서 움직인 거리를 θ의 함수로 표현하라.

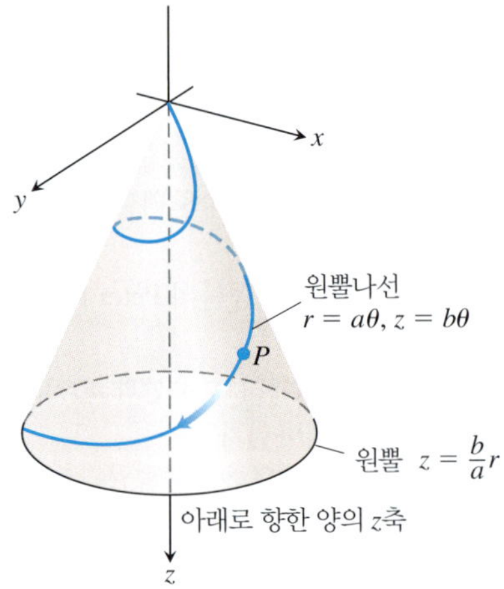

극좌표계와 원주좌표계에서의 운동

3. 다음과 같은 궤도방정식으로부터 행성은 $\theta=0$일 때 태양에 가장 가깝고 그때에 $r=r_0$임을 보여라.

$$r = \frac{(1+e)r_0}{1+e\cos\theta}$$

T 4. 케플러 방정식 한 행성이 주어진 시일에 그 궤도에 위치하도록 하는 문제는 다음 형태의 케플러 방정식을 이끌어낸다.

$$f(x) = x - 1 - \frac{1}{2}\sin x = 0$$

a. 이 특별한 방정식은 $x=0$과 $x=2$ 사이에 해를 가짐을 보여라.

b. 컴퓨터 또는 계산기(라디안 모드로)를 가지고 뉴턴의 방법을 사용하여 되도록 많은 소수점 자리까지 해를 구하라.

5. 11.6절에서 평면에서 움직이는 입자의 속도는 다음 식으로 주어짐을 알았다.

$$\mathbf{v} = \dot{x}\mathbf{i} + \dot{y}\mathbf{j} = \dot{r}\mathbf{u}_r + r\dot{\theta}\mathbf{u}_\theta$$

a. 내적 $\mathbf{v}\cdot\mathbf{i}$와 $\mathbf{v}\cdot\mathbf{j}$의 값을 구해 $\dot{x}$와 $\dot{y}$를 $\dot{r}$와 $r\dot{\theta}$로 표현하라.

b. 내적 $\mathbf{v}\cdot\mathbf{u}_r$과 $\mathbf{v}\cdot\mathbf{u}_\theta$의 값을 구해 $\dot{r}$과 $r\dot{\theta}$을 $\dot{x}$과 $\dot{y}$로 표현하라.

6. 극좌표로 주어진 2번 미분가능한 곡선 $r=f(\theta)$의 곡률을 f와 그 도함수로 표현하라.

7. 극좌표평면의 원점을 통하는 가는 막대기가 원점에 관해(평면에서) 3 rad/min의 비율로 회전한다. 딱정벌레가 점 (2, 0)을 시작하

여 원점의 방향으로 그 막대기를 따라서 1 cm/min의 비율로 기어 간다.

a. 딱정벌레가 원점에서 중간(1 cm)에 위치할 때 그의 속도와 가속도를 극좌표로 구하라.

T **b.** 가장 가까운 밀리미터까지 딱정벌레가 원점에 도달할 때까지의 이동한 경로 길이는 얼마나 되는가?

8. 원주좌표에서 호의 길이

a. $ds^2 = dx^2 + dy^2 + dz^2$을 원주좌표로 표현할 때, $ds^2 = dr^2 + r^2 d\theta^2 + dz^2$을 얻음을 보여라.

b. 이러한 결과를 상자의 모서리와 대각선에 관해 기하학적으로 설명하라. 그 상자를 그려라.

c. 문제 (a)의 결과를 이용하여 곡선 $r = e^\theta$, $z = e^\theta$, $0 \le \theta \le \ln 8$의 길이를 구하라.

9. 원주좌표에서 위치와 운동에 대한 단위벡터 공간에서 움직이는 한 입자의 위치가 원주좌표로 주어질 때, 그의 위치와 운동을 표현하는 데 익숙한 단위벡터는 다음과 같고, $\mathbf{k}$이다(주어진 그림 참조).

$$\mathbf{u}_r = (\cos\theta)\mathbf{i} + (\sin\theta)\mathbf{j}, \quad \mathbf{u}_\theta = -(\sin\theta)\mathbf{i} + (\cos\theta)\mathbf{j}$$

그리고 그때 그 입자의 위치벡터는 $\mathbf{r} = r\mathbf{u}_r + z\mathbf{k}$이다. 여기서 r은 이 입자의 위치의 양의 극거리 좌표이다.

a. $\mathbf{u}_r$, $\mathbf{u}_\theta$, $\mathbf{k}$가 이런 순서대로 단위벡터의 오른손 법칙틀을 증명함을 보여라.

b. 다음 식을 증명하라.

$$\frac{d\mathbf{u}_r}{d\theta} = \mathbf{u}_\theta, \quad \frac{d\mathbf{u}_\theta}{d\theta} = -\mathbf{u}_r$$

c. t에 관한 필요한 미분이 존재한다고 할 때, $\mathbf{v} = \dot{\mathbf{r}}$과 $\mathbf{a} = \ddot{\mathbf{r}}$을 $\mathbf{u}_r$, $\mathbf{u}_\theta$, $\mathbf{k}$, $\dot{r}$, $\dot{\theta}$에 관해 표현하라.

d. 각운동량의 보존 $\mathbf{r}(t)$를 공간에서 움직이는 물체의 시간 t에서의 위치라 하자. 시간 t에서 그 물체에 작용하는 힘이 다음 식과 같다.

$$\mathbf{F}(t) = -\frac{c}{|\mathbf{r}(t)|^3}\mathbf{r}(t)$$

여기서 c는 상수라 하자. 물리학에서 물체의 시간 t에서의 각운동량은 $\mathbf{L}(t) = \mathbf{r}(t) \times m\mathbf{v}(t)$로 정의된다. 여기서 m은 물체의 질량, $\mathbf{v}(t)$는 속도이다. 각운동량은 보존량임을 증명하라. 즉 $\mathbf{L}(t)$는 시간에 무관한 상수벡터임을 증명하라. 뉴턴의 법칙 $\mathbf{F} = m\mathbf{a}$를 기억하라. (이것은 물리학의 문제가 아니라 미적분학의 문제이다.)

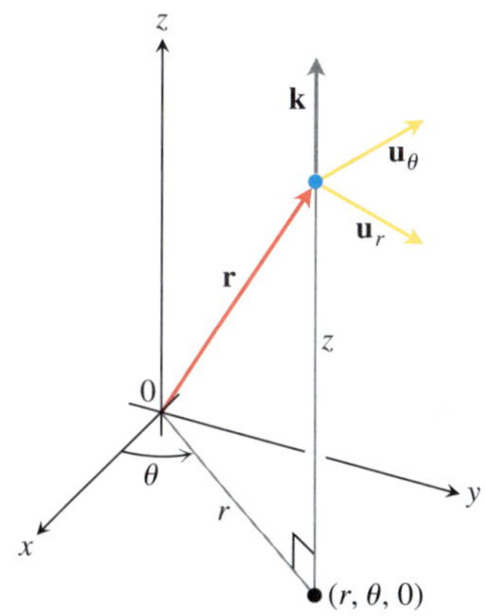

기술 응용 프로젝트 TECHNOLOGY APPLICATION PROJECT

매스매티카/메이플 프로젝트

프로젝트는 MyLab Math에서 찾을 수 있다.

- **움직이는 물체의 레이더 추적**
  위치벡터, 속도벡터, 가속도벡터의 그림을 그려 운동을 분석하라.
- **매개방정식 및 극방정식과 피겨스케이터**
  위치벡터, 속도벡터, 가속도벡터의 그림을 그려 운동을 분석하라.
- **3차원에서 운동**
  공간 곡선을 따른 운동에 대한 이동거리, 속력, 곡률, 비틀림률을 계산하라. 공간 곡선을 따른 운동에 대한 접선벡터, 법선벡터, 종법선벡터의 그림을 그리고 계산하라.

12

편도함수

원기둥의 부피는 반지름과 높이의 함수 $V=\pi r^2 h$이므로 2개의 변수 r과 h로 표현된 함수 $V(r, h)$이다. 해수를 통과하는 음속은 주로 염도 S와 온도 T의 함수로 표현된다. 주택담보대출의 월 납부금은 빌린 원금 P, 이자율 I, 대출기간 t로 표현되는 함수이다. 이것은 2개 이상의 독립변수에 의존하는 함수이다. 이 장에서는 1변수 함수의 미적분학의 개념을 다변수 함수로 확장한다.

12.1 다변수 함수

여러 개의 독립적인 실변수를 가지는 실숫값 함수는 1변수 함수와 유사하게 정의된다. 지금부터 영역의 점은 실수의 순서쌍(또는 삼중, 사중, n쌍)으로 표현되며, 공역의 값은 실수이다.

정의 D가 실수 n쌍 $(x_1, \cdots, x_n)$의 집합이라고 하자. D에서 정의된 **실숫값 함수**(real-valued function) f는 D의 각 원소에 실수 $w=f(x_1, \cdots, x_n)$를 대응하는 규칙을 가지고 있다. 집합 D는 함수 f의 **정의역**(domain)이라고 한다. f에 대응되는 w값의 집합을 함수의 **치역**(range)이라고 부른다. 기호 w는 f의 **종속변수**(dependent variable)이며, f는 n개의 **독립변수**(independent variable) $x_1, \cdots, x_n$의 함수라고 한다. 또한 x_j를 함수의 **입력변수**(input variable)라고 하며, w를 함수의 **출력변수**(output variable)라고 부른다.

만약 f가 2변수 함수인 경우 일반적으로 x와 y를 독립변수, z를 종속변수라고 부른다. 그리고 f의 정의역을 xy평면에서의 영역으로 그린다(그림 12.1). 만약 f가 3변수 함수인 경우 독립변수를 x, y, z로 부르고, 종속변수를 w로 부른다. 그리고 정의역을 공간에서의 영역으로 그린다.

응용에서는 변수가 무엇을 나타내는지 알수 있는 문자를 사용하는 경향이 있다. 예를 들어 원기둥의 부피는 반지름과 높이의 함수이며, 이것은 $V=f(r, h)$로 표현할 수 있다. 보다 구체적으로 $f(r, h)$ 표현 대신 r과 h의 값에서 V를 계산하는 공식으로 대체하고 $V=\pi r^2 h$로 표현할 수 있다. 두 경우 모두 r과 h는 독립변수이고, V는 함수의 종속변수이다.

일반적으로 수식으로 정의된 함수는 수식의 독립변수값을 대입하여 종속변수의 값을 계산한다. 예를 들어 점 (3, 0, 4)에서 함수 $f(x, y, z)=\sqrt{x^2+y^2+z^2}$의 값은 다음과 같다.

$$f(3,0,4) = \sqrt{(3)^2 + (0)^2 + (4)^2} = \sqrt{25} = 5$$

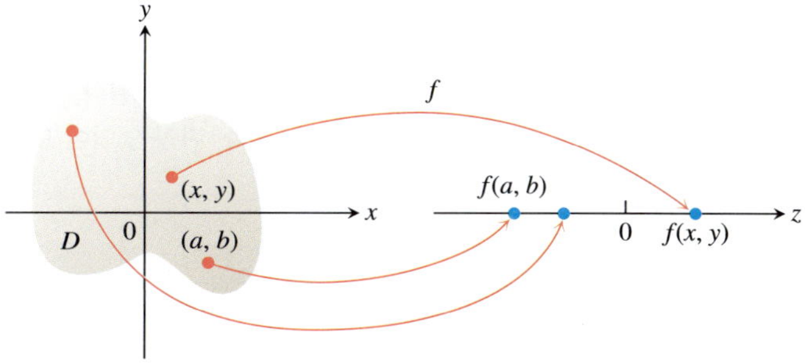

그림 12.1 함수 $z=f(x, y)$에 대한 화살도(대응).

정의역과 치역

2개 이상의 변수로 이루어진 함수를 정의할 때, 복소수가 되거나 0으로 나누어지는 경우는 제외한다. 예를 들어 $f(x, y)=\sqrt{y-x^2}$인 경우 y는 x^2보다 작을 수 없다. 또한 $f(x, y)=1/(xy)$이면 xy는 0이 될 수 없다. 정의역이 구체적으로 지정하지 않는 한 함수의 정의역은 함숫값이 실수가 되는 가장 큰 집합으로 가정된다. 치역은 독립변수의 모든 출력값을 모아둔 집합이다.

예제 1

(a) 다음은 2변수 함수이다. 종속변수 z가 실숫값을 갖도록 정의역의 제한 조건에 유의한다.

함수	정의역	치역
$z=\sqrt{y-x^2}$	$y \geq x^2$	$[0, \infty)$
$z=\dfrac{1}{xy}$	$xy \neq 0$	$(-\infty, 0) \cup (0, \infty)$
$z=\sin xy$	전체 평면	$[-1, 1]$

(b) 다음은 정의역에 제한이 있는 변수가 3개인 함수이다.

함수	정의역	치역
$w=\sqrt{x^2+y^2+z^2}$	전체 공간	$[0, \infty)$
$w=\dfrac{1}{x^2+y^2+z^2}$	$(x, y, z) \neq (0, 0, 0)$	$(0, \infty)$
$w=xy \ln z$	반공간 $z>0$	$(-\infty, \infty)$

■

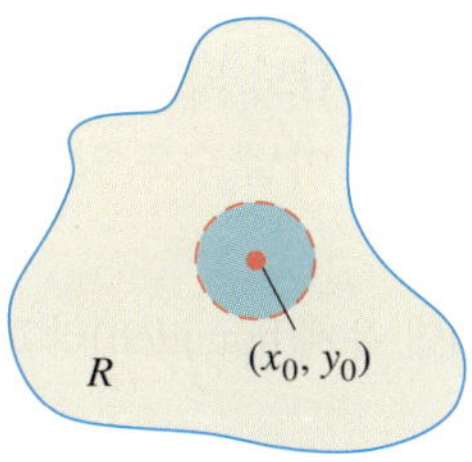

(a) 내부점

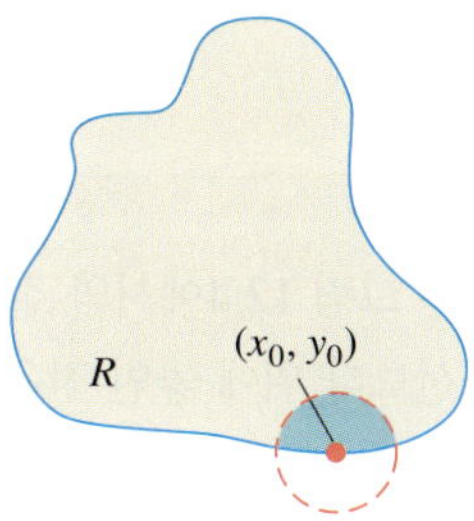

(b) 경계점

그림 12.2 평면 R의 내부점과 경계점. 내부점은 반드시 R의 점이다. R의 경계점은 영역 R에 속할 필요는 없다.

2변수 함수

실직선 상에서 닫힌 구간 $[a, b]$는 경계점을 포함하지만 열린 구간 (a, b)는 경계점을 포함하지 않는다. 2개의 경계점 중에서 하나의 경계점만 포함하는 $[a, b)$는 열린 구간도 아니고 닫힌 구간도 아니다. 평면의 영역도 열린 영역이거나, 닫힌 영역이거나, 둘 다 아닐 수도 있다.

정의 xy평면의 영역(집합) R의 한 점 (x_0, y_0)이 R의 **내부점**(interior point)이 되려면, 이 점은 영역 R에 완전히 속하는 양의 반지름을 가진 원의 중심이어야 한다(그림 12.2). 한 점 (x_0, y_0)이 R의 **경계점**(boundary point)이 되려면, (x_0, y_0)를 중심으로 하는 양의 반지름을 갖는 모든 원은 R의 외부에 있는 점뿐만 아니라 내부에 있는 점도 포함해야 한다(경계점 자체가 R에 속할 필요는 없다).

영역의 내부점을 모두 모아놓은 집합은 영역의 **내부**(interior)이다. 영역의 **경계**(boundary)는 영역의 경계점으로 구성된다. 영역이 모두 내부점으로만 이루어져 있으면 해당 영역을 **열린** 영역이라고 부른다. 만약 영역이 모든 경계점을 가지고 있으면 해당 영역을 **닫힌** 영역이라고 부른다(그림 12.3).

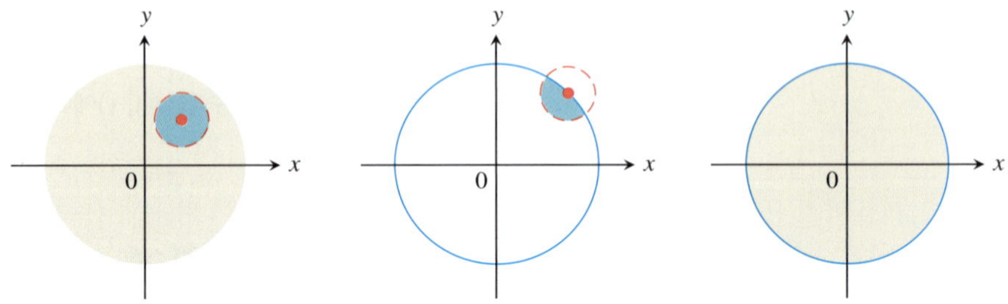

$\{(x, y) \mid x^2 + y^2 < 1\}$
열린 단위원판
모든 점은 내부점이다.

$\{(x, y) \mid x^2 + y^2 = 1\}$
단위원판의 경계
(단위원)

$\{(x, y) \mid x^2 + y^2 \le 1\}$
닫힌 단위원판
모든 경계점을 포함한다.

그림 12.3 평면의 단위원판의 내부점과 경계점.

실직선의 반열린 구간 $[a, b)$와 마찬가지로 평면의 일부 영역도 열린 영역도 아니고 닫힌 영역도 아닐 수 있다. 그림 12.3의 열린 단위원판에서 시작하여 일부 경계점을 포함한 집합은 열린 영역도 아니고 닫힌 영역도 아니다. 일부 포함된 경계점 때문에 집합은 열린 영역이 아니다. 그리고 포함되지 않은 경계점으로 해당 집합은 닫힌 영역도 아니다. 두 가지의 흥미로운 예로는 공집합과 전체 평면이 있다. 공집합은 내부점 및 경계점 모두 없다. 이는 공집합은 열린 집합이고(내부점이 아닌 점을 포함하지 않기 때문이다), 동시에 닫힌 집합임을 의미한다(포함되지 않는 경계점이 없기 때문이다). 전체 평면도 열린 집합이면서 닫힌 집합이다. 그 이유는 평면의 모든 점이 내부점이기 때문에 열린 집합이고, 경계점이 없기 때문에 닫힌 집합인 것이다. 공집합과 전체 집합은 평면의 부분집합 중에서 열린 집합이면서 닫힌 집합도 되는 유일한 집합이다. 다른 집합은 열린 집합일 수도 있고, 닫힌 집합일 수도 있고, 둘 다 아닐 수도 있다.

정의 평면의 영역이 반지름의 길이가 유한인 원판 안에 포함되면 **유계**(bounded)라고 한다. 그렇지 않은 영역은 **비유계**(unbounded)라고 한다.

평면에서 유계 집합의 예로는 선분, 삼각형, 삼각형의 내부점의 집합, 사각형, 원, 원판 등이 있다. 평면에서 유계가 아닌 집합의 예로는 직선, 좌표축, 무한 구간에서 정의된 함수의 그래프, 사분면, 반평면, 전체 평면 등이 있다.

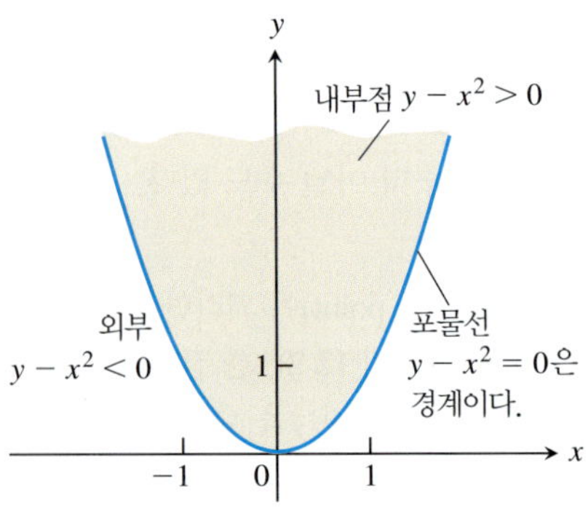

그림 12.4 예제 2에서 $f(x, y)$의 정의역은 포물선과 색칠된 영역이다.

예제 2 함수 $f(x, y) = \sqrt{y - x^2}$의 정의역을 구하라.

풀이 함수 f는 $y - x^2 \ge 0$에서만 정의되므로 함수 f의 정의역은 그림 12.4에서와 같이 유계가 아닌 닫힌 영역이다. 포물선 $y = x^2$은 정의역의 경계이다. 포물선보다 위에 놓인 점은 정의역의 내부 영역이다. ■

2변수 함수의 그래프, 등위선, 경로

함수 $f(x, y)$의 함숫값에 따른 두 가지 그림이 있다. 첫 번째는 f가 일정한 상숫값을 갖는 정의역 내의 곡선을 그리고 라벨을 붙이는 것이다. 두 번째는 공간에서 곡면 $z = f(x, y)$를 그리는 것이다.

정의 함수 $f(x, y)$가 일정한 상숫값 $f(x, y)=c$를 가지는 평면 상의 점의 집합을 f의 **등위선**(level curve)이라고 한다. 함수 f의 정의역의 (x, y)에 대해 공간 상의 모든 점 $(x, y, f(x, y))$의 집합을 함수 f의 **그래프**라고 한다.

f의 그래프를 $z=f(x, y)$의 **곡면**이라고 부르기도 한다.

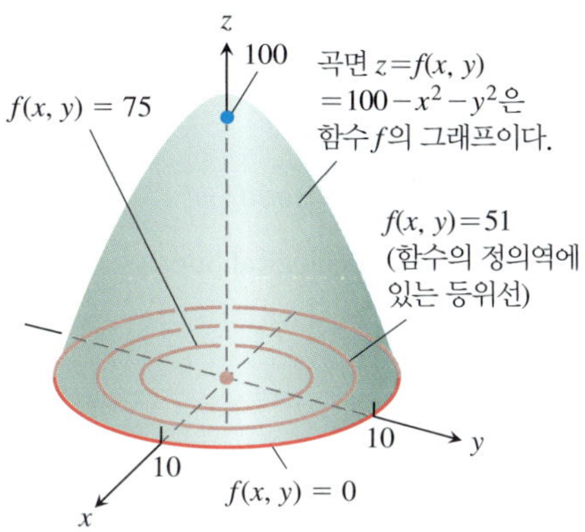

그림 12.5 예제 3의 $f(x, y)$의 그래프와 등위선. 등위선은 $f(x, y)$의 정의역인 xy평면에 있다.

예제 3 함수 $f(x, y)=100-x^2-y^2$의 그래프를 그리고, 등위선 $f(x, y)=0$, $f(x, y)=51$, $f(x, y)=75$를 f의 정의역인 평면에 그려라.

풀이 함수 f의 정의역은 xy평면이고, f의 치역은 100보다 작거나 같은 실수 집합이다. 그래프는 포물면 $z=100-x^2-y^2$이고, 그 중 양의 부분은 그림 12.5와 같다.

등위선 $f(x, y)=0$는 xy평면에서 다음을 만족하는 집합이다.

$$f(x, y) = 100 - x^2 - y^2 = 0 \qquad \text{또는} \qquad x^2 + y^2 = 100$$

이 집합은 원점을 중심으로 하는 반지름 10인 원이다. 같은 방법으로 등위선 $f(x, y)=51$과 $f(x, y)=75$는 다음을 만족하는 원이다(그림 12.5 참조).

$$f(x, y) = 100 - x^2 - y^2 = 51 \qquad \text{또는} \qquad x^2 + y^2 = 49$$
$$f(x, y) = 100 - x^2 - y^2 = 75 \qquad \text{또는} \qquad x^2 + y^2 = 25$$

등위선 $f(x, y)=100$은 원점 하나만 포함한다(이 집합은 여전히 등위선이다).

만약 $x^2+y^2 > 100$이라면, $f(x, y)$의 값은 음수이다. 예를 들어 원점을 중심으로 하고 반지름이 12인 원 $x^2+y^2=144$는 상숫값 $f(x, y)=-44$를 주고, 이것은 f의 등위선이 된다. ■

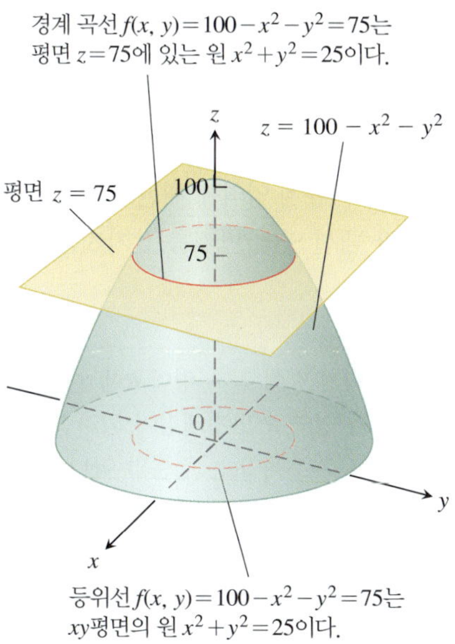

그림 12.6 xy평면과 평행한 평면 $z=c$가 곡면 $z=f(x, y)$와 교차하는 부분은 경계 곡선을 만든다.

평면 $z=c$가 곡면 $z=f(x, y)$를 자르는 공간 상의 곡선은 함숫값 $f(x, y)=c$를 나타내는 점으로 이루어져 있다. 이를 함숫값 $f(x, y)=c$를 나타내는 **경계 곡선**(contour curve)이라 하고, 이는 함수 f의 정의역에 있는 등위선 $f(x, y)=c$와는 다르다. 그림 12.6은 함수 $f(x, y)=100-x^2-y^2$으로부터 정의된 곡면 $z=100-x^2-y^2$ 위의 경계 곡선 $f(x, y)=75$를 보인다. 경계 곡선은 함수의 정의역에 있는 등위선 $f(x, y)=75$인 원 $x^2+y^2=25$보다 위에 위치한다.

등위선과 경계 곡선의 구별은 종종 간과되며, 두 곡선을 동일한 이름으로 부르는 것이 흔하다. 명확하게 어떤 곡선인지는 맥락에 의존한다. 예를 들어 대부분의 지도에서 일정 고도(해수면 위의 높이)를 나타내는 곡선은 등위선이라고 하지 않고 경계 곡선이라고 한다(그림 12.7).

3변수 함수

평면에서 두 독립변수로 이루어진 함수가 상숫값 $f(x, y)=c$를 가지는 점은 함수의 정의역에서 곡선이 된다. 공간에서는 3개의 독립변수로 이루어진 함수가 상숫값 $f(x, y, z)=c$를 가지는 점들은 함수의 정의역에서 곡면이 된다.

정의 3개의 독립변수로 이루어진 함수가 상숫값 $f(x, y, z)=c$를 가지는 공간에서의 점 (x, y, z)의 집합을 f의 **등위 곡면**(level surface)이라고 부른다.

3변수 함수의 그래프는 4차원 공간에 있는 점 $(x, y, z, f(x, y, z))$으로 이루어져 있기 때문에, 위의 그래프를 3차원 공간에서 효과적으로 그릴 수 없다. 하지만 3차원 등위 곡면을 통해 함수가 어떻게 그려지는지 알 수 있다.

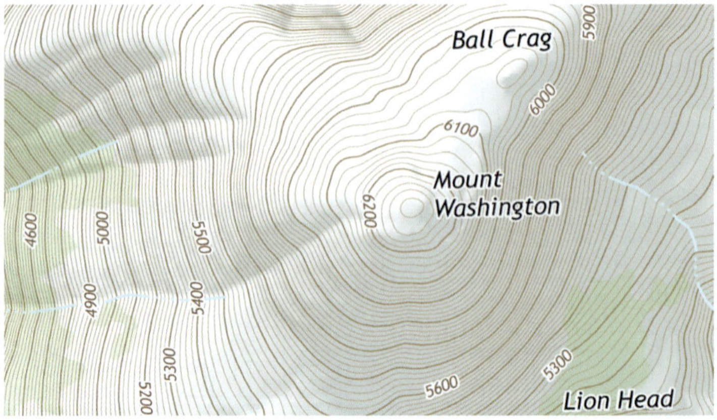

그림 12.7 뉴햄프셔주 워싱턴산의 경계 곡선. [출처: United States Geological Survey]

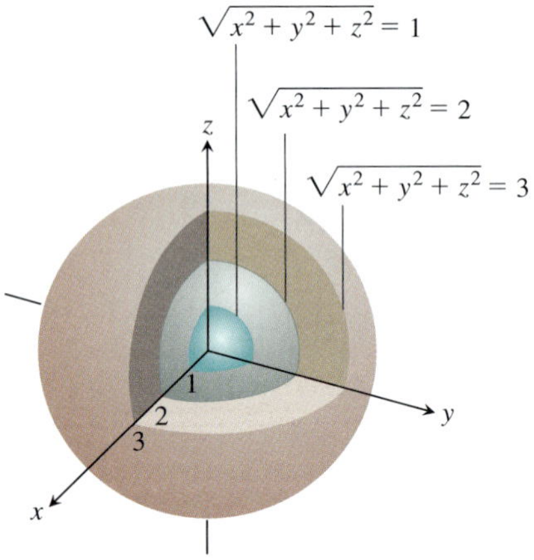

그림 12.8 함수 $f(x, y, z)=\sqrt{x^2+y^2+z^2}$의 등위 곡면은 중심이 같은 구이다(예제 4).

예제 4 다음 함수의 등위 곡면을 설명하라.

$$f(x, y, z) = \sqrt{x^2 + y^2 + z^2}$$

풀이 함수 f값은 원점에서 점 (x, y, z)까지의 거리이다. 각각의 등위 곡면 $\sqrt{x^2+y^2+z^2}=c$ $(c>0)$는 원점이 중심이고 반지름이 c인 구이다. 그림 12.8은 이러한 구 중에서 3개의 절단된 모습을 보인다. 등위 곡면 $\sqrt{x^2+y^2+z^2}=0$은 원점으로만 이루어져 있다.

함수를 그래프로 그린 것이 아니라 함수의 정의역에서 등위 곡면을 나타낸 것이다. 등위 곡면은 정의역 안에서 함숫값이 얼마나 변하는지를 알려준다. 원점을 중심으로 하는 반지름 c의 구에 머무를 경우 함수는 상숫값 c를 유지한다. 다른 구 위의 점으로 바꾸었을 때, 함숫값이 변한다. 원점에서 멀어질수록 함숫값이 증가하고, 원점에 가까워질수록 함숫값이 감소한다. 함숫값의 변화는 방향에 따라서도 달라진다. 방향에 따른 함숫값의 변화는 중요하다. 이를 12.5절에서 다시 다룰 예정이다. ■

공간의 영역의 내부, 경계, 열린 영역, 닫힌 영역, 유계 영역, 비유계 영역에 대한 정의는 평면의 영역에서의 정의와 유사하다. 추가적인 차원에 대해 원판 대신 양의 반지름을 가지는 속이 찬 공을 이용한다.

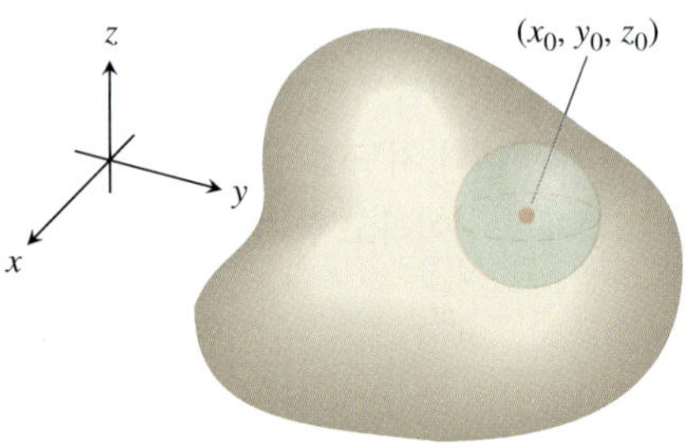

(a) 내부점

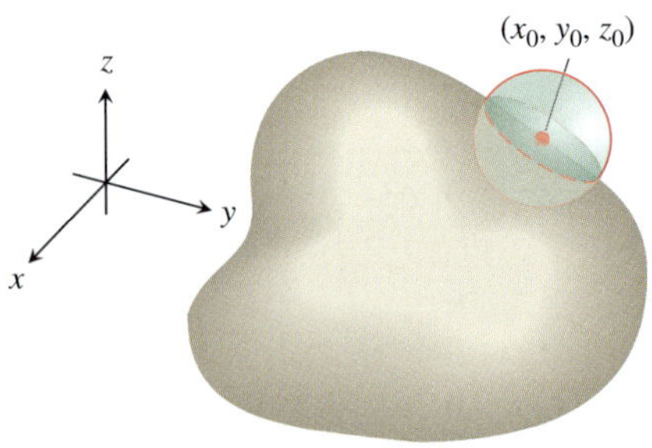

(b) 경계점

그림 12.9 공간의 영역의 내부점와 경계점. 평면의 영역에서와 마찬가지로 경계점은 공간 영역 R에 속할 필요가 없다.

정의 공간 내의 영역 R의 한 점 (x_0, y_0, z_0)가 R의 **내부점**이 되려면 이 점은 영역 R에 완전히 속하는 공의 중심이어야 한다(그림 12.9a). 한 점 (x_0, y_0, z_0)가 영역 R의 **경계점**이 되려면 점 (x_0, y_0, z_0)을 중심으로 하는 양의 반지름을 갖는 모든 공이 R의 외부에 있는 점뿐만 아니라 R의 내부에 있는 점을 포함해야 한다(그림 12.9b). 영역 R의 **내부**는 R의 내부점의 집합이다. R의 **경계**는 R의 경계점의 집합이다.

영역이 모두 내부점으로만 이루어져 있다면 해당 영역을 **열린** 영역이라고 부른다. 영역의 모든 경계를 포함하면 해당 영역을 **닫힌** 영역이라고 부른다.

영역이 반지름의 길이가 유한인 공 안에 있는 경우 해당 영역을 **유계** 영역이라고 부른다. 그렇지 않다면 해당 영역을 **비유계** 영역이라고 부른다.

공간 내의 열린 집합의 예로는 구의 내부, 열린 반공간 $z>0$, 제1팔분면$(x, y, z>0)$, 전체 공간이 있다. 공간 내 닫힌 집합의 예로는 직선, 평면, 닫힌 반공간 $z \geq 0$이 있다. 하지만 부분적으로 경계가 빠진 공이나 면, 선, 꼭지점이 누락된 속이 찬 정육면체는 열린 집합도 아니고 닫힌 집합도 아니다.

4개 이상의 독립변수를 갖는 함수도 중요하다. 예를 들어 대기의 온도를 측정하는 모델은 공간의 점 $P(x, y, z)$의 위치뿐만 아니라 측정 시간 t에도 의존할 수 있으므로 $T=f(x, y, z, t)$로 표기한다.

컴퓨터 그래핑

3차원 그래프 소프트웨어를 사용하면 2변수 함수를 그래프로 표현할 수 있다. 그래프에서는 표면이 증가 및 감소, 높은 점 또는 낮은 점을 보이기 때문에 종종 식보다 그래프에서 정보를 더 빨리 얻을 수 있다.

예제 5 지표면 아래의 온도 w는 지표면으로부터의 깊이 x와 시간을 나타내는 t의 함수이다. 만약(x의 단위는 미터이고) t를 연간 최고 지표면 온도가 예상되는 날짜로부터 경과된 일수를 나타낸다고 하면, 다음과 같은 함수로 온도 변화를 모델링할 수 있다.

$$w = \cos(1.7 \times 10^{-2}t - 0.6x)e^{-0.6x}$$

(0 m에서의 온도는 +1에서 −1까지 변화하도록 조정되어 있으므로, x미터에서의 변화는 표면에서의 거리의 비율로 변환된다.)

그림 12.10은 함수 그래프의 일부이다. 깊이 5 m에서의 변동(그림에서 수직 진폭의 변화)는 표면 변동의 약 5% 정도이다. 8 m에서는 연중 변동이 거의 없는 것을 알 수 있다.

또한 그래프는 지표면 5 m 아래의 온도가 표면 온도의 약 절반 주기에 있음을 보인다. 표면 온도가 가장 낮을 때(예를 들어 1월 말), 지표면 5 m 아래의 온도가 가장 높다는 것을 알 수 있다. 지표면 5 m 아래에서는 계절이 반대로 바뀐다. ■

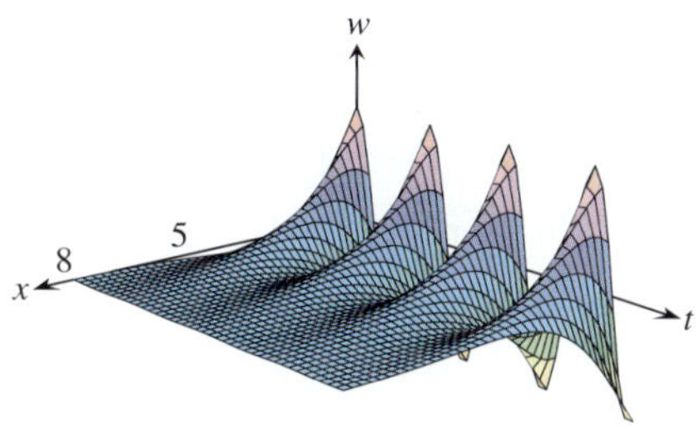

그림 12.10 이 그래프는 지표면 아래의 온도의 계절 변화를 표면 온도의 일부로 나타낸다(예제 5).

그림 12.11은 컴퓨터로 그린 2변수의 함수의 그래프와 각각의 등위선을 함께 나타낸다.

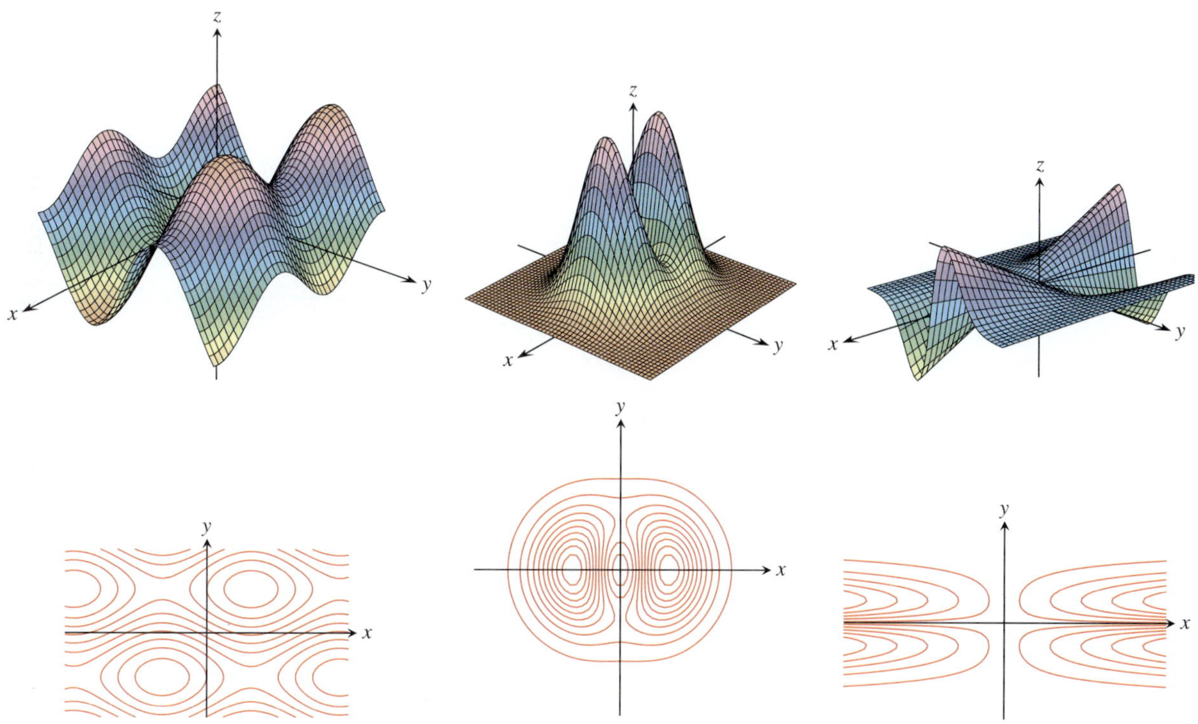

(a) $z = \sin x + 2\sin y$ (b) $z = (4x^2 + y^2)e^{-x^2-y^2}$ (c) $z = xye^{-y^2}$

그림 12.11 컴퓨터로 그린 2변수 함수의 그래프와 등위선.

연습문제 12.1 EXERCISE QUESTION

정의역, 치역, 등위선

연습문제 1~4에서 주어진 점에서 함숫값을 구하라.

1. $f(x, y) = x^2 + xy^3$

a. $f(0, 0)$ **b.** $f(-1, 1)$

c. $f(2, 3)$ **d.** $f(-3, -2)$

2. $f(x, y) = \sin(xy)$

a. $f\left(2, \dfrac{\pi}{6}\right)$ **b.** $f\left(-3, \dfrac{\pi}{12}\right)$

c. $f\left(\pi, \dfrac{1}{4}\right)$ **d.** $f\left(-\dfrac{\pi}{2}, -7\right)$

3. $f(x, y, z) = \dfrac{x - y}{y^2 + z^2}$

a. $f(3, -1, 2)$ **b.** $f\left(1, \dfrac{1}{2}, -\dfrac{1}{4}\right)$

c. $f\left(0, -\dfrac{1}{3}, 0\right)$ **d.** $f(2, 2, 100)$

4. $f(x, y, z) = \sqrt{49 - x^2 - y^2 - z^2}$

a. $f(0, 0, 0)$ **b.** $f(2, -3, 6)$

c. $f(-1, 2, 3)$ **d.** $f\left(\dfrac{4}{\sqrt{2}}, \dfrac{5}{\sqrt{2}}, \dfrac{6}{\sqrt{2}}\right)$

연습문제 5~12에서 각 함수의 정의역을 찾고 그림으로 나타내라.

5. $f(x, y) = \sqrt{y - x - 2}$

6. $f(x, y) = \ln(x^2 + y^2 - 4)$

7. $f(x, y) = \dfrac{(x - 1)(y + 2)}{(y - x)(y - x^3)}$

8. $f(x, y) = \dfrac{\sin(xy)}{x^2 + y^2 - 25}$

9. $f(x, y) = \cos^{-1}(y - x^2)$

10. $f(x, y) = \ln(xy + x - y - 1)$

11. $f(x, y) = \sqrt{(x^2 - 4)(y^2 - 9)}$

12. $f(x, y) = \dfrac{1}{\ln(4 - x^2 - y^2)}$

연습문제 13~16에서 주어진 값 c에 대해 xy평면에서 등위선 $f(x, y) = c$를 찾고 그림을 그려라.

13. $f(x, y) = x + y - 1, \quad c = -3, -2, -1, 0, 1, 2, 3$

14. $f(x, y) = x^2 + y^2, \quad c = 0, 1, 4, 9, 16, 25$

15. $f(x, y) = xy, \quad c = -9, -4, -1, 0, 1, 4, 9$

16. $f(x, y) = \sqrt{25 - x^2 - y^2}, \quad c = 0, 1, 2, 3, 4$

연습문제 17~30에서 다음 물음에 답하라. **(a)** 함수의 정의역을 찾아라. **(b)** 함수의 치역을 찾아라. **(c)** 함수의 등위선에 대해 설명하라. **(d)** 함수의 정의역의 경계를 찾아라. **(e)** 정의역이 열린 영역, 닫힌 영역, 어느 쪽도 아닌지 확인하라. **(f)** 정의역이 유계인지 비유계인지 말하라.

17. $f(x, y) = y - x$

18. $f(x, y) = \sqrt{y - x}$

19. $f(x, y) = 4x^2 + 9y^2$

20. $f(x, y) = x^2 - y^2$

21. $f(x, y) = xy$

22. $f(x, y) = y/x^2$

23. $f(x, y) = \dfrac{1}{\sqrt{16 - x^2 - y^2}}$

24. $f(x, y) = \sqrt{9 - x^2 - y^2}$

25. $f(x, y) = \ln(x^2 + y^2)$

26. $f(x, y) = e^{-(x^2 + y^2)}$

27. $f(x, y) = \sin^{-1}(y - x)$

28. $f(x, y) = \tan^{-1}\left(\dfrac{y}{x}\right)$

29. $f(x, y) = \ln(x^2 + y^2 - 1)$

30. $f(x, y) = \ln(9 - x^2 - y^2)$

등위선과 곡면 일치시키기

연습문제 31~36에서는 6개의 함수에 대한 등위선이 있다. 이들 함수의 그래프는 항목 **a**~**f**까지 주어지며, 각각의 등위선과 적절한 그래프 및 방정식(항목 **g**~**l**)을 대응하라.

31.

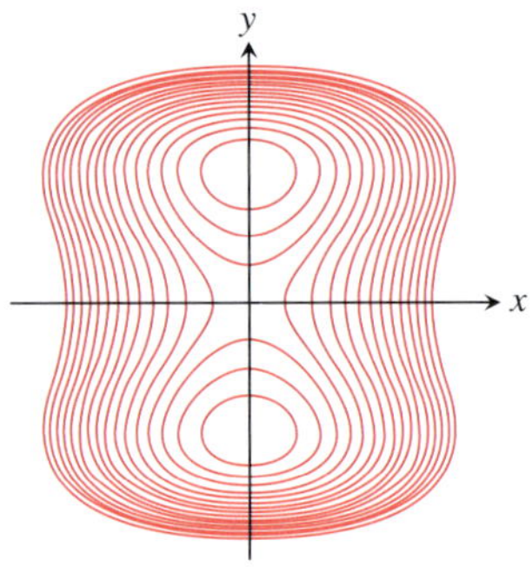

32.

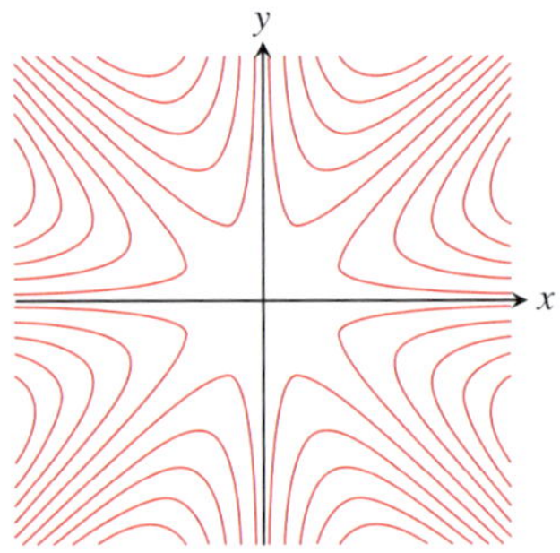

33.

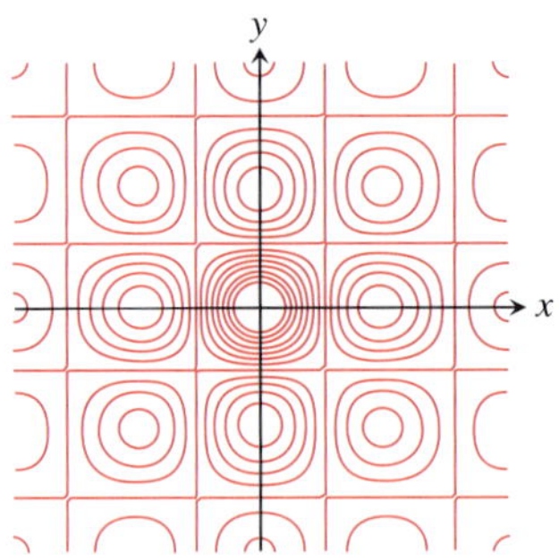

34.

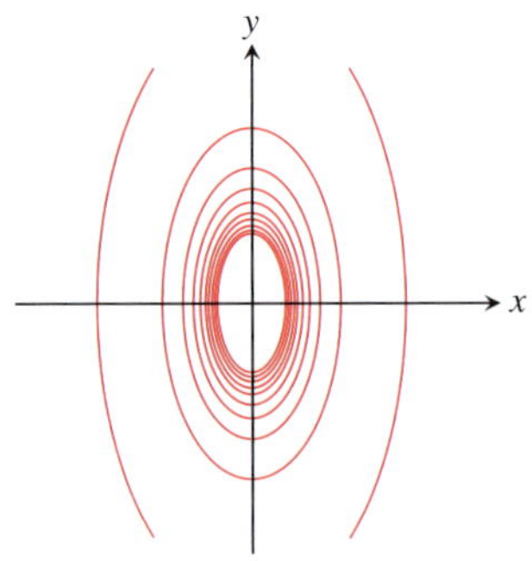

35.

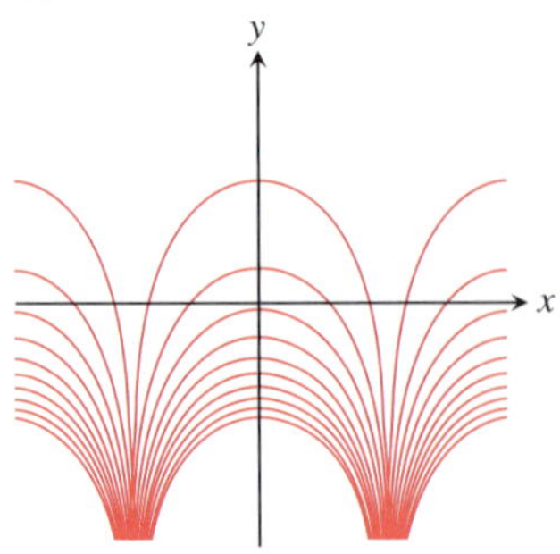

36.

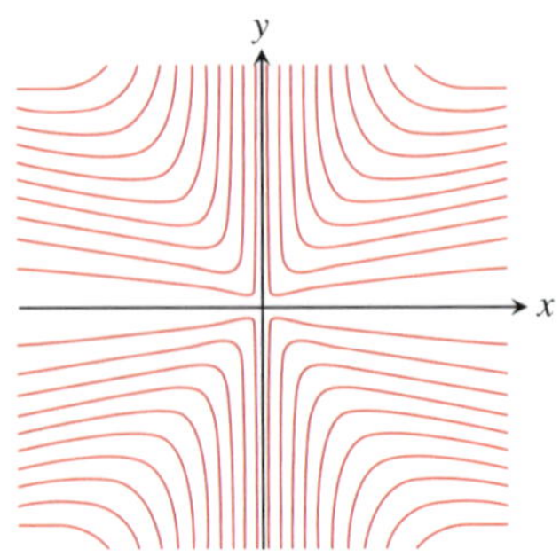

a.

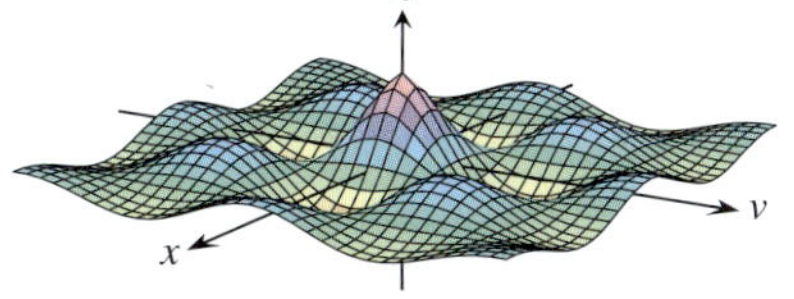

b.

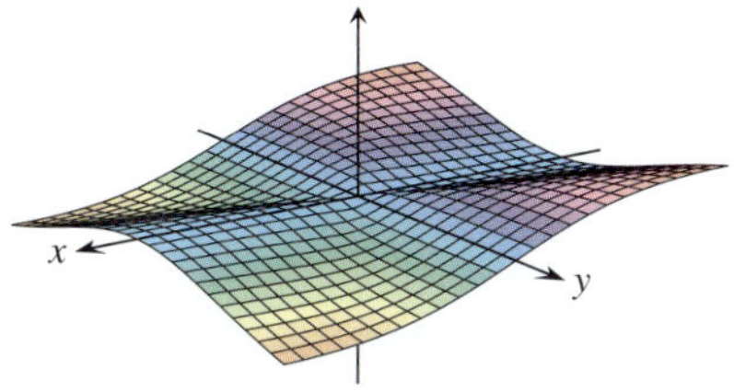

c.

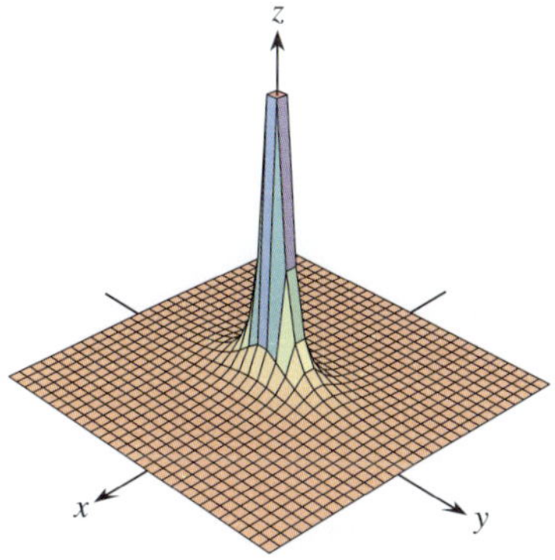

d.

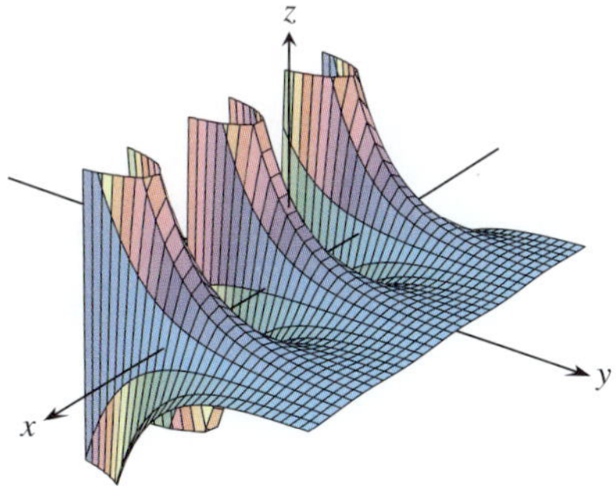

e.

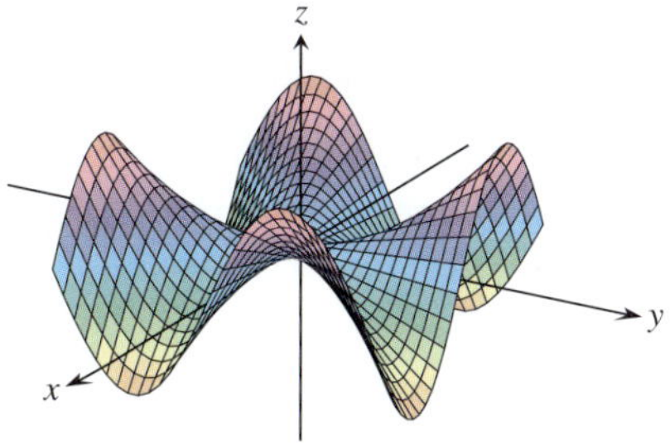

f.

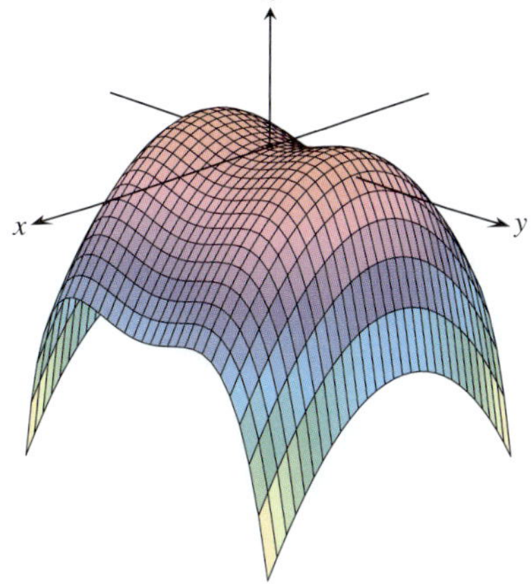

g. $z = -\dfrac{xy^2}{x^2 + y^2}$ **h.** $z = y^2 - y^4 - x^2$

i. $z = (\cos x)(\cos y)e^{-\sqrt{x^2+y^2}/4}$

j. $z = e^{-y}\cos x$ **k.** $z = \dfrac{1}{4x^2 + y^2}$

l. $z = \dfrac{xy(x^2 - y^2)}{x^2 + y^2}$

2변수 함수

연습문제 37~48에서 주어진 함수에 대해 두 가지 그림을 나타내라. **(a)** 곡면 $z=f(x, y)$의 개형을 그려라. **(b)** 함수의 정의역에 여러 개의 등위선을 그려라. 각 등위선에 해당하는 함숫값으로 라벨을 붙여라.

37. $f(x, y) = y^2$ **38.** $f(x, y) = \sqrt{x}$

39. $f(x, y) = x^2 + y^2$ **40.** $f(x, y) = \sqrt{x^2 + y^2}$

41. $f(x, y) = x^2 - y$ **42.** $f(x, y) = 4 - x^2 - y^2$

43. $f(x, y) = 4x^2 + y^2$ **44.** $f(x, y) = 6 - 2x - 3y$

45. $f(x, y) = 1 - |y|$ **46.** $f(x, y) = 1 - |x| - |y|$

47. $f(x, y) = \sqrt{x^2 + y^2 + 4}$ **48.** $f(x, y) = \sqrt{x^2 + y^2 - 4}$

등위선 찾기

연습문제 49~52에서 주어진 점을 지나는 함수 $f(x, y)$의 등위선의 방정식을 찾고 정의역에 그려라.

49. $f(x, y) = 16 - x^2 - y^2, \quad (2\sqrt{2}, \sqrt{2})$

50. $f(x, y) = \sqrt{x^2 - 1}, \quad (1, 0)$

51. $f(x, y) = \sqrt{x + y^2 - 3}, \quad (3, -1)$

52. $f(x, y) = \dfrac{2y - x}{x + y + 1}, \quad (-1, 1)$

등위면 그리기

연습문제 53~60에서 주어진 함수의 등위 곡면을 그려라.

53. $f(x, y, z) = x^2 + y^2 + z^2$ **54.** $f(x, y, z) = \ln(x^2 + y^2 + z^2)$

55. $f(x, y, z) = x + z$ **56.** $f(x, y, z) = z$

57. $f(x, y, z) = x^2 + y^2$ **58.** $f(x, y, z) = y^2 + z^2$

59. $f(x, y, z) = z - x^2 - y^2$

60. $f(x, y, z) = (x^2/25) + (y^2/16) + (z^2/9)$

등위면 찾기

연습문제 61~64에서 주어진 점을 지나는 함수의 등위 곡면에 대한 방정식을 찾아라.

61. $f(x, y, z) = \sqrt{x - y} - \ln z, \quad (3, -1, 1)$

62. $f(x, y, z) = \ln(x^2 + y + z^2), \quad (-1, 2, 1)$

63. $g(x, y, z) = \sqrt{x^2 + y^2 + z^2}, \quad (1, -1, \sqrt{2})$

64. $g(x, y, z) = \dfrac{x - y + z}{2x + y - z}, \quad (1, 0, -2)$

연습문제 65~68에서 함수 f의 정의역을 찾아라. 그리고 주어진 점을 지나는 함수의 등위 곡면 또는 곡면에 대한 방정식을 찾아라.

65. $f(x, y) = \displaystyle\sum_{n=0}^{\infty}\left(\frac{x}{y}\right)^n, \quad (1, 2)$

66. $g(x, y, z) = \displaystyle\sum_{n=0}^{\infty}\frac{(x + y)^n}{n!z^n}, \quad (\ln 4, \ln 9, 2)$

67. $f(x, y) = \displaystyle\int_x^y \frac{d\theta}{\sqrt{1 - \theta^2}}, \quad (0, 1)$

68. $g(x, y, z) = \displaystyle\int_x^y \frac{dt}{1 + t^2} + \int_0^z \frac{d\theta}{\sqrt{4 - \theta^2}}, \quad (0, 1, \sqrt{3})$

컴퓨터 탐구

연습문제 69~72에서 각각의 함수에 대해 CAS를 이용하여 다음 단계를 수행하라.

a. 주어진 직사각형 위에 곡면을 그려라.

b. 직사각형에서 여러 개의 등위선을 그려라.

c. 주어진 점을 지나는 함수 f의 등위선을 그려라.

69. $f(x, y) = x\sin\dfrac{y}{2} + y\sin 2x, \quad 0 \le x \le 5\pi, \quad 0 \le y \le 5\pi,$ $P(3\pi, 3\pi)$

70. $f(x, y) = (\sin x)(\cos y)e^{\sqrt{x^2+y^2}/8}, \quad 0 \le x \le 5\pi,$ $0 \le y \le 5\pi, \quad P(4\pi, 4\pi)$

71. $f(x, y) = \sin(x + 2\cos y), \quad -2\pi \le x \le 2\pi,$ $-2\pi \le y \le 2\pi, \quad P(\pi, \pi)$

72. $f(x, y) = e^{(x^{0.1} - y)}\sin(x^2 + y^2), \quad 0 \le x \le 2\pi,$ $-2\pi \le y \le \pi, \quad P(\pi, -\pi)$

연습문제 73~76에서 CAS를 이용하여 음함수의 등위 곡면을 그려라.

73. $4\ln(x^2 + y^2 + z^2) = 1$ **74.** $x^2 + z^2 = 1$

75. $x + y^2 - 3z^2 = 1$

76. $\sin\left(\dfrac{x}{2}\right) - (\cos y)\sqrt{x^2 + z^2} = 2$

매개변수화된 곡면 평면 상의 곡선을 매개구간 I에서 정의된 매개변수 $x=f(t)$, $y=f(t)$로 설명하는 것과 마찬가지로 때로는 공간 상의 곡면을 매개변수 사각형 $a \le u \le b$, $c \le v \le d$에서 정의된 3개의 방정식 $x=f(u, v)$, $y=g(u, v)$, $z=h(u, v)$으로 설명할 수 있다. 많은 컴퓨터 대수 시스템에서 이러한 곡면을 매개변수 모드로 그릴 수 있다(매개변수화된 곡면에 대한 자세한 내용은 14.5절에서 상세히 다룰 것이다). 연습문제 77~80에서 CAS를 이용하여 주어진 곡면을 그려라. 그리고 xy 평면에 여러 개의 등위선을 그려라.

77. $x = u\cos v, \quad y = u\sin v, \quad z = u, \quad 0 \le u \le 2,$ $0 \le v \le 2\pi$

78. $x = u\cos v, \quad y = u\sin v, \quad z = v, \quad 0 \le u \le 2,$ $0 \le v \le 2\pi$

79. $x = (2 + \cos u)\cos v, \quad y = (2 + \cos u)\sin v, \quad z = \sin u,$ $0 \le u \le 2\pi, \quad 0 \le v \le 2\pi$

80. $x = 2\cos u\cos v, \quad y = 2\cos u\sin v, \quad z = 2\sin u,$ $0 \le u \le 2\pi, \quad 0 \le v \le \pi$

12.2 고차원에서의 극한과 연속

이 절에서는 다변수 함수의 극한과 연속에 대해 알아본다. 다변수 함수의 극한과 연속은 1변수 함수에 대한 이론과 유사하다. 하지만 고차원에서의 극한과 연속은 2개 이상의 독립변수가 있기 때문에 새로운 아이디어가 필요하고 조금 더 복잡하다.

2변수 함수의 극한

만약 2변수 함수 $f(x, y)$의 값이 한 점 (x_0, y_0)에 충분히 가까운 모든 점 (x, y)에 대해 고정된 실수 L에 충분히 가까워지면, (x, y)가 (x_0, y_0)에 가까워질수록 함수 f가 극한 L을 갖는다고 말한다. 이는 1변수 함수의 극한에 대한 설명과 유사하다. 그러나 (x_0, y_0)가 f의 정의역 내부에 있는 점이라면, (x, y)는 (x_0, y_0)의 왼쪽 또는 오른쪽뿐만 아니라 모든 방향에서 접근가능하다. 그리고 극한이 존재하는 경우에는 어떤 방향에서 접근하는지에 관계없이 동일한 극한값을 얻어야 한다. 정의와 몇 가지 예제를 살펴보자.

정의 점 (x_0, y_0)를 중심으로 하는 열린 원판이 (x_0, y_0)가 아닌 f의 정의역에 적어도 한 점을 포함한다고 가정하자. 임의의 $\varepsilon > 0$에 대해 이에 대응하는 $\delta > 0$가 존재하여 f의 정의역에 있는 모든 (x, y)에 대해 다음을 만족한다고 하자.

$$0 < \sqrt{(x - x_0)^2 + (y - y_0)^2} < \delta \text{ 이면 } \qquad |f(x, y) - L| < \varepsilon$$

그러면 2변수 (x, y)가 (x_0, y_0)에 가까워질 때 주어진 2변수 함수 $f(x, y)$는 **극한** L에 가까워지고 다음과 같이 쓴다.

$$\lim_{(x, y)\to(x_0, y_0)} f(x, y) = L$$

극한의 정의는 (x, y)와 (x_0, y_0)의 거리가 충분히 작아질 때(0은 아니지만), $f(x, y)$와 L의 거리가 충분히 작아진다는 것을 의미한다. 이 정의는 (x_0, y_0)가 내부점뿐만 아니라 함수 f의 정의역의 경계점에 대해도 적용할 수 있다. 다만 (x_0, y_0)에 다가가는 점 (x, y)는 항상 f의 정의역에 있다. 그림 12.12를 참고하자.

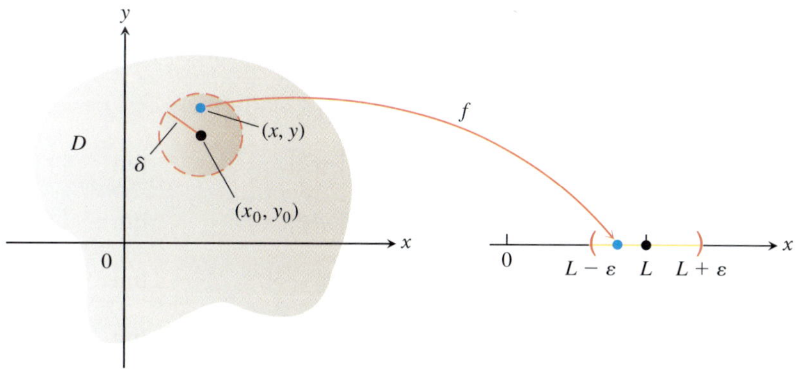

그림 12.12 극한의 정의에서 δ는 (x_0, y_0)를 중심으로 하는 원판의 반지름이다. 이 원판 안의 모든 점 (x, y)에 대해 함숫값 $f(x, y)$는 대응하는 구간 $(L-\varepsilon, L+\varepsilon)$ 안에 있다.

하나의 변수로 정의되는 2변수 함수에 대해 다음이 성립함을 보일 수 있다.

$$\lim_{(x, y)\to(x_0, y_0)} x = x_0 \tag{1}$$

$$\lim_{(x, y)\to(x_0, y_0)} y = y_0 \tag{2}$$

$$\lim_{(x, y)\to(x_0, y_0)} k = k \qquad \text{(임의의 실수 } k\text{)} \tag{3}$$

예를 들어 위의 첫 번째 극한에서 $f(x, y)=x$, $L=x_0$라고 하자. 극한의 정의를 이용하여 $\varepsilon > 0$이 선택되었다고 가정하자. 만약 δ를 ε과 같게 둔다면, 다음이 성립한다는 것을 알 수 있다.

$$0 < \sqrt{(x - x_0)^2 + (y - y_0)^2} < \delta = \varepsilon$$

그러면 다음과 같다.

$$\begin{aligned} \sqrt{(x - x_0)^2} &< \varepsilon && (x - x_0)^2 \le (x - x_0)^2 + (y - y_0)^2 \\ |x - x_0| &< \varepsilon && \sqrt{a^2} = |a| \\ |f(x, y) - x_0| &< \varepsilon && x = f(x, y) \end{aligned}$$

다시 말해 $0 < \sqrt{(x-x_0)^2+(y-y_0)^2} < \delta$이면 $|f(x, y)-x_0| < \varepsilon$임을 의미한다. 따라서 δ가 정의의 요구사항을 만족함을 보였으므로 다음 식이 증명되었다.

$$\lim_{(x,y)\to(x_0,y_0)} f(x,y) = \lim_{(x,y)\to(x_0,y_0)} x = x_0$$

만약 $f(x, y)$가 1변수 x에 대한 함수 g로 표현된다면, 극한 $\lim_{(x,y)\to(x_0,y_0)} f(x,y)$는 x가 x_0에 가까워짐에 따라 g의 변화에만 의존한다. 따라서 식 (1)은 다음과 같은 일반적인 식의 특수한 경우이다.

$$\lim_{(x,y)\to(x_0,y_0)} g(x) = \lim_{x\to x_0} g(x) \tag{4}$$

마찬가지로 다음은 식 (2)를 일반화한 것이다.

$$\lim_{(x,y)\to(x_0,y_0)} h(y) = \lim_{y\to y_0} h(y) \tag{5}$$

1변수 함수의 경우와 마찬가지로 두 함수의 합의 극한은 (두 함수 모두 극한이 존재한다면) 두 함수의 극한의 합과 같다. 또한 차, 상수 곱, 곱셈, 나눗셈, 거듭제곱, 제곱근의 극한에 대해 유사한 결과가 있다. 이 사실은 정리 1에 요약되어 있다.

정리 1 ▮ 2변수 함수의 극한의 성질

L, M, k가 실수이고 다음을 만족한다고 하자.

$$\lim_{(x,y)\to(x_0,y_0)} f(x,y) = L, \qquad \lim_{(x,y)\to(x_0,y_0)} g(x,y) = M$$

그러면 다음이 성립한다.

1. 합의 규칙: $\lim_{(x,y)\to(x_0,y_0)} [f(x,y) + g(x,y)] = L + M$

2. 차의 규칙: $\lim_{(x,y)\to(x_0,y_0)} [f(x,y) - g(x,y)] = L - M$

3. 상수배 규칙: $\lim_{(x,y)\to(x_0,y_0)} kf(x,y) = kL$ (임의의 수 k)

4. 곱 규칙: $\lim_{(x,y)\to(x_0,y_0)} [f(x,y) \cdot g(x,y)] = L \cdot M$

5. 나눗셈 규칙: $\lim_{(x,y)\to(x_0,y_0)} \dfrac{f(x,y)}{g(x,y)} = \dfrac{L}{M}, \quad M \neq 0$

6. 거듭제곱 규칙: $\lim_{(x,y)\to(x_0,y_0)} [f(x,y)]^n = L^n$, n은 양의 정수

7. 제곱근 규칙: $\lim_{(x,y)\to(x_0,y_0)} \sqrt[n]{f(x,y)} = \sqrt[n]{L} = L^{1/n}$.

n은 양의 정수이고, 만약 n이 짝수이면 $L > 0$이라고 가정하자.

8. 합성함수 규칙: 만약 $h(z)$가 $z=L$에서 연속이면, $\lim_{(x,y)\to(x_0,y_0)} h(f(x,y)) = h(L)$

여기서는 정리 1을 증명하지는 않겠지만, 왜 이것들이 사실인지에 대해 간략하게 설명하려고 한다. 만약 (x, y)가 (x_0, y_0)에 충분히 가까우면(극한의 간략한 설명에 의해) $f(x, y)$는 L에 가까워지고 $g(x, y)$는 M에 가까워진다. 따라서 합 $f(x, y)+g(x, y)$가 $L+M$에 가까워진다는 것은 합리적이다. 또한 차 $f(x, y)-g(x, y)$가 $L-M$으로 가까워지고, 상수배 $kf(x, y)$가 kL로 가까워지고, 두 함수의 곱 $f(x, y)g(x, y)$가 LM으로 가까워지고, 만약 $M \neq 0$이면 두 함수의 나눗셈 $f(x, y)/g(x, y)$가 L/M으로 가까워지는 것은 당연해 보인다. 마찬가지로 f의 거듭제곱과 제곱근은 L의 거듭제곱과 제곱근과 가까워지고, 함수 f와 합성한 연속함수 h는 $h(L)$의 값에 가까워진다.

정리 1과 식 (1)~(3)을 다항식 및 유리함수에 적용할 때, $(x, y) \to (x_0, y_0)$에 따라 이 함수의 극한이 (x_0, y_0)에서 함수의 값으로 계산될 수 있다는 유용한 결과를 얻는다. 이때 유일하게 요구되는 것은 유리함수가 (x_0, y_0)에서 잘 정의되어 있어야 한다는 것이다.

예제 1 식 (1)~(5)를 정리 1의 규칙을 결합하여 다음의 극한을 계산하라.

(a) $$\lim_{(x,y)\to(0,1)} \frac{x - xy + 3}{x^2y + 5xy - y^3} = \frac{0 - (0)(1) + 3}{(0)^2(1) + 5(0)(1) - (1)^3} = -3$$

(b) $$\lim_{(x,y)\to(3,-4)} \sqrt{x^2 + y^2} = \sqrt{\lim_{(x,y)\to(3,-4)} (x^2 + y^2)}$$ 규칙 7

$$= \sqrt{3^2 + (-4)^2}$$ 규칙 1과 6 그리고 식 (1)과 (2)

$$= \sqrt{25} = 5$$

(c) $$\lim_{(x,y)\to(\pi/2,0)} \left(\frac{x}{\sin x} - \frac{\sin y}{y}\right) = \lim_{(x,y)\to(\pi/2,0)} \frac{x}{\sin x} - \lim_{(x,y)\to(\pi/2,0)} \frac{\sin y}{y}$$ 규칙 2

$$= \lim_{x\to\pi/2} \frac{x}{\sin x} - \lim_{y\to 0} \frac{\sin y}{y}$$ 식 (4)와 (5)

$$= \frac{\pi}{2} - 1$$ 2.4절 정리 6 ■

예제 2 극한값 $\lim_{(x,y)\to(0,0)} \frac{x^2-xy}{\sqrt{x}-\sqrt{y}}$를 구하라.

풀이 $(x, y) \to (0, 0)$에 따라 분모 $\sqrt{x}-\sqrt{y}$는 0에 가까워지기 때문에, 정리 1의 나눗셈 규칙을 사용할 수 없다. 그러나 분자와 분모에 $\sqrt{x}+\sqrt{y}$를 곱하면 극한을 찾을 수 있는 분수식을 얻을 수 있다.

$$\lim_{(x,y)\to(0,0)} \frac{x^2 - xy}{\sqrt{x} - \sqrt{y}} = \lim_{(x,y)\to(0,0)} \frac{(x^2 - xy)(\sqrt{x} + \sqrt{y})}{(\sqrt{x} - \sqrt{y})(\sqrt{x} + \sqrt{y})}$$ 1과 같은 형태로 곱하기

$$= \lim_{(x,y)\to(0,0)} \frac{x(x - y)(\sqrt{x} + \sqrt{y})}{x - y}$$ 인수분해

$$= \lim_{(x,y)\to(0,0)} x(\sqrt{x} + \sqrt{y})$$ 0이 아닌 인수 $(x-y)$ 약분하기

$$= \left(\lim_{(x,y)\to(0,0)} x\right)\left[\left(\lim_{(x,y)\to(0,0)} \sqrt{x}\right) + \left(\lim_{(x,y)\to(0,0)} \sqrt{y}\right)\right]$$ 규칙 4와 1

$$= \left(\lim_{(x,y)\to(0,0)} x\right)\left[\sqrt{\lim_{(x,y)\to(0,0)} x} + \sqrt{\lim_{(x,y)\to(0,0)} y}\right]$$ 규칙 7

$$= (0)\left[\sqrt{0} + \sqrt{0}\right] = 0$$ 식 (1)과 (2)

$(x-y=0$의 경우) 경로 $y=x$가 다음 함수의 정의역에 있지 않기 때문에 인수 $(x-y)$를 약분할 수 있다.

$$f(x, y) = \frac{x^2 - xy}{\sqrt{x} - \sqrt{y}}$$ ■

예제 3 극한값이 존재한다면 $\lim_{(x,y)\to(0,0)} \frac{4xy^2}{x^2+y^2}$의 값을 구하라.

풀이 먼저 직선 $x=0$을 따라 $y \neq 0$일 때 함수는 항상 0의 값을 가진다는 것을 안다. 마찬가지로 직선 $y=0$을 따라 $x \neq 0$일 때 함수는 항상 0이 된다는 것을 안다. 따라서 (x, y)가 $(0, 0)$으로 다가갈 때 극한이 존재한다면, 극한값은 항상 0이어야 한다(그림 12.13). 이것이 사실인지 확인하기 위해 극한의 정의를 적용하자.

임의의 $\varepsilon > 0$이 주어졌다고 하자. 다음을 만족하는 $\delta > 0$를 찾자.

$$0 < \sqrt{x^2 + y^2} < \delta \text{ 일 때} \quad \left|\frac{4xy^2}{x^2 + y^2} - 0\right| < \varepsilon$$

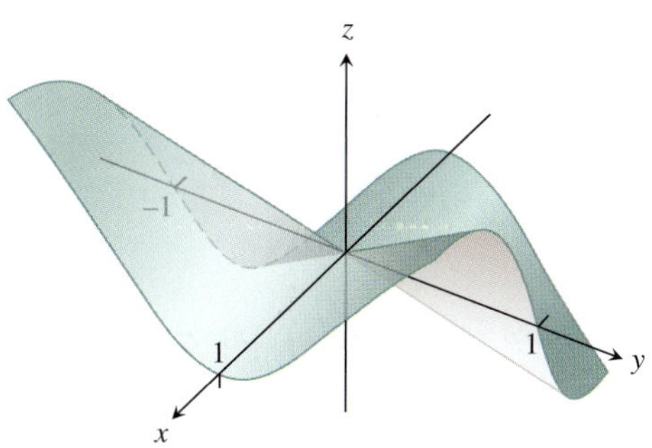

그림 12.13 예제 3의 함수의 극한이 존재한다면 이 값은 0임을 곡면의 그래프를 통해 알 수 있다.

또는

$$0 < \sqrt{x^2 + y^2} < \delta \text{일 때} \qquad \frac{4|x|y^2}{x^2 + y^2} < \varepsilon$$

$y^2 \leq x^2 + y^2$이므로 다음의 부등식을 갖는다.

$$\frac{4|x|y^2}{x^2 + y^2} \leq 4|x| = 4\sqrt{x^2} \leq 4\sqrt{x^2 + y^2} \qquad \frac{y^2}{x^2 + y^2} \leq 1$$

따라서 $\delta = \varepsilon/4$이라 선택하고 $0 < \sqrt{x^2 + y^2} < \delta$라고 하면 다음을 얻는다.

$$\left| \frac{4xy^2}{x^2 + y^2} - 0 \right| \leq 4\sqrt{x^2 + y^2} < 4\delta = 4\left(\frac{\varepsilon}{4}\right) = \varepsilon$$

극한의 정의로부터 주어진 함수의 극한값을 얻을 수 있다.

$$\lim_{(x,y)\to(0,0)} \frac{4xy^2}{x^2 + y^2} = 0$$

예제 4 주어진 함수가 $f(x, y) = \dfrac{y}{x}$라면 극한값 $\displaystyle\lim_{(x,y)\to(0,0)} f(x, y)$은 존재하는가?

풀이 함수 f의 정의역은 y축을 포함하지 않으므로 원점 (0, 0)으로 가까이 가는 접근에서 $x = 0$인 점 (x, y)는 고려하지 않는다. x축을 따라서 모든 $x \neq 0$에 대해 함숫값은 $f(x, 0) = 0$이다. 따라서 $(x, y) \to (0, 0)$임에 따라 극한이 존재한다면, 극한값은 $L = 0$이어야 한다. 반면 직선 $y = x$를 따라 모든 $x \neq 0$에 대해 함숫값은 $f(x, x) = x/x = 1$이다. 즉 직선 $y = x$을 따라 함수 f는 1의 값으로 가까이 간다. 이는 중심이 (0, 0)이고 반지름을 δ인 원판에 대해 이 원판은 함숫값이 0인 x축 위의 점 $(x, 0)$을 포함하고, 함숫값이 1인 직선 $y = x$ 위의 점 (x, x) 또한 포함한다. 따라서 그림 12.12에서 원판의 반지름으로 매우 작은 δ를 선택하더라도, 함숫값이 1과 다른 점이 원판의 내부에 있다. 극한의 정의에서 ε을 1보다 작은 임의의 수로 잡을 수 있고, $L = 0$ 또는 1 또는 다른 실수가 아니라고 할 수 있기 때문에 극한은 존재할 수 없다. 그러므로 점 (0, 0)으로 다가가는 서로 다른 경로를 따라서 극한값이 다르기 때문에 극한이 존재하지 않는다.

연속

1변수 함수와 마찬가지로 연속성은 극한을 기반으로 정의된다.

정의 점 (x_0, y_0)를 중심으로 하는 모든 열린 원판이 (x_0, y_0)뿐만 아니라, f의 정의역에 점도 포함한다고 하자. 다음 세 가지 조건을 만족하는 함수 $f(x, y)$를 **점 (x_0, y_0)에서 연속**이라고 한다.

1. (x_0, y_0)에서 f는 정의되어 있다.
2. 극한값 $\displaystyle\lim_{(x,y)\to(x_0,y_0)} f(x, y)$는 존재한다.
3. $\displaystyle\lim_{(x,y)\to(x_0,y_0)} f(x, y) = f(x_0, y_0)$.

함수의 정의역의 모든 점에서 연속이면 **연속함수**(continuous)라고 부른다.

극한의 정의와 마찬가지로 연속의 정의는 함수 f의 정의역의 내부점뿐만 아니라 경계점에도 적용된다.

정리 1의 결과로 연속함수의 대수적 결합은 함수가 정의된 모든 점에서 연속이다. 이는 연속함수의 합, 차, 상수배, 곱, 나눗셈, 거듭제곱이 정의된 곳에서 연속임을 뜻한다. 특히 2변수를 가지는 다항식과 유리함수는 정의된 모든 점에서 연속이다.

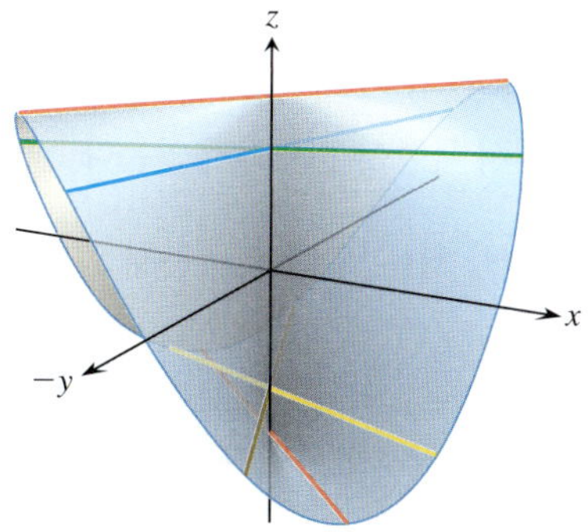

(a)

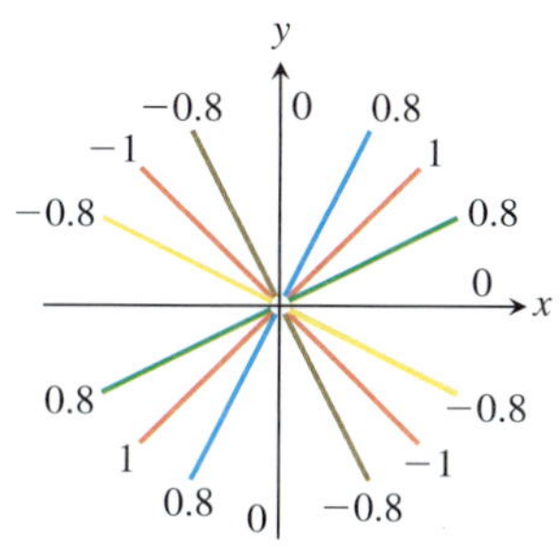

(b)

그림 12.14 (a) 다음과 같은 함수의 그래프이다.

$$f(x, y) = \begin{cases} \dfrac{2xy}{x^2+y^2}, & (x, y) \neq (0, 0) \\ 0, & (x, y) = (0, 0) \end{cases}$$

함수는 원점을 제외한 모든 점에서 연속이다. (b) 각각의 직선 $y=mx$, $x \neq 0$을 따라 f의 함숫값은 상수이지만 m의 값에 따라 변한다(예제 5).

예제 5 다음과 같은 함수가 원점을 제외한 모든 점에서 연속임을 보여라(그림 12.14).

$$f(x, y) = \begin{cases} \dfrac{2xy}{x^2+y^2}, & (x, y) \neq (0, 0) \\ 0, & (x, y) = (0, 0) \end{cases}$$

풀이 원점 (0, 0)을 제외한 모든 점에서의 함숫값은 x와 y의 유리함수로 주어지기 때문에 함수 f는 (0, 0)을 제외한 모든 점 (x, y)에서 연속이다. 따라서 원점이 아닌 점에서의 극한값은 x와 y의 값을 유리식에 대입해서 간단하게 구할 수 있다.

원점 (0, 0)에서 f의 값은 정의되어 있지만, $(x, y) \to (0, 0)$일 때 f의 극한이 존재하지 않는다. 그 이유는 원점으로의 접근 경로에 따라 서로 다른 값을 갖기 때문이다.

모든 m값에 대해 함수 f는 '구멍이 뚫린' 직선 $y=mx$, $x \neq 0$에서 상숫값을 가진다. 그 이유는 다음과 같다.

$$f(x, y)\Big|_{y=mx} = \frac{2xy}{x^2+y^2}\Big|_{y=mx} = \frac{2x(mx)}{x^2+(mx)^2} = \frac{2mx^2}{x^2+m^2x^2} = \frac{2m}{1+m^2}$$

따라서 f는 이 직선을 따라 (x, y)가 (0, 0)으로 다가갈 때의 극한값을 가진다.

$$\lim_{\substack{(x, y)\to(0,0) \\ y=mx\text{를 따라}}} f(x, y) = \lim_{(x, y)\to(0,0)} \left[f(x, y)\Big|_{y=mx} \right] = \frac{2m}{1+m^2}$$

이 극한은 기울기 m의 값에 따라 달라진다. 따라서 (x, y)가 원점으로 가까워질 때 f의 극한값으로 하나의 수가 아니다. 그러므로 극한이 존재하지 않으며, 함수는 원점에서 연속이 아니다. ■

예제 4와 5는 2개 이상의 변수를 가진 함수의 극한에 관해 중요한 성질을 보인다. 한 점에서 극한이 존재하려면 극한값은 모든 접근 경로에서 동일해야 한다. 이 결과는 1변수 함수의 경우에서 좌극한 및 우극한이 동일한 값을 가져야 하는 경우와 유사하다. 2개 이상의 변수를 가진 함수의 경우 서로 다른 극한을 갖는 경로를 찾으면 해당 점에서 함수는 극한이 존재하지 않음을 알 수 있다.

두 경로 테스트를 통한 극한의 비존재성

함수 $f(x, y)$에 대해 (x, y)가 (x_0, y_0)으로 가까이 갈 때 f의 정의역 내의 서로 다른 두 경로를 따라 서로 다른 극한을 갖는다면 $\displaystyle\lim_{(x, y)\to(x_0, y_0)} f(x, y)$는 존재하지 않는다.

예제 6 다음 함수는 (0, 0)에서 극한이 존재하지 않음을 보여라(그림 12.15).

$$f(x, y) = \frac{2x^2y}{x^4+y^2}$$

풀이 (x, y)가 (0, 0)으로 가까이 가면 분모와 분자는 모두 0에 가까워지므로 부정형 0/0을 얻는다. 원점 (0, 0)에서 끝나는 포물선 곡선을 따라 f의 값을 살펴본다. 곡선 $y=kx^2$, $x \neq 0$을 따라 함수는 다음과 같은 상숫값을 가짐을 알 수 있다.

$$f(x, y)\Big|_{y=kx^2} = \frac{2x^2y}{x^4+y^2}\Big|_{y=kx^2} = \frac{2x^2(kx^2)}{x^4+(kx^2)^2} = \frac{2kx^4}{x^4+k^2x^4} = \frac{2k}{1+k^2}$$

그러므로 다음과 같다.

$$\lim_{\substack{(x, y)\to(0,0) \\ y=kx^2\text{을 따라}}} f(x, y) = \lim_{(x, y)\to(0,0)} \left[f(x, y)\Big|_{y=kx^2} \right] = \frac{2k}{1+k^2}$$

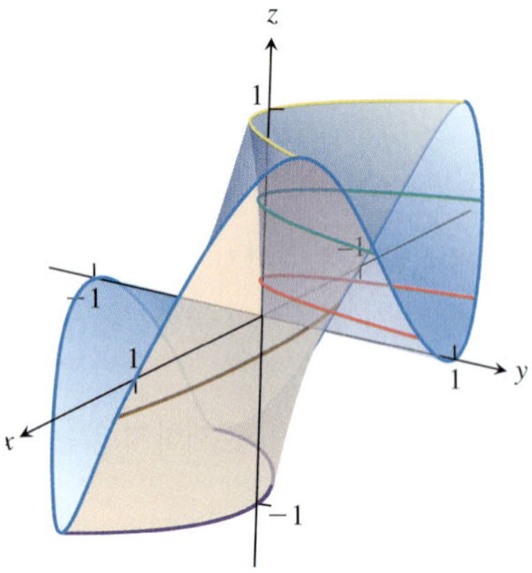

(a)

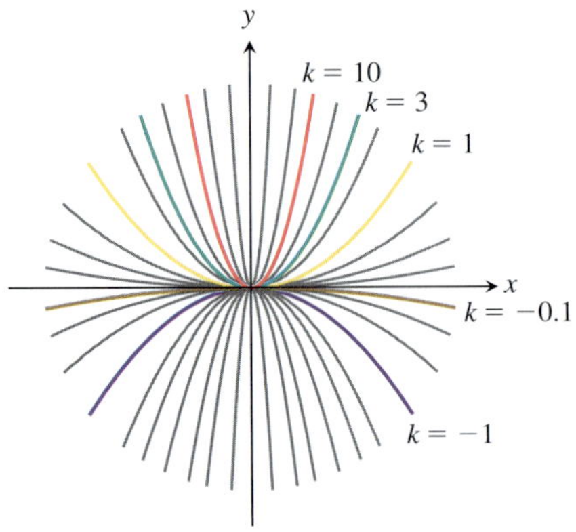

(b)

그림 12.15 (a) 함수 $f(x, y)=2x^2y/(x^4+y^2)$의 그래프. (b) 경로 $y=kx^2$, $x\neq 0$를 따라 함숫값은 상수이지만, k의 값에 따라 변한다(예제 6).

이 극한값은 접근 경로에 따라 다르다. 예를 들어 포물선 $y=x^2$을 따라 (x, y)가 $(0, 0)$에 다가갈 때, $k=1$이고 극한값은 1이다. 반면에 x축을 따라 (x, y)가 $(0, 0)$에 다가갈 때, $k=0$이고 극한값은 0이다. 두 경로 테스트에 따르면 f는 (x, y)가 $(0, 0)$에서 극한이 존재하지 않는다. ■

예제 6의 함수는 모든 직선 경로 $y=mx$를 따라 극한값 0임을 알 수 있다(연습문제 57). 이는 다음과 같은 사실을 의미한다.

> (x_0, y_0)에 접근하는 모든 직선의 극한이 같다고 해서 (x_0, y_0)에서의 극한이 존재한다는 의미는 아니다.

정의가 되는 두 연속함수의 합성도 연속이다. 유일한 조건은 합성되는 곳에서 연속이어야 한다는 것이다. 여기서 증명은 생략하지만, 증명은 1변수 함수에 대한 증명과 유사하다(1.6절의 정리 9).

> **합성함수의 연속**
>
> 함수 f가 (x_0, y_0)에서 연속이고 g는 $f(x_0, y_0)$에서 연속인 1변수 함수라고 하자. 그러면 $h(x, y)=g(f(x, y))$로 정의된 합성함수 $h=g\circ f$는 (x_0, y_0)에서 연속이다.

예를 들어 다음의 합성함수는 모든 점 (x, y)에서 연속이다.

$$e^{x-y}, \qquad \cos\frac{xy}{x^2+1}, \qquad \ln(1+x^2y^2)$$

3개 이상의 변수를 가진 함수

2변수 함수의 극한과 연속의 정의 및 합, 곱, 나눗셈, 거듭제곱, 합성에 대한 극한과 연속에 대한 성질 모두 3개 이상의 변수를 가지는 함수로 확장할 수 있다. 다음과 같은 함수는 각각의 정의역에서 연속이다.

$$\ln(x+y+z) \text{ 와 } \qquad \frac{y\sin z}{x-1}$$

그리고 다음과 같은 극한은 직접 대입하여 구할 수 있다.

$$\lim_{P\to(1,0,-1)}\frac{e^{x+z}}{z^2+\cos\sqrt{xy}}=\frac{e^{1-1}}{(-1)^2+\cos 0}=\frac{1}{2}$$

이때 P는 점 (x, y, z)를 나타낸다.

유계 닫힌 집합에서 정의된 연속함수의 극값

극한값 정리(31절 정리 1)는 유계 닫힌 구간 $[a, b]$의 모든 점에서 연속인 1변수 함수는 $[a, b]$에서 적어도 하나씩의 최댓값과 최솟값을 가진다고 말한다. 평면에서 정의된(선분, 경계를 포함하는 원판, 채워진 삼각형 등과 같은) 유계 닫힌 집합 R에서 연속함수 $z=f(x, y)$에 대해도 같은 성질이 성립한다. 이 함수는 영역 R 위의 점에서 최댓값과 최솟값을 가진다. 이 함수는 최댓값 또는 최솟값을 갖는 점이 하나 이상일 수도 있다.

3개 이상의 변수가 있는 함수에 대해도 비슷한 결과를 도출할 수 있다. 연속함수 $w=f(x, y, z)$는 (경계를 포함하는 공 또는 정육면체, 공의 표면, 경계를 포함한 채워진 직육면체와 같은) 유계 닫힌 집합에서 최댓값과 최솟값을 가져야 한다. 이러한 극한값을 구하는 방법은 12.7절에서 배울 것이다.

연습문제 12.2 EXERCISE QUESTION

2변수 함수의 극한

연습문제 1~12에서 극한값을 구하라.

1. $\lim\limits_{(x,y)\to(0,0)} \dfrac{3x^2 - y^2 + 5}{x^2 + y^2 + 2}$

2. $\lim\limits_{(x,y)\to(0,4)} \dfrac{x}{\sqrt{y}}$

3. $\lim\limits_{(x,y)\to(3,4)} \sqrt{x^2 + y^2 - 1}$

4. $\lim\limits_{(x,y)\to(2,-3)} \left(\dfrac{1}{x} + \dfrac{1}{y}\right)^2$

5. $\lim\limits_{(x,y)\to(0,\pi/4)} \sec x \tan y$

6. $\lim\limits_{(x,y)\to(0,0)} \cos\dfrac{x^2 + y^3}{x + y + 1}$

7. $\lim\limits_{(x,y)\to(0,\ln 2)} e^{x-y}$

8. $\lim\limits_{(x,y)\to(1,1)} \ln|1 + x^2y^2|$

9. $\lim\limits_{(x,y)\to(0,0)} \dfrac{e^y \sin x}{x}$

10. $\lim\limits_{(x,y)\to(1/27,\pi^3)} \cos\sqrt[3]{xy}$

11. $\lim\limits_{(x,y)\to(1,\pi/6)} \dfrac{x \sin y}{x^2 + 1}$

12. $\lim\limits_{(x,y)\to(\pi/2,0)} \dfrac{\cos y + 1}{y - \sin x}$

몫의 극한

분수식을 먼저 정리하여 연습문제 13~24의 극한을 구하라.

13. $\lim\limits_{\substack{(x,y)\to(1,1)\\ x\neq y}} \dfrac{x^2 - 2xy + y^2}{x - y}$

14. $\lim\limits_{\substack{(x,y)\to(1,1)\\ x\neq y}} \dfrac{x^2 - y^2}{x - y}$

15. $\lim\limits_{\substack{(x,y)\to(1,1)\\ x\neq 1}} \dfrac{xy - y - 2x + 2}{x - 1}$

16. $\lim\limits_{\substack{(x,y)\to(2,-4)\\ x\neq -4,\, x\neq x^2}} \dfrac{y + 4}{x^2y - xy + 4x^2 - 4x}$

17. $\lim\limits_{\substack{(x,y)\to(0,0)\\ x\neq y}} \dfrac{x - y + 2\sqrt{x} - 2\sqrt{y}}{\sqrt{x} - \sqrt{y}}$

18. $\lim\limits_{\substack{(x,y)\to(2,2)\\ x+y\neq 4}} \dfrac{x + y - 4}{\sqrt{x + y} - 2}$

19. $\lim\limits_{\substack{(x,y)\to(2,0)\\ 2x-y\neq 4}} \dfrac{\sqrt{2x - y} - 2}{2x - y - 4}$

20. $\lim\limits_{\substack{(x,y)\to(4,3)\\ x\neq y+1}} \dfrac{\sqrt{x} - \sqrt{y + 1}}{x - y - 1}$

21. $\lim\limits_{(x,y)\to(0,0)} \dfrac{\sin(x^2 + y^2)}{x^2 + y^2}$

22. $\lim\limits_{(x,y)\to(0,0)} \dfrac{1 - \cos(xy)}{xy}$

23. $\lim\limits_{(x,y)\to(1,-1)} \dfrac{x^3 + y^3}{x + y}$

24. $\lim\limits_{(x,y)\to(2,2)} \dfrac{x - y}{x^4 - y^4}$

3변수 함수의 극한

연습문제 25~30의 극한값을 구하라.

25. $\lim\limits_{P\to(1,3,4)} \left(\dfrac{1}{x} + \dfrac{1}{y} + \dfrac{1}{z}\right)$

26. $\lim\limits_{P\to(1,-1,-1)} \dfrac{2xy + yz}{x^2 + z^2}$

27. $\lim\limits_{P\to(\pi,\pi,0)} (\sin^2 x + \cos^2 y + \sec^2 z)$

28. $\lim\limits_{P\to(-1/4,\pi/2,2)} \tan^{-1} xyz$

29. $\lim\limits_{P\to(\pi,0,3)} ze^{-2y}\cos 2x$

30. $\lim\limits_{P\to(2,-3,6)} \ln\sqrt{x^2 + y^2 + z^2}$

2변수 함수의 연속

연습문제 31~34에서 평면의 어느 점 (x, y)에서 연속인가?

31. a. $f(x, y) = \sin(x + y)$ b. $f(x, y) = \ln(x^2 + y^2)$

32. a. $f(x, y) = \dfrac{x + y}{x - y}$ b. $f(x, y) = \dfrac{y}{x^2 + 1}$

33. a. $g(x, y) = \sin\dfrac{1}{xy}$ b. $g(x, y) = \dfrac{x + y}{2 + \cos x}$

34. a. $g(x, y) = \dfrac{x^2 + y^2}{x^2 - 3x + 2}$ b. $g(x, y) = \dfrac{1}{x^2 - y}$

3변수 함수의 연속

연습문제 35~40에서 공간의 어느 점 (x, y, z)에서 연속인가?

35. a. $f(x, y, z) = x^2 + y^2 - 2z^2$
  b. $f(x, y, z) = \sqrt{x^2 + y^2 - 1}$

36. a. $f(x, y, z) = \ln xyz$ b. $f(x, y, z) = e^{x+y}\cos z$

37. a. $h(x, y, z) = xy\sin\dfrac{1}{z}$ b. $h(x, y, z) = \dfrac{1}{x^2 + z^2 - 1}$

38. a. $h(x, y, z) = \dfrac{1}{|y| + |z|}$ b. $h(x, y, z) = \dfrac{1}{|xy| + |z|}$

39. a. $h(x, y, z) = \ln(z - x^2 - y^2 - 1)$
  b. $h(x, y, z) = \dfrac{1}{z - \sqrt{x^2 + y^2}}$

40. a. $h(x, y, z) = \sqrt{4 - x^2 - y^2 - z^2}$
  b. $h(x, y, z) = \dfrac{1}{4 - \sqrt{x^2 + y^2 + z^2 - 9}}$

원점에서 극한이 없는 경우

두 경로 테스트를 이용하여 $(x, y) \to (0, 0)$임에 따라 연습문제 41~48의 함수의 극한이 없음을 보여라.

41. $f(x, y) = -\dfrac{x}{\sqrt{x^2 + y^2}}$

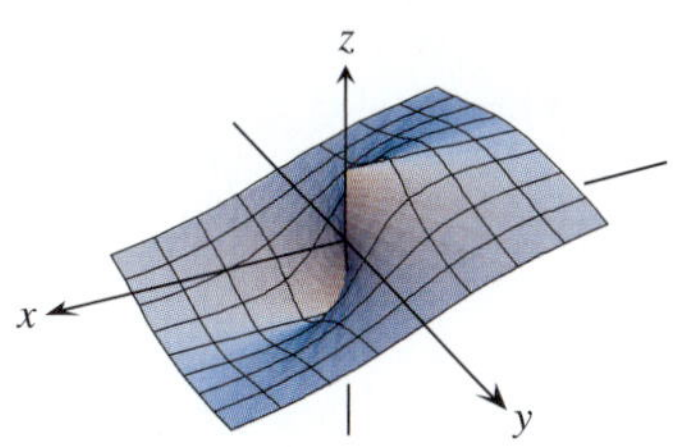

42. $f(x, y) = \dfrac{x^4}{x^4 + y^2}$

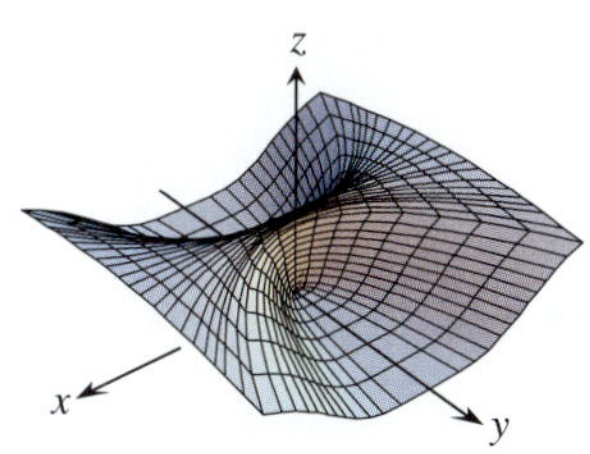

43. $f(x, y) = \dfrac{x^4 - y^2}{x^4 + y^2}$

44. $f(x, y) = \dfrac{xy}{|xy|}$

45. $g(x, y) = \dfrac{x - y}{x + y}$

46. $g(x, y) = \dfrac{x^2 - y}{x - y}$

47. $h(x, y) = \dfrac{x^2 + y}{y}$

48. $h(x, y) = \dfrac{x^2y}{x^4 + y^2}$

이론과 예제

연습문제 49~54에서 극한이 존재하지 않음을 보여라.

49. $\lim_{(x,y)\to(1,1)} \frac{xy^2-1}{y-1}$

50. $\lim_{(x,y)\to(1,-1)} \frac{xy+1}{x^2-y^2}$

51. $\lim_{(x,y)\to(0,1)} \frac{x\ln y}{x^2+(\ln y)^2}$

52. $\lim_{(x,y)\to(1,0)} \frac{xe^y-1}{xe^y-1+y}$

53. $\lim_{(x,y)\to(0,0)} \frac{y+\sin x}{x+\sin y}$

54. $\lim_{(x,y)\to(1,1)} \frac{\tan y - y\tan x}{y-x}$

55. $f(x,y)=\begin{cases}1, & y\geq x^4\\ 1, & y\leq 0\\ 0, & \text{그 외에}\end{cases}$ 이라고 하자. 다음의 극한을 구하거나 극한이 존재하지 않는 이유를 설명하라.

a. $\lim_{(x,y)\to(0,1)} f(x,y)$

b. $\lim_{(x,y)\to(2,3)} f(x,y)$

c. $\lim_{(x,y)\to(0,0)} f(x,y)$

56. $f(x,y)=\begin{cases}x^2, & x\geq 0\\ x^3, & x<0\end{cases}$ 이라고 하자. 다음의 극한을 구하라.

a. $\lim_{(x,y)\to(3,-2)} f(x,y)$

b. $\lim_{(x,y)\to(-2,1)} f(x,y)$

c. $\lim_{(x,y)\to(0,0)} f(x,y)$

57. 예제 6의 함수가 (0, 0)에 접근하는 모든 직선을 따라 극한값 0을 가짐을 보여라.

58. 만약 $f(x_0, y_0)=3$이고 f가 (x_0, y_0)에서 연속이라면 다음 식에 대해 어떤 것을 말할 수 있는가?

$$\lim_{(x,y)\to(x_0,y_0)} f(x,y)$$

만약 f가 (x_0, y_0)에서 연속이 아니라면 어떤 것을 말할 수 있는가? 질문의 답에 대한 이유를 써라.

2변수 함수에 대한 샌드위치 정리 만약 (x_0, y_0)를 중심으로 하는 원판에 있는 모든 $(x, y)\neq(x_0, y_0)$에 대해 $g(x, y)\leq f(x, y)\leq h(x, y)$이고 $(x, y)\to(x_0, y_0)$임에 따라 g와 h가 유한의 같은 극한값 L을 가지면 다음이 성립한다.

$$\lim_{(x,y)\to(x_0,y_0)} f(x,y)=L$$

이를 이용하여 연습문제 59~62에 답하라.

59. 다음 부등식을 안다고 하자.

$$1-\frac{x^2y^2}{3}<\frac{\tan^{-1}xy}{xy}<1$$

그러면 다음 식에 대해 어떤 사실을 말할 수 있는가?

$$\lim_{(x,y)\to(0,0)} \frac{\tan^{-1}xy}{xy}$$

답에 대한 이유를 서술하라.

60. 다음 부등식을 안다고 하자.

$$2|xy|-\frac{x^2y^2}{6}<4-4\cos\sqrt{|xy|}<2|xy|$$

그러면 다음 식에 대해 어떤 사실을 말할 수 있는가?

$$\lim_{(x,y)\to(0,0)} \frac{4-4\cos\sqrt{|xy|}}{|xy|}$$

답에 대한 이유를 서술하라.

61. 부등식 $|\sin(1/x)|\leq 1$을 안다면 다음 식에 대해 어떤 사실을 말할 수 있는가?

$$\lim_{(x,y)\to(0,0)} y\sin\frac{1}{x}$$

답에 대한 이유를 서술하라.

62. 부등식 $|\cos(1/y)|\leq 1$을 안다면 다음 식에 대해 어떤 사실을 말할 수 있는가?

$$\lim_{(x,y)\to(0,0)} x\cos\frac{1}{y}$$

답에 대한 이유를 서술하라.

63. (예제 5 계속)

a. 예제 5를 다시 읽은 다음, $m=\tan\theta$를 다음 식에 대입하고 직선의 경사각에 따라 f의 값이 어떻게 변하는지 단순화하라.

$$f(x,y)\Big|_{y=mx}=\frac{2m}{1+m^2}$$

b. 문제 (a)에서 얻은 식을 사용하여 직선 $y=mx$를 따라 $(x, y)\to(0, 0)$일 때 f의 극한이 -1에서 1까지 변함을 보여라. 이때 극한은 직선의 각도에 의존한다.

64. 연속의 확장 다음의 함수가 원점에서 연속이 되도록 $f(0, 0)$을 정의하라.

$$f(x,y)=xy\frac{x^2-y^2}{x^2+y^2}$$

극좌표로 변수 변환

만약 직교좌표계에서 극한 $\lim_{(x,y)\to(0,0)} f(x,y)$에 대해 어떠한 진척이 없다면 극좌표로 변환하라. 즉 $x=r\cos\theta$, $y=r\cos\theta$으로 치환하고, $r\to 0$임에 따라 결과식의 극한을 조사하라. 다시 말해 다음 기준을 만족하는 L값이 존재하는지 결정하라.

임의의 $\varepsilon>0$와 모든 r과 θ에 대해 다음 식을 만족하는 $\delta>0$가 존재하면,

$$|r|<\delta \quad\Rightarrow\quad |f(r,\theta)-L|<\varepsilon \tag{1}$$

f는 원점에서 극한 L을 갖는다.

$$\lim_{(x,y)\to(0,0)} f(x,y)=\lim_{r\to 0} f(r\cos\theta, r\sin\theta)=L$$

예를 들어 다음 식이 성립한다.

$$\lim_{(x,y)\to(0,0)} \frac{x^3}{x^2+y^2}=\lim_{r\to 0}\frac{r^3\cos^3\theta}{r^2}=\lim_{r\to 0} r\cos^3\theta=0$$

마지막 식을 증명하기 위해 식 (1)이 $f(r, \theta)=r\cos^3\theta$와 $L=0$을 만족한다는 것을 보여야 한다. 다시 말해 임의의 $\varepsilon>0$와 모든 r과 θ에 대해 다음 식을 만족하는 $\delta>0$가 존재함을 보이는 것이 필요하다.

$$|r|<\delta \quad\Rightarrow\quad |r\cos^3\theta-0|<\varepsilon$$

부등식에 의해 만약 $\delta=\varepsilon$으로 선택하면, 모든 r과 θ에 대해 다음 식이 성립한다.

$$|r\cos^3\theta| = |r||\cos^3\theta| \le |r|\cdot 1 = |r|$$

함수

$$\frac{x^2}{x^2+y^2} = \frac{r^2\cos^2\theta}{r^2} = \cos^2\theta$$

는 $|r|$의 값이 얼마나 작은지에 관계없이 0에서 1 사이의 값을 가진다. 따라서 극한 $\lim_{(x,y)\to(0,0)} x^2/(x^2+y^2)$은 존재하지 않는다.

각각의 예에서 $r \to 0$에 따라 극한의 존재 또는 비존재는 상당히 명확하다. 하지만 극좌표로의 변환이 항상 도움이 되는 것은 아니며 오히려 때로는 잘못된 결론에 이르게 할 수도 있다. 예를 들어 극한은 모든 직선(또는 반직선) θ=상수를 따라 존재할 수도 있지만, 더 넓은 의미에서 극한은 존재하지 않을 수도 있다. 예제 5가 이러한 성질을 설명한다. 극좌표계에서 $f(x, y)=(2x^2y)/(x^4+y^2)$는 $r\neq 0$인 곳에서 다음과 같다.

$$f(r\cos\theta, r\sin\theta) = \frac{r\cos\theta\sin 2\theta}{r^2\cos^4\theta + \sin^2\theta}$$

만약 θ가 상수이고 $r \to 0$이라고 하면, 극한은 0이다. 그러나 경로 $y=x^2$에서 $r\sin\theta=r^2\cos^2\theta$과 다음 식이 성립함을 알 수 있다.

$$\begin{aligned} f(r\cos\theta, r\sin\theta) &= \frac{r\cos\theta\sin 2\theta}{r^2\cos^4\theta + (r\cos^2\theta)^2} \\ &= \frac{2r\cos^2\theta\sin\theta}{2r^2\cos^4\theta} = \frac{r\sin\theta}{r^2\cos^2\theta} = 1 \end{aligned}$$

연습문제 65~70에서 $(x, y) \to (0, 0)$일 때 f의 극한을 구하거나, 극한이 존재하지 않음을 보여라.

65. $f(x,y) = \dfrac{x^3 - xy^2}{x^2+y^2}$

66. $f(x,y) = \cos\left(\dfrac{x^3 - y^3}{x^2+y^2}\right)$

67. $f(x,y) = \dfrac{y^2}{x^2+y^2}$

68. $f(x,y) = \dfrac{2x}{x^2+x+y^2}$

69. $f(x,y) = \tan^{-1}\left(\dfrac{|x|+|y|}{x^2+y^2}\right)$

70. $f(x,y) = \dfrac{x^2 - y^2}{x^2+y^2}$

연습문제 71과 72에서 함수 f가 원점에서 연속이 되도록 $f(0, 0)$을 정의하라.

71. $f(x,y) = \ln\left(\dfrac{3x^2 - x^2y^2 + 3y^2}{x^2+y^2}\right)$

72. $f(x,y) = \dfrac{3x^2y}{x^2+y^2}$

극한의 정의 사용하기

각각의 연습문제 73~78에서 함수 $f(x, y)$와 양의 실수 ε이 주어져 있다. 각각의 연습문제에서 모든 (x, y)에 대해 다음을 만족하는 $\delta > 0$가 존재함을 보여라.

$$\sqrt{x^2+y^2} < \delta \;\Rightarrow\; |f(x,y) - f(0,0)| < \varepsilon$$

73. $f(x,y) = x^2 + y^2,\quad \varepsilon = 0.01$

74. $f(x,y) = y/(x^2+1),\quad \varepsilon = 0.05$

75. $f(x,y) = (x+y)/(x^2+1),\quad \varepsilon = 0.01$

76. $f(x,y) = (x+y)/(2+\cos x),\quad \varepsilon = 0.02$

77. $f(x,y) = \dfrac{xy^2}{x^2+y^2},\quad f(0,0) = 0,\quad \varepsilon = 0.04$

78. $f(x,y) = \dfrac{x^3+y^4}{x^2+y^2},\quad f(0,0) = 0,\quad \varepsilon = 0.02$

각각의 연습문제 79~82에서 함수 $f(x, y, z)$와 양의 실수 ε이 주어져 있다. 각각의 연습문제에서 모든 (x, y, z)에 대해 다음을 만족하는 $\delta > 0$가 존재함을 보여라.

$$\sqrt{x^2+y^2+z^2} < \delta \;\Rightarrow\; |f(x,y,z) - f(0,0,0)| < \varepsilon$$

79. $f(x,y,z) = x^2+y^2+z^2,\quad \varepsilon = 0.015$

80. $f(x,y,z) = xyz,\quad \varepsilon = 0.008$

81. $f(x,y,z) = \dfrac{x+y+z}{x^2+y^2+z^2+1},\quad \varepsilon = 0.015$

82. $f(x,y,z) = \tan^2 x + \tan^2 y + \tan^2 z,\quad \varepsilon = 0.03$

83. $f(x, y, z) = x+y-z$는 모든 점 (x_0, y_0, z_0)에서 연속임을 보여라.

84. $f(x, y, z) = x^2+y^2+z^2$은 원점에서 연속임을 보여라.

12.3 편도함수

다변수 함수의 미적분은 한 번에 여러 변수에 적용되는 1변수 함수의 미적분과 유사하다. 함수의 독립변수 하나를 제외한 모든 독립변수를 상수로 생각하고, 하나의 독립변수에 대해 미분하면 '부분'도함수를 얻는다. 이 절에서는 편도함수가 어떻게 정의되고 어떻게 기하학적으로 해석되며, 1변수 함수의 미분 규칙을 적용하여 어떻게 계산하는지 보인다. 다변수 함수의 미분가능성은 여러 방향에서 한 점으로 접근할 수 있기 때문에 편도함수의 존재성보다 더 많은 것을 필요로 한다. 하지만 미분가능한 다변수 함수가 1변수 함수와 유사한 성질을 가진다는 것을 보일 것이다. 특히 미분가능한 다변수 함수는 연속이며 선형함수로 잘 근사될 수 있다.

2변수 함수의 편도함수

만약 (x_0, y_0)가 함수 $f(x, y)$의 정의역의 한 점이면, 곡선 $z=f(x, y_0)$은 수직 평면 $y=y_0$과 곡면

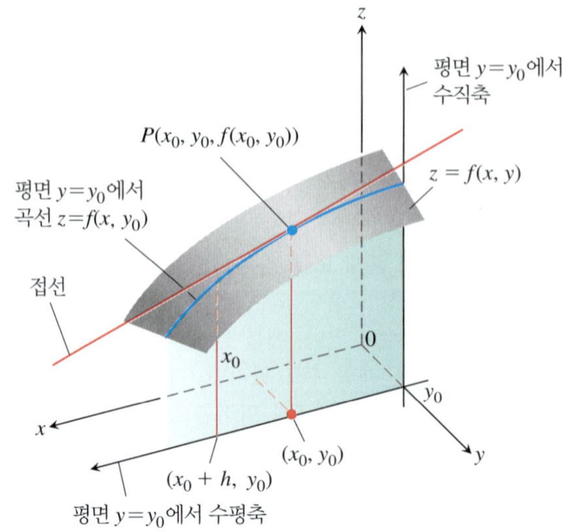

그림 12.16 xy평면의 제1사분면 위에서 바라본 곡면 $z=f(x, y)$와 평면 $y=y_0$의 교선.

$z=f(x, y)$의 교선이다(그림 12.16). 이 곡선은 평면 $y=y_0$에서 함수 $z=f(x, y_0)$의 그래프이다. 이 평면에서의 수평 좌표는 x이고, 수직 좌표는 z이다. 그리고 y값은 상수 y_0로 일정하게 유지되므로 y는 변수가 아니다.

한 점 (x_0, y_0)에서 x에 대한 f의 편도함수를 점 $x=x_0$에서 x에 대한 함수 $f(x, y_0)$의 1변수 미분으로 정의한다. 편도함수를 1변수 미분과 구분하기 위해 이전에 사용하던 d 대신 기호 ∂를 사용할 것이다. 이 정의에서 h는 양수 또는 음수인 실수를 나타낸다.

정의 다음의 극한이 존재할 경우라고 하자.

$$\left.\frac{\partial f}{\partial x}\right|_{(x_0, y_0)} = \lim_{h \to 0} \frac{f(x_0 + h, y_0) - f(x_0, y_0)}{h}$$

이를 **점 (x_0, y_0)에서 x에 대한 함수 $f(x, y)$의 편도함수**라 한다.

함수 $f(x, y)$의 점 (x_0, y_0)에서 x에 대한 편도함수는 다음과 같이 점 x_0에서 함수 $f(x, y_0)$의 1변수 미분과 같다.

$$\left.\frac{\partial f}{\partial x}\right|_{(x_0, y_0)} = \left.\frac{d}{dx} f(x, y_0)\right|_{x=x_0}$$

점 (x_0, y_0)에서 편도함수를 나타내는 다음과 같은 다양한 표기법이 있다.

$$\frac{\partial f}{\partial x}(x_0, y_0), \qquad f_x(x_0, y_0), \qquad \left.\frac{\partial z}{\partial x}\right|_{(x_0, y_0)}$$

편도함수를 특정한 점 (x_0, y_0)에서 값을 구하지 않으면, 편도함수는 편도함수가 존재하는 점의 집합을 정의역으로 가지는 함수가 된다. 이 함수를 다음과 같이 다양한 표기법으로 나타낼 수 있다.

$$\frac{\partial f}{\partial x}, \qquad f_x, \qquad \frac{\partial z}{\partial x}$$

평면 $y=y_0$의 점 $P(x_0, y_0, f(x_0, y_0))$에서 곡선 $z=f(x, y_0)$의 기울기는 (x_0, y_0)에서 x에 대한 f의 편도함수의 값이다(그림 12.16에서 이 기울기는 음수이다). 점 P에서 곡선의 접선은 이 기울기를 가지고 점 P를 지나는 평면 $y=y_0$에 놓인 직선이다. 점 (x_0, y_0)에서 편도함수 $\partial f/\partial x$는 y가 상수 y_0로 고정되어 있을 때, x에 대한 f의 변화율을 의미한다.

정의 다음 극한이 존재할 경우에 이를 **점 (x_0, y_0)에서 y에 대한 함수 $f(x, y)$의 편도함수**로 정의한다.

$$\left.\frac{\partial f}{\partial y}\right|_{(x_0, y_0)} = \left.\frac{d}{dy}f(x_0, y)\right|_{y=y_0} = \lim_{h\to 0}\frac{f(x_0, y_0+h)-f(x_0, y_0)}{h}$$

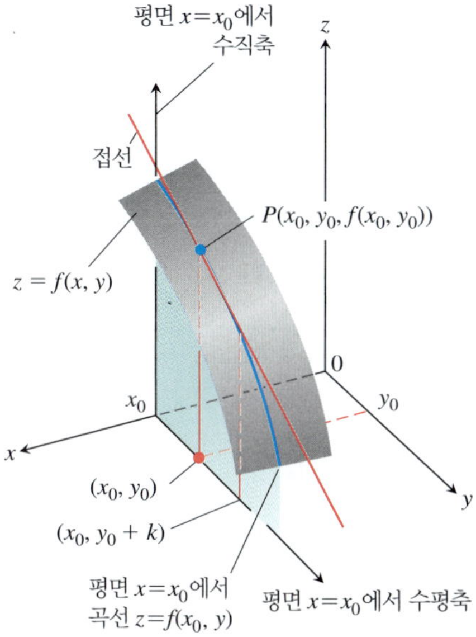

그림 12.17 xy평면의 제1사분면 위에서 바라본 곡면 $z=f(x, y)$와 평면 $x=x_0$의 교선.

수직 평면 $x=x_0$의 점 $P(x_0, y_0, f(x_0, y_0))$에서 곡선 $z=f(x_0, y)$의 기울기는 (x_0, y_0)에서 y에 대한 함수 f의 편도함수이다(그림 12.17). 점 P에서 곡선의 접선은 이 기울기를 가지고 점 P를 지나는 평면 $x=x_0$에 놓인 직선이다. 편도함수는 x가 상수 x_0로 고정되어 있을 때, 점 (x_0, y_0)에서 y에 대한 f의 변화율을 나타낸다.

y에 대한 편도함수는 x에 대한 편도함수와 마찬가지로 다음과 같이 나타낸다.

$$\frac{\partial f}{\partial y}(x_0, y_0), \qquad f_y(x_0, y_0), \qquad \frac{\partial f}{\partial y}, \qquad f_y$$

이제 점 $P(x_0, y_0, f(x_0, y_0))$에서 곡면 $z=f(x, y)$와 관련된 두 접선이 있다(그림 12.18). 2개의 접선으로부터 결정되는 평면이 점 P에서의 접평면이 되는가? 이 절의 끝에서 미분가능한 함수에 대해 그렇다는 것을 알게 될 것이고, 이후 접평면을 찾는 방법을 12.6절에서 배우게 될 것이다. 우선 편도함수에 대해 좀 더 알아본다.

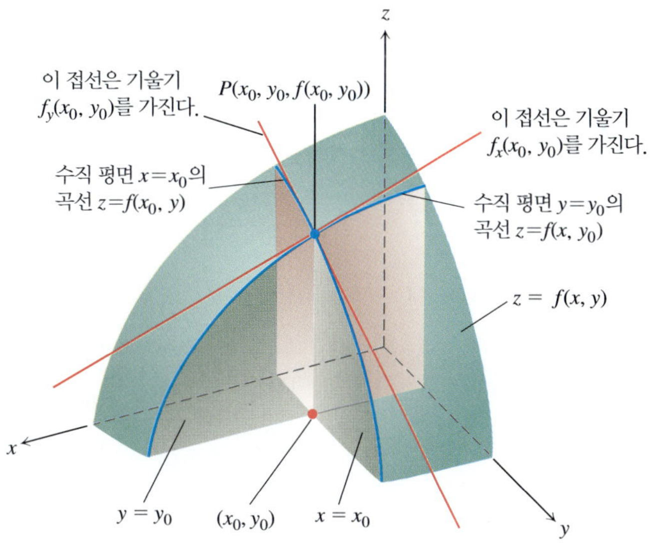

그림 12.18 그림 12.16과 12.17의 결합. 점 $(x_0, y_0, f(x_0, y_0))$에서의 접선은 이 그림에서 곡면에 접해 보이는 평면을 결정한다.

계산

$\partial f/\partial x$와 $\partial f/\partial y$의 정의로부터 한 점에서 f의 두 가지의 서로 다른 미분이 있다. 첫 번째는 y를 상수로 취급하고 x에 대해 미분하는 것이고, 두 번째는 x를 상수로 취급하고 y에 대해 미분하는 것이다. 다음 예제들은 주어진 점 (x_0, y_0)에서 이러한 편도함수의 값이 일반적으로 서로 다르다는 것을 보인다.

예제 1 함수 $f(x, y)=x^2+3xy+y-1$이 주어졌을 때, 점 $(4, -5)$에서 $\partial f/\partial x$와 $\partial f/\partial y$를 찾아라.

풀이 $\partial f/\partial x$을 찾기 위해 y를 상수로 취급하고 x에 대해 다음과 같이 미분한다.

$$\frac{\partial f}{\partial x} = \frac{\partial}{\partial x}(x^2 + 3xy + y - 1) = 2x + 3 \cdot 1 \cdot y + 0 - 0 = 2x + 3y$$

점 $(4, -5)$에서의 값은 $2(4)+3(-5)=-7$이다.

$\partial f/\partial y$을 찾기 위해 x를 상수로 취급하고 y에 대해 다음과 같이 미분한다.

$$\frac{\partial f}{\partial y} = \frac{\partial}{\partial y}(x^2 + 3xy + y - 1) = 0 + 3 \cdot x \cdot 1 + 1 - 0 = 3x + 1$$

점 $(4, -5)$에서의 값은 $3(4)+1=13$이다. ■

예제 2 함수 $f(x, y)=y \sin xy$가 주어졌을 때, $\partial f/\partial y$를 구하라.

풀이 x를 상수로 취급하고 f를 y와 $\sin xy$의 곱으로 본다.

$$\begin{aligned}\frac{\partial f}{\partial y} &= \frac{\partial}{\partial y}(y \sin xy) = y\frac{\partial}{\partial y}\sin xy + (\sin xy)\frac{\partial}{\partial y}(y)\\ &= (y\cos xy)\frac{\partial}{\partial y}(xy) + \sin xy = xy\cos xy + \sin xy\end{aligned}$$ ■

예제 3 함수 $f(x, y)=\dfrac{2y}{y+\cos x}$가 주어졌을 때, f_x와 f_y를 구하라.

풀이 f를 분수식으로 본다. y를 상수로 취급하고 나눗셈 규칙을 쓰면 다음을 얻는다.

$$\begin{aligned}f_x &= \frac{\partial}{\partial x}\left(\frac{2y}{y+\cos x}\right) = \frac{(y+\cos x)\frac{\partial}{\partial x}(2y) - 2y\frac{\partial}{\partial x}(y+\cos x)}{(y+\cos x)^2}\\ &= \frac{(y+\cos x)(0) - 2y(-\sin x)}{(y+\cos x)^2} = \frac{2y\sin x}{(y+\cos x)^2}\end{aligned}$$

반면에 x를 상수로 취급하고 나눗셈 규칙을 적용하면 다음을 얻는다.

$$\begin{aligned}f_y &= \frac{\partial}{\partial y}\left(\frac{2y}{y+\cos x}\right) = \frac{(y+\cos x)\frac{\partial}{\partial y}(2y) - 2y\frac{\partial}{\partial y}(y+\cos x)}{(y+\cos x)^2}\\ &= \frac{(y+\cos x)(2) - 2y(1)}{(y+\cos x)^2} = \frac{2\cos x}{(y+\cos x)^2}\end{aligned}$$ ■

다음 예제가 설명하는 바와 같이 음함수 미분법은 편도함수에서 1변수 미분과 마찬가지로 작용한다.

예제 4 식 $yz-\ln z=x+y$에서 z를 2개의 독립변수 x와 y의 함수로 정의하고 편미분이 존재한다고 가정할 때, $\partial z/\partial x$를 구하라.

풀이 y를 상수로 z를 x에 대한 미분가능한 함수로 생각해서 식의 양변을 x에 대해 미분한다.

$$\frac{\partial}{\partial x}(yz) - \frac{\partial}{\partial x}\ln z = \frac{\partial x}{\partial x} + \frac{\partial y}{\partial x}$$

$$y\frac{\partial z}{\partial x} - \frac{1}{z}\frac{\partial z}{\partial x} = 1 + 0$$

$\frac{\partial}{\partial x}(yz) = y\frac{\partial z}{\partial x}$, y는 상수

$$\left(y - \frac{1}{z}\right)\frac{\partial z}{\partial x} = 1$$

$$\frac{\partial z}{\partial x} = \frac{z}{yz - 1}$$ ■

예제 5 평면 $x=1$과 포물면 $z=x^2+y^2$의 교선은 포물선이다. 점 (1, 2, 5)에서 포물선에 접하는 접선의 기울기를 찾아라(그림 12.19).

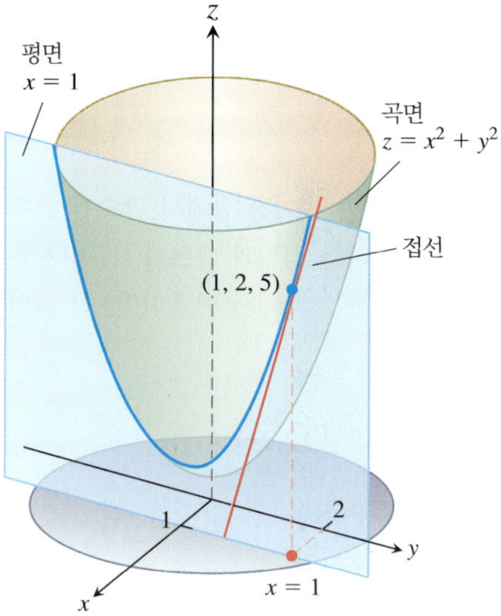

그림 12.19 점 (1, 2, 5)에서 평면 $x=1$과 곡면 $z=x^2+y^2$의 교선의 접선(예제 5).

풀이 평면에 있는 포물선은 yz평면과 평행한 평면에 있고, 점 (1, 2)에서 편도함수 $\partial z/\partial y$의 값은 다음과 같다.

$$\left.\frac{\partial z}{\partial y}\right|_{(1,2)} = \left.\frac{\partial}{\partial y}(x^2 + y^2)\right|_{(1,2)} = \left.2y\right|_{(1,2)} = 2(2) = 4$$

확인을 위해 평면 $x=1$에서 1변수 함수 $z=(1)^2+y^2=1+y^2$의 그래프로서 취급할 수 있다. 그리고 $y=2$에서 기울기를 구할 수 있다. 이제 1변수 미분으로 계산한 기울기는 다음과 같다.

$$\left.\frac{dz}{dy}\right|_{y=2} = \left.\frac{d}{dy}(1 + y^2)\right|_{y=2} = \left.2y\right|_{y=2} = 4$$ ■

3개 이상의 변수를 가진 함수

3개 이상의 독립변수를 가지는 함수의 편도함수의 정의는 2변수 함수의 편도함수의 정의와 유사하다. 1개의 변수를 제외한 다른 변수는 상수로 취급하고, 1개의 변수에 대해 1변수 미분을 한다.

예제 6 x, y, z가 3개의 독립변수이고 함수 $f(x, y, z)=x \sin(y+3z)$가 주어졌다고 하자. 그러면 다음을 얻는다.

$$\begin{aligned}\frac{\partial f}{\partial z} &= \frac{\partial}{\partial z}[x \sin(y + 3z)] = x\frac{\partial}{\partial z}\sin(y + 3z) && x\text{를 상수로 취급} \\ &= x \cos(y + 3z)\frac{\partial}{\partial z}(y + 3z) && \text{연쇄법칙} \\ &= 3x \cos(y + 3z) && y\text{를 상수로 취급}\end{aligned}$$ ■

예제 7 R(옴)의 값을 갖는 저항을 만들기 위해 R_1, R_2, R_3의 값을 갖는 저항이 병렬로 연결되어 있으면 R의 값은 다음의 방정식으로부터 찾을 수 있다(그림 12.20).

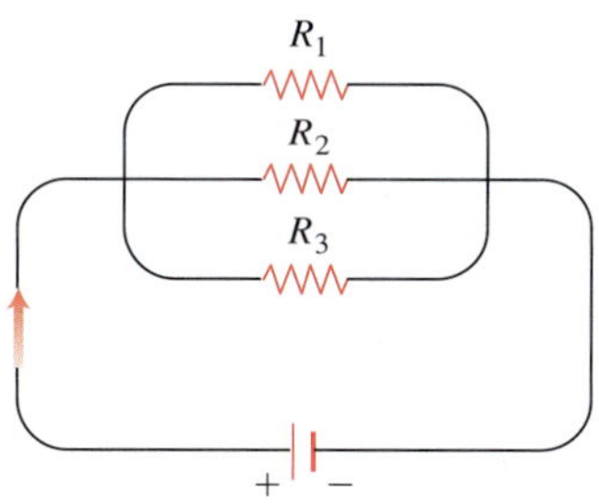

그림 12.20 그림과 같이 배치된 저항을 병렬 연결이라고 한다(예제 7). 각 저항의 전류의 일부를 통과시킨다. 저항 R은 다음 식으로 계산된다.

$$\frac{1}{R} = \frac{1}{R_1} + \frac{1}{R_2} + \frac{1}{R_3}$$

$$\frac{1}{R} = \frac{1}{R_1} + \frac{1}{R_2} + \frac{1}{R_3}$$

$R_1=30$, $R_2=45$, $R_3=90$일 때, 편도함수 $\partial R/\partial R_2$의 값을 구하라.

풀이 편도함수 $\partial R/\partial R_2$을 찾기 위해 R_1과 R_3를 상수로 취급하고, 음함수 미분법을 사용하여 주어진 방정식의 양변을 R_2에 대해 미분한다.

$$\frac{\partial}{\partial R_2}\left(\frac{1}{R}\right) = \frac{\partial}{\partial R_2}\left(\frac{1}{R_1} + \frac{1}{R_2} + \frac{1}{R_3}\right)$$

$$-\frac{1}{R^2}\frac{\partial R}{\partial R_2} = 0 - \frac{1}{{R_2}^2} + 0$$

$$\frac{\partial R}{\partial R_2} = \frac{R^2}{{R_2}^2} = \left(\frac{R}{R_2}\right)^2$$

$R_1=30$, $R_2=45$, $R_3=90$일 때, 다음 식에 따라 $R=15$이다.

$$\frac{1}{R} = \frac{1}{30} + \frac{1}{45} + \frac{1}{90} = \frac{3+2+1}{90} = \frac{6}{90} = \frac{1}{15}$$

그리고 다음의 편도함숫값을 가진다.

$$\frac{\partial R}{\partial R_2} = \left(\frac{15}{45}\right)^2 = \left(\frac{1}{3}\right)^2 = \frac{1}{9}$$

따라서 저항 R_2의 변화는 저항 R의 변화에 약 $\frac{1}{9}$만큼 영향을 미친다. ■

편도함수와 연속

한 점에서 함수 $f(x, y)$가 x와 y에 대한 편도함수를 가질 수 있지만 주어진 점에서 함수가 연속되지 않을 수 있다. 이는 1변수 함수일 때 미분가능하면 연속이라는 성질과 다르다. 그러나 만약 $f(x, y)$의 편도함수가 존재하고 (x_0, y_0)를 중심으로 하는 원판 전체에서 연속이면, 이 절의 마지막에서 볼 수 있듯이 f는 (x_0, y_0)에서 연속이다.

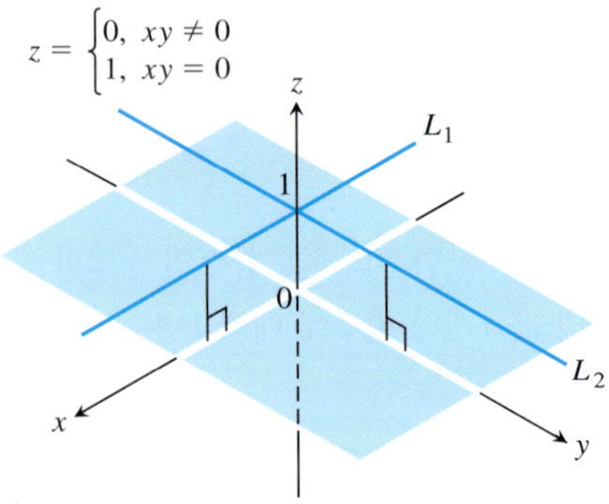

그림 12.21 함수

$$f(x, y) = \begin{cases} 0, & xy \neq 0 \\ 1, & xy = 0 \end{cases}$$

의 그래프는 (xy평면으로부터 1만큼 위에 있는) 두 직선 L_1, L_2와 xy평면의 4개의 열린 사분면으로 구성된다. 이 함수는 원점에서 편도함수를 가지지만, 원점에서 연속은 아니다(예제 8).

예제 8 함수 $f(x, y) = \begin{cases} 0, & xy \neq 0 \\ 1, & xy = 0 \end{cases}$이 주어졌다고 하자(그림 12.21).

(a) 직선 $y=x$를 따라 (x, y)가 $(0, 0)$으로 수렴할 때 f의 극한을 구하라.

(b) 직선 $y=0$을 따라 (x, y)가 $(0, 0)$으로 수렴할 때 f의 극한을 구하라.

(c) 원점에서 함수 f가 연속이 아님을 증명하라.

(d) 원점에서 편도함수 $\partial f/\partial x$와 $\partial f/\partial y$가 존재함을 보여라.

풀이

(a) 직선 $y=x$의 모든 점에서 함수 $f(x, y)$는 0이므로 다음을 만족한다.

$$\lim_{(x,y)\to(0,0)} f(x, y)\Big|_{y=x} = \lim_{(x,y)\to(0,0)} 0 = 0$$

(b) 직선 $y=0$의 모든 점에서 함수 $f(x, y)$는 상숫값 1을 가지므로 다음을 만족한다.

$$\lim_{(x,y)\to(0,0)} f(x, y)\Big|_{y=0} = \lim_{(x,y)\to(0,0)} 1 = 1$$

(c) 두 경로 테스트로부터 (x, y)가 $(0, 0)$으로 수렴할 때 f의 극한은 없다. 따라서 f는 원점 $(0, 0)$에서 연속이 아니다.

(d) 원점 $(0, 0)$에서 $\partial f/\partial x$를 계산하기 위해 y를 $y=0$으로 고정하자. 그러면 모든 x에 대해 $f(x, y)=1$이고, 함수 f의 그래프는 그림 12.21에서의 직선 L_1이다. 임의의 점 x에서 이 직선의 기울기는 $\partial f/\partial x=0$이다. 특히 원점 $(0, 0)$에서 $\partial f/\partial x=0$이다. 마찬가지로 $\partial f/\partial y$는 임의의 점 y에서 직선 L_2의 기울기이므로 원점 $(0, 0)$에서 $\partial f/\partial y=0$이다. ■

예제 8이 암시하는 바는 고차원에서의 미분가능성에 대해 단순히 편미분의 존재 이상의 더 강력한 조건이 필요하다는 것이다. 우리는(1변수 함수의 미분가능성보다 다소 복잡한) 2변수 함수에 대한 미분가능성을 정의하고, 이 절의 마지막에서 연속성과의 관련성에 대해 다시 언급할 것이다.

2계 편도함수

함수 $f(x, y)$를 두 번 미분할 때 f의 2계 편도함수를 얻는다. 이러한 도함수는 일반적으로 다음과 같이 표기한다.

$$\frac{\partial^2 f}{\partial x^2} \text{ 또는 } f_{xx}, \qquad \frac{\partial^2 f}{\partial y^2} \text{ 또는 } f_{yy}$$

$$\frac{\partial^2 f}{\partial x\,\partial y} \text{ 또는 } f_{yx}, \qquad \frac{\partial^2 f}{\partial y\,\partial x} \text{ 또는 } f_{xy}$$

정의되는 방정식은 다음과 같다.

$$\frac{\partial^2 f}{\partial x^2} = \frac{\partial}{\partial x}\left(\frac{\partial f}{\partial x}\right), \quad \frac{\partial^2 f}{\partial x\,\partial y} = \frac{\partial}{\partial x}\left(\frac{\partial f}{\partial y}\right)$$

혼합된 편도함수의 순서는 다음과 같다.

$$\frac{\partial^2 f}{\partial x\,\partial y} \qquad \text{y에 대해 먼저 미분하고, x에 대해 미분}$$

$$f_{yx} = (f_y)_x \qquad \text{위와 동일}$$

역사적 인물

피에르-시몽 라플라스(Pierre-Simon Laplace, 1749~1827)
수학자이자 천문학자인 라플라스는 프랑스의 노르망디 지방에서 태어났다. 당대 가장 영향력 있는 과학자 중 한 명이었으며, 태양계의 안정성 이해에 기여한 노력으로 프랑스의 뉴튼이라 불렸다. 또한 라플라스는 천체의 운동과 특성에 적용하기 위해 역학의 법칙을 일반화했다.

예제 9 함수 $f(x, y) = x\cos y + ye^x$가 주어졌을 때 2계 편도함수를 찾아라.

$$\frac{\partial^2 f}{\partial x^2}, \quad \frac{\partial^2 f}{\partial y\,\partial x}, \quad \frac{\partial^2 f}{\partial y^2}, \quad \frac{\partial^2 f}{\partial x\,\partial y}$$

풀이 첫 번째 단계는 모든 1계 편도함수를 찾는 것이다.

$$\frac{\partial f}{\partial x} = \frac{\partial}{\partial x}(x\cos y + ye^x) = \cos y + ye^x \qquad \frac{\partial f}{\partial y} = \frac{\partial}{\partial y}(x\cos y + ye^x) = -x\sin y + e^x$$

이제 각 1계 편도함수의 모든 편도함수를 다음과 같이 계산한다.

$$\frac{\partial^2 f}{\partial y\,\partial x} = \frac{\partial}{\partial y}\left(\frac{\partial f}{\partial x}\right) = -\sin y + e^x, \qquad \frac{\partial^2 f}{\partial x\,\partial y} = \frac{\partial}{\partial x}\left(\frac{\partial f}{\partial y}\right) = -\sin y + e^x$$

$$\frac{\partial^2 f}{\partial x^2} = \frac{\partial}{\partial x}\left(\frac{\partial f}{\partial x}\right) = ye^x, \qquad \frac{\partial^2 f}{\partial y^2} = \frac{\partial}{\partial y}\left(\frac{\partial f}{\partial y}\right) = -x\cos y$$

■

혼합된 편도함수

예제 9를 통해 '혼합된' 2계 편도함수가 같음을 알아차릴 수 있을 것이다.

$$\frac{\partial^2 f}{\partial y\,\partial x}, \quad \frac{\partial^2 f}{\partial x\,\partial y}$$

이것은 우연이 아니다. 이 사실은 정리 2에 언급된 대로 $f, f_x, f_y, f_{xy}, f_{yx}$가 연속일 때 항상 같아져야 한다. 하지만 연속 조건이 충족되지 않으면 혼합된 편도함수는 다를 수 있다(연습문제 82).

정리 2 ❙ 혼합된 편도함수

만약 $f(x, y)$와 이것의 편도함수 f_x, f_y, f_{xy}, f_{yx}가 점 (a, b)를 포함하는 열린 영역 전체에서 정의되어 있고 점 (a, b)에서 연속이면, 다음을 만족한다.

$$f_{xy}(a, b) = f_{yx}(a, b)$$

역사적 인물

알렉시스 클레로(Alexis Clairaut, 1713~1765)
알렉시스 클레로는 수학 천재로, 12살에는 파리의 과학 아카데미에 초청되었다. 1743년에 발표된 연구에서 클레로는 중력과 원심력 사이의 관계에 대한 기하학적 평탄화 비율의 의존성을 간단하게 제시했다.

정리 2는 프랑스 수학자 클레로의 정리로도 알려져 있으며 그가 발견했다. 이에 대한 증명은 부록 A.10에 있다. 정리 2는 혼합된 2계 편도함수를 계산할 때, 연속성 조건이 만족된다면 어느 순서로든 미분할 수 있다는 것을 말한다. 이렇게 순서를 다르게 계산할 수 있는 것은 때때로 계산을 간단하게 만든다.

예제 10 다음 함수에 대해 $\dfrac{\partial^2 w}{\partial x\, \partial y}$를 찾아라.

$$w = xy + \frac{e^y}{y^2 + 1}$$

풀이 기호 $\partial^2 w/\partial x \partial y$는 y에 대해 먼저 미분하고 그 다음 x에 대해 미분하는 것을 의미한다. 그러나 미분의 순서를 바꾸고 x에 대해 먼저 미분하면 답을 더 빨리 얻을 수 있다. 두 번의 단계만으로 다음을 얻을 수 있다.

$$\frac{\partial w}{\partial x} = y, \qquad \frac{\partial^2 w}{\partial y\, \partial x} = 1$$

만약 y에 대해 먼저 미분하면, 더 많은 계산이 필요하지만 마찬가지로 $\partial^2 w/\partial x \partial y = 1$을 얻는다. 모든 점 (x_0, y_0)에서 w가 정리 2의 조건을 만족하기 때문에 어느 순서로 미분할 수 있다. ■

더 높은 차원의 편도함수

응용에서 주로 1계 편도함수와 2계 편도함수가 나타나기 때문에 대부분 이에 대해 주로 다룰 것이다. 그러나 편도함수가 존재한다면 편도함수는 몇 번이든 취할 수 있으며 이론적인 제한이 없다. 따라서 3계와 4계 편도함수를 얻을 수 있고, 이러한 미분은 다음과 같은 기호로 표시한다.

$$\frac{\partial^3 f}{\partial x\, \partial y^2} = f_{yyx}$$

$$\frac{\partial^4 f}{\partial x^2\, \partial y^2} = f_{yyxx}$$

2계 편도함수와 마찬가지로 특정 차수의 모든 미분이 연속이라면 미분의 순서는 중요하지 않다.

예제 11 함수 $f(x, y, z) = 1 - 2xy^2z + x^2y$가 주어졌을 때 f_{yxyz}를 찾아라.

풀이 먼저 변수 y에 대해 미분한 다음에 x로 미분하고, 다시 y로 미분한 뒤에 마지막으로 z에 대해 미분한다.

$$\begin{aligned} f_y &= -4xyz + x^2 \\ f_{yx} &= -4yz + 2x \\ f_{yxy} &= -4z \\ f_{yxyz} &= -4 \end{aligned}$$

■

미분가능성

정의역의 한 점은 왼쪽이나 오른쪽에서만이 아니라 여러 방향과 경로를 통해 접근될 수 있기 때문에 다변수 함수의 미분가능성 개념은 1변수 함수의 것보다 더 복잡하다. 예제 8에서 확인한 바와 같이 한 점 (x_0, y_0)에서의 두 편도함수의 존재는 (x_0, y_0)에서의 연속을 보이는 것만으로는 충분하지 않다. 대신 f의 미분가능성은 주어진 점 근처에서 함수가 선형함수로 근사되는 개념에 기반한다.

2.11절에서 미분가능한 함수 f가 점 x_0 근처에서 다음 식과 같이 선형적으로 근사될 수 있다는 사실을 보였다.

$$L(x) = f(x_0) + f'(x_0)(x - x_0)$$

이 공식으로부터 선형함수 L을 찾을 수 있다. 이 함수의 그래프는 직선이며 L은 x_0 근처에서

f를 근사적으로 나타낸다. 심지어 f가 매우 복잡한 식으로 표현되어 있을지라도 f가 미분가능할 때마다 이러한 선형 근사를 할 수 있다. 근삿값은 오차에 대한 정보와 함께 제공될 때 훨씬 유용하고 의미가 있다. 2.11절의 식 (1)에서 미분가능한 함수 f가 다음 식을 만족한다는 것을 보았다.

$$f(x) - f(x_0) = f'(x_0)(x - x_0) + \varepsilon(x - x_0)$$

여기서 $x \to x_0$일 때 $\varepsilon \to 0$이다. 함수 f를 L로 근사하면 다음을 얻는다.

$$f(x) - L(x) = \varepsilon(x - x_0) \tag{1}$$

앞에서와 마찬가지로 여기서도 $x \to x_0$일 때 $\varepsilon \to 0$이다.

정의의 결과라기보다 2변수 함수 $f(x, y)$의 미분가능성은 f를 선형함수로 근사할 수 있다는 의미로 정의된다. 점 (x_0, y_0) 근처의 함수 $f(x, y)$에 대한 근사 선형함수 $L(x, y)$는 다음과 같은 형식을 취한다.

$$L(x, y) = f(x_0, y_0) + f_x(x_0, y_0)(x - x_0) + f_y(x_0, y_0)(y - y_0)$$

그리고 L의 그래프는 접평면이라고 하는 평면으로 점 (x_0, y_0)에서 f의 그래프를 근사한 것이다. $L(x_0, y_0)=f(x_0, y_0)$이므로 함수 L과 f는 점 (x_0, y_0)에서 일치한다. 또한 점 (x_0, y_0)에서의 L과 f의 편도함수는 같다. 접평면에 대해는 12.6절에서 더 자세히 공부할 것이다.

이제 f가 L에 의해 점 (x_0, y_0)에서 얼마나 가깝게 근사되는지를 살펴볼 것이다. 식 (1)의 1변수 함수에 대한 공식을 확장하여 f와 L 사이의 차는 다음을 만족한다는 사실을 얻는다.

$$f(x, y) - L(x, y) = \varepsilon_1(x - x_0) + \varepsilon_2(y - y_0) \tag{2}$$

여기서 $(x, y) \to (x_0, y_0)$일 때 $\varepsilon_1 \to 0$이고 $\varepsilon_2 \to 0$이다.

만약 식 (2)에 $L(x, y)$에 대한 식을 대입하면 다음을 얻는다.

$$f(x, y) - f(x_0, y_0) = f_x(x_0, y_0)(x - x_0) + f_y(x_0, y_0)(y - y_0) + \varepsilon_1(x - x_0) + \varepsilon_2(y - y_0)$$

$\Delta x = x - x_0$, $\Delta y = y - y_0$, $\Delta z = f(x, y) - f(x_0, y_0)$으로 설정하면 다음을 얻는다.

$$\Delta z = f_x(x_0, y_0)\Delta x + f_y(x_0, y_0)\Delta y + \varepsilon_1 \Delta x + \varepsilon_2 \Delta y$$

이러한 아이디어를 바탕으로 f가 L에 잘 근사된다는 아이디어를 적용하여 미분가능하다는 정의를 서술할 수 있다.

정의 만약 두 편도함수 $f_x(x_0, y_0)$와 $f_y(x_0, y_0)$가 존재하고 $\Delta z = f(x, y) - f(x_0, y_0)$가 다음을 만족한다고 하자.

$$\Delta z = f_x(x_0, y_0)\Delta x + f_y(x_0, y_0)\Delta y + \varepsilon_1 \Delta x + \varepsilon_2 \Delta y$$

그러면 함수 $z = f(x, y)$는 점 (x_0, y_0)에서 **미분가능하다**고 말한다. 여기서 $\Delta x = x - x_0$, $\Delta y = y - y_0$이고 $(x, y) \to (x_0, y_0)$일 때, $\varepsilon_1 \to 0$이고 $\varepsilon_2 \to 0$이다. 정의역의 모든 점에서 f가 미분가능하면 우리는 f를 **미분가능한** 함수라고 부르고, 이것의 그래프를 **매끄러운 곡면**이라고 부른다.

3개 이상의 변수가 있는 함수에 대해 비슷한 방법으로 미분가능성을 정의한다.

(부록 A.10에서 증명되는) 다음의 정리와 따름정리는 점 (x_0, y_0)에서 연속인 1계 편도함수를 가지는 함수는 그 점에서 미분가능하며 국소적으로 선형함수로 근사된다는 사실을 말해준다. 12.6절에서는 이러한 근사에 대해 공부한다.

정리 3 ▮ 2변수 함수에 대한 증분 정리

함수 $f(x, y)$의 1계 편도함수가 점 (x_0, y_0)를 포함하는 열린 영역 R 전체에서 정의되어 있다고 가정하자. 그리고 점 (x_0, y_0)에서 편도함수 f_x와 f_y가 연속이라고 가정하자. 그러면 점 (x_0, y_0)부터 영역 R의 다른 점 $(x_0+\Delta x, y_0+\Delta y)$까지 f의 값의 변화라고 한다.

$$\Delta z = f(x_0 + \Delta x, y_0 + \Delta y) - f(x_0, y_0)$$

다음과 같은 형태의 식을 만족한다.

$$\Delta z = f_x(x_0, y_0)\Delta x + f_y(x_0, y_0)\Delta y + \varepsilon_1 \Delta x + \varepsilon_2 \Delta y$$

여기서 $\Delta x, \Delta y \to 0$일 때, $\varepsilon_1, \varepsilon_2 \to 0$이다.

대부분에 함수 f의 정의역의 모든 점에서 편도함수는 정의되고 연속이다. 그러면 다음과 같은 따름정리를 얻는다.

정리 3의 따름정리 ▮

함수 $f(x, y)$의 편도함수 f_x와 f_y가 열린 영역 R에서 연속이면, f는 R의 모든 점에서 미분가능하다.

만약 $z=f(x, y)$가 미분가능하면 미분가능성의 정의로부터 Δx와 Δy가 0에 가까워질 때 $\Delta z=f(x_0+\Delta x, y_0+\Delta y)-f(x_0, y_0)$는 0에 수렴한다는 것을 알 수 있다. 이는 2변수 함수는 미분가능한 모든 점에서 연속임을 시사한다.

정리 4 ▮ 미분가능한 함수는 연속이다

함수 $f(x, y)$가 점 (x_0, y_0)에서 미분가능하면, f는 (x_0, y_0)에서 연속이다.

정리 3의 따름정리와 정리 4로부터 알 수 있듯이 편도함수 f_x와 f_y가 점 (x_0, y_0)를 포함하는 열린 영역 전체에서 연속이면 함수 $f(x, y)$는 (x_0, y_0)에서 연속이어야 한다. 그러나 예제 8에서 보았듯이 1계 편도함수가 존재하는 점에서 2변수 함수가 불연속이 될 수도 있음에 유의하자. 한 점에서 편도함수가 존재하는 것만으로 충분하지는 않지만, 편도함수의 연속성은 미분가능성을 보장한다.

연습문제 12.3 EXERCISE QUESTION

1계 편도함수 계산하기

연습문제 1~22에서 $\partial f/\partial x$와 $\partial f/\partial y$를 계산하라.

1. $f(x, y) = 2x^2 - 3y - 4$

2. $f(x, y) = x^2 - xy + y^2$

3. $f(x, y) = (x^2 - 1)(y + 2)$

4. $f(x, y) = 5xy - 7x^2 - y^2 + 3x - 6y + 2$

5. $f(x, y) = (xy - 1)^2$

6. $f(x, y) = (2x - 3y)^3$

7. $f(x, y) = \sqrt{x^2 + y^2}$

8. $f(x, y) = (x^3 + (y/2))^{2/3}$

9. $f(x, y) = 1/(x + y)$

10. $f(x, y) = x/(x^2 + y^2)$

11. $f(x, y) = (x + y)/(xy - 1)$

12. $f(x, y) = \tan^{-1}(y/x)$

13. $f(x, y) = e^{(x+y+1)}$

14. $f(x, y) = e^{-x}\sin(x + y)$

15. $f(x, y) = \ln(x + y)$

16. $f(x, y) = e^{xy}\ln y$

17. $f(x, y) = \sin^2(x - 3y)$

18. $f(x, y) = \cos^2(3x - y^2)$

19. $f(x, y) = x^y$

20. $f(x, y) = \log_y x$

21. $f(x, y) = \int_x^y g(t)\,dt$ (g는 모든 t에 대해 연속)

22. $f(x, y) = \sum_{n=0}^{\infty}(xy)^n$ $(|xy| < 1)$

연습문제 23~34에서 f_x, f_y, f_z를 계산하라.

23. $f(x, y, z) = 1 + xy^2 - 2z^2$
24. $f(x, y, z) = xy + yz + xz$
25. $f(x, y, z) = x - \sqrt{y^2 + z^2}$
26. $f(x, y, z) = (x^2 + y^2 + z^2)^{-1/2}$
27. $f(x, y, z) = \arcsin(xyz)$
28. $f(x, y, z) = \text{arcsec}(x + yz)$
29. $f(x, y, z) = \ln(x + 2y + 3z)$
30. $f(x, y, z) = yz \ln(xy)$
31. $f(x, y, z) = e^{-(x^2+y^2+z^2)}$
32. $f(x, y, z) = e^{-xyz}$
33. $f(x, y, z) = \tanh(x + 2y + 3z)$
34. $f(x, y, z) = \sinh(xy - z^2)$

연습문제 35~40에서 각각의 변수에 대한 함수의 편도함수를 계산하라.

35. $f(t, \alpha) = \cos(2\pi t - \alpha)$
36. $g(u, v) = v^2 e^{(2u/v)}$
37. $h(\rho, \phi, \theta) = \rho \sin\phi \cos\theta$
38. $g(r, \theta, z) = r(1 - \cos\theta) - z$
39. **심장이 하는 일**(3.11절 연습문제 59 계속)

$$W(P, V, \delta, v, g) = PV + \frac{V\delta v^2}{2g}$$

40. **윌슨 로트 크기 공식**(4.6절 연습문제 61 계속)

$$A(c, h, k, m, q) = \frac{km}{q} + cm + \frac{hq}{2}$$

2계 편도함수 계산하기

연습문제 41~54에서 함수의 2계 편도함수를 모두 계산하라.

41. $f(x, y) = x + y + xy$
42. $f(x, y) = \sin xy$
43. $g(x, y) = x^2y + \cos y + y\sin x$
44. $h(x, y) = xe^y + y + 1$
45. $r(x, y) = \ln(x + y)$
46. $s(x, y) = \arctan(y/x)$
47. $w = x^2 \tan(xy)$
48. $w = ye^{x^2-y}$
49. $w = x\sin(x^2y)$
50. $w = \dfrac{x - y}{x^2 + y}$
51. $f(x, y) = x^2y^3 - x^4 + y^5$
52. $g(x, y) = \cos x^2 - \sin 3y$
53. $z = x\sin(2x - y^2)$
54. $z = xe^{x/y^2}$

혼합된 편도함수

연습문제 55~60에서 $w_{xy} = w_{yx}$임을 보여라.

55. $w = \ln(2x + 3y)$
56. $w = e^x + x\ln y + y\ln x$
57. $w = xy^2 + x^2y^3 + x^3y^4$
58. $w = x\sin y + y\sin x + xy$
59. $w = \dfrac{x^2}{y^3}$
60. $w = \dfrac{3x - y}{x + y}$
61. 어떤 순서로 미분하면 f_{xy}를 더 빨리 계산할 수 있는가? x 먼저 미분하는가, 아니면 y 먼저 미분하는가? 계산해보지 않고 답을 구하라.
    a. $f(x, y) = x\sin y + e^y$
    b. $f(x, y) = 1/x$
    c. $f(x, y) = y + (x/y)$
    d. $f(x, y) = y + x^2y + 4y^3 - \ln(y^2 + 1)$
    e. $f(x, y) = x^2 + 5xy + \sin x + 7e^x$
    f. $f(x, y) = x\ln xy$
62. 다음 함수의 5계 편도함수 $\partial^5 f/\partial x^2 \partial y^3$은 0이다. 이것을 가능한 빠르게 계산하기 위해 변수 x 또는 y 중에서 어떤 것으로 먼저 미분해야 하는가? 계산해보지 않고 답을 구하라.
    a. $f(x, y) = y^2x^4e^x + 2$
    b. $f(x, y) = y^2 + y(\sin x - x^4)$
    c. $f(x, y) = x^2 + 5xy + \sin x + 7e^x$
    d. $f(x, y) = xe^{y^2/2}$

편도함수 정의 사용하기

연습문제 63~66에서 주어진 점에서 함수의 편도함수를 계산하기 위해서 편도함수의 정의를 이용하라.

63. $f(x, y) = 1 - x + y - 3x^2y$, $(1, 2)$에서 $\dfrac{\partial f}{\partial x}$와 $\dfrac{\partial f}{\partial y}$
64. $f(x, y) = 4 + 2x - 3y - xy^2$, $(-2, 1)$에서 $\dfrac{\partial f}{\partial x}$와 $\dfrac{\partial f}{\partial y}$
65. $f(x, y) = \sqrt{2x + 3y - 1}$, $(-2, 3)$에서 $\dfrac{\partial f}{\partial x}$와 $\dfrac{\partial f}{\partial y}$
66. $f(x, y) = \begin{cases} \dfrac{\sin(x^3 + y^4)}{x^2 + y^2}, & (x, y) \neq (0, 0) \\ 0, & (x, y) = (0, 0), \end{cases}$

    $(0, 0)$에서 $\dfrac{\partial f}{\partial x}$와 $\dfrac{\partial f}{\partial y}$
67. **3변수 함수** $w = f(x, y, z)$를 3개의 독립변수로 이루어진 함수라고 하자. 그리고 (x_0, y_0, z_0)에서의 편도함수 $\partial f/\partial z$의 정의를 써라. 이 정의를 이용해서 함수 $f(x, y, z) = x^2yz^2$의 점 (1, 2, 3)에서의 편도함수 $\partial f/\partial z$를 구하라.
68. **3변수 함수** $w = f(x, y, z)$를 3개의 독립변수로 이루어진 함수라고 하자. 그리고 (x_0, y_0, z_0)에서의 편도함수 $\partial f/\partial y$의 정의를 써라. 이 정의를 이용해서 함수 $f(x, y, z) = -2xy^2 + yz^2$의 점 (−1, 0, 3)에서의 편도함수 $\partial f/\partial y$를 구하라.

음함수의 미분

69. 다음 식에서 z가 2개의 독립변수 x와 y의 함수이고 편도함수가 존재한다고 하자.

$$xy + z^3x - 2yz = 0$$

    점 (1, 1, 1)에서 값 $\partial z/\partial x$를 구하라.
70. 다음 식에서 x가 2개의 독립변수 y와 z의 함수이고 편도함수가 존재한다고 하자.

$$xz + y\ln x - x^2 + 4 = 0$$

    점 (1, −1, −3)에서의 값 $\partial x/\partial z$를 구하라.

연습문제 71과 72는 주어진 삼각형에 대한 문제이다.

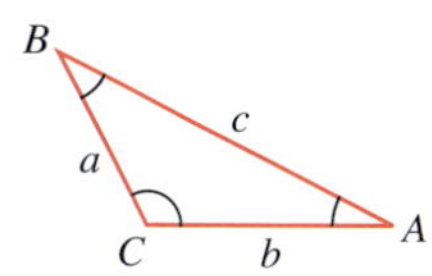

71. A를 a, b, c의 음함수로써 표현하고, $\partial A/\partial a$와 $\partial A/\partial b$를 계산하라.

72. a를 A, b, B의 음함수로써 표현하고, $\partial a/\partial A$와 $\partial a/\partial B$를 계산하라.

73. 2개의 종속변수 식 $x=v \ln u$와 $y=u \ln v$으로 u와 v는 독립변수 x와 y의 함수이고 v_x가 존재할 때, v_x를 x와 y로 표현하라. [힌트: 두 방정식을 x에 대해 미분하고 u_x를 제거하여 v_x를 찾아라.]

74. 2개의 종속변수 식 $u=x^2-y^2$과 $v=x^2-y$로 x와 y는 독립변수 u와 v의 함수이고 편도함수가 존재할 때, $\partial x/\partial u$와 $\partial y/\partial u$를 찾아라 (연습문제 73의 힌트 참조). $s=x^2+y^2$으로 두고 $\partial s/\partial u$를 찾아라.

이론과 예제

75. $f(x, y)=2x+3y-4$라고 하자. 점 $(2, -1)$에서 이 곡면에 접하고 다음의 평면에 놓인 접선의 기울기를 찾아라.

a. 평면 $x=2$

b. 평면 $y=-1$

76. $f(x, y)=x^2+y^3$이라고 하자. 점 $(-1, 1)$에서 이 곡면에 접하고 다음의 평면에 놓인 접선의 기울기를 찾아라.

a. 평면 $x=-1$

b. 평면 $y=1$

연습문제 77~80에서 편도함수가 주어진 함수 $z=f(x, y)$를 구하거나, 구하는 것이 불가능한 이유를 설명하라.

77. $\dfrac{\partial f}{\partial x} = 3x^2y^2 - 2x,\quad \dfrac{\partial f}{\partial y} = 2x^3y + 6y$

78. $\dfrac{\partial f}{\partial x} = 2xe^{xy^2} + x^2y^2e^{xy^2} + 3,\quad \dfrac{\partial f}{\partial y} = 2x^3ye^{xy^2} - e^y$

79. $\dfrac{\partial f}{\partial x} = \dfrac{2y}{(x+y)^2},\quad \dfrac{\partial f}{\partial y} = \dfrac{2x}{(x+y)^2}$

80. $\dfrac{\partial f}{\partial x} = xy\cos(xy) + \sin(xy),\quad \dfrac{\partial f}{\partial y} = x\cos(xy)$

81. $f(x, y)=\begin{cases} y^3, & y \ge 0 \\ -y^2, & y < 0 \end{cases}$이라고 하자. f_x, f_y, f_{xy}, f_{yx}를 찾고 각 편도함수의 정의역을 적어라.

82. $f(x, y)=\begin{cases} xy\dfrac{x^2-y^2}{x^2+y^2}, & (x, y) \ne 0\text{일 때} \\ 0, & (x, y) = 0\text{일 때} \end{cases}$라고 하자.

a. 모든 x에 대해 $\dfrac{\partial f}{\partial y}(x, 0)=x$와 모든 y에 대해 $\dfrac{\partial f}{\partial x}(0, y)=-y$임을 보여라.

b. $\dfrac{\partial^2 f}{\partial y\,\partial x}(0, 0) \ne \dfrac{\partial^2 f}{\partial x\,\partial y}(0, 0)$임을 보여라.

공간에서 안정된 온도 분포 $T=f(x, y, z)$에서 중력 포텐셜 및 전기 포텐셜은 **3차원 라플라스 방정식**인 다음 식을 만족한다.

$$\frac{\partial^2 f}{\partial x^2} + \frac{\partial^2 f}{\partial y^2} + \frac{\partial^2 f}{\partial z^2} = 0$$

이 방정식에서 $\partial^2 f/\partial z^2$항을 제거한 **2차원 라플라스 방정식**인 다음 식은 평면에서의 포텐셜과 안정된 온도 분포를 설명한다.

$$\frac{\partial^2 f}{\partial x^2} + \frac{\partial^2 f}{\partial y^2} = 0$$

이 평면은 z축에 수직인 고체의 얇은 조각으로 취급된다.

연습문제 83~90에서 각각의 함수가 라플라스 방정식을 만족함을 보여라.

83. $f(x, y, z) = x^2 + y^2 - 2z^2$

84. $f(x, y, z) = 2z^3 - 3(x^2 + y^2)z$

85. $f(x, y) = e^{-2y}\cos 2x$

86. $f(x, y) = \ln\sqrt{x^2 + y^2}$

87. $f(x, y) = 3x + 2y - 4$

88. $f(x, y) = \arctan\dfrac{x}{y}$

89. $f(x, y, z) = (x^2 + y^2 + z^2)^{-1/2}$

90. $f(x, y, z) = e^{3x+4y}\cos 5z$

파동 방정식 해변에 서서 파도를 촬영하면, 사진에는 한순간의 찰나에 규칙적인 마루와 골의 패턴이 나타난다. 이로부터 거리에 따른 주기적인 수직 운동을 볼 수 있다. 만약 물속에 있으면, 파도가 지나감에 따라 물의 상승과 하강을 느낄 수 있다. 이로부터 우리는 시간에 따른 주기적인 수직 운동을 볼 수 있다. 물리학에서 이 아름다운 대칭은 다음과 같은 **1차원 파동방정식**으로 표현된다.

$$\frac{\partial^2 w}{\partial t^2} = c^2\frac{\partial^2 w}{\partial x^2}$$

여기서 w는 파고, x는 거리변수, t는 시간변수이며, c는 파도가 전파되는 속도이다.

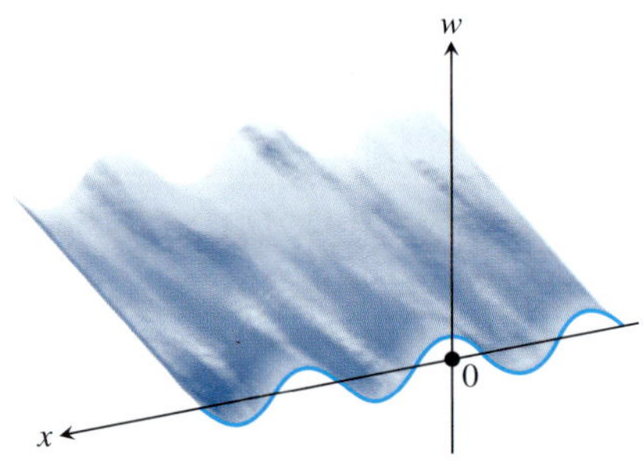

예에서는 x를 바다 표면에서의 거리로 나타낸다. 하지만 다른 응용으로는 x를 진동을 따른 거리, 공기를 통한 거리(소리파), 공간을 통한 거리(광파)로 둘 수도 있다. 숫자 c는 매질과 파의 종류에 따라 다르다.

연습문제 91~97에서 함수가 파동방정식의 해임을 보여라.

91. $w = \sin(x + ct)$

92. $w = \cos(2x + 2ct)$

93. $w = \sin(x + ct) + \cos(2x + 2ct)$

94. $w = \ln(2x + 2ct)$

95. $w = \tan(2x - 2ct)$

96. $w = 5\cos(3x + 3ct) + e^{x+ct}$

97. $w=f(u)$. 여기서 f는 u에 대해 미분가능한 함수이고, $u=a(x+ct)$이며 a는 상수이다.

98. 함수 $f(x, y)$의 1계 편도함수가 열린 영역 R 전체에서 연속이면 f는 R에서 연속인가? 답에 대한 이유를 설명하라.

99. 함수 $f(x, y)$의 2계 편도함수가 열린 영역 R 전체에서 연속이면 f의 1계 편도함수는 R에서 연속인가? 답에 대한 이유를 설명하라.

100. 열방정식 시간 t에서 영역 내의 열 분포를 설명하는 중요한 편미분방정식을 다음과 같은 1차원 열방정식으로 나타낼 수 있다.

$$\frac{\partial f}{\partial t}=\frac{\partial^2 f}{\partial x^2}$$

함수 $u(x, t)=\sin(\alpha x)\cdot e^{-\beta t}$가 상수 α와 β에 대한 열방정식을 만족함을 보여라. 이 함수가 해가 되기 위해 α와 β는 어떤 관계식을 만족해야 하는가?

101. $f(x, y)=\begin{cases}\dfrac{xy^2}{x^2+y^4}, & (x, y)\neq(0, 0)\\ 0, & (x, y)=(0, 0)\end{cases}$이라고 하자. 원점 (0, 0)에서 1계 편도함수 $f_x(0, 0)$와 $f_y(0, 0)$가 존재함을 보여라. 하지만 f가 (0, 0)에서 미분가능하지 않음을 보여라. [힌트: 정리 4를 사용하고 f가 (0, 0)에서 연속이 아님을 보여라.]

102. $f(x, y)=\begin{cases}0, & x^2<y<2x^2\\ 1, & \text{그 외에}\end{cases}$이라고 하자. 원점 (0, 0)에서 1계 편도함수 $f_x(0, 0)$와 $f_y(0, 0)$가 존재함을 보여라. 하지만 f가 (0, 0)에서 미분가능하지 않음을 보여라.

103. Korteweg-de Vries 방정식

얕은 물 표면에서의 파동 운동을 설명하는 비선형 미분방정식은 다음과 같다.

$$u_t+u_{xxx}+12uu_x=0$$

함수 $u(x, t)=\mathrm{sech}^2(x-t)$가 Korteweg-de Vries 방정식을 만족함을 보여라.

104. $T=\dfrac{1}{\sqrt{x^2+y^2}}$가 방정식 $T_{xx}+T_{yy}=T^3$을 만족함을 보여라.

12.4 연쇄법칙

3.6절에서 배운 1변수 함수에 대한 연쇄법칙은 만약 $w=f(x)$가 x에 대해 미분가능한 함수이고 $x=g(t)$가 t에 대해 미분가능한 함수라면 w는 t에 대해 미분가능한 함수이며 dw/dt는 다음과 같은 공식으로 계산된다.

$$\frac{dw}{dt}=\frac{dw}{dx}\frac{dx}{dt}$$

dw/dt를 찾으려면 w에서 t로 이동하는 경로를 따라 그 사이의 도함수를 곱한다.

연쇄법칙

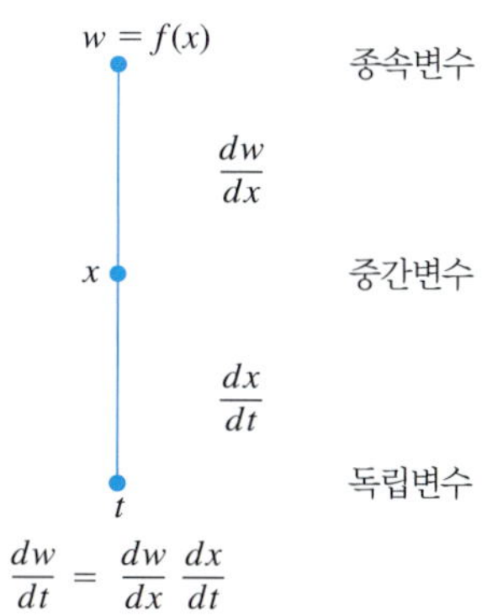

합성 함수 $w(t)=f(g(t))$에서 t를 독립변수, $x=g(t)$를 '중간변수'로 생각할 수 있다. 이렇게 생각할 수 있는 이유는 t가 x의 값을 결정하고, 다시 함수 f를 통해 w의 값을 결정하기 때문이다. 좌측에 있는 '종속 다이어그램'을 통해 연쇄법칙을 보인다. 이러한 다이어그램은 주어진 변수가 어떤 변수에 종속되는지를 나타낸다.

다변수 함수에 대한 연쇄법칙에는 여러 형태가 있으며, 독립변수와 중간변수의 개수에 따라 달라진다. 그러나 일단 변수를 고려하면 연쇄법칙은 방금 설명한 것과 동일한 방식으로 작동한다.

2변수 함수

다음 정리는 t에 대한 함수인 $x=x(t)$와 $y=y(t)$가 모두 미분가능한 함수일 때 미분가능한 함수 $w=f(x, y)$에 대한 연쇄법칙 공식이다.

정리 5 ❙ 1개의 독립변수와 2개의 중간변수로 이루어진 함수의 연쇄법칙

$w=f(x, y)$가 미분가능하고 $x=x(t)$, $y=y(t)$가 모두 t에 대해 미분가능한 함수일 때, 합성함수 $w=f(x(t), y(t))$는 t에 대해 미분가능한 함수이고 다음 식을 만족한다.

$$\frac{dw}{dt}=f_x(x(t), y(t))x'(t)+f_y(x(t), y(t))y'(t)$$

또는

$$\frac{dw}{dt}=\frac{\partial f}{\partial x}\frac{dx}{dt}+\frac{\partial f}{\partial y}\frac{dy}{dt}$$

증명 증명은 x와 y가 $t=t_0$에서 미분가능하면 w는 $t=t_0$에서 미분가능하고, 미분은 다음과 같음을 보이면 된다.

$\dfrac{\partial f}{\partial x}, \dfrac{\partial w}{\partial x}, f_x$는 x에 대한 f의 편도함수를 나타낸다.

$$\frac{dw}{dt}(t_0) = \frac{\partial w}{\partial x}(P_0)\frac{dx}{dt}(t_0) + \frac{\partial w}{\partial y}(P_0)\frac{dy}{dt}(t_0)$$

여기서 $P_0 = (x(t_0), y(t_0))$이다.

Δx, Δy, Δw를 t가 t_0에서 $t_0 + \Delta t$로 변할 때의 증분이라고 하자. f가 미분가능하므로 (12.3절의 정의 참조) 다음이 성립한다.

$$\Delta w = \frac{\partial w}{\partial x}(P_0)\,\Delta x + \frac{\partial w}{\partial y}(P_0)\,\Delta y + \varepsilon_1 \Delta x + \varepsilon_2 \Delta y$$

여기서 Δx, $\Delta y \to 0$임에 따라 ε_1, $\varepsilon_2 \to 0$이다. dw/dt를 찾으려면, 이 방정식을 Δt로 나누고 Δt를 0에 가깝게 하자. (따라서 $x(t)$와 $y(t)$가 미분가능하면 연속이라는 사실과 더불어 Δx와 Δy도 0에 가까워진다.) 이러한 나누기는 다음을 유도한다.

$$\frac{\Delta w}{\Delta t} = \frac{\partial w}{\partial x}(P_0)\frac{\Delta x}{\Delta t} + \frac{\partial w}{\partial y}(P_0)\frac{\Delta y}{\Delta t} + \varepsilon_1 \frac{\Delta x}{\Delta t} + \varepsilon_2 \frac{\Delta y}{\Delta t}$$

Δt를 0에 수렴하면 다음을 얻는다.

$$\begin{aligned}\frac{dw}{dt}(t_0) &= \lim_{\Delta t \to 0} \frac{\Delta w}{\Delta t} \\ &= \frac{\partial w}{\partial x}(P_0)\frac{dx}{dt}(t_0) + \frac{\partial w}{\partial y}(P_0)\frac{dy}{dt}(t_0) + 0 \cdot \frac{dx}{dt}(t_0) + 0 \cdot \frac{dy}{dt}(t_0)\end{aligned}$$ ■

연쇄법칙을 기억하려면 다음 다이어그램을 떠올려 보자. dw/dt를 구하려면 w에서 시작하여 t까지 읽어 내려간 다음 그 사이의 도함수를 곱한다. 그 다음 각 곱을 더한다.

연쇄법칙

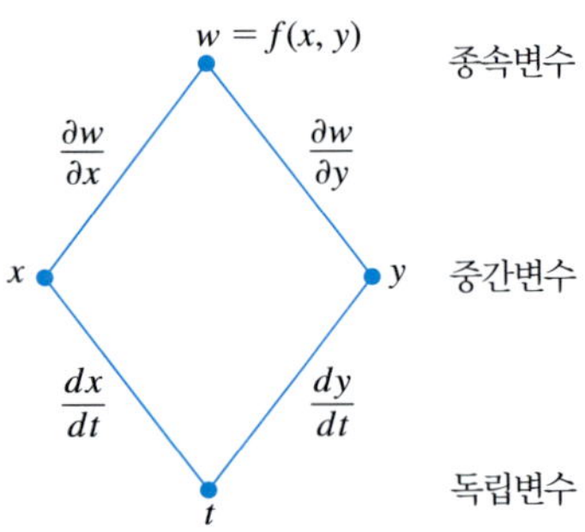

$$\frac{dw}{dt} = \frac{\partial w}{\partial x}\frac{dx}{dt} + \frac{\partial w}{\partial y}\frac{dy}{dt}$$

종종 편도함수 $\partial f/\partial x$를 $\partial w/\partial x$로 표기한다. 따라서 정리 5의 연쇄법칙을 다음과 같은 형식으로 다시 쓸 수 있다.

$$\boxed{\frac{dw}{dt} = \frac{\partial w}{\partial x}\frac{dx}{dt} + \frac{\partial w}{\partial y}\frac{dy}{dt}}$$

그러나 앞서 언급한 방정식의 좌변과 우변에 있는 종속변수 w의 의미는 각각 다르다. 좌변에 있는 w는 단일 변수 t의 함수로서 합성함수 $w = f(x(t), y(t))$를 의미한다. 우변에 있는 w는 2개의 변수 x와 y의 함수로서 $w(t) = f(x, y)$를 의미한다. 또한 1변수 도함수인 dw/dt, dx/dt, dy/dt는 점 t_0에서 계산되는 반면에 편도함수 $\partial w/\partial x$와 $\partial w/\partial y$는 $x_0 = x(t_0)$, $y_0 = y(t_0)$일 때 점 (x_0, y_0)에서 계산된다. 이러한 이해를 바탕으로 혼란이 없는 한 두 형태의 기호를 사용할 것이다.

앞에서 **종속 다이어그램**(dependency diagram)은 연쇄법칙을 기억하는 편리한 방법이다. 합성 함수에서 '진정한' 독립변수는 t이며, x와 y는 (t에 의해 결정되는) 중간변수이고, w는 종속변수이다.

연쇄법칙에 대한 더 정확한 표기는 정리 5에 있는 여러 도함수가 계산되는 점의 위치를 다음과 같이 보인다.

$$\frac{dw}{dt}(t_0) = \frac{\partial f}{\partial x}(x_0, y_0)\frac{dx}{dt}(t_0) + \frac{\partial f}{\partial y}(x_0, y_0)\frac{dy}{dt}(t_0)$$

또는 다음과 같이 다른 표기를 사용하기도 한다.

$$\left.\frac{dw}{dt}\right|_{t_0} = \left.\frac{\partial f}{\partial x}\right|_{(x_0, y_0)} \left.\frac{dx}{dt}\right|_{t_0} + \left.\frac{\partial f}{\partial y}\right|_{(x_0, y_0)} \left.\frac{dy}{dt}\right|_{t_0}$$

예제 1 연쇄법칙을 사용하여 경로 $x = \cos t$, $y = \sin t$를 따라 t에 대한 다음 함수의 도함수를 구하라.

$$w = xy$$

$t=\pi/2$에서의 미분계수는 얼마인가?

풀이 다음과 같이 연쇄법칙을 사용하여 dw/dt를 찾는다.

$$\begin{aligned}\frac{dw}{dt} &= \frac{\partial w}{\partial x}\frac{dx}{dt} + \frac{\partial w}{\partial y}\frac{dy}{dt} \\ &= \frac{\partial(xy)}{\partial x}\frac{d}{dt}(\cos t) + \frac{\partial(xy)}{\partial y}\frac{d}{dt}(\sin t) \\ &= (y)(-\sin t) + (x)(\cos t) \\ &= (\sin t)(-\sin t) + (\cos t)(\cos t) \\ &= -\sin^2 t + \cos^2 t \\ &= \cos 2t\end{aligned}$$

이 예제에서는 더 직접적인 계산으로 결과를 확인할 수 있다. t에 대한 함수로서 다음과 같이 적을 수 있다.

$$w = xy = \cos t \sin t = \frac{1}{2}\sin 2t$$

따라서 t에 대해 미분하면 다음과 같다.

$$\frac{dw}{dt} = \frac{d}{dt}\left(\frac{1}{2}\sin 2t\right) = \frac{1}{2}(2\cos 2t) = \cos 2t$$

둘 중에 어느 방법으로 계산하더라도 주어진 점에서 다음의 값을 가진다.

$$\left.\frac{dw}{dt}\right|_{t=\pi/2} = \cos\left(2\frac{\pi}{2}\right) = \cos\pi = -1$$ ■

3변수 함수

3개의 중간변수를 가지는 함수에 대한 연쇄법칙은 2개의 변수에 대한 공식에 세 번째 항을 추가하는 것으로 예상할 수 있다.

여기서는 2개의 경로가 아닌 3개의 경로가 있다. 하지만 dw/dt를 찾는 방법은 여전히 동일하다. 각 경로를 따라 위에서 아래로 읽은 후, 각 경로를 따라 도함수를 곱한 뒤 더한다.

연쇄법칙

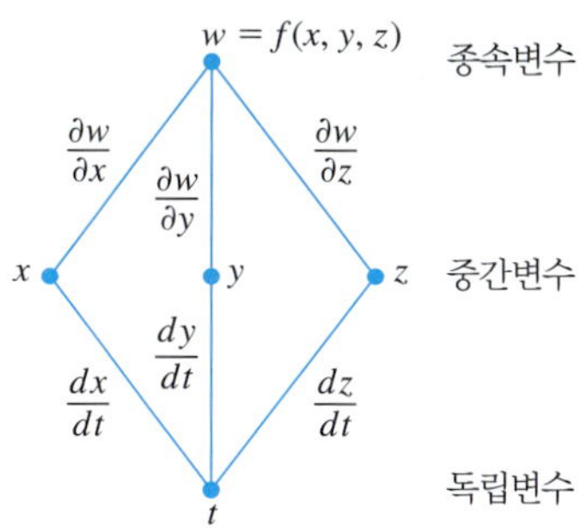

$$\frac{dw}{dt} = \frac{\partial w}{\partial x}\frac{dx}{dt} + \frac{\partial w}{\partial y}\frac{dy}{dt} + \frac{\partial w}{\partial z}\frac{dz}{dt}$$

정리 6 | 1개의 독립변수와 3개의 중간변수를 가지는 함수에 대한 연쇄법칙

함수 $w=f(x, y, z)$가 미분가능하고 x, y, z가 t에 대해 미분가능한 함수이면, w는 t에 대해 미분가능한 함수이고 다음을 만족한다.

$$\frac{dw}{dt} = \frac{\partial w}{\partial x}\frac{dx}{dt} + \frac{\partial w}{\partial y}\frac{dy}{dt} + \frac{\partial w}{\partial z}\frac{dz}{dt}$$

2개의 중간변수가 아닌 3개의 중간변수를 가지는 것을 제외하고는 위의 정리의 증명은 정리 5의 증명과 동일하다. 새로운 방정식을 기억하기 위해 사용하는 종속 다이어그램 또한 유사하며, 이 다이어그램은 w에서 t로의 3개의 경로를 가지고 있다.

예제 2 다음을 만족할 때 dw/dt를 구하라.

$$w = xy + z, \qquad x = \cos t, \qquad y = \sin t, \qquad z = t$$

이 예제에서 $w(t)$의 값은 t가 변함에 따라 나선 경로(11.1절)를 따라 변한다. $t=0$에서의 도함수의 값은 무엇인가?

풀이 3개의 중간변수에 대한 편도함수를 이용하면, 다음을 얻는다.

$$\begin{aligned}\frac{dw}{dt} &= \frac{\partial w}{\partial x}\frac{dx}{dt} + \frac{\partial w}{\partial y}\frac{dy}{dt} + \frac{\partial w}{\partial z}\frac{dz}{dt} \\ &= (y)(-\sin t) + (x)(\cos t) + (1)(1) \\ &= (\sin t)(-\sin t) + (\cos t)(\cos t) + 1 \qquad \text{중간변수에 대입한다.} \\ &= -\sin^2 t + \cos^2 t + 1 = 1 + \cos 2t\end{aligned}$$

따라서 다음의 결과를 얻는다.

$$\left.\frac{dw}{dt}\right|_{t=0} = 1 + \cos(0) = 2 \qquad ■$$

곡선을 따른 변화에 대한 물리적 해석을 위해 시간 t에 따라 위치가 변하는 물체를 생각해보자. 매개방정식 $x=x(t)$, $y=y(t)$, $z=z(t)$를 가지는 곡선 C를 따라 각 점 (x, y, z)에서의 온도를 $w=T(x, y, z)$라고 하면, 합성함수 $w=T(x(t), y(t), z(t))$는 곡선을 따라 t에 대한 상대적 온도를 나타낸다. 도함수 dw/dt는 정리 6의 계산과 같이 곡선을 따르는 이동에 따른 온도 변화의 순간 변화율을 나타낸다.

곡면에서 정의된 함수

지표면의 점 (x, y, z)에서의 온도 $w=f(x, y, z)$에 관심이 있다면, x, y, z를 한 점의 경도와 위도를 나타내는 변수 r과 s에 대한 함수로써 생각하는 것을 선호한다. $x=g(r, s)$, $y=h(r, s)$, $z=k(r, s)$라고 하면 온도를 r과 s에 대해 다음과 같은 합성함수로 표현할 수 있다.

$$w = f(g(r,s), h(r,s), k(r,s))$$

이후에 기술된 조건에서 w는 r과 s에 대한 편도함수를 가지며, 이는 다음과 같이 계산할 수 있다.

정리 7 ❙ 2개의 독립변수와 3개의 중간변수를 가지는 함수에 대한 연쇄법칙

$w=f(x, y, z)$, $x=g(r, s)$, $y=h(r, s)$, $z=k(r, s)$라고 하자. 주어진 4개의 함수가 미분가능하면, w는 r과 s에 대해 편도함수를 가지고 다음과 같이 계산된다.

$$\frac{\partial w}{\partial r} = \frac{\partial w}{\partial x}\frac{\partial x}{\partial r} + \frac{\partial w}{\partial y}\frac{\partial y}{\partial r} + \frac{\partial w}{\partial z}\frac{\partial z}{\partial r}$$

$$\frac{\partial w}{\partial s} = \frac{\partial w}{\partial x}\frac{\partial x}{\partial s} + \frac{\partial w}{\partial y}\frac{\partial y}{\partial s} + \frac{\partial w}{\partial z}\frac{\partial z}{\partial s}$$

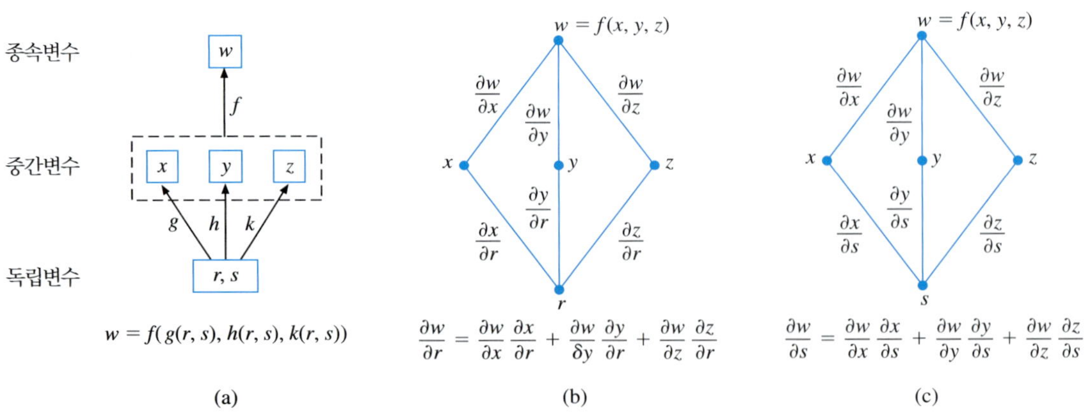

그림 12.22 정리 7의 합성함수와 종속 다이어그램.

이 식 중 첫 번째 식은 s를 고정하고 r을 t로 취급해서 정리 6의 연쇄법칙으로부터 유도할 수 있다. 두 번째 식 또한 r을 고정하고 s를 t로 취급해서 같은 방법으로 유도할 수 있다. 두 식에 대한 종속 다이어그램은 그림 12.22에 나와 있다.

예제 3 다음 식과 같다고 하자. dw/dr과 dw/ds를 r과 s를 이용해서 나타내라.

$$w = x + 2y + z^2, \qquad x = \frac{r}{s}, \qquad y = r^2 + \ln s, \qquad z = 2r$$

풀이 정리 7의 공식을 이용하면 다음을 얻을 수 있다.

$$\begin{aligned}\frac{\partial w}{\partial r} &= \frac{\partial w}{\partial x}\frac{\partial x}{\partial r} + \frac{\partial w}{\partial y}\frac{\partial y}{\partial r} + \frac{\partial w}{\partial z}\frac{\partial z}{\partial r} \\ &= (1)\left(\frac{1}{s}\right) + (2)(2r) + (2z)(2) \\ &= \frac{1}{s} + 4r + (4r)(2) = \frac{1}{s} + 12r \qquad \text{중간변수 } z\text{에 대입한다.}\end{aligned}$$

$$\begin{aligned}\frac{\partial w}{\partial s} &= \frac{\partial w}{\partial x}\frac{\partial x}{\partial s} + \frac{\partial w}{\partial y}\frac{\partial y}{\partial s} + \frac{\partial w}{\partial z}\frac{\partial z}{\partial s} \\ &= (1)\left(-\frac{r}{s^2}\right) + (2)\left(\frac{1}{s}\right) + (2z)(0) = \frac{2}{s} - \frac{r}{s^2}\end{aligned}$$

■

연쇄법칙

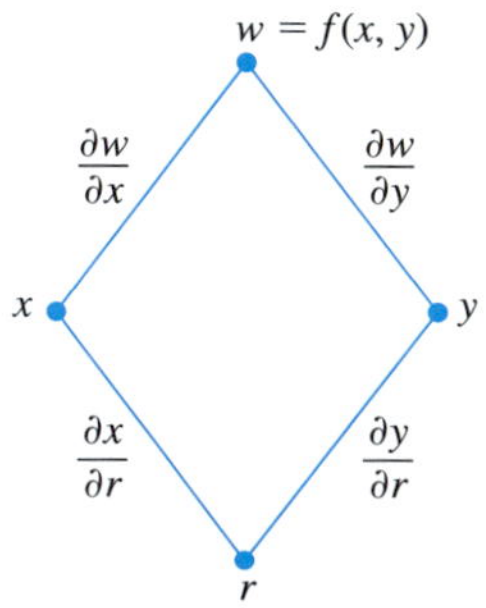

$$\frac{\partial w}{\partial r} = \frac{\partial w}{\partial x}\frac{\partial x}{\partial r} + \frac{\partial w}{\partial y}\frac{\partial y}{\partial r}$$

그림 12.23 다음 방정식에 대한 종속 다이어그램.

$$\frac{\partial w}{\partial r} = \frac{\partial w}{\partial x}\frac{\partial x}{\partial r} + \frac{\partial w}{\partial y}\frac{\partial y}{\partial r}$$

함수 f가 3개의 중간변수 대신 2개의 중간변수를 가지는 함수인 경우에 정리 7의 식은 한 항씩 줄어든다.

> 만약 $w=f(x, y)$, $x=g(r, s)$, $y=h(r, s)$이라고 하면, 다음과 같다.
>
> $$\frac{\partial w}{\partial r} = \frac{\partial w}{\partial x}\frac{\partial x}{\partial r} + \frac{\partial w}{\partial y}\frac{\partial y}{\partial r}, \qquad \frac{\partial w}{\partial s} = \frac{\partial w}{\partial x}\frac{\partial x}{\partial s} + \frac{\partial w}{\partial y}\frac{\partial y}{\partial s}$$

그림 12.23은 이 방정식 중 첫 번째 식에 대한 종속 다이어그램을 보인다. 두 번째 식에 대한 다이어그램도 r을 s로 바꾸기만 하면 유사하다.

예제 4 다음 식과 같다고 하자. $\partial w/\partial r$과 $\partial w/\partial s$를 r과 s를 이용해서 나타내라.

$$w = x^2 + y^2, \qquad x = r - s, \qquad y = r + s$$

풀이 앞선 설명으로부터 다음과 같은 결론을 얻을 수 있다.

$$\begin{aligned}\frac{\partial w}{\partial r} &= \frac{\partial w}{\partial x}\frac{\partial x}{\partial r} + \frac{\partial w}{\partial y}\frac{\partial y}{\partial r} & \frac{\partial w}{\partial s} &= \frac{\partial w}{\partial x}\frac{\partial x}{\partial s} + \frac{\partial w}{\partial y}\frac{\partial y}{\partial s} \\ &= (2x)(1) + (2y)(1) & &= (2x)(-1) + (2y)(1) \qquad \text{중간변수에 대입한다.} \\ &= 2(r-s) + 2(r+s) & &= -2(r-s) + 2(r+s) \\ &= 4r & &= 4s\end{aligned}$$

■

연쇄법칙

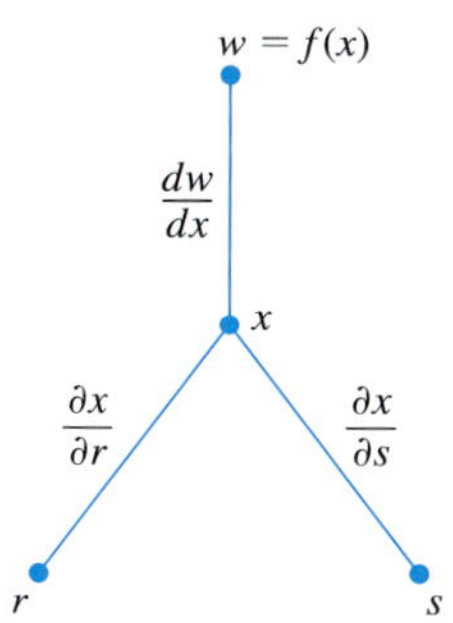

$$\frac{\partial w}{\partial r} = \frac{dw}{dx}\frac{\partial x}{\partial r}$$

$$\frac{\partial w}{\partial s} = \frac{dw}{dx}\frac{\partial x}{\partial s}$$

그림 12.24 1개의 중간변수를 가지며, r과 s에 대한 합성함수인 f를 미분하기 위한 종속 다이어그램.

함수 f가 1개의 중간변수 x에 대한 함수이면 방정식은 더 간단하다.

> $w=f(x)$, $x=g(r, s)$라면 $\dfrac{\partial w}{\partial r} = \dfrac{dw}{dx}\dfrac{\partial x}{\partial r}$, $\dfrac{\partial w}{\partial s} = \dfrac{dw}{dx}\dfrac{\partial x}{\partial s}$이다.

이 경우에는 (1변수에 대한) 도함수 dw/dx를 사용한다. 이에 대한 종속 다이어그램은 그림 12.24에 나타나 있다.

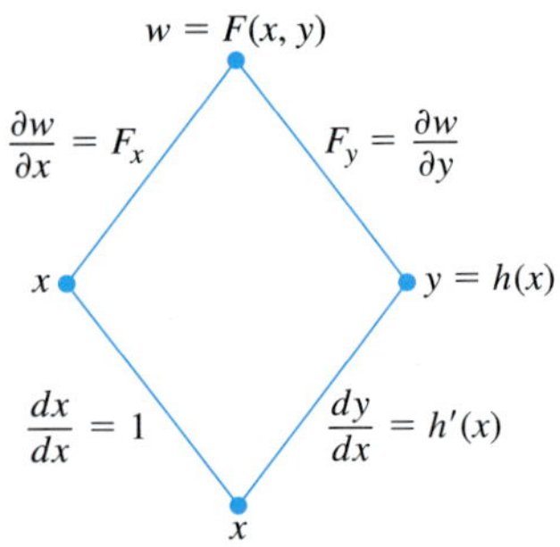

$$\frac{dw}{dx} = F_x \cdot 1 + F_y \cdot \frac{dy}{dx}$$

그림 12.25 x에 대해 $w=F(x, y)$를 미분하는 데 필요한 종속 다이어그램. $dw/dx=0$으로 두면, 음함수 미분(정리 8)에 관한 간단한 계산 공식을 유도한다.

음함수 미분법으로 보기

정리 5의 2변수에 대한 연쇄법칙은 음함수 미분법을 이용하여 공식을 유도한다. 다음의 두 성질을 가정하자.

1. 함수 $F(x, y)$는 미분가능하고,

2. 방정식 $F(x, h(x))=0$이 y를 음함수적으로 x에 대해 미분가능한 함수로 정의한다. 즉 $y=h(x)$이다.

$w=F(x, h(x))=0$이므로 도함수 dw/dx는 항상 0이다. (그림 12.25에 있는 종속 다이어그램을 통해) 연쇄법칙으로부터 도함수를 계산하면 다음을 얻는다.

$$\begin{aligned} 0 &= \frac{dw}{dx} = F_x \frac{dx}{dx} + F_y \frac{dy}{dx} \qquad \text{정리 5에서 } t=x,\ f=F\text{로 두자.} \\ &= F_x \cdot 1 + F_y \cdot \frac{dy}{dx} \end{aligned}$$

만약 $F_y=\partial w/\partial y \neq 0$이면 방정식을 dy/dx로 풀어서 다음을 얻을 수 있다.

$$\frac{dy}{dx} = -\frac{F_x}{F_y}$$

이 결과를 정리하여 기술하면 다음과 같다.

정리 8 | 음함수 미분에 대한 공식

$F(x, y)$는 미분가능한 함수이고 방정식 $F(x, y)=0$이 y를 x에 대해 미분가능한 함수로 정의한다고 하자. 그러면 $F_y \neq 0$인 모든 점에서 다음의 식을 얻는다.

$$\frac{dy}{dx} = -\frac{F_x}{F_y} \tag{1}$$

예제 5 $y^2-x^2-\sin xy=0$이라고 하자. 정리 8을 이용해서 dy/dx를 구하라.

풀이 $F(x, y)=y^2-x^2-\sin xy$라고 두자. 그러면 다음을 얻는다.

$$\frac{dy}{dx} = -\frac{F_x}{F_y} = -\frac{-2x - y\cos xy}{2y - x\cos xy} = \frac{2x + y\cos xy}{2y - x\cos xy}$$

이 계산은 음함수 미분을 사용하는 1변수에 대한 계산보다 상당히 짧다. ■

정리 8의 결과는 3개의 변수인 경우로 쉽게 확장된다. 식 $F(x, y, z)=0$이 변수 z를 함수 $z=f(x, y)$로 정의된다고 가정하자. 그러면 f의 정의역의 모든 점 (x, y)에 대해 $F(x, y, f(x, y))=0$을 가진다. F와 f가 미분가능한 함수라고 가정하면 연쇄법칙을 사용하여 독립변수 x에 대한 식 $F(x, y, z)=0$을 다음과 같이 미분할 수 있다.

$$\begin{aligned} 0 &= \frac{\partial F}{\partial x}\frac{\partial x}{\partial x} + \frac{\partial F}{\partial y}\frac{\partial y}{\partial x} + \frac{\partial F}{\partial z}\frac{\partial z}{\partial x} \\ &= F_x \cdot 1 + F_y \cdot 0 + F_z \cdot \frac{\partial z}{\partial x} \qquad x\text{에 대해 미분할 때 } y\text{는 상수이다.} \end{aligned}$$

그러면 다음을 얻는다.

$$F_x + F_z \frac{\partial z}{\partial x} = 0$$

유사하게 독립변수 y에 대한 미분은 위와 유사한 계산으로 다음과 같이 얻을 수 있다.

$$F_y + F_z \frac{\partial z}{\partial y} = 0$$

$F_z \neq 0$일 때 $z=f(x, y)$의 편도함수는 다음과 같이 계산된다.

$$\frac{\partial z}{\partial x} = -\frac{F_x}{F_z}, \quad \frac{\partial z}{\partial y} = -\frac{F_y}{F_z} \tag{2}$$

식 (2)를 통해 고급 미분적분학에서 얻은 중요한 결과인 **음함수 정리**(implicit function theorem)의 조건은 꼭 필요함을 알 수 있다. 편도함수 F_x, F_y, F_z가 한 점 (x_0, y_0, z_0)을 포함하는 공간의 열린 영역 R 전체에서 연속이고, 어떤 상수 c에 대해 $F(x_0, y_0, z_0)=c$이고 $F_z(x_0, y_0, z_0) \neq 0$이라고 하면, 방정식 $F(x_0, y_0, z_0)=c$는 점 (x_0, y_0, z_0) 근방에서 x와 y에 대해 미분가능한 함수로서 z가 음함수적으로 정의된다. 그리고 z의 편도함수는 식 (2)와 같이 주어진다.

예제 6 정리 8을 사용하여 $x^3+z^2+ye^{xz}+z\cos y=0$일 때 원점 (0, 0, 0)에서 $\frac{\partial z}{\partial x}$와 $\frac{\partial z}{\partial y}$를 구하라.

풀이 $F(x, y, z)=x^3+z^2+ye^{xz}+z\cos y$라고 하자. 그러면 다음을 얻는다.

$$F_x = 3x^2 + zye^{xz}, \qquad F_y = e^{xz} - z\sin y, \qquad F_z = 2z + xye^{xz} + \cos y$$

$F(0, 0, 0)=0$, $F_z(0, 0, 0)=1 \neq 0$이고 모든 1계 편도함수는 연속이므로, 음함수 정리에 의해 $F(x, y, z)=0$은 z를 원점 (0, 0, 0) 근방에서 x와 y에 대함 미분가능한 함수로 정의된다. 식 (2)로부터 다음 두 식을 얻는다.

$$\frac{\partial z}{\partial x} = -\frac{F_x}{F_z} = -\frac{3x^2 + zye^{xz}}{2z + xye^{xz} + \cos y}, \qquad \frac{\partial z}{\partial y} = -\frac{F_y}{F_z} = -\frac{e^{xz} - z\sin y}{2z + xye^{xz} + \cos y}$$

원점 (0, 0, 0)에서 다음의 값을 가진다.

$$\frac{\partial z}{\partial x} = -\frac{0}{1} = 0, \qquad \frac{\partial z}{\partial y} = -\frac{1}{1} = -1$$

■

다변수 함수

이 절에서 연쇄법칙의 다양한 형태를 보았지만, 각각은 일반적인 형태의 특수한 경우이다. 특정 문제를 해결할 때 종속변수를 맨 위에, 중간변수를 가운데에, 선택된 독립변수를 맨 아래에 놓아 적절한 종속 다이어그램을 그리는 것이 도움이 될 수 있다. 선택된 독립변수에 대한 종속변수의 미분을 찾으려면, 종속변수에서 시작하여 종속 다이어그램의 각 경로를 따라 독립변수까지 읽어 내려가면 된다. 각 경로를 따라 도함수를 계산하고 곱한 다음, 다른 경로에서 찾은 곱들을 더하면 된다.

일반적으로 $w=f(x_1, x_2, \cdots, x_n)$가 중간변수 $x_1, x_2, \cdots, x_n$(유한 집합)에 대해 미분가능한 함수이고, $x_1, x_2, \cdots, x_n$는 독립변수 $t_1, t_2, \cdots, t_m$(다른 유한 집합)에 대해 미분가능한 함수라고 하자. 그러면 w는 변수 $t_1, t_2, \cdots, t_m$에 대해 미분가능한 함수이고, 이 변수에 대한 w의 편도함수는 다음과 같은 방정식으로 주어진다.

$$i=1, 2, \cdots, m\text{에 대해} \qquad \frac{\partial w}{\partial t_i} = \frac{\partial w}{\partial x_1}\frac{\partial x_1}{\partial t_i} + \frac{\partial w}{\partial x_2}\frac{\partial x_2}{\partial t_i} + \cdots + \frac{\partial w}{\partial x_n}\frac{\partial x_n}{\partial t_i}$$

이 방정식을 기억하는 한 가지 방법은 방정식의 오른쪽을 다음과 같이 2개의 n차원 벡터의 내적으로 생각하는 것이다.

$$\frac{\partial w}{\partial t_i} = \underbrace{\left\langle \frac{\partial w}{\partial x_1}, \frac{\partial w}{\partial x_2}, \ldots, \frac{\partial w}{\partial x_n} \right\rangle}_{\substack{\text{중간변수에 대한} \\ w\text{의 편도함수}}} \cdot \underbrace{\left\langle \frac{\partial x_1}{\partial t_i}, \frac{\partial x_2}{\partial t_i}, \ldots, \frac{\partial x_n}{\partial t_i} \right\rangle}_{\substack{\text{선택된 독립변수에 대한} \\ \text{중간변수의 편도함수}}}$$

첫 번째 벡터는 w가 다양한 방향으로 어떻게 변하는지를 설명하고, 두 번째 벡터는 $\mathbf{x}(t_i) = \langle x_1(t_i), x_2(t_i), \cdots, x_n(t_i)\rangle$의 속도 벡터를 나타낸다. 이 개념은 다음 절에서 더 자세히 공부할 것이다.

연습문제 12.4 EXERCISE QUESTION

연쇄법칙: 독립변수 1개

연습문제 1~6에서 **(a)** 연쇄법칙을 사용하여 dw/dt를 t에 대한 함수를 찾고 w를 t에 대해 표현하고 t에 대해 직접 미분하여 dw/dt를 t에 대한 함수를 찾아라. 그 다음 **(b)** 주어진 t값에서 dw/dt를 계산하라.

1. $w = x^2 + y^2, \quad x = \cos t, \quad y = \sin t; \quad t = \pi$

2. $w = x^2 + y^2, \; x = \cos t + \sin t, \; y = \cos t - \sin t; \; t = 0$

3. $w = \dfrac{x}{z} + \dfrac{y}{z}, \quad x = \cos^2 t, \quad y = \sin^2 t, \quad z = 1/t; \quad t = 3$

4. $w = \ln(x^2 + y^2 + z^2), \quad x = \cos t, \quad y = \sin t, \quad z = 4\sqrt{t};$ $t = 3$

5. $w = 2ye^x - \ln z, \quad x = \ln(t^2 + 1), \quad y = \tan^{-1} t, \quad z = e^t;$ $t = 1$

6. $w = z - \sin xy, \quad x = t, \quad y = \ln t, \quad z = e^{t-1}; \quad t = 1$

연쇄법칙: 2개 및 3개의 독립변수

연습문제 7과 8에서 **(a)** 연쇄법칙을 사용하여 $\partial z/\partial u$와 $\partial z/\partial v$를 구하고, z를 u와 v의 함수를 찾고 $\partial z/\partial u$와 $\partial z/\partial v$를 구하라. 그 다음 **(b)** 주어진 점 (u, v)에서 $\partial z/\partial u$와 $\partial z/\partial v$를 계산하라.

7. $z = 4e^x \ln y, \quad x = \ln(u \cos v), \quad y = u \sin v;$ $(u, v) = (2, \pi/4)$

8. $z = \tan^{-1}(x/y), \quad x = u \cos v, \quad y = u \sin v;$ $(u, v) = (1.3, \pi/6)$

연습문제 9와 10에서 **(a)** 연쇄법칙을 사용하여 $\partial w/\partial u$와 $\partial w/\partial v$를 구하고, w를 u와 v의 함수로 표현한 다음 $\partial w/\partial u$와 $\partial w/\partial v$를 구하라. 그 다음 **(b)** 주어진 점 (u, v)에서 $\partial w/\partial u$와 $\partial w/\partial v$를 계산하라.

9. $w = xy + yz + xz, \quad x = u + v, \quad y = u - v, \quad z = uv;$ $(u, v) = (1/2, 1)$

10. $w = \ln(x^2 + y^2 + z^2), \quad x = ue^v \sin u, \quad y = ue^v \cos u,$ $z = ue^v; \quad (u, v) = (-2, 0)$

연습문제 11과 12에서 **(a)** 연쇄법칙을 사용하여 $\partial u/\partial x$, $\partial u/\partial y$, $\partial u/\partial z$를 구하고 u를 x, y, z의 함수로 표현한 다음에 x, y, z의 함수로써 $\partial u/\partial x$, $\partial u/\partial y$, $\partial u/\partial z$를 구하라. 그 다음 **(b)** 주어진 점 (x, y, z)에서 $\partial u/\partial x$, $\partial u/\partial y$, $\partial u/\partial z$를 계산하라.

11. $u = \dfrac{p - q}{q - r}, \quad p = x + y + z, \quad q = x - y + z,$ $r = x + y - z; \quad (x, y, z) = (\sqrt{3}, 2, 1)$

12. $u = e^{qr} \sin^{-1} p, \quad p = \sin x, \quad q = z^2 \ln y, \quad r = 1/z;$ $(x, y, z) = (\pi/4, 1/2, -1/2)$

종속 다이어그램 사용하기

연습문제 13~24에서 종속 다이어그램을 그리고 각 미분에 대한 연쇄법칙 공식을 써라.

13. $\dfrac{dz}{dt}, \quad z = f(x, y), \quad x = g(t), \quad y = h(t)$

14. $\dfrac{dz}{dt}, \quad z = f(u, v, w), \quad u = g(t), \quad v = h(t), \quad w = k(t)$

15. $\dfrac{\partial w}{\partial u}$와 $\dfrac{\partial w}{\partial v}, \quad w = h(x, y, z), \quad x = f(u, v), \quad y = g(u, v),$ $z = k(u, v)$

16. $\dfrac{\partial w}{\partial x}$와 $\dfrac{\partial w}{\partial y}, \quad w = f(r, s, t), \quad r = g(x, y), \quad s = h(x, y),$ $t = k(x, y)$

17. $\dfrac{\partial w}{\partial u}$와 $\dfrac{\partial w}{\partial v}, \quad w = g(x, y), \quad x = h(u, v), \quad y = k(u, v)$

18. $\dfrac{\partial w}{\partial x}$와 $\dfrac{\partial w}{\partial y}, \quad w = g(u, v), \quad u = h(x, y), \quad v = k(x, y)$

19. $\dfrac{\partial z}{\partial t}$와 $\dfrac{\partial z}{\partial s}, \quad z = f(x, y), \quad x = g(t, s), \quad y = h(t, s)$

20. $\dfrac{\partial y}{\partial r}, \quad y = f(u), \quad u = g(r, s)$

21. $\dfrac{\partial w}{\partial s}$와 $\dfrac{\partial w}{\partial t}, \quad w = g(u), \quad u = h(s, t)$

22. $\dfrac{\partial w}{\partial p}, \quad w = f(x, y, z, v), \quad x = g(p, q), \quad y = h(p, q),$ $z = j(p, q), \quad v = k(p, q)$

23. $\dfrac{\partial w}{\partial r}$와 $\dfrac{\partial w}{\partial s}, \quad w = f(x, y), \quad x = g(r), \quad y = h(s)$

24. $\dfrac{\partial w}{\partial s}, \quad w = g(x, y), \quad x = h(r, s, t), \quad y = k(r, s, t)$

음함수 미분

연습문제 25~30에서 식이 x에 대해 미분가능한 함수 y가 정의된다고 가정할 때, 정리 8을 이용하여 주어진 점에서 dy/dx의 값을 찾아라.

25. $x^3 - 2y^2 + xy = 0, \quad (1, 1)$

26. $xy + y^2 - 3x - 3 = 0, \quad (-1, 1)$

27. $x^2 + xy + y^2 - 7 = 0, \quad (1, 2)$

28. $xe^y + \sin xy + y - \ln 2 = 0, \quad (0, \ln 2)$

29. $(x^3 - y^4)^6 + \ln(x^2 + y) = 1, \quad (-1, 0)$

30. $xe^{x^2y} - ye^x = x + y - 2, \quad (1,1)$

연습문제 31~34에서 주어진 점에서 $\partial z/\partial x$와 $\partial z/\partial y$의 값을 찾아라.

31. $z^3 - xy + yz + y^3 - 2 = 0, \quad (1,1,1)$

32. $\dfrac{1}{x} + \dfrac{1}{y} + \dfrac{1}{z} - 1 = 0, \quad (2,3,6)$

33. $\sin(x+y) + \sin(y+z) + \sin(x+z) = 0, \quad (\pi,\pi,\pi)$

34. $xe^y + ye^z + 2\ln x - 2 - 3\ln 2 = 0, \quad (1, \ln 2, \ln 3)$

특정한 점에서 편도함수 찾기

35. $w=(x+y+z)^2$, $x=r-s$, $y=\cos(r+s)$, $z=\sin(r+s)$일 때 $r=1$, $s=-1$에서의 $\partial w/\partial r$을 찾아라.

36. $w=xy+\ln z$, $x=v^2/u$, $y=u+v$, $z=\cos u$일 때 $u=-1$, $v=2$에서의 $\partial w/\partial v$를 찾아라.

37. $w=x^2+(y/x)$, $x=u-2v+1$, $y=2u+v-2$일 때 $u=0$, $v=0$에서의 $\partial w/\partial v$를 찾아라.

38. $z=\sin xy+x\sin y$, $x=u^2+v^2$, $y=uv$일 때 $u=0$, $v=1$에서의 $\partial z/\partial u$를 찾아라.

39. $z=5\tan^{-1}x$, $x=e^u+\ln v$일 때 $u=\ln 2$, $v=1$에서의 $\partial z/\partial u$와 $\partial z/\partial v$를 찾아라.

40. $z=\ln q$, $q=\sqrt{v+3}\tan^{-1}u$일 때 $u=1$, $v=-2$에서의 $\partial z/\partial u$와 $\partial z/\partial v$를 찾아라.

이론과 예제

41. $w=f(s^3+t^2)$와 $f'(x)=e^x$일 때 $\dfrac{\partial w}{\partial t}$와 $\dfrac{\partial w}{\partial s}$를 찾아라.

42. $w=f\left(ts^2, \dfrac{s}{t}\right)$, $\dfrac{\partial f}{\partial x}(x,y)=xy$, $\dfrac{\partial f}{\partial y}(x,y)=\dfrac{x^2}{2}$일 때 $\dfrac{\partial w}{\partial t}$와 $\dfrac{\partial w}{\partial s}$를 찾아라.

43. $z=f(x, y)$, $x=g(t)$, $y=h(t)$, $f_x(2, -1)=3$, $f_y(2, -2)=-2$이고 $g(0)=2$, $h(0)=-1$, $g'(0)=5$, $h'(0)=-4$ 일 때 $\left.\dfrac{dz}{dt}\right|_{t=0}$을 계산하라.

44. $z=f(x, y)^2$, $x=g(t)$, $y=h(t)$, $f_x(1, 0)=-1$, $f_y(1, 0)=1$, $f(1, 0)=2$이고 $g(3)=1$, $h(3)=0$, $g'(3)=-3$, $h'(3)=4$일 때 $\left.\dfrac{dz}{dt}\right|_{t=3}$를 계산하라.

45. $z=f(w)$, $w=g(x, y)$, $x=2r^3-s^2$, $y=re^s$이고 $g_x(2, 1)=-3$, $g_y(2, 1)=2$, $f'(7)=-1$, $g(2, 1)=7$일 때 $\left.\dfrac{\partial z}{\partial r}\right|_{r=1, s=0}$와 $\left.\dfrac{\partial z}{\partial s}\right|_{r=1, s=0}$를 계산하라.

46. $z=\ln(f(w))$, $w=g(x, y)$, $x=\sqrt{r-s}$, $y=r^2s$이고 $g_x(2, -9)=-1$, $g_y(2, -9)=3$, $f'(-2)=2$, $f(-2)=5$, $g(2, -9)=-2$일 때 $\left.\dfrac{\partial z}{\partial r}\right|_{r=3, s=-1}$와 $\left.\dfrac{\partial z}{\partial s}\right|_{r=3, s=-1}$를 계산하라.

47. 회로 내 전압 변화 전압 V는 법칙 $V=IR$을 만족하는 회로에서 배터리가 소모되면서 점차 낮아진다. 동시에 저항 R은 저항체가 가열되면서 증가한다. 다음의 방정식을 사용하여 $R=600$옴, $I=0.04$암페어, $dR/dt=0.5$옴/초, $dV/dt=-0.01$볼트/초일 때 전류가 얼마나 변하는지 찾아라.

$$\frac{dV}{dt} = \frac{\partial V}{\partial I}\frac{dI}{dt} + \frac{\partial V}{\partial R}\frac{dR}{dt}$$

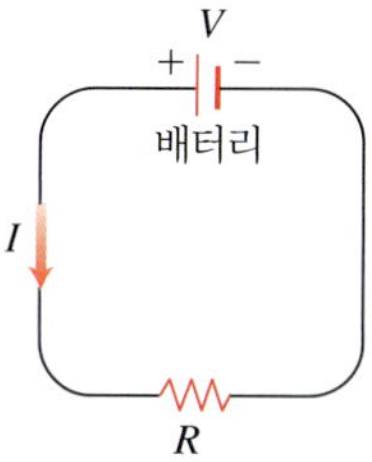

48. 상자의 차원 변화 직사각형 상자의 변의 길이 a, b, c가 시간에 따라 변한다. $a=1$ m, $b=2$ m, $c=3$ m일 때, 이들의 순간 변화율은 $da/dt=db/dt=1$ m/s, $dc/dt=-3$ m/s이다. 해당 순간에 상자의 부피 V와 겉넓이 S의 변화율은 얼마인가? 상자의 내부의 대각선의 길이는 증가하는가, 감소하는가?

49. 만약 $f(u, v, w)$가 미분가능이고 $u=x-y$, $v=y-z$, $w=z-x$일 때, 다음을 보여라.

$$\frac{\partial f}{\partial x} + \frac{\partial f}{\partial y} + \frac{\partial f}{\partial z} = 0$$

50. 극좌표계 미분가능한 함수 $w=f(x, y)$에 극좌표계 $x=r\cos\theta$, $y=r\sin\theta$로 치환하자.

a. 다음 2개의 식이 성립함을 보여라,

$$\frac{\partial w}{\partial r} = f_x\cos\theta + f_y\sin\theta$$

$$\frac{1}{r}\frac{\partial w}{\partial \theta} = -f_x\sin\theta + f_y\cos\theta$$

b. 문제 (a)의 식을 연립하여 $\partial w/\partial r$와 $\partial w/\partial \theta$를 이용하여 f_x와 f_y를 표현하라.

c. 다음을 보여라.

$$(f_x)^2 + (f_y)^2 = \left(\frac{\partial w}{\partial r}\right)^2 + \frac{1}{r^2}\left(\frac{\partial w}{\partial \theta}\right)^2$$

51. 라플라스 방정식 함수 $w=f(u, v)$가 라플라스 방정식 $f_{uu}+f_{vv}=0$을 만족하고 $u=(x^2-y^2)/2$, $v=xy$일 때 w가 라플라스 방정식 $w_{xx}+w_{yy}=0$을 만족함을 보여라.

52. 라플라스 방정식 함수 $w=f(u)+f(v)$이고 $u=x+iy$, $v=x-iy$, $i=\sqrt{-1}$이다. 모든 함수가 미분가능이면 w가 라플라스 방정식 $w_{xx}+w_{yy}=0$을 만족함을 보여라.

53. 나선의 극값 함수 $f(x, y, z)$의 $x=\cos t$, $y=\sin t$, $z=t$라는 나선 상의 점에서 다음과 같은 편도함수가 주어졌다고 가정하자.

$$f_x = \cos t, \quad f_y = \sin t, \quad f_z = t^2 + t - 2$$

f가 극값을 가질 수 있는 점은 이 곡선 상의 어떤 점인가?

54. 공간 곡선 $w=x^2e^{2y}\cos 3z$라고 하자. 곡선 $x=\cos t$, $y=\ln(t+2)$, $z=t$ 위의 점 $(1, \ln 2, 0)$에서의 dw/dt값을 구하라.

55. 원의 온도 함수 $T=f(x, y)$를 원 $x=\cos t$, $y=\sin t$ $(0\le t\le 2\pi)$의 점 (x, y)에서의 온도이고, 다음의 방정식을 만족한다고 가정하자.

$$\frac{\partial T}{\partial x} = 8x - 4y, \qquad \frac{\partial T}{\partial y} = 8y - 4x$$

a. dT/dt와 d^2T/dt^2을 조사하여 최대 및 최소 온도가 원의 어디에서 발생하는지 찾아라.

b. $T=4x^2-4xy+4y^2$라고 가정하자. 원에서 T의 최댓값과 최솟값을 찾아라.

56. 타원 위의 온도 $T=g(x, y)$를 다음 타원 위의 점 (x, y)에서의 온도라고 하자.

$$x = 2\sqrt{2}\cos t, \qquad y = \sqrt{2}\sin t, \qquad 0 \le t \le 2\pi$$

다음의 방정식을 만족한다고 가정하자.

$$\frac{\partial T}{\partial x} = y, \qquad \frac{\partial T}{\partial y} = x$$

a. dT/dt와 d^2T/dt^2을 조사하여 타원의 최대 및 최소 온도를 찾아라.

b. $T=xy-2$라고 하자. 타원에서 T의 최댓값과 최솟값을 찾아라.

57. 한 점 (x, y)에서 온도 $T=T(x, y)$°C는 $T_x(1, 2)=3$, $T_y(1, 2)=-1$을 만족한다. 만약 $x=e^{2t-2}$ cm이고 $y=2+\ln t$ cm일 때, $t=1$ s에서 온도 T의 변화율을 구하라.

58. 벌레가 $x=f(t)$, $y=g(t)$로 주어진 xy평면의 경로를 따라 곡면 $z=x^2-y^2$ 위를 기어가고 있다. 만약 $f(2)=4$, $f'(2)=-1$, $g(2)=-2$, $g'(2)=-3$일 때 $t=2$에서 벌레의 고도 z는 어떤 비율로 변하는가?

적분 미분 약한 연속성의 조건으로부터 다음 식과 같다고 하자.

$$F(x) = \int_a^b g(t, x)\, dt$$

그러면 $F'(x)=\int_a^b g_x(t, x)\, dt$이다. 이 사실과 연쇄법칙을 이용하여 다음 도함수를 찾을 수 있다.

$$F(x) = \int_a^{f(x)} g(t, x)\, dt$$

여기서 $u=f(x)$이고, $G(u, x) = \int_a^u g(t, x)\, dt$임을 이용한다. 연습문제 59와 60에서 주어진 함수의 도함수를 찾아라.

59. $F(x) = \int_0^{x^2} \sqrt{t^4 + x^3}\, dt$ **60.** $F(x) = \int_{x^2}^1 \sqrt{t^3 + x^2}\, dt$

61. 물이 $(4/5)\pi$ m^3/min의 속도로 원기둥 모양의 탱크로 들어가고 있다. 원기둥 모양을 유지하면서 탱크는 반지름이 분당 0.002 m/min씩 증가하고 있다. 반지름이 2 m이고 탱크 내의 물의 부피가 20π m^3일 때, 물의 표면이 얼마나 빠르게 상승하는지를 계산하라.

62. 변수 x, y, z를 갖는 함수 f는 미분가능한 함수이고 $u=f(x, y, z)$라고 하자. 만약 $x=r\sin\phi\cos\theta$, $y=r\sin\phi\sin\theta$, $z=r\cos\phi$이면 $\partial u/\partial x$, $\partial u/\partial y$, $\partial u/\partial z$를 이용하여 $\partial u/\partial r$, $\partial u/\partial \phi$, $\partial u/\partial \theta$를 나타내라.

63. 특정 시점에서 직각 삼각형의 직각의 한 변의 길이가 10 m이고 분당 1 m씩 증가하고 있으며, 직각의 다른 한 변의 길이는 12 m이고 분당 2 m씩 감소하고 있다. 이때 길이가 증가하여 12 m가 될 때, 다른 두 변이 이루는 예각의 변화율을 찾아라.

12.5 방향 도함수 및 기울기벡터

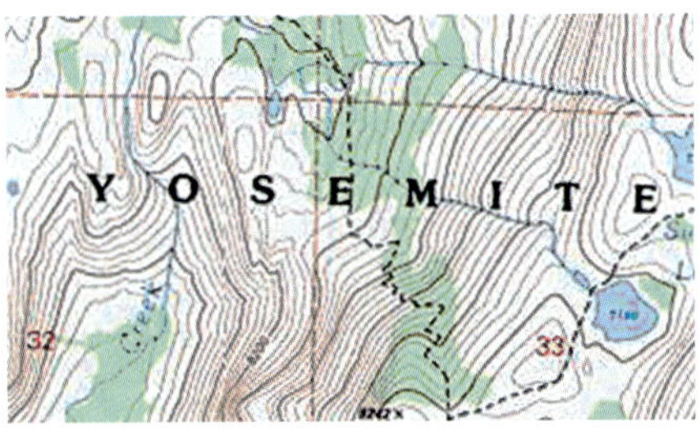

그림 12.26 캘리포니아 요세미티 국립공원 내의 등고선은 가장 가파른 하강 내리막길을 따라 등고선에 수직으로 흐르는 하천을 보인다. (출처: Yosemite National Park Map from U.S. Geological Survey, http://www.usgs.gov)

캘리포니아 요세미티 국립공원 내의 등고선을 표시한 지도(그림 12.26)를 보면 하천이 등고선에 수직으로 흐르고 있음을 알 수 있다. 하천은 가장 가파른 내리막길을 따라 흐르기 때문에 물이 가능한 한 빨리 낮은 고도에 도달한다. 따라서 하천의 해발 고도에서 가장 빠른 순간 변화율은 특정 방향을 갖는다. 이 절에서는 '내리막' 방향이라고 하는 이 방향이 등고선에 수직인 이유를 살펴본다.

평면에서의 방향 도함수

12.4절에서 만약 함수 $f(x, y)$가 미분가능하면, 미분가능한 곡선 $x=g(t)$, $y=h(t)$를 따라 t에 대한 f의 변화는 다음과 같음을 알고 있다.

$$\frac{df}{dt} = \frac{\partial f}{\partial x}\frac{dx}{dt} + \frac{\partial f}{\partial y}\frac{dy}{dt}$$

임의의 한 점 $P_0(x_0, y_0)=P_0(g(t_0), h(t_0))$에서 이 식은 증가하는 t에 대한 f의 변화율을 주고, 따라서 이 식은 곡선의 방향에 따라 달라진다. 만약 위의 곡선이 직선이고 t가 주어진 단위벡터 $\mathbf{u}$의 방향으로 점 P_0에서부터 단위길이를 가지는 매개변수이면, df/dt는 정의역에서 $\mathbf{u}$ 방향으로의 거리에 대한 f의 변화율이다. 단위벡터 $\mathbf{u}$를 변경하여 다른 방향으로의 P_0를 지나는 거리에 대한 f의 변화율을 찾는다. 이제 이 아이디어를 더 정확하게 정의한다.

함수 $f(x, y)$가 xy평면의 영역 R에서 정의되어 있고, $P_0(x_0, y_0)$가 영역 R 위의 한 점이라고 하고, $\mathbf{u}=u_1\mathbf{i}+u_2\mathbf{j}$는 단위벡터라고 하자. 그러면 다음의 식은 $\mathbf{u}$에 평행하고 점 P_0를 지나는 직선의 매개방정식이다.

$$x = x_0 + su_1, \quad y = y_0 + su_2$$

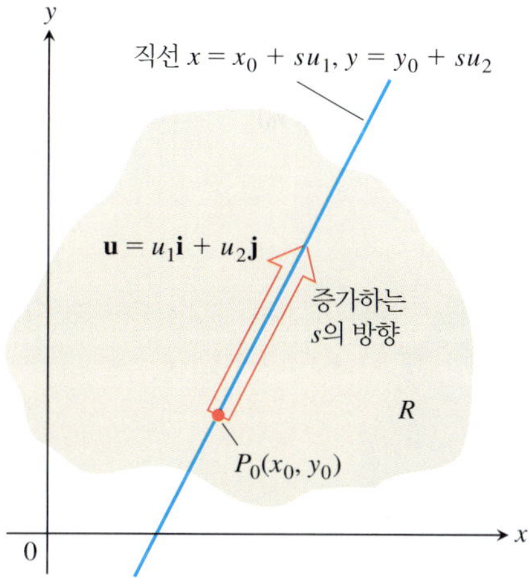

그림 12.27 점 P_0에서 $\mathbf{u}$ 방향으로의 f의 변화율은 P_0에서 이 직선을 따르는 f의 변화율이다.

만약 매개변수 s가 $\mathbf{u}$ 방향으로 점 P_0에서부터의 길이를 나타내면, 점 P_0에서의 df/ds를 계산하여 $\mathbf{u}$ 방향으로 점 P_0에서 f의 변화율을 찾는다(그림 12.27).

정의 다음 극한이 존재한다고 하자.

$$\left(\frac{df}{ds}\right)_{\mathbf{u}, P_0} = \lim_{s \to 0} \frac{f(x_0 + su_1, y_0 + su_2) - f(x_0, y_0)}{s} \tag{1}$$

극한값을 **단위벡터 $\mathbf{u} = u_1\mathbf{i} + u_2\mathbf{j}$ 방향으로의 점 $P_0(x_0, y_0)$에서의 f의 도함수**라 한다.

식 (1)로 정의된 **방향 도함수**(directional derivative)는 다음과 같이 표기될 수 있다.

$$D_{\mathbf{u}}f(P_0) \quad \text{or} \quad D_{\mathbf{u}}f|_{P_0} \qquad \text{점 } P_0\text{에서 } \mathbf{u} \text{ 방향으로의 } f\text{의 도함수}$$

편도함수 $f_x(x_0, y_0)$와 $f_y(x_0, y_0)$는 점 P_0에서 $\mathbf{i}$와 $\mathbf{j}$ 방향으로의 방향 도함수이다. 이는 12.3절에 주어진 두 편미분의 정의와 식 (1)을 비교하여 확인할 수 있다.

예제 1 위의 정의를 이용해서 다음 주어진 함수 f에 대해 점 $P_0(1, 2)$에서 단위벡터 $\mathbf{u} = (1/\sqrt{2})\mathbf{i} + (1/\sqrt{2})\mathbf{j}$ 방향으로의 도함수를 구하라.

$$f(x, y) = x^2 + xy$$

풀이 식 (1)을 적용하면 다음을 얻을 수 있다.

$$\begin{aligned}
\left(\frac{df}{ds}\right)_{\mathbf{u}, P_0} &= \lim_{s \to 0} \frac{f(x_0 + su_1, y_0 + su_2) - f(x_0, y_0)}{s} && \text{식 (1)} \\
&= \lim_{s \to 0} \frac{f\left(1 + s \cdot \frac{1}{\sqrt{2}}, 2 + s \cdot \frac{1}{\sqrt{2}}\right) - f(1, 2)}{s} && \text{대입} \\
&= \lim_{s \to 0} \frac{\left(1 + \frac{s}{\sqrt{2}}\right)^2 + \left(1 + \frac{s}{\sqrt{2}}\right)\left(2 + \frac{s}{\sqrt{2}}\right) - (1^2 + 1 \cdot 2)}{s} \\
&= \lim_{s \to 0} \frac{\left(1 + \frac{2s}{\sqrt{2}} + \frac{s^2}{2}\right) + \left(2 + \frac{3s}{\sqrt{2}} + \frac{s^2}{2}\right) - 3}{s} \\
&= \lim_{s \to 0} \frac{\frac{5s}{\sqrt{2}} + s^2}{s} = \lim_{s \to 0}\left(\frac{5}{\sqrt{2}} + s\right) = \frac{5}{\sqrt{2}}
\end{aligned}$$

점 $P_0(1, 2)$에서 방향 $\mathbf{u}$로의 함수 $f(x, y) = x^2 + xy$의 변화율은 $5/\sqrt{2}$이다. ■

방향 도함수의 해석

식 $z = f(x, y)$는 공간에서의 곡면 S를 나타낸다. 만약 $z_0 = f(x_0, y_0)$이면 점 $P(x_0, y_0, z_0)$는 S 위에 있다. P와 $P_0(x_0, y_0)$를 지나고 $\mathbf{u}$에 평행한 수직 평면과 곡면 S의 교선을 C라 한다(그림 12.28). $\mathbf{u}$의 방향으로의 f의 변화율은 벡터 $\mathbf{u}$를 x축의 방향벡터 $\mathbf{k}$를 y축의 방향벡터로 하는 평면에서의 곡선 C에 대한 접선의 기울기이다.

$\mathbf{u} = \mathbf{i}$일 때 점 P_0에서 f의 방향 도함수는 점 (x_0, y_0)에서 $\partial f/\partial x$값이다. $\mathbf{u} = \mathbf{j}$일 때 점 P_0에서 f의 방향 도함수는 점 (x_0, y_0)에서 $\partial f/\partial y$값이다. 방향 도함수는 두 편도함수의 일반화이다. $\mathbf{i}$와 $\mathbf{j}$의 방향뿐만 아니라 모든 방향 $\mathbf{u}$에서 f의 변화율을 계산할 수 있다.

방향 도함수의 물리적 해석을 위해 $T = f(x, y)$를 평면의 영역에서 각 점 (x, y)에서의 온도라고 하자. 그러면 $f(x_0, y_0)$는 점 $P_0(x_0, y_0)$에서의 온도이고, $D_{\mathbf{u}}f|_{P_0}$는 P_0에서 $\mathbf{u}$ 방향으로 온도의 순간 변화율이다.

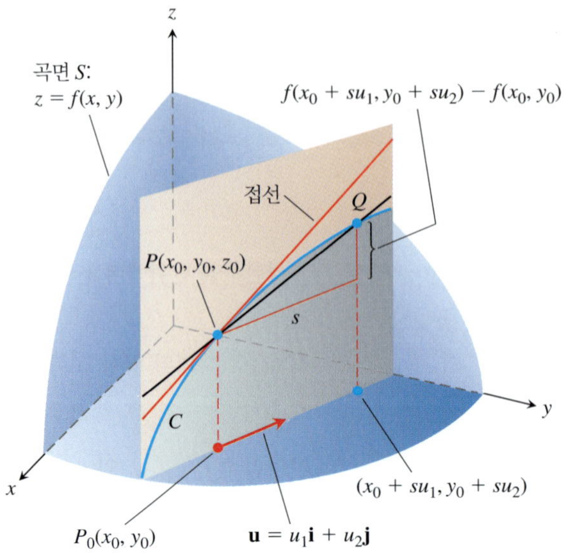

그림 12.28 점 P_0에서 곡선 C의 기울기는 $\lim_{Q\to P}$ 기울기 (PQ)이다. 이는 다음의 방향 도함수와 같다.

$$\left(\frac{df}{ds}\right)_{\mathbf{u},P_0} = D_{\mathbf{u}}f\Big|_{P_0}$$

방향 도함수의 계산과 기울기벡터

이제 미분가능한 함수 f에 대한 방향 도함수를 계산하는 효율적인 공식을 소개한다. 매개변수로 표현된 다음 직선의 방정식은 호의 길이 매개변수 s에 대해 $P_0(x_0, y_0)$를 지나는 단위벡터 $\mathbf{u}=u_1\mathbf{i}+u_2\mathbf{j}$의 방향으로 증가하는 직선을 나타낸다.

$$x = x_0 + su_1, \quad y = y_0 + su_2 \tag{2}$$

그러면 연쇄법칙에 의해 다음을 계산할 수 있다.

$$\begin{aligned}
\left(\frac{df}{ds}\right)_{\mathbf{u},P_0} &= \frac{\partial f}{\partial x}\bigg|_{P_0}\frac{dx}{ds} + \frac{\partial f}{\partial y}\bigg|_{P_0}\frac{dy}{ds} && \text{미분가능한 } f\text{에 대한 연쇄법칙}\\
&= \frac{\partial f}{\partial x}\bigg|_{P_0} u_1 + \frac{\partial f}{\partial y}\bigg|_{P_0} u_2 && \text{식 (2)로부터 } dx/ds=u_1\text{과 } dy/ds=u_2\text{를 얻는다.}\\
&= \underbrace{\left[\frac{\partial f}{\partial x}\bigg|_{P_0}\mathbf{i} + \frac{\partial f}{\partial y}\bigg|_{P_0}\mathbf{j}\right]}_{\text{점 } P_0\text{에서 } f\text{의 기울기}} \cdot \underbrace{\left[u_1\mathbf{i} + u_2\mathbf{j}\right]}_{\mathbf{u}\text{ 방향}}
\end{aligned} \tag{3}$$

식 (3)은 점 P_0에서 $\mathbf{u}$ 방향으로의 미분가능한 함수 f의 도함수는 특별한 벡터와 $\mathbf{u}$의 내적을 의미한다.

정의 함수 $f(x, y)$의 **기울기벡터**(gradient vector) 또는 **기울기**(gradient)는 다음과 같은 벡터이다.

$$\nabla f = \frac{\partial f}{\partial x}\mathbf{i} + \frac{\partial f}{\partial y}\mathbf{j}$$

점 $P_0(x_0, y_0)$에서 계산된 편도함수의 값으로 얻어지는 기울기벡터는 다음과 같다.

$$\nabla f\big|_{P_0} \quad \text{또는} \quad \nabla f(x_0, y_0)$$

표기법 ∇f는 'grad f', 'f의 기울기', ' ∇f'로 읽는다. 기호 ∇는 '∇'로 읽는다. 기울기의 또 다른 표기는 grad f로 표시한다. 기울기 표기법을 사용하여 식 (3)을 정리하여 다음의 정리를 얻는다.

정리 9 | 방향 도함수는 내적이다

만약 $f(x, y)$가 점 $P_0(x_0, y_0)$를 포함하는 열린 영역에서 미분가능이면, 벡터 $\mathbf{u}$와 점 P_0에서 기울기 ∇f의 내적을 통해 방향 도함수를 얻는다.

$$\left(\frac{df}{ds}\right)_{\mathbf{u},P_0} = \nabla f|_{P_0} \cdot \mathbf{u} \tag{4}$$

간략히 적으면 $D_{\mathbf{u}}f = \nabla f \cdot \mathbf{u}$이다.

예제 2 점 (2, 0)에서 함수 $f(x, y)=xe^y+\cos(xy)$의 방향 $\mathbf{v}=3\mathbf{i}-4\mathbf{j}$으로의 도함수를 찾아라.

풀이 벡터 $\mathbf{v}$의 방향은 $\mathbf{v}$의 크기로 나누어 얻는 단위벡터 $\mathbf{u}$이다.

$$\mathbf{u} = \frac{\mathbf{v}}{|\mathbf{v}|} = \frac{\mathbf{v}}{5} = \frac{3}{5}\mathbf{i} - \frac{4}{5}\mathbf{j}$$

f의 편도함수는 모든 점에서 연속이고 점 (2, 0)에서는 다음의 값을 얻는다.

$$f_x(2, 0) = (e^y - y\sin(xy))\Big|_{(2,0)} = e^0 - 0 = 1$$

$$f_y(2, 0) = (xe^y - x\sin(xy))\Big|_{(2,0)} = 2e^0 - 2\cdot 0 = 2$$

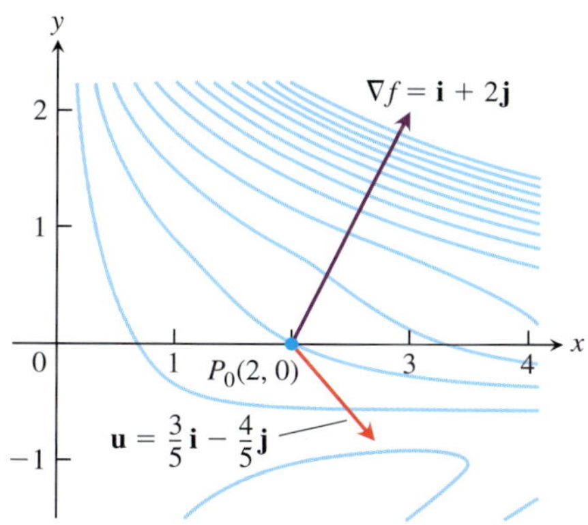

그림 12.29 함수 f의 정의역에서 벡터로서 ∇f의 그림이다. 그림에서 곡선은 f의 등위선이다. 점 (2, 0)에서 $\mathbf{u}$ 방향으로의 f의 변화율은 $\nabla f \cdot \mathbf{u} = -1$이다. 이 식은 단위벡터 $\mathbf{u}$ 방향으로의 ∇f의 성분을 의미한다(예제 2).

점 (2, 0)에서 함수 f의 기울기는 다음과 같다(그림 12.29).

$$\nabla f|_{(2,0)} = f_x(2, 0)\mathbf{i} + f_y(2, 0)\mathbf{j} = \mathbf{i} + 2\mathbf{j}$$

따라서 점 (2, 0)에서 함수 f의 $\mathbf{v}$방향으로의 도함수는 다음과 같다.

$$D_{\mathbf{u}}f|_{(2,0)} = \nabla f|_{(2,0)} \cdot \mathbf{u} \qquad D_{\mathbf{u}}f|_{P_0}\text{ 기호를 써서 식 (4)를 이용}$$

$$= (\mathbf{i} + 2\mathbf{j}) \cdot \left(\frac{3}{5}\mathbf{i} - \frac{4}{5}\mathbf{j}\right) = \frac{3}{5} - \frac{8}{5} = -1$$

■

식 (4)에서 내적을 계산하면 다음의 식을 얻는다.

$$D_{\mathbf{u}}f = \nabla f \cdot \mathbf{u} = |\nabla f||\mathbf{u}|\cos\theta = |\nabla f|\cos\theta$$

여기서 θ는 벡터 $\mathbf{u}$와 ∇f 사이의 각도를 나타내고, 다음과 같은 특성을 보인다.

방향 도함수 $D_{\mathbf{u}}f = \nabla f \cdot \mathbf{u} = |\nabla f|\cos\theta$의 특성

1. 함수 f는 $\cos\theta=1$일 때 가장 빠르게 증가한다. 이는 $\theta=0$이고 벡터 $\mathbf{u}$는 ∇f의 방향을 뜻한다. 즉 정의역의 각 점 P에서 f는 점 P에서의 기울기벡터의 방향으로 가장 빠르게 증가한다. 이 방향으로의 도함수는 다음과 같다.

$$D_{\mathbf{u}}f = |\nabla f|\cos(0) = |\nabla f|$$

2. 유사하게 f는 $-\nabla f$방향으로 가장 빠르게 감소한다. 이 방향으로의 도함수는 $D_{\mathbf{u}}f = |\nabla f|\cos(\pi) = -|\nabla f|$이다.
3. 기울기 $\nabla f \neq 0$에 직교하는 모든 방향벡터 $\mathbf{u}$의 방향은 f에 대해 변화가 없는 방향을 가진다. 이유는 θ는 $\pi/2$이기 때문이다.

$$D_{\mathbf{u}}f = |\nabla f|\cos(\pi/2) = |\nabla f| \cdot 0 = 0$$

이러한 성질은 2차원뿐만 아니라 3차원에서도 성립한다.

예제 3 함수 $f(x, y)=(x^2/2)+(y^2/2)$에 대해 다음을 만족하는 방향을 찾아라.

(a) 점 (1, 1)에서 가장 빠르게 증가하는 방향

(b) 점 (1, 1)에서 가장 빠르게 감소하는 방향

(c) 점 (1, 1)에서 f의 변화가 없는 방향은 무엇인가?

풀이

(a) 함수는 점 (1, 1)에서 ∇f 방향으로 가장 빠르게 증가한다. 이 점에서의 기울기는 다음과 같다.

$$\nabla f|_{(1,1)} = (x\mathbf{i} + y\mathbf{j})\Big|_{(1,1)} = \mathbf{i} + \mathbf{j}$$

이때의 방향은 다음과 같다.

$$\mathbf{u} = \frac{\mathbf{i}+\mathbf{j}}{|\mathbf{i}+\mathbf{j}|} = \frac{\mathbf{i}+\mathbf{j}}{\sqrt{(1)^2+(1)^2}} = \frac{1}{\sqrt{2}}\mathbf{i} + \frac{1}{\sqrt{2}}\mathbf{j}$$

(b) 함수는 (1, 1)에서 $-\nabla f$ 방향으로 가장 빠르게 감소한다. 이때의 방향은 다음과 같다.

$$-\mathbf{u} = -\frac{1}{\sqrt{2}}\mathbf{i} - \frac{1}{\sqrt{2}}\mathbf{j}$$

(c) 점 (1, 1)에서 변화가 없는 방향은 ∇f와 수직인 방향으로 다음 2개의 벡터가 있다.

$$\mathbf{n} = -\frac{1}{\sqrt{2}}\mathbf{i} + \frac{1}{\sqrt{2}}\mathbf{j} \text{ 와 } \quad -\mathbf{n} = \frac{1}{\sqrt{2}}\mathbf{i} - \frac{1}{\sqrt{2}}\mathbf{j}$$

그림 12.30을 참고한다. ■

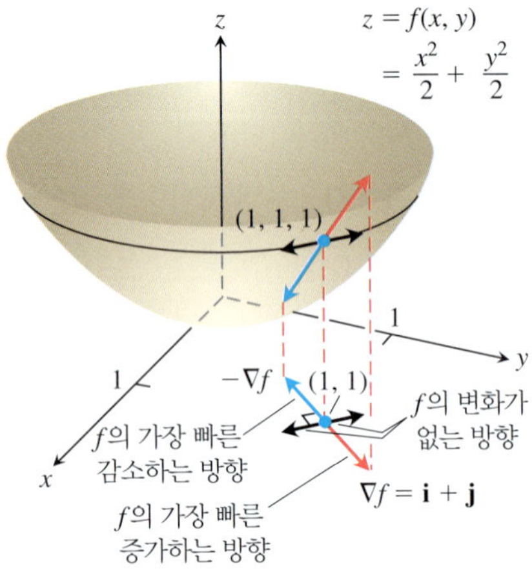

그림 12.30 점 (1, 1)에서 함수 $f(x, y)$가 가장 빠르게 증가하는 방향은 $\nabla f|_{(1,1)}=\mathbf{i}+\mathbf{j}$이다. 점 (1, 1, 1)에서 곡면이 가장 가파르게 상승하는 방향과 동일하다(예제 3).

기울기벡터와 등위선의 접선

미분가능한 함수 $f(x, y)$가 매끄러운 곡선 $\mathbf{r}=g(t)\mathbf{i}+h(t)\mathbf{j}$를 따라 상숫값 c를 가지면(f의 등위선의 곡선 부분을 만든다), $f(g(t), h(t))=c$를 가진다. 이 식의 양변을 t에 대해 미분하면 다음의 식을 얻는다.

$$\frac{d}{dt}f(g(t), h(t)) = \frac{d}{dt}(c)$$

$$\frac{\partial f}{\partial x}\frac{dg}{dt} + \frac{\partial f}{\partial y}\frac{dh}{dt} = 0 \qquad \text{연쇄법칙} \qquad (5)$$

$$\underbrace{\left(\frac{\partial f}{\partial x}\mathbf{i} + \frac{\partial f}{\partial y}\mathbf{j}\right)}_{\nabla f} \cdot \underbrace{\left(\frac{dg}{dt}\mathbf{i} + \frac{dh}{dt}\mathbf{j}\right)}_{\frac{d\mathbf{r}}{dt}} = 0$$

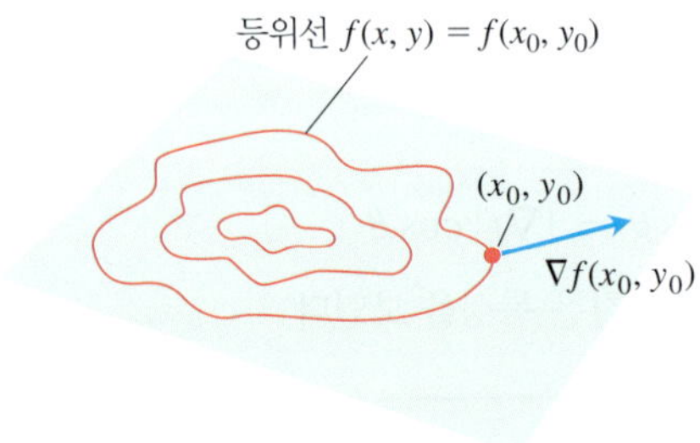

그림 12.31 한 점에서 미분가능한 2변수 함수의 기울기벡터가 0이 아닐 때, 이 기울기벡터는 그 점을 지나는 함수의 등위선에 항상 수직이다.

f의 기울기벡터가 0이 아닌 벡터라고 가정하자. 식 (5)는 ∇f가 접벡터 $d\mathbf{r}/dt$에 수직이므로 이것은 곡선에도 수직임을 의미한다. 이 설명은 그림 12.31에서 볼 수 있다.

> 미분가능한 함수 $f(x, y)$의 기울기벡터가 0이 아닌 벡터를 가지는 f의 정의역에 있는 모든 점 (x_0, y_0)에서 이 벡터는 점 (x_0, y_0)을 지나는 등위선에 수직이다(그림 12.31).

식 (5)는 하천이 지형도의 등고선에 수직으로 흐른다는 우리의 관측을 검증한다(그림 12.26 참조). 하류로 흐르는 하천은 가장 빠른 방법으로 목적지에 도달할 것이므로, 이는 방향 도함수의 성질 2로부터 음의 기울기벡터의 방향으로 흐를 것이다. 식 (5)는 이러한 방향이 등위선에

수직임을 말한다.

또한 이 관찰은 등위선의 접선의 방정식을 찾을 수 있게 한다. 이것은 기울기벡터에 수직인 직선이다. 점 $P_0(x_0, y_0)$를 지나고 0이 아닌 벡터 $\mathbf{N}=A\mathbf{i}+B\mathbf{j}$에 수직인 직선은 다음과 같다(연습문제 39).

$$A(x-x_0)+B(y-y_0)=0$$

만약 $\mathbf{N}$이 기울기벡터 $\nabla f|_{(x_0, y_0)}=f_x(x_0, y_0)\mathbf{i}+f_y(x_0, y_0)\mathbf{j}$이고 기울기벡터가 영벡터가 아니라면, 이 방정식은 다음의 공식을 유도한다.

등위선에 대한 접선의 방정식

$$f_x(x_0, y_0)(x-x_0)+f_y(x_0, y_0)(y-y_0)=0 \qquad (6)$$

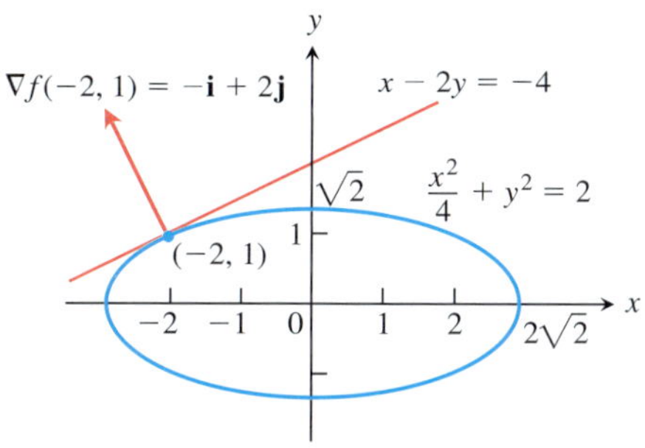

그림 12.32 주어진 타원을 함수 $f(x, y)=(x^2/4)+y^2$의 등위선으로 취급하여 타원 $(x^2/4)+y^2=2$의 접선을 구할 수 있다(예제 4).

예제 4 점 (−2, 1)에서 다음의 타원에 대한 접선의 방정식을 찾아라(그림 12.32).

$$\frac{x^2}{4}+y^2=2$$

풀이 주어진 타원은 다음의 함수 f의 어떤 등위선이다.

$$f(x, y)=\frac{x^2}{4}+y^2$$

점 (−2, 1)에서 f의 기울기벡터는 다음과 같다.

$$\nabla f|_{(-2,1)}=\left(\frac{x}{2}\mathbf{i}+2y\mathbf{j}\right)\bigg|_{(-2,1)}=-\mathbf{i}+2\mathbf{j}$$

이 기울기벡터가 영벡터가 아니기 때문에, 점 (−2, 1)에서 타원의 접선은 다음의 직선이 된다.

$$(-1)(x+2)+(2)(y-1)=0 \qquad \text{식 (6)}$$
$$x-2y=-4 \qquad \text{단순화하기}$$

■

두 함수 f와 g의 기울기벡터를 알고 있다면, 자동으로 그들의 합, 차, 상수배, 곱, 나눗셈을 알 수 있다. 연습문제 40에서 다음의 규칙을 유도할 것이다. 이 규칙들은 1변수 함수의 도함수에 대해 상응하는 같은 형태를 가지고 있다.

기울기벡터에 대한 대수적 규칙

1. **합 규칙:** $\nabla(f+g)=\nabla f+\nabla g$
2. **차 규칙:** $\nabla(f-g)=\nabla f-\nabla g$
3. **상수배 규칙:** $\nabla(kf)=k\nabla f$ (임의의 수 k)
4. **곱 규칙:** $\nabla(fg)=f\nabla g+g\nabla f$
5. **나눗셈 규칙:** $\nabla\left(\frac{f}{g}\right)=\frac{g\nabla f-f\nabla g}{g^2}$

(4, 5: 기울기벡터의 왼쪽에 스칼라함수곱)

예제 5 다음 두 함수 f와 g를 이용해서 두 가지 규칙을 보일 것이다.

$$f(x, y)=x-y \qquad g(x, y)=3y$$
$$\nabla f=\mathbf{i}-\mathbf{j} \qquad \nabla g=3\mathbf{j}$$

1. $\nabla(f-g)=\nabla(x-4y)=\mathbf{i}-4\mathbf{j}=\nabla f-\nabla g$ 규칙 2
2. $\nabla(fg)=\nabla(3xy-3y^2)=3y\mathbf{i}+(3x-6y)\mathbf{j}$

$$\begin{aligned} f\nabla g + g\nabla f &= (x-y)3\mathbf{j} + 3y(\mathbf{i}-\mathbf{j}) && \text{대입} \\ &= 3y\mathbf{i} + (3x-6y)\mathbf{j} && \text{간단히} \end{aligned}$$

그러므로 이 예제로부터 $\nabla(fg) = f\nabla g + g\nabla f$를 증명할 수 있다. ■

3변수 함수

공간에서 정의된 미분가능한 함수 $f(x, y, z)$와 단위벡터 $\mathbf{u} = u_1\mathbf{i} + u_2\mathbf{j} + u_3\mathbf{k}$에 대해 다음이 성립한다.

$$\nabla f = \frac{\partial f}{\partial x}\mathbf{i} + \frac{\partial f}{\partial y}\mathbf{j} + \frac{\partial f}{\partial z}\mathbf{k}$$

$$D_{\mathbf{u}}f = \nabla f \cdot \mathbf{u} = \frac{\partial f}{\partial x}u_1 + \frac{\partial f}{\partial y}u_2 + \frac{\partial f}{\partial z}u_3$$

방향 도함수는 다음과 같은 형태로 다시 한 번 쓰일 수 있다.

$$D_{\mathbf{u}}f = \nabla f \cdot \mathbf{u} = |\nabla f||\mathbf{u}|\cos\theta = |\nabla f|\cos\theta$$

그래서 2변수 함수에 대해 이전에 나열된 성질들은 3변수 함수로 확장할 수 있다. 주어진 임의의 점에서 f는 ∇f 방향으로 가장 빠르게 증가하고, $-\nabla f$ 방향으로 가장 빠르게 감소한다. ∇f와 수직인 모든 방향에서의 도함수는 항상 0이다.

예제 6

(a) 점 $P_0\ (1, 1, 0)$에서 함수 $f(x, y, z) = x^3 - xy^2 - z$의 $\mathbf{v} = 2\mathbf{i} - 3\mathbf{j} + 6\mathbf{k}$ 방향으로의 도함수를 구하라.

(b) P_0에서 함수 f는 어떤 방향에서 가장 빠르게 변화하는가? 그리고 이 방향으로의 변화율은 무엇인가?

풀이

(a) $\mathbf{v}$의 방향 $\mathbf{u}$는 벡터 $\mathbf{v}$를 $\mathbf{v}$의 길이로 나누어 구한다.

$$|\mathbf{v}| = \sqrt{(2)^2 + (-3)^2 + (6)^2} = \sqrt{49} = 7$$

$$\mathbf{u} = \frac{\mathbf{v}}{|\mathbf{v}|} = \frac{2}{7}\mathbf{i} - \frac{3}{7}\mathbf{j} + \frac{6}{7}\mathbf{k}$$

점 P_0에서 함수 f의 편도함수는 다음과 같다.

$$f_x = (3x^2 - y^2)\Big|_{(1,1,0)} = 2, \qquad f_y = -2xy\Big|_{(1,1,0)} = -2, \qquad f_z = -1\Big|_{(1,1,0)} = -1$$

점 P_0에서 함수 f의 기울기벡터는 다음과 같다.

$$\nabla f|_{(1,1,0)} = 2\mathbf{i} - 2\mathbf{j} - \mathbf{k}$$

그러므로 $\mathbf{v}$ 방향으로의 점 P_0에서 함수 f의 방향 도함수는 다음과 같이 구해진다.

$$\begin{aligned} D_{\mathbf{u}}f|_{(1,1,0)} &= \nabla f|_{(1,1,0)} \cdot \mathbf{u} = (2\mathbf{i} - 2\mathbf{j} - \mathbf{k}) \cdot \left(\frac{2}{7}\mathbf{i} - \frac{3}{7}\mathbf{j} + \frac{6}{7}\mathbf{k}\right) \\ &= \frac{4}{7} + \frac{6}{7} - \frac{6}{7} = \frac{4}{7} \end{aligned}$$

(b) 함수는 $\nabla f = 2\mathbf{i} - 2\mathbf{j} - \mathbf{k}$ 방향으로 가장 빠르게 증가하고, $-\nabla f$ 방향으로 가장 빠르게 감소한다. 이 방향으로의 각각의 변화율을 다음과 같다.

$$|\nabla f| = \sqrt{(2)^2 + (-2)^2 + (-1)^2} = \sqrt{9} = 3, \qquad -|\nabla f| = -3$$ ■

4개 이상의 변수를 가지는 함수

n개의 변수를 가지는 미분가능한 함수 $f(x_1, x_2, \cdots, x_n)$의 기울기는 다음과 같다.

$$\nabla f = \left\langle \frac{\partial f}{\partial x_1}, \frac{\partial f}{\partial x_2}, \cdots, \frac{\partial f}{\partial x_n} \right\rangle$$

만약 $\mathbf{u} = \langle u_1, u_2, \cdots, u_n \rangle$이 $u_1^2 + u_2^2 + \cdots + u_n^2 = 1$인 n차원 벡터이면(따라서 $|\mathbf{u}| = \sqrt{u_1^2 + u_2^2 + \cdots + u_n^2} = 1$이므로 $\mathbf{u}$는 단위벡터), $\mathbf{u}$ 방향으로의 함수 f의 방향 도함수는 다음과 같다.

$$D_u f = \nabla f \cdot \mathbf{u} = \frac{\partial f}{\partial x_1} u_1 + \frac{\partial f}{\partial x_2} u_2 + \cdots + \frac{\partial f}{\partial x_n} u_n$$

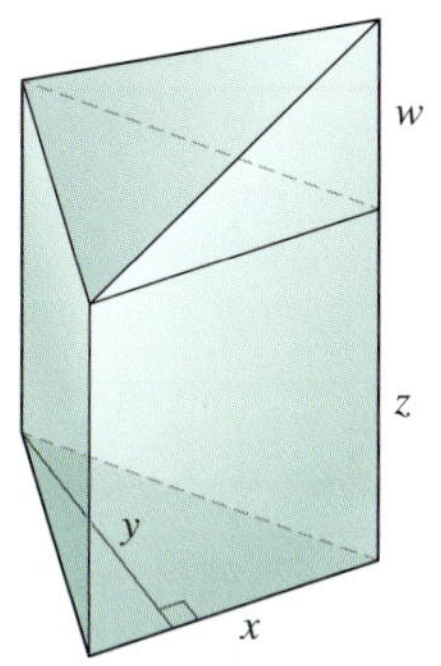

그림 12.33 삼각기둥 위에 있는 사면체(예제 7).

예제 7 그림 12.33에 표시된 삼각기둥의 꼭대기에 사면체를 포함하는 입체의 부피는 $f(x, y, z, w) = \frac{xy}{2}\left(z + \frac{w}{3}\right)$으로 주어진다.

(a) 점 $P_0(6, 5, 8, 4)$에서 $\mathbf{v} = \langle 1, -1, -1, 1 \rangle$ 방향으로의 $f(x, y, z, w)$의 방향 도함수를 계산하라.

(b) 문제 (a)에서 얻은 값의 기하적 의미는 무엇인가?

풀이

(a) $\mathbf{v}$의 방향은 다음의 단위벡터와 같다.

$$\begin{aligned}
\mathbf{u} &= \frac{1}{|\mathbf{v}|}\mathbf{v} \\
&= \frac{1}{\sqrt{1^2 + (-1)^2 + (-1)^2 + 1^2}} \langle 1, -1, -1, 1 \rangle \\
&= \frac{1}{2}\langle 1, -1, -1, 1 \rangle \\
&= \left\langle \frac{1}{2}, -\frac{1}{2}, -\frac{1}{2}, \frac{1}{2} \right\rangle
\end{aligned}$$

점 P_0에서 f의 4개의 편도함수는 다음과 같다.

$$\begin{aligned}
f_x &= \frac{y}{2}\left(z + \frac{w}{3}\right)\Big|_{(6,5,8,4)} = \frac{70}{3} \\
f_y &= \frac{x}{2}\left(z + \frac{w}{3}\right)\Big|_{(6,5,8,4)} = 28 \\
f_z &= \frac{xy}{2}\Big|_{(6,5,8,4)} = 15 \\
f_w &= \frac{xy}{6}\Big|_{(6,5,8,4)} = 5
\end{aligned}$$

점 P_0에서 f의 기울기벡터는 다음과 같다.

$$\nabla f|_{(6,5,8,4)} = \left\langle \frac{70}{3}, 28, 15, 5 \right\rangle$$

점 (6, 5, 8, 4)에서 f의 $\mathbf{v}$ 방향으로의 방향 도함수는 다음과 같다.

$$\begin{aligned}
D_{\mathbf{u}} f|_{P_0} &= \nabla f|_{P_0} \cdot \mathbf{u} \\
&= \left\langle \frac{70}{3}, 28, 15, 5 \right\rangle \cdot \left\langle \frac{1}{2}, -\frac{1}{2}, -\frac{1}{2}, \frac{1}{2} \right\rangle \\
&= \left(\frac{70}{3}\right)\left(\frac{1}{2}\right) + (28)\left(-\frac{1}{2}\right) + (15)\left(-\frac{1}{2}\right) + (5)\left(\frac{1}{2}\right) \\
&= -\frac{22}{3}
\end{aligned}$$

(b) 기하학적으로 $x=6$, $y=5$, $z=8$, $w=4$일 때 x와 w가 같은 비율로 증가하고, y와 z가 같은 비율로 감소하면 입체의 부피는 $\frac{22}{3}$의 비율로 감소한다. ■

경로를 따르는 연쇄법칙

$\mathbf{r}(t)=x(t)\mathbf{i}+y(t)\mathbf{j}+z(t)\mathbf{k}$가 매끄러운 경로 C이고 $w=f(\mathbf{r}(t))$가 경로 C에서 계산되는 상수함수라고 하자. 그러면 연쇄법칙에 따르면 12.4절의 정리 6은 다음과 같다.

$$\frac{dw}{dt}=\frac{\partial w}{\partial x}\frac{dx}{dt}+\frac{\partial w}{\partial y}\frac{dy}{dt}+\frac{\partial w}{\partial z}\frac{dz}{dt}$$

위의 식의 오른쪽에서 편도함수는 곡선 $\mathbf{r}(t)$를 따라 계산되고, 중간변수의 도함수는 t에서 계산된다. 만약 벡터 기호를 사용하여 식을 표현하면 다음과 같다.

경로를 따르는 도함수

$$\frac{d}{dt}f(\mathbf{r}(t))=\nabla f(\mathbf{r}(t))\cdot\mathbf{r}'(t) \tag{7}$$

식 (7)이 말하는 것은 합성함수 $f(\mathbf{r}(t))$의 미분은 $\mathbf{r}(t)$에서 계산된 바깥쪽 함수 f의 '도함수'(기울기벡터)와 안쪽 함수 $\mathbf{r}$의 도함수의 '곱'(내적)을 의미한다. 이것은 2.6절에서 공부한 합성함수의 도함수의 '바깥-안쪽' 규칙과 유사하다. 즉 경로에 대한 다변수 연쇄법칙은 용어와 규칙에 대해 적절한 해석이 주어질 때 1변수 미분 계산에 대한 규칙과 정확히 같은 형태이다.

연습문제 12.5 EXERCISE QUESTION

기울기 계산하기

연습문제 1~6에서 주어진 점에서 함수의 기울기벡터를 찾아라. 그 다음 주어진 점을 지나는 등위선과 함께 기울기벡터를 스케치하라.

1. $f(x,y)=y-x,\quad (2,1)$

2. $f(x,y)=\ln(x^2+y^2),\quad (1,1)$

3. $g(x,y)=xy^2,\quad (2,-1)$

4. $g(x,y)=\frac{x^2}{2}-\frac{y^2}{2},\quad (\sqrt{2},1)$

5. $f(x,y)=\sqrt{2x+3y},\quad (-1,2)$

6. $f(x,y)=\tan^{-1}\frac{\sqrt{x}}{y},\quad (4,-2)$

연습문제 7~10에서 주어진 점에서의 ∇f를 구하라.

7. $f(x,y,z)=x^2+y^2-2z^2+z\ln x,\quad (1,1,1)$

8. $f(x,y,z)=2z^3-3(x^2+y^2)z+\arctan xz,\quad (1,1,1)$

9. $f(x,y,z)=(x^2+y^2+z^2)^{-1/2}+\ln(xyz),\quad (-1,2,-2)$

10. $f(x,y,z)=e^{x+y}\cos z+(y+1)\arcsin x,\quad (0,0,\pi/6)$

방향 도함수 찾기

연습문제 11~18에서 점 P_0에서 $\mathbf{v}$ 방향으로의 함수의 방향 도함수를 찾아라.

11. $f(x,y)=2xy-3y^2,\quad P_0(5,5),\quad \mathbf{v}=4\mathbf{i}+3\mathbf{j}$

12. $f(x,y)=2x^2+y^2,\quad P_0(-1,1),\quad \mathbf{v}=3\mathbf{i}-4\mathbf{j}$

13. $g(x,y)=\frac{x-y}{xy+2},\quad P_0(1,-1),\quad \mathbf{v}=12\mathbf{i}+5\mathbf{j}$

14. $h(x,y)=\arctan(y/x)+\sqrt{3}\arcsin(xy/2),\quad P_0(1,1),\quad \mathbf{v}=3\mathbf{i}-2\mathbf{j}$

15. $f(x,y,z)=xy+yz+zx,\quad P_0(1,-1,2),\quad \mathbf{v}=3\mathbf{i}+6\mathbf{j}-2\mathbf{k}$

16. $f(x,y,z)=x^2+2y^2-3z^2,\quad P_0(1,1,1),\quad \mathbf{v}=\mathbf{i}+\mathbf{j}+\mathbf{k}$

17. $g(x,y,z)=3e^x\cos yz,\quad P_0(0,0,0),\quad \mathbf{v}=2\mathbf{i}+\mathbf{j}-2\mathbf{k}$

18. $h(x,y,z)=\cos xy+e^{yz}+\ln zx,\quad P_0(1,0,1/2),\quad \mathbf{v}=\mathbf{i}+2\mathbf{j}+2\mathbf{k}$

연습문제 19~24에서 점 P_0에서 함수가 가장 빠르게 증가하는 방향과 가장 빠르게 감소하는 방향을 찾아라. 그런 다음 이러한 방향에서 함수의 방향 도함수를 찾아라.

19. $f(x,y)=x^2+xy+y^2,\quad P_0(-1,1)$

20. $f(x,y)=x^2y+e^{xy}\sin y,\quad P_0(1,0)$

21. $f(x,y,z)=(x/y)-yz,\quad P_0(4,1,1)$

22. $g(x,y,z)=xe^y+z^2,\quad P_0(1,\ln 2,1/2)$

23. $f(x,y,z)=\ln xy+\ln yz+\ln xz,\quad P_0(1,1,1)$

24. $h(x,y,z)=\ln(x^2+y^2-1)+y+6z,\quad P_0(1,1,0)$

등위선의 접선

연습문제 25~28에서 곡선 $f(x,y)=c$를 주어진 점에서의 ∇f와 접선과 함께 스케치하라. 그런 다음 접선의 방정식을 적어라.

25. $x^2+y^2=4,\quad (\sqrt{2},\sqrt{2})$

26. $x^2-y=1,\quad (\sqrt{2},1)$

27. $xy=-4,\quad (2,-2)$

28. $x^2-xy+y^2=7,\quad (-1,2)$

이론과 예제

29. $f(x, y)=x^2-xy+y^2-y$라고 하자. $D_{\mathbf{u}}f(1, -1)$의 값이 다음 조건(a~e)을 만족할 때 방향벡터 $\mathbf{u}$를 찾아라.

a. $D_{\mathbf{u}}f(1, -1)$이 가장 큰 값을 가질 때

b. $D_{\mathbf{u}}f(1, -1)$이 가장 작은 값을 가질 때

c. $D_{\mathbf{u}}f(1, -1)=0$

d. $D_{\mathbf{u}}f(1, -1)=4$

e. $D_{\mathbf{u}}f(1, -1)=-3$

30. $f(x, y)=\dfrac{(x-y)}{(x+y)}$라고 하자. $D_{\mathbf{u}}f\left(-\frac{1}{2}, \frac{3}{2}\right)$의 값이 다음 조건(a~e)을 만족할 때 방향벡터 $\mathbf{u}$를 찾아라.

a. $D_{\mathbf{u}}f\left(-\frac{1}{2}, \frac{3}{2}\right)$이 가장 큰 값을 가질 때

b. $D_{\mathbf{u}}f\left(-\frac{1}{2}, \frac{3}{2}\right)$이 가장 작은 값을 가질 때

c. $D_{\mathbf{u}}f\left(-\frac{1}{2}, \frac{3}{2}\right)=0$

d. $D_{\mathbf{u}}f\left(-\frac{1}{2}, \frac{3}{2}\right)=-2$

e. $D_{\mathbf{u}}f\left(-\frac{1}{2}, \frac{3}{2}\right)=1$

31. 방향 도함수 0 어떤 방향으로 점 $P(3, 2)$에서 함수 $f(x, y)=xy+y^2$를 미분해야 0이 되는가?

32. 방향 도함수 0 어떤 방향으로 점 $P(1, 1)$에서 함수 $f(x, y)=(x^2-y^2)/(x^2+y^2)$를 미분해야 0이 되는가?

33. 함수 $f(x, y)=x^2-3xy+4y^2$의 점 $P(1, 2)$에서의 변화율이 14가 되도록 하는 방향벡터 $\mathbf{u}$가 있는가? 답변에 대한 이유를 제시하라.

34. 원을 따르는 온도 변화 점 $P(1, -1, 1)$에서의 온도함수 $T(x, y, z)=2xy-yz$(섭씨 온도, 거리는 미터)의 변화율이 $-3°C/m$이 되는 방향벡터 $\mathbf{u}$가 있는가? 답변에 대한 이유를 제시하라.

35. $\mathbf{i}+\mathbf{j}$ 방향으로의 점 $P_0(1, 2)$에서의 함수 $f(x, y)$의 방향 도함수는 $2\sqrt{2}$이고, $-2\mathbf{j}$ 방향으로의 방향 도함수는 -3이다. $-\mathbf{i}-2\mathbf{j}$ 방향으로의 f의 방향 도함수는 무엇인가? 답변에 대한 이유를 제시하라.

36. 점 P에서 함수 $f(x, y, z)$의 방향 도함수는 $\mathbf{v}=\mathbf{i}+\mathbf{j}-\mathbf{k}$ 방향일 때 가장 크다. 이 방향으로의 방향 도함수의 값은 $2\sqrt{3}$이다.

a. 점 P에서 ∇f는 무엇인가? 답변에 대한 이유를 제시하라.

b. $\mathbf{i}+\mathbf{j}$ 방향으로의 점 P에서의 방향 도함수는 무엇인가?

37. 방향 도함수와 상수 성분 미분가능한 함수 $f(x, y, z)$의 단위벡터 $\mathbf{u}$의 방향으로 점 P_0에서의 방향 도함수가 $\mathbf{u}$ 방향으로의 $\nabla f|_{P_0}$의 상수 성분과 어떤 관계가 있는가? 답변에 대한 이유를 제시하라.

38. 방향 도함수와 편도함수 $f(x, y, z)$의 필요한 도함수가 정의되어 있다고 가정하자. 그러면 $D_{\mathbf{i}}f$, $D_{\mathbf{j}}f$, $D_{\mathbf{k}}f$가 f_x, f_y, f_z와 어떤 관계가 있는가? 답변에 대한 이유를 제시하라.

39. *xy*평면의 선분 $A(x-x_0)+B(y-y_0)=0$이 $\mathbf{N}=A\mathbf{i}+B\mathbf{j}$에 수직이고 점 (x_0, y_0)를 지나는 xy평면의 선분방정식임을 보여라.

40. 기울기에 대한 대수적 규칙 상수 k와 기울기가 다음과 같이 주어졌다고 하자.

$$\nabla f=\frac{\partial f}{\partial x}\mathbf{i}+\frac{\partial f}{\partial y}\mathbf{j}+\frac{\partial f}{\partial z}\mathbf{k}$$

$$\nabla g=\frac{\partial g}{\partial x}\mathbf{i}+\frac{\partial g}{\partial y}\mathbf{j}+\frac{\partial g}{\partial z}\mathbf{k}$$

기울기에 대한 대수 규칙이 성립한다.

연습문제 41~44에서 주어진 점에서 주어진 방정식의 그래프에 수직인 선에 대한 매개방정식을 찾아라.

41. $x^2+y^2=25, \quad (-3, 4)$

42. $x^2+xy+y^2=3, \quad (2, -1)$

43. $x^2+y^2+z^2=14, \quad (3, -2, 1)$

44. $z=x^3-xy^2, \quad (-1, 1, 0)$

4개 이상의 변수를 가지는 함수에 대한 기울기와 방향 도함수

연습문제 45~48에서 주어진 점에서의 ∇f를 찾아라.

45. $f(x, y, z, w)=\dfrac{x\sqrt{y}}{w}-x^2z^3, \ (2, 4, -1, 3)$

46. $f(x, y, z, w)=x^3\sin y+w^2\cos z, \ (-2, \pi, 0, 3)$

47. $f(x, y, z, s, t)=e^y\ln s+x^2t\tan z, \ \left(3, 0, \frac{\pi}{4}, e, 5\right)$

48. $f(x, y, z, s, t)=\dfrac{(x^2+y^2)\arctan t}{z^2s}, \ (-2, 1, -1, 2, 1)$

연습문제 49~52에서 점 P_0에서의 $\mathbf{v}$ 방향으로의 함수의 방향 도함수를 찾아라.

49. $f(x, y, z, w)=\dfrac{w\ln x}{y^2z^3}, \quad P_0(e^2, -2, 1, -3), \quad \mathbf{v}=\langle -1, 2, -2, 4\rangle$

50. $f(x, y, z, w)=(x-y)^2+e^{z-w}, P_0(4, 2, 3, 1),$
$\mathbf{v}=\langle 1, 0, -2, 2\rangle$

51. $f(x, y, z, s, t)=s\arcsin(x+y)-t^2\arctan(x-z),$
$P_0\left(0, \frac{1}{2}, -1, 1, -1\right), \mathbf{v}=\langle -1, 1, 0, 3, 5\rangle$

52. $f(x, y, z, s, t)=\sin tx+\cos sy-\dfrac{st}{z}, P_0\left(\frac{\pi}{4}, \frac{\pi}{6}, 2, 5, 1\right),$
$\mathbf{v}=\langle -3, 2, -2, 2, 2\rangle$

12.6 접평면과 전미분

1변수 미분적분학에서 미분이 그래프의 한 점에서 미분가능한 함수의 그래프에 대한 접선을 정의하는 방법을 공부했다. 그 접선은 주어진 점에서 선형화를 주었다. 이 절에서는 기울기벡터가 함수 $w=f(x, y, z)$의 등위면의 한 점에서 접평면을 정의하는 방법을 알아볼 것이다. 그러면 접평면은 함수 f를 주어진 점에서 선형화하고, 함수의 전미분을 정의한다.

접평면과 법선

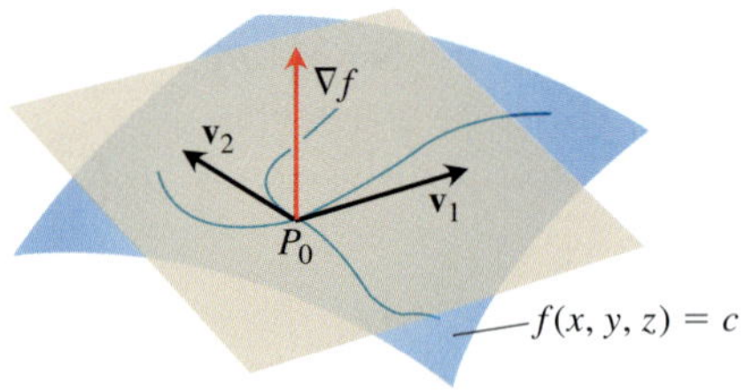

그림 12.34 기울기벡터 ∇f는 점 P_0를 지나는 곡면의 모든 매끄러운 곡선의 속도벡터에 직교한다. 따라서 점 P_0에서의 속도벡터는 한 평면에 있으며, 이를 P_0에서의 접평면이라고 부른다.

만약 $\mathbf{r}(t) = x(t)\mathbf{i} + y(t)\mathbf{j} + z(t)\mathbf{k}$가 미분가능한 함수 f의 등위면 $f(x, y, z) = c$에서의 매끄러운 곡선이면, 앞 절의 식 (7)에서 다음을 찾을 수 있다.

$$\frac{d}{dt} f(\mathbf{r}(t)) = \nabla f(\mathbf{r}(t)) \cdot \mathbf{r}'(t)$$

f가 곡선 $\mathbf{r}$을 따라 상수이므로 방정식 좌변의 미분은 0이고, 따라서 기울기벡터 ∇f는 곡선의 속도벡터 $\mathbf{r}'$에 수직이다.

이제 점 P_0를 지나는 곡선을 생각하자(그림 12.34). 점 P_0에서의 모든 속도벡터는 점 P_0에서의 ∇f와 수직이므로, 곡선의 접선은 ∇f에 수직이고 점 P_0를 지나는 평면에 놓여 있다(이 속도벡터는 영벡터가 아니라고 가정한다). 이제 이 평면을 정의한다.

정의 점 P_0에서 미분가능한 함수 f의 기울기벡터가 영벡터가 아닐 때, 점 P_0에서 f의 등위면 $f(x, y, z) = c$에 대한 **접평면**(tangent plane)은 P_0에서 $\nabla f|_{P_0}$에 수직인 평면이다.
점 P_0에서 곡면의 **법선**(normal line)은 P_0에서 $\nabla f|_{P_0}$에 평행한 직선이다.

11.5절의 결과는 점 P_0에서의 기울기벡터가 영벡터가 아닌 경우에 접평면과 법선이 다음 방정식을 만족한다는 것을 보인다.

점 $P_0(x_0, y_0, z_0)$에서 $f(x, y, z) = c$의 접평면

$$f_x(P_0)(x - x_0) + f_y(P_0)(y - y_0) + f_z(P_0)(z - z_0) = 0 \quad (1)$$

점 $P_0(x_0, y_0, z_0)$에서 $f(x, y, z) = c$의 법선

$$x = x_0 + f_x(P_0)t, \qquad y = y_0 + f_y(P_0)t, \qquad z = z_0 + f_z(P_0)t \quad (2)$$

예제 1 점 $P_0(1, 2, 4)$에서 다음 등위면의 접평면과 법선을 찾아라.

$$f(x, y, z) = x^2 + y^2 + z - 9 = 0 \qquad \text{원형포물면}$$

풀이 곡면은 그림 12.35이다.

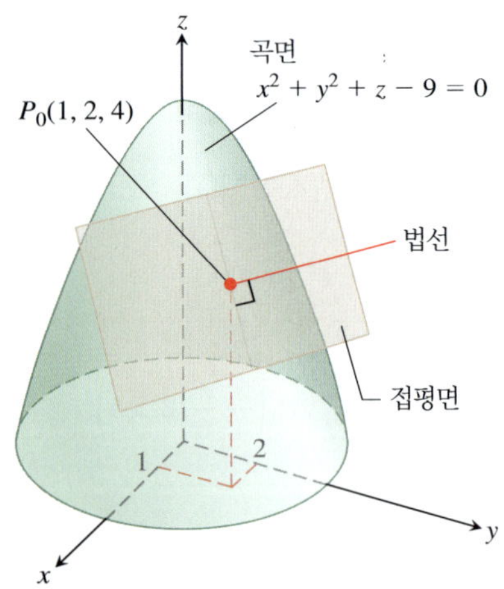

그림 12.35 점 P_0에서 등위면에 대한 접평면과 법선(예제 1).

접평면은 점 P_0에서의 f의 기울기벡터에 수직이면서 점 P_0를 지나는 평면이다. 기울기벡터는 다음과 같다.

$$\nabla f|_{P_0} = (2x\mathbf{i} + 2y\mathbf{j} + \mathbf{k})\Big|_{(1,2,4)} = 2\mathbf{i} + 4\mathbf{j} + \mathbf{k}$$

따라서 접평면은 다음과 같은 평면이 된다.

$$2(x - 1) + 4(y - 2) + (z - 4) = 0 \qquad \text{또는} \qquad 2x + 4y + z = 14$$

점 P_0에서 곡면의 법선은 다음과 같다.

$$x = 1 + 2t, \qquad y = 2 + 4t, \qquad z = 4 + t$$ ■

$z_0 = f(x_0, y_0)$를 만족하는 한 점 $P_0(x_0, y_0, z_0)$에서 매끄러운 곡면 $z = f(x, y)$의 접평면에 대한 방정식을 찾기 위해, 먼저 방정식 $z = f(x, y)$가 $f(x, y) - z = 0$과 동일하다는 것을 알아야 한다. 이로부터 곡면 $z = f(x, y)$가 함수 $F(z, y, z) = f(x, y) - z$의 0 등위면임을 알 수 있다. F의 편도함수는 다음과 같다.

$$F_x = \frac{\partial}{\partial x}(f(x, y) - z) = f_x - 0 = f_x$$
$$F_y = \frac{\partial}{\partial y}(f(x, y) - z) = f_y - 0 = f_y$$
$$F_z = \frac{\partial}{\partial z}(f(x, y) - z) = 0 - 1 = -1$$

점 P_0에서 등위면의 접평면에 대한 다음과 같은 방정식이라 하자.

$$F_x(P_0)(x - x_0) + F_y(P_0)(y - y_0) + F_z(P_0)(z - z_0) = 0$$

다음과 같이 쓸 수 있다.

$$f_x(x_0, y_0)(x - x_0) + f_y(x_0, y_0)(y - y_0) - (z - z_0) = 0$$

점 $(x_0, y_0, f(x_0, y_0))$에서 곡면 $z = f(x, y)$의 접평면

점 $P_0(x_0, y_0, z_0) = (x_0, y_0, f(x_0, y_0))$에서 미분가능한 함수 f의 곡면 $z = f(x, y)$의 접평면은 다음과 같다.

$$f_x(x_0, y_0)(x - x_0) + f_y(x_0, y_0)(y - y_0) - (z - z_0) = 0 \qquad (6)$$

예제 2 점 (0, 0, 0)에서 곡면 $z = x\cos y - ye^x$의 접평면을 찾아라.

풀이 함수 $f(x, y) = x\cos y - ye^x$의 편도함수를 계산하고 식 (3)을 이용하자.

$$f_x(0, 0) = (\cos y - ye^x)\Big|_{(0,0)} = 1 - 0 \cdot 1 = 1$$
$$f_y(0, 0) = (-x\sin y - e^x)\Big|_{(0,0)} = 0 - 1 = -1$$

따라서 접평면은 다음과 같다.

$$1 \cdot (x - 0) - 1 \cdot (y - 0) - (z - 0) = 0 \qquad \text{식 (3)}$$

또는

$$x - y - z = 0$$

■

예제 3 다음 두 곡면의 교선을 타원 E라 하자(그림 12.36).

$$f(x, y, z) = x^2 + y^2 - 2 = 0 \qquad \text{원기둥}$$
$$g(x, y, z) = x + z - 4 = 0 \qquad \text{평면}$$

점 $P_0(1, 1, 3)$에서 E에 접하는 직선에 대한 매개방정식을 찾아라.

풀이 접선은 점 P_0에서 ∇f와 ∇g 모두에 직교한다. 따라서 이는 $\mathbf{v} = \nabla f \times \nabla g$에 평행하다. $\mathbf{v}$의 성분과 P_0의 좌표는 직선에 대한 방정식을 제공한다.

$$\nabla f|_{(1,1,3)} = (2x\mathbf{i} + 2y\mathbf{j})\Big|_{(1,1,3)} = 2\mathbf{i} + 2\mathbf{j}$$
$$\nabla g|_{(1,1,3)} = (\mathbf{i} + \mathbf{k})\Big|_{(1,1,3)} = \mathbf{i} + \mathbf{k}$$
$$\mathbf{v} = (2\mathbf{i} + 2\mathbf{j}) \times (\mathbf{i} + \mathbf{k}) = \begin{vmatrix} \mathbf{i} & \mathbf{j} & \mathbf{k} \\ 2 & 2 & 0 \\ 1 & 0 & 1 \end{vmatrix} = 2\mathbf{i} - 2\mathbf{j} - 2\mathbf{k}$$

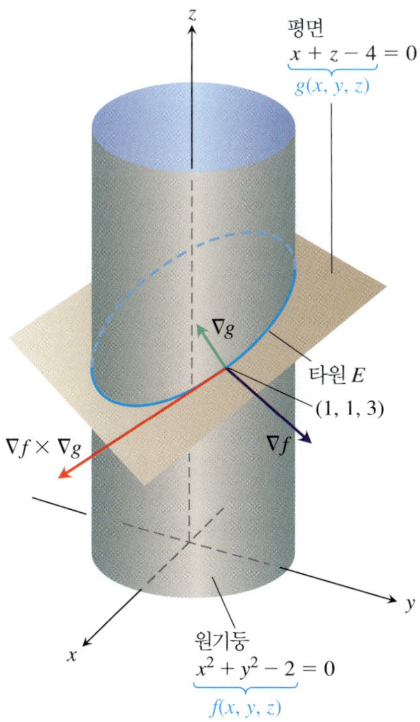

그림 12.36 원기둥과 평면은 타원 E에서 교차한다(예제 3).

교차하는 타원의 접선은 다음과 같다.

$$x = 1 + 2t, \qquad y = 1 - 2t, \qquad z = 3 - 2t$$ ■

특정 방향에서의 변화 추정

점 P_0에서 가까운 다른 점까지의 짧은 거리 ds를 이동할 때 함수 f의 값이 얼마나 변하는지 측정하는 경우에 방향 도함수는 1변수 도함수와 유사한 역할을 한다. 만약 f가 1변수 함수라면 다음을 얻는다.

$$df = f'(P_0)\,ds \qquad \text{1변수 도함수×증분}$$

2개 이상의 변수를 가지는 함수에 대해는 다음의 공식을 사용한다.

$$df = \left(\nabla f|_{P_0} \cdot \mathbf{u}\right) ds \qquad \text{방향 도함수×증분}$$

여기서 $\mathbf{u}$는 P_0에서 벗어나는 움직임에 대한 방향이다.

방향 $\mathbf{u}$로 함수 f의 변화 추정

점 P_0에서부터 특정 $\mathbf{u}$ 방향으로의 짧은 거리 ds를 이동할 때 미분가능한 함수 f의 값의 변화를 계산하려면 다음의 공식을 사용하라.

$$df = \underbrace{\left(\nabla f|_{P_0} \cdot \mathbf{u}\right)}_{\text{방향 도함수}} \underbrace{ds}_{\text{거리 증분}}$$

예제 4 점 $P(x, y, z)$가 한 점 $P_0(0, 1, 0)$으로부터 직선 방향으로 다른 점 $P_1(2, 2, -2)$로 0.1 단위만큼 움직일 때, 다음 함수의 값이 얼마나 변하는지 측정하라.

$$f(x, y, z) = y \sin x + 2yz$$

풀이 먼저 점 P_0에서 벡터 $\overrightarrow{P_0P_1} = 2\mathbf{i} + \mathbf{j} - 2\mathbf{k}$의 방향으로 f의 방향 도함수를 찾는다. 이 벡터의 방향은 다음과 같다.

$$\mathbf{u} = \frac{\overrightarrow{P_0P_1}}{|\overrightarrow{P_0P_1}|} = \frac{\overrightarrow{P_0P_1}}{3} = \frac{2}{3}\mathbf{i} + \frac{1}{3}\mathbf{j} - \frac{2}{3}\mathbf{k}$$

점 P_0에서 f의 기울기벡터는 다음과 같다.

$$\nabla f|_{(0,1,0)} = \left((y \cos x)\mathbf{i} + (\sin x + 2z)\mathbf{j} + 2y\mathbf{k}\right)\Big|_{(0,1,0)} = \mathbf{i} + 2\mathbf{k}$$

따라서 다음을 얻는다.

$$\nabla f|_{P_0} \cdot \mathbf{u} = (\mathbf{i} + 2\mathbf{k}) \cdot \left(\frac{2}{3}\mathbf{i} + \frac{1}{3}\mathbf{j} - \frac{2}{3}\mathbf{k}\right) = \frac{2}{3} - \frac{4}{3} = -\frac{2}{3}$$

점 P_0에서 $\mathbf{u}$ 방향으로 0.1단위 이동할 때 발생하는 f의 변화 df는 대략적으로 다음과 같다.

$$df = \left(\nabla f|_{P_0} \cdot \mathbf{u}\right)(ds) = \left(-\frac{2}{3}\right)(0.1) \approx -0.067\text{단위}$$

그림 12.37을 참고한다. ■

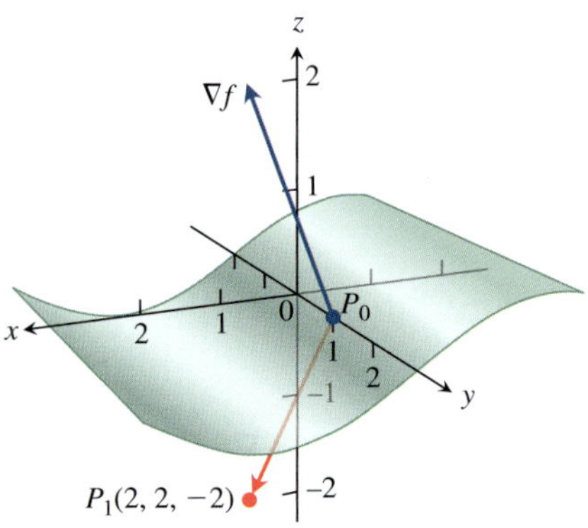

그림 12.37 점 $P(x, y, z)$가 P_0에서 0.1단위만큼 P_1으로 이동함에 따라 함수 f의 값은 대략적으로 -0.067 단위만큼 변한다(예제 4).

2변수 함수의 선형화

2변수 함수는 때때로 매우 복잡할 수 있어 특정 응용에서 계산하기 어렵지 않은 더 간단한 함수로 근사해야 할 때가 있다. 이는 1변수 함수에 대한 선형 치환을 찾는 방식과 유사하다(2.11절).

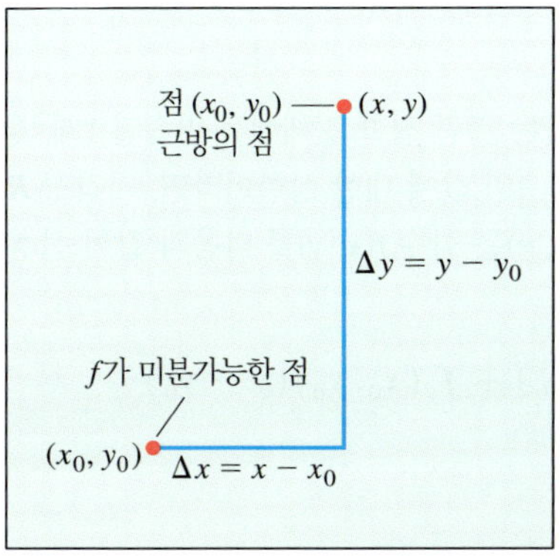

그림 12.38 만약 f가 점 (x_0, y_0)에서 미분가능하면, 점 (x, y) 근방에서 f의 값은 근사적으로 $f(x_0, y_0)+f_x(x_0, y_0)\Delta x+f_y(x_0, y_0)\Delta y$ 와 같다.

근사하고자 하는 점 (x_0, y_0)에 미분가능한 함수 $z=f(x, y)$의 점 (x_0, y_0)에서 f, f_x, f_y의 값을 알고 있다고 하자. 만약 점 (x_0, y_0)로부터 인접한 점 (x, y)까지 $\Delta x=x-x_0$와 $\Delta y=y-y_0$ 증분으로 이동한다면(그림 12.38), 12.3절의 미분가능성의 정의는 다음 변화를 보인다.

$$f(x, y) - f(x_0, y_0) = f_x(x_0, y_0)\Delta x + f_y(x_0, y_0)\Delta y + \varepsilon_1 \Delta x + \varepsilon_2 \Delta y$$

여기서 Δx, $\Delta y \to 0$임에 따라 ε_1, $\varepsilon_2 \to 0$이다. 만약 증분 Δx와 Δy가 작다면 곱 $\varepsilon_1\Delta x$과 $\varepsilon_2\Delta y$는 결국 더 작아질 것이고, 다음 근삿값을 가진다.

$$f(x, y) \approx \underbrace{f(x_0, y_0) + f_x(x_0, y_0)(x - x_0) + f_y(x_0, y_0)(y - y_0)}_{L(x, y)}$$

다시 말해 Δx와 Δy가 작기만 하면, f는 선형함수 L과 근사적으로 같은 값을 가진다.

정의 f가 미분가능한 함수이고, 점 (x_0, y_0)에서 함수 $f(x, y)$의 **선형화**(linearization)는 다음 함수이다.

$$L(x, y) = f(x_0, y_0) + f_x(x_0, y_0)(x - x_0) + f_y(x_0, y_0)(y - y_0)$$

다음 근사는 점 (x_0, y_0)에서 f의 **일반적인 선형 근사**(standard linear approximation)이다.

$$f(x, y) \approx L(x, y)$$

식 (3)으로부터 평면 $z=L(x, y)$는 한 점 (x_0, y_0)에서 곡면 $z=f(x, y)$에 접한다는 것을 보였다. 따라서 2변수 함수의 선형화는 1변수 함수의 선형화가 접선에 대한 근사와 같은 방식으로 접평면 근사이다(연습문제 57 참조).

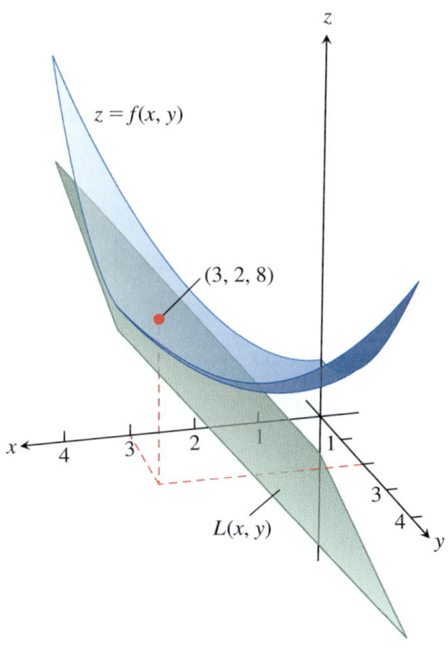

그림 12.39 접평면 $L(x, y)$는 예제 5에 있는 함수 $f(x, y)$의 선형화를 나타낸다.

예제 5 점 (3, 2)에서 다음 함수의 선형화를 찾아라.

$$f(x, y) = x^2 - xy + \frac{1}{2}y^2 + 3$$

풀이 먼저 점 $(x_0, y_0)=(3, 2)$에서 f, f_x, f_y를 계산한다.

$$f(3,2) = \left(x^2 - xy + \frac{1}{2}y^2 + 3\right)\Big|_{(3,2)} = 8$$

$$f_x(3,2) = \frac{\partial}{\partial x}\left(x^2 - xy + \frac{1}{2}y^2 + 3\right)\Big|_{(3,2)} = (2x - y)\Big|_{(3,2)} = 4$$

$$f_y(3,2) = \frac{\partial}{\partial y}\left(x^2 - xy + \frac{1}{2}y^2 + 3\right)\Big|_{(3,2)} = (-x + y)\Big|_{(3,2)} = -1$$

이것으로부터 다음을 얻는다.

$$\begin{aligned} L(x, y) &= f(x_0, y_0) + f_x(x_0, y_0)(x - x_0) + f_y(x_0, y_0)(y - y_0) \\ &= 8 + (4)(x - 3) + (-1)(y - 2) = 4x - y - 2 \end{aligned}$$

점 (3, 2)에서 f의 선형화는 $L(x, y)=4x-y-2$이다(그림 12.39). ■

미분가능한 함수 $f(x, y)$를 (x_0, y_0)에서 선형화 $L(x, y)$에 의해 근사시킬 때, 중요한 질문은 얼마나 정확하게 근사되느냐이다.

만약 그림 12.40와 같이 (x_0, y_0)를 중심으로 하는 사각형 R에서 $|f_{xx}|, |f_{yy}|, |f_{xy}|$에 대한 공통된 상한 M을 찾을 수 있다면, R전체에서의 오차 E를 간단한 공식을 사용하여 제한할 수 있다. **오차**(error)는 $E(x, y)=f(x, y)-L(x, y)$로 정의된다.

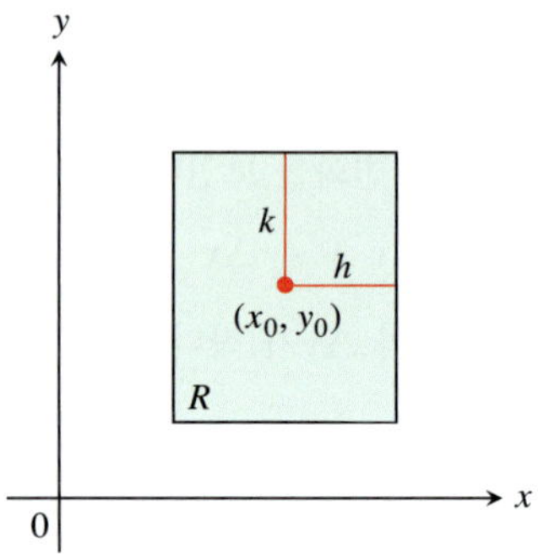

그림 12.40 xy평면에 있는 직사각형 영역.
$R: |x-x_0| \le h, |y-y_0| \le k$

표준 선형 근사에서의 오차

만약 f가 점 (x_0, y_0)를 중심으로 하는 사각형 R을 포함하는 열린 집합 전체에서 연속인 1계 및 2계 편도함수를 가지고 있고, M이 R에서 $|f_{xx}|, |f_{yy}|, |f_{xy}|$의 값에 대한 상한이라면, 사각형 R에서 $f(x, y)$를 그 선형화로 교체할 때 발생하는 오차 $E(x, y)$는 함수 $f(x, y)$를 다음과 같이 선형화한다.

$$L(x, y) = f(x_0, y_0) + f_x(x_0, y_0)(x - x_0) + f_y(x_0, y_0)(y - y_0)$$

다음의 부등식을 만족한다.

$$|E(x, y)| \le \frac{1}{2}M(|x - x_0| + |y - y_0|)^2$$

주어진 상수 M에 대해 $|E(x, y)|$를 작게 만들려면, $|x-x_0|$와 $|y-y_0|$를 작게 만들면 된다.

전미분

2.11절에서 1변수 함수 $y=f(x)$의 경우 x가 a에서 $a+\Delta x$로 변할 때 f의 변화율을 다음과 같이 정의했다.

$$\Delta f = f(a + \Delta x) - f(a)$$

그리고 f의 전미분은 다음과 같이 정의했다.

$$df = f'(a)\Delta x$$

이제 2변수 함수에 대한 미분 형식에 대해 알아보자.

미분가능한 함수 $f(x, y)$와 한 점 (x_0, y_0)에서 이것의 편도함수가 존재한다고 하자. 만약 주어진 점을 근방의 점 $(x_0+\Delta x, y_0+\Delta y)$으로 옮기면, f의 변화율은 다음과 같다.

$$\Delta f = f(x_0 + \Delta x, y_0 + \Delta y) - f(x_0, y_0)$$

표기법 $x-x_0=\Delta x$, $y-y_0=\Delta y$을 사용하여 $L(x, y)$의 정의에 기반한 계산은 L의 대응되는 변화가 다음과 같음을 보인다.

$$\Delta L = L(x_0 + \Delta x, y_0 + \Delta y) - L(x_0, y_0) = f_x(x_0, y_0)\Delta x + f_y(x_0, y_0)\Delta y$$

전미분(differential) dx와 dy는 독립변수이므로 어떤 택할 수 있다. 종종 $dx=\Delta x=x-x_0$ 및 $dy=\Delta y=y-y_0$를 택한다. 그러면 다음과 같이 f의 전미분을 정의한다.

정의 만약 한 점 (x_0, y_0)에서 근방의 다른 점 (x_0+dx, y_0+dy)로 움직이면, f의 선형화에서 다음과 같은 변화를 ***f*의 전미분**이라고 부른다.

$$df = f_x(x_0, y_0)\,dx + f_y(x_0, y_0)\,dy$$

예제 6 원기둥 모양의 캔이 반지름 1 cm와 높이 5 cm로 설계되었지만, 반지름과 높이가 각각 $dr=+0.03$, $dh=-0.1$만큼 차이가 난다고 가정하자. 캔의 부피의 변화를 추정하라.

풀이 부피 $V=\pi r^2h$의 변화를 추정하기 위해 다음을 사용한다.

$$\Delta V \approx dV = V_r(r_0, h_0)\,dr + V_h(r_0, h_0)\,dh$$

$V_r=2\pi rh$, $V_h=\pi r^2$을 사용하면 다음을 얻는다.

$$\begin{aligned} dV &= 2\pi r_0h_0\,dr + \pi r_0{}^2\,dh = 2\pi(1)(5)(0.03) + \pi(1)^2(-0.1) \\ &= 0.3\pi - 0.1\pi = 0.2\pi \approx 0.63\,\text{cm}^3 \end{aligned}$$

■

예제 7 어떤 회사에서 높이 2.5 m와 반지름 0.5 m인 스테인리스강 원통형 당밀 저장탱크를 제조한다고 하자. 이 탱크의 부피가 높이와 반지름의 작은 변화에 얼마나 민감한가?

풀이 부피 $V=\pi r^2 h$를 이용하여, 전미분으로부터 부피 변화율에 대한 근사를 다음과 같이 얻을 수 있다.

$$\begin{aligned} dV &= V_r(0.5, 2.5)\,dr + V_h(0.5, 2.5)\,dh \\ &= (2\pi rh)\Big|_{(0.5,\,2.5)} dr + (\pi r^2)\Big|_{(0.5,\,2.5)} dh \\ &= 2.5\pi\,dr + 0.25\pi\,dh \end{aligned}$$

따라서 r의 1단위 변화는 V를 약 2.5π단위만큼 변화시킨다. h의 1단위 변화는 V를 약 0.25π단위 변화시킨다. r의 작은 변화에 대해 탱크의 부피는 h의 동일한 크기 변화에 비해 10배 더 민감하다. 탱크가 올바른 부피를 갖기를 원하는 품질 관리 엔지니어로서 반지름에 특별히 주의를 기울여야 할 것이다.

반면 r과 h의 값이 바뀌어 $r=2.5$, $h=0.5$가 되면 V의 전미분은 다음과 같다.

$$dV = (2\pi rh)\Big|_{(2.5,\,0.5)} dr + (\pi r^2)\Big|_{(2.5,\,0.5)} dh = 2.5\pi\,dr + 6.25\pi\,dh$$

이제 부피는 r의 변화보다 h의 변화에 더 민감하다(그림 12.41).

일반적인 규칙은 함수가 가장 큰 편도변수를 만드는 변수의 작은 변화에 대해 가장 민감하다는 것이다. ■

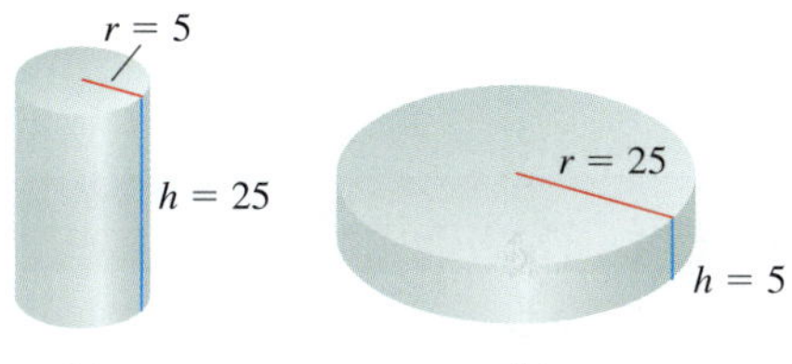

그림 12.41 원기둥의 부피는 (a) h의 변화보다 동일한 크기의 r의 작은 변화에 더 민감하다. 원기둥의 부피는 (b) r의 작은 변화보다 h의 작은 변화에 더 민감하다(예제 7).

3개 이상의 변수를 가지는 함수

위와 유사한 결과는 3개 이상의 변수를 가지는 미분가능한 함수에서도 유사한 결과를 얻을 수 있다.

1. 한 점 $P_0(x_0, y_0, z_0)$에서 함수 $f(x, y, z)$의 **선형화**는 다음과 같다.

$$L(x, y, z) = f(P_0) + f_x(P_0)(x - x_0) + f_y(P_0)(y - y_0) + f_z(P_0)(z - z_0)$$

2. R이 P_0를 중심으로 닫힌 직사각형 입체이고 f의 2계 편도함수가 연속인 열린 영역에 놓여 있다고 가정하자. 그리고 영역 R 전체에서 $|f_{xx}|, |f_{yy}|, |f_{zz}|, |f_{xy}|, |f_{xz}|, |f_{yz}|$의 값이 모두 M보다 작거나 같다고 가정하자. 이때 f를 L로 근사할 때 발생하는 **오차** $E(x, y, z) = f(x, y, z) - L(x, y, z)$는 R 전체에서 다음 부등식에 의해 제한된다.

$$|E| \le \frac{1}{2}M(|x - x_0| + |y - y_0| + |z - z_0|)^2$$

3. f의 2계 편도함수가 연속이고 x, y, z가 x_0, y_0, z_0에서 작은 양 dx, dy, dz만큼 변화할 경우에 **전미분**은 f의 결과적인 변화에 대한 좋은 근삿값을 제공한다.

$$df = f_x(P_0)\,dx + f_y(P_0)\,dy + f_z(P_0)\,dz$$

예제 8 한 점 $(x_0, y_0, z_0) = (2, 1, 0)$에서 다음 함수의 선형화 $L(x, y, z)$를 찾아라.

$$f(x, y, z) = x^2 - xy + 3\sin z$$

그리고 주어진 직사각형 영역에서 f를 L로 대치할 때 발생되는 오차에 대한 상한을 찾아라.

$$R:\ |x - 2| \le 0.01, \quad |y - 1| \le 0.02, \quad |z| \le 0.01$$

풀이 일반적인 계산으로부터 다음을 얻는다.

$$f(2,1,0) = 2, \quad f_x(2,1,0) = 3, \quad f_y(2,1,0) = -2, \quad f_z(2,1,0) = 3$$

그러므로 다음을 얻는다.

$$L(x, y, z) = 2 + 3(x - 2) + (-2)(y - 1) + 3(z - 0) = 3x - 2y + 3z - 2$$

다음 식과 $|-3 \sin z| \le 3 \sin 0.01 \approx 0.03$으로 인해 2계 편도함수에 대한 상한으로서 $M=2$를 취한다.

$$f_{xx} = 2, \quad f_{yy} = 0, \quad f_{zz} = -3\sin z, \quad f_{xy} = -1, \quad f_{xz} = 0, \quad f_{yz} = 0$$

따라서 영역 R에서 f를 L로 대치했을 때 발생되는 오차는 다음을 만족한다.

$$|E| \le \frac{1}{2}(2)(0.01 + 0.02 + 0.01)^2 = 0.0016$$

연습문제 12.6 EXERCISE QUESTION

곡면의 접평면과 법선

연습문제 1~10에서 다음에 대한 방정식을 찾아라.

a. 접평면

b. 주어진 곡면의 한 점 P_0에서의 법선

1. $x^2 + y^2 + z^2 = 3, \quad P_0(1, 1, 1)$

2. $x^2 + y^2 - z^2 = 18, \quad P_0(3, 5, -4)$

3. $2z - x^2 = 0, \quad P_0(2, 0, 2)$

4. $x^2 + 2xy - y^2 + z^2 = 7, \quad P_0(1, -1, 3)$

5. $\cos \pi x - x^2 y + e^{xz} + yz = 4, \quad P_0(0, 1, 2)$

6. $x^2 - xy - y^2 - z = 0, \quad P_0(1, 1, -1)$

7. $x + y + z = 1, \quad P_0(0, 1, 0)$

8. $x^2 + y^2 - 2xy - x + 3y - z = -4, \quad P_0(2, -3, 18)$

9. $x \ln y + y \ln z = x, \quad P_0(1, 1, e)$

10. $ye^x + ze^{y^2} = z, \quad P_0(0, 0, 1)$

연습문제 11~14에서 주어진 점의 주어진 표면에 접하는 평면방정식을 찾아라.

11. $z = \ln(x^2 + y^2), \quad (1, 0, 0)$

12. $z = e^{-(x^2+y^2)}, \quad (0, 0, 1)$

13. $z = \sqrt{y - x}, \quad (1, 2, 1)$

14. $z = 4x^2 + y^2, \quad (1, 1, 5)$

교차하는 곡면의 접선

연습문제 15~20에서 주어진 점에서 두 곡면의 교선에 접하는 직선에 대한 매개방정식을 찾아라.

15. 곡면: $x + y^2 + 2z = 4, \quad x = 1$
점: $(1, 1, 1)$

16. 곡면: $xyz = 1, \quad x^2 + 2y^2 + 3z^2 = 6$
점: $(1, 1, 1)$

17. 곡면: $x^2 + 2y + 2z = 4, \quad y = 1$
점: $(1, 1, 1/2)$

18. 곡면: $x + y^2 + z = 2, \quad y = 1$
점: $(1/2, 1, 1/2)$

19. 곡면: $x^3 + 3x^2y^2 + y^3 + 4xy - z^2 = 0,$
$x^2 + y^2 + z^2 = 11$
점: $(1, 1, 3)$

20. 곡면: $x^2 + y^2 = 4, \quad x^2 + y^2 - z = 0$
점: $(\sqrt{2}, \sqrt{2}, 4)$

변화량 추정

21. 만약 점 $P(x, y, z)$가 $P_0(3, 4, 12)$에서 $3\mathbf{i} + 6\mathbf{j} - 2\mathbf{k}$ 방향으로 $ds = 0.1$단위의 거리를 이동하면 주어진 함수가 얼마나 변하는가?

$$f(x, y, z) = \ln\sqrt{x^2 + y^2 + z^2}$$

22. 만약 점 $P(x, y, z)$가 원점에서 $2\mathbf{i} + 2\mathbf{j} - 2\mathbf{k}$ 방향으로 $ds = 0.1$단위의 거리를 이동하면 주어진 함수가 얼마나 변하는가?

$$f(x, y, z) = e^x \cos yz$$

23. 만약 점 $P(x, y, z)$가 $P_0(2, -1, 0)$에서 한 점 $P(0, 1, 2)$ 방향으로 $ds = 0.2$단위의 거리를 이동하면 주어진 함수가 얼마나 변하는가?

$$g(x, y, z) = x + x\cos z - y\sin z + y$$

24. 만약 점 $P(x, y, z)$가 $P_0(-1, -1, -1)$에서 원점 방향으로 $ds = 0.1$ 단위의 거리를 이동하면 주어진 함수가 얼마나 변하는가?

$$h(x, y, z) = \cos(\pi xy) + xz^2$$

25. 원을 따르는 온도 변화 xy평면 위의 한 점 (x, y)에서의 섭씨 온도는 $T(x, y) = x \sin 2y$이고, xy평면에서 거리는 미터로 측정된다고 가정하자. 물체는 원점을 중심으로 하고 반지름이 1 m인 원 주위를 **시계 방향**으로 2 m/s의 일정한 속도로 움직인다.

a. 점 $P(1/2, \sqrt{3}/2)$에서 입자의 온도가 미터당 섭씨 온도로 얼마나 빨리 변하는가?

b. 점 P에서 입자의 온도가 초당 섭씨 온도로 얼마나 빨리 변하는가?

26. 공간 곡선을 따르는 온도 변화 공간의 영역에서 섭씨 온도는 $T(x, y, z) = 2x^2 - xyz$로 주어진다. 입자가 이 영역에서 움직이고, 시간 t에 대한 이것의 위치는 $x = 2t^2$, $y = 3t$, $z = -t^2$으로 주어진다. 여기서 시간은 초로 측정되고 거리는 미터로 측정된다.

a. 입자가 점 $P(8, 6, -4)$에 있을 때, 입자의 온도는 미터당 섭씨 온도로 얼마나 빠르게 변하는가?

b. 점 P에서 입자의 온도는 초당 섭씨 온도로 얼마나 빠르게 변하는가?

선형화 찾기

연습문제 27~32에서 각각의 점에서 함수의 선형화 $L(x, y)$를 찾아라.

27. $f(x, y) = x^2 + y^2 + 1$, **a.** $(0, 0)$, **b.** $(1, 1)$

28. $f(x, y) = (x + y + 2)^2$, **a.** $(0, 0)$, **b.** $(1, 2)$

29. $f(x, y) = 3x - 4y + 5$, **a.** $(0, 0)$, **b.** $(1, 1)$

30. $f(x, y) = x^3y^4$, **a.** $(1, 1)$, **b.** $(0, 0)$

31. $f(x, y) = e^x \cos y$, **a.** $(0, 0)$, **b.** $(0, \pi/2)$

32. $f(x, y) = e^{2y-x}$, **a.** $(0, 0)$, **b.** $(1, 2)$

33. 체감온도 체감온도는 노출된 피부에서 느껴지는 정확한 온도를 측정하는 것으로 공기 온도와 바람 속도의 함수이다. 미국 국립기상청에서 2001년에 업데이트한 현대열전달이론과 인간얼굴모델 및 피부조직 저항에 기반한 정확한 공식은 다음과 같다.

$$W = W(v, T) = 13.13 + 0.6215T - 11.36v^{0.16} + 0.396T \cdot v^{0.16}$$

여기서 T는 공기 온도(℃)이고 v는 바람 속도(km/h)이다. 일부의 체감온도표는 다음과 같이 주어진다.

v (km/h) \ T(°C)	5	0	−5	−10	−15	−20	−25
10	2.7	−3.3	−9.3	−15.2	−21.2	−27.2	−33.1
20	1.1	−5.2	−11.5	−17.8	−24.1	−30.4	−36.7
30	0.1	−6.4	−13.0	−19.5	−26.0	−32.5	−39.0
40	−0.7	−7.4	−14.0	−20.7	−27.4	−34.1	−40.8
50	−1.3	−8.1	−14.9	−21.7	−28.5	−35.4	−42.2
60	−1.8	−8.7	−15.7	−22.6	−29.5	−36.4	−43.3

a. 주어진 표를 이용하여 $W(30, -5)$, $W(50, -25)$, $W(30, -10)$을 찾아라.

b. 공식을 이용하여 $W(15, -40)$, $W(80, -40)$, $W(90, 0)$을 찾아라.

c. 점 $(40, -10)$에서 함수 $W(v, T)$의 선형화 $L(v, T)$를 찾아라.

d. 문제 (c)에서의 $L(v, T)$을 이용하여 다음의 체감온도값을 추정하라.

i) $W(39, -9)$

ii) $W(42, -12)$

iii) $W(10, -25)$ (이 값이 표에서 찾은 값과 크게 다른 이유를 설명하라.)

34. 연습문제 31에 있는 함수 $W(v, T)$의 점 $(50, -20)$에서 선형화 $L(v, T)$을 찾아라. 이를 이용해서 다음의 체감온도값을 추정하라.

a. $W(49, -22)$

b. $W(53, -19)$

c. $W(60, -30)$

선형 근사에서의 오차 제한

연습문제 35~40에서 점 P_0에서 함수 $f(x, y)$의 선형화 $L(x, y)$를 찾아라. 그 후 직사각형 영역 R에서 근사 $f(x, y) \approx L(x, y)$의 오차의 크기 E에 대한 상한을 찾아라.

35. $f(x, y) = x^2 - 3xy + 5$, $P_0(2, 1)$,
R: $|x - 2| \le 0.1$, $|y - 1| \le 0.1$

36. $f(x, y) = (1/2)x^2 + xy + (1/4)y^2 + 3x - 3y + 4$, $P_0(2, 2)$,
R: $|x - 2| \le 0.1$, $|y - 2| \le 0.1$

37. $f(x, y) = 1 + y + x\cos y$, $P_0(0, 0)$,
R: $|x| \le 0.2$, $|y| \le 0.2$
(E를 추정할 때 $|\cos y| \le 1$과 $|\sin y| \le 1$를 사용하라.)

38. $f(x, y) = xy^2 + y\cos(x - 1)$, $P_0(1, 2)$,
R: $|x - 1| \le 0.1$, $|y - 2| \le 0.1$

39. $f(x, y) = e^x \cos y$, $P_0(0, 0)$,
R: $|x| \le 0.1$, $|y| \le 0.1$
(E를 추정할 때 $e^x \le 1.11$과 $|\cos y| \le 1$를 사용하라.)

40. $f(x, y) = \ln x + \ln y$, $P_0(1, 1)$,
R: $|x - 1| \le 0.2$, $|y - 1| \le 0.2$

3변수 함수에 대한 선형화

연습문제 41~46에서 주어진 점에서 함수의 선형화 $L(x, y, z)$를 찾아라.

41. $f(x, y, z) = xy + yz + xz$
a. $(1, 1, 1)$ **b.** $(1, 0, 0)$ **c.** $(0, 0, 0)$

42. $f(x, y, z) = x^2 + y^2 + z^2$
a. $(1, 1, 1)$ **b.** $(0, 1, 0)$ **c.** $(1, 0, 0)$

43. $f(x, y, z) = \sqrt{x^2 + y^2 + z^2}$
a. $(1, 0, 0)$ **b.** $(1, 1, 0)$ **c.** $(1, 2, 2)$

44. $f(x, y, z) = (\sin xy)/z$
a. $(\pi/2, 1, 1)$ **b.** $(2, 0, 1)$

45. $f(x, y, z) = e^x + \cos(y + z)$
a. $(0, 0, 0)$ **b.** $\left(0, \frac{\pi}{2}, 0\right)$ **c.** $\left(0, \frac{\pi}{4}, \frac{\pi}{4}\right)$

46. $f(x, y, z) = \tan^{-1}(xyz)$
a. $(1, 0, 0)$ **b.** $(1, 1, 0)$ **c.** $(1, 1, 1)$

연습문제 47~50에서 점 P_0에서 함수 $f(x, y, z)$의 선형화 $L(x, y, z)$를 찾아라. 그 후 영역 R에서 근사 $f(x, y, z) \approx L(x, y, z)$의 오차의 크기 E에 대한 상한을 찾아라.

47. $f(x, y, z) = xz - 3yz + 2$, $P_0(1, 1, 2)$,
R: $|x - 1| \le 0.01$, $|y - 1| \le 0.01$, $|z - 2| \le 0.02$

48. $f(x, y, z) = x^2 + xy + yz + (1/4)z^2$, $P_0(1, 1, 2)$,
R: $|x - 1| \le 0.01$, $|y - 1| \le 0.01$, $|z - 2| \le 0.08$

49. $f(x, y, z) = xy + 2yz - 3xz$, $P_0(1, 1, 0)$,
R: $|x - 1| \le 0.01$, $|y - 1| \le 0.01$, $|z| \le 0.01$

50. $f(x, y, z) = \sqrt{2}\cos x \sin(y + z)$, $P_0(0, 0, \pi/4)$,
R: $|x| \le 0.01$, $|y| \le 0.01$, $|z - \pi/4| \le 0.01$

오차 추정; 변화에 대한 민감도

51. 최대 오차 추정 $T = x(e^y + e^{-y})$이다. 여기서 x와 y는 2와 ln 2에서 $|dx| = 0.1$이고 $|dy| = 0.02$의 최대 가능 오차를 가진다고 하자. 계산된 T의 값에 대해 최대 가능 오차를 추정하라.

52. 전기 저항의 변동 병렬로 연결된 저항 R_1과 R_2로부터 만들어지는 저항 R (주어진 그림 참조)은 다음의 식으로부터 계산될 수 있다.

$$\frac{1}{R} = \frac{1}{R_1} + \frac{1}{R_2}$$

a. 다음을 보여라.

$$dR = \left(\frac{R}{R_1}\right)^2 dR_1 + \left(\frac{R}{R_2}\right)^2 dR_2$$

b. 주어진 그림에 보이는 바와 같이 $R_1 = 100$옴, $R_2 = 400$옴의 저항을 가지는 두 저항 회로를 설계했다. 하지만 항상 제조 과정에서 다소 변동이 있고, 회사에서 수신하는 저항은 아마도 이러한 정확한 값을 가지고 있지 않을 것이다. R의 값이 R_1의 변화에 민감한가, 아니면 R_2의 변화에 민감한가? 답에 대한 이유를 설명하라.

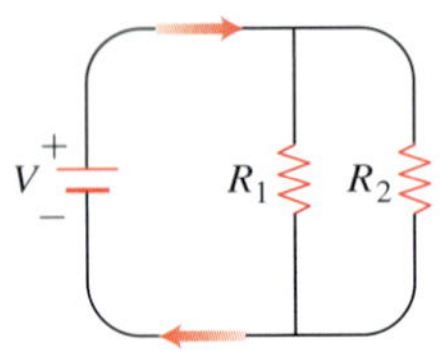

c. 또다른 회로에서 R_1을 20옴에서 20.1옴으로, R_2를 25옴에서 24.9옴으로 변경할 계획이다. 이 변화로 인해 R은 대략 몇 퍼센트 정도 변하는가?

53. 길이와 폭을 측정한 것으로부터 길고 얇은 직사각형의 넓이를 계산하려고 한다. 어떤 크기를 더 정확하게 측정해야 하는가? 답에 대한 이유를 설명하라.

54. a. 점 (1, 0) 근방에서 함수 $f(x, y) = x^2(y+1)$는 x의 변화에 민감한가, 아니면 y의 변화에 더 민감한가? 답에 대한 이유를 설명하라.

b. 점 (1, 0)에서 df를 0으로 만들기 위해 dx와 dy의 비는 얼마가 되어야 하는가?

55. 2 × 2행렬식의 값 만약 $|a|$가 $|b|$, $|c|$, $|d|$의 값보다 훨씬 크다면 a, b, c, d 중에서 다음의 행렬식의 값에 가장 민감한 것은 무엇인가?

$$f(a,b,c,d) = \begin{vmatrix} a & b \\ c & d \end{vmatrix}$$

답에 대한 이유를 설명하라.

56. 윌슨 파종 공식 경제학에서 윌슨 파종 공식은 가게가 주문하는 물건(라디오, 신발, 빗자루 등)의 가장 경제적인 상품 수량 Q가 공식 $Q = \sqrt{2KM/h}$으로 주어짐을 나타낸다. 여기서 K는 주문 비용, M은 주당 판매되는 상품의 수, h는 주당 각 상품(공간, 공공요금, 보안 등의 비용)의 보관 비용을 나타낸다. K, M, h변수 중 Q가 $(K_0, M_0, h_0) = (2, 20, 0.05)$ 근방에서 가장 민감하게 되는 변수는 무엇인가? 답에 대한 이유를 설명하라.

이론과 예제

57. $f(x, y)$의 선형화는 접평면 근사이다. 미분가능한 함수 f에 의해 정의된 곡면 $z = f(x, y)$ 위의 점 $P_0(x_0, y_0, f(x_0, y_0))$에서 접평면이 다음의 평면임을 보여라.

$$f_x(x_0, y_0)(x - x_0) + f_y(x_0, y_0)(y - y_0) - (z - f(x_0, y_0)) = 0$$

또는

$$z = f(x_0, y_0) + f_x(x_0, y_0)(x - x_0) + f_y(x_0, y_0)(y - y_0)$$

따라서 P_0에서 접평면은 P_0에서 f의 선형화의 그래프이다(주어진 그림 참조).

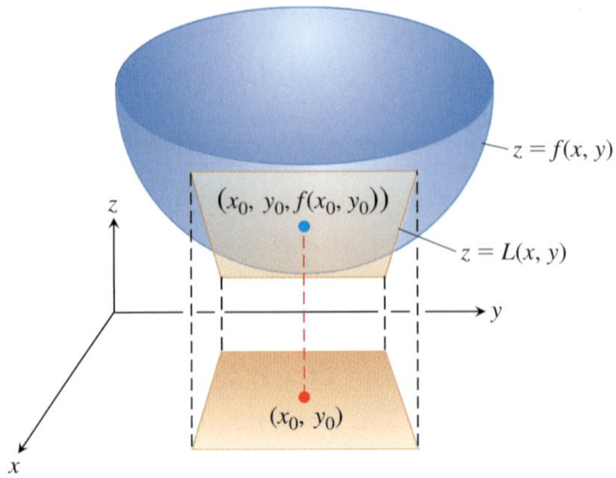

58. 원의 신개선를 따르는 변화 다음 곡선의 단위접선벡터 방향으로 함수 $f(x, y) = x^2 + y^2$의 미분값을 찾아라.

$$\mathbf{r}(t) = (\cos t + t\sin t)\mathbf{i} + (\sin t - t\cos t)\mathbf{j}, \qquad t > 0$$

59. 접곡선 만약 곡선의 속도벡터가 ∇f에 직교하면 매끄러운 곡선은 곡면과의 교차점에서 곡면에 접한다. $t=1$일 때 다음의 곡선이 곡면 $x^2 + y^2 - z = 1$에 접함을 보여라.

$$\mathbf{r}(t) = \sqrt{t}\mathbf{i} + \sqrt{t}\mathbf{j} + (2t - 1)\mathbf{k}$$

60. 정규 곡선 만약 곡선과 곡면과의 교차점에서 곡선의 속도벡터가 ∇f의 0이 아닌 상수배이면, 매끄러운 곡선은 곡면 $f(x, y, z) = c$과의 교차점에서 곡면에 수직이다. $t=1$일 때 다음의 곡선이 곡면 $x^2 + y^2 - z = 3$에 수직임을 보여라.

$$\mathbf{r}(t) = \sqrt{t}\mathbf{i} + \sqrt{t}\,\mathbf{j} - \frac{1}{4}(t + 3)\mathbf{k}$$

61. 주어진 그림에서 보이는 바와 같이 정사각 밑면을 가지는 닫힌 직사각형 상자를 생각하자. x는 최대 0.5%의 오차로 측정되고, y는 최대 0.7%의 오차로 측정된다고 가정하자. 그러면 $|dx|/x < 0.005$와 $|dy|/y < 0.0075$를 가진다.

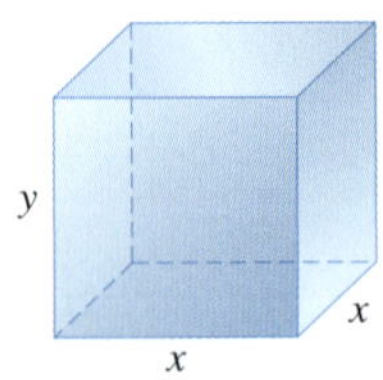

a. 전미분을 사용하여 상자의 부피 V를 계산하는 과정에서 발생하는 상대적 오차 $|dV|/V$를 추정하라.

b. 전미분을 사용하여 상자의 겉넓이 S를 계산하는 과정에서 발생하는 상대적 오차 $|dS|/S$를 추정하라.

$$\left[\text{힌트: } \frac{4x^2 + 4xy}{2x^2 + 4xy} \le \frac{4x^2 + 8xy}{2x^2 + 4xy} = 2, \quad \frac{4xy}{2x^2 + 4xy} \le \frac{2x^2 + 4xy}{2x^2 + 4xy} = 1\right]$$

12.7 극값과 안장점

역사적 인물

시메옹 드니 푸아송(Siméon-Denis Poisson, 1781~1840)
프랑스 수학자 푸아송은 에콜 폴리테크닉에서 라그랑주, 라플라스와 함께 공부했으며, 학업이 우수하여 졸업 후 조교수로 임용되었다. 1806년에 푸리에를 대신하여 수학 교수가 되었다. 푸아송의 역학에서의 초기 업적은 《*Traité de mécanique*》의 1권(1811)에 기술되어 있다. 여기서 그는 탄성과 진동을 포함하는 물리학과 역학의 응용에 수학을 적용했다.

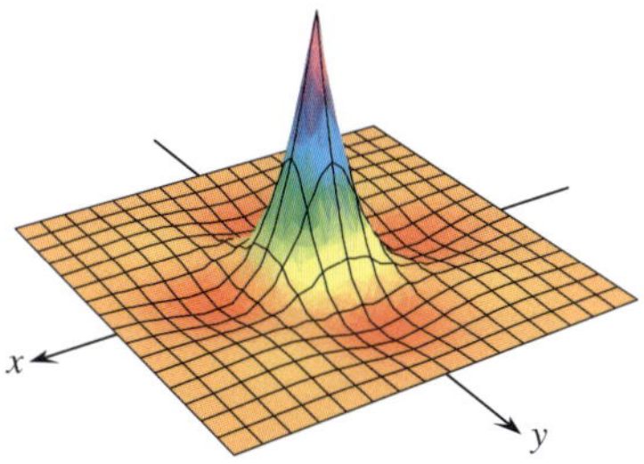

그림 12.42 함수는 다음과 같다.

$$z = (\cos x)(\cos y)e^{-\sqrt{x^2+y^2}}$$

정사각 영역 $|x| \leq 3\pi/2$, $|y| \leq 3\pi/2$에서 최댓값은 1, 최솟값은 약 -0.067을 가진다.

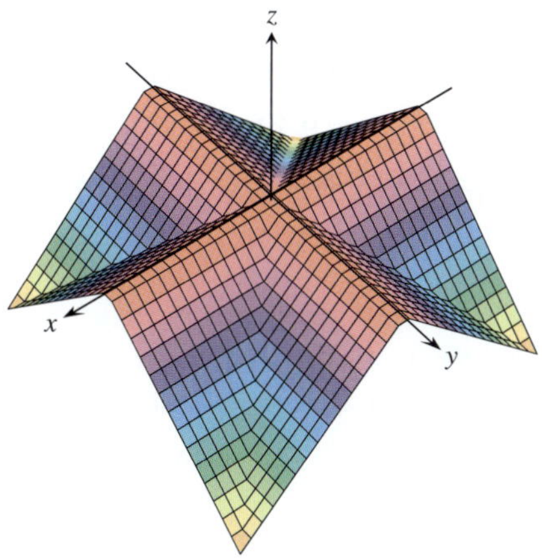

그림 12.43 다음 식과 같은 '지붕 곡면'은 정사각 영역 $|x| \leq a$, $|y| \leq a$에서 최댓값 0, 최솟값 $-a$를 가진다.

$$z = \frac{1}{2}(||x| - |y|| - |x| - |y|)$$

2변수 연속함수는 닫힌 유계의 정의역에서 극값을 갖는다(그림 12.42와 12.43 참고). 이 절에서는 함수의 1계 편도함수를 조사함으로써 이러한 극값에 대해 더 자세히 공부한다. 2변수 함수의 극값은 영역의 경계나 두 편도함수가 0이 되는 영역의 내부점 또는 편도함수가 존재하지 않는 내부점에서만 극값을 갖는다. 하지만 영역의 내부점 (a, b)에서 편도함수가 0이라고 해서 항상 극값을 의미하지는 않는다. 함수의 그래프로 표현되는 곡면의 점 (a, b) 위가 안장 모양이고 그 점에서 접평면과 교차할 수 있다.

2변수 함수의 극대와 극소

1변수 함수의 극대, 극소를 찾기 위해 그래프가 수평한 접선을 가지는 점을 찾아야 한다. 이러한 점에서 극대, 극소, 변곡점을 확인한다. 2변수 함수 $f(x, y)$에 대한 경우 곡면 $z=f(x, y)$가 수평한 접평면을 가지는 점을 찾는다. 이러한 점에서 극대, 극소, 안장점을 확인한다. 먼저 극댓값과 극솟값을 정의한다.

정의 함수 $f(x, y)$가 점 (a, b)를 포함하는 영역 R에서 정의되어 있다고 하자. 그러면 다음과 같다.

1. 만약 (a, b)를 중심으로 하는 열린 원판에 있는 정의역의 모든 점 (x, y)에 대해 $f(a, b) \geq f(x, y)$이면 $f(a, b)$를 f의 **극댓값**이라고 한다. 영역 R에 있는 정의역의 모든 점 (x, y)에 대해 $f(a, b) \geq f(x, y)$이면 $f(a, b)$를 R에서 f의 **최댓값**(absolute maximum)이라고 한다.
2. 만약 (a, b)를 중심으로 하는 열린 원판에 있는 정의역의 모든 점 (x, y)에 대해 $f(a, b) \leq f(x, y)$이면 $f(a, b)$를 f의 **극솟값**이라고 한다. 영역 R에 있는 정의역의 모든 점 (x, y)에 대해 $f(a, b) \leq f(x, y)$이면 $f(a, b)$를 R에서 f의 **최솟값**(absolute minimum)이라고 한다.

극댓값은 곡면 $z=f(x, y)$의 산봉우리에 해당되고, 극솟값은 계곡 바닥에 해당된다(그림 12.44). 이러한 점에서 접평면이 존재한다면 이것은 수평이다. 극값은 **상대 극값**(relative

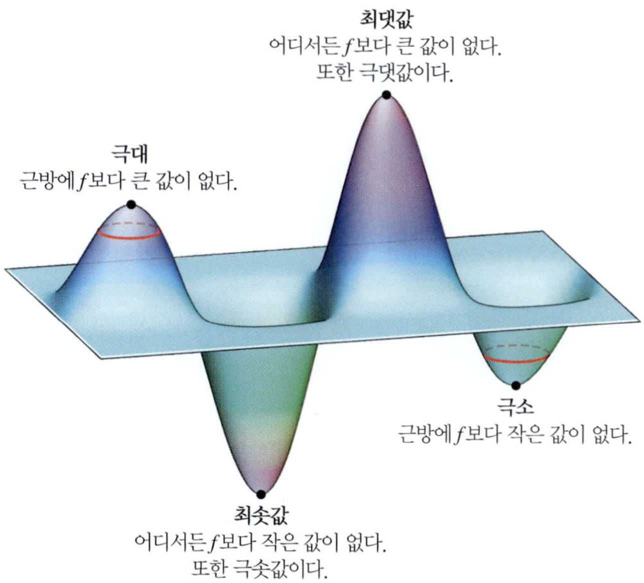

그림 12.44 극댓값은 산봉우리에서 발생하고, 극솟값은 계곡의 낮은 지점에서 나타난다.

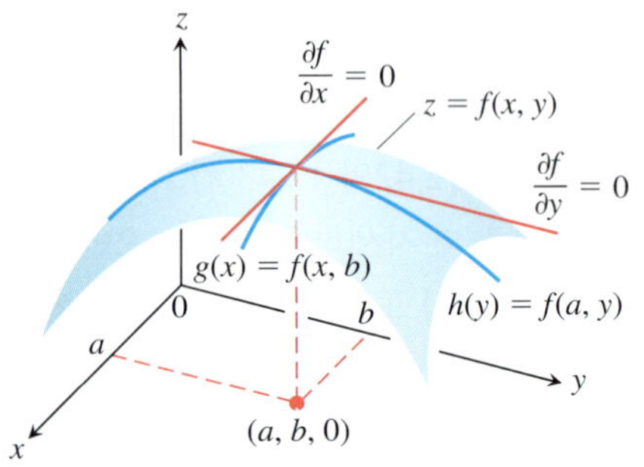

그림 12.45 만약 f의 극댓값이 $x=a$, $y=b$에서 발생한다면, 1계 편도함수 $f_x(a, b)$와 $f_y(x, y)$는 모두 0이다.

extrema)이라고도 한다.

1변수 함수와 마찬가지로 극대, 극소를 식별하는 핵심은 다음의 1계 편도함수 정리이다.

정리 10 | 극대, 극소에 대한 1계 편도함수 정리

만약 $f(x, y)$가 정의역의 내부점 (a, b)에서 극댓값과 극솟값을 가지고 있으며 그 점에서 1계 편도함수가 존재하면, $f_x(a, b)=0$이고 $f_y(a, b)=0$이다.

증명 만약 f가 (a, b)에서 극솟값을 가지면 함수 $g(x)=f(x, b)$는 $x=a$에서 극솟값을 가진다(그림 12.45). 그러므로 $g'(a)=0$이다(3장 정리 2). 이제 $g'(a)=f_x(a, b)$이므로 $f_x(a, b)=0$이다. 함수 $h(y)=f(a, y)$에 대해 유사한 방법으로부터 $f_y(a, b)=0$을 얻는다. ■

점 (a, b)에서 곡면 $z=f(x, y)$의 접평면에 대해 $f_x(a, b)=0$과 $f_y(a, b)=0$을 다음 접평면의 방정식에 대입하면,

$$f_x(a,b)(x-a)+f_y(a,b)(y-b)-(z-f(a,b))=0$$

방정식은 다음과 같이 간단해진다.

$$0\cdot(x-a)+0\cdot(y-b)-z+f(a,b)=0$$

또는 다음을 얻는다.

$$z=f(a,b)$$

그러므로 정리 10에서 곡면은 접평면이 존재한다면 극대, 극소에서 수평인 접평면을 가진다는 것을 말해준다.

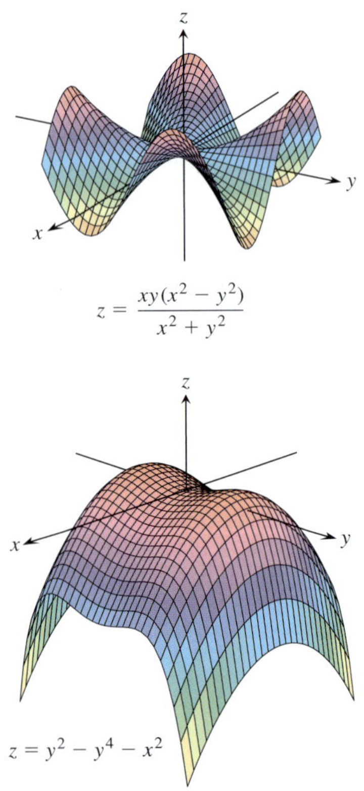

그림 12.46 원점에서 안장점.

정의 f_x와 f_y 모두 0이거나 f_x와 f_y 중에서 적어도 하나가 존재하지 않는 함수 $f(x, y)$의 정의역의 내부점을 f의 **임계점**(critical point)이라고 부른다.

정리 10은 함수 $f(x, y)$가 극값을 가지는 유일한 점은 임계점과 경계점이라는 것을 설명한다. 미분가능한 1변수 함수와 마찬가지로 모든 임계점이 극값을 갖는 것은 아니다. 미분가능한 1변수 함수는 변곡점을 가질 수 있다. 미분가능한 2변수 함수는 안장점을 가질 수 있으며, 여기서 f의 그래프가 정의가 되는 접평면을 가로지르는 경우가 발생하는 수도 있다.

정의 임계점 (a, b)를 중심으로 하는 모든 열린 원판에서 $f(x, y)>f(a, b)$를 만족하는 정의역의 점 (x, y)와 $f(x, y)<f(a, b)$를 만족하는 정의역의 점 (x, y)가 존재한다면 미분가능한 함수 $f(x, y)$가 임계점 (a, b)에서 **안장점**(saddle point)을 가진다고 한다. 곡면 $z=f(x, y)$의 해당 점 $(a, b, f(a, b))$은 곡면의 안장점이라고 불린다(그림 12.46).

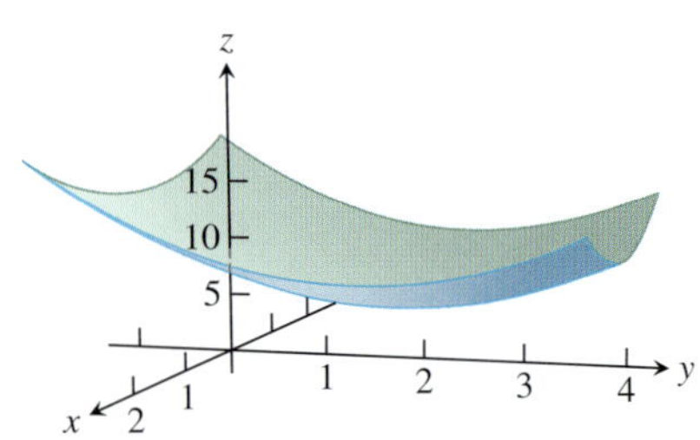

그림 12.47 함수 $f(x, y)=x^2+y^2-4y+9$의 그래프는 점 (0, 2)에서 극솟값 5를 가지는 포물면이다(예제 1).

예제 1 함수 $f(x, y)=x^2+y^2-4y+9$의 극값을 찾아라.

풀이 f의 정의역은 전체 평면이고(따라서 경계점이 없다), 편도함수 $f_x=2x$, $f_y=2y-4$가 모든 곳에서 존재한다. 따라서 극값은 오직 다음의 경우에만 발생한다.

$$f_x=2x=0, \qquad f_y=2y-4=0$$

유일한 가능성은 점 (0, 2)이고 f의 값은 5이다. $f(x, y)=x^2+(y-2)^2+5$는 절대 5보다 작아지지 않으므로, 임계점 (0, 2)에서 최솟값을 갖는다(그림 12.47). ■

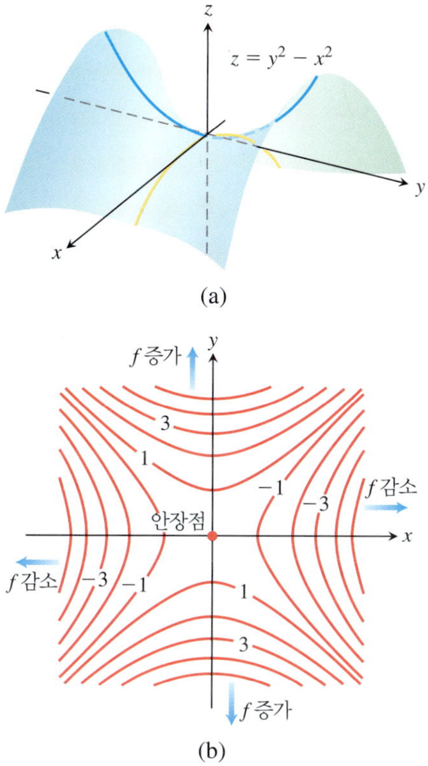

그림 12.48 (a) 원점은 함수 $f(x, y)=y^2-x^2$의 안장점이다. 극값은 존재하지 않는다(예제 2). (b) 예제 2에서 함수 f에 대한 등위선.

예제 2 함수 $f(x, y)=y^2-x^2$의 극값을 찾아라.

풀이 f의 정의역은 전체 평면이고(따라서 경계점이 없다), 편도함수 $f_x=-2x$, $f_y=2y$가 모든 곳에서 존재한다. 따라서 극값은 $f_x=0$이고 $f_y=0$이 되는 원점 (0, 0)에서만 발생한다. 그러나 양의 x축을 따라 원점에서 떨어진 곳에서 f는 $f(x, 0)=-x^2<0$을 가진다. 양의 y축을 따라서 f는 $f(0, y)=y^2>0$을 가진다. 그러므로 원점을 중심으로한 xy평면에 있는 모든 열린 원판은 함수가 양수인 점과 음수인 점 모두를 포함한다. 함수는 원점에서 안장점을 가지고 극값은 없다(그림 12.48a). 그림 12.48b는 등위선(이것은 쌍곡선이다)를 보이며, 쌍곡선의 모임 속에서 감소하거나 증가함을 보인다. ■

$f_x=f_y=0$은 R의 내부점 (a, b)에서 f가 극값을 가지고 있다는 것을 보장하지 않는다. 그러나 f와 이것의 1계와 2계 편도함수가 영역 R에서 연속이면, 다음 정리로부터 더 많은 것을 알 수 있다.

정리 11 | 극값에 대한 2계 편도함수 판정법

$f(x, y)$와 이 함수의 1계와 2계 편도함수가 점 (a, b)를 중심으로 하는 원판 전체에서 연속이고 $f_x(a, b)=f_y(a, b)=0$를 만족한다고 하자. 그러면

i) 만약 점 (a, b)에서 $f_{xx}<0$, $f_{xx}f_{yy}-f_{xy}^2>0$이면 f가 점 (a, b)에서 **극댓값**을 가진다고 한다.

ii) 만약 점 (a, b)에서 $f_{xx}>0$, $f_{xx}f_{yy}-f_{xy}^2>0$이면 f가 점 (a, b)에서 **극솟값**을 가진다고 한다.

iii) 만약 점 (a, b)에서 $f_{xx}f_{yy}-f_{xy}^2<0$이면 f가 점 (a, b)에서 **안장점**을 가진다고 한다.

iv) 만약 점 (a, b)에서 $f_{xx}f_{yy}-f_{xy}^2=0$이면 **판정법은 결론에 이르지 못한다.** 이 경우에 점 (a, b)에서 f의 동향을 결정하기 위해 다른 방법을 찾아야 한다.

$f_{xx}f_{yy}-f_{xy}^2$ 표현은 **판별식**(discriminant) 또는 f의 **헤시안**(Hessian)이라고 부른다. 때로는 이것을 행렬식 형태로 기억하는 것이 더 쉬울 수 있다.

$$f_{xx}f_{yy}-f_{xy}^2=\begin{vmatrix} f_{xx} & f_{xy} \\ f_{xy} & f_{yy} \end{vmatrix}$$

판별식은 f의 **헤시안 행렬**(Hessian matrix)의 행렬식이다.

$$Hf(x, y)=\begin{bmatrix} f_{xx} & f_{xy} \\ f_{yx} & f_{yy} \end{bmatrix}$$

정리 2에 의하면, 정리 11의 조건을 만족하는 모든 점 (a, b)에서 $f_{xy}(a, b)=f_{yx}(a, b)$를 가짐을 주목한다. 정리 11은 판별식이 점 (a, b)에서 양수이면 곡면은 모든 동일한 방향으로 굽어 있다. 만약 $f_{xx}<0$이면 아래로 향하게 되어 극대이고, 만약 $f_{xx}>0$이면 위로 향하게 되어 극소이다. 한편 (a, b)에서 판별식이 음수이면 곡면은 일부 방향으로 올라가고, 나머지는 다른 방향으로 내려가므로 안장점이 된다.

예제 3 주어진 함수의 극값을 찾아라.

$$f(x, y)=xy-x^2-y^2-2x-2y+4$$

풀이 해당 함수는 모든 x와 y에 대해 정의되고 미분가능하며, 이것의 정의역은 경계점이 없다. 따라서 함수는 f_x와 f_y가 동시에 0인 지점에서만 극값을 갖는다. 이로부터 다음을 얻을 수 있다.

$$f_x=y-2x-2=0, \qquad f_y=x-2y-2=0$$

또는

$$x=y=-2$$

그러므로 점 (−2, −2)는 f가 극값을 가질 수 있는 유일한 점이다. 극값을 확인하기 위해 다음을 계산하자.

$$f_{xx} = -2, \qquad f_{yy} = -2, \qquad f_{xy} = 1$$

점 $(a, b)=(-2, -2)$에서 f의 판별식은 다음과 같다.

$$f_{xx}f_{yy} - f_{xy}^2 = (-2)(-2) - (1)^2 = 4 - 1 = 3$$

두 성질에 의해 f가 점 (−2, −2)에서 극대를 가진다는 것을 알 수 있다.

$$f_{xx} < 0, \qquad f_{xx}f_{yy} - f_{xy}^2 > 0$$

이 점에서 f의 값은 $f(-2, -2)=8$이다. ■

예제 4 함수 $f(x, y)=3y^2-2y^3-3x^2+6xy$의 극값을 찾아라.

풀이 함수 f는 모든 곳에서 미분가능하므로 극값을 가질 수 있는 곳은 해당 함수가 다음을 만족할 때이다.

$$f_x = 6y - 6x = 0, \qquad f_y = 6y - 6y^2 + 6x = 0$$

첫 번째 방정식으로부터 $x=y$를 얻고, 이를 두 번째 방정식에 대입하면 다음을 얻는다.

$$6x - 6x^2 + 6x = 0 \quad \text{또는} \quad 6x(2 - x) = 0$$

그러므로 2개의 임계점 (0, 0)과 (2, 2)를 얻는다.

임계점을 구분하기 위해서 2계 편도함수를 계산하자.

$$f_{xx} = -6, \qquad f_{yy} = 6 - 12y, \qquad f_{xy} = 6$$

판별식은 다음과 같다.

$$f_{xx}f_{yy} - f_{xy}^2 = (-36 + 72y) - 36 = 72(y - 1)$$

임계점 (0, 0)에서 판별식의 값이 음수인 −72이므로 함수는 원점에서 안장점을 가진다. 임계점 (2, 2)에서 판별식의 값이 양수인 72를 가진다. 이 결과를 2계 편미분 $f_{xx}=-6$의 음수값과 결합하면, 정리 11로부터 임계점 (2, 2)에서 $f(2, 2)=12-6-12+24=8$의 극댓값을 가진다는 것을 알 수 있다. 곡면의 그래프는 그림 12.49에 있다. ■

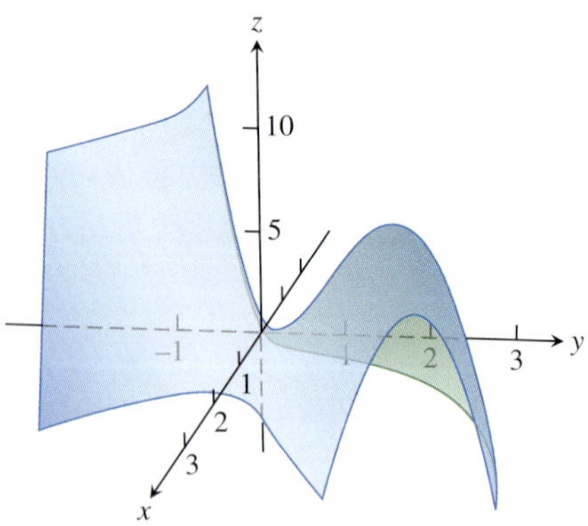

그림 12.49 곡면 $z=3y^2-2y^3-3x^2+6xy$는 원점에서 안장점을 가지고 점 (2, 2)에서 극값을 가진다(예제 4).

예제 5 함수 $f(x, y)=10xye^{-(x^2+y^2)}$의 임계점을 찾고, 2계 편도함수 판정법을 사용하여 각 점이 안장점, 극대, 극소가 되는지 분류하라.

풀이 먼저 편미분 f_x와 f_y를 찾고 임계점을 찾기 위해 동시에 0으로 설정하자.

$$f_x = 10ye^{-(x^2+y^2)} - 20x^2ye^{-(x^2+y^2)} = 10y(1 - 2x^2)e^{-(x^2+y^2)} = 0 \Rightarrow y = 0 \text{ 또는 } 1 - 2x^2 = 0$$
$$f_y = 10xe^{-(x^2+y^2)} - 20xy^2e^{-(x^2+y^2)} = 10x(1 - 2y^2)e^{-(x^2+y^2)} = 0 \Rightarrow x = 0 \text{ 또는 } 1 - 2y^2 = 0$$

모든 곳에서 두 편미분이 모두 연속이므로, 유일한 임계점은 다음과 같다.

$$(0, 0), \left(\frac{1}{\sqrt{2}}, \frac{1}{\sqrt{2}}\right), \left(-\frac{1}{\sqrt{2}}, \frac{1}{\sqrt{2}}\right), \left(\frac{1}{\sqrt{2}}, -\frac{1}{\sqrt{2}}\right), \left(-\frac{1}{\sqrt{2}}, -\frac{1}{\sqrt{2}}\right)$$

다음으로 각 임계점에서 판별식을 계산하기 위해서 2계 편미분을 계산한다.

$$f_{xx} = -20xy(1 - 2x^2)e^{-(x^2+y^2)} - 40xye^{-(x^2+y^2)} = -20xy(3 - 2x^2)e^{-(x^2+y^2)}$$
$$f_{xy} = f_{yx} = 10(1 - 2x^2)e^{-(x^2+y^2)} - 20y^2(1 - 2x^2)e^{-(x^2+y^2)} = 10(1 - 2x^2)(1 - 2y^2)e^{-(x^2+y^2)}$$
$$f_{yy} = -20xy(1 - 2y^2)e^{-(x^2+y^2)} - 40xye^{-(x^2+y^2)} = -20xy(3 - 2y^2)e^{-(x^2+y^2)}$$

다음 표는 2계 편도함수 판정법에서 필요한 값을 요약한 것이다.

임계점	f_{xx}	f_{xy}	f_{yy}	판별식 D
$(0, 0)$	0	10	0	-100
$\left(\frac{1}{\sqrt{2}}, \frac{1}{\sqrt{2}}\right)$	$-\frac{20}{e}$	0	$-\frac{20}{e}$	$\frac{400}{e^2}$
$\left(-\frac{1}{\sqrt{2}}, \frac{1}{\sqrt{2}}\right)$	$\frac{20}{e}$	0	$\frac{20}{e}$	$\frac{400}{e^2}$
$\left(\frac{1}{\sqrt{2}}, -\frac{1}{\sqrt{2}}\right)$	$\frac{20}{e}$	0	$\frac{20}{e}$	$\frac{400}{e^2}$
$\left(-\frac{1}{\sqrt{2}}, -\frac{1}{\sqrt{2}}\right)$	$-\frac{20}{e}$	0	$-\frac{20}{e}$	$\frac{400}{e^2}$

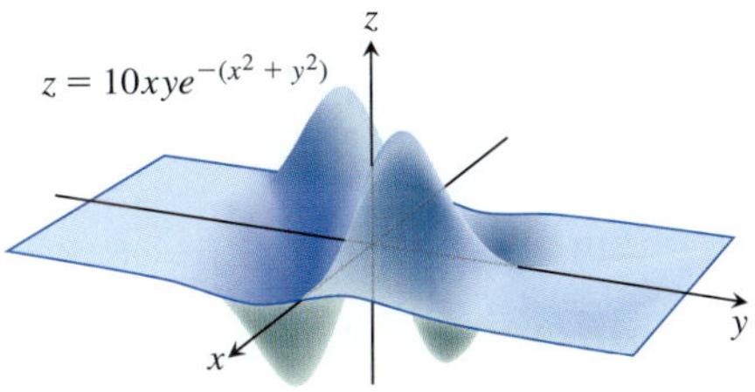

그림 12.50 예제 5에서 함수의 그래프.

표에 따르면, 임계점 $(0, 0)$에서 $D < 0$를 얻을 수 있고 이는 안장점을 나타낸다. 임계점 $(1/\sqrt{2}, 1/\sqrt{2})$과 $(-1/\sqrt{2}, -1/\sqrt{2})$에서는 $D > 0$와 $f_{xx} < 0$를 얻고, 이는 이 점에서 극대를 나타낸다. 그리고 임계점 $(-1/\sqrt{2}, 1/\sqrt{2})$와 $(1/\sqrt{2}, -1/\sqrt{2})$에서 $D > 0$이고 $f_{xx} > 0$을 얻고, 이는 이 점에서 극소를 나타낸다. 곡면의 그래프는 그림 12.50에 나타나 있다. ■

닫힌 유계 영역에서 최대와 최소

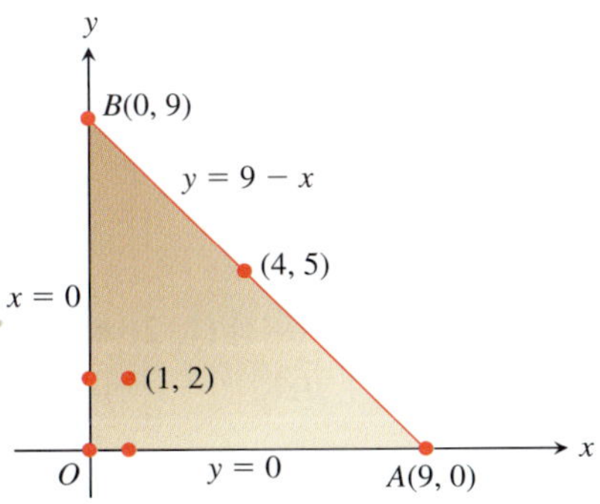

(a)

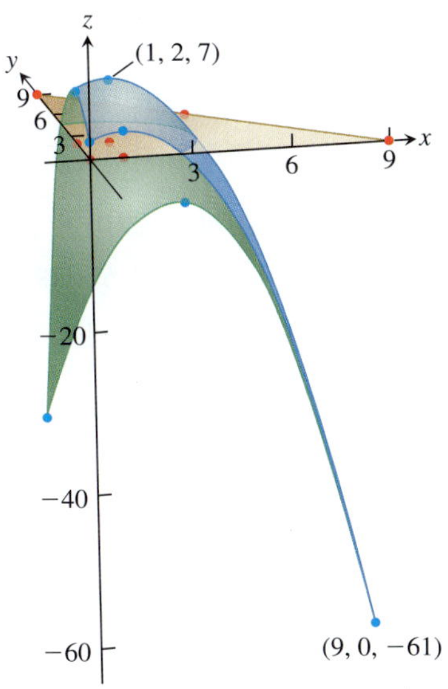

(b)

그림 12.51 (a) 이 삼각형 영역은 예제 6의 함수의 정의역이다. (b) 예제 6의 함수의 그래프. 파란색 점은 최댓값 또는 극솟값 후보이다.

닫힌 유계 영역 R에서 정의된 연속함수 $f(x, y)$의 최대와 최소를 구하는 방법을 세 단계로 구성했다.

1. f가 극대와 극소를 가지는 R의 내부점을 나열하고 이 점에서 f의 값을 계산한다. 이 점은 f의 임계점이다.
2. f가 극대와 극소를 가지는 R의 경계점을 나열하고 이 점에서 f의 값을 계산한다. 다음 예제에서 이를 보일 것이다.
3. 단계 1, 2에서 값 중 최대와 최소를 확인한다. 이것이 각각 R에서 f의 최댓값과 최솟값이다.

예제 6 직선 $x=0$, $y=0$, $y=9-x$로 제한된 제1사분면에 있는 삼각형 영역에서 다음 함수의 최댓값과 최솟값을 찾아라.

$$f(x, y) = 2 + 2x + 4y - x^2 - y^2$$

풀이 f가 미분가능하기 때문에 f가 이러한 값을 가질 수 있는 유일한 곳은 $f_x = f_y = 0$을 만족하는 삼각형 영역 안의 점과 경계에 있는 점이다(그림 12.51a).

(a) 내부점: 다음 식은 하나의 점 $(x, y) = (1, 2)$를 얻는다.

$$f_x = 2 - 2x = 0, \qquad f_y = 4 - 2y = 0$$

이 점에서 f의 값은 다음과 같다.

$$f(1, 2) = 7$$

(b) 경계점: 주어진 삼각형의 한 변씩 취급한다.

i) 선분 OA에서 항상 $y = 0$이다. 그러므로 이 선분에서 $f(x, y)$를 오로지 x의 함수로 간주할 수 있다. 즉 이 선분에서는 $0 \le x \le 9$에 대해 다음의 함수를 고려하고자 한다.

$$g(x) = f(x, 0) = 2 + 2x - x^2$$

이것의 극값은(3장에서 알고 있듯이) 끝점 또는 $g'(x) = 2 - 2x = 0$을 만족하는 내부점에서 발생할 수 있다.

$$x = 0 \text{에서} \qquad g(0) = f(0,0) = 2$$
$$x = 9 \text{에서} \qquad g(9) = f(9,0) = 2 + 18 - 81 = -61$$

$g'(x)=0$을 만족하는 유일한 내부점은 $x=1$이고, 다음의 값을 가진다.

$$g(1) = f(1,0) = 3$$

ii) 선분 OB에서 항상 $x=0$이다. 그러므로 이 선분에서 $f(x, y)$를 오로지 y의 함수로 간주할 수 있다. 그리고 닫힌 구간 $[0, 9]$에서 정의된 다음의 함수를 고려하자.

$$h(y) = f(0,y) = 2 + 4y - y^2$$

이것의 극값은 끝점에서 발생하거나 $h'(y)=0$을 만족하는 내부점에서 발생할 수 있다. $h'(y)=4-2y$이기 때문에 $h'(y)=0$을 만족하는 유일한 내부점은 $(0, 2)$에서 발생하며 $h(2)=6$을 가진다. 따라서 이 선분에서의 후보는 다음과 같다.

$$h(0) = f(0,0) = 2, \quad h(9) = f(0,9) = -43, \quad h(2) = f(0,2) = 6$$

iii) 이미 선분 AB의 끝점에서 f의 값을 고려했으므로, 선분 AB의 내부점만 살펴보면 된다. 이 선분은 $y=9-x$이므로, 다음과 같은 함수를 고려한다.

$$k(x) = f(x,9-x) = 2 + 2x + 4(9-x) - x^2 - (9-x)^2 = -43 + 16x - 2x^2$$

$k'(x)=16-4x=0$으로부터 다음을 얻는다.

$$x=4$$

이 x의 값에서 다음을 얻는다.

$$y = 9 - 4 = 5, \qquad k(4) = f(4,5) = -11$$

요약 모든 함숫값 후보 7, 2, −61, 3, −43, 6, −11를 나열했다. 함수 f는 점 (1, 2)에서 최댓값 7을 가지고 점 (9, 0)에서 최솟값 −61을 가진다. 그림 12.51b를 참조한다. ■

변수에 대한 대수적 제약이 있는 극값 문제를 풀려면 일반적으로 다음 절에서 소개하는 라그랑주 승수법을 사용해야 한다. 하지만 다음 예제에서와 같이 이러한 문제를 직접 해결할 수 있는 경우도 있다.

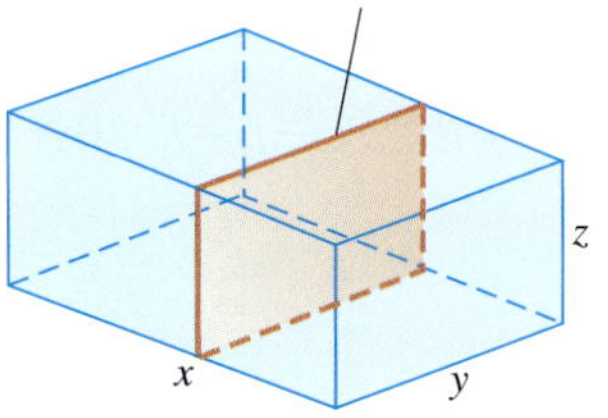

그림 12.52 예제 7의 상자.

예제 7 택배 회사는 길이와 둘레(단면의 둘레)의 합이 270 cm를 초과하지 않는 직사각형 상자만 허용한다. 허용되는 상자 중에서 가장 큰 부피를 가지는 상자의 치수를 구하라.

풀이 x, y, z가 각각 직사각형 상자의 길이, 너비, 높이를 나타낸다고 하자. 그러면 둘레는 $2y+2z$이다. $x+2y+2z=270$을 만족하는 상자(배달 회사에서 허용하는 가장 큰 상자)의 부피 $V=xyz$의 최댓값을 찾고 싶다(그림 12.52). 따라서 상자의 부피를 다음과 같이 2변수 함수로 쓸 수 있다.

$$\begin{aligned} V(y,z) &= (270 - 2y - 2z)yz \\ &= 270yz - 2y^2z - 2yz^2 \end{aligned}$$

$V=xyz$, $x=270-2y-2z$

1계 편도함수를 다음과 같이 0이라고 두면, 다음 방정식으로부터 임계점 (0, 0), (0, 135), (135, 0), (45, 45)를 구할 수 있다.

$$V_y(y,z) = 270z - 4yz - 2z^2 = (270 - 4y - 2z)z = 0$$
$$V_z(y,z) = 270y - 2y^2 - 4yz = (270 - 2y - 4z)y = 0$$

점 (0, 0), (0, 135), (135, 0)에서는 부피가 0이고, 이때 최댓값을 가지지 않는다. 점 (45, 45)에서 2계 편도함수 판정법(정리 11)을 적용하면 다음을 얻는다.

$$V_{yy} = -4z, \qquad V_{zz} = -4y, \qquad V_{yz} = 270 - 4y - 4z$$

그러면 다음을 얻을 수 있다.

$$V_{yy}V_{zz} - V_{yz}^2 = 16yz - 4(135 - 2y - 2z)^2$$

그러므로 다음과 같다.

$$V_{yy}(45, 45) = -4(45) < 0$$

그리고 다음을 얻을 수 있고, 점 (45, 45)에서 최대 부피를 가진다.

$$\left(V_{yy}V_{zz} - V_{yz}^2\right)\Big|_{(45,\,45)} = 16(45)(45) - 4(-45)^2 > 0$$

이때 상자의 치수는 $x=270-2(45)-2(45)=90$ cm, $y=45$ cm, $z=45$ cm이다. 그리고 최대 부피는 $V=(90)(45)(45)=182{,}250\ \text{cm}^3$ 또는 182.25리터이다. ■

정리 11의 강력함에도 불구하고, 이것의 한계가 존재한다. 함수의 정의역의 경계점에는 적용되지 않는다. f_x 또는 f_y가 존재하지 않는 점에도 적용되지 않는다.

최대최소 판정법의 요약

함수 $f(x, y)$의 극값은 오로지 다음의 두 경우에서만 발생한다.

i) f의 정의역의 **경계점**
ii) 임계점($f_x=f_y=0$을 만족하는 내부점 또는 f_x 또는 f_y가 존재하지 않는 점)

만약 f의 1계와 2계 편도함수가 점 (a, b)를 중심으로 하는 원판 전체에서 연속이고 $f_x(a, b)=f_y(a, b)=0$이라면, **2계 편도함수 판정법**(second derivative test)을 이용하여 $f(a, b)$의 성질을 얻을 수 있다.

i) 점 (a, b)에서 $f_{xx} < 0,\ f_{xx}f_{yy}-f_{xy}^2 > 0 \Rightarrow$ **극대**
ii) 점 (a, b)에서 $f_{xx} > 0,\ f_{xx}f_{yy}-f_{xy}^2 > 0 \Rightarrow$ **극소**
iii) 점 (a, b)에서 $f_{xx}f_{yy}-f_{xy}^2 < 0 \Rightarrow$ **안장점**
iv) 점 (a, b)에서 $f_{xx}f_{yy}-f_{xy}^2=0 \Rightarrow$ **판정법은 결론에 이르지 못한다**

3개 이상의 변수로 이루어진 함수의 최댓값과 최솟값을 구하는 것은 기계학습이나 경제 예측에 이르기까지 수많은 중요한 응용에서 중요한 문제이다. 변수의 수가 증가하면 문제는 훨씬 더 어려워진다.

연습문제 12.7 EXERCISE QUESTION

국소 극값 찾기

연습문제 1~30에서 함수의 모든 극대, 극소, 안장점을 찾아라.

1. $f(x, y) = x^2 + xy + y^2 + 3x - 3y + 4$
2. $f(x, y) = 2xy - 5x^2 - 2y^2 + 4x + 4y - 4$
3. $f(x, y) = x^2 + xy + 3x + 2y + 5$
4. $f(x, y) = 5xy - 7x^2 + 3x - 6y + 2$
5. $f(x, y) = 2xy - x^2 - 2y^2 + 3x + 4$
6. $f(x, y) = x^2 - 4xy + y^2 + 6y + 2$
7. $f(x, y) = 2x^2 + 3xy + 4y^2 - 5x + 2y$
8. $f(x, y) = x^2 - 2xy + 2y^2 - 2x + 2y + 1$
9. $f(x, y) = x^2 - y^2 - 2x + 4y + 6$
10. $f(x, y) = x^2 + 2xy$
11. $f(x, y) = \sqrt{56x^2 - 8y^2 - 16x - 31} + 1 - 8x$
12. $f(x, y) = 1 - \sqrt[3]{x^2 + y^2}$
13. $f(x, y) = x^3 - y^3 - 2xy + 6$
14. $f(x, y) = x^3 + 3xy + y^3$
15. $f(x, y) = 6x^2 - 2x^3 + 3y^2 + 6xy$
16. $f(x, y) = x^3 + y^3 + 3x^2 - 3y^2 - 8$

17. $f(x, y) = x^3 + 3xy^2 - 15x + y^3 - 15y$

18. $f(x, y) = 2x^3 + 2y^3 - 9x^2 + 3y^2 - 12y$

19. $f(x, y) = 4xy - x^4 - y^4$

20. $f(x, y) = x^4 + y^4 + 4xy$

21. $f(x, y) = \dfrac{1}{x^2 + y^2 - 1}$ **22.** $f(x, y) = \dfrac{1}{x} + xy + \dfrac{1}{y}$

23. $f(x, y) = y \sin x$ **24.** $f(x, y) = e^{2x} \cos y$

25. $f(x, y) = e^{x^2+y^2-4x}$ **26.** $f(x, y) = e^y - ye^x$

27. $f(x, y) = e^{-y}(x^2 + y^2)$ **28.** $f(x, y) = e^x(x^2 - y^2)$

29. $f(x, y) = 2 \ln x + \ln y - 4x - y$

30. $f(x, y) = \ln(x + y) + x^2 - y$

최대, 최소 찾기

연습문제 31~38에서 주어진 정의역에서 함수의 최댓값과 최솟값을 찾아라.

31. 제1사분면에서 직선 $x=0$, $y=2$, $y=2x$로 둘러싸인 닫힌 삼각형 영역에서 정의된 함수 $f(x, y)=2x^2-4x+y^2-4y+1$

32. 직선 $x=0$, $y=4$, $y=x$로 둘러싸여 있는 제1사분면의 닫힌 삼각형 영역에서 정의되어 있는 함수 $D(x, y)=x^2-xy+y^2+1$

33. 제1사분면에서 직선 $x=0$, $y=0$, $y+2x=2$로 둘러싸인 닫힌 삼각형 영역에서 정의되어 있는 함수 $f(x, y)=x^2+y^2$

34. 직사각형 영역 $0 \le x \le 5$, $-3 \le y \le 3$에서 정의되어 있는 함수 $T(x, y)=x^2+xy+y^2-6x$

35. 직사각형 영역 $0 \le x \le 5$, $-3 \le y \le 0$에서 정의되어 있는 함수 $T(x, y)=x^2+xy+y^2-6x+2$

36. 직사각형 영역 $0 \le x \le 1$, $0 \le y \le 1$에서 정의되어 있는 함수 $f(x, y)=48xy-32x^3-24y^2$

37. 직사각형 영역 $1 \le x \le 3$, $-\pi/4 \le y \le \pi/4$에서 정의되어 있는 함수 $f(x, y)=(4x-x^2)\cos y$

38. 제1사분면에서 직선 $x=0$, $y=0$, $x+y=1$로 둘러싸인 닫힌 삼각형 영역에서 정의되어 있는 함수 $f(x, y)=4x-8xy+2y+1$

39. 다음 적분이 가장 큰 값을 가지며 $a \le b$를 만족하는 두 숫자 a와 b를 찾아라.

$$\int_a^b (6 - x - x^2)\, dx$$

40. 다음 적분이 가장 큰 값을 가지며 $a \le b$를 만족하는 두 숫자 a와 b를 찾아라.

$$\int_a^b (24 - 2x - x^2)^{1/3}\, dx$$

41. 온도 평평한 원형 판은 $x^2+y^2 \le 1$ 영역의 모양을 가진다. 경계 $x^2+y^2=1$을 포함하는 원판을 가열하면 점 (x, y)에서의 온도는 다음과 같다.

$$T(x, y) = x^2 + 2y^2 - x$$

원판에서 가장 뜨거운 곳과 가장 차가운 곳의 온도를 구하라.

42. 열린 제1사분면($x>0$, $y>0$)에서 다음 함수의 임계점을 찾고,

$$f(x, y) = xy + 2x - \ln x^2 y$$

이 점에서 f가 최솟값을 가짐을 보여라.

이론 및 예제

43. 다음에 주어진 함수 $f(x, y)$의 최대, 최소, 안장점을 찾아라.

a. $f_x = 2x - 4y$, $f_y = 2y - 4x$

b. $f_x = 2x - 2$, $f_y = 2y - 4$

c. $f_x = 9x^2 - 9$, $f_y = 2y + 4$

44. 다음에 주어진 함수에 대한 판별식 $f_{xx}f_{yy}-f_{xy}{}^2$은 원점에서 0이므로 2계 편도함수 판정법은 성립하지 않는다. 곡면 $z=f(x, y)$가 어떻게 생겼는지 상상하면서 이 함수가 원점에서 최댓값을 가지는지, 최솟값을 가지는지, 아니면 아닌지 결정하라. 각각의 경우에 대해 이유를 설명하라.

a. $f(x, y) = x^2y^2$ **b.** $f(x, y) = 1 - x^2y^2$

c. $f(x, y) = xy^2$ **d.** $f(x, y) = x^3y^2$

e. $f(x, y) = x^3y^3$ **f.** $f(x, y) = x^4y^4$

45. 임의의 상수 k에 대해 원점 (0, 0)이 함수 $f(x, y)=x^2+kxy+y^2$의 임계점임을 보여라. [힌트: 두 가지 경우 $k=0$과 $k \ne 0$를 생각하자.]

46. 어떤 상수 k에 대해 2계 편도함수 판정법이 함수 $f(x, y)=x^2+kxy+y^2$가 원점 (0, 0)에서 안장점을 가지도록 보장하는가? 원점 (0, 0)에서 극소인가? 어떤 k값에 대해 2계 편도함수 판정법이 결론에 이르지 못하는가? 답에 대한 이유를 서술하라.

47. 만약 $f_x(a, b)=f_y(a, b)=0$이면, f가 점 (a, b)에서 극댓값 또는 최솟값을 항상 가져야 하는가? 답에 대한 이유를 서술하라.

48. 함수 f와 이 함수의 1계와 2계 편도함수가 임계점 (a, b)를 중심으로 하는 원판 전체에서 연속이고 $f_{xx}(a, b)$와 $f_{yy}(a, b)$의 부호가 다르다면, $f(a, b)$에 대해 어떤 결론을 내릴 수 있는가? 답에 대한 이유를 서술하라.

49. 평면 $x+2y+3z=0$ 위에 놓여 있는 $z=10-x^2-y^2$의 그래프 위의 모든 점 중에서 평면과 가장 먼 점을 찾아라.

50. 평면 $x+2y-z=0$과 가장 가까운 $z=x^2+y^2+10$의 그래프에 있는 점을 찾아라.

51. 원점과 가장 가까운 평면 $3x+2y+z=6$에 있는 점을 찾아라.

52. 점 (2, −1, 1)과 평면 $x+y-z=2$의 거리의 최솟값을 찾아라.

53. 총합이 9이고, 제곱의 합이 최소가 되는 3개의 숫자를 찾아라.

54. 총합이 3이고, 곱이 최대가 되는 3개의 양의 수를 찾아라.

55. $x+y+z=6$을 만족할 때 $s=xy+yz+xz$의 최댓값을 찾아라.

56. 원뿔 $z=\sqrt{x^2+y^2}$과 점 (−6, 4, 0) 사이의 거리의 최솟값을 찾아라.

57. 구 $x^2+y^2+z^2=4$의 내부에 있으면서 최대 부피를 가지는 직사각형 상자의 치수를 찾아라.

58. 부피 27 cm^3을 가지는 모든 닫힌 직사각형 상자 중에서 겉넓이가 가장 작은 것은 무엇인가?

59. 12 m^2의 재료를 가지고 열린 직사각형 상자를 만들어야 한다. 최대 부피를 가지는 상자의 치수는 얼마인가?

60. 정사각 영역 $0 \le x \le 1$, $0 \le y \le 1$에서 함수 $f(x, y)=x^2+y^2+2xy-x-y+1$를 생각하자.

a. 이 정사각 영역 안에 있는 직선 $2x+2y=1$을 따라 f가 최소를 가지는 것을 보여라. 최솟값은 무엇인가?

b. 정사각 영역에서 f의 최댓값을 구하라.

61. 원점과 가장 가까운 $y^2-xz^2=4$의 그래프에 있는 점을 찾아라.

62. x절편을 6, y절편을 6, z절편을 6으로 가지는 평면으로 상한을 가지면서 제1팔분공간에 있는 영역에 내재한 직사각형 상자가 있다.

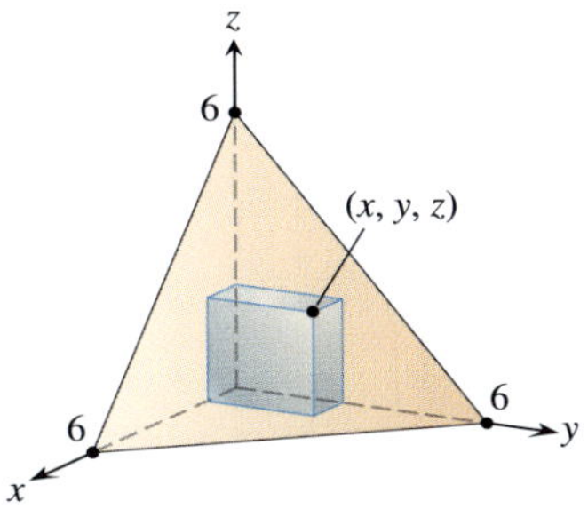

a. 평면에 대한 방정식을 구하라.

b. 최대 부피를 가지는 상자의 치수를 구하라.

매개곡선에서의 극값 곡선 $x=x(t)$, $y=y(t)$에서 함수 $f(x, y)$의 극값을 찾기 위해 f를 1변수 t에 대한 함수로 취급하고 연쇄법칙을 사용하여 df/dt가 0이 되는 곳을 찾는다. 다른 1변수의 경우와 마찬가지로 f의 극값은 다음 점의 값 중에서 찾을 수 있다.

a. 임계점(df/dt가 0이거나 존재하지 않는 점)

b. 매개변수 영역의 끝점

연습문제 63~66에서 주어진 곡선에서 함수의 최댓값과 최솟값을 구하라.

63. 함수:

a. $f(x, y) = x + y$ **b.** $g(x, y) = xy$

c. $h(x, y) = 2x^2 + y^2$

곡선:

i) 반원 $x^2+y^2=4$, $y \geq 0$

ii) 사분원 $x^2+y^2=4$, $x \geq 0$, $y \geq 0$

매개방정식 $x=2 \cos t$, $y=2 \sin t$를 사용하라.

64. 함수:

a. $f(x, y) = 2x + 3y$ **b.** $g(x, y) = xy$

c. $h(x, y) = x^2 + 3y^2$

곡선:

i) 반타원 $(x^2/9)+(y^2/4)=1$, $y \geq 0$

ii) 사등분 타원 $(x^2/9)+(y^2/4)=1$, $x \geq 0$, $y \geq 0$

매개방정식 $x=3 \cos t$, $y=2 \sin t$를 사용하라.

65. 함수: $f(x, y)=xy$

곡선:

i) 직선 $x=2t$, $y=t+1$

ii) 선분 $x=2t$, $y=t+1$, $-1 \leq t \leq 0$

iii) 선분 $x=2t$, $y=t+1$, $0 \leq t \leq 1$

66. 함수:

a. $f(x, y) = x^2 + y^2$ **b.** $g(x, y) = 1/(x^2 + y^2)$

곡선:

i) 직선 $x=t$, $y=2-2t$

ii) 선분 $x=t$, $y=2-2t$, $0 \leq t \leq 1$

67. 최소제곱법과 회귀선 일련의 수치 데이터 점 (x_1, y_1), (x_2, y_2), $\cdots$, (x_n, y_n)의 집합을 직선 $y=mx+b$으로 맞추려고 할 때, 보통 데이터 점들로부터 직선까지의 수직거리 제곱의 합을 최소화하는 직선을 선택한다. 이론적으로는 다음 함수의 값을 최소화하는 m과 b의 값을 찾는다는 것을 의미한다(주어진 그림 참조).

$$w = (mx_1 + b - y_1)^2 + \cdots + (mx_n + b - y_n)^2 \qquad (1)$$

이를 만족하는 m과 b의 값이 다음과 같음을 보여라.

$$m = \frac{\left(\sum x_k\right)\left(\sum y_k\right) - n\sum x_k y_k}{\left(\sum x_k\right)^2 - n\sum x_k{}^2} \qquad (2)$$

$$b = \frac{1}{n}\left(\sum y_k - m\sum x_k\right) \qquad (3)$$

여기서 합은 $k=1$에서 $k=n$까지 합해진다. 많은 과학용 계산기는 이러한 공식이 내장되어 있어, 데이터를 넣은 후 단지 몇 번의 키 입력만으로 m과 b를 찾을 수 있다.

m과 b의 값에 의해 결정되는 직선 $y=mx+b$는 **최소제곱선**, **회귀선**, **추세선**이라고 부른다. 최소제곱선을 찾으면 다음을 수행할 수 있다.

i) 간단한 표현식으로 데이터를 요약한다.

ii) 실험적으로 시도되지 않은 다른 x의 값에 대해 y의 값을 예측한다.

iii) 데이터를 분석적으로 다룬다.

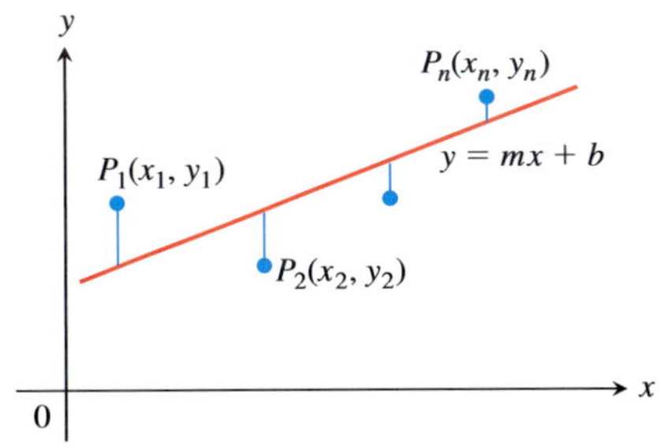

연습문제 68~70에서 식 (2)와 (3)을 이용하여 각각의 데이터 점 집합에 대해 최소제곱선을 찾아라. 그 다음 얻은 선형방정식을 사용하여 $x=4$에 대응되는 y의 값을 예측하라.

68. $(-2, 0)$, $(0, 2)$, $(2, 3)$

69. $(-1, 2)$, $(0, 1)$, $(3, -4)$

70. $(0, 0)$, $(1, 2)$, $(2, 3)$

컴퓨터 탐구

연습문제 71~76에서 국소 극값을 식별하는 함수에 대해 알아본다. CAS를 사용하여 다음 단계를 수행하라.

a. 주어진 직사각형 위에 함수를 그려라.

b. 직사각형에 몇 개의 등위선를 그려라.

c. 함수의 1계 편도함수를 계산하고 CAS 방정식 해결사를 이용하여 임계점을 찾아라. 문제 (b)에 그려진 등위선과 임계점은 어떠한 관련이 있는가? 안장점이 나타나는 임계점은 어떤 점인가? 답에 대한 이유를 서술하라.

d. 함수의 2계 편도함수를 계산하고 판별식 $f_{xx}f_{yy}-f_{xy}{}^2$을 찾아라.

e. 최대최소 검사를 이용하여 문제 (c)에서 찾은 임계점을 분류하라. 이 발견은 문제 (c)에서의 결과와 일치하는가?

71. $f(x, y) = x^2 + y^3 - 3xy$, $-5 \leq x \leq 5$, $-5 \leq y \leq 5$

72. $f(x, y) = x^3 - 3xy^2 + y^2$, $-2 \leq x \leq 2$, $-2 \leq y \leq 2$

73. $f(x, y) = x^4 + y^2 - 8x^2 - 6y + 16$, $-3 \leq x \leq 3$, $-6 \leq y \leq 6$

74. $f(x, y) = 2x^4 + y^4 - 2x^2 - 2y^2 + 3,\ \ -3/2 \le x \le 3/2,$
$-3/2 \le y \le 3/2$

75. $f(x, y) = 5x^6 + 18x^5 - 30x^4 + 30xy^2 - 120x^3,$
$-4 \le x \le 3,\ \ -2 \le y \le 2$

76. $f(x, y) = \begin{cases} x^5 \ln(x^2 + y^2), & (x, y) \ne (0, 0) \\ 0, & (x, y) = (0, 0), \end{cases}$
$-2 \le x \le 2,\ \ -2 \le y \le 2$

12.8 라그랑주 승수법

역사적 인물

조제프 루이 라그랑주(Joseph Louis Lagrange, 1736~1813)
라그랑주는 이탈리아의 토리노에서 태어났다. 그는 법학을 공부하기를 바랬던 아버지의 바람과는 달리 수학 공부를 즐겼다. 1754년 초기부터 변분법의 발견으로 시작된 라그랑주의 수학적 기여는 1756년에 역학으로의 응용을 통해 계속되었다.

평면의 특정 부분집합 내에 제한되는 정의역을 가지는 함수의 극값을 찾아야 할 때가 있다. 예를 들어 원반, 닫힌 삼각형 영역, 곡선으로 제한될 수 있다. 이러한 상황의 한 예를 이전 절의 예제 6에서 보았다. 여기서 제약이 있는 함수의 극값을 찾는 강력한 방법인 라그랑주 승수법에 대해 공부한다.

제한된 최댓값과 최솟값

통찰력을 얻기 위해 우선 변수를 제거함으로써 제한된 최솟값을 찾을 수 있는 문제를 고려한다.

예제 1 원점과 가장 가까운 평면 $2x+y-z-5=0$ 위의 점 $p(x, y, z)$를 찾아라.

풀이 이 예제에서 다음과 같은 함수라고 하자.

$$|\overline{OP}| = \sqrt{(x-0)^2 + (y-0)^2 + (z-0)^2} = \sqrt{x^2 + y^2 + z^2}$$

다음의 제약 조건이 있을 때 최솟값을 찾아야 한다.

$$2x + y - z - 5 = 0$$

다음 함수가 최솟값을 가지면 $|\overline{OP}|$도 최솟값을 가지기 때문에,

$$f(x, y, z) = x^2 + y^2 + z^2$$

제곱근을 피하기 위해 제약 조건 $2x+y-z-5=0$에서 $f(x, y, z)$의 최솟값을 찾음으로써 문제를 해결할 수 있다(따라서 제곱근을 피할 수 있다). 만약 이 방정식에서 x와 y를 독립변수로 간주하고 z를 다음과 같이 쓴다면,

$$z = 2x + y - 5$$

이 문제는 다음 함수가 최솟값을 가지는 점 (x, y)를 찾는 문제로 축소된다.

$$h(x, y) = f(x, y, 2x + y - 5) = x^2 + y^2 + (2x + y - 5)^2$$

함수 h의 정의역은 xy평면 전체이므로 12.7절의 1계 도함수 정리로부터 함수 h가 가질 수 있는 최솟값은 다음을 만족하는 점에서 항상 발생해야 함을 알 수 있다.

$$h_x = 2x + 2(2x + y - 5)(2) = 0, \qquad h_y = 2y + 2(2x + y - 5) = 0$$

이로부터 다음을 얻을 수 있고,

$$10x + 4y = 20, \qquad 4x + 4y = 10$$

다음 해를 구할 수 있다.

$$x = \frac{5}{3}, \qquad y = \frac{5}{6}$$

기하학적 관점과 2계 도함수 판정법을 적용하여 이러한 값이 h를 최소화함을 보일 수 있다. 평면 $z=2x+y-5$ 위에 있는 해당 점의 z좌표는 다음과 같다.

$$z = 2\left(\frac{5}{3}\right) + \frac{5}{6} - 5 = -\frac{5}{6}$$

따라서 찾고자 하는 점은 다음과 같다.

$$\text{가장 가까운 점:}\qquad P\left(\frac{5}{3}, \frac{5}{6}, -\frac{5}{6}\right)$$

점 P에서 원점까지의 거리는 $5/\sqrt{6} \approx 2.04$이다. ■

예제 1과 같이 치환을 통해 제한된 최대 또는 최소 문제를 해결하려는 시도는 항상 성공적이지 않을 수 있다.

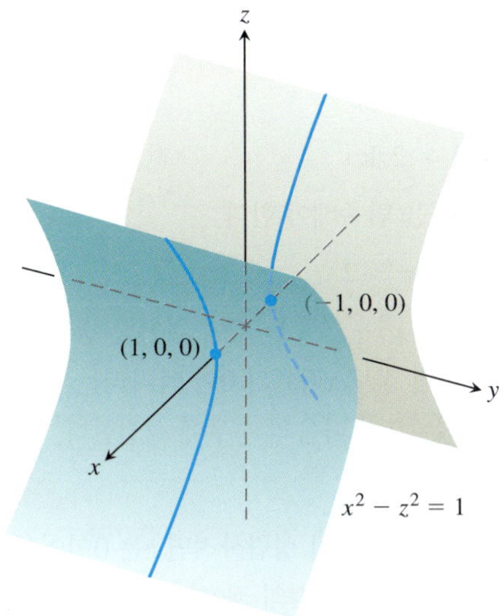

그림 12.53 예제 2의 쌍곡기둥 $x^2 - z^2 - 1 = 0$.

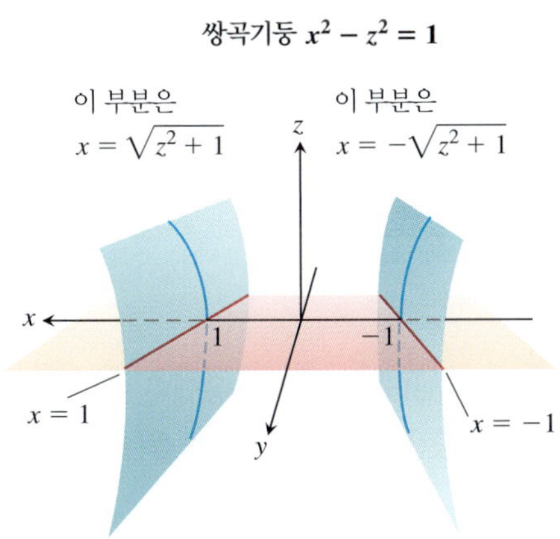

그림 12.54 쌍곡기둥 $x^2 - z^2 = 1$ 위의 점 (x, y, z)의 첫 두 좌표가 선택되는 xy평면에서의 영역은 xy평면에서 $-1 < x < 1$인 띠를 제외한다(예제 2).

예제 2 원점과 가장 가까운 쌍곡기둥 $x^2 - z^2 - 1 = 0$ 위의 점을 찾아라.

풀이 1 쌍곡기둥은 그림 12.53에 있다. 원점에 가장 가까운 쌍곡기둥 위의 점을 찾는다. 이 점은 제약 조건 $x^2 - z^2 - 1 = 0$에 따라 다음 함수를 최소화하는 좌표이다.

$$f(x, y, z) = x^2 + y^2 + z^2 \qquad \text{거리의 제곱}$$

만약 x와 y를 제약방정식에서 독립변수로 간주한다면 다음과 같다.

$$z^2 = x^2 - 1$$

그리고 원기둥 위에서 $f(x, y, z) = x^2 + y^2 + z^2$의 값은 다음의 함수로 주어진다.

$$h(x, y) = x^2 + y^2 + (x^2 - 1) = 2x^2 + y^2 - 1$$

함수 f를 최소화하는 좌표를 가지는 원기둥 위의 점을 찾기 위해 함수 h를 최소화하는 xy평면 위에 있는 점을 찾는다. h의 유일한 극값은 다음에서 발생한다.

$$h_x = 4x = 0, \qquad h_y = 2y = 0$$

다시 말해 원점 (0, 0)에서 발생한다. 하지만 x와 y 둘 다 0이 되는 쌍곡기둥 위의 점은 존재하지 않는다. 무엇이 문제인가? 위에서 발생한 문제는 1계 도함수 정리는 h가 최솟값을 가지는 h의 정의역에 있는 점을 찾았다는 것이다. 그러나 h가 최솟값을 가지는 쌍곡기둥 위의 점을 원한다. 비록 h의 정의역은 xy평면 전체이지만, 쌍곡기둥 점 (x, y, z)의 첫 두 좌표로 선택된 정의역은 xy평면에 있는 원기둥의 사영 또는 '그림자'로 제한되어 있다. 이것은 직선 $x = -1$과 $x = 1$ 사이의 띠를 포함하지 않는다(그림 12.54).

만약 (x와 y 대신) y와 z를 독립변수로 간주하고 y와 z를 이용해서 x를 다음과 같이 표현하면, 이와 같은 문제를 피할 수 있다.

$$x^2 = z^2 + 1$$

이러한 치환을 이용하면 함수 $f(x, y, z) = x^2 + y^2 + z^2$은 다음과 같이 변한다.

$$k(y, z) = (z^2 + 1) + y^2 + z^2 = 1 + y^2 + 2z^2$$

그리고 k의 최솟값을 가지는 점을 찾는다. 이제 yz평면에서 k의 정의역은 쌍곡기둥 상의 점 (x, y, z)의 y좌표와 z좌표를 선택하는 정의역과 일치한다. 따라서 평면에서 k를 최소화하는 점들은 원기둥에 있는 점에 대응될 것이다. k의 가장 작은 값은 다음과 같은 곳에서 발생한다.

$$k_y = 2y = 0, \qquad k_z = 4z = 0$$

또는 $y = z = 0$이다. 이 사실로부터 다음을 얻을 수 있다.

$$x^2 = z^2 + 1 = 1, \qquad x = \pm 1$$

원기둥 위의 대응되는 점은 $(\pm 1, 0, 0)$이다. 다음 부등식으로부터 점 $(\pm 1, 0, 0)$이 k에 대한 최솟값을 준다는 사실을 확인할 수 있다.

$$k(y, z) = 1 + y^2 + 2z^2 \geq 1$$

또한 쌍곡기둥에 있는 점으로부터 원점까지의 최소 거리가 1임을 알 수 있다.

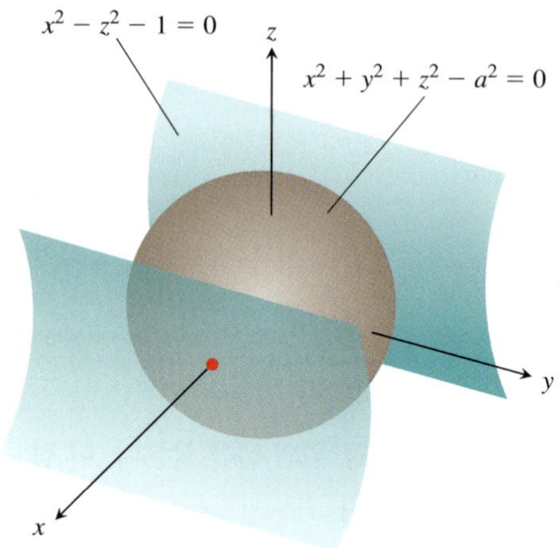

그림 12.55 원점을 중심으로 팽창하는 구가 쌍곡기둥 $x^2-z^2-1=0$에 닿을 때까지 팽창한다(예제 2).

λ는 그리스 문자 '람다'이다.

풀이 2 쌍곡기둥에서 원점에 가장 가까운 점을 찾는 또 다른 방법은 원점을 중심으로 하는 작은 구가 비눗방울과 같이 팽창하여 쌍곡기둥에 닿을 때까지 상상하는 것이다(그림 12.55). 접촉점마다 쌍곡기둥과 구는 같은 접평면과 법선을 갖는다. 따라서 구와 쌍곡기둥이 각각 다음과 같고 0으로 두어 얻어진 등위면으로 나타난다고 하자.

$$f(x, y, z) = x^2 + y^2 + z^2 - a^2, \qquad g(x, y, z) = x^2 - z^2 - 1$$

등위면이 접하는 곳에서 그래디언트 ∇f와 ∇g는 평행할 것이다. 따라서 접촉점마다 다음을 만족하는 상수 λ를 찾을 수 있다.

$$\nabla f = \lambda \nabla g$$

또는 다음을 얻는다.

$$2x\mathbf{i} + 2y\mathbf{j} + 2z\mathbf{k} = \lambda(2x\mathbf{i} - 2z\mathbf{k})$$

따라서 모든 접점의 x, y, z좌표가 다음 3개의 스칼라 방정식을 만족해야 한다.

$$2x = 2\lambda x, \qquad 2y = 0, \qquad 2z = -2\lambda z$$

좌표가 위의 스칼라 방정식을 만족하는 점 (x, y, z)이 곡면 $x^2-z^2-1=0$에 위치할 경우 어떤 λ에 대해 성립하는가? 이 질문에 답하기 위해 곡면의 어떤 점도 x좌표가 0이 아니라는 사실을 이용해서 $x \neq 0$임을 결론지을 수 있다. 따라서 $2x=2\lambda x$는 오직 다음의 경우에 성립한다.

$$2 = 2\lambda \quad \text{또는} \quad \lambda = 1$$

$\lambda=1$인 경우 방정식 $2z=-2\lambda z$는 $2z=-2z$가 된다. 만약 이 방정식이 성립하려면 z는 0이어야 한다. 또한 $y=0$이기 때문에(방정식 $2y=0$으로부터) 구하고자 하는 점의 좌표는 모두 다음과 같다.

$$(x, 0, 0)$$

곡면 $x^2-z^2=1$에서 이러한 좌표를 갖는 점은 무엇인가? 답은 $(x, 0, 0)$ 형태의 점으로 다음을 만족한다.

$$x^2 - (0)^2 = 1, \qquad x^2 = 1, \qquad x = \pm 1$$

따라서 원점에 가장 가까운 쌍곡기둥의 점은 $(\pm 1, 0, 0)$임을 알 수 있다. ■

라그랑주 승수법

예제 2의 풀이 2에서 **라그랑주 승수법**(method of Lagrange multipliers)을 사용했다. 이 방법은 $g(x, y, z)=0$을 제약 조건으로 주어진 함수 $f(x, y, z)$의 극값은 곡면 $g=0$ 위의 점들 중에서 다음 식을 만족하는 점을 구하는 것을 말한다.

$$\nabla f = \lambda \nabla g$$

여기서 λ는 적당한 스칼라 상수(**라그랑주 상수**)이다.

이 방법을 더 탐구하고 왜 성립하는지 알아보기 위해 먼저 다음의 관찰을 정리로 서술했다.

정리 12 | 기울기벡터의 수직 정리

함수 $f(x, y, z)$가 다음의 매끄러운 곡선을 내부에 포함하는 영역에서 미분가능하다고 가정하자.

$$C: \quad \mathbf{r}(t) = x(t)\mathbf{i} + y(t)\mathbf{j} + z(t)\mathbf{k}$$

함수 f의 정의역을 곡선 C로 제한했을 때, 곡선 위의 점 P_0에서 극대 또는 극소를 갖는다면 ∇f는 점 P_0에서 곡선의 접벡터 $\mathbf{r}'$와 수직한다.

증명 곡선 C에서 f의 값은 합성 $f(x(t),\ y(t),\ z(t))$에 의해 주어지며, t에 대한 도함수는 다음과 같다.

$$\frac{df}{dt} = \frac{\partial f}{\partial x}\frac{dx}{dt} + \frac{\partial f}{\partial y}\frac{dy}{dt} + \frac{\partial f}{\partial z}\frac{dz}{dt} = \nabla f \cdot \mathbf{r}'$$

함수 f의 정의역을 C로 제한할 때, 점 P_0에서 극대 또는 극소이므로 $df/dt=0$이고 다음을 얻는다.

$$\nabla f \cdot \mathbf{r}' = 0$$ ■

정리 12에서 z항을 제거하면, 2변수 함수에 대해서도 유사한 결과를 얻는다.

따름정리

매끄러운 곡선 $\mathbf{r}(t)=x(t)\mathbf{i}+y(t)\mathbf{j}$의 점에서 미분가능한 함수 $f(x,\ y)$가 곡선에서의 값에 대해 상대적으로 극대 또는 극소를 갖는 경우에 $\nabla f \cdot \mathbf{r}'=0$이 성립한다.

정리 12는 라그랑주 승수법의 핵심이다. $f(x,\ y,\ z)$와 $g(x,\ y,\ z)$가 미분가능하고, 곡면 $g(x,\ y,\ z)=0$ 위의 점 P_0에서 f가 곡면의 다른 값에 비해 상대적으로 극대 또는 극소를 가지는 점이라고 가정하자. 또한 곡면 $g(x,\ y,\ z)=0$의 점에서 $\nabla g \neq \mathbf{0}$임도 가정하자. 그렇다면 f는 곡면 $g(x,\ y,\ z)=0$의 점 P_0를 지나는 모든 미분가능한 곡선에서의 값에 대해 점 P_0에서 극대 또는 극소이다. 따라서 ∇f는 점 P_0를 지나는 모든 미분가능한 곡선의 접벡터에 수직한다. 또한 (∇g는 12.5절에서 보았듯이 등위선 $g=0$에 수직이기 때문에) ∇g도 같은 성질을 가진다. 따라서 점 P_0에서 ∇f는 ∇g의 스칼라 배이다.

라그랑주 승수법

함수 $f(x,\ y,\ z)$와 $g(x,\ y,\ z)$가 미분가능하고 $g(x,\ y,\ z)=0$에서 $\nabla g \neq \mathbf{0}$이라고 가정하자. 제약 조건 $g(x,\ y,\ z)=0$에 따라 f의 극대 또는 극소(있는 경우)를 찾기 위해 다음 식을 동시에 만족하는 $x,\ y,\ z,\ \lambda$의 값을 찾는다.

$$\nabla f = \lambda \nabla g, \qquad g(x, y, z) = 0 \tag{1}$$

식 (1)을 만족하는 각 임계점에서 f의 값을 비교함으로써 최대, 최소를 찾을 수 있다. 2개의 독립변수를 가지는 함수의 경우에 조건은 비슷하지만, z 변수가 없다.

이 방법을 적용할 때 조심해야 한다. 극값이 실제로 존재하지 않을 수도 있다(연습문제 45).

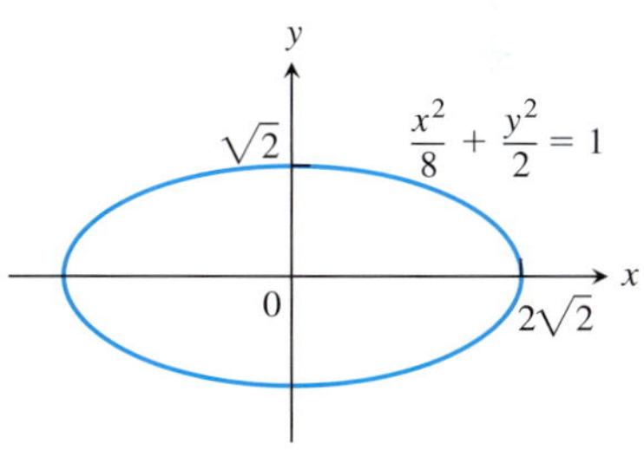

그림 12.56 예제 3은 위의 타원에서 곱 xy의 최댓값과 최솟값을 구하는 방법을 보인다.

예제 3 다음 식의 타원(그림 12.56)이 있다고 하자.

$$f(x, y) = xy$$

다음 함수의 가장 큰 값과 가장 작은 값을 찾아라.

$$\frac{x^2}{8} + \frac{y^2}{2} = 1$$

풀이 다음과 같은 제약 조건을 가질 때 함수 $f(x,\ y)=xy$의 극값을 찾는다.

$$g(x, y) = \frac{x^2}{8} + \frac{y^2}{2} - 1 = 0$$

이를 위해 먼저 다음을 만족하는 $x,\ y,\ \lambda$의 값을 찾는다.

$$\nabla f = \lambda \nabla g, \qquad g(x, y) = 0$$

식 (1)의 그래디언트 방정식으로부터 다음을 얻을 수 있다.

$$y\mathbf{i} + x\mathbf{j} = \frac{\lambda}{4}x\mathbf{i} + \lambda y\mathbf{j}$$

이를 통해 다음을 찾을 수 있다.

$$y = \frac{\lambda}{4}x, \qquad x = \lambda y$$

그리고 다음과 같다.

$$y = \frac{\lambda}{4}(\lambda y) = \frac{\lambda^2}{4}y$$

주의: y=0일 때의 경우를 고려하지 않고 y를 없애지 마라.

따라서 다음을 얻는다.

$$y = 0 \quad \text{또는} \quad \lambda = \pm 2$$

이제 다음 두 경우를 고려한다.

경우 1: 만약 $y=0$이면, $x=y=0$이다. 하지만 원점 (0, 0)은 타원에 있지 않으므로 $y \neq 0$이다.

경우 2: 만약 $y \neq 0$이면, $\lambda=\pm 2$이고 $x=\pm 2y$이다. 이를 방정식 $g(x, y)=0$에 대입하면 다음을 얻는다.

$$\frac{(\pm 2y)^2}{8} + \frac{y^2}{2} = 1, \qquad 4y^2 + 4y^2 = 8, \qquad y = \pm 1$$

따라서 함수 $f(x, y)=xy$는 타원의 4개의 점 $(\pm 2, 1)$, $(\pm 2, -1)$에서 임계점을 가진다. 극값은 4개의 점에서 f의 값을 조사하여 찾을 수 있다. 최댓값은 $f(2, 1)=f(-2, -1)=2$이고, 최솟값은 $f(-2, 1)=f(2, -1)=-2$이다.

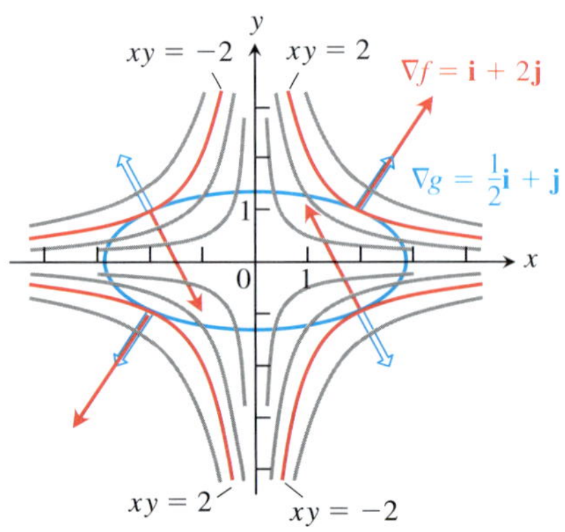

그림 12.57 $g(x, y)=x^2/8+y^2/2-1=0$으로 제약 조건이 있을 때, 함수 $f(x, y)=xy$는 4개의 점 $(\pm 2, \pm 1)$에서 극값을 가진다. 타원 위의 이 점들에서 ∇f(빨간색)은 ∇g(파란색)의 상수배이다(예제 3).

해의 기하학적 성질 함수 $f(x, y)=xy$의 등위선은 쌍곡선 $xy=c$이다(그림 12.57). 원점에서 쌍곡선까지의 거리가 더 멀수록 f의 절댓값이 더 크다. 점 (x, y)이 타원 $x^2+4y^2=8$에 놓여 있을 때, $f(x, y)$의 극값을 찾으려고 한다. 타원과 교차하는 어떤 쌍곡선이 원점으로부터 가장 멀리 떨어져 있는가? 타원에 접하는 쌍곡선일수록 가장 멀리 떨어져 있다. 이러한 접점에서 쌍곡선에 수직인 어떤 벡터도 타원에 수직이므로 $\nabla f=y\mathbf{i}+x\mathbf{j}$는 $\nabla g=(x/4)\mathbf{i}+y\mathbf{j}$의 배수($\lambda=\pm 2$)이다. 예를 들어 점 (2, 1)에서 다음을 얻는다.

$$\nabla f = \mathbf{i} + 2\mathbf{j}, \qquad \nabla g = \frac{1}{2}\mathbf{i} + \mathbf{j}, \qquad \nabla f = 2\nabla g$$

점 (−2, 1)에서는 다음을 가진다.

$$\nabla f = \mathbf{i} - 2\mathbf{j}, \qquad \nabla g = -\frac{1}{2}\mathbf{i} + \mathbf{j}, \qquad \nabla f = -2\nabla g$$

■

예제 4 원 $x^2+y^2=1$에서 함수 $f(x, y)=3x+4y$의 최댓값과 최솟값을 구하라.

풀이 이 문제를 다음 함수를 이용해서 라그랑주 승수법 문제로 변경한다.

$$f(x, y) = 3x + 4y, \qquad g(x, y) = x^2 + y^2 - 1$$

다음 방정식을 만족하는 x, y, λ의 값을 찾는다.

$$\nabla f = \lambda \nabla g: \qquad 3\mathbf{i} + 4\mathbf{j} = 2x\lambda\mathbf{i} + 2y\lambda\mathbf{j}$$

$$g(x, y) = 0: \qquad x^2 + y^2 - 1 = 0$$

기울기벡터 방정식으로부터 $\lambda \neq 0$과 다음을 얻는다.

$$x = \frac{3}{2\lambda}, \qquad y = \frac{2}{\lambda}$$

이러한 방정식은 x와 y가 동일한 부호를 갖는다는 것을 알려준다. 이러한 x와 y의 값과 방정식 $g(x, y)=0$으로부터 다음과 같다.

$$\left(\frac{3}{2\lambda}\right)^2 + \left(\frac{2}{\lambda}\right)^2 - 1 = 0$$

따라서 다음을 얻는다.

$$\frac{9}{4\lambda^2} + \frac{4}{\lambda^2} = 1, \qquad 9 + 16 = 4\lambda^2, \qquad 4\lambda^2 = 25, \qquad \lambda = \pm\frac{5}{2}$$

그러므로 다음과 같다.

$$x = \frac{3}{2\lambda} = \pm\frac{3}{5}, \qquad y = \frac{2}{\lambda} = \pm\frac{4}{5}$$

그리고 $f(x, y)=3x+4y$는 $(x, y)=\pm(3/5, 4/5)$에서 임계점을 가진다.

점 $\pm(3/5, 4/5)$에서 $3x+4y$의 값을 계산하여 원 $x^2+y^2=1$에서 함수 f의 최댓값과 최솟값이 다음의 값을 가짐을 보았다.

$$3\left(\frac{3}{5}\right) + 4\left(\frac{4}{5}\right) = \frac{25}{5} = 5, \qquad 3\left(-\frac{3}{5}\right) + 4\left(-\frac{4}{5}\right) = -\frac{25}{5} = -5$$

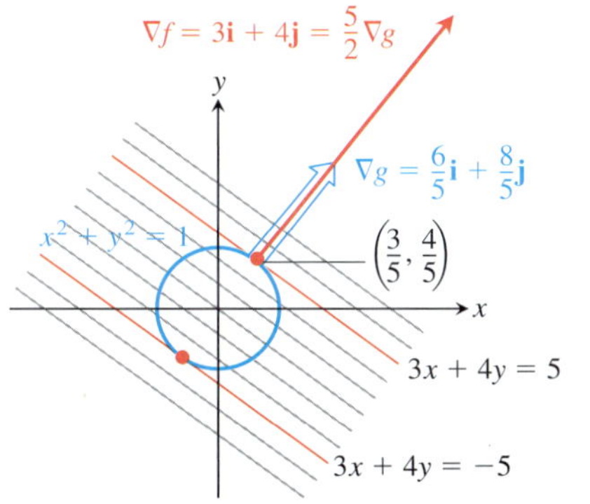

그림 12.58 함수 $f(x, y)=3x+4y$는 단위원 $g(x, y)=x^2+y^2-1=0$에서 가장 큰 값을 점 (3/5, 4/5)에서 가지고, 가장 작은 값을 점 (−3/5, −4/5)에서 가진다(예제 4). 이러한 점들의 각 점에서 ∇f는 ∇g의 상수배이다. 그림은 첫 번째 점에서만 기울기벡터를 나타내고 있다.

해의 기하학적 성질 $f(x, y)=3x+4y$의 등위선은 $3x+4y=c$인 직선이다(그림 12.58). 직선이 원점으로부터 멀리 떨어질수록 f의 절댓값은 커진다. 원 $x^2+y^2=1$ 위에도 있는 점 (x, y)에서의 함수 $f(x, y)$의 극값을 찾고 싶다. 원과 교차하는 어떤 직선이 원점으로부터 가장 멀리 떨어져 있는가? 원에 접하는 직선이 가장 멀리 떨어져 있다. 접점에서 직선에 수직인 벡터는 원에도 수직이므로 기울기벡터 $\nabla f=3\mathbf{i}+4\mathbf{j}$는 기울기벡터 $\nabla g=2x\mathbf{i}+2y\mathbf{j}$의 배수($\lambda=\pm 5/2$)이다. 예를 들어 점 (3/5, 4/5)에서 다음을 가진다.

$$\nabla f = 3\mathbf{i} + 4\mathbf{j}, \qquad \nabla g = \frac{6}{5}\mathbf{i} + \frac{8}{5}\mathbf{j}, \qquad \nabla f = \frac{5}{2}\nabla g$$ ■

두 가지 제약 조건이 주어진 라그랑주 승수법

미분가능한 함수 $f(x, y, z)$의 변수에 두 가지 제약 조건이 주어질 때 극값을 찾는 문제는 많다. 제약 조건이 다음과 같다고 하자.

$$g_1(x, y, z) = 0\text{과} \qquad g_2(x, y, z) = 0$$

g_1과 g_2가 미분가능하며 ∇g_1이 ∇g_2와 평행하지 않을 때, 2개의 라그랑주 승수 λ와 μ(발음은 "뮤")를 도입하여 f의 제한된 극대값 및 극소값을 찾는다. 즉 다음 3개의 방정식을 동시에 만족하는 x, y, z, λ, μ의 값을 구해 f의 제한된 조건에서의 극값을 갖는 점 $P(x, y, z)$를 찾는다.

$$\nabla f = \lambda\nabla g_1 + \mu\nabla g_2, \qquad g_1(x, y, z) = 0, \qquad g_2(x, y, z) = 0 \tag{2}$$

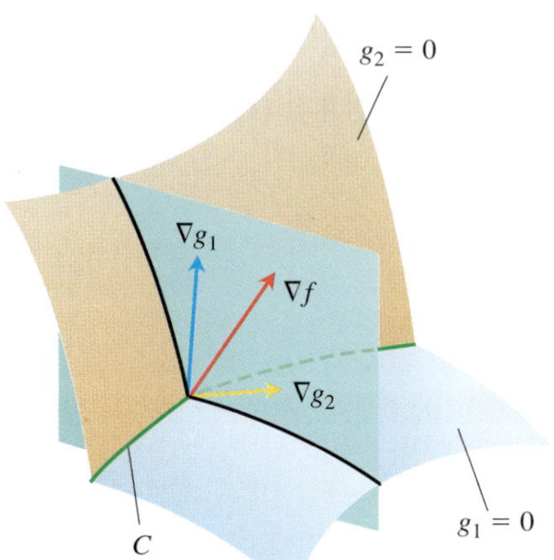

그림 12.59 벡터 ∇g_1과 ∇g_2는 곡선 C에 직교하는 평면에 놓여 있다. 그 이유로 ∇g_1은 곡면 $g_1=0$과 수직이고, ∇g_2는 곡면 $g_2=0$과 수직이기 때문이다.

식 (2)는 멋진 기하학적 해석을 갖는다. 곡면 $g_1=0$과 곡면 $g_2=0$은 일반적으로 매끄러운 곡선 C에서 교차한다(그림 12.59). 이 곡선을 따라 f가 곡선 상의 다른 값에 비해 극대 또는 극소를 가지는 점을 찾는다. 이러한 점은 정리 12에서 본 것처럼 ∇f가 C에 수직인 점이다. 또한 이 점에서 곡선 C가 곡면 $g_1=0$과 $g_2=0$에 있기 때문에, ∇g_1과 ∇g_2도 C에 수직이다. 따라서 ∇f는 ∇g_1과 ∇g_2로 결정되는 평면에 존재하며, 즉 어떤 λ와 μ에 의해 $\nabla f=\lambda\nabla g_1+\mu\nabla g_2$의 형태로 표현된다. 찾고자하는 점도 두 곡면에 모두 있어야 하므로, 이들 좌표는 식 (2)의 나머지 조건인 방정식 $g_1(x, y, z)=0$과 $g_2(x, y, z)=0$을 만족해야 한다.

μ는 그리스 문자 '뮤'이고, "뮤"라고 읽는다.

예제 5 평면 $x+y+z=1$은 원기둥 $x^2+y^2=1$을 타원의 형태로 자른다(그림 12.60). 원점으로부터 거리가 가장 가까운 타원 위의 점과 가장 먼 타원 위의 점을 찾아라.

풀이 다음 제약 조건을 가진다고 하자.

$$f(x, y, z) = x^2 + y^2 + z^2$$

다음 함수(점 (x, y, z)에서 원점까지의 거리의 제곱)의 극값을 찾는다.

$$g_1(x, y, z) = x^2 + y^2 - 1 = 0 \tag{3}$$

$$g_2(x, y, z) = x + y + z - 1 = 0 \tag{4}$$

그러면 식 (2)의 그래디언트 방정식으로부터 다음을 얻는다.

$$\begin{aligned} \nabla f &= \lambda \nabla g_1 + \mu \nabla g_2 \\ 2x\mathbf{i} + 2y\mathbf{j} + 2z\mathbf{k} &= \lambda(2x\mathbf{i} + 2y\mathbf{j}) + \mu(\mathbf{i} + \mathbf{j} + \mathbf{k}) \\ 2x\mathbf{i} + 2y\mathbf{j} + 2z\mathbf{k} &= (2\lambda x + \mu)\mathbf{i} + (2\lambda y + \mu)\mathbf{j} + \mu\mathbf{k} \end{aligned}$$

또는 다음을 얻는다.

$$2x = 2\lambda x + \mu, \qquad 2y = 2\lambda y + \mu, \qquad 2z = \mu \tag{5}$$

식 (5)의 세 번째 방정식으로부터 다음을 구할 수 있다.

$$\begin{aligned} 2x &= 2\lambda x + 2z \Rightarrow (1 - \lambda)x = z \\ 2y &= 2\lambda y + 2z \Rightarrow (1 - \lambda)y = z \end{aligned} \tag{6}$$

만약 $\lambda=1$과 $z=0$이거나, $\lambda \neq 1$과 $x=y=z/(1-\lambda)$이면 식 (6)은 동시에 만족된다.

$z=0$인 첫 번째 경우에는 식 (3)과 (4)를 동시에 풀어 타원 위의 해당 지점을 찾으면 (1, 0, 0)과 (0, 1, 0)이다. 그림 12.60을 살펴보면 이는 타당하다는 것을 알 수 있다.

$x=y$인 두 번째 경우에는 식 (3)과 (4)로부터 다음을 구한다.

$$\begin{aligned} x^2 + x^2 - 1 &= 0 & x + x + z - 1 &= 0 \\ 2x^2 &= 1 & z &= 1 - 2x \\ x &= \pm\frac{\sqrt{2}}{2} & z &= 1 \mp \sqrt{2} \end{aligned}$$

타원에 대응되는 점은 다음과 같다.

$$P_1 = \left(\frac{\sqrt{2}}{2}, \frac{\sqrt{2}}{2}, 1 - \sqrt{2}\right), \qquad P_2 = \left(-\frac{\sqrt{2}}{2}, -\frac{\sqrt{2}}{2}, 1 + \sqrt{2}\right)$$

원점으로부터 최대 및 최소 거리에 있는 점을 찾기 위해 4개의 임계점 (1, 0, 0), (0, 1, 0),

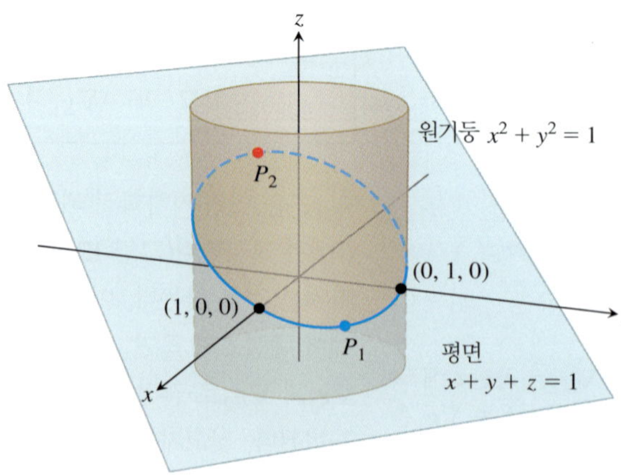

그림 12.60 평면과 원기둥이 만나는 타원에서 원점으로부터 가장 가까운 점과 가장 먼 점을 찾았다(예제 5).

P_1, P_2에서 f를 계산한다. 그러면 다음을 얻는다.

$$f(1,0,0) = f(0,1,0) = 1, \quad f(P_1) = 4 - 2\sqrt{2}, \quad f(P_2) = 4 + 2\sqrt{2}$$

이 값들 중 가장 큰 값과 가장 작은 값이 최댓값과 최솟값이 된다. 다음 부등식으로부터 f의 최솟값은 1이며, 점 (1, 0, 0) 또는 (0, 1, 0)에서 f를 계산할 때 이 값을 얻을 수 있다.

$$1 < 4 - 2\sqrt{2} < 4 + 2\sqrt{2}$$

f의 최댓값은 $4+2\sqrt{2}$로 f를 점 P_2에서 계산할 때 발생한다. 값 $f(P_1)=4-2\sqrt{2}$는 임계점에서의 f의 값들 중 가장 크거나 작지 않으므로, f는 점 P_1에서 극값을 가지지 않는다.

원점으로부터 가장 가까운 타원 위의 점은 (1, 0, 0)과 (0, 1, 0)이다. 원점으로부터 가장 먼 타원 위의 점은 P_2이다(그림 12.60). ■

연습문제 12.8 EXERCISE QUESTION

하나의 제약 조건을 가지는 2개의 독립변수

1. **타원에서의 극값** 함수 $f(x, y)=xy$가 극값을 가지는 타원 $x^2+2y^2=1$ 위의 점을 찾아라.
2. **원에서의 극값** 제약 조건 $g(x, y)=x^2+y^2-10=0$이 주어졌을 때 함수 $f(x, y)=xy$의 극값을 찾아라.
3. **직선에서의 최댓값** 직선 $x+3y=10$에서 함수 $f(x, y)=49-x^2-y^2$의 최댓값을 찾아라.
4. **직선에서의 극값** 직선 $x+y=3$에서 함수 $f(x, y)=x^2y$의 극값을 찾아라.
5. **제한된 최솟값** 원점에서 가장 가까운 곡선 $xy^2=54$ 위의 점을 찾아라.
6. **제한된 최솟값** 원점에서 가장 가까운 곡선 $x^2y=2$ 위의 점을 찾아라.
7. 라그랑주 승수법을 이용해서 다음을 찾아라.
   a. **쌍곡선에서의 최솟값** 제약 조건 $xy=16$, $x>0$, $y>0$에 대해 $x+y$의 최솟값을 찾아라.
   b. **직선에서의 최댓값** 제약 조건 $x+y=16$에 대해 xy의 최댓값을 찾아라.
   각각 해의 기하학적 특성을 설명하라.
8. **곡선에서의 극값** 원점에서 곡선 $x^2+xy+y^2=1$까지 가장 가까운 점과 가장 먼 점을 xy평면에서 찾아라.
9. **고정된 부피를 갖는 최소 겉넓이** 부피가 16π cm^{3}이며 가장 작은 겉넓이를 가지는 닫힌 원기둥 모양의 캔의 치수를 구하라.
10. **구 안의 원기둥** 반지름 a를 가지는 구에 들어 있으면서 최대 겉넓이를 가지는 열린 원기둥의 반지름과 높이를 구하라. 최대 겉넓이는 무엇인가?
11. **타원 안에 있는 가장 큰 넓이는 가지는 직사각형** 라그랑주 승수법을 이용해서 타원 $x^2/16+y^2/9=1$ 안에 포함되면서 최대 넓이를 가지는 좌표축에 평행한 변을 가지는 직사각형의 치수를 찾아라. 가장 큰 둘레의 길이는 얼마인가?
12. **타원 안에 있는 가장 긴 둘레의 길이를 가지는 직사각형** 타원 $x^2/a^2+y^2/b^2=1$ 안에 들어 있으면서 가장 큰 둘레의 길이를 가지는 좌표축에 평행한 변을 가지는 직사각형의 치수를 찾아라.
13. **원에서의 극값** 제약 조건 $x^2-2x+y^2-4y=0$에 따라 x^2+y^2의 최댓값과 최솟값을 찾아라.
14. **원에서의 극값** 제약 조건 $x^2+y^2=4$에 따라 $3x-y+6$의 최댓값과 최솟값을 찾아라.
15. **금속판 위의 개미** 금속판의 점 (x, y)에서의 온도는 $T(x, y)=4x^2-4xy+y^2$이다. 판 위의 개미는 원점을 중심으로 하고 반지름이 5인 원 주위를 걷고 있다. 개미가 접하는 최고 온도와 최소 온도는 얼마인가?
16. **가장 저렴한 저장탱크** 액화석유가스를 저장하는 저장탱크 설계를 의뢰받았다. 고객의 요구사항에 따르면 끝이 반구 모양을 가지는 원통형 탱크가 필요하며, 이 탱크는 8000 m^{3}의 가스를 저장해야 한다. 또한 고객은 탱크를 만들 때 가장 적은 재료를 사용하길 원한다. 탱크의 원기둥 부분에 대해 추천하는 반지름과 높이는 무엇인가?

하나의 제약 조건을 가지는 3개의 독립변수

17. **점까지의 최소거리** 점 (1, 1, 1)까지 가장 가까운 평면 $x+2y+3z=13$ 위의 점을 찾아라.
18. **점까지의 최대거리** 점 (1, −1, 1)까지 가장 멀리 있는 구 $x^2+y^2+z^2=4$ 위의 점을 찾아라.
19. **원점까지의 최소거리** 원점에서 곡면 $x^2-y^2-z^2=1$까지의 최소거리를 찾아라.
20. **원점까지의 최소거리** 원점과 가장 가까운 곡면 $z=xy+1$에 있는 점을 찾아라.
21. **원점까지의 최소거리** 원점과 가장 가까운 곡면 $z^2=xy+4$ 위의 점을 찾아라.
22. **원점까지의 최소거리** 원점과 가장 가까운 곡면 $xyz=1$ 위의 점을 찾아라.
23. **구에서의 극값** 구 $x^2+y^2+z^2=30$에서 다음 함수의 최댓값과 최솟값을 구하라.

$$f(x, y, z) = x - 2y + 5z$$

24. **구에서의 극값** 함수 $f(x, y, z)=x+2y+3z$가 최댓값과 최솟값을 가지는 구 $x^2+y^2+z^2=25$ 위의 점을 찾아라.
25. **제곱의 합의 최소화** 합이 9이고 제곱의 합이 가능한 한 작은 3개의 실수를 찾아라.

26. 곱 최대화 $x+y+z^2=16$일 때 양수 x, y, z가 가질 수 있는 가장 큰 곱을 찾아라.

27. 구에 있는 가장 큰 부피를 가지는 직사각형 상자 단위구에 있을 수 있는 최대 부피를 가지는 닫힌 직사각형 상자의 치수를 찾아라.

28. 평면에 꼭지점이 있는 상자 3개의 면이 좌표평면에 있고 꼭지점이 $a>0$, $b>0$, $c>0$을 만족하는 평면 $x/a+y/b+z/c=1$에 있으면서 제1팔분면에 위치한 가장 큰 닫힌 직사각형 상자의 부피를 구하라.

29. 우주탐사선의 가장 뜨거운 점 다음과 같은 타원체 모양의 우주탐사선이 지구 대기에 진입하면 표면이 가열되기 시작한다.

$$4x^2+y^2+4z^2=16$$

한 시간 후, 탐사선 표면의 점 (x, y, z)에서의 온도는 다음과 같다.

$$T(x,y,z)=8x^2+4yz-16z+600$$

탐사선 표면에서 가장 뜨거운 점을 찾아라.

30. 구에서 온도의 극값 구 $x^2+y^2+z^2=1$의 점 (x, y, z)에서의 섭씨 온도가 $T=400xyz^2$이라고 가정하자. 구의 최고 온도와 최저 온도가 어디서 나타나는지 구하라.

31. 콥-더글라스 생산함수 1920년대에 찰스 콥과 폴 더글라스는 (기업, 산업, 전체 경제의) 총 생산량 P를 (모든 건물과 장비의 금전적 가치를 포함하는) 투입된 노동시간 x와 투자된 자본 y에 대한 함수로 모델링했다. 콥-더글라스 생산함수는 다음과 같이 주어진다.

$$P(x,y)=kx^{\alpha}y^{1-\alpha}$$

여기서 k와 α는 특정 기업 또는 경제를 대표하는 상수이다.

a. 노동과 자본이 모두 두 배로 증가하면 생산량 P도 두 배로 증가한다는 것을 보여라.

b. 특정 회사가 $k=120$, $\alpha=3/4$에 대한 생산함수를 가지고 있다고 가정하자. 각 인건비의 단위가 250달러, 각 자본의 비용 단위가 400달러, 모든 비용의 총 지출은 100,000달러를 초과할 수 없다고 하자. 이 회사의 최대 생산 수준을 구하라.

32. (연습문제 31의 계속) 노동 단위의 비용이 c_1이고, 자본 단위의 비용이 c_2이며, 기업이 총 예산으로 B달러만 쓸 수 있다면 생산량 P는 $c_1x+c_2y=B$로 제약을 받는다. 이 제약 조건에서 최대 생산 수준이 다음의 점에서 발생함을 보여라.

$$x=\frac{\alpha B}{c_1}, \quad y=\frac{(1-\alpha)B}{c_2}$$

33. 효용함수의 최대화: 경제학에서의 예 경제학에서 두 자본재 G_1과 G_2의 양 x와 y의 유용성 또는 효용은 때때로 함수 $U(x, y)$로 측정된다. 예를 들어 G_1과 G_2는 제약회사가 보유하고 있어야 하는 두 가지 화학물질일 수 있으며, $U(x, y)$는 사용되는 공정에 따라 다른 양의 화학물질이 필요한 제품을 제조함으로써 얻는 이득일 수 있다. G_1의 가격이 킬로그램당 a달러이고, G_2의 가격이 킬로그램당 b달러이며, G_1과 G_2의 구매에 할당된 총 금액이 c달러인 경우, 회사의 관리자는 $ax+by=c$라는 조건에서 $U(x, y)$를 최대화하려고 한다. 따라서 일반적인 라그랑주 승수법으로 문제를 풀어야 한다.

식이 다음과 같다고 가정하자.

$$U(x,y)=xy+2x$$

식 $ax+by=c$는 다음과 같이 단순화된다고 하자.

$$2x+y=30$$

U의 최댓값을 찾고 후자의 제약 조건을 따르면서 대응되는 x와 y의 값을 찾아라.

34. 혈액형 인간의 혈액형은 세 가지 유전자 형태인 A, B, O로 분류된다. 혈액형 AA, BB, OO는 동형 접합형이고, 혈액형 AB, AO, BO는 이형 접합형이다. 인구에 대한 세 가지 유전자 형태의 비율을 각각 p, q, r로 나타낸다면, 하디-바인베르크 법칙에 따라 특정 인구에서 이형접합을 가진 사람의 비율 Q는 제약 조건이 $p+q+r=1$이면서 다음과 같이 모델링할 수 있다.

$$Q(p,q,r)=2(pq+pr+qr)$$

Q의 최댓값을 찾아라.

35. 기둥의 길이 3.6절의 연습문제 47에서 높이 h의 벽을 넘어 벽에서 k단위로 떨어진 고층 건물에 도달할 수 있는 가장 짧은 기둥의 길이 L을 구하는 문제를 제시했다. 라그랑주 승수법을 사용해서 다음을 보여라.

$$L=(h^{2/3}+k^{2/3})^{3/2}$$

36. 전파망원경 위치 찾기 새로 발견된 행성에 전파망원경을 세우는 일을 담당하고 있다. 간섭을 최소화하기 위해 행성의 자기장이 가장 약한 곳에 망원경을 설치하려고 한다. 이 행성은 반지름이 6단위인 구형 행성이다. 원점이 행성의 중심에 있는 좌표계를 기준으로 자기장의 세기는 $M(x, y, z)=6x-y^2+xz+60$으로 주어진다. 전파망원경은 어디에 위치해야 하는가?

2개의 제한 조건이 있을 때의 극값

37. 제약 조건 $2x-y=0$과 $y+z=0$이 있을 때, 함수 $f(x, y, z)=x^2+2y-z^2$를 최대화하라.

38. 제약 조건 $x+2y+3z=6$과 $x+3y+9z=9$가 있을 때, 함수 $f(x, y, z)=x^2+y^2+z^2$를 최소화하라.

39. 원점까지 거리의 최솟값 평면 $y+2z=12$와 $x+y=6$의 교선에 있는 점 중에서 원점에 가장 가까운 점을 찾아라.

40. 원기둥 $x^2+z^2=9$와 $y-z=4$의 교차되는 부분에서 함수 $f(x, y, z)=2x^2+yz$의 극값을 찾아라.

41. 교차되는 부분의 곡선에서의 극값 평면 $z=1$과 구 $x^2+y^2+z^2=10$의 교차되는 부분에서 함수 $f(x, y, z)=x^2yz+1$의 극값을 찾아라.

42. a. 교선에서의 최댓값 두 평면 $x+y+z=40$과 $x+y-z=0$의 교선에서의 함수 $w=xyz$의 최댓값을 찾아라.

b. w의 최솟값이 아닌 최댓값을 찾았다는 주장을 뒷받침하는 기하학적 논증을 제시하라.

43. 교차하는 원에서의 극값 평면 $y-x=0$이 구 $x^2+y^2+z^2=4$와 교차하는 원에서의 함수 $f(x, y, z)=xy+z^2$의 극값을 찾아라.

44. 원점까지 거리의 최솟값 평면 $2y+4z=5$와 원뿔 $z^2=4x^2+4y^2$의 교차 곡선에 있는 점 중에서 원점에 가장 가까운 점을 찾아라.

이론과 예제

45. 조건 $\nabla f=\lambda\nabla g$는 충분하지 않다 조건 $\nabla f=\lambda\nabla g$는 제약 조건 $g(x, y)=0$과 $\nabla g\neq\mathbf{0}$에 따라 $f(x, y)$의 극값의 발생하기 위한 필요조건이지만, 이것만으로는 극값이 존재한다는 것을 보장하지 않는다. 예를 들어 라그랑주 승수법을 사용하여 제약 조건 $xy=16$이 있을 때 함수 $f(x, y)=x+y$의 최댓값을 찾아보도록 하겠다. 이

방법은 두 점 (4, 4)와 (−4, −4)를 극값의 후보가 된다. 하지만 합 $x+y$는 쌍곡선 $xy=16$에서 최댓값을 가지지 않는다. 제1사분면에 있는 쌍곡선이 원점에서 더 멀어질수록 함수 합 $f(x, y)=x+y$는 더 커진다.

46. 최소제곱 평면 평면 $z=Ax+By+C$는 다음의 점 (x_k, y_k, z_k)에 '맞춤'해야 한다,

$$(0,0,0),\quad (0,1,1),\quad (1,1,1),\quad (1,0,-1)$$

다음과 같은 편차의 제곱의 합을 최소화하는 값 A, B, C를 찾아라.

$$\sum_{k=1}^{4}(Ax_k + By_k + C - z_k)^2$$

47. a. 구에서의 최댓값 데카르트 abc좌표축을 가지면서 반지름 r을 가지고 원점이 중심인 구에서 $a^2b^2c^2$의 최댓값이 $(r^2/3)^3$임을 보여라.

b. 기하평균과 산술평균 문제 (a)를 이용해서 음이 아닌 숫자 a, b, c에 대해 다음의 부등식이 성립함을 보여라.

$$(abc)^{1/3} \le \frac{a+b+c}{3}$$

즉 3개의 음이 아닌 숫자의 기하평균은 산술평균보다 작거나 같다.

48. 곱들의 합 $a_1, a_2, \cdots, a_n$이 n개의 양수라고 하자. 제한 조건 $\sum_{i=1}^{n} x_i^2=1$에 대해 $\sum_{i=1}^{n} a_ix_i$의 최댓값을 찾아라.

컴퓨터 탐구

연습문제 49~54에서 CAS를 사용하여 제한된 극값을 찾기 위해 라그랑주 승수법을 시행하는 다음의 단계를 수행하라.

a. 함수 f가 제약 조건 $g_1=0$과 $g_2=0$에 따라 최적화할 때, 함수 $h=f-\lambda_1g_1-\lambda_2g_2$를 만들어라.

b. λ_1과 λ_2를 포함하여 h의 모든 1계 편도함수를 구하고, 이를 0으로 설정하라.

c. λ_1과 λ_2를 포함하는 모든 미지수에 대해 문제 (b)에서 찾은 연립방정식을 풀어라.

d. 문제 (c)에서 찾은 각각의 해가 되는 점에서 f를 계산하고, 연습문제에서 제시된 제약 조건하에서 극값을 찾아라.

49. 제약 조건 $x^2+y^2-2=0$과 $x^2+z^2-2=0$이 있을 때, 함수 $f(x, y, z)=xy+yz$를 최소화하라.

50. 제약 조건 $x^2+y^2-1=0$과 $x-z=0$이 있을 때, 함수 $f(x, y, z)=xyz$를 최소화하라.

51. 제약 조건 $2y+4z-5=0$과 $4x^2+4y^2-z^2=0$이 있을 때, 함수 $f(x, y, z)=x^2+y^2+z^2$을 최소화하라.

52. 제약 조건 $x^2-xy+y^2-z^2-1=0$과 $x^2+y^2-1=0$이 있을 때, 함수 $f(x, y, z)=x^2+y^2+z^2$을 최소화하라.

53. 제약 조건 $2x-y+z-w-1=0$과 $x+y-z+w-1=0$이 있을 때, 함수 $f(x, y, z, w)=x^2+y^2+z^2+w^2$을 최소화하라.

54. 직선 $y=x+1$과 포물선 $y^2=x$까지의 거리를 결정하라. [힌트: (x, y)를 직선 위의 점이라고 하고 (w, z)를 포물선 위의 점이라고 하자. 그러면 $(x-w)^2+(y-z)^2$을 최소화하고 싶을 것이다.]

12.9 2변수에 대한 테일러 공식

이 절에서는 테일러 공식을 사용하여 극값에 대한 2계 도함수 판정법(12.7절)과 2개의 독립변수를 가지는 함수의 선형화에 대한 오차 공식(12.6절)을 유도한다. 이러한 유도에서 테일러 공식의 사용은 2개의 독립변수를 가지는 함수에 대한 모든 차수의 다항 근사를 제공하는 공식의 확장을 이끌어낸다.

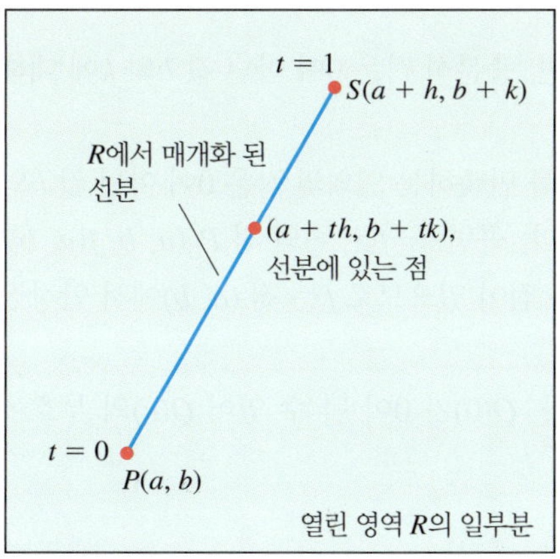

그림 12.61 점 P에서 근방의 점 S까지의 선분을 매개화하여 점 $P(a, b)$에서 2계 도함수 판정법의 유도를 시작한다.

2계 도함수 판정법의 유도

함수 $f(x, y)$가 점 $P(a, b)$를 포함하는 열린 영역 R에서 연속인 1계와 2계 편도함수를 갖고 있으며, 점 $P(a, b)$에서 $f_x=f_y=0$를 만족한다고 하자(그림 12.61). h와 k를 충분히 작은 변화량으로 취해 점 $S(a+h, b+k)$와 이를 P와 연결하는 선분을 영역 R 내에 위치시킨다. 선분 PS를 다음과 같이 매개변수화한다.

$$x = a + th, \qquad y = b + tk, \qquad 0 \le t \le 1$$

만약 $F(t)=f(a+th, b+tk)$라고 하면, 연쇄법칙으로부터 다음을 얻는다.

$$F'(t) = f_x\frac{dx}{dt} + f_y\frac{dy}{dt} = hf_x + kf_y$$

f_x와 f_y는 미분가능하므로(f_x와 f_y가 연속적인 편도함수를 가지기 때문에), F'은 t에 대해 미분가능한 함수이고 F''은 다음과 같다.

$$F'' = \frac{\partial F'}{\partial x}\frac{dx}{dt} + \frac{\partial F'}{\partial y}\frac{dy}{dt} = \frac{\partial}{\partial x}(hf_x + kf_y)\cdot h + \frac{\partial}{\partial y}(hf_x + kf_y)\cdot k$$
$$= h^2 f_{xx} + 2hkf_{xy} + k^2 f_{yy} \quad f_{xy} = f_{yx}$$

F와 F'은 닫힌 구간 $[0, 1]$에서 연속이고 F'은 열린 구간 $(0, 1)$에서 미분가능하므로 $n=2$, $a=0$을 가지는 테일러 공식을 적용하면 다음을 얻는다.

$$\begin{aligned} F(1) &= F(0) + F'(0)(1-0) + F''(c)\frac{(1-0)^2}{2} \\ &= F(0) + F'(0) + \frac{1}{2}F''(c) \end{aligned} \tag{1}$$

여기서 c는 0과 1 사이의 실수이다. 식 (1)을 f에 관한 식으로 적으면 다음과 같다.

$$\begin{aligned} f(a+h, b+k) &= f(a,b) + hf_x(a,b) + kf_y(a,b) \\ &\quad + \frac{1}{2}(h^2 f_{xx} + 2hkf_{xy} + k^2 f_{yy})\Big|_{(a+ch,\, b+ck)} \end{aligned} \tag{2}$$

$f_x(a, b)=f_y(a, b)=0$이므로, 이로부터 다음과 같이 적을 수 있다.

$$f(a+h, b+k) - f(a,b) = \frac{1}{2}(h^2 f_{xx} + 2hkf_{xy} + k^2 f_{yy})\Big|_{(a+ch,\, b+ck)} \tag{3}$$

함수 f가 점 (a, b)에서 극값을 가지는지를 결정하기 위해 차 $f(a+h, b+k)-f(a, b)$의 부호를 조사한다. 식 (3)에 따르면 이는 다음과 같은 값의 부호와 같다.

$$Q(c) = (h^2 f_{xx} + 2hkf_{xy} + k^2 f_{yy})\Big|_{(a+ch,\, b+ck)}$$

이제 $Q(0) \neq 0$인 경우에 충분히 작은 h와 k값에 대해 $Q(c)$의 부호는 $Q(0)$의 부호와 동일하다. 점 (a, b)에서의 f_{xx}와 $f_{xx}f_{yy}-f_{xy}^2$의 부호를 이용해서 다음의 부호를 예측할 수 있다.

$$Q(0) = h^2 f_{xx}(a,b) + 2hkf_{xy}(a,b) + k^2 f_{yy}(a,b) \tag{4}$$

식 (4)의 양쪽을 f_{xx}로 곱하고 우변을 재배열하여 다음을 얻는다.

$$f_{xx}Q(0) = (hf_{xx} + kf_{xy})^2 + (f_{xx}f_{yy} - f_{xy}^2)k^2 \tag{5}$$

식 (5)로부터 다음을 보일 수 있다.

1. 만약 점 (a, b)에서 $f_{xx} < 0$이고 $f_{xx}f_{yy}-f_{xy}^2 > 0$이면, 충분히 작은 0이 아닌 값 h와 k에 대해 $Q(0) < 0$이고 f는 점 (a, b)에서 극댓값을 가진다.
2. 만약 점 (a, b)에서 $f_{xx} > 0$이고 $f_{xx}f_{yy}-f_{xy}^2 > 0$이면, 충분히 작은 0이 아닌 값 h와 k에 대해 $Q(0) > 0$이고 f는 점 (a, b)에서 극솟값을 가진다.
3. 만약 점 (a, b)에서 $f_{xx}f_{yy}-f_{xy}^2 < 0$이면, $Q(0) > 0$를 만족하는 임의의 작은 0이 아닌 값 h와 k가 존재하고, $Q(0) < 0$을 만족하는 다른 값도 있다. 곡면 $z=f(x, y)$의 점 $P_0(a, b, f(a, b))$ 근방에는 점 P_0 위에 있는 점과 점 P_0 아래에 있는 점이 있으므로 f는 점 (a, b)에서 안장점을 가진다.
4. 만약 $f_{xx}f_{yy}-f_{xy}^2=0$이면, 다른 판정법이 필요하다. $Q(0)$가 0이 될 수 있어 $Q(c)$의 부호에 대한 결론을 내릴 수 없게 만든다.

선형 근사에 대한 오차 공식

점 (x_0, y_0)에서 함수 $f(x, y)$와 이것의 선형 근사 $L(x, y)$의 값의 차인 $E(x, y)$가 다음 부등식을 만족함을 알아보자.

$$|E(x,y)| \le \frac{1}{2}M(|x-x_0|+|y-y_0|)^2$$

함수 f는 점 (x_0, y_0)를 중심으로 하는 닫힌 직사각형 영역 R을 포함하는 열린 집합 전체에서 연속인 2계 편도함수를 갖는다고 가정하자. M은 영역 R에서 $|f_{xx}|, |f_{yy}|, |f_{xy}|$에 대한 상한이다.

구하고자 하는 부등식은 식 (2)로부터 얻어진다. 여기서 a, b 대신 x_0와 y_0를 대입하고, h와 k 대신 각각 $x-x_0$와 $y-y_0$를 대입하여 결과를 재배열하면 다음을 얻는다.

$$\begin{aligned} f(x,y) = {} & \underbrace{f(x_0,y_0) + f_x(x_0,y_0)(x-x_0) + f_y(x_0,y_0)(y-y_0)}_{\text{선형 근사 } L(x,\,y)} \\ & \underbrace{+\frac{1}{2}\left((x-x_0)^2 f_{xx} + 2(x-x_0)(y-y_0)f_{xy} + (y-y_0)^2 f_{yy}\right)\Big|_{(x_0+c(x-x_0),\, y_0+c(y-y_0))}}_{\text{오차 } E(x,\,y)} \end{aligned}$$

이 식으로부터 다음을 얻는다.

$$|E| \le \frac{1}{2}\left(|x-x_0|^2|f_{xx}| + 2|x-x_0||y-y_0||f_{xy}| + |y-y_0|^2|f_{yy}|\right)$$

그러므로 M이 영역 R에서 $|f_{xx}|, |f_{yy}|, |f_{xy}|$의 값에 대한 상한이라고 하면 다음을 얻는다.

$$\begin{aligned} |E| &\le \frac{1}{2}\left(|x-x_0|^2 M + 2|x-x_0||y-y_0|M + |y-y_0|^2 M\right) \\ &= \frac{1}{2}M(|x-x_0|+|y-y_0|)^2 \end{aligned}$$

2변수 함수에 대한 테일러 공식

이전에 유도한 F'와 F''에 대한 공식은 $f(x, y)$에 다음의 미분 연산자를 적용함으로써 얻을 수 있다.

$$\left(h\frac{\partial}{\partial x} + k\frac{\partial}{\partial y}\right) \text{과} \qquad \left(h\frac{\partial}{\partial x} + k\frac{\partial}{\partial y}\right)^2 = h^2\frac{\partial^2}{\partial x^2} + 2hk\frac{\partial^2}{\partial x\,\partial y} + k^2\frac{\partial^2}{\partial y^2}$$

이것은 다음의 더 일반적인 공식의 처음 두 항이다.

$$F^{(n)}(t) = \frac{d^n}{dt^n}F(t) = \left(h\frac{\partial}{\partial x} + k\frac{\partial}{\partial y}\right)^n f(x,y) \tag{6}$$

위의 더 일반적인 공식은 $F(t)$에 d^n/dt^n을 적용하는 것으로 다음 연산자를 이항 정리를 사용하여 $f(x, y)$를 전개한 후에 적용하는 것과 같은 결과를 준다는 것을 의미한다.

$$\left(h\frac{\partial}{\partial x} + k\frac{\partial}{\partial y}\right)^n$$

만약 f의 $n+1$계까지의 편도함수가 점 (a, b)를 중심으로 하는 직사각형 영역 전체에서 연속이면 $F(t)$에 대한 테일러 공식을 다음과 같이 확장할 수 있다.

$$F(t) = F(0) + F'(0)t + \frac{F''(0)}{2!}t^2 + \cdots + \frac{F^{(n)}(0)}{n!}t^{(n)} + \text{나머지}$$

그리고 $t=1$로 잡으면 다음을 얻는다.

$$F(1) = F(0) + F'(0) + \frac{F''(0)}{2!} + \cdots + \frac{F^{(n)}(0)}{n!} + \text{나머지}$$

이 마지막 급수의 우측에 있는 처음 n개의 도함수를 식 (6)에서 $t=0$에서 구한 식으로 바꾼 후에 적절한 나머지 항을 더하면 다음과 같은 식이 된다.

점 (a, b)에서 함수 $f(x, y)$에 대한 테일러 공식

함수 $f(x, y)$와 이것의 $n+1$계까지의 편도함수가 점 (a, b)을 중심으로 갖는 열린 직사각형 영역 R 전체에서 연속이라고 가정하자. 그러면 영역 R 전체에서 다음을 만족한다.

$$f(a+h, b+k) = f(a,b) + \left(hf_x + kf_y\right)\Big|_{(a,b)} + \frac{1}{2!}\left(h^2 f_{xx} + 2hkf_{xy} + k^2 f_{yy}\right)\Big|_{(a,b)}$$
$$+ \frac{1}{3!}\left(h^3 f_{xxx} + 3h^2 k f_{xxy} + 3hk^2 f_{xyy} + k^3 f_{yyy}\right)\Big|_{(a,b)} + \cdots + \frac{1}{n!}\left(h\frac{\partial}{\partial x} + k\frac{\partial}{\partial y}\right)^n f\Big|_{(a,b)}$$
$$+ \frac{1}{(n+1)!}\left(h\frac{\partial}{\partial x} + k\frac{\partial}{\partial y}\right)^{n+1} f\Big|_{(a+ch, b+ck)} \tag{7}$$

첫 n개의 도함수 항은 점 (a, b)에서 계산된다. 마지막 항은 점 (a, b)와 점 $(a+h, b+k)$를 연결하는 선분 상의 어떤 점 $(a+ch, b+ck)$에서 계산된다.

만약 $(a, b)=(0, 0)$이고 h와 k를 독립변수로 취급하여(이제 x와 y로 표시한다면), 식 (7)은 다음과 같은 형태를 가진다.

원점에서 함수 $f(x, y)$에 대한 테일러 공식

$$f(x,y) = f(0,0) + xf_x + yf_y + \frac{1}{2!}\left(x^2 f_{xx} + 2xyf_{xy} + y^2 f_{yy}\right)$$
$$+ \frac{1}{3!}\left(x^3 f_{xxx} + 3x^2 y f_{xxy} + 3xy^2 f_{xyy} + y^3 f_{yyy}\right) + \cdots + \frac{1}{n!}\left(x^n \frac{\partial^n f}{\partial x^n} + nx^{n-1}y\frac{\partial^n f}{\partial x^{n-1}\partial y} + \cdots + y^n \frac{\partial^n f}{\partial y^n}\right)$$
$$+ \frac{1}{(n+1)!}\left(x^{n+1}\frac{\partial^{n+1} f}{\partial x^{n+1}} + (n+1)x^n y\frac{\partial^{n+1} f}{\partial x^n \partial y} + \cdots + y^{n+1}\frac{\partial^{n+1} f}{\partial y^{n+1}}\right)\Big|_{(cx, cy)} \tag{8}$$

첫 n개의 도함수 항은 원점 $(0, 0)$에서 계산된다. 마지막 항은 원점과 (x, y)를 연결하는 선분상의 점에서 계산된다.

테일러 공식은 2변수 함수의 다항 근사를 제공한다. 첫 n개의 도함수 항은 다항식을 제공하고, 마지막 항은 근사오차를 준다. 테일러 공식의 처음 3개의 항은 함수의 선형화를 나타낸다. 선형화를 향상하기 위해서 더 높은 차수의 항을 추가한다.

예제 1 함수 $f(x, y)=\sin x \sin y$에 대한 원점 근방에서의 2차 근사를 찾아라. 만약 $|x| \le 0.1$, $|y| \le 0.1$이면 근사의 정확도가 어느 정도인가?

풀이 식 (8)에서 $n=2$로 잡으면 다음을 얻는다.

$$f(x,y) = f(0,0) + \left(xf_x + yf_y\right) + \frac{1}{2}\left(x^2 f_{xx} + 2xyf_{xy} + y^2 f_{yy}\right)$$
$$+ \frac{1}{6}\left(x^3 f_{xxx} + 3x^2 y f_{xxy} + 3xy^2 f_{xyy} + y^3 f_{yyy}\right)\Big|_{(cx, cy)}$$

편도함수의 값을 계산하면 다음과 같다.

$$f(0,0) = \sin x \sin y\Big|_{(0,0)} = 0, \quad f_{xx}(0,0) = -\sin x \sin y\Big|_{(0,0)} = 0$$
$$f_x(0,0) = \cos x \sin y\Big|_{(0,0)} = 0, \quad f_{xy}(0,0) = \cos x \cos y\Big|_{(0,0)} = 1$$

$$f_y(0,0) = \sin x \cos y\Big|_{(0,0)} = 0, \quad f_{yy}(0,0) = -\sin x \sin y\Big|_{(0,0)} = 0$$

그리고 다음의 결과를 얻는다.

$$\sin x \sin y \approx 0 + 0 + 0 + \frac{1}{2}(x^2(0) + 2xy(1) + y^2(0)) \text{ 또는 } \sin x \sin y \approx xy$$

근사의 오차는 다음과 같다.

$$E(x, y) = \frac{1}{6}\left(x^3 f_{xxx} + 3x^2 y f_{xxy} + 3xy^2 f_{xyy} + y^3 f_{yyy}\right)\Big|_{(cx, cy)}$$

여기서 3차 도함수는 삼각함수의 곱으로 표현되기 때문에 이것의 절댓값이 1을 초과하지 않는다. 또한 $|x| \le 0.1$, $|y| \le 0.1$이다. 따라서 (올림하면) 다음을 얻는다.

$$|E(x, y)| \le \frac{1}{6}((0.1)^3 + 3(0.1)^3 + 3(0.1)^3 + (0.1)^3) = \frac{8}{6}(0.1)^3 \le 0.00134$$

만약 $|x| \le 0.1$, $|y| \le 0.1$이면 오차는 0.00134를 초과하지 않는다. ■

연습문제 12.9 EXERCISE QUESTION

2차와 3차 근사 찾기

연습문제 1~10에서 원점에서의 함수 $f(x, y)$에 대한 테일러 공식을 사용해서 원점 근방에서의 f의 2차와 3차 근사를 찾아라.

1. $f(x, y) = xe^y$
2. $f(x, y) = e^x \cos y$
3. $f(x, y) = y \sin x$
4. $f(x, y) = \sin x \cos y$
5. $f(x, y) = e^x \ln(1 + y)$
6. $f(x, y) = \ln(2x + y + 1)$
7. $f(x, y) = \sin(x^2 + y^2)$
8. $f(x, y) = \cos(x^2 + y^2)$
9. $f(x, y) = \dfrac{1}{1 - x - y}$
10. $f(x, y) = \dfrac{1}{1 - x - y + xy}$

11. 테일러 공식을 사용하여 원점에서 함수 $f(x, y) = \cos x \cos y$의 2차 근사를 찾아라. 만약 $|x| \le 0.1$, $|y| \le 0.1$인 경우 근삿값의 오차를 측정하라.

12. 테일러 공식을 사용하여 원점에서 $e^x \sin y$의 2차 근사를 찾아라. 만약 $|x| \le 0.1$, $|y| \le 0.1$인 경우 근삿값의 오차를 측정하라.

12.10 제한된 변수에 대한 편도함수

함수 $w = f(x, y)$의 편도함수를 찾는 과정에서 x와 y를 독립이라고 가정한다. 그러나 많은 응용에서는 이러한 경우가 아닐 수 있다. 예를 들어 기체의 내부 에너지 U는 압력 P, 부피 V, 온도 T의 함수 $U = f(P, V, T)$로 표현될 수 있다. 그러나 기체의 개별 분자가 서로 상호작용하지 않는 경우에 P, V, T는 다음과 같은 이상 기체 법칙을 따르며(이상 기체 법칙에 의해 제약을 받음) 독립적이지 않을 수 있다.

$$PV = nRT \qquad (n\text{과 } R\text{은 상수})$$

이 절에서는 경제학, 공학, 물리학에서 발생할 수 있는 이러한 상황에서 어떻게 편도함수를 찾는지에 관해 배울 것이다.

어떤 변수가 종속이고 독립인지 결정하기

함수 $w = f(x, y, z)$에서 변수 x, y, z가 $z = x^2 + y^2$과 같이 제약을 받는 경우에 f의 편도함수의 기하적 의미와 수치값은 어떤 변수가 종속변수로 선택되고, 어떤 변수가 독립변수로 선택되는지에 의존한다. 이러한 선택이 결과에 어떻게 영향을 미치는가를 보기 위해 $w = x^2 + y^2 + z^2$이고 $z = x^2 + y^2$일 때 $\partial w / \partial x$의 계산을 고려해본다.

예제 1 만약 $w=x^2+y^2+z^2$이고 $z=x^2+y^2$일 때, $\partial w/\partial x$를 계산하라.

풀이 4개의 미지수 x, y, z, w에 대한 2개의 방정식을 가지고 있다. 이러한 시스템과 같은 많은 경우처럼 2개의 미지수(종속변수)를 다른 미지수(독립변수)의 관점에서 풀 수 있다. $\partial w/\partial x$를 계산할 때 w가 종속변수이고, x가 독립변수로 취급된다. 다른 변수에 대한 가능한 선택은 다음과 같이 귀결된다.

	종속	독립
선택 1:	w, z	x, y
선택 2:	w, y	x, z

어느 경우든 선택된 독립변수의 관점에서 w를 명확하게 표현할 수 있다. 이를 위해 두 번째 방정식 $z=x^2+y^2$를 사용하여 첫 번째 방정식에서 남은 종속변수를 제거한다.

첫 번째 경우에 남은 종속변수는 z이다. 첫 번째 방정식에서 이를 x^2+y^2로 대체하여 z를 제거한다. 이로 인해 w에 대한 결과식은 다음과 같다.

$$\begin{aligned} w &= x^2 + y^2 + z^2 = x^2 + y^2 + (x^2 + y^2)^2 \\ &= x^2 + y^2 + x^4 + 2x^2y^2 + y^4 \end{aligned}$$

그러므로 다음을 얻는다.

$$\frac{\partial w}{\partial x} = 2x + 4x^3 + 4xy^2 \tag{1}$$

이것은 x와 y가 독립변수일 때 $\partial w/\partial x$의 공식이다.

독립변수가 x와 z이고 남은 종속변수가 y인 두 번째의 경우에 두 번째 방정식에서 y^2를 $z-x^2$으로 치환함으로써 w의 식에서 종속변수 y를 제거한다. 이는 다음과 같다.

$$w = x^2 + y^2 + z^2 = x^2 + (z - x^2) + z^2 = z + z^2$$

그러므로 다음을 얻는다.

$$\frac{\partial w}{\partial x} = 0 \tag{2}$$

이것은 x와 z가 독립변수일 때 $\partial w/\partial x$의 공식이다.

식 (1)과 (2)에서 $\partial w/\partial x$에 대한 공식은 다르다. 관계 $z=x^2+y^2$를 사용하여 어느 한 공식을 다른 공식으로 바꿀 수 없다. $\partial w/\partial x$가 단 하나만 있는 것이 아니라 2개가 있으며, 원래의 문제인 $\partial w/\partial x$를 찾는 것이 불완전했음을 알 수 있다. "어느 $\partial w/\partial x$인가?"라고 질문할 수 있다.

식 (1)과 (2)의 기하학적 해석으로부터 방정식이 왜 다른지 이해할 수 있다. 함수 $w=x^2+y^2+z^2$는 점 (x, y, z)에서부터 원점까지 거리의 제곱을 측정한다. 조건 $z=x^2+y^2$는 점 (x, y, z)이 그림 12.62에 있는 회전포물면에 놓여 있음을 말해준다. 이 곡면에서만 움직일 수 있는 점 $P(x, y, z)$에서의 $\partial w/\partial x$를 계산하는 것은 어떤 의미가 있는가? P의 좌표가 $(1, 0, 1)$이라고 할 때 $\partial w/\partial x$의 값은 무엇인가?

x와 y를 독립변수로 취급하면, y를 고정하고(이 경우에는 $y=0$으로) x를 변화하면서 $\partial w/\partial x$를 찾는다. 따라서 점 P는 xz평면에서의 포물선 $z=x^2$를 따라 움직인다. 점 P가 이 포물선 위를 움직임에 따라 원점으로부터 P까지의 거리의 제곱인 w가 변화한다. (첫 번째 해결책인) 이 경우 $\partial w/\partial x$를 계산하면 다음을 얻는다.

$$\frac{\partial w}{\partial x} = 2x + 4x^3 + 4xy^2$$

점 $P(1, 0, 1)$에서 이 편도함수의 값은 다음과 같다.

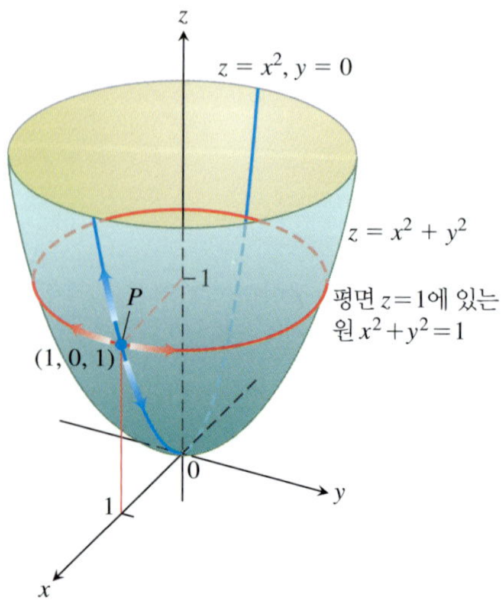

그림 12.62 만약 점 P가 포물면 $z=x^2+y^2$에 놓이도록 제약을 받는다면, 점 P에서 x에 대한 $w=x^2+y^2+z^2$의 편도함수의 값은 이동 방향에 의존한다(예제 1). 식 (1)에 $y=0$으로 고정된 상황에서 x가 변할 때, 점 P는 xz평면에서 포물선 $z=x^2$을 따라 위나 아래로 이동하며, $\partial w/\partial x=2x+4x^3$가 된다. 식 (2)에 $z=1$으로 고정된 상황에서 x가 변할 때, 점 P는 원 $x^2+y^2=1$, $z=1$ 위에서 이동하며, $\partial w/\partial x=0$가 된다.

$$\frac{\partial w}{\partial x} = 2 + 4 + 0 = 6$$

만약 x와 z를 독립변수로 취급하면, x가 변할 때 z를 고정해서 $\partial w/\partial x$를 찾는다. 점 P의 z좌표가 1이므로 x를 변화하면 점 P가 평면 $z=1$에 있는 원을 따라 움직인다. 점 P가 이 원을 따라 이동하면, 원점으로부터의 거리는 일정하게 유지되며 이 거리의 제곱인 w는 변화하지 않는다. 즉 두 번째 경우에서 얻었던 바와 같이 다음을 얻는다.

$$\frac{\partial w}{\partial x} = 0$$

■

$w=f(x, y, z)$의 변수가 다른 방정식으로 제약을 받았을 때 $\partial w/\partial x$를 찾는 방법

예제 1에서 보았듯이 함수 $w=f(x, y, z)$의 변수가 다른 방정식에 의해 관련되어 있을 때 $\partial w/\partial x$를 찾는 일반적인 절차에는 세 가지 단계가 있다. 이러한 단계는 $\partial w/\partial y$와 $\partial w/\partial z$를 찾는 데도 적용된다.

1. 어떤 변수가 종속변수이고, 어떤 변수가 독립변수인지 결정한다. (실제로 이 결정은 물리적 또는 이론적 맥락에 기반한다. 이 절의 마지막 연습문제에서 어떤 변수가 어떤 역할을 하는지 명시되어 있다.)
2. w의 표현 식에서 나머지 종속변수(들)를 제거한다.
3. 평소와 같이 미분한다.

종속변수가 무엇인지 결정한 후에도 2단계를 진행할 수 없는 경우, 방정식을 미분하고 나중에 $\partial w/\partial x$를 구하는 것을 시도한다. 다음 예제는 이 작업이 어떻게 이루어지는지 보인다.

예제 2 만약 다음과 같고, x와 y가 독립변수라면 점 $(x, y, z)=(2, -1, 1)$에서 $\partial w/\partial x$를 찾아라.

$$w = x^2 + y^2 + z^2, \qquad z^3 - xy + yz + y^3 = 1$$

풀이 w의 표현 식에서 z를 제거하는 것이 편리하지 않다. 따라서 x와 y를 독립변수로 w와 z를 종속변수로 취급하여 두 방정식 모두 x에 대해 음함수적으로 미분한다. 이렇게 하면 다음의 두 방정식을 얻는다.

$$\frac{\partial w}{\partial x} = 2x + 2z\frac{\partial z}{\partial x} \tag{3}$$

$$3z^2\frac{\partial z}{\partial x} - y + y\frac{\partial z}{\partial x} + 0 = 0 \tag{4}$$

이제 이 방정식은 연립하여 x, y, z를 이용해 $\partial w/\partial x$를 표현할 수 있다. 식 (4)를 $\partial z/\partial x$에 대해 풀면 다음을 얻는다.

$$\frac{\partial z}{\partial x} = \frac{y}{y + 3z^2}$$

그리고 이를 식 (3)에 대입하면 다음을 얻는다.

$$\frac{\partial w}{\partial x} = 2x + \frac{2yz}{y + 3z^2}$$

점 $(x, y, z)=(2, -1, 1)$에서 편도함수의 값은 다음과 같다.

$$\left(\frac{\partial w}{\partial x}\right)_{(2,-1,1)} = 2(2) + \frac{2(-1)(1)}{-1 + 3(1)^2} = 4 + \frac{-2}{2} = 3$$

■

역사적 인물

소니아 코발레브스키(Sonya Kovalevsky, 1850~1891)
러시아 수학자인 코발레브스키는 주로 편미분방정식론에 기반한 연구를 수행했으며, 그녀의 이름을 딴 해의 존재성에 관한 중요한 결과가 있다. 그녀는 편미분방정식에 관한 수많은 논문을 출판했으며, 1889년에 러시아 왕립과학원의 첫 여성 회원으로 선출되어 인정을 받았다.

표기법

도함수를 계산할 때 어떤 변수가 독립변수로 가정되었는지를 보기 위해 다음의 표기법을 사용할 수 있다.

$$\left(\frac{\partial w}{\partial x}\right)_y \qquad \text{독립변수 } x, y\text{가 있는 } \partial w/\partial x$$

$$\left(\frac{\partial f}{\partial y}\right)_{x,t} \qquad \text{독립변수 } y, x, t\text{가 있는 } \partial f/\partial y$$

예제 3 $w=x^2+y-z+\sin t$이고 $x+y=t$일 때 $(\partial w/\partial x)_{y,z}$를 구하라.

풀이 x, y, z를 독립변수로 가지므로 다음을 얻는다.

$$t = x + y, \qquad w = x^2 + y - z + \sin(x + y)$$

$$\begin{aligned}\left(\frac{\partial w}{\partial x}\right)_{y,z} &= 2x + 0 - 0 + \cos(x + y)\frac{\partial}{\partial x}(x + y)\\ &= 2x + \cos(x + y)\end{aligned}$$

■

화살표 다이어그램

예제 3과 같은 문제를 풀 때, 변수와 함수가 어떻게 연관되어 있는지 보이는 화살표 다이어그램을 이용하여 시작하는 것이 종종 도움이 된다. 만약 다음 식과 같으면서 x, y, z가 독립일 때 $\partial w/\partial x$를 찾아야 한다고 하자.

$$w = x^2 + y - z + \sin t, \qquad x + y = t$$

적절한 다이어그램은 다음과 같다.

$$\begin{pmatrix} x \\ y \\ z \end{pmatrix} \to \begin{pmatrix} x \\ y \\ z \\ t \end{pmatrix} \to w \tag{5}$$

독립변수 중간변수 종속변수

다이어그램에서 동일한 기호적 이름을 가진 독립변수와 중간변수 간의 혼란을 피하기 위해 중간변수의 이름을 변경하는 것이 도움이 된다(그러면 중간변수가 독립변수의 함수로 간주된다). 따라서 중간변수를 $u=x$, $v=y$, $s=z$로 변경한다. 이 표기법을 이용하면 화살표 다이어그램은 다음과 같다.

$$\begin{pmatrix} x \\ y \\ z \end{pmatrix} \to \begin{pmatrix} u \\ v \\ s \\ t \end{pmatrix} \to w \tag{6}$$

독립변수 중간변수와 관계 종속변수

$u = x$
$v = y$
$s = z$
$t = x + y$

다이어그램은 왼쪽에 독립변수, 가운데에 중간변수와 독립변수 간의 관계, 오른쪽에 종속변수를 보인다. 이제 함수 w는 다음과 같이 된다.

$$w = u^2 + v - s + \sin t$$

이때 다음 관계를 갖는다.

$$u = x, \quad v = y, \quad s = z, \quad t = x + y$$

식 (6)의 화살표 다이어그램에 따라 w에 대한 연쇄법칙의 네 변수 형태를 적용하면 다음을 얻는다.

$$\begin{aligned}\frac{\partial w}{\partial x} &= \frac{\partial w}{\partial u}\frac{\partial u}{\partial x} + \frac{\partial w}{\partial v}\frac{\partial v}{\partial x} + \frac{\partial w}{\partial s}\frac{\partial s}{\partial x} + \frac{\partial w}{\partial t}\frac{\partial t}{\partial x} \\ &= (2u)(1) + (1)(0) + (-1)(0) + (\cos t)(1) \\ &= 2u + \cos t \\ &= 2x + \cos(x + y)\end{aligned}$$

원래의 독립변수를 $u=x$와 $t=x+y$로 대입하라.

연습문제 12.10 EXERCISE QUESTION

제한된 변수를 사용해서 편도함수 찾기

연습문제 1~3에서 먼저 변수들 간의 관계를 보이는 다이어그램을 그려라.

1. 만약 $w=x^2+y^2+z^2$이고 $z=x^2+y^2$일 때 다음을 찾아라.

a. $\left(\frac{\partial w}{\partial y}\right)_z$ **b.** $\left(\frac{\partial w}{\partial z}\right)_x$ **c.** $\left(\frac{\partial w}{\partial z}\right)_y$

2. 만약 $w=x^2+y-z+\sin t$이고 $x+y=t$일 때 다음을 찾아라.

a. $\left(\frac{\partial w}{\partial y}\right)_{x,z}$ **b.** $\left(\frac{\partial w}{\partial y}\right)_{z,t}$ **c.** $\left(\frac{\partial w}{\partial z}\right)_{x,y}$

d. $\left(\frac{\partial w}{\partial z}\right)_{y,t}$ **e.** $\left(\frac{\partial w}{\partial t}\right)_{x,z}$ **f.** $\left(\frac{\partial w}{\partial t}\right)_{y,z}$

3. $U=f(P, V, T)$를 이상 기체 법칙 $PV=nRT$ (n과 R은 상수)를 따르는 기체의 내부에너지라고 하자. 다음을 찾아라.

a. $\left(\frac{\partial U}{\partial P}\right)_V$ **b.** $\left(\frac{\partial U}{\partial T}\right)_V$

4. 만약 $w=x^2+y^2+z^2$이고 $y\sin z+z\sin x=0$일 때, 점 $(x, y, z)=(0, 1, \pi)$에서 다음을 찾아라.

a. $\left(\frac{\partial w}{\partial x}\right)_y$ **b.** $\left(\frac{\partial w}{\partial z}\right)_y$

5. 만약 $w=x^2y^2+yz-z^3$이고 $x^2+y^2+z^2=6$일 때, 점 $(w, x, y, z)=(4, 2, 1, -1)$에서 다음을 찾아라.

a. $\left(\frac{\partial w}{\partial y}\right)_x$ **b.** $\left(\frac{\partial w}{\partial y}\right)_z$

6. 만약 $x=u^2+v^2$이고 $y=uv$일 때, 점 $(u, v)=(\sqrt{2}, 1)$에서 $(\partial u/\partial y)_x$를 찾아라.

7. $x^2+y^2=r^2$과 극좌표계로 표현된 $x=r\cos\theta$를 가정하자. 다음을 찾아라.

$$\left(\frac{\partial x}{\partial r}\right)_\theta, \quad \left(\frac{\partial r}{\partial x}\right)_y$$

8. $w=x^2-y^2+4z+t$와 $x+2z+t=25$를 가정하자. 다음 각각의 방정식은 어떤 변수가 종속변수이고 어떤 변수가 독립변수로 선택되는지에 따라 $\partial w/\partial x$를 제공한다.

$$\frac{\partial w}{\partial x} = 2x - 1, \quad \frac{\partial w}{\partial x} = 2x - 2$$

각각의 경우에 독립변수를 식별하라.

이론과 예제

9. 유체역학에서 널리 알려진 $f(x, y, z)=0$이면 다음이 성립한다는 사실을 입증하라.

$$\left(\frac{\partial x}{\partial y}\right)_z\left(\frac{\partial y}{\partial z}\right)_x\left(\frac{\partial z}{\partial x}\right)_y = -1$$

[힌트: 공식적인 편도함수 $\partial f/\partial x$, $\partial f/\partial y$, $\partial f/\partial z$의 형태를 이용해서 모든 도함수를 나타내라.]

10. 만약 $u=xy$일 때, $z=x+f(u)$이면 다음을 보여라.

$$x\frac{\partial z}{\partial x} - y\frac{\partial z}{\partial y} = x$$

11. 방정식 $g(x, y, z)=0$이 z를 독립변수 x와 y에 대한 미분가능한 함수로 결정하고, $g_z \neq 0$이라고 가정하자. 다음을 보여라.

$$\left(\frac{\partial z}{\partial y}\right)_x = -\frac{\partial g/\partial y}{\partial g/\partial z}$$

12. 두 함수 $f(x, y, z, w)=0$와 $g(x, y, z, w)=0$가 z와 w를 독립변수 x와 y의 미분가능한 함수로 결정한다고 가정하자. 또한 다음이 성립한다고 가정하자.

$$\frac{\partial f}{\partial z}\frac{\partial g}{\partial w} - \frac{\partial f}{\partial w}\frac{\partial g}{\partial z} \neq 0$$

다음을 보여라.

$$\left(\frac{\partial z}{\partial x}\right)_y = -\frac{\dfrac{\partial f}{\partial x}\dfrac{\partial g}{\partial w} - \dfrac{\partial f}{\partial w}\dfrac{\partial g}{\partial x}}{\dfrac{\partial f}{\partial z}\dfrac{\partial g}{\partial w} - \dfrac{\partial f}{\partial w}\dfrac{\partial g}{\partial z}}$$

$$\left(\frac{\partial w}{\partial y}\right)_x = -\frac{\dfrac{\partial f}{\partial z}\dfrac{\partial g}{\partial y} - \dfrac{\partial f}{\partial y}\dfrac{\partial g}{\partial z}}{\dfrac{\partial f}{\partial z}\dfrac{\partial g}{\partial w} - \dfrac{\partial f}{\partial w}\dfrac{\partial g}{\partial z}}$$

복습문제 REVIEW QUESTION

1. 2개의 독립변수를 가지며 실숫값을 가지는 함수는 무엇인가? 3개의 독립변수를 가지는 경우는 어떠한가? 예를 들어라.

2. 평면 또는 공간에 있는 집합이 열려있다는 의미는 무엇인가? 이 집합이 닫혀있는 경우의 의미는 무엇인가? 예를 들어라. 열리지도 않았고 닫히지도 않은 집합의 예를 들어라.

3. 2개의 독립변수를 가지는 함수 $f(x, y)$의 값을 그래프로 나타내려면 어떻게 해야 하는가? 3개의 독립변수를 가지는 함수 $f(x, y, z)$에 대해 어떻게 해야 하는가?

4. $(x, y) \to (x_0, y_0)$일 때, 함수 $f(x, y)$가 극한 L을 갖는다는 의미는 무엇인가? 2개의 독립변수를 가지는 함수의 극한에 대한 기본적인 성질은 무엇인가?

5. 2개(3개)의 독립변수를 가지는 함수가 언제 정의역의 한 점에서 연속이 되는가? 몇 개의 점에서는 연속이지만 나머지 점에서는 연속이 되지 않는 함수의 예를 들어라.

6. 연속함수의 대수적 구조와 합성에 대해 무엇을 이야기할 수 있는가?

7. 극한의 비존재성에 대한 두 경로 판정법에 대해 설명하라.

8. 함수 $f(x, y)$의 편도함수 $\partial f/\partial x$와 $\partial f/\partial y$는 어떻게 정의되는가? 이 편도함수는 어떻게 해석되고 계산되는가?

9. 2개의 독립변수를 가지는 함수의 1계 편도함수와 연속성 사이의 관계는 1개의 독립변수를 가지는 실숫값 함수에 대한 1계 도함수와 연속성 사시의 관계와 어떻게 다른가? 예를 들어 설명하라.

10. 혼합된 2계 편도함수에 대한 혼합된 편도함수 정리는 무엇인가? 2계 및 고계 편도함수를 계산하는 데 어떠한 도움을 주는가? 예를 들어 설명하라.

11. 함수 $f(x, y)$가 미분가능하다는 것은 무엇을 의미하는가? 증분 정리는 미분가능성에 대해 어떤 것을 말해주는가?

12. 때로는 f_x와 f_y를 조사하여 함수 $f(x, y)$가 미분가능한지를 어떻게 결정하는가? 한 점에서 f의 미분가능성과 f의 연속성은 어떤 관련이 있는가?

13. 일반적인 연쇄법칙은 무엇인가? 2개의 독립변수를 가지는 함수에 대한 형태는 무엇인가? 3개의 독립변수를 가지는 경우에는 어떠한 형태를 띄는가? 곡면에서 정의된 함수에 대해는 어떤 형태를 보이는가? 다양한 형태를 어떻게 다이어그램으로 나타낼 수 있는가? 예를 들어 설명하라. 모든 다양한 형태를 기억할 수 있게 하는 어떤 패턴이 있는가?

14. 점 P_0에서 단위벡터 $\mathbf{u}$ 방향으로의 함수 $f(x, y)$의 도함수는 무엇인가? 어떠한 기하학적 해석을 할 수 있는가? 예를 들어 설명하라.

15. 미분가능한 함수 $f(x, y)$의 기울기벡터는 무엇인가? 함수의 방향 도함수와 어떤 관계가 있는가? 3개의 독립변수를 가지는 함수에 대한 유사한 결과를 서술하라.

16. 미분가능한 함수 $f(x, y)$의 등위선 상의 한 점에서의 접선을 어떻게 찾는가? 미분가능한 함수 $f(x, y, z)$의 등위면 상의 한 점에서의 접평면과 법선을 어떻게 찾는가?

17. 방향 도함수를 사용하여 변화율을 어떻게 추정할 수 있는가?

18. 2개의 독립변수를 가지는 함수 $f(x, y)$를 점 (x_0, y_0)에서 어떻게 선형화하는가? 이렇게 하는 이유는 무엇인가? 3개의 독립변수를 가지는 함수에 대해서는 어떻게 선형화를 하는가?

19. 2개(3개)의 독립변수를 가지는 함수의 선형 근사의 정확성에 대해 무엇을 말할 수 있는가?

20. 만약 (x, y)가 점 (x_0, y_0)에서 근방의 점 (x_0+dx, y_0+dy)로 이동하면, 어떻게 미분가능한 함수 (x_0, y_0)의 값의 변화를 측정하는가?

21. 미분가능한 함수 $f(x, y)$에 대해 어떻게 극대, 극소, 안장점을 정의하는가? 예를 들어 설명하라.

22. 함수 $f(x, y)$의 극값을 결정하기 위해 가능한 도함수 판정법은 무엇인가? 이것은 이러한 값을 찾는 과정을 줄이는 데 어떠한 도움이 되는가? 예를 들어 설명하라.

23. xy평면의 닫힌 유계 영역에서 정의된 연속함수 $f(x, y)$의 극값을 어떻게 찾을 수 있는가? 예를 들어 설명하라.

24. 라그랑주 승수법을 설명하고 예를 구하라.

25. 함수 $f(x, y)$에 대한 테일러 공식은 어떻게 다항 근사와 오차 추정을 생성하는가?

26. 변수 x, y, z가 방정식 $g(x, y, z)=0$에 의해 제한되어 있고 $w=f(x, y, z)$를 만족한다면, 표기법 $(\partial w/\partial x)_y$의 의미는 무엇인가? 화살표 다이어그램이 제한된 변수를 가지는 편도함수의 계산에 어떠한 도움을 주는가?

실전문제 PRACTICE QUESTION

정의역, 치역, 등위선

실전문제 1~4에서 주어진 함수의 정의역과 치역을 찾고 각각의 등위선을 나타내라. 대표적인 등위선을 그려라.

1. $f(x, y) = 9x^2 + y^2$ **2.** $f(x, y) = e^{x+y}$

3. $g(x, y) = 1/xy$ **4.** $g(x, y) = \sqrt{x^2 - y}$

실전문제 5~8에서 주어진 함수의 정의역과 치역을 찾고 각각의 등위면을 나타내라. 대표적인 등위면을 그려라.

5. $f(x, y, z) = x^2 + y^2 - z$ **6.** $g(x, y, z) = x^2 + 4y^2 + 9z^2$

7. $h(x, y, z) = \dfrac{1}{x^2 + y^2 + z^2}$ **8.** $k(x, y, z) = \dfrac{1}{x^2 + y^2 + z^2 + 1}$

극한값 계산

실전문제 9~14에 있는 극한을 찾아라.

9. $\displaystyle\lim_{(x,y)\to(\pi,\ln 2)} e^y \cos x$ **10.** $\displaystyle\lim_{(x,y)\to(0,0)} \frac{2+y}{x+\cos y}$

11. $\displaystyle\lim_{(x,y)\to(1,1)} \frac{x-y}{x^2-y^2}$ **12.** $\displaystyle\lim_{(x,y)\to(1,1)} \frac{x^3y^3-1}{xy-1}$

13. $\displaystyle\lim_{P\to(1,-1,e)} \ln|x+y+z|$ **14.** $\displaystyle\lim_{P\to(1,-1,-1)} \arctan(x+y+z)$

다양한 접근 경로를 고려하여 실전문제 15와 16에서 극한이 존재하지 않음을 보여라.

15. $\displaystyle\lim_{\substack{(x,y)\to(0,0)\\ y\neq x^2}} \frac{y}{x^2 - y}$　　**16.** $\displaystyle\lim_{\substack{(x,y)\to(0,0)\\ xy\neq 0}} \frac{x^2 + y^2}{xy}$

17. 연속성의 확장 함수 $f(x, y)=(x^2-y^2)/(x^2+y^2)$가 $(x, y)\neq(0, 0)$이라고 주어졌다고 하자. 원점에서 $f(0, 0)$을 정의해 f가 원점에서 연속이 되도록 할 수 있는가? 왜 그런가?

18. 연속성의 확장 함수가 다음과 같이 주어졌다고 하자.

$$f(x,y)=\begin{cases}\dfrac{\sin(x-y)}{|x|+|y|}, & |x|+|y|\neq 0\\ 0, & (x,y)=(0,0)\end{cases}$$

함수 f가 원점에서 연속인가? 왜 그런가?

편도함수

실전문제 19~24에서 각각의 변수에 대해 함수의 편도함수를 찾아라.

19. $g(r,\theta) = r\cos\theta + r\sin\theta$

20. $f(x,y) = \dfrac{1}{2}\ln(x^2+y^2) + \arctan\dfrac{y}{x}$

21. $f(R_1,R_2,R_3) = \dfrac{1}{R_1} + \dfrac{1}{R_2} + \dfrac{1}{R_3}$

22. $h(x,y,z) = \sin(2\pi x + y - 3z)$

23. $P(n,R,T,V) = \dfrac{nRT}{V}$ (이상 기체 법칙)

24. $f(r,l,T,w) = \dfrac{1}{2rl}\sqrt{\dfrac{T}{\pi w}}$

2계 편도함수

실전문제 25~28에서 주어진 함수의 2계 편도함수를 찾아라.

25. $g(x,y) = y + \dfrac{x}{y}$　　**26.** $g(x,y) = e^x + y\sin x$

27. $f(x,y) = x + xy - 5x^3 + \ln(x^2+1)$

28. $f(x,y) = y^2 - 3xy + \cos y + 7e^y$

연쇄법칙 계산

29. 만약 $w=\sin(xy+\pi)$, $x=e^t$, $y=\ln(t+1)$일 때, $t=0$에서 dw/dt를 찾아라.

30. 만약 $w=xe^y+y\sin z-\cos z$, $x=2\sqrt{t}$, $y=t-1+\ln t$, $z=\pi t$일 때, $t=1$에서 dw/dt를 찾아라.

31. 만약 $w=\sin(2x-y)$, $x=r+\sin s$, $y=rs$일 때, $r=\pi$와 $s=0$에서 $\partial w/\partial r$와 $\partial w/\partial s$를 찾아라.

32. 만약 $w=\ln\sqrt{1+x^2}-\tan^{-1}x$, $x=2e^u\cos v$일 때, $u=v=0$에서 $\partial w/\partial u$와 $\partial w/\partial v$를 찾아라.

33. 곡선 $x=\cos t$, $y=\sin t$, $z=\cos 2t$ 위에서 $t=1$일 때, 함수 $f(x, y, z)=xy+yz+xz$의 t에 대한 도함수의 값을 찾아라.

34. $w=f(s)$가 s에 대해 임의의 미분가능한 함수이고 $s=y+5x$이면, 다음이 성립함을 보여라.

$$\frac{\partial w}{\partial x} - 5\frac{\partial w}{\partial y} = 0$$

음함수 미분

실전문제 35와 36에서 방정식이 y를 x의 미분가능한 함수로서 정의한다고 가정하자. 점 P에서 dy/dx의 값을 찾아라.

35. $1 - x - y^2 - \sin xy = 0$,　$P(0,1)$

36. $2xy + e^{x+y} - 2 = 0$,　$P(0,\ln 2)$

방향 도함수

실전문제 37~40에서 점 P_0에서 f가 가장 빠르게 증가하고 감소하는 방향을 찾고, 각 방향으로의 f의 방향 도함수를 찾아라. 또한 벡터 $\mathbf{v}$의 방향으로 점 P_0에서 f의 방향 도함수를 찾아라.

37. $f(x,y) = \cos x\cos y$,　$P_0(\pi/4,\pi/4)$,　$\mathbf{v} = 3\mathbf{i} + 4\mathbf{j}$

38. $f(x,y) = x^2e^{-2y}$,　$P_0(1,0)$,　$\mathbf{v} = \mathbf{i} + \mathbf{j}$

39. $f(x,y,z) = \ln(2x+3y+6z)$,　$P_0(-1,-1,1)$,　$\mathbf{v} = 2\mathbf{i} + 3\mathbf{j} + 6\mathbf{k}$

40. $f(x,y,z) = x^2 + 3xy - z^2 + 2y + z + 4$,　$P_0(0,0,0)$,　$\mathbf{v} = \mathbf{i} + \mathbf{j} + \mathbf{k}$

41. 속도 방향으로의 도함수 $t=\pi/3$에서 다음과 같은 나선의 속도벡터 방향으로의 함수 $f(x, y, z)=xyz$의 방향 도함수를 찾아라.

$$\mathbf{r}(t) = (\cos 3t)\mathbf{i} + (\sin 3t)\mathbf{j} + 3t\mathbf{k}$$

42. 최대 방향 도함수 함수 $f(x, y, z)=xyz$의 방향 도함수가 점 $(1, 1, 1)$에서 가질 수 있는 가장 큰 값은 무엇인가?

43. 값이 주어졌을 때 방향 도함수 점 $(1, 2)$에서 함수 $f(x, y)$는 점 $(2, 2)$ 방향으로 도함수 2를 가지고, 점 $(1, 1)$ 방향으로 -2를 가진다.

a. $f_x(1, 2)$와 $f_y(1, 2)$를 찾아라.

b. 점 $(1, 2)$에서 점 $(4, 6)$ 방향으로의 f의 방향 도함수를 구하라.

44. 만약 $f(x, y)$가 점 (x_0, y_0)에서 미분가능하다면, 다음 명제 중에서 어떤 것이 참인가? 이에 대한 답과 이유를 설명하라.

a. 만약 $\mathbf{u}$가 단위벡터이면, 점 (x_0, y_0)에서 $\mathbf{u}$ 방향으로의 f의 방향 도함수는 $(f_x(x_0, y_0)\mathbf{i}+f_y(x_0, y_0)\mathbf{j})\cdot\mathbf{u}$이다.

b. 점 (x_0, y_0)에서 $\mathbf{u}$ 방향으로의 f의 방향 도함수는 벡터이다.

c. 점 (x_0, y_0)에서 f의 방향 도함수는 ∇f의 방향의 가장 큰 값과 같다.

d. 점 (x_0, y_0)에서 벡터 ∇f는 곡선 $f(x, y)=f(x_0, y_0)$에 수직이다.

기울기벡터, 접평면, 법선

실전문제 45와 46에서 주어진 점의 곡면 $f(x, y, z)=c$와 ∇f를 그려라.

45. $x^2 + y + z^2 = 0$;　$(0,-1,\pm1)$,　$(0,0,0)$

46. $y^2 + z^2 = 4$;　$(2,\pm2,0)$,　$(2,0,\pm2)$

실전문제 47과 48에서 점 P_0의 등위면 $f(x, y, z)=c$에 접하는 평면의 방정식을 찾아라. 그리고 점 P_0에서 곡면에 수직인 직선의 매개방정식을 찾아라.

47. $x^2 - y - 5z = 0$,　$P_0(2,-1,1)$

48. $x^2 + y^2 + z = 4$,　$P_0(1,1,2)$

실전문제 49와 50에서 주어진 점의 곡면 $z=f(x, y)$에 접하는 평면의 방정식을 찾아라.

49. $z = \ln(x^2+y^2)$,　$(0,1,0)$

50. $z = 1/(x^2+y^2)$,　$(1,1,1/2)$

실전문제 51과 52에서 점 P_0에서 등위선 $f(x, y)=c$에 접하는 직선 및 수직인 직선의 방정식을 찾아라. 그런 다음 점 P_0에서 등위선과 직선을 그리고, ∇f도 함께 나타내라.

51. $y - \sin x = 1, \quad P_0(\pi, 1)$

52. $\dfrac{y^2}{2} - \dfrac{x^2}{2} = \dfrac{3}{2}, \quad P_0(1, 2)$

곡선의 접선

실전문제 53과 54에서 주어진 점의 곡면에 교집합인 곡선에 접하는 직선의 매개방정식을 찾아라.

53. 곡면: $x^2 + 2y + 2z = 4, \quad y = 1$

점: $(1, 1, 1/2)$

54. 곡면: $x + y^2 + z = 2, \quad y = 1$

점: $(1/2, 1, 1/2)$

선형화

실전문제 55와 56에서 점 P_0에 함수 $f(x, y)$의 선형 근사 $L(x, y)$를 찾아라. 그 다음 정사각형 R에서의 근사 $f(x, y) \approx L(x, y)$에 대해 오차 E의 크기의 상한을 찾아라.

55. $f(x, y) = \sin x \cos y, \quad P_0(\pi/4, \pi/4)$

R: $\left|x - \dfrac{\pi}{4}\right| \le 0.1, \quad \left|y - \dfrac{\pi}{4}\right| \le 0.1$

56. $f(x, y) = xy - 3y^2 + 2, \quad P_0(1, 1)$

R: $|x - 1| \le 0.1, \quad |y - 1| \le 0.2$

실전문제 57과 58에서 주어진 점에 함수의 선형 근사를 찾아라.

57. $f(x, y, z) = xy + 2yz - 3xz$, $(1, 0, 0)$과 $(1, 1, 0)$에서

58. $f(x, y, z) = \sqrt{2}\cos x \sin(y + z)$, $(0, 0, \pi/4)$와 $(\pi/4, \pi/4, 0)$에서

변화의 측정과 민감성

59. 배관의 부피 계산 지름이 약 36 cm이고 길이가 1 km인 직선의 배관 내부의 부피를 계산을 하려고 한다. 길이 또는 지름 둘 중에서 어떤 측정치에 대해 더 조심해야 하는가? 그 이유는 무엇인가?

60. 변화의 민감성 점 (1, 2)의 근방에서 함수 $f(x, y)=x^2-xy+y^2-3$이 x의 변화에 대해 더 민감한가, 아니면 y의 변화에 대해 더 민감한가?

61. 전기 회로에서의 변화 전기 회로에서 전류 I(암페어)가 전압 V(볼트)와 저항 R(옴)에 의해 방정식 $I=V/R$과 같이 관련되어 있다고 가정하자. 만약 전압이 24볼트에서 23볼트로 감소하고 저항이 100옴에서 80옴으로 감소한다면, 전류 I는 증가하는가, 감소하는가? 변화량은 대략 어느 정도인가? 전류 I의 변화는 전압의 변화에 민감한가 아니면 저항의 변화에 민감한가? 이를 어떻게 알 수 있는가?

62. 타원의 넓이를 측정할 때 최대 오차 만약 $a=10$ cm, $b=16$ cm가 밀리미터로 반올림된다면, 타원 $x^2/a^2+y^2/b^2=1$의 영역의 넓이 $A=\pi ab$를 계산할 때 최대 백분율 오차는 얼마로 예상되는가?

63. 곱셈의 추정 오차 u와 v가 양수의 독립변수이고, $y=uv$와 $z=u+v$라고 하자.

a. 만약 u가 2% 오차로, v가 3% 오차로 측정된다면, y의 계산값의 백분율 오차는 약 얼마인가?

b. 계산된 z값의 백분율 오차가 y값의 백분율 오차보다 작음을 보여라.

64. 심장 지수 심장 출력에 대한 연구에서 다른 사람을 비교가능하게 만들기 위해 연구자는 측정된 심장 출력을 체표면적으로 나누어 심장 지수 C를 다음과 같이 찾는다.

$$C = \frac{\text{심장 출력}}{\text{체표면적}}$$

몸무게 w와 키 h를 가지는 사람의 체표면적 B를 공식으로 대략 표현하면 다음과 같다.

$$B = 71.84 w^{0.425} h^{0.725}$$

k가 kg, h가 cm로 측정된다면 B는 cm^2으로 주어진다. 당신의 심장 출력이 7 L/min이고 키 180 cm, 몸무게 70 kg인 사람의 심장 지수를 계산하려고 한다. 계산에 더 큰 영향을 미칠 것은 체중 측정에서 1 kg의 오차인가, 아니면 키 측정에서 1 cm의 오차인가?

극값

실전문제 65~70에서 극대 및 극소와 안장점에 대해 다음의 함수를 조사하라. 이 점에서 각각의 함숫값을 찾아라.

65. $f(x, y) = x^2 - xy + y^2 + 2x + 2y - 4$

66. $f(x, y) = 5x^2 + 4xy - 2y^2 + 4x - 4y$

67. $f(x, y) = 2x^3 + 3xy + 2y^3$

68. $f(x, y) = x^3 + y^3 - 3xy + 15$

69. $f(x, y) = x^3 + y^3 + 3x^2 - 3y^2$

70. $f(x, y) = x^4 - 8x^2 + 3y^2 - 6y$

최댓값과 최솟값

실전문제 71~78에서 영역 R에 함수 f의 최댓값과 최솟값을 찾아라.

71. $f(x, y)=x^2+xy+y^2-3x+3y$

R: 제1사분면에서 직선 $x+y=4$로 잘린 삼각형 영역

72. $f(x, y)=x^2-y^2-2x+4y+1$

R: 제1사분면에서 좌표축과 직선 $x=4$, $y=2$로 둘러싸인 직사각형 영역

73. $f(x, y)=y^2-xy-3y+2x$

R: 직선 $x=\pm 2$, $y=\pm 2$로 둘러싸인 정사각형 영역

74. $f(x, y)=2x+2y-x^2-y^2$

R: 제1사분면에서 직선 $x=2$, $y=2$와 좌표축으로 둘러싸인 정사각형 영역

75. $f(x, y)=x^2-y^2-2x+4y$

R: x축 아래, 직선 $y=x+2$ 위, 직선 $x=2$의 오른쪽으로 둘러싸인 삼각형 영역

76. $f(x, y)=4xy-x^4-y^4+16$

R: 직선 $y=-2$ 아래, 직선 $y=x$ 위, 직선 $x=2$ 오른쪽으로 둘러싸인 삼각형 영역

77. $f(x, y)=x^3+y^3+3x^2-3y^2$

R: 직선 $x=\pm 1$, $y=\pm 1$으로 둘러싸인 정사각형 영역

78. $f(s, y)=x^3+3xy+y^3+1$

R: 직선 $x=\pm 1$, $y=\pm 1$으로 둘러싸인 정사각형 영역

라그랑주 승수법

79. 원에서의 극값 원 $x^2+y^2=1$에서 함수 $f(x, y)=x^3+y^2$의 극값을 찾아라.

80. 원에서의 극값 원 $x^2+y^2=1$에서 함수 $f(x, y)=xy$의 극값을 찾아라.

81. 원판에서의 극값 단위원판 $x^2+y^2 \le 1$에서 함수 $f(x, y)=x^2+3y^2+2y$의 극값을 찾아라.

82. 원판에서의 극값 원판 $x^2+y^2 \le 9$에서 함수 $f(x, y)=x^2+y^2-3x-xy$의 극값을 찾아라.

83. 구에서의 극값 단위구 $x^2+y^2+z^2=1$에서 함수 $f(x, y, z)=x-y+z$의 극값을 찾아라.

84. 원점까지 거리의 최솟값 원점까지 가장 가까운 곡면 $x^2-zy=4$의 점을 찾아라.

85. 상자의 가격의 최솟값 닫힌 직사각형 상자는 부피 V cm^{3}을 가진다. 상자에 사용된 재료의 가격은 위와 아래에는 각각 a cent/cm^{2}이며, 앞과 뒤에는 b cent/cm^{2}이며, 나머지 옆면에는 c cent/cm^{2}이다. 재료의 총 비용을 최소화하는 치수는 무엇인가?

86. 최소 부피 점 (2, 1, 2)을 지나면서 제1팔분면에서 최소 부피를 자르는 평면 $x/a+y/b+z/c=1$을 찾아라.

87. 교차하는 곡면의 곡선에서의 극값 원기둥 $x^2+y^2=1$과 쌍곡기둥 $xz=1$의 교차 곡선에서 함수 $f(x, y, z)=x(y+z)$의 극값을 찾아라.

88. 교차하는 평면과 원뿔의 곡선에서 원점까지의 최소거리 평면 $x+y+z=1$과 원뿔 $z^2=2x^2+2y^2$의 교차 곡선에서 원점과 가장 가까운 점을 찾아라.

이론과 예제

89. $w=f(r, \theta)$, $r=\sqrt{x^2+y^2}$, $\theta=\tan^{-1}(y/x)$라고 하자. $\partial w/\partial x$와 $\partial w/\partial y$를 찾고, 이것을 r과 θ로 표현하라.

90. $z=f(u, v)$, $u=ax+by$, $v=ax-by$라고 하자. f_u, f_v와 상수 a, b를 이용해서 z_x, z_y를 표현하라.

91. 만약 a, b가 상수이고 $w=u^3+\tanh u+\cos u$, $u=ax+by$이라고 하면, 다음을 보여라.

$$a\frac{\partial w}{\partial y} = b\frac{\partial w}{\partial x}$$

92. 연쇄법칙 이용하기 만약 $w=\ln(x^2+y^2+2z)$, $x=r+s$, $y=r-s$, $z=2rs$이면 연쇄법칙을 사용해서 w_r, w_s를 찾아라. 그런 다음 다른 방법을 사용하여 답을 확인하라.

93. 벡터 사이의 각도 식 $e^u \cos v-x=0$와 $e^u \sin v-y=0$은 u와 v를 x와 y에 대해 미분가능한 함수로 정의한다고 가정하자. 다음 벡터 사이의 각은 상수임을 보여라.

$$\frac{\partial u}{\partial x}\mathbf{i} + \frac{\partial u}{\partial y}\mathbf{j}, \quad \frac{\partial v}{\partial x}\mathbf{i} + \frac{\partial v}{\partial y}\mathbf{j}$$

94. 극좌표계와 2계 편도함수 극좌표계 $x=r\cos\theta$, $y=r\sin\theta$를 도입하면 함수 $f(x, y)$는 $g(r, \theta)$으로 표현할 수 있다. 점 $(r, \theta)=(2, \pi/2)$에서 다음 식이 주어졌을 때 $\partial^2 g/\partial\theta^2$의 값을 찾아라.

$$\frac{\partial f}{\partial x} = \frac{\partial f}{\partial y} = \frac{\partial^2 f}{\partial x^2} = \frac{\partial^2 f}{\partial y^2} = 1$$

95. 평면과 평행한 법선 법선이 yz 평면과 평행한 다음 곡면 위의 점을 찾아라.

$$(y+z)^2 + (z-x)^2 = 16$$

96. xy평면과 평행한 접평면 접평면이 xy평면과 평행한 다음 곡면 위의 점을 찾아라.

$$xy + yz + zx - x - z^2 = 0$$

97. 기울기벡터가 위치벡터에 평행할 때 $\nabla f(x, y, z)$가 항상 위치벡터 $x\mathbf{i}+y\mathbf{j}+z\mathbf{k}$와 평행하다고 가정하자. 임의의 a에 대해 $f(0, 0, a)=f(0, 0, -a)$가 성립함을 보여라.

98. 모든 방향으로 한쪽 방향 도함수는 존재하지만 기울기벡터는 존재하지 않는 경우 점 $P(x_0, y_0, z_0)$에서 방향 $\mathbf{u}=u_1\mathbf{i}+u_2\mathbf{j}+u_3\mathbf{k}$로의 함수 f의 한쪽 방향 도함수는 다음과 같다.

$$\lim_{s\to 0^+} \frac{f(x_0+su_1, y_0+su_2, z_0+su_3) - f(x_0, y_0, z_0)}{s}$$

원점에서 함수 $f(x, y, x)=\sqrt{x^2+y^2+z^2}$의 모든 방향에서 한쪽 방향 도함수가 1이 됨을 보이고, 원점에서 f의 기울기벡터는 존재하지 않음을 보여라.

99. 원점을 지나는 법선 점 (1, 1, 1)에서 곡면 $xy+z=2$의 법선이 원점을 지남을 보여라.

100. 접평면과 법선

a. 곡면 $x^2-y^2+z^2=4$를 그려라.

b. 점 (2, −3, 3)에서 곡면에 수직인 벡터를 찾아라. 문제 (a)에서 그린 그림에 벡터를 그려라.

c. 점 (2, −3, 3)에서의 접평면과 법선의 방정식을 찾아라.

제한된 변수를 가지는 편도함수

실전문제 101과 102에서 변수들 사이의 관계를 보이는 다이어그램을 그려라.

101. $w=x^2e^{yz}$, $z=x^2-y^2$일 때, 다음을 찾아라.

a. $\left(\frac{\partial w}{\partial y}\right)_z$ **b.** $\left(\frac{\partial w}{\partial z}\right)_x$ **c.** $\left(\frac{\partial w}{\partial z}\right)_y$

102. $U=f(P, V, T)$가 이상 기체 법칙 $PV=nRT$ (n, R은 상수)를 만족하는 가스의 내부에너지라고 하자. 다음을 찾아라.

a. $\left(\frac{\partial U}{\partial T}\right)_P$ **b.** $\left(\frac{\partial U}{\partial V}\right)_T$

심화문제 ADVANCED QUESTION

편도함수

1. 원점에서 안장점을 가지는 함수
만약 12.2절의 연습문제 64를 풀었다면, 다음의 함수가 원점 (0, 0)에서 연속임을 안다(주어진 그림 참조).

$$f(x,y) = \begin{cases} xy\dfrac{x^2 - y^2}{x^2 + y^2}, & (x,y) \neq (0,0) \\ 0, & (x,y) = (0,0) \end{cases}$$

$f_{xy}(0, 0)$과 $f_{yx}(0, 0)$을 찾아라.

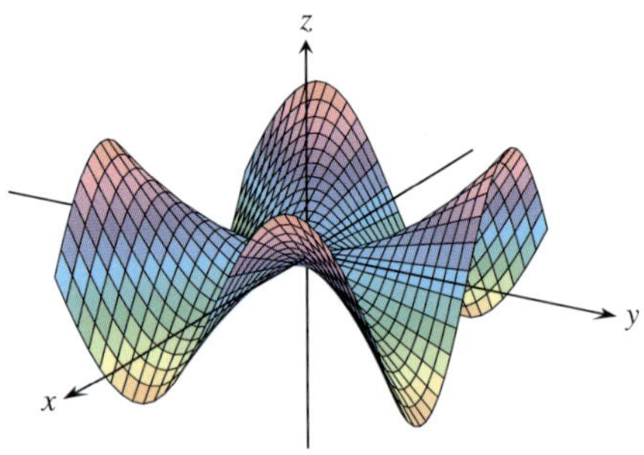

2. 2계 편도함수로부터 함수 찾기 1계 편도함수가 $\partial w/\partial x = 1 + e^x \cos y$이고 $\partial w/\partial y = 2y - e^x \sin y$이고, 점 (ln 2, 0)에서의 값이 ln 2인 함수 $w = f(x, y)$를 찾아라.

3. 라이프니츠 공식의 증명 라이프니츠 공식은 f가 닫힌 구간 $[a, b]$에서 연속이고 $u(x)$와 $v(x)$가 미분가능한 함수이면서 이것의 값이 닫힌 구간 $[a, b]$에 있다면, 다음이 성립한다.

$$\frac{d}{dx}\int_{u(x)}^{v(x)} f(t)\,dt = f(v(x))\frac{dv}{dx} - f(u(x))\frac{du}{dx}$$

다음을 설정하고 라이프니츠 공식을 증명하라.

$$g(u,v) = \int_u^v f(t)\,dt, \qquad u = u(x), \qquad v = v(x)$$

그리고 연쇄법칙을 사용하여 dg/dx를 계산하라.

4. 제한된 2계 편도함수를 가지는 함수 찾기 함수 f가 r에 대해 두 번 미분가능한 함수이고 $r = \sqrt{x^2 + y^2 + z^2}$이면서 다음의 방정식이 성립한다고 가정하자.

$$f_{xx} + f_{yy} + f_{zz} = 0$$

어떤 상수 a와 b에 대해 다음과 같은 함수가 얻어짐을 보여라.

$$f(r) = \frac{a}{r} + b$$

5. 동차함수 함수 $f(x, y)$가 n차 동차라는 것은 모든 t, x, y에 대해 $f(tx, ty) = t^n f(x, y)$가 성립한다는 것이다. 이러한 (충분히 미분가능한) 함수에 대해 다음을 증명하라.

a. $x\dfrac{\partial f}{\partial x} + y\dfrac{\partial f}{\partial y} = nf(x,y)$

b. $x^2\left(\dfrac{\partial^2 f}{\partial x^2}\right) + 2xy\left(\dfrac{\partial^2 f}{\partial x\,\partial y}\right) + y^2\left(\dfrac{\partial^2 f}{\partial y^2}\right) = n(n-1)f$

6. 극좌표계를 가지는 곡면 r과 θ를 극좌표계로 가지는 다음의 함수를 생각하자.

$$f(r,\theta) = \begin{cases} \dfrac{\sin 6r}{6r}, & r \neq 0 \\ 1, & r = 0 \end{cases}$$

다음을 찾아라.

a. $\lim_{r\to 0} f(r,\theta)$

b. $f_r(0,0)$

c. $f_\theta(r,\theta), \quad r \neq 0$

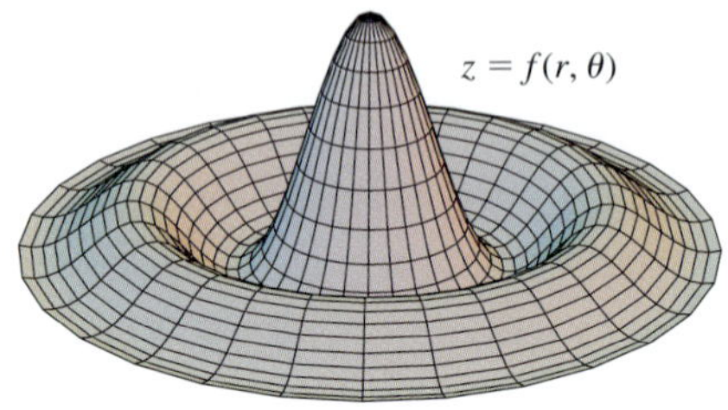

기울기벡터와 접선

7. 위치벡터의 성질 $\mathbf{r} = x\mathbf{i} + y\mathbf{j} + z\mathbf{k}$이고 $r = |\mathbf{r}|$이라고 하자.

a. $\nabla r = \mathbf{r}/r$임을 보여라.

b. $\nabla(r^n) = nr^{n-2}\mathbf{r}$임을 보여라.

c. 기울기벡터가 $\mathbf{r}$이 되는 함수를 찾아라.

d. $\mathbf{r} \cdot d\mathbf{r} = r\,dr$임을 보여라.

e. 임의의 상수벡터 $\mathbf{A}$에 대해 $\nabla(\mathbf{A} \cdot \mathbf{r}) = \mathbf{A}$임을 보여라.

8. 접선과 직교하는 기울기벡터 미분가능한 함수 $f(x, y)$가 미분가능한 곡선 $x = g(t)$, $y = h(t)$를 따라 상숫값 c를 가진다고 가정하자. 즉 모든 t에 대해 다음이 성립한다.

$$f(g(t), h(t)) = c$$

곡선의 모든 점에서 ∇f가 곡선의 접벡터에 직교함을 보이기 위해 이 방정식의 t에 대해 양변을 미분하라.

9. 곡면에 접하는 곡선 점 (0, 0, 1)에서 다음의 곡선이 있다.

$$\mathbf{r}(t) = (\ln t)\mathbf{i} + (t\ln t)\mathbf{j} + t\mathbf{k}$$

다음 곡면에 접함을 보여라.

$$xz^2 - yz + \cos xy = 1$$

10. 곡면에 접하는 곡선 점 (0, −1, 1)에서 다음의 곡선이 있다.

$$\mathbf{r}(t) = \left(\frac{t^3}{4} - 2\right)\mathbf{i} + \left(\frac{4}{t} - 3\right)\mathbf{j} + \cos(t-2)\mathbf{k}$$

다음 곡면에 접합을 보여라.

$$x^3 + y^3 + z^3 - xyz = 0$$

극값

11. 곡면에서의 극값 곡면 $z = x^3 + y^3 - 9xy + 27$에서 유일하게 가능한 z에 대한 최대 및 최소는 점 (0, 0)과 점 (3, 3)에서만 발생할 수 있음을 보여라. 점 (0, 0)에서 최대 및 최소 둘 다 발생할 수 없음을 보여라. 점 (3, 3)에서 z가 최대인지 최소인지를 결정하라.

12. 닫힌 제1사분면에서의 최대 (음이 아닌 축도 포함하는) 닫힌 제1사분면에서 함수 $f(x, y) = 6xye^{-(2x+3y)}$의 최댓값을 찾아라.

13. 제1팔분면으로 제한된 최소 부피 평면 $x=0$, $y=0$, $z=0$과 다음의 타원체에 접하는 평면으로 제한된 영역의 최소 부피를 찾아라.

$$\frac{x^2}{a^2}+\frac{y^2}{b^2}+\frac{z^2}{c^2}=1$$

14. xy평면에서의 직선에서 포물선까지의 최소거리 제약 조건 $y=x+1$과 $u=v^2$에 따라 함수 $f(x, y, u, v)=(x-u)^2+(y-v)^2$를 최소화하여, xy평면에서 직선 $y=x+1$에서 포물선 $y^2=x$까지의 최소거리를 구하라.

이론과 예제

15. 1계 편도함수의 유계는 연속성을 암시한다. 다음의 정리를 증명하라. 만약 $f(x, y)$가 xy평면의 열린 영역 R에서 정의되어 있고 f_x와 f_y가 영역 R에서 유계라고 하면, $f(x, y)$는 R에서 연속이다. (유계라는 가정은 필수적이다.)

16. $\mathbf{r}(t)=g(t)\mathbf{i}+h(t)\mathbf{j}+k(t)\mathbf{k}$가 미분가능한 함수 $f(x, y, z)$의 정의역에서 매끄러운 곡선이라고 가정하자. df/dt, ∇f, $\mathbf{v}=d\mathbf{r}/dt$ 사이의 관계를 설명하라. 함수 f가 곡선의 다른 점과 비교하여 극값이 되는 곡선의 내부점에서 ∇f와 $\mathbf{v}$에 대해 어떤 것을 말할 수 있는가? 답에 대한 이유를 제시하라.

17. 편도함수로부터 함수 찾기 f와 g가 x와 y에 대한 함수이면서 다음을 만족한다고 가정하자.

$$\frac{\partial f}{\partial y}=\frac{\partial g}{\partial x}, \quad \frac{\partial f}{\partial x}=\frac{\partial g}{\partial y}$$

그리고 다음이 성립한다고 가정하자.

$$\frac{\partial f}{\partial x}=0, \quad f(1,2)=g(1,2)=5, \quad f(0,0)=4$$

$f(x, y)$와 $g(x, y)$를 찾아라.

18. 변화율의 변화율 만약 $f(x, y)$가 2변수 함수이고 $\mathbf{u}=a\mathbf{i}+b\mathbf{j}$가 단위벡터이면, $D_{\mathbf{u}}f(x, y)=f_x(x, y)a+f_y(x, y)b$는 $\mathbf{u}$ 방향으로의 점 (x, y)에서 $f(x, y)$의 변화율이다. $\mathbf{u}$ 방향으로의 점 (x, y)에서 $f(x, y)$의 변화율의 변화율에 대해 유사한 식을 계산하라.

19. 열추적 입자의 경로 열추적 입자는 평면의 임의의 점 (x, y)에서 최대 온도가 증가하는 방향으로 움직인다는 성질을 가지고 있다. 만약 점 (x, y)에서 온도가 $T(x, y)=-e^{-2y}\cos x$이라면, 점 $(\pi/4, 0)$에서 열추적 입자의 경로를 나타내는 방정식 $y=f(x)$을 찾아라.

20. 튀어나온 공 이후의 속도 일정한 속도 $\mathbf{i}+\mathbf{j}-5\mathbf{k}$로 직선을 따라 이동하는 입자가 점 $(0, 0, 30)$을 지나고 곡면 $z=2x^2+3y^2$에 도착한다. 입자는 반사각이 입사각과 같게 곡면에서 튕겨져 나온다. 속도 손실이 없다고 가정하면, 입자가 튀어나온 이후의 입자 속도는 무엇인가? 답을 단순화하라.

21. 곡면에 접하는 방향 도함수 곡면 S를 함수 $f(x, y)=10-x^2-y^2$의 그래프로 나타난다고 하자. 각 점 (x, y, z)에서 공간에서의 온도는 $T(x, y, z)=x^2y+y^2z+4x+14y+z$라고 가정하자.

a. 점 $(0, 0, 10)$에서 곡면 S에 접하는 모든 방향 중에서 어떤 방향이 점 $(0, 0, 10)$에서의 온도 변화율을 최대로 만드는가?

b. 점 $(1, 1, 8)$에서 곡면 S에 접하는 어떤 방향이 온도 변화율을 최대로 만드는가?

22. 다른 탄광 찾기 지질학자는 평평한 지표면에 수직으로 구멍을 뚫어 첫 번째 광물 채취층을 300 m 지점에서 만났다. 그들은 첫 번째 구멍에서 북쪽으로 30 m 떨어진 곳에 두 번째 구멍을 뚫어 광물 채취층을 285 m 지점에서 발견했다. 첫 번째 구멍에서 동쪽으로 30 m 떨어진 곳에 세 번째 구멍을 뚫어 광물 채취층을 307.5 m 지점에서 발견했다. 지질학자는 광물 채취층이 돔 모양이라고 믿으며, 경제적인 이유로 지표면에서 가장 가까운 광물 채취층이 어디에 있는지 찾고 싶어 한다. 지표를 xy평면이라고 가정하면, 지질학자에게 네 번째 구멍을 어디에 뚫어야 할 것을 제안하겠는가?

1차원 열방정식 만약 $w(x, t)$가 위치 x, 시간 t에서 완벽하게 절연 처리된 전선의 온도를 나타낸다면, 편도함수 w_{xx}와 w_t는 다음과 같은 형태의 미분방정식을 만족한다.

$$w_{xx}=\frac{1}{c^2}w_t$$

이 방정식은 1차원 열방정식이라고 불린다. 양의 상수 c^2의 값은 전선이 만들어진 재료에 의해 결정된다.

23. r이 상수일 때, $w=e^{rt}\sin \pi x$와 같은 형태의 1차원 열방정식의 모든 해를 찾아라.

24. $w=e^{rt}\sin kx$ 형태를 가지면서 $w(0, t)=0$와 $w(L, t)=0$ 조건을 만족하는 1차원 열방정식의 모든 해를 찾아라. 이러한 해가 $t \to \infty$일 때는 어떤 일이 발생하는가?

기술 응용 프로젝트 TECHNOLOGY APPLICATION PROJECT

매스매티카/메이플 프로젝트

프로젝트는 MyLab Math에서 찾을 수 있다.

- **곡면 그리기**

  곡면, 등위선, 등위면을 효율적으로 생성하라.

- **스케이트보드 후의 수학 탐색: 방향 도함수의 해석**

  스케이트보더의 경로가 소개되며 먼저 평면에서 시작되고, 나중에 경사에서, 마지막으로 포물면에서 진행이 된다. 스케이트보더를 기준으로 방향 도함수를 계산하고, 그리고, 해석하라.

- **패턴 찾기와 최소제곱법을 실제 데이터에 적용하기**

  점에서 직선까지 수직거리의 제곱의 합을 최소화하는 직선을 선택함으로써 수치 데이터 점에 대한 집합을 직선에 맞추어라.

- **라그랑주가 스케이트보드를 탈 때: 얼마나 높이 올라갈 수 있는가?**

  라그랑주 곱셈자를 사용해서 그래프적 관점과 해석적 관점 둘 다에서의 최대 및 최소 높이에 대해 스케이트보더의 모험을 다시 방문하고 해석하자.

13

중적분

이 장에서는 2변수 함수 $f(x, y)$에 대한 평면의 한 영역에서 근삿값인 리만 합의 극한으로 2중적분을 정의한다. 1변수 정적분이 부호가 있는 넓이를 나타낼 수 있는 것처럼 2중적분은 부호 있는 부피를 나타낼 수 있다. 2중적분도 4.4절에서 공부한 미적분학의 기본정리를 이용하여 계산할 수 있지만, 변수 x와 y에 관해 차례대로 두 번 적분하여 계산한다. 2중적분은 4장에서 다루었던 평면 영역보다 더 일반적인 영역에서 넓이를 구하기 위해 사용될 수 있다. 또한 치환법이 1변수 적분을 구하기 쉽게 하는 것처럼 극좌표를 사용하여 2중적분 계산을 단순화하게 할 수 있다. 2중적분을 계산하기 위해 보다 일반적인 치환법을 공부한다.

또한 3변수 함수 $f(x, y, z)$에 대해 공간의 한 영역에서 3중적분을 정의한다. 3중적분은 공간에서 더 일반적인 영역의 부피를 구할 수 있고, 그에 대한 계산은 2중적분에서 계산했던 방법을 세 번으로 늘려 계산하면 된다. 원주좌표 또는 구면좌표를 사용하여 3중적분 계산을 단순하게 할 수 있고 그러한 방법을 공부한다. 2중적분 및 3중적분은 다변수 함수의 평균값 계산을 계산하거나, 모멘트와 질량중심을 구하는 데 사용된다.

13.1 직사각형 영역에서 2중적분과 반복적분

4장에서는 구간 $[a, b]$에서 연속함수 $f(x)$의 정적분을 리만 합의 극한값으로 정의했다. 이 절에서는 이러한 방법을 확장하여 평면의 유계 영역 R에서 연속인 2변수 함수 $f(x, y)$의 적분을 정의한다. 1변수 함수와 2변수 함수의 적분은 모두 리만 합의 극한값이 된다. 1변수 함수 $f(x)$의 적분에 대한 리만 합은 유한한 구간을 부분구간으로 분할하고 부분구간의 길이와 부분구간의 한 점 c_k에서의 f의 값을 곱한 후 이 곱들의 합을 구해 얻는다. 이와 같이 분할하고, 곱하고, 더하는 방법을 이용하여 근사한 리만 합의 극한으로 2중적분을 정의한다.

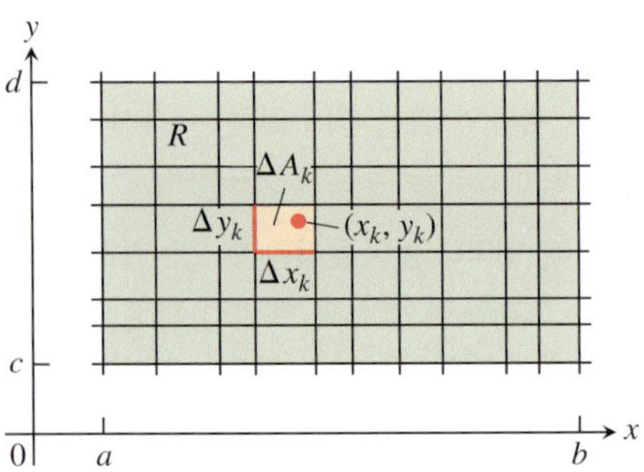

그림 13.1 영역 R을 넓이가 $\Delta A_k = \Delta x_k\ \Delta y_k$인 작은 직사각형으로 분할하는 격자.

2중적분

평면에서 가장 단순한 형태인 직사각형 영역 R에서의 2중적분에 대해 알아보자. 함수 $f(x, y)$가 다음과 같은 직사각형 영역에서 정의되었다고 하자.

$$R:\ a \le x \le b,\quad c \le y \le d$$

x축과 y축에 평행한 선분들을 그어 R을 n개의 작은 직사각형으로 나눈다(그림 13.1). 작은 직사각형의 가로와 세로를 작게 할수록 직사각형의 n의 개수는 커진다. 이러한 작은 직사각형

들을 R의 **분할**(partition)이라 한다. 작은 직사각형의 가로가 Δx이고 세로가 Δy이면 넓이는 $\Delta A = \Delta x \Delta y$가 된다. 작은 직사각형 각각에 번호를 매겨 k번째 작은 직사각형의 넓이를 ΔA_k라 하면 전체 작은 직사각형의 넓이는 $\Delta A_1, \Delta A_2, \cdots, \Delta A_n$이 된다.

k번째 작은 직사각형에서 한 점 (x_k, y_k)을 선택한 후, 이 점에서의 함숫값 f와 작은 직사각형의 넓이 ΔA_k를 곱하고, 이 곱을 더해 다음과 같은 리만 합을 얻는다.

$$S_n = \sum_{k=1}^{n} f(x_k, y_k)\Delta A_k$$

k번째 작은 직사각형에서 점 (x_k, y_k)을 어떻게 선택하느냐에 따라 S_n의 값은 다를 수 있다.

R의 분할에서 나오는 모든 작은 직사각형의 가로와 세로가 0에 가까워질 때, 이 리만 합이 어떻게 되는지 알아보자. R의 한 분할 P로부터 생기는 직사각형의 가로나 세로의 길이 중에서 가장 큰 값을 분할 P의 **노름**(norm)이라 하고, 기호 $\|P\|$로 나타낸다. 만약 $\|P\|=0.1$이면 R의 분할로부터 나오는 모든 직사각형의 가로와 세로의 길이는 0.1을 넘을 수 없다. P의 노름은 0으로 수렴하는 것을 $\|P\| \to 0$으로 나타내자. $\|P\| \to 0$일 때 리만 합이 수렴하면, 이 극한값은 다음과 같이 쓴다.

$$\lim_{\|P\| \to 0} \sum_{k=1}^{n} f(x_k, y_k)\Delta A_k$$

$\|P\| \to 0$일 때 직사각형의 크기는 작아지고 개수 n은 증가한다. 따라서 이 극한값을 다음과 같이 나타낼 수 있다.

$$\lim_{n \to \infty} \sum_{k=1}^{n} f(x_k, y_k)\Delta A_k$$

여기서 $n \to \infty$일 때 $\|P\| \to 0$이고 $\Delta A_k \to 0$이다.

이런 종류의 극한에는 다양한 경우가 포함되어 있다. 작은 직사각형은 R의 분할을 만드는 수직선과 수평선의 격자에 의해 결정된다. 각각의 작은 직사각형에는 f값을 계산할 수 있는 점 (x_k, y_k)이 무수히 많다. 이 점들이 직사각형과 함께 하나의 리만 합을 결정한다. 극한값을 계산하기 위해서는 작은 직사각형의 개수가 무한히 커지고 가로와 세로의 길이가 0으로 수렴하도록 하는 분할에 대해 이 과정을 반복한다.

어떤 선택을 하더라도 S_n의 극한값이 모두 같다면 함수 f는 **적분가능하다**(integrable)고 한다. 그 극한값을 R에서 f의 **2중적분**(double integral)이라 하며 기호로 다음과 같이 나타낸다.

$$\iint_R f(x, y)\, dA \qquad \text{또는} \qquad \iint_R f(x, y)\, dx\, dy$$

4장에서 배운 1변수 함수의 경우처럼 $f(x, y)$가 R에서 연속이면 f는 적분가능하다. 매끄러운 곡선이나 유한개의 점에서 불연속인 함수도 적분가능하다. 이러한 내용의 증명은 고급수학에서 다루기로 한다.

부피로서의 2중적분

함수 $f(x, y)$가 xy평면의 직사각형 영역 R에서 0보다 크다고 하자. f의 R에서의 2중적분을 밑면은 xy평면에서 R인 부분과 윗면은 곡면 $z=f(x, y)$가 3차원 입체의 부피로 생각할 수 있다(그림 13.2). 합 $S_n=\sum f(x_k, y_k)\Delta A_k$의 각 항 $f(x_k, y_k)\Delta A_k$는 직육면체의 부피인데, 이는 밑면 ΔA_k에 수직으로 서 있는 입체의 부피의 근삿값이다. 따라서 합 S_n은 입체의 부피의 근삿값이다. 따라서 합 S_n은 입체의 부피에 대한 근삿값이므로 입체의 부피를 다음 식으로 정의한다.

$$\text{부피} = \lim_{n \to \infty} S_n = \iint_R f(x, y)\, dA$$

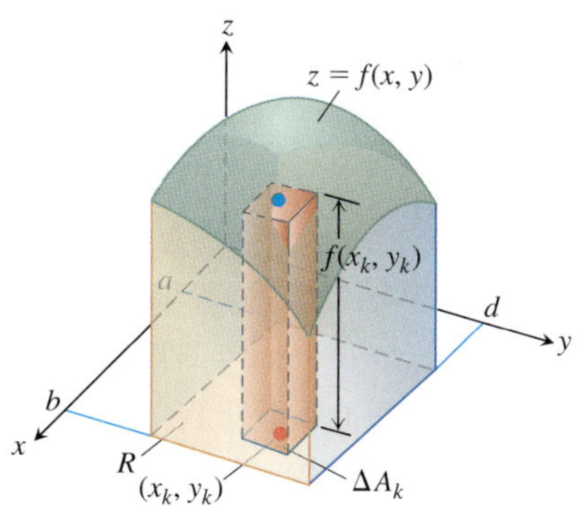

그림 13.2 직육면체로 입체를 근사함으로써 입체의 부피를 2중적분으로 정의한다. 이 그림에서 입체의 부피는 밑면 R에서 $f(x, y)$의 2중적분이다.

(a) $n = 16$ (b) $n = 64$ (c) $n = 256$

그림 13.3 n이 증가함에 따라 리만 합이 그림 13.2의 입체에 가까워지고 있다.

이때 $n \to \infty$에 따라 $\Delta A_k \to 0$이다.

부피를 계산하는 일반적인 방법은 5장에서 설명하지만, 증명은 생략하기로 한다. 그림 13.3은 직육면체의 개수 n이 증가함에 따라 리만 합이 입체의 부피에 점점 더 가까워짐을 보인다.

2중적분 계산을 위한 푸비니 정리

xy평면의 직사각형 영역 R: $0 \le x \le 2$, $0 \le y \le 1$에서 평면 $z = 4 - x - y$의 아랫부분의 부피를 구해보자. 5.1절에서처럼 x축에 수직인 단면의 넓이를 구해 계산하는 방법을 이용하면(그림 13.4), 부피는 다음과 같다.

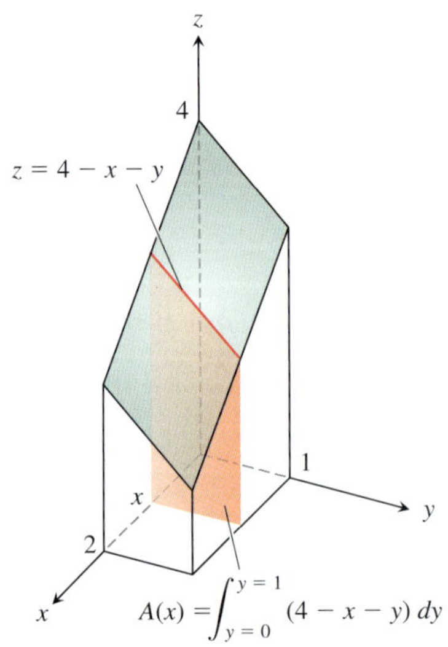

그림 13.4 x를 고정하고 y에 관해 적분하여 단면의 넓이 $A(x)$를 구한다.

$$\int_{x=0}^{x=2} A(x)\, dx \tag{1}$$

이때 $A(x)$는 x에서의 단면의 넓이이다. 각 x의 대해 $A(x)$를 다음 적분값으로 계산할 수 있는데,

$$A(x) = \int_{y=0}^{y=1} (4 - x - y)\, dy \tag{2}$$

이는 x에서 x축에 수직인 평면 안에 있는 곡선 $z = 4 - x - y$의 아랫부분에 대한 넓이이다. $A(x)$를 계산할 때 x는 고정되어 있고 적분값은 y에 대한 적분이다. 식 (1)과 (2)로부터 전체 입체의 부피는 다음과 같다.

$$\begin{aligned}
\text{부피} &= \int_{x=0}^{x=2} A(x)\, dx = \int_{x=0}^{x=2} \left(\int_{y=0}^{y=1} (4 - x - y)\, dy \right) dx \\
&= \int_{x=0}^{x=2} \left[4y - xy - \frac{y^2}{2} \right]_{y=0}^{y=1} dx = \int_{x=0}^{x=2} \left(\frac{7}{2} - x \right) dx \\
&= \left[\frac{7}{2}x - \frac{x^2}{2} \right]_0^2 = 5
\end{aligned}$$

적분 계산은 생략하고 부피를 나타내는 식만 쓴다면 다음과 같이 나타낼 수 있다.

$$\text{부피} = \int_0^2 \int_0^1 (4 - x - y)\, dy\, dx \tag{3}$$

이때 우변의 식을 **반복적분**(iterated, repeated integral)이라 한다. 이 식은 고정된 x에 관해 $y = 0$에서 $y = 1$까지 y에 관해 $4 - x - y$를 적분하고, 이 적분값을 $x = 0$에서 $x = 2$까지 x에 관해 적분함으로써 입체의 부피를 구할 수 있음을 의미한다. 적분의 하한 0과 상한 1은 y와 관련되어 있으므로 dy와 가까운 적분에 표시한다. 적분의 다른 하한 0과 상한 2는 변수 x와 관련되어 있으므로 바깥 적분 기호에 표시하는데, 이 적분 기호는 dx와 짝을 이룬다.

y축에 수직인 단면을 이용하여 부피를 구한다면 어떻게 되는가(그림 13.5)? y축에 수직인 단면의 넓이는 다음과 같다.

$$A(y) = \int_{x=0}^{x=2} (4 - x - y)\, dx = \left[4x - \frac{x^2}{2} - xy \right]_{x=0}^{x=2} = 6 - 2y \tag{4}$$

이는 y의 함수이다. 따라서 입체의 부피는 다음과 같이 앞에서 구한 값과 같다.

$$\text{부피} = \int_{y=0}^{y=1} A(y)\, dy = \int_{y=0}^{y=1} (6 - 2y)\, dy = \Big[6y - y^2 \Big]_0^1 = 5$$

다시 말해 앞의 방법과 같이 부피 공식을 반복적분으로 나타내면 다음과 같다.

$$\text{부피} = \int_0^1 \int_0^2 (4 - x - y)\, dx\, dy$$

우변의 식으로부터 알 수 있는 것은 식 (4)와 같이 $x=0$에서 $x=2$까지 $4-x-y$를 x에 대해 적분한 후 이 값을 $y=0$부터 $y=1$까지 y에 관해 적분하면 입체의 부피를 구할 수 있다. 이 반복적분에서 먼저 x에 관해 적분하고 그런 다음 y에 관해 적분한 것으로 식 (3)의 적분 순서와 반대이다.

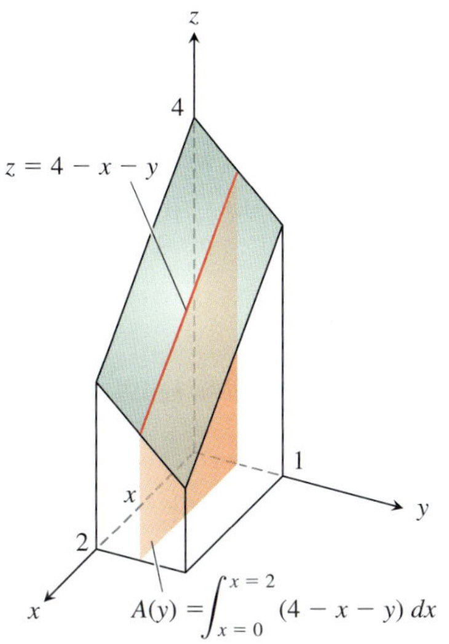

그림 13.5 y를 고정하고 x에 관해 적분하여 단면의 넓이 $A(y)$를 구한다.

반복적분을 이용한 이 두 가지 부피 계산과 영역 R: $0 \le x \le 2$, $0 \le y \le 1$에서 다음 식의 2중적분은 어떤 관계가 있는가?

$$\iint_R (4 - x - y)\, dA$$

이에 대한 답은 두 가지 반복적분 모두 2중적분과 같다는 것이다. 이는 반복적분의 값과 2중적분의 값이 모두 같은 영역의 부피를 나타내고 있으므로 충분히 예측할 수 있는 결과이다. 1907년 푸비니에 의해 알려진 정리에 따르면 직사각형 영역에서의 임의의 연속함수의 2중적분은 반복적분으로 계산할 수 있고, 반복적분의 순서에 상관이 없다는 것이 알려졌다(푸비니는 이를 포함하는 더욱 일반적인 결과를 증명했다).

역사적 인물

귀도 푸비니(Guido Fubini, 1879~1943)
푸비니는 이탈리아의 베니스에 있는 중학교를 다닐 때 수학에서 두각을 나타내었다. 그의 고급 연구는 스쿠올라 노르말레 수페리오레 디 피사에서 이뤄지고 기하학으로 박사 학위를 받았다. 그 후 그는 곡선의 조화함수에 관해 연구한다. 푸비니의 관심은 미분기하학에서 미분방정식의 응용까지 광범위했다.

정리 1 ❙ 푸비니 정리(제1형태)

$f(x, y)$가 직사각형 영역 R: $a \le x \le b$, $c \le y \le d$에서 연속이면 다음과 같다.

$$\iint_R f(x, y)\, dA = \int_c^d \int_a^b f(x, y)\, dx\, dy = \int_a^b \int_c^d f(x, y)\, dy\, dx$$

푸비니의 정리에 의하면 직사각형 영역에서의 2중적분은 반복적분에 의해 계산할 수 있다. 따라서 하나의 변수에 대해 한 번씩 미적분학의 기본정리를 이용하여 적분함으로써 2중적분을 계산할 수 있다

푸비니의 정리는 또한 2중적분이 반복적분의 순서에 관계 없음을 알려주고 있는데, 편의에 따라 반복적분의 순서를 정해 2중적분을 계산할 수 있다. 단면의 넓이를 이용하여 부피를 구할 때 x축에 수직인 평면이나 y축에 수직인 평면을 이용할 수 있다.

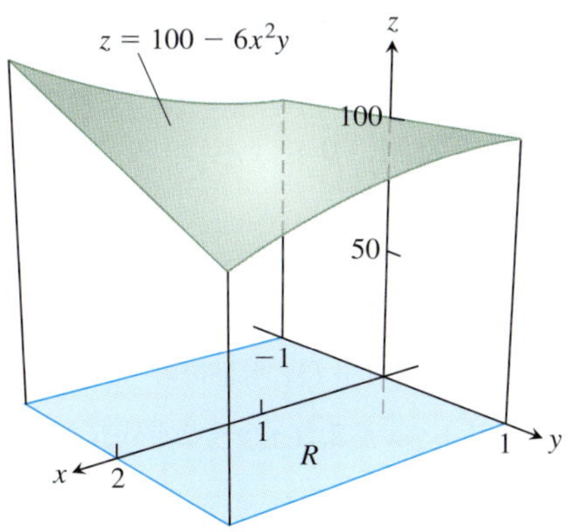

그림 13.6 2중적분 $\iint_R f(x, y)\, dA$는 사각형 영역 R에서 이 곡면의 아랫부분 영역의 부피를 나타낸다(예제 1).

예제 1 $f(x, y) = 100 - 6x^2y$이고 R: $0 \le x \le 2$, $-1 \le y \le 1$에 대해 $\iint_R f(x, y)\, dA$를 계산하라.

풀이 그림 13.6은 곡면 아래의 부피를 보인다. 푸비니의 정리에 의해 다음을 얻는다.

$$\iint_R f(x, y)\, dA = \int_{-1}^1 \int_0^2 (100 - 6x^2 y)\, dx\, dy = \int_{-1}^1 \Big[100x - 2x^3 y \Big]_{x=0}^{x=2} dy$$

$$= \int_{-1}^1 (200 - 16y)\, dy = \Big[200y - 8y^2 \Big]_{-1}^1 = 400$$

적분 순서를 바꾸어도 같은 값을 얻는다.

$$\int_0^2\int_{-1}^1 (100-6x^2y)\,dy\,dx = \int_0^2 \Big[100y-3x^2y^2\Big]_{y=-1}^{y=1} dx$$
$$= \int_0^2 [(100-3x^2)-(-100-3x^2)]\,dx$$
$$= \int_0^2 200\,dx = 400$$ ■

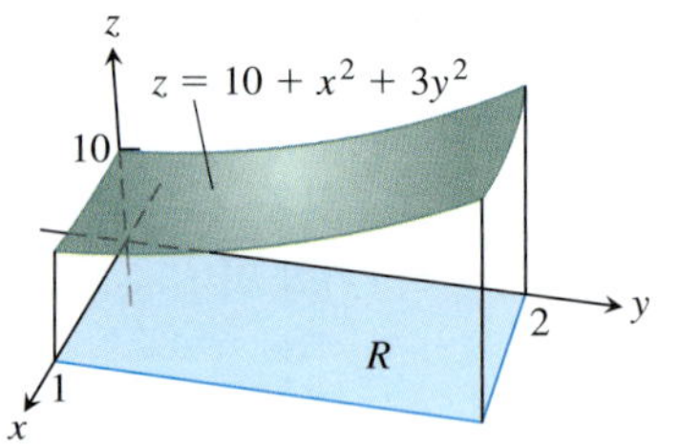

그림 13.7 2중적분 $\iint_R f(x, y)\,dA$는 사각형 영역 R에서 이 곡면의 아랫부분 영역의 부피를 나타낸다(예제 2).

예제 2 직사각형 R: $0 \le x \le 1$, $0 \le y \le 2$에서 타원포물면 $z = 10 + x^2 + 3y^2$의 아랫부분 영역의 부피를 구하라.

풀이 그림 13.7은 곡면과 영역을 보인다. 영역의 부피는 2중적분으로 구한다.

$$V = \iint_R (10+x^2+3y^2)\,dA = \int_0^1\int_0^2 (10+x^2+3y^2)\,dy\,dx$$
$$= \int_0^1 \Big[10y + x^2y + y^3\Big]_{y=0}^{y=2} dx$$
$$= \int_0^1 (28+2x^2)\,dx = \Big[28x + \frac{2}{3}x^3\Big]_0^1 = \frac{86}{3}$$ ■

연습문제 13.1 EXERCISE QUESTION

반복적분 계산하기

연습문제 1~14에서 주어진 반복적분을 계산하라.

1. $\int_1^2\int_0^4 2xy\,dy\,dx$

2. $\int_0^2\int_{-1}^1 (x-y)\,dy\,dx$

3. $\int_{-1}^0\int_{-1}^1 (x+y+1)\,dx\,dy$

4. $\int_0^1\int_0^1 \left(1-\frac{x^2+y^2}{2}\right)dx\,dy$

5. $\int_0^3\int_0^2 (4-y^2)\,dy\,dx$

6. $\int_0^3\int_{-2}^0 (x^2y-2xy)\,dy\,dx$

7. $\int_0^1\int_0^1 \frac{y}{1+xy}\,dx\,dy$

8. $\int_1^4\int_0^4 \left(\frac{x}{2}+\sqrt{y}\right)dx\,dy$

9. $\int_0^{\ln 2}\int_1^{\ln 5} e^{2x+y}\,dy\,dx$

10. $\int_0^1\int_1^2 xye^x\,dy\,dx$

11. $\int_{-1}^2\int_0^{\pi/2} y\sin x\,dx\,dy$

12. $\int_\pi^{2\pi}\int_0^\pi (\sin x+\cos y)\,dx\,dy$

13. $\int_1^4\int_1^e \frac{\ln x}{xy}\,dx\,dy$

14. $\int_{-1}^2\int_1^2 x\ln y\,dy\,dx$

15. $\int_0^1\int_0^c (2x+y)\,dx\,dy = 3$이 되기 위한 상수 c의 모든 값을 구하라.

16. $\int_{-1}^c\int_0^2 (xy+1)\,dy\,dx = 4+4c$가 되기 위한 상수 c의 모든 값을 구하라.

사각형 역영에서 2중적분 계산하기

연습문제 17~24에서 주어진 영역 R에서 2중적분을 계산하라.

17. $\iint_R (6y^2-2x)\,dA$, R: $0 \le x \le 1$, $0 \le y \le 2$

18. $\iint_R \left(\frac{\sqrt{x}}{y^2}\right)dA$, R: $0 \le x \le 4$, $1 \le y \le 2$

19. $\iint_R xy\cos y\,dA$, R: $-1 \le x \le 1$, $0 \le y \le \pi$

20. $\iint_R y\sin(x+y)\,dA$, R: $-\pi \le x \le 0$, $0 \le y \le \pi$

21. $\iint_R e^{x-y}\,dA$, R: $0 \le x \le \ln 2$, $0 \le y \le \ln 2$

22. $\iint_R xye^{xy^2}\,dA$, R: $0 \le x \le 2$, $0 \le y \le 1$

23. $\iint_R \frac{xy^3}{x^2+1}\,dA$, R: $0 \le x \le 1$, $0 \le y \le 2$

24. $\iint_R \frac{y}{x^2y^2+1}\,dA$, R: $0 \le x \le 1$, $0 \le y \le 1$

연습문제 25와 26에서 주어진 영역에서 함수 f를 적분하라.

25. 정사각형 영역 정사각형 영역 $1 \le x \le 2$, $1 \le y \le 2$에서 $f(x, y) = 1/(xy)$

26. 직사각형 영역 직사각형 영역 $1 \le x \le \pi$, $0 \le y \le 1$에서 $f(x, y) = y\cos xy$

연습문제 27과 28에서 부피가 다음 적분에 의해 주어진 입체를 그려라.

27. $\int_0^1 \int_0^2 (9 - x^2 - y^2)\, dy\, dx$ **28.** $\int_0^3 \int_1^4 (7 - x - y)\, dx\, dy$

29. 정사각형 영역 R: $-1 \le x \le 1$, $-1 \le y \le 1$에서 포물면 $z = x^2 + y^2$ 아래 영역의 부피를 구하라.

30. 정사각형 영역 R: $0 \le x \le 2$, $0 \le y \le 2$에서 타원포물면 $z = 16 - x^2 - y^2$ 아래 영역의 부피를 구하라.

31. 정사각형 영역 R: $0 \le x \le 1$, $0 \le y \le 1$에서 평면 $z = 2 - x - y$ 아래 영역의 부피를 구하라.

32. 직사각형 영역 R: $0 \le x \le 4$, $0 \le y \le 2$에서 평면 $z = y/2$ 아래 영역의 부피를 구하라.

33. 직사각형 영역 R: $0 \le x \le \pi/2$, $0 \le y \le \pi/4$에서 곡면 $z = 2\sin x \cos y$ 아래 영역의 부피를 구하라.

34. 직사각형 영역 R: $0 \le x \le 1$, $0 \le y \le 2$에서 곡면 $z = 4 - y^2$ 아래 영역의 부피를 구하라.

35. $\int_1^2 \int_0^3 kx^2 y\, dx\, dy = 1$을 만족하는 상수 k의 값을 구하라.

36. 2중적분 $\int_{-1}^1 \int_0^{\pi/2} x \sin \sqrt{y}\, dy\, dx$를 계산하라.

37. 푸비니 정리를 이용하여 다음 2중적분을 계산하라.

$$\int_0^2 \int_0^1 \frac{x}{1 + xy}\, dx\, dy$$

38. 푸비니 정리를 이용하여 다음 2중적분을 계산하라.

$$\int_0^1 \int_0^3 x e^{xy}\, dx\, dy$$

T **39.** 응용 소프트웨어를 이용하여 다음 적분을 계산하라.

a. $\int_0^1 \int_0^2 \frac{y - x}{(x + y)^3}\, dx\, dy$ **b.** $\int_0^2 \int_0^1 \frac{y - x}{(x + y)^3}\, dy\, dx$

40. 함수 $f(x, y)$가 구간 R: $a \le x \le b$, $c \le y \le d$에서 연속이고 R의 내부에서 다음과 같다고 하자.

$$F(x, y) = \int_a^x \int_c^y f(u, v)\, dv\, du$$

2계 편도함수 F_{xy}와 F_{yx}를 구하라.

13.2 일반 영역에서 2중적분

이 절에서는 직사각형 영역보다 더 일반적인 모양을 가진 유계 영역에서 2중적분을 정의하고 값을 구하고자 한다. 이러한 2중적분 또한 반복적분을 이용하여 계산하는데, 이를 위해 적분 영역을 정해주는 것이 주요한 문제가 된다. 적분 영역의 경계가 좌표축과 평행한 직선이 아니므로 적분의 한계가 고정된 상수가 아닌 변수를 포함할 수 있다.

직사각형이 아닌 유계 영역에서 2중적분

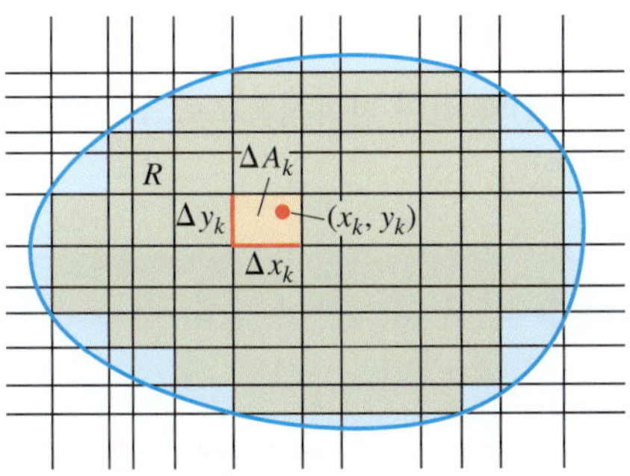

그림 13.8 직사각형이 아닌 영역을 좌표축에 평행한 선분들로 잘게 나누어 작은 직사각형들을 만든 그림.

그림 13.8과 같이 직사각형이 아닌 유계 영역 R에서 함수 $f(x, y)$의 2중적분을 정의하자. 먼저 좌표축에 평행한 직선으로 이루어진 작은 직사각형 격자를 만들어서 이 직사각형의 합집합이 영역 R의 모든 점을 포함하도록 하자. 이 경우에는 R의 경계 부분이 곡선이므로 어떤 직사각형은 R의 바깥 부분도 포함하고 있다. 따라서 R에 포함되는 유한개의 직사각형의 합집합이 R과 일치하지 않을 수도 있다. R의 분할은 R의 바깥쪽에 있는 직사각형과 R의 안쪽과 바깥쪽에 걸쳐 있는 사각형을 제외하고 R 안에 완전히 포함되어 있는 직사각형 중 가장 큰 가로나 세로의 길이가 0에 가까워지면 점점 더 많은 R의 부분이 직사각형의 합집합에 포함된다.

주어진 R의 분할에 대해 작은 직사각형들에 적당히 순서를 1부터 n까지 주고 ΔA_k를 k번째 직사각형의 넓이라고 하자. 한 점 (x_k, y_k)를 k번째 직사각형에서 선택하여 다음과 같은 리만 합을 만든다.

$$S_n = \sum_{k=1}^{n} f(x_k, y_k)\, \Delta A_k$$

리만 합 S_n을 구성하는 분할의 노름이 0에 가까워지면, 즉 $\|P\| \to 0$일 때 직사각형의 개수가 무한히 커지고 각 직사각형의 가로와 세로의 길이와 그 넓이 ΔA_k는 0에 가까워진다. $f(x, y)$가 연속함수이면 리만 합을 만드는 선택에 관계없이 리만 합은 어떤 극한값으로 수렴한다. 이 극한값이 R에서 $f(x, y)$의 **2중적분**이다.

$$\lim_{\|P\| \to 0} \sum_{k=1}^{n} f(x_k, y_k)\, \Delta A_k = \iint_R f(x, y)\, dA$$

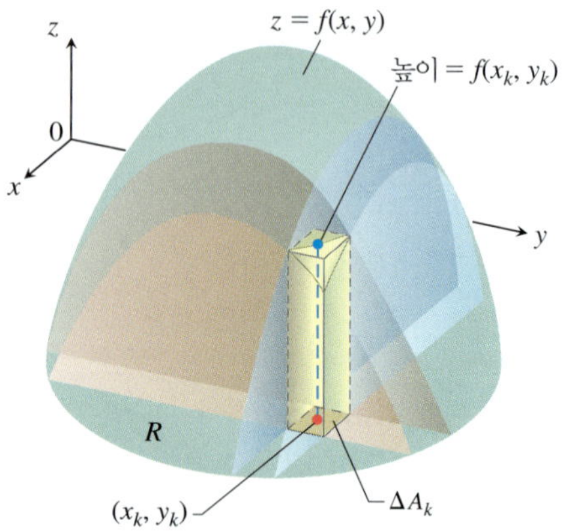

부피 $= \lim \sum f(x_k, y_k)\,\Delta A_k = \iint_R f(x, y)\,dA$

그림 13.9 밑면의 모양이 휘어진 경우에 입체의 부피를 밑면이 직사각형인 경우와 같은 방법으로 정의한다.

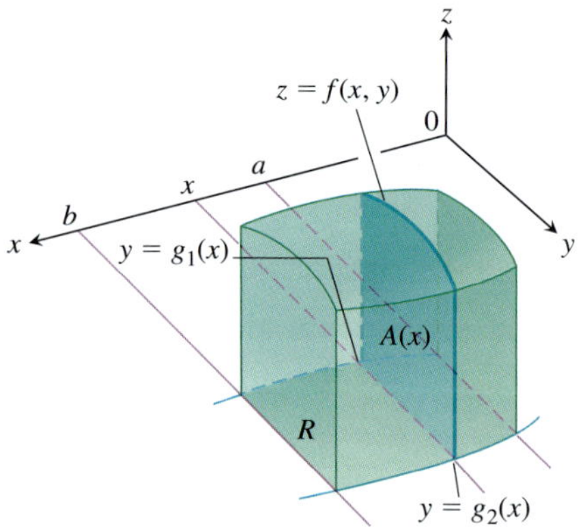

그림 13.10 그림에서 수직 단면의 넓이는 $A(x)$이다. 이 넓이를 $x=a$에서 $x=b$까지 적분하여 입체의 부피를 구한다.

$$\int_a^b A(x)\,dx = \int_a^b \int_{g_1(x)}^{g_2(x)} f(x, y)\,dy\,dx$$

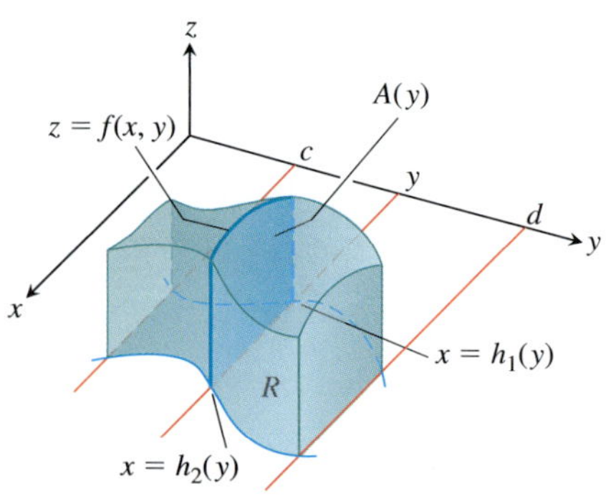

그림 13.11 이 입체의 부피는 다음과 같다.

$$\int_c^d A(y)\,dy = \int_c^d \int_{h_1(y)}^{h_2(y)} f(x, y)\,dx\,dy$$

주어진 입체에 대해 정리 2는 그림 13.10 또는 여기에 표시된 방법으로 부피를 계산할 수 있다고 설명한다. 두 계산 모두 동일한 결과를 얻는다.

2중적분에서는 R의 경계의 성질 때문에 구간에서의 적분으로 표현되지 않는 문제가 발생할 수 있다. R에 경계가 휘어져 있으면 R의 내부에 있는 작은 직사각형의 합집합은 R이 되지 못한다. 작은 직사각형 중에서 R의 내부와 외부를 포함하는 것은 분할의 노름이 0에 가까워질 때 무시할 수 있을 만큼 작아져야 R에 포함되는 작은 직사각형의 합집합이 R을 근사시킨다고 할 수 있다. 우리가 다룰 영역은 이렇게 분할의 노름이 작아질 때 R의 내부에 있는 직사각형의 합집합이 R을 근사하는 성질을 가지고 있다. 예를 들어 다각형, 원, 타원 등의 경계나 1변수 함수의 그래프로 연결된 선분이 경계인 경우에는 아무런 문제가 생기지 않는다. '프랙탈' 형태의 곡선은 문제가 될 수 있지만, 대부분의 응용 프로그램에서는 거의 발생하지 않는다. 어떤 영역 R이 2중적분 계산에 적합한지는 고급 과정에서 다루기로 한다.

부피

$f(x, y)$가 R에서 0보다 큰 연속함수이면 앞에서와 마찬가지로 밑면의 영역 R이고 윗면이 곡면 $z=f(x, y)$인 입체의 부피를 $\iint_R f(x, y)\,dA$로 정의한다(그림 13.9).

그림 13.10과 같이 R이 곡선 $y=g_2(x)$, $y=g_1(x)$와 직선 $x=a$, $x=b$에 의해 둘러싸인 영역인 경우에 앞에서처럼 단면의 넓이를 이용하는 방법을 이용하여 부피를 계산할 수 있다. 다음과 같은 단면의 넓이를 먼저 계산하자.

$$A(x) = \int_{y=g_1(x)}^{y=g_2(x)} f(x, y)\,dy$$

그 다음에 $A(x)$를 $x=a$에서 $x=b$까지 적분하면 다음과 같이 반복적분으로 부피를 얻는다.

$$V = \int_a^b A(x)\,dx = \int_a^b \int_{g_1(x)}^{g_2(x)} f(x, y)\,dy\,dx \tag{1}$$

마찬가지로 그림 13.11과 같이 R이 곡선 $x=h_2(x)$, $x=h_1(x)$, $y=c$, $y=d$로 둘러싸인 영역일 때에도 부피를 계산하면 다음과 같다.

$$\text{부피} = \int_c^d \int_{h_1(y)}^{h_2(y)} f(x, y)\,dx\,dy \tag{2}$$

R에서 f의 2중적분을 부피로 정의했는데, 이를 식 (1), (2)와 같이 반복적분으로 구할 수 있다. 이것은 다음 푸비니 정리의 더 강한 형태로부터 알 수 있다.

정리 2 ❙ 푸비니 정리(더 강한 형태)

$f(x, y)$가 영역 R에서 연속이라고 하자.

1. R이 $a \le x \le b$, $g_1(x) \le y \le g_2(x)$와 같이 주어지고 g_1, g_2가 $[a, b]$에서 연속이면 2중적분은 다음과 같이 계산한다.

$$\iint_R f(x, y)\,dA = \int_a^b \int_{g_1(x)}^{g_2(x)} f(x, y)\,dy\,dx$$

2. R이 $c \le y \le d$, $h_1(y) \le x \le h_2(y)$와 같이 주어지고 h_1, h_2가 $[c, d]$에서 연속이면 2중적분은 다음과 같이 계산한다.

$$\iint_R f(x, y)\,dA = \int_c^d \int_{h_1(y)}^{h_2(y)} f(x, y)\,dx\,dy$$

이 책의 뒷부분에서 보게 될 반복 2중적분은 다음의 x와 y 이외의 적분변수를 사용한다. 예를 들어 다음과 같이 쓸 수 있다.

$$\int_{u=p}^{u=q}\int_{v=G_1(u)}^{v=G_2(u)} F(u,v)\,dv\,du = \int_{p}^{q}\int_{G_1(u)}^{G_2(u)} F(u,v)\,dv\,du$$

어떤 특정 적분변수가 사용되는지에 관계없이 반복 2중적분의 극한은 다음 성질을 만족한다.

- 바깥 적분의 극한은 상수이다(두 변수 모두에 의존하지 않는다).
- 안쪽 적분의 극한은 바깥 적분변수에 따라 달라질 수 있는 함수이다.

예제 1 밑변이 x축과 직선 $y=x$, $x=1$로 둘러싸인 xy평면의 삼각형이고, 윗부분은 다음 평면인 프리즘 모양의 입체의 부피를 구하라.

$$z = f(x, y) = 3 - x - y$$

풀이 그림 13.12a를 참조하자. x가 0과 1 사이의 값일 때 y는 $y=0$부터 $y=x$까지 움직인다(그림 13.12b). 따라서 2중적분은 다음과 같이 계산한다.

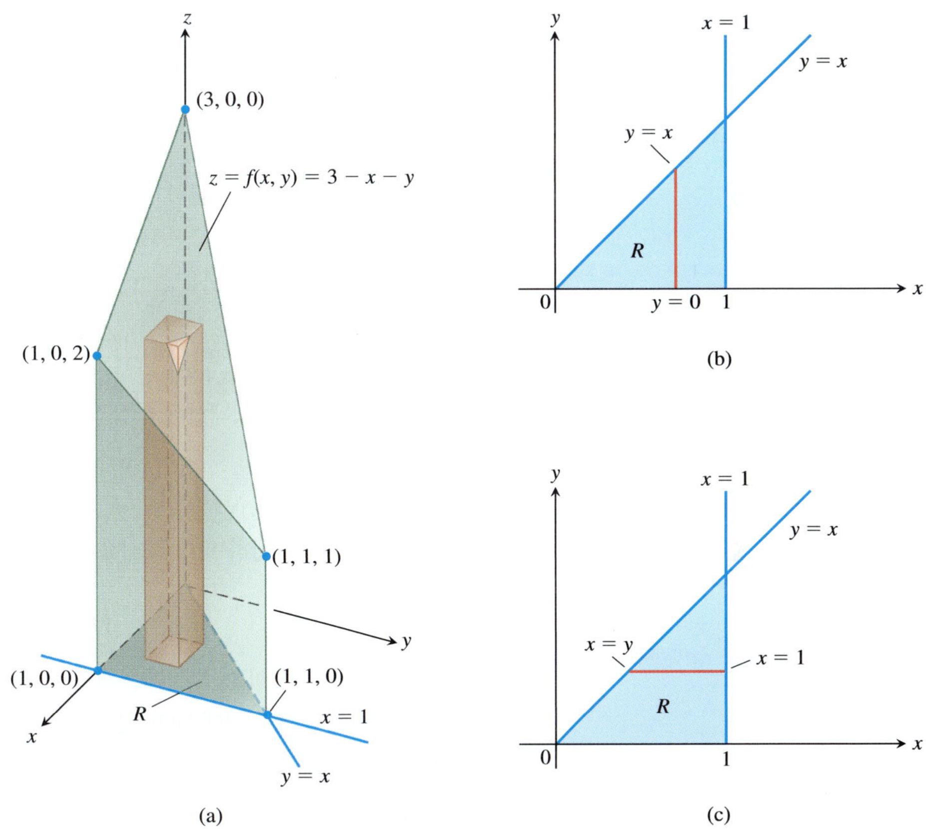

그림 13.12 (a) xy평면에 삼각형 밑면이 있는 프리즘. 이 프리즘의 부피는 R에 대한 2중적분으로 정의된다. 이를 반복적분으로 계산하기 위해 먼저 다음과 같이 적분할 수 있다. y를 먼저 적분하고 다음 x에 관해 적분하거나 그 반대이다(예제 1). (b) 반복적분은 다음과 같다.

$$\int_{x=0}^{x=1}\int_{y=0}^{y=x} f(x, y)\,dy\,dx$$

먼저 y에 관해 적분하면 R을 통과하는 수직인 직선을 따라 적분하고, 다시 R에 포함된 모든 수직인 직선을 왼쪽부터 오른쪽까지 적분한다. (c) 반복적분은 다음과 같다.

$$\int_{y=0}^{y=1}\int_{x=y}^{x=1} f(x, y)\,dx\,dy$$

x에 관해 먼저 적분하면 R을 통과하는 수평인 직선을 따라 적분하고, 다시 R에 포함된 수평인 직선을 아래부터 위까지 적분한다.

$$V = \int_0^1 \int_0^x (3 - x - y)\,dy\,dx = \int_0^1 \left[3y - xy - \frac{y^2}{2}\right]_{y=0}^{y=x} dx$$

$$= \int_0^1 \left(3x - \frac{3x^2}{2}\right) dx = \left[\frac{3x^2}{2} - \frac{x^3}{2}\right]_{x=0}^{x=1} = 1$$

적분의 순서가 바꾸어서 계산하면(그림 13.12c), 부피는 다음과 같다.

$$V = \int_0^1 \int_y^1 (3 - x - y)\,dx\,dy = \int_0^1 \left[3x - \frac{x^2}{2} - xy\right]_{x=y}^{x=1} dy$$

$$= \int_0^1 \left(3 - \frac{1}{2} - y - 3y + \frac{y^2}{2} + y^2\right) dy$$

$$= \int_0^1 \left(\frac{5}{2} - 4y + \frac{3}{2}y^2\right) dy = \left[\frac{5}{2}y - 2y^2 + \frac{y^3}{2}\right]_{y=0}^{y=1} = 1$$

두 적분은 같음을 알 수 있다. ■

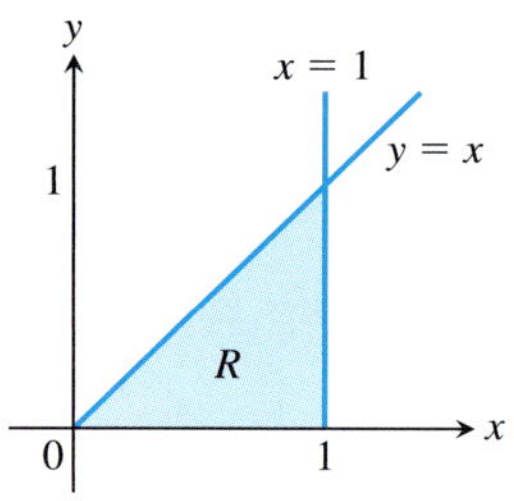

그림 13.13 예제 2의 적분 영역.

푸비니의 정리에 의하면 반복적분으로 2중적분을 구할 때 적분의 순서에 상관없지만, 어떤 경우에는 한쪽 적분이 다른 쪽 적분보다 계산이 쉬운 경우가 있다. 다음 예제에서 확인할 수 있다.

예제 2 xy평면에서 x축과 $y=x$, $x=1$로 둘러싸인 삼각형을 R이라 할 때 다음 식의 값을 구하라.

$$\iint_R \frac{\sin x}{x}\,dA$$

풀이 적분 영역은 그림 13.13과 같다. 먼저 y에 관해 적분하고 x에 관해 적분하면 첫 번째 적분에서 x가 고정되어 적분 계산은 다음과 같다.

$$\int_0^1 \left(\int_0^x \frac{\sin x}{x}\,dy\right) dx = \int_0^1 \left[y\frac{\sin x}{x}\right]_{y=0}^{y=x} dx = \int_0^1 \sin x\,dx = -\cos(1) + 1 \approx 0.46$$

적분 순서를 바꾸어 계산하면 다음 식을 계산해야 하는데,

$$\int_0^1 \int_y^1 \frac{\sin x}{x}\,dx\,dy$$

$\int ((\sin x)/x)\,dx$의 계산이 어렵기 때문에 문제가 생긴다(간단한 형태의 부정적분이 없다).

어떤 적분 순서가 좋을지에 대한 일반적인 규칙은 없다. 우선 적분 순서를 하나 선택하여 적분하다가 계산이 잘 되지 않으면 순서를 바꾸어 계산한다. 어떤 순서도 계산이 어려운 경우에는 근삿값을 사용해야 할 수도 있다. ■

적분 영역 구하기

이제 적분 영역을 결정하는 방법에 대해 알아보자. 다음 방법은 평면의 대부분 영역에 적용된다. 보다 복잡한 모양의 영역인 경우에는 이 방법이 곧바로 적용되지 않을 수 있지만, 전체 영역을 이 방법이 적용될 수 있는 작은 영역으로 나누어서 적용한다.

수직 절단선을 이용하기 2중적분 $\iint_R f(x, y)\,dA$를 계산할 때, 먼저 y에 관해 적분하고 다시 x에 관해 적분하는 경우는 다음의 순서를 따른다.

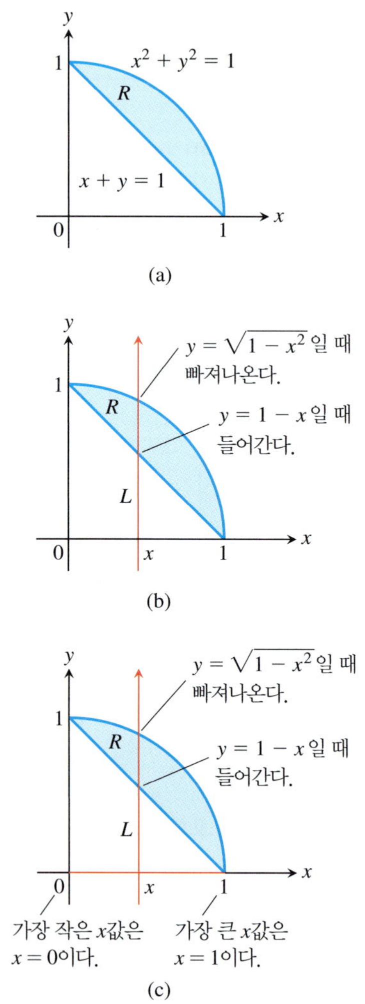

그림 13.14 먼저 y로 적분을 하고 그 다음 x로 적분할 때 적분 구간 찾기.

1. **그리기** 적분 영역을 그리고 경계를 찾는다(그림 13.14a).
2. **y에 대한 적분 구간 구하기** 영역 R을 지나고 y가 증가하는 방향의 수직선 L을 생각한다. 직선 L이 R과 만나는 시작점과 끝점에 해당하는 y값을 구한다. 이 점들이 적분의 하한과 상

한이 되는데, 일반적으로 x에 관한 함수로 나타낸다(그림 13.14b).

3. x에 대한 적분 구간 구하기 R과 만나는 모든 수직선을 포함할 수 있도록 x의 하한과 상한을 찾는다. 이때 적분은 다음과 같다(그림 13.14c).

$$\iint_R f(x,y)\,dA = \int_{x=0}^{x=1}\int_{y=1-x}^{y=\sqrt{1-x^2}} f(x,y)\,dy\,dx$$

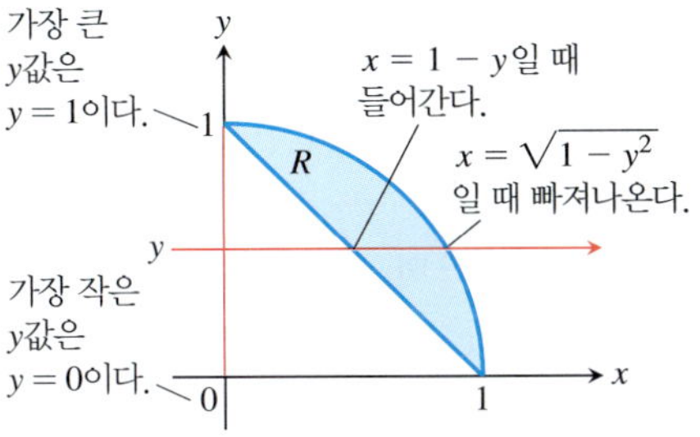

그림 13.15 먼저 x로 적분을 하고 그 다음 y로 적분할 때 적분 구간 찾기.

수평 절단선을 이용하기 반복적분의 적분 순서를 바꾸어 2중적분을 계산할 때에는 2단계와 3단계의 수직선 대신에 수평선을 이용한다(그림 13.15). 이때 적분은 다음과 같다.

$$\iint_R f(x,y)\,dA = \int_0^1\int_{1-y}^{\sqrt{1-y^2}} f(x,y)\,dx\,dy$$

예제 3 다음 적분에 대한 적분 영역을 그리고, 적분의 순서를 바꾸어 표현하라.

$$\int_0^2\int_{x^2}^{2x}(4x+2)\,dy\,dx$$

풀이 적분 영역을 부등식으로 나타내면 $x^2 \le y \le 2x$, $0 \le x \le 2$이다. 따라서 적분 영역은 두 곡선 $y=x^2$, $y=2x$와 직선 $x=0$, $x=2$로 둘러싸인 부분이다(그림 13.16a).

적분 순서를 바꾸기 위해 적분 영역의 왼쪽에서 오른쪽으로 통과하는 수평선을 생각하자. 이 직선은 $x=y/2$일 때 적분 영역에 들어가고, $x=\sqrt{y}$일 때 적분 영역에서 빠져나온다. y의 범위가 $y=0$에서 $y=4$까지라면 이러한 직선을 모두 포함한다(그림 13.16b). 적분은 다음과 같다.

$$\int_0^4\int_{y/2}^{\sqrt{y}}(4x+2)\,dx\,dy$$

두 적분의 값은 모두 8이다. ■

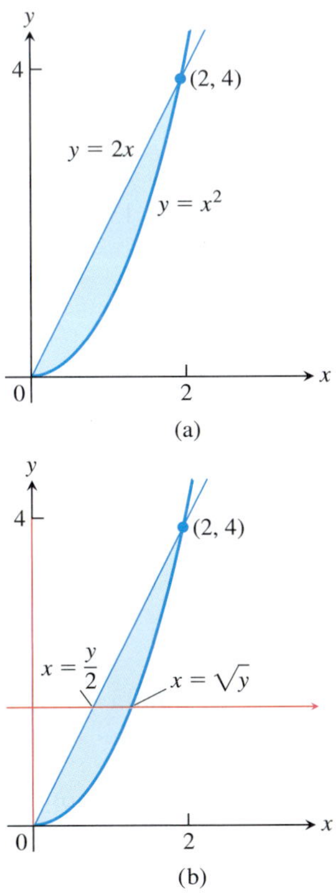

그림 13.16 예제 3의 적분 영역.

2중적분의 성질

1변수 함수의 성질이 연속함수의 2중적분에 대해도 성립하는데, 이 성질들은 적분 계산 및 응용에 유용하게 사용된다.

> $f(x, y)$와 $g(x, y)$가 유계 영역 R에서 연속이면 다음 성질이 성립한다.
>
> **1.** 상수배: $\displaystyle\iint_R cf(x,y)\,dA = c\iint_R f(x,y)\,dA$ (임의의 상수 c)
>
> **2.** 합과 차: $\displaystyle\iint_R (f(x,y)\pm g(x,y))\,dA = \iint_R f(x,y)\,dA \pm \iint_R g(x,y)\,dA$
>
> **3.** 지배성:
>
> **(a)** R에서 $f(x,y)\ge 0$일 때 $\displaystyle\iint_R f(x,y)\,dA \ge 0$이다.
>
> **(b)** R에서 $f(x,y)\ge g(x,y)$일 때 $\displaystyle\iint_R f(x,y)\,dA \ge \iint_R g(x,y)\,dA$이다.
>
> **4.** 가법성: R이 공통부분이 없는 두 영역 R_1과 R_2의 합집합이면 다음과 같다.
>
> $$\iint_R f(x,y)\,dA = \iint_{R_1} f(x,y)\,dA + \iint_{R_2} f(x,y)\,dA$$

성질 4는 영역 R이 유한개의 선분 또는 부드러운 곡선을 경계로 가지는 2개의 겹치지 않은 영역 R_1과 R_2로 이루어졌을 때 성립한다. 그림 13.17은 이러한 영역의 예를 보인다.

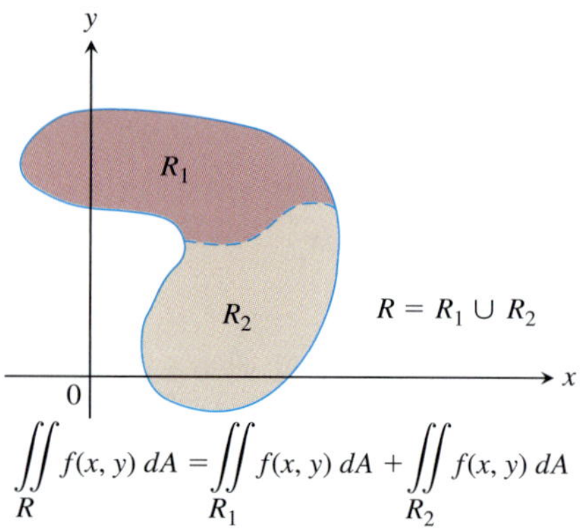

그림 13.17 직사각형 영역에서 성립하는 가법성이 부드러운 곡선으로 둘러싸인 영역에서도 성립한다.

위의 성질이 어떻게 성립하는지 대략적으로 살펴보자. 함수 $f(x, y)$ 대신에 이 함수에 상수배한 $cf(x, y)$를 생각하면 f에 대한 리만 합은 다음과 같다.

$$S_n = \sum_{k=1}^{n} f(x_k, y_k)\,\Delta A_k$$

cf에 대한 리만 합은 다음과 같이 바뀐다.

$$\sum_{k=1}^{n} cf(x_k, y_k)\,\Delta A_k = c\sum_{k=1}^{n} f(x_k, y_k)\,\Delta A_k = cS_n$$

$n \to \infty$일 때 극한을 생각하면 $c \lim_{n\to\infty} S_n = c\iint_R f\,dA$와 $\lim_{n\to\infty} cS_n = \iint_R cf\,dA$이다. 상수배하는 성질이 합에서 적분으로 옮겨 간 것이다.

다른 성질들도 리만 합에 대해 성립하는 것을 쉽게 확인할 수 있으며, 같은 이유로 2중적분에서도 성립함을 알 수 있다. 대략 위의 성질이 성립하는 것을 보았고, 실제로 리만 합이 수렴하는 것을 보이려면 보다 많은 수학적 지식이 필요하다.

예제 4 곡면 $y = 2\sqrt{x}$, 직선 $y = 4x - 2$, x축으로 둘러싸인 영역 R 위로 곡면 $z = 16 - x^2 - y^2$ 아래에 있는 쐐기 모양의 입체의 부피를 구하라.

풀이 그림 13.18a에서 구하고자 하는 쐐기 모양의 영역과 곡면이 주어졌다. 그림 13.18b는 xy 평면에서 적분 영역이 주어졌다. $dydx$ 순서로 적분하면(먼저 y에 관해 적분하고, 다음으로 x에 관해) 두 번을 나누어 적분해야 한다. 왜냐하면 $0 \le x \le 0.5$에서 y는 $y = 0$에서 $y = 2\sqrt{x}$까지 움직이고, $0.5 \le x \le 1$에서는 y가 $y = 4x - 2$에서 $y = 2\sqrt{x}$까지 움직인다. 따라서 단 하나의 2중적분으로 같은 결과를 얻기 위해 $dxdy$ 순서로 적분하고 적분 영역은 그림 13.18b와 같이 주어진다. 부피의 계산은 다음과 같다.

$$\iint\limits_R (16 - x^2 - y^2)\,dA$$

$$= \int_0^2 \int_{y^2/4}^{(y+2)/4} (16 - x^2 - y^2)\,dx\,dy$$

$$= \int_0^2 \left[16x - \frac{x^3}{3} - xy^2\right]_{x=y^2/4}^{x=(y+2)/4} dx$$

$$= \int_0^2 \left[4(y+2) - \frac{(y+2)^3}{3\cdot 64} - \frac{(y+2)y^2}{4} - 4y^2 + \frac{y^6}{3\cdot 64} + \frac{y^4}{4}\right] dy$$

$$= \left[\frac{191y}{24} + \frac{63y^2}{32} - \frac{145y^3}{96} - \frac{49y^4}{768} + \frac{y^5}{20} + \frac{y^7}{1344}\right]_0^2 = \frac{20803}{1680} \approx 12.4$$ ■

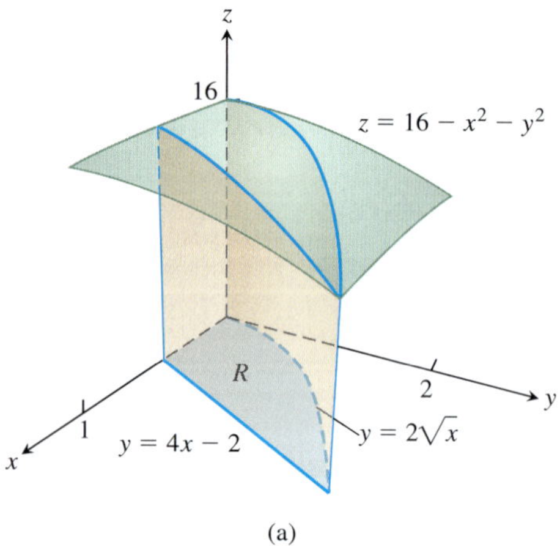

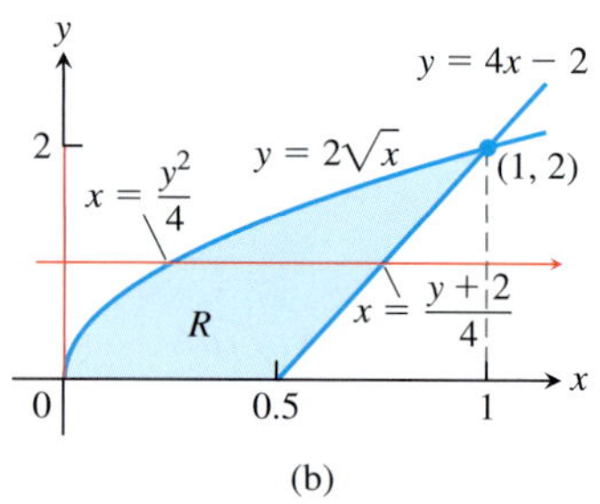

그림 13.18 (a) 예제 4의 쐐기 모양의 영역, (b) 영역 R에서 나타낸 $dx\,dy$ 적분 순서.

2중적분은 양의 연속함수의 곡면 $z = f(x, y)$와 영역 R 사이에 만들어진 입체 영역의 부피를 표현하는 데 초점이 맞춰져 있다. 1변수 적분의 경우에 부호가 있는 넓이를 본 것처럼 $f(x_k, y_k)$가 음수일 때, 곱 $f(x_k, y_k)\Delta A_k$는 그림 13.9에서와 같이 리만 합을 구할 때 사용하는 밑면이 직사각형인 상자의 부피가 음이 되는 것을 알려준다. 그래서 R에서 정의된 임의의 연속함수 f에 대해 리만 합의 극한은 R과 곡면 사이의 입체 영역의 부호가 있는 부피(총 부피가 아님)를 나타낸다. 또한 2중적분에는 다른 해석도 있다. 다음 절에서는 2중적분을 이용하여 평면에서 일반 영역의 넓이를 계산하는 방법을 살펴본다.

연습문제 13.2 EXERCISE QUESTION

적분 영역 그리기

연습문제 1~8에서 주어진 적분 영역을 그려라.

1. $\int_0^3 \int_0^{2x} f(x, y)\, dy\, dx$

2. $\int_{-1}^2 \int_{x-1}^{x^2} f(x, y)\, dy\, dx$

3. $\int_{-2}^2 \int_{y^2}^4 f(x, y)\, dx\, dy$

4. $\int_0^1 \int_y^{2y} f(x, y)\, dx\, dy$

5. $\int_0^1 \int_{e^x}^{e} f(x, y)\, dy\, dx$

6. $\int_1^{e^2} \int_0^{\ln x} f(x, y)\, dy\, dx$

7. $\int_0^1 \int_0^{\arcsin y} f(x, y)\, dx\, dy$

8. $\int_0^8 \int_{y/4}^{y^{1/3}} f(x, y)\, dx\, dy$

적분 영역 구하기

연습문제 9~18에서 주어진 영역 R에서 정의된 2중적분 $\iint_R dA$를 **(a)** 수직 절단선을 이용하여, **(b)** 수평 절단선을 이용하여 반복적분으로 표현하라.

9.

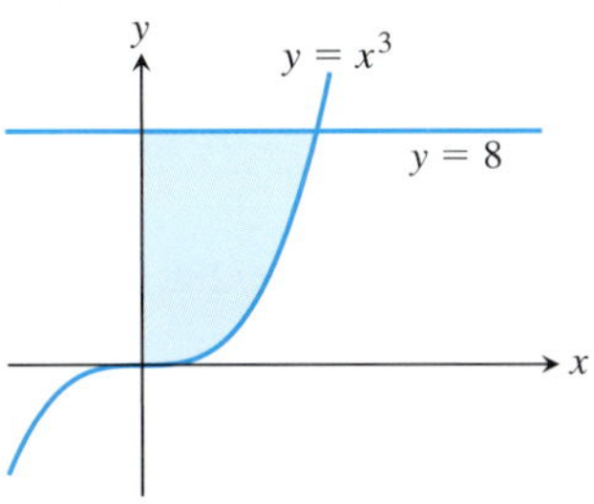

10.

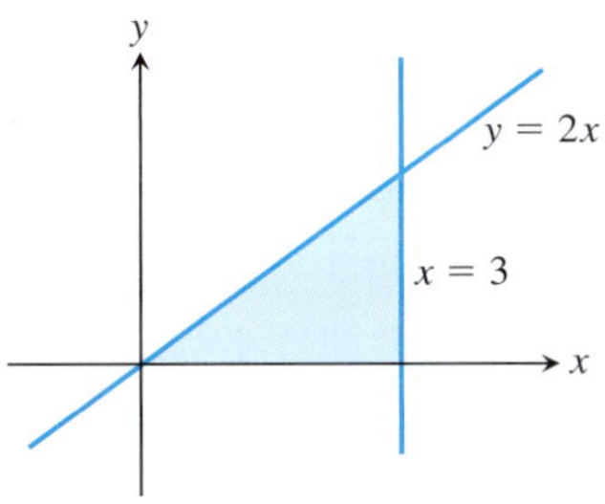

11.

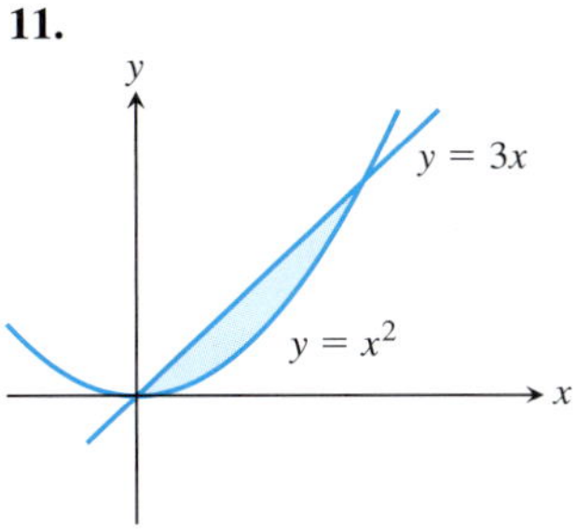

12.

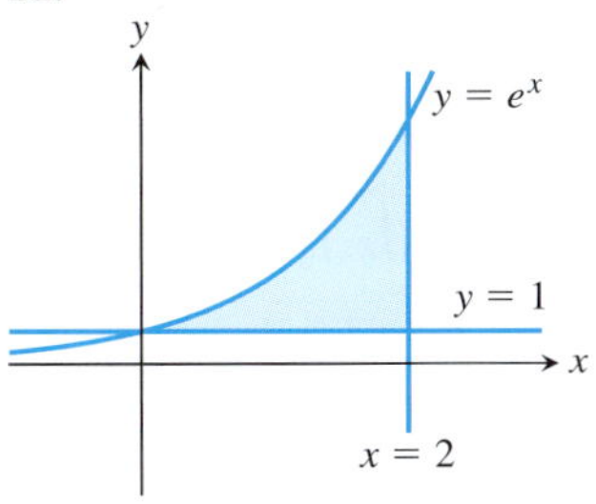

13. $y=\sqrt{x}$, $y=0$, $x=9$로 둘러싸인 영역

14. $y=\tan x$, $x=0$, $y=1$로 둘러싸인 영역

15. $y=e^{-x}$, $y=1$, $x=\ln 3$으로 둘러싸인 영역

16. $y=0$, $x=0$, $y=1$, $y=\ln x$로 둘러싸인 영역

17. $y=3-2x$, $y=x$, $x=0$으로 둘러싸인 영역

18. $y=x^2$, $y=x+2$로 둘러싸인 영역

반복적분 계산하기

연습문제 19~26에서 적분 영역을 그리고 2중적분을 구하라.

19. $\int_1^2 \int_0^{2x} xy^3\, dy\, dx$

20. $\int_1^3 \int_y^{2y} y\, dx\, dy$

21. $\int_0^1 \int_y^1 (\sqrt{x} + xy)\, dx\, dy$

22. $\int_0^2 \int_0^{x^3} (y^2 - x)\, dy\, dx$

23. $\int_0^{\sqrt{\pi}} \int_0^{x^2} x \sin y\, dy\, dx$

24. $\int_0^1 \int_0^{\arctan y} \frac{1}{1+y^2}\, dx\, dy$

25. $\int_1^4 \int_y^{y^2} \sqrt{\frac{y}{x}}\, dx\, dy$

26. $\int_3^5 \int_1^{e^x} \frac{1}{xy}\, dy\, dx$

적분 영역과 2중적분 구하기

연습문제 27~32에서 적분 영역을 그리고 적분을 구하라.

27. $\int_0^{\pi} \int_0^{x} x \sin y\, dy\, dx$

28. $\int_0^{\pi} \int_0^{\sin x} y\, dy\, dx$

29. $\int_1^{\ln 8} \int_1^{\ln y} e^{x+y}\, dx\, dy$

30. $\int_1^2 \int_y^{y^2} dx\, dy$

31. $\int_0^1 \int_0^{y^2} 3y^3 e^{xy}\, dx\, dy$

32. $\int_1^4 \int_0^{\sqrt{x}} \frac{3}{2} e^{y/\sqrt{x}}\, dy\, dx$

연습문제 33~36에서 주어진 영역에서 f를 적분하라.

33. 사각형 제1사분면에서 직선 $y=x$, $y=2x$, $x=1$, $x=2$로 둘러싸인 영역에서 $f(x, y)=x/y$

34. 삼각형 꼭짓점이 $(0, 0)$, $(1, 0)$, $(0, 1)$인 삼각형에서 $f(x, y)=x^2+y^2$

35. 삼각형 uv평면의 제1사분면에서 $u+v=1$에 의한 삼각형에서 $f(u, v)=v-\sqrt{u}$

36. 휘어진 영역 st평면의 제1사분면에서 $1 \le t \le 2$일 때 곡선 $s=\ln t$에서 $f(s, t)=e^s \ln t$

연습문제 37~40은 좌표 평면의 한 영역에서의 적분이다. 각 적분의 적분 영역을 그리고 그 값을 구하라.

37. $\int_{-2}^0 \int_v^{-v} 2\, dp\, dv$ (pv평면)

38. $\int_0^1 \int_0^{\sqrt{1-s^2}} 8t\, dt\, ds$ (st평면)

39. $\int_{-\pi/3}^{\pi/3} \int_0^{\sec t} 3 \cos t\, du\, dt$ (tu평면)

40. $\int_0^{3/2} \int_1^{4-2u} \frac{4-2u}{v^2}\, dv\, du$ (uv평면)

적분 순서 바꾸기

연습문제 41~54에서 적분 영역을 그리고 적분의 순서를 바꾼 적분으로 표현하라.

41. $\int_0^1 \int_2^{4-2x} dy\, dx$

42. $\int_0^2 \int_{y-2}^0 dx\, dy$

43. $\int_0^1 \int_y^{\sqrt{y}} dx\, dy$

44. $\int_0^1 \int_{1-x}^{1-x^2} dy\, dx$

45. $\int_0^1 \int_1^{e^x} dy\, dx$

46. $\int_0^{\ln 2} \int_{e^y}^2 dx\, dy$

47. $\displaystyle\int_0^{3/2}\int_0^{9-4x^2} 16x\,dy\,dx$

48. $\displaystyle\int_0^2\int_0^{4-y^2} y\,dx\,dy$

49. $\displaystyle\int_0^1\int_{-\sqrt{1-y^2}}^{\sqrt{1-y^2}} 3y\,dx\,dy$

50. $\displaystyle\int_0^2\int_{-\sqrt{4-x^2}}^{\sqrt{4-x^2}} 6x\,dy\,dx$

51. $\displaystyle\int_1^e\int_0^{\ln x} xy\,dy\,dx$

52. $\displaystyle\int_0^{\pi/6}\int_{\sin x}^{1/2} xy^2\,dy\,dx$

53. $\displaystyle\int_0^3\int_1^{e^y} (x+y)\,dx\,dy$

54. $\displaystyle\int_0^{\sqrt{3}}\int_0^{\tan^{-1} y} \sqrt{xy}\,dx\,dy$

연습문제 55~64에서 적분 영역을 그리고 적분의 순서를 바꾼 적분으로 표현하라.

55. $\displaystyle\int_0^{\pi}\int_x^{\pi} \frac{\sin y}{y}\,dy\,dx$

56. $\displaystyle\int_0^2\int_x^2 2y^2\sin xy\,dy\,dx$

57. $\displaystyle\int_0^1\int_y^1 x^2e^{xy}\,dx\,dy$

58. $\displaystyle\int_0^2\int_0^{4-x^2} \frac{xe^{2y}}{4-y}\,dy\,dx$

59. $\displaystyle\int_0^{2\sqrt{\ln 3}}\int_{y/2}^{\sqrt{\ln 3}} e^{x^2}\,dx\,dy$

60. $\displaystyle\int_0^3\int_{\sqrt{x/3}}^1 e^{y^3}\,dy\,dx$

61. $\displaystyle\int_0^{1/16}\int_{y^{1/4}}^{1/2} \cos(16\pi x^5)\,dx\,dy$

62. $\displaystyle\int_0^8\int_{\sqrt[3]{x}}^2 \frac{dy\,dx}{y^4+1}$

63. 정사각형 영역 R이 직선 $|x|+|y|=1$로 이루어진 정사각형일 때 $\iint_R (y-2x^2)$

64. 삼각형 영역 R이 직선 $y=x$, $y=2x$, $x+y=2$로 둘러싸인 영역일 때 $\iint_R xy\,dA$

곡면 $z=f(x, y)$의 아래 영역의 부피

65. 밑면이 $y=x$, $x=0$, $x+y=2$로 둘러싸인 xy평면의 삼각형이고 윗면이 포물면 $z=x^2+y^2$인 입체의 부피를 구하라.

66. 밑면이 포물선 $y=2-x^2$과 직선 $y=x$로 둘러싸인 xy평면의 영역이고 윗면이 원주면 $z=x^2$인 입체의 부피를 구하라.

67. 밑면이 포물선 $y=4-x^2$과 직선 $y=3x$로 둘러싸인 xy평면의 영역이고 윗면이 평면 $z=x+4$인 입체의 부피를 구하라.

68. 제1팔분공간에서 원주면 $x^2+y^2=4$와 평면 $z+y=3$으로 둘러싸인 입체의 부피를 구하라.

69. 제1팔분공간에서 평면 $x=3$와 포물기둥 $z=4-y^2$으로 둘러싸인 입체의 부피를 구하라.

70. 제1팔분공간에서 곡면 $z=4-x^2-y^2$에 의해 잘린 입체의 부피를 구하라.

71. 제1팔분공간에서 원주면 $z=12-3y^2$과 평면 $x+y=2$로 잘린 쐐기 모양의 부피를 구하라.

72. 정사각기둥 $|x|+|y|\le 1$과 평면 $z=0$, $3x+z=3$으로 둘러싸인 입체의 부피를 구하라.

73. 앞뒤로 평면 $x=1$, $x=2$로 양옆으로 원주면 $y=\pm 1/x$, 위아래로 평면 $z=x+1$, $z=0$으로 둘러싸인 입체의 부피를 구하라.

74. 앞뒤로 평면 $x=\pm\pi/3$로 양옆으로 원주면 $y=\pm\sec x$, 위로 $z=1+y^2$, 아래로는 xy평면으로 둘러싸인 입체의 부피를 구하라.

연습문제 75와 76에서 적분 영역을 그리고, 2중적분으로 주어진 입체의 부피를 구하라.

75. $\displaystyle\int_0^3\int_0^{2-2x/3} \left(1-\frac{1}{3}x-\frac{1}{2}y\right)dy\,dx$

76. $\displaystyle\int_0^4\int_{-\sqrt{16-y^2}}^{\sqrt{16-y^2}} \sqrt{25-x^2-y^2}\,dx\,dy$

유계가 아닌 영역에서의 부피

1변수 함수의 이상적분과 마찬가지로 2중적분의 이상적분도 종종 계산할 수 있다. 다음 반복적분의 이상적분 중에서 첫 번째 적분은 보통의 적분처럼 구할 수 있다. 그리고 그 값에 대해 7.8절에서 한 것처럼 적절한 상한과 하한을 취해서 1변수의 이상적분을 계산하면 된다. 연습문제 77~80에서 이상적분을 반복적분으로 구하라.

77. $\displaystyle\int_1^{\infty}\int_{e^{-x}}^1 \frac{1}{x^3y}\,dy\,dx$

78. $\displaystyle\int_{-1}^1\int_{-1/\sqrt{1-x^2}}^{1/\sqrt{1-x^2}} (2y+1)\,dy\,dx$

79. $\displaystyle\int_{-\infty}^{\infty}\int_{-\infty}^{\infty} \frac{1}{(x^2+1)(y^2+1)}\,dx\,dy$

80. $\displaystyle\int_0^{\infty}\int_0^{\infty} xe^{-(x+2y)}\,dx\,dy$

2중적분의 근삿값

연습문제 81과 82에서 수직선 $x=a$, 수평선 $y=c$로 분할된 영역 R에서 $f(x, y)$의 2중적분의 근삿값을 구하라. 각 작은 직사각형에서 (x_k, y_k)를 주어진 점으로 계산하라.

$$\iint_R f(x, y)\,dA \approx \sum_{k=1}^{n} f(x_k, y_k)\,\Delta A_k$$

81. x축과 반원 $y=\sqrt{1-x^2}$으로 둘러싸인 영역 R에서 $f(x, y)=x+y$, 단, R을 직선 $x=-1$, $-1/2$, 0, $1/4$, $1/2$, 1과 $y=0$, $1/2$, 1로 분할하고 (x_k, y_k)를 R에 포함된 k번째 작은 직사각형의 왼쪽 아래 꼭짓점으로 선택한다.

82. 원 $(x-2)^2+(y-3)^2=1$의 내부 영역 R에서 $f(x, y)=x+2y$, 단, R을 직선 $x=1$, $3/2$, 2, $5/2$, 3과 $y=2$, $5/2$, 3, $7/2$, 4로 분할하고 (x_k, y_k)를 R에 포함된 k번째 작은 직사각형의 중심점으로 선택한다.

이론과 예제

83. 부채꼴 원판 $x^2+y^2\le 4$에서 반직선 $\theta=\pi/6$와 $\theta=\pi/2$로 잘린 부분 중 작은 영역에서 $f(x, y)=\sqrt{4-x^2}$을 적분하라.

84. 유계가 아닌 영역 무한 직사각형 $2\le x<\infty$, $0\le y\le 2$에서 $f(x, y)=1/[(x^2-x)(y-1)^{2/3}]$을 적분하라.

85. 비원형 기둥 직각(비원형)기둥은 xy평면에 그 밑면 R을 가지고 있으며, 포물면 $z=x^2+y^2$을 윗면으로 가지고 있다. 기둥의 부피는 다음과 같다.

$$V=\int_0^1\int_0^y (x^2+y^2)\,dx\,dy+\int_1^2\int_0^{2-y}(x^2+y^2)\,dx\,dy$$

밑면 R을 그리고 적분 순서를 바꾸어서 부피를 하나의 2중적분에 의해 나타내라. 적분을 계산하여 부피를 구하라.

86. 2중적분으로 변환 다음 적분을 구하라.

$$\int_0^2 (\arctan \pi x-\arctan x)\,dx$$

[힌트: 적분 기호 안의 함수를 적분으로 나타내라.]

87. 2중적분의 최댓값 xy평면의 어떤 영역 R에 대해 다음 적분이 최대가 되는가? 그 이유를 설명하라.

$$\iint_R (4 - x^2 - 2y^2)\, dA$$

88. 2중적분의 최솟값 xy평면의 어떤 영역 R에 대해 다음 적분이 최소가 되는가? 그 이유를 설명하라.

$$\iint_R (x^2 + y^2 - 9)\, dA$$

89. xy평면의 직사각형 영역에서 연속함수 $f(x, y)$를 적분했을 때 적분 순서에 따라 서로 다른 값이 나올 수 있는가? 그 이유를 설명하라.

90. xy평면에서 꼭짓점이 (0, 1), (2, 0), (1, 2)인 삼각형의 내부를 영역 R이라 할 때, 연속함수 $f(x, y)$를 어떻게 적분할 수 있는가? 그 이유를 설명하라.

91. 유계가 아닌 영역 다음을 증명하라.

$$\int_{-\infty}^{\infty}\int_{-\infty}^{\infty} e^{-x^2-y^2}\, dx\, dy = \lim_{b\to\infty}\int_{-b}^{b}\int_{-b}^{b} e^{-x^2-y^2}\, dx\, dy = 4\left(\int_0^{\infty} e^{-x^2}\, dx\right)^2$$

92. 이상 2중적분 다음 이상적분을 구하라.

$$\int_0^1\int_0^3 \frac{x^2}{(y-1)^{2/3}}\, dy\, dx$$

컴퓨터 탐구

연습문제 93~96에서 CAS의 2중적분 계산기를 이용하여 적분의 근삿값을 구하라.

93. $\displaystyle\int_1^3\int_1^x \frac{1}{xy}\, dy\, dx$

94. $\displaystyle\int_0^1\int_0^1 e^{-(x^2+y^2)}\, dy\, dx$

95. $\displaystyle\int_0^1\int_0^1 \arctan xy\, dy\, dx$

96. $\displaystyle\int_{-1}^1\int_0^{\sqrt{1-x^2}} 3\sqrt{1 - x^2 - y^2}\, dy\, dx$

연습문제 97~102에서 CAS의 2중적분 계산기를 이용하여 적분값을 구하라. 또 적분 순서를 바꾼 후 CAS를 이용하여 적분값을 구하라.

97. $\displaystyle\int_0^1\int_{2y}^4 e^{x^2}\, dx\, dy$

98. $\displaystyle\int_0^3\int_{x^2}^9 x\cos(y^2)\, dy\, dx$

99. $\displaystyle\int_0^2\int_{y^3}^{4\sqrt{2y}} (x^2y - xy^2)\, dx\, dy$

100. $\displaystyle\int_0^2\int_0^{4-y^2} e^{xy}\, dx\, dy$

101. $\displaystyle\int_1^2\int_0^{x^2} \frac{1}{x+y}\, dy\, dx$

102. $\displaystyle\int_1^2\int_{y^3}^8 \frac{1}{\sqrt{x^2+y^2}}\, dx\, dy$

13.3 2중적분으로 구하는 넓이

이 절에서는 2중적분을 이용하여 평면의 유계 영역의 넓이를 계산하는 방법과 2변수 함수의 평균값을 찾는 방법을 공부한다.

평면에서 유계 영역의 넓이

이전 절에서 다룬 영역 R에서의 2중적분에서 함수 f를 상수함수 $f(x, y) = 1$로 택하면 리만 합은 다음 식과 같다.

$$S_n = \sum_{k=1}^{n} f(x_k, y_k)\,\Delta A_k = \sum_{k=1}^{n} \Delta A_k \tag{1}$$

이 식은 R의 분할을 이루고 있는 작은 직사각형의 넓이의 합을 나타내며, R의 넓이에 대한 근삿값이다. R의 분할의 노름이 0에 가까워지면 분할을 이루고 있는 모든 직사각형의 가로와 세로의 길이가 0에 가까워지게 되고 이 직사각형들은 점점 영역 R의 많은 부분을 뒤덮게 된다(그림 13.8). 이 같은 직관적 고찰을 바탕으로 영역 R의 넓이를 다음과 같이 극한으로 정의한다.

$$\lim_{\|P\|\to 0}\sum_{k=1}^{n} \Delta A_k = \iint_R dA \tag{2}$$

정의 평면의 유계인 닫힌 영역 R의 **넓이**는 다음과 같다.

$$A = \iint_R dA$$

이 장의 다른 정의와 마찬가지로 위의 정의는 1변수 함수의 그래프로 표현할 수 있는 영역은 다양한 영역에 적용될 수 있다. 두 가지 정의를 함께 적용할 수 있는 영역에 대해 넓이에 대한 위 정의는 앞선 정의와 같은 값을 나타낸다. 위 정의를 통해 넓이를 계산하려면 영역 R에서 상수함수 $f(x, y)=1$을 적분하면 된다.

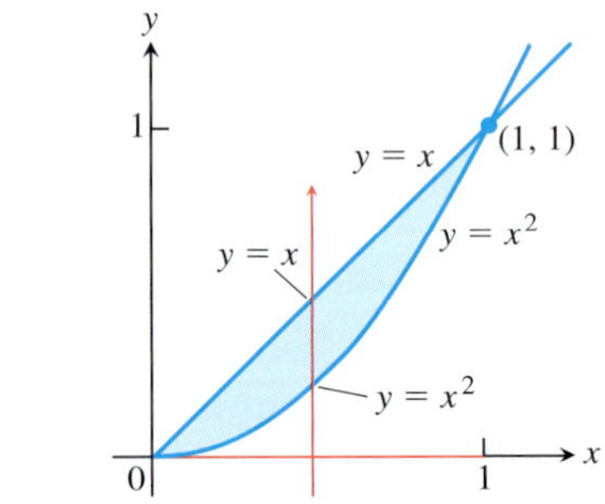

그림 13.19 예제 1의 영역 R.

예제 1 제1사분면에서 $y=x$와 $y=x^2$으로 둘러싸인 영역 R의 넓이를 구하라.

풀이 주어진 영역은 그림 13.19와 같다. 두 곡선의 교점을 구하면 원점과 점 (1, 1)이고 넓이를 계산하면 다음과 같다.

$$A = \int_0^1 \int_{x^2}^{x} dy\,dx = \int_0^1 \Big[y\Big]_{y=x^2}^{y=x} dx = \int_0^1 (x - x^2)\,dx = \left[\frac{x^2}{2} - \frac{x^3}{3}\right]_0^1 = \frac{1}{6}$$

위에서 정적분 $\int_0^1 (x-x^2)\,dx$는 반복적분의 안쪽을 계산한 것으로 4.6절에서 다룬 방법으로 두 곡선 사이의 넓이를 계산하는 적분이다. ■

예제 2 포물선 $y=x^2$과 직선 $y=x+2$로 둘러싸인 영역 R의 넓이를 구하라.

풀이 그림 13.20a에서 영역 R을 부분영역 R_1과 R_2로 나눈 다음 각각의 넓이를 계산하여 더한다.

$$A = \iint_{R_1} dA + \iint_{R_2} dA = \int_0^1 \int_{-\sqrt{y}}^{\sqrt{y}} dx\,dy + \int_1^4 \int_{y-2}^{\sqrt{y}} dx\,dy$$

반면에 반복적분의 순서를 바꾸면(그림 13.20b), 다음과 같다.

$$A = \int_{-1}^{2} \int_{x^2}^{x+2} dy\,dx$$

두 번째 결과가 적분 계산을 한 번만 포함하고 있으므로 계산이 간단하다.

$$A = \int_{-1}^{2} \Big[y\Big]_{y=x^2}^{y=x+2} dx = \int_{-1}^{2} (x + 2 - x^2)\,dx = \left[\frac{x^2}{2} + 2x - \frac{x^3}{3}\right]_{-1}^{2} = \frac{9}{2}$$ ■

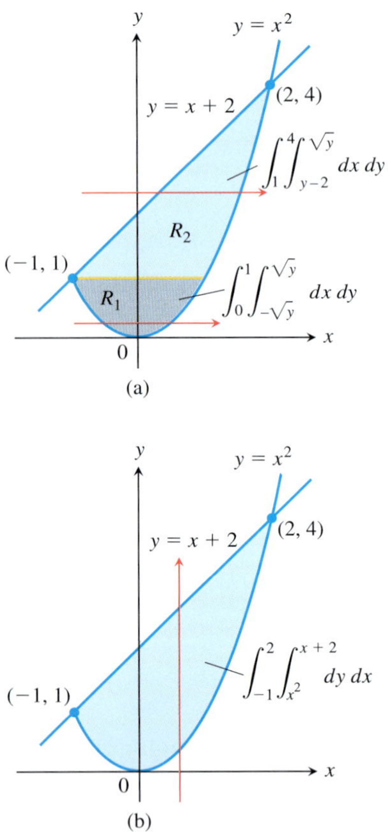

그림 13.20 (a)와 같이 x에 관한 적분을 먼저 하면 두 번의 2중적분을 계산해야 하지만, (b)와 같이 y에 관한 적분을 먼저 하면 한 번만 적분 계산을 하면 된다(예제 2).

예제 3 다음 식으로 표현되는 경기장의 넓이를 구하라.

$$R: -2 \le x \le 2,\ -1 - \sqrt{4 - x^2} \le y \le 1 + \sqrt{4 - x^2}$$

(a) 푸비니 정리를 이용하여 구하라.

(b) 기본 도형의 성질을 이용하여 구하라.

풀이 영역 R은 그림 13.21a에 그려져 있다.

(a) 영역은 그래프에서 보듯이 대칭이다. 제1사분면의 넓이를 4배하면 경기장의 넓이가 된다. 그림 13.21b에서 볼 수 있듯이 x에서 수직선 $y=0$일 때 영역의 일부이고, $y=1+\sqrt{4-x^2}$일 때 빠져나온다. 푸비니 정리를 이용하면 다음과 같다.

$$\begin{aligned} A &= \iint_R dA = 4\int_0^2 \int_0^{1+\sqrt{4-x^2}} dy\,dx \\ &= 4\int_0^2 \left(1 + \sqrt{4 - x^2}\right) dx \\ &= 4\left[x + \frac{x}{2}\sqrt{4 - x^2} + \frac{4}{2}\sin^{-1}\frac{x}{2}\right]_0^2 \qquad \text{적분표 공식 45} \\ &= 4\left(2 + 0 + 2 \cdot \frac{\pi}{2} - 0\right) = 8 + 4\pi \end{aligned}$$

(b) 영역 R은 반지름이 2인 반원에 의해 두 변이 직사각형으로 구성되어 있다. 넓이는 4×2인 직사각형의 넓이와 반지름이 2인 원의 넓이를 더함으로써 계산할 수 있다.

$$A = 8 + \pi 2^2 = 8 + 4\pi$$ ■

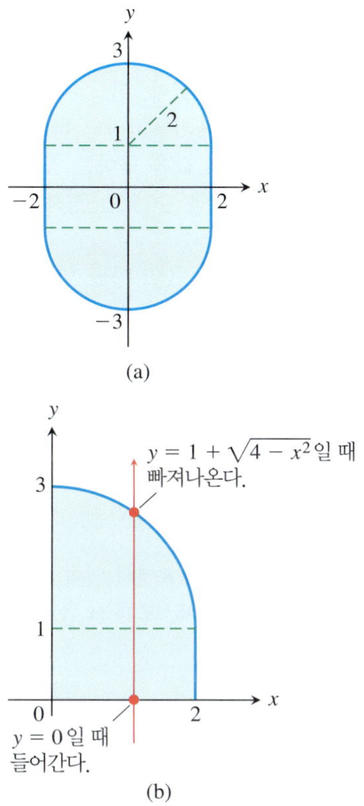

그림 13.21 (a) 예제 3의 운동장 R의 영역, (b) 운동장의 제1사분면.

평균값

닫힌 구간에서 1변수 함수의 평균값은 그 구간에서의 함수의 적분을 구간의 길이로 나눈 값이다. 이를 일반화하여 2차원 유계 영역에서 정의된 2변수 함수의 평균값은 그 영역에서의 함수의 적분을 영역의 넓이로 나눈 값으로 정의한다. 이해를 돕기 위해 밑바닥이 영역 R인 물탱크에 출렁이는 물로 가득 차 있다고 상상해보자. 어느 특정한 순간 밑바닥의 각 지점 (x, y)에서의 수면의 높이를 함숫값 $f(x, y)$로 생각하면 평균 탱크 안의 물 높이는 물이 일정한 높이로 가라앉도록 함으로써 알 수 있다. 이 높이는 탱크 안의 물의 양을 바닥의 넓이로 나눈 값과 같다. 따라서 영역 R에서 적분가능한 함수 f의 평균값은 다음과 같이 정의한다.

$$\text{영역 } R\text{에 대한 함수 } f\text{의 } \textbf{평균값} = \frac{1}{R\text{의 넓이}} \iint_R f\, dA \tag{3}$$

함수 f가 R을 덮고 있는 얇은 판의 온도라면, 그 판의 평균 온도는 영역 R에서 함수 f의 2중적분을 R의 넓이로 나눈 값이다. $f(x, y)$가 한점 P와 점 (x, y)의 거리이면 R에서 함수 f의 평균값은 P로부터 영역 R 내부의 점들에 이르는 평균거리이다.

예제 4 직사각형 영역 R: $0 \le x \le \pi$, $0 \le y \le 1$에서 $f(x, y) = x \cos xy$의 평균값을 구하라.

풀이 영역 R에서 f의 적분은 다음과 같다.

$$\int_0^{\pi}\int_0^1 x\cos xy\, dy\, dx = \int_0^{\pi}\left[\sin xy\right]_{y=0}^{y=1} dx \qquad \int x\cos xy\, dy = \sin xy + C$$

$$= \int_0^{\pi}(\sin x - 0)\, dx = -\cos x\Big]_0^{\pi} = 1 + 1 = 2$$

그리고 R의 넓이 π이다. 따라서 R에서 f의 평균값은 $2/\pi$이다. ■

연습문제 13.3 EXERCISE QUESTION

2중적분에 의한 영역의 넓이 구하기

연습문제 1~12에서 주어진 곡선 또는 직선으로 둘러싸인 영역을 그리고, 영역의 넓이를 2중적분을 이용하여 표현하고 값을 구하라.

1. 좌표축과 직선 $x+y=2$
2. 직선 $x=0$, $y=2x$, $y=4$
3. 포물선 $x=-y^2$과 직선 $y=x+2$
4. 포물선 $x=y-y^2$과 직선 $y=-x$
5. 곡선 $y=e^x$와 세 직선 $y=0$, $x=0$, $x=\ln 2$
6. 제1사분면 내에서 곡선 $y=\ln x$, $y=2\ln x$와 직선 $x=e$
7. 포물선 $x=y^2$과 $x=2y-y^2$
8. 포물선 $x=y^2-1$과 $x=2y^2-2$
9. 직선 $y=x$, $y=x/3$, $y=2$
10. 직선 $y=1-x$, $y=2$와 곡선 $y=e^x$
11. 직선 $y=2x$, $y=x/2$, $y=3-x$
12. 직선 $y=x-2$, $y=-x$와 곡선 $y=\sqrt{x}$

적분 영역 구하기

연습문제 13~18에서 주어진 적분은 xy평면에서 어떤 영역의 넓이를 나타내고 있다. 그 영역을 그리고 영역의 경계를 이루는 곡선 또는 직선의 방정식을 구하라. 그 영역의 넓이 구하라.

13. $\displaystyle\int_0^6\int_{y^2/3}^{2y} dx\, dy$

14. $\displaystyle\int_0^3\int_{-x}^{x(2-x)} dy\, dx$

15. $\displaystyle\int_0^{\pi/4}\int_{\sin x}^{\cos x} dy\, dx$

16. $\displaystyle\int_{-1}^2\int_{y^2}^{y+2} dx\, dy$

17. $\displaystyle\int_{-1}^0\int_{-2x}^{1-x} dy\, dx + \int_0^2\int_{-x/2}^{1-x} dy\, dx$

18. $\displaystyle\int_0^2\int_{x^2-4}^0 dy\, dx + \int_0^4\int_0^{\sqrt{x}} dy\, dx$

평균값 구하기

19. 다음 영역에서 함수 $f(x, y) = \sin(x+y)$의 평균값을 구하라.
a. 직사각형 $0 \le x \le \pi$, $0 \le y \le \pi$
b. 직사각형 $0 \le x \le \pi$, $0 \le y \le \pi/2$

20. 정사각형 $0 \le x \le 1$, $0 \le y \le 1$에서 $f(x, y)=xy$의 평균값과 원 $x^2+y^2 \le 1$의 제1사분면 영역에서 함수 f의 평균값 중 어느 것이 더 크다고 생각하는가? 구체적으로 계산하라.

21. 정사각형 $0 \le x \le 2$, $0 \le y \le 2$에서 포물선 $z=x^2+y^2$의 평균 높이를 구하라.

22. 정사각형 $\ln 2 \le x \le 2 \ln 2$, $\ln 2 \le y \le 2 \ln 2$에서 $f(x, y)=1/(xy)$의 평균값을 구하라.

이론과 예제

23. 도형의 넓이 영역 R: $0 \le x \le 2$, $2-x \le y \le \sqrt{4-x^2}$의 넓이를 **(a)** 푸비니 정리를 이용하여, **(b)** 기본 도형의 성질을 이용하여 구하라.

24. 도형의 넓이 바깥쪽 반지름 2이고, 안쪽 반지름이 1인 원형의 와셔의 넓이를 **(a)** 푸비니 정리를 이용하여, **(b)** 기본 도형의 성질을 이용하여 구하라.

25. 박테리아 개체수 $f(x, y)=1(10{,}000e^y)/(1+|x|/2)$가 xy평면에서의 한점 (x, y)에서 박테리아의 서식 밀도를 나타낼 때, 직사각형 $-5 \le x \le 5$, $-2 \le y \le 0$ 내부의 박테리아 총수를 구하라.

26. 인구 $f(x, y)=100(y+1)$이 킬로미터로 측정되는 xy평면에서의 한점 (x, y)에서 지구상 평면 지역의 인구밀도를 나타낼 때 곡선 $x=y^2$과 $x=2y-y^2$으로 둘러싸인 영역 내의 인구 수를 구하라.

27. 텍사주의 평균 기온 미국 텍사스 주의 연감에 의하면 텍사스에는 254개의 군이 있고 각 군에는 기상국이 있다. 어느 시점 t_0에서 254개의 각 기상국에서 그 지역의 온도를 기록한다고 하자. 시점 t_0에서 텍사스 주의 평균 기온에 대한 근삿값을 구하는 공식을 만들라. 공식에는 텍사스 주의 연감에서 찾을 수 있는 정보를 포함해야 한다.

28. 닫힌 구간 $a \le x \le b$에서 정의된 $y=f(x)$는 음이 아닌 연속함수이다. x축, 수직선 $x=a$, $y=b$, $y=f(x)$의 그래프에 둘러싸인 영역의 넓이를 2중적분으로 구한 값과 4.3절에서 정의한 곡선 아래 영역의 넓이와 일치함을 증명하라.

29. 함수 $f(x, y)$가 평면 위의 영역 R에서 연속이고 영역의 넓이를 $A(R)$이라고 하자. 상수 m과 M이 성립할 때 다음을 증명하라.

$$mA(R) \le \iint_R f(x, y)\, dA \le MA(R)$$

30. 함수 $f(x, y)$가 평면 위의 넓이가 $A(R)$인 영역 R에서 연속이고 양의 함수라고 하자. 만약 $\iint_R f(x, y)\, dA=0$일 때, 모든 $(x, y) \in R$에서 $f(x, y)=0$임을 증명하라.

13.4 극좌표를 이용한 2중적분

2중적분은 극좌표로 표현하면 그 계산이 더 쉬워지는 경우가 가끔 있다. 이 절에서는 경계선이 극방정식으로 주어진 영역에서의 적분을 극좌표 나타내는 방법과 적분을 계산하는 방법을 공부한다.

극좌표에서 2중적분

xy평면의 한 영역 R에서 어떤 함수의 2중적분을 정의했을 때, R을 좌표축에 평행인 직선으로 만든 여러 개의 직사각형으로 잘게 나누었다. 이 직사각형의 각 변의 x, y값이 일정하기 때문에 직교좌표에서는 가장 편리한 도형이다. 극좌표에서 사용하기 편한 도형은 각 변의 r, θ의 값이 일정한 '극직사각형'이다. 혼란을 피하기 위해 적분의 영역을 표현하기 위한 극좌표 (r, θ)에서 r의 범위를 $r \ge 0$으로 한다.

반직선 $\theta=\alpha$와 $\theta=\beta$ 및 연속인 곡선 $r=g_1(\theta)$와 $r=g_2(\theta)$로 둘러싸인 영역 R에서 함수 $f(r, \theta)$가 정의되어 있고, α와 β 사이의 모든 θ 값에 대해 $0 \le g_1(\theta) \le g_2(\theta) \le a$라고 가정하면 R은 부등식 $0 \le r \le a$와 $\alpha \le \theta \le \beta$ (단, $0 \le \beta-\alpha \le 2\pi$)로 정의되는 부채꼴 모양의 영역 Q 안에 있다(그림 13.22).

원호 반직선으로 Q를 잘게 나누어보자. 이 원호는 중심이 원점이고, 반지름이 Δr, $2\Delta r$, $\cdots$, $m\Delta r$인 원호이고, $\Delta r=a/m$이다. 반직선은 다음과 같이 주어진다.

$$\theta=\alpha, \quad \theta=\alpha+\Delta\theta, \quad \theta=\alpha+2\Delta\theta, \quad \cdots, \quad \theta=\alpha+m'\Delta\theta=\beta$$

여기서 $\Delta\theta=(\beta-\alpha)/m'$이다. Q를 분할하고 있는 조각, 즉 원호와 반직선이 만드는 도형을 '극직사각형'이라 한다.

영역 R 내부에 있는 극직사각형에 번호를 붙여(순서는 중요하지 않다) 그 넓이를 ΔA_1, ΔA_2, $\cdots$, ΔA_n이라 하자. 넓이가 ΔA_k인 극직사각형 안의 임의의 점을 (r_k, θ_k)라 하고 다음과 같이 부분합을 구성한다.

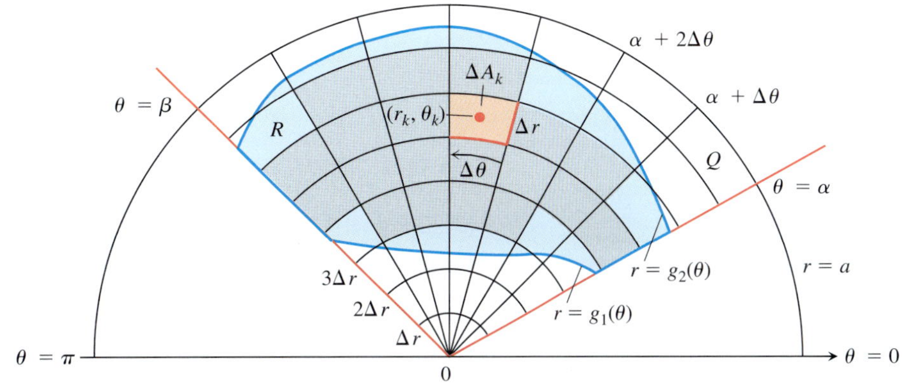

그림 13.22 영역 R: $g_1(\theta) \le r \le g_2(\theta)$, $\alpha \le \theta \le \beta$는 $0 \le \beta - \alpha \le 2\pi$일 때 부채꼴 영역 Q: $0 \le r \le a$, $\alpha \le \theta \le \beta$의 부분집합이다. Q를 원호와 반직선으로 잘게 나누면 R의 분할을 얻는다.

$$S_n = \sum_{k=1}^{n} f(r_k, \theta_k)\,\Delta A_k$$

함수 f가 R에서 연속이면 Δr과 $\Delta\theta$가 0에 가까워지도록 극사각형을 세분화하면 이 부분합은 어떤 극한값에 수렴할 것이다. 이 극한값을 영역 R에서 f의 2중적분이라 한다. 기호로 나타내면 다음과 같다.

$$\lim_{n\to\infty} S_n = \iint_R f(r, \theta)\,dA$$

이 극한값을 계산하려면 먼저 ΔA_k를 Δr과 $\Delta\theta$로 표시하여 부분합 S_n을 구해야 한다. k번째 극직사각형 ΔA_k의 경계인 두 원호를 지나는 반지름의 평균을 r_k라 하자. ΔA_k의 안쪽 부채꼴의 반지름은 $r_k - (\Delta r/2)$이고(그림 13.23), 바깥쪽의 반지름 $r_k + (\Delta r/2)$이다.

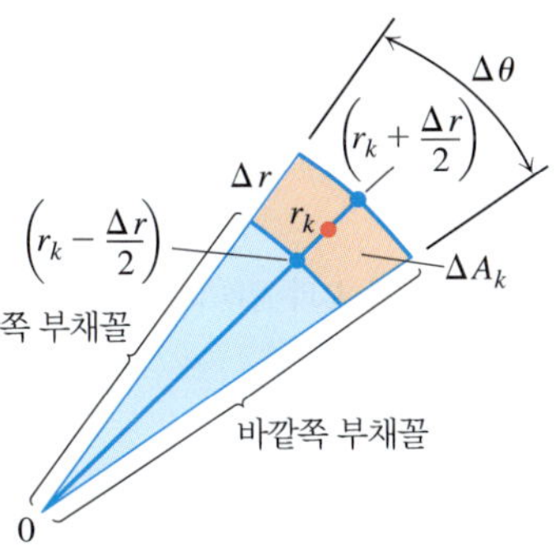

그림 13.23 ΔA_k=(바깥쪽 부채꼴 넓이)−(안쪽 부채꼴 넓이)이므로 $\Delta A_k = r_k \Delta r \Delta\theta$가 된다.

반지름이 r이고 중심각이 $\Delta\theta$인 부채꼴의 넓이는 다음 식과 같다.

$$A = \frac{1}{2}\Delta\theta \cdot r^2$$

이는 원의 넓이 πr^2에 원의 부채꼴의 넓이가 차지하는 비율이 $\Delta\theta/2\pi$이므로 두 원호와 원점이 결정하는 부채꼴의 넓이는 다음을 얻는다.

$$\text{안쪽 부채꼴의 넓이:} \quad \frac{1}{2}\left(r_k - \frac{\Delta r}{2}\right)^2 \Delta\theta$$

$$\text{바깥쪽 부채꼴의 넓이:} \quad \frac{1}{2}\left(r_k + \frac{\Delta r}{2}\right)^2 \Delta\theta$$

따라서 다음과 같음을 알 수 있다.

$$\begin{aligned}\Delta A_k &= (\text{바깥쪽 부채꼴의 넓이}) - (\text{안쪽 부채꼴의 넓이}) \\ &= \frac{\Delta\theta}{2}\left[\left(r_k + \frac{\Delta r}{2}\right)^2 - \left(r_k - \frac{\Delta r}{2}\right)^2\right] = \frac{\Delta\theta}{2}(2r_k\,\Delta r) = r_k\,\Delta r\,\Delta\theta\end{aligned}$$

결과를 부분합 S_n에 대입하면 다음과 같다.

$$S_n = \sum_{k=1}^{n} f(r_k, \theta_k) r_k\,\Delta r\,\Delta\theta$$

$n \to \infty$에 따라 $\Delta r \to 0$, $\Delta\theta \to 0$이고 위의 부분합은 다음의 2중적분에 수렴한다.

$$\lim_{n\to\infty} S_n = \iint_R f(r, \theta)\, r\,dr\,d\theta$$

푸비니 정리의 또 다른 형태에 의하면 위의 극한값은 r과 θ에 관한 1변수 함수의 적분을 반복함

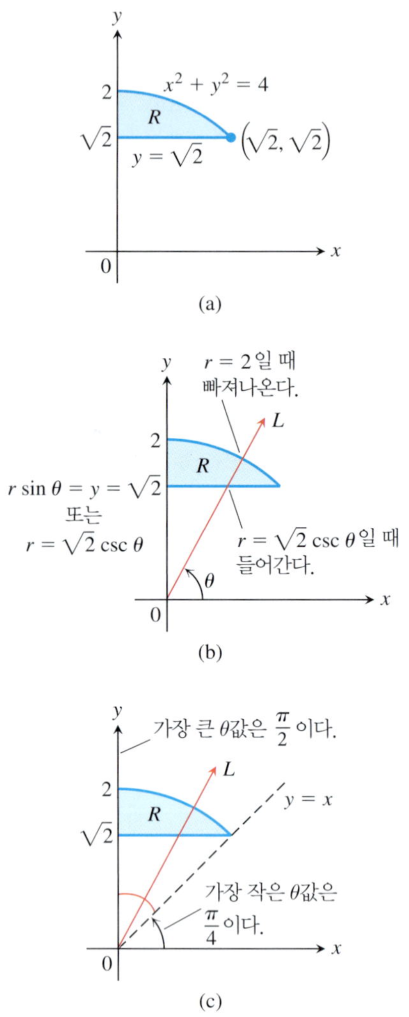

그림 13.24 극좌표에 대한 적분 구간 구하기.

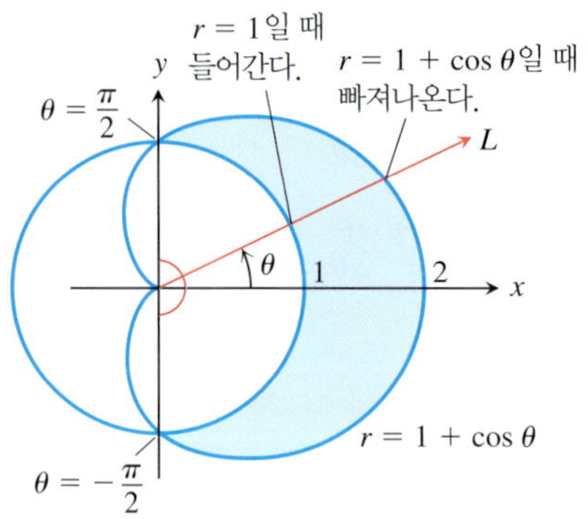

그림 13.25 예제 1의 영역에서 극좌표에 대한 적분 구간 구하기.

극좌표에서 넓이 미분

$$dA = r\,dr\,d\theta$$

으로써 구할 수 있으므로 다음이 성립한다.

$$\iint_R f(r,\theta)\,dA = \int_{\theta=\alpha}^{\theta=\beta}\int_{r=g_1(\theta)}^{r=g_2(\theta)} f(r,\theta)\,r\,dr\,d\theta$$

적분 영역 구하기

극좌표에서 적분 영역을 구하는 과정은 직교좌표에서의 경우와 같다. 그림 13.24에서와 같은 영역 R을 사용하여 설명한다. 극좌표에서 $\iint_R f(r,\theta)$를 계산하려면 먼저 r에 대한 적분과 그 다음 θ에 대한 적분을 해야 하므로 다음의 순서를 따른다.

1. **그림 그리기**: 영역의 그림을 그리고 경계선의 방정식을 구한다(그림 13.24a).
2. **r의 적분 구간 구하기**: 원점에서 r이 증가하는 방향으로 반직선 L을 영역 R을 가로질러 긋는다. L이 R에 들어가고 나오는 r값을 구한다. 이로부터 r의 적분의 상한과 하한을 구한다. 이 r의 값은 일반적으로 양의 x축과 L이 이루는 각 θ의 함수로 표시된다(그림 13.24b).
3. **θ의 적분 구간 구하기**: 영역 R을 이루는 최소와 최대의 θ값을 구한다. 이것이 θ의 적분의 상한과 하한이다(그림 13.24c). 2중적분은 다음과 같다.

$$\iint_R f(r,\theta)\,dA = \int_{\theta=\pi/4}^{\theta=\pi/2}\int_{r=\sqrt{2}\cos\theta}^{r=2} f(r,\theta)\,r\,dr\,d\theta$$

예제 1 심장형 곡선 $r=1+\cos\theta$의 내부와 원 $r=1$의 외부의 공통영역 R에서 함수 $f(r,\theta)$의 2중적분을 구하기 위한 적분 영역을 결정하라.

풀이

1. 심장형 곡선과 원을 그려 영역 R의 경계선의 방정식을 확인한다(그림 13.25).
2. **r의 적분 구간을 구한다.** 원점에서 출발한 반직선은 $r=1$일 때 R에 들어가고 $r=1+\cos\theta$일 때 R에서 빠진다.
3. 마지막으로 **θ의 적분 구간을 구한다.** 원점에서 시작되고 영역 R과 만나는 반직선은 $\theta=-\pi/2$와 $\theta=\pi/2$ 사이에 있다. 따라서 적분은 다음과 같다.

$$\int_{-\pi/2}^{\pi/2}\int_{1}^{1+\cos\theta} f(r,\theta)\,r\,dr\,d\theta$$ ■

f가 $f=1$인 상수함수이면 영역 R에서 2중적분값은 R의 넓이가 됨을 알 수 있다.

극좌표에서 넓이

극좌표로 표시되는 유계 닫힌 영역 R의 넓이는 다음과 같다.

$$A = \iint_R r\,dr\,d\theta$$

이것은 앞에서 배운 넓이의 공식과 일치한다.

예제 2 염주형 곡선 $r^2=4\cos 2\theta$로 둘러싸인 영역의 넓이를 구하라.

풀이 염주형의 그래프를 그려서 적분 영역을 결정한다(그림 13.26). 영역의 대칭을 통해 영역의 넓이는 제1사분면에 있는 부분의 넓이의 4배라는 것을 알 수 있다.

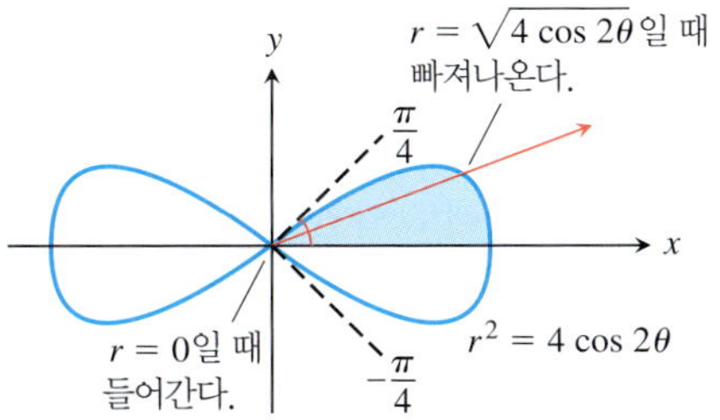

그림 13.26 색칠한 영역에서 적분에서 r의 범위는 0부터 $\sqrt{4\cos 2\theta}$이고, θ의 범위는 0부터 $\pi/4$까지이다.

$$A = 4\int_0^{\pi/4}\int_0^{\sqrt{4\cos 2\theta}} r\,dr\,d\theta = 4\int_0^{\pi/4}\left[\frac{r^2}{2}\right]_{r=0}^{r=\sqrt{4\cos 2\theta}} d\theta$$

$$= 4\int_0^{\pi/4} 2\cos 2\theta\,d\theta = 4\sin 2\theta\Big]_0^{\pi/4} = 4$$

■

직교좌표에서 적분을 극좌표 적분으로 바꾸기

직교좌표로 표시된 적분 $\iint_R f(x, y)\,dx\,dy$을 극좌표에 관한 적분으로 바꿀 때에는 두 가지 순서를 밟는다. 먼저 $x = r\cos\theta$, $y = r\sin\theta$로 치환하고 $dx\,dy$를 $r\,dr\,d\theta$로 대입한다. 그 다음 영역 R의 경계 곡선에 대해 극좌표 적분 영역을 결정한다. 직교좌표에 관한 적분은 다음으로 변환되는데,

$$\iint_R f(x, y)\,dx\,dy = \iint_G f(r\cos\theta, r\sin\theta)r\,dr\,d\theta$$

여기서 G는 적분 영역이 극좌표로 표현된 영역을 의미한다. 치환해야 할 변수가 1개가 아니라 2개인 점을 제외하면 4장의 치환 방법과 같다. 넓이 미분 $dx\,dy$는 $dr\,d\theta$가 아닌 $r\,dr\,d\theta$로 바꾸는 것에 주의하자. 중적분에서 대한 치환적분은 13.8절에서 일반적인 방법으로 배운다.

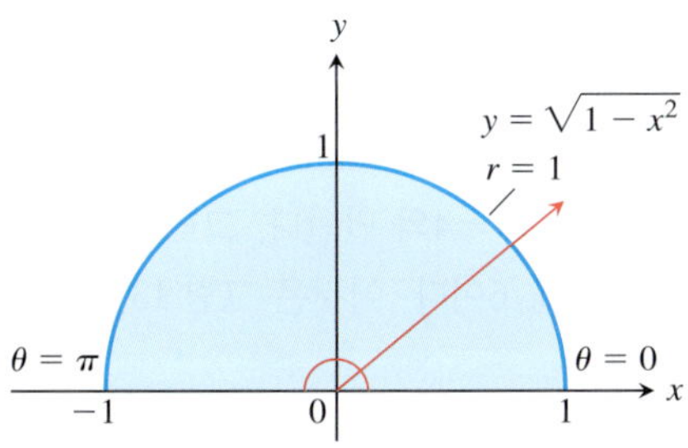

그림 13.27 예제 3의 반원 영역에서 적분에서 $0 \le r \le 1$, $0 \le \theta \le \pi$로 나타낼 수 있다.

예제 3 R은 x축과 곡선 $y = \sqrt{1-x^2}$로 둘러싸인 반원형 영역일 때(그림 13.27), 다음 2중적분을 구하라.

$$\iint_R e^{x^2+y^2}\,dy\,dx$$

풀이 함수 $e^{x^2+y^2}$은 통계학 등 수학의 여러 분야에 흔히 등장하는 함수로서 직교좌표를 이용하는 직접적인 계산 방법은 알려져 있지 않다. 극좌표를 이용하면 가능하다. $x = r\cos\theta$와 $y = r\sin\theta$를 대입하고 $dy\,dx$를 $r\,dr\,d\theta$로 대체하면 다음과 같다.

$$\iint_R e^{x^2+y^2}\,dy\,dx = \int_0^{\pi}\int_0^1 e^{r^2} r\,dr\,d\theta = \int_0^{\pi}\left[\frac{1}{2}e^{r^2}\right]_{r=0}^{r=1} d\theta$$

$$= \int_0^{\pi}\frac{1}{2}(e-1)\,d\theta = \frac{\pi}{2}(e-1)$$

이때 $r\,dr\,d\theta$에 있는 r이 e^{r^2}를 적분가능하게 한다. r이 없었다면 적분이 불가능하다. ■

예제 4 2중적분 $\int_0^1\int_0^{\sqrt{1-x^2}}(x^2+y^2)\,dy\,dx$을 구하라.

풀이 y에 관해 적분을 하면 다음과 같다.

$$\int_0^1\left(x^2\sqrt{1-x^2} + \frac{(1-x^2)^{3/2}}{3}\right)dx$$

이 적분은 기본 적분표 없이는 계산하기 어렵다. 그러나 이 적분을 극좌표로 바꾸면 계산이 가능하다. 직교좌표계로 영역은 $0 \le y \le \sqrt{1-x^2}$과 $0 \le x \le 1$로 표현되고, 이것은 단위원 $x^2+y^2=1$의 내부 중 제1사분면에 해당하는 부분이다(그림 13.27의 제1사분면 참조). 극좌표 $x = r\cos\theta$, $y = r\sin\theta$, $0 \le \theta \le \pi/2$, $0 \le r \le 1$이고 $dy\,dx$를 $r\,dr\,d\theta$를 대입하면 다음과 같다.

$$\int_0^1\int_0^{\sqrt{1-x^2}}(x^2+y^2)\,dy\,dx = \int_0^{\pi/2}\int_0^1 (r^2)\,r\,dr\,d\theta$$

$$= \int_0^{\pi/2}\left[\frac{r^4}{4}\right]_{r=0}^{r=1} d\theta = \int_0^{\pi/2}\frac{1}{4}\,d\theta = \frac{\pi}{8}$$

여기서 극좌표로 바꾸어서 계산하는 것이 효과적이다. x^2+y^2을 r^2로 간단히 하고 적분 영역의 하한과 상한이 상수가 되기 때문이다. ■

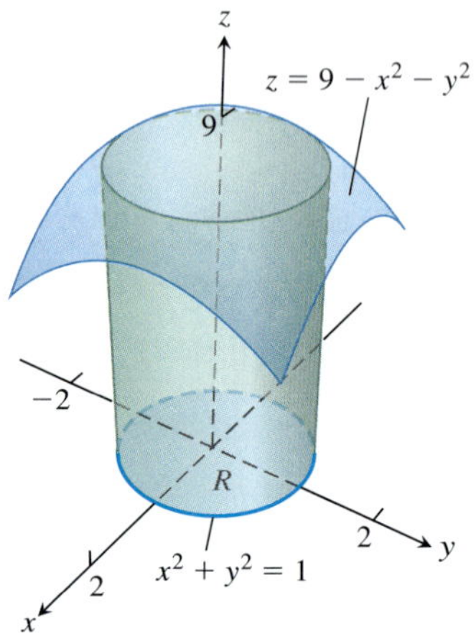

그림 13.28 예제 5의 입체.

예제 5 포물면 $z=9-x^2-y^2$과 좌표평면에서 단위원을 위, 아래로 싸인 입체의 부피를 구하라.

풀이 적분 영역 R은 단위원 $x^2+y^2=1$로 극좌표에서는 $r=1,\ 0 \le \theta \le 2\pi$로 표현된다. 입체의 영역은 그림 13.28과 같고 부피는 다음의 2중적분과 같다.

$$\iint_R (9 - x^2 - y^2)\, dA = \int_0^{2\pi}\int_0^1 (9 - r^2)\, r\, dr\, d\theta \qquad r^2 = x^2 + y^2,\quad dA = r\, dr\, d\theta$$

$$= \int_0^{2\pi}\int_0^1 (9r - r^3)\, dr\, d\theta$$

$$= \int_0^{2\pi}\left[\frac{9}{2}r^2 - \frac{1}{4}r^4\right]_{r=0}^{r=1} d\theta$$

$$= \frac{17}{4}\int_0^{2\pi} d\theta = \frac{17\pi}{2}$$ ■

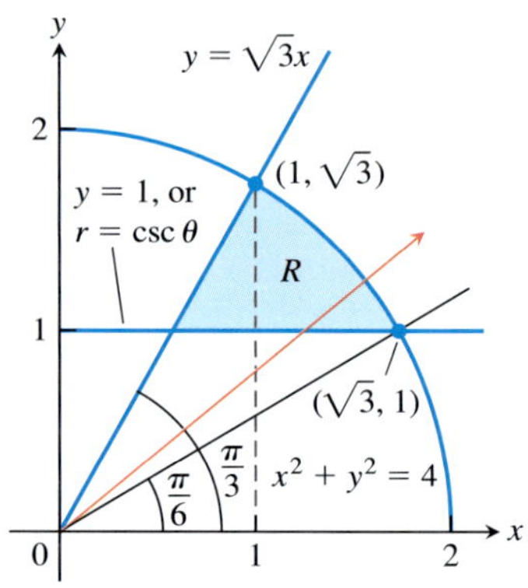

그림 13.29 예제 6의 영역 R.

예제 6 극좌표계를 이용하여 좌표평면에서 원 $x^2+y^2=4$, 직선 $y=1$ 위로, 직선 $y=\sqrt{3}x$로 아래로 둘러싸인 영역 R의 넓이를 구하라.

풀이 그림 13.29에서 영역 R을 보자. 먼저 $y=\sqrt{3}x$의 기울기는 $\sqrt{3}=\tan\theta$이므로 $\theta=\pi/3$이다. 다음으로 $x^2+1=4$, 즉 $x=\sqrt{3}$일 때 직선 $y=1$이 원 $x^2+y^2=4$와 만난다. 그리고 원점과 점 $(\sqrt{3}, 1)$을 지나는 직선의 기울기는 $1/\sqrt{3}=\tan\theta$이고, $\theta=\pi/6$이다. 이것은 그림 13.29에서 볼 수 있다.

영역 R은 θ가 $\theta=\pi/6$부터 $\theta=\pi/3$까지 극좌표 r은 수평선 $y=1$부터 원 $x^2+y^2=4$까지 변한다. 수평선에 대한 식에서 $y=1$에 $y=r\sin\theta$를 대입하면 $r\sin\theta=1$ 또는 $r=\csc\theta$가 되며, 이는 극좌표로 표현된 것이다. 원의 극방정식은 $r=2$이다. 따라서 극좌표는 $\pi/6 \le \theta \le \pi/3$이고, r의 범위는 $r=\csc\theta$와 $r=2$ 사이이다. 그러므로 영역의 넓이를 반복적분을 이용해서 구하면 다음과 같다.

$$\iint_R dA = \int_{\pi/6}^{\pi/3}\int_{\csc\theta}^{2} r\, dr\, d\theta$$

$$= \int_{\pi/6}^{\pi/3}\left[\frac{1}{2}r^2\right]_{r=\csc\theta}^{r=2} d\theta$$

$$= \int_{\pi/6}^{\pi/3}\frac{1}{2}[4 - \csc^2\theta]\, d\theta$$

$$= \frac{1}{2}\Big[4\theta + \cot\theta\Big]_{\pi/6}^{\pi/3}$$

$$= \frac{1}{2}\left(\frac{4\pi}{3} + \frac{1}{\sqrt{3}}\right) - \frac{1}{2}\left(\frac{4\pi}{6} + \sqrt{3}\right) = \frac{\pi - \sqrt{3}}{3}$$ ■

연습문제 13.4 EXERCISE QUESTION

극좌표에서 영역

연습문제 1~8에서 직교좌표로 주어진 영역을 극좌표로 표현하라.

1.

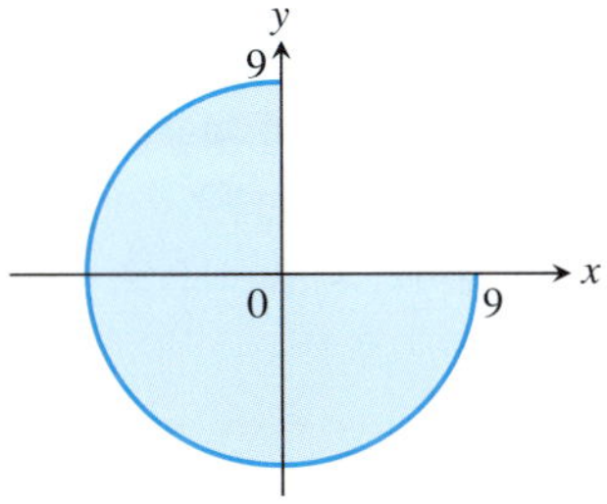

2.

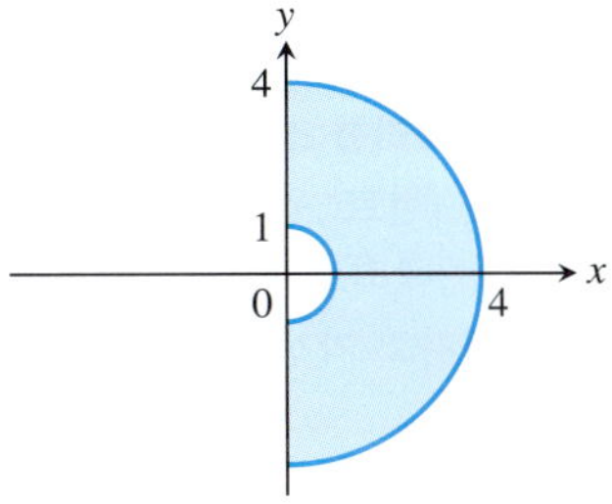

3.

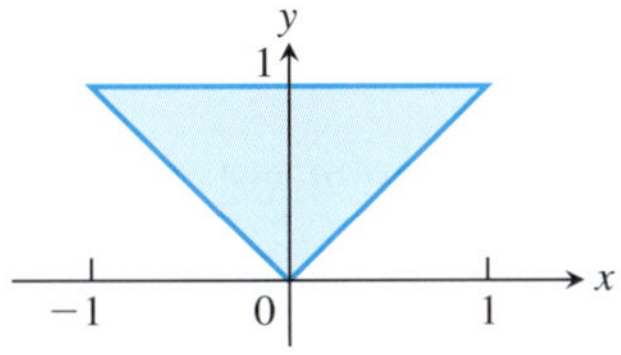

4.

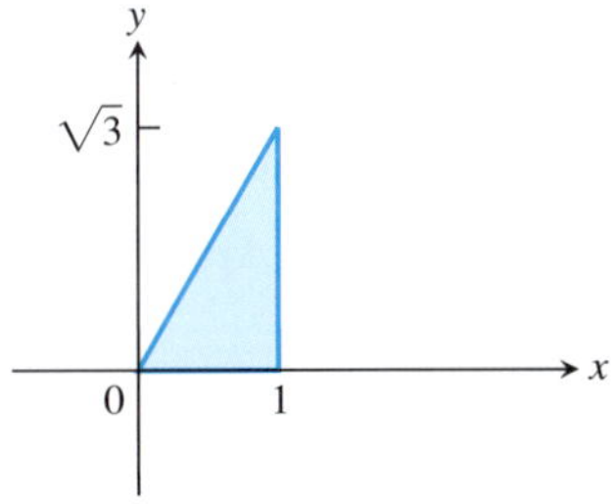

5.

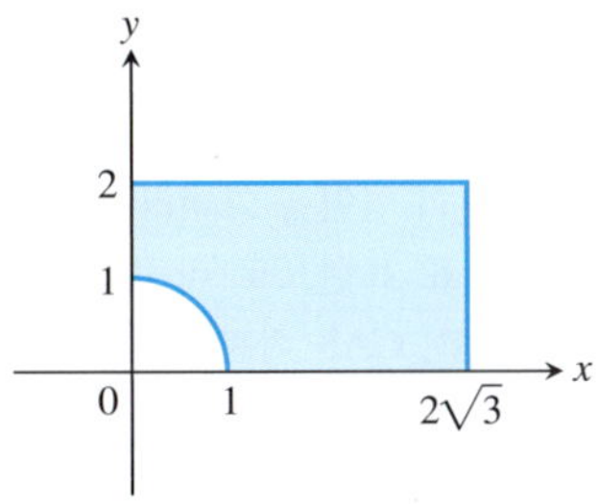

6.

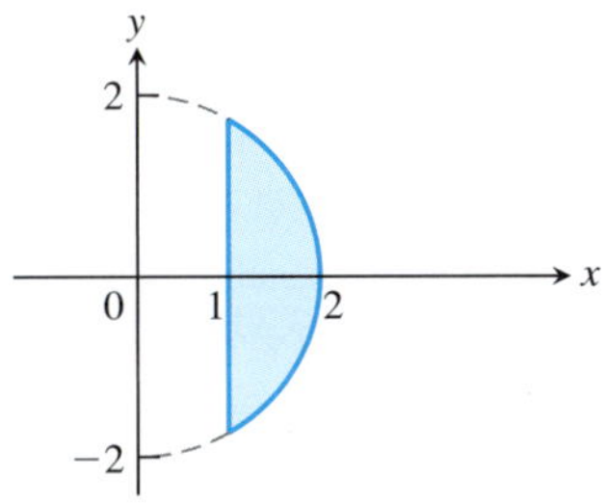

7. 원 $x^2+y^2=2x$에 의해 둘러싸인 영역

8. 반원 $x^2+y^2=2y,\ y\geq 0$으로 둘러싸인 영역

극좌표를 이용한 적분 계산

연습문제 9~22에서 직교좌표로 표현된 적분을 극좌표의 표현으로 바꾸어 계산하라.

9. $\displaystyle\int_{-1}^{1}\int_{0}^{\sqrt{1-x^2}} dy\,dx$

10. $\displaystyle\int_{0}^{1}\int_{0}^{\sqrt{1-y^2}} (x^2+y^2)\,dx\,dy$

11. $\displaystyle\int_{0}^{2}\int_{0}^{\sqrt{4-y^2}} (x^2+y^2)\,dx\,dy$

12. $\displaystyle\int_{-a}^{a}\int_{-\sqrt{a^2-x^2}}^{\sqrt{a^2-x^2}} dy\,dx$

13. $\displaystyle\int_{0}^{6}\int_{0}^{y} x\,dx\,dy$

14. $\displaystyle\int_{0}^{2}\int_{0}^{x} y\,dy\,dx$

15. $\displaystyle\int_{1}^{\sqrt{3}}\int_{1}^{x} dy\,dx$

16. $\displaystyle\int_{\sqrt{2}}^{2}\int_{\sqrt{4-y^2}}^{y} dx\,dy$

17. $\displaystyle\int_{-1}^{0}\int_{-\sqrt{1-x^2}}^{0} \frac{2}{1+\sqrt{x^2+y^2}}\,dy\,dx$

18. $\displaystyle\int_{-1}^{1}\int_{-\sqrt{1-x^2}}^{\sqrt{1-x^2}} \frac{2}{(1+x^2+y^2)^2}\,dy\,dx$

19. $\displaystyle\int_{0}^{\ln 2}\int_{0}^{\sqrt{(\ln 2)^2-y^2}} e^{\sqrt{x^2+y^2}}\,dx\,dy$

20. $\displaystyle\int_{-1}^{1}\int_{-\sqrt{1-y^2}}^{\sqrt{1-y^2}} \ln(x^2+y^2+1)\,dx\,dy$

21. $\displaystyle\int_{0}^{1}\int_{x}^{\sqrt{2-x^2}} (x+2y)\,dy\,dx$

22. $\displaystyle\int_{1}^{2}\int_{0}^{\sqrt{2x-x^2}} \frac{1}{(x^2+y^2)^2}\,dy\,dx$

연습문제 23~26에서 적분 영역을 그리고, 극좌표로 표현된 적분 또는 적분의 합을 직교좌표의 적분 또는 적분의 합으로 바꿔라.

23. $\displaystyle\int_{0}^{\pi/2}\int_{0}^{1} r^3\sin\theta\cos\theta\,dr\,d\theta$

24. $\displaystyle\int_{\pi/6}^{\pi/2}\int_{1}^{\csc\theta} r^2\cos\theta\,dr\,d\theta$

25. $\displaystyle\int_{0}^{\pi/4}\int_{0}^{2\sec\theta} r^5\sin^2\theta\,dr\,d\theta$

26. $\displaystyle\int_{0}^{\arctan\frac{4}{3}}\int_{0}^{3\sec\theta} r^7\,dr\,d\theta+\int_{\arctan\frac{4}{3}}^{\pi/2}\int_{0}^{4\csc\theta} r^7\,dr\,d\theta$

극좌표에서 넓이 구하기

27. 곡선 $r=2(2-\sin 2\theta)^{1/2}$의 내부로서 제1사분면에 있는 부분의 넓이를 구하라.

28. 심장형 곡선과 원의 공통 영역 심장형 곡선 $r=1+\cos\theta$의 내부와 원 $r=1$의 외부의 공통부분의 넓이를 구하라.

29. 장미형 곡선의 한 잎 장미형 곡선 $r=12\cos 3\theta$로 둘러싸인 잎 가운데, 1개의 잎의 넓이를 구하라.

30. 달팽이 집 양의 x축과 나선 $r=4\theta/3,\ 0\leq\theta\leq 2\pi$로 둘러싸인 부분의 넓이를 구하라.

31. 심장형 곡선과 중 제1사분면 영역 심장형 곡선 $r=1+\sin\theta$의 내부로서 제1사분면에 있는 부분의 넓이를 구하라.

32. 두 심장형 곡선의 공통영역 두 심장형 곡선 $r=1+\cos\theta$와 $r=1-\cos\theta$의 내부의 공통부분의 넓이를 구하라.

평균값

극좌표에서 영역 R에서 함수의 평균값(13.3절)은 다음과 같다.

$$\frac{1}{\text{넓이}(R)}\iint_R f(r,\theta)\,r\,dr\,d\theta$$

33. 반구면의 평균 높이 xy평면의 원판 $x^2+y^2\leq a^2$에서 반구면 $z=$

$\sqrt{a^2-x^2-y^2}$의 평균 높이를 구하라.

34. 원뿔의 평균 높이 xy평면의 원판 $x^2+y^2 \le a^2$에서 원뿔 $z=\sqrt{x^2+y^2}$의 평균 높이를 구하라.

35. 원판의 내부에서 중심까지의 평균 거리 원판 $x^2+y^2 \le a^2$ 내부의 점 $P(x, y)$부터 원점까지의 평균 거리를 구하라.

36. 원판의 내부의 점과 경계선의 한 점까지의 평균제곱거리 원판 $x^2+y^2 \le 1$ 내부의 점 $P(x, y)$부터 경계선 위의 점 $A(1, 0)$까지의 거리의 제곱에 대한 평균값을 구하라.

이론과 예제

37. 극좌표 적분으로 바꾸어 계산하기 영역 $1 \le x^2+y^2 \le e$에서 함수 $f(x, y)=[\ln(x^2+y^2)]/\sqrt{x^2+y^2}$의 2중적분을 구하라.

38. 극좌표 적분으로 바꾸어 계산하기 영역 $1 \le x^2+y^2 \le e^2$에서 함수 $f(x, y)=[\ln(x^2+y^2)]/(x^2+y^2)$의 2중적분을 구하라.

39. 밑면이 원이 아닌 직각기둥의 부피 심장형 곡선 $r=1+\cos\theta$의 내부와 원 $r=1$의 외부와의 공통부분을 밑면으로 하고 이 밑면에 수직인 기둥이 있다. 이 기둥의 윗면이 평면 $z=x$일 때, 이 기둥의 부피를 구하라.

40. 밑면이 원이 아닌 직각기둥의 부피 염주형 곡선 $r^2=2\cos 2\theta$로 둘러싸인 영역을 밑면으로 하고 이 밑면에 수직인 기둥이 있다. 이 기둥의 윗면이 구면 $z=\sqrt{2-r^2}$일 때, 이 기둥의 부피를 구하라.

41. 극좌표 적분으로 바꾸기

a. 이상적분 $I=\int_0^\infty e^{-x^2}$를 구하는 일반적인 방법은 먼저 이 적분의 제곱을 계산한다.

$$I^2 = \left(\int_0^\infty e^{-x^2}\,dx\right)\left(\int_0^\infty e^{-y^2}\,dy\right) = \int_0^\infty \int_0^\infty e^{-(x^2+y^2)}\,dx\,dy$$

극좌표를 이용하여 마지막 적분을 계산하고 또 I를 구하라.

b. 다음을 구하라.

$$\lim_{x\to\infty} \operatorname{erf}(x) = \lim_{x\to\infty} \int_0^x \frac{2e^{-t^2}}{\sqrt{\pi}}\,dt$$

42. 극좌표 적분으로 바꾸어 계산하기 다음 2중적분을 구하라.

$$\int_0^\infty \int_0^\infty \frac{1}{(1+x^2+y^2)^2}\,dx\,dy$$

43. 적분값의 존재 함수 $f(x, y)=1/(1-x^2-y^2)$의 원판 $x^2+y^2 \le 3/4$에서 2중적분을 구하라. $f(x, y)$는 원판 $x^2+y^2 \le 1$에서 2중적분이 존재하는가? 그 이유를 설명하라.

44. 극좌표에서 넓이 공식 원점과 곡선 $r=f(\theta)$, $\alpha \le \theta \le \beta$가 이루는 부채꼴의 넓이에 대한 공식은 다음과 같음을 극좌표를 이용한 2중적분으로부터 유도하라.

$$A = \int_\alpha^\beta \frac{1}{2} r^2\,d\theta$$

45. 원판의 내부에서 중심까지의 평균거리 반지름 a인 원의 내부의 한 점을 P_0, 원점과 P_0사이의 거리를 h라 하자. 임의의 점 P와 P_0사이의 거리를 d라 할 때, 이 원의 내부 영역에서 d^2의 평균값을 구하라. [힌트: 원의 중심을 원점에 P_0를 x축 위에 잡는다.]

46. 넓이 극좌표 평면에 있는 어떤 영역의 넓이가 다음 식으로 주어져 있다고 가정하자.

$$A = \int_{\pi/4}^{3\pi/4} \int_{\csc\theta}^{2\sin\theta} r\,dr\,d\theta$$

이 영역의 그림을 그리고, 그 넓이를 구하라.

47. 중심이 원점이고 반지름이 2인 원의 상반부 내부와 원 $x^2+(y-1)^2=1$의 외부로 이루어진 영역 R에 대해 적분 $\iint_R \sqrt{x^2+y^2}\,dA$를 계산하라.

48. 원 $x^2+y^2=2$의 내부와 $x \le -1$으로 이루어진 영역 R에 대해 적분 $\iint_R (x^2+y^2)^{-2}\,dA$를 계산하라.

컴퓨터 탐구

연습문제 49~52에 대해 직교좌표로 표현된 적분을 극좌표의 적분으로 바꾸어 CAS를 이용하여 계산하라. 각 문제를 다음의 단계로 시행하라.

a. 직교좌표로 표현된 적분 영역을 xy평면에 그려라.

b. 문제 (a)의 직교 영역에 있는 경계선의 방정식에 대해 직교좌표를 r, θ로 고쳐 극방정식으로 표현하라.

c. 문제 (b)의 결과를 이용하여 극좌표평면의 영역을 그려라.

d. 직교좌표로 표현된 피적분함수를 극좌표 표현으로 바꾸라. 문제 (c)의 그림에서 적분 영역을 결정하고, CAS 적분 장치를 이용하여 적분을 구하라.

49. $\displaystyle\int_0^1 \int_x^1 \frac{y}{x^2+y^2}\,dy\,dx$

50. $\displaystyle\int_0^1 \int_0^{x/2} \frac{x}{x^2+y^2}\,dy\,dx$

51. $\displaystyle\int_0^1 \int_{-y/3}^{y/3} \frac{y}{\sqrt{x^2+y^2}}\,dx\,dy$

52. $\displaystyle\int_0^1 \int_y^{2-y} \sqrt{x+y}\,dx\,dy$

13.5 직교좌표에서 3중적분

1변수 함수의 적분에 비해 2중적분이 더 일반적인 상황을 다룰 수 있는 것처럼 3중적분은 보다 더 일반적인 문제를 해결할 수 있다. 3차원 영역에서 정의된 함수의 평균값을 계산하는 데 3중적분이 사용된다. 14장에서 살펴보겠지만 3중적분은 3차원에서 정의된 벡터장과 유체역학의 연구에도 사용된다.

3중적분

3차원 공간에서 유계인 닫힌 영역 D, 예를 들어 단단한 공이나 점토 덩어리 같은 영역에서 함

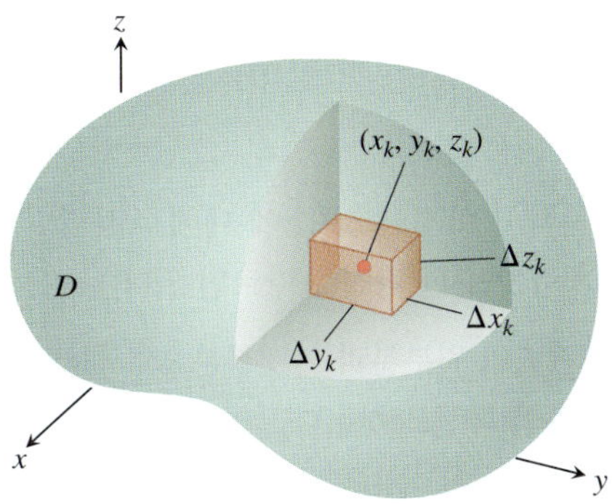

그림 13.30 입체를 부피가 ΔV_k인 작은 직육면체로 분할.

수 $F(x, y, z)$가 정의되어 있으면 D에서 함수 F의 적분은 다음과 같이 정의한다. 우선 D를 포함하는 직사각형 상자 모양의 영역을 다음과 같이 분할한다. 좌표축에 평행한 평면으로 작은 직육면체들로 분할한다(그림 13.30). 이 작은 직육면체 중에서 D의 내부에 위치한 직육면체에 대해 적당한 순서에 의해 1부터 n까지 번호를 준다. k번째 직육면체의 각 변의 길이는 Δx_k, Δy_k, Δz_k로 주어지고 부피는 $\Delta V_k = \Delta x_k \Delta y_k \Delta z_k$이다. k번째 직육면체에서 한 점 (x_k, y_k, z_k)를 선택하여 다음과 같은 부분합을 얻는다.

$$S_n = \sum_{k=1}^{n} F(x_k, y_k, z_k)\,\Delta V_k \tag{1}$$

Δx_k, Δy_k, Δz_k 중에서 가장 큰 값을 분할의 노름이라 하고 $\|P\|$로 나타낸다. 직육면체를 더 잘게 쪼갬에 따라서 Δx_k, Δy_k, Δz_k는 모두 0에 가까워진다. 어떠한 분할과 점 (x_k, y_k, z_k)를 선택해도 부분합이 하나의 값으로 수렴한다면, F가 D에서 **적분가능하다**라고 한다. 2중적분의 경우와 마찬가지로 F가 연속이고 D의 경계면이 유한개의 매끄러운 곡선을 따라 결합된 유한개의 매끄러운 곡면으로 이루어졌다면 F는 적분가능하다. $\|P\| \to 0$일 때, 직육면체의 개수 n이 ∞가 되므로 부분합 S_n은 극한값을 갖는다. 이 극한값을 **D에서 F의 3중적분**이라 하고 다음과 같이 나타낸다.

$$\lim_{n\to\infty} S_n = \iiint_D F(x, y, z)\,dV \qquad \text{또는} \qquad \lim_{\|P\|\to 0} S_n = \iiint_D F(x, y, z)\,dx\,dy\,dz$$

영역 D에서 연속인 함수가 적분가능하면 이 영역 D를 '합리적으로 매끄러운' 경계를 갖는다고 한다.

3차원 공간에서 영역의 부피

F가 값이 1인 상수함수일 때 식 (1)의 부분합은 다음과 같다.

$$S_n = \sum_{k=1}^{n} F(x_k, y_k, z_k)\,\Delta V_k = \sum_{k=1}^{n} 1 \cdot \Delta V_k = \sum_{k=1}^{n} \Delta V_k$$

Δx_k, Δy_k, Δz_k가 0에 가까워질수록 ΔV_k는 더 작아지고 개수는 많아지며 D의 점점 더 많은 부분을 채운다. 그러므로 D의 부피를 다음과 같은 3중적분으로 정의한다.

$$\lim_{n\to\infty} \sum_{k=1}^{n} \Delta V_k = \iiint_D dV$$

정의 3차원에서 유계인 닫힌 영역 D의 **부피**는 다음과 같다.

$$V = \iiint_D dV$$

위의 정의는 부피에 관해 앞에서 배운 정의와 일치한다. 이에 대한 증명은 나중에 살펴본다. 이 정의를 이용하면 곡면으로 둘러싸인 입체의 부피를 계산할 수 있다. 이는 이전에 다루었던(5장과 13.2절) 입체보다 더 일반적인 입체이다.

$dz\,dy\,dx$ 순서로 적분 구간 구하기

13.2절에서 배운 푸비니 정리는 3차원에서도 성립한다. 이것을 적용하면 3중적분은 1변수 함수의 적분을 세 번 반복 사용하여 계산한다. 2중적분에서와 마찬가지로 기하학적인 관찰을 통해 3중적분의 영역을 구한다.

영역 D에서 다음과 같은 3중적분이라고 하자.

$$\iiint_D F(x, y, z)\, dV$$

계산하기 위해 먼저 z에 대해 적분한 다음 y에 대해 적분하고 마지막으로 x에 대해 적분한다. (다른 순서로 적분할 수도 있지만 예제 2에서 설명한 것처럼 비슷한 과정을 따르면 된다.)

1. 그리기: 영역 D를 그리고 D의 xy평면에 대한 정사영면 R의 윗부분과 아랫부분으로 둘러싸인 곡면과 정사영면 R의 윗부분과 아랫부분으로 둘러싸인 곡선을 찾는다.

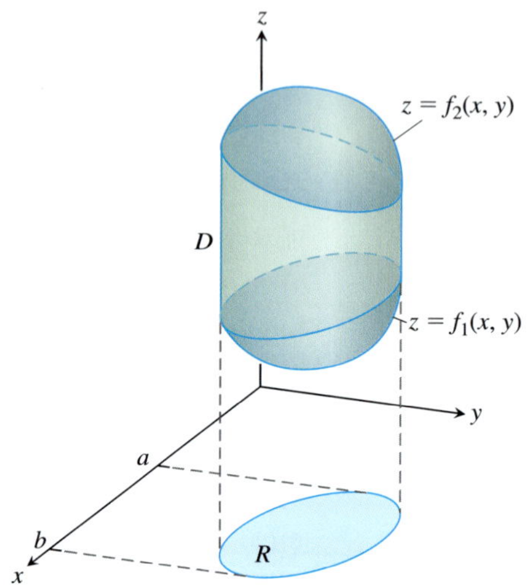

2. z의 적분 구간 구하기: z축에 평행하고 정사영면 R에 있는 점 (x, y)을 지나는 직선 M을 그린다. z의 값이 증가함에 따라 M은 $z=f_1(x, y)$일 때 D에 들어가고, $z=f_2(x, y)$일 때 D에서 나가는데, 이들이 z에 대한 하한과 상한이다.

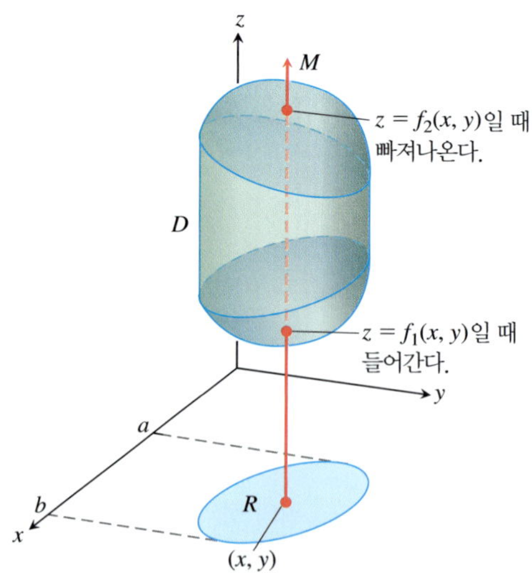

3. y의 적분 구간 구하기: y축에 평행하고 정사영면 R에 있는 점 (x, y)을 지나는 직선 L을 그린다. y의 값이 증가함에 따라 L은 $y=g_1(x)$일 때 들어가고, $y=g_2(x)$일 때 D에서 나가는데, 이들이 y에 대한 하한과 상한이다.

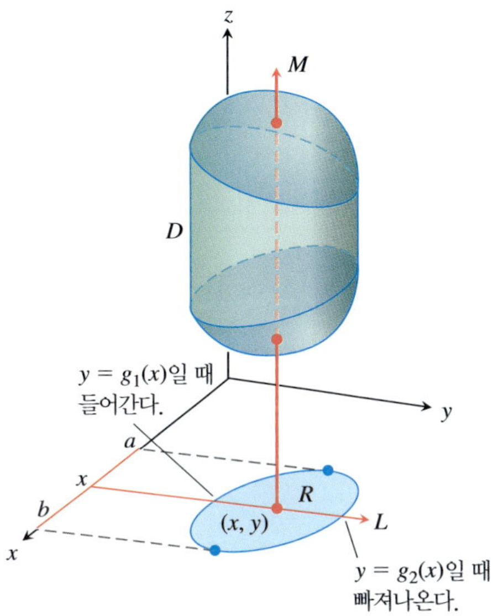

4. x의 적분 구간 구하기: y축에 평행하고 정사영면 R을 통과하는 직선을 모두 포함하도록 x의 범위를 정한다. 예를 들어 앞의 그림에서는 $x=a$, $x=b$가 이에 해당한다. 이들이 x에 대한 하한과 상한이다. 따라서 D에서 F의 적분은 다음과 같다.

$$\int_{x=a}^{x=b}\int_{y=g_1(x)}^{y=g_2(x)}\int_{z=f_1(x,y)}^{z=f_2(x,y)} F(x, y, z)\,dz\,dy\,dx$$

적분의 순서를 바꿀 경우에는 비슷한 과정을 따르면 된다. 영역 D의 정사영면은 적분변수 중에서 마지막 변수 2개가 만드는 평면에 위치하게 된다. 반복 3중적분의 극한은 다음 성질을 만족한다.

- 바깥 적분의 극한은 상수이다(그들은 세 적분변수 어느 것에도 의존하지 않는다).
- 중간 적분의 극한은 바깥 적분변수에 따라 달라질 수 있는 함수이다.
- 안쪽 적분의 극한은 두 변수(중간 적분변수와 바깥 적분변수)에 따라 달라질 수 있는 함수이다.

3차원 영역 D의 윗부분과 아랫부분이 유계인 곡면으로 싸여 있고, 정사영면이 위와 아래에서 유계인 곡선으로 둘러싸여 있으면 앞의 과정을 적용할 수 있다. 만약 영역의 내부에 복잡한 구멍이 있을 경우에는 앞의 과정을 직접 적용할 수 없다. 이 경우 영역을 앞의 과정을 적용할 수 있는 작은 영역으로 분할할 수 있다면 각 분할한 영역에 위의 방법을 적용하여 적분을 구한 다음 이를 모두 더하면 된다.

첫 번째 예제에서는 적분의 영역 구하는 방법을 설명한다.

예제 1 S는 원점을 중심으로 한 반지름이 5인 구라 하고 D를 평면 $z=3$ 위에 있으며 구의 내부에 있는 영역이라 하자. 영역 D에서 함수 $F(x, y, z)$의 3중적분을 계산하기 위한 적분 영역을 구하라.

풀이 평면 $z=3$ 위에 있으며 구의 내부에 있는 영역은 곡면 $x^2+y^2+z^2=25$와 평면 $z=3$에 의해 둘러싸인 영역이다.

적분 영역을 구하기 위해 먼저 영역을 그려 보면 그림 13.31과 같다. xy평면에서 '정사영한 영역' R은 중심이 원점인 원이 된다. 영역 D의 측면도(옆에서 본 도형)를 살펴봄으로써 이 원의 반지름이 4임을 알 수 있다(그림 13.32a).

이제 영역 R에서 한 점 (x, y)을 고정하고, 이 점 위로 수직선 M을 그리면 이 직선이 높이가

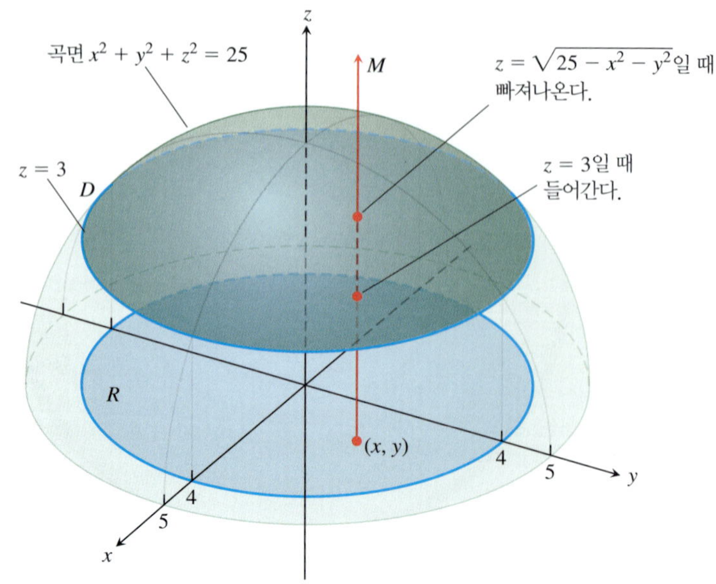

그림 13.31 평면 $z=3$ 위에 있으며 반지름이 5인 구의 아래에 있는 영역에서 정의된 함수의 3중적분을 계산하기 위한 적분 영역 구하기(예제 1).

$z=3$일 때 영역에 들어가고 높이가 $z=\sqrt{25-x^2-y^2}$일 때 영역에서 빠져나오는 것을 알 수 있다. 그림 13.31을 참조한다. 이것은 z에 대한 적분의 하한과 상한이다.

y에 대한 적분의 구간을 구하기 위해 영역 R에 놓여 있으며 점 (x, y)을 지나고 y축에 평행인 직선 L을 생각하자. 명확성을 위해 그림 13.32b에서 영역 R과 직선 L을 따로 그려보았다. 직선 L은 $y=-\sqrt{16-x^2}$일 때 영역 R에 들어가고 $y=\sqrt{16-x^2}$일 때 영역 R에서 빠져나온다. 이는 y에 대한 적분의 하한과 상한이다.

마지막으로 직선 L이 영역 R을 왼쪽에서 오른쪽으로 쓸고 갈 때, x의 값은 $x=-4$에서 $x=4$까지 변한다. 이것이 x에 대한 적분의 하한과 상한이다. 그러므로 영역 D에서 함수 F의 3중적분은 다음과 같이 주어진다.

$$\iiint_D F(x, y, z)\,dz\,dy\,dx = \int_{-4}^{4}\int_{-\sqrt{16-x^2}}^{\sqrt{16-x^2}}\int_{3}^{\sqrt{25-x^2-y^2}} F(x, y, z)\,dz\,dy\,dx$$ ■

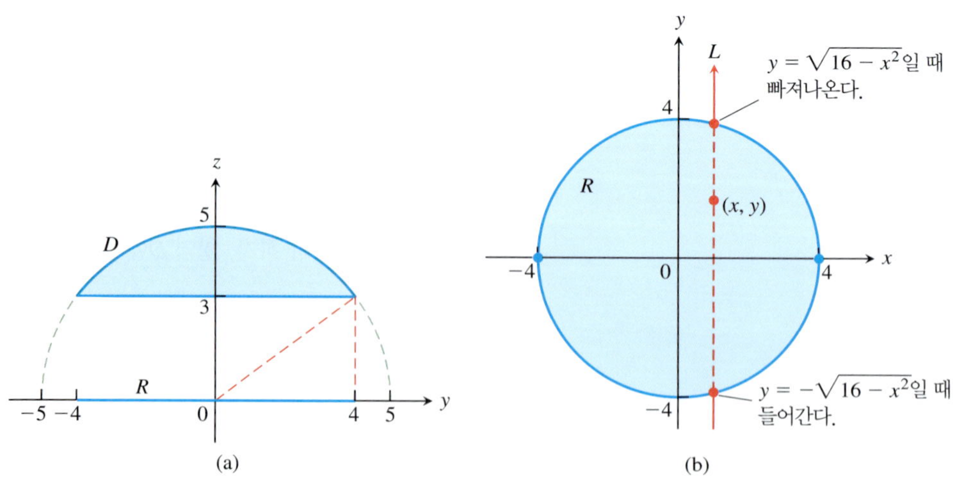

그림 13.32 (a) 예제 1에서 영역의 x축을 따라 아래 방향으로 바라본 측면도, 점선으로 그린 직각삼각형은 빗변의 길이가 5이고 밑변과 높이가 각각 3과 4이다. 이 측면도에서 영역 R은 y축에 −4와 4 사이에 놓여 있다. (b) xy평면에 표시된 정사영면 R.

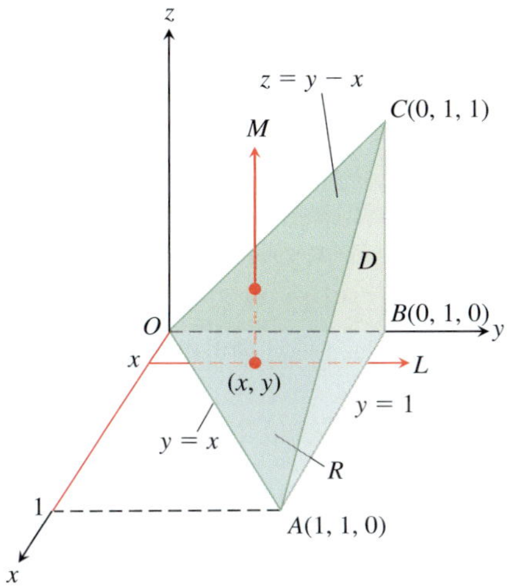

(a)

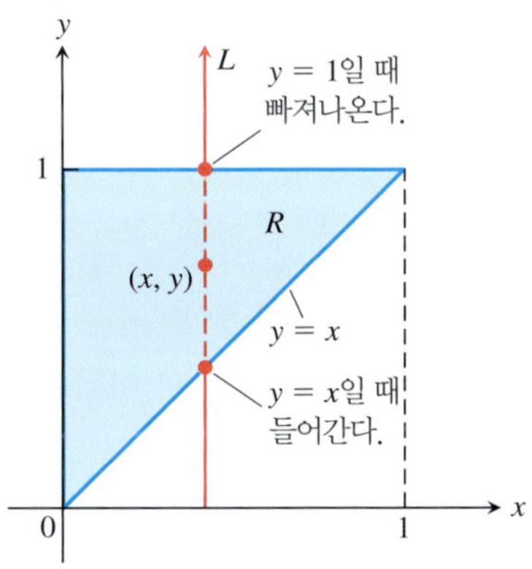

(b)

그림 13.33 (a) 적분 $dz\,dy\,dx$의 순서로 적분 구간을 구하는 방법을 보이는 예제 2에서 사면체, (b) xy평면에 표시된 정사영한 영역 R.

예제 1에서 영역 D는 대칭성을 가지고 있음을 쉽게 알아볼 수 있다. 대칭성이 없더라도 다음 예제에서 볼 수 있듯이 적분의 한계를 찾는 단계는 동일하다.

예제 2 꼭짓점이 $O(0, 0, 0)$, $A(1, 1, 0)$, $B(0, 1, 0)$, $C(0, 1, 1)$인 사면체 D에 대한 함수 $F(x, y, z)$의 3중적분을 계산하기 위한 적분 영역을 구하라. 적분 순서를 $dz\,dy\,dx$로 하라.

풀이 영역 D와 xy평면에 정사영 R은 그림 13.33a에서 볼 수 있다. '상단 면'은 점 O, A, C를 통과하는 평면에 포함된다. 10.5절의 예제 7에 소개된 절차에 따라 먼저 법선벡터를 구한다.

$$\mathbf{n} = \overrightarrow{OA} \times \overrightarrow{OC} = \begin{vmatrix} \mathbf{i} & \mathbf{j} & \mathbf{k} \\ 1 & 1 & 0 \\ 0 & 1 & 1 \end{vmatrix} = \mathbf{i} - \mathbf{j} + \mathbf{k}$$

그리고 이 벡터와 O의 좌표를 사용하여 평면에 대한 방정식을 구한다.

$$1(x - 0) - 1(y - 0) + 1(z - 0) = 0$$
$$x - y + z = 0$$

D의 '옆면'은 xz평면에 평행하고, '뒷면'은 yz평면에 있고, 아랫면은 xy평면에 포함되어 있다.

z에 대한 적분 구간을 구하기 위해 수직선 M을 정사영한 영역 R에서 점 (x, y)를 고정하고 (x, y)를 통과하고 z축과 평행한 수직선 M을 생각해보자. 이 직선은 높이가 $z=0$일 때 영역 D에 들어가고 높이가 $z=y-x$일 때 영역 D에서 빠져나온다.

y에 대한 적분 구간을 구하기 위해 다시 한번 영역 R에서 한 점 (x, y)를 고정하고 이제 R에 놓여 있으면서 점 (x, y)를 지나고 y축에 평행한 직선 L을 생각해보자. 이 직선은 그림 13.33a에서 볼 수 있으며, 그림 13.33b에서 R의 평면도를 볼 수 있다. 이 직선 L은 $y=x$일 때 영역 R로 들어가고 $y=1$일 때 빠져나온다.

마지막으로 직선 L이 영역 R을 가로질러 감에 따라 x의 값은 $x=0$에서$x=1$까지 변한다. 따라서 영역 D에서 함수 F의 3중적분은 다음과 같이 주어진다.

$$\iiint_D F(x, y, z)\,dz\,dy\,dx = \int_0^1 \int_x^1 \int_0^{y-x} F(x, y, z)\,dz\,dy\,dx$$ ■

다음 예제에서는 적분 순서가 바뀌었을 때에 사용되는 방법으로 영역 D를 xy평면에 정사영하는 대신 xz 평면에 정사영하여 적분 영역을 구하는 방법을 보인다.

예제 3 예제 2에서의 영역 D에서 함수 $F(x, y, z)=1$을 $dz\,dy\,dx$ 순서로 3중적분하여 사면체 D의 부피를 구하라. 그리고 $dy\,dz\,dx$로 바꾸어 같은 계산을 하라.

풀이 예제 2에서 구한 적분 구간을 사용하여 사면체의 부피를 구하면 다음과 같다.

$$\begin{aligned}
V &= \int_0^1 \int_x^1 \int_0^{y-x} dz\,dy\,dx && \text{부피를 구할 때 피적분함수는 1} \\
&= \int_0^1 \int_x^1 (y - x)\,dy\,dx && z\text{에 대해 적분하고 계산} \\
&= \int_0^1 \left[\frac{1}{2}y^2 - xy\right]_{y=x}^{y=1} dx && y\text{에 대해 적분} \\
&= \int_0^1 \left(\frac{1}{2} - x + \frac{1}{2}x^2\right) dx && \text{계산} \\
&= \left[\frac{1}{2}x - \frac{1}{2}x^2 + \frac{1}{6}x^3\right]_0^1 && x\text{에 대해 적분} \\
&= \frac{1}{6} && \text{계산}
\end{aligned}$$

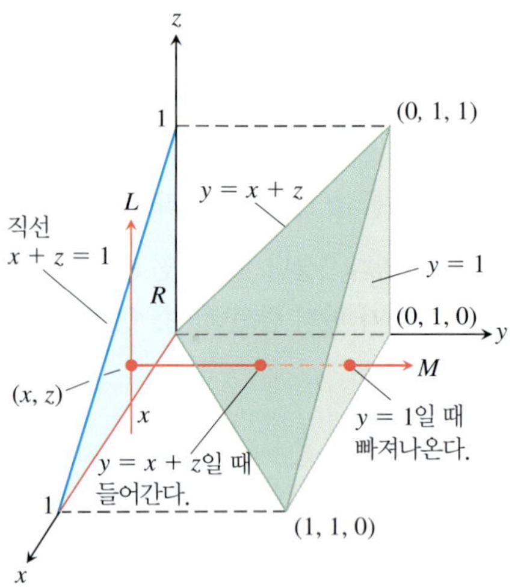

그림 13.34 사면체 D에서 정의된 함수의 3중 적분을 계산하기 위해 적분 영역 구하기(예제 3).

이제 적분 순서를 $dy\,dz\,dx$로 바꾸어서 부피를 계산할 것이다. 이에 대한 적분 영역을 구하는 과정은 비슷하다. 단지 y에 대한 구간을 먼저 구한 후 그 다음에 z에 대해 마지막으로 x에 대해 구하는 것만 다르다. 영역 D는 앞에서와 같은 사면체이다. 이제는 D를 정사영한 영역 R이 그림 13.34에서 보듯이 xz평면에 있다.

y에 대한 적분 구간을 구하기 위해 정사영한 영역 R에서 한 점 (x, z)을 고정하고 y축에 평행이고 (x, z)를 지나는 직선 M을 생각해보자. 그림 13.34에서 볼 수 있듯이 이 직선은 $y=x+z$일 때 영역 D로 들어가고 $y=1$일 때 영역 D에서 나온다.

다음으로 z에 대한 적분 구간을 구해보자. R에 놓여 있으면서 점 (x, z)을 지나고 z축과 평행한 직선 L은 $z=0$일 때 영역 R에 들어가고 $z=x-1$일 때 나온다(그림 13.34 참조).

마지막으로 직선 L이 영역 R을 쓸고 갈 때 x의 값은 $x=0$에서 $x=1$까지 변한다. 따라서 사면체의 부피는 다음과 같다.

$$
\begin{aligned}
V &= \int_0^1 \int_0^{1-x} \int_{x+z}^1 dy\,dz\,dx \\
&= \int_0^1 \int_0^{1-x} (1-x-z)\,dz\,dx \\
&= \int_0^1 \left[(1-x)z - \frac{1}{2}z^2\right]_{z=0}^{z=1-x} dx \\
&= \int_0^1 \left[(1-x)^2 - \frac{1}{2}(1-x)^2\right] dx \\
&= \frac{1}{2}\int_0^1 (1-x)^2\,dx \\
&= -\frac{1}{6}(1-x)^3\Big]_0^1 = \frac{1}{6}
\end{aligned}
$$

■

다음으로 더 복잡한 영역에 대해 3중적분을 구하고 계산한다.

예제 4 곡면 $z=x^2+3y^2$과 $z=8-x^2-y^2$으로 둘러싸인 영역 D의 부피를 구하라.

풀이 부피는 다음과 같다.

$$V = \iiint_D dz\,dy\,dx$$

즉 D에서 함수 $F(x, y, z)=1$의 적분이다. 3중적분에 대한 적분 영역을 구하기 위해 먼저 영역을 그린다. 그림 13.35에서 보듯이 2개의 곡면은 타원기둥 $x^2+3y^2=8-x^2-y^2$, 즉 $x^2+2y^2=4$, $z>0$에서 만난다. 영역 D의 xy평면에 대한 정사영 R의 경계는 같은 방정식 $x^2+2y^2=4$를 만족하는 타원이다. R의 경계는 곡선 $y=-\sqrt{(4-x^2)/2}$이고 아래 경계는 곡선 $y=-\sqrt{(4-x^2)/2}$이다.

이제 z의 적분 구간을 구하자. z축에 평행하고 R의 점 (x, y)를 통과하는 직선 M은 $z=x^2+3y^2$에서 D로 들어가고 $z=8-x^2-y^2$에서 나온다.

다음으로 y의 적분 구간을 구하자. y축에 평행하고 R의 점 (x, y)를 통과하는 직선 L은 $y=-\sqrt{(4-x^2)/2}$일 때 영역 R에 들어가고 $y=\sqrt{(4-x^2)/2}$일 때 나온다.

마지막으로 x의 적분 구간을 구하자. 직선 L이 R을 지남에 따라 x의 값은 점 $(-2, 0, 0)$에서 $x=-2$부터 시작하여 점 $(2, 0, 0)$에서 $x=2$까지 변하게 된다. D의 부피는 다음과 같다.

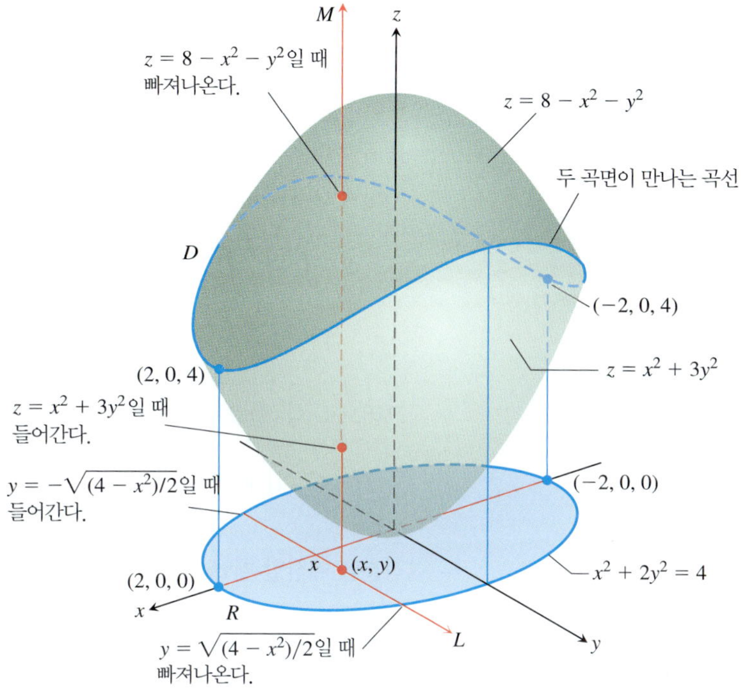

그림 13.35 예제 4에서 두 포물면으로 둘러싸인 영역의 부피.

$$
\begin{aligned}
V &= \iiint_D dz\,dy\,dx && \text{부피를 구할 때 피적분함수는 1}\\
&= \int_{-2}^{2}\int_{-\sqrt{(4-x^2)/2}}^{\sqrt{(4-x^2)/2}}\int_{x^2+3y^2}^{8-x^2-y^2} dz\,dy\,dx && \text{적분 구간 대입}\\
&= \int_{-2}^{2}\int_{-\sqrt{(4-x^2)/2}}^{\sqrt{(4-x^2)/2}} (8-2x^2-4y^2)\,dy\,dx && z\text{에 대한 적분 계산}\\
&= \int_{-2}^{2}\left[(8-2x^2)y - \frac{4}{3}y^3\right]_{y=-\sqrt{(4-x^2)/2}}^{y=\sqrt{(4-x^2)/2}} dx && y\text{에 대한 적분}\\
&= \int_{-2}^{2}\left(2(8-2x^2)\sqrt{\frac{4-x^2}{2}} - \frac{8}{3}\left(\frac{4-x^2}{2}\right)^{3/2}\right)dx && \text{계산}\\
&= \int_{-2}^{2}\left[8\left(\frac{4-x^2}{2}\right)^{3/2} - \frac{8}{3}\left(\frac{4-x^2}{2}\right)^{3/2}\right]dx\\
&= \frac{4\sqrt{2}}{3}\int_{-2}^{2}(4-x^2)^{3/2}\,dx\\
&= 8\pi\sqrt{2} && x=2\sin u\text{로 치환하여 적분한다.}
\end{aligned}
$$

■

3변수 함수의 평균값

3차원 공간의 영역 D에서 함수 F의 평균값은 다음과 같이 정의된다.

$$D\text{에서 함수 } F\text{의 평균값} = \frac{1}{D\text{의 부피}}\iiint_D F\,dV \tag{2}$$

예를 들어 함수가 $F(x, y, z)=\sqrt{x^2+y^2+z^2}$이면 영역 D에 대한 F의 평균값은 원점에서 D에 있는 한 점까지의 거리에 대한 평균값이다. 만약 $F(x, y, z)$가 3차원 공간 영역 D 안에 있는 한 점 (x, y, z)에서 온도를 나타내면 D에서 F의 평균값은 입체의 평균 온도가 될 것이다.

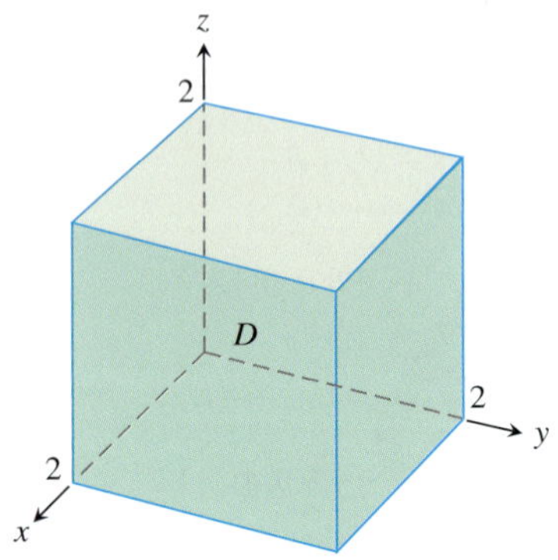

그림 13.36 예제 5의 적분 영역.

예제 5 평면 $x=2$, $y=2$, $z=2$로 둘러싸인 제1팔분공간의 영역에서 함수 $F(x, y, z)=xyz$의 평균값을 구하라.

풀이 입체를 그려서 적분 영역을 구하고(그림 13.36), 식 (2)를 이용하여 입체에서 F의 평균값을 구한다.

영역 D의 부피는 $(2)(2)(2)=8$이다. 입체에서 F의 적분값을 구하면 다음과 같다.

$$\int_0^2\int_0^2\int_0^2 xyz\,dx\,dy\,dz = \int_0^2\int_0^2\left[\frac{x^2}{2}yz\right]_{x=0}^{x=2} dy\,dz = \int_0^2\int_0^2 2yz\,dy\,dz$$

$$= \int_0^2\left[y^2z\right]_{y=0}^{y=2} dz = \int_0^2 4z\,dz = \left[2z^2\right]_0^2 = 8$$

그러므로 식 (2)로부터 평균값은 다음을 얻는다.

$$\text{입체 } D\text{에서 함수 } xyz\text{의 평균값} = \frac{1}{\text{부피}}\iiint_{\text{입체}} xyz\,dV = \left(\frac{1}{8}\right)(8) = 1$$

적분을 계산할 때 $dx\,dy\,dz$ 순서로 했지만, 어떤 순서로 계산해도 같은 결과를 얻는다. ■

3중적분의 성질

3중적분은 1변수 함수의 적분이나 2중적분과 같은 대수적 특성을 갖는다. 13.2절에 있는 네 가지 2중적분의 성질을 3중적분으로 바꾸면 간단히 얻을 수 있다.

연습문제 13.5 EXERCISE QUESTION

다른 적분 순서로 3중적분 구하기

1. 예제 3에서 함수 $F(x, y, z)=1$을 $dz\,dx\,dy$ 순서로 적분을 하여 사면체의 부피를 구하라.
2. **직육면체의 부피** 좌표평면과 평면 $x=1$, $y=2$와 $z=3$으로 둘러싸인 제1팔분공간의 직육면체의 부피를 6개의 서로 다른 반복 3중적분으로 나타내고 그 중 하나의 적분을 계산하라.
3. **사면체의 부피** 평면 $6x+3y+2z=6$과 좌표평면으로 둘러싸인 제1팔분공간의 사면체의 부피를 6개의 서로 다른 반복 3중적분으로 나타내고 그 중 하나의 적분을 계산하라.
4. **입체의 부피** 원기둥 $x^2+z^2=4$와 평면 $y=3$으로 둘러싸인 제1팔분공간의 입체의 부피를 6개의 서로 다른 반복 3중적분으로 나타내고 그 중 하나의 적분을 계산하라.
5. **포물면으로 둘러싸인 부피** 포물면 $z=8-x^2-y^2$과 $z=x^2+y^2$으로 둘러싸인 영역을 D라 하자. D의 부피를 6개의 서로 다른 반복 3중적분으로 나타내고 그 중 하나의 적분을 계산하라.
6. **평면으로 닫힌 포물면 내부의 부피** 포물면 $z=x^2+y^2$과 평면 $z=2y$로 둘러싸인 영역을 D라 하자. D의 부피를 $dz\,dx\,dy$와 $dz\,dy\,dx$의 적분 순서로 반복 3중적분으로 나타내라. 계산은 하지 않는다.

반복 3중적분 계산하기

연습문제 7~20에서 적분값을 구하라.

7. $\int_0^1\int_0^1\int_0^1 (x^2+y^2+z^2)\,dz\,dy\,dx$
8. $\int_0^{\sqrt{2}}\int_0^{3y}\int_{x^2+3y^2}^{8-x^2-y^2} dz\,dx\,dy$
9. $\int_1^e\int_1^{e^2}\int_1^{e^3} \frac{1}{xyz}\,dx\,dy\,dz$
10. $\int_0^1\int_0^{3-3x}\int_0^{3-3x-y} dz\,dy\,dx$
11. $\int_0^{\pi/6}\int_0^1\int_{-2}^3 y\sin z\,dx\,dy\,dz$
12. $\int_{-1}^1\int_0^1\int_0^2 (x+y+z)\,dy\,dx\,dz$
13. $\int_0^3\int_0^{\sqrt{9-x^2}}\int_0^{\sqrt{9-x^2}} dz\,dy\,dx$
14. $\int_0^2\int_{-\sqrt{4-y^2}}^{\sqrt{4-y^2}}\int_0^{2x+y} dz\,dx\,dy$
15. $\int_0^1\int_0^{2-x}\int_0^{2-x-y} dz\,dy\,dx$
16. $\int_0^1\int_0^{1-x^2}\int_3^{4-x^2-y} x\,dz\,dy\,dx$
17. $\int_0^\pi\int_0^\pi\int_0^\pi \cos(u+v+w)\,du\,dv\,dw$ (uvw공간)
18. $\int_0^1\int_1^{\sqrt{e}}\int_1^e se^s\ln r\,\frac{(\ln t)^2}{t}\,dt\,dr\,ds$ (rst공간)
19. $\int_0^{\pi/4}\int_0^{\ln\sec v}\int_{-\infty}^{2t} e^x\,dx\,dt\,dv$ (tvx공간)
20. $\int_0^7\int_0^2\int_0^{\sqrt{4-q^2}} \frac{q}{r+1}\,dp\,dq\,dr$ (pqr공간)

동등한 반복적분 구하기

21. 적분 영역은 다음과 같다.

$$\int_{-1}^{1}\int_{x^2}^{1}\int_{0}^{1-y} dz\, dy\, dx$$

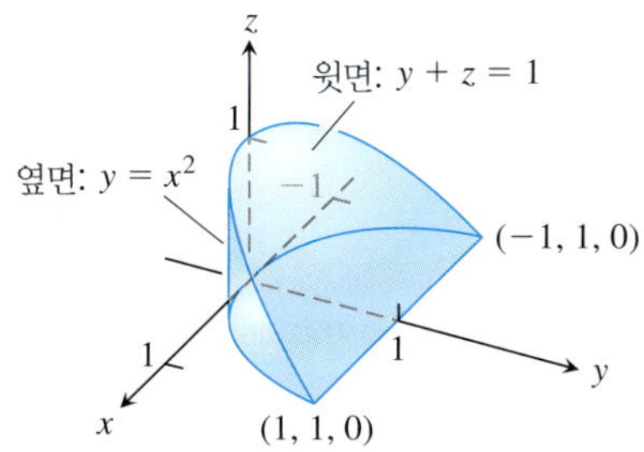

이 적분을 다음에 주어진 순서에 따라 반복적분으로 나타내라.

a. $dy\, dz\, dx$ **b.** $dy\, dx\, dz$

c. $dx\, dy\, dz$ **d.** $dx\, dz\, dy$

e. $dz\, dx\, dy$

22. 적분 영역은 다음과 같다.

$$\int_{0}^{1}\int_{-1}^{0}\int_{0}^{y^2} dz\, dy\, dx$$

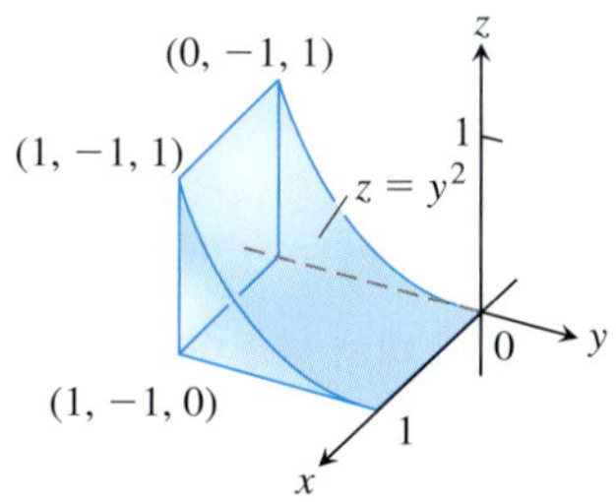

이 적분을 다음에 주어진 순서에 따라 반복적분으로 나타내라.

a. $dy\, dz\, dx$ **b.** $dy\, dx\, dz$

c. $dx\, dy\, dz$ **d.** $dx\, dz\, dy$

e. $dz\, dx\, dy$

3중적분을 이용한 부피 구하기

연습문제 23~36에서 영역의 부피를 구하라.

23. 원주면 $z=y^2$, xy평면, $x=0$, $x=1$, $y=-1$, $y=1$로 둘러싸인 영역

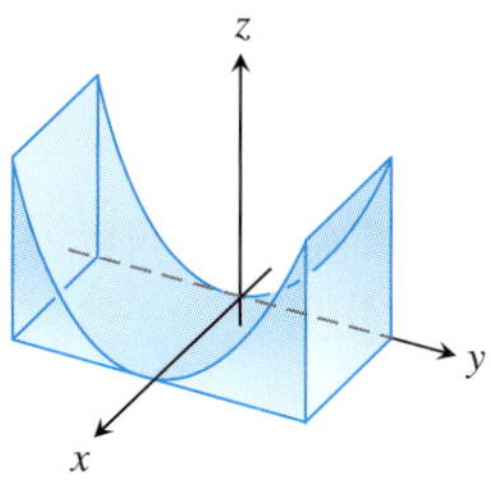

24. 평면 $x+z=1$과 $y+2z=2$ 및 좌표평면으로 둘러싸인 제1팔분공간의 영역

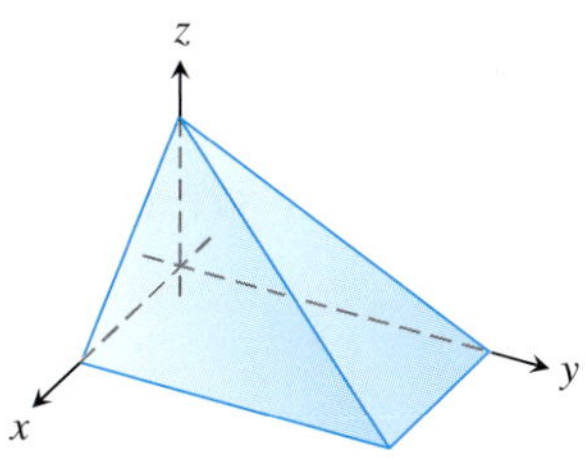

25. 좌표평면과 평면 $x+z=2$과 원주면 $x=4-y^2$으로 둘러싸인 제1팔분공간의 영역

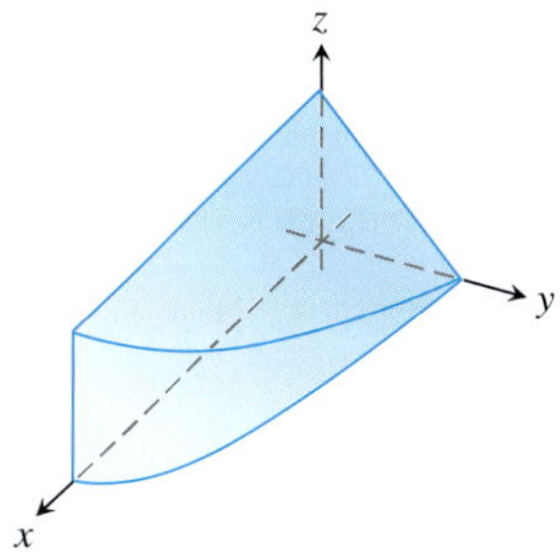

26. 원주면 $x^2+y^2=1$ $(z \geq 0)$과 평면 $z=-y$과 $z=0$으로 둘러싸인 쐐기 모양의 한쪽 영역

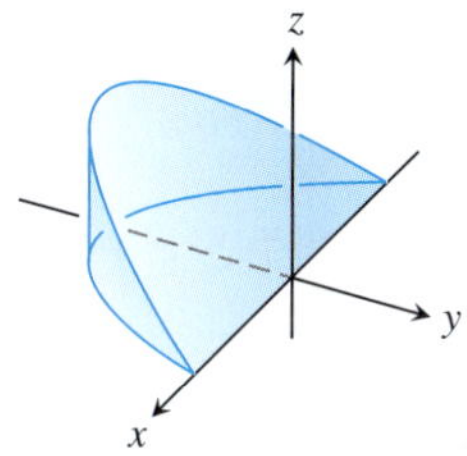

27. 세 점 (1, 0, 0), (0, 2, 0), (0, 0, 3)을 통과하는 평면과 좌표평면으로 둘러싸인 제1팔분공간의 영역

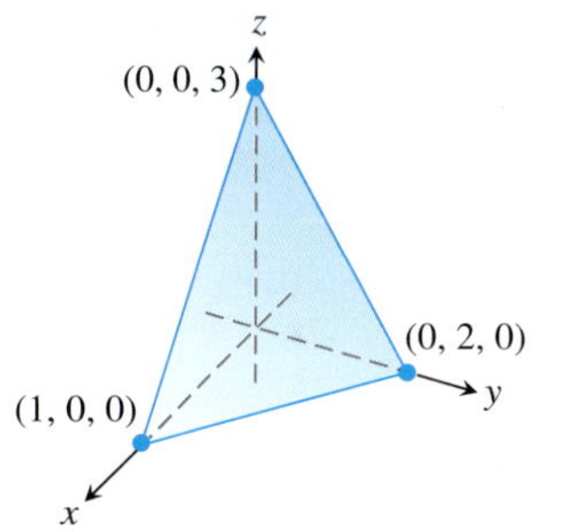

28. 좌표평면, 평면 $y=1-x$과 곡면 $z=\cos(\pi x/2)$ $(0 \leq x \leq 1)$로 둘러싸인 제1팔분공간의 영역

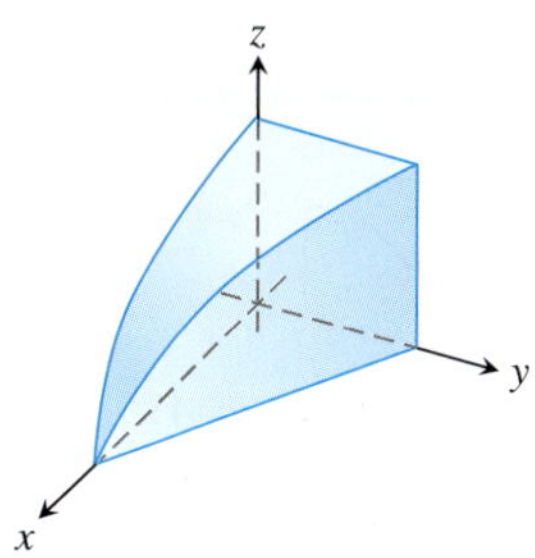

29. 좌표평면과 곡면 $z=4-x^2-y^2$으로 둘러싸인 제1팔분공간의 영역

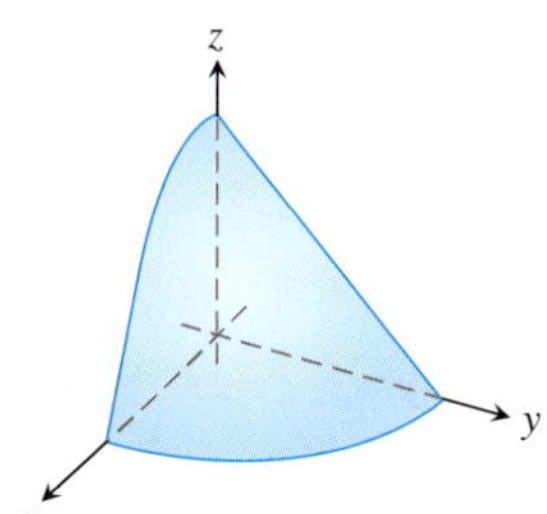

30. 2개의 원주면 $x^2+y^2=1$과 $x^2+z^2=1$의 공통내부이면서 제1팔분공간의 영역

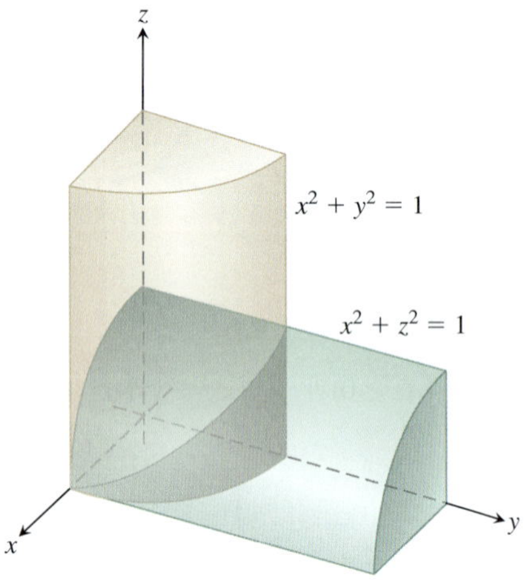

31. 좌표평면, 평면 $x+y=4$, 원주면 $y^2+4z^2=16$으로 둘러싸인 제1팔분공간의 영역

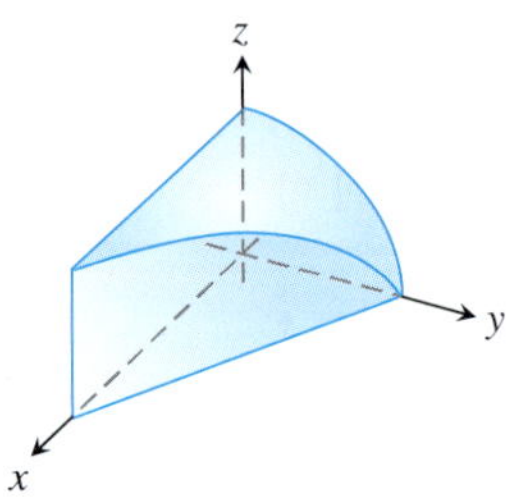

32. 원주면 $x^2+y^2=4$를 평면 $z=0$과 $x+z=3$로 절단한 영역

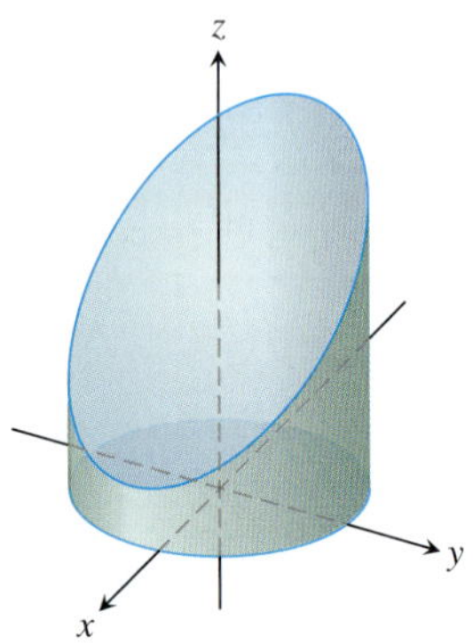

33. 평면 $x+y+2z=2$와 $2x+2y+z=4$로 둘러싸인 제1팔분공간의 영역

34. 평면 $z=x$, $x+z=8$, $z=y$, $y=8$과 $z=0$로 둘러싸인 유한한 영역

35. 타원주면 입체 $x+4y^2 \le 4$를 xy평면과 $z=x+2$로 절단한 영역

36. 뒷면은 평면 $x=0$, 앞면과 측면은 포물주면 $x=1-y^2$, 윗면은 포물면 $z=x^2+y^2$, 아랫면은 xy평면로 둘러싸인 영역

평균값

연습문제 37~40에서 주어진 영역에서 $F(x, y, z)$의 평균값을 구하라.

37. 좌표평면과 평면 $x=2$, $y=2$, $z=2$로 둘러싸인 제1팔분공간의 입체에서 함수 $F(x, y, z)=x^2+9$

38. 좌표평면과 평면 $x=1$, $y=1$, $z=2$로 둘러싸인 제1팔분공간의 입체에서 함수 $F(x, y, z)=x+y-z$

39. 좌표평면과 평면 $x=1$, $y=1$, $z=1$로 둘러싸인 제1팔분공간의 입체에서 함수 $F(x, y, z)=x^2+y^2+z^2$

40. 좌표평면과 평면 $x=2$, $y=2$, $z=2$로 둘러싸인 제1팔분공간의 입체에서 함수 $F(x, y, z)=xyz$

적분 순서 바꾸기

연습문제 41~44에서 적분 순서를 적절하게 바꿔서 적분값을 구하라.

41. $\displaystyle\int_0^4\int_0^1\int_{2y}^2 \frac{4\cos(x^2)}{2\sqrt{z}}\,dx\,dy\,dz$

42. $\displaystyle\int_0^1\int_0^1\int_{x^2}^1 12xze^{zy^2}\,dy\,dx\,dz$

43. $\displaystyle\int_0^1\int_{\sqrt[3]{z}}^1\int_0^{\ln 3} \frac{\pi e^{2x}\sin \pi y^2}{y^2}\,dx\,dy\,dz$

44. $\displaystyle\int_0^2\int_0^{4-x^2}\int_0^x \frac{\sin 2z}{4-z}\,dy\,dz\,dx$

이론과 예제

45. 반복적분의 상한 구하기 a에 대해 풀어라.

$$\int_0^1\int_0^{4-a-x^2}\int_a^{4-x^2-y} dz\,dy\,dx = \frac{4}{15}$$

46. 타원면 c의 어떠한 값에 대해 타원면 $x^2+(y/2)^2+(z/c)^2=1$의 부피가 8π가 되는가?

47. 3중적분의 최소화 공간의 어떤 영역 D에서 다음 적분값이 최소가 되는가?

$$\iiint_D (4x^2+4y^2+z^2-4)\,dV$$

그 이유를 설명하라.

48. 3중적분의 최대화 공간의 어떤 영역 D에서 다음 적분값이 최대가 되는가?

$$\iiint_D (1-x^2-y^2-z^2)\,dV$$

그 이유를 설명하라.

컴퓨터 탐구

연습문제 49~52에서 CAS 적분 유틸리티를 사용하여 주어진 입체 영역에서 함수의 3중적분을 구하라.

49. 원주면 입체 $x^2+y^2=1$을 평면 $z=0$과 $z=1$로 절단한 영역에서 함수 $F(x, y, z)=x^2y^2z$

50. 아랫면은 포물면 $z=x^2+y^2$으로 윗면은 평면 $z=1$로 둘러싸인 입체에서 함수 $F(x, y, z)=|xyz|$

51. 아랫면은 원뿔 $z=\sqrt{x^2+y^2}$으로 윗면은 평면 $z=1$로 둘러싸인 입체에서 함수 $F(x, y, z)=\dfrac{z}{(x^2+y^2+z^2)^{3/2}}$

52. 구면체 $x^2+y^2+z^2 \le 1$에서 함수 $F(x, y, z)=x^2+y^2+z^2$

13.6 응용

이 절에서는 2차원 또는 3차원 공간에 있는 물체의 질량과 모멘트를 직교좌표에서 계산하는 방법을 알아본다. 5.6절에서 다룬 1변수의 경우와 비슷한 정의와 방법이지만, 이 절에서는 더 일반적인 경우를 다룬다.

질량과 1차 모멘트

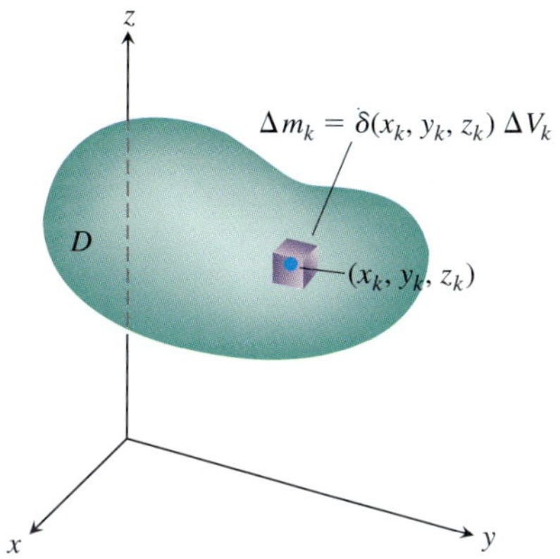

그림 13.37 물체의 질량을 정의하기 위해 먼저 물체를 질량 원소가 Δm_k인 유한개의 작은 단위로 세분한다.

3차원 공간에 있는 영역 D를 채우는 물체의 밀도함수를 $\delta(x, y, z)$라 하면 D에서 δ의 적분값은 **질량**(mass)이다. 이유를 알기 위해 그림 13.37과 같이 물체를 n개의 질량 단위로 분할했다고 하자. 이 물체의 질량은 다음과 같은 극한값이다.

$$M = \lim_{n\to\infty} \sum_{k=1}^{n} \Delta m_k = \lim_{n\to\infty} \sum_{k=1}^{n} \delta(x_k, y_k, z_k)\,\Delta V_k = \iiint_D \delta(x, y, z)\,dV$$

좌표평면에 관한 입체 D의 1차 모멘트는 점 (x, y, z)에서 평면까지의 (부호화된) 거리에 그 점에서 입체의 밀도를 곱하고 D에서 3중적분한 것으로 정의한다. 예를 들어 yz평면에 관한 1차 모멘트는 다음과 같다.

$$M_{yz} = \iiint_D x\,\delta(x, y, z)\,dV$$

질량중심은 1차 모멘트로 얻어진다. 예를 들면 질량중심의 x성분은 $\bar{x} = M_{yz}/M$이다.

얇고 평평한 판과 같은 2차원 물체의 경우 1차 모멘트는 간단히 z성분을 누락하여 얻을 수 있다. 그래서 y축에 대한 1차 모멘트는 y축으로부터의 거리에 밀도를 곱해 적분하는 것으로 다음과 같다.

$$M_y = \iint_R x\,\delta(x, y)\,dA$$

표 13.1은 공식을 요약한 것이다.

표 13.1 입체에 대한 질량과 모멘트의 공식.

3차원 입체의 경우

질량: $M = \iiint_D \delta\,dV$ $\quad\delta = \delta(x, y, z)$는 (x, y, z)에서 밀도함수

좌표평면에 관한 1차 모멘트:

$$M_{yz} = \iiint_D x\,\delta\,dV, \qquad M_{xz} = \iiint_D y\,\delta\,dV, \qquad M_{xy} = \iiint_D z\,\delta\,dV$$

질량중심: $\bar{x} = \dfrac{M_{yz}}{M}, \quad \bar{y} = \dfrac{M_{xz}}{M}, \quad \bar{z} = \dfrac{M_{xy}}{M}$

2차원의 평평한 경우

질량: $M = \iint_R \delta\,dA$ $\quad\delta = \delta(x, y)$는 (x, y)에서 밀도함수

1차 모멘트: $M_y = \iint_R x\,\delta\,dA, \quad M_x = \iint_R y\,\delta\,dA$

질량중심: $\bar{x} = \dfrac{M_y}{M}, \quad \bar{y} = \dfrac{M_x}{M}$

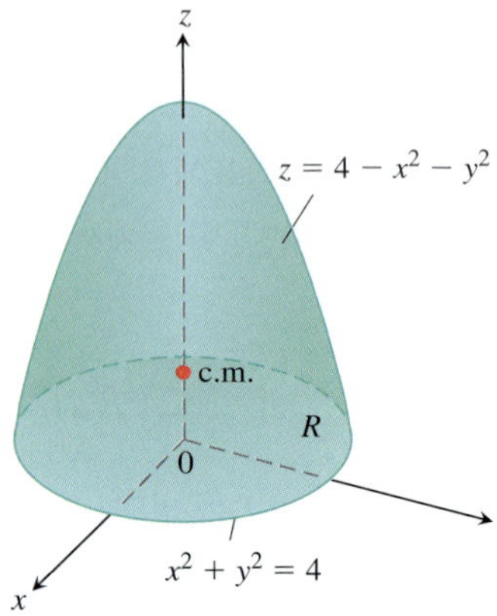

그림 13.38 입체의 질량중심 구하기(예제 1).

예제 1 아래로는 평면 $z=0$에서의 원판 R: $x^2+y^2 \le 4$로, 위로는 포물면 $z=4-x^2-y^2$으로 둘러싸인 입체(그림 13.38)의 밀도 δ는 상수함수이다. 이 입체의 질량중심을 구하라.

풀이 입체의 대칭성에 의해 두 질량중심은 $\bar{x}=\bar{y}=0$이다. $\bar{z}$를 구하기 위해 먼저 다음을 계산하자.

$$\begin{aligned}
M_{xy} &= \iint_R \int_{z=0}^{z=4-x^2-y^2} z\,\delta\,dz\,dy\,dx = \iint_R \left[\frac{z^2}{2}\right]_{z=0}^{z=4-x^2-y^2} \delta\,dy\,dx \\
&= \frac{\delta}{2}\iint_R (4-x^2-y^2)^2\,dy\,dx \\
&= \frac{\delta}{2}\int_0^{2\pi}\int_0^2 (4-r^2)^2\,r\,dr\,d\theta \qquad \text{극좌표가 적분 계산을 단순화한다.} \\
&= \frac{\delta}{2}\int_0^{2\pi}\left[-\frac{1}{6}(4-r^2)^3\right]_{r=0}^{r=2} d\theta = \frac{16\delta}{3}\int_0^{2\pi} d\theta = \frac{32\pi\delta}{3}
\end{aligned}$$

같은 방법으로 다음 질량을 얻을 수 있다.

$$M = \iint_R \int_0^{4-x^2-y^2} \delta\,dz\,dy\,dx = 8\pi\delta$$

따라서 $\bar{z}=(M_{xy}/M)=4/3$이고, 질량중심은 $(\bar{x}, \bar{y}, \bar{z})=(0, 0, 4/3)$이다. ■

입체나 평평한 판의 밀도가 예제 1과 같이 상수일 경우 질량중심을 그 도형의 **중심**이라 한다. 이러한 도형의 중심을 찾기 위해 δ를 1로 가정하고 앞의 방법과 같이 1차 모멘트를 질량으로 나누어 $\bar{x}$, $\bar{y}$, $\bar{z}$를 구한다. 이러한 방법은 2차원의 물체에서도 마찬가지이다.

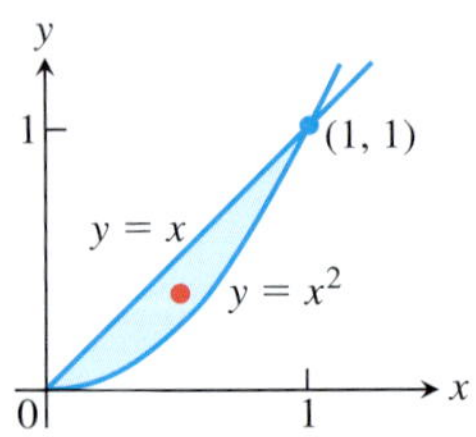

그림 13.39 예제 2에서 영역의 중심.

예제 2 제1사분면에서 $y=x$와 $y=x^2$으로 둘러싸인 영역의 중심을 구하라.

풀이 적분 영역을 결정하기 위해 주어진 영역을 그려본다(그림 13.39). 표 13.1의 공식에서 $\delta=1$로 놓고 계산하면 다음과 같다.

$$M = \int_0^1\int_{x^2}^{x} 1\,dy\,dx = \int_0^1 \Big[y\Big]_{y=x^2}^{y=x} dx = \int_0^1 (x-x^2)\,dx = \left[\frac{x^2}{2}-\frac{x^3}{3}\right]_0^1 = \frac{1}{6}$$

$$\begin{aligned}
M_x &= \int_0^1\int_{x^2}^{x} y\,dy\,dx = \int_0^1 \left[\frac{y^2}{2}\right]_{y=x^2}^{y=x} dx \\
&= \int_0^1 \left(\frac{x^2}{2}-\frac{x^4}{2}\right) dx = \left[\frac{x^3}{6}-\frac{x^5}{10}\right]_0^1 = \frac{1}{15}
\end{aligned}$$

$$M_y = \int_0^1\int_{x^2}^{x} x\,dy\,dx = \int_0^1 \Big[xy\Big]_{y=x^2}^{y=x} dx = \int_0^1 (x^2-x^3)\,dx = \left[\frac{x^3}{3}-\frac{x^4}{4}\right]_0^1 = \frac{1}{12}$$

따라서 M, M_x, M_y로부터 다음을 얻는다.

$$\bar{x} = \frac{M_y}{M} = \frac{1/12}{1/6} = \frac{1}{2}, \qquad \bar{y} = \frac{M_x}{M} = \frac{1/15}{1/6} = \frac{2}{5}$$

즉 도형의 중심은 $(1/2, 2/5)$이다. ■

각 영역의 중심 좌표는 영역에 대응하는 변수의 평균값과 같음을 알 수 있다.

관성 모멘트

물체의 1차 모멘트(표 13.1)로부터 이 물체가 중력장 내의 한 축에 미치는 한 축에 미치는 돌림힘을 알 수 있다. 그러나 그 물체가 샤프트인 경우에는 그것에 얼마나 많은 양의 에너지가 축적

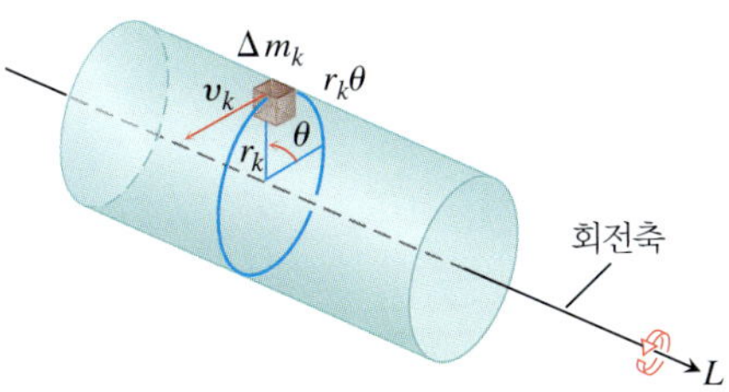

그림 13.40 샤프트를 작은 조각으로 분할하고 각각의 조각이 가지고 있는 운동에너지를 모두 합해 회전하는 샤프트의 운동에너지를 계산한다.

되어 있는지 또는 특정한 각속도로 샤프트를 가속하기 위해 필요한 에너지는 얼마나 되는지에 더욱 관심이 있으며, 이 양들은 2차 모멘트 또는 관성 모멘트를 통해 알 수 있다.

이 샤프트를 작은 조각으로 분할하여 k번째 조각의 질량과 회전축으로부터 이 조각의 질량중심에 이르는 거리를 각각 Δm_k와 r_k로 나타내자(그림 13.40). 만약 샤프트가 초당 $\omega = d\theta/dt$ 라디안의 일정한 각속도로 회전하면 이 조각의 질량중심은 다음과 같은 선속도로 원형궤도를 따라 움직인다.

$$v_k = \frac{d}{dt}(r_k\theta) = r_k\frac{d\theta}{dt} = r_k\omega$$

작은 조각의 운동에너지의 근삿값은 다음과 같다.

$$\frac{1}{2}\Delta m_k v_k^2 = \frac{1}{2}\Delta m_k(r_k\omega)^2 = \frac{1}{2}\omega^2 r_k^2\,\Delta m_k$$

따라서 샤프트의 운동에너지의 근삿값은 다음을 얻는다.

$$\sum \frac{1}{2}\omega^2 r_k^2\,\Delta m_k$$

점점 더 작은 부분으로 분할하여 극한을 취하면 샤프트의 운동에너지는 다음 적분으로 나타난다.

$$\text{KE}_{\text{shaft}} = \int \frac{1}{2}\omega^2 r^2\,dm = \frac{1}{2}\omega^2\int r^2\,dm \tag{1}$$

여기서 다음을 샤프트의 관성 모멘트라 한다.

$$I = \int r^2\,dm$$

이를 식 (1)에서 대입하면 샤프트의 운동에너지는 다음 식과 같다.

$$\text{KE}_{\text{shaft}} = \frac{1}{2}I\omega^2$$

회전하는 샤프트의 관성 모멘트는 기관차의 관성과 유사하다. 질량 m인 정지 상태의 기관차를 선속도 v로 움직이기 위해서는 $\text{KE} = (1/2)mv^2$의 운동에너지를 필요로 한다. 또한 이 기관차를 멈추려면 같은 양의 에너지를 제거해야 한다. 관성 모멘트 I인 샤프트를 각속도 ω로 회전하기 위해서 $\text{KE} = (1/2)I\omega^2$의 운동에너지가 필요하고, 이를 멈추기 위해서는 역시 같은 양의 에너지를 제거해야 한다. 샤프트의 관성 모멘트는 기관차의 질량과 비교할 수 있다. 기관차를 출발시키거나 정지하기 어렵게 만드는 것은 기관차의 질량 때문이며, 샤프트를 회전시키거나 정지하기 어렵게 만드는 것은 관성 모멘트이다. 관성 모멘트는 샤프트의 총 질량뿐만 아니라 질량의 분포에 따라 달라진다. 회전축으로부터 멀리 떨어져 있는 질량이 관성 모멘트에 더 많은 영향을 미친다.

이제 관성 모멘트에 대한 공식을 유도하자. 만약 $r(x, y, z)$를 D의 점 (x, y, z)로부터 직선 L까지의 거리라 하면 직선 L에 관한 질량 $\Delta m_k = \delta(x_k, y_k, z_k)\,\Delta V_k$의 관성 모멘트는 대략 $\Delta I_k = r^2(x_k, y_k, z_k)\Delta m_k$이다(그림 13.40). 입체 전체의 **$L$에 관한 관성 모멘트**는 다음과 같다.

$$I_L = \lim_{n\to\infty}\sum_{k=1}^{n}\Delta I_k = \lim_{n\to\infty}\sum_{k=1}^{n} r^2(x_k, y_k, z_k)\,\delta(x_k, y_k, z_k)\,\Delta V_k = \iiint_D r^2\delta\,dV$$

L이 x축이면 $r^2 = y^2 + z^2$이므로(그림 13.41) 다음과 같다.

$$I_x = \iiint_D (y^2 + z^2)\,\delta(x, y, z)\,dV$$

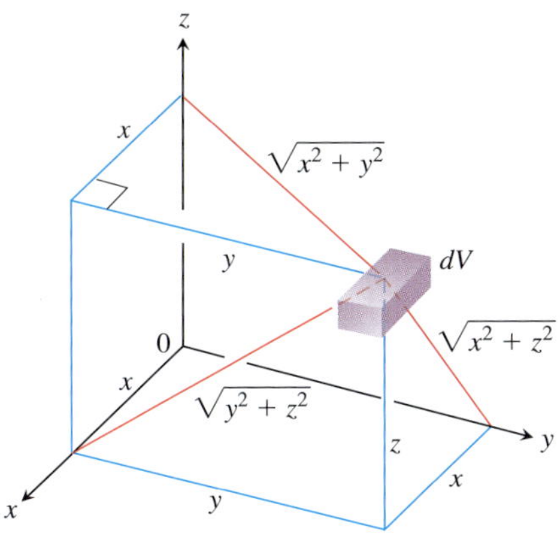

그림 13.41 dV에서 좌표평면과 축까지의 거리.

마찬가지로 L이 y축이거나 z축이면 다음을 얻는다.

표 13.2 관성 모멘트(2차 모멘트)의 공식.

3차원 입체		
x축에 관한:	$I_x = \iiint_D (y^2 + z^2)\,\delta\, dV$	$\delta = \delta(x, y, z)$
y축에 관한:	$I_y = \iiint_D (x^2 + z^2)\,\delta\, dV$	
z축에 관한:	$I_z = \iiint_D (x^2 + y^2)\,\delta\, dV$	
직선 L축에 관한:	$I_L = \iiint_D r^2(x, y, z)\,\delta\, dV$	$r(x, y, z)$는 점 (x, y, z)와 직선 L 사이의 거리이다.
2차원 평평한 판		
x축에 관한:	$I_x = \iint_R y^2\,\delta\, dA$	$\delta = \delta(x, y)$
y축에 관한:	$I_y = \iint_R x^2\,\delta\, dA$	
z축에 관한:	$I_L = \iint_R r^2(x, y)\,\delta\, dA$	$r(x, y)$는 점 (x, y)와 직선 L 사이의 거리이다.
원점에 관한(극 모멘트):	$I_0 = \iint_R (x^2 + y^2)\,\delta\, dA = I_x + I_y$	

$$I_y = \iiint_D (x^2 + z^2)\,\delta(x, y, z)\, dV, \qquad I_z = \iiint_D (x^2 + y^2)\,\delta(x, y, z)\, dV$$

표 13.2는 관성 모멘트에 관한 공식을 정리한 것이다(2차 모멘트는 거리에 제곱을 한 것이기에 2차라는 말을 붙인다). 이 표에는 원점에 대한 극 모멘트 공식도 포함되어 있다.

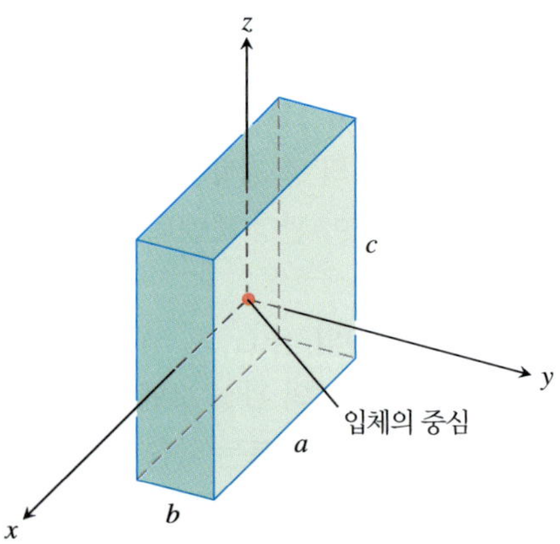

그림 13.42 원점이 이 입체의 중심일 때 I_x, I_y, I_z 구하기(예제 3).

예제 3 그림 13.42의 직육면체의 밀도 δ는 상수함수이다. 이 입체의 관성 모멘트 I_x, I_y, I_z를 구하라.

풀이 I_x의 공식으로부터 다음과 같다.

$$I_x = \int_{-c/2}^{c/2}\int_{-b/2}^{b/2}\int_{-a/2}^{a/2} (y^2 + z^2)\,\delta\, dx\, dy\, dz$$

$(y^2+z^2)\delta$가 x, y, z의 우함수이기 때문에 계산이 조금 쉬워진다. 직육면체는 각 팔분공간에 하나씩 모두 8개의 대칭 부분을 구성한다. 따라서 이 가운데 한 부분의 적분값에 8배를 하면 전체 적분값을 얻는다.

$$\begin{aligned} I_x &= 8\int_0^{c/2}\int_0^{b/2}\int_0^{a/2} (y^2 + z^2)\,\delta\, dx\, dy\, dz = 4a\delta\int_0^{c/2}\int_0^{b/2} (y^2 + z^2)\, dy\, dz \\ &= 4a\delta\int_0^{c/2}\left[\frac{y^3}{3} + z^2 y\right]_{y=0}^{y=b/2} dz \\ &= 4a\delta\int_0^{c/2}\left(\frac{b^3}{24} + \frac{z^2 b}{2}\right) dz \\ &= 4a\delta\left(\frac{b^3 c}{48} + \frac{c^3 b}{48}\right) = \frac{abc\delta}{12}(b^2 + c^2) = \frac{M}{12}(b^2 + c^2) \qquad M = abc\delta \end{aligned}$$

같은 방법으로 다음을 얻는다.

$$I_y = \frac{M}{12}(a^2 + c^2), \qquad I_z = \frac{M}{12}(a^2 + b^2)$$ ■

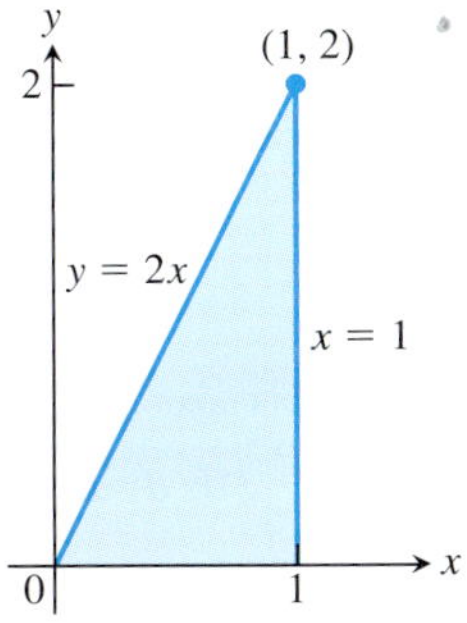

그림 13.43 예제 4에서 삼각형 형태의 영역.

예제 4 삼각형 모양의 얇고 평평한 판이 좌표평면의 제1사분면에서 x축, 직선 $x=1$, $y=2x$로 둘러싸여 있다. 각 점 (x, y)에서 영역의 밀도는 $\delta(x, y)=6x+6y+6$이다. 각 좌표축과 원점에 관한 관성 모멘트를 구하라.

풀이 그림 13.43의 삼각형 영역으로 적분 영역을 결정한다. x축에 대한 관성 모멘트는 다음과 같다.

$$I_x = \int_0^1\int_0^{2x} y^2\,\delta(x, y)\,dy\,dx = \int_0^1\int_0^{2x}(6xy^2 + 6y^3 + 6y^2)\,dy\,dx$$

$$= \int_0^1\left[2xy^3 + \frac{3}{2}y^4 + 2y^3\right]_{y=0}^{y=2x} dx = \int_0^1 (40x^4 + 16x^3)\,dx$$

$$= \left[8x^5 + 4x^4\right]_0^1 = 12$$

마찬가지로 y축에 대한 관성 모멘트는 다음을 얻는다.

$$I_y = \int_0^1\int_0^{2x} x^2\,\delta(x, y)\,dy\,dx = \frac{39}{5}$$

I_x를 계산할 때 밀도에 y^2을, I_y를 구하기 위해 x^2을 곱하여 적분했음에 유의하자.

I_x와 I_y를 알고 있으므로 표 13.2의 방정식 $I_0=I_x+I_y$를 이용하면 다음과 같다.

$$I_0 = 12 + \frac{39}{5} = \frac{60 + 39}{5} = \frac{99}{5}$$ ■

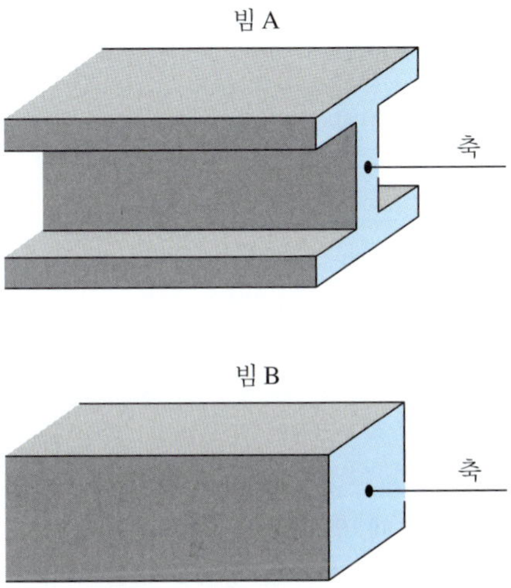

그림 13.44 빔의 수평축에 대한 수직단면의 모멘트가 클수록 휨강도는 커진다. 빔 A와 B는 같은 단면의 넓이를 가지고 있으나 B가 더 욱 쉽게 휘어진다.

관성 모멘트는 무거운 수평 철제빔이 휘는 정도와의 관련이 있다. 빔의 휨강도는 빔의 수평축에 대한 수직단면의 관성 모멘트 I의 상수배이다. 동일한 하중이 주어졌을 I값이 작을수록 쉽게 휘어진다. 이것이 단면이 정사각형인 빔 대신 빔 I를 사용하는 이유이다. 레일의 발에 해당하는 플랜지는 빔 I의 상단과 하단은 빔의 수평축으로부터 가장 멀리 떨어진 곳에 질량의 대부분이 분포되어 있음에 따라 I의 값이 극대화된다(그림 13.44).

연습문제 13.6 EXERCISE QUESTION

밀도가 일정한 판

1. **질량중심 구하기** 제1사분면에서 직선 $x=0$, $y=x$와 포물선 $y=2-x^2$으로 둘러쌓이고 밀도가 $\delta=3$인 얇은 판의 질량중심을 구하라.
2. **관성 모멘트 구하기** 제1사분면에서 직선 $x=3$과 $y=3$으로 둘러싸이고 밀도가 δ인 얇은 판의 두 좌표축에 대한 관성 모멘트를 구하라.
3. **중심 구하기** 제1사분면에서 포물선 $y^2=2x$와 직선 $y=0$, $x+y=4$로 둘러싸인 영역의 중심을 구하라.
4. **중심 구하기** 제1사분면에서 직선 $x+y=3$을 경계로 하는 삼각형 영역의 중심을 구하라.
5. **중심 구하기** 제1사분면에서 원 $x^2+y^2=a^2$으로 둘러싸인 영역의 중심을 구하라.
6. **중심 구하기** x축과 곡선 $y=\sin x$, $0\le x\le\pi$로 둘러싸인 영역의 중심을 구하라.
7. **관성 모멘트 구하기** 밀도가 $\delta=1$이고 원 $x^2+y^2=4$로 둘러싸인 얇은 원판의 x축에 대한 관성 모멘트를 구하라. 또한 이 결과를 이용하여 I_y와 I_0를 구하라.
8. **관성 모멘트 구하기** 밀도가 $\delta=1$이고 곡선 $y=(\sin^2 x)/x^2$과 x축의 구간 $\pi\le x\le 2\pi$로 둘러싸인 얇은 원판의 y축에 대한 관성 모멘트를 구하라.
9. **무한한 영역의 중심** 제2사분면에서 곡선 $y=e^x$로 둘러싸인 무한 영역의 중심을 구하라.
10. **무한한 판의 1차모멘트** 제1사분면에서 곡선 $y=e^{-x^2/2}$의 아랫부분에 놓여 있는 밀도 $\delta(x, y)=1$인 얇은 판의 y축에 대한 1차 모멘트를 구하라.

일정하지 않은 밀도를 가진 판

11. **관성 모멘트 구하기** 포물선 $x=y-y^2$과 직선 $x+y=0$으로 둘러싸

인 영역에 놓여 있는 얇은 판의 x축에 대한 관성 모멘트를 구하라. 단, $\delta(x, y)=x+y$이다.

12. 질량 구하기 타원 $x^2+4y^2=12$가 포물선 $x=4y^2$에 의해 나누어진 두 영역 중에 작은 쪽에 놓여 있는 얇은 판의 질량을 구하라. 단, $\delta(x, y)=5x$이다.

13. 질량중심 구하기 y축과 직선 $y=x$, $y=2-x$로 둘러싸인 얇은 삼각형 판의 질량중심을 구하라. 단, $\delta(x, y)=6x+3y+3$이다.

14. 질량중심과 관성 모멘트 구하기 포물선 $x=y^2$과 $x=2y-y^2$으로 둘러싸인 영역에 놓여 있는 얇은 판의 x축에 대한 질량중심과 관성 모멘트를 구하라. 단, $\delta(x, y)=y+1$이다.

15. 질량중심, 관성 모멘트 제1사분면에서 직선 $y=6$, $x=1$로 둘러싸인 얇은 사각형 판의 y축에 대한 질량중심과 관성 모멘트를 구하라. 단, $\delta(x, y)=x+y+1$이다.

16. 질량중심, 관성 모멘트 직선 $y=1$과 포물선 $y=x^2$으로 둘러싸인 얇은 판의 y축에 대한 질량중심과 관성 모멘트를 구하라. 단, $\delta(x, y)=y+1$이다.

17. 질량중심, 관성 모멘트 x축과 직선 $x=\pm 1$, 포물선 $y=x^2$으로 둘러싸인 얇은 판의 y축에 대한 질량중심과 관성 모멘트를 구하라. 단, $\delta(x, y)=7y+1$이다.

18. 질량중심, 관성 모멘트 직선 $y=0$, $x=20$, $y=-1$, $y=1$로 둘러싸인 얇은 직사각형 판의 x축에 대한 질량중심과 관성 모멘트를 구하라. 단, $\delta(x, y)=1+(x/20)$이다.

19. 질량중심, 관성 모멘트 직선 $y=x$, $y=-x$, $y=1$로 둘러싸인 얇은 삼각형 판의 질량중심과 좌표축에 대한 관성 모멘트와 극 모멘트를 구하라. 단, $\delta(x, y)=y+1$이다.

20. 질량중심, 관성 모멘트 $\delta(x, y)=3x^2+1$인 경우에 연습문제 19의 물음에 답하라.

밀도가 일정한 입체

21. 관성 모멘트 주어진 그림에 있는 직육면체의 I_x, I_y, I_z를 계산하여 이 입체의 각 모서리에 대한 관성 모멘트를 구하라.

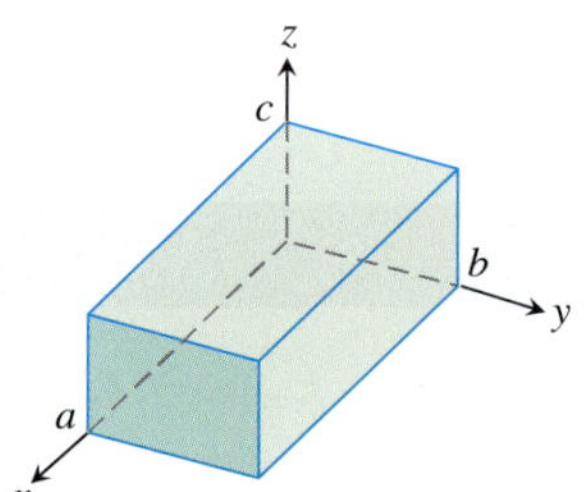

22. 관성 모멘트 주어진 그림에서 각 좌표축은 이 입체의 질량중심을 지나고 그 입체의 모서리와 평행하다. $a=b=6$, $c=4$일 때 I_x, I_y, I_z를 구하라.

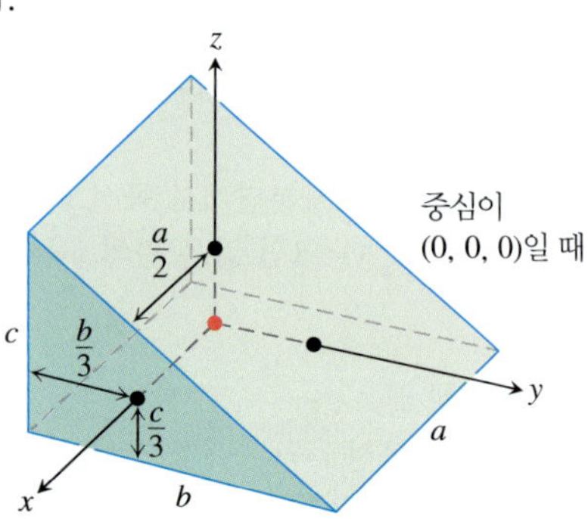

23. 질량중심과 관성 모멘트 곡면 $z=4y^2$과 3개의 평면 $z=4$, $x=1$, $x=-1$로 둘러싸인 물받이통의 밀도가 일정할 때, 세 축에 관한 질량중심과 관성 모멘트를 구하라.

24. 질량중심 밑면이 평면 $z=0$, 옆면이 타원주면 $x^2+4y^2=4$, 윗면이 평면 $z=2-x$로 둘러싸인 입체의 밀도가 일정하다(주어진 그림 참조).

a. $\bar{x}$와 $\bar{y}$를 구하라.

b. 다음 적분을 계산하라.

$$M_{xy} = \int_{-2}^{2}\int_{-(1/2)\sqrt{4-x^2}}^{(1/2)\sqrt{4-x^2}}\int_{0}^{2-x} z\,dz\,dy\,dx$$

마지막 x에 관한 적분은 기본 적분표를 이용하라. 또한 M_{xy}를 M으로 나누어 $\bar{z}=5/4$임을 보여라.

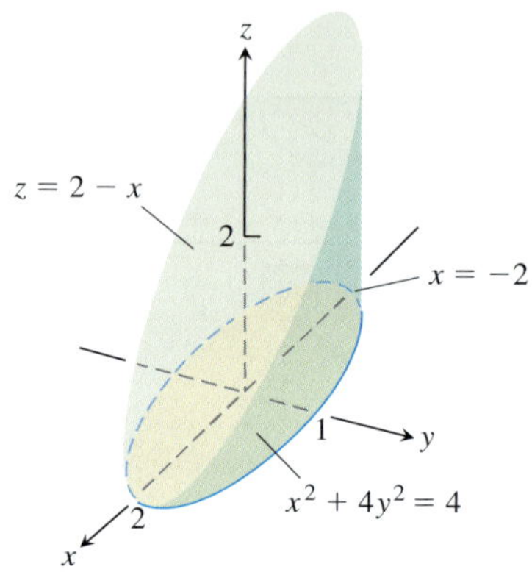

25. a. 질량중심 아래로는 포물면 $z=x^2+y^2$, 위로는 평면 $z=4$로 둘러싸인 입체의 밀도가 일정할 때, 입체의 질량중심을 구하라.

b. 이 입체의 부피를 균등하게 둘로 나누는 평면 $z=c$를 구하라. 이 평면은 질량중심을 지나지 않는다.

26. 모멘트 평면 $x=\pm 1$, $z=\pm 1$, $y=3$, $y=5$로 둘러싸인 정육면체가 있다. 질량중심과 좌표축에 관한 관성 모멘트를 각각 구하라.

27. 직선에 관한 관성 모멘트 연습문제 22의 입체에서 평면 $a=4$, $b=6$, $c=3$이라 하자. 이 입체의 점 (x, y, z)부터 직선 L: $z=0$, $y=6$까지의 거리의 제곱이 $r^2=(y-6)^2+z^2$임을 간단한 그림으로 보여라. 이 직선 L에 관한 관성 모멘트를 구하라.

28. 직선에 관한 관성 모멘트 연습문제 22의 입체에서 평면 $a=4$, $b=6$, $c=3$이라 하자. 이 입체의 점 (x, y, z)부터 직선 L: $x=4$, $y=0$까지의 거리의 제곱이 $r^2=(x-4)^2+y^2$임을 간단한 그림으로 보여라. 이 직선 L에 관한 관성 모멘트를 구하라.

밀도가 일정하지 않은 입체

연습문제 29와 30에서 다음을 구하라.

a. 그 입체의 질량

b. 질량중심

29. 좌표평면과 평면 $x+y+z=2$로 둘러싸여 제1팔분공간에 있는 입체를 생각하자. 이 입체의 밀도함수는 $\delta(x, y, z)=2x$이다.

30. 평면 $y=0$과 $z=0$, 곡면 $z=4-x^2$과 $x=y^2$으로 둘러싸여 제1팔분공간에 있는 입체(주어진 그림)를 생각하자. 이 입체의 밀도함수는 $\delta(x, y, z)=kxy$이다. 단, k는 상수이다.

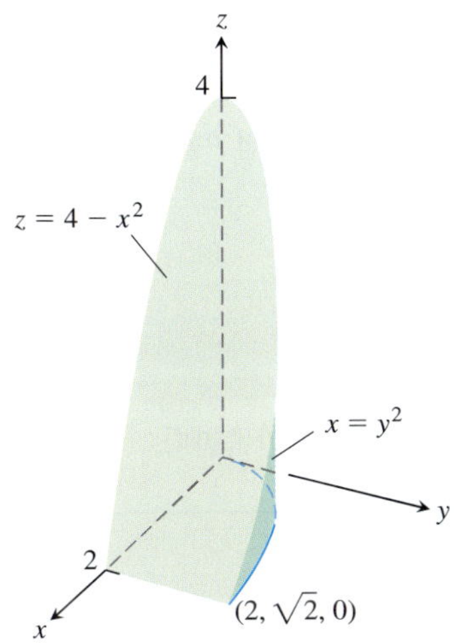

연습문제 31와 32에서 다음을 구하라.

a. 질량
b. 질량중심
c. 좌표축에 관한 관성 모멘트

31. 세 좌표평면과 세 평면 $x=1$, $y=1$, $z=1$로 둘러싸여 제1팔분공간에 있는 정육면체를 생각한다. 이 입체의 밀도함수는 $\delta(x, y, z)=x+y+z+1$이다.

32. 연습문제 22의 입체에 대해 $a=2$, $b=6$, $c=3$이라 한다. 또한 밀도함수는 $\delta(x, y, z)=x+1$이다. 밀도함수가 상수이면 질량중심은 (0, 0, 0)이라는 점에 주의하자.

33. 질량 세 평면 $x+z=1$, $x-z=-1$, $y=0$과 곡면 $y=\sqrt{z}$로 둘러싸인 입체의 질량을 구하라. 단, 밀도함수는 $\delta(x, y, z)=2y+5$이다.

34. 질량 두 포물면 $z=16-2x^2-2y^2$, $z=2x^2+2y^2$으로 둘러싸인 입체의 밀도함수는 $\delta(x, y, z)=\sqrt{x^2+y^2}$이다. 입체의 질량을 구하라.

이론과 예제

평행축 정리 $L_{\text{c.m.}}$은 질량 m인 물체의 질량중심을 지나는 직선이고, L은 $L_{\text{c.m.}}$으로부터 h단위만큼 떨어져 평행인 직선이라 하자. 평행축 정리란 직선 $L_{\text{c.m.}}$과 L에 관한 관성 모멘트 $I_{\text{c.m.}}$과 I_L이 다음 방정식을 만족한다는 것이다.

$$I_L = I_{\text{c.m.}} + mh^2 \tag{2}$$

2차원 경우에서처럼 하나의 모멘트와 질량을 알고 있으면 다른 쪽의 모멘트를 쉽게 계산하는 방법을 제시하고 있다.

35. 평행축 정리의 증명

a. 3차원 공간의 물체에 대해 이 물체의 질량중심을 지나는 한 평면에 관한 그 물체의 1차 모멘트는 0이 됨을 증명하라. [힌트: 물체의 질량중심을 원점에 두고 또 주어진 평면을 yz평면으로 하자. 공식 $\bar{x}=M_{yz}/M$은 어떤 정보를 주는가?]

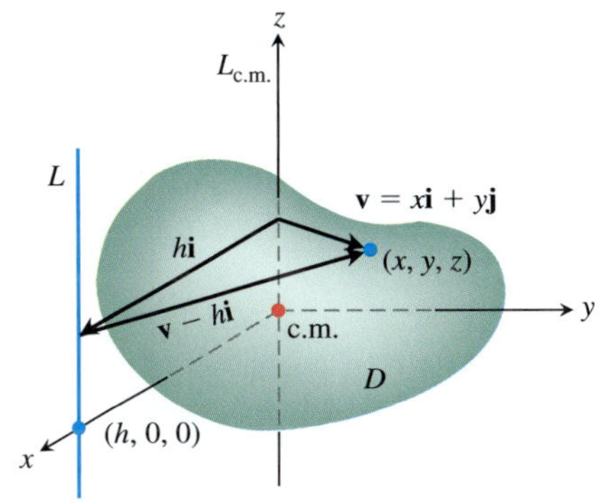

b. 평행축 정리를 증명하기 위해 물체의 질량중심이 원점, 직선 $L_{\text{c.m.}}$은 z축으로 또 L은 점 $(h, 0, 0)$에서 xy평면에 수직이 되도록 한다. 이 물체에 채워진 공간 영역을 D라 하면, 그림에 있는 기호를 사용하여 다음이 성립한다.

$$I_L = \iiint_D |\mathbf{v} - h\mathbf{i}|^2 \, dm$$

피적분함수를 전개하여 증명을 완성하라.

36. 반지름이 a이고, 밀도가 상수함수인 공의 지름에 관한 관성 모멘트는 $(2/5)ma^2$이다. 여기서 m은 공의 질량이다. 구면에 접하는 접선에 관한 관성 모멘트를 구하라.

37. 연습문제 21에서 주어진 입체에 대해 z축에 관한 입체의 관성 모멘트 $I_z=abc(a^2+b^2)/3$이다.

a. 식 (2)를 사용하여 이 입체의 질량중심을 지나고 z축에 평행인 직선에 관한 관성 모멘트를 구하라.

b. 식 (2)와 문제 (a)에서 얻은 결과를 이용하여 직선 $x=0$, $y=2b$에 관한 입체의 관성 모멘트를 구하라.

38. 연습문제 22에서 주어진 입체에 대해 $a=b=6$, $c=4$라 하면 x축에 관한 관성 모멘트 $I_x=208$이다. 직선 $y=4$, $z=-4/3$(입체의 가장 좁은 끝부분의 변)에 관한 관성 모멘트를 구하라.

13.7 원주좌표와 구면좌표에서 3중적분

물리학, 공학, 기하학에서 원주, 원뿔, 구에 대한 계산은 이 절에서 소개되는 원주좌표와 구면좌표를 이용하면 간단해지는 경우가 많다. 원주좌표와 구면좌표로 변환하고 그에 따른 3중적분을 계산하는 과정은 13.4절에서 배운 평면에서 극좌표로의 변환과 비슷하다.

원주좌표에서의 적분

3차원 공간에서 원주좌표는 xy평면에 극좌표를 도입하고 직교좌표의 z축을 사용한다. 원주좌표에서는 그림 13.45에서 보는 바와 같이 공간에서의 각 점을 하나 또는 여러 개의 (r, θ, z)로

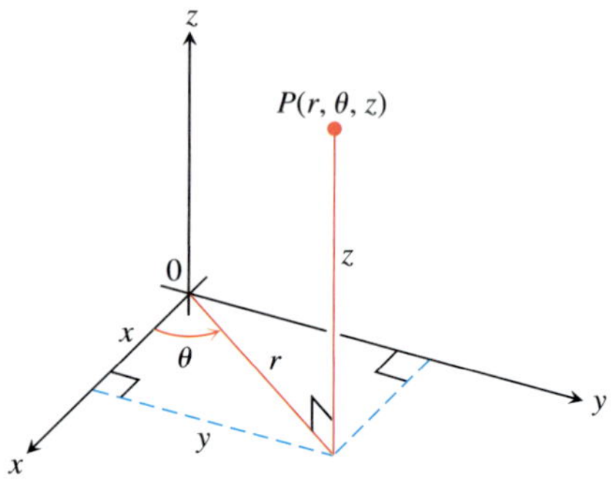

그림 13.45 3차원 공간에서 한 점의 원주좌표는 r, θ, z이다.

나타낸다. 여기서는 $r \ge 0$이다.

> **정의** **원주좌표**(cylindrical coordinate)에서 공간에서의 한 점 P를 다음 성질을 만족하는 (r, θ, z) $(r \ge 0)$로 나타낸다.
>
> **1.** r과 θ는 P에서 xy평면 위로 내린 수선의 발의 극좌표이다.
> **2.** z는 점 P에서 z축의 직교좌표이다.

직교좌표와 원주좌표에서의 x, y, r, θ는 다음 관계식을 만족한다.

직교좌표 (x, y, z)와 원주좌표 (r, θ, z)의 관계식

$$x = r\cos\theta, \qquad y = r\sin\theta, \qquad z = z,$$
$$r^2 = x^2 + y^2, \quad \tan\theta = y/x$$

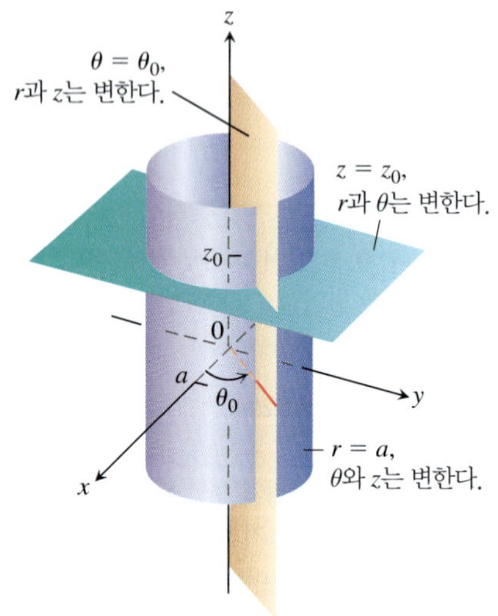

그림 13.46 원주좌표에서 좌표값이 상수인 방정식은 원주면과 평면을 나타낸다.

원주좌표에서 방정식 $r=a$는 xy평면 위의 원뿐만 아니라 z축 중심의 원주면 전체이다(그림 13.46). 방정식 $r=0$은 z축을 나타내며 방정식 $\theta=\theta_0$은 z축을 포함하고 x축과 양의 방향의 각이 θ_0인 반평면이다. 마찬가지로 방정식 $z=z_0$은 z축에 수직인 평면이다.

중심축이 z축 방향인 원주면, z축을 포함하는 평면이나 z축에 수직인 평면을 나타내는 데는 원주좌표가 적합하다. 이와 같이 곡면의 방정식은 좌표의 값이 상수로 나타낸다.

$$r = 4 \qquad \text{원주면, 반지름은 4, 중심축은 } z\text{축}$$
$$\theta = \frac{\pi}{3} \qquad z\text{축을 포함하는 평면}$$
$$z = 2 \qquad z\text{축에 수직인 평면}$$

영역 D에서 3중적분을 원주좌표를 이용하여 계산하자. 먼저 영역 D를 작은 직육면체가 아닌 n개의 작은 원주 쐐기로 분할한다. 이제 k번째 원주 쐐기, r, θ, z는 Δr_k, $\Delta\theta_k$, Δz_k만큼 변하고 이들 중 가장 큰 값을 이 분할의 **노름**이라 한다. 3중적분은 모든 원주 쐐기를 이용하여 리만 합의 극한으로 정의한다. 원주 쐐기의 부피 ΔV_k는 $r\theta$평면에서의 밑넓이 ΔA_k와 높이 Δz의 곱으로 얻어진다(그림 13.47).

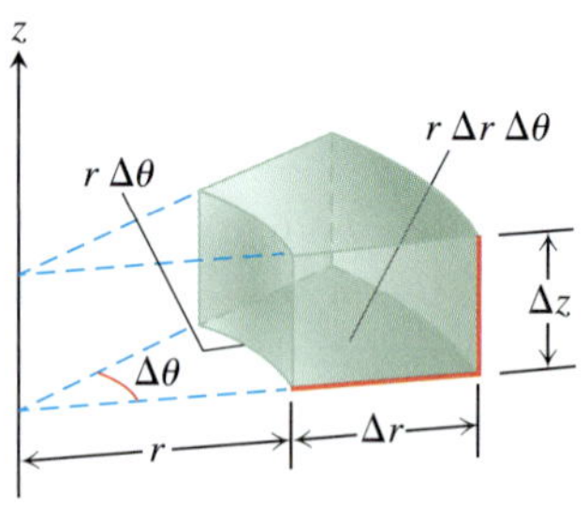

그림 13.47 원주좌표에서 쐐기 부피의 근삿값은 $\Delta V = r\Delta z\Delta r\Delta\theta$이다.

k번째 쐐기의 중심 (r_k, θ_k, z_k)에 대해 극좌표계에서 넓이는 $\Delta A_k = r_k\,\Delta r_k\,\Delta\theta_k$이고, 원주 쐐기의 부피는 $\Delta V_k = \Delta z_k\, r_k\,\Delta r_k\,\Delta\theta_k = r_k\,\Delta z_k\,\Delta r_k\,\Delta\theta_k$이다. 그래서 함수 f의 영역 D에서 리만 합은 다음과 같다.

$$S_n = \sum_{k=1}^{n} f(r_k, \theta_k, z_k)\, r_k\,\Delta z_k\,\Delta r_k\,\Delta\theta_k$$

영역 D에서 함수 f의 3중적분은 분할의 노름이 0으로 가까이 갈 때 리만 합의 극한값이다.

$$\lim_{n\to\infty} S_n = \iiint_D f\,dV = \iiint_D f\,r\,dz\,dr\,d\theta$$

원주좌표에서 부피 미분

$$dV = r\,dz\,dr\,d\theta$$

그런데 원주좌표에서의 3중적분은 다음 예제에서와 같이 반복적분으로 계산된다. 비록 원주좌표를 정의할 때에는 θ의 범위에 제한을 두지 않지만, 적분하려는 대부분 경우에 θ의 범위를 길이가 2π인 구간으로 제한할 필요가 있다. 따라서 일반적으로 θ의 범위를 $\alpha \le \theta \le \beta$로, 여기서 $0 \le \beta - \alpha \le 2\pi$로 만족한다고 하자.

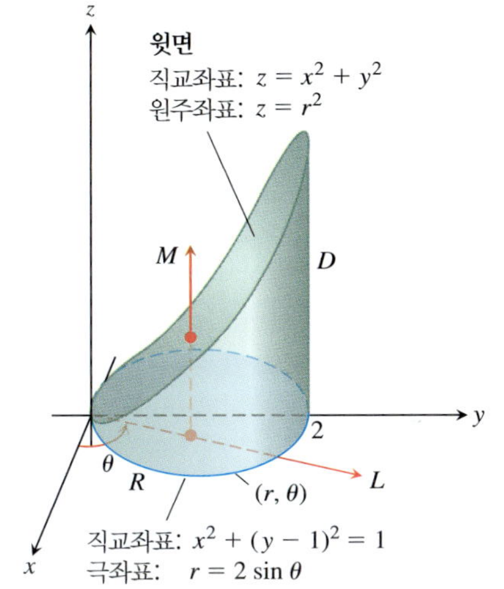

그림 13.48 원주좌표에서 적분을 계산하기 위한 적분 영역 구하기(예제 1).

예제 1 아래로는 평면 $z=0$, 옆으로는 원주면 $x^2+(y-1)^2=1$, 위로는 포물면 $z=x^2+y^2$으로 둘러싸여 있는 영역 D라 하자. 원주좌표를 이용하여 D에서 함수 $f(r, \theta, z)$의 적분을 구할 때 적분 영역을 구하라.

풀이 영역 D의 밑변은 D의 위로의 정사영 R이며, R의 경계는 원은 $x^2+(y-1)^2=1$이다. 이 원의 극방정식은 다음과 같다.

$$\begin{aligned} x^2 + (y-1)^2 &= 1 \\ x^2 + y^2 - 2y + 1 &= 1 \\ r^2 - 2r\sin\theta &= 0 \\ r &= 2\sin\theta \end{aligned}$$

영역 D는 그림 13.48에 그려져 있다.

먼저 z의 적분 구간에 대해 알아보자. 평면 R의 내부에 점 (r, θ)를 지나고 z축에 평행한 M은 $z=0$에서 D로 들어가고 $z=x^2+y^2=r^2$에서 나온다.

다음으로 r의 적분 구간에 대해 알아보자. 원점에서 시작하여 점 (r, θ)를 지나는 반직선 L은 $r=0$일 때, R에 들어가고 $r=2\sin\theta$일 때 나온다.

마지막으로 θ의 적분 구간에 대해 알아보자. 반직선 L이 평면 R 전체를 쓸어내림에 따라 L이 양의 x축과 이루는 각 θ는 $\theta=0$에서 $\theta=\pi$까지 변한다. 그러므로 3중적분은 다음을 얻는다.

$$\iiint_D f(r,\theta,z)\,dV = \int_0^{\pi}\int_0^{2\sin\theta}\int_0^{r^2} f(r,\theta,z)\,r\,dz\,dr\,d\theta$$ ■

예제 1은 원주좌표에서 적분 영역을 구하는 방법을 보이고 있으며, 이 과정은 다음과 같이 요약된다.

원주좌표에서 적분법

원주좌표로 3차원 공간의 영역 D에서의 3중적분이라고 하자.

$$\iiint_D f(r,\theta,z)\,dV$$

계산하려면 다음의 각 단계를 거쳐 먼저 z에 관해 적분하고 그 다음 r에 관해 마지막으로 θ에 관해 적분한다.

1. **그리기**: 영역 D와 영역 D의 xy 위로의 정사영 R을 그린다. D와 R의 경계를 이루는 곡면과 곡선의 방정식을 구한다.

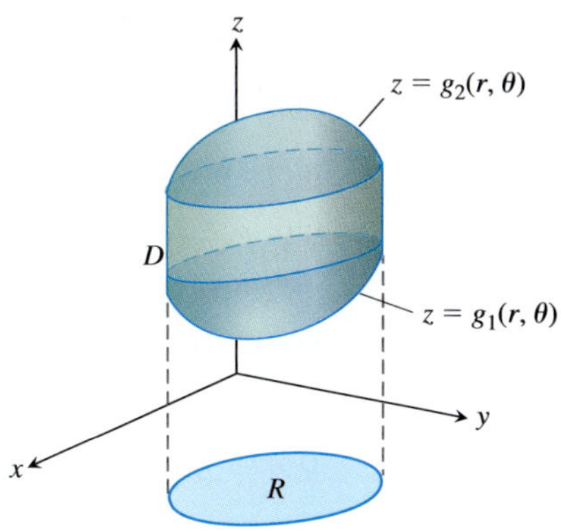

2. **z의 적분 구간 구하기**: 평면 R의 임의의 점 (r, θ)를 지나고 z축에 평행한 직선 M을 그린다.

z가 증가함에 따라 직선 M은 $z=g_1(r, \theta)$일 때 D에 들어가고 $z=g_2(r, \theta)$일 때 나간다. 이로부터 적분의 z의 적분 구간을 구한다.

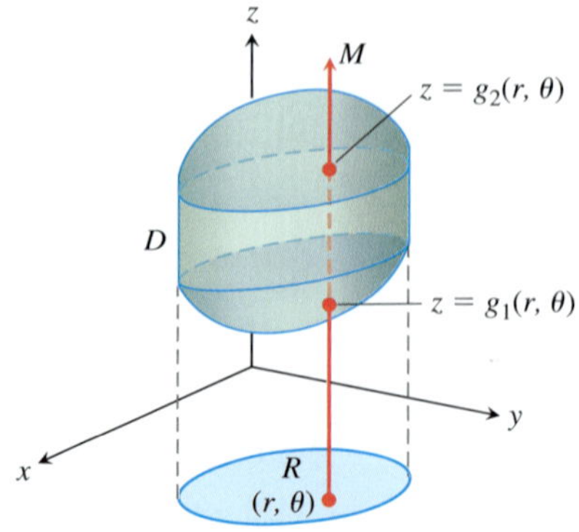

3. **r의 적분 구간 구하기**: 원점에서 시작하여 점 (r, θ)를 지나는 반직선 L을 그린다. 반직선 L은 $r=h_1(\theta)$일 때 평면 R에 들어가고 $r=h_2(\theta)$일 때 나온다. 이로부터 r의 적분 구간을 구한다.

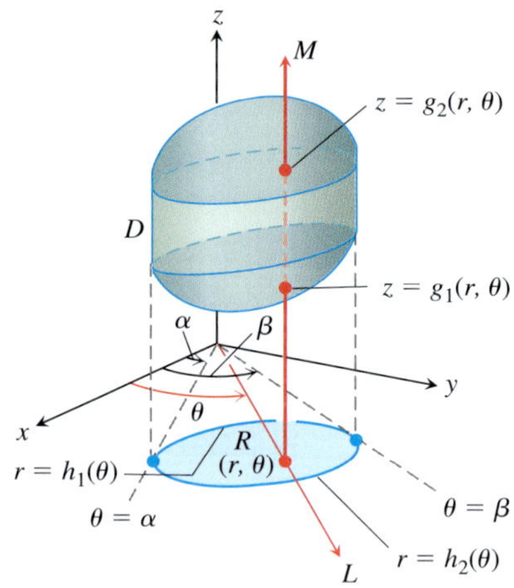

4. **θ의 적분 구간 구하기**: 반직선 L이 평면 R 전체를 쓸어내림에 따라 L이 양의 x축과 이루는 각 θ는 $\theta=\alpha$부터 $\theta=\beta$ 까지 변한다. 이로부터 θ의 적분 구간을 구한다. 따라서 3중적분은 다음과 같다.

$$\iiint_D f(r, \theta, z)\, dV = \int_{\theta=\alpha}^{\theta=\beta} \int_{r=h_1(\theta)}^{r=h_2(\theta)} \int_{z=g_1(r,\theta)}^{z=g_2(r,\theta)} f(r, \theta, z)\, r\, dz\, dr\, d\theta$$

예제 2 옆면은 원주면 $x^2+y^2=4$, 위로는 포물면 $z=x^2+y^2$, 아래로는 xy평면으로 둘러싸인 입체의 중심 밀도($\delta=1$)을 구하라.

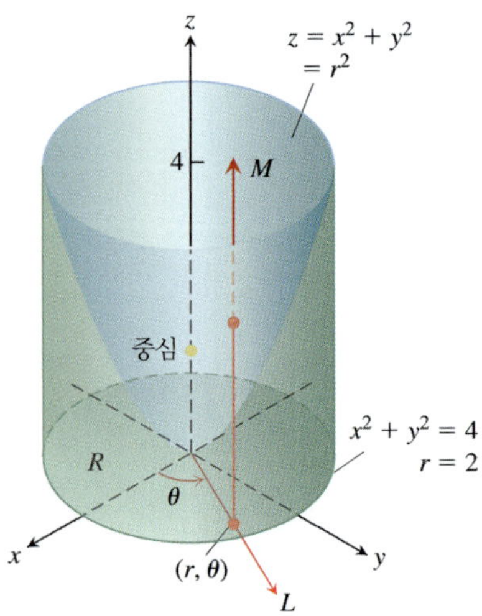

그림 13.49 예제 2는 입체의 중심을 구하는 방법이다.

풀이 먼저 위로는 포물면 $z=r^2$, 아래는 평면 $z=0$으로 둘러싸인 입체를 그린다(그림 13.49). 밑면 R은 xy평면 위의 원판 $0 \le r \le 2$이다.

이 입체의 중심 $(\bar{x}, \bar{y}, \bar{z})$은 대칭축인 z축 위에 있다. 따라서 $\bar{x}=\bar{y}=0$이다. $\bar{z}$를 구하기 위해 모멘트 M_{xy}을 질량 M으로 나눈다.

질량과 모멘트의 계산을 위한 적분 영역을 정하기 위해 위에 나온 4단계를 실행한다. 입체의 모양은 그렸으므로 적분 영역을 구하기 위한 나머지 단계를 거친다.

- **z의 적분 구간**: 밑면 R의 임의의 점 (r, θ)을 지나고 z축에 평행한 직선 M은 $z=0$에서 입체에 들어가고 $z=r^2$에서 나온다.

- r의 적분 구간: 원점에서 출발해 점 (r, θ)를 지나는 반직선 L은 $r=0$에서 평면 R에 들어가고 $r=2$에서 나온다.
- θ의 적분 구간: 반직선 L이 평면 R을 시계바늘처럼 회전할 때 L이 양의 x축과 이루는 각 θ는 $\theta=0$에서 $\theta=2$까지 변한다. 따라서 모멘트 M_{xy}의 값은 다음과 같다.

$$M_{xy} = \int_0^{2\pi}\int_0^2\int_0^{r^2} z\,r\,dz\,dr\,d\theta = \int_0^{2\pi}\int_0^2 \left[\frac{z^2}{2}\right]_{z=0}^{z=r^2} r\,dr\,d\theta$$
$$= \int_0^{2\pi}\int_0^2 \frac{r^5}{2}\,dr\,d\theta = \int_0^{2\pi}\left[\frac{r^6}{12}\right]_{r=0}^{r=2} d\theta = \int_0^{2\pi}\frac{16}{3}\,d\theta = \frac{32\pi}{3}$$

질량 M의 값은 다음과 같다.

$$M = \int_0^{2\pi}\int_0^2\int_0^{r^2} r\,dz\,dr\,d\theta = \int_0^{2\pi}\int_0^2 \Big[z\Big]_{z=0}^{z=r^2} r\,dr\,d\theta$$
$$= \int_0^{2\pi}\int_0^2 r^3\,dr\,d\theta = \int_0^{2\pi}\left[\frac{r^4}{4}\right]_{r=0}^{r=2} d\theta = \int_0^{2\pi} 4\,d\theta = 8\pi$$

ϕ는 그리스 문자인 '파이'이다.

따라서 다음을 얻는다.

$$\bar{z} = \frac{M_{xy}}{M} = \frac{32\pi}{3}\frac{1}{8\pi} = \frac{4}{3}$$

입체의 중심은 (0, 0, 4/3)이다. 이 입체의 중심은 입체의 외부인 z축 위에 위치함에 주의하자. ■

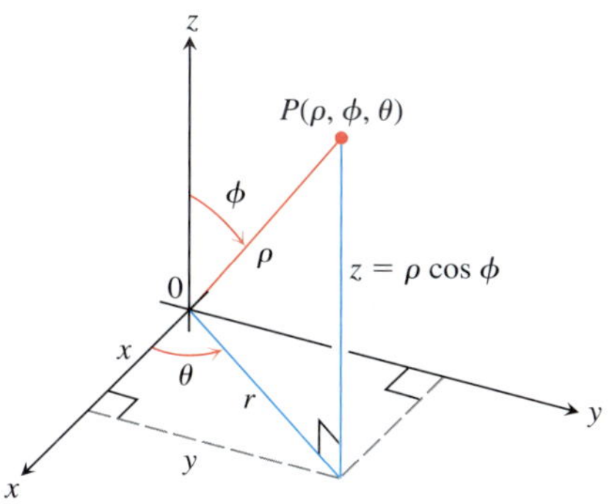

그림 13.50 구면좌표에서 ρ, ϕ, θ와 x, y, z 사이의 관계.

구면좌표와 적분

구면좌표에서 공간에서의 한 점의 위치를 정할 때 그림 13.50에서와 같이 2개의 각과 하나의 거리를 사용한다. 첫 번째 좌표 $\rho = |\overline{OP}|$는 원점으로부터 점 P까지의 거리이며 절대로 음이 될 수 없다. 두 번째 좌표 ϕ는 $\overline{OP}$가 양의 z축과 이루는 각도이며 구간 $[0, \pi]$에서 값을 가진다고 하자. 세 번째 좌표는 원주좌표에서 측정된 각 θ와 같다.

정의 **구면좌표**(spherical coodinate)에서는 공간에서의 한 점 P를 다음 성질을 만족하는 (ρ, ϕ, θ)로 나타낸다.

1. ρ는 점 P에서 원점까지의 거리이다($\rho \ge 0$).
2. ϕ는 반직선 $\overline{OP}$와 양의 z축과 이루는 각이다($0 \le \phi \le \pi$).
3. θ는 원주좌표에서 측정된 각과 같다.

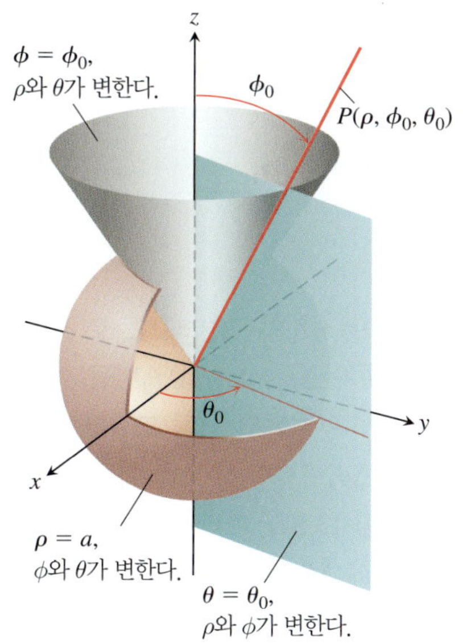

그림 13.51 구면좌표에서 좌표값이 상수인 방정식들은 구면, 하나의 원뿔면, 반평면을 나타낸다.

지구의 지도에서 θ는 지구의 한 지점의 경도와 관련이 있고 ϕ는 그 점의 위도와 관련이 있다. 한편 ρ는 지구 표면 위의 고도와 관련이 있다.

방정식 $\rho=a$는 원점을 중심으로 하는 반지름 a인 구면을 나타낸다(그림 13.51). 방정식 $\phi=\phi_0$는 꼭짓점이 원점이고 중심축이 z축인 원뿔을 나타낸다(xy평면은 $\phi=\pi/2$일 때의 원뿔로 원뿔의 개념을 확장한다). 만약 ϕ_0가 $\pi/2$보다 크면 원뿔 $\phi=\phi_0$은 아래쪽으로 열려 있다. 방정식 $\theta=\theta_0$은 z축을 포함하고 양의 x축과 이루는 각이 θ_0인 반평면을 나타낸다.

구면좌표, 직교좌표, 원주좌표 사이의 관계 식

$$r = \rho\sin\phi, \qquad x = r\cos\theta = \rho\sin\phi\cos\theta$$
$$z = \rho\cos\phi, \qquad y = r\sin\theta = \rho\sin\phi\sin\theta \qquad (1)$$
$$\rho = \sqrt{x^2+y^2+z^2} = \sqrt{r^2+z^2}$$

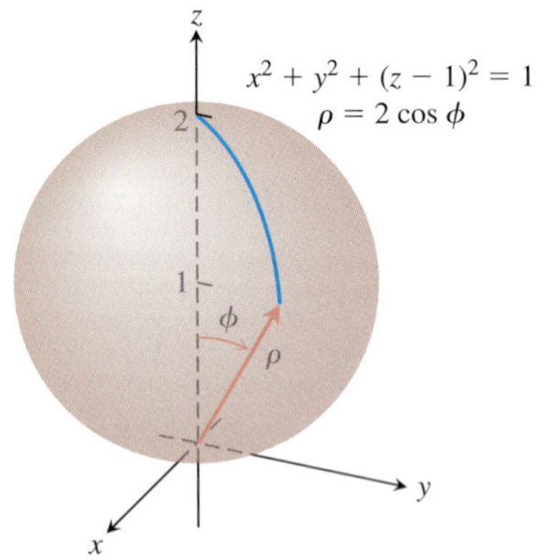

그림 13.52 예제 3의 구면.

예제 3 구면 $x^2+y^2+(z-1)^2=1$에 대한 구면좌표방정식을 구하라.

풀이 식 (1)을 x, y, z에 대입하면 다음을 얻는다.

$$x^2 + y^2 + (z-1)^2 = 1$$
$$\rho^2\sin^2\phi\cos^2\theta + \rho^2\sin^2\phi\sin^2\theta + (\rho\cos\phi - 1)^2 = 1 \quad \text{식 (1)}$$
$$\rho^2\sin^2\phi\underbrace{(\cos^2\theta + \sin^2\theta)}_{1} + \rho^2\cos^2\phi - 2\rho\cos\phi + 1 = 1$$
$$\rho^2\underbrace{(\sin^2\phi + \cos^2\phi)}_{1} = 2\rho\cos\phi$$
$$\rho^2 = 2\rho\cos\phi$$
$$\rho = 2\cos\phi \quad \rho=0\text{을 포함한다.}$$

각 ϕ는 구의 북극점일 때 0부터 남극점일 때 $\pi/2$까지 변한다. 각 θ는 ρ의 표현식에 나타나지 않으며 이는 구가 z축에 대해 대칭임을 반영한다(그림 13.52). ■

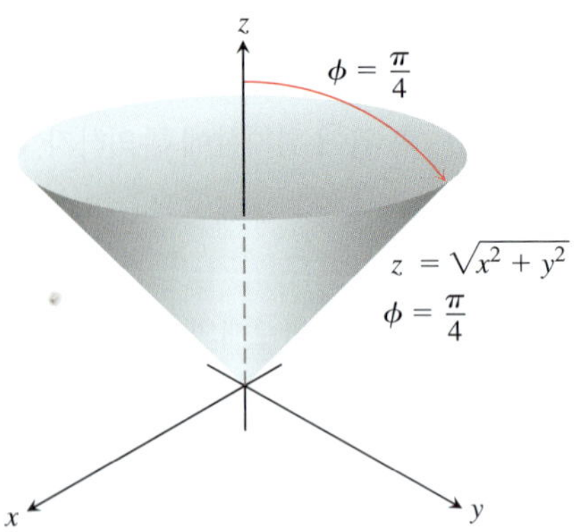

그림 13.53 예제 4의 구면.

예제 4 원뿔 $z=\sqrt{x^2+y^2}$에 대한 구면좌표 방정식을 구하라.

풀이 1: 기하적인 풀이 원뿔은 z축에 관해 대칭이며 yz평면의 제1사분면을 $z=y$를 따라 잘라낸다. 따라서 원뿔과 양의 z축 사이의 각은 $\pi/4$라디안이며, 원뿔은 구면좌표에서 ϕ가 $\pi/4$인 점들로 이루어져 있다. 따라서 구하는 원뿔의 방정식은 $\phi=\pi/4$이다(그림 13.53).

풀이 2: 대수적인 풀이 식 (1)을 x, y, z에 대입하면 같은 결과를 얻는다.

$$z = \sqrt{x^2 + y^2}$$
$$\rho\cos\phi = \sqrt{\rho^2\sin^2\phi} \quad \text{예제 3}$$
$$\rho\cos\phi = \rho\sin\phi \quad \rho \ge 0,\ \sin\phi \ge 0$$
$$\cos\phi = \sin\phi \quad \rho=0\ \text{(원점)을 포함한다.}$$
$$\phi = \frac{\pi}{4} \quad 0 \le \phi \le \pi$$
■

중심이 원점인 구면, z축에 경첩이 달린 모양의 반평면, 꼭짓점이 원점이고 z축이 대칭축인 원뿔을 나타내는 데 구면좌표가 유용하다. 이와 같은 곡면의 방정식은 좌표의 값이 상수로 표현된다.

$$\rho = 4 \quad \text{구면, 반지름은 4, 중심은 원점}$$
$$\phi = \frac{2\pi}{3} \quad \text{양의 } z\text{축과 이루는 각이 } \pi/3\text{라디안, 꼭짓점이 원점인 위로 열린 원뿔}$$
$$\theta = \frac{\pi}{3} \quad \text{양의 } x\text{축과 이루는 각이 } \pi/3\text{라디안이고 } z\text{축에 경첩이 달린 반평면}$$

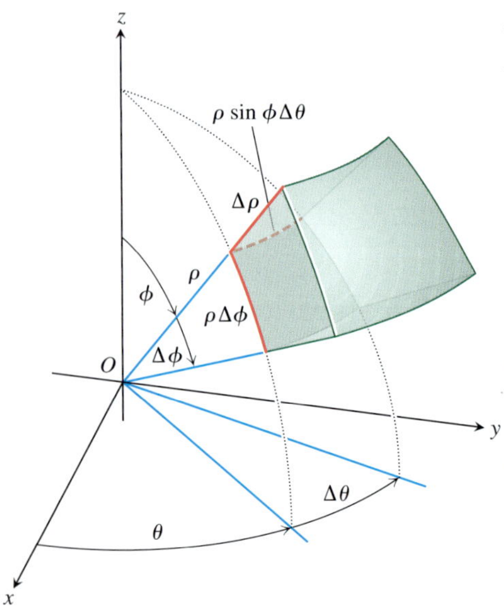

그림 13.54 구면좌표에서는 정육면체의 부피를 근사하는 구면 쐐기의 부피를 사용한다.

원주좌표를 이용해 영역 D에서 3중적분을 구할 때는 영역 D를 n개의 구면 쐐기들로 분할한다. 점 $(\rho_k, \phi_k, \theta_k)$이 포함하는 k번째 구면 쐐기의 크기 ρ, ϕ, θ가 $\Delta\rho_k$, $\Delta\phi_k$, $\Delta\theta_k$만큼 변하는 양에 의해 주어진다. 이 구면 쐐기의 한 모서리는 길이 $\rho_k\,\Delta\phi_k$의 원호이고, 다른 모서리는 길이 $\rho_k\sin\phi_k\,\Delta\theta_k$인 원호이며, 두께는 $\Delta\rho_k$이다. 이제 $\Delta\rho_k$, $\Delta\phi_k$, $\Delta\theta_k$이 충분히 작을 때 구면 쐐기는 이들을 세 변으로 하는 정육면체와 매우 근사하게 된다(그림 13.54). 따라서 점 $(\rho_k, \phi_k, \theta_k)$을 포함하는 구면 쐐기의 부피 ΔV_k는 $\Delta V_k=\rho_k^2\sin\phi_k\,\Delta\rho_k\,\Delta\phi_k\,\Delta\theta_k$이다.

함수 $f(\rho, \phi, \theta)$의 리만 합은 다음과 같다.

$$S_n = \sum_{k=1}^{n} f(\rho_k, \phi_k, \theta_k)\,\rho_k^2\sin\phi_k\,\Delta\rho_k\,\Delta\phi_k\,\Delta\theta_k$$

분할의 노름이 0에 가까워지고 구면 쐐기가 더 작아짐에 따라 f가 연속함수이면 리만 합의 극한값을 갖는다.

구면좌표에서의 부피 미분
$dV = \rho^2 \sin\phi \, d\rho \, d\phi \, d\theta$

$$\lim_{n\to\infty} S_n = \iiint_D f(\rho,\phi,\theta)\,dV = \iiint_D f(\rho,\phi,\theta)\,\rho^2 \sin\phi\,d\rho\,d\phi\,d\theta$$

구면좌표에서 적분을 계산할 때는 일반적으로 먼저 ρ에 관해 적분한다. 적분 영역을 구하는 과정은 다음과 같다. 적분 영역은 z축 둘레의 회전체(또는 그의 일부분)이고 θ와 ϕ는 상수인 경우로 국한한다. 원주좌표에서와 마찬가지로 θ범위를 $\alpha \le \theta \le \beta$, 여기서 $0 \le \beta - \alpha \le 2\pi$를 만족하도록 한다.

구면좌표에서 적분법

구면좌표로 3차원 공간의 영역 D에서의 3중적분이라고 하자.

$$\iiint_D f(\rho,\phi,\theta)\,dV$$

계산하려면 다음의 각 단계를 거쳐 먼저 ρ에 관해 적분하고, 그런 다음 ϕ에 관해, 마지막으로 θ에 관해 적분한다.

1. **그리기**: 영역 D와 영역 D의 xy평면 위로의 정사영 R을 그린다. D의 경계를 이루는 곡면의 방정식을 구한다.

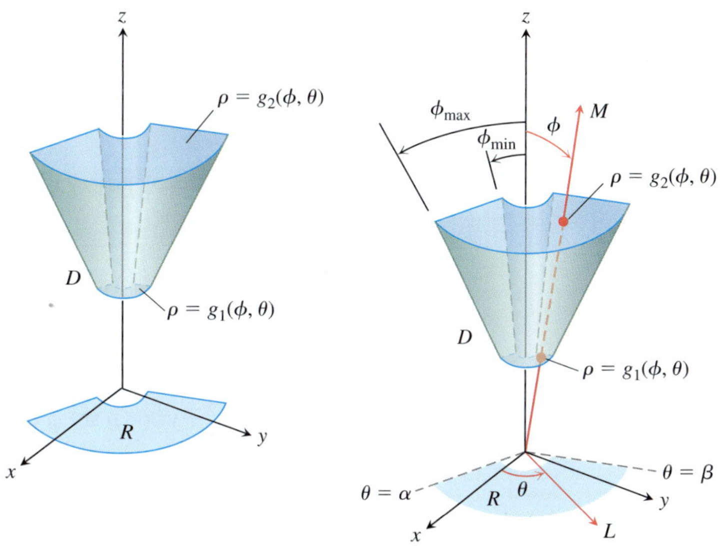

2. **ρ의 적분 구간**: 원점에서 시작하여 D를 지나고 양의 z축과 사이의 각이 ϕ인 반직선 M을 그린다. 또한 xy평면 위로 M의 정사영을 그리고 이 정사영을 L이라 하자. 반직선 L이 양의 x축과 이루는 각을 θ라 하자. ρ가 증가함에 따라 M은 $\rho = g_1(\phi, \theta)$에서 D에 들어가고 $\rho = g_2(\phi, \theta)$에서 나온다. 이로부터 ρ의 적분 구간을 구한다.
3. **ϕ의 적분 구간**: 주어진 각 θ에 대해 M이 z축과 이루는 최소각 $\phi = \phi_{min}$과 최대각 $\phi = \phi_{max}$을 구한다. 이로부터 ϕ의 적분 구간을 구한다.
4. **θ의 적분 구간**: 각 θ가 α에서 β까지 변하면서 반직선 L이 R 전체를 휩쓸고 지나간다면 이것이 θ의 적분 구간이다. 따라서 3중적분은 다음과 같다.

$$\iiint_D f(\rho, \phi, \theta)\, dV = \int_{\theta=\alpha}^{\theta=\beta} \int_{\phi=\phi_{\min}}^{\phi=\phi_{\max}} \int_{\rho=g_1(\phi,\theta)}^{\rho=g_2(\phi,\theta)} f(\rho, \phi, \theta)\, \rho^2 \sin\phi\, d\rho\, d\phi\, d\theta$$

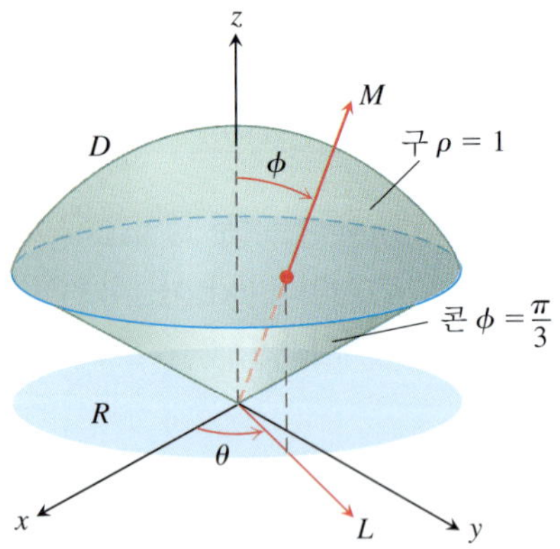

그림 13.55 예제 5의 아이스크림 콘.

예제 5 속이 가득찬 구 $\rho \le 1$가 원뿔 $\phi = \pi/3$로 잘린 부분인 '아이스크림 콘' D의 부피를 구하라.

풀이 구하는 부피는 영역 D에서 함수 $f(\rho, \phi, \theta) = 1$의 적분인 다음과 같다.

$$V = \iiint_D \rho^2 \sin\phi\, d\rho\, d\phi\, d\theta$$

적분을 계산할 때 필요한 적분 영역을 구하기 위해 먼저 D와 D의 xy평면 위로의 정사영 R을 그린다(그림 13.55).

- **ρ의 적분 구간**: 원점에서 시작하여 D를 지나고 양의 z축과 이루는 각이 ϕ인 반직선 M을 그린다. M의 xy평면 위로의 정사영 L을 그리고 양의 x축과 이루는 각을 θ라 하자. 반직선 M은 $\rho = 0$에서 D에 들어가고 $\rho = 1$에서 나온다.
- **ϕ의 적분 구간**: 원뿔 $\phi = \pi/3$은 양의 z축과 $\pi/3$의 각도를 이룬다. 주어진 각 θ에 대해 각 ϕ는 $\phi = 0$에서 $\phi = \pi/3$까지 변한다.
- **θ의 적분 구간**: 각 θ가 0에서 2π까지 변하면 반직선 L은 R 전체를 휩쓸고 지나간다. 따라서 구하는 부피는 다음과 같다.

$$\begin{aligned} V &= \iiint_D \rho^2 \sin\phi\, d\rho\, d\phi\, d\theta = \int_0^{2\pi}\int_0^{\pi/3}\int_0^1 \rho^2 \sin\phi\, d\rho\, d\phi\, d\theta \\ &= \int_0^{2\pi}\int_0^{\pi/3} \left[\frac{\rho^3}{3}\right]_{\rho=0}^{\rho=1} \sin\phi\, d\phi\, d\theta = \int_0^{2\pi}\int_0^{\pi/3} \frac{1}{3}\sin\phi\, d\phi\, d\theta \\ &= \int_0^{2\pi} \left[-\frac{1}{3}\cos\phi\right]_{\phi=0}^{\phi=\pi/3} d\theta = \int_0^{2\pi}\left(-\frac{1}{6} + \frac{1}{3}\right) d\theta = \frac{1}{6}(2\pi) = \frac{\pi}{3} \end{aligned}$$

■

예제 6 예제 5의 영역 D에서 일정한 밀도 $\delta = 1$을 갖는 입체가 있다. 이 입체의 z축에 대한 관성 모멘트를 구하라.

풀이 직교좌표에서 z축에 대한 관성 모멘트는 다음과 같다.

$$I_z = \iiint_D (x^2 + y^2)\, dV$$

구면좌표에서는 $x^2 + y^2 = (\rho \sin\phi \cos\theta)^2 + (\rho \sin\phi \sin\theta)^2 = \rho^2 \sin^2\phi$이므로 다음을 얻는다.

$$I_z = \iiint_D (\rho^2 \sin^2\phi)\rho^2 \sin\phi\, d\rho\, d\phi\, d\theta = \iiint_D \rho^4 \sin^3\phi\, d\rho\, d\phi\, d\theta$$

이것은 예제 5의 적분 영역 D에서 다음과 같다.

$$\begin{aligned} I_z &= \int_0^{2\pi}\int_0^{\pi/3}\int_0^1 \rho^4 \sin^3\phi\, d\rho\, d\phi\, d\theta = \int_0^{2\pi}\int_0^{\pi/3} \left[\frac{\rho^5}{5}\right]_{\rho=0}^{\rho=1} \sin^3\phi\, d\phi\, d\theta \\ &= \frac{1}{5}\int_0^{2\pi}\int_0^{\pi/3} (1 - \cos^2\phi)\sin\phi\, d\phi\, d\theta = \frac{1}{5}\int_0^{2\pi} \left[-\cos\phi + \frac{\cos^3\phi}{3}\right]_{\phi=0}^{\phi=\pi/3} d\theta \\ &= \frac{1}{5}\int_0^{2\pi}\left(-\frac{1}{2} + \frac{1}{24} + 1 - \frac{1}{3}\right) d\theta = \frac{1}{5}\int_0^{2\pi} \frac{5}{24}\, d\theta = \frac{1}{24}(2\pi) = \frac{\pi}{12} \end{aligned}$$

■

좌표 변환 공식

원주좌표 → 직교좌표	구면좌표 → 직교좌표	구면좌표 → 원주좌표
$x = r\cos\theta$	$x = \rho\sin\phi\cos\theta$	$r = \rho\sin\phi$
$y = r\sin\theta$	$y = \rho\sin\phi\sin\theta$	$z = \rho\cos\phi$
$z = z$	$z = \rho\cos\phi$	$\theta = \theta$

3중적분의 dV에 해당하는 공식은 다음과 같다.

$$\begin{aligned} dV &= dx\,dy\,dz \\ &= r\,dz\,dr\,d\theta \\ &= \rho^2\sin\phi\,d\rho\,d\phi\,d\theta \end{aligned}$$

다음 절에서는 원주좌표와 구면좌표에서 dV를 결정하는 방법에 대해 더 일반적인 과정으로 공부한다. 물론 결과들은 동일하다.

연습문제 13.7 EXERCISE QUESTION

연습문제 1~12에서 3차원 공간에서 원주좌표방정식의 그래프를 그려라.

1. $r = 2$

2. $\theta = \frac{\pi}{4}$

3. $z = -1$

4. $z = r$

5. $r = \theta$

6. $z = r\sin\theta$

7. $r^2 + z^2 = 4$

8. $1 \le r \le 2, \quad 0 \le \theta \le \frac{\pi}{3}$

9. $r \le z \le \sqrt{9 - r^2}$

10. $0 \le r \le 2\sin\theta, \quad 1 \le z \le 3$

11. $0 \le r \le 4\cos\theta, \quad 0 \le \theta \le \frac{\pi}{2}, \quad 0 \le z \le 5$

12. $0 \le r \le 3, \quad \frac{-\pi}{2} \le \theta \le \frac{\pi}{2}, \quad 0 \le z \le r\cos\theta$

연습문제 13~22에서 3차원 공간에서 구면좌표방정식의 그래프를 그려라.

13. $\rho = 3$

14. $\phi = \frac{\pi}{6}$

15. $\theta = \frac{2}{3}\pi$

16. $\rho = \csc\phi$

17. $\rho\cos\phi = 4$

18. $1 \le \rho \le 2\sec\phi, \quad 0 \le \phi \le \frac{\pi}{4}$

19. $0 \le \rho \le 3\csc\phi$

20. $0 \le \rho \le 1, \quad \frac{\pi}{2} \le \phi \le \pi, \quad 0 \le \theta \le \pi$

21. $0 \le \rho\cos\theta\sin\phi \le 2, \quad 0 \le \rho\sin\theta\sin\phi \le 3,$
$0 \le \rho\cos\phi \le 4$

22. $4\sec\phi \le \rho \le 5, 0 \le \phi \le \frac{\pi}{2}$

원주좌표에서 적분계산

연습문제 23~28에서 원주좌표에서의 적분을 계산하라.

23. $\int_0^{2\pi}\int_0^1\int_r^{\sqrt{2-r^2}} r\,dz\,dr\,d\theta$

24. $\int_0^{2\pi}\int_0^3\int_{r^2/3}^{\sqrt{18-r^2}} r\,dz\,dr\,d\theta$

25. $\int_0^{2\pi}\int_0^{\theta/2\pi}\int_0^{3+24r^2} r\,dz\,dr\,d\theta$

26. $\int_0^{\pi}\int_0^{\theta/\pi}\int_{-\sqrt{4-r^2}}^{3\sqrt{4-r^2}} z\,r\,dz\,dr\,d\theta$

27. $\int_0^{2\pi}\int_0^1\int_r^{1/\sqrt{2-r^2}} 3\,r\,dz\,dr\,d\theta$

28. $\int_0^{2\pi}\int_0^1\int_{-1/2}^{1/2}(r^2\sin^2\theta + z^2)\,r\,dz\,dr\,d\theta$

원주좌표에서 적분 순서 바꾸기

이제까지 보아 온 적분을 원주좌표로 구할 때 선호하는 적분 순서가 있음을 알 수 있다. 그러나 선호하지 않는 적분 순서에서도 대개 계산이 잘 되며 가끔 계산이 더 쉽게 될 경우가 있다. 연습문제 29~32에서 적분을 계산하라.

29. $\int_0^{2\pi}\int_0^3\int_0^{z/3} r^3\,dr\,dz\,d\theta$

30. $\int_{-1}^1\int_0^{2\pi}\int_0^{1+\cos\theta} 4r\,dr\,d\theta\,dz$

31. $\int_0^1\int_0^{\sqrt{z}}\int_0^{2\pi}(r^2\cos^2\theta + z^2)\,r\,d\theta\,dr\,dz$

32. $\int_0^2\int_{r-2}^{\sqrt{4-r^2}}\int_0^{2\pi}(r\sin\theta + 1)r\,d\theta\,dz\,dr$

33. 아래로는 평면 $z=0$, 위로는 구면 $x^2+y^2+z^2=4$, 옆으로는 원기둥 $x^2+y^2=1$로 둘러싸인 영역을 D라 하자. 다음 적분 순서를 사용하여 D의 부피를 원주좌표에서 3중적분으로 나타내라.

a. $dz\,dr\,d\theta$ **b.** $dr\,dz\,d\theta$ **c.** $d\theta\,dz\,dr$

34. 아래로는 원뿔 $z=\sqrt{x^2+y^2}$, 위로는 포물면 $z=2-x^2-y^2$으로 둘러싸인 영역을 D라 하자. 다음 적분 순서를 사용하여 D의 부피를 원주좌표에서 3중적분으로 나타내라.

a. $dz\,dr\,d\theta$ **b.** $dr\,dz\,d\theta$ **c.** $d\theta\,dz\,dr$

원주좌표에서 반복적분 구하기

35. 아래로는 평면 $z=0$, 옆으로는 원기둥 $r=\cos\theta$, 위로는 포물면 $z=3r^2$으로 둘러싸인 영역에서 적분을 계산하기 위해 반복적분의 적분 영역을 구하라.

$$\iiint_D f(r,\theta,z)\,r\,dz\,dr\,d\theta$$

36. 적분을 원주좌표에서 적분으로 변환하여 구하라.

$$\int_{-1}^{1}\int_{0}^{\sqrt{1-y^2}}\int_{0}^{x}(x^2+y^2)\,dz\,dx\,dy$$

연습문제 37~42에서 영역 D에서 적분 계산을 위해 적분 $\iiint_D f(r,\theta,z)\,r\,dz\,dr\,d\theta$를 반복적분으로 나타내라.

37. D는 xy평면에 수직인 원주면으로서 밑면은 xy평면 위의 원 $r=2\sin\theta$이고 윗면은 평면 $z=4-y$ 위에 있다.

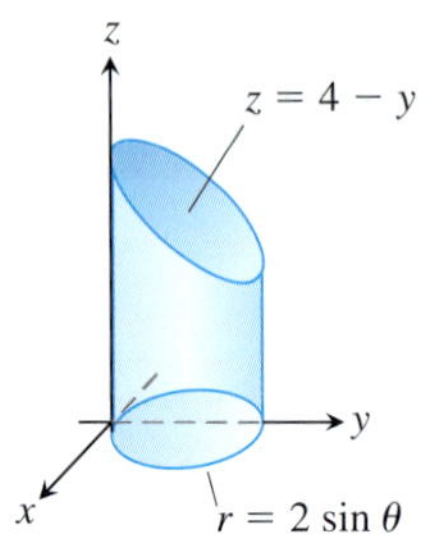

38. D는 xy평면에 수직인 원주면으로서 밑면은 xy평면 위의 원 $r=3\cos\theta$이고 윗면은 평면 $z=5-x$ 위에 있다.

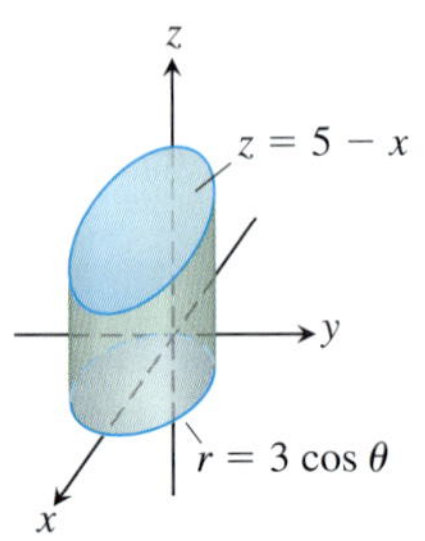

39. D는 xy평면에 수직인 기둥으로서 밑면은 xy평면 위의 심장형 곡선 $r=1+\cos\theta$의 내부와 원 $r=1$의 외부이고 윗면은 평면 $z=4$ 위에 있다.

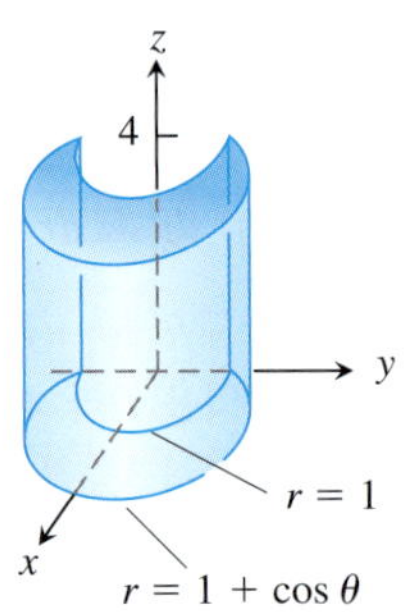

40. D는 xy평면에 수직인 원주면으로서 밑면은 xy평면 위의 두 원 $r=\cos\theta$와 $r=2\cos\theta$의 사이이고 윗면은 평면 $z=3-y$ 위에 있다.

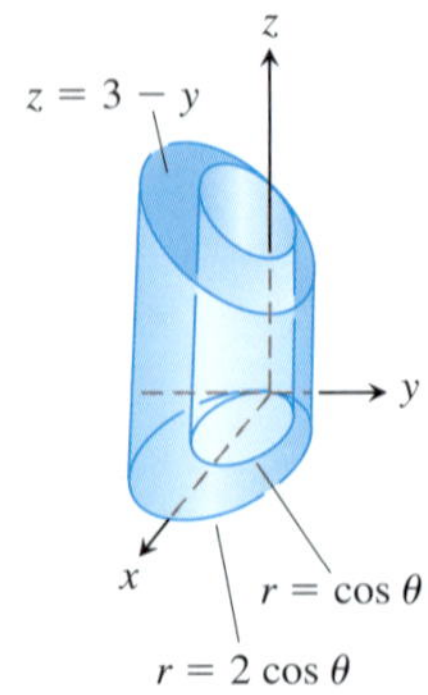

41. D는 밑면이 xy평면 위에서 x축, 직선 $y=x$와 $x=1$로 둘러싸인 삼각형이고, 윗면은 평면 $z=2-y$ 위에 있는 프리즘이다.

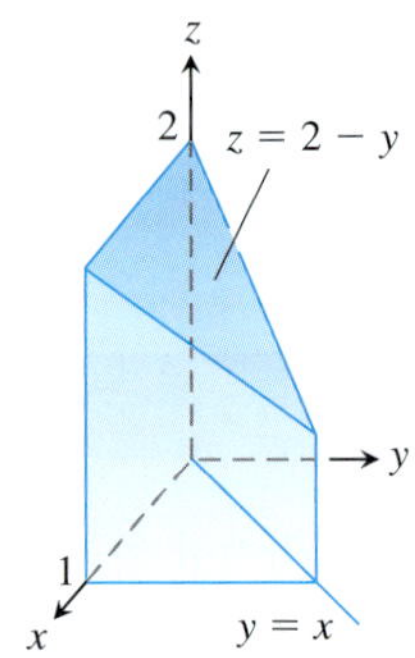

42. D는 밑면이 xy평면 위에서 y축, 직선 $y=x$와 $y=1$로 둘러싸인 삼각형이고, 윗면은 평면 $z=2-x$ 위에 있는 프리즘이다.

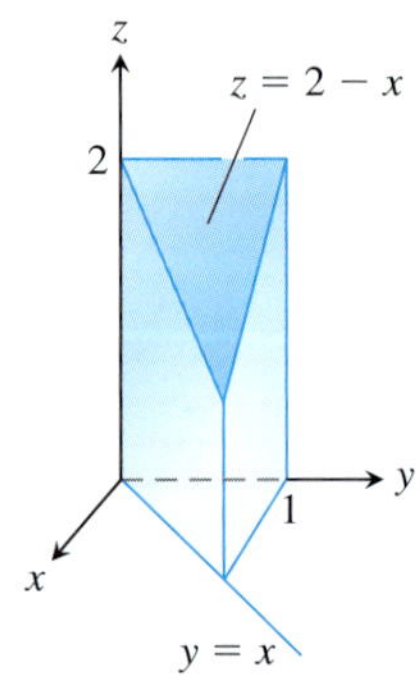

구면좌표에서 적분 계산

연습문제 43~48에서 구면좌표에서 적분을 구하라.

43. $\displaystyle\int_0^{\pi}\int_0^{\pi}\int_0^{2\sin\phi}\rho^2\sin\phi\,d\rho\,d\phi\,d\theta$

44. $\displaystyle\int_0^{2\pi}\int_0^{\pi/4}\int_0^{2}(\rho\cos\phi)\,\rho^2\sin\phi\,d\rho\,d\phi\,d\theta$

45. $\displaystyle\int_0^{2\pi}\int_0^{\pi}\int_0^{(1-\cos\phi)/2}\rho^2\sin\phi\,d\rho\,d\phi\,d\theta$

46. $\displaystyle\int_0^{3\pi/2}\int_0^{\pi}\int_0^{1}5\rho^3\sin^3\phi\,d\rho\,d\phi\,d\theta$

47. $\displaystyle\int_0^{2\pi}\int_0^{\pi/3}\int_{\sec\phi}^{2}3\rho^2\sin\phi\,d\rho\,d\phi\,d\theta$

48. $\int_0^{2\pi}\int_0^{\pi/4}\int_0^{\sec\phi}(\rho\cos\phi)\,\rho^2\sin\phi\,d\rho\,d\phi\,d\theta$

구면좌표에서 적분 순서 바꾸기

이제까지 보아 온 적분을 구면좌표로 구할 때 선호하는 적분 순서가 있음을 알 수 있다. 그러나 선호하지 않는 적분 순서에서도 대개 계산이 잘 되며 가끔 계산이 더 쉽게 될 경우가 있다. 연습문제 49~52에서 적분을 계산하라.

49. $\int_0^{2}\int_{-\pi}^{0}\int_{\pi/4}^{\pi/2}\rho^3\sin 2\phi\,d\phi\,d\theta\,d\rho$

50. $\int_{\pi/6}^{\pi/3}\int_{\csc\phi}^{2\csc\phi}\int_0^{2\pi}\rho^2\sin\phi\,d\theta\,d\rho\,d\phi$

51. $\int_0^{1}\int_0^{\pi}\int_0^{\pi/4}12\rho\sin^3\phi\,d\phi\,d\theta\,d\rho$

52. $\int_{\pi/6}^{\pi/2}\int_{-\pi/2}^{\pi/2}\int_{\csc\phi}^{2}5\rho^4\sin^3\phi\,d\rho\,d\theta\,d\phi$

53. D는 연습문제 33에 있는 영역이라 하자. 다음 적분 순서를 사용하여 D의 부피를 구면좌표에서 3중적분으로 나타내라.

a. $d\rho\,d\phi\,d\theta$ **b.** $d\phi\,d\rho\,d\theta$

54. 아래로는 원뿔 $z=\sqrt{x^2+y^2}$, 위로는 평면 $z=1$로 둘러싸인 영역을 D라 하자. 다음 적분 순서를 사용하여 D의 부피를 구면좌표에서 3중적분으로 나타내라.

a. $d\rho\,d\phi\,d\theta$ **b.** $d\phi\,d\rho\,d\theta$

구면좌표에서 반복적분 구하기

연습문제 55~60에서 **(a)** 주어진 입체의 부피를 계산하기 위해 구면좌표에서의 적분 구간을 구하고, **(b)** 적분을 계산하라.

55. 구면 $\rho=\cos\phi$와 반구 $\rho=2$, $z\geq 0$ 사이의 입체

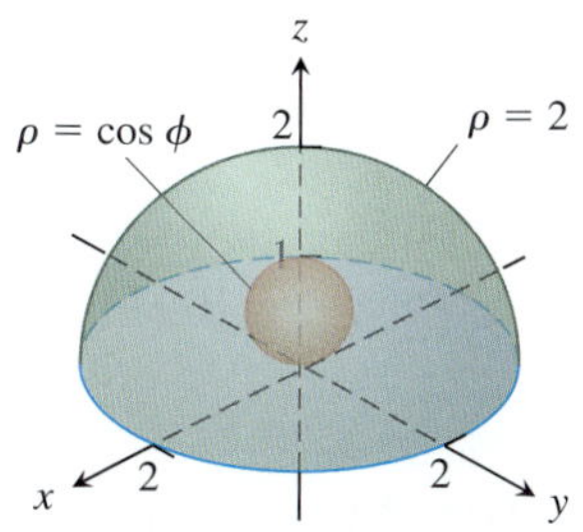

56. 아래로는 반구 $\rho=1$, $z\geq 0$ 위로는 심장형 회전체 $\rho=1+\cos\phi$로 둘러싸인 입체

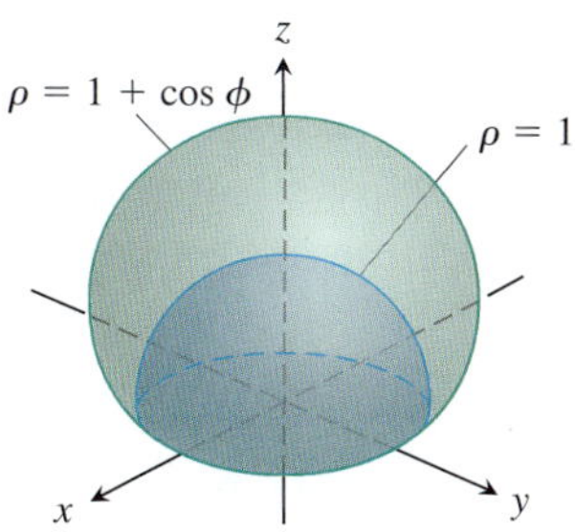

57. 심장형 회전체 $\rho=1-\cos\phi$로 둘러싸인 입체

58. 연습문제 57의 입체를 xy평면으로 자른 윗부분

59. 아래로는 구면 $\rho=2\cos\phi$ 위로는 원뿔 $z=\sqrt{x^2+y^2}$으로 둘러싸인 입체

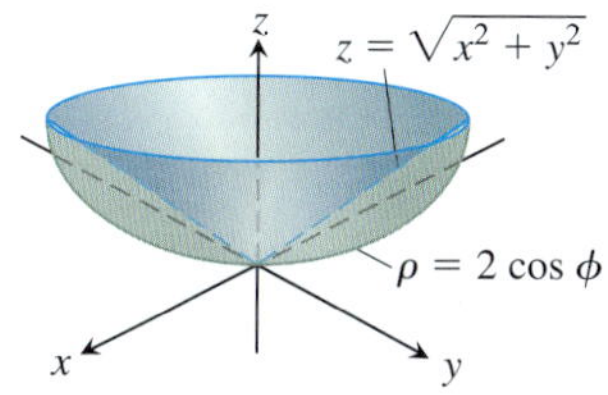

60. 아래로는 xy평면, 옆으로는 구 $\rho=2$, 원뿔 $\phi=\pi/3$로 둘러싸인 입체

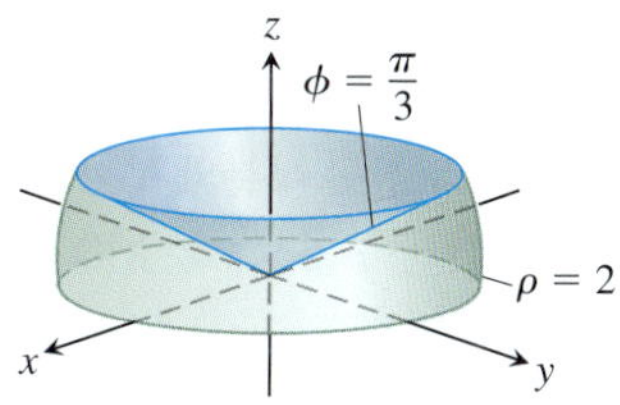

3중적분 구하기

61. 구 $\rho=2$의 부피를 **(a)** 구면좌표, **(b)** 원주좌표, **(c)** 직교좌표에서의 3중적분으로 나타내라.

62. 영역 D를 제1팔분공간 중 아래로는 원뿔 $\phi=\pi/4$ 위로는 구 $\rho=2$으로 둘러싸인 부분이라 하자. D의 부피를 **(a)** 원주좌표, **(b)** 구면좌표에서 반복적분으로 나타내고, **(c)** D의 부피를 구하라.

63. 반지름이 2인 구를 구의 중심으로부터 거리가 1인 평면으로 잘랐을 때 작은 쪽의 모자 모양의 영역을 D라 하자. D의 부피를 **(a)** 구면좌표, **(b)** 원주좌표, **(c)** 직교좌표에서의 반복적분으로 나타내라. **(d)** 세 좌표 중 한 좌표에서 3중적분으로 D의 부피를 구하라.

64. 반구 $x^2+y^2+z^2\leq 1$, $z\geq 0$의 관성 모멘트 I_z를 **(a)** 원주좌표, **(b)** 구면좌표에서 반복적분으로 나타내라. **(c)** I_z을 구하라.

부피

연습문제 65~70에서 입체의 부피를 구하라.

65.

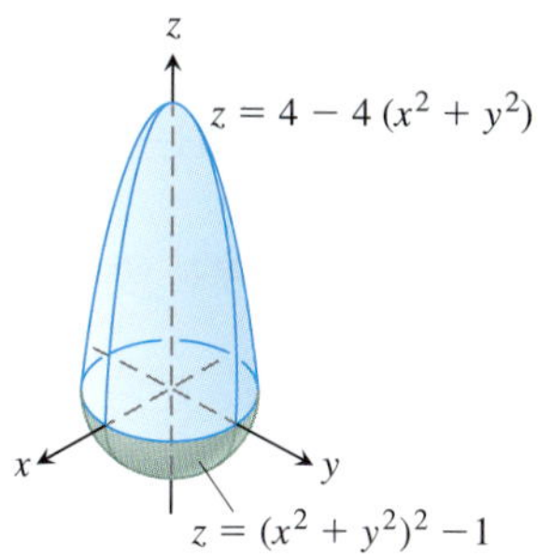

66.

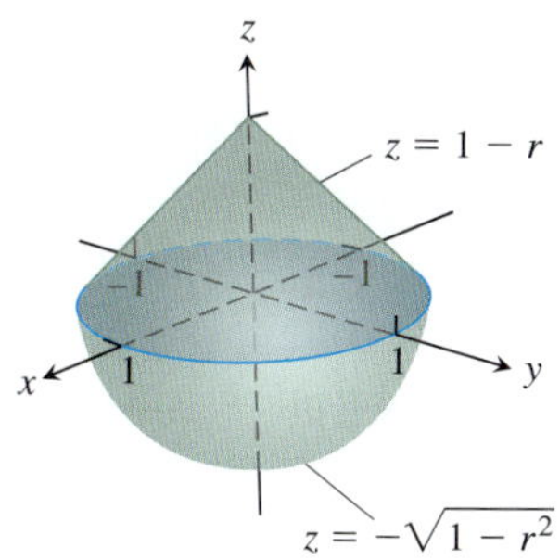

67.

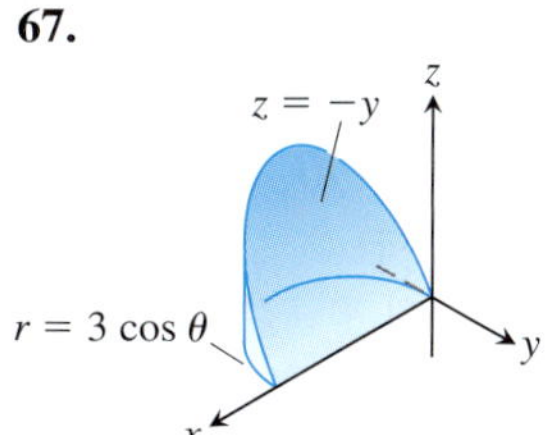

68.

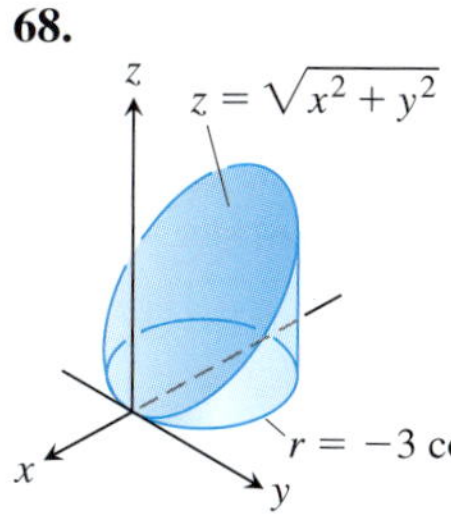

69.

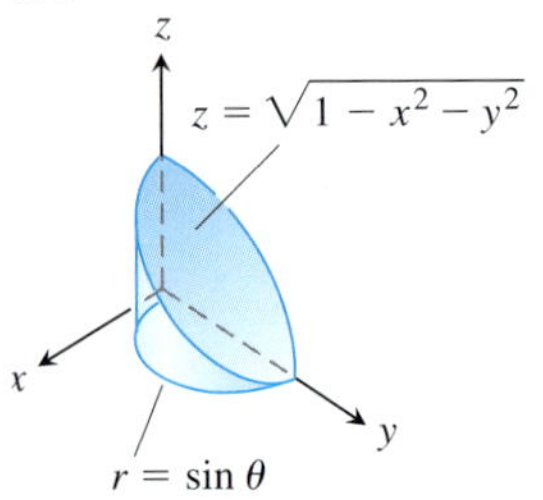

70.

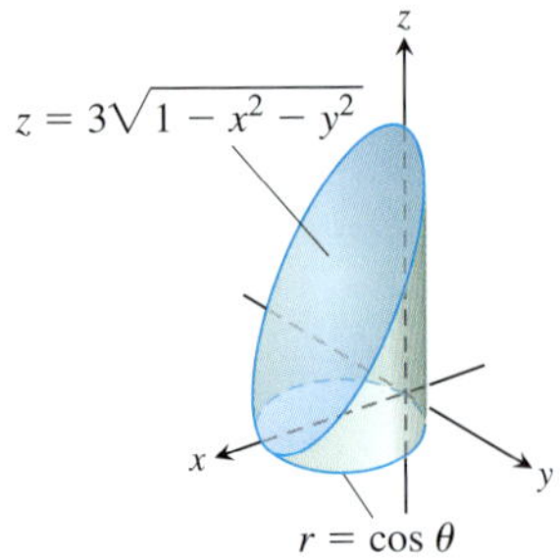

71. 구와 원뿔 속이 가득찬 구 $\rho \le a$의 일부분 중 $\phi=\pi/3$와 $\phi=2\pi/3$ 사이에 있는 부분의 부피를 구하라.

72. 구와 반평면 제1팔분공간에서 속이 가득찬 구 $\rho \le a$의 일부분 반평면 중 $\theta=0$와 $\theta=\pi/6$로 잘린 부분의 부피를 구하라.

73. 구와 평면 속이 가득찬 구 $\rho \le \sqrt{2}$를 평면 $z=1$로 잘랐을 때, 작은 영역의 부피를 구하라.

74. 원뿔와 평면 두 평면 $z=1$과 $z=2$ 사이에서 원뿔 $z=\sqrt{x^2+y^2}$으로 둘러싸인 입체의 부피를 구하라.

75. 원주면와 포물면 두 평면 $z=1$과 $z=2$ 사이에서 원뿔 $z=\sqrt{x^2+y^2}$으로 둘러싸인 입체의 부피를 구하라.

76. 원주면와 포물면 아래로는 포물면 $z=x^2+y^2$, 옆으로는 원주면 $x^2+y^2=1$, 위로는 포물면 $z=x^2+y^2+1$로 둘러싸인 입체의 부피를 구하라.

77. 원주면과 원뿔 두꺼운 벽으로 된 속이 가득찬 원주면 $1 \le x^2+y^2 \le 2$의 일부분 중 원뿔 $z=\pm\sqrt{x^2+y^2}$으로 잘린 부분의 부피를 구하라.

78. 구면과 원주면 구면 $x^2+y^2+z^2=2$의 내부와 원주면 $x^2+y^2=1$의 외부에 있는 영역의 부피를 구하라.

79. 원주면과 평면 원주면 $x^2+y^2=4$와 두 평면 $z=0$과 $y+z=4$로 둘러싸인 입체의 부피를 구하라.

80. 원주면과 평면 원주면 $x^2+y^2=4$와 두 평면 $z=0$과 $x+y+z=4$로 둘러싸인 입체의 부피를 구하라.

81. 포물면으로 막힌 영역 위로는 포물면 $z=5-x^2-y^2$, 아래로는 포물면 $z=4x^2+4y^2$로 둘러싸인 입체의 부피를 구하라.

82. 포물면과 원주면 위로는 포물면 $z=9-x^2-y^2$, 아래로는 xy평면으로 둘러싸인 영역 중 원주면 $x^2+y^2=1$의 외부에 있는 영역의 부피를 구하라.

83. 원주면과 구면 속이 가득찬 원주면 $x^2+y^2 \le 1$의 일부분 중 구면 $x^2+y^2+z^2=4$로 잘린 영역의 부피를 구하라.

84. 구면과 포물면 위로는 구면 $x^2+y^2+z^2=2$, 아래로는 포물면 $z=x^2+y^2$으로 둘러싸인 영역의 부피를 구하라.

평균값

85. 두 평면 $z=-1$과 $z=1$ 사이 중 원주면 $r=1$로 둘러싸인 영역에서 함수 $f(r, \theta, z)=r$의 평균값을 구하라.

86. 구면 $r^2+z^2=1$로 둘러싸인 속이 가득찬 구에서 $f(r, \theta, z)=r$의 평균값을 구하라(이것은 구면 $x^2+y^2+z^2=1$이다).

87. 속이 가득찬 구 $\rho \le 1$에서 함수 $f(\rho, \phi, \theta)=\rho$의 평균값을 구하라.

88. 속이 가득찬 반구 $\rho \le 1$, $0 \le \phi \le \pi/2$에서 $f(\rho, \phi, \theta)=\rho \cos \phi$의 평균값을 구하라.

질량, 모멘트, 중심

89. 질량중심 아래로는 평면 $z=0$, 위로는 원뿔 $z=r$, $r \ge 0$, 옆으로는 원주면 $r=1$로 둘러싸인 밀도가 일정한 입체가 있다. 입체의 질량중심을 구하라.

90. 입체의 중심 제1팔분공간에서 위로는 원뿔 $z=\sqrt{x^2+y^2}$, 아래로는 평면 $z=0$, 옆으로는 원주면 $x^2+y^2=4$와 두 평면 $x=0$과 $y=0$으로 둘러싸인 영역의 중심을 구하라.

91. 입체의 중심 연습문제 60의 입체의 중심을 구하라.

92. 입체의 중심 위로는 구면 $\rho=a$, 아래로는 원뿔 $\phi=\pi/4$로 둘러싸인 입체의 중심을 구하라.

93. 입체의 중심 위로는 곡면 $z=\sqrt{r}$, 옆으로는 원주면 $\rho=4$, 아래로는 평면 xy으로 둘러싸인 영역의 중심을 구하라.

94. 입체의 중심 속이 가득찬 구 $r^2+z^2 \le 1$의 일부분 중 두 반평면 $\theta=-\pi/3$, $r \ge 0$과 $\theta=\pi/3$, $r \ge 0$으로 잘린 영역의 중심을 구하라.

95. 속이 가득찬 원뿔의 관성 모멘트 밑면의 반지름이 1, 높이가 1인 원뿔의 꼭짓점을 지나고 밑면에 평행인 축에 대한 관성 모멘트를 구하라($\delta=1$이다).

96. 속이 가득찬 구의 관성 모멘트 반지름이 2인 속이 가득찬 구의 지름에 대한 관성 모멘트를 구하라($\delta=1$이다).

97. 속이 가득찬 원뿔의 관성 모멘트 밑면의 반지름이 a, 높이가 h인 원뿔의 대칭축에 대한 관성 모멘트를 구하라. [힌트: 원점을 원주의 꼭짓점으로 하고 z축을 대칭축으로 하라.]

98. 변하는 밀도 위로는 포물면 $z=r^2$, 아래로는 평면 $z=0$, 옆으로는 원주면 $r=1$로 둘러싸인 입체가 있다. 밀도가 다음과 같을 때, 이 입체의 z축에 대한 질량중심과 관성 모멘트를 구하라.

a. $\delta(r, \theta, z)=z$

b. $\delta(r, \theta, z)=r$

99. 변하는 밀도 아래로는 원뿔 $z=\sqrt{x^2+y^2}$, 위로는 평면 $z=1$로 둘러싸인 입체가 있다. 밀도가 다음과 같을 때, 이 입체의 z축에 대한 질량중심과 관성 모멘트를 구하라.

a. $\delta(r, \theta, z)=z$

b. $\delta(r, \theta, z)=z^2$

100. 변하는 밀도 속이 가득찬 구 $\rho=a$에 대해 밀도가 다음과 같을 때, 이 입체의 z축에 대한 질량중심과 관성 모멘트를 구하라.

a. $\delta(r, \theta, z)=\rho^2$

b. $\delta(r, \theta, z)=r=\rho \sin \phi$

101. 속이 가득찬 반타원체의 중심 속이 가득찬 회전 반타원체 $(r^2/a^2)+(z^2/h^2) \le 1$, $z \ge 0$의 중심은 z축 위에 밑면으로부터 꼭대기까지의 3/8거리에 있음을 보여라. 특히 $h=a$일 때는 반구가 된다. 그러므로 반구의 중심은 대칭축 위에 밑면으로부터 꼭대기까지의 3/8거리에 있다.

102. 속이 가득찬 원뿔의 중심 속이 가득찬 원뿔의 중심은 밑면으로부터 꼭대기까지의 1/4거리에 있음을 보여라. (일반적으로 속이 가득찬 원뿔 또는 피라미드의 중심은 밑면으로부터 꼭대기까지의 1/4거리에 있다.)

103. 행성의 중심 밀도 반지름이 R인 구형의 행성이 행성의 중심으로 가까이 갈수록 직선으로 증가하는 밀도 분포를 가지며 총 질량은 M이다. 이 행성의 가장자리(지표면)에서 밀도가 0이라면 중심에서의 밀도는 얼마인가?

104. 행성의 대기 질량 반지름이 R인 구형의 행성은 밀도가 $\mu=\mu_0 e^{-ch}$

인 대기를 갖는다. 이때 h는 행성의 지표면으로부터의 고도, μ_0는 수평면에서의 밀도이고, c는 양의 상수이다. 행성의 대기 질량을 구하라.

이론과 예제

105. 원주좌표에서 수직 평면

a. x축에 수직인 평면은 원주좌표로 $r=a\sec\theta$ 형태임을 보여라.

b. y축에 수직인 평면은 $r=b\csc\theta$ 형태임을 보여라.

106. (연습문제 105의 계속) 평면 $ax+by=c$, $c\neq 0$을 나타내는 $r=f(\theta)$ 형태의 원주좌표에서 방정식을 구하라.

107. 대칭 원주좌표에서 $r=f(z)$ 형태의 방정식을 갖는 곡면은 어떤 종류의 대칭성을 갖는가? 그 이유를 설명하라.

108. 대칭 구면좌표에서 $\rho=f(\phi)$ 형태의 방정식을 갖는 곡면은 어떤 종류의 대칭성을 갖는가? 그 이유를 설명하라.

13.8 중적분에서의 변수변환

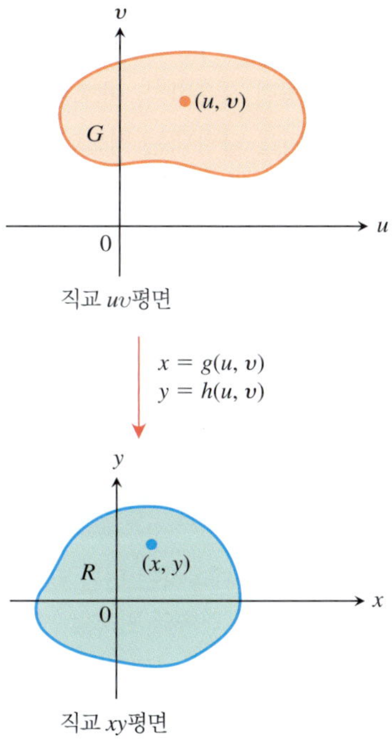

그림 13.56 $x=g(u,v)$와 $y=h(u,v)$에 의한 치환으로 xy평면에 있는 영역 R에서의 적분 계산을 uv평면에 있는 영역 G에서의 적분 계산으로 바꾼다.

역사적 인물

카를 구스타프 야코프 야코비(Carl Gustav Jacob Jacobi, 1804~1851)
야코비는 19세기 독일의 가장 뛰어난 과학자들 중 한 사람으로 행렬식 이론을 발전시키고, 변환 방법을 중적분과 미분방정식을 계산하는 데 강력한 도구로 발전시켰다. 그는 또한 변환 방법을 호의 길이 계산에서 발생하는 것과 같은 적분을 연구하는 데 적용했다.

이 절에서는 변수변환에 대한 개념을 소개하는 데 중적분을 계산하기 위한 치환법에 사용하는 기법이다. 이 방법은 복잡한 적분식을 계산하기 쉬운 적분식으로 바꾸어 주는 것이다. 치환법은 피적분함수나 적분의 상한, 하한을 간단하게 하거나 이 모두를 간단하게 하는 방법이다. 다변수변환과 치환의 철저한 논의는 고급 과정에서 다루기로 하고 여기서는 1변수 적분에서 다루었던 개념을 어떻게 일반적으로 반영할지에 대해 공부한다.

중적분에서 변수변환

변수변환은 적분 영역을 다른 것으로 바꿀 때 쓰는 방법이다. 중적분의 변수변환을 예로 들면 13.4절의 극좌표 변환이다.

uv평면의 영역 G가 그림 13.56에서 보는 바와 같이 다음 함수의 식에 의해 xy평면에 있는 영역 R로 일대일 변환된다고 가정하자.

$$x = g(u, v), \qquad y = h(u, v)$$

이 변환은 G의 내부에서 일대일이라 하자. R은 변환에 의한 G의 **상**(image)이라 하며 G는 R의 **원상**(preimage)이라 한다. R에서 정의된 모든 함수 $f(x, y)$는 G에서 정의된 함수 $f(g(u, v), h(u, v))$로 생각할 수 있다. 영역 R에서 $f(x, y)$의 적분과 영역 G에서 $f(g(u, v), h(u, v))$의 적분과 어떤 관련이 있는가?

이 질문에 이해를 돕기 위해 1변수의 경우를 다시 살펴보자. 다변수 경우에서 사용할 방법을 1변수와 일관되게 하기 위해 4장에서 1변수 적분법에 대한 치환적분에서 사용되었던 변수 x와 u로 바꾸어서 적분식을 쓰면 다음 식과 같다.

$$\int_{g(a)}^{g(b)} f(x)\,dx = \int_a^b f(g(u))\,g'(u)\,du. \qquad x = g(u),\ dx = g'(u)du$$

따라서 이와 비슷한 형태로 2중적분 $\iint_R f(x, y)\,dx\,dy$의 치환적분을 하려면 $g'(u)$와 같은 미분인자가 필요하다. 이는 영역 G에서의 넓이 미분 $du\,dv$를 영역 R에서의 넓이 미분 $dx\,dy$로 변환할 때 곱해주는 인자이다. 이 인자를 J라 표기하고 계속해서 살펴보면 2변수에서 g'이 변수 u의 함수인 것과 같다. J는 변수 u와 v의 함수가 되는 것은 당연하다고 생각된다. 게다가 J는 순간적인 변화량을 담고 있어야 하므로 표현식에서는 편도함수는 포함되어 있을 것이다. 변환에 사용된 식 $x=g(u, v)$와 $y=h(u, v)$에 관련된 편도함수는 4개이므로 인자 $J(u, v)$에는 이 4개 모두가 포함될 수 있음이 또한 당연하다고 생각된다. 이러한 생각으로부터 편도함수에 의해 다음과 같이 정의했고, 나중에 독일 수학자인 야코비의 이름을 붙어 명명되었다.

정의 좌표 변환 $x=g(u,\ v)$, $y=h(u,\ v)$의 **야코비안 행렬식**(Jacobian determinant) 또는 간단히 **야코비안**(Jacobian)은 다음과 같다.

$$J(u,v) = \begin{vmatrix} \dfrac{\partial x}{\partial u} & \dfrac{\partial x}{\partial v} \\ \dfrac{\partial y}{\partial u} & \dfrac{\partial y}{\partial v} \end{vmatrix} = \frac{\partial x}{\partial u}\frac{\partial y}{\partial v} - \frac{\partial y}{\partial u}\frac{\partial x}{\partial v} \tag{1}$$

야코비안은 다음과 같이 나타낼 수도 있다.

$$J(u,v) = \frac{\partial(x,y)}{\partial(u,v)}$$

치환 $x = g(u,\ v)$, $y = h(u,\ v)$에 의한 넓이 미분 변화

$$dx\,dy = \left|\frac{\partial(x,y)}{\partial(u,v)}\right| du\,dv$$

이 기호의 장점은 식 (1)의 행렬식이 x와 y의 u와 v에 대한 편도함수로 이루어졌음을 기억하게 해준다. 식(1)에서 편도함수의 행렬은 1변수 상황에서의 미분 g'처럼 작용한다. 야코비안은 변환에 의해 점$(u,\ v)$ 주변의 넓이가 얼마나 확장하거나 축소하는지를 나타내는 척도이다. 효과적으로 인자 $|J|$는 G에서의 미분직사각형 넓이 $du\ dv$를 그에 대응하는 R에서의 미분사각형 넓이 $dx\ dy$에 맞춰 변환시켜준다. 일반적으로 축척인자 $|J|$는 G에서 점 $(u,\ v)$에 따라 달라진다. 즉 $|J|$는 영역 G의 점 $(u,\ v)$에 의존한다. 다음 예제에서는 특정한 변환에 대한 넓이 미분 $du\ dv$를 어떻게 변환하는지를 보인다.

이제 영역 R에서 $f(x,\ y)$의 적분과 영역 G에서 $f(g(u,\ v),\ h(u,\ v))$의 적분과의 관계에 관련된 원래 질문에 대해 답을 할 수 있다.

정리 3 ❙ 2중적분의 대체

함수 $f(x,\ y)$가 영역 R에서 연속이라 하자. G를 G의 내부점을 일대일로 대응하는 변환 $x=g(u,\ v)$, $y=h(u,\ v)$에 의한 R의 원상이라 하자. 함수 g와 h가 G의 내부에서 연속인 편도함수를 갖는다면 다음 식이 성립한다.

$$\iint_R f(x,y)\,dx\,dy = \iint_G f(g(u,v),\ h(u,v))\left|\frac{\partial(x,y)}{\partial(u,v)}\right| du\,dv \tag{2}$$

식 (2)의 유도하는 것은 복잡하므로 고등미적분 과정에서 다룬다. 이제 식으로 정의된 치환법을 예제를 통해 설명한다.

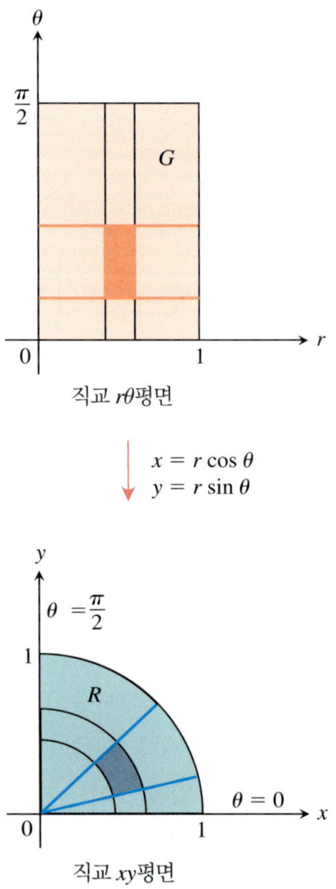

그림 13.57 식 $x=r\cos\theta$, $y=r\sin\theta$에 의해 G가 R로 변환한다. 예제 1에서 계산된 야코비안 인자 r은 G에서 미분직사각형 $dr\,d\theta$를 R에서 넓이 요소 미분 $dx\,dy$에 맞추는 척도이다.

예제 1 극좌표 변환 $x=r\cos\theta$, $y=r\sin\theta$의 야코비안을 구하고, 식 (2)를 이용하여 직교좌표에서의 중적분 $\iint_R f(x,y)\,dx\,dy$를 극좌표에서의 적분으로 나타내라.

풀이 그림 13.57은 방정식 $x=r\cos\theta$, $y=r\sin\theta$에 의한 변수변환을 이용하여 직사각형 영역 G: $0 \le r \le 1$, $0 \le \theta \le \pi/2$를 xy평면의 원 $x^2+y^2=1$의 내부 영역 중 제1사분면의 사분원 R로 바꾸는 것을 보인다.

극좌표에서는 u와 v의 자리에 r과 θ를 넣고, $x=r\cos\theta$와 $y=r\sin\theta$로 치환한다. 이때 야코비안은 다음과 같다.

$$J(r,\theta) = \begin{vmatrix} \dfrac{\partial x}{\partial r} & \dfrac{\partial x}{\partial \theta} \\ \dfrac{\partial y}{\partial r} & \dfrac{\partial y}{\partial \theta} \end{vmatrix} = \begin{vmatrix} \cos\theta & -r\sin\theta \\ \sin\theta & r\cos\theta \end{vmatrix} = r(\cos^2\theta + \sin^2\theta) = r$$

극좌표에서 적분할 때 $r \geq 0$이라고 가정하므로 $|J(r, \theta)| = |r| = r$이 되고, 식 (2)는 다음을 얻는다.

$$\iint_R f(x, y)\, dx\, dy = \iint_G f(r\cos\theta, r\sin\theta)\, r\, dr\, d\theta \tag{3}$$

이것은 13.4절에서 극좌표 영역에 관한 기하학적 논증을 사용하여 유도했던 공식과 동일하다. ■

다음은 좌표변환을 통해 직사각형 영역이 사다리꼴이 되는 예이다. 이와 같은 변환을 **선형변환**(linear transformation)이라고 하며, 야코비안은 영역 G에서 상수이다.

예제 2 변수변환이 다음과 같다고 하자.

$$\int_0^4 \int_{x=y/2}^{x=(y/2)+1} \frac{2x - y}{2}\, dx\, dy$$

다음 적분을 uv평면의 영역에서 계산하라.

$$u = \frac{2x - y}{2}, \qquad v = \frac{y}{2} \tag{4}$$

풀이 xy평면에서의 적분 영역 R을 그리고 경계를 구한다(그림 13.58).

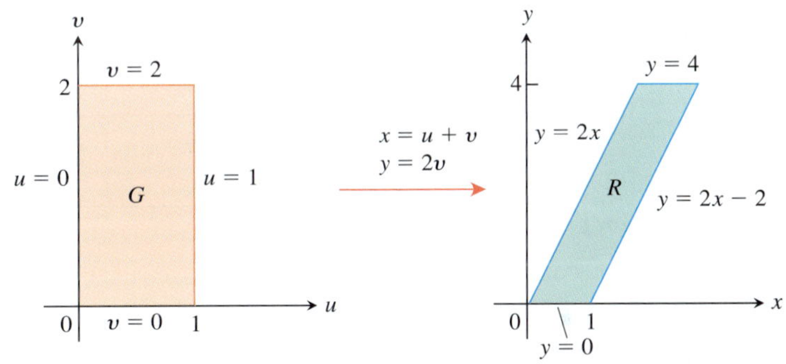

그림 13.58 식 $x = u + v$, $y = 2v$로부터 G가 R로 변환한다. 역변환 $u = (2x - y)/2$와 $v = y/2$로부터 R이 G로 변환된다(예제 2).

식 (2)를 적용하려면 해당 uv영역 G와 야코비안을 찾아야 한다. 이를 위해 먼저 식 (4)에서 x와 y를 u와 v에 관해 풀어야 한다. 간단한 계산을 통해 다음을 얻는다.

$$x = u + v, \qquad y = 2v \tag{5}$$

이 변환식을 R의 경계를 나타내는 식에 대입하여 G의 경계를 나타내는 식을 구한다(그림 13.58 참조).

R의 경계를 나타내는 xy 식	대응하는 영역 G의 경계를 나타내는 uv 식	간단히 정리한 uv 식
$x = y/2$	$u + v = 2v/2 = v$	$u = 0$
$x = (y/2) + 1$	$u + v = (2v/2) + 1 = v + 1$	$u = 1$
$y = 0$	$2v = 0$	$v = 0$
$y = 4$	$2v = 4$	$v = 2$

식 (5)로부터 변환에 대한 야코비안은 다음과 같다.

$$J(u,v)=\begin{vmatrix}\dfrac{\partial x}{\partial u} & \dfrac{\partial x}{\partial v}\\ \dfrac{\partial y}{\partial u} & \dfrac{\partial y}{\partial v}\end{vmatrix}=\begin{vmatrix}\dfrac{\partial}{\partial u}(u+v) & \dfrac{\partial}{\partial v}(u+v)\\ \dfrac{\partial}{\partial u}(2v) & \dfrac{\partial}{\partial v}(2v)\end{vmatrix}=\begin{vmatrix}1 & 1\\ 0 & 2\end{vmatrix}=2$$

이제 계산한 결과에 식 (2)를 적용하면 다음과 같다.

$$\int_0^4\int_{x=y/2}^{x=(y/2)+1}\frac{2x-y}{2}\,dx\,dy=\int_{v=0}^{v=2}\int_{u=0}^{u=1}u\,|J(u,v)|\,du\,dv$$

$$=\int_0^2\int_0^1(u)(2)\,du\,dv=\int_0^2\Big[u^2\Big]_{u=0}^{u=1}dv=\int_0^2 dv=2$$

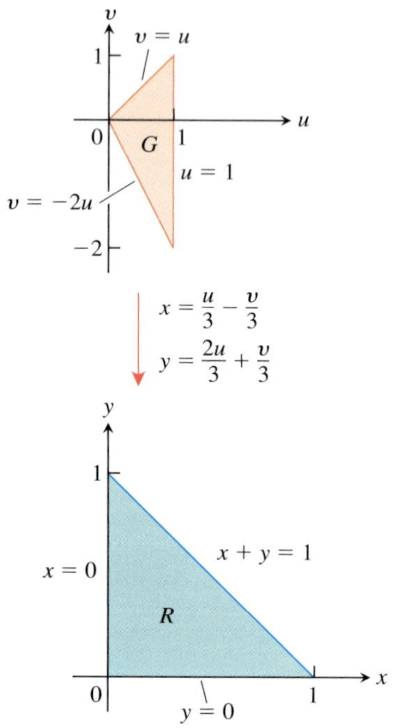

그림 13.59 식 $x=(u/3)-(v/3)$와 $y=(2u/3)+(v/3)$로부터 G가 R로 변환한다. 역변환 $u=x+y$와 $v=y-2x$로부터 R이 G로 변환된다(예제 3).

예제 3 다음 적분을 계산하라.

$$\int_0^1\int_0^{1-x}\sqrt{x+y}\,(y-2x)^2\,dy\,dx$$

풀이 xy평면에서의 적분 영역 R을 그리고, 경계 곡선의 식을 구한다(그림 13.59). 피적분함수로부터 변수변환이 $u=x+y$와 $v=y-2x$가 되어야 함을 추측할 수 있다. x와 y를 u와 v의 함수로 나타내면 다음과 같다.

$$x=\frac{u}{3}-\frac{v}{3},\qquad y=\frac{2u}{3}+\frac{v}{3}\tag{6}$$

식 (6)으로부터 uv영역 G의 경계를 찾을 수 있다(그림 13.59).

R의 경계를 나타내는 xy 식	대응하는 영역 G의 경계를 나타내는 uv 식	간단히 정리한 uv 식
$x+y=1$	$\left(\frac{u}{3}-\frac{v}{3}\right)+\left(\frac{2u}{3}+\frac{v}{3}\right)=1$	$u=1$
$x=0$	$\frac{u}{3}-\frac{v}{3}=0$	$v=u$
$y=0$	$\frac{2u}{3}+\frac{v}{3}=0$	$v=-2u$

식 (6)에서 변수변환의 야코비안은 다음과 같다.

$$J(u,v)=\begin{vmatrix}\dfrac{\partial x}{\partial u} & \dfrac{\partial x}{\partial v}\\ \dfrac{\partial y}{\partial u} & \dfrac{\partial y}{\partial v}\end{vmatrix}=\begin{vmatrix}\dfrac{1}{3} & -\dfrac{1}{3}\\ \dfrac{2}{3} & \dfrac{1}{3}\end{vmatrix}=\frac{1}{3}$$

식 (2)를 적용하여 적분을 계산하면 다음과 같다.

$$\int_0^1\int_0^{1-x}\sqrt{x+y}\,(y-2x)^2\,dy\,dx=\int_{u=0}^{u=1}\int_{v=-2u}^{v=u}u^{1/2}v^2\,|J(u,v)|\,dv\,du$$

$$=\int_0^1\int_{-2u}^{u}u^{1/2}v^2\left(\frac{1}{3}\right)dv\,du=\frac{1}{3}\int_0^1 u^{1/2}\left[\frac{1}{3}v^3\right]_{v=-2u}^{v=u}du$$

$$=\frac{1}{9}\int_0^1 u^{1/2}(u^3+8u^3)\,du=\int_0^1 u^{7/2}\,du=\frac{2}{9}u^{9/2}\Big]_0^1=\frac{2}{9}$$

다음 예제에서 피적분함수를 간단히 하는 비선형변환의 예를 보인다. 극좌표처럼 비선형변환은 영역의 직선 경계를 곡선 경계로 옮긴다(또는 역변환의 경우는 반대로 옮긴다). 일반적으로 비선형변환은 선형변환보다 분석하기가 더 복잡하며 자세한 것은 고급 과정에서 다룬다.

예제 4 다음 적분을 계산하라.

$$\int_1^2 \int_{1/y}^{y} \sqrt{\frac{y}{x}}\, e^{\sqrt{xy}}\, dx\, dy$$

풀이 피적분함수에 나타나는 근호로부터 변수변환이 $u=\sqrt{xy}$와 $v=\sqrt{y/x}$가 되는 것을 추측할 수 있다. 이 식들을 제곱하면 $u^2=xy$와 $v^2=y/x$가 되고, 이는 $u^2v^2=y^2$와 $u^2/v^2=x^2$임을 유도할 수 있다. 따라서 다음 변수변환을 얻는다.

$$x = \frac{u}{v}, \qquad y = uv$$

여기서 $u>0$이고 $v>0$이다. 먼저 이 변수변환에서 피적분함수 자체에 어떻게 변하는지 살펴보자. 이 변수변환의 야코비안은 상수가 아니고 다음과 같다.

$$J(u,v) = \begin{vmatrix} \dfrac{\partial x}{\partial u} & \dfrac{\partial x}{\partial v} \\ \dfrac{\partial y}{\partial u} & \dfrac{\partial y}{\partial v} \end{vmatrix} = \begin{vmatrix} \dfrac{1}{v} & \dfrac{-u}{v^2} \\ v & u \end{vmatrix} = \frac{2u}{v}$$

G가 uv 평면의 적분 영역이라 할 때 변수변환에 의해 변환된 중적분은 식 (2)에 의해 다음과 같다.

$$\iint_R \sqrt{\frac{y}{x}}\, e^{\sqrt{xy}}\, dx\, dy = \iint_G ve^u |J(u,v)|\, du\, dv = \iint_G ve^u \frac{2u}{v}\, du\, dv = \iint_G 2ue^u\, du\, dv$$

변환된 피적분함수는 원래 적분보다 더 계산하기 쉬워 보이므로 변환된 적분에 대한 적분 영역을 결정하자.

원래 적분의 xy평면에서의 적분 영역 R은 그림 13.60과 같다. 변수변환 $u=\sqrt{xy}$와 $v=\sqrt{y/x}$에 의해 R의 왼쪽 경계 $xy=1$은 G에서 수직 선분 $u=1$, $2\ge v\ge 1$이 된다(그림 13.61). 마찬가지로 R의 오른쪽 경계 $y=x$는 G의 수평으로 선분 $v=1$, $2\ge u\ge 1$가 된다. 마지막으로 R의 윗쪽 경계인 수평선 $y=2$는 G에서 $uv=2$, $2\ge v\ge 1$에 대응한다. 그림 13.61에서 보듯이 R의 경계를 시계반대 방향으로 움직일 때 G의 경계도 시계반대 방향으로 움직인다. uv평면에서 적분 영역 G를 알면, 이제 다음의 두 적분식이 같다고 쓸 수 있다.

$$\int_1^2 \int_{1/y}^{y} \sqrt{\frac{y}{x}}\, e^{\sqrt{xy}}\, dx\, dy = \int_1^2 \int_1^{2/u} 2ue^u\, dv\, du$$

적분 순서에 주의하자.

이제 우변의 변환된 적분을 계산하면 다음과 같다.

$$\begin{aligned} \int_1^2 \int_1^{2/u} 2ue^u\, dv\, du &= 2\int_1^2 \Big[vue^u \Big]_{v=1}^{v=2/u} du \\ &= 2\int_1^2 (2e^u - ue^u)\, du \\ &= 2\int_1^2 (2-u)e^u\, du \\ &= 2\Big[(2-u)e^u + e^u\Big]_{u=1}^{u=2} \qquad \text{부분적분} \\ &= 2(e^2 - (e+e)) = 2e(e-2) \end{aligned}$$

■

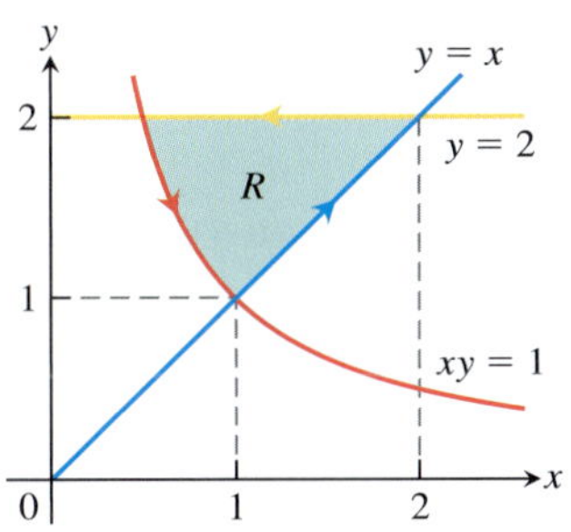

그림 13.60 적분 영역 R (예제 4).

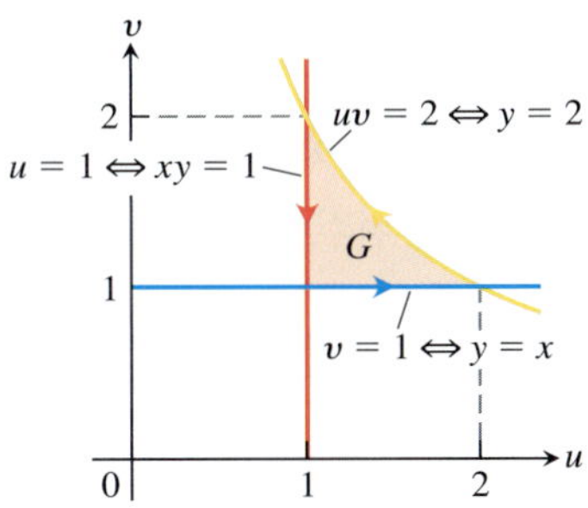

그림 13.61 G의 경계는 그림 13.60에서 R의 경계에 대응한다. R의 주변을 시계반대 방향으로 움직일 때 G의 주변도 시계반대 방향으로 움직인다는 데 주목하자. 역변환 $u=\sqrt{xy}$와 $v=\sqrt{y/x}$는 영역 R이 G로 변환된다.

3중적분에서 변수변환

13.7절에 나타난 원주좌표와 구면좌표변환은 3중적분에서의 변수변환의 특수한 경우이다. 3차원 영역을 다른 적분 영역으로 변환하기 위해 변수변환이 사용된다. 그 방법은 2차원 대신

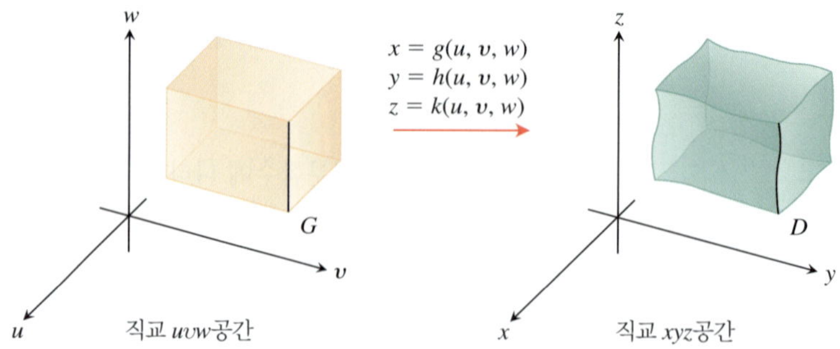

그림 13.62 식 $x=g(u, v, w)$, $y=h(u, v, w)$, $z=k(u, v, w)$를 통해 xyz 공간의 영역 D에서 적분 계산을 식 (7)을 이용하여 uvw공간의 영역 G에서 적분으로 바꿀 수 있다.

행렬식

2×2와 3×3 행렬식은 다음과 같이 계산된다.

$$\begin{vmatrix} a & b \\ c & d \end{vmatrix} = ad - bc$$

$$\begin{vmatrix} a_1 & a_2 & a_3 \\ b_1 & b_2 & b_3 \\ c_1 & c_2 & c_3 \end{vmatrix} = a_1\begin{vmatrix} b_2 & b_3 \\ c_2 & c_3 \end{vmatrix} - a_2\begin{vmatrix} b_1 & b_3 \\ c_1 & c_3 \end{vmatrix} + a_3\begin{vmatrix} b_1 & b_2 \\ c_1 & c_2 \end{vmatrix}$$

에 3차원에서 계산한다는 점 이외에는 식 (2)에 의해 주어진 2중적분과 같은 방법이다.

그림 13.62에 보는 바와 같이 uvw공간에서의 영역 G가 미분가능한 식에 의해 xyz공간에서의 영역 D로 일대일 변환되었다고 하자.

$$x = g(u,v,w), \qquad y = h(u,v,w), \qquad z = k(u,v,w)$$

그러면 D에서 정의된 임의의 함수 $F(x, y, z)$는 G에서 정의된 함수는 다음과 같다.

$$F(g(u,v,w),\ h(u,v,w),\ k(u,v,w)) = H(u,v,w)$$

만약 g, h, k가 각 편도함수가 존재하고 연속이면 D에서 $F(x, y, z)$의 적분은 다음 공식에 의해 G에서 $H(x, y, z)$의 적분으로 쓸 수 있다.

$$\iiint_D F(x,y,z)\,dx\,dy\,dz = \iiint_G H(u,v,w)\,|J(u,v,w)|\,du\,dv\,dw \tag{7}$$

이 식에서 절댓값 기호 안의 $J(u, v, w)$는 **야코비안 행렬식**은 다음과 같다.

$$J(u,v,w) = \begin{vmatrix} \dfrac{\partial x}{\partial u} & \dfrac{\partial x}{\partial v} & \dfrac{\partial x}{\partial w} \\ \dfrac{\partial y}{\partial u} & \dfrac{\partial y}{\partial v} & \dfrac{\partial y}{\partial w} \\ \dfrac{\partial z}{\partial u} & \dfrac{\partial z}{\partial v} & \dfrac{\partial z}{\partial w} \end{vmatrix} = \frac{\partial(x,y,z)}{\partial(u,v,w)}$$

이 행렬식은 (u, v, w)에서 (x, y, z)로 좌표가 변환될 때, G의 한 지점 근처의 부피가 얼마나 확장되거나 축소되는지 알 수 있는 척도가 된다. 2차원 경우에서처럼 변수변환 식 (7)의 증명은 복잡하기 때문에 여기서 다루지 않는다.

원주좌표에서는 r, θ, z가 u, v, w를 대신한다. 직교 $r\theta z$공간에서 직교 xyz공간으로의 변환은 다음 변환식에 의해 이루어진다(그림 13.63).

$$x = r\cos\theta, \qquad y = r\sin\theta, \qquad z = z$$

이 변환의 야코비안은 다음과 같다.

$$J(r,\theta,z) = \begin{vmatrix} \dfrac{\partial x}{\partial r} & \dfrac{\partial x}{\partial \theta} & \dfrac{\partial x}{\partial z} \\ \dfrac{\partial y}{\partial r} & \dfrac{\partial y}{\partial \theta} & \dfrac{\partial y}{\partial z} \\ \dfrac{\partial z}{\partial r} & \dfrac{\partial z}{\partial \theta} & \dfrac{\partial z}{\partial z} \end{vmatrix} = \begin{vmatrix} \cos\theta & -r\sin\theta & 0 \\ \sin\theta & r\cos\theta & 0 \\ 0 & 0 & 1 \end{vmatrix} = r\cos^2\theta + r\sin^2\theta = r$$

그러므로 변수변환식 (7)은 다음을 얻는다.

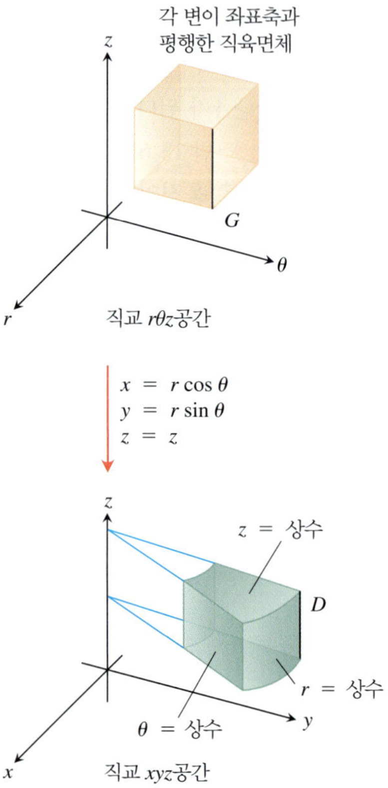

그림 13.63 변환식 $x=\cos\theta$, $y=\sin\theta$, $z=z$에 의해 직육면체 G가 원주형 쐐기 영역 D로 변환된다.

$$\iiint_D F(x, y, z)\,dx\,dy\,dz = \iiint_G H(r, \theta, z)\,|r|\,dr\,d\theta\,dz$$

여기서 $r \geq 0$이므로 절댓값은 생략할 수 있다.

구면좌표의 경우 ρ, ϕ, θ가 u, v, w를 대신한다. 직교 $r\theta z$공간에서 직교 xyz공간으로의 변환은 다음 변환식에 의해 이루어진다(그림 13.64).

$$x = \rho \sin\phi \cos\theta, \qquad y = \rho \sin\phi \sin\theta, \qquad z = \rho \cos\phi$$

이 변환의 야코비안은 다음과 같다(연습문제 23 참조).

$$J(\rho, \phi, \theta) = \begin{vmatrix} \dfrac{\partial x}{\partial \rho} & \dfrac{\partial x}{\partial \phi} & \dfrac{\partial x}{\partial \theta} \\ \dfrac{\partial y}{\partial \rho} & \dfrac{\partial y}{\partial \phi} & \dfrac{\partial y}{\partial \theta} \\ \dfrac{\partial z}{\partial \rho} & \dfrac{\partial z}{\partial \phi} & \dfrac{\partial z}{\partial \theta} \end{vmatrix} = \rho^2 \sin\phi$$

식 (7)의 해당하는 공식은 다음을 얻는다.

$$\iiint_D F(x, y, z)\,dx\,dy\,dz = \iiint_G H(\rho, \phi, \theta)\,|\rho^2 \sin\phi|\,d\rho\,d\phi\,d\theta$$

$0 \leq \phi \leq \pi$에 대해 $\sin\phi$는 음수가 아니기 때문에 위의 식에서 절댓값 기호를 생략할 수 있다. 이는 13.7절에서 얻은 결과와 동일한 결과이다.

변수변환의 또 다른 예를 살펴보자. 이 문제는 직접 계산할 수 있지만, 변수변환을 이용하여 풀기로 하자.

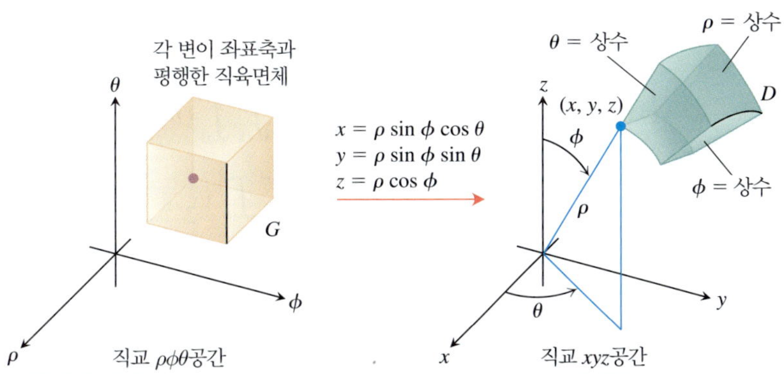

그림 13.64 식 $x = \rho \sin\phi \cos\theta$, $y = \rho \sin\phi \sin\theta$, $z = \rho \cos\phi$에 의해 직육면체 G가 원주형 쐐기 영역 D로 변환된다.

예제 5 다음 3중적분을 계산하라.

$$\int_0^3 \int_0^4 \int_{x=y/2}^{x=(y/2)+1} \left(\frac{2x - y}{2} + \frac{z}{3}\right) dx\,dy\,dz$$

다음 변수변환을 이용하여 uvw공간의 영역에서 적분하라.

$$u = (2x - y)/2, \qquad v = y/2, \qquad w = z/3 \tag{8}$$

풀이 xyz 공간에서의 적분 영역 D를 그리고, 그 경계를 확인한다(그림 13.65). 이 경우에 경계를 이루는 곡면은 평면이다.

식 (7)을 이용하려면 uvw공간의 영역 G와 변수변환의 야코비안을 찾아야 한다. 이를 위해 먼저 식 (8)에서 x, y, z를 u, v, w에 관해 풀어야 한다. 계산해보면 다음과 같다.

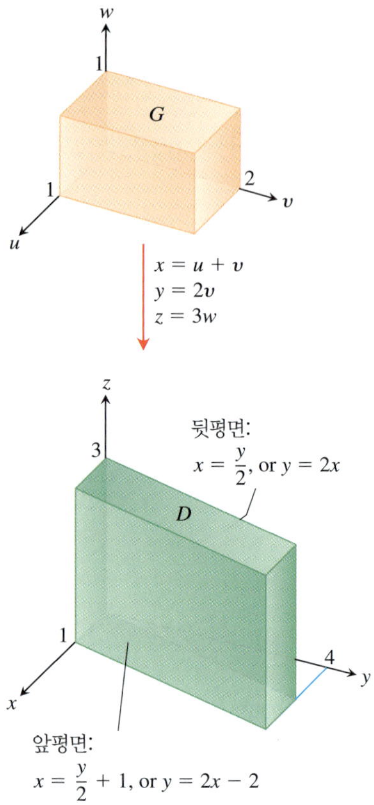

그림 13.65 식 $x=u+v$, $y=2v$, $z=3w$로부터 G가 D로 변환한다. 역변환 $u=(2x-y)/2$, $v=y/2$, $w=z/3$와 $v=y-2x$로부터 D가 G로 변환된다(예제 5).

$$x = u + v, \qquad y = 2v, \qquad z = 3w \tag{9}$$

이 식을 D의 경계를 나타내는 식에 대입하여 G의 경계에 대한 식을 구한다.

D의 경계를 나타내는 xyz 식	대응하는 영역 G의 경계를 나타내는 uvw 식	간단히 정리한 uvw 식
$x = y/2$	$u + v = 2v/2 = v$	$u = 0$
$x = (y/2) + 1$	$u + v = (2v/2) + 1 = v + 1$	$u = 1$
$y = 0$	$2v = 0$	$v = 0$
$y = 4$	$2v = 4$	$v = 2$
$z = 0$	$3w = 0$	$w = 0$
$z = 3$	$3w = 3$	$w = 1$

식 (9)를 다시 이용하면 좌표변환의 야코비안은 다음과 같다.

$$J(u, v, w) = \begin{vmatrix} \frac{\partial x}{\partial u} & \frac{\partial x}{\partial v} & \frac{\partial x}{\partial w} \\ \frac{\partial y}{\partial u} & \frac{\partial y}{\partial v} & \frac{\partial y}{\partial w} \\ \frac{\partial z}{\partial u} & \frac{\partial z}{\partial v} & \frac{\partial z}{\partial w} \end{vmatrix} = \begin{vmatrix} 1 & 1 & 0 \\ 0 & 2 & 0 \\ 0 & 0 & 3 \end{vmatrix} = 6$$

이제 식 (7)을 이용하여 다음과 같이 계산할 수 있다.

$$\begin{aligned} &\int_0^3 \int_0^4 \int_{x=y/2}^{x=(y/2)+1} \left(\frac{2x-y}{2} + \frac{z}{3}\right) dx\, dy\, dz \\ &= \int_0^1 \int_0^2 \int_0^1 (u + w)\,|J(u, v, w)|\, du\, dv\, dw \\ &= \int_0^1 \int_0^2 \int_0^1 (u + w)(6)\, du\, dv\, dw = 6\int_0^1 \int_0^2 \left[\frac{u^2}{2} + uw\right]_{u=0}^{u=1} dv\, dw \\ &= 6\int_0^1 \int_0^2 \left(\frac{1}{2} + w\right) dv\, dw = 6\int_0^1 \left[\frac{v}{2} + vw\right]_{v=0}^{v=2} dw = 6\int_0^1 (1 + 2w)\, dw \\ &= 6\Big[w + w^2\Big]_0^1 = 6(2) = 12 \end{aligned}$$

■

연습문제 13.8 EXERCISE QUESTION

2변수변환에서 변환된 영역과 야코비안 계산하기

1. a. 다음 변환식에서 x, y를 u, v에 관해 풀고 야코비안 $\partial(x, y)/\partial(u, v)$를 계산하라.

$$u = x - y, \qquad v = 2x + y$$

b. xy평면에서 (0, 0), (1, 1), (1, −2)를 꼭짓점으로 삼각형 영역에 대해 변수변환 $u=x-y$, $v=2x+y$에 의한 상을 구하라. 또 변환된 영역을 uv평면에 그려라.

2. a. 다음 변환식에서 x, y를 u, v에 관해 풀고 야코비안 $\partial(x, y)/\partial(u, v)$를 계산하라.

$$u = x + 2y, \qquad v = x - y$$

b. xy평면에서 직선 $y=0$, $y=x$, $x+2y=2$로 둘러싸인 삼각형에 대해 변수변환 $u=x+2y$, $v=x-y$에 의한 상을 구하라. 또 변환된 영역을 uv평면에 그려라.

3. a. 다음 변환식에서 x, y를 u, v에 관해 풀고 야코비안 $\partial(x, y)/\partial(u, v)$를 계산하라.

$$u = 3x + 2y, \qquad v = x + 4y$$

b. xy평면에서 x축, y축, 직선 $x+y=1$로 둘러싸인 삼각형에 대해 변수변환 $u=3x+2y$, $v=x+4y$에 의한 상을 구하라. 또 변환된 영역을 uv평면에 그려라.

4. a. 다음 변환식에서 x, y를 u, v에 관해 풀고 야코비안 $\partial(x, y)/\partial(u, v)$를 계산하라.

$$u = 2x - 3y, \qquad v = -x + y$$

b. xy평면에서 직선 $x=-3$, $x=0$, $y=x$, $y=x+1$로 둘러싸인 평행사변형 영역에 대해 변수변환 $u=2x-3y$, $v=-x+y$에 의한 상을 구하라. 또 변환된 영역을 uv평면에 그려라.

변수변환을 이용하여 2중적분 구하기

5. 다음과 같이 예제 1에 있는 2중적분을 x와 y에 관해 직접 계산하고 답이 2가 되는 것을 확인하라.

$$\int_0^4 \int_{x=y/2}^{x=(y/2)+1} \frac{2x-y}{2}\, dx\, dy$$

6. 직선 $y=-2x+4$, $y=-2x+7$, $y=x-2$, $y=x+1$로 둘러싸인 제1사분면에 있는 영역 R이라 할 때 연습문제 1의 변수변환을 이용하여 적분을 계산하라.

$$\iint_R (2x^2 - xy - y^2)\, dx\, dy$$

7. 직선 $y=-(3/2)x+1$, $y=-(3/2)x+3$, $y=-(1/4)x$, $y=-(1/4)x+1$로 둘러싸인 제1사분면에 있는 영역 R이라 할 때 연습문제 3의 변수변환을 이용하여 적분을 계산하라.

$$\iint_R (3x^2 + 14xy + 8y^2)\, dx\, dy$$

8. 연습문제 4에 있는 평행사변형 영역 R과 변환을 이용하여 적분을 계산하라.

$$\iint_R 2(x-y)\, dx\, dy$$

9. 쌍곡선 $xy=1$, $xy=9$와 직선 $y=x$, $y=4x$로 둘러싸인 xy평면의 제1사분면에 있는 영역 R이라 하자. 변수변환 $x=u/v$, $y=uv$ $(u>0, v>0)$을 이용하여 다음 2중적분을 uv평면에서의 해당되는 영역 G에서 적분으로 나타내고, 그 값을 계산하라.

$$\iint_R \left(\sqrt{\frac{y}{x}} + \sqrt{xy}\right) dx\, dy$$

10. a. uv평면에서 변환식 $x=u$, $y=uv$의 야코비안을 구하라. uv평면에서 $1 \le u \le 2$, $1 \le uv \le 2$를 만족하는 영역 G를 그려라.

b. 식 (2)를 이용하여 다음 적분을 영역 G에서 적분으로 변환한 후에 2개의 적분을 계산하라.

$$\int_1^2 \int_1^2 \frac{y}{x}\, dy\, dx$$

11. 타원판에서의 극성 모멘트 xy평면에서 타원 $x^2/a^2+y^2/b^2=1$, $a>0$, $b>0$으로 둘러싸인 영역을 덮고 있는 밀도가 일정한 얇은 판이 있다. 이 판의 원점에 대한 1차 모멘트를 구하라. [힌트: 변환 $x=ar\cos\theta$, $y=br\sin\theta$를 이용하라.]

12. 타원의 넓이 타원방정식 $x^2/a^2+y^2/b^2=1$의 넓이 πab는 xy평면에서 타원으로 둘러싸인 영역에서 함수 $f(x, y)=1$을 적분하여 얻을 수 있다. 적분 계산은 삼각함수 치환을 이용한다. 좀 더 간단한 방법은 변환식 $x=au$, $y=bv$를 이용하여 uv평면의 원판 G: $u^2+v^2 \le 1$에서 변환된 적분을 계산하는 것이다. 이 방법으로 계산하라.

13. 연습문제 2에 있는 변환을 이용하여 다음 2중적분을 uv평면에서 해당되는 영역 G에서 적분으로 나타내고, 그 값을 계산하라.

$$\int_0^{2/3} \int_y^{2-2y} (x+2y)\, e^{(y-x)}\, dx\, dy$$

14. 변환 $x=u+(1/2)v$, $y=v$을 이용하여 다음 2중적분을 uv평면에서의 해당되는 영역 G에서 적분으로 나타내고, 그 값을 계산하라.

$$\int_0^2 \int_{y/2}^{(y+4)/2} y^3(2x-y)\, e^{(2x-y)^2}\, dx\, dy$$

15. 변환 $x=u/v$, $y=uv$을 이용하여 다음 2중적분을 계산하라.

$$\int_1^2 \int_{1/y}^{y} (x^2+y^2)\, dx\, dy + \int_2^4 \int_{y/4}^{4/y} (x^2+y^2)\, dx\, dy$$

16. 변환 $x=u^2-v^2$, $y=2uv$을 이용하여 다음 적분을 계산하라.

$$\int_0^1 \int_0^{2\sqrt{1-x}} \sqrt{x^2+y^2}\, dy\, dx$$

[힌트: uv평면에서 (0, 0), (1, 0), (1, 1)을 꼭짓점으로 하는 삼각형 영역 G는 xy평면에서의 적분 영역 R로 옮겨짐을 보여라.]

변수변환을 이용하여 3중적분 구하기

17. 예제 5에서 적분을 x, y, z에 관해 계산하라.

18. 타원체 부피 다음 식의 타원체 부피를 구하라.

$$\frac{x^2}{a^2} + \frac{y^2}{b^2} + \frac{z^2}{c^2} \le 1$$

[힌트: $x=au$, $y=bv$, $z=cw$로 놓고 uvw공간의 해당되는 영역의 부피를 구하라.]

19. 다음 3중적분이라고 하자.

$$\iiint_D |xyz|\, dx\, dy\, dz$$

다음 타원체에서 계산하라.

$$\frac{x^2}{a^2} + \frac{y^2}{b^2} + \frac{z^2}{c^2} \le 1$$

[힌트: $x=au$, $y=bv$, $z=cw$로 놓고 uvw공간의 해당되는 영역에서 적분하라.]

20. D를 다음 부등식으로 정의된 xyz공간에서의 영역이라 하자.

$$1 \le x \le 2, \quad 0 \le xy \le 2, \quad 0 \le z \le 1$$

다음 3중적분이라고 하자.

$$\iiint_D (x^2y + 3xyz)\, dx\, dy\, dz$$

다음 변환을 이용하여 uvw공간에서의 적절한 영역 G에서 계산하라.

$$u = x, \quad v = xy, \quad w = 3z$$

이론과 예제

21. 다음 변수변환 관계식에서 야코비안 $\partial(x, y)/\partial(u, v)$를 계산하라.

a. $x = u\cos v, \quad y = u\sin v$

b. $x = u\sin v, \quad y = u\cos v$

22. 다음 변수변환 관계식에서 야코비안 $\partial(x, y, z)/\partial(u, v, w)$를 계산하라.

a. $x = u\cos v, \quad y = u\sin v, \quad z = w$

b. $x = 2u-1, \quad y = 3v-4, \quad z = (1/2)(w-4)$

23. 직교 $\rho\phi\theta$공간에서 직교 xyz공간으로 변수변환할 때 야코비안이 $\rho^2\sin\phi$임을 보여라.

24. 1변수 적분에서의 치환 1변수 적분에서 치환을 하면 영역의 변환은 어떻게 되는가? 이때 야코비안은 어떻게 되는가? 예를 들어 설

명하라.

25. 반원체의 중심 반구의 중심이 대칭축의 밑면에서 정점으로 향하는 3/8되는 지점에 놓여 있다고 가정하자. 이때 적당한 적분을 변환해서 반타원체 입체인 $x^2/a^2+y^2/b^2+z^2/c^2 \le 1$, $z \ge 0$의 질량중심이 z축의 밑면에서 정점으로 향하는 3/8 위치에 있다는 것을 보여라(여기서 적분을 꼭 구하지 않고도 이를 보일 수 있다).

26. 원주각 5.2절에서 회전체의 부피를 계산하는 방법을 배웠다. 즉 곡선 $y=f(x)$와 x축 위의 구간 a부터 b까지($0<a<b$) 사이에 놓여 있는 영역을 y축을 회전축으로 회전해서 얻어진 입체의 부피는 $\int_a^b 2\pi x f(x)\,dx$이다. 3중적분을 이용하여 같은 결과를 얻게 됨을 증명하라. [힌트: y와 z의 역할을 바꾼 원주좌표를 이용하라.]

27. 역변환 그림 13.56에서 식 $x=g(u, v)$, $y=h(u, v)$는 uv평면에서의 영역 G를 xy평면에서의 영역 R로 변환한다. 치환변환은 일대일이고 연속인 1계 편도함수를 가지므로 역변환이 존재하고, 식은 $u=\alpha(x, y)$, $v=\beta(x, y)$이고 연속인 1계 편도함수를 가지며 R을 다시 G로 변환한다. 더 나아가 역변환의 야코비안 행렬식은 다음과 같이 역관계가 성립한다.

$$\frac{\partial(x, y)}{\partial(u, v)}=\left(\frac{\partial(u, v)}{\partial(x, y)}\right)^{-1} \tag{10}$$

식 (10)의 증명은 고등미적분학에서 다룬다. 이 식과 변환 $u=xy$, $v=y/x$을 이용하여 xy평면의 제1사분면에서 두 직선 $y=2x$, $2y=x$와 두 곡선 $xy=2$, $2xy=1$에 의해 둘러싸인 영역 R의 넓이를 구하라.

28. (연습문제 27의 계속) 연습문제 27의 영역 R에 대해 적분 $\iint_R y^2\,dA$를 계산하라.

복습문제 REVIEW QUESTION

1. 좌표평면의 유계 영역에서 2변수 함수의 2중적분을 정의하라.
2. 2중적분은 반복적분을 어떻게 계산하는가? 적분의 순서는 중요한 것인가? 적분 구간은 어떻게 구하는가? 예를 들어라.
3. 넓이와 평균값을 계산할 때 2중적분은 어떻게 사용되는가? 예를 들어라.
4. 직교좌표의 2중적분을 극좌표의 2중적분으로 어떻게 바꿀 수 있는가? 예를 들어라.
5. 3차원 공간의 유계 영역에서 함수 $f(x, y, z)$의 3중적분을 정의하라.
6. 직교좌표에서 3중적분은 어떻게 계산하는가? 적분 구간은 어떻게 구하는가? 예를 들어라.
7. 직교좌표에서 부피, 평균값, 질량, 모멘트, 질량중심 등을 계산할 때 2중적분과 3중적분은 어떻게 사용되는가? 예를 들어라.
8. 원주좌표나 구면좌표에서 3중적분은 어떻게 정의되는가? 적분 구간은 어떻게 구하는가? 예를 들어라.
9. 원주좌표나 구면좌표에서 3중적분은 어떻게 계산되는가? 적분 구간은 어떻게 구하는가? 예를 들어라.
10. 2중적분에서 변수변환은 2차원 영역을 어떻게 변환하는가? 계산의 예를 들어라.
11. 3중적분에서 변수변환은 3차원 영역을 어떻게 변환하는가? 계산의 예를 들어라.

실전문제 PRACTICE QUESTION

2중적분 계산

실전문제 1~4에서 적분 영역을 그리고, 2중적분을 계산하라.

1. $\displaystyle\int_1^{10}\int_0^{1/y} ye^{xy}\,dx\,dy$ **2.** $\displaystyle\int_0^1\int_0^{x^3} e^{y/x}\,dy\,dx$

3. $\displaystyle\int_0^{3/2}\int_{-\sqrt{9-4t^2}}^{\sqrt{9-4t^2}} t\,ds\,dt$ **4.** $\displaystyle\int_0^1\int_{\sqrt{y}}^{2-\sqrt{y}} xy\,dx\,dy$

3중적분 계산

실전문제 5~8에서 적분 영역을 그리고, 3중적분을 계산하라. 또한 적분 순서를 바꾸어서 계산하라.

5. $\displaystyle\int_0^4\int_{-\sqrt{4-y}}^{(y-4)/2} dx\,dy$ **6.** $\displaystyle\int_0^1\int_{x^2}^{x} \sqrt{x}\,dy\,dx$

7. $\displaystyle\int_0^{3/2}\int_{-\sqrt{9-4y^2}}^{\sqrt{9-4y^2}} y\,dx\,dy$ **8.** $\displaystyle\int_0^2\int_0^{4-x^2} 2x\,dy\,dx$

실전문제 9~12에서 2중적분을 계산하라.

9. $\displaystyle\int_0^1\int_{2y}^{2} 4\cos(x^2)\,dx\,dy$ **10.** $\displaystyle\int_0^2\int_{y/2}^{1} e^{x^2}\,dx\,dy$

11. $\displaystyle\int_0^8\int_{\sqrt[3]{x}}^{2} \frac{dy\,dx}{y^4+1}$ **12.** $\displaystyle\int_0^1\int_{\sqrt[3]{y}}^{1} \frac{2\pi\sin\pi x^2}{x^2}\,dx\,dy$

2중적분을 이용한 넓이와 부피

13. 직선과 포물선 사이 넓이 xy평면에서 직선 $y=2x+4$와 포물선 $y=4-x^2$으로 둘러싸인 영역의 넓이를 구하라.

14. 직선과 포물선 사이 넓이 xy평면에서 오른쪽은 포물선 $y=x^2$, 왼쪽은 직선 $x+y=2$, 위쪽은 직선 $y=4$로 둘러싸인 삼각 영역의 넓이를 구하라.

15. 포물면 아래 영역의 부피 xy평면에서 세 직선 $y=x$, $x=0$, $x+y=2$로 둘러싸인 영역을 밑면으로 하고 포물면 $z=x^2+y^2$ 아래에 있는 입체의 부피를 구하라.

16. 포물면 아래 영역의 부피 xy평면에서 포물선 $y=6-x^2$과 직선 $y=x$로 둘러싸인 영역을 밑면으로 하고 포물면 $z=x^2$ 아래에 있는 입체의 부피를 구하라.

평균값

실전문제 17과 18에서 주어진 영역에서 $f(x, y)=xy$의 평균값을 구하라.

17. 제1사분면에서 두 직선 $x=1$, $y=1$로 둘러싸인 영역

18. 제1사분면에 놓여 있는 사분원 $x^2+y^2 \le 1$

극좌표

실전문제에서 19와 20에서 주어진 적분을 극좌표로 바꾸어 계산하라.

19. $\displaystyle\int_{-1}^{1}\int_{-\sqrt{1-x^2}}^{\sqrt{1-x^2}} \frac{2\,dy\,dx}{(1+x^2+y^2)^2}$

20. $\displaystyle\int_{-1}^{1}\int_{-\sqrt{1-y^2}}^{\sqrt{1-y^2}} \ln(x^2+y^2+1)\,dx\,dy$

21. 렘니스케이트 위에서 적분하기 곡선 $(x^2+y^2)^2-(x^2-y^2)=0$의 하나의 고리로 둘러싸인 영역에서 함수 $f(x, y)=1/(1+x^2+y^2)^2$을 적분하라.

22. 다음 영역에서 함수 $f(x, y)=1/(1+x^2+y^2)^2$을 적분하라.

a. 삼각형 영역 꼭짓점이 $(0, 0)$, $(1, 0)$, $(1, \sqrt{3})$인 삼각형

b. 제1사분면 xy평면의 제1사분면

실전문제 23~26에서 3중적분을 계산하라.

23. $\displaystyle\int_0^{\pi}\int_0^{\pi}\int_0^{\pi}\cos(x+y+z)\,dx\,dy\,dz$

24. $\displaystyle\int_{\ln 6}^{\ln 7}\int_0^{\ln 2}\int_{\ln 4}^{\ln 5} e^{(x+y+z)}\,dz\,dy\,dx$

25. $\displaystyle\int_0^{1}\int_0^{x^2}\int_0^{x+y}(2x-y-z)\,dz\,dy\,dx$

26. $\displaystyle\int_1^{e}\int_1^{x}\int_0^{z}\frac{2y}{z^3}\,dy\,dz\,dx$

3중적분을 이용한 부피와 평균값

27. 부피 옆으로는 원주면 $x=-\cos y$, $-\pi/2 \le y \le \pi/2$, 위로는 평면 $z=-2x$, 아래로는 xy평면으로 둘러싸인 쐐기 모양 입체의 부피를 구하라.

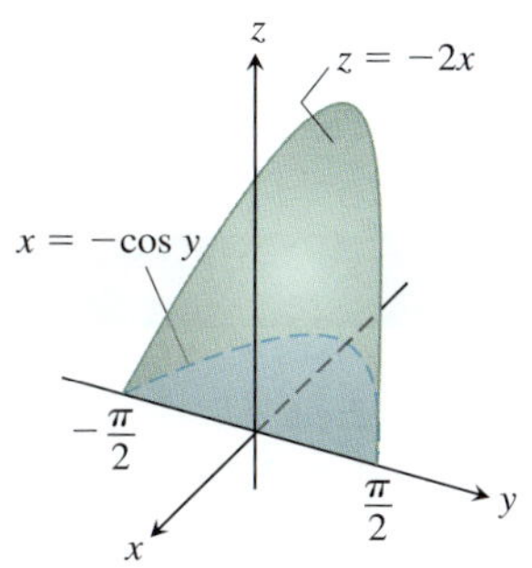

28. 부피 위로는 원주면 $z=4-x^2$, 옆으로는 원주면 $x^2+y^2=4$, 아래로는 xy평면으로 둘러싸인 입체의 부피를 구하라.

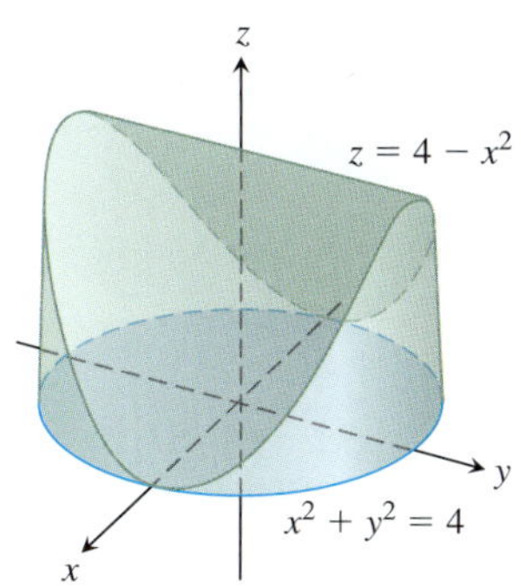

29. 평균값 제1팔분체에서 좌표평면과 평면 $x=1$, $y=3$, $z=1$로 둘러싸인 직육면체에서 $f(x, y, z)=30xz\sqrt{x^2+y}$의 평균값을 구하라.

30. 평균값 속이 가득찬 구 $\rho \le a$ (구면좌표)에서 ρ의 평균값을 구하라.

원주좌표와 구면좌표

31. 원주좌표에서 직교좌표로 다음 적분을 **(a)** $dz\,dx\,dy$ 순서의 직교좌표, **(b)** 구면좌표로 변환하고, **(c)** 둘 중 한 적분을 계산하라.

$$\int_0^{2\pi}\int_0^{\sqrt{2}}\int_r^{\sqrt{4-r^2}} 3r\,dz\,dr\,d\theta, \qquad r \ge 0$$

32. 직교좌표에서 원주좌표로 **(a)** 다음 적분을 원주좌표로 바꾸고, **(b)** 그 적분을 계산하라.

$$\int_0^{1}\int_{-\sqrt{1-x^2}}^{\sqrt{1-x^2}}\int_{-(x^2+y^2)}^{(x^2+y^2)} 21xy^2\,dz\,dy\,dx$$

33. 직교좌표에서 구면좌표로 **(a)** 다음 적분을 구면좌표로 바꾸고, **(b)** 그 적분을 계산하라.

$$\int_{-1}^{1}\int_{-\sqrt{1-x^2}}^{\sqrt{1-x^2}}\int_{\sqrt{x^2+y^2}}^{1} dz\,dy\,dx$$

34. 직교, 원주, 구면좌표 원뿔 $z=\sqrt{x^2+y^2}$과 원주면 $x^2+y^2=1$로 둘러싸인 영역에서 함수 $f(x, y, z)=6+4y$의 적분을 **(a)** 직교좌표, **(b)** 원주좌표, **(c)** 구면좌표로 각각 나타내고, **(d)** 셋 중 하나를 계산하라.

35. 원주좌표에서 직교좌표로 다음 적분을 직교좌표로 바꾸어 나타내라.

$$\int_0^{\pi/2}\int_1^{\sqrt{3}}\int_1^{\sqrt{4-r^2}} r^3(\sin\theta\cos\theta)z^2\,dz\,dr\,d\theta$$

단, 적분 순서는 z, y, x로 하라.

36. 직교좌표에서 원주좌표로 어떤 입체가 다음 적분으로 주어졌다.

$$\int_0^{2}\int_0^{\sqrt{2x-x^2}}\int_{-\sqrt{4-x^2-y^2}}^{\sqrt{4-x^2-y^2}} dz\,dy\,dx$$

a. 이 입체의 경계면을 수식으로 나타내라.

b. 위 적분을 원주좌표로 바꾸어 나타내라.

37. 구면좌표와 원주좌표 구면 형태의 영역을 포함하는 영역에서 3중적분을 할 때 항상 구면좌표가 편리한 것은 아니다. 어떤 경우에는 원주좌표를 이용하는 것이 계산하는 데 더 쉽다. 이 점을 마음에 두고 위로는 구면 $x^2+y^2+z^2=8$, 아래로는 평면 $z=2$로 둘러싸인 영역의 부피를 **(a)** 원주좌표로, **(b)** 구면좌표로 각각 계산하라.

질량과 모멘트

38. 구면좌표로 I_z 구하기 밀도가 $\delta=1$로 일정하고, 위로는 구면 $\rho=2$, 아래로는 원뿔 $\phi=\pi/3$로 둘러싸인 입체의 z축에 대한 관성 모멘트를 구하라.

39. 두꺼운 구면의 관성 모멘트 밀도가 상수 δ이고 반지름 a, b $(a<b)$인 중심이 같은 두 구면으로 둘러싸인 입체의 중심을 지나는 직선에 대한 관성 모멘트를 구하라.

40. 사과의 관성 모멘트 밀도가 $\delta=1$로 일정하고 구면좌표 곡면 $\rho=1-\cos\phi$로 둘러싸인 입체의 z축에 대한 관성 모멘트를 구하라. 그 입체는 주어진 그림에서 빨간색 곡선을 z축을 중심으로 회전한 것이다.

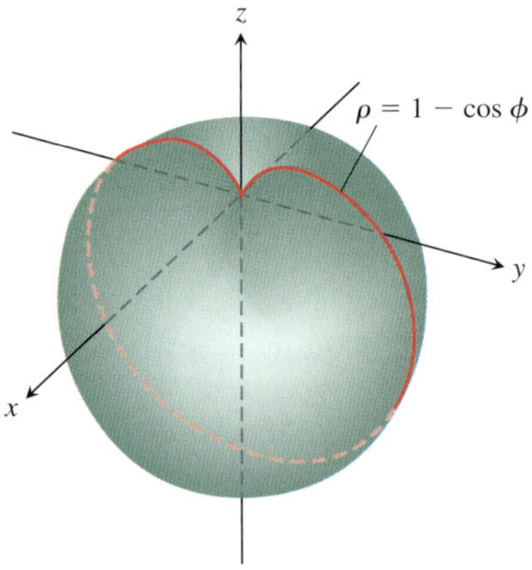

41. **영역의 중심** xy평면에서 두 직선 $x=2$, $y=2$와 쌍곡선 $xy=2$로 둘러싸인 삼각 영역의 중심을 구하라.

42. **영역의 중심** xy평면에서 직선 $x+2y=0$과 포물선 $x+y^2-2y=0$으로 둘러싸인 영역의 중심을 구하라.

43. **극 모멘트** xy평면에서 두 직선 $y=2x$, $y=4$와 y축으로 둘러싸인 삼각형 판의 원점에 대한 관성 극 모멘트를 구하라(단, 밀도가 $\delta=3$이다).

44. **극 모멘트** 밀도가 $\delta=1$인 다음 직선으로 둘러싸인 얇은 직사각형 판의 질량중심에 대한 관성 모멘트를 구하라.
    a. xy평면에서 $x=\pm2$, $y=\pm1$
    b. xy평면에서 $x=\pm a$, $y=\pm b$
    [힌트: I_x를 먼저 찾고, I_x에 대한 공식을 이용하여 I_y를 찾는다. 그리고 두 값을 더해서 I_0를 구한다.]

45. **관성 모멘트** 밀도가 상수 δ이고, xy평면에서 꼭짓점이 $(0, 0)$, $(3, 0)$, $(3, 2)$인 삼각형 영역을 덮고 있는 얇은 판의 x축에 대한 관성 모멘트를 구하라.

46. **밀도가 변하는 얇은 판** 밀도가 $\delta(x, y)=x+1$이고 직선 $y=x$와 포물선 $y=x^2$으로 둘러싸인 얇은 판의 질량중심과 두 좌표축에 대한 관성 모멘트를 각각 구하라.

47. **밀도가 변하는 얇은 판** 밀도가 $\delta(x, y)=x^2+y^2+1/3$이고 네 직선 $x=\pm1$, $y=\pm1$로 둘러싸인 정사각형 평판의 질량과 좌표축에 대한 1차 모멘트를 구하라.

48. **관성 모멘트가 동일한 삼각형** 밑변이 x축에서의 구간 $[0, b]$에 놓여 있는 선분이고, 꼭짓점이 x축 위쪽의 수평선 $y=h$ 위에 놓여 있는 밀도 δ인 삼각형의 x축에 대한 관성 모멘트를 구하라. 계산에서 알 수 있듯이 관성 모멘트는 꼭짓점의 위치에 관계없이 같은 값을 갖는다.

49. **영역의 중심** 부등식 $0\le r\le 3$, $-\pi/3\le\theta\le\pi/3$로 정의된 극좌표 평면에서 영역의 중심을 구하라.

50. **영역의 중심** 제1사분면에서 반직선 $\theta=0$, $\theta=\pi/2$와 원 $r=1$, $r=3$으로 둘러싸인 영역의 중심을 구하라.

51. **a. 영역의 중심** 원 $r=1$의 외부와 심장형 곡선 $r=1+\cos\theta$의 내부의 공통부분의 중심을 구하라.
    b. 위 영역의 개형을 그리고, 중심을 표시하라.

52. **a. 영역의 중심** 극좌표 부등식 $0\le r\le\alpha$, $-\alpha\le\theta\le\alpha$ $(0<\alpha\le\pi)$로 정의된 영역의 중심을 구하라. $a\to\pi^-$일 때 중심은 어떻게 이동하는가?
    b. $\alpha=5\pi/6$일 때 영역을 그리고, 중심을 표시하라.

변수변환

53. $u=x-y$, $v=y$이면 모든 연속함수 f에 대해 다음이 성립함을 보여라.

$$\int_0^\infty\int_0^x e^{-sx} f(x-y, y)\,dy\,dx = \int_0^\infty\int_0^\infty e^{-s(u+v)} f(u, v)\,du\,dv$$

54. 다음 등식이 성립하기 위한 상수 a, b, c의 관계를 구하라.

$$\int_{-\infty}^\infty\int_{-\infty}^\infty e^{-(ax^2+2bxy+cy^2)}\,dx\,dy = 1$$

[힌트: $(\alpha\delta-\beta\gamma)^2=ac-b^2$을 만족하는 상수 α, β, γ, δ를 택해 $s=\alpha x+\beta y$, $t=\gamma x+\delta y$로 치환하면 $ax^2+2bxy+cy^2=s^2+t^2$이다.]

심화문제 ADVANCED QUESTION

부피

1. **모래더미: 2중적분 및 3중적분** 한 더미의 모래가 있다. 이 모래더미의 밑면은 xy평면에 놓여 있는 영역으로 포물선 $x^2+y=6$과 직선 $y=x$로 둘러싸여 있다. 점 (x, y)에서의 모래의 높이는 x^2이다. 모래의 부피를 **(a)** 2중적분으로, **(b)** 3중적분으로 나타낸 후, **(c)** 부피를 구하라.

2. **반구체 그릇에 있는 물** 반지름 5 cm인 반구체 그릇에 물이 아래로부터 3 cm까지 채워져 있다. 그릇에 담겨져 있는 물의 양을 구하라.

3. **2개의 평면 사이에 있는 원주면 입체** 평면 $z=0$과 $x+y+z=2$ 사이에 있는 원기둥 입체 $x^2+y^2\le1$의 부피를 구하라.

4. **구와 포물면** 위로는 구 $x^2+y^2+z^2=2$로, 아래는 포물면 $z=x^2+y^2$으로 둘러싸인 영역의 부피를 구하라.

5. **2개의 포물면** 위로는 포물면 $z=3-x^2-y^2$으로, 아래로는 $z=2x^2+2y^2$으로 둘러싸인 영역의 부피를 구하라.

6. **구면좌표** 구면좌표가 $r=2\sin\phi$로 주어진 곡면으로 둘러싸인 영역의 부피를 구하라(주어진 그림 참조).

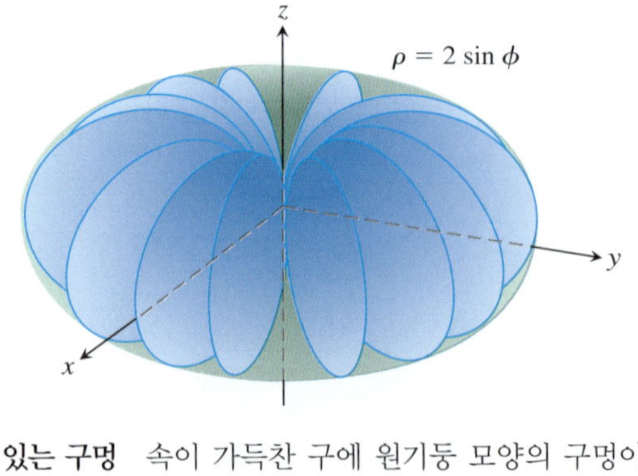

7. **구에 있는 구멍** 속이 가득찬 구에 원기둥 모양의 구멍이 뚫려 있고 구멍의 축은 지름이 된다. 구멍을 제외한 입체의 부피는 다음과 같다.

$$V = 2\int_0^{2\pi}\int_0^{\sqrt{3}}\int_1^{\sqrt{4-z^2}} r\,dr\,dz\,d\theta$$

a. 구멍의 반지름과 구의 반지름을 구하라.

b. 적분값을 계산하라.

8. 구와 원기둥 속이 가득찬 구면체 $r^2+z^2 \le 9$를 원주면 $r=3\sin\theta$로 절단한 입체의 부피를 구하라.

9. 2개의 포물면 포물면 $z=x^2+y^2$과 $z=(x^2+y^2+1)/2$로 둘러싸인 영역의 부피를 구하라.

10. 원주면과 곡면 $z=xy$ 2개의 원주면 $r=1$과 $r=2$ 사이에 위치하고 아래로는 xy평면, 위로는 곡면 $z=xy$에 의해 둘러싸인 제1팔분공간의 영역의 부피를 구하라.

적분 순서 바꾸기

11. 다음의 적분을 계산하라.

$$\int_0^{\infty}\frac{e^{-ax}-e^{-bx}}{x}\,dx$$

[힌트: 다음 식을 이용하여 2중적분을 만들고 적분 순서를 바꾸어서 적분값을 구하라.]

$$\frac{e^{-ax}-e^{-bx}}{x} = \int_a^b e^{-xy}\,dy$$

12. a. 극좌표 극좌표로 변환하여 다음을 보여라.

$$\int_0^{a\sin\beta}\int_{y\cot\beta}^{\sqrt{a^2-y^2}} \ln(x^2+y^2)\,dx\,dy = a^2\beta\left(\ln a - \frac{1}{2}\right)$$

여기서 $a>0$이고 $0<\beta<\pi/2$이다.

b. 위의 직교좌표로 표현된 적분을 적분 순서를 바꾸어 나타내라.

13. 2중적분을 1변수 함수 적분으로 줄이기 적분 순서를 바꾸어 다음 2중적분이 1변수 함수의 변환됨을 보여라.

$$\int_0^x\int_0^u e^{m(x-t)}f(t)\,dt\,du = \int_0^x (x-t)e^{m(x-t)}f(t)\,dt$$

마찬가지로 다음을 보여라.

$$\int_0^x\int_0^v\int_0^u e^{m(x-t)}f(t)\,dt\,du\,dv = \int_0^x \frac{(x-t)^2}{2}e^{m(x-t)}f(t)\,dt$$

14. 적분 구간을 상수가 되도록 2중적분을 변환하기 중적분의 적분 구간이 변수를 포함할 경우에 때때로 적분 구간이 상수가 되도록 적분을 바꿀 수 있다. 적분 순서를 바꾸어 다음을 보여라.

$$\int_0^1 f(x)\left(\int_0^x g(x-y)f(y)\,dy\right)dx$$
$$= \int_0^1 f(y)\left(\int_y^1 g(x-y)f(x)\,dx\right)dy$$
$$= \frac{1}{2}\int_0^1\int_0^1 g(|x-y|)f(x)f(y)\,dx\,dy$$

질량과 모멘트

15. 극관성의 최소화 xy평면 제1사분면의 꼭짓점이 $(0, 0)$, $(a, 0)$, $(a, 1/a)$인 삼각형 영역에 밀도가 일정한 얇은 판이 놓여 있다. 판의 원점에 대한 극관성 모멘트가 최소가 되는 a의 값은 무엇인가?

16. 삼각형 판의 극관성 밀도 $\delta=3$으로 일정하고 얇은 삼각형 판이 xy평면에서 y축, 직선 $y=2x$와 $y=4$로 둘러싸여 있을 때, 판의 원점에 대한 극관성 모멘트를 구하라.

17. 평형추의 질량과 극관성 밀도가 1로 일정한 속도 조절 바퀴의 평형추는 반지름이 a인 원의 중심에서 b $(b<a)$만큼 떨어진 현을 절단 후 생긴 조각이다. 평형추의 질량과 바퀴의 중신에 대한 극관성 모멘트를 구하라.

18. 부메랑의 중심 xy평면에서 2개의 포물선 $y^2=-4(x-1)$과 $y^2=-2(x-2)$ 사이에 위치한 부메랑 모양의 영역의 중심을 구하라.

이론과 예제

19. 다음 2중적분을 계산하라.

$$\int_0^a\int_0^b e^{\max(b^2x^2,\, a^2y^2)}\,dy\,dx$$

여기서 a, b는 양수이고 다음을 얻는다.

$$\max(b^2x^2, a^2y^2) = \begin{cases} b^2x^2, & b^2x^2 \ge a^2y^2\text{일 때} \\ a^2y^2, & b^2x^2 < a^2y^2\text{일 때}\end{cases}$$

20. 직사각형 $x_0 \le x \le x_1$, $y_0 \le y \le y_1$에서 다음 2중적분이라고 하자.

$$\iint \frac{\partial^2 F(x,y)}{\partial x\,\partial y}\,dx\,dy$$

다음과 같음을 보여라.

$$F(x_1,y_1) - F(x_0,y_1) - F(x_1,y_0) + F(x_0,y_0)$$

21. $f(x, y)$가 x에 관한 함수와 y에 관한 함수의 곱 $f(x, y)=F(x)G(x)$로 표현된다고 하자. 그러면 직사각형 R: $a\le x\le b$, $c\le y\le d$에서 함수 f의 적분은 다음 공식과 같이 곱으로 계산될 수 있다.

$$\iint_R f(x,y)\,dA = \left(\int_a^b F(x)\,dx\right)\left(\int_c^d G(y)\,dy\right) \tag{1}$$

증명은 다음과 같다.

$$\iint_R f(x,y)\,dA = \int_c^d\left(\int_a^b F(x)G(y)\,dx\right)dy \quad \text{(i)}$$
$$= \int_c^d\left(G(y)\int_a^b F(x)\,dx\right)dy \quad \text{(ii)}$$
$$= \int_c^d\left(\int_a^b F(x)\,dx\right)G(y)\,dy \quad \text{(iii)}$$
$$= \left(\int_a^b F(x)\,dx\right)\int_c^d G(y)\,dy \quad \text{(iv)}$$

a. 증명 과정 (i)부터 (iv)까지의 이유를 제시하라. 식 (1)을 적용하면 계산시간을 줄일 수 있다. 이를 이용하여 다음 적분을 계산하라.

b. $\displaystyle\int_0^{\ln 2}\int_0^{\pi/2} e^x\cos y\,dy\,dx$ **c.** $\displaystyle\int_1^2\int_{-1}^1 \frac{x}{y^2}\,dx\,dy$

22. 함수 $f(x, y)=(x^2+y^2)/2$의 단위벡터 $\mathbf{u}=u_1\mathbf{i}+u_2\mathbf{j}$ 방향에 대한 방향 도함수를 $D_{\mathbf{u}}f$라 하자.

a. 평균값 구하기 제1사분면에서 직선 $x+y=1$로 절단된 삼각형 영역에서 $D_{\mathbf{u}}f$의 평균값을 구하라.

b. 평균값과 무게중심 일반적으로 xy평면에 있는 영역에서 $D_{\mathbf{u}}f$의 평균값은 영역의 중심점에서 $D_{\mathbf{u}}f$의 값임을 보여라.

23. $\Gamma(1/2)$의 값 다음의 감마함수는 계승함수의 정의역을 음이 아닌 정수에서 실수로 확장한다.

$$\Gamma(x) = \int_0^{\infty} t^{x-1}e^{-t}\,dt$$

다음의 수는 미분방정식에서 매우 흥미로운 값이다.

$$\Gamma\left(\frac{1}{2}\right) = \int_0^\infty t^{(1/2)-1} e^{-t}\, dt = \int_0^\infty \frac{e^{-t}}{\sqrt{t}}\, dt \qquad (2)$$

a. 13.4절의 연습문제 41을 이용하여 다음이 성립함을 보여라.

$$I = \int_0^\infty e^{-y^2}\, dy = \frac{\sqrt{\pi}}{2}$$

b. 식 (2)에서 $y=\sqrt{t}$를 대입하여 다음이 성립함을 보여라.

$$\Gamma(1/2) = 2I = \sqrt{\pi}$$

24. 원형판 위의 총전하량 반지름이 R m인 원형판의 전하 분포는 $\sigma(r, \theta)=kr(1-\sin\theta)$ coulomb/m^{2}을 따른다. 여기서 k는 상수이다. 판 위에서 함수 σ를 적분하여 총전하량 Q를 구하라.

25. 포물형 강우 측정 그릇의 모양이 포물면 $z=x^2+y^2$ 형태이고, 높이는 $z=0$부터 $z=30$ cm까지 변한다. 그릇을 이용하여 강우량을 측정하고자 한다. 3 cm 또는 9 cm 강우량에 대응하는 그릇의 높이를 구하라.

26. 위성접시 안의 물 포물형 위성접시는 폭이 2 m이고, 깊이는 1/2 m이다. 대칭인 축은 수직으로부터 30° 기울어져 있다.

a. 위성접시가 담을 수 있는 물의 양을 직교좌표를 이용하여 3중 적분으로 나타내라. [힌트: 위성접시가 좌표계에서 수평이 되게 하고 수위면은 기울어져 있다고 생각하자.]

[주위: 적분 영역이 깔끔하지 않다.]

b. 위성접시에 물이 고이지 않는 최소의 기울기는 얼마인가?

27. 무한한 반원주면 한 쪽면이 원점으로부터 1단위 위에 있고 중심축이 (0, 0, 1)부터 ∞로 가는 반직선인 반지름이 1인 무한한 반원주면의 내부를 D라 할 때, 원주좌표계를 사용하여 다음 적분을 계산하라.

$$\iiint_D z(r^2 + z^2)^{-5/2}\, dV$$

28. 4차원 부피 1차원 수직선 위의 구간 $[a, b]$의 길이는 $\int_a^b 1\, dx$이고, 2차원 xy평면에 있는 영역 R의 넓이는 $\iint_R 1\, dA$이고, 3차원 xyz공간의 영역 D의 부피는 $\iiint_D 1\, dV$임을 알고 있다. 이를 확장시켜 만약 Q가 4차원 $xyzw$공간의 영역일 때 $\iiiint_Q 1\, dV$를 Q의 4차원 부피라 하자. 4차원 공간의 직교좌표계를 이용하여 4차원 공간 안에 있는 4차원 단위구면 $x^2+y^2+z^2+w^2=1$ 내부의 4차원 부피를 계산하라.

기술 응용 프로젝트 TECHNOLOGY APPLICATION PROJECT

매스매티카/메이플 프로젝트

프로젝트는 MyLab Math에서 찾을 수 있다.

- **기회를 잡자: 3차원에서 수치적분에 대한 몬테카를로 방법을 시도해보자.** 3차원에서 적분을 수치적으로 계산하기 위해 몬테카를로 방법을 사용하라.
- **평균과 모멘트와 새로운 구획 정리 방법 탐색, II영역** 중적분은 물론 기하학적 대칭성을 만드는 형태에서 모멘트 방법을 사용하라.

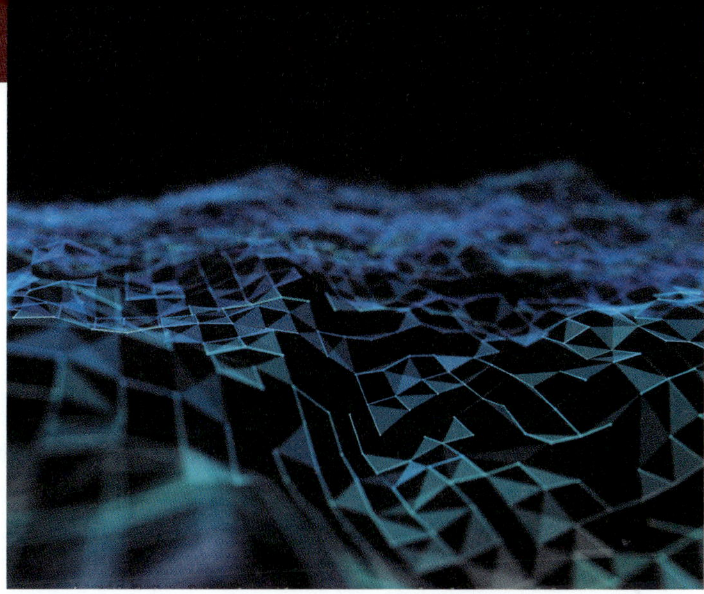

14 벡터장과 적분

이 장에서는 적분론을 (3차원) 공간의 곡선과 곡면에 정의된 함수로 확장한다. 이렇게 확장한 곡선과 곡면의 적분은 과학과 공학을 위한 강력한 수리적 도구가 된다. 곡선의 적분은 어떤 대상이 주어진 경로를 따라 이동하는 힘에 의한 일을 구할 수 있게 하고, 다양한 밀도를 가지고 구부러진 모양을 한 전선의 질량을 구할 수 있게 한다. 곡면의 적분은 곡면을 흐르는 유체의 유량을 구할 수 있게 하고 전기력과 자기력의 상호관계를 나타낼 수 있게 한다. 벡터 적분론의 기초 정리를 소개하고 이 정리들의 수리적 결과와 물리적 활용을 논의한다. 그리고 벡터 미분적분학의 정리들이 미분적분학의 기본정리로부터 비롯된 일반화임을 제시한다.

14.1 스칼라함수의 선적분

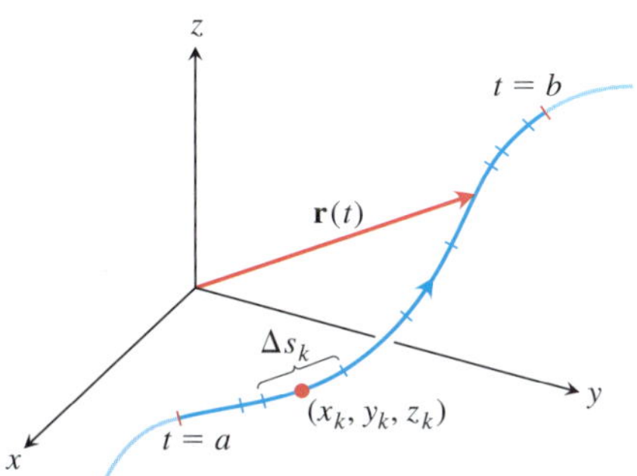

그림 14.1 $t=a$에서 $t=b$까지 작은 호로 분할된 곡선 $\mathbf{r}(t)$. 전형적인 부분호의 길이는 Δs_k이다.

공간의 곡선을 따라 놓인 전선의 총 질량을 계산하거나 이러한 곡선을 따라 작용하는 1변수의 힘이 수행한 일을 구하려면, 4장에서 정의된 것보다 더 일반적인 적분의 개념이 필요하다. 구간 $[a, b]$보다는 곡선 C에서 적분해야 한다. 이러한 일반화된 적분을 선적분(경로적분이 더 서술적인 표현임에 불구하고)이라 한다. 공간의 곡선에 대해 정의하고 xy평면의 곡선은 공간의 곡선의 z좌표가 0인 특별한 경우로 간주하겠다.

곡선 C가 $\mathbf{r}(t)=g(t)\mathbf{i}+h(t)\mathbf{j}+k(t)\mathbf{k}$, $a \le t \le b$가 매개화되고 $f(x, y, z)$를 곡선 C에서 적분하려는 실숫값 함수로 정의역이 C를 포함한다고 하자. 이 곡선에서 f의 함숫값은 합성함수 $f(g(t), h(t), k(t))$로 주어진다. 이 합성함수를 $t=a$에서 $t=b$까지 호의 길이에 대해 적분하려고 한다. 우선 곡선 C를 유한한 수 n개의 부분호(그림 14.1)로 분할한다. 전형적인 부분호의 길이는 Δs_k이다. 각각의 부분호에서 점 (x_k, y_k, z_k)를 선택하여 다음 리만 합과 유사한 합을 구성한다.

$$S_n = \sum_{k=1}^{n} \underbrace{f(x_k, y_k, z_k)}_{\text{부분호의 한 점에서 함숫값}} \underbrace{\Delta s_k}_{\text{곡선의 작은 호의 길이}}$$

곡선 C의 분할 방법과 k번째 부분호에서 점 (x_k, y_k, z_k)를 선택하는 방법에 따라 S_n의 값이 달라질 수 있다. 만약 함수 f가 연속이고 함수 g, h, k가 연속인 1계 도함수를 가지면 n이 증가하고 길이 Δs_k가 0으로 다가갈 때 이들 합은 한 극한값으로 다가간다. 이로부터 1변수 적분의 정의와 유사하게 정의한다. 정의에서 분할의 크기는 $n \to \infty$할 때 0으로 수렴한다고 가정되며, 따라서 길이가 가장 긴 부분호의 길이는 0으로 수렴한다.

정의 함수 f가 $\mathbf{r}(t)=g(t)\mathbf{i}+h(t)\mathbf{j}+k(t)\mathbf{k}$, $a \le t \le b$가 매개화로 매개화된 곡선 C에 정의되었다고 하자.

$$\int_C f(x, y, z)\,ds = \lim_{n\to\infty} \sum_{k=1}^{n} f(x_k, y_k, z_k)\,\Delta s_k \tag{1}$$

극한값이 존재할 때, 이를 **곡선 C에서 함수 f의 선적분**(line integral of f over C)이라 한다.

만약 곡선 C가 $a \le t \le b$에서 매끄럽고(따라서 $\mathbf{v}=d\mathbf{r}/dt$이 연속이고 $\mathbf{0}$을 값으로 하지 않음) 함수 f가 곡선 C에서 연속이면 식 (1)의 극한값이 존재함을 보일 수 있다. 미적분의 기본정리를 활용하여 호의 길이의 식을 다음과 같이 얻는다.

$$s(t) = \int_a^t |\mathbf{v}(\tau)|\,d\tau \qquad t_0=a\text{일 때 11.3절의 식 (3)}$$

식 (1)의 ds는 $ds=|\mathbf{v}(t)|dt$로 표현되고, 곡선 C에서 f의 적분의 값은 다음과 같다.

$$\frac{ds}{dt} = |\mathbf{v}| = \sqrt{\left(\frac{dx}{dt}\right)^2 + \left(\frac{dy}{dt}\right)^2 + \left(\frac{dz}{dt}\right)^2}$$

$$\int_C f(x, y, z)\,ds = \int_a^b f(g(t), h(t), k(t))\,|\mathbf{v}(t)|\,dt \tag{2}$$

식 (2)의 우변의 적분은 매개변수 t에 관한 적분으로 4장에서 정의한 것과 같은 정적분이다. 이 적분식은 좌변의 선적분의 매끄러운 매개화의 선택에 무관하게 적분값을 구한다. 여기서 매개변수 t가 경로를 따라 방향을 정하는 것에 유념한다. 곡선 C에서 시작점이 위치 $\mathbf{r}(a)$이고 경로를 따라 t가 증가하는 방향으로 이동한다(그림 14.1).

$$f(\mathbf{r}(t)) = f(g(t), h(t), k(t))$$

선적분의 값을 구하는 법

곡선 C에서 연속함수 $f(x, y, z)$를 적분하기 위해 다음과 같이 한다.

1. 다음과 같은 곡선 C의 매끄러운 매개화를 정한다.

$$\mathbf{r}(t) = g(t)\mathbf{i} + h(t)\mathbf{j} + k(t)\mathbf{k}, \qquad a \le t \le b$$

2. 다음의 적분값을 구한다.

$$\int_C f(x, y, z)\,ds = \int_a^b f(g(t), h(t), k(t))\,|\mathbf{v}(t)|\,dt$$

만약 f가 상수함수 1이면, 곡선 C에서 함수 f의 적분은 $t=a$에서 $t=b$까지 곡선 C의 길이이다. 곡선 $\mathbf{r}$에 대한 함숫값 $f(g(t), h(t), k(t))$를 $f(\mathbf{r}(t))$로 나타낸다.

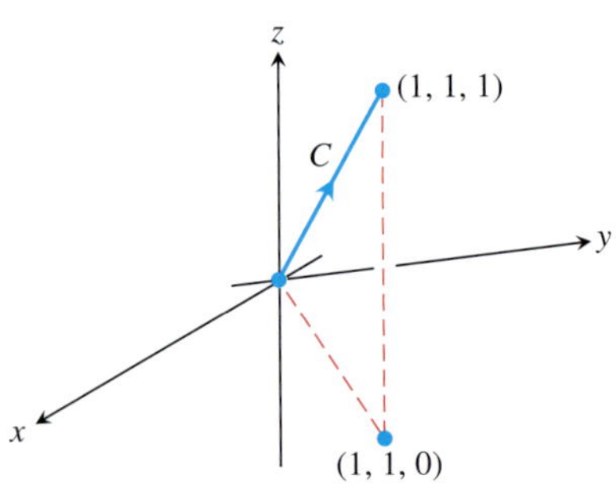

그림 14.2 예제 1의 적분 경로.

예제 1 원점에서 점 (1, 1, 1)을 연결하는 선분 C에서 $f(x, y, z)=x-3y^2+z$를 적분하라(그림 14.2).

풀이 매개화의 선택에 관계없이 같은 답이 결정되므로 다음과 같이 가능한 간단한 매개화를 선택한다.

$$\mathbf{r}(t) = t\mathbf{i} + t\mathbf{j} + t\mathbf{k}, \qquad 0 \le t \le 1$$

매개화의 각 성분이 연속인 1계 도함수를 가지며 $|\mathbf{v}(t)|=|\mathbf{i}+\mathbf{j}+\mathbf{k}|=\sqrt{1^2+1^2+1^2}=\sqrt{3}$이므로 0이 아니고 이 매개화는 매끄럽다. f의 C에서의 적분은 다음과 같다.

$$\int_C f(x, y, z)\,ds = \int_0^1 f(t, t, t)\sqrt{3}\,dt \qquad \text{식 (2)}, ds = |\mathbf{v}(t)|\,dt = \sqrt{3}\,dt$$

$$= \int_0^1 (t - 3t^2 + t)\sqrt{3}\,dt$$

$$= \sqrt{3}\int_0^1 (2t - 3t^2)\,dt = \sqrt{3}\Big[t^2 - t^3\Big]_0^1 = 0$$ ■

가법성

선적분은 만약 조각마다 매끄러운 곡선 C가 유한개의 매끄러운 곡선 $C_1, C_2, \cdots, C_n$의 끝과 끝을 연결(11.1절)하여 구성되었을 때 C에서 함수의 적분이 이들 곡선에서의 적분의 합으로 구성되는 유용한 성질이 있다.

$$\int_C f\,ds = \int_{C_1} f\,ds + \int_{C_2} f\,ds + \cdots + \int_{C_n} f\,ds \tag{3}$$

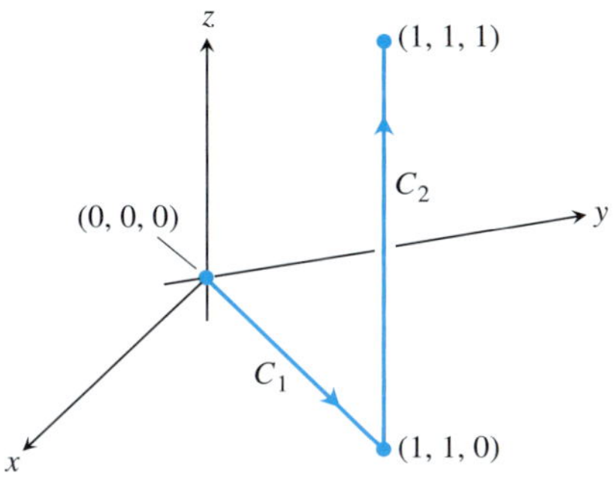

그림 14.3 예제 2의 적분의 경로.

예제 2 그림 14.3처럼 선분 C_1과 C_2으로 원점에서 점 (1, 1, 1)을 연결하는 다른 경로가 있다. $C_1 \cup C_2$에서 $f(x, y, z) = x - 3y^2 + z$를 적분하라.

풀이 C_1과 C_2에 대해 가능한 간단한 매개화를 선택하여 속도벡터의 길이를 구하면 다음과 같다.

$$C_1: \quad \mathbf{r}(t) = t\mathbf{i} + t\mathbf{j}, \quad 0 \le t \le 1; \quad |\mathbf{v}| = \sqrt{1^2 + 1^2} = \sqrt{2}$$

$$C_2: \quad \mathbf{r}(t) = \mathbf{i} + \mathbf{j} + t\mathbf{k}, \quad 0 \le t \le 1; \quad |\mathbf{v}| = \sqrt{0^2 + 0^2 + 1^2} = 1$$

이들 매개화를 이용하여 다음을 얻는다.

$$\begin{aligned}
\int_{C_1 \cup C_2} f(x, y, z)\,ds &= \int_{C_1} f(x, y, z)\,ds + \int_{C_2} f(x, y, z)\,ds && \text{식 (3)}\\
&= \int_0^1 f(t, t, 0)\sqrt{2}\,dt + \int_0^1 f(1, 1, t)(1)\,dt && \text{식 (2)}\\
&= \int_0^1 (t - 3t^2 + 0)\sqrt{2}\,dt + \int_0^1 (1 - 3 + t)(1)\,dt\\
&= \sqrt{2}\left[\frac{t^2}{2} - t^3\right]_0^1 + \left[\frac{t^2}{2} - 2t\right]_0^1 = -\frac{\sqrt{2}}{2} - \frac{3}{2}
\end{aligned}$$ ■

예제 1과 예제 2의 적분에서 다음 세 가지를 알 수 있다. 첫째, 해당 매개화의 성분을 함수의 식에 치환하면 적분이 t에 관한 표준적인 적분이 된다. 둘째, $C_1 \cup C_2$에서 f의 적분은 경로의 각 분할에서의 f의 적분의 합으로 구해진다. 셋째, C와 $C_1 \cup C_2$에서 f의 적분값이 서로 다르다. 14.3절에서 세 번째 관찰을 자세하게 다루기로 한다.

> 두 점을 잇는 경로에 대한 선적분의 값은 두 점 사이의 경로를 바꾸면 바뀔 수 있다.

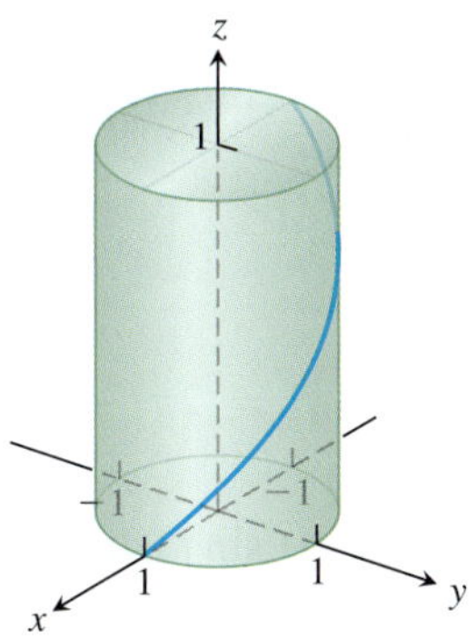

그림 14.4 예제 3의 나선과 같은 곡선에서의 선적분.

예제 3 나선 $\mathbf{r}(t) = \cos t\mathbf{i} + \sin t\mathbf{j} + t\mathbf{k}$, $0 \le t \le \pi$에서 $f(x, y, z) = 2xy + \sqrt{z}$의 선적분을 구하라.

풀이 주어진 나선(그림 14.4)에 대해 $\mathbf{v}(t) = \mathbf{r}'(t) = -\sin t\mathbf{i} + \cos t\mathbf{j} + \mathbf{k}$이고 $|\mathbf{v}(t)| = \sqrt{(-\sin t)^2 + (\cos t)^2 + 1} = \sqrt{2}$이다. 함수 f를 $\mathbf{r}(t)$에서 계산하면 다음과 같다.

$$f(\mathbf{r}(t)) = f(\cos t, \sin t, t) = 2\cos t \sin t + \sqrt{t} = \sin 2t + \sqrt{t}$$

주어진 선적분은 다음과 같이 얻는다.

$$\begin{aligned}\int_C f(x, y, z)\, ds &= \int_0^{\pi} (\sin 2t + \sqrt{t})\sqrt{2}\, dt \\ &= \sqrt{2}\left[-\frac{1}{2}\cos 2t + \frac{2}{3}t^{3/2}\right]_0^{\pi} \\ &= \frac{2\sqrt{2}}{3}\pi^{3/2} \approx 5.25\end{aligned}$$

■

질량과 모멘트 계산

용수철과 전선을 공간의 매끄러운 곡선 위에 분산된 질량으로 간주한다. 이 분산은 단위길이당 질량을 나타내는 연속인 밀도함수 $\delta(x, y, z)$로 묘사된다. 곡선 C가 $\mathbf{r}(t) = x(t)\mathbf{i} + y(t)\mathbf{j} + z(t)\mathbf{k}$, $a \le t \le b$로 매개화되었으면 x, y, z는 매개변수 t의 함수이고 밀도는 함수 $\delta(x(t), y(t), z(t))$이며 호의 길이의 미분은 다음과 같이 주어진다(11.3절 참조).

$$ds = \sqrt{\left(\frac{dx}{dt}\right)^2 + \left(\frac{dy}{dt}\right)^2 + \left(\frac{dz}{dt}\right)^2}\, dt$$

용수철 또는 전선의 질량, 질량중심, 모멘트는 표 14.1의 공식을 이용하여 구간 $[a, b]$에서 매개변수 t에 관한 적분으로 계산된다. 예를 들어 질량의 공식은 다음과 같다.

$$M = \int_a^b \delta(x(t), y(t), z(t))\sqrt{\left(\frac{dx}{dt}\right)^2 + \left(\frac{dy}{dt}\right)^2 + \left(\frac{dz}{dt}\right)^2}\, dt$$

이 공식은 가는 막대에도 활용되며 이들의 도함수는 5.6절의 내용과 유사하다. 표 14.1과 14.2의 공식들과 이들의 2중적분과 3중적분에 관한 공식들이 매우 유사함에 유의한다. 평면 영역의 2중적분, 입체의 3중적분은 용수철, 전선, 가는 막대의 선적분이 된다.

표 14.1에서 질량소 dm은 $\delta\, dV$보다는 $\delta\, ds$와 같다. 여기서 적분은 곡선 C에서 주어진다.

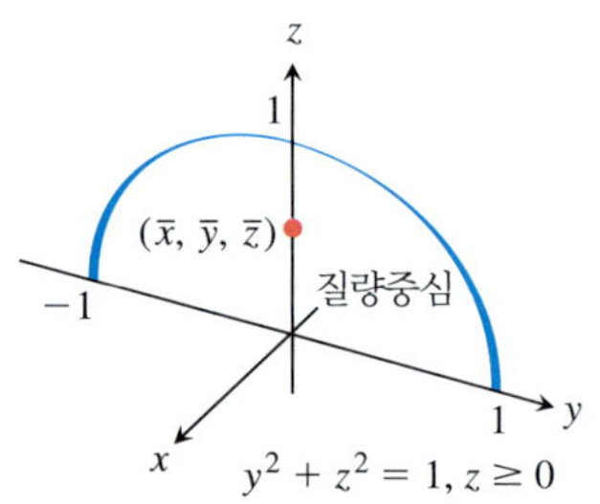

그림 14.5 예제 4는 가변 밀도를 가진 원형의 호의 질량중심을 구하는 법을 보인다.

예제 4 꼭대기보다 바닥의 밀도가 높은 가느다란 금속 아치가 yz평면의 반원 $y^2 + z^2 = 1$, $z \ge 0$에 놓여 있다(그림 14.5). 이 아치의 점 (x, y, z)에서 밀도가 $\delta(x, y, z) = 2 - z$라 할 때, 아치의 질량중심을 구하라.

풀이 아치가 yz평면에 있고 질량이 z축에 대해 대칭적으로 분포하므로 $\bar{x} = 0$이고 $\bar{y} = 0$이다. $\bar{z}$를 구하기 위해 원을 다음과 같이 매개화한다.

$$\mathbf{r}(t) = (\cos t)\mathbf{j} + (\sin t)\mathbf{k}, \qquad 0 \le t \le \pi$$

이 매개화에 대해 다음을 얻는다.

$$|\mathbf{v}(t)| = \sqrt{\left(\frac{dx}{dt}\right)^2 + \left(\frac{dy}{dt}\right)^2 + \left(\frac{dz}{dt}\right)^2} = \sqrt{(0)^2 + (-\sin t)^2 + (\cos t)^2} = 1$$

따라서 $ds = |\mathbf{v}(t)|\, dt = dt$이다.

표 14.1의 공식에 따라 다음과 같다.

$$M = \int_C \delta\, ds = \int_C (2 - z)\, ds = \int_0^{\pi} (2 - \sin t)\, dt = 2\pi - 2$$

$$\begin{aligned}M_{xy} &= \int_C z\delta\, ds = \int_C z(2 - z)\, ds = \int_0^{\pi} (\sin t)(2 - \sin t)\, dt \\ &= \int_0^{\pi} (2\sin t - \sin^2 t)\, dt = \frac{8 - \pi}{2} \qquad \text{숙련된 적분}\end{aligned}$$

$$\bar{z} = \frac{M_{xy}}{M} = \frac{8 - \pi}{2} \cdot \frac{1}{2\pi - 2} = \frac{8 - \pi}{4\pi - 4} \approx 0.57$$

$\bar{z}$를 소수 둘째 자리로 근사할 때 질량중심은 $(0, 0, 0.57)$이다.

표 14.1 공간의 매끄러운 곡선 C에 놓인 용수철, 전선, 가는 막대의 질량과 모멘트 공식.

질량: $M = \int_C \delta \, ds$ $\quad\delta=\delta(x, y, z)$는 (x, y, z)에서 밀도이다.

좌표평면에서의 1차 모멘트:

$$M_{yz} = \int_C x\,\delta\, ds, \quad M_{xz} = \int_C y\,\delta\, ds, \quad M_{xy} = \int_C z\,\delta\, ds$$

질량중심의 좌표:

$$\bar{x} = M_{yz}/M, \quad \bar{y} = M_{xz}/M, \quad \bar{z} = M_{xy}/M$$

좌표축과 선에 대한 관성 모멘트:

$$I_x = \int_C (y^2 + z^2)\delta\, ds, \quad I_y = \int_C (x^2 + z^2)\delta\, ds, \quad I_z = \int_C (x^2 + y^2)\delta\, ds,$$

$$I_L = \int_C r^2\delta\, ds$$ $\quad r=r(x, y, z)$는 점 (x, y, z)에서 선 L까지의 거리이다.

평면에서 선적분

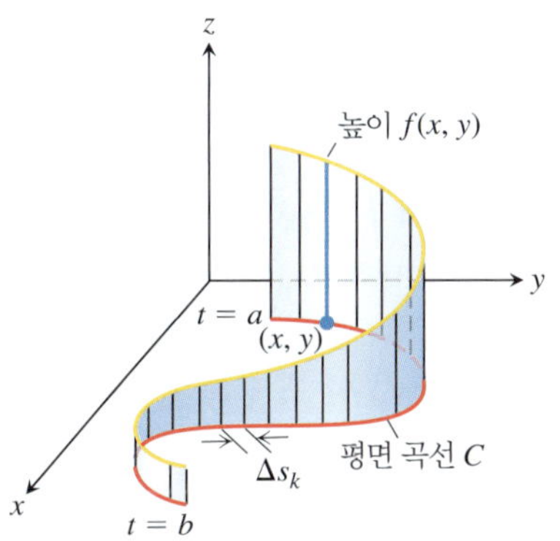

그림 14.6 선적분 $\int_C f\,ds$는 원주 곡면의 부분 또는 $z=f(x, y) \ge 0$ 밑의 '벽' 부분의 넓이이다.

평면의 곡선의 선적분은 자연스러운 기하학적 해석이 있다. C가 $\mathbf{r}(t)=x(t)\mathbf{i}+y(t)\mathbf{j}$, $a \le t \le b$로 매개화된 xy평면의 매끄러운 곡선이면 그림 14.6처럼 z축에 평행하고 평면에 수직인 직선을 C를 따라 이동하여 원주 곡면을 생성할 수 있다. 만약 $z=f(x, y)$가 곡선 C를 포함하는 평면의 영역에서 음이 아닌 연속함수이면 f의 그래프는 평면의 위쪽에 위치한 곡면이다. 원주 곡면은 이 곡면을 곡선 C의 위쪽에서 이 곡선의 굽는 성질을 반영하는 곡면의 곡선으로 절단한다. 이 곡면의 곡선의 아래쪽이고 xy평면의 곡선 위쪽에 속한 원주 곡면의 부분은 평면에 수직하게 곡선 C에 세워진 '굽은 벽' 또는 '울타리'이다. 곡선의 점 (x, y)에서 벽의 높이는 $f(x, y)$이다. 다음과 같이 정의할 수 있다.

$$\int_C f\, ds = \lim_{n\to\infty} \sum_{k=1}^{n} f(x_k, y_k)\,\Delta s_k$$

여기서 $n \to \infty$하면 $\Delta s_k \to 0$이다. 이로부터 선적분 $\int_C f\,ds$가 그림에서 나타난 벽의 넓이라는 것을 알 수 있다.

연습문제 14.1 EXERCISE QUESTION

벡터방정식의 그래프

연습문제 1~8에서 벡터방정식과 주어진 그래프 **a**~**h**를 짝지어라.

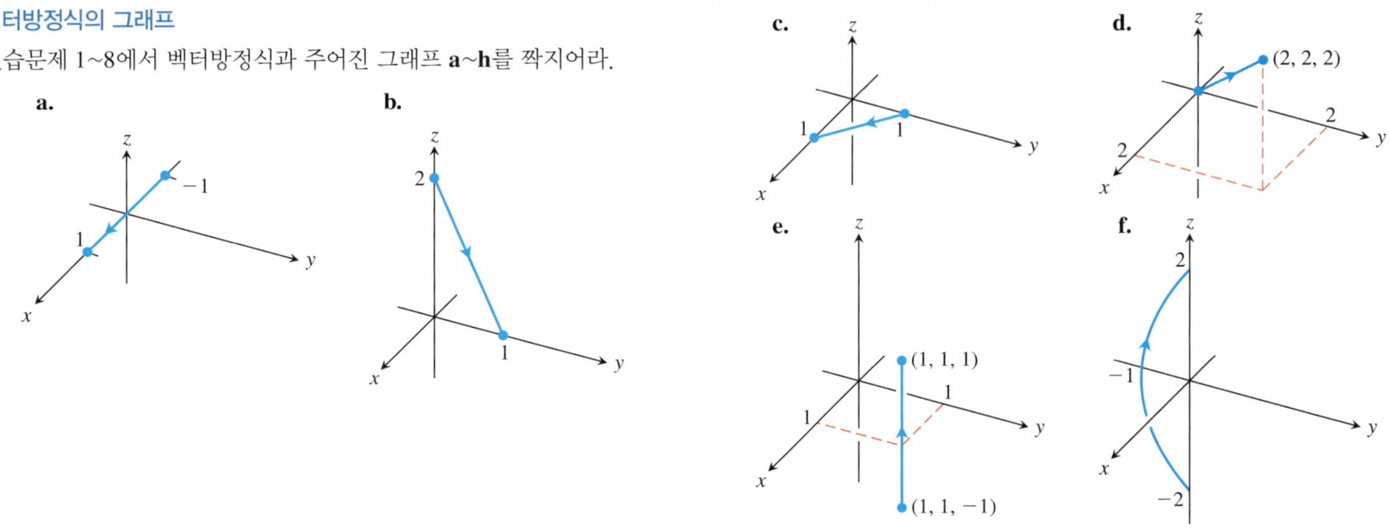

g.

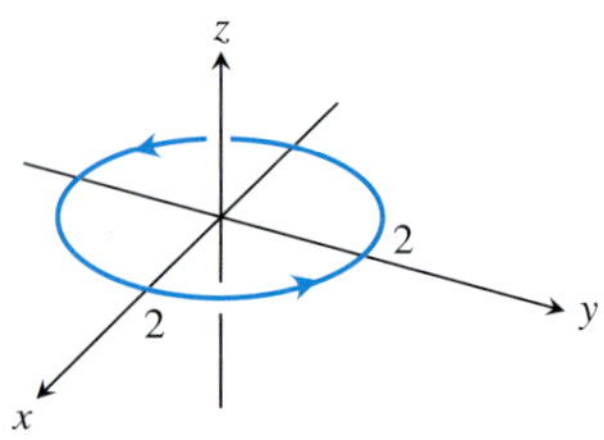

h.

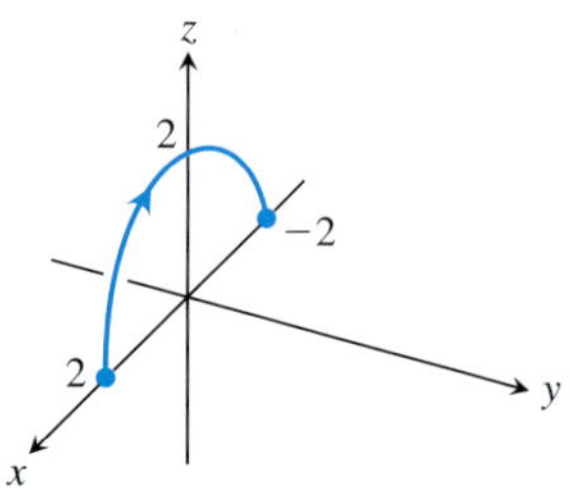

1. $\mathbf{r}(t) = t\mathbf{i} + (1-t)\mathbf{j}, \quad 0 \le t \le 1$

2. $\mathbf{r}(t) = \mathbf{i} + \mathbf{j} + t\mathbf{k}, \quad -1 \le t \le 1$

3. $\mathbf{r}(t) = (2\cos t)\mathbf{i} + (2\sin t)\mathbf{j}, \quad 0 \le t \le 2\pi$

4. $\mathbf{r}(t) = t\mathbf{i}, \quad -1 \le t \le 1$

5. $\mathbf{r}(t) = t\mathbf{i} + t\mathbf{j} + t\mathbf{k}, \quad 0 \le t \le 2$

6. $\mathbf{r}(t) = t\mathbf{j} + (2-2t)\mathbf{k}, \quad 0 \le t \le 1$

7. $\mathbf{r}(t) = (t^2-1)\mathbf{j} + 2t\mathbf{k}, \quad -1 \le t \le 1$

8. $\mathbf{r}(t) = (2\cos t)\mathbf{i} + (2\sin t)\mathbf{k}, \quad 0 \le t \le \pi$

공간 곡선에서 선적분의 값을 구하기

9. C가 (0, 1, 0)에서 (1, 0, 0)까지 직선인 선분 $x=t$, $y=(1-t)$, $z=0$일 때 $\int_C (x+y)\,ds$의 값을 구하라.

10. C가 (0, 1, 1)에서 (1, 0, 1)까지 직선인 선분 $x=t$, $y=(1-t)$, $z=1$일 때 $\int_C (x-y+z-2)\,ds$의 값을 구하라.

11. 곡선 $\mathbf{r}(t)=2t\mathbf{i}+t\mathbf{j}+(2-2t)\mathbf{k}$, $0 \le t \le 1$에 대해 $\int_C (xy+y+z)\,ds$의 값을 구하라.

12. 곡선 $\mathbf{r}(t)=(4\cos t)\mathbf{i}+(4\sin t)\mathbf{j}+3t\mathbf{k}$, $-2\pi \le t \le 2\pi$에 대해 $\int_C \sqrt{x^2+y^2}\,ds$의 값을 구하라.

13. (1, 2, 3)에서 (0, −1, 1)까지 직선인 선분에 대해 $f(x, y, z)=x+y+z$의 선적분을 구하라.

14. 곡선 $\mathbf{r}(t)=t\mathbf{i}+t\mathbf{j}+t\mathbf{k}$, $1 \le t \le \infty$에서 $f(x, y, z)=\sqrt{3}/(x^2+y^2+z^2)$의 선적분을 구하라.

15. $f(x, y, z)=x+\sqrt{y}-z^2$를 다음 조건에 대해 (0, 0, 0)에서 (1, 1, 1)까지 C_1과 C_2 순서의 경로에 대해[주어진 그림 (a) 참조] 적분하라.

$$C_1: \quad \mathbf{r}(t) = t\mathbf{i} + t^2\mathbf{j}, \quad 0 \le t \le 1$$
$$C_2: \quad \mathbf{r}(t) = \mathbf{i} + \mathbf{j} + t\mathbf{k}, \quad 0 \le t \le 1$$

16. $f(x, y, z)=x+\sqrt{y}-z^2$를 다음 조건에 대해 (0, 0, 0)에서 (1, 1, 1)까지 C_1, C_2, C_3 순서의 경로에 대해[주어진 그림 (b) 참조] 적분하라.

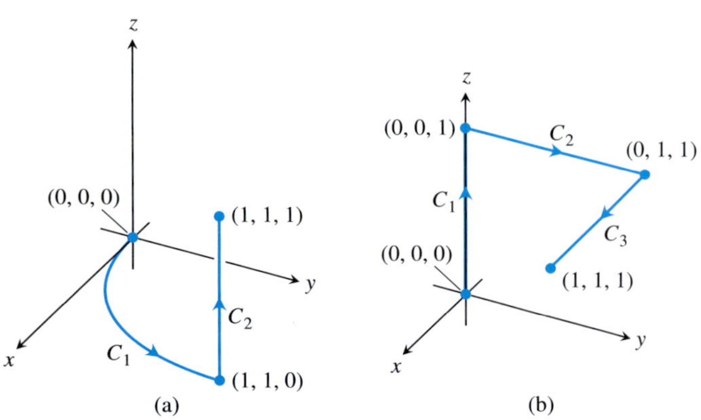

그림 연습문제 15와 16을 위한 적분의 경로.

$$C_1: \quad \mathbf{r}(t) = t\mathbf{k}, \quad 0 \le t \le 1$$
$$C_2: \quad \mathbf{r}(t) = t\mathbf{j} + \mathbf{k}, \quad 0 \le t \le 1$$
$$C_3: \quad \mathbf{r}(t) = t\mathbf{i} + \mathbf{j} + \mathbf{k}, \quad 0 \le t \le 1$$

17. 경로 $\mathbf{r}(t)=t\mathbf{i}+t\mathbf{j}+t\mathbf{k}$, $0 < a \le t \le b$에서 $f(x, y, z)=(x+y+z)/(x^2+y^2+z^2)$를 적분하라.

18. $f(x, y, z)=-\sqrt{x^2+z^2}$를 원 $\mathbf{r}(t)=(a\cos t)\mathbf{j}+(a\sin t)\mathbf{k}$, $0 < t \le 2\pi$에서 적분하라.

평면 곡선에서 선적분

19. 다음 C에 대해 $\int_C x\,ds$의 값을 구하라.

a. (0, 0)에서 (4, 2)까지 직선의 선분 $x=t$, $y=t/2$

b. (0, 0)에서 (2, 4)까지 포물선 $x=t$, $y=t^2$

20. 다음 C에 대해 $\int_C \sqrt{x+2y}\,ds$의 값을 구하라.

a. (0, 0)에서 (1, 4)까지 직선의 선분 $x=t$, $y=4t$

b. $C_1 \cup C_2$; C_1은 (0, 0)에서 (1, 0)까지 직선의 선분이고 C_2는 (1, 0)에서 (1, 2)까지 직선의 선분

21. 곡선 $\mathbf{r}(t)=4t\mathbf{i}-3t\mathbf{j}$, $-1 \le t \le 2$에서 $f(x, y)=ye^{x^2}$의 선적분을 구하라.

22. 곡선 $\mathbf{r}(t)=(\cos t)\mathbf{i}+(\sin t)\mathbf{j}$, $0 \le t \le 2\pi$에서 $f(x, y)=x-y+3$의 선적분을 구하라.

23. 곡선 $x=t^2$, $y=t^3$, $1 \le t \le 2$에 대해 $\int_C \frac{x^2}{y^{4/3}}\,ds$의 값을 구하라.

24. 곡선 $\mathbf{r}(t)=t^3\mathbf{i}+t^4\mathbf{j}$, $1/2 \le t \le 1$에 대해 $f(x, y)=\sqrt{y}/x$의 선적분을 구하라.

25. 주어진 그림에서 C에 대해 $\int_C \left(x+\sqrt{y}\right) ds$의 값을 구하라.

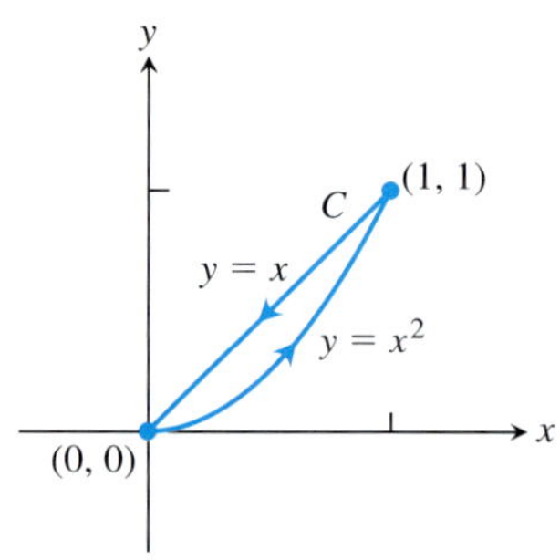

26. 주어진 그림에서 C에 대해 $\int_C \frac{1}{x^2+y^2+1}\,ds$의 값을 구하라.

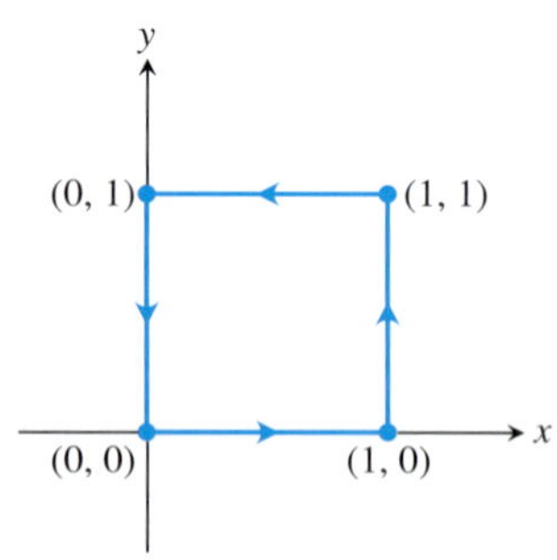

연습문제 27~30에서 주어진 곡선에 f를 적분하라.

27. $f(x, y)=x^3/y$, C: $y=x^2/2$, $0 \le x \le 2$

28. $f(x, y)=(x+y^2)/\sqrt{1+x^2}$, C: (1, 1/2)에서 (0, 0)까지의 $y=x^2/2$

29. $f(x, y)=x+y$, C: (2, 0)에서 (0, 2)까지 제1사분면의 $x^2+y^2=4$

30. $f(x, y)=x^2-y$, C: (0, 2)에서 $(\sqrt{2}, \sqrt{2})$까지 제1사분면의 $x^2+y^2=4$

31. 곡선 $y=x^2$, $0\le x\le 2$에 수직으로 세워지고 곡면 $f(x, y)=x+\sqrt{y}$ 위의 곡선 밑에 있는 굽은 벽의 한 면의 넓이를 구하라.

32. 곡선 $2x+3y=6$, $0\le x\le 6$에 수직으로 세워지고 곡면 $f(x, y)=4+3x+2y$ 위의 곡선 밑에 있는 벽의 한 면의 넓이를 구하라.

질량과 모멘트

33. 전선의 질량 밀도 $\delta=(3/2)t$로 곡선 $\mathbf{r}(t)=(t^2-1)\mathbf{j}+2t\mathbf{k}$, $0\le t\le 1$에 놓인 전선의 질량을 구하라.

34. 굽은 전선의 질량중심 전선이 밀도 $\delta(x, y, z)=15\sqrt{y+2}$로 곡선 $\mathbf{r}(t)=(t^2-1)\mathbf{j}+2t\mathbf{k}$, $-1\le t\le 1$로 놓여 있다. 질량중심을 구하라. 곡선의 개형과 질량중심을 그려라.

35. 변수밀도를 가진 전선의 질량 밀도가 **(a)** $\delta=3t$, **(b)** $\delta=1$일 때 곡선 $\mathbf{r}(t)=\sqrt{2}t\mathbf{i}+\sqrt{2}t\mathbf{j}+(4-t^2)\mathbf{k}$, $0\le t\le 1$를 따라 놓인 가는 전선의 질량을 구하라.

36. 변수밀도를 가진 전선의 질량중심 밀도가 $\delta=3\sqrt{5+t}$일 때 곡선 $\mathbf{r}(t)=t\mathbf{i}+2t\mathbf{j}+(2/3)t^{3/2}\mathbf{k}$, $0\le t\le 2$를 따라 놓인 전선의 질량중심을 구하라.

37. 굴렁쇠 모양 전선의 관성 모멘트 원형의 굴렁쇠 모양 전선이 상수밀도 δ로 xy평면의 원 $x^2+y^2=a^2$에 놓여 있다. 이 굴렁쇠 모양의 전선의 z축에 대한 관성 모멘트를 구하라.

38. 가는 막대의 관성 상수밀도를 가진 가는 막대가 yz평면에 있는 직선의 선분 $\mathbf{r}(t)=t\mathbf{j}+(2-2t)\mathbf{k}$, $0\le t\le 1$에 놓여 있다. 세 좌표축에 대한 이 막대의 관성 모멘트를 구하라.

39. 상수밀도를 가진 2개의 용수철 상수밀도 δ를 가진 용수철이 다음의 나선에 놓여 있다.

$$\mathbf{r}(t)=(\cos t)\mathbf{i}+(\sin t)\mathbf{j}+t\mathbf{k},\qquad 0\le t\le 2\pi$$

a. I_z를 구하라.

b. 상수밀도 δ를 가진 다른 용수철이 문제 (a)의 용수철의 길이의 2배로 $0\le t\le 4\pi$에 대한 나선에 놓여 있다. 긴 용수철의 I_z가 짧은 용수철과 같을 것인가, 아니면 다르게 예상되는가? 긴 용수철의 I_z를 계산하여 예측을 확인하라.

40. 상수밀도의 전선 상수밀도 $\delta=1$의 전선이 $\mathbf{r}(t)=(t\cos t)\mathbf{i}+(t\sin t)\mathbf{j}+(2\sqrt{2}/3)t^{3/2}\mathbf{k}$, $0\le t\le 1$에 놓여 있다. $\bar{z}$와 I_z를 구하라.

41. 예제 4의 아치 예제 4에 대해 I_x를 구하라.

42. 변수밀도를 가진 전선에 대한 질량중심과 관성 모멘트 밀도가 $\delta=1/(t+1)$로 다음 곡선에 놓인 전선에 대해 질량중심과 각각의 축에 대한 관성 모멘트를 구하라.

$$\mathbf{r}(t)=t\mathbf{i}+\frac{2\sqrt{2}}{3}t^{3/2}\mathbf{j}+\frac{t^2}{2}\mathbf{k},\qquad 0\le t\le 2$$

컴퓨터 탐구

연습문제 43~46에서 CAS를 이용하여 다음 단계를 따라 선적분의 값을 구하라.

a. 경로 $\mathbf{r}(t)=g(t)\mathbf{i}+h(t)\mathbf{j}+k(t)\mathbf{k}$에 대해 $ds=|\mathbf{v}(t)|dt$를 구한다.

b. 적분되는 함수를 $f(g(t), h(t), k(t))|\mathbf{v}(t)|$처럼 매개변수 t의 함수로 나타낸다.

c. 본문의 식 (2)을 이용하여 $\int_C f\,ds$의 값을 구한다.

43. $f(x,y,z)=\sqrt{1+30x^2+10y}$; $\mathbf{r}(t)=t\mathbf{i}+t^2\mathbf{j}+3t^2\mathbf{k}$, $0\le t\le 2$

44. $f(x,y,z)=\sqrt{1+x^3+5y^3}$; $\mathbf{r}(t)=t\mathbf{i}+\frac{1}{3}t^2\mathbf{j}+\sqrt{t}\mathbf{k}$, $0\le t\le 2$

45. $f(x,y,z)=x\sqrt{y}-3z^2$; $\mathbf{r}(t)=(\cos 2t)\mathbf{i}+(\sin 2t)\mathbf{j}+5t\mathbf{k}$, $0\le t\le 2\pi$

46. $f(x,y,z)=\left(1+\frac{9}{4}z^{1/3}\right)^{1/4}$;
$\mathbf{r}(t)=(\cos 2t)\mathbf{i}+(\sin 2t)\mathbf{j}+t^{5/2}\mathbf{k}$, $0\le t\le 2\pi$

14.2 벡터장과 선적분: 일, 순환, 플럭스

중력과 전기력은 방향과 크기를 가지고 있다. 이들은 해당 영역의 각 점에 부여된 벡터로 나타나 벡터장을 이룬다. 이 절에서는 어떤 물체가 이러한 장을 따라 이동했을 때 한 일을 벡터장을 포함하는 선적분을 이용하여 계산하는 방법을 소개한다. 흐르는 유체에 대해 주어진 영역에서의 속도를 나타내는 벡터장과 같은 속도벡터장도 다룬다. 선적분은 이 유체가 이 영역의 곡선을 따라서 또는 교차하며 흐르는 비율을 구하는 데 활용될 수 있다.

벡터장

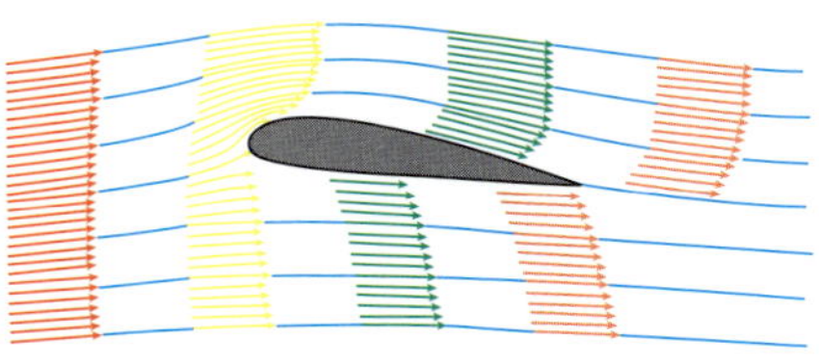

그림 14.7 날개 주변의 유체의 벡터장.

평면 또는 공간의 영역이 공기나 물과 같이 이동하는 유체로 채워졌다고 하자. 이 유체는 거대한 수의 입자로 채워져 있으며 어느 순간의 시간에 입자의 속도가 $\mathbf{v}$이다. 이 영역의 다른 점에 대해 (같은) 주어진 시간에 이들 속도는 다양하게 나타날 수 있다. 이 벡터를 이 유체의 각 점에 대해 그 점에서의 입자의 속도를 나타내는 벡터를 부여하는 것으로 생각할 수 있다. 이러한 유체의 흐름은 벡터장의 예가 된다. 그림 14.7은 풍통의 날개 주변의 공기 흐름으로부터 얻어지는 벡터장을 나타낸다. 그림 14.8은 수축하는 수로에 흐르는 물의 흐름선에 대한 속도벡터의

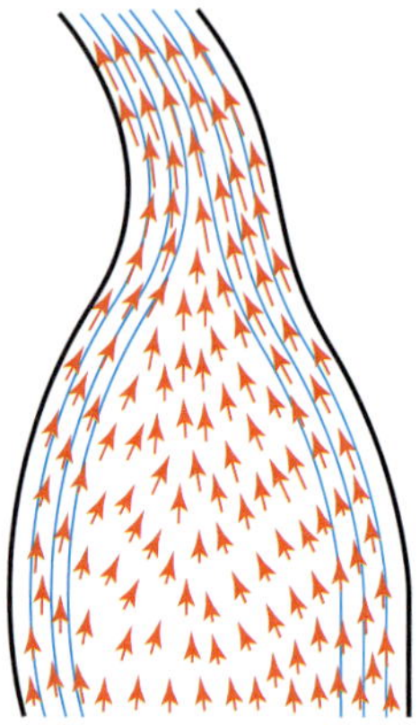

그림 14.8 수축하는 수로에서 흐름선. 물의 속도는 수로가 좁아질수록 빨라지고 속도벡터의 길이는 길어진다.

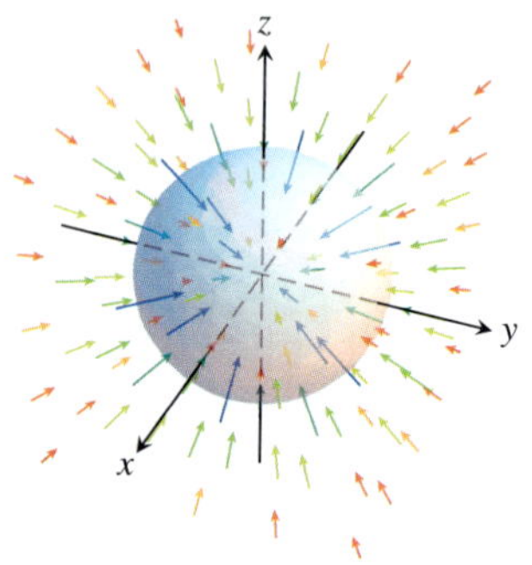

그림 14.9 장의 근원이 되는 질량중심으로 향하는 중력장의 벡터장.

벡터장을 나타낸다. 벡터장은 중력의 인력(그림 14.9), 자기장, 전기장과 같은 힘과 연관된다. 순수하게 수리적으로 고려되는 장도 있다.

일반적으로 영역의 각 점에 벡터를 부여하는 함수를 **벡터장**(vector field)이라 한다. 공간의 3차원 영역의 벡터장은 다음과 같은 꼴을 갖는다.

$$\mathbf{F}(x, y, z) = M(x, y, z)\mathbf{i} + N(x, y, z)\mathbf{j} + P(x, y, z)\mathbf{k}$$

만약 각각의 **성분함수**(component function) M, N, P가 연속이면 벡터장이 **연속**이다. 각각의 성분함수가 미분가능이면 벡터장이 **미분가능**이다. 2차원 벡터의 벡터장은 다음과 같은 꼴로 나타낼 수 있다.

$$\mathbf{F}(x, y) = M(x, y)\mathbf{i} + N(x, y)\mathbf{j}$$

11장에서 또 다른 형태의 벡터장을 경험했다. 공간의 곡선의 접벡터 $\mathbf{T}$와 법벡터 $\mathbf{N}$은 모두 곡선을 따라 벡터장을 이룬다. 곡선 $\mathbf{r}(t)$에 대해 이들은 벡터장 표현와 같은 성분 식으로 나타낼 수 있다.

$$\mathbf{v}(t) = f(t)\mathbf{i} + g(t)\mathbf{j} + h(t)\mathbf{k}$$

스칼라함수 $f(x, y, z)$에 대해 이 함수의 등위면의 각 점에 기울기벡터 ∇f를 부여하며, 곡면에 대한 3차원 벡터장을 얻을 수 있다. 흐르는 유체의 각 점에 벡터를 부여하면 공간의 영역에 정의된 3차원 벡터장이 된다. 이들과 다른 벡터장이 그림 14.7~14.16에 묘사되었다. 이들 벡터

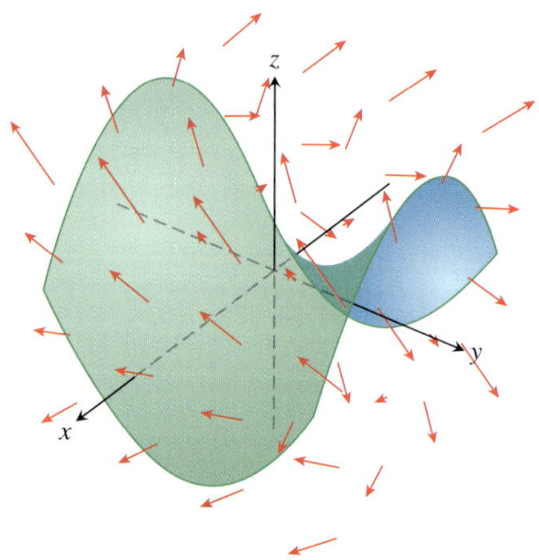

그림 14.10 곡면은 물 또는 공기 흐름의 속도벡터를 나타내는 벡터장 속의 여과기(또는 그물 또는 낙하산)를 나타낼 수 있다. 화살표는 유체 흐름의 방향을 표현하고 이들의 길이는 속도를 표시한다.

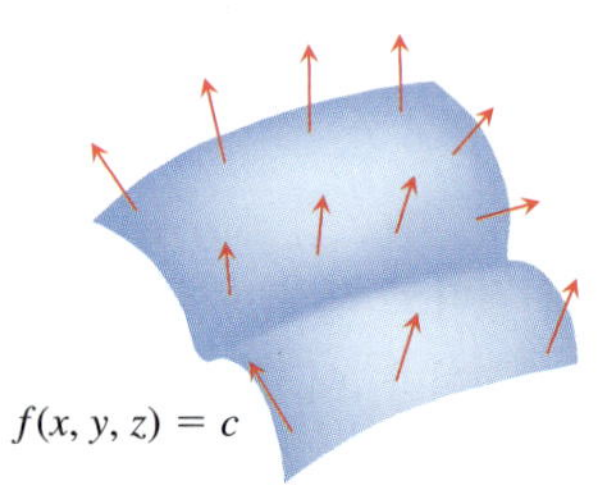

그림 14.11 등위곡면 $f(x, y, z) = c$의 기울기벡터 ∇f의 벡터장. 함수 f는 이 곡면에서 상수이고 각각의 벡터는 f가 가장 빠르게 증가하는 방향을 가리킨다.

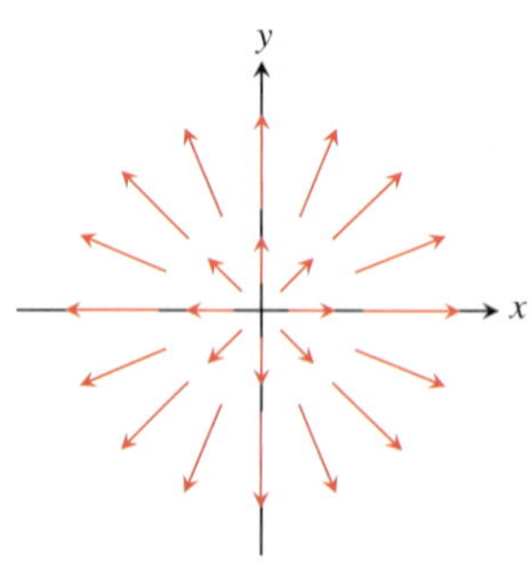

그림 14.12 평면의 점들의 위치벡터로 구성된 방사장 $\mathbf{F} = x\mathbf{i} + y\mathbf{j}$. $\mathbf{F}$의 값을 주는 점에 화살표의 머리가 아닌 꼬리를 그리는 약속을 살펴볼 수 있다.

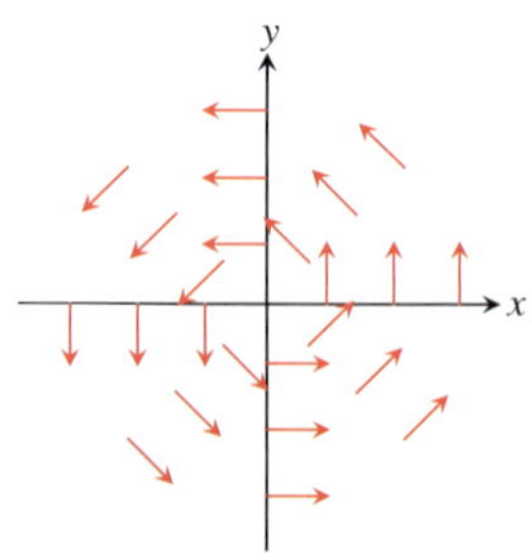

그림 14.13 평면의 회전하는 단위벡터 $\mathbf{F} = (-y\mathbf{i} + x\mathbf{j})/(x^2 + y^2)^{1/2}$의 스핀장. 이 벡터장은 원점에서 정의되지 않는다.

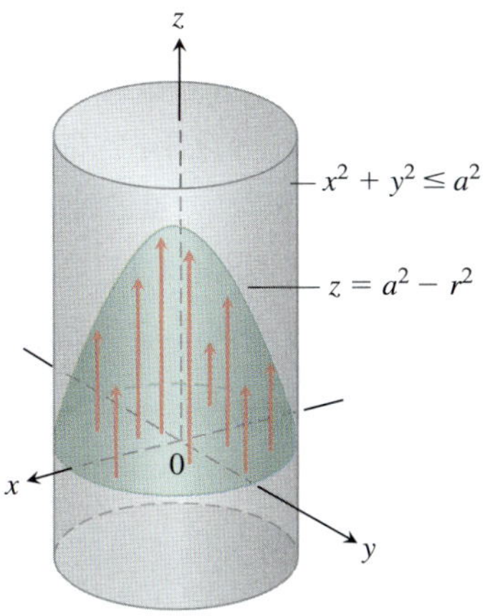

그림 14.14 긴 실린더관 속의 유체 흐름. xy평면에 근거하고 포물면 $z=a^2-r^2$에 끝을 둔 실린더 안의 벡터 $\mathbf{v}=(a^2-r^2)\mathbf{k}$.

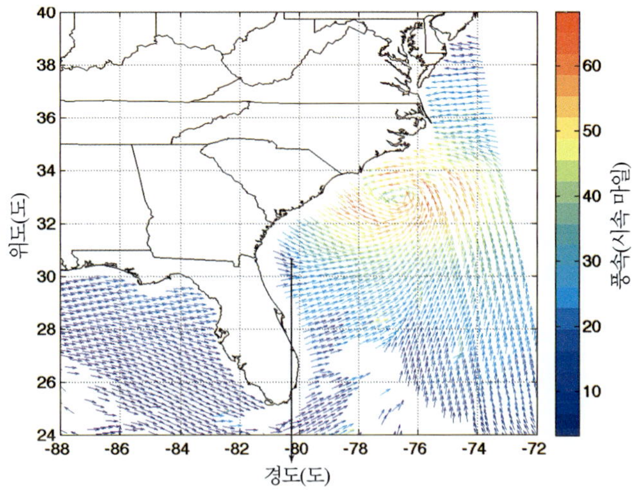

그림 14.16 NASA의 QuikSCAT 위성의 자료는 허리케인 Irene이 2011년 8월 27일 북캐롤라이나에 상륙하기 약 6시간 전의 풍속과 풍향을 나타내는 데 사용되었다. 화살표는 풍향을 나타내고 풍속은 (길이보다) 색으로 표시되었다. 최대 풍속(시속 130킬로미터 이상)은 지도에 표기되기 어려운 매우 작은 지역에서 발생했다. (출처: JPL-Caltech/ISRO/NASA)

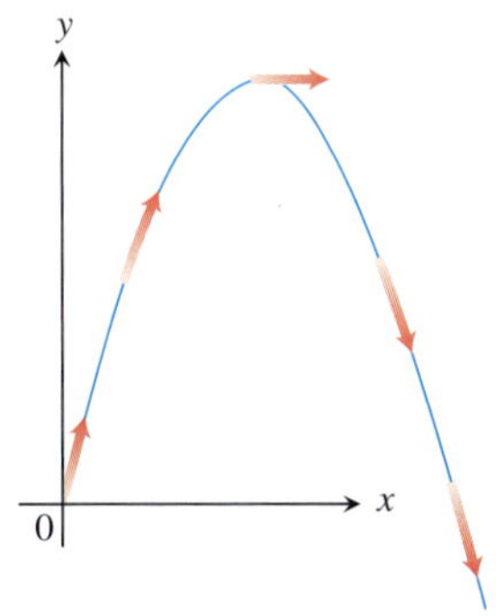

그림 14.15 투사체의 움직임의 속도벡터 $\mathbf{v}(t)$들은 궤적을 따라 벡터장이 된다.

장을 그리기 위해 영역의 점 중에 대표점을 선택하고 각 점에 벡터를 그렸다. 화살표는 머리가 아닌 꼬리를 벡터함수의 값을 주는 점에 부여되었다.

기울기장

미분가능한 스칼라함수의 한 점에서 기울기벡터는 이 함수의 값이 가장 크게 증가하는 방향이다. 함수의 기울기벡터(12.5절)의 모임은 벡터장의 중요한 형태가 된다. 미분가능한 함수 $f(x, y, z)$의 **기울기장**(gradient field)을 다음과 같이 기울기벡터의 벡터장으로 정의한다.

$$\nabla f = \frac{\partial f}{\partial x}\mathbf{i} + \frac{\partial f}{\partial y}\mathbf{j} + \frac{\partial f}{\partial z}\mathbf{k}$$

각 점 (x, y, z)에서 기울기장은 f가 가장 크게 증가하는 방향을 가리키는 방향으로 하고 이 방향으로의 방향 미분값을 그 크기로 한다. 기울기장은 힘의 장 또는 유체의 움직임의 속도장 또는 고려되는 응용에 따른 매체를 통하는 열의 흐름 등을 나타낸다. 많은 물리적 응용에서 f는 위치에너지를 나타내고 기울기벡터장은 대응하는 힘이 된다. 이런 상황에서 힘이 f의 위치에너지가 감소하는 방향을 줄 수 있도록 f는 종종 음수 값을 갖도록 선택된다.

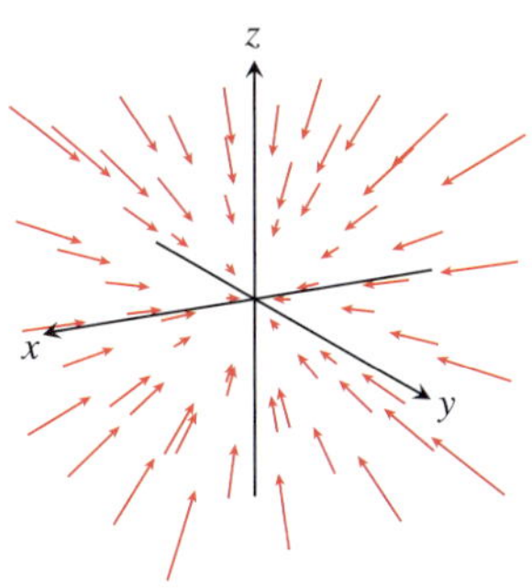

그림 14.17 온도의 기울기장의 벡터는 온도가 최대로 증가하는 방향으로 향한다. 이 그림의 경우 이들이 모두 원점을 향한다.

예제 1 어떤 물질에 열이 가해졌다고 할 때 공간의 영역의 각 점 (x, y, z)에서 나타나는 온도 T가 다음과 같이 주어지며 $\mathbf{F}(x, y, z)$는 T의 기울기로 정의된다.

$$T = 100 - x^2 - y^2 - z^2$$

벡터장 $\mathbf{F}$를 구하라.

풀이 기울기장 $\mathbf{F}$는 벡터장 $\mathbf{F}=\nabla T=-2x\mathbf{i}-2y\mathbf{j}-2z\mathbf{k}$이다. 영역의 각 점에서 벡터장 $\mathbf{F}$는 온도가 가장 크게 증가하는 방향을 나타낸다. 벡터는 최고 온도가 되는 원점을 향한다(그림 14.17). ■

벡터장의 선적분

14.1절에서는 경로 C에서 스칼라함수 $f(x, y, z)$의 선적분을 정의했다. 이제 곡선 C에서 벡터장 $\mathbf{F}$의 선적분을 생각한다. 이러한 선적분은 유체유동, 일과 에너지, 전기장 및 중력장과 같은 연

구에서 중요하게 활용된다.

벡터장 $\mathbf{F}=M(x, y, z)\mathbf{i}+N(x, y, z)\mathbf{j}+P(x, y, z)\mathbf{k}$의 성분이 연속이고 곡선 C에 매끄러운 매개화 $\mathbf{r}(t)=g(t)\mathbf{i}+h(t)\mathbf{j}+k(t)\mathbf{k}$, $a \le t \le b$가 있다고 하자. 14.1절과 같이 매개화 $\mathbf{r}(t)$가 곡선 C에 방향(또는 향)을 부여하고, 이것을 **전방향**(forward direction)이라 부른다. 경로 C의 각 점에서 접벡터 $\mathbf{T}=d\mathbf{r}/ds=\mathbf{v}/|\mathbf{v}|$는 경로를 따라 전방향을 향하는 단위접벡터이다(11.1절과 11.3절에서와 같이 벡터 $\mathbf{v}=d\mathbf{r}/dt$는 C에 대한 접벡터이다). 벡터장의 선적분은 $\mathbf{F}$의 스칼라 접성분을 C에 대해 선적분한 것이다. 이 접성분은 다음과 같이 내적으로 정의된다.

$$\mathbf{F}\cdot\mathbf{T} = \mathbf{F}\cdot\frac{d\mathbf{r}}{ds}$$

그리고 다음의 정의를 얻는다.

정의 $\mathbf{F}$가 $\mathbf{r}(t)=g(t)\mathbf{i}+h(t)\mathbf{j}+k(t)\mathbf{k}$, $a \le t \le b$로 매개화된 매끄러운 곡선 C에서 연속인 성분을 가진 벡터장이라 하자. **곡선 C에 대한 벡터장 $\mathbf{F}$의 선적분**은 다음과 같다.

$$\int_C \mathbf{F}\cdot\mathbf{T}\,ds = \int_C\left(\mathbf{F}\cdot\frac{d\mathbf{r}}{ds}\right)ds = \int_C \mathbf{F}\cdot d\mathbf{r} \qquad (1)$$

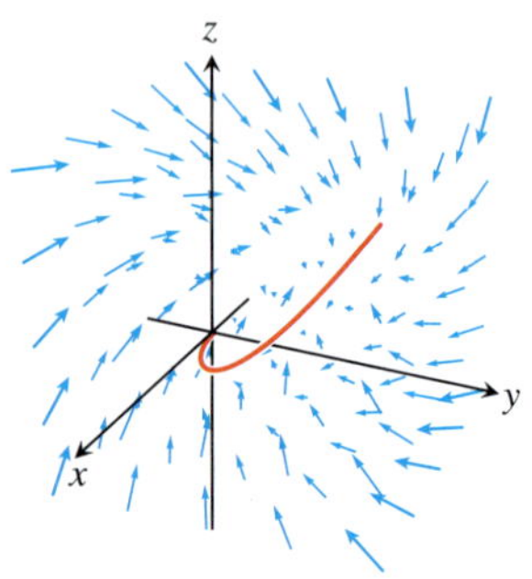

그림 14.18 예제 2의 벡터장 속에 곡선(빨간색)이 정의되었다. 선적분은 이 곡선에 놓인 벡터들에 의해 정해진다.

스칼라함수의 선적분의 값을 구하는 것(14.1절)과 유사한 방법으로 벡터장의 선적분의 값을 구한다. 벡터장은 곡선의 점이 아니어도 정의될 수 있으나 선적분에서는 곡선의 점의 벡터만 고려한다(그림 14.18).

C: $\mathbf{r}(t)=g(t)\mathbf{i}+h(t)\mathbf{j}+k(t)\mathbf{k}$에 대해 $\mathbf{F}=M\mathbf{i}+N\mathbf{j}+P\mathbf{k}$의 선적분의 값 구하기

1. $\mathbf{F}$의 스칼라 성분 $M(x, y, z)$, $N(x, y, z)$, $P(x, y, z)$를 $\mathbf{r}$의 성분 $x=g(t)$, $y=h(t)$, $z=k(t)$로 치환하여 벡터장 $\mathbf{F}$를 매개화된 곡선 C를 따라 $\mathbf{F}(\mathbf{r}(t))$로 나타낸다.
2. 유도(속도)벡터 $d\mathbf{r}/dt$를 구한다.
3. 다음을 계산하여 매개변수 t, $a \le t \le b$에 대해 선적분의 값을 구한다.

$$\int_C \mathbf{F}\cdot d\mathbf{r} = \int_a^b \mathbf{F}(\mathbf{r}(t))\cdot\frac{d\mathbf{r}}{dt}\,dt \qquad (2)$$

예제 2 $\mathbf{r}(t)=t^2\mathbf{i}+t\mathbf{j}+\sqrt{t}\mathbf{k}$, $0 \le t \le 1$로 매개화된 곡선 C와 $\mathbf{F}(x, y, z)=z\mathbf{i}+xy\mathbf{j}-y^2\mathbf{k}$에 대해 $\int_C \mathbf{F}\cdot d\mathbf{r}$의 값을 구하라.

풀이 치환하면 다음을 얻는다.

$$\mathbf{F}(\mathbf{r}(t)) = \sqrt{t}\mathbf{i} + t^3\mathbf{j} - t^2\mathbf{k} \qquad z=\sqrt{t},\ xy=t^3,\ -y^2=-t^2$$

$$\frac{d\mathbf{r}}{dt} = 2t\mathbf{i} + \mathbf{j} + \frac{1}{2\sqrt{t}}\mathbf{k}$$

따라서 다음과 같다.

$$\begin{aligned}\int_C \mathbf{F}\cdot d\mathbf{r} &= \int_0^1 \mathbf{F}(\mathbf{r}(t))\cdot\frac{d\mathbf{r}}{dt}\,dt \qquad \text{식 (2)}\\ &= \int_0^1\left(2t^{3/2} + t^3 - \frac{1}{2}t^{3/2}\right)dt\\ &= \left[\left(\frac{3}{2}\right)\left(\frac{2}{5}t^{5/2}\right) + \frac{1}{4}t^4\right]_0^1 = \frac{17}{20}\end{aligned}$$

■

dx, dy, dz에 대한 선적분

힘이나 흐름을 분석할 때 성분 방향을 따로 다루는 것이 종종 유용하다. 예를 들어 중력장의 영향을 분석할 때 평행한 이동은 무시하는 반면 이동과 힘을 수직 방향으로 고려하기를 원한다. 또는 댐의 벽을 누르는 물에 의해 평행으로 가해지는 힘이나 비행기의 경로에 대한 바람의 영향을 흥미롭게 생각한다. 이런 상황에서는 $\int_C M\,dx$와 같이 단 1개의 좌표에 대한 스칼라함수의 선적분의 값을 원한다. 이런 형태의 적분은 단 1개의 좌표에 대한 방향에 변화만을 고려한 것으로 14.1절에서 정의한 $\int_C M\,ds$와는 같지 않다. 스칼라함수 $M(x, y, z)$에 대해 적분 $\int_C M\,dx$를 정의하기 위해 x 방향으로만 성분을 가지고 y 또는 z 방향으로는 성분이 없는 벡터장 $\mathbf{F}=M(x, y, z)\mathbf{i}$를 특정한다. 이제 $\mathbf{r}(t)=g(t)\mathbf{i}+h(t)\mathbf{j}+k(t)\mathbf{k}$, $a\le t\le b$로 매개화된 곡선 C에서 $x=g(t)$, $dx=g'(t)dt$이고 다음과 같다.

$$\begin{aligned}\mathbf{F}\cdot d\mathbf{r} &= \mathbf{F}\cdot\frac{d\mathbf{r}}{dt}dt = M(x,y,z)\mathbf{i}\cdot(g'(t)\mathbf{i}+h'(t)\mathbf{j}+k'(t)\mathbf{k})\,dt\\ &= M(x,y,z)g'(t)\,dt = M(x,y,z)\,dx\end{aligned}$$

C에 대한 $\mathbf{F}$의 선적분의 정의처럼 다음을 정의한다.

$$\mathbf{F} = M(x,y,z)\mathbf{i}\text{일 때}\quad \int_C M(x,y,z)\,dx = \int_C \mathbf{F}\cdot d\mathbf{r}$$

같은 방식으로 y 방향만의 성분으로 $\mathbf{F}=N(x, y, z)\mathbf{j}$ 또는 z 방향만의 성분으로 $\mathbf{F}=P(x, y, z)\mathbf{k}$를 정의하면, 선적분 $\int_C N\,dy$와 $\int_C P\,dz$를 얻는다. 이들을 모두 곡선 C의 매개변수 t에 대해 나타내면 다음과 같이 세 적분에 관한 식을 구한다.

선적분 표기법

다음은 일반적으로 자주 사용되는 표현이라고 하자.

$$\int_C M\,dx + N\,dy + P\,dz$$

다음은 각 좌표 방향에 대한 세 선적분을 간단하게 표기한 방법이다.

$$\int_C M(x,y,z)\,dx + \int_C N(x,y,z)\,dy + \int_C P(x,y,z)\,dz$$

이 적분들의 값을 구하기 위해 C를 $\mathbf{r}(t)=g(t)\mathbf{i}+h(t)\mathbf{j}+k(t)\mathbf{k}$로 매개화하고 식 (3), (4), (5)를 이용한다.

$$\int_C M(x,y,z)\,dx = \int_a^b M(g(t),h(t),k(t))\,g'(t)\,dt \tag{3}$$

$$\int_C N(x,y,z)\,dy = \int_a^b N(g(t),h(t),k(t))\,h'(t)\,dt \tag{4}$$

$$\int_C P(x,y,z)\,dz = \int_a^b P(g(t),h(t),k(t))\,k'(t)\,dt \tag{5}$$

이들 선적분은 종종 결합된 꼴로 나타나고 간략하게 다음과 같이 나타낸다.

$$\int_C M(x,y,z)\,dx + \int_C N(x,y,z)\,dy + \int_C P(x,y,z)\,dz = \int_C M\,dx + N\,dy + P\,dz$$

예제 3 $\mathbf{r}(t)=(\cos\ t)\mathbf{i}+(\sin\ t)\mathbf{j}+t\mathbf{k}$, $0\le t\le 2\pi$로 매개화된 나선 C에 대해 선적분 $\int_C -y\,dx+z\,dy+2x\,dz$의 값을 구하라.

풀이 매개변수 t에 대해 $x=\cos t$, $y=\sin t$, $z=t$이고 $dx=-\sin t\,dt$, $dy=\cos t\,dt$, $dz=dt$이다. 따라서 다음과 같다.

$$\begin{aligned}\int_C -y\,dx + z\,dy + 2x\,dz &= \int_0^{2\pi}[(-\sin t)(-\sin t) + t\cos t + 2\cos t]\,dt\\ &= \int_0^{2\pi}[2\cos t + t\cos t + \sin^2 t]\,dt\\ &= \left[2\sin t + (t\sin t + \cos t) + \left(\frac{t}{2} - \frac{\sin 2t}{4}\right)\right]_0^{2\pi}\\ &= [0 + (0+1) + (\pi - 0)] - [0 + (0+1) + (0-0)]\\ &= \pi\end{aligned}$$

■

공간의 곡선에서 힘에 의한 일

벡터장 $\mathbf{F}=M(x, y, z)\mathbf{i}+N(x, y, z)\mathbf{j}+P(x, y, z)\mathbf{k}$가 공간의 영역에 전체에서 주어진 힘(중력장이나 전기장과 같이)이라 하고, 다음 식이 영역 속의 곡선 C를 나타낸다고 하자.

$$\mathbf{r}(t) = g(t)\mathbf{i} + h(t)\mathbf{j} + k(t)\mathbf{k}, \quad a \le t \le b$$

어떤 물체가 이 곡선을 따라 이동하며 힘이 한 일에 대한 식을 구하기 위해 5장에서 x축의 방향으로 정의된 크기가 $F(x)$인 연속적인 힘이 한 일에 대해 일반적인 적분에서 이용된 것과 같은 추론을 활용한다. 공간의 곡선 C에 대해 어떤 물체가 C를 따라 점 A에서 다른 점 B까지 연속인 역장 $\mathbf{F}$로 이동하며 힘이 한 일을 다음과 같이 정의한다.

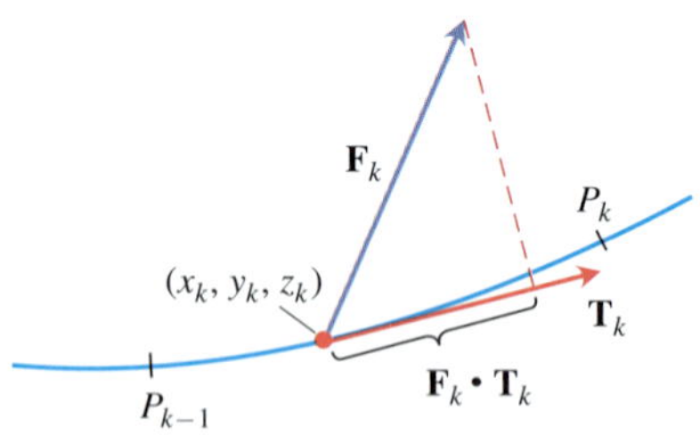

그림 14.19 제시된 부분호를 따라 한 일은 근사적으로 $\mathbf{F}_k \cdot \mathbf{T}_k \Delta s_k$이다. 여기서 $\mathbf{F}_k = \mathbf{F}(x_k, y_k, z_k)$이고 $\mathbf{T}_k=\mathbf{T}(x_k, y_k, z_k)$이다.

곡선 C를 A에서 시작하여 B에서 끝나며 각각의 길이가 Δs_k인 n개의 부분호 $P_{k-1}P_k$로 분할한다. 부분호 $P_{k-1}P_k$의 임의의 점 (x_k, y_k, z_k)를 선택하고 $\mathbf{T}(x_k, y_k, z_k)$를 선택된 이 점에서의 단위접벡터라고 하자. 부분호 $P_{k-1}P_k$를 따라 어떤 물체가 이동하며 한 일 W_k는 힘 $\mathbf{F}(x_k, y_k, z_k)$의 접성분과 이 물체가 주어진 부분호를 따라 이동한 거리(그림 14.19)인 호의 길이 Δs_k의 곱으로 근사된다. 이 물체가 점 A에서 점 B로 이동하며 한 일의 총합은 각각의 부분호에서 한 일을 합한 것으로 구해진다. 따라서 다음과 같다.

$$W = \sum_{k=1}^{n} W_k \approx \sum_{k=1}^{n} \mathbf{F}(x_k, y_k, z_k) \cdot \mathbf{T}(x_k, y_k, z_k)\, \Delta s_k$$

C의 임의의 n개의 부분호에 의한 분할과 각 부분호의 임의로 선택된 점 (x_k, y_k, z_k)에 대해 $n \to \infty$, $\Delta s_k \to 0$에 따라 이들 합은 다음의 선적분으로 다가간다.

$$\int_C \mathbf{F} \cdot \mathbf{T}\, ds$$

이것은 $\mathbf{F}$의 C에 대한 선적분으로 전체 한 일을 정의한다.

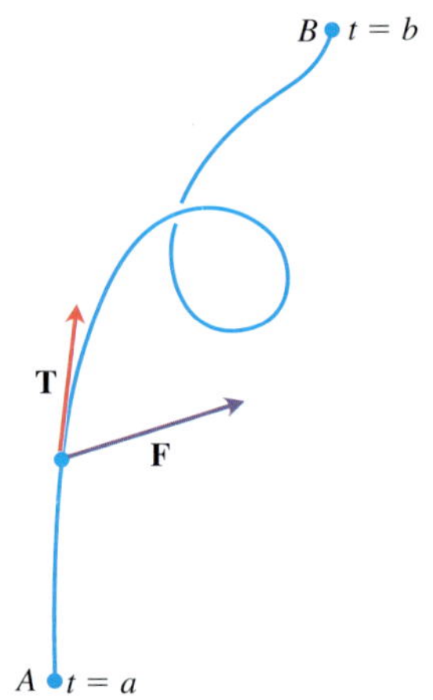

그림 14.20 힘 $\mathbf{F}$에 의해 한 일은 스칼라 성분 $\mathbf{F} \cdot \mathbf{T}$를 매끄러운 곡선을 따라 A에서 B까지 선적분한 것이다.

정의 C가 $\mathbf{r}(t)=g(t)\mathbf{i}+h(t)\mathbf{j}+k(t)\mathbf{k}$, $a \le t \le b$로 매개화된 매끄러운 곡선이고 $\mathbf{F}$가 C를 포함한 영역에서 연속인 역장이라 하자. 어떤 물체가 C를 따라 점 $A=\mathbf{r}(a)$에서 점 $B=\mathbf{r}(b)$까지 이동하며 한 **일**은 다음과 같다.

$$W = \int_C \mathbf{F} \cdot \mathbf{T}\, ds = \int_a^b \mathbf{F}(\mathbf{r}(t)) \cdot \frac{d\mathbf{r}}{dt}\, dt \tag{6}$$

이 적분에서 계산된 수의 부호는 곡선을 따라 이동하는 방향에 따라 결정된다. 이동의 방향을 반대로 하면 그림 14.20의 $\mathbf{T}$의 방향이 반대가 되고 $\mathbf{F} \cdot \mathbf{T}$와 적분의 부호가 바뀐다.

표 14.2 곡선 C: $\mathbf{r}(t)=g(t)\mathbf{i}+h(t)\mathbf{j}+k(t)\mathbf{k}$, $a \le t \le b$에 대해 $\mathbf{F}=M\mathbf{i}+N\mathbf{j}+P\mathbf{k}$의 일의 적분을 나타내는 여러 가지 방법.

$W = \int_C \mathbf{F} \cdot \mathbf{T}\; ds$	정의
$= \int_C \mathbf{F} \cdot d\mathbf{r}$	벡터 미분 형식
$= \int_a^b \mathbf{F} \cdot \frac{d\mathbf{r}}{dt}\, dt$	매개벡터값의 계산
$= \int_a^b (Mg'(t) + Nh'(t) + Pk'(t))\, dt$	매개스칼라값의 계산
$= \int_C M\,dx + N\,dy + P\,dz$	스칼라 미분 형식

제시된 표기법을 이용하여 논의의 특정 상황에 가장 편리하거나 적합하게 여겨지는 다양한 방법으로 일의 적분을 나타낼 수 있다. 식 (6)의 일의 적분에 대한 다섯 가지 다른 표현을 표 14.2에 볼 수 있다. 표에서 벡터장 성분 M, N, P는 중간의 변수 x, y, z의 함수이고 벡터장 속의 곡선 C를 따라 독립변수 t의 함수가 된다. 따라서 곡선을 따라 $x=g(t)$, $y=h(t)$, $z=k(t)$이고 $dx=g'(t)dt$, $dy=h'(t)dt$, $dz=k'(t)dt$이다.

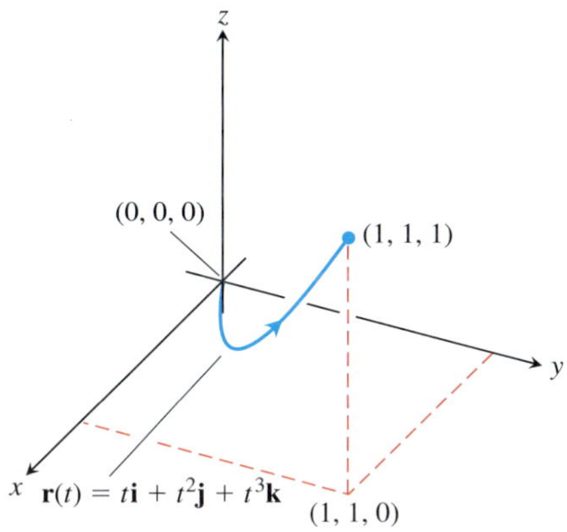

그림 14.21 예제 4의 곡선.

예제 4 곡선 $\mathbf{r}(t)=t\mathbf{i}+t^2\mathbf{j}+t^3\mathbf{k}$, $0 \le t \le 1$을 따라 (0, 0, 0)에서 (1, 1, 1)까지 역장 $\mathbf{F}(x, y, z)=(y-x^2)\mathbf{i}+(z-y^2)\mathbf{j}+(x-z^2)\mathbf{k}$로 이동한 물체가 한 일을 구하라(그림 14.21).

풀이 우선 $\mathbf{F}$를 곡선 $\mathbf{r}(t)$에서 값을 구한다.

$$\begin{aligned}\mathbf{F} &= (y - x^2)\mathbf{i} + (z - y^2)\mathbf{j} + (x - z^2)\mathbf{k} \\ &= \underbrace{(t^2 - t^2)}_{0}\mathbf{i} + (t^3 - t^4)\mathbf{j} + (t - t^6)\mathbf{k} \qquad \text{치환 } x=t,\ y=t^2,\ z=t^3\end{aligned}$$

그리고 $d\mathbf{r}/dt$를 얻는다.

$$\frac{d\mathbf{r}}{dt} = \frac{d}{dt}(t\mathbf{i} + t^2\mathbf{j} + t^3\mathbf{k}) = \mathbf{i} + 2t\mathbf{j} + 3t^2\mathbf{k}$$

마지막으로 $\mathbf{F} \cdot d\mathbf{r}/dt$를 구하고 $t=0$에서 $t=1$까지 적분한다.

$$\begin{aligned}\mathbf{F} \cdot \frac{d\mathbf{r}}{dt} &= [(t^3 - t^4)\mathbf{j} + (t - t^6)\mathbf{k}] \cdot (\mathbf{i} + 2t\mathbf{j} + 3t^2\mathbf{k}) \\ &= (t^3 - t^4)(2t) + (t - t^6)(3t^2) = 2t^4 - 2t^5 + 3t^3 - 3t^8 \qquad \text{내적을 계산}\end{aligned}$$

따라서 다음과 같다.

$$\begin{aligned}\text{일} &= \int_a^b \mathbf{F} \cdot \frac{d\mathbf{r}}{dt}\,dt = \int_0^1 (2t^4 - 2t^5 + 3t^3 - 3t^8)\,dt \\ &= \left[\frac{2}{5}t^5 - \frac{2}{6}t^6 + \frac{3}{4}t^4 - \frac{3}{9}t^9\right]_0^1 = \frac{29}{60}\end{aligned}$$

■

예제 5 $\mathbf{r}(t)=\cos(\pi t)\mathbf{i}+t^2\mathbf{j}+\sin(\pi t)\mathbf{k}$, $0 \le t \le 1$로 매개화된 곡선 C를 따라 역장 $\mathbf{F}(x, y, z)=x\mathbf{i}+y\mathbf{j}+z\mathbf{k}$로 이동한 물체가 한 일을 구하라.

풀이 우선 $\mathbf{F}$를 곡선 C를 따라 t의 함수로 나타낸다.

$$\mathbf{F}(\mathbf{r}(t)) = \cos(\pi t)\mathbf{i} + t^2\mathbf{j} + \sin(\pi t)\mathbf{k}$$

그리고 $d\mathbf{r}/dt$를 계산한다.

$$\frac{d\mathbf{r}}{dt} = -\pi\sin(\pi t)\mathbf{i} + 2t\mathbf{j} + \pi\cos(\pi t)\mathbf{k}$$

내적을 계산한다.

$$\mathbf{F}(\mathbf{r}(t)) \cdot \frac{d\mathbf{r}}{dt} = -\pi\sin(\pi t)\cos(\pi t) + 2t^3 + \pi\sin(\pi t)\cos(\pi t) = 2t^3$$

일은 선적분이다.

$$\int_a^b \mathbf{F}(\mathbf{r}(t)) \cdot \frac{d\mathbf{r}}{dt}\,dt = \int_0^1 2t^3\,dt = \frac{t^4}{2}\bigg]_0^1 = \frac{1}{2}$$

■

속도벡터장의 유동적분과 순환

$\mathbf{F}$가 공간의 영역(예를 들어 수조 속의 파도나 수력발전기의 터빈실)을 지나는 유체의 속도벡터장을 나타낸다고 하자. 이런 상황에서 영역에 포함된 곡선에서 $\mathbf{F} \cdot \mathbf{T}$의 적분은 곡선에서 유체의 유동 또는 순환을 나타낸다. 예를 들어 그림 14.12의 벡터장은 평면의 단위원에서 0인 순환

이다. 반면에 그림 14.13의 벡터장은 단위원에서 0이 아닌 순환이다.

정의 연속인 벡터장 $\mathbf{F}$가 정의된 영역에 속한 매끄러운 곡선 C가 $\mathbf{r}(t)$로 매개화되었을 때 이 곡선에 대한 점 $A=\mathbf{r}(a)$에서 점 $B=\mathbf{r}(b)$까지 **유동**(flow)은 다음과 같다.

$$\text{유동} = \int_C \mathbf{F}\cdot\mathbf{T}\,ds \tag{7}$$

이 적분을 **유동적분**(flow integral)이라 부른다. 만약 곡선의 시작점과 끝점이 같으면($A=B$), 이 유량을 곡선을 도는 **순환**(circulation)이라 한다.

C를 따라 이동하는 방향이 중요하다. 만약 방향을 반대로 하면 $\mathbf{T}$가 $-\mathbf{T}$로 바뀌고 적분의 부호가 바뀐다. 유동적분도 일의 적분과 같은 방법으로 값을 구한다.

예제 6 어떤 유체의 벡터장이 $\mathbf{F}(x, y, z)=x\mathbf{i}+y\mathbf{j}+z\mathbf{k}$이다. 나선 $\mathbf{r}(t)=(\cos t)\mathbf{i}+(\sin t)\mathbf{j}+t\mathbf{k}$, $0\le t\le \pi/2$에 대한 유동을 구하라.

풀이 $\mathbf{F}$를 곡선 $\mathbf{r}(t)$를 따라 값을 구한다.

$$\mathbf{F} = x\mathbf{i} + z\mathbf{j} + y\mathbf{k} = (\cos t)\mathbf{i} + t\mathbf{j} + (\sin t)\mathbf{k} \qquad \text{치환 } x=\cos t,\ z=t,\ y=\sin t$$

그러면 $d\mathbf{r}/dt$을 얻는다.

$$\frac{d\mathbf{r}}{dt} = (-\sin t)\mathbf{i} + (\cos t)\mathbf{j} + \mathbf{k}$$

$\mathbf{F}$와 $d\mathbf{r}/dt$의 내적은 다음을 얻는다.

$$\begin{aligned}\mathbf{F}\cdot\frac{d\mathbf{r}}{dt} &= (\cos t)(-\sin t) + (t)(\cos t) + (\sin t)(1)\\ &= -\sin t\cos t + t\cos t + \sin t\end{aligned}$$

마지막으로 $\mathbf{F}\cdot(d\mathbf{r}/dt)$를 구하고 $t=0$에서 $t=\pi/2$까지 적분한다.

$$\begin{aligned}\text{유동} &= \int_{t=a}^{t=b}\mathbf{F}\cdot\frac{d\mathbf{r}}{dt}\,dt = \int_0^{\pi/2}(-\sin t\cos t + t\cos t + \sin t)\,dt\\ &= \left[\frac{\cos^2 t}{2} + t\sin t\right]_0^{\pi/2} = \left(0+\frac{\pi}{2}\right) - \left(\frac{1}{2}+0\right) = \frac{\pi}{2} - \frac{1}{2}\end{aligned}$$

■

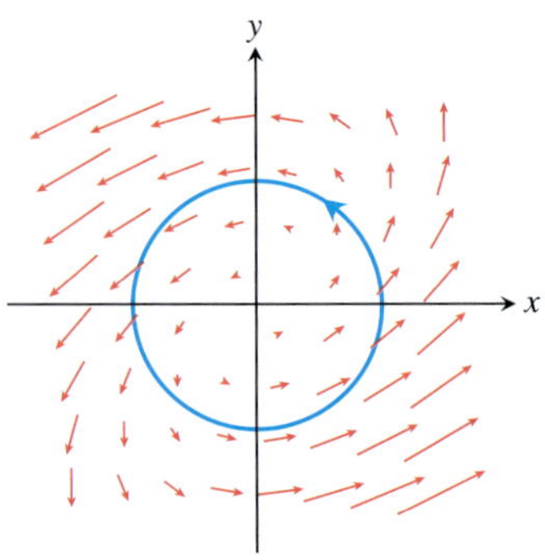

그림 14.22 예제 7의 벡터장 $\mathbf{F}$와 곡선 $\mathbf{r}(t)$.

예제 7 원 $\mathbf{r}(t)=(\cos t)\mathbf{i}+(\sin t)\mathbf{j}$, $0\le t\le 2\pi$에 대해 벡터장 $\mathbf{F}(x, y, z)=(x-y)\mathbf{i}+x\mathbf{j}$의 순환을 구하라(그림 14.22).

풀이 원에서 $\mathbf{F}=(x-y)\mathbf{i}+x\mathbf{j}=(\cos t-\sin t)\mathbf{i}+(\cos t)\mathbf{j}$이고, 다음을 얻는다.

$$\frac{d\mathbf{r}}{dt} = (-\sin t)\mathbf{i} + (\cos t)\mathbf{j}$$

그러면 다음과 같다.

$$\mathbf{F}\cdot\frac{d\mathbf{r}}{dt} = -\sin t\cos t + \underbrace{\sin^2 t + \cos^2 t}_{1}$$

다음 식이 주어진다.

$$\begin{aligned}\text{순환} &= \int_0^{2\pi}\mathbf{F}\cdot\frac{d\mathbf{r}}{dt}\,dt = \int_0^{2\pi}(1-\sin t\cos t)\,dt\\ &= \left[t - \frac{\sin^2 t}{2}\right]_0^{2\pi} = 2\pi\end{aligned}$$

그림 14.22에 제시된 것처럼 주어진 속도벡터를 가진 유체는 시계반대 방향으로 원을 순환한

다. t가 0에서 2π로 증가하며 원을 시계반대 방향으로 이동하므로 순환은 양수이다. ■

평면의 단순 닫힌 곡선의 플럭스

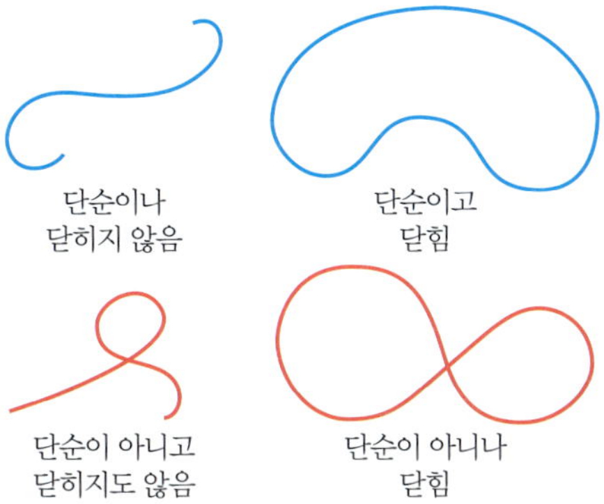

그림 14.23 곡선의 단순과 닫힘에 대한 구별. 닫힌 곡선을 루프라고도 한다.

xy평면의 곡선이 스스로 교차하지 않으면 **단순**(simple)이라 한다(그림 14.23). 곡선이 한 점에서 시작하여 그 점에서 끝이 나면 이 곡선을 **닫힌 곡선**(closed curve) 또는 **루프**(loop)라 한다. xy평면에 매끄러운 단순 닫힌 곡선에 의해 둘러싸인 영역을 나가거나 들어오는 유체의 비율을 구하기 위해, 곡선 C에서 $\mathbf{F}\cdot\mathbf{n}$(곡선의 밖으로 향하는 수직벡터에 대한 유체의 속도벡터장의 스칼라 성분)의 선적분을 계산한다. $\mathbf{F}$의 접성분은 무시하고 수직 성분만을 고려하는데, 이는 수직 성분이 C를 가로질러 지나는 흐름을 나타내기 때문이다. 이 선적분의 값을 C를 가로지르는 $\mathbf{F}$의 플럭스라 한다. '플럭스'라는 말은 '유동'의 라틴어인데, 대개 유동의 계산은 이동을 전혀 포함하지 않는다. 예를 들어 $\mathbf{F}$가 전기장이나 자기장이어도 $\mathbf{F}\cdot\mathbf{n}$의 적분을 곡선 C를 가로지르는 플럭스라 한다.

정의 곡선 C가 연속인 평면벡터장 $\mathbf{F}=M(x, y)\mathbf{i}+N(x, y)\mathbf{j}$이 정의된 영역에 속한 단순 닫힌 곡선이고 $\mathbf{n}$이 C에서 밖으로 향하는 단위수직벡터일 때, C를 지나는 $\mathbf{F}$의 **플럭스**(flux)는 다음과 같다.

$$C\text{를 지나는 }\mathbf{F}\text{의 플럭스} = \int_C \mathbf{F}\cdot\mathbf{n}\,ds \tag{8}$$

플럭스와 순환의 차이점을 확인한다. C를 지나는 $\mathbf{F}$의 플럭스는 $\mathbf{F}\cdot\mathbf{n}$(밖으로 향하는 수직 방향에 대한 $\mathbf{F}$의 스칼라 성분)의 호의 길이에 대한 선적분이다. C에 대한 $\mathbf{F}$의 순환은 $\mathbf{F}\cdot\mathbf{T}$(단위접벡터에 대한 $\mathbf{F}$의 스칼라 성분)의 호의 길이에 대한 선적분이다. 플럭스는 $\mathbf{F}$의 수직 성분의 적분이고 순환은 접성분의 적분이다. 14.6절에서 곡면을 지나는 플럭스를 정의한다.

식 (8)의 플럭스에 대한 적분의 값을 구하기 위해 다음과 같이 매끄러운 매개화를 고려하자.

$$x = g(t), \qquad y = h(t), \qquad a \le t \le b$$

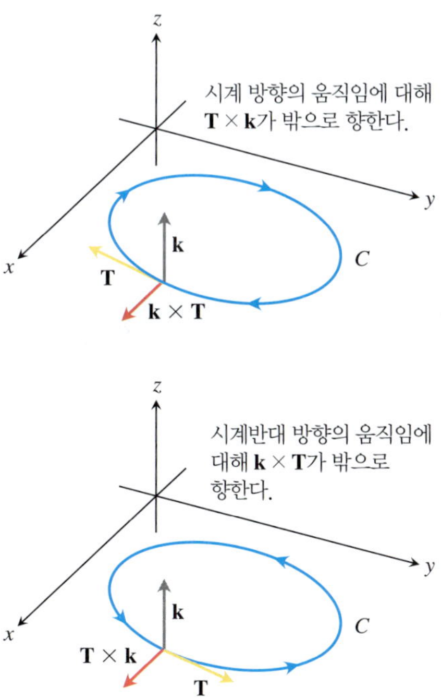

그림 14.24 xy평면의 매끄러운 단순 곡선 C에 대해 밖으로 향하는 단위수직벡터를 구하기 위해 t가 증가함에 따라 시계반대 방향으로 지나면 $\mathbf{n}=\mathbf{T}\times\mathbf{k}$로 하고, 시계 방향으로 지나면 $\mathbf{n}=\mathbf{k}\times\mathbf{T}$로 한다.

이는 t가 a에서 b까지 증가함에 따라 곡선 C 위를 꼭 한 번씩 지나간다. 곡선의 단위접벡터 $\mathbf{T}$에 벡터 $\mathbf{k}$를 벡터곱(외적)하여 밖으로 향하는 단위수직벡터 $\mathbf{n}$을 구한다. 하지만 $\mathbf{T}\times\mathbf{k}$과 $\mathbf{k}\times\mathbf{T}$ 중 어느 순서를 선택할 것인가? 어느 것이 밖으로 향하는가? 이는 t가 증가하며 어느 방향으로 C를 지나느냐에 달렸다. 만약 이동이 시계 방향이면 $\mathbf{k}\times\mathbf{T}$가 밖으로 향하고, 시계반대 방향으로 이동하면 $\mathbf{T}\times\mathbf{k}$가 밖으로 향한다(그림 14.24). 일반적인 선택은 $\mathbf{n}=\mathbf{T}\times\mathbf{k}$로 시계반대 방향으로 이동하는 것을 가정한다. 비록 식 (8)의 적분값이 어느 방향으로 C에서 이동하느냐에 의존하지 않지만, 이제 유도하는 $\mathbf{n}$을 계산하여 적분값을 구하는 공식은 시계반대 방향의 이동을 가정한다.

성분의 관점에서 다음과 같이 쓸 수 있다.

$$\mathbf{n} = \mathbf{T}\times\mathbf{k} = \left(\frac{dx}{ds}\mathbf{i} + \frac{dy}{ds}\mathbf{j}\right)\times\mathbf{k} = \frac{dy}{ds}\mathbf{i} - \frac{dx}{ds}\mathbf{j}. \qquad \begin{vmatrix} \mathbf{i} & \mathbf{j} & \mathbf{k} \\ \frac{dx}{ds} & \frac{dy}{ds} & 0 \\ 0 & 0 & 1 \end{vmatrix}$$

만약 $\mathbf{F}=M(x, y)\mathbf{i}+N(x, y)\mathbf{j}$이면 다음과 같다.

$$\mathbf{F}\cdot\mathbf{n} = M(x, y)\frac{dy}{ds} - N(x, y)\frac{dx}{ds}$$

따라서 다음을 얻는다.

$$\int_C \mathbf{F}\cdot\mathbf{n}\,ds = \int_C \left(M\frac{dy}{ds} - N\frac{dx}{ds}\right)ds = \oint_C M\,dy - N\,dx$$

닫힌 곡선 C에 대한 적분이 시계반대 방향인 것을 환기하기 위해 마지막 적분에 방향이 정해진 원 ○을 넣는다. 이 적분값을 구하기 위해 M, dy, N, dx를 매개변수 t로 나타내고 $t=a$에서 $t=b$까지 적분한다. 플럭스를 구하기 위해 $\mathbf{n}$ 또는 ds를 구체적으로 인지할 필요가 없다.

평면의 매끄러운 닫힌 곡선을 지나는 플럭스의 계산

$$C\text{를 지나는 } \mathbf{F}=M(x, y)\mathbf{i}+N(x, y)\mathbf{j}\text{의 플럭스} = \oint_C M\,dy - N\,dx \tag{9}$$

이 적분은 C를 시계반대 방향으로 정확히 한 번 지나는 임의의 매끄러운 매개화 $x=g(t)$, $y=h(t)$, $a \le t \le b$로 값을 구할 수 있다.

예제 8 xy평면의 원 $x^2+y^2=1$을 지나는 $\mathbf{F}=(x-y)\mathbf{i}+x\mathbf{j}$의 플럭스를 구하라(벡터장과 곡선은 그림 14.22 참조).

풀이 매개화 $\mathbf{r}(t)=(\cos t)\mathbf{i}+(\sin t)\mathbf{j}$, $0 \le t \le 2\pi$는 주어진 원을 시계반대 방향으로 정확히 한 번 지난다. 따라서 이 매개화를 식 (9)에 활용한다.

$$M = x - y = \cos t - \sin t, \qquad dy = d(\sin t) = \cos t\,dt$$
$$N = x = \cos t, \qquad dx = d(\cos t) = -\sin t\,dt$$

그러면 다음을 구한다.

$$\text{플럭스} = \oint_C M\,dy - N\,dx = \int_0^{2\pi} (\cos^2 t - \sin t\cos t + \cos t\sin t)\,dt \qquad \text{식 (9)}$$
$$= \int_0^{2\pi} \cos^2 t\,dt = \int_0^{2\pi} \frac{1+\cos 2t}{2}\,dt = \left[\frac{t}{2} + \frac{\sin 2t}{4}\right]_0^{2\pi} = \pi$$

이 원을 지나는 $\mathbf{F}$의 플럭스가 π이다. 이 값이 양수이므로 곡선을 지나는 순 유동은 밖으로 향한다. 안으로 향하는 순 유동이었다면 플럭스값이 음수이었을 것이다. ■

연습문제 14.2 EXERCISE QUESTION

벡터장

연습문제 1~4에서 함수의 기울기장을 구하라.

1. $f(x, y, z) = (x^2 + y^2 + z^2)^{-1/2}$

2. $f(x, y, z) = \ln\sqrt{x^2 + y^2 + z^2}$

3. $g(x, y, z) = e^z - \ln(x^2 + y^2)$

4. $g(x, y, z) = xy + yz + xz$

5. 평면의 벡터장 $\mathbf{F}$가 원점을 향하고 크기가 (x, y)로부터 원점까지의 거리의 제곱에 반비례하는 성질을 갖도록 $\mathbf{F}=M(x, y)\mathbf{i}+N(x, y)\mathbf{j}$의 식을 정하라. 벡터장은 (0, 0)에서 정의되지 않는다.

6. 평면의 벡터장 $\mathbf{F}$가 (0, 0)에서 $\mathbf{F}=0$이고 다른 점 (a, b)에서는 원 $x^2+y^2=a^2+b^2$에 접하면서 크기 $|\mathbf{F}|=\sqrt{a^2+b^2}$로 시계반대 방향을 향하는 성질을 갖도록 $\mathbf{F}=M(x, y)\mathbf{i}+N(x, y)\mathbf{j}$의 식을 정하라.

벡터장의 선적분

연습문제 7~12에서 (0, 0, 0)부터 (1, 1, 1)까지 다음 경로(주어진 그림 참조)에 대해 $\mathbf{F}$의 선적분을 구하라.

a. 직선 경로 C_1: $\mathbf{r}(t)=t\mathbf{i}+t\mathbf{j}+t\mathbf{k}$, $0 \le t \le 1$

b. 곡선 경로 C_2: $\mathbf{r}(t)=t\mathbf{i}+t^2\mathbf{j}+t^4\mathbf{k}$, $0 \le t \le 1$

c. (0, 0, 0)에서 (1, 1, 0)까지의 선분에 이어 (1, 1, 0)에서 (1, 1, 1)까지의 선분으로 구성된 경로 $C_3 \cup C_4$

7. $\mathbf{F} = 3y\mathbf{i} + 2x\mathbf{j} + 4z\mathbf{k}$ **8.** $\mathbf{F} = [1/(x^2+1)]\mathbf{j}$

9. $\mathbf{F} = \sqrt{z}\mathbf{i} - 2x\mathbf{j} + \sqrt{y}\mathbf{k}$ **10.** $\mathbf{F} = xy\mathbf{i} + yz\mathbf{j} + xz\mathbf{k}$

11. $\mathbf{F} = (3x^2 - 3x)\mathbf{i} + 3z\mathbf{j} + \mathbf{k}$

12. $\mathbf{F} = (y+z)\mathbf{i} + (z+x)\mathbf{j} + (x+y)\mathbf{k}$

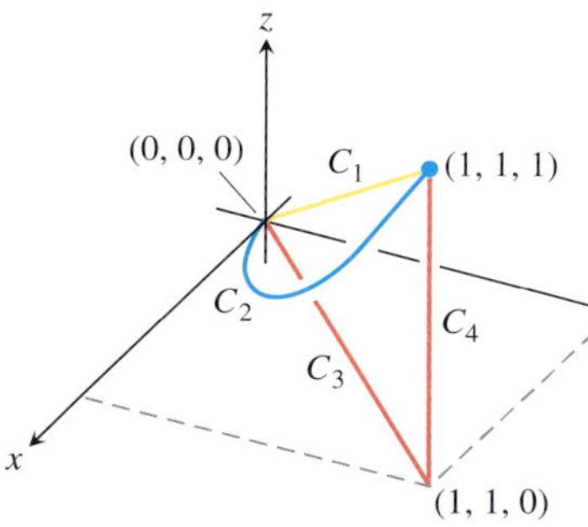

x, y, z에 대한 선적분

연습문제 13~16에서 주어진 경로 C에 대해 선적분을 구하라.

13. $\int_C (x-y)\,dx,\ C: x=t,\ y=2t+1,\ 0 \le t \le 3$

14. $\int_C \frac{x}{y}\,dy,\ C: x=t,\ y=t^2,\ 1 \le t \le 2$

15. $\int_C (x^2+y^2)\,dy$, 여기서 C는 주어진 그림과 같이 주어진다.

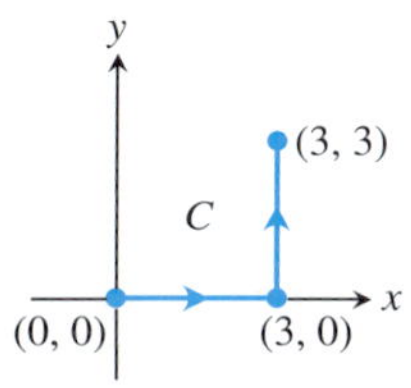

16. $\int_C \sqrt{x+y}\,dx$, 여기서 C는 주어진 그림과 같이 주어진다.

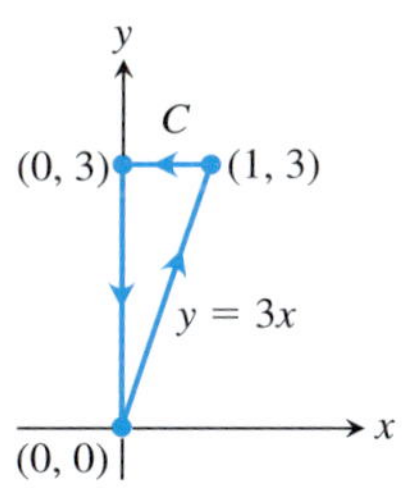

17. 곡선 $\mathbf{r}=t\mathbf{i}-\mathbf{j}+t^2\mathbf{k},\ 0 \le t \le 1$에 대해 다음 적분의 값을 구하라.

a. $\int_C (x+y-z)\,dx$ **b.** $\int_C (x+y-z)\,dy$

c. $\int_C (x+y-z)\,dz$

18. 곡선 $\mathbf{r}=(\cos t)\mathbf{i}+(\sin t)\mathbf{j}-(\cos t)\mathbf{k},\ 0 \le t \le \pi$에 대해 다음 적분의 값을 구하라.

a. $\int_C xz\,dx$ **b.** $\int_C xz\,dy$

c. $\int_C xyz\,dz$

일

연습문제 19~22에서 곡선에 대해 t가 증가하는 방향으로 $\mathbf{F}$가 한 일을 구하라.

19. $\mathbf{F} = xy\mathbf{i} + y\mathbf{j} - yz\mathbf{k}$
$\mathbf{r}(t) = t\mathbf{i} + t^2\mathbf{j} + t\mathbf{k},\quad 0 \le t \le 1$

20. $\mathbf{F} = 2y\mathbf{i} + 3x\mathbf{j} + (x+y)\mathbf{k}$
$\mathbf{r}(t) = (\cos t)\mathbf{i} + (\sin t)\mathbf{j} + (t/6)\mathbf{k},\quad 0 \le t \le 2\pi$

21. $\mathbf{F} = z\mathbf{i} + x\mathbf{j} + y\mathbf{k}$
$\mathbf{r}(t) = (\sin t)\mathbf{i} + (\cos t)\mathbf{j} + t\mathbf{k},\quad 0 \le t \le 2\pi$

22. $\mathbf{F} = 6z\mathbf{i} + y^2\mathbf{j} + 12x\mathbf{k}$
$\mathbf{r}(t) = (\sin t)\mathbf{i} + (\cos t)\mathbf{j} + (t/6)\mathbf{k},\quad 0 \le t \le 2\pi$

평면의 선적분

23. $(-1, 1)$에서 $(2, 4)$까지 곡선 $y=x^2$에 대해 $\int_C xy\,dx+(x+y)dy$의 값을 구하라.

24. (0, 0), (1, 0), (0, 1)을 꼭지점으로 하는 삼각형을 시계반대 방향으로 돌 때 $\int_C (x-y)dx+(x+y)dy$의 값을 구하라.

25. (4, 2)에서 $(1, -1)$까지 곡선 $x=y^2$을 지나는 벡터장 $\mathbf{F}=x^2\mathbf{i}-y\mathbf{j}$에 대한 $\int_C \mathbf{F}\cdot\mathbf{T}\,ds$의 값을 구하라.

26. (1, 0)에서 (0, 1)까지 단위원 $x^2+y^2=1$을 시계반대 방향으로 지나는 벡터장 $\mathbf{F}=y\mathbf{i}-x\mathbf{j}$에 대한 $\int_C \mathbf{F}\cdot d\mathbf{r}$의 값을 구하라.

평면의 일, 순환, 플럭스

27. 일 (1, 1)에서 (2, 3)까지 직선을 지나는 힘 $\mathbf{F}=xy\mathbf{i}+(y-x)\mathbf{j}$이 한 일을 구하라.

28. 일 (2, 0)에서 다시 이 점으로 원 $x^2+y^2=4$을 시계반대 방향으로 지나는 $f(x, y)=(x+y)^2$의 기울기벡터장이 한 일을 구하라.

29. 순환과 플럭스 각각의 벡터장을 다음과 같다고 하자.

$$\mathbf{F}_1 = x\mathbf{i} + y\mathbf{j},\qquad \mathbf{F}_2 = -y\mathbf{i} + x\mathbf{j}$$

다음 곡선을 지나는 순환과 플럭스를 구하라.

a. 원: $\mathbf{r}(t) = (\cos t)\mathbf{i} + (\sin t)\mathbf{j},\quad 0 \le t \le 2\pi$

b. 타원: $\mathbf{r}(t) = (\cos t)\mathbf{i} + (4\sin t)\mathbf{j},\quad 0 \le t \le 2\pi$

30. 원을 지나는 플럭스 벡터장을 다음과 같다고 하자.

$$\mathbf{F}_1 = 2x\mathbf{i} - 3y\mathbf{j},\qquad \mathbf{F}_2 = 2x\mathbf{i} + (x-y)\mathbf{j}$$

다음 식의 원을 지나는 플럭스를 각각 구하라.

$$\mathbf{r}(t) = (a\cos t)\mathbf{i} + (a\sin t)\mathbf{j},\qquad 0 \le t \le 2\pi$$

연습문제 31~34에서 반원형 호 $\mathbf{r}_1(t)=(a\cos t)\mathbf{i}+(a\sin t)\mathbf{j},\ 0 \le t \le \pi$에 이어 선분 $\mathbf{r}_2(t)=t\mathbf{i},\ -a \le t \le a$로 구성된 닫힌 반원형 경로를 지나는 벡터장 $\mathbf{F}$의 순환과 플럭스를 구하라.

31. $\mathbf{F} = x\mathbf{i} + y\mathbf{j}$ **32.** $\mathbf{F} = x^2\mathbf{i} + y^2\mathbf{j}$

33. $\mathbf{F} = -y\mathbf{i} + x\mathbf{j}$ **34.** $\mathbf{F} = -y^2\mathbf{i} + x^2\mathbf{j}$

35. 유동적분 xy평면에서 (1, 0)에서 $(-1, 0)$까지 다음 각각의 경로에 대해 속도벡터장 $\mathbf{F}=(x+y)\mathbf{i}-(x^2+y^2)\mathbf{j}$의 유동을 구하라.

a. 원 $x^2+y^2=1$의 위쪽 절반

b. (1, 0)에서 $(-1, 0)$까지 선분

c. (1, 0)에서 $(0, -1)$까지 선분에 이어 $(0, -1)$에서 $(-1, 0)$까지 선분

36. 삼각형을 지나는 플럭스 (1, 0), (0, 1), $(-1, 0)$을 꼭지점으로 하는 삼각형을 지나는 연습문제 35의 벡터장 $\mathbf{F}$의 플럭스를 구하라.

37. 닫힌 곡선 $\mathbf{r}(t)=(-\sin t)\mathbf{i}+(\cos t)\mathbf{j},\ 0 \le t \le 2\pi$ 위에 밀도 $\delta=0.001$ kg/m^{2}인 기체의 흐름이 벡터장 $\mathbf{F}=\delta\mathbf{v}$(여기서 $\mathbf{v}=x\mathbf{i}+y^2\mathbf{j}$는 m/s로 측정된 속도벡터장)로 주어진다. 곡선 $\mathbf{r}(t)$에 대한 $\mathbf{F}$의 플럭스를 구하라.

38. 닫힌 곡선 $\mathbf{r}(t)=(\cos t)\mathbf{i}+(\sin t)\mathbf{j},\ 0 \le t \le 2\pi$ 위에 밀도 $\delta=0.3$ kg/m^{2}인 기체의 흐름이 벡터장 $\mathbf{F}=\delta\mathbf{v}$(여기서 $\mathbf{v}=x^2\mathbf{i}-y\mathbf{j}$는 m/s로 측정된 속도벡터장)로 주어진다. 곡선 $\mathbf{r}(t)$에 대한 $\mathbf{F}$의 플럭스를 구하라.

39. (0, 0)에서 (2, 4)에 이르는 다음 경로에 대해 벡터장 $\mathbf{F}=y^2\mathbf{i}+2xy\mathbf{j}$의 유동을 구하라.

a.

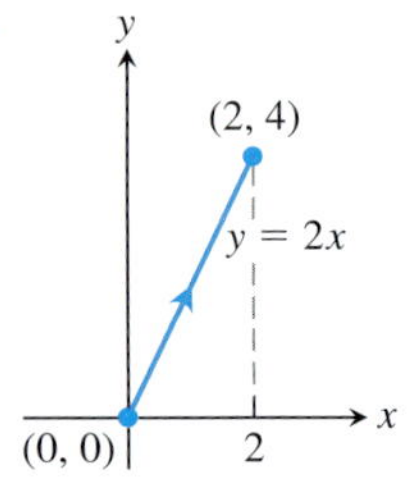

b.

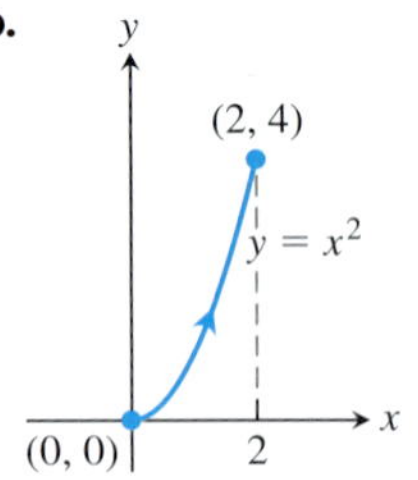

c. (0, 0)에서 (2, 4)까지 문제 (a), (b)와 다른 임의의 경로를 이용하라.

40. 다음 닫힌 경로에 대해 벡터장 $\mathbf{F}=y\mathbf{i}+(x+2y)\mathbf{j}$의 순환을 구하라.

a.

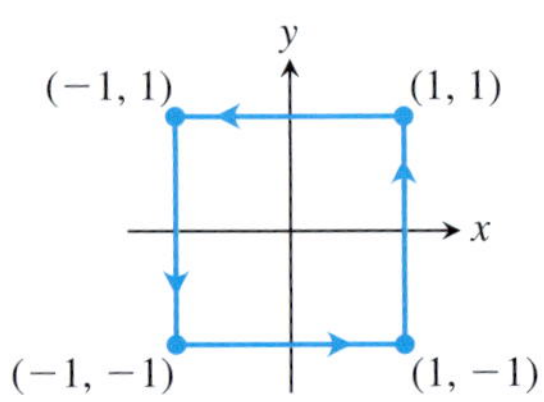

b.

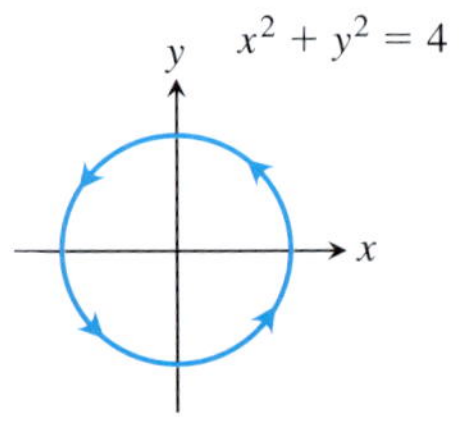

c. 문제 (a), (b)와 다른 임의의 닫힌 경로를 이용하라.

41. 힘 $\mathbf{F}=y^2\mathbf{i}+x^3\mathbf{j}$가 어떤 물체를 곡선 $\mathbf{r}(t)=2t\mathbf{i}+t^2\mathbf{j}$, $0\le t\le 2$를 따라 이동하며 한 일을 구하라. 단, 힘은 뉴튼으로 그리고, 거리는 미터로 측정되었다.

42. 힘 $\mathbf{F}=e^y\mathbf{i}+(\ln x)\mathbf{j}+3z\mathbf{k}$가 어떤 물체를 곡선 $\mathbf{r}(t)=e^t\mathbf{i}+(\ln t)\mathbf{j}+t^2\mathbf{k}$, $0\le t\le e$를 따라 이동시키며 한 일을 구하라. 단, 힘은 뉴튼으로 그리고, 거리는 미터로 측정되었다.

43. 곡선 $\mathbf{r}(t)=t^2\mathbf{i}+t\mathbf{j}$, $0\le t\le 1$에 대한 속도벡터장 $\mathbf{F}=\dfrac{x}{y+1}\mathbf{i}+\dfrac{y}{x+1}\mathbf{j}$의 유동을 구하라. 단, 속도는 m/s으로 측정되었다.

44. 곡선 $\mathbf{r}(t)=e^t\mathbf{i}-e^{2t}\mathbf{j}+e^{-t}\mathbf{k}$, $0\le t\le \ln 2$에 대한 속도벡터장 $\mathbf{F}=(y+z)\mathbf{i}+x\mathbf{j}-y\mathbf{k}$의 유동을 구하라. 단, 속도는 m/s으로 측정되었다.

45. 곡선 $\mathbf{r}(t)=\sqrt{t}\mathbf{i}+t\mathbf{j}$, $0\le t\le 4$ 위를 밀도 $\delta=0.25$ g/cm^{2}의 소금물이 벡터장 $\mathbf{F}=\delta\mathbf{v}$ (여기서 $\mathbf{v}=xy\mathbf{i}+(y-x)\mathbf{j}$는 cm/s로 측정된 속도벡터장)에 따라 흐른다. 곡선 $\mathbf{r}(t)$에 대한 $\mathbf{F}$의 유동를 구하라.

46. 닫힌 곡선 $\mathbf{r}(t)=(\sin t)\mathbf{i}-(\cos t)\mathbf{j}$, $0\le t\le 2\pi$ 위를 밀도 $\delta=0.2$ g/cm^{2}의 프로판올이 벡터장 $\mathbf{F}=\delta\mathbf{v}$(여기서 $\mathbf{v}=(x-y)\mathbf{i}+x^2\mathbf{j}$는 cm/s로 측정된 속도벡터장)에 따라 흐른다. 곡선 $\mathbf{r}(t)$에 대한 $\mathbf{F}$의 순환를 구하라.

평면의 벡터장

47. 스핀장 원 $x^2+y^2=4$에서 선택된 대표 점의 모임에 대해 다음과 같은 스핀장을 이것의 수평성분과 평행성분을 함께 묘사하라(그림 14.13).

$$\mathbf{F}=-\frac{y}{\sqrt{x^2+y^2}}\mathbf{i}+\frac{x}{\sqrt{x^2+y^2}}\mathbf{j}$$

48. 방사장 원 $x^2+y^2=1$에서 선택된 대표 점의 모임에 대해 다음과 같은 방사장을 이것의 수평성분과 평행성분을 함께 묘사하라(그림 14.12).

$$\mathbf{F}=x\mathbf{i}+y\mathbf{j}$$

49. 접벡터의 벡터장

a. xy평면의 벡터장 $\mathbf{G}$가 임의의 점 $(a,\ b)\ne(0,\ 0)$에 대해 원 $x^2+y^2=a^2+b^2$에 접하면서 크기 $|\mathbf{G}|=\sqrt{a^2+b^2}$로 시계반대 방향을 향하는 성질을 가질 때 벡터장 $\mathbf{G}=P(x,\ y)\mathbf{i}+Q(x,\ y)\mathbf{j}$를 구하라. (이 벡터장은 (0, 0)에서 정의되지 않는다.)

b. 벡터장 $\mathbf{G}$와 그림 14.13의 스핀장 $\mathbf{F}$은 어떻게 관련되는가?

50. 접벡터의 벡터장

a. xy평면의 벡터장 $\mathbf{G}$이 임의의 점 $(a,\ b)\ne(0,\ 0)$에 대해 원 $x^2+y^2=a^2+b^2$에 접하는 단위벡터로 시계반대 방향을 향하는 성질을 가질 때 벡터장 $\mathbf{G}=P(x,\ y)\mathbf{i}+Q(x,\ y)\mathbf{j}$를 구하라.

b. 벡터장 $\mathbf{G}$와 그림 14.13의 스핀장 $\mathbf{F}$은 어떻게 관련되는가 ?

51. 원점을 향하는 단위벡터 xy평면의 벡터장 $\mathbf{F}$가 각 점 $(x,\ y)\ne(0,\ 0)$에 대해 원점을 향하는 단위벡터일 때 벡터장 $\mathbf{F}=M(x,\ y)\mathbf{i}+N(x,\ y)\mathbf{j}$를 구하라. (이 벡터장은 (0, 0)에서 정의되지 않는다.)

52. 2개의 중심벡터장 xy평면의 벡터장 $\mathbf{F}$이 각 점 $(x,\ y)\ne(0,\ 0)$에서 원점을 향하고 $|\mathbf{F}|$가 **(a)** $(x,\ y)$로부터 원점까지의 거리, **(b)** $(x,\ y)$로부터 원점까지의 거리에 반비례하는 성질을 가질 때 벡터장 $\mathbf{F}=M(x,\ y)\mathbf{i}+N(x,\ y)\mathbf{j}$를 구하라. (이 벡터장은 (0, 0)에서 정의되지 않는다.)

53. 일과 넓이 $f(t)$가 $a\le t\le b$에 대해 양수이고 미분가능하다고 가정하자. C가 경로 $\mathbf{r}(t)=t\mathbf{i}+f(t)\mathbf{j}$, $a\le t\le b$이고 $\mathbf{F}=y\mathbf{i}$라고 하자. t축, f의 그래프, 직선 $t=a$, 직선 $t=b$로 둘러싸인 영역의 넓이와 다음 일의 적분의 값은 서로 관련되어 있는가?

$$\int_C \mathbf{F}\cdot d\mathbf{r}$$

물음의 답에 대한 근거를 제시하라.

54. 상수 크기의 방사력에 의한 일 입자가 매끄러운 곡선 $y=f(x)$를 따라 $(a,\ f(a))$에서 $(b,\ f(b))$로 이동한다. 이 입자를 움직이는 힘은 상수 크기 k이고 항상 원점에서 멀어지는 방향을 향한다. 이 힘이 한 일이 다음과 같음을 보여라.

$$\int_C \mathbf{F}\cdot\mathbf{T}\,ds = k\left[\left(b^2+(f(b))^2\right)^{1/2}-\left(a^2+(f(a))^2\right)^{1/2}\right]$$

공간의 유동적분

연습문제 55~58에서 $\mathbf{F}$가 공간의 영역을 흐르는 유체의 속도벡터장이다. 다음 곡선에 대해 t가 증가하는 방향을 따라 유동을 구하라.

55. $\mathbf{F} = -4xy\mathbf{i} + 8y\mathbf{j} + 2\mathbf{k}$
$\mathbf{r}(t) = t\mathbf{i} + t^2\mathbf{j} + \mathbf{k},\quad 0 \le t \le 2$

56. $\mathbf{F} = x^2\mathbf{i} + yz\mathbf{j} + y^2\mathbf{k}$
$\mathbf{r}(t) = 3t\mathbf{j} + 4t\mathbf{k},\quad 0 \le t \le 1$

57. $\mathbf{F} = (x - z)\mathbf{i} + x\mathbf{k}$
$\mathbf{r}(t) = (\cos t)\mathbf{i} + (\sin t)\mathbf{k},\quad 0 \le t \le \pi$

58. $\mathbf{F} = -y\mathbf{i} + x\mathbf{j} + 2\mathbf{k}$
$\mathbf{r}(t) = (-2\cos t)\mathbf{i} + (2\sin t)\mathbf{j} + 2t\mathbf{k},\quad 0 \le t \le 2\pi$

59. 순환 $\mathbf{F}=2x\mathbf{i}+2z\mathbf{j}+2y\mathbf{k}$에 대해 다음 세 곡선으로 구성된 닫힌 경로를 t가 증가하는 방향으로 지나는 순환을 구하라.

C_1: $\mathbf{r}(t) = (\cos t)\mathbf{i} + (\sin t)\mathbf{j} + t\mathbf{k},\quad 0 \le t \le \pi/2$
C_2: $\mathbf{r}(t) = \mathbf{j} + (\pi/2)(1 - t)\mathbf{k},\quad 0 \le t \le 1$
C_3: $\mathbf{r}(t) = t\mathbf{i} + (1 - t)\mathbf{j},\quad 0 \le t \le 1$

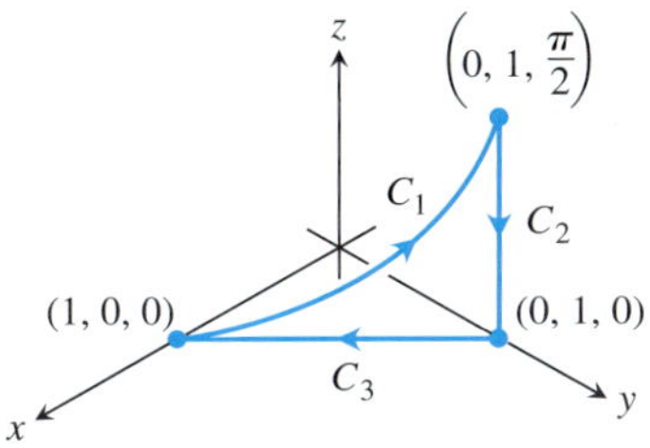

60. 영순환 곡선 C가 평면 $2x+3y-z=0$과 원기둥면 $x^2+y^2=12$가 교차하는 타원이라 하자. 선적분을 직접 계산하지 말고 벡터장 $\mathbf{F}=x\mathbf{i}+y\mathbf{j}+z\mathbf{k}$의 C에 대한 순환(방향에 관계없이)이 0임을 보여라.

61. 곡선에 대한 유동 벡터장 $\mathbf{F}=xy\mathbf{i}+y\mathbf{j}-yz\mathbf{k}$가 공간의 흐름의 속도장이다. 평면 $z=x$와 기둥면 $y=x^2$가 만나는 곡선에 대해 (0, 0, 0)에서 (1, 1, 1)까지의 유동을 구하라. [힌트: $t=x$를 매개변수로 활용한다.]

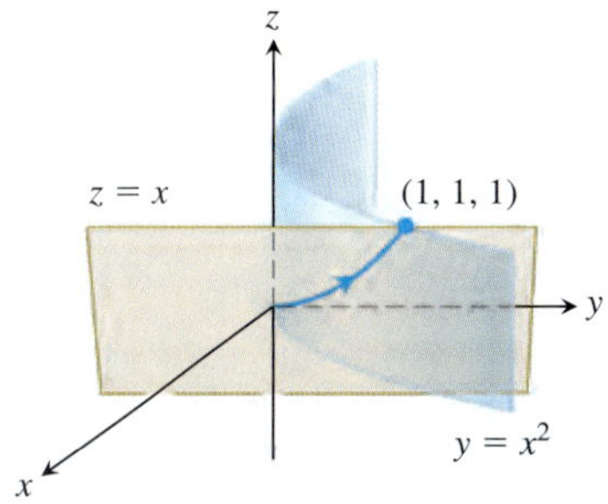

62. 기울기장의 유동 벡터장 $\mathbf{F}=\nabla(xy^2z^3)$의 유동을 구하라.
a. 위에서 보아 시계 방향으로 연습문제 58의 곡선을 한번 지난다.
b. (1, 1, 1)에서 (2, 1, −1)까지 선분이다.

컴퓨터 탐구

연습문제 63~68에서 CAS를 이용하여 다음 단계를 따라 주어진 경로에 대해 $\mathbf{F}$가 한 일을 구하라.

a. 경로 $\mathbf{r}(t)=g(t)\,\mathbf{i}+h(t)\mathbf{j}+k(t)\mathbf{k}$에 대해 $d\mathbf{r}$을 구하라.
b. 경로에 대해 힘 $\mathbf{F}$의 값을 구하라.
c. $\int_C \mathbf{F}\cdot d\mathbf{r}$의 값을 구하라.

63. $\mathbf{F} = xy^6\mathbf{i} + 3x(xy^5 + 2)\mathbf{j};\quad \mathbf{r}(t) = (2\cos t)\mathbf{i} + (\sin t)\mathbf{j},$
$0 \le t \le 2\pi$

64. $\mathbf{F} = \dfrac{3}{1 + x^2}\mathbf{i} + \dfrac{2}{1 + y^2}\mathbf{j};\quad \mathbf{r}(t) = (\cos t)\mathbf{i} + (\sin t)\mathbf{j},$
$0 \le t \le \pi$

65. $\mathbf{F} = (y + yz\cos xyz)\mathbf{i} + (x^2 + xz\cos xyz)\mathbf{j} +$
$(z + xy\cos xyz)\mathbf{k};\quad \mathbf{r}(t) = (2\cos t)\mathbf{i} + (3\sin t)\mathbf{j} + \mathbf{k},$
$0 \le t \le 2\pi$

66. $\mathbf{F} = 2xy\mathbf{i} - y^2\mathbf{j} + ze^x\mathbf{k};\quad \mathbf{r}(t) = -t\mathbf{i} + \sqrt{t}\mathbf{j} + 3t\mathbf{k},$
$1 \le t \le 4$

67. $\mathbf{F} = (2y + \sin x)\mathbf{i} + (z^2 + (1/3)\cos y)\mathbf{j} + x^4\mathbf{k};$
$\mathbf{r}(t) = (\sin t)\mathbf{i} + (\cos t)\mathbf{j} + (\sin 2t)\mathbf{k},\quad -\pi/2 \le t \le \pi/2$

68. $\mathbf{F} = (x^2y)\mathbf{i} + \dfrac{1}{3}x^3\mathbf{j} + xy\mathbf{k};\quad \mathbf{r}(t) = (\cos t)\mathbf{i} + (\sin t)\mathbf{j} +$
$(2\sin^2 t - 1)\mathbf{k},\quad 0 \le t \le 2\pi$

14.3 경로 독립성, 보존적인 벡터장, 퍼텐셜 함수

중력장(gravitational field, $\mathbf{G}$)은 공간의 한 점에서 거대한 물체의 출현으로 비롯되는 중력의 영향을 나타내는 벡터장이다. 이 벡터장에 놓인 질량이 m인 물체의 중력은 $\mathbf{F}=m\mathbf{G}$이다. 유사하게 **전기장**(electric field, $\mathbf{E}$)은 벡터장에 놓인 하전 입자에 대한 전기력의 영향을 나타내는 공간의 벡터장이다. 이 벡터장에 놓인 전하 q인 물체에 대한 힘은 $\mathbf{F}=q\mathbf{E}$이다. 중력장과 전기장에서 중력 또는 전하를 한 점에서 다른 한 점으로 이동하는 데 드는 일의 양은 물체의 시점과 종점의 위치(두 점 사이에서 선택된 경로가 아닌)에 의해 결정된다. 이 절에서는 경로 독립성의 성질을 가진 벡터장과 이에 연관된 일 적분의 계산을 다룬다.

경로 독립성

A와 B가 공간의 열린 영역 D의 두 점일 때, D에 정의된 벡터장 $\mathbf{F}$의 A에서 B까지 C에 대한 선

적분은 14.1절에서 본 것과 같이 일반적으로 선택된 경로 C에 의존한다. 하지만 특정 벡터장에 대해 적분의 값은 A에서 B까지의 모든 경로에 대해 같다.

정의 $\mathbf{F}$가 공간의 열린 영역 D에 정의된 벡터장일 때, D의 임의의 두 점 A와 B에 대해 D에 정의된 A에서 B까지 경로 C에 관한 선적분 $\int_C \mathbf{F} \cdot d\mathbf{r}$이 A에서 B까지의 모든 경로에 대해 같다고 하자. 이때 적분 $\int_C \mathbf{F} \cdot d\mathbf{r}$이 **$D$에서 경로 독립적**(path independent in D)이라 하고 벡터장 $\mathbf{F}$가 **D에서 보존적**(conservative on D)이라 한다.

보전적이라는 말은 물리학에서 에너지 보존의 법칙이 성립하는 벡터장을 지칭하는 데 비롯되었다. 선적분이 A에서 B까지 경로 C의 선택에 무관할 때 적분을 일반적인 선적분 기호 $\int_C$를 대신하여 $\int_A^B$ 기호로 나타내기도 한다. 이 대용은 적분이 시점과 종점에만(두 점을 연결하는 경로가 아닌) 의존하는 것을 나타내어 경로 독립성을 환기하는 데 도움이 된다.

나중에 구체적으로 제시될 적절한 미분가능성의 조건이 주어질 때, 벡터장 $\mathbf{F}$가 보존적일 필요충분 조건은 이 벡터장이 어떤 스칼라함수 f의 기울기장인 것이다(즉 어떤 함수 f에 대해 $\mathbf{F}=\nabla f$). 이 함수 f는 다음과 같이 특별한 이름이 있다.

정의 $\mathbf{F}$가 D에 정의된 벡터장이고 D에 정의된 함수 f에 대해 $\mathbf{F}=\nabla f$이면 f를 **$\mathbf{F}$에 대한 퍼텐셜 함수**(potential function for $\mathbf{F}$)라 한다.

중력 퍼텐셜은 기울기장이 중력장인 스칼라함수이고 전기 퍼텐셜은 기울기장이 전기장인 스칼라함수이며 이 같은 방식의 예를 더 추가할 수 있다. 일단 벡터장 $\mathbf{F}$의 퍼텐셜 함수 f를 찾으면 $\mathbf{F}$가 정의된 영역에서 A와 B 사이의 임의의 경로에 대해 선적분의 값을 다음과 같이 구할 수 있다.

$$\int_A^B \mathbf{F} \cdot d\mathbf{r} = \int_A^B \nabla f \cdot d\mathbf{r} = f(B) - f(A) \tag{1}$$

다변수 함수에 대한 ∇f를 1변수 함수에 대한 도함수 f'의 유사 개념으로 생각하면, 식 (1)은 미분적분학의 기본 공식의 다변수 미분적분학으로 이해할 수 있다.

$$\int_a^b f'(x)\,dx = f(b) - f(a)$$

보존적인 벡터장은 여러 가지 중요한 성질을 더 갖고 있다. 예를 들어 $\mathbf{F}$가 D에서 보전적인 것은 D에 속한 각각의 닫힌 곡선에 대해 $\mathbf{F}$의 적분이 0이 되는 것과 동치이다. 식 (1)을 성립하기 위해 곡선, 벡터장, 영역에 특정 조건이 부여되어야 한다. 다음에 이 조건을 논한다.

곡선, 벡터장, 영역에 대한 조건

이후 유도되는 계산과 결론이 성립하기 위해 고려되는 곡선, 곡면, 영역, 벡터장에 특정 성질을 가정해야 한다. 이들은 정리를 기술할 때 가정으로 주어지며 특별히 다르게 언급되지 않는 한 예제와 연습문제에도 똑같이 적용된다.

고려 대상이 되는 곡선은 **조각마다 매끄럽다**. 이런 곡선은 유한개의 매끄러운 곡선을 11.1절과 같이 끝점을 서로 이어 만든다. 이러한 곡선에 대해 길이를 계산할 수 있고 매끄러운 조각을 연결하는 유한개의 점을 제외한 점에서 접벡터를 구할 수 있다. 벡터장 $\mathbf{F}$는 각각의 성분이 연속인 1계 편도함수를 가지는 것을 고려한다.

고려 대상인 영역 D는 **연결**(connected)이다. 열린 영역에 대해 이는 D의 임의의 두 점이 영역에 있는 매끄러운 곡선으로 연결된다는 뜻이다. 어떤 결론은 D가 **단순 연결**(simply connected)인 것을 필요로 하는데, 이는 D에 포함된 임의의 닫힌 곡선이 D를 벗어나지 않으며 D의 한 점으로 수축할 수 있다는 뜻이다. 평면에서 원판 1개를 뺀 것은 단순 연결이 아닌 2차원 영역이다. 이 원판을 포함하는 평면의 닫힌 곡선은 원판이 제외되어 남은 구멍을 지나지 않고 한 점으로 수축할 수 없다(그림 14.25c). 유사하게 공간에서 직선 1개를 빼면 남는 영역 D도 단순 연결이 아니다. 이 직선의 둘레를 도는 곡선은 D 안에서 한 점으로 수축될 수 없다.

연결성과 단순 연결성은 같지 않고 성질끼리 상호포함 관계가 없다. 연결 영역은 '한 조각'인 것으로, 단순 연결 영역은 '곡선을 잡는 구멍'이 없는 것으로 간주한다. (3차원) 공간 자신은 연결이고 단순 연결이다. 그림 14.25에서 이들 성질의 몇 가지 예제를 제시한다.

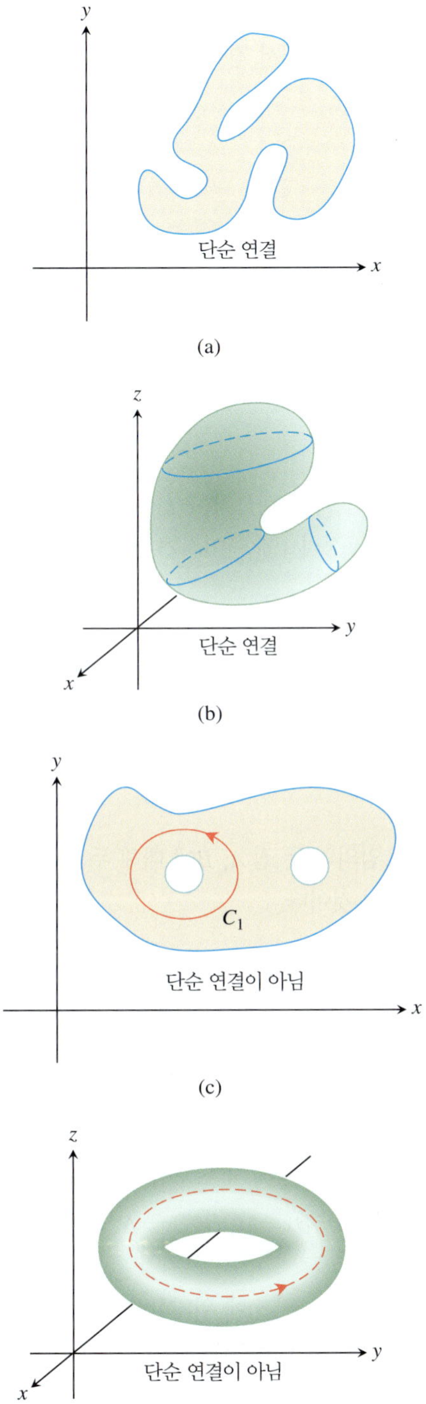

그림 14.25 4개의 연결 영역. (a)와 (b)에서 영역은 단순 연결이다. (c)와 (d)에서 영역은 C_1과 C_2가 이들을 포함하는 영역 안에서 한 점으로 수축되지 못하므로 단순 연결이 아니다.

주의 이 장의 몇몇 결론은 제시되는 조건을 만족하지 못하는 상황에 적용하면 성립하지 못한다. 특히 이 절에서 나중에 제시되는 보존적인 벡터장의 성분 판정법은 단순 연결이 아닌 영역에서는 성립하지 않는다(예제 5 참조). 이 조건은 나중에 필요한 시점에 제시된다. ●

보존적인 벡터장의 선적분

기울기장 $\mathbf{F}$는 스칼라함수 f를 미분하여 구한다. 미분적분학의 기본정리와 유사한 방법으로 기울기장의 선적분의 값을 구할 수 있다.

미분적분학의 기본정리와 같이 정리 1은 리만 합의 극한을 취하거나 14.2절에서 사용된 절차를 이용한 선적분을 계산하지 않고도 선적분의 값을 구하는 직접적인 방법을 제시한다. 정리 1을 증명하기 전에 예제를 살펴보기로 한다.

정리 1 | 선적분의 기본정리

평면 또는 공간에서 점 A에서 점 B를 잇는 매끄러운 곡선 C가 $\mathbf{r}(t)$로 매개화되었다고 하고, 미분가능한 함수 f가 곡선 C를 포함하는 영역 D에서 연속인 기울기장 $\mathbf{F}=\nabla f$를 갖는다고 하자. 그러면 다음과 같다.

$$\int_C \mathbf{F}\cdot d\mathbf{r} = f(B) - f(A)$$

예제 1 역장 $\mathbf{F}=\nabla f$가 다음과 같은 함수의 기울기장이라 하자.

$$f(x,y,z) = -\frac{1}{x^2+y^2+z^2}$$

어떤 물체가 (1, 0, 0)에서 (0, 0, 2)를 잇는 원점을 지나지 않는 매끄러운 곡선 C를 따라 $\mathbf{F}$로 이동할 때 한 일을 구하라.

풀이 정리 1의 활용으로 두 점을 잇고 원점을 지나지 않는 곡선을 따라 $\mathbf{F}$로 한 일은 다음과 같다.

$$\int_C \mathbf{F}\cdot d\mathbf{r} = f(0,0,2) - f(1,0,0) = -\frac{1}{4} - (-1) = \frac{3}{4}$$ ■

행성에 의한 중력장, 전하된 입자에 관한 전기장은 측정 단위에 관한 상수의 차이를 허락하는 범위에서 예제 1에 주어진 벡터장을 모델로 할 수 있다. 모델을 중력으로 하면 예제 1의 함수 f는 중력 위치에너지를 나타낸다. f의 부호가 음수이고 원점 근처에서 $-\infty$로 근접한다. 이 선택은 중력장 $\mathbf{F}$(f의 기울기장)가 원점으로 향하므로 물체가 올라가는 대신 떨어지도록 한다.

정리 1의 증명 영역 D의 두 점 A, B에 대해 C: $\mathbf{r}(t)=g(t)\mathbf{i}+h(t)\mathbf{j}+k(t)\mathbf{k}$, $a \le t \le b$가 A로부터 B로 이어주는 D에 포함된 매끄러운 곡선이라고 하자. 12.5절에서 경로 C를 따라 스칼라함수 f의 도함수는 내적 $\nabla f(\mathbf{r}(t)) \cdot \mathbf{r}'(t)$이고, 따라서 다음과 같다.

$$
\begin{aligned}
\int_C \mathbf{F} \cdot d\mathbf{r} &= \int_C \nabla f \cdot d\mathbf{r} && \mathbf{F} = \nabla f \\
&= \int_{t=a}^{t=b} \nabla f(\mathbf{r}(t)) \cdot \mathbf{r}'(t)\, dt && d\mathbf{r}\text{을 계산하기 위해 14.2절의 식 (2)} \\
&= \int_a^b \frac{d}{dt} f(\mathbf{r}(t))\, dt && \text{경로를 따라 도함수를 구하기 위해 12.5절의 식 (7)} \\
&= f(\mathbf{r}(b)) - f(\mathbf{r}(a)) && \text{미분적분학의 기본정리} \\
&= f(B) - f(A) && \mathbf{r}(a) = A,\ \mathbf{r}(b) = B
\end{aligned}
$$
■

정리 1로부터 기울기장 $\mathbf{F}=\nabla f$의 선적분은 함수 f를 알고 나면 계산이 수월하다. 응용에서 나타나는 여러 가지 중요한 벡터장은 실제로 기울기장이다. 정리 1에 이어지는 다음 결과에서 모든 보존적인 벡터장은 이런 형태라는 사실을 확인한다.

정리 2 ▌ 보존적인 벡터장은 기울기장이다

벡터장 $\mathbf{F}=M\mathbf{i}+N\mathbf{j}+P\mathbf{k}$의 성분이 모두 연결된 열린 공간의 영역 D에서 연속이라 하자. $\mathbf{F}$가 보존적일 필요충분 조건은 $\mathbf{F}$가 미분가능한 함수 f의 기울기장 ∇f이다.

정리 2에 의하면 $\mathbf{F}=\nabla f$일 필요충분 조건은 영역 D의 임의의 두 점 A, B에 대해 두 점을 잇는 D 안의 경로 C의 선택에 대해 $\int_C \mathbf{F} \cdot d\mathbf{r}$의 값이 독립적인 것이다.

정리 2의 증명 벡터장 $\mathbf{F}$가 기울기장이면 미분가능한 함수 f에 대해 $\mathbf{F}=\nabla f$이고, 정리 1에 의해 $\int_C \mathbf{F} \cdot d\mathbf{r}=f(B)-f(A)$이다. 이 선적분의 값은 C에 의존하지 않고 끝점 A, B에만 의존한다. 따라서 이 선적분은 경로의 선택에 독립적이고 $\mathbf{F}$가 보존적인 벡터장의 정의에 부합한다.

반면 $\mathbf{F}$가 보존적인 벡터장이라 하고 영역 D에 정의되고 $\nabla f=\mathbf{F}$인 함수를 구하려고 한다. 먼저 D의 점 A를 선택하고 $f(A)=0$이라 둔다. D의 다른 한 점 B에 대해 A에서 B로 D에 정의된 임의의 매끄러운 경로 C에 대해 $f(B)$를 $\int_C \mathbf{F} \cdot d\mathbf{r}$ 값으로 정한다. $\mathbf{F}$가 보존적인 벡터장이므로 $f(B)$의 값은 경로 C의 선택에 무관하게 같다. $\nabla f=\mathbf{F}$인 것을 $\partial f/\partial x=M$, $\partial f/\partial y=N$, $\partial f/\partial z=P$임을 보여 확인한다.

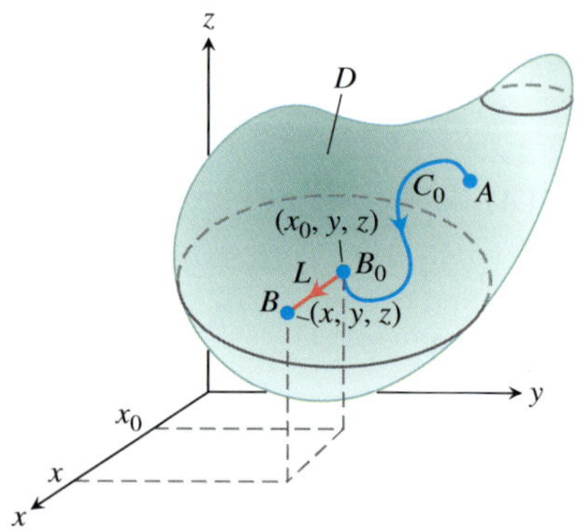

그림 14.26 정리 2의 증명에서 함수 $f(x, y, z)$는 A에서 B_0까지의 선적분 $\int_{C_0} \mathbf{F} \cdot d\mathbf{r}=f(B_0)$과 B_0에서 B를 잇는 x축에 평행한 선분 L에 대한 선적분 $\int_L \mathbf{F} \cdot d\mathbf{r}$의 합으로 계산된다. A에서 함수 f의 값은 $f(A)=0$이다.

B의 좌표가 (x, y, z)라고 하자. 함수 f의 정의에 의해 근방 (x_0, y, z)에 위치한 점 B_0의 함수의 값은 A에서 B_0로의 임의의 경로 C_0에 대해 $\int_{C_0} \mathbf{F} \cdot d\mathbf{r}$이다. 그림 14.26과 같이 먼저 C_0를 지나서 B_0에 도달하고 선분 L을 지나 B_0에서 B에 이르는 A에서 B로의 경로 $C=C_0 \cup L$를 선택한다. B_0를 B에 매우 가깝게 잡으면 선분 L은 모두 D에 포함되며 $f(B)$의 값이 A에서 B로 가는 경로의 선택에 독립적이므로 다음과 같다.

$$f(x, y, z) = \int_{C_0} \mathbf{F} \cdot d\mathbf{r} + \int_L \mathbf{F} \cdot d\mathbf{r}$$

미분하면 다음을 얻는다.

$$\frac{\partial}{\partial x} f(x, y, z) = \frac{\partial}{\partial x}\left(\int_{C_0} \mathbf{F} \cdot d\mathbf{r} + \int_L \mathbf{F} \cdot d\mathbf{r}\right)$$

우변의 마지막 항만 x에 의존하므로 다음과 같다.

$$\frac{\partial}{\partial x} f(x, y, z) = \frac{\partial}{\partial x} \int_L \mathbf{F} \cdot d\mathbf{r}$$

이제 L을 $\mathbf{r}(t) = t\mathbf{i} + y\mathbf{j} + z\mathbf{k}$, $x_0 \le t \le x$로 매개화한다. 그러면 $d\mathbf{r}/dt = \mathbf{i}$이고 $\mathbf{F} = M\mathbf{i} + N\mathbf{j} + P\mathbf{k}$이므로 $\mathbf{F} \cdot d\mathbf{r}/dt = M$이고 $\int_L \mathbf{F} \cdot d\mathbf{r} = \int_{x_0}^{x} M(t, y, z)\, dt$이다. 미분하면 미적분학의 기본정리에 의해 다음을 얻는다.

$$\frac{\partial}{\partial x} f(x, y, z) = \frac{\partial}{\partial x} \int_{x_0}^{x} M(t, y, z)\, dt = M(x, y, z)$$

같은 방법으로 편도함수 $\partial f/\partial y = N$, $\partial f/\partial z = P$이며 $\mathbf{F} = \nabla f$를 보인다. ■

예제 2 다음과 같은 보존적인 벡터장이 점 $A(-1, 3, 9)$에서 점 $B(1, 6, -4)$로 이어지는 어떤 매끄러운 곡선 C를 따라 어떤 물체를 이동하며 한 일을 구하라.

$$\mathbf{F} = yz\mathbf{i} + xz\mathbf{j} + xy\mathbf{k} = \nabla f, \qquad f(x, y, z) = xyz$$

풀이 $f(x, y, z) = xyz$를 이용하면 다음을 얻는다.

$$\begin{aligned}
\int_C \mathbf{F} \cdot d\mathbf{r} &= \int_A^B \nabla f \cdot d\mathbf{r} && \mathbf{F} = \nabla f\text{이고 경로 독립성} \\
&= f(B) - f(A) && \text{정리 1} \\
&= xyz|_{(1,6,-4)} - xyz|_{(-1,3,9)} \\
&= (1)(6)(-4) - (-1)(3)(9) \\
&= -24 + 27 = 3
\end{aligned}$$

■

보존적인 벡터장의 선적분의 유용한 성질은 적분의 경로가 루프나 닫힌 곡선일 때 나타난다. 닫힌 경로에 대한 적분을 $\oint_C$로 표기한다(다음 절에서 더 자세하게 다룬다).

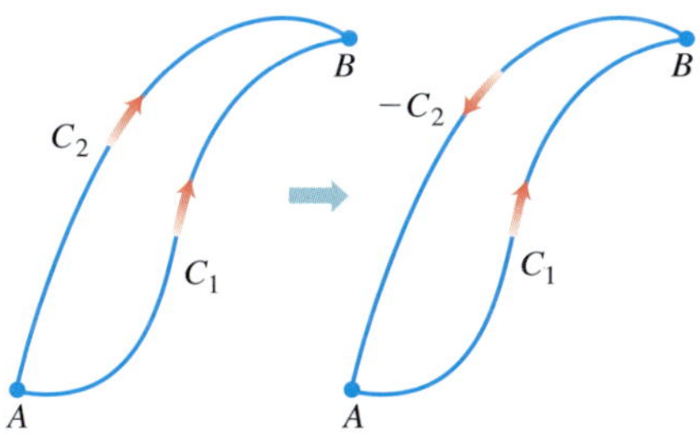

그림 14.27 A에서 B로 2개의 경로가 있다면 둘 중 하나를 반대 방향으로 하여 닫힌 곡선을 만든다.

정리 3 | 보존적인 벡터장의 닫힌 곡선 성질

다음 두 명제가 동치이다.

1. D 안의 모든 루프(즉 닫힌 곡선 C)에 대해 $\oint_C \mathbf{F} \cdot d\mathbf{r} = 0$이다.
2. 벡터장 $\mathbf{F}$가 영역 D에서 보존적인 벡터장이다.

증명(명제 1 ⇒ 명제 2) D의 임의의 두 점 A와 B에 대해 A로부터 B를 잇는 임의의 두 경로 C_1, C_2에 대해 $\mathbf{F} \cdot d\mathbf{r}$의 적분이 같은 값을 가짐을 보이려고 한다. C_2의 경로의 방향을 반대로 하여 B에서 A로의 경로 $-C_2$를 만든다(그림 14.27). C_1과 $-C_2$로 닫힌 곡선 C를 만들면 가정에 의해 다음과 같다.

$$\int_{C_1} \mathbf{F} \cdot d\mathbf{r} - \int_{C_2} \mathbf{F} \cdot d\mathbf{r} = \int_{C_1} \mathbf{F} \cdot d\mathbf{r} + \int_{-C_2} \mathbf{F} \cdot d\mathbf{r} = \int_C \mathbf{F} \cdot d\mathbf{r} = 0$$

따라서 C_1과 C_2에서 적분이 같은 값을 가진다. $\mathbf{F} \cdot d\mathbf{r}$의 정의에 따라 곡선의 방향을 바꾸면 선적분의 부호가 반대가 되는 것에 유의한다.

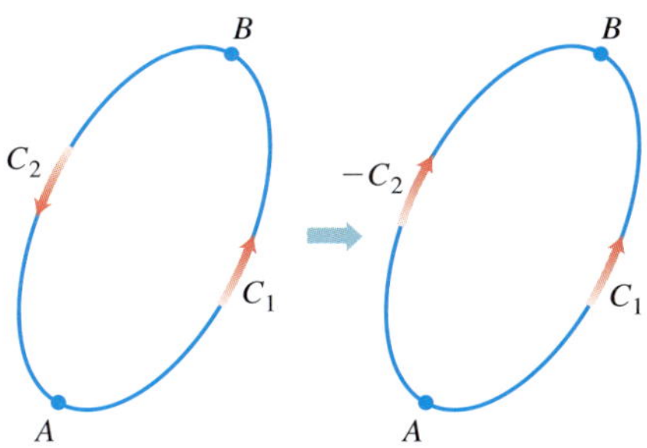

그림 14.28 만약 A, B가 닫힌 곡선 위에 있으면 닫힌 곡선의 한 부분의 방향을 반대로 하여 A에서 B로 2개의 경로를 만든다.

증명(명제 2 ⇒ 명제 1) 임의의 닫힌 곡선 C에 대해 $\mathbf{F} \cdot d\mathbf{r}$의 적분이 0이 됨을 보이려고 한다. C에서 두 점 A, B를 선택하여 C를 두 조각으로 나눈다. 그림 14.28처럼 A에서 B까지 C_1으로 하고 이어서 B에서 A까지 C_2이다. 따라서 다음과 같다.

$$\oint_C \mathbf{F} \cdot d\mathbf{r} = \int_{C_1} \mathbf{F} \cdot d\mathbf{r} + \int_{C_2} \mathbf{F} \cdot d\mathbf{r} = \int_A^B \mathbf{F} \cdot d\mathbf{r} - \int_A^B \mathbf{F} \cdot d\mathbf{r} = 0$$

■

다음 도표로 정리 2와 정리 3의 결과를 요약한다.

$$D\text{에서 } \mathbf{F}=\nabla f \quad \overset{\text{정리 2}}{\Leftrightarrow} \quad \mathbf{F}\text{가 } D\text{에서 보존적인 벡터장} \quad \overset{\text{정리 3}}{\Leftrightarrow} \quad \oint \mathbf{F}\cdot d\mathbf{r} = 0 \ \ D\text{의 임의의 닫힌 곡선}$$

여기서 비롯되는 2개의 질문이 있다.

1. 주어진 벡터장 **F**가 보존적인지 어떻게 알 수 있는가?

2. 만약 벡터장 **F**가 보존적이면 어떻게 퍼텐셜 함수 f ($\mathbf{F}=\nabla f$가 되는)를 찾는가?

보존적인 벡터장의 퍼텐셜 함수 구하기

벡터장이 보존적인 것에 대한 판정법은 벡터장의 성분의 1계 편도함수의 동치성을 포함한다.

보존적인 벡터장에 대한 성분 판정법

열린 단순 연결 영역에 정의된 벡터장 $\mathbf{F}=M(x, y, z)\mathbf{i}+N(x, y, z)\mathbf{j}+P(x, y, z)\mathbf{k}$의 각 성분함수가 연속인 1계 편도함수를 가진다고 하자. **F**가 보존적일 필요충분 조건은 다음과 같다.

$$\frac{\partial P}{\partial y} = \frac{\partial N}{\partial z}, \qquad \frac{\partial M}{\partial z} = \frac{\partial P}{\partial x}, \qquad \frac{\partial N}{\partial x} = \frac{\partial M}{\partial y} \tag{2}$$

단순 연결된 영역에서 성분 판정법은 다음과 같이 벡터는 0이 되는 것의 필요충분 조건이 **F**가 보존적이라는 것으로 이해할 수 있다.

$$\left(\frac{\partial P}{\partial y} - \frac{\partial N}{\partial z}\right)\mathbf{i} + \left(\frac{\partial M}{\partial z} - \frac{\partial P}{\partial x}\right)\mathbf{j} + \left(\frac{\partial N}{\partial x} - \frac{\partial M}{\partial y}\right)\mathbf{k} \tag{3}$$

이 흥미로운 벡터장 curl **F**은 **F**의 **컬**(curl, 역자주: 대한수학회에서 회전으로 번역했으나 다른 용어도 회전으로 번역하고 컬이 일반적을 많이 쓰이는 말이므로 컬로 번역한다)이라 부른다. 14.4절과 14.7절에서 다룬다.

증명(F가 보존적인 벡터장이면 식 (2) 성립) 만약 **F**가 보존적인 벡터장이면 퍼텐셜 함수 f가 존재하여 다음을 성립한다.

$$\mathbf{F} = M\mathbf{i} + N\mathbf{j} + P\mathbf{k} = \nabla f = \frac{\partial f}{\partial x}\mathbf{i} + \frac{\partial f}{\partial y}\mathbf{j} + \frac{\partial f}{\partial z}\mathbf{k}$$

따라서 다음과 같다.

$$\begin{aligned}\frac{\partial P}{\partial y} &= \frac{\partial}{\partial y}\left(\frac{\partial f}{\partial z}\right) = \frac{\partial^2 f}{\partial y\,\partial z}\\ &= \frac{\partial^2 f}{\partial z\,\partial y} \qquad \text{12.3절 혼합된 편도함수 정리 2}\\ &= \frac{\partial}{\partial z}\left(\frac{\partial f}{\partial y}\right) = \frac{\partial N}{\partial z}\end{aligned}$$

식 (2)의 다른 것도 비슷하게 증명된다. ■

식 (2)의 **F**가 보존적인 것을 함의한다는 증명의 남은 절반은 14.7절에서 다루는 스토크스 정리의 결과로 **F**의 정의역이 단순 연결이라는 가정이 필요하다.

일단 **F**가 보존적인 것을 알고 나면 종종 **F**의 퍼텐셜 함수를 구하게 된다. 이는 방정식 $\nabla f=\mathbf{F}$나 f에 대한 다음 방정식을 풀어야 한다.

$$\frac{\partial f}{\partial x}\mathbf{i} + \frac{\partial f}{\partial y}\mathbf{j} + \frac{\partial f}{\partial z}\mathbf{k} = M\mathbf{i} + N\mathbf{j} + P\mathbf{k}$$

다음과 같이 3개의 방정식을 풀어 이를 성취하려고 한다.

$$\frac{\partial f}{\partial x} = M, \qquad \frac{\partial f}{\partial y} = N, \qquad \frac{\partial f}{\partial z} = P$$

예제 3 $\mathbf{F} = (e^x \cos y + yz)\mathbf{i} + (xz - e^x \sin y)\mathbf{j} + (xy + z)\mathbf{k}$가 자연스러운 정의역에서 보존적임을 보이고 이 벡터장에 대한 퍼텐셜 함수를 구하라.

풀이 **F**의 자연스러운 정의역은 전체 공간이고 이는 열린 단순 연결 영역이다. 식 (2)를 다음 식에 활용하자.

$$M = e^x \cos y + yz, \qquad N = xz - e^x \sin y, \qquad P = xy + z$$

계산하면 다음을 얻는다.

$$\frac{\partial P}{\partial y} = x = \frac{\partial N}{\partial z}, \qquad \frac{\partial M}{\partial z} = y = \frac{\partial P}{\partial x}, \qquad \frac{\partial N}{\partial x} = -e^x \sin y + z = \frac{\partial M}{\partial y}$$

이 편도함수는 모두 연속이므로 이들 식은 **F**가 보존적임을 뜻한다. 따라서 $\nabla f = \mathbf{F}$의 함수 f가 존재한다(정리 2).

함수 f를 구하기 위해 다음 방정식을 적분한다.

$$\frac{\partial f}{\partial x} = e^x \cos y + yz, \qquad \frac{\partial f}{\partial y} = xz - e^x \sin y, \qquad \frac{\partial f}{\partial z} = xy + z \tag{4}$$

첫 번째 방정식을 y, z는 고정한 채 x에 대해 적분하면 다음을 얻는다.

$$f(x, y, z) = e^x \cos y + xyz + g(y, z)$$

이 적분의 상수항을 y, z에 대한 함수로 두는데, 이는 함수의 값이 x에는 무관하고 y, z에 의해 정해지기 때문이다. 이제 이 식에 대해 $\partial f/\partial y$를 계산하여 식 (4)의 $\partial f/\partial y$의 표현과 짝을 짓는다. 다음과 같다.

$$-e^x \sin y + xz + \frac{\partial g}{\partial y} = xz - e^x \sin y$$

따라서 $\partial g/\partial y = 0$이다. g는 z의 함수이며 다음과 같이 쓸 수 있다.

$$f(x, y, z) = e^x \cos y + xyz + h(z)$$

이제 이 식에 대해 $\partial f/\partial z$를 계산하여 식 (4)의 $\partial f/\partial z$의 표현과 짝을 짓는다. 그러면 다음과 같다.

$$xy + \frac{dh}{dz} = xy + z \quad \text{또는} \quad \frac{dh}{dz} = z$$

따라서 다음을 얻는다.

$$h(z) = \frac{z^2}{2} + C$$

$$f(x, y, z) = e^x \cos y + xyz + \frac{z^2}{2} + C$$

여기서 각각의 C의 값에 1개의 함수가 되어 무한개의 **F**의 퍼텐셜 함수를 얻었다. ■

예제 4 $\mathbf{F} = (2x - 3)\mathbf{i} - z\mathbf{j} + (\cos z)\mathbf{k}$가 보존적이 아님을 보여라.

풀이 성분 판정법의 식 (2)를 활용하면 바로 다음을 얻는다.

$$\frac{\partial P}{\partial y} = \frac{\partial}{\partial y}(\cos z) = 0, \qquad \frac{\partial N}{\partial z} = \frac{\partial}{\partial z}(-z) = -1$$

이 두 식이 같지 않으므로 **F**는 보존적이 아니다. 더 이상의 판정이 필요하지 않다. ■

예제 5 다음 벡터장이 성분 판정법의 식을 만족하지만, 자연스러운 정의역에서 보존적이 아님을 보여라.

$$\mathbf{F} = \frac{-y}{x^2 + y^2}\mathbf{i} + \frac{x}{x^2 + y^2}\mathbf{j} + 0\mathbf{k}$$

이것이 가능한 이유를 설명하라.

풀이 벡터장에서 $M = -y/(x^2+y^2)$, $N = x/(x^2+y^2)$, $P = 0$이다. 성분 판정법을 활용하면 다음을 얻는다.

$$\frac{\partial P}{\partial y} = 0 = \frac{\partial N}{\partial z}, \qquad \frac{\partial P}{\partial x} = 0 = \frac{\partial M}{\partial z}, \qquad \frac{\partial M}{\partial y} = \frac{y^2 - x^2}{(x^2 + y^2)^2} = \frac{\partial N}{\partial x}$$

따라서 **F**의 성분 판정법의 조건을 만족한 것처럼 보인다. 하지만 판정법은 **F**의 정의역이 단순 연결이어야 하는데, 이 경우는 그렇지가 않다. x^2+y^2이 0일 수 없으므로 **F**의 자연스러운 정의역은 공간에 대한 z축의 여집합에서 한 점으로 수축할 수 없는 닫힌 곡선을 포함하고 있다. xy평면에 포함된 단위원을 닫힌 곡선 C의 예로 할 수 있다. 이 원은 $\mathbf{r}(t) = (\cos t)\mathbf{i} + (\sin t)\mathbf{j}$, $0 \le t \le 2\pi$로 매개화된다. 이 닫힌 곡선은 z축을 둘러싸고 z축의 여집합 안에서는 한 점으로 수축할 수 없다.

F가 보존적인지 않은 것을 보이기 위해 이 닫힌 곡선 C에 대해 선적분 $\oint_C \mathbf{F} \cdot d\mathbf{r}$을 계산한다. 우선 벡터장의 항을 매개변수 t로 나타낸다.

$$\mathbf{F} = \frac{-y}{x^2 + y^2}\mathbf{i} + \frac{x}{x^2 + y^2}\mathbf{j} = \frac{-\sin t}{\sin^2 t + \cos^2 t}\mathbf{i} + \frac{\cos t}{\sin^2 t + \cos^2 t}\mathbf{j} = (-\sin t)\mathbf{i} + (\cos t)\mathbf{j}$$

다음으로 $d\mathbf{r}/dt = (-\sin t)\mathbf{i} + (\cos t)\mathbf{j}$를 구하고 다음과 같이 선적분을 계산한다.

$$\oint_C \mathbf{F} \cdot d\mathbf{r} = \oint_C \mathbf{F} \cdot \frac{d\mathbf{r}}{dt}\,dt = \int_0^{2\pi} (\sin^2 t + \cos^2 t)\,dt = 2\pi$$

F의 닫힌 곡선 C에 대한 선적분이 0이 아니므로 정리 3에 의해 **F**는 보존적이 아니다. 벡터장 **F**는 다음 절의 그림 14.31d에 그려진다. ■

예제 5는 벡터장의 영역이 단순 연결이 아니면 성분 판정법을 적용할 수 없다는 사실을 보인다. 하지만 예제의 영역을 점 (2, 2, 2)를 중심으로 하는 반지름 1인 구면체로 제한하거나 비슷하게 z축과 교집합이 없는 구면체 모양의 영역으로 정하면 새 영역 D는 단순 연결이다. 이제 편도함수의 식 (2)와 성분 판정법의 조건이 만족된다. 새로운 상황에서 예제 5의 벡터장 **F**은 보존적이다. 함수가 주어진 영역 전체에서 성질을 만족하는가에 대해 주의해야 하는 것처럼(예를 들어 중간값의 성질에서 연속성이 필요함) 벡터장이 주어진 영역 전체에서 성질을 만족하는가에 유념해야 한다.

완전 미분 형식

일과 순환의 적분을 14.2절에서 논의한 미분 형식의 꼴로 나타내면 편리하다.

$$\int_C M\,dx + N\,dy + P\,dz$$

만약 $M\,dx + N\,dy + P\,dz$가 함수의 f의 전미분이고 C가 점 A으로부터 점 B를 잇는 경로이면 이러한 선적분은 상대적으로 값을 구하기가 쉽다. 이유는 다음과 같다.

$$\begin{aligned}\int_C M\,dx + N\,dy + P\,dz &= \int_C \frac{\partial f}{\partial x}dx + \frac{\partial f}{\partial y}dy + \frac{\partial f}{\partial z}dz \\ &= \int_A^B \nabla f \cdot d\mathbf{r} \qquad \nabla f\text{가 보존적} \\ &= f(B) - f(A) \qquad \text{정리 1}\end{aligned}$$

따라서 다음을 얻는다.

$$\int_A^B df = f(B) - f(A)$$

여기서 미분가능한 1변수 함수에 관한 것으로 여겨진다.

정의 $M(x, y, z)dx + N(x, y, z)dy + P(x, y, z)$. dz와 같은 꼴의 표현을 **미분 형식**(differential form)이라 한다. 미분 형식이 공간의 영역 D의 어떤 스칼라함수 f에 대해 다음과 같다고 하자.

$$M\,dx + N\,dy + P\,dz = \frac{\partial f}{\partial x}dx + \frac{\partial f}{\partial y}dy + \frac{\partial f}{\partial z}dz = df$$

그러면 영역 D에서 **완전**(exact)이라고 한다.

만약 D에서 $M\,dx+N\,dy+P\,dz=df$이면 $\mathbf{F}=M\,dx+N\,dy+P\,dz$는 D에서 f의 기울기장이다. 역으로 만약 $\mathbf{F}=\nabla f$이면 미분 형식 $M\,dx+N\,dy+P\,dz$는 완전이다. 따라서 미분 형식이 완전인가에 대한 판정법은 $\mathbf{F}$가 보존적인가에 대한 판정법과 같다.

$M\,dx+N\,dy+P\,dz$의 완전성을 위한 성분 판정법

미분 형식 $M\,dx+N\,dy+P\,dz$가 열린 단순 연결 영역에서 완전이 되는 필요충분 조건은 다음과 같다.

$$\frac{\partial P}{\partial y} = \frac{\partial N}{\partial z}, \qquad \frac{\partial M}{\partial z} = \frac{\partial P}{\partial x}, \qquad \frac{\partial N}{\partial x} = \frac{\partial M}{\partial y}$$

이는 벡터장 $\mathbf{F}=M\mathbf{i}+N\mathbf{j}+P\mathbf{k}$가 보존적인 것과 동치이다.

예제 6 $y\,dx+x\,dy+4\,dz$가 완전인 것을 보이고 (1, 1, 1)에서 (2, 3, −1)까지 임의의 경로에 대해 다음 적분값을 구하라.

$$\int_{(1,1,1)}^{(2,3,-1)} y\,dx + x\,dy + 4\,dz$$

풀이 $\mathbf{F}$의 정의역은 3차원 공간 전체이고, 이는 단순 연결이다. $M=y$, $N=x$, $P=4$로 두고 완전성에 대한 성분 판정법을 활용하면 다음과 같다.

$$\frac{\partial P}{\partial y} = 0 = \frac{\partial N}{\partial z}, \qquad \frac{\partial M}{\partial z} = 0 = \frac{\partial P}{\partial x}, \qquad \frac{\partial N}{\partial x} = 1 = \frac{\partial M}{\partial y}$$

이들 등식은 $y\,dx+x\,dy+4\,dz$이 완전임을 알려준다. 따라서 어떤 함수 f에 대해 다음과 같다.

$$y\,dx + x\,dy + 4\,dz = df$$

적분값은 $f(2, 3, -1)-f(1, 1, 1)$이다.

이제 상수가 다를 수 있는 범위에서 f를 다음 방정식으로 적분하여 구한다.

$$\frac{\partial f}{\partial x} = y, \qquad \frac{\partial f}{\partial y} = x, \qquad \frac{\partial f}{\partial z} = 4 \tag{5}$$

첫 번째 방정식으로부터 다음을 얻는다.

$$f(x, y, z) = xy + g(y, z)$$

두 번째 방정식을 통해 다음과 같다.

$$\frac{\partial f}{\partial y} = x + \frac{\partial g}{\partial y} = x \qquad \text{또는} \qquad \frac{\partial g}{\partial y} = 0$$

따라서 g는 z만의 함수이고 다음과 같이 둔다.

$$f(x, y, z) = xy + h(z)$$

식 (5)의 세 번째 방정식에 의해 다음을 얻는다.

$$\frac{\partial f}{\partial z} = 0 + \frac{dh}{dz} = 4 \qquad \text{또는} \qquad h(z) = 4z + C$$

따라서 다음과 같다.

$$f(x, y, z) = xy + 4z + C$$

선적분의 값이 (1, 1, 1)에서 (2, 3, −1)까지 경로의 선택에 독립이므로 선적분의 값은 다음과 같다.

$$f(2, 3, -1) - f(1, 1, 1) = 2 + C - (5 + C) = -3$$ ■

연습문제 14.3 EXERCISE QUESTION

보존적인 벡터장의 판정

연습문제 1~6에서 벡터장에 대해 보존적인 것과 아닌 것을 구별하라.

1. $\mathbf{F} = yz\mathbf{i} + xz\mathbf{j} + xy\mathbf{k}$

2. $\mathbf{F} = (y \sin z)\mathbf{i} + (x \sin z)\mathbf{j} + (xy \cos z)\mathbf{k}$

3. $\mathbf{F} = y\mathbf{i} + (x + z)\mathbf{j} - y\mathbf{k}$

4. $\mathbf{F} = -y\mathbf{i} + x\mathbf{j}$

5. $\mathbf{F} = (z + y)\mathbf{i} + z\mathbf{j} + (y + x)\mathbf{k}$

6. $\mathbf{F} = (e^x \cos y)\mathbf{i} - (e^x \sin y)\mathbf{j} + z\mathbf{k}$

퍼텐셜 함수 구하기

연습문제 7~12에서 벡터장 $\mathbf{F}$에 대해 퍼텐셜 함수 f를 구하라.

7. $\mathbf{F} = 2x\mathbf{i} + 3y\mathbf{j} + 4z\mathbf{k}$

8. $\mathbf{F} = (y + z)\mathbf{i} + (x + z)\mathbf{j} + (x + y)\mathbf{k}$

9. $\mathbf{F} = e^{y+2z}(\mathbf{i} + x\mathbf{j} + 2x\mathbf{k})$

10. $\mathbf{F} = (y \sin z)\mathbf{i} + (x \sin z)\mathbf{j} + (xy \cos z)\mathbf{k}$

11. $\mathbf{F} = (\ln x + \sec^2(x + y))\mathbf{i} + \left(\sec^2(x + y) + \dfrac{y}{y^2 + z^2}\right)\mathbf{j} + \dfrac{z}{y^2 + z^2}\mathbf{k}$

12. $\mathbf{F} = \dfrac{y}{1 + x^2y^2}\mathbf{i} + \left(\dfrac{x}{1 + x^2y^2} + \dfrac{z}{\sqrt{1 - y^2z^2}}\right)\mathbf{j} + \left(\dfrac{y}{\sqrt{1 - y^2z^2}} + \dfrac{1}{z}\right)\mathbf{k}$

완전 미분 형식

연습문제 13~17에서 적분의 미분 형식이 완전인 것을 보여라. 그리고 적분의 값을 구하라.

13. $\displaystyle\int_{(0,0,0)}^{(2,3,-6)} 2x\,dx + 2y\,dy + 2z\,dz$

14. $\displaystyle\int_{(1,1,2)}^{(3,5,0)} yz\,dx + xz\,dy + xy\,dz$

15. $\displaystyle\int_{(0,0,0)}^{(1,2,3)} 2xy\,dx + (x^2 - z^2)\,dy - 2yz\,dz$

16. $\displaystyle\int_{(0,0,0)}^{(3,3,1)} 2x\,dx - y^2\,dy - \frac{4}{1 + z^2}\,dz$

17. $\displaystyle\int_{(1,0,0)}^{(0,1,1)} \sin y \cos x\,dx + \cos y \sin x\,dy + dz$

선적분의 값을 위해 퍼텐셜 함수 구하기

연습문제 18~22에서 관련된 벡터장이 비록 공간 R^3 전체에 정의되지는 못하더라도 보존적이다. 각각의 벡터장에 대한 퍼텐셜 함수를 구하고, 예제 6과 같이 적분의 값을 구하라.

18. $\displaystyle\int_{(0,2,1)}^{(1,\pi/2,2)} 2\cos y\,dx + \left(\frac{1}{y} - 2x \sin y\right)dy + \frac{1}{z}\,dz$

19. $\displaystyle\int_{(1,1,1)}^{(1,2,3)} 3x^2\,dx + \frac{z^2}{y}\,dy + 2z \ln y\,dz$

20. $\displaystyle\int_{(1,2,1)}^{(2,1,1)} (2x \ln y - yz)\,dx + \left(\frac{x^2}{y} - xz\right)dy - xy\,dz$

21. $\displaystyle\int_{(1,1,1)}^{(2,2,2)} \frac{1}{y}\,dx + \left(\frac{1}{z} - \frac{x}{y^2}\right)dy - \frac{y}{z^2}\,dz$

22. $\displaystyle\int_{(-1,-1,-1)}^{(2,2,2)} \frac{2x\,dx + 2y\,dy + 2z\,dz}{x^2 + y^2 + z^2}$

활용과 예제

23. 예제 6의 재검토 (1, 1, 1)에서 (2, 3, −1)을 잇는 선분의 매개화를 구해 다음 식과 같은 예제 6의 적분의 값을 구하라.

$$\int_{(1,1,1)}^{(2,3,-1)} y\,dx + x\,dy + 4\,dz$$

이 선분에 대해 $\mathbf{F}=y\mathbf{i}+x\mathbf{j}+4\mathbf{k}$의 선적분의 값을 구하라. $\mathbf{F}$가 보존적이므로 적분은 경로의 선택에 독립적이다.

24. (0, 0, 0)에서 (0, 3, 4)를 잇는 선분 C에 대해 다음 식의 값을 구하라.

$$\int_C x^2\,dx + yz\,dy + (y^2/2)\,dz$$

경로 독립성 연습문제 25와 26에서 적분값이 A에서 B로 가는 경로의 선택에 독립임을 보여라.

25. $\displaystyle\int_A^B z^2\,dx + 2y\,dy + 2xz\,dz$

26. $\displaystyle\int_A^B \frac{x\,dx + y\,dy + z\,dz}{\sqrt{x^2+y^2+z^2}}$

연습문제 27과 28에서 $\mathbf{F}$에 대한 퍼텐셜 함수를 구하라.

27. $\mathbf{F} = \dfrac{2x}{y}\mathbf{i} + \left(\dfrac{1-x^2}{y^2}\right)\mathbf{j}, \qquad \{(x, y): y > 0\}$

28. $\mathbf{F} = (e^x \ln y)\mathbf{i} + \left(\dfrac{e^x}{y} + \sin z\right)\mathbf{j} + (y\cos z)\mathbf{k}$

29. 다른 경로에 대한 일 다음 (1, 0, 0)에서 (1, 0, 1)까지의 경로에 대해 $\mathbf{F}=(x^2+y)\mathbf{i}+(y^2+x)\mathbf{j}+ze^z\mathbf{k}$가 한 일을 구하라.

a. 선분 $x=1,\ y=0,\ 0\le z\le 1$

b. 나선 $\mathbf{r}(t)=(\cos t)\mathbf{i}+(\sin t)\mathbf{j}+(t/2\pi)\,\mathbf{k},\ 0\le t\le 2\pi$

c. (1, 0, 0)에서 (0, 0, 0)까지 x축에 이어 (0, 0, 0)에서 (1, 0, 1)까지 포물선 $z=x^2,\ y=0$

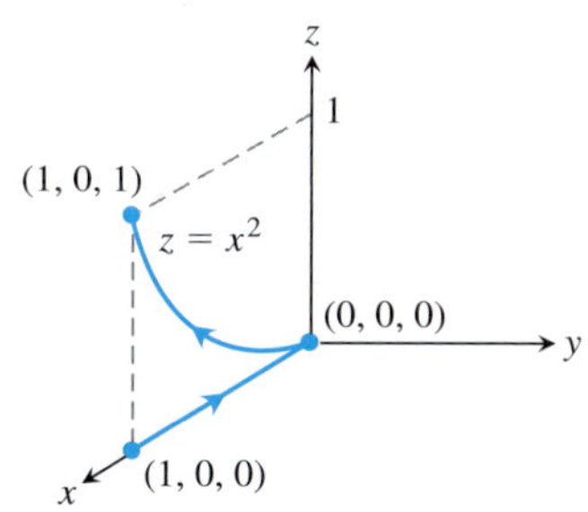

30. 다른 경로에 대한 일 다음 (1, 0, 1)에서 (1, π/2, 0)까지 경로에 대해 $\mathbf{F}=e^{yz}\mathbf{i}+(xze^{yz}+z\cos y)\mathbf{j}+(xye^{yz}+\sin y)\mathbf{k}$가 한 일을 구하라.

a. 선분 $x=1,\ y=\pi t/2,\ z=1-t,\ 0\le t\le 1$

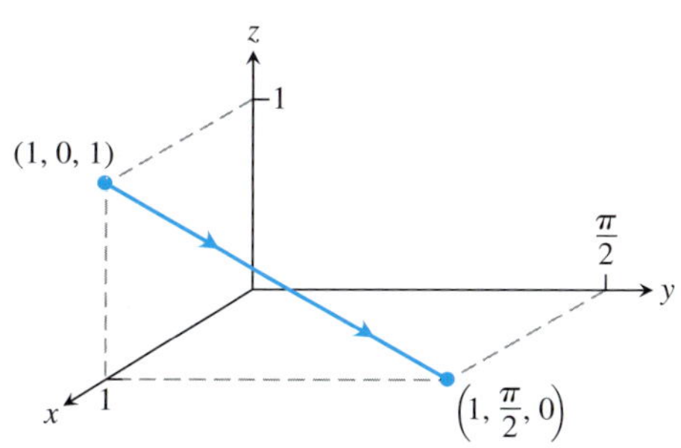

b. (1, 0, 1)에서 원점까지 선분에 이어 원점에서 (1, π/2, 0)까지 선분

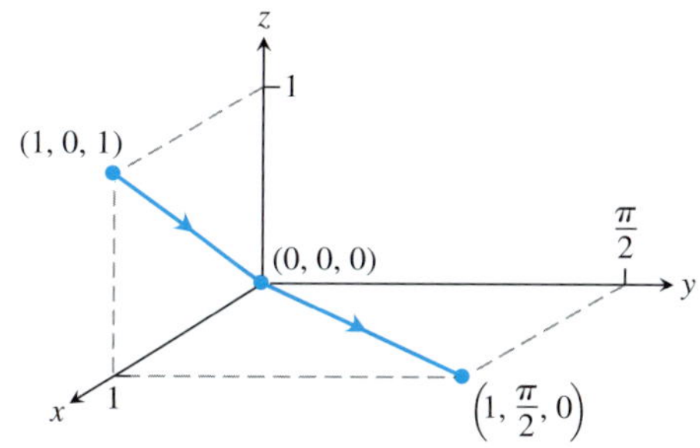

c. (1, 0, 1)에서 (1, 0, 0)까지 선분에 이어 (1, 0, 0)에서 원점까지 x축에 이어 원점에서 (1, π/2, 0)까지 포물선 $y=\pi x^2/2,\ z=0$

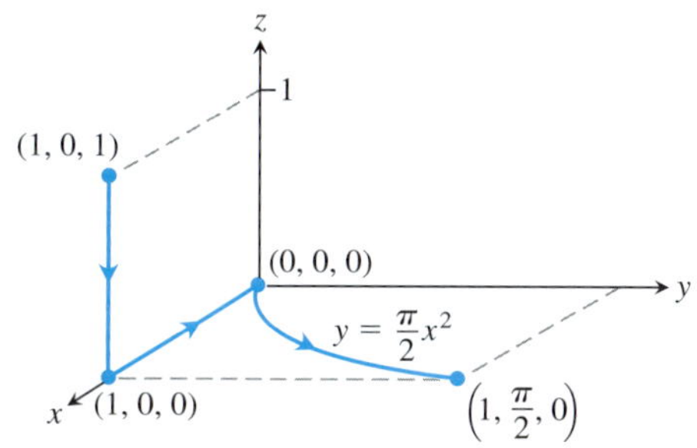

31. 일의 적분을 구하는 두 가지 방법 $\mathbf{F}=\nabla(x^3y^2)$이라 하고 C가 (−1, 1)에서 (1, 1)까지 xy평면의 경로로 (−1, 1)에서 (0, 0)까지 선분에 이어 (0, 0)에서 (1, 1)까지 경로로 구성되었다고 하자. $\int_C \mathbf{F}\cdot d\mathbf{r}$의 값을 두 가지로 구하라.

a. C를 구성하는 선분의 매개화를 구하고 적분의 값을 구하라.

b. $\mathbf{F}$의 퍼텐셜 함수 $f(x, y)=x^3y^2$을 이용한다.

32. 다른 경로에 대한 적분 xy평면의 다음 경로 C에 대해 선적분 $\int_C 2x\cos y\,dx - x^2\sin y\,dy$의 값을 구하라.

a. (1, 0)에서 (0, 1)까지 포물선 $y=(x-1)^2$

b. (−1, π)에서 (1, 0)까지 선분

c. (−1, 0)에서 (1, 0)까지 x축

d. 시계반대 방향으로 (1, 0)에서 (1, 0)으로 돌아오는 아스트로이드 $\mathbf{r}(t)=(\cos^3 t)\mathbf{i}+(\sin^3 t)\mathbf{j},\ 0\le t\le 2\pi$

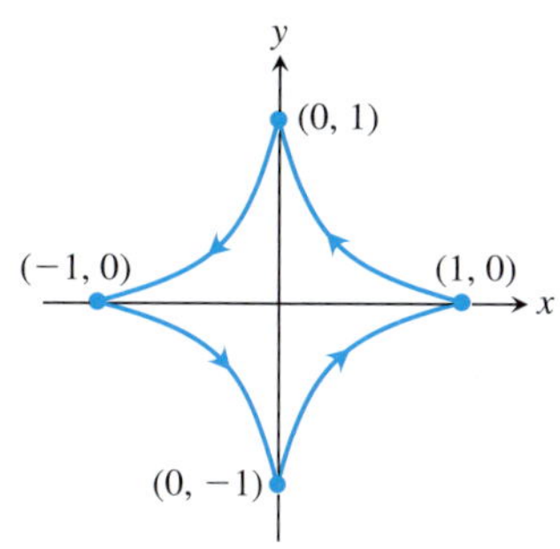

33. a. 완전 미분 형식 다음 미분 형식이 완전이려면 상수 a, b, c는 어떤 관계를 만족하는가?

$$(ay^2 + 2czx)\,dx + y(bx + cz)\,dy + (ay^2 + cx^2)\,dz$$

b. 기울기장 어떤 b, c의 값에 대해 다음과 같은 기울기장이 되는가?

$$\mathbf{F} = (y^2 + 2czx)\mathbf{i} + y(bx + cz)\mathbf{j} + (y^2 + cx^2)\mathbf{k}$$

34. 선적분의 기울기장 $\mathbf{F}=\nabla f$가 보존적인 벡터장이고 다음과 같다고 하자.

$$g(x, y, z) = \int_{(0,0,0)}^{(x,y,z)} \mathbf{F} \cdot d\mathbf{r}$$

$\nabla g=\mathbf{F}$를 보여라.

35. 최소 일의 경로 역장 $\mathbf{F}$에 대해 입자를 2개의 장소를 이동시키는 일이 최소가 되는 경로를 찾는 것을 요구되었다고 한다. 간단한 계산으로 $\mathbf{F}$이 보존적인 것을 확인했다. 어떻게 답변할 것인가? 그 답에 대한 근거를 제시하라.

36. 입증 실험 실험으로 어떤 대상을 역장 $\mathbf{F}$에 대해 A에서 B까지 경로 C_1으로 이동한 일이 C_2로 이동한 일의 절반으로 수행되었다. $\mathbf{F}$에 대해 어떤 결론을 얻을 수 있는가? 그 답에 대한 근거를 제시하라.

37. 상수 힘에 의한 일 상수 역장 $\mathbf{F}=a\mathbf{i}+b\mathbf{j}+c\mathbf{k}$가 어떤 입자를 A에서 B까지 임의의 경로로 이동시킨 일이 $W=\mathbf{F}\cdot\overrightarrow{AB}$임을 보여라.

38. 중력장

a. 다음과 같은 중력장(G, m, M은 상수)의 퍼텐셜 함수를 구하라.

$$\mathbf{F} = -GmM\frac{x\mathbf{i}+y\mathbf{j}+z\mathbf{k}}{(x^2+y^2+z^2)^{3/2}}$$

b. P_1, P_2는 각각 원점으로부터 거리가 s_1, s_2인 점이다. 문제 (a)의 중력장으로 어떤 입자를 P_1에서 P_2까지 이동시킨 일이 다음과 같음을 보여라.

$$GmM\left(\frac{1}{s_2}-\frac{1}{s_1}\right)$$

14.4 평면의 그린 정리

벡터장 $\mathbf{F}$가 보존적인 벡터장이면 미분가능한 함수 f에 대해 $\mathbf{F}=\nabla f$인 것을 알고 있으며 점 A에서 점 B로 연결하는 경로 C에 대한 $\mathbf{F}$의 선적분을 $\int_C \mathbf{F}\cdot d\mathbf{r}=f(B)-f(A)$로 계산할 수 있다. 이 절에서는 평면의 닫힌 곡선 C에 대해 일 적분이나 플럭스 적분을 계산하기 위한 방법을 유도한다. 이 방법은 그린 정리로부터 비롯되며 벡터장 $\mathbf{F}$가 보존적이 아니어도 적용할 수 있다. 이로부터 선적분을 C로 둘러싸인 영역에 대한 2중적분으로 변환할 수 있다.

논의는 유체(유체는 액체나 기체) 흐름의 속도장에 대한 용어로 기술되는데, 이들이 가시화하기 수월하기 때문이다. 하지만 그린 정리는 정리에 필요한 조건을 만족하는 모든 벡터장에 벡터장의 특정 해석과 관계없이 적용할 수 있다. 그린 정리에 대해 두 가지 새로운 발상인 평면에 수직인 축 주변의 순환밀도와 발산(또는 플럭스밀도)을 소개한다.

축 주변의 스핀: k성분의 컬

$\mathbf{F}(x, y)=M(x, y)\mathbf{i}+N(x, y)\mathbf{j}$이 평면의 유체 흐름의 속도벡터장으로 M과 N에 영역 R의 모든 점에서 연속인 1계 편도함수를 갖는다고 하고, A는 (x, y)를 한 꼭지점으로 하는 작은 직사각형으로 직사각형의 내부를 포함하여 모두 R에 포함된다고 하자. 이 직사각형의 변은 좌표축과 평행하고 Δx, Δy를 길이로 한다고 하자. 그린 정리를 위한 첫 번째 개념은 평면의 영역의 유체 흐름의 한 점에서 평면에 수직인 축을 가지고 돌고 있는 외륜(패들휠)의 속도의 정량화이다. 이 개념은 유체가 평면에 수직으로 여러 점에 놓인 회전축의 주변을 어떻게 순환하는가를 감지할 수 있게 한다. 물리학자는 종종 이것을 한 점에서 벡터장 $\mathbf{F}$의 순환밀도라고 한다. 이것을 구하기 위해 다음 벡터장과 그림 14.29의 직사각형 A를 생각한다($\mathbf{F}$의 두 성분이 모두 양수라고 가정한다).

$$\mathbf{F}(x, y) = M(x, y)\mathbf{i} + N(x, y)\mathbf{j}$$

A의 경계 주변에서 $\mathbf{F}$의 순환율은 변의 접선 방향으로 유동률의 합이다. 밑변에 대해 유동률은 근사적으로 다음과 같다.

$$\mathbf{F}(x, y)\cdot\mathbf{i}\,\Delta x = M(x, y)\,\Delta x$$

이는 속도 $\mathbf{F}(x, y)$의 접선 방향 $\mathbf{i}$에 대한 스칼라 성분과 선분의 길이의 곱이다. 유동률은 $\mathbf{F}$의 성분에 따라 양수 또는 음수일 수 있다. 다음과 같이 내적으로 정의된 네 변의 유동률의 합으로 A의 직사각형 경계 주위의 순 순환율을 근사한다.

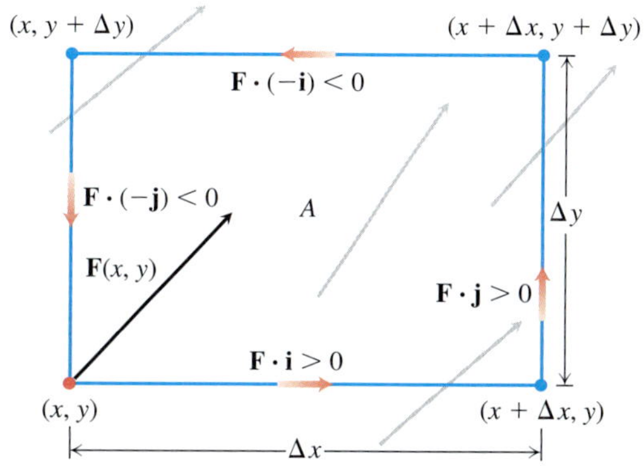

그림 14.29 직사각형 영역 A의 밑변에서 $\mathbf{i}$ 방향으로 유체 흐름의 비율은 $\mathbf{F}\cdot\mathbf{i}\,\Delta x$로 근사되는데, 이는 여기에 나타난 벡터장 $\mathbf{F}$에 대해 양수이다. 점 (x, y)에서 순환율을 근사하기 위해 각 변을 따라 적색 화살표 방향으로 유동률을 (근사적으로) 계산하고, 이들을 더한 후 A의 넓이로 이 합을 나눈다. $\Delta x \to 0$, $\Delta y \to 0$으로 하여 극한을 구하면 단위넓이당 순환율을 얻는다.

$$\begin{aligned}
&\text{윗변:} \quad \mathbf{F}(x, y+\Delta y)\cdot(-\mathbf{i})\,\Delta x = -M(x, y+\Delta y)\,\Delta x \\
&\text{밑변:} \quad \mathbf{F}(x, y)\cdot\mathbf{i}\,\Delta x = M(x, y)\,\Delta x \\
&\text{우변:} \quad \mathbf{F}(x+\Delta x, y)\cdot\mathbf{j}\,\Delta y = N(x+\Delta x, y)\,\Delta y \\
&\text{좌변:} \quad \mathbf{F}(x, y)\cdot(-\mathbf{j})\,\Delta y = -N(x, y)\,\Delta y
\end{aligned}$$

마주 보는 두 변을 합하면 다음을 얻는다.

$$\text{윗변과 밑변:} \quad -(M(x, y+\Delta y) - M(x, y))\,\Delta x \approx -\left(\frac{\partial M}{\partial y}\Delta y\right)\Delta x$$

$$\text{우변과 좌변:} \quad (N(x+\Delta x, y) - N(x, y))\,\Delta y \approx \left(\frac{\partial N}{\partial x}\Delta x\right)\Delta y$$

이들 두 식을 합해 시계반대 방향에 대한 순 순환율을 다음과 같이 구한다.

$$\text{직사각형 둘레의 순환율} \approx \left(\frac{\partial N}{\partial x} - \frac{\partial M}{\partial y}\right)\Delta x\,\Delta y$$

이를 $\Delta x\,\Delta y$로 나누어 직사각형에 대한 단위넓이당 순환율 또는 순환밀도를 어림한다.

$$\frac{\text{직사각형 둘레의 순환율}}{\text{직사각형의 넓이}} \approx \frac{\partial N}{\partial x} - \frac{\partial M}{\partial y}$$

Δx와 Δy를 0으로 보내 점 (x, y)에서 $\mathbf{F}$의 순환밀도를 정의한다.

만약 단위벡터 $\mathbf{k}$의 끝에서 xy평면을 아래로 내려다 보아서 시계반대 방향의 회전을 살펴 보면 순환밀도는 양수이다(그림 14.30).

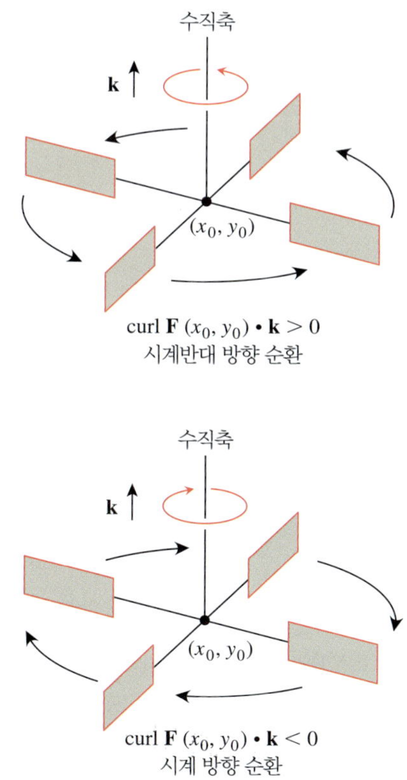

그림 14.30 평면의 영역에서 비압축성인 유체의 흐름에서 컬의 $\mathbf{k}$성분은 한 점에서 유체의 회전의 속도를 측정한다. 컬의 $\mathbf{k}$성분은 순환이 시계반대 방향인 점에서 양수이고 순환이 시계 방향인 점에서 음수이다.

정의 점 (x, y)에서 벡터장 $\mathbf{F} = M\mathbf{i} + N\mathbf{j}$의 **순환밀도**(circulation density)는 다음과 같은 스칼라 표현이다.

$$\frac{\partial N}{\partial x} - \frac{\partial M}{\partial y} \tag{1}$$

식 (1)의 표현은 14.3절의 식 (3)에 벡터장 $\mathbf{F}$의 컬의 $\mathbf{k}$성분으로 소개되었다.

$$\frac{\partial N}{\partial x} - \frac{\partial M}{\partial y} = (\text{curl } \mathbf{F})\cdot\mathbf{k}$$

만약 물이 xy평면의 얇은 표면에 속한 영역에서 이동한다면 점 (x_0, y_0)에서 컬의 $\mathbf{k}$성분은 얼마나 빠르게 어떤 방향으로 외륜(그림 14.30처럼 점(x_0, y_0)의 수면에 회전축이 수직이고 $\mathbf{k}$에 평행하게 놓였을 때)이 회전하는지 측정하는 방법을 제시한다. 외륜은 xy평면을 아래로 내려다볼 때 $(\text{curl } \mathbf{F}) \cdot \mathbf{k}$가 양수이면 시계반대 방향으로 돌고, $\mathbf{k}$성분이 음수이면 시계 방향으로 돈다.

예제 1 다음 벡터장은 xy평면을 흐르는 기체의 속도를 나타낸다. 각각의 벡터장의 순환밀도를 찾고 물리적 의미를 해석하라. 그림 14.31은 이들 벡터장을 나타낸다.

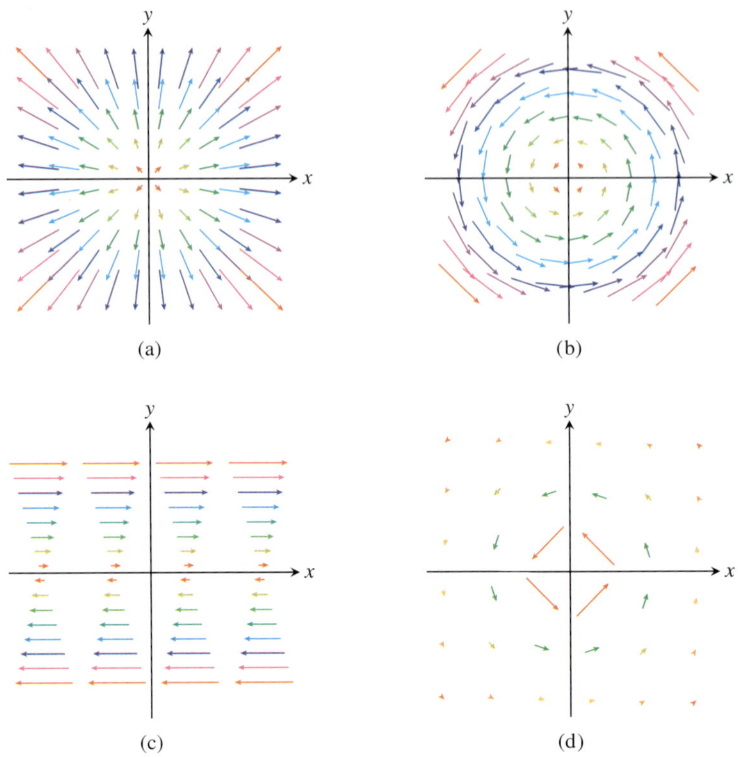

그림 14.31 평면에서 흐르는 기체의 속도벡터장(예제 1).

(a) 고른 팽창 또는 압축: $\mathbf{F}(x, y) = cx\mathbf{i} + cy\mathbf{j}$ $\quad$ c는 상수

(b) 고른 회전: $\mathbf{F}(x, y) = -cy\mathbf{i} + cx\mathbf{j}$

(c) 전단 흐름: $\mathbf{F}(x, y) = y\mathbf{i}$

(d) 소용돌이 효과: $\mathbf{F}(x, y) = \dfrac{-y}{x^2 + y^2}\mathbf{i} + \dfrac{x}{x^2 + y^2}\mathbf{j}$

풀이

(a) 고른 팽창: $(\text{curl } \mathbf{F}) \cdot \mathbf{k} = \dfrac{\partial}{\partial x}(cy) - \dfrac{\partial}{\partial y}(cx) = 0$. 기체가 매우 작은 규모에서 순환하지 않는다.

(b) 회전: $(\text{curl } \mathbf{F}) \cdot \mathbf{k} = \dfrac{\partial}{\partial x}(cx) - \dfrac{\partial}{\partial y}(-cy) = 2c$. 상수 순환밀도는 각각의 점에서 순환을 나타낸다. 만약 $c > 0$이면 회전은 시계반대 방향이고, 만약 $c < 0$이면 회전은 시계 방향이다.

(c) 전단: $(\text{curl } \mathbf{F}) \cdot \mathbf{k} = -\dfrac{\partial}{\partial y}(y) = -1$. 순환밀도가 음수인 상수이므로 이런 전단 흐름에 대해 흐르는 물 위에 떠 있는 외륜은 시계 방향으로 회전하다. 회전 속도는 각각의 점에서 같다. 유체 흐름의 평균적인 회전의 효과는 그림 14.32처럼 각각의 작은 원 주변을 시계 방향으로 유체를 밀어준다.

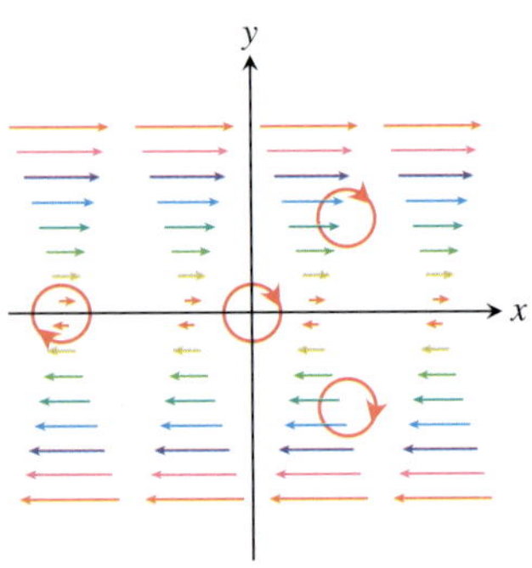

그림 14.32 전단 흐름이 각 점 주변에서 유체를 시계 방향으로 민다(예제 1c).

(d) 소용돌이:

$$(\text{curl } \mathbf{F}) \cdot \mathbf{k} = \frac{\partial}{\partial x}\left(\frac{x}{x^2 + y^2}\right) - \frac{\partial}{\partial y}\left(\frac{-y}{x^2 + y^2}\right) = \frac{y^2 - x^2}{(x^2 + y^2)^2} - \frac{y^2 - x^2}{(x^2 + y^2)^2} = 0$$

원점(벡터장이 정의되지 않고 소용돌이 효과가 폭발하는 곳)에서 떨어진 모든 점에서 순환밀도가 0이므로 벡터장이 정의된 모든 점에서 기체가 순환하지 않는다. ■

그린 정리의 한 형태는 어떻게 순환밀도가 xy평면의 흐름에 대한 선적분의 계산에 이용될 수 있는지 알려준다(유동 적분은 14.2절에서 정의되었다). 두 번째 형태의 이 정리는 경계를 지나는 흐름이 주는 플럭스 적분을 어떻게 플럭스 밀도로 계산하는지 알려준다. 이 착안을 다음으로 다루고 이들 두 가지 형태의 정리를 기술하겠다.

발산

다시 한 번 그림 14.33에 제시된 것과 같이 직사각형 A를 포함하는 영역에 정의된 속도벡터장 $\mathbf{F}(x, y) = M(x, y)\mathbf{i} + N(x, y)\mathbf{j}$를 생각한다. 앞과 같이 벡터장의 성분이 직사각형 A를 포함하는 작은 영역에서 부호를 바꾸지 않는다고 가정한다. 이제 우리의 관심사는 A의 경계를 가로질러 흘러서 A를 떠나는 유체의 비율를 결정하는 데 있다.

직사각형의 밑변을 가로질러 나가는 유체의 비율은 근사적으로(그림 14.33) 다음과 같다.

$$\mathbf{F}(x, y) \cdot (-\mathbf{j})\, \Delta x = -N(x, y)\, \Delta x$$

이는 밖으로 (x, y)에서 속도의 밖으로 수직인 방향으로 스칼라 성분과 선분의 길이의 곱이다. 만약 속도를 예를 들어 단위초당 미터로 나타내었다면 유동률은 단위초당 미터에 미터를 곱한 것으로 단위초당 미터의 제곱이다. 다른 세 변에서 각각 밖으로 수직인 방향으로 가로지르는 유체의 비율도 같은 방법으로 어림될 수 있다. 흐름의 속도는 $\mathbf{F}$의 성분의 부호에 따라 양수 또는 음수일 수 있다. 다음과 같이 내적으로 정의되는 네 변을 가로지르는 유동률의 합으로 A의 직사각형 경계를 가로지르는 순 유동률을 근사한다.

유체 유동률:

윗변: $\mathbf{F}(x, y + \Delta y) \cdot \mathbf{j}\, \Delta x = N(x, y + \Delta y)\, \Delta x$

밑변: $\mathbf{F}(x, y) \cdot (-\mathbf{j})\, \Delta x = -N(x, y)\, \Delta x$

우변: $\mathbf{F}(x + \Delta x, y) \cdot \mathbf{i}\, \Delta y = M(x + \Delta x, y)\, \Delta y$

좌변: $\mathbf{F}(x, y) \cdot (-\mathbf{i})\, \Delta y = -M(x, y)\, \Delta y$

마주보는 두 변을 합하면 다음과 같다.

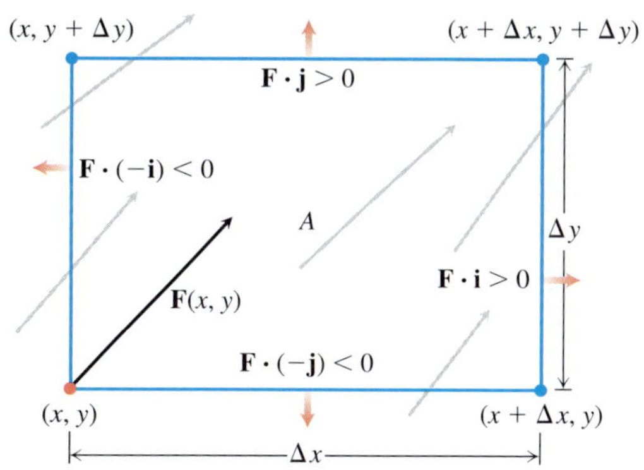

그림 14.33 직사각형 영역 A의 밑변을 밖으로 수직인 $-\mathbf{j}$ 방향으로 가로질러 나가는 유체의 비율은 $\mathbf{F}(x, y) \cdot (-\mathbf{j})\Delta x$로 근사되는데, 이는 여기 제시된 벡터장 $\mathbf{F}$에 대해 음수이다. 점 (x, y)에서 유동률을 근사하기 위해 각각의 변을 적색 화살표 방향으로 가로지르는 유동률을 (근사적으로) 계산하고 이들을 더한 후 이 합을 A의 넓이로 나눈다. $\Delta x \to 0$, $\Delta y \to 0$으로 하여 극한을 구하면 단위넓이당 유동률을 얻는다.

$$\text{윗변과 밑변:}\quad (N(x, y + \Delta y) - N(x, y))\,\Delta x \approx \left(\frac{\partial N}{\partial y}\Delta y\right)\Delta x$$

$$\text{우변과 좌변:}\quad (M(x + \Delta x, y) - M(x, y))\,\Delta y \approx \left(\frac{\partial M}{\partial x}\Delta x\right)\Delta y$$

이들 두 식을 합해 유동률의 순 영향 또는 다음과 같음을 구한다.

$$\text{직사각형 경계를 가로지르는 플럭스} \approx \left(\frac{\partial M}{\partial x} + \frac{\partial N}{\partial y}\right)\Delta x\,\Delta y$$

이를 $\Delta x\,\Delta y$로 나누어 직사각형에 대한 단위넓이당 총 플럭스 또는 플럭스 밀도를 어림한다.

$$\frac{\text{직사각형 경계를 가로지르는 플럭스}}{\text{직사각형의 넓이}} \approx \left(\frac{\partial M}{\partial x} + \frac{\partial N}{\partial y}\right)$$

div **F**는 발산을 나타내는 기호이다.

마지막으로 Δx와 Δy를 0으로 보내어 점 (x, y)에서 **F**의 플럭스 밀도를 정의한다. 플럭스 밀도에 대한 수리적 용어는 **F**의 발산이다. 이를 div **F**라고 쓰고, '**F**의 발산' 또는 'div **F**'라고 읽는다.

정의 점 (x, y)에서 벡터장 $\mathbf{F} = M\mathbf{i} + N\mathbf{j}$의 **발산**(divergence, 플럭스 밀도)은 다음과 같다.

$$\text{div}\,\mathbf{F} = \frac{\partial M}{\partial x} + \frac{\partial N}{\partial y} \tag{2}$$

발원: div $\mathbf{F}\,(x_0, y_0) > 0$

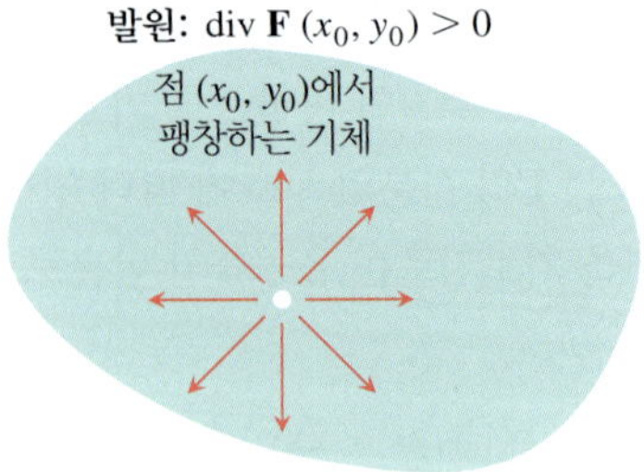

침하: div $\mathbf{F}\,(x_0, y_0) < 0$

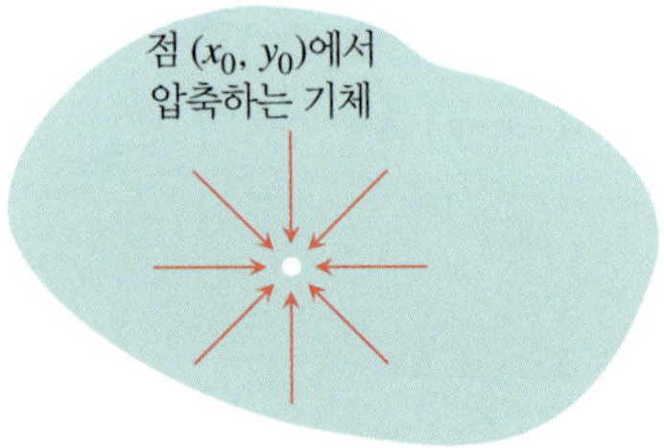

그림 14.34 만약 어떤 기체가 점 (x_0, y_0)에서 팽창하면 흐름의 선들은 양수인 발산을 가지고, 압축되면 발산은 음수이다.

기체는 액체와 달리 압축가능하고, 이것의 속도벡터장의 발산은 이것이 각 점에서 어떻게 팽창 또는 압축되는지 측정한다. 직관적으로 어떤 기체가 (x_0, y_0)에서 팽창하고 있다면 흐름의 선들은 여기서 발산(여기서 이름이 비롯됨)되며 기체가 (x_0, y_0)에 대한 작은 직사각형 밖으로 흘러나가므로 (x_0, y_0)에서 **F**의 발산은 양수이다. 만약 기체가 팽창하는 대신 압축된다면 발산은 음수일 것이다(그림 14.34).

예제 2 예제 1에 제시된 xy평면에 흐르는 기체의 속도벡터장에 대해 발산을 구하고 의미를 해석하라.

풀이

(a) $\text{div}\,\mathbf{F} = \dfrac{\partial}{\partial x}(cx) + \dfrac{\partial}{\partial y}(cy) = 2c$: 만약 $c > 0$이면 기체가 고르게 팽창하는 중이고, 만약 $c < 0$이면 고르게 압축되는 중이다.

(b) $\text{div}\,\mathbf{F} = \dfrac{\partial}{\partial x}(-cy) + \dfrac{\partial}{\partial y}(cx) = 0$: 기체가 팽창도 압축도 되지 않는 상태이다.

(c) $\text{div}\,\mathbf{F} = \dfrac{\partial}{\partial x}(y) = 0$: 기체가 팽창도 압축도 되지 않는 상태이다.

(d) $\text{div}\,\mathbf{F} = \dfrac{\partial}{\partial x}\left(\dfrac{-y}{x^2 + y^2}\right) + \dfrac{\partial}{\partial y}\left(\dfrac{x}{x^2 + y^2}\right) = \dfrac{2xy}{(x^2 + y^2)^2} - \dfrac{2xy}{(x^2 + y^2)^2} = 0$: 다시 한번 벡터장의 정의역의 모든 점에서 발산이 0이다. ■

그림 14.31의 경우 (b), (c), (d)는 액체의 2차원 흐름에 대한 개연성이 있는 모델이다. 유체역학에서 흐르는 유체의 속력 벡터장이 항상 0인 발산을 가지면 이들 경우처럼 흐름이 **비압축적**(incompressible)이라 한다.

그린 정리의 두 형식

단순 닫힌 곡선 C를 두 방향의 경로로 지날 수 있다. (곡선이 자기자신과 교차하지 않을 때 단순이라고 하는 것을 상기한다.) 이 곡선을 시계반대 방향으로 지나면 곡선을 따라 이동할 때 곡선이 둘러싼 영역을 항상 왼쪽에 두고 이동하게 되고, 이때 곡선이 양의 향이 주어졌다고 한다. 만약 곡선을 시계 방향으로 지나면 곡선을 따라 이동할 때 이것이 둘러싼 영역을 항상 오른쪽에 두게 되며, 이때 음의 향이 주어졌다고 한다. 만약 향을 바꾸면 벡터장 **F**의 C에 대한 선적분의 부호가 바뀐다. 단순 닫힌 곡선 C를 양의 향에 따라 시계반대 방향으로 지날 때 선적분을 다음과 같이 표기한다.

$$\oint_C \mathbf{F}(x, y) \cdot d\mathbf{r}$$

첫 번째 형식에서 그린 정리는 벡터장의 단순 닫힌 곡선에 대한 시계반대 방향 순환[즉 선적분(역자주: 교재 원본이 circulation을 여러 가지 상황에 쓰고 있어서 모두 순환이라 번역하면 혼동이 있을 수 있어 내재적 의미를 분명하게 할 필요가 있을 때 부연하기로 한다)]이 벡터장의 컬의 **k**성분의 곡선으로 둘러싸인 영역에 대한 2중적분임을 알려준다. 14.2절의 순환에 대한 정의의 식 (5)를 상기한다.

C에 대한 순환 $= \oint_C \mathbf{F} \cdot \mathbf{T}\, ds$

$(\text{curl } \mathbf{F}) \cdot \mathbf{k} = \dfrac{\partial N}{\partial x} - \dfrac{\partial M}{\partial y}$

정리 4 | 그린 정리(순환-컬 또는 접 형식)

C가 조각적으로 매끄러운 단순 닫힌 곡선이며 평면의 영역 R을 둘러싼다고 하자. 벡터장 $\mathbf{F} = M\mathbf{i} + N\mathbf{j}$가 M, N이 R을 포함하는 열린 영역에서 연속인 1계 편도함수를 가지는 벡터장이라 하자. 그러면 **F**의 C에 대한 시계반대 방향 순환은 (curl **F**) · **k**의 R에 대한 2중적분과 같다.

$$\underbrace{\oint_C \mathbf{F} \cdot \mathbf{T}\, ds}_{\text{시계반대 방향 순환}} = \oint_C M\, dx + N\, dy = \underbrace{\iint_R \left(\frac{\partial N}{\partial x} - \frac{\partial M}{\partial y} \right) dx\, dy}_{\text{컬 적분}} \tag{3}$$

그린 정리의 두 번째 형식은 평면에서 단순 닫힌 곡선을 가로지르는 벡터장의 외향 플럭스가 이 곡선이 둘러싸는 영역에 대한 이 벡터장의 발산의 2중적분과 같음을 알려준다. 14.2절의 식 (8)과 (9)의 플럭스를 위한 공식을 상기한다.

C를 가로지르는 플럭스 $= \oint_C \mathbf{F} \cdot \mathbf{n}\, ds$

$\text{div } \mathbf{F} = \dfrac{\partial M}{\partial x} + \dfrac{\partial N}{\partial y}$

정리 5 | 그린 정리(플럭스-발산 또는 법 형식)

C가 조각적으로 매끄러운 단순 닫힌 곡선이며 평면의 영역 R을 둘러싼다고 하자. 벡터장 $\mathbf{F} = M\mathbf{i} + N\mathbf{j}$가 M, N이 R을 포함하는 열린 영역에서 연속인 1계 편도함수를 가지는 벡터장이라 하자. 그러면 C를 가로지르는 벡터장 **F**의 외향 플럭스는 이 곡선으로 둘러싸인 영역 R에 대한 div **F**의 2중적분과 같다.

$$\underbrace{\oint_C \mathbf{F} \cdot \mathbf{n}\, ds}_{\text{외향 플럭스 방향 순환}} = \oint_C M\, dy - N\, dx = \underbrace{\iint_R \left(\frac{\partial M}{\partial x} + \frac{\partial N}{\partial y} \right) dx\, dy}_{\text{발산 적분}} \tag{4}$$

이들 두 형식의 그린 정리는 서로 동치이다. 식 (3)에 $\mathbf{G}_1 = -N\mathbf{i} + M\mathbf{j}$을 적용하면 식 (4)를 얻고, 식 (4)에 $\mathbf{G}_2 = N\mathbf{i} - M\mathbf{j}$을 적용하면 식 (3)을 얻는다.

이들 그린 정리의 두 형식은 5.4절의 미분적분학의 기본정리의 2차원 일반화로 이해할 수 있다. 식 (3)의 좌변의 선적분으로 정의된 C에 대한 벡터장 **F**의 시계반대 방향 순환은 C로 둘러싸인 영역 R에 대한 이 벡터장의 변화율(순환밀도)의 적분이며, 이것은 식 (3)의 우변에 있는 2중적분이다. 마찬가지로 식 (4)의 좌변의 선적분으로 정의된 C를 가로지르는 벡터장 **F**의 외향 플럭스는 C로 둘러싸인 영역 R에 대한 이 벡터장의 변화율(플럭스 밀도)의 적분이며, 이것은 식 (4)의 우변에 있는 2중적분이다.

예제 3 벡터장 $\mathbf{F}(x, y)=(x-y)\mathbf{i}+x\mathbf{j}$과 단위원 C: $\mathbf{r}(t)=(\cos t)\mathbf{i}+(\sin t)\mathbf{j}$, $0 \le t \le 2\pi$으로 둘러싸인 영역 R에 대해 그린 정리의 두 형식을 검증하라.

풀이 우선 C에 대해 $\mathbf{F}=M\mathbf{i}+N\mathbf{j}$의 시계반대 방향 순환의 값을 구한다. 곡선 C에서 $x=\cos t$, $y=\sin t$이다. $\mathbf{F}(\mathbf{r}(t))$의 값을 구하고 $\mathbf{r}$의 성분들의 도함수를 계산하면 다음을 얻는다.

$$M = x - y = \cos t - \sin t, \qquad dx = d(\cos t) = -\sin t\, dt$$
$$N = x = \cos t, \qquad dy = d(\sin t) = \cos t\, dt$$

따라서 다음과 같다.

$$\begin{aligned}\oint_C \mathbf{F}\cdot\mathbf{T}\,ds &= \oint_C M\,dx + N\,dy \\ &= \int_{t=0}^{t=2\pi} (\cos t - \sin t)(-\sin t)\,dt + (\cos t)(\cos t)\,dt \\ &= \int_0^{2\pi} (-\sin t\cos t + 1)\,dt = 2\pi\end{aligned}$$

이로부터 식 (3)의 좌변을 얻는다. 이제 식 (3) 우변의 컬 적분을 구한다. $M=x-y$, $N=x$이므로 다음을 얻는다.

$$\frac{\partial M}{\partial x} = 1, \qquad \frac{\partial M}{\partial y} = -1, \qquad \frac{\partial N}{\partial x} = 1, \qquad \frac{\partial N}{\partial y} = 0$$

따라서 다음과 같다.

$$\begin{aligned}\iint_R \left(\frac{\partial N}{\partial x} - \frac{\partial M}{dy}\right)dx\,dy &= \iint_R (1-(-1))\,dx\,dy \\ &= 2\iint_R dx\,dy = 2(\text{단위원 내부 영역}) = 2\pi\end{aligned}$$

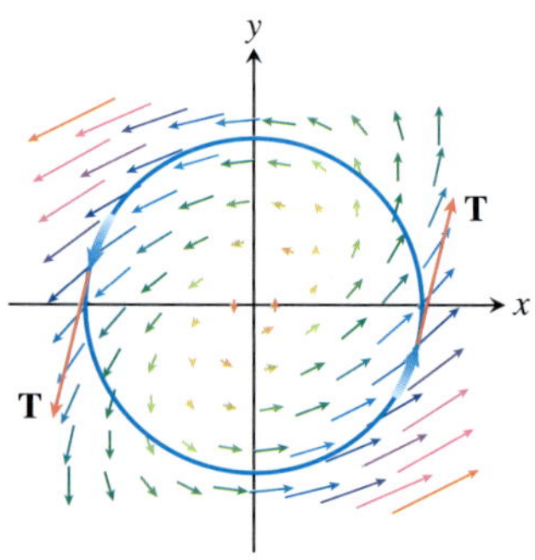

그림 14.35 예제 3의 벡터장은 단위원 둘레로 2π의 시계반대 방향 순환을 가진다.

그러므로 식 (3)의 좌변과 우변이 모두 2π로 같아서 그린 정리의 순환-컬 형태가 확인된다.

그림 14.35에서 이 벡터장과 C에 대한 순환을 볼 수 있다.

이제 그린 정리의 플럭스-발산 형식의 식 (4)의 두 변을 계산하기 위해 외향 플럭스를 먼저 살펴보면 다음과 같다.

$$\begin{aligned}\oint_C M\,dy - N\,dx &= \int_{t=0}^{t=2\pi} (\cos t - \sin t)(\cos t\,dt) - (\cos t)(-\sin t\,dt) \\ &= \int_0^{2\pi} \cos^2 t\,dt = \pi\end{aligned}$$

다음으로 발산 적분을 계산하면 다음을 얻는다.

$$\iint_R \left(\frac{\partial M}{\partial x} + \frac{\partial N}{\partial y}\right)dx\,dy = \iint_R (1+0)\,dx\,dy = \iint_R dx\,dy = \pi$$

그러므로 식 (4)의 좌변과 우변이 모두 π로 같아서 그린 정리의 플럭스-발산 형식이 확인된다. ■

그린 정리를 이용하여 선적분의 값 구하기

만약 닫힌 곡선 C가 많은 수의 곡선을 조각적으로 끝과 끝을 이어서 구성되었다면 많은 수의 서로 다른 적분의 값을 구해야 할 수 있으므로 C에 대한 선적분의 값을 구하는 과정이 매우 번거로울 수 있다. 만약 C가 그린 정리를 활용할 수 있는 영역 R을 둘러싸고 있으면 그린 정리를 활용하여 C에 대한 선적분을 R에 대한 2중적분으로 변형할 수 있다.

예제 4 C가 $0 \le x \le 1,\ 0 \le y \le 1$ 정사각형의 경계일 때 다음 선적분의 값을 구하라.

$$\oint_C xy\,dy - y^2\,dx$$

풀이 그린 정리의 두 형식 중 어느 것을 선택하든 선적분을 정사각형에 대한 2중적분으로 변형할 수 있다. 여기서 C는 정사각형의 경계이고, R은 그 내부이다.

1. 접 형식의 식 (3): $M=-y^2$, $N=xy$를 선택하면 다음을 얻는다.

$$\oint_C -y^2\,dx + xy\,dy = \iint_R \left(\frac{\partial N}{\partial x} - \frac{\partial M}{\partial y}\right)dx\,dy = \iint_R (y-(-2y))\,dx\,dy$$

$$= \int_0^1\int_0^1 3y\,dx\,dy = \int_0^1 \left[3xy\right]_{x=0}^{x=1} dy = \int_0^1 3y\,dy = \frac{3}{2}y^2\Big]_0^1 = \frac{3}{2}$$

2. 법 형식의 식 (4): $M=xy$, $N=y^2$을 선택하면 다음을 얻는다.

$$\oint_C xy\,dy - y^2\,dx = \iint_R \left(\frac{\partial M}{\partial x} + \frac{\partial N}{\partial y}\right)dx\,dy = \iint_R (y+2y)\,dx\,dy = \frac{3}{2}$$

■

예제 5 벡터장 $\mathbf{F}(x, y)=2e^{xy}\,\mathbf{i}+y^3\mathbf{j}$에 대해 정사각형 $-1 \le x \le 1,\ -1 \le y \le 1$의 경계를 가로지르는 외향 플럭스를 구하라.

풀이 선적분에 의한 플럭스 계산은 정사각형 각 변마다 1개씩 4개의 적분을 다루어야 한다. 그린 정리를 활용하여 이 선적분을 1개의 2중적분으로 바꿀 수 있다. $M=2e^{xy}$, $N=y^3$, 정사각형의 경계 C, 정사각형의 내부 R에 대해 다음을 얻는다.

$$\text{플럭스} = \oint_C \mathbf{F}\cdot\mathbf{n}\,ds = \oint_C M\,dy - N\,dx$$

$$= \iint_R \left(\frac{\partial M}{\partial x} + \frac{\partial N}{\partial y}\right)dx\,dy \qquad \text{그린 정리, 식 (4)}$$

$$= \int_{-1}^1\int_{-1}^1 (2ye^{xy}+3y^2)\,dx\,dy = \int_{-1}^1 \left[2e^{xy}+3xy^2\right]_{x=-1}^{x=1} dy$$

$$= \int_{-1}^1 (2e^y+6y^2-2e^{-y})\,dy = \left[2e^y+2y^3+2e^{-y}\right]_{-1}^1 = 4$$

■

특별한 영역에 대한 그린 정리의 증명

C가 xy평면에 있는 매끄러운 단순 닫힌 곡선으로 좌표축에 평행한 선과 2개 이하의 교점을 가진다고 하자. C에 둘러싸인 영역을 R이라 하고 M, N과 이들의 1계 편도함수가 C와 R을 포함한 어떤 열린 영역의 모든 점에서 연속이라 하자. 다음과 같은 순환-컬 형식의 그린 정리를 증명하기로 한다.

$$\oint_C M\,dx + N\,dy = \iint_R \left(\frac{\partial N}{\partial x} - \frac{\partial M}{\partial y}\right)dx\,dy \qquad (5)$$

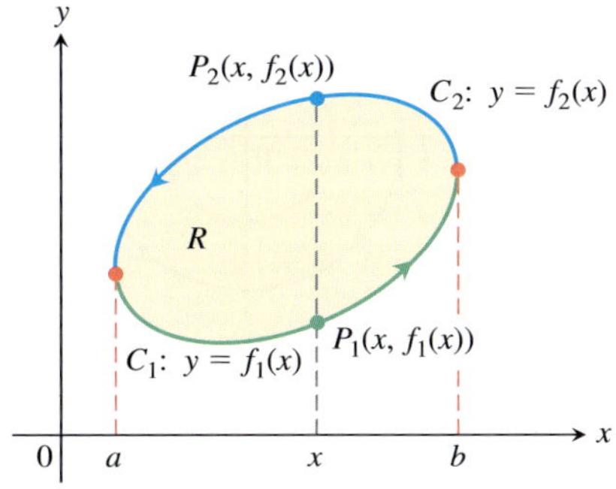

그림 14.36 경계의 곡선 C는 $y=f_1(x)$의 그래프 C_1과 $y=f_2(x)$의 그래프 C_2로 구성된다.

그림 14.36에 제시된 것처럼 C는 2개의 방향이 다음과 같이 정해진 부분으로 구성된다.

$$C_1:\quad y=f_1(x),\quad a \le x \le b, \qquad C_2:\quad y=f_2(x),\quad b \ge x \ge a$$

a와 b 사이의 임의의 x에 대해 $\partial M/\partial y$를 $y=f_1(x)$에서 $y=f_2(x)$까지 y에 관해 적분하여 다음을 얻는다.

$$\int_{f_1(x)}^{f_2(x)} \frac{\partial M}{\partial y}\,dy = M(x, y)\Big]_{y=f_1(x)}^{y=f_2(x)} = M(x, f_2(x)) - M(x, f_1(x))$$

이제 이것을 a에서 b까지 x에 관해 적분하면 다음을 얻는다.

$$\begin{aligned}\int_a^b \int_{f_1(x)}^{f_2(x)} \frac{\partial M}{\partial y}\,dy\,dx &= \int_a^b [M(x, f_2(x)) - M(x, f_1(x))]\,dx \\ &= -\int_b^a M(x, f_2(x))\,dx - \int_a^b M(x, f_1(x))\,dx \\ &= -\int_{C_2} M\,dx - \int_{C_1} M\,dx \\ &= -\oint_C M\,dx\end{aligned}$$

따라서 식의 순서를 바꾸면 다음과 같다.

$$\oint_C M\,dx = \iint_R \left(-\frac{\partial M}{\partial y}\right) dx\,dy \tag{6}$$

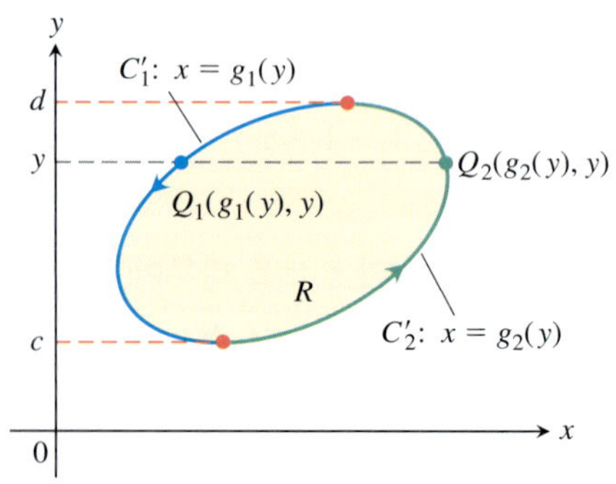

그림 14.37 경계의 곡선 C는 $x=g_1(y)$의 그래프 C_1'과 $x=f_2(y)$의 그래프 C_2'로 구성된다.

식 (6)은 식 (5)를 구하기 위한 절반의 결과이다. 다른 절반은 그림 14.37에 제시된 것처럼 처음에는 x에 대해, 다음에는 y에 대해 $\partial N/\partial x$를 적분하여 유도한다. 이는 그림 14.36의 곡선 C가 향이 정해진 2개의 부분 C_1': $x=g_1(y)$, $d \geq y \geq c$와 C_2': $x=g_2(y)$, $c \leq y \leq d$으로 분해되는 것을 보인다. 이 2중적분의 결과는 다음과 같다.

$$\oint_C N\,dy = \iint_R \frac{\partial N}{\partial x}\,dx\,dy \tag{7}$$

식 (6)과 (7)을 합하며 식 (5)를 얻는다. 이로서 증명을 완성한다. ■

그린 정리는 그림 14.38에 제시된 것과 같은 더 일반적인 영역에도 성립한다. 그림 14.38c에 제시된 영역은 단순 연결이 아니라는 것을 유념한다. 이 영역의 경계인 곡선 C_1과 C_h는 그림의 방향으로 곡선들을 지나며 영역 R이 항상 왼쪽에 있도록 향이 정해졌으며 공통의 경계의 호에 대해 서로 반대 방향으로 지나면 상쇄가 나타난다. 이러한 관례에 따라 그린 정리는 단순 연결이 아닌 영역에 대해 성립한다. 증명은 경계가 서로 겹치는 특별한 영역의 모임에 대한 적분 작업으로 진행된다. 그림 14.38c와 같이 어떤 호를 서로 다른 방향으로 두 번 지날 때 상쇄가 발생한다. 여기서는 이 증명을 자세히 다루지 않는다.

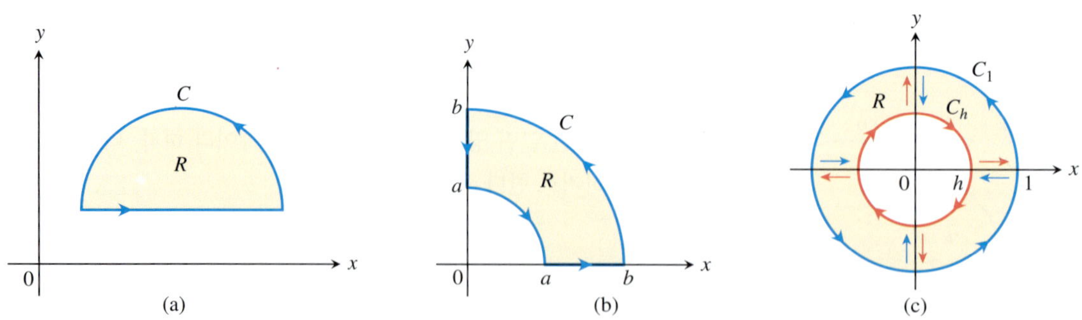

그림 14.38 그린 정리가 적용되는 다른 영역들. (c)에서 좌표축에 의해 영역을 4개의 단순 연결인 영역으로 변형하고 향이 정해진 경계에 대한 선적분을 합한다.

연습문제 14.4 EXERCISE QUESTION

curl F의 k성분의 계산

연습문제 1~6에서 다음 평면의 벡터장에 대해 curl **F**의 **k**성분을 구하라.

1. $\mathbf{F} = (x + y)\mathbf{i} + (2xy)\mathbf{j}$

2. $\mathbf{F} = (x^2 - y)\mathbf{i} + (y^2)\mathbf{j}$

3. $\mathbf{F} = (xe^y)\mathbf{i} + (ye^x)\mathbf{j}$

4. $\mathbf{F} = (x^2y)\mathbf{i} + (xy^2)\mathbf{j}$

5. $\mathbf{F} = (y\sin x)\mathbf{i} + (x\sin y)\mathbf{j}$

6. $\mathbf{F} = (x/y)\mathbf{i} - (y/x)\mathbf{j}$

그린 정리의 검증

연습문제 7~10에서 다음 벡터장 $\mathbf{F}=M\mathbf{i}+N\mathbf{j}$에 대해 식 (3)과 (4)의 값을 구해 그린 정리의 결과를 검증하라. 각각에 대해 적분의 영역은 원판 R: $x^2+y^2 \le a^2$과 경계 C: $\mathbf{r}(t)=(a\cos t)\mathbf{i}+(a\sin t)\mathbf{j}$, $0 \le t \le 2\pi$이다.

7. $\mathbf{F} = -y\mathbf{i} + x\mathbf{j}$

8. $\mathbf{F} = y\mathbf{i}$

9. $\mathbf{F} = 2x\mathbf{i} - 3y\mathbf{j}$

10. $\mathbf{F} = -x^2y\mathbf{i} + xy^2\mathbf{j}$

순환과 플럭스

연습문제 11~20에서 그린 정리를 활용하여 주어진 벡터장 **F**와 곡선 C에 대해 시계반대 방향 순환과 외향 플럭스를 구하라.

11. $\mathbf{F} = (x - y)\mathbf{i} + (y - x)\mathbf{j}$
C: $x=0$, $x=1$, $y=0$, $y=1$로 둘러싸인 정사각형

12. $\mathbf{F} = (x^2 + 4y)\mathbf{i} + (x + y^2)\mathbf{j}$
C: $x=0$, $x=1$, $y=0$, $y=1$로 둘러싸인 정사각형

13. $\mathbf{F} = (y^2 - x^2)\mathbf{i} + (x^2 + y^2)\mathbf{j}$
C: $y=0$, $x=3$, $y=x$로 둘러싸인 삼각형

14. $\mathbf{F} = (x + y)\mathbf{i} - (x^2 + y^2)\mathbf{j}$
C: $y=0$, $x=1$, $y=x$로 둘러싸인 삼각형

15. $\mathbf{F} = (xy + y^2)\mathbf{i} + (x - y)\mathbf{j}$

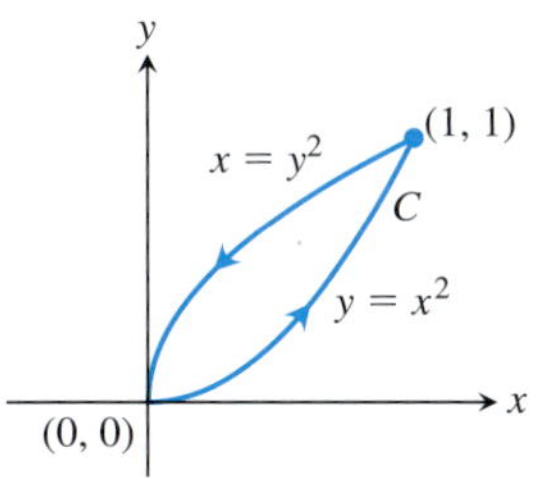

16. $\mathbf{F} = (x + 3y)\mathbf{i} + (2x - y)\mathbf{j}$

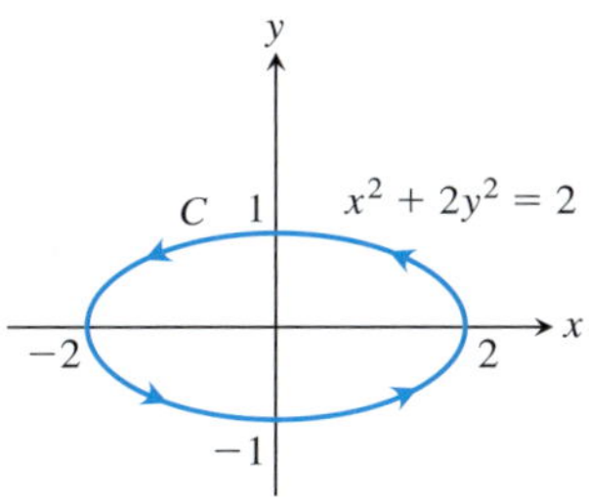

17. $\mathbf{F} = x^3y^2\mathbf{i} + \frac{1}{2}x^4y\mathbf{j}$

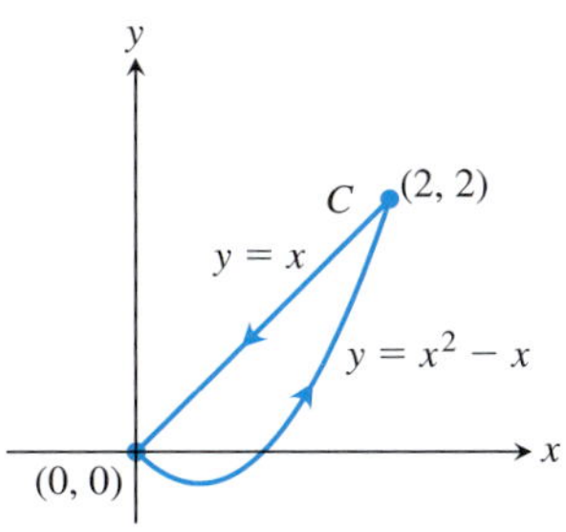

18. $\mathbf{F} = \dfrac{x}{1 + y^2}\mathbf{i} + (\tan^{-1} y)\mathbf{j}$

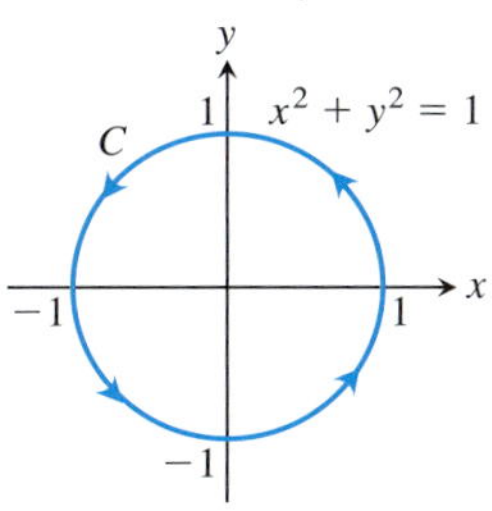

19. $\mathbf{F} = (x + e^x\sin y)\mathbf{i} + (x + e^x\cos y)\mathbf{j}$
C: 렘니스케이트 $r^2=\cos 2\theta$의 오른쪽 단순 닫힌 곡선

20. $\mathbf{F} = \left(\tan^{-1}\dfrac{y}{x}\right)\mathbf{i} + \ln(x^2 + y^2)\mathbf{j}$
C: 극좌표 부등식 $1 \le r \le 2$, $0 \le \theta \le \pi$으로 정의되는 영역의 경계

21. 곡선 $y=x^2$과 직선 $y=x$로 둘러싸인 영역에 대해 벡터장 $\mathbf{F}=xy\mathbf{i}+y^2\mathbf{j}$의 시계반대 방향 순환과 외향 플럭스를 구하라.

22. 정사각형 $0 \le x \le \pi/2$, $0 \le y \le \pi/2$의 경계에 대해 벡터장 $\mathbf{F}=(-\sin y)\mathbf{i}+(x\cos y)\mathbf{j}$의 시계반대 방향 순환과 외향 플럭스를 구하라.

23. 카디오이드(심장형) $r=a(1+\cos\theta)$, $a>0$를 가로지르는 다음 벡터장의 외향 플럭스를 구하라.

$$\mathbf{F} = \left(3xy - \frac{x}{1 + y^2}\right)\mathbf{i} + (e^x + \tan^{-1} y)\mathbf{j}$$

24. 곡선 $y=3-x^2$에 대해 위쪽으로 곡선 $y=x^4+1$에 대해 아래으로 둘러싸인 영역의 경계에 대해 $\mathbf{F}=(y+e^x\ln y)\mathbf{i}+(e^x/y)\mathbf{j}$의 시계반대 방향 순환을 구하라.

일

연습문제 25와 26에서 어떤 입자가 주어진 곡선을 시계반대 방향으로 한 번 지날 때 **F**가 한 일을 구하라.

25. $\mathbf{F} = 2xy^3\mathbf{i} + 4x^2y^2\mathbf{j}$
C: 제1사분면에 x축, 직선 $x=1$, 곡선 $y=x^3$으로 둘러싸인 '삼각형' 영역의 경계

26. $\mathbf{F} = (4x - 2y)\mathbf{i} + (2x - 4y)\mathbf{j}$
C: 원 $(x-2)^2+(y-2)^2=4$

그린 정리의 활용

연습문제 27~30에서 그린 정리를 활용하여 적분의 값을 구하라.

27. $\oint_C (y^2\,dx + x^2\,dy)$
C: $x=0$, $x+y=1$, $y=0$으로 둘러싸인 삼각형의 경계

28. $\oint_C (3y\,dx + 2x\,dy)$
C: $0 \le x \le \pi$, $0 \le y \le \sin x$의 경계

29. $\oint_C (6y + x)\,dx + (y + 2x)\,dy$
C: 원 $(x-2)^2+(y-3)^2=4$

30. $\oint_C (2x + y^2)\,dx + (2xy + 3y)\,dy$
C: 그린 정리가 성립할 수 있는 평면의 임의의 단순 닫힌 곡선

그린 정리를 활용한 넓이 계산 평면의 단순 닫힌 곡선 C와 이 곡선이 감싸는 영역 R이 그린 정리의 조건을 만족하면, R의 넓이는 다음으로 주어진다.

> **그린 정리 넓이 공식**
>
> $$R\text{의 넓이} = \frac{1}{2}\oint_C x\,dy - y\,dx$$

이는 식 (4)를 역으로 살펴보면 다음과 같기 때문이다.

$$R\text{의 넓이} = \iint_R dy\,dx = \iint_R \left(\frac{1}{2}+\frac{1}{2}\right) dy\,dx$$
$$= \oint_C \frac{1}{2}x\,dy - \frac{1}{2}y\,dx$$

위에 주어진 그린 정리의 넓이 공식을 이용하여 연습문제 31~34에서 곡선으로 둘러싸인 영역의 넓이를 구하라.

31. 원: $\mathbf{r}(t) = (a\cos t)\mathbf{i} + (a\sin t)\mathbf{j},\quad 0 \le t \le 2\pi$

32. 타원: $\mathbf{r}(t) = (a\cos t)\mathbf{i} + (b\sin t)\mathbf{j},\quad 0 \le t \le 2\pi$

33. 성망형: $\mathbf{r}(t) = (\cos^3 t)\mathbf{i} + (\sin^3 t)\mathbf{j},\quad 0 \le t \le 2\pi$

34. 사이클로이드 $x=t-\sin t$, $y=1-\cos t$의 반원형

35. C가 그린 정리가 성립하는 영역의 경계라고 하자. 그린 정리를 이용하여 다음을 계산하라.

a. $\oint_C f(x)\,dx + g(y)\,dy$

b. $\oint_C ky\,dx + hx\,dy$ (k와 h 상수)

36. 넓이에만 의존하는 적분 임의의 정사각형에 대한 다음 적분의 값은 정사각형이 놓인 위치에 무관하고 정사각형의 넓이에만 의존함을 보여라.

$$\oint_C xy^2\,dx + (x^2y + 2x)\,dy$$

37. 임의의 닫힌 경로 C에 대해 다음 적분의 값을 구하라.

$$\oint_C 4x^3y\,dx + x^4\,dy$$

38. 임의의 닫힌 경로 C에 대해 다음 적분의 값을 구하라.

$$\oint_C -y^3\,dy + x^3\,dx$$

39. 선적분으로서의 넓이 만약 평면의 영역 R이 조각마다 매끄러운 단순 닫힌 곡선 C를 경계로 하면 다음과 같음을 보여라.

$$R\text{의 넓이} = \oint_C x\,dy = -\oint_C y\,dx$$

40. 선적분으로서의 정적분 음이 아닌 값을 갖는 함수 $y=f(x)$가 $[a, b]$에서 연속인 1계 도함수를 갖는다고 하자. C가 xy평면에서 위쪽에서 x축을, 아랫쪽에서 f의 그래프를 그리고 옆쪽에서 직선 $x=a$, $x=b$를 경계로 하는 영역의 경계라 하자. 다음 식을 보여라.

$$\int_a^b f(x)\,dx = -\oint_C y\,dx$$

41. 넓이와 무게중심 xy평면의 조각마다 매끄러운 단순 닫힌 곡선 C를 경계로 하는 영역 R의 무게중심의 x좌표를 $\bar{x}$라 하자. 만약 R의 넓이가 A이면 다음 식을 보여라.

$$\frac{1}{2}\oint_C x^2\,dy = -\oint_C xy\,dx = \frac{1}{3}\oint_C x^2\,dy - xy\,dx = A\bar{x}$$

42. 관성 모멘트 연습문제 41의 영역의 y축에 대한 관성 모멘트를 I_y라 하자. 다음 식을 보여라.

$$\frac{1}{3}\oint_C x^3\,dy = -\oint_C x^2y\,dx = \frac{1}{4}\oint_C x^3\,dy - x^2y\,dx = I_y$$

43. 그린 정리와 라플라스 방정식 필요한 모든 도함수가 존재하고 연속이라고 가정할 때, 만약 $f(x, y)$가 다음 라플라스 방정식을 만족한다고 하자.

$$\frac{\partial^2 f}{\partial x^2} + \frac{\partial^2 f}{\partial y^2} = 0$$

그러면 그린 정리를 적용할 수 있는 모든 닫힌 곡선 C에 대해 다음을 보여라.

$$\oint_C \frac{\partial f}{\partial y}dx - \frac{\partial f}{\partial x}dy = 0$$

(역도 성립한다. 만약 이 선적분이 항상 0이면 f가 라플라스 방정식을 만족한다.)

44. 일의 최대화 시계반대 방향으로 향이 주어진 평면의 단순 닫힌 곡선 중에 다음 벡터장에 대한 일이 최대가 되는 것을 구하라.

$$\mathbf{F} = \left(\frac{1}{4}x^2y + \frac{1}{3}y^3\right)\mathbf{i} + x\mathbf{j}$$

[힌트: (curl $\mathbf{F}$) · $\mathbf{k}$가 양수인 곳은 어디인가?]

45. 여러 개의 구멍이 있는 영역 유한개의 구멍이 있는 영역 R에 대해 경계가 되는 곡선이 매끄러운 단순 닫힌 곡선이며 경계의 연결된 조각에 대해 각 곡선을 따라 진행하는 동안 근방의 R이 항상 왼쪽에 놓이는 향(주어진 그림 참조)으로 적분할 수 있는 한 이 영역에 대한 그린 정리가 성립한다.

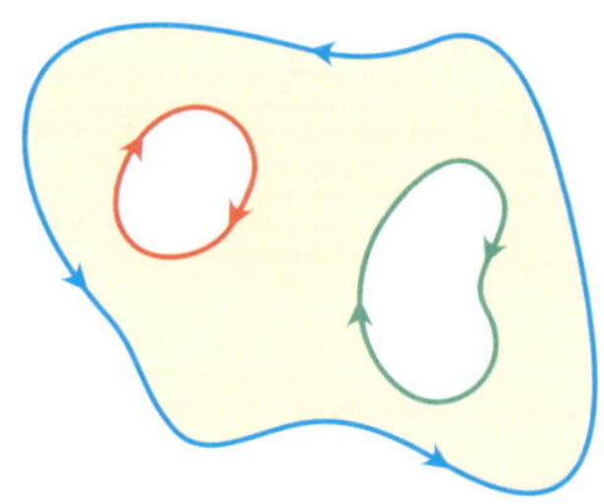

a. $f(x, y)=\ln(x^2+y^2)$이고 C가 원 $x^2+y^2=a^2$이라 하자. 플럭스 적분의 값을 구하라.

$$\oint_C \nabla f \cdot \mathbf{n}\,ds$$

b. 임의의 곡선 K가 (0, 0)을 지나지 않는 평면의 매끄러운 단순 닫힌 곡선이라 하자. 다음 그린 정리를 이용하여 (0, 0)을 곡선 K의 내부나 외부에 놓여 있는가에 따라 결정되는 2개의 가능한 값을 가짐을 보여라.

$$\oint_K \nabla f \cdot \mathbf{n}\,ds$$

46. 밴딕슨 판정법 평면의 유체 흐름의 유선은 유체의 개별 입자의 궤적이 나타내는 매끄러운 곡선이다. 흐름의 속도벡터장의 벡터 $\mathbf{F}=M(x, y)\mathbf{i}+N(x, y)\mathbf{j}$는 유선의 접벡터이다. 만약 흐름이 단순 연결된 영역 R(구멍이나 점이 빠진 것이 없는)에서 발생하고 R 전체에서 $M_x+N_y \neq 0$이면 R의 유선은 모두 닫혀 있지 않음을 보여라. 판정법 $M_x+N_y \neq 0$을 닫힌 궤적의 부재성에 대한 밴딕슨 판정법

이라 한다.

47. 특별한 경우에 대한 그린 정리의 증명을 위해 식 (7)을 보여라.

48. 보존적인 벡터장의 컬 성분 보존적인 2차원 벡터장의 컬 성분에 대해 어떤 것을 논의할 수 있는가? 답에 대한 이유를 제시하라.

컴퓨터 탐구

연습문제 49~52에서 CAS와 그린 정리를 이용하여 단순 닫힌 곡선 C에 대한 벡터 $\mathbf{F}$의 시계반대 방향 순환을 구한다. 다음 CAS의 단계를 수행하라.

a. xy평면에 C 플롯하라.

b. 그린 정리의 접 형식에 대해 피적분함수 $(\partial N/\partial x)-(\partial M/\partial y)$를 결정하라.

c. 문제 (a)에서 정한 플롯에 대한 적분의 극한(2중적분)을 결정하고 순환에 대한 컬 적분의 값을 구하라.

49. $\mathbf{F}=(2x-y)\mathbf{i}+(x+3y)\mathbf{j}$, C: 타원 $x^2+4y^2=4$

50. $\mathbf{F}=(2x^3-y^3)\mathbf{i}+(x^3+y^3)\mathbf{j}$, C: 타원 $\dfrac{x^2}{4}+\dfrac{y^2}{9}=1$

51. $\mathbf{F}=x^{-1}e^y\mathbf{i}+(e^y\ln x+2x)\mathbf{j}$,
C: 윗쪽으로 $y=2$를, 아래쪽으로 $y=1+x^4$를 경계로 하는 영역의 경계

52. $\mathbf{F}=xe^y\mathbf{i}+(4x^2\ln y)\mathbf{j}$,
C: (0, 0), (2, 0), (0, 4)를 꼭지점으로 하는 삼각형

14.5 곡면과 넓이

평면의 곡선을 다음 세 가지 방법으로 나타내었다.

암시적 형식:	$y=f(x)$
명시적 형식:	$F(x,y)=0$
매개변수 벡터 형식:	$\mathbf{r}(t)=f(t)\mathbf{i}+g(t)\mathbf{j},\quad a\le t\le b$

공간의 곡면에 대해서도 유사한 표현법이 있다.

암시적 형식:	$z=f(x,y)$
명시적 형식:	$F(x,y,z)=0$

마찬가지로 곡면에 대한 매개변수 형식이 있는데, 곡면의 점의 위치를 2변수 벡터함수로 나타낸다. 이 절에서 이 새로운 형식을 다루고 이를 활용하여 곡면의 넓이를 2중적분으로 구한다. 더 일반적인 매개변수 공식의 특별한 경우로 암시적 또는 명시적 형태로 주어진 곡면의 넓이에 대한 2중적분 공식을 얻는다.

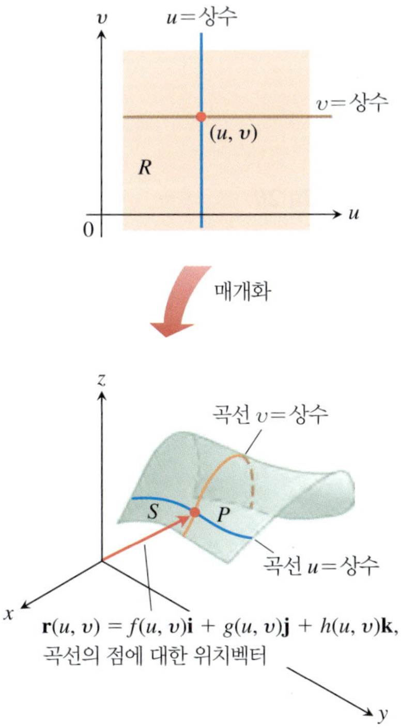

그림 14.39 영역 R에 정의된 2변수 벡터함수로 표현된 매개화된 곡면 S.

곡면의 매개화

uv평면의 영역 R에 정의된 벡터함수가 다음과 같이 연속이고 R의 내부에서 일대일이라 하자(그림 14.39).

$$\mathbf{r}(u,v)=f(u,v)\mathbf{i}+g(u,v)\mathbf{j}+h(u,v)\mathbf{k} \tag{1}$$

$\mathbf{r}$의 치역을 $\mathbf{r}$에 의해 정의된 또는 나타난 **곡면** S라 한다. 식 (1)과 정의역 R을 함께 곡선의 **매개화**를 구성한다. 변수 u, v가 **매개변수**이고, R을 **매개변수 영역**(parameter domain)이라 한다. 논의를 수월성을 위해 R을 부등식 $a\le u\le b$, $c\le v\le d$의 형태로 정의된 직사각형으로 정한다. $\mathbf{r}$이 R의 내부에서 일대일 조건은 S가 자기자신과 교차하지 않도록 한다. 식 (1)은 다음 3개의 매개변수식과 벡터 동치인 것을 유념하자.

$$x=f(u,v),\qquad y=g(u,v),\qquad z=h(u,v)$$

예제 1 다음 원뿔의 매개화를 구하라.

$$z=\sqrt{x^2+y^2},\qquad 0\le z\le 1$$

풀이 원기둥좌표로 매개화한다. 원뿔(그림 14.40)의 전형적인 점 (x, y, z)는 $0\le r\le 1$, $0\le\theta\le 2\pi$에 대해 $x=r\cos\theta$, $y=r\sin\theta$, $z=\sqrt{x^2+y^2}=r$이다. 식 (1)에 $u=r$, $v=\theta$라 두면 다음과 같은 매개화를 얻는다.

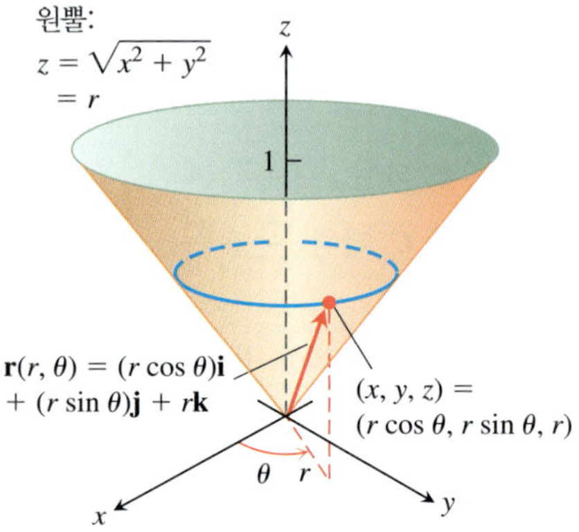

그림 14.40 예제 1의 원뿔은 원기둥좌표를 이용하여 매개화할 수 있다.

$$\mathbf{r}(r, \theta) = (r\cos\theta)\mathbf{i} + (r\sin\theta)\mathbf{j} + r\mathbf{k}, \qquad 0 \le r \le 1, \quad 0 \le \theta \le 2\pi$$

이 매개화는 정의역의 내부에서 일대일이나 경계의 $r=0$(원뿔의 꼭지점에 해당하는)이나 $\theta=0$ 또는 $\theta=2\pi$(x축 윗쪽으로 이음새가 되어 붙여 원뿔을 만드는)에서는 일대일이 아니다. ■

예제 2 구면 $x^2+y^2+z^2=a^2$의 매개화를 구하라.

풀이 구면좌표로 구한다. 구(그림 14.41)의 전형적인 점 (x, y, z)은 $0 \le \phi \le \pi$, $0 \le \theta \le 2\pi$에 대해 $x=a\sin\phi\cos\theta$, $y=a\sin\phi\sin\theta$이고 $z=a\cos\phi$이다. 식 (1)에 $u=\phi$, $v=\theta$로 두면 다음과 같이 매개화를 얻는다.

$$\mathbf{r}(\phi, \theta) = (a\sin\phi\cos\theta)\mathbf{i} + (a\sin\phi\sin\theta)\mathbf{j} + (a\cos\phi)\mathbf{k}$$
$$0 \le \phi \le \pi, \qquad 0 \le \theta \le 2\pi$$

마찬가지로 매개화는 정의역의 내부에서 일대일이지만 경계에서는 아니다. ■

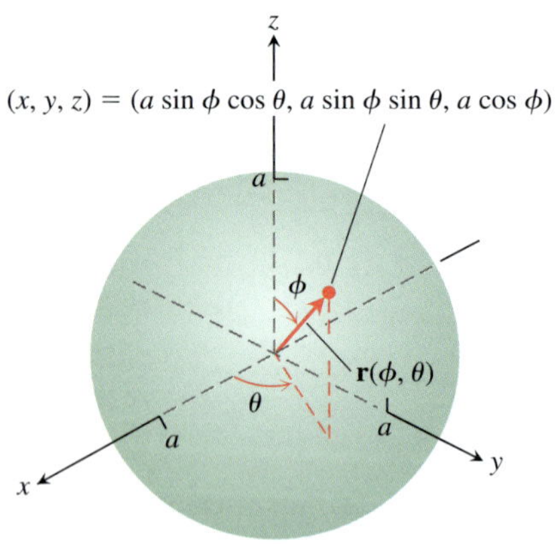

그림 14.41 예제 2의 구면은 구면좌표로 매개화할 수 있다.

예제 3 다음 원기둥면의 매개화를 구하라.

$$x^2 + (y-3)^2 = 9, \qquad 0 \le z \le 5$$

풀이 원기둥좌표에서 점 (x, y, z)는 $x=r\cos\theta$, $y=r\sin\theta$, $z=z$이다. 원기둥면 $x^2+(y-3)^2=9$(그림 14.42)의 점에 대해 식은 xy평면에 있는 원기둥면의 바닥의 극 형식과 같다.

$$x^2 + (y^2 - 6y + 9) = 9$$
$$r^2 - 6r\sin\theta = 0 \qquad x^2+y^2=r^2,\ y=r\sin\theta$$

또는

$$r = 6\sin\theta, \qquad 0 \le \theta \le \pi$$

따라서 원기둥면의 전형적인 점은 다음과 같다.

$$x = r\cos\theta = 6\sin\theta\cos\theta = 3\sin 2\theta$$
$$y = r\sin\theta = 6\sin^2\theta$$
$$z = z$$

식 (1)에 $u=\theta$, $v=z$로 두면 다음과 같은 매개화를 얻는다.

$$\mathbf{r}(\theta, z) = (3\sin 2\theta)\mathbf{i} + (6\sin^2\theta)\mathbf{j} + z\mathbf{k}, \quad 0 \le \theta \le \pi, \quad 0 \le z \le 5$$

그리고 정의역 내부에서 일대일이다. ■

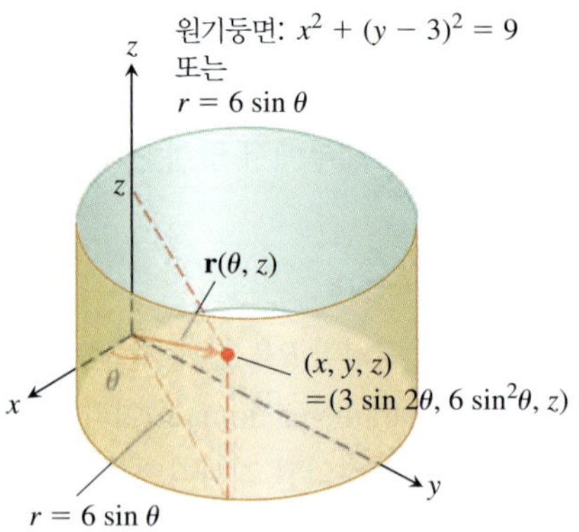

그림 14.42 예제 3의 원기둥면은 원기둥좌표로 매개화할 수 있다.

곡면의 넓이

우리의 목표는 다음과 같이 매개화된 굽은 곡면 S의 넓이를 구하는 2중적분을 찾는 것이다.

$$\mathbf{r}(u, v) = f(u, v)\mathbf{i} + g(u, v)\mathbf{j} + h(u, v)\mathbf{k}, \quad a \le u \le b, \quad c \le v \le d$$

이제 기술하는 구성에는 S가 매끄러운 조건이 필요하다. 매끄러움의 정의는 u, v에 대한 $\mathbf{r}$의 편도함수를 포함한다.

$$\mathbf{r}_u = \frac{\partial \mathbf{r}}{\partial u} = \frac{\partial f}{\partial u}\mathbf{i} + \frac{\partial g}{\partial u}\mathbf{j} + \frac{\partial h}{\partial u}\mathbf{k}$$
$$\mathbf{r}_v = \frac{\partial \mathbf{r}}{\partial v} = \frac{\partial f}{\partial v}\mathbf{i} + \frac{\partial g}{\partial v}\mathbf{j} + \frac{\partial h}{\partial v}\mathbf{k}$$

정의 매개화된 곡면 $\mathbf{r}(u, v)=f(u, v)\mathbf{i}+g(u, v)\mathbf{j}+h(u, v)\mathbf{k}$가 $\mathbf{r}_u$와 $\mathbf{r}_v$가 연속이고 $\mathbf{r}_u \times \mathbf{r}_v$가 매개변수 정의역의 내부에서 0이 되는 경우가 없을 때 **매끄럽다**고 한다.

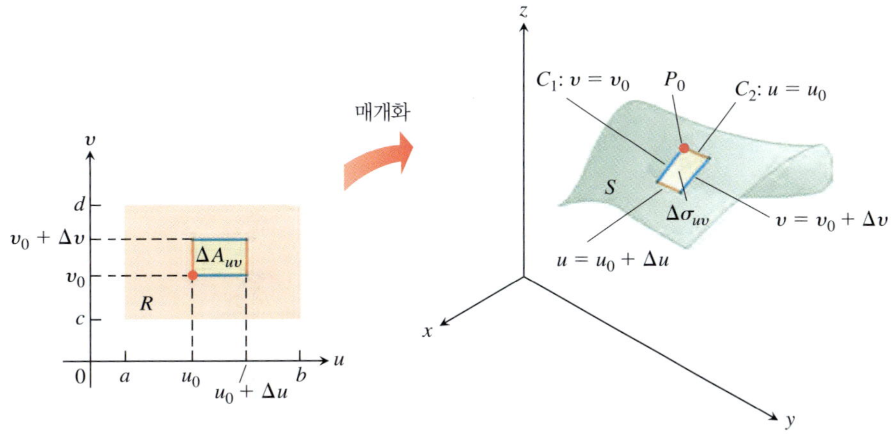

그림 14.43 uv평면의 정사각형 넓이 원소 ΔA_{uv}의 상은 S의 굽은 조각 원소 $\Delta\sigma_{uv}$이다.

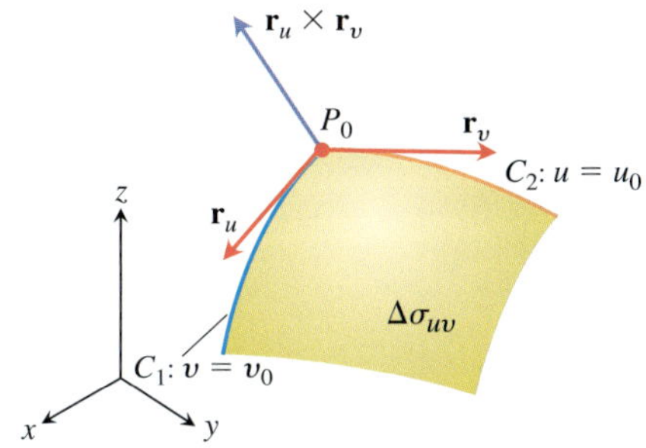

그림 14.44 곡면의 조각 원소 $\Delta\sigma_{uv}$의 확대된 모습.

이 매끄러움의 정의에서 $\mathbf{r}_u \times \mathbf{r}_v$가 0벡터가 되는 경우가 없다는 것은 두 벡터 $\mathbf{r}_u$와 $\mathbf{r}_v$가 영벡터가 아니며 같은 선상이 놓여 있지 않아 이들이 항상 곡면에 대한 접평면을 결정한다는 의미이다. 이 조건은 정의역의 경계에는 요구되지 않으며 넓이의 계산에 영향을 미치지 않는다.

이제 그림 14.43처럼 선 $u=u_0$, $u=u_0+\Delta u$, $v=v_0$, $v=v_0+\Delta v$에 변이 놓인 R에 속한 작은 직사각형 ΔA_{uv}를 생각한다. ΔA_{uv}의 각 변의 상(매개화에 대한)은 곡면 S의 곡선으로 이들 네 곡선을 모두 합해 '굽은 조각 원소' $\Delta\sigma_{uv}$의 경계가 된다. 그림의 표기법에 따라 변 $v=v_0$의 상이 곡선 C_1이고 변 $u=u_0$의 상이 곡선 C_2이며, 이들의 공통꼭지점 (u_0, v_0)의 상은 P_0이다.

그림 14.44는 $\Delta\delta_{uv}$의 확대된 모양을 나타낸다. 편도함수 벡터 $\mathbf{r}_u(u_0, v_0)$는 P_0에서 C_1에 접한다. 마찬가지로 $\mathbf{r}_v(u_0, v_0)$는 P_0에서 C_2에 접한다. 벡터곱 $\mathbf{r}_u \times \mathbf{r}_v$는 P_0에서 곡면에 수직이다. (여기서부터 S가 매끄럽다는 조건을 사용하기 시작한다. $\mathbf{r}_u \times \mathbf{r}_v \neq \mathbf{0}$인 것을 분명히 한다.)

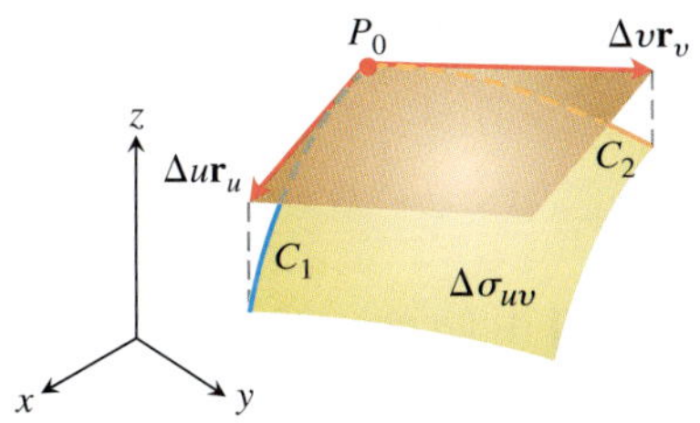

그림 14.45 벡터 $\Delta u\mathbf{r}_u$와 $\Delta v\mathbf{r}_v$로 결정된 평행사변형의 넓이는 곡면 조각 원소 $\Delta\sigma_{uv}$의 넓이를 근사한다.

이제 곡면 조각 원소 $\Delta\sigma_{uv}$를 접평면의 평행사변형으로 근사하는데, 이 평행사변형의 변들은 벡터 $\Delta u\mathbf{r}_u$와 $\Delta v\mathbf{r}_v$로 결정된다(그림 14.45). 이 평행사변형의 넓이는 다음과 같다.

$$|\Delta u\mathbf{r}_u \times \Delta v\mathbf{r}_v| = |\mathbf{r}_u \times \mathbf{r}_v|\,\Delta u\,\Delta v \tag{2}$$

직사각형 영역 ΔA_{uv}들에 의한 uv평면의 영역 R의 분할은 곡면 조각 원소 $\Delta\sigma_{uv}$에 의한 곡면 S의 분할을 유도한다. 식 (2)의 평행사변형의 넓이를 이용하여 각각의 곡면 넓이 원소 $\Delta\sigma_{uv}$의 넓이를 근사하고 이들을 모두 합해 S의 곡면 넓이의 근사를 얻는다.

$$\sum_n |\mathbf{r}_u \times \mathbf{r}_v|\,\Delta u\,\Delta v \tag{3}$$

Δu, Δv가 독립적으로 0에 접근하면 넓이 원소의 수 n은 ∞로 다가가고 $\mathbf{r}_u$와 $\mathbf{r}_v$의 연속성에 의해 식 (3)의 합이 2중적분 $\int_c^d\int_a^b |\mathbf{r}_u \times \mathbf{r}_v|\,du\,dv$에 접근한다. 영역 R에 대한 이 2중적분을 곡면 S의 넓이를 정의하는 데 활용한다.

정의 다음과 같은 매끄러운 곡면이라고 하자.

$$\mathbf{r}(u,v) = f(u,v)\mathbf{i} + g(u,v)\mathbf{j} + h(u,v)\mathbf{k}, \qquad a \le u \le b,\quad c \le v \le d$$

넓이는 다음과 같다.

$$A = \iint_R |\mathbf{r}_u \times \mathbf{r}_v|\,dA = \int_c^d\int_a^b |\mathbf{r}_u \times \mathbf{r}_v|\,du\,dv \tag{4}$$

$|\mathbf{r}_u \times \mathbf{r}_v|\, du\, dv$를 $d\sigma$로 표기하여 식 (4)의 적분을 간략하게 할 수 있다. 곡면 넓이 미분 $d\sigma$는 11.3절의 호의 길이 미분 ds와 유사하다.

매개화된 곡면에 대한 곡면 넓이 미분

$$d\sigma = |\mathbf{r}_u \times \mathbf{r}_v|\, du\, dv \qquad \iint_S d\sigma \tag{5}$$

곡면 넓이 미분, 곡면 넓이 원소로도 불림 — 곡면 넓이의 미분 공식

예제 4 예제 1의 원뿔의 곡면 넓이를 구하라(그림 14.40).

풀이 다음과 같이 예제 1의 매개화를 이미 구했다.

$$\mathbf{r}(r, \theta) = (r\cos\theta)\mathbf{i} + (r\sin\theta)\mathbf{j} + r\mathbf{k}, \qquad 0 \le r \le 1, \quad 0 \le \theta \le 2\pi$$

식 (4)를 적용하기 위해 먼저 $\mathbf{r}_r \times \mathbf{r}_\theta$를 구하면 다음과 같다.

$$\begin{aligned}\mathbf{r}_r \times \mathbf{r}_\theta &= \begin{vmatrix} \mathbf{i} & \mathbf{j} & \mathbf{k} \\ \cos\theta & \sin\theta & 1 \\ -r\sin\theta & r\cos\theta & 0 \end{vmatrix} \\ &= -(r\cos\theta)\mathbf{i} - (r\sin\theta)\mathbf{j} + \underbrace{(r\cos^2\theta + r\sin^2\theta)}_{r}\mathbf{k}\end{aligned}$$

따라서 $|\mathbf{r}_r \times \mathbf{r}_\theta| = \sqrt{r^2\cos^2\theta + r^2\sin^2\theta + r^2} = \sqrt{2r^2} = \sqrt{2}r$이다. 원뿔의 넓이는 다음과 같다.

$$\begin{aligned} A &= \int_0^{2\pi}\int_0^1 |\mathbf{r}_r \times \mathbf{r}_\theta|\, dr\, d\theta \qquad u=r,\ v=\theta\text{에 대한 식 (4)} \\ &= \int_0^{2\pi}\int_0^1 \sqrt{2}r\, dr\, d\theta = \int_0^{2\pi} \frac{\sqrt{2}}{2} d\theta = \frac{\sqrt{2}}{2}(2\pi) = \pi\sqrt{2}\ \text{단위의 제곱} \end{aligned}$$

■

예제 5 반지름 a인 구면의 곡면 넓이를 구하라.

풀이 다음과 같이 예제 2의 매개화를 이용한다.

$$\mathbf{r}(\phi, \theta) = (a\sin\phi\cos\theta)\mathbf{i} + (a\sin\phi\sin\theta)\mathbf{j} + (a\cos\phi)\mathbf{k}$$
$$0 \le \phi \le \pi, \quad 0 \le \theta \le 2\pi$$

$\mathbf{r}_\phi \times \mathbf{r}_\theta$에 대해 다음을 얻는다.

$$\begin{aligned}\mathbf{r}_\phi \times \mathbf{r}_\theta &= \begin{vmatrix} \mathbf{i} & \mathbf{j} & \mathbf{k} \\ a\cos\phi\cos\theta & a\cos\phi\sin\theta & -a\sin\phi \\ -a\sin\phi\sin\theta & a\sin\phi\cos\theta & 0 \end{vmatrix} \\ &= (a^2\sin^2\phi\cos\theta)\mathbf{i} + (a^2\sin^2\phi\sin\theta)\mathbf{j} + (a^2\sin\phi\cos\phi)\mathbf{k}\end{aligned}$$

그래서 $0 \le \phi \le \pi$에 대해 $\sin\phi \ge 0$이므로 다음과 같다.

$$\begin{aligned}|\mathbf{r}_\phi \times \mathbf{r}_\theta| &= \sqrt{a^4\sin^4\phi\cos^2\theta + a^4\sin^4\phi\sin^2\theta + a^4\sin^2\phi\cos^2\phi} \\ &= \sqrt{a^4\sin^4\phi + a^4\sin^2\phi\cos^2\phi} = \sqrt{a^4\sin^2\phi(\sin^2\phi + \cos^2\phi)} \\ &= a^2\sqrt{\sin^2\phi} = a^2\sin\phi\end{aligned}$$

그러므로 구면의 넓이는 다음과 같다.

$$A = \int_0^{2\pi}\int_0^{\pi} a^2 \sin\phi \, d\phi \, d\theta$$
$$= \int_0^{2\pi}\left[-a^2\cos\phi\right]_{\phi=0}^{\phi=\pi} d\theta = \int_0^{2\pi} 2a^2 \, d\theta = 4\pi a^2 \text{단위의 제곱}$$

이로부터 잘 알려진 구면의 곡면 넓이의 공식을 얻는다. ■

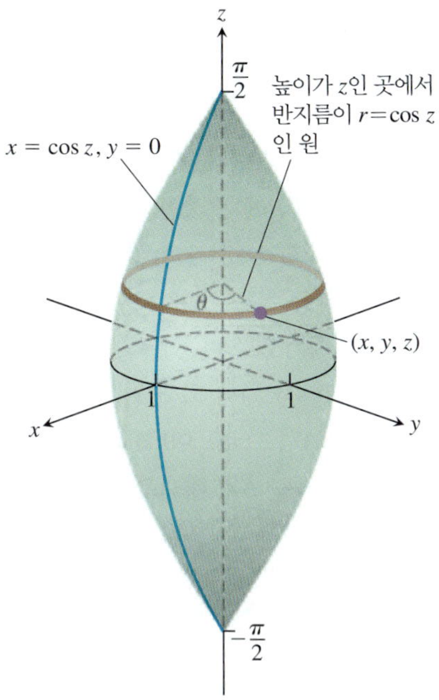

그림 14.46 예제 6의 '럭비공' 곡면은 곡선 $x=\cos z$를 z축에 대해 회전하여 얻는다.

예제 6 S가 곡선 $x=\cos z$, $y=0$, $-\pi/2 \le z \le \pi/2$를 z축에 대해 회전하여 얻은 '럭비공' 곡면이라 하자(그림 14.46). S에 대한 매개화를 구하고 넓이를 계산하라.

풀이 예제 2를 바탕으로 S의 매개화를 z축에 대한 회전에 근거하여 구하기로 한다. 만약 곡선 $x=\cos z$, $y=0$의 점 $(x, 0, z)$를 z축에 대해 회전하면 xy평면 위로 높이 z에 있는 원을 얻는데, 이 원은 z축에 중심이 있고 반지름이 $r=\cos z$이다(그림 14.46). 이 점은 회전각 θ, $0 \le \theta \le 2\pi$로 원을 채운다. 이 원의 임의의 점을 (x, y, z)라 두고 매개변수 $u=z$, $v=\theta$를 정의한다. 이제 $x=r\cos\theta=\cos u\cos v$, $y=r\sin\theta=\cos u\sin v$, $z=u$라 두면 S의 매개화가 다음과 같이 주어진다.

$$\mathbf{r}(u, v) = \cos u\cos v\mathbf{i} + \cos u\sin v\mathbf{j} + u\mathbf{k}, \quad -\frac{\pi}{2} \le u \le \frac{\pi}{2}, \quad 0 \le v \le 2\pi$$

다음으로 식 (5)를 이용하여 S의 곡면 넓이를 구한다. 매개화의 미분으로 다음을 얻는다.

$$\mathbf{r}_u = -\sin u\cos v\,\mathbf{i} - \sin u\sin v\,\mathbf{j} + \mathbf{k}$$
$$\mathbf{r}_v = -\cos u\sin v\,\mathbf{i} + \cos u\cos v\,\mathbf{j}$$

벡터곱을 계산하면 다음과 같다.

$$\mathbf{r}_u \times \mathbf{r}_v = \begin{vmatrix} \mathbf{i} & \mathbf{j} & \mathbf{k} \\ -\sin u\cos v & -\sin u\sin v & 1 \\ -\cos u\sin v & \cos u\cos v & 0 \end{vmatrix}$$
$$= -\cos u\cos v\,\mathbf{i} - \cos u\sin v\,\mathbf{j} - (\sin u\cos u\cos^2 v + \cos u\sin u\sin^2 v)\mathbf{k}$$

벡터곱의 크기를 계산하면 다음과 같다.

$$|\mathbf{r}_u \times \mathbf{r}_v| = \sqrt{\cos^2 u\,(\cos^2 v + \sin^2 v) + \sin^2 u\cos^2 u}$$
$$= \sqrt{\cos^2 u\,(1 + \sin^2 u)}$$
$$= \cos u\sqrt{1 + \sin^2 u} \qquad -\frac{\pi}{2} \le u \le \frac{\pi}{2}\text{에 대해 } \cos u \ge 0$$

식 (4)로부터 곡면 넓이는 다음 적분으로 주어진다.

$$A = \int_0^{2\pi}\int_{-\pi/2}^{\pi/2} \cos u\sqrt{1 + \sin^2 u}\,du\,dv$$

적분의 값을 구하기 위해 $w=\sin u$, $dw=\cos u\,du$, $-1 \le w \le 1$로 치환한다. 곡면 S가 xy평면에 대해 대칭이므로 w를 0에서 1까지 적분하여 그 결과를 2로 곱하면 된다. 요약하면 다음을 얻는다.

$$A = 2\int_0^{2\pi}\int_0^1 \sqrt{1 + w^2}\,dw\,dv$$
$$= 2\int_0^{2\pi}\left[\frac{w}{2}\sqrt{1 + w^2} + \frac{1}{2}\ln\left(w + \sqrt{1 + w^2}\right)\right]_{w=0}^{w=1} dv \qquad \text{기본 적분표 35}$$
$$= \int_0^{2\pi} 2\left[\frac{1}{2}\sqrt{2} + \frac{1}{2}\ln\left(1 + \sqrt{2}\right)\right] dv$$
$$= 2\pi\left[\sqrt{2} + \ln\left(1 + \sqrt{2}\right)\right]$$

■

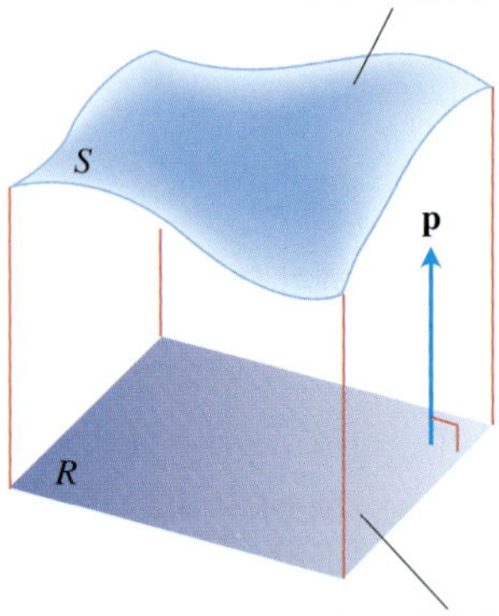

그림 14.47 이제 곧 보게 되는 것처럼 공간의 곡면 S의 넓이는 좌표평면 위로 S의 정사영 또는 '그림자'에 대한 2중적분의 값을 구하여 계산할 수 있다. 단위벡터 $\mathbf{p}$는 이 평면에 대해 수직이다.

암시적 곡면

곡면은 종종 어떤 함수의 등위집합으로 표현되는데, 어떤 상수 c에 대해 다음 식처럼 표현된다.

$$F(x, y, z) = c$$

이러한 등위곡면은 명시적인 매개화와 함께 주어지지 않게 되는데 이를 **암시적으로 정의된 곡면**(implictly definded surface)이라고 한다. 암시적 곡면은 예를 들어 전기장 또는 중력장에서 등전위면처럼 발생한다. 그림 14.47은 이러한 곡면의 한 조각을 제시한다. 이 곡면을 $\mathbf{r}(u, v) = f(u, v)\mathbf{i}+g(u, v)\mathbf{j}+h(u, v)\mathbf{k}$의 형태로 나타내는 함수 f, g, h의 구체적인 식을 찾기가 어려울 수 있다. 이제 암시적 곡면에 대해 곡면 넓이 미분 $d\sigma$를 구하는 법을 설명하겠다.

그림 14.47은 암시적 곡면의 한 조각을 이것의 아래 평면 속의 '그림자' 영역 R 위에 놓도록 나타내었다. 이 곡면은 식 $F(x, y, z)=c$로 정의되었으며, 평면 영역 R에 수직인 단위벡터 $\mathbf{p}$를 선택했다. 이 곡면이 **매끄럽고**(F가 미분가능하고 ∇F가 영이 아니고 S에서 연속이다), 곡면이 절대 자기자신에게로 접혀 돌아오지 않도록 $\nabla F \cdot \mathbf{p} \neq 0$을 가정한다.

그림 14.47의 영역 R이 xy평면에 놓이도록 수직벡터 $\mathbf{p}$를 단위벡터 $\mathbf{k}$로 가정한다. 가정에 의해 곡면 S에서 $\nabla F \cdot \mathbf{p} = \nabla F \cdot \mathbf{k} = F_z \neq 0$이다. 음함수 정리(12.4절 참조)에 의해 S는 미분가능한 함수 $z=h(x, y)$(비록 이 함수가 명시적으로 알려지지 않았어도)의 그래프이다. $u=x$, $v=y$로 매개변수 u, v를 정의한다. 그러면 $z=h(u, v)$이고 다음과 같은 곡면 S의 매개화를 얻는다.

$$\mathbf{r}(u, v) = u\mathbf{i} + v\mathbf{j} + h(u, v)\mathbf{k} \tag{6}$$

식 (4)를 활용하여 S의 넓이를 구한다.

$\mathbf{r}$의 편도함수를 계산하면 다음을 얻는다.

$$\mathbf{r}_u = \mathbf{i} + \frac{\partial h}{\partial u}\mathbf{k}, \qquad \mathbf{r}_v = \mathbf{j} + \frac{\partial h}{\partial v}\mathbf{k}$$

음함수의 미분에 대한 연쇄법칙(12.4절의 식 (2) 참조)을 적용하면 다음과 같은 편도함수를 얻는다.

$$\frac{\partial h}{\partial u} = -\frac{F_x}{F_z}, \qquad \frac{\partial h}{\partial v} = -\frac{F_y}{F_z} \qquad F_z \neq 0$$

이 도함수를 $\mathbf{r}$의 편도함수에 치환하면 다음을 얻는다.

$$\mathbf{r}_u = \mathbf{i} - \frac{F_x}{F_z}\mathbf{k}, \qquad \mathbf{r}_v = \mathbf{j} - \frac{F_y}{F_z}\mathbf{k}$$

벡터곱에 대한 전형적인 계산으로부터 다음을 구한다.

$$\begin{aligned}\mathbf{r}_u \times \mathbf{r}_v &= \frac{F_x}{F_z}\mathbf{i} + \frac{F_y}{F_z}\mathbf{j} + \mathbf{k} \qquad \mathbf{r}_u, \mathbf{r}_v\text{의 벡터곱} \begin{vmatrix} \mathbf{i} & \mathbf{j} & \mathbf{k} \\ 1 & 0 & -F_x/F_z \\ 0 & 1 & -F_y/F_z \end{vmatrix} \\ &= \frac{1}{F_z}(F_x\mathbf{i} + F_y\mathbf{j} + F_z\mathbf{k}) \\ &= \frac{\nabla F}{F_z} = \frac{\nabla F}{\nabla F \cdot \mathbf{k}} \\ &= \frac{\nabla F}{\nabla F \cdot \mathbf{p}} \qquad \mathbf{p} = \mathbf{k}\end{aligned}$$

따라서 곡면 넓이의 미분은 다음을 구한다.

$$d\sigma = |\mathbf{r}_u \times \mathbf{r}_v|\, du\, dv = \frac{|\nabla F|}{|\nabla F \cdot \mathbf{p}|}\, dx\, dy \qquad u=x,\ v=y$$

곡면 S에서 만약 $F_y \neq 0$이면 대신 $\mathbf{p}=\mathbf{j}$를 xz평면에 수직으로 두고, 만약 $F_z \neq 0$이면 대신 $\mathbf{p}=\mathbf{i}$를 yz평면에 수직으로 두고 유사한 계산을 구한다. 이들 결과를 식 (4)와 결합하여 다음 일반적인 공식을 얻는다.

암시적 곡면의 곡면 넓이를 위한 공식

유계이고 닫힌 평면의 영역 R에 대한 곡면 $F(x, y, z)=c$의 넓이는 다음과 같다.

$$\text{곡면 넓이} = \iint_R \frac{|\nabla F|}{|\nabla F \cdot \mathbf{p}|}\, dA \tag{7}$$

여기서 $\mathbf{p}=\mathbf{i}, \mathbf{j}, \mathbf{k}$가 R에 수직이고 $\nabla F \cdot \mathbf{p} \neq 0$이다.

따라서 구하는 넓이는 ∇F의 크기를 R에 수직 방향에 대한 ∇F의 스칼라 성분의 크기로 나눈 것의 R에 대한 2중적분이다.

R 전체에서 $\nabla F \cdot \mathbf{p} \neq 0$이고 ∇F가 연속인 조건하에 식 (7)에 도달했다. 적분이 존재하면 그 값을 R 위에 놓인 곡면 $F(x, y, z)=c$의 일부의 넓이로 정의한다(사영이 일대일이 되도록 가정했음을 상기한다).

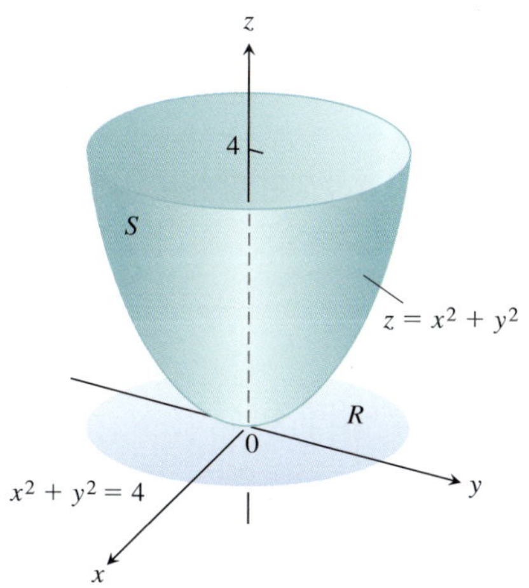

그림 15.48 이 포물면의 넓이가 예제 7에서 계산된다.

예제 7 포물면 $x^2+y^2-z=0$을 바닥으로부터 $z=4$까지 잘라낸 곡면의 넓이를 구하라.

풀이 곡면 S와 이 밑으로 xy평면에 있는 R을 그려본다(그림 14.48). 곡면 S는 등위곡면 $F(x, y, z)=x^2+y^2-z=0$의 일부이고 R는 xy평면에 있는 원판 $x^2+y^2 \leq 4$이다. R의 평면에 수직인 단위벡터로 $\mathbf{p}=\mathbf{k}$를 선택할 수 있다.

곡면의 임의의 점 (x, y, z)에서 다음과 같다.

$$F(x, y, z) = x^2 + y^2 - z$$
$$\nabla F = 2x\mathbf{i} + 2y\mathbf{j} - \mathbf{k}$$
$$|\nabla F| = \sqrt{(2x)^2 + (2y)^2 + (-1)^2} = \sqrt{4x^2 + 4y^2 + 1}$$
$$|\nabla F \cdot \mathbf{p}| = |\nabla F \cdot \mathbf{k}| = |-1| = 1$$

영역 R에서 $dA=dx\,dy$이다. 따라서 다음을 얻는다.

$$\begin{aligned}
\text{곡면 넓이} &= \iint_R \frac{|\nabla F|}{|\nabla F \cdot \mathbf{p}|}\, dA && \text{식 (7)}\\
&= \iint_{x^2+y^2\leq 4} \sqrt{4x^2 + 4y^2 + 1}\, dx\, dy\\
&= \int_0^{2\pi}\int_0^2 \sqrt{4r^2+1}\, r\, dr\, d\theta && \text{극좌표}\\
&= \int_0^{2\pi}\left[\frac{1}{12}(4r^2+1)^{3/2}\right]_{r=0}^{r=2} d\theta\\
&= \int_0^{2\pi}\frac{1}{12}(17^{3/2}-1)\, d\theta = \frac{\pi}{6}\left(17\sqrt{17}-1\right)
\end{aligned}$$

■

예제 7은 xy평면의 영역 R 위의 함수 $z=f(x, y)$의 곡면 넓이를 구하는 법을 보인다. 사실 곡면 넓이 미분은 두 가지 방법으로 구할 수 있는데, 다음 예제에서 이들을 살펴본다.

예제 8 xy평면의 영역 R 위의 곡면 $z=f(x, y)$의 곡면 넓이 미분 $d\sigma$를 **(a)** 식 (5)를 이용하여

매개변수적으로 그리고, **(b)** 식 (7)과 같이 암시적으로 유도하라.

풀이

(a) R에서 $x=u$, $y=v$ 그리고 $z=f(x, y)$로 정해 곡면을 매개화한다. 이로부터 다음 매개화를 얻는다.

$$\mathbf{r}(u, v) = u\mathbf{i} + v\mathbf{j} + f(u, v)\mathbf{k}$$

편도함수를 계산하면 $\mathbf{r}_u=\mathbf{i}+f_u\mathbf{k}$, $\mathbf{r}_v=\mathbf{j}+f_v\mathbf{k}$를 얻고, 다음을 얻는다.

$$\mathbf{r}_u \times \mathbf{r}_v = -f_u\mathbf{i} - f_v\mathbf{j} + \mathbf{k} \qquad \begin{vmatrix} \mathbf{i} & \mathbf{j} & \mathbf{k} \\ 1 & 0 & f_u \\ 0 & 1 & f_v \end{vmatrix}$$

그러면 $|\mathbf{r}_u\times\mathbf{r}_v|\,du\,dv=\sqrt{f_u{}^2+f_v{}^2+1}\,du\,dv$이다. u, v에 대해 치환하면 곡면 넓이의 미분은 다음과 같다.

$$d\sigma = \sqrt{f_x{}^2 + f_y{}^2 + 1}\,dx\,dy$$

(b) 음함수를 $F(x, y, z)=f(x, y)-z$로 정의한다. (x, y)가 영역 R에 포함되므로 R의 평면에 수직인 단위벡터는 $\mathbf{p}=\mathbf{k}$이다. 그러면 $\nabla F=f_x\mathbf{i}+f_y\mathbf{j}-\mathbf{k}$에 이어 $|\nabla F\cdot\mathbf{p}|=|-1|=1$, $|\nabla F|=\sqrt{f_x{}^2+f_y{}^2+1}$이고 $|\nabla F|/|\nabla F\cdot\mathbf{p}|=|\nabla F|$이다. 곡면 넓이의 미분은 다시 한 번 다음과 같이 구해진다.

$$d\sigma = \sqrt{f_x{}^2 + f_y{}^2 + 1}\,dx\,dy$$

■

예제 8에서 유도된 곡면 넓이의 미분은 명시적으로 $z=f(x, y)$로 정의된 함수의 그래프의 곡면 넓이를 계산하는 다음 공식을 제시한다.

그래프 $z=f(x, y)$의 곡면 넓이를 위한 공식

xy평면의 영역 R 위의 그래프 $z=f(x, y)$에 대해 곡면 넓이 공식은 다음과 같다.

$$A = \iint_R \sqrt{f_x{}^2 + f_y{}^2 + 1}\,dx\,dy \tag{8}$$

연습문제 14.5 EXERCISE QUESTION

매개화 구하기

연습문제 1~16에서 곡면의 매개화를 구하라. (여러 가지 올바른 방법이 존재하므로 구한 답이 책의 뒷부분에 제시한 것과 다를 수 있다.)

1. 포물면 $z=x^2+y^2$, $z\le 4$
2. 포물면 $z=9-x^2-y^2$, $z\ge 0$
3. **원뿔대** 평면 $z=0$과 $z=3$ 사이의 원뿔 $z=\sqrt{x^2+y^2}/2$으로 제1팔분공간에 속한 부분
4. **원뿔대** 평면 $z=2$와 $z=4$ 사이의 원뿔 $z=2\sqrt{x^2+y^2}$의 부분
5. **구면형 덮개** 구면 $x^2+y^2+z^2=9$를 원뿔 $z=\sqrt{x^2+y^2}$으로 자른 덮개
6. **구면형 덮개** xy평면과 원뿔 $z=\sqrt{x^2+y^2}$ 사이의 구면 $x^2+y^2+z^2=4$로 제1팔분공간에 속한 부분
7. **구면형 띠** 평면 $z=\sqrt{3}/2$과 $z=-\sqrt{3}/2$ 사이의 구면 $x^2+y^2+z^2=3$의 부분
8. **구면형 덮개** 구면 $x^2+y^2+z^2=8$을 평면 $z=-2$로 잘랐을 때 위쪽 부분
9. **평면 사이의 포물기둥면** 포물기둥면 $z=4-y^2$을 평면 $x=0$, $x=2$, $z=0$으로 잘라 만든 곡면
10. **평면 사이의 포물기둥면** 포물기둥면 $y=x^2$을 평면 $z=0$, $z=3$, $y=2$로 잘라 만든 곡면
11. **원기둥면 띠** 평면 $x=0$와 $x=3$ 사이의 원기둥면 $y^2+z^2=9$의 부분
12. **원기둥면 띠** 평면 $y=-2$와 $y=2$ 사이의 xy평면 위에 원기둥면 $x^2+z^2=4$의 부분
13. **원기둥면 내부의 기울어진 평면** 평면 $x+y+z=1$의 부분으로
    a. 원기둥면 $x^2+y^2=9$ 내부에 속한 부분
    b. 원기둥면 $y^2+z^2=9$ 내부에 속한 부분
14. **원기둥면 내부의 기울어진 평면** 평면 $x-y+2z=2$의 부분으로
    a. 원기둥면 $x^2+z^2=3$ 내부에 속한 부분

b. 원기둥면 $y^2+z^2=2$ 내부에 속한 부분

15. 원기둥면의 띠 평면 $y=0$과 $y=3$ 사이의 원기둥면 $(x-2)^2+z^2=4$의 부분

16. 원기둥면의 띠 평면 $x=0$과 $x=10$ 사이의 원기둥면 $y^2+(z-5)^2=25$의 부분

매개화된 곡면의 곡면 넓이

연습문제 17~26에서 매개화를 이용하여 곡면의 넓이를 2중적분으로 나타내라. 그리고 그 값을 구하라. (여러 가지 올바른 매개화가 있을 수 있어서 구한 적분 표현이 책의 뒷부분의 것과 다를 수 있다. 하지만 그 값은 같아야 한다.)

17. 원기둥면 내부의 기울어진 평면 원기둥면 $x^2+y^2=1$ 내부에 속한 평면 $y+2z=2$의 부분

18. 원기둥면 내부의 평면 원기둥면 $x^2+y^2=4$ 내부에 속한 평면 $z=-x$의 부분

19. 원뿔대 평면 $z=2$와 $z=6$ 사이의 원뿔 $z=2\sqrt{x^2+y^2}$의 부분

20. 원뿔대 평면 $z=1$과 $z=4/3$ 사이의 원뿔 $z=\sqrt{x^2+y^2}/3$의 부분

21. 원기둥의 띠 평면 $z=1$과 $z=4$ 사이의 원기둥 $x^2+y^2=1$의 부분

22. 원기둥의 띠 평면 $y=-1$과 $y=1$ 사이의 원기둥 $x^2+z^2=10$의 부분

23. 포물면형 덮개 원뿔 $z=\sqrt{x^2+y^2}$으로 포물면 $z=2-x^2-y^2$으로 자른 덮개

24. 포물면형 띠 평면 $z=1$과 $z=4$ 사이의 포물면 $z=x^2+y^2$의 부분

25. 끝이 잘린 구면 원뿔 $z=\sqrt{x^2+y^2}$로 구면 $x^2+y^2+z^2=2$를 자른 아랫부분

26. 구면형 띠 평면 $z=-1$과 $z=\sqrt{3}$ 사이의 구면 $x^2+y^2+z^2=4$의 부분

매개화된 곡면에 접하는 평면

매개화된 곡면 $\mathbf{r}(u, v)=f(u, v)\mathbf{i}+g(u, v)\mathbf{j}+h(u, v)\mathbf{k}$의 한 점 $P_0(f(u_0, v_0), g(u_0, v_0), h(u_0, v_0))$에서 접평면은 P_0를 지나고 접벡터 $\mathbf{r}_u(u_0, v_0)$와 $\mathbf{r}_v(u_0, v_0)$의 벡터곱 $\mathbf{r}_u(u_0, v_0)\times\mathbf{r}_v(u_0, v_0)$에 수직인 평면이다. 연습문제 27~30에서 곡면의 점 P_0에서 곡면에 대한 접평면의 방정식을 구하라. 그리고 직교좌표계에 대한 곡면의 방정식을 구하고, 곡면과 접평면을 함께 스케치하라.

27. 원뿔 원뿔 $\mathbf{r}(r, \theta)=(r\cos\theta)\mathbf{i}+(r\sin\theta)\mathbf{j}+r\mathbf{k}$, $r\ge 0$, $0\le\theta\le 2\pi$의 $(r, \theta)=(2, \pi/4)$에 대응하는 점 $P_0(\sqrt{2}, \sqrt{2}, 2)$

28. 반구면 반구면 $\mathbf{r}(\phi, \theta)=(4\sin\phi\cos\theta)\mathbf{i}+(4\sin\phi\sin\theta)\mathbf{j}+(4\cos\phi)\mathbf{k}$, $0\le\phi\le\pi/2$, $0\le\theta\le 2\pi$의 $(\phi, \theta)=(\pi/6, \pi/4)$에 대응하는 점 $P_0(\sqrt{2}, \sqrt{2}, 2\sqrt{3})$

29. 원기둥면 원기둥면 $\mathbf{r}(\theta, z)=(3\sin 2\theta)\mathbf{i}+(6\sin^2\theta)\mathbf{j}+z\mathbf{k}$, $0\le\theta\le\pi$의 $(\theta, z)=(\pi/3, 0)$에 대응하는 점 $P_0(3\sqrt{3}/2, 9/2, 0)$ (예제 3 참조)

30. 포물기둥면 포물기둥면 $\mathbf{r}(x, y)=x\mathbf{i}+y\mathbf{j}-x^2\mathbf{k}$, $-\infty\le x\le\infty$, $-\infty\le y\le\infty$의 $(x, y)=(1, 2)$에 대응하는 점 $P_0(1, 2, -1)$

다양한 곡면의 매개화

31. a. 환면(회전의 토러스, 도넛)은 공간에서 xz평면의 원 C를 z축에 회전하여 얻은 곡면이다(주어진 그림 참조). C가 중심 $(R, 0, 0)$이고 반지름 $r>0$일 때 다음 식이 원환면의 매개화임을 보여라.

$$\mathbf{r}(u, v) = ((R + r\cos u)\cos v)\mathbf{i} + ((R + r\cos u)\sin v)\mathbf{j} + (r\sin u)\mathbf{k}$$

여기서 $0\le u\le 2\pi$, $0\le v\le 2\pi$는 주어진 그림의 각이다.

b. 원환면의 곡면 넓이가 $A=4\pi^2Rr$임을 보여라.

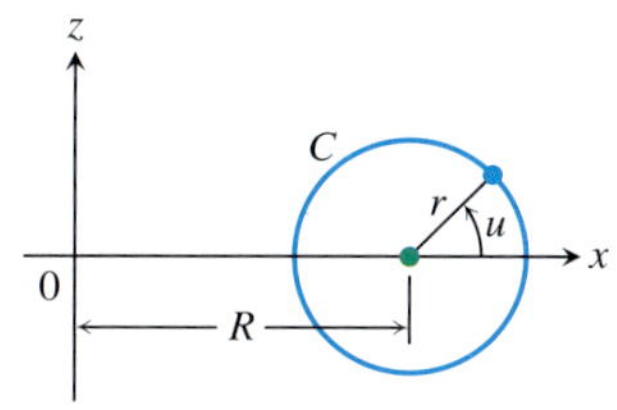

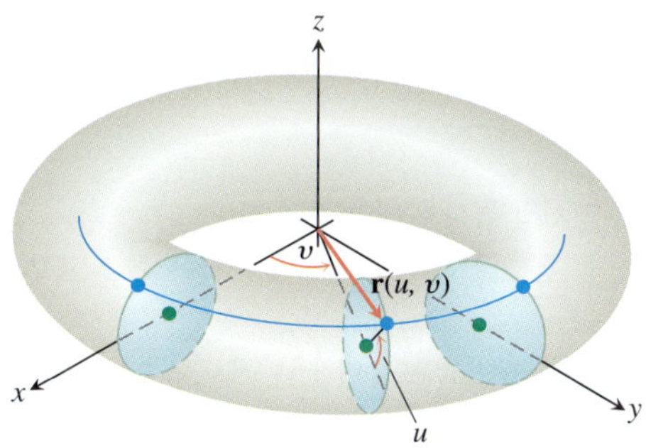

32. 회전면 매개화된 곡선 C: $(f(u), g(u))$ (단, $g(u)>0$, $a\le u\le b$)를 x축에 대해 회전했다고 하자.

a. 다음 식이 회전으로 주어진 곡면의 매개화임을 보여라.

$$\mathbf{r}(u, v) = f(u)\mathbf{i} + (g(u)\cos v)\mathbf{j} + (g(u)\sin v)\mathbf{k}$$

여기서 $0\le v\le 2\pi$는 xy평면에서 곡면의 점 $\mathbf{r}(u, v)$까지의 각이다(주어진 그림 참조). $f(u)$가 회전축을 따라 거리를 측정하고, $g(u)$가 회전축으로부터 거리를 측정함에 유념한다.

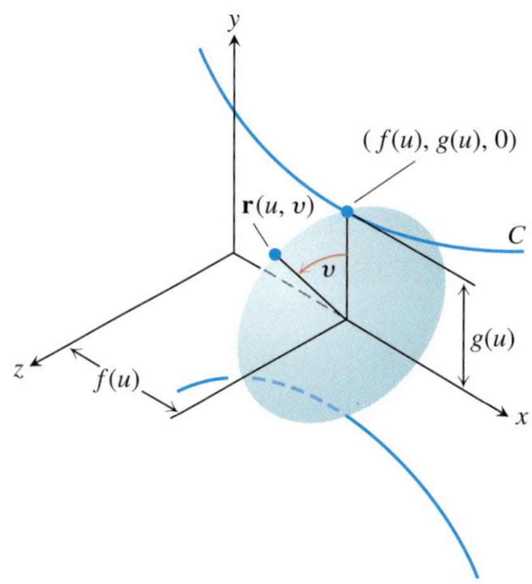

b. 곡선 $x=y^2$, $y\ge 0$를 x축에 대해 회전하여 얻은 곡면에 대한 매개화를 구하라.

33. a. 타원면의 매개화 매개화 $x=a\cos\theta$, $y=b\sin\theta$, $0\le\theta\le 2\pi$는 타원 $(x^2/a^2)+(y^2/b^2)=1$을 나타낸다. 구면 좌표계의 각 θ, ϕ를 이용하여 다음 식이라고 하자.

$$\mathbf{r}(\theta, \phi) = (a\cos\theta\sin\phi)\mathbf{i} + (b\sin\theta\sin\phi)\mathbf{j} + (c\cos\phi)\mathbf{k}$$

다음이 타원면의 매개화임을 보여라.

$$(x^2/a^2) + (y^2/b^2) + (z^2/c^2) = 1$$

b. 타원면에 대한 곡면의 넓이를 위한 적분을 나타내라. 하지만 적분의 값을 구하지 않는다.

34. 일엽 쌍곡면

a. 원 $x^2+y^2=r^2$에 연관된 각 θ와 쌍곡함수 $r^2-z^2=1$에 연관된 쌍곡 매개변수 u에 대해 일엽 쌍곡면 $x^2+y^2-z^2=1$의 매개화를 구하라. [힌트: $\cosh^2 u-\sinh^2 u=1$.]

b. 문제 (a)의 결과를 쌍곡면 $(x^2/a^2)+(y^2/b^2)-(z^2/c^2)=1$에 일반화하라.

35. (연습문제 34에 계속) 쌍곡면 $x^2+y^2-z^2=25$의 점 $(x_0, y_0, 0)$ (단, ${x_0}^2+{y_0}^2=25$)에서 곡면에 대한 접평면의 방정식을 직교좌표계로 구하라.

36. 이엽 쌍곡면 이엽 쌍곡면 $(z^2/c^2)+(x^2/a^2)-(y^2/b^2)=1$의 매개화를 구하라.

암시적 그리고 명시적 형식에 대한 곡면 넓이

37. 평면 $z=2$로 포물면 $x^2+y^2-z=0$을 잘라 얻은 곡면의 넓이를 구하라.

38. 평면 $z=2$와 $z=6$으로 포물면 $x^2+y^2-z=0$을 잘라 얻은 띠의 넓이를 구하라.

39. 벽이 $x=y^2$과 $x=2-y^2$인 기둥면으로 평면 $x+2y+2z=5$를 잘라 얻은 영역의 넓이를 구하라.

40. 직선 $x=\sqrt{3}$, $y=0$, $y=x$로 둘러싸인 xy평면의 삼각형 위에 놓인 곡면 $x^2-2z=0$의 부분의 넓이를 구하라.

41. 직선 $x=2$, $y=0$, $y=3x$로 둘러싸인 xy평면의 삼각형 위에 놓인 곡면 $x^2-2y-2z=0$의 부분의 넓이를 구하라.

42. 구면 $x^2+y^2+z^2=2$를 원뿔 $z=\sqrt{x^2+y^2}$으로 자른 덮개의 넓이를 구하라.

43. 평면 $z=cx$ (c는 상수)을 원기둥 $x^2+y^2=1$로 자른 타원의 넓이를 구하라.

44. 평면 $x=\pm1/2$, $y=\pm1/2$ 사이에 놓인 원기둥면 $x^2+z^2=1$의 위쪽 부분의 넓이를 구하라.

45. yz평면의 환원 $1\le y^2+z^2\le 4$ 위에 놓인 포물면 $x=4-y^2-z^2$의 부분의 넓이를 구하라.

46. 포물면 $x^2+y+z^2=2$를 평면 $y=0$으로 잘라 얻은 곡면의 넓이를 구하라.

47. xy평면의 정사각형 R: $1\le x\le 2$, $0\le y\le 1$ 위에 놓인 곡면 $x^2-2\ln x+\sqrt{15}y-z=0$의 부분의 넓이를 구하라.

48. xy평면의 정사각형 R: $0\le x\le 1$, $0\le y\le 1$ 위에 놓인 곡면 $2x^{3/2}+2y^{3/2}-3z=0$의 부분의 넓이를 구하라.

연습문제 49~54에서 곡면의 넓이를 구하라.

49. 포물면 $z=x^2+y^2$을 바닥으로부터 $z=3$으로 잘라 얻은 곡면

50. 포물면 $x=1-y^2-z^2$의 '코'로부터 yz평면으로 잘라 얻은 곡면

51. xy평면의 원 $x^2+y^2=1$과 타원 $9x^2+4y^2=36$ 사이의 영역 위에 놓인 원뿔 $z=\sqrt{x^2+y^2}$의 부분 [힌트: 기하학의 공식에 의하면 타원 $x^2/a^2+y^2/b^2=1$의 내부의 영역이 πab이다.]

52. 평면 $2x+6y+3z=6$을 제1팔분공간의 경계가 되는 평면으로 잘라 얻은 삼각형. 서로 다른 명시적 형식을 이용하여 세 가지 방법으로 넓이를 계산하라.

53. 평면 $x=1$, $y=16/3$으로 기둥면 $y=(2/3)z^{3/2}$을 잘라 얻은 부분 중 제1팔분공간에 속한 곡면

54. xz평면의 제1사분면을 포물선 $x=4-z^2$으로 잘라 얻은 영역 위에 놓인 평면 $y+z=4$의 부분

55. 다음과 같은 매개화라고 하자.

$$\mathbf{r}(x, z) = x\mathbf{i} + f(x, z)\mathbf{j} + z\mathbf{k}$$

그리고 식 (5)를 활용하여 명시적 형식 $y=f(x, z)$에 연관된 $d\sigma$를 위한 공식을 유도하라.

56. 매끄러운 곡선 $y=f(x)$, $a\le x\le b$, $f(x)\ge 0$을 x축에 대해 회전하여 얻은 곡면을 S라 하자.

a. 다음과 같은 벡터함수가 S의 매개화임을 보여라.

$$\mathbf{r}(x, \theta) = x\mathbf{i} + f(x)\cos\theta\mathbf{j} + f(x)\sin\theta\mathbf{k}$$

여기서 θ는 x축에 대한 회전의 각이다(주어진 그림 참조).

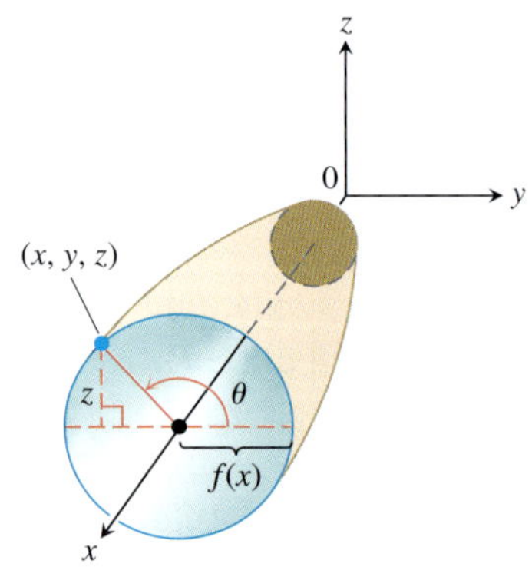

b. 식 (4)를 이용하여 이 회전면의 곡면 넓이가 다음과 같이 주어짐을 보여라.

$$A = \int_a^b 2\pi f(x)\sqrt{1 + [f'(x)]^2}\,dx$$

14.6 면적분

곡면의 질량이나 굽은 얇은 막을 흐르는 액체의 유동 또는 곡면의 총 전하량을 계산할 때 공간의 굽은 곡면의 함수를 적분해야 한다. 이러한 면적분은 1차원 곡선에서 적분하는 데 활용된 선적분의 개념에 대한 2차원 확장이다. 선적분과 같이 면적분도 두 가지 형식으로 나타난다. 첫 번째는 총 질량을 구하기 위해 곡면에 정의된 질량 밀도함수를 적분하는 것과 같이 곡면의

질량 밀도함수를 적분할 때 나타난다. 이 형식은 14.1절에서 정의된 전선의 질량을 구할 수 있었던 스칼라함수의 선적분에 대응된다. 두 번째 형식은 14.2절에서 정의된 벡터장의 선적분과 유사한 것으로 벡터장의 곡면 적분을 포함한다. 이에 대한 예가 어떤 유체 속에 담긴 곡면을 지나는 유체의 순 유동을 측정하려 할 때 나타난다(이전에 곡선을 지나는 **F**의 플럭스를 정의했던 것처럼). 이 절에서 이러한 개념과 활용을 살펴본다.

면적분

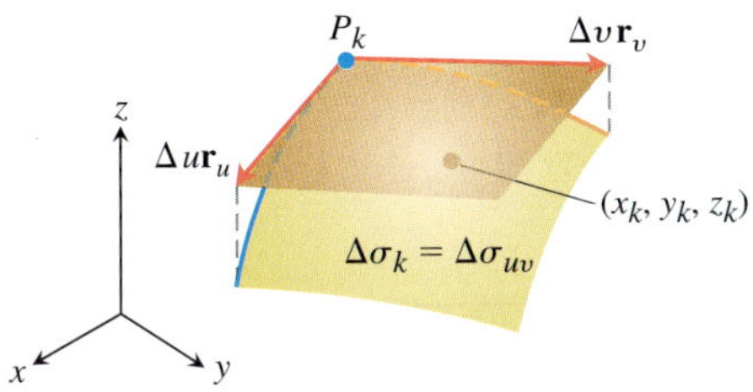

그림 14.49 주어진 조각의 넓이 $\Delta\sigma_k$는 벡터 $\Delta u\mathbf{r}_u$와 $\Delta v\mathbf{r}_v$로 결정되고 접하는 평행사변형의 넓이로 근사된다. 여기에 제시된 평행사변형 밑의 곡면의 조각 위에 점 (x_k, y_k, z_k)가 놓여 있다.

함수 $G(x, y, z)$가 곡면 S의 각 점에 주어진 질량밀도(단위넓이당 질량)라 하자. 그러면 다음과 같이 S의 총 질량을 적분으로 계산할 수 있다.

14.5절처럼 이 곡면 S가 uv평면의 영역 R에 매개변수에 의해 다음과 같이 정의되었다고 가정하자.

$$\mathbf{r}(u, v) = f(u, v)\mathbf{i} + g(u, v)\mathbf{j} + h(u, v)\mathbf{k}, \qquad (u, v) \in R$$

그림 14.49에서 R(단순화를 위해 직사각형으로 고려된)에 대해 다음과 같은 넓이인 곡면 S의 굽은 곡면의 원소 또는 조각에 대응하는 부분분할을 나누는 방법을 볼 수 있다.

$$\Delta\sigma_{uv} \approx |\mathbf{r}_u \times \mathbf{r}_v|\, du\, dv$$

13.2절에서 2중적분을 정의할 때 부분분할에 대해 한 것처럼 곡면의 기본 조각에 어떤 순서로 번호를 부여하고 이에 따라 넓이도 $\Delta\sigma_1, \Delta\sigma_2, \cdots, \Delta\sigma_n$로 주어진다. S에 대한 리만 합을 구성하기 위해 k번째 조각에서 점 (x_k, y_k, z_k)를 선택하여 이 점에서 함수 G의 값에 넓이 $\Delta\sigma_k$를 곱하고 이 결과를 모두 더하면 다음과 같다.

$$\sum_{k=1}^{n} G(x_k, y_k, z_k)\,\Delta\sigma_k$$

k번째 조각에서 (x_k, y_k, z_k)를 선택하는 방법에 따라 서로 다른 리만 합의 값을 얻게 될 수 있다. 곡면의 조각의 수를 늘리고 조각의 넓이가 0으로 줄어들며 $\Delta u \to 0$, $\Delta v \to 0$이 되도록 극한을 취한다. 이 극한(모든 선택에 독립적으로 존재할 때)으로 **곡면 S에 대한 G의 선적분**을 다음과 같이 정의한다.

$$\iint_S G(x, y, z)\, d\sigma = \lim_{n\to\infty} \sum_{k=1}^{n} G(x_k, y_k, z_k)\,\Delta\sigma_k \qquad (1)$$

2중적분의 정의(13.2절)와 선적분의 정의(14.1절)와의 유사성에 유념한다. 만약 S가 조각적으로 매끄러운 곡면이고 함수 G가 S에서 연속이면 식 (1)로 정의된 면적분이 존재함을 보일 수 있다.

면적분의 값을 구하는 공식은 14.5절에서 논의된 것처럼 S가 구현된 방식(매개적, 암시적, 명시적)에 따라 결정된다.

스칼라함수의 면적분 공식

1. 매끄러운 곡면 S가 **매개적**(parametrically)으로 다음과 같이 정의된다고 하자.

$$\mathbf{r}(u, v) = f(u, v)\mathbf{i} + g(u, v)\mathbf{j} + h(u, v)\mathbf{k}, \quad (u, v) \in R$$

함수 $G(x, y, z)$가 S에서 연속일 때, S에 대한 G의 면적분은 다음과 같이 R에 대한 2중적분으로 정의된다.

$$\iint_S G(x, y, z)\, d\sigma = \iint_R G(f(u, v), g(u, v), h(u, v))\, |\mathbf{r}_u \times \mathbf{r}_v|\, du\, dv \qquad (2)$$

2. 연속적으로 미분가능한 함수 F에 대해 $F(x, y, z)=c$로 **암시적**(implicitly)으로 정의된 곡면 S가 곡면 밑으로 좌표평면의 유계이고 닫힌 그림자 영역 R 위에 놓여 있을 때, S에 대한 연속함수 G의 면적분은 다음과 같이 R에 대한 2중적분으로 주어진다.

$$\iint_S G(x, y, z)\, d\sigma = \iint_R G(x, y, z) \frac{|\nabla F|}{|\nabla F \cdot \mathbf{p}|}\, dA \qquad (3)$$

여기서 $\mathbf{p}$는 R에 수직이고 $\nabla F \cdot \mathbf{p} \neq 0$인 단위벡터이다.

3. xy평면의 영역 R에서 연속적으로 미분가능한 함수 f에 대해 그래프 $z=f(x, y)$로 **명시적**(explicitly)으로 정의된 곡면 S에 대해 연속함수 G의 S에 대한 면적분은 다음과 같이 R에 대한 2중적분으로 주어진다.

$$\iint_S G(x, y, z)\, d\sigma = \iint_R G(x, y, f(x, y)) \sqrt{f_x{}^2 + f_y{}^2 + 1}\, dx\, dy \qquad (4)$$

식 (1)의 면적분은 서로 다른 활용에서 다른 의미를 지닌다. 만약 G가 상수값 1을 가지면 적분은 S의 넓이가 된다. 만약 G가 S 모양으로 만들어진 물체의 얇은 껍질의 질량밀도이면 적분은 껍질의 질량이 된다. 만약 G가 얇은 껍질의 전하밀도이면 적분은 총 전하가 된다.

예제 1 원뿔 $z=\sqrt{x^2+y^2}$, $0 \le z \le 1$에 대해 $G(x, y, z)=x^2$을 적분하라.

풀이 식 (2)과 14.5절의 예제 4의 계산을 이용하면 $|\mathbf{r}_r \times \mathbf{r}_\theta| = \sqrt{2}r$이고 다음과 같다.

$$\begin{aligned}\iint_S x^2\, d\sigma &= \int_0^{2\pi}\int_0^1 (r^2\cos^2\theta)(\sqrt{2}r)\, dr\, d\theta \qquad x = r\cos\theta \\ &= \sqrt{2}\int_0^{2\pi}\int_0^1 r^3\cos^2\theta\, dr\, d\theta \\ &= \frac{\sqrt{2}}{4}\int_0^{2\pi}\cos^2\theta\, d\theta = \frac{\sqrt{2}}{4}\left[\frac{\theta}{2} + \frac{1}{4}\sin 2\theta\right]_0^{2\pi} = \frac{\pi\sqrt{2}}{4}\end{aligned}$$

■

면적분은 다른 2중적분과 비슷한 성질을 가지고 있어서 두 함수의 합의 적분은 두 적분의 합과 같다는 성질을 만족한다. 정의역 가산 성질은 다음의 형태로 나타난다.

$$\iint_S G\, d\sigma = \iint_{S_1} G\, d\sigma + \iint_{S_2} G\, d\sigma + \cdots + \iint_{S_n} G\, d\sigma$$

S가 매끄러운 곡선에 의해 내부가 서로 교차하지 않는 유한개의 매끄러운 조각으로 분해되면 (다시 말해 S가 조각적으로 매끄러우면), S에 대한 적분은 각각의 조각에 대한 적분의 합이다. 따라서 정육면체 꼴의 곡면에 대한 함수의 적분은 정육면체의 각 면에 대한 함수의 적분의 합이다. 판 하나에 한 번씩 적분을 하고 결과를 합하여 판들이 서로 용접된 것 같은 '거북 껍질'에 대해 적분한다.

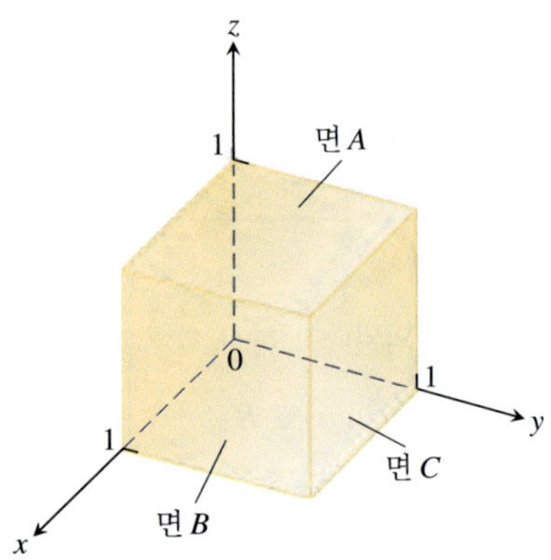

그림 14.50 예제 2의 정육면체.

예제 2 그림 14.50처럼 제1팔분공간을 평면 $x=1$, $y=1$, $z=1$로 잘라 얻은 정육면체의 곡면에 대해 $G(x, y, z)=xyz$를 적분하라.

풀이 6개의 면에 대해 xyz를 적분하여 합한다. 좌표평면에 놓인 면에 대해 $xyz=0$이므로 정육면체의 곡면에 대한 적분은 다음으로 줄어든다.

$$\iint_{\text{정육면체 곡면}} xyz\, d\sigma = \iint_{A\text{면}} xyz\, d\sigma + \iint_{B\text{면}} xyz\, d\sigma + \iint_{C\text{면}} xyz\, d\sigma$$

면 A는 xy평면의 정사각형 영역 R_{xy}: $0 \le x \le 1,\ 0 \le y \le 1$에 대한 곡선 $f(x, y, z)=z=1$이다. 이 곡면과 영역에 대해 다음을 얻는다.

$$\mathbf{p} = \mathbf{k}, \quad \nabla f = \mathbf{k}, \quad |\nabla f| = 1, \quad |\nabla f \cdot \mathbf{p}| = |\mathbf{k} \cdot \mathbf{k}| = 1$$

$$d\sigma = \frac{|\nabla f|}{|\nabla f \cdot \mathbf{p}|} dA = \frac{1}{1} dx\, dy = dx\, dy \qquad \text{식 (3)}$$

$$xyz = xy(1) = xy$$

그리고 다음과 같다.

$$\iint_{A\text{면}} xyz\, d\sigma = \iint_{R_{xy}} xy\, dx\, dy = \int_0^1 \int_0^1 xy\, dx\, dy = \int_0^1 \frac{y}{2} dy = \frac{1}{4}$$

대칭성에 따라 B, C면에 대한 xyz의 적분도 마찬가지로 1/4이다. 따라서 다음과 같다.

$$\iint_{\substack{\text{정육면체}\\ \text{곡면}}} xyz\, d\sigma = \frac{1}{4} + \frac{1}{4} + \frac{1}{4} = \frac{3}{4}$$

■

예제 3 곡선 $x=\cos z,\ y=0,\ -\pi/2 \le z \le \pi/2$를 z축에 대해 회전하여 구성한 '럭비공' 곡면 S에 대해 $G(x, y, z)=\sqrt{1-x^2-y^2}$을 적분하라.

풀이 이 곡면은 그림 14.46에 묘사되었고 14.5절의 예제 6에서 다음 매개화를 구했다.

$$x = \cos u \cos v, \quad y = \cos u \sin v, \quad z = u, \quad -\frac{\pi}{2} \le u \le \frac{\pi}{2}, \quad 0 \le v \le 2\pi$$

여기서 v는 z축에 대해 xz평면으로부터 회전한 각을 나타낸다. G의 표현에 매개화를 대입하면 다음과 같다.

$$\sqrt{1 - x^2 - y^2} = \sqrt{1 - (\cos^2 u)(\cos^2 v + \sin^2 v)} = \sqrt{1 - \cos^2 u} = |\sin u|$$

이 매개화에 대한 곡면 넓이 미분은 14.5절 예제 6에서 다음을 얻는다.

$$d\sigma = \cos u \sqrt{1 + \sin^2 u}\, du\, dv$$

이들 계산에 의해 면적분은 다음과 같다.

$$\iint_S \sqrt{1 - x^2 - y^2}\, d\sigma = \int_0^{2\pi} \int_{-\pi/2}^{\pi/2} |\sin u| \cos u \sqrt{1 + \sin^2 u}\, du\, dv \qquad \begin{array}{l} -\pi/2 < u < 0\text{에 대해} \\ |\sin u| = \sin(-u) \end{array}$$

$$= 2 \int_0^{2\pi} \int_0^{\pi/2} \sin u \cos u \sqrt{1 + \sin^2 u}\, du\, dv$$

$$= \int_0^{2\pi} \int_1^2 \sqrt{w}\, dw\, dv \qquad \begin{array}{l} w=1+\sin^2 u, \\ dw=2\sin u \cos u\, du, \\ u=0\text{일 때 } w=1, \\ u=\pi/2\text{일 때 } w=2 \end{array}$$

$$= 2\pi \cdot \frac{2}{3} w^{3/2} \Big]_1^2 = \frac{4\pi}{3}(2\sqrt{2} - 1)$$

■

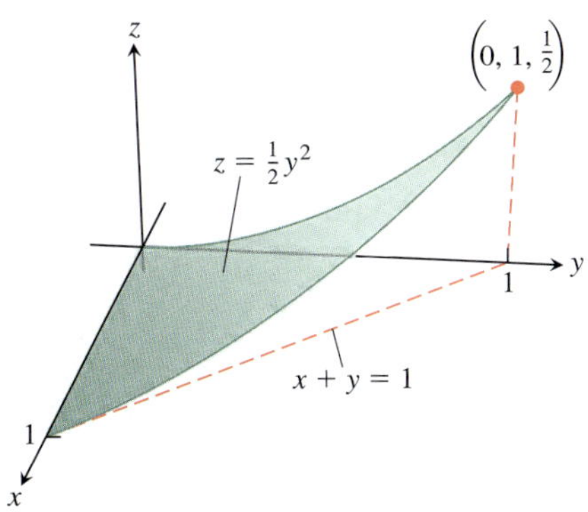

그림 14.51 예제 4의 곡면.

예제 4 xy평면에 있는 삼각형꼴 영역 R: $x \ge 0,\ y \ge 0,\ x+y \le 1$위에 놓인 원기둥면 $z=y^2/2$의 부분에 대해 $\iint_S \sqrt{x(1+2z)}\, d\sigma$의 값을 구하라.

풀이 곡면 S의 함수 G는 다음과 같이 주어진다.

$$G(x, y, z) = \sqrt{x(1 + 2z)} = \sqrt{x}\sqrt{1 + y^2}$$

$z=f(x, y)=y^2/2$에 대해 식 (4)를 활용하여 면적분의 값을 구한다.

$$d\sigma = \sqrt{f_x^{\,2} + f_y^{\,2} + 1}\, dx\, dy = \sqrt{0 + y^2 + 1}\, dx\, dy$$

$$\iint_S G(x, y, z)\, d\sigma = \iint_R \left(\sqrt{x}\sqrt{1+y^2}\right)\sqrt{1+y^2}\, dx\, dy$$

$$= \int_0^1 \int_0^{1-x} \sqrt{x}\,(1+y^2)\, dy\, dx$$

$$= \int_0^1 \sqrt{x}\left[(1-x) + \frac{1}{3}(1-x)^3\right] dx \qquad \text{적분하고 값을 구함}$$

$$= \int_0^1 \left(\frac{4}{3}x^{1/2} - 2x^{3/2} + x^{5/2} - \frac{1}{3}x^{7/2}\right) dx \qquad \text{전형적인 대수 계산}$$

$$= \left[\frac{8}{9}x^{3/2} - \frac{4}{5}x^{5/2} + \frac{2}{7}x^{7/2} - \frac{2}{27}x^{9/2}\right]_0^1$$

$$= \frac{8}{9} - \frac{4}{5} + \frac{2}{7} - \frac{2}{27} = \frac{284}{945} \approx 0.30$$

■

곡면의 향

$\mathbf{r}(t)$로 매개화된 곡선 C는 자연스러운 방향 또는 향이 있는데, 이는 t가 증가하는 방향으로부터 정해진다. 곡선 C를 따라 단위접벡터 $\mathbf{T}$는 곡선의 각 점에서 앞 방향으로 향하고 있다. 한 곡선에는 2개의 향이 가능한데, 이는 접벡터 $\mathbf{T}$의 방향을 따르거나 $-\mathbf{T}$의 방향을 따르는 것에 대응한다.

공간의 곡면 S의 향을 특정하기 위해 비슷한 작업을 하는데, 이번에는 곡면의 각 점에서 수직벡터를 특정한다. 곡면의 매개화 $\mathbf{r}(u, v)$는 곡면에 수직인 벡터 $\mathbf{r}_u \times \mathbf{r}_v$를 부여하며, 따라서 매개화를 활용하여 향을 준다. 두 번째 선택되는 향은 곡면의 각 점에서 반대 면을 향하는 벡터 $-(\mathbf{r}_u \times \mathbf{r}_v)$를 선택하여 구할 수 있다. 본질적으로 향은 곡면의 (모든 점에 대해) 두 면 중 한 면을 일관되도록 선택하는 방법이다. 모든 곡면이 향을 갖는 것이 아니며 곡면이 1개의 향을 가지면 그 반대 방향인 두 번째 향도 가진다.

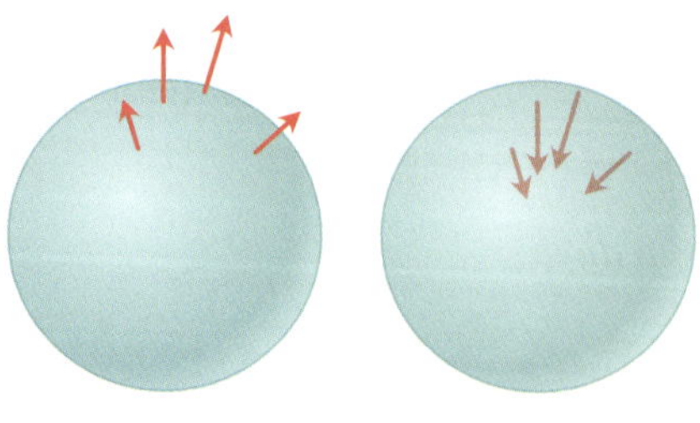

(a) (b)

그림 14.52 (a) 외향인 벡터장, (b) 내향인 벡터장이 구면의 두 가지 가능한 향이 된다.

그림 14.52에서 구면의 모든 점에는 구면의 중심을 방향으로 내향인 수직벡터와 밖으로 향하는 반대 방향의 수직벡터가 있다. 구면의 각 점에서 모두 내향인 벡터를 선택하거나 반대로 외향인 벡터를 선택하여 구면에 대한 두 가지 가능한 향 중 한 가지를 특정한다.

매끄러운 곡면 S에 연속인 수직벡터장 $\mathbf{n}$을 선택할 수 있을 때 S가 가향(또는 두 면이 되는)이라고 한다. 구면과 공간의 입체 영역의 경계가 되는 매끄러운 곡면은 모두 가향인데, 이는 각 점에서 외향인 단위벡터 $\mathbf{n}$를 선택하여 향을 특정할 수 있기 때문이다.

곡면과 수직벡터장 $\mathbf{n}$ 또는 동치적으로 일관적으로 한 면을 선택할 수 있는 곡면을 유향곡면(향이 주어진 곡면)이라 한다. 각 점에서 벡터 $\mathbf{n}$는 각 점에서 양의 향 또는 양의 방향으로 향이 주어진 면을 정한다(그림 14.52). 모든 곡면이 가향인 것은 아니다. 그림 14.53의 뫼비우스 띠는 가향이 아닌 곡면의 예이다. 어떤 식으로든 연속인 수직 단위벡터장(그림의 압정의 바늘들과 같이)을 구성할 때 벡터를 제시된 것처럼 한 점에서 시작하여 연속적으로 곡면을 따라 이동하여 시작점으로 돌아오지만 반대 방향을 향하고 있다. 어떤 벡터의 선택으로도 뫼비우스 띠에서 연속인 수직벡터장을 구할 수 없으므로 뫼비우스 띠는 가향이 아니다.

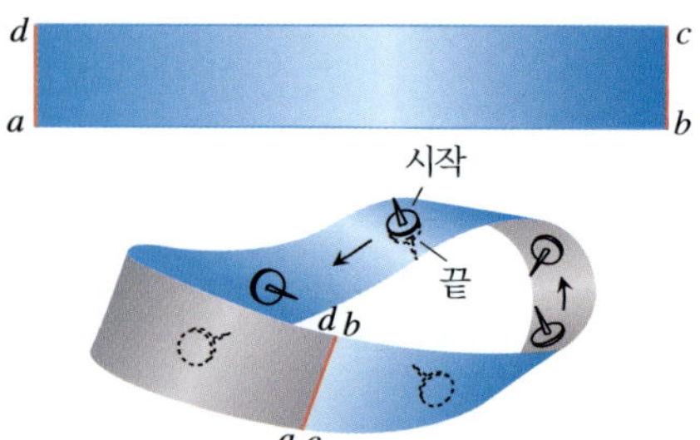

그림 14.53 뫼비우스 띠를 만들기 위해 직사 사각형 $abcd$의 종이 끈을 가지고 끝 bc를 한 번 뒤틀어서 끈의 다른 끝에 a는 c와 b는 d와 짝이 되도록 연결한다. 뫼비우스 띠는 비가향이 또는 면이 1개인 곡면이다.

벡터장의 면적분

14.2절에서 경로 C에 대한 벡터장의 선적분을 $\int_C \mathbf{F}\cdot\mathbf{T}\, ds$로 정의했는데, 여기서 $\mathbf{T}$는 경로를 따라 앞으로 진행하는 방향으로 정해진 향을 가리키고 있는 단위접벡터이다. 면적분에 대해 비슷한 정의를 한다.

정의 단위수직벡터 $\mathbf{n}$이 선택되어 향이 정해진 매끄러운 곡면 S에 정의된 3차원 벡터장 $\mathbf{F}$가 연속인 성분을 가진다고 하자. 이때 **S에 대한 $\mathbf{F}$의 면적분**(sufrace integral of $\mathbf{F}$ over S)를 다음과 같이 정한다.

$$\iint_S \mathbf{F}\cdot\mathbf{n}\,d\sigma \tag{5}$$

이 적분을 S를 지나는 벡터장 $\mathbf{F}$의 **플럭스**(flux)라 부르기도 한다.

만약 $\mathbf{F}$가 3차원 유체 흐름의 속도벡터장이면, S를 지나는 $\mathbf{F}$의 플럭스는 S의 방향에 의해 정의되어 양의 방향으로 선택된 $\mathbf{n}$ 방향으로 단위시간마다 유체가 S를 지나는 순 비율이다. 유체 유동은 14.7절에서 더 자세하게 다룬다.

매개화된 곡면에 대한 면적분 계산

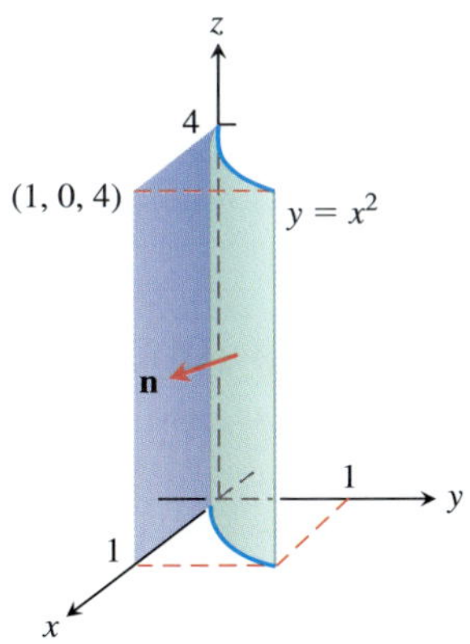

그림 14.54 포물기둥면을 지나는 플럭스 구하기(예제 5).

예제 5 그림 14.54에 제시된 방향 $\mathbf{n}$ 방향으로 포물기둥 $y=x^2$, $0\le x\le 1$, $0\le z\le 4$를 지나는 $\mathbf{F}=yz\mathbf{i}+x\mathbf{j}-z^2\mathbf{k}$의 플럭스를 구하라.

풀이 곡면에 $x=x$, $y=x^2$, $z=z$로 하여 매개화 $\mathbf{r}=x\mathbf{i}+x^2\mathbf{j}+z\mathbf{k}$, $0\le x\le 1$, $0\le z\le 4$를 정한다. 다음과 같은 접벡터들의 벡터곱이라고 하자.

$$\mathbf{r}_x\times\mathbf{r}_z=\begin{vmatrix}\mathbf{i} & \mathbf{j} & \mathbf{k}\\ 1 & 2x & 0\\ 0 & 0 & 1\end{vmatrix}=2x\mathbf{i}-\mathbf{j},$$

$\mathbf{r}_x=\mathbf{i}+2x\mathbf{j}$
$\mathbf{r}_z=\mathbf{k}$

곡면의 단위수직벡터를 다음과 같이 구할 수 있다.

$$\mathbf{n}=\frac{\mathbf{r}_x\times\mathbf{r}_z}{|\mathbf{r}_x\times\mathbf{r}_z|}=\frac{2x\mathbf{i}-\mathbf{j}}{\sqrt{4x^2+1}}$$

마찬가지로 반대 방향으로 향하는 단위수직벡터 $-\mathbf{n}$를 선택할 수도 있다. 첫 번째 선택이 그림 14.54에 제시되었다.

곡면에서 $y=x^2$이므로 여기서 벡터장은 다음과 같다.

$$\mathbf{F}=yz\mathbf{i}+x\mathbf{j}-z^2\mathbf{k}=x^2z\mathbf{i}+x\mathbf{j}-z^2\mathbf{k}$$

따라서 다음을 얻는다.

$$\mathbf{F}\cdot\mathbf{n}=\frac{1}{\sqrt{4x^2+1}}\left((x^2z)(2x)+(x)(-1)+(-z^2)(0)\right)=\frac{2x^3z-x}{\sqrt{4x^2+1}}$$

곡면을 따라서 외향으로 $\mathbf{F}$의 플럭스는 다음과 같다.

$$\begin{aligned}\iint_S \mathbf{F}\cdot\mathbf{n}\,d\sigma &= \int_0^4\int_0^1 \frac{2x^3z-x}{\sqrt{4x^2+1}}|\mathbf{r}_x\times\mathbf{r}_z|\,dx\,dz \\ &= \int_0^4\int_0^1 \frac{2x^3z-x}{\sqrt{4x^2+1}}\sqrt{4x^2+1}\,dx\,dz \\ &= \int_0^4\int_0^1 (2x^3z-x)\,dx\,dz=\int_0^4\left[\frac{1}{2}x^4z-\frac{1}{2}x^2\right]_{x=0}^{x=1}dz \\ &= \int_0^4\frac{1}{2}(z-1)\,dz=\frac{1}{4}(z-1)^2\Big]_0^4 \\ &= \frac{1}{4}(9)-\frac{1}{4}(1)=2\end{aligned}$$

$d\sigma=|\mathbf{r}_x\times\mathbf{r}_z|\,dx\,dz$

■

매개화된 곡면 $\mathbf{r}(u, v)$를 지나는 $\mathbf{F}$의 플럭스에 대한 간단한 공식이 있다. 이는 다음과 같다.

$$d\sigma = |\mathbf{r}_u \times \mathbf{r}_v|\, du\, dv$$
$$\mathbf{n} = \frac{\mathbf{r}_u \times \mathbf{r}_v}{|\mathbf{r}_u \times \mathbf{r}_v|}$$

이어서 다음과 같이 구한다.

$$\iint_S \mathbf{F}\cdot\mathbf{n}\, d\sigma = \iint_R \mathbf{F}\cdot\frac{\mathbf{r}_u \times \mathbf{r}_v}{|\mathbf{r}_u \times \mathbf{r}_v|}|\mathbf{r}_u \times \mathbf{r}_v|\, du\, dv = \iint_R \mathbf{F}\cdot(\mathbf{r}_u \times \mathbf{r}_v)\, du\, dv$$

매개화된 곡면을 지나는 플럭스

$$\text{플럭스} = \pm\iint_R \mathbf{F}\cdot(\mathbf{r}_u \times \mathbf{r}_v)\, du\, dv$$

단위수직벡터의 다른 선택 $-\mathbf{n}$이라면 이 적분은 음의 부호를 추가하게 된다. $\mathbf{n}$ 또는 $-\mathbf{n}$의 선택은 곡면을 지나는 플럭스를 계량하기 위해 선택하는 방향에 달려 있다.

플럭스에 대한 이 적분은 예제 5에서 상쇄되는 인수 $|\mathbf{r}_u \times \mathbf{r}_v|$를 계산하는 수고를 덜어주어 계산을 단순하게 한다. 다음을 얻는다.

$$\begin{aligned}\mathbf{F}\cdot(\mathbf{r}_x \times \mathbf{r}_z) &= (yz\mathbf{i} + x\mathbf{j} - z^2\mathbf{k} = x^2z\mathbf{i} + x\mathbf{j} - z^2\mathbf{k})\cdot(2x\mathbf{i} - \mathbf{j})\\ &= (x^2z)(2x) + (x)(-1) = 2x^3z - x\end{aligned}$$

따라서 예제 5에서 다음을 직접적으로 얻는다.

$$\text{플럭스} = \iint_S \mathbf{F}\cdot\mathbf{n}\, d\sigma = \int_0^4\int_0^1 (2x^3z - x)\, dx\, dz = 2$$

등위면에 대한 면적분의 계산

만약 S가 등위면 $g(x, y, z)=c$의 일부이면 $\mathbf{n}$는 2개의 벡터장 중의 하나를 선호하는 방향에 근거하여 선택할 수 있다.

$$\mathbf{n} = \pm\frac{\nabla g}{|\nabla g|} \tag{6}$$

대응하는 플럭스는 다음과 같다.

$$\begin{aligned}\text{플럭스} &= \iint_S \mathbf{F}\cdot\mathbf{n}\, d\sigma\\ &= \iint_R \left(\mathbf{F}\cdot\frac{\pm\nabla g}{|\nabla g|}\right)\frac{|\nabla g|}{|\nabla g\cdot\mathbf{p}|}\, dA \qquad \text{식 (6)과 (3)}\\ &= \iint_R \mathbf{F}\cdot\frac{\pm\nabla g}{|\nabla g\cdot\mathbf{p}|}\, dA \qquad (7)\end{aligned}$$

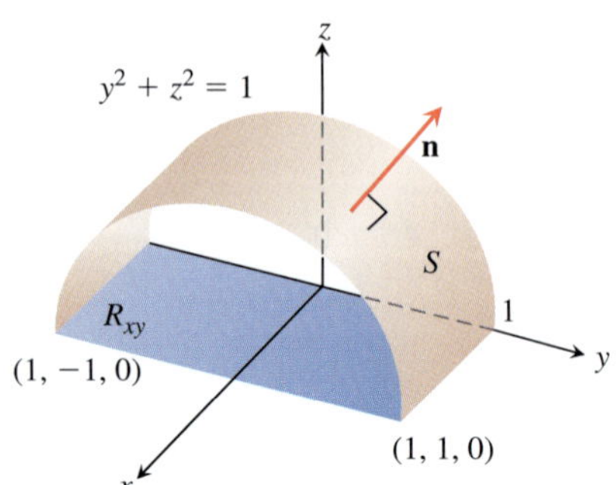

그림 14.55 곡면 S를 지나는 벡터장의 플럭스 계산. 그림자 영역 R_{xy}의 넓이는 2이다(예제 6).

예제 6 x축에서 멀어지는 방향으로 원기둥 $y^2+z^2=1$, $z \ge 0$를 평면 $x=0$, $x=1$로 자른 곡면 S를 지나는 $\mathbf{F}=yz\mathbf{j}+z^2\mathbf{k}$의 플럭스를 구하라.

풀이 특정 방향에 대한 S의 법벡터장(그림 14.55)은 $g(x, y, z)=y^2+z^2$의 기울기장으로부터 다음과 같이 구할 수 있다.

$$\mathbf{n} = +\frac{\nabla g}{|\nabla g|} = \frac{2y\mathbf{j} + 2z\mathbf{k}}{\sqrt{4y^2 + 4z^2}} = \frac{2y\mathbf{j} + 2z\mathbf{k}}{2\sqrt{1}} = y\mathbf{j} + z\mathbf{k}$$

$\mathbf{p}=\mathbf{k}$로 두었을 때 다음을 얻는다.

$$d\sigma = \frac{|\nabla g|}{|\nabla g\cdot\mathbf{k}|}dA = \frac{2}{|2z|}dA = \frac{1}{z}dA \qquad \text{식 (3)}$$

S에서 $z \ge 0$이므로 절댓값 기호를 지울 수 있다.

이 곡면에서 $\mathbf{F}\cdot\mathbf{n}$의 값이 다음과 같다.

$$\begin{aligned}\mathbf{F}\cdot\mathbf{n} &= (yz\mathbf{j}+z^2\mathbf{k})\cdot(y\mathbf{j}+z\mathbf{k})\\ &= y^2z+z^3 = z(y^2+z^2)\\ &= z \qquad S\text{에서 } y^2+z^2=1\end{aligned}$$

그림 14.55와 같이 이 곡면은 xy평면의 정사각형인 그림자 영역 R_{xy}로 사영된다. 따라서 x축에서 멀어지는 방향으로 S를 지나는 $\mathbf{F}$의 플럭스는 다음과 같다.

$$\iint_S \mathbf{F}\cdot\mathbf{n}\,d\sigma = \iint_{R_{xy}} (z)\left(\frac{1}{z}dA\right) = \iint_{R_{xy}} dA = \text{area}(R_{xy}) = 2$$ ■

얇은 껍질의 모멘트와 질량

볼, 메탈 드럼, 돔과 같은 얇은 막은 곡면으로 나타난다. 표 14.3에 나타난 공식을 이용하여 이들의 모멘트와 질량을 계산할 수 있다. 5.6절에서와 비슷한 방법으로 유도한다. 공식은 14.1절 표 14.1의 선적분에 대한 것과 비슷하다.

표 14.3 얇은 껍질에 대한 질량과 모멘트 공식.

질량: $M = \iint_S \delta\,d\sigma$ $\quad\delta=\delta(x, y, z)=$'$(x, y, z)$에서 밀도'는 단위넓이당 질량이다.

좌표평면에 대한 제1모멘트:

$$M_{yz} = \iint_S x\,\delta\,d\sigma,\quad M_{xz} = \iint_S y\,\delta\,d\sigma,\quad M_{xy} = \iint_S z\,\delta\,d\sigma$$

질량중심의 좌표:

$$\bar{x} = M_{yz}/M,\quad \bar{y} = M_{xz}/M,\quad \bar{z} = M_{xy}/M$$

좌표축에 대한 관성 모멘트:

$$I_x = \iint_S (y^2+z^2)\,\delta\,d\sigma,\quad I_y = \iint_S (x^2+z^2)\,\delta\,d\sigma,\quad I_z = \iint_S (x^2+y^2)\,\delta\,d\sigma$$

$$I_L = \iint_S r^2\delta\,d\sigma \qquad r(x, y, z)=\{\text{점 } (x, y, z)\text{에서 선 } L\text{까지의 거리}\}$$

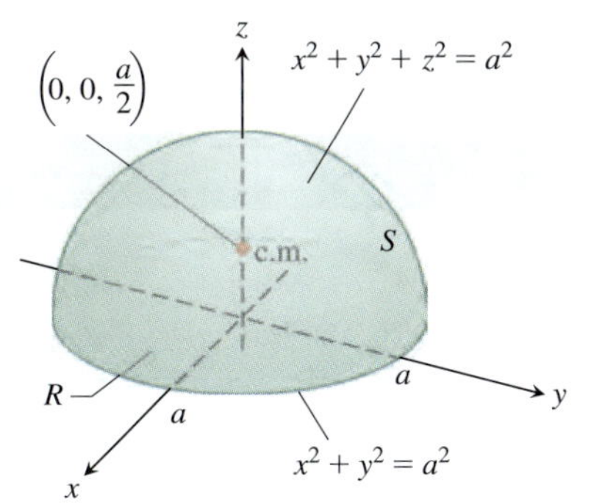

그림 14.56 상수밀도를 가진 얇은 반구면 모양의 껍질의 질량중심은 대칭축 위에 바닥으로부터 꼭대기까지 중간에 놓여 있다(예제 7).

예제 7 반지름 a인 얇은 반구면 모양의 껍질에 상수밀도 δ가 주어질 때 질량중심을 구하라.

풀이 구하는 반구면형 껍질을 다음과 같이 구성한다(그림 14.56).

$$f(x, y, z) = x^2+y^2+z^2 = a^2,\qquad z\ge 0$$

이 곡면이 z축에 대해 대칭이므로 $\bar{x}=\bar{y}=0$이다. 따라서 공식 $\bar{z}=M_{xy}/M$로부터 $\bar{z}$를 구하면 된다.

이 껍질의 질량은 다음과 같다.

$$M = \iint_S \delta\,d\sigma = \delta\iint_S d\sigma = (\delta)(S\text{의 넓이}) = 2\pi a^2\delta \qquad \delta=\text{상수}$$

M_{xy}에 대한 적분의 값을 구하기 위해 $\mathbf{p}=\mathbf{k}$를 선택하여 계산하면 다음을 얻는다.

$$|\nabla f| = |2x\mathbf{i}+2y\mathbf{j}+2z\mathbf{k}| = 2\sqrt{x^2+y^2+z^2} = 2a$$

$$|\nabla f\cdot\mathbf{p}| = |\nabla f\cdot\mathbf{k}| = |2z| = 2z$$

$$d\sigma = \frac{|\nabla f|}{|\nabla f\cdot\mathbf{p}|}dA = \frac{a}{z}dA \qquad \text{식 (3)}$$

따라서 다음과 같다.

$$M_{xy} = \iint_S z\delta\, d\sigma = \delta \iint_R z\frac{a}{z}\, dA = \delta a \iint_R dA = \delta a(\pi a^2) = \delta\pi a^3$$

$$\bar{z} = \frac{M_{xy}}{M} = \frac{\pi a^3\delta}{2\pi a^2\delta} = \frac{a}{2}$$

이 껍질의 질량중심은 $(0, 0, a/2)$이다. ■

예제 8 원뿔 $z=\sqrt{x^2+y^2}$을 평면 $z=1$, $z=2$로 잘라 얻은 얇은 껍질(그림 14.57)에 밀도가 $\delta=1/z^2$일 때 질량중심을 구하라.

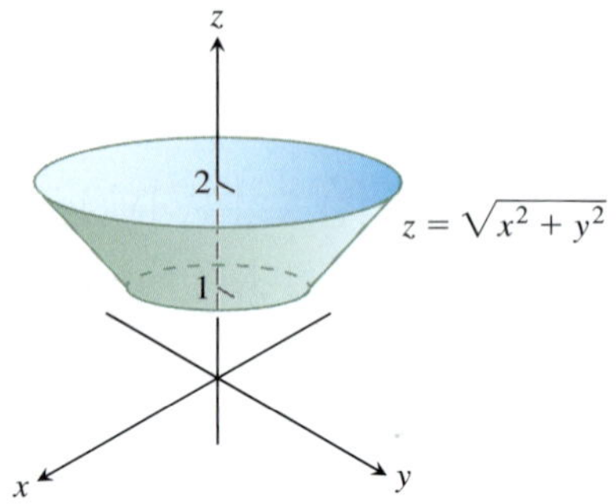

그림 14.57 원뿔 $z=\sqrt{x^2+y^2}$을 평면 $z=1$, $z=2$로 자르면 원뿔대(원뿔 절두체)가 된다(예제 8).

풀이 곡면과 밀도함수 δ가 z축에 대해 대칭이므로 $\bar{x}=\bar{y}=0$이다. 이제 $\bar{z}=M_{xy}/M$를 구한다. 14.5절의 예제 4와 같이 다음을 얻는다.

$$\mathbf{r}(r,\theta) = (r\cos\theta)\mathbf{i} + (r\sin\theta)\mathbf{j} + r\mathbf{k}, \qquad 1 \le r \le 2, \quad 0 \le \theta \le 2\pi$$

$$|\mathbf{r}_r \times \mathbf{r}_\theta| = \sqrt{2}r$$

따라서 다음과 같다.

$$\begin{aligned} M &= \iint_S \delta\, d\sigma = \int_0^{2\pi}\int_1^2 \frac{1}{r^2}\sqrt{2}r\, dr\, d\theta \\ &= \sqrt{2}\int_0^{2\pi}\Big[\ln r\Big]_1^2 d\theta = \sqrt{2}\int_0^{2\pi} \ln 2\, d\theta \\ &= 2\pi\sqrt{2}\ln 2 \\ M_{xy} &= \iint_S \delta z\, d\sigma = \int_0^{2\pi}\int_1^2 \frac{1}{r^2} r\sqrt{2}r\, dr\, d\theta \\ &= \sqrt{2}\int_0^{2\pi}\int_1^2 dr\, d\theta \\ &= \sqrt{2}\int_0^{2\pi} d\theta = 2\pi\sqrt{2} \\ \bar{z} &= \frac{M_{xy}}{M} = \frac{2\pi\sqrt{2}}{2\pi\sqrt{2}\ln 2} = \frac{1}{\ln 2} \end{aligned}$$

이 껍질의 질량중심은 점 $(0, 0, 1/\ln 2)$이다. ■

연습문제 14.6 EXERCISE QUESTION

스칼라함수의 면적분

연습문제 1~8에서 함수를 주어진 곡면에 대해 적분하라.

1. **포물형 기둥면** 포물형 기둥면 $y=x^2$, $0 \le x \le 2$, $0 \le z \le 3$에 대한 $G(x, y, z)=x$
2. **원기둥면** 원기둥면 $y^2+z^2=4$, $z \ge 0$, $1 \le x \le 4$에 대한 $G(x, y, z)=z$
3. **구면** 구면 $x^2+y^2+z^2=1$에 대한 $G(x, y, z)=x^2$
4. **반구면** 반구면 $x^2+y^2+z^2=a^2$, $z \ge 0$에 대한 $G(x, y, z)=z^2$
5. **평면의 부분** xy평면의 정사각형 $0 \le x \le 1$, $0 \le y \le 1$ 위에 놓인 평면 $x+y+z=4$의 부분에 대한 $F(x, y, z)=z$
6. **원뿔** 원뿔 $z=\sqrt{x^2+y^2}$, $0 \le z \le 1$에 대한 $F(x, y, z)=z-x$
7. **포물형 돔** 포물형 돔 $z=1-x^2-y^2$, $z \ge 0$에 대한 $H(x, y, z)=x^2\sqrt{5-4z}$
8. **구면형의 덮개** 원뿔 $z=\sqrt{x^2+y^2}$ 위쪽으로 놓여 있는 구면 $x^2+y^2+z^2=4$의 부부에 대한 $H(x, y, z)=yz$
9. $G(x, y, z)=x+y+z$를 제1팔분공간에서 평면 $x=a$, $y=a$, $z=a$로 잘라 얻은 정육면체의 곡면에 대해 적분하라.
10. $G(x, y, z)=y+z$를 제1팔분공간에서 좌표평면과 평면 $x=2$, $y+z=1$을 경계로 하는 쐐기의 곡면에 대해 적분하라.
11. $G(x, y, z)=xyz$를 제1팔분공간에서 평면 $x=a$, $y=b$, $z=c$로 잘라 얻은 직지각입체의 곡면에 대해 적분하라.
12. $G(x, y, z)=xyz$를 평면 $x=\pm a$, $y=\pm b$, $z=\pm c$를 경계로 하는 직사각형의 곡면에 대해 적분하라.
13. $G(x, y, z)=x+y+z$을 제1팔분공간에 놓여 있는 평면 $2x+2y+$

$z=2$의 부분에 대해 적분하라.

14. $G(x, y, z)=x\sqrt{y^2+4}$를 포물기둥면 $y^2+4z=16$을 평면 $x=0$, $x=1$, $z=0$으로 잘라 얻은 곡면에 대해 적분하라.

15. (0, 0, 0), (1, 1, 0), (0, 1, 0)을 꼭지점으로 하는 xy평면의 삼각형 위쪽의 그래프 $z=x+y^2$의 부분에 대해 $G(x, y, z)=z-x$를 적분하라(주어진 그림 참조).

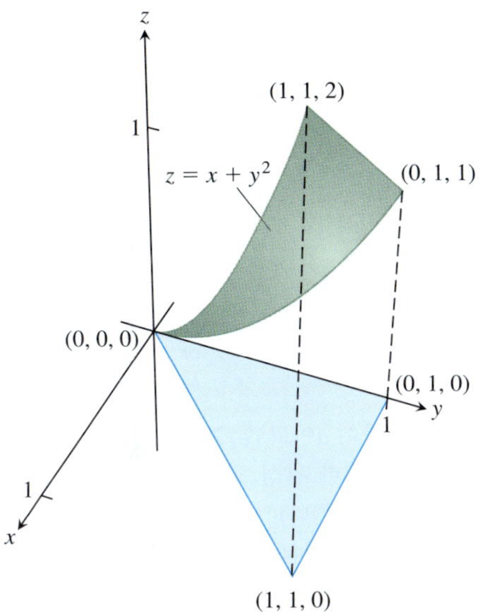

16. $G(x, y, z)=x$를 다음과 같은 곡면에 대해 적분하라.

$$z = x^2 + y, \quad 0 \le x \le 1, \quad -1 \le y \le 1$$

17. (1, 0, 0), (0, 2, 0), (0, 1, 1)을 꼭지점으로 하는 삼각형 곡면에 대해 $G(x, y, z)=xyz$를 적분하라.

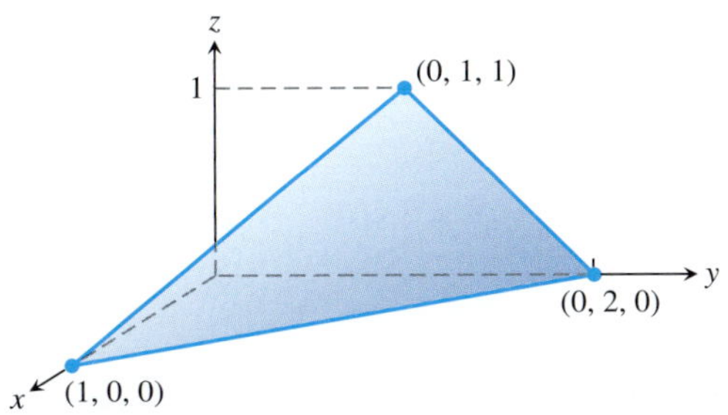

18. 제1팔분공간에서 $z=0$과 $z=1$ 사이에서 있는 평면 $x+y=1$의 부분에 대해 $G(x, y, z)=x-y-z$를 적분하라(주어진 그림 참조).

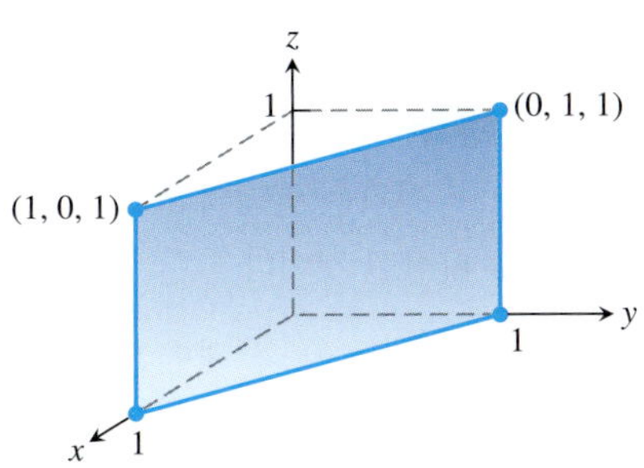

벡터장의 면적분 또는 플럭스 구하기

연습문제 19~28에서 매개화를 이용하여 곡면을 특정한 방향으로 가로지르는 플럭스 $\iint_S \mathbf{F}\cdot\mathbf{n}\,d\sigma$를 구하라.

19. 포물기둥면 x축에서 멀어지는 방향에 대해 포물기둥면 $z=4-y^2$을 평면 $x=0$, $x=1$, $z=0$으로 잘라 얻은 곡면을 지나는 $\mathbf{F}=z^2\mathbf{i}+x\mathbf{j}-3z\mathbf{k}$

20. 포물기둥면 yz평면에서 멀어지는 방향에 대해 포물기둥면 $y=x^2$, $-1\le x\le 1$을 평면 $z=0$, $z=2$로 잘라 얻은 곡면을 지나는 $\mathbf{F}=x^2\mathbf{j}-xz\mathbf{k}$

21. 구면 원점에서 멀어지는 방향에 대해 제1팔분공간에 속한 구면 $x^2+y^2+z^2=a^2$의 부분을 가로지르는 $\mathbf{F}=z\mathbf{k}$

22. 구면 원점에서 멀어지는 방향에 대해 구면 $x^2+y^2+z^2=a^2$을 가로지르는 $\mathbf{F}=x\mathbf{i}+y\mathbf{j}+z\mathbf{k}$

23. 평면 xy평면의 정사각형 $0\le x\le a$, $0\le y\le a$ 위로 놓인 평면 $x+y+z=2a$의 부분을 위쪽으로 가로지르는 $\mathbf{F}=2xy\mathbf{i}+2yz\mathbf{j}+2xz\mathbf{k}$

24. 원기둥면 z축에서 멀어지는 방향에 대해 원기둥면 $x^2+y^2=1$을 평면 $z=0$, $z=a$로 잘라 얻은 부분을 지나는 $\mathbf{F}=x\mathbf{i}+y\mathbf{j}+z\mathbf{k}$

25. 원뿔 z축에서 멀어지는 방향에 대해 원뿔 $z=\sqrt{x^2+y^2}$, $0\le z\le 1$을 지나는 $\mathbf{F}=xy\mathbf{i}-z\mathbf{k}$

26. 원뿔 z축에서 멀어지는 방향에 대해 원뿔 $z=2\sqrt{x^2+y^2}$, $0\le z\le 2$을 지나는 $\mathbf{F}=y^2\mathbf{i}+xz\mathbf{j}-\mathbf{k}$

27. 원뿔대 z축에서 멀어지는 방향에 대해 평면 $z=1$, $z=2$ 사이에 놓인 원뿔 $z=\sqrt{x^2+y^2}$의 부분을 지나는 $\mathbf{F}=-x\mathbf{i}-y\mathbf{j}+z^2\mathbf{k}$

28. 포물면 z축에서 멀어지는 방향에 대해 포물면 $z=x^2+y^2$을 바닥에서부터 평면 $z=1$까지 잘라 얻은 곡면을 지나는 $\mathbf{F}=4x\mathbf{i}+4y\mathbf{j}+2\mathbf{k}$

연습문제 29와 30에서 주어진 곡선의 부분에서 특정 방향으로 벡터장 $\mathbf{F}$의 면적분을 찾아라.

29. $\mathbf{F}(x, y, z) = -\mathbf{i} + 2\mathbf{j} + 3\mathbf{k}$

S: 직사각형 곡면 $z=0$, $0\le x\le 2$, $0\le y\le 3$, $\mathbf{k}$ 방향

30. $\mathbf{F}(x, y, z) = yx^2\mathbf{i} - 2\mathbf{j} + xz\mathbf{k}$

S: 직사각형 곡면 $y=0$, $-1\le x\le 2$, $2\le z\le 7$, $\mathbf{j}$ 방향

연습문제 31~36에서 원점에서 멀어지는 방향에 대해 제1팔분공간에 속한 구면 $x^2+y^2+z^2=a^2$의 부분을 지나는 벡터장 $\mathbf{F}$의 선적분을 식 (7)을 이용하여 구하라.

31. $\mathbf{F}(x, y, z) = z\mathbf{k}$

32. $\mathbf{F}(x, y, z) = -y\mathbf{i} + x\mathbf{j}$

33. $\mathbf{F}(x, y, z) = y\mathbf{i} - x\mathbf{j} + \mathbf{k}$

34. $\mathbf{F}(x, y, z) = zx\mathbf{i} + zy\mathbf{j} + z^2\mathbf{k}$

35. $\mathbf{F}(x, y, z) = x\mathbf{i} + y\mathbf{j} + z\mathbf{k}$

36. $\mathbf{F}(x, y, z) = \dfrac{x\mathbf{i} + y\mathbf{j} + z\mathbf{k}}{\sqrt{x^2 + y^2 + z^2}}$

37. x축에서 멀어지는 방향에 대해 포물기둥면 $z=4-y^2$을 평면 $x=0$, $x=1$, $z=0$으로 잘라 얻은 곡면을 지나는 벡터장 $\mathbf{F}(x, y, z)=z^2\mathbf{i}+x\mathbf{j}-3z\mathbf{k}$의 플럭스를 구하라.

38. z축에서 멀어지는 방향에 대해 포물면 $z=x^2+y^2$을 바닥으로부터 평면 $z=1$로 잘라 얻은 곡면을 지나는 벡터장 $\mathbf{F}(x, y, z)=4x\mathbf{i}+4y\mathbf{j}+2\mathbf{k}$의 플럭스를 구하라.

39. x축에 평행하게 yz평면의 직사각형 영역 R_{yz}: $1\le y\le 2$, $0\le z\le 1$에 정사영되는 제1팔분공간의 기둥면 $y=e^x$의 부분을 S라 하자. yz평면에서 멀어지는 방향을 향하는 S의 단위수직벡터장을 $\mathbf{n}$이라 하

자. $\mathbf{n}$ 방향으로 S를 가로지르는 벡터장 $\mathbf{F}(x, y, z) = -2\mathbf{i} + 2y\mathbf{j} + z\mathbf{k}$의 플럭스를 구하라.

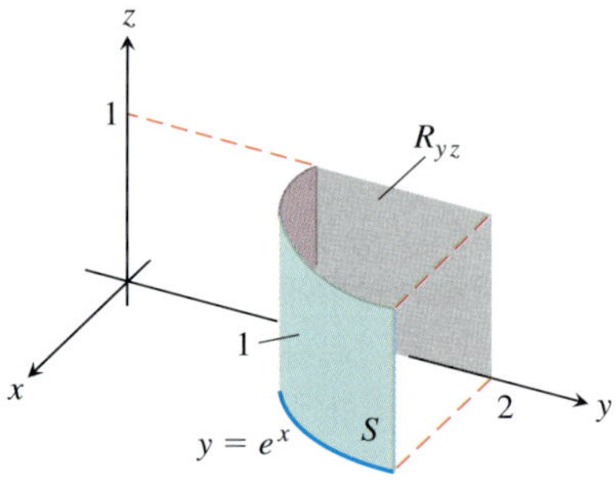

40. y축에 평행하게 xz평면의 직사각형 영역 R_{xz}: $1 \le x \le e$, $0 \le z \le 1$에 정사영되는 제1팔분공간의 기둥면 $y = \ln x$의 부분을 S라 하자. xz평면에서 멀어지는 방향을 향하는 S의 단위수직벡터장을 $\mathbf{n}$이라 하자. $\mathbf{n}$ 방향으로 S를 지나는 벡터장 $\mathbf{F}(x, y, z) = 2y\mathbf{j} + z\mathbf{k}$의 플럭스를 구하라.

41. 제1팔분공간을 평면 $x=a$, $y=a$, $z=a$로 잘라서 얻은 정육면체의 곡면을 가로지르는 벡터장 $\mathbf{F}(x, y, z) = 2xy\mathbf{i} + 2yz\mathbf{j} + 2xz\mathbf{k}$의 외향 플럭스를 구하라.

42. 구 $x^2 + y^2 + z^2 \le 25$를 평면 $z=3$으로 자른 위쪽 덮개의 곡면을 가로지르는 벡터장 $\mathbf{F}(x, y, z) = xy\mathbf{i} + yz\mathbf{j} + \mathbf{k}$의 외향 플럭스를 구하라.

질량과 모멘트

43. 무게중심 구면 $x^2 + y^2 + z^2 = a^2$의 제1팔공간에 속한 부분에 대해 무게중심을 구하라.

44. 무게중심 원기둥 $y^2 + z^2 = 9$, $z \ge 0$을 평면 $x=0$, $x=3$으로 잘라 얻은 곡면의 무게중심을 구하라(예제 6과 닮은 곡면).

45. 상수밀도의 얇은 껍질 원뿔 $x^2 + y^2 - z^2 = 0$을 평면 $z=1$, $z=2$로 잘라 얻은 상수밀도 δ를 가진 얇은 껍질에 대해 z축에 대한 관성 모멘트와 질량중심을 구하라.

46. 상수밀도를 가진 원뿔형 껍질 원뿔 $4x^2 + 4y^2 - z^2 = 0$, $z \ge 0$을 원기둥 $x^2 + y^2 = 2x$로 잘라 얻은 상수밀도 δ를 가진 얇은 껍질에 대해 z축에 대한 관성 모멘트를 구하라(주어진 그림 참조).

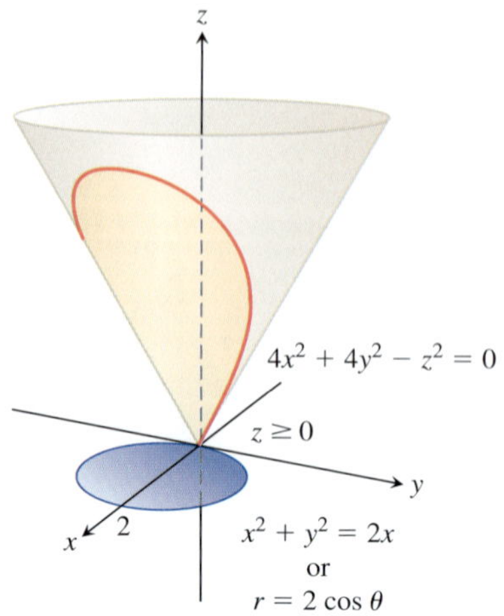

47. 구면형 껍질 반지름이 a이고 상수밀도 δ를 가진 얇은 구면형 껍질에 대해 한 지름에 대한 관성 모멘트를 구하라(반구면에 대해 계산하고 결과를 두배로 한다).

48. 원뿔형 껍질 밑면의 반지름이 a이고 높이가 h인 원뿔체의 옆곡면(원뿔체의 곡면에서 밑바닥을 뺀 것)의 무게중심을 구하라.

49. 곡면 S가 xy평면의 (0, 0), (1, 0), (0, 2), (1, 2)를 꼭지점으로 하는 직사각형의 바로 위에 놓인 평면 $2x + 3y + 6z = 12$의 부분이다. 곡면 S의 점 (x, y, z)에서 밀도가 $\delta(x, y, z) = 4xy + 6z$ mg/cm^{2}일 때 S의 총 질량을 구하라.

50. 곡면 S가 xy평면의 (0, 0), (2, 0), (2, 4)를 꼭지점으로 하는 삼각형의 바로 위에 놓인 포물면 $z = \frac{1}{2}x^2 + \frac{1}{2}y^2$의 부분이다. 곡면 S의 점 (x, y, z)에서 밀도가 $\delta(x, y, z) = 9xy$ g/cm^{2}일 때 S의 총 질량을 구하라.

14.7 스토크스 정리

평면의 단순 닫힌 곡선에 대해 2차원 벡터장 $\mathbf{F} = M\mathbf{i} + N\mathbf{j}$의 시계반대 방향의 순환을 구할 때 그린 정리에 의해 이 곡선을 경계로 하는 영역에서 스칼라$(\partial N/\partial x - \partial M/\partial y)$를 2중적분으로 계산했다. 이 표현은 컬 벡터장의 $\mathbf{k}$의 성분이고 영역의 각 점에서 $\mathbf{k}$와 평행한 축에 대한 $\mathbf{F}$의 회전율을 계량한다. 3차원 공간의 벡터장에 대해 각 점에서 회전은 각 점에서 컬 벡터와 평행인 축을 대상으로 한다. 공간의 닫힌 곡선 C가 유향곡면의 경계일 때, C에 대한 $\mathbf{F}$의 순환이 컬 벡터장의 넓이와 같다는 사실을 이 절에서 다루기로 한다. 이 결과는 평면의 영역의 그린 정리를 매끄러운 곡선을 경계로 하는 공간의 일반적인 곡면으로 확장한 것이다.

컬 벡터장

$\mathbf{F}$가 공기의 유체 흐름의 벡터장이라 하자. 점 (x, y, z) 근방의 유체의 입자는 다음에 특정하는 벡터에 평행하고 (x, y, z)를 지나는 축에 대해 회전하는 경향이 있다. 이 벡터는 이 벡터를 표시하는 화살표의 끝에서 순환하는 평면을 내려다보았을 때 회전이 시계반대 방향이 되는 방향을

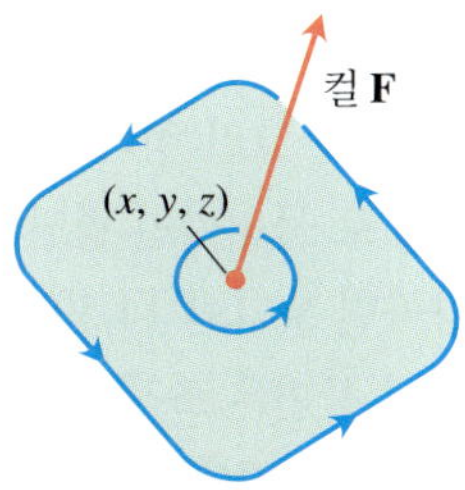

그림 14.58 3차원 유체 흐름에 대한 평면의 점 (x, y, z)의 회전 벡터. 유체에서 회전하는 입자들에 대한 오른손 관계에 유념한다.

향한다. 이는 유체의 입자가 회전 운동하는 방향에 맞추어 회전축을 오른손의 손가락으로 쥐듯이 감쌀 때 오른손의 엄지손가락 방향이다(그림 14.58). 이 벡터의 크기는 회전율을 나타낸다. 14.3절의 식 (3)에 소개된 벡터를 벡터장 $\mathbf{F}=M\mathbf{i}+N\mathbf{j}+P\mathbf{k}$의 **컬 벡터**(curl vector)라 부르고 다음으로 주어진다.

$$\text{curl } \mathbf{F} = \left(\frac{\partial P}{\partial y}-\frac{\partial N}{\partial z}\right)\mathbf{i}+\left(\frac{\partial M}{\partial z}-\frac{\partial P}{\partial x}\right)\mathbf{j}+\left(\frac{\partial N}{\partial x}-\frac{\partial M}{\partial y}\right)\mathbf{k} \tag{1}$$

이 내용은 스토크스 정리의 결론으로 그린 정리의 회전-컬 형식의 공간에 대한 일반화이다.

14.4절에서 $\mathbf{F}=M(x, y)\mathbf{i}+N(x, y)\mathbf{j}$일 때 $(\text{curl } \mathbf{F})\cdot\mathbf{k}=(\partial N/\partial x-\partial M/\partial y)$임을 기억하자. 식 (1)의 curl $\mathbf{F}$의 공식은 종종 다음과 같은 기호로 표기되기도 한다.

$$\nabla = \mathbf{i}\frac{\partial}{\partial x}+\mathbf{j}\frac{\partial}{\partial y}+\mathbf{k}\frac{\partial}{\partial z} \tag{2}$$

∇는 기호 '델'이다.

기호 ∇는 '델'이라 읽으며, 이 기호를 활용하여 $\mathbf{F}$의 컬을 다음 공식으로 나타낼 수 있다.

$$\begin{aligned}\nabla\times\mathbf{F} &= \begin{vmatrix}\mathbf{i} & \mathbf{j} & \mathbf{k}\\ \dfrac{\partial}{\partial x} & \dfrac{\partial}{\partial y} & \dfrac{\partial}{\partial z}\\ M & N & P\end{vmatrix}\\ &= \left(\frac{\partial P}{\partial y}-\frac{\partial N}{\partial z}\right)\mathbf{i}+\left(\frac{\partial M}{\partial z}-\frac{\partial P}{\partial x}\right)\mathbf{j}+\left(\frac{\partial N}{\partial x}-\frac{\partial M}{\partial y}\right)\mathbf{k}\end{aligned}$$

종종 벡터곱의 기호를 활용하여 컬을 기호적으로 '델 곱 $\mathbf{F}$'으로 나타낸다.

$$\text{curl } \mathbf{F} = \nabla\times\mathbf{F} \tag{3}$$

예제 1 $\mathbf{F}=(x^2-z)\mathbf{i}+xe^z\mathbf{j}+xy\mathbf{k}$의 컬을 구하라.

풀이 식 (3)과 벡터곱의 행렬식 형식을 이용하면 다음을 얻는다.

$$\begin{aligned}\text{curl } \mathbf{F} &= \nabla\times\mathbf{F}\\ &= \begin{vmatrix}\mathbf{i} & \mathbf{j} & \mathbf{k}\\ \dfrac{\partial}{\partial x} & \dfrac{\partial}{\partial y} & \dfrac{\partial}{\partial z}\\ x^2-z & xe^z & xy\end{vmatrix}\\ &= \left(\frac{\partial}{\partial y}(xy)-\frac{\partial}{\partial z}(xe^z)\right)\mathbf{i}-\left(\frac{\partial}{\partial x}(xy)-\frac{\partial}{\partial z}(x^2-z)\right)\mathbf{j}\\ &\quad+\left(\frac{\partial}{\partial x}(xe^z)-\frac{\partial}{\partial y}(x^2-z)\right)\mathbf{k}\\ &= (x-xe^z)\mathbf{i}-(y+1)\mathbf{j}+(e^z-0)\mathbf{k}\\ &= x(1-e^z)\mathbf{i}-(y+1)\mathbf{j}+e^z\mathbf{k}\end{aligned}$$

curl $\mathbf{F}$는 스칼라가 아닌 벡터이다.

■

나중에 보면 작용소 ∇는 여러 가지로 활용된다. 예를 들어 스칼라함수 $f(x, y, z)$에 적용하면 f의 기울기장은 다음과 같다.

$$\nabla f = \frac{\partial f}{\partial x}\mathbf{i}+\frac{\partial f}{\partial y}\mathbf{j}+\frac{\partial f}{\partial z}\mathbf{k}$$

이 상황에서 이것을 '델 f' 또는 종종 '그래드 f'라 읽는다.

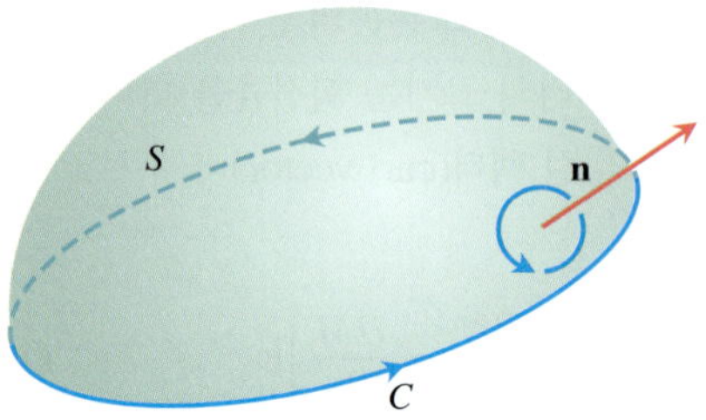

그림 14.59 경계의 곡선 C의 향이 수직벡터 $\mathbf{n}$에 대한 오른손 관계를 부여한다. 만약 오른손의 엄지가 $\mathbf{n}$의 방향을 향하고 있으면 손가락들은 C의 방향으로 쥐듯이 감싸진다.

스토크스 정리

스토크스 정리는 그린 정리를 3차원으로 일반화한다. 순환-컬 형식의 그린 정리에 의해 xy평면의 단순 닫힌 곡선 C를 따라서 벡터장의 시계반대 방향 순환과 C로 둘러싸인 평면의 영역 R에 대한 2중적분이 연관된다. 스토크스 정리에 의해 공간의 유향곡면 S(그림 14.59)의 경계 C를 따라 벡터장의 순환과 곡면 S에 대한 면적분이 연관된다. 여기서 곡면은 **조각마다 매끄러운** 것이 필요한데, 이는 곡면이 매끄러운 곡선을 따라 이어진 매끄러운 곡면의 유한합이라는 뜻이다.

정리 6 | 스토크스 정리

S가 조각마다 매끄러운 곡면으로 조각마다 매끄러운 경계 곡선 C를 가진다고 하고, 벡터장 $\mathbf{F}=M\mathbf{i}+N\mathbf{j}+P\mathbf{k}$의 성분이 S를 포함하는 열린 영역에서 연속인 1계 편도함수를 갖는다고 하자. 이때 곡면의 단위수직벡터 $\mathbf{n}$에 대해 시계반대 방향으로 C에 대한 $\mathbf{F}$의 순환은 컬 벡터장 $\nabla\times\mathbf{F}$의 S에 대한 적분과 같다.

$$\underbrace{\oint_C \mathbf{F}\cdot d\mathbf{r}}_{\text{시계반대 방향 순환}} = \underbrace{\iint_S (\nabla\times\mathbf{F})\cdot\mathbf{n}\,d\sigma}_{\text{컬 적분}} \tag{4}$$

식 (4)로부터 만약 2개의 서로 다른 유향곡면 S_1, S_2가 같은 경계 C를 가지고 있으면 컬 적분이 같다.

$$\iint_{S_1} (\nabla\times\mathbf{F})\cdot\mathbf{n}_1\,d\sigma = \iint_{S_2} (\nabla\times\mathbf{F})\cdot\mathbf{n}_2\,d\sigma$$

단위수직벡터 $\mathbf{n}_1$, $\mathbf{n}_2$이 곡면에 바르게 향을 주었을 때 두 컬 적분은 식 (4)의 좌변의 시계반대 방향 순환과 일치한다. 따라서 컬 적분은 곡면(의 선택)에 독립적으로 경계 곡선의 순환에만 의존한다. 이 독립성은 곡선에 대한 보존적인 벡터장의 유동 적분의 독립성[유동 적분의 값은 경로의 양 끝점(경계의 점)에만 의존하는]과 닮았다. 이런 관점에서 컬 벡터장 $\nabla\times\mathbf{F}$은 스칼라함수 f의 기울기장 ∇f과 유사하다.

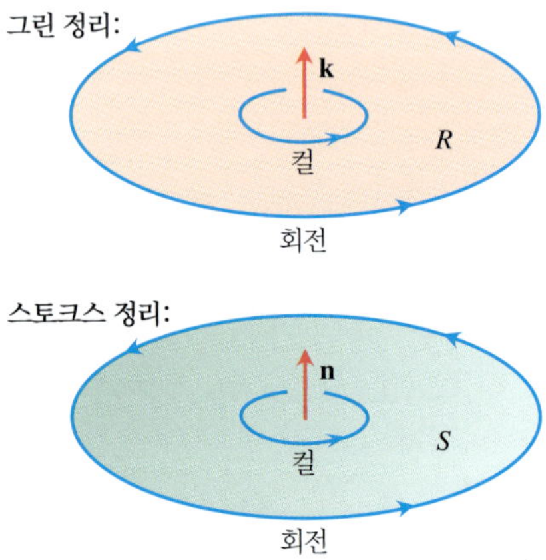

그림 14.60 평면의 곡선과 곡면에 활용했을 때 스토크스 정리는 그린 정리의 순환-컬 형식이 된다. 하지만 스토크스 정리는 더 일반적으로 평면에 놓이지 않은 곡선과 곡면에 활용될 수 있다.

만약 C가 xy평면의 곡선으로 시계반대 방향으로 방향이 주어지고, xy평면의 영역 R의 경계이면 $d\sigma=dx\,dy$이고 다음과 같다.

$$(\nabla\times\mathbf{F})\cdot\mathbf{n} = (\nabla\times\mathbf{F})\cdot\mathbf{k} = \left(\frac{\partial N}{\partial x}-\frac{\partial M}{\partial y}\right)$$

이 조건하에 스토크스 정리는 다음과 같은 그린 정리의 회전-컬 형식이 된다.

$$\oint_C \mathbf{F}\cdot d\mathbf{r} = \iint_R \left(\frac{\partial N}{\partial x}-\frac{\partial M}{\partial y}\right)dx\,dy$$

역으로 이 과정은 델 표기에 따른 2차원 벡터장에 대한 그린 정리의 회전-컬 형식을 다음으로 다시 쓸 수 있다.

$$\oint_C \mathbf{F}\cdot d\mathbf{r} = \iint_R (\nabla\times\mathbf{F})\cdot\mathbf{k}\,dA \tag{5}$$

그림 14.60을 참조하자.

예제 2 반구면 S: $x^2+y^2+z^2=9$, $z\ge 0$과 이의 경계로서 (위에서 보았을 때) 시계반대 방향으로 지나는 원 C: $x^2+y^2=9$, $z=0$ 그리고 벡터장 $\mathbf{F}=y\mathbf{i}-x\mathbf{j}$에 대해 식 (4)의 양변의 값을 구하라.

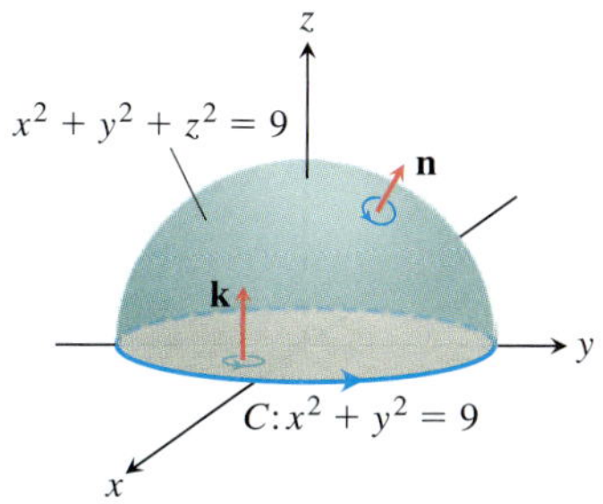

그림 14.61 각각 C를 경계로 하는 반구면와 원판(예제 2와 3).

풀이 반구면은 그림 14.59와 같은 곡면으로 xy평면의 원 C를 경계로 한다(그림 14.61). 매개화 $\mathbf{r}(\theta)=(3\cos\theta)\mathbf{i}+(3\sin\theta)\mathbf{j}$, $0\le\theta\le2\pi$를 활용하여 C의 시계반대 방향(위에서 보았을 때) 순환을 계산한다.

$$d\mathbf{r} = (-3\sin\theta\, d\theta)\mathbf{i} + (3\cos\theta\, d\theta)\mathbf{j}$$
$$\mathbf{F} = y\mathbf{i} - x\mathbf{j} = (3\sin\theta)\mathbf{i} - (3\cos\theta)\mathbf{j}$$
$$\mathbf{F}\cdot d\mathbf{r} = -9\sin^2\theta\, d\theta - 9\cos^2\theta\, d\theta = -9\, d\theta$$
$$\oint_C \mathbf{F}\cdot d\mathbf{r} = \int_0^{2\pi} -9\, d\theta = -18\pi$$

식 (4)의 우변을 계산할 때 단위수직벡터의 향을 원점에서 멀어지게 향하도록 선택하는데, 이는 곡선 C에 기술된 향(그림 14.61)에 대해 오른손 관계가 되도록 한다. 그리하여 다음을 얻는다.

$$\nabla\times\mathbf{F} = \left(\frac{\partial P}{\partial y}-\frac{\partial N}{\partial z}\right)\mathbf{i} + \left(\frac{\partial M}{\partial z}-\frac{\partial P}{\partial x}\right)\mathbf{j} + \left(\frac{\partial N}{\partial x}-\frac{\partial M}{\partial y}\right)\mathbf{k}$$
$$= (0-0)\mathbf{i} + (0-0)\mathbf{j} + (-1-1)\mathbf{k} = -2\mathbf{k}$$
$$\mathbf{n} = \frac{x\mathbf{i}+y\mathbf{j}+z\mathbf{k}}{\sqrt{x^2+y^2+z^2}} = \frac{x\mathbf{i}+y\mathbf{j}+z\mathbf{k}}{3} \qquad \text{단위수직벡터}$$
$$d\sigma = \frac{3}{z}\, dA \qquad \text{14.6절 예제 7, } a=3\text{일 때}$$
$$(\nabla\times\mathbf{F})\cdot\mathbf{n}\, d\sigma = (-2\mathbf{k})\times\left(\frac{x\mathbf{i}+y\mathbf{j}+z\mathbf{k}}{3}\right)d\sigma = -\frac{2z}{3}\frac{3}{z}\, dA = -2\, dA$$

그리고 다음과 같다.

$$\iint_S (\nabla\times\mathbf{F})\cdot\mathbf{n}\, d\sigma = \iint_{x^2+y^2\le9} -2\, dA = -18\pi$$

스토크스 정리로 기대된 것처럼 원에 대한 순환과 반구면에서 컬의 적분이 같다. ■

곡선 C를 경계로 하는 임의의 곡면이 적절하게 향이 정해지고 곡면이 벡터장의 정의역에 포함되면 이 곡면으로 스토크스 정리의 면적분을 계산할 수 있다. 다음 예제는 이런 사실을 예제 2의 곡선 C를 따라 순환에 대해 제시한다.

예제 3 xy평면에 놓이고 원점을 중심으로 하며 반지름이 3인 원판을 곡면 S(반구면 대신에)로 하고 예제 2에서 경계가 되는 원 C에 대한 순환을 계산하라(그림 14.61 참조).

풀이 예제 2에서처럼 $\nabla\times\mathbf{F}=-2\mathbf{k}$이다. 곡면이 xy평면에 기술된 원판이면 스토크스 정리에 요구되는 곡선 C에 대한 시계반대 방향을 주기 위해 법벡터는 $\mathbf{n}=\mathbf{k}$로 선택되고 다음과 같다.

$$(\nabla\times\mathbf{F})\cdot\mathbf{n}\, d\sigma = -2\mathbf{k}\cdot\mathbf{k}\, dA = -2\, dA$$
$$\iint_S (\nabla\times\mathbf{F})\cdot\mathbf{n}\, d\sigma = \iint_{x^2+y^2\le9} -2\, dA = -18\pi$$

따라서 이전보다 계산이 간결하다. ■

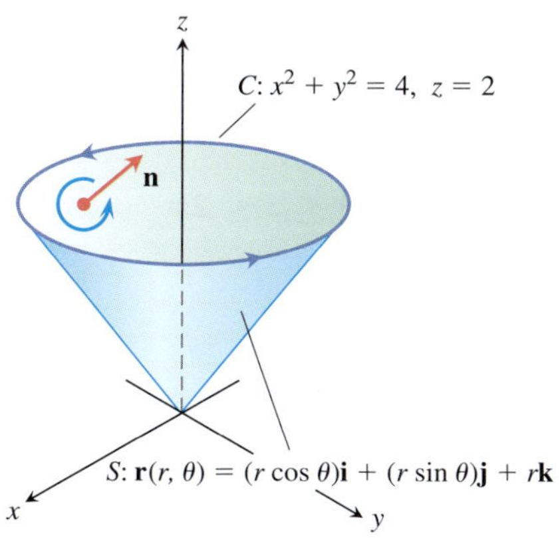

그림 14.62 예제 4의 곡선 C와 원뿔 S.

예제 4 평면 $z=2$와 원뿔 $z=\sqrt{x^2+y^2}$이 교집합인 곡선 C와 이를 위에서 보았을 때 시계반대 방향으로 벡터장 $\mathbf{F}=(x^2-y)\mathbf{i}+4z\mathbf{j}+x^2\mathbf{k}$의 순환을 구하라(그림 14.62).

풀이 스토크스 정리에 의해 원뿔에 대한 면적분으로 순환을 구할 수 있다. 위에서 보았을 때 시계반대 방향으로 C를 지나는 것은 원뿔에 대해 안쪽으로 법벡터($\mathbf{k}$성분이 양수인 법벡터) $\mathbf{n}$을 선택하는 것에 대응한다.

원뿔을 다음 식으로 매개화한다.

$$\mathbf{r}(r,\theta) = (r\cos\theta)\mathbf{i} + (r\sin\theta)\mathbf{j} + r\mathbf{k}, \qquad 0 \le r \le 2, \quad 0 \le \theta \le 2\pi$$

그러면 다음을 얻는다.

$$\begin{aligned}
\mathbf{n} &= \frac{\mathbf{r}_r \times \mathbf{r}_\theta}{|\mathbf{r}_r \times \mathbf{r}_\theta|} = \frac{-(r\cos\theta)\mathbf{i} - (r\sin\theta)\mathbf{j} + r\mathbf{k}}{r\sqrt{2}} && \text{14.5절 예제 4} \\
&= \frac{1}{\sqrt{2}}(-(\cos\theta)\mathbf{i} - (\sin\theta)\mathbf{j} + \mathbf{k}) \\
d\sigma &= r\sqrt{2}\,dr\,d\theta && \text{14.5절 예제 4} \\
\nabla \times \mathbf{F} &= -4\mathbf{i} - 2x\mathbf{j} + \mathbf{k} && \text{컬의 계산} \\
&= -4\mathbf{i} - 2r\cos\theta\mathbf{j} + \mathbf{k} && x = r\cos\theta
\end{aligned}$$

이에 따라 다음과 같다.

$$\begin{aligned}
(\nabla \times \mathbf{F}) \cdot \mathbf{n} &= \frac{1}{\sqrt{2}}(4\cos\theta + 2r\cos\theta\sin\theta + 1) \\
&= \frac{1}{\sqrt{2}}(4\cos\theta + r\sin 2\theta + 1)
\end{aligned}$$

순환은 다음을 얻는다.

$$\begin{aligned}
\oint_C \mathbf{F} \cdot d\mathbf{r} &= \iint_S (\nabla \times \mathbf{F}) \cdot \mathbf{n}\,d\sigma && \text{스토크스 정리, 식 (4)} \\
&= \int_0^{2\pi}\int_0^2 \frac{1}{\sqrt{2}}(4\cos\theta + r\sin 2\theta + 1)\big(r\sqrt{2}\,dr\,d\theta\big) = 4\pi
\end{aligned}$$

■

예제 5 예제 4에서 이용된 원뿔은 평면 $z=2$에 놓인 경계가 되는 원 C에 대한 순환을 계산하는데 가장 쉬운 곡면이 아니다. 만약 평면 $z=2$에 놓여 있고 z축에 중심이 있으며 반지름이 2인 평평한 원판을 대신 이용하면 곡면 S에 대한 법벡터는 $\mathbf{n}=\mathbf{k}$(곡선 C에 시계반대 방향을 줄 때)이다. 예제 4와 같이 여전히 $\nabla \times \mathbf{F} = -4\mathbf{i} - 2x\mathbf{j} + \mathbf{k}$이다. 반면 여기서는 $(\nabla \times \mathbf{F}) \cdot \mathbf{n} = 1$이며 다음과 같다.

$$\iint_S (\nabla \times \mathbf{F}) \cdot \mathbf{n}\,d\sigma = \iint_{x^2+y^2 \le 4} 1\,dA = 4\pi \qquad \text{그림자는 } xy\text{평면의 반지름 2인 원판이다.}$$

이 결과는 예제 4에서 구한 순환의 값과 같다. ■

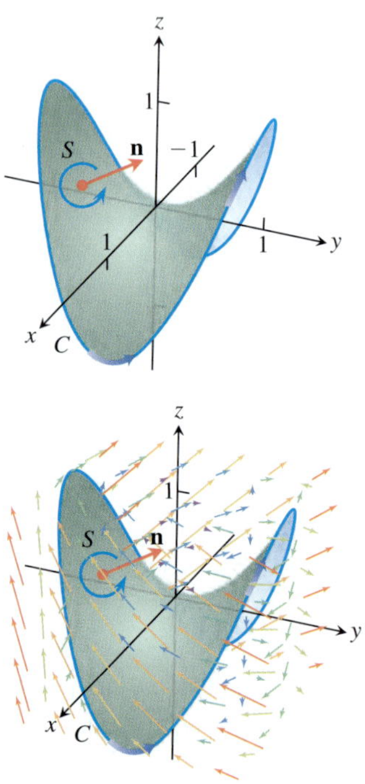

그림 14.63 예제 6의 곡면과 벡터장.

예제 6 z축에 대해 반지름 1인 원기둥의 안쪽에 놓인 쌍곡면 $z=y^2-x^2$의 부분으로 구성된 곡면 S와 S의 경계 곡선 C(그림 14.63)에 대한 매개화를 구하라. 그리고 $\mathbf{k}$성분이 양수인 법벡터와 벡터장 $\mathbf{F}=y\mathbf{i}-x\mathbf{j}+x^2\mathbf{k}$에 대해 스토크스 정리를 검증하라.

풀이 xy평면의 단위원을 지나는 동안 경계인 곡선 C에 대한 곡면의 z좌표는 y^2-x^2으로 주어진다. 곡선 C에 대한 향은 위에서 보았을 때 시계반대 방향(그림 14.63 참조)으로 정한다. 곡선 C의 매개화를 다음과 같다고 하자.

$$\mathbf{r}(t) = (\cos t)\mathbf{i} + (\sin t)\mathbf{j} + (\sin^2 t - \cos^2 t)\mathbf{k}, \quad 0 \le t \le 2\pi$$

그러면 다음과 같다.

$$\frac{d\mathbf{r}}{dt} = (-\sin t)\mathbf{i} + (\cos t)\mathbf{j} + (4\sin t\cos t)\mathbf{k}, \quad 0 \le t \le 2\pi$$

곡선 $\mathbf{r}(t)$를 따라 벡터장 $\mathbf{F}$의 식은 다음을 얻는다.

$$\mathbf{F} = (\sin t)\mathbf{i} - (\cos t)\mathbf{j} + (\cos^2 t)\mathbf{k}$$

곡선 C를 따라 시계반대 방향으로의 순환은 다음 선적분의 값이다.

$$\int_0^{2\pi} \mathbf{F} \cdot \frac{d\mathbf{r}}{dt}\, dt = \int_0^{2\pi} (-\sin^2 t - \cos^2 t + 4 \sin t \cos^3 t)\, dt$$
$$= \int_0^{2\pi} (4 \sin t \cos^3 t - 1)\, dt$$
$$= \Big[-\cos^4 t - t\Big]_0^{2\pi} = -2\pi$$

이제 곡면 S에 대해 $(\nabla \times \mathbf{F}) \cdot \mathbf{n}$를 적분하여 같은 값을 얻겠다. 극좌표를 이용하여 평면의 점 (r, θ)라 두고 곡면의 z좌표를 $y^2 - x^2 = r^2 \sin^2 \theta - r^2 \cos^2 \theta$로 나타낸다. S의 매개화를 다음과 같이 정한다.

$$\mathbf{r}(r, \theta) = (r \cos \theta)\mathbf{i} + (r \sin \theta)\mathbf{j} + r^2(\sin^2 \theta - \cos^2 \theta)\mathbf{k}, \quad 0 \le r \le 1, \quad 0 \le \theta \le 2\pi$$

이제 $(\nabla \times \mathbf{F}) \cdot\ \mathbf{n}\, d\sigma$를 계산한다. 그러면 다음을 얻는다.

$$\nabla \times \mathbf{F} = \begin{vmatrix} \mathbf{i} & \mathbf{j} & \mathbf{k} \\ \dfrac{\partial}{\partial x} & \dfrac{\partial}{\partial y} & \dfrac{\partial}{\partial z} \\ y & -x & x^2 \end{vmatrix} = -2x\mathbf{j} - 2\mathbf{k} = -(2r \cos \theta)\mathbf{j} - 2\mathbf{k}$$

그리고 다음과 같다.

$$\mathbf{r}_r = (\cos \theta)\mathbf{i} + (\sin \theta)\mathbf{j} + 2r(\sin^2 \theta - \cos^2 \theta)\mathbf{k}$$
$$\mathbf{r}_\theta = (-r \sin \theta)\mathbf{i} + (r \cos \theta)\mathbf{j} + 4r^2(\sin \theta \cos \theta)\mathbf{k}$$

$$\mathbf{r}_r \times \mathbf{r}_\theta = \begin{vmatrix} \mathbf{i} & \mathbf{j} & \mathbf{k} \\ \cos \theta & \sin \theta & 2r(\sin^2 \theta - \cos^2 \theta) \\ -r \sin \theta & r \cos \theta & 4r^2(\sin \theta \cos \theta) \end{vmatrix}$$
$$= 2r^2(2 \sin^2 \theta \cos\theta - \sin^2 \theta \cos\theta + \cos^3 \theta)\mathbf{i}$$
$$-2r^2(2 \sin \theta \cos^2 \theta + \sin^3 \theta + \sin\theta \cos^2 \theta)\mathbf{j} + r\mathbf{k}$$

여기서 $\mathbf{k}$성분이 항상 음수임에 유념한다. 따라서 다음으로 정한다.

$$\mathbf{n} = +\frac{(\mathbf{r}_r \times \mathbf{r}_\theta)}{|\mathbf{r}_r \times \mathbf{r}_\theta|}$$

이제 다음을 얻는다.

$$\iint_S (\nabla \times \mathbf{F}) \cdot \mathbf{n}\, d\sigma = \int_0^{2\pi} \int_0^1 (\nabla \times \mathbf{F}) \cdot \frac{\mathbf{r}_r \times \mathbf{r}_\theta}{|\mathbf{r}_r \times \mathbf{r}_\theta|} |\mathbf{r}_r \times \mathbf{r}_\theta|\, dr\, d\theta$$
$$= \int_0^{2\pi} \int_0^1 (\nabla \times \mathbf{F}) \cdot (\mathbf{r}_r \times \mathbf{r}_\theta)\, dr\, d\theta$$
$$= \int_0^{2\pi} \int_0^1 [4r^3(2 \sin \theta \cos^3 \theta + \sin^3 \theta\, \cos \theta + \sin \theta \cos^3 \theta) - 2r]\, dr\, d\theta$$
$$= \int_0^{2\pi} \Big[r^4(3 \sin \theta \cos^3 \theta + \sin^3 \theta \cos\theta) - r^2\Big]_{r=0}^{r=1} d\theta \qquad \text{적분}$$
$$= \int_0^{2\pi} (3 \sin \theta \cos^3 \theta + \sin^3 \theta \cos \theta - 1)\, d\theta \qquad \text{계산}$$
$$= \Big[-\frac{3}{4} \cos^4 \theta + \frac{1}{4} \sin^4 \theta - \theta\Big]_0^{2\pi}$$
$$= \Big(-\frac{3}{4} + 0 - 2\pi + \frac{3}{4} - 0 + 0\Big) = -2\pi$$

따라서 스토크스 정리에서 기대된 것과 같이 S에 대한 $(\nabla \times \mathbf{F}) \cdot \mathbf{n}$의 면적분은 C에 대한 $\mathbf{F}$의 시계반대 방향 순환과 같다. ■

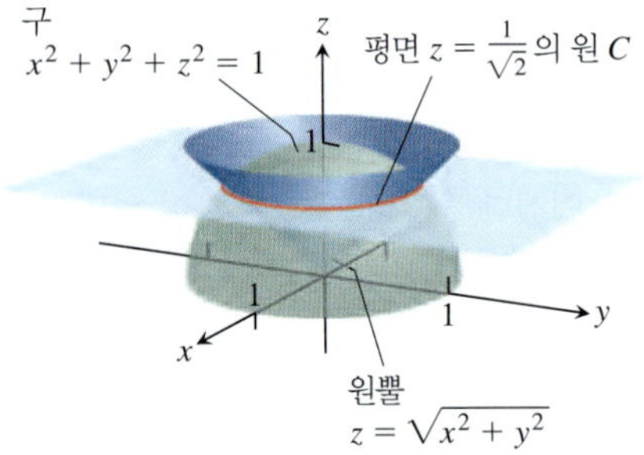

그림 14.64 예제 7의 순환 곡선 C.

예제 7 구면 $x^2+y^2+z^2=1$과 원뿔 $z=\sqrt{x^2+y^2}$의 교집합으로 나타나는 곡선을 z축을 따라 위에서 보았을 때 시계반대 방향으로 회전하며 지나는 다음과 같은 벡터장의 순환을 계산하라.

$$\mathbf{F} = (x^2 + z)\mathbf{i} + (y^2 + 2x)\mathbf{j} + (z^2 - y)\mathbf{k}$$

풀이 구면과 원뿔이 $1=(x^2+y^2)+z^2=z^2+z^2=2z^2$ 또는 $z=1/\sqrt{2}$일 때 교차한다(그림 14.64). 교집합 $x^2+y^2=1/2$의 곡선을 평면 $z=1/\sqrt{2}$에 포함되고 이 곡선으로 둘러싸인 원판의 경계로 여기고 스토크스 정리를 적용한다. 여기서 이 경계의 곡선에 시계반대 방향의 향을 주는 곡면의 법벡터는 $\mathbf{n}=\mathbf{k}$이다. 컬 벡터를 계산하면 다음과 같다.

$$\nabla \times \mathbf{F} = \begin{vmatrix} \mathbf{i} & \mathbf{j} & \mathbf{k} \\ \dfrac{\partial}{\partial x} & \dfrac{\partial}{\partial y} & \dfrac{\partial}{\partial z} \\ x^2 + z & y^2 + 2x & z^2 - y \end{vmatrix} = -\mathbf{i} + \mathbf{j} + 2\mathbf{k}$$

따라서 $(\nabla \times \mathbf{F}) \cdot \mathbf{k}=2$이 된다. 원판에 대한 순환은 다음과 같다.

$$\oint_C \mathbf{F} \cdot d\mathbf{r} = \iint_S (\nabla \times \mathbf{F}) \cdot \mathbf{k}\, d\sigma$$

$$= \iint_S 2\, d\sigma = 2 \cdot \text{area of disk} = 2 \cdot \pi\left(\frac{1}{\sqrt{2}}\right)^2 = \pi$$ ■

$\nabla \times \mathbf{F}$의 외륜 해석

닫힌 곡선 C를 포함하는 공간의 영역 R를 이동하는 유체의 벡터장을 $\mathbf{F}$라 하자. 그러면 다음과 같이 C에 대한 유체의 순환이다.

$$\oint_C \mathbf{F} \cdot d\mathbf{r}$$

스토크스 정리에 의해 이 순환은 C를 경계로 하고 적절하게 향이 주어진 곡면 S에 대한 $\nabla \times \mathbf{F}$의 플럭스와 같다.

$$\oint_C \mathbf{F} \cdot d\mathbf{r} = \iint_S (\nabla \times \mathbf{F}) \cdot \mathbf{n}\, d\sigma$$

영역 R의 한 점 Q과 이 점 Q에서 $\mathbf{u}$ 방향을 고정하자. Q를 중심으로 하고 반지름이 ρ인 원으로 이를 포함한 평면이 $\mathbf{u}$에 수직인 것을 C로 정한다. 만약 $\nabla \times \mathbf{F}$가 Q에서 연속이면 C를 경계로 하는 원판 S에 대해 $\nabla \times \mathbf{F}$의 $\mathbf{u}$성분의 평균값은 $\rho \to 0$에 따라 Q에서 $\nabla \times \mathbf{F}$의 $\mathbf{u}$성분으로 다가간다.

$$((\nabla \times \mathbf{F}) \cdot \mathbf{u})\Big|_Q = \lim_{\rho \to 0} \frac{1}{\pi\rho^2} \iint_S (\nabla \times \mathbf{F}) \cdot \mathbf{u}\, d\sigma$$

스토크스 정리를 적용하여 C에 대한 선적분을 면적분으로 바꾸면 다음을 얻는다.

$$((\nabla \times \mathbf{F}) \cdot \mathbf{u})\Big|_Q = \lim_{\rho \to 0} \frac{1}{\pi\rho^2} \oint_C \mathbf{F} \cdot d\mathbf{r} \tag{6}$$

식 (6)의 좌변은 $\mathbf{u}$가 $\nabla \times \mathbf{F}$ 방향일 때 최댓값을 갖는다. ρ가 작을 때 식 (6)의 우변은 근사적으로 다음과 같이 C에 대한 순환을 원판의 넓이로 나눈 것(순환밀도)이다.

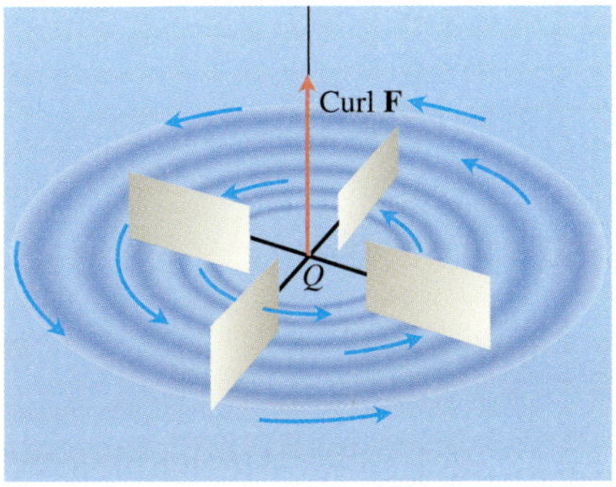

그림 14.65 유체 속의 작은 외륜은 점 Q에서 이 외륜의 회전축이 curl $\mathbf{F}$ 방향을 향하고 있을 때 가장 빠르게 회전한다.

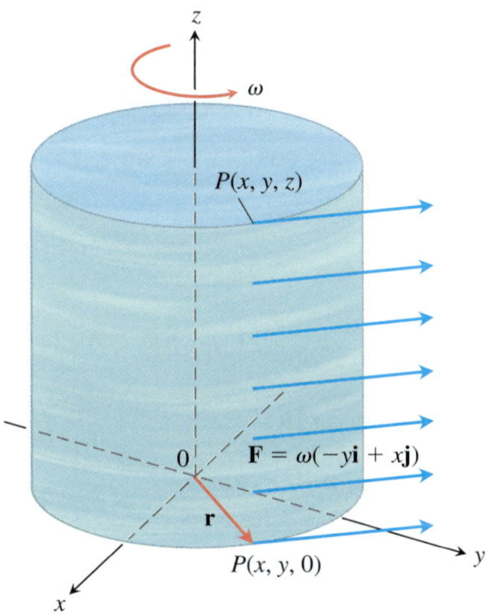

그림 14.66 양의 방향(시계반대 방향)으로 상수 각속도 ω인 xy평면에 평행하게 안정된 회전 흐름(예제 8).

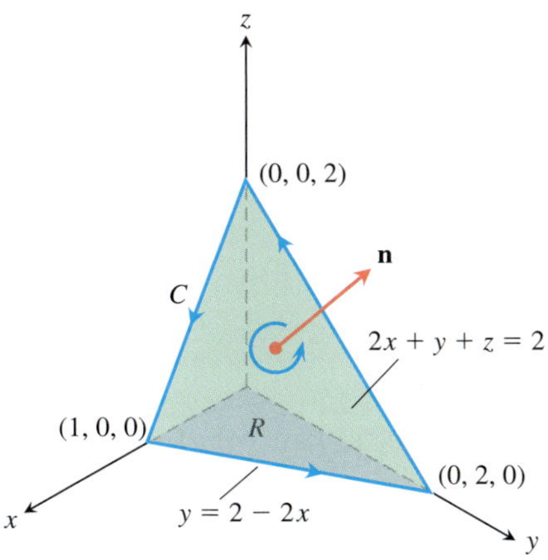

그림 14.67 예제 9의 평면적 곡면.

$$\frac{1}{\pi\rho^2}\oint_C \mathbf{F}\cdot d\mathbf{r}$$

Q의 유체에 반지름 ρ이고 $\mathbf{u}$ 방향으로 회전축이 놓인 작은 외륜을 두었다고 가정하자(그림 14.65). C 주변에서 유체의 순환이 외륜의 회전률에 영향을 준다. 외륜은 순환 적분이 최대일 때 가장 빠른 속도로 회전한다. 따라서 외륜의 회전축이 $\nabla\times\mathbf{F}$의 방향으로 향하고 있을 때 가장 빠르게 회전한다.

예제 8 상수밀도의 유체가 z축에 대해 속도 $\mathbf{F}=\omega(-y\mathbf{i}+x\mathbf{j})$로 회전한다. 여기서 ω는 회전의 각속도라 불리는 양의 상수이다(그림 14.66). $\nabla\times\mathbf{F}$를 구하고 이를 순환밀도에 연관시켜라.

풀이 $\mathbf{F}=\omega(-y\mathbf{i}+x\mathbf{j})$로부터 컬을 구하면 다음과 같다.

$$\begin{aligned}\nabla\times\mathbf{F} &= \left(\frac{\partial P}{\partial y}-\frac{\partial N}{\partial z}\right)\mathbf{i}+\left(\frac{\partial M}{\partial z}-\frac{\partial P}{\partial x}\right)\mathbf{j}+\left(\frac{\partial N}{\partial x}-\frac{\partial M}{\partial y}\right)\mathbf{k}\\ &= (0-0)\mathbf{i}+(0-0)\mathbf{j}+(\omega-(-\omega))\mathbf{k} = 2\omega\mathbf{k}\end{aligned}$$

따라서 $(\nabla\times\mathbf{F})\cdot\mathbf{k}=2\omega$이다. 스토크스 정리에 의해 $\nabla\times\mathbf{F}$에 수직인 평면(예를 들어 xy평면이라 하자) 속의 원판 S의 경계가 되는 반지름이 ρ인 원 S에 대한 (위에서 보아 시계반대 방향으로 지나는) $\mathbf{F}$의 순환은 다음과 같다.

$$\oint_C \mathbf{F}\cdot d\mathbf{r} = \iint_S (\nabla\times\mathbf{F})\cdot\mathbf{n}\,d\sigma = \iint_S 2\omega\mathbf{k}\cdot\mathbf{k}\,dx\,dy = (2\omega)(\pi\rho^2)$$

마지막 식을 2ω에 대해 풀면 다음을 얻는다.

$$(\nabla\times\mathbf{F})\cdot\mathbf{k} = 2\omega = \frac{1}{\pi\rho^2}\oint_C \mathbf{F}\cdot d\mathbf{r}$$

$\mathbf{u}=\mathbf{k}$일 때 식 (6)와 부합한다. ■

예제 9 C가 평면 $2x+y+z=2$의 제1팔분공간에 속한 부분의 경계인데, 위에서 보아 시계반대 방향으로 이를 지날 때(그림 14.67), $\mathbf{F}=xz\mathbf{i}+xy\mathbf{j}+3xz\mathbf{k}$에 대한 $\int_C \mathbf{F}\cdot d\mathbf{r}$의 값을 스토크스 정리를 활용하여 구하라.

풀이 이 평면은 함수 $f(x, y, z)=2x+y+z$의 등위면 $f(x, y, z)=2$이다. 단위수직벡터는 다음과 같이 C에 대한 시계반대 방향의 운동과 부합한다.

$$\mathbf{n} = \frac{\nabla f}{|\nabla f|} = \frac{(2\mathbf{i}+\mathbf{j}+\mathbf{k})}{|2\mathbf{i}+\mathbf{j}+\mathbf{k}|} = \frac{1}{\sqrt{6}}(2\mathbf{i}+\mathbf{j}+\mathbf{k})$$

스토크스 정리를 활용하기 위해 다음을 얻는다.

$$\text{curl }\mathbf{F} = \nabla\times\mathbf{F} = \begin{vmatrix}\mathbf{i} & \mathbf{j} & \mathbf{k}\\ \dfrac{\partial}{\partial x} & \dfrac{\partial}{\partial y} & \dfrac{\partial}{\partial z}\\ xz & xy & 3xz\end{vmatrix} = (x-3z)\mathbf{j}+y\mathbf{k}$$

이 평면에서 z가 $2-2x-y$와 같으므로 다음과 같다.

$$\nabla\times\mathbf{F} = (x-3(2-2x-y))\mathbf{j}+y\mathbf{k} = (7x+3y-6)\mathbf{j}+y\mathbf{k}$$

$$(\nabla\times\mathbf{F})\cdot\mathbf{n} = \frac{1}{\sqrt{6}}(7x+3y-6+y) = \frac{1}{\sqrt{6}}(7x+4y-6)$$

곡면 넓이 미분이 다음을 얻는다.

$$d\sigma = \frac{|\nabla f|}{|\nabla f\cdot\mathbf{k}|}\,dA = \frac{\sqrt{6}}{1}\,dx\,dy \qquad \text{14.5절의 식 (7)}$$

순환은 다음과 같다.

$$\oint_C \mathbf{F}\cdot d\mathbf{r} = \iint_S (\nabla\times\mathbf{F})\cdot\mathbf{n}\,d\sigma \qquad \text{스토크스 정리, 식 (4)}$$

$$= \int_0^1\int_0^{2-2x} \frac{1}{\sqrt{6}}(7x+4y-6)\sqrt{6}\,dy\,dx$$

$$= \int_0^1\int_0^{2-2x} (7x+4y-6)\,dy\,dx = -1$$

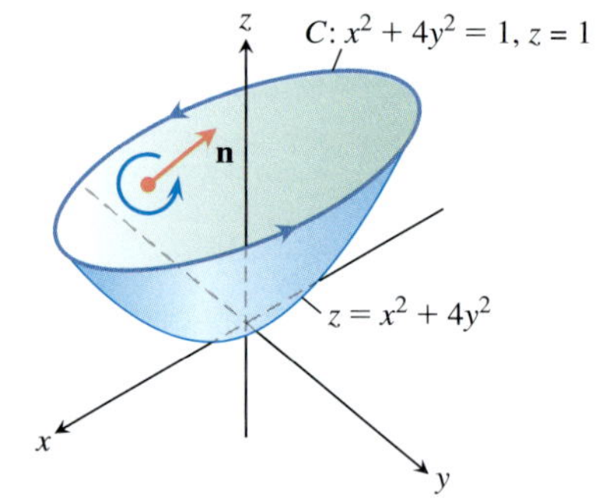

그림 14.68 예제 10의 타원 포물면의 부분이고, 이 곡면과 평면 $z=1$ 교집합 곡선 C와 $\mathbf{n}$에 의해 안쪽으로 수직이 되도록 방향이 주어진다.

예제 10 곡면 S가 타원 포물면 $z=x^2+4y^2$의 평면 $z=1$ 아래에 자리한 부분이라 하자(그림 14.68). 이 곡면에 대해 안쪽 방향인 법벡터(양수인 $\mathbf{k}$성분을 가지는 법벡터) $\mathbf{n}$을 선택하여 S의 방향을 정한다. S를 $\mathbf{n}$ 방향으로 지나는 벡터장 $\mathbf{F}=y\mathbf{i}-xz\mathbf{j}+xz^2\mathbf{k}$에 대해 $\nabla\times\mathbf{F}$의 플럭스를 구하라.

풀이 스토크스 정리를 활용하여 주어진 컬 적분에 동치가 되는(그림 14.68) 포물면 $z=x^2+4y^2$와 평면 $z=1$의 교집합인 곡선 C에 대한 $\mathbf{F}$의 시계반대 방향 순환을 계산한다. S의 방향이 C를 z축에 대해 시계반대 방향으로 지나는 것과 부합한다는 것을 유념한다. 곡선 C는 평면 $z=1$의 타원 $x^2+4y^2=1$이다. 이 타원을 $0\le t\le 2\pi$에 대해 $x=\cos t$, $y=\frac{1}{2}\sin t$, $z=1$로 매개화할 수 있으며, 이에 따라 C가 다음으로 주어진다.

$$\mathbf{r}(t) = (\cos t)\mathbf{i} + \frac{1}{2}(\sin t)\mathbf{j} + \mathbf{k}, \qquad 0\le t\le 2\pi$$

회전 적분 $\oint_C \mathbf{F}\cdot d\mathbf{r}$을 계산하기 위해 C에 대해 $\mathbf{F}$의 값을 구하고, 속도벡터 $d\mathbf{r}/dt$를 구한다.

$$\mathbf{F}(\mathbf{r}(t)) = \frac{1}{2}(\sin t)\mathbf{i} - (\cos t)\mathbf{j} + (\cos t)\mathbf{k}$$

$$\frac{d\mathbf{r}}{dt} = -(\sin t)\mathbf{i} + \frac{1}{2}(\cos t)\mathbf{j}$$

그러면 다음과 같다.

$$\oint_C \mathbf{F}\cdot d\mathbf{r} = \int_0^{2\pi} \mathbf{F}(\mathbf{r}(t))\cdot\frac{d\mathbf{r}}{dt}\,dt$$

$$= \int_0^{2\pi}\left(-\frac{1}{2}\sin^2 t - \frac{1}{2}\cos^2 t\right)dt$$

$$= -\frac{1}{2}\int_0^{2\pi} dt = -\pi$$

따라서 스토크스 정리에 의해 S를 $\mathbf{n}$ 방향으로 지나는 벡터장 $\mathbf{F}$에 대한 컬의 플럭스는 다음과 같다.

$$\iint_S (\nabla\times\mathbf{F})\cdot\mathbf{n}\,d\sigma = -\pi$$

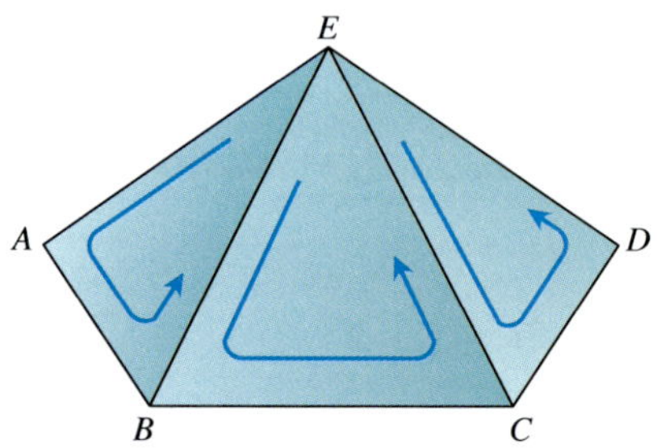

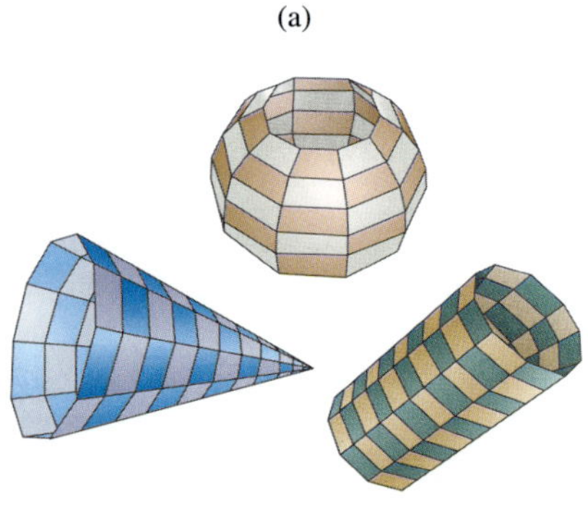

그림 14.69 (a) 다면체 곡면의 부분, (b) 여러 가지 다면체 곡면.

다면체 곡면에 대한 스토크스 정리의 증명의 개요

S가 유한개의 평면이나 면으로 구성된 다면체 곡면이라 하자(그림 14.69). S의 각 면에 그린 정리를 적용하기로 한다. 여기에는 두 가지 유형의 면이 존재한다.

1. 다른 면으로 둘러싸인 면

2. 1개 또는 그 이상의 변이 다른 면과 접하지 않는 면

S의 경계는 유형 2의 변 중에 다른 면과 접하지 않은 변으로 구성된다. 그림 14.69a에서 삼각형 EAB, BCE, CDE는 $ABCD$가 곡면의 경계(S)의 한 부분이 되는 S의 한 부분을 나타낸다. 그린

정리가 xy평면에 포함된 곡면에 대해 기술되었으나 일반화된 형식으로 공간의 평면에 포함된 곡면에 적용된다. 이 일반화된 형식에서 그린 정리는 $\mathbf{n}$에 수직인 평면의 영역 R을 둘러싸는 곡선에 대한 $\mathbf{F}$의 선적분이 R에 대한 (curl $\mathbf{F}$) · $\mathbf{n}$의 2중적분과 같다는 명제로 선언된다. 이 일반화된 형식을 그림 14.69a의 삼각형에 차례로 적용하고 결과를 합하면 다음을 얻는다.

$$\left(\oint_{EAB} + \oint_{BCE} + \oint_{CDE}\right)\mathbf{F}\cdot d\mathbf{r} = \left(\iint_{EAB} + \iint_{BCE} + \iint_{CDE}\right)(\nabla\times\mathbf{F})\cdot\mathbf{n}\,d\sigma \tag{7}$$

식 (7)의 우변에서 3개의 선적분은 둘레 $ABCDE$에 대한 1개의 선적분으로 결합되는데, 이는 내분의 선분에 대한 적분은 서로 짝이 되어 상쇄되기 때문이다. 예를 들어 삼각형 ABE의 선분 BE에 대한 적분은 삼각형 EBC의 같은 선분에 대한 적분과 반대 부호가 된다. 같은 내용이 선분 CE에도 성립한다. 따라서 식 (7)은 다음과 같이 줄어든다.

$$\oint_{ABCDE}\mathbf{F}\cdot d\mathbf{r} = \iint_{ABCDE}(\nabla\times\mathbf{F})\cdot\mathbf{n}\,d\sigma$$

그린 정리를 모든 면에 적용하고 결과를 합하면 다음을 얻는다.

$$\oint_{\text{boundary}(S)}\mathbf{F}\cdot d\mathbf{r} = \iint_{S}(\nabla\times\mathbf{F})\cdot\mathbf{n}\,d\sigma$$

이것은 그림 14.69a의 다면체 곡면 S에 대한 스토크스 정리이다. 더 일반적인 다면체 곡면이 그림 14.69b에 제시되었으며 이들에 대해 이 증명을 확장할 수 있다. 일반적인 매끄러운 곡면은 다면체 곡면의 극한으로 구해질 수 있다.

구멍이 있는 곡면에 대한 스토크스 정리

스토크스 정리는 1개 이상의 구멍을 가지는 유향곡면에도 성립한다(그림 14.70). S에 대한 $\nabla\times\mathbf{F}$의 법 성분의 면적분은 경계가 되는 모든 곡선에 대해 $\mathbf{F}$의 접 성분을 선적분한 것의 합과 같다(단, 이 곡선은 곡면의 향으로부터 유도된 방향으로 지나야 한다). 이러한 곡면에 대해 정리는 같은 꼴이지만 C는 단순 닫힌 곡선의 합집합이다.

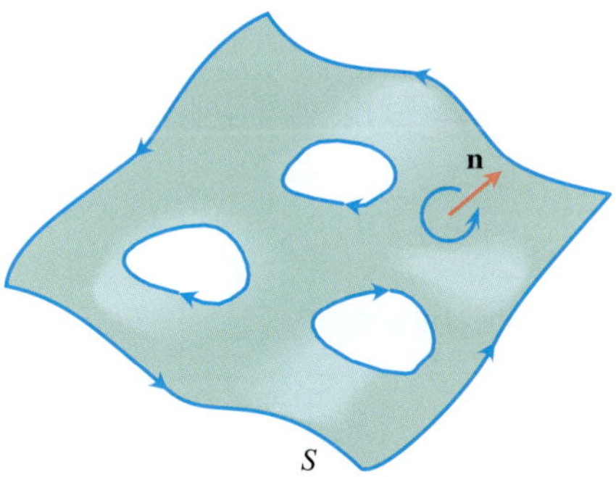

그림 14.70 스토크스 정리는 구멍이 있는 곡면에도 마찬가지로 성립한다. S의 방향과 부합하도록 바깥 곡선은 $\mathbf{n}$에 대해 시계반대 방향으로 지나고 구멍을 감싸는 내부 곡선은 시계 방향으로 지난다.

중요한 항등식

다음 항등식은 수학과 물리학에서 빈번하게 등장한다.

$$\text{curl grad}\, f = \mathbf{0} \quad \text{또는} \quad \nabla\times\nabla f = \mathbf{0} \tag{8}$$

전자기장과 중력장의 연구에서 나타나는 힘은 종종 퍼텐셜 함수 f와 연계된다. 식 (8)에 의하면 이 힘의 컬은 항상 0이다. 식 (8)은 2계 편도함수가 연속인 모든 함수 $f(x, y, z)$에 대해 성립한다. 증명은 다음과 같다.

$$\nabla\times\nabla f = \begin{vmatrix} \mathbf{i} & \mathbf{j} & \mathbf{k} \\ \dfrac{\partial}{\partial x} & \dfrac{\partial}{\partial y} & \dfrac{\partial}{\partial z} \\ \dfrac{\partial f}{\partial x} & \dfrac{\partial f}{\partial y} & \dfrac{\partial f}{\partial z} \end{vmatrix} = (f_{zy} - f_{yz})\mathbf{i} - (f_{zx} - f_{xz})\mathbf{j} + (f_{yx} - f_{xy})\mathbf{k}$$

만약 2계 편도함수가 연속이면 괄호 속의 변수가 섞인 2계 편도함수가 서로 같으므로(12.3절 정리 2) 이 벡터는 0이다.

보존적인 벡터장과 스토크스 정리

14.3절에서 벡터장 $\mathbf{F}$이 공간의 열린 영역 D에서 보존적인 것과 D에 포함된 모든 단순 닫힌 곡선에 대한 $\mathbf{F}$의 적분이 동치인 것을 보았다. 이것은 각각 단순 연결된 열린 영역에서 $\nabla \times \mathbf{F} = \mathbf{0}$ (이는 이러한 영역에서 $\mathbf{F}$가 보존적인가를 판단하는 판정법)인 것과 동치이다.

정리 7 ❙ 닫힌 곡선 성질에 관련된 curl F=0

만약 공간의 단순 연결이고 열린 영역 D의 모든 점에서 $\nabla \times \mathbf{F} = \mathbf{0}$이면, D의 모든 조각마다 매끄러운 닫힌 곡선의 경로 C에 대해 다음과 같다.

$$\oint_C \mathbf{F} \cdot d\mathbf{r} = 0$$

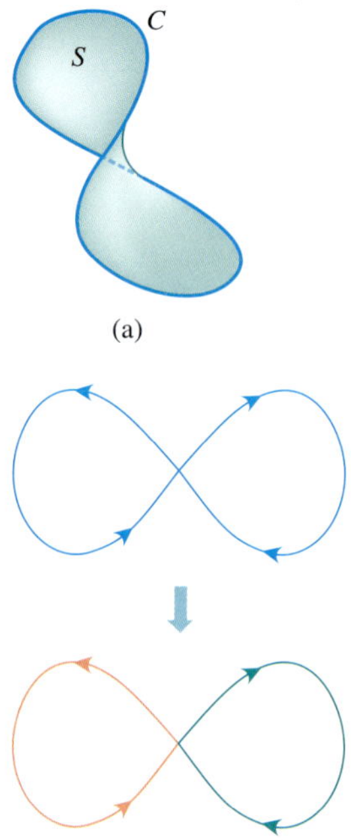

그림 14.71 (a) 공간의 단순 연결인 열린 영역에서 단순 닫힌 곡선 C는 매끄러운 곡면 S의 경계가 된다. (b) 자기자신과 교차하는 매끄러운 곡선은 스토크스 정리가 적용될 수 있는 닫힌 곡선으로 나눌 수 있다.

증명의 개요 정리 7은 두 단계로 증명할 수 있다. 첫 번째 단계는 그림 14.71a와 같은 단순 닫힌 곡선(자기자신과 교차하지 않는 닫힌 곡선)에 대한 것이다. 위상수학(고급 수학의 한 분야)의 정리로부터 공간의 단순 연결인 열린 영역 D의 매끄러운 단순 닫힌 곡선 C는 마찬가지로 D에 있고 두 면이 있는 매끄러운 곡면 S의 경계가 된다고 알려져 있다. 따라서 스토크스 정리에 의해 다음과 같다.

$$\oint_C \mathbf{F} \cdot d\mathbf{r} = \iint_S (\nabla \times \mathbf{F}) \cdot \mathbf{n}\, d\sigma = 0$$

두 번째 단계는 그림 14.71b와 같이 자기자신과 교차하는 곡선에 대한 것이다. 착안점은 가향 곡면과 연계되는 단순 닫힌 곡선으로 이것들을 나누고 스토크스 정리를 차례로 적용한 후 결과를 합한다는 것이다.

다음 도표는 연결이고 또한 단순 연결인 열린 영역에 정의된 보존적인 벡터장에 대한 결과를 요약한다. 이러한 영역에 대해 다음 네 명제는 서로 동치이다.

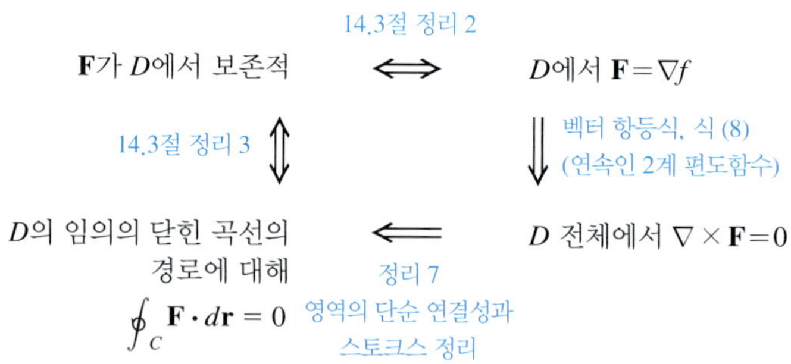

연습문제 14.7 EXERCISE QUESTION

연습문제 1~6에서 벡터장 $\mathbf{F}$의 컬을 구하라.

1. $\mathbf{F} = (x + y - z)\mathbf{i} + (2x - y + 3z)\mathbf{j} + (3x + 2y + z)\mathbf{k}$

2. $\mathbf{F} = (x^2 - y)\mathbf{i} + (y^2 - z)\mathbf{j} + (z^2 - x)\mathbf{k}$

3. $\mathbf{F} = (xy + z)\mathbf{i} + (yz + x)\mathbf{j} + (xz + y)\mathbf{k}$

4. $\mathbf{F} = ye^z\mathbf{i} + ze^x\mathbf{j} - xe^y\mathbf{k}$

5. $\mathbf{F} = x^2yz\mathbf{i} + xy^2z\,\mathbf{j} + xyz^2\mathbf{k}$

6. $\mathbf{F} = \dfrac{x}{yz}\mathbf{i} - \dfrac{y}{xz}\mathbf{j} + \dfrac{z}{xy}\mathbf{k}$

스토크스 정리를 이용하여 선적분 구하기

연습문제 7~12에서 스토크스 정리의 면적분을 이용하여 주어진 곡선 C에서 제시된 방향에 대한 벡터장 $\mathbf{F}$의 순환을 구하라.

7. $\mathbf{F} = x^2\mathbf{i} + 2x\mathbf{j} + z^2\mathbf{k}$

C: xy평면의 타원 $4x^2 + y^2 = 4$, 위에서 보았을 때 시계반대 방향

8. $\mathbf{F} = 2y\mathbf{i} + 3x\mathbf{j} - z^2\mathbf{k}$

C: xy평면의 원 $x^2 + y^2 = 9$, 위에서 보았을 때 시계반대 방향

9. $\mathbf{F} = y\mathbf{i} + xz\mathbf{j} + x^2\mathbf{k}$

C: 제1팔분공간에 의해 평면 $x+y+z=1$에서 자른 삼각형의 경계, 위에서 보았을 때 시계반대 방향

10. $\mathbf{F} = (y^2 + z^2)\mathbf{i} + (x^2 + z^2)\mathbf{j} + (x^2 + y^2)\mathbf{k}$
C: 제1팔분공간에 의해 평면 $x+y+z=1$에서 자른 삼각형의 경계, 위에서 보았을 때 시계반대 방향

11. $\mathbf{F} = (y^2 + z^2)\mathbf{i} + (x^2 + y^2)\mathbf{j} + (x^2 + y^2)\mathbf{k}$
C: xy평면에 직선 $x=\pm1$, $y=\pm1$을 경계로 하는 정사각형, 위에서 보았을 때 시계반대 방향

12. $\mathbf{F} = x^2y^3\mathbf{i} + \mathbf{j} + z\mathbf{k}$
C: 원기둥면 $x^2+y^2=4$와 반구면 $x^2+y^2+z^2=16$, $z\geq 0$의 교집합, 위에서 보았을 때 시계반대 방향

컬 벡터장의 적분

13. 원점에서 멀어지는 방향인 다음 타원면 꼴의 껍질의 단위수직벡터를 $\mathbf{n}$이라 하자.

$$S:\quad 4x^2 + 9y^2 + 36z^2 = 36, \qquad z \geq 0$$

벡터장은 다음과 같다고 하자.

$$\mathbf{F} = y\mathbf{i} + x^2\mathbf{j} + (x^2 + y^4)^{3/2}\sin e^{\sqrt{xyz}}\,\mathbf{k}$$

다음 식의 값을 구하라.

$$\iint_S (\nabla \times \mathbf{F})\cdot\mathbf{n}\,d\sigma$$

[힌트: 껍질의 바닥의 타원의 매개화 $x=3\cos t$, $y=2\sin t$, $0\leq t\leq 2\pi$.]

14. 원점에서 멀어지는 방향인 다음 포물면 꼴의 껍질의 단위수직벡터를 $\mathbf{n}$이라 하자.

$$S:\quad 4x^2 + y + z^2 = 4, \qquad y \geq 0$$

벡터장은 다음과 같다고 하자.

$$\mathbf{F} = \left(-z + \frac{1}{2+x}\right)\mathbf{i} + (\tan^{-1} y)\mathbf{j} + \left(x + \frac{1}{4+z}\right)\mathbf{k}$$

다음 식의 값을 구하라.

$$\iint_S (\nabla \times \mathbf{F})\cdot\mathbf{n}\,d\sigma$$

15. 곡면 S가 원기둥면 $x^2+y^2=a^2$, $0\leq z\leq h$와 윗면 $x^2+y^2\leq a^2$, $z=h$를 합한 것이라 하자. 벡터장 $\mathbf{F}=-y\mathbf{i}+x\mathbf{j}+x^2\mathbf{k}$이라 하자. 스토크스 정리를 활용하여 원점에서 멀어지는 방향에 대해 S를 지나는 $\nabla\times\mathbf{F}$의 플럭스를 구하라.

16. 곡면 S가 반구면 $x^2+y^2+z^2=1$, $z\geq 0$일 때 원점에서 멀어지는 방향에 대해 다음 식의 값을 구하라.

$$\iint_S (\nabla \times (y\mathbf{i}))\cdot\mathbf{n}\,d\sigma$$

17. 다음 식에 대해 $\mathbf{F}=\nabla\times\mathbf{A}$이라 하자.

$$\mathbf{A} = (y + z^2)\mathbf{i} + e^{xyz}\mathbf{j} + \cos(xz)\mathbf{k}$$

멀어지는 방향에 대해 반구면 $x^2+y^2+z^2=1$, $z\geq 0$을 지나는 $\mathbf{F}$의 플럭스를 구하라.

18. 연습문제 17을 단위구면 전체를 지나는 $\mathbf{F}$의 플럭스로 구하라.

매개화된 곡면에 대한 스토크스 정리

연습문제 19~24에서 스토크스 정리의 면적분을 활용하여 곡면 S를 가로지르는 벡터장 $\mathbf{F}$의 컬의 플럭스를 계산하라.

19. $\mathbf{F} = 2z\mathbf{i} + 3x\mathbf{j} + 5y\mathbf{k}$
S: $\mathbf{r}(r,\theta) = (r\cos\theta)\mathbf{i} + (r\sin\theta)\mathbf{j} + (4 - r^2)\mathbf{k}$,
$0\leq r\leq 2,\quad 0\leq\theta\leq 2\pi$,
원점에서 멀어지는 방향으로

20. $\mathbf{F} = (y - z)\mathbf{i} + (z - x)\mathbf{j} + (x + z)\mathbf{k}$
S: $\mathbf{r}(r,\theta) = (r\cos\theta)\mathbf{i} + (r\sin\theta)\mathbf{j} + (9 - r^2)\mathbf{k}$,
$0\leq r\leq 3,\quad 0\leq\theta\leq 2\pi$,
원점에서 멀어지는 방향으로

21. $\mathbf{F} = x^2y\mathbf{i} + 2y^3z\mathbf{j} + 3z\mathbf{k}$
S: $\mathbf{r}(r,\theta) = (r\cos\theta)\mathbf{i} + (r\sin\theta)\mathbf{j} + r\mathbf{k}$,
$0\leq r\leq 1,\quad 0\leq\theta\leq 2\pi$,
z축에서 멀어지는 방향으로

22. $\mathbf{F} = (x - y)\mathbf{i} + (y - z)\mathbf{j} + (z - x)\mathbf{k}$
S: $\mathbf{r}(r,\theta) = (r\cos\theta)\mathbf{i} + (r\sin\theta)\mathbf{j} + (5 - r)\mathbf{k}$,
$0\leq r\leq 5,\quad 0\leq\theta\leq 2\pi$,
z축에서 멀어지는 방향으로

23. $\mathbf{F} = 3y\mathbf{i} + (5 - 2x)\mathbf{j} + (z^2 - 2)\mathbf{k}$
S: $\mathbf{r}(\phi,\theta) = (\sqrt{3}\sin\phi\cos\theta)\mathbf{i} + (\sqrt{3}\sin\phi\sin\theta)\mathbf{j} + (\sqrt{3}\cos\phi)\mathbf{k}$, $0\leq\phi\leq\pi/2,\quad 0\leq\theta\leq 2\pi$,
원점에서 멀어지는 방향으로

24. $\mathbf{F} = y^2\mathbf{i} + z^2\mathbf{j} + x\mathbf{k}$
S: $\mathbf{r}(\phi,\theta) = (2\sin\phi\cos\theta)\mathbf{i} + (2\sin\phi\sin\theta)\mathbf{j} + (2\cos\phi)\mathbf{k}$,
$0\leq\phi\leq\pi/2,\quad 0\leq\theta\leq 2\pi$,
원점에서 멀어지는 방향으로

이론과 예제

25. C가 위에서 보았을 때 시계반대 방향으로 z축을 돌도록 향이 주어진 매끄러운 곡선 $\mathbf{r}(t)=(2\cos t)\mathbf{i}+(2\sin t)\mathbf{j}+(3-2\cos^3 t)\mathbf{k}$라 하자. S가 원기둥면 $x^2+y^2=4$, $z\geq 0$의 곡선 C 아랫부분과 xy평면의 밑바닥으로 구성된 조각마다 매끄러운 곡면이라 하자. 곡선 C가 곡면 xy평면 위쪽에 S의 원기둥면 위에 놓여 있음을 상기하자(주어진 그림 참조). 스토크스 정리의 식 (4)를 벡터장 $\mathbf{F}=-y\mathbf{i}-x\mathbf{j}+x^2\mathbf{k}$에 대해 검증하라.

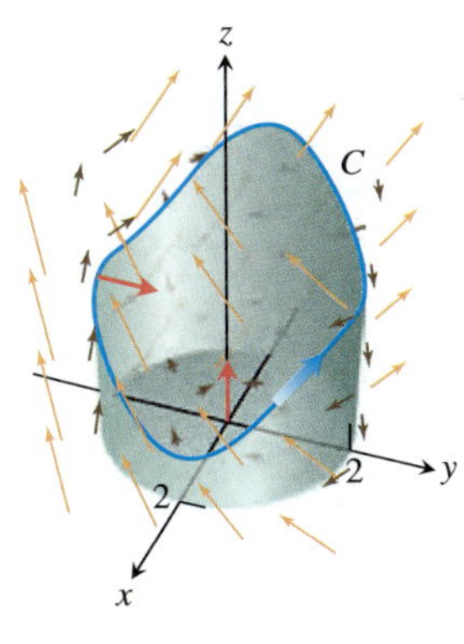

26. 윗 방향을 향하는 단위수직벡터 $\mathbf{n}$으로 향이 주어진 곡면 $z=4-x^2-y^2$, $z\geq 0$와 벡터장 $\mathbf{F}=2xy\mathbf{i}+x\mathbf{j}+(y+z)\mathbf{k}$에 대해 스토크스 정

리를 검증하라.

27. 순환 0 식 (8)과 스토크스 정리를 활용하여 공간에 있는 임의의 매끄러운 유향곡면의 경계에 대해 다음 벡터장의 순환이 모두 0이 됨을 보여라.

a. $\mathbf{F} = 2x\mathbf{i} + 2y\mathbf{j} + 2z\mathbf{k}$ **b.** $\mathbf{F} = \nabla(xy^2z^3)$

c. $\mathbf{F} = \nabla \times (x\mathbf{i} + y\mathbf{j} + z\mathbf{k})$ **d.** $\mathbf{F} = \nabla f$

28. 순환 0 $f(x, y, z) = (x^2+y^2+z^2)^{-1/2}$이라 하자. xy평면의 원 $x^2+y^2=a^2$에 대해 벡터장 $\mathbf{F}=\nabla f$의 시계 방향 순환이 0이 됨을 보여라.

a. $\mathbf{r}(t) = (a \cos t)\mathbf{i} + (a \sin t)\mathbf{j}$, $0 \le t \le 2\pi$를 선택하고 이 원에 대해 $\mathbf{F} \cdot d\mathbf{r}$을 적분하라.

b. 스토크스 정리를 적용하라.

29. C가 주어진 그림과 같이 향이 주어진 평면 $2x+2y+z=2$에 놓인 단순 닫힌 곡선이라 하자.

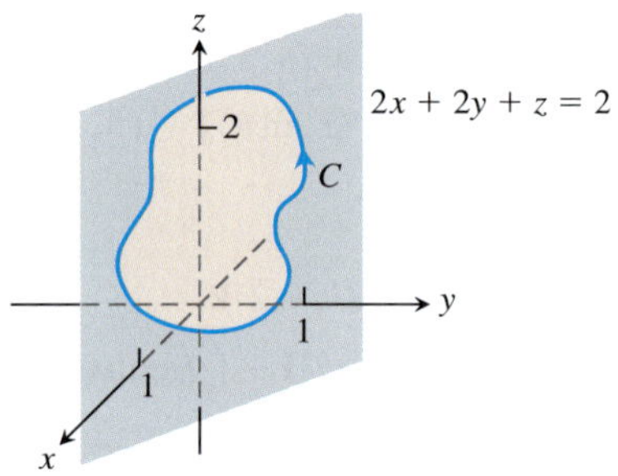

다음 식의 값이 C의 위치나 모양에 관계 없이 C가 둘러싸는 영역의 넓이에만 의존함을 보여라.

$$\oint_C 2y\,dx + 3z\,dy - x\,dz$$

30. 만약 $\mathbf{F} = x\mathbf{i}+y\mathbf{j}+z\mathbf{k}$이면 $\nabla \times \mathbf{F} = 0$임을 보여라.

31. 컬이 $x\mathbf{i}+y\mathbf{j}+z\,\mathbf{k}$가 되는 각 성분이 두 번 미분가능한 벡터장을 구하거나 존재하지 않음을 보여라.

32. 컬이 0인 벡터장의 순환에 대해 스토크스 정리가 어떤 특별한 점이 있는가? 답에 대한 근거를 제시하라.

33. xy평면에 조각적으로 매끄러운 단순 닫힌 곡선 C를 경계로 하는 영역을 R라 하고 밀도가 $\delta=1$이며 x축과 y축에 대한 R의 관성 모멘트 I_x, I_y가 주어졌다고 하자. $r=\sqrt{x^2+y^2}$일 때 다음 적분식의 값을 I_x, I_y에 대해 구하라.

$$\oint_C \nabla(r^4) \cdot \mathbf{n}\,ds$$

34. 컬 0이나 보존적이지 않은 벡터장 다음 벡터장의 컬이 0이지만,

$$\mathbf{F} = \frac{-y}{x^2+y^2}\mathbf{i} + \frac{x}{x^2+y^2}\mathbf{j} + z\mathbf{k}$$

xy평면의 원 $x^2+y^2=1$인 곡선 C에 대해 다음 식이 0이 아님을 보여라.

$$\oint_C \mathbf{F} \cdot d\mathbf{r}$$

($\mathbf{F}$의 정의역이 단순 연결이 아니므로 정리 7은 여기에 적용할 수 없다. 벡터장 $\mathbf{F}$가 z축을 따라 정의되지 않아서 $\mathbf{F}$의 정의역을 떠나지 않고 C를 수축할 수 없다.)

14.8 발산 정리와 통합 이론

평면의 그린 정리의 발산형식은 단순 닫힌 곡선을 가로지르는 벡터장의 순 외향 플럭스가 곡선으로 둘러싸인 영역에 대한 벡터장의 발산의 적분으로 계산될 수 있다고 단언한다. 3차원에서 이에 대응하는 정리(발산 정리라 하는)는 공간의 닫힌 곡면을 가로지르는 벡터장의 외향 플럭스가 이 곡면으로 둘러싸인 입체 영역에 대한 벡터장의 발산의 적분으로 계산될 수 있다고 단언한다. 이 절에서는 발산 정리를 증명하고, 이를 이용하여 어떻게 유향 닫힌 곡면에 대한 벡터장의 적분인 플럭스의 계산을 간소하게 하는지 살펴본다. 또한 전기장의 플럭스에 대한 가우스 법칙과 유체역학의 연속 방정식을 유도한다. 마지막으로 이 장의 벡터 적분 정리를 미분적분학의 기본정리를 일반화한 한 가지의 통합된 원리로 요약한다.

3차원의 발산

벡터장 $\mathbf{F} = M(x, y, z)\mathbf{i} + N(x, y, z)\mathbf{j} + K(x, y, z)\mathbf{k}$의 **발산**은 다음과 같이 스칼라함수이다.

$$\text{div}\,\mathbf{F} = \nabla \cdot \mathbf{F} = \frac{\partial M}{\partial x} + \frac{\partial N}{\partial y} + \frac{\partial P}{\partial z} \tag{1}$$

기호 'div **F**'를 '**F**의 발산' 또는 'div **F**'라 읽는다. 표기법 $\nabla \cdot \mathbf{F}$은 '델 닷 **F**'라 읽는다.

div **F**는 2차원과 똑같은 물리적 해석을 3차원에서 갖는다. 만약 **F**가 흐르는 기체의 속도벡터장이라면 (x, y, z)에서 div **F**의 값은 기체가 (x, y, z)에서 팽창하거나 압축하는 비율이다. 만약 div **F**가 양수이면 기체는 팽창되고 있고 음수라면 압축되고 있다. 분산은 이 점에서 단위부

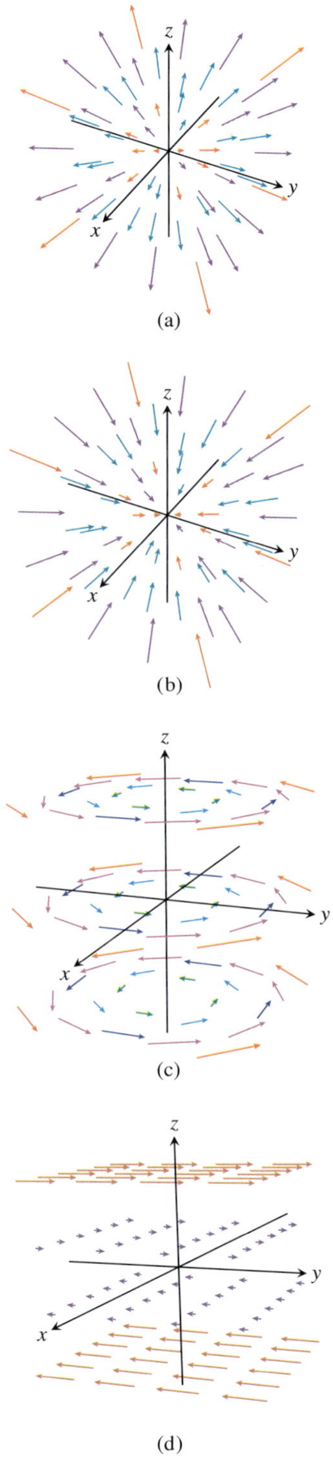

그림 14.72 공간에서 흐르는 기체의 속도벡터장(예제 1).

피당 플럭스 또는 플럭스 밀도이다.

예제 1 다음 벡터장은 공간의 흐르는 기체의 속도를 나타낸다. 각각의 발산을 구하고 물리적 의미를 분석하라. 그림 14.72는 이들 벡터장을 나타낸다.

(a) 팽창: $\mathbf{F}(x, y, z) = x\mathbf{i} + y\mathbf{j} + z\mathbf{k}$

(b) 압축: $\mathbf{F}(x, y, z) = -x\mathbf{i} - y\mathbf{j} - z\mathbf{k}$

(c) z축에 대한 회전: $\mathbf{F}(x, y, z) = -y\mathbf{i} + x\mathbf{j}$

(d) 수평 평면을 따라 평행한 절단: $\mathbf{F}(x, y, z) = z\mathbf{j}$

풀이

(a) $\text{div}\ \mathbf{F} = \frac{\partial}{\partial x}(x) + \frac{\partial}{\partial y}(y) + \frac{\partial}{\partial z}(z) = 3$: 기체는 모든 점에서 상수로 균등하게 팽창되고 있다.

(b) $\text{div}\ \mathbf{F} = \frac{\partial}{\partial x}(-x) + \frac{\partial}{\partial y}(-y) + \frac{\partial}{\partial z}(-z) = -3$: 기체는 모든 점에서 상수로 균등하게 압축되고 있다.

(c) $\text{div}\ \mathbf{F} = \frac{\partial}{\partial x}(-y) + \frac{\partial}{\partial y}(x) = 0$: 기체는 어느 점에서도 팽창되지도 압축되지도 않는다.

(d) $\text{div}\ \mathbf{F} = \frac{\partial}{\partial y}(z) = 0$: 다시 한 번 벡터장의 정의역의 모든 점에서 발산이 0이므로 이 기체는 어느 점에서도 팽창되지도 압축되지도 않는다. ■

발산 정리

발산 정리는 적절한 조건하에서 닫힌 곡면을 지나는 벡터장의 외향 플럭스가 이 곡면으로 둘러싸인 3차원 영역에 대한 벡터장의 발산의 3중적분과 같다는 의미이다.

정리 8 | 발산 정리

$\mathbf{F}$가 각 성분이 연속인 1계 편도함수를 갖는 벡터장이라 하고 S를 조각마다 매끄러운 향이 주어진 닫힌 곡면이라 하자. 곡면 S의 외향 단위수직벡터 $\mathbf{n}$의 방향으로 곡면을 지나는 $\mathbf{F}$의 플럭스는 이 곡면으로 둘러싸인 입체 영역 D에 대한 발산 $\nabla \cdot \mathbf{F}$의 3중적분과 같다.

$$\underbrace{\iint_S \mathbf{F} \cdot \mathbf{n}\, d\sigma}_{\text{외향 플럭스}} = \underbrace{\iiint_D \nabla \cdot \mathbf{F}\, dV}_{\text{발산 적분}} \qquad (2)$$

예제 2 구면 $x^2 + y^2 + z^2 = a^2$과 팽창하는 벡터장 $\mathbf{F} = x\mathbf{i} + y\mathbf{j} + z\mathbf{k}$에 대해 식 (2)의 양변의 값을 구하라(그림 14.73).

풀이 $f(x, y, z) = x^2 + y^2 + z^2 - a^2$의 기울기장으로부터 S의 외향 단위수직벡터를 구하면 다음과 같다.

$$\mathbf{n} = \frac{2(x\mathbf{i} + y\mathbf{j} + z\mathbf{k})}{\sqrt{4(x^2 + y^2 + z^2)}} = \frac{x\mathbf{i} + y\mathbf{j} + z\mathbf{k}}{a} \qquad S\text{에서 } x^2+y^2+z^2=a^2$$

이로부터 다음을 얻는다.

$$\mathbf{F} \cdot \mathbf{n}\, d\sigma = \frac{x^2 + y^2 + z^2}{a}\, d\sigma = \frac{a^2}{a}\, d\sigma = a\, d\sigma$$

따라서 외향 플럭스는 다음과 같다.

$$\iint_S \mathbf{F} \cdot \mathbf{n}\, d\sigma = \iint_S a\, d\sigma = a \iint_S d\sigma = a(4\pi a^2) = 4\pi a^3 \qquad S\text{의 넓이는 } 4\pi a^2\text{이다.}$$

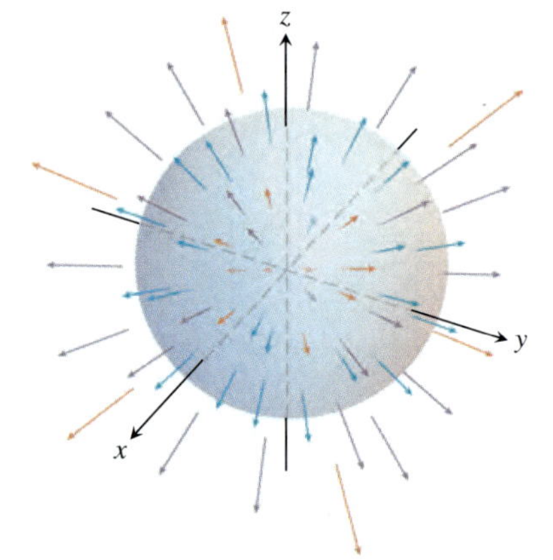

그림 14.73 균등하게 확장하는 벡터장과 구면(예제 2).

식 (2)의 우변을 위해 **F**의 발산은 다음과 같다.

$$\nabla \cdot \mathbf{F} = \frac{\partial}{\partial x}(x) + \frac{\partial}{\partial y}(y) + \frac{\partial}{\partial z}(z) = 3$$

따라서 다음과 같은 발산 적분을 얻는다.

$$\iiint_D \nabla \cdot \mathbf{F}\, dV = \iiint_D 3\, dV = 3\left(\frac{4}{3}\pi a^3\right) = 4\pi a^3$$ ■

응용과학에서 관심의 대상이 되는 많은 벡터장의 발산이 각 점에서 0이다. 통상적인 예로 압축 불가한 순환하는 액체의 속도벡터장을 들 수 있는데, 이는 이것이 팽창하지도 압축되지도 않기 때문이다. 다른 예는 상수벡터장 $\mathbf{F} = a\mathbf{i} + b\mathbf{j} + c\mathbf{k}$과 고정된 평면을 따라 절단하는 벡터장(예제 1d 참조)을 포함한다. 만약 벡터장 **F**가 영역 D의 각 점에서 발산이 0이면 식 (2)에서 우변의 적분이 0이다. 따라서 만약 S가 발산 정리를 적용할 수 있는 임의의 닫힌 곡면이면 S를 지나는 **F**의 외향 플럭스는 0이다. 발산 정리의 응용으로 얻어지는 이 중요한 정리를 다음과 같이 기술한다.

따름정리 I

조각마다 매끄러운 유향 닫힌 곡면 S에 대해 이 곡면으로 둘러싸인 영역의 각 점에서 벡터장 **F**의 발산이 0이면 이 곡면에 대한 **F**의 외향 플럭스가 0이다.

예제 3 제1팔분공간을 평면 $x=1$, $y=1$, $z=1$로 잘라 얻은 정육면체의 곡면에 대한 $\mathbf{F} = xy\mathbf{i} + yz\mathbf{j} + zx\mathbf{k}$의 외향 플럭스를 구하라.

풀이 플럭스를 6개(정육면체의 각 면마다 1개씩)의 구별된 적분의 합으로 계산하는 대신 정육면체의 내부에 대해 다음과 같이 발산한다고 한다.

$$\nabla \cdot \mathbf{F} = \frac{\partial}{\partial x}(xy) + \frac{\partial}{\partial y}(yz) + \frac{\partial}{\partial z}(xz) = y + z + x$$

적분하여 플럭스를 계산한다.

$$\text{플럭스} = \iint_{\substack{\text{정육면체}\\\text{곡면}}} \mathbf{F} \cdot \mathbf{n}\, d\sigma = \iiint_{\substack{\text{정육면체}\\\text{내부}}} \nabla \cdot \mathbf{F}\, dV \qquad \text{발산 정리}$$

$$= \int_0^1 \int_0^1 \int_0^1 (x + y + z)\, dx\, dy\, dz = \frac{3}{2} \qquad \text{전형적인 적분}$$ ■

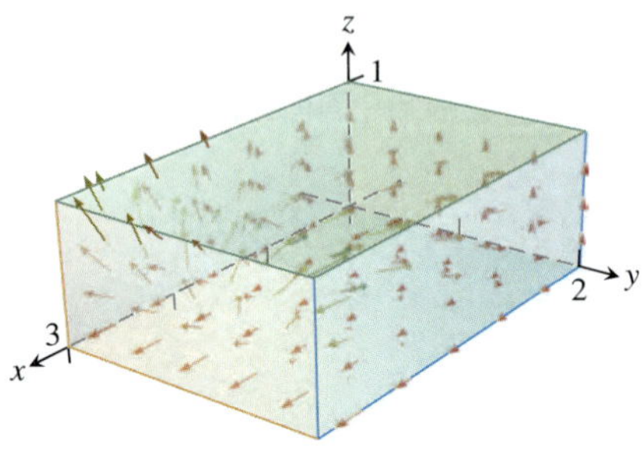

그림 14.74 영역에 대한 div **F**의 적분은 여섯 면을 지나는 총 플럭스와 같다(예제 4).

예제 4

(a) 상자 모양의 영역 D: $0 \le x \le 3$, $0 \le y \le 2$, $0 \le z \le 1$에 대해 다음 벡터장의 외향 플럭스를 계산하라(그림 14.74).

$$\mathbf{F} = x^2\mathbf{i} + 4xyz\,\mathbf{j} + ze^x\,\mathbf{k}$$

(b) 이 영역에서 div **F**를 적분하고 그 결과가 발산 정리에 의해 기대된 것과 같이 문제 (a)에서 구한 것과 같음을 보여라.

풀이

(a) 영역 D는 여섯 면을 가졌다. 각 면을 지나는 플럭스를 차례로 구한다. 평면 $z=1$에 포함된 윗면을 보면 외향 법벡터가 $\mathbf{n}=\mathbf{k}$이다. 이 면을 지나는 플럭스는 $\mathbf{F} \cdot \mathbf{n} = ze^x$에 의해 주어진다. $z=1$이므로 윗면의 한 점 (x, y, z)에서 플럭스는 e^x이다. 이 면을 지나는 외향 플럭스의 총합은 다음과 같은 면적분으로 주어진다.

$$\int_0^2 \int_0^3 e^x \, dx \, dy = 2e^3 - 2 \qquad \text{전형적인 적분}$$

다른 면에 대한 외향 플럭스도 비슷하게 계산되고 결과는 다음 표에 정리되었다.

면	단위수직벡터 **n**	**F · n**	이 면을 지나는 플럭스
$x = 0$	$-\mathbf{i}$	$-x^2 = 0$	0
$x = 3$	$\mathbf{i}$	$x^2 = 9$	18
$y = 0$	$-\mathbf{j}$	$-4xyz = 0$	0
$y = 2$	$\mathbf{j}$	$4xyz = 8xz$	18
$z = 0$	$-\mathbf{k}$	$-ze^x = 0$	0
$z = 1$	$\mathbf{k}$	$ze^x = e^x$	$2e^3 - 2$

전체 외향 플럭스는 각 면에 대한 항을 더해 다음을 구한다.

$$18 + 18 + 2e^3 - 2 = 34 + 2e^3$$

(b) 먼저 **F**의 발산을 계산하여 다음을 얻는다.

$$\operatorname{div} \mathbf{F} = \nabla \cdot \mathbf{F} = 2x + 4xz + e^x$$

D에 대한 **F**의 발산의 적분은 다음과 같다.

$$\begin{aligned}\iiint_D \operatorname{div} \mathbf{F} \, dV &= \int_0^1 \int_0^2 \int_0^3 (2x + 4xz + e^x) \, dx \, dy \, dz \\ &= \int_0^1 \int_0^2 (8 + 18z + e^3) \, dy \, dz \\ &= \int_0^1 (16 + 36z + 2e^3) \, dz \\ &= 34 + 2e^3\end{aligned}$$

발산 정리에 의해 기대된 것처럼 D에 대한 발산의 적분은 D의 경계 곡면을 지나는 외향 플럭스와 같다. ■

발산과 컬

만약 **F**가 3차원 공간의 벡터장이면 **F**의 컬($\nabla \times \mathbf{F}$)도 3차원 공간의 벡터장이다. 따라서 식 (1)을 이용하여 $\nabla \times \mathbf{F}$ 의 발산을 계산할 수 있다. 이 계산의 결과는 항상 0이다.

정리 9

만약 $\mathbf{F} = M\mathbf{i} + N\mathbf{j} + P\mathbf{k}$가 연속인 2계 편도함수를 가진 벡터장이면 다음과 같다.

$$\operatorname{div}(\operatorname{curl} \mathbf{F}) = \nabla \cdot (\nabla \times \mathbf{F}) = 0$$

증명 발산과 컬의 정의로부터 다음을 얻는다.

$$\begin{aligned}\operatorname{div}(\operatorname{curl} \mathbf{F}) &= \nabla \cdot (\nabla \times \mathbf{F}) \\ &= \frac{\partial}{\partial x}\left(\frac{\partial P}{\partial y} - \frac{\partial N}{\partial z}\right) + \frac{\partial}{\partial y}\left(\frac{\partial M}{\partial z} - \frac{\partial P}{\partial x}\right) + \frac{\partial}{\partial z}\left(\frac{\partial N}{\partial x} - \frac{\partial M}{\partial y}\right) \\ &= \frac{\partial^2 P}{\partial x \, \partial y} - \frac{\partial^2 N}{\partial x \, \partial z} + \frac{\partial^2 M}{\partial y \, \partial z} - \frac{\partial^2 P}{\partial y \, \partial x} + \frac{\partial^2 N}{\partial z \, \partial x} - \frac{\partial^2 M}{\partial z \, \partial y} \\ &= 0\end{aligned}$$

12.3절의 혼합된 편도함수 정리에 의해 변수가 섞인 2계 편도함수가 서로 상쇄한다. ■

정리 9는 흥미로운 활용이 있다. 만약 벡터장 $\mathbf{G} = \text{curl } \mathbf{F}$이면 벡터장 $\mathbf{G}$는 반드시 0인 발산을 갖는다. 이를 다르게 보면 만약 $\text{div } \mathbf{G} \neq 0$이면 $\mathbf{G}$는 연속 2계 편도함수를 갖는 어떤 벡터장 $\mathbf{F}$의 컬이 될 수 없다. 이에 더해 만약 $\mathbf{G} = \text{curl } \mathbf{F}$이면 발산 정리의 따름정리에 의해 이 정리의 조건을 만족하는 임의의 닫힌 곡면 S에 대한 $\mathbf{G}$의 외향 플럭스가 0이다. 따라서 만약 벡터장 $\mathbf{G}$의 플럭스 면적분이 0이 아닌 어떤 닫힌 곡면이 존재하면 $\mathbf{G}$가 벡터장 $\mathbf{F}$의 컬이 되는 벡터장 $\mathbf{F}$가 존재할 수 없다는 결론에 도달한다.

특별한 영역에 대한 발산 정리의 증명

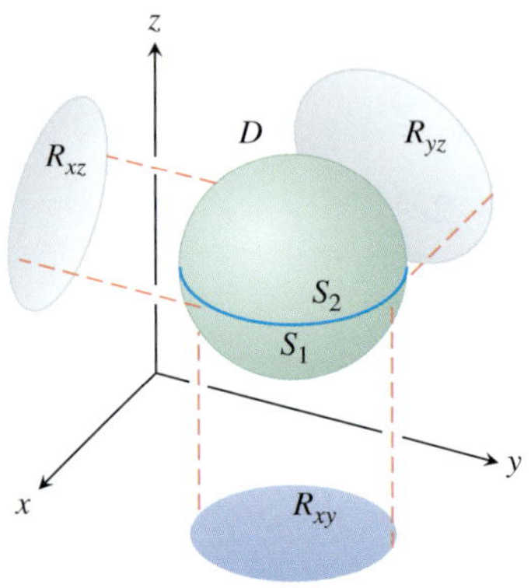

그림 14.75 여기에 묘사된 것과 같은 3차원의 영역에 대한 발산 정리를 증명한다.

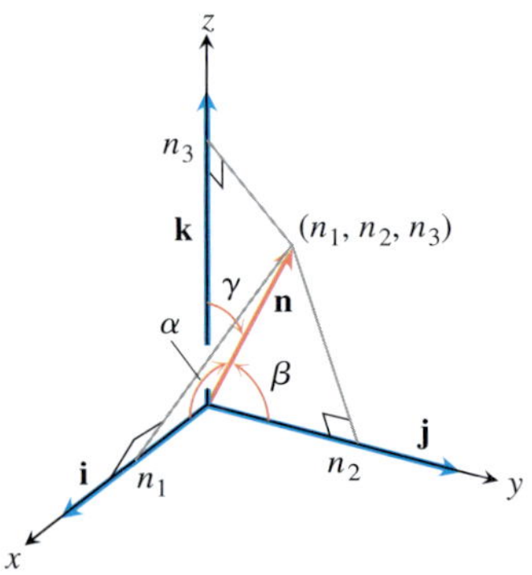

그림 14.76 $\mathbf{n}$의 성분은 이 벡터가 $\mathbf{i}$, $\mathbf{j}$, $\mathbf{k}$에 대해 각각 이루는 각 α, β, γ의 코사인이다.

발산 정리를 증명하기 위해 $\mathbf{F} = M\mathbf{i} + N\mathbf{j} + P\mathbf{k}$의 성분들이 연속인 1계 편도함수를 가지도록 선택한다. 우선 D가 구면체, 정육면체, 타원체와 같이 구멍이나 거품이 없는 볼록인 영역이고 S가 조각마다 매끄러운 곡면이라 가정한다. 추가로 D를 xy평면으로 정사영한 영역 R_{xy}의 내부의 점에서 xy평면에 수직인 직선이 곡면 S와 정확히 두 점에서 만나서 다음 두 곡면(단, $f_1 \leq f_2$)을 만든다고 가정한다.

$$S_1: \quad z = f_1(x, y), \qquad (x, y) \in R_{xy}$$
$$S_2: \quad z = f_2(x, y), \qquad (x, y) \in R_{xy}$$

다른 좌표평면에 대한 D의 정사영에 대해서도 비슷한 가정을 추가한다. 이 가정들을 묘사한 그림 14.75를 참조한다.

단위수직벡터 $\mathbf{n} = n_1\mathbf{i} + n_2\mathbf{j} + n_3\mathbf{k}$의 성분은 $\mathbf{n}$이 $\mathbf{i}$, $\mathbf{j}$, $\mathbf{k}$에 대해 각각 이루는 각 α, β, γ의 코사인이다(그림 14.76). 이것은 여기의 벡터가 모두 단위벡터이고 방향코사인을 부여하기 때문이다.

$$n_1 = \mathbf{n} \cdot \mathbf{i} = |\mathbf{n}||\mathbf{i}|\cos\alpha = \cos\alpha$$
$$n_2 = \mathbf{n} \cdot \mathbf{j} = |\mathbf{n}||\mathbf{j}|\cos\beta = \cos\beta$$
$$n_3 = \mathbf{n} \cdot \mathbf{k} = |\mathbf{n}||\mathbf{k}|\cos\gamma = \cos\gamma$$

따라서 단위수직벡터는 다음과 같이 주어진다.

$$\mathbf{n} = (\cos\alpha)\mathbf{i} + (\cos\beta)\mathbf{j} + (\cos\gamma)\mathbf{k}$$
$$\mathbf{F} \cdot \mathbf{n} = M\cos\alpha + N\cos\beta + P\cos\gamma$$

성분 형식에서 발산 정리는 다음과 같이 기술된다.

$$\iint_S \underbrace{(M\cos\alpha + N\cos\beta + P\cos\gamma)}_{\mathbf{F}\cdot\mathbf{n}}\, d\sigma = \iiint_D \underbrace{\left(\frac{\partial M}{\partial x} + \frac{\partial N}{\partial y} + \frac{\partial P}{\partial z}\right)}_{\text{div } \mathbf{F}} dx\, dy\, dz$$

이제 세 식이 성립하는 것으로 정리를 증명한다.

$$\iint_S M\cos\alpha\, d\sigma = \iiint_D \frac{\partial M}{\partial x}\, dx\, dy\, dz \tag{3}$$

$$\iint_S N\cos\beta\, d\sigma = \iiint_D \frac{\partial N}{\partial y}\, dx\, dy\, dz \tag{4}$$

$$\iint_S P\cos\gamma\, d\sigma = \iiint_D \frac{\partial P}{\partial z}\, dx\, dy\, dz \tag{5}$$

식 (5)의 증명 식 (5)의 좌변의 면적분을 D에 대한 xy평면으로 정사영 R_{xy}에 대한 2중적분으

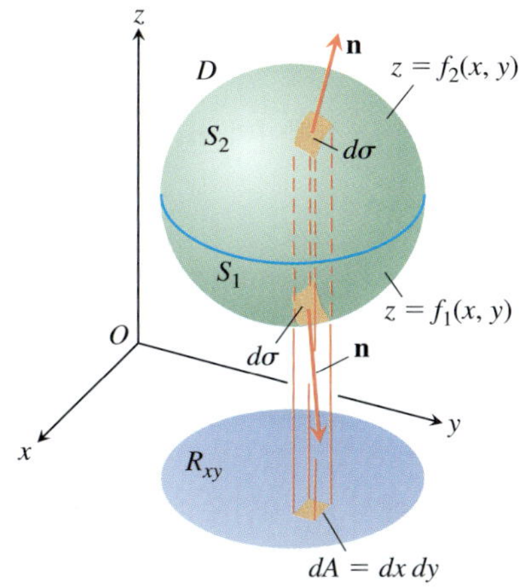

그림 14.77 xy평면의 R_{xy}로 정사영되는 곡면 S_1과 S_2로 둘러싸인 영역 D.

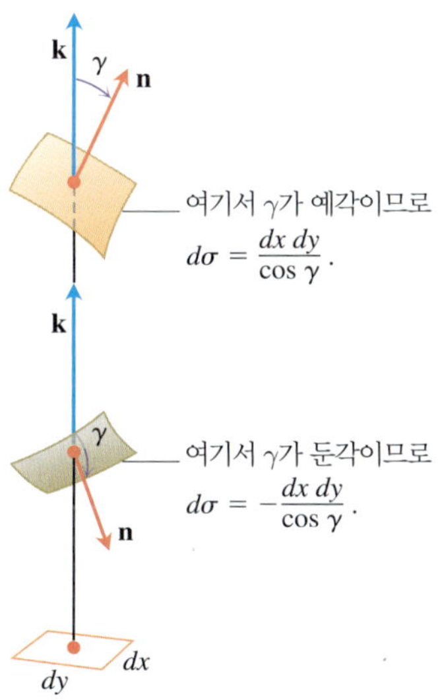

그림 14.78 그림 14.77의 넓이 조각의 확대된 그림. 관계식 $d\sigma = \pm dx\,dy/\cos\gamma$가 $\mathbf{F} = \mathbf{F}\cdot\mathbf{n}$과 14.5절의 식 (7)로부터 구해진다.

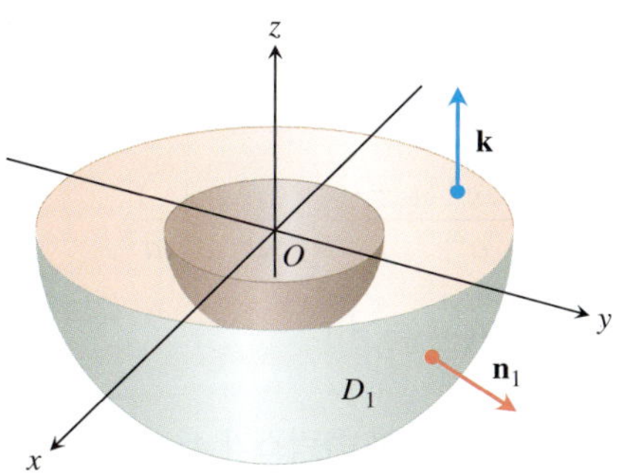

그림 14.79 중심이 같은 2개의 구면 사이의 입체 영역의 아래쪽 절반.

로 변형하여 식 (5)를 증명한다(그림 14.77). 곡면 S는 식 $z=f_2(x, y)$로 주어지는 위쪽 부분 S_2와 식 $z=f_1(x, y)$로 주어지는 아래쪽 부분 S_1으로 구성된다. S_2에서 외향 법벡터 $\mathbf{n}$은 양수인 $\mathbf{k}$ 성분을 갖고 다음과 같다(그림 14.78).

$$\cos\gamma\, d\sigma = dx\,dy \text{ 이므로} \qquad d\sigma = \frac{dA}{|\cos\gamma|} = \frac{dx\,dy}{\cos\gamma}$$

S_1에서 외향 법벡터 $\mathbf{n}$은 음수인 $\mathbf{k}$성분을 갖고 다음과 같다.

$$\cos\gamma\, d\sigma = -dx\,dy$$

따라서 다음을 얻는다.

$$\begin{aligned}
\iint_S P\cos\gamma\, d\sigma &= \iint_{S_2} P\cos\gamma\, d\sigma + \iint_{S_1} P\cos\gamma\, d\sigma \\
&= \iint_{R_{xy}} P(x, y, f_2(x, y))\,dx\,dy - \iint_{R_{xy}} P(x, y, f_1(x, y))\,dx\,dy \\
&= \iint_{R_{xy}} [P(x, y, f_2(x, y)) - P(x, y, f_1(x, y))]\,dx\,dy \\
&= \iint_{R_{xy}} \left[\int_{f_1(x,y)}^{f_2(x,y)} \frac{\partial P}{\partial z}dz\right]dx\,dy = \iiint_D \frac{\partial P}{\partial z}dz\,dx\,dy
\end{aligned}$$

이로부터 식 (5)를 증명한다. 식 (3)과 (4)의 증명도 같은 형태를 따라 이뤄진다. x, y, z; M, N, P; α, β, γ를 순서에 따라 순서를 바꾸고, 식 (5)로부터 이들 식의 결과를 얻는다. 이로부터 특별한 영역에 대한 발산 정리를 증명한다. ■

다른 영역에 대한 발산 정리

발산정리는 바로 앞에서 다루어진 형태의 단순한 영역과 특정한 방식에 따라 단순 영역의 극한으로 정의되는 영역의 유한합으로 분할될 수 있는 영역으로 확장될 수 있다. 이러한 분할 과정의 첫 번째 단계의 예로 D가 중심이 같은 2개의 구면 사이의 영역이고 $\mathbf{F}$가 D 전체와 경계 곡면들에서 연속적으로 미분가능한 성분을 갖는다고 가정한다. 적도를 포함하는 평면으로 D를 나누고 각각의 절반에 따로 발산 정리를 적용한다. 바닥쪽 절반 D_1을 그림 14.79에서 볼 수 있다. D_1의 경계가 되는 곡면 S_1는 외부 반구면, 평면의 와셔 모양 바닥, 내부 반구면으로 구성된다. 발산 정리에 따라 다음과 같다.

$$\iint_{S_1} \mathbf{F}\cdot\mathbf{n}_1\, d\sigma = \iiint_{D_1} \nabla\cdot\mathbf{F}\, dV \tag{6}$$

D_1으로부터 밖으로 향하는 단위수직벡터 $\mathbf{n}_1$은 외부 곡면에서는 원점에서 멀어지는 방향을 향하고 평평한 바닥에서는 $\mathbf{k}$와 같으며 내부 곡면에서는 원점을 향한다. 다음으로 D_2와 이것의 곡면 S_2에 발산 정리를 적용한다(그림 14.80).

$$\iint_{S_2} \mathbf{F}\cdot\mathbf{n}_2\, d\sigma = \iiint_{D_2} \nabla\cdot\mathbf{F}\, dV \tag{7}$$

D_2에 대해 밖으로 향하는 단위수직벡터 $\mathbf{n}_2$를 살펴보면 xy평면에 속한 와셔 모양의 바닥에 대해 $-\mathbf{k}$와 같고 외부 곡면에서는 원점에서 멀어지는 방향으로 내부 곡면에서는 원점으로 향한다. 식 (6)과 (7)을 더하면 $\mathbf{n}_1$과 $\mathbf{n}_2$가 반대 부호이므로 평평한 바닥에 대한 적분이 상쇄한다. 그리하여 다음과 같은 결론에 이르렀다.

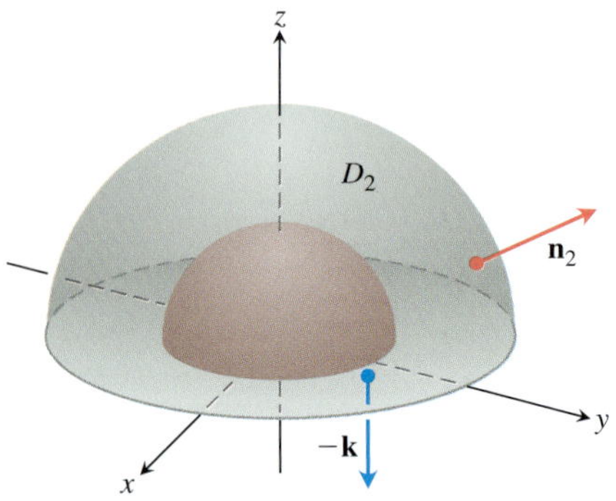

그림 14.80 중심이 같은 2개의 구면 사이의 입체 영역의 위쪽 절반.

$$\iint_S \mathbf{F}\cdot\mathbf{n}\,d\sigma = \iiint_D \nabla\cdot\mathbf{F}\,dV$$

여기서 D는 구면들 사이의 영역이고 S는 2개의 구면으로 구성된 D 경계이며, $\mathbf{n}$은 D로부터 밖으로 향하는 S에 대한 단위수직벡터이다.

예제 5 영역 $D: 0 < b^2 \le x^2+y^2+z^2 \le a^2$의 경계를 지나는 다음 벡터장의 외향 순 플럭스를 구하라(그림 14.81).

$$\mathbf{F} = \frac{x\mathbf{i}+y\mathbf{j}+z\mathbf{k}}{\rho^3}, \qquad \rho = \sqrt{x^2+y^2+z^2} \tag{8}$$

풀이 플럭스는 D에 대해 $\nabla\cdot\mathbf{F}$를 적분하여 계산할 수 있다. D에서 $\rho \ne 0$임을 유념한다. 다음을 얻는다.

$$\frac{\partial\rho}{\partial x} = \frac{1}{2}(x^2+y^2+z^2)^{-1/2}(2x) = \frac{x}{\rho}$$

$$\frac{\partial M}{\partial x} = \frac{\partial}{\partial x}(x\rho^{-3}) = \rho^{-3} - 3x\rho^{-4}\frac{\partial\rho}{\partial x} = \frac{1}{\rho^3} - \frac{3x^2}{\rho^5}$$

비슷하게 다음과 같다.

$$\frac{\partial N}{\partial y} = \frac{1}{\rho^3} - \frac{3y^2}{\rho^5} \text{ 와 } \quad \frac{\partial P}{\partial z} = \frac{1}{\rho^3} - \frac{3z^2}{\rho^5}$$

따라서 다음과 같다.

$$\operatorname{div}\mathbf{F} = \frac{\partial M}{\partial x} + \frac{\partial N}{\partial y} + \frac{\partial P}{\partial z} = \frac{3}{\rho^3} - \frac{3}{\rho^5}(x^2+y^2+z^2) = \frac{3}{\rho^3} - \frac{3\rho^2}{\rho^5} = 0$$

그래서 발산 정리의 따름정리에 의해 D의 경계를 지나는 $\mathbf{F}$의 외향 순 플럭스는 0이다. 하지만 이 벡터장 $\mathbf{F}$에 대해 더 배울 것이 있다. 내부의 구면 S_b를 지나는 D의 플럭스는 외부의 구면 S_a를 지나는 D의 플럭스에 음수 부호를 부여한 것이다(이들 플럭스의 합이 0이므로). 따라서 S_b를 지나는 $\mathbf{F}$의 원점에서 멀어지는 방향에 대한 플럭스는 S_a를 지나는 $\mathbf{F}$의 원점에서 멀어지는 방향에 대한 플럭스와 같다. 그러므로 원점을 중심으로 하는 구면을 지나는 $\mathbf{F}$의 플럭스가 구면의 반지름에 대해 독립적이다. 이 플럭스는 무엇인가?

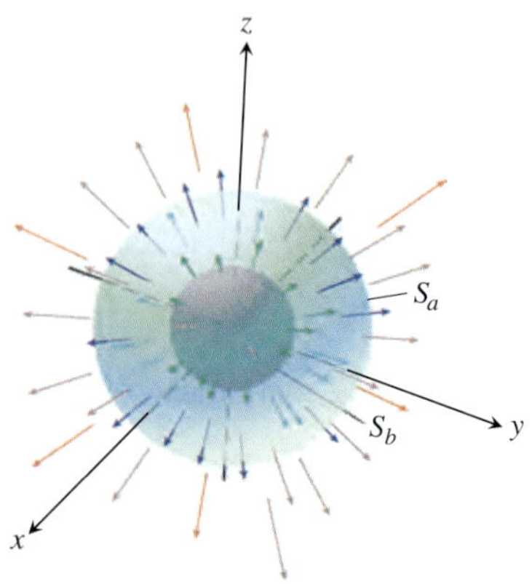

그림 14.81 팽창하는 벡터장에 속한 중심이 같은 2개의 구면. 외부의 구면 S_a가 내부의 구면 S_a를 감싸고 있다.

이것을 구하기 위해 임의의 구면 S_a에 대해 플럭스 적분의 값을 구한다. 반지름 a인 구면에 대한 외향 단위수직벡터는 다음과 같다.

$$\mathbf{n} = \frac{x\mathbf{i}+y\mathbf{j}+z\mathbf{k}}{\sqrt{x^2+y^2+z^2}} = \frac{x\mathbf{i}+y\mathbf{j}+z\mathbf{k}}{a}$$

따라서 구면에서 다음을 얻는다.

$$\mathbf{F}\cdot\mathbf{n} = \frac{x\mathbf{i}+y\mathbf{j}+z\mathbf{k}}{a^3}\cdot\frac{x\mathbf{i}+y\mathbf{j}+z\mathbf{k}}{a} = \frac{x^2+y^2+z^2}{a^4} = \frac{a^2}{a^4} = \frac{1}{a^2}$$

$$\iint_{S_a}\mathbf{F}\cdot\mathbf{n}\,d\sigma = \frac{1}{a^2}\iint_{S_a}d\sigma = \frac{1}{a^2}(4\pi a^2) = 4\pi$$

원점을 중심으로 하는 임의의 구면을 지나는 식 (8)로 주어진 $\mathbf{F}$의 외향 플럭스가 4π이다. 이 결과는 $\mathbf{F}$가 원점에서 연속이 아니므로 발산 정리(의 따름정리)에 위배되지 않는다. ■

가우스 법칙: 전자기장 이론의 4개의 위대한 법칙 중 하나

전자기장 이론에서 원점에 점 전하 q로 생성되는 전기장은 다음과 같다.

$$\mathbf{E}(x, y, z) = \frac{1}{4\pi\varepsilon_0}\frac{q}{|\mathbf{r}|^2}\left(\frac{\mathbf{r}}{|\mathbf{r}|}\right) = \frac{q}{4\pi\varepsilon_0}\frac{\mathbf{r}}{|\mathbf{r}|^3} = \frac{q}{4\pi\varepsilon_0}\frac{x\mathbf{i} + y\mathbf{j} + z\mathbf{k}}{\rho^3}$$

여기서 ε_0는 물리상수, $\mathbf{r}$은 점 (x, y, z)의 위치벡터, $\rho = |\mathbf{r}| = \sqrt{x^2+y^2+z^2}$이다. 식 (8)로부터 다음과 같다.

$$\mathbf{E} = \frac{q}{4\pi\varepsilon_0}\mathbf{F}$$

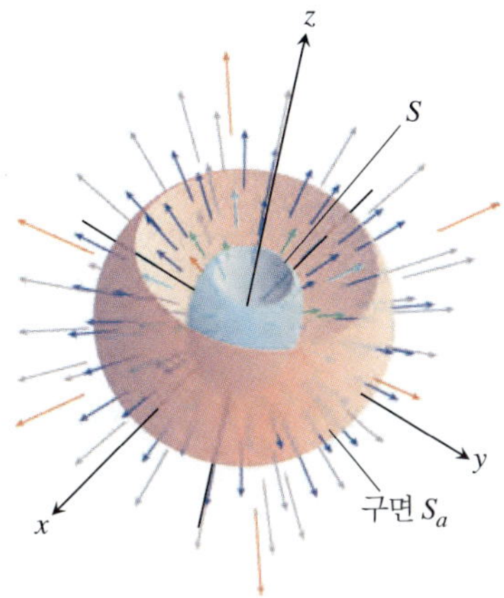

그림 14.82 곡면 S를 감싸는 구면 S_a. 시각화를 위해 곡면의 위쪽이 제거되었다.

예제 5의 계산으로 원점을 중심으로 하는 임의의 구면을 지나는 $\mathbf{E}$의 외향 플럭스가 q/ε_0인데, 이 결과는 구면에 제한되지 않는다. 원점을 감싸는 임의의 닫힌 곡면 S(발산 정리가 활용될 수 있는)를 지나는 $\mathbf{E}$의 외향 플럭스도 q/ε_0이다. 이유를 보기 위해 원점을 중심으로 하고 곡면 S를 감싸는 큰 구면 S_a를 생각하면 된다(그림 14.82). $\rho > 0$일 때 다음과 같다.

$$\nabla \cdot \mathbf{E} = \nabla \cdot \frac{q}{4\pi\varepsilon_0}\mathbf{F} = \frac{q}{4\pi\varepsilon_0}\nabla \cdot \mathbf{F} = 0$$

그러므로 S와 S_a 사이의 영역 D에 대한 $\nabla \cdot \mathbf{E}$의 3중적분은 0이다. 따라서 발산 정리에 의해 다음을 얻는다.

$$\iint_{D\text{의 경계}} \mathbf{E} \cdot \mathbf{n}\, d\sigma = 0$$

그리하여 S를 지나는 $\mathbf{E}$의 원점에서 멀어지는 방향에 대한 플럭스는 S_a를 지나는 $\mathbf{E}$의 원점에서 멀어지는 방향에 대한 플럭스와 같아야 하고 이는 q/ε_0이다. 이 가우스 법칙이라 불리는 이 명제는 다수의 물리교재에 나타나는 것처럼 여기에서 가정된 것보다 더 일반적인 전하 분산에도 활용된다. 원점을 감싸는 임의의 닫힌 곡면에 대해 다음을 얻는다.

$$\text{가우스 법칙:} \quad \iint_S \mathbf{E} \cdot \mathbf{n}\, d\sigma = \frac{q}{\varepsilon_0}$$

유체역학의 연속방정식

D가 유향 닫힌 곡면 S를 경계로 하는 공간의 영역이라 하자. 만약 $\mathbf{v}(x, y, z)$가 D를 매끄럽게 흐르는 유체의 속도벡터장이고 $\delta = \delta(t, x, y, z)$가 t시간에 (x, y, z)에서 유체의 밀도이며 $\mathbf{F} = \delta\mathbf{v}$이면 유체역학의 **연속방정식**(continuity equation)은 다음과 같다.

$$\nabla \cdot \mathbf{F} + \frac{\partial \delta}{\partial t} = 0$$

만약 관련된 함수가 연속 1계 편도함수를 가지면 아래에 보이는 것처럼 발산 정리로부터 자연스럽게 유도된다.

먼저 다음 적분은 질량이 S를 통해 D를 떠날($\mathbf{n}$이 외향 법벡터이므로 떠나는) 때의 비율이다.

$$\iint_S \mathbf{F} \cdot \mathbf{n}\, d\sigma$$

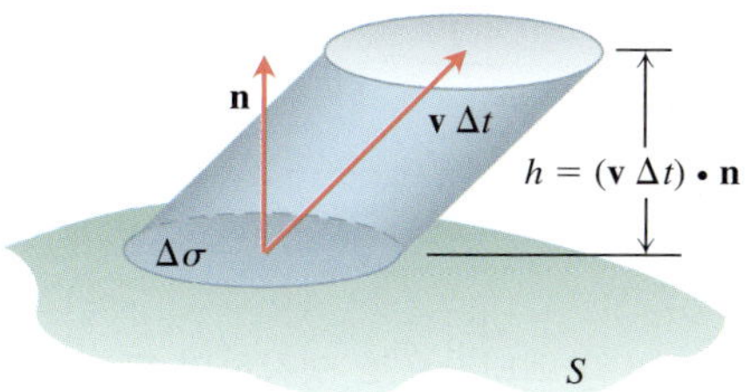

그림 14.83 짧은 시간 Δt동안 조각 $\Delta\sigma$를 통해 위쪽으로 흐르는 유체가 근사적으로 부피가 바닥 × 높이 $= \mathbf{v} \cdot \mathbf{n}\ \Delta\sigma\ \Delta t$인 '원기둥'을 채운다.

이유를 보기 위해 곡면의 넓이의 조각 $\Delta\sigma$을 생각한다(그림 14.83). 짧은 시간의 구간 Δt에 이 조각을 지나 흐르는 유체의 부피 ΔV는 근사적으로 바닥 넓이 $\Delta\sigma$이고 높이 $(\mathbf{v}\Delta t) \cdot \mathbf{n}$인 원기둥의 부피와 같다(단, $\mathbf{v}$는 이 조각의 한 점의 속도벡터이다).

$$\Delta V \approx \mathbf{v} \cdot \mathbf{n}\, \Delta\sigma\, \Delta t$$

이 부피의 유체의 질량은 대략 다음과 같다.

$$\Delta m \approx \delta\mathbf{v} \cdot \mathbf{n}\, \Delta\sigma\, \Delta t$$

질량이 조각을 지나 D로부터 흘러나가는 때의 비율은 대략 다음과 같다.

$$\frac{\Delta m}{\Delta t} \approx \delta \mathbf{v} \cdot \mathbf{n}\, \Delta\sigma$$

이로부터 질량이 S를 지나 흐를 때의 평균 비율의 어림으로서의 다음 근사화를 얻는다.

$$\frac{\sum \Delta m}{\Delta t} \approx \sum \delta \mathbf{v} \cdot \mathbf{n}\, \Delta\sigma$$

마침내 $\Delta\sigma \to 0$과 $\Delta t \to 0$이 되도록 하여 질량이 S를 지나 D로부터 흘러나갈 때의 순간 비율을 다음과 같이 구한다.

$$\frac{dm}{dt} = \iint_S \delta \mathbf{v} \cdot \mathbf{n}\, d\sigma$$

이는 우리의 특정 흐름에 대해 다음과 같다.

$$\frac{dm}{dt} = \iint_S \mathbf{F} \cdot \mathbf{n}\, d\sigma$$

이제 B가 중심이 Q이고 흐름 속에 있는 구면체라고 하자. B에 대한 $\nabla \cdot \mathbf{F}$의 평균값은 다음과 같다.

$$\frac{1}{B\text{의 부피}} \iiint_B \nabla \cdot \mathbf{F}\, dV$$

발산의 연속성에 의한 결론으로 $\nabla \cdot \mathbf{F}$가 B의 한 점 P에서 이 값을 실제로 갖는다. 따라서 발산 정리 식 (2)에 의해 다음을 얻는다.

$$\begin{aligned}(\nabla \cdot \mathbf{F})(P) &= \frac{1}{B\text{의 부피}} \iiint_B \nabla \cdot \mathbf{F}\, dV = \frac{\iint_S \mathbf{F} \cdot \mathbf{n}\, d\sigma}{B\text{의 부피}} \\ &= \frac{\text{질량이 } D\text{로부터 이것의 곡면 } S\text{를 지나 떠나는 때의 비율}}{B\text{의 부피}} \qquad (9)\end{aligned}$$

식의 마지막 항은 단위부피당 질량의 감소를 설명한다.

이제 중심 Q를 고정하고 B의 반지름을 0으로 보낸다. 식 (9)의 좌변이 $(\nabla \cdot \mathbf{F})_Q$로 수렴하고 우변은 $\delta = m/V$이므로 $(-\partial\delta/\partial t)_Q$로 수렴한다. 이들 두 극한의 식이 다음 연속방정식과 같다.

$$\nabla \cdot \mathbf{F} = -\frac{\partial \delta}{\partial t}$$

이 연속방정식이 $\nabla \cdot \mathbf{F}$를 설명한다. 한 점에서 $\mathbf{F}$의 발산은 거기서 유체의 밀도가 감소하는 비율이다. 다음 발산 정리는 이제 영역 D에서 유체의 밀도의 순 감소(발산 적분)가 곡면 S를 지나서 이동되는 질량(외향 플럭스 적분)에 의해 설명된다.

$$\iint_S \mathbf{F} \cdot \mathbf{n}\, d\sigma = \iiint_D \nabla \cdot \mathbf{F}\, dV$$

따라서 이 정리는 질량의 보존에 대한 명제이다(연습문제 35).

적분 정리의 통합화

2차원 벡터장 $\mathbf{F} = M(x, y)\mathbf{i} + N(x, y)\mathbf{j}$를 $\mathbf{k}$성분이 0인 3차원 벡터장으로 생각하면 $\nabla \cdot \mathbf{F} = (\partial M/\partial x) + (\partial N/\partial y)$이고, 그린 정리의 법 형식은 다음과 같이 쓸 수 있다.

$$\oint_C \mathbf{F} \cdot \mathbf{n}\, ds = \iint_R \left(\frac{\partial M}{\partial x} + \frac{\partial N}{\partial y}\right) dx\, dy = \iint_R \nabla \cdot \mathbf{F}\, dA$$

비슷하게 $\nabla \times \mathbf{F} = (\partial N/\partial x) - (\partial M/\partial y)$이므로 그린 정리의 접 형식은 다음과 같이 쓸 수 있다.

$$\oint_C \mathbf{F}\cdot\mathbf{T}\,ds = \iint_R \left(\frac{\partial N}{\partial x} - \frac{\partial M}{\partial y}\right)dx\,dy = \iint_R (\nabla\times\mathbf{F})\cdot\mathbf{k}\,dA$$

델 표기법으로 표현된 그린 정리의 식으로부터 이들과 스토크스 정리와 발산 정리의 식과의 관계를 요약된 것처럼 볼 수 있다.

그린 정리와 3차원에 대한 일반화

그린 정리의 접 형식: $\oint_C \mathbf{F}\cdot\mathbf{T}\,ds = \iint_R (\nabla\times\mathbf{F})\cdot\mathbf{k}\,dA$

스토크스 정리: $\oint_C \mathbf{F}\cdot\mathbf{T}\,ds = \iint_S (\nabla\times\mathbf{F})\cdot\mathbf{n}\,d\sigma$

그린 정리의 법 형식: $\oint_C \mathbf{F}\cdot\mathbf{n}\,ds = \iint_R \nabla\cdot\mathbf{F}\,dA$

발산 정리: $\iint_S \mathbf{F}\cdot\mathbf{n}\,d\sigma = \iiint_D \nabla\cdot\mathbf{F}\,dV$

어떻게 스토크스 정리가 그린 정리의 접(컬) 형식을 평면의 평평한 곡면에서 공간의 3차원 곡면으로 일반화하는지 유념한다. 각각의 경우에 유향곡면의 내부에 대한 curl **F**의 면적분이 경계에 대한 **F**의 순환과 같다.

같은 방식으로 발산 정리는 그린 정리의 법(플럭스) 형식을 평면의 2차원 영역으로부터 공간의 3차원 영역으로 일반화한다. 각각의 경우에 영역의 내부에 대해 $\nabla\cdot\mathbf{F}$의 적분이 이 영역을 감싸는 경계를 지나는 벡터장의 총 플럭스와 같다.

이 결과는 모두 1개의 기본정리의 형식으로 이해될 수 있다. 4.4절의 미분적분학의 기본정리는 만약 $f(x)$가 (a, b)에서 미분가능하고 $[a, b]$에서 연속이면 다음과 같다는 뜻이다.

$$\int_a^b \frac{df}{dx}\,dx = f(b) - f(a)$$

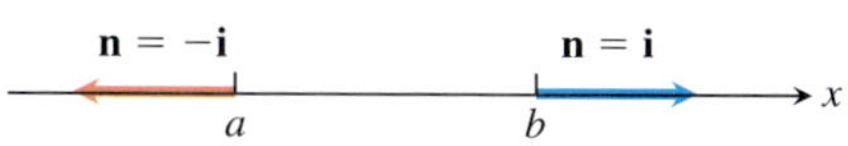

그림 14.84 1차원 공간의 $[a, b]$의 경계에서 외향 단위수직벡터.

만약 $[a, b]$에서 $\mathbf{F} = f(x)\mathbf{i}$라 두면 $df/dx = \nabla\cdot\mathbf{F}$이다. $[a, b]$의 경계에 단위수직벡터 **n**을 b에서는 **i**로 a에서는 $-\mathbf{i}$로 정의하면(그림 14.84) 다음과 같다.

$$\begin{aligned} f(b) - f(a) &= f(b)\mathbf{i}\cdot(\mathbf{i}) + f(a)\mathbf{i}\cdot(-\mathbf{i}) \\ &= \mathbf{F}(b)\cdot\mathbf{n} + \mathbf{F}(a)\cdot\mathbf{n} \\ &= [a, b]\text{의 경계를 지나는 }\mathbf{F}\text{의 총 외향 플럭스} \end{aligned}$$

이제 미분적분학의 기본정리는 다음과 같이 쓸 수 있다.

$$\mathbf{F}(b)\cdot\mathbf{n} + \mathbf{F}(a)\cdot\mathbf{n} = \int_{[a,b]} \nabla\cdot\mathbf{F}\,dx$$

미분적분학의 기본정리, 그린 정리의 법 형식, 발산 정리는 모두 벡터장 **F**에 작용하는 미분작용소 $\nabla\cdot$를 어떤 영역에서 적분한 것이 벡터장의 법 성분을 이 영역의 경계에 대해 합한 것과 같다는 뜻이다(여기서 그린 정리의 선적분과 발산 정리의 면적분을 경계에 대한 '합'으로 해석한다).

스토크스 정리, 그린 정리의 접 형식은 대상들에 적절하게 향이 주어질 때 벡터장에 작용하는 미분작용소 $\nabla\times$의 면적분이 벡터장의 접 성분을 곡면의 경계에 대해 합한 것과 같다는 뜻이다.

이러한 해석의 아름다움은 기술된 1개의 통합 원리에 대한 관찰이다.

벡터 미분적분의 통합적 기본정리

어떤 영역의 벡터장에 작용하는 미분작용소를 이 영역에서 적분한 것은 작용소의 적절한 벡터장의 성분을 영역의 경계에 대해 합한 것과 같다.

연습문제 14.8 EXERCISE QUESTION

발산의 계산

연습문제 1~8에서 다음 벡터장의 발산을 구하라.

1. $\mathbf{F} = (x - y + z)\mathbf{i} + (2x + y - z)\mathbf{j} + (3x + 2y - 2z)\mathbf{k}$
2. $\mathbf{F} = (x \ln y)\mathbf{i} + (y \ln z)\mathbf{j} + (z \ln x)\mathbf{k}$
3. $\mathbf{F} = ye^{xyz}\mathbf{i} + ze^{xyz}\mathbf{j} + xe^{xyz}\mathbf{k}$
4. $\mathbf{F} = \sin(xy)\mathbf{i} + \cos(yz)\mathbf{j} + \tan(xz)\mathbf{k}$
5. 그림 14.13의 회전 벡터장
6. 그림 14.12의 방사 벡터장
7. 그림 14.19와 14.3절의 연습문제 38a의 중력장
8. 그림 14.14의 속도벡터장 $\mathbf{v}(x, y, z) = (a^2 - x^2 - y^2)\,\mathbf{k}$

발산 정리를 활용한 플럭스의 계산

연습문제 9~20에서 발산 정리를 활용하여 영역 D의 경계를 가로지르는 $\mathbf{F}$의 외향 플럭스를 구하라.

9. **정육면체** $\mathbf{F} = (y - x)\mathbf{i} + (z - y)\mathbf{j} + (y - x)\mathbf{k}$
   D: 평면 $x = \pm 1$, $y = \pm 1$, $z = \pm 1$를 경계로 하는 정육면체
10. $\mathbf{F} = x^2\mathbf{i} + y^2\mathbf{j} + z^2\mathbf{k}$
    a. 정육면체 D: 제1팔분공간을 평면 $x = 1$, $y = 1$, $z = 1$로 잘라 얻은 정육면체
    b. 정육면체 D: 평면 $x = \pm 1$, $y = \pm 1$, $z = \pm 1$을 경계로 하는 정육면체
    c. 원기둥형 캔 D: 원기둥 $x^2 + y^2 \le 4$를 평면 $z = 0$, $z = 1$로 잘라 얻은 영역
11. **원기둥과 포물면** $\mathbf{F} = y\mathbf{i} + xy\mathbf{j} - z\mathbf{k}$
    D: 평면 $z = 0$과 포물면 $z = x^2 + y^2$ 사이에 놓인 원기둥 $x^2 + y^2 \le 4$의 영역
12. **구면체** $\mathbf{F} = x^2\mathbf{i} + xz\mathbf{j} + 3z\mathbf{k}$
    D: 구면체 $x^2 + y^2 + z^2 \le 4$
13. **구면체의 일부분** $\mathbf{F} = x^2\mathbf{i} - 2xy\mathbf{j} + 3xz\mathbf{k}$
    D: 제1팔분공간을 구면 $x^2 + y^2 + z^2 = 4$로 잘라 얻은 영역
14. **원기둥형 캔** $\mathbf{F} = (6x^2 + 2xy)\mathbf{i} + (2y + x^2z)\mathbf{j} + 4x^2y^3\mathbf{k}$
    D: 제1팔분공간을 원기둥면 $x^2 + y^2 = 4$와 평면 $z = 3$으로 잘라 얻은 영역
15. **쐐기** $\mathbf{F} = 2xz\mathbf{i} - xy\mathbf{j} - z^2\mathbf{k}$
    D: 제1팔분공간을 평면 $y + z = 4$와 타원기둥면 $4x^2 + y^2 = 16$으로 잘라 얻은 쐐기
16. **구면체** $\mathbf{F} = x^3\mathbf{i} + y^3\mathbf{j} + z^3\mathbf{k}$
    D: 구면체 $x^2 + y^2 + z^2 \le a^2$
17. **두꺼운 구면** $\mathbf{F} = \sqrt{x^2 + y^2 + z^2}\,(x\mathbf{i} + y\mathbf{j} + z\mathbf{k})$
    D: 영역 $1 \le x^2 + y^2 + z^2 \le 2$
18. **두꺼운 구면** $\mathbf{F} = (x\mathbf{i} + y\mathbf{j} + z\mathbf{k})/\sqrt{x^2 + y^2 + z^2}$
    D: 영역 $1 \le x^2 + y^2 + z^2 \le 4$
19. **두꺼운 구면** $\mathbf{F} = (5x^3 + 12xy^2)\mathbf{i} + (y^3 + e^y \sin z)\mathbf{j} + (5z^3 + e^y \cos z)\mathbf{k}$
    D: 구면 $x^2 + y^2 + z^2 = 1$과 $x^2 + y^2 + z^2 = 2$ 사이의 입체 영역
20. **두꺼운 원기둥면** $\mathbf{F} = \ln(x^2 + y^2)\mathbf{i} - \left(\dfrac{2z}{x}\arctan\dfrac{y}{x}\right)\mathbf{j} + z\sqrt{x^2 + y^2}\,\mathbf{k}$
    D: 두꺼운 원기둥면 $1 \le x^2 + y^2 + z^2 \le 2$, $-1 \le z \le 2$

이론과 예제

21. **a.** 위치벡터장 $\mathbf{F} = x\mathbf{i} + y\mathbf{j} + z\mathbf{k}$의 매끄러운 닫힌 곡면 S에 대한 외향 플럭스가 이 곡면이 둘러싸는 영역의 부피의 3배임을 보여라.
    b. 곡면 S의 외향 단위수직벡터를 $\mathbf{n}$이라 하자. $\mathbf{F}$가 S의 모든 점에서 $\mathbf{n}$에 수직인 것은 가능하지 않음을 보여라.
22. 제시된 정사면체에 가까운 닫힌 곡면의 바닥은 xy평면의 단위정사각형이다. 네 변이 $x = 0$, $x = 1$, $y = 0$, $y = 1$에 놓여 있다. 윗면은 식이 정체가 명확하지 않은 매끄러운 곡면이다. $\mathbf{F} = x\mathbf{i} - 2y\mathbf{j} + (z + 3)\mathbf{k}$라 하고 A면을 통하는 $\mathbf{F}$의 외향 플럭스가 1이며 B면을 통하는 것은 -3이라 하자. 윗면을 통하는 외향 플럭스에 대해 어떤 결론을 얻을수 있는가? 답의 근거를 제시하라.

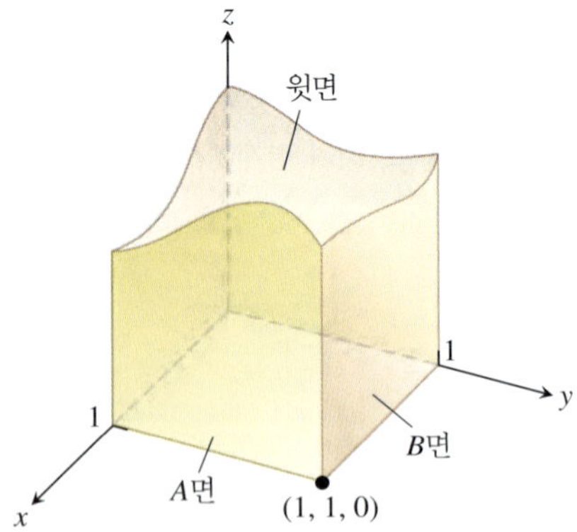

23. $\mathbf{F} = (y\cos 2x)\mathbf{i} + (y^2 \sin 2x)\mathbf{j} + (x^2y + z)\mathbf{k}$라 하자. $\mathbf{F} = \nabla \times \mathbf{A}$를 만족하는 벡터장 $\mathbf{A}$가 존재하는가? 답을 설명하라.
24. **기울기장의 외향 플럭스** 제1팔분공간에 놓인 구 $x^2 + y^2 + z^2 \le a^2$의 부분의 곡면을 S라 하고, $f(x, y, z) = \ln\sqrt{x^2 + y^2 + z^2}$라 하자. 다음을 계산하라.

$$\iint_S \nabla f \cdot \mathbf{n}\, d\sigma$$

($\nabla f \cdot \mathbf{n}$은 외향 법벡터 $\mathbf{n}$ 방향에 대한 f의 도함수이다.)

25. 벡터장 $\mathbf{F}$의 성분이 매끄러운 닫힌 곡면 S를 경계로 하는 영역 D를 포함하는 공간의 일부 전역에서 연속 1계 편도함수를 가진다고 하자. 만약 $|\mathbf{F}| \le 1$이면 다음과 같은 크기에 대한 유계를 정할 수 있는가?

$$\iiint_D \nabla \cdot \mathbf{F}\, dV$$

이유를 제시하라.

26. 최대 플럭스 부등식 $0 \le x \le a$, $0 \le y \le b$, $0 \le z \le 1$로 정의된 직육면체들에 대해 여섯 면을 지나는 $\mathbf{F} = (-x^2 - 4xy)\mathbf{i} - 6yz\mathbf{j} + 12z\mathbf{k}$의 외향 플럭스가 최대가 되는 직육면체를 구하라. 최대 플럭스는 무엇인가?

27. 평면 $y=0$, $z=0$, $z=2-y$와 원기둥면 $z=1-x^2$을 경계로 하는 영역 D를 둘러싸는 곡면 S에 대해 다음 벡터장의 총 외향 플럭스를 구하라.

$$\mathbf{F} = xy\mathbf{i} + (\sin xz + y^2)\mathbf{j} + (e^{xy^2} + x)\mathbf{k}$$

28. 벡터장 $\mathbf{F} = (x\mathbf{i} + y\mathbf{j} + z\mathbf{k})/(x^2 + y^2 + z^2)^{3/2}$에 대해 타원면 $9x^2 + 4y^2 + 6z^2 = 36$을 가로지르는 총 외향 플럭스를 계산하라.

29. $\mathbf{F}$가 미분가능한 벡터장이고 $g(x, y, z)$가 미분가능한 스칼라함수라 하자. 다음 식을 보여라.

a. $\nabla \cdot (g\mathbf{F}) = g\nabla \cdot \mathbf{F} + \nabla g \cdot \mathbf{F}$

b. $\nabla \times (g\mathbf{F}) = g\nabla \times \mathbf{F} + \nabla g \times \mathbf{F}$

30. $\mathbf{F}_1$과 $\mathbf{F}_2$가 미분가능한 벡터장이고 a와 b가 임의의 실수일 때 다음 식을 보여라.

a. $\nabla \cdot (a\mathbf{F}_1 + b\mathbf{F}_2) = a\nabla \cdot \mathbf{F}_1 + b\nabla \cdot \mathbf{F}_2$

b. $\nabla \times (a\mathbf{F}_1 + b\mathbf{F}_2) = a\nabla \times \mathbf{F}_1 + b\nabla \times \mathbf{F}_2$

c. $\nabla \cdot (\mathbf{F}_1 \times \mathbf{F}_2) = \mathbf{F}_2 \cdot \nabla \times \mathbf{F}_1 - \mathbf{F}_1 \cdot \nabla \times \mathbf{F}_2$

31. $\mathbf{F} = M\mathbf{i} + N\mathbf{j} + P\mathbf{k}$가 미분가능한 벡터장일 때, 표기법 $\mathbf{F} \cdot \nabla$이 다음과 같다고 하자.

$$M\frac{\partial}{\partial x} + N\frac{\partial}{\partial y} + P\frac{\partial}{\partial z}$$

미분가능한 벡터장 $\mathbf{F}_1$과 $\mathbf{F}_2$에 대해 다음 식을 보여라.

a. $\nabla \times (\mathbf{F}_1 \times \mathbf{F}_2) = (\mathbf{F}_2 \cdot \nabla)\mathbf{F}_1 - (\mathbf{F}_1 \cdot \nabla)\mathbf{F}_2 + (\nabla \cdot \mathbf{F}_2)\mathbf{F}_1 - (\nabla \cdot \mathbf{F}_1)\mathbf{F}_2$

b. $\nabla(\mathbf{F}_1 \cdot \mathbf{F}_2) = (\mathbf{F}_1 \cdot \nabla)\mathbf{F}_2 + (\mathbf{F}_2 \cdot \nabla)\mathbf{F}_1 + \mathbf{F}_1 \times (\nabla \times \mathbf{F}_2) + \mathbf{F}_2 \times (\nabla \times \mathbf{F}_1)$

32. 조화함수 함수 $f(x, y, z)$가 공간의 영역 D에서 다음 라플라스 방정식을 만족할 때 이 함수가 영역 D에서 조화적이라 한다.

$$\nabla^2 f = \nabla \cdot \nabla f = \frac{\partial^2 f}{\partial x^2} + \frac{\partial^2 f}{\partial y^2} + \frac{\partial^2 f}{\partial z^2} = 0$$

a. 매끄러운 곡면 S로 둘러싸인 유계인 영역 D에서 f가 조화적이고 S에 선택된 단위수직벡터를 $\mathbf{n}$라 하자. S에 대한 $\nabla f \cdot \mathbf{n}$ ($\mathbf{n}$ 방향에 대한 f의 도함수)의 적분이 0임을 보여라.

b. 만약 f가 D에서 조화적이면 다음과 같이 성립함을 보여라.

$$\iint_S f\nabla f \cdot \mathbf{n}\, d\sigma = \iiint_D |\nabla f|^2\, dV$$

33. 그린의 제1공식 조각마다 매끄러운 닫힌 곡면 S를 경계로 하는 영역 D에서 f, g가 연속인 1계, 2계 편도함수를 갖는다고 하자. 다음이 성립함을 보여라.

$$\iint_S f\nabla g \cdot \mathbf{n}\, d\sigma = \iiint_D (f\nabla^2 g + \nabla f \cdot \nabla g)\, dV \qquad (10)$$

식 (10)이 **그린의 제1공식**이다. [힌트: 벡터장 $\mathbf{F} = f\nabla g$에 대해 발산 정리를 적용하라.]

34. 그린의 제2공식(연습문제 33에서 계속) 식 (10)의 f와 g를 바꾸어 유사한 공식을 얻는다. 이 식을 식 (10)에서 빼서 다음 식을 보여라.

$$\iint_S (f\nabla g - g\nabla f) \cdot \mathbf{n}\, d\sigma = \iiint_D (f\nabla^2 g - g\nabla^2 f)\, dV \qquad (11)$$

식 (11)이 **그린의 제2공식**이다.

35. 질량의 보존 공간의 영역 D에서 벡터장 $\mathbf{v}(t, x, y, z)$가 연속 미분가능하고, $p(t, x, y, z)$가 연속 미분가능한 스칼라함수라 하자. 변수 t는 시간 영역을 나타낸다. 질량 보존의 법칙은 D를 둘러싼 곡면 S에 대해 다음 식을 단언한다.

$$\frac{d}{dt}\iiint_D p(t, x, y, z)\, dV = -\iint_S p\mathbf{v} \cdot \mathbf{n}\, d\sigma$$

a. $\mathbf{v}$가 흐름의 속도벡터장이고 p가 시간 t일 때 점 (x, y, z)에서 유체의 밀도를 나타낼 때 질량 보존의 법칙의 물리적 해석을 제시하라.

b. 발산 정리와 라이프니츠 규칙을 활용하여 다음과 같다고 하자.

$$\frac{d}{dt}\iiint_D p(t, x, y, z)\, dV = \iiint_D \frac{\partial p}{\partial t}\, dV$$

질량 보존의 법칙이 다음 연속방정식과 동치임을 보여라.

$$\nabla \cdot p\mathbf{v} + \frac{\partial p}{\partial t} = 0$$

(첫 번째 항 $\nabla \cdot p\mathbf{v}$에서 변수 t가 고정되었으며, 두 번째 항 $\partial p/\partial t$에서 D의 점 (x, y, z)가 고정되었다고 가정한다.)

36. 열 확산방정식 공간의 영역 D를 차지하는 입체의 점 (x, y, z)와 시간 t에서의 온도를 연속 2계 도함수를 갖는 함수 $T(t, x, y, z)$라 하자. 이 입체의 열용량을 c라 하고 질량밀도를 ρ라 하면 양 $c\rho T$를 입체의 단위부피당 열에너지라 부른다.

$-k\nabla T$가 에너지 플럭스 벡터를 나타낸다고 하자(여기서 상수 k를 전도도라고 부른다.) $-k\nabla T = \mathbf{v}$와 $c\rho T = p$에 대해 연습문제 35의 질량 보존의 법칙을 가정할 때 다음의 확산(열)방정식을 유도하라.

$$\frac{\partial T}{\partial t} = K\nabla^2 T$$

여기서 $K = k/(c\rho) > 0$는 확산 상수이다. (만약 옆면이 완벽하게 단열이 되고 균등하게 전도되는 봉의 위치 x와 시간 t의 온도를 $T(t, x)$로 나타내면 $\nabla^2 T = \partial^2 T/\partial x^2$이고 확산방정식은 12장의 심화문제에서 1차원 열방정식으로 축소되는 것을 유념한다.)

복습문제 REVIEW QUESTION

1. 스칼라함수의 선적분이란 무엇인가? 어떻게 값을 구하는가? 예를 제시하라.

2. 용수철이나 전선의 질량중심을 구하기 위해 어떻게 선적분을 활용하는가? 설명하라.

3. 벡터장이란 무엇인가? 벡터장의 선적분은 무엇인가? 기울기장은 무엇인가? 예를 제시하라.

4. 곡선에 대한 벡터장의 유동이란 무엇인가? 어떤 물체를 곡선을 따라 이동하는 데 벡터장이 한 일이란 무엇인가? 어떻게 한 일을 계산할 것인가? 예를 제시하라.

5. 선적분의 기본정리란 무엇인가? 이것과 미분적분학의 기본정리와의 관계를 설명하라.

6. 보존적인 벡터장의 특별한 성질 세 가지를 특정하라. 벡터장이 보존적인지 어떻게 구별하는가?

7. 경로 독립적인 벡터장은 어떤 것이 특별한가?

8. 퍼텐셜 함수는 무엇인가? 보존적인 벡터장으로부터 어떻게 퍼텐셜 함수를 구하는지 예를 들어 보여라.

9. 미분 형식이란 무엇인가? 이런 형식이 완전하다는 것은 어떤 의미인가? 완전성을 위해 어떤 판정법을 활용하는가? 예를 제시하라.

10. 그린 정리란 무엇인가? 어떻게 두 형식의 그린 정리가 4장의 순 변화 정리를 확정하는지 논의하라.

11. 어떻게 공간의 매개화된 곡면의 넓이를 계산하는가? 암시적으로 정의된 곡면 $F(x, y, z)=0$은 어떠한가? 그래프 $z=f(x, y)$로 정의된 곡면은 어떠한가? 예를 제시하라.

12. 어떻게 스칼라함수를 매개화된 곡면에 대해 적분하는가? 암시적 또는 명시적인 형식으로 정의된 곡면에 대해서는 어떠한가? 예를 제시하라.

13. 향이 주어진 곡면이란 무엇인가? 향이 주어진 곡면에 대한 3차원 벡터장의 면적분은 무엇인가? 벡터장의 외향 순 플럭스와는 어떻게 연관되는가? 예를 제시하라.

14. 벡터장의 컬은 무엇인가? 어떻게 이것을 해석할 것인가?

15. 스토크스 정리란 무엇인가? 이것이 어떻게 그린 정리를 3차원으로 일반화했는지 설명하라.

16. 벡터장의 발산이란 무엇인가? 어떻게 이것을 해석할 것인가?

17. 발산 정리란 무엇인가? 이것이 어떻게 그린 정리를 3차원으로 일반화했는지 설명하라.

18. 어떻게 그린 정리, 스토크스 정리, 발산 정리가 일반적인 1변수 적분에 대한 미분적분학의 기본정리와 연관되는가?

실전문제 PRACTICE QUESTION

선적분의 값을 구하기

1. 주어진 그림은 원점에서 (1, 1, 1)을 연결하는 2개의 다각형 모양의 경로이다. 각각의 경로에 대해 $f(x, y, z)=2x-3y^2-2z+3$을 적분하라.

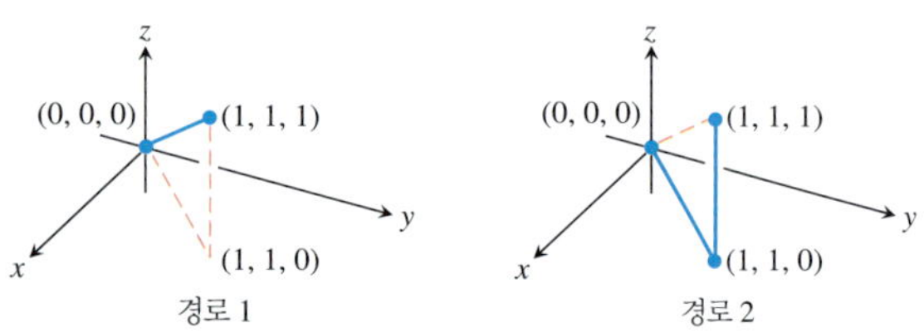

2. 주어진 그림은 원점에서 (1, 1, 1)을 연결하는 3개의 다각형 모양의 경로이다. 각각의 경로에 대해 $f(x, y, z)=x^2+y-z$을 적분하라.

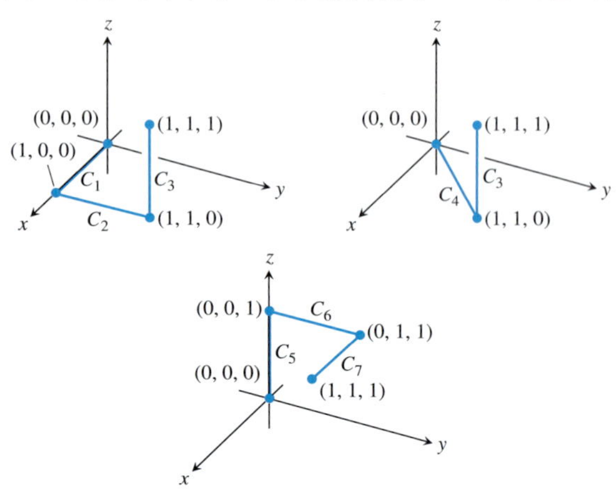

3. 함수 $f(x, y, z)=\sqrt{x^2+z^2}$을 다음의 원에 대해 적분하라.

$$\mathbf{r}(t) = (a\cos t)\mathbf{j} + (a\sin t)\mathbf{k}, \qquad 0 \le t \le 2\pi$$

4. 함수 $f(x, y, z)=\sqrt{x^2+y^2}$을 다음의 신개선 곡선에 대해 적분하라.

$$\mathbf{r}(t) = (\cos t + t\sin t)\mathbf{i} + (\sin t - t\cos t)\mathbf{j}, \qquad 0 \le t \le \sqrt{3}$$

실전문제 5와 6에서 적분의 값을 구하라.

5. $\displaystyle\int_{(-1,1,1)}^{(4,-3,0)} \frac{dx + dy + dz}{\sqrt{x + y + z}}$ **6.** $\displaystyle\int_{(1,1,1)}^{(10,3,3)} dx - \sqrt{\frac{z}{y}}\,dy - \sqrt{\frac{y}{z}}\,dz$

7. 구면 $x^2+y^2+z^2=5$에서 평면 $z=-1$로 잘라낸 원에 대해 위에서 보았을 때 시계반대 방향으로 $\mathbf{F}=-(y\sin z)\mathbf{i}+(x\sin z)\mathbf{j}+(xy\cos z)\mathbf{k}$를 적분하라.

8. 구면 $x^2+y^2+z^2=9$에서 평면 $x=2$로 잘라낸 원에 대해 $\mathbf{F}=3x^2y\mathbf{i}+(x^3+1)\mathbf{j}+9z^2\mathbf{k}$를 적분하라.

실전문제 9와 10에서 적분의 값을 구하라.

9. $\displaystyle\int_C 8x\sin y\,dx - 8y\cos x\,dy$

C: 제1사분면에서 직선 $x=\pi/2$, $y=\pi/2$로 잘라 얻은 정사각형의 경계

10. $\displaystyle\int_C y^2\,dx + x^2\,dy$

C: 원 $x^2+y^2=4$

면적분을 정하고 값을 구하기

11. 타원형 영역의 넓이 평면 $x+y+z=1$에서 원기둥면 $x^2+y^2=1$로

잘라 얻은 타원형 영역의 넓이를 구하라.

12. 포물면형 덮개의 넓이 포물면 $y^2+z^2=3x$를 평면 $x=1$로 잘라 얻은 덮개의 넓이를 구하라.

13. 구면형 덮개의 넓이 구면 $x^2+y^2+z^2=1$을 평면 $z=\sqrt{2}/2$로 잘라 얻은 덮개의 넓이를 구하라.

14. a. 원기둥면 의해 잘린 반구면의 조각 반구면 $x^2+y^2+z^2=4$, $z\geq 0$를 원기둥면 $x^2+y^2=2x$로 잘라 얻은 곡면의 넓이를 구하라.

b. 반구면의 내부에 놓인 원기둥면의 부분의 넓이를 구하라. [힌트: xz평면에 정사영하라. 또는 h가 이 원기둥면의 높이이고 ds가 xy평면의 원 $x^2+y^2=2x$에 대한 호의 길이의 원소일 때 $\int h\,ds$의 값을 구하라.]

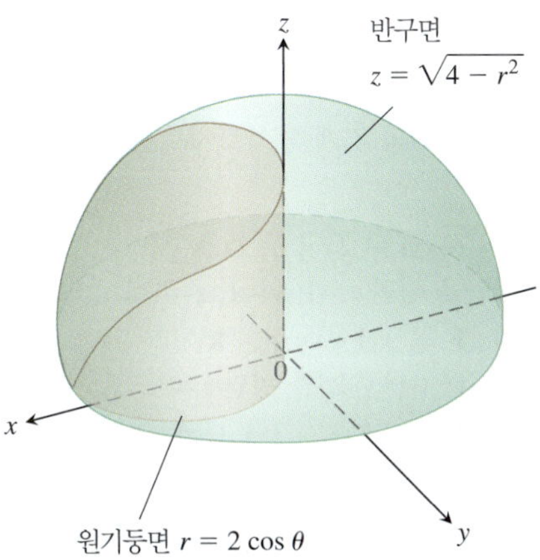

15. 삼각형의 넓이 제1팔분공간과 평면 $(x/a)+(y/b)+(z/c)=1$ $(a, b, c>0)$의 교집합으로 주어진 삼각형의 넓이를 구하라. 이 답을 적절한 벡터 계산과 비교하라.

16. 평면에 의해 잘린 포물기둥면 평면 $x=0$, $x=3$, $z=0$으로 포물기둥면 $y^2-z=1$을 잘라 얻은 곡면에 대해 다음을 적분하라.

a. $g(x,y,z)=\dfrac{yz}{\sqrt{4y^2+1}}$ **b.** $g(x,y,z)=\dfrac{z}{\sqrt{4y^2+1}}$

17. 평면에 의해 잘린 원기둥면 제1팔분공간에서 평면 $x=0$, $x=1$ 사이에 놓여 있고 평면 $z=3$ 위에 놓여 있는 원기둥면 $y^2+z^2=25$에 대해 $g(x, y, z)=x^4y(y^2+z^2)$을 적분하라.

18. 와이오밍주의 넓이 와이오밍주는 서경 111°3′와 104°3′ 사이의 경도선과 북위 41°과 45°의 위도선인 원을 경계로 한다. 지구가 반지름 $R=6370$ km인 구면이라 할 때 와이오밍주의 넓이를 구하라.

매개화된 곡면

실전문제 19~24에서 곡면의 매개화를 구하라(매개화가 여러 가지로 존재하므로 구한 답이 교재의 뒷부분에 제시된 답과 다를 수 있다).

19. 구면형 띠 평면 $z=-3$과 $z=3\sqrt{3}$ 사이에 놓인 구면 $x^2+y^2+z^2=36$의 부분

20. 포물면형 덮개 평면 $z=-2$의 위쪽에 놓인 포물면 $z=-(x^2+y^2)/2$의 부분

21. 원뿔 원뿔 $z=1+\sqrt{x^2+y^2}$, $z\leq 3$

22. 정사각형 위의 평면 제1사분면의 정사각형 $0\leq x\leq 2$, $0\leq y\leq 2$의 위쪽에 놓인 평면 $4x+2y+4z=12$의 부분

23. 포물면의 부분 xy평면 위쪽에 놓인 포물면 $y=2(x^2+y^2)$, $y\leq 2$의 부분

24. 반구면의 부분 제1팔분공간에 속한 반구면 $x^2+y^2+z^2=10$, $y\geq 0$의 부분

25. 곡면의 넓이 다음 곡면의 넓이를 구하라.

$$\mathbf{r}(u,v)=(u+v)\mathbf{i}+(u-v)\mathbf{j}+v\mathbf{k},$$
$$0\leq u\leq 1,\ 0\leq v\leq 1$$

26. 면적분 실전문제 25의 곡면에 대해 $f(x, y, z)=xy-z^2$을 적분하라.

27. 나선면의 넓이 주어진 그림에서 나선면 $\mathbf{r}(r,\theta)=(r\cos\theta)\mathbf{i}+(r\sin\theta)\mathbf{j}+\theta\mathbf{k}$, $0\leq\theta\leq 2\pi$, $0\leq r\leq 1$의 넓이를 구하라.

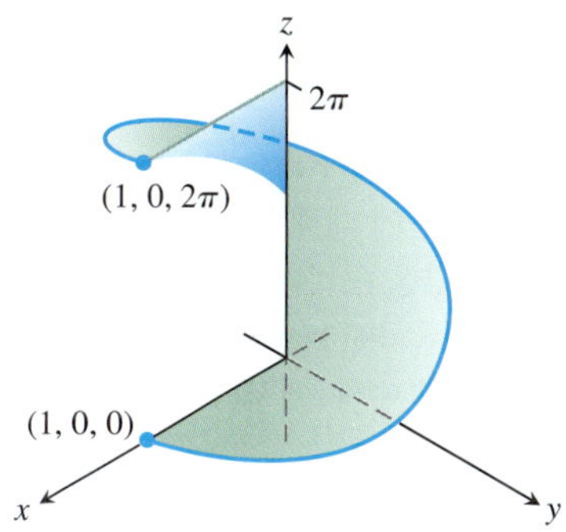

28. 면적분 실전문제 27의 나선면 S에 대해 적분 $\iint_S \sqrt{x^2+y^2+1}\,d\sigma$의 값을 구하라.

보존적인 벡터장

실전문제 29~32에서 다음 벡터장이 보존적인지 판정하라.

29. $\mathbf{F}=x\mathbf{i}+y\mathbf{j}+z\mathbf{k}$

30. $\mathbf{F}=(x\mathbf{i}+y\mathbf{j}+z\mathbf{k})/(x^2+y^2+z^2)^{3/2}$

31. $\mathbf{F}=xe^y\mathbf{i}+ye^z\mathbf{j}+ze^x\mathbf{k}$

32. $\mathbf{F}=(\mathbf{i}+z\mathbf{j}+y\mathbf{k})/(x+yz)$

실전문제 33과 34에서 주어진 벡터장의 퍼텐셜 함수를 구하라.

33. $\mathbf{F}=2\mathbf{i}+(2y+z)\mathbf{j}+(y+1)\mathbf{k}$

34. $\mathbf{F}=(z\cos xz)\mathbf{i}+e^y\mathbf{j}+(x\cos xz)\mathbf{k}$

일과 순환

실전문제 35와 36에서 (0, 0, 0)부터 (1, 1, 1)까지 실전문제 1의 경로들에 대해 다음 벡터장이 한 일을 구하라.

35. $\mathbf{F}=2xy\mathbf{i}+\mathbf{j}+x^2\mathbf{k}$

36. $\mathbf{F}=2xy\mathbf{i}+x^2\mathbf{j}+\mathbf{k}$

37. 일을 구하는 두 가지 방법 점 (1, 0)과 점 $(e^{2\pi}, 0)$을 연결하는 평면의 곡선 $\mathbf{r}(t)=(e^t\cos t)\mathbf{i}+(e^t\sin t)\mathbf{j}$에 대해 다음 벡터장이 한 일을 두 가지 방법으로 구하라.

$$\mathbf{F}=\frac{x\mathbf{i}+y\mathbf{j}}{(x^2+y^2)^{3/2}}$$

a. 곡선의 매개화를 이용한 일 적분 값을 구하기

b. $\mathbf{F}$에 대한 퍼텐셜 함수에 대해 값을 구하기

38. 서로 다른 경로의 유동 벡터장 $\mathbf{F}=\nabla(x^2ze^y)$의 유동을 구하라.

a. 평면 $x+y+z=1$와 원기둥면 $x^2+z^2=25$의 교집합으로 주어진 타원 C를 양수 y축으로부터 위에서 보았을 때 시계 방향으로

한번 지나는 경우

b. $(1, 0, 0)$부터 $(1, 0, 2\pi)$까지 실전문제 27의 나선면의 경계인 곡선

실전문제 39와 40에서 스토크스 정리의 컬 적분을 활용하여 곡선 C에서 주어진 방향에 대한 벡터장 $\mathbf{F}$의 순환을 구하라.

39. 타원에 대한 순환 $\mathbf{F} = y^2\mathbf{i} - y\mathbf{j} + 3z^2\mathbf{k}$

C: 평면 $2x+6y-3z=6$과 원기둥면 $x^2+y^2=1$의 교집합인 타원, 위에서 보아 시계반대 방향

40. 원에 대한 순환 $\mathbf{F} = (x^2 + y)\mathbf{i} + (x + y)\mathbf{j} + (4y^2 - z)\mathbf{k}$

C: 구면 $x^2+y^2+z^2=4$와 평면 $z=-y$의 교집합인 원, 위에서 보아 시계반대 방향

질량과 모멘트

41. 서로 다른 밀도의 전선 곡선 $\mathbf{r}(t)=\sqrt{2}t\mathbf{i}+\sqrt{2}t\mathbf{j}+(4-t^2)\mathbf{k}$, $0 \le t \le 1$을 따라 놓인 가는 전선에 대해 t에서의 밀도가 **(a)** $\delta=3t$일 때, **(b)** $\delta=1$일 때 각각의 질량을 구하라.

42. 여러 가지 밀도의 전선 곡선 $\mathbf{r}(t)=t\mathbf{i}+2t\mathbf{j}+(2/3)t^{3/2}\mathbf{k}$, $0 \le t \le 2$를 따라 놓인 가는 전선에 대해 t에서의 밀도가 $\delta=3\sqrt{5+t}$일 때 질량중심을 구하라.

43. 여러 가지 밀도의 전선 다음 곡선을 따라 t에서의 밀도가 $\delta=1/(t+1)$로 주어진 가는 전선의 질량중심과 좌표축에 대한 관성 모멘트를 구하라.

$$\mathbf{r}(t) = t\mathbf{i} + \frac{2\sqrt{2}}{3}t^{3/2}\mathbf{j} + \frac{t^2}{2}\mathbf{k}, \qquad 0 \le t \le 2$$

44. 아크의 질량중심 가는 금속 아크가 xy평면의 반원 $y=\sqrt{a^2-x^2}$를 따라 놓여 있다. 아크의 점 (x, y)에서 밀도가 $\delta(x, y)=2a-y$이다. 질량중심을 구하라.

45. 상수밀도의 전선 상수밀도 $\delta=1$의 전선이 곡선 $\mathbf{r}(t)=(e^t \cos t)\mathbf{i}+(e^t \sin t)\mathbf{j}+e^t\mathbf{k}$, $0 \le t \le \ln 2$를 따라 놓여 있다. $\bar{z}$와 I_z를 구하라.

46. 상수밀도의 나선형 전선 나선 $\mathbf{r}(t)=(2 \sin t)\mathbf{i}+(2 \cos t)\mathbf{j}+3t\mathbf{k}$, $0 \le t \le 2\pi$를 따라 놓인 상수밀도 δ의 전선에 대해 질량과 질량중심을 구하라.

47. 껍질의 질량중심과 관성 구면 $x^2+y^2+z^2=25$를 평면 $z=3$으로 자른 윗부분 모양의 껍질이 밀도 $\delta(x, y, z)=z$일 때 질량중심과 I_z를 구하라.

48. 정육면체의 관성 모멘트 제1팔분공간을 평면 $x=1$, $y=1$, $z=1$로 잘라 얻은 정육면체의 곡면에 대해 밀도가 $\delta=1$일 때 z축에 대한 관성 모멘트를 구하라.

평면의 곡선 또는 곡면을 가로지르는 플럭스

실전문제 49와 50에서 그린 정리를 활용하여 주어진 벡터장의 외향 플럭스와 시계반대 방향 순환을 구하라.

49. 정사각형 $\mathbf{F} = (2xy + x)\mathbf{i} + (xy - y)\mathbf{j}$

C: 직선 $x=0$, $x=1$, $y=0$, $y=1$을 경계로 하는 정사각형

50. 삼각형 $\mathbf{F} = (y - 6x^2)\mathbf{i} + (x + y^2)\mathbf{j}$

C: 직선 $y=0$, $y=x$, $x=1$로 구성된 삼각형

51. 0 선적분 그린 정리를 적용할 수 있는 모든 닫힌 곡선 C에 대해 다음을 보여라.

$$\oint_C \ln x \sin y\, dy - \frac{\cos y}{x}\, dx = 0$$

52. a. 외향 플럭스와 넓이 그린 정리를 적용할 수 있는 임의의 닫힌 곡선 C를 가로지르는 위치벡터장 $\mathbf{F}=x\mathbf{i}+y\mathbf{j}$의 외향 플럭스가 이 곡선으로 둘러싸인 영역의 넓이의 두 배임을 보여라.

b. 그린 정리를 적용할 수 있는 닫힌 곡선에 대한 외향 단위수직벡터를 $\mathbf{n}$라 하자. $\mathbf{F}=x\mathbf{i}+y\mathbf{j}$가 곡선 C의 각 점에서 $\mathbf{n}$에 수직인 것이 가능하지 않음을 보여라.

실전문제 53~56에서 D의 경계를 가로지르는 $\mathbf{F}$의 외향 플럭스를 구하라.

53. 정육면체 $\mathbf{F} = 2xy\mathbf{i} + 2yz\mathbf{j} + 2xz\mathbf{k}$

D: 제1팔분공간을 평면 $x=1$, $y=1$, $z=1$로 잘라 얻은 정육면체

54. 구면체형 덮개 $\mathbf{F} = xz\mathbf{i} + yz\mathbf{j} + \mathbf{k}$

D: 구면체 $x^2+y^2+z^2 \le 25$를 평면 $z=3$으로 자른 위쪽 덮개

55. 구면체형 덮개 $\mathbf{F} = -2x\mathbf{i} - 3y\mathbf{j} + z\mathbf{k}$

D: 구면체 $x^2+y^2+z^2 \le 2$를 포물면 $z=x^2+y^2$으로 자른 위쪽 영역

56. 원뿔과 원기둥면 $\mathbf{F} = (6x + y)\mathbf{i} - (x + z)\mathbf{j} + 4yz\mathbf{k}$

D: 원뿔 $z=\sqrt{x^2+y^2}$, 원기둥면 $x^2+y^2=1$과 좌표평면을 경계로 하는 제1팔분공간의 영역

57. 반구면, 원기둥면, 평면 곡면 S가 왼쪽으로 반구면 $x^2+y^2+z^2=a^2$, $y \le 0$, 중간에는 원기둥 $x^2+z^2=a^2$, $0 \le y \le a$, 오른쪽으로 평면 $y=a$를 경계로 한다고 하자. S를 외향으로 가로지르는 $\mathbf{F}=y\mathbf{i}+z\mathbf{j}+x\mathbf{k}$의 플럭스를 구하라.

58. 원기둥면과 평면 기둥면 $x^2+4y^2=16$과 평면 $y=2z$, $x=0$, $z=0$을 경계로 하는 제1팔분공간의 입체의 곡면을 가로지르는 $\mathbf{F}=3xz^2\mathbf{i}+y\mathbf{j}-z^3\mathbf{k}$의 외향 플럭스를 구하라.

59. 원기둥 모양의 캔 원기둥면 $x^2+y^2=1$과 평면 $z=1$, $z=-1$로 둘러싸인 영역의 곡면을 외향으로 지나는 $\mathbf{F}=xy^2\mathbf{i}+x^2y\mathbf{j}+y\mathbf{k}$의 플럭스를 발산 정리를 활용하여 구하라.

60. 반구면 반구면 $x^2+y^2+z^2=a^2$, $z \ge 0$을 위쪽으로 가로지르는 $\mathbf{F}=(3z+1)\mathbf{k}$의 플럭스를 **(a)** 발산 정리를 이용하여, **(b)** 플럭스 적분의 값을 직접 계산하여 구하라.

심화문제 ADVANCED QUESTION

그린 정리를 이용하여 넓이 구하기

연습문제 14.4의 그린 정리의 넓이 공식을 이용하여 심화문제 1~4에서 곡선으로 둘러싸인 영역의 넓이를 구하라.

1. 달팽이꼴 곡선 $x=2\cos t-\cos 2t$, $y=2\sin t$, $0\le t\le 2\pi$

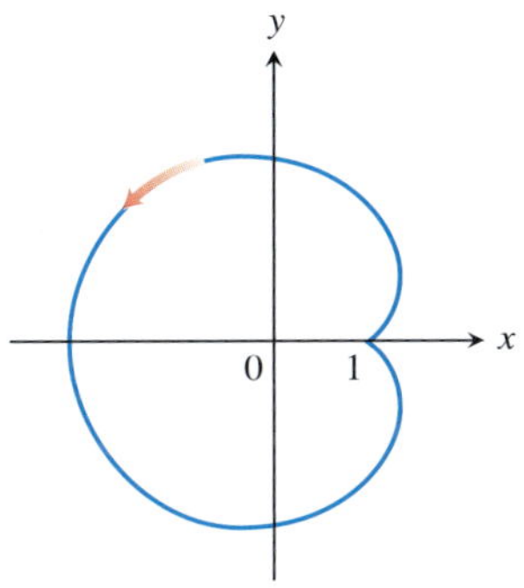

2. 델타꼴 곡선 $x=2\cos t+\cos 2t$, $y=2\sin t-\sin 2t$, $0\le t\le 2\pi$

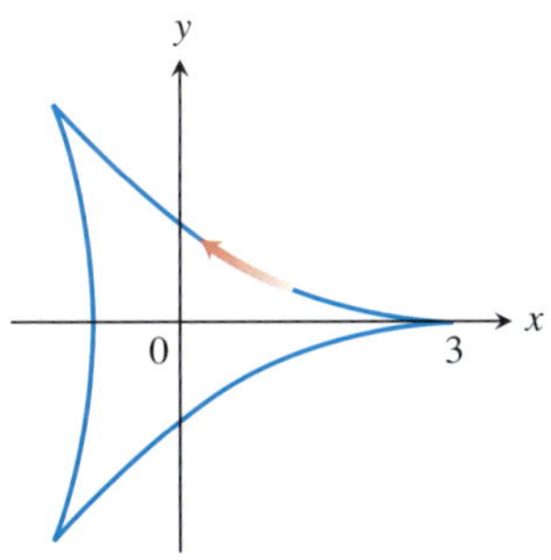

3. 팔자꼴 곡선 $x=(1/2)\sin 2t$, $y=\sin t$, $0\le t\le \pi$ (단순 닫힌 곡선 1개)

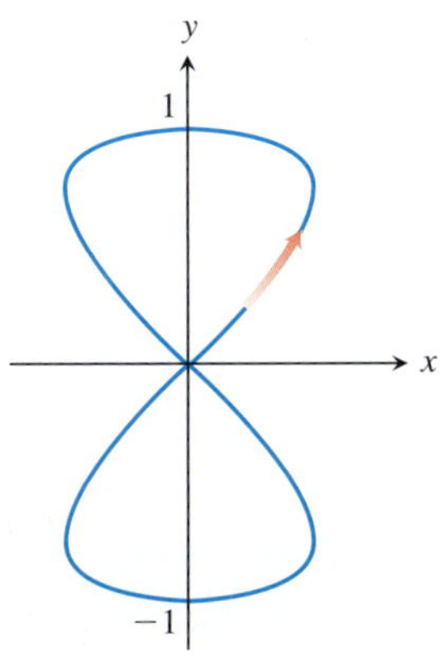

4. 눈물 방울꼴 곡선 $x=2a\cos t-a\sin 2t$, $y=b\sin t$, $0\le t\le 2\pi$

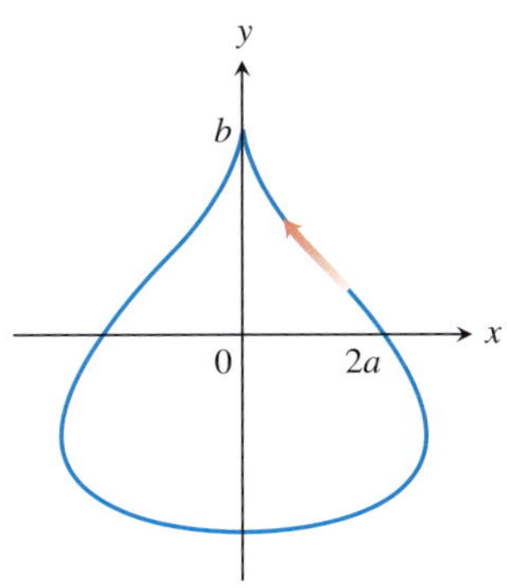

이론과 활용

5. a. 단 한 점에서 **0**값을 갖지만 curl **F**는 어느 점에서도 0이 아닌 벡터장 $\mathbf{F}(x, y, z)$의 예를 구하라. 반드시 이 점을 특정하고 컬을 계산한다.

b. 단 한 직선에서 **0**값을 갖지만 curl **F**는 어느 점에서도 0이 아닌 벡터장 $\mathbf{F}(x, y, z)$의 예를 구하라. 반드시 이 직선을 특정하고 컬을 계산한다.

c. 한 곡면에서 **0**값을 갖지만 curl **F**는 어느 점에서도 0이 아닌 벡터장 $\mathbf{F}(x, y, z)$의 예를 구하라. 반드시 이 곡면을 특정하고 컬을 계산한다.

6. 구면 $x^2+y^2+z^2=R^2$에 대해 벡터장 $\mathbf{F}=yz^2\mathbf{i}+xz^2\mathbf{j}+2xyz\mathbf{k}$가 곡면에 수직이고 $\mathbf{F}(a, b, c)\ne 0$인 구면의 점 (a, b, c)를 모두 구하라.

7. 반지름이 R인 구면형 껍질에 대해 곡면의 각 점 (x, y, z)에서 질량의 밀도 $\delta(x, y, z)$가 곡면의 어떤 고정된 점 (a, b, c)와의 거리일 때 이 껍질의 질량을 구하라.

8. 밀도함수가 $\delta(x, y, z)=2\sqrt{x^2+y^2}$로 주어진 다음의 나선면 $0\le r\le 1$, $0\le\theta\le 2\pi$의 질량을 구하라.

$$\mathbf{r}(r,\theta) = (r\cos\theta)\mathbf{i} + (r\sin\theta)\mathbf{j} + \theta\mathbf{k}$$

실전문제 27의 그림을 참조한다.

9. 직사각형 영역들 $0\le x\le a$, $0\le y\le b$ 중에서 네 변을 가로지르는 $\mathbf{F}=(x^2+4xy)\mathbf{i}-6y\mathbf{j}$의 총 외향 플럭스가 최소가 되는 것을 구하라. 이 최소 플럭스는 무엇인가?

10. 원점을 지나는 평면과 구면 $x^2+y^2+z^2=4$의 교집합인 원에 대한 유동장 $\mathbf{F}=z\mathbf{i}+x\mathbf{j}+y\mathbf{k}$의 순환을 계산할 때 이 값이 최대가 되는 평면의 방정식을 구하라.

11. $(2, 0)$에서 $(0, 2)$까지 제1사분면의 원 $x^2+y^2=4$에 끈이 놓여 있다. 이 끈의 밀도는 $\rho(x, y)=xy$이다.

a. 이 끈을 똑바로 아래쪽으로 x축을 향해 이동시키는 중력에 의해 한 일이 다음(g는 중력상수)으로 주어지는 것을 보일 수 있도록 이 끈을 유한개의 부분호로 분할하라.

$$\text{일} = \lim_{n\to\infty}\sum_{k=1}^{n} g\, x_k {y_k}^2 \Delta s_k = \int_C g\, xy^2\, ds$$

b. 문제 (a)의 선적분의 값을 구하여 총 한 일을 구하라.

c. 총 한 일이 이 끈의 질량중심 $(\bar{x}, \bar{y})$으로 똑바로 아래쪽으로 x축을 향해 이동시키는 데 필요한 일과 같음을 보여라.

12. 평면 $x+y+z=1$의 제1팔분공간에 속한 부분에 얇은 천이 놓여 있다. 이 천의 밀도는 $\rho(x, y, z)=xy$이다.

a. 이 천을 똑바로 아래쪽으로 xy평면을 향해 이동시키는 중력에 의해 한 일이 다음(g는 중력상수)으로 주어지는 것을 보일 수 있도록 이 천을 유한개의 부분 조각으로 분할하라.

$$\text{일} = \lim_{n\to\infty}\sum_{k=1}^{n} g\, x_k y_k z_k\, \Delta\sigma_k = \iint_S g\, xyz\, d\sigma$$

b. 문제 (a)의 면적분의 값을 구하여 총 한 일을 구하라.

c. 총 한 일이 이 천을 질량중심 $(\bar{x}, \bar{y}, \bar{z})$으로 똑바로 아래쪽으로 xy평면을 향해 이동시키는 데 필요한 일과 같음을 보여라.

13. 아르키메데스의 원리 구면체와 같은 물체가 액체 속에 놓여 있을

때, 이것은 바닥으로 가라앉거나 액체면 위에 뜨거나 어느 거리만큼 가라앉고 액체 속에 뜬 채로 남아 있게 된다. 어떤 유체가 상수 무게 밀도 w를 가지고 유체의 곡면이 평면 $z=4$와 일치한다고 하자. 구면체가 유체 속에 뜬 채로 있으면 영역 $x^2+y^2+(z-2)^2 \le 1$을 차지하고 있다.

a. 유체의 압력에서 오는 구면체에 대한 총 힘의 크기가 다음과 같은 면적분임을 보여라.

$$\text{힘} = \lim_{n\to\infty} \sum_{k=1}^{n} w(4 - z_k)\Delta\sigma_k = \iint_S w(4 - z)\, d\sigma$$

b. 구면체가 움직이지 않으므로 유체의 부력에 의해 떠 받혀지고 있다. 구면에 대한 부력의 크기가 다음과 같음을 보여라.

$$\text{부력} = \iint_S w(z - 4)\mathbf{k} \cdot \mathbf{n}\, d\sigma$$

여기서 $\mathbf{n}$은 점 (x, y, z)에서 외향 단위수직벡터이다. 이는 담긴 입체에 가해지는 부력의 크기가 이동한 액체의 무게와 같다는 아르키메데스 원리를 설명한다.

c. 발산 정리를 활용하여 문제 (b)의 부력의 크기를 구하라.

14. 굽는 곡면 위의 유동력 곡면 $z=\sqrt{x^2+y^2}$, $0 \le z \le 2$ 꼴의 원뿔이 상수 무게밀도 w의 액체로 채워져 있다. xy평면을 '바닥층'이라 가정하고, 액체의 압력으로 인해 $z=1$에서 $z=2$까지의 원뿔의 부분에 가해지는 총 힘이 다음과 같은 곡면 적분임을 보여라.

$$F = \iint_S w(2 - z)\, d\sigma$$

이 적분의 값을 구하라.

15. 패러데이의 법칙 점 (x, y, z)와 시간 t에서 전기장과 자기장을 각각 $\mathbf{E}(t, x, y, z)$와 $\mathbf{B}(t, x, y, z)$라 할 때 전자기장 이론의 기본원리 중 하나로 $\nabla \times \mathbf{E} = -\partial\mathbf{B}/\partial t$이다. 이 표현에서 $\nabla \times \mathbf{E}$는 t가 고정된 채 계산되고 $\partial\mathbf{B}/\partial t$는 (x, y, z)가 고정된 채 계산된다. 스토크스 정리를 활용하여 다음 페러데이의 법칙을 유도하라.

$$\oint_C \mathbf{E} \cdot d\mathbf{r} = -\frac{\partial}{\partial t} \iint_S \mathbf{B} \cdot \mathbf{n}\, d\sigma$$

여기서 C는 곡면의 단위수직벡터 $\mathbf{n}$에 대해 시계반대 방향으로 전류가 흐르는 전선의 루프를 나타내고 C에 대해 다음과 같은 전압을 일으킨다.

$$\oint_C \mathbf{E} \cdot d\mathbf{r}$$

식의 우변의 곡면 적분을 자기장의 플럭스라 하고, S는 임의 경계를 C로 하는 임의의 유향곡면이다.

16. $\mathbf{r} \ne 0$에 대해 중력장을 다음과 같다고 하자.

$$\mathbf{F} = -\frac{GmM}{|\mathbf{r}|^3}\mathbf{r}$$

14.8절에 제시된 가우스의 법칙을 활용하여 $\mathbf{F} = \nabla \times \mathbf{H}$를 만족하는 연속 미분가능한 벡터장 $\mathbf{H}$가 존재하지 않음을 보여라.

17. 경계가 곡선 C인 유향곡면 S에 정의된 미분가능한 스칼라함수 $f(x, y, z)$와 $g(x, y, z)$에 대해 다음을 증명하라.

$$\iint_S (\nabla f \times \nabla g) \cdot \mathbf{n}\, d\sigma = \oint_C f\nabla g \cdot d\mathbf{r}$$

18. 유향곡면 S에 의해 둘러싸인 영역 D에서 $\nabla \cdot \mathbf{F}_1 = \nabla \cdot \mathbf{F}_2$이고 $\nabla \times \mathbf{F}_1 = \nabla \times \mathbf{F}_2$이고, 곡면 S에서 곡면에 외향 단위수직벡터 $\mathbf{n}$에 대해 $\mathbf{F}_1 \cdot \mathbf{n} = \mathbf{F}_2 \cdot \mathbf{n}$라 하자. D 전체에서 $\mathbf{F}_1 = \mathbf{F}_2$임을 보여라.

19. "만약 $\nabla \cdot \mathbf{F} = 0$이고 $\nabla \times \mathbf{F} = \mathbf{0}$이면 $\mathbf{F} = \mathbf{0}$이다"라는 명제가 참 또는 거짓임을 증명하라.

20. S가 $\mathbf{r}(u, v)$로 매개화된 유향곡면이라 하자. $d\sigma$가 곡면에 대해 벡터가 수직하게 표기법을 $d\boldsymbol{\sigma} = \mathbf{r}_u\, du \times \mathbf{r}_v\, dv$로 정의한다. 마찬가지로 크기 $d\sigma = |d\boldsymbol{\sigma}|$가 곡면 넓이 원소이다(14.5절의 식 (5)에 의해). 다음 식을 유도하라.

$$d\sigma = (EG - F^2)^{1/2}\, du\, dv$$

여기서 다음과 같다.

$$E = |\mathbf{r}_u|^2, \quad F = \mathbf{r}_u \cdot \mathbf{r}_v, \quad G = |\mathbf{r}_u|^2$$

21. 외향 법벡터가 $\mathbf{n}$인 유향곡면 S로 둘러싸인 영역 D의 부피 V가 다음 식을 만족함을 보여라.

$$V = \frac{1}{3} \iint_S \mathbf{r} \cdot \mathbf{n}\, d\sigma$$

여기서 $\mathbf{r}$은 D의 점 (x, y, z)의 위치벡터이다.

기술 응용 프로젝트 TECHNOLOGY APPLICATION PROJECT

매스매티카/메이플 프로젝트

프로젝트는 MyLab Math에서 찾을 수 있다.

- **보존적이거나 보존적이지 않은 역량에 대한 작업**
  서로 다른 경로를 따라서 벡터장의 보존적이거나 보존적이지 않은 힘의 함수를 시험하고 벡터장의 적분을 탐험하라.
- **어떻게 그린 정리를 시각화할 것인가?**
  벡터장의 적분을 탐험하고 선적분을 계산하기 위하여 매개화를 활용하라. 두 가지 형식의 그린 정리를 시도한다.
- **발산 정리의 분석과 시각화**
  특정 면적분과 발산을 계산하고 수식화하여 발산 정리를 검증하라.

부록

A.1 실수와 실직선

이 절에서는 실수, 부등식, 구간, 절댓값에 대해 살펴보자.

실수

미분적분학의 대부분은 실수 체계의 성질에 기초를 두고 있다. **실수**는 다음 예와 같이 소수로 표현되는 수이다.

$$-\frac{3}{4} = -0.75000\cdots$$
$$\frac{1}{3} = 0.33333\cdots$$
$$\sqrt{2} = 1.4142\cdots$$

여기서 '⋯'는 소수 부분의 수열이 계속됨을 의미한다. 모든 가능한 소수 표현은 실수를 나타내지만 경우에 따라 두 가지의 소수 표현이 하나의 실수를 표현하기도 한다. 예를 들어 $0.999\cdots$와 $1.000\cdots$은 모두 실수 1을 나타낸다. 무한히 9를 가지는 임의의 수에 대해서도 비슷한 명제가 적용된다.

실수는 기하학적으로 **실직선**으로 불려지는 수직선의 점으로 표현된다.

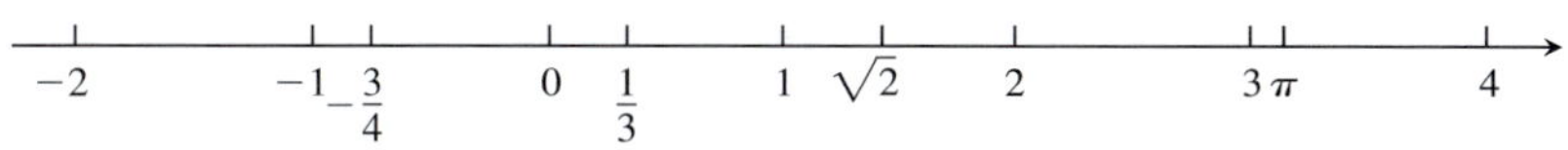

기호 ℝ은 실수이면서 실직선을 표시한다.

실수의 성질로 세 가지를 들 수 있는데, 대수적 성질, 순서성, 완비성이다. **대수적 성질**은 실수는 산술의 일반규칙하에서 더하고 빼고 곱하고 (0이 아닌 수로) 나누어서 더 많은 실수를 만들어낸다는 의미이다. 절대 0으로 나눌 수는 없다.

실수의 **순서성**은 부록 A.7에서 주어진다. 왼쪽 표에서 제시된 부등식은 실수의 순서성을 바탕으로 한다. 여기서 기호 ⇒는 '함축하다'는 의미이다.

부등식에 대한 규칙

a, b, c가 실수라 하자.

1. $a < b \Rightarrow a + c < b + c$
2. $a < b \Rightarrow a - c < b - c$
3. $a < b$이고 $c > 0 \Rightarrow ac < bc$
4. $a < b$이고 $c < 0 \Rightarrow bc < ac$
   특별한 경우: $a < b \Rightarrow -b < -a$
5. $a > 0 \Rightarrow \frac{1}{a} > 0$
6. a와 b가 둘 다 양수이거나 동시에 음수이면,
   $a < b \Rightarrow \frac{1}{b} < \frac{1}{a}$

부등식에 숫자를 곱하는 규칙은 주의해야 한다. 양수를 곱하면 부등식이 유지되지만, 음수를 곱하면 부등식의 부호가 바뀐다. 역수는 같은 부호를 가진 수에 대해서는 부등호의 방향이 바뀐다. 예를 들어 $2 < 5$이지만 $-2 > -5$이고 $1/2 > 1/5$이다.

실수의 **완비성**은 정확히 정의하는 것이 더 어렵지만 이것은 1장에서 언급한 극한의 개념의 중심적인 부분이 된다. 대략 표현해보면 실수가 실직선을 '완비한다'라고 표현하는 것은 실직선 안에 '구멍'이나 '틈'이 없다는 의미이다. 실직선을 '완성'하기에 충분한 실수가 존재한다는

것을 나타낸다. 미분적분학에서 실수의 완비성이 없다면 대부분의 정리는 성립될 수 없다. 이 내용은 좀 더 깊이 있는 책에서 다루기로 한다. 그러나 부록 A.7는 포함될 내용들과 실수가 어떤 구조로 이루어져 있는가에 대한 힌트를 재공한다.

실수 3개의 특수한 부분집합을 구분한다.

1. 자연수, 즉 1, 2, 3, 4, …
2. 정수, 즉 0, ±1, ±2, ±3, …
3. 유리수, 즉 분수 m/n으로 표현되며, 여기서 m과 n은 정수이고 $n \neq 0$이다. 예를 들면 다음과 같다.

$$\frac{1}{3}, \quad -\frac{4}{9} = \frac{-4}{9} = \frac{4}{-9}, \quad \frac{200}{13}, \qquad 57 = \frac{57}{1}$$

유리수는 실수의 소수 표현 중 다음과 같은 형태이다.

a. 유한인 경우(무한히 0의 배열로 끝나는 경우), 예를 들어 다음과 같다.

$$\frac{3}{4} = 0.75000\cdots = 0.75$$

b. 순환하는(한 블록의 숫자가 반복되어 끝나는) 경우, 예를 들어 다음과 같다.

$$\frac{23}{11} = 2.090909\cdots = 2.\overline{09}$$ 바는 반복되는 숫자 블록을 나타낸다.

유한인 경우도 소수가 되풀이 되는 경우로도 볼 수 있는데, 0이 끊임없이 되풀이 된다고 할 수 있다.

유리수는 실수의 대수적 성질과 순서성은 보존하지만 완비성은 성립하지 않는다. 예를 들어 제곱하여 2가 되는 유리수는 없다. $\sqrt{2}$가 있어야 할 곳에 '구멍'이 나 있다.

유리수가 아닌 실수를 **무리수**(irrational numbers)라 한다. 그들은 순환하지 않는 무한 소수로 특정지워진다. 예를 들어 π, $\sqrt{2}$, $\sqrt[3]{5}$, $\log_{10} 3$ 등이다. 모든 소수 전개는 실수를 나타내므로 무한히 많은 무리수가 존재한다. 임의의 실수에 얼마든지 가까워지는 유리수와 무리수를 찾을 수 있다.

집합 기호는 실수의 특별한 부분집합을 표현하는 데 유용하다. **집합**은 대상의 모임인데, 이러한 대상을 집합의 **원소**라 한다. 만약 S가 집합이면 기호 $a \in S$는 a가 S의 원소이다라는 의미이고, 기호 $a \notin S$은 a가 S의 원소가 아니다라는 의미이다. S와 T가 집합이면 $S \cup T$는 S와 T **합집합**으로 S에 속하거나 T에 속하는 모든 원소로 이루어진다(S와 T에 동시에 속하기도 한다). **교집합** $S \cap T$은 S와 T에 동시에 속하는 모든 원소로 이루어진다. **공집합** $\varnothing$는 어떠한 원소도 포함하지 않는 집합이다. 예를 들어 유리수와 무리수의 교집합은 공집합이다.

어떤 집합은 괄호 안에서 그들의 원소를 모두 나열함으로써 표현한다. 예를 들어 집합 A가 6보다 작은 자연수(또는 양의 정수)로 구성된다면 다음과 같이 표현한다.

$$A = \{1, 2, 3, 4, 5\}$$

정수 전제의 집합 또한 다음과 같다.

$$\{0, \pm 1, \pm 2, \pm 3, \cdots\}$$

집합을 표현하는 또 다른 방법은 괄호 안에 집합 내의 모든 원소를 생성하는 규칙을 설명하는 것이다. 예를 들어 다음 집합은 6보다 작은 양의 정수의 집합이다.

$$A = \{x \mid 0 < x < 6\text{인 정수}\}$$

구간

적어도 2개 이상의 실수를 포함하고, 그 두 수 사이의 수를 모두 포함하는 실수의 부분집합을 **구간**이라 정의한다. 예를 들어 $x > 6$이나 $-2 \le x \le 5$인 모든 실수 x의 집합을 구간이라 한다. 그러나 0이 아닌 모든 실수의 집합은 구간이 아니다. 0이 없기 때문에, 예를 들어 -1과 1 사이를 택하면 두 수 사이의 모든 실수가 집합에 포함되지 못하기 때문이다.

기하학적으로 구간은 실직선 또는 실직선 상의 반직선이나 선분을 의미한다. 선분에 대응되는 실수 구간은 **유한 구간**이고, 반직선이나 실직선에 대응되는 구간은 **무한 구간**이다.

유한 구간은 양 끝점을 포함하면 **닫힌** 구간, 두 끝점 중 하나의 끝점만 포함하면 **반열린** 구간, 양 끝점을 모두 포함하지 않으면 **열린** 구간이라 한다. 또한 양 끝점은 **경계점**이라 한다. 구간의 **경계**를 만든다. 여기서 구간 내의 남은 점을 **내점**이라 하고, 이들 모두는 구간의 **내부**를 구성한다. 무한 구간은 하나의 유한 끝점을 포함하면 닫힌 구간이고 그렇지 않으면 열린 구간이다. 실직선은 무한 구간으로서 열린 구간이면서 동시에 닫힌 구간이다. 표 A.1은 각종 형태의 구간을 요약한다.

표 A.1 구간의 형태.

기호	집합 설명	형태	그림
(a, b)	$\{x \mid a < x < b\}$	열린 구간	
$[a, b]$	$\{x \mid a \le x \le b\}$	닫힌 구간	
$[a, b)$	$\{x \mid a \le x < b\}$	반열린 구간	
$(a, b]$	$\{x \mid a < x \le b\}$	반열린 구간	
(a, ∞)	$\{x \mid x > a\}$	열린 구간	
$[a, \infty)$	$\{x \mid x \ge a\}$	닫힌 구간	
$(-\infty, b)$	$\{x \mid x < b\}$	열린 구간	
$(-\infty, b]$	$\{x \mid x \le b\}$	닫힌 구간	
$(-\infty, \infty)$	(실수 전체)	열린 구간 이면서 닫힌 구간	

부등식 풀기

x에 관한 부등식을 만족하는 수의 구간을 찾는 과정을 부등식을 **푼다**(solving)라고 한다.

예제 1 다음 부등식을 풀고 실직선 상에 표시하라.

(a) $2x - 1 < x + 3$ **(b)** $\dfrac{6}{x - 1} \ge 5$

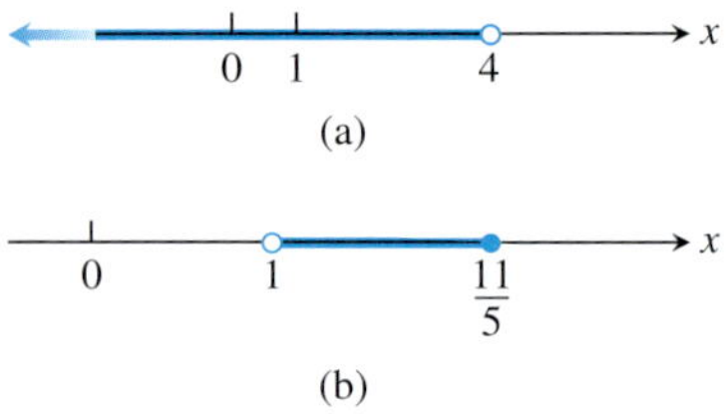

그림 A.1 예제 1의 부등식에 대한 해집합. 비어 있는 원은 구간에 포함되지 않는 끝점을 나타내고, 채워진 점은 포함된 끝점을 나타낸다.

풀이

(a)

$$\begin{aligned} 2x - 1 &< x + 3 \\ 2x &< x + 4 \quad &\text{양변에 1을 더하라.} \\ x &< 4 \quad &\text{양변에서 } x\text{를 빼라.} \end{aligned}$$

해집합은 열린 구간 $(-\infty, 4)$이다(그림 A.1a).

(b) 부등식 $6/(x-1) \geq 5$의 경우 $x > 1$인 경우만 성립한다. 그렇지 않으면 $6/(x-1)$은 정의되지 않거나 음수가 된다. 따라서 $(x-1)$은 양수이므로 부등식의 양변을 $(x-1)$로 곱해도 부등호가 유지된다.

$$\begin{aligned} \frac{6}{x-1} &\geq 5 \\ 6 &\geq 5x - 5 \quad &\text{양변에 } (x-1)\text{을 곱하라.} \\ 11 &\geq 5x \quad &\text{양변에 5를 더하라.} \\ \frac{11}{5} &\geq x \quad &\text{또는 } x \leq \frac{11}{5} \end{aligned}$$

해집합은 반열린 구간 $(1, 11/5]$이다(그림 A.1b). ■

절댓값

실수 x의 **절댓값**은 $|x|$로 표기하고 다음과 같이 정의한다.

$$|x| = \begin{cases} x, & x \geq 0 \\ -x, & x < 0 \end{cases}$$

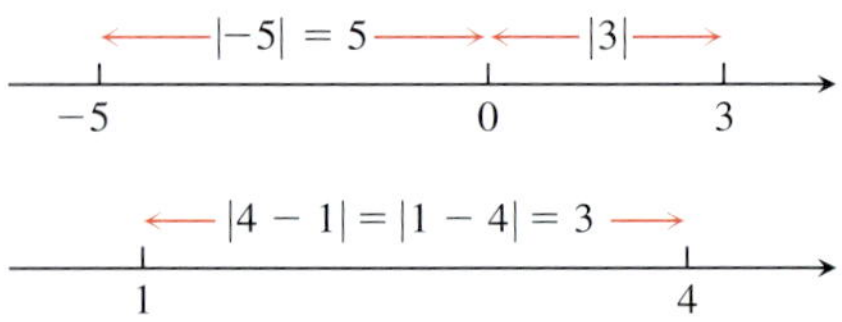

그림 A.2 절댓값은 실직선 상의 두 점 사이의 거리를 준다.

예제 2 $|3| = 3, \quad |0| = 0, \quad |-5| = -(-5) = 5, \quad |-|a|| = |a|$ ■

기하학적으로 x의 절댓값은 실직선 상에서 x와 0 사이의 거리를 의미한다. 따라서 거리는 항상 양수이거나 0이므로 모든 실수 x에 대해 $|x| \geq 0$이고 $|x| = 0$인 필요충분 조건은 $x = 0$이다.

또한 다음과 같이 실직선에 있다(그림 A.2).

$$|x - y| = x\text{와 } y \text{ 사이의 거리}$$

기호 $\sqrt{a}$는 항상 a의 음이 아닌 제곱근을 의미하므로 $|x|$의 다른 정의는 다음과 같다.

$$|x| = \sqrt{x^2}$$

$\sqrt{a^2} = |a|$이므로 $a \geq 0$이 아닌 경우 $\sqrt{a^2} = a$가 성립하지 않음에 주의해야 한다.

절댓값은 다음과 같은 성질을 가진다(증명은 연습문제로 남긴다).

절댓값의 성질

1. $\vert -a \vert = \vert a \vert$	하나의 수와 그 수의 덧셈의 역원, 즉 음수도 같은 절댓값을 갖는다.
2. $\vert ab \vert = \vert a \vert \vert b \vert$	곱의 절댓값은 절댓값의 곱과 같다.
3. $\left\vert \frac{a}{b} \right\vert = \frac{\vert a \vert}{\vert b \vert}$	나눗셈의 절댓값은 절댓값의 나눗셈과 같다.
4. $\vert a + b \vert \leq \vert a \vert + \vert b \vert$	**삼각부등식**(triangle inequality). 두 수의 합의 절댓값은 절댓값의 합보다 작거나 같다.

일반적으로 $|-a| \neq -|a|$가 성립하지 않음을 주의해야 한다. 예를 들어 $|-3| = 3$이지만 $-|3| = -3$이다. a와 b가 부호가 서로 다르면 $|a+b|$는 $|a| + |b|$보다 작다. 그렇지 않으면 $|a+b|$는 $|a| + |b|$와 같다. $|-3+5|$의 표현에서 절댓값 기호는 괄호처럼 취급한다. 즉 절댓

값을 계산하기 전에 먼저 절댓값 안의 산술연산부터 먼저 해야 한다.

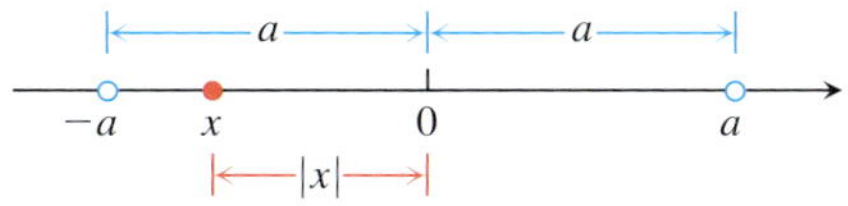

그림 A.3 $|x| < a$는 x가 $-a$와 a 사이에 있음을 의미한다.

절댓값의 추가 성질: 절댓값과 구간

a가 임의의 양수이면:

5. $|x| = a \quad \Leftrightarrow \quad x = \pm a$
6. $|x| < a \quad \Leftrightarrow \quad -a < x < a$
7. $|x| > a \quad \Leftrightarrow \quad x > a$ 또한 $x < -a$
8. $|x| \le a \quad \Leftrightarrow \quad -a \le x \le a$
9. $|x| \ge a \quad \Leftrightarrow \quad x \ge a$ 또한 $x \le -a$

예제 3

$$|-3 + 5| = |2| = 2 < |-3| + |5| = 8$$
$$|3 + 5| = |8| = |3| + |5|$$
$$|-3 - 5| = |-8| = 8 = |-3| + |-5|$$ ■

부등식 $|x| < a$는 x와 0 사이의 거리가 양수 a보다 작음을 나타낸다. 즉 x가 그림 A.3과 같이 $-a$ 와 a 사이에 존재해야 함을 의미한다.

왼쪽 표의 성질 5~9는 절댓값의 정의의 모든 결론으로서 종종 절댓값을 포함하는 방정식 또는 부등식을 풀 때 도움을 된다. 기호 ⇔는 논리적 관계 '필요충분 조건'을 나타낼 때 사용한다. 또한 '함축하고 함축된다'를 의미한다.

예제 4 방정식 $|2x-3| = 7$을 풀어라.

풀이 절댓값의 성질 5를 적용하면 $2x-3 = \pm 7$이고, 따라서 2개의 가능성이 있다.

$$2x - 3 = 7 \qquad 2x - 3 = -7$$
$$2x = 10 \qquad 2x = -4$$
$$x = 5 \qquad x = -2$$

절댓값 없이 동치인 방정식을 풀 때는 평소와 같이 푼다.

그러므로 $|2x-3| = 7$의 해는 $x = 5$ 또는 $x = -2$이다. ■

예제 5 부등식 $\left|5 - \frac{2}{x}\right| < 1$을 풀어라.

풀이

$$\left|5 - \frac{2}{x}\right| < 1 \Leftrightarrow -1 < 5 - \frac{2}{x} < 1 \qquad \text{성질 6}$$
$$\Leftrightarrow -6 < -\frac{2}{x} < -4 \qquad \text{5를 빼라.}$$
$$\Leftrightarrow 3 > \frac{1}{x} > 2 \qquad -\frac{1}{2}\text{를 곱하라.}$$
$$\Leftrightarrow \frac{1}{3} < x < \frac{1}{2} \qquad \text{역수를 취하라.}$$

부등식의 다양한 규칙이 여기서 어떻게 사용되었는지 잘 살펴보자. 음수를 곱하면 부등호의 방향이 바뀐다. 양변이 양수인 경우 역수를 취하면 부등호의 방향이 바뀐다. 처음 부등식이 성립하기 위한 필요충분 조건은 $(1/3) < x < (1/2)$이다. 해집합은 열린 구간 $(1/3, 1/2)$이다. ■

연습문제 A.1 EXERCISE QUESTION

1. 1/9를 반복되는 숫자를 표시하기 위해 —를 사용해 순환소수로 표현하라. 2/9, 3/9, 8/9, 9/9의 소수 표현은 무엇인가?

2. $2 < x < 6$인 x에 대해 다음 부등식이 성립하는지 여부를 판단하라.

   a. $0 < x < 4$ **b.** $0 < x - 2 < 4$

   c. $1 < \frac{x}{2} < 3$ **d.** $\frac{1}{6} < \frac{1}{x} < \frac{1}{2}$

   e. $1 < \frac{6}{x} < 3$ **f.** $|x - 4| < 2$

   g. $-6 < -x < 2$ **h.** $-6 < -x < -2$

연습문제 3~6에서 주어진 부등식을 풀고 실직선에 표시하라.

3. $-2x > 4$ 4. $5x - 3 \le 7 - 3x$

5. $2x - \frac{1}{2} \ge 7x + \frac{7}{6}$ 6. $\frac{4}{5}(x - 2) < \frac{1}{3}(x - 6)$

연습문제 7~9에서 주어진 방정식을 풀어라.

7. $|y| = 3$ 8. $|2t + 5| = 4$ 9. $|8 - 3s| = \frac{9}{2}$

연습문제 10~17에서 주어진 부등식을 풀고 구간 또는 구간의 합으로 해를 표현하라. 또한 실직선에도 표시하라.

10. $|x| < 2$ 11. $|t - 1| \le 3$ 12. $|3y - 7| < 4$

13. $\left|\frac{z}{5} - 1\right| \le 1$ 14. $\left|3 - \frac{1}{x}\right| < \frac{1}{2}$ 15. $|2s| \ge 4$

16. $|1 - x| > 1$ 17. $\left|\frac{r + 1}{2}\right| \ge 1$

연습문제 18~21에서 주어진 부등식을 풀어라. 구간 또는 구간의 합으로 해를 표현하고 실직선에도 표시하라. $\sqrt{a^2} = |a|$를 활용한다.

18. $x^2 < 2$

19. $4 < x^2 < 9$

20. $(x-1)^2 < 4$

21. $x^2 - x < 0$

22. $|-a| = a$라는 함정에 빠지지 말자. 어떤 실수 a에 대해 이 식이 성립하는가? 어떤 실수에서 성립하지 않는가?

23. $|x-1| = 1-x$를 풀어라.

24. 삼각부등식에 대한 증명 다음 삼각부등식 증명 과정 중에 번호 매겨진 단계마다 적절한 이유를 제시하라.

$$\begin{aligned} |a+b|^2 &= (a+b)^2 && (1)\\ &= a^2 + 2ab + b^2 \\ &\le a^2 + 2|a||b| + b^2 && (2)\\ &= |a|^2 + 2|a||b| + |b|^2 && (3)\\ &= (|a|+|b|)^2 \\ |a+b| &\le |a| + |b| && (4) \end{aligned}$$

25. 임의의 실수 a, b에 대해 $|ab| = |a||b|$가 성립함을 보여라.

26. $|x| \le 3$과 $x > -1/2$가 성립하는 x는 무엇인가?

27. 부등식 $|x| + |y| \le 1$이 성립하는 그래프를 그려라.

28. 임의의 실수 a에 대해 $|-a| = |a|$가 성립함을 보여라.

29. a가 임의의 양수라 할 때 $|x| > a$의 필요충분 조건이 $x > a$, $x < -a$임을 보여라.

30. a. b가 0이 아닌 실수일 때 $|1/b| = 1/|b|$를 증명하라.

b. 임의의 실수 a와 $b \neq 0$에 대해 $\left|\frac{a}{b}\right| = \frac{|a|}{|b|}$를 증명하라.

A.2 소프트웨어로 그래프 그리기

많은 컴퓨터, 계산기, 스마트폰에는 매우 복잡한 함수를 고정밀한 그래프로 나타내는 응용 프로그램이 있다. 이러한 함수 중 일부는 이 프로그램을 사용하지 않으면 쉽게 그려질 수 없다. 그러나 이러한 그래프 소프트웨어를 사용할 때 몇 가지 주의할 사항이 있으며, 이 절에서는 발생할 수 있는 문제 중 일부에 대해 다룬다. 3장에서는 미적분이 어떻게 함수의 그래프의 중요한 특징을 정확하게 파악하는 데 도움이 되는지 살펴볼 것이다.

윈도우에서 그래프 그리기

그래프를 그리기 위하여 소프트웨어를 사용할 때, 그래프의 일부가 **디스플레이**(display) 또는 **보기창**(viewing window)에 표시된다. 소프트웨어에 따라 기본 창이 그래프를 부정확하게 하거나 오해를 불러 일으킬 수 있다. 우리는 두 축에 사용된 단위나 척도가 동일한 경우에 '정사각형 창'이라는 용어를 사용한다. 이 용어는 디스플레이 자체가 정사각형인 것을 의미하는 것이 아니라 일반적으로 직사각형이지만 x단위와 y단위가 동일한 길이를 가지는 것을 의미한다.

기본 모드에서 그래프의 필수 특징을 포함하기 위해 x단위는 스케일링의 y단위와 다를 수 있다. 이러한 스케일링의 차이는 시각적 왜곡을 유발하여 함수의 모양에 대한 잘못된 해석을 초래할 수 있다. 일부 그래프 소프트웨어는 구간 $a \le x \le b$ 또는/그리고 $c \le y \le d$를 지정하여 설정할 수 있게 해주며, 이는 축에 사용되는 스케일링을 동일하게 할 수도 있다. 소프트웨어는 $[a, b]$에서 동일한 간격의 x값을 선택한 다음 점 $(x, f(x))$를 플롯한다. x가 함수의 정의역에 있고 $f(x)$가 구간 $[c, d]$ 내에 있는 경우에만 점이 플롯된다. 그런 다음 각 플롯된 점과 이웃하는 점 사이에 짧은 선분이 그려진다. 이제 이 과정에서 발생할 수 있는 몇 가지 일반적인 문제의 예를 제공한다.

예제 1 다음 각 디스플레이 또는 보기창에 함수 $f(x) = x^3 - 7x^2 + 28$을 그려라.

(a) $[-10, 10] \times [-10, 10]$ **(b)** $[-4, 4] \times [-50, 10]$ **(c)** $[-4, 10] \times [-60, 60]$

풀이

(a) 창에 대한 x값과 y값의 범위를 지정하기 위해 $a = -10$, $b = 10$, $c = -10$, $d = 10$을 선택한다. 그래프가 그림 A.4a에 나타나 있다. 창이 그래프의 아랫부분과 윗부분을 잘라내고 있고 값의 간격이 너무 큰 것처럼 보인다. 다음 창을 시도해보자.

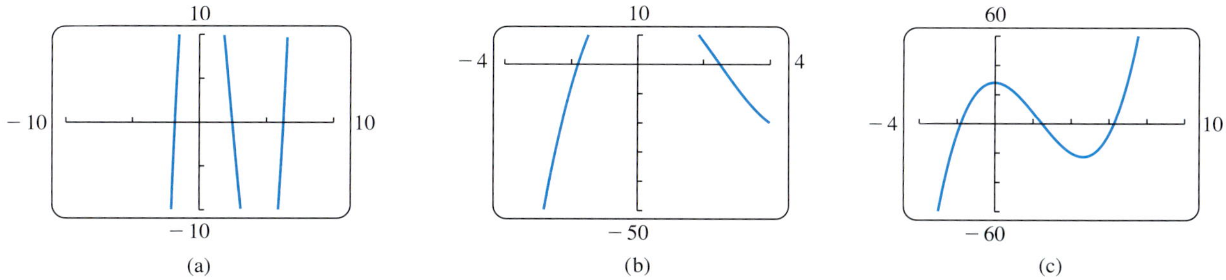

그림 A.4 서로 다른 보기창에서 $f(x)=x^3-7x^2+28$의 그래프. 분명한 그림을 제공하는 창을 선택하는 것은 종종 시행착오 과정이다(예제 1). 소프트웨어에 따라 (c)의 그래프를 자동으로 디스플레이할 수 있다.

(b) 우리는 그래프의 몇 가지 새로운 특징을 볼 수 있지만(그림 A.4b), 상단은 여전히 비어 있으며 $x=4$의 오른쪽에 더 많은 것을 볼 필요가 있다. 다음 창이 도움이 될 것이다.

(c) 그림 A.4c는 새로운 보기창에서 그래프를 보인다. 이 창에서 그래프의 더 완전한 그림을 볼 수 있고, 3차 다항식의 그래프임을 관찰할 수 있다. ■

예제 2 그래프가 표시될 때, x단위는 그림 A.4에 표시된 그래프와 같이 y단위와 다를 수 있다. 그림의 왜곡으로 오해를 불러온다. 표시창은 다른 축의 눈금과 일치하도록 한 축의 단위를 압축하거나 늘림으로써 정사각형으로 만들 수 있으며, 실제 그래프를 제공한다. 많은 소프트웨어 시스템에는 창을 '사각형'으로 만들기 위한 옵션이 내장되어 있다. 그렇지 않은 경우에 실제 그림에 대한 일부 사전 지식을 가져와야 할 수도 있다.

그림 A.5a는 수직선 $y=x$과 $y=-x+3\sqrt{2}$의 그래프와 함께 반원을 $[-4, 4]\times[-6, 8]$의 비정사각형 창에 보인다. 왜곡을 주목하기 바란다. 선들이 직교하지 않는 것으로 보이며, 반원은 타원 모양으로 보인다.

그림 A.5b는 x단위가 y단위와 동일하게 스케일링된 정사각형 창에서 동일한 함수의 그래프를 보인다. 그림 A.5a x축 스케일링이 창을 정사각형으로 만들기 위해 그림 A.5b에서 압축되었음을 주목하자. 그림 A.5c는 $[-3, 3]\times[0, 4]$의 정사각형 창에서 그림 A.5b의 확대된 보기를 제공한다. ■

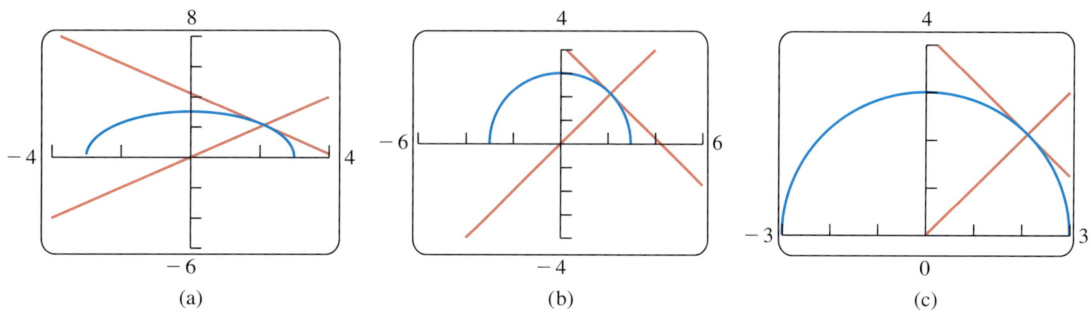

그림 A.5 수직선 $y=x$와 $y=-x+3\sqrt{2}$와 반원 $y=\sqrt{9-x^2}$의 그래프는 비정사각형 창 (a)에서는 왜곡되어 보인다. 그러나 (b)와 (c) 정사각형 창에서는 명확하게 보인다(예제 2). 일부 소프트웨어는 (b) 또는 (c)와 같은 보기를 제공하지 않을 수 있다.

유리함수의 분모가 보기창 내의 어떤 x값에서 0인 경우, 그래프 소프트웨어는 창의 상단으로부터 하단까지 가파르고 수직에 가까운 선분을 생성할 수 있다. 예제 3은 가파른 선분을 예제한다.

때때로 삼각함수의 그래프는 매우 빠르게 진동한다. 스프트웨어가 그래프의 점을 그려서 연결할 때, 많은 극대점과 극소점이 보이지 않는다. 그러면 결과적인 그래프는 오해를 불러올 소지가 있다.

예제 3 함수 $f(x) = \sin 100x$의 그래프를 표시하라.

풀이 그림 A.6a는 보기창이 $[-12, 12] \times [-1, 1]$인 f의 그래프를 보인다. 사인 곡선은 주기적으로 -1과 1 사이를 진동해야 하지만, 그림 A.6a에서는 이러한 모양이 나타나지 않는다. $[-6, 6] \times [-1, 1]$과 같이 더 작은 보기창으로 실험할 수 있지만, 그래프는 더 나아지지 않는다(그림 A.6b). 이 문제의 어려움은 삼각함수 $y = \sin 100x$의 주기가 매우 작기 때문이다($2\pi/100 \approx 0.063$). 훨씬 작은 보기창 $[-0.1, 0.1] \times [-1, 1]$을 선택하면 그림 A.6c에 표시된 그래프를 얻을 수 있다. 이 그래프는 사인 곡선의 예상 진동을 나타낸다. ■

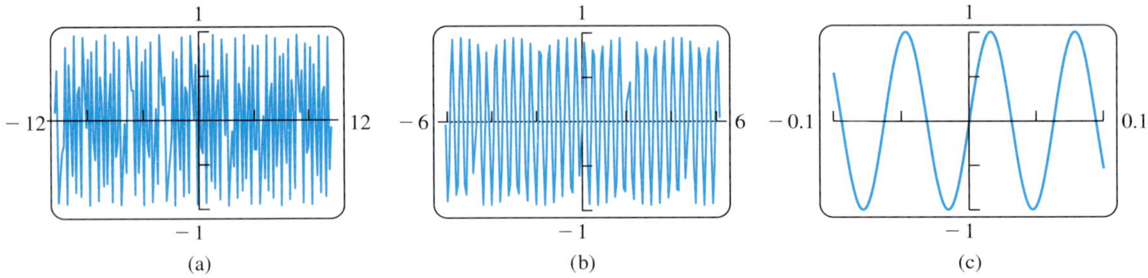

그림 A.6 3개의 보기창에서 함수 $y = \sin 100x$의 그래프. 주기가 $2\pi/100 \approx 0.063$이기 때문에, (c)의 더 작은 창이 빠르게 진동하는 함수의 실제 측면을 가장 잘 보인다(예제 3).

예제 4 함수 $y = \cos x + \dfrac{1}{200}\sin 200x$를 그려라.

풀이 보기창 $[-6, 6] \times [-1, 1]$인 경우, 그래프의 매우 작고 날카로운 흔들림이 있는 코사인 함수와 유사하다(그림 A.7a). $[-0.2, 0.2] \times [0.97, 1.01]$로 창을 크게 줄이면서 더 나은 모습을 얻을 수 있다. 그 결과는 그림 A.7b에 나타난다. 이제 비교적 큰 코사인 곡선의 값에 추가된 두 번째 항 $(1/200) \sin 200x$의 작고 빠른 진동을 볼 수 있다. ■

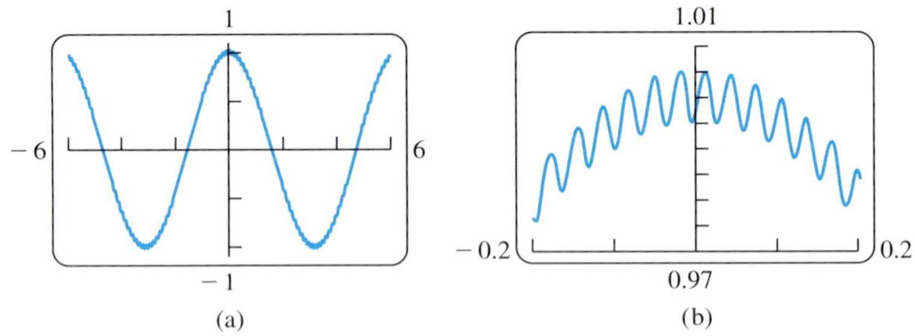

그림 A.7 (a) 함수 $y = \cos x + (1/200) \sin 200x$. (b) y축 근처에서 확대된 보기. $\cos x$가 두 번째 $(1/200) \sin 200x$을 분명히 지배하고 코사인 곡선을 따라 빠른 진동을 생성한다. 두 가지 관점 모두 그래프를 명확히 이해하는 데 필요하다(예제 4).

완전한 그래프 가져오기

어떤 그래프 소프트웨어는 $x < 0$일 때 $f(x)$에 대한 그래프의 일부분을 표시하지 않는다. 보통 그런 일은 소프트웨어가 함숫값을 계산할 때 사용하는 알고리즘 때문에 일어난다. 때때로 함수에 대한 공식을 다음 예제와 같이 다른 방식으로 정의함으로써 완전한 그래프를 얻을 수 있다.

예제 5 함수 $y=x^{1/3}$의 그래프를 그려라.

풀이 일부 그래프 소프트웨어는 그림 A.8a에 나타난 그래프를 표시한다. 그림 1.17의 $y=x^{1/3}=\sqrt[3]{x}$의 그래프와 비교하면 $x<0$의 왼쪽 분기가 없는 것을 볼 수 있다. 그래프가 다른 이유는 소프트웨어 알고리즘이 $x^{1/3}$을 $e^{(1/3)\ln x}$로 계산하기 때문이다. 로그함수는 음수 x값에 대해 정의되지 않기 때문에, 소프트웨어는 $x>0$인 오른쪽 분기만 생성할 수 있다. (로그 및 지수 함수는 다음 절에서 소개된다.)

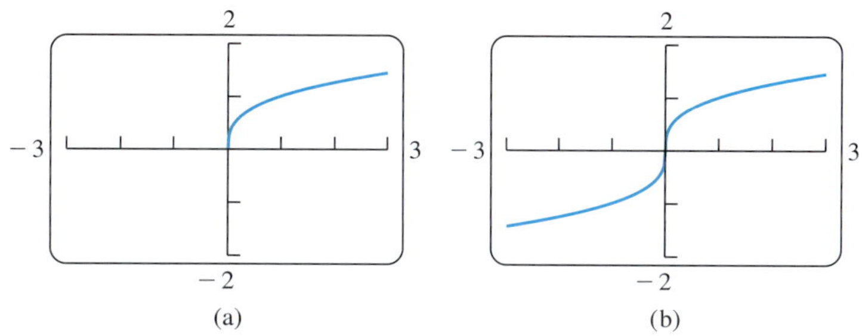

그림 A.8 $y=x^{1/3}$는 (a)에서 왼쪽 분기가 누락되었다. (b)에서는 함수 $f(x)=\frac{x}{|x|}\cdot|x|^{1/3}$을 그래프화하여 양쪽 분기를 모두 얻었다(예제 5).

양쪽 분기를 모두 보이는 전체 그림을 얻기 위해 다음 함수를 그래프화할 수 있다.

$$f(x)=\frac{x}{|x|}\cdot|x|^{1/3}$$

이 함수는 $x=0$(f는 정의되지 않지만, $0^{1/3}=0$)을 제외하고는 $x^{1/3}$와 같다. f의 그래프는 그림 A.8b에 표시되었다. ■

연습문제 A.2 EXERCISE QUESTION

보기창 선택

T 연습문제 1~4에서 그래프 소프트웨어를 사용하여 주어진 함수의 가장 적합한 그래프를 표시하는 보기창을 결정하라.

1. $f(x)=x^4-7x^2+6x$
 a. $[-1,1]\times[-1,1]$ **b.** $[-2,2]\times[-5,5]$
 c. $[-10,10]\times[-10,10]$ **d.** $[-5,5]\times[-25,15]$

2. $f(x)=x^3-4x^2-4x+16$
 a. $[-1,1]\times[-5,5]$ **b.** $[-3,3]\times[-10,10]$
 c. $[-5,5]\times[-10,20]$ **d.** $[-20,20]\times[-100,100]$

3. $f(x)=5+12x-x^3$
 a. $[-1,1]\times[-1,1]$ **b.** $[-5,5]\times[-10,10]$
 c. $[-4,4]\times[-20,20]$ **d.** $[-4,5]\times[-15,25]$

4. $f(x)=\sqrt{5+4x-x^2}$
 a. $[-2,2]\times[-2,2]$ **b.** $[-2,6]\times[-1,4]$
 c. $[-3,7]\times[0,10]$ **d.** $[-10,10]\times[-10,10]$

보기창 찾기

T 연습문제 5~30에서 주어진 함수를 위한 적절한 그래프 소프트웨어 보기창을 찾고 그것을 이용하여 해당 함수의 그래프를 표시하라. 보기창은 함수의 전반적인 모양을 나타내어야 한다. 여러 선택사항이 있지만, 잘못된 선택은 함수의 중요한 측면을 놓칠 수 있다.

5. $f(x)=x^4-4x^3+15$ **6.** $f(x)=\frac{x^3}{3}-\frac{x^2}{2}-2x+1$

7. $f(x)=x^5-5x^4+10$ **8.** $f(x)=4x^3-x^4$

9. $f(x)=x\sqrt{9-x^2}$ **10.** $f(x)=x^2(6-x^3)$

11. $y=2x-3x^{2/3}$ **12.** $y=x^{1/3}(x^2-8)$

13. $y=5x^{2/5}-2x$ **14.** $y=x^{2/3}(5-x)$

15. $y=|x^2-1|$ **16.** $y=|x^2-x|$

17. $y=\frac{x+3}{x+2}$ **18.** $y=1-\frac{1}{x+3}$

19. $f(x)=\frac{x^2+2}{x^2+1}$ **20.** $f(x)=\frac{x^2-1}{x^2+1}$

21. $f(x)=\frac{x-1}{x^2-x-6}$ **22.** $f(x)=\frac{8}{x^2-9}$

23. $f(x)=\frac{6x^2-15x+6}{4x^2-10x}$ **24.** $f(x)=\frac{x^2-3}{x-2}$

25. $y=\sin 250x$ **26.** $y=3\cos 60x$

27. $y=\cos\left(\frac{x}{50}\right)$ **28.** $y=\frac{1}{10}\sin\left(\frac{x}{10}\right)$

29. $y = x + \dfrac{1}{10}\sin 30x$

30. $y = x^2 + \dfrac{1}{50}\cos 100x$

연습문제 31~36에서 주어진 함수를 소프트웨어를 사용하여 그래프로 그려라. 함수의 주요 특징을 드러내는 보기창을 선택하라.

31. $x^2+2x=4+4y-y^2$으로 정의된 원의 아랫부분을 그래프로 그려라.

32. 쌍곡선 방정식 $y^2-16x^2=1$의 윗부분을 그래프로 그려라.

33. 함수 $f(x)=-\tan 2x$의 4개의 주기를 그래프로 그려라.

34. 함수 $f(x)=3\cot\dfrac{x}{2}+1$의 4개의 주기를 그래프로 그려라.

35. 함수 $f(x)=\sin 2x+\cos 3x$를 그래프로 그려라.

36. 함수 $f(x)=\sin^3 x$를 그래프로 그려라.

A.3 수학적 귀납법

많은 공식은 수학적 귀납법이라는 공리를 적용함으로써 모든 양의 정수 n에 대해 성립함을 보일 수 있다.

$$1+2+\cdots+n=\frac{n(n+1)}{2}$$

이 공리를 사용한 증명을 수학적 귀납법에 의한 증명 또는 귀납법에 의한 증명이라 한다.

귀납법으로 공식을 증명하는 단계는 다음과 같다.

1. $n=1$에서 공식이 성립함을 확인한다.
2. 임의의 양의 정수 $n=k$에서 공식이 성립한다고 가정하고, 다음 정수 $n=k+1$에서도 성립함을 증명한다.

귀납법 공리는 이 두 단계가 완성되면 공식이 모든 양의 정수 n에 대해 성립한다는 주장이다. 1단계에 의해 $n=1$인 경우 성립한다. 2단계에 의해 $n=2$인 경우 성립한다. 따라서 다시 2단계에 의해 $n=3$인 경우도 성립한다. 이와 같은 방법에 의해 $n=4$에 대해 성립한다. 첫 번째 도미노가 쓰러지고 k번째 도미노가 쓰러지면 그 다음 $(k+1)$번째 도미노가 쓰러지므로 모든 도미노는 쓰러진다.

예제 1 모든 양의 정수 n에 대해 주어진 식이 성립함을 보이기 위해 수학적 귀납법을 활용하라.

$$1+2+\cdots+n=\frac{n(n+1)}{2}$$

풀이 위의 언급한 2개의 단계를 보임으로써 증명을 완성한다.

1. $n=1$인 경우 다음과 같이 공식이 성립한다.

$$1=\frac{1(1+1)}{2}$$

2. $n=k$인 경우 공식이 성립한다고 가정하면, $n=k+1$인 경우 성립하는가? 다음과 같다.

$$1+2+\cdots+k=\frac{k(k+1)}{2}$$

성립한다고 하면 다음을 얻는다.

$$\begin{aligned}1+2+\cdots+k+(k+1)&=\frac{k(k+1)}{2}+(k+1)=\frac{k^2+k+2k+2}{2}\\&=\frac{(k+1)(k+2)}{2}=\frac{(k+1)((k+1)+1)}{2}\end{aligned}$$

즉 $n=(k+1)$인 경우도 $n(n+1)/2$로 표현된다.

수학적 귀납법은 주어진 합의 공식은 모든 양의 정수 n에 대해 성립함을 보인다. ■

4.2절의 예제 4에서 1부터 n까지의 정수의 합의 대한 공식의 또다른 증명을 했다. 그러나 수학적 귀납법에 의한 증명이 좀 더 일반적이다. 1에서 n까지의 정수의 제곱의 합이나 세제곱의 합에 대한 식을 찾기 위해서도 사용한다(연습문제 9와 10). 다음은 또 다른 예제이다.

예제 2 수학적 귀납법을 활용하여 모든 n에 대해 주어진 식이 성립함을 보여라.

$$\frac{1}{2^1}+\frac{1}{2^2}+\cdots+\frac{1}{2^n}=1-\frac{1}{2^n}$$

풀이 수학적 귀납법의 2개의 단계를 보임으로써 증명을 완성한다.

1. $n=1$인 경우 다음과 같이 식이 성립한다.

$$\frac{1}{2^1}=1-\frac{1}{2^1}$$

2. 다음과 같다고 하자.

$$\frac{1}{2^1}+\frac{1}{2^2}+\cdots+\frac{1}{2^k}=1-\frac{1}{2^k}$$

그러면 다음을 얻는다.

$$\frac{1}{2^1}+\frac{1}{2^2}+\cdots+\frac{1}{2^k}+\frac{1}{2^{k+1}}=1-\frac{1}{2^k}+\frac{1}{2^{k+1}}=1-\frac{1\cdot 2}{2^k\cdot 2}+\frac{1}{2^{k+1}}$$
$$=1-\frac{2}{2^{k+1}}+\frac{1}{2^{k+1}}=1-\frac{1}{2^{k+1}}$$

따라서 주어진 공식은 $n=k$인 경우에 성립하면 $n=(k+1)$인 경우도 성립한다.

증명이 된 이 두 단계에 의해 수학적 귀납법은 모든 양의 정수 n에 대해 주어진 공식이 성립함을 보인다. ■

시작하는 단계의 정수가 1이 아닌 경우

$n=1$에서 시작하는 대신 다른 정수에서 시작하는 귀납법을 생각해보자. 그러한 경우 단계는 다음과 같다.

1. $n=n_1$인 경우 공식이 성립함을 확인한다.

2. 공식이 $n=k\geq n_1$에 대해 성립한다고 가정하고, $n=(k+1)$인 경우 성립함을 증명한다.

이 2개의 단계가 완성되면, 수학적 귀납법은 모든 $n\geq n_1$에 대해 식이 성립함을 보장한다.

예제 3 충분히 큰 n에 대해 $n!>3^n$이 성립함을 보여라.

풀이 어느 정도 큰 n에 대해 성립하는지 확인하기 위해 다음과 같이 표를 작성해본다.

n	1	2	3	4	5	6	7
$n!$	1	2	6	24	120	720	5040
3^n	3	9	27	81	243	729	2187

$n=7$인 경우 성립하므로, $n\geq 7$에 대해 $n!>3^n$이 성립할 것처럼 보인다. 따라서 수학적 귀납법을 $n=7$인 경우부터 적용해서 확인해보면, $n_1=7$이라 놓고 두 번째 단계를 완성하기 위해 $k\geq 7$인 경우 $k!>3^k$라 가정하자. 그러면 다음과 같다.

$$(k+1)!=(k+1)(k!)>(k+1)3^k>7\cdot 3^k>3^{k+1}$$

따라서 모든 $k\geq 7$에 대해 다음을 얻는다.

$$k!>3^k\text{이면 }(k+1)!>3^{k+1}\text{이다.}$$ ■

한정된 개수의 함수의 합에 대한 도함수 합의 법칙에 대한 증명

이 명제를 수학적 귀납법으로 증명한다.

$$\frac{d}{dx}(u_1 + u_2 + \cdots + u_n) = \frac{du_1}{dx} + \frac{du_2}{dx} + \cdots + \frac{du_n}{dx}$$

이 명제는 $n=2$일 때 3.3절에서 참임이 증명되었으며, 이것은 귀납증명의 단계 1이다.

단계 2는 명제가 $k \geq n_0 = 2$인 어떤 양의 정수 $n=k$에 대해 참일 때 $n=k+1$에 대해서도 참임을 보여야 한다. 그러므로 가정해보자.

$$\frac{d}{dx}(u_1 + u_2 + \cdots + u_k) = \frac{du_1}{dx} + \frac{du_2}{dx} + \cdots + \frac{du_k}{dx} \tag{1}$$

그러면

$$\frac{d}{dx}(\underbrace{u_1 + u_2 + \cdots + u_k}_{\text{합으로 정의된 함수를 } u\text{라고 하자.}} + \underbrace{u_{k+1}}_{\text{함수를 } v\text{라 하자.}})$$

$$= \frac{d}{dx}(u_1 + u_2 + \cdots + u_k) + \frac{du_{k+1}}{dx} \qquad \frac{d}{dx}(u+v)\text{의 합 규칙}$$

$$= \frac{du_1}{dx} + \frac{du_2}{dx} + \cdots + \frac{du_k}{dx} + \frac{du_{k+1}}{dx} \qquad \text{식 (1)}$$

두 단계를 확인했으므로 수학적 귀납법이 모든 $n \geq 2$에 대한 합의 법칙을 보장한다.

연습문제 A.3 EXERCISE QUESTION

1. 임의의 두 수 a, b에 대해 삼각부등식이 $|a+b| \leq |a| + |b|$를 성립한다고 가정할 때, 모든 양의 정수 n에 대해 다음 식이 성립함을 보여라.

$$|x_1 + x_2 + \cdots + x_n| \leq |x_1| + |x_2| + \cdots + |x_n|$$

2. $r \neq 1$이면 모든 양의 정수 n에 대해 다음 식이 성립함을 보여라.

$$1 + r + r^2 + \cdots + r^n = \frac{1 - r^{n+1}}{1 - r}$$

3. 곱의 공식 $\frac{d}{dx}(uv) = u\frac{dv}{dx} + v\frac{du}{dx}$와 $\frac{d}{dx}(x) = 1$을 이용하여 모든 양의 정수 n에 대해 $\frac{d}{dx}(x^n) = nx^{n-1}$이 성립함을 보여라.

4. 함수 $f(x)$가 임의의 양수 x_1과 x_2에 대해 $f(x_1x_2) = f(x_1) + f(x_2)$이 성립한다고 가정하자. 임의의 양의 정수 n과 양의 정수 $x_1, x_2, \cdots, x_n$에 대해 다음 식이 성립함을 보여라.

$$f(x_1x_2\cdots x_n) = f(x_1) + f(x_2) + \cdots + f(x_n)$$

5. 모든 양의 정수 n에 대해 다음 식이 성립함을 보여라.

$$\frac{2}{3^1} + \frac{2}{3^2} + \cdots + \frac{2}{3^n} = 1 - \frac{1}{3^n}$$

6. 충분히 큰 n에 대해 $n! > n^3$이 성립함을 보여라.

7. 충분히 큰 n에 대해 $2^n > n^2$이 성립함을 보여라.

8. $n \geq -3$인 경우 $2^n \geq 1/8$이 성립함을 보여라.

9. 제곱의 합 1에서 n까지 양의 정수 제곱 합의 공식이 다음 식에 성립함을 보여라.

$$\frac{n\left(n + \frac{1}{2}\right)(n + 1)}{3}$$

10. 세제곱의 합 1에서 n까지 양의 정수의 세제곱 합의 공식이 $(n(n+1)/2)^2$임을 보여라.

11. 유한합의 공식 모든 양의 정수 n에 대해 주어진 유한합의 공식이 성립함을 보여라(4.2절 참조).

a. $\sum_{k=1}^{n}(a_k + b_k) = \sum_{k=1}^{n} a_k + \sum_{k=1}^{n} b_k$

b. $\sum_{k=1}^{n}(a_k - b_k) = \sum_{k=1}^{n} a_k - \sum_{k=1}^{n} b_k$

c. $\sum_{k=1}^{n} ca_k = c \cdot \sum_{k=1}^{n} a_k$ (임의의 수 c)

d. $\sum_{k=1}^{n} a_k = n \cdot c$ (a_k가 상수 c인 경우)

12. 모든 양의 정수 n과 모든 실수 x에 대해 $|x^n| = |x|^n$이 성립함을 보여라.

A.4 직선, 원, 포물선

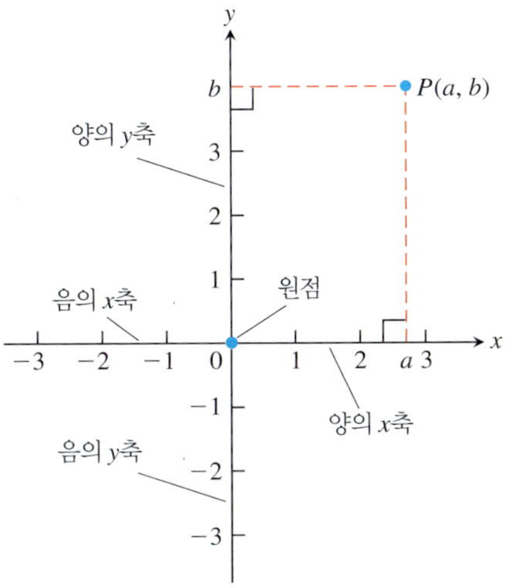

그림 A.9 평면의 직교좌표는 원점에서 수직으로 만나는 두 직선으로 만들어진다.

역사적 인물

르네 데카르트(Rene Descartes, 1596~1650)
데카르트 좌표계는 수학자 데카르트의 이름을 딴 것이다. 전해져오는 이야기에 따르면 데카르트는 천장에 파리가 기어다니는 것을 보고 좌표계를 생각해 냈다고 한다. 그는 파리가 움직이는 경로를 벽까지의 거리로 나타낼 수 있음을 발견했다. 데카르트가 해석기하학을 발견한 것은 수학 역사상 가장 놀라운 업적 중 하나로 평가받는다.

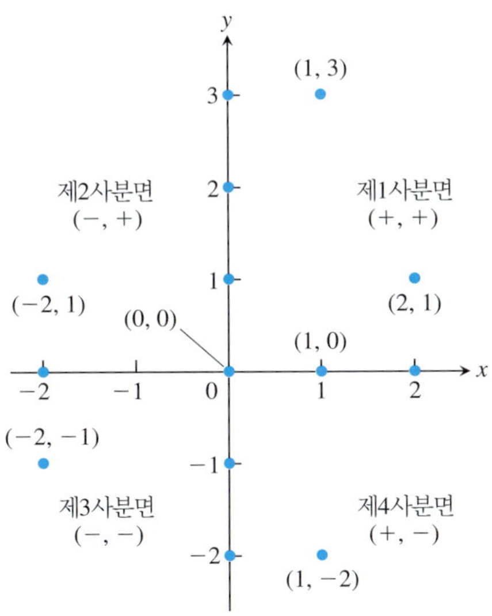

그림 A.10 좌표로 표시한 xy좌표계 또는 데카르트 평면 위의 점들. 좌표축 위의 점은 모두 순서쌍을 좌표로 갖지만, 보통 실수로 표현한다(즉 x축 위의 점 (1, 0)은 1로 표시한다). 사분면은 각 좌표의 부호에 따라 결정된다.

이 절에서는 평면의 좌표, 직선, 거리, 원, 포물선에 대해 살펴보고 증분의 개념에 대해서도 논의한다.

평면 위의 직교좌표

A.1절에서 실수를 좌표에 대응시켜 수직선 위의 점으로 표현했다. 평면 위의 점은 실수의 순서쌍으로 표현할 수 있다. 먼저 두 수직선을 0점에서 수직으로 만나도록 그린다. 이 두 직선을 **좌표축**이라 부른다. 수평의 x축 위에서는 수를 x로 표현하고 오른쪽으로 갈수록 증가한다. 수직의 y축 위에서는 수를 y로 표현하고 위로 갈수록 증가한다(그림 A.9). 즉 위쪽과 오른쪽이 양의 방향이고 아래쪽과 왼쪽이 음의 방향이다. 좌표계의 **원점** O(또는 0)는 x와 y가 모두 0이 되는 평면 위의 점이다.

평면 위의 임의의 점 P는 다음과 같이 실수의 순서쌍으로 유일하게 표현된다. 점 P를 지나고 두 좌표축에 수직인 직선들을 그린다. 이 직선들이 좌표축과 만나는 점들의 좌표를 각각 a와 b라 한다(그림 A.9). 순서쌍 (a, b)를 점 P에 대응시키고 이를 **좌표쌍**이라 부른다. 첫 번째 수 a를 P의 x좌표 또는 **가로좌표**라 하고, 두 번째 수 b를 P의 y좌표 또는 **세로좌표**(ordinate)라 한다. y축 위의 모든 점의 x좌표는 0이며, x축 위의 모든 점의 y좌표는 0이다. 원점은 (0, 0)이다.

역으로 순서쌍 (a, b)로부터 평면 위의 한 점 P를 대응시킬 수 있다. 점 P와 순서쌍 (a, b)를 같은 것으로 생각하고 $P(a, b)$라 쓴다. 또한 '점 (a, b)'라고 하기도 한다. 글의 맥락으로부터 (a, b)가 평면 위의 점을 나타내는지 실직선 위의 열린 구간을 의미하는지가 명백하게 드러날 것이다. 그림 A.10에서 몇몇 점을 좌표로 나타내 표시했다.

이 좌표계를 **직교좌표계**(rectangular coordinate system) 또는 (16세기 프랑스 수학자 르네 데카르트의 이름을 따서) **데카르트 좌표계**(Cartesian coordinate system)라 부른다. 좌표평면(또는 데카르트 평면)은 좌표축을 기준으로 **사분면**(quadrants)이라 부르는 4개의 영역으로 나뉘며 그림 A.10에서와 같이 시계반대 방향으로 번호를 매긴다.

변수 x, y에 관한 방정식이나 부등식의 **그래프**는 평면 위에서 주어진 방정식 또는 부등식을 만족하는 점 $P(x, y)$의 집합을 말한다. 두 변수의 단위가 서로 다른 경우에는 좌표평면 위에 데이터를 표시하거나 식의 그래프를 그릴 때, 두 축의 단위길이를 같도록 그릴 필요는 없다. 예를 들어 로켓 모터의 시간과 추진력을 그림으로 나타낼 때, 시간축의 1초와 추진력축의 1 N을 같은 길이로 나타낼 이유가 없다.

보통 변수가 물리량을 나타내는 것이 아닐 때 또는 기하와 삼각법을 연구하기 위해 좌표평면에 그림을 그릴 때는 두 축의 단위길이를 같게 한다. 즉 거리의 수직 단위와 수평 단위를 같게 한다. 측량도나 축척도처럼 같은 길이의 선분은 같게 보이고 같은 각은 같게 보인다.

컴퓨터나 계산기의 화면 표시는 또 다른 문제이다. 프로그램이 만들어주는 그래프에서는 수직축과 수평축의 단위길이가 다른 경우가 많다. 이 경우 길이나 기울기 각도에서 왜곡이 나타난다. 원이 타원처럼 보이기도 하고 직사각형이 정사각형처럼 직각이 예각이나 둔각처럼 보이기도 한다. 이러한 화면에서 보이는 왜곡은 A.2절에서 자세히 다룬다.

증분과 직선

입자가 평면 위의 한 점에서 다른 점으로 움직일 때, 좌표의 변화를 **증분**(increment)이라 한다. 증분은 끝점의 좌표에서 시작점의 좌표를 빼서 구할 수 있다. 즉 x가 x_1에서 x_2로 이동했을 때 x

의 증분은 다음과 같다.

$$\Delta x = x_2 - x_1$$

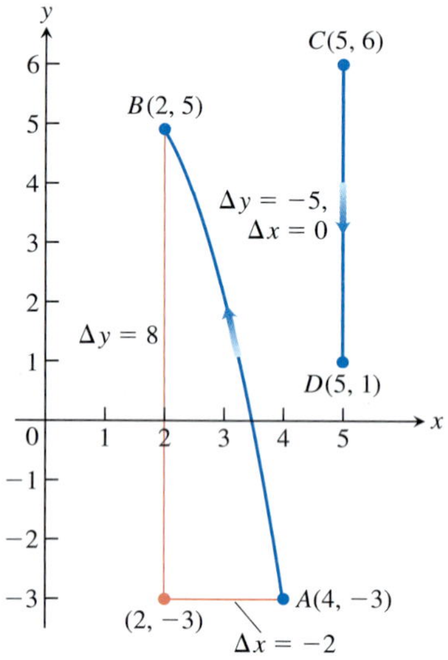

그림 A.11 좌표 증분은 양수, 음수, 0이 될 수 있다(예제 1).

예제 1 그림 A.11에서 보이는 것처럼 점 $A(4, -3)$에서 점 $B(2, 5)$로 이동했을 때 x좌표와 y좌표의 증분은 각각 다음과 같다.

$$\Delta x = 2 - 4 = -2, \qquad \Delta y = 5 - (-3) = 8$$

또한 $C(5, 6)$에서 $D(5, 1)$로 이동했을 때 좌표의 증분은 각각 다음과 같다.

$$\Delta x = 5 - 5 = 0, \qquad \Delta y = 1 - 6 = -5$$ ■

평면 위의 두 점 $P_1(x_1, y_1)$과 $P_2(x_2, y_2)$에 대해 증분 $\Delta x = x_2 - x_1$과 $\Delta y = y_2 - y_1$을 각각 **x의 변화량**(run)과 **y의 변화량**(rise)이라 한다. 이 두 점을 지나는 직선은 유일하게 결정되며, 이 직선을 P_1P_2로 쓴다.

평면 위의 임의의 수직이 아닌 직선 위의 어떠한 두 점 $P_1(x_1, y_1)$과 $P_2(x_2, y_2)$ 대해 다음 식은 항상 같은 값을 갖는다(그림 A.12).

$$m = \frac{y\text{의 변화량}}{x\text{의 변화량}} = \frac{\Delta y}{\Delta x} = \frac{y_2 - y_1}{x_2 - x_1}$$

왜냐하면 닮은 삼각형의 대응하는 변의 길이의 비는 같기 때문이다.

정의 수직이 아닌 직선 P_1P_2의 **기울기**는 다음과 같다.

$$m = \frac{y\text{의 변화량}}{x\text{의 변화량}} = \frac{\Delta y}{\Delta x} = \frac{y_2 - y_1}{x_2 - x_1}$$

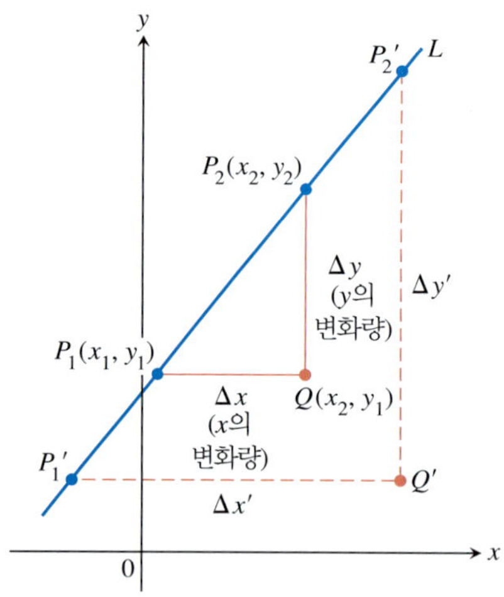

그림 A.12 삼각형 P_1QP_2와 $P'_1Q'P'_2$ 닮은 도형이다. 따라서 임의의 두 점에 대해 대응하는 변의 길이의 비는 같다. 이 값이 직선의 기울기이다.

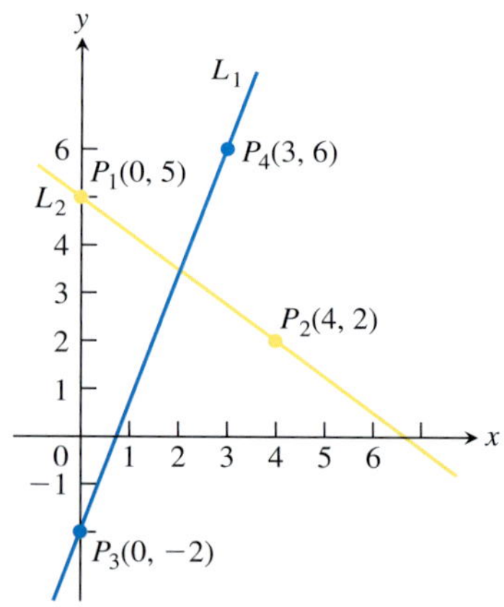

그림 A.13 L_1의 기울기는 다음과 같다.

$$m = \frac{\Delta y}{\Delta x} = \frac{6 - (-2)}{3 - 0} = \frac{8}{3}$$

즉 x가 3 증가할 때마다 y는 8 증가한다. L_2의 기울기는 다음과 같다.

$$m = \frac{\Delta y}{\Delta x} = \frac{2 - 5}{4 - 0} = \frac{-3}{4}$$

즉 x가 4 증가할 때마다 y는 3 증가한다.

직선의 기울기로부터 직선의 방향(우상향 또는 우하향)과 경사도를 알 수 있다. 양의 기울기를 갖는 직선은 우상향하며 음의 기울기를 갖는 직선은 우하향한다(그림 A.13) 기울기의 절댓

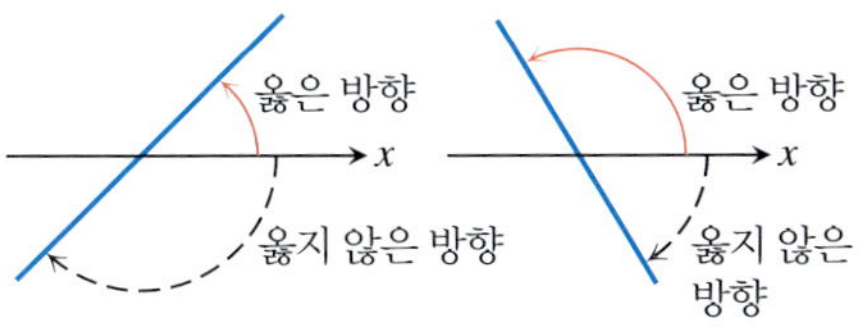

그림 A.14 경사각은 x축으로부터 시계반대 방향으로 잰다.

값이 클수록 경사도가 크다. 수직선의 기울기는 정의되지 않는다. 왜냐하면 x의 변화량 Δx가 0이므로 기울기 m을 계산할 수 없다.

직선의 방향과 경사도는 각으로도 측정할 수 있다. x축과 만나는 직선의 **경사각**(angle of inclination)이란 x축으로부터 직선까지 시계반대 방향으로 가장 작은 각을 말한다(그림 A.14). 수평선의 경사각은 0이고 수직선의 경사각은 90°이다. 경사각을 ϕ(그리스 문자 '파이')로 쓴다면 $0 \le \phi \le 180°$이다.

수직이 아닌 직선의 기울기 m과 경사각 ϕ는 그림 A.15에서 보이는 것처럼 다음과 같은 관계가 있다.

$$m = \tan \phi$$

직선의 방정식은 상대적으로 간단한 형태이다. x축 위의 점 a를 지나는 수직선 위의 모든 점은 x좌표가 a이다. 따라서 $x=a$가 수직선의 방정식이다. 비슷하게 $y=b$가 y축과 b에서 만나는 수평선의 방정식이다(그림 A.16).

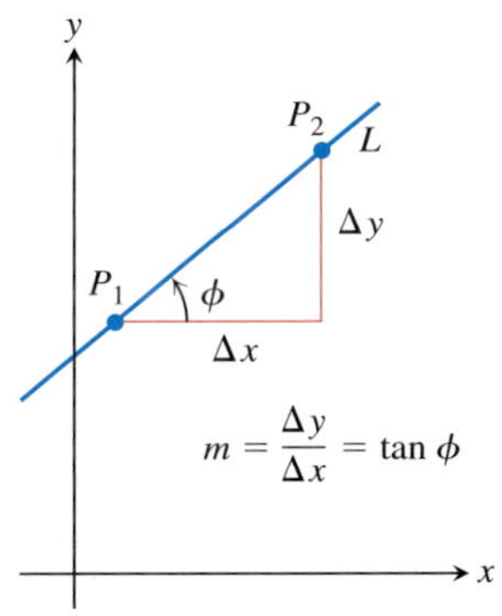

그림 A.15 수직이 아닌 직선의 기울기는 경사각의 탄젠트값이다.

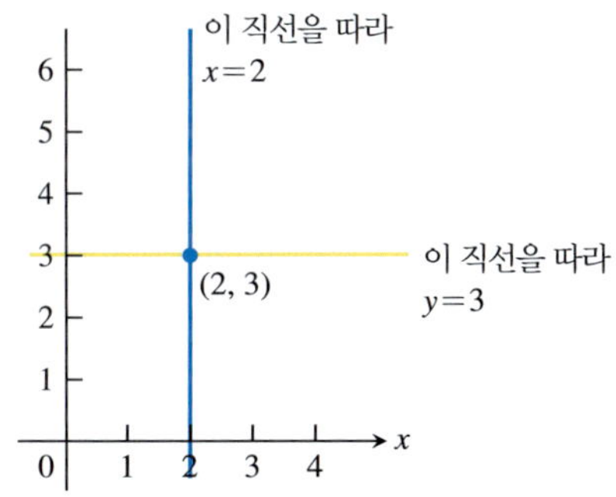

그림 A.16 점 (2, 3)을 지나는 수직선과 수평선의 방정식은 $x=2$와 $y=3$이다.

수직이 아닌 직선 L에 대해 기울기 m과 직선 위의 한 점 $P_1(x_1, y_1)$을 알면 직선의 방정식을 구할 수 있다. 직선 위의 임의의 점을 $P(x, y)$라 하면 두 점 P_1과 P를 이용하여 다음과 같은 기울기를 구할 수 있다.

$$m = \frac{y - y_1}{x - x_1}$$

따라서 다음과 같다.

$$y - y_1 = m(x - x_1) \qquad \text{즉} \qquad y = y_1 + m(x - x_1)$$

> 한 점 (x_1, y_1)을 지나고 기울기가 m인 직선의 방정식은 다음과 같다.
>
> $$y = y_1 + m(x - x_1)$$
>
> 이를 **점-기울기 방정식**(point-slope equation)이라 부른다.

예제 2 점 (2, 3)을 지나고 기울기가 −3/2인 직선의 방정식을 구하라.

풀이 점-기울기 방정식에 $x_1=2$, $y_1=3$, $m=-3/2$를 대입하면 다음을 얻는다.

$$y = 3 - \frac{3}{2}(x - 2) \qquad \text{또는} \qquad y = -\frac{3}{2}x + 6$$

■

예제 3 점 (−2, −1)과 (3, 4)를 지나는 직선의 방정식을 구하라.

풀이 직선의 기울기는 다음과 같다.

$$m = \frac{-1-4}{-2-3} = \frac{-5}{-5} = 1$$

그러므로 이 기울기와 두 점 중 한 점을 이용하여 점-기울기 방정식에 대입한다.

점 (−2, −1)을 이용하면	**점 (3, 4)를 이용하면**
$y = -1 + 1\cdot(x-(-2))$	$y = 4 + 1\cdot(x-3)$
$y = -1 + x + 2$	$y = 4 + x - 3$
$y = x + 1$	$y = x + 1$

같은 결과

두 경우 모두 같은 방정식 $y=x+1$을 얻는다(그림 A.17). ■

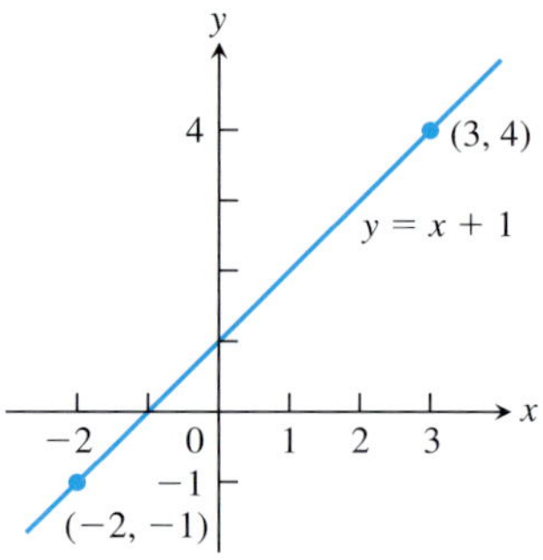

그림 A.17 예제 3의 직선.

수직이 아닌 직선이 y축과 만나는 점의 y좌표를 ***y*절편**(y-intercept)이라 하고, 수평이 아닌 직선이 x축과 만나는 점의 x좌표를 ***x*절편**(x-intercept)이라 한다(그림 A.18). 기울기가 m이고 y절편이 b인 직선은 (0, b)를 지나므로 직선의 방정식은 다음과 같다.

$$y = b + m(x-0), \quad 즉 \quad y = mx + b$$

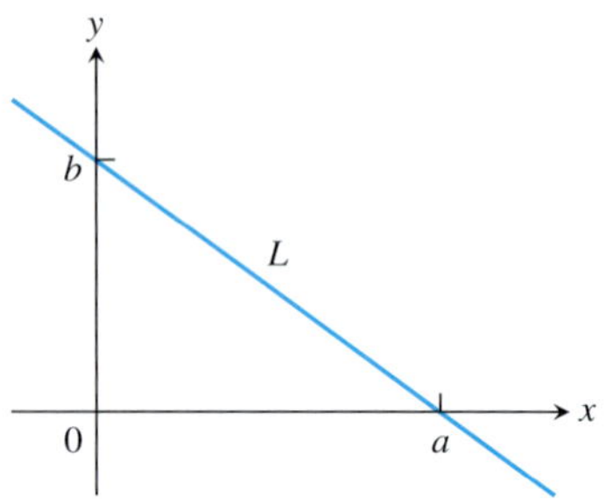

그림 A.18 x절편이 a, y절편이 b인 직선 L.

> 다음 방정식은 기울기가 m이고 y절편이 b인 직선의 방정식이다.
>
> $$y = mx + b$$
>
> 이를 **기울기-절편 방정식**(slope-intercept equation)이라 부른다.

직선 $y=mx$는 y절편이 0이므로 원점을 지난다. 직선의 방정식을 **선형방정식**(linear equation)이라 부른다. 다음 방정식을 x와 y에 관한 **일반적인 선형방정식**(general linear equation)이라 한다.

$$Ax + By = C \qquad (A\text{와 }B\text{는 동시에 0이 아니다.})$$

왜냐하면 이 방정식의 그래프는 항상 직선이며 또한 기울기가 정의되지 않는 직선을 포함하여 모든 직선은 이런 형태의 방정식을 가지기 때문이다.

평행과 직교

평행한 직선은 같은 경사각을 가지므로(기울기가 정의된다면) 기울기도 같다. 역으로 기울기가 같은 직선은 경사각도 같으며 따라서 평행하다.

기울기가 정의되는 두 직선 L_1과 L_2가 직교하면 각각의 기울기 m_1과 m_2는 $m_1m_2=-1$를 만족시킨다. 즉 두 기울기는 서로 음의 역수관계이다.

$$m_1 = -\frac{1}{m_2}, \qquad m_2 = -\frac{1}{m_1}$$

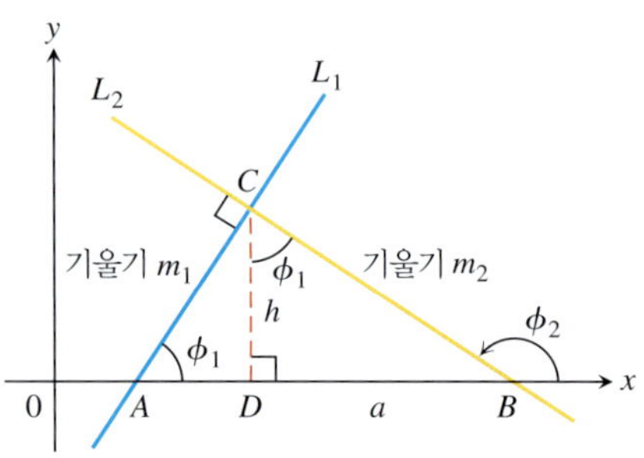

그림 A.19 삼각형 ADC와 삼각형 CDB는 닮은 삼각형이다. 따라서 ϕ_1이 삼각형 CDB의 위쪽 각이고, 삼각형 CDB로부터 $\tan\phi_1 = a/h$이다.

그 이유는 그림 A.19에서 닮은 삼각형을 살펴보면 $m_1=a/h$이고 $m_2=-h/a$이기 때문이다. 따라서 $m_1m_2=(a/h)(-h/a)=-1$이다.

거리와 원

평면 위의 두 점 사이의 거리는 피타고라스 정리에 의해 주어진다(그림 A.20).

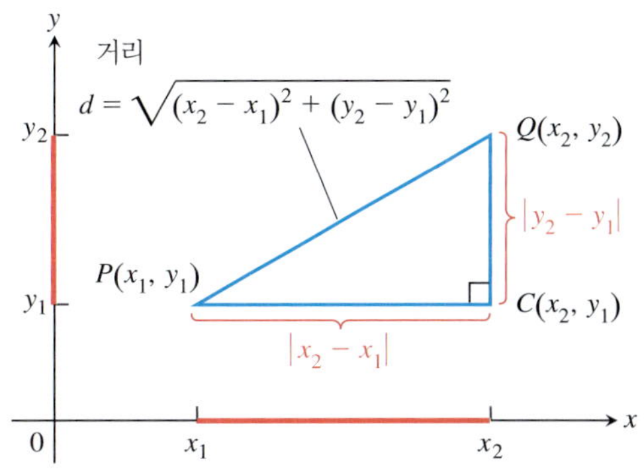

그림 A.20 $P(x_1, y_1)$과 $Q(x_2, y_2)$ 사이의 거리를 구하기 위해 삼각형 PCQ에 피타고라스 정리를 적용한다.

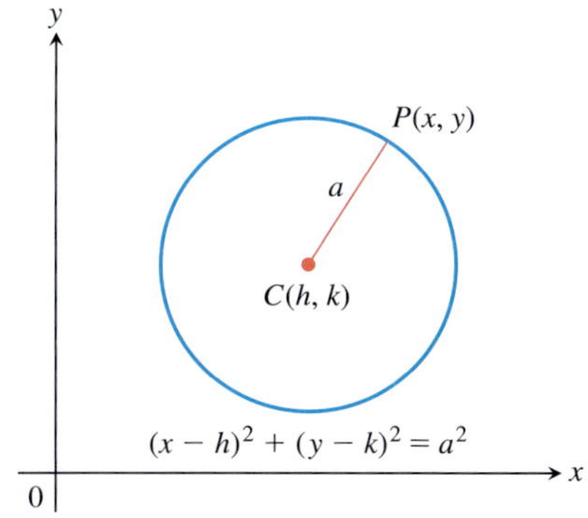

그림 A.21 xy평면에서 중심이 (h, k)이고 반지름이 a인 원.

평면 위의 두 점 사이의 거리 공식

$P(x_1, y_1)$과 $Q(x_2, y_2)$ 사이의 거리는 다음과 같다.

$$d = \sqrt{(\Delta x)^2 + (\Delta y)^2} = \sqrt{(x_2 - x_1)^2 + (y_2 - y_1)^2}$$

반지름의 길이가 a인 원은 중심 $C(h, k)$로부터 거리가 a인 점 $P(x, y)$의 집합이다(그림 A.21). 거리 공식으로부터 점 P가 원 위에 있을 필요충분 조건은 다음과 같다.

$$\sqrt{(x - h)^2 + (y - k)^2} = a$$

따라서 다음을 얻는다.

$$(x - h)^2 + (y - k)^2 = a^2 \qquad (1)$$

식 (1)을 중심이 (h, k)이고 반지름이 a인 **원**의 방정식의 표준형이라 한다. 중심이 원점이고 반지름이 1인 원을 **단위원**이라 하고, 다음과 같은 방정식을 갖는다.

$$x^2 + y^2 = 1$$

예제 4

(a) 중심이 (3, 4)이고 반지름이 2인 원의 방정식은 다음과 같다.

$$(x - 3)^2 + (y - 4)^2 = 2^2 = 4$$

(b) 다음 원은 $h=1,\ k=-5,\ a=\sqrt{3}$이다.

$$(x - 1)^2 + (y + 5)^2 = 3$$

따라서 중심은 $(h, k)=(1, -5)$이고 반지름은 $a=\sqrt{3}$이다. ■

만약 원의 방정식이 표준형이 아닌 경우 먼저 식을 표준형으로 바꾼 다음 원의 중심과 반지름을 알 수 있다. 이때 완전제곱을 이용한다.

예제 5 다음 원의 중심을 구하라.

$$x^2 + y^2 + 4x - 6y - 3 = 0$$

풀이 x, y에 관한 완전제곱을 이용하여 방정식을 표준형으로 바꾼다.

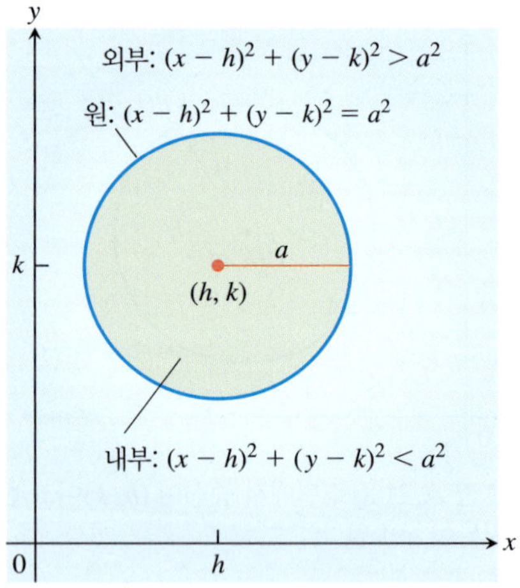

그림 A.22 원 $(x-h)^2+(y-k)^2=a^2$의 내부와 외부.

$$x^2+y^2+4x-6y-3=0$$

$$(x^2+4x)+(y^2-6y)=3$$

같은 변수끼리 묶고 상수는 우변으로 이항한다.

$$\left[x^2+4x+\left(\frac{4}{2}\right)^2\right]+\left[y^2-6y+\left(\frac{-6}{2}\right)^2\right]=3+\left(\frac{4}{2}\right)^2+\left(\frac{-6}{2}\right)^2$$

1차식 계수의 절반의 제곱을 양변에 더하면 완전제곱식이 된다.

$$(x^2+4x+4)+(y^2-6y+9)=3+4+9$$

$$(x+2)^2+(y-3)^2=16$$

2차식을 완전제곱의 형태로 쓴다.

따라서 중심은 $(-2, 3)$이고 반지름은 $a=4$이다. ■

다음 부등식을 만족하는 점 (x, y)의 영역은 중심이 (h, k)이고 반지름이 a인 원의 **내부**이다(그림 A.22).

$$(x-h)^2+(y-k)^2<a^2$$

원의 **외부**는 다음 부등식을 만족하는 점 (x, y)의 영역이다.

$$(x-h)^2+(y-k)^2>a^2$$

포물선

일반적인 포물선의 기하학적 정의와 성질은 9장에서 살펴보았다. 여기에서는 $y=ax^2+bx+c$의 그래프로 나타나는 포물선을 살펴본다.

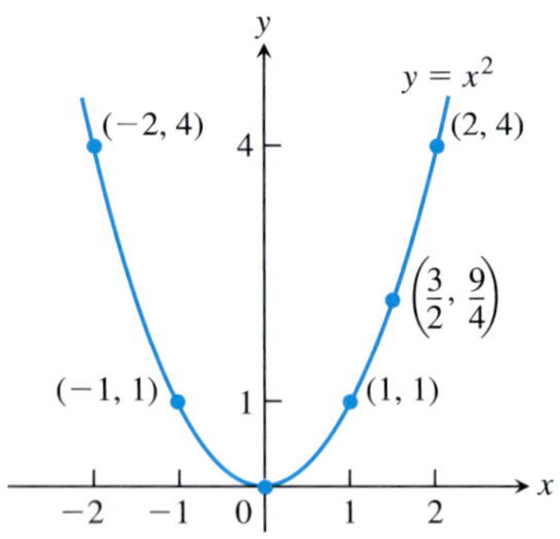

그림 A.23 포물선 $y=x^2$(예제 6).

예제 6 방정식 $y=x^2$을 살펴보자. 이 방정식을 만족하는 점의 예로 $(0, 0)$, $(1, 1)$, $\left(\frac{3}{2}, \frac{9}{4}\right)$, $(-1, 1)$, $(2, 4)$, $(-2, 4)$가 있다. 이러한 점이 포물선을 만들어낸다(그림 A.23). ■

다음 방정식은 **대칭축**이 y축인 **포물선**이다.

$$y=ax^2$$

이 포물선의 **꼭지점**(포물선과 대칭축이 만나는 점)은 원점이다. $a>0$이면 아래로 볼록이고, $a<0$이면 위로 볼록이다. a의 절댓값이 클수록 포물선의 폭이 좁아진다(그림 A.24).

일반적으로 $y=ax^2+bx+c$는 $y=x^2$을 평행이동하고 크기를 조절한 그래프이다.

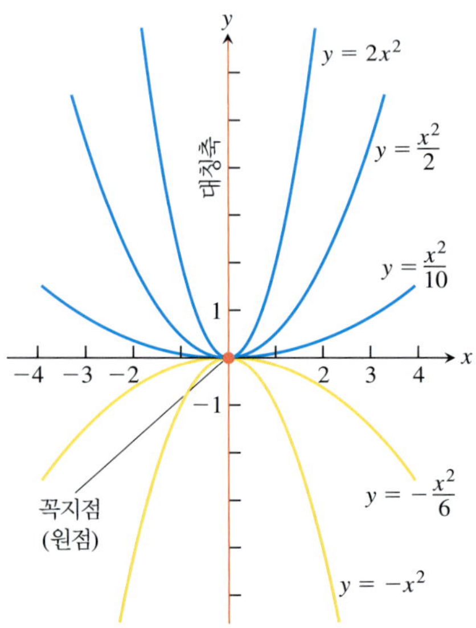

그림 A.24 포물선 $y=ax^2$에서 a의 부호는 포물선의 방향을 결정하고, a의 크기는 포물선의 크기를 결정한다. 포물선은 a가 영에 가까울수록 넓어지고, $|a|$가 커질수록 좁아진다.

> **$y=ax^2+bx+c,\ a\neq0$의 그래프**
>
> 방정식 $y=ax^2+bx+c$, $a\neq0$의 그래프는 포물선이다. $a>0$이면 아래로 볼록이고 $a<0$이면 위로 볼록이다. **대칭축**은 다음과 같은 직선이다.
>
> $$x=-\frac{b}{2a} \tag{2}$$
>
> 포물선의 **꼭지점**은 대칭축과 포물선이 만나는 점이다. 꼭지점의 x좌표는 $x=-b/2a$이고, y좌표는 이것을 포물선의 식에 대입하여 얻는다.

$a=0$이면 직선의 방정식은 $y=bx+c$를 얻는다. 식 (2)는 포물선의 방정식으로부터 완전제곱을 이용하여 구할 수 있다.

예제 7 $y=-\frac{1}{2}x^2-x+4$의 그래프를 그리라.

풀이 $y=ax^2+bx+c$에서 다음을 얻는다.

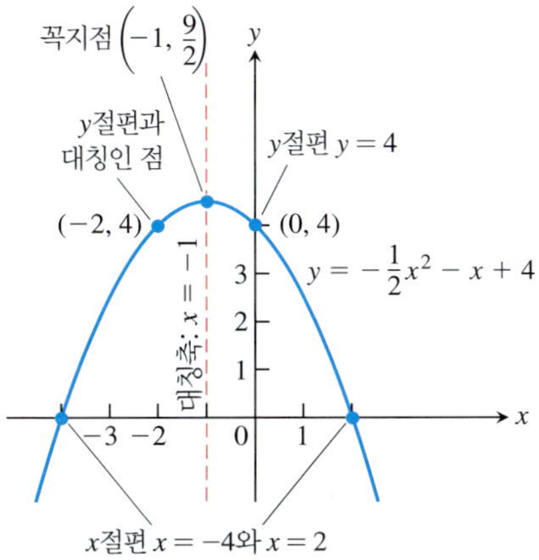

그림 A.25 예제 7의 포물선.

$$a = -\frac{1}{2}, \qquad b = -1, \qquad c = 4$$

$a < 0$이므로 위로 볼록이다. 식 (2)로부터 대칭축은 수직인 다음 직선을 얻는다.

$$x = -\frac{b}{2a} = -\frac{(-1)}{2(-1/2)} = -1$$

$x=-1$일 때 다음과 같다.

$$y = -\frac{1}{2}(-1)^2 - (-1) + 4 = \frac{9}{2}$$

따라서 꼭지점은 $(-1, 9/2)$이다.

$y=0$을 대입하여 x절편을 구하면 다음과 같다.

$$-\frac{1}{2}x^2 - x + 4 = 0$$
$$x^2 + 2x - 8 = 0$$
$$(x - 2)(x + 4) = 0$$
$$x = 2, \quad x = -4$$

포물선 위의 몇 개의 점과 대칭축과 포물선의 방향을 이용해 그림 A.25의 그래프를 그릴 수 있다. ■

타원

일반적인 타원의 기하학적 정의와 성질은 9장에서 살펴보았다. 여기서는 원과 관련지어 살펴본다. 원은 함수의 그래프는 아니지만, 함수의 그래프와 마찬가지 방법으로 수평 방향 또는 수직 방향으로 늘릴 수 있다. 중심이 원점이고 반지름이 r인 원의 방정식의 표준형은 다음과 같다.

$$x^2 + y^2 = r^2$$

원의 표준형에 x 대신 cx를 대입하면(그림 A.26), 다음을 얻는다.

$$c^2x^2 + y^2 = r^2 \tag{3}$$

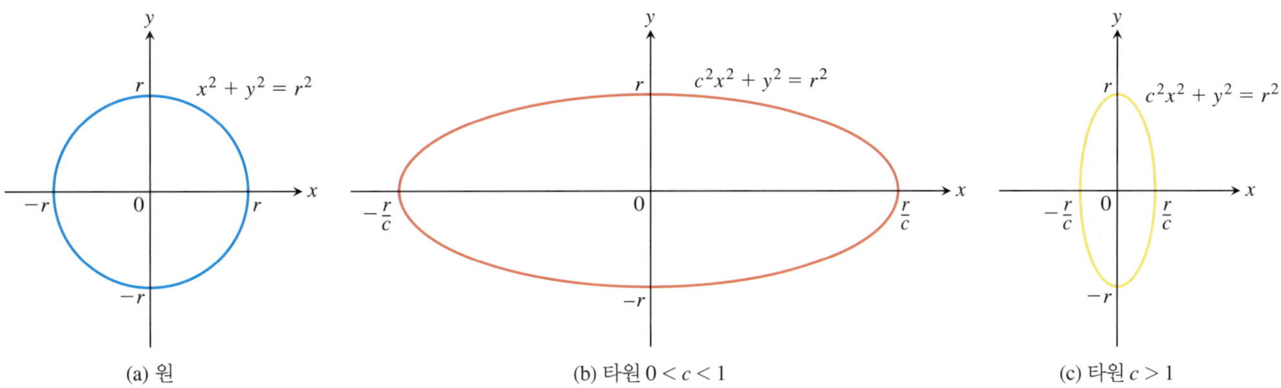

그림 A.26 원을 수평으로 확장 또는 압축하여 타원의 그래프를 얻는다.

$0 < c < 1$인 경우 식 (3)의 그래프는 원을 수평으로 늘린 것이 되며, $c > 1$인 경우는 원을 수평으로 압축한 것이 된다. 두 경우 모두 타원을 얻는다(그림 A.26). 그림 A.26에서 세 그래프 모두 y절편은 항상 $\pm r$이다. 그림 A.26b에서 두 점 $(\pm r/c, 0)$을 잇는 선분을 타원의 **장축**이라 부르며, 두 점 $(0, \pm r)$을 잇는 선분을 타원의 **단축**이라 부른다. 그림 A.26c에서는 두 축이 반대로 된다. 즉 $(0, \pm r)$를 잇는 선분이 장축이며, $(\pm r/c, 0)$을 잇는 선분이 단축이다. 타원의 두 축 중

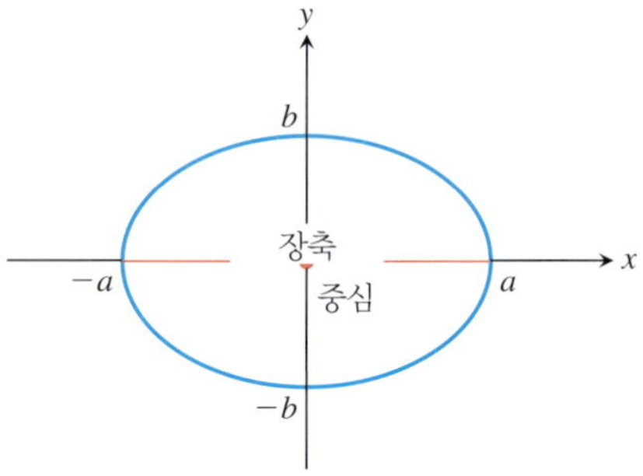

그림 A.27 타원 $\frac{x^2}{a^2}+\frac{y^2}{b^2}=1$, $a>b$의 그래프. 장축은 x축에 평행한 선분이다.

더 긴 선분이 장축이다.

식 (3)의 양변을 r^2으로 나누고 $a=r/c$, $b=r$이라 두면 다음을 얻는다.

$$\frac{x^2}{a^2}+\frac{y^2}{b^2}=1 \tag{4}$$

이때 $a>b$이면 장축이 수평이고, $a<b$이면 장축이 수직이다. 식 (4)에 의해 주어진 타원의 **중심**은 원점이다(그림 A.27).

식 (4)에서 x 대신 $x-h$, y 대신 $y-k$를 대입하면 다음 식을 얻는다.

$$\frac{(x-h)^2}{a^2}+\frac{(y-k)^2}{b^2}=1 \tag{5}$$

식 (5)는 중심이 (h, k)인 **타원 방정식의 표준형**(standard equation of an ellipse)이다.

연습문제 A.4 EXERCISE QUESTION

거리, 기울기, 직선

연습문제 1과 2에서 좌표평면 위에서 한 점이 A에서 B로 움직일 때, 증분 Δx와 Δy를 구하고, A와 B 사이의 거리를 구하라.

1. $A(-3, 2)$, $B(-1, -2)$ **2.** $A(-3.2, -2)$, $B(-8.1, -2)$

연습문제 3과 4에서 주어진 방정식 또는 부등식의 그래프를 그리라.

3. $x^2+y^2=1$ **4.** $x^2+y^2\le 3$

연습문제 5과 6에서 주어진 점을 좌표평면에 그리고, 직선 AB와 직선 AB에 수직인 직선의 기울기를 구하라.

5. $A(-1, 2)$, $B(-2, -1)$ **6.** $A(2, 3)$, $B(-1, 3)$

연습문제 7과 8에서 주어진 점을 지나면서 x축에 평행한 직선과 y축에 평행한 직선의 방정식을 구하라.

7. $(-1, 4/3)$ **8.** $(0, -\sqrt{2})$

연습문제 9~15에서 주어진 조건에 맞는 직선의 식을 구하라.

9. $(-1, 1)$을 지나고 기울기가 -1인 직선
10. $(3, 4)$와 $(2, 5)$를 지나는 직선
11. 기울기가 $-5/4$이고 y절편이 6인 직선
12. $(-12, -9)$를 지나고 기울기가 0인 직선
13. y절편이 4이고 x절편이 -1인 직선
14. $(5, -1)$을 지나고 직선 $2x+5y=15$와 평행한 직선
15. $(4, 10)$을 지나고 직선 $6x-3y=5$와 수직인 직선

연습문제 16과 17에서 주어진 직선의 x절편과 y절편을 구하고 그래프를 그려라.

16. $3x+4y=12$ **17.** $\sqrt{2}x-\sqrt{3}y=\sqrt{6}$

18. $A\neq 0$, $B\neq 0$일 때 두 직선 $Ax+By=C_1$과 $Bx-Ay=C_2$는 어떤 관계를 갖는지 답하고, 그 이유를 설명하라.

19. 한 점이 $A(-2, 3)$에서 출발하여 $\Delta x=5$, $\Delta y=-6$만큼 움직였을 때 이 점의 좌표를 구하라.

20. 한 점이 $A(x, y)$에서 $B(3, -3)$으로 움직였을 때, $\Delta x=5$, $\Delta y=6$이다. x, y를 구하라.

원

연습문제 21~23에서 주어진 중심 $C(h, k)$와 반지름 a를 갖는 원의 방정식을 구하고, 좌표평면에 그려라. 그림에 원의 중심을 표시하고, 존재한다면 x와 y절편을 표시하라.

21. $C(0, 2)$, $a=2$ **22.** $C(-1, 5)$, $a=\sqrt{10}$
23. $C(-\sqrt{3}, -2)$, $a=2$

연습문제 24~26에서 주어진 원의 방정식의 그래프를 그리고 그림에 원의 중심과 존재한다면 x절편과 y절편을 표시하라.

24. $x^2+y^2+4x-4y+4=0$
25. $x^2+y^2-3y-4=0$ **26.** $x^2+y^2-4x+4y=0$

포물선

연습문제 27~30에서 주어진 포물선의 그래프를 그리고 꼭지점, 대칭축, x절편, y절편을 표시하라.

27. $y=x^2-2x-3$ **28.** $y=-x^2+4x$

29. $y=-x^2-6x-5$ **30.** $y=\frac{1}{2}x^2+x+4$

부등식

연습문제 31~34에서 주어진 부등식의 영역을 구하라.

31. $x^2+y^2>7$ **32.** $(x-1)^2+y^2\le 4$
33. $x^2+y^2>1$, $x^2+y^2<4$
34. $x^2+y^2+6y<0$, $y>-3$
35. 중심이 $(-2, 1)$이고 반지름이 $\sqrt{6}$인 원의 내부를 나타내는 부등식을 구하라.
36. 중심이 원점이고 반지름이 $\sqrt{2}$인 원 위와 내부의 점들 중 $(1, 0)$을 지나고 y축과 평행인 직선 위 또는 직선의 오른쪽에 위치한 점의 영역을 표시하는 연립부등식을 구하라.

이론과 예제

연습문제 37~40에서 주어진 두 방정식의 그래프를 그리고, 교점의 좌표를 구하라.

37. $y = 2x, \quad x^2 + y^2 = 1$ **38.** $y - x = 1, \quad y = x^2$

39. $y = -x^2, \quad y = 2x^2 - 1$

40. $x^2 + y^2 = 1, \quad (x - 1)^2 + y^2 = 1$

41. 단열재 주어진 그림에서 기울기를 구해 **(a)** 석고벽판, **(b)** 유리섬유 단열재, **(c)** 나무 외장재 각각에 대해 센티미터당 온도 변화를 추정하라.

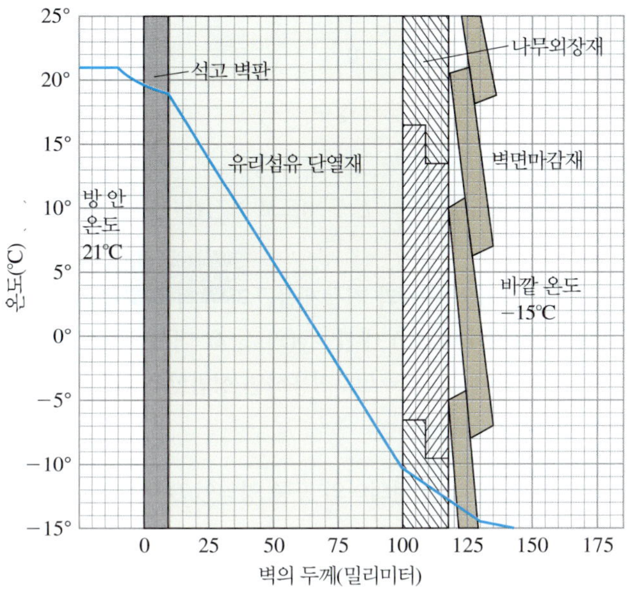

42. 빛의 반사 빛의 광선이 제2사분면에서 $x+y=1$이라는 선을 따라 입사하고 x축에서 주어진 그림과 같이 반사된다. 입사각과 반사각은 같다. 반사된 빛이 움직이는 경로를 나타내는 식을 구하라.

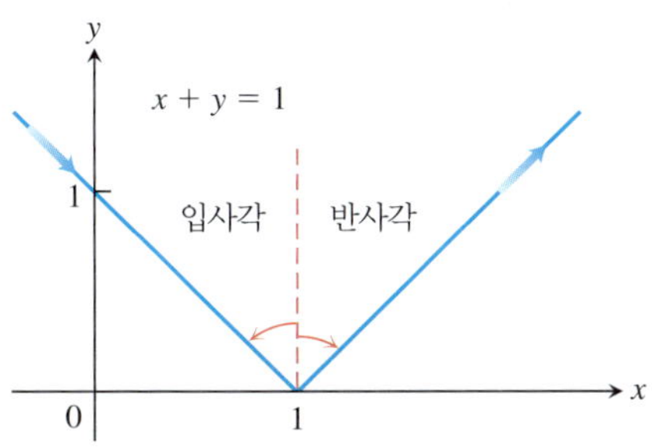

연습문제 42의 빛의 경로

입사각과 반사각은 수직선으로부터 측정한다.

43. 단열재 연습문제 41의 그림에서 어떤 재료가 가장 좋은 단열재이고 가장 나쁜 단열재인지 답하고, 이유를 설명하라.

44. 수중 압력 잠수사가 물 속에서 경험하는 압력 p는 잠수 깊이 d에 의해 결정되며 $p=kd+1$ (k는 상수)로 주어진다. 수표면에서의 압력은 1대기압이고, 수심 100미터에서의 압력은 약 10.94대기압이다. 수심 50미터에서의 압력을 구하라.

45. 화씨 대 섭씨 FC평면에서 화씨와 섭씨 온도를 관계를 나타내는 다음 방정식의 그래프를 그려라.

$$C = \frac{5}{9}(F - 32)$$

같은 그래프에 직선 $C=F$를 그리고, 섭씨 온도계와 화씨 온도계가 같은 숫자를 나타내는 온도가 있는지 확인하고 있다면 그 값을 찾아라.

46. 마운트 워싱턴 코그 철도 토공 엔지니어는 선로의 경사를 상승 또는 하강하는 거리를 수평으로 진행한 거리의 비율로 계산한다. 이를 선로의 경사도라고 하며 일반적으로 백분율로 표시한다. 해안을 따라서 상업 철도의 경사도는 보통 2% 미만이다. 산악 지역에서는 4%까지 올라갈 수 있다. 고속도로의 경사도는 보통 5% 미만이다.

뉴햄프셔에 위치한 마운트 워싱턴 코그 철도 중 가장 가파른 부분은 37.1%의 특이한 경사도를 갖는다. 선로의 이 부분을 따라서 차량 앞쪽 좌석은 뒤쪽 좌석보다 4 m 위에 있게 된다고 할 때, 차량의 앞좌석과 뒷좌석 사이의 거리는 대략 얼마인가?

47. 세 점 $A(1, 2)$, $B(5, 5)$, $C(4, -2)$를 꼭지점으로 하는 삼각형의 세 변의 길이를 구하고 이 삼각형이 이등변삼각형이지만 정삼각형은 아님을 보여라.

48. 세 점 $A(0, 0)$, $B(1, \sqrt{3})$, $C(2, 0)$를 꼭지점으로 하는 삼각형이 정삼각형임을 보여라.

49. 점 $A(2, -1)$, $B(1, 3)$, $C(-3, 2)$가 정사각형의 꼭지점이라는 것을 보이고, 나머지 한 꼭지점을 찾아라.

50. 세 점 $(-1, 1)$, $(2, 0)$, $(2, 3)$을 세 꼭지점으로 하는 평행사변형은 3개가 있다. 좌표평면에 모두 그리고 네 번째 점의 좌표를 구하라.

51. 직선 $2x+ky=3$과 $4x+y=1$이 서로 직교할 때, k의 값을 구하라. 두 직선이 평행할 때 k의 값을 구하라.

52. 선분의 중점 두 점 $P(x_1, y_1)$과 $Q(x_2, y_2)$를 잇는 선분의 중점의 좌표는 다음과 같음을 보여라.

$$\left(\frac{x_1 + x_2}{2}, \frac{y_1 + y_2}{2}\right)$$

A.5 극한 정리의 증명

여기서는 1.2절 정리 1의 규칙 2~5와 정리 4를 증명한다.

정리 1 ❙ 극한의 규칙

L, M, c, k는 실수라고 하자.

$$\lim_{x\to c} f(x) = L, \quad \lim_{x\to c} g(x) = M\text{일 때}$$

다음 규칙이 성립한다.

1. 합의 규칙: $\lim_{x \to c} (f(x) + g(x)) = L + M$

2. 차의 규칙: $\lim_{x \to c} (f(x) - g(x)) = L - M$

3. 상수배의 규칙: $\lim_{x \to c} (kf(x)) = kL$

4. 곱의 규칙: $\lim_{x \to c} (f(x)g(x)) = LM$

5. 몫의 규칙: $\lim_{x \to c} \frac{f(x)}{g(x)} = \frac{L}{M}, \quad M \neq 0$

6. 거듭제곱의 규칙: $\lim_{x \to c} [f(x)]^n = L^n$, n은 양의 정수

7. 거듭제곱근의 규칙: $\lim_{x \to c} \sqrt[n]{f(x)} = \sqrt[n]{L} = L^{1/n}$, n은 양의 정수
(n은 짝수이면 $\lim_{x \to c} f(x) = L > 0$으로 가정한다.)

1.3절에서 합의 규칙을 증명했고, 거듭제곱의 규칙과 거듭제곱근의 규칙은 고급 미분적분학에서 증명될 것이다. 차의 규칙은 합의 규칙에서 $g(x)$ 대신 $-g(x)$로, M 대신 $-M$으로 바꾸면 증명할 수 있다. 상수배의 규칙은 곱의 규칙에서 $g(x)=k$로 적용하면 성립함을 확인할 수 있다. 여기에서 곱의 규칙과 몫의 규칙만 증명하면 된다.

극한 곱의 규칙 증명 임의의 $\varepsilon > 0$에 대해 f와 g의 정의역의 공통 영역인 D의 모든 x에서 다음 식이 성립하는 $\delta > 0$가 존재함을 보이면 된다.

$$0 < |x - c| < \delta \quad \Rightarrow \quad |f(x)g(x) - LM| < \varepsilon$$

ε를 양의 실수라 가정하고, $f(x)$와 $g(x)$를 다음과 같다고 하자.

$$f(x) = L + (f(x) - L), \qquad g(x) = M + (g(x) - M)$$

두 식을 곱해 LM을 빼면 다음과 같다.

$$\begin{aligned} f(x)g(x) - LM &= (L + (f(x) - L))(M + (g(x) - M)) - LM \\ &= LM + L(g(x) - M) + M(f(x) - L) \\ &\quad + (f(x) - L)(g(x) - M) - LM \\ &= L(g(x) - M) + M(f(x) - L) + (f(x) - L)(g(x) - M) \end{aligned} \tag{1}$$

$\lim_{x \to c} f(x) = L$와 $\lim_{x \to c} g(x) = M$이므로 양의 실수 $\delta_1, \delta_2, \delta_3, \delta_4$가 존재하여 다음과 같이 성립한다.

$$\begin{aligned} 0 < |x - c| < \delta_1 &\Rightarrow |f(x) - L| < \sqrt{\varepsilon/3} \\ 0 < |x - c| < \delta_2 &\Rightarrow |g(x) - M| < \sqrt{\varepsilon/3} \\ 0 < |x - c| < \delta_3 &\Rightarrow |f(x) - L| < \varepsilon/(3(1 + |M|)) \\ 0 < |x - c| < \delta_4 &\Rightarrow |g(x) - M| < \varepsilon/(3(1 + |L|)) \end{aligned} \tag{2}$$

δ를 $\delta_i (1 \le i \le 4)$ 중에 가장 작은 수로 취하면 식 (2)에서 부등식의 우변 항이 $0 < |x-c| < \delta$인 x에 대해 동시에 성립한다. 따라서 $0 < |x-c| < \delta$인 D 내의 모든 x에 대해 다음과 같다.

$$\begin{aligned} &|f(x)g(x) - LM| \qquad \text{식 (1)에 삼각부등식 적용} \\ &\le |L||g(x) - M| + |M||f(x) - L| + |f(x) - L||g(x) - M| \\ &\le (1 + |L|)|g(x) - M| + (1 + |M|)|f(x) - L| + |f(x) - L||g(x) - M| \\ &< \frac{\varepsilon}{3} + \frac{\varepsilon}{3} + \sqrt{\frac{\varepsilon}{3}}\sqrt{\frac{\varepsilon}{3}} = \varepsilon \qquad \text{식 (2)로부터의 값} \end{aligned}$$

따라서 몫의 법칙이 성립한다. ■

극한 몫의 규칙 증명 $\lim_{x\to c}(1/g(x))=1/M$이 성립함을 보이면 극한 곱의 규칙에 의해 다음과 같이 몫의 규칙이 성립한다.

$$\lim_{x\to c}\frac{f(x)}{g(x)} = \lim_{x\to c}\left(f(x)\cdot\frac{1}{g(x)}\right) = \lim_{x\to c}f(x)\cdot\lim_{x\to c}\frac{1}{g(x)} = L\cdot\frac{1}{M} = \frac{L}{M}$$

$\varepsilon>0$이라 하자. $\lim_{x\to c}(1/g(x))=1/M$이 성립함을 보이기 위해, 적당한 $\delta>0$가 존재해서 모든 x에 대해 다음과 같이 됨을 보이면 된다.

$$0<|x-c|<\delta \;\Rightarrow\; \left|\frac{1}{g(x)}-\frac{1}{M}\right|<\varepsilon$$

$\lim_{x\to c}g(x)=M$이고 $|M|>0$이므로 적당한 양수 δ_1이 존재하여 모든 x에 대해 다음이 성립한다.

$$0<|x-c|<\delta_1 \;\Rightarrow\; |g(x)-M|<\frac{|M|}{2} \tag{3}$$

임의의 수 A, B에 대해 삼각부등식을 사용하면 $|A|-|B|\le|A-B|$와 $|B|-|A|\le|A-B|$이 성립한다. 따라서 $||A|-|B||\le|A-B|$가 된다. $A=g(x)$, $B=M$으로 놓으면, 다음 식이 성립한다.

$$||g(x)|-|M||\le|g(x)-M|$$

식 (3)이 우변 부등식과 관련지어 다시 살펴보면 다음을 얻는다.

$$\begin{aligned}
||g(x)|-|M|| &< \frac{|M|}{2}\\
-\frac{|M|}{2} < |g(x)|-|M| &< \frac{|M|}{2}\\
\frac{|M|}{2} < |g(x)| &< \frac{3|M|}{2}\\
|M| < 2|g(x)| &< 3|M|\\
\frac{1}{|g(x)|} < \frac{2}{|M|} &< \frac{3}{|g(x)|}
\end{aligned} \tag{4}$$

따라서 $0<|x-c|<\delta_1$인 모든 x에 대해 다음과 같다.

$$\begin{aligned}
\left|\frac{1}{g(x)}-\frac{1}{M}\right| = \left|\frac{M-g(x)}{Mg(x)}\right| &\le \frac{1}{|M|}\cdot\frac{1}{|g(x)|}\cdot|M-g(x)|\\
&< \frac{1}{|M|}\cdot\frac{2}{|M|}\cdot|M-g(x)| \qquad \text{부등식 (4)}
\end{aligned} \tag{5}$$

$(1/2)|M|^2\varepsilon>0$이므로 적당한 $\delta_2>0$에 대해 다음과 같다.

$$0<|x-c|<\delta_2 \;\Rightarrow\; |M-g(x)|<\frac{\varepsilon}{2}|M|^2 \tag{6}$$

여기서 $\delta=\min\{\delta_1,\ \delta_2\}$로 취하면 $0<|x-c|<\delta$인 모든 x에 대해 식 (5)와 (6)이 성립한다. 얻어진 결론을 취합하면 다음과 같다.

$$0<|x-c|<\delta \;\Rightarrow\; \left|\frac{1}{g(x)}-\frac{1}{M}\right|<\varepsilon$$

따라서 극한 몫의 규칙이 성립한다. ■

정리 4 ❙ 샌드위치 정리

c를 포함하는 적당한 열린 구간 I 내의 $x=c$를 제외한 모든 x에 대해 $g(x)\le f(x)\le h(x)$라 하자. 만약 $\lim_{x\to c}g(x)=\lim_{x\to c}h(x)=L$이면 $\lim_{x\to c}f(x)=L$이다.

우극한에 대한 증명 $\lim_{x \to c^+} g(x) = \lim_{x \to c^+} h(x) = L$이 성립한다고 가정하자. 그러면 임의의 $\varepsilon > 0$에 대해 적당한 $\delta > 0$가 존재하여 $c < x < c+\delta$인 모든 x는 I에 포함되고 다음 부등식이 성립한다.

$$L - \varepsilon < g(x) < L + \varepsilon, \qquad L - \varepsilon < h(x) < L + \varepsilon$$

$g(x) \le f(x) \le h(x)$이므로 다음 부등식을 얻는다.

$$\begin{aligned} L - \varepsilon < g(x) \le f(x) \le h(x) < L + \varepsilon \\ L - \varepsilon < f(x) < L + \varepsilon \\ -\varepsilon < f(x) - L < \varepsilon \end{aligned}$$

그러므로 $c < x < c+\delta$ 내의 모든 x에 대해 $|f(x) - L| < \varepsilon$가 된다. ■

좌극한에 대한 증명 $\lim_{x \to c^-} g(x) = \lim_{x \to c^-} h(x) = L$이 성립한다고 가정하자. 그러면 임의의 $\varepsilon > 0$에 대해 적당한 $\delta > 0$가 존재하여 $c - \delta < x < c$인 모든 x는 I에 포함되고 다음 부등식이 성립한다.

$$L - \varepsilon < g(x) < L + \varepsilon, \qquad L - \varepsilon < h(x) < L + \varepsilon$$

앞에서와 마찬가지로 $c - \delta < x < c$인 모든 x에 대해 $|f(x) - L| < \varepsilon$가 된다. ■

양극한에 대한 증명 $\lim_{x \to c} g(x) = \lim_{x \to c} h(x) = L$이 성립하면, $x \to c^+$와 $x \to c^-$일 때 $g(x)$와 $h(x)$는 L에 가까워진다. 그래서 $\lim_{x \to c^+} f(x) = L$이고 $\lim_{x \to c^-} f(x) = L$이다. 따라서 $\lim_{x \to c} f(x)$는 존재하고 그 값은 L이다. ■

연습문제 A.5 EXERCISE QUESTION

1. 함수 $f_1(x)$, $f_2(x)$, $f_3(x)$가 $x \to c$일 때 각각 극한값 L_1, L_2, L_3을 갖는다고 하자. 세 함수의 합은 극한값 $L_1 + L_2 + L_3$을 가짐을 보이고, 수학적 귀납법(부록 A.3)을 활용하여 이 결과를 유한개의 함수의 합으로 일반화시켜라.
2. $x \to c$일 때 함수 $f_1(x)$, $f_2(x)$, $\cdots$, $f_n(x)$가 L_1, L_2, $\cdots$, L_n에 수렴한다고 하자. 수학적 귀납법과 정리 1의 극한 곱의 규칙을 활용해서 다음의 식이 성립함을 보여라.
$$\lim_{x \to c} f_1(x) \cdot f_2(x) \cdot \cdots \cdot f_n(x) = L_1 \cdot L_2 \cdot \cdots \cdot L_n$$
3. $\lim_{x \to c} x = c$와 연습문제 2를 활용하여 $n > 1$인 정수 n에 대해 $\lim_{x \to c} x^n = c^n$임을 보여라.
4. **다항식의 극한** 임의의 상수 k에 대해 $\lim_{x \to c} (k) = k$와 연습문제 1과 3을 활용해서 다음과 같은 임의의 다항함수에 대해 $\lim_{x \to c} f(x) = f(c)$임을 보여라.
$$f(x) = a_n x^n + a_{n-1} x^{n-1} + \cdots + a_1 x + a_0$$
5. **유리함수의 극한** $f(x)$와 $g(x)$가 다항함수이고 $g(c) \neq 0$일 때, 정리 1과 연습문제 4의 결과를 활용해서 다음의 극한이 성립함을 보여라.
$$\lim_{x \to c} \frac{f(x)}{g(x)} = \frac{f(c)}{g(c)}$$
6. **연속함수의 합성** 그림 A.28은 '2개의 연속함수의 합성함수도 연속이다'라는 증명을 위한 그림이다. 그림으로부터 증명을 재구성하라. 증명될 문제는 다음과 같다.
   f는 $x = c$에서 연속이고, g는 $f(c)$에서 연속이면 $g \circ f$는 $x = c$에서 연속이다. 단, c는 f의 정의역 내의 내점이고, $f(c)$는 g의 정의역 내의 내점이다. 이로써 극한은 좌극한과 우극한을 사용할 수 있다. (한쪽 극한의 증명 방법은 다른 한쪽 극한의 증명 방법과 비슷하다.)

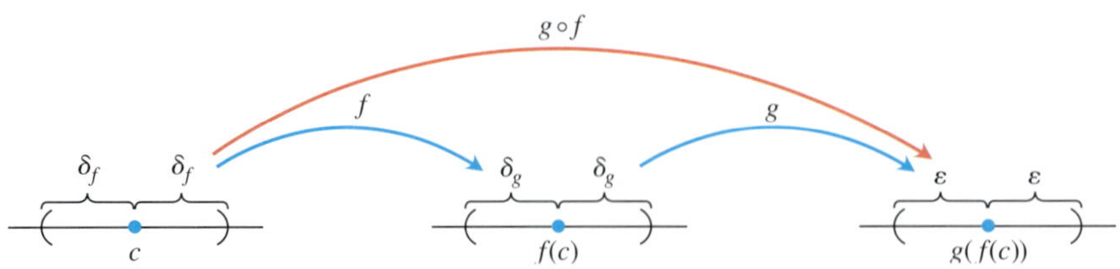

그림 A.28 2개의 연속함수의 합성은 연속이다의 증명을 위한 그림(연습문제 6).

A.6 공통으로 나타나는 극한

8.1절에서 정리 5의 극한 (4)~(6)을 증명하고자 한다.

극한 규칙 4: $|x| < 1$이면 $\lim_{n\to\infty} x^n = 0$이다.

각각의 $\varepsilon > 0$에 대해 적당한 자연수 N이 존재해서 $n > N$인 모든 n에 대해 $|x^n| < \varepsilon$임을 보이면 된다. $\varepsilon^{1/n} \to 1$인 반면에 $|x| < 1$이므로, 적당한 자연수 N이 존재해서 $\varepsilon^{1/N} > |x|$가 된다. 즉 다음과 같다.

$$|x^N| = |x|^N < \varepsilon \tag{1}$$

이것이 우리가 찾는 정수이다. 왜냐하면 $|x| < 1$이면 모든 $n > N$에 대해 다음이 성립한다.

$$|x^n| < |x^N| \tag{2}$$

식 (1)과 (2)를 결합하면 모든 $n > N$에 대해 $|x^n| < \varepsilon$이므로 증명이 완성된다. ■

극한 규칙 5: 임의의 수 x에 대해 $\lim_{n\to\infty} = \left(1 + \frac{x}{n}\right)^n = e^x$이다. 다음 식이 있다고 하자.

$$a_n = \left(1 + \frac{x}{n}\right)^n$$

그러면 다음과 같다.

$$\ln a_n = \ln\left(1 + \frac{x}{n}\right)^n = n \ln\left(1 + \frac{x}{n}\right) \to x$$

왜냐하면 로피탈의 규칙을 적용해서 n에 관해 미분하면 다음을 얻는다.

$$\lim_{n\to\infty} n \ln\left(1 + \frac{x}{n}\right) = \lim_{n\to\infty} \frac{\ln(1 + x/n)}{1/n}$$

$$= \lim_{n\to\infty} \frac{\left(\frac{1}{1 + x/n}\right) \cdot \left(-\frac{x}{n^2}\right)}{-1/n^2} = \lim_{n\to\infty} \frac{x}{1 + x/n} = x$$

$f(x) = e^x$에 대해 8.1절의 정리 3을 적용하면 다음과 같은 결과를 얻는다.

$$\left(1 + \frac{x}{n}\right)^n = a_n = e^{\ln a_n} \to e^x$$ ■

극한 규칙 6: 임의의 수 x에 대해 $\lim_{n\to\infty} \frac{x^n}{n!} = 0$이다. 다음 식이 있다고 하자.

$$-\frac{|x|^n}{n!} \le \frac{x^n}{n!} \le \frac{|x|^n}{n!}$$

그러므로 $|x|^n/n! \to 0$이 성립함을 보이기만 하면 된다. 그러면 수열에 관한 샌드위치 정리를 적용해서 $x^n/n! \to 0$의 결론을 얻는다(8.1절의 정리 2).

먼저 $|x|^n/n! \to 0$이 성립함을 보이기 위해 첫 단계로 정수 $M > |x|$ 정수 M을 택하자. 그러면 $(|x|/M) < 1$이다. 극한 규칙 4에 의해 $(|x|/M)^n \to 0$이 된다. $n > M$인 모든 자연수 n에 대해 다음 식이 성립한다.

$$\frac{|x|^n}{n!} = \frac{|x|^n}{1 \cdot 2 \cdot \cdots \cdot M \cdot \underbrace{(M+1) \cdot (M+2) \cdot \cdots \cdot n}_{(n-M)\text{개 인수}}}$$

$$\le \frac{|x|^n}{M!M^{n-M}} = \frac{|x|^n M^M}{M!M^n} = \frac{M^M}{M!}\left(\frac{|x|}{M}\right)^n$$

따라서 다음 식을 얻는다.

$$0 \le \frac{|x|^n}{n!} \le \frac{M^M}{M!}\left(\frac{|x|}{M}\right)^n$$

그런데 n이 증가해도 $M^M/M!$의 값은 변하지 않고 $(|x|/M)^n \to 0$이 되므로 샌드위치 정리에 의해 $|x|^n/n! \to 0$이 된다. ■

A.7 실수 이론

미적분학 이론을 엄밀하게 전개하기 위해서는 실수의 성질이 필요하다. 유리수에서만 정의된 함수에 대해서는 함수, 도함수, 적분에 관한 여러 결과가 성립하지 않는다. 이 절에서는 미적분에서 심층적이고 이론적인 연구에 바탕이 되는 실수 이론의 몇 가지 기본적인 개념을 살펴본다.

실수는 **대수적 성질**, **순서성**, **완비성**의 세 가지 특성으로 정의된다. 대수적 성질은 덧셈과 곱셈, 빼셈과 나눗셈의 연산 구조를 의미한다. 이 대수적 연산 구조는 실수뿐만 아니라 유리수나 복소수에도 적용된다.

실수의 대수적 성질을 정의하기 위해서는 먼저 덧셈과 곱셈 연산이 정의된 수의 집합이 필요하다. 덧셈과 곱셈에 대해서는 다음 성질이 성립한다.

A1 임의의 수 a, b, c에 대해 $a+(b+c)=(a+b)+c$
A2 임의의 수 a, b에 대해 $a+b=b+a$
A3 임의의 수 a에 대해 $a+0=a$가 성립하는 0이 존재한다.
A4 임의의 수 a에 대해 $a+b=0$을 만족시키는 b가 존재한다.
M1 임의의 수 a, b, c에 대해 $a(bc)=(ab)c$
M2 임의의 수 a, b에 대해 $ab=ba$
M3 임의의 수 a에 대해 $a \cdot 1=a$가 성립하는 1이 존재한다.
M4 0이 아닌 임의의 수 a에 대해 $ab=1$을 만족시키는 b가 존재한다.
D 임의의 수 a, b, c에 대해 $a(b+c)=ab+ac$

A1과 M1은 결합법칙, A2와 M2는 교환법칙, A3과 M3은 항등원의 존재법칙, D는 분배법칙이다. 위와 같은 성질을 갖는 연산이 정의된 집합을 **체**(field)라 부른다. 체는 추상 대수학 이론에서 깊이 다룬다.

순서성은 두 수의 크기를 비교할 수 있게 해주는 것으로, 다음 성질을 만족해야 한다.

O1 임의의 두 수 a, b에 대해 $a \le b$ 또는 $a \ge b$이거나 둘 다 성립한다.
O2 $a \le b$이고 $a \ge b$이면 $a=b$이다.
O3 $a \le b$이고 $b \le c$이면 $a \le c$이다.
O4 $a \le b$이면 $a+c \le b+c$이다.
O5 $a \le b$이고 $0 \le c$이면 $ac \le bc$이다.

O3은 추이법칙이다. O4와 O5는 순서성을 덧셈과 곱셈 연산에 연결짓는 성질이다.

실수, 정수, 유리수는 순서성를 갖고 있으나, 복소수에는 위 성질을 모두 만족시키는 순서성를 줄 수 없다. (예를 들어 $i=\sqrt{-1}$과 같은 수가 0보다 큰 수 인지 작은 수인지 결정할 수 없다.) 위와 같은 성질을 만족시키도록 임의의 두 원소를 비교할 수 있는 체를 **순서체**(ordered field)라 부른다. 유리수와 실수는 모두 순서체이며, 이외에도 다른 예가 많이 존재한다.

기하학적으로 실수는 직선 위의 한 점으로 표현할 수 있다. **완비성**은 어떠한 구멍이나 빈틈이 없이 직선 위의 모든 점에 대응하는 실수가 반드시 존재한다는 실수의 성질이다. 반면에 유리수에서는 $\sqrt{2}$나 π와 같은 점이 빠지게 되고, 정수에서는 1/2과 같은 분수 점도 빠지게 된다. 실수는 완비성을 갖고 있어 빠지는 점 없이 모든 점에 대응되는 실수가 존재한다.

빠진 구멍과 같은 모호한 개념은 정확히 무엇을 의미하는가? 이에 대한 답을 하기 위해 완비성을 더 정확히 설명할 필요가 있다. 주어진 집합에 속해있는 모든 수가 어떤 수 M보다 작거나 같은 경우 그 수 M을 이 집합의 **상계**라 하고, 상계 중에서 가장 작은 수를 **최소 상계**라 한다. 예를 들어 $M=2$는 음의 실수 전체의 집합의 상계이다. 그러나 $M=1$도 역시 이 집합의 상계이므로 2는 최소 상계는 아니다. 이 집합의 최소 상계는 $M=0$이다. **위로 유계**인 모든 부분 집합이 최소 상계를 가지는 체를 **완비** 순서체라 정의한다.

유리수 집합에서 $\sqrt{2}$보다 작은 유리수의 집합은 위로 유계이지만, 유리수인 최소 상계를 갖지 않는다. 어떤 유리수 상계 M도 그보다는 작으면서 $\sqrt{2}$보다는 큰 다른 유리수 상계로 대체될 수 있기 때문이다. 따라서 유리수 집합은 완비 순서체가 아니다. 하지만 실수 집합에서는 위로 유계인 모든 부분집합은 항상 최소 상계를 갖는다. 따라서 실수 집합은 완비 순서체이다.

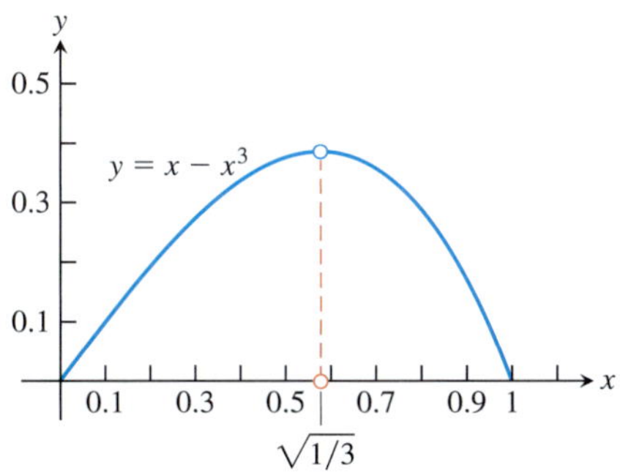

그림 A.29 닫힌 구간 [0, 1]에서 $y=x-x^3$의 최댓값은 무리수 $x=\sqrt{1/3}$일 때 나타난다.

완비성은 미적분학의 많은 결과에서 핵심적인 역할을 하고 있다. 예를 들어 3.1절에서 닫힌 구간 $[a, b]$에서 정의된 어떤 함수의 최댓값을 찾는 문제를 생각해보자. 함수 $y=x-x^3$이 구간 [0, 1]에서 최댓값을 갖는 x의 값은 $1-3x^2=0$을 만족하는 점 $x=\sqrt{1/3}$이다. 만약 유리수 집합에서만 정의된 함수로 제한시켜 생각한다면 $\sqrt{1/3}$은 유리수가 아니므로 이 함수는 최댓값을 갖지 않는다(그림 A.29). 닫힌 구간 $[a, b]$에서 정의된 연속함수는 항상 최댓값을 갖는다는 최대 최소 정리(3.1절)는 유리수에서만 정의된 함수에 대해서는 성립하지 않는다.

중간값 정리에 따르면 구간 $[a, b]$에서 정의된 연속함수 f가 $f(a)<0$과 $f(b)>0$을 만족하면 f는 $[a, b]$의 어떤 점에서 함숫값이 0이 된다. 즉 함숫값은 $f(x)=0$인 $[a, b]$의 어떤 점 x없이 음수에서 양수로 뛰어넘을 수 없다. 중간값 정리 또한 실수의 완비성에 의존하여 성립하는 것으로 유리수에서만 정의된 함수에 대해서는 성립하지 않는다. 예를 들어 함수 $f(x)=3x^2-1$에 대해 $f(0)=-1$이고 $f(1)=2$이지만, 만약 f가 유리수에서만 정의되었다면 절대 함숫값이 0이 될 수 없다. $f(x)=0$이 되는 x의 값은 무리수인 $\sqrt{1/3}$뿐이기 때문이다.

실수 집합이 완비 순서체라고 말하면 실수가 가져야 할 성질은 모두 포함하는 의미를 갖는다. 그러나 여기서 논의가 완전히 끝난 것은 아니다. 피타고라스 학파의 그리스 수학자는 실직선 상의 수에 또 다른 특성을 부과하기 위해 노력했다. 그것은 모든 수가 정수의 비라는 조건이었다. 그러나 $\sqrt{2}$와 같은 무리수를 발견하면서 그 노력은 실패했다. 실수를 정의하는 데에도 보이지 않는 어떤 이유로 인해 결함이 있는지 어떻게 알 수 있는가? 예술가 에셔의 작품 중 착시 효과를 갖는 나선형 계단 그림이 있다. 계단을 계속해서 올라가면 결국 아래에서 다시 만나는 그림이다. 엔지니어가 그런 계단을 건설하는 것은 불가능할 것이다. 우리가 만든 실수의 설계에도 어떤 미묘한 모순이 포함되어 조건을 모두 만족하는 수 체계를 만들 수 없는 것은 아닌가?

이 문제를 해결하기 위해 실수를 정확히 기술하고 그것이 대수적 성질, 순서성과 완비성을 만족한다는 것을 확인해야 한다. 이와 같은 작업을 실수의 **구성**(construction, 만들기)이라 부른다. 계단을 나무와 돌 또는 철로 만들 수 있는 것처럼 실수를 구성하는 데에도 몇 가지 접근 방법이 있다. 첫 번째 방법은 실수를 다음과 같은 무한소수로 생각하는 것이다.

$$a.d_1d_2d_3d_4\cdots$$

이 접근법에서 실수는 정수 부분인 a와 각각 0에서 9까지의 자연수인 소수 부분의 각 자릿수의 수열 $d_1, d_2, d_3, \cdots$으로 이루어진다. 이 수열은 유한하거나, 주기적으로 반복되거나 아니면 패턴이 없이 끊임없이 진행된다. 대표적인 실수 3개를 이런 형태로 표현하여 보면 2.00, 0.333333⋯, 3.1415926535898⋯이다. 이 자릿수들 뒤에 따라오는 '⋯'의 엄밀한 의미를 밝히기 위해서는 8장에서와 같은 수열이나 급수 이론이 필요하다. 각각의 실수는 그것의 자릿수를 제한하여 근사한 유한소수로 이루어진 유리수의 수열의 극한으로 만들어진다. 즉 무한소수는 다음과 같은 급수로 볼 수 있다.

$$a + \frac{d_1}{10} + \frac{d_2}{100} + \cdots$$

이와 같이 실수를 소수 전개로 구성하면 모든 성질이 자명하게 성립하는 것은 아니다. 완비성과 순서성을 갖는다는 것은 쉽게 확인할 수 있지만, 대수적 성질을 갖는다는 것을 확인하는 것은 꽤 복잡하다. 두 수를 더하거나 곱하는 것조차도 무한번의 연산이 필요하고 나눗셈의 경우 무한소수에 대한 유리수 근사의 극한값을 포함하여 주의 깊은 논증이 필요하다.

독일의 수학자 데데킨트는 1872년에 다른 접근법으로 최초로 실수의 엄밀한 구성 방법을 개발했다. 임의의 실수 x에 대해 유리수 전체의 집합을 x보다 작거나 같은 유리수의 집합과 x보다 큰 유리수의 집합으로 나눌 수 있다. 데데킨트는 이를 반대로 생각하여 유리수 전체의 집합을 이와 같이 두 집합으로 나누는 것을 하나의 실수로 정의했다. 이상한 접근법으로 보일 수 있으나, 이와 같이 새로운 구조를 만드는 데 이미 존재하는 구조를 이용하는 간접적인 방법은 수학 이론에서 강력한 도구이다.

이러한 접근법을 포함한 여러 접근법을 이용하여 원하는 대수적 성질, 순서성, 완비성을 가지는 수 체계를 만들 수 있다. 이제 남은 문제는 모든 방법이 같은 것을 만드는지에 대한 것이다. 서로 다른 방법으로 세 성질을 만족하는 수 체계를 만들었다면 서로 다른 수 체계가 만들어지지 않겠는가? 만약 그렇다면 그 중 어떤 것이 실수인가? 다행히 대답은 모두 같은 수 체계가 만들어진다는 것이다. 실수는 대수적 성질, 순서성, 완비성을 갖는 유일한 수 체계이다.

실수의 성질과 극한에 대한 혼동으로 인해 미적분학의 발전의 초기 단계에서 상당한 논쟁이 있었다. 뉴톤과 라이프니츠와 같은 미적분학의 선구자와 그들의 후계자들은 Δy와 Δx가 0으로 가까워짐에 따라 다음과 같은 차분몫이 어떻게 될지를 살펴볼 때, 미분이 무한히 작은 두 양의 비율이라 주장했다.

$$\frac{\Delta y}{\Delta x} = \frac{f(x + \Delta x) - f(x)}{\Delta x}$$

dx와 dy로 표시되는 이 '무한소'는 0이 아닌 양수이지만, 어떤 양의 실수보다도 작은 새로운 형태의 수로 취급되었다. 비슷하게 정적분은 x가 어떤 구간에서 움직일 때 무한히 많은 다음 식과 같은 무한소의 합으로 생각되었다.

$$f(x) \cdot dx$$

차분몫 $\Delta y/\Delta x$을 근사한다는 생각은 오늘날과 마찬가지였지만, 미분의 의미는 극한이 아닌 무한소의 비율로 이해되었다. 이러한 사고 방식은 무한소를 엄밀히 정의하고 사용하는 데 있어 나타나는 모순과 불일치로 인해 논리적인 어려움을 야기했다. 더 구체적이고 계산가능한 차분몫의 경우에 이러한 문제를 일으키지 않았지만, 단순히 유용한 계산 도구로만 간주되었다. 즉 차분몫은 미분의 수치값을 계산하고 계산을 위한 일반 공식을 유도하는 데 사용되었지만, 미분이 실제로 무엇인지의 핵심으로 여겨지지는 않았다. 오늘날 무한소와 관련된 논리적 문제는 미분을 차분몫의 극한으로 정의함으로써 피할 수 있다는 것을 알게 되었다. 예전 접근 방식의 모호함은 더 이상 존재하지 않으며 미적분의 표준 이론에서는 무한소의 개념이 더이상 필요하지도 않고 사용되지도 않는다.

A.8 확률

높은 곳에서 무거운 돌이 떨어지는 것과 같은 사건은 그 결과를 높은 정확도로 예측 가능하다. 반면에 가능한 결과가 여러 개 있고 그 중 어떤 결과가 발생할지는 불확실한 사건도 많다. 동전을 던진다면 앞면이 나오거나 뒷면이 나오며 각각은 동일한 확률로 발생하지만, 어떤 결과가 나올지 미리 알 수는 없다. 무작위로 한 사람을 선택하여 몸무게를 잰다면 그 결과로 나올 수 있는 값은 매우 많으며 그 값이 80에서 85 kg 사이가 될지는 확실하지 않다. 앞으로 100년 이내에 캘리포니아의 인구 밀집 지역에서 리히터 규모 6.0 이상 지진이 발생할 것으로 예측된다고 하지만 확실하게는 알 수 없다. 나올 수 있는 결과가 여러 개 있는 사건은 확률적인 성질을 가지며, 이를 모델링할 때 특정 결과가 발생할 가능성을 확률이라 한다. 이 절에서는 확률적 모델로 예측할 때 미적분이 어떻게 사용되는지 살펴본다.

확률변수

먼저 사건의 가능한 모든 결과가 유한한 경우의 쉬운 예제를 살펴보자.

예제 1

(1) 동전을 한 번 던질 때, 나올 수 있는 가능한 결과는 {H, T}의 두 가지이다. H는 동전의 앞면을, T는 동전의 뒷면을 의미한다. 동전을 세 번 던진다면 앞면과 뒷면이 나오는 순서를 고려하여 가능한 모든 결과는 8가지이다. 이때 가능한 결과의 집합은 {HHH, HHT, HTH, THH, HTT, THT, TTH, TTT}이다.

(2) 주사위를 한 번 던질 때 나올 수 있는 가능한 결과의 집합은 {1, 2, 3, 4, 5, 6}이다.

(3) 52장의 카드 덱에서 무작위로 카드 두 장을 선택한다면, 첫 번째로 뽑은 카드에 대해 52가지 가능한 결과가 있고, 두 번째 카드에 대해서는 51가지의 가능성이 있다. 카드의 순서는 중요하지 않기 때문에 가능한 결과의 수는 $(52 \cdot 51)/2 = 1{,}326$이다. ■

모든 가능한 결과의 집합을 사건의 표본공간이라 한다. 결과가 확실하지 않은 사건에 대해서 우리는 다른 것에 비해 발생할 가능성이 높은 결과는 어떤 것인지, 그 가능성이 어느 정도로 높은지 관심이 있다. 예를 들어 동전을 세 번 던질 때 두 번이 앞면이 나오는 경우와 한 번이 앞면이 나오는 경우 중 어느 쪽이 나올 가능성이 더 높은가? 이러한 질문에 답하기 위해서는 결과를 숫자로 표현할 수 있는 방법이 필요하다.

정의 **확률변수**(random variable)는 표본공간의 각 결과에 숫자 값을 할당하는 함수이다.

가능한 값이 유한개인 확률변수를 **이산 확률변수**(discrete random variable)라고 부른다. **연속 확률변수**(continuous random variable)는 전체 구간 내의 값을 가질 수 있으며, 나중에 설명할 분포함수로 확률을 표현한다.

예제 2

(a) 동전을 세 번 던질 때 가능한 결과는 {HHH, HHT, HTH, THH, HTT, THT, TTH, TTT}이다. 이때 앞면이 나오는 횟수를 확률변수 X라 하자. 즉 예를 들어 $X(\text{HHT}) = 2$, $X(\text{THT}) = 1$이다. X는 0, 1, 2, 3의 값을 가질 수 있으므로 이산 확률변수이다.

(b) 원점에 있는 핀에 고정된 화살을 돌리는 사건에 대해 화살이 멈췄을 때 화살은 어떤 방향이든 가리킬 수 있다. 확률변수 X를 화살이 x축의 양의 방향과 이루는 각도를 시계반대 방향

으로 호도법으로 잰 각이라 정의하자. 이 경우 X는 구간 $[0, 2\pi]$의 모든 값을 가질 수 있는 연속 확률변수이다.

(c) 주어진 인구에서 임의로 선택된 사람의 체중은 연속 확률변수이다. 무작위로 선택된 사람의 콜레스테롤 수치나 은행에서 대기 중인 사람의 서비스 대기시간도 연속 확률변수이다.

(d) 특정 연도의 대학 입학을 위한 국가 ACT 시험 점수는 1에서 36까지의 정수값을 가지는 이산 확률변수이다. 나올 수 있는 결과가 많거나 통계 분석과 관련된 이유로 시험 점수와 같은 이산 확률변수는 종종 연속 확률변수로 모델되기도 한다(예제 13 참조).

(e) 확률변수 X를 주사위를 2개 굴려 나오는 두 수의 합으로 정의하자. 이 합은 2에서 12까지의 정수 값을 가질 수 있으므로 X는 이산 확률변수이다.

(f) 중형 세단용 타이어를 생산하는 타이어 회사가 있다. 타이어의 수명은 주행거리 50000킬로미터까지 보증되어 있다. 하지만 어떤 타이어는 그보다 더 빨리 손상되고, 어떤 것은 수명이 50000킬로미터를 훨씬 넘기기도 한다. 주행거리로 표현된 타이어의 수명은 연속 확률변수이다. ■

확률분포

확률분포는 확률변수의 확률적인 행동을 설명한다. 주로 연속 확률변수의 확률분포가 관심의 대상이나 이해를 위해 먼저 이산 확률변수의 분포를 생각해보자.

동전을 세 번 던진다고 하자. 매 시행마다 H 또는 T가 동일한 확률로 나온다. 이산 확률변수 X를 다음과 같이 각각의 결과에서 나타나는 앞면의 개수라 하자.

$$\begin{array}{cccccccccc} & \{HHH, & HHT, & HTH, & HTT, & THH, & THT, & TTH, & TTT\} \\ X & \downarrow & \downarrow & \downarrow & \downarrow & \downarrow & \downarrow & \downarrow & \downarrow \\ & 3 & 2 & 2 & 1 & 2 & 1 & 1 & 0 \end{array}$$

다음으로 X의 특정 값이 나타나는 빈도(횟수)를 세어보자. 여덟 가지 결과 중 어떤 것이든 나타날 확률이 동일하기 때문에, 확률변수 X의 확률은 각 값의 빈도를 전체 결과의 수로 나누어 계산할 수 있다. 결과를 요약하면 다음과 같다.

X의 값	0	1	2	3
빈도	1	3	3	1
$P(x)$	1/8	3/8	3/8	1/8

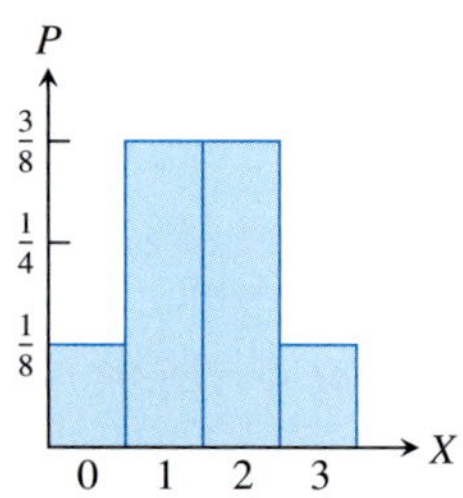

그림 A.30 동전을 세 번 던질 때 확률변수 X의 확률 막대 그래프.

이 결과를 그림 A.30과 같이 이산 확률변수 X의 확률 막대 그래프로 표시했다. 각각의 X의 값은 x축에서 길이 1의 구간으로 표현되어 있고 따라서 각 막대의 넓이는 해당 결과의 확률이다. 예를 들어 동전을 세 번 던질 때 정확히 2개의 앞면이 나올 확률은 $X=2$에 대응된 막대의 넓이인 3/8이다. 마찬가지로 2개 이상의 앞면이 나올 확률은 $X=2$와 $X=3$에 대응된 막대의 넓이를 합한 것이므로 4/8이다. 0개 또는 3개의 앞면이 나올 확률은 $X=2$와 $X=3$에 대응된 막대의 넓이를 합한 것이므로 $\frac{1}{8}+\frac{1}{8}=\frac{1}{4}$이며, 다른 경우도 비슷한 방법으로 구할 수 있다. 그래프의 모든 막대의 총 넓이는 1이며, 이는 X의 모든 확률의 합이다.

연속 확률변수의 경우에는 모든 결과가 동일한 확률로 나타날지라도 표본공간의 결과 수나 X의 특정 값이 나타나는 빈도를 단순히 셀 수 없다. 실제로 X가 특정값 중 정확히 하나의 값만을 취할 확률은 0이다. 의미 있는 확률은 확률변수가 어떤 구간 내의 값을 가질 확률이다.

그림 A.30의 막대 그래프와 유사한 그래프를 갖는 함수로 X의 확률에 대한 필요한 모든 정보를 표현할 수 있다. 즉 확률변수가 가질 수 있는 값의 범위를 정의역으로 하는 음이 아닌 함수 f를 정의하여, f의 그래프 아래의 전체 영역의 넓이가 1이 되도록 한다. 확률변수 X값이 특정 구간 $[c, d]$ 내에 있는 확률은 그 구간 위의 f의 그래프 아랫부분의 넓이가 된다. 다음 정의에서는 연속 확률변수 X값의 범위가 실수 전체라고 가정했지만, X값의 범위가 유한한 구간일 경우에도 같은 방식으로 정의할 수 있다.

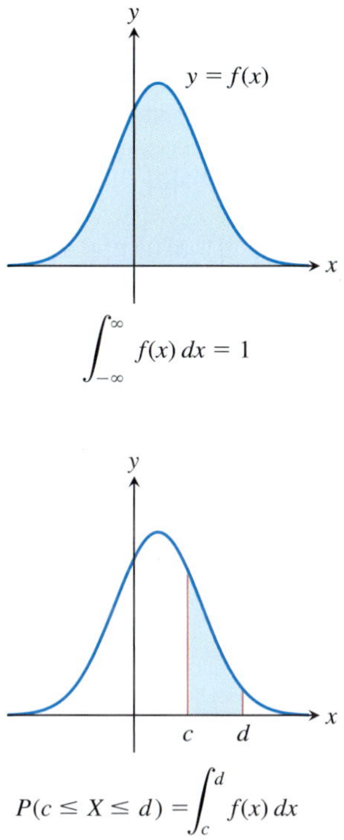

그림 A.31 연속 확률변수 X의 확률밀도함수.

정의 연속 확률변수에 대해 **확률밀도함수**(probability density function)는 다음과 같은 성질을 가지면서 $(-\infty, \infty)$에서 정의된 함수 f이다.

1. f는 유한개의 점을 제외한 모든 점에서 연속이다.

2. f는 음이 아닌 함수이다. 즉 $f \ge 0$이다.

3. $\int_{-\infty}^{\infty} f(x)\,dx = 1$

X가 확률밀도함수 f를 갖는 연속 확률변수라 하면, X가 c와 d 사이의 구간에서 값을 가질 **확률**은 다음 적분으로 주어진다.

$$P(c \le X \le d) = \int_c^d f(x)\,dx$$

연속 확률변수 X가 특정한 실숫값 c를 취할 확률은 앞에서 언급한 바와 같이 $P(X=c) = \int_c^c f(x)\,dx = 0$이 된다. 구간 $[c, d]$에서 함수 f의 그래프 아래 영역의 넓이는 전체 영역의 일부분이기 때문에, 확률 $P(c \le X \le d)$은 항상 0과 1 사이의 값이다. 그림 A.31은 확률밀도함수의 예시이다.

확률변수 X에 대한 확률밀도함수는 밀도가 변하는 전선의 밀도함수와 유사하다. 전선의 밀도함수를 어떤 구간 위에서 적분하면 그 구간에 해당하는 전선 세그먼트의 질량을 얻는다. 마찬가지로 확률밀도함수를 특정 구간 위에서 적분하면 확률변수가 해당 구간 내에서 값을 가질 확률을 얻는다.

예제 3 함수 f를 $0 \le x \le \infty$이면 $f(x) = 2e^{-2x}$이고, $x < 0$이면 $f(x) = 0$으로 정의하자.

(a) f가 확률밀도함수임을 보여라.

(b) 차량이 외딴 도로의 특정 지점을 지날 때까지의 시간 T는 확률밀도함수 f로 주어진다고 하자. 차량이 한 시간 이내에 해당 지점을 지나갈 확률 $P(T \le 1)$을 구하라.

(c) 정확히 한 시간 후에 차량이 그 지점을 지나가는 확률 $P(T=1)$을 구하라.

풀이

(a) 함수 f는 $x=0$을 제외한 모든 점에서 연속이며 모든 점에서 음이 아니다. 또한 실수 전체 구간에서 적분을 하면 다음과 같다.

$$\int_{-\infty}^{\infty} f(x)\,dx = \int_0^{\infty} 2e^{-2x}\,dx = \lim_{b\to\infty} \int_0^b 2e^{-2x}\,dx = \lim_{b\to\infty} (1 - e^{-2b}) = 1$$

따라서 모든 조건이 충족되므로 f는 확률밀도함수이다.

(b) 차량이 시간 0부터 1 사이에서 후에 올 확률은 확률밀도함수를 해당 구간 $[0, 1]$에서 적분하여 얻을 수 있다. 따라서 다음과 같다.

$$P(T \le 1) = \int_0^1 2e^{-2t}\,dt = -e^{-2t}\Big]_0^1 = 1 - e^{-2} \approx 0.865$$

이 결과를 해석하면 해당 지점에서 100명이 히치하이크를 한다고 할 때 그 중 약 87명은 1시간 이내에 차량을 볼 수 있을 것으로 기대할 수 있다는 것이다.

(c) 이 확률은 $\int_1^1 f(t)\,dt$로 표현되며, 이 값은 0이다. 이는 차량이 해당 지점을 지나가기까지의

시간을 충분히 정확하게 측정하면 오차 없이 정확히 1시간이 될 가능성이 없다는 뜻이다. 매우 근접할 수 있겠지만 정확히 1시간은 아닐 것이다. ■

위의 정의를 유한 구간으로도 확장할 수 있다. 만약 함수 f가 구간 $[a, b]$에서 유한 점을 제외하고 연속이고 이 함수를 $[a, b]$ 구간 밖에서는 0으로 정의하여 $(-\infty, \infty)$까지로 정의역을 확장한 함수 F가 확률밀도함수의 정의를 만족시킬 때, f를 **구간 $[a, b]$에서 확률밀도함수**로 정의한다. 즉 $\int_a^b f(x)\,dx=1$를 만족하면 된다. 비슷한 정의를 구간 (a, b), $(a, b]$, $[a, b)$에 대해서도 할 수 있다.

예제 4 $f(x)=\dfrac{4}{27}x^2(3-x)$는 구간 $[0, 3]$에서 확률밀도함수임을 보여라.

풀이 함수 f는 $[0, 3]$에서 연속이고 음이 아니다. 또한 이 구간에서 적분하면 다음과 같다.

$$\int_0^3 \frac{4}{27}x^2(3-x)\,dx = \frac{4}{27}\left[x^3 - \frac{1}{4}x^4\right]_0^3 = \frac{4}{27}\left(27 - \frac{81}{4}\right) = 1$$

따라서 f는 구간 $[0, 3]$에서 확률밀도함수이다. ■

지수분포

예제 3은 지수분포의 확률밀도함수의 예이다. 지수분포의 확률밀도함수는 항상 다음과 같은 형태를 가진다.

$$f(x) = \begin{cases} 0, & x < 0 \\ ce^{-cx}, & x \geq 0 \end{cases}$$

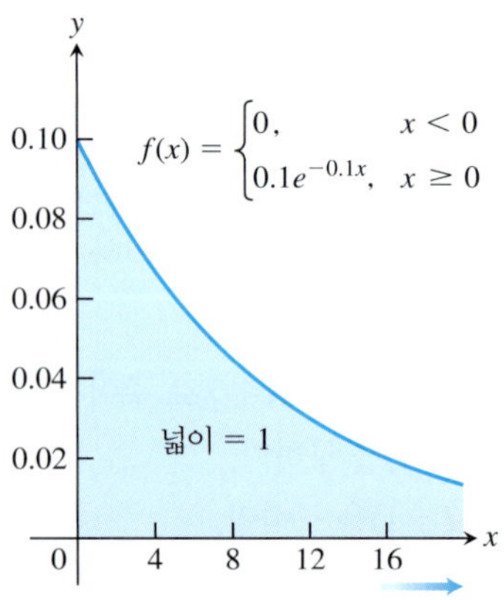

그림 A.32 지수분포의 확률밀도함수.

지수분포는 전구, 방사능 입자, 인공 치아, 전자 부품 등의 수명과 같은 확률변수를 설명할 때 사용된다. 또한 꽃에 수분이 도착하는 시간, 버스가 정류장에 도착하는 시간, 대기열에 새로운 사람이 추가되는 데 걸리는 시간, 도움 창구에서 전화 호출 간의 대기시간 및 전화통화의 길이와 같은 특정 사건이 발생할 때까지 걸리는 시간 등을 모델링할 수 있다. 그림 A.32는 지수분포의 확률밀도함수의 그래프이다.

지수분포를 따르는 확률변수는 기억이 없는 특성을 가진다. 만약 X가 어떤 물체의 수명을 나타내는 확률변수라면, 물체가 이미 t시간 동안 살아남았다는 가정하에 최소한 s시간 동안 더 살아남을 확률은 초기부터 최소한 s시간 동안 살아남을 확률과 같다. 예를 들어 방사능 입자의 현재 나이 t는 이 입자가 앞으로 s의 기간에 살아남을 확률에 영향을 주지 않는다. 하지만 실제로는 기억이 없는 원칙이 맞지 않은 경우에도 모형이 충분히 합리적인 근사가 된다면 지수분포가 사용될 수 있다. 환자의 인공 고관절이나 심장판막의 수명을 예측하는 경우가 그런 예이다. 다음은 지수분포의 응용 예제이다.

예제 5 전자회사가 제조한 칩의 수명 T(년)은 다음의 확률밀도함수를 갖는 지수분포를 따른다.

$$f(t) = \begin{cases} 0, & t < 0 \\ 0.1e^{-0.1t}, & t \geq 0 \end{cases}$$

이 모델을 사용하여 다음을 구하라.

(a) 칩의 수명이 2년 이상일 확률인 $P(T > 2)$를 구하라.

(b) 칩이 다섯 번째 해에 고장날 확률인 $P(4 \leq T \leq 5)$를 구하라.

(c) 1000개의 칩 중에서 3년 이내에 고장날 칩의 개수의 기댓값을 구하라.

풀이

(a) 칩의 수명이 2년 이상일 확률은 다음과 같다.

$$P(T > 2) = \int_2^{\infty} 0.1e^{-0.1t}\,dt = \lim_{b\to\infty}\int_2^{b} 0.1e^{-0.1t}\,dt$$
$$= \lim_{b\to\infty}\left[e^{-0.2} - e^{-0.1b}\right] = e^{-0.2} \approx 0.819$$

따라서 칩의 약 82%는 수명이 2년 이상이다.

(b) 칩이 다섯 번째 해에 고장날 확률은 다음과 같다.

$$P(4 \le T \le 5) = \int_4^{5} 0.1e^{-0.1t}\,dt = -e^{-0.1t}\Big]_4^5 = e^{-0.4} - e^{-0.5} \approx 0.064$$

따라서 약 6%이다.

(c) 칩이 3년 이내에 고장날 확률은 다음과 같다.

$$P(0 \le T \le 3) = \int_0^{3} 0.1e^{-0.1t}\,dt = -e^{-0.1t}\Big]_0^3 = 1 - e^{-0.3} \approx 0.259$$

따라서 1000개의 칩 중에서는 약 259개가 3년 이내에 고장날 것으로 기대된다. ■

기댓값, 평균, 중앙값

가축 농장에서 키운 황소의 무게(파운드)를 나타내는 연속 확률변수 W의 확률밀도함수가 $f(w)$이며, 농부는 무게가 w인 황소를 $g(w)$달러에 팔 수 있다고 하자. 농부가 무작위로 선택한 황소로 얻을 수 있는 수입은 얼마로 기대할 수 있는가?

이 질문에 답하기 위해 폭이 Δw_i인 작은 구간 $[w_i, w_{i+1}]$을 생각하면, 황소의 무게가 이 구간 안의 값일 확률은 다음과 같다.

$$\int_{w_i}^{w_{i+1}} f(w)\,dw \approx f(w_i)\,\Delta w_i$$

이 구간에 있는 황소 한 마리로 얻을 수 있는 수익은 대략 $g(w_i)$이다. 따라서 황소 한 마리로 농부가 얻을 수 있는 수입은 근사적으로 다음 리만 합과 같다.

$$\sum g(w_i)\,f(w_i)\,\Delta w_i$$

황소의 최대 무게를 b라 가정하면 f는 유한 구간 $[0, b]$ 밖에서는 0이다. 위에서 잡은 각각의 작은 구간의 폭이 0으로 갈 때 리만 합의 극한은 다음 적분과 같다.

$$\int_{-\infty}^{\infty} g(w)\,f(w)\,dw$$

이 적분이 무작위로 선택된 황소에 대해 기대할 수 있는 수입이며, 이는 함수 g의 기댓값이다.

확률변수 X의 어떤 함수의 기댓값은 확률과 통계에서 중요하다. 이때 가장 중요한 것 중 하나는 함수 $g(x)=x$의 기댓값이다.

정의 확률밀도함수 f를 가진 연속 확률변수 X의 **기댓값** 또는 **평균**은 다음 식의 값으로 정의한다.

$$\mu = \mathrm{E}(X) = \int_{-\infty}^{\infty} xf(x)\,dx$$

기댓값 $\mathrm{E}(X)$는 확률변수 X의 각 값에 가중치 $f(X)$를 주어 가중 평균한 값으로 생각할 수 있다. 또한 평균은 확률적 사건을 여러번 시행했을 때 확률변수 X의 장기적 평균값으로 해석될 수 있으며, 확률변수 X의 중심성을 측정하는 지표 중 하나이다.

예제 6 다음 지수분포의 확률밀도함수를 갖는 확률변수 X의 평균을 구하라.

$$f(x) = \begin{cases} 0, & x < 0 \\ ce^{-cx}, & x \geq 0 \end{cases}$$

풀이 정의로부터 계산하면 다음과 같다.

$$\mu = \int_{-\infty}^{\infty} xf(x)\,dx = \int_0^{\infty} xce^{-cx}\,dx$$

$$= \lim_{b\to\infty} \int_0^b xce^{-cx}\,dx = \lim_{b\to\infty} \left(-xe^{-cx} \Big]_0^b + \int_0^b e^{-cx}\,dx \right)$$

$$= \lim_{b\to\infty} \left(-be^{-cb} - \frac{1}{c}e^{-cb} + \frac{1}{c} \right) = \frac{1}{c}$$

첫 항은 로피탈 법칙

따라서 평균은 $\mu = 1/c$이다. ■

예제 6의 결과로부터 평균이 μ인 지수분포의 확률밀도함수를 다음과 같이 공식으로 쓸 수 있다.

평균이 μ인 지수분포의 확률밀도함수

$$f(x) = \begin{cases} 0, & x < 0 \\ \mu^{-1}e^{-x/\mu}, & x \geq 0 \end{cases}$$

예제 7 예제 5에서 칩이 고장날 시간 T가 평균이 8년인 지수분포를 따른다고 하자. 5년 이내에 칩이 고장날 확률을 구하라.

풀이 평균이 $\mu = 8$인 지수분포의 확률밀도함수는 다음과 같다.

$$f(t) = \begin{cases} 0, & t < 0 \\ \frac{1}{8}e^{-t/8}, & t \geq 0 \end{cases}$$

따라서 5년 이내에 칩이 고장날 확률은 다음과 같다.

$$P(0 \leq T \leq 5) = \int_0^5 0.125e^{-0.125t}\,dt = -e^{-0.125t}\Big]_0^5 = 1 - e^{-0.625} \approx 0.465$$

따라서 약 47%이다. ■

예제 8 예제 4의 확률변수 X의 기댓값을 구하라.

풀이 기댓값은 다음과 같다.

$$\mu = \mathrm{E}(X) = \int_0^3 \frac{4}{27}x^3(3-x)\,dx = \frac{4}{27}\left[\frac{3}{4}x^4 - \frac{1}{5}x^5\right]_0^3$$

$$= \frac{4}{27}\left(\frac{243}{4} - \frac{243}{5}\right) = 1.8$$

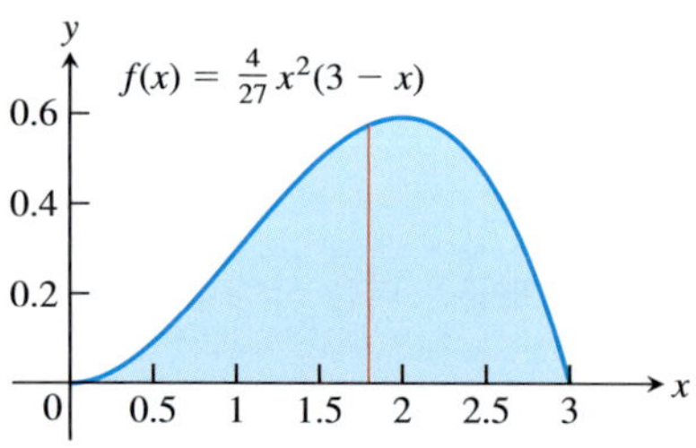

그림 A.33 확률밀도함수를 갖는 확률변수의 기댓값은 $\mu = 1.8$이다(예제 8).

그림 A.33에서 확률밀도함수 아래의 영역이 수직선 $x = 1.8$ 좌우로 균형을 이루고 있는 것으로 보이므로 이 기댓값은 적절한 값임을 알 수 있다. 즉 이 영역의 무게중심의 x좌표가 $\bar{x} = 1.8$임을 뜻한다. ■

확률밀도함수가 주어진 확률변수의 중심성을 측정하는 다른 방법을 소개한다.

정의 확률밀도함수 f를 갖는 연속확률변수 X의 **중앙값**(median)은 다음 식을 만족시키는 m의 값이다.

$$\int_{-\infty}^{m} f(x)\,dx = \frac{1}{2}, \qquad \int_{m}^{\infty} f(x)\,dx = \frac{1}{2}$$

위 정의의 의미는 확률변수 X가 중앙값 m보다 클 확률과 작을 확률이 일치한다는 것이다.

예제 9 다음과 같이 지수분포의 확률밀도함수를 갖는 X의 중앙값을 구하라.

$$f(x) = \begin{cases} 0, & x < 0 \\ ce^{-cx}, & x \geq 0 \end{cases}$$

풀이 중앙값 m은 다음을 만족시킨다.

$$\frac{1}{2} = \int_{0}^{m} ce^{-cx}\,dx = -e^{-cx}\Big]_{0}^{m} = 1 - e^{-cm}$$

따라서 다음과 같다.

$$e^{-cm} = \frac{1}{2} \qquad \text{또는} \qquad m = \frac{1}{c}\ln 2$$

또한 이는 다음과 같이 다시 확인할 수 있다.

$$\frac{1}{2} = \lim_{b\to\infty}\int_{m}^{b} ce^{-cx}\,dx = \lim_{b\to\infty}\Big[-e^{-cx}\Big]_{m}^{b} = \lim_{b\to\infty}(e^{-cm} - e^{-cb}) = e^{-cm}$$

X의 평균이 $\mu = 1/c$이므로 중앙값은 $m = \mu\ln 2$이다. 평균과 중앙값이 다른 이유는 확률밀도함수가 대칭적이지 않고 오른쪽으로 갈수록 넓게 퍼져 있기 때문이다. ■

분산과 표준편차

평균 μ는 같지만 서로 다른 분포를 갖는 확률변수는 매우 다르게 움직일 수 있다(그림 A.34). 확률변수 X의 분산은 X의 값이 평균에서 얼마나 퍼져 있는지를 나타내는 값이며, $(X-\mu)^2$의 기댓값이다. 분산은 평균으로부터 거리의 제곱의 기댓값이므로 그 제곱근을 사용할 때가 많다.

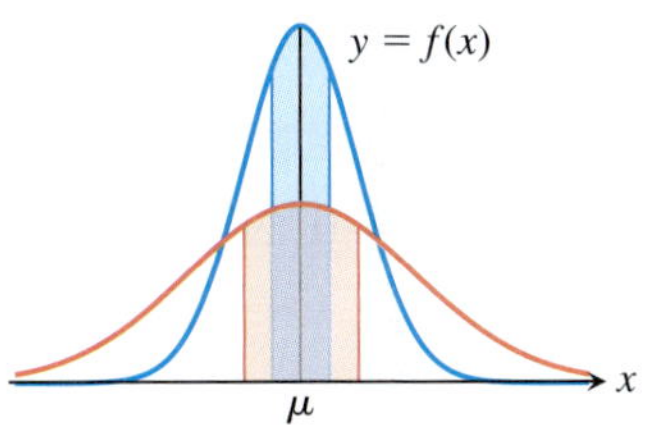

그림 A.34 평균이 같은 확률밀도함수는 평균에서 퍼져 있는 정도가 서로 다를 수 있다. 그림에서 파란색과 빨간색으로 표시된 영역은 같은 넓이를 갖는다.

정의 확률밀도함수 f를 갖는 확률변수 X의 **분산**(variance)은 다음과 같이 $(X-\mu)^2$의 기댓값으로 나타낸다.

$$\text{Var}(X) = \int_{-\infty}^{\infty} (x-\mu)^2 f(x)\,dx$$

X의 **표준편차**(standard deviation)는 다음과 같다.

$$\sigma_X = \sqrt{\text{Var}(X)} = \sqrt{\int_{-\infty}^{\infty} (x-\mu)^2 f(x)\,dx}$$

예제 10 예제 5의 확률변수 T의 표준편차를 구하라. 또한 평균으로부터 거리가 표준편차보다 크지 않을 확률을 구하라.

풀이 평균이 $\mu = 10$인 지수분포의 확률밀도함수는 예제 6에서 다루었다. 표준편차를 구하기 위해 먼저 분산을 구하는 적분을 계산한다.

$$\begin{aligned}\int_{-\infty}^{\infty} (t-\mu)^2 f(t)\,dt &= \int_{0}^{\infty} (t-10)^2(0.1e^{-0.1t})\,dt \\ &= \lim_{b\to\infty}\int_{0}^{b} (t-10)^2(0.1e^{-0.1t})\,dt\end{aligned}$$

$$= \lim_{b\to\infty}\left[\left(-(t-10)^2 - 20(t-10)\right)e^{-0.1t}\right]_0^b + \lim_{b\to\infty}\int_0^b 20e^{-0.1t}\,dt$$ 부분적분

$$= \left[0 + (-10)^2 + 20(-10)\right] - 20\lim_{b\to\infty}\left(10e^{-0.1t}\right)\Big]_0^b$$

$$= -100 - 200\lim_{b\to\infty}\left(e^{-0.1b} - 1\right) = 100$$

표준편차는 분산의 제곱근이므로 $\sigma = 10$이다.

평균으로부터 거리가 표준편차보다 크지 않을 확률은 $P(\mu - \sigma \le T \le \mu + \sigma)$이다. 따라서 다음과 같다.

$$P(10 - 10 \le T \le 10 + 10) = \int_0^{20} 0.1e^{-0.1t}\,dt = -e^{-0.1t}\Big]_0^{20} = 1 - e^{-2} \approx 0.865$$

따라서 대략 87%의 칩이 20년 이내에 고장난다. ■

균등분포

균등분포(uniform distribution)는 매우 간단한 분포이며 응용 문제에서 자주 사용된다. 구간 $[a, b]$에서 정의된 균등분포의 확률밀도함수는 다음과 같다.

$$f(x) = \frac{1}{b-a}, \quad a \le x \le b$$

표본공간의 각 결과가 동일한 확률로 발생한다면, 확률변수 X는 균등분포를 가진다. f가 구간 $[a, b]$에서 상수이므로 균등분포를 가진 확률변수가 어떤 구간에 있을 확률은 같은 길이를 가진 다른 구간에 있을 확률과 동일하다. 확률변수 X가 구간 $[a, b]$의 부분구간 안의 값을 가질 확률은 그 부분구간의 길이를 $(b-a)$로 나눈 것과 같다.

예제 11 원점에 끝이 고정된 화살표가 원점 주위를 회전하다 멈춘다 할 때, 확률변수 X는 화살표가 가리키는 방향과 x축의 양의 방향 사이의 각도를 호도법으로 잰 $[0, 2\pi)$ 사이의 값이라 하자. 어떠한 방향으로든 화살표가 가리킬 확률이 동일하다고 가정할 때, 확률밀도함수와 화살표가 북과 동 사이를 가리킬 확률을 구하라.

풀이 균등분포의 확률밀도함수는 $f(x) = 1/(2\pi)$, $0 \le x < 2\pi$이고 그 외의 x값에 대해 $f(x) = 0$으로 주어진다.

화살표가 북과 동 사이를 가리킬 확률은 다음과 같다.

$$P\left(0 \le X \le \frac{\pi}{2}\right) = \int_0^{\pi/2} \frac{1}{2\pi}\,dx = \frac{1}{4}$$ ■

정규분포

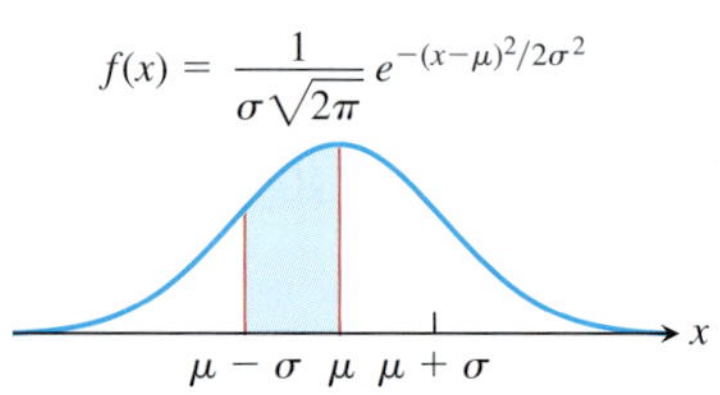

그림 A.35 평균이 μ이고 표준편차가 σ인 정규 확률밀도함수.

매우 자주 사용되는 분포로 **정규분포**(normal distribution)가 있다. 정규분포는 다음과 같은 확률밀도함수를 갖는다.

$$f(x) = \frac{1}{\sigma\sqrt{2\pi}}e^{-(x-\mu)^2/2\sigma^2}$$

여기서 μ는 평균이고, σ는 표준편차이다. 실제로는 대량의 데이터로부터 평균과 표준편차의 값을 추정하여 사용한다. 이 함수의 그래프는 그림 A.35에 그려져 있으며, 종 모양으로 그려지므로 종 곡선이라고도 불린다. 이 곡선은 평균을 중심으로 대칭이며, 따라서 X의 중앙값은 평

균과 같다. 실제로 많은 확률변수가 대략적으로 정규분포를 따른다. 예를 들어 남성의 키, 특정 지역의 연간 강수량, 어떤 사람의 혈압이나 혈액 속의 혈청 콜레스테롤 수준, 성인 인구의 뇌 무게, 특정 기간 동안 해바라기 종자의 성장량 등이 있다.

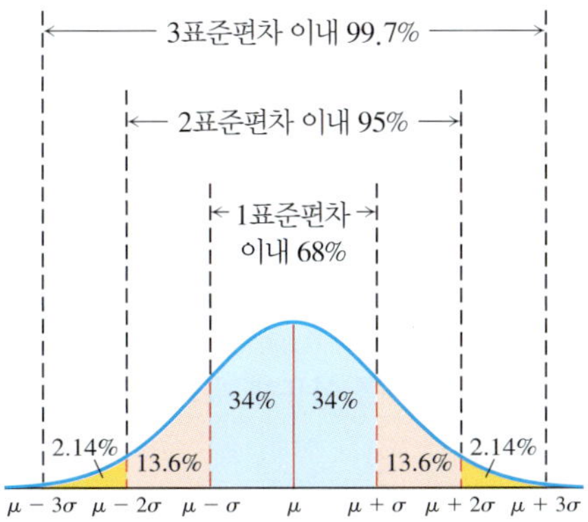

그림 A.36 정규분포에서 평균으로부터 표준편차 대역의 확률.

정규 확률밀도함수의 적분을 익숙한 함수의 형태로 나타낼 수 없다. 그러나 μ와 σ가 주어진 경우 정규 확률밀도함수를 사용하는 적분은 수치적분 방법으로 계산할 수 있다. 보통 컴퓨터나 계산기의 수치적분 기능을 사용하여 계산할 수 있다. 정규분포에서 확률변수 X가 평균에서 표준편차의 $k=1, 2, 3, 4$배 이내에 위치할 확률을 계산해보면 다음과 같다.

$$P(\mu - \sigma < X < \mu + \sigma) \approx 0.68269$$
$$P(\mu - 2\sigma < X < \mu + 2\sigma) \approx 0.95450$$
$$P(\mu - 3\sigma < X < \mu + 3\sigma) \approx 0.99730$$
$$P(\mu - 4\sigma < X < \mu + 4\sigma) \approx 0.99994$$

예를 들어 확률변수 X는 대략 95%의 확률로 평균으로부터 표준편차 2배 이내의 값을 갖게 된다. 대략 68%의 확률로 X는 평균으로부터 표준편차 이내의 값을 갖는다(그림 A.36).

예제 12 혈압은 전반적인 건강의 중요한 지표이다. 14세에서 70세까지의 건강한 사람에 대한 어떤 연구에서 사람들의 수축기 혈압을 평균이 119.7 mm Hg이고 표준편차가 10.9 mm Hg인 정규분포를 사용하여 모델링했다.

(a) 이 모델을 사용하여 미국심장협회에서 정의한 1기 고혈압 수준인 수축기 혈압 140에서 160 mm Hg 사이인 인구의 백분율을 구하라.

(b) 미국심장협회에서 정의한 2기 고혈압 수준인 160에서 180 mm Hg 사이의 혈압을 가진 인구의 백분율을 구하라.

(c) 미국심장협회에서 정의한 정상 범위인 90에서 120 mm Hg 사이의 혈압을 가진 인구의 백분율을 구하라.

풀이

(a) 적분을 직접 계산할 수 없으므로 컴퓨터를 사용하여 $\mu=119.7$, $\sigma=10.9$인 정규 확률밀도함수의 적분을 계산하면 다음과 같다.

$$P(140 \le X \le 160) = \int_{140}^{160} \frac{1}{10.9\sqrt{2\pi}} e^{-(x-119.7)^2/2(10.9)^2}\,dx \approx 0.03117$$

따라서 연구 대상 연령대의 약 3%가 1기 고혈압을 갖고 있음을 의미한다.

(b) 컴퓨터를 사용하여 혈압이 160에서 180 mm Hg 사이인 확률을 계산하면 다음과 같다.

$$P(160 \le X \le 180) = \int_{160}^{180} \frac{1}{10.9\sqrt{2\pi}} e^{-(x-119.7)^2/2(10.9)^2}\,dx \approx 0.00011$$

따라서 인구의 약 0.011%가 2기 고혈압을 갖고 있다.

(c) 혈압이 정상 범위에 있을 확률은 다음과 같다.

$$P(90 \le X \le 120) = \int_{90}^{120} \frac{1}{10.9\sqrt{2\pi}} e^{-(x-119.7)^2/2(10.9)^2}\,dx \approx 0.50776$$

따라서 약 51%의 인구가 정상적인 수축기 혈압을 갖고 있다. ■

많은 국가공인시험은 정규분포를 사용하여 점수를 표준화한다. 다음 예제에서는 시험 점수에 대한 이산 확률변수를 모델링함에 있어 연속 확률변수에 대한 정규분포함수가 사용되는 것을 보여준다.

예제 13 ACT는 대학에 입학하려는 고등학생이 응시하는 표준화된 시험이다. 이 시험은 영어, 수학, 과학 과목의 지식, 기술, 능숙도를 측정하며, 점수는 구간 [1, 36]에서 결정된다. 2009년의 고등학생 응시자 수는 약 150만 명이며, 전 과목의 평균 점수는 $\mu=21.1$이고 표준편차는 $\sigma=5.1$이었다.

(a) ACT 점수가 18에서 24점 사이인 학생은 전체의 몇 %인가?

(b) 시험에서 27점을 얻은 학생의 순위는?

(c) 상위 8%에 들기 위해 학생이 얻어야 하는 최소 정수 점수는 얼마인가?

풀이

(a) $\mu=21.1$, $\sigma=5.1$을 가지는 정규 확률밀도함수의 적분을 컴퓨터를 이용해 계산하면 다음과 같다.

$$P(18 \le X \le 24) = \int_{18}^{24} \frac{1}{5.1\sqrt{2\pi}} e^{-(x-21.1)^2/2(5.1)^2}\, dx \approx 0.44355$$

따라서 약 44% 학생의 ACT 점수가 18에서 24점 사이이다.

(b) 컴퓨터를 사용하여 시험에서 27점 이하를 받을 확률을 계산하면 다음과 같다.

$$P(1 \le X < 27) = \int_{1}^{27} \frac{1}{5.1\sqrt{2\pi}} e^{-(x-21.1)^2/2(5.1)^2}\, dx \approx 0.87630$$

따라서 학생 중 약 88%가 27점 미만을 받았으므로, 27점 얻은 학생의 순위는 상위 12%이다.

(c) 먼저 28보다 높은 점수를 받은 학생의 비율을 계산하면 다음과 같다.

$$P(28 < X \le 36) = \int_{28}^{36} \frac{1}{5.1\sqrt{2\pi}} e^{-(x-21.1)^2/2(5.1)^2}\, dx \approx 0.0863$$

이 숫자는 8%보다 크므로 다음으로 29점 이상을 받는 학생의 비율을 계산해보자.

$$P(29 < X \le 36) = \int_{29}^{36} \frac{1}{5.1\sqrt{2\pi}} e^{-(x-21.1)^2/2(5.1)^2}\, dx \approx 0.0595$$

따라서 학생이 상위 8%에 들기 위해 획득해야 하는 가장 낮은 정수 점수는 29점이다(실제로는 상위 6%에 들게 된다). ■

확률변수 X의 정규분포 중 가장 간단한 형태는 그 평균이 0이고 표준편차가 1인 경우이다. 평균이 $\mu=0$이고 표준편차가 $\sigma=1$인 표준정규분포의 확률밀도함수 f는 다음과 같다.

$$f(x) = \frac{1}{\sqrt{2\pi}} e^{-x^2/2}$$

정규분포의 확률을 구할 때 적분에서 $z=(x-\mu)/\sigma$로 치환하면, 다음을 얻는다.

$$\int_a^b \frac{1}{\sigma\sqrt{2\pi}} e^{-((x-\mu)/\sigma)^2/2}\, dx = \int_\alpha^\beta \frac{1}{\sqrt{2\pi}} e^{-z^2/2}\, dz$$

이때 $\alpha=(a-\mu)/\sigma$이고 $\beta=(b-\mu)/\sigma$이다. 따라서 확률변수값을 위의 식을 이용하여 'z값'으로 변환하여 정규분포를 표준화하고 그 후에 오른쪽 식의 적분을 사용하면 평균이 μ이고 표준편차가 σ인 원래 확률변수의 확률을 계산할 수 있다. 정규분포에서 모집단의 약 95.5%가 평균에서 표준편차의 2배 이내에 있으므로, 확률변수 X를 z값으로 변환하면 구간 $[-2, 2]$ 이내에 발생할 확률이 95% 이상이 된다.

연습문제 A.8 EXERCISE QUESTION

확률밀도함수

연습문제 1~8에서 주어진 함수가 확률밀도함수인지를 판단하고 증명하라.

1. $f(x) = \frac{1}{18}x, \quad [4, 8]$

2. $f(x) = \frac{1}{2}(2 - x), \quad [0, 2]$

3. $f(x) = 2^x, \quad \left[0, \frac{\ln(1 + \ln 2)}{\ln 2}\right]$

4. $f(x) = x - 1, \quad [0, 1 + \sqrt{3}]$

5. $f(x) = \begin{cases} \frac{1}{x^2}, & x \geq 1 \\ 0, & x < 1 \end{cases}$

6. $f(x) = \begin{cases} \frac{8}{\pi(4 + x^2)}, & x \geq 0 \\ 0, & x < 0 \end{cases}$

7. $f(x) = 2\cos 2x, \quad \left[0, \frac{\pi}{4}\right]$

8. $f(x) = \frac{1}{x}, \quad (0, e]$

9. 함수 f는 예제 2f의 확률변수 L에 대한 확률밀도함수이다. 다음 적분의 의미를 설명하라.

a. $\int_{25,000}^{32,000} f(l)\,dl$ **b.** $\int_{30,000}^{\infty} f(l)\,dl$

c. $\int_{0}^{20,000} f(l)\,dl$ **d.** $\int_{-\infty}^{15,000} f(l)\,dl$

10. $f(x)$를 예제 11의 확률변수 X의 균등분포라 하자. 다음 확률을 적분으로 나타내라.

a. 화살이 남쪽과 서쪽 사이 또는 북쪽과 서쪽 사이를 가리킬 확률

b. 화살의 각이 2라디안보다 크거나 같을 확률

연습문제 11~16에서 주어진 함수가 주어진 구간에서 값을 갖는 연속확률변수 X의 확률밀도함수임을 증명하라. 또한 제시된 확률을 계산하라.

11. $f(x) = xe^{-x}, \quad [0, \infty), P(1 \leq X \leq 3)$

T **12.** $f(x) = \frac{\ln x}{x^2}, \quad [1, \infty), P(2 < X < 15)$

13. $f(x) = \frac{3}{2}x(2 - x), \quad [0, 1], P(0.5 > X)$

T **14.** $f(x) = \frac{\sin^2 \pi x}{\pi x^2}, \quad \left[\frac{200}{1059}, \infty\right), P(X < \pi/6)$

15. $f(x) = \begin{cases} \frac{2}{x^3} & x > 1 \\ 0 & x \leq 1 \end{cases}, \quad (-\infty, \infty), P(4 \leq X < 9)$

16. $f(x) = \sin x, \quad [0, \pi/2], P\left(\frac{\pi}{6} < X \leq \frac{\pi}{4}\right)$

연습문제 17~20에서 주어진 함수가 주어진 구간에서 값을 갖는 연속확률변수의 확률밀도함수가 되도록 하는 상수 c의 값을 구하라.

17. $f(x) = \frac{1}{6}x, \quad [3, c]$ **18.** $f(x) = \frac{1}{x}, \quad [c, c + 1]$

19. $f(x) = 4e^{-2x}, \quad [0, c]$

20. $f(x) = cx\sqrt{25 - x^2}, \quad [0, 5]$

21. 함수 $f(x) = \frac{c}{1 + x^2}$가 확률밀도함수가 되도록 하는 c의 값을 구하라. f가 확률변수 X의 확률밀도함수일 때 확률 $P(1 \leq X < 2)$를 구하라.

22. 함수 $f(x) = c\sqrt{x}(1 - x)$가 구간 $[0, 1]$에서 값을 갖는 확률변수 X에 대한 확률밀도함수가 되도록 하는 c의 값을 구하고 확률 $P(0.25 \leq X \leq 0.5)$를 구하라.

23. 지수적으로 감소하는 함수가 다음과 같이 확률밀도함수가 되면 $A = c$임을 보여라.

$$f(x) = \begin{cases} 0, & x < 0 \\ Ae^{-cx}, & x \geq 0 \end{cases}$$

24. 함수 f가 평균이 μ인 확률변수의 확률밀도함수일 때, 분산이 다음 식을 만족함을 보여라.

$$\text{Var}(X) = \int_{-\infty}^{\infty} x^2 f(x)\,dx - \mu^2$$

연습문제 25~28에서 주어진 확률밀도함수를 갖는 확률변수의 평균과 중앙값을 구하라.

25. $f(x) = \frac{1}{8}x, \quad [0, 4]$ **26.** $f(x) = \frac{1}{9}x^2, \quad [0, 3]$

27. $f(x) = \begin{cases} \frac{2}{x^3}, & x \geq 1 \\ 0, & x < 1 \end{cases}$ **28.** $f(x) = \begin{cases} \frac{1}{x}, & 1 \leq x \leq e \\ 0, & x < 1 \text{ 또는 } x > e \end{cases}$

지수분포

29. 소화시간 정해진 양의 음식의 소화시간은 평균이 1시간인 지수분포를 따른다. 음식의 소화시간이 30분 미만이 될 확률을 구하라.

30. 꽃 수분화 생물학자는 벌이 꽃에 올 때까지의 대기시간을 평균이 4분인 지수분포로 모델링한다. 꽃밭에 꽃이 1000개 있다면 5분 내에 수분되는 꽃의 개수를 구하라.

31. 전구 수명 전구의 수명이 평균이 1200시간인 지수분포를 따른다.

a. 전구의 보장된 수명인 1000시간이 되기 전에 고장날 확률을 구하라.

b. 한 묶음의 전구 중 반 이상이 고장날 때까지 걸리는 예상시간을 구하라.

32. 전자 부품 수명 마이크로컴퓨터 부품의 기대 수명은 지수분포를 따르며 전체의 1/3이 3년 내에 고장난다고 한다. 회사의 보증기간은 1년이다. 이때 보증기간 내에 부품이 고장날 확률을 구하라.

33. 생물의 수명 히드라는 작은 담수 동물로, 연구에 따르면 나이가 들어도 죽을 확률이 증가하지 않는 것으로 나타났다. 나이가 사망률에 영향을 미치지 않는 점을 볼 때 지수분포가 히드라의 수명을 분석하는데 적절한 모형이다. 500마리의 히드라 중 2년 내에 200

마리가 죽었다면, 6개월 내에 얼마나 많은 히드라가 죽을 것으로 예상되는지 구하라.

34. 차량 사고 매년 연초로부터 고위험 운전자에게 사고가 날 때까지 걸리는 시간은 지수분포를 따른다. 과거 데이터로부터 연초 50일 이내에 고위험 운전자의 30%에게 사고가 나는 것으로 기대된다고 하자. 100명의 고위험 운전자 그룹 중 연초 80일 이내에 사고가 날 것으로 예상되는 인원을 구하라.

35. 고객 서비스 시간 고객이 빵집에 들어와 서비스를 받기까지 기다리는 시간은 평균이 30초인 지수분포를 따른다.

a. 고객이 기다리는 시간이 15초 이하일 확률을 구하라.

b. 고객이 1분 이상 기다릴 확률을 구하라.

c. 고객이 정확히 5분 기다릴 확률을 구하라.

d. 하루에 200명의 고객이 방문한다면 그 중 기다리는 시간이 3분 이하일 고객의 수의 기댓값을 구하라.

36. 공항 대기시간 미국 관세국경보호청에 따르면, 시카고 오헤어 국제공항에서 여행자의 평균 대기시간은 오전 7~8시에 도착할 경우 16분, 오후 4~5시에 도착할 경우 32분이라고 한다. 공항 대기시간은 도착으로부터 공항 보안검색대를 통과하는 데까지 걸린 시간을 의미한다. 대기시간은 지수분포를 따른다.

a. 오전 7~8시에 도착한 여행자의 대기시간이 10분에서 30분 사이일 확률을 구하라.

b. 오전 7~8시에 도착한 여행자의 대기시간이 25분 이상일 확률을 구하라.

c. 오후 4~5시에 도착한 여행자의 대기시간이 35분에서 50분 사이일 확률을 구하라.

d. 오후 4~5시에 도착한 여행자의 대기시간이 20분 이하일 확률을 구하라.

37. 프린터 수명 200달러짜리 프린터의 수명은 평균 2년인 지수분포를 따른다. 제조사는 프린터 구매 후 첫 해에 고장나면 전액 환불, 둘째 해에 고장 나면 반액 환불을 약속했다. 100대의 프린터가 판매되었을 때 제조사가 부담하게 될 총 환불금액의 기댓값을 구하라.

38. 고장시간 복사기가 고장나는 시간은 지수분포를 따른다. 한 대학에서 복사기의 절반이 운영 첫 2년 내에 고장난다고 한다. 대학이 150대의 복사기를 구매했을 때, 1년 이내에 고장나는 복사기의 개수의 기댓값을 구하라.

T 정규분포

39. 콜레스테롤 수준 12~14세 어린이의 혈청 콜레스테롤 수준은 평균이 162 mg/dl이고 표준편차가 28 mg/dl인 정규분포를 따른다. 어린이 1000명 중 혈청 콜레스테롤 수준이 165에서 193 사이인 어린이의 수의 기댓값을 구하라. 148에서 167 사이인 경우는 어떠한가?

40. 연간 강수량 캘리포니아의 샌프란시스코의 연간 강수량은 평균이 510 mm이고 표준편차가 120 mm인 정규 확률변수이다. 내년 강수량이 444 mm를 초과할 확률을 구하라.

41. 제조시간 전자 제조 공장에서 부품의 조립시간은 평균이 $\mu=55$이고, 표준편차가 $\sigma=4$인 정규분포를 따른다. 부품의 조립시간이 1시간 미만일 확률을 구하라.

42. 타이어 수명 예제 2f의 확률변수 L이 평균이 $\mu=35{,}000$킬로미터이고 $\sigma=6{,}000$킬로미터인 정규분포를 따른다고 가정하자.

a. 4000개의 타이어 중 수명이 적어도 29,000킬로미터인 타이어 수는 얼마인가?

b. 90%의 타이어의 수명으로 예상할 수 있는 최소 킬로미터 수를 구하라.

43. 키 18~24세 미국 여성의 평균 키는 평균이 $\mu=166$ cm이고 $\sigma=6$ cm인 정규분포를 따른다.

a. 172 cm보다 키가 큰 여성의 비율을 구하라.

b. 키가 155 cm에서 163 cm 사이인 여성의 비율을 구하라.

44. 수명 태어날 때 프랑스 시민의 평균 기대수명은 82세이고 표준편차는 7세이다. 임의로 선택된 100명의 새로 태어난 프랑스 아기 중에서 75세에서 85세 사이까지 살 것으로 예상되는 아기는 몇 명인가? 기대수명은 정규분포를 따른다고 가정한다.

45. 임신기간 의료 전문가 팀에 의하면 20~35세 연령대 1000명의 여성 모집단에서 임신에서 출생까지의 임신기간은 평균이 266일이고 표준편차가 16일인 정규분포를 따른다고 한다. 이 여성 중 임신기간이 36주와 40주 사이일 것으로 예상되는 여성은 몇 명인가?

46. 뇌 무게 500명의 성인 스웨덴 남성 모집단에서 뇌 무게가 평균이 $\mu=1400$ gm이고 표준편차가 $\sigma=100$ gm인 정규분포를 따른다고 한다.

a. 뇌 무게가 1325에서 1450 gm 사이인 사람의 비율은 얼마인가?

b. 모집단에서 뇌 무게가 1480 gm를 초과하는 남성 수는 얼마인가?

47. 혈압 인의 이완기 혈압은 정규분포를 따르며 $\mu=80$ mmHg, $\sigma=12$ mmHg이다. 임의로 선택된 300명의 성인 중 이완기 혈압이 70 mmHg 미만인 사람 수는 얼마로 예상되는가?

48. 알부민 수준 건강한 20세 남성의 혈청 알부민은 $\mu=4.4$이고 $\sigma=0.2$인 정규분포를 따른다. 건강한 20세 남성이 혈청 알부민 수준이 4.3에서 4.45 사이에 있을 확률을 구하라.

49. 품질 관리 발전기 축을 제조하는 제조업체는 적절한 정적 및 동적 밸런스를 달성하기 위해 축에 추가 무게를 더해야 함을 알게 되었다. 실험을 통해 밝혀진 바로는 필요한 평균 추가 무게는 $\mu=35$ gm이고 $\sigma=9$ gm인 정규분포를 따른다. 임의로 선택된 1000개의 축 중에서 40 gm 이상의 추가 무게가 필요한 축은 몇 개인가?

50. 주행거리 뉴욕의 택시회사는 운전사의 일일 주행거리를 분석하여 평균이 300 km이고 표준편차는 50 km인 정규분포를 따른다는 것을 밝혔다. 운전사 중 400 km 이상이나 250 km 미만으로 주행하는 운전사의 비율은 얼마로 예상할 수 있는가?

51. 해바라기 씨앗의 발아 씨앗의 발아율은 성공적으로 발아한 씨앗의 비율이다. 해바라기 씨앗의 발아율이 80%이며, n개의 씨앗으로 이루어진 대규모 모집단에서 발아 성공 씨앗의 수는 평균이 $\mu=0.8n$이고 $\sigma=0.4\sqrt{n}$인 정규분포를 따른다고 가정하자.

a. $n=2500$개의 씨앗 중 적어도 1960개가 발아할 확률을 구하라.

b. $n=2500$개의 씨앗 중 1980개 이하가 발아할 확률을 구하라.

c. $n=2500$개의 씨앗 중 1940개 이상 2020개 이하가 발아할 확률을 구하라.

52. 공정한 동전을 n번 던져서 앞면이 나오는 횟수를 확률변수 X라 하자. n이 크다고 가정하고 이산 확률변수 X를 평균이 $\mu=n/2$이고 $\sigma=\sqrt{n}/2$인 정규분포를 따르는 연속 확률변수로 근사한다. $n=400$일 때 다음 확률을 구하라.

a. $P(190 \le X < 210)$ **b.** $P(X < 170)$

c. $P(X > 220)$ **d.** $P(X = 300)$

이산 확률변수

53. 공정한 동전을 4번 던져 뒷면이 나오는 횟수를 확률변수 X라 하자.
  a. 가능한 모든 결과의 집합을 구하라.
  b. 각각의 결과에 대한 X의 값을 구하라.
  c. 그림 A.30과 같은 X에 대한 확률 막대 그래프를 그려라. 앞면이 적어도 2회 이상 나올 확률을 얼마인가?

54. 예제 2e에서와 같이 주사위 2개를 굴려 나오는 눈의 합을 확률변수 X라 하자.
  a. 가능한 모든 결과의 집합을 구하라.
  b. X에 대한 확률 막대 그래프를 그려라.
  c. $X=8$일 확률은 얼마인가?
  d. $X \le 5$일 확률은 얼마인가? $X > 9$일 확률은?

55. 식료품점에서 세 명에게 특정 브랜드의 일반 제품에 대한 여론 조사 의견을 물었다. 그들은 '제품 브랜드가 마음에 든다'(L), '제품 브랜드가 마음에 들지 않는다'(D) 또는 '의견없음'(U) 중 하나로 답했고, 각각의 답의 확률은 같다고 하자. 조사에서 L로 대답한 사람의 수를 확률변수 X라 하자.
  a. 가능한 모든 결과의 집합과 X의 범위를 구하라.
  b. X에 대한 확률 막대 그래프를 그려라.
  c. 적어도 두 명이 제품 브랜드를 좋아할 확률을 구하라.
  d. 제품 브랜드를 싫어하는 사람이 최대 한 명 이하일 확률을 구하라.

56. **우주선 부품** 우주선의 한 부품은 비행 중에 주 시스템과 예비 시스템을 갖고 있다. 비행 중 두 시스템이 모두 고장날 확률은 0.0148이다. 각 시스템이 고장날 확률은 같다고 가정할 때, 비행 중 주 시스템이 고장날 확률을 구하라.

A.9 벡터외적에서의 분배법칙

이 장에서는 10.4절의 성질 2 분배법칙인 다음 식을 증명하고자 한다.

$$\mathbf{u} \times (\mathbf{v} + \mathbf{w}) = \mathbf{u} \times \mathbf{v} + \mathbf{u} \times \mathbf{w}$$

증명 분배법칙을 이끌어내기 위해 $\mathbf{u} \times \mathbf{v}$를 새로운 방법으로 만들어보자. 원점에서 출발하는 벡터 $\mathbf{u}$와 $\mathbf{v}$를 그리고, $\mathbf{u}$와 원점에서 수직인 평면 M을 만든다(그림 A.37). $\mathbf{v}$을 평면 M에 수직으로 사영시키면 길이가 $|\mathbf{v}| \sin \theta$인 벡터 $\mathbf{v}_1$이 만들어진다. 이 벡터 $\mathbf{v}_1$을 $\mathbf{u}$중심으로 양의 방향으로 90° 회전시키면 새로운 벡터 $\mathbf{v}_2$가 만들어진다. 마지막으로 $\mathbf{v}_2$에 $\mathbf{u}$의 길이만큼을 곱한다. 이때 생성되는 벡터 $|\mathbf{u}|\mathbf{v}_2$은 $\mathbf{u} \times \mathbf{v}$와 같다. 왜냐하면 $\mathbf{v}_2$는 작도에 의해 $\mathbf{u} \times \mathbf{v}$와 같은 방향을 가지고 다음이 성립하기 때문이다(그림 A.37).

$$|\mathbf{u}||\mathbf{v}_2| = |\mathbf{u}||\mathbf{v}_1| = |\mathbf{u}||\mathbf{v}|\sin \theta = |\mathbf{u} \times \mathbf{v}|$$

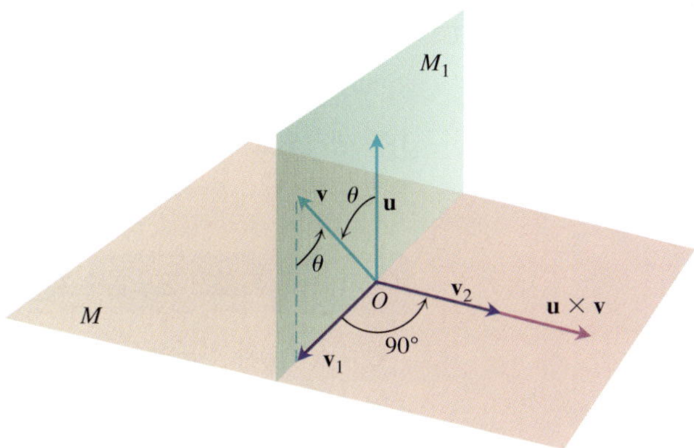

그림 A.37 증명에서 설명한 대로 $\mathbf{u} \times \mathbf{v} = |\mathbf{u}|\mathbf{v}_2$.

다음과 같이 세 가지 작도는 $\mathbf{u}$와 평행하지 않은 평면 상의 삼각형을 이루는 벡터에 세 가지 연산을 각각 적용시키면 또 다른 삼각형을 만들어낼 수 있다. 여기서 세 가지 연산은 다음과 같다.

1. M 위로의 정사영

2. $\mathbf{u}$를 중심으로 90° 회전

3. $|\mathbf{u}|$**와의 곱**

먼저 $\mathbf{v}$, $\mathbf{w}$, $\mathbf{s}=\mathbf{v}+\mathbf{w}$로 이루어진 삼각형(그림 A.38)부터 시작해보자. 세 가지 단계를 각각 적용시켜 보면 다음이 성립한다.

1. 주어진 벡터 방정식을 만족하는 변 $\mathbf{v}_1$, $\mathbf{w}_1$, $\mathbf{s}_1$으로 이루어진 삼각형

$$\mathbf{v}_1 + \mathbf{w}_1 = \mathbf{s}_1$$

2. 주어진 벡터 방정식을 만족하는 변 $\mathbf{v}_2$, $\mathbf{w}_2$, $\mathbf{s}_2$으로 이루어진 삼각형

$$\mathbf{v}_2 + \mathbf{w}_2 = \mathbf{s}_2$$

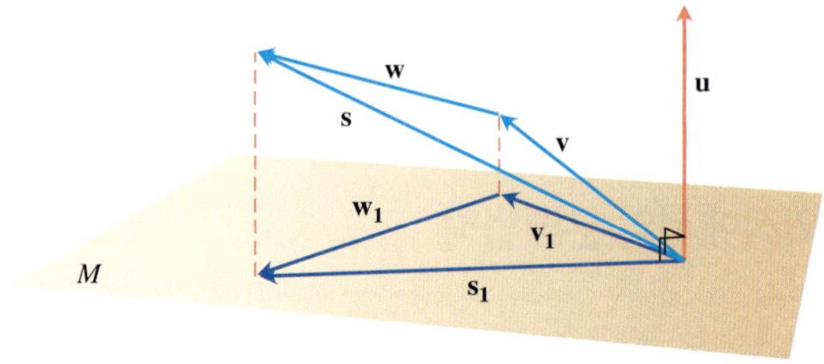

그림 A.38 벡터 $\mathbf{v}$, $\mathbf{w}$, $\mathbf{v}+\mathbf{w}$와 각각 벡터의 $\mathbf{u}$와 수직인 평면 위로의 사영.

3. 주어진 벡터 방정식을 만족하는 변 $|\mathbf{u}|\mathbf{v}_2$, $|\mathbf{u}|\mathbf{w}_2$, $|\mathbf{u}|\mathbf{s}_2$로 이루어진 삼각형

$$|\mathbf{u}|\mathbf{v}_2 + |\mathbf{u}|\mathbf{w}_2 = |\mathbf{u}|\mathbf{s}_2$$

증명 중에 벡터 표현 $|\mathbf{u}|\mathbf{v}_2=\mathbf{u}\times\mathbf{v}$, $|\mathbf{u}|\mathbf{w}_2=\mathbf{u}\times\mathbf{w}$, $|\mathbf{u}|\mathbf{s}_2=\mathbf{u}\times(\mathbf{v}+\mathbf{w})$를 마지막 벡터방정식에 대체하면 다음과 같은 식을 얻을 수 있다.

$$\mathbf{u}\times\mathbf{v} + \mathbf{u}\times\mathbf{w} = \mathbf{u}\times(\mathbf{v}+\mathbf{w})$$ ■

A.10 혼합된 편도함수 정리와 증분 정리

이 장에서는 혼합된 편도함수 정리(12.3절 정리 2)와 2변수 함수에 대한 증분 정리(12.3절 정리 3)를 생각해보자. 오일러는 1734년 최초로 유체역학에 관해 쓴 논문에서 혼합된 편도함수 정리를 발표했다.

정리 2 | 혼합된 편도함수 정리

만약 $f(x, y)$와 편도함수 f_x, f_y, f_{xy}, f_{yx}가 점 (a, b)를 포함하는 열린 영역에서 정의되어 있고 점 (a, b)에서 모두 연속이면, 다음을 만족한다.

$$f_{xy}(a, b) = f_{yx}(a, b)$$

증명 $f_{xy}(a, b)=f_{yx}(a, b)$에 대한 증명은 4번의 평균값 정리(3.2절 정리 4)를 적용함으로써 얻을 수 있다. 가정에 의해 점 (a, b)가 f_x, f_y, f_{xy}, f_{yx}이 모두 정의되는 xy평면에 있는 사각형 R 내부에 있다고 하자. $(a+h, b+k)$ 또한 R 안에 있도록 h와 k를 놓고, 차를 고려해보자.

$$\Delta = F(a+h) - F(a) \tag{1}$$

여기서 다음을 얻는다.

$$F(x) = f(x, b+k) - f(x, b) \tag{2}$$

$F(x)$가 미분가능인 함수이고 연속이다. 따라서 평균값 정리를 적용하면 식 (1)은 다음과 같다.

$$\Delta = hF'(c_1) \tag{3}$$

여기서 c_1은 a와 $a+h$ 사이에 있다. 식 (2)로부터 다음을 얻는다.

$$F'(x) = f_x(x, b+k) - f_x(x, b)$$

따라서 식 (3)에 의해 다음을 얻는다.

$$\Delta = h[f_x(c_1, b+k) - f_x(c_1, b)] \tag{4}$$

즉 다음과 같다.

$$g(b+k) - g(b) = kg'(d_1)$$
$$f_x(c_1, b+k) - f_x(c_1, b) = kf_{xy}(c_1, d_1)$$

여기서 d_1은 b와 $b+k$ 사이에 존재한다. 이 식을 식 (4)에 대입하면 다음과 같다.

$$\Delta = hkf_{xy}(c_1, d_1) \tag{5}$$

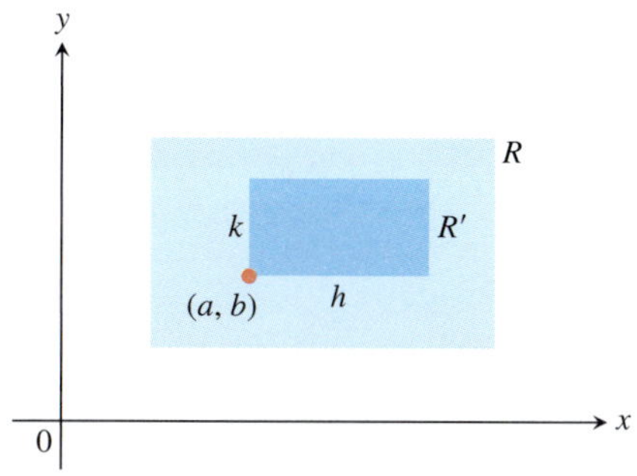

그림 A.39 $f_{xy}(a, b)=f_{yx}(a, b)$에서 증명의 열쇠는 어떤 R인가에 상관없이 그 내부점 중에 f_{xy}와 f_{yx}가 같은 값을 갖는지이다(반드시 같은 점에서 함숫값이 같을 필요는 없다).

점 (c_1, d_1)은 네 점 (a, b), $(a+h, b)$, $(a+h, b+k)$로 이루어진 사각형 R' 내의 한 점이다(그림 A.39).

식 (2)를 식 (1)에 대입하면 다음과 같다.

$$\begin{aligned}\Delta &= f(a+h, b+k) - f(a+h, b) - f(a, b+k) + f(a, b)\\ &= [f(a+h, b+k) - f(a, b+k)] - [f(a+h, b) - f(a, b)]\\ &= \phi(b+k) - \phi(b)\end{aligned} \tag{6}$$

여기서 다음을 얻는다.

$$\phi(y) = f(a+h, y) - f(a, y) \tag{7}$$

식 (6)에 평균값 정리를 적용하면, b와 $b+k$ 사이의 적당한 값 d_2에 의해 다음 식이 성립한다.

$$\Delta = k\phi'(d_2) \tag{8}$$

식 (7)로부터 다음을 얻는다.

$$\phi'(y) = f_y(a+h, y) - f_y(a, y) \tag{9}$$

식 (9)를 식 (8)에 대입하면 다음과 같다.

$$\Delta = k[f_y(a+h, d_2) - f_y(a, d_2)]$$

마지막으로 다시 한 번 평균값 정리를 적용하면 a와 $a+h$ 사이에 적당한 값 c_2에 대해 다음 식이 성립한다.

$$\Delta = khf_{yx}(c_2, d_2) \tag{10}$$

따라서 식 (5)과 식 (10)에 의해 다음을 얻는다.

$$f_{xy}(c_1, d_1) = f_{yx}(c_2, d_2) \tag{11}$$

여기서 (c_1, d_1)과 (c_2, d_2)는 사각형 R' 내의 점이다(그림 A.39). 식 (11)은 원하는 결과가 아니다. 왜냐하면 (c_1, d_1)에서의 f_{xy}와 (c_2, d_2)에서 f_{yx}가 같은 값을 가지기 때문이다. 그러나 h와 k는 원하는 대로 충분히 작게 만들어도 된다. 그리고 f_{xy}와 f_{yx}가 둘 다 (a, b)에서 연속이라는 가정은 $f_{xy}(c_1, d_1)=f_{xy}(a, b)+\varepsilon_1$과 $f_{xy}(c_2, d_2)=f_{xy}(a, b)+\varepsilon_2$에서 $h, k \to 0$일수록 $\varepsilon_1, \varepsilon_2 \to 0$임을 의미한다. 따라서 h와 k를 0에 가깝게 하면 $f_{xy}(a, b)=f_{yx}(a, b)$가 성립한다. ■

정리 2에서 주어진 가정보다 좀 더 약한 가정에서도 등식 $f_{xy}(a, b)=f_{yx}(a, b)$이 성립함을 증명할 수 있다. 예를 들어 f, f_x, f_y가 영역 R에 존재하고, f_{xy}가 (a, b)에서 연속이다라는 가정으로도 f_{xy}가 (a, b)에서 존재하고 그 점에서 f_{xy}와 같은 값을 갖는다.

정리 3 ❙ 2변수 함수에 대한 증분 정리

점 (x_0, y_0)를 포함하는 열린 영역 R에서 $z=f(x, y)$의 1계 편도함수가 정의되고, f_x와 f_y가 점 (x_0, y_0)에서 연속이라고 가정하자. 영역 R 내의 점 (x_0, y_0)에서 다른 점 $(x_0+\Delta x, y_0+\Delta y)$로 이동할 때 f에서의 변화값 $\Delta z=f(x_0+\Delta x, y_0+\Delta y)-f(x_0, y_0)$은 다음 형태의 식을 만족한다.

$$\Delta z = f_x(x_0, y_0)\Delta x + f_y(x_0, y_0)\Delta y + \varepsilon_1\Delta x + \varepsilon_2\Delta y$$

단, $\Delta x, \Delta y \to 0$이면 $\varepsilon_1, \varepsilon_2 \to 0$이다.

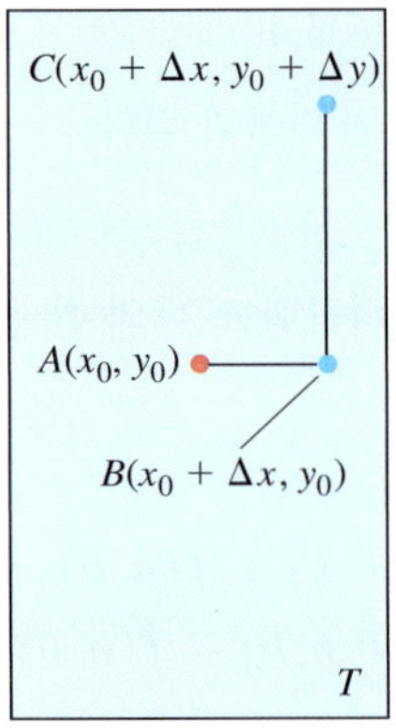

그림 A.40 증분 정리의 증명 중에 직사각형 영역 T는 그림에서 Δx와 Δy가 양수이지만, 둘 중 하나가 0이거나 음수여도 된다.

증명 영역 R 내부에 있고 중심이 $A(x_0, y_0)$인 직사각형 T 내에서 조사하기로 하고, Δx와 Δy는 충분히 작은 값으로서 A와 $B(x_0+\Delta x, y_0)$를 연결하는 선분과 B와 $C(x_0, +\Delta x, y_0+\Delta y)$를 연결하는 선분이 T 내에 있다고 가정하자(그림 A.40).

Δz를 2개의 증분의 합, 즉 $\Delta z=\Delta z_1+\Delta z_2$로 표현하자. 여기서 다음 식은 f가 A에서 B로 움직일 때 변화값이다.

$$\Delta z_1 = f(x_0 + \Delta x, y_0) - f(x_0, y_0)$$

다음 식은 f가 B에서 C로 움직일 때 변화값이다(그림 A.41).

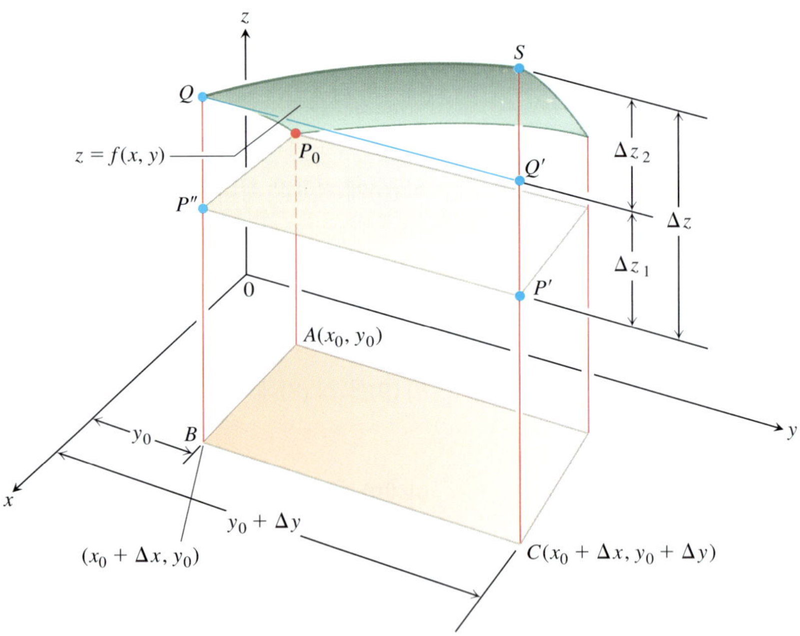

그림 A.41 $P_0(x_0, y_0, f(x_0, y_0))$가 근처 곡면 $z=f(x, y)$의 일부분. P_0, P', P''는 xy평면 위에서 같은 높이 $z_0=f(x_0, y_0)$를 갖는다. z에서의 변화량 $\Delta z=P'S$이고 $P''Q=P'Q'$에서 보여주는 변화량은 다음과 같다.

$$\Delta z_1 = f(x_0 + \Delta x, y_0) - f(x_0, y_0)$$

Δz_1은 y가 y_0로 같은 반면에 x_0에서 $x_0+\Delta x$로 x의 변화량에 의해 영향을 받는다. 그러면 x가 $x_0+\Delta x$일 때 다음과 같다.

$$\Delta z_2 = f(x_0 + \Delta x, y_0 + \Delta y) - f(x_0 + \Delta x, y_0)$$

Δz_2는 y가 y_0에서 $y_0+\Delta y$로 변화하면서 나타나는 z에서의 변화량이다. 이것은 $Q'S$로 표현된다. 이때 z의 전체 변화량은 Δz_1와 Δz_2의 합이다.

$$\Delta z_2 = f(x_0 + \Delta x, y_0 + \Delta y) - f(x_0 + \Delta x, y_0)$$

닫힌 구간 $[x_0, x_0 + \Delta x]$에서 $F(x) = f(x, y_0)$는 x에 관해 미분가능한(즉 연속인) 함수로서 도함수는 다음과 같다.

$$F'(x) = f_x(x, y_0)$$

평균값 정리(3.2절 정리 4)를 적용하면 x_0와 $x_0 + \Delta x$ 사이의 $x = c$에 대해 다음과 같이 성립한다.

$$F(x_0 + \Delta x) - F(x_0) = F'(c)\,\Delta x$$
$$f(x_0 + \Delta x, y_0) - f(x_0, y_0) = f_x(c, y_0)\,\Delta x$$
$$\Delta z_1 = f_x(c, y_0)\,\Delta x \tag{12}$$

비슷한 방법으로 y_0와 $y_0 + \Delta y$에서 $G(y) = f(x_0 + \Delta x, y)$도 미분가능한(즉 연속인) 함수로서 도함수는 다음과 같다.

$$G'(y) = f_y(x_0 + \Delta x, y)$$

따라서 y_0와 $y_0 + \Delta y$ 사이의 y값 d에 대해 다음과 같이 성립한다.

$$G(y_0 + \Delta y) - G(y_0) = G'(d)\,\Delta y$$
$$f(x_0 + \Delta x, y_0 + \Delta y) - f(x_0 + \Delta x, y) = f_y(x_0 + \Delta x, d)\,\Delta y$$
$$\Delta z_2 = f_y(x_0 + \Delta x, d)\,\Delta y \tag{13}$$

그런데 $\Delta x, \Delta y \to 0$일 때 $c \to x_0$, $d \to y_0$임을 알 수 있고, 따라서 f_x, f_y가 (x_0, y_0)에서 연속이므로 다음 식은 $\Delta x, \Delta y \to 0$일 때 모두 0으로 수렴한다.

$$\varepsilon_1 = f_x(c, y_0) - f_x(x_0, y_0),$$
$$\varepsilon_2 = f_y(x_0 + \Delta x, d) - f_y(x_0, y_0) \tag{14}$$

따라서 다음과 같이 표현된다.

$$\begin{aligned}
\Delta z &= \Delta z_1 + \Delta z_2 \\
&= f_x(c, y_0)\,\Delta x + f_y(x_0 + \Delta x, d)\,\Delta y && \text{식 (12), (13)으로부터} \\
&= [f_x(x_0, y_0) + \varepsilon_1]\,\Delta x + [f_y(x_0, y_0) + \varepsilon_2]\,\Delta y && \text{식 (14)로부터} \\
&= f_x(x_0, y_0)\,\Delta x + f_y(x_0, y_0)\,\Delta y + \varepsilon_1\,\Delta x + \varepsilon_2\,\Delta y
\end{aligned}$$

여기서 $\Delta x, \Delta y \to 0$일 때 $\varepsilon_1, \varepsilon_2 \to 0$이 성립한다. ■

유한개의 독립변수를 가진 함수에서도 일반화된 결론이 성립한다. $w = f(x, y, z)$가 (x_0, y_0, z_0)를 포함하는 열린 영역에서 정의되고, (x_0, y_0, z_0)에서 1계 편도함수 f_x, f_y, f_z가 연속이라 하자. 그러면 다음 식이 성립한다.

$$\begin{aligned}
\Delta w &= f(x_0 + \Delta x, y_0 + \Delta y, z_0 + \Delta z) - f(x_0, y_0, z_0) \\
&= f_x\,\Delta x + f_y\,\Delta y + f_z\,\Delta z + \varepsilon_1\,\Delta x + \varepsilon_2\,\Delta y + \varepsilon_3\,\Delta z
\end{aligned} \tag{15}$$

여기서 $\Delta x, \Delta y, \Delta z \to 0$일 때 $\varepsilon_1, \varepsilon_2, \varepsilon_3 \to 0$이다.

식 (15)에서 주어진 1계 편도함수 f_x, f_y, f_z에 대해 (x_0, y_0, z_0)에서의 값을 계산하고자 한다.

식 (15)는 Δw를 다음 3개의 증분의 합으로 간주하고 각각의 변수에 평균값 정리를 적용하면 증명할 수 있다.

$$\Delta w_1 = f(x_0 + \Delta x, y_0, z_0) - f(x_0, y_0, z_0) \tag{16}$$
$$\Delta w_2 = f(x_0 + \Delta x, y_0 + \Delta y, z_0) - f(x_0 + \Delta x, y_0, z_0) \tag{17}$$
$$\Delta w_3 = f(x_0 + \Delta x, y_0 + \Delta y, z_0 + \Delta z) - f(x_0 + \Delta x, y_0 + \Delta y, z_0) \tag{18}$$

3개의 편증분 Δw_1, Δw_2, Δw_3의 각각은 2개의 좌표는 상숫값을 갖고 하나만 변수가 된다. 예를 들어 식 (17)에서 x는 $x_0+\Delta x$로, z는 z_0로 고정된 상숫값이고, 유일하게 y만 변수이다. 그런데 $f(x_0+\Delta x,\ y,\ z_0)$가 도함수 f_y를 가진 y에 관한 연속함수이므로 평균값 정리를 적용할 수 있다. 따라서 y_0와 $y_0+\Delta y$ 사이의 적당한 y_1에 대해 다음 식이 성립한다.

$$\Delta w_2 = f_y(x_0 + \Delta x, y_1, z_0)\,\Delta y$$

선별된 연습문제 해답

1장

1.1절

1. (a) 19 **(b)** 1

3. (a) $-\frac{4}{\pi}$ **(b)** $-\frac{3\sqrt{3}}{\pi}$ **5.** 1

7. (a) 4 **(b)** $y = 4x - 9$

9. (a) 2 **(b)** $y = 2x - 7$

11. (a) 12 **(b)** $y = 12x - 16$

13. (a) -9 **(b)** $y = -9x - 2$

15. (a) $-1/4$ **(b)** $y = -x/4 - 1$

17. (a) $1/4$ **(b)** $y = x/4 + 1$

19. Your estimates may not completely agree with these.

(a)

PQ_1	PQ_2	PQ_3	PQ_4
43	46	49	50

The appropriate units are m/s.

(b) $\approx$50 m/s or 180 km/h

21. (a)

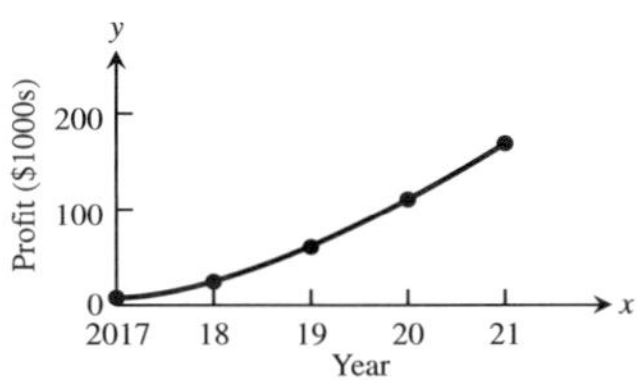

(b) $\approx$\$56,000/year

(c) $\approx$\$42,000/year

23. (a) 0.414213, 0.449489, $(\sqrt{1+h} - 1)/h$ **(b)** $g(x) = \sqrt{x}$

$1+h$	1.1	1.01	1.001	1.0001	1.00001	1.000001
$\sqrt{1+h}$	1.04880	1.004987	1.0004998	1.0000499	1.000005	1.0000005
$(\sqrt{1+h} - 1)/h$	0.4880	0.4987	0.4998	0.499	0.5	0.5

(c) 0.5

25. (a) 15 km/h, 3.3 km/h, 10 km/h **(b)** 10 km/h, 0 km/h, 4 km/h

(c) 20 km/h when $t = 3.5$ hr

1.2절

1. (a) Does not exist. As x approaches 1 from the right, $g(x)$ approaches 0. As x approaches 1 from the left, $g(x)$ approaches 1. There is no single number L that all the values $g(x)$ get arbitrarily close to as $x \to 1$.

(b) 1 **(c)** 0 **(d)** 1/2

3. (a) True **(b)** True **(c)** False **(d)** False **(e)** False **(f)** True **(g)** True **(h)** False **(i)** True **(j)** True **(k)** False

5. As x approaches 0 from the left, $x/|x|$ approaches -1. As x approaches 0 from the right, $x/|x|$ approaches 1. There is no single number L that the function values all get arbitrarily close to as $x \to 0$.

7. Nothing can be said. **9.** No; no; no **11.** -4 **13.** -8

15. 3 **17.** $-25/2$ **19.** 16 **21.** 3/2 **23.** 1/10 **25.** -7 **27.** 3/2

29. $-1/2$ **31.** -1 **33.** 4/3 **35.** 1/6 **37.** 4 **39.** 1/2 **41.** 3/2

43. -1 **45.** 1 **47.** 1/3 **49.** $\sqrt{4 - \pi}$

51. (a) Quotient Rule **(b)** Difference and Power Rules

(c) Sum and Constant Multiple Rules

53. (a) -10 **(b)** -20 **(c)** -1 **(d)** 5/7

55. (a) 4 **(b)** -21 **(c)** -12 **(d)** $-7/3$

57. 2 **59.** 3 **61.** $1/(2\sqrt{7})$ **63.** $\sqrt{5}$

65. (a) The limit is 1.

67. (a) $f(x) = (x^2 - 9)/(x + 3)$

x	-3.1	-3.01	-3.001	-3.0001	-3.00001	-3.000001
$f(x)$	-6.1	-6.01	-6.001	-6.0001	-6.00001	-6.000001

x	-2.9	-2.99	-2.999	-2.9999	-2.99999	-2.999999
$f(x)$	-5.9	-5.99	-5.999	-5.9999	-5.99999	-5.999999

(c) $\lim_{x \to -3} f(x) = -6$

69. (a) $G(x) = (x + 6)/(x^2 + 4x - 12)$

x	-5.9	-5.99	-5.999	-5.9999	-5.99999	-5.999999
$G(x)$	$-.126582$	$-.1251564$	$-.1250156$	$-.1250015$	$-.1250001$	$-.1250000$

x	-6.1	-6.01	-6.001	-6.0001	-6.00001	-6.000001
$G(x)$	$-.123456$	$-.124843$	$-.124984$	$-.124998$	$-.124999$	$-.124999$

(c) $\lim_{x \to -6} G(x) = -1/8 = -0.125$

71. (a) $f(x) = (x^2 - 1)/(|x| - 1)$

x	-1.1	-1.01	-1.001	-1.0001	-1.00001	-1.000001
$f(x)$	2.1	2.01	2.001	2.0001	2.00001	2.000001

x	$-.9$	$-.99$	$-.999$	$-.9999$	$-.99999$	$-.999999$
$f(x)$	1.9	1.99	1.999	1.9999	1.99999	1.999999

(c) $\lim_{x \to -1} f(x) = 2$

73. (a) $g(\theta) = (\sin \theta)/\theta$

θ	.1	.01	.001	.0001	.00001	.000001
$g(\theta)$	.998334	.999983	.999999	.999999	.999999	.999999

θ	$-.1$	$-.01$	$-.001$	$-.0001$	$-.00001$	$-.000001$
$g(\theta)$	.998334	.999983	.999999	.999999	.999999	.999999

$\lim_{\theta \to 0} g(\theta) = 1$

75. (a) $f(x) = x^{1/(1-x)}$

x	.9	.99	.999	.9999	.99999	.999999
$f(x)$	.348678	.366032	.367695	.367861	.367877	.367879

x	1.1	1.01	1.001	1.0001	1.00001	1.000001
$f(x)$	.385543	.369711	.368063	.367897	.367881	.367878

$\lim_{x \to 1} f(x) \approx 0.36788$

77. $c = 0, 1, -1$; the limit is 0 at $c = 0$, and 1 at $c = 1, -1$.

79. 7 **81. (a)** 5 **(b)** 5 **83. (a)** 0 **(b)** 0

1.3절

1. $\delta = 2$, or a smaller positive value

3. $\delta = 1/2$, or a smaller positive value

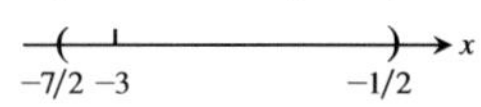

5. $\delta = 1/18$, or a smaller positive value

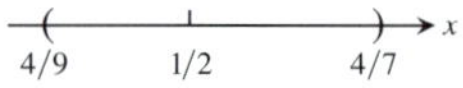

7. $\delta = 0.1$, or a smaller positive value
9. $\delta = 7/16$, or a smaller positive value
11. $\delta = \sqrt{5} - 2$, or a smaller positive value
13. $\delta = 0.36$, or a smaller positive value
15. $(3.99, 4.01)$, $\delta = 0.01$, or a smaller positive value
17. $(-0.19, 0.21)$, $\delta = 0.19$, or a smaller positive value
19. $(3, 15)$, $\delta = 5$, or a smaller positive value
21. $(10/3, 5)$, $\delta = 2/3$, or a smaller positive value
23. $(-\sqrt{4.5}, -\sqrt{3.5})$, $\delta = \sqrt{4.5} - 2 \approx 0.12$, or a smaller positive value
25. $(\sqrt{15}, \sqrt{17})$, $\delta = \sqrt{17} - 4 \approx 0.12$, or a smaller positive value
27. $\left(2 - \dfrac{0.03}{m}, 2 + \dfrac{0.03}{m}\right)$, $\delta = \dfrac{0.03}{m}$, or a smaller positive value
29. $\left(\dfrac{1}{2} - \dfrac{c}{m}, \dfrac{c}{m} + \dfrac{1}{2}\right)$, $\delta = \dfrac{c}{m}$, or a smaller positive value
31. $L = -3$, $\delta = 0.01$, or a smaller positive value
33. $L = 4$, $\delta = 0.05$, or a smaller positive value
35. $L = 4$, $\delta = 0.75$, or a smaller positive value
55. $[8.7332, 8.7476]$. To be safe, the left endpoint was rounded up and the right endpoint was rounded down.
59. The limit does not exist as x approaches 3.

1.4절

1. **(a)** True **(b)** True **(c)** False
(d) True **(e)** True **(f)** True
(g) False **(h)** False **(i)** False
(j) False **(k)** True **(l)** False
3. **(a)** 2, 1 **(b)** No, $\lim_{x\to 2^+} f(x) \neq \lim_{x\to 2^-} f(x)$
(c) 3, 3 **(d)** Yes, 3
5. **(a)** No **(b)** Yes, 0 **(c)** No
7. **(a)**

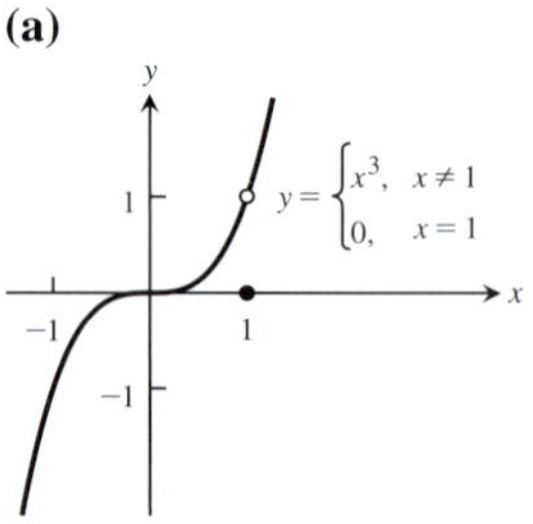

(b) 1, 1
(c) Yes, 1
9. **(a)** $D: 0 \le x \le 2, R: 0 < y \le 1$ and $y = 2$
(b) $[0, 1) \cup (1, 2]$ **(c)** $x = 2$ **(d)** $x = 0$

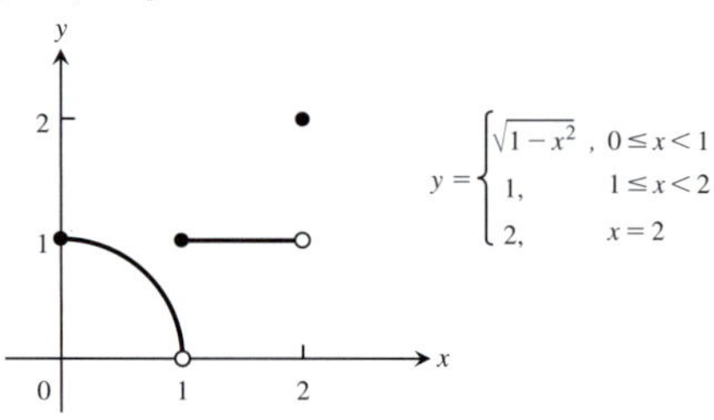

11. $\sqrt{3}$ **13.** 1 **15.** $2/\sqrt{5}$ **17.** **(a)** 1 **(b)** -1
19. **(a)** 1 **(b)** -1 **21.** **(a)** 1 **(b)** 2/3 **23.** 1
25. 3/4 **27.** 2 **29.** 1/2 **31.** 2 **33.** 0 **35.** 1
37. 1/2 **39.** 0 **41.** 3/8 **43.** 3 **45.** 0
51. $\delta = \varepsilon^2$, or a smaller positive value, $\lim_{x\to 5^+} \sqrt{x-5} = 0$
55. **(a)** 400 **(b)** 399 **(c)** The limit does not exist.

1.5절

1. **(a)** 0 **(b)** -2 **(c)** 2 **(d)** Does not exist **(e)** -1
(f) ∞ **(g)** Does not exist **(h)** 1 **(i)** 0
3. **(a)** -3 **(b)** -3 **5.** **(a)** 1/2 **(b)** 1/2 **7.** **(a)** $-5/3$
(b) $-5/3$ **9.** 0 **11.** -1 **13.** **(a)** 2/5 **(b)** 2/5
15. **(a)** 0 **(b)** 0 **17.** **(a)** 7 **(b)** 7 **19.** **(a)** 0 **(b)** 0
21. **(a)** ∞ **(b)** ∞ **23.** 2 **25.** ∞ **27.** 0 **29.** 1
31. ∞ **33.** 1 **35.** 1/2 **37.** ∞ **39.** $-\infty$
41. $-\infty$ **43.** ∞ **45.** **(a)** ∞ **(b)** $-\infty$ **47.** ∞
49. ∞ **51.** $-\infty$ **53.** **(a)** ∞ **(b)** $-\infty$ **(c)** $-\infty$ **(d)** ∞
55. **(a)** $-\infty$ **(b)** ∞ **(c)** 0 **(d)** 3/2
57. **(a)** $-\infty$ **(b)** 1/4 **(c)** 1/4 **(d)** 1/4 **(e)** It will be $-\infty$.
59. **(a)** $-\infty$ **(b)** ∞ **61.** **(a)** ∞ **(b)** ∞ **(c)** ∞ **(d)** ∞

63.

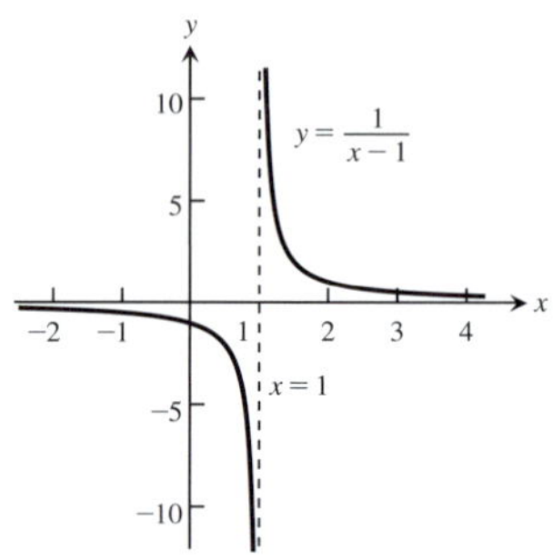

65.

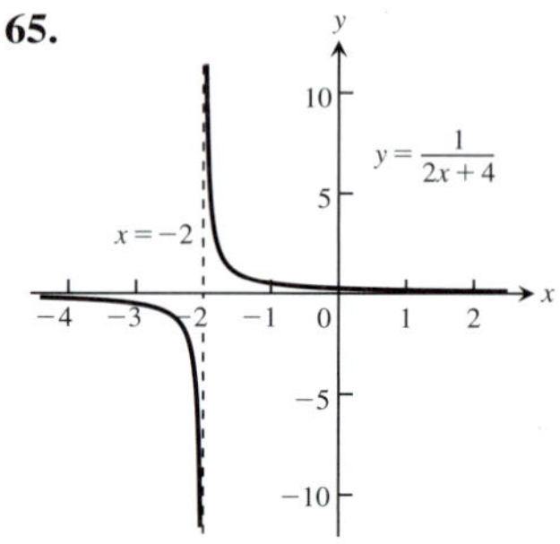

67.

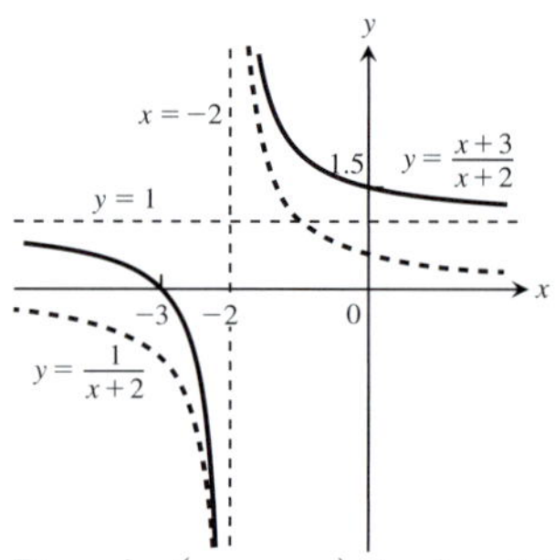

69. Domain: $(-\infty, \infty)$; horizontal asymptote: $y = 7$
71. Domain: $(-\infty, \infty)$; horizontal asymptotes: $y = -1, y = 4$
73. Domain: $(-\infty, 0)$ and $(0, \infty)$; horizontal asymptotes: $y = -1, y = 1$; vertical asymptote: $x = 0$
75. Here is one possibility.

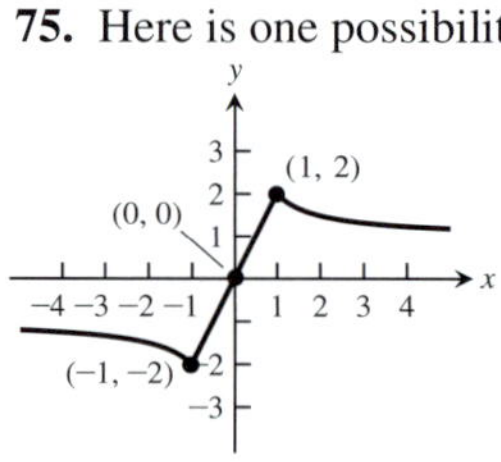

77. Here is one possibility.

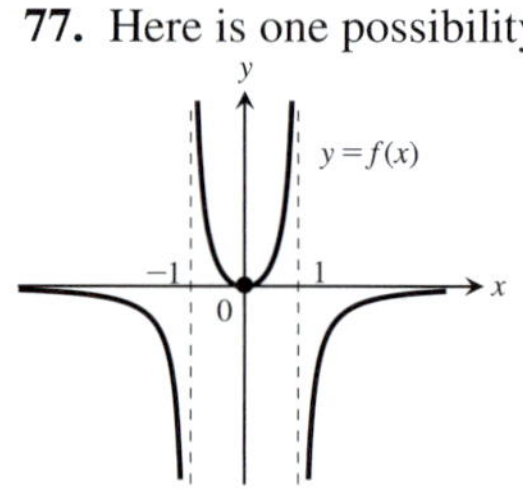

79. Here is one possibility.

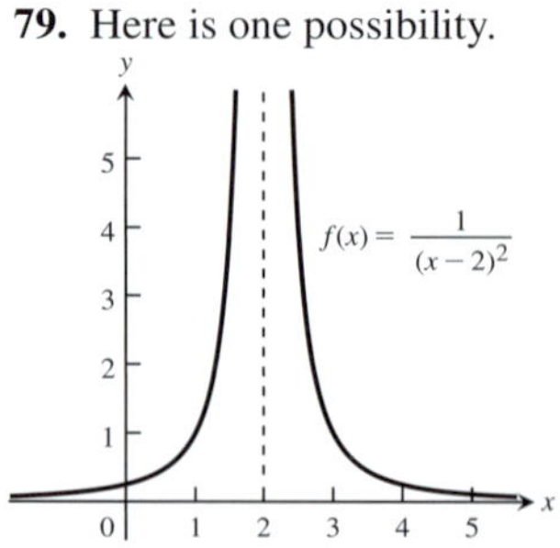

81. Here is one possibility.

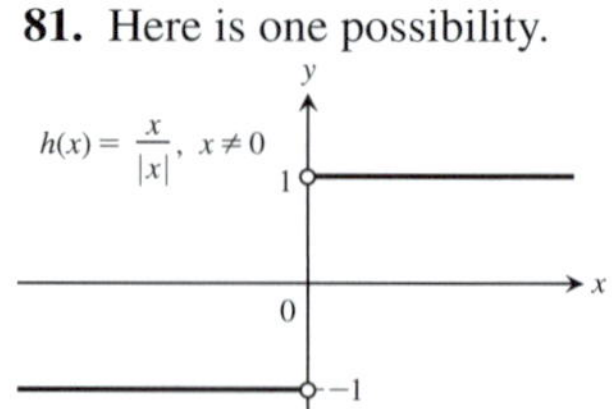

85. At most one **87.** 0 **89.** $-3/4$ **91.** 5/2
99. **(a)** For every positive real number B there exists a corresponding number $\delta > 0$ such that for all x,

$$c - \delta < x < c \Rightarrow f(x) > B.$$

(b) For every negative real number $-B$ there exists a corresponding number $\delta > 0$ such that for all x,

$$c < x < c + \delta \Rightarrow f(x) < -B.$$

(c) For every negative real number $-B$ there exists a corresponding number $\delta > 0$ such that for all x,

$$c - \delta < x < c \Rightarrow f(x) < -B.$$

105.

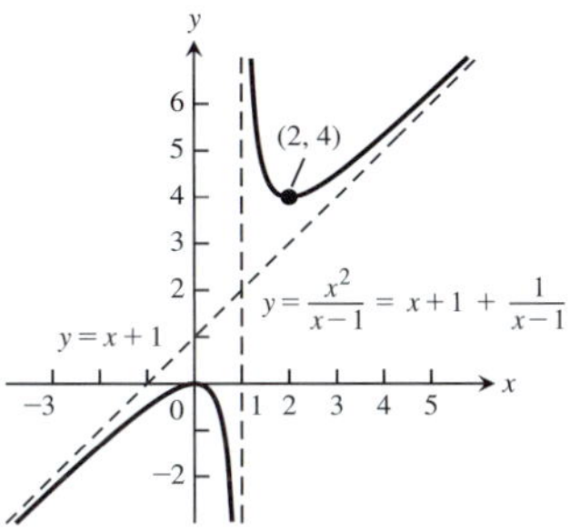

107.

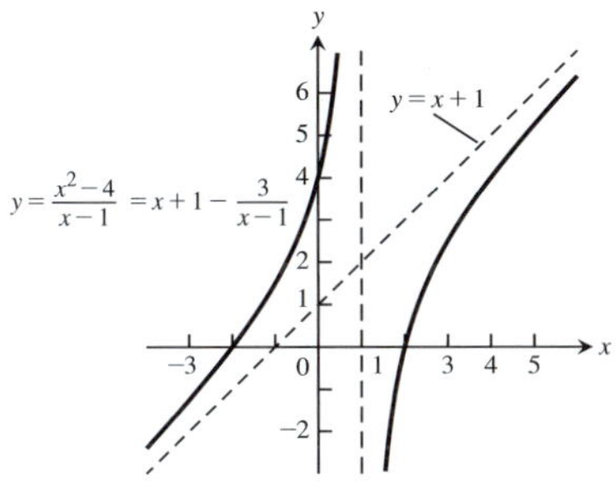

109.

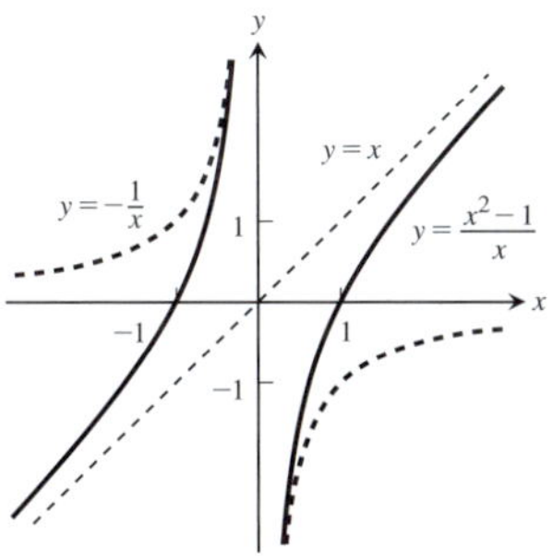

111.

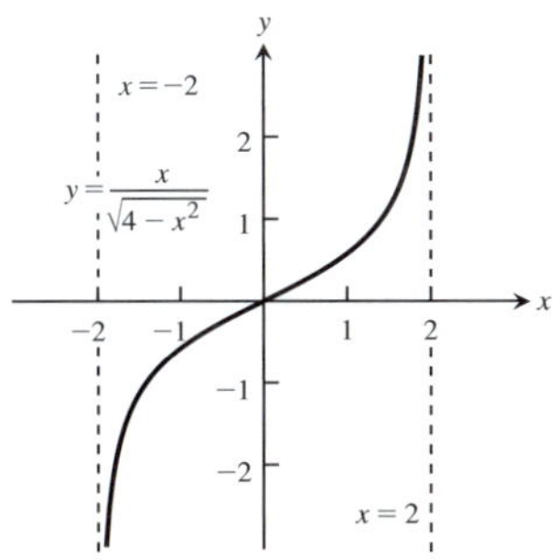

113.

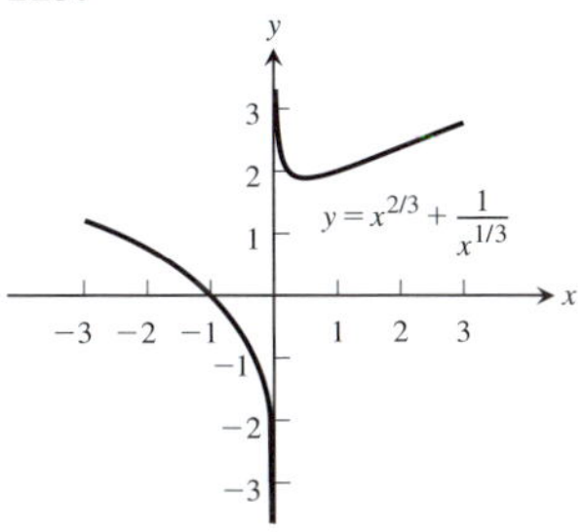

115. **(a)** $y \to \infty$ **(b)** $y \to \infty$ **(c)** cusps at ± 1

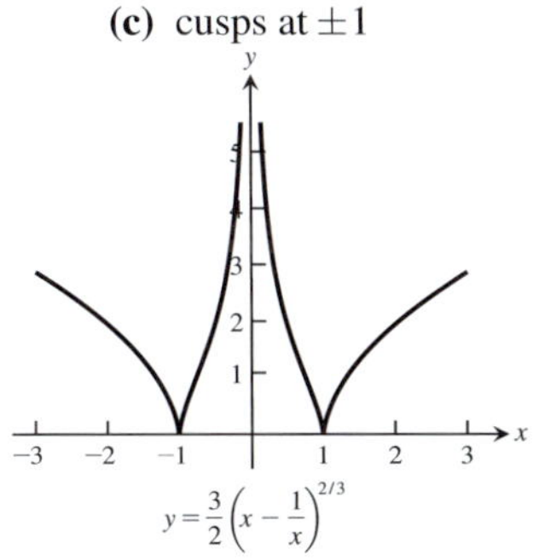

1.6절

1. No; not defined at $x = 2$
3. Continuous
5. **(a)** Yes **(b)** Yes **(c)** Yes **(d)** Yes
7. **(a)** No **(b)** No **9.** 0
11. 1, nonremovable; 0, removable **13.** All x except $x = 2$
15. All x except $x = 3, x = 1$ **17.** All x
19. All x except $x = 0$ **21.** All x except $n\pi/2$, n any integer
23. All x except $n\pi/2$, n an odd integer **25.** All $x \geq -3/2$
27. All x **29.** All x **31.** All x except $x = 1$
33. 0; continuous at $x = \pi$ **35.** 1; continuous at $y = 1$
37. $\sqrt{2}/2$; continuous at $t = 0$ **39.** 1; continuous at $x = 0$
41. -1 **43.** 0 **45.** $g(3) = 6$ **47.** $f(1) = 3/2$
49. $a = 4/3$ **51.** $a = -2, 3$ **53.** $a = 5/2, b = -1/2$
77. $x \approx 1.8794, -1.5321, -0.3473$ **79.** $x \approx 1.7549$
81. $x \approx 3.5156$ **83.** $x \approx 0.7391$

실전문제

1. At $x = -1$: $\lim_{x \to -1^-} f(x) = \lim_{x \to -1^+} f(x) = 1$, so $\lim_{x \to -1} f(x) = 1 = f(-1)$; continuous at $x = -1$

At $x = 0$: $\lim_{x \to 0^-} f(x) = \lim_{x \to 0^+} f(x) = 0$, so $\lim_{x \to 0} f(x) = 0$. However, $f(0) \neq 0$, so f is discontinuous at $x = 0$. The discontinuity can be removed by redefining $f(0)$ to be 0.

At $x = 1$: $\lim_{x \to 1^-} f(x) = -1$ and $\lim_{x \to 1^+} f(x) = 1$, so $\lim_{x \to 1} f(x)$ does not exist. The function is discontinuous at $x = 1$, and the discontinuity is not removable.

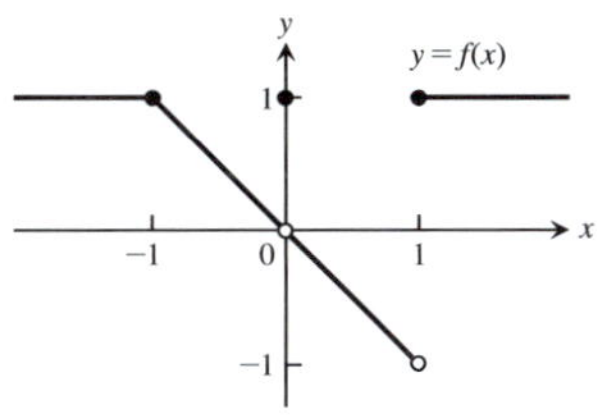

3. **(a)** -21 **(b)** 49 **(c)** 0 **(d)** 1 **(e)** 1 **(f)** 7 **(g)** -7 **(h)** $-\frac{1}{7}$ **5.** 4
7. **(a)** $(-\infty, \infty)$ **(b)** $[0, \infty)$ **(c)** $(-\infty, 0)$ and $(0, \infty)$ **(d)** $[0, \infty)$
9. **(a)** Does not exist **(b)** 0 **11.** $\frac{1}{2}$ **13.** $2x$ **15.** $-\frac{1}{4}$
17. $2/3$ **19.** $2/\pi$ **21.** 1 **23.** 4 **25.** $-\infty$
27. 0 **29.** 2 **31.** 0
35. No in both cases, because $\lim_{x \to 1} f(x)$ does not exist, and $\lim_{x \to -1} f(x)$ does not exist.
37. Yes, f does have a continuous extension, to $a = 1$ with $f(1) = 4/3$.
39. No **41.** $2/5$ **43.** 0 **45.** $-\infty$ **47.** 0 **49.** 1
51. 1 **53.** $-\pi/2$ **55.** **(a)** $x = 3$ **(b)** $x = 1$ **(c)** $x = -4$
57. Domain: $[-4, 2)$ and $(2, 4]$, Range: $(-\infty, \infty)$

심화문제

3. 0; the left-hand limit was taken because the function is undefined for $v > c$.
5. $17.5 < t < 22.5$; within 2.5°C
13. **(a)** B **(b)** A **(c)** A **(d)** A
21. **(a)** $\lim_{a \to 0} r_+(a) = 0.5$, $\lim_{a \to -1^+} r_+(a) = 1$
(b) $\lim_{a \to 0} r_-(a)$ does not exist, $\lim_{a \to -1^+} r_-(a) = 1$
25. 0 **27.** 1 **29.** 4 **31.** -1 **33.** $1/2$ **35.** 4
37. 1 **39.** To make g continuous at the origin, define $g(0) = 1$.
41. $y = 2x$ **43.** $y = x, y = -x$ **47.** $-4/3$
49. **(a)** Domain: $\{0, 1, 1/2, 1/3, 1/4, \ldots\}$
(b) The domain intersects any interval (a, b) containing 0.
(c) 0
51. **(a)** Domain: $(-\infty, -1/\pi] \cup [-1/(2\pi), -1/(3\pi)] \cup [-1/(4\pi), -1/(5\pi)] \cup \cdots \cup [1/(5\pi), 1/(4\pi)] \cup [1/(3\pi), 1/(2\pi)] \cup [1/\pi, \infty)$
(b) The domain intersects any interval (a, b) containing 0.
(c) 0

2장

2.1절

1. P_1: $m_1 = 1$, P_2: $m_2 = 5$

3. P_1: $m_1 = 5/2$, P_2: $m_2 = -1/2$

5. $y = 2x + 5$

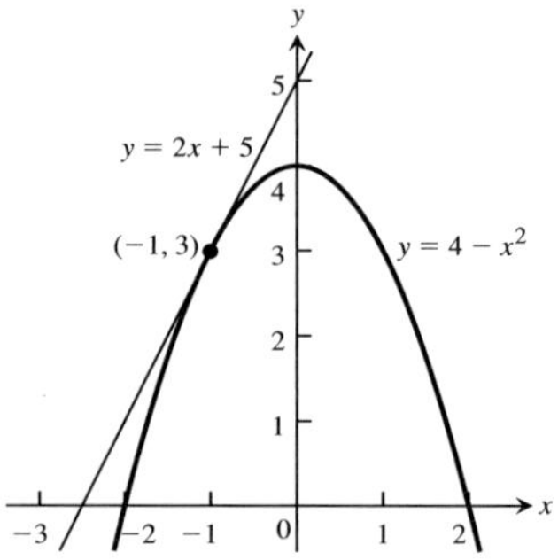

7. $y = x + 1$

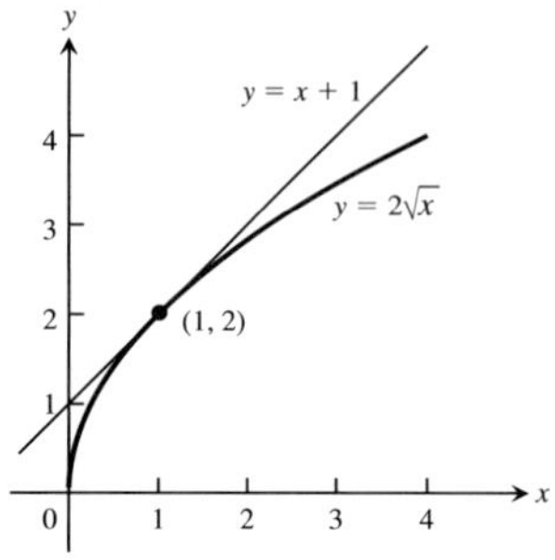

9. $y = 12x + 16$

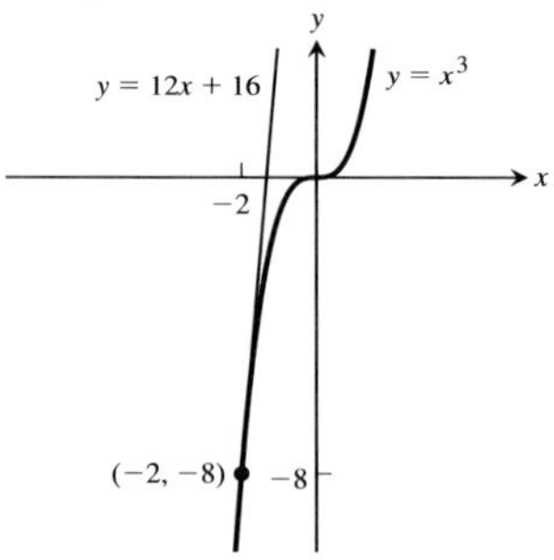

11. $m = 4, y - 5 = 4(x - 2)$

13. $m = -2, y - 3 = -2(x - 3)$

15. $m = 12, y - 8 = 12(t - 2)$

17. $m = \frac{1}{4}, y - 2 = \frac{1}{4}(x - 4)$

19. $m = -1$

21. $m = -1/4$

23. **(a)** It is the rate of change of the number of cells when $t = 5$. The units are the number of cells per hour.
(b) $P'(3)$ because the slope of the curve is greater there.
(c) $51.72 \approx 52$ cells/h

25. $(-2, -5)$ **27.** $y = -(x + 1), y = -(x - 3)$

29. 19.6 m/s **31.** 6π **35.** Yes **37.** No

39. **(a)** Nowhere

41. **(a)** At $x = 0$

43. **(a)** Nowhere

45. **(a)** At $x = 1$

47. **(a)** At $x = 0$

2.2절

1. $-2x, 6, 0, -2$ **3.** $-\frac{2}{t^3}, 2, -\frac{1}{4}, -\frac{2}{3\sqrt{3}}$

5. $\frac{3}{2\sqrt{3\theta}}, \frac{3}{2\sqrt{3}}, \frac{1}{2}, \frac{3}{2\sqrt{2}}$ **7.** $6x^2$ **9.** $\frac{1}{(2t+1)^2}$

11. $\frac{3}{2}q^{1/2}$ **13.** $1 - \frac{9}{x^2}, 0$ **15.** $3t^2 - 2t, 5$

17. $\frac{-4}{(x-2)\sqrt{x-2}}$, $y - 4 = -\frac{1}{2}(x - 6)$ **19.** 6

21. 1/8 **23.** $\frac{-1}{(x+2)^2}$ **25.** $\frac{-1}{(x-1)^2}$ **27.** (b) **29.** (d)

31. **(a)** $x = 0, 1, 4$
(b)

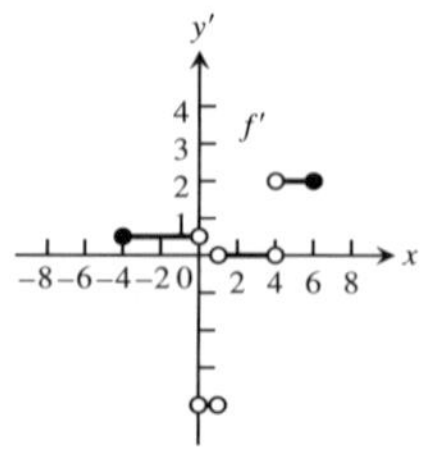

33.

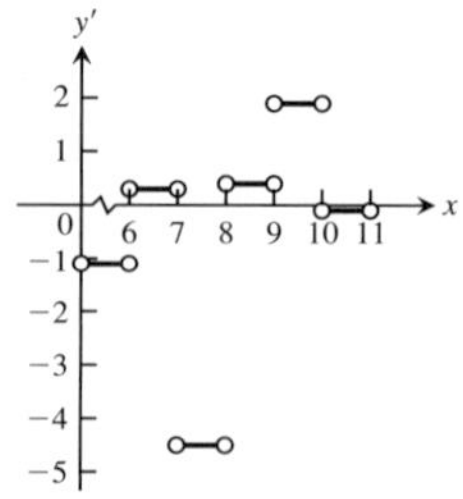

35. **(a)** **i)** 0.77 °C/h **ii)** 1.43 °C/h
iii) 0 °C/h **iv)** −1.88 °C/h
(b) 3.63 °C/h at 12 P.M., −4 °C/h at 6 P.M.
(c)

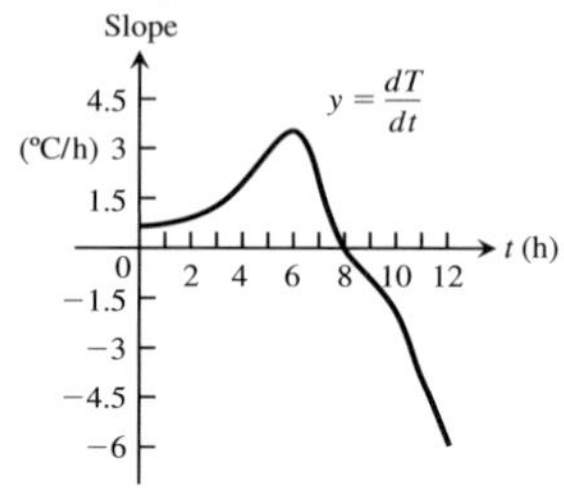

37. Since $\lim_{h\to 0^+} \frac{f(0+h) - f(0)}{h} = 1$
while $\lim_{h\to 0^-} \frac{f(0+h) - f(0)}{h} = 0$,
$f'(0) = \lim_{h\to 0} \frac{f(0+h) - f(0)}{h}$ does not exist and $f(x)$ is not differentiable at $x = 0$.

39. Since $\lim_{h\to 0^+} \frac{f(1+h) - f(1)}{h} = 2$ while
$\lim_{h\to 0^-} \frac{f(1+h) - f(1)}{h} = \frac{1}{2}$, $f'(1) = \lim_{h\to 0} \frac{f(1+h) - f(1)}{h}$
does not exist and $f(x)$ is not differentiable at $x = 1$.

41. Since $f(x)$ is not continuous at $x = 0$, $f(x)$ is not differentiable at $x = 0$.

43. Since $\lim_{h\to 0^+} \frac{f(0+h) - f(0)}{h} = 3$ while
$\lim_{h\to 0^-} \frac{f(0+h) - f(0)}{h} = 0$, f is not differentiable at $x = 0$.

45. **(a)** $-3 \le x \le 2$ **(b)** None **(c)** None

47. **(a)** $-3 \le x < 0, 0 < x \le 3$ **(b)** None **(c)** $x = 0$

49. **(a)** $-1 \le x < 0, 0 < x \le 2$ **(b)** $x = 0$ **(c)** None

2.3절

1. $\frac{dy}{dx} = -2x, \frac{d^2y}{dx^2} = -2$

3. $\frac{ds}{dt} = 15t^2 - 15t^4, \frac{d^2s}{dt^2} = 30t - 60t^3$

5. $\frac{dy}{dx} = 4x^2 - 1 + 2e^x, \frac{d^2y}{dx^2} = 8x + 2e^x$

7. $\frac{dw}{dz} = -\frac{6}{z^3} + \frac{1}{z^2}, \frac{d^2w}{dz^2} = \frac{18}{z^4} - \frac{2}{z^3}$

9. $\frac{dy}{dx} = 12x - 10 + 10x^{-3}, \frac{d^2y}{dx^2} = 12 - 30x^{-4}$

11. $\frac{dr}{ds} = \frac{-2}{3s^3} + \frac{5}{2s^2}, \frac{d^2r}{ds^2} = \frac{2}{s^4} - \frac{5}{s^3}$

13. $y' = -5x^4 + 12x^2 - 2x - 3$

15. $y' = 3x^2 + 10x + 2 - \frac{1}{x^2}$

17. $y' = \frac{-19}{(3x-2)^2}$ **19.** $g'(x) = \frac{x^2 + x + 4}{(x+0.5)^2}$

21. $\frac{dv}{dt}=\frac{t^2-2t-1}{(1+t^2)^2}$ **23.** $f'(s)=\frac{1}{\sqrt{s}(\sqrt{s}+1)^2}$

25. $v'=-\frac{1}{x^2}+2x^{-3/2}$ **27.** $y'=\frac{-4x^3-3x^2+1}{(x^2-1)^2(x^2+x+1)^2}$

29. $y'=-2e^{-x}+3e^{3x}$ **31.** $y'=3x^2e^x+x^3e^x$

33. $y'=\frac{9}{4}x^{5/4}-2e^{-2x}$ **35.** $\frac{ds}{dt}=3t^{1/2}$

37. $y'=\frac{2}{7x^{5/7}}-ex^{e-1}$ **39.** $\frac{dr}{ds}=\frac{se^s-e^s}{s^2}$

41. $y'=2x^3-3x-1,\ y''=6x^2-3,\ y'''=12x,\ y^{(4)}=12,$ $y^{(n)}=0$ for $n\geq 5$

43. $y'=3x^2+8x+1,\ y''=6x+8,\ yt'''=6,\ y^{(n)}=0$ for $n\geq 4$

45. $y'=2x-7x^{-2},\ y''=2+14x^{-3}$

47. $\frac{dr}{d\theta}=3\theta^{-4},\ \frac{d^2r}{d\theta^2}=-12\theta^{-5}$

49. $\frac{dw}{dz}=-z^{-2}-1,\ \frac{d^2w}{dz^2}=2z^{-3}$

51. $\frac{dw}{dz}=6ze^{2z}(1+z),\ \frac{d^2w}{dz^2}=6e^{2z}(1+4z+2z^2)$

53. **(a)** 13 **(b)** -7 **(c)** $7/25$ **(d)** 20

55. **(a)** $y=-\frac{x}{8}+\frac{5}{4}$ **(b)** $m=-4$ at $(0,1)$

(c) $y=8x-15,\ y=8x+17$

57. $y=4x,\ y=2$ **59.** $a=1, b=1, c=0$ **61.** $(2,4)$

63. $(0,0), (4,2)$ **65.** $y=-16x+24$

67. **(a)** $y=2x+2$ **(c)** $(2,6)$

69. 50 **71.** $a=-3$

73. $P'(x)=na_nx^{n-1}+(n-1)a_{n-1}x^{n-2}+\cdots+2a_2x+a_1$

75. The Product Rule is then the Constant Multiple Rule, so the latter is a special case of the Product Rule.

77. **(a)** $\frac{d}{dx}(uvw)=uvw'+uv'w+u'vw$

(b) $\frac{d}{dx}(u_1u_2u_3u_4)=u_1u_2u_3u_4'+u_1u_2u_3'u_4+u_1u_2'u_3u_4+u_1'u_2u_3u_4$

(c) $\frac{d}{dx}(u_1\cdots u_n)=u_1u_2\cdots u_{n-1}u_n'+u_1u_2\cdots u_{n-2}u_{n-1}'u_n+\cdots+u_1'u_2\cdots u_n$

79. $\frac{dP}{dV}=-\frac{nRT}{(V-nb)^2}+\frac{2an^2}{V^3}$

2.4절

1. **(a)** -2 m, -1 m/s

(b) 3 m/s, 1 m/s; 2 m/s², 2 m/s²

(c) Changes direction at $t=3/2$ s

3. **(a)** -9 m, -3 m/s

(b) 3 m/s, 12 m/s; 6 m/s², -12 m/s²

(c) No change in direction

5. **(a)** -20 m, -5 m/s

(b) 45 m/s, $(1/5)$ m/s; 140 m/s², $(4/25)$ m/s²

(c) No change in direction

7. **(a)** $a(1)=-6$ m/s², $a(3)=6$ m/s²

(b) $v(2)=3$ m/s **(c)** 6 m

9. Mars: ≈ 7.5 s, Jupiter: ≈ 1.2 s

11. $g_s=0.75$ m/s²

13. **(a)** $v=-9.8t, |v|=9.8t$ m/s, $a=-9.8$ m/s²

(b) $t\approx 3.4$ s **(c)** $v\approx -33.1$ m/s

15. **(a)** $t=2, t=7$ **(b)** $3\leq t\leq 6$

(c)

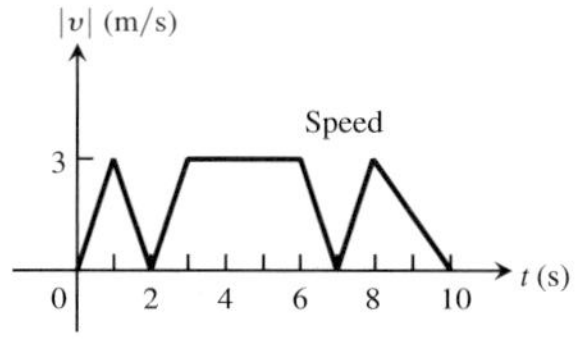

(d)

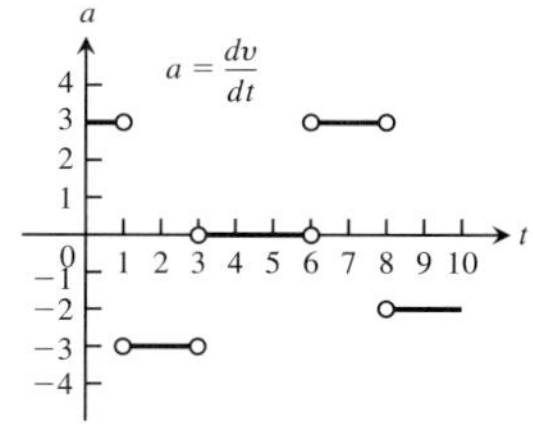

17. **(a)** 57 m/s **(b)** 2 s **(c)** 8 s, 0 m/s

(d) 10.8 s, 27 m/s **(e)** 2.8 s

(f) Greatest acceleration happens 2 s after launch

(g) Constant acceleration between 2 and 10.8 s, -10 m/s²

19. $C=$ position, $A=$ velocity, $B=$ acceleration

21. **(a)** \$110/machine

(b) \$80

(c) \$79.90

23. **(a)** $b'(0)=10^4$ bacteria/h

(b) $b'(5)=0$ bacteria/h

(c) $b'(10)=-10^4$ bacteria/h

25. **(a)** $\frac{dy}{dt}=\frac{t}{12}-1$

(b) The largest value of $\frac{dy}{dt}$ is 0 m/h when $t=12$ and the smallest value of $\frac{dy}{dt}$ is -1 m/h when $t=0$.

(c)

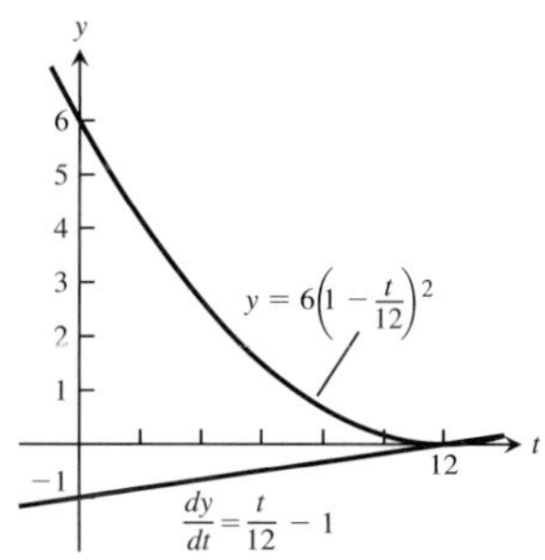

27. 0.846 m, 1.482 m, additional meters to stop car for 1 km/h speed increase

29. $t=25$ s, $D=\frac{6250}{9}$ m

31.

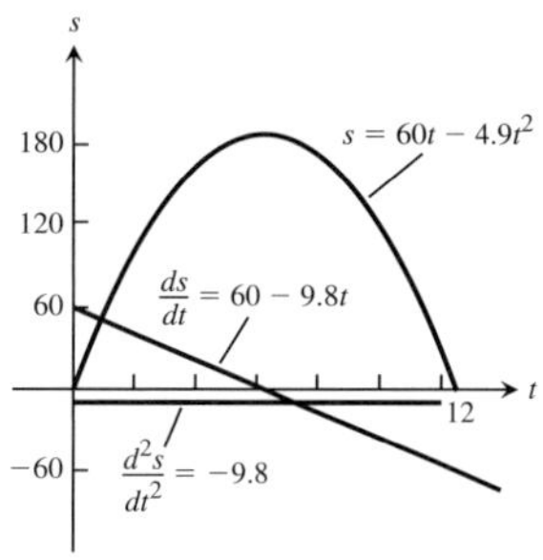

(a) $v=0$ when $t=6.12$ s.

(b) $v>0$ when $0\leq t<6.12 \Rightarrow$ the object moves up; $v<0$ when $6.12<t\leq 12.24 \Rightarrow$ the object moves down.

(c) The object changes direction at $t=6.12$ s.

(d) The object speeds up on $(6.12, 12.24]$ and slows down on $[0, 6.12)$.

(e) The object is moving fastest at the endpoints $t = 0$ and $t = 12.24$ when it is traveling 60 m/s. It's moving slowest at $t = 6.12$ when the speed is 0.

(f) When $t = 6.12$, the object is $s = 183.6$ m from the origin and farthest away.

33.

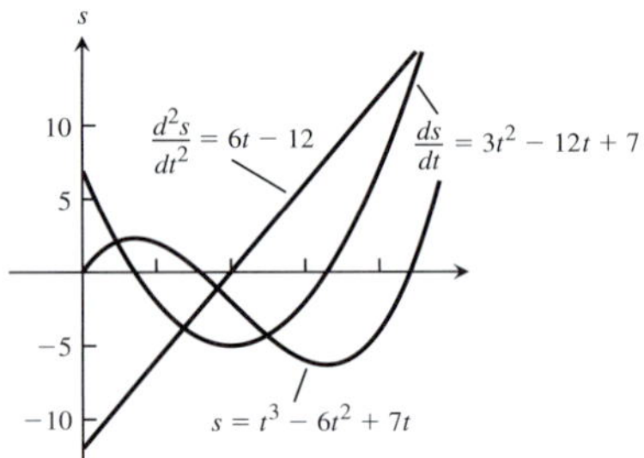

(a) $v = 0$ when $t = \frac{6 \pm \sqrt{15}}{3}$ s

(b) $v < 0$ when $\frac{6 - \sqrt{15}}{3} < t < \frac{6 + \sqrt{15}}{3} \Rightarrow$ the object moves left; $v > 0$ when $0 \le t < \frac{6 - \sqrt{15}}{3}$ or $\frac{6 + \sqrt{15}}{3} < t \le 4 \Rightarrow$ the object moves right.

(c) The object changes direction at $t = \frac{6 \pm \sqrt{15}}{3}$ s.

(d) The object speeds up on $\left(\frac{6 - \sqrt{15}}{3}, 2\right) \cup \left(\frac{6 + \sqrt{15}}{3}, 4\right]$ and slows down on $\left[0, \frac{6 - \sqrt{15}}{3}\right) \cup \left(2, \frac{6 + \sqrt{15}}{3}\right)$.

(e) The object is moving fastest at $t = 0$ and $t = 4$ when it is moving 7 units/second and slowest at $t = \frac{6 \pm \sqrt{15}}{3}$ s.

(f) When $t = \frac{6 + \sqrt{15}}{3}$ the object is at position $s \approx -6.303$ units and farthest from the origin.

2.5절

1. $-10 - 3\sin x$ **3.** $2x\cos x - x^2 \sin x$

5. $-\csc x \cot x - \frac{2}{\sqrt{x}} - \frac{7}{e^x}$ **7.** $\sin x \sec^2 x + \sin x$

9. $(e^{-x}\sec x)(1 - x + x\tan x)$ **11.** $\frac{-\csc^2 x}{(1 + \cot x)^2}$

13. $4\tan x \sec x - \csc^2 x$ **15.** 0

17. $3x^2 \sin x \cos x + x^3\cos^2 x - x^3 \sin^2 x$

19. $\sec^2 t + e^{-t}$ **21.** $\frac{-2\csc t \cot t}{(1 - \csc t)^2}$ **23.** $-\theta(\theta\cos\theta + 2\sin\theta)$

25. $\sec\theta\csc\theta(\tan\theta - \cot\theta) = \sec^2\theta - \csc^2\theta$

27. $\sec^2 q$ **29.** $\sec^2 q$

31. $\frac{q^3\cos q - q^2 \sin q - q\cos q - \sin q}{(q^2 - 1)^2}$

33. **(a)** $2\csc^3 x - \csc x$ **(b)** $2\sec^3 x - \sec x$

35.

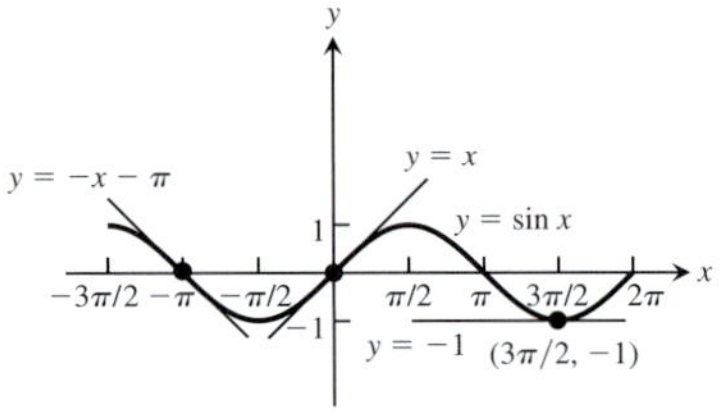

37.

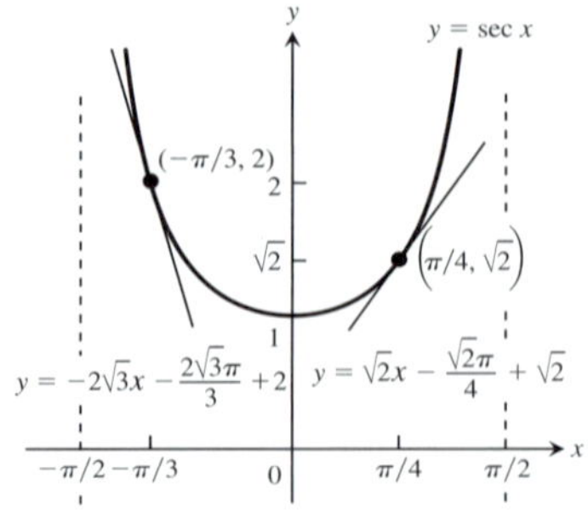

39. Yes, at $x = \pi$ **41.** No

43. Yes, at $x = 0, \pi$, and 2π

45. $\left(-\frac{\pi}{4}, -1\right); \left(\frac{\pi}{4}, 1\right)$

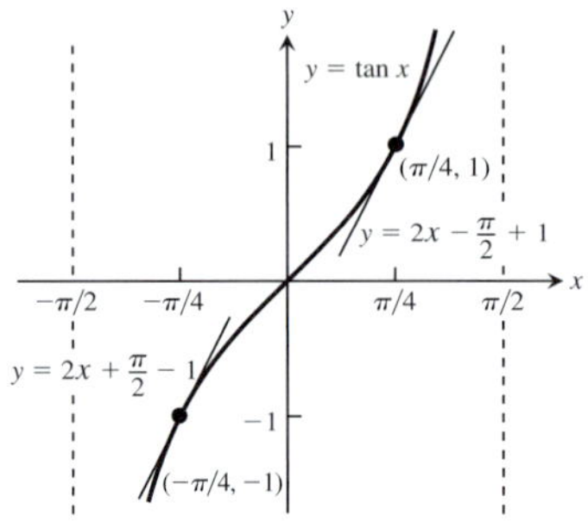

47. **(a)** $y = -x + \pi/2 + 2$ **(b)** $y = 4 - \sqrt{3}$

49. $-\sqrt{2}$ m/s, $\sqrt{2}$ m/s, $\sqrt{2}$ m/s^2, $\sqrt{2}$ m/s^3 **51.** $c = 9$

53. **(a)** $\sin x$ **(b)** $3\cos x - \sin x$ **(c)** $73\sin x + x\cos x$

55. **(a) i)** 10 cm **ii)** 5 cm **iii)** $-5\sqrt{2} \approx -7.1$ cm
(b) i) 0 cm/s **ii)** $-5\sqrt{3} \approx -8.7$ cm/s
iii) $-5\sqrt{2} \approx -7.1$ cm/s

2.6절

1. $12x^3$ **3.** $3\cos(3x + 1)$ **5.** $\frac{\cos x}{2\sqrt{\sin x}}$

7. $2\pi x \sec^2(\pi x^2)$

9. With $u = (2x + 1)$, $y = u^5$: $\frac{dy}{dx} = \frac{dy}{du}\frac{du}{dx} = 5u^4 \cdot 2 = 10(2x + 1)^4$

11. With $u = (1 - (x/7))$, $y = u^{-7}$: $\frac{dy}{dx} = \frac{dy}{du}\frac{du}{dx} = -7u^{-8} \cdot \left(-\frac{1}{7}\right) = \left(1 - \frac{x}{7}\right)^{-8}$

13. With $u = ((x^2/8) + x - (1/x))$, $y = u^4$: $\frac{dy}{dx} = \frac{dy}{du}\frac{du}{dx} = 4u^3 \cdot \left(\frac{x}{4} + 1 + \frac{1}{x^2}\right) = 4\left(\frac{x^2}{8} + x - \frac{1}{x}\right)^3\left(\frac{x}{4} + 1 + \frac{1}{x^2}\right)$

15. With $u = \tan x$, $y = \sec u$: $\frac{dy}{dx} = \frac{dy}{du}\frac{du}{dx} = (\sec u \tan u)(\sec^2 x) = \sec(\tan x)\tan(\tan x)\sec^2 x$

17. With $u = \tan x$, $y = u^3$: $\frac{dy}{dx} = \frac{dy}{du}\frac{du}{dx} = 3u^2\sec^2 x = 3\tan^2 x(\sec^2 x)$

19. $y = e^u$, $u = -5x$: $\frac{dy}{dx} = -5e^{-5x}$

21. $y = e^u$, $u = 5 - 7x$: $\frac{dy}{dx} = -7e^{(5-7x)}$

23. $-\frac{1}{2\sqrt{3 - t}}$ **25.** $\frac{4}{\pi}(\cos 3t - \sin 5t)$ **27.** $\frac{\csc\theta}{\cot\theta + \csc\theta}$

29. $2x\sin^4 x + 4x^2\sin^3 x\cos x + \cos^{-2} x + 2x\cos^{-3} x \sin x$

31. $(3x-2)^5 - \dfrac{1}{x^3\left(4-\dfrac{1}{2x^2}\right)^2}$ **33.** $\dfrac{(4x+3)^3(4x+7)}{(x+1)^4}$

35. $(1-x)e^{-x} + 3x^2e^{x^3}$ **37.** $\left(\dfrac{5}{2}x^2 - 3x + 3\right)e^{5x/2}$

39. $\sqrt{x}\sec^2(2\sqrt{x}) + \tan(2\sqrt{x})$ **41.** $\dfrac{x\sec x\tan x + \sec x}{2\sqrt{7 + x\sec x}}$

43. $\dfrac{2\sin\theta}{(1+\cos\theta)^2}$ **45.** $-2\sin(\theta^2)\sin 2\theta + 2\theta\cos(2\theta)\cos(\theta^2)$

47. $\left(\dfrac{t+2}{2(t+1)^{3/2}}\right)\cos\left(\dfrac{t}{\sqrt{t+1}}\right)$ **49.** $2\theta e^{-\theta^2}\sin(e^{-\theta^2})$

51. $2\pi\sin(\pi t-2)\cos(\pi t-2)$ **53.** $\dfrac{8\sin(2t)}{(1+\cos 2t)^5}$

55. $10t^{10}\tan^9 t\sec^2 t + 10t^9\tan^{10} t$

57. $\dfrac{dy}{dt} = -2\pi\sin(\pi t-1)\cdot\cos(\pi t-1)\cdot e^{\cos^2(\pi t-1)}$

59. $\dfrac{-3t^6(t^2+4)}{(t^3-4t)^4}$ **61.** $-2\cos(\cos(2t-5))(\sin(2t-5))$

63. $\left(1+\tan^4\left(\dfrac{t}{12}\right)\right)^2\left(\tan^3\left(\dfrac{t}{12}\right)\sec^2\left(\dfrac{t}{12}\right)\right)$

65. $-\dfrac{t\sin(t^2)}{\sqrt{1+\cos(t^2)}}$

67. $6\tan(\sin^3 t)\sec^2(\sin^3 t)\sin^2 t\cos t$

69. $3(2t^2-5)^3(18t^2-5)$ **71.** $\dfrac{6}{x^3}\left(1+\dfrac{1}{x}\right)\left(1+\dfrac{2}{x}\right)$

73. $2\csc^2(3x-1)\cot(3x-1)$ **75.** $16(2x+1)^2(5x+1)$

77. $2(2x^2+1)e^{x^2}$

79. $f'(x) = 0$ for $x = 1, 4$; $f''(x) = 0$ for $x = 2, 4$ **81.** $5/2$

83. $-\pi/4$ **85.** 0 **87.** -5

89. **(a)** $2/3$ **(b)** $2\pi + 5$ **(c)** $15 - 8\pi$ **(d)** $37/6$ **(e)** -1 **(f)** $\sqrt{2}/24$ **(g)** $5/32$ **(h)** $-5/(3\sqrt{17})$

91. 5 **93.** **(a)** 1 **(b)** 1

95. $y = 1 - 4x$ **97.** **(a)** $y = \pi x + 2 - \pi$ **(b)** $\pi/2$

99. It multiplies the velocity, acceleration, and jerk by 2, 4, and 8, respectively.

101. $v(6) = \dfrac{2}{5}$ m/s, $a(6) = -\dfrac{4}{125}$ m/s^2

2.7절

1. $\dfrac{-2xy - y^2}{x^2 + 2xy}$ **3.** $\dfrac{1-2y}{2x+2y-1}$

5. $\dfrac{-2x^3 + 3x^2y - xy^2 + x}{x^2y - x^3 + y}$ **7.** $\dfrac{1}{y(x+1)^2}$

9. $\cos y\cot y$ **11.** $\dfrac{-\cos^2(xy) - y}{x}$

13. $\dfrac{-y^2}{y\sin\left(\dfrac{1}{y}\right) - \cos\left(\dfrac{1}{y}\right) + xy}$ **15.** $\dfrac{2e^{2x} - \cos(x+3y)}{3\cos(x+3y)}$

17. $-\dfrac{\sqrt{r}}{\sqrt{\theta}}$ **19.** $\dfrac{-r}{\theta}$ **21.** $y' = -\dfrac{x}{y}$, $y'' = \dfrac{-y^2 - x^2}{y^3}$

23. $\dfrac{dy}{dx} = \dfrac{xe^{x^2}+1}{y}$, $\dfrac{d^2y}{dx^2} = \dfrac{(2x^2y^2 + y^2 - 2x)e^{x^2} - x^2e^{2x^2} - 1}{y^3}$

25. $y' = \dfrac{\sqrt{y}}{\sqrt{y}+1}$, $y'' = \dfrac{1}{2(\sqrt{y}+1)^3}$

27. $y' = \dfrac{3x^2}{1-\cos y}$, $y'' = \dfrac{6x(1-\cos y)^2 - 9x^4\sin y}{(1-\cos y)^3}$

29. -2 **31.** $(-2, 1)$: $m = -1$, $(-2, -1)$: $m = 1$

33. **(a)** $y = \dfrac{7}{4}x - \dfrac{1}{2}$ **(b)** $y = -\dfrac{4}{7}x + \dfrac{29}{7}$

35. **(a)** $y = 3x + 6$ **(b)** $y = -\dfrac{1}{3}x + \dfrac{8}{3}$

37. **(a)** $y = \dfrac{6}{7}x + \dfrac{6}{7}$ **(b)** $y = -\dfrac{7}{6}x - \dfrac{7}{6}$

39. **(a)** $y = -\dfrac{\pi}{2}x + \pi$ **(b)** $y = \dfrac{2}{\pi}x - \dfrac{2}{\pi} + \dfrac{\pi}{2}$

41. **(a)** $y = 2\pi x - 2\pi$ **(b)** $y = -\dfrac{x}{2\pi} + \dfrac{1}{2\pi}$

43. Points: $(-\sqrt{7}, 0)$ and $(\sqrt{7}, 0)$, Slope: -2

45. $m = -1$ at $\left(\dfrac{\sqrt{3}}{4}, \dfrac{\sqrt{3}}{2}\right)$, $m = \sqrt{3}$ at $\left(\dfrac{\sqrt{3}}{4}, \dfrac{1}{2}\right)$

47. $(-3, 2)$: $m = -\dfrac{27}{8}$; $(-3, -2)$: $m = \dfrac{27}{8}$; $(3, 2)$: $m = \dfrac{27}{8}$; $(3, -2)$: $m = -\dfrac{27}{8}$

49. $(3, -1)$

55. $\dfrac{dy}{dx} = -\dfrac{y^3 + 2xy}{x^2 + 3xy^2}$, $\dfrac{dx}{dy} = -\dfrac{x^2 + 3xy^2}{y^3 + 2xy}$, $\dfrac{dx}{dy} = \dfrac{1}{dy/dx}$

2.8절

1. **(a)** $f^{-1}(x) = \dfrac{x}{2} - \dfrac{3}{2}$

(b)

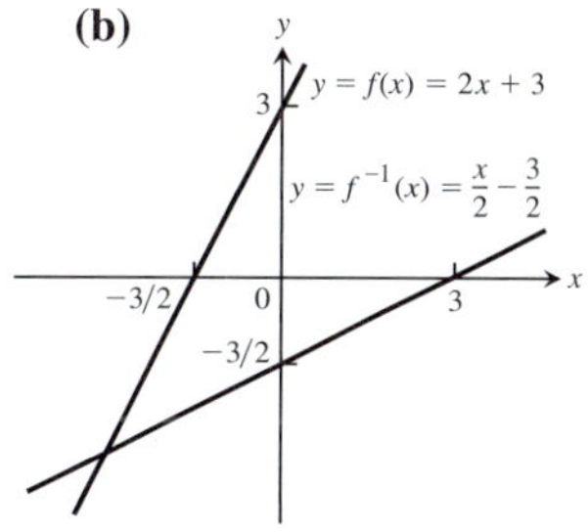

(c) $2, 1/2$

3. **(a)** $f^{-1}(x) = -\dfrac{x}{4} + \dfrac{5}{4}$

(b)

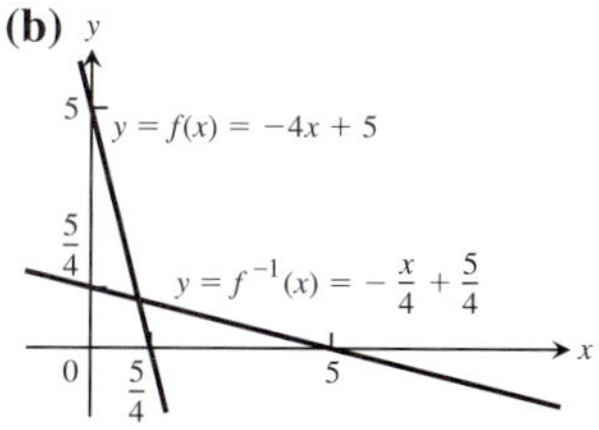

(c) $-4, -1/4$

5. **(b)**

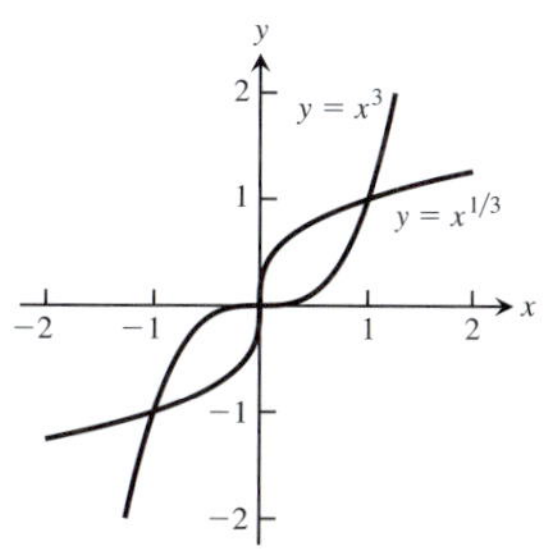

(c) Slope of f at $(1, 1)$: 3; slope of g at $(1, 1)$: 1/3; slope of f at $(-1, -1)$: 3; slope of g at $(-1, -1)$: 1/3

(d) $y = 0$ is tangent to $y = x^3$ at $x = 0$; $x = 0$ is tangent to $y = \sqrt[3]{x}$ at $x = 0$.

7. $1/9$ **9.** 3 **11.** **(a)** 2 **(b)** $1/3$ **(c)** 3

13. **(a)** 2 **(b)** 7 **(c)** $3/4$ **15.** $\dfrac{1}{x} + 1$ **17.** $2/t$

19. $-1/x$ **21.** $\dfrac{1}{\theta+1} - e^{\theta}$ **23.** $3/x$

25. $2(\ln t) + (\ln t)^2$ **27.** $x^3\ln x$ **29.** $\dfrac{1-\ln t}{t^2}$

31. $\dfrac{1}{x(1+\ln x)^2}$ **33.** $\dfrac{1}{x\ln x}$ **35.** $2\cos(\ln\theta)$

37. $-\dfrac{3x+2}{2x(x+1)}$ **39.** $\dfrac{2}{t(1-\ln t)^2}$ **41.** $\dfrac{\tan(\ln\theta)}{\theta}$

43. $\dfrac{10x}{x^2+1}+\dfrac{1}{2(1-x)}$

45. $\left(\dfrac{1}{2}\right)\sqrt{x(x+1)}\left(\dfrac{1}{x}+\dfrac{1}{x+1}\right)=\dfrac{2x+1}{2\sqrt{x(x+1)}}$

47. $\left(\dfrac{1}{2}\right)\sqrt{\dfrac{t}{t+1}}\left(\dfrac{1}{t}-\dfrac{1}{t+1}\right)=\dfrac{1}{2\sqrt{t}(t+1)^{3/2}}$

49. $\sqrt{\theta+3}(\sin\theta)\left(\dfrac{1}{2(\theta+3)}+\cot\theta\right)$

51. $t(t+1)(t+2)\left[\dfrac{1}{t}+\dfrac{1}{t+1}+\dfrac{1}{t+2}\right]=3t^2+6t+2$

53. $\dfrac{\theta+5}{\theta\cos\theta}\left[\dfrac{1}{\theta+5}-\dfrac{1}{\theta}+\tan\theta\right]$

55. $\dfrac{x\sqrt{x^2+1}}{(x+1)^{2/3}}\left[\dfrac{1}{x}+\dfrac{x}{x^2+1}-\dfrac{2}{3(x+1)}\right]$

57. $\dfrac{1}{3}\sqrt[3]{\dfrac{x(x-2)}{x^2+1}}\left(\dfrac{1}{x}+\dfrac{1}{x-2}-\dfrac{2x}{x^2+1}\right)$ **59.** $-2\tan\theta$

61. $\dfrac{1-t}{t}$ **63.** $1/(1+e^{\theta})$ **65.** $e^{\cos t}(1-t\sin t)$

67. $\dfrac{ye^y\cos x}{1-ye^y\sin x}$ **69.** $\dfrac{dy}{dx}=\dfrac{y^2-xy\ln y}{x^2-xy\ln x}$ **71.** $2^x\ln 2$

73. $\left(\dfrac{\ln 5}{2\sqrt{s}}\right)5^{\sqrt{s}}$ **75.** $\pi x^{(\pi-1)}$ **77.** $\dfrac{1}{\theta\ln 2}$

79. $\dfrac{3}{x\ln 4}$ **81.** $\dfrac{2(\ln r)}{r(\ln 2)(\ln 4)}$ **83.** $\dfrac{-2}{(x+1)(x-1)}$

85. $\sin(\log_7\theta)+\dfrac{1}{\ln 7}\cos(\log_7\theta)$ **87.** $\dfrac{1}{\ln 5}$

89. $\dfrac{1}{t}(\log_2 3)3^{\log_2 t}$ **91.** $\dfrac{1}{t}$

93. $(x+1)^x\left(\dfrac{x}{x+1}+\ln(x+1)\right)$ **95.** $(\sqrt{t})^t\left(\dfrac{\ln t}{2}+\dfrac{1}{2}\right)$

97. $(\sin x)^x(\ln\sin x+x\cot x)$ **99.** $(x^{\ln x})\left(\dfrac{\ln x^2}{x}\right)$

101. $\dfrac{3y-xy\ln y}{x^2-x}$ **103.** $\dfrac{1-xy\ln y}{x^2(1+\ln y)}$

2.9절

1. **(a)** $\pi/4$ **(b)** $-\pi/3$ **(c)** $\pi/6$
3. **(a)** $-\pi/6$ **(b)** $\pi/4$ **(c)** $-\pi/3$
5. **(a)** $\pi/3$ **(b)** $3\pi/4$ **(c)** $\pi/6$
7. **(a)** $3\pi/4$ **(b)** $\pi/6$ **(c)** $2\pi/3$
9. $1/\sqrt{2}$ **11.** $-1/\sqrt{3}$ **13.** $\pi/2$ **15.** $\pi/2$ **17.** $\pi/2$

19. 0 **21.** $\dfrac{-2x}{\sqrt{1-x^4}}$ **23.** $\dfrac{\sqrt{2}}{\sqrt{1-2t^2}}$ **25.** $\dfrac{1}{|2s+1|\sqrt{s^2+s}}$

27. $\dfrac{-2x}{(x^2+1)\sqrt{x^4+2x^2}}$ **29.** $\dfrac{-1}{\sqrt{1-t^2}}$ **31.** $\dfrac{-1}{2\sqrt{t}(1+t)}$

33. $\dfrac{1}{(\tan^{-1}x)(1+x^2)}$ **35.** $\dfrac{-e^t}{|e^t|\sqrt{(e^t)^2-1}}=\dfrac{-1}{\sqrt{e^{2t}-1}}$

37. $\dfrac{-2s^2}{\sqrt{1-s^2}}$ **39.** 0 **41.** $\sin^{-1}x$

43. $\dfrac{1}{2\sqrt{\arcsin x}\sqrt{1-x^2}}$ **45.** $-\sin(x-\arccos x)\left(1+\dfrac{1}{\sqrt{1-x^2}}\right)$

47. $\dfrac{-9x^2}{x^6+1}(\operatorname{arccot}(x^3))^2$ **49.** 0 **51.** $\dfrac{8\sqrt{2}}{4+3\pi}$

57. **(a)** Defined; there is an angle whose tangent is 2.
(b) Not defined; there is no angle whose cosine is 2.
59. **(a)** Not defined; no angle has secant 0.
(b) Not defined; no angle has sine $\sqrt{2}$.

69. **(a)** Domain: all real numbers except those having the form $\dfrac{\pi}{2}+k\pi$ where k is an integer; range: $-\pi/2<y<\pi/2$
(b) Domain: $-\infty<x<\infty$; range: $-\infty<y<\infty$
71. **(a)** Domain: $-\infty<x<\infty$; range: $0\le y\le\pi$
(b) Domain: $-1\le x\le 1$; range: $-1\le y\le 1$
73. The graphs are identical.

2.10절

1. $\dfrac{dA}{dt}=2\pi r\dfrac{dr}{dt}$ **3.** 10 **5.** -6 **7.** $-3/2$ **9.** 31/13

11. **(a)** $-180\text{ m}^2/\text{min}$ **(b)** $-135\text{ m}^3/\text{min}$

13. **(a)** $\dfrac{dV}{dt}=\pi r^2\dfrac{dh}{dt}$ **(b)** $\dfrac{dV}{dt}=2\pi hr\dfrac{dr}{dt}$
(c) $\dfrac{dV}{dt}=\pi r^2\dfrac{dh}{dt}+2\pi hr\dfrac{dr}{dt}$

15. **(a)** 1 volt/s **(b)** $-\dfrac{1}{3}$ amp/s **(c)** $\dfrac{dR}{dt}=\dfrac{1}{I}\left(\dfrac{dV}{dt}-\dfrac{V}{I}\dfrac{dI}{dt}\right)$
(d) 3/2 ohms/s, R is increasing.

17. **(a)** $\dfrac{ds}{dt}=\dfrac{x}{\sqrt{x^2+y^2}}\dfrac{dx}{dt}$
(b) $\dfrac{ds}{dt}=\dfrac{x}{\sqrt{x^2+y^2}}\dfrac{dx}{dt}+\dfrac{y}{\sqrt{x^2+y^2}}\dfrac{dy}{dt}$
(c) $\dfrac{dx}{dt}=-\dfrac{y}{x}\dfrac{dy}{dt}$

19. **(a)** $\dfrac{dA}{dt}=\dfrac{1}{2}ab\cos\theta\dfrac{d\theta}{dt}$
(b) $\dfrac{dA}{dt}=\dfrac{1}{2}ab\cos\theta\dfrac{d\theta}{dt}+\dfrac{1}{2}b\sin\theta\dfrac{da}{dt}$
(c) $\dfrac{dA}{dt}=\dfrac{1}{2}ab\cos\theta\dfrac{d\theta}{dt}+\dfrac{1}{2}b\sin\theta\dfrac{da}{dt}+\dfrac{1}{2}a\sin\theta\dfrac{db}{dt}$

21. **(a)** $14\text{ cm}^2/\text{s}$, increasing **(b)** 0 cm/s, constant
(c) $-14/13$ cm/s, decreasing
23. **(a)** -3.6 m/s **(b)** $-5.355\text{ m}^2/\text{s}$ **(c)** -1 rad/s
25. 6 m/s

27. **(a)** $\dfrac{dh}{dt}=\dfrac{1125}{32\pi}\approx 11.19$ cm/min
(b) $\dfrac{dr}{dt}=\dfrac{375}{8\pi}\approx 14.92$ cm/min

29. **(a)** $\dfrac{-1}{24\pi}$ m/min **(b)** $r=\sqrt{26y-y^2}$ m
(c) $\dfrac{dr}{dt}=-\dfrac{5}{288\pi}$ m/min

31. 1 m/min, $40\pi\text{ m}^2/\text{min}$ **33.** 3.16 m/s
35. Increasing at $466/1681\ L/\text{min}^2$ **37.** -5 m/s
39. -441 m/s

41. $\dfrac{5}{72\pi}$ cm/min, $\dfrac{10}{3}\text{ cm}^2/\text{min}$

43. **(a)** $-10/\sqrt{13}\approx -2.774$ m/s
(b) $d\theta_1/dt=5/39$ rad/s, $d\theta_2/dt=-5/39$ rad/s
(c) $d\theta_1/dt=1/6$ rad/s, $d\theta_2/dt=-1/6$ rad/s
45. -5.5 deg/min
47. 12π km/min

2.11절

1. $L(x)=10x-13$ **3.** $L(x)=2$ **5.** $L(x)=x-\pi$

7. $2x$ **9.** $-x-5$ **11.** $\frac{1}{12}x+\frac{4}{3}$ **13.** $1-x$

15. $f(0)=1$. Also, $f'(x)=k(1+x)^{k-1}$, so $f'(0)=k$. This means the linearization at $x=0$ is $L(x)=1+kx$.

17. **(a)** 1.01 **(b)** 1.003

19. $\left(3x^2-\frac{3}{2\sqrt{x}}\right)dx$ **21.** $\frac{2-2x^2}{(1+x^2)^2}dx$

23. $\frac{1-y}{3\sqrt{y}+x}dx$ **25.** $\frac{5}{2\sqrt{x}}\cos(5\sqrt{x})\,dx$

27. $(4x^2)\sec^2\left(\frac{x^3}{3}\right)dx$

29. $\frac{3}{\sqrt{x}}(\csc(1-2\sqrt{x})\cot(1-2\sqrt{x}))\,dx$

31. $\frac{1}{2\sqrt{x}}\cdot e^{\sqrt{x}}\,dx$ **33.** $\frac{2x}{1+x^2}dx$ **35.** $\frac{2xe^{x^2}}{1+e^{2x^2}}dx$

37. $\frac{-1}{\sqrt{e^{-2x}-1}}dx$

39. **(a)** 0.41 **(b)** 0.4 **(c)** 0.01

41. **(a)** 0.231 **(b)** 0.2 **(c)** 0.031

43. **(a)** $-1/3$ **(b)** $-2/5$ **(c)** $1/15$

45. $dV=4\pi r_0^2\,dr$ **47.** $dS=12x_0\,dx$

49. $dV=2\pi r_0 h\,dr$

51. **(a)** $0.08\pi\ \text{m}^2$ **(b)** 2%

53. $dV\approx 565.5\ \text{cm}^3$ **55.** **(a)** 2% **(b)** 4%

57. $\frac{1}{3}\%$ **59.** 3%

61. The ratio equals 37.52, so a change in the acceleration of gravity on the moon has about 38 times the effect that a change of the same magnitude has on Earth.

63. Increase $V\approx 40\%$

65. **(a)** **i)** $b_0=f(a)$ **ii)** $b_1=f'(a)$ **iii)** $b_2=\frac{f''(a)}{2}$

(b) $Q(x)=1+x+x^2$

(d) $Q(x)=1-(x-1)+(x-1)^2$

(e) $Q(x)=1+\frac{x}{2}-\frac{x^2}{8}$

(f) The linearization of any differentiable function $u(x)$ at $x=a$ is $L(x)=u(a)+u'(a)(x-a)=b_0+b_1(x-a)$, where b_0 and b_1 are the coefficients of the constant and linear terms of the quadratic approximation. Thus, the linearization for $f(x)$ at $x=0$ is $1+x$; the linearization for $g(x)$ at $x=1$ is $1-(x-1)$ or $2-x$; and the linearization for $h(x)$ at $x=0$ is $1+\frac{x}{2}$.

67. **(a)** $L(x)=x\ln 2+1\approx 0.69x+1$

(b)

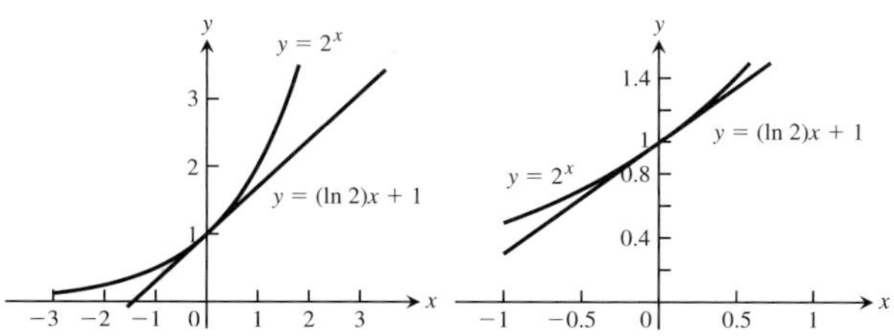

실전문제

1. $5x^4-0.25x+0.25$ **3.** $3x(x-2)$

5. $2(x+1)(2x^2+4x+1)$

7. $3(\theta^2+\sec\theta+1)^2(2\theta+\sec\theta\tan\theta)$

9. $\frac{1}{2\sqrt{t}(1+\sqrt{t})^2}$ **11.** $2\sec^2 x\tan x$

13. $8\cos^3(1-2t)\sin(1-2t)$ **15.** $5(\sec t)(\sec t+\tan t)^5$

17. $\frac{\theta\cos\theta+\sin\theta}{\sqrt{2\theta\sin\theta}}$ **19.** $\frac{\cos\sqrt{2\theta}}{\sqrt{2\theta}}$

21. $x\csc\left(\frac{2}{x}\right)+\csc\left(\frac{2}{x}\right)\cot\left(\frac{2}{x}\right)$

23. $\frac{1}{2}x^{1/2}\sec(2x)^2[16\tan(2x)^2-x^{-2}]$ **25.** $-10x\csc^2(x^2)$

27. $8x^3\sin(2x^2)\cos(2x^2)+2x\sin^2(2x^2)$ **29.** $\frac{-(t+1)}{8t^3}$

31. $\frac{1-x}{(x+1)^3}$ **33.** $\frac{-1}{2x^2\left(1+\frac{1}{x}\right)^{1/2}}$ **35.** $\frac{-2\sin\theta}{(\cos\theta-1)^2}$

37. $3\sqrt{2x+1}$ **39.** $-9\left[\frac{5x+\cos 2x}{(5x^2+\sin 2x)^{5/2}}\right]$ **41.** $-2e^{-x/5}$

43. xe^{4x}

45. $\frac{2\sin\theta\cos\theta}{\sin^2\theta}=2\cot\theta$ **47.** $\frac{2}{(\ln 2)x}$ **49.** $-8^{-t}(\ln 8)$

51. $18x^{2.6}$ **53.** $(x+2)^{x+2}[\ln(x+2)+1]$ **55.** $-\frac{1}{\sqrt{1-u^2}}$

57. $\frac{-1}{\sqrt{1-x^2}\arccos x}$ **59.** $\tan^{-1}(t)+\frac{t}{1+t^2}-\frac{1}{2t}$

61. $\frac{1-z}{\sqrt{z^2-1}}+\text{arcsec}\,z$ **63.** -1 **65.** $-\frac{y+2}{x+3}$

67. $\frac{-3x^2-4y+2}{4x-4y^{1/3}}$ **69.** $-\frac{y}{x}$ **71.** $\frac{1}{2y(x+1)^2}$

73. $-1/2$ **75.** y/x **77.** $-\frac{2e^{-\arctan x}}{1+x^2}$

79. $\frac{dp}{dq}=\frac{6q-4p}{3p^2+4q}$ **81.** $\frac{dr}{ds}=(2r-1)(\tan 2s)$

83. **(a)** $\frac{d^2y}{dx^2}=\frac{-2xy^3-2x^4}{y^5}$ **(b)** $\frac{d^2y}{dx^2}=\frac{-2xy^2-1}{x^4y^3}$

85. **(a)** 7 **(b)** -2 **(c)** 5/12 **(d)** 1/4 **(e)** 12 **(f)** 9/12 **(g)** 3/4

87. 0 **89.** $\frac{3\sqrt{2}e^{\sqrt{3}/2}}{4}\cos(e^{\sqrt{3}/2})$ **91.** $-\frac{1}{2}$ **93.** $\frac{-2}{(2t+1)^2}$

95. **(a)**

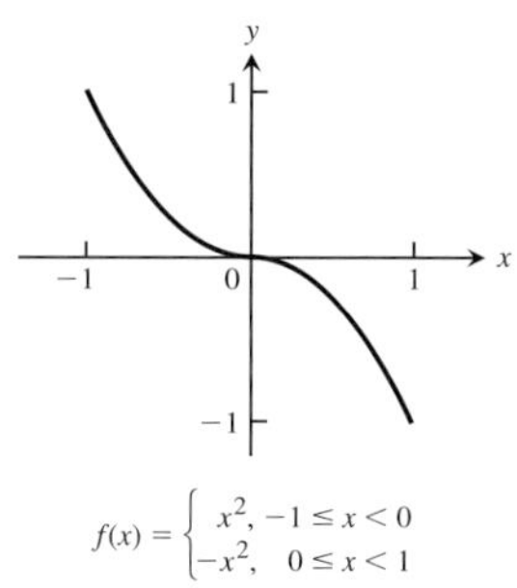

(b) Yes **(c)** Yes

97. **(a)**

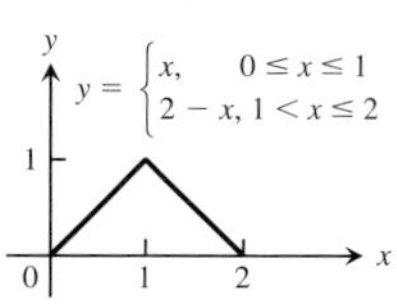

(b) Yes **(c)** No

99. $\left(\frac{5}{2},\frac{9}{4}\right)$ and $\left(\frac{3}{2},-\frac{1}{4}\right)$ **101.** $(-1,27)$ and $(2,0)$

103. **(a)** $(-2,16)$, $(3,11)$ **(b)** $(0,20)$, $(1,7)$

105.

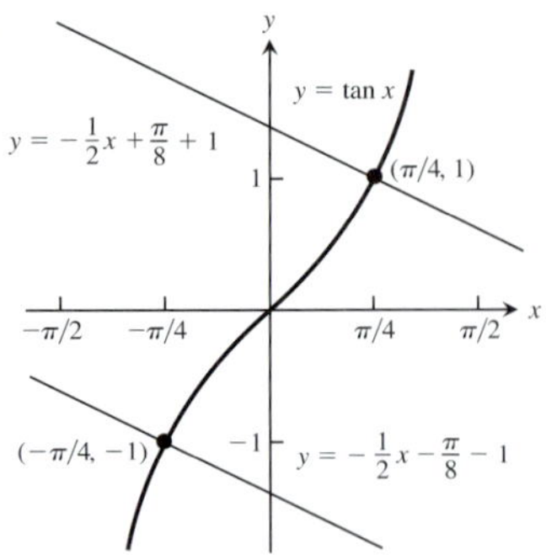

107. $\frac{1}{4}$ **109.** 4

111. Tangent: $y = -\frac{1}{4}x + \frac{9}{4}$, normal: $y = 4x - 2$

113. Tangent: $y = 2x - 4$, normal: $y = -\frac{1}{2}x + \frac{7}{2}$

115. Tangent: $y = -\frac{5}{4}x + 6$, normal: $y = \frac{4}{5}x - \frac{11}{5}$

117. $(1, 1)$: $m = -\frac{1}{2}$; $(1, -1)$: m not defined

119. B = graph of f, A = graph of f'

121.

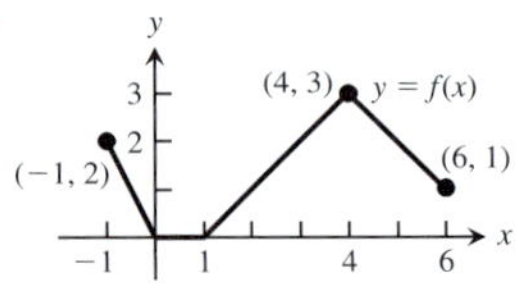

123. $\frac{2(x^2+1)}{\sqrt{\cos 2x}}\left[\frac{2x}{x^2+1} + \tan 2x\right]$

125. $5\left[\frac{(t+1)(t-1)}{(t-2)(t+3)}\right]^5\left[\frac{1}{t+1} + \frac{1}{t-1} - \frac{1}{t-2} - \frac{1}{t+3}\right]$

127. $\frac{1}{\sqrt{\theta}}(\sin\theta)^{\sqrt{\theta}}\left(\frac{\ln \sin\theta}{2} + \theta\cot\theta\right)$

129. **(a)** $\frac{dS}{dt} = (4\pi r + 2\pi h)\frac{dr}{dt}$ **(b)** $\frac{dS}{dt} = 2\pi r\frac{dh}{dt}$

(c) $\frac{dS}{dt} = (4\pi r + 2\pi h)\frac{dr}{dt} + 2\pi r\frac{dh}{dt}$ **(d)** $\frac{dr}{dt} = -\frac{r}{2r+h}\frac{dh}{dt}$

131. $-40\ \text{m}^2/\text{s}$ **133.** 0.02 ohm/s **135.** 2 m/s

137. **(a)** $r = \frac{2}{5}h$ **(b)** $-\frac{5}{16\pi}$ m/min

139. **(a)** $\frac{3}{5}$ km/s or 600 m/s **(b)** $\frac{18}{\pi}$ rpm

141. **(a)** $L(x) = 2x + \frac{\pi - 2}{2}$

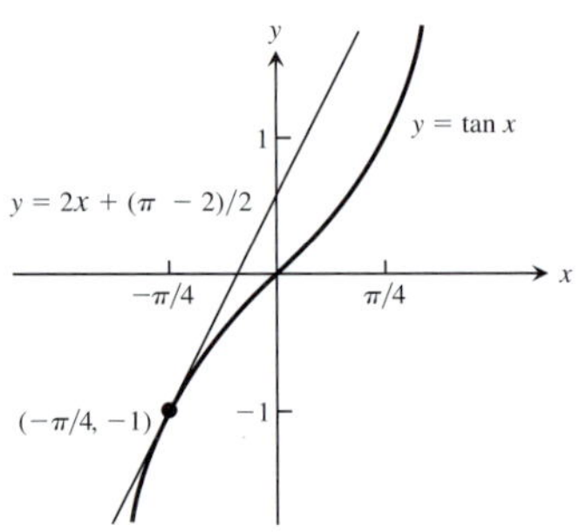

(b) $L(x) = -\sqrt{2}x + \frac{\sqrt{2}(4-\pi)}{4}$

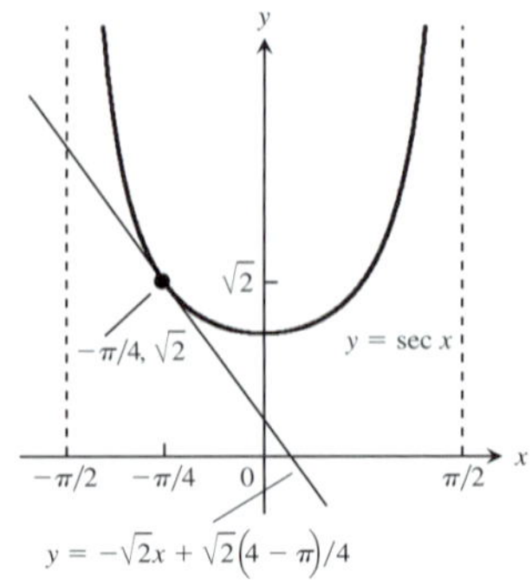

143. $L(x) = 1.5x + 0.5$ **145.** $dS = \frac{\pi r h_0}{\sqrt{r^2 + h_0^2}}dh$

147. **(a)** 4% **(b)** 8% **(c)** 12%

심화문제

1. **(a)** $\sin 2\theta = 2\sin\theta\cos\theta$; $2\cos 2\theta = 2\sin\theta(-\sin\theta) + \cos\theta(2\cos\theta)$; $2\cos 2\theta = -2\sin^2\theta + 2\cos^2\theta$; $\cos 2\theta = \cos^2\theta - \sin^2\theta$
(b) $\cos 2\theta = \cos^2\theta - \sin^2\theta$; $-2\sin 2\theta = 2\cos\theta(-\sin\theta) - 2\sin\theta(\cos\theta)$; $\sin 2\theta = \cos\theta\sin\theta + \sin\theta\cos\theta$; $\sin 2\theta = 2\sin\theta\cos\theta$

3. **(a)** $a = 1, b = 0, c = -\frac{1}{2}$ **(b)** $b = \cos a, c = \sin a$

5. $h = -4, k = \frac{9}{2}, a = \frac{5\sqrt{5}}{2}$

7. **(a)** 0.09y **(b)** Increasing at 1% per year

9. Answers will vary. Here is one possibility.

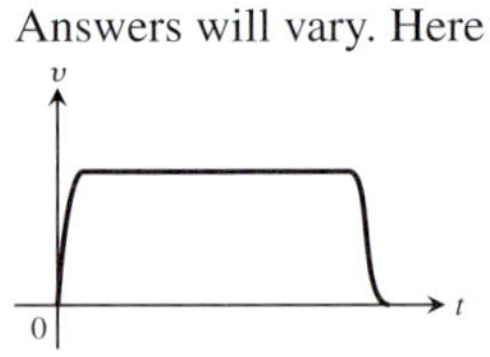

11. **(a)** 2 s, 19.6 m/s **(b)** 12.25 s, 120 m

15. $y' = \frac{xy^{-1}y^2 - ye^x(x^y+1)\ln y}{e^x(x^y+1) - x^y y\ln x}$

17. **(a)** $m = -\frac{b}{\pi}$ **(b)** $m = -1, b = \pi$

19. **(a)** $a = \frac{3}{4}, b = \frac{9}{4}$ **21.** f odd $\Rightarrow$ f' is even

25. h' is defined but not continuous at $x = 0$; k' is defined *and* continuous at $x = 0$.

27. $\frac{-7}{75}$ rad/s

31. **(a)** 0.248 m **(b)** 0.02015 s
(c) It will lose about 28.3 min/day.

3장

3.1절

1. Absolute minimum at $x = c_2$; absolute maximum at $x = b$
3. Absolute maximum at $x = c$; no absolute minimum
5. Absolute minimum at $x = a$; absolute maximum at $x = c$
7. No absolute minimum; no absolute maximum
9. Absolute maximum at $(0, 5)$ **11.** (c) **13.** (d)

15. Absolute minimum at $x = 0$; no absolute maximum

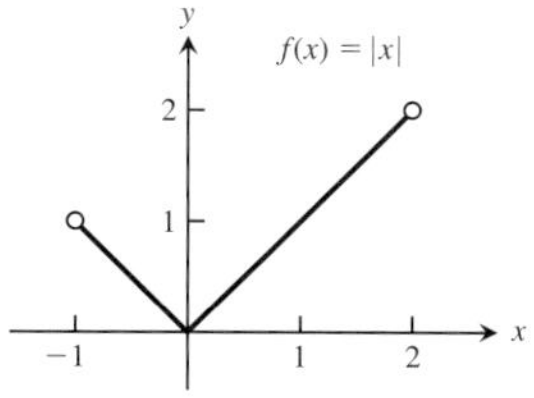

17. Absolute maximum at $x = 2$; no absolute minimum

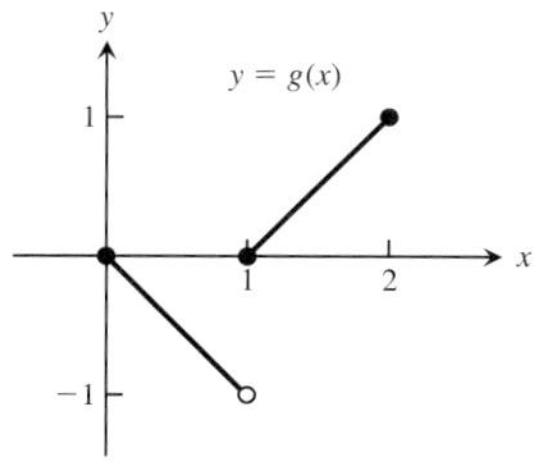

19. Absolute maximum at $x = \pi/2$; absolute minimum at $x = 3\pi/2$

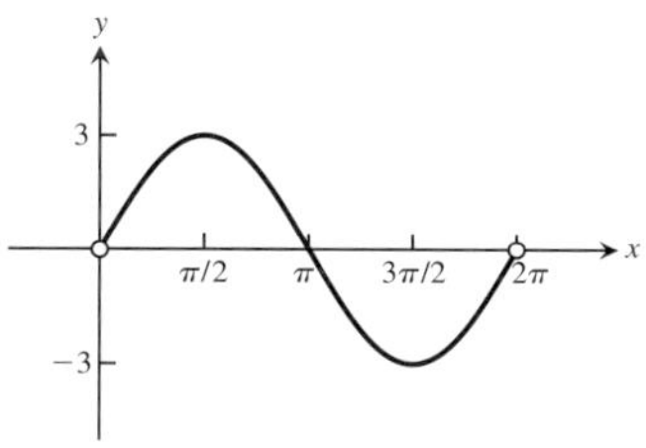

21. Absolute maximum: -3; absolute minimum: $-19/3$

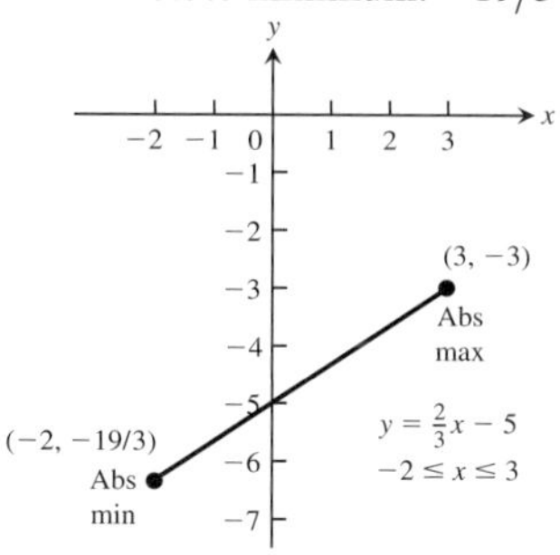

23. Absolute maximum: 3; absolute minimum: -1

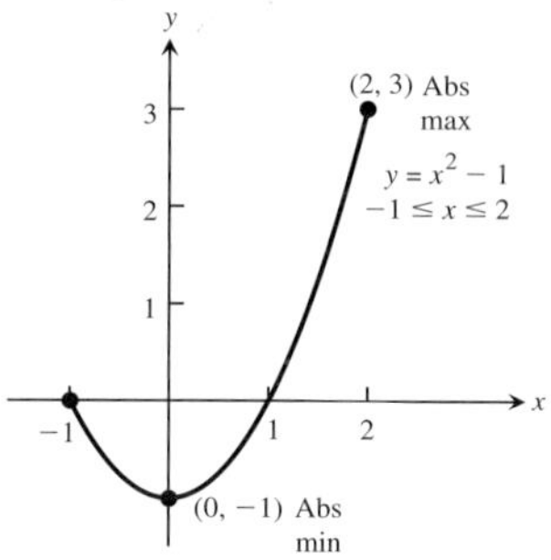

25. Absolute maximum: -0.25; absolute minimum: -4

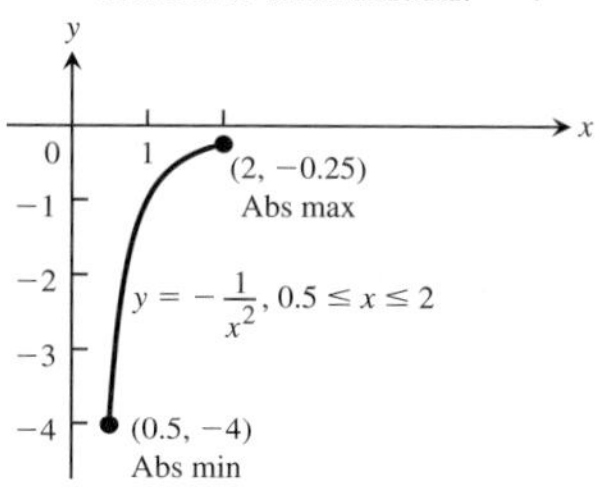

27. Absolute maximum: 2; absolute minimum: -1

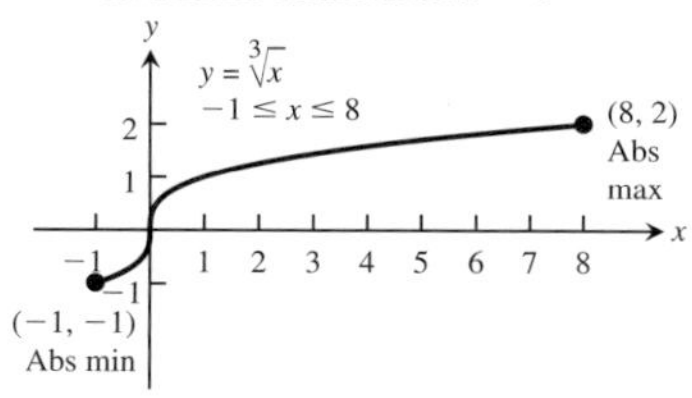

29. Absolute maximum: 2; absolute minimum: 0

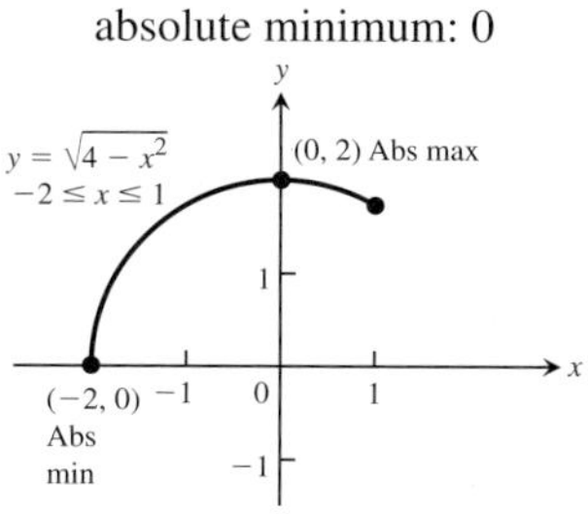

31. Absolute maximum: 1; absolute minimum: -1

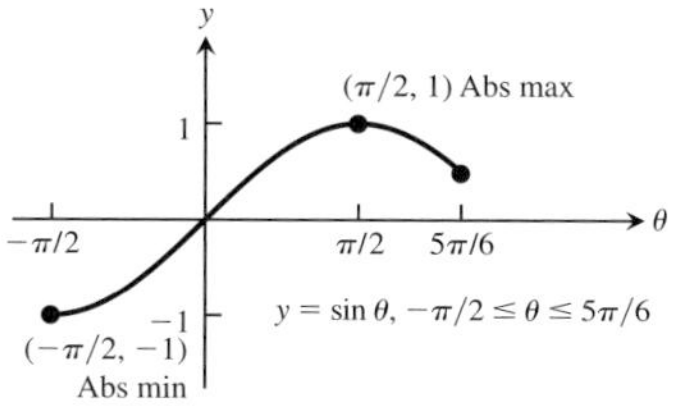

33. Absolute maximum: $2/\sqrt{3}$; absolute minimum: 1

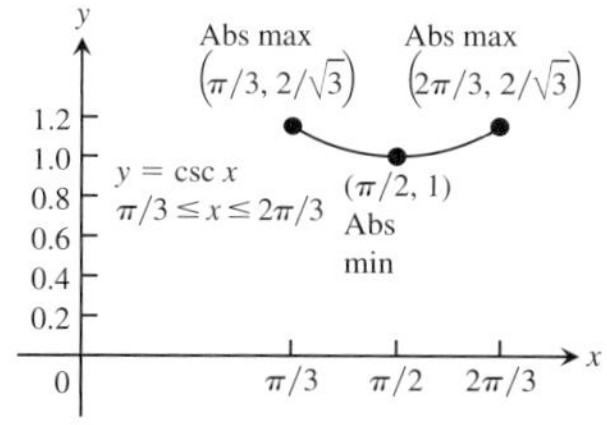

35. Absolute maximum: 2; absolute minimum: -1

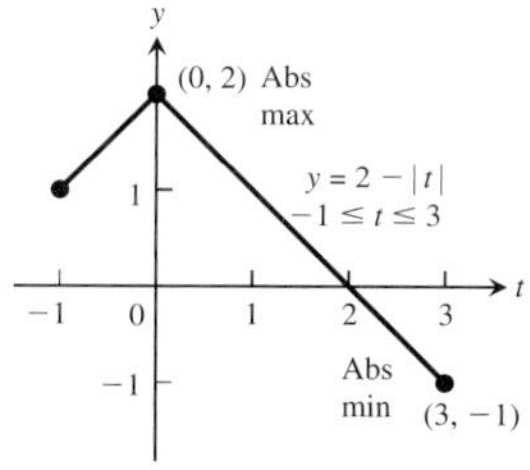

37. **(a)** Absolute maximum is $1/e$ at $x = 1$; absolute minimum is $-e$ at $x = -1$.

(b)

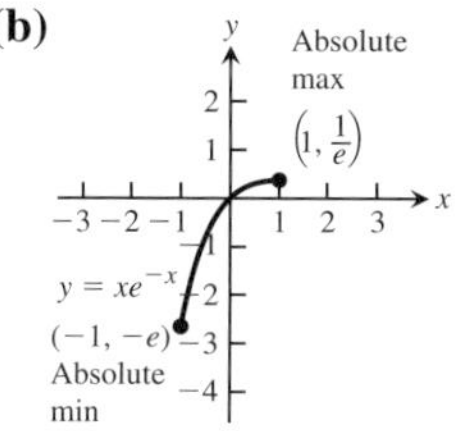

39. **(a)** Absolute maximum value is $(1/4) + \ln 4$ at $x = 4$; absolute minimum value is 1 at $x = 1$; local maximum at $(1/2, 2 - \ln 2)$.

(b)

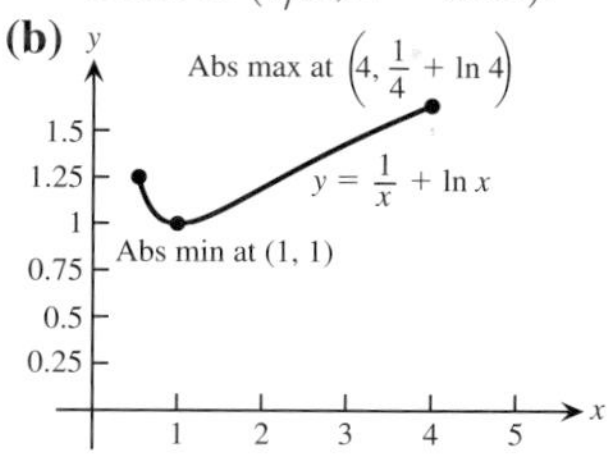

41. Increasing on $(0, 8)$, decreasing on $(-1, 0)$; absolute maximum: 16 at $x = 8$; absolute minimum: 0 at $x = 0$

43. Increasing on $(-32, 1)$; absolute maximum: 1 at $\theta = 1$; absolute minimum: -8 at $\theta = -32$

45. $x = 3$

47. $x = 1,\ x = 4$

49. $x = 1$

51. $x = 0,\ x = 4$

53. $x = 0,\ x = 1$

55. $x = 2,\ x = -4$

57. **(a)** No

(b) The derivative is defined and nonzero for $x \neq 2$. Also, $f(2) = 0$ and $f(x) > 0$ for all $x \neq 2$.

(c) No, because $(-\infty, \infty)$ is not a closed interval.

(d) The answers are the same as parts (a) and (b), with 2 replaced by a.

59. y is increasing on $(-\infty, \infty)$ so has no extrema.

61. y is decreasing on $(-\infty, \infty)$ so has no extrema.

63. Yes

65. g assumes a local maximum at $-c$.

67. **(a)** Maximum value is 144 at $x = 2$.

(b) The largest volume of the box is 144 cubic units, and it occurs when $x = 2$.

69. $\dfrac{{v_0}^2}{2g} + s_0$

71. Maximum value is 11 at $x = 5$; minimum value is 5 on the interval $[-3, 2]$; local maximum at $(-5, 9)$.

73. Maximum value is 5 on the interval $[3, \infty)$; minimum value is -5 on the interval $(-\infty, -2]$.

3.2절

1. $1/2$ **3.** 1 **5.** $\pm\sqrt{1 - \dfrac{4}{\pi^2}} \approx \pm 0.771$

7. $\frac{1}{3}(1 + \sqrt{7}) \approx 1.22,\ \frac{1}{3}(1 - \sqrt{7}) \approx -0.549$

9. Does not; f is not differentiable at the interior domain point $x = 0$.

11. Does

13. Does not; f is not differentiable at $x = -1$.

17. (a)

i) ii) iii) iv)

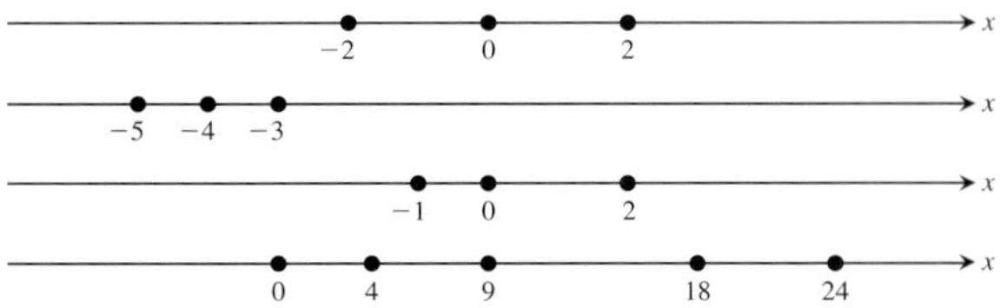

29. Yes **31. (a)** 4 **(b)** 3 **(c)** 3

33. (a) $\frac{x^2}{2} + C$ **(b)** $\frac{x^3}{3} + C$ **(c)** $\frac{x^4}{4} + C$

35. (a) $\frac{1}{x} + C$ **(b)** $x + \frac{1}{x} + C$ **(c)** $5x - \frac{1}{x} + C$

37. (a) $-\frac{1}{2}\cos 2t + C$ **(b)** $2\sin\frac{t}{2} + C$

(c) $-\frac{1}{2}\cos 2t + 2\sin\frac{t}{2} + C$

39. $f(x) = x^2 - x$ **41.** $f(x) = 1 + \frac{e^{2x}}{2}$

43. $s = 4.9t^2 + 5t + 10$ **45.** $s = \frac{1 - \cos(\pi t)}{\pi}$

47. $s = e^t + 19t + 4$ **49.** $s = \sin(2t) - 3$

51. If $T(t)$ is the temperature of the thermometer at time t, then $T(0) = -19\,°\text{C}$ and $T(14) = 100\,°\text{C}$. From the Mean Value Theorem, there exists a $0 < t_0 < 14$ such that $\frac{T(14) - T(0)}{14 - 0} = 8.5\,°\text{C/s} = T'(t_0)$, the rate at which the temperature was changing at $t = t_0$ as measured by the rising mercury on the thermometer.

53. Because its average speed was approximately 7.667 knots, and by the Mean Value Theorem, it must have been going that speed at least once during the trip.

57. The conclusion of the Mean Value Theorem yields $\frac{\frac{1}{b} - \frac{1}{a}}{b - a} = -\frac{1}{c^2} \Rightarrow c^2\left(\frac{a - b}{ab}\right) = a - b \Rightarrow c = \sqrt{ab}$.

61. $f(x)$ must be zero at least once between a and b by the Intermediate Value Theorem. Now suppose that $f(x)$ is zero twice between a and b. Then, by the Mean Value Theorem, $f'(x)$ would have to be zero at least once between the two zeros of $f(x)$, but this can't be true since we are given that $f'(x) \neq 0$ on this interval. Therefore, $f(x)$ is zero once and only once between a and b.

71. $1.09999 \le f(0.1) \le 1.1$

3.3절

1. (a) 0, 1
(b) Increasing on $(-\infty, 0)$ and $(1, \infty)$; decreasing on $(0, 1)$
(c) Local maximum at $x = 0$; local minimum at $x = 1$

3. (a) $-2, 1$
(b) Increasing on $(-2, 1)$ and $(1, \infty)$; decreasing on $(-\infty, -2)$
(c) No local maximum; local minimum at $x = -2$

5. (a) Critical point at $x = 1$
(b) Decreasing on $(-\infty, 1)$, increasing on $(1, \infty)$
(c) Local (and absolute) minimum at $x = 1$

7. (a) 0, 1
(b) Increasing on $(-\infty, -2)$ and $(1, \infty)$; decreasing on $(-2, 0)$ and $(0, 1)$
(c) Local minimum at $x = 1$

9. (a) $-2, 2$
(b) Increasing on $(-\infty, -2)$ and $(2, \infty)$; decreasing on $(-2, 0)$ and $(0, 2)$
(c) Local maximum at $x = -2$; local minimum at $x = 2$

11. (a) $-2, 0$
(b) Increasing on $(-\infty, -2)$ and $(0, \infty)$; decreasing on $(-2, 0)$
(c) Local maximum at $x = -2$; local minimum at $x = 0$

13. (a) $\frac{\pi}{2}, \frac{2\pi}{3}, \frac{4\pi}{3}$
(b) Increasing on $\left(\frac{2\pi}{3}, \frac{4\pi}{3}\right)$; decreasing on $\left(0, \frac{\pi}{2}\right)$, $\left(\frac{\pi}{2}, \frac{2\pi}{3}\right)$, and $\left(\frac{4\pi}{3}, 2\pi\right)$
(c) Local maximum at $x = 0$ and $x = \frac{4\pi}{3}$; local minimum at $x = \frac{2\pi}{3}$ and $x = 2\pi$

15. (a) Increasing on $(-2, 0)$ and $(2, 4)$; decreasing on $(-4, -2)$ and $(0, 2)$
(b) Absolute maximum at $(-4, 2)$; local maximum at $(0, 1)$ and $(4, -1)$; absolute minimum at $(2, -3)$; local minimum at $(-2, 0)$

17. (a) Increasing on $(-4, -1)$, $(1/2, 2)$, and $(2, 4)$; decreasing on $(-1, 1/2)$
(b) Absolute maximum at $(4, 3)$; local maximum at $(-1, 2)$ and $(2, 1)$; no absolute minimum; local minimum at $(-4, -1)$ and $(1/2, -1)$

19. (a) Increasing on $(-\infty, -1.5)$; decreasing on $(-1.5, \infty)$
(b) Local maximum: 5.25 at $t = -1.5$

21. (a) Decreasing on $(-\infty, 0)$; increasing on $(0, 4/3)$; decreasing on $(4/3, \infty)$
(b) Local minimum at $x = 0(0, 0)$; local maximum at $x = 4/3(4/3, 32/27)$

23. (a) Decreasing on $(-\infty, 0)$; increasing on $(0, 1/2)$; decreasing on $(1/2, \infty)$
(b) Local minimum at $\theta = 0(0, 0)$; local maximum at $\theta = 1/2(1/2, 1/4)$

25. (a) Increasing on $(-\infty, \infty)$; never decreasing
(b) No local extrema

27. (a) Increasing on $(-2, 0)$ and $(2, \infty)$; decreasing on $(-\infty, -2)$ and $(0, 2)$
(b) Local maximum: 16 at $x = 0$; local minimum: 0 at $x = \pm 2$

29. (a) Increasing on $(-\infty, -1)$; decreasing on $(-1, 0)$; increasing on $(0, 1)$; decreasing on $(1, \infty)$
(b) Local maximum: 0.5 at $x = \pm 1$; local minimum: 0 at $x = 0$

31. (a) Increasing on $(10, \infty)$; decreasing on $(1, 10)$
(b) Local maximum: 1 at $x = 1$; local minimum: -8 at $x = 10$

33. (a) Decreasing on $(-2\sqrt{2}, -2)$; increasing on $(-2, 2)$; decreasing on $(2, 2\sqrt{2})$
(b) Local minima: $g(-2) = -4$, $g(2\sqrt{2}) = 0$; local maxima: $g(-2\sqrt{2}) = 0$, $g(2) = 4$

35. (a) Increasing on $(-\infty, 1)$; decreasing when $1 < x < 2$; decreasing when $2 < x < 3$; discontinuous at $x = 2$; increasing on $(3, \infty)$
(b) Local minimum at $x = 3(3, 6)$; local maximum at $x = 1(1, 2)$

37. **(a)** Increasing on $(-2, 0)$ and $(0, \infty)$; decreasing on $(-\infty, -2)$
(b) Local minimum: $-6\sqrt[3]{2}$ at $x = -2$

39. **(a)** Increasing on $(-\infty, -2/\sqrt{7})$ and $(2/\sqrt{7}, \infty)$; decreasing on $(-2/\sqrt{7}, 0)$ and $(0, 2/\sqrt{7})$
(b) Local maximum: $24\sqrt[3]{2}/7^{7/6} \approx 3.12$ at $x = -2/\sqrt{7}$; local minimum: $-24\sqrt[3]{2}/7^{7/6} \approx -3.12$ at $x = 2/\sqrt{7}$

41. **(a)** Increasing on $((1/3)\ln(1/2), \infty)$, decreasing on $(-\infty, (1/3)\ln(1/2))$
(b) Local minimum is $\dfrac{3}{2^{2/3}}$ at $x = (1/3)\ln(1/2)$; no local maximum

43. **(a)** Increasing on (e^{-1}, ∞); decreasing on $(0, e^{-1})$
(b) A local minimum is $-e^{-1}$ at $x = e^{-1}$; no local maximum

45. **(a)** Increasing on $(0, e^{-2})$ and $(1, \infty)$; decreasing on $(e^{-2}, 1)$
(b) Local maximum is $4/e^2$ at $x = e^{-2}$

47. **(a)** Local maximum: 1 at $x = 1$; local minimum: 0 at $x = 2$
(b) Absolute maximum: 1 at $x = 1$; no absolute minimum

49. **(a)** Local maximum: 1 at $x = 1$; local minimum: 0 at $x = 2$
(b) No absolute maximum; absolute minimum: 0 at $x = 2$

51. **(a)** Local maxima: -9 at $t = -3$ and 16 at $t = 2$; local minimum: -16 at $t = -2$
(b) Absolute maximum: 16 at $t = 2$; no absolute minimum

53. **(a)** Local minimum: 0 at $x = 0$
(b) No absolute maximum; absolute minimum: 0 at $x = 0$

55. **(a)** Local maximum: 5 at $x = 0$; local minimum: 0 at $x = -5$ and $x = 5$
(b) Absolute maximum: 5 at $x = 0$; absolute minimum: 0 at $x = -5$ and $x = 5$

57. **(a)** Local maximum: 2 at $x = 0$;
local minimum: $\dfrac{\sqrt{3}}{4\sqrt{3} - 6}$ at $x = 2 - \sqrt{3}$
(b) No absolute maximum; absolute minimum at $x = 2 - \sqrt{3}$

59. **(a)** Local maximum: 1 at $x = \pi/4$;
local maximum: 0 at $x = \pi$;
local minimum: 0 at $x = 0$;
local minimum: -1 at $x = 3\pi/4$

61. **(a)** Local maximum: 2 at $x = \pi/6$;
local maximum: $\sqrt{3}$ at $x = 2\pi$;
local minimum: -2 at $x = 7\pi/6$;
local minimum: $\sqrt{3}$ at $x = 0$

63. **(a)** Local minimum: $(\pi/3) - \sqrt{3}$ at $x = 2\pi/3$;
local maximum: 0 at $x = 0$;
local maximum: π at $x = 2\pi$

65. **(a)** Local minimum: 0 at $x = \pi/4$

67. Local minimum at $x = 1$; no local maximum

69. **(a)** Increasing on $(-1, 2)$;
decreasing on $(-2, -1)$
(b) The sign of f cannot be determined solely from the graph of f'.

71. Local maximum: 3 at $\theta = 0$;
local minimum: -3 at $\theta = 2\pi$

73.

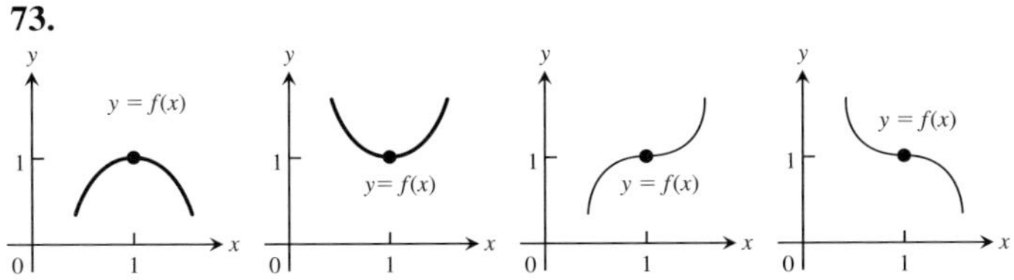

(a) (b) (c) (d)

75. **(a)**

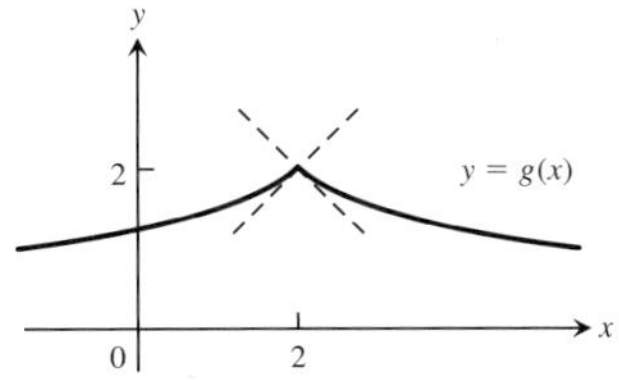

(b)

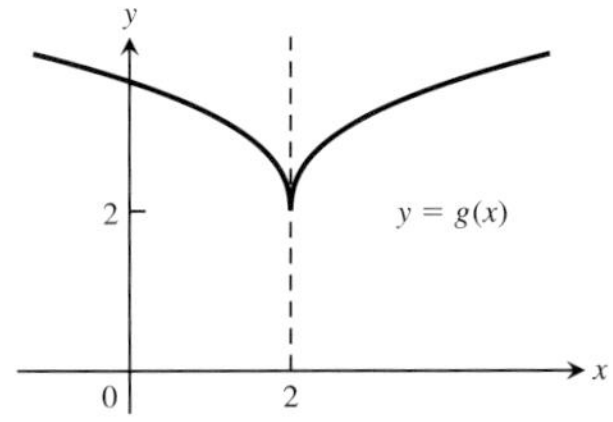

79. $a = -2, b = 4$

81. **(a)** Absolute minimum occurs at $x = \pi/3$ with $f(\pi/3) = -\ln 2$, and the absolute maximum occurs at $x = 0$ with $f(0) = 0$.
(b) Absolute minimum occurs at $x = 1/2$ and $x = 2$ with $f(1/2) = f(2) = \cos(\ln 2)$, and the absolute maximum occurs at $x = 1$ with $f(1) = 1$.

83. Minimum of $2 - 2\ln 2 \approx 0.613706$ at $x = \ln 2$; maximum of 1 at $x = 0$

85. Absolute maximum value of $1/2e$ assumed at $x = 1/\sqrt{e}$

89. Increasing; $\dfrac{df^{-1}}{dx} = \dfrac{1}{9}x^{-2/3}$

91. Decreasing; $\dfrac{df^{-1}}{dx} = -\dfrac{1}{3}x^{-2/3}$

3.4절

1. Local maximum: 3/2 at $x = -1$; local minimum: -3 at $x = 2$; point of inflection at $(1/2, -3/4)$; rising on $(-\infty, -1)$ and $(2, \infty)$; falling on $(-1, 2)$; concave up on $(1/2, \infty)$; concave down on $(-\infty, 1/2)$

3. Local maximum: 3/4 at $x = 0$; local minimum: 0 at $x = \pm 1$; points of inflection at $\left(-\sqrt{3}, \dfrac{3\sqrt[3]{4}}{4}\right)$ and $\left(\sqrt{3}, \dfrac{3\sqrt[3]{4}}{4}\right)$; rising on $(-1, 0)$ and $(1, \infty)$; falling on $(-\infty, -1)$ and $(0, 1)$; concave up on $(-\infty, -\sqrt{3})$ and $(\sqrt{3}, \infty)$; concave down on $(-\sqrt{3}, -1), (-1, 1)$, and $(1, \sqrt{3})$

5. Local maxima: $\dfrac{-2\pi}{3} + \dfrac{\sqrt{3}}{2}$ at $x = -2\pi/3$, $\dfrac{\pi}{3} + \dfrac{\sqrt{3}}{2}$ at $x = \pi/3$; local minima: $-\dfrac{\pi}{3} - \dfrac{\sqrt{3}}{2}$ at $x = -\pi/3$, $\dfrac{2\pi}{3} - \dfrac{\sqrt{3}}{2}$ at $x = 2\pi/3$; points of inflection at $(-\pi/2, -\pi/2)$, $(0, 0)$, and $(\pi/2, \pi/2)$; rising on $(-\pi/3, \pi/3)$; falling on $(-2\pi/3, -\pi/3)$ and $(\pi/3, 2\pi/3)$; concave up on $(-\pi/2, 0)$ and $(\pi/2, 2\pi/3)$; concave down on $(-2\pi/3, -\pi/2)$ and $(0, \pi/2)$

7. Local maxima: 1 at $x = -\pi/2$ and $x = \pi/2$, 0 at $x = -2\pi$ and $x = 2\pi$; local minima: -1 at $x = -3\pi/2$ and $x = 3\pi/2$, 0 at $x = 0$; points of inflection at $(-\pi, 0)$ and $(\pi, 0)$; rising on $(-3\pi/2, -\pi/2), (0, \pi/2)$, and $(3\pi/2, 2\pi)$; falling on $(-2\pi, -3\pi/2), (-\pi/2, 0)$, and $(\pi/2, 3\pi/2)$; concave up on $(-2\pi, -\pi)$ and $(\pi, 2\pi)$; concave down on $(-\pi, 0)$ and $(0, \pi)$

9.

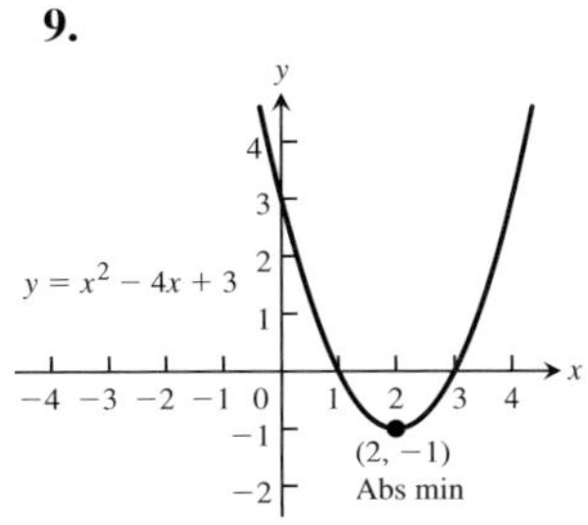

11.

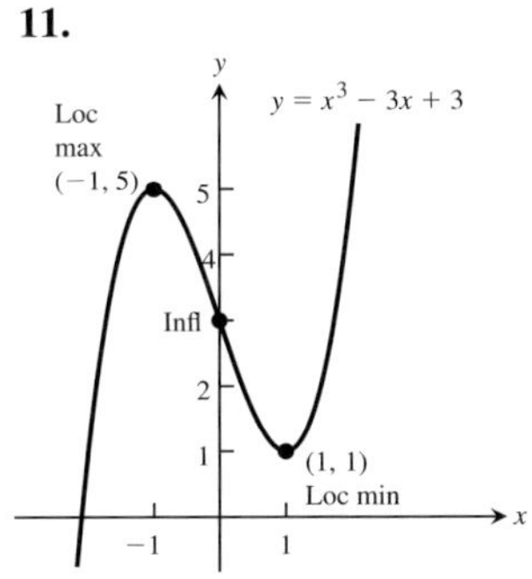

13.

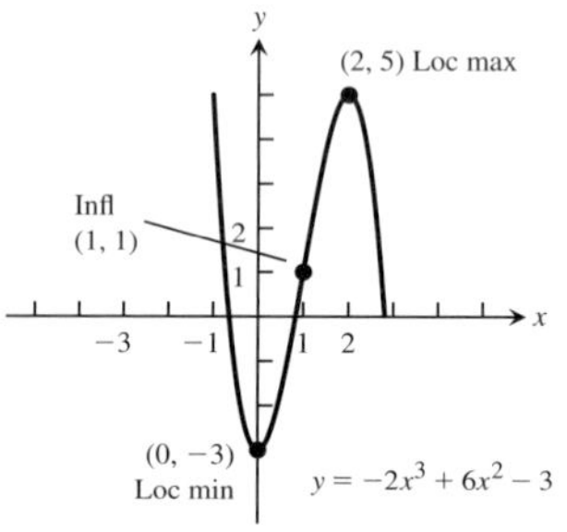

15.

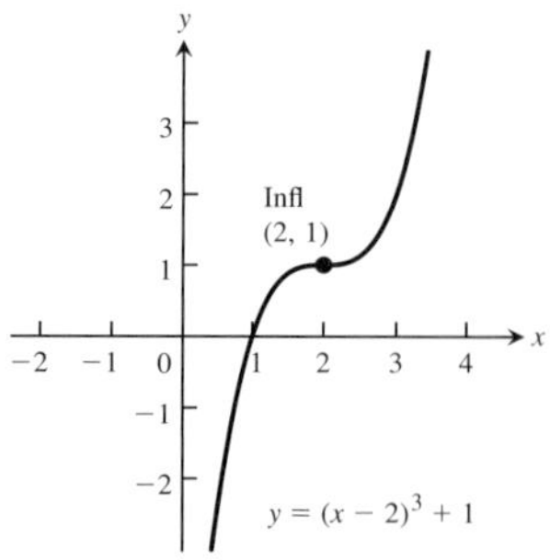

17.

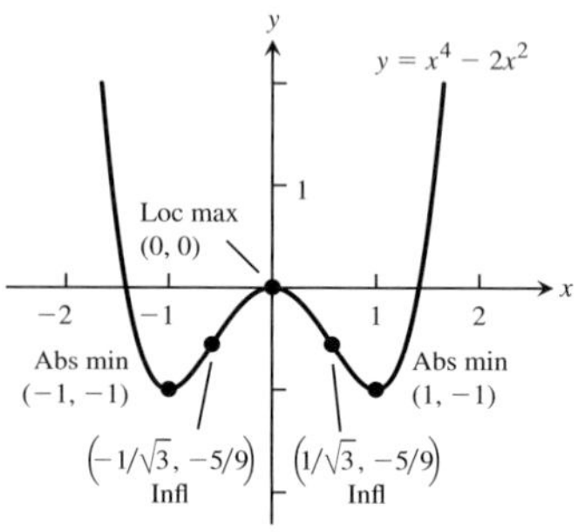

19.

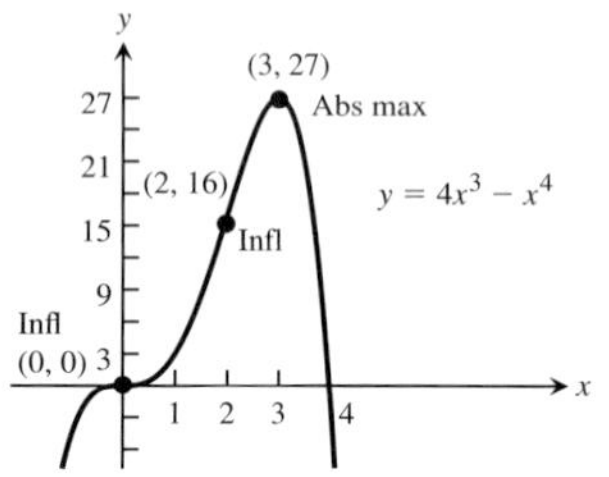

21.

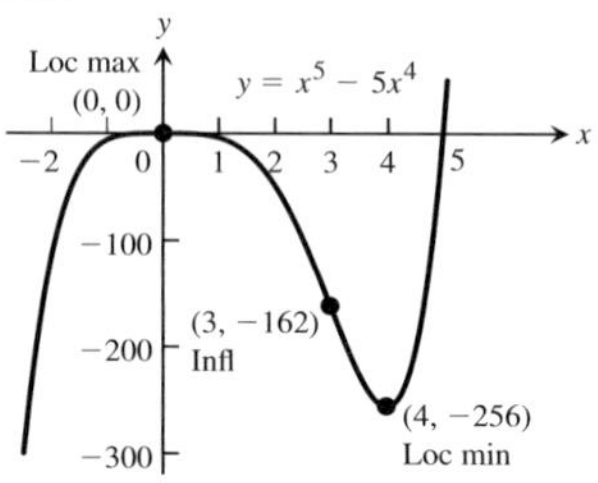

23.

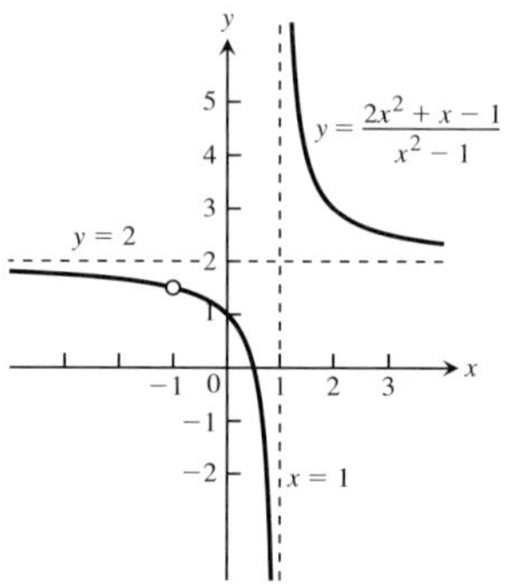

25.

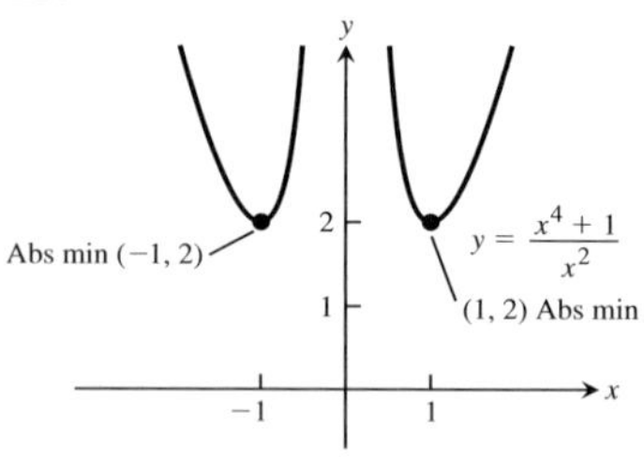

27.

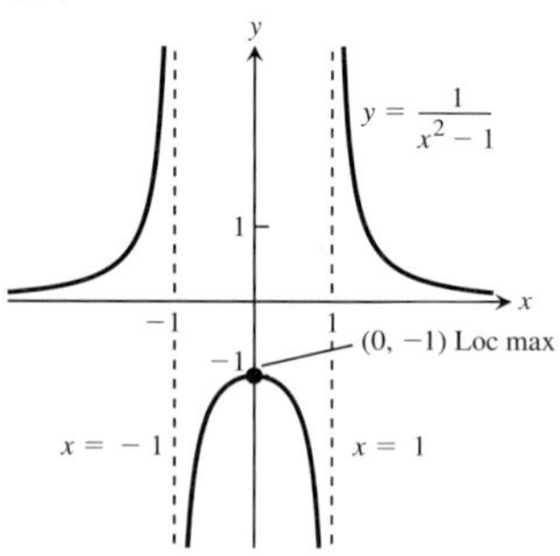

29.

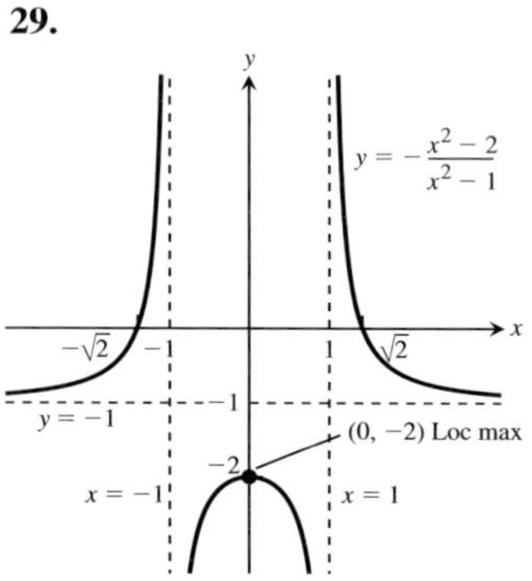

31.

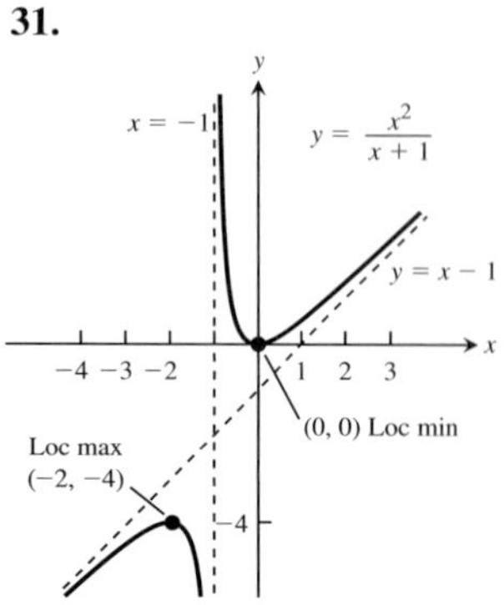

33.

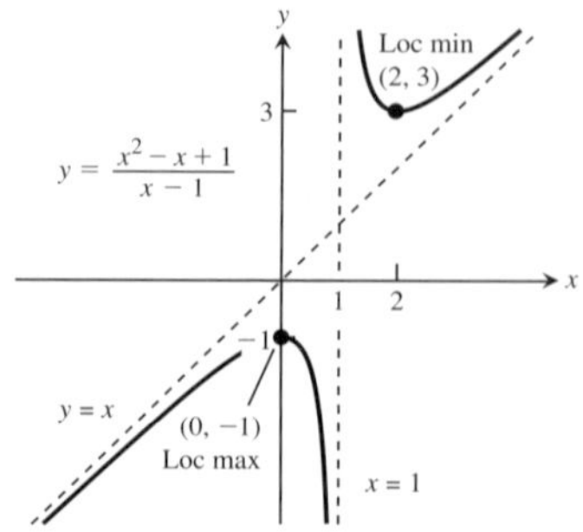

35.

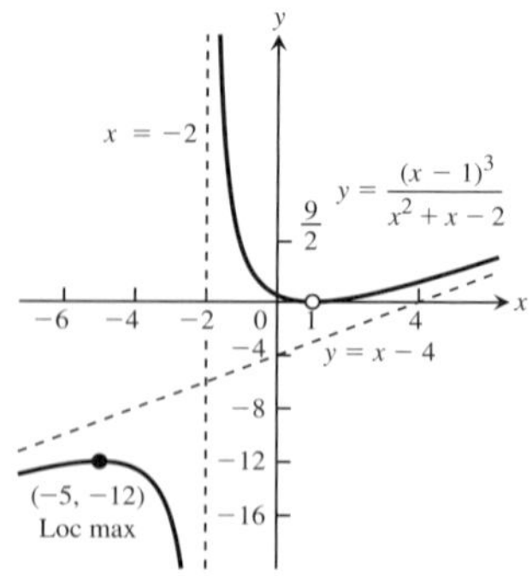

37.

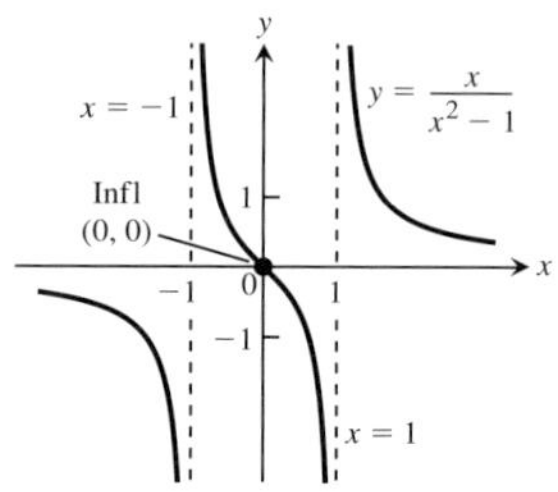

39.

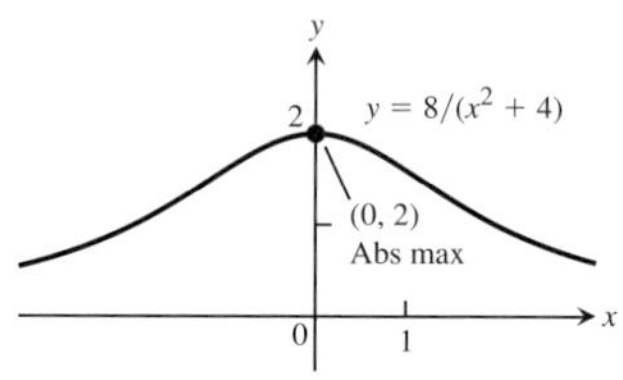

41.

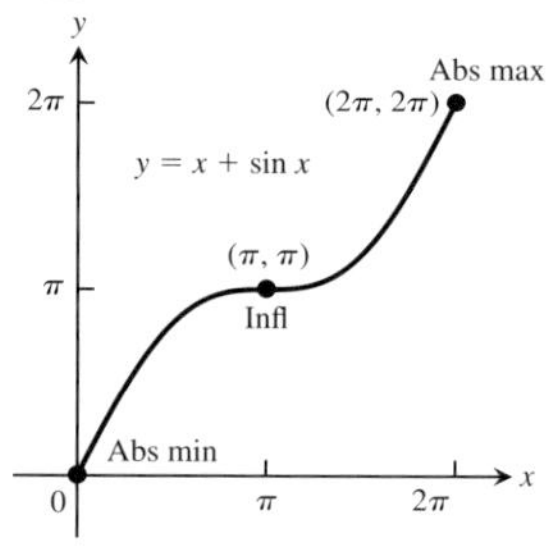

43.

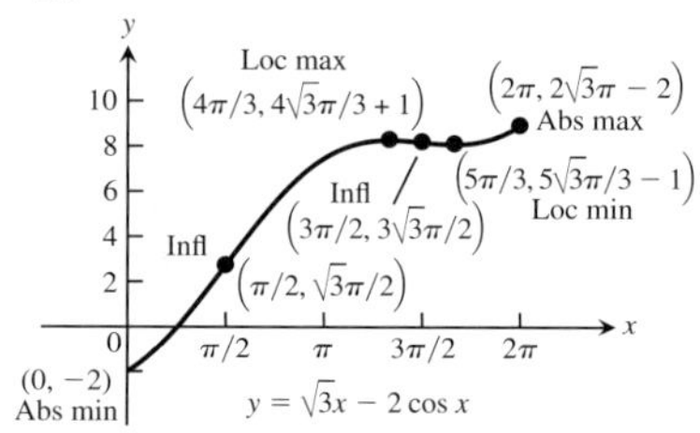

45.

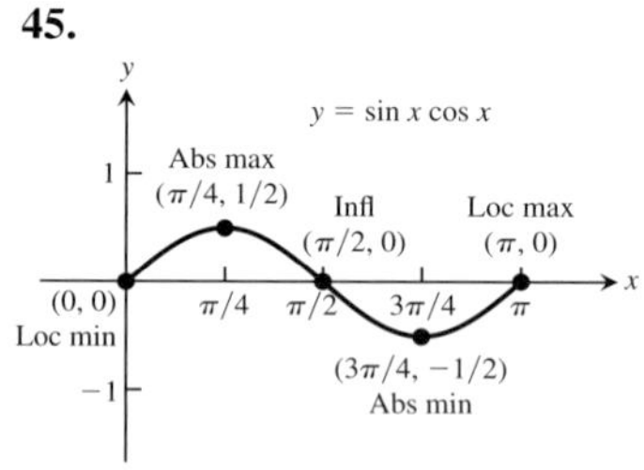

47.

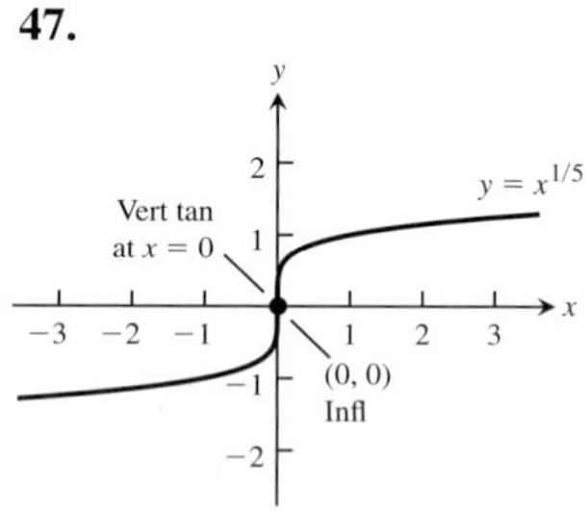

49.

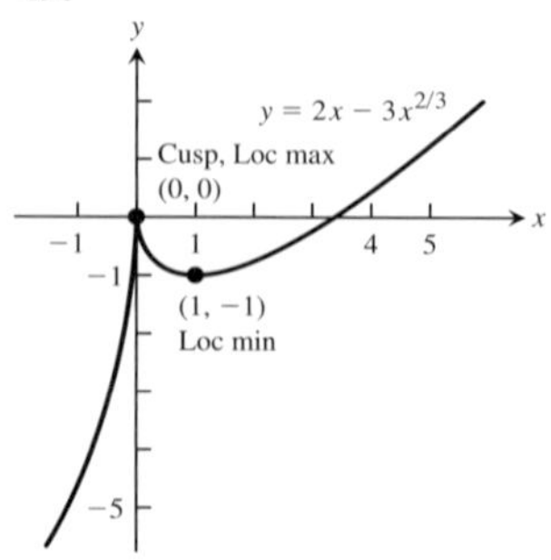

51.

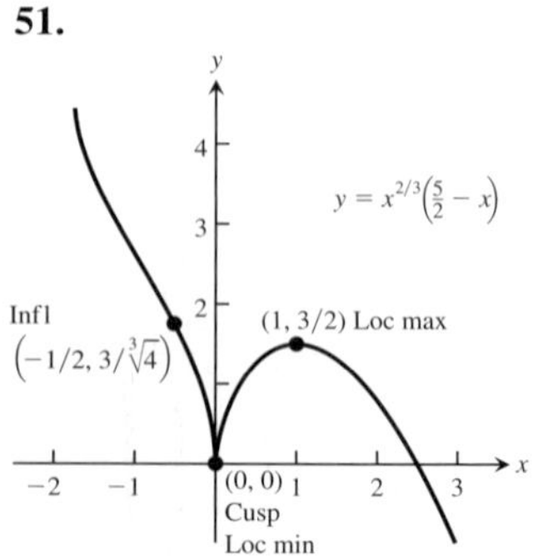

53.

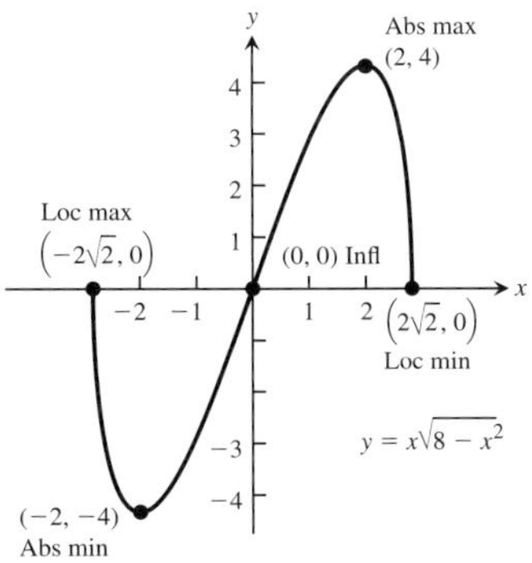

55.

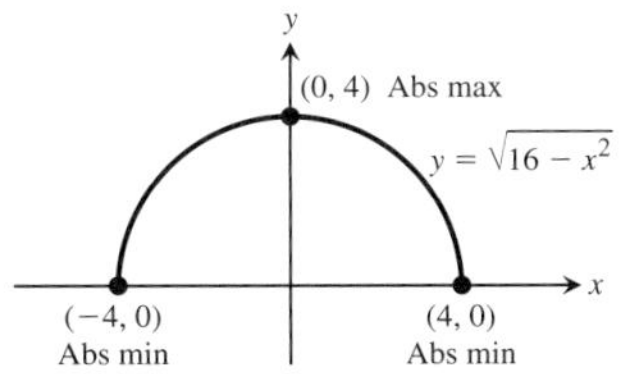

57.

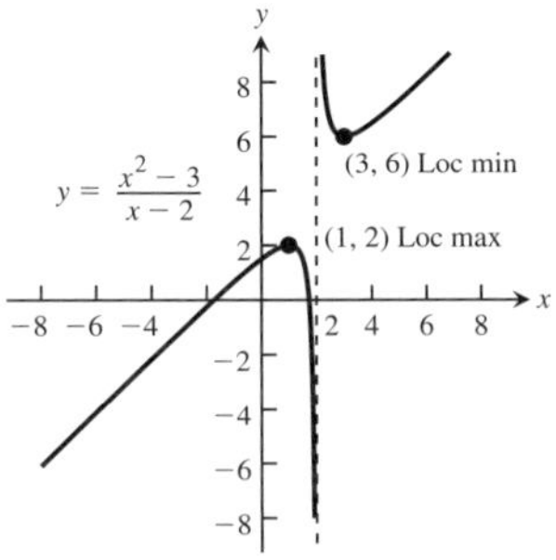

59.

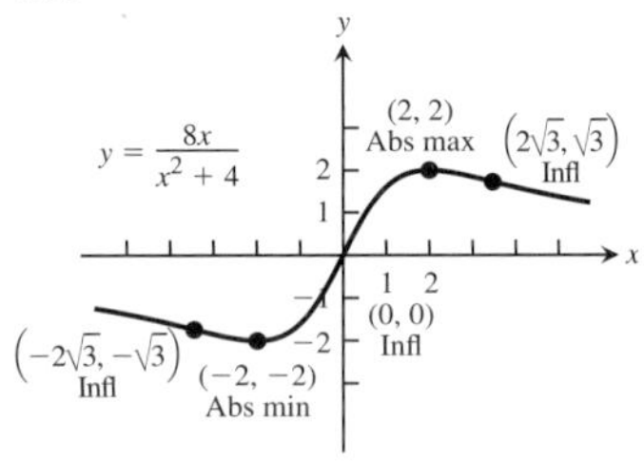

61.

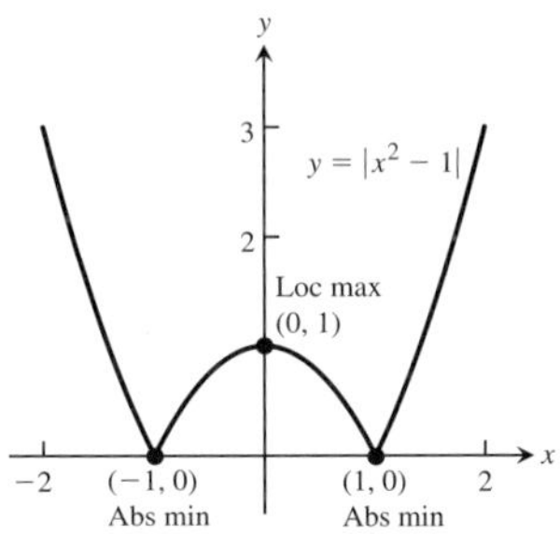

63.

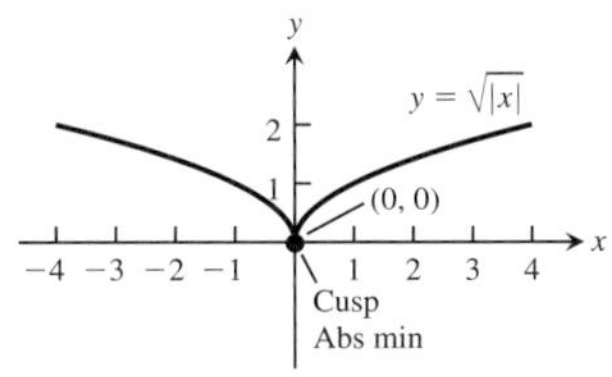

65.

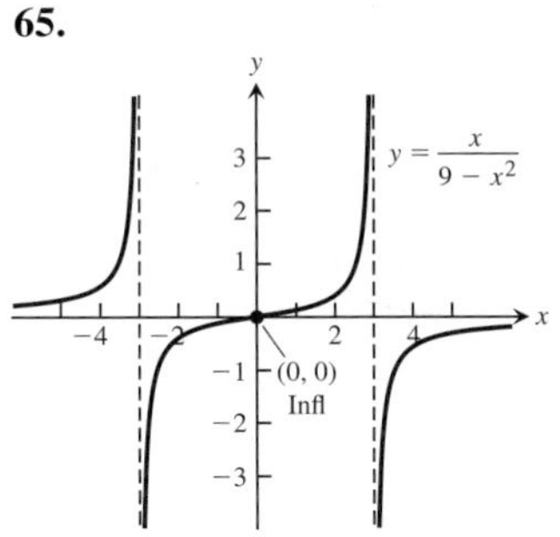

67.

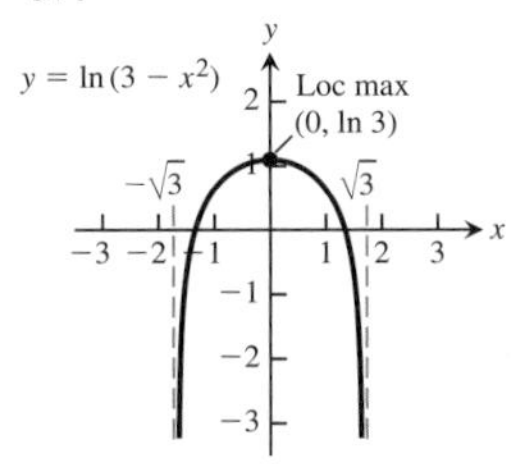

69.

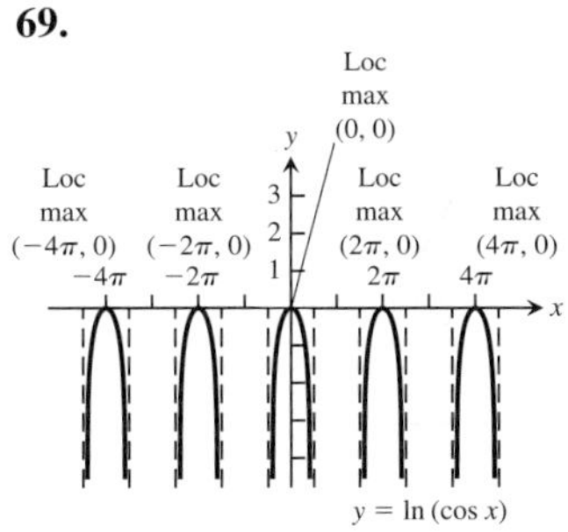

71. $y'' = 1 - 2x$

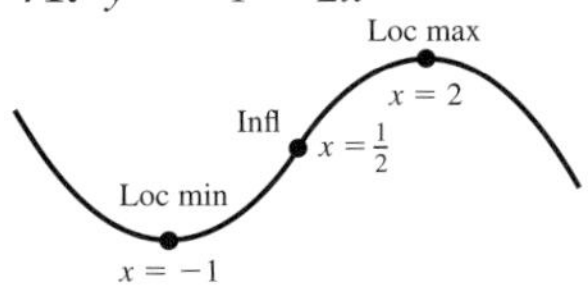

73. $y'' = 3(x - 3)(x - 1)$

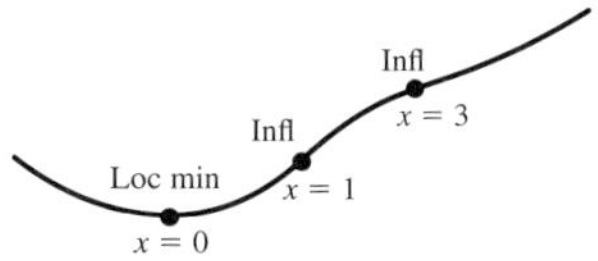

75. $y'' = 3(x - 2)(x + 2)$

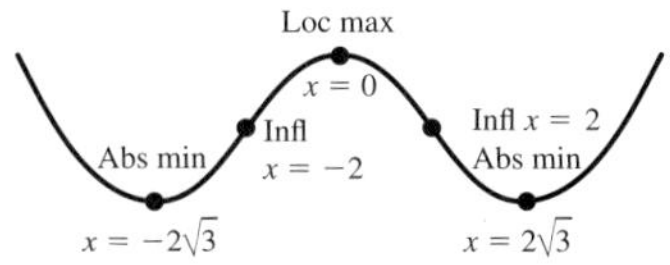

77. $y'' = 4(4 - x)(5x^2 - 16x + 8)$

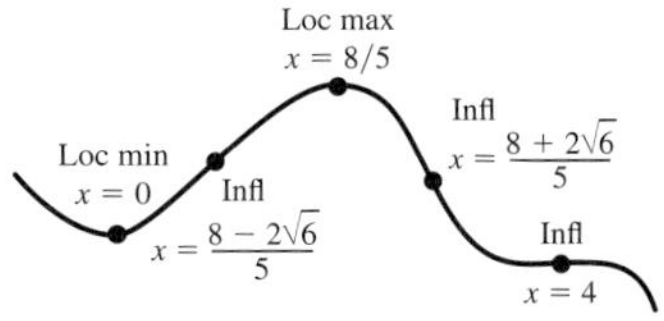

79. $y'' = 2\sec^2 x \tan x$

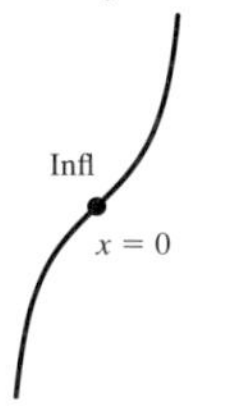

81. $y'' = -\frac{1}{2}\csc^2\frac{\theta}{2}$, $0 < \theta < 2\pi$

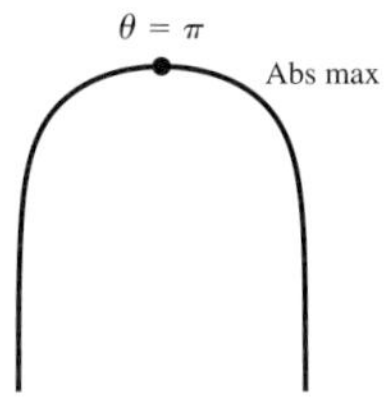

83. $y'' = 2\tan\theta\sec^2\theta$, $-\frac{\pi}{2} < \theta < \frac{\pi}{2}$

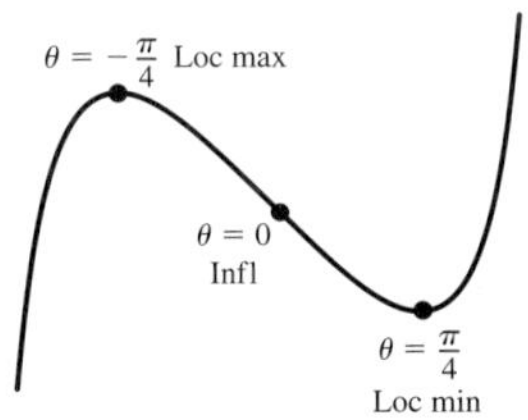

85. $y'' = -\sin t, 0 \le t \le 2\pi$

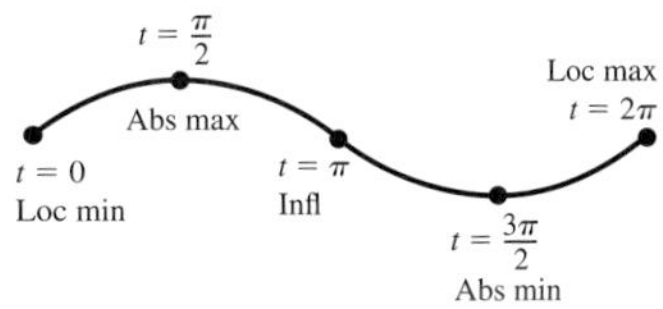

87. $y'' = -\frac{2}{3}(x + 1)^{-5/3}$

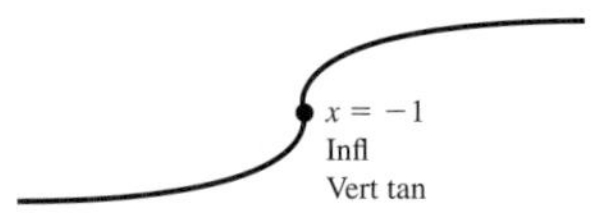

89. $y'' = \frac{1}{3}x^{-2/3} + \frac{2}{3}x^{-5/3}$

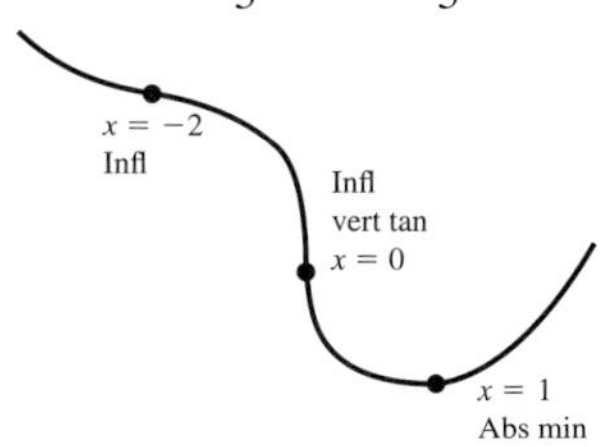

91. $y'' = \begin{cases} -2, & x < 0 \\ 2, & x > 0 \end{cases}$

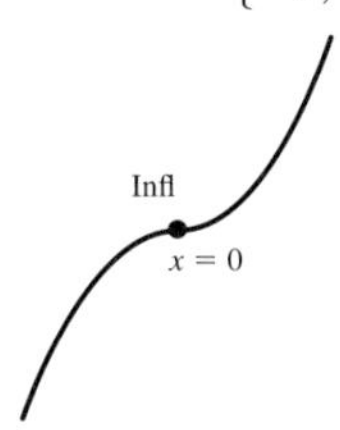

93.

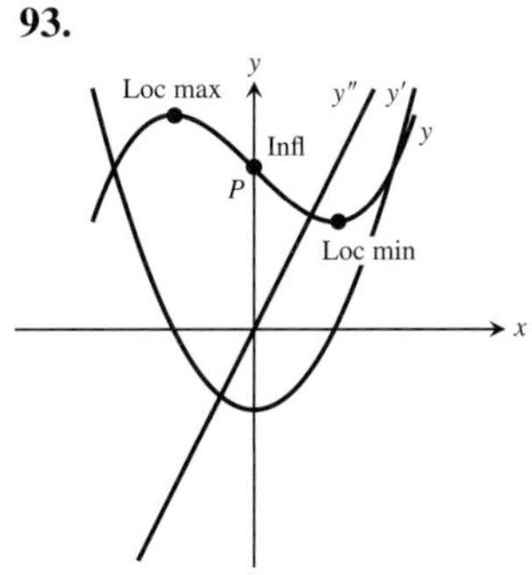

95.

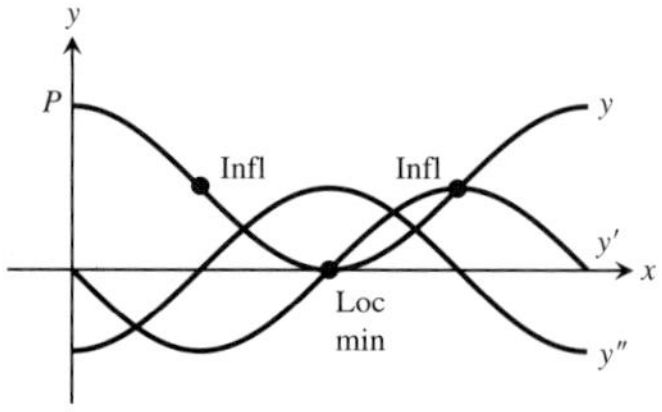

97.

Point	y'	y''
P	$-$	$+$
Q	$+$	0
R	$+$	$-$
S	0	$-$
T	$-$	$-$

99.

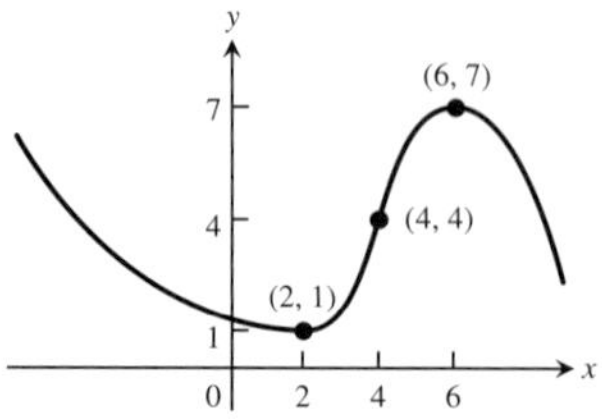

101.

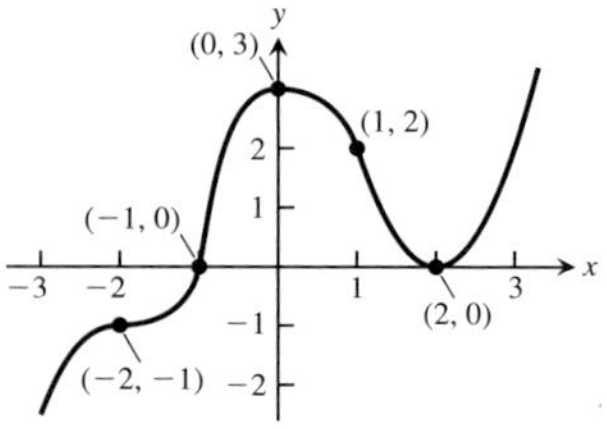

103.

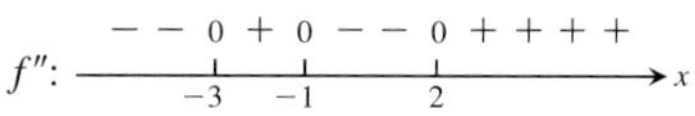

There are points of inflection at $x = -3$, $x = -1$, and $x = 2$.

105.

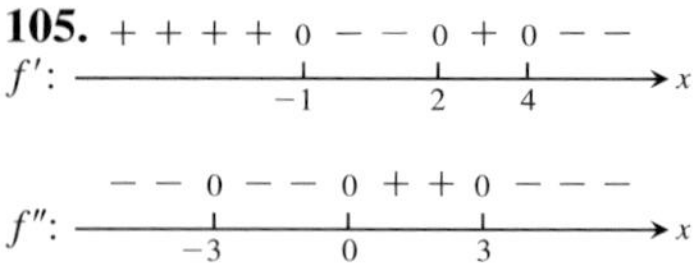

There are local maxima at $x = -1$ and $x = 4$. There is a local minimum at $x = 2$. There are points of inflection at $x = 0$ and $x = 3$.

107. Concave up on $(-2, 0)$ and $(1, 2)$; concave down on $(0, 1)$

109. **(a)** Toward origin: $0 \le t < 2$ and $6 \le t \le 10$; away from origin: $2 \le t \le 6$ and $10 \le t \le 15$

(b) $t = 2$, $t = 6$, $t = 10$

(c) $t = 5$, $t = 7$, $t = 13$

(d) Positive: $5 \le t \le 7$, $13 \le t \le 15$; negative: $0 \le t \le 5$, $7 \le t \le 13$

111. ≈ 60 thousand units

113. Local minimum at $x = 2$; inflection points at $x = 1$ and $x = 5/3$

117. $b = -3$ **121.** $x = -1$, $x = 2$

123. $a = 1$, $b = 3$, $c = 9$

125. The zeros of $y' = 0$ and $y'' = 0$ are extrema and points of inflection, respectively. Inflection at $x = 3$; local maximum at $x = 0$; local minimum at $x = 4$

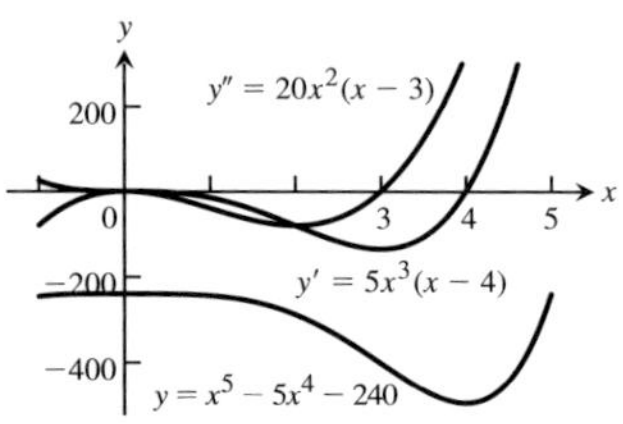

127. The zeros of $y' = 0$ and $y'' = 0$ are extrema and points of inflection, respectively. Inflection at $x = -\sqrt[3]{2}$; local maximum at $x = -2$; local minimum at $x = 0$.

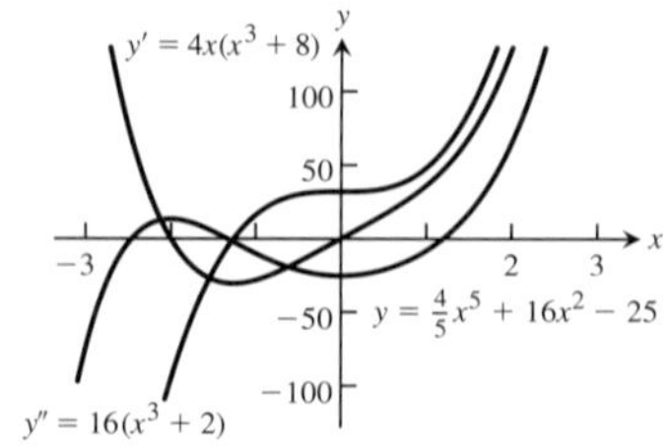

3.5절

1. $-1/4$ **3.** $5/7$ **5.** $1/2$ **7.** $1/4$ **9.** $-23/7$

11. $5/7$ **13.** 0 **15.** -16 **17.** -2 **19.** $\sqrt{3}/2$

21. $1/4$ **23.** 2 **25.** 3 **27.** -1 **29.** $\ln 3$ **31.** $\dfrac{1}{\ln 2}$

33. $\ln 2$ **35.** 1 **37.** $1/2$ **39.** $\ln 2$ **41.** $-\infty$

43. $-1/2$ **45.** -1 **47.** 1 **49.** 0 **51.** 2 **53.** $1/e$

55. 1 **57.** $1/e$ **59.** $e^{1/2}$ **61.** 1 **63.** e^3 **65.** 0

67. 1 **69.** 3 **71.** 1 **73.** 0 **75.** ∞

77. (b) is correct. **79.** (d) is correct. **81.** $c = \dfrac{27}{10}$

83. **(b)** $\dfrac{-1}{2}$ **85.** -1 **89.** **(a)** $y = 1$ **(b)** $y = 0$, $y = \dfrac{3}{2}$

91. **(a)** We should assign the value 1 to $f(x) = (\sin x)^x$ to make it continuous at $x = 0$.

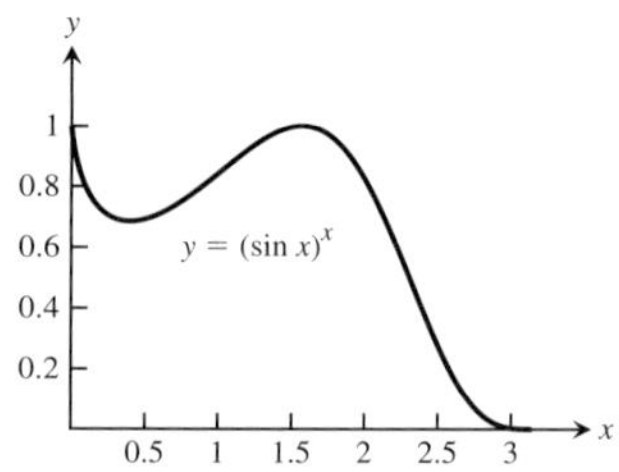

(c) The maximum value of $f(x)$ is close to 1 near the point $x \approx 1.55$ (see the graph in part (a)).

3.6절

1. 16 cm, 4 cm by 4 cm

3. **(a)** $(x, 1 - x)$ **(b)** $A(x) = 2x(1 - x)$

(b) $\dfrac{1}{2}$ square units, 1 by $\dfrac{1}{2}$

5. $14 \times 35 \times 5$ cm, 2450 cm^3

7. 80,000 m^2; 400 m by 200 m

9. **(a)** The optimum dimensions of the tank are 2 m on the base edges and 1 m deep.

(b) Minimizing the surface area of the tank minimizes its weight for a given wall thickness. The thickness of the steel walls would likely be determined by other considerations such as structural requirements.

11. 45×22.5 cm **13.** $\dfrac{\pi}{2}$ **15.** $h{:}r = 8{:}\pi$

17. **(a)** $V(x) = 2x(60 - 2x)(45 - 2x)$ **(b)** Domain: $(0, 22.5)$

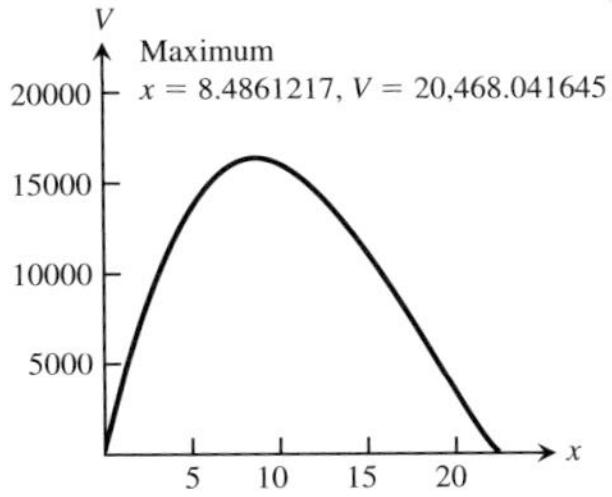

(c) Maximum volume $\approx 20{,}468\,\text{cm}^3$ when $x \approx 8.49$ cm
(d) $V'(x) = 24x^2 - 840x + 5400$, so the critical point is at

$x = \dfrac{35 - 5\sqrt{13}}{2}$, which confirms the result in part (c).

(e) $x = 12.5$ cm or $x = 5$ cm

19. Radius $= 10\sqrt{2/3}$ cm, height $= 20/\sqrt{3}$ cm, volume $= 4000\pi/(3\sqrt{3})\,\text{cm}^3$

21. **(a)** $h = 24, w = 18$

(b)

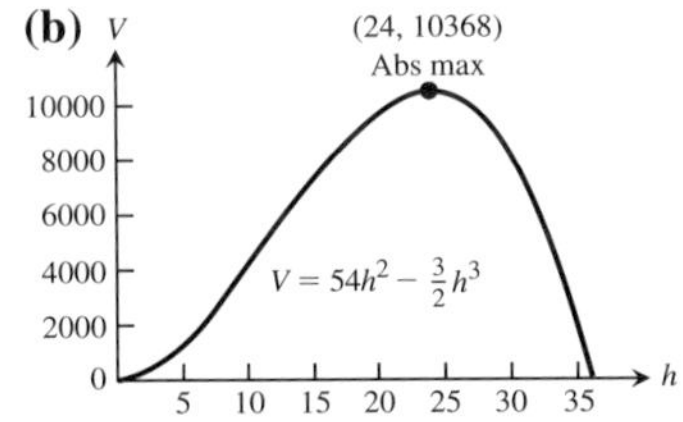

23. If r is the radius of the hemisphere, h the height of the cylinder, and V the volume, then $r = \left(\dfrac{3V}{8\pi}\right)^{1/3}$ and $h = \left(\dfrac{3V}{\pi}\right)^{1/3}$.

25. **(b)** $x = 16.2$ **(c)** $L \approx 28$ cm

27. Radius $= \sqrt{2}$ m, height $= 1$ m, volume $= \dfrac{2\pi}{3}\,\text{m}^3$

29. 1 **31.** $\dfrac{9b}{9 + \sqrt{3}\pi}$ m, triangle; $\dfrac{b\sqrt{3}\pi}{9 + \sqrt{3}\pi}$ m, circle

33. $5 + 2\sqrt{3}$ m **35.** $\dfrac{3}{2} \times 2$ **37.** **(a)** 16 **(b)** -1

39. $r = \dfrac{2\sqrt{2}}{3}$ $h = \dfrac{4}{3}$

41. **(a)** $4 + \ln 2$ **(b)** $\left(\dfrac{1}{2}\right)(4 + \ln 2)$ **43.** Area 8 when $a = 2$

45. **(a)** $v(0) = 29.4$ m/s **(b)** 78.4 m at $t = 3$ s
(c) Velocity when $s = 0$ is $v(7) = -39.2$ m/s.

47. ≈ 9.58m

49. **(a)** 4 m

51. **(a)** $10\sqrt{3} \times 10\sqrt{6}$ cm

53. **(a)** $10\pi \approx 31.42$ cm/s; when $t = 0.5$ s, 1.5 s, 2.5 s, 3.5 s; $s = 0$, acceleration is 0.
(b) 10 cm from rest position; speed is 0.

55. **(a)** $s = \left((12 - 12t)^2 + 64t^2\right)^{1/2}$
(b) -12 knots; 8 knots **(c)** No
(e) $4\sqrt{13}$; this limit is the square root of the sum of the squares of the individual speeds.

57. $x = \dfrac{a}{2}, v = \dfrac{ka^2}{4}$ **59.** $\dfrac{c}{2} + 50$

61. **(a)** $\sqrt{\dfrac{2km}{h}}$ **(b)** $\sqrt{\dfrac{2km}{h}}$ **65.** $2 \times 2 \times \dfrac{3}{2}$m, \$720

67. $M = \dfrac{C}{2}$ **73.** **(a)** $y = -1$

75. **(a)** The minimum distance is $\dfrac{\sqrt{5}}{2}$.
(b) The minimum distance is from the point $(3/2, 0)$ to the point $(1, 1)$ on the graph of $y = \sqrt{x}$, and this occurs at the value $x = 1$, where $D(x)$, the distance squared, has its minimum value.

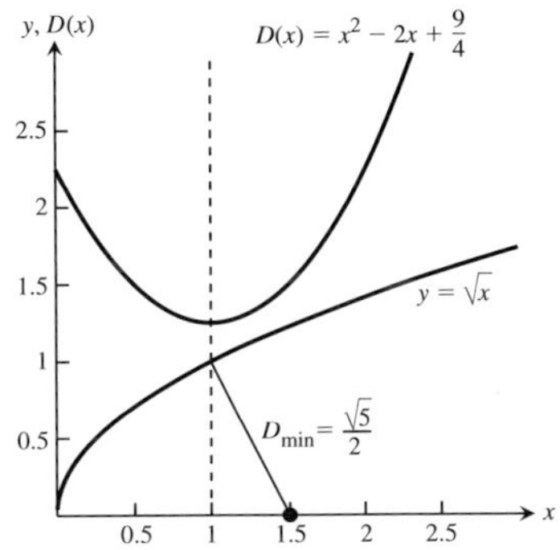

3.7절

1. $x_2 = -\dfrac{5}{3}, \dfrac{13}{21}$ **3.** $x_2 = -\dfrac{51}{31}, \dfrac{5763}{4945}$ **5.** $x_2 = \dfrac{2387}{2000}$

7. x_2 is approximately 2.20794 **9.** x_2 is approximately 0.68394

11. x_1, and all later approximations will equal x_0.

13.

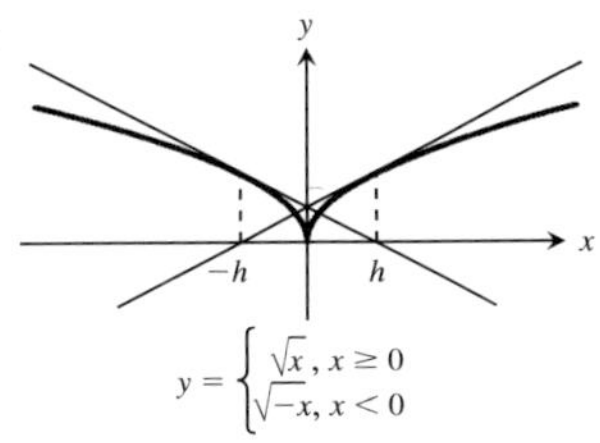

15. The points of intersection of $y = x^3$ and $y = 3x + 1$ or of $y = x^3 - 3x$ and $y = 1$ have the same x-values as the roots of part (i) or the solutions of part (iv).

17. $x \approx 1.165561185, y \approx 2.33112237$

19. **(a)** Two **(b)** 0.35003501505249 and -1.0261731615301

21. $\pm 1.3065629648764, \pm 0.5411961001462$ **23.** $x \approx 0.45$

25. 0.8192 **27.** 0, 0.53485 **29.** The root is 1.17951.

31. **(a)** For $x_0 = -2$ or $x_0 = -0.8$, $x_i \to -1$ as i gets large.
(b) For $x_0 = -0.5$ or $x_0 = 0.25$, $x_i \to 0$ as i gets large.
(c) For $x_0 = 0.8$ or $x_0 = 2$, $x_i \to 1$ as i gets large.
(d) For $x_0 = -\sqrt{21}/7$ or $x_0 = \sqrt{21}/7$, Newton's method does not converge. The values of x_i alternate between $-\sqrt{21}/7$ and $\sqrt{21}/7$ as i increases.

33. Answers will vary with machine speed.

3.8절

1. **(a)** x^2 **(b)** $\dfrac{x^3}{3}$ **(c)** $\dfrac{x^3}{3} - x^2 + x$

3. **(a)** x^{-3} **(b)** $-\dfrac{1}{3}x^{-3}$ **(c)** $-\dfrac{1}{3}x^{-3} + x^2 + 3x$

5. **(a)** $-\dfrac{1}{x}$ **(b)** $-\dfrac{5}{x}$ **(c)** $2x + \dfrac{5}{x}$

7. **(a)** $\sqrt{x^3}$ **(b)** $\sqrt{x}$ **(c)** $\dfrac{2\sqrt{x^3}}{3} + 2\sqrt{x}$

9. **(a)** $x^{2/3}$ **(b)** $x^{1/3}$ **(c)** $x^{-1/3}$

11. **(a)** $\ln x$ **(b)** $7\ln x$ **(c)** $x - 5\ln x$

13. **(a)** $\cos(\pi x)$ **(b)** $-3\cos x$ **(c)** $-\frac{1}{\pi}\cos(\pi x) + \cos(3x)$

15. **(a)** $\tan x$ **(b)** $2\tan\left(\frac{x}{3}\right)$ **(c)** $-\frac{2}{3}\tan\left(\frac{3x}{2}\right)$

17. **(a)** $-\csc x$ **(b)** $\frac{1}{5}\csc(5x)$ **(c)** $2\csc\left(\frac{\pi x}{2}\right)$

19. **(a)** $\frac{1}{3}e^{3x}$ **(b)** $-e^{-x}$ **(c)** $2e^{x/2}$

21. **(a)** $\frac{1}{\ln 3}3^x$ **(b)** $\frac{-1}{\ln 2}2^{-x}$ **(c)** $\frac{1}{\ln(5/3)}\left(\frac{5}{3}\right)^x$

23. **(a)** $2\arcsin x$ **(b)** $\frac{1}{2}\arctan x$ **(c)** $\frac{1}{2}\arctan 2x$

25. $\frac{x^2}{2} + x + C$ **27.** $t^3 + \frac{t^2}{4} + C$ **29.** $\frac{x^4}{2} - \frac{5x^2}{2} + 7x + C$

31. $-\frac{1}{x} - \frac{x^3}{3} - \frac{x}{3} + C$ **33.** $\frac{3}{2}x^{2/3} + C$

35. $\frac{2}{3}x^{3/2} + \frac{3}{4}x^{4/3} + C$ **37.** $4y^2 - \frac{8}{3}y^{3/4} + C$

39. $x^2 + \frac{2}{x} + C$ **41.** $2\sqrt{t} - \frac{2}{\sqrt{t}} + C$

43. $-2\sin t + C$ **45.** $-21\cos\frac{\theta}{3} + C$

47. $3\cot x + C$ **49.** $-\frac{1}{2}\csc\theta + C$

51. $\frac{1}{3}e^{3x} - 5e^{-x} + C$ **53.** $-e^{-x} + \frac{4^x}{\ln 4} + C$

55. $4\sec x - 2\tan x + C$ **57.** $-\frac{1}{2}\cos 2x + \cot x + C$

59. $\frac{t}{2} + \frac{\sin 4t}{8} + C$ **61.** $\ln|x| - 5\arctan x + C$

63. $\frac{3x^{(\sqrt{3}+1)}}{\sqrt{3}+1} + C$ **65.** $\tan\theta + C$ **67.** $-\cot x - x + C$

69. $-\cos\theta + \theta + C$

83. **(a)** Wrong: $\frac{d}{dx}\left(\frac{x^2}{2}\sin x + C\right) = \frac{2x}{2}\sin x + \frac{x^2}{2}\cos x = x\sin x + \frac{x^2}{2}\cos x$

(b) Wrong: $\frac{d}{dx}(-x\cos x + C) = -\cos x + x\sin x$

(c) Right: $\frac{d}{dx}(-x\cos x + \sin x + C) = -\cos x + x\sin x + \cos x = x\sin x$

85. **(a)** Wrong: $\frac{d}{dx}\left(\frac{(2x+1)^3}{3} + C\right) = \frac{3(2x+1)^2(2)}{3} = 2(2x+1)^2$

(b) Wrong: $\frac{d}{dx}((2x+1)^3 + C) = 3(2x+1)^2(2) = 6(2x+1)^2$

(c) Right: $\frac{d}{dx}((2x+1)^3 + C) = 6(2x+1)^2$

87. Right **89.** **(b)** **91.** $y = x^2 - 7x + 10$

93. $y = -\frac{1}{x} + \frac{x^2}{2} - \frac{1}{2}$ **95.** $y = 9x^{1/3} + 4$

97. $s = t + \sin t + 4$ **99.** $r = \cos(\pi\theta) - 1$

101. $v = \frac{1}{2}\sec t + \frac{1}{2}$ **103.** $v = 3\,\text{arcsec}\, t - \pi$

105. $y = x^2 - x^3 + 4x + 1$ **107.** $r = \frac{1}{t} + 2t - 2$

109. $y = x^3 - 4x^2 + 5$ **111.** $y = -\sin t + \cos t + t^3 - 1$

113. $y = 2x^{3/2} - 50$

115.

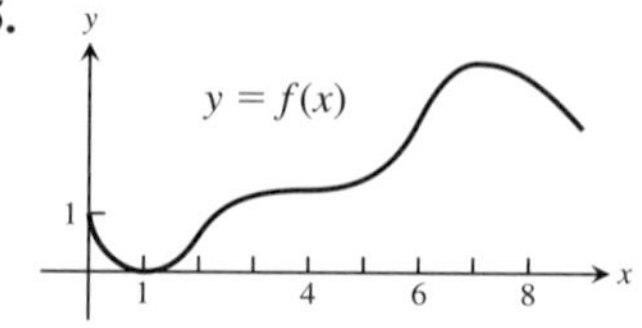

117.

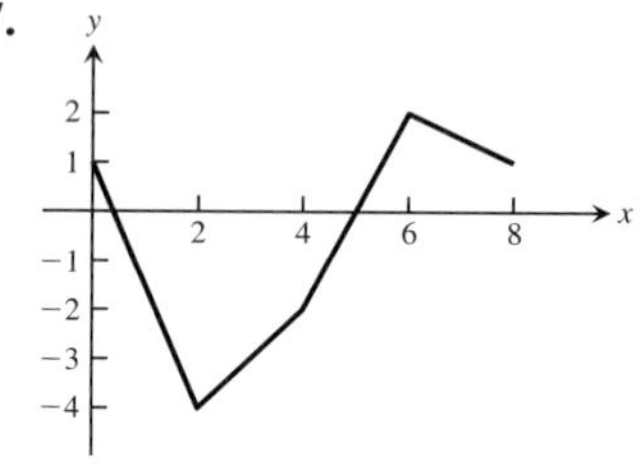

119. $y = x - x^{4/3} + \frac{1}{2}$

121. $y = -\sin x - \cos x - 2$

123. **(a)** **(i)** 33.2 units, **(ii)** 33.2 units, **(iii)** 33.2 units
(b) True

125. $t = 88/k, k = 16$

127. **(a)** $v = 10t^{3/2} - 6t^{1/2}$ **(b)** $s = 4t^{5/2} - 4t^{3/2}$

131. **(a)** $-\sqrt{x} + C$ **(b)** $x + C$ **(c)** $\sqrt{x} + C$
(d) $-x + C$
(e) $x - \sqrt{x} + C$
(f) $-x - \sqrt{x} + C$

실전문제

1. Minimum value is 1 at $x = 2$.

3. Local maximum at $(-2, 17)$; local minimum at $\left(\frac{4}{3}, -\frac{41}{27}\right)$

5. Minimum value is 0 at $x = -1$ and $x = 1$.

7. There is a local minimum at $(0, 1)$.

9. Maximum value is $\frac{1}{2}$ at $x = 1$; minimum value is $-\frac{1}{2}$ at $x = -1$.

11. The minimum value is 2 at $x = 0$.

13. The minimum value is $-\frac{1}{e}$ at $x = \frac{1}{e}$.

15. The maximum value is $\frac{\pi}{2}$ at $x = 0$; an absolute minimum value is 0 at $x = 1$ and $x = -1$.

17. No **19.** No minimum; absolute maximum: $f(1) = 16$; critical points: $x = 1$ and $11/13$

21. Absolute minimum: $g(0) = 1$; no absolute maximum; critical point: $x = 0$

23. Absolute minimum: $2 - 2\ln 2$ at $x = 2$; absolute maximum: 1 at $x = 1$

25. Yes, except at $x = 0$ **27.** No **31.** **(b)** one

33. **(b)** 0.8555 99677 2 **35.** NA

39. Global minimum value of $\frac{1}{2}$ at $x = 2$

41. **(a)** $t = 0, 6, 12$ **(b)** $t = 3, 9$ **(c)** $6 < t < 12$
(d) $0 < t < 6, 12 < t < 14$

43.

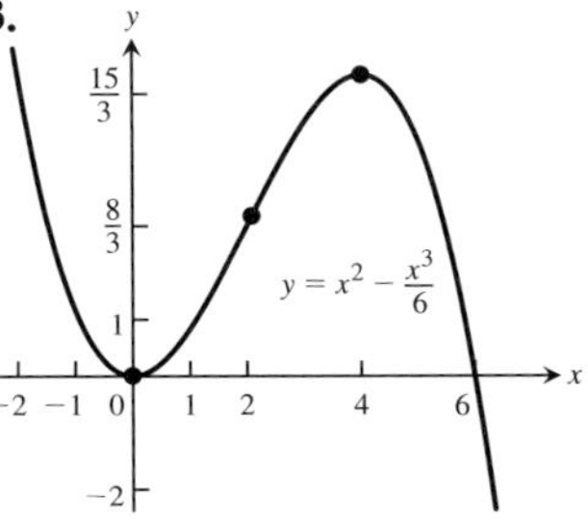

45.

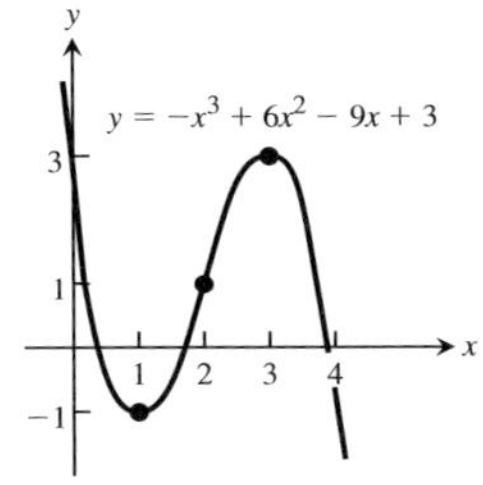

47.

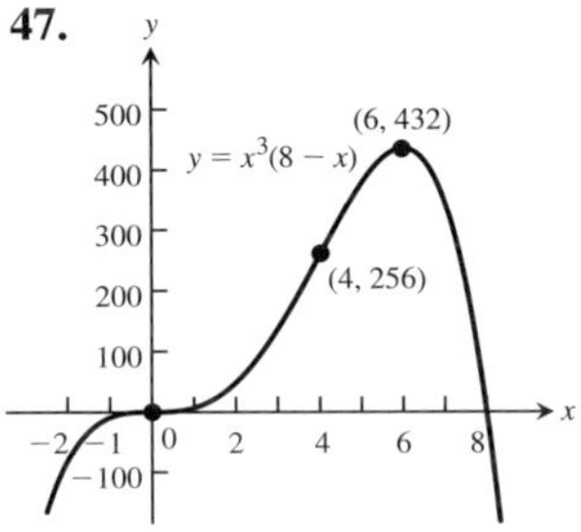

49.

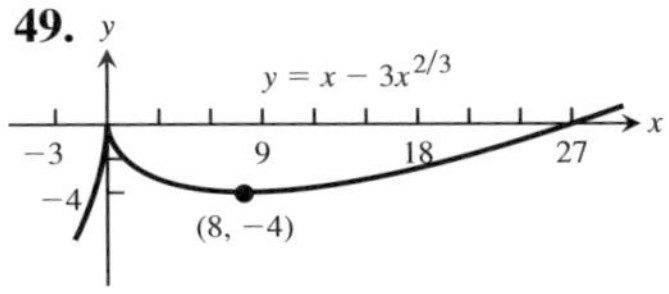

51.

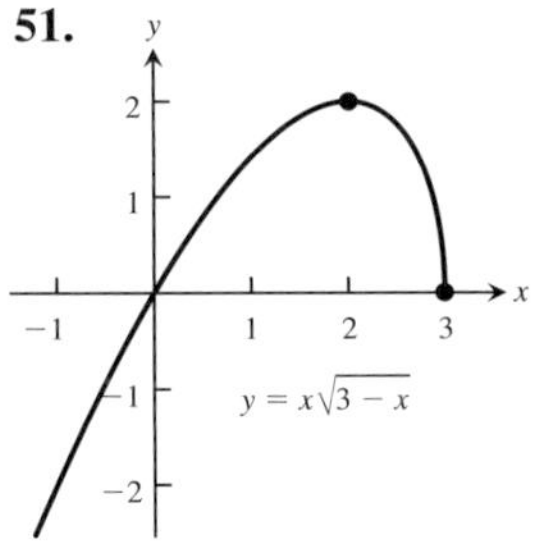

53.

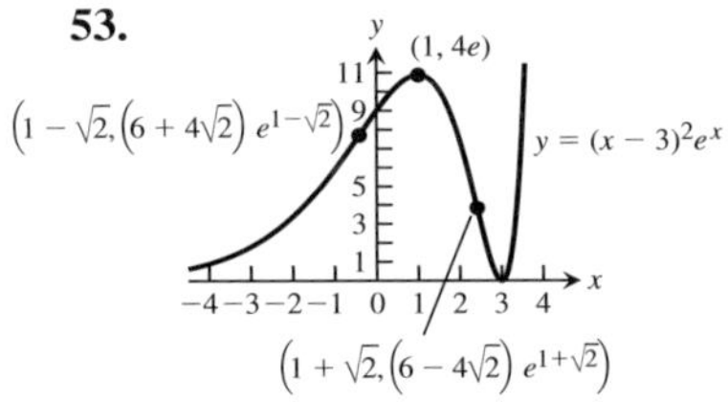

55.

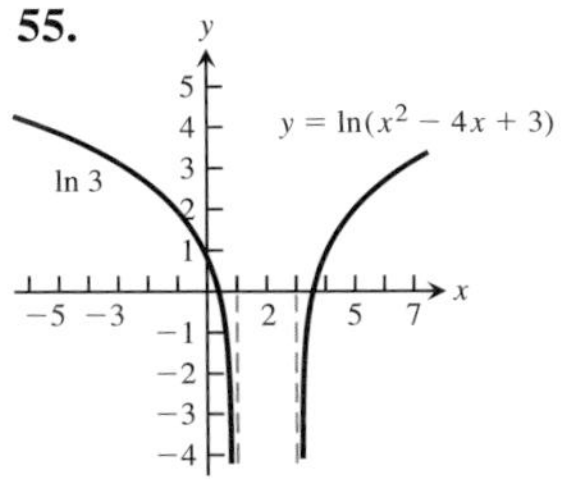

57.

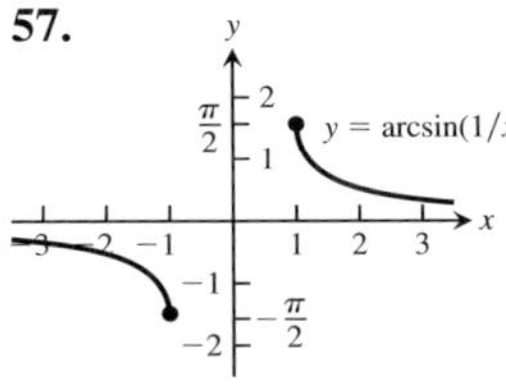

59. **(a)** Local maximum at $x = 4$, local minimum at $x = -4$, inflection point at $x = 0$

(b)

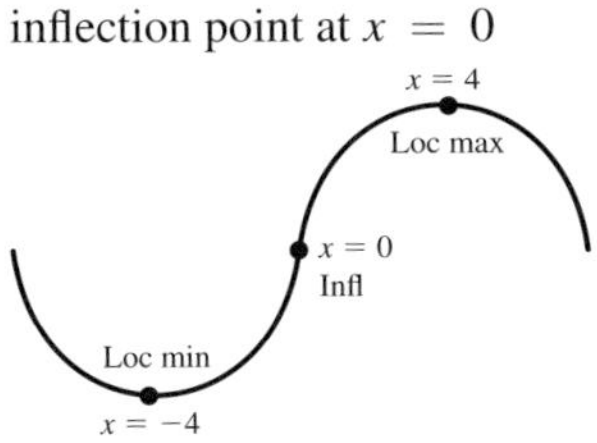

61. **(a)** Local maximum at $x = 0$, local minima at $x = -1$ and $x = 2$, inflection points at $x = (1 \pm \sqrt{7})/3$

(b)

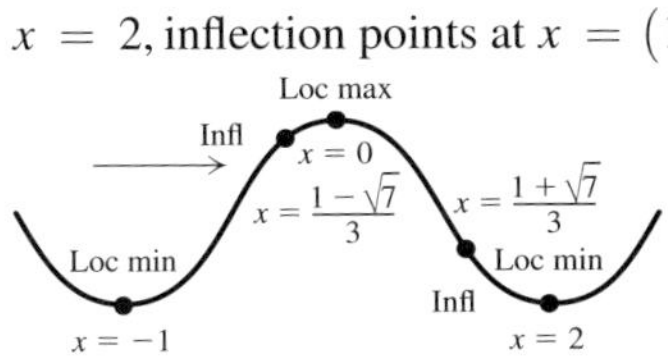

63. **(a)** Local maximum at $x = -\sqrt{2}$, local minimum at $x = \sqrt{2}$, inflection points at $x = \pm 1$ and 0

(b)

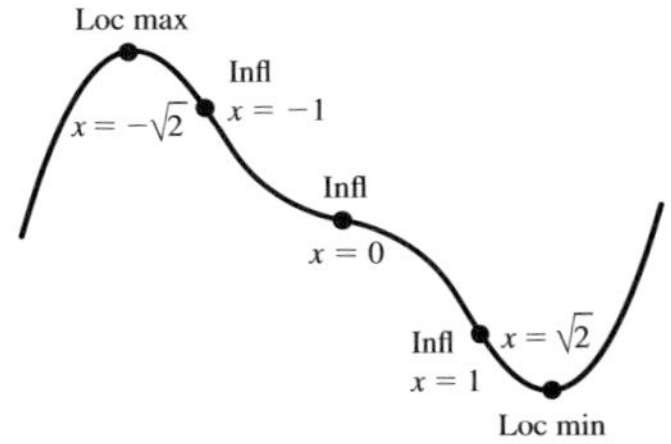

69.

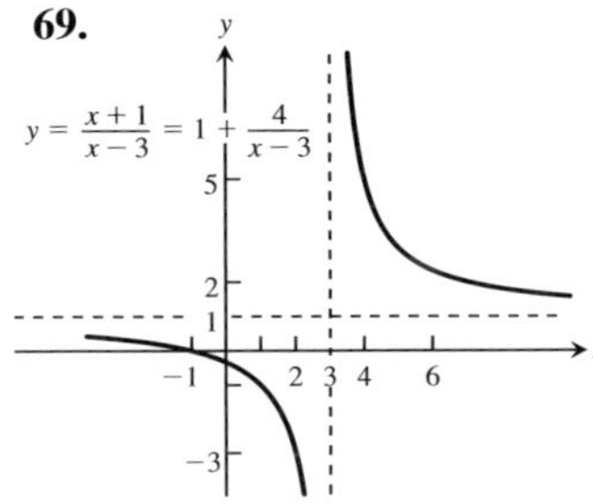

71.

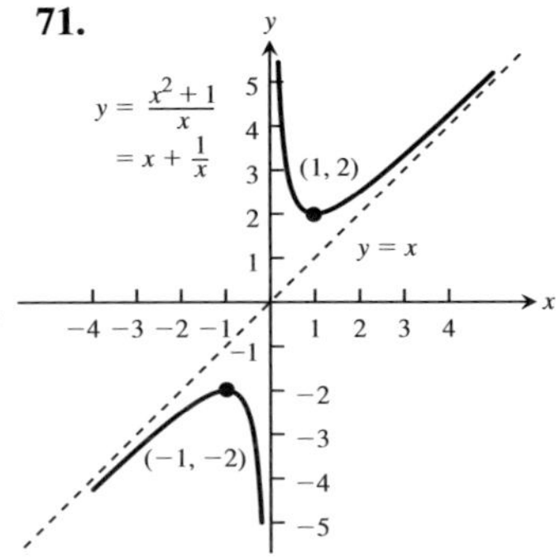

73.

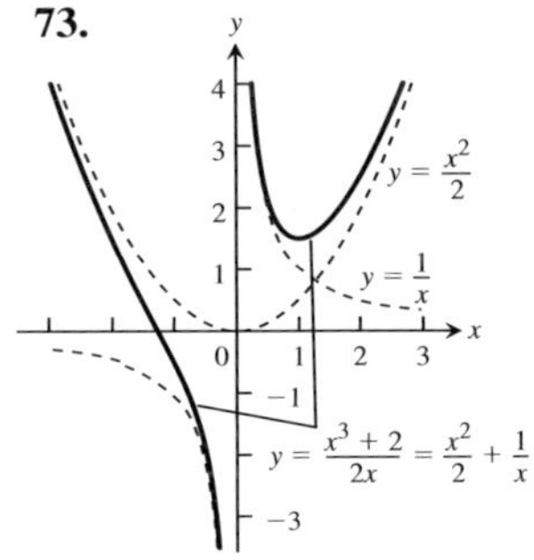

75.

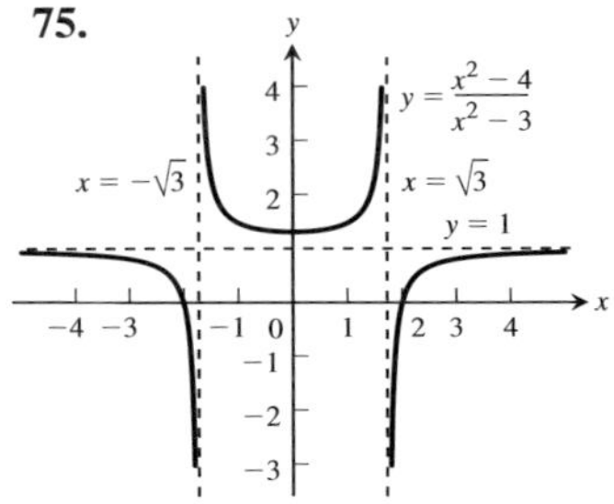

77. 5 **79.** 0 **81.** 1 **83.** 3/7 **85.** 0 **87.** 1
89. $\ln 10$ **91.** $\ln 2$ **93.** 5 **95.** $-\infty$ **97.** 1 **99.** e^{bk}
101. $-\infty$ **103.** **(a)** 0, 36 **(b)** 18, 18 **105.** 54 square units
107. height $= 2$, radius $= \sqrt{2}$
109. $x = 5 - \sqrt{5}$ hundred ≈ 276 tires,
$y = 2(5 - \sqrt{5})$ hundred ≈ 553 tires
111. Dimensions: base is 15 cm by 30 cm,
height $= 5$ cm; maximum volume $= 2250\ \text{cm}^3$
113. $x_5 = 2.1958\,23345$ **115.** $\dfrac{x^4}{4} + \dfrac{5}{2}x^2 - 7x + C$
117. $2t^{3/2} - \dfrac{4}{t} + C$ **119.** $-\dfrac{1}{r + 5} + C$
121. $(\theta^2 + 1)^{3/2} + C$ **123.** $\dfrac{1}{3}(1 + x^4)^{3/4} + C$
125. $10 \tan \dfrac{s}{10} + C$ **127.** $-\dfrac{1}{\sqrt{2}} \csc \sqrt{2}\,\theta + C$
129. $\dfrac{1}{2}x - \sin \dfrac{x}{2} + C$ **131.** $3 \ln x - \dfrac{x^2}{2} + C$
133. $\dfrac{1}{2}e^t + e^{-t} + C$ **135.** $\dfrac{\theta^{2-\pi}}{2 - \pi} + C$
137. $\dfrac{3}{2}\operatorname{arcsec}|x| + C$ **139.** $y = x - \dfrac{1}{x} - 1$

141. $r = 4t^{5/2} + 4t^{3/2} - 8t$

143. Yes, arcsin x and $-$arccos x differ by the constant $\pi/2$.

145. $1/\sqrt{2}$ units long by $1/\sqrt{e}$ units high, $A = 1/\sqrt{2e} \approx 0.43$ units^2

147. Absolute maximum $= 0$ at $x = e/2$, absolute minimum $= -0.5$ at $x = 0.5$

149. $x = \pm 1$ are the critical points; $y = 1$ is a horizontal asymptote in both directions; absolute minimum value of the function is $e^{-\sqrt{2}/2}$ at $x = -1$, and absolute maximum value is $e^{\sqrt{2}/2}$ at $x = 1$.

151. **(a)** Absolute maximum of $2/e$ at $x = e^2$, inflection point $(e^{8/3}, (8/3)e^{-4/3})$, concave up on $(e^{8/3}, \infty)$, concave down on $(0, e^{8/3})$
(b) Absolute maximum of 1 at $x = 0$, inflection points $(\pm 1/\sqrt{2}, 1/\sqrt{e})$, concave up on $(-\infty, -1/\sqrt{2}) \cup (1/\sqrt{2}, \infty)$, concave down on $(-1/\sqrt{2}, 1/\sqrt{2})$
(c) Absolute maximum of 1 at $x = 0$, inflection point $(1, 2/e)$, concave up on $(1, \infty)$, concave down on $(-\infty, 1)$

심화문제

1. The function is constant on the interval.

3. The extreme points will not be at the end of an open interval.

5. NA

9. No **11.** $a = 1, b = 0, c = 1$ **13.** Yes

15. Drill the hole at $y = h/2$.

17. $r = \dfrac{RH}{2(H - R)}$ for $H > 2R$, $r = R$ if $H \le 2R$

19. $\dfrac{12}{5}$ and 5

21. **(a)** $\dfrac{10}{3}$ **(b)** $\dfrac{5}{3}$ **(c)** $\dfrac{1}{2}$ **(d)** 0 **(e)** $-\dfrac{1}{2}$ **(f)** 1 **(g)** $\dfrac{1}{2}$ **(h)** 3

23. **(a)** $\dfrac{c - b}{2e}$ **(b)** $\dfrac{c + b}{2}$ **(c)** $\dfrac{b^2 - 2bc + c^2 + 4ae}{4e}$ **(d)** $\dfrac{c + b + t}{2}$

25. $m_0 = 1 - \dfrac{1}{q}, m_1 = \dfrac{1}{q}$

27. $s = ce^{kt}$

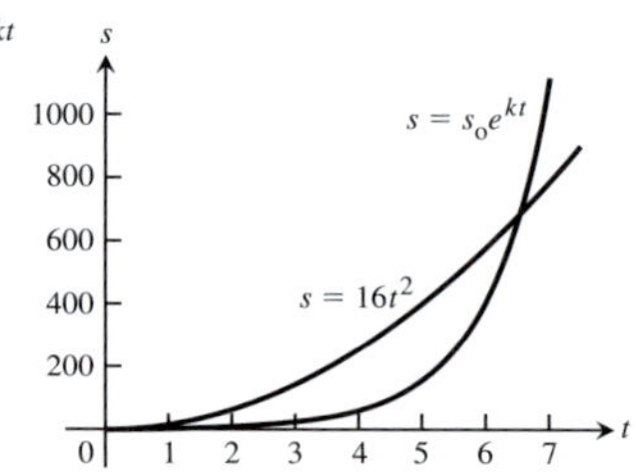

29. **(a)** $k = 15$ **(b)** 7.5 m

31. Yes, $y = x + C$ **33.** $v_0 = \dfrac{2\sqrt{2}}{3} b^{3/4}$ **39.** 3

4장

4.1절

1. **(a)** 0.125 **(b)** 0.21875 **(c)** 0.625 **(d)** 0.46875

3. **(a)** 1.066667 **(b)** 1.283333 **(c)** 2.666667 **(d)** 2.083333

5. 0.3125, 0.328125 **7.** 1.5, 1.574603

9. **(a)** 87 cm **(b)** 87 cm **11.** **(a)** 1180 m **(b)** 1300 m

13. **(a)** 22.862 m/s **(b)** 13.867 m/s **(c)** 44.893 m

15. $\dfrac{31}{16}$ **17.** 1

19. **(a)** Upper $=$ 758 L, lower $=$ 543 L
(b) Upper $=$ 2363 L, lower $=$ 1693 L
(c) $\approx$31.4 h, $\approx$32.4 h

21. **(a)** 2 **(b)** $2\sqrt{2} \approx 2.828$ **(c)** $8\sin\left(\dfrac{\pi}{8}\right) \approx 3.061$
(d) Each area is less than the area inside the circle, π. As n increases, the polygon area approaches π.

4.2절

1. $\dfrac{6(1)}{1+1} + \dfrac{6(2)}{2+1} = 7$

3. $\cos(1)\pi + \cos(2)\pi + \cos(3)\pi + \cos(4)\pi = 0$

5. $\sin \pi - \sin \dfrac{\pi}{2} + \sin \dfrac{\pi}{3} = \dfrac{\sqrt{3} - 2}{2}$

7. All of them **9.** b

11. $\displaystyle\sum_{k=1}^{6} k$ **13.** $\displaystyle\sum_{k=1}^{4} \frac{1}{2^k}$ **15.** $\displaystyle\sum_{k=1}^{5} (-1)^{k+1}\frac{1}{k}$

17. **(a)** -15 **(b)** 1 **(c)** 1 **(d)** -11 **(e)** 16

19. **(a)** 55 **(b)** 385 **(c)** 3025 **21.** -56 **23.** -73

25. 240 **27.** 3376 **29.** **(a)** 21 **(b)** 3500 **(c)** 2620

31. **(a)** $4n$ **(b)** cn **(c)** $(n^2 - n)/2$ **33.** 2600 **35.** $-2\sqrt{3}$

37. **(a)**

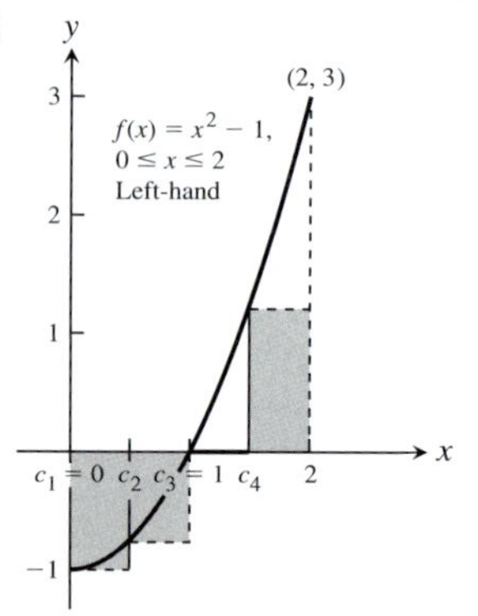

(b)

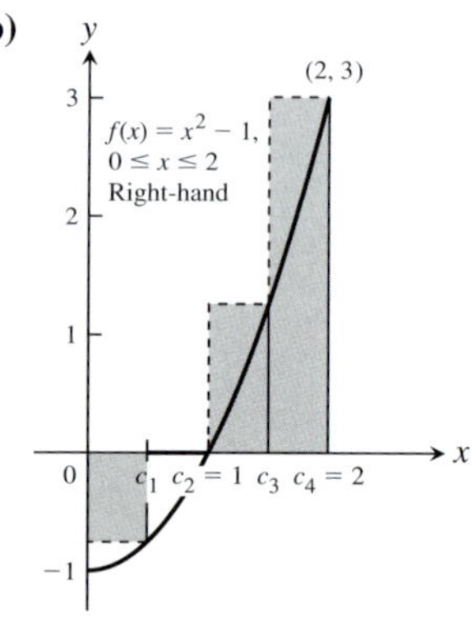

(c)

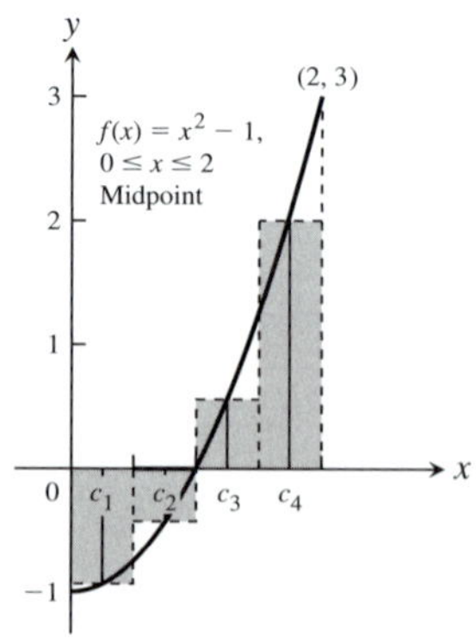

39. **(a)**

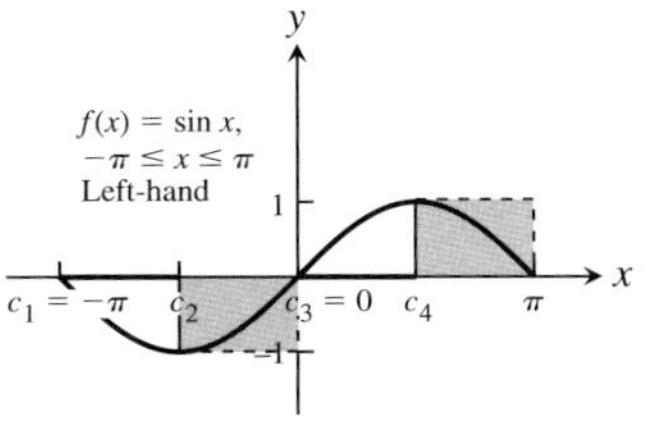

(b)

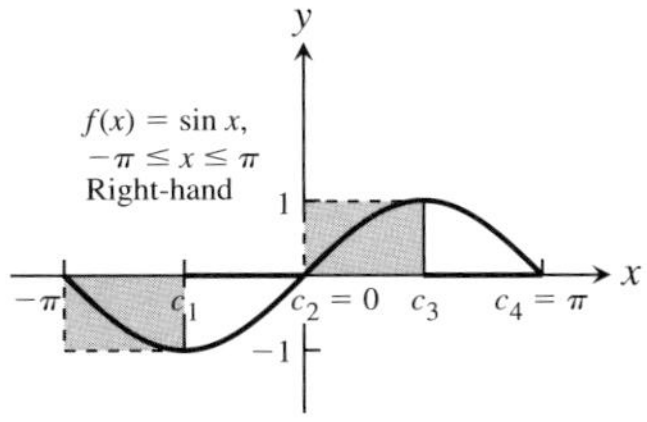

(c)

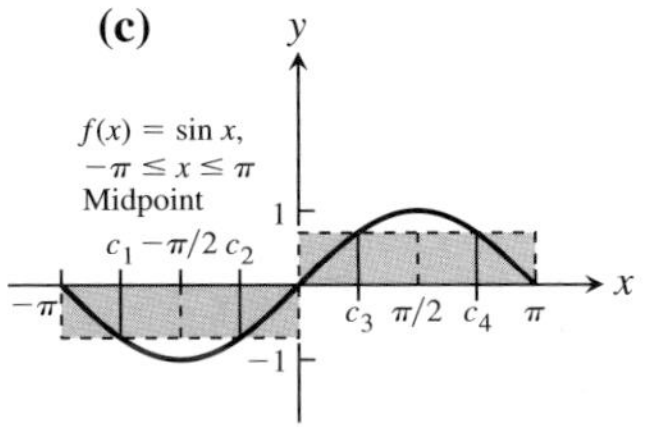

41. 1.2

43. $\frac{2}{3} - \frac{1}{2n} - \frac{1}{6n^2}, \quad \frac{2}{3}$

45. $12 + \frac{27n + 9}{2n^2}, \quad 12$

47. $\frac{5}{6} + \frac{6n + 1}{6n^2}, \quad \frac{5}{6}$

49. $\frac{1}{2} + \frac{1}{n} + \frac{1}{2n^2}, \quad \frac{1}{2}$

4.3절

1. $\int_0^2 x^2\,dx$ **3.** $\int_{-7}^{5} (x^2 - 3x)\,dx$ **5.** $\int_2^3 \frac{1}{1-x}\,dx$

7. $\int_{-\pi/4}^{0} \sec x\,dx$

9. **(a)** 0 **(b)** −8 **(c)** −12 **(d)** 10 **(e)** −2 **(f)** 16
11. **(a)** 5 **(b)** $5\sqrt{3}$ **(c)** −5 **(d)** −5
13. **(a)** 4 **(b)** −4 **15.** Area = 21 square units
17. Area = $9\pi/2$ square units **19.** Area = 2.5 square units
21. Area = 3 square units **23.** $b^2/4$ **25.** $b^2 - a^2$
27. **(a)** 2π **(b)** π **29.** 1/2 **31.** $3\pi^2/2$ **33.** 7/3
35. 1/24 **37.** $3a^2/2$ **39.** $b/3$ **41.** −14
43. −2 **45.** −7/4 **47.** 7 **49.** 0
51. Using n subintervals of length $\Delta x = b/n$ and right-endpoint values:

$$\text{Area} = \int_0^b 3x^2\,dx = b^3$$

53. Using n subintervals of length $\Delta x = b/n$ and right-endpoint values:

$$\text{Area} = \int_0^b 2x\,dx = b^2$$

55. $\text{av}(f) = 0$ **57.** $\text{av}(f) = -2$ **59.** $\text{av}(f) = 1$
61. **(a)** $\text{av}(g) = -1/2$ **(b)** $\text{av}(g) = 1$ **(c)** $\text{av}(g) = 1/4$
63. $c(b - a)$ **65.** $b^3/3 - a^3/3$ **67.** 9
69. $b^4/4 - a^4/4$ **71.** $a = 0$ and $b = 1$ maximize the integral.
73. Upper bound = 1, lower bound = 1/2
75. For example, $\int_0^1 \sin(x^2)\,dx \le \int_0^1 dx = 1$

77. $\int_a^b f(x)\,dx \ge \int_a^b 0\,dx = 0$ **79.** Upper bound = 1/2

89. Since f is continuous, the Extreme Value Theorem implies that the continuous function f has a maximum value M and a minimum value m (Chapter 4, Theorem 1). The values of f and g are equal except at a single point c where $g(c)$ differs from $f(c)$. The magnitude of the difference is some number between the two numbers $|g(c) - m|$ and $|g(c) - M|$. Call the larger of these two numbers D. In the formula for a Riemann sum given in Equation (1), for a given n, the difference between the Riemann sum for f and the Riemann sum for g is at most $D(b - a)/n$. Taking the limit as $n \to \infty$, we see that the difference between the two Riemann sums approaches 0, so that the two limits are equal. A similar bound holds for a general partition, where $D\|P\| \to 0$.

4.4절

1. −10/3 **3.** 124/3 **5.** 753/16 **7.** 1 **9.** $2\sqrt{3}$

11. 0 **13.** $-\pi/4$ **15.** $1 - \frac{\pi}{4}$ **17.** $\frac{2 - \sqrt{2}}{4}$ **19.** −8/3

21. −3/4 **23.** $\sqrt{2} - \sqrt[4]{8} + 1$ **25.** 1/2 **27.** 16

29. 7/3 **31.** $2\pi/3$ **33.** $\frac{1}{\pi}(4^\pi - 2^\pi)$ **35.** $\frac{1}{2}(e - 1)$

37. $\sqrt{26} - \sqrt{5}$ **39.** $(\cos\sqrt{x})\left(\frac{1}{2\sqrt{x}}\right)$ **41.** $4t^5$

43. $3x^2e^{-x^3}$ **45.** $\sqrt{1 + x^2}$ **47.** $-\frac{1}{2}x^{-1/2}\sin x$ **49.** 0

51. 1 **53.** $2xe^{(1/2)x^2}$ **55.** 1 **57.** 28/3 **59.** 1/2

61. π **63.** $\frac{\sqrt{2\pi}}{2}$

65. d, since $y' = \frac{1}{x}$ and $y(\pi) = \int_\pi^\pi \frac{1}{t}\,dt - 3 = -3$

67. b, since $y' = \sec x$ and $y(0) = \int_0^0 \sec t\,dt + 4 = 4$

69. $y = \int_2^x \sec t\,dt + 3$ **71.** $(1 + \ln t)^2$

73. $\frac{2}{3}bh$ **75.** \$9.00

77. **(a)** $T(0) = 20\,°\text{C}, T(16) = 24\,°\text{C}, T(25) = 30\,°\text{C}$
(b) $\text{av}T = 23.33\,°\text{C}$
79. $2x - 2$ **81.** $-3x + 5$
83. **(a)** True. Since f is continuous, g is differentiable by Part 1 of the Fundamental Theorem of Calculus.
(b) True: g is continuous because it is differentiable.
(c) True, since $g'(1) = f(1) = 0$.
(d) False, since $g''(1) = f'(1) > 0$.
(e) True, since $g'(1) = 0$ and $g''(1) = f'(1) > 0$.
(f) False: $g''(x) = f'(x) > 0$, so g'' never changes sign.
(g) True, since $g'(1) = f(1) = 0$ and $g'(x) = f(x)$ is an increasing function of x (because $f'(x) > 0$).

85. **(a)** $v = \frac{ds}{dt} = \frac{d}{dt}\int_0^t f(x)\,dx = f(t) \Rightarrow v(5) = f(5) = 2$ m/s
(b) $a = df/dt$ is negative, since the slope of the tangent line at $t = 5$ is negative.
(c) $s = \int_0^3 f(x)\,dx = \frac{1}{2}(3)(3) = \frac{9}{2}$ m, since the integral is the area of the triangle formed by $y = f(x)$, the x-axis, and $x = 3$.
(d) $t = 6$, since after $t = 6$ to $t = 9$, the region lies below the x-axis.
(e) At $t = 4$ and $t = 7$, since there are horizontal tangents there.
(f) Toward the origin between $t = 6$ and $t = 9$, since the velocity is negative on this interval. Away from the origin between $t = 0$ and $t = 6$, since the velocity is positive there.
(g) Right or positive side, because the integral of f from 0 to 9 is positive, there being more area above the x-axis than below.

4.5절

1. $\frac{1}{6}(2x+4)^6+C$ **3.** $-\frac{1}{3}(x^2+5)^{-3}+C$

5. $\frac{1}{10}(3x^2+4x)^5+C$ **7.** $-\frac{1}{3}\cos 3x+C$

9. $\frac{1}{2}\sec 2t+C$ **11.** $-6(1-r^3)^{1/2}+C$

13. $\frac{1}{3}(x^{3/2}-1)-\frac{1}{6}\sin(2x^{3/2}-2)+C$

15. **(a)** $-\frac{1}{4}(\cot^2 2\theta)+C$ **(b)** $-\frac{1}{4}(\csc^2 2\theta)+C$

17. $-\frac{1}{3}(3-2s)^{3/2}+C$ **19.** $-\frac{2}{5}(1-\theta^2)^{5/4}+C$

21. $(-2/(1+\sqrt{x}))+C$ **23.** $\frac{1}{3}\tan(3x+2)+C$

25. $\frac{1}{2}\sin^6\left(\frac{x}{3}\right)+C$ **27.** $\left(\frac{r^3}{18}-1\right)^6+C$

29. $-\frac{2}{3}\cos(x^{3/2}+1)+C$ **31.** $\frac{1}{2\cos(2t+1)}+C$

33. $-\sin\left(\frac{1}{t}-1\right)+C$ **35.** $-\frac{\sin^2(1/\theta)}{2}+C$

37. $\frac{2}{3}(1+x)^{3/2}-2(1+x)^{1/2}+C$ **39.** $\frac{2}{3}\left(2-\frac{1}{x}\right)^{3/2}+C$

41. $\frac{2}{27}\left(1-\frac{3}{x^3}\right)^{3/2}+C$ **43.** $\frac{1}{12}(x-1)^{12}+\frac{1}{11}(x-1)^{11}+C$

45. $-\frac{1}{8}(1-x)^8+\frac{4}{7}(1-x)^7-\frac{2}{3}(1-x)^6+C$

47. $\frac{1}{5}(x^2+1)^{5/2}-\frac{1}{3}(x^2+1)^{3/2}+C$ **49.** $\frac{-1}{4(x^2-4)^2}+C$

51. $e^{\sin x}+C$ **53.** $2\tan(e^{\sqrt{x}}+1)+C$ **55.** $\ln|\ln x|+C$

57. $z-\ln(1+e^z)+C$ **59.** $\frac{5}{6}\tan^{-1}\left(\frac{2r}{3}\right)+C$

61. $e^{\arcsin x}+C$ **63.** $\frac{1}{3}(\arcsin x)^3+C$

65. $\ln|\arctan y|+C$

67. **(a)** $-\frac{6}{2+\tan^3 x}+C$ **(b)** $-\frac{6}{2+\tan^3 x}+C$
(c) $-\frac{6}{2+\tan^3 x}+C$

69. $\frac{1}{6}\sin\sqrt{3(2r-1)^2+6}+C$ **73.** $s=\frac{1}{2}(3t^2-1)^4-5$

75. $s=4t-2\sin\left(2t+\frac{\pi}{6}\right)+9$

77. $s=\sin\left(2t-\frac{\pi}{2}\right)+100t+1$ **79.** 6 m

4.6절

1. **(a)** 14/3 **(b)** 2/3 **3.** **(a)** 1/2 **(b)** $-1/2$
5. **(a)** 15/16 **(b)** 0 **7.** **(a)** 0 **(b)** 1/8 **9.** **(a)** 4 **(b)** 0
11. **(a)** 506/375 **(b)** 86,744/375 **13.** **(a)** 0 **(b)** 0
15. $2\sqrt{3}$ **17.** 3/4 **19.** $3^{5/2}-1$ **21.** 3 **23.** $\pi/3$
25. e **27.** $\ln 3$ **29.** $(\ln 2)^2$ **31.** $\frac{1}{\ln 4}$ **33.** $\ln 2$
35. $\ln(2+\sqrt{3})-\frac{\sqrt{3}}{2}$ **37.** π **39.** $\pi/12$ **41.** $2\pi/3$
43. $\sqrt{3}-1$ **45.** $-\pi/12$ **47.** $\pi^2/32$ **49.** 16/3
51. $2^{5/2}$ **53.** $\pi/2$ **55.** 128/15 **57.** 4/3 **59.** 5/6
61. 38/3 **63.** 49/6 **65.** 32/3 **67.** 48/5 **69.** 8/3
71. 8 **73.** 5/3 (There are three intersection points.) **75.** 18
77. 243/8 **79.** 8/3 **81.** 2 **83.** 104/15 **85.** 56/15
87. 4 **89.** $\frac{4}{3}-\frac{4}{\pi}$ **91.** $\pi/2$ **93.** 2 **95.** 1/2
97. 1 **99.** $\ln 16$ **101.** 2 **103.** $2\ln 5$
105. **(a)** $(\pm\sqrt{c},c)$ **(b)** $c=4^{2/3}$ **(c)** $c=4^{2/3}$
107. 11/3 **109.** 3/4 **111.** Neither
113. The dark blue region has area 2, which is larger than the light blue region, which has an area $(0.6)\pi\approx 1.88$.
115. The dark blue region has area $e-2$, or approximately 0.72, which is larger than 1/2, which is the area of the light blue region.
117. $F(6)-F(2)$ **119.** **(a)** -3 **(b)** 3 **121.** $I=a/2$

실전문제

1. **(a)** About 680 m **(b)** h (meters)

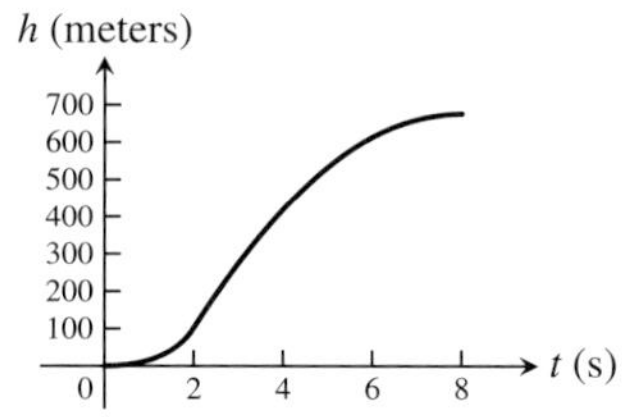

3. **(a)** $-1/2$ **(b)** 31 **(c)** 13 **(d)** 0
5. $\int_1^5(2x-1)^{-1/2}\,dx=2$ **7.** $\int_{-\pi}^0\cos\frac{x}{2}\,dx=2$
9. **(a)** 4 **(b)** 2 **(c)** -2 **(d)** -2π **(e)** 8/5
11. 8/3 **13.** 62 **15.** 1 **17.** 1/6 **19.** 18
21. 9/8 **23.** $\frac{\pi^2}{32}+\frac{\sqrt{2}}{2}-1$ **25.** 4 **27.** $\frac{8\sqrt{2}-7}{6}$
29. Min: -4; max: 0; area: 27/4 **31.** 6/5 **33.** 1
37. $y=\int_5^x\left(\frac{\sin t}{t}\right)dt-3$ **39.** $y=\arcsin x$
41. $y=\sec^{-1}x+\frac{2\pi}{3},\ x>1$ **43.** $f(x)=e^{x^2/2-1/2}$
45. $-4(\cos x)^{1/2}+C$ **47.** $\theta^2+\theta+\sin(2\theta+1)+C$
49. $\frac{t^3}{3}+\frac{4}{t}+C$ **51.** $-\frac{1}{3}\cos(2t^{3/2})+C$
53. $\tan(e^x-7)+C$ **55.** $e^{\tan x}+C$ **57.** $\frac{-\ln 7}{3}$
59. $\ln(9/25)$ **61.** $-\frac{1}{2}(\ln x)^{-2}+C$ **63.** $\frac{1}{2\ln 3}(3^{x^2})+C$
65. $\frac{3}{2}\arcsin 2(r-1)+C$ **67.** $\frac{\sqrt{2}}{2}\tan^{-1}\left(\frac{x-1}{\sqrt{2}}\right)+C$
69. $\frac{1}{4}\sec^{-1}\left|\frac{2x-1}{2}\right|+C$ **71.** $e^{\arcsin\sqrt{x}}+C$
73. $2\sqrt{\arctan y}+C$ **75.** $\frac{1}{4(\sin 2\theta+\cos 2\theta)^2}+C$ **77.** 16
79. 2 **81.** 1 **83.** 8 **85.** $27\sqrt{3}/160$ **87.** $\pi/2$
89. $\sqrt{3}$ **91.** $6\sqrt{3}-2\pi$ **93.** -1 **95.** 2 **97.** 1

99. $15/16 + \ln 2$ **101.** $e - 1$ **103.** $1/6$ **105.** $9/14$

107. $\dfrac{9 \ln 2}{4}$ **109.** π **111.** $\pi/\sqrt{3}$ **113.** $\pi/6$

115. $\pi/12$ **117. (a)** b **(b)** b

121. (a) $\dfrac{d}{dx}(x \ln x - x + C) = x \cdot \dfrac{1}{x} + \ln x - 1 + 0 = \ln x$

(b) $\dfrac{1}{e - 1}$

123. $-4\,°\text{C}$ **125.** $\sqrt{2 + \cos^3 x}$ **127.** $\dfrac{-6}{3 + x^4}$

129. $\dfrac{dy}{dx} = \dfrac{-2}{x} e^{\cos(2 \ln x)}$ **131.** $\dfrac{dy}{dx} = \dfrac{1}{\sqrt{1 - x^2}\sqrt{1 - 2(\arcsin x)^2}}$

133. Yes **135.** $-\sqrt{1 + x^2}$

137. Cost $\approx$ \$13,897.50 using a lower sum estimate

심화문제

1. (a) Yes **(b)** No **5. (a)** $1/4$ **(b)** $\sqrt[3]{12}$

7. $f(x) = \dfrac{x}{\sqrt{x^2 + 1}}$ **9.** $y = x^3 + 2x - 4$

11. $36/5$

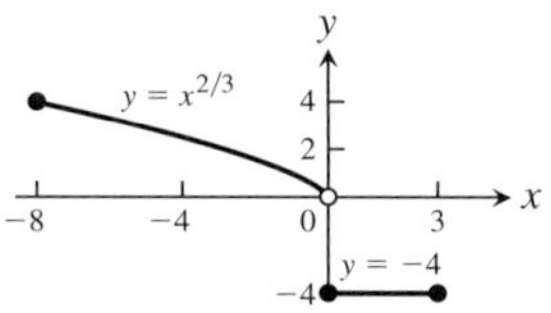

13. $\dfrac{1}{2} - \dfrac{2}{\pi}$

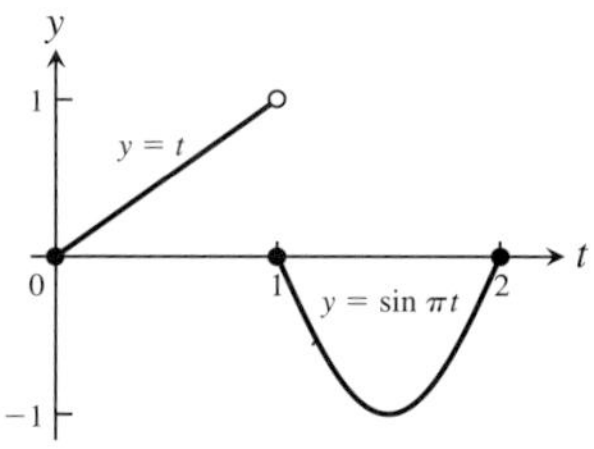

15. $13/3$

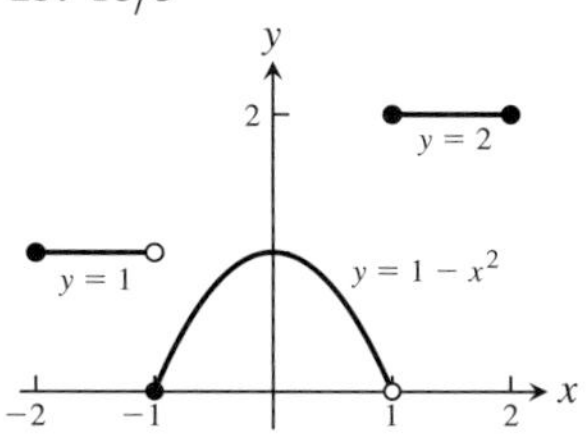

17. $1/2$ **19.** $\pi/2$

21. $\ln 2$

23. (a) 0 **(b)** -1
(c) $-\pi$ **(d)** $x = 1$
(e) $y = 2x + 2 - \pi$
(f) $x = -1, x = 2$
(g) $[-2\pi, 0]$

25. $2/x$ **27.** $\dfrac{\sin 4y}{\sqrt{y}} - \dfrac{\sin y}{2\sqrt{y}}$ **29.** $2x \ln|x| - x \ln\dfrac{|x|}{\sqrt{2}}$

31. $(\sin x)/x$ **33.** $x = 1$

35. (a) $\dfrac{1}{\ln 2}$ **(b)** $\dfrac{1}{2 \ln 2}$ **(c)** 2:1 **37.** $2/17$

41. $1/6$ **43.** $\displaystyle\int_0^1 f(x)\,dx$ **45. (b)** πr^2

5장

5.1절

1. 16 **3.** $16/3$ **5. (a)** $2\sqrt{3}$ **(b)** 8 **7. (a)** 60 **(b)** 36

9. 8π **11.** 10 **13. (a)** $s^2 h$ **(b)** $s^2 h$ **15.** $8/3$

17. $\dfrac{2\pi}{3}$ **19.** $4 - \pi$ **21.** $\dfrac{32\pi}{5}$ **23.** 36π **25.** π

27. $\dfrac{\pi}{2}\left(1 - \dfrac{1}{e^2}\right)$ **29.** $\dfrac{\pi}{2} \ln 4$ **31.** $\pi\left(\dfrac{\pi}{2} + 2\sqrt{2} - \dfrac{11}{3}\right)$

33. 2π **35.** 2π **37.** $4\pi \ln 4$ **39.** $\pi^2 - 2\pi$ **41.** $\dfrac{2\pi}{3}$

43. $\dfrac{117\pi}{5}$ **45.** $\pi(\pi - 2)$ **47.** $\dfrac{4\pi}{3}$ **49.** 8π **51.** $\dfrac{7\pi}{6}$

53. (a) 8π **(b)** $\dfrac{32\pi}{5}$ **(c)** $\dfrac{8\pi}{3}$ **(d)** $\dfrac{224\pi}{15}$

55. (a) $\dfrac{16\pi}{15}$ **(b)** $\dfrac{56\pi}{15}$ **(c)** $\dfrac{64\pi}{15}$ **57.** $V = 2a^2 b\pi^2$

59. (a) $V = \dfrac{\pi h^2(3a - h)}{3}$ **(b)** $\dfrac{1}{120\pi}$ m/s

63. $V = 3308\ \text{cm}^3$ **65.** $(4 - b + a)/2$

5.2절

1. 6π **3.** 2π **5.** $14\pi/3$ **7.** 8π **9.** $5\pi/6$

11. $\dfrac{7\pi}{15}$ **13. (b)** 4π **15.** $\dfrac{16\pi}{15}(3\sqrt{2} + 5)$

17. $\dfrac{8\pi}{3}$ **19.** $\dfrac{4\pi}{3}$ **21.** $\dfrac{16\pi}{3}$

23. (a) 16π **(b)** 32π **(c)** 28π
(d) 24π **(e)** 60π **(f)** 48π

25. (a) $\dfrac{27\pi}{2}$ **(b)** $\dfrac{27\pi}{2}$ **(c)** $\dfrac{72\pi}{5}$ **(d)** $\dfrac{108\pi}{5}$

27. (a) $\dfrac{6\pi}{5}$ **(b)** $\dfrac{4\pi}{5}$ **(c)** 2π **(d)** 2π

29. (a) About the x-axis: $V = \dfrac{2\pi}{15}$; about the y-axis: $V = \dfrac{\pi}{6}$

(b) About the x-axis: $V = \dfrac{2\pi}{15}$; about the y-axis: $V = \dfrac{\pi}{6}$

31. (a) $\dfrac{5\pi}{3}$ **(b)** $\dfrac{4\pi}{3}$ **(c)** 2π **(d)** $\dfrac{2\pi}{3}$

33. (a) $\dfrac{4\pi}{15}$ **(b)** $\dfrac{7\pi}{30}$ **35. (a)** $\dfrac{24\pi}{5}$ **(b)** $\dfrac{48\pi}{5}$

37. (a) $\dfrac{9\pi}{16}$ **(b)** $\dfrac{9\pi}{16}$

39. Disk: 2 integrals; washer: 2 integrals; shell: 1 integral

41. (a) $\dfrac{256\pi}{3}$ **(b)** $\dfrac{244\pi}{3}$

47. $\pi\left(1 - \dfrac{1}{e}\right)$ **49.** 2

5.3절

1. 12 **3.** $\dfrac{53}{6}$ **5.** $\dfrac{123}{32}$ **7.** $\dfrac{99}{8}$ **9.** $\ln 2 + \dfrac{3}{8}$

11. $\dfrac{53}{6}$ **13.** $2^{3/2} - (5/4)^{3/2}$ **15.** 2

17. (a) $\displaystyle\int_{-1}^{2} \sqrt{1 + 4x^2}\,dx$ **(c)** ≈ 6.13

19. (a) $\displaystyle\int_0^{\pi} \sqrt{1 + \cos^2 y}\,dy$ **(c)** ≈ 3.82

21. (a) $\displaystyle\int_{-1}^{3} \sqrt{1 + (y + 1)^2}\,dy$ **(c)** ≈ 9.29

23. (a) $\displaystyle\int_0^{\pi/6} \sec x\,dx$ **(c)** ≈ 0.55

25. (a) $y = \sqrt{x}$ from $(1, 1)$ to $(4, 2)$
(b) Only one. We know the derivative of the function and the value of the function at one value of x.

27. 1 **29.** $2\sqrt{5}$ **37.** $\displaystyle\int_0^{x} \sqrt{1 + 9t}\,dt,\ \frac{2}{27}(10^{3/2} - 1)$

5.4절

1. (a) $2\pi \int_0^{\pi/4} (\tan x)\sqrt{1 + \sec^4 x}\, dx$ **(c)** $S \approx 3.84$

(b)

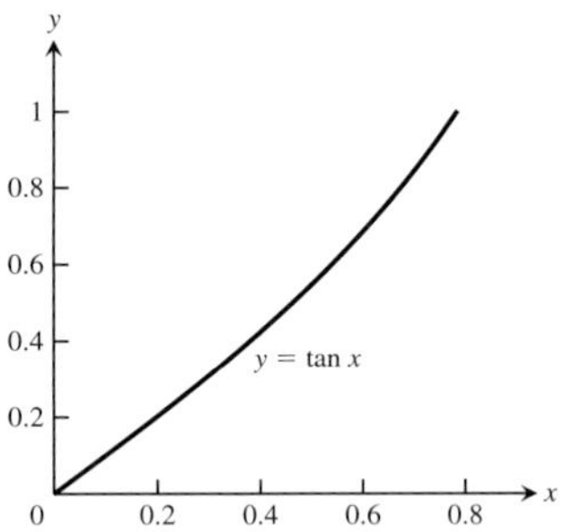

3. (a) $2\pi \int_1^2 \frac{1}{y}\sqrt{1 + y^{-4}}\, dy$ **(c)** $S \approx 5.02$

(b)

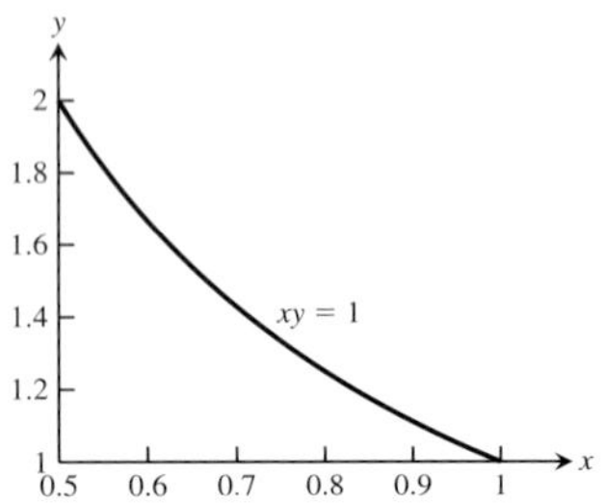

5. (a) $2\pi \int_1^4 (3 - x^{1/2})^2 \sqrt{1 + (1 - 3x^{-1/2})^2}\, dx$ **(c)** $S \approx 63.37$

(b)

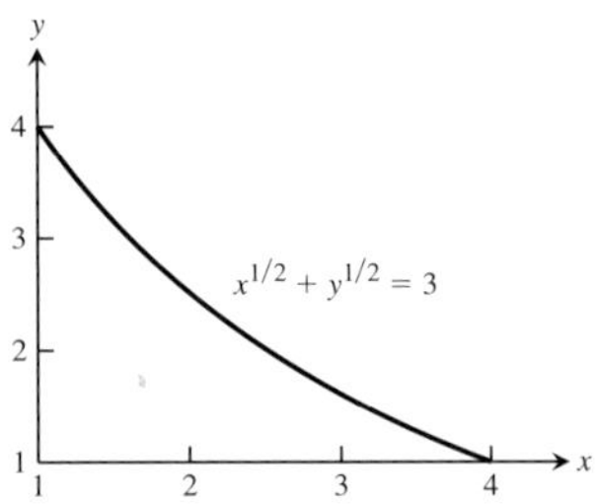

7. (a) $2\pi \int_0^{\pi/3} \left(\int_0^y \tan t\, dt\right) \sec y\, dy$ **(c)** $s \approx 2.08$

(b)

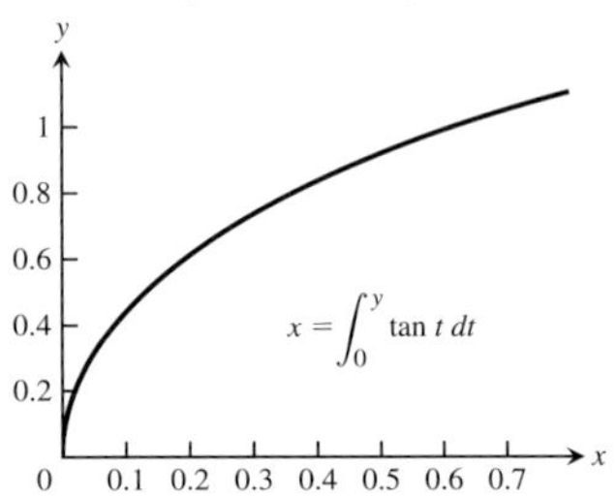

9. $4\pi\sqrt{5}$ **11.** $3\pi\sqrt{5}$ **13.** $98\pi/81$ **15.** 2π
17. $\pi(\sqrt{8} - 1)/9$ **19.** $35\pi\sqrt{5}/3$ **21.** $\pi\left(\frac{15}{16} + \ln 2\right)$
23. $253\pi/20$ **27.** Order 226.2 liters of each color.

5.5절

1. 116 J **3.** 400 N/m **5.** 4 cm, 0.08 J
7. (a) 12,000 N/cm **(b)** 6000 N-cm, 18,000 N-cm
9. 780 J **11.** 108,000 J **13.** 234 J
15. (a) 235,200,000 J **(b)** 17 h, 46 min **(c)** 266 min
(d) At 9780 N/m^3: a) 234,720,000 J b) 17 h, 44 min
At 9820 N/m^3: a) 235,680,000 J b) 17 h, 48 min
17. 5,772,676.5 J **19.** 8,977,666 J **21.** 385,369 J
23. 15,073,099.75 J **27.** 120 J **29.** 151.3 J
31. 2.175 J **33.** 5.144×10^{10} J **35.** 9146.7 N
37. (a) 26,989.2 N **(b)** 25,401.6 N
39. (a) 182,933 N **(b)** 187,600 N **41.** 5808 N
43. (a) 19,600 N **(b)** 14,700 N **(c)** 16,135 N
45. (a) 14,933 N **(b)** 2.94 m **47.** $\frac{wb}{2}$
49. No. The tank will overflow because the movable end will have moved only 2.18 m by the time the tank is full.

5.6절

1. $M = 14/3$, $\bar{x} = 93/35$ **3.** $M = \ln 4$, $\bar{x} = (3 - \ln 4)/(\ln 4)$
5. $M = 13$, $\bar{x} = 41/26$ **7.** $\bar{x} = 0$, $\bar{y} = 12/5$
9. $\bar{x} = 1$, $\bar{y} = -3/5$ **11.** $\bar{x} = 16/105$, $\bar{y} = 8/15$
13. $\bar{x} = 0$, $\bar{y} = \pi/8$ **15.** $\bar{x} \approx 1.44$, $\bar{y} \approx 0.36$
17. $\bar{x} = \frac{\ln 4}{\pi}$, $\bar{y} = 0$ **19.** $\bar{x} = \frac{15}{4 \ln 2}$, $\bar{y} = \frac{15}{128 \ln 2}$
21. $\bar{x} = 5/7$, $\bar{y} = 10/33$. $(\bar{x})^4 < \bar{y}$, so the center of mass is outside the region.
23. $\bar{x} = 3/2$, $\bar{y} = 1/2$
25. (a) $\frac{224\pi}{3}$ **(b)** $\bar{x} = 2$, $\bar{y} = 0$

(c)

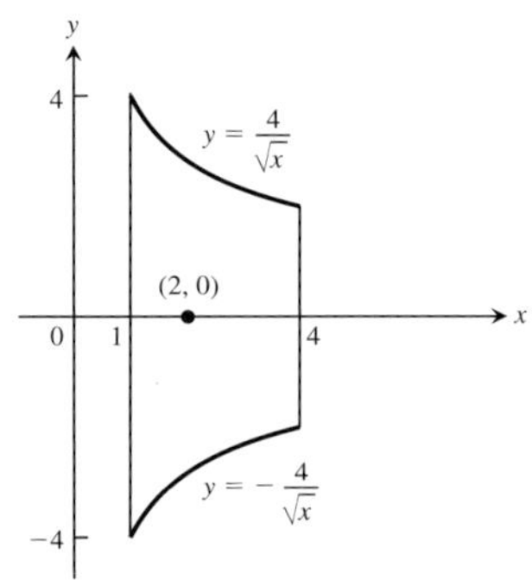

29. $\bar{x} = \bar{y} = 1/3$ **31.** $\bar{x} = a/3$, $\bar{y} = b/3$ **33.** $13\delta/6$
35. $\bar{x} = 0$, $\bar{y} = \frac{a\pi}{4}$ **37.** $\bar{x} = 1/2$, $\bar{y} = 4$
39. $\bar{x} = 6/5$, $\bar{y} = 8/7$ **43.** $V = 32\pi$, $S = 32\sqrt{2}\pi$
45. $4\pi^2$ **47.** $\bar{x} = 0$, $\bar{y} = \frac{2a}{\pi}$ **49.** $\bar{x} = 0$, $\bar{y} = \frac{4b}{3\pi}$
51. $\sqrt{2}\pi a^3(4 + 3\pi)/6$ **53.** $\bar{x} = \frac{a}{3}$, $\bar{y} = \frac{b}{3}$

실전문제

1. $\frac{9\pi}{280}$ **3.** π^2 **5.** $\frac{72\pi}{35}$
7. (a) 2π **(b)** π **(c)** $12\pi/5$ **(d)** $26\pi/5$
9. (a) 8π **(b)** $1088\pi/15$ **(c)** $512\pi/15$
11. $\pi(3\sqrt{3} - \pi)/3$ **13.** $\pi(e - 1)$ **15.** $\frac{28\pi}{3}$ m^3
17. $(\pi/3)(a^2 + ab + b^2)h$ **19.** $\frac{10}{3}$ **21.** $3 + \frac{1}{8}\ln 2$
23. $\sqrt{2}$ **25.** $28\pi\sqrt{2}/3$ **27.** 4π **29.** 4640 J
31. $\frac{w}{2}(2ar - a^2)$ **33.** 65,680,230 J
35. $3{,}375{,}000\pi$ J, 257 s **37. (a)** 11.31 J **(b)** 29.18 J
39. $\bar{x} = 0$, $\bar{y} = 8/5$ **41.** $\bar{x} = 3/2$, $\bar{y} = 12/5$
43. $\bar{x} = 9/5$, $\bar{y} = 11/10$ **45.** 52,267 J **47.** 344,960 N

심화문제

1. $f(x) = \sqrt{\dfrac{2x - a}{\pi}}$ **3.** $f(x) = \sqrt{C^2 - 1}\, x + a$, where $C \geq 1$

5. $\dfrac{\pi}{30\sqrt{2}}$ **7.** $28/3$ **9.** $\dfrac{4h\sqrt{3mh}}{3}$

11. $\bar{x} = 0,\ \bar{y} = \dfrac{n}{2n+1}$, $(0, 1/2)$

15. **(a)** $\bar{x} = \bar{y} = 4(a^2 + ab + b^2)/(3\pi(a+b))$
(b) $(2a/\pi, 2a/\pi)$ **17.** ≈ 365.867 N

6장

6.1절

1. $\ln\left(\dfrac{2}{3}\right)$ **3.** $\ln|y^2 - 25| + C$ **5.** $\ln|6 + 3\tan t| + C$

7. $\ln(1 + \sqrt{x}) + C$ **9.** 1 **11.** $2(\ln 2)^4$ **13.** 2

15. $2e^{\sqrt{r}} + C$ **17.** $-e^{-t^2} + C$ **19.** $-e^{1/x} + C$

21. $\dfrac{1}{\pi}e^{\sec \pi t} + C$ **23.** 1 **25.** $\ln(1 + e^r) + C$ **27.** $\dfrac{1}{2\ln 2}$

29. $\dfrac{1}{\ln 2}$ **31.** $\dfrac{6}{\ln 7}$ **33.** 32760 **35.** $3^{\sqrt{2}+1}$

37. $\dfrac{1}{\ln 10}\left(\dfrac{(\ln x)^2}{2}\right) + C$ **39.** $2(\ln 2)^2$ **41.** $\dfrac{3\ln 2}{2}$ **43.** $\ln 10$

45. $(\ln 10)\ln|\ln x| + C$ **47.** $y = 1 - \cos(e^t - 2)$

49. $y = 2(e^{-x} + x) - 1$ **51.** $y = x + \ln|x| + 2$

53. $\pi \ln 16$ **55.** $6 + \ln 2$ **57.** **(b)** 0.00469

77. **(a)** 1.89279 **(b)** -0.35621 **(c)** 0.94575 **(d)** -2.80735
(e) 5.29595 **(f)** 0.97041 **(g)** -1.03972 **(h)** -1.61181

6.2절

9. $\dfrac{2}{3}y^{3/2} - x^{1/2} = C$ **11.** $e^y - e^x = C$

13. $-x + 2\tan\sqrt{y} = C$ **15.** $e^{-y} + 2e^{\sqrt{x}} = C$

17. $y = \sin(x^2 + C)$ **19.** $\dfrac{1}{3}\ln|y^3 - 2| = x^3 + C$

21. $4\ln(\sqrt{y} + 2) = e^{x^2} + C$

23. **(a)** -0.00001 **(b)** 10,536 years **(c)** 82%

25. 54.88 g **27.** 19.9 m **29.** 2.8147498×10^{14}

31. **(a)** 8 years **(b)** 32.02 years **33.** Yes, $y(20) < 1$

35. 15.28 years **37.** 56,562 years

41. **(a)** 17.5 min **(b)** 13.26 min **43.** -3 °C

45. About 6693 years **47.** 54.62% **49.** $\approx 15{,}683$ years

6.3절

1. $\cosh x = 5/4$, $\tanh x = -3/5$, $\coth x = -5/3$,
$\operatorname{sech} x = 4/5$, $\operatorname{csch} x = -4/3$

3. $\sinh x = 8/15$, $\tanh x = 8/17$, $\coth x = 17/8$,
$\operatorname{sech} x = 15/17$, $\operatorname{csch} x = 15/8$

5. $x + \dfrac{1}{x}$ **7.** e^{5x} **9.** e^{4x} **13.** $2\cosh\dfrac{x}{3}$

15. $\operatorname{sech}^2\sqrt{t} + \dfrac{\tanh\sqrt{t}}{\sqrt{t}}$ **17.** $\coth z$

19. $(\ln \operatorname{sech}\theta)(\operatorname{sech}\theta\tanh\theta)$ **21.** $\tanh^3 v$ **23.** 2

25. $\dfrac{1}{2\sqrt{x}(1+x)}$ **27.** $\dfrac{1}{1+\theta} - \tanh^{-1}\theta$

29. $\dfrac{1}{2\sqrt{t}} - \coth^{-1}\sqrt{t}$ **31.** $-\operatorname{sech}^{-1} x$ **33.** $\dfrac{\ln 2}{\sqrt{1 + \left(\frac{1}{2}\right)^{2\theta}}}$

35. $|\sec x|$ **41.** $\dfrac{\cosh 2x}{2} + C$

43. $12\sinh\left(\dfrac{x}{2} - \ln 3\right) + C$ **45.** $7\ln|e^{x/7} + e^{-x/7}| + C$

47. $\tanh\left(x - \dfrac{1}{2}\right) + C$ **49.** $-2\operatorname{sech}\sqrt{t} + C$ **51.** $\ln\dfrac{5}{2}$

53. $\dfrac{3}{32} + \ln 2$ **55.** $e - e^{-1}$ **57.** $3/4$ **59.** $\dfrac{3}{8} + \ln\sqrt{2}$

61. $\ln(2/3)$ **63.** $\dfrac{-\ln 3}{2}$ **65.** $\ln 3$

67. **(a)** $\sinh^{-1}(\sqrt{3})$ **(b)** $\ln(\sqrt{3} + 2)$

69. **(a)** $\coth^{-1}(2) - \coth^{-1}(5/4)$ **(b)** $\left(\dfrac{1}{2}\right)\ln\left(\dfrac{1}{3}\right)$

71. **(a)** $-\operatorname{sech}^{-1}\left(\dfrac{12}{13}\right) + \operatorname{sech}^{-1}\left(\dfrac{4}{5}\right)$

(b) $-\ln\left(\dfrac{1 + \sqrt{1 - (12/13)^2}}{(12/13)}\right) + \ln\left(\dfrac{1 + \sqrt{1 - (4/5)^2}}{(4/5)}\right)$

$= -\ln\left(\dfrac{3}{2}\right) + \ln(2) = \ln(4/3)$

73. **(a)** 0 **(b)** 0

77. **(b)** $\sqrt{\dfrac{mg}{k}}$ **(c)** $70\sqrt{30/47} \approx 55.93$ m/s

79. 2π **81.** $\dfrac{6}{5}$

6.4절

1. **(a)** Slower **(b)** Slower **(c)** Slower **(d)** Faster
(e) Slower **(f)** Slower **(g)** Same **(h)** Slower

3. **(a)** Same **(b)** Faster **(c)** Same **(d)** Same
(e) Slower **(f)** Faster **(g)** Slower **(h)** Same

5. **(a)** Same **(b)** Same **(c)** Same **(d)** Faster
(e) Faster **(f)** Same **(g)** Slower **(h)** Faster **7.** d, a, c, b

9. **(a)** False **(b)** False **(c)** True **(d)** True **(e)** True
(f) True **(g)** False **(h)** True

13. When the degree of f is less than or equal to the degree of g.

15. 1, 1

21. **(b)** $\ln(e^{17000000}) = 17{,}000{,}000 < (e^{17\times 10^6})^{1/10^6}$
$= e^{17} \approx 24{,}154{,}952.75$

(c) $x \approx 3.4306311 \times 10^{15}$

(d) They cross at $x \approx 3.4306311 \times 10^{15}$.

23. **(a)** The algorithm that takes $O(n\log_2 n)$ steps

(b)

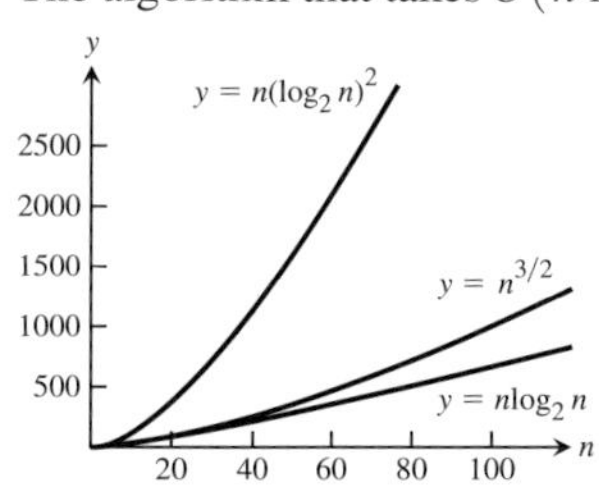

25. It could take one million steps for a sequential search; at most 20 steps for a binary search.

실전문제

1. $-\cos e^x + C$ **3.** $\ln 8$ **5.** $2 \ln 2$

7. $\frac{1}{2}(\ln(x-5))^2 + C$ **9.** $3 \ln 7$ **11.** $2(\sqrt{2}-1)$

13. $y = \frac{\ln 2}{\ln(3/2)}$ **15.** $y = \ln x - \ln 3$ **17.** $y = \frac{1}{1-e^x}$

19. **(a)** Same rate **(b)** Same rate **(c)** Faster **(d)** Faster **(e)** Same rate **(f)** Same rate

21. **(a)** True **(b)** False **(c)** False **(d)** True **(e)** True **(f)** True

23. $1/3$ **25.** $1/e$ m/s **27.** $\ln 5x - \ln 3x = \ln(5/3)$

29. $1/2$ **31.** $y = \left(\tan^{-1}\left(\frac{x+C}{2}\right)\right)^2$

33. $y^2 = \sin^{-1}(2 \tan x + C)$

35. $y = -2 + \ln(2 - e^{-x})$ **37.** $y = 4x - 4\sqrt{x} + 1$

39. 19,035 years **41.** $\ln(16/9)$

심화문제

1. **(a)** 1 **(b)** $\pi/2$ **(c)** π

3. $\tan^{-1} x + \tan^{-1}\left(\frac{1}{x}\right)$ is a constant and the constant is $\frac{\pi}{2}$ for $x > 0$; it is $-\frac{\pi}{2}$ for $x < 0$.

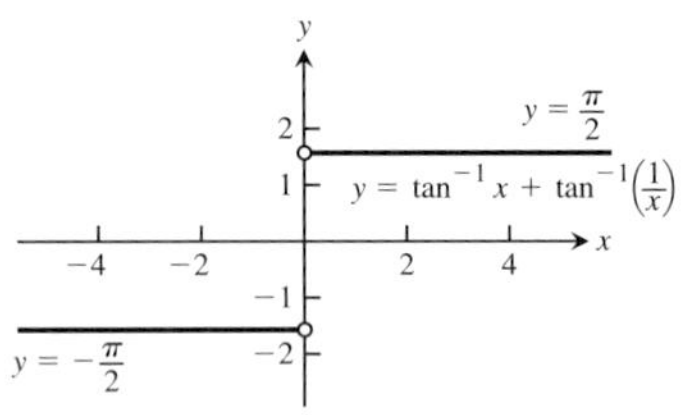

7. $\bar{x} = \frac{\ln 4}{\pi}, \bar{y} = 0$

7장

7.1절

1. $\ln 5$ **3.** $2 \tan x - 2 \sec x - x + C$

5. $\arcsin x + \sqrt{1-x^2} + C$ **7.** $e^{-\cot z} + C$

9. $\arctan(e^z) + C$ **11.** π **13.** $t + \cot t + \csc t + C$

15. $\sqrt{2}$ **17.** $\frac{1}{8}\ln(1 + 4 \ln^2 y) + C$

19. $\ln|1 + \sin\theta| + C$ **21.** $2t^2 - t + 2\arctan\left(\frac{t}{2}\right) + C$

23. $2(\sqrt{2}-1) \approx 0.82843$ **25.** $\operatorname{arcsec}(e^y) + C$

27. $\arcsin(2 \ln x) + C$ **29.** $\ln|\sin x| + \ln|\cos x| + C$

31. $7 + \ln 8$ **33.** $\left[\arcsin y - \sqrt{1-y^2}\right]_{-1}^{0} = \frac{\pi}{2} - 1$

35. $\operatorname{arcsec}\left|\frac{x-1}{7}\right| + C$ **37.** $\frac{\theta^3}{3} - \frac{\theta^2}{2} + \theta + \frac{5}{2}\ln|2\theta - 5| + C$

39. $x - \ln(1 + e^x) + C$ **41.** $(1/2)e^{2x} - e^x + \ln(1 + e^x) + C$

43. $2\arctan(\sqrt{x}) + C$ **45.** $2\sqrt{2} - \ln(3 + 2\sqrt{2})$

47. $\ln(2 + \sqrt{3})$ **49.** $\bar{x} = 0, \bar{y} = \frac{1}{\ln(3 + 2\sqrt{2})}$

51. $xe^{x^3} + C$ **53.** $\frac{1}{30}(x^4+1)^{3/2}(3x^4 - 2) + C$

7.2절

1. $-2x\cos(x/2) + 4\sin(x/2) + C$

3. $t^2 \sin t + 2t \cos t - 2 \sin t + C$

5. $\ln 4 - \frac{3}{4}$ **7.** $xe^x - e^x + C$

9. $-(x^2 + 2x + 2)e^{-x} + C$

11. $y \tan^{-1}(y) - \ln\sqrt{1+y^2} + C$

13. $x \tan x + \ln|\cos x| + C$

15. $(x^3 - 3x^2 + 6x - 6)e^x + C$

17. $(x^2 - 7x + 7)e^x + C$

19. $(x^5 - 5x^4 + 20x^3 - 60x^2 + 120x - 120)e^x + C$

21. $\frac{1}{2}(-e^\theta \cos\theta + e^\theta \sin\theta) + C$

23. $\frac{e^{2x}}{13}(3 \sin 3x + 2 \cos 3x) + C$

25. $\frac{2}{3}\left(\sqrt{3s+9}\,e^{\sqrt{3s+9}} - e^{\sqrt{3s+9}}\right) + C$

27. $\frac{\pi\sqrt{3}}{3} - \ln(2) - \frac{\pi^2}{18}$

29. $\frac{1}{2}[-x\cos(\ln x) + x\sin(\ln x)] + C$

31. $\frac{1}{2}\ln|\sec x^2 + \tan x^2| + C$

33. $\frac{1}{2}x^2(\ln x)^2 - \frac{1}{2}x^2 \ln x + \frac{1}{4}x^2 + C$

35. $-\frac{1}{x}\ln x - \frac{1}{x} + C$ **37.** $\frac{1}{4}e^{x^4} + C$

39. $\frac{1}{3}x^2(x^2+1)^{3/2} - \frac{2}{15}(x^2+1)^{5/2} + C$

41. $-\frac{2}{5}\sin 3x \sin 2x - \frac{3}{5}\cos 3x \cos 2x + C$

43. $\frac{2}{9}x^{3/2}(3 \ln x - 2) + C$

45. $2\sqrt{x}\sin\sqrt{x} + 2\cos\sqrt{x} + C$

47. $\frac{\pi^2 - 4}{8}$ **49.** $\frac{5\pi - 3\sqrt{3}}{9}$

51. $\frac{1}{2}(x^2+1)\arctan x - \frac{x}{2} + C$ **53.** $xe^{x^2} + C$

55. $(2/3)x^{3/2}\arcsin(\sqrt{x}) + (2/9)\,x\sqrt{1-x} + (4/9)\sqrt{1-x} + C$

57. **(a)** π **(b)** 3π **(c)** 5π **(d)** $(2n+1)\pi$

59. $2\pi(1 - \ln 2)$ **61.** **(a)** $\pi(\pi - 2)$ **(b)** 2π

63. **(a)** 1 **(b)** $(e-2)\pi$ **(c)** $\frac{\pi}{2}(e^2 + 9)$

(d) $\bar{x} = \frac{1}{4}(e^2+1), \bar{y} = \frac{1}{2}(e-2)$

65. $\frac{1}{2\pi}(1 - e^{-2\pi})$ **67.** $u = x^n, dv = \cos x\, dx$

69. $u = x^n, dv = e^{ax}\, dx$ **73.** $u = x^n, dv = (x+1)^{-(1/2)}\, dx$

77. $x \arcsin x + \cos(\arcsin x) + C$

79. $x\sec^{-1} x - \ln\left|x + \sqrt{x^2-1}\right| + C$ **81.** Yes

83. **(a)** $x \sinh^{-1} x - \cosh(\sinh^{-1} x) + C$

(b) $x \sinh^{-1} x - (1 + x^2)^{1/2} + C$

7.3절

1. $\frac{1}{2}\sin 2x + C$ **3.** $-\frac{1}{4}\cos^4 x + C$

5. $\frac{1}{3}\cos^3 x - \cos x + C$ **7.** $-\cos x + \frac{2}{3}\cos^3 x - \frac{1}{5}\cos^5 x + C$

9. $\sin x - \frac{1}{3}\sin^3 x + C$ **11.** $\frac{1}{4}\sin^4 x - \frac{1}{6}\sin^6 x + C$

13. $\frac{1}{2}x + \frac{1}{4}\sin 2x + C$ **15.** $16/35$ **17.** 3π

19. $-4\sin x\cos^3 x + 2\cos x\sin x + 2x + C$

21. $-\cos^4 2\theta + C$ **23.** 4 **25.** 2

27. $\sqrt{\frac{3}{2}} - \frac{2}{3}$ **29.** $\frac{4}{5}\left(\frac{3}{2}\right)^{5/2} - \frac{18}{35} - \frac{2}{7}\left(\frac{3}{2}\right)^{7/2}$ **31.** $\sqrt{2}$

33. $\frac{1}{2}\tan^2 x + C$ **35.** $\frac{1}{3}\sec^3 x + C$ **37.** $\frac{1}{3}\tan^3 x + C$

39. $2\sqrt{3} + \ln(2 + \sqrt{3})$ **41.** $\frac{2}{3}\tan\theta + \frac{1}{3}\sec^2\theta\tan\theta + C$

43. $4/3$ **45.** $2\tan^2 x - 2\ln(1 + \tan^2 x) + C$

47. $\frac{1}{4}\tan^4 x - \frac{1}{2}\tan^2 x + \ln|\sec x| + C$ **49.** $\frac{4}{3} - \ln\sqrt{3}$

51. $\frac{43}{3}$ **53.** $-\frac{1}{10}\cos 5x - \frac{1}{2}\cos x + C$ **55.** π

57. $\frac{1}{2}\sin x + \frac{1}{14}\sin 7x + C$

59. $\frac{1}{6}\sin 3\theta - \frac{1}{4}\sin\theta - \frac{1}{20}\sin 5\theta + C$

61. $-\frac{2}{5}\cos^5\theta + C$ **63.** $\frac{1}{4}\cos\theta - \frac{1}{20}\cos 5\theta + C$

65. $\sec x - \ln|\csc x + \cot x| + C$ **67.** $\cos x + \sec x + C$

69. $\frac{1}{4}x^2 - \frac{1}{4}x\sin 2x - \frac{1}{8}\cos 2x + C$ **71.** $\ln(2 + \sqrt{3})$

73. $\pi^2/2$ **75.** $\bar{x} = \frac{4\pi}{3},\ \bar{y} = \frac{8\pi^2 + 3}{12\pi}$ **77.** $(\pi/4)(4 - \pi)$

7.4절

1. $\ln\left|\sqrt{9 + x^2} + x\right| + C$ **3.** $\pi/4$ **5.** $\pi/6$

7. $\frac{25}{2}\sin^{-1}\left(\frac{t}{5}\right) + \frac{t\sqrt{25 - t^2}}{2} + C$

9. $\frac{1}{2}\ln\left|\frac{2x}{7} + \frac{\sqrt{4x^2 - 49}}{7}\right| + C$

11. $7\left[\frac{\sqrt{y^2 - 49}}{7} - \sec^{-1}\left(\frac{y}{7}\right)\right] + C$ **13.** $\frac{\sqrt{x^2 - 1}}{x} + C$

15. $\operatorname{arcsec}|x| + C$ **17.** $\sqrt{x^2 - 1} + C$

19. $-\sqrt{9 - x^2} + C$ **21.** $\frac{1}{3}(x^2 + 4)^{3/2} - 4\sqrt{x^2 + 4} + C$

23. $\frac{-2\sqrt{4 - w^2}}{w} + C$ **25.** $\arcsin x - \sqrt{1 - x^2} + C$

27. $4\sqrt{3} - \frac{4\pi}{3}$ **29.** $-\frac{x}{\sqrt{x^2 - 1}} + C$

31. $-\frac{1}{5}\left(\frac{\sqrt{1 - x^2}}{x}\right)^5 + C$ **33.** $2\tan^{-1} 2x + \frac{4x}{(4x^2 + 1)} + C$

35. $\frac{1}{2}x^2 + \frac{1}{2}\ln|x^2 - 1| + C$ **37.** $\frac{1}{3}\left(\frac{v}{\sqrt{1 - v^2}}\right)^3 + C$

39. $\ln 9 - \ln(1 + \sqrt{10})$ **41.** $\pi/6$

43. $\frac{1}{2}\ln\left|\sqrt{1 + x^4} + x^2\right| + C$

45. $4\arcsin\frac{\sqrt{x}}{2} + \sqrt{x}\sqrt{4 - x} + C$

47. $\frac{1}{4}\arcsin\sqrt{x} - \frac{1}{4}\sqrt{x}\sqrt{1 - x}(1 - 2x) + C$

49. $(9/2)\arcsin\left(\frac{x + 1}{3}\right) + (1/2)(x + 1)\sqrt{8 - 2x - x^2} + C$

51. $\sqrt{x^2 + 4x + 3} - \operatorname{arcsec}(x + 2) + C$

53. $y = 2\left[\frac{\sqrt{x^2 - 4}}{2} - \sec^{-1}\left(\frac{x}{2}\right)\right]$

55. $y = \frac{3}{2}\arctan\left(\frac{x}{2}\right) - \frac{3\pi}{8}$ **57.** $3\pi/4$

59. **(a)** $\frac{1}{12}(\pi + 6\sqrt{3} - 12)$

(b) $\bar{x} = \frac{3\sqrt{3} - \pi}{4(\pi + 6\sqrt{3} - 12)},\ \bar{y} = \frac{\pi^2 + 12\sqrt{3}\pi - 72}{12(\pi + 6\sqrt{3} - 12)}$

61. **(a)** $-\frac{1}{3}x^2(1 - x^2)^{3/2} - \frac{2}{15}(1 - x^2)^{5/2} + C$

(b) $-\frac{1}{3}(1 - x^2)^{3/2} + \frac{1}{5}(1 - x^2)^{5/2} + C$

(c) $\frac{1}{5}(1 - x^2)^{5/2} - \frac{1}{3}(1 - x^2)^{3/2} + C$

63. $\sqrt{3} - \frac{\sqrt{2}}{2} + \frac{1}{2}\ln\left(\frac{2 + \sqrt{3}}{\sqrt{2} + 1}\right)$

7.5절

1. $\frac{2}{x - 3} + \frac{3}{x - 2}$ **3.** $\frac{1}{x + 1} + \frac{3}{(x + 1)^2}$

5. $\frac{-2}{z} + \frac{-1}{z^2} + \frac{2}{z - 1}$ **7.** $1 + \frac{17}{t - 3} + \frac{-12}{t - 2}$

9. $\frac{1}{2}[\ln|1 + x| - \ln|1 - x|] + C$

11. $\frac{1}{7}\ln|(x + 6)^2(x - 1)^5| + C$ **13.** $(\ln 15)/2$

15. $-\frac{1}{2}\ln|t| + \frac{1}{6}\ln|t + 2| + \frac{1}{3}\ln|t - 1| + C$ **17.** $3\ln 2 - 2$

19. $\frac{1}{4}\ln\left|\frac{x + 1}{x - 1}\right| - \frac{x}{2(x^2 - 1)} + C$ **21.** $(\pi + 2\ln 2)/8$

23. $\tan^{-1} y - \frac{1}{y^2 + 1} + C$

25. $-(s - 1)^{-2} + (s - 1)^{-1} + \arctan s + C$

27. $\frac{2}{3}\ln|x - 1| + \frac{1}{6}\ln|x^2 + x + 1| - \sqrt{3}\arctan\left(\frac{2x + 1}{\sqrt{3}}\right) + C$

29. $\frac{1}{4}\ln\left|\frac{x - 1}{x + 1}\right| + \frac{1}{2}\arctan x + C$

31. $\frac{-1}{\theta^2 + 2\theta + 2} + \ln(\theta^2 + 2\theta + 2) - \arctan(\theta + 1) + C$

33. $x^2 + \ln\left|\frac{x - 1}{x}\right| + C$

35. $9x + 2\ln|x| + \frac{1}{x} + 7\ln|x - 1| + C$

37. $\frac{y^2}{2} - \ln|y| + \frac{1}{2}\ln(1 + y^2) + C$ **39.** $\ln\left(\frac{e^t + 1}{e^t + 2}\right) + C$

41. $\frac{1}{5}\ln\left|\frac{\sin y - 2}{\sin y + 3}\right| + C$

43. $\frac{(\tan^{-1} 2x)^2}{4} - 3\ln|x - 2| + \frac{6}{x - 2} + C$

45. $\ln\left|\frac{\sqrt{x} - 1}{\sqrt{x} + 1}\right| + C$

47. $2\sqrt{1 + x} + \ln\left|\frac{\sqrt{x + 1} - 1}{\sqrt{x + 1} + 1}\right| + C$

49. $\frac{1}{4}\ln\left|\frac{x^4}{x^4+1}\right| + C$

51. $\frac{1}{\sqrt{2}}\ln\left|\frac{\sqrt{2}\cos\theta + 1}{\sqrt{2}\cos\theta - 1}\right| + \frac{1}{2}\ln\left|\frac{1-\cos\theta}{1+\cos\theta}\right| + C$

53. $4\sqrt{1+\sqrt{x}} + 2\ln\left|\frac{\sqrt{1+\sqrt{x}}-1}{\sqrt{1+\sqrt{x}}+1}\right| + C$

55. $\frac{1}{3}x^3 - 2x^2 + 5x - 10\ln|x+2| + C$

57. $\frac{1}{\ln 2}\ln(2^x + 2^{-x}) + C$ **59.** $\frac{1}{4}\ln\left|\frac{x-1}{x+1}\right| - \frac{1}{2}\arctan x + C$

61. $\frac{1}{2}\ln|(\ln x + 1)(\ln x + 3)| + C$

63. $\ln\left|x + \sqrt{x^2-1}\right| + C$

65. $\frac{2}{9}x^3(x^3+1)^{3/2} - \frac{4}{45}(x^3+1)^{5/2} + C$

67. $x = \ln|t-2| - \ln|t-1| + \ln 2$

69. $x = \frac{6t}{t+2} - 1$ **71.** $3\pi\ln 25$

73. $\ln(3) - \frac{1}{2}$ **75.** 1.10

77. **(a)** $x = \frac{1000e^{4t}}{499 + e^{4t}}$ **(b)** 1.55 days

7.6절

1. $\frac{2}{\sqrt{3}}\left(\arctan\sqrt{\frac{x-3}{3}}\right) + C$

3. $\sqrt{x-2}\left(\frac{2(x-2)}{3} + 4\right) + C$ **5.** $\frac{(2x-3)^{3/2}(x+1)}{5} + C$

7. $\frac{-\sqrt{9-4x}}{x} - \frac{2}{3}\ln\left|\frac{\sqrt{9-4x}-3}{\sqrt{9-4x}+3}\right| + C$

9. $\frac{(x+2)(2x-6)\sqrt{4x-x^2}}{6} + 4\arcsin\left(\frac{x-2}{2}\right) + C$

11. $-\frac{1}{\sqrt{7}}\ln\left|\frac{\sqrt{7}+\sqrt{7+x^2}}{x}\right| + C$

13. $\sqrt{4-x^2} - 2\ln\left|\frac{2+\sqrt{4-x^2}}{x}\right| + C$

15. $\frac{e^{2t}}{13}(2\cos 3t + 3\sin 3t) + C$

17. $\frac{x^2}{2}\arccos x + \frac{1}{4}\arcsin x - \frac{1}{4}x\sqrt{1-x^2} + C$

19. $\frac{x^3}{3}\arctan x - \frac{x^2}{6} + \frac{1}{6}\ln(1+x^2) + C$

21. $-\frac{\cos 5x}{10} - \frac{\cos x}{2} + C$

23. $8\left[\frac{\sin(7t/2)}{7} - \frac{\sin(9t/2)}{9}\right] + C$

25. $6\sin(\theta/12) + \frac{6}{7}\sin(7\theta/12) + C$

27. $\frac{1}{2}\ln(x^2+1) + \frac{x}{2(1+x^2)} + \frac{1}{2}\tan^{-1}x + C$

29. $\left(x - \frac{1}{2}\right)\arcsin\sqrt{x} + \frac{1}{2}\sqrt{x-x^2} + C$

31. $\arcsin\sqrt{x} - \sqrt{x-x^2} + C$

33. $\sqrt{1-\sin^2 t} - \ln\left|\frac{1+\sqrt{1-\sin^2 t}}{\sin t}\right| + C$

35. $\ln\left|\ln y + \sqrt{3+(\ln y)^2}\right| + C$

37. $\ln\left|x + 1 + \sqrt{x^2+2x+5}\right| + C$

39. $\frac{x+2}{2}\sqrt{5-4x-x^2} + \frac{9}{2}\arcsin\left(\frac{x+2}{3}\right) + C$

41. $-\frac{\sin^4 2x\cos 2x}{10} - \frac{2\sin^2 2x\cos 2x}{15} - \frac{4\cos 2x}{15} + C$

43. $\frac{\sin^3 2\theta\cos^2 2\theta}{10} + \frac{\sin^3 2\theta}{15} + C$

45. $\tan^2 2x - 2\ln|\sec 2x| + C$

47. $\frac{(\sec\pi x)(\tan\pi x)}{\pi} + \frac{1}{\pi}\ln|\sec\pi x + \tan\pi x| + C$

49. $\frac{-\csc^3 x\cot x}{4} - \frac{3\csc x\cot x}{8} - \frac{3}{8}\ln|\csc x + \cot x| + C$

51. $\frac{1}{2}[\sec(e^t-1)\tan(e^t-1) +$
$\ln|\sec(e^t-1) + \tan(e^t-1)|] + C$

53. $\sqrt{2} + \ln(\sqrt{2}+1)$ **55.** $\pi/3$

57. $2\pi\sqrt{3} + \pi\sqrt{2}\ln(\sqrt{2}+\sqrt{3})$ **59.** $\bar{x} = 4/3,\ \bar{y} = \ln\sqrt{2}$

61. 7.62 **63.** $\pi/8$ **67.** **(c)** $\pi/4$

7.7절

1. **I:** **(a)** 1.5, 0 **(b)** 1.5, 0 **(c)** 0%
II: **(a)** 1.5, 0 **(b)** 1.5, 0 **(c)** 0%
III: **(a)** 1.5, 0 **(b)** 1.5, 0 **(c)** 0%

3. **I:** **(a)** 2.63, 0.04 **(b)** 2.67, 0.04 **(c)** 1.6%
II: **(a)** 2.75, 0.08 **(b)** 2.67, 0.08 **(c)** 3.1%
III: **(a)** 2.67, 0 **(b)** 2.67, 0 **(c)** 0%

5. **I:** **(a)** 5.88, 0.25 **(b)** 6, 0.13 **(c)** 2.1%
II: **(a)** 6.25, 0.5 **(b)** 6, 0.25 **(c)** 4.2%
III: **(a)** 6, 0 **(b)** 6, 0 **(c)** 0%

7. **I:** **(a)** 0.496, 0.016 **(b)** 0.5, 0.004 **(c)** 0.9%
II: **(a)** 0.509, 0.031 **(b)** 0.5, 0.009 **(c)** 1.8%
III: **(a)** 0.5004, 0.0026 **(b)** 0.5, 0.0004 **(c)** 0.1%

9. **I:** **(a)** 2.052, 0.081 **(b)** 2, 0.052 **(c)** 2.6%
II: **(a)** 1.896, 0.161 **(b)** 2, 0.104 **(c)** 5.2%
III: **(a)** 2.005, 0.0066 **(b)** 2, 0.0046 **(c)** 0.2%

11. **(a)** 1 **(b)** 2 **13.** **(a)** 116 **(b)** 2
15. **(a)** 283 **(b)** 2 **17.** **(a)** 71 **(b)** 10
19. **(a)** 76 **(b)** 12 **21.** **(a)** 82 **(b)** 8
23. 106.6 m^3 **25.** ≈2.55 m
27. **(a)** ≈0.00021 **(b)** ≈1.37079 **(c)** ≈0.015%
31. **(a)** ≈5.870 **(b)** $E_T| \le 0.0032$
33. 21.07 cm **35.** 14.42 **39.** ≈28.7 mg

7.8절

1. $\pi/2$ **3.** 2 **5.** 6 **7.** $\pi/2$ **9.** ln 3 **11.** ln 4
13. 0 **15.** $\sqrt{3}$ **17.** π **19.** $\ln\left(1+\frac{\pi}{2}\right)$
21. −1 **23.** 1 **25.** −1/4 **27.** $\pi/2$ **29.** $\pi/3$
31. 6 **33.** ln 2 **35.** Diverges **37.** Diverges
39. Diverges **41.** Diverges **43.** Converges
45. Converges **47.** Diverges **49.** Converges
51. Converges **53.** Diverges **55.** Converges
57. Converges **59.** Diverges **61.** Converges

63. Diverges **65.** Converges **67.** Converges
69. Diverges **71.** Converges; 20 **73.** Converges; $\frac{1}{81}$
75. Diverges **77.** Diverges **79.** Converges; $-\frac{1}{375}$
81. **(a)** Converges when $p < 1$ **(b)** Converges when $p > 1$
83. 1 **85.** 2π **87.** $\ln 2$
89. **(a)** 1 **(b)** $\pi/3$ **(c)** Diverges
91. **(a)** $\pi/2$ **(b)** π **93.** **(b)** ≈ 0.88621
95. **(a)**

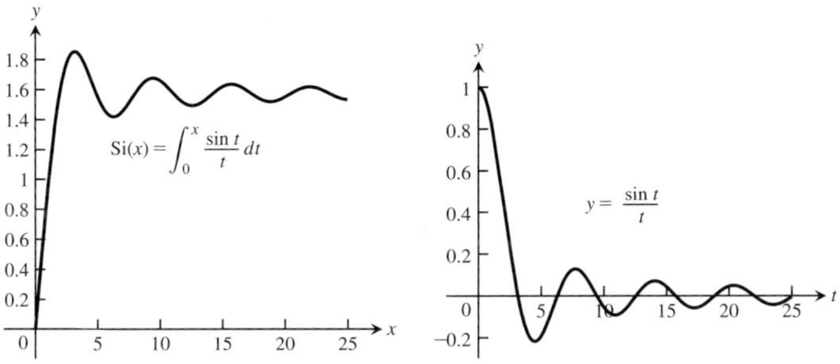

(b) $\pi/2$
97. **(a)**

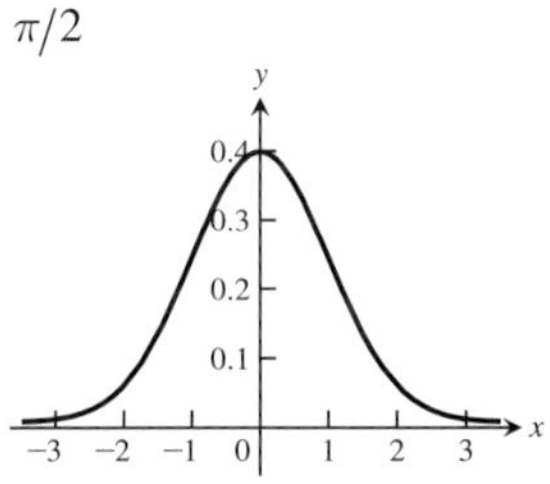

(b) $\approx 0.683, \approx 0.954, \approx 0.997$
103. ≈ 0.16462

실전문제

1. $(x+1)(\ln(x+1)) - (x+1) + C$

3. $x\arctan(3x) - \frac{1}{6}\ln(1+9x^2) + C$

5. $(x+1)^2 e^x - 2(x+1)e^x + 2e^x + C$

7. $\frac{2e^x \sin 2x}{5} + \frac{e^x \cos 2x}{5} + C$

9. $2\ln|x-2| - \ln|x-1| + C$

11. $\ln|x| - \ln|x+1| + \frac{1}{x+1} + C$

13. $-\frac{1}{3}\ln\left|\frac{\cos\theta - 1}{\cos\theta + 2}\right| + C$

15. $4\ln|x| - \frac{1}{2}\ln(x^2+1) + 4\arctan x + C$

17. $\frac{1}{16}\ln\left|\frac{(v-2)^5(v+2)}{v^6}\right| + C$

19. $\frac{1}{2}\arctan t - \frac{\sqrt{3}}{6}\tan^{-1}\frac{t}{\sqrt{3}} + C$

21. $\frac{x^2}{2} + \frac{4}{3}\ln|x+2| + \frac{2}{3}\ln|x-1| + C$

23. $\frac{x^2}{2} - \frac{9}{2}\ln|x+3| + \frac{3}{2}\ln|x+1| + C$

25. $\frac{1}{3}\ln\left|\frac{\sqrt{x+1}-1}{\sqrt{x+1}+1}\right| + C$ **27.** $\ln|1 - e^{-s}| + C$

29. $-\sqrt{16 - y^2} + C$ **31.** $-\frac{1}{2}\ln|4 - x^2| + C$

33. $\ln\frac{1}{\sqrt{9 - x^2}} + C$ **35.** $\frac{1}{6}\ln\left|\frac{x+3}{x-3}\right| + C$

37. $-\frac{\cos^5 x}{5} + \frac{\cos^7 x}{7} + C$ **39.** $\frac{\tan^5 x}{5} + C$

41. $\frac{\cos\theta}{2} - \frac{\cos 11\theta}{22} + C$ **43.** $4\sqrt{1 - \cos(t/2)} + C$

45. At least 16 **47.** All three rules yield π **49.** -4 °C

51. **(a)** ≈ 2.42 L **(c)** ≈ 24.83 km/L

53. $\pi/2$ **55.** 6 **57.** $\ln 3$ **59.** 2 **61.** $\pi/6$

63. Diverges **65.** Diverges **67.** Converges

69. $\frac{1}{2}xe^{2x} - \frac{1}{4}e^{2x} + C$ **71.** $2\tan x - x + C$

73. $x\tan x - \ln|\sec x| + C$ **75.** $-\frac{1}{3}(\cos x)^3 + C$

77. $1 + \frac{1}{2}\ln\left(\frac{2}{1+e^2}\right)$ **79.** $2\ln\left|1 - \frac{1}{x}\right| + \frac{4x+1}{2x^2} + C$

81. $\frac{e^{2x} - 1}{e^x} + C$ **83.** 9/4 **85.** 256/15

87. $-\frac{1}{3}\csc^3 x + C$

89. $\frac{2x^{3/2}}{3} - x + 2\sqrt{x} - 2\ln(\sqrt{x} + 1) + C$

91. $\frac{1}{2}\sin^{-1}(x-1) + \frac{1}{2}(x-1)\sqrt{2x - x^2} + C$

93. $-2\cot x - \ln|\csc x + \cot x| + \csc x + C$

95. $\frac{1}{12}\ln\left|\frac{3+v}{3-v}\right| + \frac{1}{6}\tan^{-1}\frac{v}{3} + C$

97. $\frac{\theta\sin(2\theta+1)}{2} + \frac{\cos(2\theta+1)}{4} + C$

99. $\frac{1}{4}\sec^2\theta + C$ **101.** $2\left(\frac{(\sqrt{2-x})^3}{3} - 2\sqrt{2-x}\right) + C$

103. $\arctan(y - 1) + C$

105. $\frac{1}{4}\ln|z| - \frac{1}{4z} - \frac{1}{4}\left[\frac{1}{2}\ln(z^2+4) + \frac{1}{2}\arctan\left(\frac{z}{2}\right)\right] + C$

107. $-\frac{1}{4}\sqrt{9 - 4t^2} + C$ **109.** $\ln\left(\frac{e^t + 1}{e^t + 2}\right) + C$

111. 1/4 **113.** $\frac{2}{3}x^{3/2} + C$ **115.** $-\frac{1}{5}\arctan(\cos 5t) + C$

117. $2\sqrt{r} - 2\ln(1 + \sqrt{r}) + C$ **119.** $\frac{1}{2}x^2 - \frac{1}{2}\ln(x^2+1) + C$

121. $\frac{2}{3}\ln|x+1| + \frac{1}{6}\ln|x^2 - x + 1| + \frac{1}{\sqrt{3}}\arctan\left(\frac{2x-1}{\sqrt{3}}\right) + C$

123. $\frac{4}{7}(1+\sqrt{x})^{7/2} - \frac{8}{5}(1+\sqrt{x})^{5/2} + \frac{4}{3}(1+\sqrt{x})^{3/2} + C$

125. $2\ln\left|\sqrt{x} + \sqrt{1+x}\right| + C$ **127.** $\ln x - \ln|1 + \ln x| + C$

129. $\frac{1}{2}x^{\ln x} + C$ **131.** $\frac{1}{2}\ln\left|\frac{1 - \sqrt{1 - x^4}}{x^2}\right| + C$

133. $x - \frac{1}{\sqrt{2}}\arctan(\sqrt{2}\tan x) + C$ **135.** $\frac{\pi}{4}$

심화문제

1. $x(\arcsin x)^2 + 2(\arcsin x)\sqrt{1 - x^2} - 2x + C$

3. $\frac{x^2\arcsin x}{2} + \frac{x\sqrt{1 - x^2} - \arcsin x}{4} + C$

5. $\frac{1}{2}\left(\ln\left(t - \sqrt{1 - t^2}\right) - \arcsin t\right) + C$ **7.** 0

9. $\ln(4) - 1$ **11.** 1 **13.** $32\pi/35$ **15.** 2π

17. **(a)** π **(b)** $\pi(2e - 5)$

19. **(b)** $\pi\left(\frac{8(\ln 2)^2}{3} - \frac{16(\ln 2)}{9} + \frac{16}{27}\right)$ **21.** $\left(\frac{e^2+1}{4}, \frac{e-2}{2}\right)$

23. $\sqrt{1+e^2} - \ln\left(\frac{\sqrt{1+e^2}}{e} + \frac{1}{e}\right) - \sqrt{2} + \ln(1+\sqrt{2})$

25. $\frac{12\pi}{5}$ **27.** $a = \frac{1}{2}, -\frac{\ln 2}{4}$ **29.** $\frac{1}{2} < p \le 1$

33. $\frac{2}{1 - \tan(x/2)} + C$ **35.** 1 **37.** $\frac{\sqrt{3}\pi}{9}$

39. $\frac{1}{\sqrt{2}}\ln\left|\frac{\tan(t/2) + 1 - \sqrt{2}}{\tan(t/2) + 1 + \sqrt{2}}\right| + C$

41. $\ln\left|\frac{1+\tan(\theta/2)}{1-\tan(\theta/2)}\right| + C$

8장

8.1절

1. $a_1 = 0, a_2 = -1/4, a_3 = -2/9, a_4 = -3/16$

3. $a_1 = 1, a_2 = -1/3, a_3 = 1/5, a_4 = -1/7$

5. $a_1 = 1/2, a_2 = 1/2, a_3 = 1/2, a_4 = 1/2$

7. $1, \frac{3}{2}, \frac{7}{4}, \frac{15}{8}, \frac{31}{16}, \frac{63}{32}, \frac{127}{64}, \frac{255}{128}, \frac{511}{256}, \frac{1023}{512}$

9. $2, 1, -\frac{1}{2}, -\frac{1}{4}, \frac{1}{8}, \frac{1}{16}, -\frac{1}{32}, -\frac{1}{64}, \frac{1}{128}, \frac{1}{256}$

11. 1, 1, 2, 3, 5, 8, 13, 21, 34, 55

13. $a_n = (-1)^{n+1}, n \ge 1$

15. $a_n = (-1)^{n+1}(n)^2, n \ge 1$ **17.** $a_n = \frac{2^{n-1}}{3(n+2)}, n \ge 1$

19. $a_n = n^2 - 1, n \ge 1$ **21.** $a_n = 4n - 3, n \ge 1$

23. $a_n = \frac{3n+2}{n!}, n \ge 1$ **25.** $a_n = \frac{1+(-1)^{n+1}}{2}, n \ge 1$

27. $a_n = \frac{1}{(n+1)(n+2)}$ **29.** $a_n = \sin\left(\frac{\sqrt{n+1}}{1+(n+1)^2}\right)$

31. Converges, 2 **33.** Converges, -1 **35.** Converges, -5
37. Diverges **39.** Diverges **41.** Converges, 1/2
43. Converges, 0 **45.** Converges, $\sqrt{2}$ **47.** Converges, 1
49. Converges, 0 **51.** Converges, 0 **53.** Converges, 0
55. Converges, 1 **57.** Converges, e^7 **59.** Converges, 1
61. Converges, 1 **63.** Diverges **65.** Converges, 4
67. Converges, 0 **69.** Diverges **71.** Converges, e^{-1}
73. Diverges **75.** Converges, 0 **77.** Diverges
79. Converges, $e^{2/3}$ **81.** Converges, $x(x > 0)$
83. Converges, 0 **85.** Converges, 1 **87.** Converges, 1/2
89. Converges, 1 **91.** Converges, $\pi/2$ **93.** Converges, 0
95. Converges, 0 **97.** Converges, 1/2 **99.** Converges, 0
101. 8 **103.** 4 **105.** 5 **107.** $1 + \sqrt{2}$ **109.** $x_n = 2^{n-2}$

111. **(a)** $f(x) = x^2 - 2, 1.414213562 \approx \sqrt{2}$
(b) $f(x) = \tan(x) - 1, 0.7853981635 \approx \pi/4$
(c) $f(x) = e^x$, diverges

113. **(b)** 1

121. Monotonic, bounded
123. Not monotonic, bounded
125. Monotonic, bounded, converges
127. Monotonic, bounded, converges
129. Not monotonic, bounded, diverges
131. Monotonic, bounded, converges
133. Monotonic, bounded, converges
145. **(b)** $\sqrt{3}$

8.2절

1. $s_n = \frac{2(1-(1/3)^n)}{1-(1/3)}$, 3 **3.** $s_n = \frac{1-(-1/2)^n}{1-(-1/2)}$, 2/3

5. $s_n = \frac{1}{2} - \frac{1}{n+2}, \frac{1}{2}$ **7.** $1 - \frac{1}{4} + \frac{1}{16} - \frac{1}{64} + \cdots, \frac{4}{5}$

9. $-\frac{3}{4} + \frac{9}{16} + \frac{57}{64} + \frac{249}{256} + \cdots$, diverges.

11. $(5+1) + \left(\frac{5}{2} + \frac{1}{3}\right) + \left(\frac{5}{4} + \frac{1}{9}\right) + \left(\frac{5}{8} + \frac{1}{27}\right) + \cdots, \frac{23}{2}$

13. $(1+1) + \left(\frac{1}{2} - \frac{1}{5}\right) + \left(\frac{1}{4} + \frac{1}{25}\right) + \left(\frac{1}{8} - \frac{1}{125}\right) + \cdots, \frac{17}{6}$

15. Converges, 5/3 **17.** Converges, 1/7

19. Converges, $\frac{e}{e+2}$ **21.** Diverges **23.** 23/99

25. 7/9 **27.** 1/15 **29.** 41333/33300 **31.** Diverges

33. Inconclusive **35.** Diverges **37.** Diverges

39. $s_n = 1 - \frac{1}{n+1}$; converges, 1

41. $s_n = \ln\sqrt{n+1}$; diverges

43. $s_n = \frac{\pi}{3} - \arccos\left(\frac{1}{n+2}\right)$; converges, $-\frac{\pi}{6}$ **45.** 1 **47.** 5

49. 1 **51.** $-\frac{1}{\ln 2}$ **53.** Converges, $2 + \sqrt{2}$

55. Converges, 1 **57.** Diverges

59. Converges, $\frac{e^2}{e^2 - 1}$

61. Converges, 2/9 **63.** Converges, 3/2 **65.** Diverges

67. Converges, 4 **69.** Diverges **71.** Converges, $\frac{\pi}{\pi - e}$

73. Converges, $-5/6$ **75.** Diverges

77. $a = 1, r = -x$; converges to $1/(1+x)$ for $|x| < 1$

79. $a = 3, r = (x-1)/2$; converges to $6/(3-x)$ for x in $(-1, 3)$

81. $|x| < \frac{1}{2}, \frac{1}{1-2x}$ **83.** $-2 < x < 0, \frac{1}{2+x}$

85. $x \ne (2k+1)\frac{\pi}{2}$, k an integer; $\frac{1}{1 - \sin x}$

87. **(a)** $\sum_{n=-2}^{\infty} \frac{1}{(n+4)(n+5)}$ **(b)** $\sum_{n=0}^{\infty} \frac{1}{(n+2)(n+3)}$

(c) $\sum_{n=5}^{\infty} \frac{1}{(n-3)(n-2)}$

97. **(a)** $r = 3/5$ **(b)** $r = -3/10$ **99.** $|r| < 1, \frac{1+2r}{1-r^2}$

101. **(a)** 16.84 mg, 17.79 mg **(b)** 17.84 mg

103. **(a)** $0, \frac{1}{27}, \frac{2}{27}, \frac{1}{9}, \frac{2}{9}, \frac{7}{27}, \frac{8}{27}, \frac{1}{3}, \frac{2}{3}, \frac{7}{9}, \frac{8}{9}, 1$

(b) $\sum_{n=1}^{\infty} \frac{1}{2}\left(\frac{2}{3}\right)^{n-1} = 1$ **105.** $(4/3)\pi$

8.3절

1. Converges **3.** Converges **5.** Converges **7.** Diverges
9. Converges **11.** Diverges

13. Converges; geometric series, $r = \dfrac{1}{10} < 1$

15. Diverges; $\lim_{n\to\infty} \dfrac{n}{n+1} = 1 \neq 0$

17. Diverges; p-series, $p < 1$

19. Converges; geometric series, $r = \dfrac{1}{8} < 1$

21. Diverges; Integral Test

23. Converges; geometric series, $r = 2/3 < 1$

25. Diverges; Integral Test

27. Diverges; $\lim_{n\to\infty} \dfrac{2^n}{n+1} \neq 0$

29. Diverges; $\lim_{n\to\infty} (\sqrt{n}/\ln n) \neq 0$

31. Diverges; geometric series, $r = \dfrac{1}{\ln 2} > 1$

33. Converges; Integral Test

35. Diverges; nth-Term Test

37. Converges; Integral Test

39. Diverges; nth-Term Test

41. Converges; by taking limit of partial sums

43. Converges; Integral Test

45. Converges; Integral Test **47.** $a = 1$

49. **(a)**

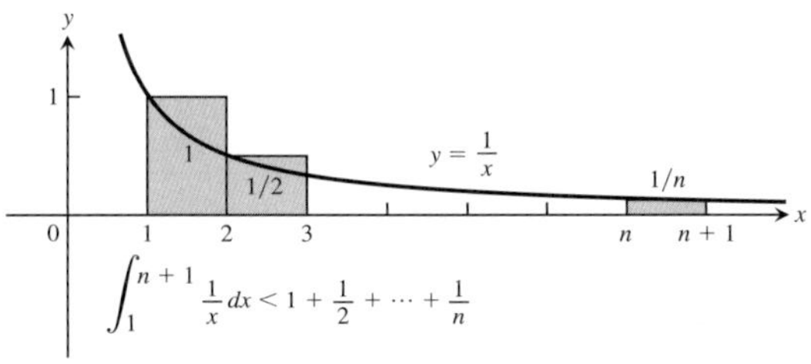

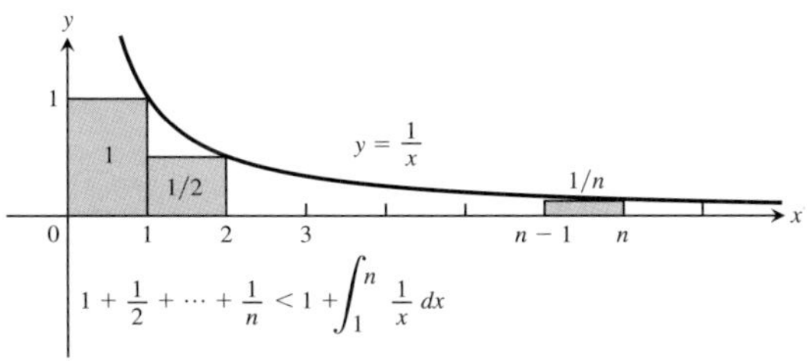

(b) ≈ 41.55

51. True **53.** $n \geq 251{,}415$

55. $s_8 = \sum_{n=1}^{8} \dfrac{1}{n^3} \approx 1.195$ **57.** 10^{60}

65. **(a)** $1.20166 \leq S \leq 1.20253$
(b) $S \approx 1.2021$, error < 0.0005

67. $\left(\dfrac{\pi^2}{6} - 1\right) \approx 0.64493$

8.4절

1. Converges; compare with $\sum (1/n^2)$

3. Diverges; compare with $\sum (1/\sqrt{n})$

5. Converges; compare with $\sum (1/n^{3/2})$

7. Converges; compare with $\sum \sqrt{\dfrac{n+4n}{n^4+0}} = \sqrt{5} \sum \dfrac{1}{n^{3/2}}$

9. Converges

11. Diverges; limit comparison with $\sum (1/n)$

13. Diverges; limit comparison with $\sum (1/\sqrt{n})$

15. Diverges

17. Diverges; limit comparison with $\sum (1/\sqrt{n})$

19. Converges; compare with $\sum (1/2^n)$

21. Diverges; nth-Term Test

23. Converges; compare with $\sum (1/n^2)$

25. Converges; $\left(\dfrac{n}{3n+1}\right)^n < \left(\dfrac{n}{3n}\right)^n = \left(\dfrac{1}{3}\right)^n$

27. Diverges; direct comparison with $\sum (1/n)$

29. Diverges; limit comparison with $\sum (1/n)$

31. Diverges; limit comparison with $\sum (1/n)$

33. Converges; compare with $\sum (1/n^{3/2})$

35. Converges; $\dfrac{1}{n2^n} \leq \dfrac{1}{2^n}$ **37.** Converges; $\dfrac{1}{3^{n-1}+1} < \dfrac{1}{3^{n-1}}$

39. Converges; comparison with $\sum (1/5n^2)$

41. Diverges; comparison with $\sum (1/n)$

43. Converges; comparison with $\sum \dfrac{1}{n(n-1)}$ or limit comparison with $\sum (1/n^2)$

45. Diverges; limit comparison with $\sum (1/n)$

47. Converges; $\dfrac{\tan^{-1} n}{n^{1.1}} < \dfrac{\pi/2}{n^{1.1}}$

49. Converges; compare with $\sum (1/n^2)$

51. Diverges; limit comparison with $\sum (1/n)$

53. Converges; limit comparison with $\sum (1/n^2)$

55. Diverges nth-Term Test

67. Converges **69.** Converges **71.** Converges

8.5절

1. Converges **3.** Diverges **5.** Converges
7. Converges **9.** Converges **11.** Diverges
13. Converges **15.** Converges **17.** Converges; Ratio Test

19. Diverges; Ratio Test **21.** Converges; Ratio Test

23. Converges; compare with $\sum (3/(1.25)^n)$

25. Diverges; $\lim_{n\to\infty} \left(1 - \dfrac{3}{n}\right)^n = e^{-3} \neq 0$

27. Converges; compare with $\sum (1/n^2)$

29. Diverges; compare with $\sum (1/(2n))$ **31.** Diverges; $a_n \nrightarrow 0$

33. Converges; Ratio Test **35.** Converges; Ratio Test

37. Converges; Ratio Test **39.** Converges; Root Test

41. Converges; compare with $\sum (1/n^2)$

43. Converges; Ratio Test **45.** Diverges; Ratio Test

47. Converges; Ratio Test **49.** Diverges; Ratio Test

51. Converges; Ratio Test **53.** Converges; Ratio Test

55. Diverges; $a_n = \left(\dfrac{1}{3}\right)^{(1/n!)} \to 1$ **57.** Converges; Ratio Test

59. Diverges; Root Test **61.** Converges; Root Test

63. Converges; Ratio Test

65. **(a)** Diverges; nth-Term Test **(b)** Diverges; Root Test
(c) Converges; Root Test **(d)** Converges; Ratio Test

69. Yes **71.** Converges absolutely

8.6절

1. Converges by Alternating Series Test
3. Converges; Alternating Series Test
5. Converges; Alternating Series Test
7. Diverges; $a_n \nrightarrow 0$
9. Diverges; $a_n \nrightarrow 0$
11. Converges; Alternating Series Test
13. Converges by Alternating Series Test
15. Converges absolutely. Series of absolute values is a convergent geometric series.
17. Converges conditionally; $1/\sqrt{n} \rightarrow 0$ but $\sum_{n=1}^{\infty} \frac{1}{\sqrt{n}}$ diverges.
19. Converges absolutely; compare with $\sum_{n=1}^{\infty}(1/n^2)$.
21. Converges conditionally; $1/(n+3) \rightarrow 0$ but $\sum_{n=1}^{\infty} \frac{1}{n+3}$ diverges $\left(\text{compare with } \sum_{n=1}^{\infty}(1/n)\right)$.
23. Diverges; $\frac{3+n}{5+n} \rightarrow 1$
25. Converges conditionally; $\left(\frac{1}{n^2}+\frac{1}{n}\right) \rightarrow 0$ but $(1+n)/n^2 > 1/n$
27. Converges absolutely; Ratio Test
29. Converges absolutely by Integral Test
31. Diverges; $a_n \nrightarrow 0$
33. Converges absolutely by Ratio Test
35. Converges absolutely, since $\left|\frac{\cos n\pi}{n\sqrt{n}}\right| = \left|\frac{(-1)^{n+1}}{n^{3/2}}\right| = \frac{1}{n^{3/2}}$ (convergent p-series)
37. Converges absolutely by Root Test
39. Diverges; $a_n \rightarrow \infty$
41. Converges conditionally; $\sqrt{n+1}-\sqrt{n} = 1/\left(\sqrt{n}+\sqrt{n+1}\right) \rightarrow 0$, but series of absolute values diverges $\left(\text{compare with } \sum(1/\sqrt{n})\right)$.
43. Diverges, $a_n \rightarrow 1/2 \neq 0$
45. Converges absolutely; $\operatorname{sech} n = \frac{2}{e^n+e^{-n}} = \frac{2e^n}{e^{2n}+1} < \frac{2e^n}{e^{2n}} = \frac{2}{e^n}$, a term from a convergent geometric series.
47. Converges conditionally; $\sum(-1)^{n+1}\frac{1}{2(n+1)}$ converges by Alternating Series Test; $\sum \frac{1}{2(n+1)}$ diverges by limit comparison with $\sum(1/n)$.
49. $|\text{Error}| < 0.2$ 51. $|\text{Error}| < 2 \times 10^{-11}$
53. $n \geq 31$ 55. $n \geq 4$ 57. Converges; Root Test
59. Converges; Limit of Partial Sums
61. Converges; Ratio Test 63. Diverges; p-series Test
65. Converges; Root Test 67. Converges; Limit Comparison Test
69. Diverges; Limit of Partial Sums
71. Diverges; Limit Comparison Test
73. Diverges; nth-Term Test
75. Diverges; Limit of Partial Sums
77. Converges; Limit Comparison Test
79. Converges; Limit Comparison Test
81. Converges; Ratio Test
83. 0.54030 85. **(a)** $a_n \geq a_{n+1}$ **(b)** $-1/2$

8.7절

1. **(a)** $1, -1 < x < 1$ **(b)** $-1 < x < 1$ **(c)** none
3. **(a)** $1/4, -1/2 < x < 0$ **(b)** $-1/2 < x < 0$ **(c)** none
5. **(a)** $10, -8 < x < 12$ **(b)** $-8 < x < 12$ **(c)** none
7. **(a)** $1, -1 < x < 1$ **(b)** $-1 < x < 1$ **(c)** none
9. **(a)** $3, -3 \leq x \leq 3$ **(b)** $-3 \leq x \leq 3$ **(c)** none
11. **(a)** ∞, for all x **(b)** for all x **(c)** none
13. **(a)** $1/2, -1/2 < x < 1/2$ **(b)** $-1/2 < x < 1/2$ **(c)** none
15. **(a)** $1, -1 \leq x < 1$ **(b)** $-1 < x < 1$ **(c)** $x = -1$
17. **(a)** $5, -8 < x < 2$ **(b)** $-8 < x < 2$ **(c)** none
19. **(a)** $3, -3 < x < 3$ **(b)** $-3 < x < 3$ **(c)** none
21. **(a)** $1, -2 < x < 0$ **(b)** $-2 < x < 0$ **(c)** none
23. **(a)** $1, -1 < x < 1$ **(b)** $-1 < x < 1$ **(c)** none
25. **(a)** $0, x = 0$ **(b)** $x = 0$ **(c)** none
27. **(a)** $2, -4 < x \leq 0$ **(b)** $-4 < x < 0$ **(c)** $x = 0$
29. **(a)** $1, -1 \leq x \leq 1$ **(b)** $-1 \leq x \leq 1$ **(c)** none
31. **(a)** $1/4, 1 \leq x \leq 3/2$ **(b)** $1 \leq x \leq 3/2$ **(c)** none
33. **(a)** ∞, for all x **(b)** for all x **(c)** none
35. **(a)** $1, -1 \leq x < 1$ **(b)** $-1 < x < 1$ **(c)** -1
37. 3 39. 8 41. ∞
43. $-1/3 < x < 1/3$, $1/(1-3x)$
45. $-1 < x < 3$, $4/(3+2x-x^2)$
47. $0 < x < 16$, $2/(4-\sqrt{x})$
49. $-\sqrt{2} < x < \sqrt{2}$, $3/(2-x^2)$
51. $\frac{2}{x} = \sum_{n=0}^{\infty} 2(-1)^n(x-1)^n$, $0 < x < 2$
53. $\sum_{n=0}^{\infty}\left(-\frac{1}{3}\right)^n(x-5)^n$, $2 < x < 8$
55. $1 < x < 5$, $2/(x-1)$, $\sum_{n=1}^{\infty}\left(-\frac{1}{2}\right)^n n(x-3)^{n-1}$, $1 < x < 5$, $-2/(x-1)^2$
57. **(a)** $\cos x = 1 - \frac{x^2}{2!} + \frac{x^4}{4!} - \frac{x^6}{6!} + \frac{x^8}{8!} - \frac{x^{10}}{10!} + \cdots$; converges for all x
    (b) Same answer as part (c)
    (c) $2x - \frac{2^3x^3}{3!} + \frac{2^5x^5}{5!} - \frac{2^7x^7}{7!} + \frac{2^9x^9}{9!} - \frac{2^{11}x^{11}}{11!} + \cdots$
59. **(a)** $\frac{x^2}{2} + \frac{x^4}{12} + \frac{x^6}{45} + \frac{17x^8}{2520} + \frac{31x^{10}}{14175}$, $-\frac{\pi}{2} < x < \frac{\pi}{2}$
    (b) $1 + x^2 + \frac{2x^4}{3} + \frac{17x^6}{45} + \frac{62x^8}{315} + \cdots$, $-\frac{\pi}{2} < x < \frac{\pi}{2}$
65. **(a)** T **(b)** T **(c)** F **(d)** T **(e)** N **(f)** F **(g)** N **(h)** T

8.8절

1. $P_0(x) = 1$, $P_1(x) = 1 + 2x$, $P_2(x) = 1 + 2x + 2x^2$, $P_3(x) = 1 + 2x + 2x^2 + \frac{4}{3}x^3$
3. $P_0(x) = 0$, $P_1(x) = x - 1$, $P_2(x) = (x-1) - \frac{1}{2}(x-1)^2$, $P_3(x) = (x-1) - \frac{1}{2}(x-1)^2 + \frac{1}{3}(x-1)^3$
5. $P_0(x) = \frac{1}{2}$, $P_1(x) = \frac{1}{2} - \frac{1}{4}(x-2)$, $P_2(x) = \frac{1}{2} - \frac{1}{4}(x-2) + \frac{1}{8}(x-2)^2$, $P_3(x) = \frac{1}{2} - \frac{1}{4}(x-2) + \frac{1}{8}(x-2)^2 - \frac{1}{16}(x-2)^3$

7. $P_0(x) = \frac{\sqrt{2}}{2}$, $P_1(x) = \frac{\sqrt{2}}{2} + \frac{\sqrt{2}}{2}\left(x - \frac{\pi}{4}\right)$,

$P_2(x) = \frac{\sqrt{2}}{2} + \frac{\sqrt{2}}{2}\left(x - \frac{\pi}{4}\right) - \frac{\sqrt{2}}{4}\left(x - \frac{\pi}{4}\right)^2$,

$P_3(x) = \frac{\sqrt{2}}{2} + \frac{\sqrt{2}}{2}\left(x - \frac{\pi}{4}\right) - \frac{\sqrt{2}}{4}\left(x - \frac{\pi}{4}\right)^2 - \frac{\sqrt{2}}{12}\left(x - \frac{\pi}{4}\right)^3$

9. $P_0(x) = 2$, $P_1(x) = 2 + \frac{1}{4}(x-4)$,

$P_2(x) = 2 + \frac{1}{4}(x-4) - \frac{1}{64}(x-4)^2$,

$P_3(x) = 2 + \frac{1}{4}(x-4) - \frac{1}{64}(x-4)^2 + \frac{1}{512}(x-4)^3$

11. $\sum_{n=0}^{\infty} \frac{(-x)^n}{n!} = 1 - x + \frac{x^2}{2!} - \frac{x^3}{3!} + \frac{x^4}{4!} - \cdots$

13. $\sum_{n=0}^{\infty} (-1)^n x^n = 1 - x + x^2 - x^3 + \cdots$

15. $\sum_{n=0}^{\infty} \frac{(-1)^n 3^{2n+1} x^{2n+1}}{(2n+1)!}$ **17.** $7\sum_{n=0}^{\infty} \frac{(-1)^n x^{2n}}{(2n)!}$ **19.** $\sum_{n=0}^{\infty} \frac{x^{2n}}{(2n)!}$

21. $x^4 - 2x^3 - 5x + 4$ **23.** $\sum_{n=1}^{\infty} (-1)^{n+1} \frac{x^{2n}}{(2n-1)!}$

25. $8 + 10(x-2) + 6(x-2)^2 + (x-2)^3$

27. $21 - 36(x+2) + 25(x+2)^2 - 8(x+2)^3 + (x+2)^4$

29. $\sum_{n=0}^{\infty} (-1)^n (n+1)(x-1)^n$ **31.** $\sum_{n=0}^{\infty} \frac{e^2}{n!}(x-2)^n$

33. $\sum_{n=0}^{\infty} (-1)^{n+1} \frac{2^{2n}}{(2n)!}\left(x - \frac{\pi}{4}\right)^{2n}$

35. $-1 - 2x - \frac{5}{2}x^2 - \cdots, -1 < x < 1$

37. $x^2 - \frac{1}{2}x^3 + \frac{1}{6}x^4 + \cdots, -1 < x < 1$

39. $x^4 + x^6 + \frac{x^8}{2} + \cdots, (-\infty, \infty)$

41. $L(x) = 0$, $Q(x) = -x^2/2$ **43.** $L(x) = 1$, $Q(x) = 1 + x^2/2$

45. $L(x) = x$, $Q(x) = x$

8.9절

1. $\sum_{n=0}^{\infty} \frac{(-5x)^n}{n!} = 1 - 5x + \frac{5^2x^2}{2!} - \frac{5^3x^3}{3!} + \cdots$

3. $\sum_{n=0}^{\infty} \frac{5(-1)^n(-x)^{2n+1}}{(2n+1)!} = \sum_{n=0}^{\infty} \frac{5(-1)^{n+1}x^{2n+1}}{(2n+1)!}$

$= -5x + \frac{5x^3}{3!} - \frac{5x^5}{5!} + \frac{5x^7}{7!} + \cdots$

5. $\sum_{n=0}^{\infty} \frac{(-1)^n(5x^2)^{2n}}{(2n)!} = 1 - \frac{25x^4}{2!} + \frac{625x^8}{4!} - \cdots$

7. $\sum_{n=1}^{\infty} (-1)^{n+1} \frac{x^{2n}}{n} = x^2 - \frac{x^4}{2} + \frac{x^6}{3} - \frac{x^8}{4} + \cdots$

9. $\sum_{n=0}^{\infty} (-1)^n \left(\frac{3}{4}\right)^n x^{3n} = 1 - \frac{3}{4}x^3 + \frac{3^2}{4^2}x^6 - \frac{3^3}{4^3}x^9 + \cdots$

11. $\ln 3 + \sum_{n=1}^{\infty} (-1)^{n+1} \frac{2^n x^n}{n} = \ln 3 + 2x - 2x^2 + \frac{8}{3}x^3 - \cdots$

13. $\sum_{n=0}^{\infty} \frac{x^{n+1}}{n!} = x + x^2 + \frac{x^3}{2!} + \frac{x^4}{3!} + \frac{x^5}{4!} + \cdots$

15. $\sum_{n=2}^{\infty} \frac{(-1)^n x^{2n}}{(2n)!} = \frac{x^4}{4!} - \frac{x^6}{6!} + \frac{x^8}{8!} - \frac{x^{10}}{10!} + \cdots$

17. $x - \frac{\pi^2 x^3}{2!} + \frac{\pi^4 x^5}{4!} - \frac{\pi^6 x^7}{6!} + \cdots = \sum_{n=0}^{\infty} \frac{(-1)^n \pi^{2n} x^{2n+1}}{(2n)!}$

19. $1 + \sum_{n=1}^{\infty} \frac{(-1)^n (2x)^{2n}}{2 \cdot (2n)!} =$

$1 - \frac{(2x)^2}{2 \cdot 2!} + \frac{(2x)^4}{2 \cdot 4!} - \frac{(2x)^6}{2 \cdot 6!} + \frac{(2x)^8}{2 \cdot 8!} - \cdots$

21. $x^2 \sum_{n=0}^{\infty} (2x)^n = x^2 + 2x^3 + 4x^4 + \cdots$

23. $\sum_{n=1}^{\infty} nx^{n-1} = 1 + 2x + 3x^2 + 4x^3 + \cdots$

25. $\sum_{n=1}^{\infty} (-1)^{n+1} \frac{x^{4n-1}}{2n-1} = x^3 - \frac{x^7}{3} + \frac{x^{11}}{5} - \frac{x^{15}}{7} + \cdots$

27. $\sum_{n=0}^{\infty} \left(\frac{1}{n!} + (-1)^n\right)x^n = 2 + \frac{3}{2}x^2 - \frac{5}{6}x^3 + \frac{25}{24}x^4 - \cdots$

29. $\sum_{n=1}^{\infty} \frac{(-1)^{n-1} x^{2n+1}}{3n} = \frac{x^3}{3} - \frac{x^5}{6} + \frac{x^7}{9} - \cdots$

31. $x + x^2 + \frac{x^3}{3} - \frac{x^5}{30} + \cdots$

33. $x^2 - \frac{2}{3}x^4 + \frac{23}{45}x^6 - \frac{44}{105}x^8 + \cdots$

35. $1 + x + \frac{1}{2}x^2 - \frac{1}{8}x^4 + \cdots$ **37.** $1 - \frac{x^2}{2} - \frac{x^3}{2} - \frac{x^4}{4} - \cdots$

39. $|\text{Error}| \le \frac{1}{10^4 \cdot 4!} < 4.2 \times 10^{-6}$

41. $|x| < (0.06)^{1/5} < 0.56968$

43. $|\text{Error}| < (10^{-3})^3/6 < 1.67 \times 10^{-10}$, $-10^{-3} < x < 0$

45. $|\text{Error}| < (3^{0.1})(0.1)^3/6 < 1.87 \times 10^{-4}$

53. **(a)** $Q(x) = 1 + kx + \frac{k(k-1)}{2}x^2$ **(b)** $0 \le x < 100^{-1/3}$

8.10절

1. $1 + \frac{x}{2} - \frac{x^2}{8} + \frac{x^3}{16}$ **3.** $1 + 3x + 6x^2 + 10x^3$

5. $1 - x + \frac{3x^2}{4} - \frac{x^3}{2}$ **7.** $1 - \frac{x^3}{2} + \frac{3x^6}{8} - \frac{5x^9}{16}$

9. $1 + \frac{3}{4}x^2 + \frac{3}{32}x^4 - \frac{1}{128}x^6$

11. $(1+x)^4 = 1 + 4x + 6x^2 + 4x^3 + x^4$

13. $(1-2x)^3 = 1 - 6x + 12x^2 - 8x^3$ **15.** 0.0713362

17. 0.4969536 **19.** 0.0999445 **21.** 0.10000

23. $\frac{1}{13 \cdot 6!} \approx 0.00011$ **25.** $\frac{x^3}{3} - \frac{x^7}{7 \cdot 3!} + \frac{x^{11}}{11 \cdot 5!}$

27. **(a)** $\frac{x^2}{2} - \frac{x^4}{12}$

(b) $\frac{x^2}{2} - \frac{x^4}{3 \cdot 4} + \frac{x^6}{5 \cdot 6} - \frac{x^8}{7 \cdot 8} + \cdots + (-1)^{15}\frac{x^{32}}{31 \cdot 32}$

29. 1/2 **31.** −1/24 **33.** 1/3 **35.** −1 **37.** 2

39. 3/2 **41.** e **43.** $\cos\frac{3}{4}$ **45.** $\frac{\sqrt{3}}{2}$ **47.** $\frac{x^3}{1-x}$

49. $\frac{x^3}{1+x^2}$ **51.** $\frac{-1}{(1+x)^2}$ **55.** 500 terms **57.** 4 terms

59. **(a)** $x + \frac{x^3}{6} + \frac{3x^5}{40} + \frac{5x^7}{112}$, radius of convergence $= 1$

(b) $\dfrac{\pi}{2} - x - \dfrac{x^3}{6} - \dfrac{3x^5}{40} - \dfrac{5x^7}{112}$

61. $1 - 2x + 3x^2 - 4x^3 + \cdots$

67. **(a)** -1 **(b)** $(1/\sqrt{2})(1 + i)$ **(c)** $-i$

71. $x + x^2 + \dfrac{1}{3}x^3 - \dfrac{1}{30}x^5 + \cdots$, for all x

실전문제

1. Converges to 1 **3.** Converges to -1 **5.** Diverges
7. Converges to 0 **9.** Converges to 1 **11.** Converges to e^{-5}
13. Converges to 3 **15.** Converges to $\ln 2$ **17.** Diverges
19. 1/6 **21.** 3/2 **23.** $e/(e - 1)$ **25.** Diverges
27. Converges conditionally **29.** Converges conditionally
31. Converges absolutely **33.** Converges absolutely
35. Converges absolutely **37.** Converges absolutely
39. Converges absolutely **41.** Converges absolutely
43. Diverges
47. **(a)** $3, -7 \le x < -1$ **(b)** $-7 < x < -1$ **(c)** $x = -7$
49. **(a)** $1/3, 0 \le x \le 2/3$ **(b)** $0 \le x \le 2/3$ **(c)** None
51. **(a)** ∞, for all x **(b)** For all x **(c)** None
53. **(a)** $\sqrt{3}, -\sqrt{3} < x < \sqrt{3}$ **(b)** $-\sqrt{3} < x < \sqrt{3}$ **(c)** None
55. **(a)** $e, -e < x < e$ **(b)** $-e < x < e$ **(c)** Empty set
57. $\dfrac{1}{1 + x}, \dfrac{1}{4}, \dfrac{4}{5}$ **59.** $\sin x, \pi, 0$ **61.** $e^x, \ln 2, 2$
63. $\displaystyle\sum_{n=0}^{\infty} 2^n x^n$ **65.** $\displaystyle\sum_{n=0}^{\infty} \frac{(-1)^n \pi^{2n+1} x^{2n+1}}{(2n + 1)!}$
67. $\displaystyle\sum_{n=0}^{\infty} \frac{(-1)^n x^{10n/3}}{(2n)!}$ **69.** $\displaystyle\sum_{n=0}^{\infty} \frac{((\pi x)/2)^n}{n!}$
71. $2 - \dfrac{(x + 1)}{2 \cdot 1!} + \dfrac{3(x + 1)^2}{2^3 \cdot 2!} + \dfrac{9(x + 1)^3}{2^5 \cdot 3!} + \cdots$
73. $\dfrac{1}{4} - \dfrac{1}{4^2}(x - 3) + \dfrac{1}{4^3}(x - 3)^2 - \dfrac{1}{4^4}(x - 3)^3$
75. 0.4849171431 **77.** 0.4872223583 **79.** 7/2 **81.** 1/12
83. -2 **85.** $r = -3, s = 9/2$ **87.** 2/3
89. $\ln\left(\dfrac{n + 1}{2n}\right)$; the series converges to $\ln\left(\dfrac{1}{2}\right)$.
91. **(a)** ∞ **(b)** $a = 1, b = 0$ **93.** It converges.
101. **(a)** Converges; Limit Comparison Test
(b) Converges; Direct Comparison Test
(c) Diverges; nth-Term Test
103. 2

심화문제

1. Converges; Comparison Test
3. Diverges; nth-Term Test
5. Converges; Comparison Test
7. Diverges; nth-Term Test
9. With $a = \pi/3$, $\cos x = \dfrac{1}{2} - \dfrac{\sqrt{3}}{2}(x - \pi/3) - \dfrac{1}{4}(x - \pi/3)^2 + \dfrac{\sqrt{3}}{12}(x - \pi/3)^3 + \cdots$
11. With $a = 0$, $e^x = 1 + x + \dfrac{x^2}{2!} + \dfrac{x^3}{3!} + \cdots$
13. With $a = 22\pi$, $\cos x = 1 - \dfrac{1}{2}(x - 22\pi)^2 + \dfrac{1}{4!}(x - 22\pi)^4 - \dfrac{1}{6!}(x - 22\pi)^6 + \cdots$
15. Converges, limit $= b$ **17.** $\pi/2$ **21.** $b = \pm\dfrac{1}{5}$
23. $a = 2, L = -7/6$ **27.** **(b)** Yes

33. **(a)** $\displaystyle\sum_{n=1}^{\infty} nx^{n-1}$ **(b)** 6 **(c)** $\dfrac{1}{q}$
35. **(a)** $R_n = C_0 e^{-kt_0}(1 - e^{-nkt_0})/(1 - e^{-kt_0})$,
$R = C_0(e^{-kt_0})/(1 - e^{-kt_0}) = C_0/(e^{kt_0} - 1)$
(b) $R_1 = 1/e \approx 0.368$,
$R_{10} = R(1 - e^{-10}) \approx R(0.9999546) \approx 0.58195$;
$R \approx 0.58198$; $0 < (R - R_{10})/R < 0.0001$
(c) 7

9장

9.1절

1.

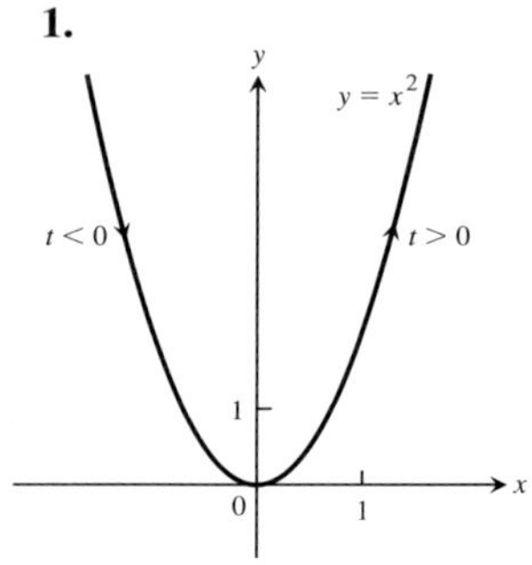

3.

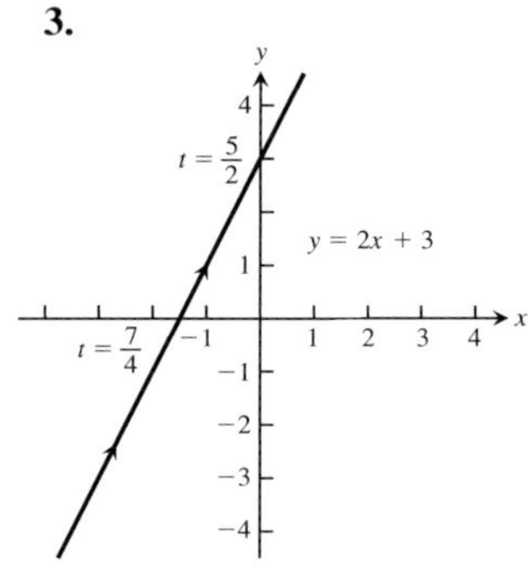

5.

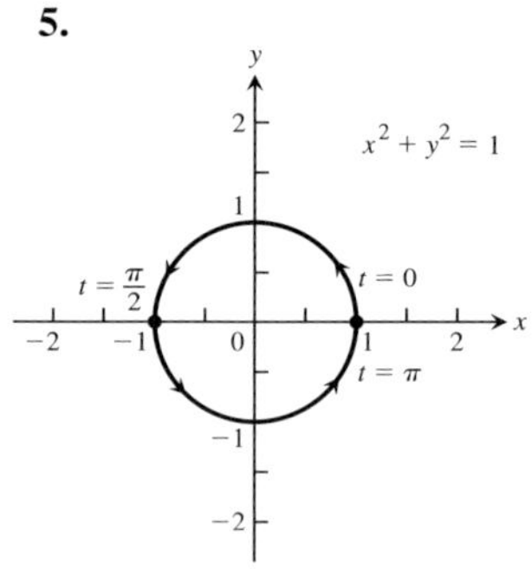

7.

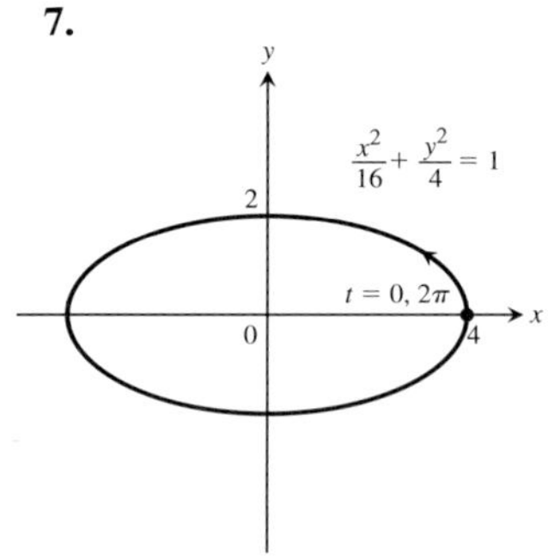

9.

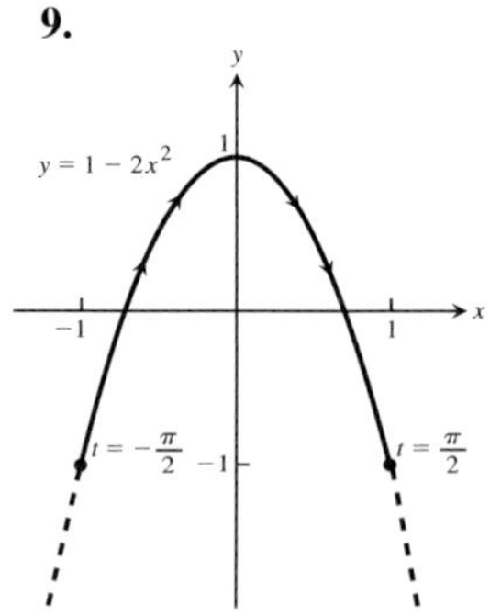

11.

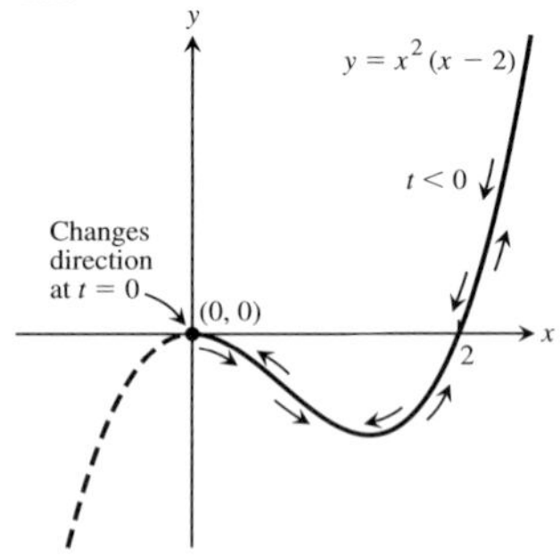

13.

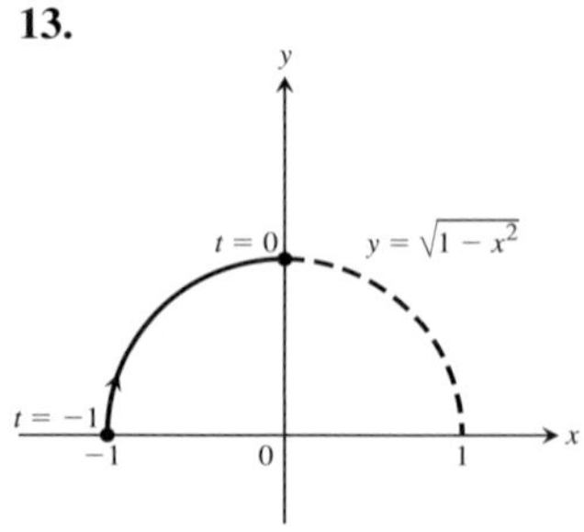

15.

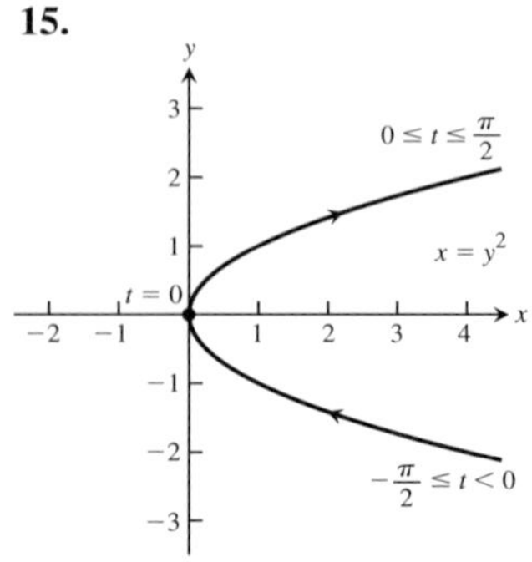

17.

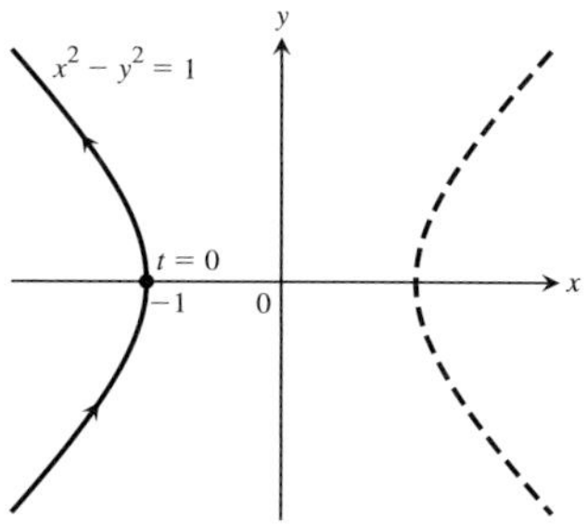

19. D **21.** E **23.** C

25.

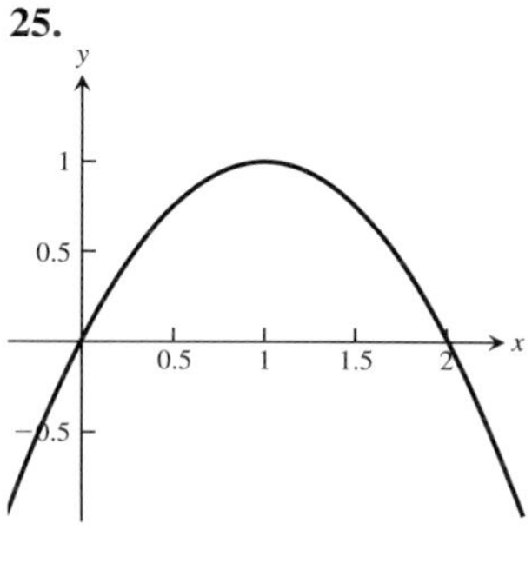

27.

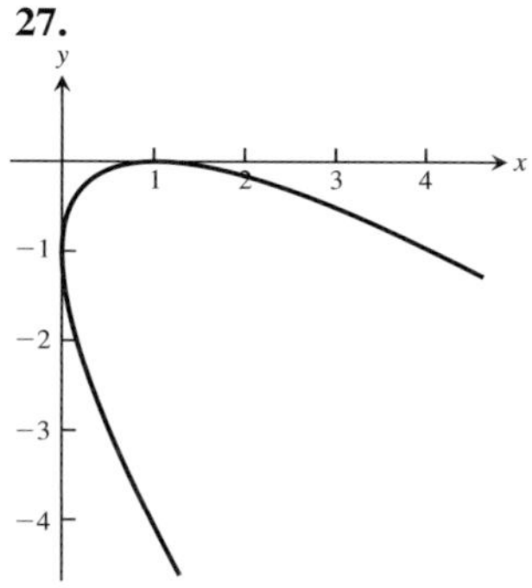

29. **(a)** $x = a\cos t,\quad y = -a\sin t,\quad 0 \le t \le 2\pi$
(b) $x = a\cos t,\quad y = a\sin t,\quad 0 \le t \le 2\pi$
(c) $x = a\cos t,\quad y = -a\sin t,\quad 0 \le t \le 4\pi$
(d) $x = a\cos t,\quad y = a\sin t,\quad 0 \le t \le 4\pi$

31. Possible answer: $x = -1 + 5t,\quad y = -3 + 4t,\quad 0 \le t \le 1$

33. Possible answer: $x = t^2 + 1,\quad y = t,\quad t \le 0$

35. Possible answer: $x = 2 - 3t,\quad y = 3 - 4t,\quad t \ge 0$

37. Possible answer: $x = 2\cos t,\quad y = 2|\sin t|,\quad 0 \le t \le 4\pi$

39. Possible answer: $x = \dfrac{-at}{\sqrt{1+t^2}},\quad y = \dfrac{a}{\sqrt{1+t^2}},\ -\infty < t < \infty$

41. Possible answer: $x = \dfrac{4}{1 + 2\tan\theta},\quad y = \dfrac{4\tan\theta}{1 + 2\tan\theta},$
$0 \le \theta < \pi/2$ and $x = 0,\ y = 2$ if $\theta = \pi/2$

43. Possible answer: $x = 2 - \cos t,\quad y = \sin t,\quad 0 \le t \le 2\pi$

45. $x = 2\cot t,\quad y = 2\sin^2 t,\quad 0 < t < \pi$

47. $x = a\sin^2 t\tan t,\quad y = a\sin^2 t,\quad 0 \le t < \pi/2$ **49.** $(1, 1)$

9.2절

1. $y = -x + 2\sqrt{2},\quad \dfrac{d^2y}{dx^2} = -\sqrt{2}$

3. $y = -\dfrac{1}{2}x + 2\sqrt{2},\quad \dfrac{d^2y}{dx^2} = -\dfrac{\sqrt{2}}{4}$

5. $y = x + \dfrac{1}{4},\quad \dfrac{d^2y}{dx^2} = -2$ **7.** $y = 2x - \sqrt{3},\quad \dfrac{d^2y}{dx^2} = -3\sqrt{3}$

9. $y = x - 4,\quad \dfrac{d^2y}{dx^2} = \dfrac{1}{2}$

11. $y = \sqrt{3}x - \dfrac{\pi\sqrt{3}}{3} + 2,\quad \dfrac{d^2y}{dx^2} = -4$

13. $y = 9x - 1,\quad \dfrac{d^2y}{dx^2} = 108$ **15.** $-\dfrac{3}{16}$ **17.** -6

19. 1 **21.** $3a^2\pi$ **23.** $|ab|\pi$ **25.** 4 **27.** 12

29. π^2 **31.** $8\pi^2$ **33.** $\dfrac{52\pi}{3}$ **35.** $3\pi\sqrt{5}$

37. $(\bar{x}, \bar{y}) = \left(\dfrac{12}{\pi} - \dfrac{24}{\pi^2}, \dfrac{24}{\pi^2} - 2\right)$

39. $(\bar{x}, \bar{y}) = \left(\dfrac{1}{3}, \pi - \dfrac{4}{3}\right)$ **41.** **(a)** π **(b)** π

43. **(a)** $x = 1,\quad y = 0,\quad \dfrac{dy}{dx} = \dfrac{1}{2}$ **(b)** $x = 0,\quad y = 3,\quad \dfrac{dy}{dx} = 0$
(c) $x = \dfrac{\sqrt{3} - 1}{2},\quad y = \dfrac{3 - \sqrt{3}}{2},\quad \dfrac{dy}{dx} = \dfrac{2\sqrt{3} - 1}{\sqrt{3} - 2}$

45. $\left(\dfrac{\sqrt{2}}{2}, 1\right),\quad y = 2x$ at $t = 0,\ y = -2x$ at $t = \pi$

47. **(a)** 8a **(b)** $\dfrac{64\pi}{3}$ **49.** $32\pi/15$

9.3절

1. a, e; b, g; c, h; d, f **3.**

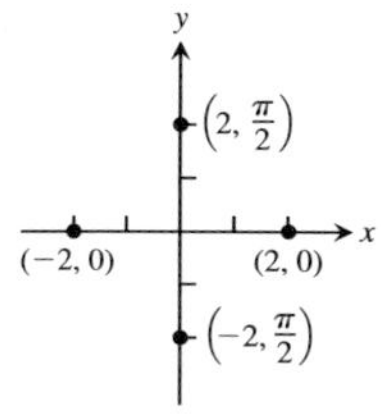

(a) $\left(2, \dfrac{\pi}{2} + 2n\pi\right)$ and $\left(-2, \dfrac{\pi}{2} + (2n+1)\pi\right)$, n an integer
(b) $(2, 2n\pi)$ and $(-2, (2n+1)\pi)$, n an integer
(c) $\left(2, \dfrac{3\pi}{2} + 2n\pi\right)$ and $\left(-2, \dfrac{3\pi}{2} + (2n+1)\pi\right)$, n an integer
(d) $(2, (2n+1)\pi)$ and $(-2, 2n\pi)$, n an integer

5. **(a)** $(3, 0)$ **(b)** $(-3, 0)$ **(c)** $(-1, \sqrt{3})$ **(d)** $(1, \sqrt{3})$
(e) $(3, 0)$ **(f)** $(1, \sqrt{3})$ **(g)** $(-3, 0)$ **(h)** $(-1, \sqrt{3})$

7. **(a)** $\left(\sqrt{2}, \dfrac{\pi}{4}\right)$ **(b)** $(3, \pi)$ **(c)** $\left(2, \dfrac{11\pi}{6}\right)$
(d) $\left(5, \pi - \tan^{-1}\dfrac{4}{3}\right)$

9. **(a)** $\left(-3\sqrt{2}, \dfrac{5\pi}{4}\right)$ **(b)** $(-1, 0)$ **(c)** $\left(-2, \dfrac{5\pi}{3}\right)$
(d) $\left(-5, \pi - \tan^{-1}\dfrac{3}{4}\right)$

11.

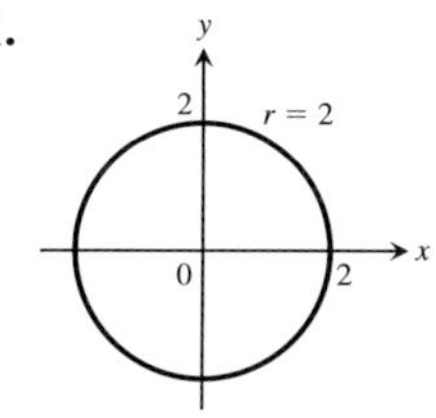

13.

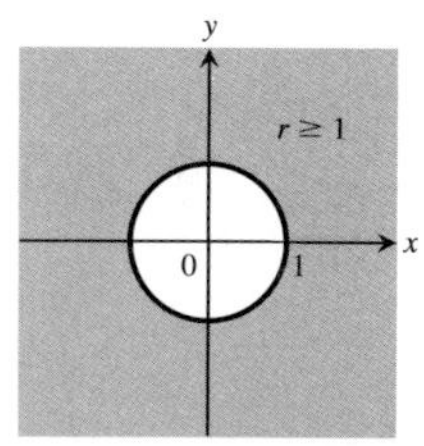

15.

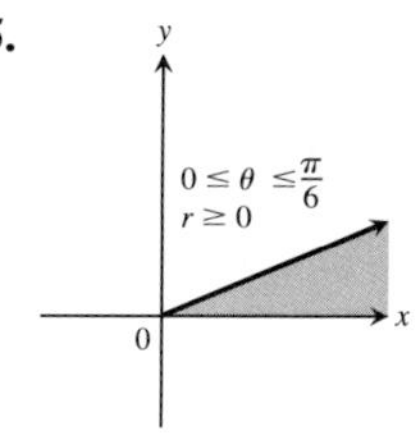

17.

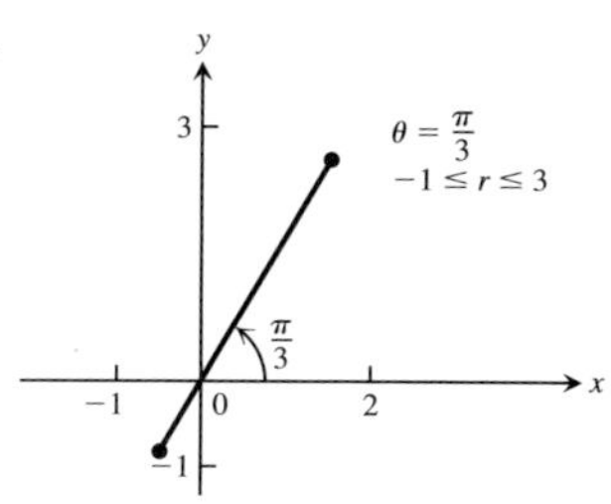

19.

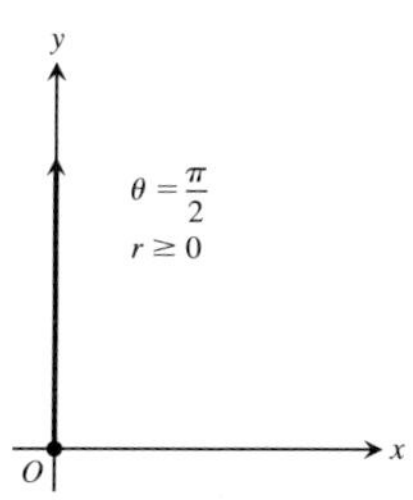

21.

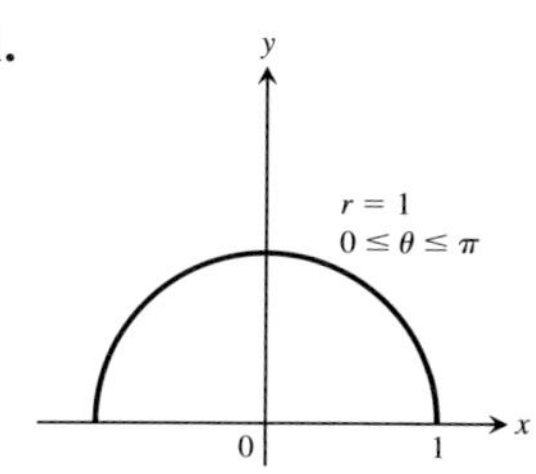

23.

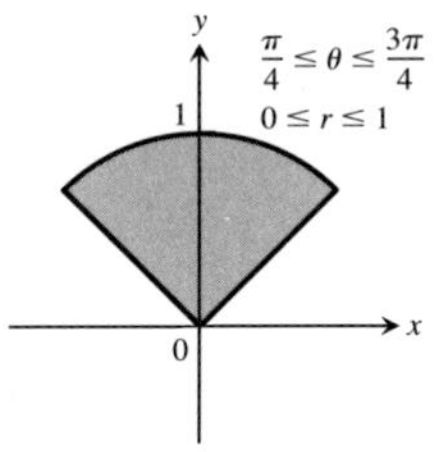

25.

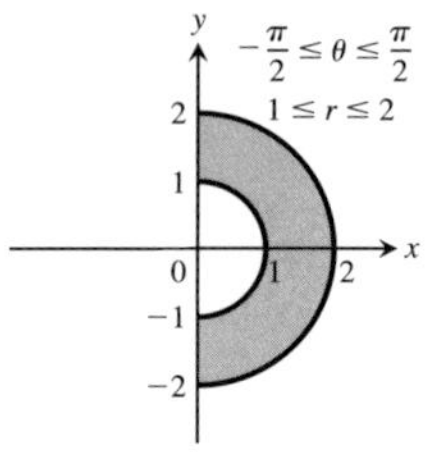

27. $x = 2$, vertical line through $(2, 0)$ **29.** $y = 0$, the x-axis

31. $y = 4$, horizontal line through $(0, 4)$

33. $x + y = 1$, line, $m = -1$, $b = 1$

35. $x^2 + y^2 = 1$, circle, $C(0, 0)$, radius 1

37. $y - 2x = 5$, line, $m = 2$, $b = 5$

39. $y^2 = x$, parabola, vertex $(0, 0)$, opens right

41. $y = e^x$, graph of natural exponential function

43. $x + y = \pm 1$, two straight lines of slope -1, y-intercepts $b = \pm 1$

45. $(x + 2)^2 + y^2 = 4$, circle, $C(-2, 0)$, radius 2

47. $x^2 + (y - 4)^2 = 16$, circle, $C(0, 4)$, radius 4

49. $(x - 1)^2 + (y - 1)^2 = 2$, circle, $C(1, 1)$, radius $\sqrt{2}$

51. $\sqrt{3}y + x = 4$ **53.** $r \cos\theta = 7$ **55.** $\theta = \pi/4$

57. $r = 2$ or $r = -2$ **59.** $4r^2\cos^2\theta + 9r^2\sin^2\theta = 36$

61. $r\sin^2\theta = 4\cos\theta$ **63.** $r = 4\sin\theta$

65. $r^2 = 6r\cos\theta - 2r\sin\theta - 6$

67. $(0, \theta)$, where θ is any angle

9.4절

1. x-axis

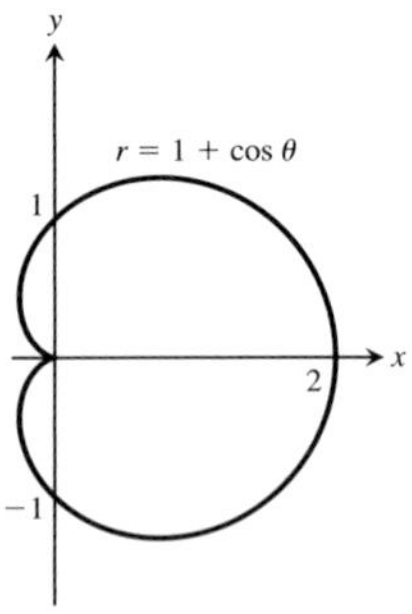

3. y-axis

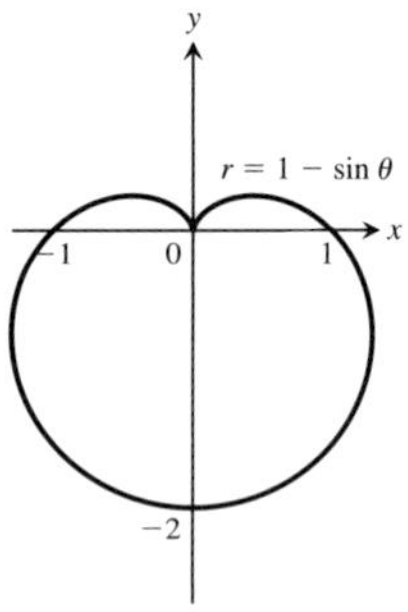

5. y-axis

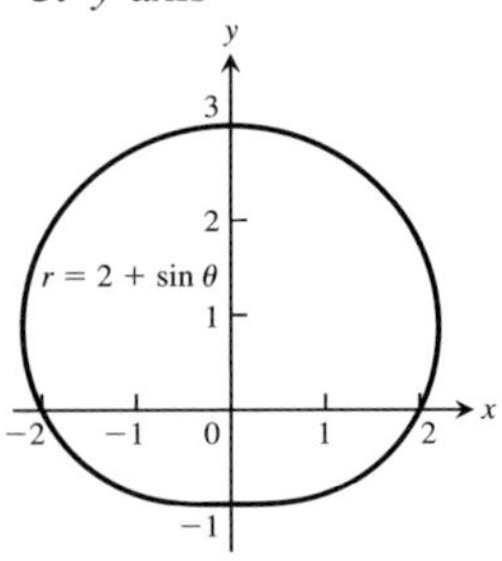

7. x-axis, y-axis, origin

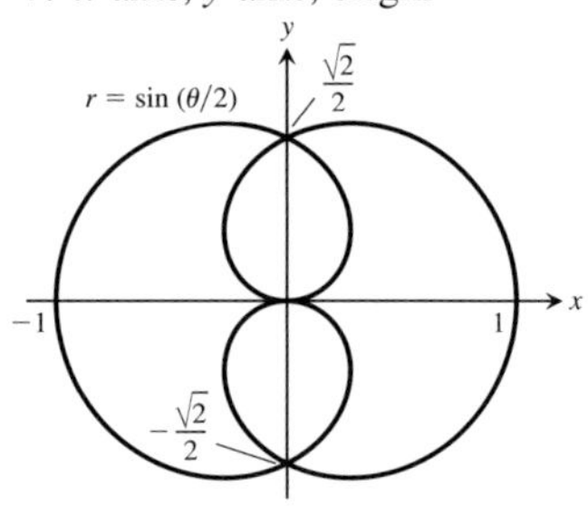

9. x-axis, y-axis, origin

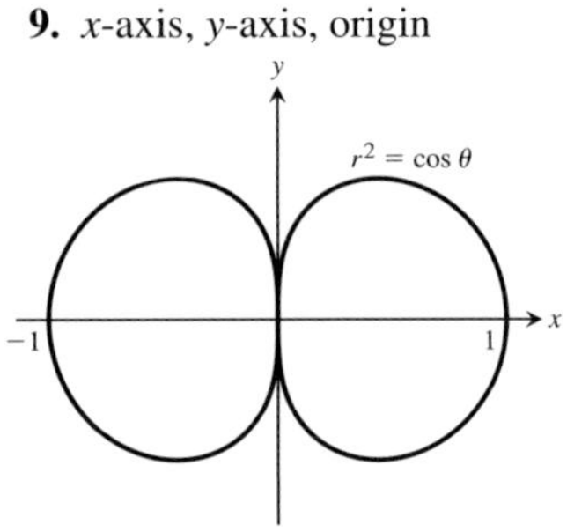

11. y-axis, x-axis, origin

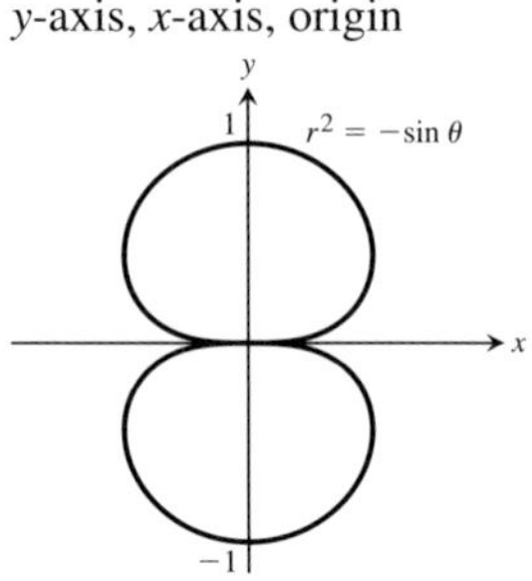

13. x-axis, y-axis, origin **15.** Origin

17. The slope at $(-1, \pi/2)$ is -1, at $(-1, -\pi/2)$ is 1.

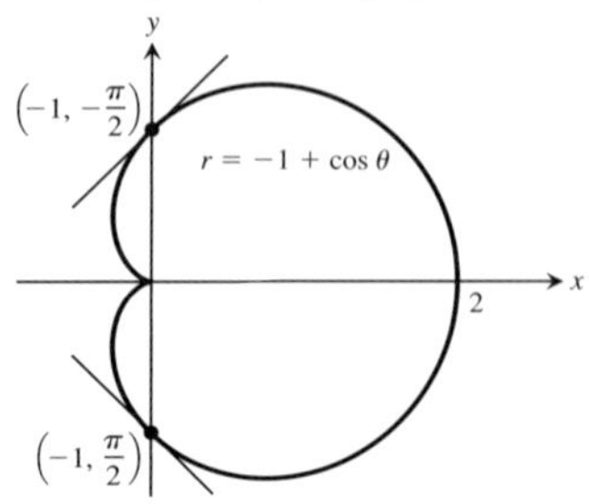

19. The slope at $(1, \pi/4)$ is -1, at $(-1, -\pi/4)$ is 1, at $(-1, 3\pi/4)$ is 1, at $(1, -3\pi/4)$ is -1.

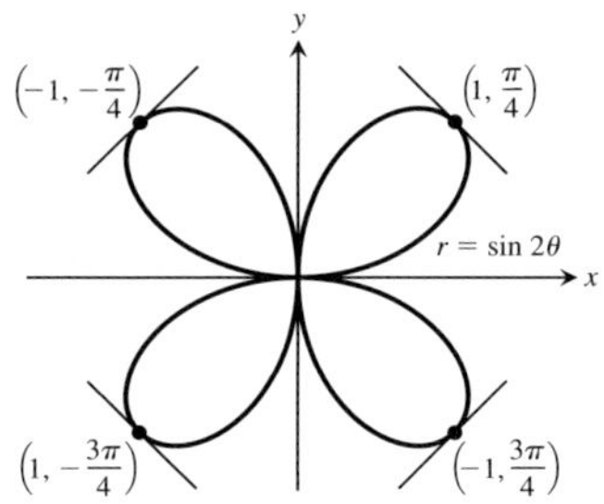

21. At $\pi/6$: slope $\sqrt{3}$, concavity 16 (concave up); at $\pi/3$: slope $-\sqrt{3}$, concavity -16 (concave down).

23. At 0: slope 0, concavity 2 (concave up); at $\pi/2$: slope $-2/\pi$, concavity $-2(8 + \pi^2)/\pi^3$ (concave down).

25. **(a)**

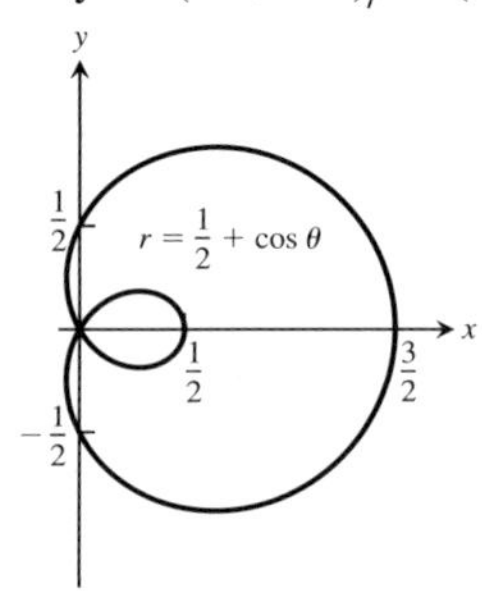

(b)

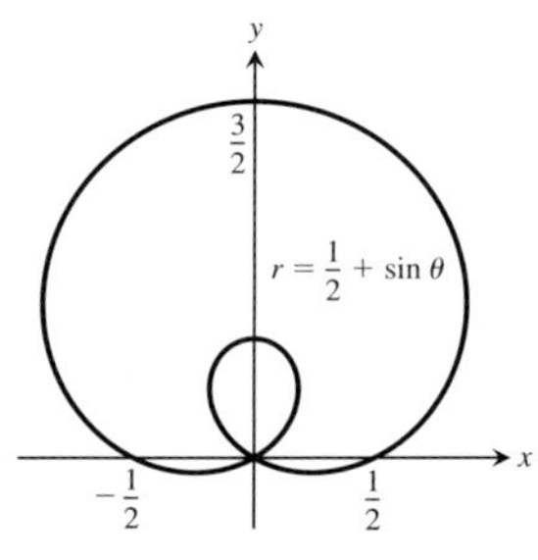

27. **(a)**

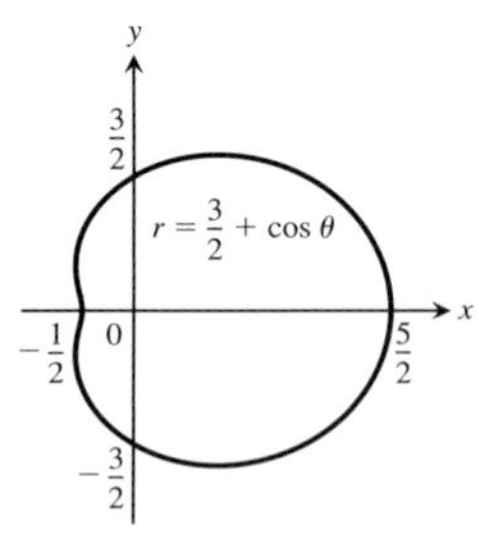

(b)

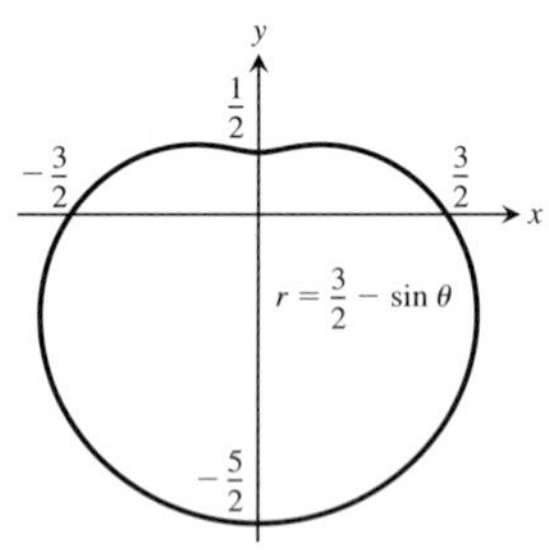

29.

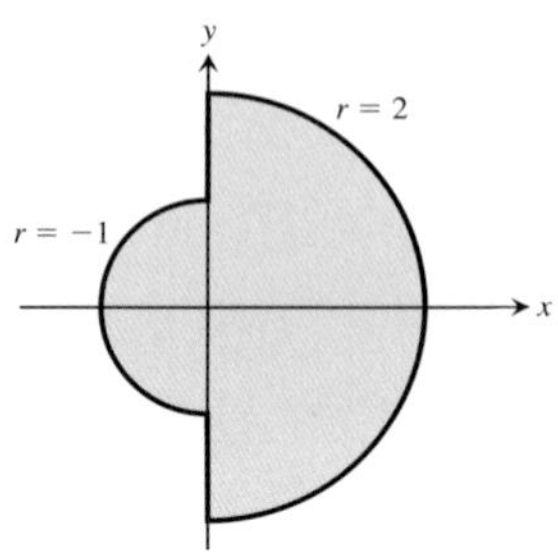

31.

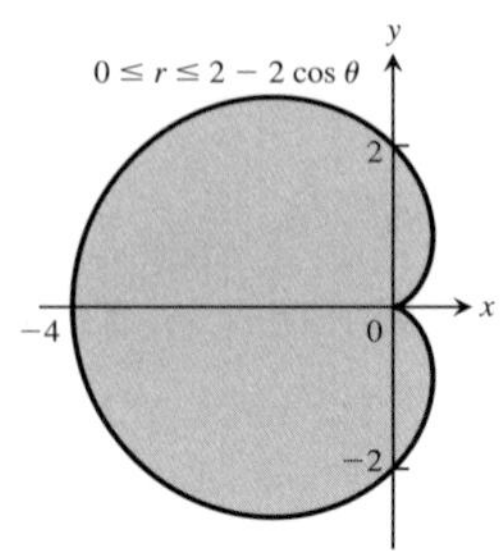

33. Equation (a)

9.5절

1. $\frac{1}{6}\pi^3$ **3.** 18π **5.** $\frac{\pi}{8}$ **7.** 2 **9.** $\frac{\pi}{2} - 1$

11. $5\pi - 8$ **13.** $3\sqrt{3} - \pi$ **15.** $\frac{\pi}{3} + \frac{\sqrt{3}}{2}$

17. $\frac{8\pi}{3} + \sqrt{3}$ **19. (a)** $\frac{3}{2} - \frac{\pi}{4}$ **21.** $19/3$ **23.** 8

25. $3\left(\sqrt{2} + \ln\left(1 + \sqrt{2}\right)\right)$ **27.** $\frac{\pi}{8} + \frac{3}{8}$

31. (a) a **(b)** a **(c)** $2a/\pi$

9.6절

1. $y^2 = 8x$, $F(2, 0)$, directrix: $x = -2$

3. $x^2 = -6y$, $F(0, -3/2)$, directrix: $y = 3/2$

5. $\frac{x^2}{4} - \frac{y^2}{9} = 1$, $F\left(\pm\sqrt{13}, 0\right)$, $V(\pm 2, 0)$, asymptotes: $y = \pm\frac{3}{2}x$

7. $\frac{x^2}{2} + y^2 = 1$, $F(\pm 1, 0)$, $V\left(\pm\sqrt{2}, 0\right)$

9.

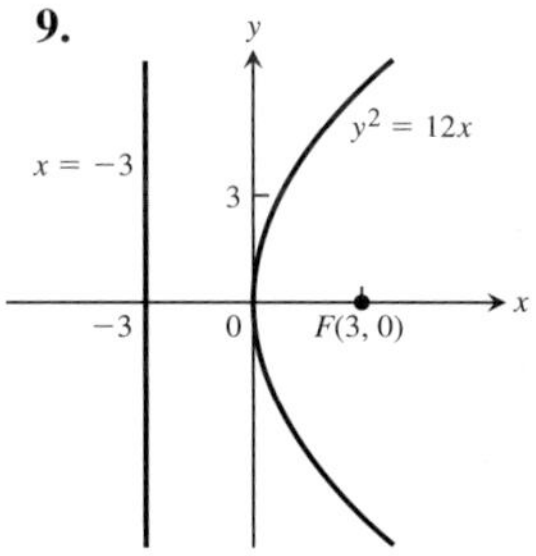

11.

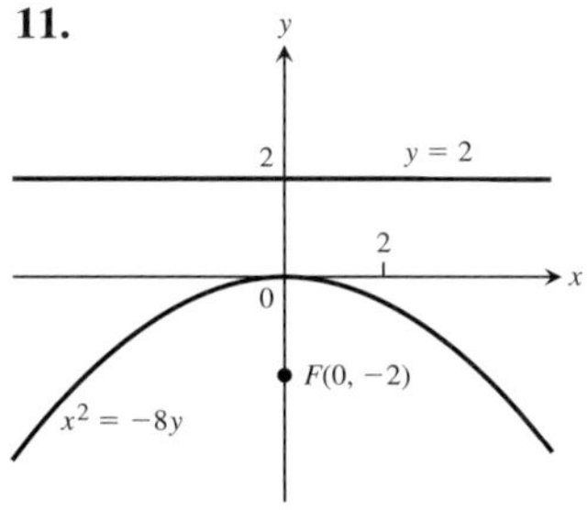

13.

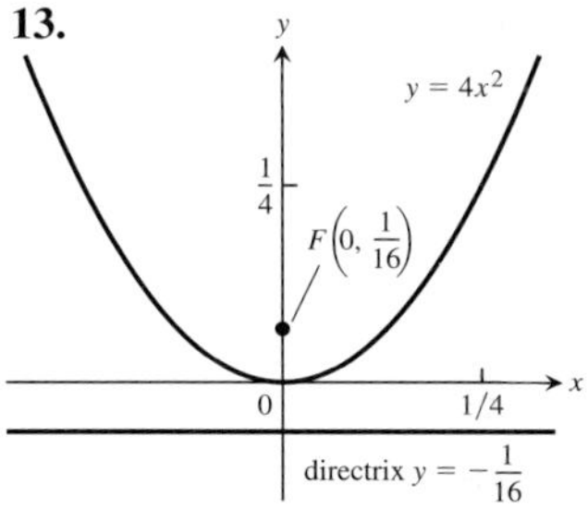

15.

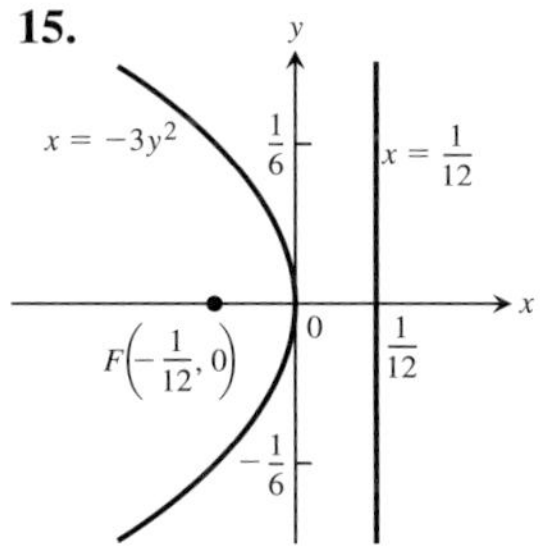

17.

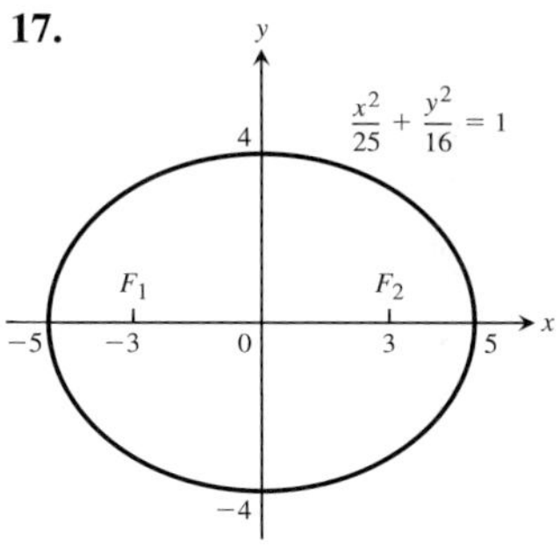

19.

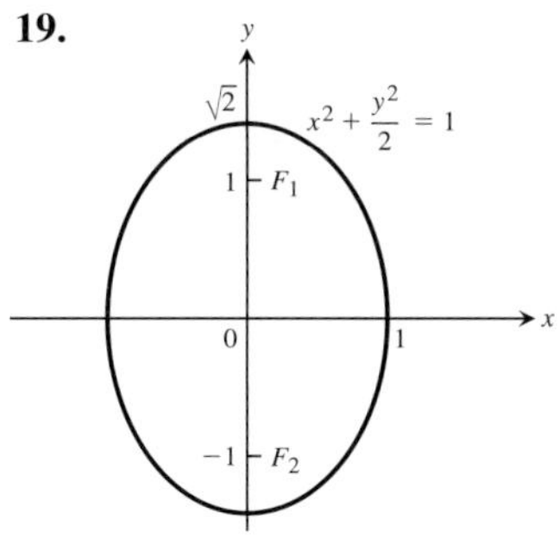

21.

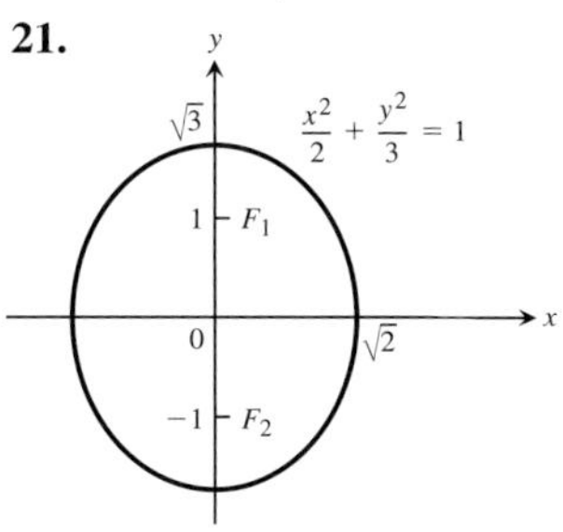

23.

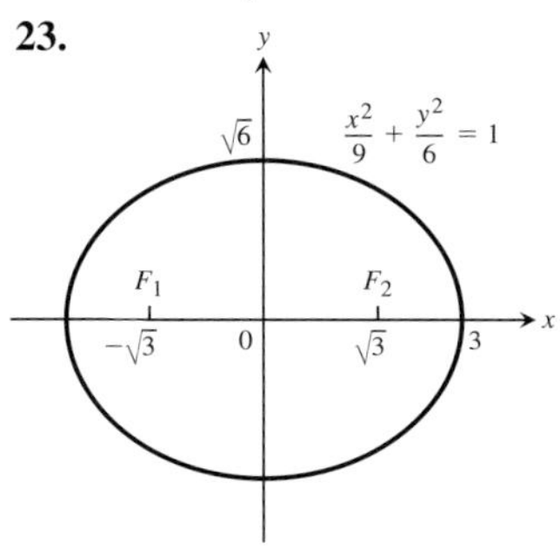

25. $\frac{x^2}{4} + \frac{y^2}{2} = 1$

27. Asymptotes: $y = \pm x$

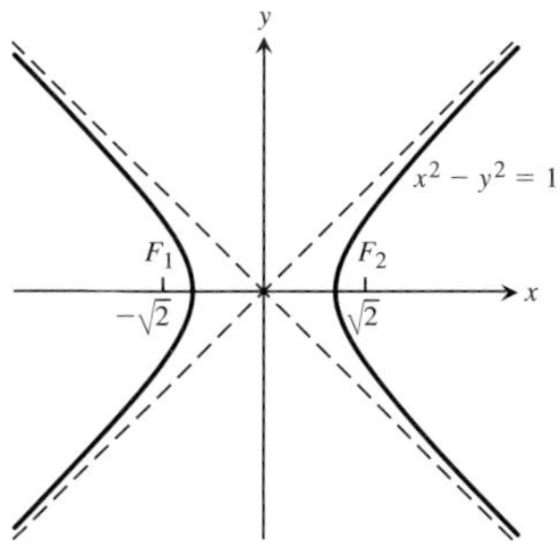

29. Asymptotes: $y = \pm x$

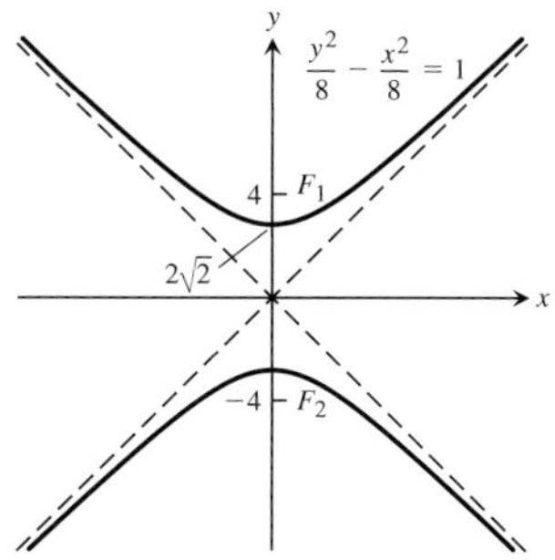

31. Asymptotes: $y = \pm 2x$

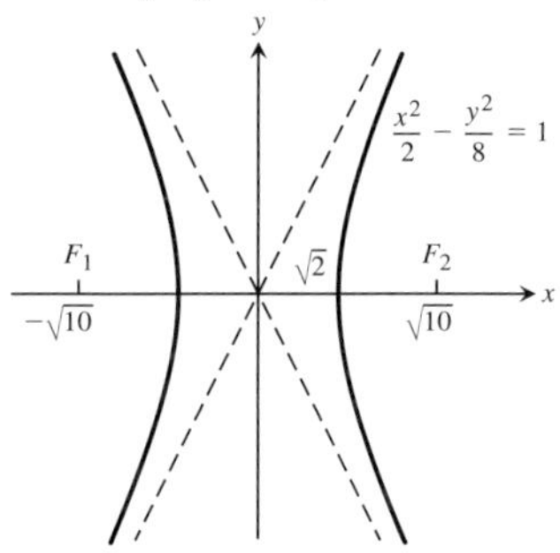

33. Asymptotes: $y = \pm x/2$

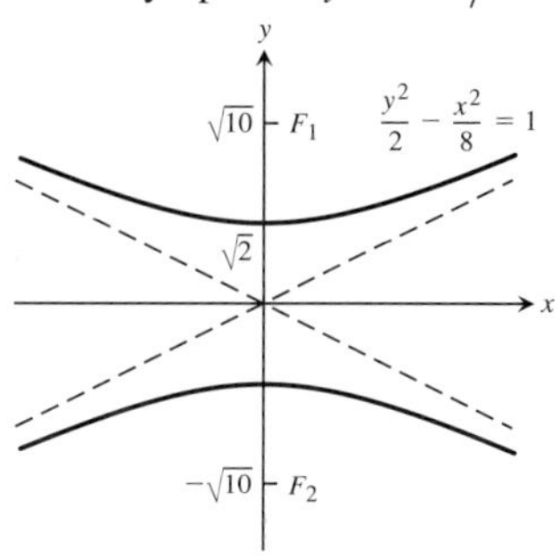

35. $y^2 - x^2 = 1$ **37.** $\frac{x^2}{9} - \frac{y^2}{16} = 1$

39. (a) Vertex: $(1, -2)$; focus: $(3, -2)$; directrix: $x = -1$

(b)

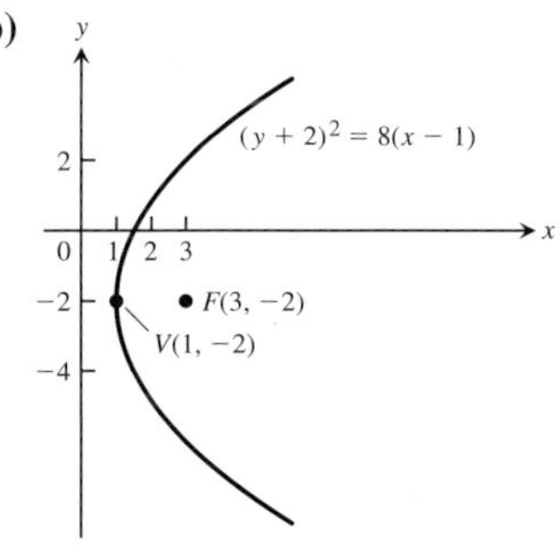

41. (a) Foci: $\left(4 \pm \sqrt{7}, 3\right)$; vertices: $(8, 3)$ and $(0, 3)$; center: $(4, 3)$

(b)

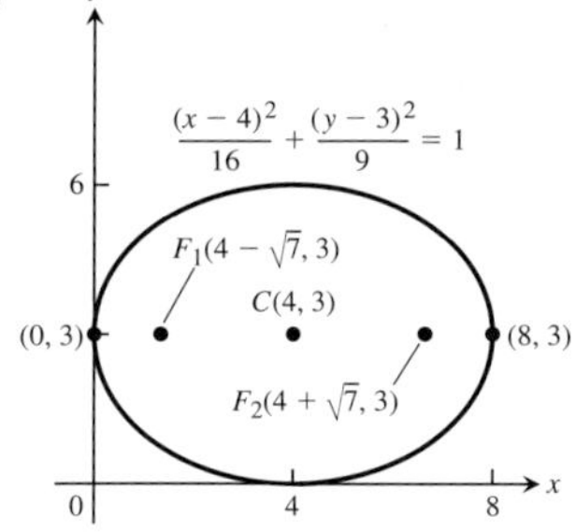

43. (a) Center: $(2, 0)$; foci: $(7, 0)$ and $(-3, 0)$; vertices: $(6, 0)$ and $(-2, 0)$; asymptotes: $y = \pm\frac{3}{4}(x - 2)$

(b)

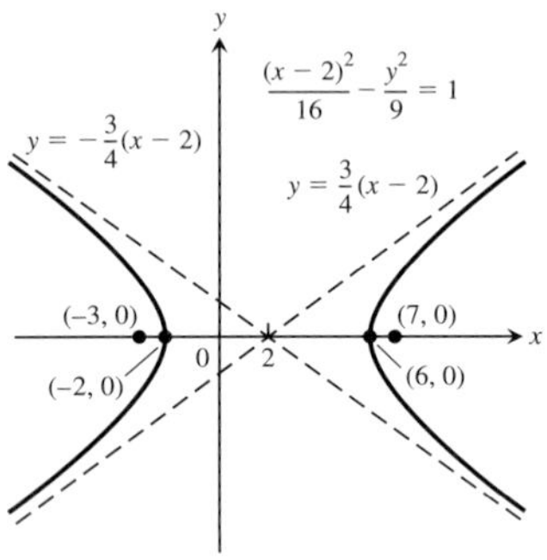

45. $(y+3)^2 = 4(x+2)$, $V(-2, -3)$, $F(-1, -3)$, directrix: $x = -3$

47. $(x-1)^2 = 8(y+7)$, $V(1, -7)$, $F(1, -5)$, directrix: $y = -9$

49. $\dfrac{(x+2)^2}{6} + \dfrac{(y+1)^2}{9} = 1$, $F(-2, \pm\sqrt{3} - 1)$, $V(-2, \pm 3 - 1)$, $C(-2, -1)$

51. $\dfrac{(x-2)^2}{3} + \dfrac{(y-3)^2}{2} = 1$, $F(3, 3)$ and $F(1, 3)$, $V(\pm\sqrt{3} + 2, 3)$, $C(2, 3)$

53. $\dfrac{(x-2)^2}{4} - \dfrac{(y-2)^2}{5} = 1$, $C(2, 2)$, $F(5, 2)$ and $F(-1, 2)$, $V(4, 2)$ and $V(0, 2)$; asymptotes: $(y-2) = \pm\dfrac{\sqrt{5}}{2}(x-2)$

55. $(y+1)^2 - (x+1)^2 = 1$, $C(-1, -1)$, $F(-1, \sqrt{2} - 1)$ and $F(-1, -\sqrt{2} - 1)$, $V(-1, 0)$ and $V(-1, -2)$; asymptotes $(y+1) = \pm(x+1)$

57. $C(-2, 0)$, $a = 4$ **59.** $V(-1, 1)$, $F(-1, 0)$

61. Ellipse: $\dfrac{(x+2)^2}{5} + y^2 = 1$, $C(-2, 0)$, $F(0, 0)$ and $F(-4, 0)$, $V(\sqrt{5} - 2, 0)$ and $V(-\sqrt{5} - 2, 0)$

63. Ellipse: $\dfrac{(x-1)^2}{2} + (y-1)^2 = 1$, $C(1, 1)$, $F(2, 1)$ and $F(0, 1)$, $V(\sqrt{2} + 1, 1)$ and $V(-\sqrt{2} + 1, 1)$

65. Hyperbola: $(x-1)^2 - (y-2)^2 = 1$, $C(1, 2)$, $F(1 + \sqrt{2}, 2)$ and $F(1 - \sqrt{2}, 2)$, $V(2, 2)$ and $V(0, 2)$; asymptotes: $(y-2) = \pm(x-1)$

67. Hyperbola: $\dfrac{(y-3)^2}{6} - \dfrac{x^2}{3} = 1$, $C(0, 3)$, $F(0, 6)$ and $F(0, 0)$, $V(0, \sqrt{6} + 3)$ and $V(0, -\sqrt{6} + 3)$; asymptotes: $y = \sqrt{2}x + 3$ or $y = -\sqrt{2}x + 3$

69. **(b)** 1:1 **73.** Length $= 2\sqrt{2}$, width $= \sqrt{2}$, area $= 4$

75. 24π

77. $x = 0, y = 0: y = -2x$; $x = 0, y = 2: y = 2x + 2$; $x = 4, y = 0: y = 2x - 8$

79. $\bar{x} = 0$, $\bar{y} = \dfrac{16}{3\pi}$

9.7절

1. $e = \dfrac{3}{5}$, $F(\pm 3, 0)$; directrices are $x = \pm\dfrac{25}{3}$.

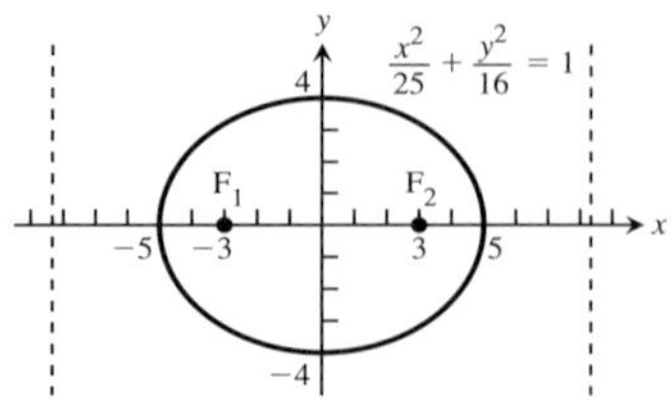

3. $e = \dfrac{1}{\sqrt{2}}$; $F(0, \pm 1)$; directrices are $y = \pm 2$.

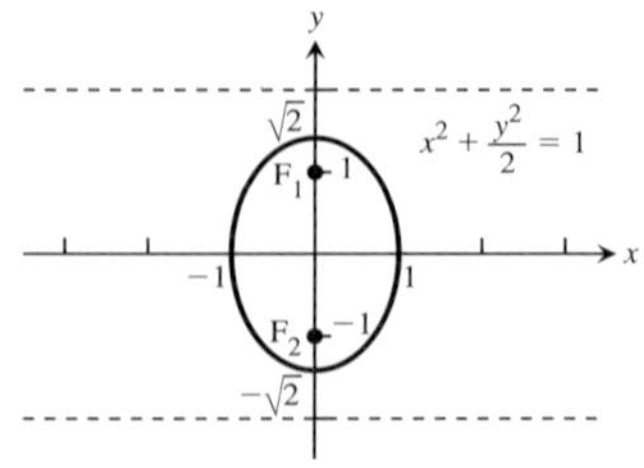

5. $e = \dfrac{1}{\sqrt{3}}$; $F(0, \pm 1)$; directrices are $y = \pm 3$.

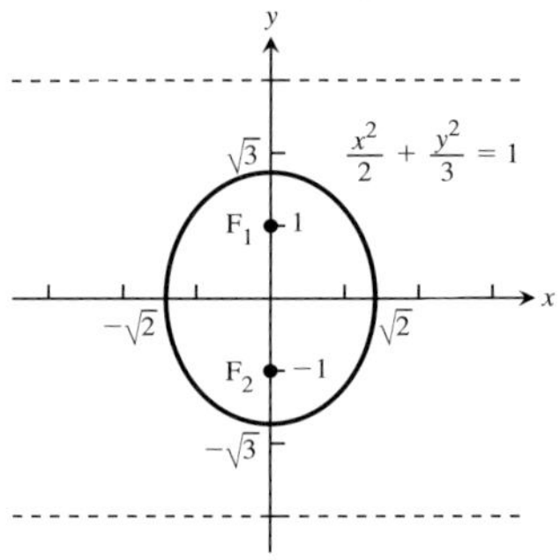

7. $e = \dfrac{\sqrt{3}}{3}$; $F(\pm\sqrt{3}, 0)$; directrices are $x = \pm 3\sqrt{3}$.

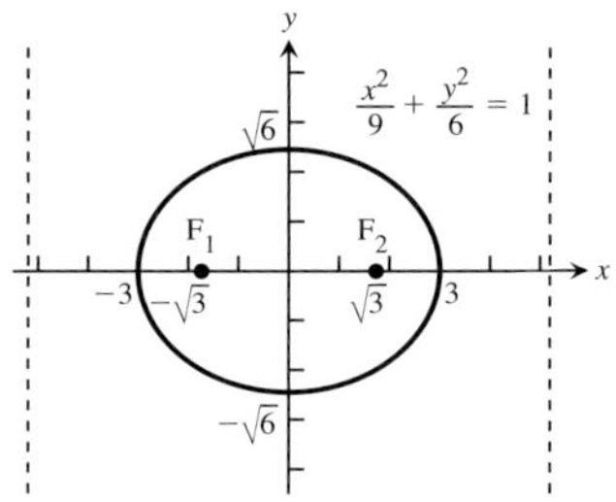

9. $\dfrac{x^2}{27} + \dfrac{y^2}{36} = 1$ **11.** $\dfrac{x^2}{4851} + \dfrac{y^2}{4900} = 1$

13. $\dfrac{x^2}{9} + \dfrac{y^2}{4} = 1$ **15.** $\dfrac{x^2}{64} + \dfrac{y^2}{48} = 1$

17. $e = \sqrt{2}$; $F(\pm\sqrt{2}, 0)$; directrices are $x = \pm\dfrac{1}{\sqrt{2}}$.

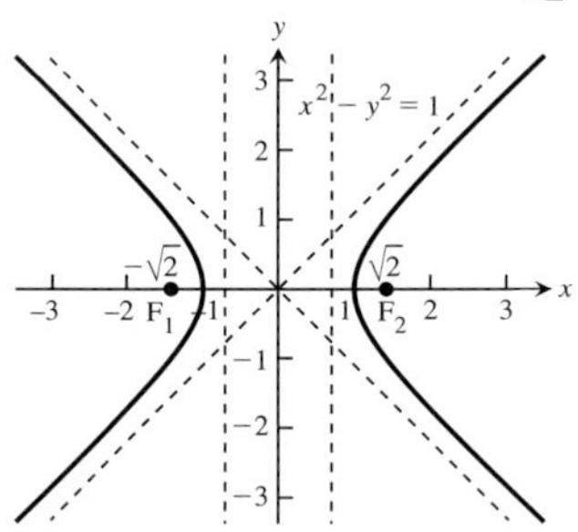

19. $e = \sqrt{2}$; $F(0, \pm 4)$; directrices are $y = \pm 2$.

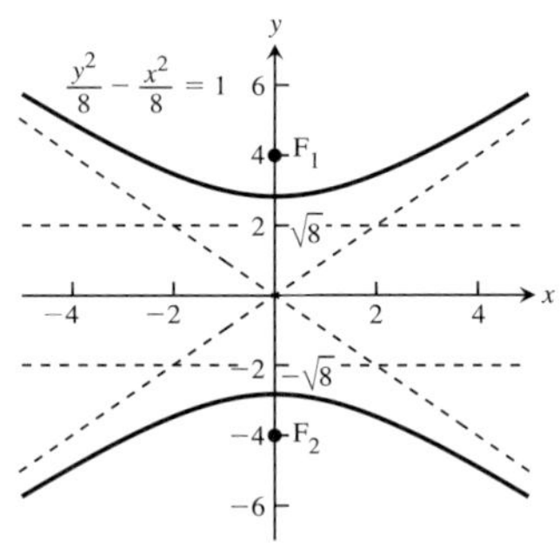

21. $e = \sqrt{5}$; $F(\pm\sqrt{10}, 0)$; directrices are $x = \pm\dfrac{2}{\sqrt{10}}$.

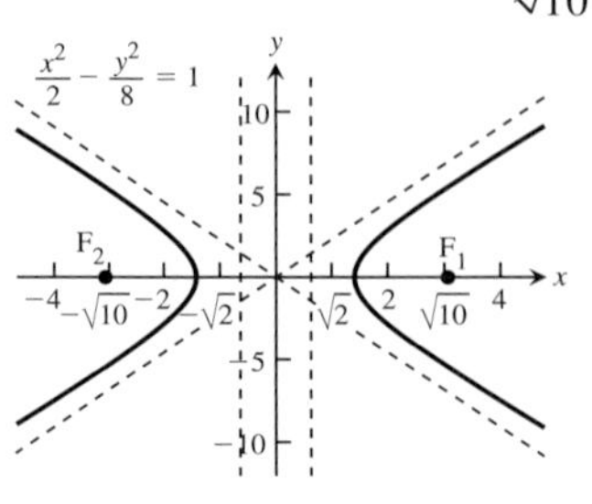

23. $e = \sqrt{5}$; $F(0, \pm\sqrt{10})$; directrices are $y = \pm\dfrac{2}{\sqrt{10}}$.

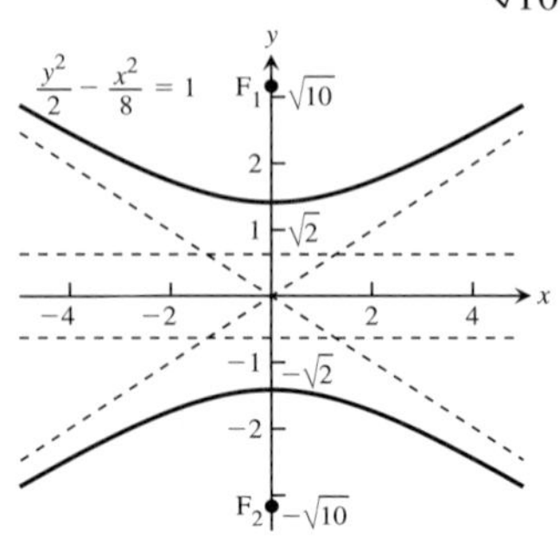

25. $y^2 - \frac{x^2}{8} = 1$ **27.** $x^2 - \frac{y^2}{8} = 1$ **29.** $r = \frac{2}{1 + \cos\theta}$

31. $r = \frac{30}{1 - 5\sin\theta}$ **33.** $r = \frac{1}{2 + \cos\theta}$ **35.** $r = \frac{10}{5 - \sin\theta}$

37.

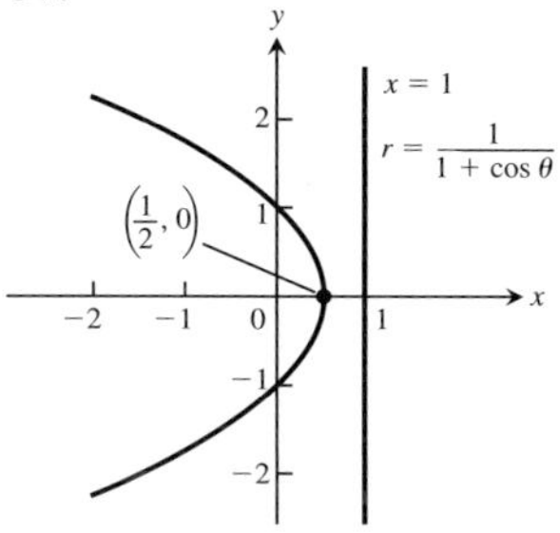

39.

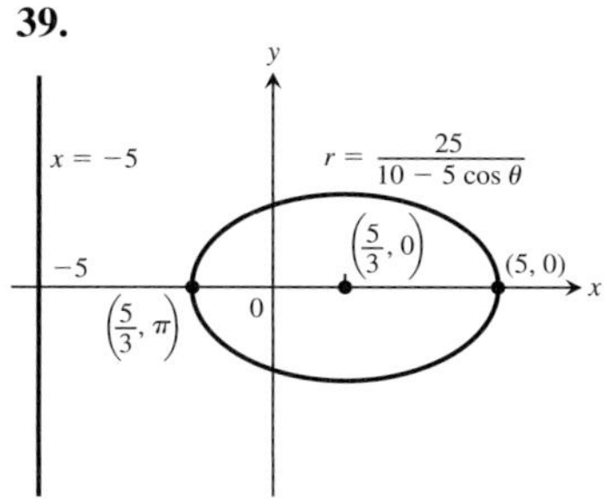

41.

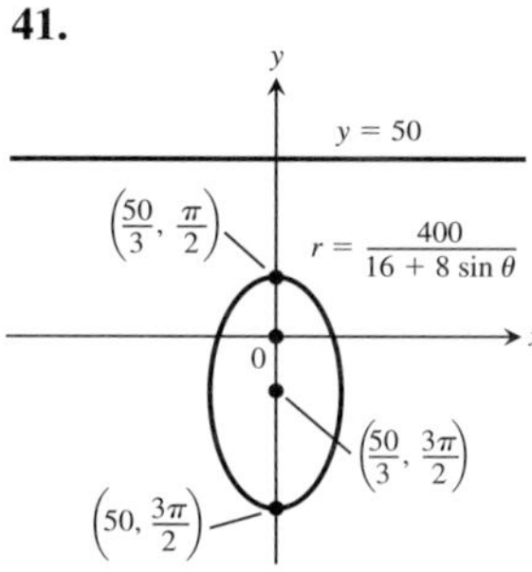

43.

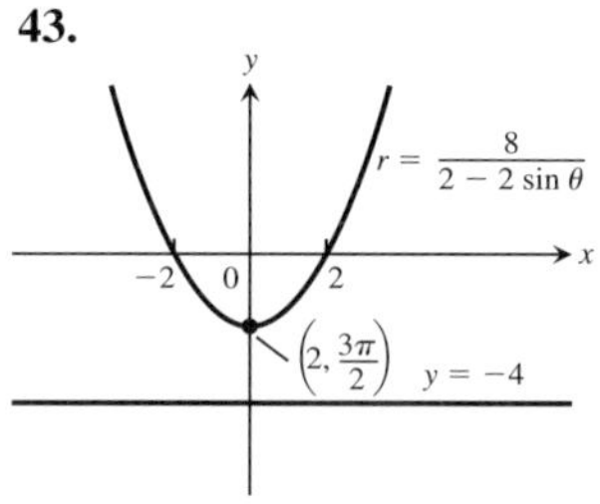

45. $y = 2 - x$

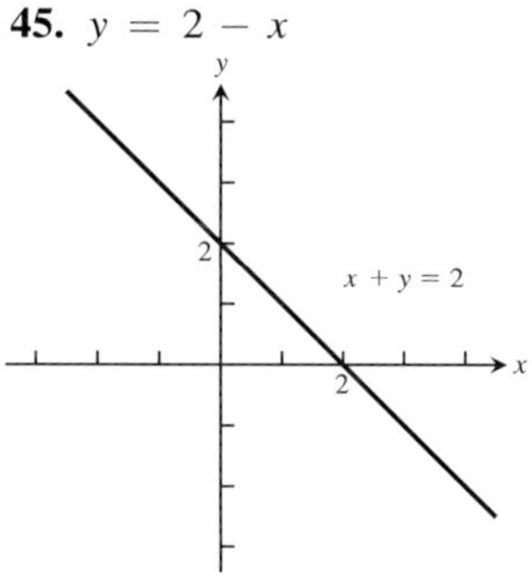

47. $y = \frac{\sqrt{3}}{3}x + 2\sqrt{3}$

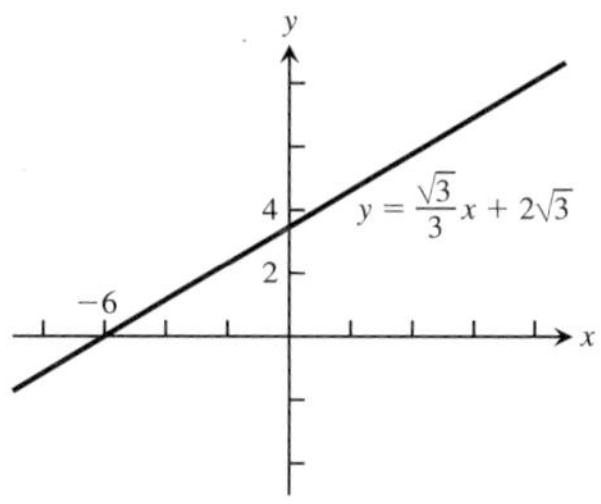

49. $r\cos\left(\theta - \frac{\pi}{4}\right) = 3$ **51.** $r\cos\left(\theta + \frac{\pi}{2}\right) = 5$

53.

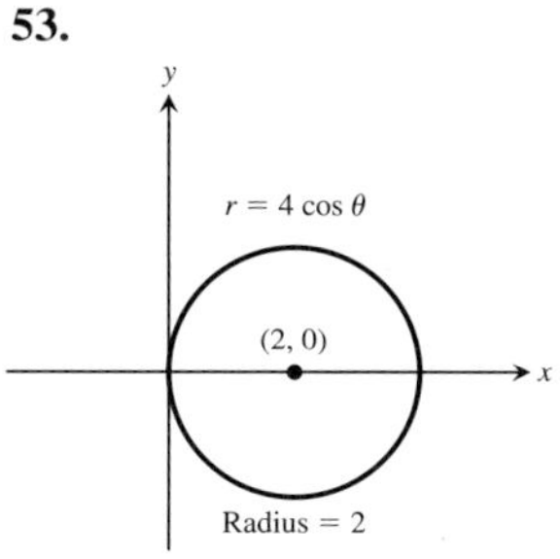

55.

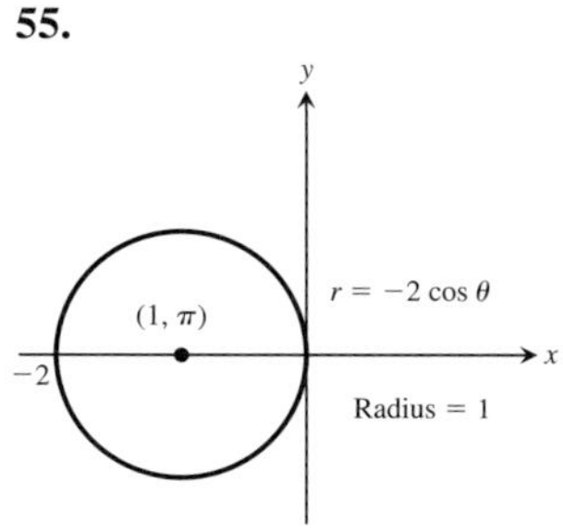

57. $r = 12\cos\theta$

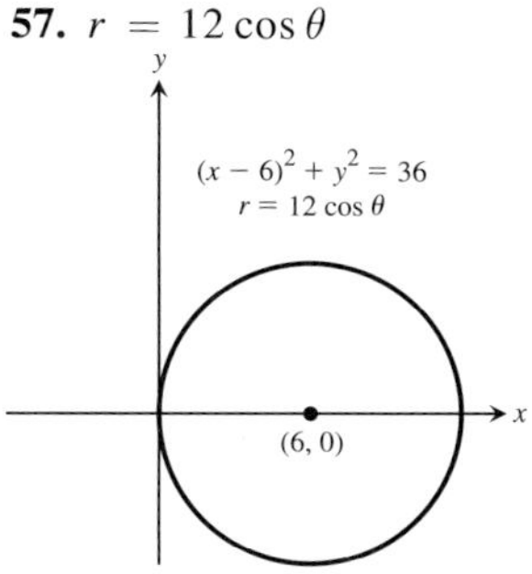

59. $r = 10\sin\theta$

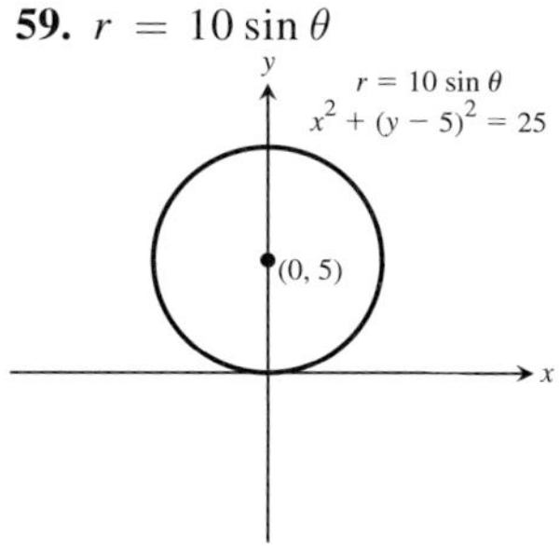

61. $r = -2\cos\theta$

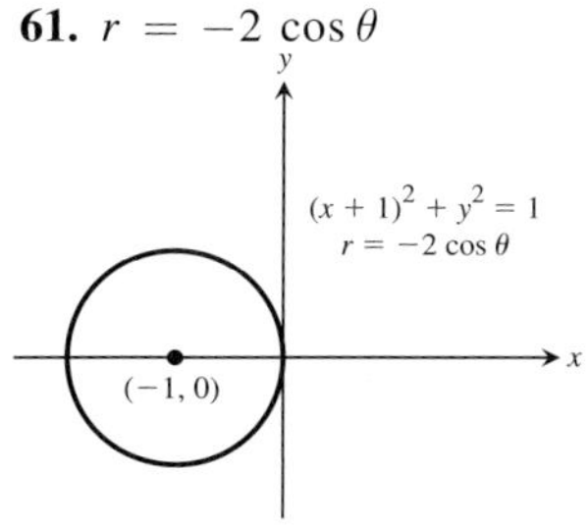

63. $r = -\sin\theta$

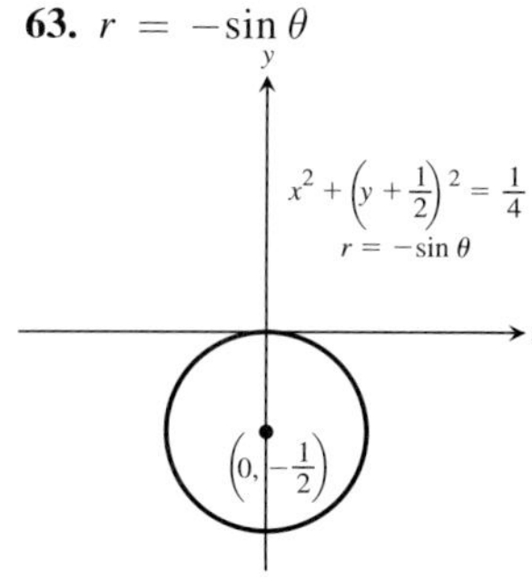

65.

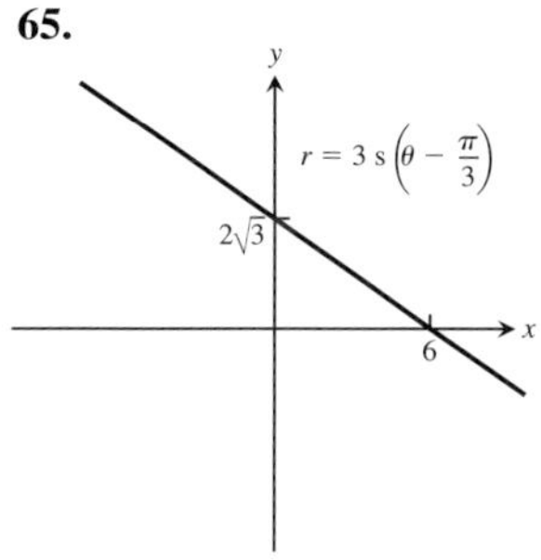

67.

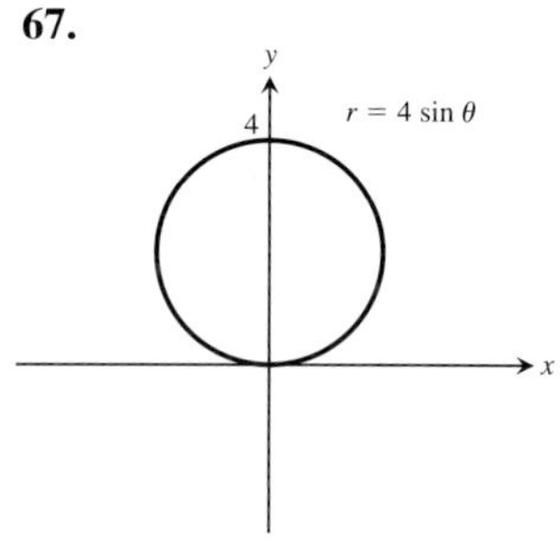

69.

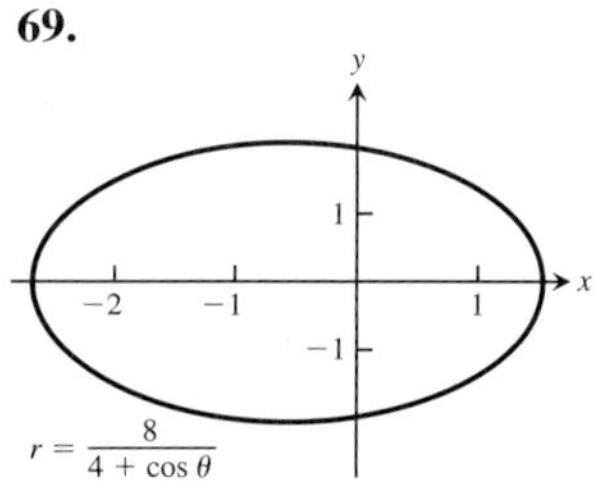

71.

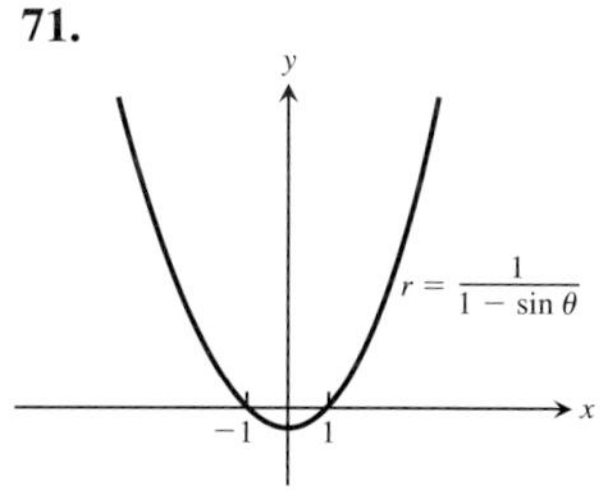

73.

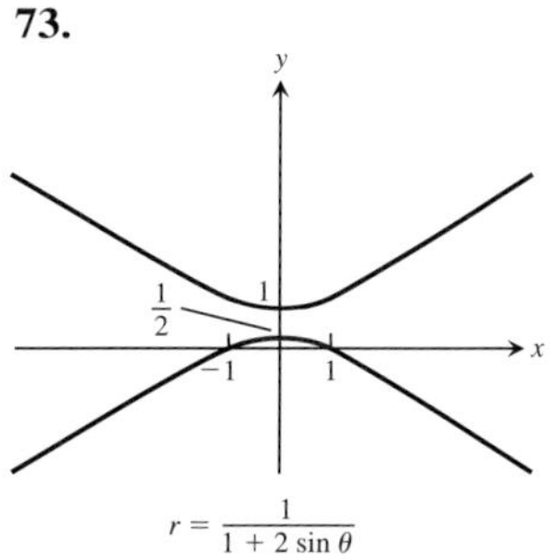

75. (b)

Planet	Perihelion	Aphelion
Mercury	0.3075 AU	0.4667 AU
Venus	0.7184 AU	0.7282 AU
Earth	0.9833 AU	1.0167 AU
Mars	1.3817 AU	1.6663 AU
Jupiter	4.9512 AU	5.4548 AU
Saturn	9.0210 AU	10.0570 AU
Uranus	18.2977 AU	20.0623 AU
Neptune	29.8135 AU	30.3065 AU

실전문제

1.

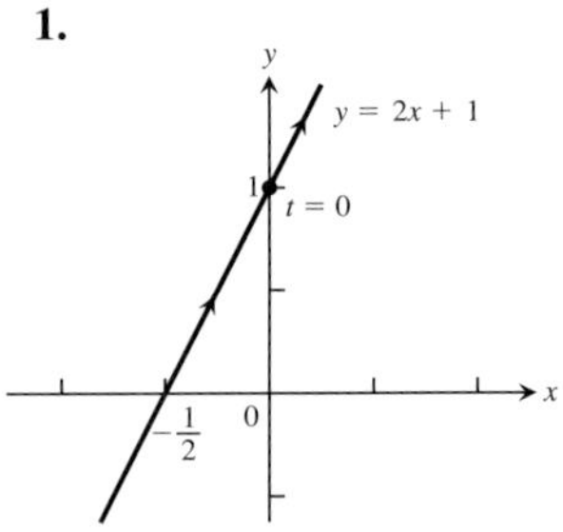

3.

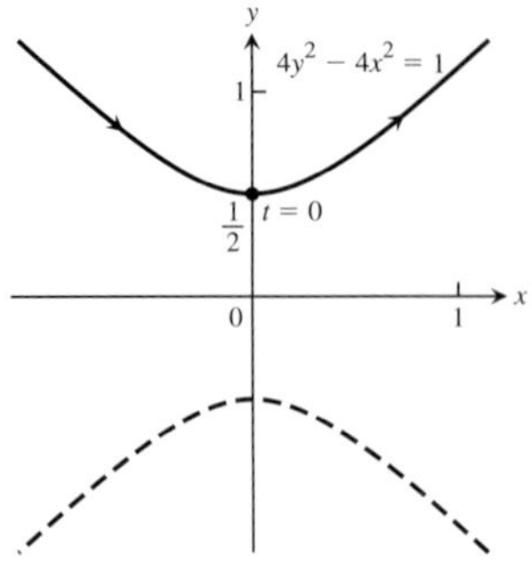

5.

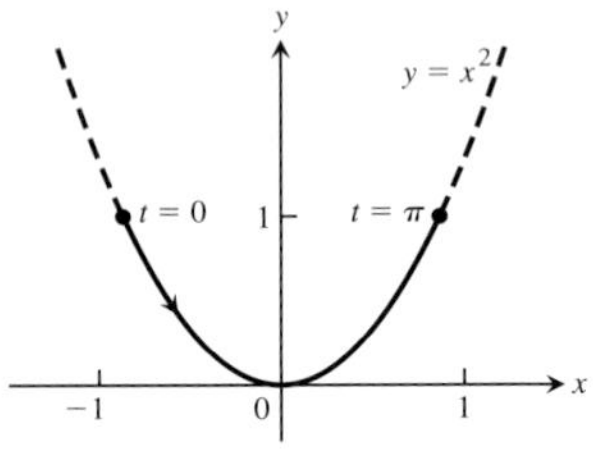

7. $x = 3\cos t, \quad y = 4\sin t, \quad 0 \le t \le 2\pi$

9. $y = \dfrac{\sqrt{3}}{2}x + \dfrac{1}{4}, \ \dfrac{1}{4}$

11. **(a)** $y = \dfrac{\pm|x|^{3/2}}{8} - 1$ **(b)** $y = \dfrac{\pm\sqrt{1 - x^2}}{x}$

13. $\dfrac{10}{3}$ **15.** $\dfrac{285}{8}$ **17.** 10 **19.** $\dfrac{9\pi}{2}$ **21.** $\dfrac{76\pi}{3}$

23. $y = \dfrac{\sqrt{3}}{3}x - 4$

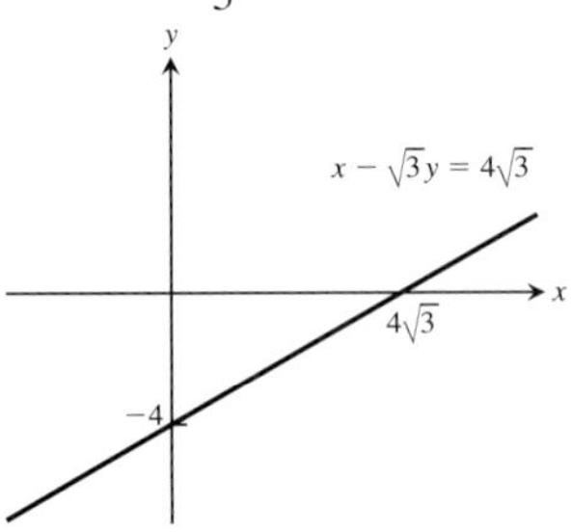

25. $x = 2$

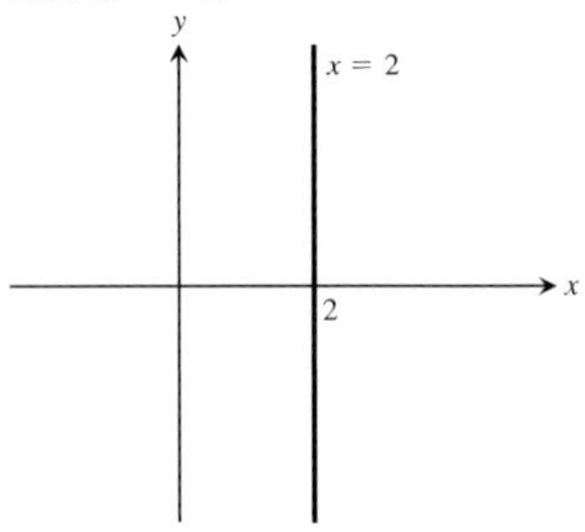

27. $y = -\dfrac{3}{2}$

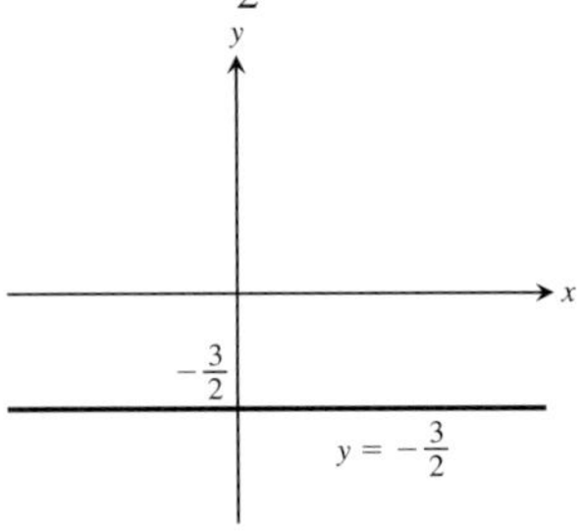

29. $x^2 + (y + 2)^2 = 4$

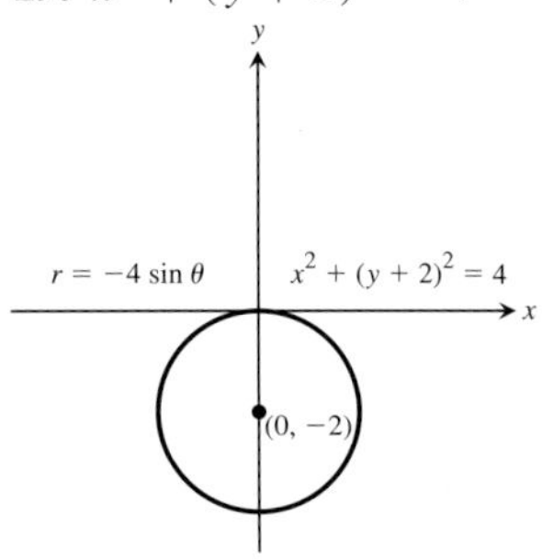

31. $\left(x - \sqrt{2}\right)^2 + y^2 = 2$

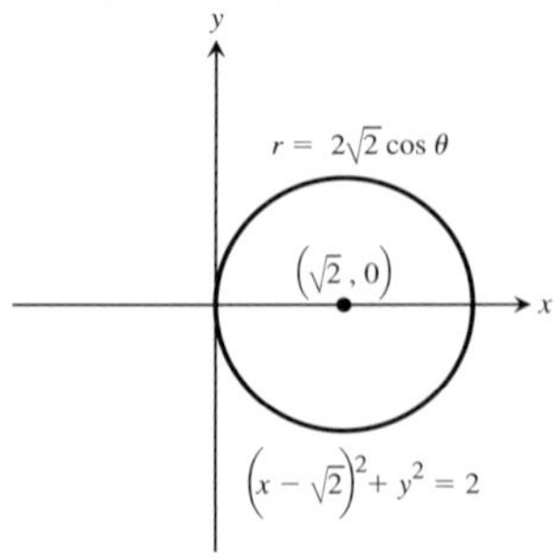

33. $r = -5\sin\theta$

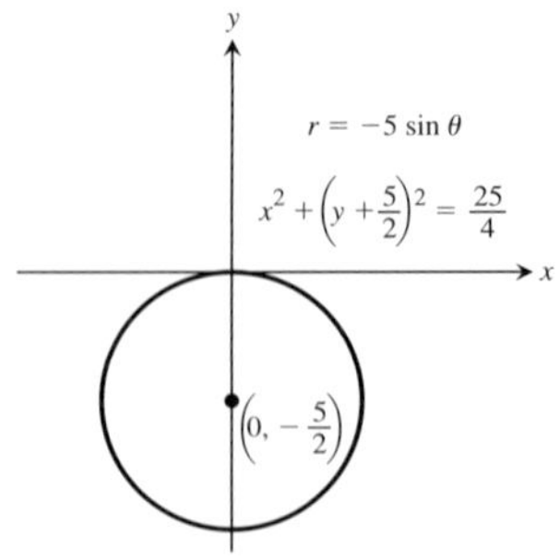

35. $r = 3\cos\theta$

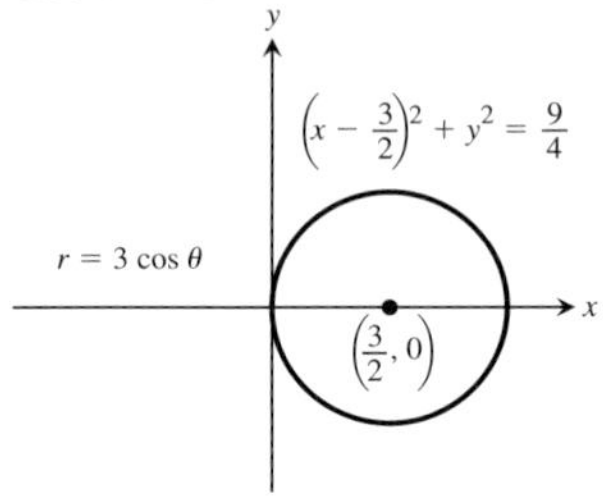

37.

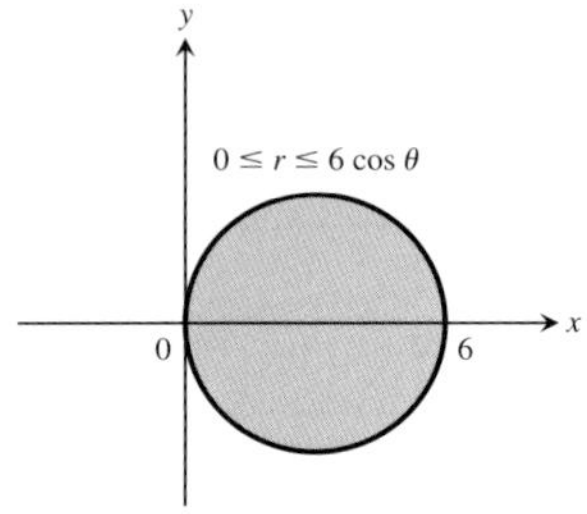

39. d **41.** l **43.** k **45.** i **47.** $\dfrac{9}{2}\pi$

49. $2 + \dfrac{\pi}{4}$ **51.** 8 **53.** $\pi - 3$

55. Focus is $(0, -1)$; directrix is $y = 1$.

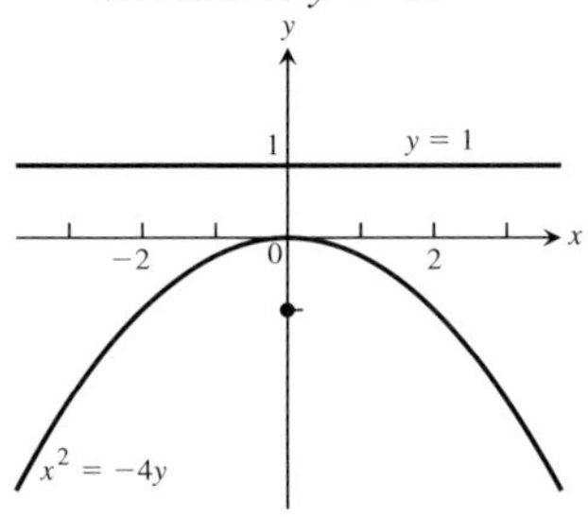

57. Focus is $\left(\dfrac{3}{4}, 0\right)$; directrix is $x = -\dfrac{3}{4}$.

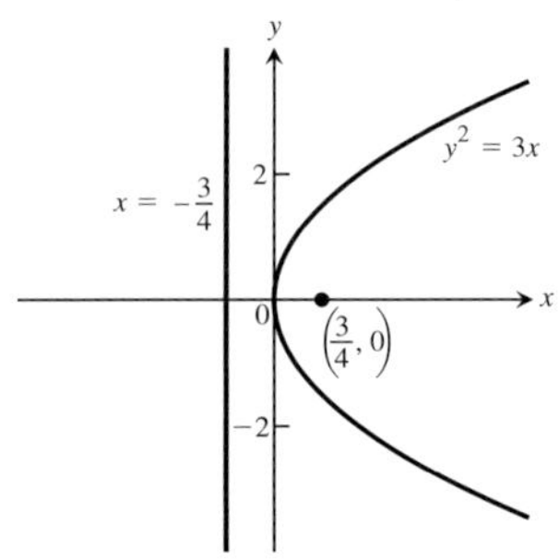

59. $e = \dfrac{3}{4}$

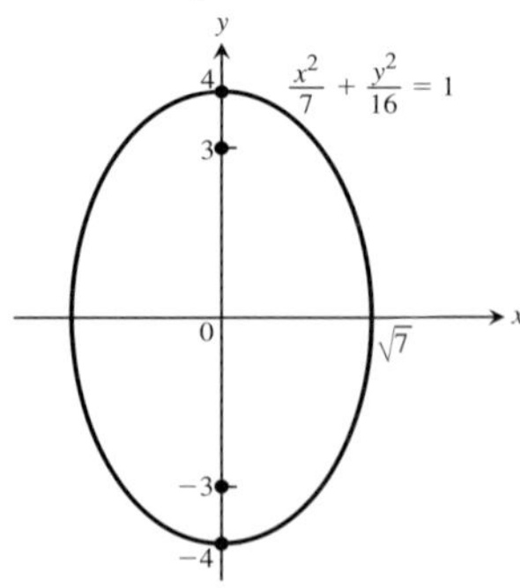

61. $e = 2$; the asymptotes are $y = \pm\sqrt{3}\,x$.

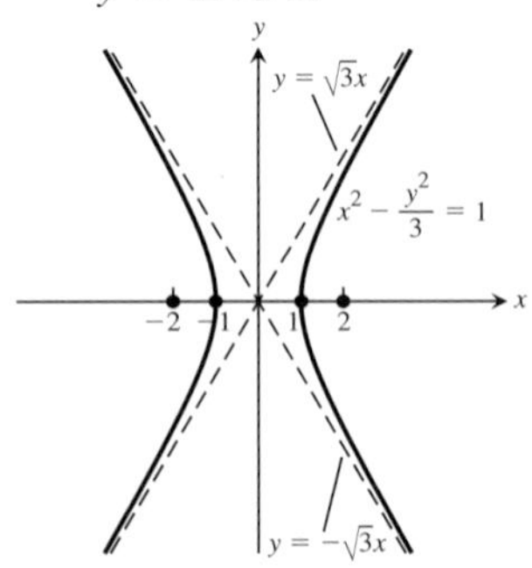

63. $(x-2)^2=-12(y-3)$, $V(2,3)$, $F(2,0)$, directrix is $y=6$.

65. $\dfrac{(x+3)^2}{9}+\dfrac{(y+5)^2}{25}=1$, $C(-3,-5)$, $F(-3,-1)$ and $F(-3,-9)$, $V(-3,-10)$ and $V(-3,0)$.

67. $\dfrac{(y-2\sqrt{2})^2}{8}-\dfrac{(x-2)^2}{2}=1$, $C(2,2\sqrt{2})$, $F(2,2\sqrt{2}\pm\sqrt{10})$, $V(2,4\sqrt{2})$ and $V(2,0)$, the asymptotes are $y=2x-4+2\sqrt{2}$ and $y=-2x+4+2\sqrt{2}$.

69. Hyperbola: $C(2,0)$, $V(0,0)$ and $V(4,0)$, the foci are $F(2\pm\sqrt{5},0)$, and the asymptotes are $y=\pm\dfrac{x-2}{2}$.

71. Parabola: $V(-3,1)$, $F(-7,1)$, and the directrix is $x=1$.

73. Ellipse: $C(-3,2)$, $F(-3\pm\sqrt{7},2)$, $V(1,2)$ and $V(-7,2)$

75. Circle: $C(1,1)$ and radius $=\sqrt{2}$

77. $V(1,0)$

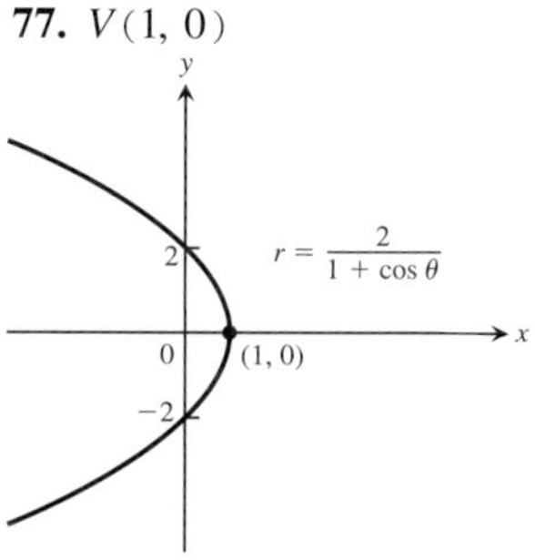

79. $V(2,\pi)$ and $V(6,\pi)$

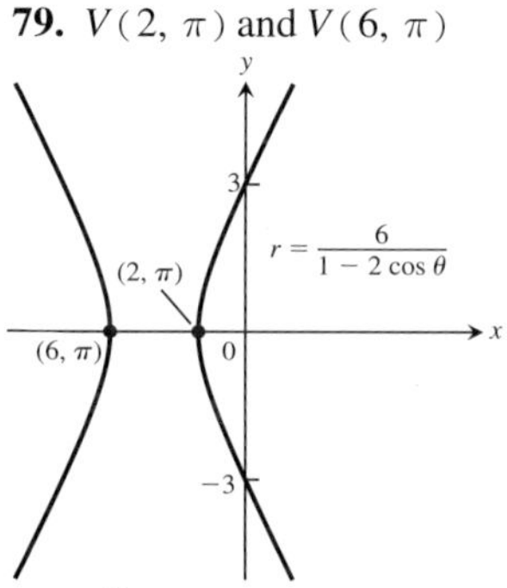

81. $r=\dfrac{4}{1+2\cos\theta}$ **83.** $r=\dfrac{2}{2+\sin\theta}$

85. **(a)** 24π **(b)** 16π

심화문제

1. $x-\dfrac{7}{2}=\dfrac{y^2}{2}$

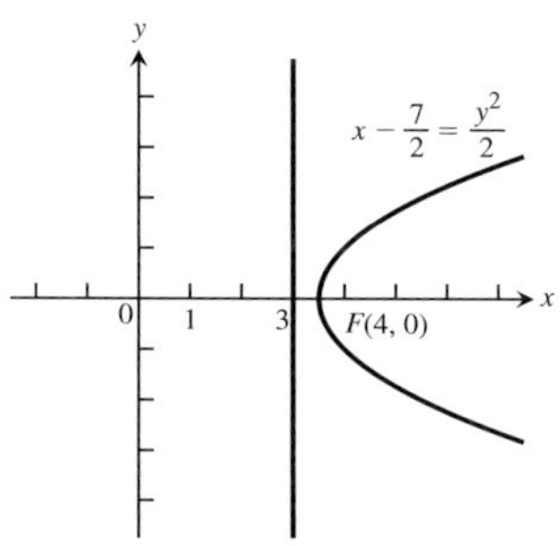

3. $3x^2+3y^2-8y+4=0$ **5.** $F(0,\pm1)$

7. **(a)** $\dfrac{(y-1)^2}{16}-\dfrac{x^2}{48}=1$ **(b)** $\dfrac{\left(y+\frac{3}{4}\right)^2}{\left(\frac{25}{16}\right)}-\dfrac{x^2}{\left(\frac{75}{2}\right)}=1$

11.

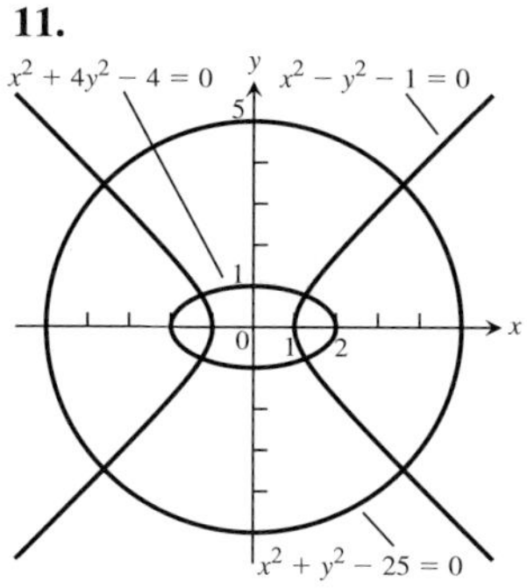

13.

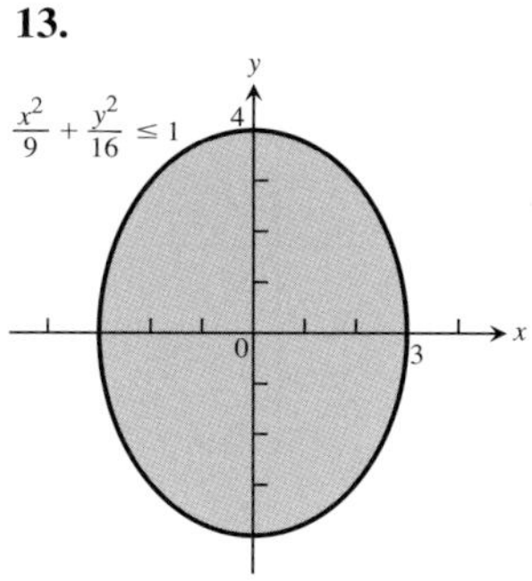

15.

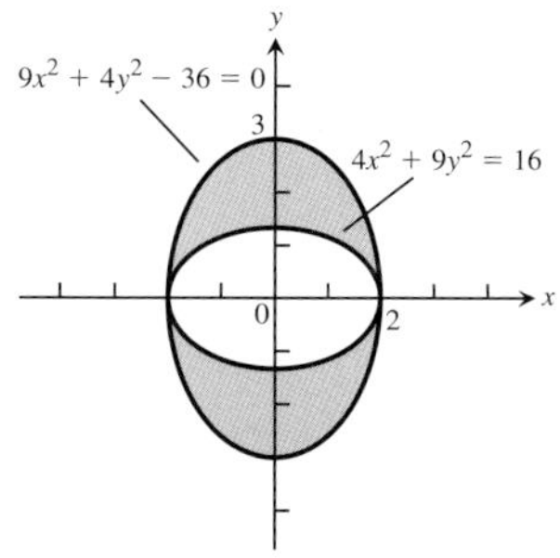

17. **(a)** $r=e^{2\theta}$ **(b)** $\dfrac{\sqrt{5}}{2}(e^{4\pi}-1)$

19. $r=\dfrac{4}{1+2\cos\theta}$ **21.** $r=\dfrac{2}{2+\sin\theta}$

23. $x=(a+b)\cos\theta-b\cos\left(\dfrac{a+b}{b}\theta\right)$,

$y=(a+b)\sin\theta-b\sin\left(\dfrac{a+b}{b}\theta\right)$

27. $\dfrac{\pi}{2}$

10장

10.1절

1. The line through the point $(2,3,0)$ parallel to the z-axis

3. The x-axis

5. The circle $x^2+y^2=4$ in the xy-plane

7. The circle $x^2+z^2=4$ in the xz-plane

9. The circle $y^2+z^2=1$ in the yz-plane

11. The circle $x^2+y^2=16$ in the xy-plane

13. The ellipse formed by the intersection of the cylinder $x^2+y^2=4$ and the plane $z=y$

15. The parabola $y=x^2$ in the xy-plane

17. **(a)** The first quadrant of the xy-plane
(b) The fourth quadrant of the xy-plane

19. **(a)** The ball of radius 1 centered at the origin
(b) All points more than 1 unit from the origin

21. **(a)** The ball of radius 2 centered at the origin with the interior of the ball of radius 1 centered at the origin removed
(b) The solid upper hemisphere of radius 1 centered at the origin

23. **(a)** The region on or inside the parabola $y=x^2$ in the xy-plane and all points above this region
(b) The region on or to the left of the parabola $x=y^2$ in the xy-plane and all points above it that are 2 units or less away from the xy-plane

25. 3 **27.** 7 **29.** $2\sqrt{3}$ **31.** **(a)** 2 **(b)** 3 **(c)** 4

33. **(a)** 3 **(b)** 4 **(c)** 5

35. **(a)** $x=3$ **(b)** $y=-1$ **(c)** $z=-2$

37. **(a)** $z=1$ **(b)** $x=3$ **(c)** $y=-1$

39. **(a)** $x^2+(y-2)^2=4, z=0$
(b) $(y-2)^2+z^2=4, x=0$ **(c)** $x^2+z^2=4, y=2$

41. **(a)** $y=3, z=-1$ **(b)** $x=1, z=-1$ **(c)** $x=1, y=3$

43. $x^2+y^2+z^2=25, z=3$ **45.** $0\le z\le 1$ **47.** $z\le 0$

49. **(a)** $(x-1)^2+(y-1)^2+(z-1)^2<1$
(b) $(x-1)^2+(y-1)^2+(z-1)^2>1$

51. $C(-2,0,2), a=2\sqrt{2}$ **53.** $C(\sqrt{2},\sqrt{2},-\sqrt{2}), a=\sqrt{2}$

55. $C(-2,0,2), a=\sqrt{8}$ **57.** $C\left(-\dfrac{1}{4},-\dfrac{1}{4},-\dfrac{1}{4}\right), a=\dfrac{5\sqrt{3}}{4}$

59. $C(2,-3,5), a = 7$
61. $(x-1)^2 + (y-2)^2 + (z-3)^2 = 14$
63. $(x+1)^2 + \left(y - \frac{1}{2}\right)^2 + \left(z + \frac{2}{3}\right)^2 = \frac{16}{81}$
65. **(a)** $\sqrt{y^2+z^2}$ **(b)** $\sqrt{x^2+z^2}$ **(c)** $\sqrt{x^2+y^2}$
67. $\sqrt{17} + \sqrt{33} + 6$ **69.** $y = 1$
71. **(a)** $(0,3,-3)$ **(b)** $(0,5,-5)$
73. $z = x^2/4 + 1$ **75.** **(a)** $z^2 = x^2$ **(b)** $y^2 = x^2$

10.2절

1. **(a)** $\langle 9,-6\rangle$ **(b)** $3\sqrt{13}$ **3.** **(a)** $\langle 1,3\rangle$ **(b)** $\sqrt{10}$
5. **(a)** $\langle 12,-19\rangle$ **(b)** $\sqrt{505}$
7. **(a)** $\left\langle \frac{1}{5}, \frac{14}{5}\right\rangle$ **(b)** $\frac{\sqrt{197}}{5}$ **9.** $\langle 1,-4\rangle$
11. $\langle -2,-3\rangle$ **13.** $\left\langle -\frac{1}{2}, \frac{\sqrt{3}}{2}\right\rangle$ **15.** $\left\langle -\frac{\sqrt{3}}{2}, -\frac{1}{2}\right\rangle$
17. $-3\mathbf{i} + 2\mathbf{j} - \mathbf{k}$ **19.** $-3\mathbf{i} + 16\mathbf{j}$ **21.** $3\mathbf{i} + 5\mathbf{j} - 8\mathbf{k}$
23. The vector **v** is horizontal and 25 mm long. The vectors **u** and **w** are 17 mm long. **w** is vertical and **u** makes a 45° angle with the horizontal. All vectors must be drawn to scale.

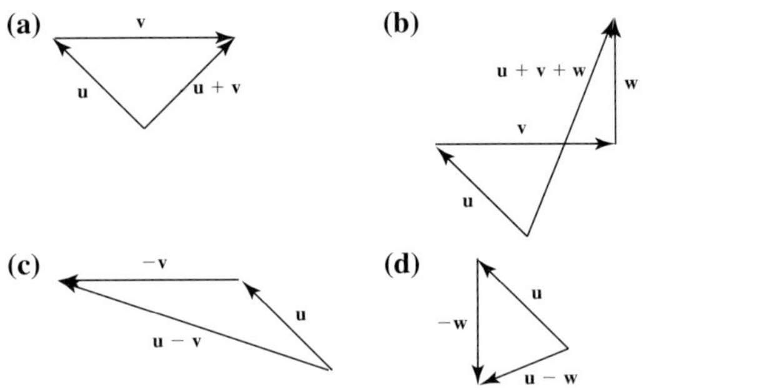

25. $3\left(\frac{2}{3}\mathbf{i} + \frac{1}{3}\mathbf{j} - \frac{2}{3}\mathbf{k}\right)$ **27.** $5(\mathbf{k})$
29. $\sqrt{\frac{1}{2}}\left(\frac{1}{\sqrt{3}}\mathbf{i} - \frac{1}{\sqrt{3}}\mathbf{j} - \frac{1}{\sqrt{3}}\mathbf{k}\right)$
31. **(a)** $2\mathbf{i}$ **(b)** $-\sqrt{3}\mathbf{k}$ **(c)** $\frac{3}{10}\mathbf{j} + \frac{2}{5}\mathbf{k}$ **(d)** $6\mathbf{i} - 2\mathbf{j} + 3\mathbf{k}$
33. $\frac{7}{13}(12\mathbf{i} - 5\mathbf{k})$
35. **(a)** $\frac{3}{5\sqrt{2}}\mathbf{i} + \frac{4}{5\sqrt{2}}\mathbf{j} - \frac{1}{\sqrt{2}}\mathbf{k}$ **(b)** $(1/2, 3, 5/2)$
37. **(a)** $-\frac{1}{\sqrt{3}}\mathbf{i} - \frac{1}{\sqrt{3}}\mathbf{j} - \frac{1}{\sqrt{3}}\mathbf{k}$ **(b)** $\left(\frac{5}{2}, \frac{7}{2}, \frac{9}{2}\right)$
39. $A(4,-3,5)$ **41.** $a = \frac{3}{2}, b = \frac{1}{2}$
43. $a = -1, b = 2, c = 1$ **45.** $\approx\langle -338.095, 725.046\rangle$
47. $|\mathbf{F}_1| \approx 73.205$ N,
$|\mathbf{F}_2| \approx 89.658$ N,
$\mathbf{F}_1 = \langle -|\mathbf{F}_1|\cos 30°, |\mathbf{F}_1|\sin 30°\rangle \approx \langle -63.397, 36.603\rangle$,
$\mathbf{F}_2 = \langle |\mathbf{F}_2|\cos 45°, |\mathbf{F}_2|\sin 45°\rangle \approx \langle 63.397, 63.397\rangle$
49. $w \approx 126.093$ N,
$|\mathbf{F}_1| \approx 106.933$ N
51. **(a)** $\langle 5\cos 60°, 5\sin 60°\rangle = \left\langle \frac{5}{2}, \frac{5\sqrt{3}}{2}\right\rangle$
(b) $\langle 5\cos 60° + 10\cos 315°, 5\sin 60° + 10\sin 315°\rangle =$
$\left\langle \frac{5+10\sqrt{2}}{2}, \frac{5\sqrt{3}-10\sqrt{2}}{2}\right\rangle$
53. **(a)** $\frac{3}{2}\mathbf{i} + \frac{3}{2}\mathbf{j} - 3\mathbf{k}$ **(b)** $\mathbf{i} + \mathbf{j} - 2\mathbf{k}$ **(c)** $(2,2,1)$
59. **(a)** $\langle 0,0,0\rangle$ **(b)** $\langle 0,0,0\rangle$
61. **(a)** $\langle 0,16,4,-12\rangle$ **(b)** $4\sqrt{26}$
63. **(a)** $\langle -2,-1,-1,2\rangle$ **(b)** $\sqrt{10}$
65. **(a)** $\langle 8,-24,-3,13\rangle$ **(b)** $\sqrt{818}$

10.3절

1. **(a)** $-25, 5, 5$ **(b)** -1 **(c)** -5 **(d)** $-2\mathbf{i} + 4\mathbf{j} - \sqrt{5}\mathbf{k}$
3. **(a)** $25, 15, 5$ **(b)** $\frac{1}{3}$ **(c)** $\frac{5}{3}$ **(d)** $\frac{1}{9}(10\mathbf{i} + 11\mathbf{j} - 2\mathbf{k})$
5. **(a)** $2, \sqrt{34}, \sqrt{3}$ **(b)** $\frac{2}{\sqrt{3}\sqrt{34}}$ **(c)** $\frac{2}{\sqrt{34}}$
(d) $\frac{1}{17}(5\mathbf{j} - 3\mathbf{k})$
7. **(a)** $10 + \sqrt{17}, \sqrt{26}, \sqrt{21}$ **(b)** $\frac{10+\sqrt{17}}{\sqrt{546}}$ **(c)** $\frac{10+\sqrt{17}}{\sqrt{26}}$
(d) $\frac{10+\sqrt{17}}{26}(5\mathbf{i} + \mathbf{j})$
9. 0.75 rad **11.** 1.77 rad
13. Angle at $A = \arccos\left(\frac{1}{\sqrt{5}}\right) \approx 63.435$ degrees, angle at $B = \arccos\left(\frac{3}{5}\right) \approx 53.130$ degrees, angle at $C = \arccos\left(\frac{1}{\sqrt{5}}\right) \approx 63.435$ degrees.
17. $\arccos\left(\frac{3}{\sqrt{10}}\right) \approx 0.322$ radian or 18.43 degrees
25. Horizontal component: ≈ 396 m/s, vertical component: ≈ 55.7 m/s
27. **(a)** Since $|\cos\theta| \le 1$, we have
$|\mathbf{u}\cdot\mathbf{v}| = |\mathbf{u}||\mathbf{v}||\cos\theta| \le |\mathbf{u}||\mathbf{v}|(1) = |\mathbf{u}||\mathbf{v}|$.
(b) We have equality precisely when $|\cos\theta| = 1$ or when one or both of **u** and **v** are **0**. In the case of nonzero vectors, we have equality when $\theta = 0$ or π, that is, when the vectors are parallel.
29. a
35. $x + 2y = 4$

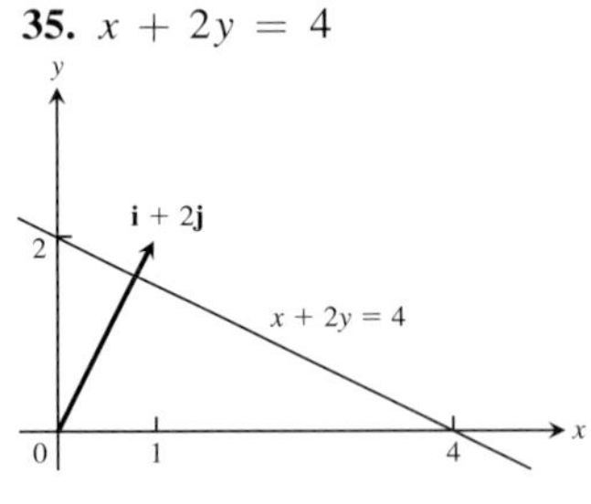

37. $-2x + y = -3$

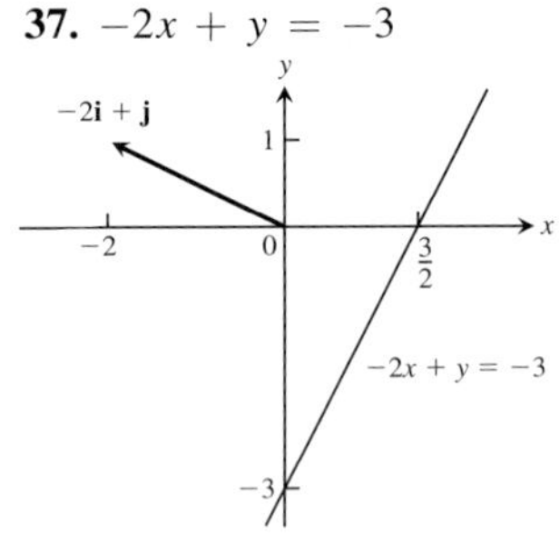

39. $x + y = -1$

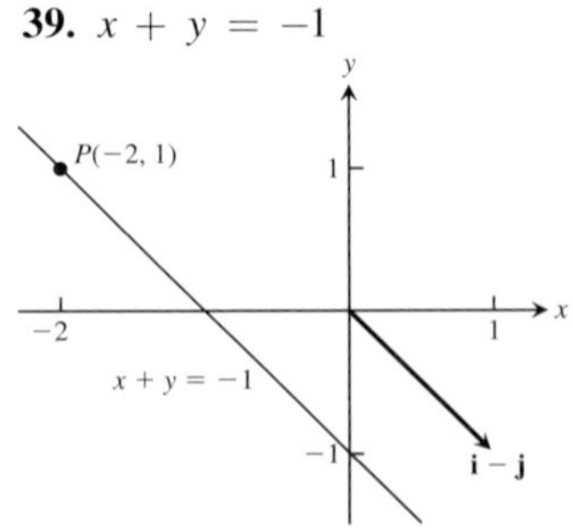

41. $2x - y = 0$

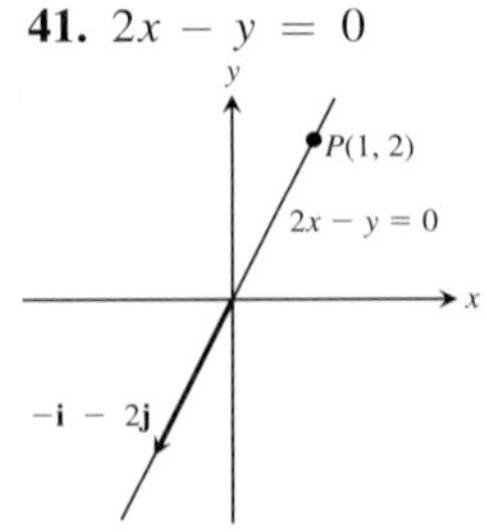

43. 5 J **45.** 3464 J **47.** $\frac{\pi}{4}$ **49.** $\frac{\pi}{6}$ **51.** 0.14

53. (a) 3 **(b)** not orthogonal

55. (a) 0 **(b)** orthogonal

10.4절

1. $|\mathbf{u} \times \mathbf{v}| = 3$, direction is $\frac{2}{3}\mathbf{i} + \frac{1}{3}\mathbf{j} + \frac{2}{3}\mathbf{k}$; $|\mathbf{v} \times \mathbf{u}| = 3$, direction is $-\frac{2}{3}\mathbf{i} - \frac{1}{3}\mathbf{j} - \frac{2}{3}\mathbf{k}$

3. $|\mathbf{u} \times \mathbf{v}| = 0$, no direction; $|\mathbf{v} \times \mathbf{u}| = 0$, no direction

5. $|\mathbf{u} \times \mathbf{v}| = 6$, direction is $-\mathbf{k}$; $|\mathbf{v} \times \mathbf{u}| = 6$, direction is $\mathbf{k}$

7. $|\mathbf{u} \times \mathbf{v}| = 6\sqrt{5}$, direction is $\frac{1}{\sqrt{5}}\mathbf{i} - \frac{2}{\sqrt{5}}\mathbf{k}$; $|\mathbf{v} \times \mathbf{u}| = 6\sqrt{5}$, direction is $-\frac{1}{\sqrt{5}}\mathbf{i} + \frac{2}{\sqrt{5}}\mathbf{k}$

9.

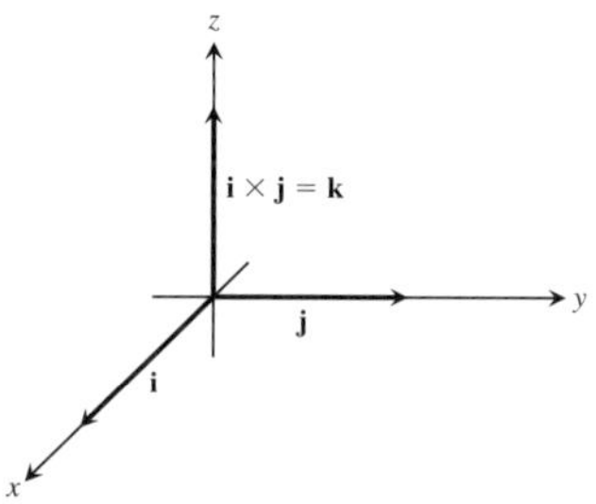

11.

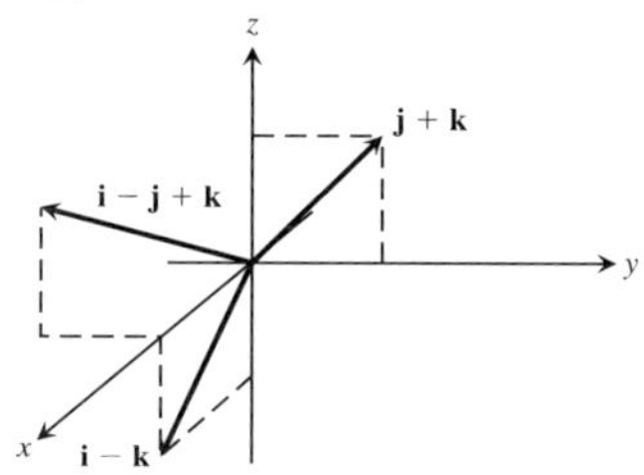

13.

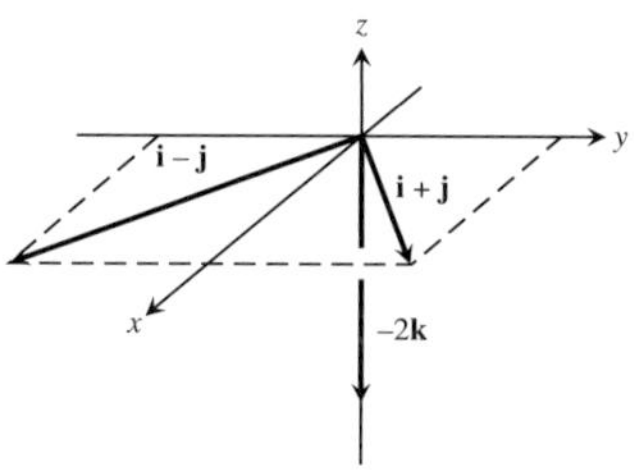

15. (a) $2\sqrt{6}$ **(b)** $\pm\frac{1}{\sqrt{6}}(2\mathbf{i} + \mathbf{j} + \mathbf{k})$

17. (a) $\frac{\sqrt{2}}{2}$ **(b)** $\pm\frac{1}{\sqrt{2}}(\mathbf{i} - \mathbf{j})$

19. 8 **21.** 7 **23. (a)** None **(b)** $\mathbf{u}$ and $\mathbf{w}$

25. $1.5\sqrt{3}$ N-m

27. (a) True **(b)** Not always true **(c)** True **(d)** True **(e)** Not always true **(f)** True **(g)** True **(h)** True

29. (a) $\text{proj}_{\mathbf{v}}\,\mathbf{u} = \frac{\mathbf{u}\cdot\mathbf{v}}{\mathbf{v}\cdot\mathbf{v}}\mathbf{v}$ **(b)** $k\mathbf{u} \times \mathbf{v}$ (k any constant)
(c) $k(\mathbf{u} \times \mathbf{v}) \times \mathbf{w}$ (k any constant)
(d) $|(\mathbf{u} \times \mathbf{v}) \cdot \mathbf{w}|$ **(e)** $k(\mathbf{u} \times \mathbf{v}) \times (\mathbf{u} \times \mathbf{w})$ (k any constant)
(f) $|\mathbf{u}|\frac{\mathbf{v}}{|\mathbf{v}|}$

31. (a) Yes **(b)** No **(c)** Yes **(d)** No

33. No, $\mathbf{v}$ need not equal $\mathbf{w}$. For example, $\mathbf{i} + \mathbf{j} \neq -\mathbf{i} + \mathbf{j}$, but $\mathbf{i} \times (\mathbf{i} + \mathbf{j}) = \mathbf{i} \times \mathbf{i} + \mathbf{i} \times \mathbf{j} = \mathbf{0} + \mathbf{k} = \mathbf{k}$ and $\mathbf{i} \times (-\mathbf{i} + \mathbf{j}) = -\mathbf{i} \times \mathbf{i} + \mathbf{i} \times \mathbf{j} = \mathbf{0} + \mathbf{k} = \mathbf{k}$.

35. 2 **37.** 13 **39.** $\sqrt{129}$ **41.** $\frac{11}{2}$

43. $\frac{25}{2}$ **45.** $\frac{3}{2}$ **47.** $\frac{\sqrt{21}}{2}$

49. If $\mathbf{A} = a_1\mathbf{i} + a_2\mathbf{j}$ and $\mathbf{B} = b_1\mathbf{i} + b_2\mathbf{j}$, then

$$\mathbf{A} \times \mathbf{B} = \begin{vmatrix} \mathbf{i} & \mathbf{j} & \mathbf{k} \\ a_1 & a_2 & 0 \\ b_1 & b_2 & 0 \end{vmatrix} = \begin{vmatrix} a_1 & a_2 \\ b_1 & b_2 \end{vmatrix}\mathbf{k},$$

and the triangle's area is

$$\frac{1}{2}\left|\mathbf{A} \times \mathbf{B}\right| = \pm\frac{1}{2}\begin{vmatrix} a_1 & a_2 \\ b_1 & b_2 \end{vmatrix}.$$

The applicable sign is $(+)$ if the acute angle from $\mathbf{A}$ to $\mathbf{B}$ runs counterclockwise in the xy-plane, and $(-)$ if it runs clockwise.

51. 4 **53.** 44/3 **55.** Coplanar **57.** Not coplanar

10.5절

1. $x = 3 + t, \quad y = -4 + t, \quad z = -1 + t$

3. $x = -2 + 5t, \quad y = 5t, \quad z = 3 - 5t$

5. $x = 0, \quad y = 2t, \quad z = t$

7. $x = 1, \quad y = 1, \quad z = 1 + t$

9. $x = t, \quad y = -7 + 2t, \quad z = 2t$

11. $x = t, \quad y = 0, \quad z = 0$

13. $x = t, \quad y = t, \quad z = \frac{3}{2}t, \quad 0 \le t \le 1$

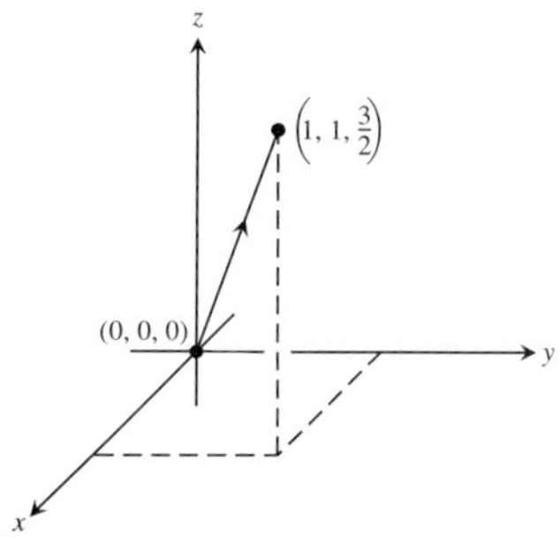

15. $x = 1, \quad y = 1 + t, \quad z = 0, \quad -1 \le t \le 0$

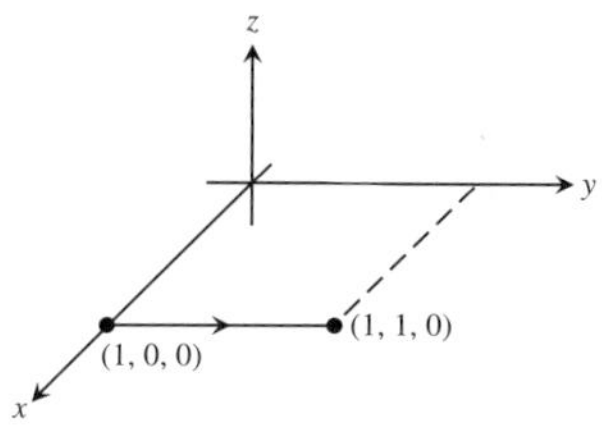

17. $x = 0, \quad y = 1 - 2t, \quad z = 1, \quad 0 \le t \le 1$

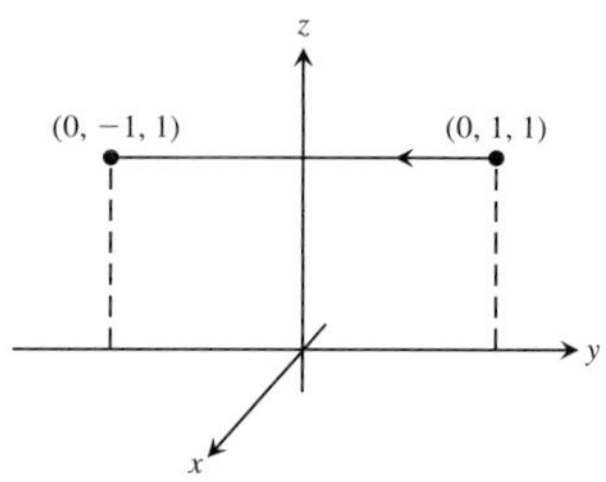

19. $x = 2 - 2t, \quad y = 2t, \quad z = 2 - 2t, \quad 0 \le t \le 1$

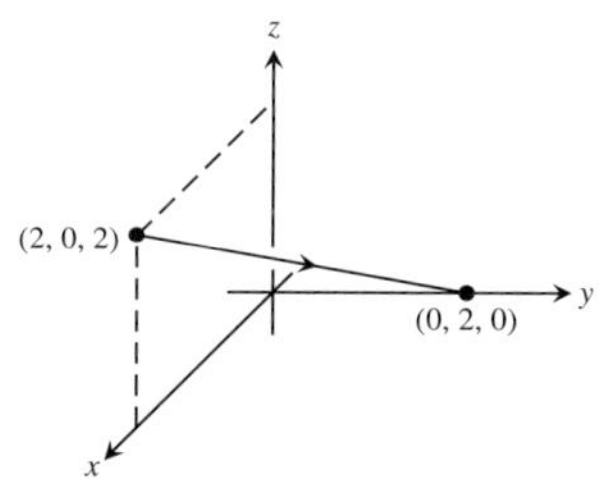

21. $3x - 2y - z = -3$ **23.** $7x - 5y - 4z = 6$

25. $x + 3y + 4z = 34$ **27.** $(1, 2, 3), -20x + 12y + z = 7$

29. $y + z = 3$ **31.** $x - y + z = 0$ **33.** $2\sqrt{30}$ **35.** 0

37. $\frac{9\sqrt{42}}{7}$ **39.** 3 **41.** 19/5 **43.** 5/3 **45.** $9/\sqrt{41}$

47. $\pi/4$ **49.** $\pi - \arccos(-1/6) \approx \pi - 1.738 \approx 1.403$ radians

51. $\arcsin\left(2/\sqrt{154}\right) \approx 0.161$ radian **53.** 1.38 rad

55. 0.82 rad **57.** $\left(\frac{3}{2}, -\frac{3}{2}, \frac{1}{2}\right)$ **59.** $(1, 1, 0)$

61. $x = 1 - t, \quad y = 1 + t, \quad z = -1$

63. $x = 4, \quad y = 3 + 6t, \quad z = 1 + 3t$

65. $L1$ intersects $L2$; $L2$ is parallel to $L3$, $\sqrt{5}/3$; $L1$ and $L3$ are skew, $10\sqrt{2}/3$

67. $x = 2 + 2t, \quad y = -4 - t, \quad z = 7 + 3t; \quad x = -2 - t, \quad y = -2 + (1/2)t, \quad z = 1 - (3/2)t$

69. $\left(0, -\frac{1}{2}, -\frac{3}{2}\right), (-1, 0, -3), (1, -1, 0)$

73. Many possible answers. One possibility: $x + y = 3$ and $2y + z = 7$.

75. $(x/a) + (y/b) + (z/c) = 1$ describes all planes *except* those through the origin or parallel to a coordinate axis.

10.6절

1. (d), ellipsoid **3.** (a), cylinder **5.** (l), hyperbolic paraboloid
7. (b), cylinder **9.** (k), hyperbolic paraboloid **11.** (h), cone

13.

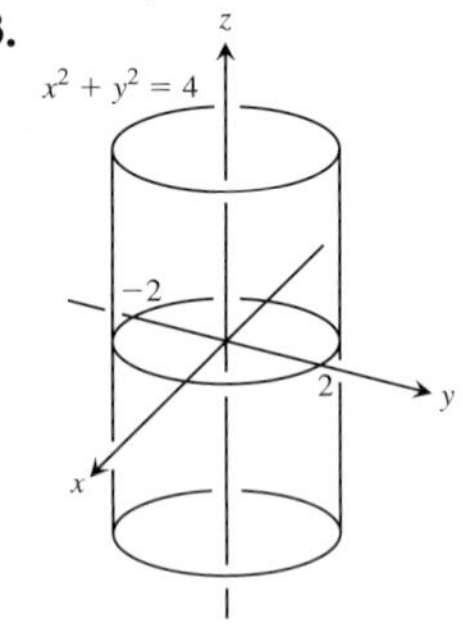

15.

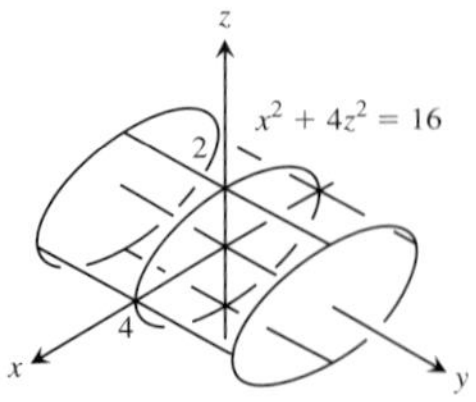

17.

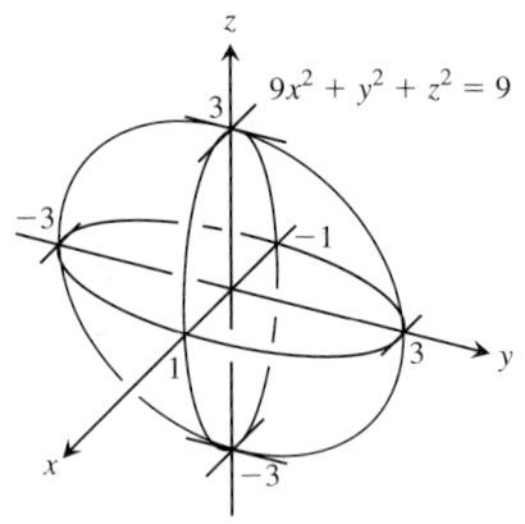

19.

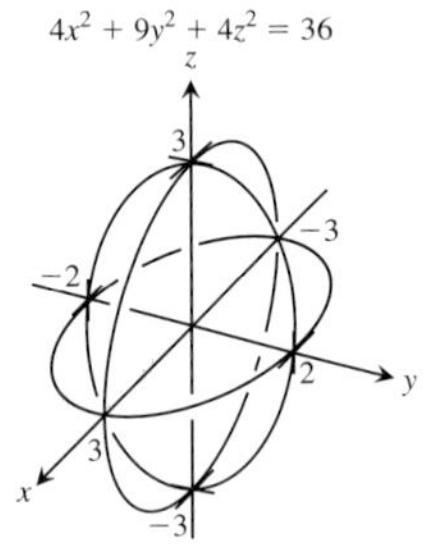

21.

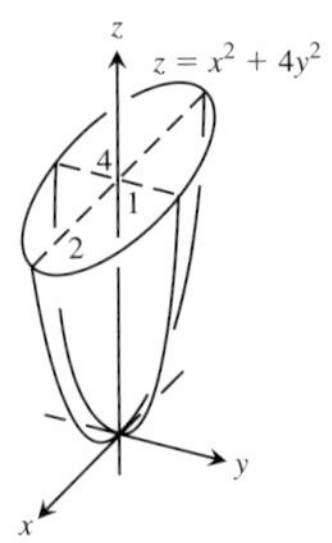

23.

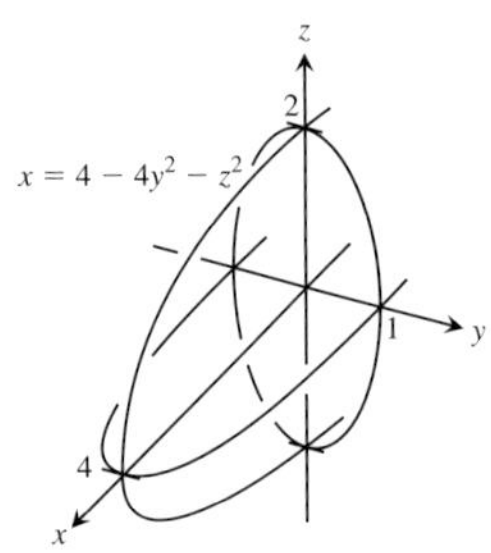

25.

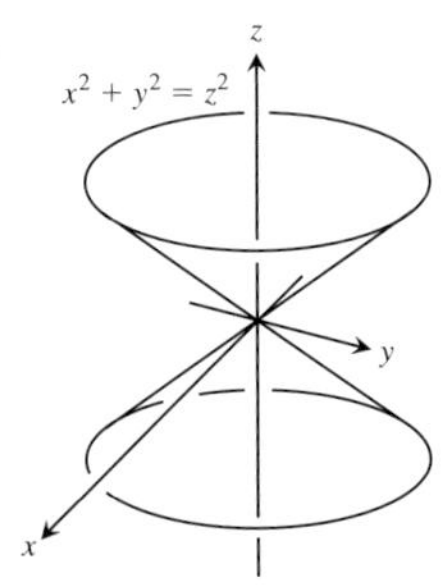

27.

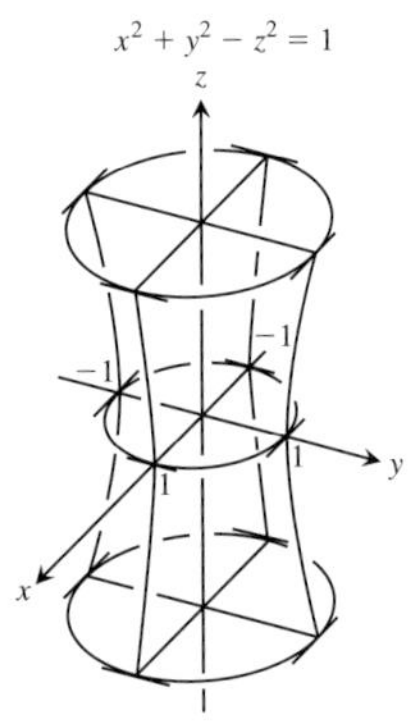

29.

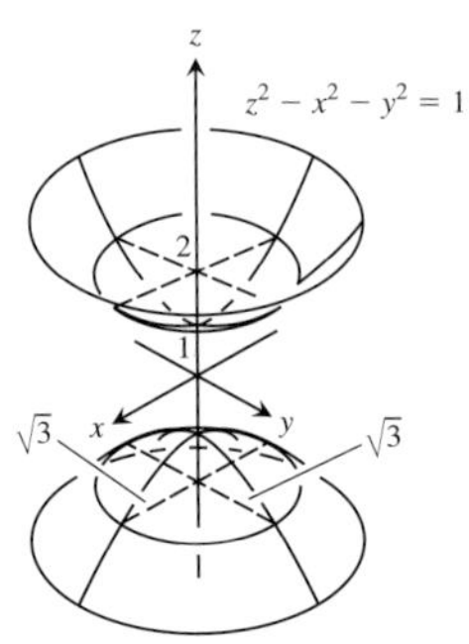

31.

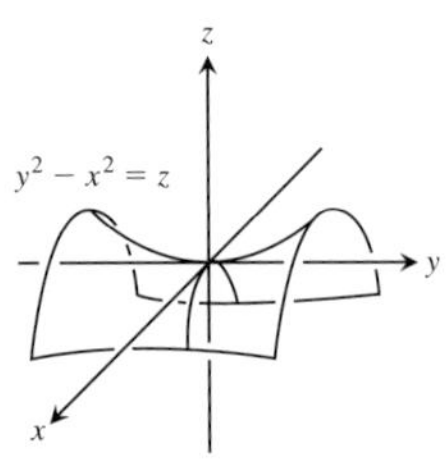

33.

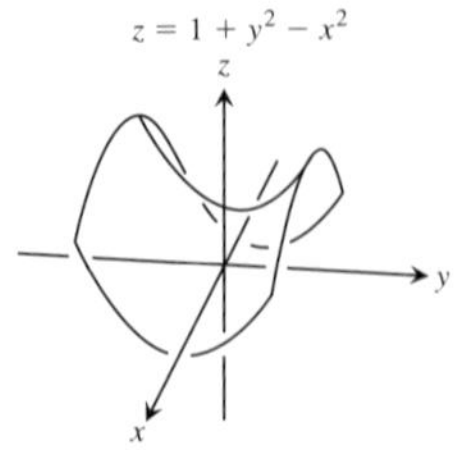

35.

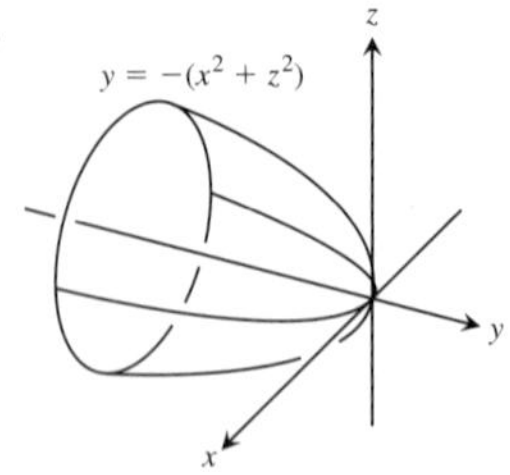

37.

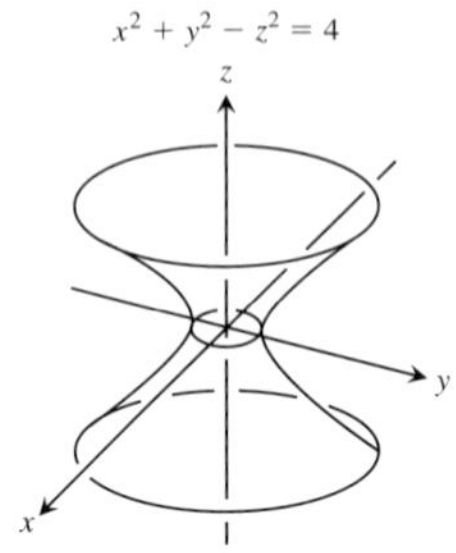

39.

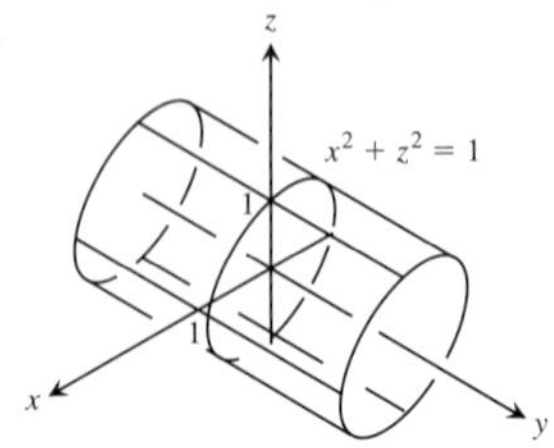

41.

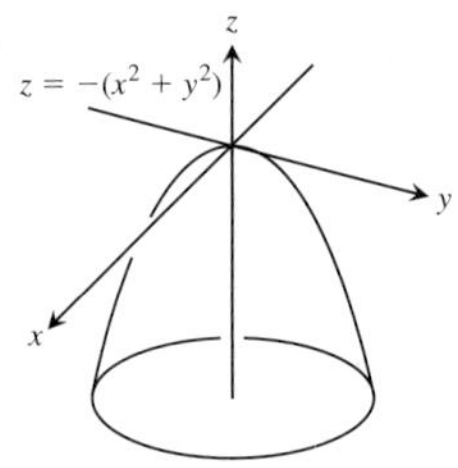

43.

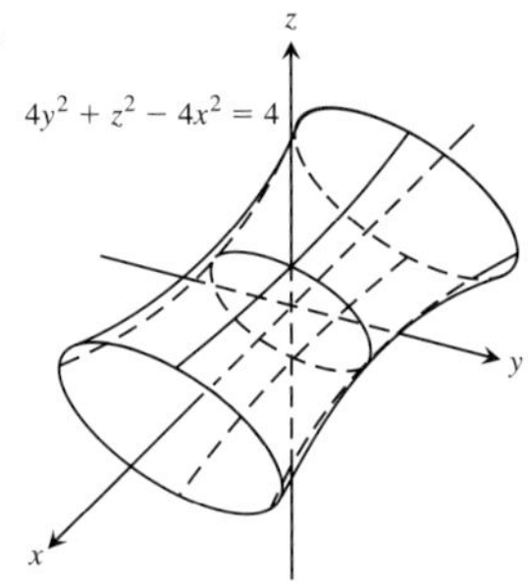

45. **(a)** $\dfrac{2\pi(9-c^2)}{9}$ **(b)** 8π **(c)** $\dfrac{4\pi abc}{3}$

실전문제

1. **(a)** $\langle -17, 32\rangle$ **(b)** $\sqrt{1313}$ **3.** **(a)** $\langle 6, -8\rangle$ **(b)** 10

5. $\left\langle -\dfrac{\sqrt{3}}{2}, -\dfrac{1}{2}\right\rangle$ [assuming counterclockwise] **7.** $\left\langle \dfrac{8}{\sqrt{17}}, -\dfrac{2}{\sqrt{17}}\right\rangle$

9. Length $=2$; direction is $\dfrac{1}{\sqrt{2}}\mathbf{i}+\dfrac{1}{\sqrt{2}}\mathbf{j}$.

11. Length $=2$; direction is $-\mathbf{i}$.

13. Length $=7$; direction is $\dfrac{2}{7}\mathbf{i}-\dfrac{3}{7}\mathbf{j}+\dfrac{6}{7}\mathbf{k}$.

15. $\dfrac{8}{\sqrt{33}}\mathbf{i}-\dfrac{2}{\sqrt{33}}\mathbf{j}+\dfrac{8}{\sqrt{33}}\mathbf{k}$

17. $|\mathbf{v}|=\sqrt{2}, |\mathbf{u}|=3, \mathbf{v}\cdot\mathbf{u}=\mathbf{u}\cdot\mathbf{v}=3, \mathbf{v}\times\mathbf{u}=-2\mathbf{i}+2\mathbf{j}-\mathbf{k},$
$\mathbf{u}\times\mathbf{v}=2\mathbf{i}-2\mathbf{j}+\mathbf{k}, |\mathbf{v}\times\mathbf{u}|=3, \theta=\cos^{-1}\left(\dfrac{1}{\sqrt{2}}\right)=\dfrac{\pi}{4},$
$|\mathbf{u}|\cos\theta=\dfrac{3}{\sqrt{2}}, \ \mathrm{proj}_{\mathbf{v}}\,\mathbf{u}=\dfrac{3}{2}(\mathbf{i}+\mathbf{j})$

19. $\dfrac{4}{3}(2\mathbf{i}+\mathbf{j}-\mathbf{k})$

21. $\mathbf{u}\times\mathbf{v}=\mathbf{k}$

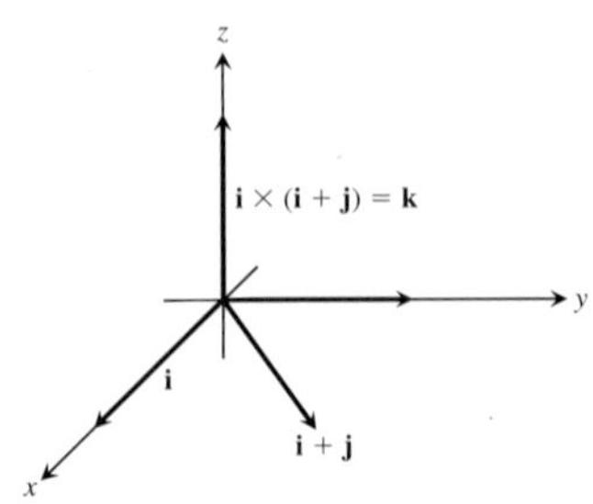

23. $2\sqrt{7}$ **25.** **(a)** $\sqrt{14}$ **(b)** 1 **29.** $\sqrt{78}/3$

31. $x = 1 - 3t,\quad y = 2,\quad z = 3 + 7t$ **33.** $\sqrt{2}$

35. $2x + y + z = 5$ **37.** $-9x + y + 7z = 4$

39. $\left(0, -\frac{1}{2}, -\frac{3}{2}\right), (-1, 0, -3), (1, -1, 0)$

41. $\pi/3$ **43.** $x = -5 + 5t,\quad y = 3 - t,\quad z = -3t$

45. **(b)** $x = -12t,\quad y = 19/12 + 15t,\quad z = 1/6 + 6t$

47. Yes; v is parallel to the plane. **49.** 3 **51.** $-3\mathbf{j} + 3\mathbf{k}$

53. $\frac{2}{\sqrt{35}}(5\mathbf{i} - \mathbf{j} - 3\mathbf{k})$ **55.** $\left(\frac{11}{9}, \frac{26}{9}, -\frac{7}{9}\right)$

57. $(1, -2, -1)$; $x = 1 - 5t,\quad y = -2 + 3t,\quad z = -1 + 4t$

59. $2x + 7y + 2z + 10 = 0$

61. **(a)** No **(b)** No **(c)** No **(d)** No **(e)** Yes

63. $11/\sqrt{107}$

65.

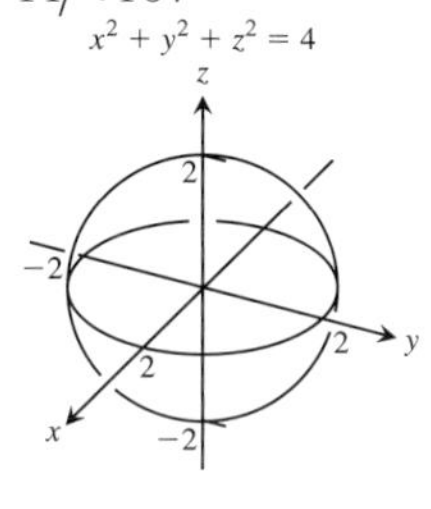

67.

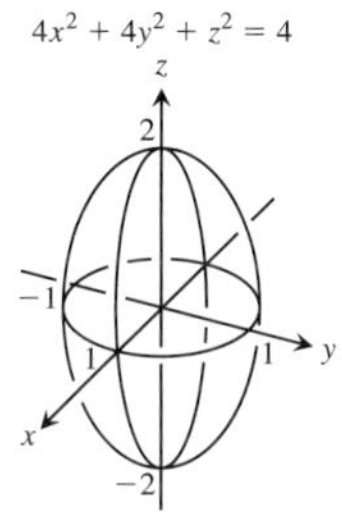

69.

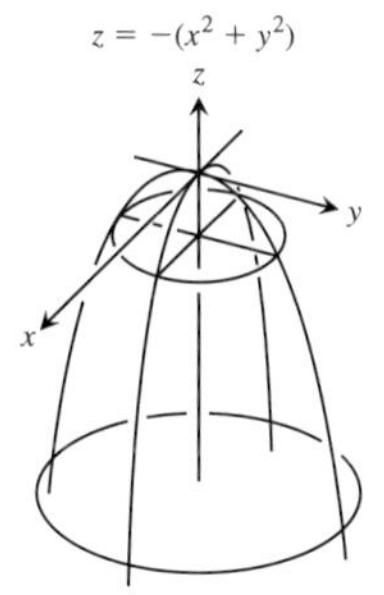

71.

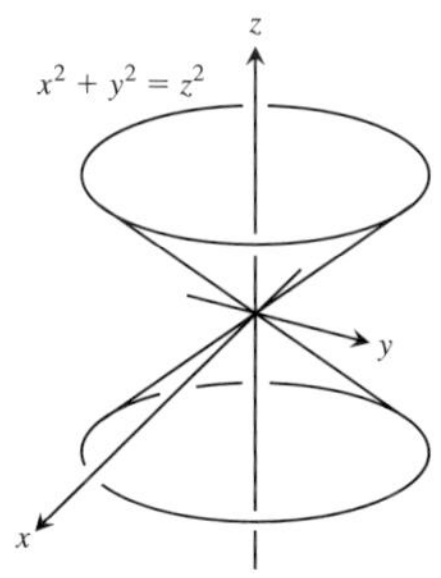

73.

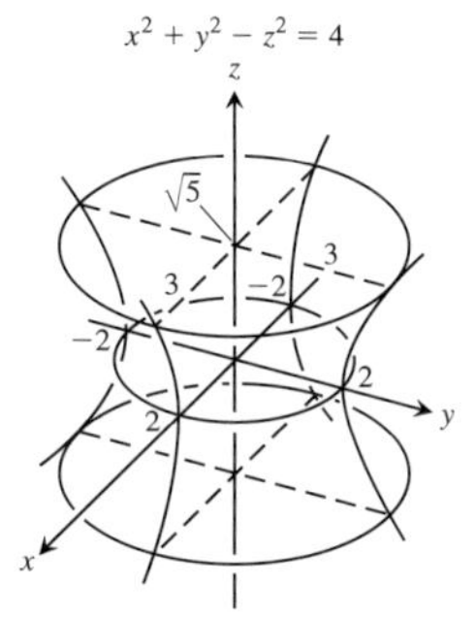

75.

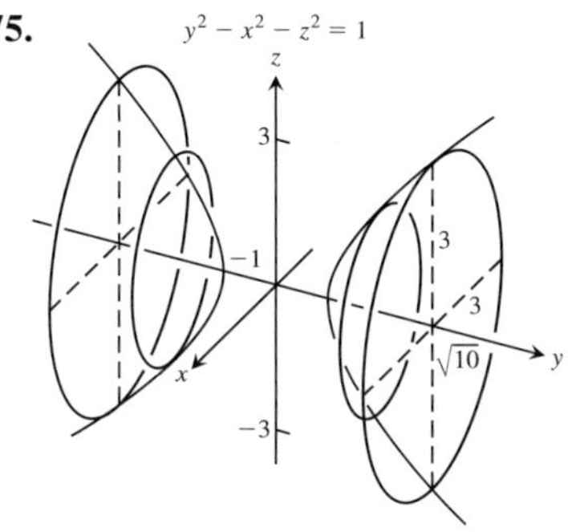

심화문제

1. $(26, 23, -1/3)$ **3.** $|\mathbf{F}| = 88.7$ N

5. **(a)** $|\mathbf{F}_1| = 80$ N, $|\mathbf{F}_2| = 60$ N, $\mathbf{F}_1 = \langle -48, 64 \rangle$,

$\mathbf{F}_2 = \langle 48, 36 \rangle,\quad \alpha = \arctan\frac{4}{3},\quad \beta = \arctan\frac{3}{4}$

(b) $|\mathbf{F}_1| = \frac{2400}{13} \approx 184.615$ N, $|\mathbf{F}_2| = \frac{1000}{13} \approx 76.923$ N,

$\mathbf{F}_1 = \left\langle \frac{-12{,}000}{169}, \frac{28{,}800}{169} \right\rangle \approx \langle -71.006, 170.414 \rangle$,

$\mathbf{F}_2 = \left\langle \frac{12{,}000}{169}, \frac{5000}{169} \right\rangle \approx \langle 71.006, 29.586 \rangle$,

$\alpha = \arctan\frac{12}{5},\quad \beta = \arctan\frac{5}{12}$

9. **(a)** $\theta = \arctan\sqrt{2} \approx 54.74°$

(b) $\theta = \arctan 2\sqrt{2} \approx 70.53°$

13. **(b)** $\frac{6}{\sqrt{14}}$ **(c)** $2x - y + 2z = 8$

(d) $x - 2y + z = 3 + 5\sqrt{6}$ and $x - 2y + z = 3 - 5\sqrt{6}$

15. $\frac{32}{41}\mathbf{i} + \frac{23}{41}\mathbf{j} - \frac{13}{41}\mathbf{k}$

17. **(a)** $\mathbf{0}, \mathbf{0}$ **(b)** $-10\mathbf{i} - 2\mathbf{j} + 6\mathbf{k}, -9\mathbf{i} - 2\mathbf{j} + 7\mathbf{k}$

(c) $-4\mathbf{i} - 6\mathbf{j} + 2\mathbf{k}, \mathbf{i} - 2\mathbf{j} - 4\mathbf{k}$

(d) $-10\mathbf{i} - 10\mathbf{k}, -12\mathbf{i} - 4\mathbf{j} - 8\mathbf{k}$

19. The formula is always true.

11장

11.1절

1. $\mathbf{i} - \frac{1}{2}\mathbf{j} + \mathbf{k}$

3. $2\mathbf{i} + \frac{1}{2}\mathbf{j} + \frac{\pi}{4}\mathbf{k}$

5. $y = x^2 - 2x,\quad \mathbf{v} = \mathbf{i} + 2\mathbf{j},\quad \mathbf{a} = 2\mathbf{j}$

7. $y = \frac{2}{9}x^2,\quad \mathbf{v} = 3\mathbf{i} + 4\mathbf{j},\quad \mathbf{a} = 3\mathbf{i} + 8\mathbf{j}$

9. $t = \frac{\pi}{4}$: $\mathbf{v} = \frac{\sqrt{2}}{2}\mathbf{i} - \frac{\sqrt{2}}{2}\mathbf{j},\quad \mathbf{a} = \frac{-\sqrt{2}}{2}\mathbf{i} - \frac{\sqrt{2}}{2}\mathbf{j}$;

$t = \pi/2$: $\mathbf{v} = -\mathbf{j},\quad \mathbf{a} = -\mathbf{i}$

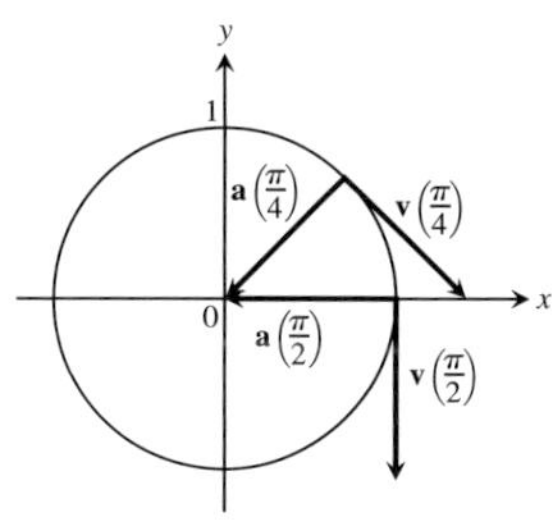

11. $t = \pi$: $\mathbf{v} = 2\mathbf{i},\quad \mathbf{a} = -\mathbf{j};\quad t = \frac{3\pi}{2}$: $\mathbf{v} = \mathbf{i} - \mathbf{j},\quad \mathbf{a} = -\mathbf{i}$

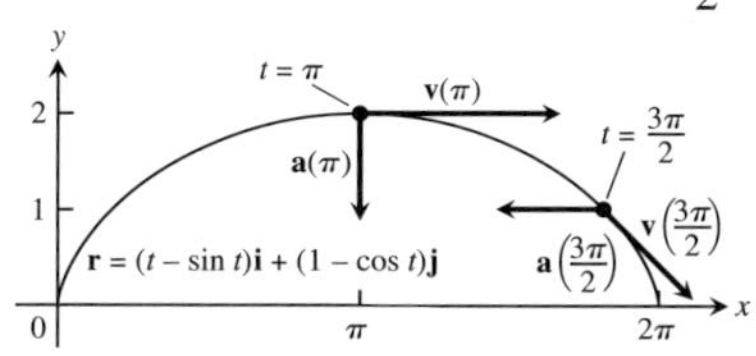

13. $\mathbf{v} = \mathbf{i} + 2t\mathbf{j} + 2\mathbf{k}$; $\mathbf{a} = 2\mathbf{j}$; speed: 3; direction: $\frac{1}{3}\mathbf{i} + \frac{2}{3}\mathbf{j} + \frac{2}{3}\mathbf{k}$;

$\mathbf{v}(1) = 3\left(\frac{1}{3}\mathbf{i} + \frac{2}{3}\mathbf{j} + \frac{2}{3}\mathbf{k}\right)$

15. $\mathbf{v} = (-2\sin t)\mathbf{i} + (3\cos t)\mathbf{j} + 4\mathbf{k}$;

$\mathbf{a} = (-2\cos t)\mathbf{i} - (3\sin t)\mathbf{j}$; speed: $2\sqrt{5}$;

direction: $(-1/\sqrt{5})\mathbf{i} + (2/\sqrt{5})\mathbf{k}$;

$\mathbf{v}(\pi/2) = 2\sqrt{5}\left[(-1/\sqrt{5})\mathbf{i} + (2/\sqrt{5})\mathbf{k}\right]$

17. $\mathbf{v} = \left(\frac{2}{t+1}\right)\mathbf{i} + 2t\mathbf{j} + t\mathbf{k}$; $\mathbf{a} = \left(\frac{-2}{(t+1)^2}\right)\mathbf{i} + 2\mathbf{j} + \mathbf{k}$;

speed: $\sqrt{6}$; direction: $\frac{1}{\sqrt{6}}\mathbf{i} + \frac{2}{\sqrt{6}}\mathbf{j} + \frac{1}{\sqrt{6}}\mathbf{k}$;

$\mathbf{v}(1) = \sqrt{6}\left(\frac{1}{\sqrt{6}}\mathbf{i} + \frac{2}{\sqrt{6}}\mathbf{j} + \frac{1}{\sqrt{6}}\mathbf{k}\right)$

19. $\pi/2$ **21.** $\pi/2$ **23.** $x = t, \quad y = -1, \quad z = 1 + t$

25. $x = t, \quad y = \frac{1}{3}t, \quad z = t$ **27.** $4, -2$ **29.** $2, -2$

31. E **33.** D **35.** C

37. **(a)** **(i):** It has constant speed 1. **(ii):** Yes
(iii): Counterclockwise **(iv):** Yes
(b) **(i):** It has constant speed 2. **(ii):** Yes
(iii): Counterclockwise **(iv):** Yes
(c) **(i):** It has constant speed 1. **(ii):** Yes
(iii): Counterclockwise
(iv): It starts at $(0, -1)$ instead of $(1, 0)$.
(d) **(i):** It has constant speed 1. **(ii):** Yes
(iii): Clockwise **(iv):** Yes
(e) **(i):** It has variable speed. **(ii):** No
(iii): Counterclockwise **(iv):** Yes

39. $\mathbf{v} = 2\sqrt{5}\mathbf{i} + \sqrt{5}\mathbf{j}$

11.2절

1. $(1/4)\mathbf{i} + 7\mathbf{j} + (3/2)\mathbf{k}$ **3.** $\left(\frac{\pi + 2\sqrt{2}}{2}\right)\mathbf{j} + 2\mathbf{k}$

5. $(\ln 4)\mathbf{i} + (\ln 4)\mathbf{j} + (\ln 2)\mathbf{k}$

7. $\frac{e-1}{2}\mathbf{i} + \frac{e-1}{e}\mathbf{j} + \mathbf{k}$

9. $\mathbf{i} - \mathbf{j} + \frac{\pi}{4}\mathbf{k}$

11. $\mathbf{r}(t) = \left(\frac{-t^2}{2} + 1\right)\mathbf{i} + \left(\frac{-t^2}{2} + 2\right)\mathbf{j} + \left(\frac{-t^2}{2} + 3\right)\mathbf{k}$

13. $\mathbf{r}(t) = ((t+1)^{3/2} - 1)\mathbf{i} + (-e^{-t} + 1)\mathbf{j} + (\ln(t+1) + 1)\mathbf{k}$

15. $\mathbf{r}(t) = (3 + \ln|\sec t|)\mathbf{i} + (-2 + 2\sin(t/2))\mathbf{j} + (1 - (1/2)\ln|\sec 2t + \tan 2t|)\mathbf{k}$

17. $\mathbf{r}(t) = 8t\mathbf{i} + 8t\mathbf{j} + (-16t^2 + 100)\mathbf{k}$

19. $\mathbf{r}(t) = (e^t - 2t + 2)\mathbf{i} + (-e^{-t} + 3t + 2)\mathbf{j} + (e^{2t} - 2t + 1)\mathbf{k}$

21. $\mathbf{r}(t) = \left(\frac{3}{2}t^2 + \frac{6}{\sqrt{11}}t + 1\right)\mathbf{i} - \left(\frac{1}{2}t^2 + \frac{2}{\sqrt{11}}t - 2\right)\mathbf{j} + \left(\frac{1}{2}t^2 + \frac{2}{\sqrt{11}}t + 3\right)\mathbf{k} = \left(\frac{1}{2}t^2 + \frac{2t}{\sqrt{11}}\right)(3\mathbf{i} - \mathbf{j} + \mathbf{k}) + (\mathbf{i} + 2\mathbf{j} + 3\mathbf{k})$

23. 50 s

25. **(a)** 72.2 s; 25,510 m **(b)** 4020 m **(c)** 6378 m

27. **(a)** $v_0 \approx 9.9$ m/s **(b)** $\alpha \approx 18.4°$ or $71.6°$

29. $39.3°$ or $50.7°$ **35.** **(b)** $\mathbf{v}_0$ would bisect $\angle AOR$.

37. **(a)** (Assuming that "x" is zero at the point of impact) $\mathbf{r}(t) = (x(t))\mathbf{i} + (y(t))\mathbf{j}$, where $x(t) = (12\cos 27°)t$ and $y(t) = 1.3 + (12\sin 27°)t - 4.9t^2$.
(b) At $t \approx 0.556$ s, it reaches its maximum height of about 2.814 m.
(c) Range ≈ 14 m; flight time ≈ 1.31 s
(d) At $t \approx 0.232$ and $t \approx 0.880$ s, when it is ≈ 11.52 and ≈ 4.59 m from where it will land
(e) Yes. It changes things because the ball won't clear the net.

39. Height is about 10.8 m.

47. **(a)** $\mathbf{r}(t) = (x(t))\mathbf{i} + (y(t))\mathbf{j}$; where

$$x(t) = \left(\frac{1}{0.08}\right)(1 - e^{-0.08t})(50\cos 20° - 5) \text{ and}$$

$$y(t) = 1 + \left(\frac{50}{0.08}\right)(1 - e^{-0.08t})(\sin 20°) + \left(\frac{9.8}{0.08^2}\right)(1 - 0.08t - e^{-0.08t})$$

(b) At $t \approx 1.633$ s, it reaches a maximum height of about 14.66 m.
(c) Range ≈ 125.11 m; flight time ≈ 3.404 s
(d) At $t \approx 0.670$ and 2.622 s, when it is about 27.39 and 99.30 m from home plate
(e) No

11.3절

1. $\mathbf{T} = \left(-\frac{2}{3}\sin t\right)\mathbf{i} + \left(\frac{2}{3}\cos t\right)\mathbf{j} + \frac{\sqrt{5}}{3}\mathbf{k},\ 3\pi$

3. $\mathbf{T} = \frac{1}{\sqrt{1+t}}\mathbf{i} + \frac{\sqrt{t}}{\sqrt{1+t}}\mathbf{k},\ \frac{52}{3}$

5. $\mathbf{T} = -\cos t\mathbf{j} + \sin t\mathbf{k},\ \frac{3}{2}$

7. $\mathbf{T} = \left(\frac{\cos t - t\sin t}{t+1}\right)\mathbf{i} + \left(\frac{\sin t + t\cos t}{t+1}\right)\mathbf{j} + \left(\frac{\sqrt{2}t^{1/2}}{t+1}\right)\mathbf{k},\ \frac{\pi^2}{2} + \pi$

9. $(0, 5, 24\pi)$

11. $s(t) = 5t, \quad L = \frac{5\pi}{2}$

13. $s(t) = \sqrt{3}e^t - \sqrt{3}, \quad L = \frac{3\sqrt{3}}{4}$

15. $\sqrt{2} + \ln(1 + \sqrt{2})$

17. **(a)** Cylinder is $x^2 + y^2 = 1$; plane is $x + z = 1$.
(b) and **(c)**

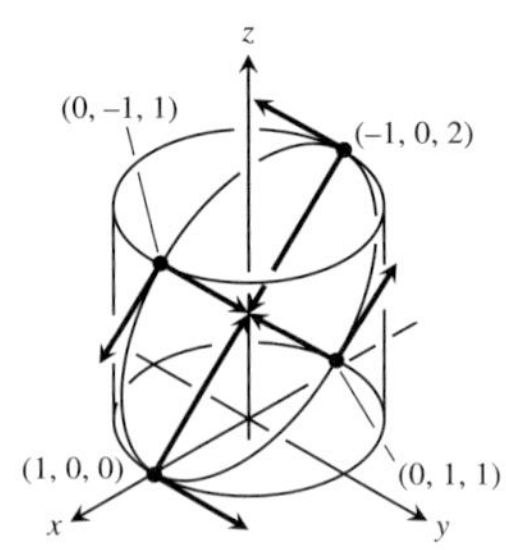

(d) $L = \int_0^{2\pi} \sqrt{1 + \sin^2 t}\, dt$ **(e)** $L \approx 7.64$

11.4절

1. $\mathbf{T} = (\cos t)\mathbf{i} - (\sin t)\mathbf{j},\ \mathbf{N} = (-\sin t)\mathbf{i} - (\cos t)\mathbf{j},\ \kappa = \cos t$

3. $\mathbf{T} = \frac{1}{\sqrt{1+t^2}}\mathbf{i} - \frac{t}{\sqrt{1+t^2}}\mathbf{j},\ \mathbf{N} = \frac{-t}{\sqrt{1+t^2}}\mathbf{i} - \frac{1}{\sqrt{1+t^2}}\mathbf{j},\ \kappa = \frac{1}{2\left(\sqrt{1+t^2}\right)^3}$

5. **(b)** $\cos x$

7. **(b)** $\mathbf{N} = \frac{-2e^{2t}}{\sqrt{1+4e^{4t}}}\mathbf{i} + \frac{1}{\sqrt{1+4e^{4t}}}\mathbf{j}$
(c) $\mathbf{N} = -\frac{1}{2}\left(\sqrt{4-t^2}\mathbf{i} + t\mathbf{j}\right)$

9. $\mathbf{T} = \frac{3\cos t}{5}\mathbf{i} - \frac{3\sin t}{5}\mathbf{j} + \frac{4}{5}\mathbf{k}$,
$\mathbf{N} = (-\sin t)\mathbf{i} - (\cos t)\mathbf{j},\ \kappa = \frac{3}{25}$

11. $\mathbf{T} = \left(\frac{\cos t - \sin t}{\sqrt{2}}\right)\mathbf{i} + \left(\frac{\cos t + \sin t}{\sqrt{2}}\right)\mathbf{j}$,
$\mathbf{N} = \left(\frac{-\cos t - \sin t}{\sqrt{2}}\right)\mathbf{i} + \left(\frac{-\sin t + \cos t}{\sqrt{2}}\right)\mathbf{j},\ \kappa = \frac{1}{e^t\sqrt{2}}$

13. $\mathbf{T} = \frac{t}{\sqrt{t^2+1}}\mathbf{i} + \frac{1}{\sqrt{t^2+1}}\mathbf{j}$,

$\mathbf{N} = \frac{\mathbf{i}}{\sqrt{t^2+1}} - \frac{t\mathbf{j}}{\sqrt{t^2+1}},\ \kappa = \frac{1}{t(t^2+1)^{3/2}}$

15. $\mathbf{T} = \left(\operatorname{sech}\frac{t}{a}\right)\mathbf{i} + \left(\tanh\frac{t}{a}\right)\mathbf{k}$,

$\mathbf{N} = \left(-\tanh\frac{t}{a}\right)\mathbf{i} + \left(\operatorname{sech}\frac{t}{a}\right)\mathbf{k}$,

$\kappa = \frac{1}{a}\operatorname{sech}^2\frac{t}{a}$

19. $1/(2b)$

21. $\left(x - \frac{\pi}{2}\right)^2 + y^2 = 1$

23. $\kappa(x) = 2/(1+4x^2)^{3/2}$

25. $\kappa(x) = |\sin x|/(1+\cos^2 x)^{3/2}$

27. maximum curvature $2/(3\sqrt{3})$ at $x = 1/\sqrt{2}$

11.5절

1. $\mathbf{a} = \frac{2t}{\sqrt{1+t^2}}\mathbf{T} + \frac{2}{\sqrt{1+t^2}}\mathbf{N}$ **3.** $\mathbf{a} = |a|\,\mathbf{N}$

5. $\mathbf{a}(0) = \sqrt{2}\mathbf{N}$ **7.** $\mathbf{a}(1) = \frac{4}{3}\mathbf{T} + \frac{2\sqrt{5}}{3}\mathbf{N}$ **9.** $\mathbf{a}(0) = 2\mathbf{N}$

11. $\mathbf{r}\left(\frac{\pi}{4}\right) = \frac{\sqrt{2}}{2}\mathbf{i} + \frac{\sqrt{2}}{2}\mathbf{j} - \mathbf{k},\ \mathbf{T}\left(\frac{\pi}{4}\right) = -\frac{\sqrt{2}}{2}\mathbf{i} + \frac{\sqrt{2}}{2}\mathbf{j}$,

$\mathbf{N}\left(\frac{\pi}{4}\right) = -\frac{\sqrt{2}}{2}\mathbf{i} - \frac{\sqrt{2}}{2}\mathbf{j},\ \mathbf{B}\left(\frac{\pi}{4}\right) = \mathbf{k}$; osculating plane:

$z = -1$; normal plane: $-x + y = 0$; rectifying plane: $x + y = \sqrt{2}$

13. $\mathbf{B} = \left(\frac{4}{5}\cos t\right)\mathbf{i} - \left(\frac{4}{5}\sin t\right)\mathbf{j} - \frac{3}{5}\mathbf{k},\ \tau = -\frac{4}{25}$

15. $\mathbf{B} = \mathbf{k},\ \tau = 0$ **17.** $\mathbf{B} = -\mathbf{k},\ \tau = 0$ **19.** $\mathbf{B} = -\mathbf{j},\ \tau = 0$

21. Yes. If the car is moving on a curved path ($\kappa \neq 0$), then $a_N = \kappa|\mathbf{v}|^2 \neq 0$ and $\mathbf{a} \neq \mathbf{0}$.

27. $\kappa = \frac{1}{t},\ \rho = t$

31. Components of **v**: −1.8701, 0.7089, 1.0000
Components of **a**: −1.6960, −2.0307, 0
Speed: 2.2361; Components of **T**: −0.8364, 0.3170, 0.4472
Components of **N**: −0.4143, −0.8998, −0.1369
Components of **B**: 0.3590, −0.2998, 0.8839; Curvature: 0.5060
Torsion: 0.2813; Tangential component of acceleration: 0.7746
Normal component of acceleration: 2.5298

33. Components of **v**: 2.0000, 0, −0.1629
Components of **a**: 0, −1.0000, −0.0086; Speed: 2.0066
Components of **T**: 0.9967, 0, −0.0812
Components of **N**: −0.0007, −1.0000, −0.0086
Components of **B**: −0.0812, 0.0086, 0.9967;
Curvature: 0.2484
Torsion: 0.0411; Tangential component of acceleration: 0.0007
Normal component of acceleration: 1.0000

11.6절

1. $\mathbf{v} = 2\mathbf{u}_r + 2\theta\mathbf{u}_\theta$

$\mathbf{a} = -4\theta\mathbf{u}_r + 8\mathbf{u}_\theta$

3. $\mathbf{v} = (3a\sin\theta)\mathbf{u}_r + 3a(1-\cos\theta)\mathbf{u}_\theta$

$\mathbf{a} = 9a(2\cos\theta - 1)\mathbf{u}_r + (18a\sin\theta)\mathbf{u}_\theta$

5. $\mathbf{v} = 2ae^{a\theta}\mathbf{u}_r + 2e^{a\theta}\mathbf{u}_\theta$

$\mathbf{a} = 4e^{a\theta}(a^2-1)\mathbf{u}_r + 8ae^{a\theta}\mathbf{u}_\theta$

7. $\mathbf{v} = (-8\sin 4t)\mathbf{u}_r + (4\cos 4t)\mathbf{u}_\theta$

$\mathbf{a} = (-40\cos 4t)\mathbf{u}_r - (32\sin 4t)\mathbf{u}_\theta$

13. $\approx 29.93 \times 10^{10}$ m **15.** $\approx 2.25 \times 10^9\ \mathrm{km}^2/\mathrm{s}$

17. $\approx 1.876 \times 10^{27}$ kg

실전문제

1. $\frac{x^2}{16} + \frac{y^2}{2} = 1$

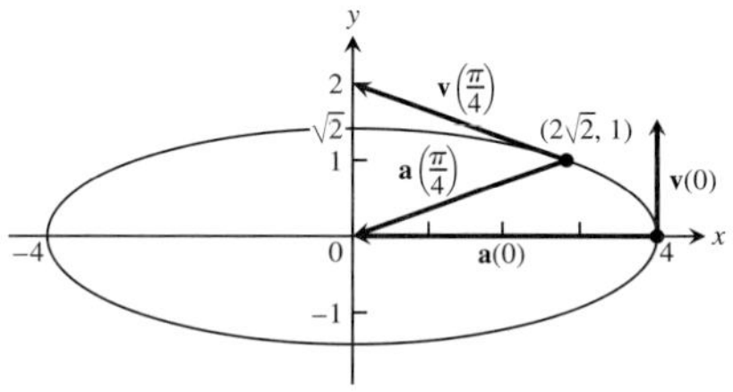

At $t = 0$: $a_T = 0,\ a_N = 4,\ \kappa = 2$;

At $t = \frac{\pi}{4}$: $a_T = \frac{7}{3},\ a_N = \frac{4\sqrt{2}}{3},\ \kappa = \frac{4\sqrt{2}}{27}$

3. $|\mathbf{v}|_{max} = 1$ **5.** $\kappa = 1/5$ **7.** $dy/dt = -x$; clockwise

11. Shot put is on the ground, about 21.88 m from the stopboard.

15. Length $= \frac{\pi}{4}\sqrt{1 + \frac{\pi^2}{16}} + \ln\left(\frac{\pi}{4} + \sqrt{1 + \frac{\pi^2}{16}}\right)$

17. $\mathbf{T}(0) = \frac{2}{3}\mathbf{i} - \frac{2}{3}\mathbf{j} + \frac{1}{3}\mathbf{k}$; $\mathbf{N}(0) = \frac{1}{\sqrt{2}}\mathbf{i} + \frac{1}{\sqrt{2}}\mathbf{j}$;

$\mathbf{B}(0) = -\frac{1}{3\sqrt{2}}\mathbf{i} + \frac{1}{3\sqrt{2}}\mathbf{j} + \frac{4}{3\sqrt{2}}\mathbf{k}$; $\kappa = \frac{\sqrt{2}}{3}$; $\tau = \frac{1}{6}$

19. $\mathbf{T}(\ln 2) = \frac{1}{\sqrt{17}}\mathbf{i} + \frac{4}{\sqrt{17}}\mathbf{j}$; $\mathbf{N}(\ln 2) = -\frac{4}{\sqrt{17}}\mathbf{i} + \frac{1}{\sqrt{17}}\mathbf{j}$;

$\mathbf{B}(\ln 2) = \mathbf{k}$; $\kappa = \frac{8}{17\sqrt{17}}$; $\tau = 0$

21. $\mathbf{a}(0) = 10\mathbf{T} + 6\mathbf{N}$

23. $\mathbf{T} = \left(\frac{1}{\sqrt{2}}\cos t\right)\mathbf{i} - (\sin t)\mathbf{j} + \left(\frac{1}{\sqrt{2}}\cos t\right)\mathbf{k}$;

$\mathbf{N} = \left(-\frac{1}{\sqrt{2}}\sin t\right)\mathbf{i} - (\cos t)\mathbf{j} - \left(\frac{1}{\sqrt{2}}\sin t\right)\mathbf{k}$;

$\mathbf{B} = \frac{1}{\sqrt{2}}\mathbf{i} - \frac{1}{\sqrt{2}}\mathbf{k}$; $\kappa = \frac{1}{\sqrt{2}}$; $\tau = 0$

25. $\frac{\pi}{3}$ **27.** $x = 1 + t,\ \ y = t,\ \ z = -t$ **31.** $\kappa = \frac{1}{a}$

심화문제

1. (a) $\left.\frac{d\theta}{dt}\right|_{\theta=2\pi} = 2\sqrt{\frac{\pi g b}{a^2+b^2}}$

(b) $\theta = \frac{gbt^2}{2(a^2+b^2)},\quad z = \frac{gb^2t^2}{2(a^2+b^2)}$

(c) $\mathbf{v}(t) = \frac{gbt}{\sqrt{a^2+b^2}}\mathbf{T}$;

$\frac{d^2\mathbf{r}}{dt^2} = \frac{bg}{\sqrt{a^2+b^2}}\mathbf{T} + a\left(\frac{bgt}{a^2+b^2}\right)^2\mathbf{N}$

There is no component in the direction of **B**.

5. (a) $\frac{dx}{dt} = \dot{r}\cos\theta - r\dot{\theta}\sin\theta,\ \frac{dy}{dt} = \dot{r}\sin\theta + r\dot{\theta}\cos\theta$

(b) $\frac{dr}{dt} = \dot{x}\cos\theta + \dot{y}\sin\theta,\ r\frac{d\theta}{dt} = -\dot{x}\sin\theta + \dot{y}\cos\theta$

7. **(a)** $\mathbf{a}(1) = -9\mathbf{u}_r - 6\mathbf{u}_\theta$, $\mathbf{v}(1) = -\mathbf{u}_r + 3\mathbf{u}_\theta$
(b) 6.5 cm

9. **(c)** $\mathbf{v} = \dot{r}\mathbf{u}_r + r\dot{\theta}\mathbf{u}_\theta + \dot{z}\mathbf{k}$, $\mathbf{a} = (\ddot{r} - r\dot{\theta}^2)\mathbf{u}_r + (r\ddot{\theta} + 2\dot{r}\dot{\theta})\mathbf{u}_\theta + \ddot{z}\mathbf{k}$

12장

12.1절

1. **(a)** 0 **(b)** 0 **(c)** 58 **(d)** 33

3. **(a)** 4/5 **(b)** 8/5 **(c)** 3 **(d)** 0

5. Domain: all points (x, y) on or above line $y = x + 2$

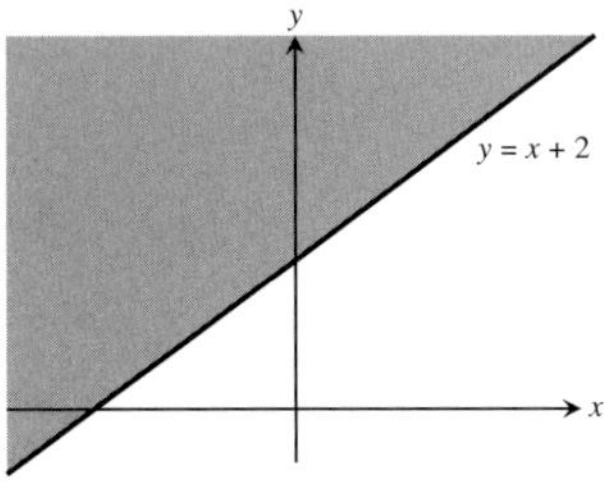

7. Domain: all points (x, y) not lying on the graph of $y = x$ or $y = x^3$

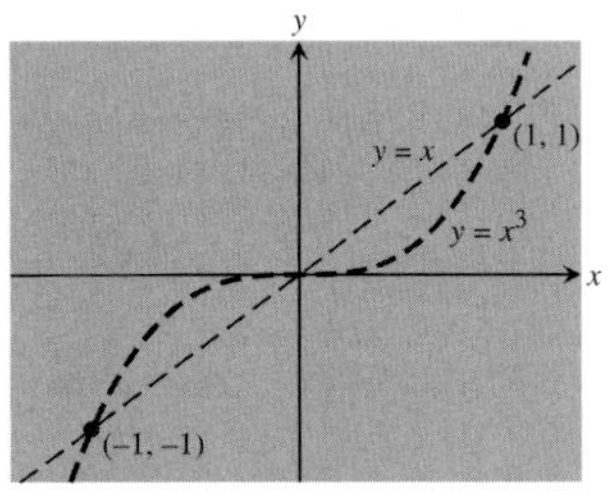

9. Domain: all points (x, y) satisfying $x^2 - 1 \le y \le x^2 + 1$

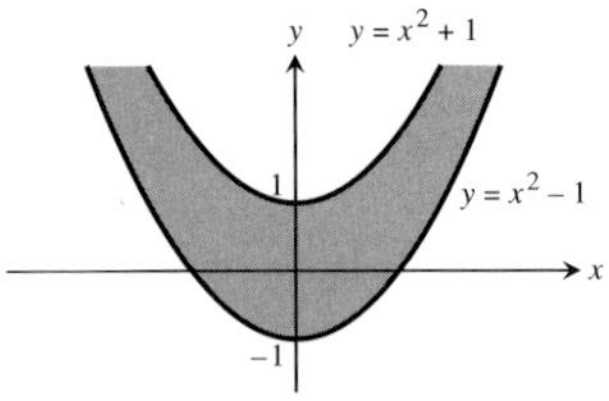

11. Domain: all points (x, y) for which $(x - 2)(x + 2)(y - 3)(y + 3) \ge 0$

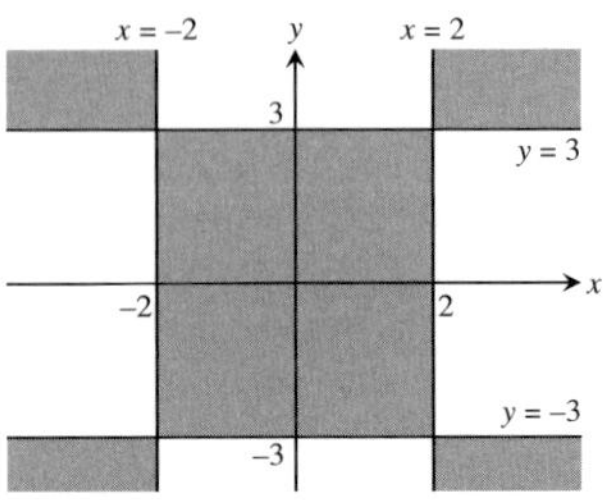

13.

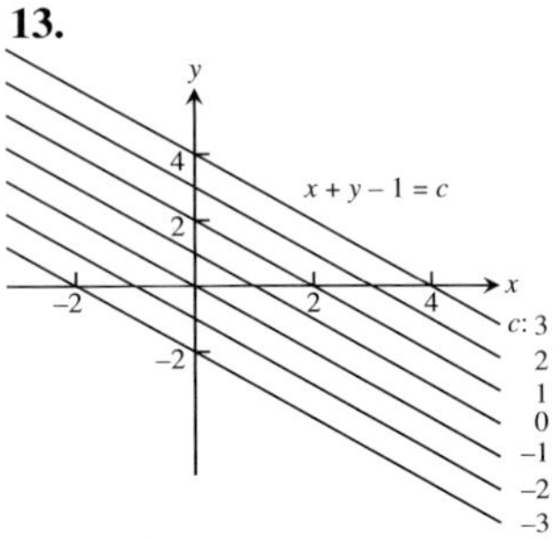

15.

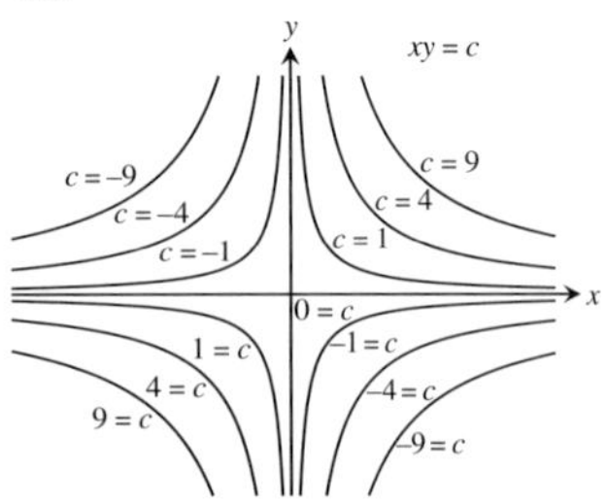

17. **(a)** All points in the xy-plane **(b)** All reals
(c) The lines $y - x = c$ **(d)** No boundary points
(e) Both open and closed **(f)** Unbounded

19. **(a)** All points in the xy-plane **(b)** $z \ge 0$
(c) For $f(x, y) = 0$, the origin; for $f(x, y) = c, c > 0$, ellipses with the center $(0, 0)$, and major and minor axes along the x- and y-axes, respectively
(d) No boundary points **(e)** Both open and closed
(f) Unbounded

21. **(a)** All points in the xy-plane **(b)** All reals
(c) For $f(x, y) = 0$, the x- and y-axes; for $f(x, y) = c, c \ne 0$, hyperbolas with the x- and y-axes as asymptotes
(d) No boundary points **(e)** Both open and closed
(f) Unbounded

23. **(a)** All (x, y) satisfying $x^2 + y^2 < 16$ **(b)** $z \ge 1/4$
(c) Circles centered at the origin with radii $r < 4$
(d) Boundary is the circle $x^2 + y^2 = 16$
(e) Open **(f)** Bounded

25. **(a)** $(x, y) \ne (0, 0)$ **(b)** All reals
(c) The circles with center $(0, 0)$ and radii $r > 0$
(d) Boundary is the single point $(0, 0)$
(e) Open **(f)** Unbounded

27. **(a)** All (x, y) satisfying $-1 \le y - x \le 1$
(b) $-\pi/2 \le z \le \pi/2$
(c) Straight lines of the form $y - x = c$, where $-1 \le c \le 1$
(d) Boundary is two straight lines $y = 1 + x$ and $y = -1 + x$
(e) Closed **(f)** Unbounded

29. **(a)** Domain: all points (x, y) outside the circle $x^2 + y^2 = 1$
(b) Range: all reals
(c) Circles centered at the origin with radii $r > 1$
(d) Boundary: $x^2 + y^2 = 1$
(e) Open **(f)** Unbounded

31. (f), (h) **33.** (a), (i) **35.** (d), (j)

37. **(a)**

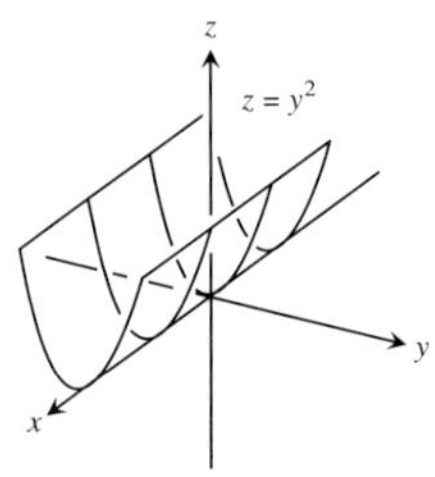

(b)

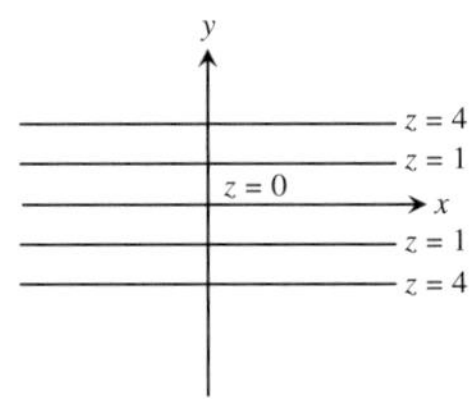

39. **(a)**

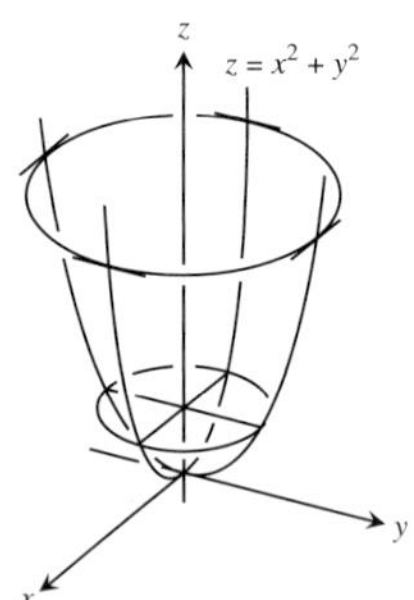

(b)

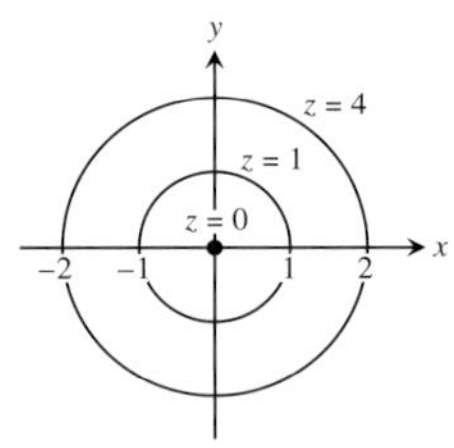

41. **(a)**

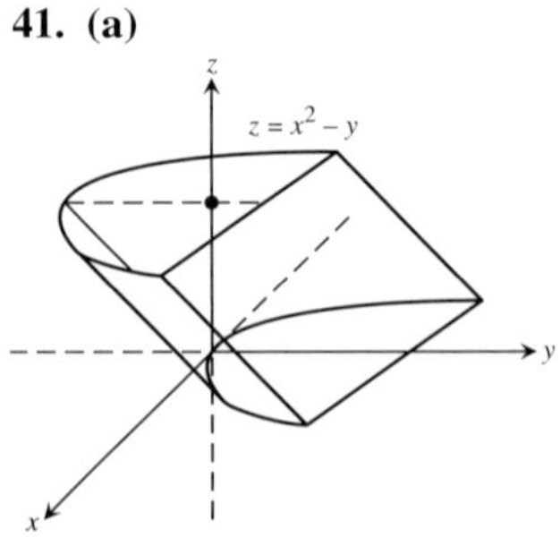

(b)

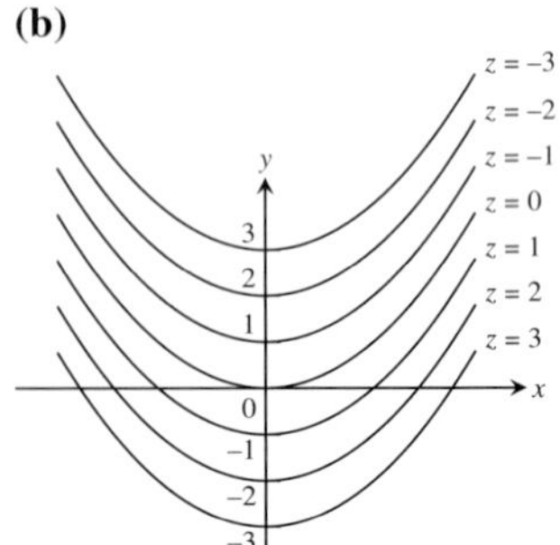

43. (a)

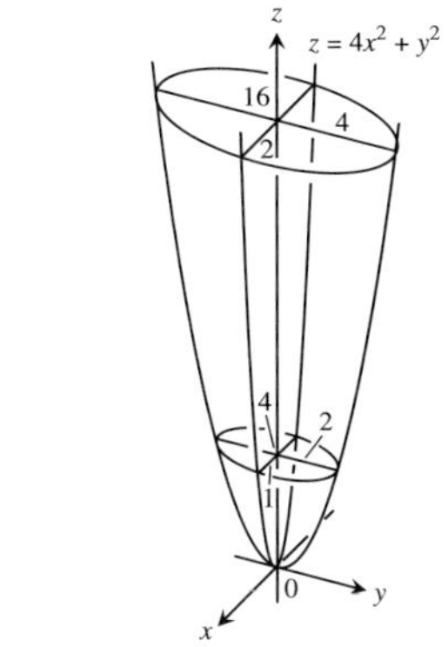

(b)

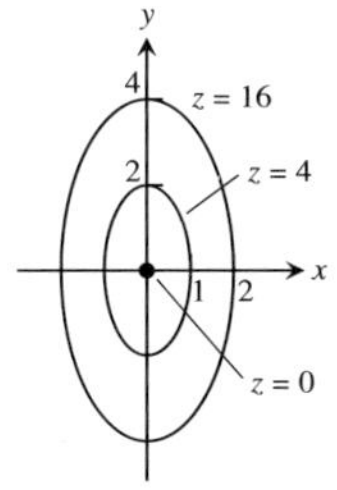

45. (a)

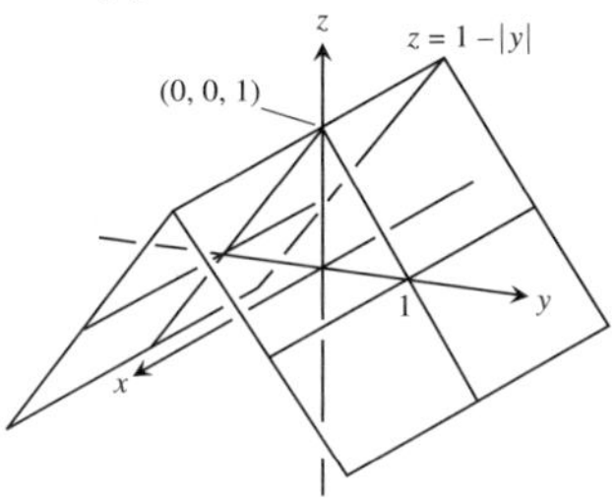

(b)

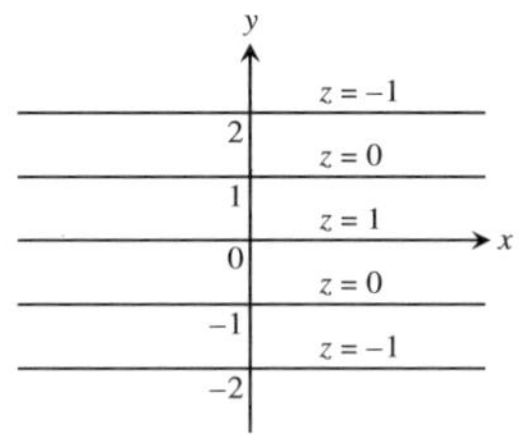

47. (a)

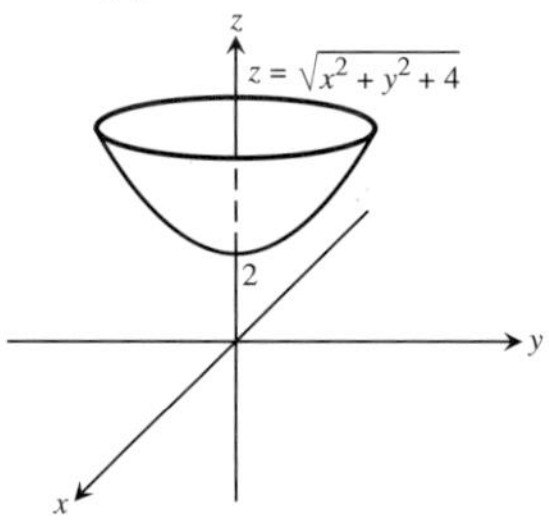

(b)

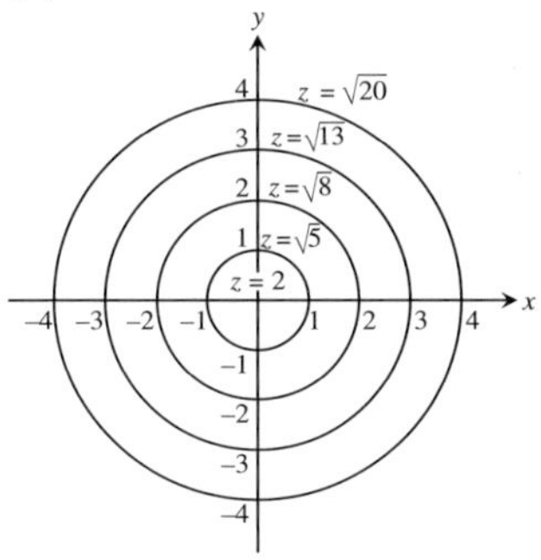

49. $x^2 + y^2 = 10$

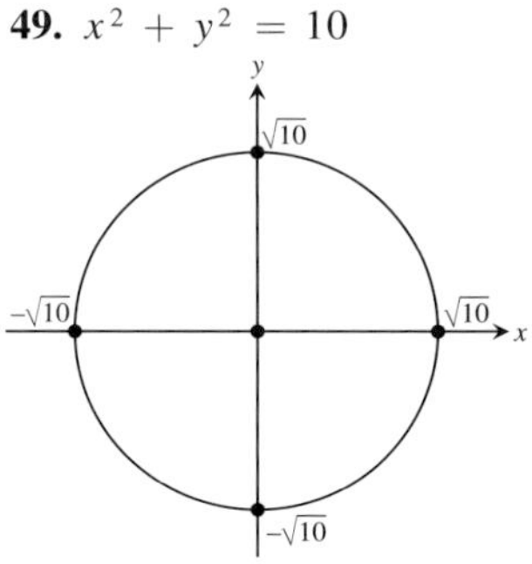

51. $x + y^2 = 4$

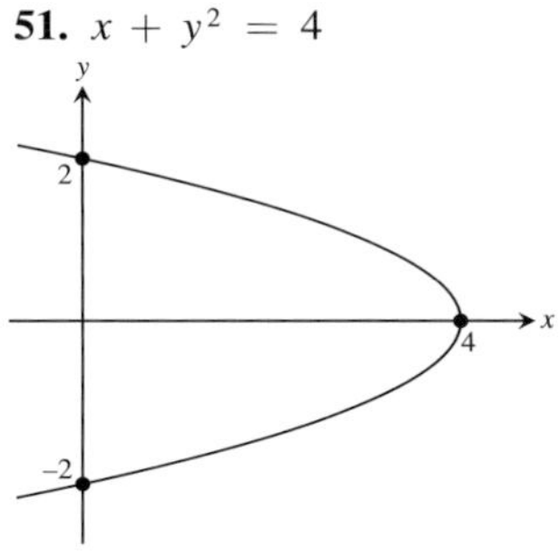

53.

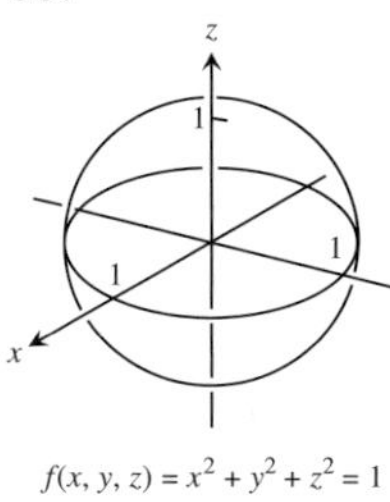

55.

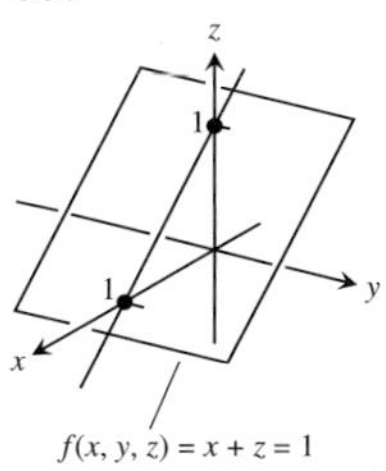

57.

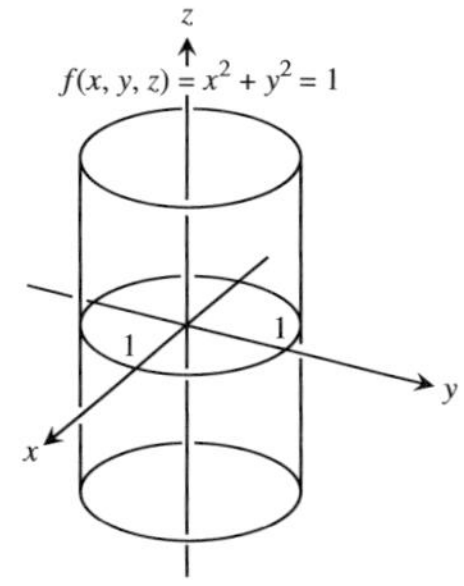

59.

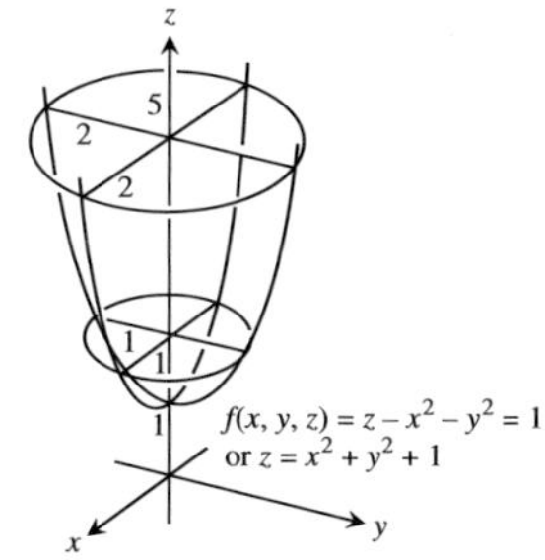

61. $\sqrt{x - y} - \ln z = 2$ **63.** $x^2 + y^2 + z^2 = 4$

65. Domain: all points (x, y) satisfying $|x| < |y|$

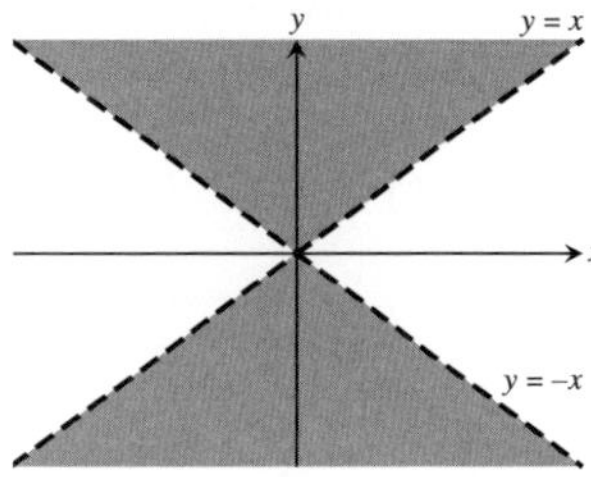

level curve: $y = 2x$

67. Domain: all points (x, y) satisfying $-1 \le x \le 1$ and $-1 \le y \le 1$

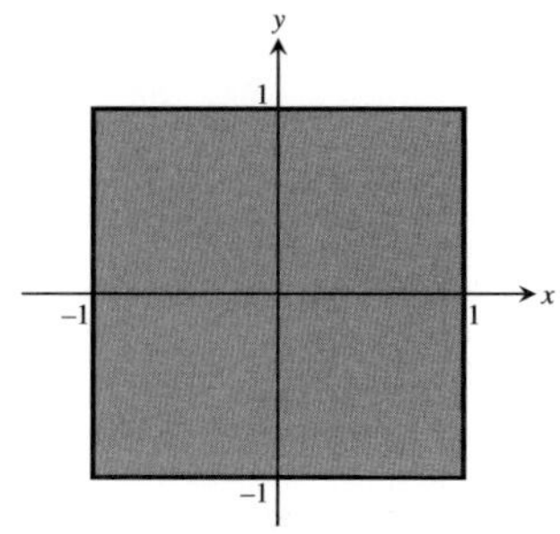

level curve: $\sin^{-1} y - \sin^{-1} x = \dfrac{\pi}{2}$

12.2절

1. 5/2 **3.** $2\sqrt{6}$ **5.** 1 **7.** 1/2 **9.** 1
11. 1/4 **13.** 0 **15.** −1 **17.** 2 **19.** 1/4
21. 1 **23.** 3 **25.** 19/12 **27.** 2 **29.** 3
31. (a) All (x, y) **(b)** All (x, y) except $(0, 0)$
33. (a) All (x, y) except where $x = 0$ or $y = 0$ **(b)** All (x, y)
35. (a) All (x, y, z)
(b) All (x, y, z) except the interior of the cylinder $x^2 + y^2 = 1$
37. (a) All (x, y, z) with $z \neq 0$ **(b)** All (x, y, z) with $x^2 + z^2 \neq 1$
39. (a) All points (x, y, z) satisfying $z > x^2 + y^2 + 1$
(b) All points (x, y, z) satisfying $z \neq \sqrt{x^2 + y^2}$
41. Consider paths along $y = x, x > 0$, and along $y = x, x < 0$.
43. Consider the paths $y = kx^2$, k a constant.
45. Consider the paths $y = mx$, m a constant, $m \neq -1$.
47. Consider the paths $y = kx^2$, k a constant, $k \neq 0$.
49. Consider the paths $x = 1$ and $y = x$.
51. Along $y = 1$ the limit is 0; along $y = e^x$ the limit is 1/2.
53. Along $y = 0$ the limit is 1; along $y = -\sin x$ the limit is 0.
55. (a) 1 **(b)** 0 **(c)** Does not exist
59. The limit is 1. **61.** The limit is 0.
63. (a) $f(x, y)|_{y=mx} = \sin 2\theta$, where $\tan \theta = m$ **65.** 0
67. Does not exist **69.** $\pi/2$ **71.** $f(0, 0) = \ln 3$
73. $\delta = 0.1$ **75.** $\delta = 0.005$ **77.** $\delta = 0.04$
79. $\delta = \sqrt{0.015}$ **81.** $\delta = 0.005$

12.3절

1. $\dfrac{\partial f}{\partial x} = 4x, \dfrac{\partial f}{\partial y} = -3$ **3.** $\dfrac{\partial f}{\partial x} = 2x(y + 2), \dfrac{\partial f}{\partial y} = x^2 - 1$

5. $\dfrac{\partial f}{\partial x} = 2y(xy - 1), \dfrac{\partial f}{\partial y} = 2x(xy - 1)$

7. $\dfrac{\partial f}{\partial x} = \dfrac{x}{\sqrt{x^2+y^2}}, \dfrac{\partial f}{\partial y} = \dfrac{y}{\sqrt{x^2+y^2}}$

9. $\dfrac{\partial f}{\partial x} = \dfrac{-1}{(x+y)^2}, \dfrac{\partial f}{\partial y} = \dfrac{-1}{(x+y)^2}$

11. $\dfrac{\partial f}{\partial x} = \dfrac{-y^2-1}{(xy-1)^2}, \dfrac{\partial f}{\partial y} = \dfrac{-x^2-1}{(xy-1)^2}$

13. $\dfrac{\partial f}{\partial x} = e^{x+y+1}, \dfrac{\partial f}{\partial y} = e^{x+y+1}$ 15. $\dfrac{\partial f}{\partial x} = \dfrac{1}{x+y}, \dfrac{\partial f}{\partial y} = \dfrac{1}{x+y}$

17. $\dfrac{\partial f}{\partial x} = 2\sin(x-3y)\cos(x-3y)$,
$\dfrac{\partial f}{\partial y} = -6\sin(x-3y)\cos(x-3y)$

19. $\dfrac{\partial f}{\partial x} = yx^{y-1}, \dfrac{\partial f}{\partial y} = x^y \ln x$ 21. $\dfrac{\partial f}{\partial x} = -g(x), \dfrac{\partial f}{\partial y} = g(y)$

23. $f_x = y^2, f_y = 2xy, f_z = -4z$

25. $f_x = 1, f_y = -y(y^2+z^2)^{-1/2}, f_z = -z(y^2+z^2)^{-1/2}$

27. $f_x = \dfrac{yz}{\sqrt{1-x^2y^2z^2}}, f_y = \dfrac{xz}{\sqrt{1-x^2y^2z^2}}, f_z = \dfrac{xy}{\sqrt{1-x^2y^2z^2}}$

29. $f_x = \dfrac{1}{x+2y+3z}, f_y = \dfrac{2}{x+2y+3z}, f_z = \dfrac{3}{x+2y+3z}$

31. $f_x = -2xe^{-(x^2+y^2+z^2)}, f_y = -2ye^{-(x^2+y^2+z^2)}, f_z = -2ze^{-(x^2+y^2+z^2)}$

33. $f_x = \operatorname{sech}^2(x+2y+3z), f_y = 2\operatorname{sech}^2(x+2y+3z)$,
$f_z = 3\operatorname{sech}^2(x+2y+3z)$

35. $\dfrac{\partial f}{\partial t} = -2\pi\sin(2\pi t-\alpha), \dfrac{\partial f}{\partial \alpha} = \sin(2\pi t-\alpha)$

37. $\dfrac{\partial h}{\partial \rho} = \sin\phi\cos\theta, \dfrac{\partial h}{\partial \phi} = \rho\cos\phi\cos\theta, \dfrac{\partial h}{\partial \theta} = -\rho\sin\phi\sin\theta$

39. $W_P(P,V,\delta,v,g) = V, W_V(P,V,\delta,v,g) = P + \dfrac{\delta v^2}{2g}$,
$W_\delta(P,V,\delta,v,g) = \dfrac{Vv^2}{2g}, W_v(P,V,\delta,v,g) = \dfrac{V\delta v}{g}$,
$W_g(P,V,\delta,v,g) = -\dfrac{V\delta v^2}{2g^2}$

41. $\dfrac{\partial f}{\partial x} = 1+y, \dfrac{\partial f}{\partial y} = 1+x, \dfrac{\partial^2 f}{\partial x^2} = 0, \dfrac{\partial^2 f}{\partial y^2} = 0, \dfrac{\partial^2 f}{\partial y\,\partial x} = \dfrac{\partial^2 f}{\partial x\,\partial y} = 1$

43. $\dfrac{\partial g}{\partial x} = 2xy + y\cos x, \dfrac{\partial g}{\partial y} = x^2 - \sin y + \sin x$,
$\dfrac{\partial^2 g}{\partial x^2} = 2y - y\sin x, \dfrac{\partial^2 g}{\partial y^2} = -\cos y$,
$\dfrac{\partial^2 g}{\partial y\,\partial x} = \dfrac{\partial^2 g}{\partial x\,\partial y} = 2x + \cos x$

45. $\dfrac{\partial r}{\partial x} = \dfrac{1}{x+y}, \dfrac{\partial r}{\partial y} = \dfrac{1}{x+y}, \dfrac{\partial^2 r}{\partial x^2} = \dfrac{-1}{(x+y)^2}, \dfrac{\partial^2 r}{\partial y^2} = \dfrac{-1}{(x+y)^2}$,
$\dfrac{\partial^2 r}{\partial y\,\partial x} = \dfrac{\partial^2 r}{\partial x\,\partial y} = \dfrac{-1}{(x+y)^2}$

47. $\dfrac{\partial w}{\partial x} = x^2y\sec^2(xy) + 2x\tan(xy), \dfrac{\partial w}{\partial y} = x^3\sec^2(xy)$,
$\dfrac{\partial^2 w}{\partial y\,\partial x} = \dfrac{\partial^2 w}{\partial x\,\partial y} = 2x^3y\sec^2(xy)\tan(xy) + 3x^2\sec^2(xy)$
$\dfrac{\partial^2 w}{\partial x^2} = 4xy\sec^2(xy) + 2x^2y^2\sec^2(xy)\tan(xy) + 2\tan(xy)$
$\dfrac{\partial^2 w}{\partial y^2} = 2x^4\sec^2(xy)\tan(xy)$

49. $\dfrac{\partial w}{\partial x} = \sin(x^2y) + 2x^2y\cos(x^2y), \dfrac{\partial w}{\partial y} = x^3\cos(x^2y)$,
$\dfrac{\partial^2 w}{\partial y\,\partial x} = \dfrac{\partial^2 w}{\partial x\,\partial y} = 3x^2\cos(x^2y) - 2x^4y\sin(x^2y)$
$\dfrac{\partial^2 w}{\partial x^2} = 6xy\cos(x^2y) - 4x^3y^2\sin(x^2y)$
$\dfrac{\partial^2 w}{\partial y^2} = -x^5\sin(x^2y)$

51. $\dfrac{\partial f}{\partial x} = 2xy^3 - 4x^3, \dfrac{\partial f}{\partial y} = 3x^2y^2 + 5y^4$,
$\dfrac{\partial^2 f}{\partial x^2} = 2y^3 - 12x^2, \dfrac{\partial^2 f}{\partial y^2} = 6x^2y + 20y^3$,
$\dfrac{\partial^2 f}{\partial y\,\partial x} = \dfrac{\partial^2 f}{\partial x\,\partial y} = 6xy^2$

53. $\dfrac{\partial z}{\partial x} = 2x\cos(2x-y^2) + \sin(2x-y^2)$,
$\dfrac{\partial z}{\partial y} = -2xy\cos(2x-y^2)$,
$\dfrac{\partial^2 z}{\partial x^2} = 4\cos(2x-y^2) - 4x\sin(2x-y^2)$,
$\dfrac{\partial^2 z}{\partial y^2} = -4xy^2\sin(2x-y^2) - 2x\cos(2x-y^2)$,
$\dfrac{\partial^2 z}{\partial x\,\partial y} = \dfrac{\partial^2 z}{\partial y\,\partial x} = 4xy\sin(2x-y^2) - 2y\cos(2x-y^2)$

55. $\dfrac{\partial w}{\partial x} = \dfrac{2}{2x+3y}, \dfrac{\partial w}{\partial y} = \dfrac{3}{2x+3y}, \dfrac{\partial^2 w}{\partial y\,\partial x} = \dfrac{\partial^2 w}{\partial x\,\partial y} = \dfrac{-6}{(2x+3y)^2}$

57. $\dfrac{\partial w}{\partial x} = y^2 + 2xy^3 + 3x^2y^4, \dfrac{\partial w}{\partial y} = 2xy + 3x^2y^2 + 4x^3y^3$,
$\dfrac{\partial^2 w}{\partial y\,\partial x} = \dfrac{\partial^2 w}{\partial x\,\partial y} = 2y + 6xy^2 + 12x^2y^3$

59. $\dfrac{\partial w}{\partial x} = \dfrac{2x}{y^3}, \dfrac{\partial w}{\partial y} = \dfrac{-3x^2}{y^4}$
$\dfrac{\partial^2 w}{\partial y\,\partial x} = \dfrac{-6x}{y^4}, \dfrac{\partial^2 w}{\partial x\,\partial y} = \dfrac{-6x}{y^4}$

61. **(a)** x first **(b)** y first **(c)** x first
(d) x first **(e)** y first **(f)** y first

63. $f_x(1,2) = -13, f_y(1,2) = -2$

65. $f_x(-2,3) = 1/2, f_y(-2,3) = 3/4$

67. 12 69. -2

71. $\dfrac{\partial A}{\partial a} = \dfrac{a}{bc\sin A}, \dfrac{\partial A}{\partial b} = \dfrac{c\cos A - b}{bc\sin A}$

73. $v_x = \dfrac{\ln v}{(\ln u)(\ln v) - 1}$

75. **(a)** 3 **(b)** 2

77. $\dfrac{\partial f}{\partial x} = 3x^2y^2 - 2x \Rightarrow$
$f(x,y) = x^3y^2 - x^2 + g(y) \Rightarrow$
$\dfrac{\partial f}{\partial y} = 2x^3y + g'(y) = 2x^3y + 64 \Rightarrow$
$g'(y) = 6y \Rightarrow g(y) = 3y^2$ works $\Rightarrow$
$f(x,y) = x^3y^2 - x^2 + 3y^2$ works

79. $\dfrac{\partial^2 f}{\partial y\,\partial x} = \dfrac{2x-2y}{(x+y)^3} \neq \dfrac{\partial^2 f}{\partial x\,\partial y} = \dfrac{2y-2x}{(x+y)^3}$ so impossible

81. $f_x(x, y) = 0$ for all points (x, y),

$$f_y(x, y) = \begin{cases} 3y^2, & y \geq 0 \\ -2y, & y < 0 \end{cases},$$

$f_{xy}(x, y) = f_{yx}(x, y) = 0$ for all points (x, y)

99. Yes

12.4절

1. **(a)** $\dfrac{dw}{dt} = 0$, **(b)** $\dfrac{dw}{dt}(\pi) = 0$

3. **(a)** $\dfrac{dw}{dt} = 1$, **(b)** $\dfrac{dw}{dt}(3) = 1$

5. **(a)** $\dfrac{dw}{dt} = 4t\tan^{-1}t + 1$, **(b)** $\dfrac{dw}{dt}(1) = \pi + 1$

7. **(a)** $\dfrac{\partial z}{\partial u} = 4\cos v \ln(u \sin v) + 4\cos v$,

$\dfrac{\partial z}{\partial v} = -4u \sin v \ln(u \sin v) + \dfrac{4u\cos^2 v}{\sin v}$

(b) $\dfrac{\partial z}{\partial u} = \sqrt{2}(\ln 2 + 2)$, $\dfrac{\partial z}{\partial v} = -2\sqrt{2}(\ln 2 - 2)$

9. **(a)** $\dfrac{\partial w}{\partial u} = 2u + 4uv$, $\dfrac{\partial w}{\partial v} = -2v + 2u^2$

(b) $\dfrac{\partial w}{\partial u} = 3$, $\dfrac{\partial w}{\partial v} = -\dfrac{3}{2}$

11. **(a)** $\dfrac{\partial u}{\partial x} = 0$, $\dfrac{\partial u}{\partial y} = \dfrac{z}{(z-y)^2}$, $\dfrac{\partial u}{\partial z} = \dfrac{-y}{(z-y)^2}$

(b) $\dfrac{\partial u}{\partial x} = 0$, $\dfrac{\partial u}{\partial y} = 1$, $\dfrac{\partial u}{\partial z} = -2$

13. $\dfrac{dz}{dt} = \dfrac{\partial z}{\partial x}\dfrac{dx}{dt} + \dfrac{\partial z}{\partial y}\dfrac{dy}{dt}$

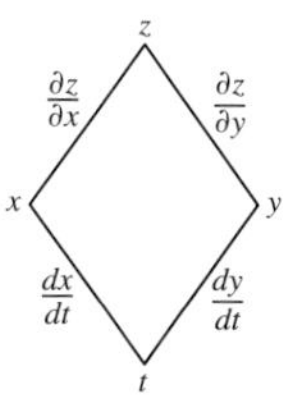

15. $\dfrac{\partial w}{\partial u} = \dfrac{\partial w}{\partial x}\dfrac{\partial x}{\partial u} + \dfrac{\partial w}{\partial y}\dfrac{\partial y}{\partial u} + \dfrac{\partial w}{\partial z}\dfrac{\partial z}{\partial u}$,

$\dfrac{\partial w}{\partial v} = \dfrac{\partial w}{\partial x}\dfrac{\partial x}{\partial v} + \dfrac{\partial w}{\partial y}\dfrac{\partial y}{\partial v} + \dfrac{\partial w}{\partial z}\dfrac{\partial z}{\partial v}$

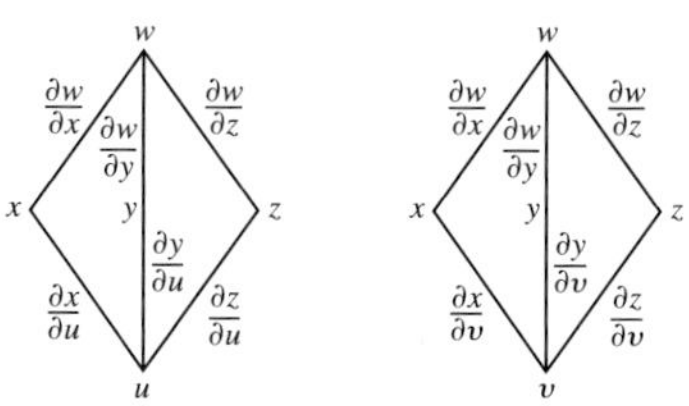

17. $\dfrac{\partial w}{\partial u} = \dfrac{\partial w}{\partial x}\dfrac{\partial x}{\partial u} + \dfrac{\partial w}{\partial y}\dfrac{\partial y}{\partial u}$, $\dfrac{\partial w}{\partial v} = \dfrac{\partial w}{\partial x}\dfrac{\partial x}{\partial v} + \dfrac{\partial w}{\partial y}\dfrac{\partial y}{\partial v}$.

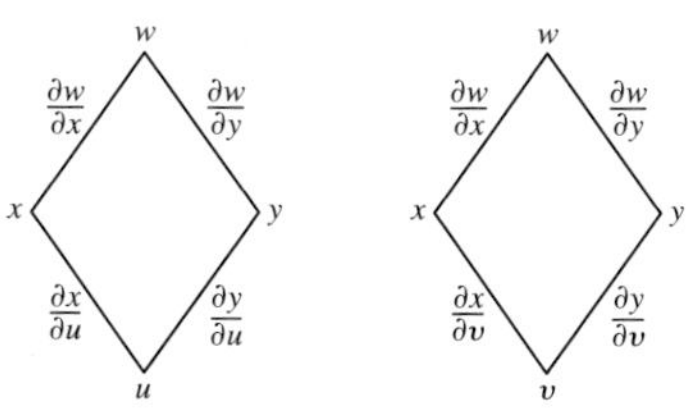

19. $\dfrac{\partial z}{\partial t} = \dfrac{\partial z}{\partial x}\dfrac{\partial x}{\partial t} + \dfrac{\partial z}{\partial y}\dfrac{\partial y}{\partial t}$, $\dfrac{\partial z}{\partial s} = \dfrac{\partial z}{\partial x}\dfrac{\partial x}{\partial s} + \dfrac{\partial z}{\partial y}\dfrac{\partial y}{\partial s}$

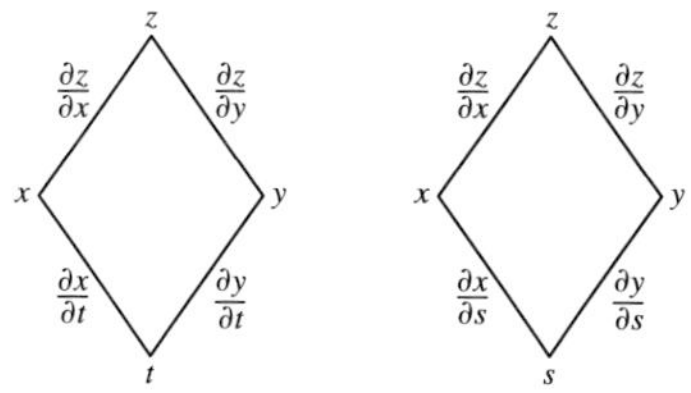

21. $\dfrac{\partial w}{\partial s} = \dfrac{dw}{du}\dfrac{\partial u}{\partial s}$, $\dfrac{\partial w}{\partial t} = \dfrac{dw}{du}\dfrac{\partial u}{\partial t}$

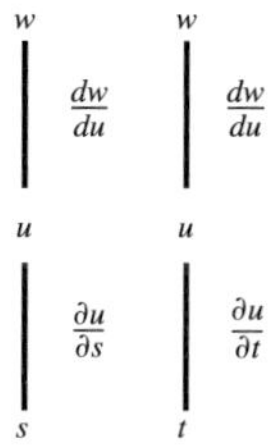

23. $\dfrac{\partial w}{\partial r} = \dfrac{\partial w}{\partial x}\dfrac{\partial x}{\partial r} + \dfrac{\partial w}{\partial y}\dfrac{\partial y}{\partial r} = \dfrac{\partial w}{\partial x}\dfrac{\partial x}{\partial r}$ since $\dfrac{\partial y}{\partial r} = 0$,

$\dfrac{\partial w}{\partial s} = \dfrac{\partial w}{\partial x}\dfrac{\partial x}{\partial s} + \dfrac{\partial w}{\partial y}\dfrac{\partial y}{\partial s} = \dfrac{\partial w}{\partial y}\dfrac{\partial y}{\partial s}$ since $\dfrac{\partial x}{\partial s} = 0$

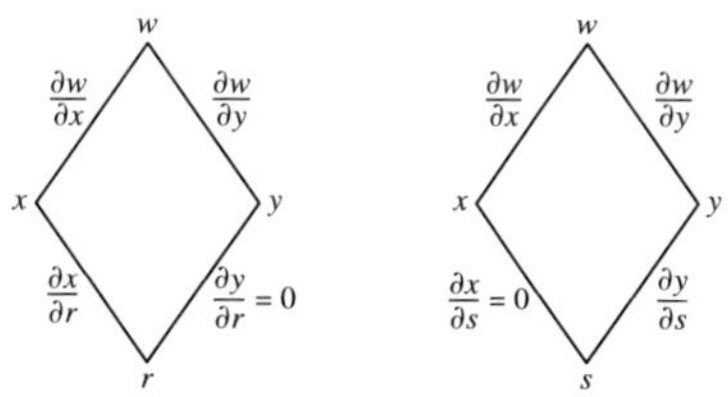

25. $4/3$ **27.** $-4/5$ **29.** 20 **31.** $\dfrac{\partial z}{\partial x} = \dfrac{1}{4}$, $\dfrac{\partial z}{\partial y} = -\dfrac{3}{4}$

33. $\dfrac{\partial z}{\partial x} = -1$, $\dfrac{\partial z}{\partial y} = -1$ **35.** 12 **37.** -7

39. $\dfrac{\partial z}{\partial u} = 2$, $\dfrac{\partial z}{\partial v} = 1$ **41.** $\dfrac{\partial w}{\partial t} = 2te^{s^3+t^2}$, $\dfrac{\partial w}{\partial s} = 3s^2e^{s^3+t^2}$

43. 23 **45.** $-16, 2$ **47.** -0.00005 amp/s

53. $(\cos 1, \sin 1, 1)$ and $(\cos(-2), \sin(-2), -2)$

55. **(a)** Maximum at $\left(-\dfrac{\sqrt{2}}{2}, \dfrac{\sqrt{2}}{2}\right)$ and $\left(\dfrac{\sqrt{2}}{2}, -\dfrac{\sqrt{2}}{2}\right)$; minimum at $\left(\dfrac{\sqrt{2}}{2}, \dfrac{\sqrt{2}}{2}\right)$ and $\left(-\dfrac{\sqrt{2}}{2}, -\dfrac{\sqrt{2}}{2}\right)$

(b) Max $= 6$; min $= 2$

57. $5\ ^\circ\text{C/s}$ **59.** $2x\sqrt{x^8 + x^3} + \displaystyle\int_0^{x^2} \frac{3x^2}{2\sqrt{t^4 + x^3}}\,dt$

61. 0.19 m/min **63.** $-8/61$ rad/min

12.5절

1.

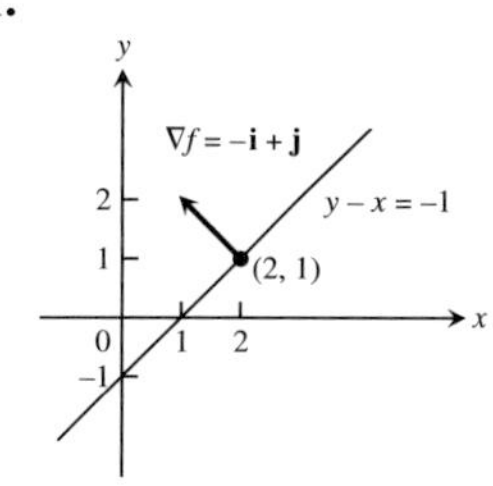

3.

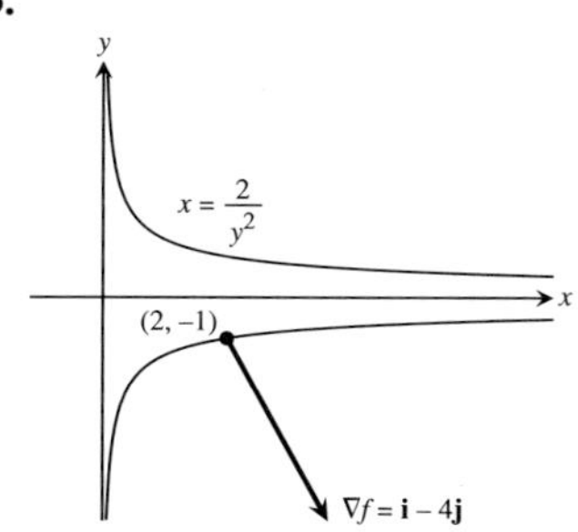

5.

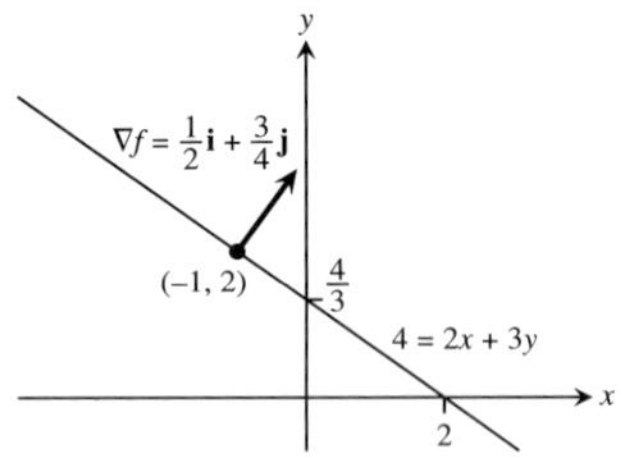

7. $\nabla f = 3\mathbf{i} + 2\mathbf{j} - 4\mathbf{k}$ **9.** $\nabla f = -\frac{26}{27}\mathbf{i} + \frac{23}{54}\mathbf{j} - \frac{23}{54}\mathbf{k}$

11. -4 **13.** $21/13$ **15.** 3 **17.** 2

19. $\mathbf{u} = -\frac{1}{\sqrt{2}}\mathbf{i} + \frac{1}{\sqrt{2}}\mathbf{j}$, $(D_{\mathbf{u}} f)_{P_0} = \sqrt{2}$; $-\mathbf{u} = \frac{1}{\sqrt{2}}\mathbf{i} - \frac{1}{\sqrt{2}}\mathbf{j}$, $(D_{-\mathbf{u}} f)_{P_0} = -\sqrt{2}$

21. $\mathbf{u} = \frac{1}{3\sqrt{3}}\mathbf{i} - \frac{5}{3\sqrt{3}}\mathbf{j} - \frac{1}{3\sqrt{3}}\mathbf{k}$, $(D_{\mathbf{u}} f)_{P_0} = 3\sqrt{3}$;
$-\mathbf{u} = -\frac{1}{3\sqrt{3}}\mathbf{i} + \frac{5}{3\sqrt{3}}\mathbf{j} + \frac{1}{3\sqrt{3}}\mathbf{k}$, $(D_{-\mathbf{u}} f)_{P_0} = -3\sqrt{3}$

23. $\mathbf{u} = \frac{1}{\sqrt{3}}(\mathbf{i} + \mathbf{j} + \mathbf{k})$, $(D_{\mathbf{u}} f)_{P_0} = 2\sqrt{3}$;
$-\mathbf{u} = -\frac{1}{\sqrt{3}}(\mathbf{i} + \mathbf{j} + \mathbf{k})$, $(D_{-\mathbf{u}} f)_{P_0} = -2\sqrt{3}$

25.

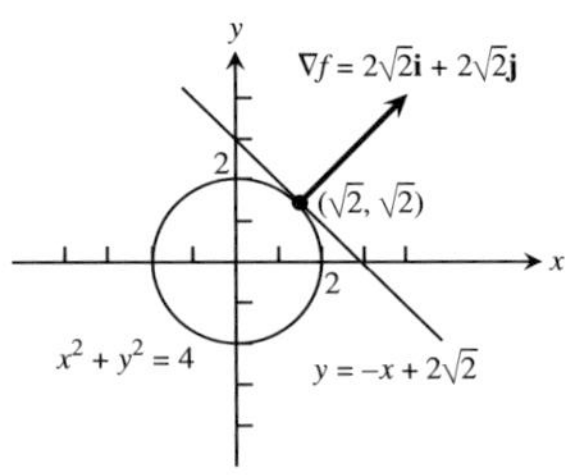

27.

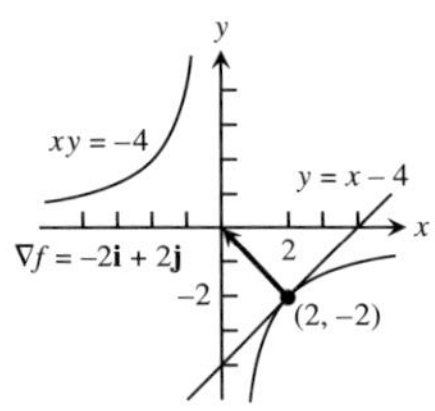

29. **(a)** $\mathbf{u} = \frac{3}{5}\mathbf{i} - \frac{4}{5}\mathbf{j}$, $D_{\mathbf{u}} f(1, -1) = 5$
(b) $\mathbf{u} = -\frac{3}{5}\mathbf{i} + \frac{4}{5}\mathbf{j}$, $D_{\mathbf{u}} f(1, -1) = -5$
(c) $\mathbf{u} = \frac{4}{5}\mathbf{i} + \frac{3}{5}\mathbf{j}$, $\mathbf{u} = -\frac{4}{5}\mathbf{i} - \frac{3}{5}\mathbf{j}$
(d) $\mathbf{u} = -\mathbf{j}$, $\mathbf{u} = \frac{24}{25}\mathbf{i} - \frac{7}{25}\mathbf{j}$
(e) $\mathbf{u} = -\mathbf{i}$, $\mathbf{u} = \frac{7}{25}\mathbf{i} + \frac{24}{25}\mathbf{j}$

31. $\mathbf{u} = \frac{7}{\sqrt{53}}\mathbf{i} - \frac{2}{\sqrt{53}}\mathbf{j}$, $-\mathbf{u} = -\frac{7}{\sqrt{53}}\mathbf{i} + \frac{2}{\sqrt{53}}\mathbf{j}$

33. No, the maximum rate of change is $\sqrt{185} < 14$. **35.** $-7/\sqrt{5}$

41. $\mathbf{r}(t) = (-3 - 6t)\mathbf{i} + (4 + 8t)\mathbf{j}$, $-\infty < t < \infty$

43. $\mathbf{r}(t) = (3 + 6t)\mathbf{i} + (-2 - 4t)\mathbf{j} + (1 + 2t)\mathbf{k}$, $-\infty < t < \infty$

45. $\left\langle \frac{14}{3}, \frac{1}{6}, -12, -\frac{4}{9} \right\rangle$ **47.** $\left\langle 30, 1, 90, \frac{1}{e}, 9 \right\rangle$

49. $\frac{3}{20e^2} - 2$ **51.** $\frac{\pi}{2} + \frac{1}{12}$

12.6절

1. **(a)** $x + y + z = 3$
(b) $x = 1 + 2t, y = 1 + 2t, z = 1 + 2t$

3. **(a)** $2x - z - 2 = 0$
(b) $x = 2 - 4t, y = 0, z = 2 + 2t$

5. **(a)** $2x + 2y + z - 4 = 0$
(b) $x = 2t, y = 1 + 2t, z = 2 + t$

7. **(a)** $x + y + z - 1 = 0$
(b) $x = t, y = 1 + t, z = t$

9. **(a)** $-x + 3y + z/e = 2$
(b) $x = 2 - t, y = 1 + 3t, z = e + (1/e)t$

11. $2x - z - 2 = 0$ **13.** $x - y + 2z - 1 = 0$

15. $x = 1, y = 1 + 2t, z = 1 - 2t$

17. $x = 1 - 2t, y = 1, z = \frac{1}{2} + 2t$

19. $x = 1 + 90t, y = 1 - 90t, z = 3$

21. $df = \frac{9}{11{,}830} \approx 0.0008$ **23.** $dg = 0$

25. **(a)** $\frac{\sqrt{3}}{2}\sin\sqrt{3} - \frac{1}{2}\cos\sqrt{3} \approx 0.935$ °C/m
(b) $\sqrt{3}\sin\sqrt{3} - \cos\sqrt{3} \approx 1.87$ °C/s

27. **(a)** $L(x, y) = 1$ **(b)** $L(x, y) = 2x + 2y - 1$

29. **(a)** $L(x, y) = 3x - 4y + 5$
(b) $L(x, y) = 3x - 4y + 5$

31. **(a)** $L(x, y) = 1 + x$
(b) $L(x, y) = -y + \frac{\pi}{2}$

33. **(a)** $W(30, -5) = -13$ °C, $W(50, -25) = -42.2$ °C,
$W(30, -10) = -19.5$ °C
(b) $W(15, -40) \approx -53.7$ °C, $W(80, -40) \approx -66.6$ °C,
$W(90, 0) \approx -10.2$ °C
(c) $L(v, T) \approx 1.336\,\mathrm{T} - 0.11v - 2.952$
(d) **i)** $L(39, 9) \approx -19.3$ °C
ii) $L(42, -12) \approx -23.6$ °C
iii) $L(10, -25) \approx -37.5$ °C

35. $L(x, y) = 7 + x - 6y$; 0.06

37. $L(x, y) = x + y + 1$; 0.08 **39.** $L(x, y) = 1 + x$; 0.0222

41. **(a)** $L(x, y, z) = 2x + 2y + 2z - 3$
(b) $L(x, y, z) = y + z$ **(c)** $L(x, y, z) = 0$

43. **(a)** $L(x, y, z) = x$
(b) $L(x, y, z) = \frac{1}{\sqrt{2}}x + \frac{1}{\sqrt{2}}y$
(c) $L(x, y, z) = \frac{1}{3}x + \frac{2}{3}y + \frac{2}{3}z$

45. **(a)** $L(x, y, z) = 2 + x$
(b) $L(x, y, z) = x - y - z + \frac{\pi}{2} + 1$
(c) $L(x, y, z) = x - y - z + \frac{\pi}{2} + 1$

47. $L(x, y, z) = 2x - 6y - 2z + 6$, 0.0024

49. $L(x, y, z) = x + y - z - 1$, 0.00135

51. Maximum error (estimate) ≤ 0.31 in magnitude

53. Pay more attention to the smaller of the two dimensions. It will generate the larger partial derivative.

55. f is most sensitive to a change in d.

61. **(a)** 1.75% **(b)** 1.75%

12.7절

1. $f(-3, 3) = -5$, local minimum **3.** $f(-2, 1)$, saddle point

5. $f\left(3, \frac{3}{2}\right) = \frac{17}{2}$, local maximum

7. $f(2, -1) = -6$, local minimum **9.** $f(1, 2)$, saddle point

11. $f\left(\frac{16}{7}, 0\right) = -\frac{16}{7}$, local maximum

13. $f(0, 0)$, saddle point; $f\left(-\frac{2}{3}, \frac{2}{3}\right) = \frac{170}{27}$, local maximum

15. $f(0, 0) = 0$, local minimum; $f(1, -1)$, saddle point

17. $f(0, \pm\sqrt{5})$, saddle points; $f(-2, -1) = 30$, local maximum; $f(2, 1) = -30$, local minimum

19. $f(0, 0)$, saddle point; $f(1, 1) = 2$, $f(-1, -1) = 2$, local maxin

21. $f(0,0) = -1$, local maximum
23. $f(n\pi, 0)$, saddle points, for every integer n
25. $f(2,0) = e^{-4}$, local minimum
27. $f(0,0) = 0$, local minimum; $f(0,2)$, saddle point
29. $f\left(\frac{1}{2}, 1\right) = \ln\left(\frac{1}{4}\right) - 3$, local maximum
31. Absolute maximum: 1 at $(0,0)$; absolute minimum: -5 at $(1,2)$
33. Absolute maximum: 4 at $(0,2)$; absolute minimum: 0 at $(0,0)$
35. Absolute maximum: 11 at $(0,-3)$; absolute minimum: -10 at $(4,-2)$
37. Absolute maximum: 4 at $(2,0)$; absolute minimum: $\frac{3\sqrt{2}}{2}$ at $\left(3, -\frac{\pi}{4}\right)$, $\left(3, \frac{\pi}{4}\right)$, $\left(1, -\frac{\pi}{4}\right)$, and $\left(1, \frac{\pi}{4}\right)$
39. $a = -3$, $b = 2$
41. Hottest is $2\frac{1}{4}^{\circ}$ at $\left(-\frac{1}{2}, \frac{\sqrt{3}}{2}\right)$ and $\left(-\frac{1}{2}, -\frac{\sqrt{3}}{2}\right)$; coldest is $-\frac{1}{4}^{\circ}$ at $\left(\frac{1}{2}, 0\right)$.
43. **(a)** $f(0,0)$, saddle point **(b)** $f(1,2)$, local minimum
(c) $f(1,-2)$, local minimum; $f(-1,-2)$, saddle point
49. $\left(\frac{1}{6}, \frac{1}{3}, \frac{355}{36}\right)$ **51.** $\left(\frac{9}{7}, \frac{6}{7}, \frac{3}{7}\right)$ **53.** 3, 3, 3 **55.** 12
57. $\frac{4}{\sqrt{3}} \times \frac{4}{\sqrt{3}} \times \frac{4}{\sqrt{3}}$ **59.** 2 m × 2 m × 1 m
61. Points $(0,2,0)$ and $(0,-2,0)$ have distance 2 from the origin.
63. **(a)** On the semicircle, max $f = 2\sqrt{2}$ at $t = \pi/4$, min $f = -2$ at $t = \pi$. On the quarter circle, max $f = 2\sqrt{2}$ at $t = \pi/4$, min $f = 2$ at $t = 0, \pi/2$.
(b) On the semicircle, max $g = 2$ at $t = \pi/4$, min $g = -2$ at $t = 3\pi/4$. On the quarter circle, max $g = 2$ at $t = \pi/4$, min $g = 0$ at $t = 0, \pi/2$.
(c) On the semicircle, max $h = 8$ at $t = 0, \pi$; min $h = 4$ at $t = \pi/2$. On the quarter circle, max $h = 8$ at $t = 0$, min $h = 4$ at $t = \pi/2$.
65. **i)** min $f = -1/2$ at $t = -1/2$; no max
ii) max $f = 0$ at $t = -1, 0$; min $f = -1/2$ at $t = -1/2$
iii) max $f = 4$ at $t = 1$; min $f = 0$ at $t = 0$
69. $y = -\frac{20}{13}x + \frac{9}{13}$, $y\Big|_{x=4} = -\frac{71}{13}$

12.8절

1. $\left(\pm\frac{1}{\sqrt{2}}, \frac{1}{2}\right)$, $\left(\pm\frac{1}{\sqrt{2}}, -\frac{1}{2}\right)$ **3.** 39 **5.** $(3, \pm 3\sqrt{2})$
7. **(a)** 8 **(b)** 64
9. $r = 2$ cm, $h = 4$ cm **11.** Length $= 4\sqrt{2}$, width $= 3\sqrt{2}$
13. $f(0,0) = 0$ is minimum; $f(2,4) = 20$ is maximum.
15. Lowest $= 0°$, highest $= 125°$
17. $\left(\frac{3}{2}, 2, \frac{5}{2}\right)$ **19.** 1 **21.** $(0, 0, 2)$, $(0, 0, -2)$
23. $f(1,-2,5) = 30$ is maximum; $f(-1,2,-5) = -30$ is minimum.
25. 3, 3, 3 **27.** $\frac{2}{\sqrt{3}}$ by $\frac{2}{\sqrt{3}}$ by $\frac{2}{\sqrt{3}}$ units
29. $(\pm 4/3, -4/3, -4/3)$ **31.** **(b)** ≈24,322 units
33. $U(8, 14) = \$128$ **37.** $f(2/3, 4/3, -4/3) = \frac{4}{3}$
39. $(2, 4, 4)$ **41.** Maximum is $1 + 6\sqrt{3}$ at $(\pm\sqrt{6}, \sqrt{3}, 1)$; minimum is $1 - 6\sqrt{3}$ at $(\pm\sqrt{6}, -\sqrt{3}, 1)$.
43. Maximum is 4 at $(0, 0, \pm 2)$; minimum is 2 at $(\pm\sqrt{2}, \pm\sqrt{2}, 0)$.

12.9절

1. Quadratic: $x + xy$; cubic: $x + xy + \frac{1}{2}xy^2$
3. Quadratic: xy; cubic: xy
5. Quadratic: $y + \frac{1}{2}(2xy - y^2)$;
cubic: $y + \frac{1}{2}(2xy - y^2) + \frac{1}{6}(3x^2y - 3xy^2 + 2y^3)$
7. Quadratic: $\frac{1}{2}(2x^2 + 2y^2) = x^2 + y^2$; cubic: $x^2 + y^2$
9. Quadratic: $1 + (x + y) + (x + y)^2$;
cubic: $1 + (x + y) + (x + y)^2 + (x + y)^3$
11. Quadratic: $1 - \frac{1}{2}x^2 - \frac{1}{2}y^2$; $E(x, y) \le 0.00134$

12.10절

1. **(a)** 0 **(b)** $1 + 2z$ **(c)** $1 + 2z$
3. **(a)** $\frac{\partial U}{\partial P} + \frac{\partial U}{\partial T}\left(\frac{V}{nR}\right)$ **(b)** $\frac{\partial U}{\partial P}\left(\frac{nR}{V}\right) + \frac{\partial U}{\partial T}$
5. **(a)** 5 **(b)** 5
7. $\left(\frac{\partial x}{\partial r}\right)_\theta = \cos\theta\left(\frac{\partial r}{\partial x}\right)_y = \frac{x}{\sqrt{x^2 + y^2}}$

실전문제

1. Domain: all points in the xy-plane; range: $z \ge 0$. Level curves are ellipses with major axis along the y-axis and minor axis along the x-axis.

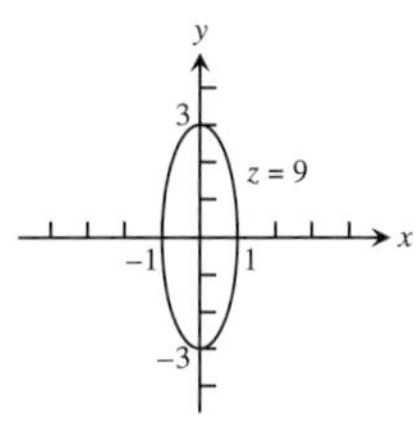

3. Domain: all (x, y) such that $x \ne 0$ and $y \ne 0$; range: $z \ne 0$. Level curves are hyperbolas with the x- and y-axes as asymptotes.

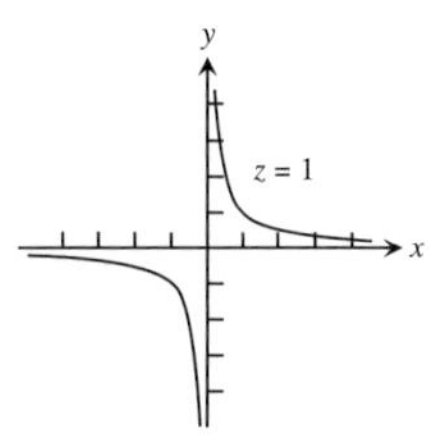

5. Domain: all points in xyz-space; range: all real numbers. Level surfaces are paraboloids of revolution with the z-axis as axis.

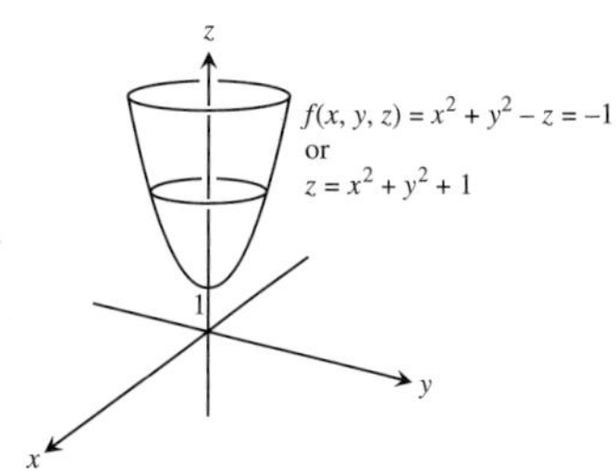

7. Domain: all (x, y, z) such that $(x, y, z) \neq (0, 0, 0)$; range: positive real numbers. Level surfaces are spheres with center $(0, 0, 0)$ and radius $r > 0$.

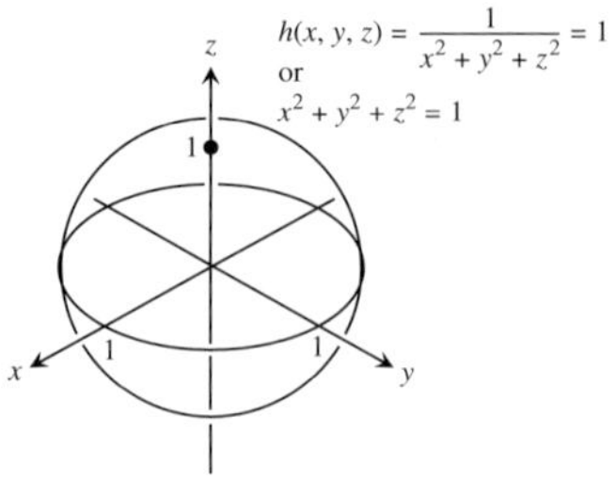

9. -2 **11.** $1/2$ **13.** 1 **15.** Let $y = kx^2, k \neq 1$

17. No; $\lim_{(x, y)\to(0, 0)} f(x, y)$ does not exist.

19. $\frac{\partial g}{\partial r} = \cos\theta + \sin\theta, \frac{\partial g}{\partial \theta} = -r\sin\theta + r\cos\theta$

21. $\frac{\partial f}{\partial R_1} = -\frac{1}{R_1{}^2}, \frac{\partial f}{\partial R_2} = -\frac{1}{R_2{}^2}, \frac{\partial f}{\partial R_3} = -\frac{1}{R_3{}^2}$

23. $\frac{\partial P}{\partial n} = \frac{RT}{V}, \frac{\partial P}{\partial R} = \frac{nT}{V}, \frac{\partial P}{\partial T} = \frac{nR}{V}, \frac{\partial P}{\partial V} = -\frac{nRT}{V^2}$

25. $\frac{\partial^2 g}{\partial x^2} = 0, \frac{\partial^2 g}{\partial y^2} = \frac{2x}{y^3}, \frac{\partial^2 g}{\partial y\,\partial x} = \frac{\partial^2 g}{\partial x\,\partial y} = -\frac{1}{y^2}$

27. $\frac{\partial^2 f}{\partial x^2} = -30x + \frac{2 - 2x^2}{(x^2 + 1)^2}, \frac{\partial^2 f}{\partial y^2} = 0, \frac{\partial^2 f}{\partial y\,\partial x} = \frac{\partial^2 f}{\partial x\,\partial y} = 1$

29. $\left.\frac{dw}{dt}\right|_{t=0} = -1$

31. $\left.\frac{\partial w}{\partial r}\right|_{(r,s)=(\pi,0)} = 2, \left.\frac{\partial w}{\partial s}\right|_{(r,s)=(\pi,0)} = 2 - \pi$

33. $\left.\frac{df}{dt}\right|_{t=1} = -(\sin 1 + \cos 2)(\sin 1) + (\cos 1 + \cos 2)(\cos 1)$
$-2(\sin 1 + \cos 1)(\sin 2)$

35. $\left.\frac{dy}{dx}\right|_{(x,y)=(0,1)} = -1$

37. Increases most rapidly in the direction $\mathbf{u} = -\frac{\sqrt{2}}{2}\mathbf{i} - \frac{\sqrt{2}}{2}\mathbf{j}$;
decreases most rapidly in the direction $-\mathbf{u} = \frac{\sqrt{2}}{2}\mathbf{i} + \frac{\sqrt{2}}{2}\mathbf{j}$;
$D_{\mathbf{u}} f = \frac{\sqrt{2}}{2}$; $D_{-\mathbf{u}} f = -\frac{\sqrt{2}}{2}$; $D_{\mathbf{u}_1} f = -\frac{7}{10}$ where $\mathbf{u}_1 = \frac{\mathbf{v}}{|\mathbf{v}|}$

39. Increases most rapidly in the direction $\mathbf{u} = \frac{2}{7}\mathbf{i} + \frac{3}{7}\mathbf{j} + \frac{6}{7}\mathbf{k}$;
decreases most rapidly in the direction $-\mathbf{u} = -\frac{2}{7}\mathbf{i} - \frac{3}{7}\mathbf{j} - \frac{6}{7}\mathbf{k}$;
$D_{\mathbf{u}} f = 7$; $D_{-\mathbf{u}} f = -7$; $D_{\mathbf{u}_1} f = 7$ where $\mathbf{u}_1 = \frac{\mathbf{v}}{|\mathbf{v}|}$

41. $\pi/\sqrt{2}$ **43.** **(a)** $f_x(1, 2) = f_y(1, 2) = 2$ **(b)** $14/5$

45.

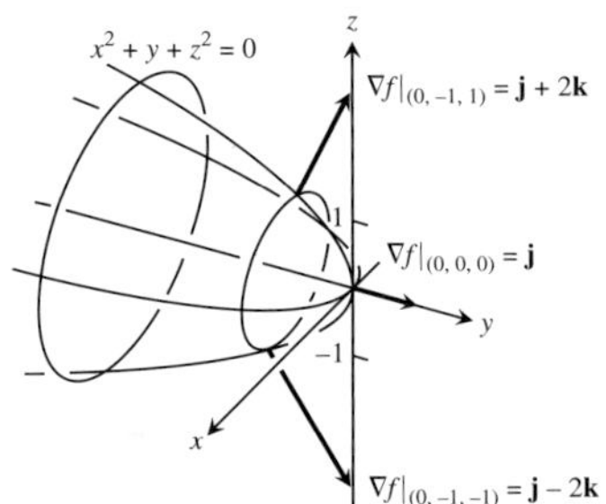

47. Tangent: $4x - y - 5z = 4$; normal line: $x = 2 + 4t, y = -1 - t, z = 1 - 5t$

49. $2y - z - 2 = 0$

51. Tangent: $x + y = \pi + 1$; normal line: $y = x - \pi + 1$

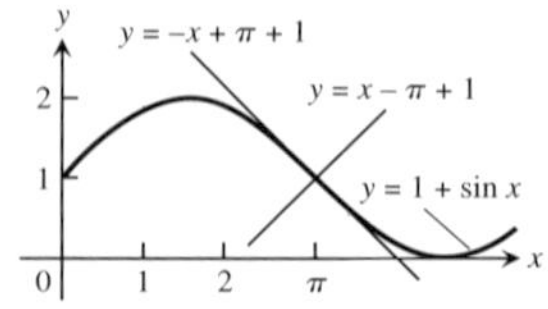

53. $x = 1 - 2t, y = 1, z = 1/2 + 2t$

55. Answers will depend on the upper bound used for $|f_{xx}|, |f_{xy}|, |f_{yy}|$. With $M = \sqrt{2}/2, |E| \le 0.0142$. With $M = 1, |E| \le 0.02$.

57. $L(x, y, z) = y - 3z, L(x, y, z) = x + y - z - 1$

59. Be more careful with the diameter.

61. $dI = 0.038$, % change in $I = 15.83\%$, more sensitive to voltage change

63. **(a)** 5% **65.** Local minimum of -8 at $(-2, -2)$

67. Saddle point at $(0, 0)$, $f(0, 0) = 0$; local maximum of $1/4$ at $(-1/2, -1/2)$

69. Saddle point at $(0, 0)$, $f(0, 0) = 0$; local minimum of -4 at $(0, 2)$; local maximum of 4 at $(-2, 0)$; saddle point at $(-2, 2)$, $f(-2, 2) = 0$

71. Absolute maximum: 28 at $(0, 4)$; absolute minimum: $-9/4$ at $(3/2, 0)$

73. Absolute maximum: 18 at $(2, -2)$; absolute minimum: $-17/4$ at $(-2, 1/2)$

75. Absolute maximum: 8 at $(-2, 0)$; absolute minimum: -1 at $(1, 0)$

77. Absolute maximum: 4 at $(1, 0)$; absolute minimum: -4 at $(0, -1)$

79. Absolute maximum: 1 at $(0, \pm 1)$ and $(1, 0)$; absolute minimum: -1 at $(-1, 0)$

81. Maximum: 5 at $(0, 1)$; minimum: $-1/3$ at $(0, -1/3)$

83. Maximum: $\sqrt{3}$ at $\left(\frac{1}{\sqrt{3}}, -\frac{1}{\sqrt{3}}, \frac{1}{\sqrt{3}}\right)$; minimum: $-\sqrt{3}$ at $\left(-\frac{1}{\sqrt{3}}, \frac{1}{\sqrt{3}}, -\frac{1}{\sqrt{3}}\right)$

85. Width $= \left(\frac{c^2V}{ab}\right)^{1/3}$, depth $= \left(\frac{b^2V}{ac}\right)^{1/3}$, height $= \left(\frac{a^2V}{bc}\right)^{1/3}$

87. Maximum: $\frac{3}{2}$ at $\left(\frac{1}{\sqrt{2}}, \frac{1}{\sqrt{2}}, \sqrt{2}\right)$ and $\left(-\frac{1}{\sqrt{2}}, -\frac{1}{\sqrt{2}}, -\sqrt{2}\right)$;
minimum: $\frac{1}{2}$ at $\left(-\frac{1}{\sqrt{2}}, \frac{1}{\sqrt{2}}, -\sqrt{2}\right)$ and $\left(\frac{1}{\sqrt{2}}, -\frac{1}{\sqrt{2}}, \sqrt{2}\right)$

89. $\frac{\partial w}{\partial x} = \cos\theta\frac{\partial w}{\partial r} - \frac{\sin\theta}{r}\frac{\partial w}{\partial \theta}, \frac{\partial w}{\partial y} = \sin\theta\frac{\partial w}{\partial r} + \frac{\cos\theta}{r}\frac{\partial w}{\partial \theta}$

95. $(t, -t \pm 4, t)$, t a real number

101. **(a)** $(2y + x^2z)e^{yz}$ **(b)** $x^2e^{yz}\left(y - \frac{z}{2y}\right)$ **(c)** $(1 + x^2y)e^{yz}$

심화문제

1. $f_{xy}(0, 0) = -1, f_{yx}(0, 0) = 1$

7. **(c)** $\frac{r^2}{2} = \frac{1}{2}(x^2 + y^2 + z^2)$ **13.** $V = \frac{\sqrt{3}abc}{2}$

17. $f(x, y) = \frac{y}{2} + 4, g(x, y) = \frac{x}{2} + \frac{9}{2}$

19. $y = 2\ln|\sin x| + \ln 2$

21. **(a)** $\frac{1}{\sqrt{53}}(2\mathbf{i} + 7\mathbf{j})$ **(b)** $\frac{-1}{\sqrt{29{,}097}}(98\mathbf{i} - 127\mathbf{j} + 58\mathbf{k})$

23. $w = e^{-c^2\pi^2 t}\sin \pi x$

13장

13.1절

1. 24 **3.** 1 **5.** 16 **7.** $2\ln 2 - 1$ **9.** $(3/2)(5 - e)$
11. 3/2 **13.** ln 2 **15.** $3/2, -2$ **17.** 14 **19.** 0
21. 1/2 **23.** 2 ln 2 **25.** $(\ln 2)^2$
27.

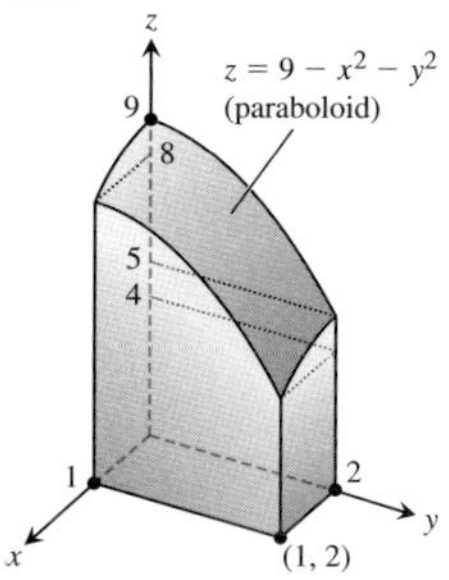

29. 8/3 **31.** 1 **33.** $\sqrt{2}$ **35.** 2/27
37. $\frac{3}{2}\ln 3 - 1$ **39. (a)** 1/3 **(b)** 2/3

13.2절

1.

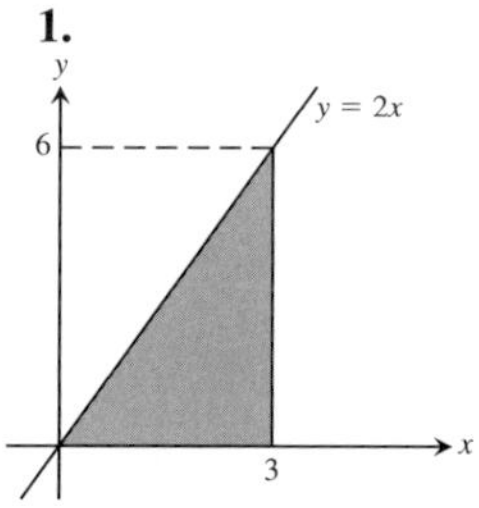

3.

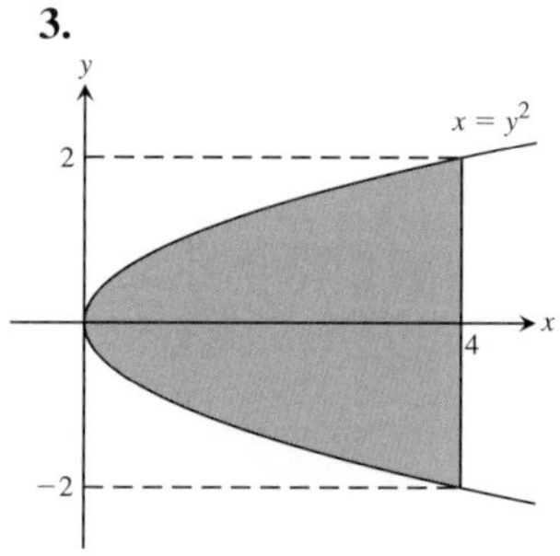

5.

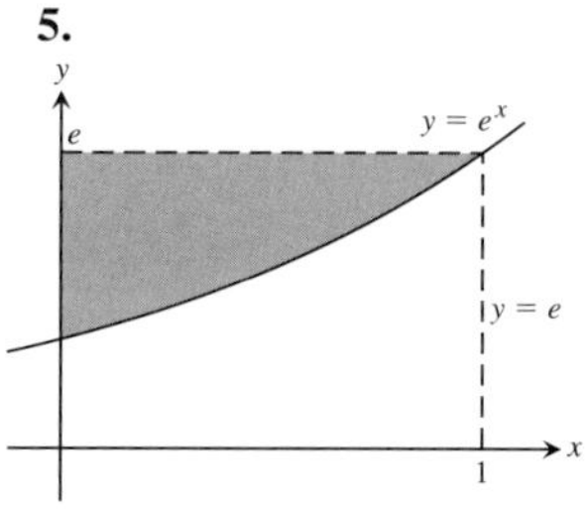

7.

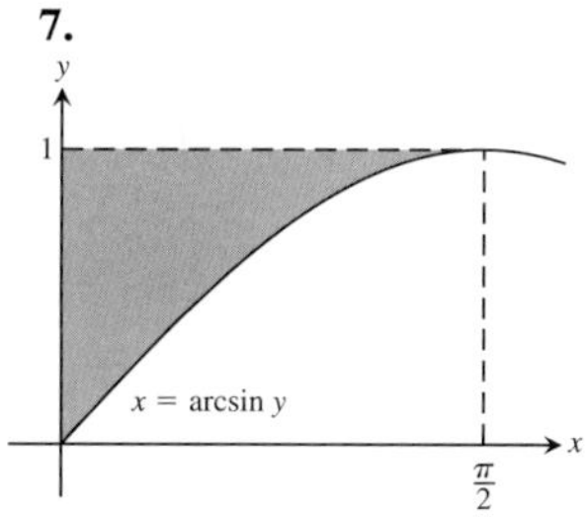

9. (a) $\int_0^2 \int_{x^3}^8 dy\,dx$ **(b)** $\int_0^8 \int_0^{y^{1/3}} dx\,dy$

11. (a) $\int_0^3 \int_{x^2}^{3x} dy\,dx$ **(b)** $\int_0^9 \int_{y/3}^{\sqrt{y}} dx\,dy$

13. (a) $\int_0^9 \int_0^{\sqrt{x}} dy\,dx$ **(b)** $\int_0^3 \int_{y^2}^9 dx\,dy$

15. (a) $\int_0^{\ln 3} \int_{e^{-x}}^1 dy\,dx$ **(b)** $\int_{1/3}^1 \int_{-\ln y}^{\ln 3} dx\,dy$

17. (a) $\int_0^1 \int_x^{3-2x} dy\,dx$

(b) $\int_0^1 \int_0^y dx\,dy + \int_1^3 \int_0^{(3-y)/2} dx\,dy$

19. 42 **21.** 21/40 **23.** $\pi/2$ **25.** 49/5

27. $\frac{\pi^2}{2} + 2$

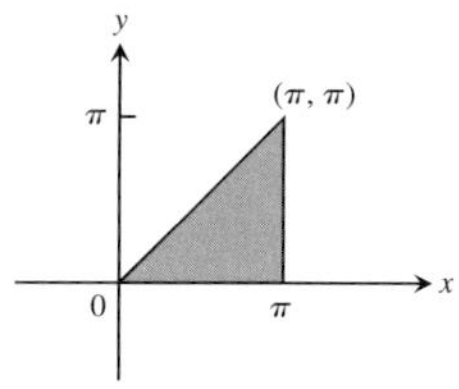

29. $8\ln 8 - 16 + e$

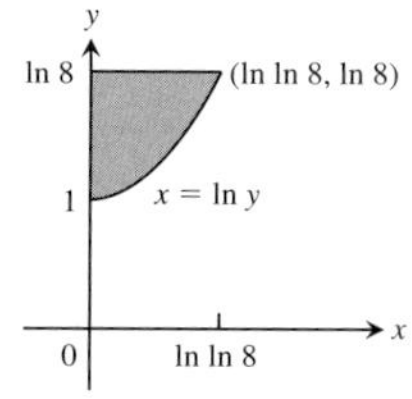

31. $e - 2$

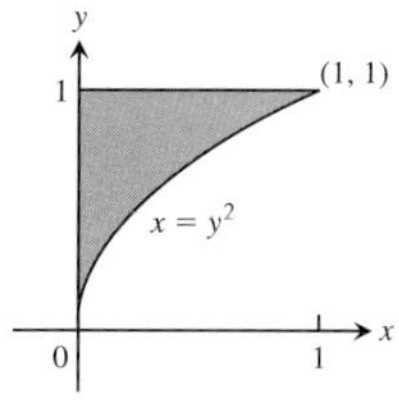

33. $\frac{3}{2}\ln 2$ **35.** $-1/10$

37. 8

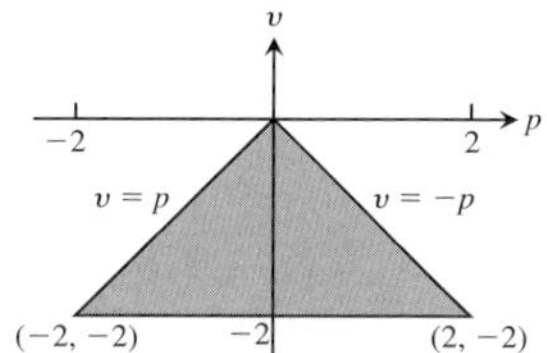

39. 2π

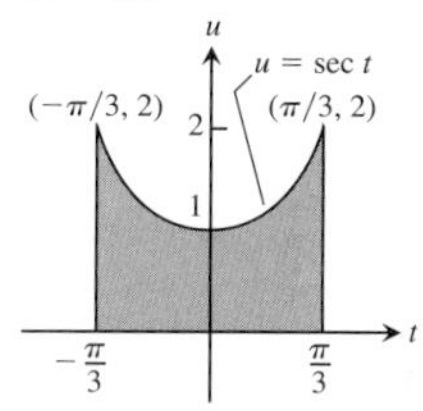

41. $\int_2^4 \int_0^{(4-y)/2} dx\,dy$

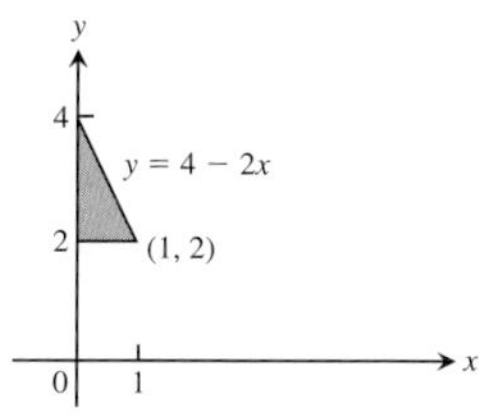

43. $\int_0^1 \int_{x^2}^x dy\,dx$

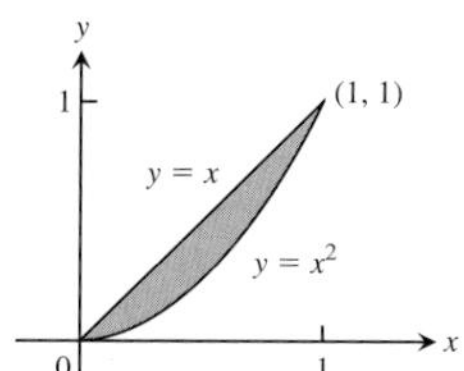

45. $\int_1^e \int_{\ln y}^1 dx\,dy$

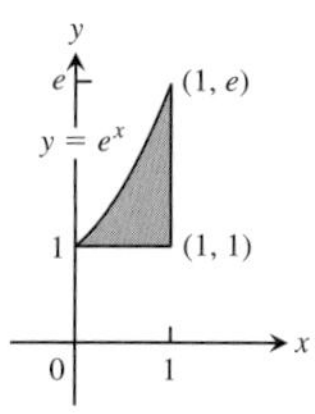

47. $\int_0^9 \int_0^{(\sqrt{9-y})/2} 16x\,dx\,dy$

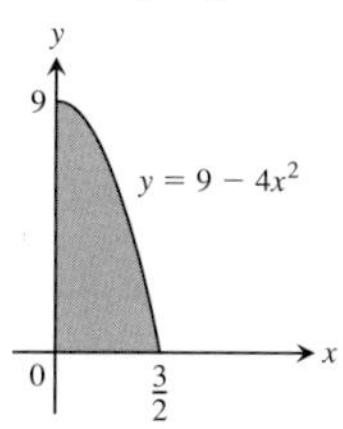

49. $\int_{-1}^1 \int_0^{\sqrt{1-x^2}} 3y\,dy\,dx$

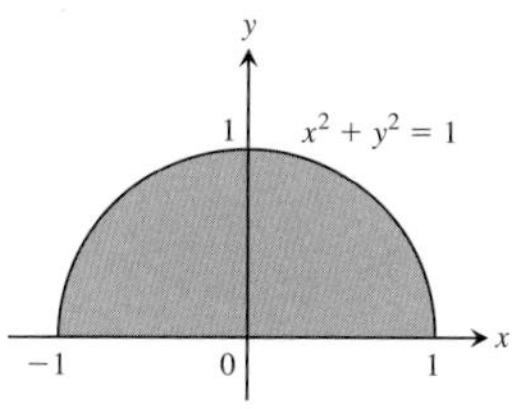

51. $\int_0^1 \int_{e^y}^e xy\,dx\,dy$

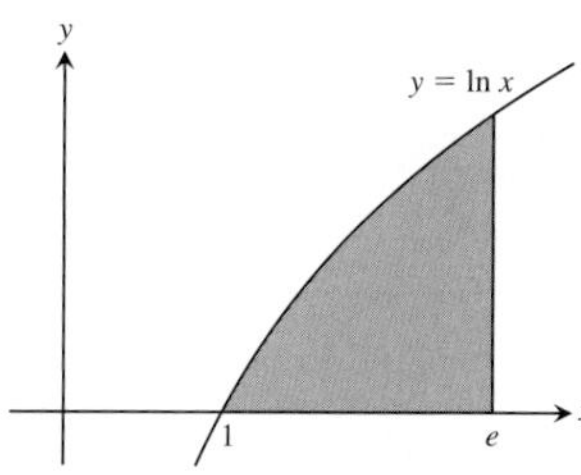

53. $\int_1^{e^3}\int_{\ln x}^{3}(x+y)\,dy\,dx$

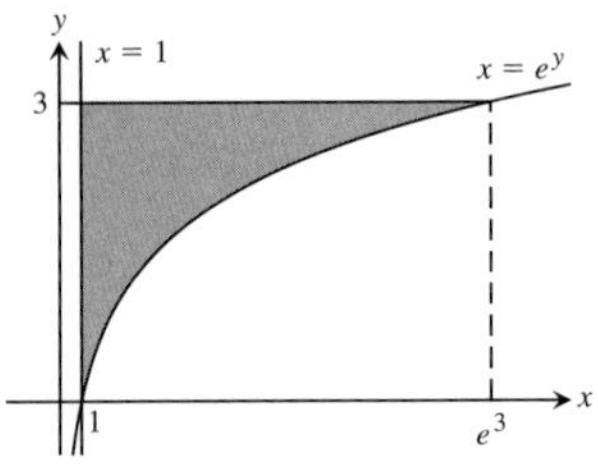

55. 2

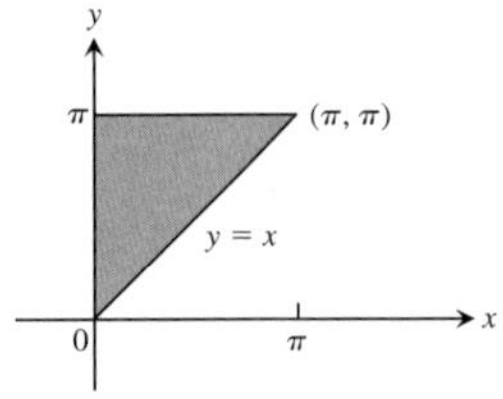

57. $\dfrac{e-2}{2}$

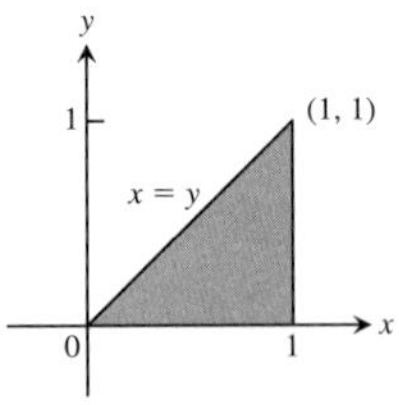

59. 2

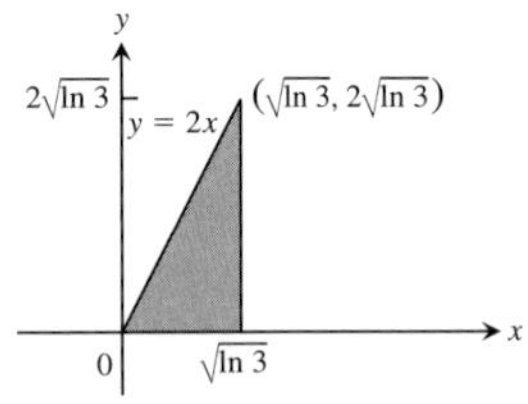

61. $1/(80\pi)$

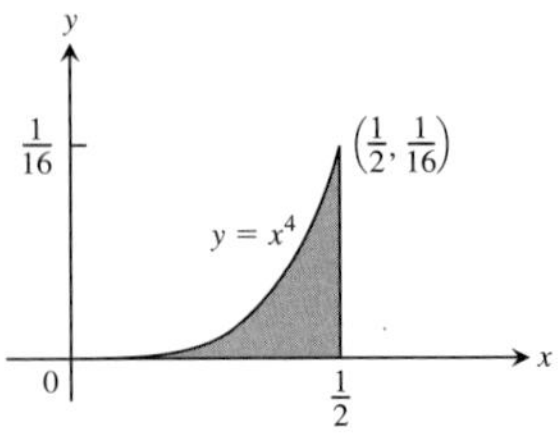

63. $-2/3$

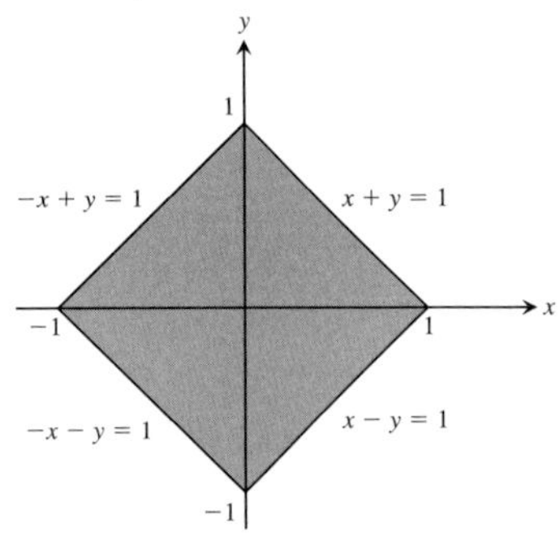

65. 4/3 **67.** 625/12 **69.** 16 **71.** 20 **73.** $2(1+\ln 2)$

75.

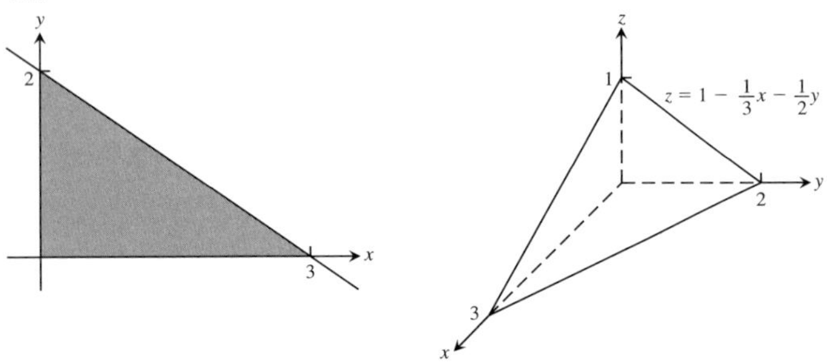

77. 1 **79.** π^2 **81.** $-\dfrac{3}{32}$ **83.** $\dfrac{20\sqrt{3}}{9}$

85. $\int_0^1\int_x^{2-x}(x^2+y^2)\,dy\,dx=\dfrac{4}{3}$

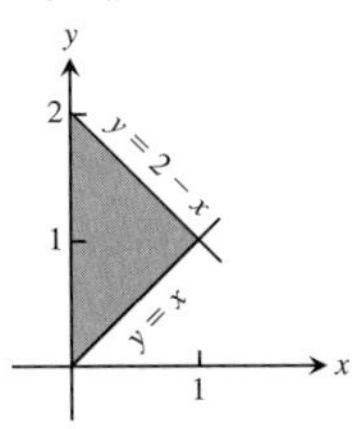

87. R is the set of points (x, y) such that $x^2+2y^2\le 4$.

89. No, by Fubini's Theorem, the two orders of integration must give the same result.

93. 0.603 **95.** 0.233

13.3절

1. $\int_0^2\int_0^{2-x}dy\,dx=2$ or $\int_0^2\int_0^{2-y}dx\,dy=2$

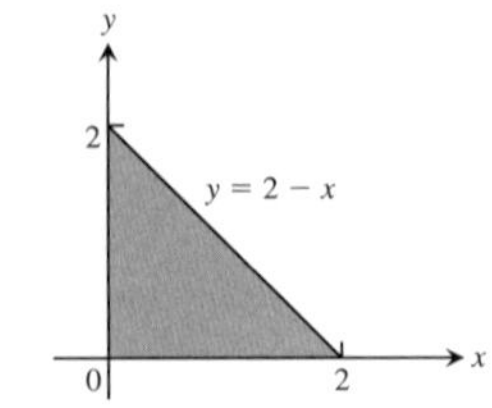

3. $\int_{-2}^{1}\int_{y-2}^{-y^2}dx\,dy=\dfrac{9}{2}$

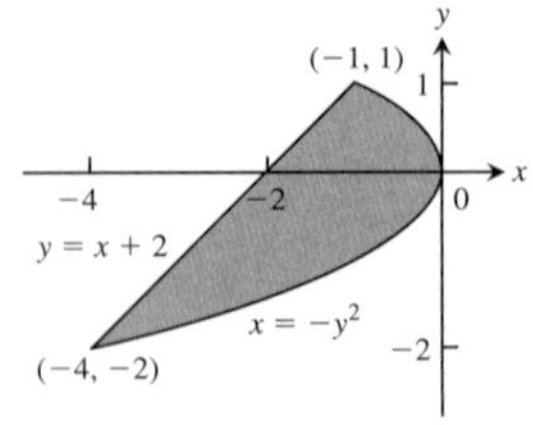

5. $\int_0^{\ln 2}\int_0^{e^x}dy\,dx=1$

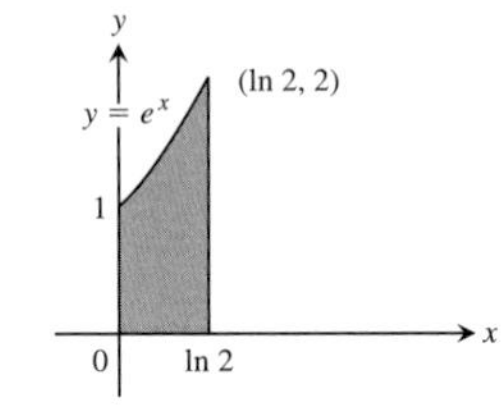

7. $\int_0^1\int_{y^2}^{2y-y^2}dx\,dy=\dfrac{1}{3}$

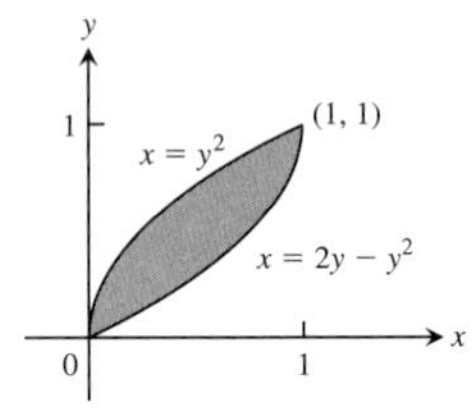

9. $\int_0^2\int_y^{3y}1\,dx\,dy=4$ or $\int_0^2\int_{x/3}^{x}1\,dy\,dx+\int_2^6\int_{x/3}^{2}1\,dy\,dx=4$

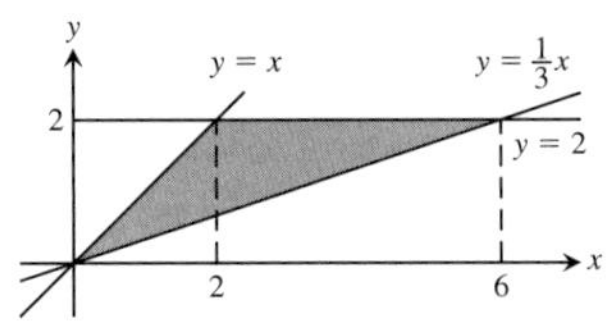

11. $\int_0^1\int_{x/2}^{2x}1\,dy\,dx+\int_1^2\int_{x/2}^{3-x}1\,dy\,dx=\dfrac{3}{2}$ or $\int_0^1\int_{y/2}^{2y}1\,dx\,dy+\int_1^2\int_{y/2}^{3-y}1\,dx\,dy=\dfrac{3}{2}$

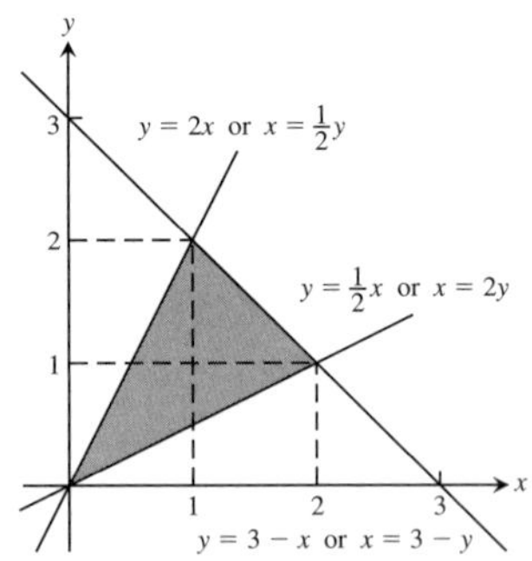

13. 12

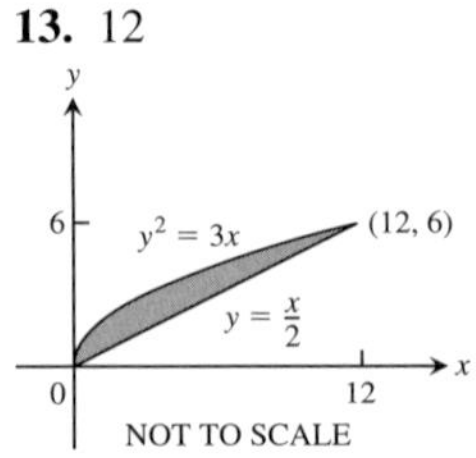

15. $\sqrt{2}-1$

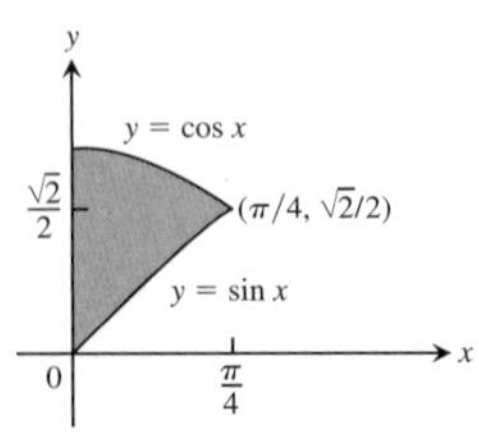

17. $\frac{3}{2}$

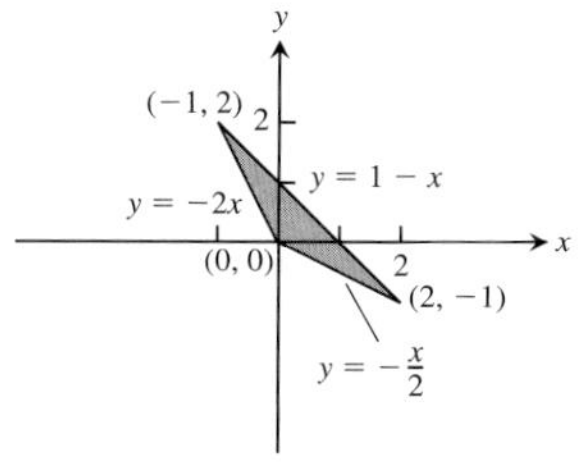

19. **(a)** 0 **(b)** $4/\pi^2$ **21.** $8/3$ **23.** $\pi - 2$

25. $40{,}000(1 - e^{-2})\ln(7/2) \approx 43{,}329$

13.4절

1. $\frac{\pi}{2} \le \theta \le 2\pi,\ 0 \le r \le 9$ **3.** $\frac{\pi}{4} \le \theta \le \frac{3\pi}{4},\ 0 \le r \le \csc\theta$

5. $0 \le \theta \le \frac{\pi}{6},\ 1 \le r \le 2\sqrt{3}\sec\theta;$

$\frac{\pi}{6} \le \theta \le \frac{\pi}{2},\ 1 \le r \le 2\csc\theta$

7. $-\frac{\pi}{2} \le \theta \le \frac{\pi}{2},\ 0 \le r \le 2\cos\theta$ **9.** $\frac{\pi}{2}$

11. 2π **13.** 36 **15.** $2 - \sqrt{3}$ **17.** $(1 - \ln 2)\pi$

19. $(2\ln 2 - 1)(\pi/2)$ **21.** $\frac{2(1+\sqrt{2})}{3}$

23.

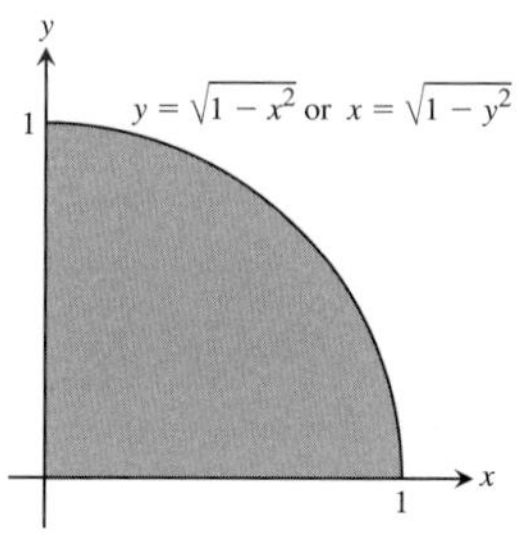

$\int_0^1\int_0^{\sqrt{1-x^2}} xy\,dy\,dx$ or $\int_0^1\int_0^{\sqrt{1-y^2}} xy\,dx\,dy$

25.

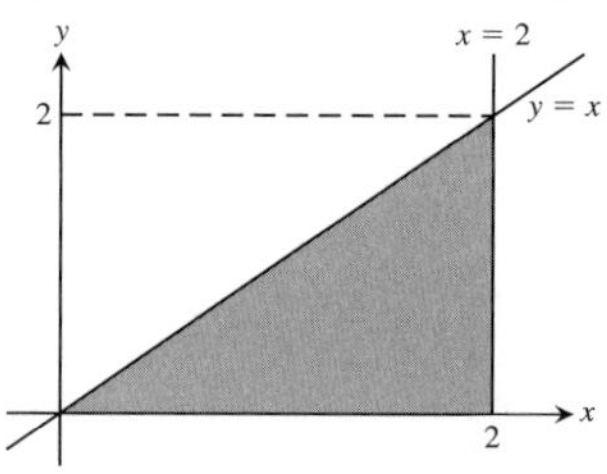

$\int_0^2\int_0^x y^2(x^2+y^2)\,dy\,dx$ or $\int_0^2\int_y^2 y^2(x^2+y^2)\,dx\,dy$

27. $2(\pi - 2)$ **29.** 12π **31.** $(3\pi/8) + 1$ **33.** $\frac{2a}{3}$

35. $\frac{2a}{3}$ **37.** $2\pi(2 - \sqrt{e})$ **39.** $\frac{4}{3} + \frac{5\pi}{8}$

41. **(a)** $\frac{\sqrt{\pi}}{2}$ **(b)** 1 **43.** $\pi\ln 4$, no **45.** $\frac{1}{2}(a^2 + 2h^2)$

47. $\frac{8}{9}(3\pi - 4)$

13.5절

1. 1/6

3. $\int_0^1\int_0^{2-2x}\int_0^{3-3x-3y/2} dz\,dy\,dx,\ \int_0^2\int_0^{1-y/2}\int_0^{3-3x-3y/2} dz\,dx\,dy,$

$\int_0^1\int_0^{3-3x}\int_0^{2-2x-2z/3} dy\,dz\,dx,\ \int_0^3\int_0^{1-z/3}\int_0^{2-2x-2z/3} dy\,dx\,dz,$

$\int_0^2\int_0^{3-3y/2}\int_0^{1-y/2-z/3} dx\,dz\,dy,\ \int_0^3\int_0^{2-2z/3}\int_0^{1-y/2-z/3} dx\,dy\,dz.$

The value of all six integrals is 1.

5. $\int_{-2}^2\int_{-\sqrt{4-x^2}}^{\sqrt{4-x^2}}\int_{x^2+y^2}^{8-x^2-y^2} 1\,dz\,dx\,dy,\ \int_{-2}^2\int_{-\sqrt{4-y^2}}^{\sqrt{4-y^2}}\int_{x^2+y^2}^{8-x^2-y^2} 1\,dz\,dx\,dy,$

$\int_{-2}^2\int_4^{8-y^2}\int_{-\sqrt{8-z-y^2}}^{\sqrt{8-z-y^2}} 1\,dx\,dz\,dy + \int_{-2}^2\int_{y^2}^4\int_{-\sqrt{z-y^2}}^{\sqrt{z-y^2}} 1\,dx\,dz\,dy,$

$\int_4^8\int_{-\sqrt{8-z}}^{\sqrt{8-z}}\int_{-\sqrt{8-z-y^2}}^{\sqrt{8-z-y^2}} 1\,dx\,dy\,dz + \int_0^4\int_{-\sqrt{z}}^{\sqrt{z}}\int_{-\sqrt{z-y^2}}^{\sqrt{z-y^2}} 1\,dx\,dy\,dz,$

$\int_{-2}^2\int_4^{8-x^2}\int_{-\sqrt{8-z-x^2}}^{\sqrt{8-z-x^2}} 1\,dy\,dz\,dx + \int_{-2}^2\int_{x^2}^4\int_{-\sqrt{z-x^2}}^{\sqrt{z-x^2}} 1\,dy\,dz\,dx,$

$\int_4^8\int_{-\sqrt{8-z}}^{\sqrt{8-z}}\int_{-\sqrt{8-z-x^2}}^{\sqrt{8-z-x^2}} 1\,dy\,dx\,dz + \int_0^4\int_{-\sqrt{z}}^{\sqrt{z}}\int_{-\sqrt{z-x^2}}^{\sqrt{z-x^2}} 1\,dy\,dx\,dz.$

The value of all six integrals is 16π.

7. 1 **9.** 6 **11.** $\frac{5(2-\sqrt{3})}{4}$ **13.** 18

15. 7/6 **17.** 0 **19.** $\frac{1}{2} - \frac{\pi}{8}$

21. **(a)** $\int_{-1}^1\int_0^{1-x^2}\int_{x^2}^{1-z} dy\,dz\,dx$ **(b)** $\int_0^1\int_{-\sqrt{1-z}}^{\sqrt{1-z}}\int_{x^2}^{1-z} dy\,dx\,dz$

(c) $\int_0^1\int_0^{1-z}\int_{-\sqrt{y}}^{\sqrt{y}} dx\,dy\,dz$ **(d)** $\int_0^1\int_0^{1-y}\int_{-\sqrt{y}}^{\sqrt{y}} dx\,dz\,dy$

(e) $\int_0^1\int_{-\sqrt{y}}^{\sqrt{y}}\int_0^{1-y} dz\,dx\,dy$

23. 2/3 **25.** 20/3 **27.** 1 **30.** 16/3 **31.** $8\pi - \frac{32}{3}$

33. 2 **35.** 4π **37.** 31/3 **39.** 1 **41.** $2\sin 4$

43. 4 **45.** $a = 3$ or $a = 13/3$

47. The domain is the set of all points (x, y, z) such that $4x^2 + 4y^2 + z^2 \le 4$.

13.6절

1. $\bar{x} = 5/14,\ \bar{y} = 38/35$ **3.** $\bar{x} = 64/35,\ \bar{y} = 5/7$

5. $\bar{x} = \bar{y} = 4a/(3\pi)$

7. $I_x = I_y = 4\pi$ gm/cm², $I_0 = 8\pi$ gm/cm²

9. $\bar{x} = -1,\ \bar{y} = 1/4$ **11.** $I_x = 64/105$

13. $\bar{x} = 3/8,\ \bar{y} = 17/16$ **15.** $\bar{x} = 11/3,\ \bar{y} = 14/27,\ I_y = 432$

17. $\bar{x} = 0,\ \bar{y} = 13/31,\ I_y = 7/5$

19. $\bar{x} = 0,\ \bar{y} = 7/10;\ I_x = 9/10$ kg/m², $I_y = 3/10$ kg/m², $I_0 = 6/5$ kg/m²

21. $I_x = \frac{M}{3}(b^2 + c^2),\ I_y = \frac{M}{3}(a^2 + c^2),\ I_z = \frac{M}{3}(a^2 + b^2)$

23. $\bar{x} = \bar{y} = 0,\ \bar{z} = 12/5,\ I_x = 7904/105 \approx 75.28,$ $I_y = 4832/63 \approx 76.70,\ I_z = 256/45 \approx 5.69$

25. **(a)** $\bar{x} = \bar{y} = 0,\ \bar{z} = 8/3$ **(b)** $c = 2\sqrt{2}$

27. $I_L = 1386$

29. **(a)** $4/3$ gm **(b)** $\bar{x} = 4/5$ cm, $\bar{y} = \bar{z} = 2/5$ cm

31. **(a)** $5/2$ **(b)** $\bar{x} = \bar{y} = \bar{z} = 8/15$ **(c)** $I_x = I_y = I_z = 11/6$

33. 3 kg

37. **(a)** $I_{\text{c.m.}} = \dfrac{abc(a^2 + b^2)}{12}$

(b) $I_L = \dfrac{abc(a^2 + 7b^2)}{3}$

13.7절

1.

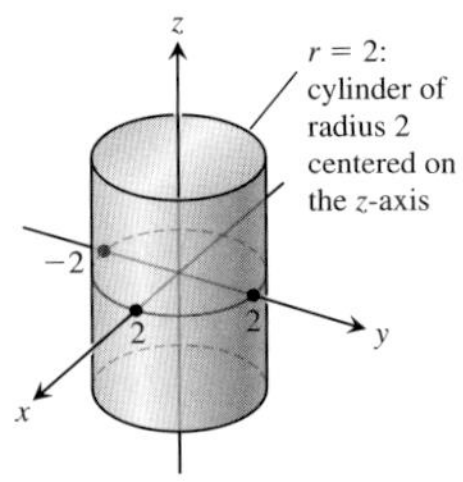

3.

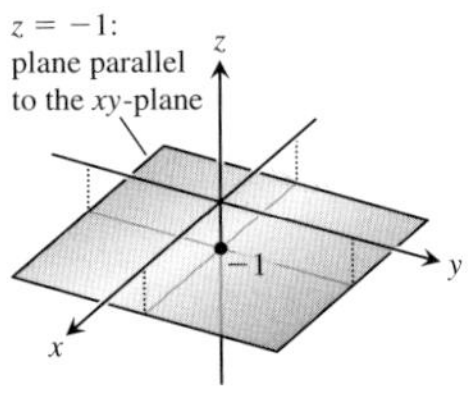

5.

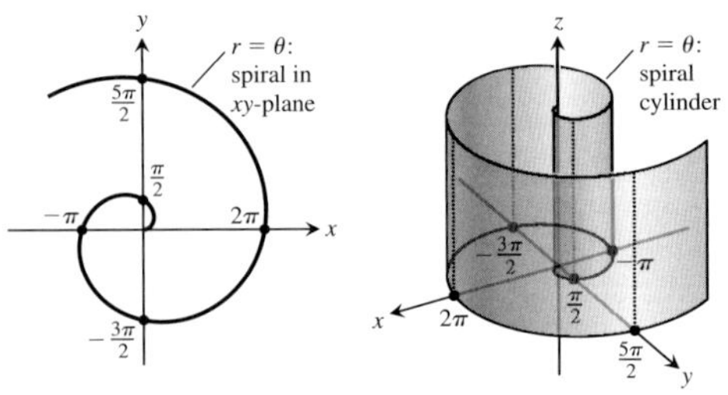

7.

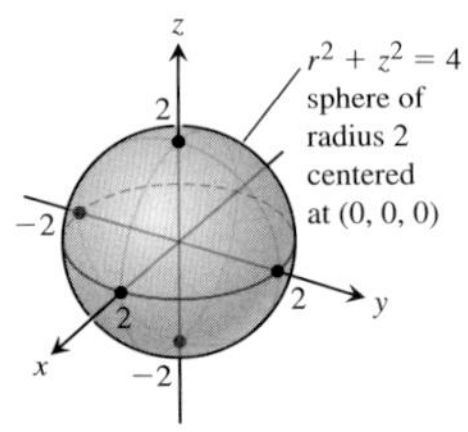

9. $r \le z \le \sqrt{9 - r^2}$: cone with vertex angle $\frac{\pi}{2}$ below a sphere of radius 3 centered at (0, 0, 0), and its interior

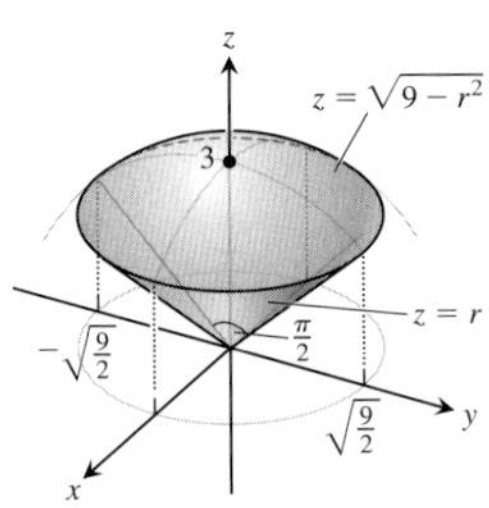

11. $0 \le r \le 4\cos\theta$, $0 \le \theta \le \frac{\pi}{2}$, $0 \le z \le 5$: half-cylinder of height 5, radius 2, and tangent to the z-axis, and its interior

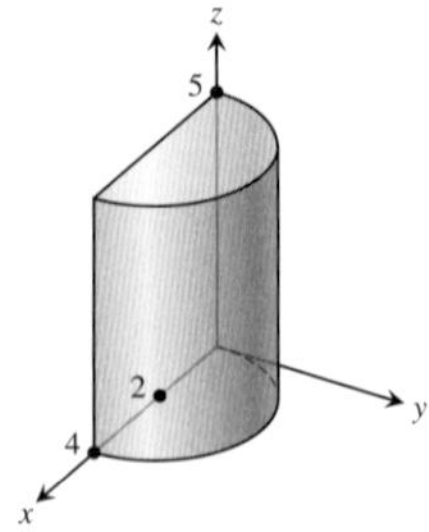

13. $\rho = 3$: sphere of radius 3 centered at $(0, 0, 0)$

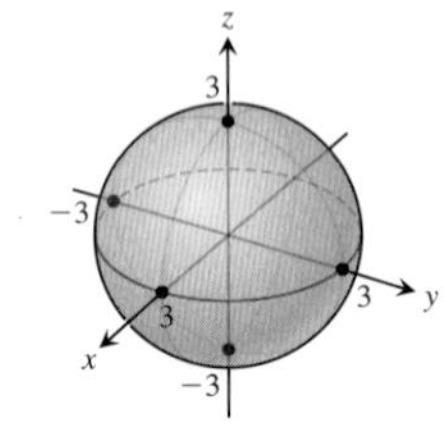

15. $\theta = \frac{2}{3}\pi$: closed half-plane along the z-axis

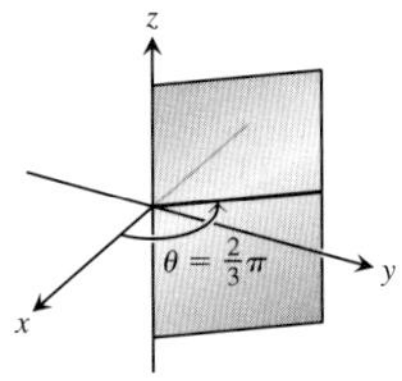

17. $\rho\cos\phi = 4$: plane with z-intercept 4 and parallel to the xy-plane

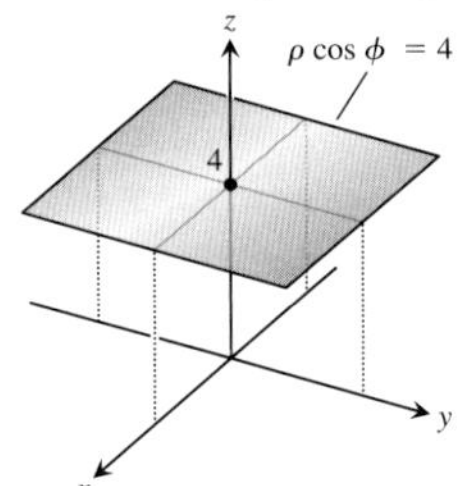

19. $0 \le \rho \le 3\csc\phi \Rightarrow 0 \le \rho\sin\phi \le 3$: cylinder of radius 3 centered on the z-axis, and its interior

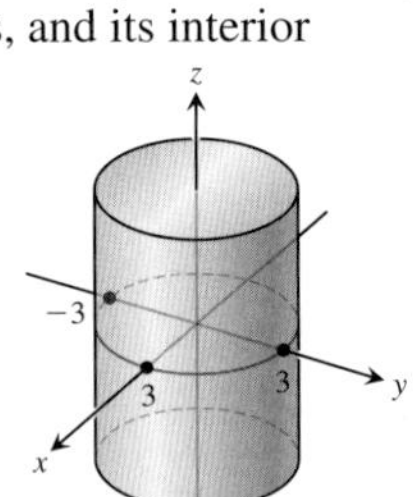

21. $0 \le \rho\cos\theta\sin\phi \le 2$, $0 \le \rho\sin\theta\sin\phi \le 3$, $0 \le \rho\cos\phi \le 4$: rectangular box $2 \times 3 \times 4$, and its interior

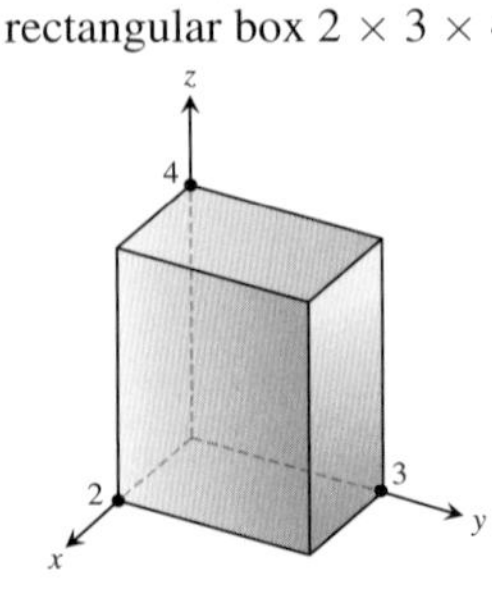

23. $\dfrac{4\pi(\sqrt{2}-1)}{3}$ **25.** $\dfrac{17\pi}{5}$ **27.** $\pi(6\sqrt{2}-8)$

29. $\dfrac{3\pi}{10}$ **31.** $\pi/3$

33. **(a)** $\displaystyle\int_0^{2\pi}\int_0^1\int_0^{\sqrt{4-r^2}} r\,dz\,dr\,d\theta$

(b) $\displaystyle\int_0^{2\pi}\int_0^{\sqrt{3}}\int_0^1 r\,dr\,dz\,d\theta + \int_0^{2\pi}\int_{\sqrt{3}}^2\int_0^{\sqrt{4-z^2}} r\,dr\,dz\,d\theta$

(c) $\displaystyle\int_0^1\int_0^{\sqrt{4-r^2}}\int_0^{2\pi} r\,d\theta\,dz\,dr$

35. $\displaystyle\int_{-\pi/2}^{\pi/2}\int_0^{\cos\theta}\int_0^{3r^2} f(r,\theta,z)\,r\,dz\,dr\,d\theta$

37. $\displaystyle\int_0^{\pi}\int_0^{2\sin\theta}\int_0^{4-r\sin\theta} f(r,\theta,z)\,r\,dz\,dr\,d\theta$

39. $\displaystyle\int_{-\pi/2}^{\pi/2}\int_1^{1+\cos\theta}\int_0^{4} f(r,\theta,z)\,r\,dz\,dr\,d\theta$

41. $\displaystyle\int_0^{\pi/4}\int_0^{\sec\theta}\int_0^{2-r\sin\theta} f(r,\theta,z)\,r\,dz\,dr\,d\theta$

43. π^2 **45.** $\pi/3$ **47.** 5π **49.** 2π **51.** $\left(\dfrac{8-5\sqrt{2}}{2}\right)\pi$

53. **(a)** $\displaystyle\int_0^{2\pi}\int_0^{\pi/6}\int_0^{2}\rho^2\sin\phi\,d\rho\,d\phi\,d\theta + \int_0^{2\pi}\int_{\pi/6}^{\pi/2}\int_0^{\csc\phi}\rho^2\sin\phi\,d\rho\,d\phi\,d\theta$

(b) $\displaystyle\int_0^{2\pi}\int_1^{2}\int_{\pi/6}^{\sin^{-1}(1/\rho)}\rho^2\sin\phi\,d\phi\,d\rho\,d\theta + \int_0^{2\pi}\int_0^{2}\int_0^{\pi/6}\rho^2\sin\phi\,d\phi\,d\rho\,d\theta + \int_0^{2\pi}\int_0^{1}\int_{\pi/6}^{\pi/2}\rho^2\sin\phi\,d\phi\,d\rho\,d\theta$

55. $\displaystyle\int_0^{2\pi}\int_0^{\pi/2}\int_{\cos\phi}^{2}\rho^2\sin\phi\,d\rho\,d\phi\,d\theta = \frac{31\pi}{6}$

57. $\displaystyle\int_0^{2\pi}\int_0^{\pi}\int_0^{1-\cos\phi}\rho^2\sin\phi\,d\rho\,d\phi\,d\theta = \frac{8\pi}{3}$

59. $\displaystyle\int_0^{2\pi}\int_{\pi/4}^{\pi/2}\int_0^{2\cos\phi}\rho^2\sin\phi\,d\rho\,d\phi\,d\theta = \frac{\pi}{3}$

61. **(a)** $\displaystyle 8\int_0^{\pi/2}\int_0^{\pi/2}\int_0^{2}\rho^2\sin\phi\,d\rho\,d\phi\,d\theta$

(b) $\displaystyle 8\int_0^{\pi/2}\int_0^{2}\int_0^{\sqrt{4-r^2}} r\,dz\,dr\,d\theta$

(c) $\displaystyle 8\int_0^{2}\int_0^{\sqrt{4-x^2}}\int_0^{\sqrt{4-x^2-y^2}} dz\,dy\,dx$

63. **(a)** $\displaystyle\int_0^{2\pi}\int_0^{\pi/3}\int_{\sec\phi}^{2}\rho^2\sin\phi\,d\rho\,d\phi\,d\theta$

(b) $\displaystyle\int_0^{2\pi}\int_0^{\sqrt{3}}\int_1^{\sqrt{4-r^2}} r\,dz\,dr\,d\theta$

(c) $\displaystyle\int_{-\sqrt{3}}^{\sqrt{3}}\int_{-\sqrt{3-x^2}}^{\sqrt{3-x^2}}\int_1^{\sqrt{4-x^2-y^2}} dz\,dy\,dx$ **(d)** $5\pi/3$

65. $8\pi/3$ **67.** $9/4$ **69.** $\dfrac{3\pi-4}{18}$ **71.** $\dfrac{2\pi a^3}{3}$

73. $\dfrac{(4\sqrt{2}-5)\pi}{3}$ **75.** $\pi/2$ **77.** $\dfrac{4(2\sqrt{2}-1)\pi}{3}$ **79.** 16π

81. $5\pi/2$ **83.** $\dfrac{4\pi(8-3\sqrt{3})}{3}$ **85.** $2/3$ **87.** $3/4$

89. $\bar{x}=\bar{y}=0,\ \bar{z}=3/8$ **91.** $(\bar{x},\bar{y},\bar{z})=(0,0,3/8)$

93. $\bar{x}=\bar{y}=0,\ \bar{z}=5/6$ **95.** $I_x=\pi/4$ **97.** $\dfrac{a^4h\pi}{10}$

99. **(a)** $(\bar{x},\bar{y},\bar{z})=\left(0,0,\dfrac{4}{5}\right),\ I_z=\dfrac{\pi}{12}$

(b) $(\bar{x},\bar{y},\bar{z})=\left(0,0,\dfrac{5}{6}\right),\ I_z=\dfrac{\pi}{14}$

101. $\dfrac{3M}{\pi R^3}$

103. The surface's equation $r=f(z)$ tells us that the point $(r,\theta,z)=(f(z),\theta,z)$ will lie on the surface for all θ. In particular, $(f(z),\theta+\pi,z)$ lies on the surface whenever $(f(z),\theta,z)$ lies on the surface, so the surface is symmetric with respect to the z-axis.

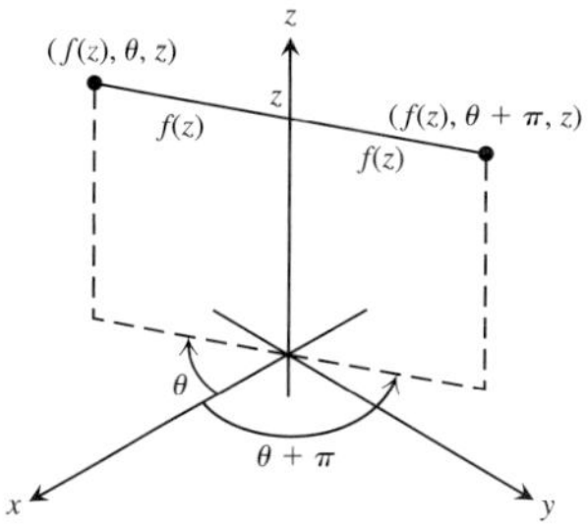

13.8절

1. **(a)** $x=\dfrac{u+v}{3},\ y=\dfrac{v-2u}{3};\ \dfrac{1}{3}$

(b) Triangular region with boundaries $u=0,\ v=0$, and $u+v=3$

3. **(a)** $x=\dfrac{1}{5}(2u-v),\ y=\dfrac{1}{10}(3v-u);\ \dfrac{1}{10}$

(b) Triangular region with boundaries $3v=u,\ v=2u$, and $3u+v=10$

7. $64/5$ **9.** $\displaystyle\int_1^2\int_1^3(u+v)\frac{2u}{v}\,du\,dv = 8+\frac{52}{3}\ln 2$

11. $\dfrac{\pi ab(a^2+b^2)}{4}$ **13.** $\dfrac{1}{3}\left(1+\dfrac{3}{e^2}\right)\approx 0.4687$

15. $\dfrac{225}{16}$ **17.** 12 **19.** $\dfrac{a^2b^2c^2}{6}$

21. **(a)** $\begin{vmatrix}\cos v & -u\sin v\\ \sin v & u\cos v\end{vmatrix} = u\cos^2 v + u\sin^2 v = u$

(b) $\begin{vmatrix}\sin v & u\cos v\\ \cos v & -u\sin v\end{vmatrix} = -u\sin^2 v - u\cos^2 v = -u$

27. $\dfrac{3}{2}\ln 2$

실전문제

1. $9e-9$

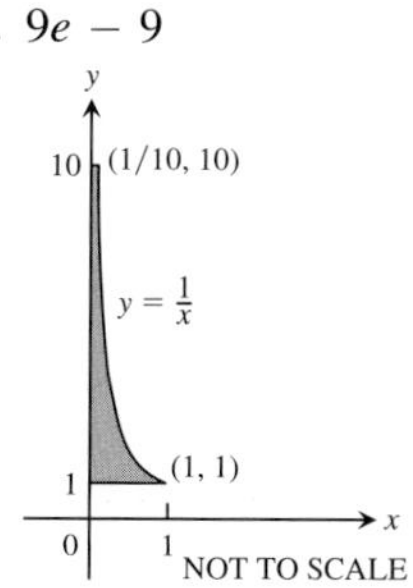

3. $9/2$

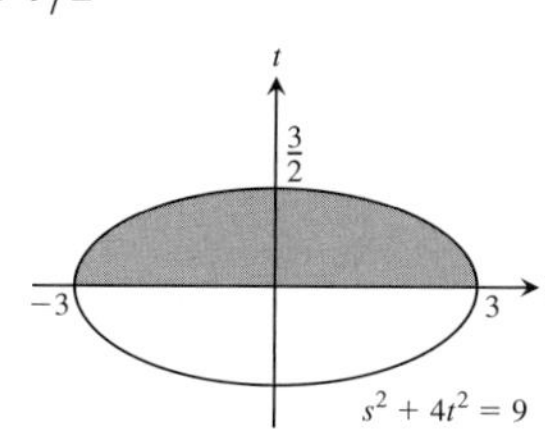

5. $\displaystyle\int_{-2}^{0}\int_{2x+4}^{4-x^2} dy\,dx = \frac{4}{3}$

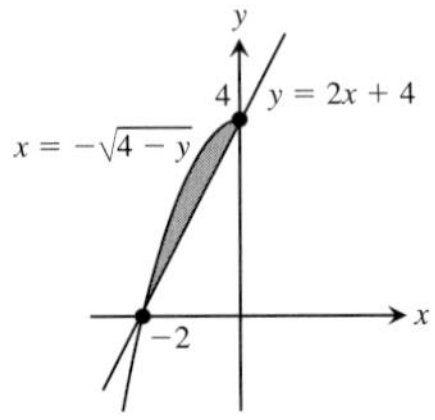

7. $\displaystyle\int_{-3}^{3}\int_{0}^{(1/2)\sqrt{9-x^2}} y\,dy\,dx = \frac{9}{2}$

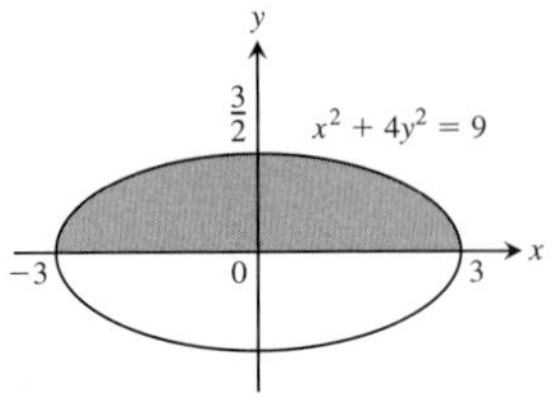

9. $\sin 4$ **11.** $\dfrac{\ln 17}{4}$ **13.** $4/3$ **15.** $4/3$ **17.** $1/4$

19. π **21.** $\dfrac{\pi - 2}{4}$ **23.** 0 **25.** $8/35$ **27.** $\pi/2$

29. $\dfrac{2(31 - 3^{5/2})}{3}$

31. (a) $\displaystyle\int_{-\sqrt{2}}^{\sqrt{2}}\int_{-\sqrt{2-y^2}}^{\sqrt{2-y^2}}\int_{\sqrt{x^2+y^2}}^{\sqrt{4-x^2-y^2}} 3\,dz\,dx\,dy$

(b) $\displaystyle\int_{0}^{2\pi}\int_{0}^{\pi/4}\int_{0}^{2} 3\,\rho^2 \sin\phi\,d\rho\,d\phi\,d\theta$ **(c)** $2\pi(8 - 4\sqrt{2})$

33. $\displaystyle\int_{0}^{2\pi}\int_{0}^{\pi/4}\int_{0}^{\sec\phi} \rho^2 \sin\phi\,d\rho\,d\phi\,d\theta = \frac{\pi}{3}$

35. $\displaystyle\int_{0}^{1}\int_{\sqrt{1-x^2}}^{\sqrt{3-x^2}}\int_{1}^{\sqrt{4-x^2-y^2}} z^2\,xy\,dz\,dy\,dx + \int_{1}^{\sqrt{3}}\int_{0}^{\sqrt{3-x^2}}\int_{1}^{\sqrt{4-x^2-y^2}} z^2\,xy\,dz\,dy\,dx$

37. (a) $\dfrac{8\pi(4\sqrt{2} - 5)}{3}$ **(b)** $\dfrac{8\pi(4\sqrt{2} - 5)}{3}$

39. $I_z = \dfrac{8\pi\delta(b^5 - a^5)}{15}$ **41.** $\bar{x} = \bar{y} = \dfrac{1}{2 - \ln 4}$

43. $I_0 = 104$ **45.** $I_x = 2\delta$

47. $M = 4,\ M_x = 0,\ M_y = 0$ **49.** $\bar{x} = \dfrac{3\sqrt{3}}{\pi},\ \bar{y} = 0$

51. (a) $\bar{x} = \dfrac{15\pi + 32}{6\pi + 48},\ \bar{y} = 0$

(b)

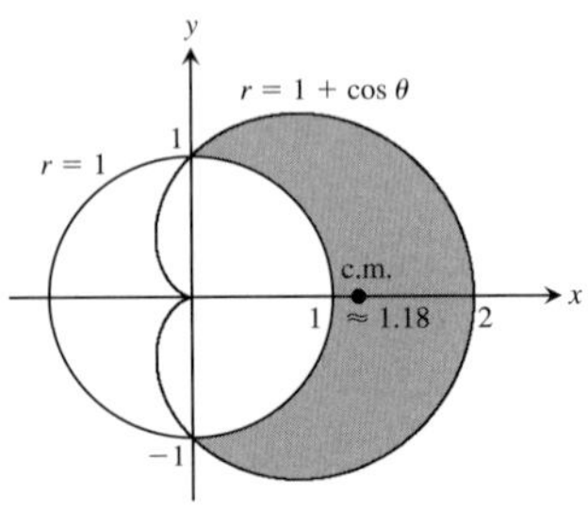

심화문제

1. (a) $\displaystyle\int_{-3}^{2}\int_{x}^{6-x^2} x^2\,dy\,dx$ **(b)** $\displaystyle\int_{-3}^{2}\int_{x}^{6-x^2}\int_{0}^{x^2} dz\,dy\,dx$

(c) $125/4$

3. 2π **5.** $3\pi/2$

7. (a) Hole radius $= 1$, sphere radius $= 2$ **(b)** $4\sqrt{3}\pi$

9. $\pi/4$ **11.** $\ln\left(\dfrac{b}{a}\right)$ **15.** $1/\sqrt[4]{3}$

17. Mass $= a^2\cos^{-1}\left(\dfrac{b}{a}\right) - b\sqrt{a^2 - b^2}$,

$I_0 = \dfrac{a^4}{2}\cos^{-1}\left(\dfrac{b}{a}\right) - \dfrac{b^3}{2}\sqrt{a^2 - b^2} - \dfrac{b^3}{6}(a^2 - b^2)^{3/2}$

19. $\dfrac{1}{ab}(e^{a^2b^2} - 1)$ **21. (b)** 1 **(c)** 0

25. $h = \sqrt{180}$ cm, $h = \sqrt{540}$ cm

27. $2\pi\left[\dfrac{1}{3} - \left(\dfrac{1}{3}\right)\dfrac{\sqrt{2}}{2}\right]$

14장

14.1절

1. Graph (c) **3.** Graph (g) **5.** Graph (d) **7.** Graph (f)

9. $\sqrt{2}$ **11.** $\dfrac{13}{2}$ **13.** $3\sqrt{14}$ **15.** $\dfrac{1}{6}(5\sqrt{5} + 9)$

17. $\sqrt{3}\ln\left(\dfrac{b}{a}\right)$ **19. (a)** $4\sqrt{5}$ **(b)** $\dfrac{1}{12}(17^{3/2} - 1)$

21. $\dfrac{15}{32}(e^{16} - e^{64})$ **23.** $\dfrac{1}{27}(40^{3/2} - 13^{3/2})$

25. $\dfrac{1}{6}(5^{3/2} + 7\sqrt{2} - 1)$ **27.** $\dfrac{10\sqrt{5} - 2}{3}$ **29.** 8

31. $\dfrac{1}{6}(17^{3/2} - 1)$ **33.** $2\sqrt{2} - 1$

35. (a) $4\sqrt{2} - 2$ **(b)** $\sqrt{2} + \ln(1 + \sqrt{2})$ **37.** $I_z = 2\pi\delta a^3$

39. (a) $I_z = 2\pi\sqrt{2}\delta$ **(b)** $I_z = 4\pi\sqrt{2}\delta$ **41.** $I_x = 2\pi - 2$

14.2절

1. $\nabla f = -(x\mathbf{i} + y\mathbf{j} + z\mathbf{k})(x^2 + y^2 + z^2)^{-3/2}$

3. $\nabla g = -\left(\dfrac{2x}{x^2 + y^2}\right)\mathbf{i} - \left(\dfrac{2y}{x^2 + y^2}\right)\mathbf{j} + e^z\mathbf{k}$

5. $\mathbf{F} = -\dfrac{kx}{(x^2 + y^2)^{3/2}}\mathbf{i} - \dfrac{ky}{(x^2 + y^2)^{3/2}}\mathbf{j}$, any $k > 0$

7. (a) $9/2$ **(b)** $13/3$ **(c)** $9/2$

9. (a) $1/3$ **(b)** $-1/5$ **(c)** 0

11. (a) 2 **(b)** $3/2$ **(c)** $1/2$

13. $-15/2$ **15.** 36 **17. (a)** $-5/6$ **(b)** 0 **(c)** $-7/12$

19. $1/2$ **21.** $-\pi$ **23.** $69/4$ **25.** $-39/2$ **27.** $25/6$

29. (a) $\text{Circ}_1 = 0,\ \text{circ}_2 = 2\pi,\ \text{flux}_1 = 2\pi,\ \text{flux}_2 = 0$

(b) $\text{Circ}_1 = 0,\ \text{circ}_2 = 8\pi,\ \text{flux}_1 = 8\pi,\ \text{flux}_2 = 0$

31. Circ $= 0$, flux $= a^2\pi$ **33.** Circ $= a^2\pi$, flux $= 0$

35. (a) $-\dfrac{\pi}{2}$ **(b)** 0 **(c)** 1 **37.** $(.0001)\pi$ kg/s

39. (a) 32 **(b)** 32 **(c)** 32 **41.** 115.2 J

43. $5/3 - (3/2)\ln 2\ \text{m}^2/\text{s}$ **45.** $5/3$ g/s

47.

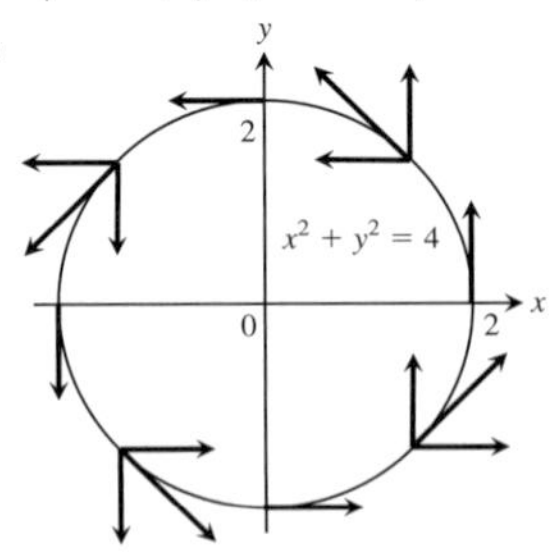

49. (a) $\mathbf{G} = -y\mathbf{i} + x\mathbf{j}$ **(b)** $\mathbf{G} = \sqrt{x^2 + y^2}\,\mathbf{F}$

51. $\mathbf{F} = -\dfrac{x\mathbf{i} + y\mathbf{j}}{\sqrt{x^2 + y^2}}$ **55.** 48 **57.** π **59.** 0 **61.** $\dfrac{1}{2}$

14.3절

1. Conservative **3.** Not conservative **5.** Not conservative

7. $f(x, y, z) = x^2 + \dfrac{3y^2}{2} + 2z^2 + C$

9. $f(x, y, z) = xe^{y+2z} + C$

11. $f(x, y, z) = x \ln x - x + \tan(x + y) + \dfrac{1}{2}\ln(y^2 + z^2) + C$

13. 49 **15.** −16 **17.** 1 **19.** 9 ln 2 **21.** 0 **23.** −3

27. $\mathbf{F} = \nabla\left(\dfrac{x^2 - 1}{y}\right)$ **29.** **(a)** 1 **(b)** 1 **(c)** 1

31. **(a)** 2 **(b)** 2 **33.** **(a)** $c = b = 2a$ **(b)** $c = b = 2$

35. It does not matter what path you use. The work will be the same on any path because the field is conservative.

37. The force **F** is conservative because all partial derivatives of M, N, and P are zero. $f(x, y, z) = ax + by + cz + C$; $A = (xa, ya, za)$ and $B = (xb, yb, zb)$. Therefore, $\int \mathbf{F} \cdot d\mathbf{r} = f(B) - f(A) = a(xb - xa) + b(yb - ya) + c(zb - za) = \mathbf{F} \cdot \overrightarrow{AB}$.

14.4절

1. $2y - 1$ **3.** $ye^x - xe^y$ **5.** $\sin y - \sin x$

7. Flux $= 0$, circ $= 2\pi a^2$ **9.** Flux $= -\pi a^2$, circ $= 0$

11. Flux $= 2$, circ $= 0$ **13.** Flux $= -9$, circ $= 9$

15. Flux $= -11/60$, circ $= -7/60$

17. Flux $= 64/9$, circ $= 0$ **19.** Flux $= 1/2$, circ $= 1/2$

21. Flux $= 1/5$, circ $= -1/12$ **23.** 0 **25.** 2/33

27. 0 **29.** -16π **31.** πa^2 **33.** $3\pi/8$

35. **(a)** 0 if C is traversed counterclockwise
(b) $(h - k)$(area of the region) **37.** 0

45. **(a)** 4π **(b)** 4π if $(0, 0)$ lies inside K, 0 otherwise

14.5절

1. $\mathbf{r}(r, \theta) = (r\cos\theta)\mathbf{i} + (r\sin\theta)\mathbf{j} + r^2\mathbf{k}$, $0 \le r \le 2$, $0 \le \theta \le 2\pi$

3. $\mathbf{r}(r, \theta) = (r\cos\theta)\mathbf{i} + (r\sin\theta)\mathbf{j} + (r/2)\mathbf{k}$, $0 \le r \le 6$, $0 \le \theta \le \pi/2$

5. $\mathbf{r}(r, \theta) = (r\cos\theta)\mathbf{i} + (r\sin\theta)\mathbf{j} + \sqrt{9 - r^2}\mathbf{k}$, $0 \le r \le 3\sqrt{2}/2$, $0 \le \theta \le 2\pi$; Also: $\mathbf{r}(\phi, \theta) = (3\sin\phi\cos\theta)\mathbf{i} + (3\sin\phi\sin\theta)\mathbf{j} + (3\cos\phi)\mathbf{k}$, $0 \le \phi \le \pi/4$, $0 \le \theta \le 2\pi$

7. $\mathbf{r}(\phi, \theta) = (\sqrt{3}\sin\phi\cos\theta)\mathbf{i} + (\sqrt{3}\sin\phi\sin\theta)\mathbf{j} + (\sqrt{3}\cos\phi)\mathbf{k}$, $\pi/3 \le \phi \le 2\pi/3$, $0 \le \theta \le 2\pi$

9. $\mathbf{r}(x, y) = x\mathbf{i} + y\mathbf{j} + (4 - y^2)\mathbf{k}$, $0 \le x \le 2$, $-2 \le y \le 2$

11. $\mathbf{r}(u, v) = u\mathbf{i} + (3\cos v)\mathbf{j} + (3\sin v)\mathbf{k}$, $0 \le u \le 3$, $0 \le v \le 2\pi$

13. **(a)** $\mathbf{r}(r, \theta) = (r\cos\theta)\mathbf{i} + (r\sin\theta)\mathbf{j} + (1 - r\cos\theta - r\sin\theta)\mathbf{k}$, $0 \le r \le 3$, $0 \le \theta \le 2\pi$
(b) $\mathbf{r}(u, v) = (1 - u\cos v - u\sin v)\mathbf{i} + (u\cos v)\mathbf{j} + (u\sin v)\mathbf{k}$, $0 \le u \le 3$, $0 \le v \le 2\pi$

15. $\mathbf{r}(u, v) = (4\cos^2 v)\mathbf{i} + u\mathbf{j} + (4\cos v\sin v)\mathbf{k}$, $0 \le u \le 3$, $-(\pi/2) \le v \le (\pi/2)$; Another way: $\mathbf{r}(u, v) = (2 + 2\cos v)\mathbf{i} + u\mathbf{j} + (2\sin v)\mathbf{k}$, $0 \le u \le 3$, $0 \le v \le 2\pi$

17. $\displaystyle\int_0^{2\pi}\int_0^1 \frac{\sqrt{5}}{2} r\, dr\, d\theta = \frac{\pi\sqrt{5}}{2}$

19. $\displaystyle\int_0^{2\pi}\int_1^3 r\sqrt{5}\, dr\, d\theta = 8\pi\sqrt{5}$

21. $\displaystyle\int_0^{2\pi}\int_1^4 1\, du\, dv = 6\pi$

23. $\displaystyle\int_0^{2\pi}\int_0^1 u\sqrt{4u^2 + 1}\, du\, dv = \frac{(5\sqrt{5} - 1)}{6}\pi$

25. $\displaystyle\int_0^{2\pi}\int_{\pi/4}^{\pi} 2\sin\phi\, d\phi\, d\theta = (4 + 2\sqrt{2})\pi$

27.

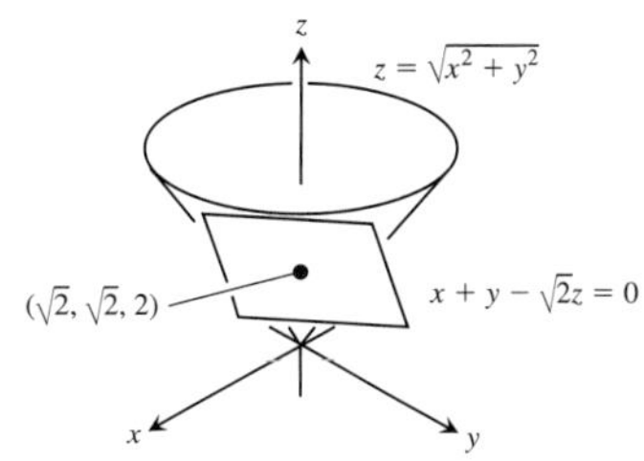

29.

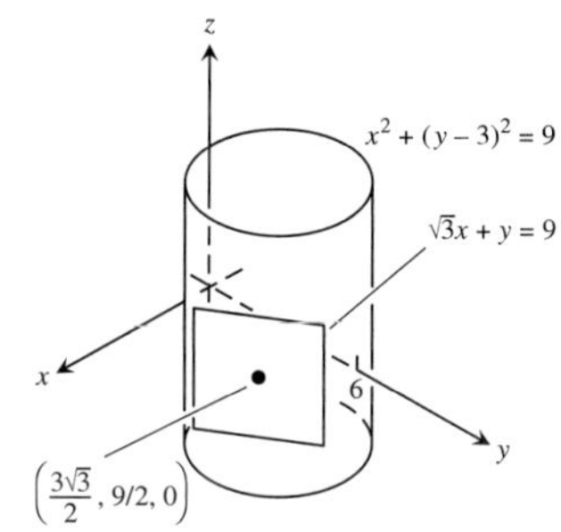

33. **(b)** $A = \displaystyle\int_0^{2\pi}\int_0^{\pi} [a^2b^2\sin^2\phi\cos^2\phi + b^2c^2\sin^4\phi\cos^2\theta + a^2c^2\sin^4\phi\sin^2\theta]^{1/2}\, d\phi\, d\theta$

35. $x_0x + y_0y = 25$ **37.** $13\pi/3$ **39.** 4

41. $6\sqrt{6} - 2\sqrt{2}$ **43.** $\pi\sqrt{c^2 + 1}$

45. $\dfrac{\pi}{6}(17\sqrt{17} - 5\sqrt{5})$ **47.** $3 + 2\ln 2$

49. $\dfrac{\pi}{6}(13\sqrt{13} - 1)$ **51.** $5\pi\sqrt{2}$ **53.** $\dfrac{2}{3}(5\sqrt{5} - 1)$

14.6절

1. $\displaystyle\iint_S x\, d\sigma = \int_0^3\int_0^2 u\sqrt{4u^2 + 1}\, du\, dv = \frac{17\sqrt{17} - 1}{4}$

3. $\displaystyle\iint_S x^2\, d\sigma = \int_0^{2\pi}\int_0^{\pi} \sin^3\phi\cos^2\theta\, d\phi\, d\theta = \frac{4\pi}{3}$

5. $\displaystyle\iint_S z\, d\sigma = \int_0^1\int_0^1 (4 - u - v)\sqrt{3}\, dv\, du = 3\sqrt{3}$ (for $x = u$, $y = v$)

7. $\displaystyle\iint_S x^2\sqrt{5 - 4z}\, d\sigma = \int_0^1\int_0^{2\pi} u^2\cos^2 v \cdot \sqrt{4u^2 + 1} \cdot u\sqrt{4u^2 + 1}\, dv\, du = \int_0^1\int_0^{2\pi} u^3(4u^2 + 1)\cos^2 v\, dv\, du = \frac{11\pi}{12}$

9. $9a^3$ **11.** $\dfrac{abc}{4}(ab + ac + bc)$ **13.** 2

15. $\dfrac{1}{30}(\sqrt{2} + 6\sqrt{6})$ **17.** $\sqrt{6}/30$ **19.** −32 **21.** $\dfrac{\pi a^3}{6}$

23. $13a^4/6$ **25.** $2\pi/3$ **27.** $-73\pi/6$ **29.** 18

31. $\dfrac{\pi a^3}{6}$ **33.** $\dfrac{\pi a^2}{4}$ **35.** $\dfrac{\pi a^3}{2}$ **37.** −32

39. −4 **41.** $3a^4$ **43.** $\left(\dfrac{a}{2}, \dfrac{a}{2}, \dfrac{a}{2}\right)$

45. $(\bar{x}, \bar{y}, \bar{z}) = \left(0, 0, \dfrac{14}{9}\right)$, $I_z = \dfrac{15\pi\sqrt{2}}{2}\delta$

47. $\dfrac{8\pi}{3}a^4\delta$ **49.** 70/3 mg

14.7절

1. $-\mathbf{i} - 4\mathbf{j} + \mathbf{k}$ **3.** $(1 - y)\mathbf{i} + (1 - z)\mathbf{j} + (1 - x)\mathbf{k}$

5. $x(z^2 - y^2)\mathbf{i} + y(x^2 - z^2)\mathbf{j} + z(y^2 - x^2)\mathbf{k}$ **7.** 4π

9. $-5/6$ **11.** 0 **13.** -6π **15.** $2\pi a^2$
17. $-\pi$ **19.** 12π **21.** $-\pi/4$ **23.** -15π
25. -8π **33.** $16I_y + 16I_x$

14.8절

1. 0 **3.** $(y^2z + xz^2 + x^2y)e^{xyz}$ **5.** 0 **7.** 0
9. -16 **11.** -8π **13.** 3π **15.** $-40/3$
17. 12π **19.** $12\pi(4\sqrt{2} - 1)$ **23.** No
25. The integral's value never exceeds the surface area of S.
27. $184/35$

실전문제

1. Path 1: $2\sqrt{3}$; path 2: $1 + 3\sqrt{2}$ **3.** $4a^2$ **5.** 0
7. $8\pi \sin(1)$ **9.** 0 **11.** $\pi\sqrt{3}$
13. $2\pi\left(1 - \frac{1}{\sqrt{2}}\right)$ **15.** $\frac{abc}{2}\sqrt{\frac{1}{a^2} + \frac{1}{b^2} + \frac{1}{c^2}}$ **17.** 50
19. $\mathbf{r}(\phi, \theta) = (6 \sin\phi \cos\theta)\mathbf{i} + (6 \sin\phi \sin\theta)\mathbf{j} + (6 \cos\phi)\mathbf{k}$, $\frac{\pi}{6} \le \phi \le \frac{2\pi}{3}$, $0 \le \theta \le 2\pi$
21. $\mathbf{r}(r, \theta) = (r \cos\theta)\mathbf{i} + (r \sin\theta)\mathbf{j} + (1 + r)\mathbf{k}$, $0 \le r \le 2$, $0 \le \theta \le 2\pi$
23. $\mathbf{r}(u, v) = (u \cos v)\mathbf{i} + 2u^2\mathbf{j} + (u \sin v)\mathbf{k}$, $0 \le u \le 1$, $0 \le v \le \pi$
25. $\sqrt{6}$ **27.** $\pi[\sqrt{2} + \ln(1 + \sqrt{2})]$ **29.** Conservative
31. Not conservative **33.** $f(x, y, z) = y^2 + yz + 2x + z$
35. Path 1: 2; path 2: 8/3 **37.** **(a)** $1 - e^{-2\pi}$ **(b)** $1 - e^{-2\pi}$
39. 0 **41.** **(a)** $4\sqrt{2} - 2$ **(b)** $\sqrt{2} + \ln(1 + \sqrt{2})$
43. $(\bar{x}, \bar{y}, \bar{z}) = \left(1, \frac{16}{15}, \frac{2}{3}\right)$; $I_x = \frac{232}{45}$, $I_y = \frac{64}{15}$, $I_z = \frac{56}{9}$
45. $\bar{z} = \frac{3}{2}$, $I_z = \frac{7\sqrt{3}}{3}$ **47.** $(\bar{x}, \bar{y}, \bar{z}) = (0, 0, 49/12)$, $I_z = 640\pi$
49. Flux: 3/2; circ: $-1/2$ **53.** 3
55. $\frac{2\pi}{3}(7 - 8\sqrt{2})$ **57.** 0 **59.** π

심화문제

1. 6π **3.** $2/3$
5. **(a)** $\mathbf{F}(x, y, z) = z\mathbf{i} + x\mathbf{j} + y\mathbf{k}$
(b) $\mathbf{F}(x, y, z) = z\mathbf{i} + y\mathbf{k}$
(c) $\mathbf{F}(x, y, z) = z\mathbf{i}$
7. $\frac{16\pi R^3}{3}$ **9.** $a = 2$, $b = 1$. The minimum flux is -4.
11. **(b)** $\frac{16}{3}g$ **(c)** Work $= \left(\int_C gxy\, ds\right)\bar{y} = g\int_C xy^2\, ds = \frac{16}{3}g$
13. **(c)** $\frac{4}{3}\pi w$ **19.** False if $\mathbf{F} = y\mathbf{i} + x\mathbf{j}$

부록 A

A.1절

1. $0.\bar{1}, 0.\bar{2}, 0.\bar{3}, 0.\bar{8}, 0.\bar{9}$ or 1
3. $x < -2$

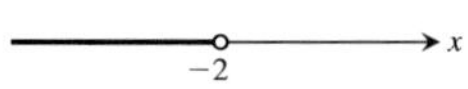

5. $x \le -\frac{1}{3}$

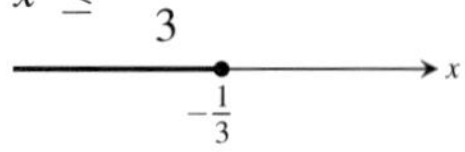

7. $3, -3$ **9.** $7/6, 25/6$
11. $[-2, 4]$

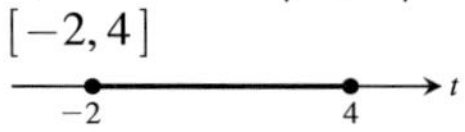

13. $[0, 10]$

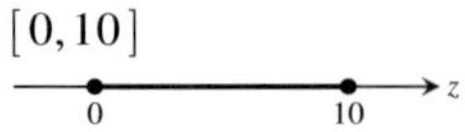

15. $(-\infty, -2] \cup [2, \infty)$

17. $(-\infty, -3] \cup [1, \infty)$

19. $(-3, -2) \cup (2, 3)$

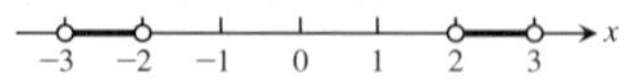

21. $(0, 1)$

23. $(-\infty, 1]$
27. The graph of $|x| + |y| \le 1$ is the interior and boundary of the "diamond-shaped" region.

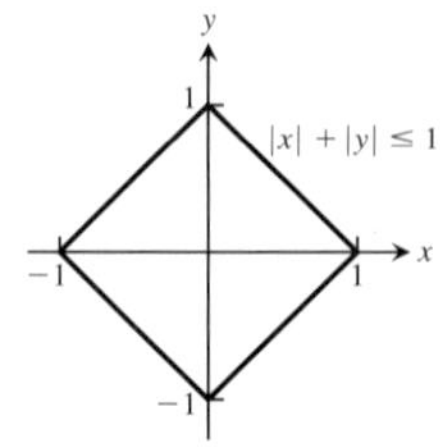

A.2절

1. d **3.** d
5. $[-3, 5]$ by $[-15, 40]$

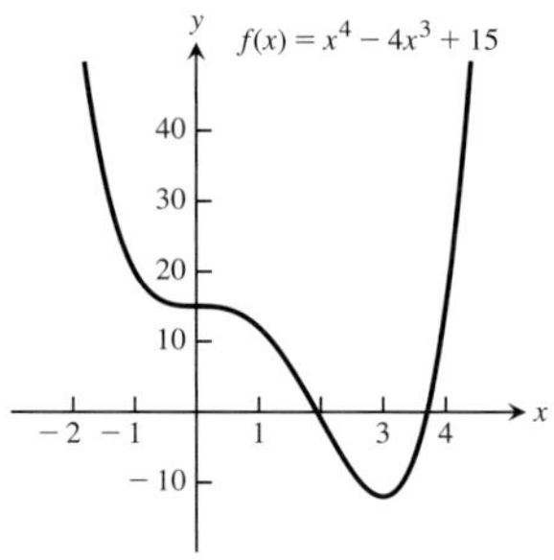

7. $[-3, 6]$ by $[-250, 50]$

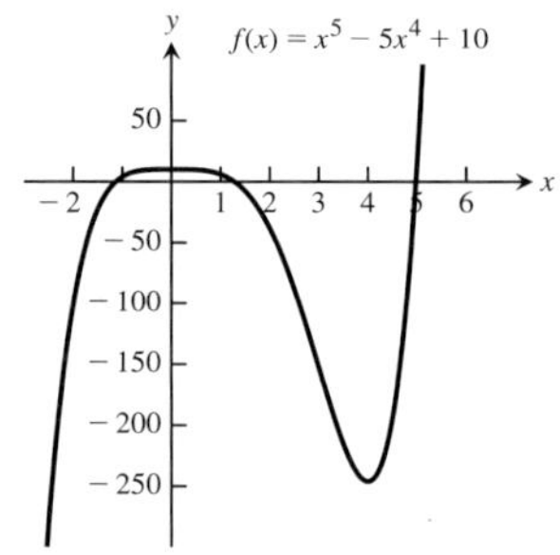

9. $[-5, 5]$ by $[-6, 6]$

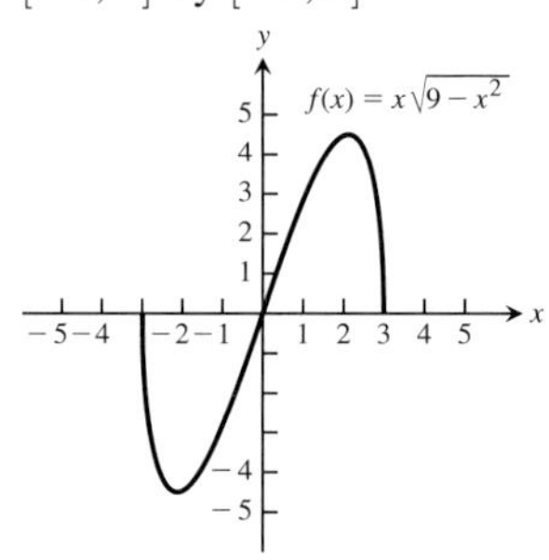

11. $[-2, 6]$ by $[-5, 4]$

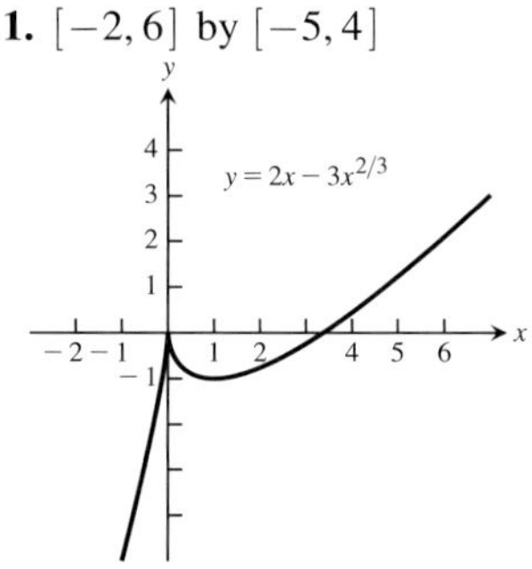

13. $[-2, 8]$ by $[-5, 10]$

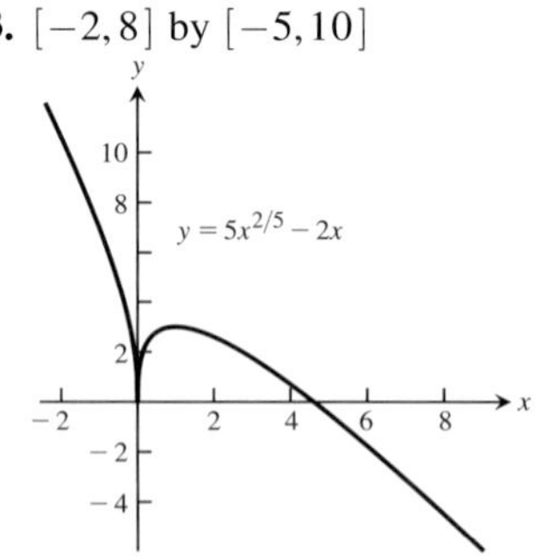

15. $[-3, 3]$ by $[0, 10]$

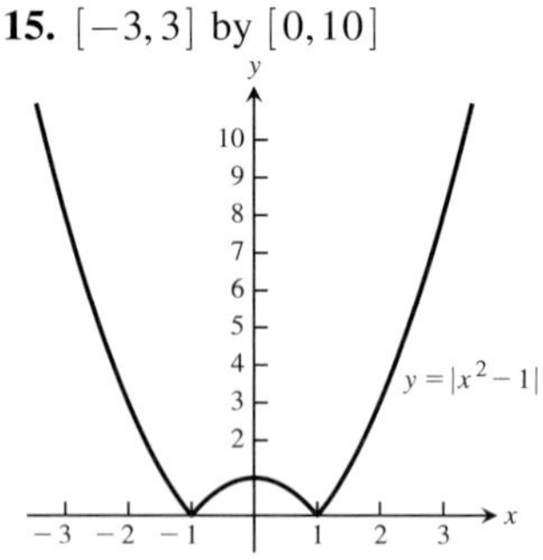

17. $[-10, 10]$ by $[-10, 10]$

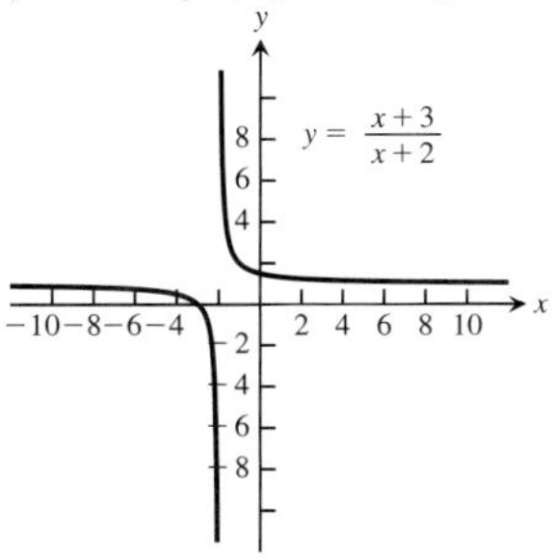

19. $[-4, 4]$ by $[0, 3]$

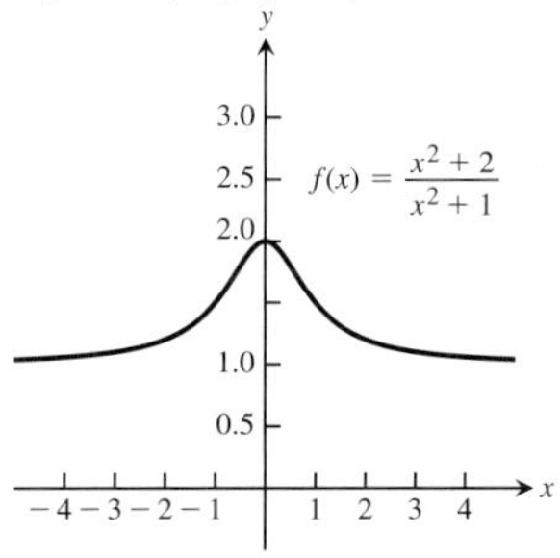

21. $[-10, 10]$ by $[-6, 6]$

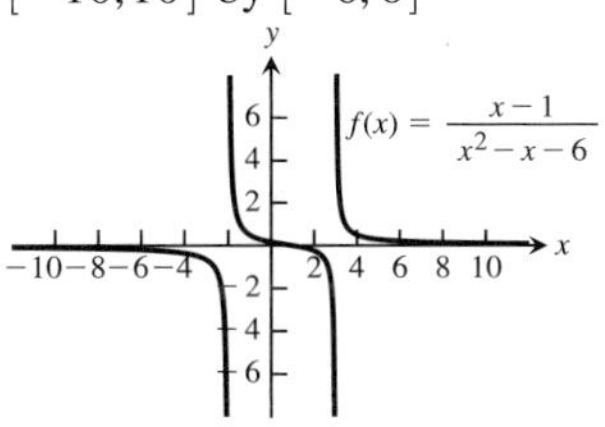

23. $[-6, 10]$ by $[-6, 6]$

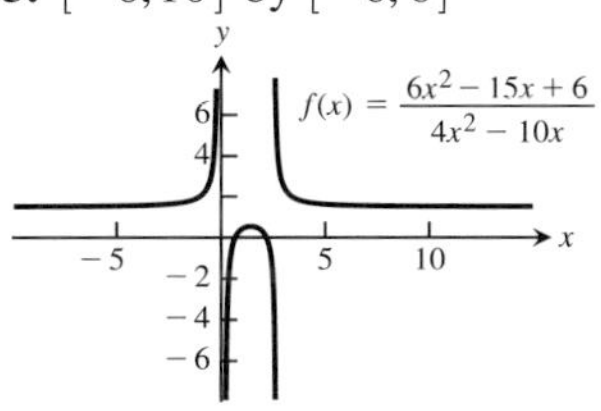

25. $\left[-\frac{\pi}{125}, \frac{\pi}{125}\right]$ by $[-1.25, 1.25]$

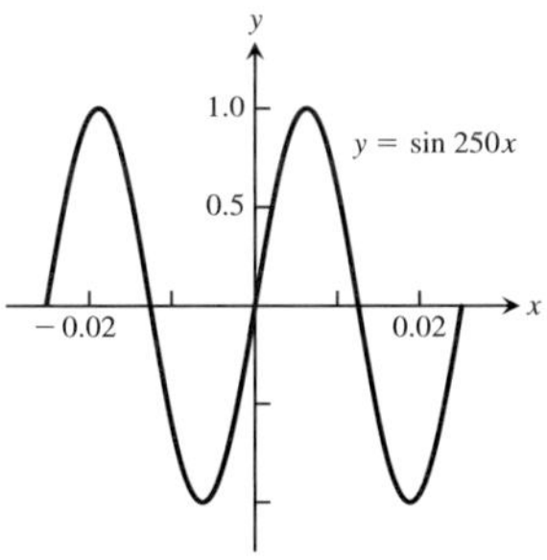

27. $[-100\pi, 100\pi]$ by $[-1.25, 1.25]$

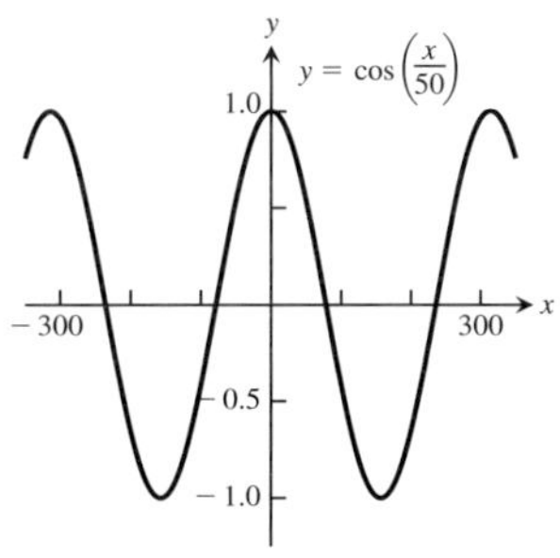

29. $\left[-\frac{\pi}{15}, \frac{\pi}{15}\right]$ by $[-0.25, 0.25]$

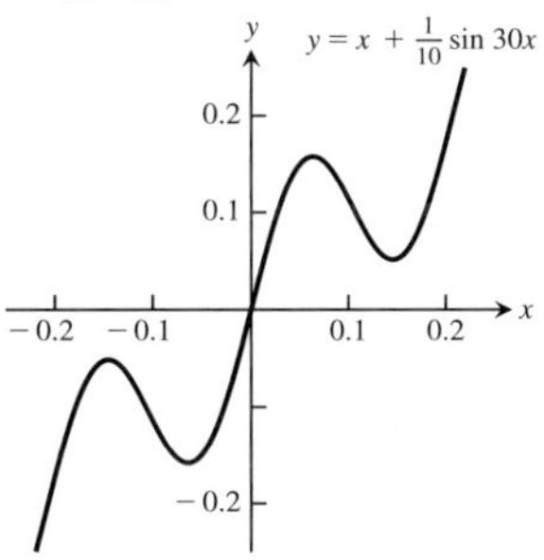

31.

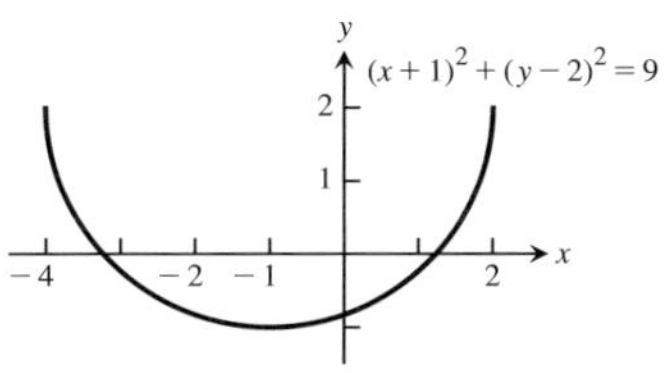

33.

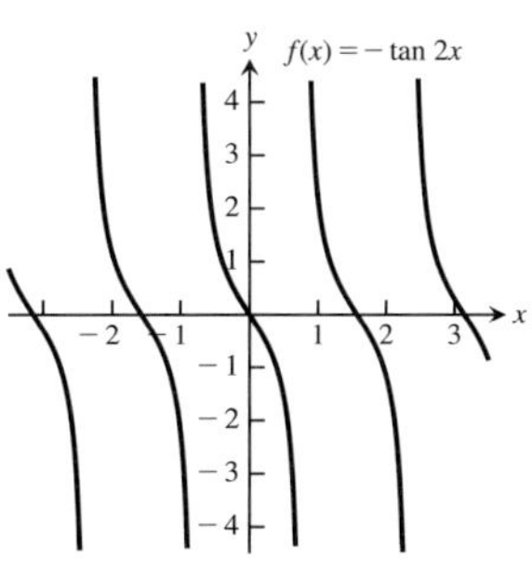

35.

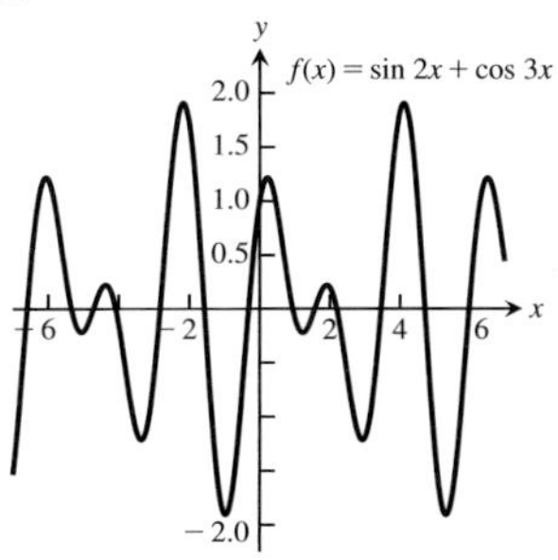

A.4절

1. 2, -4; $2\sqrt{5}$ **3.** Unit circle

5. $m_\perp = -\frac{1}{3}$

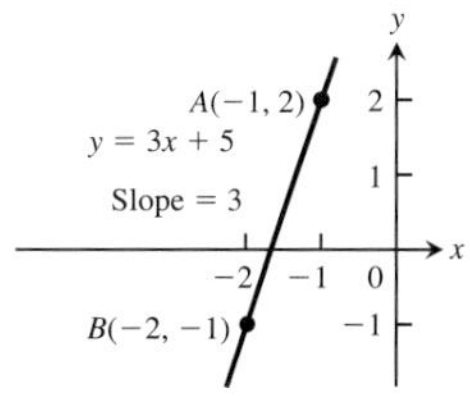

7. (a) $x = -1$ **(b)** $y = 4/3$ **9.** $y = -x$

11. $y = -\frac{5}{4}x + 6$ **13.** $y = 4x + 4$ **15.** $y = -\frac{x}{2} + 12$

17. x-intercept $= \sqrt{3}$, y-intercept $= -\sqrt{2}$

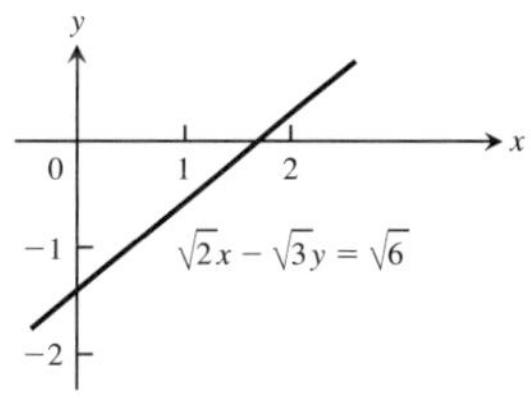

19. $(3, -3)$

21. $x^2 + (y-2)^2 = 4$

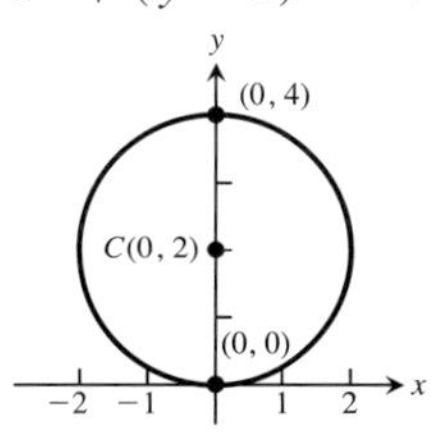

23. $\left(x + \sqrt{3}\right)^2 + (y+2)^2 = 4$

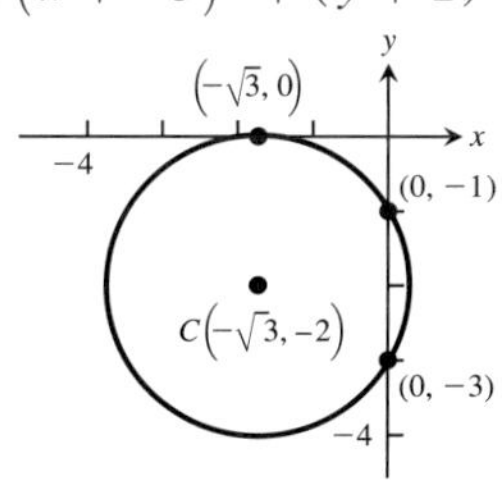

25. $x^2 + (y - 3/2)^2 = 25/4$

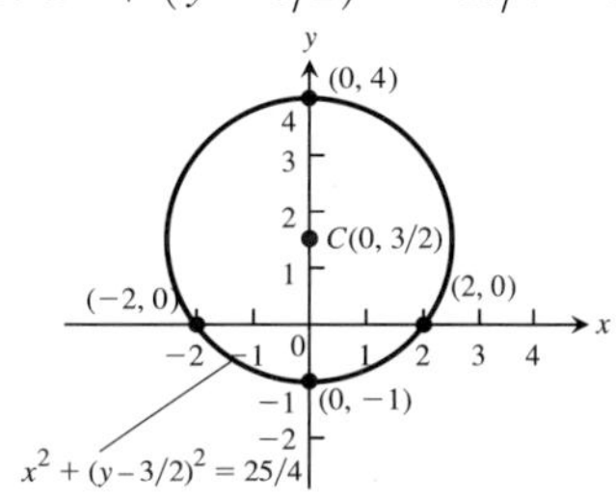

27.

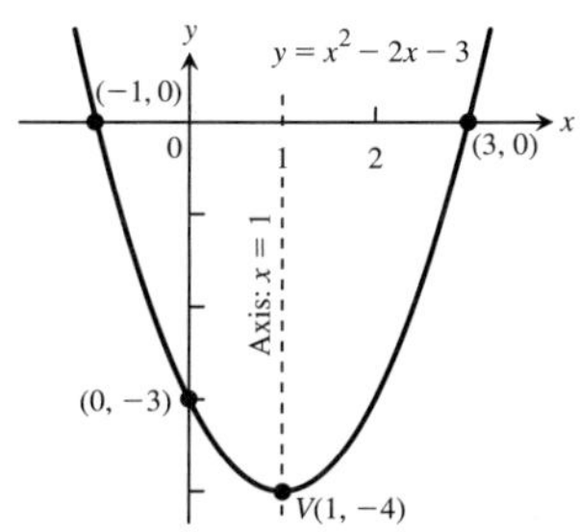

29.

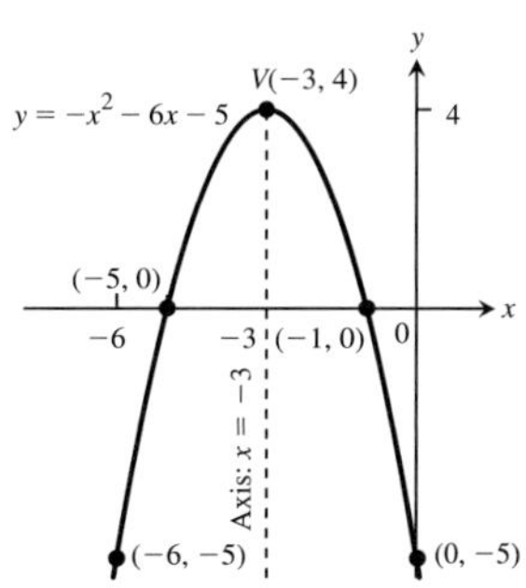

31. Exterior points of a circle of radius $\sqrt{7}$, centered at the origin

33. The washer between the circles $x^2 + y^2 = 1$ and $x^2 + y^2 = 4$ (points with distance from the origin between 1 and 2)

35. $(x+2)^2 + (y-1)^2 < 6$

37. $\left(\frac{1}{\sqrt{5}}, \frac{2}{\sqrt{5}}\right), \left(-\frac{1}{\sqrt{5}}, -\frac{2}{\sqrt{5}}\right)$

39. $\left(-\frac{1}{\sqrt{3}}, -\frac{1}{3}\right), \left(\frac{1}{\sqrt{3}}, -\frac{1}{3}\right)$

41. **(a)** $\approx -0.1\,°\text{C/mm}$ **(b)** $\approx -0.31\,°\text{C/mm}$
(c) $\approx -0.15°\,\text{C/mm}$

44. 5.97 atm

45. Yes: $C = F = -40°$

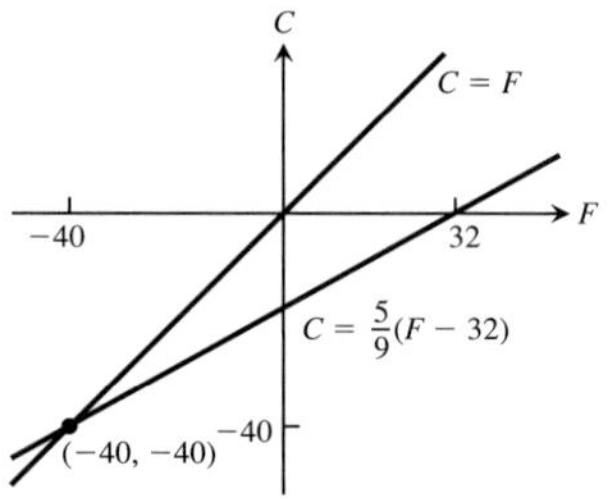

51. $k = -8, \quad k = 1/2$

A.8절

1. No **3.** Yes **5.** Yes **7.** Yes **11.** ≈ 0.537

13. ≈ 0.688 **15.** ≈ 0.0502 **17.** $\sqrt{21}$ **19.** $\frac{1}{2}\ln 2$

21. $\frac{1}{\pi}, \frac{1}{\pi}\left(\tan^{-1} 2 - \frac{\pi}{4}\right) \approx 0.10242$

25. mean $= \frac{8}{3} \approx 2.67$, median $= \sqrt{8} \approx 2.83$

27. mean $= 2$, median $= \sqrt{2} \approx 1.41$

29. $P(X < \frac{1}{2}) \approx 0.3935$

31. **(a)** ≈ 0.57, so about 57 in every 100 bulbs will fail.
(b) ≈ 832 hr

33. ≈ 60 hydra **35.** **(a)** ≈ 0.393 **(b)** ≈ 0.135 **(c)** 0
(d) The probability that any customer waits longer than 3 minutes is $1 - (0.997521)^{200} \approx 0.391 < 1/2$. So the most likely outcome is that all 200 would be served within 3 minutes.

37. \$10,256 **39.** $\approx 323, \approx 262$ **41.** ≈ 0.89435

43. **(a)** $\approx 16\%$ **(b)** ≈ 0.23832 **45.** ≈ 618 women

47. ≈ 61 adults **49.** ≈ 289 shafts

51. **(a)** ≈ 0.977 **(b)** ≈ 0.159 **(c)** ≈ 0.838

55. **(a)** {LLL, LLD, LDL, DLL, LLU, LUL, ULL, LDD, LDU, LUD, LUU, DLD, DLU, ULD, ULU, DDL, DUL, UDL, UUL, DDD, DDU, DUD, UDD, DUU, UDU, UUD, UUU}
(c) $7/27 \approx 0.26$ **(d)** $20/27 \approx 0.74$

찾아보기

기타

사진 출처

1장 1쪽: Paper Wings/Shutterstock

2장 67쪽: Struvictory/Shutterstock

3장 162쪽: Unconventional/Shutterstock

4장 237쪽: CROCOTHERY/Shutterstock

5장 302쪽: nuchao/Shutterstock;
342쪽 그림 5.44 Berenice Abbott/Science Source

6장 358쪽: Visible Pixels/Shutterstock

7장 393쪽: inter reality/Shutterstock

8장 453쪽: Bill Heller/Shutterstock;
469쪽 그림 8.10 Berenice Abbott/Science Source

9장 536쪽: Quardia/Shutterstock

10장 585쪽: korkeng/Shutterstock

11장 632쪽: Woman from Baku/Shutterstock

12장 672쪽: Theus/Shutterstock

13장 762쪽: genach_man/Shutterstock

14장 827쪽: genach_man/Shutterstock

기본 적분표

Basic Forms

1. $\int k\,dx = kx + C, \quad k$ any number

2. $\int x^n\,dx = \frac{x^{n+1}}{n+1} + C, \quad n \neq -1$

3. $\int \frac{dx}{x} = \ln|x| + C$

4. $\int e^x\,dx = e^x + C$

5. $\int a^x\,dx = \frac{a^x}{\ln a} + C \quad (a > 0, a \neq 1)$

6. $\int \sin x\,dx = -\cos x + C$

7. $\int \cos x\,dx = \sin x + C$

8. $\int \sec^2 x\,dx = \tan x + C$

9. $\int \csc^2 x\,dx = -\cot x + C$

10. $\int \sec x \tan x\,dx = \sec x + C$

11. $\int \csc x \cot x\,dx = -\csc x + C$

12. $\int \tan x\,dx = \ln|\sec x| + C$

13. $\int \cot x\,dx = \ln|\sin x| + C$

14. $\int \sinh x\,dx = \cosh x + C$

15. $\int \cosh x\,dx = \sinh x + C$

16. $\int \frac{dx}{\sqrt{a^2 - x^2}} = \arcsin \frac{x}{a} + C$

17. $\int \frac{dx}{a^2 + x^2} = \frac{1}{a} \arctan \frac{x}{a} + C$

18. $\int \frac{dx}{x\sqrt{x^2 - a^2}} = \frac{1}{a} \operatorname{arcsec} \left|\frac{x}{a}\right| + C$

19. $\int \frac{dx}{\sqrt{a^2 + x^2}} = \sinh^{-1} \frac{x}{a} + C \quad (a > 0)$

20. $\int \frac{dx}{\sqrt{x^2 - a^2}} = \cosh^{-1} \frac{x}{a} + C \quad (x > a > 0)$

Forms Involving $ax + b$

21. $\int (ax+b)^n\,dx = \frac{(ax+b)^{n+1}}{a(n+1)} + C, \quad n \neq -1$

22. $\int x(ax+b)^n\,dx = \frac{(ax+b)^{n+1}}{a^2}\left[\frac{ax+b}{n+2} - \frac{b}{n+1}\right] + C, \quad n \neq -1, -2$

23. $\int (ax+b)^{-1}\,dx = \frac{1}{a} \ln|ax+b| + C$

24. $\int x(ax+b)^{-1}\,dx = \frac{x}{a} - \frac{b}{a^2} \ln|ax+b| + C$

25. $\int x(ax+b)^{-2}\,dx = \frac{1}{a^2}\left[\ln|ax+b| + \frac{b}{ax+b}\right] + C$

26. $\int \frac{dx}{x(ax+b)} = \frac{1}{b} \ln\left|\frac{x}{ax+b}\right| + C$

27. $\int \left(\sqrt{ax+b}\right)^n\,dx = \frac{2}{a} \frac{\left(\sqrt{ax+b}\right)^{n+2}}{n+2} + C, \quad n \neq -2$

28. $\int \frac{\sqrt{ax+b}}{x}\,dx = 2\sqrt{ax+b} + b \int \frac{dx}{x\sqrt{ax+b}}$

29. (a) $\displaystyle\int \frac{dx}{x\sqrt{ax+b}} = \frac{1}{\sqrt{b}} \ln\left|\frac{\sqrt{ax+b}-\sqrt{b}}{\sqrt{ax+b}+\sqrt{b}}\right| + C$ (b) $\displaystyle\int \frac{dx}{x\sqrt{ax-b}} = \frac{2}{\sqrt{b}} \arctan\sqrt{\frac{ax-b}{b}} + C$

30. $\displaystyle\int \frac{\sqrt{ax+b}}{x^2}\,dx = -\frac{\sqrt{ax+b}}{x} + \frac{a}{2}\int \frac{dx}{x\sqrt{ax+b}} + C$ **31.** $\displaystyle\int \frac{dx}{x^2\sqrt{ax+b}} = -\frac{\sqrt{ax+b}}{bx} - \frac{a}{2b}\int \frac{dx}{x\sqrt{ax+b}} + C$

Forms Involving $a^2 + x^2$

32. $\displaystyle\int \frac{dx}{a^2+x^2} = \frac{1}{a}\arctan\frac{x}{a} + C$ **33.** $\displaystyle\int \frac{dx}{(a^2+x^2)^2} = \frac{x}{2a^2(a^2+x^2)} + \frac{1}{2a^3}\arctan\frac{x}{a} + C$

34. $\displaystyle\int \frac{dx}{\sqrt{a^2+x^2}} = \sinh^{-1}\frac{x}{a} + C = \ln\left(x+\sqrt{a^2+x^2}\right) + C$

35. $\displaystyle\int \sqrt{a^2+x^2}\,dx = \frac{x}{2}\sqrt{a^2+x^2} + \frac{a^2}{2}\ln\left(x+\sqrt{a^2+x^2}\right) + C$

36. $\displaystyle\int x^2\sqrt{a^2+x^2}\,dx = \frac{x}{8}(a^2+2x^2)\sqrt{a^2+x^2} - \frac{a^4}{8}\ln\left(x+\sqrt{a^2+x^2}\right) + C$

37. $\displaystyle\int \frac{\sqrt{a^2+x^2}}{x}\,dx = \sqrt{a^2+x^2} - a\ln\left|\frac{a+\sqrt{a^2+x^2}}{x}\right| + C$

38. $\displaystyle\int \frac{\sqrt{a^2+x^2}}{x^2}\,dx = \ln\left(x+\sqrt{a^2+x^2}\right) - \frac{\sqrt{a^2+x^2}}{x} + C$

39. $\displaystyle\int \frac{x^2}{\sqrt{a^2+x^2}}\,dx = -\frac{a^2}{2}\ln\left(x+\sqrt{a^2+x^2}\right) + \frac{x\sqrt{a^2+x^2}}{2} + C$

40. $\displaystyle\int \frac{dx}{x\sqrt{a^2+x^2}} = -\frac{1}{a}\ln\left|\frac{a+\sqrt{a^2+x^2}}{x}\right| + C$

41. $\displaystyle\int \frac{dx}{x^2\sqrt{a^2+x^2}} = -\frac{\sqrt{a^2+x^2}}{a^2x} + C$

Forms Involving $a^2 - x^2$

42. $\displaystyle\int \frac{dx}{a^2-x^2} = \frac{1}{2a}\ln\left|\frac{x+a}{x-a}\right| + C$ **43.** $\displaystyle\int \frac{dx}{(a^2-x^2)^2} = \frac{x}{2a^2(a^2-x^2)} + \frac{1}{4a^3}\ln\left|\frac{x+a}{x-a}\right| + C$

44. $\displaystyle\int \frac{dx}{\sqrt{a^2-x^2}} = \arcsin\frac{x}{a} + C$ **45.** $\displaystyle\int \sqrt{a^2-x^2}\,dx = \frac{x}{2}\sqrt{a^2-x^2} + \frac{a^2}{2}\arcsin\frac{x}{a} + C$

46. $\displaystyle\int x^2\sqrt{a^2-x^2}\,dx = \frac{a^4}{8}\arcsin\frac{x}{a} - \frac{1}{8}x\sqrt{a^2-x^2}\,(a^2-2x^2) + C$

47. $\displaystyle\int \frac{\sqrt{a^2-x^2}}{x}\,dx = \sqrt{a^2-x^2} - a\ln\left|\frac{a+\sqrt{a^2-x^2}}{x}\right| + C$ **48.** $\displaystyle\int \frac{\sqrt{a^2-x^2}}{x^2}\,dx = -\arcsin\frac{x}{a} - \frac{\sqrt{a^2-x^2}}{x} + C$

49. $\displaystyle\int \frac{x^2}{\sqrt{a^2-x^2}}\,dx = \frac{a^2}{2}\arcsin\frac{x}{a} - \frac{1}{2}x\sqrt{a^2-x^2} + C$ **50.** $\displaystyle\int \frac{dx}{x\sqrt{a^2-x^2}} = -\frac{1}{a}\ln\left|\frac{a+\sqrt{a^2-x^2}}{x}\right| + C$

51. $\displaystyle\int \frac{dx}{x^2\sqrt{a^2-x^2}} = -\frac{\sqrt{a^2-x^2}}{a^2x} + C$

Forms Involving $x^2 - a^2$

52. $\displaystyle\int \frac{dx}{\sqrt{x^2-a^2}} = \ln\left|x+\sqrt{x^2-a^2}\right| + C$

53. $\displaystyle\int \sqrt{x^2-a^2}\,dx = \frac{x}{2}\sqrt{x^2-a^2} - \frac{a^2}{2}\ln\left|x+\sqrt{x^2-a^2}\right| + C$

54. $\int \left(\sqrt{x^2 - a^2}\right)^n dx = \frac{x\left(\sqrt{x^2 - a^2}\right)^n}{n+1} - \frac{na^2}{n+1} \int \left(\sqrt{x^2 - a^2}\right)^{n-2} dx, \quad n \neq -1$

55. $\int \frac{dx}{\left(\sqrt{x^2 - a^2}\right)^n} = \frac{x\left(\sqrt{x^2 - a^2}\right)^{2-n}}{(2-n)a^2} - \frac{n-3}{(n-2)a^2} \int \frac{dx}{\left(\sqrt{x^2 - a^2}\right)^{n-2}}, \quad n \neq 2$

56. $\int x\left(\sqrt{x^2 - a^2}\right)^n dx = \frac{\left(\sqrt{x^2 - a^2}\right)^{n+2}}{n+2} + C, \quad n \neq -2$

57. $\int x^2\sqrt{x^2 - a^2}\, dx = \frac{x}{8}(2x^2 - a^2)\sqrt{x^2 - a^2} - \frac{a^4}{8} \ln\left|x + \sqrt{x^2 - a^2}\right| + C$

58. $\int \frac{\sqrt{x^2 - a^2}}{x} dx = \sqrt{x^2 - a^2} - a \operatorname{arcsec}\left|\frac{x}{a}\right| + C$

59. $\int \frac{\sqrt{x^2 - a^2}}{x^2} dx = \ln\left|x + \sqrt{x^2 - a^2}\right| - \frac{\sqrt{x^2 - a^2}}{x} + C$

60. $\int \frac{x^2}{\sqrt{x^2 - a^2}} dx = \frac{a^2}{2} \ln\left|x + \sqrt{x^2 - a^2}\right| + \frac{x}{2}\sqrt{x^2 - a^2} + C$

61. $\int \frac{dx}{x\sqrt{x^2 - a^2}} = \frac{1}{a} \operatorname{arcsec}\left|\frac{x}{a}\right| + C = \frac{1}{a} \arccos\left|\frac{a}{x}\right| + C$

62. $\int \frac{dx}{x^2\sqrt{x^2 - a^2}} = \frac{\sqrt{x^2 - a^2}}{a^2 x} + C$

Trigonometric Forms

63. $\int \sin ax\, dx = -\frac{1}{a} \cos ax + C$

64. $\int \cos ax\, dx = \frac{1}{a} \sin ax + C$

65. $\int \sin^2 ax\, dx = \frac{x}{2} - \frac{\sin 2ax}{4a} + C$

66. $\int \cos^2 ax\, dx = \frac{x}{2} + \frac{\sin 2ax}{4a} + C$

67. $\int \sin^n ax\, dx = -\frac{\sin^{n-1} ax \cos ax}{na} + \frac{n-1}{n} \int \sin^{n-2} ax\, dx$

68. $\int \cos^n ax\, dx = \frac{\cos^{n-1} ax \sin ax}{na} + \frac{n-1}{n} \int \cos^{n-2} ax\, dx$

69. (a) $\int \sin ax \cos bx\, dx = -\frac{\cos(a+b)x}{2(a+b)} - \frac{\cos(a-b)x}{2(a-b)} + C, \quad a^2 \neq b^2$

(b) $\int \sin ax \sin bx\, dx = \frac{\sin(a-b)x}{2(a-b)} - \frac{\sin(a+b)x}{2(a+b)} + C, \quad a^2 \neq b^2$

(c) $\int \cos ax \cos bx\, dx = \frac{\sin(a-b)x}{2(a-b)} + \frac{\sin(a+b)x}{2(a+b)} + C, \quad a^2 \neq b^2$

70. $\int \sin ax \cos ax\, dx = -\frac{\cos 2ax}{4a} + C$

71. $\int \sin^n ax \cos ax\, dx = \frac{\sin^{n+1} ax}{(n+1)a} + C, \quad n \neq -1$

72. $\int \frac{\cos ax}{\sin ax} dx = \frac{1}{a} \ln|\sin ax| + C$

73. $\int \cos^n ax \sin ax\, dx = -\frac{\cos^{n+1} ax}{(n+1)a} + C, \quad n \neq -1$

74. $\int \frac{\sin ax}{\cos ax} dx = -\frac{1}{a} \ln|\cos ax| + C$

75. $\int \sin^n ax \cos^m ax\, dx = -\frac{\sin^{n-1} ax \cos^{m+1} ax}{a(m+n)} + \frac{n-1}{m+n} \int \sin^{n-2} ax \cos^m ax\, dx, \quad n \neq -m$ (reduces $\sin^n ax$)

76. $\int \sin^n ax \cos^m ax\, dx = \frac{\sin^{n+1} ax \cos^{m-1} ax}{a(m+n)} + \frac{m-1}{m+n} \int \sin^n ax \cos^{m-2} ax\, dx, \quad m \neq -n$ (reduces $\cos^m ax$)

77. $\displaystyle\int \frac{dx}{b + c\sin ax} = \frac{-2}{a\sqrt{b^2 - c^2}} \arctan\left[\sqrt{\frac{b-c}{b+c}} \tan\left(\frac{\pi}{4} - \frac{ax}{2}\right)\right] + C, \quad b^2 > c^2$

78. $\displaystyle\int \frac{dx}{b + c\sin ax} = \frac{-1}{a\sqrt{c^2 - b^2}} \ln\left|\frac{c + b\sin ax + \sqrt{c^2 - b^2}\cos ax}{b + c\sin ax}\right| + C, \quad b^2 < c^2$

79. $\displaystyle\int \frac{dx}{1 + \sin ax} = -\frac{1}{a}\tan\left(\frac{\pi}{4} - \frac{ax}{2}\right) + C$

80. $\displaystyle\int \frac{dx}{1 - \sin ax} = \frac{1}{a}\tan\left(\frac{\pi}{4} + \frac{ax}{2}\right) + C$

81. $\displaystyle\int \frac{dx}{b + c\cos ax} = \frac{2}{a\sqrt{b^2 - c^2}} \arctan\left[\sqrt{\frac{b-c}{b+c}} \tan\frac{ax}{2}\right] + C, \quad b^2 > c^2$

82. $\displaystyle\int \frac{dx}{b + c\cos ax} = \frac{1}{a\sqrt{c^2 - b^2}} \ln\left|\frac{c + b\cos ax + \sqrt{c^2 - b^2}\sin ax}{b + c\cos ax}\right| + C, \quad b^2 < c^2$

83. $\displaystyle\int \frac{dx}{1 + \cos ax} = \frac{1}{a}\tan\frac{ax}{2} + C$

84. $\displaystyle\int \frac{dx}{1 - \cos ax} = -\frac{1}{a}\cot\frac{ax}{2} + C$

85. $\displaystyle\int x\sin ax\,dx = \frac{1}{a^2}\sin ax - \frac{x}{a}\cos ax + C$

86. $\displaystyle\int x\cos ax\,dx = \frac{1}{a^2}\cos ax + \frac{x}{a}\sin ax + C$

87. $\displaystyle\int x^n\sin ax\,dx = -\frac{x^n}{a}\cos ax + \frac{n}{a}\int x^{n-1}\cos ax\,dx$

88. $\displaystyle\int x^n\cos ax\,dx = \frac{x^n}{a}\sin ax - \frac{n}{a}\int x^{n-1}\sin ax\,dx$

89. $\displaystyle\int \tan ax\,dx = \frac{1}{a}\ln|\sec ax| + C$

90. $\displaystyle\int \cot ax\,dx = \frac{1}{a}\ln|\sin ax| + C$

91. $\displaystyle\int \tan^2 ax\,dx = \frac{1}{a}\tan ax - x + C$

92. $\displaystyle\int \cot^2 ax\,dx = -\frac{1}{a}\cot ax - x + C$

93. $\displaystyle\int \tan^n ax\,dx = \frac{\tan^{n-1} ax}{a(n-1)} - \int \tan^{n-2} ax\,dx, \quad n \neq 1$

94. $\displaystyle\int \cot^n ax\,dx = -\frac{\cot^{n-1} ax}{a(n-1)} - \int \cot^{n-2} ax\,dx, \quad n \neq 1$

95. $\displaystyle\int \sec ax\,dx = \frac{1}{a}\ln|\sec ax + \tan ax| + C$

96. $\displaystyle\int \csc ax\,dx = -\frac{1}{a}\ln|\csc ax + \cot ax| + C$

97. $\displaystyle\int \sec^2 ax\,dx = \frac{1}{a}\tan ax + C$

98. $\displaystyle\int \csc^2 ax\,dx = -\frac{1}{a}\cot ax + C$

99. $\displaystyle\int \sec^n ax\,dx = \frac{\sec^{n-2} ax\tan ax}{a(n-1)} + \frac{n-2}{n-1}\int \sec^{n-2} ax\,dx, \quad n \neq 1$

100. $\displaystyle\int \csc^n ax\,dx = -\frac{\csc^{n-2} ax\cot ax}{a(n-1)} + \frac{n-2}{n-1}\int \csc^{n-2} ax\,dx, \quad n \neq 1$

101. $\displaystyle\int \sec^n ax\tan ax\,dx = \frac{\sec^n ax}{na} + C, \quad n \neq 0$

102. $\displaystyle\int \csc^n ax\cot ax\,dx = -\frac{\csc^n ax}{na} + C, \quad n \neq 0$

Inverse Trigonometric Forms

103. $\displaystyle\int \arcsin ax\,dx = x\arcsin ax + \frac{1}{a}\sqrt{1 - a^2x^2} + C$

104. $\displaystyle\int \arccos ax\,dx = x\arccos ax - \frac{1}{a}\sqrt{1 - a^2x^2} + C$

105. $\displaystyle\int \arctan ax\,dx = x\arctan ax - \frac{1}{2a}\ln(1 + a^2x^2) + C$

106. $\displaystyle\int x^n\arcsin ax\,dx = \frac{x^{n+1}}{n+1}\arcsin ax - \frac{a}{n+1}\int \frac{x^{n+1}\,dx}{\sqrt{1 - a^2x^2}}, \quad n \neq -1$

107. $\int x^n \arccos ax\,dx = \frac{x^{n+1}}{n+1}\arccos ax + \frac{a}{n+1}\int \frac{x^{n+1}\,dx}{\sqrt{1-a^2x^2}}, \quad n \neq -1$

108. $\int x^n \arctan ax\,dx = \frac{x^{n+1}}{n+1}\arctan ax - \frac{a}{n+1}\int \frac{x^{n+1}\,dx}{1+a^2x^2}, \quad n \neq -1$

Exponential and Logarithmic Forms

109. $\int e^{ax}\,dx = \frac{1}{a}e^{ax} + C$

110. $\int b^{ax}\,dx = \frac{1}{a}\frac{b^{ax}}{\ln b} + C, \quad b > 0, b \neq 1$

111. $\int xe^{ax}\,dx = \frac{e^{ax}}{a^2}(ax-1) + C$

112. $\int x^n e^{ax}\,dx = \frac{1}{a}x^n e^{ax} - \frac{n}{a}\int x^{n-1}e^{ax}\,dx$

113. $\int x^n b^{ax}\,dx = \frac{x^n b^{ax}}{a\ln b} - \frac{n}{a\ln b}\int x^{n-1}b^{ax}\,dx, \quad b > 0, b \neq 1$

114. $\int e^{ax}\sin bx\,dx = \frac{e^{ax}}{a^2+b^2}(a\sin bx - b\cos bx) + C$

115. $\int e^{ax}\cos bx\,dx = \frac{e^{ax}}{a^2+b^2}(a\cos bx + b\sin bx) + C$

116. $\int \ln ax\,dx = x\ln ax - x + C$

117. $\int x^n(\ln ax)^m\,dx = \frac{x^{n+1}(\ln ax)^m}{n+1} - \frac{m}{n+1}\int x^n(\ln ax)^{m-1}\,dx, \quad n \neq -1$

118. $\int x^{-1}(\ln ax)^m\,dx = \frac{(\ln ax)^{m+1}}{m+1} + C, \quad m \neq -1$

119. $\int \frac{dx}{x\ln ax} = \ln|\ln ax| + C$

Forms Involving $\sqrt{2ax - x^2}$, $a > 0$

120. $\int \frac{dx}{\sqrt{2ax-x^2}} = \arcsin\left(\frac{x-a}{a}\right) + C$

121. $\int \sqrt{2ax-x^2}\,dx = \frac{x-a}{2}\sqrt{2ax-x^2} + \frac{a^2}{2}\arcsin\left(\frac{x-a}{a}\right) + C$

122. $\int \left(\sqrt{2ax-x^2}\right)^n dx = \frac{(x-a)\left(\sqrt{2ax-x^2}\right)^n}{n+1} + \frac{na^2}{n+1}\int \left(\sqrt{2ax-x^2}\right)^{n-2} dx$

123. $\int \frac{dx}{\left(\sqrt{2ax-x^2}\right)^n} = \frac{(x-a)\left(\sqrt{2ax-x^2}\right)^{2-n}}{(n-2)a^2} + \frac{n-3}{(n-2)a^2}\int \frac{dx}{\left(\sqrt{2ax-x^2}\right)^{n-2}}$

124. $\int x\sqrt{2ax-x^2}\,dx = \frac{(x+a)(2x-3a)\sqrt{2ax-x^2}}{6} + \frac{a^3}{2}\arcsin\left(\frac{x-a}{a}\right) + C$

125. $\int \frac{\sqrt{2ax-x^2}}{x}\,dx = \sqrt{2ax-x^2} + a\arcsin\left(\frac{x-a}{a}\right) + C$

126. $\int \frac{\sqrt{2ax-x^2}}{x^2}\,dx = -2\sqrt{\frac{2a-x}{x}} - \arcsin\left(\frac{x-a}{a}\right) + C$

127. $\int \frac{x\,dx}{\sqrt{2ax-x^2}} = a\arcsin\left(\frac{x-a}{a}\right) - \sqrt{2ax-x^2} + C$

128. $\int \frac{dx}{x\sqrt{2ax-x^2}} = -\frac{1}{a}\sqrt{\frac{2a-x}{x}} + C$

Hyperbolic Forms

129. $\int \sinh ax\,dx = \frac{1}{a}\cosh ax + C$

130. $\int \cosh ax\,dx = \frac{1}{a}\sinh ax + C$

131. $\int \sinh^2 ax\,dx = \frac{\sinh 2ax}{4a} - \frac{x}{2} + C$

132. $\int \cosh^2 ax\,dx = \frac{\sinh 2ax}{4a} + \frac{x}{2} + C$

133. $\int \sinh^n ax\,dx = \frac{\sinh^{n-1} ax \cosh ax}{na} - \frac{n-1}{n}\int \sinh^{n-2} ax\,dx, \quad n \neq 0$

134. $\int \cosh^n ax\,dx = \frac{\cosh^{n-1} ax \sinh ax}{na} + \frac{n-1}{n}\int \cosh^{n-2} ax\,dx, \quad n \neq 0$

135. $\int x \sinh ax\,dx = \frac{x}{a}\cosh ax - \frac{1}{a^2}\sinh ax + C$

136. $\int x \cosh ax\,dx = \frac{x}{a}\sinh ax - \frac{1}{a^2}\cosh ax + C$

137. $\int x^n \sinh ax\,dx = \frac{x^n}{a}\cosh ax - \frac{n}{a}\int x^{n-1}\cosh ax\,dx$

138. $\int x^n \cosh ax\,dx = \frac{x^n}{a}\sinh ax - \frac{n}{a}\int x^{n-1}\sinh ax\,dx$

139. $\int \tanh ax\,dx = \frac{1}{a}\ln(\cosh ax) + C$

140. $\int \coth ax\,dx = \frac{1}{a}\ln|\sinh ax| + C$

141. $\int \tanh^2 ax\,dx = x - \frac{1}{a}\tanh ax + C$

142. $\int \coth^2 ax\,dx = x - \frac{1}{a}\coth ax + C$

143. $\int \tanh^n ax\,dx = -\frac{\tanh^{n-1} ax}{(n-1)a} + \int \tanh^{n-2} ax\,dx, \quad n \neq 1$

144. $\int \coth^n ax\,dx = -\frac{\coth^{n-1} ax}{(n-1)a} + \int \coth^{n-2} ax\,dx, \quad n \neq 1$

145. $\int \operatorname{sech} ax\,dx = \frac{1}{a}\arcsin(\tanh ax) + C$

146. $\int \operatorname{csch} ax\,dx = \frac{1}{a}\ln\left|\tanh\frac{ax}{2}\right| + C$

147. $\int \operatorname{sech}^2 ax\,dx = \frac{1}{a}\tanh ax + C$

148. $\int \operatorname{csch}^2 ax\,dx = -\frac{1}{a}\coth ax + C$

149. $\int \operatorname{sech}^n ax\,dx = \frac{\operatorname{sech}^{n-2} ax \tanh ax}{(n-1)a} + \frac{n-2}{n-1}\int \operatorname{sech}^{n-2} ax\,dx, \quad n \neq 1$

150. $\int \operatorname{csch}^n ax\,dx = -\frac{\operatorname{csch}^{n-2} ax \coth ax}{(n-1)a} - \frac{n-2}{n-1}\int \operatorname{csch}^{n-2} ax\,dx, \quad n \neq 1$

151. $\int \operatorname{sech}^n ax \tanh ax\,dx = -\frac{\operatorname{sech}^n ax}{na} + C, \quad n \neq 0$

152. $\int \operatorname{csch}^n ax \coth ax\,dx = -\frac{\operatorname{csch}^n ax}{na} + C, \quad n \neq 0$

153. $\int e^{ax}\sinh bx\,dx = \frac{e^{ax}}{2}\left[\frac{e^{bx}}{a+b} - \frac{e^{-bx}}{a-b}\right] + C, \quad a^2 \neq b^2$

154. $\int e^{ax}\cosh bx\,dx = \frac{e^{ax}}{2}\left[\frac{e^{bx}}{a+b} + \frac{e^{-bx}}{a-b}\right] + C, \quad a^2 \neq b^2$

Some Definite Integrals

155. $\int_0^\infty x^{n-1}e^{-x}\,dx = \Gamma(n) = (n-1)!, \quad n > 0$

156. $\int_0^\infty e^{-ax^2}\,dx = \frac{1}{2}\sqrt{\frac{\pi}{a}}, \quad a > 0$

157. $\int_0^{\pi/2} \sin^n x\,dx = \int_0^{\pi/2} \cos^n x\,dx = \begin{cases} \dfrac{1\cdot 3\cdot 5\cdot \cdots \cdot (n-1)}{2\cdot 4\cdot 6\cdot \cdots \cdot n}\cdot\dfrac{\pi}{2}, & \text{if } n \text{ is an even integer } \geq 2 \\[2ex] \dfrac{2\cdot 4\cdot 6\cdot \cdots \cdot (n-1)}{3\cdot 5\cdot 7\cdot \cdots \cdot n}, & \text{if } n \text{ is an odd integer } \geq 3 \end{cases}$

기본 대수 공식

Arithmetic Operations

$$a(b+c) = ab + ac, \qquad \frac{a}{b} \cdot \frac{c}{d} = \frac{ac}{bd}$$

$$\frac{a}{b} + \frac{c}{d} = \frac{ad+bc}{bd}, \qquad \frac{a/b}{c/d} = \frac{a}{b} \cdot \frac{d}{c}$$

Laws of Signs

$$-(-a) = a, \qquad \frac{-a}{b} = -\frac{a}{b} = \frac{a}{-b}$$

Zero Division by zero is not defined.

$$\text{If } a \neq 0\text{: } \frac{0}{a} = 0, \quad a^0 = 1, \quad 0^a = 0$$

$$\text{For any number } a\text{: } a \cdot 0 = 0 \cdot a = 0$$

Laws of Exponents

$$a^m a^n = a^{m+n}, \qquad (ab)^m = a^m b^m, \qquad (a^m)^n = a^{mn}, \qquad a^{m/n} = \sqrt[n]{a^m} = \left(\sqrt[n]{a}\right)^m$$

If $a \neq 0$, then

$$\frac{a^m}{a^n} = a^{m-n}, \qquad a^0 = 1, \qquad a^{-m} = \frac{1}{a^m}.$$

The Binomial Theorem For any positive integer n,

$$(a+b)^n = a^n + na^{n-1}b + \frac{n(n-1)}{1 \cdot 2}a^{n-2}b^2 + \frac{n(n-1)(n-2)}{1 \cdot 2 \cdot 3}a^{n-3}b^3 + \cdots + nab^{n-1} + b^n.$$

For instance,

$$(a+b)^2 = a^2 + 2ab + b^2, \qquad (a-b)^2 = a^2 - 2ab + b^2$$

$$(a+b)^3 = a^3 + 3a^2b + 3ab^2 + b^3, \qquad (a-b)^3 = a^3 - 3a^2b + 3ab^2 - b^3.$$

Factoring the Difference of Like Integer Powers, $n > 1$

$$a^n - b^n = (a-b)(a^{n-1} + a^{n-2}b + a^{n-3}b^2 + \cdots + ab^{n-2} + b^{n-1})$$

For instance,

$$a^2 - b^2 = (a-b)(a+b),$$
$$a^3 - b^3 = (a-b)(a^2 + ab + b^2),$$
$$a^4 - b^4 = (a-b)(a^3 + a^2b + ab^2 + b^3).$$

Completing the Square If $a \neq 0$, then

$$ax^2 + bx + c = au^2 + C \qquad \left(u = x + (b/2a),\, C = c - \frac{b^2}{4a}\right).$$

The Quadratic Formula

If $a \neq 0$ and $ax^2 + bx + c = 0$, then

$$x = \frac{-b \pm \sqrt{b^2 - 4ac}}{2a}.$$

기하 공식

A = area, B = area of base, C = circumference, S = surface area, V = volume

Triangle

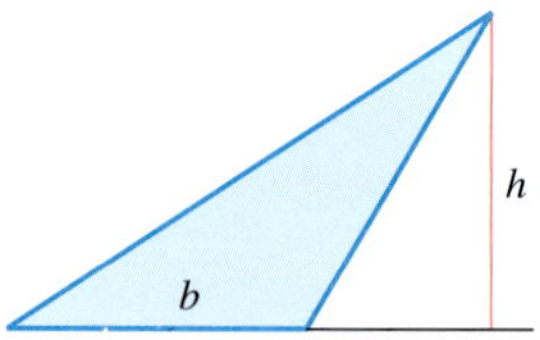

$A = \frac{1}{2}bh$

Similar Triangles

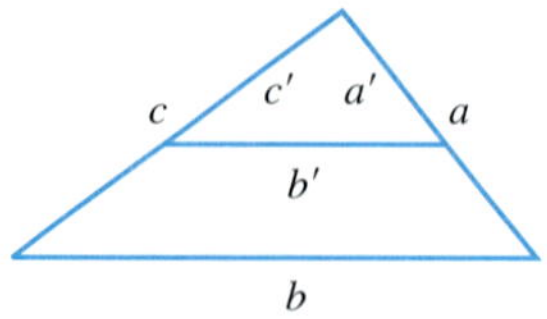

$\frac{a'}{a} = \frac{b'}{b} = \frac{c'}{c}$

Pythagorean Theorem

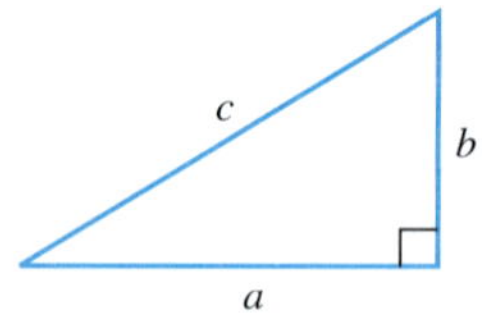

$a^2 + b^2 = c^2$

Parallelogram

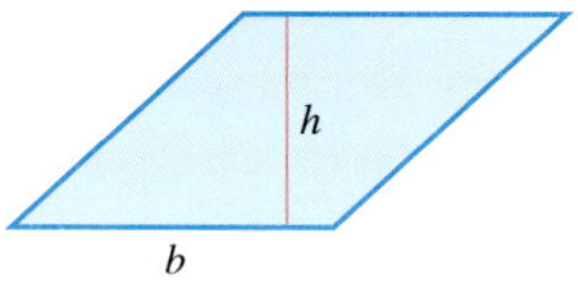

$A = bh$

Trapezoid

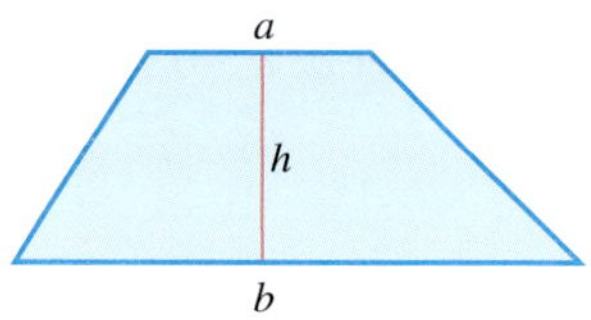

$A = \frac{1}{2}(a + b)h$

Circle

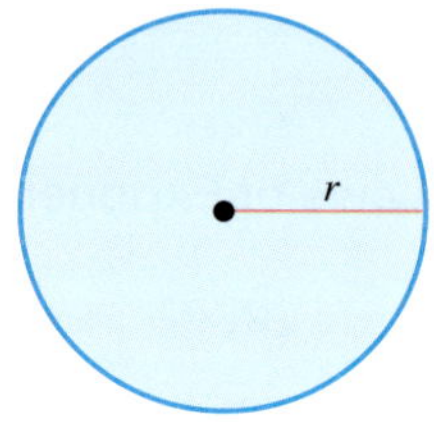

$A = \pi r^2,$
$C = 2\pi r$

Any Cylinder or Prism with Parallel Bases

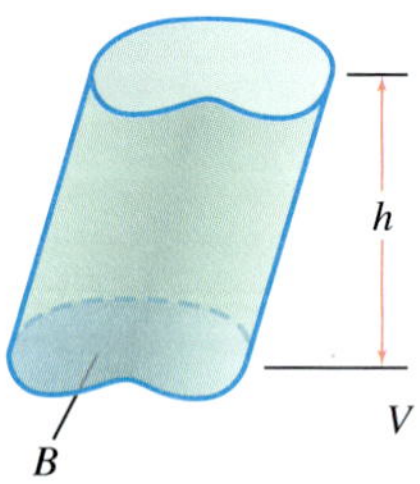

$V = Bh$

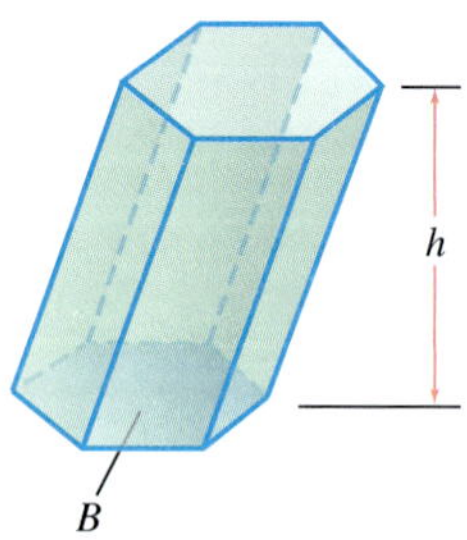

Right Circular Cylinder

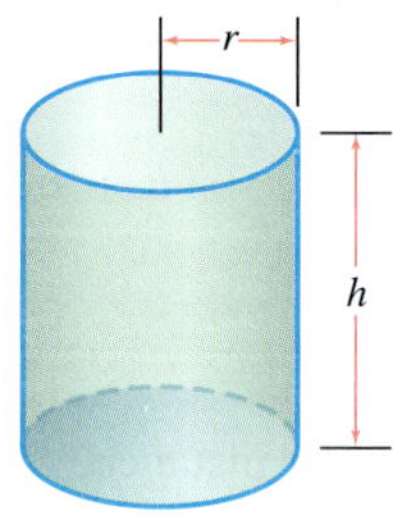

$V = \pi r^2 h$
$S = 2\pi rh$ = Area of side

Any Cone or Pyramid

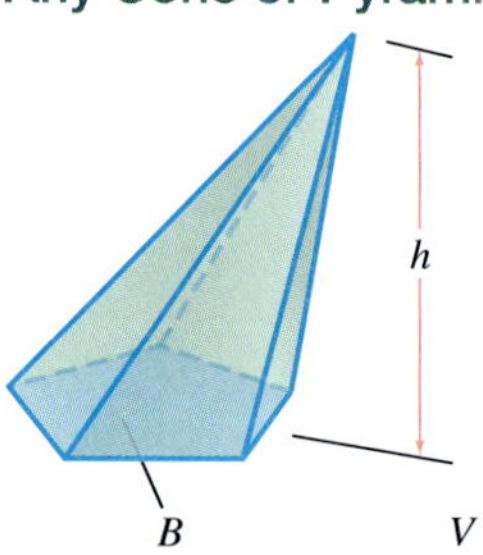

$V = \frac{1}{3}Bh$

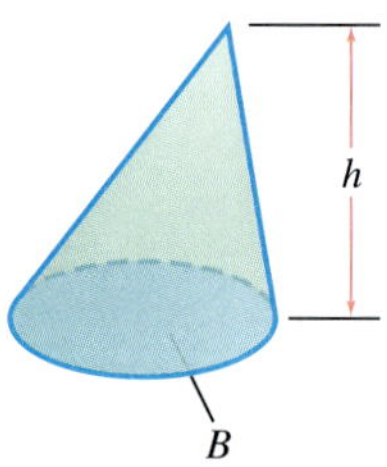

Right Circular Cone

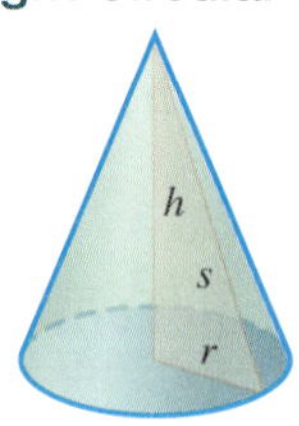

$V = \frac{1}{3}\pi r^2 h$
$S = \pi rs$ = Area of side

Sphere

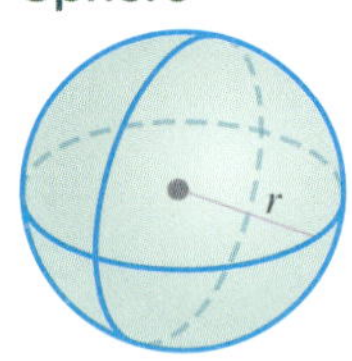

$V = \frac{4}{3}\pi r^3, S = 4\pi r^2$

삼각법 공식

Definitions and Fundamental Identities

Sine: $\sin\theta = \dfrac{y}{r} = \dfrac{1}{\csc\theta}$

Cosine: $\cos\theta = \dfrac{x}{r} = \dfrac{1}{\sec\theta}$

Tangent: $\tan\theta = \dfrac{y}{x} = \dfrac{1}{\cot\theta}$

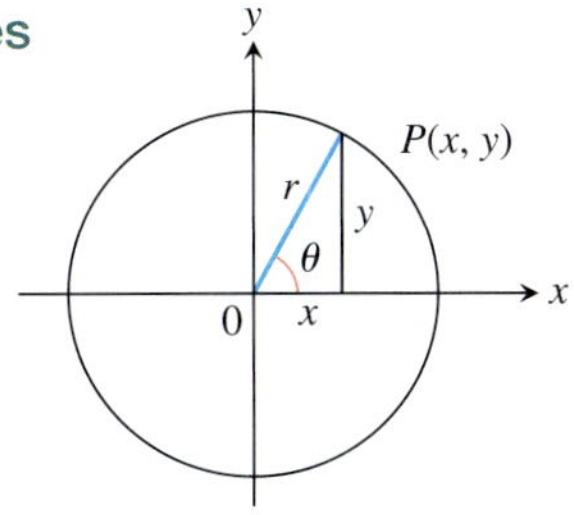

Identities

$$\sin(-\theta) = -\sin\theta, \quad \cos(-\theta) = \cos\theta$$

$$\sin^2\theta + \cos^2\theta = 1, \quad \sec^2\theta = 1 + \tan^2\theta, \quad \csc^2\theta = 1 + \cot^2\theta$$

$$\sin 2\theta = 2\sin\theta\cos\theta, \quad \cos 2\theta = \cos^2\theta - \sin^2\theta$$

$$\cos^2\theta = \frac{1 + \cos 2\theta}{2}, \quad \sin^2\theta = \frac{1 - \cos 2\theta}{2}$$

$$\sin(A + B) = \sin A\cos B + \cos A\sin B$$

$$\sin(A - B) = \sin A\cos B - \cos A\sin B$$

$$\cos(A + B) = \cos A\cos B - \sin A\sin B$$

$$\cos(A - B) = \cos A\cos B + \sin A\sin B$$

$$\tan(A + B) = \frac{\tan A + \tan B}{1 - \tan A\tan B}$$

$$\tan(A - B) = \frac{\tan A - \tan B}{1 + \tan A\tan B}$$

$$\sin\left(A - \frac{\pi}{2}\right) = -\cos A, \quad \cos\left(A - \frac{\pi}{2}\right) = \sin A$$

$$\sin\left(A + \frac{\pi}{2}\right) = \cos A, \quad \cos\left(A + \frac{\pi}{2}\right) = -\sin A$$

$$\sin A\sin B = \frac{1}{2}\cos(A - B) - \frac{1}{2}\cos(A + B)$$

$$\cos A\cos B = \frac{1}{2}\cos(A - B) + \frac{1}{2}\cos(A + B)$$

$$\sin A\cos B = \frac{1}{2}\sin(A - B) + \frac{1}{2}\sin(A + B)$$

$$\sin A + \sin B = 2\sin\frac{1}{2}(A + B)\cos\frac{1}{2}(A - B)$$

$$\sin A - \sin B = 2\cos\frac{1}{2}(A + B)\sin\frac{1}{2}(A - B)$$

$$\cos A + \cos B = 2\cos\frac{1}{2}(A + B)\cos\frac{1}{2}(A - B)$$

$$\cos A - \cos B = -2\sin\frac{1}{2}(A + B)\sin\frac{1}{2}(A - B)$$

삼각함수

Radian Measure

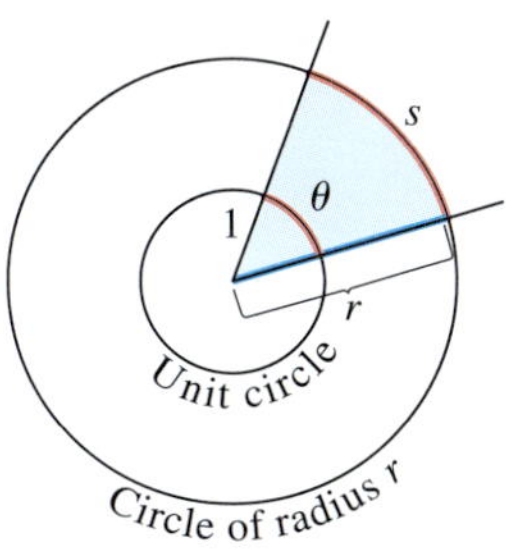

$\dfrac{s}{r} = \dfrac{\theta}{1} = \theta$ or $\theta = \dfrac{s}{r}$,

$180° = \pi$ radians.

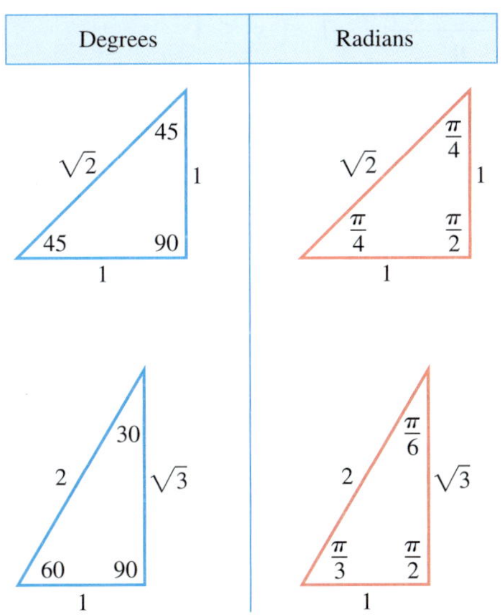

The angles of two common triangles, in degrees and radians.

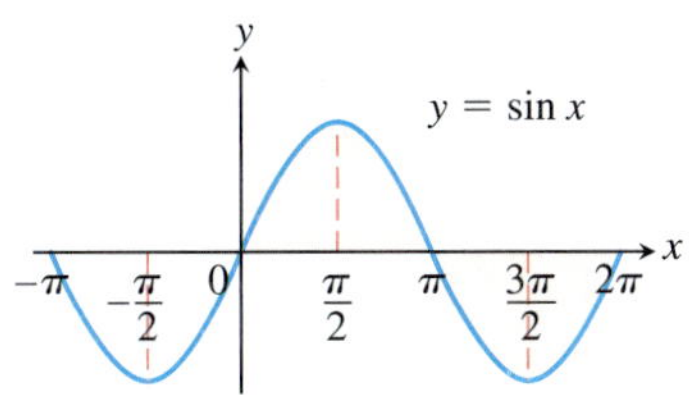

Domain: $(-\infty, \infty)$
Range: $[-1, 1]$

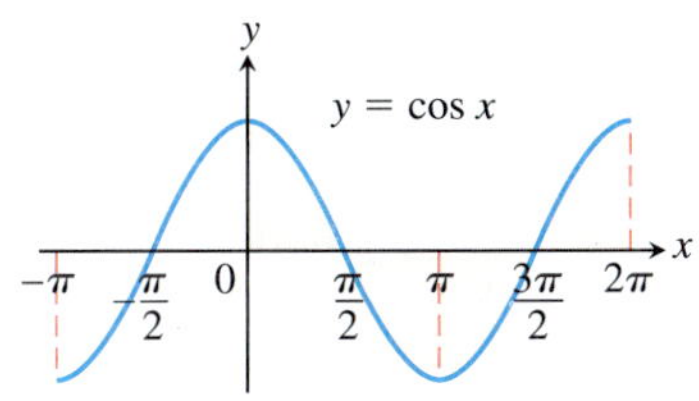

Domain: $(-\infty, \infty)$
Range: $[-1, 1]$

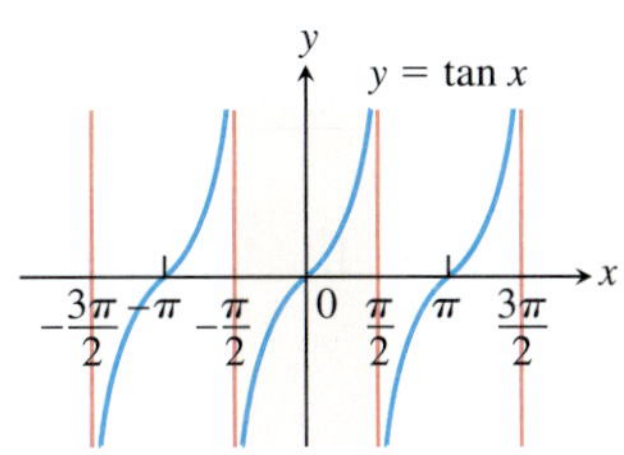

Domain: All real numbers except odd integer multiples of $\pi/2$
Range: $(-\infty, \infty)$

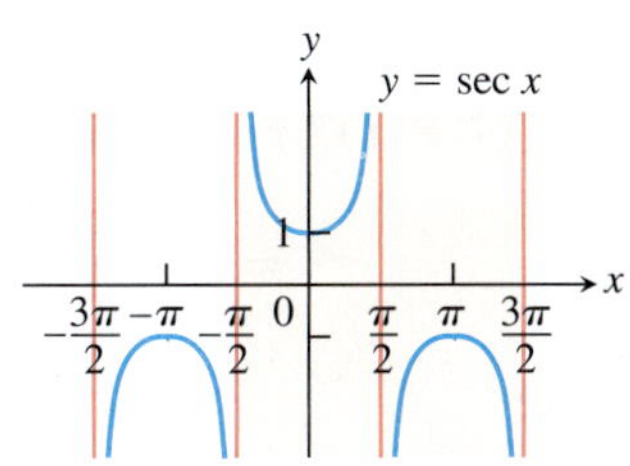

Domain: All real numbers except odd integer multiples of $\pi/2$
Range: $(-\infty, -1] \cup [1, \infty)$

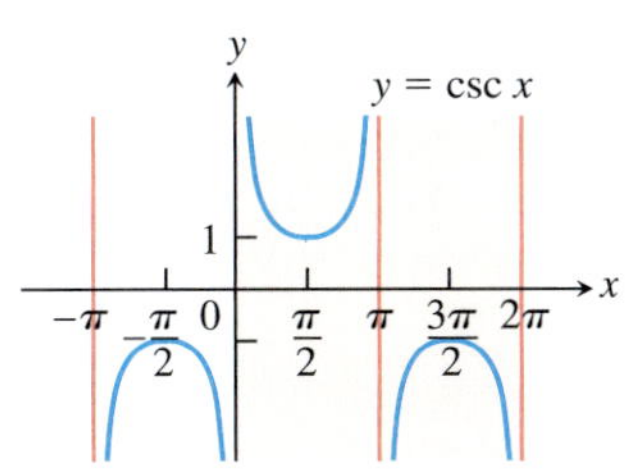

Domain: $x \neq 0, \pm\pi, \pm 2\pi, \ldots$
Range: $(-\infty, -1] \cup [1, \infty)$

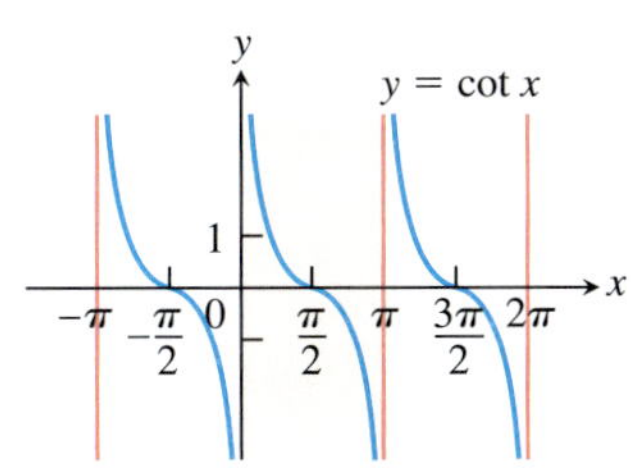

Domain: $x \neq 0, \pm\pi, \pm 2\pi, \ldots$
Range: $(-\infty, \infty)$

급수

Tests for Convergence of Infinite Series

1. **The *n*th-Term Test:** Unless $a_n \to 0$, the series diverges.
2. **Geometric series:** $\sum ar^n$ converges if $|r| < 1$; otherwise it diverges.
3. ***p*-series:** $\sum 1/n^p$ converges if $p > 1$; otherwise it diverges.
4. **Series with nonnegative terms:** Try the Integral Test, Ratio Test, or Root Test. Try comparing to a known series with the Comparison Test or the Limit Comparison Test.
5. **Series with some negative terms:** Does $\sum |a_n|$ converge? If yes, so does $\sum a_n$ because absolute convergence implies convergence.
6. **Alternating series:** $\sum a_n$ converges if the series satisfies the conditions of the Alternating Series Test.

Taylor Series

$$\frac{1}{1-x} = 1 + x + x^2 + \cdots + x^n + \cdots = \sum_{n=0}^{\infty} x^n, \qquad |x| < 1$$

$$\frac{1}{1+x} = 1 - x + x^2 - \cdots + (-x)^n + \cdots = \sum_{n=0}^{\infty} (-1)^n x^n, \qquad |x| < 1$$

$$e^x = 1 + x + \frac{x^2}{2!} + \cdots + \frac{x^n}{n!} + \cdots = \sum_{n=0}^{\infty} \frac{x^n}{n!}, \qquad |x| < \infty$$

$$\sin x = x - \frac{x^3}{3!} + \frac{x^5}{5!} - \cdots + (-1)^n \frac{x^{2n+1}}{(2n+1)!} + \cdots = \sum_{n=0}^{\infty} \frac{(-1)^n x^{2n+1}}{(2n+1)!}, \qquad |x| < \infty$$

$$\cos x = 1 - \frac{x^2}{2!} + \frac{x^4}{4!} - \cdots + (-1)^n \frac{x^{2n}}{(2n)!} + \cdots = \sum_{n=0}^{\infty} \frac{(-1)^n x^{2n}}{(2n)!}, \qquad |x| < \infty$$

$$\ln(1+x) = x - \frac{x^2}{2} + \frac{x^3}{3} - \cdots + (-1)^{n-1} \frac{x^n}{n} + \cdots = \sum_{n=1}^{\infty} \frac{(-1)^{n-1} x^n}{n}, \qquad -1 < x \le 1$$

$$\ln \frac{1+x}{1-x} = 2 \tanh^{-1} x = 2\left(x + \frac{x^3}{3} + \frac{x^5}{5} + \cdots + \frac{x^{2n+1}}{2n+1} + \cdots\right) = 2 \sum_{n=0}^{\infty} \frac{x^{2n+1}}{2n+1}, \qquad |x| < 1$$

$$\arctan x = x - \frac{x^3}{3} + \frac{x^5}{5} - \cdots + (-1)^n \frac{x^{2n+1}}{2n+1} + \cdots = \sum_{n=0}^{\infty} \frac{(-1)^n x^{2n+1}}{2n+1}, \qquad |x| \le 1$$

Binomial Series

$$(1+x)^m = 1 + mx + \frac{m(m-1)x^2}{2!} + \frac{m(m-1)(m-2)x^3}{3!} + \cdots + \frac{m(m-1)(m-2)\cdots(m-k+1)x^k}{k!} + \cdots$$

$$= 1 + \sum_{k=1}^{\infty} \binom{m}{k} x^k, \qquad |x| < 1,$$

where

$$\binom{m}{1} = m, \qquad \binom{m}{2} = \frac{m(m-1)}{2!}, \qquad \binom{m}{k} = \frac{m(m-1)\cdots(m-k+1)}{k!} \qquad \text{for } k \ge 3.$$

벡터 연산자 공식(데카르트 형식)

Formulas for Grad, Div, Curl, and the Laplacian

Cartesian (x, y, z) **i**, **j**, and **k** are unit vectors in the directions of increasing x, y, and z. M, N, and P are the scalar components of $\mathbf{F}(x, y, z)$ in these directions.

Gradient $\nabla f = \dfrac{\partial f}{\partial x}\mathbf{i} + \dfrac{\partial f}{\partial y}\mathbf{j} + \dfrac{\partial f}{\partial z}\mathbf{k}$

Divergence $\nabla \cdot \mathbf{F} = \dfrac{\partial M}{\partial x} + \dfrac{\partial N}{\partial y} + \dfrac{\partial P}{\partial z}$

Curl

$$\nabla \times \mathbf{F} = \begin{vmatrix} \mathbf{i} & \mathbf{j} & \mathbf{k} \\ \dfrac{\partial}{\partial x} & \dfrac{\partial}{\partial y} & \dfrac{\partial}{\partial z} \\ M & N & P \end{vmatrix}$$

Laplacian $\nabla^2 f = \dfrac{\partial^2 f}{\partial x^2} + \dfrac{\partial^2 f}{\partial y^2} + \dfrac{\partial^2 f}{\partial z^2}$

Vector Triple Products

$(\mathbf{u} \times \mathbf{v}) \cdot \mathbf{w} = (\mathbf{v} \times \mathbf{w}) \cdot \mathbf{u} = (\mathbf{w} \times \mathbf{u}) \cdot \mathbf{v}$

$\mathbf{u} \times (\mathbf{v} \times \mathbf{w}) = (\mathbf{u} \cdot \mathbf{w})\mathbf{v} - (\mathbf{u} \cdot \mathbf{v})\mathbf{w}$

The Fundamental Theorem of Line Integrals

Part 1 Let $\mathbf{F} = M\mathbf{i} + N\mathbf{j} + P\mathbf{k}$ be a vector field whose components are continuous throughout an open connected region D in space. Then there exists a differentiable function f such that

$$\mathbf{F} = \nabla f = \frac{\partial f}{\partial x}\mathbf{i} + \frac{\partial f}{\partial y}\mathbf{j} + \frac{\partial f}{\partial z}\mathbf{k}$$

if and only if, for all points A and B in D, the value of $\int_A^B \mathbf{F} \cdot d\mathbf{r}$ is independent of the path joining A to B in D.

Part 2 If the integral is independent of the path from A to B, its value is

$$\int_A^B \mathbf{F} \cdot d\mathbf{r} = f(B) - f(A).$$

Green's Theorem and Its Generalization to Three Dimensions

Tangential form of Green's Theorem: $\displaystyle\oint_C \mathbf{F} \cdot \mathbf{T}\, ds = \iint_R (\nabla \times \mathbf{F}) \cdot \mathbf{k}\, dA$

Stokes' Theorem: $\displaystyle\oint_C \mathbf{F} \cdot \mathbf{T}\, ds = \iint_S (\nabla \times \mathbf{F}) \cdot \mathbf{n}\, d\sigma$

Normal form of Green's Theorem: $\displaystyle\oint_C \mathbf{F} \cdot \mathbf{n}\, ds = \iint_R (\nabla \cdot \mathbf{F})\, dA$

Divergence Theorem: $\displaystyle\iint_S \mathbf{F} \cdot \mathbf{n}\, d\sigma = \iiint_D \nabla \cdot \mathbf{F}\, dV$

Vector Identities

In the identities here, f and g are differentiable scalar functions; $\mathbf{F}$, $\mathbf{F}_1$, and $\mathbf{F}_2$ are differentiable vector fields; and a and b are real constants.

$\nabla \times (\nabla f) = \mathbf{0}$

$\nabla (fg) = f\nabla g + g\nabla f$

$\nabla \cdot (g\mathbf{F}) = g\nabla \cdot \mathbf{F} + \nabla g \cdot \mathbf{F}$

$\nabla \times (g\mathbf{F}) = g\nabla \times \mathbf{F} + \nabla g \times \mathbf{F}$

$\nabla \cdot (a\mathbf{F}_1 + b\mathbf{F}_2) = a\nabla \cdot \mathbf{F}_1 + b\nabla \cdot \mathbf{F}_2$

$\nabla \times (a\mathbf{F}_1 + b\mathbf{F}_2) = a\nabla \times \mathbf{F}_1 + b\nabla \times \mathbf{F}_2$

$\nabla (\mathbf{F}_1 \cdot \mathbf{F}_2) = (\mathbf{F}_1 \cdot \nabla)\mathbf{F}_2 + (\mathbf{F}_2 \cdot \nabla)\mathbf{F}_1 + \mathbf{F}_1 \times (\nabla \times \mathbf{F}_2) + \mathbf{F}_2 \times (\nabla \times \mathbf{F}_1)$

$\nabla \cdot (\mathbf{F}_1 \times \mathbf{F}_2) = \mathbf{F}_2 \cdot (\nabla \times \mathbf{F}_1) - \mathbf{F}_1 \cdot (\nabla \times \mathbf{F}_2)$

$\nabla \times (\mathbf{F}_1 \times \mathbf{F}_2) = (\mathbf{F}_2 \cdot \nabla)\mathbf{F}_1 - (\mathbf{F}_1 \cdot \nabla)\mathbf{F}_2 + (\nabla \cdot \mathbf{F}_2)\mathbf{F}_1 - (\nabla \cdot \mathbf{F}_1)\mathbf{F}_2$

$\nabla \times (\nabla \times \mathbf{F}) = \nabla(\nabla \cdot \mathbf{F}) - (\nabla \cdot \nabla)\mathbf{F} = \nabla(\nabla \cdot \mathbf{F}) - \nabla^2\mathbf{F}$

$(\nabla \times \mathbf{F}) \times \mathbf{F} = (\mathbf{F} \cdot \nabla)\mathbf{F} - \frac{1}{2}\nabla(\mathbf{F} \cdot \mathbf{F})$

극한

General Laws

If L, M, c, and k are real numbers and

$$\lim_{x\to c} f(x) = L \quad \text{and} \quad \lim_{x\to c} g(x) = M, \quad \text{then}$$

Sum Rule: $\lim_{x\to c} (f(x) + g(x)) = L + M$

Difference Rule: $\lim_{x\to c} (f(x) - g(x)) = L - M$

Product Rule: $\lim_{x\to c} (f(x) \cdot g(x)) = L \cdot M$

Constant Multiple Rule: $\lim_{x\to c} (k \cdot f(x)) = k \cdot L$

Quotient Rule: $\lim_{x\to c} \dfrac{f(x)}{g(x)} = \dfrac{L}{M}, \quad M \neq 0$

The Sandwich Theorem

If $g(x) \leq f(x) \leq h(x)$ in an open interval containing c, except possibly at $x = c$, and if

$$\lim_{x\to c} g(x) = \lim_{x\to c} h(x) = L,$$

then $\lim_{x\to c} f(x) = L$.

Inequalities

If $f(x) \leq g(x)$ in an open interval containing c, except possibly at $x = c$, and both limits exist, then

$$\lim_{x\to c} f(x) \leq \lim_{x\to c} g(x).$$

Continuity

If g is continuous at L and $\lim_{x\to c} f(x) = L$, then

$$\lim_{x\to c} g(f(x)) = g(L).$$

Specific Formulas

If $P(x) = a_n x^n + a_{n-1}x^{n-1} + \cdots + a_0$, then

$$\lim_{x\to c} P(x) = P(c) = a_n c^n + a_{n-1}c^{n-1} + \cdots + a_0.$$

If $P(x)$ and $Q(x)$ are polynomials and $Q(c) \neq 0$, then

$$\lim_{x\to c} \frac{P(x)}{Q(x)} = \frac{P(c)}{Q(c)}.$$

If $f(x)$ is continuous at $x = c$, then

$$\lim_{x\to c} f(x) = f(c).$$

$$\lim_{x\to 0} \frac{\sin x}{x} = 1 \quad \text{and} \quad \lim_{x\to 0} \frac{1 - \cos x}{x} = 0$$

L'Hôpital's Rule

If $f(a) = g(a) = 0$, both f' and g' exist in an open interval I containing a, and $g'(x) \neq 0$ on I if $x \neq a$, then

$$\lim_{x\to a} \frac{f(x)}{g(x)} = \lim_{x\to a} \frac{f'(x)}{g'(x)},$$

assuming the limit on the right side exists.

미분 규칙

General Formulas

Assume u and v are differentiable functions of x.

Constant: $\frac{d}{dx}(c) = 0$

Sum: $\frac{d}{dx}(u + v) = \frac{du}{dx} + \frac{dv}{dx}$

Difference: $\frac{d}{dx}(u - v) = \frac{du}{dx} - \frac{dv}{dx}$

Constant Multiple: $\frac{d}{dx}(cu) = c\frac{du}{dx}$

Product: $\frac{d}{dx}(uv) = u\frac{dv}{dx} + \frac{du}{dx}v$

Quotient: $\frac{d}{dx}\left(\frac{u}{v}\right) = \frac{v\frac{du}{dx} - u\frac{dv}{dx}}{v^2}$

Power: $\frac{d}{dx}x^n = nx^{n-1}$

Chain Rule: $\frac{d}{dx}(f(g(x)) = f'(g(x)) \cdot g'(x)$

Trigonometric Functions

$\frac{d}{dx}(\sin x) = \cos x$ $\quad$ $\frac{d}{dx}(\cos x) = -\sin x$

$\frac{d}{dx}(\tan x) = \sec^2 x$ $\quad$ $\frac{d}{dx}(\sec x) = \sec x \tan x$

$\frac{d}{dx}(\cot x) = -\csc^2 x$ $\quad$ $\frac{d}{dx}(\csc x) = -\csc x \cot x$

Exponential and Logarithmic Functions

$\frac{d}{dx}e^x = e^x$ $\quad$ $\frac{d}{dx}\ln x = \frac{1}{x}$

$\frac{d}{dx}a^x = a^x \ln a$ $\quad$ $\frac{d}{dx}(\log_a x) = \frac{1}{x \ln a}$

Inverse Trigonometric Functions

$\frac{d}{dx}(\arcsin x) = \frac{1}{\sqrt{1 - x^2}}$ $\quad$ $\frac{d}{dx}(\arccos x) = -\frac{1}{\sqrt{1 - x^2}}$

$\frac{d}{dx}(\arctan x) = \frac{1}{1 + x^2}$ $\quad$ $\frac{d}{dx}(\operatorname{arcsec} x) = \frac{1}{|x|\sqrt{x^2 - 1}}$

$\frac{d}{dx}(\operatorname{arccot} x) = -\frac{1}{1 + x^2}$ $\quad$ $\frac{d}{dx}(\operatorname{arccsc} x) = -\frac{1}{|x|\sqrt{x^2 - 1}}$

Hyperbolic Functions

$\frac{d}{dx}(\sinh x) = \cosh x$ $\quad$ $\frac{d}{dx}(\cosh x) = \sinh x$

$\frac{d}{dx}(\tanh x) = \operatorname{sech}^2 x$ $\quad$ $\frac{d}{dx}(\operatorname{sech} x) = -\operatorname{sech} x \tanh x$

$\frac{d}{dx}(\coth x) = -\operatorname{csch}^2 x$ $\quad$ $\frac{d}{dx}(\operatorname{csch} x) = -\operatorname{csch} x \coth x$

Inverse Hyperbolic Functions

$\frac{d}{dx}(\sinh^{-1} x) = \frac{1}{\sqrt{1 + x^2}}$ $\quad$ $\frac{d}{dx}(\cosh^{-1} x) = \frac{1}{\sqrt{x^2 - 1}}$

$\frac{d}{dx}(\tanh^{-1} x) = \frac{1}{1 - x^2}$ $\quad$ $\frac{d}{dx}(\operatorname{sech}^{-1} x) = -\frac{1}{x\sqrt{1 - x^2}}$

$\frac{d}{dx}(\coth^{-1} x) = \frac{1}{1 - x^2}$ $\quad$ $\frac{d}{dx}(\operatorname{csch}^{-1} x) = -\frac{1}{|x|\sqrt{1 + x^2}}$

Parametric Equations

If $x = f(t)$ and $y = g(t)$ are differentiable, then

$$y' = \frac{dy}{dx} = \frac{dy/dt}{dx/dt} \quad \text{and} \quad \frac{d^2y}{dx^2} = \frac{dy'/dt}{dx/dt}.$$

적분 규칙

General Formulas

Zero: $\int_a^a f(x)\,dx = 0$

Order of Integration: $\int_b^a f(x)\,dx = -\int_a^b f(x)\,dx$

Constant Multiples: $\int_a^b kf(x)\,dx = k\int_a^b f(x)\,dx, \quad k \text{ any number}$

$$\int_a^b -f(x)\,dx = -\int_a^b f(x)\,dx, \quad k = -1$$

Sums and Differences: $\int_a^b (f(x) \pm g(x))\,dx = \int_a^b f(x)\,dx \pm \int_a^b g(x)\,dx$

Additivity: $\int_a^b f(x)\,dx + \int_b^c f(x)\,dx = \int_a^c f(x)\,dx$

Max-Min Inequality: If max f and min f are the maximum and minimum values of f on $[a, b]$, then

$$\min f \cdot (b - a) \le \int_a^b f(x)\,dx \le \max f \cdot (b - a).$$

Domination: $f(x) \ge g(x) \quad \text{on} \quad [a, b] \quad \text{implies} \quad \int_a^b f(x)\,dx \ge \int_a^b g(x)\,dx.$

$$f(x) \ge 0 \quad \text{on} \quad [a, b] \quad \text{implies} \quad \int_a^b f(x)\,dx \ge 0.$$

The Fundamental Theorem of Calculus

Part 1 If f is continuous on $[a, b]$, then $F(x) = \int_a^x f(t)\,dt$ is continuous on $[a, b]$ and differentiable on (a, b), and its derivative is $f(x)$:

$$F'(x) = \frac{d}{dx}\int_a^x f(t)\,dt = f(x).$$

Part 2 If f is continuous at every point of $[a, b]$ and F is any antiderivative of f on $[a, b]$, then

$$\int_a^b f(x)\,dx = F(b) - F(a).$$

Substitution in Definite Integrals

$$\int_a^b f(g(x)) \cdot g'(x)\,dx = \int_{g(a)}^{g(b)} f(u)\,du$$

Integration by Parts

$$\int_a^b u(x)v'(x)\,dx = u(x)v(x)\Big]_a^b - \int_a^b v(x)u'(x)\,dx$$